Thieme

Parasitologie für die Tiermedizin

Peter Deplazes
Anja Joachim
Alexander Mathis
Christina Strube
Anja Taubert
Georg von Samson-Himmelstjerna
Horst Zahner

4., überarbeitete Auflage

430 Abbildungen

Georg Thieme Verlag
Stuttgart • New York

Bibliografische Information der Deutschen Nationalbibliothek
Die Deutsche Nationalbibliothek verzeichnet diese Publikation in der Deutschen Nationalbibliografie; detaillierte bibliografische Daten sind im Internet über http://dnb.d-nb.de abrufbar.

Ihre Meinung ist uns wichtig! Bitte schreiben Sie uns unter:
www.thieme.de/service/feedback.html

Georg Thieme Verlag KG
Rüdigerstraße 14, 70469 Stuttgart, Germany
www.thieme.de

1. Auflage 2005 erschienen im Enke Verlag in MVS Medizinverlage Stuttgart GmbH & Co. KG
2. Auflage 2008 erschienen im Enke Verlag in MVS Medizinverlage Stuttgart GmbH & Co. KG
3. Auflage 2013 erschienen im Enke Verlag in MVS Medizinverlage Stuttgart GmbH & Co. KG

Autoren der 1. und 2. Auflage: J. Eckert, K. T. Friedhoff, H. Zahner, P. Deplazes
Autoren der 3. Auflage: P. Deplazes, J. Eckert, G. von Samson-Himmelstjerna, H. Zahner

Grafiken:
1. Auflage: Salome Ehrat, Feldhofstraße 24, 8570 Weinfelden, Schweiz
2. Auflage: Marianne Mathys, Audiovisuelle Dienste, Vetsuisse-Fakultät Universität Zürich, Winterthurerstr. 260, 8057 Zürich, Schweiz
3. Auflage: Anne Seeger und Jeanne Peter, Wissenschaftliche Kommunikation und Öffentlichkeitsarbeit, Vetsuisse-Fakultät Universität Zürich, Winterthurerstr. 260, 8057 Zürich, Schweiz

Redaktion: Marion Drachsel, Berlin
Projektmanagement: Carolin Frotscher, Thieme Verlag
Umschlaggestaltung: Thieme
Umschlaggrafiken: Jeanne Peter-Zocher, Vetsuisse-Fakultät, Universität Zürich
Grafiken: Salome Ehrat, Marianne Mathys, Anne Seeger und Jeanne Peter-Zocher, Vetsuisse-Fakultät, Universität Zürich; Gay & Rothenburger, Sternenfels (Abb. 8.1; 10.2), Holger Vanselow, Stuttgart (Abb. 11.16)
Satz: L42 AG, Berlin; gesetzt aus: PTC APP
Druck: aprinta druck GmbH, Wemding

DOI 10.1055/b-006-163221

ISBN 978-3-13-242138-7 1 2 3 4 5 6

Auch erhältlich als E-Book:
eISBN (PDF) 978-3-13-242139-4
eISBN (epub) 978-3-13-242140-0

Vorwort zur 4. Auflage

Wie andere Disziplinen der Veterinärmedizin befindet sich auch die Parasitologie in einem stetigen Wandel, bedingt durch die kontinuierliche und kritische Überprüfung bestehenden Wissens und die Integration neuer Erkenntnisse. In diesem Prozess gilt es, neue Entwicklungen möglichst frühzeitig zu erkennen, sie wissenschaftlich zu bewerten und daraus Schlussfolgerungen abzuleiten. Zu diesen Entwicklungen gehören z. B. der mögliche Einfluss des globalen Wandels auf die Epidemiologie von Parasitosen, Strukturänderungen in der Landwirtschaft, die Invasion nicht-endemischer Gebiete durch neue Krankheitserreger oder Vektoren, das Auftreten bisher unbekannter oder vernachlässigter Zoonosen, die Entwicklung von Arzneimittelresistenzen bei Parasiten oder Vektoren sowie neue Möglichkeiten der Diagnostik und Bekämpfung von Parasitosen.

Die Autorengruppe hat sich bemüht, auf der Basis der vorhergehenden Auflagen von 2005, 2008 und 2013, die sich inhaltlich vor allem auf die Situation in Mitteleuropa beziehen, und der englischen Auflage von 2016 wichtige neue Aspekte in dieser 4. Auflage zu integrieren. Mit Zustimmung der Autoren früherer Auflagen sind Textpassagen, Tabellen und Abbildungen unverändert oder modifiziert in die 4. Auflage übernommen worden. Zudem war es möglich, die grafische Ausstattung des Buches durch Neuzeichnungen zu erweitern. Für die Ausführung der grafischen Arbeiten sind wir Frau Jeanne Peter, VetCom – Kommunikation und Öffentlichkeitsarbeit, Vetsuisse Fakultät der Universität Zürich, zu großem Dank verpflichtet. Unser Dank gilt auch den im Buch erwähnten Personen oder Institutionen, die uns Abdruckgenehmigungen für Abbildungen und Grafiken erteilt haben. Wie bisher sind wenige, ausgewählte Literaturhinweise in das Lehrbuch aufgenommen worden, um den Zugang zu weiteren Informationen zu erleichtern.

Emeritus Prof. Johannes Eckert (Universität Zürich), Initiator dieses Buches und Mitautor der ersten bis dritten Auflage, ist auf eigenen Wunsch aus Altersgründen aus der Autorengruppe ausgeschieden. Mit seinem Wissen und seiner langjährigen Lehrerfahrung hat er Konzept und Inhalt des Buches maßgeblich geprägt – ihm gilt unser besonderer Dank. Prof. Karl Theodor Friedhoff (Stiftung Tierärztliche Hochschule Hannover) war Mitautor der zwei ersten Auflagen und hat wesentlich zu ihrer Gestaltung beigetragen. Leider ist er am 2. September 2018 im Alter von 86 Jahren in Hannover verstorben. Die Autorenschaft des Buches würdigt in Dankbarkeit sein Wirken als Lehrer und Forscher im Bereich der Veterinärparasitologie.

An der Bearbeitung der 4. Auflage sind aus der bisherigen Autorengruppe die Professoren Peter Deplazes (Universität Zürich), Georg von Samson-Himmelstjerna (Freie Universität Berlin) und Horst Zahner (Justus-Liebig-Universität Gießen) beteiligt. Prof. Alexander Mathis (Universität Zürich) hat bereits bei der englischen Auflage (2016) mitgewirkt und ist auch in der Autorengruppe der vorliegenden Auflage vertreten. Neue Autorinnen sind Prof. Anja Joachim (Veterinärmedizinische Universität Wien), Prof. Christina Strube (Stiftung Tierärztliche Hochschule Hannover) und Prof. Anja Taubert (Justus-Liebig-Universität Gießen).

Die Realisierung der Neuauflage ermöglichte der Thieme Verlag mit seinen kompetenten und engagierten Mitarbeiterinnen und Mitarbeitern. Dafür möchten wir uns speziell und stellvertretend für alle bei Frau Carolin Patricia Frotscher, Frau Maren Warhonowicz, Frau Marion Drachsel und Frau Linda Lubitz bestens bedanken. In unseren Dank schließen wir auch Frau Esther Züst (Sekretariat Institut für Parasitologie, Vetsuisse-Fakultät, Universität Zürich) und alle Mitarbeiterinnen und Mitarbeiter der beteiligten Institute ein, die uns bei den Arbeiten unterstützt haben.

Die 4. Auflage des Lehrbuches ist auch als E-Book erhältlich.

im Herbst 2020
die Autorinnen und Autoren

Vorwort zur 1. Auflage

„Die Begriffe ohne Anschauung sind leer, die Anschauungen ohne Begriffe sind blind."
Kant

Das vorliegende „Lehrbuch der Parasitologie für die Tiermedizin" soll für das Studium der Tiermedizin Grundwissen vermitteln, beschränkt sich aber nicht auf Kurzangaben eines Vorlesungsmanuskriptes, sondern bietet auch weiterführende Informationen, die ein vertiefendes und selbstständiges Studium ausgewählter Themen (Schwerpunkte, Spezialisierung) ermöglichen sollen. Bei der Abfassung des Buches haben die Autoren versucht, die derzeit praktizierten Lehransätze (Stoffeinteilung nach der Systematik der Parasiten, nach Tierarten oder Organsystemen) und auch die Anforderungen des problemorientierten Lehrens und Lernens zu berücksichtigen. Den Kapiteln vorangestellte Zusammenfassungen sollen die wichtigsten Aspekte hervorheben und das Lernen und Wiederholen erleichtern.

Nach einem einführenden Kapitel über „Allgemeine Aspekte der Parasitologie" werden unter dem Titel „Parasiten und Parasitosen" die Parasiten und die durch sie verursachten Erkrankungen unter Berücksichtigung der Zoonosen dargestellt. Die Gliederung dieses Kapitels folgt der Systematik der Parasiten, weil dadurch die für die Bekämpfung von Parasitosen wichtigen epidemiologischen Zusammenhänge am besten verständlich gemacht werden können. Mit einer reichen Bebilderung und Darstellung von Entwicklungszyklen der Parasiten soll die begriffliche Erfassung des Stoffes visuell erleichtert werden. Wenige ausgewählte Literaturangaben sind in erster Linie als Starthilfen für die Literatursuche in Datenbanken gedacht.

Tabellarische Zusammenstellungen von Zoonosen, die durch Parasiten verursacht werden, und von Parasiten in Lebensmitteln tierischen Ursprungs sollen einen Überblick ermöglichen, welche Parasiten in diesen Bereichen von Bedeutung sind. Im Kapitel „Diagnostik" wird eine Auswahl von Untersuchungsmethoden beschrieben. Ferner sind diagnostisch wichtige Stadien von Parasiten verschiedener Tierarten in Tafeln bildlich dargestellt.

Das Kapitel „Grundlagen der Therapie und Bekämpfung" bietet Informationen zu den verschiedenen Gruppen von Antiparasitika und ihren Wirkungsmechanismen, zur Arzneimittelresistenz, zu Bekämpfungsstrategien und -methoden sowie zur Parasitenbekämpfung unter den Bedingungen des „biologischen Landbaus".

In einem weiteren Kapitel sind Parasiten und Parasitosen verschiedener Tierarten in tabellarischen Übersichten zusammengestellt. Mithilfe dieser Tabellen ist es möglich, sich im Unterricht, der nach Tierarten oder Organsystemen gegliedert ist, rasch eine Übersicht über wichtige Parasiten zu verschaffen und dann auf ausführlichere Angaben in anderen Kapiteln des Buches oder in der Spezialliteratur zurückzugreifen. Ferner finden sich in diesem Kapitel Informationen über Antiparasitika, die zur Anwendung bei den verschiedenen Tierarten eingesetzt werden. Den Abschluss des Buches bilden ein Quellenverzeichnis der Abbildungen, eine Liste mit einer Auswahl von Monografien und Standardwerken sowie ein ausführliches Glossar.

Die Autoren danken ihren Familien sowie ihren Mitarbeiterinnen und Mitarbeitern für die vielseitige Unterstützung bei den Arbeiten für dieses Buch, Frau Buschor-Ehrat für die grafische Gestaltung der Parasitenzyklen, Herrn Dr. Ch. Bauer, Gießen, für wertvolle Ratschläge zur Chemotherapie und den Mitarbeiterinnen und Mitarbeitern des Verlages, insbesondere Frau Dr. U. Arnold, Frau S. Unterberg und Herrn M. Heft, für die gute Zusammenarbeit und ihren großen Einsatz zur Gestaltung des Buches. Unser Dank gilt auch vielen Kollegen, Instituten und Verlagen, die Abbildungen für dieses Buch zur Verfügung gestellt haben (s. Anhang 7.1). Danken möchten wir auch vielen ehemaligen Studentinnen und Studenten, die uns durch ihr kritisches Interesse zu diesem Buch ermuntert haben.

im Sommer 2004
J. Eckert, Zürich
K. T. Friedhoff, Hannover
H. Zahner, Gießen
P. Deplazes, Zürich

Inhaltsverzeichnis

Teil 3 Parasiten und Parasitosen – Metazoa: Helminthen und Myxozoa

Teil 4 Parasiten und Parasitosen – Metazoa: Arthropoda

Teil 5 Zoonosen und Parasiten in Lebensmitteln

Teil 6 Diagnostik

Teil 7 Grundlagen der Therapie und Bekämpfung von Parasitosen

Teil 8 Parasitosen verschiedener Tierarten und ihrer Organsysteme, Antiparasitika und planmäßige Bekämpfung

Teil 9 Anhang

Anschriften

Prof. Dr. med. vet. Peter **Deplazes**
DipEVPC
Vetsuisse-Fakultät und Medizinische Fakultät
Universität Zürich
Winterthurerstraße 266a
8057 Zürich
Schweiz

Prof. Dr. med. vet. Anja **Joachim**
DipEVPC
Veterinärmedizinische Universität Wien
Veterinärplatz 1
1210 Wien
Österreich

Prof. Dr. sc. nat. ETH Alexander **Mathis**
PhD
Vetsuisse-Fakultät und Medizinische Fakultät
Universität Zürich
Winterthurerstraße 266a
8057 Zürich
Schweiz

Prof. Dr. med. vet. Christina **Strube**
PhD
Stiftung Tierärztliche Hochschule Hannover
Bünteweg 17
30559 Hannover
Deutschland

Prof. Dr. med. vet. Anja **Taubert**
DipEVPC
BFS - Biomedizinisches Forschungszentrum Seltersberg
Schubertstraße 81
35392 Gießen
Deutschland

Prof. Dr. med. vet. Georg **von Samson-Himmelstjerna**
DipEVPC
Freie Universität Berlin
Robert-von-Ostertag-Straße 7-13
14163 Berlin
Deutschland

Prof. Dr. med. vet. Horst **Zahner**
Ehemaliger geschäftsführender Direktor des Instituts für Parasitologie
Justus-Liebig-Universität Gießen
Schubertstraße 81
35392 Gießen
Deutschland

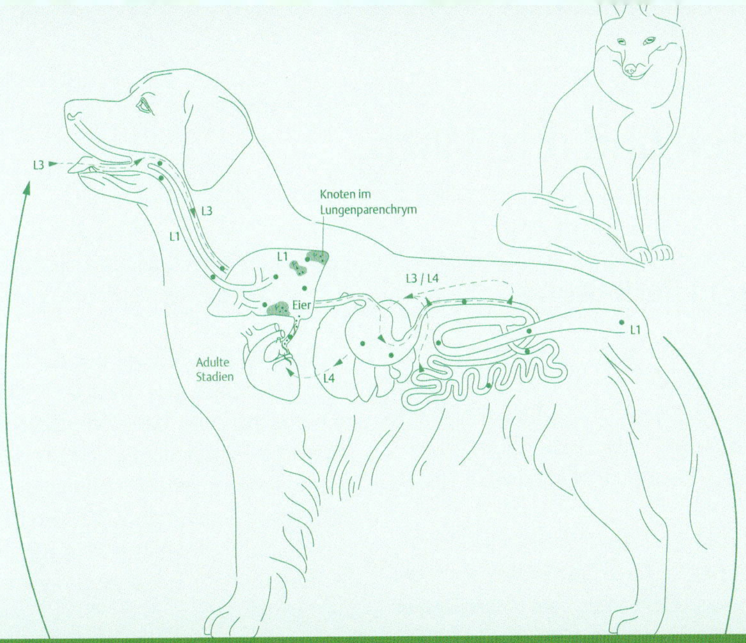

Teil 1
Allgemeine Parasitologie

1 Parasiten und ihre Wirte

1.1 Allgemeines und Bedeutung

Das Wichtigste in Kürze

- Im medizinischen Sprachgebrauch bezeichnet man als **Parasiten** nur **eukaryotische** Krankheitserreger, die zu den **Protozoen** (Einzeller, „Urtiere") und **Metazoen** (Animalia) gehören.
- Ein **Parasit** ist ein Organismus, der sich zeitweise oder dauernd auf oder in einem anderen, artfremden und meist größeren Lebewesen (Wirt) aufhält und auf dessen Kosten lebt. Seine Pathogenität unterscheidet Parasiten von Partnern anderer Lebensformen wie Kommensalen, Mutualisten und Symbionten.
- Parasiten sind Erreger wichtiger **Infektionskrankheiten** und verursachen große wirtschaftliche Schäden. Sie können als **Vektoren** von Infektionserregern (Viren, Bakterien, Protozoen, Nematoden) fungieren, sie verursachen wichtige **Zoonosen** und stellen oft ein Problem der **Lebensmittelhygiene** dar.

Im weiteren Sinne bezieht sich die Bezeichnung „Parasit" auf alle Organismen (Bakterien, Protozoen, Pilze, Pflanzen, Tiere) mit einer parasitischen Lebensweise. Im medizinischen Bereich wird dieser Begriff traditionsgemäß auf eukaryotische Krankheitserreger (Pathogene) beschränkt, die zu den Protozoen oder Metazoen gehören. In der Veterinär- und Humanmedizin gehört die Parasitologie mit der Virologie, Bakteriologie und Mykologie zum Fächerspektrum der Infektiologie.

Die in der Veterinär- und Humanmedizin als Krankheitserreger oder Überträger von Erregern (Vektoren) wichtigen Parasiten gehören zu unterschiedlichen Gruppen (Taxa) der Eukaryota, die in ▸ **Tab. 1.1** vereinfacht und konservativ aufgeführt sind (eine Klassifikation, basierend auf phylogenetischen Verwandtschaften, wurde von Adl et al. 2012 vorgeschlagen).

▸ **Tab. 1.1** Medizinisch wichtige Gruppen (Taxa) von Parasiten im Regnum Eukaryota.

Unterreich[1]	Stamm
Protozoa[2] (Einzeller, Urtiere)	Metamonada, Parabasala, Euglenozoa, Percolozoa, Alveolata, Amoebozoa, Microspora[3]
Metazoa (Animalia, Tiere)	Myxozoa
	Helminthen[2] (Kollektivname): Platyhelmintha (Plattwürmer), Nematoda (Faden- oder Rundwürmer), Acanthocephala (Kratzer)
	Annelida (Ringelwürmer)
	Arthropoda (Gliederfüßer), inkl. Pentastomida (sog. Zungenwürmer)

[1] lateinische Bezeichnungen für die Taxa s. ▸ **Tab. 1.2**
[2] Kollektivbezeichnung ohne phylogenetische Bedeutung
[3] Microspora sind nach neuen Erkenntnissen mit Pilzen (Fungi) verwandt, werden aber traditionell der Parasitologie zugeordnet

Parasiten sind Erreger wichtiger Infektionskrankheiten beim Menschen, wie Malaria, Schlafkrankheit, Toxoplasmose, Bilharziose oder Echinococcose. Auch Haus- und Wildtiere werden häufig von Parasiten befallen, was Leistungsminderungen, Erkrankungen, Todesfälle und andere Schädigungen oder auch Verhaltensänderungen verursachen kann. Daher haben Parasiten weltweit für die Tierhaltung und die Tiermedizin eine erhebliche Bedeutung als

- **Erreger von Erkrankungen** der Haut und innerer Organe bei allen Gruppen von Tieren, die unter der Obhut des Menschen stehen (Rinder, Schafe, Ziegen, Schweine, Geflügel, andere Nutztiere, Pferde, Kleintiere, Heimtiere, Labortiere, Zootiere, Nutz- und Zierfische, Bienen) wie auch bei Wildtieren.
- **Überträger (Vektoren) von Infektionserregern** (Viren, Bakterien, Protozoen, Helminthen).
- **Erreger von Zoonosen,** d. h. von Erkrankungen, deren Erreger zwischen Wirbeltieren und Menschen unter natürlichen Bedingungen zirkulieren können.
- **Problem der Lebensmittelhygiene** (human- und tierpathogene oder ekelerregende Parasiten in Schlachttieren oder in Lebensmitteln tierischen Ursprungs).
- **Erreger,** die beim **Import oder Export von Tieren** zu beachten sind.
- **Aspekt des Tierschutzes,** da Parasitenbefall zu Belästigung und Leiden der Tiere führen kann.
- **Wirtschaftsfaktor,** weil Parasiten weltweit Verluste in der Nutztierhaltung (Leistungseinbußen, Todesfälle) verursachen und bei der Bekämpfung von Parasitosen erhebliche Kosten entstehen. Vor allem in Gebieten mit günstigen Bedingungen für die Entwicklung und Übertragung von Parasiten (z. B. Tropen) oder mangelhafter Futterversorgung der Tiere (z. B. aride Regionen) können Parasitosen die Nutztierhaltung besonders stark beeinträchtigen.

Die **veterinärmedizinische Ausbildung** fokussiert auf die wichtigsten Parasitosen, deren Erkennung und Bekämpfung. Das Studium ermöglicht jedoch auch interessante Einblicke in das weitverbreitete **biologische Phänomen** „Parasitismus" mit seinen komplexen Interaktionen zwischen Parasit, Wirt und Umwelt.

Jeder Organismus steht in Wechselbeziehungen zu seiner Umwelt und zu Individuen der gleichen Art [Autökologie (S. 654)]. Darüber hinaus gibt es vielfältige Beziehungen zwischen verschiedenen Arten von Organismen [Synökologie (S. 665)], zu denen auch bestimmte Lebensformen (Biosysteme) gehören, die durch Körperkontakt zwischen zwei **artfremden Partnern** gekennzeichnet sind und generell als Gast-Wirt-Beziehungen bezeichnet werden. So ist der **Kommensalismus** (S. 661) ein Biosystem, in dem ein Gast (Kommensale) vom Wirt profitiert, ohne diesen zu schädigen. Im **Mutualismus** (S. 661) leben artfremde Organismen (Mutualist und Wirt) zum gemeinsamen Vorteil zusammen, jedoch ohne gegenseitige Abhängigkeit. Die **Symbiose** (S. 665) ist ein regelmäßiges Zusammenleben artfremder Organismen (Symbiont und Wirt), in dem sich beide Partner physiologisch ergänzen und aufeinander angewiesen sind. Zum Kreis solcher Lebensformen gehört auch der **Parasitismus** (S. 663). Parasiten töten ihre Wirte in der Regel nicht oder nicht unmittelbar, doch können sie die Lebensfunktionen der Wirte erheblich beeinträchtigen und auch Erkrankungen und Todesfälle verursachen. Weitere Biosysteme sind beispielsweise **Parasitoidismus** (S. 663) (Raubparasitismus) und **Prädation** (S. 663) (Räubertum). Eine klare Abgrenzung bestimmter Biosysteme, vor allem von Kommensalismus und Parasitismus, ist oft nicht möglich, da es fließende Übergänge gibt und die Gewinn-Verlust-Bilanz aus der Beziehung nicht immer zu ermitteln ist.

Aus ökologischer Sicht ist hervorzuheben, dass Parasiten zwar auf Kosten ihrer Wirte leben, jedoch unter naturbelassenen Bedingungen ihre Wirtspopulation in der Regel nicht gefährden. Dafür sind die im Verlauf der Evolution entstandenen **ökologischen Gleichgewichte** zwischen Wirt- und Parasitenpopulationen verantwortlich. Durch Eingriffe des Menschen in diese Ökosysteme, z. B. durch Veränderungen des Lebensraumes von Wildtieren oder die Art der Haltung unserer Haus- und Nutztiere, können diese Gleichgewichte zugunsten der Parasiten verschoben und dadurch Erkrankungen sowie Todesfälle der Wirte ausgelöst werden.

Zusatzinformation

Nomenklatur, Taxonomie und Systematik von Parasiten

Der Begriff „Parasit“ geht auf den griechischen Terminus *parasitos* zurück und bedeutet „Bei- oder Mitesser“. Ursprünglich bezeichnete man als Parasiten jene Personen, die als Opferbeamte an rituellen Gastmahlen für Gottheiten teilnahmen. Später wurden mit diesem Begriff im Umkreis reicher Adliger jene Personen belegt, die sich – eingeladen oder ungebeten – Zugang zu den Tischgesellschaften verschafften und versuchten, durch Schmeicheleien und Possenreißen etwas von der Tafel abzubekommen. Dieser Typus fand dann Eingang in die griechische Komödie.

Die **Nomenklatur** befasst sich mit der Benennung der Lebewesen, die sich nach internationalen Nomenklaturregeln richtet (International Code of Zoological Nomenclature). Diese schreiben für jedes Lebewesen einen zweiteiligen Namen vor (binominale oder binäre Nomenklatur), von dem der erste die Gattung bezeichnet und der zweite die Art, z. B. *Fasciola hepatica*. Die über einer Art stehenden systematischen Kategorien (Gattung, Familie, Ordnung usw.) sind uninominal, z. B. Gattung *Fasciola*, Familie Fasciolidae. Die Gattungs- und Artnamen dürfen nach den Nomenklaturregeln nicht durch Bindestrich verbunden werden, auch nicht in zusammengesetzten Wörtern – falsch: *Fasciola-hepatica*-Infektion; richtig: *Fasciola hepatica*-Infektion.

Aufgrund ihrer verwandtschaftlichen Beziehungen und gemeinsamer Merkmale werden die verschiedenen Arten von Lebewesen zu Gattungen und weiteren, höheren Gruppen (Kategorien) zusammengefasst, die man als Taxa (Singular: Taxon) bezeichnet (▶ **Tab. 1.2**). Die **Taxonomie** ist die Wissenschaft, die sich mit der Klassifikation der Organismen befasst. Wie ▶ **Tab. 1.2** zeigt, sind die verschiedenen taxonomischen Kategorien zum Teil an den Endungen zu erkennen.

▶ **Tab. 1.2** Taxonomische Kategorien zur Klassifikation von Lebewesen.

Hauptkategorien	Endung	Unter- oder Überkategorien	Endung
Reich (Regnum)	-a	Unterreich (Subregnum)	-a
Stamm (Phylum)	-a	Unterstamm (Subphylum)	-a
Klasse (Classis)	-ea, -a	Überklasse (Superclassis)	-a
		Unterklasse (Subclassis)	-ia
Ordnung (Ordo)	-ida, -a	Überordnung (Superordo)	-idea
		Unterordnung (Subordo)	-ina
Familie	-idae	Überfamilie (Superfamilia)	-oidea
		Unterfamilie (Subfamilia)	-inae
Gattung (Genus)	siehe [1]	Untergattung (Subgenus)	siehe [1]
Art (Species)	siehe [1]	Unterart (Subspecies)	siehe [1]

[1] Die Namen von Arten und Gattungen sind durch die international verbindliche binominale Nomenklatur festgelegt und unveränderbar. Für die Unterfamilie, Familie und Überfamilie sind international bestimmte Endungen vorgeschrieben. Für alle anderen Kategorien bestehen keine internationalen Regeln. In diesem Buch verwenden wir die in dieser Tabelle aufgeführten Endungen mit Ausnahme einiger traditionell festgeschriebener abweichender Endungen.

Die **Systematik** beschreibt die Eigenheiten und Merkmale von Organismen; sie charakterisiert Arten und untersucht die phylogenetischen Beziehungen zwischen verschiedenen Arten. Dabei liefert heute die Genomanalyse wertvolle Informationen. Nach klassischer Definition ist eine **Art** dadurch charakterisiert, dass ihre Individuen eine Fortpflanzungsgemeinschaft bilden. Dieses Kriterium ist aber bei einem Teil der Parasiten kaum zu verifizieren, z. B. bei parasitischen Protozoen oder Helminthen. Daher werden zur Charakterisierung einer Art neben morphologischen und biologischen Kriterien auch genetische Merkmale herangezogen. Letztere sind aber nur dann zur Charakterisierung einer neuen Art geeignet, wenn sie signifikante und breit abgesicherte Besonderheiten im Genom ausweisen. Innerhalb einer Art können sich **Varianten** (engl. *variants*) = **Stämme** (engl. *strains*) mit besonderen Merkmalen und Eigenschaften ausbilden. Als **Genotypen** (S. 658) werden Varianten bezeichnet, die deutliche genetische Besonderheiten aufweisen.
Neue Erkenntnisse, vor allem durch genetische Untersuchungen der verwandtschaftlichen Beziehungen der Lebewesen, sowie bestehende oder neu auftauchende Unklarheiten führen immer wieder zu Änderungen der Systematik und der taxonomischen Klassifikation. Daher findet man in der internationalen Literatur unterschiedliche Klassifikationssysteme der Parasiten. Dieses Lehrbuch enthält selektive und vereinfachte taxonomische Zusammenstellungen (nähere Information s. Spezialliteratur).

Evolution des Parasitismus Der Parasitismus ist eine sehr häufige Lebensform eukaryotischer Organismen (Protozoen, Pilze, Pflanzen, Tiere). Nach Schätzungen sind derzeit rund 1,8 Mio. rezente Eukaryoten-Arten bekannt, darunter ca. 30–50 % Parasiten. Die Zahl der tatsächlich existierenden, noch nicht beschriebenen Arten wird auf 3–30 Mio. geschätzt.

Die in diesem Lehrbuch interessierenden Metazoen und Protozoen weisen unterschiedliche Anteile von Parasiten auf, wie folgende Angaben exemplarisch zeigen (Anzahl der Arten in Klammern): Insekten 39 % (950 000–1 Mio.), Arachnida 17 % (75 000), Nematoda 60 % (26 660), Trematoda 100 % (8000), Cestoda 100 % (5000), Alveolata 40 % (17 035) und Kinetoplastida 97 % (600).

Parasiten haben sich in verschiedenen Perioden der Erdgeschichte in unterschiedlichen Gruppen von Eukaryoten entwickelt. Dabei sind frei lebende Organismen oder bestimmte Entwicklungsstadien von ihnen zu verschiedenen Formen des Parasitismus (▸ **Tab. 1.3**) übergegangen. Diese Adaptation an eine parasitische Lebensweise ist wiederholt und unabhängig in den meisten Gruppen aufgetreten. Der Übergang zur parasitischen Lebensweise ist bei Ektoparasiten leicht nachvollziehbar: Bei Stechmücken besitzen beide Geschlechter Stechapparate zur Aufnahme von Pflanzensäften, auch durch intakte Oberflächen hindurch, was die Weibchen zur Blutaufnahme adaptiert haben. Parasiten des Verdauungstraktes sind an dieses Habitat prä-adaptiert bei einer Lebensweise in Bodensubstraten mit viel organischem Material (wo auch tiefere Sauerstoffkonzentrationen und höhere Temperaturen herrschen). Tatsächlich besitzen einige dieser intestinalen Parasiten (Nematoden) noch frei lebende Stadien. Die Evolution der Myiasis (Parasitosen durch Fliegenlarven) hat über deren Entwicklung in Kot, dann in Kot-verschmierten Körperstellen, über die Besiedlung von Wunden und Körperöffnungen bis zur Körperwanderung zum Wirbelkanal und schließlich zur Rückenhaut (Dasselbeulen) stattgefunden. Blutparasiten waren wohl ursprünglich Darmparasiten entweder der Wirbeltierwirte (etwa Apicomplexa) oder ihrer Insektenvektoren (etwa Trypansomatiden).

Im Verlauf ihrer gemeinsamen Entwicklung (**Koevolution**) üben Parasit und Wirt einen Selektionsdruck auf den anderen Partner aus („evolutionäres Wettrüsten"). Beim Parasiten selektiert dies für morphologische und physiologische Anpassungen, hohe Reproduktionsleistung und Immunevasionsmechanismen. Beim Wirten zwingt dieser Selektionsdruck zu genetischer Vielfalt, was als bedeutender Faktor bei der Generierung von Biodiversität betrachtet wird. Eine Hypothese besagt, dass die Entstehung der sexuellen Vermehrung und die mit ihr einhergehende Rekombination und Schaffung neuer genetischer Variabilität als Waffe in diesem Wettrüsten entstand.

Im fortgeschrittenen Stadium der Evolution kann eine Balance entstehen, die dem Parasiten das Überleben und die Fortpflanzung sichert, ohne den Wirt wesentlich zu schädigen.

Befunde der Paläoparasitologie belegen, dass sich parasitische Lebensformen schon früh im Verlauf der Erdgeschichte entwickelt haben. So fanden sich in Bernstein aus der Kreidezeit (vor 65–145 Mio. Jahren) gut erhaltende Einschlüsse u. a. von einer Schildzeckenlarve, in entsprechenden Proben aus dem Oligozän (35–40 Mio. Jahre) waren Flöhe und Läuseeier an Haaren identifizierbar, *Ascaris*-Eier wurden in etwa 30 000 Jahre alten Sedimenten in einer Höhle in Frankreich gefunden; in ägyptischen Mumien verschiedener Dynastien fanden sich Eier von Schistosomen, eine *Taenia*-Art oder andere Parasiten (u. a. *Dracunculus, Ascaris*). Schließlich sei erwähnt, dass in der 1991 in den Ötztaler Alpen (Südtirol, IT) entdeckten, ca. 3300 Jahre alten Gletschermumie (bekannt als „Ötzi") *Trichuris*-Eier gefunden wurden. Diese und viele andere Befunde belegen, dass Tiere und Menschen schon in Urzeiten von Parasiten befallen waren.

Gene und Genome von Parasiten Parasiten teilen die meisten Gene mit frei lebenden Organismen; im Vergleich zu den am nächsten verwandten, frei lebenden Organismen (welche aber nicht immer einfach zu identifizieren sind) sind die Genome von Parasiten kleiner, was ihren reduzierten Phänotyp und ihr Ausnutzen des Wirtsstoffwechsels reflektiert. Dies wird durch Genom-Reduktion (Verlust von genetischer Information, etwa von metabolischen Enzymen) und Kompression (kürzere

Proteine, weniger nichtkodierende Sequenzen) erreicht. So besitzen intrazelluläre, an spezifische Wirte angepasste Protozoen Genome in der Größenordnung von Bakterien. Die Kopflaus *Pediculus humanus* hat eines der kleinsten Genome im gesamten Insektenreich. Andererseits wurden Genfamilien ausgeweitet, die etwa in der Immunevasion (z. B. Proteasen bei Helminthen, variable Oberflächenantigene bei Protozoen) oder Motilität/Zellinvasion (Myosin-Gene bei *Toxoplasma gondii*) eine Funktion haben. So besitzt *T. gondii* etwa ⅓ so viele Gene wie der Mensch, dies aber bei einer Genomgröße von nur 1 % im Vergleich zum Menschen.

Vergleichende Genomanalysen, etwa von Cestoden oder Nematoden, zeigten jeweils eine riesige Diversität; dies illustriert, dass jeder Parasit seine eigene spezifische Evolution durchlaufen hat, und es erschwert auch die Identifikation von Parasiten-spezifischen Genen.

Genetik und **Molekularbiologie** spielen in vielen Bereichen der Parasitologie eine wichtige Rolle, u. a. in der **molekularen Phylogenie,** der Pathogenese (Parasit-Wirt-Interaktionen, etwa durch Transkriptom- und Proteom-Analysen), **Immunologie** (z. B. Identifikation antigenkodierender Gene und die gentechnische Herstellung von Antigenen zur Produktion von Impfstoffen), in der **Diagnostik** (z. B. PCR, DNA-Sequenzanalyse) und in der **Epidemiologie** (z. B. Charakterisierung der Populationen von Parasiten und Wirten oder Nachweis von Erregerstadien in der Umwelt mit molekularen Methoden).

1.2 Parasiten und ihre Eigenschaften

Das Wichtigste in Kürze

- Parasiten werden in **verschiedene Kategorien** eingeteilt (▶ **Tab. 1.3**), z. B. je nach Aufenthalt am oder im Körper in **Ektoparasiten** und **Endoparasiten**, je nach Abhängigkeit vom Wirt in **obligate**, **fakultative** oder **opportunistische** Parasiten.
- Parasiten weisen in Anpassung an ihre Lebensform unterschiedlich stark ausgeprägte Besonderheiten auf, u. a. spezialisierte Baupläne und Stoffwechselwege, oft hohe Reproduktionsraten und große Populationsdichten sowie eine Spezialisierung auf bestimmte Wirtsarten (Wirtsspezifität) und deren Organsysteme (Haut, Blut, Respirationstrakt, Leber, Darm). Parasiten mit engem **Wirtsspektrum** sind **stenoxen**, solche mit breitem Wirtsspektrum **euryxen**.
- In ihren oft komplizierten **Entwicklungszyklen** bilden die Parasiten verschiedene Stadien mit unterschiedlichen Eigenschaften. Diese Stadien sind innerhalb oder außerhalb von Wirten oft extrem unterschiedlichen Lebensbedingungen ausgesetzt. Die Zyklen können je nach Parasitenart obligat oder fakultativ mit einem oder mit mehreren **Wirtswechseln** und teils auch mit einem **Wechsel der Fortpflanzungsweise** (Generationenwechsel) verbunden sein.

▶ **Tab. 1.3** Wichtige Kategorien von Parasiten.

Einteilungskriterium	Kategorie	Definition
Aufenthaltsort am oder im Wirt	**Ektoparasiten**	Parasiten, die auf oder in der Haut oder in Hohlräumen leben, die mit der Außenwelt in unmittelbarer Verbindung stehen (z. B. äußerer Gehörgang, Kiemenräume von Fischen)
	Endoparasiten	Parasiten im Inneren eines Wirtes
Organlokalisation am oder im Wirt	**Haut-, Organ-, Gewebe-, Blutparasiten u. a.**	Parasiten der Haut, bestimmter Organe und Gewebe sowie des Blutes
Grad der Abhängigkeit vom Wirt	**obligate Parasiten**	Organismen, die auf die parasitische Lebensweise angewiesen sind
	fakultative Parasiten	Organismen mit gelegentlicher parasitischer Lebensweise
	opportunistische Parasiten	Parasiten, die einen Wirt bei günstigen Bedingungen (z. B. bei geschwächter Immunabwehr) befallen und schädigen können
Dauer des Kontaktes zum Wirt	**temporäre Parasiten**	Parasiten, deren parasitische Stadien nur kurze Zeit am oder im Wirt leben
	stationäre Parasiten	Parasiten, deren parasitische Stadien dauernd am oder im Wirt leben
parasitische Phasen im Entwicklungszyklus	**permanente Parasiten**	Parasiten, die in allen Entwicklungsstadien parasitisch leben
	periodische Parasiten	Parasiten, die nicht in allen Entwicklungsstadien parasitisch leben
Art des Lebenszyklus	**homoxene Parasiten**	Parasiten mit direktem Lebenszyklus, ohne Wirtswechsel (z. B. *Giardia*, *Eimeria*, *Haemonchus*)
	heteroxene Parasiten	Parasiten mit indirektem Lebenszyklus, mit Wirtswechsel (z. B. *Leishmania*, *Echinococcus*, *Fasciola*)
Grad der Wirtsspezifität	**monoxene (stenoxene) Parasiten**	Parasiten (Stadien) mit engem Wirtsspektrum
	euryxene Parasiten	Parasiten (Stadien) mit breitem Wirtsspektrum

- Die **Wirtsfindung** kann aktiv durch die Parasiten selbst oder deren Vektoren mithilfe verschiedener Orientierungssysteme erfolgen (z. B. bei Zecken, Insekten, Helminthen) oder die Parasiten gehen passiv auf den Wirt über, z. B. bei der Aufnahme von Infektionsstadien (Oocysten, Cysten, Eier, Larven) mit der Nahrung oder dem Trinkwasser. Wenn sich Parasitenstadien in einem **Vektor** weiterentwickeln, spricht man von **zyklischer Übertragung,** ist dies nicht der Fall, von **azyklischer Übertragung**.

Die Ansteckung (Kolonisation) des Wirtes (**Infektion** für Endo-, **Infestation** für Ektoparasiten) des Wirtes erfolgt auf verschiedenen Wegen: per os, durch andere Körperöffnungen, perkutan, diaplazentar oder transmammär. Im Verlauf der Infektion werden die Infektionsstadien durch Signale im Wirt zur **Weiterentwicklung** und **Habitatwahl** stimuliert; hierüber ist noch wenig bekannt. Intrazellulär lebende Parasiten müssen zunächst durch molekulare Interaktionen mit Rezeptoren der Zelloberfläche ihre Wirtszelle erkennen, bevor sie in diese eindringen oder von ihr aufgenommen werden.

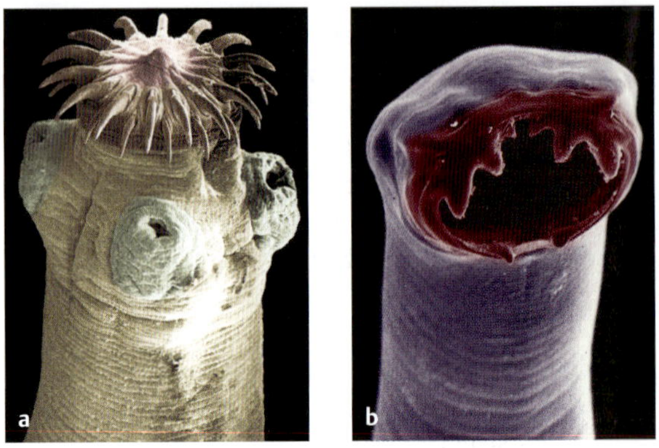

▶ **Abb. 1.1** Anpassungen an die parasitische Lebensweise.
a Scolex eines Bandwurmes der Gattung *Taenia* mit Hakenkränzen und Saugnäpfen als Haftorgane (Quelle: Heinz Mehlhorn, Heinrich-Heine-Universität Düsseldorf)
b Vorderende eines Hakenwurmes (*Ancylostoma caninum*) mit zahnartigen Strukturen an der Mundöffnung (REM-Aufnahmen, koloriert) (Quelle: Heinz Mehlhorn, Heinrich-Heine-Universität Düsseldorf)

Kategorien von Parasiten Die Parasiten werden aufgrund bestimmter Kriterien in unterschiedliche Kategorien eingeteilt (▶ **Tab. 1.3**). Von **Pseudoparasiten** spricht man, wenn frei lebende Organismen zufällig auf oder in einen Wirt geraten. Beispiele dafür sind nichtparasitische Insekten, die sich im Haarkleid von Tieren verfangen haben, oder Fliegenlarven, die von einem Wirt akzidentell mit der Nahrung aufgenommen und unverändert im Kot ausgeschieden werden.

Parasiten unterscheiden sich durch bestimmte Eigenschaften von frei lebenden Organismen; einige wichtige werden hier erwähnt.

Anpassungen des Bauplanes Diese Anpassungen äußern sich z. B. bei metazoischen Parasiten (Helminthen, Arthropoden) in bestimmten Körperformen (dorsoventrale oder seitliche Abflachung), im Verlust der Flügel bei parasitischen Insekten, in der Ausbildung besonderer Haft- und Klammer- oder Penetrationsorgane und spezieller Mundwerkzeuge (▶ **Abb. 1.1**), in der Reduktion oder im Fehlen von Lichtsinnesorganen, in der spezialisierten Anpassung von Mechano- und Chemosensoren sowie häufig auch in der Entwicklung besonders leistungsfähiger Geschlechtsorgane, die eine Voraussetzung für eine hohe Reproduktionsrate sind. Bandwürmer, die im Darm des Wirtes in einem „Meer von Nahrung schwimmen", haben keinen Verdauungstrakt. Sie nehmen die Nährstoffe über die Körperoberfläche auf, die mit mikrovilliähnlichen Strukturen ausgestattet ist (▶ **Abb. 10.32d**).

Physiologische Anpassungen Wichtig sind physiologische Anpassungen, die Parasiten ein Leben innerhalb von Körperzellen, in verschiedenen Organsystemen und Wirtsarten oder in der Außenwelt ermöglichen. Diese Anpassungen machen einen Wechsel der Entwicklungsstadien der Parasiten zwischen artfremden Wirten (z. B. Vertebrat – Insekt), zwischen verschiedenen Organsystemen im Wirt (z. B. Darm – Leber – Lunge) oder zwischen Wirt und Außenwelt möglich. So haben die frei lebenden Stadien parasitischer Nematoden meist einen aeroben Stoffwechsel und sind in der Lage, Kohlenhydrate zu CO_2 und Wasser abzubauen. Hingegen decken die in einem Wirt lebenden adulten Nematoden ihren Energiebedarf vorwiegend durch anaeroben Katabolismus und scheiden unvollständig abgebaute Produkte des Kohlenhydratstoffwechsels aus, z. B. Succinat, Pyruvat oder flüchtige Fettsäuren (z. B. *Ascaris*) oder vorwiegend Lactat (die meisten Blut- und Gewebeparasiten). Allgemein gibt es bei Parasiten vielfältige Spezialisierungen des Stoffwechsels, u. a. bei der Energiegewinnung, der Nucleotid-Synthese, beim Lipidstoffwechsel und den Antioxidans-Mechanismen (Näheres s. Köhler 2006).

Wirtsspezifität Unter Wirtsspezifität versteht man die Beschränkung einer Parasitenart in einem bestimmten Entwicklungsstadium auf eine oder mehrere Wirtsarten, die ihr die notwendigen Lebensbedingungen bieten. Je nachdem, ob ein Parasit ein breites oder enges Wirtsspektrum hat, spricht man von **euryxenen** oder **stenoxenen** Parasiten (▶ **Tab. 1.3**). Die Wirtsspezifität ist eine genetisch fixierte Eigenschaft der einzelnen Parasitenarten bzw. von Entwicklungsstadien und Ausdruck der molekularen, morphologischen, physiologischen und immunologischen Anpassung an den Wirt oder eine Wirtsgruppe. Die physiologischen und molekularen Grundlagen der Wirtsspezifität sind noch wenig erforscht.

Reproduktionsrate Viele Parasitenarten zeichnen sich durch hohe Reproduktionsraten und Populationsdichten aus. Ein einziger in der Leber des Menschen lokalisierter

Meront von Malaria-Erregern kann bis 10^5 Einzelerreger (Merozoiten) enthalten. Ein Bandwurm der Gattung *Taenia* setzt täglich bis 10^6 Eier frei, ein Spulwurm der Gattung *Ascaris* bis 2×10^5 und der Große Leberegel (*Fasciola hepatica*) bis 2×10^4. Durch ungeschlechtliche Vermehrung in Zwischenwirten (z. B. *Fasciola, Toxoplasma*) kann die Zahl von Parasitennachkommen noch zusätzlich erhöht werden.

Wirtsfindung Parasiten gelangen entweder aktiv oder passiv zu ihren Wirten. **Aktiv** suchen z. B. bestimmte Insekten- und Schildzeckenarten ihre Wirte auf. Verschiedene tagaktive Mücken und Fliegen orten ihre Wirte vor allem optisch, zum Teil auch olfaktorisch. Die optische Orientierung spielt bei Schildzecken (S.413) nur ausnahmsweise eine Rolle (z. B. bei der Kamelzecke *Hyalomma dromedarii*), dafür ist aber die Fähigkeit zur Orientierung nach chemischen Signalen stark ausgeprägt. Auch gewisse Stadien von Helminthen suchen ihre Wirte aktiv auf. Die im Wasser aus der Eihülle geschlüpften Miracidien von *Fasciola hepatica* führen zunächst ungerichtete Schwimmbewegungen aus, orientieren sich dann zum Licht und zur Wasseroberfläche und werden dadurch zu den Habitaten geleitet, in denen ihre Zwischenwirte (Wasserschnecken) leben. Auf kurze Distanzen werden die Miracidien durch von den Schnecken ausgeschiedene Glykokonjugate angelockt.

Passiv können infektiöse Parasitenstadien aus der Umwelt direkt auf einen Wirt übergehen, wenn sie mit der Nahrung oder dem Trinkwasser aufgenommen werden. Beispiele hierfür sind die unbeweglichen Cysten oder Oocysten von Protozoen (*Giardia, Entamoeba, Eimeria, Toxoplasma* u. a.), die Eier verschiedener Bandwurm- und Nematodenarten sowie die beweglichen Infektionslarven von Strongyliden. In einigen Fällen begünstigt das Verhalten der infektionsfähigen Larven die passive Aufnahme durch einen Wirt. So wandern die infektiösen Larvenstadien von Trichostrongyliden von ihrem Entwicklungsort, einem Kothaufen eines Wiederkäuers, auf Pflanzen und erhöhen damit ihre Chance, von einem Weidetier aufgenommen zu werden. Infektionslarven des Rinderlungenwurmes (*Dictyocaulus viviparus*) oder von Trichostrongylidenarten werden auch durch die kapselartigen Sporangien des im Rinderkot wachsenden Pilzes *Pilobolus kleinii* („Pillenwerfer“) verbreitet. Die Larven wandern auf die Sporangien auf, werden mit diesen vom Kothaufen wegkatapultiert und erreichen so Futterpflanzen. Die Strategie des direkten und passiven Übergangs von Parasitenstadien auf einen Wirt setzt ein hohes Reproduktionspotenzial voraus und wird dadurch begünstigt, dass die Stadien in der Außenwelt zum Teil Wochen bis Jahre überleben können. Viele Parasitenarten gelangen durch **Prädation** in einen neuen Wirt. So werden Infektionslarven bestimmter Bandwurmarten, die sich in Nagetieren entwickeln, mitsamt den Beutetieren von Carnivoren aufgenommen, in denen sich dann die adulten Bandwürmer entwickeln (**phagäre Übertragung**). In ähnlicher Weise können infektiöse Stadien bestimmter Arten von Protozoen (z. B. Cysten von *Toxoplasma gondii*) oder Helminthen (z. B. Larven von Trichinellen, anderen Nematoden, von Cestoden oder Trematoden), die sich in Tieren entwickeln, durch Rohverzehr von Muskulatur oder Organen auf den Menschen oder andere empfängliche Wirte übertragen werden. Vielfach übertragen **Vektoren** infektiöse Parasitenstadien auf einen Wirt, entweder beim Stich (**inokulative = alimentäre Übertragung**) oder beim Absetzen von Kot oder anderen Ausscheidungen (**kontaminative = exkretorische Übertragung**). Wenn sich die Parasitenstadien in einem Vektor weiterentwickeln, spricht man von **zyklischer Übertragung**. Erfolgt im Vektor keine Weiterentwicklung des Parasiten, bezeichnet man die Übertragung als **azyklisch**. In einigen Fällen begünstigen besondere **Verhaltensweisen infizierter Vektoren** die Übertragung von Infektionslarven auf einen Wirt. Ein eindrückliches Beispiel dafür bietet der Kleine Leberegel (*Dicrocoelium dendriticum*) (S. 188), von dem sich ein Larvalstadium im Zentralnervensystem des Zwischenwirtes, einer Ameise, ansiedelt und dadurch Verhaltensänderungen verursacht. Diese führen dazu, dass sich infizierte Ameisen bei kühlen Temperaturen an Weidepflanzen festbeißen und sich so Weidetieren geradezu zum Fraß anbieten.

Infektion und Infestation Ein Erreger kann auf verschiedenen **Übertragungswegen** einen Wirt erreichen. Diese **Ansteckung** führt zur Kolonisation oder zur Infektion/Infestation. Heute hat sich für **Endoparasiten** der Terminus **Infektion** durchgesetzt, für **Ektoparasiten** der Begriff **Infestation**. Bei der **Kolonisation** handelt es sich um eine oberflächliche Besiedlung der Haut oder der Schleimhäute ohne ersichtliche Folgen.

Zum Eintritt in einen Wirt benutzen die Parasiten verschiedene **Infektionswege:** peroral (oder per os) (durch die Mundöffnung), perkutan (durch die Haut), diaplazentar (über die Plazenta) und transmammär (über die Milchdrüse) mit anschließender Übertragung der Infektionsstadien durch die Muttermilch (= laktogene Übertragung). Außer der Mundöffnung können Erreger auch andere Körperöffnungen als Eintrittspforten benutzen, z. B. den Genitaltrakt (Deckinfektionen), die Nasenöffnungen (nasale Infektion) oder den Gehörgang (otogene Infektion). Ausdrücklich sei auf die Möglichkeit der iatrogenen Erregerübertragung hingewiesen, z. B. bei der Blutentnahme oder Injektion (kontaminierte Kanülen!), der Bluttransfusion oder anderen medizinischen Handlungen. Nach dem Zeitpunkt unterscheidet man unter anderem folgende Infektionen (S.659): die **pränatale Infektion** (vor der Geburt), die **perinatale** (während der Geburt) und die **postnatale Infektion** (nach der Geburt), nach der Ausbreitung in einer Wirtspopulation die **horizontale** und die **vertikale Infektion**.

Entwicklung von Parasiten Parasiten durchlaufen komplexe Entwicklungszyklen, in denen verschiedene Stadien mit unterschiedlichen Eigenschaften gebildet werden. Dadurch werden die Parasiten in die Lage versetzt, in verschiedenartigen Habitaten zu leben und sich zu entwickeln. Grundsätzlich unterscheidet man zwischen direkter und indirekter Entwicklung. In die **direkte Entwicklung** ist nur 1 Wirtsart einbezogen (homoxene Entwicklung, ▶ **Tab. 1.3**). Dabei werden infektiöse Stadien des Parasiten direkt zwischen 2 artgleichen Wirtsindividuen übertragen, häufig erst nach einer längeren Aufenthaltsdauer und Weiterentwicklung von Parasitenstadien in der Außenwelt. An der **indirekten Entwicklung** beteiligen sich mehrere verschiedene Wirtsspezies (heteroxene Entwicklung, ▶ **Tab. 1.3**), z. B. ein Wirbeltier als Endwirt sowie Invertebraten (Mollusken, Arthropoden etc.) als Zwischenwirte. Dabei führt der Parasit einen oder mehrere **Wirtswechsel** (S. 668) durch. Neben obligaten Wirtswechseln gibt es bei bestimmten Parasitenarten auch fakultative Wirtswechsel. In der Entwicklung kann es ebenfalls zum Wechsel der Vermehrungsweise, d. h. zu einem **Generationenwechsel** (S. 658), kommen. Darunter versteht man den Wechsel zwischen einer geschlechtlichen und verschiedenen Formen der ungeschlechtlichen Vermehrung.

Außerdem verfügen die in der Außenwelt vorkommenden Entwicklungsstadien vieler Parasiten (z. B. Oocysten von Kokzidien, Spulwurmeier, Puppen von Flöhen) über eine sehr hohe Tenazität bzw. Überlebensdauer, die ein wichtiger Aspekt der Epidemiologie der jeweiligen Parasiten darstellt. Einige Arten von Nematoden können zudem im Wirt ihre Entwicklung verzögern oder unterbrechen und in eine sog. Phase der Hypobiose (S. 659) eintreten, was eine monate- bis jahrelange Persistenz ermöglicht (bei Strongyliden der Wiederkäuer ein Überdauern während ungünstiger Umweltbedingungen wie Winter oder Trockenperioden). Arthropoden unterbrechen ihre Entwicklung bei kürzer werdenden Tagen (Diapause).

Die Ansiedlung eines Parasiten in oder an einem Vertebratenwirt bedeutet für ihn einen Wechsel in einen neuen Lebensraum, der sich physikochemisch und molekular von dem vorherigen (Außenwelt, Zwischen- oder Transportwirt) zum Teil drastisch unterscheidet. Dies wird besonders deutlich bei **Endoparasiten,** die im neuen Lebensraum mit einer Vielzahl von **Anforderungen** konfrontiert sind:

- **Wahrnehmung von Signalen,** die veränderte Umweltbedingungen anzeigen und Impulse zur Weiterentwicklung geben.
- **Auswahl geeigneter, artspezifischer Habitate im Wirt,** z. B. im Magen-Darm-Trakt, in der Lunge, in Blutgefäßen und in Körperzellen. Viele Parasitenarten müssen durch verschiedene Organsysteme wandern – z. B. bestimmte Nematodenarten vom Darm über Leber und Lunge zurück zum Darm –, bevor sie sich in ihrem Zielhabitat ansiedeln können, wo sich geschlechtsreife Stadien entwickeln. Diese Wanderungen sind art- oder gattungsspezifisch und setzen voraus, dass die Parasiten über Mechanismen zur Erkennung geeigneter Habitate verfügen. Parasiten mit intrazellulärer Lebensweise müssen geeignete Wirtszellen zunächst durch molekulare Interaktionen erkennen, bevor sie das Zellinnere besiedeln können. Zur Infektion der Wirtszellen haben die verschiedenen Gruppen von Protozoen unterschiedliche Strategien entwickelt (s. u.).
- **Anpassung des Stoffwechsels an die Bedingungen im Wirt.** So müssen z. B. Nematoden ihren vorwiegend oxidativen Metabolismus vom Leben in der Umwelt mit hohem O_2-Gehalt auf einen anaeroben, glykolytischen Weg beim Leben im sauerstoffarmen Darmlumen umstellen (S. 21). Dies erfordert eine metabolische Plastizität der verschiedenen Entwicklungsstadien der betreffenden Nematodenart. Außerdem müssen die Geschlechtsprodukte so programmiert werden, dass ihr Überleben in der Umwelt oder in einem Zwischen- oder Transportwirt gesichert ist.
- **Anpassung an das Habitat im Wirt.** Entwicklungsstadien von Parasiten sind zum Teil den Einflüssen eines aggressiven Milieus (z. B. Salzsäure und Pepsin im Magen) und den Abwehrkräften des Wirtes ausgesetzt, die Anpassungen an diese Bedingungen erfordern.
- **Einfügen in komplexe Biozönosen (S. 655).** Bestimmte Parasiten müssen in der Lage sein, in komplexen Biozönosen zu überleben. Im Dickdarm des Pferdes bilden z. B. zahlreiche Organismen eine Lebensgemeinschaft, die aus vielen Nematodenarten (u. a. kleine Strongyliden) sowie zahlreichen Arten symbiontischer oder kommensalischer Protozoen und Bakterien bestehen kann.
- **Findung der Geschlechtspartner.** Bei getrenntgeschlechtlichen Parasiten, z. B. bei Nematoden, müssen sich Männchen und Weibchen zur Begattung zusammenfinden. Eine chemotaktische Anlockung wurde zwischen *Schistosoma mansoni*-Männchen und -Weibchen in vitro beobachtet, die zur Partnerfindung auch im Wirt in den Blutgefäßen beitragen könnte. Ferner müssen die Geschlechtsprodukte (Eier, Larven) in ausreichender Zahl in die Umwelt oder in einen Vektor gelangen.
- **Regelmechanismen der Habitatwahl und der Entwicklung.** Eine besonders interessante und wichtige Frage ist die nach den physiologischen und molekularen Regelmechanismen der Habitatwahl und der Entwicklung von **Endoparasiten** in Vertebraten oder anderen Wirten.
  - **Nematoden.** Frei lebende Nematoden können sich in der Außenwelt nach chemischen Gradienten orientieren. *Caenorhabditis elegans* ist in der Lage, wasserlösliche Substanzen im mikromolaren und flüchtige Moleküle im pikomolaren Bereich wahrzunehmen; außerdem können verschiedene und auch

strukturell sehr ähnliche Substanzen differenziert werden. Bei **parasitierenden Nematoden** ist eine solche Orientierung unwahrscheinlich, weil sich z. B. im Magen-Darm-Trakt mit seiner Peristaltik und seinen Turbulenzen chemische Gradienten kaum aufbauen können. Offenbar orientieren sich Helminthen im Wirt nicht nach chemischen Gradienten, sondern eher nach einzelnen Signalen, die konstant an bestimmten Positionen des Weges wie eine Art Wegweiser auftreten. Diese Verhaltensweisen werden englisch als *‚fixed action patterns‘* bezeichnet, die genetisch festgelegt sind und bei bestimmten Schlüsselreizen stereotyp ablaufen. Dafür gibt es einige experimentelle Hinweise. Nach peroraler Infektion von Ratten dringen die Larven des Nematoden *Heligmosomoides polygyrus* in die Dünndarmschleimhaut ein, durchwandern diese und encystieren sich subserös an der Darmwand. Auslösendes Signal für das Eindringen in die Mukosa ist der Kontakt mit Galle, die dem vorderen Duodenum durch den Ductus choledochus zugeführt wird. In dieser Kontaktzone, in der das Signal „Galle“ auftritt, dringen die meisten Larven in die Mukosa ein. Wenn bei Ratten die Mündung des Ductus choledochus operativ nach distal verschoben wird, dringt auch die Mehrzahl der Larven weiter distal in die Darmmukosa ein, sogar im Dickdarm. Bei dieser Nematodenart genügt offenbar ein einziges konstantes Signal als Auslöser und Wegweiser zur Habitatwahl. Ähnliche Beobachtungen liegen auch für *Trichinella spiralis* vor. Die *‚fixed action patterns‘* können auch durch eine Signalkette ausgelöst werden, z. B. bei *Fasciola hepatica* (Trematoda): Nach peroraler Aufnahme der infektiösen und von einer Hülle umgebenen Metacercarien werden diese im Vormagensystem u. a. durch die hohen CO_2-Konzentrationen aktiviert, das Schlüpfen aus der Hülle erfolgt im vorderen Dünndarm unter dem Einfluss von Gallensäuren, die gleichzeitig das Signal zur Durchwanderung der Darmwand geben. In der Peritonealhöhle migrieren die jungen Leberegel zur Leber; wie sich die Parasiten dabei orientieren, ist nicht bekannt. Diese Daten geben einige Hinweise auf die Mechanismen der Habitatwahl, sie bieten aber noch keine befriedigenden Erklärungen dafür.

- **Protozoen.** Intrazellulär lebende Protozoen müssen geeignete Zielzellen finden und in diese eindringen, ohne sie zu zerstören. Verschiedene Invasionsmechanismen werden in den speziellen Kapiteln beschrieben [z. B. Babesien (S. 132), Leishmanien (S. 72) und Toxoplasmen (S. 101)].

- **Körperwanderungen bei Endoparasiten.** Wie sich die Parasiten auf den komplizierteren Körperwanderungen orientieren und welche Stimuli für die Weiterentwicklung nötig sind, ist noch weitgehend unbekannt. Ungeklärt ist auch, warum Endoparasiten zum Teil „abenteuerlich“ anmutende Körperwanderungen durchführen [z. B. *Strongylus vulgaris*, ▶ **Abb. 11.12**, oder *Toxocara canis* (S. 336)], von denen man annimmt, dass sie für die Parasiten einen Überlebensvorteil bieten. Nach einer Hypothese umgehen bestimmte Helminthenarten durch die Körperwanderung die Immunreaktion an den Schleimhäuten des Verdauungstraktes, die zu einer Elimination der Parasiten führen kann. Allerdings existieren auch zahlreiche Beispiele von Parasiten, die sich unmittelbar im Darm entwickeln und dort längere Zeit dank verschiedener Immunevasionsmechanismen (S. 34) persistieren.
- Bei **Ektoparasiten** erscheint der Übergang zur parasitischen Lebensweise auf den ersten Blick einfacher zu sein, doch sind auch hier biologisch komplexe und effiziente Strategien im Spiel. Ektoparasiten, vor allem jene, die in engem Kontakt zu ihrem Wirt stehen und sich längere Zeit auf ihm aufhalten, werden mit verschiedenen Abwehrmechanismen (S. 28) konfrontiert.

1.3 Wirte und ihre Eigenschaften

Ähnlich wie die Parasiten werden die Wirte in verschiedene Kategorien eingeteilt, von denen einige in ▶ **Tab. 1.4** aufgeführt sind.

Wirte können grundsätzlich für eine oder mehrere Parasitenarten unempfänglich oder empfänglich sein. **Unempfängliche Wirte** bieten aufgrund ihrer genetischen Konstitution und der anatomisch-physiologischen Bedingungen bestimmten Parasiten keine geeigneten Invasions- und Lebensbedingungen. Die **empfänglichen Wirte** bieten einem oder mehreren Stadien einer Parasitenart Entwicklungsmöglichkeiten. So ist der Mensch der einzige natürliche Endwirt für die im Dünndarm lebenden Bandwurmarten *Taenia saginata* und *Taenia solium*. Die geschlechtliche Entwicklung des Protozoons *Toxoplasma gondii* ist nur im Dünndarm von Feliden möglich, die ungeschlechtlichen Gewebestadien finden aber in einem breiten Spektrum von Säugern (einschl. Feliden) und Vögeln günstige Entwicklungsbedingungen.

▶ **Tab. 1.4** Kategorien von Wirten (Auswahl).

Kategorie	Definition
Endwirt (Definitivwirt)	Wirt, in dem sich geschlechtliche Stadien des Parasiten entwickeln (z. B. *Fasciola hepatica* in Wiederkäuern)
Zwischenwirt (Intermediärwirt)	Wirt, in dem ein Parasit obligat einen Teil der Entwicklung durchlaufen muss und sich dabei ungeschlechtlich vermehren kann (z. B. Larvalstadien von *Fasciola hepatica* in bestimmten Arten von Wasserschnecken)
Paratenischer Wirt (Transport-, Sammel- oder Stapelwirt)	Wirt, der larvale Stadien (gewöhnlich infektiöse Stadien) von Parasiten beherbergt, die sich aber nicht weiterentwickeln oder vermehren (z. B. infektiöse Larven von *Toxocara canis* in Mäusen)
Hauptwirt (Normalwirt, Vorzugswirt)	Wirt, in oder an dem eine Parasitenart am häufigsten gefunden wird (z. B. *Echinococcus multilocularis* in Mitteleuropa im Fuchs)
Nebenwirt	Wirt, in dem eine Parasitenart weniger häufig gefunden wird (z. B. *E. multilocularis* in der Katze)
Fehlwirt (aberranter Wirt)	Wirt, in dem sich ein Parasit ansiedeln und zum Teil auch weiterentwickeln kann, der aber bei der Übertragung der Infektion aus biologischen Gründen (keine Ausbildung infektiöser Stadien, z. B. Juvenilstadien von *Dirofilaria immitis* im Menschen) oder aus ökologischen Gründen (keine Prädation, z. B. Mensch als Wirt für Metacestoden von *Echinococcus*) keine Rolle spielt

1.4 Pathogenität und Schadwirkungen von Parasiten

Das Wichtigste in Kürze

Schadwirkungen von Parasiten und die Pathogenese werden durch parasitenbedingte Faktoren (u. a. Zell- und Gewebeschäden, Entzug von Substraten, Beeinflussung des Wirtsstoffwechsels) sowie durch wirtsbedingte Reaktionen (Entzündungsreaktionen, Immunabwehr) geprägt.

Definitionsgemäß besitzen Parasiten ein Pathogenitätspotenzial, das jedoch nicht immer deutlich in Erscheinung tritt, da die Schadwirkung auch durch den Grad der Empfänglichkeit und die Abwehrlage des Wirtes mitbestimmt wird.

Pathogenität und Virulenz Die **Pathogenität** (S.663) ist eine Eigenschaft einer Erregerart. Innerhalb dieser Art können jedoch verschiedene Stämme oder Stadien einen unterschiedlich stark ausgeprägten Pathogenitätsgrad aufweisen, den man als **Virulenz** (S.668) bezeichnet (hoch bis schwach virulent oder avirulent). Diesen Eigenschaften des Erregers stehen jene der **Wirte** gegenüber. Eine Wirtsart ist aufgrund ihrer genetischen Konstitution für einen Infektionserreger **unempfänglich** oder **empfänglich**. Innerhalb einer grundsätzlich empfänglichen Wirtsart kann es Subpopulationen oder Individuen geben, die für einen Infektionserreger **voll empfänglich** oder aber **partiell resistent** sind. Bei dieser Resistenz handelt es sich um eine angeborene Eigenschaft, die von der **Immunität** (S.24) abzugrenzen ist.

Parasitenspezies können in verschiedenen Wirtsarten unterschiedlich pathogen sein. So ist der Große Leberegel, *Fasciola hepatica*, ein Erreger von akuten Erkrankungen bei Schaf und Ziege, aber eher von chronischen Erkrankungen beim Rind. Der Kleine Leberegel, *Dicrocoelium dendriticum*, ist schwach pathogen beim Schaf, aber recht pathogen für Kameliden. Zudem kann innerhalb einer pathogenen Art die Pathogenität einzelner Entwicklungsstadien derselben Art sehr unterschiedlich sein. Die im Darm von Carnivoren lebenden adulten Stadien des Bandwurmes *Echinococcus multilocularis* induzieren selbst bei Massenbefall keine Erkrankung des Wirtes, das Metacestodenstadium dieses Parasiten kann dagegen bei Fehlwirten (Hund, Mensch) die tödlich verlaufende alveoläre Echinococcose verursachen.

Pathogenitätsmechanismen Die Schadwirkungen, die Parasiten auf ihre Wirte ausüben, sind äußerst vielfältig und komplex (▶ **Tab. 1.5**) und das Resultat der Parasit-Wirt-Interaktionen. Grundsätzlich sind dabei zu unterscheiden (a) die direkte Schädigung von Wirtsgewebe durch den Parasiten (z. B. mechanisch durch Gewebefraß bei Madenbefall) und (b) die indirekte Beeinflussung durch von Parasiten ausgehende Signale und darauffolgende Reaktionen des Wirtes. Voraussetzung dafür ist der somatische Kontakt zwischen Parasit und Wirt, der eine Kommunikation über Signale ermöglicht.

Ein grundlegender, allen Erregergruppen (Viren, Bakterien, Eukaryoten) gemeinsamer Pathogenitätsmechanismus ist die Auslösung einer **Entzündungsreaktion** (S.24), die eine erste Abwehrmaßnahme des Wirtes im Rahmen der angeborenen, unspezifischen Abwehr darstellt. Als Signal wirkende Entzündungsinduktoren können mechanische Insulte (z. B. Zeckenstich), Körperbestandteile der Parasiten und Substanzen sein, die von den Erregern in die Umgebung abgesondert werden. Da solche Entzündungsreaktionen und ihre Folgen auch zu Schädigungen des Wirtes führen können, versucht der Wirt, diese Reaktionen zu begrenzen. Im Verlauf einer parasitären Infektion oder Infestation werden ferner **Immunreaktionen**

▸ **Tab. 1.5** Auswahl von Pathogenitätsmechanismen von Parasiten.

Schadwirkung beim Wirt	Mechanismus
Entzündung	primäre Entzündung durch direkte Einwirkung der Parasiten → Zell- und Gewebeschäden in verschiedenen Organen
immunpathologische Wirkungen (S. 37)	Induktion von T-Zell-abhängigen Immunopathien (z. B. Villusatrophie im Darm), von Entzündungen (z. B. in der Darmmukosa oder im Leberparenchym) oder allergischen Reaktionen (z. B. in der Haut); Störungen der Gerinnungskaskade des Blutes, Auslösung von Immunkomplex-Erkrankungen usw. → verschiedene pathophysiologische Folgen, z. B. Nierenschäden; Immunmodulation → Veränderung der Abwehrfähigkeit; Induktion von Immunsuppression → verminderte Abwehrfähigkeit des Wirtes
Cytopathogenität	Protozoen mit intrazellulärer Vermehrung → Veränderung von Zellstrukturen und Funktionen → Zerstörung von Wirtszellen; immunologisch bedingte, T-Zell-abhängige cytotoxische Wirkung auf Wirtszellen → Zelltod, reaktive Entzündung
Zerstörung von Gewebe	mechanische Schädigung durch Haftorgane von Helminthen oder Mundwerkzeuge von Arthropoden, Schäden durch Wanderaktivitäten und Enzyme von Parasitenstadien → Blutungen, Gewebedestruktion, primäre Entzündung, Reparaturvorgänge; Gewebeschäden durch cytopathogene Effekte (s. o.); bei Metacestoden von *Echinococcus multilocularis* tumorähnliche Proliferation des Parasiten und dadurch Gewebezerstörung
Blockade und Kompression	Verlegung des Darmes oder der Luftröhre durch Massen von Helminthen → Störungen der Darm- oder Lungenfunktion; Kompression von Gallengängen oder Blutgefäßen durch Helminthen (Cysten von Echinococcen) → Cholestase, Zirkulationsstörungen
Entzug und Verlust von Blut	Aufnahme von Blut durch blutsaugende Helminthen (z. B. *Haemonchus*, Hakenwürmer) oder Arthropoden (z. B. Zecken, Flöhe); Schädigung der Gallengänge (z. B. *Fasciola*) oder des Darmes (z. B. *Eimeria*-Arten, Hakenwürmer) und Blutverluste über die Mukosa → Anämie
Entzug und Verlust von Substraten	Entzug von Nahrungsstoffen → Schäden meist gering; Entzug von Vitaminen, z. B. von Vitamin B_{12} durch *Diphyllobothrium* → Anämie; Schädigungen der Magen-Darm-Mukosa, Verlust von Wasser, Mineralstoffen, Proteinen → Diarrhö, Dehydration, Abmagerung → kompensatorischer Abbau von Muskelproteinen
Effekt pharmakologisch aktiver Substanzen	Ausscheidung cytotoxischer oder gerinnungshemmender Substanzen im Speichel blutsaugender Arthropoden → lokale Blutung und Entzündung; Ausscheidung von Toxinen durch Zecken oder Kriebelmücken → toxische Allgemeinerkrankungen (Zecken- oder Simuliotoxikosen); Freisetzung von Eicosanoiden (meist Prostaglandine, Thromboxane und Leukotriene) mit vielfältigen pharmakologischen und immunologischen Wirkungen
Übertragung von Krankheitserregern	Arthropoden: wichtige Vektoren zahlreicher Arten von Viren, Bakterien, Protozoen und Helminthen; Helminthen sind nur selten Vektoren (*Heterakis gallinarum* überträgt *Histomonas meleagridis*) → Infektionskrankheiten

stimuliert, die der Erregerabwehr dienen, aber auch zu Schädigungen des Wirtes führen können [Immunpathologie (S. 37)]. Außer der Entzündung und Immunität spielen viele andere Mechanismen eine Rolle, die in ▸ **Tab. 1.3** stichwortartig zusammengefasst sind und bei der Beschreibung verschiedener Parasitosen [Teil II (S. 44) und Teil III (S. 166) des Buches] berücksichtigt werden.

Hervorzuheben ist, dass **direkte Schadwirkungen** von Parasiten (z. B. mechanische Schädigung von Geweben, Blockade und Kompression von Organen, Zerstörung parasitierter Zellen) meist weniger bedeutsam sind als **indirekte Schäden**, die aus den oben erwähnten Grundreaktionen resultieren. Dies gilt auch für den **Entzug von Nahrungsstoffen** durch Parasiten, die nutritiv vollständig oder teilweise auf ihre Wirte angewiesen sind. Quantitativ spielen die direkten Verluste von Nährstoffen bei Berücksichtigung der Massenverhältnisse von Parasit und Wirt in der Regel eine untergeordnete Rolle, doch können Parasiten beispielsweise durch die Induktion von Entzündungs- und Immunreaktionen im Verdauungstrakt die Aufnahme und Verwertung von Nährstoffen erheblich beeinträchtigen (u. a. Reduktion des Appetits der Wirte, Störungen der Verdauung, Resorption und Verwertung von Nährstoffen) und gleichzeitig durch die indirekte Schädigung der Schleimhaut Verluste von Wirtskomponenten (Albumin, Blut) in den Verdauungstrakt verursachen (Beispiele: Trichostrongyliden, Hakenwürmer). **Blutverluste** unterschiedlicher Genese können zur Anämie führen (▸ **Tab. 1.5**). **Toxine** (S. 666) im klassischen Sinn spielen bei einigen Parasiten als Pathogenitätsfaktoren eine Rolle (z. B. Toxine von Zecken, Simuliiden), doch sind insgesamt **cytotoxische Substanzen**, die von Parasiten gebildet werden (z. B. porenbildende Proteine) oder im Verlauf entzündlicher oder immunologischer Reaktionen entstehen, von größerer Relevanz. Schließlich ist zu berücksichtigen, dass die Schadwirkungen aus einem **Wechselspiel zwischen Parasit und Wirt** unter Einbezug **genetischer Faktoren** resultieren [s. verschiedene Parasitosen Teil II (S. 44) und Teil III (S. 166)].

1.5 Immunologie bei Parasitosen

1.5.1 Angeborene und adaptive Immunabwehr

Das Wichtigste in Kürze

Zum Schutz vor Pathogenen verfügen Vertebraten über zwei funktionell eng verknüpfte immunologische Systeme: die **angeborene unspezifische Immunabwehr** (engl. *innate immunity*) sowie die **adaptive erworbene Immunabwehr** (adaptive Immunität, engl. *acquired immunity*), die spezifisch gegen ein Agens gerichtet ist und als partielle oder vollständige **Immunität** gegen eine (erneute) Infektion schützen kann.

Die **angeborene unspezifische Abwehr** schließt bei Wirbeltieren die natürlichen physikalischen und chemischen Barrieren (Haut, Schleimhaut bzw. Epithel- und Endothelzellen; pH usw.) und Sekretionsprodukte (z. B. Speichel, Schweiß, Tränenflüssigkeit, Verdauungsenzyme, Gallensäuren, Schleim, Defensine) als erste natürliche Barriere ein, die die Etablierung vieler infektiöser Pathogene im Körper verhindert. Haben Viren, Bakterien oder Parasiten diese erste Barriere überwunden, werden zelluläre Komponenten (Phagozyten, Natürliche Killerzellen [NK-Zellen], Natürliche Killer-T-Zellen [NKT-Zellen] u. a.) aktiviert. Hinzu kommen Komplement als humoraler Faktor sowie Chemokine und Cytokine aus befallenen sowie agierenden Zellen als Botenstoffe, die den unspezifischen Abwehrteil mit dem der adaptiven Immunreaktionen verknüpfen.

Zellen des angeborenen Immunsystems werden aktiviert, wenn sie sog. **PAMPs** (engl. *Pathogen Associated Molecular Patterns*) erkennen, d. h. molekulare Strukturen, die normalerweise nicht im/am Wirt existieren. Dazu besitzen die verschiedenen Organismen – neben Vertebraten auch einfachere Animalia, sogar Pflanzen – zelluläre Rezeptoren, sog. **PRRs** (engl. *Pattern Recognition Receptors*), die PAMPs als ihre Liganden binden, in der Folge biochemische Reaktionsketten in den Zellen auslösen und die verschiedensten Abwehrmaßnahmen aufbauen können.

Eine Schlüsselrolle als Rezeptoren und damit bei der Erkennung von Pathogenen spielen **TLRs** (Toll-ähnliche Rezeptoren; engl. *Toll-Like Receptors*). Dabei handelt es sich um Transmembranproteine auf Zellen, u. a. auf Antigen-präsentierenden Zellen (APZ; Monozyten, Makrophagen, dendritische Zellen). Schätzungsweise kommen bei Vertebraten artunterschiedlich jeweils 10–15 verschiedene TLRs vor, die jeweils bestimmte Erkennungsmuster haben, z. B. Peptidglycane auf grampositiven Bakterien (TLR-1), Lipopolysaccharide auf gramnegativen Bakterien (TLR-4) oder Flagellin (ein Protein bakterieller Geißeln, TLR-5). Auch bei parasitären Infektionen hat sich der Kenntnisstand zur Beteiligung von TLRs in den letzten Jahren erheblich erweitert. So sind hauptsächlich TLR-2 und TLR-4 beim Erfassen von Glycosylphosphatidylinositol (GPI; ein als Oberflächenstruktur an den C-Terminus von Proteinen angelagertes Glykolipid) auf Trypanosomen beteiligt (für weitere Angaben siehe Spezialliteratur). Weitere Gruppen von PRRs, die auf Strukturen von Pathogenen ansprechen, sind **CLR** und **NLR**. **CLR** (engl. *C-type Lectin Receptors*) erkennen Kohlenhydratreste. **NLR** (engl. *Nucleotide-binding Oligomerization Domain Like Receptors*) sind cytoplasmatische Rezeptoren und erkennen wirtsfremde Strukturen z. B. von in Zellen eingedrungenen Erregern.

Die Erkennung von PAMPs erfolgt zuerst an oder nahe der Infektionsstelle und wird daher von residenten Immunzellen wie Gewebsmakrophagen oder dendritischen Zellen vermittelt. Diese Zellen müssen daher mit anderen Komponenten des Immunsystems kommunizieren und diese rekrutieren können. Diese Kommunikation erfolgt sowohl im angeborenen als auch im adaptiven Immunsystem über eine Vielzahl von **Chemokinen und Cytokinen als Botenstoffe**. **Chemokine** sind kleine (7–15 kDa), strukturell relativ einheitliche Proteine, die chemotaktisch (z. B. MCP-1, IL-8) phagocytotische Zellen wie zirkulierende Makrophagen oder neutrophile Granulozyten an die Infektionsstelle locken. Unter **Cytokinen** wird eine Vielzahl von heterogenen Proteinen verstanden, die sich nach einer wenig scharfen Nomenklatur in **Interleukine (IL)**, **Interferone (IF)**, **Kolonie-stimulierende Faktoren (CSF)** und **Tumor-Nekrose-Faktoren (TNF)** gruppieren lassen. Sie werden teils von vielen verschiedenen Zelltypen (z. B. IL-1, IL-6, IFN-α, TNF-α, TNF-β), teils nur von wenigen (IL-2, IL-4, IFN-γ) synthetisiert und lassen sich in 4 Gruppen mit jeweils ähnlichen biologischen Funktionen wie **Regulation der Immunantwort, Wachstumsstimulation, pro-/anti-inflammatorische Wirkung** einteilen, doch ist in den meisten Fällen von einer **pleiotropen Wirkung** auszugehen, sodass äußerst komplexe Zusammenhänge bestehen.

Chemokine und Cytokine induzieren **Entzündungen** als charakteristische angeborene Reaktion auf eine Infektion. Hierdurch werden nicht nur andere Immunzellen angelockt, sondern auch der Zugang zur Infektionsstelle durch Vasodilatation sowie erhöhte Durchblutung und vaskuläre Permeabilität für zirkulierende phagocytotische Zellen und Komplementproteine erleichtert. So steigern beispielsweise **Eicosanoide** wie **Leukotrien B4** oder **Prostaglandin E2** in Kombination mit IL-1 und TNF-α die Expression von sog. Adhäsionsmolekülen (Selektine, VCAM-1 u. a.) an Endothelzellen, die zur Adhäsion von **Phagozyten** (Makrophagen, neutrophilen Granulozyten) an die Endothelzellen von Blut- und Lymphgefäßen als Voraussetzung für deren Auswanderung in das umgebende Gewebe führen. Aktivierte Endothelzellen und Makrophagen setzen ferner den potenten Vasodilatator Stickoxid (Nitric Oxide, NO) frei, was in Rötung, Wärmebildung, Schwellung und Schmerz als charakteristischen Entzündungszeichen resultiert.

Die primäre Aufgabe der Phagozyten ist die **Phagocytose** von einzelligen Pathogenen oder im Falle von mehrzelligen (metazoischen) Pathogenen deren extrazelluläre Zerstörung durch ADCC-Reaktionen (S. 30). Entscheidende Hilfe erfahren Phagozyten durch das **Komplementsystem**. Seine **Antikörper-unabhängige Aktivierung** auf dem **alternativen Weg** oder auf dem sog. **Lectin-Weg** (Aktivierung über Mannose-bindende Proteine) resultiert in der Bildung **opsonierender Komponenten (C 3b)**. Verschiedene Spaltprodukte des Komplementsystems fungieren darüber hinaus als potente Entzündungsmediatoren und wirken chemotaktisch für eine Reihe von Zelltypen wie neutrophile Granulozyten, Makrophagen und Mastzellen, welche die Entzündungsreaktion weiter verstärken. Makrophagen und dendritische Zellen sind darüber hinaus frühe Produzenten von **IL-12**, welches zur Aktivierung von NK-Zellen beiträgt, die eine wichtige Verbindung zwischen der angeborenen und adaptiven Immunantwort darstellen. Als weiterer Komplementeffekt kommt es bei Weiterführung der Komplementkaskade zur Ausbildung eines porenbildenden **Membranbindungskomplexes** (C 5b6789) auf der Zelloberfläche der Pathogene, was zu deren **Lysis** führen kann.

Neutrophile Granulozyten sind potente Produzenten von reaktiven Radikalen (engl. *Reactive Oxygen Species*, ROS), lytischen Enzymen und antimikrobiell wirkenden Peptiden, die zur Abtötung von Pathogenen beitragen. Sie fungieren damit als kurzlebige „Soldaten" der angeborenen Immunabwehr. Aber auch über ihren Tod hinaus tragen sie über die Freisetzung von netzartigen Fibrillen (engl. ***Neutrophil Extracellular Traps*****, NETs**) zur Pathogenbekämpfung bei. Die NETs bestehen hauptsächlich aus Kernmaterial (DNA, Histonen) mit angelagerten antimikrobiellen Proteinen aus den Granula der Zelle und sind in der Lage, Erreger abzufangen („*trap*"), zu immobilisieren und zu töten. Neben neutrophilen Granulozyten können auch andere Immunzellen wie Monozyten, Makrophagen oder Eosinophile „*Extracelullar Traps*" (ETs) als Effektormechanismus nutzen.

Weitere zelluläre Komponenten des angeborenen Immunsystems sind **NK-/NKT-Zellen**, die immerhin Anteile von 2 bzw. 0,1 % der mononukleären Zellen im Blut ausmachen. **NK-Zellen** können Apoptose oder Nekrose von „veränderten" Zellen (Tumorzellen oder virusinfizierten Zellen) induzieren, die keine **MHC-1-Rezeptoren** (engl. ***Major Histocompatibility Complex*****, Haupthistokompatibilitätskomplex**) exprimieren (MHC-I-Moleküle finden sich auf nahezu allen kernhaltigen Zellen und inhibieren NK-Zellen zum Selbstschutz des Organismus). Weiterhin sind sie in der Lage, durch die Exocytose von Granzymen und Perforinen freie Pathogene abzutöten. Sie erkennen Signale, die von gestressten Zellen (z. B. aufgrund einer Infektion) ausgehen, und reagieren auch auf PAMPs, z. B. Lipophosphoglycane von Leishmanien. **NKT-Zellen** sind eine heterogene Gruppe von T-Zellen mit wenig diversifizierten T-Zell-Rezeptoren, die in erster Linie Lipide und Glykolipide anstelle von Peptid-MHC-Komplexen erkennen. Die Hauptfunktion von NK-/NKT-Zellen besteht wahrscheinlich darin, dass sie sehr früh im Infektionsgeschehen Cytokine freisetzen (IFN-γ und TNF-α bei NK-Zellen, bei NKT-Zellen ein wesentlich breiteres Spektrum), die bei der Induktion und Steuerung der erworbenen Immunität zum Tragen kommen.

Falls ein infektiöses Agens den vielfältigen Effekten des angeborenen Immunsystems entgeht, werden mit dem **adaptiven (erworbenen) Immunsystem** spezifischer wirkende Mechanismen induziert. Erworbene Immunreaktionen sollen sowohl den Verlauf einer primären Infektion kontrollieren als auch einen Wirtsorganismus ganz oder teilweise vor einer erneuten Infektion (antiinfektiöse Immunität) oder zumindest vor den klinischen Auswirkungen einer Infektion (Schutz vor Erkrankung) schützen. Sie beginnen mit der Verarbeitung (Processing) von Antigenen und der Präsentation sog. **Epitope** (Peptidsequenzen aus einem Antigen) durch **Antigen-präsentierende Zellen** (**APZ**; dendritische Zellen, B-Lymphozyten, Makrophagen, im Darm zusätzlich sog. M-Zellen) für spezifische Immunzellen (vorzugsweise T-Zellen). Die anschließenden Reaktionen erfolgen dann auf zwei Ebenen: (a) in Form **zellulärer Immunreaktionen durch T-Lymphozyten** und (b) als **humorale Immunreaktionen durch B-Lymphozyten** und aus diesen entstandenen Plasmazellen, die Antikörper produzieren (Immunglobuline: IgM, IgG, IgE, IgA etc.). Beide Reaktionsformen sind auf verschiedenen Ebenen miteinander verknüpft, können jedoch auch unabhängig voneinander zur Wirkung kommen. So können B-Zellen gegen viele sog. ‚T-Zell-unabhängige Antigene' (oft repetitive Kohlenhydratkomponenten) unabhängig von T-Zellen Antikörper synthetisieren, während die Antikörperbildung gegen andere Antigene (z. B. Peptide) eine Kooperation mit T-Zellen voraussetzt.

Zelluläre Immunreaktionen werden von **T-Helfer-Lymphozyten (Th-Lymphozyten; CD4⁺-T-Lymphozyten)** oder von **CD8⁺-cytotoxischen T-Lymphozyten (Tc)** vermittelt (▶ **Abb. 1.2**). Cytotoxische T-Zellen erkennen Antigenepitope in Verbindung mit **MHC-I-Molekülen** auf der Oberfläche von APZ oder ihren späteren Zielzellen. Die Präsentation von Antigenen für Th-Lymphozyten setzt die Verbindung mit **MHC-II-Molekülen** voraus. MHC-II-Moleküle finden sich ausschließlich auf der Oberfläche sog. professioneller APZs. Bei den Th-Lymphozyten existieren mehrere Subpopulationen (Subsets, s. ▶ **Abb. 1.2**), die sich nach dem Spektrum der Cytokine, das sie produzieren, und damit nach ihrer Funktion unterscheiden. Die Einteilung nach Subsets basiert in erster Linie auf Befunden aus der Maus und dem Menschen und kann nicht generell auf andere Arten übertragen werden; als Grundsystem dürfte sie jedoch allgemeingültig sein.

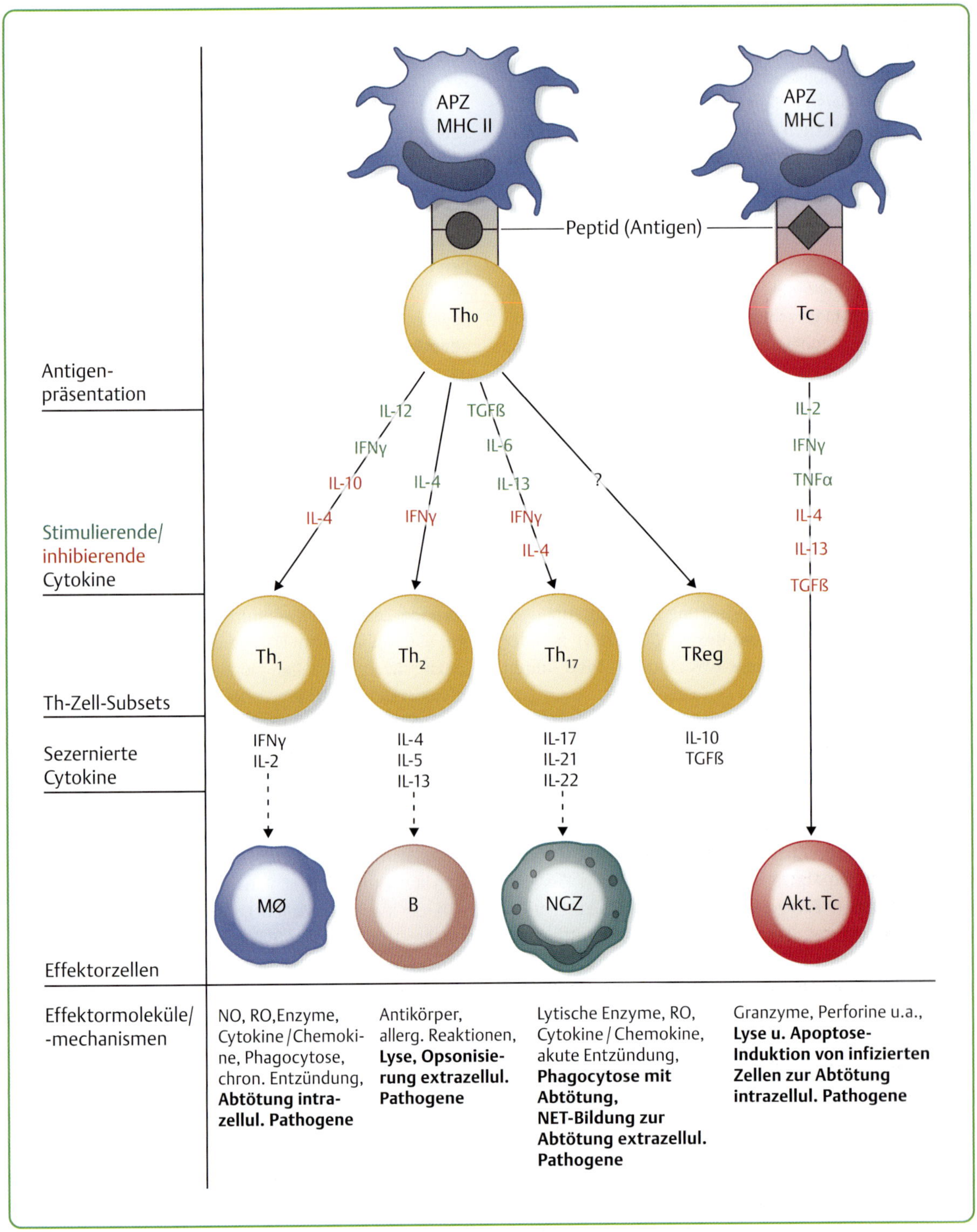

▶ **Abb. 1.2** Vereinfachtes Schema der Interaktion zwischen Zellen, Cytokinen und reaktiven Molekülen bei Immunreaktionen.
APZ: Antigen-präsentierende Zellen, die Antigene in Verbindung mit MHC-Molekülen der Klasse I (MHC I) oder Klasse II (MHC II), T-Helfer$_0$-Zellen (Th$_0$) oder cytotoxischen T-Zellen (Tc) präsentieren.
Th differenzieren in verschiedene Subsets (z. B. T-Helfer1[Th$_1$]-, T-Helfer2[TH$_2$]-, T-Helfer17[Th$_{17}$]-, T-Regulationszellen [TReg]), die unterschiedliche Muster an Cytokinen (Interleukine: IL-1 etc., IFN-γ) synthetisieren und damit aktivierend, stimulierend oder inhibierend auf sich und andere Zellen (u. a. Makrophagen [MØ], B-Zellen [B], neutrophile Granulozyten [NGZ]) wirken.
Aktivierte Zellen synthetisieren Cytokine und Effektormoleküle, wie Antikörper, verschiedene cytolytische Enzyme, Stickoxide (NO) oder Sauerstoffradikale (RO) oder Granzyme und Perforine. (Grafik: Anne Seeger, Vetsuisse-Fakultät, Universität Zürich, nach einer Vorlage von Horst Zahner, Institut für Parasitologie, Justus-Liebig-Universität Gießen)

Eine besondere Rolle kommt bei parasitären Infektionen der sog. **Th_1/Th_2-Dichotomie** zu. Th_1-Lymphozyten sind insbesondere an zellulären und entzündlichen Prozessen beteiligt. Durch ihr Cytokinmuster (▶ **Abb. 1.2**) werden Makrophagen und andere Effektorzellen aktiviert, die zur Unterhaltung der oft chronisch werdenden Entzündungsreaktion beitragen. Th_1-Lymphozyten überwiegen bei effektiver Abwehr gegen Protozoen, insbesondere intrazellulären Erregern. Die von Th_2-Lymphozyten synthetisierten Cytokine wirken sich eher entzündungshemmend aus und steigern die Antikörperproduktion, insbesondere von IgE. Entsprechend spielen sie eine entscheidende Rolle auch im allergischen Geschehen. Daneben führen Th_2-assoziierte Botenstoffe zur Vermehrung und Aktivierung von Mastzellen und eosinophilen Granulozyten. Über z. T. komplexe Mechanismen (s. u.) wirken sich Th_2-vermittelte Reaktionen gegen extrazelluläre, insbesondere auch metazoäre Pathogene aus. Th_1- und Th_2-Lymphozyten beeinflussen sich über ihre dominierenden Cytokine IFN-γ bzw. IL-4 gegenseitig negativ.

Neben Th_1- und Th_2-Lymphozyten wurden in den letzten Jahren mit **Th_5, Th_9** und vor allem **Th_{17}** weitere **Subsets** von Th-Lymphozyten mit spezifischen Eigenschaften gefunden. Th_{17}-Lymphozyten gelten über ihr Cytokinprofil als entzündungssteigernde Zellen, auch indem sie die Beteiligung von neutrophilen (aber nicht von eosinophilen) Granulozyten im Abwehrgeschehen regulieren (▶ **Abb. 1.2**). Sowohl IFN-γ als auch IL-4 beeinträchtigen die Proliferation von Th_{17}-Lymphozyten.

Darüber hinaus existieren generell **regulatorische T-Zell-Subpopulationen (Treg: Tr1, Tr3)**, die sich durch starke IL-10- und TGF-β-Synthese auszeichnen und denen damit ausgeprägte antiinflammatorische Effekte zuzurechnen sind (▶ **Abb. 1.2**).

Die Entscheidung, welcher Th-Typ die Immunreaktion vorzugsweise tragen wird, wird von den beteiligten PAMPs und Antigenen beeinflusst. Sehr vereinfacht lässt sich sagen, dass intrazelluläre Erreger und ihre PAMPs und Antigene bei APZs die Synthese von IL-12 induzieren, das zu einer frühen IFN-γ-Synthese durch NK-Zellen führt und in Richtung Th_1 steuert, während es bei Helminthenantigenen und teilweise bei solchen von Arthropoden vorzugsweise über das Steuerungscytokin IL-4 zur Expansion von Th_2 kommt. Auch in der Entstehung von regulatorischen T-Zellen und Th_{17}-Lymphozyten scheint eine gewisse Dichotomie zu bestehen. Im Detail sind jedoch bei diesen Regulationsvorgängen viele Fragen noch offen. Dabei muss auch mit speziesabhängigen Unterschieden gerechnet werden.

Adaptive Immunreaktionen beeinflussen entscheidend den Verlauf einer primären Infektion als auch denjenigen von Super- oder Belastungsinfektionen (**Immunität**). Eine gegen Belastungsinfektionen gerichtete Immunität setzt ein **immunologisches Gedächtnis** voraus, insbesondere wenn zwischen Erst- und Belastungsinfektionen ein längerer Zeitraum liegt. Viele der geprägten B- und T-Lymphozyten werden nämlich am Ende einer Erstinfektion, wenn der Antigenreiz schwindet, apoptotisch eliminiert. Träger eines immunologischen Gedächtnisses sind spezielle, spezifische Gedächtnis(*memory*)-T- und B-Lymphozyten, die dieser Apoptose entgehen. Bei B-Lymphozyten dürfte die Aktivierung eines speziellen Überlebensgens, *bcl-2*, eine Voraussetzung für das Langzeitüberleben sein. Im Falle der T-Lymphozyten sind für $CD8^+$ und $CD4^+$ jeweils mehrere Subtypen von Gedächtniszellen bekannt. Gedächtniszellen proliferieren rasch und massiv, wenn sie mit dem ihnen bekannten Antigen wieder konfrontiert werden.

Immunreaktionen (angeborene und adaptive) können direkt oder indirekt zur Entwicklungshemmung der Parasiten, zu ihrer Abtötung und Elimination aus dem Körper oder über immunpathologische Vorgänge zur Verschlechterung, teils auch zur Begünstigung der Lebensbedingungen der Parasiten führen. Besteht die Immunität nach Elimination des Erregers fort, so spricht man von **steriler Immunität** (S. 29), hält sie dagegen nur so lange an, wie der Parasit im Wirt persistiert, von **Prämunität** (= infektionsgebundene Immunität). Welche Form sich nach einer Primärinfektion entwickelt, hängt vom jeweiligen besonderen Wirt-Parasit-Verhältnis ab (s. hierzu die einzelnen Kapitel im vorliegenden Buch).

Immunreaktionen gegen Pathogene sind nicht ausschließlich von Nutzen für den Wirt, weil sie generell pathologische Prozesse beinhalten, die mit Schäden für den Wirt verbunden sein können. Hierzu zählen z. B. überschießende Reaktionen bei Entzündungsvorgängen; nicht selten entwickeln sich Überempfindlichkeiten oder Autoimmunerkrankungen. Häufige Konsequenzen von parasitären Infektionen sind weiterhin antigenspezifische oder generelle Immundepressionen. Diese Aspekte werden in den folgenden Kapiteln besprochen.

1.5.2 Parasitenantigene

Das Wichtigste in Kürze

- **Parasitenantigene** (Proteine, Glykoproteine, teils auch Glykolipide) sind entsprechend des komplexen Baus und Stoffwechsels von Eukaryoten vielfältig; Proteine sind häufig posttranslational modifiziert. Dabei handelt es sich um **somatische Antigene** (Strukturantigene) und **exkretorisch-sekretorische Antigene**.
- Gemeinsame Funktionen bedingen oft strukturelle Verwandtschaften und damit immunologische **Kreuzreaktionen** zwischen phylogenetisch verschiedenartigen Gruppen von Parasiten; bei Helminthen werden solche Reaktionen zusätzlich durch gemeinsame posttranslationale Modifikationen (z. B. Phosphorylcholin) verursacht.
- Die Antigene werden oft **stadienspezifisch** exprimiert; einige Parasitenarten haben die Fähigkeit zur **Antigenvariation** und sind so zur Immunevasion befähigt.

Immunreaktionen des Wirtes richten sich gegen Antigene, wobei **Epitope** (antigene Determinanten) als Teile ihrer Primär-, Sekundär-, Tertiär- und teils auch Quartärstruktur erfasst werden. Parasitenantigene sind entsprechend dem hohen Entwicklungsstand der Erreger und der Komplexität ihres Stoffwechsels von großer Vielfalt und oft posttranslational stark modifiziert. Sie werden gemeinhin in somatische und exkretorisch-sekretorische Antigene (E/S-Antigene) eingeteilt. Somatische Antigene können Oberflächenantigene von Endoparasiten sein, mit denen der Wirt konfrontiert wird, oder interne Antigene, mit denen der Wirt erst beim Abbau der Erreger in Kontakt gerät. In anderen Fällen, wie bei gastrointestinalen Nematoden, die nach ihrem Tod vom Wirt nicht abgebaut, sondern mit dem Darminhalt ausgeschieden werden, können sie dem Wirt auch völlig verborgen bleiben (hidden antigens). E/S-Antigene sind z. B. Enzyme, die von Helminthen freigesetzt werden. Entsprechende Komponenten bei Protozoen sind beispielsweise Moleküle aus Mikronemen (S. 80), die infektiöse Stadien von Apicomplexa beim Eindringen in eine Wirtszelle aus ihren Organellen sezernieren. Antigene von Ektoparasiten, mit denen Wirte konfrontiert werden, sind meistens Bestandteile des Speichels, teils auch des Kotes; sie sind den E/S-Antigenen gleichzusetzen.

Bei vielen Parasitenantigenen sind mittlerweile die **molekularen Strukturen** bekannt. Grundsätzlich handelt es sich dabei um Proteine und Glykoproteine, teils auch um Glykolipide. Moderne Methoden der Proteom-Analysen haben beispielsweise die Charakterisierung der exkretorisch/sekretorischen Produkte der Larven von wichtigen gastrointestinalen Parasiten des Schafes ermöglicht. Dabei ließen sich über Homologien zu Molekülen mit bekannter Funktion oft auch Hinweise zur biologischen Rolle der antigenen Moleküle gewinnen. Proteine aus den Mikronemen von Coccidea zeigen z. B. thrombospondinähnliche Motive sowie Sequenzen, die konservierten Regionen in Vertebratenproteinen mit adhäsiven Eigenschaften entsprechen. Es wird daher angenommen, dass sie eine Anlagerung der Parasiten an eine potenzielle Wirtszelle bewirken.

Auf gemeinsamen Funktionen beruhende **strukturelle Verwandtschaften** der Antigene können Gattungsgrenzen der Parasiten überschreiten und **immunologische Kreuzreaktionen** bedingen. In anderen Fällen treten kreuzreagierende posttranslationale Modifikationen auf. Von Bedeutung ist hier bei Helminthen vor allem **Phosphorylcholin** (**PC**), ein kleines haptenisches Epitop, das an Kohlenhydrate und Proteine gebunden ist. Ihm werden außerdem starke immunmodulatorische Eigenschaften (S. 34) zugeschrieben.

Kreuzreagierende Antigene bedingen allerdings in den seltensten Fällen Kreuzimmunitäten und stellen meist nur einen kleinen Teil des gesamten Antigenspektrums eukaryotischer Erreger dar. Dieses ist vielmehr geprägt von vielen Besonderheiten, u. a. der Fähigkeit von Parasiten, ihre Antigene zu variieren. Ein bekanntes Beispiel ist der Wechsel von Oberflächenantigenen bei Trypanosomen (S. 34) der *Trypanosoma brucei*-Gruppe. Oft unterscheiden sich auch die Antigene einzelner Entwicklungsstadien von Parasiten, wie bei den verschiedenen Stadien (Sporozoiten, Merozoiten, Gamonten) der Apicomplexa. Auch bei Helminthen gibt es stadienspezifische Antigene. So sind alle Entwicklungsstadien von *Trichinella spiralis* mit stadienspezifischen Oberflächenantigenen ausgestattet.

1.5.3 Immuneffekte gegen Parasiten und Effektormechanismen

Das Wichtigste in Kürze

- Immuneffekte können Entwicklung, Vermehrung und Lebensdauer der Parasiten beeinträchtigen oder sie abtöten.
- Spezifische **humorale Antikörper** führen mit oder ohne Komplementbeteiligung vorwiegend bei Protozoen zur Lysis oder Opsonierung mit nachfolgender Phagocytose.
- **Zelluläre Immunreaktionen** über Th_1-Lymphozyten resultieren je nach Effektorzelltyp in der Synthese verschiedener cytotoxischer Wirkfaktoren und Effekte. Cytotoxische T-Zellen, die Parasitenantigene auf der Oberfläche von Wirtszellen erkennen, können die Erreger durch Abtötung der Wirtszelle eliminieren.
- Gewebshelminthen werden vorwiegend durch **Antikörper-abhängige cytotoxische Reaktionen** abgetötet (sog. **ADCC-Reaktionen**). Gastrointestinale Helminthen können unter Mitwirkung von Überempfindlichkeitsreaktionen vom Soforttyp (Typ 1) durch sog. **Selbstreinigungsreaktionen** eliminiert werden.
- Bei vielen parasitären Infektionen entwickelt sich eine Immunitätsform, die zwar etablierte Parasitenpopulationen nicht eliminiert, aber Superinfektionen kontrolliert (**Prämunität, infektionsgebundene Immunität**; engl. *concomitant immunity*).

Der antigene Charakter von Parasiten oder ihren Stoffwechselprodukten bedingt Immunreaktionen, die den Infektionsverlauf einer Erstinfektion und die Empfänglichkeit eines Wirtes für Superinfektionen wesentlich beeinflussen können und sich somit auf Klinik und Epidemiologie einer Parasitose auswirken. Die Effekte können vielfältig sein und von einer Beeinträchtigung der Entwicklung und Vermehrung über die Verkürzung der Lebensdauer bis zur Abtötung und Elimination der Erregerart insgesamt oder auch nur bestimmter Erregerstadien reichen. Für Letzteres sind Filarien (S. 359) mit der häufigen, selektiven Immunität gegen die Larven 1 (Mikrofilarien) bei Persistenz der adulten Würmer ein gutes Beispiel. Die Vielfalt der Parasiten, ihrer Entwicklungsschritte sowie ihrer Lokalisation in oder auf dem Wirt macht verständlich, warum die Formen und Mechanismen einer Immunität mit den Erregern variieren, wobei bei Parasiten mit breitem Wirtsspektrum zusätzlich wirtsabhängige Unterschiede auftreten. Eine Immunität kann sich unabhängig von Ausmaß und Effizienz als sterile Immunität mit Elimination der immunisierenden Parasitenpopulation oder als partielle Immunität, bei der nur ein Teil der Parasitenpopulation kontrolliert wird, ausbilden. Häufig entwickelt sich gegen Parasiten eine Prämmunität (infektionsgebundene Immunität, engl. *concomitant immunity*), bei der zwar die etablierte Parasitenpopulation mehr oder weniger unbeeinflusst überlebt, jedoch Superinfektionen in Abhängigkeit von einer kontinuierlichen Antigenfreisetzung aus dieser Population kontrolliert werden. Die Prämmunität ist oft der Grund für eine endemische Stabilität, z. B. bei Babesien-Infektionen (S. 132). In der Folge werden bei Protozoen, Helminthen und Arthropoden die wichtigsten Immuneffekte und beteiligte Mechanismen exemplarisch dargestellt.

Immuneffekte gegen Protozoen Protozoen leben im Wirt extra- oder intrazellulär und sind damit in sehr unterschiedlicher Weise immunologisch angreifbar. Extrazelluläre Parasiten sind gewöhnlich humoralen Mechanismen zugänglich. Sie können lysiert und phagocytiert werden. Bei intrazellulären Stadien spielen im engeren Sinn zelluläre Immunmechanismen eine größere Rolle, entweder unmittelbar über cytotoxische T-Zellen ($CD8^+$-Zellen, Tc) oder mittelbar über Th-Lymphozyten ($CD4^+$-Zellen), insbesondere durch Th_1- und Th_{17}-Subpopulationen (▸ Abb. 1.3).

Lysis ist ein komplementabhängiger Vorgang. Die dazu notwendige **Aktivierung der Komplementkaskade** erfolgt nach antigenspezifischer Bindung von IgM- und IgG-Antikörpern an die Parasitenoberfläche über deren Fc-Teil (klassischer Weg) oder Antikörper-unabhängig über besondere Oberflächenkonstituenten [alternativer Weg, Lectin-Weg (S. 25)]. In beiden Fällen entsteht ein **membranbindender und porenbildender Komplex (C 3b6789)**, der die Zellmembran der Parasiten schädigt.

Phagocytose nach Opsonierung der Erreger durch Komplement und/oder spezifische Antikörper spielt bei extrazellulären Protozoen eine wichtige Rolle. Nach Internalisierung im membranumschlossenen Phagosom und dessen Fusion mit einem Lysosom zum Phagolysosom kann es zur Abtötung der Erreger mittels H_2O_2, O_2- und OH-Radikalen, NO, Lysozym und hydrolytischen Enzymen kommen. Auch die Beseitigung von Erreger enthaltenden Zellen kann über solche humoralen Mechanismen erfolgen, wenn parasitäre Antigene auf die Zelloberfläche gelan-

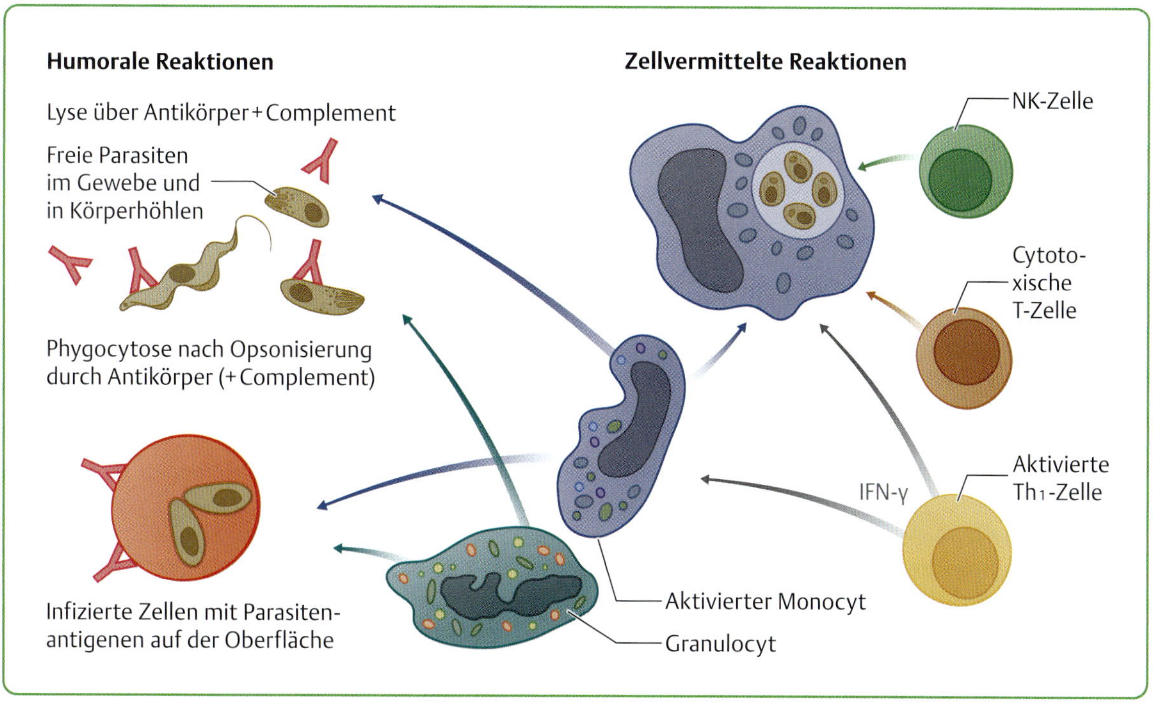

▸ **Abb. 1.3** Immunologische Effektormechanismen gegen Protozoen. Freie Parasiten im Gewebe und in Körperhöhlen (dargestellt sind Tachyzoiten von *Toxoplasma gondii* und Trypanosomen) können über Antikörper und Komplement lysiert oder nach Opsonierung von Granulozyten und Makrophagen phagocytiert werden. Dies gilt auch für infizierte Zellen (z. B. *Babesia*-infizierte Erythrozyten), die auf der Oberfläche Parasitenantigene tragen. Bei intrazellulären Erregern ist die Wirtszelle die Zielzelle, die durch NK-Zellen und cytotoxische T-Zellen eliminiert werden kann. Th_1-Lymphozyten und NK-Zellen vermögen über IFN-γ auch Makrophagen als Effektorzellen zu aktivieren. Wenn Makrophagen als Wirtszelle dienen (z. B. für Leishmanien), können sie auf diesem Weg so aktiviert werden, dass sie ihre internen Parasiten abtöten. (Grafik: Anne Seeger, Vetsuisse-Fakultät, Universität Zürich, nach einer Vorlage von Horst Zahner, Institut für Parasitologie, Justus-Liebig-Universität Gießen)

gen. Dies ist z. B. bei Babesien und Plasmodien der Fall und führt zur Lysis oder Phagocytose befallener Zellen.

Mit CD4⁺-Zellen assoziierte Mechanismen Th_1-assoziierte Cytokine, insbesondere IFN-γ, bewirken z. B. in *Leishmania*-infizierten Makrophagen die Synthese reaktiver N- und O-Metaboliten, durch welche die intrazellulären Erreger abgetötet werden. Th_1-vermittelte cytotoxische Effekte durch N- und O-Metaboliten sind generell ein wichtiges Prinzip der Infektabwehr. Sie kontrollieren Erstinfektionen mit Eimerien (bei CD4⁺-defizienten Tieren verlängert sich bei erhöhter Oocystenausscheidung die Patenz), im Mausmodell die Vermehrung von Plasmodien und den Verlauf vieler anderer protozoärer Infektionen. Ein besonderes Beispiel dafür, wie Th_1-Lymphozyten die Entwicklung von Protozoen beeinflussen, bietet *Toxoplasma gondii*. Der intrazellulär lebende, zu den cystenbildenden Coccidien zählende Parasit wandelt sich im Wirt mit zunehmender Immunität von sich schnell teilenden Stadien, den Tachyzoiten, zu den sich langsam vermehrenden Bradyzoiten, die anschließend von Immunreaktionen wenig beeinflusst als Dauerstadien in Cysten intrazellulär persistieren können. Die Stadienkonversion wird u. a. von IFN-γ aus *T. gondii*-spezifischen Th_1-Lymphozyten eingeleitet, was in Makrophagen die Synthese von NO induziert. NO bindet kovalent an intrazelluläres Eisen und hemmt so Fe-abhängige Enzyme der mitochondrialen Atmungskette der Parasiten, von denen Tachyzoiten aufgrund ihres aeroben Stoffwechsels abhängig sind. Bradyzoiten hingegen haben einen anaeroben Stoffwechsel, d. h. der Parasit weicht mit der Stadienkonversion dem NO-Effekt aus. N- und O-Metaboliten werden von Makrophagen, Granulozyten und anderen Zellen auch sezerniert und kommen so extrazellulär zur Wirkung (ADCC-Reaktionen).

Cytotoxische T-Lymphozyten T-Lymphozyten (Tc; CD8⁺-Zellen) werden cytotoxisch, wenn sie auf Zelloberflächen Peptide aus intrazellulär entstandenen und prozessierten Antigenen in Verbindung mit MHC I erkennen. Sie spielen z. B. die entscheidende Rolle bei der Immunität gegen Eimerien und erfassen die frühen intrazellulären Stadien aus einer Superinfektion. Intraerythrozytäre Stadien z. B. von Babesien oder Theilerien sind von Tc allerdings gewöhnlich nicht betroffen, weil Erythrozyten, wenn überhaupt, nur einen geringen Besatz mit MHC-Molekülen aufweisen.

Immuneffekte gegen Helminthen Immunreaktionen gegen Helminthen werden im Wesentlichen von Th-Lymphozyten bestimmt, wobei es vor allem bei gastrointestinalen Nematoden zu einer ausgeprägt Th_2-dominierten Reaktion kommt. Die verantwortlichen Cytokine werden innerhalb von Stunden nach der Infektion, anfänglich unabhängig von CD4⁺-Zellen, unter dem Einfluss von E/S-Antigenen in den Peyerschen Platten synthetisiert. Bei Gewebshelminthen können jedoch stadienspezifische Unterschiede auftreten. Schistosomen (S. 197) beispielsweise induzieren in der Frühphase der Infektion bis zum Patenzbeginn hauptsächlich Th_1-Reaktionen, ehe es unter dem Einfluss von Antigenen aus den Eiern zum Umschalten auf Th_2/Th_{17} kommt. In vielen Fällen ist die Th_2-Dominanz auch die Voraussetzung für Schutzeffekte gegen Helminthen. Wenn Th_1-Lymphozyten die Reaktion dominieren, wie es z. B. bei gastrointestinalen Nematoden nach anhaltend wiederholten Infektionen mit jeweils nur wenigen Larven vorkommt, etablieren sich stabile, persistierende Wurmbürden.

Die Effektormechanismen sind vorwiegend zellulärer Natur. Der Einfluss humoraler Antikörper auf Helminthen in vivo wurde gegen einwandernde Oncosphären von *Taenia*- und *Echinococcus*-Arten gezeigt, aber Antikörper-vermittelte Mechanismen gegen andere Helminthen sind nach wie vor unklar. Zwar können bestimmte Helminthenstadien wie frühe Trematodenstadien in vitro über Antikörper und Komplement abgetötet werden und Larvenstadien z. B. von Spulwürmern binden spezifische Antikörper, doch wird bezweifelt, ob dies im infizierten Organismus von Bedeutung ist. Auch bei Kolostrum-vermittelten Schutzeffekten gegen Helminthen ist ungeklärt, ob hierbei nicht im Kolostrum enthaltene T-Zellen eine Rolle spielen. Allerdings bestehen in Abhängigkeit von der Lokalisation der Parasiten – einerseits in parenchymatösen Geweben und Körperhöhlen, andererseits in luminalen Organen (Gastrointestinaltrakt, Bronchien) – stark unterschiedliche Situationen, die vonseiten des Wirts unterschiedliche Strategien voraussetzen. Diese haben sich mit den sog. ADCC-Reaktionen gegen die erstere und den Selbstreinigungsreaktionen gegen die letztere Gruppe herausgebildet.

ADCC-Reaktionen Helminthen können – schon wegen ihrer Größe – nicht wie Protozoen phagocytiert werden. In Geweben siedelnde Helminthen, einschließlich der extraintestinalen Entwicklungsstadien von gastrointestinalen Nematoden (z. B. von Ascariden), werden daher vorwiegend über **Antikörper-abhängige zelluläre Cytotoxizitätsreaktionen, sog. ADCC-Reaktionen** (ADCC; engl. *Antibody Dependent Cellular Cytotoxicity*), eliminiert. Dabei führen – quasi in einem Korrelat zur Phagocytose – mit oder ohne Komplementbeteiligung entstandene Antigen-Antikörper-Komplexe auf der Parasitenoberfläche über die Bindung an Fc- und Komplementrezeptoren auf Zellen zu engem Kontakt zwischen Effektorzelle und Parasit, zur Aktivierung der Zelle und zur Freisetzung von Effektormolekülen. Beteiligt können zahlreiche Zelltypen sein (Makrophagen, neutrophile und eosinophile Granulozyten, Thrombozyten u. a.). Die Bindung der Effektorzellen erfolgt vorwiegend über IgG- und IgE-Antikörper. IgE-Fc-Rezeptoren finden sich auf eosinophilen Granulozyten, Thrombozyten und Makrophagen. Die Beteiligung von IgE-Antikörpern, die bei Infektionen mit

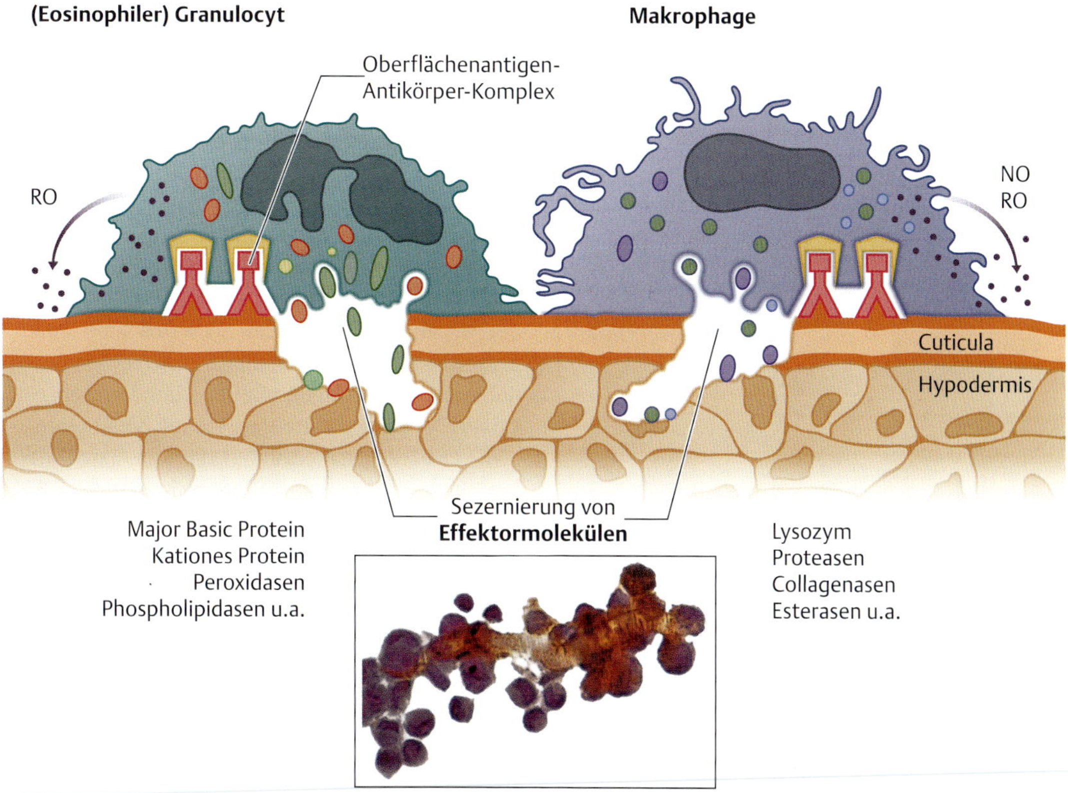

▸ **Abb. 1.4** Immunologische Effektormechanismen gegen Gewebsstadien von Helminthen. Elimination einer Mikrofilarie von *Dirofilaria immitis* durch Antikörper-abhängige cytotoxische zelluläre Reaktionen. Effektorzellen (Granulozyten, Makrophagen, Thrombozyten u. a.) lagern sich über Fc-Rezeptoren (gelb) auf der Parasitenoberfläche an Oberflächenantigen-Antikörper-Komplexe an. Sie sezernieren Effektormoleküle, welche die Cuticula des Parasiten schädigen. Daneben setzen sie reaktive toxische Metaboliten (NO, RO [reaktive Sauerstoff-Radikale]) frei. Kasten: Mikrofilarie mit anhaftenden Zellen. (Grafik: Anne Seeger, Vetsuisse-Fakultät, Universität Zürich, nach einer Vorlage von Horst Zahner, Institut für Parasitologie, Justus-Liebig-Universität Gießen)

Helminthen wegen der Bevorzugung des Th_2-Weges oft in großen Mengen synthetisiert werden, hat wahrscheinlich bei der Immunelimination von juvenilen Trematoden eine besondere Bedeutung. Diese Stadien bilden im Sinne einer Immunevasion (S. 34) Fc-Rezeptoren auf ihrer Oberfläche aus, die das Fc-Stück von IgG, nicht aber das von IgE, binden und die IgG-Antikörper damit wirkungslos machen (▸ **Abb. 1.4**).

Der Vielfalt der an ADCC-Reaktionen beteiligten Zelltypen entspricht eine Vielzahl von Effektormolekülen, z. B. hydrolytischen Enzymen, reaktiven O- und N-Radikalen, Defensinen (kleine cytotoxische Peptide) sowie TNF-α und TNF-β. Sie schädigen die Parasiten direkt oder locken zusätzliche Effektorzellen an und aktivieren sie. Im Falle einiger Effektormoleküle, wie der O- und N-Radikale, muss kein unmittelbarer Kontakt zwischen Parasit und Zelle bestehen, d. h. auch Zellen in einer „2. Reihe" können mitwirken. Andere Zellen, die nicht direkt an cytotoxischen Vorgängen beteiligt sind, wie Mastzellen, B- und $CD4^+$-T-Lymphozyten, können über die Freisetzung von Mediatoren (Histamin, Leukotrienen, Cytokinen) den lokalen Abwehrprozess steigern, sodass bei ADCC-Reaktionen eine Interaktion vieler humoraler und zellulärer Komponenten des Immunsystems entsteht. Hier darf vor allem auch eine Vernetzung der Th_2- und Th_1-Reaktionen nicht übersehen werden. Viele der Th_1-vermittelten Effekte gliedern sich wirkungsvoll in das Reaktionsspektrum bei ADCC-Reaktionen ein.

Selbstreinigungsreaktion Eine besondere Form der Immunelimination von Helminthen stellt die rasche Expulsion einer Population noch lebender larvaler oder adulter Nematoden aus dem Gastrointestinaltrakt des Wirts dar (▸ **Abb. 1.5**).

Diese Th_2-bedingten, als Selbstreinigungsreaktionen (SR; engl. *self cure reaction*) bezeichneten Vorgänge können in Abhängigkeit vom Parasit-Wirt-System sehr unterschiedlich sein, indem sie durch Belastungsinfektionen ausgelöst werden oder unabhängig davon verlaufen oder indem larvale Stadien und/oder Adulte abgestoßen werden. In allen Fällen setzt die SR jedoch ein intaktes Th_2-System voraus und beinhaltet als ein wesentliches Ge-

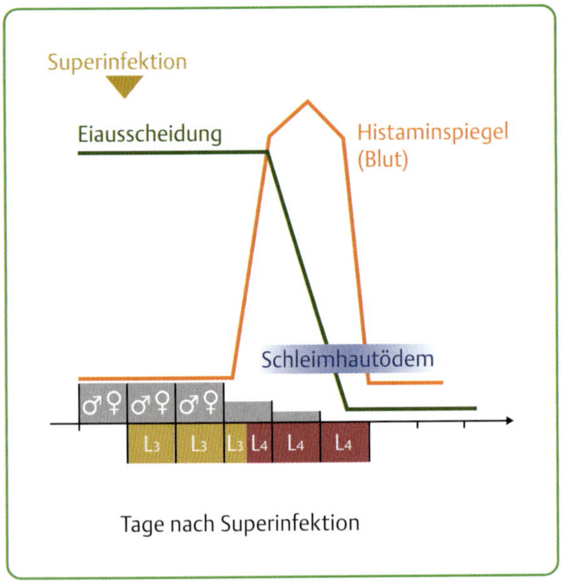

▸ **Abb. 1.5** Verlauf der Selbstreinigung bei *Haemonchus contortus*-infizierten Schafen. Mit Beginn der Häutung der Larven 3 (L 3) zu Larven 4 (L 4) aus einer Superinfektion am 3. Tag p. i. kommt es zur Expulsion der adulten Würmer (♂ ♀) aus dem Labmagen und zum abrupten Abfall der Eiausscheidung. Die Reaktion ist begleitet von einem deutlichen Anstieg des Histaminspiegels im Blut und einer Ödematisierung der Schleimhaut am Sitz der adulten Würmer. (Grafik: Anne Seeger, Vetsuisse-Fakultät, Universität Zürich, nach einer Vorlage von Horst Zahner, Institut für Parasitologie, Justus-Liebig-Universität Gießen)

schehen lokale, allergische Reaktionen vom Soforttyp im parasitierten Darmbereich. In den meisten Fällen sind SR zudem unabhängig von den Mechanismen, die in anderer Weise einen Schutz gegen Reinfektionen vermitteln.

Die klassische SR wird vorzugsweise bei Trichostrongyliden-Infektionen des Schafes beobachtet und ist ein wichtiger Faktor in der Regulation der Wurmbürden. Bei der *Haemonchus*-Infektion der Schafe, vor allem wenn die Tiere vorher einer anhaltenden Infektion ausgesetzt waren, tritt die SR häufig nach einer homologen, schweren Superinfektion auf. Sie führt innerhalb von 2–4 Tagen zur schubweisen Elimination der adulten Würmer. Auch die Larven aus der Superinfektion können erfasst werden. Untersuchungen bei der *Teladorsagia circumcincta*-Infektion des Schafes lassen annehmen, dass spezifische IgA-Antikörper im Mucus auf der Schleimhaut dafür verantwortlich sind. Meist jedoch etabliert sich ein Teil der Larven und entwickelt sich zu einer neuen Adultwurmpopulation. Die SR ist mit Ödematisierung und erhöhter Sekretion der Schleimhaut am Ansitzort der Parasiten im Labmagen sowie erhöhten Histaminspiegeln im Blut verbunden. In Anbetracht einer oft ausgeprägten mukosalen Mastocytose bei infizierten Tieren spricht dies für eine lokale allergische Reaktion. Die auslösenden Allergene werden mit der Häutung der aus der Superinfektion stammenden L 3 zur L 4 frei (▸ **Abb. 1.6**). Von epidemiologischer Bedeutung ist, dass bei Schafen in der letzten Trächtigkeitsphase und während der Laktation die Fähigkeit zur Selbstreinigung beeinträchtigt ist.

Bei verschiedenen weiteren Nematoden (*Trichuris* spp., *Trichinella* spp., *Ascaris suum*) treten vorzugsweise nach schweren Erstinfektionen SR-Effekte ohne Belastungsinfektion auf. Bei der *Trichuris suis*-Infektion des Schweins z. B. werden die adulten Würmer ca. 9–10 Wochen nach der Infektion abgestoßen. Die Reaktion wird offensichtlich über IL-4 und IL-13 reguliert und ist Mastzell-abhängig, lässt also ähnliche Züge wie die SR bei Trichostrongyliden erkennen. Ähnliche SR spielen auch bei der *A. suum*-Infektion des Schweins eine Rolle. Hier kommt es allerdings gewöhnlich zum raschen Austreiben der nach Körperwanderung im Dünndarm angelangten Larven, während die meisten Adulten persistieren.

Die eigentlichen Mediatoren, die zum Abgang der adulten Würmer führen, sind bisher nicht bestimmt. Sie müssen mit den vermehrten Sekreten aus der Schleimhaut in das Magen-Darm-Lumen abgegeben werden und unspezifisch wirken, da mit der Austreibung einer proximal im Magen-Darm-Trakt angesiedelten Wurmart, z. B. von *H. contortus* aus dem Labmagen, auch distal davon angesiedelte Nematoden eliminiert werden können, z. B. *Trichostrongylus colubriformis* aus dem Dünndarm. Bei einer Expulsion von *T. colubriformis* sind die proximal davon siedelnden *H. contortus* dagegen nicht betroffen. Diskutiert als Schadfaktoren für die Würmer werden die entzündlichen Veränderungen der Schleimhaut, die ein für die Parasiten unvorteilhaftes Milieu schaffen, in Verbindung mit direkten Effekten von Mastzellprodukten (biogene Amine schädigen Nematoden in vitro). Vermutet wird auch, dass es mit der erhöhten Gefäßpermeabilität im Zuge der allergischen Reaktion zum Übertritt von Antikörpern in die Mucusschicht der Schleimhaut kommt, die dann mit den Parasiten direkt interagieren könnten. Auch einer durch die Entzündung erhöhten Peristaltik könnte eine Rolle zukommen. IL-13 hat einen wesentlichen Einfluss auf Peristaltik und Becherzellsekretion. Studien bei Mäusen weisen auf eine essenzielle Beteiligung von *Muc5ac*, einer Mucinkomponente, bei der Expulsion von Darmnematoden hin. *Muc5ac* (S. 376), das normalerweise im Respirationstrakt, aber nicht vom Darmepithel exprimiert wird, findet sich bei *Trichuris suis*-infizierten Schweinen auch in der Darmwand, steht beim Rind aber offensichtlich nicht im Zusammenhang mit Nematoden-Infektionen.

Beeinträchtigung der Entwicklung von Parasiten Immunmechanismen, die zur Beeinträchtigung der Entwicklung oder der Fertilität von Helminthen führen, sind bisher wenig erforscht. Es ist aber z. B. ein regelmäßig bei gastrointestinalen Nematoden zu beobachtendes Phänomen, dass sie sich in „immunen“ Wirten zwar etablieren können, aber verspätet geschlechtsreif werden, in der Größe retardiert sind und weniger Eier produzieren als Würmer in naiven Wirten. Soweit untersucht, hängen

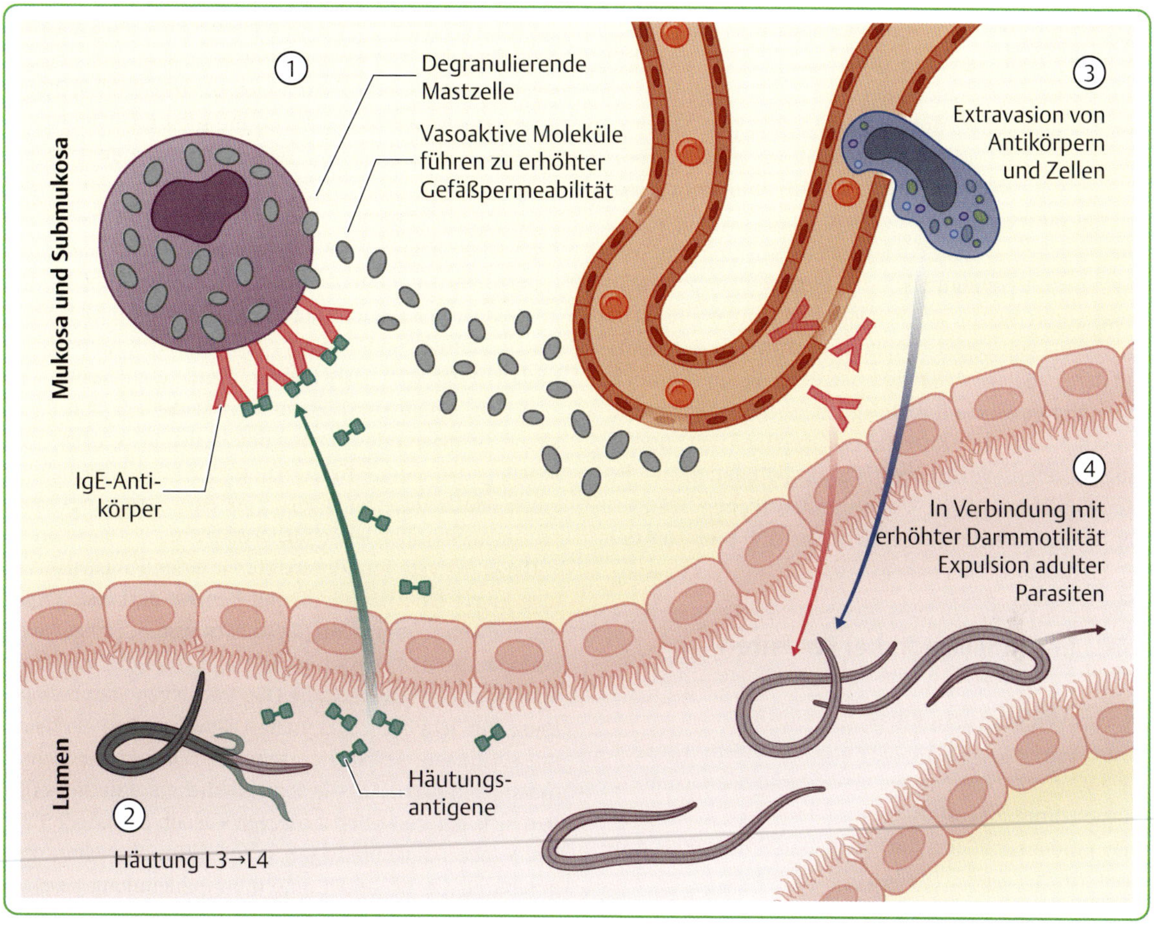

▶ **Abb. 1.6** Mechanismen bei der Selbstreinigung des Schafs von gastrointestinalen Nematoden (vereinfacht). In die Magen-Darm-Wand infizierter Tiere wandern Mastzellen ein (Mastocytose). Hohe Spiegel spezifischer (allergischer) Antikörper (①) führen zur Sensibilisierung der Mastzellen. Nach Superinfektion werden mit der Häutung der Larven 3 (L 3) zu Larven 4 (L 4) allergene Häutungsantigene freigesetzt (②), die an IgE-Antikörper auf Mastzellen binden. Die in der Folge aus den Mastzellen freigesetzten vasoaktiven Moleküle (u. a. Histamin, Serotonin) bedingen eine gesteigerte Permeabilität der Gefäße in der Magen-Darm-Wand, eine Ödematisierung und eine Extravasation von Antikörpern und Zellen (③), die in Verbindung mit einer gesteigerten Mobilität des betroffenen Abschnitts der Wand des Hohlorgans zur Expulsion der Würmer führen (④). (Grafik: Anne Seeger, Vetsuisse-Fakultät, Universität Zürich, nach einer Vorlage von Horst Zahner, Institut für Parasitologie, Justus-Liebig-Universität Gießen)

auch diese Effekte von einem intakten T-Zell-System des Wirts ab, doch sind die auslösenden Mechanismen unbekannt.

Auch die **Hypobiose** (S. 268) larvaler Stadien von gastrointestinalen Nematoden, die z. B. bei Trichostrongyliden der Wiederkäuer eine wichtige epidemiologische Bedeutung hat, beruht zumindest teilweise auf einer immunologischen Grundlage. Dies lassen Studien mit dem Schafparasiten *T. circumcincta* annehmen, in denen sich zeigte, dass hypobiotische L 4 nach Behandlung der Wirte mit Corticosteroiden ihre Entwicklung komplettieren.

Immunität gegen Arthropoden Parasitische Arthropoden leben in sehr unterschiedlichem Kontakt zum Wirtstier. Teils ist er permanent und eng, wie bei *Sarcoptes*-Milben, teils ist er, wie bei Zecken oder blutsaugenden Dipteren, zwar nur temporär, aber über die Abgabe von Speichelantigenen doch intensiv, teils rein oberflächlich wie bei Haarlingen. Dies spiegelt sich in den immunologischen Reaktionen auf die Infestationen wider. So bildet sich, von den immunpathologischen Konsequenzen der Infestation abgesehen, bei *Sarcoptes*- und *Psoroptes*-Infestationen des Schafes eine vorwiegend zellulär bedingte Teilimmunität gegen Reinfestationen aus. Von einigen Schildzeckenarten ist bekannt, dass ihr Saugverhalten und -erfolg beeinträchtigt sind, wenn sie Wirte befallen, die bereits mehrfach von der gleichen Zeckenart infestiert waren. Solche Teilimmunitäten gegen Zecken konnten durch Serum übertragen werden. Eine Rolle spielt wahrscheinlich auch, dass sich bei immunen Tieren um die inserierten Mundwerkzeuge der Zecke vor allem basophile Granulozyten ansammeln (dermale basophile Überempfindlichkeit), die offensichtlich mit homocytotropen Antikörpern (IgE) besetzt sind. Über Allergene im Zeckenspeichel kommt es zur Degranulation der Basophilen und damit zur Freisetzung von Histamin, das nachweislich die Salivation und Blutaufnahme der Zecken hemmt. Ausschlaggebend dürfte dabei auch sein, dass Schildzecken 5–7 Tage saugen. Gegen andere hämatophage Ektoparasiten, die nur kurz saugen, wie z. B. Flöhe, sind auch nach wiederholtem Befall keine schützenden Immunreaktionen nachweisbar. Allerdings zeigt die Haarlingsinfestation des Schafes, dass es auch bei anscheinend losem Kontakt zwischen Parasiten und Wirt zu effizienten Immunreaktionen kommen kann. Haarlinge ernähren sich ausschließlich von Komponenten der oberflächlichen Lagen des Stratum corneum der Haut – und dennoch entwickeln infestierte Schafe eine humorale und zelluläre Überempfindlichkeit gegen Haarlingsantigene (die auch zum Krankheitsprozess beiträgt) und regulieren offensichtlich die Haarlingspopulation auf immunologischem Weg. Die verantwortlichen Antigene werden wahrscheinlich mit dem Speichel oder mit dem Kot auf den Wirt übertragen.

1.5.4 Immunevasion bei Parasiten

Das Wichtigste in Kürze

- Eine Persistenz von Parasiten in oder auf einem Wirt setzt die Fähigkeit voraus, dessen Abwehrreaktionen zu entgehen (**Immunevasion**).
- Die Evasionsstrategien von Parasiten sind vielfältig und lassen sich in mehrere Hauptgruppen einteilen.
  - **Sequestrierung:** Rückzug von Parasiten in immunologisch schwer zugängliche Lokalisationen im Wirt, z. B. in bestimmte Zellen und Organe, sowie die Bildung schützender Hüllen oder Cysten
  - **Maskierung oder Änderung der immunogenen Eigenschaften:** Maskierung durch Ein- oder Anlagerung von Wirtsmolekülen; Mimikry durch Synthese wirtsähnlicher Antigene; Wechsel der Antigenstruktur (Antigenvariation)
  - **Störungen der immunologischen Effektormechanismen:** Abstreifen von Oberflächen-Antigenen nach Bindung von Antikörpern (engl. *antigen shedding*); enzymatische Spaltung von Antikörpern; Hemmung oxidativer Produkte der Effektorzellen u. a.
  - **Modulation der Immunmechanismen des Wirtes:** Modulation der Immunantwort oder Immunsuppression
  - **Einfluss auf die Apoptose:** erhöhte Apoptoserate von Immunzellen oder verzögerte Apoptose von Zellen, die mit Parasitenstadien befallen sind
  - **Weitere Strategien:** Hypobiose, z. B. bei Nematoden sowie Dormo- oder Hypnozoiten bei einigen Apicomplexa

Die oft lange Persistenz von Parasiten in oder auf einem Wirt setzt die Fähigkeit voraus, dessen Abwehrreaktionen zu entgehen. Folgerichtig haben viele Erreger im Verlauf der Koevolution mit ihren Wirten entsprechende Evasionsstrategien entwickelt. ► **Tab. 1.6** gibt hierzu eine auszugsweise Übersicht.

Weit verbreitet ist die **Sequestrierung** von Parasiten, d. h. ihr Rückzug in sichere Refugien, z. B. in von Parasiten gebildete oder induzierte Gewebekapseln oder Cysten (u. a. Finnen von Echinococcen in inneren Organen, Larven von Trichinellen in Kapseln in der Muskulatur, Bradyzoiten von Toxoplasmen in Gewebscysten) oder an immunologisch schlecht zugängliche Körperbereiche (Cysticercus im Gehirn, Fetus im Mutterleib). Für bestimmte Protozoenarten dient das Zellinnere als immunologischer Zufluchtsort. Einige dieser Protozoen lassen sich zwar phagocytieren, wandern aber aus dem Phagosom ins Cytoplasma der Wirtszelle aus, wo sie nicht angreifbar sind (z. B. *Leishmania* spp.). Erythrozyten, die z. B. von Babesien, Theilerien oder Plasmodien besiedelt werden, stellen aufgrund ihrer eingeschränkten Synthesemöglichkeit einen relativ sicheren Lebensraum dar; zudem exprimieren sie gewöhnlich keine MHC-Moleküle.

Die effektivste Immunevasion für einen Parasiten wäre eine **inerte Oberfläche,** die ihn für den Wirt immunologisch unkenntlich macht. Ein solches System ist bei vielen Endoparasiten nicht zu erwarten, da die Zellmembran von Protozoen wie auch die Oberfläche von Platyhelminthen, ein lebendes syncytiales Gewebe, dem Stoffaustausch dienen. Selbst die azelluläre Cuticula der Nematoden kann partiell der Resorption dienen. Allerdings finden sich auf der Oberfläche von Gewebsnematoden oft Lipid- oder Glykolipidlagen oder Mucin-ähnliche Komponenten, die sie gegen eine Immunerkennung abschirmen könnten. Wie für Larven von *Toxocara canis* gezeigt wurde, sind Nematoden in der Lage, sich der Immunreaktion des Wirtes dadurch zu entziehen, dass sie ihre äußerste (Mucin- und Glycan-reiche) Oberfläche, an der sich die Immunzellen des Wirtes anlagern, abstreifen sowie diese erneuern.

Weitere Evasionsstrategien sind die **Maskierung** und die **immunologische Mimikry**. Für die Existenz der Maskierung spricht, dass Wirtsalbumin und -immunglobuline an die Oberfläche von Schistosomen und Nematodenlarven adsorbiert werden. Vermutlich kaschieren sie antigene Determinanten des Parasiten, doch fehlen dafür bisher Nachweise. Schlüssiger sind die Befunde in den Fällen, in denen wirtsanaloge, funktionelle Moleküle als autonome Genprodukte der Parasiten entstehen und auf der Oberfläche exprimiert werden (Mimikry). Dies gilt z. B. für Fc- und Komplementrezeptoren, wie sie auf jugendlichen Trematoden vorkommen. An diese Fc-Rezeptoren auf der Parasitenoberfläche werden IgG-Antikörper (nicht aber IgE) über ihr Fc-Fragment, also sozusagen „falsch herum", gebunden und sind damit wirkungslos. Ferner wird durch Bindung von C 3b an Komplementrezeptoren die Komplementkaskade blockiert. Trematoden sezernieren zudem Proteasen, die an Fc-Rezeptoren gebundene Antikörper fragmentieren. Die Expression von wirtshomologen C-Typ-Lectinen auf Wanderlarven von Ascariden könnte vor der Erkennung durch APZ schützen.

▸ **Tab. 1.6** Immunevasion bei Parasiten (Auswahl).

Strategien/Mechanismen	nachgewiesen bei	
	Protozoen	Metazoen
Sequestrierung (Rückzug in „sichere" Nischen)	intrazelluläre Parasiten: Piroplasmen, Plasmodien (in Erythrozyten), *Trypanosoma cruzi, Theileria* sp. (Auswanderung aus Phagosom ins Cytoplasma); Encystierung bei *Toxoplasma, Neospora, Sarcocystis*	Bildung von Kapseln (*Trichinella spiralis*) oder Cysten (*Echinococcus* spp.); Rückzug ins ZNS (Coenurus cerebralis, Cysticercus cellulosae)
Antigen shedding[1]	*Plasmodium, Babesia, Giardia* spp.	*Fasciola hepatica, Toxocara canis*
immunologische Mimikry	–	Trematoden (*F. hepatica*, Schistosomen), *Ascaris suum*
Expression besonderer Oberflächenkomponenten (Fc-, C'-Rezeptoren)	–	Trematoden (*F. hepatica*, Schistosomen)
Antigenvarianz	Trypanosomen (VSG[2]), *Giardia* (VSP[3]), *Plasmodium falciparum* (*var*-Antigene[4]), *Babesia* (*ves*-Antigene[4])	–
stadienspezifischer Antigenwechsel	Coccidien, Plasmodien, Piroplasmen	Nematoden (Ascariden, Filarien, *Trichinella*)
Gen-regulatorische Eingriffe (z. B. Verhinderung der iNOS-Expression)[5]	*Leishmania* spp., *T. cruzi, T. gondii*	–
Freisetzung detoxifizierender Komponenten	*Leishmania* spp. (gp63 u. a.)	Filarien (Antioxidanzien)
Freisetzung immunmodulierender Komponenten[6]	Trypanosomen, *Leishmania* spp.	zahlreiche Helminthen (u. a. Schistosomen, Echinococcen, Ascariden, Filarien) und Arthropoden (Zecken u. a.)
proapoptotische Wirkung auf Immunzellen	Trypanosomen, Plasmodien	Filarien
antiapoptotische Wirkung auf Wirtszellen	*T. cruzi, Eimeria bovis, T. gondii, Theileria* spp.	–
Hypobiose	Hypnozoiten von *Plasmodium* spp.	zahlreiche Nematodenarten

[1] die Parasiten besitzen hochantigene Oberflächenproteine, die sie nach Antikörperbindung als Komplex abstreifen
[2] variant surface glycoprotein = variables Oberflächenglykoprotein
[3] variant-specific surface protein = variables Oberflächenprotein
[4] Antigene, die auf der Oberfläche infizierter Erythrozyten exprimiert werden
[5] induzierbare NO-Synthase (katalysiert NO-Synthese)
[6] Komponenten mit verschiedener Wirkung (z. B. Hemmung der Antigenpräsentation oder der Lymphozytenproliferation)

Ein effizienter und von einigen Parasiten genutzter Evasionsmechanismus ist ein **Wechsel der Antigenstruktur**. So können die einzelnen Entwicklungsstadien von Parasiten mit unterschiedlichen Antigenen ausgestattet sein (= **stadienspezifische Antigene**). Bei raschem Stadienwechsel wie bei Eimerien läuft dann die Immunantwort des Wirtes der Entwicklung hinterher. Auch die mit Häutungen verbundenen Entwicklungsschritte bei Nematoden könnten unter immunologischen Gesichtspunkten so eingeordnet werden.

Andere Parasiten können ihr Antigenmuster variieren (**Antigenvariation**). Derartige Vorgänge sind am besten bei den afrikanischen Trypanosomen untersucht, bei denen die gesamte Zelloberfläche durch ein variables Oberflächenglykoprotein (engl. *Variant Surface Glycoprotein*, VSG) abgedeckt wird. Dieses VSG ist über Glycosylphosphatidylinositol(GPI)-Membrananker an die Zellmembran gebunden, aber leicht abspaltbar, und kann durch ein neues VSG ersetzt werden, mit dem der Wirt bisher noch nicht konfrontiert war. Auf diese Weise entgehen Parasiten mit dem neuen VSG der ansonsten effizienten humoralen Abwehr des Wirtes und können neue Populationen aufbauen. Jedes Trypanosom exprimiert jeweils nur ein VSG. Die Anzahl für VSGs kodierender Gene ist sehr groß (> 10 % des gesamten Genoms werden dafür genutzt). Da die Parasiten zudem durch Gen-Rekombination neue VSGs schaffen können, ist das VSG-Spektrum nahezu unerschöpflich. Bei *Giardia duodenalis*, einem das Darmlumen besiedelnden Flagellaten, scheint die Fähigkeit zur Variation der Oberflächenantigene (engl. *Variant-specific Surface Protein*, VSP) gleichfalls eine Voraussetzung für die Persistenz im Wirt zu sein. Das VSP bedeckt den Parasiten einschließlich der Geißeln und auch hier wird stets nur 1 Gen aus einer Multigenfamilie, die für 100–300 Proteine kodiert, exprimiert. Ein weiteres Beispiel für variable Oberflächenproteine sind die *ves*-Adhäsine von *Babesia bovis*, dem virulentesten Erreger aus der Gruppe der Rinderbabesien. Sie finden sich auf der Oberfläche befallener Erythrozyten und sorgen dafür, dass infizierte Zellen am Endothel von Kapillaren haften, offensichtlich um zu vermeiden, dass sie in die Milz geschwemmt und dort abgebaut werden. Der Antigenwechsel ist die Voraussetzung für das langfristige Funktionieren dieses Prinzips. *Ves*-Antigene werden durch eine Multigenfamilie kodiert, wobei allein für das Antigen VESA1α über 300 Gene kodieren. *Plasmodium falciparum*, der virulenteste Malariaerreger beim Menschen, verfügt mit sog. *var*-Antigenen funktionell über die gleiche Strategie, welche bei den verschiedenen Erregern auf völlig unterschiedlichen genetischen und biochemischen Mechanismen beruht.

In anderen Fällen nehmen die Parasiten in Kauf, dass ihre Oberfläche als Antigen erkannt wird. Sie bieten dem Wirt sogar hochantigene (meist mit repetitiven Aminosäuresequenzen ausgestattete) Oberflächenstrukturen an, die sie jedoch ablösen können, wenn Antikörper gebunden haben (engl. *antigen shedding* und *smokescreen antigens*). Beispiele sind Babesien und Plasmodien, die so im Plasma überleben können, ehe sie wieder ihren sicheren Lebensraum, das Cytoplasma des Erythrozyten, erreichen. In Fällen intrazellulärer, protozoärer Infektionen, in denen es zur Fusion von Phagosom und Lysosom kommt, verhindern die Parasiten die Synthese toxischer Komponenten (z. B. durch die Hemmung der induzierbaren NO-Synthese durch Leishmanien in infizierten Makrophagen) oder sie synthetisieren **detoxifizierende Substanzen**. Beispiele hierzu sind Glykoproteine aus *Leishmania donovani* (u. a. gp63), die O_2 und H_2O_2 reduzieren können. Die gleiche Funktion dürfte antioxidativen Enzymen von Helminthen zuzurechnen sein. Soweit untersucht, besitzen Parasiten stets zumindest eines der wichtigen antioxidativen Enzymsysteme (Superoxidismutase, Katalase, glutathionabhängige Enzyme). Hinzu kommen Peroxidoxine, hochkonservierte Antioxidanzien, die vor allem bei oxidativem Stress gebildet werden.

Viele Parasiten bewirken eine **Immunmodulation** oder **Immunsuppression,** indem sie auf verschiedenen Ebenen antigenspezifisch oder unspezifisch in das Immungeschehen eingreifen. Das Spektrum ist weit und reicht von beeinträchtigter Antigenverarbeitung in APZ bis zur Blockierung von Effektorfunktionen. Es konnten verschiedene Komponenten aus Parasiten mit immunmodulatorischen Eigenschaften charakterisiert werden, etwa bestimmte Proteasehemmer und Glycane. Proteasehemmer werden von einer konservierten Genfamilie kodiert und interagieren im Vertebratensystem mit dem Immunsystem. In Nematoden wurden verschiedene Homologe mit immunmodulatorischen Aktivitäten gefunden, beispielsweise die Cystatin-homologen Cystein-Proteasehemmer der Filarien. Säuger-Cystatine regulieren u. a. die Antigenprozessierung in dendritischen Zellen. Das Molekül aus Filarien beeinträchtigt entsprechend die Antigenverarbeitung und damit die Aktivierung von T-Zellen und stimuliert die Synthese von IL-10.

Relativ großes wissenschaftliches Interesse hat dabei die immunmodulatorische Kapazität von glykosilierten Antigenen von Erregern aus allen Helminthen-Klassen erfahren. Solche oft in sehr spezifischer Weise modifizierten Glycane sind teils T-Zell-unabhängig und im humoralen System immundominant. Teilweise werden sie stadienspezifisch exprimiert, wie z. B. Glykolipide von *Schistosoma mansoni*-Eiern, welche die Synthese von IL-10, IL-6 und TNF-α induzieren und so in der Patenz an der Überleitung eines anfangs Th_1-dominierten Reaktionstyps in eine Th_2-Reaktionsform beteiligt sind. Experimentell wurden sie sogar als Adjuvanzien eingesetzt, um eine Th_2-Antwort auf Antigene zu erreichen. Eine verhältnismäßig breite Rolle spielt hier auch die häufige Phosphorylcholin(PC)-Modifikation von Helminthenantigenen, die u. a. als diagnostisches Problem für serologische Kreuzreaktionen zwischen Antigenen verschiedener Helminthen verantwortlich sind. In detaillierten Untersuchungen an PC-modifizierten Molekülen aus Filarien (z. B. „PC-ES-62“) hat sich gezeigt, dass sie über APZ die Immunantwort in Richtung Th_2 treiben, in B- und T-Zellen Signalketten entkoppeln und die Synthese von proinflammatorischen Cytokinen in Makrophagen beeinträchtigen.

Weiterhin bewirken Parasiten oft eine ausgeprägte polyklonale B-Zellaktivierung, die zu massiv erhöhten IgG- und IgM-Konzentrationen (meist Protozoen-Infektionen, vgl. Nagana, Leishmaniose) und auch zu erhöhten IgE-Spiegeln (vorwiegend bei Helminthen-Befall) führen kann. Auslösend sind auch hier vom Parasiten sezernierte Mediatoren. Solche fehlgeleiteten Antikörpersynthesen dürften in Konkurrenz zur spezifischen Abwehr stehen und diese damit beeinträchtigen. Manche Parasiten sezernieren darüber hinaus Komponenten, die Cytokinen des Wirtes ähnlich sind. So wurden bei Nematoden und Metacestoden Proteine gefunden, die strukturelle Gemeinsamkeiten mit TGF-β oder MIF (engl. *Macrophage Inhibition Factor*) des Wirts aufweisen, Cytokinen, die stark immunsuppressiv sind oder als multipotenter Aktivator von Immunzellen fungieren. Die Funktionalität der teilhomologen Helminthenantigene ist jedoch nicht bewiesen.

Immunmodulierende Komponenten sind auch aus dem Speichel von blutsaugenden Ektoparasiten (Zecken, Simuliiden) bekannt. *Hypoderma*-Larven sezernieren Proteasen, sog. Hypodermine, die Antikörper spalten, die Proliferation von T- und B-Zellen beeinträchtigen und die Synthese von Th_1-Cytokinen herunterregulieren. Generalisierte *Demodex canis*-Infektionen beim Hund gehen immer mit einer schweren Beeinträchtigung des T-Zell-Systems einher.

Ein weiterer Faktor in den Evasionsstrategien von Parasiten ist ihr **Einfluss auf Apoptosevorgänge im Wirt.** Diese als genetisch programmierter Zelltod bezeichnete Form des Absterbens von Zellen dient in vielzelligen Organismen zur schonenden Beseitigung nicht mehr benötigter oder, wie bei der T-Zell-Selektion, unerwünschter Zellen und zum „Zell-Recycling". Parasiten sind in der Lage, sowohl die Apoptose von Zellen im Wirt zu induzieren als auch zu verhindern. Im ersten Fall sind meist Zellen des Immunsystems des Wirtes betroffen, was zu einer Beeinträchtigung der Immunantwort führt. So induzieren Infektionen mit *T. gondii*, Plasmodien und *L. donovani* eine gesteigerte Apoptose von $CD4^+$-Zellen. Im Falle von *L. donovani* sind vorzugsweise Th_1-Zellen, d. h. die mit abortiver Infektion assoziierten Zellen, betroffen. Intrazelluläre Parasiten können die Apoptose ihrer Wirtszelle dagegen hemmen. Funktionell ist die Apoptosehemmung so zu verstehen, dass der Parasit ein vorzeitiges Absterben seiner Wirtszelle verhindern muss. Dies wird offensichtlich bei einem Erreger wie *Eimeria bovis*, der für seine in Lymphendothelzellen ablaufende Merogonie 15–17 Tage benötigt, oder noch eindrücklicher für die Trichinellen, welche die von ihnen besiedelten Muskelzellen in Dauer-Ammenzellen transformieren, in denen sie über Jahrzehnte überleben. Der Einfluss der Parasiten betrifft meist zentrale Abläufe der Apoptose. So ließ sich in Lymphoidzellen, infiziert mit Makromeronten von *Theileria parva*, eine Aktivierung des Transkriptionsfaktors NF-κB zeigen. Dieser Faktor ist an der Transkription vieler Gene beteiligt und verhindert die Apoptose, sodass diese infizierten Wirtszellen sich unbegrenzt in vitro kultivieren lassen. Selbst die ansonsten durch Freisetzung von Granzymen zur Apoptose infizierter Zielzellen führende Attacke von cytotoxischen T-Zellen kann durch Parasiten blockiert werden, wie Studien mit *T. gondii* zeigten.

Auch die **Hypobiose**, wie sie z. B. bei Larven gastrointestinaler Nematoden während der klimatisch für ein Leben in der Außenwelt ungünstigen Jahreszeiten auftritt, ist als Evasionsmechanismus anzusehen. Die für die Einleitung und das Ende der Hypobiose verantwortlichen molekularen Mechanismen sind allerdings noch weitgehend unbekannt.

Auch **Ektoparasiten modulieren die Immunreaktionen** ihrer Wirte zu ihren Gunsten. So hemmen beispielsweise Komponenten aus den Speicheldrüsen verschiedener Schildzecken sowie Antigene der Larven der Dasselfliege *Hypoderma lineatum* (Hypodermine) die Proliferationsfähigkeit von T- und B-Zellen, regulieren die Cytokinsynthese in Makrophagen und in der Folge von T-Zellen nach unten und wirken entzündungshemmend. Speichelsekrete von Schildzecken blockieren weiterhin den alternativen Weg der Komplementaktivierung und unterbinden die Bildung von C 3a (Anaphylotoxin), reduzieren also auf diesem Weg Entzündungsreaktionen um die Mundwerkzeuge. Auch die hemmende Wirkung von Speichelkomponenten auf NK-Zellen, wie sie bei *Dermacentor reticulatus* beobachtet wurde, schwächt die Resistenz der Wirte gegen die Zecken und auch gegen die von ihnen übertragenen Erreger. NK-Zellen sind zwar keine Effektorzellen gegen Zecken, aber sie stellen mit ihrer Fähigkeit zur IFN-γ-Produktion ein Bindeglied zur Makrophagen- und Th_0-Zellaktivierung dar. Auffallend ist die letztlich entzündungshemmende, selektiv suppressive Wirkung von Speichelkomponenten von Zecken auf die Th_{17}-Genese.

1.5.5 Immunpathologie von parasitischen Infektionen

Das Wichtigste in Kürze

- Außer den durch Parasiten ausgelösten **Entzündungserscheinungen** (S. 24) sind bei vielen Parasitosen immunpathologische Reaktionen am Krankheitsgeschehen beteiligt oder bestimmen es. Sie lassen sich weitgehend in das herkömmliche Schema von **Überempfindlichkeitsreaktionen (Typen I–IV)** einordnen, wobei Mischformen die Regel sind, z. B. bei der Flohspeichelallergie des Hundes. Hohe IgE-Spiegel können zu anaphylaktischen Reaktionen führen, z. B. bei Befall mit Ektoparasiten.
- Von Bedeutung ist u. a. die T-Zell-abhängige **Dünndarmzottenatrophie** bei Infektion mit gastrointestinalen Helminthen.
- **Autoimmunreaktionen** infolge kreuzreagierender Antigene zwischen Parasit und Wirt werden bei einzelnen Parasitosen für begleitende Organschäden verantwortlich gemacht.
- Verschiedentlich sind immunpathologische Reaktionen des Wirtes Teil der Entwicklungsstrategie der Parasiten, z. B. beim Ausschleusen von Schistosomeneiern in das Darmlumen.

Immunreaktionen haben das Ziel, Pathogene zu neutralisieren und sie letztlich zu eliminieren. Sie werden zwar antigenspezifisch ausgelöst, doch sind die Effektormechanismen oft breit wirkend und unterscheiden nicht zwischen dem eigentlichen Zielorganismus und umgebendem Wirtsgewebe. So erkennt ein Th_1-Lymphozyt die ihm präsentierten Antigenepitope zwar spezifisch, seine Reaktion führt aber bereits antigenunspezifisch zur Aktivierung von Makrophagen und zur Freisetzung von NO, einem Molekül, das Parasiten abtöten kann, in seiner cytotoxischen Wirkung aber auch benachbarte, unbeteiligte Wirtszellen erfasst. Immunpathologische Reaktionen sind daher bei zahlreichen parasitären Infektionen am Krankheitsbild beteiligt oder bestimmen es sogar.

Immunpathologische Folgen einer Parasitose lassen sich weitgehend in das herkömmliche Schema von **Überempfindlichkeitsreaktionen** einordnen (▶ Tab. 1.7). Oft handelt es sich um Misch- und Übergangsformen der Überempfindlichkeit. Als Beispiel kann die Flohspeichelallergie von Hund und Katze herangezogen werden. Sie stellt sich in den meisten Fällen – auch im klinischen Ablauf – als Mischform zwischen Typ I und Typ IV dar. Zu berücksichtigen ist, dass sich mit der Organspezifität vieler metazoischer Parasiten immunpathologische Vorgänge lokal besonders auswirken können. Dies dokumentiert

▶ **Tab. 1.7** Überempfindlichkeitsreaktionen bei Parasitosen.

Reaktionstyp	Folgen	Beispiele
Typ I – Sofort-Typ-Allergie (klassische Allergie) Bindung von IgE-Antikörpern[1] an Fc-Rezeptoren von Mastzellen und basophilen Granulozyten, Auslösung der Reaktion durch Vernetzung benachbarter Antikörpermoleküle über mehrvalente Allergene und Exocytose von biogenen Aminen; Minuten bis Stunden nach Exposition	lokal bis generalisiert (Schock); erhöhte Gefäßpermeabilität, Extravasation von Plasmaproteinen und reaktiven Zellen (Entzündung), Kontraktion der glatten Muskulatur	Flohspeichelallergie (Hund, Katze); Schock bei Ruptur von *Echinococcus*-Cysten; Gnitzenstiche (Pferd); Selbstreinigungsreaktion bei gastrointestinalen Nematoden (Schaf, Schwein)
Typ II – antikörperabhängige Cytotoxizität Parasitenantigene können auf Wirtszellen adsorbiert oder aus dem Zellinnern auf die Zelloberfläche transportiert werden, worauf es zur Bindung spezifischer Antikörper (IgG, IgM) mit und ohne Komplementaktivierung kommt; zeitlicher Beginn nach Exposition variabel	Opsonierung (Phagocytose) und auch Lysis betroffener Zellen	Trypanosomosen, Babesiosen (Anämie)
Typ III – immunkomplexvermittelte Überempfindlichkeit (Arthus-Reaktion) lösliche Antigene werden durch Antikörper im Plasma komplexiert und adhärieren am Endothel von Gefäßen (besonders kleine, im Antigenüberschuss gebildete Komplexe); Wochen nach Exposition	Komplexe aktivieren Komplement; C 5a, auch C 3a, C 4a (Anaphylatoxine) erhöhen Gefäßpermeabilität, Extravasation von Plasmaproteinen und reaktiven Zellen (Entzündung)	Glomerulonephritis (z. B. bei Leishmaniose, Babesiose und Dirofilariose des Hundes), Endarteriitis der Lunge (Dirofilariose)
Typ IV – Überempfindlichkeit von verzögertem Typ (DTH [2]) spezifische T-Zellen setzen nach Antigenerkennung Cytokine frei (IFN-γ u. a.); Beginn 2–7 d nach Exposition	Infiltration von reaktiven Zellen, primär oder sekundär (z. B. über aktivierte Makrophagen und von diesen sezerniertes IL-1, IL-6, IL-8) angelockt; Granulombildung mit anschließendem fibrotischem Umbau	Leber-, Darm- und Blasenwandfibrose bei der Schistosomose; Flohallergie (als Mischreaktion mit Typ I); Räude, Jones-Mote-Reaktion (kutane basophile Überempfindlichkeit) als Sonderform bei Ektoparasiten (Zecken)

[1] auch bestimmte IgG-Subklassen sind homocytotrop, d. h. binden an homologe Mastzellen und basophile Granulozyten
[2] Abkürzung für „Delayed Type Hypersensitivity"

sich z. B. in der häufig schweren Immunkomplex-vermittelten Endarteriitis in der Lunge von Hunden mit einer *Dirofilaria immitis*-Infektion: Die im rechten Herzen und in der Arteria pulmonalis lebenden adulten Filarien sezernieren große Mengen von Antigenen. Durch Reaktion mit zirkulierenden Antikörpern im Antigenüberschuss entstehen Immunkomplexe mit besonderer Gewebsaffinität, die stromab in der Lunge an den Kapillarendothelien adhärieren und Anlass für pathologische Veränderungen sind. Letztlich ist die Reaktion doch generalisiert, wie die bei diesen Hunden häufigen Glomerulonephritiden zeigen.

Überempfindlichkeitsreaktionen sind entscheidend an Pathogenese und Klinik bei allen **Räudeerkrankungen** beteiligt. Die oft nässenden Ekzeme in der Fesselbeuge bei der *Chorioptes*-Räude des Pferdes und kleiner Wiederkäuer sind nur über allergische Reaktionen gegen den Milbenspeichel verständlich. Untersuchungen bei *Sarcoptes*-Infestationen (S. 462) zeigten in der Entwicklung der Überempfindlichkeit eine klare Sequenz, indem sich rasch nach der Infektion eine Überempfindlichkeit vom verzögerten Typ ausbildet; IgE-vermittelte Reaktionen treten mit einer Verzögerung von 2–3 Wochen auf. Letztlich entwickelt sich ein Mischtyp aus allen Formen der Überempfindlichkeit.

Bei **Helminthen-Befall des Dünndarms** haben wahrscheinlich immunpathologische Vorgänge in der Genese eines Symptomenkomplexes aus Zottenatrophie, Becherzellhyperplasie und entzündlicher Infiltration der Mukosa eine zentrale Bedeutung. Da die Veränderungen in athymischen Tieren ausbleiben, müssen sie als T-Zell-vermittelt angesehen werden. Diese Helminthen-assoziierten Enteropathien sind nicht IFN-γ-abhängig, sondern werden analog der bei solchen Infektionen deutlichen Bevorzugung des Th_2-Weges über IL-4 und TNF-α ausgelöst. Als TNF-produzierende Zellen kommen über IL-4 generierte mukosale Mastzellen infrage; die schädigende Komponente selbst scheint das durch TNF-α induzierte NO zu sein. Daneben spielt eine ebenfalls über TNF-α induzierte Synthese von Matrix-Metalloproteasen, welche die Matrix der Lamina propria schädigen, eine Rolle. Letztlich müssen auch bakterielle Komponenten wie Lipopolysaccharide (LPS) als ätiologische Faktoren für solche Enteropathien berücksichtigt werden, da infizierte Gnotobioten deutlich geringere Veränderungen zeigten.

Die bei Helminthen-Infektionen generell oft erhöhten **IgE-Spiegel** haben – von Ausnahmesituationen wie nach Ruptur einer *Echinococcus*-Cyste abgesehen – keine klinische Relevanz. Sie sind die Folge einer polyklonalen B-Zellaktivierung; nur ein geringer Teil ist daher Parasitenspezifisch. Die frühere Vermutung, mit dieser polyklonalen IgE-Synthese sei eine Disposition für Allergien verbunden, trifft nicht zu. Vielmehr sind in Regionen mit häufigen Helminthen-Infektionen beim Menschen Allergien deutlich seltener als in Ländern mit hohem Hygienestandard. Tierexperimentelle Untersuchungen lassen annehmen, dass hierfür bestimmte Helminthen-induzierte T-Regulationszellen (Treg) verantwortlich sind.

Die Frage, welche Rolle **Autoimmunitätsreaktionen** bei Parasitosen spielen, wurde wenig untersucht, obwohl Autoantikörper bei chronischen Infektionen häufig nachgewiesen werden können. Offensichtlich sind solche Phänomene für Ganglienschäden bei der durch *Trypanosoma cruzi* verursachten Chagas-Krankheit des Menschen verantwortlich, da in Ganglienzellen und in den Parasiten kreuzreagierende Epitope existieren und entsprechende Antikörper gebildet werden. Als Folge Antikörper-bedingter Ganglienschäden kann es in der chronischen Phase der Erkrankung zu einer enormen Dilatation der Hohlorgane (u. a. Colon, Herz) kommen.

Von besonderem Interesse sind Fälle, in denen immunpathologische Reaktionen im Wirt in die Entwicklungsstrategie der Erreger einbezogen sind. Dieses wird besonders deutlich bei Schistosomen, die in den Darm- oder Blasenvenen ihrer Endwirte leben und darauf angewiesen sind, dass ihre Eier über das Hohlorgan in die Außenwelt gelangen. Die von den Parasiten abgesetzten Eier, in denen sich rasch eine Larve (Miracidium) entwickelt, bleiben in Kapillaren stecken. Aus den Eiern werden Antigene freigesetzt, die zur Sezernierung von Lymphokinen aus spezifischen Lymphozyten führen. In der Folge bildet sich um das Schistosomenei in Form einer Typ-IV-Überempfindlichkeitsreaktion mit angelockten, aktivierten Zellen ein Granulom, das, eine Lage nahe der Schleimhautoberfläche vorausgesetzt, in das Lumen des Organs durchbrechen und damit das Ei freisetzen kann. Da dieser Prozess auch um Eier abläuft, die in die Leber und andere Parenchyme abgeschwemmt wurden, entstehen dort durch multiple Granulome schwere Organschäden als wichtiger Faktor in der Pathogenese der Erkrankung.

Nicht übersehen werden sollte eine mögliche Rolle von Parasiten bei Lebensmittelallergien. Bei der Heringswurmkrankheit (Anisakiose) werden in sensibilisierten Menschen IgE-vermittelte Allergien nach Verzehr von Fischen induziert, welche hitzestabile Allergene von Larven häufiger Fischnematoden der Familie Anisakidae enthalten. Das Alpha-Gal-Syndrom ist eine Allergie gegen Galactose-alpha-1,3-Galactose, ein Disaccharid, das bei Primaten im Gegensatz zu anderen Vertebraten (u. a. Rind, Schwein, Schaf) nicht vorkommt. Das Syndrom äußert sich in allergischen Reaktionen meist Stunden nach dem Verzehr von (Alpha-Gal-haltigem) Gewebe aus Rindern, Schweinen usw. (‚Rotfleischallergie‘) oder nach Verabreichung von Arzneimitteln mit tierischen Komponenten (z. B. Plasmaexpandern). Die Sensibilisierung scheint über den Stich verschiedener Schildzeckenarten (*Ixodes* sp., *Hyalomma* sp., *Rhipicephalus* sp. u. a.) und eine dabei erfolgende Einbringung von Alpha-Gal mit den Speichelproteinen in den Wirt zu erfolgen.

Immunpathologische Reaktionen sind eine Folge der immunologischen Auseinandersetzung zwischen Wirt und Pathogen und Teil des spezifischen Wirt-Parasit-Verhältnisses. So sehr bei ihrer Betrachtung die Schädigung des Wirtes im Vordergrund steht, können sie für diesen allerdings auch nützlich sein, wie das Beispiel der Selbstreinigungsreaktion bei gastrointestinalen Nematoden (S. 31) zeigt.

1.6 Allgemeines zu Parasitosen

Definitionen und Nomenklatur Parasitose ist eine Bezeichnung für eine durch Parasiten verursachte Infektion oder Infestation, unabhängig davon, ob sie mit klinischen Erscheinungen verbunden ist oder nicht. Die **Nomenklatur von Parasitosen** wird in der Literatur unterschiedlich gehandhabt. So wird z. B. die Infektion mit *Fasciola* als Fascioliasis, Fascioliase oder Fasciolose bezeichnet. Die World Association for the Advancement of Veterinary Parasitology (WAAVP) empfiehlt in ihrer „Standardized Nomenclature of Animal Parasitic Diseases“ (SNOAPAD), an den Stamm des Gattungsnamens des Parasiten die Endung „-osis“ (deutsch: „-ose“) anzuhängen und auf die anderen Endungen zu verzichten (zu Ausnahmen s. Kassai et al. 2012). In diesem Buch folgen wir dieser Empfehlung und wenden dementsprechend nur die latinisierte und nicht die eingedeutschte Schreibweise an (z. B. Fasciolose und nicht Fasziolose). Als **subklinisch** bezeichnet man eine Parasitose, die zwar Schädigungen des Wirtes (schlechte Futterverwertung, mangelnde Gewichtszunahme u. a.), aber keine deutlichen Krankheitserscheinungen verursacht. Rufen Parasiten oder andere Erreger nur bei gestörter Immunitätslage Krankheitserscheinungen hervor, so spricht man von **opportunistischer Infektion**. Eine besondere Gruppe innerhalb der Infektionskrankheiten bilden die **Zoonosen**. Nach Definition der WHO sind Zoonosen Infektionskrankheiten, deren Erreger unter natürlichen Bedingungen zwischen Wirbeltieren (nicht Tieren allgemein!) und Menschen übertragbar sind. Eine etwas weiter gefasste Definition bezeichnet als Zoonosen Infektionskrankheiten, deren Erreger sowohl bei Wirbeltieren als auch bei Menschen vorkommen können.

Begriffe zu Verlauf und anderen Parametern von Parasitosen Parasitosen verlaufen mehrheitlich chronisch (allmählicher Beginn, Dauer Wochen bis Monate), seltener subakut, akut oder perakut. Zur Charakterisierung verschiedener Phasen der Infektion dienen die Begriffe **Inkubation** (S. 659), **Präpatenz** (S. 663), **Patenz** (S. 663) und **Postpatenz** (S. 663). Bei Infektionen ist zwischen

Erstinfektion, Reinfektion und **Superinfektion** zu unterscheiden. Die Reinfektion ist eine Wiederinfektion eines Wirtes, der früher einmal befallen war, zur Zeit der erneuten Infektion jedoch keine Erreger mehr enthält. Eine Superinfektion ist dagegen eine erneute Infektion bei bereits bestehender Infektion.

Epidemiologie, Diagnose und Bekämpfung von Parasitosen Eines der Hauptziele der veterinärmedizinischen Parasitologie ist, die zur Diagnose, Bekämpfung und Verhütung von Parasitosen notwendigen Kenntnisse zu vermitteln. Als Grundlage für die Bekämpfung von Parasitosen spielt die **Epidemiologie** eine besondere Rolle. Genaue epidemiologische Kenntnisse ermöglichen es, gezielt in die Entwicklungszyklen und Übertragungswege der Parasiten einzugreifen und die **Bekämpfungsmaßnahmen** planmäßig so zu gestalten, dass sie bei möglichst geringem Aufwand wirksam, nachhaltig und kostengünstig sind. Eine epidemiologisch nicht fundierte Bekämpfung sowie der zu häufige Einsatz von Antiparasitika nach dem „Gießkannenprinzip" birgt erhebliche Gefahren in sich, wie die Entwicklung **arzneimittelresistenter Parasitenstämme** sowie die **Belastung von Tieren und Umwelt mit Arzneimittelrückständen**; außerdem stellt sie eine Vergeudung von Ressourcen dar.

Die moderne **epidemiologische Forschung** schließt geografische, mathematische und molekulare Methoden ein, die es ermöglichen, aktuelle Zusammenhänge darzustellen oder zu modellieren. Wegen des zunehmenden **globalisierten Handels und Reiseverkehrs** bestehen erhöhte Risiken für eine weiträumige Verschleppung und dauerhafte Ansiedelung von Erregen und Überträgern. Mit dem **Klimawandel** ist damit zu rechnen, dass sich in Zukunft epidemiologische Voraussetzungen und die Verbreitungsgebiete von Parasiten ändern können. Daher sind neben der Forschung auch Überwachungsmaßnahmen erforderlich, um epidemiologische Veränderungen und neu aufkommende Infektionskrankheiten (engl. *emerging diseases*) rechtzeitig erkennen und eindämmen zu können.

Literaturhinweise

I. Parasiten und ihre Wirte

Adl SM, Simpson AG, Lane CE et al. The revised classification of eukaryotes. J Eukaryot Microbiol 2012; 59(5): 429–493. doi: 10.1111/j.1550–7408.2012.00644.x

Anonym. International Code of Zoological Nomenclature. 4th ed. London: Natural History Museum; 2000. ISBN: 0-85301-006-4

Aspöck H, Auer H, Walochnik J. Parasiten und parasitäre Erkrankungen des Menschen in Mitteleuropa im Überblick (zugleich Katalog des O. Ö. Landesmuseums). Linz: Oberösterreichisches Landesmuseum. Denisia 2002; 6; Neue Folge Nr. 184: 33–74. ISBN: 3-854 74-088-3

Conraths FJ. Räumlich-epidemiologische Analysen von Parasiteninfektionen mit Hilfe Geographischer Informationssysteme. In: Hiepe T, Lucius R, Gottstein B, Hrsg. Lehrbuch der Allgemeinen Parasitologie. Stuttgart: Parey; 2006: 334–338. ISBN: 3-83044-101-0

Integrated Taxonomic Information System (2007): www.itis.gov

Kassai T, Cordero del Campillo M, Euzeby J et al. Standardized nomenclature of animal parasitic diseases (SNOAPD). Vet Parasitol 1988; 29: 299–326

Köhler P. Stoffwechselphysiologie von Parasiten. In: Hiepe T, Lucius R, Gottstein B, Hrsg. Lehrbuch der Allgemeinen Parasitologie. Stuttgart: Parey; 2006: 188–218. ISBN: 3-83044-101-0

Mehlhorn H, ed. Encyclopedia of Parasitology. 4th ed. Berlin: Springer; 2016. ISBN: 978-3-66243-979-1

II. Immunologie

Allred DR, Al-Khedery B. Antigenic variation and cytoadhesion in *Babesia bovis* and *Plasmodium falciparum*: different logics achieve the same goal. Mol Biochem Parasitol 2004; 134: 27–35

Ashour DS. Toll like receptor signalling in parasite infections. Expert Rev Clin Immunol 2015; 11: 771–780

Behrendt JH, Ruiz A, Zahner H et al. Neutrophil extracellular trap formation as innate immune reactions against the apicomplexan parasite *Eimeria bovis*. Vet Immunol Immunopathol 2010; 133: 1–8

Carballeda-Sangiao N, Rodriguez-Mahillo AI, Careche M et al. Changes over time in IgE sensitization to allergens of the fish parasite *Anisakis* spp. PLoS Negl Trop Dis 2016; 10: e0004864

Cortés A, Munoz-Antoli C, Esteban JG et al. Th 2 and Th 1 responses: clear and hidden sides of immunity against intestinal helminths. Trends Parasitol 2017; 33: 678–693

de la Fuente J, Pacheco I, Villar M et al. The alpha-Gal syndrome: new insights into the tick-host conflict and cooperation. Parasit Vectors 2019; 12: 154. doi: 10.1186/s13071-019-3413-z

Delgado Betancourt E, Hamid B, Fabian BT et al. From entry to early dissemination – *Toxoplasma gondii*'s initial encounter with its host. Front Cell Infect Microbiol 2019; 9: 46. doi: 10.3389/fcimb.2019.00046

Grencis RK. Immunity to helminths: resistance, regulation, and susceptibility to gastrointestinal nematodes. Annu Rev Immunol 2015; 33: 201–225

Hasnain SZ, Evans CM, Roy M et al. Muc5ac: a critical component mediating the rejection of enteric nematodes. J Exp Med 2011; 208: 893–900

Hiepe T, Aeschlimann A, Eckert J, Lucius R. Parasitismus als Lebensform. Halle: Deutsche Akademie der Naturforscher Leopoldina; 2000. ISBN: 3-83045-089-3

Hosein S, Blake DP, Solano-Gallego L. Insights on adaptive and innate immunity in canine leishmaniosis. Parasitology 2017; 144: 95–115. doi: 10.1017/S003118201600055X

Huang L, Appleton JA. Eosinophils in helminth infection: defenders and dupes. Trends Parasitol 2016; 32: 798–807

Lucius R, Loos-Frank B, Lane RP. Biologie von Parasiten. 3. Aufl. Berlin: Springer; 2018. ISBN: 978-3-66254-861-5

Maizels RM, McSorley HJ. Regulation of the host immune system by helminth parasites. J Allergy Clin Immunol 2016; 138: 666–675. doi: 10.1016/j.jaci.2016.07.007

Mateos-Hernandez L, Villar M, Moral A et al. Tick-host conflict: immunoglobulin E antibodies to tick proteins in patients with anaphylaxis to tick bite. Oncotarget 2017; 8: 20630–20644

Mugnier MR, Stebbins CE, Papavasiliou FN. Masters of disguise: antigenic variation and the VSG coat in *Trypanosoma brucei*. PLoS Pathog 2016; 12: e1005784. doi: 10.1371/journal.ppat.1005784

Mulcahy G, O'Neill S, Fanning J et al. Tissue migration by parasitic helminths – an immunoevasive strategy? Trends Parasitol 2005; 21: 273–277

O'Hara SP, Bogert PS, Trussoni CE et al. TLR4 promotes *Cryptosporidium parvum* clearance in a mouse model of biliary cryptosporidiosis. J Parasitol 2011; 97: 813–821

Poulin R, Randhawa HS. Evolution of parasitism along convergent lines: from ecology to genomics. Parasitology 2015; 142: S 85–97

Remijsen Q, Kuijpers TW, Wirawan E et al. Dying for a cause: NETosis, mechanisms behind an antimicrobial cell death modality. Cell Death Differ 2011; 18: 581–588

Stebut E v. Parasites dampen dendritic cell activation to ensure their survival. Trends Parasitol 2017; 33: 78–80

Taubert A, Hermosilla C, Behrendt J et al. Reaktionen boviner Endothelzellen in vitro auf Kokzidieninfektionen (*Eimeria bovis, Toxoplasma gondii, Neospora caninum*) als Ausdruck einer nicht-adaptiven Immunantwort. Berl Münch Tierärztl Wochenschr 2006; 119: 274–281

Tizard JR. Veterinary Immunology. 10th ed. Philadelphia: WB Saunders; 2017. ISBN: 978-0-32352-349-3

Varyani F, Fleming JO, Maizels RM. Helminths in the gastrointestinal tract as modulators of immunity and pathology. Am J Physiol Gastrointest Liver Physiol 2017; 312: G537–G549. doi: 10.1152/ajpgi.00024.2017

Wikel SK. The Immunology of Host-Ectoparasitic Arthropod Relationships. Wallingford, UK: CAB International; 1996. ISBN: 0-85199-125-4

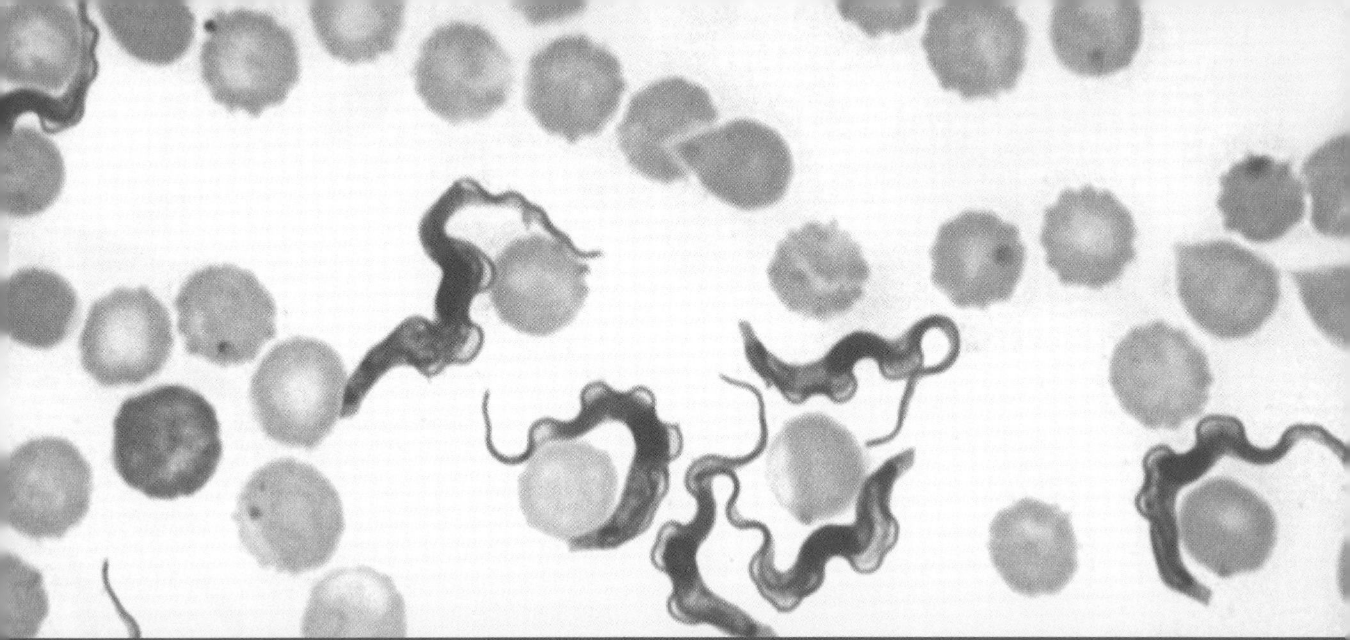

Teil 2
Parasiten und Parasitosen: Protozoa

2 Übersicht

Protozoon („Urtier“, „Vortier“) von *protos* (gr.): erster; *zoon* (gr.): Tier, Lebewesen. Engl.: *protozoa*.

Das Wichtigste in Kürze

- Protozoen sind frei, symbiontisch oder parasitisch lebende, einzellige, eukaryotische Mikroorganismen unterschiedlicher Größe (etwa 1–300 µm) und Gestalt. Die moderne Klassifizierung unterteilt die Protozoen in Übergruppen (veterinärmedizinisch von Bedeutung: Amoebozoa, Excavata und SAR [Stramenopiles, Alveolata, Rhizaria]) und verwendet den Begriff „Protozoa“ aus praktischen Gründen als eine Kollektivbezeichnung ohne phylogenetische Bedeutung.
- Parasitische Protozoen (> 17 000 Arten) sind Erreger wichtiger Infektionen bei Menschen und Tieren, wie z. B. der Trypanosomose, Leishmaniose, Malaria, Toxoplasmose oder Coccidiose. Die grundlegende Zellstruktur der parasitischen Protozoen ähnelt der anderer Eukaryoten. Im Evolutionsprozess wurden bei gewissen Gruppen der Protozoen Zellorganellen zurückgebildet oder zusätzliche erworben.
- Die Vermehrung erfolgt ungeschlechtlich (Zwei- oder Vielteilung), bei vielen findet im Entwicklungszyklus ein Generationenwechsel zwischen asexueller Vermehrung (Agamogonie) und sexueller Fortpflanzung (Gamogonie) statt.

Morphologie Protozoen sind einzellige, eukaryotische Mikroorganismen unterschiedlicher Größe (etwa 1–300 µm) und Gestalt. Die Protozoenzelle hat im Prinzip den gleichen Bauplan wie andere eukaryotische Zellen. Nur wenige Organellen kommen ausschließlich bei Protozoen vor, insbesondere bei parasitisch lebenden Formen. Dazu gehören der Apikalkomplex (dient u. a. der Infektion von Wirtszellen) der Apicomplexa, der Kinetoplast (DNA-haltige Struktur im Mitochondrium) der Kinetoplasta und spezielle Stoffwechselorganellen, wie die Hydrogenosomen, Glykosomen und Mitosomen. In Anpassung an den Parasitismus haben sich bei manchen Protozoen Organellen partiell oder vollständig zurückgebildet. Dabei kam es auch zu Funktionsänderungen z. B. von Mitochondrien zu Hydrogenosomen (S. 659) oder Mitosomen (S. 661). Das Fehlen typischer Mitochondrien bei einigen parasitischen Protozoengruppen (z. B. *Giardia*, *Trichomonas*) ist die Folge von sekundärem Verlust oder von Struktur- und Funktionswandel dieser Organellen.

Die äußere Begrenzung der Protozoenzelle bildet eine dünne, doppelschichtige Zellmembran (Elementarmembran, engl. *unit membrane*), der häufig außen eine meist gattungs- oder artspezifisch strukturierte Glykocalix aufgelagert ist. Einige Stadien der Protozoen besitzen eine dickere, widerstandsfähige Pellicula (Zoiten u. a.) für extrazelluläre Lebensphasen oder eine Wand (z. B. Cysten, Oocysten), die ein Überleben in der Außenwelt ermöglicht.

Entwicklung Die Vermehrung erfolgt ungeschlechtlich durch Zwei- oder Vielteilung, bei vielen Protozoen findet aber ein Generationenwechsel zwischen asexueller Vermehrung (Agamogonie) und sexueller Fortpflanzung (Gamogonie) statt. Die Protozoen durchlaufen meist komplexe Entwicklungszyklen in einem oder mehreren Wirten, teils mit Phasen in der Außenwelt.

Protozoen haben sich an vielfältige Lebensräume angepasst und leben im Meer (von der Tiefsee bis zum Oberflächenwasser), im Polareis, im Süßwasser, im Boden sowie parasitisch (> 17 000 beschriebene parasitische Arten). Terrestrische und parasitische Protozoen können ungünstige Umweltbedingungen in eingekapseltem Zustand als Cysten oder Oocysten überdauern. Parasitische Protozoen sind heterotroph, Nährstoffe werden über die Zellmembran durch Permeation, aktiven Transport oder Endocytose (Pinocytose oder Phagocytose) eingeschleust, teils in spezialisierten Regionen der Zelle (z. B. Flagellumtasche bei Trypanosomen, Mikroporen bei Apicomplexa, Cytostom [Zellmund] bei Ciliaten, periphere Vesikel bei *Giardia*). Die Energiegewinnung erfolgt durch anaerobe Glykolyse mit Ausscheidung unvollständig oxidierter Produkte (u. a. Acetat, Pyruvat, Succinat), teils auch aerob durch vollständige Oxidation von Kohlenhydraten zu CO_2 und Wasser.

Systematik Laufende phylogenetische Analysen der verschiedenen Gruppen von Protozoen haben immer wieder Änderungen der Systematik zur Folge. Während die Protozoen früher als Regnum (Reich) oder Subregnum in das Superregnum der Eukaryota eingegliedert wurden, wird heute der Begriff „Protozoa“ lediglich als Sammelbezeichnung ohne phylogenetische Bedeutung für eine Gruppe sehr heterogener Stämme von Eukaryoten verwendet. Neuerdings werden die Protozoen in eukaryotische Übergruppen unterteilt, von welchen Amoebozoa, Excavata und SAR (Stramenopiles, Alveolata, Rhizaria) veterinärmedizinische Bedeutung haben (▶ **Tab. 2.1**). Die Microspora, früher den Protozoen zugeteilt, haben Merkmale der Pilze (Fungi) und werden der Untergruppe Opisthokonta der Fungi zugeteilt, trotzdem werden sie in diesem Buch weiterhin bei den protozoären Erregern besprochen.

Literaturhinweise

Adl SM, Simpson AGB, Lane CE. The revised classification of Eukaryotes. J Eukaryot Microbiol 2012; 59: 429–492

Leedale GF, Bradbury P, eds. Illustrated guide to the Protozoa. 2nd revised ed. Lawrence, USA: Allen Press; 2005. ISBN: 1-89127-623-9

▶ **Tab. 2.1** Vereinfachte und selektive Klassifikation parasitischer Protozoen[1] (s. auch ▶ **Tab. 1.1**).

Reich: Eukaryota, Protozoa (Einzeller, Urtiere)		
Ordnung[2]	**Familie**	**Gattung[3]**
Stamm: Metamonada (Übergruppe Excavata), Klasse: Trepomonadea		
Diplomonadida	Hexamitidae	*Hexamita*, ***Giardia***, *Octomitus*, ***Spironucleus***
Enteromonadida	Enteromonadidae	*Enteromonas*
Retortamonadida	Retortamonadidae	*Chilomastix*, *Retortamonas*
Stamm: Parabasala (Übergruppe Excavata), Klasse: Trichomonadea		
Trichomonadida	Monocercomonadidae	*Dientamoeba*, ***Histomonas***, *Monocercomonas*, *Parahistomonas*
	Trichomonadidae	*Pentatrichomonas*, *Tetratrichomonas*, *Trichomitus*, ***Trichomonas***, ***Tritrichomonas***
	Cochlosomatidae	*Cochlosoma*
Stamm: Euglenozoa (Übergruppe Excavata)		
Unterstamm: Kinetoplasta, Klasse: Kinetoplastea		
Trypanosomatida	Trypanosomatidae	***Trypanosoma***, ***Leishmania***
Bodonida	Bodonidae	*Cryptobia*, *Ichthyobodo*, *Trypanoplasma*
Stamm: Percolozoa (Übergruppe Excavata), Klasse: Heterolobosea		
Schizopyrenida	Vahlkampfiidae	*Naegleria*, *Tetramitus*, *Vahlkampfia*
Stamm: Alveolata (Übergruppe SAR[4])		
Unterstamm: Apicomplexa (Syn. Sporozoa), Klasse: Coccidea		
Adeleida	Haemogregarinidae	*Haemogregarina*
	Karyolysidae	*Karyolysus*
	Hepatozoidae	***Hepatozoon***
	Klossiellidae	*Klossiella*
Eimeriida	Eimeriidae	*Caryospora*, *Cyclospora*, ***Eimeria***, *Goussia*, *Isospora*, *Tyzzeria*, *Wenyonella*
	Sarcocystidae	***Besnoitia***, ***Cystoisospora***, *Hammondia*, ***Neospora***, ***Sarcocystis***, ***Toxoplasma***
Cryptosporida[5]	Cryptosporiidae	***Cryptosporidium***
Klasse: Haematozoea		
Haemosporida	Plasmodiidae	***Hepatocystis***, ***Plasmodium***
	Haemoproteidae	*Haemoproteus*
	Leucocytozoidae	*Leucocytozoon*
Piroplasmida	Babesiidae	***Babesia***
	Theileriidae	***Cytauxzoon***, ***Theileria***
Unterstamm: Ciliophora, Klassen: Litostomatea, Oligohymenophorea		
Vestibuliferida	Balantidiidae	***Balantidium***
	Pycnotrichidae	*Buxtonella*
Entodiniomorphida	Buetschliidae	*Buetschlia*
Chlamydodontida	Chilodonellidae	***Chilodonella***
Hymenostomatida	Ichthyophthiriidae	***Ichthyophthirius***
Sessilida	Epistylidae	*Epistylis*, *Apiosoma*, *Ambiphrya*
Mobilida	Trichodinidae	***Trichodina***, *Trichodinella*, *Tripartiella*
Stämme: Archamoeba und Discosea (Übergruppe Amoebozoa), Klassen: Entamoebidea, Lobosea		
Entamoebida	Entamoebidae	*Endolimax*, ***Entamoeba***, *Iodamoeba*, *Malpighamoeba*
Euamoebida	Hartmannellidae	*Hartmannella*
	Leptomyxiidae	*Balamuthia*
Centramoebida	Acanthamoebidae	*Acanthamoeba*

Perkins SL. Malaria's many mates: past, present, and future of the systematics of the order Haemosporida. J Parasitol 2014; 100: 11–15

Walker G, Dorrell RG, Schlacht A et al. Eukaryotic systematics: a user's guide for cell biologists and parasitologists. Parasitology 2011; 138: 1638–1663

Tab. 2.1 Fortsetzung

Reich: Eukaryota, Protozoa (Einzeller, Urtiere)		
Ordnung[2]	**Familie**	**Gattung[3]**
Stamm: Microspora[6] (Übergruppe Opisthokonta), Klasse: Microsporea		
Microsporida	Nosematidae	*Anncallia*, ***Encephalitozoon***, *Enterocytozoon*, ***Nosema***, *Thelohania*, *Vittaforma*
	Pleistophoridae	*Glugea*, *Loma*, *Pleistophora*, *Trachipleistophora*

[1] Kollektivbezeichnung ohne phylogenetische und taxonomische Bedeutung
[2] lateinische Bezeichnungen für die Kategorien s. **Tab. 1.2**
[3] in Fettdruck: Gattungen mit besonderer Bedeutung für die Veterinärmedizin, als Zoonoseerreger oder als typische Beispiele der Familie; alphabetische Reihung der Gattungen
[4] SAR: Stramenopiles, Alveolata, Rhizaria
[5] *Cryptosporidium* spp. gleichen phänotypisch den Coccidea, phylogenetisch weisen sie Beziehungen zu den Gregarinen auf, daher unklare Stellung in der Systematik
[6] die Microspora werden heute den Pilzen (Fungi) zugeordnet, welche zusammen mit den Metazoa in der Übergruppe Opisthokonta zusammengefasst werden

Walochnik J, Aspöck H. Die Parasiten des Menschen im phylogenetischen System. In: Aspöck H, Hrsg. Amöben, Bandwürmer, Zecken. Zugleich Katalog des O. Ö. Landesmuseums. Denisia 2002; 6: 115–132. ISSN: 1608-8700

3 Stamm Metamonada

Metamonaden sind frei, symbiontisch oder parasitisch lebende, einzellige, eukaryotische Flagellaten, die an mikroaerobe oder anaerobe Habitate angepasst sind. Sie besitzen keine Mitochondrien, sondern sog. Mitosomen, stark reduzierte Organellen, die nicht mehr am Energiemetabolismus beteiligt sind. Die Metamonaden schließen wichtige Parasiten von Mensch und Tier ein, diese gehören zu den Gattungen *Giardia, Trichomonas* und *Tritrichomonas*.

3.1 Klasse Trepomonadea

3.1.1 Ordnung Diplomonadida

Familie Hexamitidae

Diese Familie enthält diplozoische Arten (Doppelorganismen) mit 2 Kernen und 8 Geißeln. Die Funktion der doppelten Kerne ist noch unklar. Bei *Giardia* enthalten die beiden Kerne je ein komplettes diploides Genom.

Gattung *Giardia*

Praxis

Erreger der **Giardiose**, einer weitverbreiteten Durchfallerkrankung bei Hund, Katze und Wiederkäuern.
Zoonose: Verschiedene Genotypen von *Giardia duodenalis* verursachen beim Menschen oft selbstlimitierenden, seltener chronisch-rezidivierenden Durchfall.

Giard, Alfred (1846–1908), französischer Zoologe.

Das Wichtigste in Kürze

- **Erreger, Vorkommen.** Weltweit verbreitete Dünndarmparasiten von Säugern, Vögeln, Reptilien, Amphibien und Fischen. Morphologisch sind *Giardia* (*G.*) *duodenalis* sensu lato (Säuger), *G. muris* und *G. microti* (Nager), *G. ardeae* und *G. psittaci* (Vögel) sowie *G. agilis* (Amphibien) unterscheidbar. Die Giardiose der Haussäugetiere und des Menschen wird durch *G. duodenalis* sensu lato (Syn. *G. intestinalis, G. lamblia*) verursacht, einem Artenkomplex, der aus mehreren Genotyp-Subgruppen mit unterschiedlicher Wirtsspezifität besteht, die neuerdings auch als Arten bezeichnet werden.
- **Entwicklung.** Homoxener Zyklus. Trophozoiten besiedeln die Schleimhautoberfläche des Duodenums und des Jejunums, sie vermehren sich durch Zweiteilung und bilden Cysten, die als infektiöse Stadien in die Außenwelt ausgeschieden werden. Infektion per os mit Cysten. Präpatenz meist kurz (etwa 4–10 d), Patenz oft Wochen bis Monate.
- **Krankheitsbild.** Infektion häufig inapparent. Erkrankungen vor allem bei jungen Hunden, Katzen und Wiederkäuern: akute oder chronische, meist intermittierende Diarrhö mit Malabsorption.
- **Diagnose.** Nachweis von Cysten (Flotationsverfahren), Cysten und Trophozoiten (SAFC-Technik), Kopro-Antigen oder Kopro-DNA im Kot.
- **Therapie und Bekämpfung.** Fenbendazol: Kälber 10–20 mg/kg KG an 3 Tagen p. o.; Hunde und Katzen 50 mg/kg KG an 3–5 Tagen p. o. Metronidazol: Hunde und Katzen 50 mg/kg KG an 5–7 Tagen p. o. [Alternativen (S. 50)]. In kontaminierter Umgebung meist nach kurzer Zeit Reinfektionen.

Erreger Der Entwicklungszyklus von *Giardia* beinhaltet sich teilende Trophozoiten und infektiöse Cysten. Die im Dünndarm parasitierenden Trophozoiten sind bilateralsymmetrisch gebaut und ähneln einer halben Birne mit konvexer Dorsalseite und flacher Ventralseite, die vorn zu einer großen Adhäsionsscheibe vertieft ist (▶ Abb. 3.1). Die Zelle enthält 2 im vorderen Teil liegende Kerne, 4 Geißelpaare und 1 Paar gebogene Mediankörper aus Tubulin-ähnlichen Substanzen. Die ovalen oder rundlichen Cysten, die in die Außenwelt ausgeschieden werden, enthalten eine Parasitenzelle mit 4 Kernen, Mediankörpern und Geißelfragmenten (s. u.). *G. duodenalis*: Trophozoiten 9–21 × 5–12 µm, Cysten 8–15 × 7–10 µm.

Nach morphologischen Kriterien lassen sich die Giardien 6 Arten oder Arten-Komplexen zuordnen: *Giardia duodenalis*-Gruppe (Syn. *G. intestinalis, G. lamblia*) (Mensch, zahlreiche Säugetiere), *G. muris* und *G. microti* (Nager), *G. ardeae* (Vögel: Reiher), *G. psittaci* (Vögel: Papageien), *G. agilis* (Amphibien).

Die Giardiose der Haussäugetiere, vieler Wildtierarten und des Menschen wird durch Vertreter der *Giardia duodenalis*-Gruppe verursacht. Dabei handelt es sich um einen morphologisch einheitlichen Komplex, der sich durch genetische Diversität und teilweise Wirtsspezifität auszeichnet, wie folgende vereinfachte Zusammenstel-

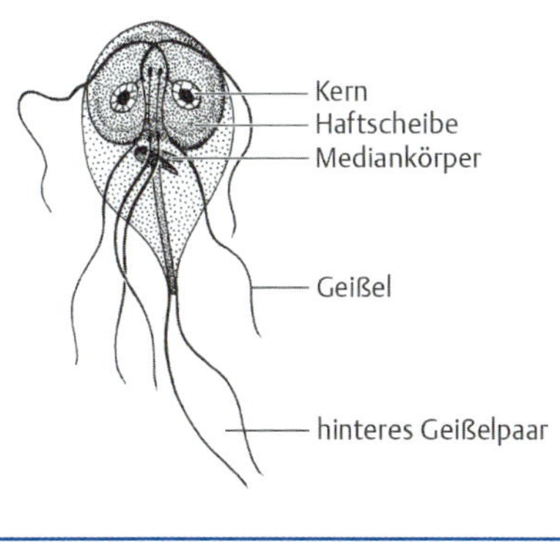

▶ **Abb. 3.1** *Giardia duodenalis*: Trophozoit (Länge ca. 12 µm). (Grafik: Marianne Mathys, nach einer Vorlage von Johannes Eckert, Vetsuisse-Fakultät, Universität Zürich)

lung der Genotyp-Gruppen (englisch: assemblages) und Wirte zeigt (eine weitere Unterteilung in Subgenotyp-Gruppen mit z. T. verschiedenem Wirtsspektrum wird laufend erweitert, siehe Spezialliteratur). Die Genotyp-Gruppen (A–G) wurden neuerdings wiederum in bereits früher beschriebene Arten (unten in Klammern angegeben) umbenannt.

- **Gruppe A** (*G. duodenalis*): Mensch und andere Primaten, Hund, Katze, Wiederkäuer, Nager, andere Wildtiere
- **Gruppe B** (*G. enterica*): Mensch und andere Primaten, Hund, Katze, einige wild lebende Säugetiere und Vögel
- **Gruppen C/D** (*G. canis*): Hund und andere Caniden, Robben
- **Gruppe E** (*G. bovis*): Rind und andere Huftiere (Schaf, Ziege, Schwein)
- **Gruppe F** (*G. cati*): Katzen
- **Gruppe G** (*G. simondi*): Ratten, evtl. auch andere Nager
- **Gruppe H** (Artname noch nicht vorgeschlagen): Meeressäuger (Robben)

Bei Menschen sind Infektionen mit *G. duodenalis* sensu stricto (Gruppe A) und *G. enterica* (Gruppe B) nachgewiesen, die auch bei Tieren vorkommen (z. B. Gruppe A bei Affen, Wiederkäuern, Hund, Katze, Nagetieren; Gruppe B bei anderen Primaten, Hunden und Wildtieren). Bei Tieren kommen jedoch auch andere Arten vor, die auf eine oder wenige Wirtsarten beschränkt sind, **z. B.** *G. canis* (Gruppen C/D bei Hunden und anderen Caniden), *G. cati* (Gruppe F bei Katzen), *G. bovis* (Gruppe E) und *G. simondi* (Gruppe G bei Ratten).

Entwicklung Die *Giardia*-Trophozoiten besiedeln die Schleimhautoberfläche sowie das Lumen des Duodenums und des proximalen Jejunums, seltener des distalen Jejunums und des Dickdarms oder der Gallenblase (▶ **Abb. 3.2**). Die Vermehrung der Trophozoiten erfolgt durch longitudinale Zweiteilung. Vorwiegend im distalen Jejunum encystieren sich Trophozoiten durch Bildung einer Cystenwand aus nur 3 fibrillären Proteinen und 1 Kohlenhydrat-Homopolymer (Beta 1–3 N-Acetylgalactosamin). Während der Encystierung werden die Adhäsionsscheibe und die Geißeln in Fragmente zerlegt, die Kerne teilen sich, jedoch nicht das Cytoplasma, sodass 4-kernige Cysten entstehen, die mit dem Kot ausgeschieden werden. Nach Aufnahme der Cyste durch einen empfänglichen Wirt wird unter dem Einfluss des niedrigen pH-Wertes im Magen und der Galle im Duodenum der Trophozoit freigesetzt, der sich teilt, sodass aus jeder Cyste 2 Trophozoiten hervorgehen; dabei werden die Adhäsionsscheibe und die Geißeln rekonstruiert. Die Präpatenz ist meist kurz (Hund, Katze: 4–16 d, Kalb: 4–7 d, Lamm: 10–21 d), die Patenz dagegen meistens lang (Wochen bis Monate).

Epidemiologie und Vorkommen Für die Verbreitung der Infektion sind die im Kot von Wirten ausgeschiedenen Cysten verantwortlich. Die Menge der ausgeschiedenen Cysten ist gewöhnlich sehr groß (z. B. 3×10^5 Cysten je g Kot bei Kälbern; entsprechend 150 Mio. *Giardia*-Cysten je Tier bei einer Tageskotmenge von etwa 500 g). Die Ausscheidung der Cysten hält oft über mehrere Wochen und Monate an, sie kann dabei in der Intensität stark schwanken und zeitweise sistieren. In feuchter Umgebung bleiben die Cysten etwa 3 Wochen, in kühlem Wasser ca. 3 Monate infektionsfähig, während die freien Trophozoiten in der Außenwelt rasch zugrunde gehen. Die Infektion erfolgt per os durch Aufnahme von Cysten, bei Tieren z. B. durch Belecken kotverschmutzter Hautpartien oder durch kontaminiertes Trinkwasser und Futter. Epidemiologisch ist bedeutsam, dass die minimale infektiöse Dosis bei Menschen und Labortieren nur 10–100 Cysten beträgt.

Haustiere, u. a. Wiederkäuer, Schweine und Fleischfresser, sind weltweit häufig mit Giardien befallen. In Europa liegen die durchschnittlichen Prävalenzen der *G. duodenalis*-Infektion bei Kälbern und Lämmern bei 30 %, bei Hunden und Katzen bei 3 bis > 15 %. Bei Jungtieren werden aber weitaus höhere Prävalenzen (≤ 70 %) erreicht. In Deutschland wurden bei einer Analyse von 55 Isolaten aus Hunden folgende Anteile von Genotyp-Gruppen festgestellt: Gruppe A 60 %; Mischinfektionen mit Gruppen A und C 27 %; nicht zoonotische Gruppen C und D 9 und 4 %. In einer späteren europäischen Studie mit 120 Isolaten aus Hunden konnten bei 76 % nicht zoonotische Genotypen der Gruppen C und/oder D bestimmt werden. Auch Wildtiere sind Giardia-Träger, z. B. 1,7 % der Rothirsche und 15,5 % der Rehe in Norwegen.

Immunologie *Giardia*-Infektionen induzieren bei immunkompetenten Wirten eine Immunität, welche die Erregerpopulation teilweise oder ganz eliminiert. Allerdings kommt es lediglich zu einem partiellen Schutz vor Reinfektionen, sodass es z. B. bei Hunden häufig zu wiederholter Cystenausscheidung nach überstandener/behandelter Infektion kommt. Die Immunität äußert sich allerdings z. B. in Hundepopulationen durch sinkende Prävalenzen mit steigendem Lebensalter oder bei Kälbern durch Beendigung der Patenz bereits ca. 16 Wochen nach experimenteller Inokulation. *G. duodenalis* bildet im Darm Populationen mit unterschiedlichen Varianten-spezifischen Oberflächen-Proteinen (engl. *variant specific surface proteins*, VSPs), gegen die die Wirte spezifische IgA und IgG produzieren (nachgewiesen bei Menschen, Mäusen und Kälbern). Die Variation der VSPs ermöglicht es einem Teil der *Giardia*-Population, sich zumindest in frühen Stadien der Infektion der Immunabwehr zu entziehen. Das Erscheinen spezifischer Antikörper kurz vor der Abnahme der Cystenausscheidung spricht für die Ausbildung einer antikörpervermittelten Protektion. Bei infizierten Menschen und Mäusen erscheinen spezifische

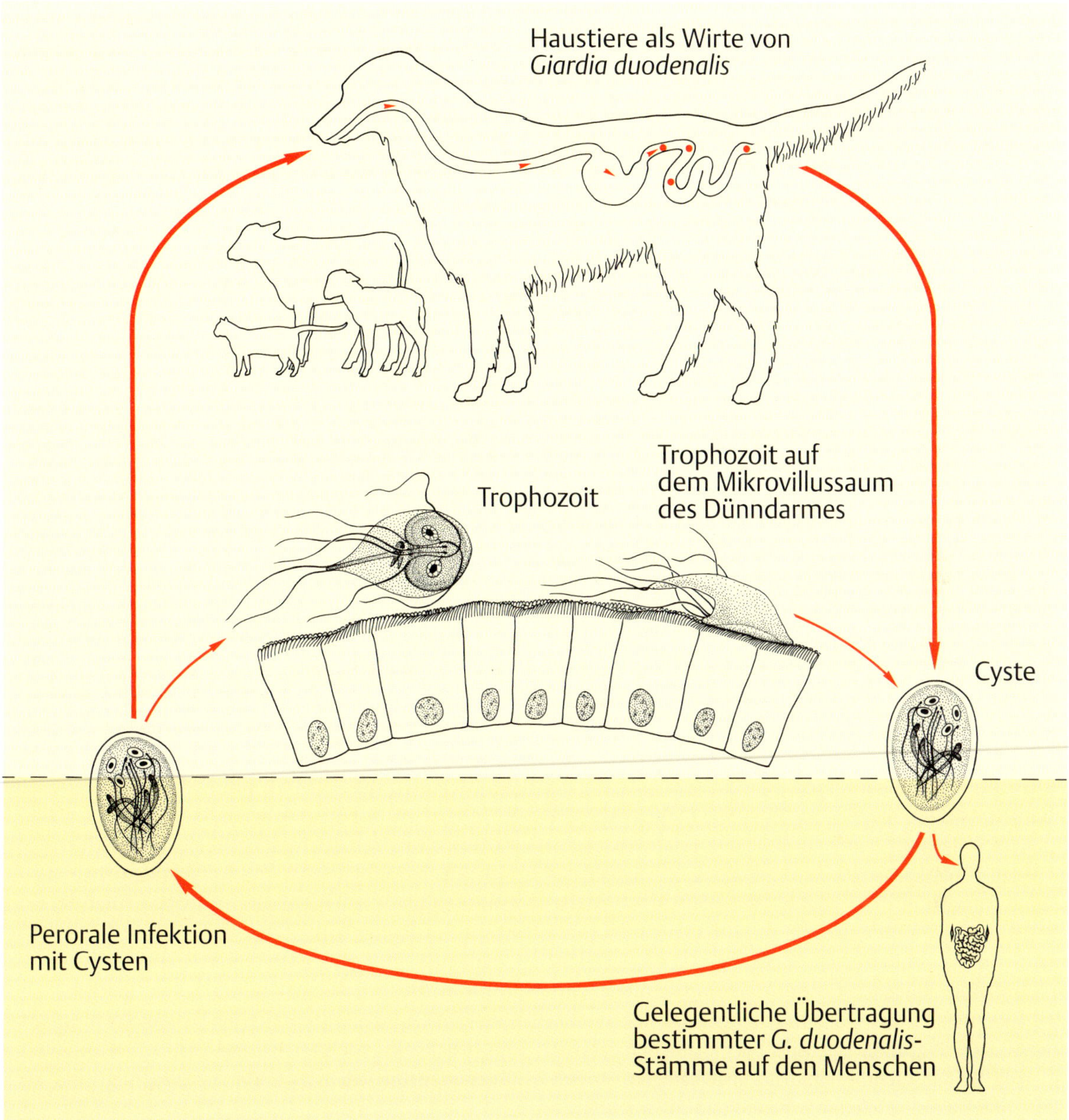

▶ **Abb. 3.2** Entwicklungszyklus von *Giardia duodenalis*. (Grafik: Salome Ehrat, nach einer Vorlage von Johannes Eckert und Peter Deplazes, Vetsuisse-Fakultät, Universität Zürich)

Antikörper (IgG und IgA) ca. 2 Wochen nach Cysteninokulation, während bei Kälbern ein Anstieg der spezifischen Antikörperantworten erst nach ca. 11 Wochen detektierbar ist. Diese Beobachtungen stimmen gut mit dem Verlauf der Ausscheidung überein, d.h. mit allgemein kurzen Patenzen bei Mensch sowie Maus und längeren bei Kälbern.

Zusätzlich zu den humoralen Protektionsmechanismen werden T-Zell-abhängige Mechanismen vermutet.

Pathogenese Die Mechanismen der Pathogenität sind erst in Ansätzen bekannt. Massiver Befall mit Trophozoiten kann von der Darmmukosa ohne ersichtliche Störungen toleriert werden oder aber zu Veränderungen führen, wie Epithelschäden, erhöhtem Umsatz von Enterozyten, Villusatrophie, Entzündung der Propria, Erhöhung der Epithelpermeabilität, Störungen der absorptiven und digestiven Funktionen (u.a. Reduktion der Aktivitäten intestinaler Disaccharase und Protease) sowie Beeinflussung der Bakterienflora.

Krankheitsbild Häufig verläuft die *Giardia*-Infektion bei Haustieren inapparent. Erkrankungen treten vor allem bei Jungtieren auf und manifestieren sich in akutem, häufiger aber in chronischem, katarrhalischem und intermittierendem Durchfall. Die Inkubation dauert meist > 10 Tage.

Symptome bei **Hunden und Katzen** sind dünnbreiiger bis wässriger Kot, der vermehrt Schleim und Fett (Steatorrhö), selten auch Blutbeimengungen enthält; gelegentlich Erbrechen. **Kälber und Lämmer** nehmen weniger Futter auf, scheiden für einige Tage bis Wochen dünnbreiigen bis wässrigen Kot aus und zeigen teils verminderte Gewichtszunahmen. Bisher sind nur wenige Fälle von Giardiose bei **Pferden** beschrieben worden, die an chronischer Diarrhö, Apathie und Inappetenz litten. *G. duodenalis*-Infektionen sind bei **Chinchillas** sehr häufig.

Diagnose Bei Großtieren werden *Giardia*-Cysten mit Flotationsverfahren (S. 549) (mit $ZnCl_2$ oder $ZnSO_4$, Dichte 1,3) nachgewiesen. Die Cysten werden zwar verformt, bleiben aber erkennbar. Bei Kleintieren hat sich die SAFC-Methode (S. 552) bewährt, durch die auch Trophozoiten erfasst werden (Sensitivität bei einmaliger Untersuchung ca. 70 %). Wegen der intermittierenden Cystenausscheidung sollte der Kot evtl. mehrmals an verschiedenen Tagen untersucht werden (Sensitivität bis zu 94 %). Eine sensitive Alternative ist der Einsatz von kommerzialisierten Kopro-Antigen-Tests (Sensitivität im ELISA > 95 %, für Schnelltests ca. 80 %). Genetische Analysen (PCR, Sequenzierung) nach DNA-Extraktion aus angereicherten Cysten ermöglichen die Genotypisierung von *Giardia*-Isolaten.

Therapie und Bekämpfung Fenbendazol hat sich bei **Kälbern und Lämmern** (je 10–20 mg/kg KG p. o. an 3 aufeinanderfolgenden Tagen) sowie bei **Hund und Katze** (1 × tgl. 50 mg/kg KG p. o. an 3–5 d) als wirksam erwiesen (klinische Besserung, starke Abnahme der Cystenausscheidung). Metronidazol ist zur Behandlung von Hunden und Katzen zugelassen (50 mg/kg KG p. o. täglich an 5–7 d). Auch Ronidazol (2 × tgl. 30–50 mg/kg p. o. an 7 d) (Umwidmung) ist wirksam. Hunde, ggf. auch Katzen, sollten zusätzlich gründlich gebadet oder shampooniert werden (z. B. mit Chlorhexidindigluconat-haltigen Produkten). Rezidive sind allerdings häufig und in kontaminierter Umgebung kommt es auch oft zu Reinfektionen. Bei der Bekämpfung sind allgemeine Hygienemaßnahmen wichtig, besonders in Tierzuchten, Zwingern und Tierheimen.

Die Cysten werden durch Trockenheit oder Temperaturen > 60 °C rasch abgetötet. Studien mit Vakzinen (S. 594) gegen *Giardia*-Befall bei Katzen, Hunden und Kälbern haben bisher keinen überzeugenden Schutz vor Cysten-Ausscheidung oder klinischen Symptomen gezeigt.

Zoonotische Bedeutung Die Prävalenzen von *Giardia*-Infektionen beim Menschen variieren zwischen 0,4–7 % in gemäßigten Zonen; in tropischen Regionen werden weit höhere Prävalenzen beobachtet. Wie oben beschrieben sind gewisse Genotypen von *G. duodenalis* von Wirbeltieren auf Menschen oder umgekehrt übertragbar. Über die Häufigkeit zoonotischer *Giardia*-Übertragungen und deren Bedeutung liegen erst wenige gesicherte Daten vor.

***Giardia muris*-Infektionen bei Labornagern** *Giardia muris*-Infektionen treten oft unbemerkt in Versuchstierkolonien bei Mäusen und Goldhamstern auf und sind häufig mit *Spironucleus muris* vergesellschaftet (s. u.). Meistens verlaufen die Infektionen inapparent, jedoch können virulente Stämme bei jungen Mäusen mittel- bis hochgradige katarrhalische Enteritiden verursachen.

Gattung *Spironucleus*

Spira (lat.): Windung; *nucleus* (lat.): Kern. Bezug auf die Form der Kerne.

Spironucleus meleagridis (Syn. *Hexamita meleagridis*)

> **Praxis**
> Erreger der **Spironucleose** (Syn. Hexamitose) der Truthühner (Puten) und anderer Vogelarten mit hohen Verlusten besonders bei Jungtieren.

Erreger Die lebhaft beweglichen Trophozoiten von *Spironucleus (S.) meleagridis* sind 6–12 µm lang, spindelförmig und beinhalten 2 leicht spiralig gedrehte Kerne sowie 6 Vorder- und 2 Schleppgeißeln. Die Schleppgeißeln, die im Vorderende in Kernnähe inserieren, verlaufen durch je ein röhrenförmiges Cytostom zum Hinterende, wo sie als freie Geißeln austreten (▸ **Abb. 3.3**). Die Cysten sind rundlich bis ovoid (4–5 × 6–7 µm).

Entwicklung und Epidemiologie Bei Truthühnern parasitieren die Flagellaten während der akuten Phase im gesamten Darmtrakt, im folgenden inapparenten Stadium vor allem in den Caeca. Überlebende Tiere scheiden als asymptomatische Träger im Kot Cysten aus, die bei + 4 °C bis 6 Wochen in der Außenwelt überleben. Die Ansteckung mit Cysten wird durch unsaubere Stallungen, Intensivhaltung und gemeinsame Haltung verschiedener Altersgruppen begünstigt. Für *S. meleagridis* sind auch

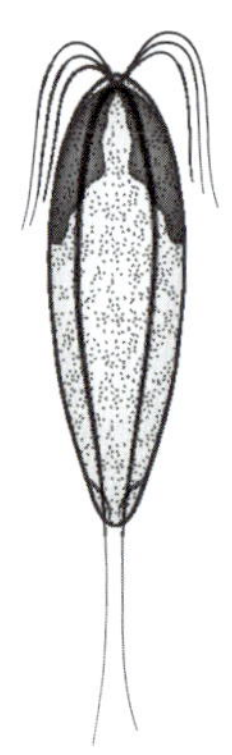

▸ **Abb. 3.3** Trophozoit von *Spironucleus meleagridis* (Syn. *Hexamita meleagridis*) (6–12 × 2–5 µm). (Grafik: Anne Seeger, nach einer Vorlage von Johannes Eckert, Vetsuisse-Fakultät, Universität Zürich)

andere Hühnervögel empfänglich, die als Reservoirwirte fungieren und ebenfalls erkranken können, z. B. junge Fasane und Rebhühner. Bei Tauben ist *S. columbae* als Erreger von Darmerkrankungen beschrieben worden.

Krankheitsbild Die Inkubation dauert bei Truthühnern etwa 1 Woche. An *S. meleagridis*-Befall erkranken fast nur Jungtiere bis zur 10. Lebenswoche, wobei die Mortalität sehr hoch sein kann (bis 80 %). Erkrankte Tiere haben ein raues Federkleid, sind exsikkotisch und scheiden wässrig-schaumigen Kot aus; trotz guter Futteraufnahme verlieren sie an Gewicht. Nach kurzer Krankheitsdauer treten Todesfälle auf oder die Tiere überleben und bleiben oft Kümmerer.

Diagnose Der mikroskopische Nachweis eines mittel- bis hochgradigen Befalls mit *S. meleagridis* in körperwarmen Schleimhautabstrichen (Nativpräparate) sichert die Diagnose. Sektionsbild: katarrhalische Entzündung des Dünndarms mit dünnflüssigem und schaumigem Inhalt.

Therapie und Bekämpfung Da Nitroimidazol-Derivate in der EU und der Schweiz nicht mehr zugelassen sind, ist eine befriedigende Therapie, außer bei Brieftauben (▸ **Tab. 21.5**), nicht möglich. Zur Vorbeuge sollten Jungtiere separat, streng hygienisch und ohne Kontakte mit anderen Hühnervögeln gehalten werden.

Spironucleus muris

Spironucleus muris (Syn. *Hexamita muris*) kommt bei wild lebenden Nagern und Labornagern in weltweiter Verbreitung vor. Die Prävalenz beträgt bei konventionell gehaltenen Mäusen 50–80 %; der Erreger kann auch in SPF-Zuchten auftreten. *S. muris* ist für junge Labormäuse, gelegentlich auch für junge Goldhamster und Ratten, pathogen und verursacht katarrhalische Enteritiden (Mortalität 25–50 %). Zur Diagnose aus Kotproben steht eine hochspezifische und sensitive PCR zur Verfügung.

Weitere Gattungen und Arten der Ordnung Diplomonadida

Verschiedene Arten der Gattungen *Spironucleus* oder *Hexamita* leben im Darm von Affen (*Hexamita pitheci*), selten von Menschen, oder im Darm und in Harnorganen von Amphibien. *S. barkhanus* verursacht bei Farm-Lachsen eine systemische Infektion (hohe Morbidität und Mortalität). *Hexamita* spp. sollen bei Forellen und selten bei Karpfen und *Spironucleus* spp. bei Aquarienfischen Enteritiden auslösen. Aus der Gattung *Chilomastix* sind *C. mesnili* bei Menschen und *C. gallinarum* bei Wachteln und Gänsen als Krankheitserreger (Diarrhö) beschrieben worden. *Octomitus*-Arten sind Kommensalen bei Amphibien und Nagern. Die im Dickdarm von Säugetieren und Menschen lebenden kommensalen *Enteromonas*- und *Retortamonas*-Arten sind differenzialdiagnostisch zu beachten.

Literaturhinweise

Ankarklev J, Jerlström-Hultqvist J, Ringqvist E. Behind the smile: cell biology and disease mechanisms of *Giardia* species. Nat Rev Microbiol 2010; 8: 413–422

Cernikova L, Faso C, Hehl AB. Five facts about *Giardia lamblia*. PLoS Pathog 2018; 14: e1007250. doi: 10.1371/journal.ppat.1007250

Fiechter R, Deplazes P, Schnyder M. Control of *Giardia* infections with ronidazole and intensive hygiene management in a dog kennel. Vet Parasitol 2012; 187: 93–98

Geurden T, Vandenhoute E, Pohle H et al. The effect of a fenbendazole treatment on cyst excretion and weight gain in calves experimentally infected with *Giardia duodenalis*. Vet Parasitol 2010; 169: 18–23

Geurden T, Olson M. *Giardia* in pets and farm animals, and their zoonotic potential. In: Lujan HD, Svärd S, eds. *Giardia*: a Model Organism. Wien, New York: Springer; 2011: 71–85. ISBN: 978-3-70910-197-1

Hinney B, Ederer C, Stengl C et al. Enteric protozoa of cats and their zoonotic potential – a field study from Austria. Parasitol Res 2015; 114: 2003–2006

Leonhard S, Pfister K, Beelitz P et al. The molecular characterisation of *Giardia* from dogs in southern Germany. Vet Parasitol 2007; 150: 33–38

Müller N, von Allmen N. Recent insights into the mucosal reactions associated with *Giardia lamblia* infections. Int J Parasitol 2005; 35: 1339–1347

Röttger R. Wörterbuch der Protozoologie (Protozoological Monographs, Vol. 2). 3. Aufl. Aachen: Shaker; 2001. ISBN: 3-82658-599-2

Ryan U, Cacciò SM. Zoonotic potential of Giardia. Int J Parasitol 2013; 43: 943–956

Singer SM. Immunology of *Giardia*. In: Lujan HD, Svärd S, eds. *Giardia*: a Model Organism. Wien, New York: Springer; 2011: 319–328. ISBN: 978-3-70910-197-1

Thompson RC, Ash A. Molecular epidemiology of *Giardia* and *Cryptosporidium* infections. Infect Genet Evol 2016; 40: 315–323. doi: 10.1016/j.meegid.2015.09.028

4 Stamm Parabasala

Para (gr.): neben; *basis* (lat.): Basis, Sockel, Stütze; Bezug auf den Parabasalkörper (s. u.).

4.1 Klasse Trichomonadea

4.1.1 Ordnung Trichomonadida

Trix, Gen. *trichos* (gr.): Haar; *monas* (gr.): Einheit, Einzelwesen.

Aus dem Stamm Parabasala ist die Ordnung Trichomonadida von Interesse, da sie Parasiten des Genital- und Verdauungstraktes von Wirbeltieren enthält (▶ **Tab. 2.1**). Hauptmerkmale der Trichomonadida sind der meist ovale Zellkörper (etwa 5–25 µm lang) mit einem Kern, einem Achsenstab (Axostyl) aus Tausenden von Mikrotubuli, einem Parabasalkörper (= Aggregat riesiger Dictyosomen), Hydrogenosomen und meistens 4–6 Geißeln in bestimmten Stadien. Die Reproduktion erfolgt asexuell durch longitudinale Zweiteilungen; cystenähnliche Stadien (Pseudocysten) sind nur bei einigen Arten (*Tritrichomonas muris, T. foetus*) nachgewiesen. Ein Cytostom fehlt, Bakterien und andere Partikel werden durch Pinocytose auf fast der gesamten Zelloberfläche aufgenommen.

Die Trichomonadida sind mikroaerophile Anaerobier, die keine Peroxisomen und Mitochondrien besitzen, sondern Hydrogenosomen. Diese Organellen sind durch eine Doppelmembran begrenzt, enthalten keine DNA, metabolisieren Pyruvat und produzieren ATP. Dabei setzen sie Acetat, CO_2 und molekularen Wasserstoff frei.

Familie Monocercomonadidae

Monas (gr.): Einheit, Einzelwesen; *kerkos* (gr.): Schwanz.

Typische Vertreter dieser Familie zeichnen sich durch den Besitz von 3–5 Vordergeißeln und 1 Schleppgeißel aus, doch gibt es davon abweichende Formen. Veterinärmedizinisch bedeutsam ist vor allem die Gattung *Histomonas* (weitere s. u.).

Gattung *Histomonas*

Histomonas meleagridis

Praxis
Die **Histomonose** „Blackhead Disease“ (Schwarzkopfkrankheit), eine infektiöse Enterohepatitis oder Typhlohepatitis des Geflügels, besonders der Truthühner (Puten), verursacht große Verluste bei der Aufzucht.

Histos (gr.): Gewebe; *monas* (gr.): Einheit, Einzelwesen.

Das Wichtigste in Kürze

- **Erreger, Vorkommen, Entwicklung.** Kosmopolitischer Parasit bei Hühnervögeln, besonders bei Truthühnern, der (I.) begeißelte Stadien im Blinddarmlumen, (II.) gewebsinvasive, geißellose Stadien und (III.) Dauerstadien in Eiern des Nematoden *Heterakis gallinarum* bildet. Infektionen sind indirekt durch Aufnahme infizierter *Heterakis*-Eier oder paratenischer Wirte (Regenwürmer) bzw. direkt durch Kontakt der Kloake mit erregerhaltigem Kot möglich.
- **Epidemiologie.** Infektiöse Stadien überleben in *Heterakis*-Eiern > 2 Jahre, aber nur wenige Stunden im Kot. Nur partielle Immunität nach überstandener Infektion. Die bedeutendsten Reservoirwirte sind inapparent infizierte Hühner.
- **Pathogenese, Krankheitsbild.** Klinisch betroffen sind vor allem Truthühner. Histomonaden invadieren die Darmwand und gelangen hämatogen u. a. in die Leber, vermehren sich interzellulär und verursachen tief greifende Nekrosen. Bei jungen Truthühnern oft akuter, bei älteren Tieren eher chronischer Verlauf. Symptome: Apathie, Schwäche, schwefelgelber Kot; gelegentlich Zyanose der Kopfanhänge (Blackhead).
- **Diagnose.** Histologischer Erregernachweis in Organen, Kultur, diverse PCR-Verfahren.
- **Bekämpfung.** Derzeit sind keine Wirkstoffe zur Therapie oder Prophylaxe zugelassen, als mögliche Alternative kann das Antibiotikum Paromomycin nach Umwidmung eingesetzt werden. Bekämpfung des *Heterakis*-Befalls, hygienische Maßnahmen, Trennung von Truthühnern und Hühnern.

Erreger *Histomonas meleagridis* ist eine pleomorphe Art (▶ **Abb. 4.1**): Die im Blinddarmlumen von Vögeln parasitierenden, meist 8–12 µm großen Erregerstadien (Stadium I) sind formveränderlich und tragen 1, selten 2 Geißeln. Dagegen haben die in Geweben (Blinddarmwand, Leber u. a.) auftretenden, 8–17 µm großen, 1-kernigen, sphäroiden Stadien II keine Geißeln, sondern Pseudopodien, die amöboide Bewegungen ermöglichen. Die sphäroiden Dauerstadien (Stadium III) in den *Heterakis*-Eiern sind klein (~ 3 µm).

Entwicklung *H. meleagridis* kann indirekt und direkt übertragen werden. Bei der indirekten Übertragung fungiert die Nematodenart *Heterakis gallinarum* (S. 343) als Zwischenwirt. Diese in den Blinddärmen von Hühnervögeln parasitierenden Nematoden nehmen Histomonaden auf, die sich zunächst in ihrem Darm vermehren und in den Weibchen dann das Ovar befallen. Nach weiterer interzellulärer Vermehrung dringen die Protozoen in die Oocyten ein und vermehren sich auch dort. Hühnervögel und andere empfängliche Vogelarten infizieren sich durch die Aufnahme von *Heterakis*-Eiern, welche in der infektionsreifen Nematodenlarve Histomonaden des Stadiums III enthalten. Wenn die Larve in einem empfänglichen Wirt schlüpft, werden die Histomonaden freigesetzt, die sich dann in den Caeca ansiedeln und von dort in die Leber und andere Organe gelangen können.

In *Heterakis*-Eiern können Histomonaden innerhalb der Nematodenlarve unter günstigen Bedingungen (feuchter Boden oder in Regenwürmern) > 2 Jahre überdauern, selbst bei Abkühlung bis auf 0 °C. Wenn ein Regenwurm solche Eier aufnimmt, schlüpfen die mit Histomonaden infizierten *Heterakis*-Larven und sammeln sich in seinem Coelom an (paratenischer Wirt, Sammelwirt).

Möglich ist auch eine Infektion durch Koprophagie, wenn zuvor infizierte *Heterakis*-Larven aus dem Darm anderer Wirte eliminiert wurden. Die begeißelten Stadien, die im Kot ausgeschieden werden, überleben darin bei Raumtemperatur nur wenige Stunden (bei 22 °C bis zu 9 h in Kot oder Wasser, 6 h in Stroh, 3 h auf Karton-Eierverpackungen). Bei Truthühnern mit Bodenhaltung im Stall wird auch eine direkte Ansteckung vermutet: Wenn sich die Tiere auf frisch ausgeschiedenen, mit Histomonaden kontaminierten Kot setzen, können Erreger durch eine reverse Peristaltik in die Kloake (engl. *cloacal drinking*) einwandern. Oral aufgenommene begeißelte Stadien überstehen die Magenpassage nicht.

Hühner mit *Heterakis*-Befall sind die wichtigsten Reservoirwirte von *H. meleagridis*, aber auch andere Hühnervögel (s. Vorkommen) sind empfänglich. Für Truthühner ist die Infektionsgefahr bei Auslaufhaltung am größten, besonders dort, wo auch Hühner gehalten werden.

Vorkommen Der Erreger ist weltweit verbreitet. Außer Truthuhn und Haushuhn sind andere Hühnervögel (Pfau, Perlhuhn, Fasan, Wachtel, Birkhuhn u. a.) sowie andere Vögel (Strauß, Nandu, Trappe, Marabu u. a.) empfänglich. Bei Hühnern verläuft die Histomonose subklinisch und erreicht hohe Durchseuchungsraten. Seroprävalenzen bei Legehennen von 30 % bei konventioneller Bodenhaltung und 47 % bei Freilandhaltung wurden in Österreich ermittelt; in den Niederlanden betrug die Herdenprävalenz bei verschiedenen Haltungsformen 100 %. Da seit 2003 zur Behandlung keine Wirkstoffe mehr zugelassen sind, haben die Krankheitsausbrüche in Europa und auch in Amerika zugenommen.

Pathogenese Die Histomonaden dringen vom Blinddarmlumen in die Darmwand ein, in der sie sich extrazellulär vermehren und Ulcera in der Schleimhaut verursachen (▸ Abb. 4.2). Weite Teile der verdickten Schleimhaut werden nekrotisch und es bildet sich ein Exsudat, das sich zu harten, käsigen Pfropfen verfestigen kann, die an der Schleimhaut haften. Von der Darmwand aus gelangen Histomonaden durch hämatogene Streuung in die Leber, wo sie vielfältige Läsionen verursachen, meist rundliche, gewöhnlich 3–10 mm große, eingedellte, gelblich weiße Nekroseherde mit rötlichem Rand, die tief ins Lebergewebe reichen und konfluieren können. Die Erreger können auch Nieren, Lungen, Milz, Gehirn, die Bursa fabricii und

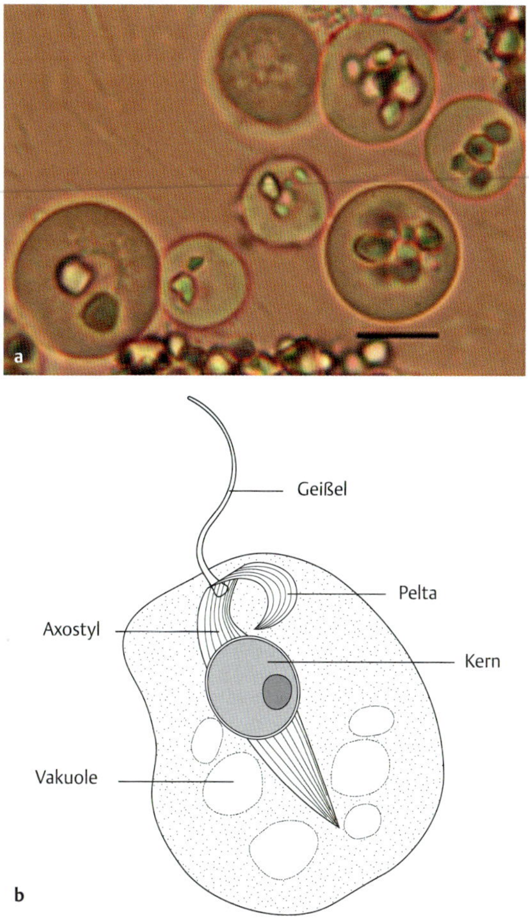

▸ **Abb. 4.1** *Histomonas meleagridis.*
a Amöboide Form (8–17 µm) in Kultur (Granula in den Zellen: Stärkekörner) (Quelle: Michael Hess, Veterinärmedizinische Universität Wien)
b Begeißelte Form (8–12 µm) (schematisch nach verschiedenen Vorlagen) (Grafik: Marianne Mathys, nach einer Vorlage von Johannes Eckert, Vetsuisse-Fakultät, Universität Zürich)

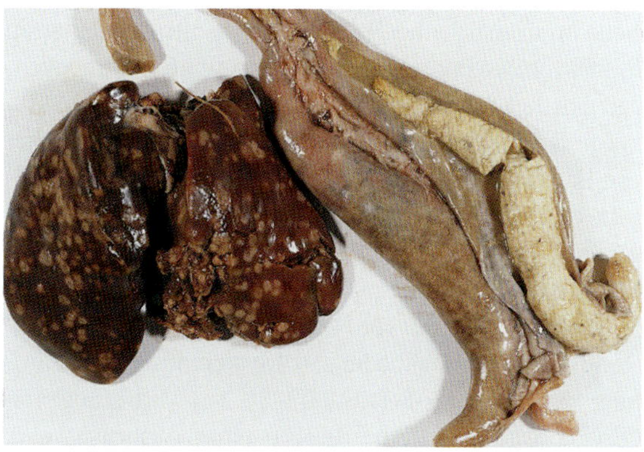

▸ **Abb. 4.2** Histomonose beim Truthuhn: Veränderungen in Leber und Blinddärmen. (Quelle: Institut für Parasitologie, Vetsuisse-Fakultät, Universität Bern.)

andere Organe besiedeln, ohne Veränderungen zu verursachen. Gnotobiotische Truthühner erkrankten nach experimenteller Infektion mit *H. meleagridis* nicht, doch entstand das typische Krankheitsbild, wenn dieser Erreger gemeinsam mit *Escherichia coli, Clostridium perfringens, Bacillus subtilis* oder der konventionellen Bakterienflora des Caecums in die Kloake inokuliert wurde.

Krankheitsbild Die Inkubation dauert etwa 2–3 Wochen. Symptome bei **Truthühnern** sind Apathie, Schwäche und schwefelgelber Kot; eine Zyanose der Kopfanhänge, die zur Bezeichnung „Blackhead" führte, wird nur gelegentlich beobachtet. Der Grad der Erkrankung und die Mortalität hängen vom Alter ab: 3–12 Wochen alte Jungtiere sind sehr anfällig; die Krankheit verläuft bei ihnen akut und führt bei 15–100 % der Tiere zum Tode. Dagegen erholen sich ältere Truthühner meist nach eher chronischem Krankheitsverlauf. **Hühner** sind resistenter als Truthühner und häufig inapparent infiziert; der Befall bleibt auf die Caeca beschränkt. Unter Hühnerküken kann es jedoch zu schweren Erkrankungen infolge eines Befalls der Leber kommen, der durch eine gleichzeitige Infektion der Caeca mit *Eimeria tenella* begünstigt wird. Tiere, die eine Histomonose überstanden haben, sind nur partiell immun.

Diagnose Der Sektionsbefund muss durch eine histologische Untersuchung gesichert werden, die mithilfe der Grocott-Färbung oder der PAS-Reaktion eine Differenzialdiagnose zwischen *H. meleagridis, Candida albicans* und anderen Erregern ermöglicht. Genetische Analysen (PCR) gewinnen wegen der spezifischen Identifikation von *H. meleagridis* an Bedeutung. Ein kultureller Nachweis von Histomonaden ist möglich, aber aufwendig.

Therapie und Bekämpfung Derzeit sind keine ausreichend wirksamen Medikamente zur Therapie oder Chemoprophylaxe in Europa zugelassen (Therapienotstand) (EU: Verordnung [EG] Nr. 1756/2002). Mit 400 ppm Paromomycin medikiertes Futter (zugelassener Wirkstoff nach EU-Verordnung 37/2010) reduzierte die Mortalität nach experimenteller *H. meleagridis*-Infektion signifikant. Neue Impfversuche bei Hühnern mit in vitro attenuierten *H. meleagridis* sind vielversprechend, eine Impfmöglichkeit existiert derzeit aber noch nicht.

Zur Bekämpfung werden empfohlen: (a) Truthühner von Haushühnern getrennt und vor Kontakt mit Wildvögeln geschützt halten; (b) hygienische Stallhaltung mit versiegelten, desinfizierbaren Böden, Netzböden unter Tränken und Futterautomaten, Streu stets trocken halten; (c) Wechsel der Streu vor Neubesatz nach Reinigung und Desinfektion des Stallbodens; (d) systematische Bekämpfung des *Heterakis*-Befalls (S. 343); (e) Verhütung von Coccidiose (S. 83); (f) bei Beginn eines Ausbruchs evtl. antibiotische Behandlung gegen synergistische anaerobe Bakterien. Trotz dieser Maßnahmen bleibt ein hohes Infektionsrisiko bestehen.

Weitere Gattungen der Familie Monocercomonadidae

Dientamoeba fragilis (meistens mit 2 Kernen, früher für Amöben gehalten) parasitiert im Caecum und Colon von Mensch, einigen Affenarten und selten beim Schaf. Die Art gilt als bedingt pathogen (Reizung der Mukosa).
Arten der Gattung *Monocercomonas* (3 Vordergeißeln und 1 Schleppgeißel, Kern in Nähe des Vorderendes, Spitze des Achsenstabes ragt aus dem Hinterende des Zellkörpers) leben im Digestionstrakt von Säugern, Vögeln, Reptilien, Amphibien, Fischen und Arthropoden. *M. ruminantium* (Syn. *Tritrichomonas ruminantium*): im Pansen vom Rind, selten vom Schaf, apathogen (**wichtig:** Differenzierung von *Tritrichomonas foetus*, s. u.). *M. cuniculi:* im Caecum von Kaninchen, apathogen.

Familie Trichomonadidae

Thrix (gr.): Haar; *monas* (gr.): Einheit, Einzelwesen.

Die Vertreter dieser Familie sind meist piriforme, einkernige Organismen mit 2–5 Vordergeißeln, einer mit einer undulierenden Membran assoziierten Schleppgeißel und einem Achsenstab (▸ **Abb. 4.3**). Sie verfügen über spezielle Organellen wie Hydrogenosomen und Golgi-Dictyosomen. Mehrere Gattungen, die an der Zahl der Vordergeißeln unterschieden werden: *Tritrichomonas, Trichomonas, Tetratrichomonas, Pentatrichomonas* u. a. Medizinisch bedeutsam sind vor allem die Gattungen *Tritrichomonas* (3 Vordergeißeln) und *Trichomonas* (4 Vordergeißeln).

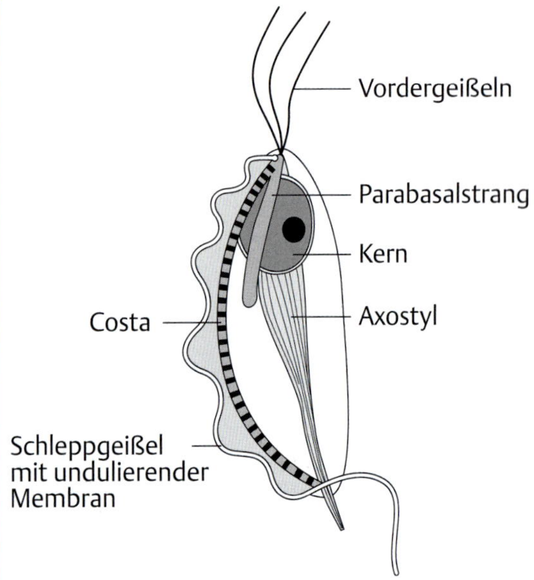

▸ **Abb. 4.3** *Tritrichomonas foetus* (Länge: 10–25 µm). (Grafik: Marianne Mathys, nach einer Vorlage von Johannes Eckert, Vetsuisse-Fakultät, Universität Zürich)

Gattung *Tritrichomonas*

Tritrichomonas foetus des Rindes („Rinder-Stamm“)

Praxis

Erreger der **bovinen Tritrichomonose (Trichomonadenseuche)**, ist in Europa meldepflichtig und wird staatlich bekämpft.

Das Wichtigste in Kürze

- **Erreger.** *Tritrichomonas (T.) foetus*. Birnen- bis spindelförmiger Zellkörper (10–25 × 3–15 µm), 3 Vordergeißeln sowie 1 Schleppgeißel mit undulierender Membran und dickem Achsenstab, der das Hinterende überragt. *T. foetus* aus Rindern („Rinder-Stamm“ = *T. foetus* [Rind]) ist morphologisch mit *T. foetus* aus Katzen (S. 56) („Katzen-Stamm“ = *T. foetus* [Katze]) identisch, doch bestehen genetische Unterschiede.
- **Entwicklung, Epidemiologie, Vorkommen.** Erregervermehrung durch Zweiteilung der Trophozoiten, Übertragung von *T. foetus* (Rind) beim Deckakt. Die Trichomonadenseuche des Rindes ist weltweit verbreitet, doch ist sie in Mittel- und Westeuropa weitgehend getilgt.
- **Pathogenese, Krankheitsbild.** Bei Bullen (Stieren) inapparente, persistierende Infektion u. a. der Präputialhöhle. Bei weiblichen Tieren aufsteigende Infektion bis zum Eileiter; Erreger persistieren 2–4 Monate, selten länger. Symptome: Frühaborte im 2.–4. Trächtigkeitsmonat; Fruchttod, Endometritis, Fertilitätsstörung nach überstandener Infektion. Wiederholte Infektionen möglich.
- **Diagnose.** Erregernachweis mikroskopisch, kulturell oder mithilfe der PCR in Spül- oder Tupferproben und bei abortierten Rinder-Feten.
- **Therapie, Bekämpfung.** Die Bekämpfung ist gesetzlich geregelt (u. a. OIE-Anzeigepflicht). Beim Rind keine zugelassenen Chemotherapeutika. Lokale und symptomatische Behandlungen bei Bullen sind unsicher. Wirksamste Vorbeugung beim Rind ist die künstliche Besamung. Außereuropäisch wird in großen Fleischrinderherden eine bedingt effiziente Totvakzine eingesetzt.

Erreger *T. foetus*-Trophozoiten sind birnen- bis spindelförmig, 10–25 µm lang und 3–15 µm breit, haben 3 Vordergeißeln und 1 lange Schleppgeißel, deren „freier“, die undulierende Membran überragender Teil so lang ist wie die Vordergeißeln (▶ Abb. 4.3). Die undulierende Membran erstreckt sich fast über den gesamten Zellkörper. Der Achsenstab (Axostyl) ist hyalin und dick, sein spitzes Hinterende überragt deutlich den hinteren Zellrand. *T. foetus* vermehrt sich durch Zweiteilung; frühere Beobachtungen von „Pseudocysten“ wurden durch neuere Untersuchungen bestätigt. In der Kultur können Vielteilungsformen mit mehreren Geißeln entstehen. Bei Katzen parasitieren Erreger, die morphologisch von *T. foetus* nicht unterscheidbar sind, aber geringgradige genetische Unterschiede aufweisen. Diese beiden Erreger werden hier als *T. foetus* (Rind) und *T. foetus* (Katze) bezeichnet. Genetisch nahe verwandt mit *T. foetus* ist auch *T. suis*.

Epidemiologie und Vorkommen *T. foetus* (Rind) ist weltweit verbreitet, aber nur in bestimmten Gebieten bei extensiver Haltung von Rindern in Herden mit Deckbullen von Bedeutung. Die Übertragung von Trophozoiten erfolgt beim Deckakt (Deckseuche). Eine Übertragung mit zuvor tiefgefrorenem Sperma ist zwar auch bei der künstlichen Besamung (KB) möglich, aber wegen der isolierten Haltung der Besamungsbullen und der regelmäßigen Untersuchung des Spermas sehr selten. Daher kommt die bovine Tritrichomonose nur in Gebieten endemisch vor, in denen die KB nicht vorherrscht. Die wirtschaftlichen Verluste können erheblich sein. Inapparent infizierte Bullen können lebenslang Träger von *T. foetus* bleiben und stellen die wichtigste Infektionsquelle dar. Das andere Erregerreservoir sind infizierte Kühe und Rinder, bei denen die Infektion jedoch meist nur 2–4 und höchstens 7 Monate persistiert. Andere Reservoirwirte sind bisher nicht als epidemiologisch relevant für die Deckseuche des Rindes identifiziert worden (s. u.). In Mittel- und Westeuropa hat die KB fast zur Tilgung der Infektion geführt. *T. foetus* aus der Katze (S. 55) ließ sich experimentell auf Rinder übertragen und verursachte Vaginitis und Endometritis. Bisher liegen keine Anzeichen dafür vor, dass Katzen unter natürlichen Bedingungen eine Ansteckungsquelle für Rinder darstellen.

Pathogenese und Krankheitsbild Nach der Infektion von **Rindern** oder **Kühen** beim Deckakt vermehren sich die Trichomonaden zunächst auf der Schleimhaut. Etwa 14–18 Tage p. i. sind im Vaginalschleim viele Trichomonaden nachweisbar. Danach wandern die Flagellaten durch die Zervix in den Uterus und in die Eileiter. Aus der Vagina können sie gänzlich verschwinden oder sie halten sich dort und verursachen eine geringgradige, katarrhalische Entzündung.

Charakteristisch für die bovine Tritrichomonose sind **Frühaborte** – meist innerhalb von 2–4 Monaten nach dem Deckakt – als Folge der Uterusbesiedlung durch die Parasiten. Wenn Plazenta und Eihäute mit dem Fetus vollständig ausgestoßen werden, kommt es gewöhnlich zur Spontanheilung. Zuweilen unterbleibt der Abort und der Fetus mazeriert im Uterus. Chronischer Katarrh der Genitalschleimhäute, Endometritis purulenta, Störungen bei der Geburt und permanente Sterilität können weitere Folgen der Infektion sein. Die Pathogenese des Frühaborts ist noch ungeklärt. In vitro bildet *T. foetus* ein für Säugerzellen cytotoxisches Protein.

Beim **Bullen** (Stier) besiedelt *T. foetus* hauptsächlich die Präputialhöhle, zuweilen sind auch Urethra, Hoden, Nebenhoden und Samenblasen befallen. Sichtbare Läsionen treten bei infizierten Bullen nicht auf, Potenz und Spermaqualität werden nicht beeinträchtigt.

Immunologie *T. foetus* ist in Bullen kaum immunogen, die Infektion kann lebenslang persistieren. Kühe und Rinder, die eine Infektion eliminiert haben, sind partiell immun, Reinfektionen sind aber möglich. Infizierte Kühe bilden gegen spezifische Antigene (Oberflächen-Polysaccharide, Proteine) des Parasiten zirkulierende und lokale Antikörper (IgG, IgA). Nach Vakzination von Rindern mit gereinigtem *T. foetus*-Antigen wird eine homologe Testinfektion früher eliminiert als bei ungeimpften Kontrollen. In den USA ist eine Vakzine im Handel (TrichGuard V5L), die außer *Tritrichomonas*-Antigen auch bakterielle Antigene enthält, doch ist der praktische Nutzen dieser Impfung nicht belegt.

Diagnose Direkter Erregernachweis durch Kultur mit mikroskopischer Kontrolle (kommerzielles Kultursystem, z. B. InPouch®) oder durch genetische Analysen. Probenentnahme unter sterilen Kautelen, um eine Kontamination der Proben mit Flagellaten aus dem Verdauungstrakt (*Cercomonas* sp., *Monocercomonas* sp.) oder der Umwelt zu vermeiden. Proben beim Bullen: Präputial-Spülflüssigkeit oder -Sekret; beim weiblichen Tier (z. B. nach Fertilitätsstörungen oder Umrindern): Vaginal- oder Cervixtupferprobe. Ein Bulle gilt erst dann als nicht infiziert, wenn in mindestens 3 Proben keine Erreger gefunden wurden und er mindestens 5 virginelle Rinder gedeckt, sie aber nicht infiziert hat (Isotest). Nach einem Abort sind Fruchtwasser, Eihäute und Frucht zu untersuchen. Häufig finden sich Trichomonaden im Magen des Fetus. *T. foetus* (Rind), *T. foetus* (Katze) und *T. suis* (eine verwandte Art ohne klinische Bedeutung beim Schwein) lassen sich mit genetischen Methoden identifizieren und differenzieren.

Therapie und Bekämpfung Da die Infektion bei weiblichen Rindern spontan ausheilt, ist beim Auftreten klinischer Erscheinungen nur eine symptomatische Behandlung angezeigt. Nach dem Verbot der Nitroimidazole gibt es kein zugelassenes Therapeutikum zur systemischen Behandlung infizierter Bullen. Lokale Behandlungen von Präputium und Penis sind in der Wirkung unsicher.

Die künstliche Besamung ist die sicherste Methode zur Verhütung dieser Deckinfektion. In Deutschland ist die Trichomonadenseuche der Rinder anzeigepflichtig (TierGesG v. 22.05.2013; VO über anzeigepflichtige Tierseuchen v. 19.07.2011), in der Schweiz ist sie als „auszurottende Seuche“ (TSV Art. 186–189) eingestuft, in Österreich ist sie nach dem Deckseuchengesetz meldepflichtig.

Tritrichomonas foetus der Katze („Katzen-Stamm“)

> **Praxis**
> Erreger der **felinen Tritrichomonose**, bei jungen und reinrassigen Katzen in den letzten Jahren häufiger diagnostizierte, chronische Durchfallerkrankung.

Erreger und Vorkommen Allgemeine Angaben zum Erreger siehe Tritrichomonose des Rindes. Bei Katzen besiedelt *T. foetus* (Katze) den Dickdarm und kann chronische Diarrhö verursachen. Im Vergleich zur *T. foetus*-Infektion des Rindes kommt es bei Katzen gewöhnlich nicht zur Besiedelung des Genitaltraktes. Neueste Untersuchungen lassen vermuten, dass die orale Aufnahme der mit Kot ausgeschiedenen *T. foetus*-Stadien bei Katzen wichtiger ist als der direkte Kontakt mit befallenen Tieren. Diese Annahme wird bestärkt durch die Überlebensfähigkeit von *T. foetus* in Katzenurin oder Katzenfutter (≥ 3 h) oder im Darmkanal von Schnecken (*Limax* spp.).

T. foetus ist bei Katzen weltweit verbreitet. In der Schweiz waren 24 % von 45 Katzen mit chronischem Durchfall, in Deutschland 15,7 % von 230 reinrassigen Katzen und in Frankreich 14,3 % von 140 Katzen mit *T. foetus* befallen. In den meisten Fällen sind unter 12 Monate alte Katzen betroffen, aber auch bei älteren Tieren sind Infektionen nachweisbar, oft ohne klinische Anzeichen.

Klinik Colitis und chronische Diarrhö, Flatulenz und Kotinkontinenz als Folge der Besiedlung des Ileum-, Caecum- und Colon-Lumens mit *T. foetus*.

Diagnose Anzüchtung in Kultur (InPouch®), dafür werden 0,5–1 ml nativer Frischkot in das Kultursystem überführt und für 18–24 Stunden bei 37 °C inkubiert. Die beweglichen Erreger können nach Vermehrung während der 5 folgenden Tage beobachtet werden. Als Alternative kommt der genetische Nachweis mittels PCR infrage.

Therapie und Bekämpfung Ronidazol (Umwidmung; ▶ **Tab. 21.3**) (30 mg/kg KG p. o. 1 × tgl. für 2 Wo.) ist bei der Katze wirksam und führt teilweise zur vollständigen Sistierung der Ausscheidung von *T. foetus*. Der Einsatz dieses Medikaments sollte nur in Kleintierkliniken mit Überwachung der Patienten erfolgen, da gelegentlich Nebenwirkungen (Appetitlosigkeit, Zittern, Schwäche, Ataxie, Hyperästhesie und andere reversible, neurologische Symptome) auftreten.

Reinfektionen mit *T. foetus* sind in Tierheimen, Katzenzuchten und Tierpensionen gehäuft, daher sollten infizierte Katzen isoliert und behandelt werden.

Trichomonas gallinae

Praxis

Erreger der **aviären Trichomonose.** Die aviäre Trichomonose, auch „Gelber Knopf" genannt, ist eine Infektionskrankheit des oberen Verdauungstraktes bei Tauben. Sekundär können auch andere Organe (Leber, Herz, „Nabel") befallen werden.

Erreger *T. gallinae* ist annähernd birnenförmig (6–18 × 2–9 µm), hat 4 Vordergeißeln, einen dünnen Achsenstab mit einer kurzen freien Spitze und 1 undulierende Membran, die nicht bis zum Hinterende der Zelle reicht. Die Schleppgeißel liegt in der undulierenden Membran, ein freier Geißelteil fehlt.

Entwicklung, Vorkommen und Epidemiologie Erregervermehrung durch Zweiteilung der Trophozoiten, wahrscheinlich werden auch Pseudocysten gebildet. *T. gallinae* kommt weltweit bei Haustauben, aber auch bei vielen anderen Vogelarten vor (Hühnervögel, Greifvögel, Papageien u. a.). Bei Haustauben ist die Infektion sehr häufig (bis 80 % der Alttauben sind inapparent infiziert), bei Truthühnern häufig, dagegen selten bei Haushühnern. Infizierte Alttauben übertragen die Trichomonaden mit der sog. Kropfmilch auf Jungtauben. Hingegen infizieren sich Alttauben, Papageien, Truthühner und Haushühner über kontaminiertes Trinkwasser, in das die Trichomonaden (Pseudocysten?) aus der Schnabelhöhle von infizierten Tauben gelangen. Greifvögel infizieren sich an geschlagenen Tauben.

Pathogenese, Krankheitsbild und Immunologie Die Trichomonose ist im Wesentlichen eine Erkrankung der Jungtauben. Eine Primärinfektion kann bei Jungtauben von sehr milden bis zu hochakuten, tödlichen Erkrankungen führen. Die typischen Läsionen entstehen in Schnabelhöhle, Infraorbitalsinus, Pharynx, Ösophagus, Kropf und sogar im Drüsenmagen. Außerdem können Leber, Herz, „Nabel", seltener auch andere Organe Veränderungen aufweisen. Dabei handelt es sich um umschriebene, manchmal scheibenförmige, gelbliche, käsige Nekroseherde, die zur Bezeichnung „Gelber Knopf" führten. Bei Truthühnern und Hühnern treten die Läsionen meistens in Kropf, Ösophagus und Pharynx, jedoch nur selten in der Schnabelhöhle oder in der Leber auf. Von Bedeutung ist die Trichomonose ferner bei Papageien und Greifvögeln. Die Infektion führt zu einer partiellen Immunität. Die Tauben bleiben inapparent infiziert und werden zu Erregerreservoiren. Es gibt Stämme unterschiedlicher Virulenz, die Immunität ist jedoch nicht stammspezifisch.

Diagnose Intravitaldiagnose: Kropfschleimhaut mit einem Wattetupfer gründlich abstreichen, Tupfer auf einem Objektträger auspressen oder Spülprobe durchführen (Medium RPMI 1640 mit 10 % Vinylpyrrolidin) und die Proben im Nativpräparat untersuchen. Die Trichomonaden sind an ihren Bewegungen und an der Bewegung der undulierenden Membran leicht erkennbar. Auch das InPouch®-Verfahren (s. o.) hat sich bewährt. **Postmortal:** Abstriche von der Grenzschicht zwischen verändertem und gesundem Gewebe herstellen, Exsudat (bevorzugt aus der Leibeshöhle) entnehmen und nativ untersuchen. **Differenzialdiagnosen:** Pocken, Soor, Vitamin-A-Mangel u. a.

Therapie und Bekämpfung Die gegen Trichomonaden wirksamen Nitroimidazol-Präparate dürfen nur noch bei Vögeln eingesetzt werden, die nicht der Lebensmittelgewinnung dienen, z. B. bei Brieftauben. In dieser Indikation sind Dimetridazol (Chevi-col®; AT, DE) und Ronidazol (Ridzol®; DE) zugelassen. Zu beachten ist, dass es Nitroimidazol-resistente Stämme von *T. gallinae* gibt. Wegen der beschränkten Möglichkeiten des Einsatzes von Medikamenten bleibt die Bekämpfung oft auf die Prophylaxe beschränkt. Truthühner, Hühner, Greifvögel und Papageien kann man schützen, indem man Kontakte mit Tauben verhindert.

Weitere Arten der Trichomonadida

Wenige dieser Arten sind geringgradig oder fakultativ pathogen (*Tetratrichomonas* spp., *Cochlosoma* spp.), viele dagegen apathogen, z. B. *Tritrichomonas enteris* im Caecum und Colon vom Rind, *T. suis* beim Schwein, *T. equi* im Dickdarm vom Pferd, *T. muris* im Caecum von Nagern (Maus, Ratte, Goldhamster, Meriones u. a.) oder *Trichomonas equibuccalis* in der Maulhöhle (besonders auf dem Zahnfleisch) von Pferd und Esel. *Tetratrichomonas* spp. können fakultativ bei Hühnern, Truthühnern, Gänsen und Enten Entzündungen im Darm und in anderen Organen verursachen. *Cochlosoma anatis* ist bei Enten und in letzter Zeit häufiger bei Truthühnern ursächlich an Enteritiden beteiligt. *Trichomonas vaginalis* ist eine pathogene Art, die bei Menschen klinisch manifeste Genitalinfektionen (Kolpitis mit Ausfluss bei Frauen, bei Männern nur selten Urethritis) verursacht und selbst in entwickelten Ländern bei ca. 5–20 % der Frauen vorkommt.

Literaturhinweise

Albini S, Meier S, Linder K et al. Diagnose von Histomonadose bei Trute, Huhn, Pfau und Wachtel mittels PCR. Schweiz Arch Tierheilkd 2017; 159: 668–672

Armstrong PL, McDougald LR. The infection of turkey poults with *Histomonas meleagridis* by contact with infected birds or contaminated cages. Avian Dis 2011; 55: 48–50

Baltzell P, Newton H, O'Connor AM. A critical review and meta-analysis of the efficacy of whole-cell killed *Tritrichomonas foetus* vaccines in beef cattle. J Vet Intern Med 2013; 27: 760–770

Bernasconi CH, Bodmer M, Doherr MG et al. *Tritrichomonas foetus*: prevalence study in naturally mating bulls in Switzerland. Vet Parasitol 2014; 200: 289–294

Frey CF, Schild M, Hemphill A et al. Intestinal *Tritrichomonas foetus* infection in cats in Switzerland detected by in vitro cultivation and PCR. Parasitol Res 2009; 104: 783–788

Gookin JL, Levy MG. Trichomonosis In: Beugnet F, Halos L, eds. Parasitoses and Vector Borne Diseases of Cats. Lyon, France: Merial; 2015: 56–65. ISBN: 978-2-95508-050-4

Hess M, Liebhart D, Bilic I et al. *Histomonas meleagridis* – new insights into an old pathogen. Vet Parasitol 2015; 208: 67–76

Kuehner KA, Marks SL, Kass PH et al. *Tritrichomonas foetus* infection in purebred cats in Germany: prevalence of clinical signs and the role of co-infection with other enteroparasites. J Feline Med Surg 2011; 13: 251–258

Liebhart D, Ganas P, Sulejmanovic T et al. Histomonosis in poultry: previous and current strategies for prevention and therapy. Avian Pathol 2017; 46: 1–18

Lotfi AR, Abdelwhab EM, Hafez HM. Persistence of *Histomonas meleagridis* in or on materials used in poultry houses. Avian Dis 2012; 56: 224–266

McDougald LR. Blackhead disease (Histomoniasis) in poultry: a critical review. Avian Dis 2005; 49: 462–476

Pereira-Neves A, Campero CM, Martínez A et al. Identification of *Tritrichomonas foetus* pseudocysts in fresh preputial secretion samples from bulls. Vet Parasitol 2011; 175: 1–8

Reinmann K, Müller N, Kuhnert P et al. *Tritrichomonas foetus* isolates from cats and cattle show minor genetic differences in unrelated loci ITS-2 and EF-1α. Vet Parasitol 2012; 185: 138–144

Rosypal AC, Ripley A, Stockdale Walden HD et al. Survival of a feline isolate of *Tritrichomonas foetus* in water, cat urine, cat food and cat litter. Vet Parasitol 2012; 185: 279–281

Schwarz A, Gauly M, Abel H et al. Pathobiology of *Heterakis gallinarum* mono-infection and co-infection with *Histomonas meleagridis* in layer chickens. Avian Pathol 2011; 40: 277–287

Swayne DE, ed. Diseases of poultry. 13th ed. Ames, IA, USA: John Wiley Blackwell; 2013. ISBN: 978-0-47095-899-5

Walden HS, Dykstra C, Dillon A et al. A new species of *Tritrichomonas* (Sarcomastigophora: Trichomonida) from the domestic cat (*Felis catus*). Parasitol Res 2013; 112: 2227–2235

5 Stamm Euglenozoa

Euglenos (gr.): mit schönen Augen; *zoon* (gr.): Lebewesen, Tier. Bezieht sich auf den Augenfleck (Stigma) frei lebender Euglenida.

5.1 Unterstamm Kinetoplasta, Klasse Kinetoplastea

kinein (gr.): bewegen; *plastos* (gr.): geformt.

Kinetoplasta sind frei lebende oder parasitische Protozoen mit 1–2 Flagellen, 1 oder mehreren Kinetoplasten und einzigartigen Formen mitochondrialer DNA (▶ **Abb. 5.1**). Parasitische Kinetoplasten kommen in allen Wirbeltierklassen vor und umfassen Pathogene von außerordentlicher Bedeutung. *Trypanosoma*-Arten verursachen z. B. in Afrika die Nagana der Haustiere und die Schlafkrankheit des Menschen. *Leishmania* spp. sind die Erreger verschiedener Formen der in weiten Teilen der Erde und bei Mensch wie Tier vorkommenden Leishmaniose.

5.1.1 Ordnung Trypanosomatida

Familie Trypanosomatidae

Trypanon (gr.): Bohrer; *soma* (gr.): Körper. Bezug auf die Korkzieherartige Bewegung einiger Arten.

Die meisten Arten der Trypanosomatidae werden durch Insekten [zyklisch-alimentär, azyklisch-alimentär, zyklisch-exkretorisch (S. 667)] oder direkt ohne Einschaltung eines Vektors übertragen. Im Wirbeltier leben die Trypanosomatiden frei in Blut- und Gewebeflüssigkeit; einige von ihnen infizieren Körperzellen. Während der Entwicklung bestimmter Arten tritt im Säuger- und im Insektenwirt ein Formenwandel auf, der mit physiologischen Veränderungen einhergeht und eine Anpassung an die sehr unterschiedlichen Lebensbedingungen im Vertebraten- und im Insektenwirt darstellt. Morphologisch werden spindelförmige, mit einer Geißel ausgestattete Stadien (u. a. trypomastigote, epimastigote, promastigote Formen) und ein rundliches Stadium ohne freie Geißel (amastigot) unterschieden (▶ **Abb. 5.2**).

Trypomastigote Stadien der Gattung *Trypanosoma* Die im Blutplasma von Vertebraten vorkommenden Stadien der Gattung *Trypanosoma* haben einen spindelförmigen Zellkörper, umgeben von einer Zellmembran mit dicht darunterliegenden, die ganze Zelle durchziehenden Mikrotubuli, welche als Teil des Cytoskeletts der Zelle Formstabilität verleihen. Ein großer Zellkern liegt zentral; ein einziges, großes Mitochondrium durchzieht den Zellkörper und umschließt am Hinterende den Kinetoplasten, der dicht gelagerte DNA enthält (▶ **Abb. 5.1**). Letzterer besteht aus einem Netzwerk von zirkulären DNA-Molekülen mit ungefähr 50 Maxicircles (23–36 kb) und mehreren Tausend Minicircles (0,5–2,5 kb). Maxicircles kodieren für Enzyme der Atmungskette und ribosomale RNA, Minicircles für Guide RNAs. In der Nähe des Kinetoplasten, aber außerhalb des Mitochondriums, entspringt aus einem Basalkörper eine Geißel, die in einer Geißeltasche aus dem Zellkörper austritt. Die Geißeltasche ist eine spezifische Einstülpung der Plasmamembran, in der über Endo- und Exocytose der Stoffaustausch des Parasiten erfolgt. Die Geißel ist ein 9 + 2 Axonem, wobei 9 periphere Doppelmikrotubuli 2 einzelne, zentrale Mikrotubuli in der Mitte umgeben. Sie ist zum Vorderende hin gerichtet und fungiert als Zuggeißel. Der hintere Teil der Geißel ist stellenweise mit der Zelloberfläche verbunden und faltet diese zu einer je nach Bewegung in der Form wechselnden undulierenden Membran auf, was im Lichtmikroskop erkennbar ist. Am Vorderende kann ein Teil der Geißel die Zellgrenze als freie Geißel überragen. Bei der Bewegung rotiert die Zelle um ihre eigene Achse (siehe Name: Trypanon = Bohrer). Zusätzlich zur Zellbewegung haben die Geißeln weitere Funktionen, etwa bei der Anheftung an Zellen des Wirbeltier-Wirtes (z. B. bei der Anheftung von *T. congolense* an die Endothelzellen der Blutgefäße im Vertebratenwirt). Bei den Erregern der *T. brucei*-Gruppe sowie bei *T. congolense* und *T. vivax* (S. 62) ist die Zelle (außer der Geißeltasche) mit einer ca. 15 nm dicken Schicht (Engl.: *surface coat*) bedeckt, die fast ausschließlich aus den auswechselbaren variablen Oberflächenglykoproteinen [VSG (S. 35)] besteht. Im Giemsa-gefärbten Präparat sind mit dem Lichtmikroskop zu erkennen: Nucleus (evtl. Nucleolus), Kinetoplast, Geißel, undulierende Membran und einige Granula, z. T. auch die Basalkörper (▶ **Abb. 5.3**, ▶ **Abb. 5.6**).

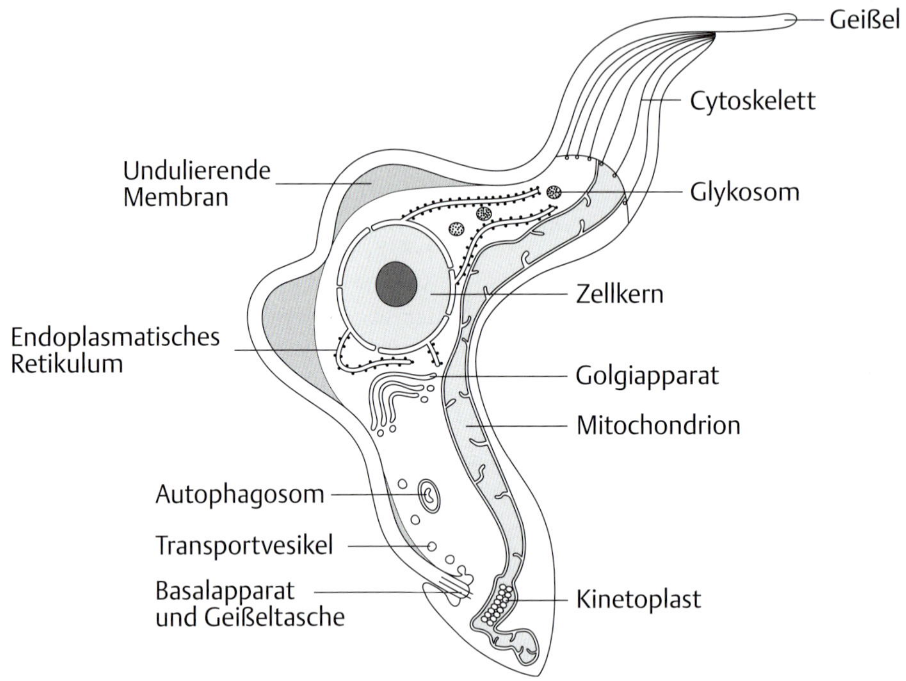

▶ **Abb. 5.1** Schema einer trypomastigoten Form von *Trypanosoma* sp. (Grafik: Marianne Mathys, nach einer Vorlage von Johannes Eckert, Vetsuisse-Fakultät, Universität Zürich)

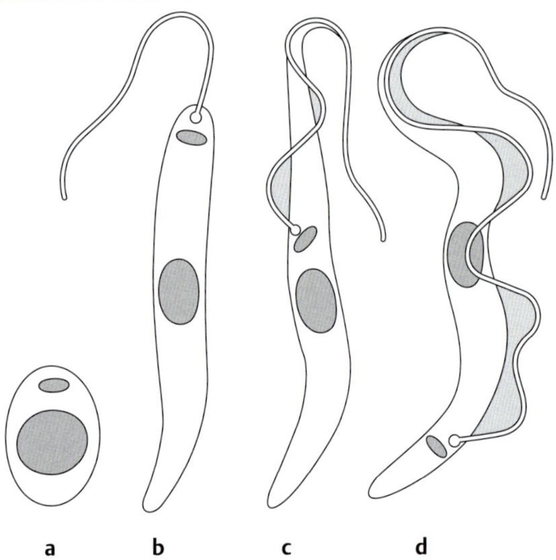

▶ **Abb. 5.2** Formen der Trypanosomatidae: **a** amastigote Form; **b** promastigote Form; **c** epimastigote Form; **d** trypomastigote Form. (Grafik: Marianne Mathys, nach einer Vorlage von Johannes Eckert, Vetsuisse-Fakultät, Universität Zürich)

Gattung *Trypanosoma*

Die bei Säugern parasitierenden Arten der Gattung *Trypanosoma* teilt man in 2 große Gruppen (Sektionen) ein: pathogene Salivaria und mehrheitlich apathogene Stercoraria (▶ **Tab. 5.1**, ▶ **Tab. 5.2**), welche aber die pathogene Art *T. cruzi* enthält. Salivaria entwickeln sich im vorderen Teil des Verdauungstrakts des Insektenvektors, Stercoraria im hinteren Teil.

▸ **Tab. 5.1** *Trypanosoma*-Arten (Auswahl) der Sektion Salivaria.

Arten[1], Vorkommen (V)	Krankheit, Vertebratenwirte und Pathogenität der Erreger[2]	Überträger und Art der Übertragung
Trypanosoma vivax[D] V: Afrika südl. der Sahara	Nagana oder Animale Afrikanische Trypanosomose (AAT) Bovinae + + +; Equidae, Camelidae + +; Caprinae +; Antilopen, Giraffen (+)	Tsetse-Fliegen (*Glossina* spp.): zyklisch; hämatophage Fliegen: azyklisch
Trypanosoma vivax[D] V: Zentral- u. Südamerika	inapparente Infektion Hauswiederkäuer (+), Equidae +	hämatophage Fliegen: azyklisch
Trypanosoma congolense[N] V: Afrika südl. der Sahara (‚Tsetse Gürtel')	Nagana Bovinae + +; Equidae, Camelidae, Caprinae, Suidae, Carnivora +; Antilopen, Giraffen (+)	Tsetse-Fliegen: zyklisch
Trypanosoma simiae[N] V: Afrika südl. der Sahara (‚Tsetse Gürtel')	Nagana Suidae, Camelidae + + +; Equidae, Bovinae, Caprinae, Carnivora (+)	Tsetse-Fliegen: zyklisch
Trypanosoma suis[P] V: Afrika südl. der Sahara (‚Tsetse Gürtel')	Nagana Suidae + / + +	Tsetse-Fliegen: zyklisch
Trypanosoma brucei brucei[T] V: Afrika südl. der Sahara (‚Tsetse Gürtel')	Nagana Equidae, Camelidae + + +; Carnivora + +; Bovinae, Suidae +; Caprinae, Antilopen (+)	Tsetse-Fliegen: zyklisch
Trypanosoma brucei rhodesiense[T] V: Afrika südl. der Sahara (Ost- und Südafrika)	Schlafkrankheit oder Humane Afrikanische Trypanosomose (HAT) Mensch + + +; Antilopen, Giraffe, Nilpferd, Warzenschwein, Hyäne, Löwe (+)	Tsetse-Fliegen: zyklisch
Trypanosoma brucei gambiense[T] V: Afrika südl. der Sahara (Zentral- und Westafrika)	Schlafkrankheit oder Humane Afrikanische Trypanosomose (HAT) Mensch + + +; Schwein, Rind, Schaf, Hund, Antilopen (+)[3]	Tsetse-Fliegen: zyklisch
Trypanosoma brucei evansi[T] V: Afrika, Mittlerer Osten, Eurasien, Lateinamerika	Surra Equidae, Camelidae, Carnivora + + +; Bovinae, Elefanten: + / + +	Tabaniden, andere Fliegen und Vampirfledermäuse: azyklisch; Carnivora: peroral
Trypanosoma brucei equiperdum[T] V: Asien, Afrika, Osteuropa, Lateinamerika	Beschälseuche oder Dourine Equidae + +	Koitus: azyklisch, direkte Übertragung

[1] Untergattungen: D = Duttonella, N = Nannomonas, P = Pycnomonas, T = Trypanozoon
[2] Grade der Pathogenität: + + + hoch; + + mittel; + gering; (+) gewöhnlich inapparente Infektion
[3] Tiere von geringer, falls überhaupt, epidemiologischer Bedeutung

▸ **Tab. 5.2** *Trypanosoma*-Arten der Sektion Stercoraria (Auswahl).

Arten[1], Verbreitung (V)	Krankheit, Vertebratenwirte und Pathogenität der Erreger[2]	Überträger und Art der Übertragung
Trypanosoma cruzi[S] V: Zentral- und Südamerika, Mexiko,USA	Chagas-Krankheit Mensch + + +; Hund, Katze: + / + +; Gürteltier, Opossum, viele andere Säugetiere (+)	Raubwanzen: zyklisch-exkretorisch
Trypanosoma theileri[M] V: weltweit	apathogen oder bedingt pathogen Rind (+, selten + +)	Tabaniden, Schildzecken[3]: zyklisch
Trypanosoma melophagium[M] V: weltweit	apathogen Schaf (+)	Schaflausfliege (*Melophagus ovinus*): zyklisch
Trypanosoma cervi[M, 4] V: Eurasien, Nordamerika	apathogen Rothirsch (+)	Tabaniden: zyklisch
Trypanosoma lewisi[H, 5] V: weltweit	apathogen Ratten (+)	Flöhe: zyklisch

[1] Untergattungen: H = Herpetosoma, M = Megatrypanum, S = Schizotrypanum
[2] Grade der Pathogenität: + + + hoch; + + mittel; + gering; (+) gewöhnlich inapparente Infektion
[3] der Nachweis von Entwicklungsstadien von *T. theileri* in Speicheldrüsen und Hämolymphe von Zecken (*Ixodes, Hyalomma* u. a.) deutet auf eine zyklisch-alimentäre Übertragung hin, die aber nicht bewiesen ist
[4] weitere spezifische Arten beim Reh und anderen Cerviden (Vektoren stets Tabaniden)
[5] weitere spezifische Arten bei fast allen Nagern (Vektoren stets Flöhe)

Trypanosomen der Sektion Salivaria

Saliva (lat.): Speichel. Bezug auf die Erregerübertragung mit dem Speichel der Vektoren.

Das Wichtigste in Kürze

- **Erreger, Vorkommen.** Trypanosomen der Sektion Salivaria sind spindelförmige, begeißelte, mit einem Kinetoplasten ausgestattete extrazelluläre Parasiten. Die pathogenen Arten haben gewöhnlich ein stumpfes Hinterende, der Kinetoplast ist klein und terminal oder subterminal gelegen, ein freies Geißelende kann vorhanden sein oder fehlen (▶ **Abb. 5.3**). Verschiedene Arten verursachen in Afrika die Nagana der Haustiere (*Trypanosoma congolense, T. vivax, T. brucei brucei*) und die Schlafkrankheit des Menschen (*T. brucei gambiense, T. b. rhodesiense*). Surra, verursacht durch *T. b. evansi*, kommt in weiten Teilen von Afrika, Asien und Lateinamerika vor und betrifft viele Tierarten, vorwiegend Equiden, Cameliden und Carnivoren. Die Beschälseuche (*T. b. equiperdum*) ist eine weitverbreitete, sexuell übertragene Erkrankung von Equiden. Europa ist größtenteils frei von Surra und Beschälseuche, doch besteht das Risiko einer Einschleppung aus endemischen Gebieten. Die Beschälseuche ist eine anzeigepflichtige Tierseuche.
- **Entwicklung.** Trypanosomen der *T. brucei*-Gruppe, *T. vivax* und *T. congolense* werden zyklisch-alimentär mit dem Speichel durch blutsaugende Glossinen (Tsetse-Fliegen) übertragen, in welchen die Parasiten einen Formwandel und eine Vermehrung durchlaufen. Die Übertragung von *T. b. evansi* (teilweise auch von *T. b. vivax*) geschieht azyklisch (mechanisch) über kontaminierte Mundwerkzeuge durch Tabaniden und andere blutsaugende Fliegen. Die Übertragung von *T. b. equiperdum* erfolgt direkt beim Deckakt.
- **Immunologie.** Antikörper-vermittelte Mechanismen können die Erregervermehrung kontrollieren. Die Persistenz der Erreger in Vertebraten wird jedoch durch ihre Fähigkeit zum kompletten Austausch der Oberflächenantigene (Antigenvariation) gewährleistet, wodurch fortwährend Parasitenpopulationen der Immunelimination entgehen.
- **Krankheitsbild.** Insgesamt komplex und nicht pathognomonisch. Intermittierende, durch schubweise Parasitenelimination bedingte Fieberschübe, progressive Anämie, Entzündung und Gewebsnekrosen, Auszehrung, ZNS-Symptome, Tod. Bei der Beschälseuche der Pferde können Urtikaria und Ödeme der Genitalorgane und unterer Körperteile auffallend sein, doch können ähnliche Symptome auch bei anderen *Trypanosoma*-Infektionen vorkommen (z. B. Surra).
- **Diagnose.** Direkter Erregernachweis in Ausstrichen (Blut, Lymphknoten, anderes Material) oder mit höherer Sensitivität nach Anreicherung (Mikrohämatokrit-Zentrifugation). Bevorzugt werden aber PCR-Nachweise zur Arten-Identifizierung verwendet. Der Nachweis spezifischer Antikörper (mittels ELISA etc.) wird hauptsächlich für die Überwachung von Tierpopulationen verwendet, manchmal auch in individuellen Fällen (KBR ist der amtlich vorgeschriebene diagnostische Test der Beschälseuche).
- **Therapie, Bekämpfung.** Therapie der Nagana bei Haustieren mit verschiedenen Wirkstoffen (z. B. Isometamidium, auch zur Prophylaxe). Arzneimittelresistenzen sind verbreitet. Kontrollmöglichkeiten von Nagana beinhalten die Überwachung und Behandlung der Herden, Tsetse-Bekämpfung, Haltung trypanotoleranter Rinderrassen. Surra und Beschälseuche sind OIE-gelistete meldepflichtige Krankheiten; spezielle Vorschriften müssen beim grenzüberquerenden Verkehr von Tieren beachtet werden.
- **Zoonotische Bedeutung.** Die Schlafkrankheit des Menschen ist im Falle von *T. b. rhodesiense* eine Zoonose mit Wild- und Haustieren als Reservoire. Im Gegensatz dazu wird *T. b. gambiense* vorwiegend von Mensch zu Mensch übertragen, doch können Tiere lokal in den Zyklus involviert sein.

Trypanosoma vivax, *T. congolense* und andere Arten

Praxis

Erreger der **Nagana** der Haustiere, einer durch verschiedene *Trypanosoma*-Arten verursachten, vorwiegend durch Tsetse-Fliegen (Glossiniden) übertragenen Infektionskrankheit von Haustieren, die insbesondere in Rinderbeständen im tropischen Afrika hohe Verluste verursacht.
Zoonose: Schwerwiegende zoonotische Erkrankungen beim Menschen (Schlafkrankheit), vorwiegend verursacht durch *T. brucei gambiense*, seltener durch *T. b. rhodesiense*.

Sir D. Bruce (1855–1931) entdeckte 1894 *Trypanosoma brucei; Nagana* (Zulu): hinfällig, kraftlos, siech. Engl.: *nagana, African trypanosomosis*.

Erreger Alle Arten der Haussäugetiere sind für eine oder mehrere Arten der Nagana-Trypanosomen empfänglich (▶ **Tab. 5.1**). Für Rinder sind *T. vivax* und *T. congolense*, für Schweine *T. simiae* und für Pferde *T. b. brucei* die pathogensten Arten. Innerhalb dieser Arten haben sich in verschiedenen Gebieten Stämme unterschiedlicher Virulenz entwickelt (Nosodeme). Wild lebende Säugetiere (u. a. Warzenschwein, einige Antilopenarten) fungieren als Reservoirwirte, erkranken aber trotz lang anhaltender Parasitämie gewöhnlich nicht. Die Blutformen der verschiedenen Arten der Nagana-Trypanosomen schwanken in der Länge zwischen etwa 12 und 40 µm (▶ **Abb. 5.3**). *Trypanosoma congolense* und *T. vivax* sind relativ schlanke, monomorphe Protozoen. Die Erreger aus der *T. brucei*-Gruppe sind pleomorph, hier treten neben schlanken auch gedrungene (Engl.: *stumpy*) Formen und Übergangsformen auf, die im Säugerwirt nicht mehr teilungsfähig sind.

Entwicklung Im Vertebratenwirt leben die Trypanosomen frei im Blut und vermehren sich als trypomastigote Formen durch longitudinale Zweiteilung. Die Erreger werden von Tsetse-Fliegen mit dem Blut eines infizierten

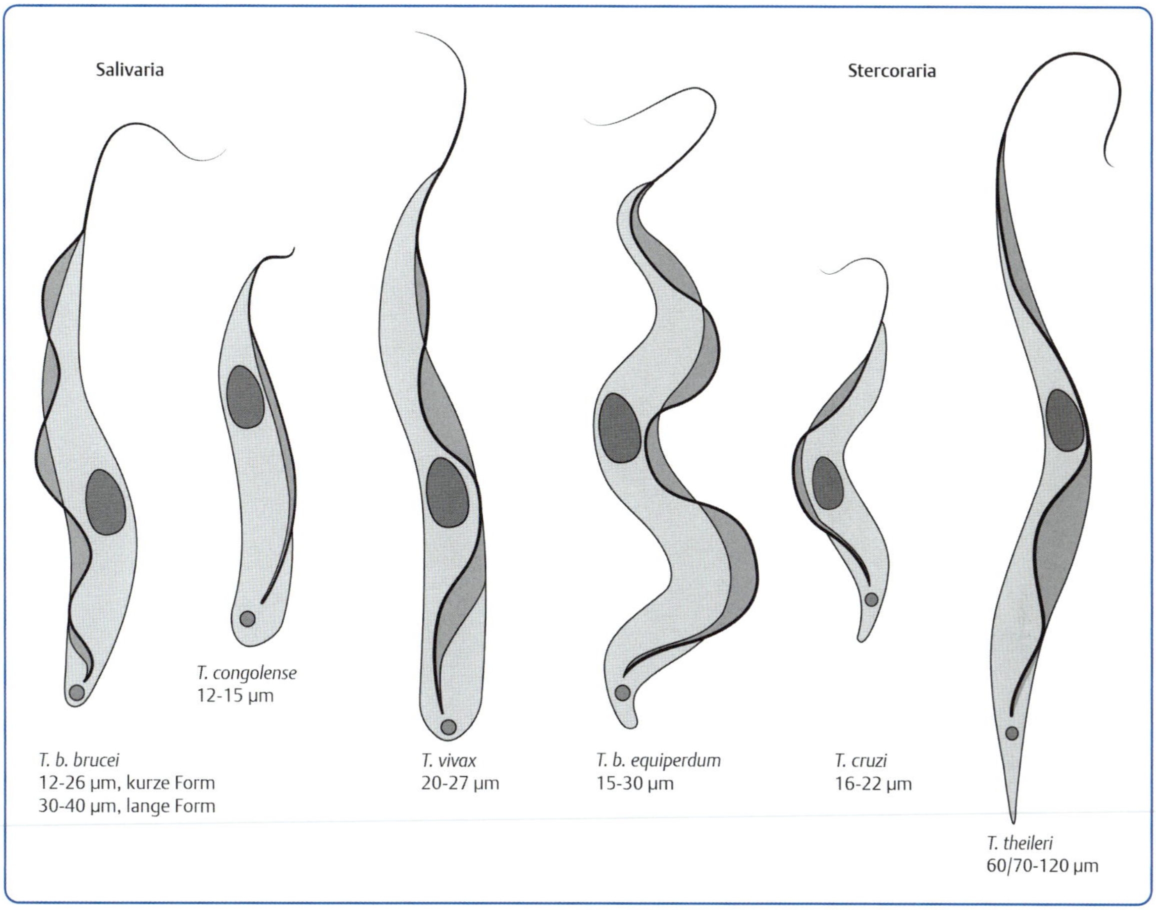

▶ **Abb. 5.3** *Trypanosoma*-Arten, Salivaria: stumpfes Hinterende; Stercoraria: spitzes Hinterende. (Grafik: Jeanne Peter, nach einer Vorlage von Peter Deplazes, Vetsuisse-Fakultät, Universität Zürich)

Vertebraten aufgenommen. Von den im Wirtsblut pleomorphen Erregern der *T. brucei*-Gruppe (▶ **Abb. 5.4**) sind für die Glossinen ausschließlich die nicht mehr teilungsfähigen, gedrungenen Parasiten infektiös. In der Fliege wandeln sich die Erreger in epimastigote Formen um und vermehren sich nur in den Mundwerkzeugen (Proboscis) (*T. vivax*), in der Proboscis und im Mitteldarm (*T. congolense*) oder im Mitteldarm und in den Speicheldrüsen (*T. b. brucei*). Schließlich werden die für Vertebraten infektiösen metazyklischen Stadien gebildet, die morphologisch den trypomastigoten Formen sehr ähnlich sind und beim Blutsaugen mit dem Speichel der Tsetse-Fliegen auf einen neuen Wirt übertragen werden. Die Entwicklung in den Tsetse-Fliegen dauert temperaturabhängig etwa 1–3 Wochen. Einmal infizierte Fliegen können während ihrer gesamten Lebensdauer (bis 6 Monate) metazyklische Stadien beim Stechakt übertragen. Neben dieser zyklischen Übertragung ist eine azyklisch-alimentäre Weitergabe über kontaminierte Mundwerkzeuge durch andere hämatophage Fliegen möglich. Dies erfolgt vor allem bei *T. vivax*. Dabei dienen insbesondere Tabaniden, die ihre Blutaufnahme häufig unterbrechen und kurz darauf auf einem neuen Wirt fortsetzen, als Vektoren, aber auch Vertreter der Stomoxinae.

Nach der Inokulation der Trypanosomen in die Haut eines Säugetiers durch einen Vektor vermehren sich die Erreger zunächst durch longitudinale Zweiteilungen an der Stichstelle in der Gewebeflüssigkeit. Nach 4–8 Tagen gehen sie in die Lymphe und das Blutplasma über, wo sie sich weiter vermehren. Besonders zahlreich sind die Erreger dann in den Lymphknoten anzutreffen. Früher oder später können die Trypanosomen in den Liquor cerebrospinalis (LCS) eindringen und sich auch interzellulär im Gehirn vermehren. Trypomastigote Formen sind im Blut etwa 1–2 Wochen p. i. erstmalig nachweisbar, die Parasitämie ist variabel und kann viele Monate andauern.

Vorkommen und Epidemiologie Das Verbreitungsgebiet der Nagana ist weitgehend identisch mit dem der Tsetse-Fliegen (*Glossina* spp.), die in Afrika südlich der Sahara in einem Gebiet von etwa 10 Mio. km^2 zwischen 14° N und 29° S vorkommen („Tsetse-Gürtel“). Eine Ausnahme bildet *T. vivax*, da diese Art auch azyklisch durch andere blutsaugende Fliegen, v. a. Tabaniden und *Stomoxys*, übertragen wird und somit in Afrika auch außerhalb des „Tsetse-Gürtels“ existieren kann. *Trypanosoma vivax* ist aus West-Afrika nach Mauritius sowie in Gebiete von Zentral- und Südamerika verschleppt worden und

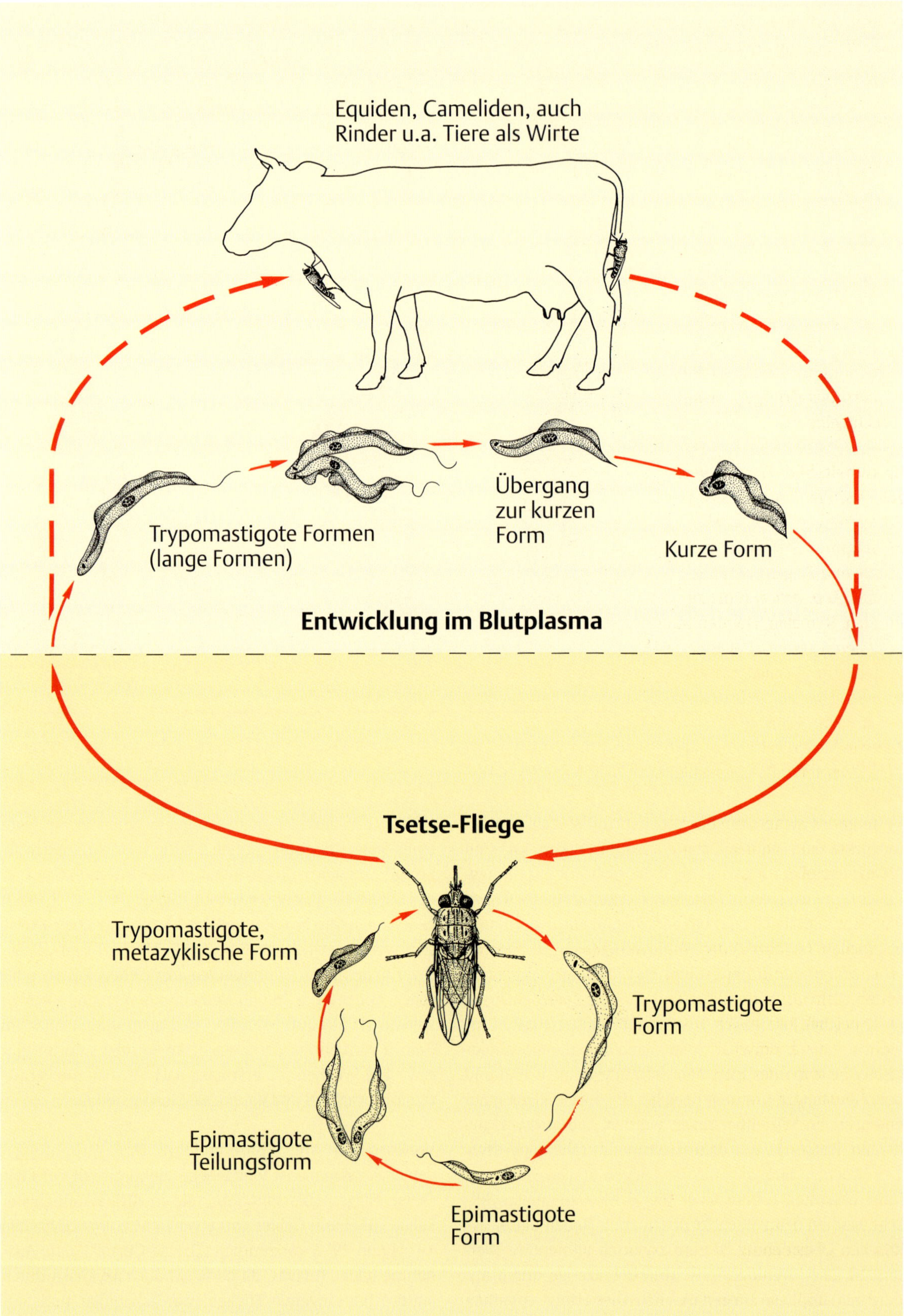

► **Abb. 5.4** Entwicklungszyklus von *Trypanosoma b. brucei*. (Grafik: Salome Ehrat, nach einer Vorlage von Johannes Eckert und Peter Deplazes, Vetsuisse-Fakultät, Universität Zürich)

kommt dort in einem enzootischen Gleichgewicht vor, doch können Ausbrüche mit klinischen Symptomen bei Rindern vorkommen.

Innerhalb der heterogen in Afrika verteilten Endemiegebiete persistieren die Nagana-Trypanosomen in silvatischen Zyklen zwischen Glossinen und wild lebenden Säugetieren, bei denen die Infektionen fast stets inapparent verlaufen (s. u.). Die Nagana wird dort zum Problem, wo der Mensch mit seinen Haussäugetieren in den Lebensraum von Wildtieren eindringt oder sie sogar verdrängt. In dieser Situation nutzen Glossinen die Haussäugetiere als Blutspender und übertragen dabei die Erreger. Als Vektoren der Nagana sind verschiedene Arten der Gattung *Glossina* (S. 503) wichtig, die 2 Hauptgruppen angehören und unterschiedliche Habitate bevorzugen: *G. morsitans*-Gruppe (Savannen) und *G. palpalis*-Gruppe (Feuchtgebiete).

Krankheitsbild *T. congolense* verursacht bei Rindern, Schafen, Pferden und Kamelen perakute bis chronische Erkrankungen. Bei ***T. vivax*** bestehen in der Virulenz große Stammunterschiede; gefährdet sind vor allem Rinder, Schafe und Ziegen; für Pferde ist der Erreger weniger pathogen. ***T. b. brucei*** führt zu schweren Erkrankungen bei Pferden, Kamelen, Hunden und Katzen. Bei den anderen Haustieren treten eher milde oder keine Symptome auf. *T. vivax* und *T. congolense* gelten als hämatische Trypanosomen, d. h. sie verlassen die Blut- und Lymphgefäße meist nicht, während *T. b. brucei* stets eine Tendenz zum Auswandern in extravasale, interzelluläre Räume hat. Dadurch werden teils unterschiedliche Krankheitsbilder geprägt.

Ein erstes Symptom ist bei allen Arten eine häufig unbemerkte entzündliche **Schwellung im Bereich der Inokulationsstelle** als Reaktion auf eine lokale Vermehrung der Erreger. Mit dem Einwandern der Trypanosomen in das Blut und nach Inkubationszeiten von 4 Tagen bis 5 Wochen (*T. congolense, T. vivax*) oder 1–2 Wochen (*T. b. brucei*) kommt es zu **intermittierenden Fieberepisoden**, Schwäche und Apathie, Nasenausfluss, Tränen- und Speichelfluss (▸ **Abb. 5.5a**). Das Kardinalsymptom ist jedoch eine **progressive Anämie**, die bereits in der 2. Woche nach der Infektion einsetzen kann. Innerhalb von 2–3 Monaten kann der Hämatokritwert um die Hälfte sinken, begleitet von einer Leukopenie und Thrombocytopenie. Bei *T. b. brucei*-Infektionen spielen **Entzündungen und Nekrosen** in verschiedenen Geweben im Verlauf der extravasal erfolgenden immunologischen Elimination der Parasiten eine wichtige Rolle. Die Tiere zeigen oft ausgedehnte **Senkungsödeme** an Unterbauch, männlichen Genitalien und an den Gliedmaßen (▸ **Abb. 5.5b**). **Zentralnervöse Symptome** und **Bewegungsstörungen** können auftreten. In der Spätphase, abhängig vom Wirt sowie von Erregerart und -stamm, kommt es innerhalb von Wochen bis Monaten zu **Auszehrung, Aszites** und **Ikterus** und schließlich zum **Tod**.

▸ **Abb. 5.5** Krankheitsbild von Trypanosomosen.
a Chronische Nagana beim Rind mit starker Abmagerung (Quelle: R. Eugster, Institut für Parasitologie, Vetsuisse-Fakultät, Universität Zürich)
b Pferd mit deutlichem Senkungsödem an Vorderbrust und Abdomen bei *Trypanosoma b. brucei*-Infektion (Quelle: W. O. Neitz und Abdalla Latif, ARC-Onderstepoort Veterinary Institute, South Africa)

Immunologie und Pathogenese Spezifische, gegen die Parasitenoberfläche gerichtete Antikörper können die Parasiten direkt schädigen oder durch Antikörper-vermittelte zelluläre Mechanismen abtöten. Immunologische Prozesse spielen in der Pathogenese der Nagana eine prägende Rolle. Die **Antigenvariation** (S. 35) der Trypanosomen führt zu einem wellenförmigen Verlauf der Parasitämie und zu unregelmäßigen Fieberanfällen. Hohe Spiegel von Antikörpern (besonders IgM infolge polyklonaler B-Zell-Aktivierung) und *Trypanosoma*-Antigenen resultieren in der **Bildung zirkulierender Immunkomplexe** und durch sie bedingte Schäden (Endarteriitis, Glomerulonephritis u. a.). Bei *T. brucei*-Infektionen kommen entzündliche und degenerative Vorgänge in den Parenchymen, auch im ZNS, hinzu. Bei den hämatischen Trypanosomen (s. o.) spielen bei zentralnervösen Schäden Mikrothromben und daraus entstehende Hypoxämien eine wichtige Rolle. Einer der entscheidenden Faktoren in der Pathogenese der Nagana ist die regelmäßig auftretende **Immunsuppression,** die generell die Resistenz der infizierten Tiere herabsetzt und sekundären Infektionen den Weg bereitet. Eine wichtige Rolle spielt auch die in ihren Ursachen komplexe **Anämie**. Bei hochparasitämischen Tieren wirkt sich die regelmäßig auftretende **Hypoglykämie** negativ auf die Stabilität der Erythrozytenmembran aus. Trypanosomen sezernieren außerdem Phospholipasen, welche die Erythrozytenmembran schädigen und somit hämolytisch wirken. Des Weiteren binden zirkulierende Trypanosomen-Antigene an Erythrozyten, welche in der Folge durch das Immunsystem eliminiert werden. Schließlich entwickeln infizierte Tiere nach anfänglich gesteigerter Erythropoese eine Dyserythropoese. Die Resistenz von Menschen und Primaten gegen tierpathogene *Trypanosoma*-Arten (*T. b. brucei, T. b. evansi*) wird auf ein Lipoprotein (Apolipoprotein L-I) zurückgeführt, das im Serum enthalten ist und die Erreger abtötet.

Pathologie Bei der Sektion ist der Tierkörper in typischen chronischen Fällen hochgradig abgemagert und anämisch; weitere Befunde sind Schwellung von Leber, Milz und Lymphknoten, Gastroenteritis und in akuten Fällen außerdem Blutungen in Schleimhäuten und Serosen. Histologisch sind u. a. die Depletion lymphoider Zellen sowie entzündlich-degenerative Prozesse nachweisbar.

Diagnose Die ätiologische Diagnose beruht auf dem mikroskopischen Nachweis der Trypanosomen in Blut oder Lymphknotenpunktat (Nativpräparat, Giemsa-gefärbter Ausstrich, Dicker Tropfen). Im gefärbten Ausstrich ist die morphologische Differenzierung der Trypanosomen-Arten möglich (▶ **Abb. 5.3**, ▶ **Abb. 5.6**). Die Sensitivität ist allerdings gering, vor allem bei chronischen Infektionen mit niedriger Parasitämie; sie lässt sich durch Anreicherungsverfahren wie die Mikrohämatokrit-Zentrifugation steigern. In einer vergleichenden Feldstudie wurden 12 % von 411 Rindern mit der Mikrohämatokrit-Zentrifugation positiv befundet, dahingegen 18 % bzw. 30 % mit zwei verschiedenen PCRs, die ebenfalls eine Art-Identifizierung von Trypanosomen erlauben; ein Test zur Identifizierung von mehrere Arten in Mischinfektionen (*T. vivax, T. congolense, T. b. brucei*) wurde beschrieben. Serologische Methoden (ELISAs) zum Nachweis spezifischer Antikörper sind zur Herdendiagnostik geeignet, erlauben jedoch keine artspezifische Diagnose.

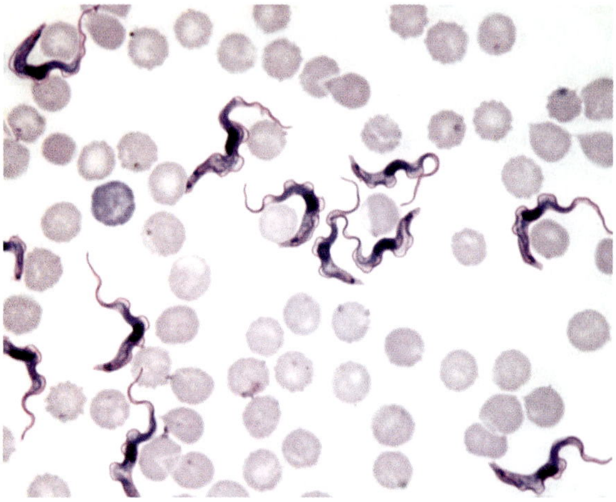

▶ **Abb. 5.6** Blutausstrich mit *Trypanosoma b. brucei* (Länge: 30–40 µm). (Quelle: Institut für Parasitologie, Vetsuisse-Fakultät, Universität Zürich)

Therapie Zur Chemotherapie der Nagana in Rindern, Schafen und Ziegen werden verschieden Wirkstoffe, wie Diminazenaceturat, Homidiumchlorid und Isometamidium eingesetzt, Letzteres auch zur Prophylaxe. Neue und wirksame Trypanozide sind trotz der Bedeutung der Nagana und anderer Trypanosomosen seit 1961 nicht mehr entwickelt worden. Arzneimittelresistenz ist verbreitet. Diminazen ist toxisch für Kamele, Equiden und Hunde. Diese Tiere können mit Melarsomin behandelt werden.

Bekämpfung Zur Bekämpfung der Nagana der Rinder, Schafe und Ziegen werden folgende Maßnahmen einzeln oder koordiniert durchgeführt: (a) Chemotherapie/-prophylaxe und Überwachung, (b) Tsetse-Bekämpfung und (c) Haltung trypanotoleranter Haustierrassen. Eine Impfung gegen Nagana ist bisher nicht möglich. Durch Tsetse-Fliegen übertragene Nagana bei Rindern ist eine OIE-gelistete, meldepflichtige Infektion.

Chemotherapie/-prophylaxe und Überwachung Eine regelmäßige Behandlung der Rinder mit Trypanoziden in bestimmten Intervallen ist bei ständiger Exposition angezeigt (bei geringer Exposition nur Behandlung erkrankter Rinder, bei hoher Exposition Behandlung aller Tiere einer Herde). Isometamidium wird wegen seiner 2- bis 6-monatigen Wirkungsdauer bevorzugt, auch bei Schafen und Ziegen. Rinder aus Tsetse-freien Gebieten sollten während des Transports durch endemische Gebiete behandelt werden, ebenso potenziell infizierte Rinder, die in Tsetse-freie Gebiete eingeführt werden.

Tsetse-Bekämpfung Siehe Glossinidae (S. 503).

Haltung trypanotoleranter Rassen Bestimmte afrikanische Rinderrassen (z. B. N'Dama, Muturu, Baoulè) sowie einige Schaf- und Ziegenrassen zeichnen sich durch höhere Resistenz gegen Trypanosomen aus (begrenzte Vermehrung der Parasiten) und zeigen nach Infektionen schwächere Symptome (geringere Anämie) als europäische Rassen oder Zebus. Daher können bei hoher Exposition lokale Rassen trotz ihrer geringeren Produktivität den eingeführten Rassen wirtschaftlich überlegen sein.

Zoonotische Bedeutung Die Schlafkrankheit (humane afrikanische Trypanosomose, HAT) ist eine durch *T. brucei gambiense* oder *T. b. rhodesiense* verursachte Infektionskrankheit des Menschen im tropischen Afrika (▶ **Tab. 5.1**), die vorwiegend in ländlichen bzw. abgelegenen Regionen vorkommt. Derzeit sind 360 Foki in 36 Ländern Sub-Sahara-Afrikas bekannt. Vektoren der Erreger sind Glossinen. *T. b. rhodesiense* zirkuliert vor allem in silvatischen Zyklen zwischen Wildtieren (Antilope, Warzenschwein u. a.) und wird aus diesem Reservoir auf den Menschen übertragen. Dagegen ist für *T. b. gambiense* der Mensch das wichtigste Erregerreservoir, doch können lokal Tiere (z. B. Schweine) im Übertragungszyklus involviert sein. Die Fälle von Schlafkrankheit sind in den letzten Jahren dank koordinierter Maßnahmen der WHO stark gesunken. In 2013 wurden 6300 neue humane Fälle registriert, die zu 99 % durch *T. b. gambiense* verursacht wurden. Obwohl die durch diesen Erreger verursachte Erkrankung einen mehr chronischen Verlauf annimmt als die durch *T. b. rhodesiense* verursachte (subakute) Form der Schlafkrankheit, verlaufen beide unbehandelt in der Regel tödlich. Derzeit leben ca. 70 Millionen Menschen in Afrika in Risikogebieten unterschiedlichen Grades. Für Reisende ist das Infektionsrisiko bei Kurzaufenthalten in Afrika gering, wenn die empfohlenen Vorsichtsmaßnahmen beachtet werden. Selten verursachen tierspezifische Trypanosomen (*T. b. brucei*, *T. congolense*, *T. vivax*, *T. b. evansi*, *T. lewisi*) transiente Infektionen beim Menschen (19 berichtete Fälle zwischen 1974 und 2010).

Trypanosoma brucei evansi (Syn. *Trypanosoma evansi*)

> **Praxis**
> Erreger der **Surra**, einer der Nagana sehr ähnlichen Erkrankung, die insbesondere bei Cameliden, Equiden und Hunden schwere Verlaufsformen annehmen kann.

Surra (Hindi): verfault, verdorben. G. H. Evans (1835–1935), britischer Veterinäroffizier, entdeckte 1880 in Indien den Erreger der Surra bei Pferden und Dromedaren. Engl.: *surra*.

Erreger, Entwicklung *Trypanosoma brucei evansi*, der Erreger der Surra, hat ein breites Wirtsspektrum, das u. a. Pferd, Kamel, Rind, Büffel, Schwein, Hund und viele Wildtiere einschließt (▶ **Tab. 5.1**). Der Erreger wird azyklisch-alimentär übertragen durch Tabaniden und andere hämatophage Fliegen oder durch Vampire (Mittel- und Südamerika). Carnivoren infizieren sich auch direkt durch Kontakt mit kontaminiertem Blut oder Fleisch; dabei durchdringen die Trypanosomen die Schleimhaut. Die Parasiten vermehren sich in den Wirbeltierwirten durch Längsteilung der trypomastigoten Form im Blut und extravaskulär in Gewebeflüssigkeiten, inklusive ZNS. Diese Stadien ähneln den schlanken Formen von *T. b. brucei* (▶ **Abb. 5.3**) und ihre Oberfläche ist mit einer Schicht auswechselbarer variabler Oberflächenglykoproteine [VSG (S. 35)] besetzt. *T. b. evansi* ist vermutlich durch den Verlust von genetischem Material (Maxizirkel der Kinetoplasten-DNA) aus *T. b. brucei* hervorgegangen und hat die Fähigkeit zur Entwicklung in der Tsetse-Fliege verloren. *T. b. evansi* ist eng verwandt mit *T. b. equiperdum* (S. 68), jedoch unterscheiden sich die beiden Erreger hinsichtlich des Übertragungsweges, der verursachten Erkrankung und der Kinetoplasten-DNA (*T. b. equiperdum* besitzt zumindest Fragmente der bei *T. b. evansi* fehlenden Maxizirkel).

Vorkommen und Epidemiologie Große geografische Verbreitung, inklusive Afrika (nördlich des Tsetse-Gürtels, aber auch innerhalb dieser Zone in ariden Gebieten des Sudan und im Norden von Kenia), Arabische Halbinsel, Mittlerer Osten, Eurasien (TR, Südrussland bis Zentral- und Südostasien) und Südamerika. In Europa werden selten importierte Fälle diagnostiziert. Die Prävalenzen können sehr hoch sein, z. B. 70–80 % bei Pferden in Südamerika.

Krankheitsbild Das klinische Bild der *T. b. evansi*-Infektion ist unter verschiedenen Namen bekannt (etwa Surra in Indien, Mal de Caderas in Südamerika). Alle Haussäugetiere und einige Wildsäugetiere sind für *T. b. evansi* empfänglich. Die Infektion kann bei vielen Wirtstieren inapparent verlaufen und viele Jahre persistieren oder in Abhängigkeit von der Wirtstierart und anderen Faktoren zu akuten und chronischen Erkrankungen mit letalem Ausgang führen. Kamele, Pferde und Hunde können hochgradig erkranken (▶ **Tab. 5.1**). Das Krankheitsbild ist tierartlich unterschiedlich und ähnelt sehr dem der Nagana. Die Inkubationszeit dauert bei Pferden 1–4, teilweise auch bis zu 8 Wochen, bei naiven Pferden kann die Mortalität über 50 % betragen. In endemischen Gebieten können aber auch milde Verläufe oder inapparente Infektionen vorkommen. Bei Hunden kann die Infektion einen raschen akuten Verlauf nehmen und zum Tod innerhalb von 1–4 Wochen führen.

Diagnose Während der akuten Phase mit hoher Parasitendichte können die Trypanosomen im Blut oder Lymphknotenpunktat (Nativpräparat, Giemsa-gefärbter Ausstrich, Dicker Tropfen) mikroskopisch nachgewiesen werden, bei chronischen Infektionen ist der Nachweis ohne Anreicherung (z. B. Mikrohämatokrit-Zentrifugation) jedoch wenig zuverlässig. Sehr sensitiv ist dagegen der molekulare Nachweis. Er ermöglicht auch eine Identifikation der morphologisch nicht unterscheidbaren Unterarten *T. b. evansi* und *T. b. brucei*. Zum Antikörpernachweis werden ELISA und der Card Agglutination Test (CAT/ *T. b. evansi*) eingesetzt; der Letztere hat eine Sensitivität von 85 % bei Pferden und kann im Feld eingesetzt werden.

Therapie und Bekämpfung Elimination der Parasiten beim Rind mit Melarsomin mit 2 Dosierungen im Abstand eines Monats (auch beim Pferd eingesetzt). Surra ist eine OIE-gelistete meldepflichtige Infektion. Sporadische Ausbrüche können mit Chemotherapie und sanitären Maßnahmen (Quarantäne, Langzeitmonitoring mit sensitiven Nachweismethoden, Insektenkontrolle) kontrolliert werden. Angesichts der einfachen Übertragung der Parasiten (siehe oben) sind strikte präventive Maßnahmen beim Import von Tieren aus endemischen Gebieten zu treffen.

Zoonotische Bedeutung Dank der trypanolytischen Aktivität von Apolipoprotein L-1 (APOL 1) im Serum sind Menschen vor *T. b. evansi*-Infektionen geschützt. In Indien wurde 2005 erstmalig eine *T. b. evansi*-Infektion bei einem Menschen mit einer Mutation beider APOL-1-Allele und fehlender APOL-Aktivität im Serum festgestellt; weitere Berichte über humane Infektionen gibt es nicht.

Trypanosoma brucei equiperdum (Syn. *T. equiperdum*)

Praxis
Erreger der **Beschälseuche (Dourine)** von Equiden. Durch den Deckakt übertragene Erkrankung, in Mittel- und Westeuropa jedoch getilgt. Beim Im- oder Export von Pferden besteht in bestimmten Ländern Untersuchungspflicht (KBR). Anzeigepflichtige Tierseuche.

Dourine (arabisch): Schmutz. Engl.: *dourine*.

Das Wichtigste in Kürze

- **Erreger, Vorkommen.** *Trypanosoma b. equiperdum* ist Erreger einer Deckseuche bei Equiden. Ursprünglich weltweit verbreitet, kommt sie heute noch in Teilen von Asien, Afrika, Südamerika und Osteuropa vor.
- **Entwicklung, Krankheitsbild.** Übertragung beim Deckakt. Erkrankung erfolgt meist in 3 Phasen: (1) lokale Entzündung in den Genitalorganen; (2) nach Wochen Übergang der Parasiten ins Blut, Urtikaria und Bildung transienter Quaddeln (Talerflecken); (3) Besiedlung des Liquors, Bewegungsstörungen und Paralysen, bei hochvirulenten Parasitenstämmen Tod.
- **Diagnose, Bekämpfung.** Antikörpernachweis (KBR in vielen Staaten vorgeschrieben). Staatliche Tierseuchenbekämpfung (Decksperre, kein Ortswechsel), meist jedoch Tötung. Behandlung in Ausnahmefällen (Melarsomin).

Erreger und Entwicklung Die Beschälseuche ist eine durch *T. b. equiperdum* verursachte venerische, meist chronische Erkrankung von Equiden. Der Erreger (▶ **Abb. 5.3**) wird durch den Deckakt übertragen und ist morphologisch nicht von *T. b. evansi* zu unterscheiden. Natürliche Infektionen sind nur bei Equiden festgestellt worden, andere Säuger (u. a. Maus, Kaninchen) können experimentell infiziert werden. *T. b. equiperdum* ist im Wesentlichen ein extrazellulärer Gewebeparasit und wird nur selten im Blut nachgewiesen.

Vorkommen und Epidemiologie Vor Einführung staatlicher Bekämpfungsmaßnahmen war die Dourine weltweit verbreitet. Derzeit ist sie noch in Teilen von Afrika (u. a. Äthiopien, Namibia, Botswana, Südafrika), im Mittleren Osten, Asien (z. B. Pakistan), Südamerika sowie Osteuropa (RU) endemisch. Die offiziellen Tierseuchenberichte vieler Staaten sind jedoch unzuverlässig. In manchen Gebieten ist unklar, ob es sich um Infektionen mit *T. b. evansi* oder *T. b. equiperdum* handelt. Eine Erregerübertragung ist auch während der inapparenten Phase der Infektion möglich. Als natürliche Erregerreservoire fungieren nur Equiden, die Träger von *T. b. equiperdum* sind. Der Parasit kann auch mit Sperma übertragen werden, selten auch über Milch auf Fohlen.

Krankheitsbild und Pathogenese Nach der Übertragung von Hengst zu Stute oder umgekehrt parasitiert *T. b. equiperdum* zuerst auf den Genitalschleimhäuten. Danach wird der Parasit durch die Blutbahn im Körper verbreitet und infiziert Gewebe, in welchem er monate- bis jahrelang interzellulär persistiert (gelegentlich Befall des Liquor cerebrospinalis [LCS]). Bei einigen Pferden und häufig bei den resistenteren Eseln und Maultieren verläuft die Infektion inapparent. Bei Pferden kann die Infektion akut verlaufen, ist aber typischerweise chronisch, mit einer Inkubationszeit von 2–12 Wochen und einer Dauer von ½–2 Jahren. Häufig können die folgenden 3 Krankheitsphasen unterschieden werden:

Phase 1 Mukoider Vaginalausfluss, Bildung von Knötchen, Bläschen und Ulzera auf der Schleimhaut von Vagina, Präputium und Penis, später Ödeme an Genitalien sowie Unterbauch bis Vorderbrust. In einigen Fällen nach Abheilung der Läsionen Bildung weißlicher Flecke („Krötenflecke") durch Pigmentverlust. Zum Teil geringgradiges, intermittierendes Fieber oder subfebrile Temperaturen.

Phase 2 Gewöhnlich 4–9 Wochen p. i. Auftreten typischer Quaddeln (Urtikaria) in der Haut („Talerflecken"), besonders an den Flanken; kein Juckreiz. Die Quaddeln (5–8 cm Durchmesser, bis 1 cm dick) können einige Stunden, aber auch Tage bestehen bleiben und wiederholt auftreten.

Phase 3 Entweder chronische, fast inapparente Infektion (lediglich geringgradige Anämie) oder infolge der Schädigung des Knochenmarks und Störung des Gesamtstoffwechsels fortschreitende Verschlechterung des Allgemeinzustandes und Anämie. Virulente Stämme können den Liquor cerebrospinalis besiedeln (stets fataler Verlauf). Symptome: Atrophie der Muskeln, besonders in der Glutealregion, zunächst Inkoordination, dann fortschreitende Paralyse der Muskulatur der Nüstern und des Halses, der Hinterhand und schließlich des gesamten Körpers. Hochvirulente Stämme von *T. b. equiperdum* haben gewöhnlich tödliche Erkrankungen zur Folge, weniger virulente Stämme führen zu geringgradigen Erkrankungen oder zu inapparenten Infektionen.

Diagnose Die klinischen Zeichen, v. a. die Urtikaria, sind bezeichnend für Dourine, aber nicht pathognomonisch. Die ätiologische Diagnose erfolgt durch Antikörpernachweis im Serum. In vielen Staaten wird die KBR eingesetzt, welche durch die OIE für die Untersuchung von Equiden im internationalen Handel vorgeschrieben ist. Die Methode zeigt Kreuzreaktionen mit *T. b. evansi* und *T. b. brucei* und ist wenig sensitiv; sie sollte durch empfindlichere Verfahren (ELISA u. a.) ersetzt werden. Die Differenzialdiagnose der *Trypanosoma*-Arten beim Pferd ist molekulargenetisch möglich. Der mikroskopische Nachweis von *T. b. equiperdum* in Flüssigkeit aus den Quaddeln oder in Abstrichen der Genitalschleimhäute gelingt nur selten.

Therapie und Bekämpfung Die Beschälseuche ist eine anzeigepflichtige Tierseuche (OIE und in vielen Ländern, inkl. der deutschsprachigen). In den meisten Ländern Europas ist die Seuche getilgt. Zur Verhütung der Einschleppung aus Endemiegebieten unterliegt der Pferdeverkehr in den einzelnen Ländern besonderen Vorschriften, die auch eine Untersuchungspflicht (KBR) für Pferde aus bestimmten Gebieten einschließt. Bei Ausbrüchen haben sich Quarantänemaßnahmen und die Elimination infizierter Einhufer am besten bewährt. Melarsomin (0,24–0,5 mg/kg KG, i. m.) hat sich als sehr effizient gegen *T. b. equiperdum* in Pferden erwiesen, doch ist die Chemotherapie selten indiziert.

Literaturhinweise

Aksoy S, Buscher P, Lehane M et al. Human African trypanosomiasis control: achievements and challenges. PLoS Negl Trop Dis 2017; 11: e0005454

Diall O, Cecchi G, Wanda G et al. Developing a progressive control pathway for African Animal trypanosomosis. Trends Parasitol 2017; 33: 499–509

Giordani F, Morrison L, Rowan TG et al. The animal trypanosomiases and their chemotherapy: a review. Parasitology 2016; 143: 1862–1889

Li FJ, Gasser RB, Lai DH et al. PCR approach for the detection of *Trypanosoma brucei* and *T. equiperdum* and their differentiation from *T. evansi* based on maxicircle kinetoplast DNA. Mol Cell Probes 2007; 21: 1–7

Moti Y, Fikru R, Buscher P et al. Detection of African animal trypanosomes: the haematocrit centrifugation technique compared to PCR with samples stored on filter paper or in DNA protecting buffer. Vet Parasitol 2014; 203: 253–258

Trypanosomen der Sektion Stercoraria

Stercus (lat.): Mist, Kot. Bezug auf die Übertragung der Erreger mit dem Kot von Vektoren.

Das Wichtigste in Kürze

- Stercoraria-Trypanosomen sind meist apathogen oder bedingt pathogen. Merkmale der Blutformen: freie Geißel stets vorhanden; Hinterende spitz; großer, nicht terminal gelegener Kinetoplast. Vektoren sind Insekten, die zyklisch-exkretorische Übertragung metazyklischer Stadien mit dem Kot des Vektors ist typisch (▶ **Tab. 5.2**).
- Die pathogene Art *Trypanosoma cruzi* ist der Erreger der Chagas-Krankheit des Menschen, einer in Mittel- und Südamerika vorkommenden bedeutenden Zoonose. Überträger sind blutsaugende Raubwanzen.

Trypanosoma cruzi

Praxis

Erreger der **Chagas-Krankheit**, einer bedeutenden **zoonotischen Erkrankung** des Menschen. Vektoren sind blutsaugende Raubwanzen, welche die Erreger mit dem Kot ausscheiden; diese dringen über Schleimhäute oder Wunden in den Körper ein. Reservoirwirte sind Nager, Opossum und Gürteltiere, aber auch Hunde.

Carlos Chagas, brasilianischer Bakteriologe (1879–1934), Entdecker von *T. cruzi*. Oswaldo Cruz, brasilianischer Arzt (1872–1917). Engl.: *Chagas disease*.

Erreger In Vertebraten vermehrt sich der Erreger intrazellulär in der amastigoten Form (∅ 1,5–4,0 µm) und erscheint im Blutplasma in der trypomastigoten Form (16–22 µm lang), die durch einen ungewöhnlich großen Kinetoplasten gekennzeichnet ist, der subterminal im spitzen Hinterende liegt (▶ **Abb. 5.3**). Es existieren verschieden Stämme (*T. cruzi* I und II a–e) mit unterschiedlicher Biologie (Wirbeltierwirte, Virulenz, Vektoren) und geografischer Verbreitung.

Entwicklung Raubwanzen (Reduviidae, Triatominae) der Gattungen *Triatoma, Rhodnius, Panstrongylus* u. a. nehmen mit dem Blut eines infizierten Wirtes trypomastigote Formen auf, die sich im Digestionstrakt des Vektors zu intermediären und epimastigoten Stadien umwandeln, die sich durch Zweiteilung vermehren (▶ **Abb. 5.7**). Nach 1–2 Wochen werden trypomastigote, metazyklische Stadien im Kot ausgeschieden. Beim Kotabsatz während einer erneuten Blutaufnahme auf einem Wirt dringen die Erreger über die Schleimhäute (Auge, Mund) oder in Stich- und Kratzwunden ein. Tiere können sich auch beim Zerbeißen der Wanzen oder beim Verzehr von

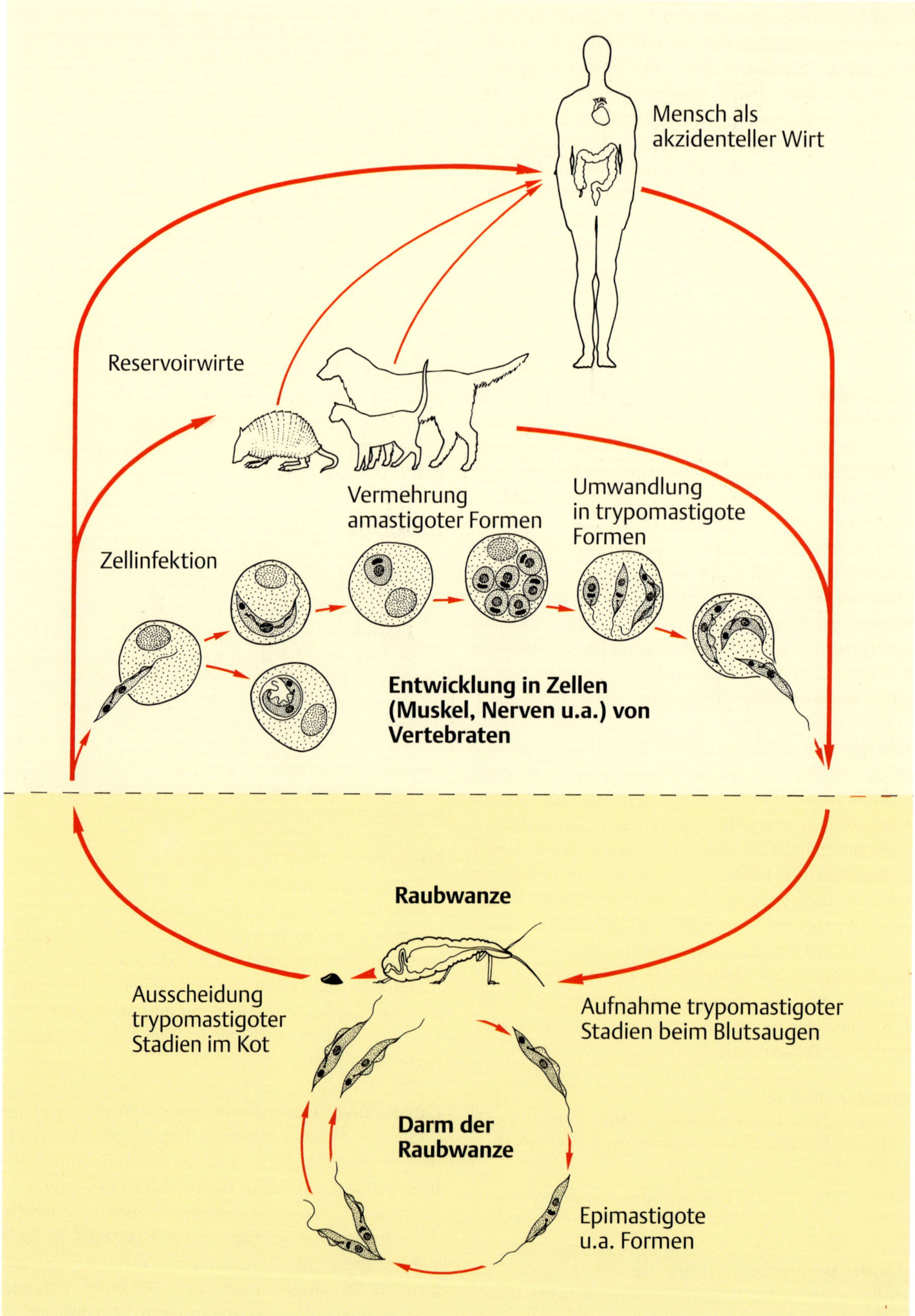

▶ **Abb. 5.7** Entwicklungszyklus von *Trypanosoma cruzi*. (Grafik: Salome Ehrat, nach einer Vorlage von Johannes Eckert und Peter Deplazes, Vetsuisse-Fakultät, Universität Zürich)

befallenen Beutetieren infizieren. Die trypomastigoten Stadien dringen in Zellen ein (hauptsächlich Herz-, Skelett- und glatte Muskulatur, Neuroglia). Dort wandeln sie sich in amastigote Stadien um, die sich unmittelbar im Cytoplasma (keine Bildung einer parasitophoren Vakuole) durch Zweiteilungen vermehren. Auf diese Weise entstehen cystenartige Parasitennester (sog. Pseudocysten, da die Parasiten nicht von einer Cystenwand, sondern nur der Zellmembran umgeben sind) mit Hunderten von amastigoten Stadien, die sich wieder zu trypomastigoten Stadien entwickeln und ins Blut gelangen. Die trypomastigoten Stadien vermehren sich nicht im Blut, sondern erst wieder nach dem Befall neuer Zellen oder im Raubwanzen-Vektor.

Vorkommen und Epidemiologie *Trypanosoma cruzi* kommt mit verschieden virulenten Stämmen bei Wild- und Haustieren in Süd- und Mittelamerika bis in die Südstaaten der USA autochthon vor. Über 150 Säugetierarten sind empfänglich, inklusive des Menschen. Wichtige Reservoirwirte sind Nager, Opossums und Gürteltiere, aber auch Hunde. Viele Triatominae-Arten können den Erreger übertragen, doch sind nur diejenigen epidemiologisch bedeutend, welche sich an ein Leben in einfachen Behausungen und Stallungen adaptiert haben. Bei Menschen und Hunden wird *T. cruzi* auch diaplazentar und durch Bluttransfusion übertragen. Weiterhin ist beim Menschen die orale Infektion z. B. über Genuss von durch Wanzen mit *T. cruzi* kontaminierten Fruchtsäften möglich.

Krankheitsbild und Pathogenese Bei **Hunden** bis zum Alter von 1 Jahr verläuft die Infektion häufig akut mit einer plötzlich auftretenden Herzinsuffizienz, die auf eine direkte Zellschädigung durch die Parasiten zurückzuführen ist. Todesfälle durch Herzversagen sind in diesem Stadium nicht selten. Bei überlebenden Tieren prägen Hepato- und Splenomegalie, Anämie, Ödembildung und Aszites, Kachexie, Fieber und respiratorische Symptome sowie Herzinsuffizienz das Krankheitsbild. Nach der akuten Phase folgt eine 8- bis 36-monatige symptomarme Übergangszeit. Danach entwickelt sich eine progrediente chronische dilatative Myokarditis mit sehr schlechter Prognose. Die Pathogenese umfasst immunologisch induzierte Zerstörung der Ganglienzellen des autonomen Nervensystems sowie Entzündungsreaktionen, vor allem im myocardialen Gewebe. Auch **Katzen** sind für *T. cruzi* empfänglich, jedoch ist über das Krankheitsbild wenig bekannt.

Diagnose Trypanosomen sind im Blut nur kurz vor und während der akuten Erkrankung nachweisbar. Die chronische Infektion lässt sich serologisch durch Nachweis spezifischer Antikörper (ELISA, IFAT; Kreuzreaktionen bei Hunden mit Leishmaniose!) oder molekularen Erregernachweis (PCR) diagnostizieren.

Therapie und Bekämpfung Die Chemotherapie beim Hund ist schwierig. In akuten Fällen kann eine Therapie mit Benznidazol 5–7 mg/kg KG täglich über ca. 2 Monate den klinischen Verlauf mildern, ohne jedoch eine spätere chronische kardiale Erkrankung zu verhindern. Die Vektorenbekämpfung mit Insektiziden und die Verhinderung der Erregerübertragung durch Bluttransfusionen oder durch Aufnahme potenzieller Reservoirwirte werden als Maßnahmen zur Kontrolle der Chagas-Krankheit beim Hund empfohlen.

Zoonotische Bedeutung Beim Menschen verläuft die Chagas-Krankheit in der akuten Phase bis auf Schwellungen an der Stichstelle der Wanzen („Romaña's Zeichen") weitgehend unauffällig. Nach einer Inkubationszeit von 10–20 Jahren (bei geringer oder fehlender Parasitämie) können aber infolge der Schädigung von Gewebezellen und von Ganglien des autonomen Nervensystems gravierende Veränderungen auftreten, u. a. die durch eine starke Ausweitung der Organe gekennzeichneten Megabildungen durch Zerstörung der Ganglien des autonomen Nervensystems (Megacor, Megaösophagus, Megacolon) und neurologische Störungen. Die Chagas-Krankheit ist in Südamerika endemisch, wo geschätzte 7 Mio. Menschen infiziert sind; die Inzidenz beträgt etwa 50 000 neue Fälle pro Jahr. Bei Migranten aus südamerikanischen Endemiegebieten werden gelegentlich Fälle von Chagas-Krankheit auch in Zentraleuropa diagnostiziert.

Apathogene oder bedingt pathogene Stercoraria-Trypanosomen

Stercoraria-Trypanosomen von Haus- und Wildtieren haben bisher wegen ihrer geringen oder anscheinend fehlenden Pathogenität wenig Aufmerksamkeit erhalten (▸ **Tab. 5.2**). Als Beispiel wird hier *Trypanosoma theileri* besprochen.

Trypanosoma (Megatrypanum) theileri

Sir Arnold Theiler (1867–1936), Schweizer Tierarzt, Wissenschaftler und Pionier des südafrikanischen Veterinärwesens.

Die Trypanosomen des Subgenus *Megatrypanum* sind groß, der Kinetoplast liegt nicht terminal, das Hinterende ist spitz (▸ **Abb. 5.3**). *T. theileri* ist etwa 60–70 µm lang (Extremwerte zwischen 25 und 120 µm). *Megatrypanum*-Arten gelten als streng wirtsspezifisch; so kommt *T. theileri* nur bei Rindern (*Bos* spp.) vor. Kühe und Büffel werden durch verschiedene Genotypen dieser Art infiziert.

Vektoren für *T. theileri* sind Bremsen (*Tabanus* spp., *Haematopota* spp. u. a.); die Infektion der Rinder erfolgt vermutlich, wenn sie infizierte Bremsen bei der Fliegenabwehr mit der Zunge erfassen und zerquetschen, sodass die Erreger freigesetzt werden und in die Mundschleimhaut eindringen können. In Blut, Lymphe und Liquor cerebrospinalis (LCS) findet man trypomastigote und epimastigote Stadien; die Vermehrung erfolgt nur durch Zweiteilung der epimastigoten Formen. *T. theileri*-ähnliche Stadien wurden auch in den Speicheldrüsen von Schildzecken (*Ixodes*, *Hyalomma* u. a.) gefunden, was auf die Möglichkeit einer zyklisch-exkretorischen Übertragung hinweist. Möglicherweise wird *T. theileri* bei Rindern auch intrauterin, perinatal oder mit der Milch übertragen.

T. theileri ist weltweit verbreitet (Prävalenzen bei Rindern bis zu 80 %). Infektionen mit *T. theileri* sind fast stets latent und inapparent. Massive *T. theileri*-Infektionen bei Kälbern und erwachsenen Rindern wurden mit Krankheitserscheinungen assoziiert (z. B. Anämie, Aborte, ZNS-Störungen), doch ist der Kausalzusammenhang meist nicht sicher. Am besten lässt sich der Erreger in Blut, Lymphknotenpunktaten oder im LCS kulturell in verschiedenen Medien bzw. mithilfe der PCR nachweisen.

Zusatzinformation

Weitere Trypanosomen bei Säugetieren

Beispiele für weitere Arten dieser Gruppe sind *Trypanosoma melophagium* (Schaf, Vektor: Schaflausfliege, *Melophagus ovinus*) und *T. nabiasi* (Kaninchen, Vektor: Flöhe, *Spilopsyllus*) des Subgenus *Megatrypanum* sowie *T. lewisi* (Nager, Vektor: Flöhe, *Nosopsyllus*) des Subgenus *Herpetosoma*.

Trypanosomen bei Vögeln und Fischen

Die bei über 100 **Vogel**-Arten (Hühner, Tauben, Enten, Finken, Raben, Greifvögel u. a.) vorkommenden Trypanosomen werden dem *T. avium*-Komplex (*T. avium*, *T. corvi*, *T. bennetti*) zugeordnet. Diese scheinen einen gewissen Grad von Wirts- und Vektorspezifität zu haben. Vektoren sind Lausfliegen (Hippoboscidae) und Mücken (Simuliidae, Culicidae, Ceratopogonidae). Der *T. avium*-Komplex ist weltweit verbreitet und kann gelegentlich Erkrankungen verursachen, z. B. bei Falken.

Ein Beispiel für eine bei **Fischen** vorkommende *Trypanosoma*-Art ist *T. danilewskyi*, welche bei Süßwasserfischen (Karpfen, Schleie, Barsch, Aal, Hecht u. a.) parasitiert und im Blutplasma und extravaskulär in Nieren, Milz und anderen Organen vorkommt. Hochgradig infizierte Fische werden apathisch und magern ab. Die Stadien im Blut sind ca. 20 µm lang, schlank und sehr beweglich. Sie werden durch Fischegel (*Piscicola*, *Hemiclepsis*) übertragen.

Literaturhinweise

Barr SC. Trypanosomiasis. In: Green CE, ed. Infectious diseases of the dog and cat. 3 rd ed. St. Louis, MO, USA: Saunders Elsevier; 2006: 676–685. ISBN: 978-1-41603-600-5

Kirchhoff LV. Epidemiology of *American trypanosomiasis* (Chagas disease). Adv Parasitol 2011; 75: 1–18

Noireau F, Diosque P, Jansen AM. *Trypanosoma cruzi*: adaptation to its vectors and its hosts. Vet Res 2009; 40: 26

Pereira KS, Schmidt FL, Guaraldo AM et al. Chagas' disease as a foodborne illness. J Food Prot 2009; 72: 441–446

Votypka J, Obornik M, Volf P et al. *Trypanosoma avium* of raptors (Falconiformes): phylogeny and identification of vectors. Parasitology 2002; 125: 253–263

Gattung *Leishmania*

Arten der Gattung *Leishmania* (mit den Untergattungen *Leishmania* und *Viannia*) sind Parasiten von Säugern und verursachen die Leishmaniose bei Mensch und Tier (Caniden, Katzen, selten Wiederkäuer, Pferde). Einige Arten befallen Reptilien, z. B. *L. adleri* (Eidechsen, Geckos, Chamäleon). Die Parasiten werden durch Sandmücken (Phlebotomen) zyklisch-alimentär übertragen. Im Vertebratenwirt parasitieren Leishmanien intrazellulär in Zellen des mononukleären Phagozytensystems (MPS; Makrophagen, Monozyten, Langerhans-Zellen u. a.) als amastigote Stadien, im Insektenwirt extrazellulär als promastigote Formen. In den Tropen und Subtropen sind Leishmaniosen weitverbreitet, sie kommen auch in Südeuropa endemisch vor.

Die zahlreichen *Leishmania*-Arten sowie ihre Unterarten und Stämme sind morphologisch nicht zu unterscheiden und werden oft zu Arten-Komplexen zusammengefasst. Ihre Differenzierung erfolgt anhand biologischer Kriterien (Krankheitsbilder, Wirte, Vektoren) und molekularer Merkmale. Im Menschen verursachen *Leishmania*-Arten unterschiedliche Krankheitsformen, die sich grob in 3 Hauptgruppen einordnen lassen (Aufzählung der Arten nicht vollständig):

a) **Viszerale Leishmaniosen.** Europa, Afrika, Asien: *Leishmania donovani*- und *L. infantum*-Komplex; Überträger: *Phlebotomus*-Arten. Amerika: *L. infantum*-Komplex; Überträger: *Lutzomyia*-Arten.
b) **Kutane Leishmaniosen.** Eurasien und Afrika**:** *L. tropica*, *L. major* und *L. aethiopica*; Überträger: *Phlebotomus*-Arten.
c) **Mukokutane Leishmaniosen.** Amerika**:** *L. mexicana*-Komplex, *L. braziliensis*-Komplex; Überträger: *Lutzomyia*-Arten.

Der *L. braziliensis*-Komplex gehört der Untergattung *Viannia* an, die übrigen Erreger der Untergattung *Leishmania*. Von den 15 *Leishmania*-Arten, die den Menschen infizieren, sind 13 zoonotisch.

Leishmania infantum

Praxis

Erreger der **Leishmaniose** von Tieren und Menschen (wichtige **Zoonose**). Durch Phlebotomen als Vektor übertragene Parasitose, die bei Menschen und Hunden mit schweren Verlaufsformen einhergehen kann, aber auch Katzen und selten Pferde können erkranken. In Mitteleuropa wichtige Importparasitose bei Hunden. Bei Vorherrschen der Th_2-Immunantwort klinische Erkrankungen, dabei variables, häufig aber mit Lymphadenopathie und Glomerulonephritis einhergehendes Krankheitsbild, das äußerlich oft durch nicht juckende Hautveränderungen gekennzeichnet ist. Übertragung neben Vektoren auch pränatal, venerisch, durch Bluttransfusion. Bei Menschen vorwiegend Erkrankungen bei Kindern (*L. infantum*!) oder immunsupprimierten Erwachsenen.

Sir W. B. Leishman (1865–1926), schottischer Pathologe und Militärarzt, entdeckte 1901 den Erreger der Leishmaniose; *infans* (lat.): kleines Kind. Engl.: *leishmaniosis*.

Leishmaniose des Hundes

Das Wichtigste in Kürze

- **Erreger, Entwicklung.** In Europa ist *L. infantum* der Erreger der Leishmaniose des Hundes (selten auch *L. tropica*). Zyklisch-alimentäre Übertragung durch Sandmücken (Phlebotomen). Entwicklung der Parasiten im Wirt in Zellen des mononukleären Phagozytensystems (MPS).
- **Vorkommen, Epidemiologie.** Die Verbreitung von *L. infantum* umfasst das Mittelmeergebiet, Südwest- und Südosteuropa, Südrussland, den Mittleren Osten, Zentralasien sowie Amerika. In mediterranen Endemiegebieten Seroprävalenzen bei Hunden < 1 bis etwa 50 %. Hunde sind die wichtigsten Reservoirwirte; Füchse, seltener Katzen, Hasenartige und Ratten können Parasitenträger sein, sie werden aber epidemiologisch als weniger bedeutend eingestuft. Nicht selten Einschleppung der Leishmaniose mit Hunden aus Endemiegebieten in nicht-endemische Regionen nördlich der Alpen.
- **Immunologie und Pathogenese.** Bei dominanter Stimulation der zellvermittelten Immunität (Th_1-Aktivierung, $CD8^+$-cytotoxische T-Zellen) bleibt die Infektion inapparent oder subklinisch. Die Dominanz von Th_2-Zellaktiväten sowie die polyklonale B-Zell-Aktivierung sind dagegen mit klinischen Symptomen assoziiert. Gegen Leishmanien gerichtete Antikörper haben keine Schutzwirkung. Immunpathologische Prozesse (Granulombildung, Immunkomplexe) spielen in der Pathogenese eine wesentliche Rolle.
- **Krankheitsbild.** Inkubationszeit 1–3 Monate bis einige Jahre. Krankheitsverlauf chronisch. Symptome: generalisierte Lymphknotenschwellung, Hautläsionen (meist im Kopfbereich beginnend), Gewichtsverlust, Fieber, Apathie, Anorexie, Hepato- und Splenomegalie, Hypergammaglobulinämie, Hypoalbuminämie, Niereninsuffizienz mit Proteinurie.
- **Diagnose.** Verdachtsdiagnose: Vorbericht eines Aufenthaltes in einem Endemiegebiet und Symptome; ätiologische Diagnose: Erregernachweis indirekt (Serumantikörper) oder direkt aus Lymphknoten- oder Knochenmarkpunktat durch DNA-Nachweis oder Mikroskopie.
- **Therapie und Prophylaxe.** Mittels Chemotherapie mit Miltefosin, Allopurinol, seltener auch Megluminantimonat (Glucantime) in Mono- oder Kombinationstherapie lässt sich eine Besserung des klinischen Zustandes, nicht aber eine Parasitenelimination erreichen. Die Prophylaxe basiert vor allem auf dem Schutz des Hundes vor Phlebotomenstichen während der Mückensaison durch repellierende Insektizide. Erfahrungen mit Impfstoffen sind noch begrenzt.
- **Zoonotische Bedeutung.** Hunde sind die wichtigsten Reservoirwirte für die vektorvermittelten *L. infantum*-Infektionen des Menschen.

Erreger In den europäischen Endemiegebieten (S. 75) wird die Leishmaniose des Hundes durch *L. infantum* verursacht; Vektoren sind Sandmücken (Phlebotomen). Selten sind Hunde mit *L. tropica* infiziert. In Mittel- und Südamerika wird *L. infantum* (auch als *L. chagasi* bezeichnet) durch *Lutzomyia*-Arten übertragen.

Entwicklung Im Vertebratenwirt infizieren die Leishmanien Zellen des mononukleären Phagozytensystems (MPS), in denen sie sich als amastigote Stadien vermehren. Diese Stadien sind rundoval, 2–4 µm groß, enthalten einen großen Kern und einen kleinen Kinetoplasten. Die nur elektronenmikroskopisch erkennbare kurze Geißel liegt in einer Geißeltasche und überragt die Zelloberfläche nicht (▸ Abb. 5.8). Phlebotomenweibchen nehmen beim Blutsaugen an einem infizierten Wirt amastigote *Leishmania*-Stadien auf, die sich in Makrophagen der

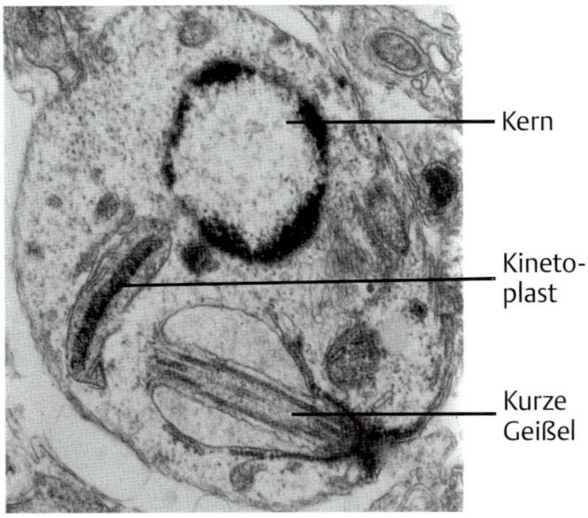

▸ **Abb. 5.8** *Leishmania* sp.: amastigote Form (∅ 2–4 µm) in einer Zelle. TEM-Aufnahme. (Quelle: Heinz Mehlhorn, Heinrich-Heine-Universität Düsseldorf)

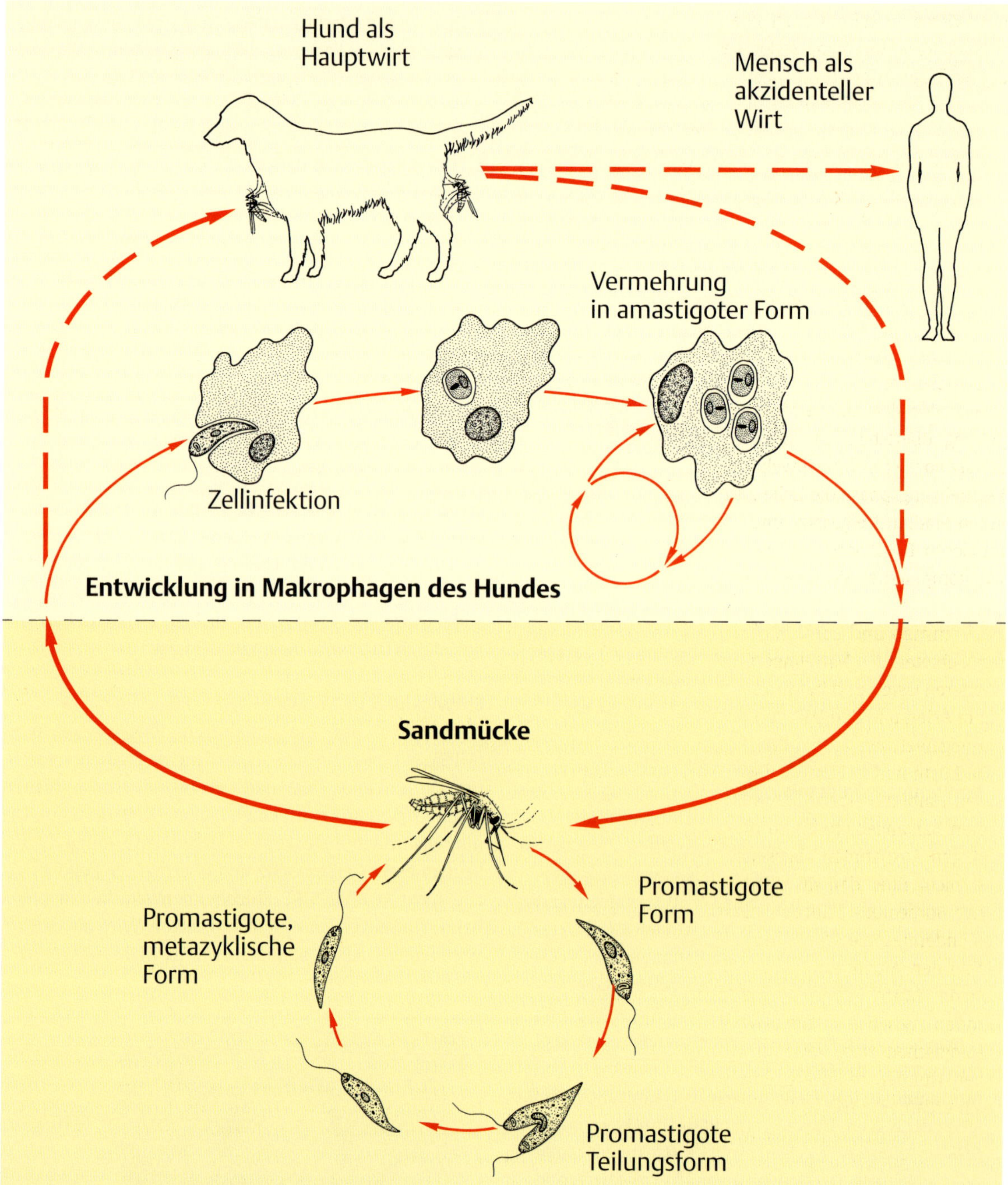

▸ **Abb. 5.9** Entwicklungszyklus von *Leishmania infantum*. (Grafik: Salome Ehrat, nach einer Vorlage von Johannes Eckert und Peter Deplazes, Vetsuisse-Fakultät, Universität Zürich)

Haut oder in Blutmonozyten befinden (▸ **Abb. 5.9**). Im Mitteldarm des Vektors entwickeln sich die amastigoten zu promastigoten Stadien, die sich durch Zweiteilungen stark vermehren. Ein Teil dieser Stadien heftet sich an der Darmwand an, andere bleiben frei beweglich und besiedeln den vorderen Verdauungstrakt. Zu Letzteren gehören metazyklische, promastigote Formen, die bei einem weiteren Saugakt einer infizierten Mücke durch den Stechrüssel in die Haut eines neuen Wirtes gelangen. Die Entwicklung im Vektor kann bei günstigen Bedingungen bereits in 5–8 Tagen abgeschlossen sein. Unter experimentellen Bedingungen wurde beobachtet, dass infizierte Mücken häufiger einen Wirt stechen als nicht infizierte, was die Chance der Erregerübertragung erhöht. Die infektiöse Dosis für einen Vertebratenwirt wird auf 10–100 metazyklische Stadien geschätzt.

In der Haut bindet das promastigote Stadium Opsonine (Komplementfaktoren, Immunglobuline) aus dem Plasma des Wirtes an seine Oberfläche und koppelt mit deren Hilfe an Rezeptoren von Zellen des MPS. Der Erreger wird dann phagocytiert und dabei in ein Phagosom eingeschlossen, das durch Fusion mit Lysosomen zum Phagolysosom (PL) wird. Unterdessen wandelt sich das promastigote Stadium in die amastigote Form um, die sich durch Zweiteilung vermehrt. Da sich auch das PL teilt, bleibt jede Tochterzelle von diesem Kompartiment umschlossen (▸ **Abb. 5.9**). Aufgrund des Schutzes ihrer Zelloberfläche durch Glykolipide und Lipophosphoglycane widerstehen die Leishmanien dem sauren Milieu und den Enzymen im PL. Diese Substanzen verhindern außerdem die Aktivierung von Makrophagen und regulieren die Antigenpräsentation herunter. So können die Amastigoten in einer für viele andere Mikroorganismen tödlichen Umgebung überleben. Die intrazelluläre Lage bietet auch Schutz vor der Immunabwehr des Wirtes. Wenn nach der Vermehrungsphase die Zelle zerfällt, werden die amastigoten Stadien freigesetzt und können dann neue Zellen infizieren. Der Zyklus wird geschlossen, wenn Amastigote von kompetenten Vektoren aufgenommen werden.

Vorkommen und Epidemiologie *L. infantum* ist in weiten Gebieten des Mittelmeerraumes, in Südrussland, im Mittleren Osten und in Mittel- und Südamerika sowie fokal in Asien und den USA verbreitet. Das mediterrane Endemiegebiet von *L. infantum* umfasst die nordafrikanische Küste und in Europa eine breite Zone von der Iberischen Halbinsel über Südfrankreich, Italien, die küstennahen Balkangebiete bis in die Türkei und Zypern. Von wenigen Ausnahmen abgesehen, reicht das Endemiegebiet nicht über den 46. nördlichen Breitengrad hinaus (etwa Bordeaux – Südtirol – Belgrad). In Italien hat sich das Endemiegebiet der Hundeleishmaniose nach Norden bis an den Alpenraum verschoben. In den Küstenregionen des Mittelmeeres schwankt die Seroprävalenz bei Hunden zwischen < 1 bis etwa 50 %. Die Sensitivität des serologischen Nachweises ist jedoch bei asymptomatischen Hunden reduziert. Eine PCR-Studie in Südfrankreich ergab eine wesentlich höhere Prävalenz von > 75 %. In nicht-endemischen Gebieten (z. B. Mitteleuropa, Nordeuropa) wird die Leishmaniose bei Hunden immer wieder als Reise- und Importkrankheit diagnostiziert. Hunde aus nicht-endemischen Gebieten, die von ihren Besitzern zu Ferienaufenthalten in das Mittelmeergebiet mitgenommen werden (in den NL etwa 58 000 Hunde im Jahr), sind einem Infektionsrisiko ausgesetzt, das bei etwa 1 : 430 liegt. Häufig werden infizierte Hunde einzeln oder in größeren Gruppen aus Endemiegebieten in nicht-endemische Länder importiert, ohne dass Vorkehrungen zur Vermeidung von klinischen Krankheitsausbrüchen oder der Erregerverbreitung getroffen werden. Vereinzelt wurden in Deutschland und in der Schweiz *L. infantum*-Infektionen bei Hunden, Pferden und Menschen diagnostiziert, die sich nicht in Endemiegebieten aufgehalten haben sollen. In solchen Fällen müssen neben Unsicherheiten der Anamnese auch alternative, belegte Übertragungswege berücksichtigt werden (iatrogene Übertragung mit Bluttransfusion, intrauterine oder venerische Infektion beim Hund). Diese nicht vektorgebundenen Infektionswege sind epidemiologisch aber nicht von Bedeutung. In einigen Fällen werden Kontaktinfektionen zwischen Hunden (vermutlich durch Bisswunden) sowie mechanische Übertragungen durch Insekten vermutet.

In den europäischen Endemiegebieten wird *L. infantum* durch Phlebotomen von Hund zu Hund, seltener von anderen Reservoirwirten (z. B. Füchse, Hasenartige, Ratten, ggf. Katzen, Menschen), übertragen. Gelegentlich erfolgt auch eine Übertragung auf den Menschen. Für die Vektoren stellen infizierte Hunde eine günstige Infektionsquelle dar, weil bei ihnen die Hautmakrophagen weit häufiger mit Leishmanien infiziert sind als bei Menschen. Als Überträger von *L. infantum* fungieren im Mittelmeerraum synanthrope *Phlebotomus*-Arten (S. 484) (u. a. *Phlebotomus perniciosus, P. papatasi, P. ariasi, P. perfiliewi*). Dabei handelt es sich um nacht- oder dämmerungsaktive Freilandmücken, die sich tagsüber in Bauten von Nagern, Baumhöhlen usw. aufhalten, aber auch in Gebäude einfliegen und dort an verfügbaren Wirten (u. a. Hunden, Schafen, Pferden, Mensch, Vögeln) Blut saugen. In Amerika werden die Leishmanien durch Schmetterlingsmücken der Gattung *Lutzomyia* übertragen.

Immunologie Die immunologischen Prozesse beginnen mit dem Stich der infizierten Sandmücke. Speichelbestandteile können dabei lokal zelluläre Mechanismen hemmen und so ein Th_2-freundliches Mikromilieu schaffen, in dem die promastigoten Stadien ihre Wirtszellen leicht finden können. Wurden jedoch Hunde mit Speichelantigenen bereits früher sensibilisiert, reagieren diese mit einer starken Th_1-vermittelten Reaktion auf erneute Stiche und erschweren somit auch die Invasion der promastigoten Stadien. Auch wurde in Endemiegebieten eine rassenspezifische Resistenz gegen die Erkrankung bei Hunden beobachtet.

Der klinische Verlauf der *Leishmania*-Infektion wird durch die Polarisierung der T-Zellantwort bestimmt und hängt davon ab, ob eine Th_2- oder eine Th_1-Immunreaktion dominiert (▸ **Abb. 1.3**). Bei symptomatischen Hunden dominieren die Th_2-vermittelten Immunreaktionen. Die Hunde entwickeln hohe Spiegel spezifischer Antikörper (IgG_1, IgG_2, IgM, IgA, IgE), die keine Schutzwirkung haben, und eine polyklonale (nicht parasitenspezifische) B-Zell-Aktivierung führt zu einer Hyperglobulinämie. Zudem haben symptomatische Hunde eine unterdrückte T-Zell-Proliferation gegen *Leishmania*-Antigene. Im Gegensatz dazu dominiert eine Th_1-Immunreaktion bei infizierten Hunden ohne klinische Symptome und Hunden nach erfolgreicher Chemotherapie (welche die Parasiten nicht eliminiert). Solche Tiere zeigen gewöhnlich niedrigere Antikörperspiegel.

Pathogenese Nach der Inokulation promastigoter Stadien durch eine Sandmücke bleibt der Primäraffekt (Knötchenbildung, Entzündung) in der Haut meist unbemerkt. Infizierte Makrophagen proliferieren im Bereich des Primäraffektes und disseminieren in andere Organe (Lymphknoten, Milz, Leber, Knochenmark, Lunge, Darm, Haut u. a.) (▸ **Abb. 5.10**). Gleichzeitig proliferieren dort Plasmazellen. Durch disseminierte granulomatöse Entzündungen kommt es zur vielfältigen Organschädigung. Wegen der spezifischen und der polyklonalen B-Zell-Aktivierung führen hohe Spiegel zirkulierender Immunkomplexe sowie antinukleäre und andere Autoantikörper zu Endothelschädigungen, Glomerulonephritis und Amyloidose, welche zum Bild der viszeralen und kutanen Leishmaniose des Hundes beitragen. Insgesamt ist die Pathogenese der viszeralen Leishmaniose des Hundes außerordentlich komplex und in vielen Details nur unzureichend geklärt.

Krankheitsbild In endemischen Gebieten sind > 50 % der Hunde inapparent infiziert. Die klinische Leishmaniose des Hundes beginnt mit der viszeralen Form der Krankheit, doch treten in fortgeschrittenen Fällen sehr häufig (in etwa 90 % der Fälle) auch Hautveränderungen auf.

Viszerale Form Die Inkubation dauert 1–3 Monate, oft aber auch viel länger (bis mehrere Jahre). Es entwickelt sich schleichend ein chronisches Krankheitsbild, das von geringgradiger Lymphadenopathie ohne Störungen des Allgemeinbefindens bis zur schweren viszeralen Erkrankung reicht. Die Hauptsymptome sind vielfältig und umfassen Apathie, Inappetenz, generalisierte **Lymphadenopathie**, Hepato- und **Splenomegalie**, Fieber, **Niereninsuffizienz**, Proteinurie, Diarrhoe, Polymyositis, Muskelatrophie, Lahmheiten, Osteolyse (Carpus, Tarsus) und Gewichtsverlust. Weiterhin können **Keratokonjunktivitis**, Uveitis und Panophthalmie auftreten. Die Blutparameter zeigen Veränderungen wie **Anämie** (mild bis moderat; normochrom), **Hypergammaglobulinämie**, Hypoalbuminämie und Acetonämie.

Kutane Symptome Initiale Symptome sind Alopezie und kleieartige Desquamation, gefolgt von Knötchen, Pusteln und **Krallenhypertrophie** (▸ Abb. 5.11). Die **Hautläsionen** (meist ohne Juckreiz) manifestieren sich initial an den Ohren, um die Augen und am Nasenspiegel, später auch an Rücken, Beinen und Schwanz.

Diagnose Ein Vorbericht über einen Aufenthalt des Hundes in einem Endemiegebiet (lange Inkubation beachten!), klinische Symptome und Laborparameter (Hypergammaglobulinämie usw.) ermöglichen eine Verdachtsdiagnose, die durch den direkten oder indirekten Erregernachweis abgesichert werden muss. Der serologische Antikörpernachweis (ELISA, IFAT u. a.) ist in klinischen Fällen sehr sensitiv (bis 99 %), in inapparenten Fällen sinkt die Sensitivität auf etwa 60–80 % (**cave:** mögliche Kreuzreaktionen mit *Trypanosoma*-Arten bei Hunden z. B. aus Afrika oder Südamerika). Die Serokonversion kann innerhalb weniger Monate eintreten, also innerhalb der Inkubationszeit.

Sehr zuverlässig ist der DNA-Nachweis (klassische oder quantitative PCR-Methoden); mehrere Studien berichteten über Sensitivitäten von 80–90 %. Die Sensitivität der PCR wird wesentlich vom klinischen Untersuchungsmaterial und vom Schweregrad der Erkrankung (vor oder während der Behandlung) beeinflusst. Invasiv entnommene Punktate aus Popliteallymphknoten oder Knochenmark und Hautbiopsien sind geeigneteres Ausgangsmaterial als weniger invasiv entnommene Proben wie Blut und Konjunktivalabstriche. Zum Nachweis von Infektionen bei asymptomatischen Hunden ist der DNA-Nachweis mit Punktionsmaterial aus Lymphknoten oder Knochenmark der Serologie überlegen. Die diagnostische In-vitro-Kultivierung promastigoter Stadien aus aseptisch entnommenem Punktionsmaterial wird in spezialisierten

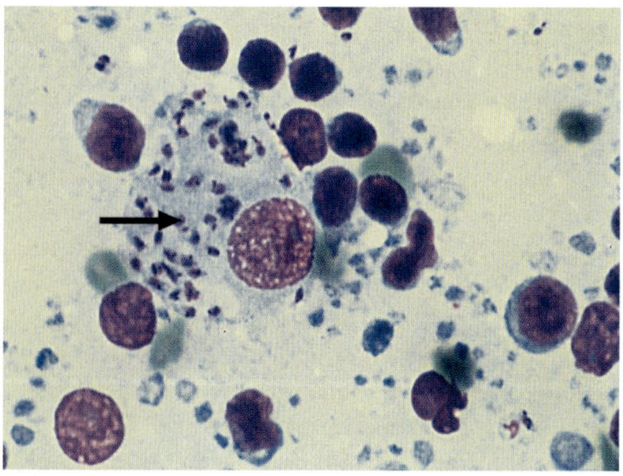

▸ **Abb. 5.10** *Leishmania infantum*: amastigote Formen (⌀ 2–4 µm) (Pfeil) in einem Makrophagen. (Quelle: Peter Deplazes, Institut für Parasitologie, Vetsuisse-Fakultät, Universität Zürich)

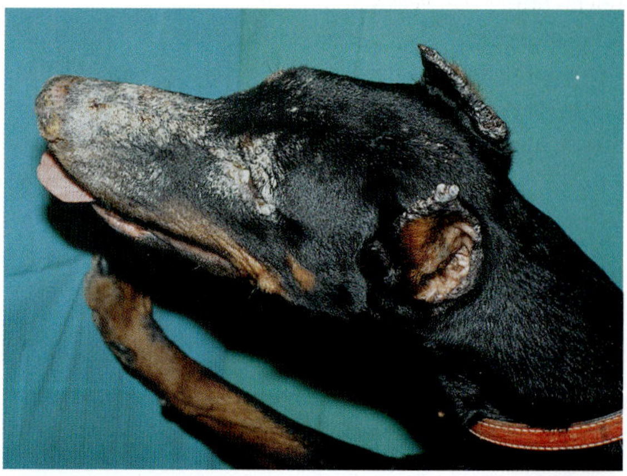

▸ **Abb. 5.11** Hund mit Hautveränderungen bei *Leishmania infantum*-Infektion. (Quelle: Peter Deplazes, Institut für Parasitologie, Vetsuisse-Fakultät, Universität Zürich)

Labors durchgeführt. Differenzialdiagnostisch sind u. a. Trypanosomose, Ehrlichiose, Hepatozoonose, Babesiose, Demodicose sowie chronische septikämische, immunologische und andere systemische Erkrankungen zu berücksichtigen.

Therapie Durch Chemotherapie lässt sich eine Besserung des klinischen Zustandes, in der Regel aber keine Heilung mit Elimination der Erreger erzielen. In einigen europäischen Ländern ist das auch in der Humanmedizin eingesetzte Miltefosin (Hexadecylphosphocholin) als Milteforan® in einer Dosis von 2 mg/kg KG p. o. über 4 Wochen zur Therapie der caninen Leishmaniose zugelassen. Eine seit Langem bewährte Alternative ist die Behandlung mit dem Purin-Analogon Allopurinol (Umwidmung eines Humanpräparates), das in einer Tagesdosis von 20 mg/kg KG während einiger Monate bis Jahre p. o. verabreicht wird. Mit einer klinischen Heilung ist bei etwa 90 % der Hunde nach einer Therapiedauer von 2–6 Monaten zu rechnen. Rezidive sind auch nach 2-jähriger Behandlung möglich. Nach Absetzen der Therapie aufgrund klinischer Besserung und Normalisierung der blutchemischen Werte sollten Hunde klinisch überwacht und bei Anzeichen eines Rezidivs (beginnende Hypergammaglobulinämie) erneut behandelt werden. Etwa 75 % der behandelten Hunde haben die Chance, mehr als 6 Jahre zu überleben. Die aufwendige Therapie mit Megluminantimonat (Glucantime®) ist nur noch in Spezialfällen indiziert und bei Hunden mit Leber-, Nieren- oder Herzinsuffizienz kontraindiziert. In neuesten Studien wurden auch Kombinationstherapien mit Megluminantimonat und Miltefosin oder Allopurinol eingesetzt, bei denen eine geringere Rezidivrate auftrat. Eine solche Kombinationstherapie könnte nach Monotherapie mit Rezidiven erwogen werden.

Prophylaxe und Bekämpfung Die Prophylaxe basiert vor allem auf dem Schutz der Hunde vor Phlebotomenstichen während deren saisonaler Aktivität. Dies wird erreicht durch die Verwendung von repellierend wirkenden Insektiziden (S. 635) wie Deltamethrin-imprägnierten Halsbändern oder Spot-on-Behandlung mit Permethrin. Vakzinen (CaniLeish®, LetiFend®) gegen die Leishmaniose des Hundes sind in Europa zugelassen. Gemäß Herstellerangaben sollen diese das Risiko einer Infektion bzw. Erkrankung vermindern, aber keinen sicheren Schutz vor Infektionen bieten. Unabhängige Erfahrungen mit diesen Impfstoffen sind derzeit aber noch begrenzt.

Serologische und klinische Überwachung von Hunden nach ihrer Rückkehr aus Endemiegebieten kann für eine frühe Diagnose indiziert sein. Siehe auch Bekämpfung von Phlebotomen (S. 484).

Zoonotische Bedeutung Im Mittelmeergebiet sind Hunde die wichtigsten Reservoirwirte für die durch *L. infantum* verursachte Leishmaniose des Menschen, die vorwiegend als viszerale, selten als kutane Form auftritt. Neben Kindern sind seltener auch Erwachsene betroffen, besonders Personen mit beeinträchtigter Immunabwehr, z. B. AIDS-Patienten. Die Infektion von Menschen mit Leishmanien erfolgt meist durch Phlebotomenstiche, doch ist eine Erregerübertragung auch diaplazentar oder durch Bluttransfusion und kontaminierte Instrumente (Spritzen) möglich. Eine Ansteckung durch Kontakt mit infizierten Hunden ist noch nie dokumentiert worden.

Leishmaniose bei Katzen, Equiden und Rindern

Leishmaniose-Fälle bei **Katzen** sind während der letzten Jahre in europäischen Endemiegebieten von *L. infantum* sowie in Asien und Mittel- und Südamerika (Endemiegebiete von *L. mexicana, L. venezuelensis, L. amazonensis*) nachgewiesen worden. Spontan erkrankte Katzen hatten Hautläsionen (Knötchen an Lippen, Nase, Augenlidern und Ohren) oder eine generalisierte Dermatitis. In einer Studie in der Region Lissabon wurde bei 20 % von 138 Katzen und 35 % von 152 Hunden *Leishmania*-DNA mit der PCR im peripheren Blut nachgewiesen, der Nachweis spezifischer Antikörper gelang jedoch bei Katzen nur selten. Unklar ist noch, ob Katzen als Reservoirwirte eine Rolle spielen.

Bei **Pferden** liegen Berichte über Fälle von kutaner, durch *L. infantum* verursachter Leishmaniose aus mehreren europäischen Ländern vor (CH, DE, ES, PT). Bei vereinzelten Fällen von kutaner Leishmaniose bei Pferden aus Deutschland und der Schweiz wurden singuläre oder multiple Hautknoten oder Läsionen (⌀ 1–3 cm) beschrieben, die zumeist Selbstheilungstendenz zeigten. Molekulare Analysen identifizierten diese Erreger als phylogenetisch eng verwandt mit *L. siamensis*, welche aus einem Menschen mit viszeraler Leishmaniose in Asien isoliert wurde. In Süd- und Mittelamerika ist die durch *L. braziliensis* verursachte Hautleishmaniose bei Pferden, Eseln und Maultieren ziemlich häufig.

Bei **Wiederkäuern** gibt es nur spärliche Angaben über einen Befall mit Leishmanien, z. B. mit *L. donovani* bei Ziegen. In der Schweiz wurden bei einigen **Rindern** in 1–10 cm großen Hautläsionen mit Selbstheilungstendenz Leishmanien, die denen der oben erwähnten Pferde entsprachen, diagnostiziert.

Zusatzinformation

In Australien wurde 2004 der erste Fall einer kutanen Leishmaniose bei Makropoden (Kängurus) beobachtet. Der Erreger konnte eindeutig der Gattung *Leishmania* zugeordnet werden, eine Artidentifizierung war jedoch nicht möglich. Anhaltspunkte für Phlebotomen als Vektor konnten nicht gefunden werden, vermutet werden Gnitzen (Ceratopogoniden).

Ordnung Bodonida

Eine weitere Ordnung der Euglenozoa ist Bodonida. Aus der Familie der Bodonidae sind als Beispiele *Ichthyobodo necator* (Syn. *Costia necatrix*), Erreger einer weltweit verbreiteten und gefürchteten Hauterkrankung (Ichthyobodose) von Süßwassernutzfischen, und *Trypanoplasma borreli* erwähnenswert. Die letztgenannte Art ist ein häufiger Blutparasit, vor allem bei Karpfen und Schleien, der durch Fischegel der Gattungen *Piscicola* und *Hemiclepsis* übertragen wird und u. a. Anämie, Aszites, fokale Nekrosen in Leber und Niere sowie Hyperplasie der Gefäßendothelien verursachen kann.

Literaturhinweise

Dantas-Torres F. The role of dogs as reservoirs of *Leishmania* parasites, with emphasis on *Leishmania* (*Leishmania*) *infantum* and *Leishmania* (*Viannia*) *braziliensis*. Vet Parasitol 2007; 149: 139–146

ESCCAP. Bekämpfung von durch Vektoren übertragenen Krankheiten bei Hunden und Katzen. www.esccap.ch; www.esccap.de

Fernández Cotrina J, Iniesta V, Monroy I et al. A large-scale field randomized trial demonstrates safety and efficacy of the vaccine LetiFend® against canine leishmaniosis. Vaccine 2018; 36(15): 1972–1982

Gradoni L. Canine Leishmania vaccines: still a long way to go. Vet Parasitol 2015; 208: 94–100

Gramiccia M. Recent advances in leishmaniosis in pet animals: epidemiology, diagnostics and anti-vectorial prophylaxis. Vet Parasitol 2011; 181: 23–30

Helm M, Müller W, Schaarschmidt D et al. Allopurinol-Therapie bei importierten Hunden mit Leishmaniose ausserhalb des Endemiegebietes. Schweiz Arch Tierheilkund 2013; 155, 559 - 567

Maia C, Cardoso L. Spread of *Leishmania infantum* in Europe with dog travelling. Vet Parasitol 2015; 213: 2–11

Maia C, Gomes J, Cristóvão J et al. Feline *Leishmania* infection in a canine leishmaniasis endemic region, Portugal. Vet Parasitol 2010; 174: 336–340

Mettler M, Grimm F, Capelli G et al. Evaluation of enzyme-linked immunosorbent assays, an immunofluorescent-antibody test, and two rapid tests (immunochromatographic-dipstick and gel tests) for serological diagnosis of symptomatic and asymptomatic *Leishmania* infections in dogs. J Clin Microbiol 2005; 43: 5515–5519

Müller N, Welle M, Lobsiger L et al. Occurrence of *Leishmania* sp. in cutaneous lesions of horses in Central Europe. Vet Parasitol 2009; 166: 346–351

Otranto D, Dantas-Torres F. The prevention of canine leishmaniasis and its impact on public health. Trends Parasitol 2013; 29: 339–345

Roberts RJ, ed. Fish Pathology. 4th ed. Ames, Iowa: Wiley-Blackwell. ISBN: 978-1-44433-282-7

6 Stamm Alveolata

Alveolus (lat.): Mulde, Trog. Bezug auf das gemeinsame Merkmal des Stammes (s. u.).

Dem Stamm Alveolata, 1992 aufgrund genetischer Befunde als neues Taxon eingeführt, werden die Unterstämme Apicomplexa, Dinoflagellata und Ciliophora zugeordnet. Das homologe, von einem gemeinsamen Vorfahren abstammende Merkmal dieser Gruppen ist ein System von Alveolen in der Pellicula (S.663), das bei den einzelnen Unterstämmen unterschiedlich ausgestaltet ist. Von besonderem parasitologischem Interesse sind die Apicomplexa.

6.1 Unterstamm Apicomplexa, Klasse Coccidea

Apex (lat.): Spitze; *complexio* (lat.): Ansammlung. Bezug auf den Apicalkomplex (s. u.). *Kokkos* (gr.): Beere, runde Frucht; *eidos* (gr.): Gestalt. Bezug auf die Form von Oocysten (s. u.).

Die Apicomplexa (früher Sporozoa) sind häufig vorkommende Parasiten von Invertebraten (Arthropoden, Anneliden, Mollusken u. a.) und Vertebraten. Zu den zahlreichen Arten gehören die Erreger wichtiger Parasitosen von Haustieren und Menschen (z. B. Coccidiose, Toxoplasmose, Babesiose, Malaria). Sie beinhalten homoxene und heteroxene Erreger. Die meisten Stadien der unterschiedlichen Arten befinden sich in einer parasitophoren Vakuole, die sie vom wirtszellulären Cytoplasma trennt. Die den Sarcocystidae angehörigen Arten bilden typischerweise Cysten in Geweben der Zwischenwirte aus; die darin enthaltenen Stadien (Cystozoiten) sind infektiös für die Endwirte.

Der Entwicklungszyklus von Apicomplexa folgt einem variablen Grundschema, bei dem Generationen mit ungeschlechtlicher Vielteilung [Merogonie (S.661)], geschlechtlicher Reproduktion (Gamogonie und Bildung der Zygote) und ungeschlechtlicher Entwicklung infektiöser Stadien (Sporogonie) aufeinander folgen. Merogonie und Gamogonie finden intrazellulär in einem Wirt statt, die Sporogonie läuft außerhalb oder innerhalb des Wirtes ab. Die meisten Entwicklungsstadien sind haploid, nur die Zygoten sind diploid.

Die motilen und zur Zellinvasion befähigten Stadien (z. B. Sporozoiten, Merozoiten) besitzen spezialisierte zelluläre Strukturen, die schematisch in ▸**Abb. 6.1** dargestellt und in den Zusatzinformationen „Zelluläre Strukturen eines Merozoiten“ (s. u.) näher beschrieben werden.

Kennzeichen der Klasse **Coccidea** sind die Bildung widerstandsfähiger Oocysten und eine extreme Anisogamie: Der Makrogamont entwickelt sich direkt aus einem Merozoiten (Hologamie), die Mikrogameten werden durch Vielteilung aus einem Mikrogamonten gebildet (wenige Mikrogameten bei den Adeleida; viele, 3 begeißelte bei den Eimeriida). Die Angehörigen dieser Klasse sind Erreger von Coccidiosen. Traditionell wird die Bezeichnung „Coccidiose“ auch in einem engeren Sinn gebraucht und auf Infektionen beschränkt, die durch Gattungen der Familie Eimeriidae verursacht werden.

Zusatzinformation

Zelluläre Strukturen eines Merozoiten

Merozoiten sind meist spindel- oder bananenförmig und < 10 µm lang. Sie werden von einer **Pellicula** umgeben, die aus 1 äußeren und 2 nahe aneinanderliegenden inneren Membranen (diese stellen das alveoläre System dar) sowie aus subpelliculären Mikrotubuli besteht. **Mikroporen** stellen kleine Cytostome dar und dienen der Endocytose. Neben den klassischen Strukturen und Organellen eukaryotischer Zellen besitzen die invasiven Stadien der Apicomplexa den sogenannten **Apicalkomplex** an ihrem Vorderende (Apex). Er besteht aus mehreren Strukturen wie dem **Conoid**, dem **Polarring** und den **subpelliculären Mikrotubuli** sowie aus sekretorischen Organellen (**Mikronemen**, **Rhoptrien** und **Dichte Granula**). Die meisten Gattungen der Apicomplexa besitzen auch einen **Apicoplast** (S.654).

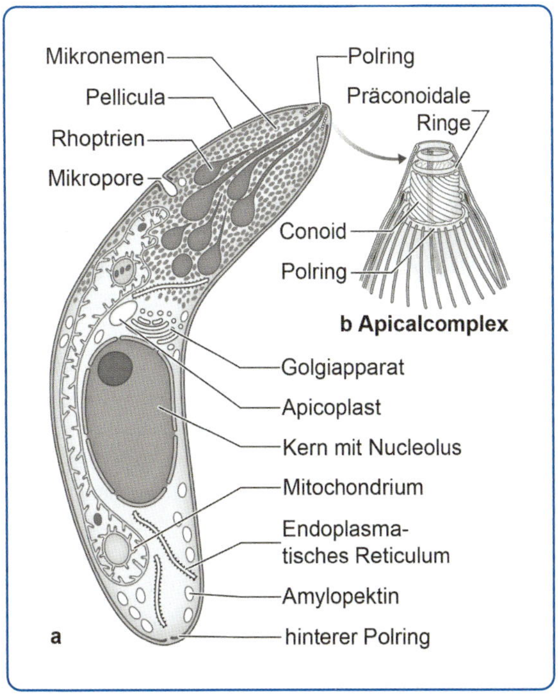

▸**Abb. 6.1** Schema eines Merozoiten der Apicomplexa nach TEM-Aufnahmen. (Quelle: Heinz Mehlhorn, Heinrich Heine Universität, Düsseldorf; Grafikerin: Anne Seeger, Vetsuisse-Fakultät, Universität Zürich)

Der **Apicalkomplex**, seine Organellen und die exocytotisch freigesetzten Moleküle spielen eine wichtige Rolle sowohl bei der Infektion adäquater Wirtszellen als auch bei der Bildung einer parasitophoren Vakuole innerhalb der Wirtszelle (► **Abb. 6.11**). Das **Conoid** ist ein kegelförmiges Hohlorgan, das aus einer artspezifischen Anzahl spiralig angeordneter Mikrotubuli besteht. Es ist mit **präconoidalen Ringen** und dem **Polarring** verbunden und verankert die **subpelliculären Mikrotubuli**. Die **Mikronemen**, **Rhoptrien** und **Dichte Granula** setzen ihre Proteine in einer zeitlich definierten Abfolge über Exocytose frei. Die unterschiedlichen Proteine dienen der Erkennung adäquater Wirtszellen, der Bewegung (*gliding*) der Parasiten, der Infektion von Wirtszellen, der Bildung und Modifikation der parasitophoren Vakuolenmembran, dem metabolischen Transport sowie der Beeinflussung der Wirtszelle.

Mikronemen sind zylindrische, kleine (0,05 µm Länge) Organellen, welche in dem apikalen Vorderende der Merozoiten konzentriert vorliegen (► **Abb. 6.1**) und deren Anzahl gattungsspezifisch ist. Mikronemen werden nach dem initialen Kontakt von Parasit und Wirtszellmembran in Ca^{++}-abhängiger Weise über Exocytose freigesetzt. Fast alle Mikronemenproteine (MICs) besitzen Sequenzhomologien zu adhäsiven Proteinen höherer Eukaryoten (u. a. Lektindomänen) und interagieren mit Kohlenhydratresten auf der Wirtszelloberfläche oder mit anderen (parasitären) Proteinen. Vermutlich sind MICs hauptverantwortlich für den Wirts- und Gewebetropismus der Apicomplexa. So können MICs von *Toxoplasma gondii* (geringe Wirts- und Wirtszellspezifität) ein breiteres Spektrum an Epitopen als MICs von *Eimeria tenella* (ausschließliches Vorkommen im Blinddarm von Hühnern) erkennen. MICs sind essenziell für die Bewegungsfähigkeit der Parasiten (*gliding motility*) und den Ablauf der Wirtszellinfektion. Sie bilden das Bindungsglied zwischen der Wirtszelloberfläche und dem Actin-Myosin-Motorsystem der Parasiten. MICs werden in komplexierter Form mit Proteinen aus dem Rhoptrienhals (RONs, s. u.) in die ‚*moving junction*' der Wirtszelle integriert. Hierüber gleitet der Parasit unter Mitnahme der Wirtszellmembran in die Wirtszelle hinein und nutzt Erstere zur Bildung der parasitophoren Vakuolenmembran. Der Prozess der Wirtszellinvasion wird in ► **Abb. 6.11** illustriert.

Rhoptrien sind paarweise angelegte, sekretorische, keulenförmige Organellen (die Anzahl variiert mit der Art und dem Parasitenstadium) mit einem Ausführungsgang in der apikalen Spitze der Sporozoiten oder Merozoiten. Rhoptrien bestehen aus einem vorderen Halsbereich und einem hinteren Keulenbereich (► **Abb. 6.1**, ► **Abb. 6.11**). Aus beiden Bereichen werden bestimmte Ca^{++}-unabhängige Proteine (sogenannte RONs) sowie weitere Rhoptrienproteine (ROPs) sezerniert. Rhoptrienproteine sind sehr vielfältig (z. B. 12 RON- und 48 ROP-Proteine bei *T. gondii*). Nach erfolgter apikaler Orientierung des Parasiten auf der Wirtszelloberfläche beginnt die während des Invasionsprozesses fortlaufende Exocytose von RON-Proteinen. Dieser Prozess ist in 15–20 s abgeschlossen und benötigt somit deutlich weniger Zeit als die Phagocytose. Bestimmte RON-Proteine werden für die Bildung und Funktion der zwischen Parasiten und Wirtszellmembran ausgebildeten ‚*moving junction*' benötigt. ROP-Proteine (hauptsächlich Kinasen und Pseudokinasen) werden später sowohl in die entstehende parasitophore Vakuole als auch in die Wirtszelle abgegeben. Sie sind wichtig für die Anpassung des Parasitenumfelds in der parasitophoren Vakuole und ihrer Membran. Einige der in das Wirtszellcytoplasma sezernierten ROP-Moleküle gelten über ihre Beeinflussung der wirtszellulären Signalwege als essenzielle Faktoren der Parasit-Wirt-Interaktion (z. B. *Tg*ROP16, *Tg*ROP18).

Dichte Granula sind kleine (0,02 µm), kugelige, membranumgebene Vesikel, die über das Cytoplasma der Parasiten verteilt vorliegen (aus Übersichtlichkeitsgründen werden sie in ► **Abb. 6.1** nicht illustriert). Ihr Inhalt wird 10–30 min nach der Zellinvasion, eher später, über einen Ca^{++}-unabhängigen Prozess in die parasitophore Vakuole freigesetzt. Für *T. gondii*-Tachyzoiten sind bisher ca. 20 Mitglieder der Dichte-Granula-Protein(GRA)-Familie bekannt. Unterschiedliche GRA-Proteine (20–75 kDa) finden sich in der parasitophoren Vakuole und deren Membran und verbleiben dort bis zur Freisetzung der Parasiten aus der Wirtszelle. Mindestens ein GRA-Protein von *T. gondii* (*Tg*GRA3) könnte nach vorheriger Assoziation mit dem Wirtszellkern bei der Reprogrammierung der Wirtszelle beteiligt sein. Die Expression von GRA-Proteinen wird auch im Bradyzoitenstadien weitergeführt; entsprechend werden GRAs auch später in der Cystenwand nachgewiesen und könnten essenziell für die Bildung der Cystenwand sein.

Literaturhinweise

Cowper B, Matthews S, Tomley F. The molecular basis for the distinct host and distinct tissue tropism of coccidian parasites. Mol Biochem Parasitol 2012; 186: 1–10

Mehlhorn H, ed. Encyclopedia of Parasitology. 3th ed. Berlin: Springer; 2016. ISBN: 978-3-66243-979-1

Weiss LM, Kim K, eds. *Toxoplasma gondii*. The Model Apicomplexan. Perspectives and Methods. 2nd ed. London: Academic Press; 2014. eBook ISBN: 978-0-12396-536-3. Print book ISBN: 978-0-12396-481-6

6.1.1 Ordnung Adeleida

Das Merkmal dieser Ordnung ist, dass sich Mikrogamont (bildet nur 2–4 Mikrogameten) und Makrogamet aneinanderlegen und sich gemeinsam zu Gameten entwickeln. Die Sporozoiten sind stets umhüllt (Sporocysten).

Familie Hepatozoidae

Gattung *Hepatozoon*

Praxis
Erreger der **Hepatozoonose** beim Hund, selten bei der Katze. In Mitteleuropa eine seltene Import- und Reisekrankheit.

Hepanr (gr.): Leber; *zoon* (gr.): Tier.

Das Wichtigste in Kürze

- **Erreger und Entwicklung.** *Hepatozoon canis* ist ein im Mittelmeergebiet und in anderen warmen Klimazonen häufiger Parasit des Hundes und anderer Carnivoren (u. a. Rotfuchs, Schakal, Hyäne), der durch Zecken (v. a. *Rhipicephalus sanguineus* s. l.) zyklisch-phagär übertragen wird. *H. americanum* kommt in Amerika vor. Nach Infektion Entwicklung von 2 Merontengenerationen in Lymphknoten, Leber, Milz, Muskulatur und anderen Organen, danach Bildung backsteinförmiger Gamonten in neutrophilen Granulozyten und Monozyten.
- **Krankheitsbild, Diagnose, Therapie.** Fieberhafte Erkrankung mit unspezifischem Symptombild. Mikroskopischer Nachweis von Gamonten im Blutausstrich. Behandlung mit Imidocarb (Umwidmung).

Erreger und Vorkommen *Hepatozoon canis* (▸ Abb. 6.2) parasitiert bei Hunden, Rotfüchsen, Schakalen, anderen Caniden und Hyänen. Als Wirte werden auch die Katze und andere Feliden angegeben. Die Infektion kommt weltweit in warmen Klimaten vor, v. a. in Südeuropa, Afrika und Asien. In Spanien wird von Prävalenzen > 30 % bei Hunden berichtet. Im Gegensatz zu anderen zeckenübertragenen Infektionen werden diese Erreger über die perorale Aufnahme infizierter *R. sanguineus* s. l. übertragen, doch kommen noch weitere Zeckenarten als Vektoren infrage. In Zentraleuropa vorkommende *H. canis*-Infektionen beruhen meist auf Import der infizierten Hunde oder Zecken. Kürzlich wurden *H. canis*-Infektionen in Wildcaniden in für *R. sanguineus* nicht-endemischen, östlichen Ländern Zentraleuropas (AT, HU, PL, SK) beobachtet. Die sehr pathogene Art *H. americanum* (beschrieben 1997) wird von *Amblyomma maculatum* übertragen und tritt v. a. in den Südstaaten der USA auf, kommt aber auch in Zentral- und Südamerika vor. In den USA sind beim Hund Mischinfektionen mit *H. canis* und *H. americanum* beschrieben worden. *H. felis* ist ein seltener Parasit der Katze.

Entwicklung Nach der Ingestion einer infizierten Zecke werden Sporozoiten freigesetzt, die in Darmgefäße der Hunde eindringen und hämatogen in verschiedene Organe (Leber, Milz, Lymphknoten, Knochenmark, quergestreifte Muskulatur; ▸ Abb. 6.2b) gelangen, wo sich zunächst Makromeronten entwickeln. Nach einer 2. Merontengeneration (Mikromeronten) entwickeln sich Merozoiten in neutrophilen Granulozyten und Monozyten des peripheren Blutes zu backsteinförmigen, etwa 10 × 5 µm großen Gamonten (▸ Abb. 6.2a). Werden von Zeckennymphen Gamonten mit dem Blut eines infizierten Hun-

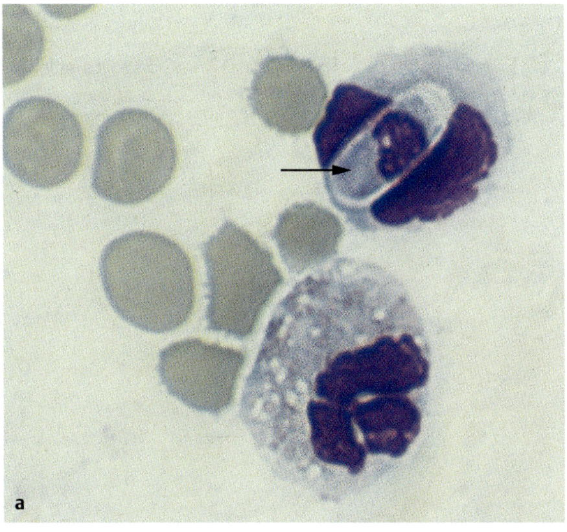

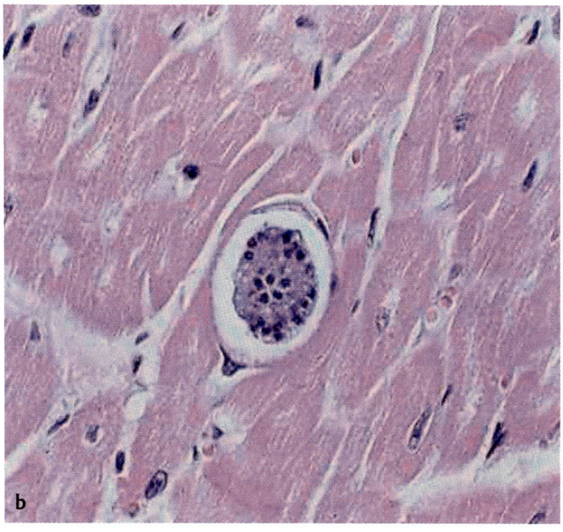

▸ **Abb. 6.2** *Hepatozoon canis*, Giemsa-Färbung:
a Backsteinförmiger Gamont (10 × 5 µm) in einem neutrophilen Granulozyten (Quelle: Peter Deplazes, Institut für Parasitologie, Vetsuisse-Fakultät, Universität Zürich)
b Meront (∅ ≈ 50 µm) in der Muskulatur (Quelle: Johannes Eckert, Institut für Parasitologie, Vetsuisse-Fakultät, Universität Zürich)

des aufgenommen, kommt es im Darm der Nymphen nach Verschmelzung der weiblichen und männlichen Gameten zur Bildung von Ookineten, die ins Haemocoel wandern, wo im Verlauf der Sporogonie nach der Häutung der Nymphen in den adulten Zecken große Oocysten (ca. 100 µm) entstehen, die 30–50 Sporocysten mit je 16 Sporozoiten enthalten. Hunde infizieren sich phagär beim Zerbeißen der adulten Zecken. Neben dem Hauptübertragungsweg über Zecken wurden auch intrauterine Infektionen beschrieben.

Krankheitsbild Die Infektion mit *H. canis* kann inapparent verlaufen, aber auch mittel- bis hochgradige, selbst tödliche Erkrankungen verursachen. Die Meronten der 1. Generation sind die pathogenen Stadien. Sie können in den befallenen Organen Entzündungen (Hepatitis, Lymphadenopathie, Pneumonie, Glomerulonephritis, Myositis, Periostitis) verursachen, die unterschiedliche Symptome zur Folge haben, u. a. unregelmäßiges Fieber, Anorexie, Apathie, Anämie, Abmagerung sowie Muskelschmerzen. *H. americanum*-Infektionen zeigen oft einen schwereren, z. T. letalen Verlauf mit stärker ausgeprägter Muskelbeteiligung (pyogranulomatöse Myositis) und Periostitis.

Diagnose Gamonten erscheinen ab 28 Tage p. i. und können über gefärbte Blutausstriche (Parasitämie von 1–5 %) in Leukozyten nachgewiesen werden. Die PCR aus Blut ist sensitiver als der mikroskopische Nachweis. Da die Symptome oft vor Erscheinen der Gamonten im Blut auftreten, kann versucht werden, die Infektion serologisch nachzuweisen (IFAT, ELISA).

Therapie und Bekämpfung Bei *H. canis*-Infektionen hat sich die 2-malige Verabreichung von Imidocarb (5–6 mg/kg KG s. c. im Abstand von 14 d) als basale Therapie bewährt, die bei einem hohen Prozentsatz der Tiere zu einer klinischen Verbesserung führt; sie muss im Falle ausbleibender Effekte bis zu 6 Wochen weitergeführt werden. Eine Elimination der Erreger wird nur in einem kleinen Anteil der Tiere erreicht; Zeckenprophylaxe wird empfohlen.

Zusatzinformation

Weitere Arten der Ordnung Adeleida

Hepatozoidae: *Hepatozoon muris* bei Wander- und Hausratten, orale Übertragung über *Laelaps* spp. (Milben); *Hepatozoon* spp. bei Schlangen, Echsen, Übertragung durch orale Aufnahme von infizierten Dipteren.

Haemogregarinidae: *Haemogregarina* spp. bei Schildkröten, Übertragung über den Speichel von Blutegeln.

Karyolysidae: *Karyolysus* spp. bei Echsen, Übertragung phagär über infizierte Milben.

Klossiellidae: *Klossiella equi* bei Equiden. Meronten in Endothelzellen der Bowman'schen Kapsel, Gamogonie in Epithelzellen der Henle'schen Schleifen in der Niere, Sporocysten (16 × 10 µm, enthalten jeweils 8 Sporozoiten) werden mit dem Urin ausgeschieden. Nachweis meist zufällig über Histopathologie. Zusätzlich ca. 15 weitere Arten im Bereich der Niere (z. B. *K. muris* bei Mäusen, *K. cobayae* bei Meerschweinchen). *K. boae* parasitiert in Darm und Niere von Schlangen (*Boa constrictor*).

Literaturhinweise

Baneth G. Perspectives on canine and feline hepatozoonosis. Vet Parasitol 2011; 181: 3–11

Baneth G. Sheiner A, Eyal O et al. Redescription of *Hepatozoon felis* (Apicomplexa: Hepatozoidea) based on phylogenetic analysis, tissue and bloodform morphology, and possible transplacental transmission. Parasit Vectors 2013; 6: 102

Farkas R, Solymosi N, Takács N et al. First molecular evidence of *Hepatozoon canis* infection in red foxes and golden jackals from Hungary. Parasit Vectors 2014; 7: 303

6.1.2 Ordnung Eimeriida

Familie Eimeriidae

Eimer, Theodor G. H. (1843–1898). Schweizer Zoologe und Mediziner, Professor in Darmstadt und Tübingen.

Gattung *Eimeria*

Eimeria-Arten beim Haushuhn

Praxis

Erreger der **Eimeriose (Coccidiose)** des Haushuhns. Die Coccidiose (engl. *coccidiosis*) gehört weltweit zu den häufigsten Krankheiten des Geflügels. Dabei handelt es sich vorwiegend um *Eimeria*-Infektionen. Sie verursachen erhebliche wirtschaftliche Verluste und Aufwendungen für die Bekämpfung.

Das Wichtigste in Kürze

- **Erreger.** Beim Huhn kommen weltweit 7 *Eimeria*-Arten vor, die unterschiedliche Prädilektionsstellen im Darm haben und verschiedene Formen der Coccidiose verursachen.
- **Entwicklung.** Zyklus mit 2–4 endogenen Merogonien und einer Gamogonie sowie einer exogenen Sporogonie (sporulierte Oocysten mit 4 Sporocysten mit je 2 Sporozoiten). Infektion per os mit sporulierten Oocysten. Präpatenz bei allen Arten kurz (4–6 d). Ohne Reinfektionen erlischt der endogene Zyklus, weil die Zahl der Merogonien genetisch determiniert und begrenzt ist.
- **Epidemiologie, Vorkommen.** Weltweite Verbreitung aller Arten. Die Coccidiose spielt bei allen Haltungsformen eine Rolle.
- **Krankheitsbild.** *Eimeria*-Infektionen treten bei Hühnern jeden Alters auf, teils als Erkrankungen mit hoher Morbidität und Mortalität, häufiger als subklinische Infektionen, die verringerte Gewichtszunahmen oder Legeleistungen und eine schlechtere Futterverwertung zur Folge haben. Hochpathogene Arten sind *E. tenella* (hämorrhagische Blinddarmcoccidiose) und *E. necatrix* (hämorrhagische Dünndarmcoccidiose), etwas weniger pathogen ist *E. brunetti* (nekrotisierende Enteritis). Andere Arten verursachen gering- bis hochgradige katarrhalische Enteritiden (*E. maxima, E. acervulina*) oder sind wenig pathogen (*E. mitis, E. praecox*).
- **Diagnose.** Sektionsbild (Lokalisation, Läsionen) und mikroskopischer Nachweis typischer Entwicklungsstadien in Schleimhautabstrichen ermöglichen fast stets die Bestimmung der verantwortlichen *Eimeria*-Art. Form und Größe der Oocysten eignen sich nicht zur Artbestimmung (Ausnahme *E. maxima*). Die meisten Arten und auch einige Stämme können mit molekularen Methoden identifiziert werden.
- **Therapie.** Eine Heilung bereits erkrankter Hühner ist nicht möglich. Dennoch sollte eine Herde mit erkrankten Tieren behandelt werden, um noch nicht infizierte oder bereits infizierte, aber noch nicht erkrankte Hühner zu schützen.
- **Bekämpfung. Hygienemaßnahmen** sind wichtig, reichen aber bei Haltung der Hühner auf Streu oder im Auslauf häufig nicht aus. Zur **Chemoprophylaxe** werden **Anticoccidia** über Trinkwasser oder Futter eingesetzt. **Masthühner** (Broiler) in Bodenhaltung erhalten während der gesamten Wachstumsperiode bis kurz vor der Schlachtung medikiertes Futter, **Legehennen** nur bis zur Legereife, um Anticoccidiarückstände in Eiern zu vermeiden. Bei allen *Eimeria*-Arten des Huhnes haben sich gegen die bisher zugelassenen Anticoccidia **resistente Stämme** entwickelt. **Immunprophylaxe:** In Europa sind verschiedene Vakzinen zugelassen, die sporulierte Oocysten attenuierter Linien mehrerer *Eimeria*-Arten enthalten.

Erreger Beim Huhn kommen 7 *Eimeria*-Arten vor: *E. tenella, E. necatrix, E. acervulina, E. maxima, E. brunetti, E. mitis* und *E. praecox* (▶ **Tab. 6.1**). Die Artdiagnose erfolgt über unterschiedliche Kriterien wie auch genetische Analysen. Die Genome aller 7 Arten sind mittlerweile sequenziert. Eine wichtige biologische Eigenschaft der Eimerien ist ihr enges Wirtsspektrum.

Entwicklung Der Entwicklungszyklus von *Eimeria*-Arten des Huhnes und anderer Wirtstierarten (s. u.) umfasst die ungeschlechtliche Vermehrung (Merogonie) und die geschlechtliche Reproduktion (Gamogonie) im Wirt sowie die Sporogonie in der Außenwelt. Ein solcher Zyklus wird hier am Beispiel von *E. tenella* dargestellt (▶ **Abb. 6.3**).

Entwicklung von *Eimeria tenella* Infektion und Merogonie: Die Infektion erfolgt durch Aufnahme sporulierter Oocysten, die infektiöse **Sporozoiten** enthalten, mit kontaminiertem Futter oder Trinkwasser. Die Infektionsdosis kann bei primären Infektionen sehr gering sein; eine einzigen Oocyste reicht für die Infektion eines Kükens aus. Im Darm werden die Sporozoiten durch CO_2, Galle, Trypsin und Körperwärme aktiviert und zum Ausschlüpfen aus der Oocyste stimuliert. Nach Infektion einer Wirtszelle (meist Enterocyt der Caeca) entwickelt sich der Sporozoit in einer parasitophoren Vakuole zu einem runden, wachsenden Gebilde. Inzwischen teilt sich der Kern des Parasiten mehrmals, jedoch nicht sein Cytoplasma. Dieser etwa 50 µm große Vielteilungskörper, als **Meront** bezeichnet (▶ **Abb. 6.4**), enthält schließlich mehrere 100 Kerne und drängt den stark vergrößerten Wirtszellkern zur Zellperipherie. Erst dann beginnt im Meronten die Teilung des Cytoplasmas, was zur Bildung von zahlreichen, 1-kernigen, spindelförmigen Tochterindividuen, den **Merozoiten**, führt. Durch den Prozess der **Merogonie** kommt es zu einer mehrfachen Vergrößerung der Wirtszelle. Nach vollständiger Differenzierung verlassen die motilen Merozoiten ihre Wirtszellen aktiv, wandern durch das benachbarte Gewebe, infizieren andere Wirtszellen und leiten eine weitere Merogonie ein. Auch intraepitheliale Lymphozyten werden befallen, die für die Ausbreitung der Parasiten im Darm, aber auch für immuno-

► **Tab. 6.1** *Eimeria*-Arten des Huhnes (s. ► **Abb. 6.7**).

***Eimeria*-Art**	**Hauptlokalisation, Art der Darmerkrankung, Läsionen**	**Lage der Stadien und maximale Größe der Meronten**	**Präpatenz (Tage)**	**hauptsächlich betroffene Tiergruppe und Symptome**	**Morbidität (MB), Mortalität (MT)[1]**
E. tenella	Caeca, vorwiegend distale 2/3 **hämorrhagische Typhlitis:** geschwollene Darmmukosa mit Erosionen, blutiger, später fibrinös-käsiger Inhalt, Verdickung und Erweiterung der Caeca	Meronten II subepithelial 54 µm	6	Jungtiere 4–8 Wo., auch Küken ab 1–2 Wo. akuter Verlauf, Mattigkeit, reduzierte Futter- u. Wasseraufnahme, zunächst breiiger, dann wässriger und blutiger Durchfall	MB: + + + MT: + + +
E. necatrix	mittleres Jejunum; Caeca: nur Gamonten **hämorrhagische Enteritis:** geblähter Darm, Petechien, dann mukoides, blutiges Exsudat	Meronten II subepithelial 66 µm	6	Jungtiere von 5–7 Wo., auch jüngere und ältere Tiere allmählich fortschreitende Enteritis, rötlicher, z. T. blutiger Kot, erhebliche Störungen des Allgemeinbefindens	MB: + + + MT: + + +
E. brunetti	Ileum, Caecum, Rectum **nekrotisierende Enteritis:** hyperämische, geschwollene Mukosa, Nekrosen	Meronten II subepithelial 30 µm	5	Hühner jeden Alters erhebliche Störungen des Allgemeinbefindens, Kot rosarot, teils mit Blutbeimengungen	MB: + + MT: + +
E. acervulina	Duodenum, proximales Jejunum **katarrhalische Enteritis:** weißliche Querstreifung, dann konfluierende Herde, selten blutig	epithelial 10 µm	4	Junghennen Nachlassen der Legeleistung, Gewichtsdepression, zeitlich begrenzter Durchfall mit wässrigem, schleimigem Kot	MB: + + + MT: +
E. maxima	mittleres Jejunum **katarrhalische Enteritis:** verdickte Mukosa, Petechien, mukoides Exsudat	epithelial 9 µm	5	meist 5–6 Mo. alte Legehennen, auch bei jüngeren und älteren Hennen meist milde Infektion mit kurzfristigem Durchfall, Nachlassen der Legeleistung	MB: + + + MT: +
E. mitis (Syn. *E. mivati*)	distales Jejunum, Ileum **katarrhalische Enteritis:** mukoides Exsudat, keine deutlichen Läsionen	epithelial 15 µm	4	selten Erkrankungen, evtl. Nachlassen der Legeleistung	MB: + MT: –
E. praecox	Duodenum, prox. Jejunum **katarrhalische Enteritis:** nur bei hochgradigem Befall, mukoides Exsudat, keine Läsionen	epithelial 20 µm	4	nur bei starker Infektion Enteritis, vor allem bei Küken, pastöser Kot	MB: + MT: –

[1] Grade der MB oder MT: + + + hoch; + + mittel; + gering; – keine

logische Abwehrmechanismen bei Reinfektionen verantwortlich zu sein scheinen. Da von den Merozoiten der 1. Generation häufig benachbarte Zellen befallen werden, bilden Gruppen von 50–100 Meronten der 2. Generation regelrechte „Nester“, die bis in die Lamina muscularis mucosae reichen können. In jedem dieser Meronten werden etwa 200–350 Merozoiten gebildet. Die Mehrzahl der relativ großen, etwa 16 µm langen Merozoiten der 2. Generation dringt in neue Wirtszellen vor und leitet die Phase der geschlechtlichen Entwicklung (Gamogonie) ein, der Rest kann sich zu einer 3. oder 4. Merontengeneration entwickeln.

Gamogonie: In dieser Phase entwickeln sich die meisten Merozoiten direkt zu einer einzigen, großen, 1-kernigen, sphäroiden Zelle, dem **Makrogameten** (► **Abb. 6.6**). Diese enthalten peripher liegende, eosinophile Granula, sog. Hüllbildungskörperchen, die aus einer äußeren Schicht von Glycoproteinen und einer inneren, vorwiegend aus Proteinen gebildeten Schicht bestehen. Wenige Merozoiten wachsen zu großen, vielkernigen Teilungskörpern heran, den **Mikrogamonten**, in denen viele spindelförmige, 2- bis 3-geißelige **Mikrogameten** gebildet werden. Diese Mikrogameten schwärmen aus und je 1 Mikrogamet befruchtet einen Makrogameten, was zur Bildung einer **Zygote** führt. Die Granula bilden um die Zygote eine

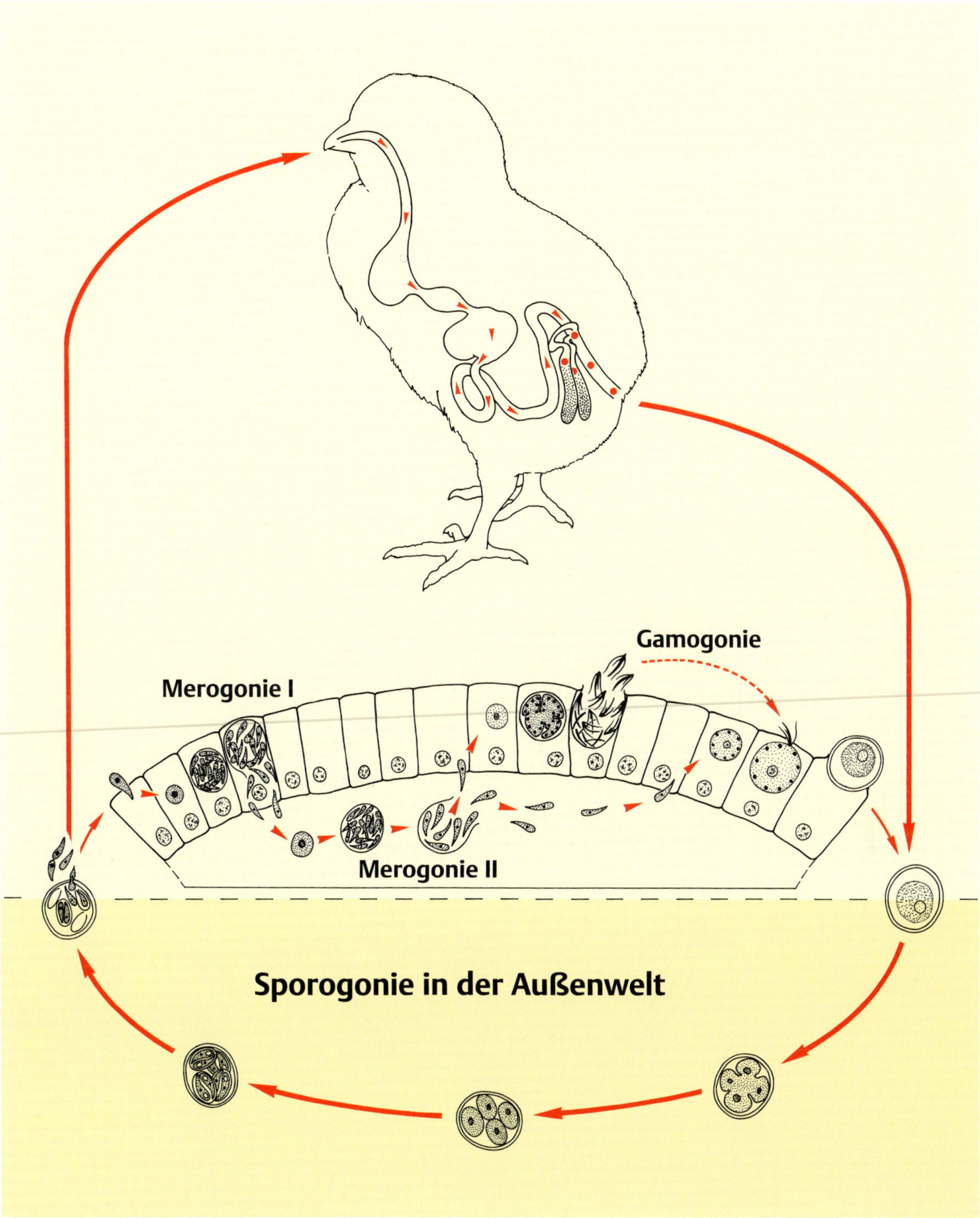

▶ **Abb. 6.3** Entwicklungszyklus von *Eimeria tenella*. (Grafik: Salome Ehrat, nach einer Vorlage von Johannes Eckert und Peter Deplazes, Vetsuisse-Fakultät, Universität Zürich)

widerstandsfähige Cystenhülle. Dabei verkleinert sich die Zygote zu einer sphäroiden Zelle (Sporont) und der Raum zwischen dem Sporonten und der Cystenhülle füllt sich mit einer optisch leeren Trophe (Nährflüssigkeit). Da die Cyste einem Ei ähnelt, wird sie als **Oocyste** bezeichnet. Die Oocysten werden beim Zerfall der Wirtszellen frei und mit dem Darminhalt ausgeschieden.

Die Präpatenz dauert bei *E. tenella* 6 Tage. Es folgt eine kurze Patenz von einigen Tagen, dann erlischt bei fehlender Reinfektion die Oocystenausscheidung, weil die Zahl der Merogonien artspezifisch begrenzt ist, bei *E. tenella* auf 2–3 (maximal 4) Generationen.

Sporogonie: Zur Zeit der Ausscheidung im Kot enthalten die Oocysten den diploiden Sporonten. Außerhalb

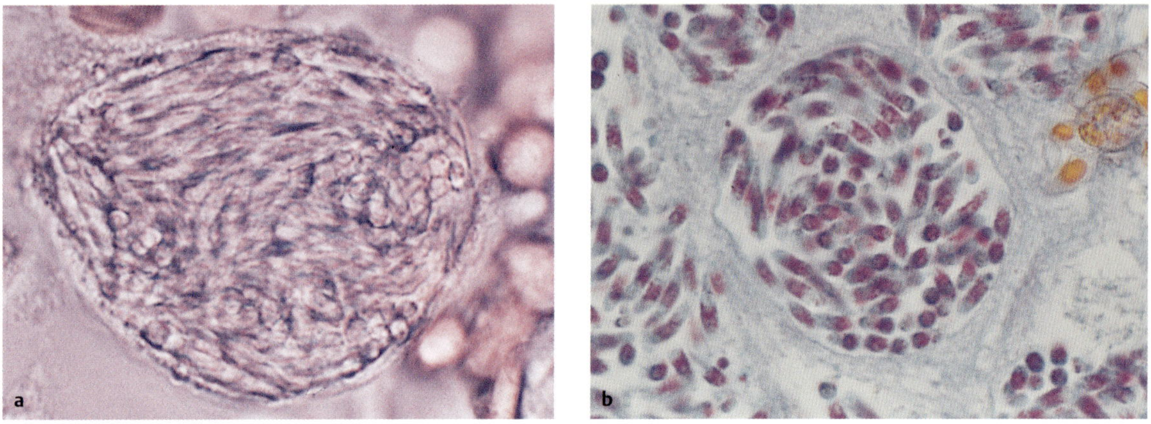

► **Abb. 6.4** *Eimeria tenella*.
a Meront II, nativ (Größe ∅ ≈ 50 µm) (Quelle: Karl Theodor Friedhoff, Institut für Parasitologie, Stiftung Tierärztliche Hochschule Hannover)
b Meronten im histologischen Schnitt (Quelle: Karl Theodor Friedhoff, Institut für Parasitologie, Stiftung Tierärztliche Hochschule Hannover)

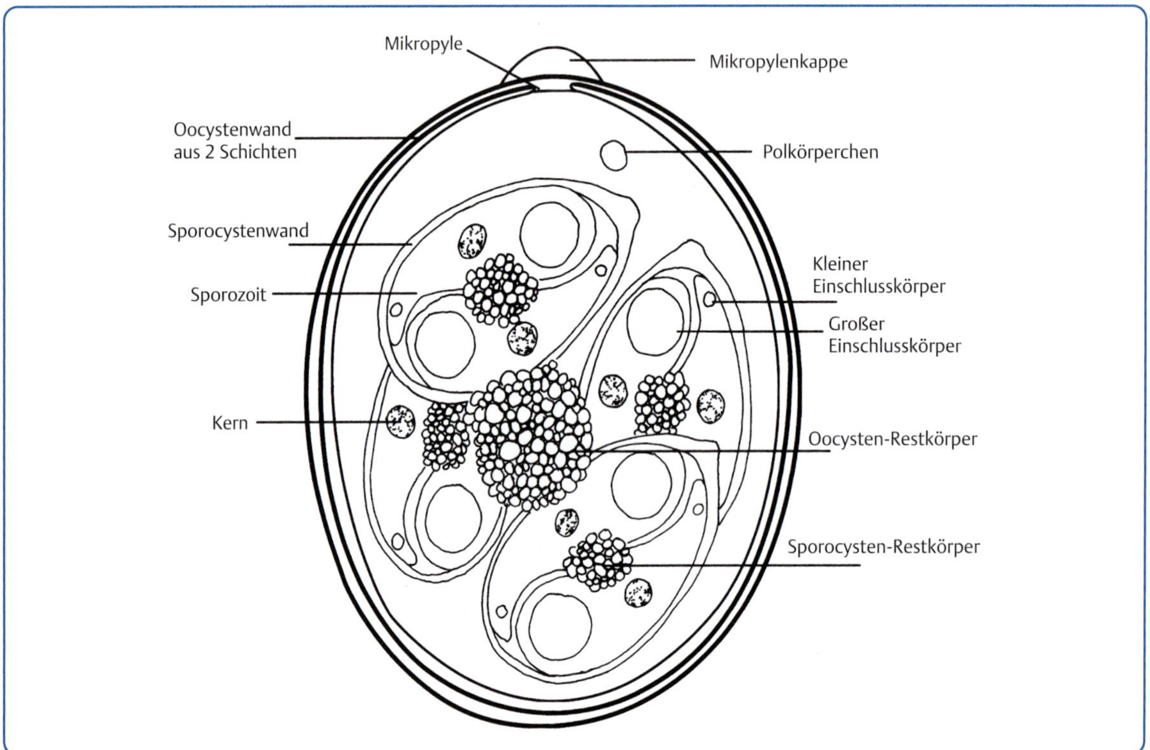

► **Abb. 6.5** Schema einer *Eimeria*-Oocyste. (Grafik: Institut für Parasitologie, Vetsuisse-Fakultät, Universität Zürich)

des Wirtes erfolgt die weitere Entwicklung des **Sporonten** durch Meiose. In einem Teilungsschritt werden gleichzeitig 4 haploide Sporoblasten gebildet, die sich jeweils mit einer Hülle umgeben und sich so zu einer **Sporocyste** entwickeln. In jeder der 4 Sporocysten entstehen 2 spindelförmige, für den Wirt infektiöse **Sporozoiten** (► Abb. 6.5). Die Sporulation der Oocysten erfordert Sauerstoff, einen gewissen Grad an Feuchtigkeit und geeignete Temperaturen. Für die Sporulation günstig sind Temperaturen von 25–30 °C; Temperaturen > 35 °C schädigen die Oocysten, bei Temperaturen < 10 °C sistiert die Entwicklung. Die Entwicklung vom Sporonten bis zu den Sporozoiten (Sporogonie) dauert bei günstigen Temperaturen etwa 2 Tage.

Entwicklung anderer *Eimeria*-Arten Die Entwicklung der anderen *Eimeria*-Arten des Huhnes folgt im Prinzip dem gleichen Schema (► Abb. 6.6). Unterschiede bestehen hinsichtlich der Lokalisation der Entwicklungsstadien in verschiedenen Darmabschnitten (► Tab. 6.1) und im Gewebe (z. B. bei einigen Arten Entwicklungsstadien nur im Epithel, bei anderen subepithelial), der Anzahl der

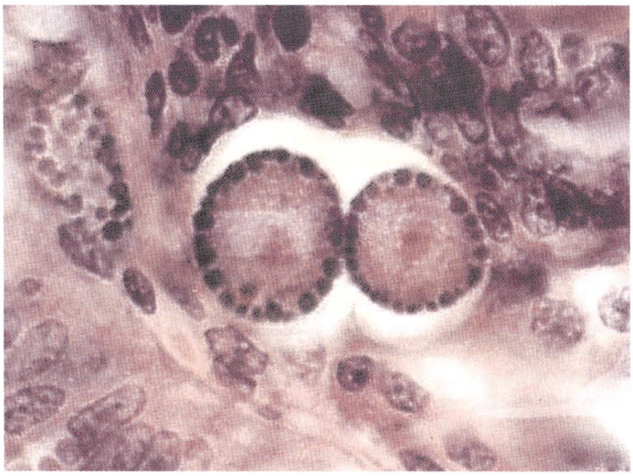

▶ **Abb. 6.6** *Eimeria maxima*: Makrogameten im histologischen Schnitt. (Quelle: Karl Theodor Friedhoff, Institut für Parasitologie, Stiftung Tierärztliche Hochschule Hannover)

Merontengenerationen (2–4, selten mehr), der Präpatenzen (< 4–6 d) und auch in der Sporulationsdauer der Oocysten unter konstanten Bedingungen.

Vorkommen und Epidemiologie Die *Eimeria*-Arten des Haushuhns sind weltweit verbreitet und ubiquitär, wo immer Hühner gehalten werden. Das Vorkommen der unterschiedlichen *Eimeria*-Arten variiert jedoch je nach geografischer Region und Haltungssystem. Wegen ihrer ausgeprägten Wirtsspezifität kommen als Infektionsquellen und Reservoirwirte nur Hühner in Betracht. In der Praxis ist es unmöglich, *Eimeria*-Infektionen in Hühnerbeständen zu verhindern, weil Oocysten passiv durch starke Luftströmungen verdriftet oder an Gegenständen, Tieren, Personen usw. haftend leicht verschleppt werden. In der Epidemiologie spielen die Kontamination der Umwelt mit Oocysten, die Altersstruktur und der Immunstatus der Herde, die Haltungsbedingungen sowie andere Faktoren eine Rolle.

Das Ausmaß der Oocystenkontamination hängt maßgeblich von der Haltungsform ab. Bei der **extensiven Freilandhaltung** von Hühnern kann die Oocystendichte in der Umwelt gering sein, was schwache und inapparente Infektionen zur Folge hat. Die kontinuierliche Aufnahme weniger Oocysten führt nach und nach zu einer artspezifischen Immunität, die vor Erkrankungen schützt. Bei starker Kontamination der Umwelt mit Oocysten kann es jedoch vor Ausbildung eines ausreichenden Immunitätsstatus in der Herde zur Erkrankung der Tiere kommen.

Unter den Bedingungen der **intensiven Bodenhaltung in Stallungen** sind die hochempfänglichen jungen **Masttiere** während der kurzen Mastperiode von etwa 5–6 Wochen einem erheblichen Infektionsrisiko ausgesetzt, das von der Oocystendichte in der Umwelt, aber auch von anderen Bedingungen abhängt. Sporulierte Oocysten sind langlebig (unter günstigen Bedingungen > 1 Jahr) und gegenüber den meisten chemischen Desinfektionsmitteln (S. 595) sehr resistent. Bei unzureichender Reinigung und Desinfektion der Stallungen vor dem Neubesatz mit Mastküken verbleibt eine Oocystenmenge, die für initiale Infektionen ausreicht. Nach einer Primärinfektion scheiden infizierte Küken größere Mengen von Oocysten aus, die sich in der Tiefstreu anreichern und nachfolgend in einem hohem Infektionsdruck resultieren.

Immunologie Die Coccidiose wird sowohl über angeborene als auch über erworbene Immunreaktionen reguliert. Diverse Zelltypen wie Makrophagen, dentritische Zellen, NK-Zellen, Eosinophile oder Mastzellen sind bei angeborenen Immunreaktionen beteiligt, wobei IFN-γ als Schlüsselmolekül gilt. Toll-like-Rezeptor(TLR)-vermittelte Immunreaktionen spielen bei nicht adaptiven Reaktionen eine Rolle, was kürzlich über den milzzellstimulierenden Effekt von *Eimeria*-spezifischem Profilin (Profilin gilt als potenzieller Ligand von TLR) gezeigt wurde. Zudem scheint eine spezifische Subpopulation von T-Helfer-Zellen (TH_{17}) an frühen Immunreaktionen über Freisetzung des stark entzündungsfördernden IL-17 gegen einige aviäre *Eimeria*-Arten beteiligt zu sein. Sowohl das Ausmaß als auch die Dauer der Oocystenausscheidung nach Primärinfektionen wird über TH_1-assoziierte Mechanismen begrenzt.

Immunitäten gegen Belastungsinfektionen sind in ihrer Ausprägung abhängig von den induzierenden *Eimeria*-Arten, von Infektionsdosis und Expositionsdauer sowie von Reaktionslage und genetischen Eigenschaften des Wirts. Sie sind weitgehend art- oder sogar stammspezifisch, obwohl eine gewisse Kreuzreaktivität zwischen *E. tenella* und *E. necatrix* zu bestehen scheint. Auch die Immunogenität unterscheidet sich bei den Arten. *E. maxima* ist hochimmunogen, *E. acervulina* gering immunogen. Die Immunität entwickelt und verstärkt sich unter Feldbedingungen über permanente Reinfektionen. Der protektive Effekt der Immunität ist i. d. R. nur partiell, verhindert aber die Erkrankung. Für die antigene Stimulation ist vor allem die 2. Merontengeneration verantwortlich. Hauptsächliche Zielstadien der schützenden Immunität sind dagegen die sich entwickelnden 1. Meronten. Unter natürlichen Bedingungen mit anhaltenden Reinfektionen bildet sich eine belastbaren Immunität bis zur 3. bzw. 4. Lebenswoche aus.

Die Immunität gegen aviäre Coccidien wird v. a. über zelluläre Mechanismen unter Einbindung der $CD4^+$- und $CD8^+$-T-Zellen vermittelt. Die Bedeutung der humoralen Immunität wurde lange Zeit als gering eingeschätzt. Allerdings produzieren Hennen humorale IgY (diese entsprechen IgG in Säugetieren), die über Eidotter auf Küken übertragen werden. Über hochdosierte Immunisierungen von Hennen mit *E. maxima* erhielten Küken maternale Antikörper, die bei Küken, die aus Eiern stammten, welche von Hennen 3–4 bzw. 8 Wochen nach ihrer Immunisation gelegt wurden, nach homologen Infektionen zu einer Reduktion der Oocystenausscheidung um 90 bzw. 68 % führten.

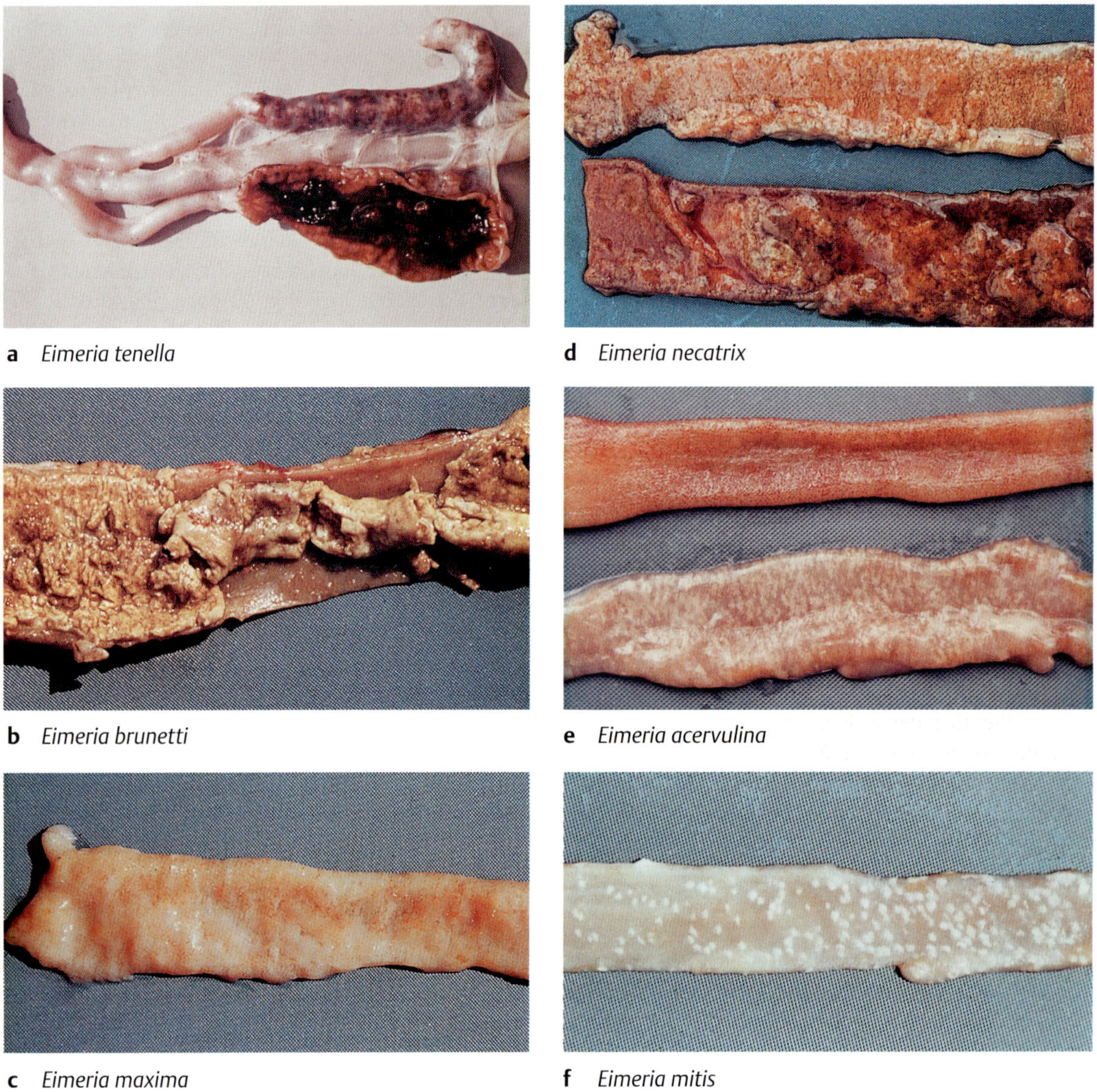

▸ **Abb. 6.7** Typische Darmveränderungen beim Huhn, verursacht durch verschiedene *Eimeria*-Arten. (Quelle: Hilbrich, P. Krankheiten des Geflügels unter besonderer Berücksichtigung der Haltung und Fütterung. 3. Aufl. Verlag Hermann Kuhn GmbH & Co. KG, Villingen-Schwenningen, 1978)

Pathogenese und Krankheitsbild Die wesentlichen pathologischen und klinischen Formen der Coccidiose sind in ▸ **Tab. 6.1** zusammengestellt und aus ▸ **Abb. 6.7** ersichtlich. Da unter natürlichen Bedingungen meist Mischinfektionen vorliegen, orientieren sich die pathologischen Veränderungen und das klinische Bild an der jeweils vorherrschenden Art bzw. der Mischung der Arten.

Die Schädigung und der Verlust von Enterozyten und anderen Darmzellen führen zu Störungen der Darmfunktion, u. a. zu Malabsorption sowie zu Protein- und Flüssigkeitsverlust mit nachfolgender Hyproteinämie. So sind z. B. nach *Eimeria*-Infektionen Defizite an essenziellen Aminosäuren, Glukose, Vitaminen, Calcium, Phosphor und Spurenelementen häufig. *E. tenella* und *E. necatrix* verursachen darüber hinaus infolge des Zerfalls der großen, tief in der Mukosa liegenden Meronten erhebliche Blutungen mit nachfolgender Anämie und Immunsuppression. TNF, freie Sauerstoffradikale und Stickoxide, die während einer *Eimeria*-Infektion freigesetzt werden, können zur Schleimhautschädigung beitragen.

Coccidien können zudem über die herbeigeführte Darmschädigung oder Immunsuppression Wegbereiter für andere Erkrankungen sein. So kann *Clostridium perfringens*, welches zur normalen Darmflora gehört, infolge einer Coccidiose eine nekrotisierende Enteritis verursachen.

Diagnose Die Symptomatik der Coccidiose ist unspezifisch. Die Diagnose stützt sich auf das Sektionsbild und den mikroskopischen Nachweis arttypischer Entwicklungsstadien im Nativpräparat (Schleimhautabstriche). Lokalisation und Art der Läsionen sowie die Lage und Größe der Meronten oder Gamonten gestatten häufig die Bestimmung der *Eimeria*-Art oder ermöglichen eine Wahrscheinlichkeitsdiagnose (▶ **Tab. 6.1**, ▶ **Abb. 6.7**). Sporulierte Oocysten der aviären *Eimeria*-Arten zeigen mit 4 Sporocysten zu je 2 Sporozoiten die typischen Charakteristika der Gattung. Form und Größe der Oocysten eignen sich nicht zur Artbestimmung, außer bei *E. maxima*-Infektionen wegen deren Größe (30 × 21 µm; Oocysten anderer Arten: 16–25 × 14–19 µm). Über computergestützte Imaging-Systeme, die bestimmte Eigenschaften (Abmaße, Struktur, Farbigkeit etc.) der Oocysten berücksichtigen, wird versucht, *Eimeria*-Oocysten (u. a. von Huhn, Schwein, Rind) zu differenzieren. Mit COCCIMORPH steht eine online verfügbare Software zur Verfügung, die unter Einbeziehung morphologischer Kriterien eine Schnelldiagnose erlaubt (www.coccidia.icb.usp.br/coccimorph/). Auch genetische Techniken ermöglichen eine artspezifische und stammbezogene Diagnose.

Therapie Eine Heilung bereits erkrankter Hühner ist i. d. R. nicht möglich. Eine Herde mit ersten Erkrankungsfällen sollte aber dennoch mit geeigneten Anticoccidia behandelt werden, um den Krankheitsausbruch bei noch nicht infizierten oder im Frühstadium der Infektion befindlichen Tieren zu verhindern. Dazu sind Toltrazuril (7 mg/kg KG an 2–3 aufeinanderfolgenden Tagen im Trinkwasser; nicht bei Legehennen!) und Sulfonamide verfügbar (bei Letzteren evtl. Nebenwirkungen).

Bekämpfung Hygiene, die Chemoprophylaxe mit Anticoccidia (▶ **Tab. 23.21**) und die Vakzination sind die wichtigsten Maßnahmen der Bekämpfung (S. 645).

Eimeria-Arten beim Truthuhn (Pute)

Eimeria-Arten beim Truthuhn entwickeln sich v. a. im Dünndarm: *E. meleagrimitis* (vorwiegend im proximalen Dünndarm), *E. innocua* und *E. surotunda* (nur Dünndarm), *E. dispersa* (Dünndarm, Rektum), *E. adenoeides* und *E. gallopavonis* (Dünndarm, Rektum, Caeca). Diese *Eimeria*-Arten sind mit Ausnahme von *E. dispersa* wirtsspezifisch, bei welcher bestimmte Stämme auch Fasane und Wachteln infizieren. Die *Eimeria*-Arten beim Truthuhn verursachen je nach ihrer Pathogenität Läsionen (von leichter Enteritis bis zur schweren nekrotischen und hämorrhagischen Enteritis) und auch Erkrankungen, die häufig unauffälliger verlaufen als bei Masthühnern. Die pathogensten Arten sind *E. adenoides*, *E. gallopavonis* und *E. meleagrimitis*. Erwachsene Truthühner erkranken selten an Coccidiose, Jungtiere sind gefährdet und erhalten daher Anticoccidia mit dem Futter (▶ **Tab. 23.21**). Alternativ kann in manchen Ländern geimpft werden (▶ **Tab. 21.7**).

Eimeria-Arten und andere Coccidien bei Enten

Die im Darm der Hausente parasitierenden Eimeriiden gehören den Gattungen *Tyzzeria* (8 Sporozoiten in der Oocyste, keine Sporocyste), *Wenyonella* (4 Sporozoiten in jeder der 4 Sporocysten der Oocyste) und *Eimeria* an. Es wurden etwa 13 Arten beschrieben, deren Validität z. T. nicht gesichert ist. In Frankreich beobachtete man in Entenbeständen 2 *Tyzzeria*-Arten (*T. pellerdyi, T. perniciosa*), 4 *Eimeria*-Arten (*E. danailovi, E. nyroca, E. aythyae, E. mulardi*) und dazu 1 *Cryptosporidium*-Art. Die Tyzzerien waren am häufigsten. *T. perniciosa* ist für Entenküken pathogen und Ursache einer hämorrhagischen Enteritis. Bei starkem Befall des Dünndarms mit *E. danailovi* wurden bei Entenküken auch zentralnervöse Symptome beobachtet. *E. mulardi* parasitiert in den Wirtszellkernen in Jejunum und Ileum und kann eine hämorrhagische Enteritis verursachen. Insgesamt scheinen Coccidiosen bei Enten selten aufzutreten, Todesfälle wurden nur bei Entenküken beobachtet, die auf Böden mit hoher Oocystendichte gehalten wurden. Daher ist eine Chemoprophylaxe meist nicht erforderlich. Zur Therapie eignet sich Toltrazuril.

Cave
Einige Anticoccidia sind für Enten toxisch!

Eimeria-Arten und andere Coccidien bei Gänsen

In Gänsearten wurden mindestens 15 Eimeriidenarten gefunden, 6 in der Hausgans. Eine Art gehört zur Gattung *Tyzzeria* (s. o.), die anderen sind *Eimeria*-Arten. Die wenig pathogene *T. parvula* parasitiert in Epithelzellen im Dünndarm. Von den mehreren, im Darm parasitierenden *Eimeria*-Arten verursachen *E. anseris* und *E. nocens* Dünndarmcoccidiosen; *E. kotlani* parasitiert in den Wirtszellkernen und kann geringgradige Veränderungen im Enddarm hervorrufen. Eine Sonderstellung nimmt *E. truncata* ein, die sich in Epithelzellen der Nierentubuli entwickelt. Bei befallenen Tieren sind die Nieren und die Nierentubuli vergrößert, das Nierenparenchym ist durchsetzt von vielen kleinen, gelblich weißen Herden, häufig in strangförmiger Anordnung. Der Befall führt zu Tubulusnekrose und reaktiver interstitieller Nephritis. Die Infektion ist für Gänseküken hochpathogen; zuweilen sterben ganze Herden innerhalb weniger Tage. Für die Therapie haben sich Monensin und Toltrazuril bewährt (Halofuginon erwies sich als toxisch).

Eimeria-Arten bei anderen Vögeln (Taube, Fasan, Perlhuhn, Wachtel)

Bei **Tauben** sind in Europa 2 oft vergesellschaftete *Eimeria*-Arten beschrieben: *E. labbeana* und *E. columbarum*. Sie verursachen bei Haustauben meist milde katarrhalische Dünndarmerkrankungen, die kaum zur Störung des Allgemeinbefindens führen, jedoch die Flug- und Orientierungsleistungen von Brieftauben erheblich beeinträchtigen können. Daher sind Behandlungen dieser Infektionen mit Toltrazuril, Clazuril oder anderen, für Tauben verträglichen Anticoccidia oft angezeigt. **Cave:** Während der Mauser verursachen die meisten Mittel Federschäden! Am wichtigsten sind strikte hygienische Maßnahmen: regelmäßige Reinigung und Desinfektion des Schlages, der Futter- und Trinkgefäße, Trockenhaltung durch Sand als Bodenabdeckung, Trinkgefäße mit kleinen Öffnungen.

Fasane, Perlhühner und Wachteln (Haustier- oder Intensivhaltung) und andere Vogelarten werden von meist wirtsspezifischen und unterschiedlich pathogenen Coccidien befallen, wie z. B. Fasane von 7 *Eimeria*-Arten. Die Coccidiose kann bei Jungvögeln ein ernsthaftes Problem mit hoher Mortalität in Zuchten darstellen. Hier sind hygienische Maßnahmen (wie oben beschrieben) und ggf. Anticoccidia angezeigt.

Eimeria-Arten bei Wild- und Ziervögeln

Einige Angaben zur viszeralen Coccidiose finden sich unter *Isospora* spp. bei Wild- und Hausvögeln (S. 97).

Literaturhinweise

Chapman HD, Barta JR, Blake D et al. A selective review of advances in coccidiosis research. Adv Parasitol 2013; 83: 93–171

Chengat Prakashbabu B, Thenmozhi V, Limon G et al. *Eimeria* species occurrence varies between geographic regions and poultry production systems and may influence parasite genetic diversity. Vet Parasitol 2017; 233: 62–72

Clark EL, Tomley FM, Blake DP. Are *Eimeria* genetically diverse, and does it matter? Trends Parasitol 2017; 33: 231–241

Dubey JP, ed. Coccidiosis in livestock, poultry, companion animals, and humans. Boca Raton, Fla.: CRC Press; 2019. ISBN: 978-0-36726-592-2

Kim WH, Chaudhari AA, Lillehoj HS. Involvement of T cell immunity in avian coccidiosis. Front Immunol 2019; 10: 2732

Krautwald-Junghanns ME, Zebisch R, Schmidt V. Prelevance and treatment of coccidiosis in domestic pigeons (*Columba livia* forma domestica) with particular emphasis on toltrazuril. J Avian Med Surg 2009; 23: 1–5

Min W, Kim WH, Lillehoj EP et al. Recent progress in host immunity to avian coccidiosis: IL-17 family cytokines as sentinels of the intestinal mucosa. Dev Comp Immunol 2013; 41: 418–428

Reid AJ, Blake DP, Ansari HR et al. Genomic analysis of the causative agents of coccidiosis in domestic chickens. Genome Res 2014; 24: 1676–1685

Eimeria-Arten und Coccidiose des Rindes

Praxis

Beim Rind kommen wirtsspezifische *Eimeria*-Arten vor, von denen einige besonders bei Jungtieren schwer verlaufende **katarrhalische Enteritiden** oder **hämorrhagische Entzündungen des Dünn- oder Dickdarms** hervorrufen.

Das Wichtigste in Kürze

***Eimeria*-Arten des Rindes**

- **Erreger.** Weltweit kommen eine Vielzahl von *Eimeria*-Arten beim Rind vor. In Mitteleuropa sind 13 Arten nachgewiesen. Wichtigste Arten: *E. zuernii, E. bovis, E. alabamensis*.
- **Entwicklung.** Infektion per os mit sporulierten Oocysten. Endogene Entwicklung in Dünndarm und Dickdarm (*E. bovis, E. zuernii*) oder nur im Dünndarm. Soweit bekannt, 2 Merontenstadien, teils (*E. bovis, E. zuernii, E. auburnensis*) mit sog. Makromeronten (∅ 200–300 µm) als 1. Generation im distalen Dünndarm. Präpatenzen artabhängig 6–24 Tage.
- **Vorkommen, Epidemiologie.** Hohe Prävalenzen (> 80 %) weltweit. Häufigste Arten: *E. bovis, E. zuernii, E. ellipsoidalis, E. auburnensis*. Sporulierte Oocysten bleiben im Stall und auf der Weide über Monate infektiös. Erkrankungen treten vorwiegend bei Jungtieren bis zu einem Alter von 1½ Jahren auf. Meist jedoch enzootische Stabilität durch frühe Entwicklung einer schützenden Immunität. *E. alabamensis* verursacht Erkrankungen bei erstsömmrigen Rindern ca. 2 Wochen nach Weideaustrieb.
- **Pathogenese, Krankheitsbild.** *E. bovis* und *E. zuernii* können schwere hämorrhagische Typhlitis und Colitis, *E. alabamensis* hochgradige katarrhalische Enteritis verursachen.
- **Diagnose.** Symptome und Nachweis meist zahlreicher Oocysten in Kotproben (Flotation); Morphologie der sporulierten Oocysten erlaubt Artidentifikation.
- **Therapie, Bekämpfung.** Behandlung exponierter Tiere mit Toltrazuril (1 × 15–20 mg/kg KG p. o. oder 2 × 10 mg/kg KG p. o. an 2 aufeinanderfolgenden Tagen) oder Diclazuril (1 mg/kg KG p. o.); palliative Behandlung (Elektrolyte etc.). Bekämpfung: Weide- und Stallhygiene; besondere Maßnahmen bei *E. alabamensis*.

Erreger In Mitteleuropa sind beim Rind bisher 13 *Eimeria*-Arten nachgewiesen worden, die an der Morphologie der sporulierten Oocysten identifizierbar sind (▸ **Tab. 6.2**, ▸ **Abb. 19.9**). Wie die Eimerien anderer Tierarten sind auch die *Eimeria*-Arten des Rindes wirtsspezifisch, treten teils aber neben eigenen Arten auch bei anderen Boviden (u. a. Büffel, Bison) auf. *E. zuernii* und *E. bovis* können hochpathogen sein.

Entwicklung Die Entwicklung folgt mit artspezifischen Besonderheiten dem allgemeinen Schema der Eimerien (S. 83); sie ist bisher allerdings nur bei *E. zuernii, E. bovis,*

▶ **Tab. 6.2** *Eimeria*-Arten (Auswahl) des Rindes (Oocystenmorphologie s. ▶ **Abb. 19.9**).

Eimeria-Art	Hauptlokalisation der Entwicklungsstadien und Krankheit	Pathogenität[1]	Präpatenz in Tagen
E. bovis	Ileum (Endothelzellen zentraler Lymphkapillaren der Zotten): große Meronten I (∅ > 200 µm); Caecum u. Colon (Epithel): kleine Meronten II u. Gamonten **hämorrhagische Typhlitis und Colitis**	+ + +	18–21
E. zuernii	Ileum (Lamina propria): große Meronten I (∅ > 200 µm); Caecum, Colon (Epithel): kleine Meronten II u. Gamonten **hämorrhagische Typhlitis und Colitis**	+ + +	15–17
E. alabamensis	Jejunum, besonders Ileum (in Kernen von Epithelzellen): Meronten I u. II u. Gamonten; selten Gamonten in Colon u. Caecum **katarrhalische Enteritis**	+ +	6–8
E. auburnensis	Jejunum, Ileum (Epithel): große Meronten I (bis 240 µm) u. Meronten II; Gamonten in Lamina propria **katarrhalische Enteritis**	+ +	≥ 16
E. ellipsoidalis	Jejunum, besonders Ileum (Epithel): Meronten I u. II u. Gamonten **katarrhalische Enteritis**	+	8–10
E. wyomingensis	distaler Dünndarm keine weiteren Angaben verfügbar	–	≥ 13
interne Entwicklung unbekannt: *E. bukidnonensis, E. subspherica, E. cylindrica, E. canadensis, E. brasiliensis*			

[1] Grade der Pathogenität: + + + hoch; + + mittel; + gering; – keine

E. alabamensis und *E. auburnensis* näher untersucht worden (▶ **Tab. 6.2**). Nach peroraler Aufnahme sporulierter Oocysten besiedeln die im Darm freigewordenen Sporozoiten artspezifisch Zellen des Jejunums und Ileums und folgen, soweit bekannt, in der Weiterentwicklung 2 unterschiedlichen Strategien: Im Falle von *E. bovis, E. zuernii* und *E. auburnensis* werden während einer bis zu etwa 2 Wochen dauernden 1. Merogonie 200–300 µm große, makroskopisch erkennbare sog. Makromeronten gebildet, die letztlich jeweils > 100 000 Merozoiten I enthalten. Bei anderen Arten wie *E. alabamensis* bilden sich innerhalb weniger Tage kleine (10 µm) Meronten I mit gewöhnlich um 30 Merozoiten. Die 2. Merogonie und die anschließende Gamogonie geschehen bei allen Arten relativ schnell und in rascher Folge in Enterozyten oder in der Lamina propria meist mehr distaler Darmabschnitte. Die Unterschiede in der Entwicklung spiegeln sich in unterschiedlichen Präpatenzen von > 2 Wochen im ersten und 6–10 Tagen im letzten Fall wider (▶ **Tab. 6.2**).

Weitere artspezifische Unterschiede zeigen sich in besonderen Lokalisationen der Meronten I: Diese etablieren sich z. B. bei *E. bovis* in Endothelzellen der zentralen Lymphkapillaren in den Darmzotten und bei *E. alabamensis* in Kernen von Epithelzellen des Dünndarms. Dies wird als Aufsuchen einer immunologischen Nische interpretiert.

Die Patenzen sind bei Fehlen von Reinfektionen gewöhnlich kurz und erstrecken sich auf wenige Tage bis 2 Wochen. Die maximale Oocystenausscheidung erfolgt gewöhnlich wenige Tage nach Beginn der Patenz. Für die Sporulation der mit dem Kot freigesetzten Oocysten werden bei geeigneten Temperaturen und Feuchtigkeit meist nur 2–3 Tage benötigt.

Vorkommen und Epidemiologie Weltweit treten *E. bovis, E. zuernii, E. ellipsoidalis* und *E. auburnensis* häufig auf, gefolgt von den anderen Arten in regional schwankenden Prävalenzen. In den meisten Fällen handelt es sich um Mischinfektionen mit mehreren Arten. Die Prävalenzen schwanken saisonal und regional erheblich und können Werte bis > 90 % erreichen. Allgemein sind Prävalenz und Intensität der Oocystenausscheidung bei 3–18 Monate alten Jungtieren höher als bei älteren Rindern, doch zeigen Kühe im Zeitraum um die Geburt erhöhte Ausscheidungsintensitäten. Kälber können sich bereits in den ersten Lebenstagen infizieren und ab der 2. Lebenswoche Oocysten ausscheiden. Unter Stallbedingungen wurden maximale Befallshäufigkeiten und -intensitäten um die 9.–10. Lebenswoche beobachtet, wobei jedoch deutliche Unterschiede für die einzelnen *Eimeria*-Arten bestanden. Disponierend für die Infektion der Kälber gelten alle Aufstallungsformen, die einen intensiven Kontakt der Tiere untereinander sowie zu ihren Fäzes ermöglichen. Die Oocysten werden durch Kontamination der Boxen, der Ausläufe, der Weideflächen, des Wassers, des Futters und des Haarkleids anderer Tiere verbreitet sowie mit dem Futter und Wasser oder beim Lecken aufgenommen. Feuchtigkeit und Wärme begünstigen die Sporulation, Temperaturen < 8 °C wirken hemmend, Wärme > 32 °C kann bereits zur Schädigung der Oocysten führen, besonders bei niedriger Feuchte. An feuchten und schattigen Stellen von Weiden können die besonders widerstandsfähigen sporulierten Oocysten einiger *Eimeria*-Arten des Rindes viele Monate lebensfähig bleiben und auch überwintern.

Die *Eimeria*-Infektionen verlaufen bei den meisten Tieren inapparent. Erkrankungen treten besonders bei Jungtieren im Alter von ½ bis 1½ Jahren auf, seltener bei jüngeren oder älteren Tieren (Besonderheit bei *E. alabamensis*). Umstallungen und Neugruppierungen von Jungtiergruppen (Einzel- zu Gruppenhaltung, Kleingruppen- zu Großgruppenhaltung) führen regelmäßig zu steigenden Extensitäten und Intensitäten der Oocystenausscheidung. In Mitteleuropa ereignen sich die durch *E. bovis* und *E. zuernii* verursachten Ausbrüche vorwiegend während der Weidesaison von Frühsommer bis Herbst, doch treten Erkrankungen auch saisonunabhängig bei Stall- und Auslaufhaltung sowie bei Haltung von Absetzkälbern in Boxen auf.

Typisch für *E. alabamensis* sind Infektionen bei Weiderindern. Diese Art kann bei erstsömmrigen, bis 15 Monate alten Rindern 2 Wochen nach Weideaustrieb schwere katarrhalische Enteritiden hervorrufen. Regelmäßige Ausbrüche (Morbidität > 60 %) wurden in Norddeutschland, Dänemark und Schweden beschrieben. Die Oocysten von *E. alabamensis* sind sehr langlebig (> 2 Jahre auf der Weide) und trockenresistent. Über 8 Monate altes Heu enthielt noch genügend infektiöse Oocysten, um bei Kälbern oder Rindern eine Coccidiose auszulösen.

Immunologie Im Verlauf wiederholter natürlicher Infektionen erwerben Rinder eine artspezifische Immunität gegen Eimerien, die vor Erkrankungen schützt, aber gewöhnlich die Oocystenausscheidung nicht völlig unterbindet. Experimentelle Studien zur Charakterisierung von Immunreaktionen des Rindes gegen Coccidien beziehen sich in erster Linie auf *E. bovis*-Infektionen. Danach supprimieren die in Endothelzellen heranwachsenden Meronten I alle wesentlichen Entzündungsparameter und sichern somit die Ausbildung der reifen Meronten. Andererseits stellen neutrophile Granulozyten wichtige Effektorzellen im Rahmen der angeborenen Abwehrreaktionen gegen Sporozoiten dar, u. a. über die Bildung von NETs (S. 25) (*Neutrophil Extracellular Traps*) und Phagocytose. Unter experimentellen Bedingungen entwickeln Rinder gegen *E. bovis* eine belastbare Immunität sowohl nach einmaliger massiver Infektion als auch nach wiederholten schwachen Infektionen. Begleitend zu Primär- und Belastungsinfektionen sammeln sich in den betroffenen Schleimhautbereichen $CD4^+$- bzw. $CD8^+$-T-Zellen an und weisen auf cytotoxische T-Zellen als Effektorzellen gegen die Eimerien aus Belastungsinfektionen hin.

Pathogenese Besonders pathogen sind *E. zuernii* und *E. bovis*. Ihre großen Meronten I spielen im klinischen Geschehen offensichtlich keine entscheidende Rolle, doch kann die Freisetzung der Meronten II und der Gamonten im Dickdarm zu erheblichen Läsionen führen. Je nach Intensität der Infektion kommt es zu herdförmigen bis flächigen Epithelverlusten und Nekrosen der Mukosa, zur Erweiterung von Lymph- und Blutgefäßen sowie zu zellulären Infiltrationen und Ödemen. Durch die Läsionen gehen Flüssigkeit, Mineralstoffe, Proteine (vor allem Albumin) und bei Eröffnung von Kapillaren auch Blut in den Darmkanal verloren. Der Caecum- und Coloninhalt wird dünnbreiig bis flüssig und enthält Blut, Fibrin, Schleimhautfetzen und Oocysten.

Mit der Freisetzung der Meronten II von *E. alabamensis* entsteht bei massiven Infektionen im Dünndarm eine hochgradige katarrhalische Enteritis mit Epitheldesquamationen und Verdickung der Darmwand. Trotz oberflächlicher Schleimhautnekrosen bleiben Blutungen aus. Andere, den Dünndarm besiedelnde *Eimeria*-Arten können ebenfalls katarrhalische Entzündungen verursachen (z. B. *E. ellipsoidalis*); von einem Teil dieser Arten ist die pathogene Wirkung unbekannt (▸ **Tab. 6.2**).

Krankheitsbild In Mitteleuropa sind als Ursache von Erkrankungen vor allem *E. bovis* oder *E. zuernii* (häufig in Mischinfektionen mit *E. ellipsoidalis*) und *E. alabamensis* wichtig.

E. bovis* und *E. zuernii Bei geringgradiger Erkrankung setzen die Tiere dünnbreiigen bis wässrigen Kot ab, der nur wenig oder kein Blut enthält. Die Tiere fressen nicht, sind aber durstig, und erholen sich bald. Hochgradig erkrankte Kälber haben meist Fieber und scheiden unter erheblichen Schmerzen (Tenesmus, rektaler Prolaps) flüssigen, blutigen Kot mit Mucus und Schleimhautfetzen aus (▸ **Abb. 6.8**). Es kann zur Dehydrierung und Anämie kommen. Gelegentlich treten ZNS-Störungen auf (hohe Letalität). Schwache Tiere sind exsikkotisch, anämisch und oft leicht febril. Kälber und Färsen, die eine mittel- bis hochgradige Coccidiose überstanden haben, erholen sich erst nach mehreren Wochen, erreichen jedoch meist nicht mehr den Status gleichaltriger nicht infizierter Tiere. Nicht unterschätzt werden darf der ökonomische Effekt von subklinischen Infektionen. Der Gewichtsverlust klinisch und subklinisch infizierter Kälber kann über einen Zeitraum von 3 Wochen > 6 kg bzw. > 2 kg betragen.

E. alabamensis Stärker befallene Tiere scheiden einige Tage lang schaumig-wässrigen Kot aus, sie sind apathisch, appetitlos, bleiben aber durstig und verlieren 10–15 % ihres Gewichtes während der ersten 2–3 Weidewochen. Oft zeigen in betroffenen Herden mehr als 80 % der Kälber Durchfälle. Todesfälle sind selten, die Erholungsphase dauert etwa 4 Wochen.

Diagnose Die klinischen Symptome und der koproskopische Nachweis von Oocysten [Flotationsverfahren (S. 549)] in großer Zahl (OpG > 10 000 bis einige Mio.) ermöglichen eine Diagnose. Eine nützliche Bestimmung der dominierenden *Eimeria*-Art kann morphologisch (▸ **Abb. 19.9**) oder auf DNA-Ebene erfolgen. Zu Beginn

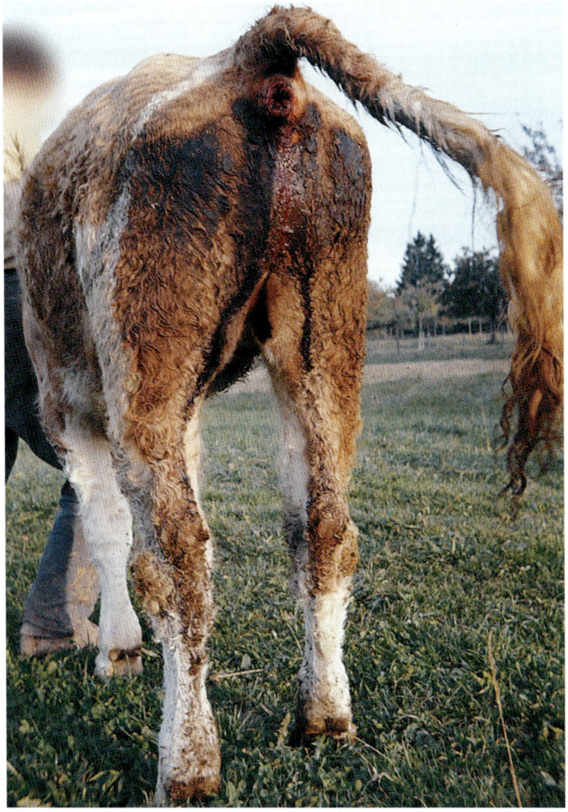

▶ **Abb. 6.8** Eimeriose des Rindes: Rind mit blutigem Durchfall. (Quelle: G. S. Willi, Institut für Parasitologie, Vetsuisse-Fakultät, Universität Zürich)

einer akuten Coccidiose in der Phase der Freisetzung der Merozoiten II kann die Oocystenausscheidung noch fehlen oder im fortgeschrittenen Stadium sehr gering sein. Bei schweren Fällen gelingt der Nachweis von *Eimeria*-Gamonten in rektal entnommenen Schleimhautabstrichen. Häufig liegen bei Weidetieren Mischinfektionen mit Trichostrongyliden vor. Differenzialdiagnostisch ist bei blutigem Kot die Salmonellose zu berücksichtigen.

Therapie und Bekämpfung In Kälberbeständen ist bei ersten Anzeichen von Coccidiose eine Behandlung aller Tiere mit Toltrazuril (15 mg/kg KG p. o.) oder Diclazuril (1 mg/kg KG p. o.) indiziert (Wartezeit bei Toltrazuril: 63 d, bei Diclazuril: keine). Die beste Wirkung ist bei jenen Tieren zu erwarten, bei denen sich die Infektion noch in der Präpatenz befindet. Bei schwer erkrankten Tieren sind zusätzliche palliative Behandlungen wichtig, vor allem Flüssigkeitsersatz. Sulfonamide (z. B. Sulfaquinoxalin, Sulfadimidin) sind gegen Eimerien nur wenig wirksam, können aber zur klinischen Besserung beitragen, vor allem bei bakteriellen Begleitinfektionen. Nach therapeutischer Behandlung mit Toltrazuril zeigten sich keine negativen Einflüsse auf die Immunität gegen Reinfektionen. In *E. alabamensis*-endemischen Regionen haben metaphylaktische Toltrazuril-Behandlungen mit dem Weideauftrieb klinische Ausbrüche verhindert und im Vergleich zu Placebo-behandelten Tieren zu signifikant gesteigerten Gewichtszunahmen geführt.

Hygienische Maßnahmen tragen zur Minderung des Infektionsrisikos bei (Weidehygiene, sauberes Trinkwasser; trockene Einstreu, Reinigung und Desinfektion der Kälberboxen, gutes Stallklima usw.). In Endemiegebieten von *E. alabamensis* wird empfohlen, erstsömmrige Kälber im Frühjahr nicht auf vorjährigen Jungtierweiden weiden zu lassen. Kälber sollten nicht mit Heu von kontaminierten Weiden gefüttert werden.

Eimeria-Arten und Coccidiose der Schafe und Ziegen

Praxis

Diverse pathogene *Eimeria*-Arten kommen v. a. bei Lämmern von Schaf und Ziege vor und können **katarrhalische Enteritiden** oder **hämorrhagische Entzündungen des Dickdarms** hervorrufen.

Erreger Beim **Schaf** gelten 11–15 *Eimeria*-Arten als valid, von denen *E. ovinoidalis* und *E. crandallis* als pathogenste Arten angesehen werden (▶ **Tab. 6.3**). Bei **Ziegen** parasitieren mindestens 9 eigenständige Arten, u. a. *E. ninakohlyakimovae, E. arloingi, E. alijevi, E. caprina, E. christenseni, E. caprovina* und *E. hirci*; davon gelten *E. ninakohlyakimovae, E. arloingi* und *E. caprina* als pathogen.

Vorkommen und Entwicklung Die Eimerien der kleinen Wiederkäuer sind Kosmopoliten. Als häufigste Arten beim **Schaf** gelten *E. ovinoidalis, E. bakuensis, E. weybridgensis* und *E. crandallis*, bei der **Ziege** *E. ninakohlyakimovae, E. arloingi* und *E. alijevi*.

Angaben zur Entwicklung der *Eimeria*-Arten des Schafes finden sich in ▶ **Tab. 6.3**. Soweit die Entwicklung bei den einzelnen Arten untersucht ist, bilden sie, wie die meisten Eimerien beim Rind, Makromeronten in unterschiedlichen Zellen des Darmtrakts. Dazu werden z. B. von *E. bakuensis* im Schaf und von *E. arloingi* und *E. ninakohlyakimovae* in der Ziege (wie bei *E. bovis* im Rind) Endothelzellen der zentralen Lymphkapillaren der Ileumzotten besiedelt. Andere Arten invadieren für die Merogonie I Zellen der Lamina propria oder Epithelzellen des Dünndarms. Eine Besonderheit weist die Entwicklung von *E. bakuensis* und *E. crandallis* auf: Gamonten im Frühstadium, sog. Pro-Gamonten, teilen sich synchron mit ihren Wirtszellen, sodass deren Tochterzellen ebenfalls befallen sind. Diese Teilungen enden mit der Ausdifferenzierung der reifen Gameten. Letztlich finden sich bei schweren Infektionen massenhaft in begrenzten, 1–2 mm großen, teils polypenartig wuchernden Bereichen des distalen Dünndarms (*E. bakuensis*) oder diffus in der verdickten, hyperplastischen Schleimhaut von Dünndarm und Caecum (*E. crandallis*) Ansammlungen von Pro-Gamonten, Gameten und Oocysten.

E. gilruthi (Syn. *Globidium gilruthi*) nimmt eine Sonderstellung ein. Das Coccid findet sich in der Labmagen-

► **Tab. 6.3** *Eimeria*-Arten des Schafes.

***Eimeria*-Art**	**Hauptlokalisation der Entwicklungsstadien und Krankheit**	**Pathogenität[1]**	**Präpatenz in Tagen**
E. ovinoidalis	distaler Dünndarm (Epithel): große Meronten I; Caecum, Colon (Epithel): Meronten II u. Gamonten **hämorrhagische Typhlitis u. Colitis**	+++	10–15
E. crandallis	Dünndarm: große Meronten I (250 µm) in Lamina propria; distaler Dünndarm, Caecum (Epithel): Meronten II u. Gamonten **fokale Epitheldesquamation**	++	16–20
E. bakuensis	Dünndarm: große Meronten I im Endothel der Lymphgefäße der Zotten; Meronten II u. Gamonten im Epithel **fokale Schleimhautschäden, Bildung von „Polypen“**	+	19
E. ahsata	Dünndarm (Epithel): alle Stadien (große Meronten I, 185 µm) **katarrhalische Enteritis**	++	18–20
E. faurei	Dünndarm: alle Stadien **katarrhalische Enteritis**	+	14
E. weybridgensis	Jejunum: keine weiteren Angaben **Krankheit: keine Angaben**	–	≥ 23
E. intricata	distaler Dünndarm: Meronten I u. II; Caecum: Gamonten **Krankheit: keine Angaben**	–	≥ 20
E. parva	Dünndarm (v. a. Epithel): große Meronten I; Caecum, Colon: Gamonten **Krankheit: keine Angaben**	?	≥ 11
interne Entwicklung unbekannt: *E. gilruthi, E. granulosa, E. marsica, E. pallida*			

[1] Grade der Pathogenität: +++ hoch; ++ mittel; + gering; – keine

schleimhaut von Schafen und Ziegen als großer Makromeront (bis zu 900 µm). Weitere Stadien sowie der Entwicklungszyklus sind unbekannt. Unklar ist auch, ob die Artbezeichnung für ein größeres Spektrum von verschiedenen Erregern steht. *E. gilruthi* gilt nach derzeitiger Einschätzung als apathogen und stellt i. d. R. einen Zufallsbefund dar.

Epidemiologie, Immunologie und Krankheitsbild Sowohl bei Schafen als auch bei Ziegen kommen Eimerien weltweit häufig vor; meist handelt es sich um Mischinfektionen mehrerer Arten. An Coccidiose erkranken meist **Schaflämmer** im Alter von 4–8 Wochen (teils noch vor dem Absetzen), entweder im Stall oder zu Beginn der Weidesaison (Mai–Juni) auf dicht besetzten Weiden. Die Lämmer scheiden oft zwischen der 4. und 8. Lebenswoche sehr viele Oocysten (bis 10 Mio. OpG) aus und kontaminieren damit ihren Aktionsraum erheblich. Danach entwickelt sich häufig eine Immunität. Besondere Belastungen (Transport, Wetter, Fütterungsfehler, dichter Besatz, andere Infektionen) oder eine zu starke Reduktion der Oocystendichte infolge besonders strikter hygienischer Maßnahmen in den ersten 4 Lebenswochen können die Immunitätsbildung beeinträchtigen. Bei Mastlämmern treten Erkrankungen gewöhnlich in den ersten 6 Wochen nach der Aufstallung zur Mast auf. Erkrankungen (u. a. Durchfall, Gewichtsverlust) werden meist durch *E. ovinoidalis* verursacht. Die Mortalität kann hoch sein. **Ziegenlämmer** sind am stärksten kurz nach dem Absetzen durch Coccidiose gefährdet. Auch subklinische Infektionen haben negative Einflüsse auf die Gewichtsentwicklung bei Lämmern.

Diagnose Das diagnostische Vorgehen entspricht dem der Coccidiose des Rindes. Die meisten *Eimeria*-Arten von Schaf und Ziege können anhand der sporulierten Oocysten über morphologische Kriterien differenziert werden.

Bekämpfung Die Eimeriose von Schaflämmern kann mit Diclazuril (1 × 1 mg/kg KG, p. o.) oder Toltrazuril (20 mg/kg KG, p. o.) behandelt werden. Die Behandlung sollte sofort nach der Erkrankung des ersten Tieres oder metaphylaktisch etwa 7 Tage nach dem Austrieb erfolgen und die gesamte Gruppe umfassen. Hygienemaßnahmen entsprechen denen der Coccidiose des Rindes.

Literaturhinweise

Daugschies A, Agneessens J, Goossens L et al. The effect of metaphylactic treatment with diclazuril (Vecoxan) on the oocyst excretion and growth performance of calves exposed to a natural *Eimeria* infection. Vet Parasitol 2007; 149: 199–206

Dubey JP, ed. Coccidiosis in livestock, poultry, companion animals, and humans. Boca Raton, USA: CRC Press; 2019. ISBN: 978-0-36726-592-2

Enemark HL, Dahl J, Enemark JM. Eimeriosis in Danish dairy calves: correlation between species, oocyst excretion and diarrhoea. Parasitol Res 2013; 112 Suppl 1: 169–176

Faber JE, Kollmann D, Heise A et al. *Eimeria* infections in cows in the periparturient phase and their calves: oocyst excretions and levels of specific serum and colostrum antibodies. Vet Parasitol 2002; 104: 1–17

Hermosilla C, Ruiz A, Taubert A. *Eimeria bovis*: an update on parasite-host cell interactions. Int J Med Microbiol 2012; 302: 210–215

Jäger M, Gauly M, Bauer C et al. Endoparasites in calves of beef cattle herds: management systems dependent and genetic influences. Vet Parasitol 2005; 131: 173–191

Lassen B, Lepik T, Bangoura B. Persistence of *Eimeria bovis* in soil. Parasitol Res 2013; 112: 2481–2486

Matos L, Muñoz MC, Molina JM et al. Protective immune responses during prepatency in goat kids experimentally infected with *Eimeria ninakohlyakimovae*. Vet Parasitol 2017; 242: 1–9

Reeg KJ, Gauly M, Bauer C et al. Coccidial infections in housed lambs: oocyst excretion, antibody levels and genetic influences on the infection. Vet Parasitol 2005; 127: 209–219

Ruiz A, Guedes AC, Muñoz MC et al. Control strategies using diclazuril against coccidiosis in goat kids. Parasitol Res 2012; 110: 2131–2136

Ruiz A, Muñoz MC, Molina JM et al. Immunization with Eimeria ninakohlyakimovae-live attenuated oocysts protect goat kids from clinical coccidiosis. Vet Parasitol 2014; 199: 8–17

Saratsis A, Karagiannis I, Brozos C et al. Lamb eimeriosis: applied treatment protocols in dairy sheep production systems. Vet Parasitol 2013; 196: 56–63

Eimeria beim Schwein

Ältere Schweine sind häufig mit folgenden *Eimeria*-Arten infiziert: *E. scabra, E. perminuta, E. spinosa* (mit rauer Oocystenoberfläche) sowie *E. debliecki, E. neodebliecki, E. porci* und *E. suis* (mit glatter Oocystenoberfläche). Neben der Oberflächenstruktur erlauben weitere morphologische Eigenschaften der sporulierten Oocysten eine Artdiagnose. Trotz häufiger Infektionen verursachen die *Eimeria*-Arten keine klinisch auffälligen Coccidiosen. Differenzialdiagnostisch muss bei Ferkeln *Cystoisospora suis* (S. 98) berücksichtigt werden.

Eimeria bei Equiden

Bei Pferden und Eseln kommt weltweit nur eine *Eimeria*-Art, *E. leuckarti*, vor, die sehr große (ca. 80 × 55 µm), dunkelbraune, birnenförmige Oocysten bildet, mit einer deutlichen Mikropyle am spitzeren Pol (► **Abb. 19.13**). Die etwa 8 µm dicke Hülle besteht aus 2 Schichten, von denen sich gelegentlich die äußere braune von der inneren transparenten Lage ablöst. Neben einer Merontengeneration in Epithelzellen des Dünndarms sind sehr große Mikrogamonten (⌀ ca. 200 µm) und kleinere Makrogamonten in der Lamina propria der Zotten von Jejunum und Ileum bekannt. Nach einer Präpatenz von 4–5 Wochen scheiden die Fohlen, sehr selten ältere Tiere, für 2–4 Monate vereinzelt Oocysten aus. Die Infektionen verlaufen fast stets inapparent und sind somit klinisch bedeutungslos. Die spezifisch schweren Oocysten sind mit dem Sedimentationsverfahren oder Flotationsverfahren mit einer Lösung hoher Dichte (SG > 1,3) nachzuweisen.

Eimeria-Arten und Coccidiose des Hauskaninchens

Praxis

Die **Darm- und Gallengangscoccidiosen** verursachen erhebliche wirtschaftliche Verluste und Aufwendungen für die Bekämpfung.

Das Wichtigste in Kürze

- **Erreger, Entwicklung.** *Eimeria stiedai* entwickelt sich im Gallengangsepithel, 10 weitere *Eimeria*-Arten parasitieren in verschiedenen Abschnitten des Dünn- oder Dickdarms. Präpatenz 5–14 Tage.
- **Vorkommen, Epidemiologie.** Prävalenz und Bedeutung sind unterschiedlich und hängen von verschiedenen Haltungssystemen ab.
- **Krankheitsbild.** Bei Darm- und Gallengangscoccidiose ähnlich: katarrhalische Enteritiden, Diarrhö oder Obstipation, Aufblähen, Inappetenz, Erschöpfung; bei Gallengangscoccidiose auch Ikterus.
- **Diagnose.** Oocystennachweis im Kot, Sektion.
- **Therapie, Bekämpfung.** Toltrazuril (25 ppm im Trinkwasser an 2 d), evtl. Wiederholung nach 5 Tagen, sowie ergänzende symptomatische Behandlung. Zur Chemoprophylaxe zugelassen: Salinomycin, Robenidin sowie Diclazuril. Hygienemaßnahmen sind wichtig.

Erreger Mindestens 11 *Eimeria*-Arten sind beim Hauskaninchen weltweit verbreitet. Eine Art, *E. stiedai*, parasitiert in den Gallengängen der Leber (Gallengangs- oder Lebercoccidiose), die anderen Arten im Darmtrakt (intestinale Coccidiosen). Von ihnen sind *E. intestinalis* (Dünndarm) und *E. flavescens* (Colon, Caecum) hochpathogen; *E. irresidua, E. magna, E. media* (Dünndarm) und *E. piriformis* (Colon) werden als mittelgradig pathogen eingestuft, die anderen Arten gelten als geringgradig pathogen (*E. coecicola, E. exigua, E. perforans, E. vejdovskyi*).

Entwicklung Nach peroraler Infektion mit sporulierten Oocysten besiedeln die Sporozoiten der **intestinalen *Eimeria*-Arten** verschiedene Partien des Dünn- oder Dickdarms und durchlaufen ihre weitere Entwicklung in Enterozyten, z. T. auch in der Mukosa. So entwickelt sich z. B. *E. irresidua* zunächst im Epithel von Dünndarmkrypten (1. Merontengeneration [MG]), dann in der Lamina propria (2. MG) und schließlich in den Villusepithelien (3. u. 4. MG sowie Gamogonie). Die einzelnen Entwicklungsphasen können in verschiedenen Darmabschnitten stattfinden, wie bei *E. flavescens* im Dünndarm (1. MG) und im Caecum (2.–5. MG). Sporozoiten können teils auch extraintestinal wandern und in Lymphknoten und die Milz gelangen (*E. coecicola*). Die asexuelle Entwicklung der intestinalen Arten schließt 2–5 Merogonien ein, aus denen bei einigen Arten 1- und mehrkernige Meronten hervorgehen, die als weibliche bzw. männliche Vorstadien angesehen werden und bisher bei *Eimeria*-Arten anderer Wirtstiere nicht beobachtet worden sind. Die

Präpatenzen der intestinalen Arten schwanken zwischen 5 und 10 Tagen.

Als Erreger der **Gallengangscoccidiose** hat sich *E. stiedai* das Gallengangsepithel als Nische erschlossen. Die Sporozoiten dieser Art dringen im Dünndarm in die Mukosa ein, gelangen wahrscheinlich auf dem Blutweg in die Leber, über die Venae interlobulares in intrahepatische Gallengänge und schließlich in Epithelzellen. Dort entwickeln sich bis zu 6 Merontengenerationen und die Gamonten. Während dieser starken Vermehrung induzieren die Entwicklungsstadien eine papillomatöse Proliferation der Gallengangsschleimhaut, wodurch eine Vielzahl zusätzlicher Wirtszellen entsteht. Auf diese Weise kommt es zu Dilatationen der Gallengänge, die sich auf der Leberoberfläche knotig darstellen. Nach einer Präpatenz von 14–18 Tagen werden Oocysten über die Gallenwege und den Darmtrakt ausgeschieden.

Epidemiologie Fast stets liegen Mischinfektionen mit mehreren *Eimeria*-Arten vor. Es erkranken besonders Jungkaninchen nach dem Absetzen im Alter von 5–7 Wochen. Die Caecotrophie ist keine bedeutende Infektionsquelle, weil die Oocysten im frischen Kot noch nicht sporuliert sind. Käfigböden, Streu und vor allem kotverschmutzte Tränken und Futtertröge sind oft hochgradig mit sporulierten Oocysten kontaminiert. Die epidemiologische Situation ist je nach Haltungssystem unterschiedlich: Bei Einzeltierhaltung tritt fast nie, bei Bodenhaltung in Gruppen dagegen häufig Coccidiose auf.

Pathogenese und Krankheitsbild Die Coccidiose zählt zu den häufigsten Erkrankungen bei Hauskaninchen. Nach überstandener Infektion besteht eine art- und zuweilen auch stammspezifische, vorwiegend zellvermittelte Immunität.

Die **Darmcoccidiose** führt zu katarrhalischer Enteritis, Diarrhö oder Obstipation, Aufblähen (Trommelsucht) sowie zu Inappetenz und Erschöpfung; hämorrhagische Enteritiden treten selbst bei hochgradigem Befall nicht auf. Häufig sind Darmerkrankungen von Kaninchen Faktorenkrankheiten (auch Enteritiskomplex genannt). So können z. B. pathogene *Escherichia coli*-Stämme, *Clostridium* spp., *Bacillus piliformis* und Rotaviren die Eimeriose komplizieren. Einen negativen Einfluss haben oft Haltungs- und Fütterungsfehler.

Die **Gallengangscoccidiose (Lebercoccidiose)** äußert sich klinisch ähnlich wie die Darmcoccidiose, doch kann hier Ikterus hinzukommen. Die extrem dilatierten Gallengänge sind mit Detritus und Oocysten gefüllt. Die Schleimhaut der Gallengänge bildet im Bereich dieser Infektionsherde Falten, deren Epithelzellen mit Meronten, Gamonten und Oocysten befallen sind; das benachbarte zerstörte Parenchym wird durch Bindegewebe ersetzt. Die Leber kann hochgradig vergrößert sein, die erweiterten Gallengänge stellen sich als erbsen- bis haselnussgroße, grauweiße Herde dar (Coccidienknoten) (▸ **Abb. 6.9**).

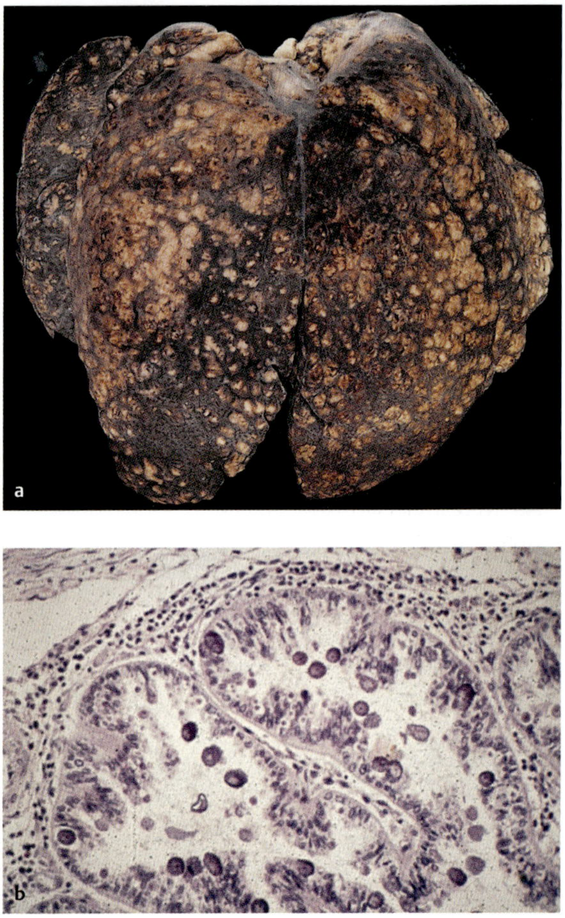

▸ **Abb. 6.9** *Eimeria stiedai.*
a Leber (fixiert) eines Kaninchens mit knotenförmigen Veränderungen (Quelle: Institut für Parasitologie, Vetsuisse-Fakultät, Universität Zürich)
b Histologischer Schnitt durch einen Gallengang mit zottenartiger Wucherung der Mukosa und zahlreichen Entwicklungsstadien der Eimerien (Quelle: Karl Theodor Friedhoff, Institut für Parasitologie, Stiftung Tierärztliche Hochschule Hannover)

Diagnose Koproskopischer und klinischer Befund reichen zur Sicherung der Diagnose oft nicht aus, da die Oocystenausscheidung nicht mit dem Grad der Erkrankung korreliert. Daher sind zur ätiologischen Klärung Sektionen und parasitologische Untersuchungen erforderlich. Sporulierte Oocysten ermöglichen die Diagnose einiger Arten; mit molekularen Methoden lassen sich alle 11 Arten unterscheiden.

Therapie und Bekämpfung Eine **Einzelbehandlung** ist bei wertvollen Zucht- oder Heimtieren angezeigt und sollte stets die Behandlung bakterieller Infektionen sowie die Behebung von Haltungs- und Fütterungsfehlern einbeziehen. Mittel der Wahl ist heute (nach Umwidmung) Toltrazuril (25 ppm im Trinkwasser an 2 d, evtl. Wiederholung nach 5 d), ergänzt durch eine symptomatische Behandlung. Sulfadimethoxin (40 mg/kg KG täglich für 5–7 d) hat sich besonders bei gleichzeitigen bakteriellen Infektionen bewährt.

Hygienemaßnahmen Reduktion der Kontamination des Aktionsraumes der Kaninchen durch tägliche Kotentfernung, insbesondere bei abgesetzten Jungkaninchen. Vor allem regelmäßige Reinigung und Desinfektion der Raufen, Tröge und Roste mit dem Dampfstrahlgerät oder notfalls mit sehr heißem Wasser sowie Einsatz von geeigneten Desinfektionsmitteln. Trinkwasserversorgung über Nippeltränken, Vermeidung von Fütterungsfehlern und Sicherung eines guten Stallklimas.

Chemoprophylaxe Für die Chemoprophylaxe sind Salinomycin (20–25 ppm in Alleinfutter, Wartezeit 5 d), Robenidin (50–66 ppm, 5 d) und Diclazuril (1 ppm, 1 d) zugelassen. Resistenzen gegen Anticoccidia (v. a. Robenidin) kommen vor. Anticoccidia sollten nur eingesetzt werden, wenn trotz hygienischer Maßnahmen Erkrankungen auftreten.

Impfung Derzeit werden attenuierte Lebendvakzinen entwickelt; so sind bereits attenuierte Linien (*precocious lines*) einiger Stämme verfügbar und wurden erfolgreich in Vakzinierungsstudien eingesetzt.

Eimeria-Arten der Hasen

Bei Hasen parasitiert eine Vielzahl von *Eimeria*-Arten, die aufgrund ihrer Wirtsspezifität bei Kaninchen nicht vorkommen. Häufigste Arten in Europa sind *E. townsendi* und *E. leporis*. Die Präpatenz der verschiedenen Spezies beträgt 5–14 Tage. Bei einer Studie in Tschechien wurden *E. townsendi* bei 70 %, *E. leporis* bei 40 %, *E. babatica*, *E. europaea* und *E. robertsoni* jeweils bei 30 % der Tiere gefunden. Bei Feldhasen kann es, besonders in nassen Jahren, zur Darmcoccidiose („Trommelsucht") kommen.

Eimeria-Arten bei Labornagern

Bei Nagern parasitieren zahlreiche, wirtsspezifische, geringgradig oder kaum pathogene *Eimeria*-Arten, z. B. bei der **Maus** *E. vermiformis*, *E. falciformis* und *E. papillata*; bei der **Ratte** *E. nieschulzi* und *E. separata* und beim **Meerschweinchen** *E. caviae*. Labortiere sind wegen des gewöhnlich hohen Hygienestandards in Labortierzuchten meist frei von akzidentellen *Eimeria*-Infektionen. Für immundefiziente Tiere kann fast jede *Eimeria*-Infektion pathogen sein.

Eimeria-Arten und andere Coccidien bei Fischen

Eine enorme Vielfalt von Coccidienarten und -gattungen wurde bei Fischen beschrieben (z. B. *E.* [Syn. *Goussia*] *carpelli* oder *E.* [Syn. *Goussia*] *subepithelialis*), die Enteritiden verursachen können. Für Weiteres wird auf Spezialliteratur zu Fischkrankheiten verwiesen.

Literaturhinweise

Akpo Y, Kpodéon MT, Djago Y et al. Vaccination of rabbits against coccidiosis using precocious lines of *Eimeria magna* and *Eimeria media* in Benin. Vet Parasitol 2012; 184: 73–76

Bauer C, Dubey JP. Coccidiosis in horses and other equids. In: Dubey JP, ed. Coccidiosis in livestock, poultry, companion animals, and humans. Boca Raton, USA: CRC Press; 2019: 231–244

Coudert P, Licois D, Drouet-Viard F. *Eimeria* species and strains of rabbits. In: Eckert J, Braun R, Shirley MW, Coudert P, eds. Guidelines on Techniques in Coccidiosis Research. COST 89/820. Luxemburg: European Commission; 1995

Davies AJ, Ball SJ. The biology of fish coccidia. Adv Parasitol 1993; 32: 293–366

Dyková I, Lom J. Fish coccidia: critical notes on life cycles, classification and pathogenicity. J Fish Dis 1981; 4: 487–505

El-Ghoneimy A, El-Shahawy I. Evaluation of amprolium and toltrazuril efficacy in controlling natural intestinal rabbit coccidiosis. Iran J Vet Res 2017; 18: 164–169

Gülegen E, Girisgin O, Girisgin AO et al. *Eimeria leuckarti* infections in sport horses in Northwest Turkey. Berl Munch Tierarztl Wochenschr 2016; 129: 52–55

Levine ND, Ivens V. The Coccidian Parasites of Rodents. Boca Raton, Fla.: CRC Press; 1990. ISBN: 0-84934-898-6

Oliveira UC, Fraga JS, Licois D et al. Development of molecular assays for the identification of the 11 *Eimeria* species of the domestic rabbit (*Oryctolagus cuniculus*). Vet Parasitol 2011; 176: 275–280

Pakandl M, Liu X. Coccidiosis in rabbits (*Oryctolagus cuniculus*). In: Dubey JP, ed. Coccidiosis in livestock, poultry, companion animals, and humans. Boca Raton, USA: CRC Press; 2019: 159–168

Gattung *Isospora*

Morphologische, biologische und genetische Unterschiede zeigten, dass *Isospora*-Arten von Säugetieren und Vögeln nicht eng verwandt sind. Daher wurde vorgeschlagen, die ursprünglich einheitliche Gattung *Isospora* aufzuteilen in *Isospora* (Parasiten der Vögel) und *Cystoisospora* (Säugetier Parasiten). *Cystoisospora* wurde aufgrund genetischer Merkmale der Familie der Sarcocystidae (cystenbildende Coccidien) zugeordnet. Trotz einiger taxonomischer Unsicherheiten wird dieses Konzept hier angewendet, die vorherigen Gattungsnamen sind als Synonyme aufgeführt.

Isospora spp. bei Wild- und Hausvögeln

Praxis
Erreger der **viszeralen Coccidiose** beim Vogel.

Erreger und Krankheitsbild Viele *Isospora*- und auch *Eimeria*-Arten parasitieren bei Haus- und Wildvögeln. Hier werden nur Erreger der viszeralen Coccidiose erwähnt.

Isospora serini Verursacht v. a. in Kanarienvögeln, Sperlingsvögeln, anderen Finken und einigen exotischen Vogelarten die viszerale Coccidiose (VC). Nach peroraler Aufnahme der sporulierten Oocysten (2 Sporocysten mit je 4 Sporozoiten = *Toxoplasma*-Typ) kommt es zu 5 aufeinanderfolgenden Merogonien in mononukleären Phagozyten sowie zu zwei weiteren Merogonien und der Gamogonie in Epithelzellen des Darms; Präpatenz: 9–10 Tage. Vermutlich finden noch weitere, extraintestinale Vermehrungen statt, da Oocysten für mehr als 200 Tage von Kanarienvögeln ausgeschieden werden können. Klinisch betroffen sind v. a. Küken; ältere Tiere können als latente Träger fungieren. Pathologisch finden sich über multifokale Entzündungen und Nekrosen (auch in anderen Organen) verursachte Milz- und Lebervergrößerungen, die mit der lang anhaltenden, extraintestinalen Vermehrung der Parasiten korrespondieren. Die vergrößerten, dunkel gefärbten Organe können durch die Haut sichtbar sein (*black spot disease*). Infizierte Tiere zeigen Diarrhö und Abmagerung; Todesfälle sind häufig. Behandlung mit Toltrazuril (bei rechtzeitiger Behandlung kann nur eine Verbesserung der Symptome erreicht werden, aber keine Erregerelimination). Strikte hygienische Maßnahmen sind für die Kontrolle der Infektion erforderlich. Es wird empfohlen, die Zucht für ein Jahr zu unterbrechen, um eine Immunitätsentwicklung bei den Vögeln zu ermöglichen.

***Eimeria*-Arten** Die VC kann auch durch Eimerien (z. B. *E. reichenowi* oder *E. gruis* beim Kranich) verursacht werden. Bei Kranichen finden sich *Eimeria*-Stadien im Verdauungstrakt, in Lymphozyten und in diversen extraintestinalen Organen (u. a. Leber, Milz, Lunge, Muskulatur). Bemerkenswerterweise werden Oocysten nicht nur im Darm, sondern auch in der Lunge gebildet.

Literaturhinweise

Berto BP, Flausino W, McIntosh D et al. Coccidia of New World passerine birds (Aves: Passeriformes): a review of *Eimeria* Schneider, 1815 and *Isospora* Schneider, 1881 (Apicomplexa: Eimeriidae). Syst Parasitol 2011; 80: 159–204

Hafeez MA, Stasiak I, Delnatte P et al. Description of 2 new *Isospora* species causing visceral coccidiosis in captive superb glossy starlings, *Lamprotornis superbus* (Aves: Sturnidae). Parasitol Res 2014; 113: 3287–3297

Novilla MN, Carpenter JW Pathology and pathogenesis of visceral coccidiosis in cranes. Avian Pathol 2004; 35: 275–280

Familie Sarcocystidae

Sarx, Gen. *sarkos* (gr.): Fleisch, Muskel; *kystis* (gr.): Blase.

Zur Familie Sarcocystidae gehören die Gattungen *Cystoisospora, Sarcocystis, Toxoplasma, Hammondia, Neospora* und *Besnoitia*. Davon sind für Mitteleuropa vor allem *Toxoplasma* und *Sarcocystis* als Erreger von Zoonosen und *Neospora* als Abortursache bei Rindern bedeutsam. Die Arten dieser Familie sind heteroxen, aber auch eine homoxene Entwicklung ist, außer bei *Sarcocystis* spp., möglich. Im Endwirt erfolgt eine intestinale Entwicklung mit Merogonien (Ausnahme *Sarcocystis* spp.) und einer Gamogonie (Oocysten des *Toxoplasma*-Typs). Bei *Besnoitia* sind keine Endwirte bekannt. In den Zwischenwirten (Ausnahme *Cystoisospora*) findet eine ungeschlechtliche Vermehrung in verschiedenen extraintestinalen Geweben statt.

Gattung *Cystoisospora*

Iso- (gr.) Präfix: gleich; *sporos* (gr.): Same, Keim.

Cystoisospora suis (syn. *Isospora suis*)

Praxis
Erreger der **Cystoisosporose** der Ferkel, einer Durchfallerkrankung, welche hohe wirtschaftliche Schäden verursacht.

Das Wichtigste in Kürze

- **Erreger, Entwicklung, Vorkommen.** *Cystoisospora suis* ist ein wichtiger Erreger der intestinalen Coccidiose der Ferkel. Infektion über perorale Aufnahme sporulierter Oocysten (Oocysten mit 2 Sporocysten mit je 4 Sporozoiten = *Toxoplasma*-Typ). Die endogene Entwicklung ist kurz mit einer Patenz von 4–6 Tagen. Weltweite Verbreitung mit regional hohem Vorkommen bei Ferkelwürfen.
- **Krankheitsbild.** Erkrankungen fast ausschließlich bei Saugferkeln im Alter von 5–15 Tagen. Katarrhalische bis nekrotisierende Enteritis, hohe Morbidität, geringe Mortalität.
- **Diagnose.** Koproskopischer Nachweis von Oocysten; Sektion.
- **Therapie, Bekämpfung.** Behandlung bereits erkrankter Tiere verspricht wenig Erfolg. In Problembeständen einmalige metaphylaktische Behandlung der 3–6 Tage alten Ferkel mit Toltrazuril (20 mg/kg KG p. o.). Wichtig sind Hygienemaßnahmen.

Erreger *C. suis* stellt die einzige bei Schweinen relevante Spezies der Gattung dar. Die Oocysten enthalten im sporulierten Zustand 2 Sporocysten mit je 4 Sporozoiten. Sie haben eine sphäroide Form, sind glattwandig, farblos und im Mittel etwa 21 × 18 µm groß.

Entwicklung Nach Aufnahme sporulierter Oocysten entwickeln sich in Enterozyten der Jejunum- und Ileumzotten mehrere Merontengenerationen, gelegentlich auch im Colon. Nach der Gamogonie und einer Präpatenz von 5–7 Tagen folgt eine 4–6, selten bis 16 Tage dauernde Patenz. Extraintestinale Entwicklungsstadien wurden in Lymphknoten, Leber und Milz zwar nachgewiesen, die Bedeutung dieser Stadien ist jedoch unklar.

Vorkommen und Epidemiologie *C. suis* ist weltweit verbreitet und in Ferkelerzeugerbetrieben, unabhängig von der Betriebsstruktur, sehr häufig anzutreffen (Mitteleuropa: hoher Prozentsatz infizierter Ferkelwürfe). Die Prävalenz der Oocystenausscheidung ist deutlich altersabhängig: Typischerweise steigt sie bei Ferkeln bis zum Alter von 2–3 Wochen an und fällt dann im Verlauf der nächsten Wochen auf sehr niedrige Werte ab. Im Gegensatz dazu scheiden ältere Tiere in unterschiedlichen Häufigkeiten *Eimeria*-Oocysten aus. Nach Untersuchungen in Süddeutschland und den USA ist *C. suis* übereinstimmend bei 20–30 % durchfallkranker Saugferkel die Krankheitsursache.

Bei 25 °C sporulieren die *C. suis*-Oocysten in 12–18 h. Die Oocysten sind weniger widerstandsfähig als bisher angenommen und besonders empfindlich gegen höhere Temperaturen (um 30 °C) in Kombination mit geringer Luftfeuchte. Ansteckungsquellen für die Ferkel sind wahrscheinlich dennoch Oocysten, die in unzureichend gereinigten und desinfizierten Abferkelboxen überleben oder aus benachbarten Boxen eingeschleppt werden. Sauen (auch solche aus Ferkelerzeugerbetrieben) scheiden i. d. R. kaum Oocysten aus. Wenige Oocysten genügen in einem Wurf zu initialen Infektionen, die nach wenigen Tagen zu einer erheblichen Ausscheidung von Oocysten und ihrer Anreicherung in der Umgebung führen können.

Immunologie Zur Frage, ob sich nach überstandener *C. suis*-Infektion eine adaptive Immunität ausbildet oder die Widerstandsfähigkeit älterer Ferkel eher auf einer Altersresistenz beruht, liegen widersprüchliche Befunde vor. Einige zelluläre und molekulare Faktoren, welche in frühe Reaktionen gegen *C. suis* eingebunden sind, wurden mittlerweile identifiziert. Vor dem Abferkeln durchlaufene Superinfektionen der Sauen mit *C. suis* führen zu einem milderen Verlauf der Erkrankung in Saugferkeln, wobei die protektiven Effekte mit erhöhten Antikörperspiegeln in Kolostrum und Milch korrelieren.

Pathogenese und Krankheitsbild *C. suis* verursacht katarrhalische bis nekrotisierende Enteritiden, verbunden mit Zottenatrophie und -fusion. An *C. suis*-Befall erkranken vorzugsweise Ferkel im Alter von 5–15 Tagen, unabhängig von der Jahreszeit. Infektionen bei älteren Ferkeln bleiben dagegen häufig inapparent, selbst nach Aufnahme vieler Oocysten. Erkrankte Saugferkel scheiden dünnbreiigen, später flüssigen, übel riechenden, gelblichen, seltener grauen Kot aus, der kein Blut enthält. Die Diarrhö hält 5–7 Tage an. Die mit Kot verschmutzten Ferkel werden apathisch, saugen aber weiterhin Milch; die Absetzgewichte können signifikant reduziert sein. Bei hoher Morbidität ist die Mortalität i. d. R. gering. Bakterielle oder virale Begleitinfektionen können die pathologischen Veränderungen exazerbieren und zu einer erhöhten Mortalität führen.

Diagnose Der Vorbericht über Diarrhö bei 5–15 Tage alten Ferkeln und der koproskopische Nachweis [wegen des Fettgehalts des Kotes: Salz-Zucker-Flotation, Autofluoreszenz der Oocysten im UV-Licht (S. 555)] der *C. suis*-Oocysten ermöglichen häufig eine Diagnose. Kotproben sollten von 3–5 Ferkeln pro Wurf und 2–3 Tage nach Begin der Diarrhö genommen werden. Der Sektionsbefund (Enteritis in Jejunum und Ileum mit teils hochgradiger Zottenatrophie und -fusion) sowie der Nachweis kleiner Meronten und von Merozoitenpaaren im Schleimhautabstrich (Giemsa- oder HE-Färbung) sichern die Diagnose. Differenzialdiagnostisch sind *Eimeria*- sowie verschiedene bakterielle und virale Infektionen zu berücksichtigen.

Therapie und Bekämpfung Eine einmalige Gabe von Toltrazuril (20 mg/kg KG p. o.) ist bei Ferkeln gegen *C. suis* hochwirksam, wenn die Erkrankung nicht zu weit fortgeschritten ist. Ferkelwürfe sind daher umgehend nach Auftreten der ersten Krankheitsfälle zu behandeln. In Problembeständen hat sich eine einmalige metaphylaktische Behandlung der 3–6 Tage alten Ferkel bewährt. Diese Behandlung verhindert in der Regel Todesfälle und vermindert Produktionsverluste. Allerdings liegen erste Befunde zur Toltrazuril-Resistenz bei *C. suis* vor. Wichtig sind Hygienemaßnahmen: Reinigung der Abferkelbuchten mithilfe eines Dampfstrahlgerätes, chemische Desinfektion, Trockenhalten der Buchten und Maßnahmen zur Verhütung der Verschleppung von Oocysten im Bestand. Doch selbst in gut geführten Betrieben sind Cystoisosporose-Ausbrüche möglich.

Literaturhinweise

Joachim A, Shrestha A. Coccidiosis in pigs. In: Dubey JP, ed. Coccidiosis in livestock, poultry, companion animals, and humans. Boca Raton, USA: CRC Press; 2019: 125–146

Koudela B, Kucerová S. Role of acquired immunity and natural age ressistance on course of *Isospora suis* coccidiosis in nursing piglets. Vet Parasitol 1999; 82: 93–99

Mengel H, Krüger M, Krüger MU et al. A necrotic enteritis due to simultaneous infection with *Cystoisospora suis* and *Clostridia* in newborn piglets and its prevention by early treatment with toltrazuril. Parasitol Res 2012; 110: 1347–1355

Mundt HC, Mundt-Wüstenberg S, Daugschies A et al. Efficacy of various anticoccidials against experimental porcine neonatal isosporosis. Parasitol Res 2007; 100: 401–411

Schwarz L, Worliczek HL, Winkler M et al. Superinfections of sows with *Cystoisospora suis* ante partum leads to a milder course of cystoisosporosis in suckling piglets. Vet Parasitol 2014; 204: 158–168

Shrestha A, Freudenschuss B, Jansen R et al. Experimentally confirmed toltrazuril resistance in a field isolate of *Cystoisospora suis*. Parasit Vectors 2017; 10: 317

Skampardonis V, Sotiraki S, Kostoulas P et al. Factors associated with the occurrence and level of *Isospora suis* oocysts excretion in nursing piglets of Greek farrow-to-finish herds. BMC Vet Res 2012; 8: 228

Sotiraki S, Roepstorff A, Nielsen JP et al. Population-dynamics and intra-litter transmission patterns of *Isospora suis* in suckling piglets under on-farm conditions. Parasitology 2008: 135: 395–405

Wieler LH, Ilieff A, Herbst W et al. Prevalence of enteropathogens in suckling and weaned piglets with diarrhoea in southern Germany. J Vet Med B Infect Dis Vet Public Health 2001; 48: 151–159

Cystoisospora-Arten bei Carnivoren

Praxis
Erreger der **Cystoisosporose**, einer Durchfallerkrankung besonders bei Katzen- und Hundewelpen.

Das Wichtigste in Kürze

- **Erreger, Entwicklung.** Einige Arten der Gattung *Cystoisospora* (*syn. Isospora*) sind Darmparasiten von Caniden und Feliden. Die Entwicklung der *Cystoisospora*-Arten erfolgt in einem direkten Zyklus oder fakultativ über paratenische Wirte, in denen sich Ruhestadien der Parasiten (Dormozoiten) bilden. Oocysten sporulieren in der Außenwelt mit 2 Sporocysten mit je 4 Sporozoiten.
- **Vorkommen, Krankheitsbild.** Weltweit häufig. Oft inapparenter Befall, katarrhalische Enteritiden fast ausschließlich bei Welpen.
- **Diagnose, Therapie.** Koproskopischer Nachweis von unsporulierten Oocysten. Therapie (Hund, Katze) mit Toltrazuril.

Erreger Vom **Hund** sind 3 *Cystoisospora*-Arten bekannt (*C. canis, C. ohioensis, C. burrowsi*). Bei der **Katze** parasitieren 2 Arten (*C. felis* und *C. rivolta*) (▸ **Tab. 6.4**, ▸ **Abb. 19.17**). Diese Arten gelten als strikt wirtsspezifisch, obwohl kürzlich genetisch identische Isolate bei japanischen Hunden und Marderhunden nachgewiesen wurden. Infektionen mit *Eimeria*-Arten kommen bei Hund und Katze nicht vor, *Eimeria*-Oocysten bei diesen Tieren stammen von Darmpassagen.

Entwicklung Die *Cystoisospora*-Arten von Hund und Katze können sich in einem direkten und fakultativ in einem indirekten Zyklus entwickeln (▸ **Tab. 6.4**). Bei der **direkten Entwicklung** infizieren sich die Tiere durch perorale Aufnahme sporulierter Oocysten. Die anschließende intestinale Entwicklung erfolgt in ähnlicher Weise wie bei *Eimeria*-Arten, doch finden die Merogonien in Zellen der Darmschleimhaut in Form von Endodyogenien oder Endopolygenien statt [vgl. *Toxoplasma* (S. 101)]. Die Präpatenzen und Patenzen sind in ▸ **Tab. 6.4** gelistet.

In die fakultativ **indirekte Entwicklung** sind paratenische Wirte eingeschaltet (▸ **Tab. 6.4**). Nach Aufnahme sporulierter Oocysten befallen die Sporozoiten in paratenischen Wirten Peyersche Platten im Darm oder extraintestinale Gewebe wie Lymphknoten, Milz, Leber, Lunge, Skelettmuskulatur. Dabei dringen die Sporozoiten in Zellen ein und verweilen, ohne sich zu teilen, in einer parasitophoren Vakuole. Diese Ruhestadien werden **Dormozoiten** (*dormire*, lat.: schlafen) oder monozoäre Gewebscysten (da sie nur ein infektiöses Stadium beinhalten) genannt. Sie bleiben im paratenischen Wirt mindestens 2 Jahre infektiös und setzen die Entwicklung erst fort, wenn sie mit einem Beutetier oder mit roher Fleischnahrung in einen definitiven Wirt gelangen. In diesem verläuft die Infektion wie nach Aufnahme sporulierter Oocysten, doch kann die Präpatenz verkürzt sein. Die Dormozoiten sind nur für spezifische Endwirte (Caniden oder Feliden) infektiös [vgl. *Toxoplasma gondii* (S. 101)].

Vorkommen und Epidemiologie *Cystoisospora*-Arten sind weltweit verbreitet und führen besonders bei Jungtieren in Zwingern, Zoos oder Zuchtbetrieben zu Infektionen, wo die Oocysten bei ausreichender Feuchtigkeit monatelang infektiös bleiben. Unter diesen Bedingungen kann es zu hochgradigem Befall der Würfe kommen. Die Verfütterung von rohem Frischfleisch (z. B. BARFen) stellt eine weitere Infektionsquelle dar.

In einer 9 europäische Länder umfassenden Studie zu Hauskatzen unterschiedlichen Alters (n = 1519) waren

▸ **Tab. 6.4** *Cystoisospora*-Arten von Hund und Katze (Oocysten s. ▸ **Abb. 19.17**).

Endwirt und *Cystoisospora*-Art	Hauptlokalisation	paratenische Wirte	Oocysten (µm) (Mittel)	Präpatenz/ Patenz (Tage)	Pathogenität[1]
Hund					
C. canis	distaler Dünndarm, Caecum (Lamina propria)	Nager (Maus, Ratte, Hamster), Schwein, Büffel, Kamel, Katze	39 × 32	8–10/12–28	+ +
C. ohioensis[2]	Dünndarm, Caecum (Epithelzellen)	Nager, Schwein, Esel, Büffel, Katze	24 × 20	6/12–19	+
C. burrowsi	distaler Dünndarm, Caecum, Colon (Enterocyten und Lamina propria)	Nager, Büffel	21 × 18	6–9/4–12	+
Katze					
C. felis	Dünndarm (Enterozyten)	Nager, Kaninchen, Rind, Schaf, Kamel	45 × 33	6–8/13–30	+
C. rivolta	Dünndarm, Caecum, Colon (Enterozyten)		25 × 23	5–7/13–30	+

[1] Pathogenität für Jungtiere: + + mittel; + gering
[2] eine ähnliche Art ist *C. neorivolta cirsic* (Oocysten 11 × 13 µm), die sich v. a. in Zellen der Lamina propria der vorderen Hälfte des Dünndarms entwickelt

9,7 % Ausscheider von *Cystoisospora*-Oocysten. Streunende Katzen in Portugal schieden zu 14 % *C. felis*- und zu 46 % *C. rivolta*-Oocysten aus. Über 6 Monate alte Hunde scheiden in Mitteleuropa seltener Oocysten aus (1–6 %) als jüngere Tiere (12–23 %). Bei Verlaufsuntersuchungen von Würfen erwiesen sich über 90 % der Welpen als Oocystenausscheider.

Krankheitsbild und Immunologie Gering- bis mittelgradige Infektionen verlaufen auch bei jungen **Hunden** inapparent. Bei stärkerem Befall, besonders mit *C. canis*, treten bei Hundewelpen Erkrankungen vor allem in der 3.–4. Lebenswoche auf: Diarrhö, Vomitus, Anorexie, Apathie, Wachstumsstörungen, auch Fieber, wässriger, selten blutiger Kot. Die Diarrhö *C. canis*-infizierter Hunde beginnt 2–3 Tage vor Beginn der Oocystenausscheidung. Die Tiere erholen sich meist nach 1 Woche, Todesfälle sind selten. Experimentell erwiesen sich *C. rivolta* und *C. felis* für **Katzen** als geringgradig pathogen; ältere Katzen sind kaum von der Cystoisosporose betroffen. Primärinfektionen vermitteln eine über unterbleibende Oocystenausscheidung charakterisierte Immunität gegen homologe Reinfektionen.

Diagnose Nachweis der Oocysten in Kotproben (Flotationsmethoden). *Cystoisospora*-Oocysten sind im frischen Kot unsporuliert, sporulieren jedoch schnell bei günstigen Temperaturen. Sie sind ovoid oder rundlich, haben eine glatte, farblose Wand, eine Mikropyle fehlt. Beim **Hund** lässt sich nur *C. canis* aufgrund der Größe der Oocysten von den übrigen Arten unterscheiden. Die übrigen Arten (*C. ohioensis, C. burrowsi, C. neorivolta*) fasst man in der Diagnostik zum *C. ohioensis*-Komplex zusammen, da sich die Maße wegen der großen Streuung überschneiden (▶ **Tab. 6.4**). Differenzialdiagnostisch sind die kleinen Oocysten von *Hammondia heydorni* (10–15 × 9–13 µm) und *Neospora caninum* (10–13 × 10–11 µm) sowie Stadien von *Sarcocystis* spp. (diese sind im frischen Kot bereits sporuliert) (▶ **Abb. 19.17**) zu berücksichtigen. Bei der **Katze** können die großen *C. felis*-Oocysten von den kleineren *C. rivolta*-Oocysten und den noch kleineren Oocysten von *Hammondia* und *Toxoplasma* abgegrenzt werden (▶ **Abb. 19.17**).

Therapie und Bekämpfung Mittel der Wahl ist beim **Hund** Toltrazuril (einmalig 9 mg/kg KG p. o.). Für Problembestände wird empfohlen, die Hundewelpen metaphylaktisch mit Toltrazuril zu behandeln (Einzeldosen: 3., 5. und 7. Lebenswoche). Bei **Katzenwelpen** hat eine einmalige Toltrazuril-Dosis (Umwidmung) von 18 mg/kg KG die Oocystenausscheidung stark (97–100 %) unterdrückt. Bekämpfung: Hygienemaßnahmen, Schutz vor Nagetieren, keine Verfütterung von rohem Fleisch oder Organen.

Literaturhinweise

Barutzki D, Schaper R. Results of parasitological examinations of faecal samples from cats and dogs in Germany between 2003 and 2010. Parasitol Res 2011; 109: S 45–60

Beugnet F, Bourdeau P, Chalvet-Monfray K et al. Parasites of domestic owned cats in Europe: co-infestations and risk factors. Parasit Vectors 2014; 7: 291

Buehl IE, Prosl H, Mundt HC et al. Canine isosporosis – epidemiology of field and experimental infections. J Vet Med Series B 2006; 53: 482–487

Dubey JP, Lindsay DS. Coccidiosis in dogs – 100 years of progress. Vet Parasitol 2019; 266: 34–55

Mitchell SM, Zajac AM, Charles S et al. *Cystoisospora canis* Nemeséri, 1959 (syn. *Isospora canis*) infections in dogs: clinical signs, pathogenesis, and reproducible clinical disease in beagle dogs fed oocysts. J Parasitol 2007; 93: 345–352

Petry G, Kruedewagen E, Kampkoetter A et al. Efficacy of emodepside/toltrazuril suspension (Procox® oral suspension for dogs) against mixed experimental *Isospora felis*/*Isospora rivolta* infection in cats. Parasitol Res 2011; 109 Suppl 1: S 29–36

Waap H, Gomes J, Nunes T. Parasite communities in stray cat populations from Lisbon, Portugal. J Helminthol 2014; 88: 389–395

Gattung *Toxoplasma*

Toxoplasma gondii

Praxis

Erreger der **Toxoplasmose**. Selten von klinischer Bedeutung beim Feliden-Endwirt. Bei Zwischenwirten (inkl. Mensch) nach Primärinfektion Verursacher von Aborten und Schädigungen von Feten.

Zoonose: *T. gondii* ist einer der weltweit häufigsten Zoonoseerreger mit regional hohen Seroprävalenzen beim Menschen (50 % und mehr). Beratung von seronegativen schwangeren Frauen von Bedeutung in der Praxis.

Toxon (gr.): Bogen; *plasma* (gr.): Körper; Gondi oder Gundi: Nagetier. Erstnachweis des Erregers in diesem Wirt, Marokko, 1908.

Das Wichtigste in Kürze

- **Erreger.** *Toxoplasma gondii* als einziger Vertreter dieser Gattung, weltweit verbreitetes cystenbildendes Coccid mit fakultativ heteroxener Entwicklung. Endwirte: Hauskatze und andere Feliden; Zwischenwirte: zahlreiche Säugetier- und Vogelarten, auch der Mensch ist empfänglich. Endogene Entwicklung in kernhaltigen Wirtszellen.
- **Entwicklung im Endwirt (Katze).** Infektion per os mit Bradyzoiten aus Gewebscysten von Zwischenwirten oder mit Sporozoiten aus sporulierten Oocysten. Nach Infektion mit Bradyzoiten → entero-epitheliale Phase im Dünndarm mit Merogonien und Gamogonie → Bildung von Oocysten, Ausscheidung unsporulierter Oocysten im Kot, Präpatenz 3–10 Tage. Daneben kommt es auch zur extraintestinalen Erregerstreuung und Vermehrung wie im Zwischenwirt (s. u.). Nach Infektion mit sporulierten Oocysten → extraintestinale Proliferation von Tachyzoiten → Bildung von Bradyzoiten-haltigen Cysten in Geweben. Einige extraintestinale Stadien kehren zum Darm zurück und vervollständigen die Entwicklung über Merogonien, Gamogonie und Oocystenbildung. Präpatenz 18–36 Tage. Patenz wenige Tage bis etwa 3 Wochen.

- **Entwicklung in der Außenwelt.** Temperaturabhängige Sporulation der Oocysten (∅ 10 × 12 µm) in 1–5 Tagen (2 Sporocysten mit je 4 Sporozoiten). In feuchter Erde können sporulierte Oocysten 1–1,5 Jahre infektiös bleiben.
- **Entwicklung im Zwischenwirt** (inkl. Mensch). Infektion per os mit Bradyzoiten aus Cysten oder mit Sporozoiten aus sporulierten Oocysten → nur extraintestinale Entwicklung mit zunächst rascher, intrazellulärer Vermehrung (Endodyogenie) immunogener und pathogener Stadien, den Tachyzoiten. Mit beginnender Immunantwort Stadienkonversion zu den sich langsam teilenden, wenig immunogenen Bradyzoiten (Cystozoiten), die jahrelang in Cysten in verschiedenen Geweben (u. a. Gehirn, Herz- und Skelettmuskulatur, Nervensystem) persistieren können.
- **Krankheitsbild.** Erkrankungen bei Tieren selten, vornehmlich bei jungen oder immunsupprimierten Tieren. **Katzen:** Anorexie, Pneumonie, Hepatitis, Ikterus, Diarrhö, Enzephalitis, Nephritis, Myokarditis, Myositis, Uveitis. **Schaf, Ziege, Schwein und Mensch:** transplazentare Erregerübertragung nach Primärinfektion, kann Aborte und Schädigung des Fetus verursachen.
- **Diagnose.** Bei Katzen koproskopischer Nachweis der **Oocysten** (Flotation); Unterscheidung von *Hammondia*-Oocysten nur über DNA-Analyse. Bei Zwischenwirten (und Katzen): Nachweis von Cysten in Gewebeproben direkt (histologisch, immunhistologisch, DNA-Nachweis) oder indirekt durch serologischen Antikörpernachweis.
- **Therapie.** Akute, systemische Toxoplasmose der Katze: Clindamycin oder Sulfadiazin plus Trimethoprim.
- **Bekämpfung. Katzen** nur mit gekochtem oder tiefgefrorenem (mindestens −18 °C, 3 d) Muskelfleisch oder anderen Geweben füttern; Jagd der Katzen auf Kleinsäuger und Vögel unterbinden; Katzenkot täglich beseitigen. **Schwein:** Fernhalten von Katzen von Stallungen und Futterlagern, Nager bekämpfen. **Schaf:** Vakzinierung mit attenuierter Lebendvakzine zur Verhütung von Aborten.
- **Zoonotische Bedeutung.** Eine erstmalige *Toxoplasma*-Infektion während der Schwangerschaft (d. h. bei einer seronegativen Frau) ist mit dem Risiko einer pränatalen Infektion und schwerer Schädigung des Fetus oder des neugeborenen Kindes verbunden. Inapparente Infektionen oder Neuinfektionen können bei Immunschwäche exazerbieren und zu generalisierter oder zerebraler Toxoplasmose führen.

Erreger Die Gattung *Toxoplasma* enthält als einzige Art *Toxoplasma gondii*. Dies beinhaltet weltweit verschiedene klonale Populationen mit unterschiedlichen Genotypen. Drei klonale Stämme (Typen I–III) dominieren in Europa, Nordamerika, Afrika und Asien; in Südamerika sind die Stämme eher uneinheitlich. Obwohl die genetischen Unterschiede zwischen den Stämmen gering (< 1 %) sind, variieren sie in ihren Wachstumsraten, ihrer Virulenz für Mäuse (nur Typ I zeigt deutliche Virulenz) und ihrer Tendenz zur Cystenbildung. Unter natürlichen Bedingungen vorkommende Kreuzungen der Stämme während der geschlechtlichen Teilungen in Katzen können die Virulenz beeinflussen.

Im Entwicklungszyklus tritt *T. gondii* in verschiedenen Infektionsstadien auf, die entscheidend für die Übertragung sind (▶ **Abb. 6.10**).

Oocysten werden von Endwirten ausgeschieden, sind rundlich (▶ **Abb. 6.10**), farblos, ohne Mikropyle, im Mittel 12 × 10 µm. Im sporulierten Zustand enthalten sie 2 Sporocysten mit je 4 Sporozoiten. Sporulierte Oocysten sind für Endwirte und Zwischenwirte infektiös.

Tachyzoiten (= Endozoiten) sind leicht gebogene, halbmondförmige Zellen (4–7 × 2–4 µm) mit einem Apicalkomplex am vorderen Pol und einem Zellkern in der hinteren Zellhälfte. Die während der intrazellulären Vermehrung in einer parasitophoren Vakuole durch rasche Endodyogenie (16–32 Tachyzoiten/Zelle) entstehenden Tachyzoiten sind von stadienspezifischen, hochimmunogenen Oberflächenantigenen umgeben (SAG: *surface antigens* und *SAG-related proteins*; siehe Zusatzinformation), die u. a. bei der Anlagerung an Wirtszellen eine Rolle spielen (▶ **Abb. 6.11**). Tachyzoiten haben einen vorwiegend oxidativen Stoffwechsel und sind aufgrund ihrer raschen Proliferation und der damit verbundenen ständigen Wirtszellzerstörung sehr pathogen. Sie infizieren kernhaltige Zellen in diversen Geweben, sie können selten in Schleimhäute (wahrscheinlich proximal des Magens) eindringen und Infektionen verursachen.

Zusatzinformation

Zellinvasion von *T. gondii*-Tachyzoiten

Als Beispiel wird hier die Invasion in Zellen durch *Toxoplasma gondii* dargestellt (▶ **Abb. 6.11**). Entwicklungsstadien (Tachyzoiten) von *T. gondii* befallen nach Infektion eines empfänglichen Wirtes kernhaltige Zellen. Dabei handelt es sich um einen **aktiven Infektionsprozess,** der mit einer initial losen Anlagerung des Parasiten an die Zellwand mithilfe von Oberflächenproteinen (sog. SAG-Familie) beginnt und dann endet, wenn der Erreger in die Zelle eingedrungen und in einer parasitophoren Vakuole eingeschlossen ist, in der er sich anschließend vermehren wird. Die einzelnen Phasen dieses Vorganges sind in ▶ **Abb. 6.11** schematisch dargestellt. Nach der initialen Anlagerung (1–2) werden aus den Mikronemen und dem Rhoptrien-„Hals“ Proteine ausgeschieden, mit deren Hilfe sich der Erreger mit dem am spitzen Pol gelegenen Apicalkomplex an die Zelloberfläche anheftet (3–4). Unter Mitwirkung des Conoids wird die Zellmembran eingestülpt und gleichzeitig bildet sich aus Rhoptrien- und Mikronemen-Proteinen um diese Stelle eine ringförmige Struktur, die beim weiteren Eindringen des Parasiten auf seiner Oberfläche zum stumpfen Pol hin wandert, so eine bewegliche Verbindung bildet (engl. *moving junction*) und die Penetrationsstelle abdichtet. Gleichzeitig werden Proteine aus den Rhoptrien ausgeschieden. Schließlich dringt der Parasit in die Wirtszelle ein und umgibt sich dabei mit Wirtszellmembran. Diese wird

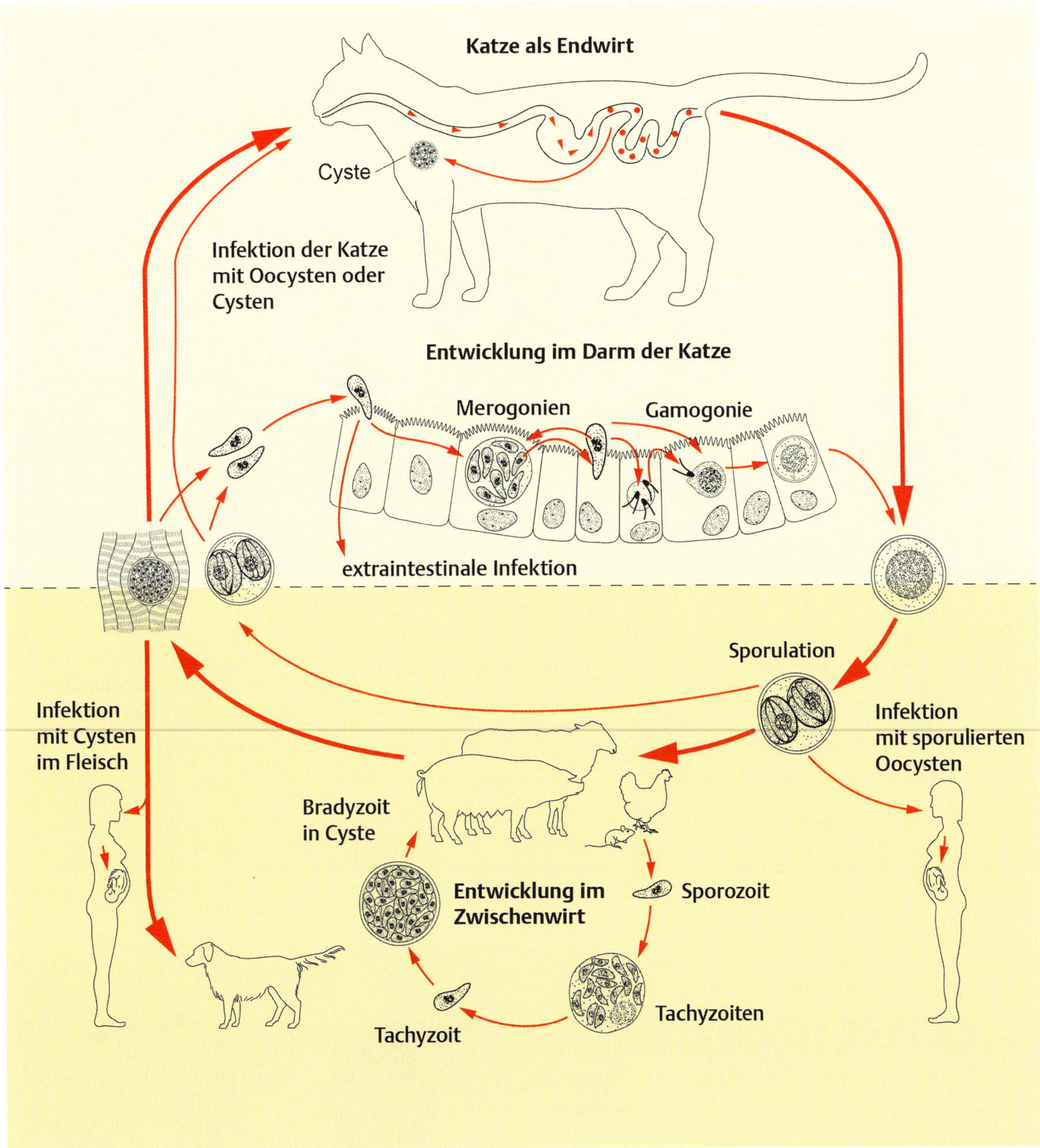

▶ **Abb. 6.10** Entwicklungszyklus von *Toxoplasma gondii*. Erklärungen s. Text. (Grafik: Salome Ehrat, nach einer Vorlage von Johannes Eckert und Peter Deplazes, Vetsuisse-Fakultät, Universität Zürich)

durch Einbau von Rhoptrien-Proteinen modifiziert und bildet dann die Membran der parasitophoren Vakuole (6–7). Dieser Prozess dauert ca. 1–2 Minuten. Die parasitophore Vakuole ermöglicht das intrazelluläre Überleben des Parasiten, sie vermeidet die Fusion mit Lysosomen und somit die intrazelluläre Zerstörung und steht in Verbindung mit Zellorganellen der Wirtszelle (Lysosomen, endoplasmatisches Retikulum, Mitochondrien). Lösliche Faktoren (hypervariable Kinasen) der Rhoptrien (ROP16, ROP18) werden während des Invasionsvorganges in das Wirtszellcytoplasma abgegeben und greifen in Signalwege ein, welche die Zellaktivierung durch Cytokine steuern. So kann *Toxoplasma*, anders als etwa die nahe verwandte Art *Neospora caninum*, die Reaktion der infizierten Wirtszelle auf transkriptioneller Ebene direkt beeinflussen. Die daraus resultierende Deregulierung der INF-γ- und IL-12-Expression trägt wesentlich zu Virulenz und Pathogenese bei. Durch Signaltransduktion kann *Toxoplasma* auf die Apoptose der Wirtszelle einwirken und somit das Überleben der Zelle verlängern. Die Auswanderung der durch Vermehrung entstandenen Tachyzoiten aus der Zelle ist ein aktiver Prozess, der durch Anstieg des intrazellulären Ca^{++} ausgelöst wird. Aktiv oder nach Zellzerstörung freigewordene Tachyzoiten befallen erneut Zellen und lösen so weitere Vermehrungsvorgänge des Parasiten aus.

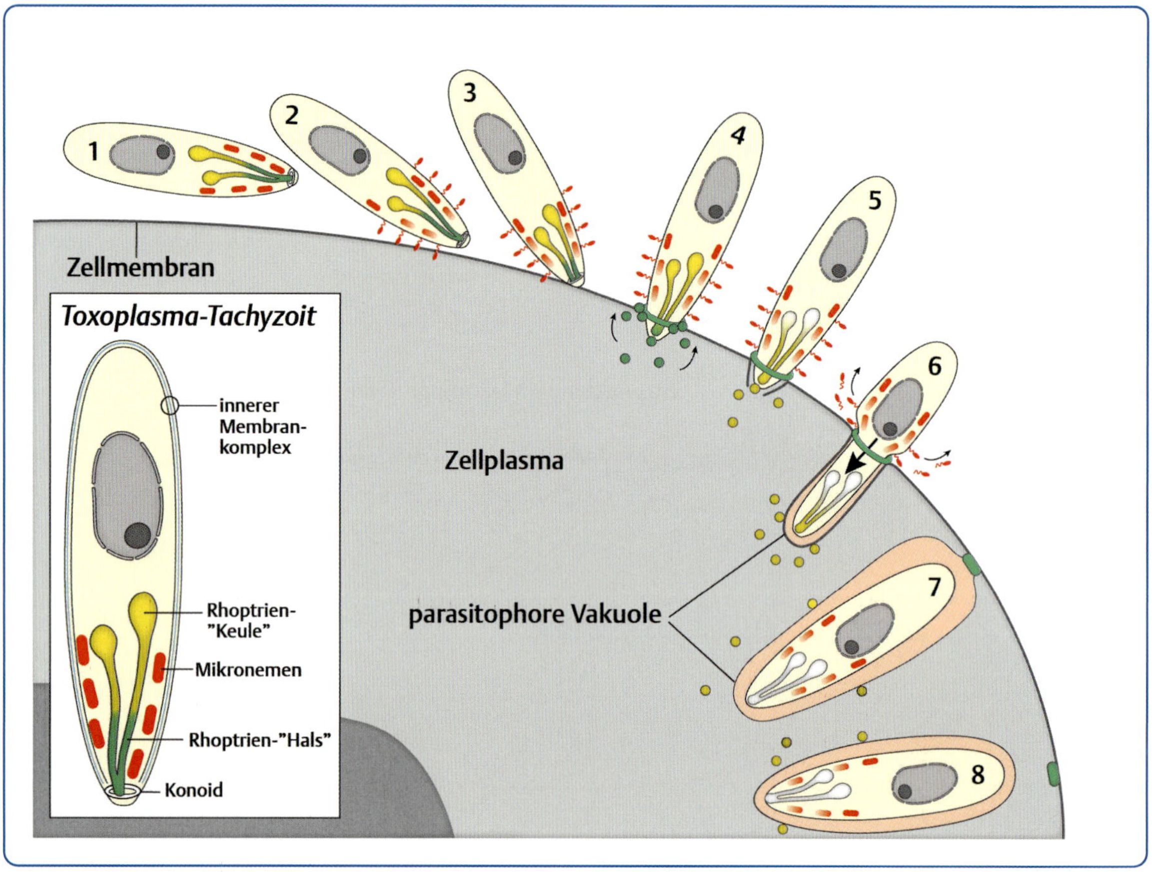

▸ **Abb. 6.11** Schema der Zellinvasion durch *Toxoplasma*: **1–2** initiale Anheftung des Erregers an die Zelloberfläche; **3–4** apikale Anheftung; **5** Zellinvasion; **6–8** Bildung einer parasitophoren Vakuole und Ablösung von der Plasmamembran (Näheres s. Text). (Grafik: Jeanne Peter-Zocher, Vetsuisse-Fakultät, Universität Zürich)

Bradyzoiten (= Cystozoiten) Tachyzoiten wandeln sich in Bradyzoiten (Stadienkonversion) um und umgekehrt. Die Membran der parasitophoren Vakuole wird zu einer Cystenwand modifiziert. Bradyzoiten unterscheiden sich von Tachyzoiten u. a. in ihren Oberflächenantigenen und im Stoffwechsel. So fehlen ihnen Enzyme des Zitronensäurezyklus und der Atmungskette. Die Vermehrung innerhalb von Cysten erfolgt relativ langsam durch Endodyogenie. Cysten entwickeln sich intrazellulär in verschiedenen Geweben (v. a. Muskulatur und Nervengewebe); sie haben eine widerstandsfähige Wand, entwickeln sich von anfänglich kleinen (~ 5 µm) zu relativ großen Cysten (in Muskelzellen > 100 µm), enthalten Hunderte bis Tausende Bradyzoiten und vermögen im Wirt über Jahre zu persistieren, ohne wesentliche Schadwirkungen zu entfalten (▸ Abb. 6.12). End- und Zwischenwirte können sich durch perorale Aufnahme cystenhaltiger Gewebe infizieren, dabei widerstehen die relativ säureresistenten Bradyzoiten den Bedingungen im Magen und induzieren Infektionen.

Die Auslösung der **Stadienkonversion** vom Tachyzoiten zum Bradyzoiten und umgekehrt ist bisher nur ansatzweise verstanden; Typ-II- und Typ-III-Stämme bilden eher Cysten als Typ-I-Stämme. Obwohl die Konversion zu

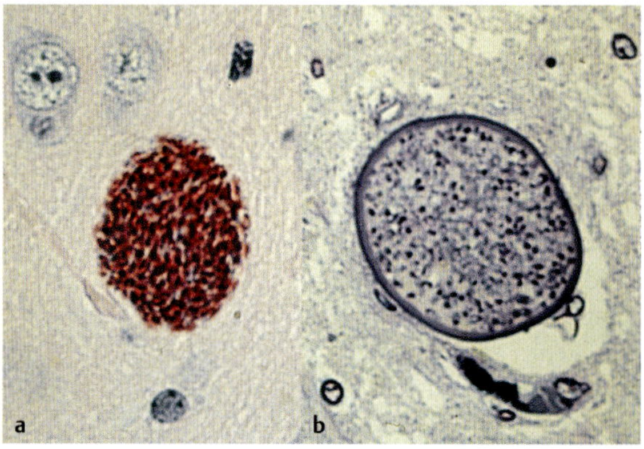

▸ **Abb. 6.12** Cysten im ZNS von **a** *Toxoplasma gondii* (dünnwandig, ⌀ bis 100 µm) und **b** von *Neospora caninum* (dickwandig, ⌀ 30–100 µm). (Quelle: J. P. Dubey, Beltsville, USA))

Bradyzoiten in vitro grundsätzlich in vielen Zelltypen über exogenen Stress (u. a. saurer oder alkalischer pH, Hitze) ausgelöst werden kann, scheinen sich im Wirt bestimmte Organe/Zelltypen (Gehirn [Neurone, Astrozyten], Skelettmuskulatur, Auge, Herzmuskel) besser für die Cystenbildung zu eigenen als andere. In vivo spielen zudem Immunreaktionen (S. 106) eine Rolle, wie die über

IFN-γ-Freisetzung (über NK- oder TH_1-Zellen) vermittelte Stickoxid(NO)-Produktion oder Tryptophan-Verarmung der intrazellulären Parasiten. Die Umschaltung zu einem anaeroben Metabolismus in Bradyzoiten kann als Evasionsstrategie interpretiert werden. Die kontinuierlich bei latenten Infektionen auftretende Umformung von Bradyzoiten in Tachyzoiten kann in vitro einfach durch Ausschaltung der Stressfaktoren nachvollzogen werden. Die erhebliche Konversion in Tachyzoiten kommt v. a. bei immunsupprimierten Individuen vor und stellt die Schlüsselreaktion bei der Reaktivierung latenter humaner Infektionen dar.

Entwicklung Der komplexe Zyklus von *T. gondii* umfasst Entwicklungsphasen in der Außenwelt (exogene Entwicklung), in Endwirten und in Zwischenwirten (endogene Entwicklung) (▶ **Abb. 6.10**). Die endogene Entwicklung kann alle kernhaltige Zellen betreffen (bei Vögeln entsprechend auch Erythrozyten).

Entwicklung im Endwirt Wichtigster Endwirt für *T. gondii* ist die **Hauskatze**; Wildfeliden sind in Europa epidemiologisch vernachlässigbar, können aber z. B. in Amerika von Bedeutung sein. Katzen infizieren sich durch perorale Aufnahme von Sporozoiten aus sporulierten Oocysten oder von Bradyzoiten aus Gewebscysten der Zwischenwirte (Beutetiere) oder selten über Tachyzoiten. Fast alle nicht immunen Katzen scheiden Oocysten nach Aufnahme von Gewebscysten aus, bei einem geringeren Anteil erfolgt dies auch nach Aufnahme von Sporozoiten oder Tachyzoiten. Die Dauer der Präpatenz hängt vom infektiösen Stadium ab und ist kurz nach Ingestion von Bradyzoiten (3–10 d) und lang nach Infektion über Sporozoiten (18 d und mehr).

Infektion mit Bradyzoiten: Die peroral mit cystenhaltigem Gewebe von Zwischenwirten aufgenommenen Bradyzoiten befallen das Dünndarmepithel (Jejunum, Ileum) und vermehren sich dort asexuell (Endodyogenie, Endopolygenie, Merogonie) in mehreren Generationen. Darauf folgen die sexuelle Entwicklung (Gamogonie) und die Bildung von Oocysten nach einer Präpatenz von 3–10 Tagen. Neben der intestinalen Entwicklung werden die Parasiten auch in andere Gewebe gestreut, wo nach Vermehrungszyklen als Tachyzoiten eine Konversion zu Bradyzoiten mit Cystenbildung erfolgt.

Infektion mit Sporozoiten: Nach Aufnahme sporulierter Oocysten dringen die excystierten Sporozoiten in die Darmwand ein, befallen Zellen der Lamina propria und teilen sich einmal durch Endopolygenie, bevor sie sich zu Tachyzoiten umwandeln. Nach Ruptur der Wirtszelle und Streuung über das Blut folgt eine rasche extraintestinale Entwicklung in kernhaltigen Zellen. Die meisten extraintestinalen Stadien wandeln sich wie im Zwischenwirt im weiteren Verlauf in Bradyzoiten um und vermehren sich in Gewebscysten. Ein geringer Teil der Erreger wandert zurück in das Dünndarmepithel und leitet über zur Gamogonie, Präpatenz von 18–36 Tagen. Nur bei einem kleinen Anteil infizierter Katzen kommt es zur Oocystenausscheidung. Infektionen mit Tachyzoiten siehe Infektionswege (S. 105).

Entwicklung in der Außenwelt Die von Katzen oder anderen Feliden unsporuliert ausgeschiedenen Oocysten sporulieren bei günstigen Umweltbedingungen (> 10–30 °C, ausreichende Luftfeuchte) in 1–5 Tagen.

Entwicklung in Zwischen- und Fehlwirten Eine Vielzahl warmblütiger Vertebraten (inkl. Vögel) eignen sich als natürliche Zwischenwirte, Menschen sind als Fehlwirte (S. 668) empfänglich. Für diese Wirte (wie auch für Katzen) sind sowohl Sporozoiten als auch Bradyzoiten infektiös. Nach Aufnahme von Cysten oder Oocysten dringen die frei gewordenen Bradyzoiten oder Sporozoiten in die Darmwand ein, wandeln sich intrazellulär zu Tachyzoiten um, die sich in der parasitophoren Vakuole durch Endodyogenie vermehren und lympho-hämatogen in diverse Organe (inkl. ZNS) gestreut werden (▶ **Abb. 6.12**). Bis die Konversion zu Bradyzoiten mit Cystenbildung erfolgt (s. o.), vermehren sie sich kontinuierlich als Tachyzoiten.

Infektionswege Neben den oben erwähnten Infektionswegen müssen weitere Möglichkeiten der Infektion in Betracht gezogen werden: Katzen u. a. Wirte können sich gelegentlich auch mit Tachyzoiten infizieren (z. B. über Beutetiere mit aktiver Tachyzoitenproliferation) oder über Tachyzoiten in Ziegenmilch (Mensch). Diese Tachyzoiten dringen wahrscheinlich proximal des Magens durch die Mukosa ein. Pränatale Infektionen (S. 107) über transplazentare Tachyzoitenübertragung auf die Feten sind sowohl bei vielen Zwischenwirtsarten (Schaf, Ziegen, Schweine, Nagetiere) als auch bei Mensch und Katze bekannt. Pränatale Infektionen finden i. d. R. dann statt, wenn eine Erstinfektion mit *T. gondii* kurz vor der Empfängnis oder während der Trächtigkeit bzw. Schwangerschaft auftritt.

Vorkommen und Epidemiologie *T. gondii* ist weltweit einer der am häufigsten vorkommenden zoonotischen Parasiten (S. 109), der bei vielen Vertebraten auftritt. Epidemiologisch sind folgende Faktoren von besonderer Bedeutung: Ausscheidung von *Toxoplasma*-Oocysten durch Katzen; Verbreitung und Überleben von Oocysten in der Umwelt; breites Spektrum von Zwischenwirten, lange Persistenz im Zwischenwirt, Erregerübertragung auf End- und Zwischenwirte; Immunitätslage der Wirte.

Ausscheidung von *Toxoplasma*-Oocysten durch Hauskatzen Bezogen auf die Gesamtpopulation scheiden weniger als 1 % der Katzen *T. gondii*-Oocysten aus. Von 24 106 Katzen aus Deutschland und anderen europäischen Ländern (2004–2006) waren nur 0,11 % der Tiere

Ausscheider (Bestätigung über DNA-Analyse). Solche niedrigen Anteile relativieren sich angesichts der hohen Katzenpopulationen (~ 40 Mio. in Europa) und der hohen Anzahl der pro Einzeltier insgesamt ausgeschiedenen Oocysten (bis zu 810 Mio.). In einer französischen Studie wurde die Kontamination der Umwelt mit ca. 30–3359 Oocysten/m^2 berechnet. In Polen enthielten 18 % von 101 Bodenproben aus Sandkästen, Spielplätzen, Parks etc. *T. gondii*-Oocysten (bestätigt über DNA-Analysen). Erstinfizierte Jungkatzen können > 1 Mio. OpG ausscheiden und während der Patenz die Umwelt mit mehreren 100 Mio. Oocysten kontaminieren. Selten scheiden auch alte und immune Katzen ohne zuvorige Reinfektion geringe Mengen an Oocysten aus (engl. *re-shedding*).

Überleben von Oocysten in der Umwelt Bezüglich des Übertragungsrisikos für andere Wirte (inkl. Mensch) muss beachtet werden, dass *Toxoplasma*-Oocysten für lange Zeitspannen in der Umwelt überleben können (in feucht-kühler Gartenerde etwa 1–1,5 Jahre, im kaltem Frischwasser bis zu 4,5 Jahre) und dass wenige sporulierte Oocysten zur Infektion eines nicht immunen Wirts ausreichen. Katzen verscharren häufig ihren Kot im Garten, wo Erde und bodennahe Pflanzen (Gemüse, Salate) mit Oocysten kontaminiert werden können. Gelegentlich kommt es zur Kontamination von Trinkwasser, häufiger zur Kontamination von Abwasser.

Seroprävalenzen bei Tieren (End- und Zwischenwirte) Adulte Katzen, v. a. streunende Katzen aus ländlichen Gegenden, können hohe Seroprävalenzen aufweisen; reine Hauskatzen ohne Freigang und junge Katzen sind dagegen oftmals seronegativ. Verschiedene serologische Studien dokumentieren für Europa durchschnittliche Seroprävalenzen zwischen 18 und 61 %: Schweiz 40 %, Deutschland 38 %, Österreich 59 %, Skandinavien 41 %, Beneluxländer 18–25 %, Iberische Halbinsel 21–45 %.

Auch bei Zwischenwirten finden sich z. T. hohe Seroprävalenzen. Beispielsweise waren 10–50 % der Schlachtschweine in der 1970er-Jahren in Mitteleuropa seropositiv. Seitdem sind die Prävalenzen von Mastschweinen gefallen (z. B. in DE und AT auf < 0,1 %). Sauen aus kleineren Haltungen wiesen dagegen zu 20 % Antikörper gegen *T. gondii* auf (Studie aus dem Jahre 2000). Über neue Haltungsformen könnte das Risiko einer Infektion wieder steigen. Entsprechend war die Seroprävalenz niederländischer Bioschweine aus Freilandhaltungen 15-mal höher als bei Tieren aus Intensivhaltungen. Bei Rindern beträgt die Seroprävalenz in Mitteleuropa nach den meisten Berichten < 10 %. Bei kleinen Wiederkäuern sind die Seroprävalenzen oftmals hoch und lagen beispielsweise bei 48,6 % bei Schafen und 30,7 % bei Ziegen aus Griechenland (2012). In der Schweiz (2011) waren 23,3 % der Schweine, 45,6 % der Rinder und 61,6 % der Schafe seropositiv. Bei europäischen Equiden (Pferde, Esel, Maultiere) war die Seroprävalenz in Griechenland und Schweden mit 0,5–2 % niedrig, in Spanien mit 25–30 % jedoch deutlich höher. Bei Nutzgeflügel ist die Prävalenz in intensiven Haltungsformen i. d. R. niedrig; bei Freilandhaltung wiesen dagegen 30–50 % der Hühner und ca. 20 % der Puten Antikörper gegen *T. gondii* auf. In Deutschland waren 5,7 % der Enten und 25,2 % der Gänse seropositiv. Häufiger Befall trifft auch für Wildtiere zu (Seroprävalenzen: Wildschweine 15–33 %, Rehe oder Hirsche 13 %, Füchse > 74 %, Hasen 2,6 %). Die Prävalenz unter Hausmäusen ist meist niedrig (< 1 %), dagegen oft höher bei Ratten und Wühlmäusen und anderen wild lebenden Nagern sowie bei Kleinvögeln (bis 27 %). Von Bedeutung kann *T. gondii* auch bei Meeressäugern sein (Seeotter, Seelöwen und Walrosse, aber auch verschiedene Delfinarten, Orkas; Prävalenz in japanischen Gewässern > 10 %).

Seroprävalenzen und Infektionsquellen beim Menschen siehe Zoonotische Bedeutung und Prophylaxe (S. 109).

Erregerübertragung auf End- und Zwischenwirte **Katzen** infizieren sich mit *T. gondii* über den Verzehr von cystenhaltigem Rohfleisch oder Zwischenwirten (u. a. Vögel, Mäuse; bei Erstinfektionen führt dies i. d. R. zu patenten Infektionen) oder über die orale Aufnahme von sporulierten Oocysten (dies mündet meist in extraintestinalen und nur selten patenten Infektionen). **Tiere mit Weidegang** und andere Pflanzenfresser infizieren sich über die perorale Aufnahme von sporulierten Oocysten in Futter oder Trinkwasser.

Pränatale Erregerübertragung wurden v. a. bei Schaf, Ziege, Schwein, Hund, Katze und Maus nachgewiesen und scheint beim Rind vernachlässigbar zu sein. Intrauterine Infektionen treten bei Schafen i. d. R. nur nach Erstinfektionen während der Trächtigkeit auf (s. u.), Ziegen hingegen können auch ohne Reinfektionen wiederholt abortieren. Bei Mäusen kommt es auch im chronischen Stadium regelmäßig zu intrauterinen Infektionen. Bei Schaf und Ziege wurde zusätzlich die Übertragung von *T. gondii* über den Geschlechtsakt berichtet; die epidemiologische Bedeutung dieser Übertragung ist jedoch unklar.

Immunologie Bei **Katzen** entwickelt sich im Verlauf der natürlichen Infektion häufig eine solide Immunität, die vermutlich über Superinfektionen mit Cysten aus Zwischenwirten aufrechterhalten wird. Die Immunität kontrolliert effizient Reinfektionen und verhindert bei > 90 % der Katzen eine erneute Oocystenausscheidung. Dennoch kommt es in einigen Fällen schon nach wenigen Monaten ohne Superinfektion zur erneuten Oocystenausscheidung. Die Ursache für diese Rezidive (*re-shedding*) ist unbekannt. Vermutlich fördern nachhaltig beeinträchtigte zelluläre Immunreaktionen die Proliferation und Verbreitung von Tachyzoiten und damit eine erneute intestinale Phase des Parasiten. Bei FIV-infizierten Katzen wurde jedoch eine klinische Toxoplasmose mit erneuter Oocystenausscheidung nur selten beobachtet.

Bei Zwischenwirten stimuliert *T. gondii* eine lang anhaltende Immunität, die – in Abhängigkeit vom betroffenen Wirt und infizierenden *T. gondii*-Stamm – nicht zu einer Erregerelimination führt, aber vor pathologischen Effekten und Erkrankung schützt. Bei den wenig empfänglichen Rindern werden nur selten Aborte beobachtet, während dies bei Erstinfektionen während der Trächtigkeit von Schafen und ggf. Ziegen relativ häufig erfolgt.

Immunologische Abwehrreaktionen gegen *T. gondii* sind gut untersucht. Die klinischen Auswirkungen der Infektion werden sowohl von Reaktionen des angeborenen als auch des erworbenen Immunsystems des Wirts bestimmt. Dabei stellen IL-12 und IFN-γ Schlüsselmoleküle **angeborener Immunreaktionen** dar. Die IL-12-Synthese wird über Interaktionen von immunzellgebundenen (neutrophile Granulozyten, dentritische Zellen, Makrophagen) TLRs (S.24) (*Toll-like Receptors*) mit PAMPs (S.24) (*Pathogen Associated Molecular Pattern*) vermittelt. Profilin ist ein solcher Ligand, der offensichtlich in parasitischen Protozoen konserviert vorliegt. IL-12 induziert in TH_1- und NK-Zellen die Synthese von IFN-γ, welches seinerseits Effektorzellen (u. a. Makrophagen, NK-Zellen) aktiviert. Diese Reaktionsabfolge ist essenziell für Abwehrreaktionen gegen *T. gondii*; so sind *T. gondii*-Infektionen für entsprechend defekte Mäusestämme letal oder führen zu einer massiv verstärkten Cystenbildung.

Erworbene Immunreaktionen kontrollieren den weiteren Verlauf der Toxoplasmose. Entsprechend überwinden B-Zell-, $CD4^+$- (T-Helferzellen) und $CD8^+$-defekte Mausstämme die frühe Phase der Infektion, sind jedoch nicht in der Lage, die mit der chronischen Phase verbundene Cystenbildung zu kontrollieren, was eine dramatisch gesteigerte Bildung von Cysten (v. a. im Gehirn) bis hin zu Todesfällen nach sich zieht. Ebenso führt eine unterbleibende Produktion spezifischer Antikörper zu einer erhöhten Todesrate 3–4 Wochen nach *T. gondii*-Infektion; dies kann über passiven Transfer von Antikörpern verhindert werden.

Vielfältige **Effektor-Mechanismen** von Immunzellen sind gegen *T. gondii*-Stadien gerichtet. Spezifische Antikörper vermitteln die Opsonierung und Komplement-vermittelte Lyse extrazellulärer Stadien oder blockieren deren Zellinvasion. Von TH_1-Zellen u. a. Zellpopulationen produziertes IFN-γ verstärkt in mehreren Zelltypen die über die induzierbare Stickoxidsynthase (iNOS) erfolgte Synthese von Stickoxiden (NO), die wiederum die Vermehrung der Parasiten hemmt. Da *T. gondii* nicht in der Lage ist, Tryptophan selbst zu synthetisieren, kann IFN-γ die Parasiten zusätzlich schädigen, indem es indirekt den Abbau des Tryptophans in infizierten Zellen verstärkt. $CD8^+$-Zellen sind über Cytokinfreisetzung und Perforin-vermittelte Lyse an der Erregerelimination beteiligt.

Neben protektiven Wirkungen können gegen *T. gondii* gerichtete Immunreaktionen auch zu **pathologischen und klinischen Effekten** der Infektion beitragen. Dies betrifft v. a. intestinale Entzündungen (Ileitis), aber auch z. T. schwere pathologische Veränderungen in ZNS und Augen, die vornehmlich über $CD4^+$-Zellen vermittelt werden. So sind T-Helferzellen sowohl an der dauerhaften Kontrolle als auch an der Immunpathologie der Infektion beteiligt, wobei Letztere v. a. über die Freisetzung proinflammatorischer Cytokine (u. a. IL-2, IL-12, IL-17) ausgelöst wird. Allerdings wird auch IL-10, welches vor hyperinflammatorischen Effekten schützt, von T-Helferzellen synthetisiert. In der Summe induziert *T. gondii* die Bildung eines komplizierten, immunologischen Netzwerks, das letztendlich die Koexistenz von Parasit und Wirt ermöglicht.

Pathogenese und Krankheitsbild Virulente Stämme von *T. gondii* verursachen herdförmige, nekrotisierende Entzündungen und Immunopathien in einer Vielzahl von Geweben und Organen. Beim Entstehen von Gewebeveränderungen und Krankheitserscheinungen spielen die intrazelluläre Entwicklung und die zellschädigende Wirkung der Toxoplasmen sowie auch die Immunreaktionen der Wirte eine wesentliche Rolle. Die *Toxoplasma*-Infektion verläuft bei Mensch und Tier meist inapparent. Den häufigen *Toxoplasma*-Infektionen stehen nur wenige klinische Fälle gegenüber, die von der jeweiligen Virulenz und Infektionsdosis des *Toxoplasma*-Stammes, von der Art, dem Alter und Immunstatus des Wirtes, den betroffenen Organen sowie dem Ausmaß der Läsionen abhängen.

Toxoplasmose der Katze

Krankheitsbild: Die **intestinale Entwicklung** von *T. gondii* verläuft bei Katzen inapparent oder sie kann eine wenige Tage anhaltende, selbstlimitierende Diarrhö sowie Fieber verursachen, besonders bei stark infizierten Jungtieren. Erkrankungen durch **extraintestinale Infektionen** sind selten, am ehesten sind junge Katzen davon betroffen. Symptome: Anorexie, Apathie, Pneumonie, Fieber, Diarrhö, Encephalitis, Hepatitis, Myositis u. a. Toxoplasmose wird als häufige Ursache von infektiöser Uveitis bei Katzen betrachtet. **Pränatale Infektionen** können Aborte oder akute Erkrankungen von Katzenwelpen verursachen. Selten werden klinische Fälle von Toxoplasmose bei Katzen nach immunsuppressiver Therapie beobachtet, ferner bei gleichzeitigen anderen Infektionen (Rickettsien, Viren). Trotz FIV-bedingter Immunsuppression tritt jedoch bei Katzen die reaktivierte zerebrale Toxoplasmose seltener auf als bei immundefizienten Menschen.

Sektionsbefunde: Entzündungsreaktionen, nekrotische Herde und perivaskuläre Infiltrationen in diversen Organen (u. a. Lunge, Leber, Milz), degenerative Veränderungen im Gehirn, gelegentlich Beteiligung des Rückenmarks, des Nervus opticus und der Retina (Chorioretinitis), ulzerierende Enteritis mit Schwellung der Mesenteriallymphknoten, chronische interstitielle Nephritis, Pankreatitis u. a.

Toxoplasmose des Hundes Beim Hund kommt es nur zur extraintestinalen Entwicklung, sodass sich Cysten im Gewebe, aber niemals Oocysten entwickeln. Obwohl die Seroprävalenz bei Hunden altersabhängig sehr hoch (bis 90 %) sein kann, kommen klinische Erkrankungen sehr selten vor. Eine erstmalige Infektion trächtiger Hündinnen kann zum Abort führen oder bei Welpen generalisierte bzw. zentralnervöse Symptome verursachen. Differenzialdiagnostisch sollte immer eine Neosporose (S. 111) ausgeschlossen werden.

Toxoplasmose von Schaf und Ziege Kleine Wiederkäuer sind für *T. gondii* hochempfänglich und nach Weidegang häufig mit Cysten befallen (Seroprävalenzen 20–100 %). Häufig sind alle Tiere einer Herde vor Beginn der Trächtigkeit inapparent infiziert (Situation der endemischen Stabilität).

Krankheitsbild: Lämmer weisen ggf. kurzweilig Anzeichen einer akuten Erkrankung auf (Fieber, Durchfall, respiratorische Symptome). Erstinfektionen von tragenden Schafen oder Ziegen können schwerwiegende Folgen haben. Infektionen in der Frühphase der Gravidität verursachen embryonalen Frühabort oder Tod des Fetus mit nachfolgender Resorption oder Mumifizierung. In späteren Phasen der Trächtigkeit kommt es zum Abort, zu Totgeburten oder perinatalem Tod. Infektionen am Ende der Trächtigkeit können auch zur Geburt von unauffällig infizierten Lämmern führen. Chronisch infizierte Ziegen können auch ohne Reinfektionen wiederholt abortieren.

Sektionsbefunde: Bei ca. 50 % der durch *T. gondii* bedingten Aborte sind charakteristische weißliche, punktförmige (bis 3 mm) Nekroseherde in den Kotyledonen der Plazenta makroskopisch nachweisbar, mikroskopisch sind in den Nekroseherden oftmals Tachyzoiten nachweisbar. Charakteristisch in abortierten Feten sind histopathologisch multiple Nekrose- und Entzündungsherde im ZNS, perivaskuläre lymphoide Infiltrate, Meningitis und fokale Leukoencephalomalazien. In Herz, Leber und Lunge werden fokale Nekrosen mit assoziierter lymphoider Entzündung beobachtet. Bei sehr jungen Feten kann die Entzündung fehlen.

Toxoplasmose des Schweines Schweine nehmen Toxoplasmen in Form von Oocysten mit Futter und Erde (Auslauf) oder als Cysten mit Nagetieren, Kadavern oder Schlachtabfällen auf. Schweinehaltungen mit hohem Hygienestandard sind frei von Toxoplasmen oder die Prävalenzen sind sehr niedrig (< 1 %). Dagegen sind die Seroprävalenzen in biologischen Haltungen oder bei Freilandhaltung gewöhnlich höher. Wildschweine sind regelmäßig infiziert.

Krankheitsbild: Infektionen meistens subklinisch. Symptome nur gelegentlich bei Ferkeln: Apathie, Anorexie, Fieber, Dyspnoe, Zyanose, Schwäche oder Lähmung der Hinterhand. Die Infektion trächtiger Sauen kann zu Aborten, Totgeburten oder zur Geburt von lebensschwachen Ferkeln führen.

Sektionsbefunde: Hochgradige desquamative und interstitielle Pneumonien, nichteitrige Meningoencephalitiden, nekrotische Herde in Leber und lymphatischen Organen, multifokale nekrotische Myokarditis mit Mineralisierung und Enteritis.

Toxoplasmose bei anderen Tierarten Pferde und Rinder sind für *T. gondii* empfänglich, doch gibt es kaum gesicherte Berichte über klinische Erkrankungen. Sporadische Ausbrüche (v. a. in Zoos) wurden bei diversen Tiergruppen berichtet, z. B. bei Kaninchen, Nerzen, Geflügel, Wildvögeln, Beuteltieren, Meeressäugern, Lemuren und bei amerikanischen Affen-Arten.

Diagnose Bei **Katzen** lassen sich während der Patenz im Kot mit den üblichen Flotationsmethoden **Oocysten** nachweisen, die morphologisch von *Hammondia*-Oocysten (S. 111) nicht zu unterscheiden sind. Für den **Nachweis spezifischer Antikörper** im Serum von Katzen und verschiedenen **Zwischenwirten** stehen effiziente Verfahren zur Verfügung (ELISA, IFAT u. a.). Um eine akute Infektion zu ermitteln, sollten 2 Proben im Abstand von 2–4 Wochen untersucht und, wenn möglich, spezifische Antikörper isotypspezifisch (IgM und IgG) bestimmt werden. Hohe oder ansteigende IgM-, ansteigende IgG-Spiegel sowie eine niedrige Antikörperavidität sprechen gewöhnlich für eine kürzlich erfolgte Infektion. Der Nachweis von Antikörpern in Körperhöhlenflüssigkeiten von abortierten Schaf- oder Ziegenfeten oder in präkolostralem Serum bei neonaten Lämmern ist ein sicherer Beleg für eine pränatale Infektion, da maternale Antikörper bei Wiederkäuern nicht diaplazentar übertragen werden. Bei Aborten in der 1. Hälfte der Trächtigkeit hat eine serologische Untersuchung des Fetus meistens ein negatives Ergebnis (unreife Immunabwehr des Fetus, Immunkompetenz erst ab Mitte der Trächtigkeit!). **Gewebestadien** (Bradyzoiten in ungekammerten, dünnwandigen Cysten oder intrazelluläre Tachyzoiten) lassen sich in postmortal entnommenem Material (Muskel, Gehirn, fetales Gewebe) oder auch in Biopsieproben histologisch, immunhistologisch oder mittels DNA-Analyse nachweisen. Für Fleischproben wurden hochsensitive Nachweisverfahren für *T. gondii* (DNA-Isolation, PCR) entwickelt.

Hinweise zur diagnostischen Beurteilung von Katzen In der Praxis stellt sich häufig die Frage, ob bestimmte Katzen in der Umgebung von Familien oder schwangeren Frauen ein aktuelles Infektionsrisiko darstellen. Zur Überprüfung solcher Katzen werden 1 serologische Untersuchung und 4 koproskopische Untersuchungen in wöchentlichen Abständen empfohlen. Katzen, die Oocysten ausscheiden, tragen direkt zur Kontamination der Umgebung bei. Wenn Katzen zu Beginn dieser Untersuchungen Serumantikörper gegen Toxoplasmen aufweisen und keine Oocysten ausscheiden, sind sie vermutlich immun und stellen mit hoher Wahrscheinlichkeit keine Infektionsquelle dar [Ausnahme: re-shedding (S. 105)]. Hat aber die Katze keine Antikörper, so ist sie für eine Infektion empfänglich und es sollten prophylaktische Maßnahmen ergriffen werden (Überwachung, keinen Freigang, Fütterung von sicherem Futter etc.).

Therapie Eine Therapie ist nur bei akuter systemischer Toxoplasmose angezeigt. Gewebscysten werden durch Chemotherapeutika nicht eliminiert. Bei der Katze wird Clindamycin (12,5–25 mg/kg KG p. o., alle 12 h über 2–4 Wochen) oder alternativ Sulfadiazin plus Trimethoprim (evtl. Unverträglichkeit!) eingesetzt. Bei Uveitis sollten zusätzlich Glucocorticoide verwendet werden, um sekundäre Linsenluxationen und Glaukome zu vermeiden.

Bekämpfung Die Bekämpfungsmöglichkeiten sind begrenzt. Maßnahmen bei **Katzen** sind unter Toxoplasmose der Katze (S. 636) beschrieben. **Schweine:** Zugang von Katzen zu Stallungen und Futtermittellagern verhindern, Verschleppung von Oocysten durch Personen, Fahrzeuge, Geräte möglichst unterbinden, Bekämpfung von Nagern. Derartige Maßnahmen haben in einigen Regionen bereits zu einem drastischen Rückgang der Prävalenzen geführt. Freilandhaltung erhöht das Infektionsrisiko. **Schafe** können durch eine attenuierte Lebendvakzine (Ovilis Toxovax®) gegen *Toxoplasma*-Aborte geschützt werden. Die Vakzine enthält Tachyzoiten eines mutanten *T. gondii*-Stammes, die sich im Schaf vermehren, aber nicht zu Cysten weiterentwickeln, sodass die Infektion erlischt. Die Impfung sollte mindestens 3 Wochen vor dem Decken erfolgen.

Zoonotische Bedeutung und Prophylaxe bei Menschen *T. gondii* ist einer der weltweit häufigsten Zoonose-Erreger. Nach seroepidemiologischen Untersuchungen ist etwa ⅓ der Menschheit infiziert, die Seroprävalenzen variieren jedoch länderabhängig zwischen < 10 und > 90 %. Eine Studie in Deutschland (2008–2011, n = 6663) zeigte eine durchschnittliche Seroprävalenz von 55 %, mit beispielsweise 20 % bei 18- bis 29-Jährigen, 48 % bei 40- bis 49-Jährigen und 77 % bei 70- bis 79-Jährigen. Über statistische Analysen wurden 6393 Serokonversionen bei schwangeren Frauen pro Jahr und 345 Fälle von congenitaler Toxoplasmose bei Neonaten abgeleitet. In den letzten Jahrzehnten scheinen die Befallshäufigkeiten aber insgesamt abgenommen zu haben, wie folgende Seroprävalenzen bei gebärfähigen Frauen belegen: Schweiz: 1996 39 %, 2006 23 %; Österreich: bis Ende der 1970er-Jahre 50 %, in den 2000er-Jahren 35 %; Frankreich: 1960 84 %, 2003 44 %; Niederlande: 1995/1996 35,2 %, 2006/2007 18,5 %; Norwegen: 1998 11 %, 2015 9 %.

Toxoplasma-Infektionen verlaufen bei immunkompetenten Menschen häufig inapparent, in 10–20 % der Fälle verursachen sie milde Symptome (u. a. leichtes Fieber, Lymphadenopathien) und klingen meist innerhalb weniger Wochen ab. Bei immungeschwächten Personen (AIDS-, Transplantationspatienten u. a.) dagegen können sich schwere Krankheitsbilder entwickeln. In > 90 % der Fälle sind diese eine Folge der Reaktivierung vorangegangener, latenter *T. gondii*-Infektionen. Im Vordergrund stehen Encephalitiden. Während latenten Infektionen bei immunkompetenten Menschen bisher kaum eine Bedeutung zugemessen wurde (s. o.), mehren sich Hinweise darauf, dass Assoziationen zwischen solchen Infektionen und Verhaltensstörungen bzw. pychiatrischen Erkrankungen (u. a. bipolare Störungen, suizidales/aggressives Verhalten, Schizophrenie) bestehen könnten. Die schwerwiegendsten Konsequenzen einer *T. gondii*-Infektion entstehen jedoch, wenn sich Frauen während der Gravidität erstmals infizieren und es zum Übergang der Erreger auf den Fetus kommt. Die Folgen für den Fetus variieren je nach Gestationsalter und reichen von Aborten über schwere Fetopathien bis zu Spätschäden bei Neugeborenen und Heranwachsenden (u. a. Chorioretinitis, Erblindung, Hörstörungen, mentale Retardation). Bezogen auf alle lebend geborenen Kinder liegt das Risiko einer pränatalen Toxoplasmose in Mitteleuropa derzeit bei 0,01–0,03 %. Hier soll darauf hingewiesen werden, dass bei seropositiven Frauen eine pränatale Infektion des Fetus unwahrscheinlich ist.

Menschen können sich durch Aufnahme von sporulierten Oocysten oder von Cysten in tierischem Gewebe infizieren. Auf den pränatalen Infektionsweg wurde bereits hingewiesen. Die jeweilige Bedeutung der unterschiedlichen Infektionswege ist unklar. Retrospektive Untersuchungen bei schwangeren Frauen in Europa belegen, dass 30–63 % der Infektionen über ungenügend erhitzte oder gepökelte Nahrung zustande kam.

Infektionen mit Oocysten Sporulierte Oocysten können z. B. durch kontaminiertes Gemüse, durch mit Gartenerde verunreinigte Hände oder durch unhygienischen Umgang mit (älterem) Katzenkot in den Menschen gelangen.

Infektionen über Fleisch und andere tierische Produkte Eine weitere Infektionsquelle ist rohes bzw. ungenügend erhitztes Fleisch (s. u.) von Haus- oder Wildtieren, das Cysten enthält. Träger von Toxoplasmen sind z. B. Schaf, Ziege, Schwein, Hühnern und verschiedene Wildtierarten (z. B. Wildschwein). Da Rinder für *T. gondii* keine optimalen Wirte sind (Elimination des Parasiten 8 Wochen p. i., Cystenbildung eher selten), wird bisher Rindfleisch als Infektionsquelle als unbedeutend eingestuft. Gestützt wird diese Bewertung durch Bioassay-Daten (erhoben 2005) aus den USA, nach denen 0,38 % von 2094 Proben handelsüblichen Schweinefleischs infektiöse Toxoplasmen enthielten, in Proben von Rind- und Hühnerfleisch von gleichem Umfang hingegen keine Toxoplasmen festgestellt werden konnten. Allerdings zeigte eine neuere Studie aus den Niederlanden mittels quantitativem *T. gondii*-DNA-Nachweis, dass Rindfleisch durchaus eine signifikante Rolle als Infektionsquelle zukommen könnte, doch fehlen Daten zur Relation zwischen dem Vorkommen von *Toxoplasma*-DNA und infektiösen Erregerstadien. Das von Hähnchenfleisch ausgehende Infektionsrisiko wird allgemein als gering bewertet, da *T. gondii*-Prävalenzen in Hühnerhaltung meist gering ausfallen und Hähnchenfleisch i. d. R. gut durchgebraten bzw. gekocht verzehrt wird. Gegebenenfalls fällt das Risiko bei freilaufenden Hühnern höher aus. In Eiern wurde *T. gondii* bisher nicht nachgewiesen. Dagegen werden infektiöse *T. gondii*-Stadien in Ziegenmilch übertragen und können in Frischkäse überleben. Derzeit gibt es keinerlei gesetzliche Regulationen in der EU zur Untersuchung von Schlachttieren auf *T. gondii*.

Das **Infektionsrisiko** hängt nicht nur vom Vorkommen von *T. gondii*-Stadien in Fleisch u. a. Produkten ab, sondern ist auch maßgeblich von den Essgewohnheiten der Menschen und dem Pro-Kopf-Konsum geprägt.

Individuelle Schutzmaßnahmen Persönliche Schutzmaßnahmen sind vor allem für seronegative und damit suszeptible schwangere Frauen als auch für immunsupprimierte Personen wichtig. Infektionen mit *Toxoplasma*-Stadien können durch Verzicht auf Verzehr von frischem oder ungenügend erhitztem Fleisch vermieden werden. Bei der Verarbeitung von Frischfleisch sind verschiedene Vorsichtsmaßnahmen sinnvoll, u. a. heißes Abwaschen der benutzten Geräte, Tische usw. sowie evtl. Schutz vor der Kontamination von Händen, Augen, Mund und Lebensmitteln mit Fleischsaft oder -resten. *Toxoplasma*-Cysten bleiben in gekühltem Fleisch mindestens 3 Wochen infektiös. Durch Hitze (> 67 °C, einige Minuten) oder Tiefgefrieren (mindestens –18 °C für 3 d oder länger) werden sie abgetötet. Pökelung und Räuchern sowie eine ordnungsgemäße Rohwurstreifung töten *T. gondii* nach den meisten Untersuchungen innerhalb weniger Tage ab. Kurzzeitiges Heißräuchern (wie z. B. bei der Herstellung von „Kasseler") und frische Rohwürste („Zwiebelwürstchen") sind dagegen bedenklich.

Dem Schutz vor Infektion mit Oocysten dienen außer den für Katzen geschilderten Maßnahmen (s. o.) auch Hygieneregeln wie gründliches Waschen oder Erhitzen von Gemüse, Händewaschen nach Garten- und Feldarbeit und hygienischer Umgang mit Katzen und insbesondere deren Kot.

Literaturhinweise

Basso W, Grimm F, Ruetten M et al. Experimental *Toxoplasma gondii* infections in pigs. Vet Parasitol 2017; 236: 76–85

Carruthers V, Boothroyd JC. Pulling together: an integrated model of *Toxoplasma* cell invasion. Curr Opin Microbiol 2007; 10: 83–89

Damriyasa IM, Bauer C, Edelhofer R et al. Cross-sectional survey in pig breeding farms in Hesse, Germany: seroprevalence and risk factors of infections with *Toxoplasma gondii, Sarcocystis* spp. and *Neospora caninum* in sows. Vet Parasitol 2004; 126: 271–286

Del Grande C, Galli L, Schiavi E et al. Is *Toxoplasma gondii* a Trigger of Bipolar Disorder? Pathogens 2017; 6(1). pii: E3

Dubey JP. *Toxoplasma gondii* infections in chickens (*Gallus domesticus*): prevalences, clinical disease, diagnosis and public health significance. Zoonoses Public Health 2010; 57: 60–67

Dupont CD, Christian DA, Hunter CA. Immune response and immunopathology during toxoplasmosis. Semin Immunopathol 2012; 34: 793–813

Edelhofer R, Prossinger H. Infectio with *Toxoplasma gondii* during pregnancy: seroepidemiological studies in Austria. Zoonoses Public Health 2010; 57: 18–26

English ED, Adomako-Ankomah Y, Boyle JP. Secreted effectors in *Toxoplasma gondii* and related species: determinants of host range and pathogenesis? Parasite Immunol 2015; 37: 127–140

Fritz HM, Conrad PA. Role of cats in *Toxoplasma* transmission and disease. In: Beugnet F, Halos L, eds. Parasitoses & Vector Borne Diseases of Cats. Lyon: Merial S.A.S.; 2015: 351–362. ISBN: 978-2-95508-050-4

Hehl AB, Basso WU, Lippuner C et al. Asexual expansion of *Toxoplasma gondii* merozoites is distinct from tachyzoites and entails expression of non-overlapping gene families to attach, invade, and replicate within feline enterocytes. BMC Genomics 2015; 16: 66

Innes EA, Bartley PM, Buxton D et al. Ovine toxoplasmosis. Parasitology 2009; 136: 1887–1894

Koutsoumanis K, Allende A, Alvarez-Ordonez A et al. Public health risks associated with food-borne parasites. EFSA J 2018; 16(12). doi: 10.2903/j.efsa.2018. 5495

Maenz M, Schlüter D, Liesenfeld O et al. Ocular toxoplasmosis, past, present and new aspects of an old disease. Prog Retin Eye Res 2014; 39: 77–106

Opsteegh M, Kortbeek TM, Havelaar AH et al. Intervention strategies to reduce *Toxoplasma gondii* disease burden. Clin Infect Dis 2015; 60: 101–107

Ramakrishnan C, Maier CS, Walker RA et al. An experimental genetically attenuated live vaccine to prevent transmission of *Toxoplasma gondii* by cats. Sci Rep 2019; 9: 1–14

Schares G, Vrhovec MG, Pantchev N et al. Occurrence of *Toxoplasma gondii* and *Hammondia hammondi* oocysts in the faeces of cats from Germany and other European countries. Vet Parasitol 2008; 152: 34–45

Torgerson PR, Masttroiacovo P. The global burden of congenital toxoplamosis: a systematic review. Bull World Health Org 2013; 91: 501–508

Wilking H, Thamm M, Stark K et al. Prevalence, incidence estimations, and risk factors of *Toxoplasma gondii* infection in Germany: a representative, cross-sectional, serological study. Sci Rep 2016; 6: 22551

Gattung *Hammondia*

Datus M. Hammond, Protozoologe, USA (1911–1974).

Erreger *Hammondia hammondi* ist ein weltweit verbreiteter Parasit von Hauskatzen; *H. pardalis* parasitiert bei Wildkatzen in Mittelamerika und im Nordwesten Mexikos. Beim Hund kommt *H. heydorni* vor. Die Gattungen *Hammondia, Toxoplasma* und *Neospora* sind eng verwandt.

Hammondia Arten bilden Oocysten vom *Toxoplasma*-Typ.

Entwicklung, Vorkommen und Epidemiologie *Hammondia*-Arten sind obligat heteroxen.

Hammondia hammondi Für diese Art sind **Hauskatzen Endwirte,** die Oocysten mit den Fäzes ausscheiden. In der Außenwelt sporulieren die Oocysten und werden von Zwischenwirten (u. a. Nagertiere, Kaninchen, Schafe, Ziegen, Schweine, Rehe) peroral aufgenommen. Sporozoiten vermehren sich durch Endodyogenie in Zellen der Darmwand, der Peyerschen Platten und der Mesenteriallymphknoten. Daraus hervorgehende Merozoiten disseminieren und vermehren sich in weiteren Organen. Etwa 11 Tage p. i. beginnt die Bildung dünnwandiger, nicht durch Septen unterteilter Cysten in Skelett- und Herzmuskulatur sowie im Gehirn.

Katzen infizieren sich per os mit Gewebscysten aus Zwischenwirten. Die freigesetzten Cystozoiten leiten in Epithelzellen des Dünndarms Merogonien ein, denen eine Gamogonie mit Bildung von Oocysten folgt, die nach einer Präpatenz von 5–13 Tagen unsporuliert ausgeschieden werden. Die Patenz dauert 1–4 Wochen, doch können einige Katzen 3 Monate lang von Zeit zu Zeit Oocysten ausscheiden. Sporulierte Oocysten sind nur für Zwischenwirte, aber nicht für Katzen infektiös. Im Gegensatz zu *T. gondii* scheint *H. hammondi* extraintestinale Gewebe nicht zu infizieren.

Hammondia heydorni **Endwirte** dieser Art sind **Hund und Fuchs**. Die Endwirte infizieren sich mit Gewebscysten aus infizierten Zwischenwirten (Wiederkäuer einschließlich Cerviden, Kamele, Pferde, Kaninchen, Meerschweinchen und Hund). Aus den Cystozoiten entwickeln sich in Epithelzellen des Dünndarms Meronten und Gamonten sowie Oocysten, die nach einer Präpatenz von 7–17 Tagen unsporuliert ausgeschieden werden. Extraintestinale Stadien werden im Hund nach der Aufnahme von Cysten nicht gebildet. Außerdem können sich Hunde mit sporulierten Oocysten infizieren. Bei den so infizierten Hunden entwickeln sich Gewebscysten in der Muskulatur und im Gehirn, aber keine Oocysten.

In **Zwischenwirten** findet eine Vermehrung durch Endodyogenie mit Cystenbildung in der Muskulatur, im Gehirn und in anderen Organen statt.

Hammondien sind bei Katzen sowie bei Hunden und Füchsen weltweit verbreitet. Oocysten wurden in Querschnittsuntersuchungen bei < 1–7,5 % der Katzen und Hunde nachgewiesen, können aber morphologisch nicht von *T. gondii*- bzw. *N. caninum*-Oocysten unterschieden werden. Mittels Koproskopie mit anschließendem DNA-Nachweis zeigten sich von 24106 Katzenkotproben (gesammelt in Mitteleuropa, 2004–2006) 0,09 % als positiv für *H. hammondi*-Oocysten.

Pathogenese und Krankheitsbild *Hammondia*-Arten sind für End- und Zwischenwirte kaum pathogen. Bei Welpen mit *H. heydorni*-Befall wurden gelegentlich Durchfall und Anorexie beobachtet.

Diagnose Oocysten von *H. heydorni* sind ca. 12 × 11 µm, die von *H. hammondi* ca. 11,4 × 10,6 µm groß. Eine Differenzierung von *T. gondii*- bzw. *N. caninum*-Oocysten ist mithilfe von DNA-Analysen möglich.

Literaturhinweise

Dubey JP, Ferguson DJ. Life cycle of *Hammondia hammondi* (Apicomplexa: Sarcocystidae) in the cat. J Eukaryot Microbiol 2014; 62: 346–352

Monteiro RM, Pena HF, Gennari SM et al. Differential diagnosis of oocysts of *Hammondia*-like organisms in dogs and cats by PCR-RFLP analysis of 70 kilodalton heat shock protein (HSP70) gene. Parasitol Res 2008; 103: 235–238

Schares G, Vrhovec MG, Pantchev N et al. Occurrence of *Toxoplasma gondii* and *Hammondia hammondi* oocysts in the faeces of cats from Germany and other European countries. Vet Parasitol 2008; 152: 34–45

Gattung *Neospora*

Neos (gr.): jung, neu; *spora* (gr.): Same, Keim.

In der Gattung *Neospora* sind bisher 2 Arten bekannt. ***Neospora caninum*** (Erstbeschreibung 1988) verursacht Aborte bei Rindern und neuromuskuläre Erkrankungen bei Hunden. Von der nahe verwandten Art *H. heydorni* (S. 111) unterscheidet sich *N. caninum* biologisch und genetisch. ***Neospora hughesi*** ist 1998 aufgrund ultrastruktureller, antigenischer und molekularer Unterschiede als neue Art von *N. caninum* abgegrenzt worden. Ähnlich wie *Sarcocystis neurona* (S. 122) ist *N. hughesi* Ursache einer Myeloencephalitis beim Pferd in den USA.

Neospora caninum

Praxis

Erreger der **Neosporose** bei Rind, Hund und anderen Tierarten. *N. caninum* ist weltweit einer der wichtigsten Aborterreger des Rindes. Epidemiologisch von Bedeutung ist die transplazentäre, auch wiederholte Übertragung von infizierten Kühen auf Kälber, die meist unauffällig geboren werden. Die Übertragung durch Aufnahme sporulierter Oocysten, die von Hunden ausgeschieden werden, oder durch cystenhaltiges Gewebe ist weniger wichtig. Bei Hunden verursacht *N. caninum* neuromuskuläre Erkrankungen.

Das Wichtigste in Kürze

- **Entwicklung.** Für *N. caninum* sind Hunde, Kojoten und Wölfe Endwirte; als Zwischenwirte fungieren Rinder und viele andere Tierarten inkl. Carnivoren. Infektion des Hundes per os mit Cysten im Gewebe von Zwischenwirten → endogene Entwicklung noch unbekannt → Ausscheidung von Oocysten ab 5. Tag p. i., Sporulation der Oocysten in 1–3 Tagen → Aufnahme sporulierter Oocysten durch Zwischenwirte → extraintestinale Entwicklung (Endodyogenie) in Zellen verschiedener Organe → Bildung von Gewebscysten, vorwiegend in ZNS und Muskelzellen. Intrauterine Infektionen.
- **Vorkommen, Epidemiologie.** Weltweite Verbreitung mit variablen Seroprävalenzen bei Hunden und Zwischenwirten. Vertikale Übertragung durch transplazentare Infektionen v. a. bei Rindern, Schafen, Ziegen, Hunden, Wildwiederkäuern und Mäusen sowie horizontal über Aufnahme von sporulierten Oocysten oder cystenhaltigen Geweben.
- **Pathogenese, Krankheitsbild.** Bei trächtigen **Rindern** Aborte nach Erstinfektionen und nach Reaktivierung bestehender Infektionen; auch Retention der Nachgeburt und Fruchtbarkeitsstörungen. Intrauterin infizierte Kälber sind meist klinisch unauffällig, nur selten werden sie krank geboren oder erkranken früh nach der Geburt (Encephalomyelitis). **Hund:** Intrauterin infizierte Welpen können an einem Polyradikulitis-Myositis-Syndrom erkranken (aufsteigende Paralyse, Muskelschwäche u. a.); Infektionen bei älteren Welpen und erwachsenen Hunden: Encephalitis, Encephalomyelitis, z. T. kombiniert mit Myopathien.
- **Diagnose. Rind:** Intravitaldiagnose durch Antikörpernachweis; bei abortierten Feten Antikörper- und Erregernachweis (Histologie, Immunhistologie, DNA-Nachweis). **Hund:** Kotuntersuchung (Flotationsverfahren) auf Oocysten (Differenzierung von *Hammondia heydorni*-Oocysten über DNA-Analyse); Hund als Zwischenwirt: Nachweis spezifischer Antikörper und von Parasitenstadien.
- **Therapie, Bekämpfung.** Bisher bei Rindern keine Therapiemöglichkeit. Abortierte Feten und Nachgeburten vor Hunden oder anderen Carnivoren sichern, Kontamination von Wasser und Futter mit Hundekot vermeiden, Ausschluss seropositiver Tiere aus der Zucht. Bei erkrankten Hunden Therapieversuch mit Clindamycin in Kombination mit potenzierten Sulfonamiden.

Erreger und Entwicklung *N. caninum* bildet Oocysten (ca. 10–13 × 10–11 µm), die denen von *Toxoplasma* ähneln. Tachyzoiten sowie Gewebscysten mit Bradyzoiten. Der Lebenszyklus von *N. caninum* ist heteroxen mit Hunden und anderen Caniden als Endwirte sowie Rindern und diversen anderen Tierarten als natürliche oder potenzielle Zwischenwirte. Zudem kann der Erreger auch direkt übertragen werden (▸ **Abb. 6.13**).

Entwicklung in Endwirten Als Endwirte wurden bisher Haushunde, Australische Dingos, Kojoten und Wölfe identifiziert. Die Rolle des Rotfuchses (*Vulpes vulpes*) ist unklar (in Kanada wurden Oocysten im Kot weniger Rotfüchse gefunden, die eine positive PCR-Reaktion für *Neospora* aufwiesen; in Europa experimentell mit Gewebscysten infizierte Rotfüchse schieden keine Oocysten aus). Nach Aufnahme von Bradyzoiten im Gewebe von Zwischenwirten scheiden Hunde frühestens ab dem 5. Tag p. i. etwa 2–3 Wochen lang unsporulierte Oocysten im Kot aus, teils auch intermittierend über Monate. Die Oocysten sporulieren innerhalb von 1–3 Tagen und bilden 2 Sporocysten mit je 4 Sporozoiten. Ihre Tenazität in der Umwelt ist nicht bekannt, sie dürfte aber der von *Toxoplasma*-Oocysten entsprechen.

Bei Hunden erfolgt die Infektion durch intrauterine Übertragung und durch perorale Aufnahme von *Neospora*-Cysten, vermutet wird auch eine laktogene Erregerübertragung. Bei infizierten Hündinnen kann bei aufeinanderfolgenden Trächtigkeiten die Infektion wiederholt transplazentar auf die Feten übertragen werden. Nachgeburten infizierter Rinder sowie Gewebe von anderen Zwischenwirten (andere Wiederkäuer, Kaninchen, Nagetiere etc.) stellen Infektionsquellen für Hunde dar. Ob sich Hunde und andere Endwirte unter natürlichen Bedingungen auch mit sporulierten Oocysten infizieren, ist nicht bekannt.

Entwicklung in Zwischenwirten Bei den Haus- und Nutztieren sind vor allem Rinder Zwischenwirte von *N. caninum*. Sie infizieren sich über transplazentare Übertragung des Erregers oder über Ingestion von Oocysten. Nach Aufnahme sporulierter Oocysten gelangen die Sporozoiten in die Darmwand, wandeln sich zu Tachyzoiten um und gelangen in verschiedene Organe, wo sie kernhaltige Zellen, u. a. Nervenzellen, Makrophagen, Fibroblasten, Endothelzellen sowie Muskelzellen, befallen. Die Tachyzoiten (ca. 6 × 2 µm) vermehren sich durch Endodyogenie. Eine Wirtszelle kann Hunderte Tachyzoiten beherbergen. Nach ungefähr 20 Vermehrungszyklen (ca. 3 Wochen p. i.) beginnt die Cystenbildung. Reife Cysten sind rund-oval, 30–100 µm, sie haben meistens eine dicke Wand (bis ca. 4 µm), keine Septen und enthalten zahlreiche schlanke Bradyzoiten (ca. 7–8 × 2 µm). Cysten werden meist in neuronalen Geweben (Gehirn, Rückenmark, Spinalnerven, Retina) und in der Muskulatur gefunden (▸ **Abb. 6.12**). Eine ähnlich Entwicklung wird für andere Zwischenwirte angenommen.

Neben Rindern wurden Infektionen auch bei anderen Haus- und Nutztieren (u. a. Schaf, Ziege, Pferd, Hund, Huhn) sowie bei frei oder in Gefangenschaft lebenden Wildtieren nachgewiesen; dabei wurde die Diagnose meist über spezifische Antikörper oder DNA geführt. Die lange Liste betroffener Tierarten beinhaltet unter anderem Artiodactyla (Rehe, Rotwild, Gämse, Steinbock, Mufflon, Wisent, Büffel etc.), Zebra, Nashorn, Elefant, Nagetiere

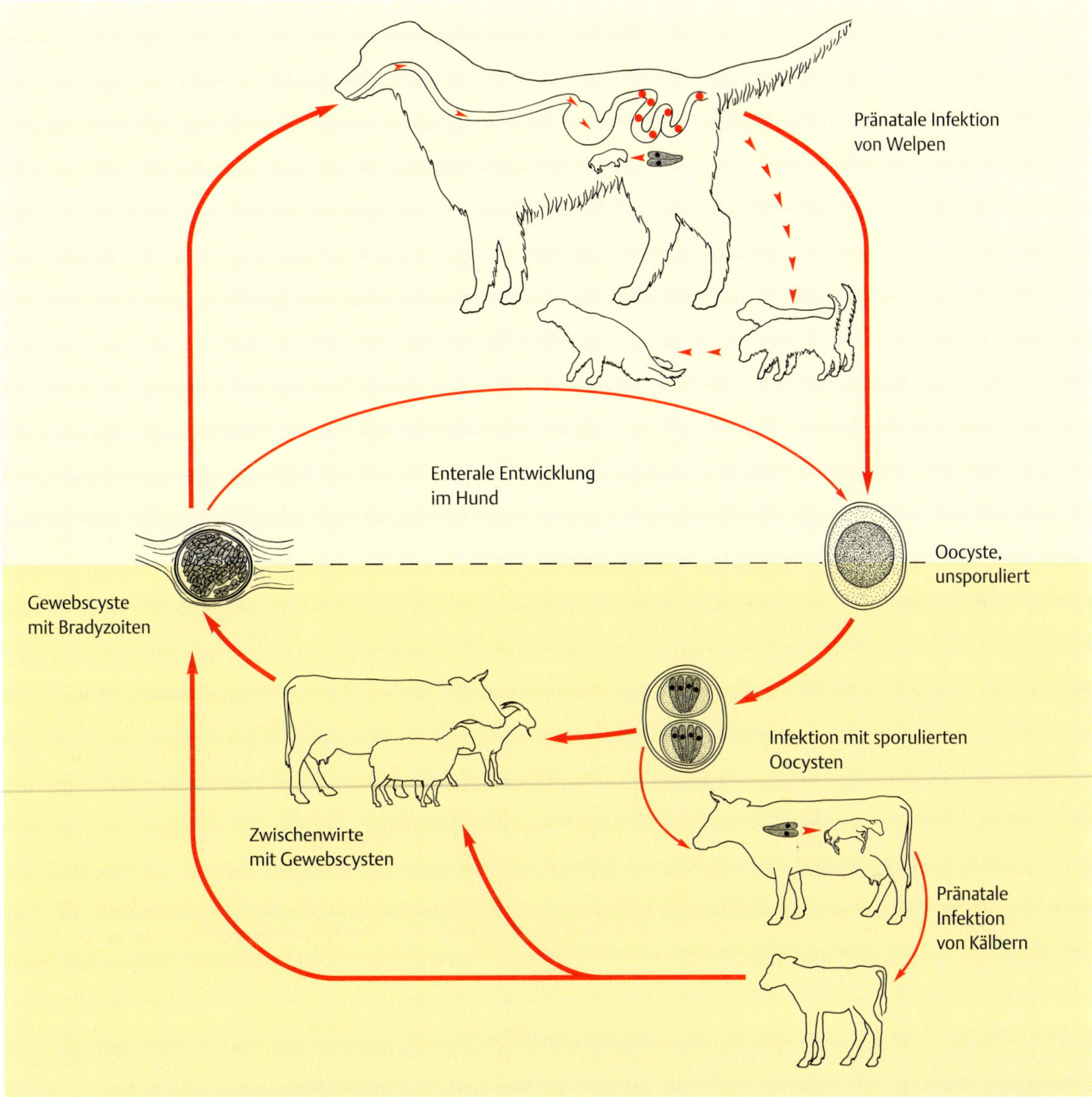

▸ **Abb. 6.13** Entwicklungszyklus von *Neospora caninum* (Entwicklung im Zwischenwirt s. ▸ **Abb. 6.10**). (Grafik: Salome Ehrat, nach einer Vorlage von Johannes Eckert und Peter Deplazes, Vetsuisse-Fakultät, Universität Zürich)

(u. a. Ratten, Mäuse), Lagomorpha, Beuteltiere (Känguru, Wallaby), Carnivore (u. a. Wolf, Fuchs, Schakal, Bär) und sogar marine Säuger (u. a. Seehunde, Delfine). Dabei ist relativ wenig zur epidemiologischen Rolle dieser möglichen Zwischenwirte bekannt. Hohe Seroprävalenzen bei Cerviden (> 40 %) und Füchsen sowie der Nachweis von Oocysten oder Kopro-DNA bei Kojoten und Wölfen in Nordamerika lassen dort einen silvatischen Zyklus vermuten.

Erregerübertragung In der Rinderpopulation wird *N. caninum* hauptsächlich vertikal durch intrauterine Infektionen übertragen, doch kann regional auch die horizontale Übertragung durch Oocysten von Bedeutung sein. Die Übertragung von Rind zu Rind über Plazentophagie, Kolostrum, Milch oder über Samen ist wenig wahrscheinlich und ohne epidemiologische Bedeutung.

Die vertikale Übertragung von *N. caninum* kann in Rinderbeständen Aborte zur Folge haben. Das Abortgeschehen tritt endemisch oder epidemisch auf. Die meisten endemischen (sporadischen) Aborte werden auf die Reaktivierung chronischer Infektionen des Muttertiers während der Trächtigkeit und die diaplazentare Erregerübertragung zurückgeführt; solche Aborte treten zu einem geringen Prozentsatz meist 100–150 Tage nach der Befruchtung (Mitte der Trächtigkeit) über mehrere Jahre in der Herde auf. Frühere Infektionen können zur Resorption oder Mumifizierung führen. Die horizontale Übertragung hat die größte epidemiologische Bedeutung, da die diaplazentare Infektion nicht immer zum Abort führt, sondern insbesondere bei spät in der Trächtigkeit erfolgter Infektion des Fetus oft zur Geburt unauffällig infizierter Kälber führt, die bei späterer Trächtigkeit selbst wieder abortieren können. Auf diese Weise ist eine Persistenz der Parasitose über mehrere Zuchtgenerationen im Bestand möglich. Modellberechnungen haben gezeigt, dass zur Aufrechterhaltung der Infektion in Rinderherden zusätzlich auch ein gewisses Maß der Oocysten-gebundenen Übertragung nötig ist.

Beim mehr dramatischen epidemischen Abortgeschehen (engl. *abortion storm*), bedingt durch Neuinfektionen des Bestandes mit Oocysten (Weideinfektion), abortieren ≥ 10 % der trächtigen Kühe in einer Herde innerhalb eines Zeitraums von 4–8 Wochen.

Vorkommen und Epidemiologie *N. caninum* kommt weltweit vor und zählt zu den wichtigsten Aborterregern des Rindes. In Europa wurde *N. caninum* in 10–42 % der abortierten bovinen Feten nachgewiesen. Der geschätzte weltweite Verlust in Rinderhaltungen beläuft sich auf 1,3 Milliarden US$ pro Jahr.

Die Kenntnisse über die Häufigkeit der Oocystenausscheidung bei **Hunden** sind noch lückenhaft. In Deutschland schieden von 24089 Hunden, die 2001–2004 untersucht wurden, nicht mehr als 0,1 % *Neospora*-Oocysten aus. Die Seroprävalenzen bei Hunden schwanken je nach Herkunft und Haltungsform der Tiere in weiten Grenzen (0,5–46 % in Europa). Bei Landhunden ist die Seroprävalenz meist höher als bei Stadthunden (z. B. CH: 20 %/7 %, NL: 24 %/5 %, UK: 17 %/6 %, Argentinien: 48 %/26 %). Auch die Seroprävalenzen bei **Rindern** unterliegen großen Schwankungen. In verschiedenen europäischen Ländern (DE, DK, CH, FR, GB, SE, ES) waren 2–44 % der Milchkühe und bis 94 % der Milchkuhherden seropositiv. Ähnliche Prävalenzen liegen bei Fleischrindern vor.

Zum Vorkommen von *N. caninum* bei Wildtieren s. o.

Immunologie Wenn sich naive **Rinder** vor Beginn der Trächtigkeit erstmalig mit *N. caninum* infizieren, sind bereits nach 2–4 Wochen p. i. zelluläre und humorale Immunantworten nachweisbar. In Analogie zu anderen Coccidieninfektionen spielt hier v. a. IFN-γ eine Rolle, indem es die Parasitenproliferation hemmt, die immunvermittelte Elimination des Erregers bewerkstelligt und in die Stadienkonversion von Tachyzoit zu Bradyzoit eingebunden ist [s. *T. gondii* (S. 101)]. Die so entstandene Immunität scheint vor exogenen Infektionen aber die Feten nur unzureichend hinsichtlich der diaplazentaren Übertragung zu schützen, sodass etwa 4 % der Kühe über Reaktivierung bestehender Parasitenpopulationen wiederholt abortieren. Dagegen treten nach Erstinfektionen während der Trächtigkeit deutlich höhere Abortraten auf (s. o.). Da die transplazentare Erregerübertragung nicht bei späteren Trächtigkeiten überlebender Tiere verhindert wird, kann die Infektion in der Herde persistieren.

Das Auftreten von Aborten oder pränatalen Infektionen der Kälber hängt von der Effizienz der maternalen Immunabwehr ab. Offensichtlich erlaubt sie aber eine Reaktivierung der Cysten und parasitäre Invasion der Plazenta und des Fetus. Die Auswirkungen für den Fetus hängen nach momentanem Wissensstand sowohl von seinem Alter als auch seiner Immunkompetenz zum Zeitpunkt der Erregerübertragung ab. Ab dem letzten Drittel der Trächtigkeit kann der Fetus überleben und wird meist als klinisch inapparentes Kalb geboren, das aber zu 80–90 % Erregerträger ist.

Pathogenese und Krankheitsbild *Neospora*-Infektionen können bei unterschiedlichen Tierarten und Altersgruppen eine Vielzahl von Erkrankungen verursachen.

Neosporose bei Rindern Infektionen verlaufen bei Rindern i. d. R. inapparent. *N. caninum* kann aber beim Rind Aborte, Totgeburten oder sehr selten die Geburt lebensschwacher Kälber verursachen. Aborte treten unabhängig von Alter, Rasse oder Jahreszeit am häufigsten nach Erstinfektion von Färsen oder Kühen auf. Das Abortrisiko bei *Neospora*(-seropositiven) Kühen ist ca. 7,4-mal höher als bei (seronegativen) Färsen. Aborte treten ab dem 3. Monat der Trächtigkeit auf, gehäuft jedoch im 4.–6. Trächtigkeitsmonat. Kühe können (ohne Reinfektion) wiederholt abortieren, das Risiko verringert sich mit Zeit und Alter um den Faktor 2–3. In der frühen Phase der Trächtigkeit können Aborte aufgrund der Resorption des Fetus unbemerkt bleiben.

Als wesentliche **Ursache des Abortes** werden Nekrosen und Entzündungsreaktionen angesehen, die *N. caninum* im Bereich der Plazenta oder im Fetus entweder direkt oder indirekt durch immunpathologische Reaktionen verursacht. Meist stellen sich abortierte Feten physisch unverändert dar, weisen aber multifokale Degenerationen v. a. in ZNS und Rückenmark auf. Entsprechende Veränderungen finden sich auch in anderen Geweben und führen in unterschiedlicher Häufigkeit zu Myokarditis, Myositis, Hepatitis, Nephritis etc.

Pränatal infizierte und lebend geborene Kälber sind in den allermeisten Fällen klinisch unauffällig (> 95 %), wenige zeigen neuromuskuläre Symptome wie Ataxien, Hyperextensionen oder -flexionen der Extremitäten, Encephalomyelitis u. a.

Neosporose bei anderen Wiederkäuern Die klinische und epidemiologische Bedeutung der Neosporose bei Schafen und Ziegen ist unklar. Gelegentlich wurde *N. caninum*-DNA in abortierten Schaf- bzw. Ziegenfeten nachgewiesen. In Europa schwanken die Seroprävalenzen bei Schafen zwischen 0,5 und 17 %, in Deutschland wurde kürzlich (2017) eine Seroprävalenz von 0,48 % bei Ziegen nachgewiesen. In wenigen Fällen wurden bei Schafen beobachtete fokale Encephalitiden und ZNS-Symptome mit *N. caninum*-Infektionen assoziiert.

Neosporose bei Wildtieren Zahlreiche wild lebende Säuger sind für *N. caninum* empfänglich. Einige Berichte lassen auf klinische Neosporosefälle schließen, z. B. bei

Baummardern, Füchsen, Wildwiederkäuern (wild und in Gefangenschaft lebend), Nashorn und Wallaby (beide in Gefangenschaft).

Neosporose bei Hunden Neosporosen werden bei neugeborenen und jungen Hunden beobachtet, gelegentlich auch bei älteren Tieren. Bei Letzteren ist unklar, ob es sich um Neuinfektionen oder aktivierte latente Infektionen handelt. Intrauterine Infektionen mit Aborten wurden bisher nicht beobachtet.

Intrauterin mit *N. caninum* infizierte Welpen und Junghunde (unter 1 Jahr alt) können unter dem Bild eines Polyradikuloneuritis-Myositis-Syndroms mit fokalen Nekrosen vor allem in Gehirn, Rückenmark und Spinalnerven schwer erkranken. Folgende Symptome treten auf: Muskelatrophie, Ataxie, Paresen, aufsteigende Paralyse, spastische Hyperextension (vor allem der Hintergliedmaßen), Schmerz in der Lumbal- und Becken- oder Quadriceps-Muskulatur, Kopfschiefhaltung, Dysphagie und Inkontinenz (▶ **Abb. 6.14**). Die Sensitivität bleibt dabei oftmals erhalten und Welpen können bei weitgehend ungestörtem Allgemeinbefinden monatelang überleben. Bei pränatal infizierten Welpen können die Symptome erst 3 oder mehr Wochen nach der Geburt (oftmals nach der Entwöhnung) auftreten. Oft weisen nur einige Welpen in 1 Wurf Symptome auf. Bei generalisierten Formen können Veränderungen in verschiedenen Organen auftreten und sich u. a. in Megaösophagus mit Dysphagie, Pneumonie, Muskelschmerzen, Myositis, Myokarditis und, v. a. bei älteren Hunden, ulzerativer Dermatitis manifestieren.

Diagnose Die *Neospora*-Infektion ist **intravital** bei **verschiedenen Tierarten** über spezifische Antikörper nachweisbar. Kreuzreaktionen mit Antikörpern gegen andere Coccidien (*Toxoplasma, Sarcocystis*) stellen kein besonderes Problem dar. Bei erkrankten Hunden ist die Untersuchung von Muskelbiopsien und Liquor auf Erreger (Immunhistologie, DNA-Analyse) eine weitere diagnostische Möglichkeit. *Neospora*-Oocysten (10–13 × 10–11 µm) lassen sich im Kot von Hunden mit den üblichen Flotationsverfahren nachweisen; sie sind aber meist in geringer Anzahl vorhanden und lassen sich nicht sicher von *Hammondia heydorni*-Oocysten unterscheiden. Eine Differenzierung dieser Oocysten ist jedoch mithilfe der DNA-Analyse möglich.

Zur **postmortalen Diagnose** bei **abortierten Rinderfeten** werden histologische, immunhistologische Verfahren sowie in erster Linie der DNA-Nachweis eingesetzt. Geeignete Gewebe sind Gehirn, Herz, Leber und Plazenta. Mature *Neospora*-Cysten sind bis 110 µm groß, weisen keine Kammerung auf, enthalten zahlreiche Bradyzoiten (6–8 × 1–1,8 µm) und unterscheiden sich von *T. gondii*-Cysten über ihre dicke Wand (bis ca. 4 µm dick) (▶ **Abb. 6.12**). Bei **Hunden** geben nekrotische Herde im ZNS oder der Leber sowie feine gelblich weiße Streifen in

▶ **Abb. 6.14** Neosporose beim Hund: klinisches Bild der Polyradikuloneuritis-Myositis. (Quelle: Peter Deplazes, Institut für Parasitologie, Vetsuisse-Fakultät, Universität Zürich)

der Muskulatur (Atrophie und fibrotisches Ersatzgewebe) Hinweise auf die Infektion.

Therapie und Bekämpfung Antiparasitika, die bei **Rindern** Aborte verhindern können, sind nicht bekannt. Derzeit ist keine kommerzielle Vakzine verfügbar, die eine Protektion vermittelt.

In Betrieben mit Neosporose-Aborten können folgende Empfehlungen berücksichtigt werden: Abortierte Feten, Nachgeburten und tote Kälber vor dem Verzehr durch Hunde oder anderen Carnivoren sichern. Hunde nicht mit frischem Rinderfleisch und -organen füttern und die Kontamination von Wasser, Abwasser, Futterlagern und Weiden mit Hundekot vermeiden. In Betrieben mit niedriger Prävalenz: Ausmerzung seropositiver Kühe und ihrer weiblichen Nachkommen. In hochprävalenten Herden können die Infektionsraten über 2–3 Jahre durch Ausschluss seropositiver weiblicher Kälber von der Zucht vermindert werden.

Bei erkrankten **Hunden** können Therapieversuche mit Clindamycin oder Pyrimethamin in Kombination mit potenzierten Sulfonamiden unternommen werden (▶ **Tab. 23.12**). Der Behandlungserfolg ist bei Welpen mit einer akuten Verlaufsform, die in wenigen Tagen zur Parese führt, geringer als bei Tieren mit einem eher chronischen Krankheitsverlauf. Hunde mit Rezidiven sprechen klinisch gut auf die erneute Chemotherapie an. Eine chemotherapeutische Eliminierung der Cysten ist nicht möglich.

Neospora hughesi-Infektion beim Pferd

N. hughesi wurde ursprünglich im ZNS eines erwachsenen Pferdes in Kalifornien, USA, gefunden und aufgrund ultrastruktureller, antigenischer und molekularer Unterschiede von *N. caninum* abgegrenzt. Mittlerweile wurde der Parasit auch in Kanada, Mexiko und Brasilien nachgewiesen. End- und Zwischenwirte (außer Pferde) sind bisher nicht bekannt. In 2013 wurde bei Pferden eine *N. hughesi*-Seroprävalenz von 34 % ermittelt (Untersuchung in 18 US-Staaten; n = 5250; bei derselben Pferdepopulation ergab sich eine *S. neurona*-Seroprävalenz von 78 %), dabei waren v. a. Warmblüter und Tiere > 5 Jahre betroffen; eine regionale Häufung wurde nicht beobachtet. Für Kalifornien wird eine jährliche Expositionsrate von 1,7 % angenommen. *N. hughesi* wird vertikal auf Fohlen übertragen (~4 % der Fohlen seropositiver Stuten weisen Antikörper vor der ersten Kolostrumaufnahme auf); Assoziationen zu Aborten sind bisher nicht belegt. *N. hughesi* muss bei Verdacht auf „Equine Protozoal Myeloencephalitis" (EPM) berücksichtigt werden, die meisten Fälle dieser Erkrankung werden jedoch durch *Sarcocystis neurona* (S. 118) verursacht.

Literaturhinweise

Cantón GJ, Katzer F, Maley SW et al. Inflammatory infiltration into placentas of *Neospora caninum* challenged cattle correlates with clinical outcome of pregnancy. Vet Res 2014; 45: 11

Cavalcante GT, Soares RM, Nishi SM et al. Experimental infection with *Neospora caninum* in pregnant bitches. Rev Bras Parasitol Vet 2012; 21: 232–236

Dubey JP, Schares G. Neosporosis in animals – the last five years. Vet Parasitol 2011; 180: 90–108

Goodswen SJ, Kennedy PJ, Ellis JT. A review on the infection, genetics, and evolution of *Neospora caninum*: from the past to the present. Infect Genet Evol 2013; 13: 133–150

James KE, Smith WA, Conrad PA et al. Seroprevalences of anti-*Sarcocystis neurona* and anti-*Neospora hughesi* antibodies among healthy equids in the United States. J Am Vet Med Assoc 2017; 250: 1291–1301

Maley SW, Buxton D, Rae AG. The pathogenesis of neosporosis in pregnant cattle: inoculation at midgestation. J Comp Pathol 2003; 129: 189–195

Regidor-Cerillo J, Arranz-Solis D, Benavides J et al. *Neospora caninum* infection during early pregnancy in cattle: how the isolate influences infection dynamics, clinical outcome and peripheral and local immune responses. Vet Res 2014; 45: 10

Reichel MP, McAllister MM, Pomroy WE et al. Control options for *Neospora caninum* – is there anything new or are we going backwards? Parasitology 2014; 141: 1455–1470

Sager H, Moret CS, Müller N et al. Incidence of *Neospora caninum* and other intestinal protozoan parasites in populations of Swiss dogs. Vet Parasitol 2006; 139: 84–92

Schares G, Pantchev N, Barutzki D et al. Oocysts of *Neospora caninum, Hammondia heydorni, Toxoplasma gondii* and *Hammondia hammondi* in faeces collected from dogs in Germany. Int J Parasitol 2005; 35: 1525–1537

Villagra-Blanco R, Wagner H, Dolz G et al. First report on the seroprevalence of *Neospora caninum* in goats from the federal state of Hesse, Germany. Berl Münch Tierärztl Wochenschr 2017; 130: 517–522

Gattung *Besnoitia*

C. Besnoit, ehemals Professor an der École vétérinaire de Toulouse.

Heteroxene, in Details weitgehend unbekannte Entwicklung. Bisher 10 Arten beschrieben, End- und Zwischenwirte sind nur von 4 Arten bekannt – *B. wallacei*: Katze → Ratte; *B. darlingi*: Katze → Opossum; *B. oryctofelisi*: Katze → Kaninchen; *B. neotomofelis*: Katze → Buschratte. Oocysten im Katzenkot bisher in Mitteleuropa nicht nachgewiesen, morphologisch nicht von *Hammondia*- oder *Toxoplasma*-Oocysten zu unterscheiden, aber über DNA-Analysen. Als Zwischenwirte von anderen *Besnoitia*-Arten sind u. a. bekannt: Haus- und Wildwiederkäuer, Equiden, Nager, Reptilien. Cysten in Zwischenwirten mit dicker Cystenwand. Wichtigste Art ist *Besnoitia besnoiti*, die bedeutende Erkrankungen im Rind verursachen kann; weitere Arten: *B. caprae* (Ziege), *B. tarandi* (Rentier), *B. benetti* (Esel), *B. jellisoni*, *B. akodoni* (Nager).

Besnoitia besnoiti

Praxis

Erreger der **bovinen Besnoitiose**, welche in Mitteleuropa als Importerkrankung an Bedeutung gewinnt.

Erreger und Entwicklung Die einzigen bekannten Stadien sind Tachyzoiten (5–9 × 2–5 µm) und Bradyzoiten (Syn. Cystozoiten) (ca. 8 × 2 µm). Die Tachyzoiten proliferieren in Endothelzellen von Blutgefäßen, in Makrophagen und Fibroblasten; Bradyzoiten finden sich in großen (bis 600 µm), ungekammerten, dickwandigen Cysten in der Haut, in Schleimhäuten und vielen anderen Organen. Der Lebenszyklus von *B. besnoiti* ist noch nicht aufgeklärt, ein Endwirt ist bisher nicht bekannt. Experimentelle Infektionen von Hunden und Katzen mit Cysten natürlich infizierter europäischer Rinder sowie serologische Untersuchungen zu Wildcarnivoren ergaben keine Hinweise auf eine Endwirtfunktion. Es ist auch unklar, ob andere Tierarten (z. B. Nager und Wildwiederkäuer) eine epidemiologische Rolle als Zwischenwirte spielen könnten. *B. besnoiti*-spezifische Antikörper wurden gelegentlich bei Rot- und Rehwild in Spanien nachgewiesen. Feldmäuse (*Microtus arvalis*) waren experimentell empfänglich für ein europäisches *B. besnoiti*-Isolat; Parasiten-DNA ließ sich bis mindestens 5 Monate p. i. in Lunge, Herz, Haut, Nieren und Skelettmuskulatur nachweisen.

Die Erregerübertragung in Rinderherden erfolgt unter natürlichen Bedingungen mit hoher Wahrscheinlichkeit mechanisch [azyklisch (S. 667)] durch blutsaugende Insekten (z. B. *Stomoxys calcitrans*, Tabaniden). Es ist noch nicht geklärt, ob eine Übertragung durch den Deckakt stattfindet; in Sperma wurden *B. besnoiti*-Stadien bisher nicht nachgewiesen. Die iatrogene Übertragung durch kontaminierte Injektionsnadeln ist möglich.

Vorkommen Regional begrenzte Herde von boviner Besnoitiose in Ländern Afrikas und Asiens sowie in Südeuropa (u. a. ES, PT, IT und Südfrankreich). Die Herdenprävalenzen können hier sehr hoch sein, z. B. 50–100 % in Italien, 87 % in Spanien (spanische Pyrenäen). In den letzten Jahren wurde eine Ausbreitung der Infektion über Frankreich, das Zentralmassiv und die östlichen Alpenregionen bis dicht an die Grenze zur Schweiz beobachtet. Kürzlich wurden importierte Fälle von boviner Besnoitiose auch in der Schweiz, in Deutschland, Italien, Ungarn und Kroatien diagnostiziert.

Epidemiologie und Krankheitsbild In Endemiegebieten verursacht *B. besnoiti* große wirtschaftliche Schäden durch Fruchtbarkeitsstörungen, verminderte Leistung, Hautschäden sowie durch hohe Morbidität und Mortalitätsraten bis 10 %. In Frankreich werden die meisten klinischen Fälle bei 2- bis 4-jährigen Rindern beobachtet, aber auch jüngere Tiere (ab 6 Monaten) können erkranken. Klinische bovine Besnoitiose tritt vor allem im Frühling bis zum Herbst auf. Schwere klinische Symptomatiken finden sich bei 10–20 % der seropositiven Tiere; einige zeigen ausschließlich sklerokonjunktivale Cysten, die meisten Rinder mit *B. besnoiti*-spezifischen Antikörpern bleiben jedoch klinisch inapparent.

Bei erkrankten Tieren werden i. d. R. 3 Phasen beobachtet. **Akute parasitämische Phase** (1–3 Wochen nach der Infektion): Vermehrung von Tachyzoiten in Endothelzellen der Blutgefäße, Fibroblasten und Makrophagen. Symptome: Fieber (41–42 °C), Inappetenz, Augen- und Nasenausfluss, Tachykardie, Tachypnoe. Nach einer kurzzeitigen, fast **asymptomatischen Phase** folgt die **chronische Phase** (ab 2 Monate p. i.) der Erkrankung mit Lymphknotenschwellungen und Ausbildung subkutaner Ödeme in der Kopf- und Halsregion, im ventralen Brust- und Abdomenbereich sowie an den Gliedmaßen. Die Tiere bewegen sich aufgrund starker Schmerzen steif und langsam. Bullen können an Orchitis mit vorübergehender oder dauerhafter Infertilität erkranken, auch Aborte können auftreten. Im weiteren Verlauf bilden sich charakteristische dickwandige Cysten v. a. in Cutis und Subkutis, Schleimhäuten von Respirations- und Genitaltrakt, Blut- und Lymphgefäßwänden, Fascien und Sehnen von Muskeln. Auf den Schleimhäuten von Konjunktiva, Nase, Vulva und Vagina sind die Cysten (0,2–0,6 mm groß) mit bloßem Auge erkennbar. Die Infektion der Haut führt zu Verdickung, Verhärtung und Faltenbildung (Sklerodermie, Hyperkeratose) und zu Alopezie, vor allem im Bereich von Kopf und Hals, des Perineums und der Vordergliedmaßen („Elefantenhaut") (▶ **Abb. 6.15**).

Diagnose Die Verdachtsdiagnose aufgrund typischer klinischer Erscheinungen kann serologisch (ELISA, IFAT mit Bestätigung im Westernblot) sowie histologisch oder molekularbiologisch (Hautbiopsie; hohe Erregerdichte v. a. im caudalen Hüft-/Oberschenkelbereich) bestätigt werden.

Therapie, Bekämpfung Es gibt derzeit keine Therapie zur Eliminierung des Erregers. Infizierte Rinder stellen möglicherweise lebenslang eine Infektionsquelle für andere Rinder dar.

Die Besnoitiose ist in der Schweiz eine auszurottende Tierseuche und daher meldepflichtig. Nach Art. 189b TSV müssen alle aus Endemiegebieten importierten Rinder serologisch untersucht werden. Beim Auftreten von Besnoitiose bei Rindern werden betroffene Betriebe gesperrt, verdächtige und infizierte Tiere geschlachtet. In Deutschland ist die Besnoitiose nicht tierseuchenrechtlich geregelt, in Österreich wird sie durch die Deckseuchenverordnung (StF: BGBl. Nr. 61/2018) geregelt.

Durch serologische Untersuchungen aller Tiere aus Endemiegebieten kann die Einschleppung des Erregers weitgehend verhindert werden. Bekämpfung von Tabaniden und anderen blutsaugenden Insekten. In manchen

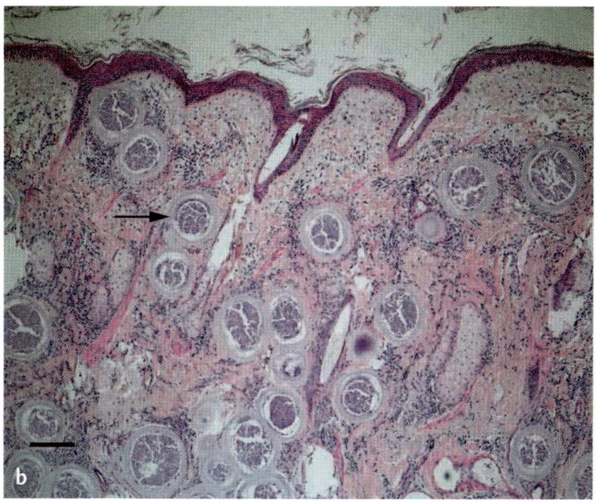

▶ **Abb. 6.15** Besnoitiose beim Rind.
a Hautveränderungen (Quelle: Prof. Dr. Helder Cortes, Évora, Portugal)
b Histologischer Hautschnitt mit zahlreichen Cysten (Quelle: Prof. Dr. Helder Cortes, Évora, Portugal)

Ländern (Israel, Südafrika) werden attenuierte Lebendimpfstoffe eingesetzt.

Literaturhinweise

Alvarez-Garcia G, Frey CF, Mora LM et al. Century of bovine besnoitiosis: an unknown disease reemerging in Europe. Trends Parasitol 2013; 29: 407–415

Basso W, Schares G, Gollnick NS et al. Exploring the life cycle of *Besnoitia besnoiti* – experimental infection of putative definitive and intermediate host species. Vet Parasitol 2011; 178: 223–234

Basso W, Lesser M, Grimm F et al. Bovine besnoitiosis in Switzerland: Imported cases and local transmission. Vet Parasitol 2013; 198: 265–273

Frey CF, Gutiérrez-Expósito D, Ortega-Mora LM et al. Chronic bovine besnoitiosis: intra-organ parasite distribution, parasite loads and parasite-associated lesions in subclinical cases. Vet Parasitol 2013; 197: 95–103

Gazzonis AL, Garcia GA, Zanzani SA et al. *Besnoitia besnoiti* among cattle in insular and northwestern Italy: endemic infection or endemic outbreaks. Parasit Vectors 2014; 7: 585

Gollnick NS, Scharr JC, Schares S et al. Naturally acquired bovine besnoitiosis: Disease frequency, risk and outcome in an endemically infected beef herd. Transbound Emerg Dis 2018; 65: 833–843

Gutiérrez-Expósito D, Ferre I, Ortega-Mora LM et al. Advances in the diagnosis of bovine besnoitiosis: current options and applications for control. Int J Parasitol 2017; 47: 737–751

Langenmayer MC, Gollnick NS, Majzoub-Altweck M et al. Naturally acquired bovine besnoitiosis: histological and immunological findings in acute subacute and chronic disease. Vet Pathol 2014; 52: 476–488

Liénard E, Salem A, Grisez C et al. A longitudinal study of *Besnoitia besnoiti* infections and seasonal abundance of *Stomoxys calcitrans* in a dairy cattle farm of southwest France. Vet Parasitol 2011; 177: 20–27

Schares G, Langenmayer MC, Majzoub-Altweck M et al. Naturally acquired bovine besnoitiosis: Differential distribution of parasites in the skin of chronically infected cattle. Vet Parasitol 2016; 216: 101–107

Gattung *Sarcocystis*

> **Praxis**
>
> Erreger der **Sarcocystiose** bei Nutztieren als Zwischenwirte und bei Carnivoren als Endwirte. Die Infektionen sind meist klinisch unauffällig.
>
> **Zoonose:** Einige Arten können beim Menschen als Zwischen- oder Endwirt vorkommen.

Die zur Gattung *Sarcocystis* gehörenden Arten (auch Sarcosporidien genannt) sind obligat heteroxen. Im Darm des Endwirtes (Carnivoren, Mensch, Vögel, Reptilien) erfolgen die Gamogonie und die Sporogonie, im Zwischen- bzw. Fehlwirt (Säugetiere bzw. Mensch, Beuteltiere, Vögel und poikilotherme Tiere) die Merogonien und die Bildung typischer, meist gekammerter Cysten (mit dünner oder dicker Wand) in der quergestreiften Muskulatur und seltener im ZNS.

Das Wichtigste in Kürze

- **Erreger.** Etwa 200 *Sarcocystis*-Arten; obligat heteroxene Parasiten bei carnivoren und omnivoren Säugetieren, Vögeln, Reptilien. In Zwischenwirten (Beutetiere) septierte Cysten (Miescherschen Schläuche, Sarcocysten) in der quergestreiften Muskulatur.
- **Entwicklung.** Infektion des **Endwirts** durch orale Aufnahme von Cysten mit Muskelfleisch. Im Dünndarm Gamogonie und Sporogonie (keine Merogonie in Endwirten!). Ausscheidung weniger sporulierter Oocysten (*Isospora*-Typ) und vieler freier Sporocysten mit dem Kot. Präpatenz kurz (Tage), Patenz lang (Wochen bis Monate). Im **Zwischenwirt.** (herbivore, omnivore Tiere) nach oraler Aufnahme von Sporocysten 2 Merogonien (Endopolygenien) im Kapillarendothel und Cystenbildung in Zellen der quergestreiften Muskulatur. Entwicklungsdauer im Zwischenwirt einige Monate.
- **Vorkommen, Epidemiologie.** Weltweites Vorkommen mit Bindung der einzelnen Arten an bestimmte Ökosysteme. Unter Haustieren in Mitteleuropa waren z. B. 15 % der Hunde und 5 % der Katzen Ausscheider von *Sarcocystis*. Bei Rindern und Schweinen sind die Prävalenzen in Beständen mit Stallhaltung sehr niedrig, bei Weidehaltung sehr hoch.
- **Immunologie.** Endwirte bilden eine partielle Immunität; die Sporocystenausscheidung nach Reinfektionen ist gegenüber Erstinfektionen reduziert. Zwischenwirte entwickeln eine Immunität, die über Reinfektionen aufrechterhalten wird. Keine Kreuzimmunität zwischen den *Sarcocystis*-Arten.
- **Krankheitsbild.** Bei Endwirten meist inapparente Infektion. In Zwischenwirten bei massiven Primärinfektionen schwere Endothelschäden durch Merogonien mit Fieber, Schwäche, ZNS-Störungen, Aborten; Todesfälle möglich. Cysten in der Muskulatur gewöhnlich ohne klinische Konsequenzen.
- **Diagnose.** Im Endwirt koproskopischer Nachweis der Sporocysten/Oocysten. Identifikation der Cysten im Zwischenwirt bei einigen Arten makroskopisch, in anderen Fällen mikroskopisch. Zur Artidentifizierung eignet sich am besten der DNA-Nachweis.
- **Therapie, Bekämpfung.** Eine Therapie ist nicht notwendig oder bei akuter Sarcocystiose nicht möglich. Vorbeuge durch Fernhalten potenzieller Sporocystenausscheider von Weiden, Stallungen, Futterlagern etc.
- **Sonderfall Equine Protozoal Myeloencephalitis (EPM).** Neurologische Erkrankung von Equiden in Nordamerika durch im Gehirn und Rückenmark ablaufende Merogonien von *S. neurona* (Endwirte: Opossum-Arten; Zwischenwirte: Gürteltier, Waschbär, Seeotter, Stinktier, Katze). Pferde werden als Fehlzwischenwirte eingestuft. Eine ähnliche Erkrankung wird durch *Neospora hughesi* (S. 115) verursacht.
- **Zoonotische Bedeutung.** Der Mensch ist Endwirt für *Sarcocystis*-Arten mit Rind und Schwein als Zwischenwirte. Prävalenz in Europa beim Menschen < 1 %. Gelegentlich sind Menschen Fehlwirte von *Sarcocystis* spp. (Cystenbildung in der Muskulatur).

Erreger Zur Gattung *Sarcocystis* gehören etwa 200 Arten, die bei vielen Säugetieren, Vögeln und Reptilien parasitieren (▶ **Tab. 6.5**). Die von Endwirten sporuliert ausgeschiedenen Oocysten enthalten 2 Sporocysten mit je 4 Sporozoiten. Die dünne Oocystenhülle liegt den Sporocysten dicht an und bildet eine typische Einschnürung (▶ **Abb. 6.16**), meistens reißt sie jedoch auf, sodass im Kot freie Sporocysten erscheinen (Größe je nach Art, beim Hund im Mittel 13–16 × 8–11 µm, bei der Katze 10–12 × 7–8 µm). In der quergestreiften Muskulatur von Zwischenwirten bilden *Sarcocystis*-Arten gekammerte Cysten (= Sarcocysten), die seit 1843 als Mieschersche Schläuche bekannt sind.

Entwicklung *Sarcocystis*-Arten vollziehen einen obligaten Wirtswechsel (▶ **Abb. 6.16**). Bei den einzelnen *Sarcocystis*-Arten ist die Spezifität für Zwischenwirte i. d. R. eng und meist auf eine Species, z. B. das Rind, beschränkt, während das Spektrum der Endwirte breiter ist und Mitglieder verwandter Familien umfassen kann. Andererseits sind Zwischen- und Endwirte für mehrere *Sarcocystis*-Arten empfänglich und können sie simultan beherbergen (▶ **Tab. 6.5**).

Endwirte Carnivoren und Omnivoren (einschließlich Mensch), die sich durch Verzehr von Cysten im Muskelfleisch von Zwischenwirten infizieren. Im Endwirt werden Cystozoiten freigesetzt, die in Zellen der Lamina propria des Dünndarms eindringen und sich zu Gamonten entwickeln (keine Merogonien im Endwirt!). Nach der Syngamie und Bildung der Oocysten erfolgt die Sporulation in der Lamina propria (endogene Sporulation). Die versporten Oocysten werden nach und nach aus der Mukosa freigesetzt. Meist rupturiert die Oocystenwand und die Sporocysten (mit 4 Sporozoiten) werden im Kot ausgeschieden (höchste Ausscheidung in der 2. Woche p. i., kann sich jedoch über Monate hinziehen).

Zwischenwirte Herbivore oder omnivore Tiere. Sie infizieren sich durch Aufnahme von Oocysten bzw. Sporocysten mit Futter oder Wasser. Die excystierten Sporozoiten dringen in die Dünndarmwand ein, befallen Endothelzellen von Arteriolen und Arterien im Darm, in den Mesenteriallymphknoten, Nieren und anderen Organen und entwickeln sich dort direkt im Cytoplasma ohne parasitophore Vakuole (PV). Nach 2 Merogonien (Endopolygenie) in Endothelzellen können Merozoiten der 2. Generation eine weitere Merogonie (Endodyogenie) in mononukleären Blutzellen induzieren, die meisten je-

▶ **Tab. 6.5** *Sarcocystis*-Arten mit Haustieren als Zwischenwirte (Auswahl).

Zwischenwirt	*Sarcocystis*-Art	Pathogenität[1]	Cysten-Länge maximal (mm)	Endwirte
Rind	*S. cruzi*	+++	< 1[2]	Hund, Fuchs, Waschbär u. a.
	S. hirsuta	+	7[3]	Katze
	S. hominis	+	7[3]	Mensch, Affen
	S. rommeli[4]	?	0,5[3]	?
Schaf	*S. tenella*	+++	0,7[3]	Hund, Fuchs u. a.
	S. arieticanis	++	0,9	Hund
	S. gigantea	–	10[3]	Katze
	S. medusiformis[4]	–	8	Katze
Ziege	*S. capracanis*	+++	1[3]	Hund, Fuchs u. a.
	S. hircicanis	++	2,5	Hund
	S. moulei	–	7,5[3]	Katze
Schwein	*S. miescheriana*	+++	1,5[3]	Hund, Fuchs, Waschbär u. a.
	S. suihominis	++	1,5[3]	Mensch, Affen
Pferd	*S. bertrami*[5]	?	12[3]	Hund
	S. neurona[6]	+++	?	Opossum-Arten[6]
	S. fayeri	?	< 1[2]	Hund
Huhn	*S. horvathi*	++	10	?
Enten	*S. rileyi*	?	7	Fuchs, Marderhund

[1] Pathogenität für Zwischenwirte: +++ hoch; ++ mittel; + gering; ? = unbekannt
[2] dünnwandige Cyste (< 5 µm)
[3] dickwandige Cyste (< 5 µm)
[4] neu vorgeschlagener Name für *S. sinensis*
[5] Syn. *S. equicanis*
[6] Pferd ist ein Fehlwirt; autochthone Infektionen nur in Mittel- und Nordamerika

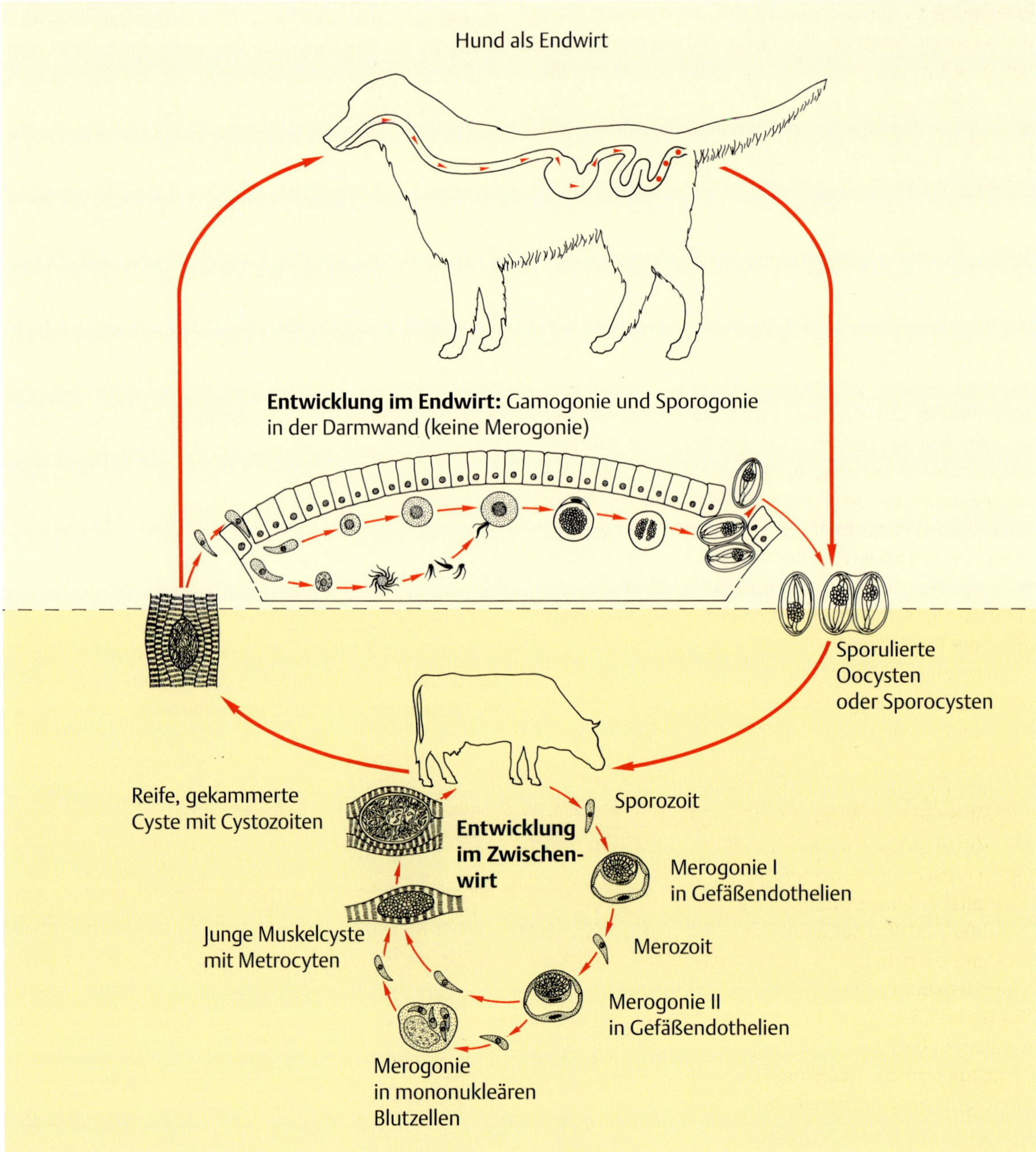

▶ **Abb. 6.16** Entwicklungszyklus von *Sarcocystis*. (Grafik: Salome Ehrat, nach einer Vorlage von Johannes Eckert und Peter Deplazes, Vetsuisse-Fakultät, Universität Zürich)

doch infizieren Zellen der quergestreiften Muskulatur, wo sie sich in einer PV zu Cysten entwickeln. Bei einigen *Sarcocystis*-Arten erfolgt die Entwicklung auch in Zellen des ZNS oder in Purkinje-Fasern des Herzens. Die eingedrungenen Merozoiten gehen in runde Formen (Metrocyten) über, die sich fortwährend durch Endodyogenie teilen und allmählich die ganze Zelle ausfüllen. Schließlich gehen aus den Teilungen bananenförmige Cystozoiten (= Bradyzoiten) hervor, die für den Endwirt infektiös sind. Während dieser Entwicklung bildet sich eine Cystenwand. Die Cystenwand variiert arttypisch in der Dicke (2 bis > 10 µm) und in der Ausbildung von Oberflächenstrukturen und Septen (< 2 µm dick), welche die Cysten in unregelmäßige Kammern unterteilen, die teils mit Cystozoiten, teils mit Trophe gefüllt sind. Die Cysten einiger *Sarcocystis*-Arten werden außen von einer Bindegewebsschicht des Wirtes umschlossen. Cystozoiten teilen sich kontinuierlich für 2–3 Monate; reife Cysten enthalten > 100 000 bis > 1 Mio. Cystozoiten. Die Entwicklung infektionsfähiger Cystozoiten dauert mindestens 2–3 Monate (▶ **Abb. 6.17**, ▶ **Abb. 6.18**). Die Cysten persistieren im Zwischenwirt meist lebenslang, nur wenige sterben nach einigen Monaten oder Jahren ab.

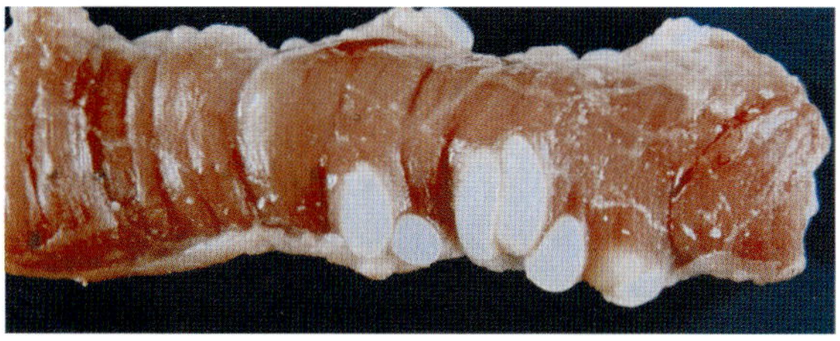

▶ **Abb. 6.17** Cysten von *Sarcocystis gigantea* (Länge bis 1,5 cm) im Ösophagus vom Schaf. (Quelle: Institut für Parasitologie, Vetsuisse-Fakultät, Universität Zürich)

Vorkommen und Epidemiologie Sarcosporidien sind weltweit bei vielen Arten von Säugern (auch Meeressäugern), Vögeln und Reptilien verbreitet, wobei unter natürlichen Bedingungen die Prävalenzen wegen der ungestörten Räuber-Beutetier-Beziehungen sehr hoch sind. Die Persistenz der Zyklen und hohe Prävalenzen werden durch verschiedene Faktoren begünstigt, wie die Infektion einer Zwischenwirtspezies mit mehreren *Sarcocystis*-Arten, die Beteiligung mehrerer Endwirtarten an der Übertragung (▶ **Tab. 6.5**) und die hohe Vermehrungsrate sowie die Persistenz der Parasiten im Zwischenwirt. Die Sporocysten sind sofort infektiös, bleiben monate- bis jahrelang lebensfähig und überdauern auch den Winter. Außerdem können sie unbeschadet Kläranlagen passieren, sind aber empfindlich gegenüber Trockenheit. Die Endwirte können weiträumig Weiden, Tierfutter, Wasser usw. mit Sporocysten kontaminieren.

In Mitteleuropa sind bis 15 % der Hunde und 5 % der Katzen Ausscheider von Sporocysten. Bei routinemäßigen Laboruntersuchungen von ca. 24600 Hunden in Deutschland (2003–2010) wurden 0,3 % als *Sarcocystis*-Ausscheider identifiziert. In Ländern mit traditioneller, kleinbäuerlicher Tierhaltung erreichen die Prävalenzen bei Hunden 20–80 % und bei Katzen 15 %. Entsprechend hoch sind die Prävalenzen bei den Zwischenwirten in der traditionellen Tierhaltung. In als Zwischenwirten fungierenden landwirtschaftlichen Nutztieren sind die Prävalenzen oftmals variabel. *S. cruzi* ist die häufigste Spezies in Rindern, *S. rommeli* (Endwirt unbekannt; ursprünglich als *S. sinensis* im Wasserbüffel beschrieben) stellt die häufigste dickwandige *Sarcocystis*-Art vom Rind dar (▶ **Tab. 6.5**). Über PCR-Analysen wurde *S. hominis* in 97 % der Hackfleischproben aus belgischen Fleischereien (Einzelhandel) nachgewiesen. Die Prävalenz von *S. suihominis* in Schweinefleischproben liegt bei 5 %, *S. miescheriana* kommt häufiger vor. Das Vorkommen von *Sarcocystis*-Arten in Schweinehaltungen hängt maßgeblich von den hygienischen Bedingungen ab. Wildwiederkäuer sind häufig mit *Sarcocystis* spp. infiziert (Prävalenzen bis zu 100 %; allerdings werden die Spezies meist nicht adäquat beschrieben).

Immunologie Rinder, Schafe, Ziegen und Schweine, die mit einer geringen Menge von Sporocysten einer pathogenen Art infiziert worden waren, sind gegen eine Belastungsinfektion mit einer letalen Sporocystendosis derselben Art geschützt. Eine Kreuzimmunität gibt es nicht. Ohne Reinfektion hielt bei experimentell infizierten Schweinen der Immunschutz 3 Monate, beim Rind mindestens 8 Monate an. Auf der Weide nehmen fast alle Zwischenwirte mit ihrer Nahrung regelmäßig einige Sporocysten auf und bleiben darüber anhaltend immun (endemische Stabilität). Nach Erstinfektion bleiben die Endwirte empfänglich, sie scheiden jedoch nach einer Reoder Superinfektion weniger Sporocysten bei verkürzter Patenz aus (s. o.).

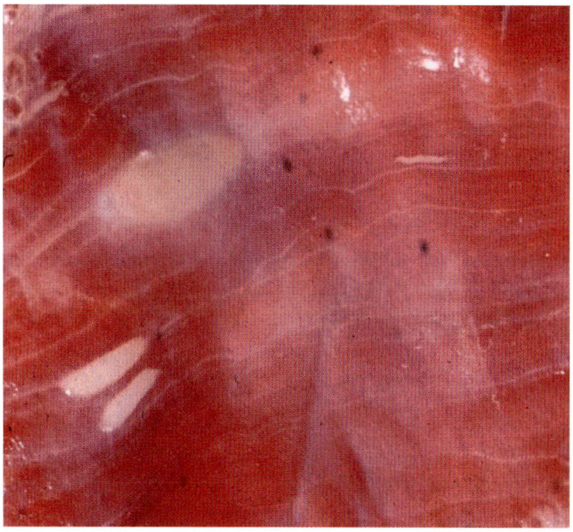

▶ **Abb. 6.18** Cysten, *Sarcocystis* sp. (Länge ca. 1,8 mm) in der Muskulatur vom Schwein. (Quelle: Institut für Parasitologie, Vetsuisse-Fakultät, Universität Zürich)

Pathogenese und Krankheitsbild Bei den Endwirten Hund und Katze verläuft die Infektion meist inapparent, nur selten führt sie zu Diarrhö. Für Zwischenwirte sind die von Caniden übertragenen *Sarcocystis*-Arten pathogener als die von Katzen übertragenen Spezies. Da Erkrankungen durch die endemische Stabilität i. d. R. verhindert werden (s. o.), verlaufen die Infektionen meist inapparent.

Akute und subakute Sarcocystiose Diese Formen sind selten und treten bei Wiederkäuern und Schweinen nur dann auf, wenn immunologisch naive Tiere eine größere Menge (je nach Art 50000 bis 3 Mio.) Sporocysten aufnehmen. Als pathogene Stadien gelten die Meronten I und II. Nach einer Inkubation von 2–3 Wochen können vielfältige, bei allen Tierarten ähnliche **Symptome** auftreten, u. a. Fieber, Apathie, Inappetenz, hochgradige normozytäre, normochrome Anämie (niedrige Hämatokritwerte), Lymphocytose, erniedrigte Albuminwerte im Serum, Gerinnungsstörungen, Atemnot, Zyanose, kurzfristige Erhöhung der Konzentrationen verschiedener Enzyme (LDH, AST, CK) im Serum, Bilirubinämie, Muskelsteifheit, Ataxien sowie Gewichtsverluste. Hinzu kommen Aborte bei Infektionen mit *S. cruzi* (Rind), *S. tenella* (Schaf) und *S. miescheriana* (Schwein), selten auch Schädigungen des ZNS mit entsprechender Symptomatik. Zum **Sektionsbild** gehören zahlreiche Petechien und Ekchymosen unter der Serosa aller Viszera, in der Skelett- und Herzmuskulatur und in den Skleren der Augen, vermehrte Körperhöhlenflüssigkeit, Gefäßläsionen, perivaskuläre und interstitielle Infiltrationen sowie Nekrosen in diversen Organen. Degenerierende Cysten sind von neutrophilen und eosinophilen Granulozyten und Riesenzellen demarkiert. Tödlich verlaufende Fälle treten v. a. nach Infektion des ZNS auf. Bei geringeren Infektionsdosen kann die Erkrankung verzögert sein und als subakute Form verlaufen.

Chronische Sarcocystiose Diese Form ist meist klinisch unauffällig. Nur selten tritt eine generalisierte Myositis in Erscheinung. Bei der Schlachtung oder der Sektion werden reaktionslos im Gewebe liegende und selten auch von Granulomen und mononukleären Infiltraten umgebene Cysten in der Muskulatur gefunden.

Diagnose Der Befall der **Endwirte** lässt sich durch koproskopischen Nachweis (Flotation) der Oocysten/Sporocysten feststellen (keine Artdifferenzierung möglich). Serologische Verfahren werden für Forschungszwecke zum indirekten Nachweis der Infektion bei End- und Zwischenwirten eingesetzt.

Post mortem wird die **akute Sarcocystiose** anhand des Sektionsbildes und durch Nachweis von Meronten (z. B. in Giemsa-gefärbten Tupfpräparaten) diagnostiziert, der allerdings oft nicht gelingt. Eine Bestimmung der *Sarcocystis*-Arten ist mithilfe molekularer Methoden möglich, jedoch nicht anhand der Morphologie der Meronten. Bei **chronischem Befall** sind in der Muskulatur Cysten nachweisbar. Bei der Schlachttieruntersuchung werden Sarcocystiose-Fälle nur dann erfasst, wenn Cysten makroskopisch sichtbar sind oder wenn Massenbefall mit Cysten die Muskulatur verändert (Myositis, Ödeme), sodass das Gewebe nicht für den Verzehr geeignet ist. Mikroskopisch kleine Cysten, die keine sichtbaren Veränderungen verursachen, entgehen der Feststellung. Die Cystenmorphologie ermöglicht die Identifikation einiger Arten (mikroskopisch, immunhistochemisch), besser geeignet ist jedoch die DNA-Analyse.

Therapie Für die Behandlung der akuten oder chronischen Sarcocystiose bei Zwischen- oder Endwirten besteht kaum eine Indikation. Eine Ausnahme bei diesen Empfehlungen bildet die Therapie der EPM (S. 122).

Bekämpfung Die Kontamination der Weiden, Futter- und Tränkeplätze, Stallungen etc. mit Fäzes von Fleischfressern und Menschen sind zu vermeiden. Ferner sind Maßnahmen zu ergreifen, um die Verbreitung von Oocysten/Sporocysten durch Gülle, die mit Haushaltsabwässern gemischt ist, Überlaufwasser aus Kläranlagen oder Klärschlamm zu unterbinden. Hunde und Katzen sollten nur mit Fleisch gefüttert werden, das zur Abtötung von Cysten zuvor erhitzt (> 70 °C) oder 3 Tage bei −20 °C tiefgefroren wurde. Zur Desinfektion gelten dieselben Maßnahmen wie für Coccidiosen (S. 83). Zu lebensmittelrechtlichen Maßnahmen s. Parasiten in Lebensmitteln (S. 536).

***Sarcocystis*-Infektionen der Hauswiederkäuer und des Schweines** Die bei diesen Tierarten vorkommenden *Sarcocystis*-Arten sowie Angaben zu ihrer Pathogenität sind in ▸ **Tab. 6.5** zusammengestellt. Die allgemeinen Symptome und Schadwirkungen bei den seltenen Formen der akuten und subakuten Sarcocystiose sind oben erwähnt. Beim **Rind** können akute Infektionen mit *S. cruzi* Allgemeinerkrankungen, Aborte und selten auch ZNS-Störungen verursachen, Todesfälle sind möglich. Gleiches gilt für *S. tenella*-Infektionen beim **Schaf**. Auch **Ziegen** und **Schweine** können an akuter Sarcocystiose erkranken und daran zugrunde gehen.

***Sarcocystis*-Infektionen der Wildwiederkäuer** Bis zu 100 % der Cerviden (Reh, Damhirsch, Rothirsch, Elch, Rentier u. a.) sind mit *Sarcocystis*-Cysten befallen. In Norwegen wurden 5 *Sarcocystis*-Arten in Rotwild (*Cervus elaphus*) oder Elchen (*Alces alces*) nachgewiesen: *S. hardangeri*, *S. ovalis*, *S. rangiferi*, *S. tarandi* und *S. hjorti*. Für die letzte Art zeigte sich die höchste Prävalenz in Rotwild und sie scheint in der Schweiz ursächlich für muskuläre Läsionen bei erlegten Hirschen zu sein. Rot- und Polarfüchse sind Endwirte für *S. hjorti*.

***Sarcocystis*-Infektionen der Fleischfresser** Hunde, andere Caniden und Katzen sind Endwirte für zahlreiche *Sarcocystis*-Arten (Auswahl in ▸ **Tab. 6.5**). Darüber hinaus können sie auch Zwischenwirte sein, z. B. in den USA der Hund für *S. canis* und die Katze für *S. felis*. *Sarcocystis canis* kann beim Hund eine Allgemeinerkrankung mit Hepatitis und Encephalitis verursachen. Hunde, Katzen, Waschbären etc. können sich unter Entwicklung einer mit der Equinen Protozoären Myeloencephalitis (EPM) vergleichbaren Erkrankung mit *S. neurona* infizieren.

***Sarcocystis*-Infektionen bei Equiden** Verschiedene *Sarcocystis*-Arten wie *S. bertrami* (Europa), *S. fayeri* (USA) und *S. neurona* (USA) kommen beim Pferd vor. *Sarcocystis neurona* ist die wichtigste Art und verursacht eine schwerwiegende neurologische Erkrankung sowohl beim Pferd (EPM) als auch bei anderen Tierarten. Die 30- bis 40-mal seltenere Erkrankung des Pferdes durch *Neospora hughesi* (S. 115) ähnelt in ihrem Erscheinungsbild der EPM.

***Sarcocystis neurona* und Equine Protozoal Myeloencephalitis (EPM)** **Entwicklung:** Endwirte von *S. neurona* sind das Nordamerikanische Opossum (*Didelphis virginiana*) als auch das Südamerikanische Opossum (*D. albi-*

ventris), die große Sporocystenmengen mit dem Kot ausscheiden können (Prävalenzen in unterschiedlichen Regionen der USA: 6–31 %), mit denen sich zahlreiche Säugetier- und Vogelarten infizieren. Experimentell wurden Katzen, Waschbären und Stinktiere als Zwischenwirte über die Bildung reifer Cysten bestätigt. Epidemiologisch scheint der Waschbär die größte Rolle zu spielen. Pferde infizieren sich über die perorale Aufnahme von Sporocysten.

Krankheitsbild: Pferde gelten als Fehlwirte ohne epidemiologische Bedeutung, da hier nur Merogonien ablaufen. Meronten entwickeln sich ohne Ausbildung einer parasitophoren Vakuole in Nerven- und Entzündungszellen im Gehirn und Rückenmark und verursachen herdförmige Blutungen, Malazie, Nekrosen und eine nichteitrige Myeloencephalitis. Erkrankte Pferde zeigen Schwäche, unsicheren Gang, Lahmheit, Muskelschwund, einseitige Fazialislähmung, partielle Paralyse der Zunge, Ataxie, Spasmus, Parese und Festliegen. Die Krankheit verläuft akut oder chronisch, oft mit langsamer Progression.

Vorkommen und Epidemiologie: Bis jetzt wurde die EPM nur bei amerikanischen Pferden festgestellt, die im Verbreitungsgebiet des Opossums leben (1 Fall beim Zebra in Kalifornien). Obwohl etwa 30–50 % der Pferde seropositiv sind, erkranken in den USA nur 0,5–1 % an EPM, allerdings wurde diese auch bei exportierten Tieren (u. a. nach Japan, EU) diagnostiziert. Eine aktuelle Studie in 18 Staaten der USA (n = 5250) ergab für 2013 eine Seroprävalenz von 78 %; als Risikofaktoren der Seropositivität wurden der Aufenthalt in den südlichen US-Staaten, Warmblutrassen und ein Alter > 5 Jahre ermittelt. Der Nachweis *S. neurona*-spezifischer Antikörper bei gesunden Pferden aus Frankreich und Spanien kann bisher nicht erklärt werden und wird derzeit als Kreuzreaktivität zu anderen *Sarcocystis*-Arten interpretiert.

Diverse andere Tierarten wie Hunde, Katzen, wilde Carnivoren, Musteliden, marine Säuger (u. a. Seeotter, Seehunde) und sogar Vögel fungieren als Fehlwirte für *S. neurona*. Klinische Erkrankungen wurden u. a. bei Hund, Katze, Luchs, Stinktier, Waschbär, Frettchen und marinen Säugern beschrieben. Der Nachweis von *S. neurona*-DNA in neugeborenen marinen Säugern könnte als Hinweis auf eine vertikale Übertragung gedeutet werden.

Diagnose und Therapie: Die Verdachtsdiagnose aufgrund der klinischen Symptome kann durch den Nachweis spezifischer Antikörper (Serum, besser CSF) im IFAT oder Westernblot bestätigt werden. Post mortem wird die Diagnose histologisch, immunhistochemisch oder über DNA-Analyse gestellt. In den USA sind Ponazuril, Diclazuril und Sulfadiazin/Pyrimethamine für die Behandlung von Pferden mit EPM zugelassen. Für weitere Details siehe Literatur (S. 123).

***Sarcocystis*-Infektionen bei Vögeln** Zahlreiche, z. T. noch nicht benannte *Sarcocystis*-Arten sind in der Muskulatur von Haushuhn, Ente, Gans, Truthuhn, Taube und anderen Vogelarten festgestellt worden. Nur von wenigen Arten ist der Entwicklungszyklus bekannt. Hund, Katze, Stinktier, Opossum und v. a. Greifvögel wurden für einige Arten als Endwirte ermittelt. Die Wirtsspezifität für Zwischenwirte ist häufig gering und umfasst z. B. für *S. falcatula* (Endwirt: Opossum) Sperlinge, Tauben u. a. Vogelarten. Diese Art erwies sich unter experimentellen Bedingungen für Sittiche als pathogen; natürliche Infektionen wurden bei Eulen und Adlern gefunden. Auch *S. calchasi* (Endwirt: Habicht) kann Tauben und Nymphensittiche infizieren und schwerwiegende neurologische Erkrankungen bei Tauben auslösen (u. a. Läsionen im Gehirn). Bei intensiv gehaltenem Geflügel kommen Infektionen mit *Sarcocystis*-Arten selten vor.

Zoonotische Bedeutung Nach Verzehr von rohem, mit *S. suihominis* befallenem Schweinefleisch zeigten Probanden innerhalb von 24 h vorübergehend Nausea, Erbrechen, Leibschmerzen, Diarrhö und Dyspnoe. Sporocysten wurden 11–13 Tage später im Stuhl ausgeschieden. *Sarcocystis hominis* ist für Menschen weniger pathogen, kann aber ähnliche Symptome verursachen. Cysten von *Sarcocystis*-Arten in der Muskulatur von Menschen sind äußerst selten. Zufällig gefundene Parasiten (ca. 100 Fälle) wurden *S. lindemanni* zugeschrieben, zu dem ansonsten keinerlei Erkenntnisse vorliegen. Aufgrund von Antikörpernachweisen in einigen ethnischen Gruppen in Südostasien (Prävalenz > 20 %) wurden inapparente Infektionen vermutet. *S. nesbitti*-Infektionen wurden kürzlich bei Reisenden aus Malaysia mit schweren muskulären Störungen und ernsthaft beeinträchtigtem Allgemeinbefinden nachgewiesen (Endwirte: Kobra, Python).

Literaturhinweise

Abubakar S, Teoh BT, Sam SS et al. Outbreak of human infection with *Sarcocystis*, Malaysia, 2012. Emerg Infect Dis 2013; 19: 1989–1991

Blazejewski T, Nursimulu N, Pszenny V et al. System-based analysis of the *Sarcocystis neurona* genome identifies pathways that contribute to a heteroxenous life cycle. MBio 2015; pii: e02445–14

Damriyasa IM, Bauer C, Edelhofer R et al. Cross-sectional survey in pig breeding farms in Hesse, Germany: seroprevalence and risk factors of infections with *Toxoplasma gondii*, *Sarcocystis* spp. and *Neospora caninum* in sows. Vet Parasitol 2004; 126: 271–286

Dubey JP, Calero-Bernal R, Rosenthal BM, Speer CA, Fayer R, eds. Sarcocystosis of Animals and Humans. Boca Raton, FL: CRC Press; 2015. ISBN: 978-1-49871-012-1

Dubey JP, Howe DK, Furr M et al. An update on *Sarcocystis neurona* infections in animals and equine protozoal myeloencephalitis (EPM). Vet Parasitol 2015; 209: 1–42

Hornok S, Mester A, Takács N et al. *Sarcocystis* infection in cattle in Hungary. Parasit Vectors 2015; 8: 69

Howe DK, MacKay RJ, Reed SM. Equine protozoal myeloencephalitis. Vet Clin North Am Equine Pract 2014; 30: 659–675

Italiano CM, Wong KT, Abu Bakar S et al. *Sarcocystis nesbitti* causes acute, relapsing, febrile myositis with a high attack rate: description of a large outbreak of muscular sarcocystosis in Pangkor Island, Malaysia, 2012. PloS Negl Trop 2014; Dis 8: e2876

James KE, Smith WA, Conrad PA et al. Seroprevalences of anti-*Sarcocystis neurona* and anti-*Neospora hughesi* antibodies among healthy equids in the United States. J Am Vet Med Assoc 2017; 250: 1291–1301

Maier K, Olias P, Enderlein D et al. Parasite distribution and early-stage encephalitis in *Sarcocystis calchasi* infections in domestic pigeons (*Columba livia f. domestica*). Avian Pathol 2015; 44: 5–12

Moré G, Schares S, Maksimov A et al. Development of a multiplex real PCR to differentiate *Sarcocystis* spp. affecting cattle. Vet Parasitol 2013; 197: 85–94

6.1.3 Ordnung Cryptosporiida

Familie Cryptosporiidae

Gattung *Cryptosporidium*

Praxis

Erreger der **Cryptosporidiose**. Weitverbreitet bei vielen Tierarten. Besonders empfänglich für die akute, z. T. schwer verlaufende Durchfallerkrankung sind junge, unter 4 Wochen alte Wiederkäuer.
Zoonose: Beim Menschen verursacht *Cryptosporidium parvum* meist selbstlimitierenden Durchfall, bei immunsupprimierten Patienten können auch weitere opportunistische Arten lebensbedrohende, chronische Durchfälle verursachen.

Cryptos (gr.): verborgen; *spora* (gr.): Same, Keim.

Das Wichtigste in Kürze

- **Erreger.** Die Gattung *Cryptosporidium* umfasst derzeit ca. 30 beschriebene Arten und mehr als 40 verschiedene Genotypen, die unterschiedliche Wirtsspezifitäten aufweisen (z. B. *C. hominis* fast ausschließlich beim Menschen, *C. parvum* und *C. ubiquitum* dagegen mit breitem Wirtsspektrum) und bei Wirbeltieren und Menschen vorwiegend intestinale Infektionen verursachen. Besondere Bedeutung haben Cryptosporidien als Durchfallerreger bei Kälbern, kleinen Wiederkäuern und (immundefizienten) Menschen.
- **Entwicklung.** Homoxene Entwicklung. Bei intestinaler Infektion nach oraler Aufnahme von Oocysten erfolgen 2 Merogonien in Enterozyten unmittelbar unter dem Mikrovillussaum (intrazellulär-extracytoplasmatisch). Nach Gamogonie folgt im Darm die Sporogonie in den Oocysten (4 Sporozoiten ohne Sporocysten), die mit dem Kot ausgeschieden werden. Persistierende Infektionen ohne Neuaufnahme von Oocysten durch endogene Autoinfektionen.
- **Vorkommen, Epidemiologie.** Weltweit verbreitet, Übertragung von Wirt zu Wirt, häufig über (Trink-)Wasser, auch Futter, Gegenstände. Oocysten überleben in kühler, feuchter Umgebung mehrere Monate.
- **Krankheitsbild, Immunologie.** Häufig verlaufen Cryptosporidien-Infektionen inapparent. *C. parvum* verursacht bei jungen Kälbern profuse Diarrhö, Fieber, Exsikkose, Azidose, Gewichtsverlust und gelegentlich Todesfälle. Sektion: katarrhalische Enteritis. Enteritiden können auch bei anderen Tierarten, besonders bei Jungtieren, durch verschiedene Cryptosporidien verursacht werden, bei Vögeln auch Infektionen der Luftwege.
- **Diagnose.** Nachweis der Oocysten (ca. 4–6 µm) mikroskopisch in Kotausstrichen nach Spezialfärbung oder immunologisch mit markierten Antikörpern; Nachweis von Kopro-Antigen oder Parasiten-DNA.
- **Therapie, Bekämpfung.** Symptomatische Behandlung gegen Diarrhö und Exsikkose. Einsatz von Halofuginon bei Kälbern nach Abwägung (geringe therapeutische Breite!). Wichtig sind Hygiene (Reinigung, Desinfektion), Verbesserung der Haltung, Versorgung der Jungtiere mit Kolostrum.

Erreger *Cryptosporidium*-Arten parasitieren im Gastrointestinaltrakt, seltener in anderen Organen von Säugern (einschl. Mensch), Vögeln, Reptilien, Amphibien und Fischen. Derzeit gelten 30 Arten als valide; 40 Genotypen sind dabei beschrieben. Rund 20 beschriebene Arten kommen bei Säugern vor, 4 bei Vögeln, 1 bei Amphibien, jeweils 2 bei Reptilien und Fischen. Anhand genetischer Unterschiede, der Oocystenmorphologie und des Wirtsspektrums können 3 Gruppen unterschieden werden: (1) die **„Gastrische Gruppe"**, die im Magen von Säugern (*C. muris*, *C. andersoni*), Vögeln (*C. galli*) und Amphibien (*C. fragile*) parasitiert; (2) die **„Intestinale Gruppe"** mit den meisten zoonotischen Arten, die vornehmlich den Dünndarm verschiedener Vertebratenwirte befällt (► **Tab. 6.6**), und (3) eine Gruppe, die bei verschiedenen **Süßwasser- und Meeresfischen** vorkommt. Oocysten der „Gastrischen Gruppe" sind oval und relativ größer (Ø ~7 µm), die der „Intestinalen Gruppe" dagegen sind rund und kleiner (Ø ~4–5 µm).

Die Validität der Arten sowie die genetische und biologische Variabilität ist noch Gegenstand der Forschung; daher sind auch in Zukunft taxonomische Anpassungen wahrscheinlich. Wie ► **Tab. 6.6** zeigt, befallen die meisten *Cryptosporidium*-Arten mehrere Wirtsarten, einige sind Zoonose-Erreger. Zur Artdiagnose werden vor allem genetische und biologische Merkmale (u. a. Wirtsspektrum) herangezogen. Da sich die etwa 4–6 µm großen Oocysten der meisten Arten sehr ähneln, lässt sich an ihnen keine Artendifferenzierung durchführen.

Cryptosporidien ähneln den Coccidien, sind aber entwicklungsbiologisch näher mit den Gregarinen (Endoparasiten von Invertebraten) verwandt. Ihr taxonomischer Status ist noch nicht abschließend geklärt. Im Vergleich zu den Eimeriida weisen Cryptosporidien einige **Besonderheiten** auf: (a) Die intrazellulären Entwicklungsstadien liegen in der Wirtszelle in unmittelbarer Nähe des Bürstensaums innerhalb einer parasitophoren

▶ **Tab. 6.6** *Cryptosporidium*-Arten (Auswahl).

Art	natürliche Wirte[1]	Hauptlokalisation
Arten bei Säugern		
C. hominis[2]	**Mensch**, (Affen)	Dünndarm
C. viatorum	**Mensch**	Dünndarm
C. parvum[3,4]	**Rind**[5], andere Wiederkäuer, Cameliden u. a.	Dünndarm
C. bovis	**Rind,** Schaf	Dünndarm
C. andersoni[3]	**Rind**[6], andere Wiederkäuer, Kamel	Labmagen
C. suis[3,7]	**Schwein**	Dünndarm
C. scrofarum[3]	**Haus- und Wildschweine**	Dünndarm
C. canis[3]	**Hund,** andere Caniden	Dünndarm
C. felis[3]	**Katze,** (Rind)	Dünndarm
C. muris[3]	**Mäuse**, andere Säuger, Vögel	Magen
C. fayeri[3]	Beuteltiere	Darm
C. cuniculus[3]	**Kaninchen**, andere Säuger	Dünndarm
C. wrairi	Meerschweinchen	Dünndarm
C. ubiquitum[3]	Säuger	Dünndarm
Arten bei Vögeln		
C. baileyi	**Huhn,** andere Vögel	Respirationstrakt, Verdauungstrakt, Bursa Fabricii
C. galli	**Huhn,** andere Vögel	Magen
C. meleagridis[3]	**Truthuhn,** andere Vögel, Mensch	Darm, auch Bursa Fabricii und Kloake
Arten bei Amphibien u. Reptilien		
C. fragile	Amphibien	Magen, Darm
C. serpentis	**Schlangen,** Eidechsen	Magen
C. varanii (Syn. *C. sauro-philum*)	**Eidechsen,** Schlangen	Darm
Arten bei Fischen		
C. molnari	Meeresfische	Magen
C. cichlidis	Süßwasserfische	Magen

[1] Hauptwirte in Fettdruck
[2] früher *C. parvum* „humaner Genotyp"
[3] zoonotische Arten; opportunistische Infektionen pathogen
[4] früher *C. parvum* „boviner Genotyp", Syn. *C. pestis*
[5] pathogen für Kälber < 3 Wochen
[6] Färsen und ältere Tiere
[7] früher *C. parvum* „porciner Genotyp"

Vakuole (intrazellulär, aber extracytoplasmatisch), wodurch sich die Zellmembran kugelig über den Mikrovillussaum vorwölbt (▶ Abb. 6.19). (b) An der Basis der parasitophoren Vakuole bilden sie ein spezielles mehrlagiges Haftorganell, das mit dem Cytoplasma der Wirtszelle in Verbindung steht, den Parasiten fixiert und über eine Stoffwechsellamelle den Stoffaustausch mit der Wirtszelle ermöglicht. (c) Cryptosporidien produzieren kleine Oocysten, die bereits in der Wirtszelle sporulieren, aber keine Sporocysten, sondern 4 „nackte" Sporozoiten enthalten.

Entwicklung Nach peroraler Aufnahme von Oocysten werden Sporozoiten frei, die sich an Enterozyten (bevorzugt an der Zottenbasis) anheften und von der Wirtszellmembran umschlossen werden. Innerhalb einer parasitophoren Vakuole entwickeln sich Meronten vom Typ I (Ø 4–5 µm) mit jeweils 8 Merozoiten. Diese Merozoiten befallen neue Wirtszellen und vermehren sich entweder nochmals oder entwickeln sich zu Meronten II, die je 4 Merozoiten bilden (▶ Abb. 6.19, ▶ Abb. 6.20). Diese Merozoiten entwickeln sich zu Gamonten, woraus sich dann die reifen Gameten entwickeln. Nach Verschmelzung der Makrogameten mit den Mikrogameten (Syngamie) entstehen Zygoten, die sich weiter zu Oocysten differenzieren. Bereits im Darm findet die Sporogonie mit Bildung von 4 Sporozoiten ohne Sporocyste statt. Die ausgeschiedenen sporulierten Oocysten können in der Außenwelt lange überleben. Eine Freisetzung von Sporozoiten noch im Darm des Wirtes (wahrscheinlich aus besonders

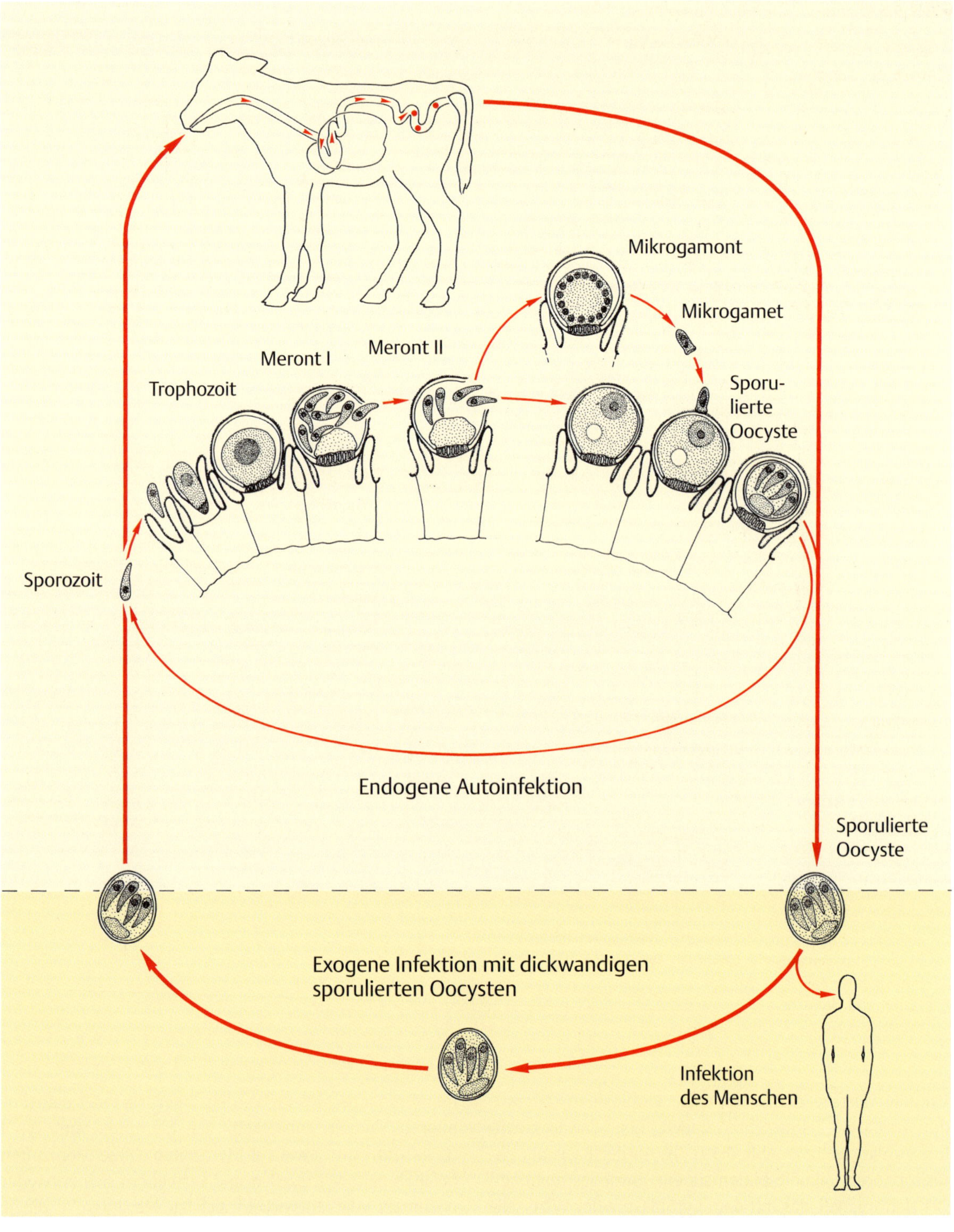

▶ **Abb. 6.19** Entwicklungszyklus von *Cryptosporidium parvum*. (Grafik: Salome Ehrat, nach einer Vorlage von Johannes Eckert und Peter Deplazes, Vetsuisse-Fakultät, Universität Zürich)

dünnwandigen Oocysten) führt zur Autoinfektion. Insbesondere bei immungeschwächten Patienten führt die Autoinfektion, neben einer erhöhten Anzahl von Typ-I-Merontengenerationen, aufgrund der mangelnden Immunitätsbildung zu persistierenden Infektionen (Typ I; ▶ **Abb. 6.19**). Die Präpatenz beim Kalb dauert 3–6 Tage, die Patenz meist 1–2 Wochen. Andere Arten können eine wesentlich längere Präpatenz und Ausscheidungsdauer aufweisen. Zum Beispiel hat die „Gastrische" Art *C. andersoni*, die im Labmagen von Rindern parasitiert, eine Präpatenz > 3 Wochen und kann monatelang ausgeschieden werden. Die endogene Entwicklung erfolgt meist im Ma-

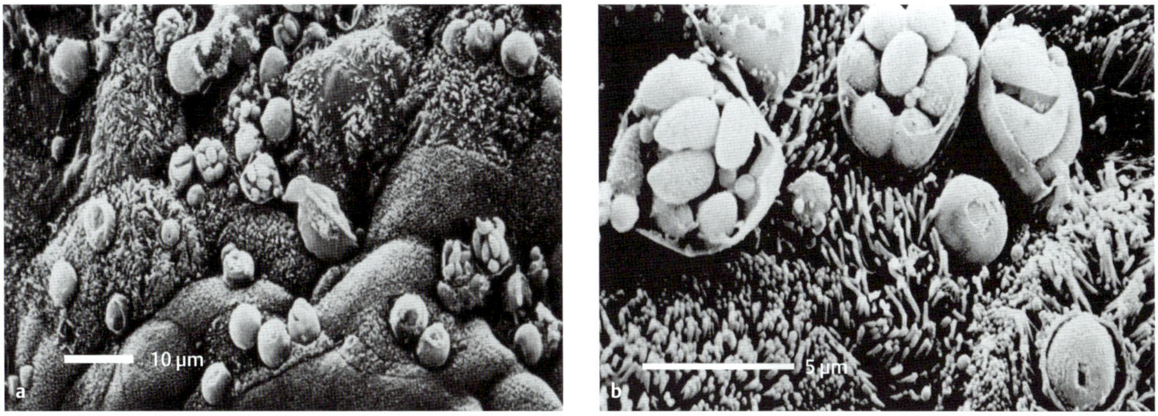

▶ **Abb. 6.20** *Cryptosporidium parvum*: Entwicklungsstadien im Ileum eines Kalbes (REM).
a Meronten und Merozoiten (Quelle: J. Pohlenz, Stiftung Tierärztliche Hochschule Hannover)
b Stärkere Vergrösserung von a (Quelle: J. Pohlenz, Stiftung Tierärztliche Hochschule Hannover)

gen oder Dünndarm. Je nach *Cryptosporidium*- und Wirtsart sowie Immunstatus des Wirtes kann die Entwicklung auch in anderen Organen stattfinden (Respirationstrakt, Dickdarm, Gallenwege, Konjunktiven).

Vorkommen und Epidemiologie Cryptosporidien sind weltweit verbreitet und kommen bei Säugern, Vögeln, Reptilien, Amphibien und Fischen regelmäßig vor. Sie sind bei > 170 Säugerarten (einschl. Mensch) und > 70 Reptilienarten nachgewiesen worden (▶ **Tab. 6.6**). Viele Cryptosporidien-Arten haben ein breites Wirtsspektrum und können auch zwischen Säugern und Vögeln übertragen werden, andere dagegen sind sehr wirtsspezifisch (▶ **Tab. 6.6**), wobei die Verbreitung der verschiedenen Arten geografisch variiert. Bedeutsam sind Cryptosporidien vor allem als Durchfallerreger bei jungen Kälbern (*C. parvum*) und Lämmern von Schaf und Ziege, seltener bei Jungtieren anderer Haussäugetiere, und als Zoonose-Erreger. Sie sind auch bei gesunden Nutztieren häufig zu finden, in Mitteleuropa scheiden 20 bis > 80 % der gesunden Kälber zeitweise Oocysten aus. Die Prävalenzen bei anderen Haustierarten sind meist geringer.

Epidemiologie der Cryptosporidiose bei Rindern Als wichtigste Arten bei Rindern gelten *C. parvum, C. bovis, C. andersoni* (▶ **Tab. 6.6**) und ein Cerviden-Genotyp (engl. *deer-like genotype*). In den USA sind etwa 85 % der Infektionen bei Kälbern bis zum Absetzalter auf die pathogene und zoonotische Art *C. parvum* zurückzuführen, jedoch nur 1 % der Infektionen bei älteren Rindern, bei denen die anderen Arten am häufigsten vorkommen. Als Infektionsquellen für junge Kälber sind vor allem Artgenossen von Bedeutung. Kälber scheiden im Alter von 1–2 Wochen am häufigsten und intensivsten Oocysten aus (bis zu 10^7 Oocysten pro Gramm Kot), danach geht die Ausscheidung allmählich zurück und Tiere > 3 Monate scheiden kaum noch aus. Die Übertragung wird durch die fehlende Entwicklung in der Außenwelt (Ausscheidung bereits sporulierter und damit sofort infektiöser Oocysten) begünstigt. Bereits eine geringe Anzahl an Oocysten (~100 für ein Kalb in der 1. Lebenswoche) kann klinische Erkrankungen auslösen. Die meisten Infektionen findet man bei Stallhaltung, wobei der direkte Kontakt mit infizierten Tieren und deren Ausscheidungen den Hauptübertragungsweg darstellt. Besonders bei Weidehaltung und durch das Ausbringen von Gülle können Oocysten mechanisch verbreitet werden und in Oberflächenwasser gelangen, was zu wasserübertragenen Infektionen führen kann. *C. parvum* hat ein breites Wirtsspektrum, daher kommen auch andere Tierarten als Infektionsquellen in Betracht (▶ **Tab. 6.6**). Schlechte Haltungs- und Hygienebedingungen können Ausbrüche begünstigen, die jedoch auch in vorbildlichen Kälberhaltungen auftreten. Bei der Mutter- oder Ammenkuhhaltung sind klinische Symptome trotz teilweise hoher Cryptosporidien-Prävalenz bei den Kälbern selten. *Cryptosporidium*-Oocysten bleiben in der Außenwelt bei ausreichender Feuchtigkeit und 15–20 °C etwa 3 Monate oder bei ca. 5 °C bis 1 Jahr infektiös. Austrocknung sowie Temperaturen unter −20 °C oder von mehr als + 65 °C sind für die Oocysten letal. Von den chemischen Desinfektionsmitteln (S. 595) sind wie gegen Eimerien-Oocysten nur wenige gegen Cryptosporidien-Oocysten wirksam.

Grundsätzlich treffen viele der beschriebenen epidemiologischen Faktoren auch für andere *Cryptosporidium*- und Wirtsarten zu. Bei Vögeln (*C. bayeli*) wird angenommen, dass auch aerogene Infektionen eine Rolle spielen können.

Immunologie Die Beobachtung, dass bei HIV-Infektionen mit stark reduzierten $CD4^+$-T-Zellen schwere Verläufe auftreten können, während sich bei immunkompetenten Personen meist milde, vorübergehende Symptome zeigen, ließ den Schluss zu, dass Cryptosporidien-Infektionen von einem intakten Immunsystem gut kontrolliert werden können. Sowohl angeborene als auch erworbene

Abwehrmechanismen (vor allem IFN-γ und T-Helferzellen) sind hierfür bedeutend, wobei CD8⁺-Zellen zwar involviert sind, aber keinen Schutz vermitteln. Auf die Anheftung an das Epithel und die Zellinvasion folgen Antigenerkennung und Einleitung der Immunantwort (Synthese von iNOS, IFN-γ, ▶ **Tab. 1.6**) und die Aktivierung des adaptiven Immunsystems vom Th 1-Typ, das für die vollständige Eliminierung der Cryptosporidien nötig ist. Dafür sammeln sich Immunzellen an der Basis der Darmzotten an. Die humorale Immunantwort führt zur Bildung von Antikörpern, die, insbesondere in Form maternaler Antikörper aus dem Kolostrum, eine gewisse Schutzwirkung haben (Verkürzung der Patenz). Rekonvaleszente Kälber sind gegen Neuinfektionen teilweise geschützt; die ständige Reinfektion aus der Umgebung hält die Immunität aufrecht.

Pathogenese Bei immunkompetenten Wirten ist die Cryptosporidiose meist eine selbstlimitierende, inapparente Infektion. Bei Jungtieren sowie bei älteren Tieren oder immunkompromittierten Menschen (z. B. AIDS-Patienten) können Cryptosporidien schwere, chronische und sogar letal verlaufende Diarrhöen verursachen. Bald nach der Infektion von Enterozyten werden proinflammatorische Cytokine und Chemokine ausgeschüttet, die Entzündungsprozesse in Gang setzen. Es kommt zu einer katarrhalischen Enteritis mit Fusion und Atrophie von Zotten bei gleichzeitiger Hypertrophie der Krypten, mit fokalen Nekrosen, Epithelzellverlusten und Infiltration der Lamina propria mit Entzündungszellen, assoziiert mit Malabsorption und vermehrter Sekretion. Cryptosporidien sind per se pathogen, doch können Begleitinfektionen (v. a. Rota- und Coronaviren, ETEC, Salmonellen) die Erkrankung verstärken.

Krankheitsbild Das Leitsymptom bei **Kälbern** ist eine profuse Diarrhö mit flüssigem, häufig hellgelbem und übel riechendem Kot. Weitere Symptome sind Inappetenz, Exsikkose, Azidose, Fieber, Apathie, Gewichtsverlust und Schwäche. Die meisten Tiere erkranken in der 1.–3. Lebenswoche, leiden 4–6 Tage an Durchfall und erholen sich dann innerhalb von 1–2 Wochen, kümmern danach aber häufig; allerdings kann die Infektion auch schwer verlaufen und zu Todesfällen führen.

Infektionen mit *C. andersoni* treten bei älteren Kälbern und bei adulten Rindern (v. a. Kühen) auf (Prävalenzen bis 10 %), die kontinuierlich Oocysten ausscheiden können. Die endogenen Stadien befallen im Labmagen die Epithelzellen der Fundusdrüsen. Erhöhte Plasma-Pepsinogen-Spiegel und eine geringere Milchleistung oder Gewichtsverluste bei Fleischrindern sollen Folgen des Befalls sein. Durchfall tritt bei dieser Infektion nicht auf.

Die **Krankheitserscheinungen bei anderen Tierarten** müssen im Zusammenhang mit der spezifischen Lokalisation der Erreger gesehen werden (▶ **Tab. 6.6**). Bei einigen Tierarten und bei Menschen, besonders bei immundefizienten Patienten, wurden ansonsten im Magen-Darm-Trakt lokalisierte Cryptosporidien-Arten auch in anderen Organen gefunden (Gallenblase, Gallengänge, Pankreasgänge, Uterus, Trachea, Lunge, Konjunktiven).

Diagnose Die **Intravitaldiagnose** beruht auf dem mikroskopischen Nachweis der sehr kleinen Oocysten (ca. 5 µm) in Kotproben nach Färbung (z. B. modifizierte Ziehl-Neelsen-Färbung, Ausschlussfärbung nach Heine; ▶ **Abb. 6.21**) oder mit enzym- oder fluoreszeinmarkierten monoklonalen Antikörpern (kommerzielle Tests). Außerdem stehen Schnelltests zum Nachweis von Kopro-Antigen zur Verfügung, die im Labor oder im Stall eingesetzt werden können. Der serologische Nachweis von Antikörpern ist in der Praxis nicht aussagekräftig. Bei der **Sektion** lässt sich der Befall in Giemsa-gefärbten Abklatschpräparaten (Ileum-Schleimhaut u. a.) oder in HE-gefärbten Schnitten nachweisen. Eine genaue Art- oder Geno-

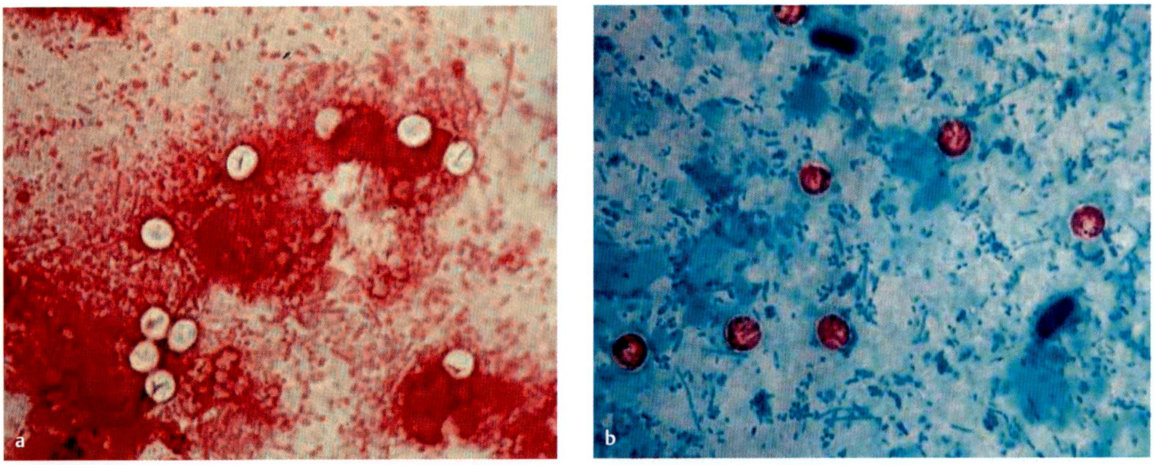

▶ **Abb. 6.21** *Cryptosporidium parvum*: Oocysten (Ø 5 × 4,5 µm) in gefärbten Kotausstrichen von Kälbern.
a Ausschlussfärbung mit Karbolfuchsin nach Heine (Quelle: Institut für Parasitologie, Vetsuisse-Fakultät, Universität Zürich)
b Modifizierte Ziehl-Neelsen-Färbung (Quelle: Institut für Parasitologie, Vetsuisse-Fakultät, Universität Zürich)

typ-Identifikation erfolgt mittels molekularbiologischer Methoden. Differenzialdiagnostisch sind virale und bakterielle Infektionen zu berücksichtigen.

Therapie und Bekämpfung Erste Priorität bei erkrankten Kälbern hat die symptomatische Behandlung der Diarrhö und der Exsikkose. In Problembeständen mit wiederholten Cryptosporidiose-Ausbrüchen ist der metaphylaktische Einsatz von Halofuginon in Erwägung zu ziehen (0,1 mg/kg KG p. o. täglich ab dem 1. oder 2. Lebenstag an 7 aufeinanderfolgenden Tagen). Der Einsatz bedarf einer sorgfältigen Risikobewertung, da das Mittel eine geringe therapeutische Breite hat und bereits bei geringer Überdosierung Todesfälle verursachen kann. Diese Behandlung soll in exponierten Kälberbeständen Erkrankungen zwar nicht verhindern, aber deutlich reduzieren.

Zur Kontrolle der Cryptosporidiose bei Kälbern und Lämmern ist eine frühzeitige und ausreichende Kolostrumversorgung notwendig. Die Umweltkontamination mit Oocysten und ihre Übertragung müssen durch geeignete Stalleinrichtungen und Haltungsformen (separate Abkalbeboxen und Trennung gesunder von infizierten Tieren bzw. Kälberhütten) sowie Reinigung und Desinfektion (S. 595) mit anschließender Trocknung (zur Verminderung der Überlebensfähigkeit der Oocysten) so weit wie möglich reduziert werden.

Zoonotische Bedeutung Beim **Menschen** treten Infektionen mit verschiedenen Cryptosporidien-Arten und -Genotypen weltweit auf. Dabei sind *C. hominis* (vor allem in den Tropen und Subtropen; meist von Mensch zu Mensch übertragen) und *C. parvum* (primär zoonotische Übertragung) am häufigsten. In Mitteleuropa liegt die Ausscheidungsrate bei gesunden Personen bei 2–3 % und in den Tropen bei ~10 %; AIDS-Patienten (vor allem solche ohne retrovirale Therapie) haben dagegen Ausscheidungsraten von ~25 %. Infektionen mit anderen Arten (z. B. *C. meleagridis, C. cuniculus*), auch denen von Hund und Katze (*C. canis, C. felis*), sind sehr selten und meist auf immunsupprimierte Patienten beschränkt. Eine weitere beim Menschen vorkommende Art, *C. viatorum*, scheint nicht zoonotisch zu sein.

Aufgrund der überwiegend asymptomatischen oder mild verlaufenden Infektionen bei der Normalbevölkerung bleiben Infektionen oft unerkannt, während bei Patienten mit eingeschränkter Funktion des Immunsystems schwere, chronische, sogar lebensbedrohliche Diarrhöen auftreten können.

Die Infektion erfolgt direkt durch Aufnahme von Oocysten bei Kontakt zu Ausscheidern und über kontaminierte Nahrung oder Trinkwasser. Die wichtigsten Quellen für zoonotische Infektionen mit *C. parvum* sind direkter oder indirekter Kontakt zu infizierten Kälbern und kontaminiertes Trinkwasser. Im Gegensatz zu *C. parvum* mit einem erhöhten Infektionsrisiko für die Landbevölkerung ist *C. hominis* nicht primär zoonotisch und vorwiegend im urbanen Raum zu finden. Die Infektion kommt gehäuft bei Kleinkindern und (in Mitteleuropa) bei Reisenden vor. Oocysten sind gegen die üblichen Chlorzusätze zum Trinkwasser resistent. Wegen der hohen Trinkwasserqualität sind wasservermittelte Cryptosporidiose-Ausbrüche in Mitteleuropa bisher beim Menschen nicht in größerem Maße aufgetreten.

Literaturhinweise

Abeywardena H, Jex AR, Gasser RB. A perspective on *Cryptosporidium* and *Giardia*, with an emphasis on bovines and recent epidemiological findings. Adv Parasitol 2015; 88: 243–301

Al Mawley J, Grinberg A, Prattley D et al. Risk factors for neonatal calf diarrhoea and enteropathogen shedding in New Zealand dairy farms. Vet J 2015; 203: 155–160

Caccio SM, Widmer G (eds.) *Cryptosporidium*: parasite and disease. Heidelberg, Germany: Springer; 2014. ISBN: 978-3-70911-562-6

Checkley W, White AC Jr, Jaganath D et al. A review of the global burden, novel diagnostics, therapeutics, and vaccine targets for *Cryptosporidium*. Lancet Infect Dis 2015; 15: 85–94

Niine T, Dorbek-Kolin E, Lassen B et al. *Cryptosporidium* outbreak in calves on a large dairy farm: Effect of treatment and the association with the inflammatory response and short-term weight gain. Res Vet Sci 2017; 117: 200–208

Meganck V, Hoflack G, Opsomer G. Advances in prevention and therapy of neonatal dairy calf diarrhoea: a systematical review with emphasis on colostrum management and fluid therapy. Acta Vet Scand 2014; 56: 75

Olias P, Dettwiler I, Hemphill A et al. Die Bedeutung der Cryptosporidiose für die Kälbergesundheit in der Schweiz. Schweiz Arch Tierheilkd 2018; 160: 363–374

Slapeta J. Cryptosporidiosis and *Cryptosporidium* species in animals and humans: a thirty colour rainbow? Int J Parasitol 2013; 43: 557–570

Thompson RC, Ash A. Molecular epidemiology of *Giardia* and *Cryptosporidium* infections. Infect Genet Evol 2016; 40: 315–323

6.2 Klasse Haematozoea

Haima (gr.): Blut; *zoon* (gr.): Lebewesen, Tier.

Diese Klasse enthält Blutparasiten, zu denen die Erreger der Malaria des Menschen und andere Haemosporidien sowie die veterinärmedizinisch bedeutsamen Piroplasmida gehören.

6.2.1 Ordnung Haemosporida

Bei den Haemosporidia handelt es sich um heteroxene Protozoen mit Entwicklungsphasen in Vertebraten (Merogonien und Gamogonie) und in hämatophagen Vektoren (Insekten) (Syngamie und Sporogonie). In Vertebraten erfolgen die Merogonien in Gewebezellen, bei den *Plasmodium*-Arten kommen Merogonien in den Erythrozyten hinzu. Intrazellulär liegen die Parasiten in einer parasitophoren Vakuole; in Erythrozyten bauen sie Hämoglobin zu einem schwarzbraunen Pigment (Haemozoin-Protein-Komplex) ab. Im Insekt bilden die Erreger motile Zygoten (Ookineten). Von anderen Apicomplexa unterscheiden sich die Haemosporida und andere Haematozoa durch einen reduzierten Apikalkomplex (kein Conoid bei Sporozoiten und Merozoiten).

Familie Plasmodiidae

Gattung *Plasmodium*

Praxis
Erreger der **Malaria**. Infektionen mit *Plasmodium relictum* können zu schweren Verlusten bei Vögeln in Zoos (Pinguine) führen. Die Einschleppung dieser Art in vormals freie Gebiete (Hawaii, Neuseeland) gefährdet dort einheimische Vogelpopulationen in bedeutendem Ausmaß. Die Malaria ist eine der bedeutendsten Infektionskrankheiten des Menschen in den (sub-)tropischen Gebieten Afrikas, Südostasiens und Mittel- und Südamerikas.
Zoonose: Einige *Plasmodium*-Arten sind von Affen auf den Menschen übertragbar, allerdings spielen humanspezifische Arten die weitaus größere Rolle.

Plasma (gr.): Gebilde, Geformtes; *-eides* (gr.): ähnlich.

Das Wichtigste in Kürze

- Die Gattung *Plasmodium* umfasst > 170 Arten bei Reptilien, Vögeln und Säugetieren sowie beim Menschen. In Vertebraten durchlaufen Plasmodien Merogonien in Zellen des retikuloendothelialen Systems (RES) oder in Hepatozyten und anschließend in Erythrozyten. Die Entwicklung ist heteroxen mit einer geschlechtlichen Phase in Stechmückenweibchen, welche die Erreger wieder auf Vertebraten übertragen.
- Die wichtigste durch Plasmodien verursachte Parasitose ist die Malaria des Menschen. Bei Tieren sind Plasmodien bei Hühnervögeln in den Tropen als Krankheitserreger bedeutsam. Viele Arten sind jedoch in ihren Hauptwirten wenig pathogen. Einige Vogelplasmodien können allerdings in nichtadäquaten Wirten schwere Erkrankungen verursachen. Verwandte Gattungen (*Leucocytozoon, Haemoproteus* und *Hepatocystis*) sind in Mitteleuropa selten von veterinärmedizinischer Bedeutung.

Plasmodium-Arten

Malaria-Erreger beim Menschen

Mala aria (alt-ital.): schlechte Luft. Bezug auf die aus sumpfigfeuchten Gebieten aufsteigende schlechte Luft, die man früher für die Malaria verantwortlich machte, als die Rolle von Mücken als Vektoren noch unbekannt war.

Beim Menschen kommen hauptsächlich 5 *Plasmodium*-Arten vor: *Plasmodium vivax* und *P. ovale* (Malaria tertiana), *P. malariae* (Malaria quartana), *P. knowlesi* (Malaria quotidiana) und *P. falciparum* (Malaria tropica). Die letztgenannte Form kann schwere Erkrankungen und Todesfälle verursachen, vor allem bei nichtimmunen Personen (Kleinkinder in endemischen Gebieten, Reisende aus nichtendemischen Ländern). *P. malariae* ist zoonotisch (Vorkommen auch bei Affen), ebenso *P. knowlesi*, die man häufig in Naturherden mit Menschen und Affen ins Südostasien findet. Weitere (zoonotische) *Plasmodium*-Arten beim Menschen sind von untergeordneter Bedeutung. Die Malaria ist in tropischen Gebieten Afrikas, Asiens, Ozeaniens, Mittel- und Südamerikas und der Karibik weitverbreitet endemisch. 2016 lag nach Schätzungen der WHO die Anzahl von Malariafällen bei ~216 Millionen mit 445.000 Todesfällen, zumeist Kleinkinder im tropischen Afrika – dort stirbt alle 2 Minuten ein Kind an Malaria. Obwohl aufgrund intensiver Bekämpfungsmaßnahmen die Malaria in den vergangenen 20 Jahren um etwa die Hälfte der Fälle weltweit eingedämmt werden konnte, stagnieren nun die Zahlen. Bei Aufenthalten in Endemiegebieten stellt die Malaria ein erhebliches Gesundheitsrisiko dar, besonders für Reisende aus nichtendemischen Regionen. Im natürlichen Zyklus erfolgt die Erregerübertragung von Mensch zu Mensch ausschließlich durch weibliche Mücken der Gattung *Anopheles*. Nach Inokulation von Sporozoiten in einen Menschen entwickeln sich die Erreger in Hepatozyten zu Meronten. Die daraus hervorgehenden Merozoiten befallen Erythrozyten und leiten weitere Merogoniezyklen ein, die mit Fieberanfällen assoziiert sind. Aus einigen Merozoiten entstehen Gamonten, die von blutsaugenden Mücken aufgenommen werden, in denen eine geschlechtliche Entwicklung mit Bildung von Sporozoiten erfolgt. Eine Erregerübertragung ist auch durch Bluttransfusion möglich. Bei Reisen in Malariagebiete sind Schutzmaßnahmen erforderlich (Chemoprophylaxe, Mückenabwehr).

Malaria-Erreger bei Tieren

Bei **Reptilien, Hausgeflügel** und **Affen** sind zahlreiche *Plasmodium*-Arten beschrieben worden, die durch Mücken (Culicidae) übertragen werden. In tropischen Gebieten sind u. a. *P. gallinaceum* und *P. iuxtanucleare* Krankheitserreger beim Haushuhn. Bei Neu- und Altweltaffen einschließlich Menschenaffen kommen verschiedene *Plasmodium*-Arten vor. Die Affenmalaria ist als Modellinfektion in der Forschung bedeutsam.

Zoonotische Bedeutung Viele *Plasmodium*-Arten aus Affen sind experimentell oder akzidentell bei Laborarbeiten auf Menschen übertragen worden. Natürliche Infektionen von Menschen mit solchen Erregern galten als selten. Mit genetischen Diagnostikmethoden wurde aber die regelmäßige Übertragung von *P. knowlesi* zwischen Affen und Menschen in endemischen Gebieten Südostasiens gezeigt. Seltener sind Infektionen mit anderen zoonotischen Arten.

Zum Weiterlesen

Plasmodien sind häufige Parasiten von Wildvögeln. Bei > 500 Vogelarten sind mittlerweile etwa 50 *Plasmodium*-Arten (inkl. cryptischer Arten und Untergattungen) bekannt. Bisher wurde angenommen, dass sie meist apathogen für ihre originären Wirte seien; neuere Studien konnten jedoch zeigen, dass z. B. bei Sperlingsvögeln, die mit *P. elongatum*, *P. lutzi* und *P. vaughani* infiziert waren, bei starkem Befall auch Gewebeveränderungen auftraten. Die ebenfalls bei Sperlingsvögeln vorkommende, weltweit verbreitete Art *P. praecox* (Syn. *P. relictum*) gilt dagegen als wenig pathogen. Problematisch sind Infektionen bei importierten Vögeln. In Zoos erkranken eingeführte Arten von der Eule bis zum Pinguin. So wurden z. B. in Österreich bei aus Island importierten Papageitauchern Todesfälle beschrieben, die wahrscheinlich durch *P. praecox* verursacht wurden. Bei Einschleppung aviärer Malaria in vormals freie Gebiete können endemische Vogelarten durch die Infektion stark dezimiert werden. Für den Schutz endemischer Arten in empfindlichen Ökosystemen (Polargebiete, Hawaii, Neuseeland) stellt dies ein erhebliches Problem dar.

Gattung *Leucocytozoon*

Leucocytozoon-Arten (*Leucocytozoon simondi*, *L. smithi* u. a.) sind Parasiten von Wildvögeln (Finken, Rabenvögel, Eulen u. a.), können aber gelegentlich bei domestizierten Vögeln (Enten, Gänsen, Tauben, Trut- und Haushühnern) Erkrankungen verursachen. In Deutschland wurden autochthone, tödliche Infektionen bei Wellensittichen beobachtet. Entwicklung: Übertragung von Sporozoiten → kleine Meronten (Ø etwa 20 µm) in Hepatozyten → größere Meronten (Ø bis 500 µm) (Megalomeronten) in vielen Organen (u. a. Muskulatur, Leber, Milz, Niere, selten Muskelmagen und Gehirn) → in ihnen entstehen massenhaft kleine Merozoiten (etwa 1 µm) → in der Blutbahn dringen Merozoiten in Leukozyten (bei einigen Arten auch in unreife Erythrozyten) ein → Entwicklung zu Makrogameten und Mikrogamonten → Aufnahme durch Vektoren (Simuliiden) → Syngamie und Sporogonie.

Gattung *Haemoproteus*

Vögel und Reptilien sind die Wirbeltierwirte, Lausfliegen (Hippoboscidae) oder Gnitzen (*Culicoides*) fungieren als Vektoren. Infektionen sind häufig bei Haustauben (*Haemoproteus columbae*), Enten und Truthühnern, verursachen aber kaum Erkrankungen. Merogonien in Endothelzellen der Blutgefäße, Entwicklung der Gamonten in Erythrozyten.

Gattung *Hepatocystis*

Arten dieser Gattung sind vor allem Parasiten afrikanischer Affen (z. B. *Hepatocystis kochi*, *H. simiae*) und einiger anderer Tierarten, darunter Fledermäuse und das Flusspferd. Vektoren sind Gnitzen (Ceratopogoniden). *Hepatocystis*-Arten bilden in der Leber in Hepatozyten riesige Meronten mit bis 4 mm Durchmesser, in den Erythrozyten findet keine Merogonie, sondern nur die Entwicklung von Gamonten statt.

Literaturhinweise

Clark NJ, Clegg SM, Lima MR. Review of global diversity in avian hemosporidians (*Plasmodium* and *Haemoproteus*): new insights from molecular data. Int J Parasitol 2014; 44: 329–338

Cox FE. Babesiosis and malaria. In: Palmer SR, Lord Soulsby, Torgerson PR, Brown DWG, eds. Oxford Textbook of Zoonoses. 2nd ed. Oxford, UK: Oxford University Press; 2011: 589–595. ISBN: 978-0-19857-002-8

Cox-Singh J. *Plasmodium knowlesi:* experimental model, zoonotic pathogen and golden opportunity? Parasitology 2017; 16: 1–4

Deplazes P. Protozoen. In: Kayser FH, Böttger EC, Deplazes P, Haller O, Roers A, Hrsg. Taschenlehrbuch Medizinische Mikrobiologie. 13. Aufl. Stuttgart: Thieme; 2014: 550–599. ISBN: 978-3-13444-813-9

O'Donoghue P. Haemoprotozoa: Making biological sense of molecular phylogenies. Int J Parasitol Parasites Wildl 2017; 6(3): 241–256

Perkins SL, Schaer J. A Modern menagerie of mammalian malaria. Trends Parasitol 2016; 32(10): 772–782

Schoener E, Uebleis SS, Butter J et al. Avian Plasmodium in Eastern Austrian mosquitoes. Malar J 2017; 16: 389

Schoener E, Harl J, Himmel T et al. Protozoan parasites in *Culex pipiens* mosquitoes in Vienna. Parasitol Res 2019; 118: 1261–1269

Siner A, Liew ST, Kadir KA et al. Absence of *Plasmodium inui* and *Plasmodium cynomolgi*, but detection of *Plasmodium knowlesi* and *Plasmodium vivax* infections in asymptomatic humans in the Betong division of Sarawak, Malaysian Borneo. Malar J 2017; 16(1): 417

6.2.2 Ordnung Piroplasmida

Pirum (lat.): Birne. Bezug auf die birnenförmigen Merozoiten in den Erythrozyten.

Die Piroplasmida (Familien Babesiidae und Theileriidae) sind die wichtigsten Blutparasiten der Haussäugetiere. Die Piroplasmen werden durch Schildzecken (Ixodidae) übertragen (nur 1 Art durch Lederzecken). In Vertebraten (Säuger, Vögel) vermehren sich die Babesien durch Merogonien nur in Erythrozyten, die Theilerien dagegen in mononukleären Leukozyten (v. a. Lymphozyten) und in Erythrozyten. In den Erythrozyten bilden die Erreger kein Pigment [s. Haematozoa (S. 130)]. Die intrazellulären Stadien entwickeln sich unmittelbar im Cytoplasma der Wirtszelle, nicht in einer parasitophoren Vakuole. Gamogonie und Sporogonie erfolgen in Zecken. Die Gamonten und Gameten sind durch lange Fortsätze („Strahlen") charakterisiert.

Familie Babesiidae

Gattung *Babesia*

Praxis

Erreger der **Babesiose**. Durch Zecken übertragene, systemische, z. T. schwer verlaufende Infektionen bei Hund, Rind und Pferd. In Mitteleuropa fokale Verbreitung. **Zoonose:** Arten des *Babesia microti*-Komplexes können beim Menschen Malaria-ähnliche Erkrankungen verursachen, einige andere Arten sind als Krankheitserreger meist bei immunsupprimierten oder splenektomierten Personen beschrieben.

Babès: rumänischer Tierarzt, entdeckte 1888 Babesien beim Rind.

Das Wichtigste in Kürze

- **Erreger.** *Babesia*-Arten (> 100) parasitieren in Erythrozyten vieler Säugetierarten, nur wenige Arten bei Vögeln. Babesien verursachen bedeutende Erkrankungen, v. a. bei Rind, Schaf, Pferd und Hund.
- **Entwicklung.** Schildzecken inokulieren mit dem Speichel Sporozoiten in den Vertebratenwirt → Befall von Erythrozyten → Merogonien mit Bildung von meist 2 (selten mehr) Merozoiten → Blutaufnahme durch Zecken → Gamogonie und Sporogonien im Darm der Zecke → Bildung von Sporozoiten in den Speicheldrüsen des folgenden Stadiums. Bei Zeckenweibchen Befall des Ovars und der Eier (transovariale Infektion) und vertikale Übertragung auf Tochtergenerationen, danach transstadiale Übertragung von Larven zu Nymphen und von Nymphen zu adulten Zecken (Ausnahmen s. u.).
- **Vorkommen.** Weite Verbreitung von Babesien bei Haustieren in den Tropen und Subtropen. In Europa kommen bei Rindern in verschiedenen Regionen *Babesia divergens* (Überträger: *Ixodes ricinus*) und selten *B. major* (Überträger: *Haemaphysalis punctata*) vor, bei Schafen *B. motasi* (Überträger: *H. punctata*). Zunehmend werden autochthone Herde von *B. canis* (Überträger: *Dermacentor reticulatus*) in Deutschland, Österreich, der Schweiz und anderen Regionen Mitteleuropas beobachtet. *B. vogeli* (Hund; Überträger: *Rhipicephalus sanguineus*) ist in Süd- und Südosteuropa endemisch. Zudem werden fokal *Babesia*-Infektionen bei Pferden (*B. caballi*; Überträger in Europa: *Dermacentor* spp.) diagnostiziert.
- **Epidemiologie.** Ohne Zecken keine Babesien; meist herdförmige Zeckenhabitate (Naturherde). Babesien können in der Zeckenpopulation wegen der vertikalen Übertragung über 3–4 Generationen persistieren. Bei Weidetieren oft endemische Stabilität (S. 657).
- **Immunologie.** Humorale und zelluläre Immunmechanismen limitieren die Parasitämie, die Monate bis Jahre persistieren kann. Eine infektionsgebundene Immunität schützt vor Erkrankungen.
- **Krankheitsbild.** Hauptsymptome akuter Infektionen sind Apathie, Inappetenz, hohes Fieber, Anämie, z. T. Hämoglobinurie und Ikterus, Kreislaufstörungen, selten neurologische Störungen. Chronische Infektionen sind meist asymptomatisch.
- **Diagnose.** Hinweisend sind Zeckenbefall, Aufenthalt in endemischen Gebieten, Jahreszeit, Symptome. Ätiologische Diagnose durch direkten und indirekten Erregernachweis. Erregernachweis in Giemsa- oder Diff-Quik®-gefärbten Ausstrichen von Kapillarblut oder mittels genetischer Analysen (sehr sensitiv) bei akuten Infektionen (Parasitämie). Serotests (IFAT, ELISA u. a.) bevorzugt zum Nachweis von Antikörpern bei subakuter oder chronischer Infektion mit geringer Parasitendichte im Blut, auch für Im- und Exportuntersuchungen bei Pferden.
- **Therapie.** Akute Babesiosen sind als Notfälle zu behandeln. Chemotherapie bei Rind, Pferd und Hund mit Imidocarb (nur in einigen europäischen Ländern zugelassen). **Cave:** Nebenwirkungen des Medikaments; außerdem ist bei hohen Parasitämien ein fataler Schock als Folge der Therapie möglich! In schweren Fällen sind zusätzliche palliative Maßnahmen unerlässlich.
- **Bekämpfung und Prophylaxe.** Vorbeuge gegen Zeckenbefall (z. B. bei Hunden), Zeckenbekämpfung, s. Ixodida (S. 411). Bei Hunden chemoprophylaktische Behandlung mit Imidocarb (Schutz etwa 4 Wochen) oder Impfung mit kommerziellem Impfstoff (▶ **Tab. 21.7**).

Erreger Babesien parasitieren bei Säugetieren, die meisten Arten bei Nagern, Carnivoren und Wiederkäuern, wenige Arten auch bei Vögeln. Alle Haussäugetier-Arten sind Wirte bestimmter *Babesia*-Arten (▶ **Tab. 6.7**). Charakteristisch sind die tropfen- oder birnenförmigen, 1-kernigen, 0,3–5 µm langen Merozoiten, die meist paarweise, seltener zu mehreren, zentral oder marginal im Erythrozyten von Säugern liegen (▶ **Tab. 6.7**, ▶ **Abb. 6.22**). Daneben gibt es andere Formen (Entwicklung s. u.). Informell werden die Babesien in große Arten (Merozoiten > 2,5 µm lang) und kleine Arten (Merozoiten < 2,5 µm) eingeteilt.

Entwicklung Die Infektion von Säugern mit Babesien erfolgt durch den Stich von Schildzecken (▶ **Abb. 6.23**). Die mit dem Zeckenspeichel inokulierten **Sporozoiten** befallen ausschließlich Erythrozyten, in denen sie zunächst ringförmige oder amöboide Trophozoiten bilden. Durch Exodyogenie entstehen meistens zwei **birnen- oder trop-**

▶ **Tab. 6.7** *Babesia*-Arten (Auswahl) von Haussäugetieren und Wildnagern.

Wirt	*Babesia*-Art	Merozoiten			Vektoren[2]	Pathogenität[3]	Verbreitung
		Länge (µm)	Teilungswinkel[1]	Lage im Erythrozyten			
Rinder	*B. bigemina*	~4–5	spitz	zentral	*Rhipicephalus evertsi* u. a. *Rhipicephalus* (*Boophilus* [*B.*]) spp.	+ +	Tropen u. Subtropen: Afrika, Asien, Australien, Amerika, Südeuropa
	B. bovis	~2,4	stumpf	zentral	*Rhipicephalus* (*B.*) spp.	+ + +	etwa wie *B. bigemina* (exkl. Südafrika)
	B. divergens	~1,7	stumpf	marginal	*Ixodes ricinus*, N-Europa: *I. persulcatus*	+ +	Europa
	B. major	3,3–3,5	spitz	zentral	*Haemaphysalis punctata*	+	Europa
Schafe u. Ziegen	*B. ovis*	1,5–2,5	spitz	zentral	*Rhipicephalus bursa* u. a.	+ + +	Südeuropa, Afrika, Asien
	B. motasi (virulente Isolate)	~3–4	spitz	zentral	*Haemaphysalis punctata*; lokal *Ixodes ricinus*	+ +	Südeuropa, Afrika, Asien
	B. motasi (avirulente Isolate)				*Haemaphysalis punctata*	–	Europa
Equiden	*B. caballi*	~2,5–4	spitz	zentral	*Dermacentor* spp., *Hyalomma* spp.[4]	+ + +	Europa, Tropen, Subtropen[5] (Afrika, Asien, südl. Amerika)
Wildwiederkäuer	*B. capreoli*	1,5–2,4	stumpf	meist marginal	*Ixodes ricinus?*	+	Mitteleuropa
	B. venatorum[6]	1,5–2,4	stumpf	meist marginal	*Ixodes ricinus?*	+	Mitteleuropa
Hund u. a. Caniden	*B. canis*	~4–5	spitz	zentral	*Dermacentor reticulatus*	+ + +	Süd- u. Osteuropa, Herde in Mitteleuropa
	B. vogeli	~4–5	spitz	zentral	*Rhipicephalus sanguineus*	+	Südeuropa, Tropen, Subtropen
	B. rossi	~4–5	spitz	zentral	*Haemaphysalis leachi*	+ + +	Südafrika
	B. gibsoni[7]	1–2(3)	–	zentral	*Rhipicephalus sanguineus* , *Haemaphysalis bispinosa*	+ +	Asien, Australien, Nordafrika
	B. conradae	1–2	–	zentral	*Rhipicephalus sanguineus?*	+ +	Kalifornien
	B. microti-like [8]	1–2	–	zentral	*Ixodes hexagonus?*	+ +	Süd- und Zentraleuropa, Nordamerika, Israel
Katze u. a. Feliden	*B. felis* u. a. spp.[9]	0,3–0,9	MK	zentral	*Haemaphysalis leachi?*	+	Südafrika, Simbabwe
Rodentia	*B. microti*-Komplex	1–3	MK	zentral	*Ixodes ricinus*	?	Mitteleuropa
					Ixodes scapularis	+ +	Nordamerika

[1] spitz: Winkel < 90°, stumpf: Winkel > 90°; MK: Malteserkreuz: 4 Merozoiten in kreuzförmiger Anordnung
[2] ?: nur angenommene Bedeutung oder unbekannt
[3] Grade der Pathogenität: + + + hoch; + + mittel; + gering
[4] in Südrussland, wahrscheinlich *Rhipicephalus bursa*
[5] außer Australien und Japan
[6] früher *Babesia* sp. EU-1
[7] wahrscheinlich Komplex aus verschiedenen Arten, in Ost- und Südasien andere Vektorarten
[8] Syn. *Babesia vulpes*, *Babesia annae*, *Theileria annae*
[9] Die Taxonomie der felinen Babesien wird zurzeit erweitert.

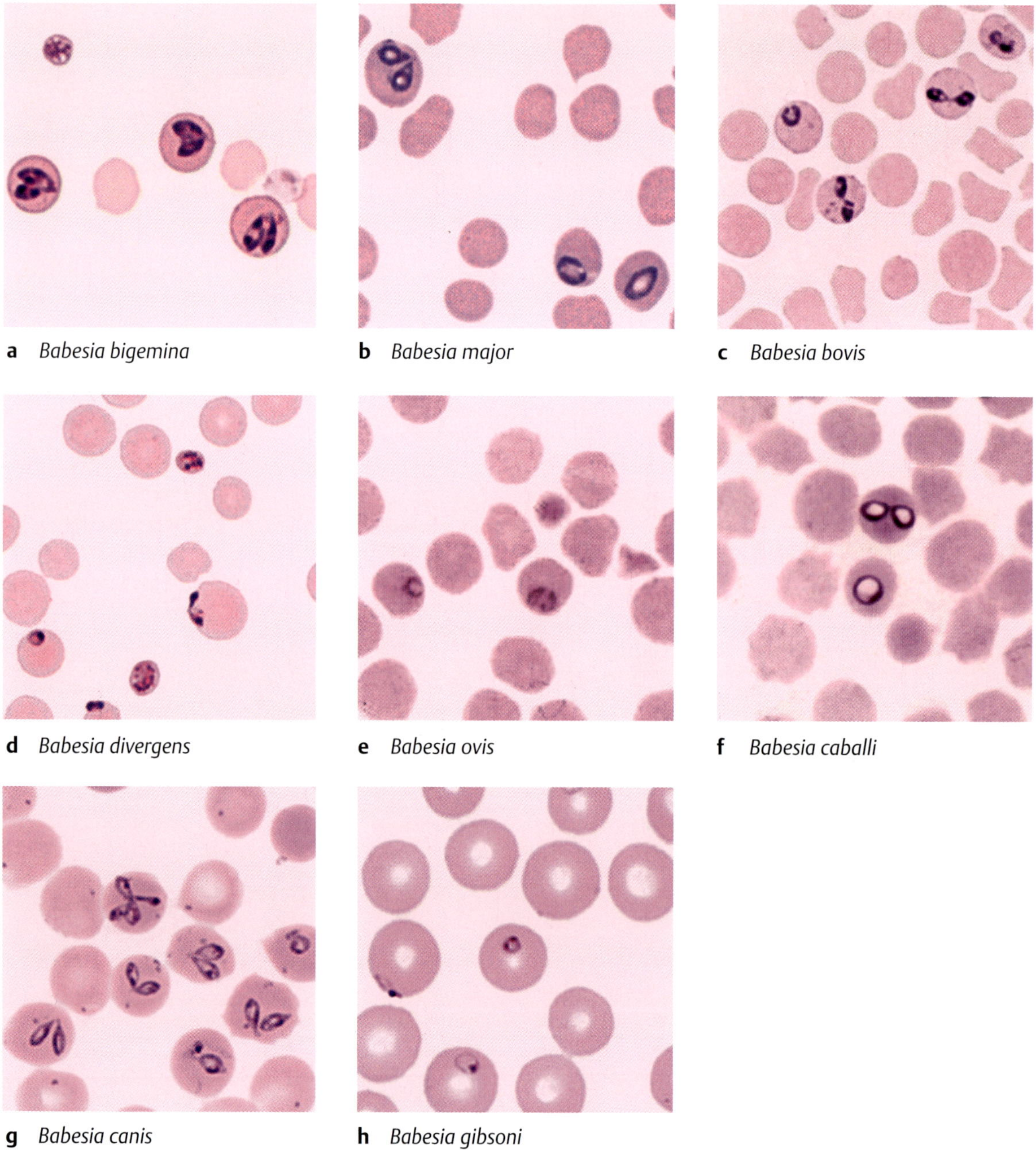

► **Abb. 6.22** *Babesia*-Arten im Blutausstrich. Kennzeichen der *Babesia*-Arten s. ► **Tab. 6.7**. (Quelle: a–d, g, h: E. Schein, Institut für Parasitologie und Tropenveterinärmedizin, Freie Universität Berlin; e, f: Karl Theodor Friedhoff, Institut für Parasitologie, Stiftung Tierärztliche Hochschule Hannover)

fenförmige Merozoiten, die freigesetzt werden, neue Erythrozyten infizieren und weitere Merogonien einleiten. So kann die Infektion jahrelang persistieren.

Mit dem Blut infizierter Wirte nehmen Zeckenweibchen unreife sphäroide Gamontenstadien der Babesien auf, die im Darm der Zecke **männliche und weibliche Gameten** bilden, die dünne cytoplasmatische Fortsätze tragen (bereits 1906 von Robert Koch als „Strahlenkörper" beschrieben), während die Merozoiten aus dem Säugerblut verdaut werden. Die aus der Syngamie hervorgegangenen Zygoten differenzieren zu **Kineten,** die in Darmzellen eindringen, sich dort vermehren und Sporokineten bilden. Diese wandern in die Hämolymphe und befallen danach Hämozyten und verschiedene Körperzellen, in denen fortwährend weitere Vermehrungen ablaufen. Auch die Oocyten des Ovars werden von Babesien befallen (**transovariale Übertragung**), die im Ei an die Nachkommenschaft weitergegeben werden (**vertikale Übertragung**). Nach dem Schlüpfen einer Zeckenlarve aus einem infizierten Ei dringen Sporokineten in Zellen der Speicheldrüsen ein, in denen **Sporozoiten** gebildet werden, die dann mit dem Speichel auf einen Wirt übertra-

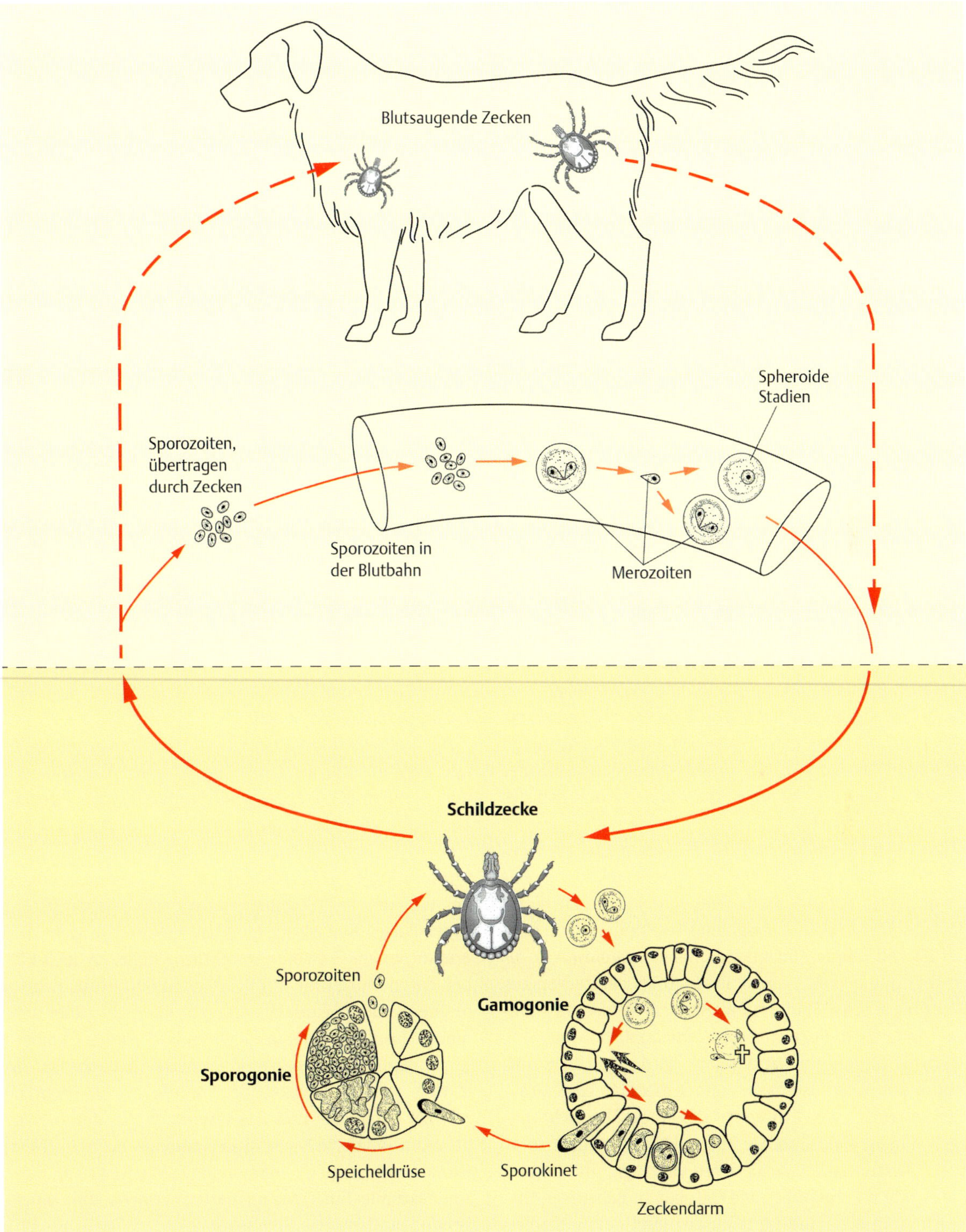

▸ **Abb. 6.23** Entwicklungszyklus von *Babesia canis* mit dem Vektor *Dermacentor reticulatus*. Beachte: Die Entwicklung im Vektor findet in verschiedenen Zeckenstadien statt. (Grafik: Jeanne Peter-Zocher, nach einer Vorlage von Johannes Eckert und Peter Deplazes, Vetsuisse-Fakultät, Universität Zürich)

gen werden können. Durch die **vertikale Übertragung** der Erreger auf 3–4 Tochtergenerationen können Zeckenpopulationen in einem Endemiegebiet über einige Jahre infiziert bleiben, auch wenn sie keine Gelegenheit zu Neuinfektionen an *Babesia*-infizierten Säugern haben. Die vertikale Übertragung wird dadurch begrenzt, dass jeweils nur ein Teil der Eier (etwa 10–20 %) infiziert ist und infizierte Zeckenweibchen weniger Eier legen als nicht infizierte. Die Übertragungsmodi der Babesien-Arten sind sehr komplex, besonders bei 1- und 2-wirtigen

Zecken (S.411). Einige (atypische) *Babesia*-Arten (Nager-Babesien, kleine Arten der Caniden und Feliden), die genetisch den Theilerien nahestehen, werden, soweit bekannt, nicht transovarial, sondern nur transstadial übertragen, z. B. *B. microti* nur von der Zeckenlarve (empfängliches Stadium) zur Zeckennymphe (übertragendes Stadium). Nach der Übertragung der Sporozoiten erlischt die Infektion in der Nymphe, sodass die nachfolgenden Zeckenstadien nicht infiziert sind.

Vorkommen und Epidemiologie Epidemiologisch spielt nur die Übertragung der Babesien durch Zecken eine Rolle, deren Verbreitung (neben klimatischen und Umweltbedingungen) das Vorkommen der Babesien bestimmt (▶ **Tab. 6.7**). Daneben gibt es selten pränatale Infektionen (z. B. *B. caballi*) und iatrogene Übertragungen durch Bluttransfusionen oder kontaminierte Instrumente.

Verbreitung von Babesien Die verschiedenen Zeckenarten leben in bestimmten Habitaten [s. Ixodida (S.411)]. Dies erklärt das **meist herdförmige Vorkommen (Naturherde)** einzelner Zeckenarten und ihre Beschränkung auf bestimmte Regionen. In solchen Naturherden können gewisse *Babesia*-Arten über längere Zeit persistieren (s. o.). Schildzecken können lange Hungerperioden und je nach Art auch Trocken- oder Kälteperioden überstehen und dabei Entwicklungsstadien der Babesien beherbergen, was das Vorkommen von Babesien in ariden Gebieten (z. B. der Wüste Gobi in der südöstlichen Mongolei) oder in gemäßigten und kalten Klimazonen bis nördlich des Polarkreises erklärt.

Die Infektionsraten der Zecken können nur grob geschätzt werden; sie sind bei *B. divergens*-Infektionen relativ hoch (> 1 %), bei *B. bovis*-Infektionen sehr gering (ca. 0,04 %). Mittels DNA-Analysen ungesogener, wirtssuchender Zecken konnten Infektionen mit *B. venatorum*, *B. divergens* und/oder *B. capreoli* in 0,4–0,7 % der Zecken aus Parks bayerischer Städte nachgewiesen werden. In anderen Ländern (NL, PL) waren die Werte ähnlich.

Je nach Region und Vektorenart ist das **zeitliche Auftreten** von Babesiosen sehr unterschiedlich. *Ixodes ricinus*, der Vektor von *B. divergens* des Rindes, hat in Mitteleuropa meist eine bimodale Saisonaktivität. Dementsprechend kommt es bei Weidetieren vorrangig im Mai und Juni sowie im September und Oktober zu Babesiose-Ausbrüchen. In Süd- und Mitteleuropa sind adulte Stadien von *Dermacentor reticulatus*, die *B. canis* übertragen, besonders in der Zeit von März bis Juni und von September bis November, jedoch auch im Winter bei Temperaturen > 10 °C aktiv. In tropischen Gebieten sind viele Zeckenarten ganzjährig als Vektoren aktiv.

Die Säuger-Wirte der Babesien (▶ **Tab. 6.7**) stellen vor allem in der chronisch-parasitämischen, asymptomatischen Phase ein Reservoir für die Infektion von Zecken dar. Dies betrifft auch Wildtier-Wirte, z. B. Wildungulaten bei *B. divergens* oder Wildcaniden bei *B. canis*. Eine **Verbreitung der Babesien** erfolgt meist durch den Transport von infizierten Tieren aus endemischen in freie Gebiete oder von Zecken in geeignete, freie Habitate. So wurden in den vergangenen Jahrhunderten *Rhipicephalus*-Arten nach Amerika und Australien verschleppt; sie gehören auf diesen Kontinenten seitdem zu den bedeutendsten Parasiten der Rinder. In Mitteleuropa kam es in den vergangenen Jahrzehnten in geeigneten Habitaten zur Endemisierung von *Rhipicephalus sanguineus* und *D. reticulatus*. Zugvögel können Zecken (und deren Erreger) über weite Strecken transportieren.

Inzidenz der Babesiosen Bei Weidetieren, z. B. bei Rindern, ist die Inzidenz von Babesiose-Ausbrüchen gering, wenn sich eine **endemische Stabilität** einstellt. Bei Rindern entwickelt sich diese, wenn sich die Tiere bis zu einem Alter von etwa 9 Monaten infizieren. In dieser Altersphase sind sie durch eine sogenannte Jugendresistenz partiell geschützt, sodass nach einer Infektion gewöhnlich nur eine niedrige Parasitämie ohne klinische Symptome resultiert. Die sich entwickelnde infektionsgebundene Immunität (Prämunität) schützt die Rinder in den folgenden Lebensjahren vor Erkrankungen. Zu **Erkrankungen** kommt es regelmäßig dann, wenn Rinder erst im Alter von > 9 Monaten von infizierten Zecken befallen werden oder empfängliche Tiere in endemische Regionen gelangen (z. B. durch Zukauf).

Auch bei Pferden ist eine Jugendresistenz gegen Babesien beschrieben, nicht aber bei kleinen Wiederkäuern oder Hunden. Bei Pferden und Hunden resultiert die Babesiose oft aus einer Reiseinfektion.

Immunologie Die bei Rindern und Pferden als Grundlage der endemischen Stabilität bestehende Jugendresistenz gegen Babesiosen ist nur teilweise verstanden. Maternale Antikörper spielen keine wesentliche Rolle, da auch Kälber, deren Mütter nie mit Babesien in Berührung kamen, resistent sind. Diskutiert werden bisher nicht näher definierte Plasmafaktoren bei Kälbern und eine bei Kälbern gegenüber erwachsenen Rindern nach einer Babesien-Infektion rascher einsetzende Immunreaktion (deutlich z. B. bei der IL-12- und IFN-γ-Synthese), in deren Folge Babesien-infizierte Erythrozyten eliminiert (sequestriert) werden. Wichtig ist eine intakte Milzfunktion, denn Splenektomie führt bei infizierten Kälbern zum umgehenden Aufflammen der Infektion.

Nach einer Erstinfektion entwickelt sich eine partielle Immunität, welche die Tiere für einige Zeit vor Erkrankungen schützt, aber neue Infektionen nicht verhindert. Wahrscheinlich persistieren Erstinfektionen ohne Superinfektion nur wenige Monate bis 1 Jahr (*B. motasi*, *B. caballi*), seltener 2–4 Jahre (*B. divergens*, *B. bovis*). Danach kann sich eine sterile Immunität ausbilden, die jedoch bei Ausbleiben von Reinfektionen nur von kurzer Dauer ist.

Die immunologische Elimination von Babesien aus dem Blut geschieht im Wesentlichen durch Sequestrierung infizierter Erythrozyten durch aktivierte Makrophagen in der Milz und Phagocytose freier Merozoiten und infizierter Zellen nach Bindung spezifischer (beim Rind vorwiegend IgG2-) Antikörper.

Zum Weiterlesen

Die Immunologie der Babesien-Infektionen der Haustiere ist bisher nur teilweise aufgeklärt. Bei *B. bovis* spielt in diesem Zusammenhang das immundominante Antigen VESA1 (*Variable Erythrocyte Surface Antigen* 1) eine entscheidende Rolle. Es wird auf der Oberfläche infizierter Erythrozyten exprimiert und vermittelt eine Adhärenz der Erythrozyten an kapilläre und postkapilläre venöse Endothelien, ein Mechanismus, von dem angenommen wird, dass er die Einschwemmung der infizierten Zellen in die Milz und damit eine frühzeitige Elimination der Parasiten verhindert. VESA1 wird von einer Multigenfamilie (*ves*) kodiert und klonal variiert. Mit variiertem VESA1 ausgestattete infizierte Erythrozyten entgehen damit der Bindung durch Antikörper und erhalten ihre Fähigkeit zur Cytoadhärenz als Voraussetzung für die Persistenz der Erreger.

Generell haben Babesien zahlreiche Möglichkeiten entwickelt, der Immunantwort des Wirtes zu entgehen. Antigenvarianz, Sequestrierung und Cytoadhärenz sind nur einige davon. Etliche Abwehrmechanismen des Wirtes tragen letztendlich zur Pathogenese entscheidend bei, v. a. die proinflammatorische Immunantwort und die übermäßige Bildung von Antikörpern, die nicht zur Erregerelimination führt, sondern durch Komplexbildung mit Parasitenantigen zu akuter Glomerulonephritis beiträgt (v. a. Hund).

Pathogenese und Krankheitsbild Die Pathogenese der Babesiose wird von vielen Faktoren beeinflusst, vor allem von der Pathogenität der *Babesia*-Art und der Virulenz von Erregerstämmen sowie vom Alter und dem Immunstatus des Wirtes. Dementsprechend können *Babesia*-Infektionen klinisch inapparent verlaufen oder sich klinisch manifestieren, meist mit einem akuten oder sogar perakuten Verlauf, teils einhergehend mit hoher Morbidität und Letalität. Zu den Anzeichen der **akuten Babesiose** gehören Apathie, Inappetenz, oft hohes Fieber, Parasitämie, hämolytische Anämie, Thrombocytopenie, Hämoglobinurie, Ikterus, Kreislaufsymptome (Ödeme, Schock), multiples Organversagen und neurologische Störungen. Einige dieser Symptome werden nur durch bestimmte Erregerarten verursacht oder sie treten nicht regelmäßig bzw. nur zeitweise auf (z. B. Hämoglobinurie, Ikterus, neurologische Störungen).

Die **Pathogenitätsmechanismen,** die vor allem bei der *B. bovis*-Infektion des Rindes und der Babesiose des Hundes untersucht wurden, sind sehr komplex und erst in Ansätzen bekannt. Hier können nur einige Aspekte zusammenfassend dargestellt werden.

Ein wichtiger Faktor der **Anämie und Hämoglobinurie** ist die **Lyse von Erythrozyten**, die durch die intraerythrozytäre Entwicklung der Schizonten, eine damit verbundene gesteigerte osmotische Fragilität der Zellmembran und die Freisetzung von Merozoiten erklärbar ist. Eine immunologisch bedingte, durch anti-erythrozytäre Antikörper vermittelte Lyse ist bei *B. gibsoni* und *B. vogeli* wahrscheinlich, nicht aber bei *B. canis*. Ferner liegen Hinweise dafür vor, dass oxidativer Stress und ein hämolytischer Faktor zur Lyse beitragen können. Dieser bisher nicht charakterisierte Faktor wurde in Seren von Hunden mit *B. gibsoni*-Infektion nachgewiesen. Mit der Lyse geht eine Steigerung der Phagocytose von Erythrozyten durch Makrophagen einher.

Nach neueren Untersuchungen spielen z. B. bei der *B. canis*-Infektion des Hundes **systemische Entzündungsreaktionen** und eine damit einhergehende disseminierte intravasale Koagulation (DIC) eine Rolle. Verstärke Plättchenaggregation und Freisetzung vasoaktiver Botenstoffe erniedrigen den Blutdruck, was zu (per-)akuten Krankheitsverläufen mit hypotensivem Schock führt. Bei der *B. bovis*-Infektion des Rindes ist die **Cytoadhärenz** ein wichtiger Pathogenitätsfaktor, weniger bei anderen Babesiosen [s. VESA1-Antigen (S. 137)]. Mit Schizonten beladene Erythrozyten bleiben in den Kapillaren der Endstromgebiete verschiedener Organe (Gehirn, Niere u. a.) hängen, verursachen Durchblutungsstörungen durch Gefäßverschlüsse und Thrombosen sowie eine post-thrombotische Azidose und in der Folge vor allem **zerebrale Störungen** und Multiorganversagen. Oberflächenantigene sind auch für die Antigenvariation verantwortlich, die bei verschiedenen *B. bovis*-Stämmen nachgewiesen wurde.

Neurologische Störungen, die bei der Babesiose des Hundes auftreten können, haben eine andere Pathogenese. Hier handelt es sich um eine hypoglykämische Encephalopathie, die häufig bei Infektionen mit *B. rossi*, seltener bei *B. canis* beobachtet wird. Sie ist eine Folge der Hypoglykämie oder mangelnder Gewebedurchblutung, die zu einer Gewebshypoxie und Hypermetabolismus (sowie Zeichen einer Azotämie) führt.

Das Auftreten von **Fieber** korreliert mit der Konzentration von spezifischem Parasitenantigen im Serum. Diese Antigene oder andere Komponenten, die bei der Lyse von Erythrozyten freigesetzt werden, kommen für die Induktion von Fieber in Betracht. Nähere Angaben zu Babesien verschiedener Tierarten s. u.

Diagnose Vorbericht (u. a. Zeckenbefall, Aufenthalt in endemischen Gebieten, Jahreszeit) und Symptome (fieberhafte Erkrankung, blasse Schleimhäute, evtl. Hämoglobinurie) können eine Verdachtsdiagnose begründen. Bei akuter Babesiose ist meist ein **direkter Erregernachweis** in Ausstrichen von Kapillarblut nach Giemsa- oder Diff-Quik-Färbung (S. 548) möglich. Differenzierung von „großen“ und „kleinen“ Babesien nach folgenden Kriterien: Länge der Merozoiten (größer oder kleiner als der Radius der Erythrozyten), Teilungswinkel (spitz oder stumpf), Lage der Babesien im Erythrozyten (zentral oder peripher) (▸ **Tab. 6.7**; ▸ **Abb. 6.22**). Die Untersuchung von Erythrozyten-Ausstrichen aus zentrifugierten Mikrohämatokrit-Röhrchen, die direkt an der Grenze zum Buffy-Coat abgenommen wurden, erhöht die Sensitivität (die infizierten Zellen reichern sich dort an). Der Nachweis zirkulierender *Babesia*-Antigene ist bei der akuten Infektion möglich, jedoch sind praxisreife Tests noch nicht im Handel. Die sensitive und spezifische DNA-Analyse wird zunehmend in der Labordiagnostik eingesetzt. Chronische und inapparente Infektionen lassen sich indirekt durch **Nachweis spezifischer Antikörper** (ELISA, IFAT u. a.) mit hoher Sensitivität erfassen, während in der akuten Phase die Serologie wegen des Fehlens spezifischer Antikörper ungeeignet ist.

Therapie, Bekämpfung und Prophylaxe Die akute Babesiose ist ein klinischer Notfall, daher muss die Therapie so früh wie möglich erfolgen. Zur Behandlung von Rindern, Pferden und Hunden wird in Mitteleuropa Imidocarb eingesetzt (in CH zugelassen). Einzelheiten siehe Babesiosen der einzelnen Tierarten.

Zoonotische Bedeutung Weltweit sind inzwischen mindesten 15 Babesien-Arten oder Genotypen beim Menschen beschrieben. In **Europa** sind bisher beim Menschen ~40 Fälle von Babesiose berichtet worden. Die Übertragung erfolgt über infizierte Zecken, aber auch durch Bluttransfusionen. Kongenitale Infektionen sind ebenfalls beschrieben.

Obwohl die humane Babesiose nur sehr selten vorkommt, ist sie klinisch sehr relevant. Meist sind immunkompromittierte (z. B. splenektomierte) Patienten, die an Malaria-ähnlichen Symptomen schwer erkranken, selten aber auch einige immunkompetente Personen betroffen.

B. divergens (Europa, Nordafrika) werden weltweit bisher ca. 40 Krankheitsfälle zugeschrieben. Verwandte Arten (*B. venatorum*) und Genotypen sind ebenfalls als zoonotisch beschrieben (Letalität bis 40 %). In Nordamerika werden die meisten Humanfälle von *B. microti* und auch von der verwandten Art *B. duncani* verursacht.

Babesiose der Rinder

Bedeutende *Babesia*-Arten des Rindes in den Tropen und Subtropen: *B. bovis* und *B. bigemina*. In Europa ist *B. divergens* von regionaler Bedeutung, die eher seltene Art *B. major* wurde in West- und Südeuropa und mittlerweile auch in Ungarn nachgewiesen (► **Tab. 6.7**). Weitere *Babesia*-Arten sind bei Rindern *B. ovata* (Asien), *B. beliceri* (RU) und *B. occultans* (Südafrika, IT) sowie beim Wasserbüffel *B. orientalis* (Asien).

Babesia divergens

Erreger *B. divergens* ist eine kleine Babesie (1,7 × 0,4 µm); polymorphe, meist paarige, randständige, intraerythrozytäre Formen (► **Abb. 6.22**).

Vorkommen In ganz Europa fokal oder regional im Verbreitungsgebiet von *I. ricinus* und *I. persulcatus* von Finnland bis zum Mittelmeer, in der Türkei (Schwarzmeerküste), in Höhenlagen des Libanon und Nordafrikas (Tunesien u. a.).

Epidemiologie In Mitteleuropa ist *I. ricinus* der einzige Vektor, in Nordeuropa fungiert auch *I. persulcatus* als Vektor. Ausbrüche von Babesiose ereignen sich auf bestimmten Weiden einzelner Bestände, seltener im gesamten Betrieb, oder in größeren Gebieten, z. B. in Gebirgstälern. Jährliche Ausbrüche von Erkrankungen sind auf stabile Habitate von Zecken zurückzuführen. Infolge der in solchen Gebieten meist bestehenden enzootischen Stabilität durch Prämunität (S. 136) erkranken in der Regel nur Tiere, die im Alter von > 9 Monaten aus Babesiose-freien Gebieten in entsprechende Endemieregionen verbracht wurden. Einmalige Ausbrüche oder solche in längeren Intervallen sind dagegen auf temporäre Habitate zurückzuführen. Diese entstehen dadurch, dass Zecken u. a. durch Vögel, Kleinsäuger oder Rehe verschleppt werden und unter geeigneten Bedingungen eine gewisse Zeit überleben und aktiv bleiben. Erkrankungen werden vor allem von Mai bis Juni und September (Hauptaktivitätszeit der Zecken) beobachtet. Zur derzeitigen Inzidenz der Babesiose in Europa (Nachweise in AT, BE, CH, DE, FR, HU, IE, IT, PL) ist wenig bekannt. Eine Ausbreitung in höhere Gebirgslagen wird auf die Ausweitung der Zeckenhabitate durch Klimaerwärmung zurückgeführt.

Krankheitsbild Inkubation 8–15 Tage. Krankheitsverlauf bei Kälbern i. d. R. mild (Jugendresistenz), bei älteren Rindern der 2. Weidesaison ohne vorherige Exposition akuter Verlauf. Bei steigender Parasitämie Störung des Allgemeinbefindens, Inappetenz, bei Milchkühen starker Abfall der Milchleistung, Fieber (> 40 °C, nicht in allen Fällen), Anämie, Hämoglobinurie, später Ikterus, Tachykardie und Pansenatonie. Die Hämoglobinurie ist zu Beginn geringgradig und nur mit Teststreifen nachweisbar, wird aber bald deutlich sichtbar. Todesfälle möglich bei hochgradiger Anämie in Verbindung mit Nieren- oder Leberinsuffizienz.

Babesia major

Vorkommen in kleinen endemischen Herden, wo *Haemaphysalis punctata* vorkommt (DE: nur auf Nordsee-Inseln; FR, GB, NL, Zentral- und Osteuropa u. a.). Fast stets inapparente Infektion. In sehr seltenen Fällen führt eine Splenomegalie zur Milzruptur.

Babesia bigemina

Erreger *Babesia bigemina* ist eine große Babesie (4–5 × 2 µm), die in den Erythrozyten paarig in spitzem Winkel liegt. Runde/unregelmäßige Formen während der Vermehrungsphase.

Vorkommen *Babesia bigemina* ist der Erreger des sog. Texasfiebers (engl. *redwater fever*) der Rinder. Vorkommen in den Tropen und Subtropen, in Asien, Afrika, Amerika, Australien und sporadisch in Süd(ost)europa (PT, Mittelmeerregion, Balkan). Wirte sind neben Rindern auch Büffel und Wildwiederkäuer. Vektoren sind verschiedene Zecken der Gattung *Rhipicephalus* (*Boophilus*) (▶ **Tab. 6.7**). Sporadische Importinfektionen in Mitteleuropa werden diskutiert.

Krankheitsbild Inkubation 8–10 Tage. In Gebieten mit endemischer Stabilität asymptomatische oder mild verlaufende Infektionen (leichtes Fieber, Verdauungsstörungen), vor allem bei wenig virulenten Stämmen, gefolgt von schneller Rekonvaleszenz, v.a. bei teilresistenten Zebu(kreuzungen). Virulente Stämme von *B. bigemina* verursachen bei älteren Rindern, besonders bei europäischen Hochleistungsrassen, hochgradiges Fieber, Hämoglobinurie und Ikterus, Parasitämie bis zu 40 %. Tod innerhalb von 5–8 Tagen nach Einsetzen der Symptome (Mortalität bei europäischen Hochleistungsrassen ~50 %).

Babesia bovis

Erreger *B. bovis* ist eine kleine Babesie (2,4 × 1,5 µm), meist zentral im Erythrozyten, oft als vakuolisierte Form (Siegelringform) (▶ **Abb. 6.22**). Wegen ihrer weiten Verbreitung und Pathogenität die wichtigste Babesien-Art des Rindes.

Vorkommen *B. bovis* kommt in Südeuropa, Afrika, Südostasien, Mittel- und Südamerika sowie Australien vor. Die Infektion ist häufig mit *B. bigemina* vergesellschaftet, da oft gleiche Vektoren genutzt werden (▶ **Tab. 6.7**). Entsprechend sind Verbreitungsgebiete beider Arten daher nahezu identisch (Ausnahme: Südafrika, dort nur *B. bovis*).

Krankheitsbild *B. bovis* ist wesentlich pathogener (S. 137) als *B. bigemina* und kann bei empfänglichen Rindern (> 9 Monate alt, nicht immun) auch bei geringer Parasitämie (< 1 %) einen Schock und ZNS-Symptome verursachen. Europäische Hochleistungsrassen sind erheblich empfindlicher als Zebus und ihre Kreuzungen.

Kontrolle boviner Babesiosen

B. divergens Unter Praxisbedingungen ist eine effektive Vektorkontrolle kaum möglich und kann u. U. sogar die endemische Stabilität stören. Geht der Zeckenbefall nur von einem begrenzten Herd aus (Waldweide u. dgl.), sollten nichtimmune, > 9 Monate alte Rinder ferngehalten werden (Weideplanung, Auszäunen etc.). Ein rekombinanter Impfstoff, basierend auf dem Merozoiten-Oberflächenprotein Bd37, wurde bei Rindern in einem endemischen Gebiet in Österreich eingesetzt.

B. bigemina, B. bovis Zeckenkontrolle (regelmäßige Anwendung von Akariziden), Vakzinierung mit attenuierten Lebendvakzinen (in vielen endemischen Gebieten etabliert) und Züchtung auf Resistenz (Zebukreuzungen).

Babesiose der Schafe und Ziegen

Bei kleinen Wiederkäuern kommen 2 Arten vor, *Babesia motasi* (groß) und *Babesia ovis* (klein) (▶ **Tab. 6.7**).

Babesia motasi

Südeuropa von Portugal bis zum Kaukasus, Zentralasien, Naher und Mittlerer Osten, indischer Subkontinent. In Mittel- und Westeuropa kommt nur ein avirulenter Stamm von *B. motasi* sporadisch vor. Übertragung durch *I. ricinus* regional in Mittel- und Norddeutschland und *H. punctata* in den Niederlanden, Schweden, Wales und Frankreich. Erkrankungen werden nicht beobachtet. In Indien und im Maghreb (Libyen bis Marokko) ist ein pathogener Stamm verbreitet (Fieber, Dyspnoe, Hämoglobinurie; ca. 10 % Mortalität). Ziegen scheinen resistent zu sein.

Babesia ovis

Vorkommen entspricht den Verbreitungsgebieten der Vektoren (▶ **Tab. 6.7**), in Europa vom Kaukasus bis Portugal. Die nördliche Grenze des Verbreitungsgebietes reicht in Europa bis Kroatien und in Frankreich bis ins Massif Central. Wegen seiner Pathogenität und weiten Verbreitung ist *B. ovis* der bedeutendste Blutparasit der Schafe. Krankheitsbild ähnlich wie bei *B. bovis*-Babesiose des Rindes, aber mit regelmäßig hochgradiger Hämoglobinurie. Mortalität 30–50 %. Ziegen scheinen selten zu erkranken.

Babesiose der Equiden

Babesia caballi

Erreger *B. caballi* ist eine große Babesien-Art mit oft paarig angeordneten, spitzwinklig verbundenen Merozoiten, 2,5–4 × 2 µm; häufig auch Siegelringform. Pferde, Esel und ihre Kreuzungen sowie Zebras sind für *B. caballi* empfänglich.

Vorkommen und Epidemiologie Endemisches Vorkommen von *B. caballi*: Tropen und Subtropen (Südeuropa, Asien, Afrika, Kuba, Süd- und Mittelamerika, Teile der USA). In Europa reicht das Verbreitungsgebiet weit in die gemäßigte Klimazone von Portugal und Spanien bis in die Normandie in Frankreich, Italien, Ungarn, Rumänien und die Ukraine bis nach Russland nördlich von Moskau (58° N). Vor Kurzem wurde in den Niederlanden ein endemischer Herd beschrieben. Die Endemiesituation in Europa ist nicht vollständig geklärt. Vektoren der Gattung *Dermacentor* (*D. marginatus, D. reticulatus*) [Ixodida (S. 411)] sind in Europa weitverbreitet, doch wurden autochthone Infektionen mit *B. caballi* nördlich der Alpen bisher nicht nachgewiesen. In der Schweiz hatten 2,6 % von 230 einheimischen und 0,9 % von 459 Importpferden Antikörper gegen *B. caballi*. *B. caballi* ist wegen gemeinsamer Vektoren (*Dermacentor*-, *Hyalomma*-Arten) häufig mit *Theileria equi* (S. 147) (Syn. *Babesia equi*) vergesellschaftet; die Erkrankungen werden gesamthaft als equine Piroplasmose bezeichnet. In der Mongolei gilt die Infektion mit Piroplasmen als eine der Hauptursachen für Verluste von wieder ausgewilderten Przewalski-Pferden.

Krankheitsbild Die Infektion verläuft inapparent bis perakut und tödlich. In endemischen Gebieten erkranken Pferde selten (endemische Stabilität (S. 657)). Werden aber empfängliche, ältere Pferde in diese Bestände importiert, sind die Verluste oft hoch. Symptome der akuten Phase der *B. caballi*-Infektion (Inkubation 10–30 d): hochgradiges Fieber bis 42,3 °C, Apathie, Dyspnoe, Konstipation, Kolik und im fortgeschrittenen Stadium Exsikkose und Ikterus, selten Hämoglobinurie. Hält die Hyperthermie (> 42 °C) mehr als 6 Stunden an, kommt es häufig zum Infektionsschock mit Diarrhö und akutem Lungenödem, das in kürzester Zeit zum Tode führt (Letalität 10–50 %). Subakute und chronische Formen mit Gewichtsverlust und intermittierendem Fieber. Splenomegalie (tastbar bei rektaler Untersuchung). Die Parasitämie bleibt auch in der akuten Phase niedrig (meist < 1 %). Die Infektion persistiert 1 bis höchstens 4 Jahre, kann aber bereits nach einigen Monaten spontan eliminiert sein.

Diagnose Zum direkten und indirekten Nachweis von Babesien siehe oben (S. 137) und Kapitel Labordiagnostische Methoden (S. 542). Nach OIE-Empfehlungen (Terrestrial Animal Health Code) soll bei Pferdeimporten ein tierärztliches Attest verlangt werden, in dem bestätigt wird, dass die Tiere keine Symptome von Piroplasmose zeigen und diagnostische Tests auf *B. caballi* und *T. equi* in einer Periode von 30 Tagen vor dem Import negativ waren. Einige Länder (CA, USA, Australien, Japan) erlauben nur die Einfuhr seronegativer Pferde, dazu stehen sensitivere Verfahren zur Verfügung (IFAT, kompetitiver ELISA), die auch bei behandelten Tieren eine Infektion nachweisen können. DNA-Analysen können den Erreger mit hoher Sensitivität und Spezifität im Blut detektieren [s. *T. equi* (S. 147)].

Therapie Der Wirkstoff der Wahl zur Therapie ist Imidocarb. Zur klinischen Heilung reicht i. d. R. 1 Behandlung aus (2–2,2 mg/kg KG i. m.), für die Eliminierung der Erreger sind 2 Behandlungen (2 × 2–2,4 mg/kg KG i. m. im Abstand von 24–72 h) erforderlich. Die Elimination gelingt jedoch nur in einem Teil der Fälle. Die Wartezeit für essbare Gewebe beträgt 7 Monate.

Cave

Imidocarb darf nicht i. v. appliziert werden! Bereits bei therapeutischer Dosierung können Nebenwirkungen auftreten, wie Speicheln, Muskelzittern, Tachykardie, Tränenfluss, Unruhe und Kolik. Antidot bei starken Nebenwirkungen: Atropinsulfat 1 %ig, 2,5–3,0 ml pro Pferd von 500–600 kg KG. i. m. Esel, Maulesel und Maultiere reagieren wesentlich empfindlicher auf Imidocarb als das Pferd.

Prophylaxe Impfstoffe sind derzeit nicht erhältlich. Eine Vektorkontrolle (S. 429) ist in endemischen Gebieten essenziell. Bei Im- und Export wird ein Antikörpertest empfohlen.

Babesiosen des Hundes

Erreger von Babesiosen beim Hund sind *Babesia canis, B. vogeli* und *B. rossi* (große Babesien, früher 3 Unterarten von *B. canis*) sowie eine Art aus dem *B. microti*-Komplex (*B. microti*-like, auch als *Theileria* bzw. *B. annae* oder *B. vulpes* bezeichnet), *B. gibsoni* und *B. conradae* (kleine Babesien). In Europa hat *B. canis* wegen ihrer Pathogenität die größte Bedeutung (▶ **Tab. 6.7**).

Babesia canis

Erreger *B. canis* bildet pleomorphe, häufig birnenförmige, große Stadien (4–5 × 2 µm) (▶ **Abb. 6.22**), aber auch amöboide und Ringformen kommen vor.

Vorkommen und Epidemiologie *B. canis* wird durch *Dermacentor reticulatus* übertragen, deren Verbreitungsgebiet in Europa von Portugal bis zum Ural und nördlich der Alpen herdförmig bis zum Mittelrhein und gelegentlich darüber hinaus reicht [Ixodida (S. 411)]. In Österreich (Burgenland-Niederösterreich), der Schweiz (Westschweiz, fokal Mittelland) und in Deutschland (Oberrheingraben, Saarland, Rheinland-Pfalz, Mark Brandenburg, Berlin) gibt es stabile endemische Herde von *D. reticulatus*, in denen autochthone *Babesia*-Infektionen regelmäßig auftreten. Die Inzidenz und die Prävalenz der *B. canis*-Infektionen in Mitteleuropa sind kaum bekannt. Für *B. canis*-Infektionen bestehen verschiedene epidemiologische Variationen: (a) endemische Stabilität (oft bei gleichzeitigem Vorkommen anderer vektorübertragener Erreger) in der lokalen Hundepopulation mit akuten Erkrankungen bei neu eingeführten (naiven) Tieren wie in Spanien; (b) lokal unterschiedliches Vorkommen (z. B. AT, FR, HU, PT) mit hyperendemischen Regionen (Südfrankreich); (c) Gebiete mit sporadisch auftretenden Babesiose-Fällen, die meist auf Reiseinfektionen zurückzuführen sind, aber auch durch begrenzte Herde mit geringer Prävalenz entstehen können, wie in Deutschland, der Schweiz oder den Beneluxländern. Die genetische Variabilität von *B. canis*-Isolaten aus verschiedenen europäischen Ländern wird als Einschränkung für die Effizienz der Impfung angesehen.

Krankheitsbild Hunde sind unabhängig von Alter und Rasse empfänglich. Stämme von *B. canis* können unterschiedlich virulent sein; eine Kreuzimmunität kann fehlen, z. B. bei Stämmen aus Frankreich und Ungarn. Nach einer Inkubationszeit von 1–21 Tagen meist **akute Erkrankung** mit initial hohem Fieber (> 40 °C), Apathie, Inappetenz, Anämie, Hämoglobinurie, Ikterus, zerebralen Störungen und, wenn eine rechtzeitige Behandlung unterbleibt, nicht selten Tod (disseminierte intravasale Koagulopathie und akutes Nieren- oder multiples Organversagen als häufigste Ursachen). Kennzeichen einer nachfolgenden Verbrauchskoagulopathie ist eine verstärkte Blutungsneigung mit hämorrhagischen Diathesen. Zu zerebralen Störungen s. Einleitungsteil Gattung *Babesia*, Pathogenese und Krankheitsbild (S. 137). **Perakute Verläufe** können trotz geringer Parasitämie (meist nur etwa 1 %; Dauer: 4–7 d) innerhalb von 24 Stunden tödlich enden (hypotensiver Schock mit Lungenversagen). Antioxidans-Enzyme gelten als prognostische Marker. Symptome der **chronischen Infektion** sind Apathie, Abmagerung, Fieber, Anämie, Leberinsuffizienz und Ikterus (tritt oft intermittierend auf). Die Anämie ist eine Pancytopenie, die sich innerhalb von 3 Monaten normalisiert; die Thrombocytopenie kann länger anhalten. Bei der Sektion entsprechende Befunde: Hepato- und Splenomegalie, serosale Blutungen, hämorrhagische Diathesen.

Immunität bei caniner Babesiose Bei Hunden gibt es keine Jugendresistenz, aber Welpen sind in endemischen Gebieten durch maternale Antikörper geschützt. Nach einer überstandenen Infektion entsteht eine Prämunität, die ohne Reinfektion für ca. ½–1 Jahr anhält. Superinfektionen können eine dauerhafte, belastbare Immunität induzieren. Allerdings ist diese Immunität auf die jeweilige Babesien-Art, u. U. sogar auf einen Genotyp, beschränkt. Imidocarb-Therapie kann die Immunitätsbildung hemmen.

Therapie und Prophylaxe der caninen Babesiose Die akute Babesiose des Hundes stellt einen Notfall dar, die Therapie sollte sofort eingeleitet werden (1 × 5–6,6 mg/kg KG s. c. oder i.m im Abstand von 14–21 d). Zudem sind zusätzliche palliative Maßnahmen erforderlich, z. B. Anti-Schock-Therapie und Rehydration, ggf. Gabe von Blutkonserven.

In Endemiegebieten sollten Hunde vor Zeckenbefall geschützt werden [Ixodida (S. 411)]. Eine prophylaktische Behandlung mit Imidocarb (therapeutische Dosierung) schützt etwa 4 Wochen vor Erkrankungen durch Babesien und *Ehrlichia canis*, kann jedoch Infektionen nicht sicher verhindern. Wegen der geringen therapeutischen Breite und Nebenwirkungen sollte diese Prophylaxe aber nur nach sorgfältiger Abwägung erfolgen. Zur Vakzination ist ein Totimpfstoff im Handel, der lösliche Antigene enthält (Pirodog®: *B. canis*-Antigene, zugelassen in CH, F) (▶ **Tab. 21.7**). Nach Angaben der Hersteller verhindert diese Vakzine Infektionen nicht, schützt aber vor einer Erkrankung bzw. vermindert sie. Weitere Angaben zur Prophylaxe siehe Immunologische Bekämpfung von Parasiten (Vakzination) (S. 592).

Babesia vogeli

Diese Art ähnelt morphologisch *B. canis* und wird in Europa durch die Braune Hundezecke, *Rhipicephalus sanguineus*, übertragen, deren riesiges Verbreitungsgebiet die gesamten Tropen und Subtropen sowie Teile der gemäßigten Zonen umfasst, etwa von 35° S bis 56° N. [Ixodida (S. 411)]. Alle 3 Stadien, Larven, Nymphen und Adulti, befallen Hunde und können dabei Babesien übertragen. Nördlich der Alpen sind autochthone Infektionen bisher nicht nachgewiesen worden. Bei den im Mittelmeerraum und in Übersee (Überträger von *B. vogeli* in USA: *Dermacentor variabilis*) erworbenen Infektionen handelt es sich meist um *B. vogeli*. Die Infektion mit *B. vogeli* verläuft meist mild mit geringgradiger Parasitämie (< 1 %) über 3–7 Tage, begleitet von mildem Fieber und leichter Anämie.

Babesia rossi

Babesia rossi ist die pathogenste Babesien-Art des Hundes. Sie ist bisher nur im Süden Afrikas im Verbreitungsgebiet von *Haemaphysalis leachi* (Syn. *H. elliptica*) festgestellt worden.

Babesia gibsoni, B. conradae, B. negevi und *B. microti*-like Babesien (Syn. *Theileria/B. annae, B. vulpis*)

Kleine Babesien des Hundes sind in Mitteleuropa sehr selten, von untergeordneter, oft lediglich lokaler Bedeutung und gelten meist als Importinfektionen. *B. gibsoni* kommt vor allem in Asien vor. Vektoren sind *Haemaphysalis* spp. und *R. sanguineus*. In den USA breitet sich *B. gibsoni* in bestimmten Hundezuchten aus (Pit Bulls, American Staffordshire Terrier; vermutlich direkte Übertragung durch Bisse). Die Parasitämie ist ab dem 3. Tag p. i. nachweisbar und kann > 40 % betragen. Klinisch zeigen sich Fieber, Apathie, Thrombocytopenie und Hämoglobinurie. Chronische Verläufe sind häufig.

In Spanien und Portugal wurden *B. microti*-like Babesien als pathogene Art beim Hund nachgewiesen, die in Europa auch beim Fuchs vorkommen und vermutlich durch *Ixodes hexagonus* übertragen werden. Ferner kommt in Kalifornien noch die kürzlich beschriebene Art *B. conradae* vor.

Gegen „kleine" Babesien des Hundes ist Imidocarb nicht immer genügend wirksam; hier wird stattdessen eine Kombinationstherapie mit Atovaquon und Azithromycin empfohlen (Umwidmung!).

Babesiosen anderer Tierarten

Bei Wildwiederkäuern kommen mehrere Babesien-Arten vor, einschließlich *B. divergens* (Rotwild, Rentier), *B. capreoli* (Reh, Gämse), *B. motasi* (Gämse, Steinbock), *B. venatorum* (Reh, Rothirsch, Steinbock und Gämse). *B. divergens* und *B. venatorum* (früher *Babesia* EU-1) sind zoonotisch (▶ **Tab. 6.7**). Weitere Arten bei Wildwiederkäuern s. Spezialliteratur.

Bei Hauskatzen sind Babesien bisher nur in Afrika, Indien und Südamerika nachgewiesen worden (*B. cati, B. felis, B. pantherae, B. herpailuri*). Ähnlich wie bei *B. rossi*, dessen Hauptwirt der Afrikanische Wildhund ist, dürfte es sich hier um sporadische Infektionen mit Babesien von Großkatzen handeln.

Nager können mit einer großen Zahl von Babesien-Arten infiziert sein, inklusive *B. microti* (▶ **Tab. 6.7**), welcher zoonotische Relevanz hat.

Literaturhinweise

Allred DR, Al-Khederi B. Antigenic variation and cytoadhesiom in *Babesia bovis* and *Plasmodium falciparum*: different logics achieve the same goal. Mol Biochem Parasitol 2004; 134: 27–35

Ayoob AL, Hackner SG, Prittie J. Clinical management of canine babesiosis. J Vet Emerg Crit Care 2010; 20: 77–89

Baneth G. Antiprotozoal treatment of canine babesiosis. Vet Parasitol 2018; 254: 58–63

Baneth G, Nachum-Biala Y, Birkenheuer AJ et al. A new piroplasmid species infecting dogs: morphological and molecular characterization and pathogeny of Babesia negevi n. sp. Parasit Vectors 2020; 13: 130. doi: 10.1186/s13071-020-3995-5

Carcy B, Randazzo S, Depoix D et al. Classification of *Babesia canis* strains in Europe based on polymorphism of the Bc28.1-gene from the *Babesia canis* Bc28 multigene family. Vet Parasitol 2015; 211: 111–123

Crnogaj M, Cerón JJ, Šmit I et al. Relation of antioxidant status at admission and disease severity and outcome in dogs naturally infected with *Babesia canis canis*. BMC Vet Res 2017; 13(1): 114

Eichenberger RM, Ramakrishnan C, Russo et al. Genome-wide analysis of gene expression and protein secretion of *Babesia canis* during virulent infection identifies potential pathogenicity factors. Sci Rep 2017; 7: 3357. doi: 10.1038/s41598–017–03445-x

Eichenberger RM, Štefanić S, Naucke TJ et al. An ELISA for the early diagnosis of acute canine babesiosis detecting circulating antigen of large *Babesia* spp. Vet Parasitol 2017; 243: 162–168. doi: 10.1016/j.vetpar.2017.06.030

Florin-Christensen M, Suarez CE, Rodriguez AE et al. Vaccines against bovine babesiosis: where we are now and possible roads ahead. Parasitology 2014; 28: 1–30

Holzheu EM, Delbecq S, Baumgartner W et al. Use of a recombinant *Babesia* vaccine in cattle in a field trial – investigations on effectivity and compatibility. Berl Münch Tierarztl Wochenschr 2016; 129(11–12): 495–499

Hornok S, Mester A, Takács N et al. Re-emergence of bovine piroplasmosis in Hungary: has the etiological role of *Babesia divergens* been taken over by *B. major* and *Theileria buffeli*? Parasit Vectors 2014; 7: 434

Gray J, Zintl A, Hildebrandt A et al. Zoonotic babesiosis: overview of the disease and novel aspects of pathogen identity. Ticks Tick Borne Dis 2010; 1: 3–10

Michel AO, Mathis A, Ryser-Degiorgis MP. *Babesia* spp. in European wild ruminant species: parasite diversity and risk factors for infection. Vet Res 2014; 45: 65

Penzhorn BL, Oosthuizen MC. Babesia species of domestic cats: Molecular characterization has opened pandora's box. Front Vet Sci 2020; 7: 134. doi: 10.3389/fvets.2020.00134

Rizzoli A, Silaghi C, Obiegala A et al. *Ixodes ricinus* and its transmitted pathogens in urban and periurban areas in Europe: new hazards and relevance for public health. Front Public Health 2014; 2: 251

Schlögl S, Hiesel JA, Wolf R et al. Spatiotemporal cluster and incidence analysis of cattle mortality caused by bovine babesiosis in Styria, Austria, between 1998 and 2016. Parasitol Res 2020; 119: 1117–1123

Schnittger L, Rodriguez AE, Florin-Christensen M et al. *Babesia*: a world emerging. Infect Genet Evol 2012; 12: 1788–1809

Solano-Gallego L, Sainz Á, Roura X et al. A review of canine babesiosis: the European perspective. Parasit Vectors 2016; 9: 336

Wise LN, Kappmeyer LS, Mealey RH et al. Review of equine piroplasmosis. J Vet Intern Med 2013; 27: 1334–1346

Familie Theileriidae

Gattung *Theileria*

Praxis

Erreger der **Theileriose**. In (sub-)tropischen Regionen bedeutende Infektionskrankheit der Wiederkäuer, welche die Tierproduktion in endemischen Gebieten erheblich einschränken kann. Überträger: Schildzecken.
Die equine Theileriose ist eine systemische, oft schwer verlaufende Erkrankung mit Fieber, Hämoglobinurie, Ikterus. Die Chemotherapie bewirkt klinische Besserung, aber keine Erregerelimination. In vielen Ländern gelten Beschränkungen für die Einfuhr infizierter Pferde.

Sir Arnold Theiler (1867–1936), Schweizer Tierarzt, Wissenschaftler und Pionier des südafrikanischen Veterinärwesens.

In Säugetierwirten vermehren sich Theilerien in Merogonien, zunächst in Lymphozyten und danach in Erythrozyten. Theilerien werden durch Schildzecken übertragen, jedoch persistiert die Infektion nicht wie bei den Babesien in mehreren Generationen des Vektors durch vertikale (transovariale) Infektion; die Erreger werden nur transstadial übertragen (Larve → Nymphe oder Nymphe → Adultus).

Das Wichtigste in Kürze

- **Erreger.** Theilerien kommen bei Haus- und Wildwiederkäuern, Equiden und einigen anderen Säugern (einschl. Beuteltieren) vor. Sie verursachen bedeutsame Erkrankungen wie das Ostküstenfieber bei Rindern in Afrika und die equine Theileriose. Im Vertebratenwirt sind in mononukleären Leukozyten die typischen Makro- und Mikromeronten, in Erythrozyten kleine (0,8–2 µm) Merozoiten zu finden.
- **Entwicklung.** Infektion der Vertebraten durch Sporozoiten im Speichel ixodider Zecken. Befall mononukleärer Leukozyten und Bildung von Makromeronten. Einteilung in „transformierende“ und „nichttransformierende“ Arten. Die Wirtszelle wird bei Ersteren immortalisiert und proliferiert unter dem Parasiteneinfluss kontinuierlich, wobei bei der Zellteilung Tochtermakromeronten auf die geteilten Wirtszellen übergehen. Nach vielen Zyklen Bildung von Mikromeronten, deren Merozoiten Erythrozyten befallen. Nach Aufnahme infizierter Erythrozyten durch Schildzecken Gamogonie im Zeckendarm und transstadiale Übertragung an das nächste Zeckenstadium. In Zecken komplexe Entwicklung, die mit der Infektion der Speicheldrüsen und Bildung von Sporozoiten endet.

- **Vorkommen, Epidemiologie.** Bei Wiederkäuern in vielen Ländern Afrikas, Asiens, Ozeaniens und in südlichen Gebieten Europas. In Europa sind südliche Regionen Endemiegebiete für *T. equi* bei Pferden; Reise- und Importinfektionen kommen in nichtendemischen Ländern vor.
- **Immunologie.** Nach überstandener Infektion je nach Art belastbare sterile oder infektionsgebundene Immunität. Immunsuppression und pathologische Vorgänge prägen die Pathogenese (s. u.).
- **Pathogenese, Krankheitsbild.** Bei „transformierenden" Arten (*T. parva*, *T. annulata*, *T. lestoquardi*) sind die Makromeronten in Leukozyten die pathogenen Stadien und führen zu Fieber, Leukopenie, Dyspnoe, Nekrosen im Magen-Darm-Trakt. Bei „nichttransformierenden" Arten (z. B. *T. equi*) sind die erythrozytären Stadien pathogen. Symptome sind hohes Fieber, Erythropenie, Hämoglobinurie, Ikterus.
- **Diagnose.** Anamnese, Klinik und Erregernachweis im Blutausstrich, bei Wiederkäuern auch in Lymphknotenpunktaten nach Giemsa- oder Diff-Quik®-Färbung oder mit PCR (höhere Sensitivität und Spezifität). Serologie vor allem wichtig bei *T. equi* wegen Ex- und Importregelungen.
- **Therapie, Bekämpfung.** Chemotherapie beim Rind mit Buparvaquon oder Parvaquon, beim Pferd mit Imidocarb; Lebendimpfstoffe stehen regional für Rind und Schaf zur Verfügung; Zeckenbekämpfung.

Erreger *Theileria*-Arten kommen bei Wiederkäuern und Equiden vor (▸ Tab. 6.8). Möglicherweise werden die derzeit als „atypisch" angesehenen *Babesia*-Arten der Nager, der Feliden und einige kleine Babesien des Hundes in Zukunft auch der Familie Theileriidae zugeordnet werden.

Theilerien bilden in Lymphozyten von Säugetieren Makromeronten mit wenigen großen Kernen sowie Mikromeronten mit zahlreichen kleinen Kernen. In Erythrozyten finden sich 0,8–2 µm große, stäbchenförmige, ovale oder kommaförmige Stadien, teils auch 4 kreuzförmig angeordnete Merozoiten („Malteserkreuz") (▸ Abb. 6.24). Zusätzlich kommen sphäroide Formen in Erythrozyten vor, die als Gamonten angesehen werden.

Entwicklung Die pathogenen, **„transformierenden" *Theileria*-Arten** der Wiederkäuer (*T. parva*, *T. annulata*, *T. lestoquardi*; ▸ Abb. 6.25) entwickeln sich wie folgt: Schildzecken inokulieren beim Stich mit dem Speichel die Sporo-

▸ **Tab. 6.8** *Theileria*-Arten der Haussäugetiere (Auswahl).

Wirte, Reservoirwirte (R)	*Theileria*-Art	Vektoren	Pathogenität[1]	Theileriose und Verbreitung
Rind R: Afrik. Büffel (*Syncerus caffer*)	*T. parva*[2]	*Rhipicephalus appendiculatus*	+++	**Ostküstenfieber:** Ost- u. Zentralafrika
	T. parva[2]	*R. appendiculatus*	+++	**Korridorkrankheit:** Süd-, Ost- u. Zentralafrika
	T. parva[2]	*R. appendiculatus*	+	**Simbabwe-Theileriose:** Simbabwe
	T. mutans	*Amblyomma* spp.	+	**Benigne bovine Theileriose:** Subsahara-Afrika, Karibik
Rind R: Wasserbüffel (*Bubalis bubalis*)	*T. annulata*	*Hyalomma* spp.	+++	**Mittelmeer-Theileriose:** Mittelmeerländer, Naher u. Mittlerer Osten, Asien
Rind, Elenantilope, (Schaf)	*T. taurotragi*[3]	*Rhipicephalus* spp.	+	**Benigne Afrikanische Theileriose:** Südafrika
Rind, Afrik. und Wasserbüffel	*T. orientalis*[3]	*Haemaphysalis* spp.	–	**Orientalische Theileriose:** Eurasien, Australien, Neuseeland
Schaf, Ziege	*T. lestoquardi*[4]	*Hyalomma* spp.	+++	**maligne Theileriose der Schafe und Ziegen:** Südost-Europa, Nordafrika, Mittlerer Osten
	T. ovis	*Hyalomma* spp., *Rhipicephalus*?[1]	–	**benigne Theileriose der Schafe und Ziegen:** Südeuropa, Nordafrika, Mittlerer Osten, Südrussland
Reh, Rothirsch, Sikahirsch	*T. capreoli*	*Ixodes ricinus*	?	Europa
Equiden	*T. equi*	*Dermacentor* spp., *Hyalomma* spp., *Rhipicephalus* spp.; *Amblyomma* spp.	+++	**Theileriose der Equiden:** Südeuropa, Tropen, Subtropen außer Australien

[1] Grade der Pathogenität: +++ hoch; ++ mittel; + gering; ? fragliche Bedeutung oder unbekannt
[2] die Unterteilung von *T. parva* in die Unterarten *T. parva parva*, *T. parva lawrenci* und *T. parva bovis* (biologisch und epidemiologisch unterschiedlich) wurde von einigen Autoren aufgegeben
[3] früher als *T. sergenti* oder *T. buffeli* bezeichnet
[4] Syn. *T. hirci*

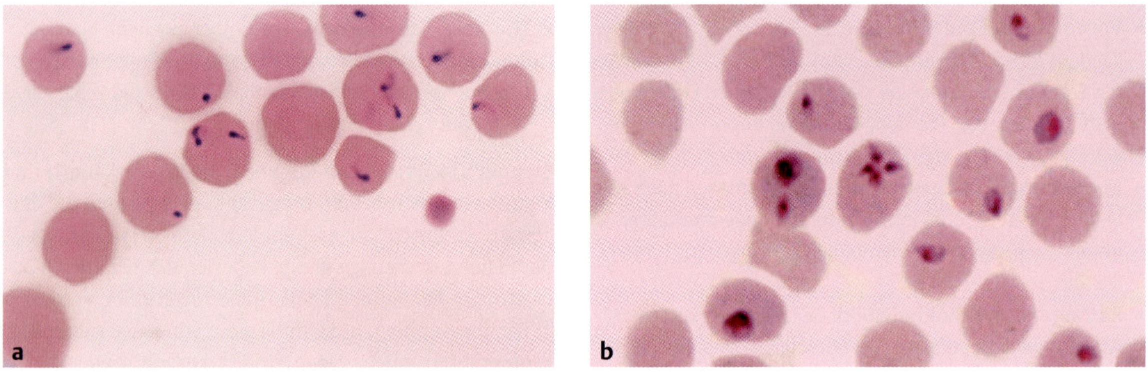

▸ **Abb. 6.24** *Theileria*-Arten im Blutausstrich: **a** *Theileria parva*, **b** *Theileria equi*. (Quelle: a: Heinz Mehlhorn, Heinrich-Heine-Universität Düsseldorf; b: Karl Friedhoff, Institut für Parasitologie, Stiftung Tierärztliche Hochschule Hannover)

zoiten. Diese befallen Lymphozyten, in denen sich Makromeronten (nach dem Entdecker Robert Koch als Kochsche Kugeln bezeichnet, engl. *Koch's bodies*; 2–12 µm) mit wenigen, relativ großen Kernen entwickeln (▸ **Abb. 6.26**). Diese Entwicklung erfolgt bei *T. parva* vorwiegend in $\alpha\beta^+$-T-Lymphozyten und bei *T. annulata* in MHC-II-exprimierenden Zellen (B-Lymphozyten, Monozyten, Makrophagen). Bei beiden *Theileria*-Arten teilen sich die Makromeronten in mehrere Tochtermeronten und setzen Moleküle frei, die ihre Wirtszellen zur Teilung anregen und sie so zu immortalisierten Lymphoblastoidzellen transformieren, deren Apoptose gehemmt ist. Diese Zellen teilen sich sehr schnell und während der Mitose gehen die Tochtermeronten auf die neu gebildeten Wirtszellen über (Klonierung infizierter Zellen). Nach einigen Vermehrungszyklen entwickeln sich aus den Makromeronten sog. Mikromeronten mit zahlreichen (bis zu 100) Merozoiten, die frei werden und Erythrozyten befallen. Die erythrozytären Stadien teilen sich fortwährend (mit Ausnahme von *T. parva*) und befallen neue Erythrozyten, was zu einer kontinuierlichen Parasitämie führt. *T. equi* des Pferdes als **„nichttransformierende" *Theileria*-Art** entwickelt sich in verschiedenen Wirtszellen (B- und T-Lymphozyten, Makrophagen, Monozyten). Bei „nichttransformierenden" Arten gibt es keine Hinweise dafür, dass nach Beginn der erythrozytären Phase noch eine weitere Vermehrung in Lymphozyten stattfindet.

Werden infizierte Erythrozyten von einem empfänglichen Zeckenstadium, einer Larve oder Nymphe, aufgenommen, erfolgt in ihrem Darm die weitere Entwicklung analog zu den Babesien (S. 132). Die Sporokineten der Theilerien befallen während der Häutung ausschließlich die Speicheldrüsen der Zecke und bilden dort Sporonten, aus denen sich während des nächsten Saugaktes der Zecke jeweils Tausende von Sporozoiten bilden. Diese werden mit dem Speichel in den Wirt inokuliert. Nach der Übertragung der Sporozoiten durch eine Nymphe oder eine adulte Zecke erlischt die Infektion, sodass deren Nachfolgestadien (Adultus oder Eier/Larven) parasitenfrei sind.

Vorkommen Das Vorkommen der Theilerien ist an die Verbreitungsgebiete ihrer Vektoren gebunden (▸ **Tab. 6.8**). Verschiedene Säugerarten sind wichtige Reservoirwirte für die erythrozytären Stadien (mit jahre- bis lebenslanger Persistenz) und Ansteckungsquelle für Zecken, während in der Zeckenpopulation die Infektion nicht persistiert (s. o.). In Afrika sind Wildwiederkäuer (v. a. Büffel) das Reservoir für *T. parva*, da im Rind keine genügend lange Parasitämie für die Übertragung auf die Zecken entsteht. In Mitteleuropa kommen bei Wiederkäuern keine „transformierenden" *Theileria* spp. vor. Bei Pferden hat *T. equi* eine nicht zu unterschätzende Bedeutung als Erreger autochthoner Infektionen (HU, Südeuropa) bzw. von Reise- oder Importinfektionen (S. 147) und kann auch intrauterin übertragen werden.

Immunologie Der Verlauf einer Primärinfektion mit den pathogenen Theilerien der Wiederkäuer wird wesentlich durch immunsuppressive und immunpathologische Vorgänge geprägt (Pathogenese, s. u.). Nach überstandener Infektion entwickelt sich eine über Jahre belastbare Immunität gegen erneute Infektionen in Form einer sterilen Immunität (*T. parva*) oder einer Prämunität (*T. annulata, T. equi*). Bei *T. parva* ist der Schutz meist stammspezifisch, bei *T. annulata* dagegen artspezifisch. Spezifische Antikörper bewirken eine partielle Immunität gegen freie Sporozoiten und Merozoiten. Zelluläre Mechanismen sind effizienter und richten sich in erster Linie gegen intrazelluläre Makromeronten. Effektorzellen sind bei *T. parva* im Wesentlichen $CD8^+$-cytotoxische T-Zellen; bei *T. annulata* spielen wahrscheinlich $CD4^+(Th_1^-)$-T-Zellen und Makrophagen eine größere Rolle. Stumme Träger einer *T. equi*-Infektion sind vor Reinfektion und Erkrankung geschützt. Infizierte Pferde produzieren spezifische Antikörper gegen immundominante Merozoitenantigene, die mit der Kontrolle der Parasitämie in Zusammenhang stehen. Antikörper werden 1–2 Wochen nach der Infektion gebildet, 30–45 Tage danach erreichen sie ihr Maximum und können über Jahre persistieren.

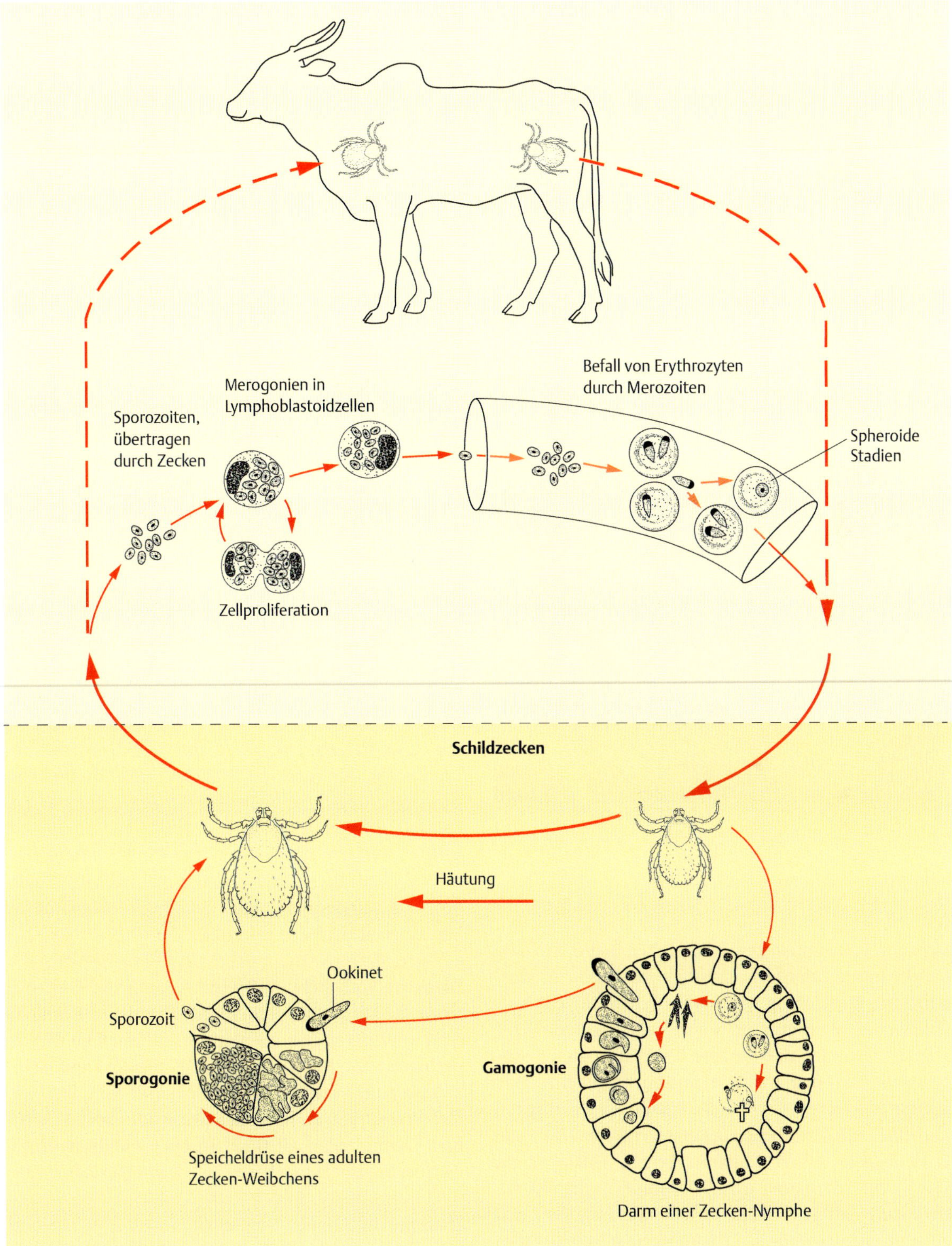

▸ **Abb. 6.25** Entwicklungszyklus von *Theileria parva* beim Rind. (Grafik: Salome Ehrat, nach einer Vorlage von Johannes Eckert und Peter Deplazes, Vetsuisse-Fakultät, Universität Zürich)

Pathogenese Bei den pathogenen, **„transformierenden" Wiederkäuer-Theilerien** sind die Makromeronten die pathogenetisch relevanten Stadien. Die Erkrankung verläuft gewöhnlich in 3 Phasen. 1. Phase: Nach etwa 2-wöchiger Inkubation innerhalb der folgenden Wochen massive Hyperplasie mononukleärer Zellen und danach Lymphocytolyse durch multifaktorielle immunologische Abläufe, vor allem unkontrollierte Proliferation infizierter Leukozyten und eine polyklonale T- und B-Zell-Aktivierung. Ausgehend von lokaler Proliferation an der Stichstelle

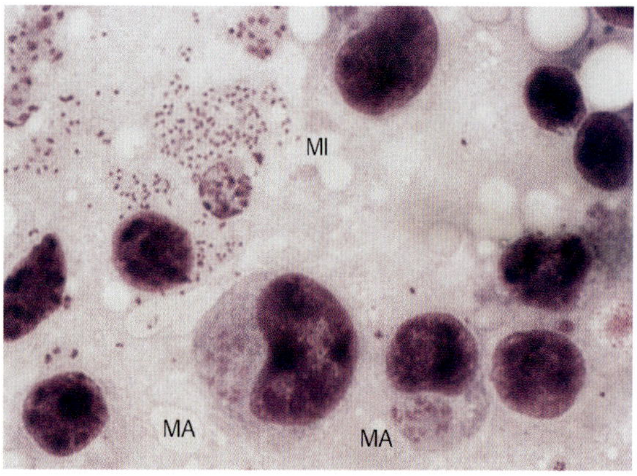

▶ **Abb. 6.26** *Theileria parva*: Makromeronten (MA) in Lymphozyten vom Rind und desintegrierender Mikromeront (MI). (Quelle: Heinz Mehlhorn, Heinrich-Heine-Universität Düsseldorf)

▶ **Abb. 6.27** *Theileria parva*: lymphomartige Veränderungen in der Niere vom Rind. (Quelle: W. O. Neitz und Abdalla Latif, ARC-Onderstepoort Veterinary Institute)

Streuung in Lymphknoten, Milz, Leber, Niere, Thymus, Knochenmark, Labmagen und Darm und nahezu unbeschränkte Vermehrung lymphoider Zellen mit z. T. lymphomartigen Wucherungen (▶ **Abb. 6.27**). 2. Phase: Aktivierung infizierter Makrophagen mit gesteigerter Phagocytoseaktivität (Erythrophagie) und hochregulierter TNF-Synthese (→ Fieber → chronische Entzündungen → später Kachexie); infizierte Lymphozyten sezernieren IFN-γ und IL-10 als potente Immunmodulatoren. 3. (Finale) Phase: Lymphocytolyse, gestörte Leukopoese → Lymphopenie, Untergang der lymphoiden Organe mit Nekrosen und ausgedehnten Blutungen in parenchymatösen Organen und dem Verdauungstrakt, vermutlich durch die Wirkung cytotoxischer T-Lymphozyten und NK-Zellen. Bei **„nichttransformierenden" Arten** (z. B. *T. mutans, T. equi*) kann eine starke Vermehrung der erythrozytären Stadien mittel- bis hochgradige Anämien verursachen, wobei die Makromeronten keine Läsionen verursachen; Erkrankung ähnlich Babesiose (S. 132).

Theileriosen der Wiederkäuer

Krankheitsbild *T. parva* ist hochpathogen und verursacht das **Ostküstenfieber** (engl. *east coast fever*, ECF) des Rindes. Massenhafte Vermehrung von Parasitenstadien in den Lymphorganen und Erythrozyten führen zu nahezu 100 % Letalität. Nur junge und immune Tiere überleben die Infektion. Nach ca. 2 Wochen Inkubation zeigen sich typische Anzeichen wie hohes Fieber, Lymphknotenschwellung, Leukopenie, nach weiteren 4–5 Tagen Dyspnoe, Konstipation, dann blutig-schleimige Diarrhö, zuweilen ZNS-Störungen und Tod nach 2–4 Wochen; perakute Verläufe mit Todesfällen innerhalb von 4–5 Tagen nach Infektion (präparasitämische Phase) sind möglich (▶ **Abb. 6.28**). Bei der Sektion Lungenemphysem und -ödem, ausgedehnte Blutungen und Ulcera des Gastrointestinaltrakts (v. a. Labmagen, Dünndarm), Ergüsse in die Körperhöhlen. Die Lymphknoten sind ödematös, teils nekrotisch, in Leber und Nieren treten fokale bis herdförmige lymphozytäre Infiltrate auf (▶ **Abb. 6.29**).

Klinisch und pathologisch-anatomisch gleichen die **Korridorkrankheit** (engl. *corridor disease*) und die **Simbabwe-Theileriose** (engl. *Zimbabwe theileriosis*) beim Rind dem Ostküstenfieber; sie unterscheiden sich jedoch epidemiologisch. Der klinische Verlauf der **Tropischen** oder **Mittelmeer-Theileriose** (engl. *Mediterranean theileriosis, tropical theileriosis*) ist ähnlich wie beim Ostküstenfieber, aber nicht so schwer. Die Mortalität bei empfänglichen Rindern überschreitet selten 60 %. Der Befall mit Makromeronten ist massiv, aber auch die Parasitämie kann hochgradig sein (bis 80 %) und eine Erythropenie verursachen. Nach Sistieren der Merogonien in den Lymphoblastoidzellen geht auch die Parasitämie zurück, hält jedoch jahrelang an. Die immunen Rinder bleiben also für die Überträgerzecken infektiös. Die **maligne Theileriose der Schafe und Ziegen** (*T. lestoquardi*) gleicht der Mittelmeer-Theileriose des Rindes.

Diagnose Vorbericht (Aufenthalt in endemischen Gebieten, Befall mit Zecken), Klinik sowie direkter und indirekter Nachweis von Theilerien sichern die Diagnose. **Direktnachweis** von Makromeronten (*T. parva, T. annulata, T. lestoquardi*) im Lymphknotenpunktat oder von erythrozytären Stadien in Blutausstrichen, in beiden Fällen nach Giemsa- oder Diff-Quik®-Färbung. **Indirekter Nachweis** serologisch durch Nachweis spezifischer Antikörper.

Therapie Infektionen von **Rindern** mit *T. parva* oder *T. annulata* werden mit den Naphthochinon-Derivaten Buparvaquon oder Parvaquon behandelt, die gegen die Makromeronten wirken.

Bekämpfung Die Bekämpfung der Theileriosen der Rinder (Ostküstenfieber, Mittelmeer-Theileriose) erfolgt durch Impfung und Zeckenbekämpfung [Ixodida (S. 411)].

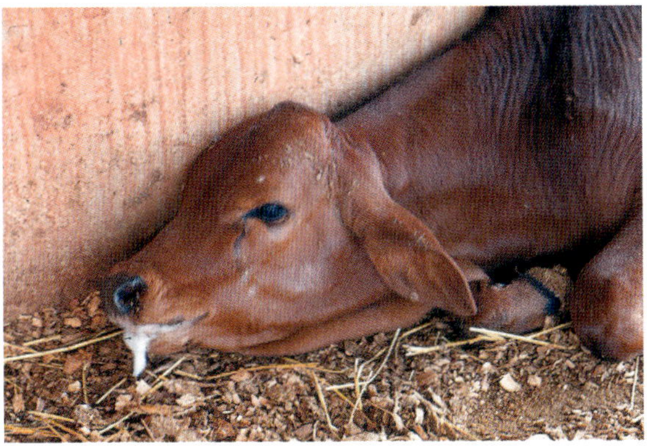

▸ **Abb. 6.28** *Theileria parva*: Rind mit Ostküstenfieber, hochgradige Atemnot. (Quelle: Gottfried Büscher, Basel)

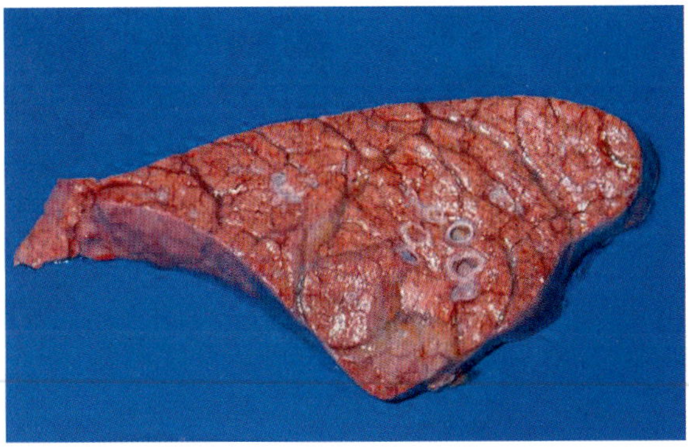

▸ **Abb. 6.29** *Theileria parva*: Rind mit Ostküstenfieber: hochgradiges Lungenödem und -emphysem. (Quelle: Gottfried Büscher, Basel)

Ostküstenfieber Zeckenbekämpfung (Tilgung von *R. appendiculatus*) in Verbindung mit der Impfung für wertvolle Bestände. Maßnahmen: Verhinderung des Tierverkehrs und des Kontakts mit fremden Herden und Wildwiederkäuern (Zäune u. a.), Acarizid-Anwendung in kurzen Intervallen (Dippen oder Sprühen 2 × wöchentlich, um die Übertragung zu verhindern; im Allgemeinen werden Sporozoiten von Theilerien erst ab dem 4. Tag des Saugakts freigesetzt), Impfung in der Anfangsphase bis zur Tilgung der Zecken, danach Quarantäne; Schlachtung infizierter Tiere.

Bei der Impfung wird eine definierte Menge an Sporozoiten eines virulenten Isolats inokuliert und das Rind gleichzeitig mit lang wirksamem Tetracyclin behandelt, wodurch die Erkrankung, aber nicht die Immunisierung verhindert wird. Da immunologisch unterschiedliche Stämme von *T. parva* existieren, müssen alle in einer Region vorkommenden Stämme verwendet werden („Cocktail").

Mittelmeer-Theileriose Dauerhafte Stallhaltung von Hochleistungsrindern (z. B. in Israel praktiziert). Merozoiten in vitro attenuierter Stämme als Impfantigen sind sehr gebräuchlich. Ähnlich wird auch bei der Impfung gegen die maligne Theileriose der Schafe verfahren. Das Verfahren ist einfach, preiswert und wirksam. Stammspezifitäten scheinen ohne Bedeutung zu sein.

Theileriose des Pferdes

Theileria equi

Krankheitsbild Die **Theileriose der Equiden** (engl. *equine theileriosis*) wird nur durch die erythrozytären Stadien verursacht. Früher wurde *T. equi* als *Babesia*-Art (Syn. *Babesia equi*) angesehen. Die Entwicklung und genetische Studien sprechen jedoch für die Zugehörigkeit des Erregers zur Gattung *Theileria* (▸ **Abb. 6.24**). Die Parasitämie erreicht unter natürlichen Bedingungen nach einer Primärinfektion meist 1–5 %, in Einzelfällen jedoch bis 80 %. Klinische **Symptome bei akuter Erkrankung** empfänglicher Pferde sind hohes, intermittierendes Fieber (39,5–42 °C!), Apathie, blasse Schleimhäute, Anämie, Thrombocytopenie, Dyspnoe, Konstipation, Kolik, im fortgeschrittenen Stadium Exsikkose, Ikterus und Hämoglobinurie. Die Mortalität kann bei empfänglichen, unbehandelten Pferden sehr hoch sein (10–50 %). Nach überstandener Erkrankung i. d. R. **chronische Infektionen**, die meist über Jahre latent bestehen bleibt (im Gegensatz zu *B. caballi*). Gelegentlich auftretende, klinisch wenig auffällige Erkrankungen (geringgradige Anämie, Leistungsabfall u. a.) werden nur selten diagnostiziert. In verschiedenen Ländern Mitteleuropas werden geringe Seroprävalenzen (< 10 %; in HU dagegen 32 %) festgestellt. DNA-Analysen konnten den Erreger im Blut und Knochenmark einzelner Pferde nachweisen. Diese Befunde deuten auf einen inapparenten Infektionsstatus mit Erregerpersistenz hin. Als „Refugium" kommt das Knochenmark in Betracht.

Diagnose Vorbericht (Aufenthalt in endemischen Gebieten, Befall mit Zecken), Klinik sowie direkter und indirekter Nachweis von Theilerien im Blut sichern die Diagnose (Einzelheiten s. *B. caballi* (S. 139)). Die Artdiagnose kann anhand der Merozoiten-Größe erhärtet werden, zudem bilden *T. equi*-Merozoiten typische Viererstadien in Kreuzform (Malteserkreuze). Da jedoch die Morphologie der erythrozytären Stadien sehr variabel sein kann, ist ein sicherer Ausschluss einer Mischinfektion nicht möglich. Die DNA-Analyse ermöglicht eine sensitivere und spezifischere Diagnose (Art, Stamm; auch bei Mischinfektionen) und wird zunehmend als Standard in Routinelabors durchgeführt. Der **indirekte Nachweis** von spezifischen Antikörpern ist sehr sensitiv für die Diagnose von chronischen Infektionen; akute Infektionen werden jedoch oft nicht erfasst. Eine besondere Bedeutung kommt weltweit der serologischen Untersuchung (durchzuführen in akkreditierten Labors, Untersuchungen nach OIE-Standards) von Pferden für den Export oder Import zu, da in vielen Staaten die Einfuhr seropositiver Pferde verboten ist; Einzelheiten s. *B. caballi* (S. 139).

Therapie und Bekämpfung Wie bei *B. caballi* (S. 139) mit Imidocarb (2 × 2,4 mg/kg KG s. c. oder i. m. im Abstand von 24 h und Wiederholung nach 72 h, i. m.). Nebenwirkungen und Einschränkungen müssen berücksichtigt werden [s. *B. caballi* (S. 139)]. Einmal infizierte Pferde bleiben über Jahre infiziert. Bei Zuchtstuten kann es zu intrauterinen Infektionen kommen. Da es keinen Impfstoff gibt und eine medikamentöse Eliminierung der Erreger unsicher ist (höher dosierte und wiederholte Behandlungen sind wegen der Nebenwirkungen problematisch), bleiben als Bekämpfungsmaßnahmen nur die Meidung endemischer Gebiete sowie der Schutz vor Zeckenbefall durch Stallhaltung und Acarizide. Einige Staaten schützen sich durch ein Importverbot seropositiver Pferde (s. o.).

Gattung *Cytauxzoon*

> **Praxis**
> Erreger der **Cytauxzoonose.** Schwer verlaufende, oft tödliche Krankheit bei mit *Cytauxzoon felis* infizierten Hauskatzen in Nord- und Südamerika. Die in Europa nachgewiesene *Cytauxzoon* sp. ist in Wild-Feliden in Europa verbreitet und ist gering- bis mittelgradig pathogen für Hauskatzen.

Kytos (G): Zelle; *auxano* (G): proliferieren, wachsen; *zoon* (G): Tier. Bezieht sich auf die Zunahme der Zellzahl während der Infektion im Tier.

Die Gattung *Cytauxzoon* durchläuft in Säugern eine Merogonie in Makrophagen oder Monozyten und infiziert danach Erythrozyten. Überträger sind Schildzecken (S. 418).

Erreger *Cytauxzoon felis* infiziert Wild-Feliden (Luchs, Puma, Ozelot, Jaguar u. a.) und Hauskatzen, *C. manul* parasitiert beim Manul (Pallaskatze; *Otocolobus manul*) aus der Mongolei und ist genetisch nahe verwandt mit Europäischen *Cytauxzoon*-Isolaten. In Europa wurde *Cytauxzoon* das erste Mal bei einem Iberischen Luchs gefunden. Mittlerweile wurde die Infektion in Südeuropa bis in die Schweiz auch bei Hauskatzen nachgewiesen. Es wird vermutet, dass europäische *Cytauxzoon* spp. identisch mit *C. manul* sind.

Entwicklung *C. felis*-Sporozoiten werden über den Speichel von Schildzecken auf den Katzenwirt übertragen. Die Sporozoiten dringen in mononukleäre myeloische Leukozyten (CD34-positive Blasten, Monozyten, Monozyten, Makrophagen, dendritische oder Langerhans-Zellen) ein. Sie bilden durch asexuelle Vermehrung Meronten, aus denen Merozoiten hervorgehen, die wiederum im Blut zirkulierende Erythrozyten befallen, wo sie stäbchen- oder kommaförmige, kleine (< 2 µm) Stadien bilden. Befallene Erythrozyten werden bei der Blutmahlzeit von empfänglichen Zecken aufgenommen, in deren Darm die Gamogonie stattfindet. Die gebildeten Sporokineten dringen daraufhin in die Speicheldrüsen ein und vollziehen die Sporogonie [s. Entwicklung von *Theileria* (S. 142)].

Die genauen Invasionsmechanismen der Sporozoiten sind nicht bekannt, ebenso wenig, ob mit Meronten infizierte Zellen teilungsfähig sind. Die Tatsache, dass Mehrfachpassagen mit kleinen Mengen an parasitiertem Gewebe möglich sind, deutet jedoch darauf hin, dass sich infizierte Zellen in derselben Weise replizieren, wie für transformierende *Theileria* spp. (S. 142) beschrieben. Außerdem wird eine „laterale Übertragung" von Meronten auf nicht infizierte myeloische zirkulierende Zellen diskutiert.

Vorkommen Das Vorkommen von *C. felis* in Nord- und Südamerika ist abhängig von der Verbreitung empfänglicher Zeckenvektoren, einschließlich *Amblyomma americanum, Dermacentor variabilis* und vermutlich anderer *Dermacentor* spp. Wildfeliden (Luchs, Puma, Ozelot, Jaguar, Oncilla) sind die klassischen Reservoirwirte und meist asymptomatisch infiziert. Chronisch infizierte Hauskatzen können eine weitere Infektionsquelle für Zecken darstellen. Cytauxzoonose kommt vornehmlich bei jüngeren Katzen mit Freigang und Zeckenbefall vor. In hochendemischen Gebieten kann die Prävalenz bei Hauskatzen 30 % erreichen. In Europa wurde *Cytauxzoon* beim Iberischen Luchs und bei Hauskatzen in Spanien, bei Eurasischen Luchsen und Europäischen Wildkatzen in Rumänien sowie bei Hauskatzen in Frankreich, Portugal, Italien und der Schweiz nachgewiesen. Die Vektorzecken sind nicht bekannt (wahrscheinlich *Dermacentor* spp. oder *Ixodes ricinus;* in Südeuropa evtl. *Rhipicephalus sanguineus*). Im Nordosten Italiens wurde 2012 bei drei Katzen Cytauxzoonose festgestellt und der Erreger in 15 % von 115 Katzen im Blutausstrich und bei 23 % der Tiere mittels DNA-Analyse nachgewiesen.

Pathogenese Die ausgeprägte Pathogenität von *C. felis* ist bedingt durch die Entwicklung des Parasiten in den Wirtszellen. Parasitierte Zellen sind angefüllt mit Meronten und führen zu Obstruktionen der Blutgefäße, v. a. der Leber, Milz und Lunge. Dies kann zu einer disseminierten Thrombose mit Multiorganversagen führen.

Klinik Infektionen mit *C. felis* verlaufen bei natürlichen Wirten (Puma) subklinisch und persistierend, während bei Löwen und Tigern in Gefangenschaft Erkrankungen beobachtet wurden. Bei der Hauskatze verläuft die Cytauxzoonose typischerweise akut bis perakut mit Abgeschlagenheit, Fressunlust, hohem Fieber, Ikterus, Dyspnoe, Tachykardie und generellerer Schmerzhaftigkeit mit entsprechenden Lautäußerungen. Häufig Anzeichen einer hämolytischen Anämie (Blässe, verfärbter Harn, Splenohepatomegalie). In der überwiegenden Zahl der Fälle tritt der Tod innerhalb von 3 Wochen nach Infektion ein (1 Woche nach Einsetzen der Symptome). In Europa wurden mildere Verläufe mit geringgradiger Parasitämie und Anämie und auch subklinische Infektionen berichtet.

Therapie Bei Hauskatzen muss sofort eine Behandlung eingeleitet und mit palliativen Maßnahmen (Flüssigkeitsersatz, Sauerstoff und Gerinnungshemmer) kombiniert werden. Die Behandlung infizierter Katzen über 10 Tage mit Atovaquon (15 mg/kg KG p. o. alle 8 h) plus Azithromycin (10 mg/kg KG p. o. alle 24 h) führte zu einer 60 % igen Überlebensrate in einer klinischen Studie.

Literaturhinweise

Alho AM, Silva J, Fonseca MJ et al. First report of *Cytauxzoon* sp. infection in a domestic cat from Portugal. Parasit Vectors 2016; 9: 220

Birkenheuer A. Cytauxzoonosis. In: Beugnet F, Halos L, eds. Parasitoses and vector borne diseases of cats. Lyon, France: Merial S.A.S.; 2015: 229–233. ISBN: 978-2-95508-050-4

Carli E, Trotta M, Chinelli R et al. *Cytauxzoon* sp. infection in the first endemic focus described in domestic cats in Europe. Vet Parasitol 2012; 183: 343–352

Gallusová M, Jirsová D, Mihalca AD et al. *Cytauxzoon* Infections in wild felids from Carpathian-Danubian-Pontic space: further evidence for a different *Cytauxzoon* species in European felids. J Parasitol 2016; 102(3): 377–380

Grandi G, Molinari G, Tittarelli M et al. Prevalence of *Theileria equi* and *Babesia caballi* infection in horses from northern Italy. Vector Borne Zoonotic Dis 2011; 11: 955–956

Guidi E, Pradier S, Lebert I et al. Piroplasmosis in an endemic area: analysis of the risk factors and their implications on the control of theileriosis and babesiosis in horses. Parasitol Res 2015; 114: 71–83

Lawrence JA, Perry BD, Williamson SM et al. Theilerioses. In: Coetzer JA, Tustin RC, eds. Infectious Diseases of Livestock. 2nd ed. Vol. 1. Oxford, UK: Oxford University Press; 2004: 447–501. ISBN: 978-0-19578-202-8

Legroux JP, Halos L, René-Martellet M et al. First clinical case report of *Cytauxzoon* sp. infection in a domestic cat in France. BMC Vet Res 2017; 13: 81

Lloret A, Addie DD, Boucraut-Baralon C et al. ABCD guidelines on prevention and management. J Feline Med Surg 2015; 17: 637–641

Nentwig A, Meli ML, Schrack J et al. First report of *Cytauxzoon* sp. infection in domestic cats in Switzerland: natural and transfusion-transmitted infections. Parasit Vectors 2018; 11: 292

Pitel PH, Pronost S, Scrive T et al. Molecular detection of *Theileria equi* and *Babesia caballi* in the bone marrow of asymptomatic horses. Vet Parasitol 2010; 170: 182–184

6.3 Unterstamm Ciliphora, Klassen Litostomatea und Oligohymenophorea

Cilium (lat.): Wimper; *phorein* (gr.): tragen.

Charakteristika des **Unterstammes Ciliophora** (früher Ciliatea oder Ciliata) sind **Cilien**, die besonders strukturierte **Zellhülle** (Cortex) mit Alveolen [s. Alveolata (S. 79)], der **Kerndualismus** (Makro- und Mikronucleus) und die **Konjugation** (eine Form der Gamontogamie).

6.3.1 Ordnungen Vestibuliferida und andere

Familie Balantidiidae

Gattung *Balantidium*

Balantidium coli (Syn. *Neobalantidium coli*)

Praxis

Erreger der **Balantidiose** der Schweine und anderer Wirtstiere.

Zoonose: Schmierinfektionen mit Cysten aus dem Kot von Schweinen oder Infektion über kontaminiertes Wasser; meist asymptomatisch, selten blutige Diarrhö (ulcerative Colitis).

Balantion (gr.): Beutel. Bezug auf die Form des Trophozoiten; *kolon* (gr.): Grimmdarm.

Das Wichtigste in Kürze

- **Erreger.** *Balantidium coli* (Syn. *Neobalantidium coli*), Trophozoit (vegetatives Stadium) oval, holotrich bewimpert; nierenförmiger Makronucleus und ein Mikronucleus. Cysten (infektiöse Stadien) mit dicker Cystenhülle bleiben in feuchtem Milieu mehrere Wochen infektiös.
- **Entwicklung.** Trophozoiten v. a. in Colon und Caecum von Schweinen und anderen Säugerwirten, seltener weiter proximal. Vermehrung durch Zweiteilung. Encystierung im Colon, Ausscheidung der Cysten im Kot.
- **Pathogenese, Krankheitsbild, Diagnose.** Infektionen meist inapparent; selten Nekrosen und Geschwüre in Colon, Rektum und anderen Lokalisationen. Erkrankte Schweine zeigen Tenesmus und Durchfall, z. T. blutiger Kot. Nachweis von Cysten im Kot und von Trophozoiten in histologischen Schnitten.
- **Therapie, Bekämpfung.** Tetracycline (z. B. Doxycyclin) oder Trimethoprim plus Sulfonamid; Wirkung unsicher.

Erreger *Balantidium coli* kommt häufig bei Schweinen vor, seltener bei Menschen, Affen, Ratten, Hunden und Katzen. Der angebliche Befall von Wiederkäuern mit *B. coli* beruht auf einer Verwechslung mit *Buxtonella sulcata* (S. 151). *B. coli* bildet bewegliche Trophozoiten und unbewegliche Cysten. Die ovalen Trophozoiten sind von

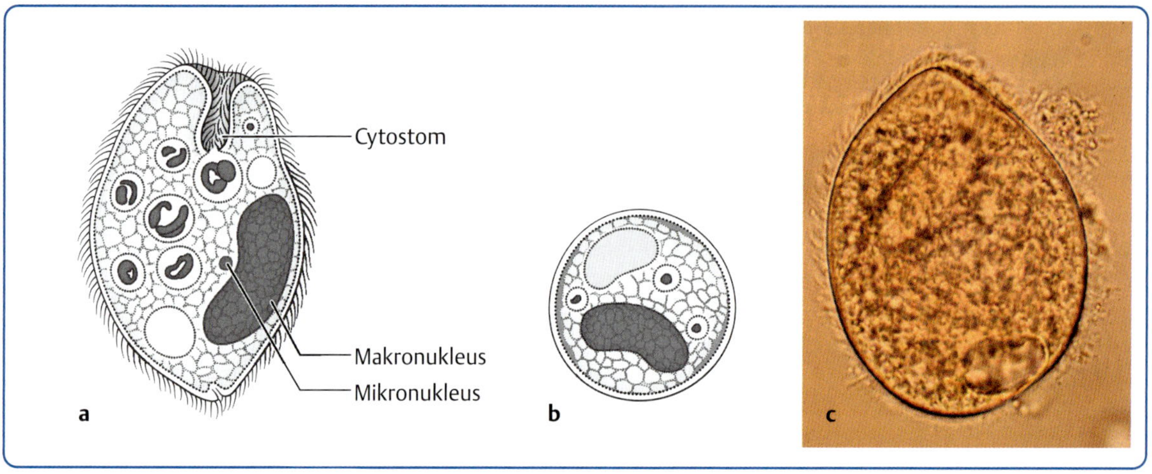

► **Abb. 6.30** *Balantidium coli:* **a** vegetative Form (50–100 × 40–75 µm); **b** Cyste (40 × 65 µm); **c** vegetative Form, Nativpräparat, Iodfärbung. (Grafik a, b: Anne Seeger, Vetsuisse-Fakultät, Universität Zürich; Quelle c: Institut für Parasitologie, Vetsuisse-Fakultät, Universität Zürich)

variabler Größe (50–100 × 40–75 µm), ihre Oberfläche ist vollständig mit Reihen von Cilien besetzt (holotriche Bewimperung). Am leicht verjüngten Vorderende liegt subterminal ein dicht bewimpertes Cytostom. Der nierenförmige Makronucleus liegt fast zentral, der Mikronucleus in seiner inneren Kurvatur. Die fast farblosen, sphäroiden Cysten haben einen Durchmesser von 40–65 µm, im Inneren sind die Kerne nach Färbung erkennbar (► **Abb. 6.30**, ► **Abb. 6.31**).

Entwicklung Nach oraler Aufnahme von Cysten mit kontaminiertem Futter oder Wasser schlüpfen die Trophozoiten im Dünndarm und siedeln sich im Caecum und vor allem im Colon, seltener weiter proximal an. *B. coli* besiedelt das Darmlumen und ernährt sich von Bakterien, Stärke und anderen Partikeln des Darminhaltes. Die Trophozoiten vermehren sich vorwiegend durch Zweiteilung (Querteilung), Konjugationen werden seltener beobachtet. Schadwirkungen treten auf, wenn Balantidien in die Darmschleimhaut eindringen. Im Colon bilden sich Cysten, die mit dem Kot ausgeschieden werden, häufig gemeinsam mit Trophozoiten. Während die Trophozoiten in der Außenwelt rasch zugrunde gehen, bleiben Cysten in feuchter Umgebung einige Wochen infektionsfähig.

Vorkommen und Epidemiologie *B. coli* ist weltweit verbreitet. Haus- und Wildschweine sind die wichtigsten Reservoirwirte. Bei Hausschweinen ist die Befallshäufigkeit im Ferkelalter gering, über 4 Wochen alte Schweine sind bis zu 100 % infiziert, bei Sauen liegen die Prävalenzen in Mitteleuropa bei 0–80 %. Die Intensität der Cystenausscheidung nimmt mit dem Alter zu; besonders hoch kann sie bei laktierenden Sauen sein. *Balantidium*-Infektionen treten gehäuft bei Primaten und anderen Affen auf, z. B. in Auffangstationen [s. „Zum Weiterlesen" (S. 151)].

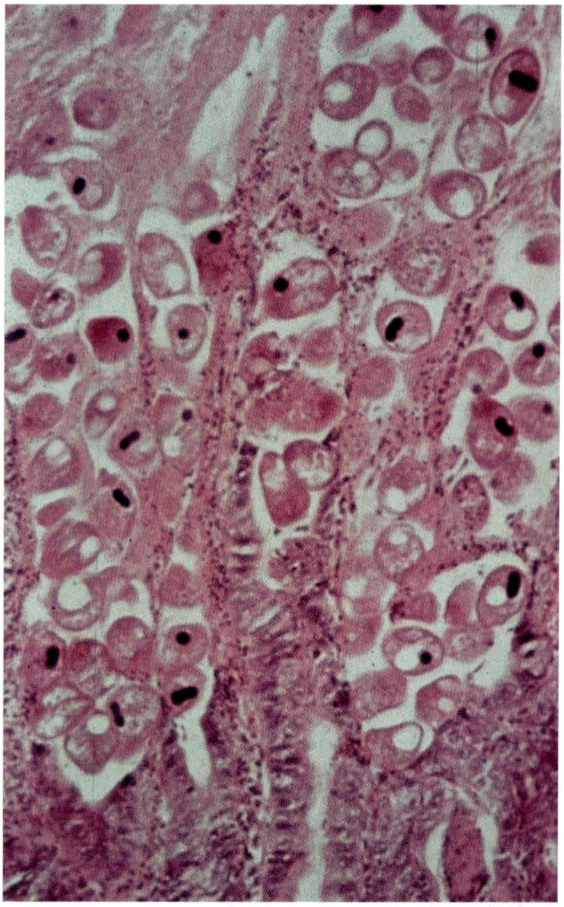

► **Abb. 6.31** *Balantidium coli*-Befall beim Schwein: Schnitt durch die Dickdarmwand mit zahlreichen Balantidien, erkennbar am dunkel gefärbten Makronucleus. (Quelle: Karl Theodor Friedhoff, Institut für Parasitologie, Stiftung Tierärztliche Hochschule Hannover)

Pathogenese und Krankheitsbild *B. coli* ist fakultativ pathogen, daher bleiben die meisten Infektionen inapparent. Selten dringen Trophozoiten unter Bildung von Hyaluronidase in die Mukosa ein und verursachen zunächst ausgedehnte, multiple Nekrosen mit Hämorrhagien meist im Bereich von Colon und Caecum, seltener in anderen Darmabschnitten, oder sogar im Magen. Aus den Nekrosen entwickeln sich Geschwüre, die von gelblichem, purulentem Material bedeckt sind. In den Geschwüren und im benachbarten Gewebe der Mukosa und Submukosa findet man in histologischen Schnitten Trophozoiten mit dem charakteristischen Makronucleus (▶ **Abb. 6.31**). In einigen Beständen treten gehäuft Erkrankungen mit Tenesmus und Durchfall auf.

Diagnose, Therapie und Bekämpfung Koproskopischer Nachweis der Cysten (Flotation) oder von Trophozoiten in frisch abgesetztem Kot (Trichterverfahren). Beim Schwein Sicherung der Diagnose durch Sektionsbefund. Behandlungsversuch bei erkrankten Schweinen mit Tetracyclinen oder Trimethoprim plus Sulfadimidin.

Zoonotische Bedeutung Die Prävalenz beim Menschen weltweit ist niedrig (0,02–1 %), regional (Asien, Lateinamerika, Naher Osten) jedoch höher (bis 20 %). Enger Kontakt zu Schweinen, schlechte Hygiene, Mangelernährung und andere Erkrankungen gelten als Risikofaktoren für die Balantidiose des Menschen, die sich in leichten bis schweren, blutigen Durchfällen äußern kann. Die humane Balantidiose kann sich auch extraintestinal manifestieren, was die Diagnose und Therapie außerordentlich schwierig macht.

Familie Pycnotrichidae

Gattung *Buxtonella*

Buxtonella sulcata

B. sulcata ist ein sehr häufiger Parasit im Caecum von Wiederkäuern, der als harmlos angesehen wird (in sehr seltenen Fällen kann Durchfall auftreten; s. „Zum Weiterlesen"). Die mit dem Kot ausgeschiedenen runden Cysten (⌀ 50–130 µm) sind von *B. coli* nicht zuverlässig unterscheidbar.

Zum Weiterlesen

Die Ciliaten der Säuger gelten als wenig pathogen, es sind aber Fälle von ulcerativer Colitis bekannt. In der neueren Literatur ist jedoch in den (Sub-)Tropen das Auftreten von Durchfällen bei Jungrindern in Zusammenhang mit *Buxtonella*-Befall beschrieben.

Molekulargenetische Analysen von *Balantidium*, *Buxtonella* und anderen Trichostomatiden verschiedener Wirtsarten haben gezeigt, dass *Balantidium*-Arten der Säuger nicht mit der Typspezies *Balantidium entozoon* (Wirt: Teichfrosch) verwandt sind, sondern vielmehr mit der Gattung *Buxtonella*. Daher wurde die Umbenennung von *Balantidium coli* in *Neobalantidium coli* vorgeschlagen. In neueren Untersuchungen wurden *Buxtonella*-Cysten auch aus den Faeces von Primaten isoliert, sodass die Epidemiologie und das Wirtsspektrum der Säuger-Ciliaten u. U. neu beurteilt werden müssen.

Familien Ichthyophthiriidae und Chilodonellidae

Bei Fischen tritt eine Vielzahl von Arten auf (s. Spezialliteratur). Hier werden nur einige der häufigsten Krankheitserreger kurz beschrieben.

Gattung *Ichthyophthirius*

Ichthyophthirius multifiliis

Praxis

Erreger der **Ichthyophthiriose** (Weißpünktchen- oder Grießkörnchenkrankheit) der Süßwasserfische (Hautparasitose).

Ichthys (gr.): Fisch; *phtheiros* (gr.): Laus. Hautparasiten, z. T. mit bloßem Auge sichtbar, erinnern an Läuse. Engl.: *white spot disease*.

Parasitisch auf der Haut und den Kiemen vieler Arten von Süßwasserfischen (Zier- und Nutzfischen), weltweite Verbreitung. Holotrich bewimperte, sphäroide Trophozoiten (Trophonten) (300–1000 µm) in Hohlräumen im Epithel → bewimperte Stadien (Tomonten) verlassen den Fisch → Encystierung am Gewässergrund und Teilung in viele Tochterzellen (Tomiten) → Bildung bewimperter Schwärmer (= Theronten, ca. 40 µm) → Befall eines neuen Wirtes, Eindringen in das Epithel (▶ **Abb. 6.32**). Hautveränderungen als weiße Pünktchen sichtbar, fokale Nekrosen der Haut, Veränderungen der Kiemen, Verenden der Fische.

Gattung *Chilodonella* (Große Hauttrüber)

Praxis

Erreger der **Chilodonellose** der Süßwasserfische (Hautparasitose).

Cheilos (gr.): Lippe, Saum; *odon* (gr.): Zahn. Bezug auf den Bau des Cytostoms mit lippen- und zahnartiger Struktur.

Chilodonella piscicola

Weltweite Verbreitung bei Süßwasserfischen (v. a. Karpfenartige), Brackwasser- und Aquarienfischen. Herzförmiger, holotrich bewimperter Ciliat (30–80 µm) auf Kiemen und Haut → Zweiteilung → Besiedlung des gleichen oder eines anderen Wirtes. Vermehrte Schleimbildung, Hyperplasie v. a. des Kiemenepithels, Nekrosen und Funktionsstörungen der Kiemen, erhebliche Schadwirkung. Toleriert eine große Temperaturspanne (ca. 0–30 °C) und ist entsprechend wirtschaftlich sehr bedeutsam in der Fischindustrie.

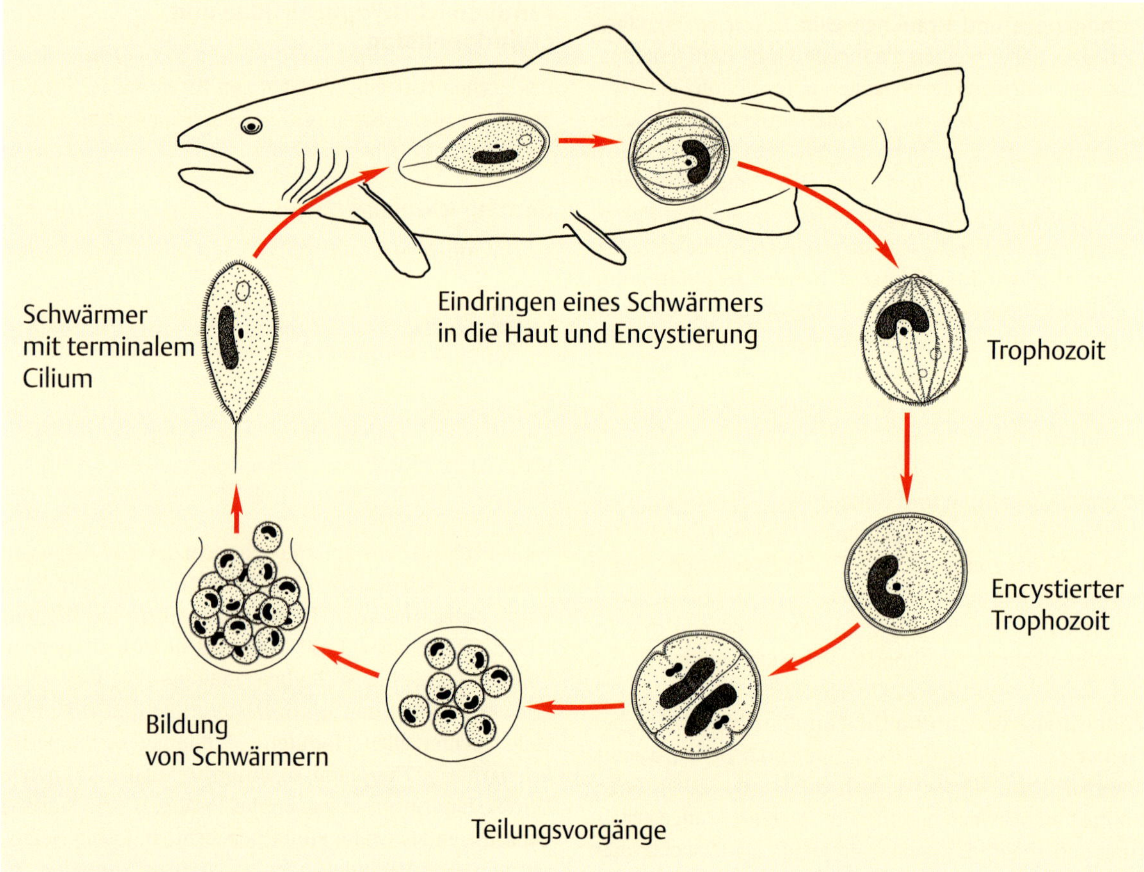

▸ **Abb. 6.32** Entwicklungszyklus von *Ichthyophthirius*. (Grafik: Salome Ehrat, nach einer Vorlage von Johannes Eckert und Peter Deplazes, Vetsuisse-Fakultät, Universität Zürich)

6.3.2 Ordnungen Sessilida und Mobilida

Familien Epistylidae und Trichodinidae

Peri- (gr.): um, herum; *trichos* (gr.): Haar, Borste.

Sessilida: Gattungen *Epistylis, Apiosoma, Ambiphrya* mit Stiel oder Fuß, mit dem sie sich an Haut oder Kiemen von Süßwasserfischen anheften. Das Mundfeld ist von Cilienkränzen umsäumt, die Nahrungspartikel in das Cytostom strudeln. Vermehrung durch Zweiteilung → Bildung von Schwärmern, die neue Wirte befallen. Die Sessilida ernähren sich nicht von Wirtssubstanz, die Schädigung beschränkt sich bei Massenbefall auf die Behinderung des Gasaustausches an den Kiemen und die Störung der Strömung beim Schwimmen.

Mobilida: Gattungen *Trichodina, Trichodinella, Tripartiella*; häufige Parasiten bei Süßwasserfischen (Nutz- und Aquarienfischen) und Salzwasserfischen, v. a. an den Kiemen, auch auf der Haut. Trophozoiten, scheibenförmig, kreisrund mit Hakenkränzen (Hakenzahl artspezifisch), Durchmesser etwa 60 µm (*Trichodina*), 30–40 µm (*Trichodinella* und *Tripartiella*). Mithilfe der Cilienkränze bewegen sie sich auf der Körperoberfläche des Wirtes, Anheftung mit den Haken. Schadwirkungen (stumpfe, fleckige Haut, Kiemenschäden) nur bei starkem Befall.

Literaturhinweise

Abdel-Hafez G, Lahnsteiner F, Mansour N et al. Pathophysiology of *Ichthyphthirius multifiliis* infection in rainbow trout (*Oncorrynchus mykiss*) and chub (*Leuciscus cephalus*). J Comp Pathol 2014; 151: 394–399

Barbosa Ada S, Bastos OM, Uchôa CM et al. Comparison of five parasitological techniques for laboratory diagnosis of *Balantidium coli* cysts. Rev Bras Parasitol Vet 2016; 25: 286–292

Dickerson HW. *Ichthyophthirius multifilis* and *Cryptocaryon irritans* (Phylum Ciliophora). In: Woo PTK, ed. Fish Diseases and Disorders. 2nd ed. Vol. 1: Protozoan and Metazoan Infections. Wallingford, UK: CABI; 2006: 116–153. ISBN: 0-85190-015-0

Labes EM, Hegglin D, Grimm F et al. Intestinal parasites of endangered orangutans (*Pongo pygmaeus*) in Central and East Kalimantan, Borneo, Indonesia. Parasitology 2010; 137: 123–135

Mehlhorn, H., Piekarski, G. (2002): Grundriss der Parasitenkunde. 6. Aufl. Spektrum, Akademischer Verlag, Heidelberg

Schubnell F, von Ah S, Graage R et al. Occurrence, clinical involvement and zoonotic potential of endoparasites infecting Swiss pigs. Parasitol Int 2016; 65: 618–624

Schuster FL, Ramirez-Avila L. Current world status of *Balantidium coli*. Clin Microbiol Rev 2008; 21: 626–638

7 Stämme Amoebozoa und Percolozoa: Amöben

Amoibos (gr.): wechselnd; *zoon* (gr.): Tier, Lebewesen; *heteros* (gr.): verschieden, anders; *lobos* (gr.): Lappen. Engl.: *amoebae, amebae.*

Das Wichtigste in Kürze

- **Erreger.** Trophozoiten von Amöben sind in der Form variabel, Plasmafortsätze (Pseudopodien) dienen der Fortbewegung und Phagocytose von Nahrung. Die phylogenetisch heterogenen Amöben lassen sich pragmatisch in parasitische und frei lebende Gruppen einteilen. Viele Arten bilden Cysten.

Parasitische Amöben

- **Vorkommen, Krankheitsbild.** *Entamoeba histolytica* ist eine pathogene Art, die weltweit bei Menschen, Affen und gelegentlich bei Hunden und Katzen vorkommt. Erkrankungen beim Menschen treten hauptsächlich in warmen Klimazonen auf. Primär ist *E. histolytica* ein Dickdarmparasit, der Dysenterie verursachen kann, sekundär werden auch andere Organe befallen, vor allem die Leber. *Entamoeba invadens* ist weltweit Ursache von schweren Infektionen des Darmes und anderer Organe bei in Gefangenschaft gehaltenen Reptilien.
- **Zoonotische Bedeutung.** *Entamoeba histolytica* wird selten von Tieren (z. B. von Affen) auf Menschen übertragen; Übergang dieses Erregers von Menschen auf Tiere ist wahrscheinlicher.

Frei lebende und fakultativ parasitische Amöben

- **Vorkommen, Krankheitsbild.** Amöben verschiedener Gattungen (u. a. *Naegleria, Acanthamoeba, Balamuthia, Hartmannella*) besiedeln feuchte oder auch trockene Umwelthabitate. Sie gehen gelegentlich als fakultative Parasiten auf Menschen und Tiere über und verursachen zum Teil schwere Erkrankungen, u. a. die Primäre Amöben-Meningoencephalitis bei Menschen. Frei lebende Amöben können pathogene Bakterien beherbergen und verbreiten (z. B. *Legionella pneumophila*, Erreger der Legionärskrankheit des Menschen).

Der Zellköper der Amöben ist von einer Plasmamembran begrenzt und in der Form sehr wechselhaft (daher „Wechseltierchen"). Das Cytoplasma, gewöhnlich in ein ziemlich klares Ektoplasma und ein eher trübes Endoplasma differenziert, enthält den Kern, Lysosomen und in einigen Gruppen auch Mitochondrien oder – wie bei *E. histolytica* – Mitosomen. Die Amöben-Trophozoiten bilden durch Ausstülpung verschieden geformte Plasmafortsätze (Pseudopodien) zur Fortbewegung und zur Phagocytose von Nahrung. Die Vermehrung erfolgt ungeschlechtlich durch Zweiteilung. Die meisten Arten bilden Cysten, die als widerstandsfähige Stadien für die Übertragung und Verbreitung wichtig sind.

Der amöboide Lebensstil ist polyphyletisch, d. h. er kommt in verschiedenen Taxa vor (▸ Tab. 2.1). Hier sind Vertreter der Amoebozoa und Percolozoa von Interesse, die gemeinsam als „Amöben" besprochen werden.

7.1 Klassen Entamoebidea, Lobosea und Heterolobosea

7.1.1 Ordnung Entamoebida

Familie Entamoebidae

Amöben verschiedener Gattungen (*Entamoeba, Iodamoeba, Endolimax*) der Familie besiedeln den Verdauungstrakt von Vertebraten.

Gattung *Entamoeba*

Entamoeba histolytica

Praxis

Erreger der **Entamoebose (Amöben-Dysenterie)** bei Menschen und Tieren; selten zoonotische Übertragung.

Erreger Im Dickdarm des Menschen leben die pathogene *Entamoeba histolytica* und mindestens 2 weitere, morphologisch nicht unterscheidbare Arten: *E. dispar* (apathogen) und *E. moshkovskii* (Pathogenität unklar). Die **Trophozoiten** sind in Form und Größe sehr variabel (etwa 10–60 µm). Unter günstigen Bedingungen bilden sie gewöhnlich ein breites, lappiges Pseudopodium (Lobopodium), das ruckartig ausgestoßen wird. Im gefärbten Präparat sind der ringförmig erscheinende Kern mit zentral gelegenem Karyosom und die regelmäßigen, an die Kernmembran angelagerten Chromatingranula für die Gattung *Entamoeba* charakteristisch. Wenn *E. histolytica*-Trophozoiten in die Darmwand eindringen und dort als sog. Gewebeformen parasitieren, nehmen sie Erythrozyten auf, die mikroskopisch erkennbar sind und ein diagnostisches Merkmal für die pathogene *E. histolytica* darstellen. Als Dauerstadien bilden *Entamoeba* spp. Cysten (Ø 10–16 µm), die im reifen Zustand 4 Kerne und stabförmige Chromatidialkörper mit abgerundeten Enden enthalten (▸ Abb. 7.1).

Entwicklung Natürliche Infektionen mit *E. histolytica* kommen bei Menschen, bei fast allen anderen Primaten und selten auch bei Hunden und Katzen vor. Im Dickdarm leben die Trophozoiten von *E. histolytica* auf der Schleimhaut und vermehren sich durch Zweiteilung. Im Verlauf der Infektion wird je ein 1-kerniger Trophozoit in eine Cyste eingeschlossen, in der durch Teilungen 4 Tochterkerne entstehen. Die Cysten werden mit dem Kot ausgeschieden und sind sofort infektiös. Nach oraler Aufnahme von Cysten durch einen Wirt besiedeln die im Darm freigesetzten Trophozoiten das Colonlumen, in dem sie sich viele Monate aufhalten und vermehren können, ohne den Wirt zu schädigen. Unter gewissen Bedingungen können sie in die Darmwand eindringen und Erkrankun-

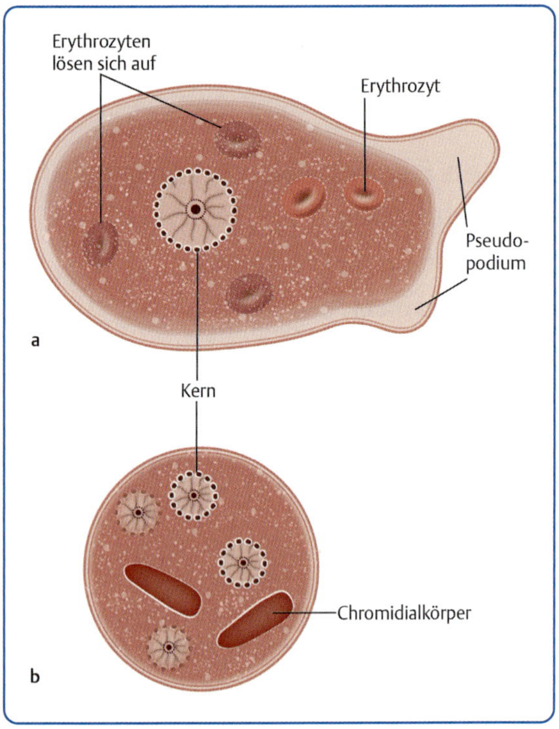

▸ **Abb. 7.1** *Entamoeba histolytica*: **a** Trophozoit (Länge: 20–60 µm) mit phagocytierten Erythrozyten; **b** 4-kernige Cyste (10–16 µm). (Grafik: Jeanne Peter-Zocher, nach einer Vorlage von Peter Deplazes, Vetsuisse-Fakultät, Universität Zürich)

gen verursachen (s. u.). *E. dispar* und *E. moshkovskii* dringen nicht ins Gewebe ein.

Vorkommen und Epidemiologie Weltweit sind etwa 500 Mio. Menschen mit *E. histolytica/E. dispar/E. moshkovskii* infiziert, davon 5–15 % mit *E. histolytica*. In den meisten Endemiegebieten überwiegen Infektionen mit *E. dispar*. Die durchschnittlichen Prävalenzen von *Entamoeba* spp. bei Menschen erreichen in Europa und den USA 4 %, in tropischen und subtropischen Gebieten mit feuchtwarmem Klima regional über 50 %. Weltweit wird die Zahl der jährlichen Neuerkrankungen durch *E. histolytica*-Infektionen auf etwa 40 Mio. geschätzt, die Zahl der Todesfälle auf 55 000 (2010). Die Amöben-Dysenterie kommt außer bei Menschen auch bei Affen vor.

Während die Trophozoiten außerhalb des Wirtes rasch degenerieren, überleben die Cysten im Erdboden bei 28–34 °C wenigstens 8 Tage. Die Cysten werden gewöhnlich mit kontaminierter Nahrung (z. B. mit rohem Gemüse) oder Trinkwasser aufgenommen, sie können auch durch Kontakt (unsaubere Hände) übertragen werden. Arthropoden (Schaben, Fliegen) können als mechanische Vektoren dienen.

Pathogenese, Krankheitsbild und Immunologie Rezeptoren und Oberflächen-Lektine ermöglichen den Trophozoiten die Adhärenz an Dickdarm-Epithelzellen. Danach kommt es zur Cytolyse durch ein porenbildendes Protein (Amoebapor der Typen A–C) und durch Proteasen. Es bilden sich zunächst kleine Nekroseherde, danach größere Geschwüre und letztlich kommt es zur Dysenterie. In akuten Fällen besteht der Stuhl fast nur aus Blut und Mucus, der massenhaft Trophozoiten enthält. Vom Darm aus können Trophozoiten über den Pfortaderkreislauf in die Leber, seltener in andere Organe (Lunge, Gehirn, Milz, Haut) gelangen. In der Leber entstehen infolge fortschreitender Zellschädigungen mitunter große Nekroseherde (sog. Abszesse), die zum Tode führen können. Die zellvermittelte Immunität spielt eine Rolle bei der Begrenzung der systemischen Infektion, da Immunosuppression (z. B. durch Corticosteroide) zu einer erhöhten Streuung der Infektion in verschiedene Organe führen kann.

Diagnose, Therapie und Bekämpfung Intestinale Infektionen werden durch den koproskopischen Nachweis von Trophozoiten und Cysten (*E. histolytica/E. dispar/E. moshkovskii*-Komplex) im SAFC-Verfahren (S. 552) diagnostiziert. Die Cysten können morphologisch von den Cysten anderer, apathogener Amöben von Primaten (*Entamoeba coli, Iodamoeba buetschlii, Endolimax nana*) unterschieden werden. Intestinale Läsionen können durch Endoskopie erkannt werden. *E. histolytica* wird durch DNA-Amplifikation oder durch Nachweis artspezifischer Kopro-Antigene identifiziert. Zur Diagnose extraintestinaler Formen der Entamoebose dienen bildgebende Verfahren (Ultraschall, CT) in Kombination mit dem Nachweis spezifischer Antikörper (luminale Infektionen induzieren keine nachweisbaren Antikörperreaktionen).

Zur Therapie von Tieren können die beim Menschen verwendeten Medikamente (Paromomycin, Diloxanidfuroat, Nitroimidazole) eingesetzt werden. In Affenbeständen sind Amöbeninfektionen häufig unvermeidbar; die Bekämpfung in Zoos oder Tierheimen ist schwierig und erfordert effektive Hygienemaßnahmen.

Zoonotische Bedeutung Dokumentierte Fälle einer *E. histolytica*-Übertragung von Tieren (z. B. Affen) auf den Menschen fehlen. Hunde und Katzen scheiden keine Cysten aus und stellen daher keine Infektionsquelle dar. Wahrscheinlicher findet selten eine Übertragung dieses Erregers vom Menschen auf Tiere (z. B. Hunde) statt.

Zum Weiterlesen

Gattung *Entamoeba* bei Haus- und Heimtieren

Bei Haus- und Heimtieren sind viele *Entamoeba*-Arten als Dickdarmparasiten beschrieben worden, u. a. *E. equi* (Pferd), *E. bovis* (Rind), *E. ovis* (Schaf, Ziege), *E. suis* (Schwein), *E. polecki* (Schwein, Affe, Mensch), *E. muris* (Nager), *E. caviae* (Meerschweinchen), *E. cuniculi* (Kaninchen), *E. anatis* (Ente), *E. gallinarum* (Huhn, andere Hühnervögel) und *E. invadens* (Reptilien; s. u.). *E. apis* ist ein intestinaler Parasit von Bienen. Die Mundhöhle von Mensch, Affe, Pferd, Schwein, Katze und Hund kann von *E. gingivalis* (syn. *E. equibuccalis*), welche keine Cysten bildet, besiedelt werden. Außer *E. invadens* (Reptilien) gelten die meisten dieser Arten als apathogen.

Malpighamoebose der Biene

Malpighamoeba mellificae (Klasse Amoebozoa, Familie Malpighiamoebae) parasitiert in den Harngefäßen adulter Bienen und verursacht die sog. Amöbenruhr der Bienen, die durch typischen dünnflüssigen, goldgelben, übel riechenden Kot gekennzeichnet ist. Neben dem starken Durchfall sind Krabbler bzw. flugunfähige Bienen, Flügelzittern, vermehrter Totenfall und kotverschmutze Waben und Stöcke hinweisend auf die Erkrankung, die gehäuft im Zusammenhang mit anhaltenden Kälteperioden oder Koinfektionen wie der Nosemose (S. 162) auftritt. Die Verbreitung von Stock zu Stock erfolgt durch umweltresistente Cysten, z. B. bei Verflug oder Räuberei. Bekämpfung s. Parasitosen der Honigbiene (S. 648).

Entamoeba invadens

Praxis
Erreger der **Entamoebose** bei Reptilien.

Erreger und Entwicklung *Entamoeba invadens* parasitiert im Darm von Reptilien. Sie ist morphologisch und biologisch *E. histolytica* sehr ähnlich, aber an Temperaturen von 27–29 °C angepasst und lässt sich daher nicht auf Warmblüter übertragen. Die Entwicklung entspricht im Prinzip der von *E. histolytica.* Alle Reptilien können erkranken; Schildkröten sind oft inapparent infiziert und Dauerausscheider (Reservoirwirte) von Cysten, die über Geräte u. dgl. in andere Terrarien verschleppt werden können.

Pathogenese und Krankheitsbild *E. invadens* ist für Echsen und Schlangen pathogen. Nach peroraler Aufnahme von Cysten bilden sich zunächst im Colon kleine Nekrosen und Geschwüre. Zum Teil breiten sich die Veränderungen nach und nach bis zur Kloake und in den Mitteldarm hinein aus. Sekundär können weitere Organe befallen werden, wie Leber, Nieren, Herz, Gehirn, Augen oder Haut. Symptome erkrankter Tiere sind Inappetenz, sistierender Kotabsatz, Ausscheidung von blutigem Mucus, vermehrte Wasseraufnahme, Apathie und krampfartige Bewegungen.

Diagnose Trophozoiten von *E. invadens* lassen sich nativ in den schleimig-blutigen Ausscheidungen oder im Coloninhalt (Entnahme mit Wattestäbchen) mikroskopisch nachweisen. Mit der SAFC-Methode (S. 552) werden bei der Kotuntersuchung sowohl Cysten als auch Trophozoiten erfasst. Das Sektionsbild und der histologische Nachweis der Amöben sichern die Diagnose post mortem.

Therapie und Bekämpfung Zur Behandlung werden Nitroimidazol-Präparate und zusätzlich Tetracycline empfohlen. Prophylaxe: Terrarien und Geräte mit kochendem Wasser desinfizieren, Verschleppung von Cysten durch Geräte, Futterreste oder Tiere von einem Becken ins andere möglichst verhindern und Insekten und Milben (gelegentliche Vektoren) eliminieren.

7.1.2 Ordnungen Centramoebida und andere Ordnungen

Familie Acanthamoebidae und andere Familien

Frei lebende Amöben als fakultative Parasiten und als Erregerreservoire

Erreger und Entwicklung Alle frei lebenden Amöben (Kern mit großem Karyosom, pulsierende Vakuole und Mitochondrien) bilden Trophozoiten und Cysten, die Gattung *Naegleria* zusätzlich Schwimmformen mit 2 Geißeln. Die Trophozoiten (12–30 µm, zum Teil > 60 µm) der verschiedenen Gattungen weisen Unterschiede in der Zellform auf, sie bilden breite oder feinere Pseudopodien. Die rundlichen bis polygonalen Cysten sind etwa 8–30 µm groß. Von der Gattung *Balamuthia* ist nur 1 Art bekannt (*B. mandrillaris*), die Gattungen *Naegleria* und *Hartmannella* enthalten wenige Arten (z. B. *Naegleria fowleri, Hartmannella cantabrigiensis*), die Gattung *Acanthamoeba* umfasst mindestens 17 Arten (*A. culbertsoni* u. a.). Daneben gibt es noch viele weitere Gattungen und Arten.

Vorkommen und Epidemiologie Amöben der Gattungen *Naegleria, Acanthamoeba und Hartmannella* sind weltweit verbreitet; *Balamuthia* kommt nur in warmen Klimazonen vor. Potenziell pathogene Amöben leben im Süßwasser, vor allem in erwärmtem Wasser (z. B. in Schwimmbecken, Wasserbehältern, Warmwasser-Aquarien sowie in thermisch belasteten Flüssen und Seen). Acanthamöben kommen in Erde, Staub (auch in Häusern) und im Wasser vor, auch in Leitungswasser. Eine Besonderheit der frei lebenden Amöben ist ihre große Temperaturtoleranz von etwa 2–40 °C. Die Cysten können in feuchtem Milieu lange überdauern. Die besonders resistenten Cysten von *Acanthamoeba*-Arten überstehen sogar Trockenheit über mehrere Jahre. Pathogene Bakterien wurden in Cysten von *Acanthamoeba-, Naegleria-* und *Hartmannella*-Arten nachgewiesen (u. a. *Legionella pneumophila, Listeria monocytogenes,* Chlamydien, Mykobakterien und *Pseudomonas* spp.).

Krankheitsbild Frei lebende Amöben können Ursache von Erkrankungen bei **Tieren** sein. So wurden Fälle von Infektionen des ZNS oder anderer Gewebe bei Amphibien, Reptilien, Fischen, Vögeln und Säugern beschrieben, z. B. Amöben-Meningoencephalitis bei Tapir, Pferd und Orang-Utan. Erkrankungen beim **Menschen** sind selten, doch häufig gravierend oder sogar fatal, wie die Primäre Amöben-Meningoencephalitis (PAM) (Erreger: *Naegleria fowleri*) oder die Granulomatöse Amöben-Encephalitis (GAE) (Erreger: *Acanthamoeba* spp. und *Balamuthia mandrillaris*). *Acanthamoeba*-Arten sind Ursache der vor allem bei Kontaktlinsenträgern auftretenden *Acanthamoeba*-Keratitis.

Diagnose, Therapie Nachweis von frei lebenden Amöben aus Probenmaterial von Menschen oder Tieren durch Kultivierung auf einfachen Nährböden (*Balamuthia* wächst allerdings in vitro nur auf bestimmten Zelllinien) und anschließende Identifikation der Amöben oder Direktnachweis im Untersuchungsmaterial mittels PCR. Eine sicher wirksame Chemotherapie gibt es nicht.

Literaturhinweise

Ali IK. Intestinal amebae. Clin Lab Med 2015; 35: 393–422

Jacobson ER. Infectious diseases and pathology of reptiles: color atlas and text. Boca Raton, USA: CRC Press; 2007

Visvesvara GS. Infections with free-living amebae. Handb Clin Neurol 2013; 114: 153–168

Walochnik J, Aspöck H. Amöben und Amöbosen: Gefährliche biologische und medizinische Sammelsurien. In: Aspöck H, Hrsg. Amöben, Bandwürmer, Zecken. Zugleich Katalog des O. Ö. Landesmuseums. Denisia 2002; 6: 229–263. ISBN: 3-85474-088-3

8 Stamm Microspora

8.1 Klasse Microsporea

8.1.1 Ordnung Microsporida

Praxis

Erreger von intestinalen oder extraintestinalen **Microsporidiosen** bei Säugern, Vögeln, Fischen und Invertebraten.
Zoonotische Infektionen bei immunkompetenten Menschen meist mit geringer oder fehlender klinischer Ausprägung; bei immunschwachen Patienten dagegen schwere intestinale oder systemische Erkrankungen möglich.

Mikros (gr.): klein; *spora* (gr.): Same.

Microspora (Syn. Microsporidien) sind sehr kleine, einzellige, obligate Parasiten mit intrazellulärer Entwicklung. Nach neuen Erkenntnissen sind sie mit den Pilzen verwandt.

Das Wichtigste in Kürze

- **Erreger.** Zahlreiche Microsporidien-Arten bei Invertebraten und Vertebraten. Microsporidien bilden charakteristische, kleine (1–3 µm, selten bis 9 µm lange), dickwandige Sporen mit typischen Organellen (u. a. Polaroplast und Polartubulus). In der Außenwelt bleiben die Sporen längere Zeit infektiös.
- **Entwicklung.** Infektion von Vertebraten per os mit Sporen oder durch diaplazentare Erregerübertragung. Im Wirt wird das kernhaltige Sporoplasma aus der Spore durch den Polartubulus in eine Wirtszelle geschleust (vorwiegend im Verdauungstrakt). Die folgende intrazelluläre Entwicklung ist von Gattung zu Gattung verschieden, umfasst jedoch stets eine proliferative Phase mit multiplen Teilungen (Merogonie) und die Bildung von Sporen (Sporogonie).
- **Vorkommen und Epidemiologie.** Weltweit verbreitet, vor allem bei aquatischen Tieren und bei Insekten. Als Krankheitserreger sind u. a. von Bedeutung: *Encephalitozoon cuniculi* (Encephalitozoonose bei Kaninchen und einigen anderen Tierarten), *Encephalitozoon hellem* bei Vögeln, *Nosema apis* und *N. ceranae* bei Bienen sowie *Glugea-*, *Loma-* und *Pleistophora*-Arten bei Fischen. Einige Arten sind opportunistische Erreger bei Menschen, vor allem bei immunschwachen Personen (u. a. AIDS-Patienten).
- **Pathogenese, Krankheitsbild.** Erkrankungen einzelner Organe oder systemische Infektionen. Bedingt durch Zellnekrosen und fokale granulomatöse Entzündungen je nach Lokalisation und Grad der Läsionen sehr unterschiedliche Krankheitsbilder. Bei vielen Wirtsarten inapparente chronische Infektionen.
- **Diagnose, Therapie.** Serologie bei *E. cuniculi*-Infektionen. Direkter Erregernachweis (keine Artdiagnose) in Ausscheidungen, Gewebe oder Liquor erfordert (Immun-)Färbungen. Art-, Genotypdifferenzierungen durch DNA-Analysen. Therapie bei *E. cuniculi*-Befall des Kaninchens mit Fenbendazol, bei der phakoklastischen Uveitis auch chirurgisch (Linsenextraktion).
- **Zoonotische Bedeutung.** *E. cuniculi* und auch andere *Encephalitozoon*-Arten (*E. intestinalis, E. hellem*) können auf den Menschen übertragen werden. Von *Enterocytozoon bieneusi*, der beim Menschen häufigsten Art, kommen bei Tieren meistens andere Genotypen vor; daher geringe Bedeutung der zoonotischen Übertragung. Krankheitsfälle kommen v. a. bei AIDS-Patienten und anderen immunschwachen Personen vor.

Erreger Microsporidien sind kleine, einzellige, sporenbildende, obligate Parasiten mit intrazellulärer Entwicklung. Sie wurden früher als „primitive", ursprüngliche Protozoen angesehen, doch ergaben neuere Untersuchungen eine hohe Evidenz für eine Verwandtschaft mit den Pilzen; sie werden daher als eigener Stamm in das Überreich der Opisthokonta eingeordnet. Microsporidien haben das kleinste bisher identifizierte Eukaryoten-Genom (2,3–19,5 Mb), Prokaryoten-ähnliche Ribosomen, vesikuläre Golgi-Strukturen und Mitosomen (Relikte von Mitochondrien).

Ein **Charakteristikum der Microspora** ist die **Spore,** die im Gegensatz zu anderen Entwicklungsstadien außerhalb der Wirtszelle überdauern kann. Die Sporen sind klein (1–3 µm, selten bis 9 µm), ihre dicke Wand besteht aus einer protein- und kohlenhydrathaltigen äußeren Hülle (Exospore) und einer chitinhaltigen inneren Lage (Endospore). Im Innern liegen das Cytoplasma (Sporoplasma), 1 oder 2 Kerne, eine Vakuole, ein Polaroplast und der typische Polartubulus, ein Schlauch (Polfaden), der mit einer Ankerscheibe am vorderen Pol der Spore beginnt und in einer gattungsspezifischen Anzahl von Windungen im hinteren Teil der Spore aufgewickelt ist (▶ **Abb. 8.1**). Es ist eine der besonderen Eigenschaften von Microsporidien, dass alle diese komplizierten Strukturen in einer einzigen Zelle gebildet werden.

Der Stamm Microspora umfasst etwa 180 Gattungen mit ca. 1300–1500 Arten. Veterinärmedizinische Bedeutung haben Microsporidien bei Hauskaninchen, Katzen, Labortieren, Pelztieren und Hunden sowie bei Vögeln, Fischen und Insekten (Bienen, Seidenraupen). Seit Beginn der HIV-Pandemie sind Microsporidien als opportunistische Krankheitserreger immunschwacher Patienten auch in der Humanmedizin von erhöhter Bedeutung.

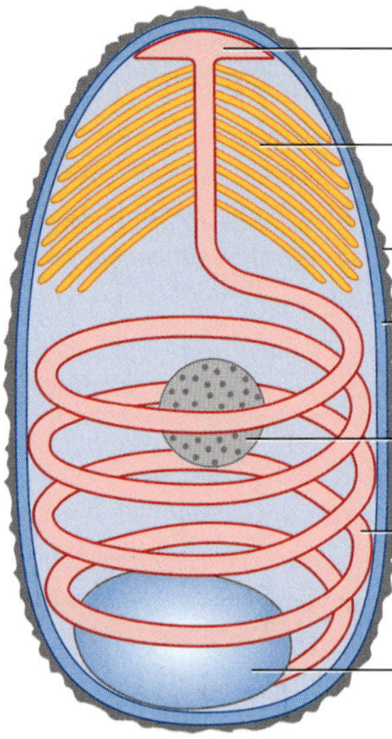

▶ **Abb. 8.1** Microspora: Schema einer Spore. (Grafik: Gay & Rothenburger, Sternenfels)

Microsporidien-Infektionen bei Säugetieren

Entwicklung Microsporidien haben sehr einheitliche Lebenszyklen. Vertebraten infizieren sich durch perorale Aufnahme von Sporen oder durch diaplazentare Erregerübertragung (▶ **Abb. 8.2**). Vermutlich gibt es auch eine Übertragung über die Luft. Nachdem Sporen in den Verdauungstrakt gelangt sind, wird der Polartubulus innerhalb von < 2 Sekunden handschuhfingerartig ausgestülpt und dabei durch Anlagerung von Polar-Tubulus-Protein (PTP) verlängert (bis auf mehrere 100 µm Länge bei einem Durchmesser von 0,1–0,2 µm). Bei Kontakt mit der Wirtszelle invaginiert deren Membran rapide, sodass das Vorderende des Tubulus weit in die Zelle eindringen kann, wo das Sporoplasma (Amöboidkeim) mit dem Kern deponiert wird. Die Mechanismen der Erregerverbreitung im Körper sind noch unklar. In vitro infizieren Microsporidien benachbarte Zellen in der gleichen Weise wie oben beschrieben. Außerdem können sie von Makrophagen und anderen Zellen phagocytiert und wahrscheinlich darin transportiert werden. Die folgende intrazelluläre Entwicklung ist von Gattung zu Gattung verschieden und z. T. sehr komplex; sie umfasst stets eine proliferative Phase (Merogonie) und die Bildung von Sporen (Sporogonie).

Microsporidien entwickeln sich in den infizierten Zellen meist unmittelbar im Cytoplasma (bei Fischen sind auch Arten mit intranukleärer Entwicklung beschrieben), abgetrennt nur durch die Plasmamembran des Parasiten, welche oft mit einer Glycocalix überzogen ist. Ausnahmen sind *Encephalitozoon* spp., welche von einer parasitophoren Vakuole (PV) (▶ **Abb. 8.2**) umhüllt sind. Das Sporoplasma entwickelt sich zuerst zu Meronten, welche sich durch Zwei- oder Mehrfachteilung vermehren (Merogonie). Die Merozoiten der letzten Generation leiten die Sporogonie ein und bilden Sporonten, die sich zu Sporoblasten und dann zu Sporen differenzieren.

Pathogenese und Krankheitsbild Während der Merogonie verursachen Microsporidien keine ernsthaften Zellschäden; diese treten erst während der Sporulation ein und sind durch Zellnekrosen, fokale granulomatöse Entzündungen und daraus folgende Läsionen charakterisiert. Je nach Lokalisation und Grad der Veränderungen sind die Krankheitsbilder sehr unterschiedlich. In klinischen Fällen können die Infektionen einzelne Organe (z. B. Darm, ZNS, Auge) oder aber multiple Organe betreffen. Infektionen immunkompetenter Wirbeltiere (inkl. des Menschen) verlaufen häufig chronisch und bleiben inapparent. Immunschwache oder andere prädisponierte Wirte können jedoch ernsthaft, unter Umständen auch letal erkranken. So treten z. B. bei Affen, Hunden oder Füchsen, besonders bei Jungtieren, akute Infektionen mit hoher Morbidität auf; bei Kaninchen sind persistierende, inapparente, aber auch chronische, progrediente und oft letal endende neurologische Formen bekannt.

Diagnose Die Sporen lassen sich trotz ihrer geringen Größe (s. o.) in Ausscheidungen (Harn, Kot, Sputum), in Geweben und im Liquor **lichtmikroskopisch** mit sensitiven Färbemethoden nachweisen (Chromotrop- und einige Fluoreszenz-Färbungen, z. B. Uvitex 2B®, Calcofluor®). Diese Verfahren erlauben aber meist keine Artdiagnose. **Serologische Verfahren** (ELISA, IFAT) zum Nachweis spezifischer Antikörper sind heute die Methoden der Wahl zur Diagnose persistierender, auch inapparenter Infektionen von *E. cuniculi* bei Kaninchen, Nagern, Carnivoren und Affen. Der Antikörpernachweis eignet sich auch für seroepidemiologische Studien und die Überwachung von Tierbeständen (Kaninchen, Labortiere etc.). DNA-basierte Methoden (PCR, Sequenzieren) stehen zum Erregernachweis in Ausscheidungen und Geweben zur Verfügung.

Zoonotische Bedeutung Bis Mitte der 1980er-Jahre gab es nur sehr wenige Berichte über Infektionen des Menschen mit Microsporidien. Nach dem Ausbruch der HIV-Pandemie wurden Microspora aus mehreren Gattungen (*Encephalitozoon, Enterocytozoon, Pleistophora, Trachipleistophora, Ancallia* [früher *Brachiola*], *Nosema, Vittaforma, Microsporidium*) meist bei immunschwachen Menschen (AIDS, Organtransplantation etc.) als opportunistische Erreger identifiziert. Arten der 3 erstgenannten Gattungen werden auch bei Wirbeltieren gefunden und sind somit potenziell zoonotisch. Vor der Einführung der retroviralen Chemotherapie war *Enterocytozoon bieneusi* die häufigste Art und für etwa 15 % der AIDS-assoziierten Diarrhöen in Europa verantwortlich. Selten führt sie bei immunkompetenten Patienten zu spontan heilendem Reisedurchfall. *E bieneusi* wird auch bei verschiedenen Wirbeltieren (Primaten, Hund, Katze, Schwein, Rind, Huhn)

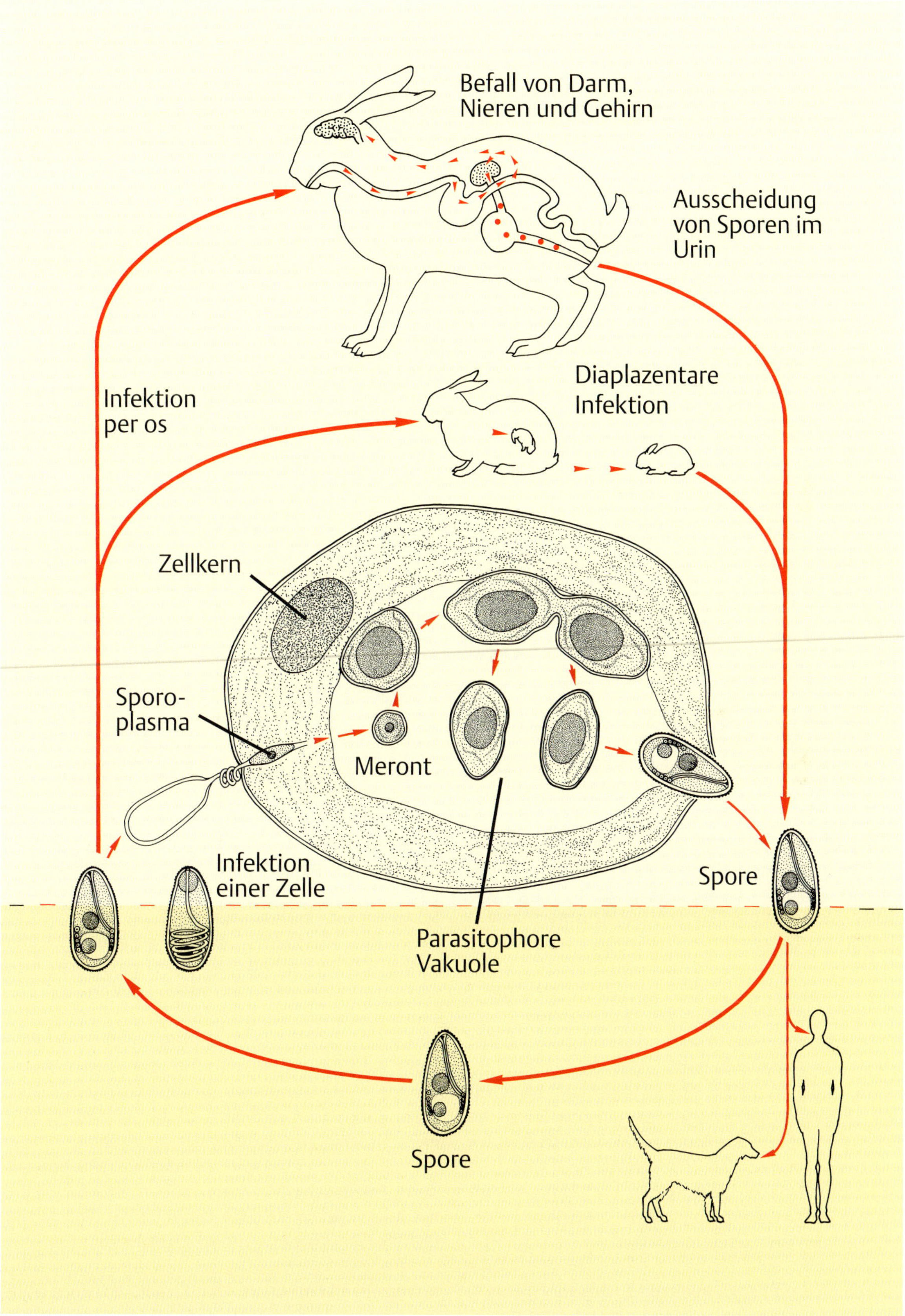

▸ **Abb. 8.2** Entwicklungszyklus von *Encephalitozoon cuniculi*. (Grafik: Salome Ehrat, nach einer Vorlage von Johannes Eckert und Peter Deplazes, Vetsuisse-Fakultät, Universität Zürich)

nachgewiesen. Die meisten isolierten Erreger unterschieden sich jedoch genetisch von humanpathogenen Isolaten. Derzeit gibt es keine Evidenz für eine zoonotische Übertragung von *E bieneusi*. Zoonotische Übertragungen sind wahrscheinlich bei *E. cuniculi* (mehrere Stämme; bei Kaninchen, Carnivoren etc.), *E. intestinalis* (Primaten, Rind, Schwein, Hund, Huhn etc.), *E. hellem* (Vögel) und *Pleistophora* sp. (Fische). *E. cuniculi* kann bei immunschwachen Menschen disseminierte Infektionen verursachen, wobei besonders die Nieren und das ZNS, aber auch andere Organe betroffen sind.

Familie Nosematidae

Gattung *Encephalitozoon*

Encephalitozoon cuniculi

Praxis

Erreger der **Encephalitozoonose**, einer vor allem beim Kaninchen bedeutenden Microsporidiose. Oft inapparent, bei klinischer Ausprägung häufig ZNS-Störungen (Torticollis, Opisthotonus, Ataxie) oder Uveitis. **Zoonotische Infektionen** können durch mehrere *E. cuniculi*-Stämme verursacht werden und treten insbesondere bei immunschwachen Personen auf.

En- (gr., Präfix): in, hinein; *kephale* (gr.): Kopf; *zoon* (gr.): Tier. Bezug auf die Ansiedlung der Erreger im ZNS.

■ Encephalitozoonose bei Kaninchen

Erreger *E. cuniculi* ist morphologisch einheitlich, doch lassen sich genetisch und biologisch 4 Stämme unterscheiden, die nicht streng wirtsspezifisch sind: Stamm I bei Kaninchen und Menschen, Stamm II bei Mäusen, Ratten, Katzen und Eisfüchsen, besonders Blaufüchsen (*Alopex lagopus*), Stamm III bei Hunden (Südafrika, USA) sowie bei südamerikanischen Affen, Steppenlemmingen und bei Menschen und Stamm IV bei Menschen, Hunden und Katzen.

Entwicklung Kaninchen infizieren sich vor allem durch perorale Aufnahme von Sporen, die von infizierten Tieren vor allem mit dem Harn ausgeschieden wurden (► **Abb. 8.2**). Vermutlich werden von den Erregern zunächst Darmepithelzellen, Makrophagen oder Endothelzellen befallen, bevor es zu einer Streuung der Erreger im Tierkörper und der Besiedlung verschiedener Organe (Leber, Lungen, Nieren, ZNS etc.) kommt. Nach etwa 3–4 Monaten sind besonders die Nieren, das Gehirn, die Augenlinse und, weniger häufig, das Herz befallen. Außerdem kommen intrauterine Infektionen vor.

Vorkommen und Epidemiologie *E. cuniculi* (Stamm I) ist die einzige bekannte Microsporidien-Art bei Kaninchen. Die Prävalenzen in Beständen gesund erscheinender Hauskaninchen liegen in Zentraleuropa bei 8 bis > 40 %, bei Kaninchen mit neurologischen Symptomen dagegen bei 85–96 %. Horizontale Infektionen durch orale Aufnahme von Sporen sind die Regel, intrauterine Infektionen dagegen selten. Hauptreservoir sind inapparent infizierte Hauskaninchen, regional können jedoch auch Wildkaninchen und Nager ein Reservoir darstellen. Bei Hasen wurde *E. cuniculi* noch nicht nachgewiesen. Die Sporen von *E. cuniculi* können im feuchten, kühlen Milieu monatelang infektiös bleiben. Die Verbreitung der Sporen erfolgt innerhalb einer Tiergruppe durch die Kontamination der Umgebung und des Futters. Eine Einschleppung in Bestände ist durch inapparent infizierte Kaninchen möglich.

Immunologie Bei immunkompetenten Säugern entwickelt sich eine chronische Infektion mit *E. cuniculi*, gekennzeichnet durch anhaltende Entzündungsprozesse und persistierende hohe Antikörpertiter. Entscheidend für den wirksamen Schutz ist die zellvermittelte Immunität. Ähnlich wie bei anderen intrazellulären Infektionen kann es bei *E. cuniculi*-Infektionen zu einer erheblichen IL-12-Produktion durch Makrophagen oder dendritische Zellen kommen. Dies führt zur Freisetzung von Th_1-Cytokinen in Geweben und im Kreislauf, besonders von IFN-γ, nicht dagegen von Th_2-Cytokinen, z. B. IL-4. Die Induktion einer $CD8^+$-T-Zell-Antwort hat eine wichtige protektive Funktion.

Pathogenese und Pathologie Die Pathogenese ist charakterisiert durch fokale entzündliche Prozesse. Bei der Sektion findet man entweder kaum Läsionen oder viele irreguläre, eingedellte Herde in der Nierenrinde. Histologische Befunde – Nieren: fokale bis segmentale, lymphoplasmazytäre, interstitielle Nephritis mit unterschiedlich ausgedehnter Fibrose; Gehirn: fokale, nichteitrige Meningoencephalitis mit Astrogliose und perivaskulären lymphozytären Infiltraten. Parasiten sind in histologischen Schnitten von Entzündungsherden oft nicht sichtbar (dies gilt besonders für HE-gefärbte Schnitte) (► **Abb. 8.3**). Andererseits kann man gelegentlich Nester von *E. cuniculi* in scheinbar intaktem Gewebe finden. In anderen Geweben lassen sich nur selten Parasiten nachweisen. Die klinischen Symptome werden vor allem durch die Läsionen im ZNS verursacht. Bei Infektionen der Augenlinse (vermutlich nach intrauteriner Infektion durch Einschluss von Sporen in die Linse entstanden, meist einseitig) mit nachfolgender Entzündung kann es zur Ruptur der Linsenkapsel kommen, was eine generalisierte Entzündung des Auges (phakoklastische Uveitis) mit ausgeprägtem Katarakt zur Folge hat. Sporen und DNA sind im Linsenmaterial gut nachweisbar.

Krankheitsbild Infektionen mit *E. cuniculi* können jahrelang inapparent bleiben. Warum bei einem Teil der infizierten Kaninchen altersunabhängig klinische Symptome auftreten, ist nicht bekannt. Klinisch äußert sich die Krankheit beim Kaninchen je nach betroffenen Organen

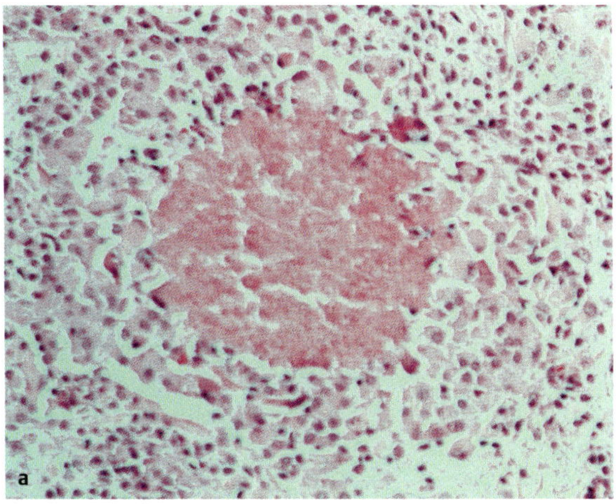

▶ **Abb. 8.3** *Encephalitozoon cuniculi*-Infektion beim Kaninchen.
a Hirnschnitt mit typischem Herd (ohne Erreger) (Quelle: Andreas Pospischil, Institut für Veterinärpathologie, Universität Zürich)
b Zentralnervöse Störungen (Quelle: Peter Deplazes, Institut für Parasitologie, Vetsuisse-Fakultät, Universität Zürich)

als neurologische, renale oder okuläre Erkrankung, am häufigsten als plötzlich auftretendes Vestibularsyndrom (Torticollis, Opisthotonus, Ataxie, Nystagmus, gelegentlich Kreisbewegungen und Rotation um die eigene Körperachse) (▶ **Abb. 8.3b**). Je ausgeprägter die neurologischen Veränderungen sind, desto vorsichtiger muss die Prognose eingeschätzt werden. Während chronische Niereninsuffizienz bei der renalen Form eine schlechte Prognose aufweist, kann die phakoklastische Uveitis gut chirurgisch (Linsenemulsifikation und -extraktion) behandelt werden.

Diagnose Bei klinischem Verdacht auf Encephalitozoonose Untersuchung des Serums auf Antikörper. Eine hohe Seroprävalenz auch bei klinisch gesunden Tieren erschwert die korrekte Interpretation der Untersuchungsergebnisse; tendenziell haben klinisch erkrankte Tiere höhere Titer. Differenzialdiagnostisch sind u. a. *Psoroptes*-Ohrräude, Herpesvirus-Infektionen und Pasteurellose sowie Hirntumoren zu berücksichtigen. Post mortem histologische Feststellung der recht charakteristischen Veränderungen und Nachweis von Erreger-DNA mittels PCR (auch in Linsenmaterial).

Therapie und Bekämpfung Bei Kaninchen hat sich eine Therapie mit Fenbendazol (20 mg/kg KG/d für mindestens 4 Wochen p. o., direkt verabreicht oder in Futterpellets) als wirksam erwiesen. Albendazol wird bei Menschen gegen *Encephalitozoon*-Arten erfolgreich eingesetzt. Diese Benzimidazolverbindung ist für Kaninchen nicht zu empfehlen (Gefahr von Nebenwirkungen!).

Zur Vorbeugung einer Einschleppung bzw. Ausbreitung von *E. cuniculi*-Sporen in Kaninchenbeständen und Labornagerhaltungen sollte stets ein hoher Hygienestandard aufrechterhalten werden. In Zuchtbeständen lässt sich die Ausbreitung der Infektion durch serologische Überwachung und Elimination der seropositiven Tiere weitgehend kontrollieren. Risikobereiche für die Ansteckung von Zucht- oder Hauskaninchen sind Ausstellungen und die Gruppenhaltung von Jungtieren in Zootiergeschäften. Die prophylaktische Gabe von Fenbendazol in therapeutischer Dosierung unterdrückte bei Kaninchen die Infektion nach experimenteller Verabreichung von Sporen. Sporen von *E. cuniculi* werden durch Hitze > 70 °C und Desinfektionsmittel (2 % Lysol, 10 % Formalin oder 70 % Alkohol, Einwirkungszeit mind. 10 min) abgetötet.

■ Encephalitozoonose bei anderen Tierarten

Hund, Fuchs und Nerz. Die *E. cuniculi*-Infektion der Hunde (Stämme III und IV) und Blaufüchse (Stamm II) äußert sich als sporadisches, akutes Encephalitis-Nephritis-Syndrom bei Welpen, das früher mit der Staupe verwechselt wurde. Horizontale und vertikale (intrauterine) Infektionen sichern die Persistenz von *E. cuniculi* in den befallenen Hunde- und Fuchspopulationen. Hunde, die Sporen mit dem Harn ausscheiden, bilden das Erregerreservoir. Zudem können Sporen aus Nagern mit dem Futter in Pelztierzuchten (Blaufüchse, Nerze) gelangen. Auf Island betrug die Prävalenz bei wild lebenden Eisfüchsen (*Alopex lagopus*) 12 %, bei amerikanischen Nerzen (*Mustela vison*) 8 %. *E. cuniculi* wurde sporadisch auch als Ursache von Katarakten sowie Nephritis bei Hunden beschrieben. Diese Art, seltener andere Microsporidia, wurden auch bei Wildcarnivoren (Zoos, frei lebend) nachgewiesen.

Katze. *E. cuniculi* ist als ätiologisches Agens von rezidivierenden Uveitiden und Katarakten und sehr selten auch als generalisierte Infektion bei Katzen beschrieben. Molekulare Analysen identifizierten dabei die Stämme II (gewöhnlich bei Nagern) und IV. Der Nachweis von Anti-*E. cuniculi*-Antikörpern ist bei Katzen ein aussagekräftiger Hinweis auf eine Encephalitozoonose.

Affen. Spontane Infektionen mit *Encephalitozoon*-ähnlichen Microspora sind bei Grauen Springaffen (*Callicebus moloch cupreus*) und bei Totenkopfäffchen (*Saimiri sciu-*

reus) in Zoos in den USA beschrieben worden. Bei Kaiserschnurrbart-Tamarinen (*Saguinus imperator*) und Goldgelben Löwenäffchen (*Leontopithecus r. rosalia*) aus europäischen Zoos wurde der *E. cuniculi*-Stamm III (gewöhnlich bei Hunden) identifiziert. Nachweise von *E. cuniculi* (Stämme I und II) und *E. hellem* mittels PCR aus dem Kot wild lebender Menschenaffen zeigen, wie weit verbreitet diese Erreger geografisch und bezüglich ihres Wirtsspektrums sind.

Pferde. In manchen Ländern wurden gegen *E. cuniculi* gerichtete Serumantikörper bei 5–7 % der untersuchten Pferde nachgewiesen. Ebenso wurde eine Ausscheidung von Sporen im Kot (*E. cuniculi*, *E. bieneusi*) mittels PCR gezeigt. *E. cuniculi* wird als Abortursache diskutiert.

Vögel. *Encephalitozoon*-ähnliche Sporen sind bei verschiedenen Krankheitsausbrüchen in Volieren nachgewiesen worden, hauptsächlich bei Papageien-Arten (Psittacidae). Außerdem wurde *E. hellem* als Ursache von Massensterben bei Wellensittich-Nestlingen identifiziert. Latente *E. hellem*-Infektionen können in Vögeln persistieren und bei Stress, wie Transport oder Überbesetzung von Käfigen, zum Ausbruch von Erkrankungen führen. Auch *E. cuniculi* (meist Stamm II) wurde bei verschiedenen Vogelarten identifiziert. Vögel stellen mögliche Infektionsquellen für den Menschen dar.

Gattung *Nosema*

Nosema apis und *Nosema ceranae*

Praxis
Erreger der **Nosemose und Typ-C-Nosemose** der Bienen.

Nosos (gr.): Krankheit; davon abgeleitet ist *Nosema*; *apis* (lat.): Biene. *Apis cerana*: Östliche (Asiatische) Honigbiene.

Erreger und Entwicklung *Nosema*-Arten kommen vorwiegend bei Insekten vor. Zwei Arten, *Nosema apis* und *N. ceranae*, verursachen Erkrankungen bei adulten Honigbienen (*Apis mellifera* – Westliche Honigbiene; *A. cerana* – Östliche Honigbiene).

Alle Stadien von *Nosema* sind 2-kernig (diplokaryot). Die Meronten bilden durch fortgesetzte Zweiteilungen zahlreiche Tochtermeronten, die sich schließlich zu Sporoblasten und dann zu Sporen differenzieren, die auch eine Artunterscheidung erlauben (*N. apis*: 6.0 × 3.0 µm, 30 Windungen des Polartubulus; *N. ceranae*: 4,4 × 2,2 µm, 18–21 Windungen). Die Entwicklung erfolgt unmittelbar im Cytoplasma (ohne parasitophore Vakuole) der Mitteldarmzellen durch Bildung von Meronten, Sporonten und Sporoblasten, welche zu Sporen reifen. Nach Zerfall der mit Sporen angefüllten Wirtszellen infizieren die Sporen entweder benachbarte Wirtszellen (Autoinfektion) oder sie werden in großer Zahl mit dem Darminhalt ausgeschieden und können weitere Bienen infizieren und auch den Honig kontaminieren. In kühler und feuchter Umgebung sind die Sporen jahrelang infektiös.

Vorkommen und Epidemiologie *N. apis* wurde lange als einzige Ursache der Nosemose angesehen; allerdings wird *N. ceranae* seit ihrer Entdeckung in Asien Mitte der 1990er-Jahre zunehmend häufiger diagnostiziert und stellt in vielen Regionen die dominierende Art dar. Mischinfektionen sind beschrieben. *Nosema*-Arten kommen in fast allen Ländern vor, in denen Honigbienen (*Apis mellifera*) gehalten werden. Es scheint, dass *N. ceranae* besser als *N. apis* an wechselnde Umweltbedingungen angepasst ist.

Krankheitsbild Die Nosemose (Frühjahrsschwindsucht, Darmseuche, Bienenruhr) ist eine häufige Bienenkrankheit. Der zunehmende Verlust des Darmepithels führt bei befallenen Bienen zu Stoffwechselstörungen, Verhaltensänderungen und schließlich zum Verhungern. Die Infektion kann auch auf andere Gewebe übergreifen. Die Krankheitssymptome (Flügelzittern, krampfartige Bewegungen, Flugunfähigkeit, aufgetriebenes Abdomen, formloser, brauner Kot) sind nicht typisch; sie erlauben nur einen Verdacht. Schädigungen der Bienen sind hauptsächlich im April und Mai feststellbar. Die Mortalität ist sehr unterschiedlich. Infektionen mit *N. ceranae* (Typ-C-Nosemose) verlaufen bei der Westlichen Honigbiene schwerwiegender als durch *N. apis* verursachte und betreffen häufiger ältere Sammelbienen, die nach akutem Verlauf sterben, wodurch das Volk an Nahrungsmangel leidet. Asymptomatische Infektionen führen zur Persistenz der Erreger im Volk. *Nosema* wird mit dem multifaktoriellen Bienensterben (Colony Collapse Disorder) in Verbindung gebracht, mit dem auch andere Pathogene wie die *Varroa*-Milbe (S. 440) und diverse Viren (z. B. *Deformed Wing Virus* [DWV] und *Acute Bee Paralysis Virus* [ABPV]) assoziiert sind, die einen synergistischen Effekt auf die Pathogenese haben. Hohe Pestizidbelastung soll prädisponierend sein.

Diagnose Der mikroskopische Nachweis von Sporen im Darm (▶ **Abb. 8.4**) erlaubt noch keine Aussage bezüglich pathogener Effekte, da auch gesunde Bienen Sporen ausscheiden. Deshalb müssen auch andere Parameter berücksichtigt werden, wie Bienenverluste und epidemiologische Bedingungen. Die Artdifferenzierung ist mit genetischen Methoden (PCR) möglich.

Bekämpfung Zurzeit sind keine Wirkstoffe zur Behandlung der Nosemose zugelassen. Stark befallene Völker sollten eliminiert werden; bei schwächerem Befall die Beuten und Waben mit 60 %iger Essigsäure oder thermischer Behandlung (49 °C, 24 h) dekontaminieren, um günstige Voraussetzungen für die Selbstheilung zu schaffen (keine verkoteten Waben oder Geräte verwenden, saubere Bienenstöcke, guter Standort, züchterische Selek-

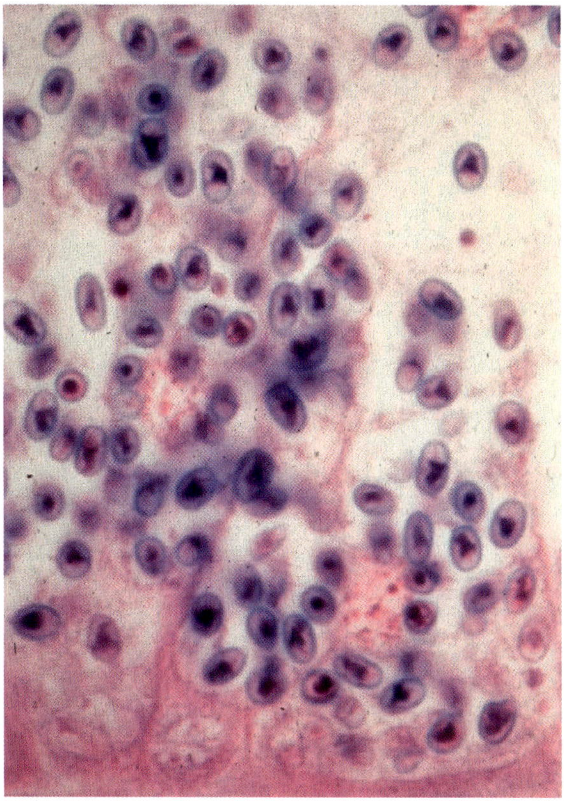

▶ **Abb. 8.4** *Nosema apis*: Sporen im Darm einer Biene, gefärbt (5–7 × 3–4 µm). (Quelle: Christina Strube, Institut für Parasitologie, Stiftung Tierärztliche Hochschule Hannover)

tion auf Vitalität usw.). Brutableger, wie sie für die Bekämpfung der *Varroa*-Milbe oft angelegt werden, können auch für die Eliminierung von *Nosema* eingesetzt werden. Staatliche Bekämpfungsmaßnahmen (S. 648) sind nur in wenigen Ländern vorgesehen.

Zusatzinformation

Microsporidien bei Fischen

Familie Pleistophoridae

Zahlreiche Microsporidien-Arten aus 20 Gattungen kommen bei Fischen, vor allem in kalten Meeren und im Süßwasser, vor. Nach Aufnahme der infektiösen Sporen im Wasser werden die Parasiten durch phagocytierende Zellen im Körper der Fische verteilt. Das befallene Wirtsgewebe reagiert zum Teil durch Bildung von sog. Xenomen (Ø bis 14 mm), die durch starke Hypertrophie und Strukturveränderungen der Wirtszelle (meist Bindegewebszellen oder Zellen mesenchymaler Herkunft) entstehen. Im Folgenden werden nur einige Beispiele für fischpathogene Microsporidien dargestellt.

Gattung *Loma*

Loma salmonae

L. salmonae bildet bei Forellen auf den Sekundärlamellen der Kiemen weißliche Xenome (≤ 0,4 mm), die bei starkem Befall die Kiemenfunktionen erheblich einschränken.

Gattung *Glugea*

Glugea anomala

G. anomala verursacht in fast allen Organen von Stichlingen (*Gasterosteus aculeatus*) Xenome, die in der Haut als prominente Beulen (≤ 4 mm) leicht erkennbar sind.

Gattung *Pleistophora*

Pleistophora hyphessobryconis

P. hyphessobryconis befällt etwa 18 Zierfischarten (Neonfische, Barben, Goldfische u. a.), wobei die Muskulatur und die Oocyten im Ovar betroffen sind. Die infizierten Fische verlieren ihre Farbe, die befallenen Muskelpartien erscheinen als weiße Flecken unter der Haut, hochgradig befallene Fische verenden. Die Masse der freigesetzten Sporen konzentriert sich im subkutanen Gewebe und durchdringt von dort die Haut. Dort lassen sie sich in Hautabstrichen mikroskopisch nachweisen. Der Zerfall verendeter Fische setzt weitere Sporen frei.

Bekämpfung

Eine Routinebehandlung der Microsporidiose bei Fischen gibt es nicht. Fumagillin (Applikation über Futter) gilt als wirksam, kann jedoch toxische Effekte aufweisen. Toltrazuril als Badezusatz (20 µg/ml; 6 Bäder im Abstand von 2 d) ist wirksam gegen die vegetativen Stadien, aber nicht gegen die Sporen.

Literaturhinweise

Benz P, Maass G, Csokai J et al. Detection of *Encephalitozoon cuniculi* in the feline cataractous lens. Vet Ophthalmol 2011; 14: 37–47

Hinney B, Sak B, Joachim A et al. More than a rabbit's tale – *Encephalitozoon* spp. in wild mammals and birds. Int J Parasitol Parasites Wildl 2016; 5: 76–87

Künzel F, Fisher PG. Clinical signs, diagnosis, and treatment of *Encephalitozoon cuniculi* infection in rabbits. Vet Clin Exot Anim 2018; 21: 69–82

Mathis A, Weber R, Deplazes P. Zoonotic potential of the microsporidia. Clin Microbiol Rev 2005; 18: 423–445

Nell B, Csokai J, Fuchs-Baumgartinger A, Maaß G. *Encephalitozoon cuniculi* causes focal anterior cataract and uveitis in dogs. Tierärztl Prax Ausg K 2015; 43: 337–344

Paris L, Peghaire E, Moné A et al. Honeybee gut microbiota dysbiosis in pesticide/parasite co-exposures is mainly induced by Nosema ceranae. J Invertebr Pathol 2020; 172: 107348

Suter C, Müller-Doblies UU, Hatt JM et al. Prevention and treatment of *Encephalitozoon cuniculi* infection in rabbits with fenbendazole. Vet Rec 2001; 148: 478–480

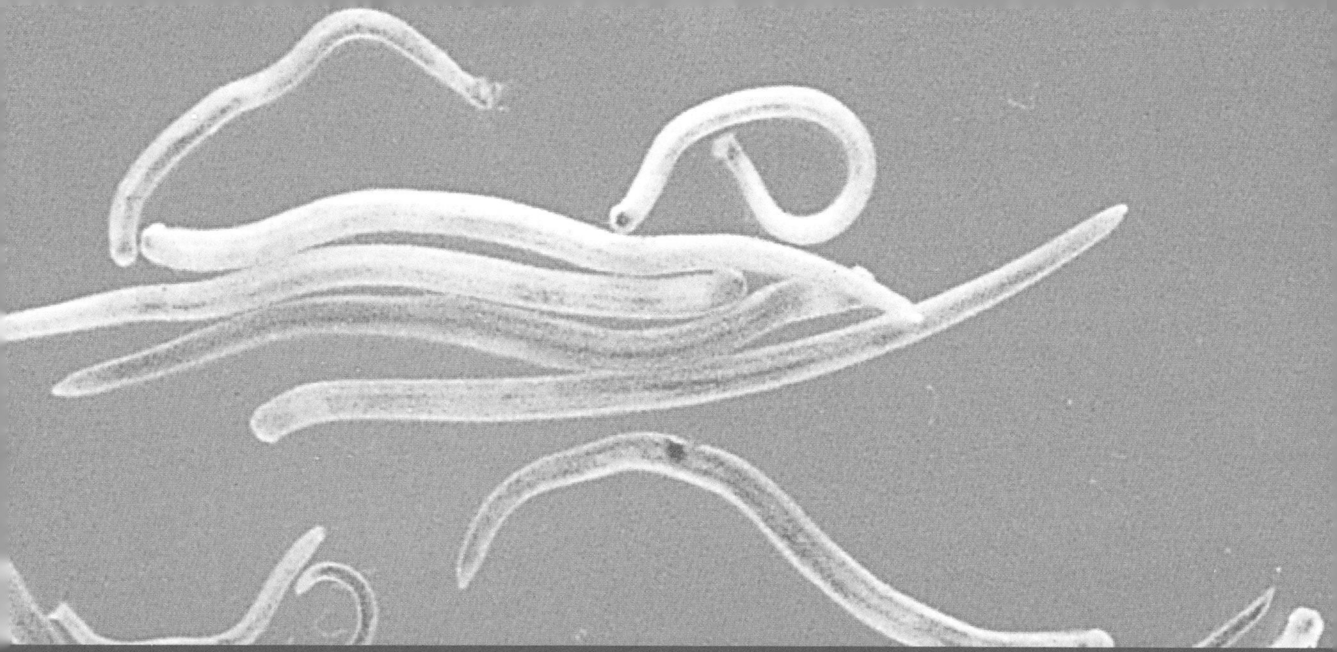

Teil 3
Parasiten und Parasitosen – Metazoa: Helminthen und Myxozoa

9 Übersicht Helminthen

Helmins (gr.): Wurm.

Das Wichtigste in Kürze

- Der Begriff „Helminthen" (engl. *helminths*) ist eine Kollektivbezeichnung für sehr unterschiedliche, parasitisch lebende Metazoen aus den Stämmen Platyhelmintha (Plattwürmer), Nematoda (Rund- oder Fadenwürmer) und Acanthocephala (Kratzer). Blutegel (Annelida) werden nicht zu den Helminthen gezählt. Zu den Plattwürmern gehören die Trematoda (Saugwürmer) sowie die Cercomeromorpha mit den Monogenea (Hakenplattwürmer) und den Cestodea (Bandwürmer) (▶ Tab. 9.1).
- Durch Helminthen verursachte Infektionen oder Erkrankungen werden als Helminthosen bezeichnet; die Helminthologie ist die Lehre von den Helminthen.

▶ **Tab. 9.1** Vereinfachte und selektive Klassifikation von Helminthen.

Reich: Eukaryota, Unterreich[1]: Animalia (Tiere)		
Helminthes (Kollektivbezeichnung)[2]		
Ordnung Unterordnung (UO) • Überfamilie	**Familie – Unterfamilie**	**Gattung[3]**
Stamm: Platyhelmintha (Syn. Plathelminthes, Plathyhelminthes) (Plattwürmer)		
Unterstamm: Trematoda (Saugwürmer)		
Klasse: Aspidogastrea (S. 170)		
Klasse: Digenea (Syn. Malacobothrii)		
Echinostomida	Fasciolidae	***Fasciola,*** *Fascioloides, Fasciolopsis, Parafasciolopsis*
	Echinostomatidae	*Echinoparyphium, Echinostoma, Hypoderaeum, Isthmiophora*
Amphistomida	Paramphistomidae	***Calicophoron,*** *Cotylophoron, Explanatum* (Syn. *Gigantocotyle*), ***Paramphistomum***
	Gastrothylacidae	*Fischoederius, Gastrothylax*
	Gastrodiscidae	*Gastrodiscoides, Gastrodiscus*
Plagiorchiida	Dicrocoeliidae	***Dicrocoelium,*** *Eurytrema*
	Prosthogonimidae	*Prosthogonimus*
	Troglotrematidae	*Collyriclum, Nanophyetus, Troglotrema*
	Paragonimidae	***Paragonimus***
Opisthorchiida	Opisthorchiidae	*Clonorchis, Metorchis,* ***Opisthorchis,*** *Pseudamphistomum*
	Heterophyidae	*Apophallus, Heterophyes, Metagonimus*
Strigeatida[4]	Strigeidae	*Apatemon* (Syn. *Strigea*), *Cotylurus, Parastrigea,*
	Diplostomidae[5]	*Alaria*
	Schistosomatidae	*Bilharziella, Austrobilharzia, Gigantobilharzia, Heterobilharzia, Orientobilharzia, Ornithobilharzia,* ***Schistosoma,*** *Trichobilharzia*
Unterstamm: Cercomeromorpha		
Klasse: Monogenea (Syn. Pectobothrii)		
Gyrodactylida	Gyrodactylidae	*Gyrodactylus*
Dactylogyrida	Dactylogyridae	*Dactylogyrus, Neodactylogyrus*
Polyopisthocotylida	Discocotylidae	*Diplozoon, Discocotyle*

▸ **Tab. 9.1** Fortsetzung

Reich: Eukaryota, Unterreich[1]: Animalia (Tiere)		
Helminthes (Kollektivbezeichnung)[2]		
Ordnung **Unterordnung (UO)** **• Überfamilie**	**Familie** **– Unterfamilie**	**Gattung[3]**
Klasse: Cestodea (Bandwürmer), Unterklasse: Eucestodia		
Pseudophyllida[6]	Diphyllobothriidae	***Diphyllobothrium,*** *Diplogonoporus, Ligula, Schistocephalus, Spirometra*
	Bothriocephalidae	*Bothriocephalus*
	Triaenophoridae	*Eubothrium, Triaenophorus*
Cyclophyllida	Mesocestoididae	***Mesocestoides***
	Anoplocephalidae	
	– Anoplocephalinae	*Bertiella, Cittotaenia,* ***Anoplocephala,*** *Killigrewia,* ***Moniezia,*** *Mosgovoyia, Paranoplocephala*
	– Thysanosomatinae	*Avitellina, Stilesia, Thysaniezia, Thysanosoma*
	Davaineidae	***Davainea, Raillietina***
	Dilepididae	***Amoebotaenia, Choanotaenia***
	Dipylidiidae	*Diplopylidium,* ***Dipylidium,*** *Joyeuxiella*
	Hymenolepididae	*Dicranotaenia, Diorchis, Drepanidotaenia, Echinocotyle, Echinolepis, Fimbriaria, Gastrotaenia,* ***Hymenolepis,*** *Microsomacanthus, Rodentolepis, Sobolevicanthus, Vampirolepis*
	Taeniidae	***Echinococcus, Taenia*** *, Versteria*
Stamm: Nematoda (Syn. Nematozoa) (Rund- oder Fadenwürmer)		
Klasse: Secernentea (Phasmidia)		
Rhabditida	Rhabditidae	*Caenorhabditis, Pelodera, Rhabditis*
	Cephalobidae	*Halicephalobus, Turbatrix*
	Strongyloididae	***Strongyloides***
Strongylida		
• Strongyloidea	Strongylidae	
	– Strongylinae	*Bidentostomum, Craterostomum, Oesophagodontus,* ***Strongylus,*** *Triodontophorus*
	– Cyathostominae	*Caballonema, Coronocyclus, Cyathostomum, Cylicocyclus, Cylicodontophorus, Cylicostephanus, Cylindropharynx, Petrovinema, Poteriostomum*
	– Gyalocephalinae	*Gyalocephalus*
	Chabertiidae	
	– Chabertiinae	***Chabertia***
	– Oesophagostominae	***Oesophagostomum***
	Syngamidae	
	– Syngaminae	*Cyathostoma, Mammomonogamus,* ***Syngamus***
	– Stephanurinae	***Stephanurus***
• Ancylostomatoidea	Ancylostomatidae	
	– Ancylostomatinae	***Ancylostoma,*** *Globocephalus,* ***Uncinaria***
	– Bunostominae	***Bunostomum,*** *Grammocephalus, Monodontella, Necator*
• Trichostrongyloidea	Amidostomatidae	***Amidostomum,*** *Epomidiostomum*
	Trichostrongylidae	*Apteragia,* ***Cooperia,*** *Graphidium,* ***Haemonchus, Hyostrongylus,*** *Marshallagia, Mecistocirrus, Obeliscoides,* ***Ostertagia,*** *Rinadia, Spiculopteragia,* ***Teladorsagia, Trichostrongylus***
	Molineidae	*Molineus,* ***Nematodirus, Ollulanus***
	Ornithostrongylidae	*Ornithostrongylus*
	Heligmonellidae	*Nippostrongylus, Heligmosomoides*
	Dictyocaulidae	***Dictyocaulus***

► **Tab. 9.1** Fortsetzung

Reich: Eukaryota, Unterreich[1]: Animalia (Tiere)		
Helminthes (Kollektivbezeichnung)[2]		
Ordnung Unterordnung (UO) • Überfamilie	**Familie – Unterfamilie**	**Gattung[3]**
• Metastrongyloidea	Metastrongylidae	***Metastrongylus***
	Protostrongylidae	*Capreocaulus*, ***Cystocaulus, Elaphostrongylus, Muellerius,*** *Parelaphostrongylus*, ***Protostrongylus, Neostrongylus,*** *Spiculocaulus, Varestrongylus*
	Crenosomatidae	***Crenosoma,*** *Otostrongylus, Troglostrongylus*
	Angiostrongylidae	***Angiostrongylus, Aelurostrongylus***
	Filaroididae	***Filaroides, Oslerus***
	Pseudaliidae	*Pseudalius, Halocercus*
Ascaridida		
• Cosmocercoidea	Atractidae	***Probstmayria***
• Ascaridoidea	Ascarididae	
	– Ascaridinae	***Ascaris, Baylisascaris, Parascaris, Toxascaris***
	– Toxocarinae	***Toxocara***
	Anisakidae	***Anisakis, Contracaecum,*** *Phocanema, Porrocaecum,* ***Pseudoterranova,*** *Terranova*
• Heterakoidea	Heterakidae	***Heterakis***
	Ascaridiidae	***Ascaridia***
Oxyurida	Oxyuridae	*Aspiculuris, Enterobius,* ***Oxyuris, Passalurus,*** *Skrjabinema, Syphacia*
Spirurida		
UO Camallanina	Camallanidae	*Camallanus*
	Anguillicolidae	*Anguillicola*
	Philometridae	*Philometra, Philometroides*
	Dracunculidae	*Dracunculus, Avioserpens*
UO Spirurina		
• Gnathostomatoidea	Gnathostomatidae	*Gnathostoma*
• Physalopteroidea	Physalopteridae	*Physaloptera*
• Thelazioidea	Thelaziidae	***Thelazia,*** *Oxyspirura*
• Spiruroidea	Gongylonematidae	*Gongylonema*
	Spiruridae	*Paraspirura, Protospirura, Spirura*
	Spirocercidae	*Ascarops, Cyathospirura, Physocephalus, Simondsia,* ***Spirocerca,*** *Streptopharagus*
• Habronematoidea	Habronematidae	***Draschia, Habronema,*** *Parabronema, Procyrnea*
	Tetrameridae	*Tetrameres, Microtetrameres*
	Cystidicolidae	*Cystidicola*
• Acuarioidea	Acuariidae	*Acuaria, Cheilospirura, Dispharynx, Echinuria, Streptocara, Synhimantus*
• Filarioidea	Filariidae	***Parafilaria, Stephanofilaria,*** *Suifilaria*
	Onchocercidae	
	– Setariinae	***Setaria***
	– Dirofilariinae	***Dirofilaria,*** *Loa*
	– Onchocercinae	*Acanthocheilonema, Brugia, Cercopithifilaria, Cutifilaria,* ***Dipetalonema,*** *Elaeophora, Litomosoides, Mansonella,* ***Onchocerca,*** *Wuchereria*
	– Splendidofilariinae	*Aproctella, Cardiofilaria, Chandlerella, Pelecitus, Splendidofilaria*
	– Lemdaninae	*Eufilaria, Eulimdana, Sarconema*

▸ **Tab. 9.1** Fortsetzung

Ordnung **Unterordnung (UO)** **• Überfamilie**	**Familie** **– Unterfamilie**	**Gattung**[3]
Reich: Eukaryota, Unterreich[1]**: Animalia (Tiere)**		
Helminthes (Kollektivbezeichnung)[2]		
Klasse: Adenophorea (Aphasmidia)		
Enoplida		
• Dioctophymatoidea		*Dioctophyma, Eustrongylides, Hystrichis*
• Trichinelloidea	Trichuridae	
	– Trichurinae	***Trichuris***
	– Capillariinae	*Aonchotheca, Baruscapillaria,* ***Capillaria,*** *Calodium,* ***Eucoleus,*** *Pearsonema*
	– Trichosomoidinae	*Anatrichosoma, Trichosomoides*
	Trichinellidae	***Trichinella***
Stamm: Acanthocephala (Kratzer)		
Oligacanthorhynchida		*Macracanthorhynchus,* ***Prosthenorchis***
Echinorhynchida		*Acanthocephalus, Echinorhynchus*
Polymorphida		***Filicollis, Polymorphus***
Neoechinorhynchida		*Neoechinorhynchus*
Moniliformida		*Moniliformis*

[1] lateinische Bezeichnungen der taxonomischen Kategorien s. ▸ **Tab. 1.2**
[2] Kollektivbezeichnung ohne phylogenetische und taxonomische Bedeutung
[3] in Fettdruck Gattungen mit besonderer Bedeutung für die Veterinärmedizin, als Zoonose-Erreger oder als typische Beispiele der Familie; alphabetische Reihung der Gattungen
[4] Syn. Strigeidida, Strigeida, Strigeatea
[5] Syn. Diplostomatidae
[6] aufgrund morphologischer und genetischer Befunde wurde vorgeschlagen, die Ordnung Pseudophyllida aufzuheben und durch die neuen Ordnungen Diphyllobothriida und Bothriocephalida zu ersetzen (Kuchta et al. 2008 a, b),

Literaturhinweise

Kuchta R, Scholz T, Bray RA. Revision of the order Bothriocephalidea Kuchta, Scholz, Brabec & Bray, 2008 (Eucestoda) with amended generic diagnoses and keys to families and genera. Syst Parasitol 2008a; 71: 81–136

Kuchta R, Scholz T, Brabec J, Bray RA. Suppression of the tapeworm order Pseudoplyllidea (Plathyhelminthes: Eucestoda) and the proposal of tow new orders, Bothriocephalidea and Diphyllobothiidea. Int J Parasitol 2008b; 38: 49–55

Nakao M, Lavikainen A, Iwaki T et al. Molecular phylogeny of the genus *Taenia* (Cestoda: Taeniidae): proposals for the resurrection of *Hydatigera* Lamarck, 1816 and the creation of a new genus *Versteria*. Int J Parasitol 2013; 43: 427–437

10 Stamm Platyhelmintha (Plattwürmer)

10.1 Unterstamm Trematoda (Saugwürmer)

Platyhelmintha: *platys* (gr.): platt, breit; *helmis* (gr.): Wurm. Trematoda: *Trema* (gr.): Loch. Bezug auf die lochförmigen Saugnäpfe. Engl.: *flukes*.

Im Unterstamm Trematoda (Trematoden) sind parasitisch lebende Metazoen zusammengefasst, die in die Klassen **Aspidogastrea** (Syn. Aspidobothrii) (etwa 100 Arten) und **Digenea** (Syn. Malacobothrii) (digenische Saugwürmer) (rund 18 000 Arten) eingeteilt werden. Aspidogastrea sind meist kleine, bis etwa 10 mm lange Trematoden mit direktem Entwicklungszyklus (Ei → Larve → Adultus), die in Schnecken und Muscheln sowie im Darm oder den Gallenwegen von Fischen und Wasserschildkröten parasitieren. Sie werden hier nicht näher berücksichtigt. Die Digenea sind für die Veterinär- und Humanmedizin als Krankheitserreger von großer Bedeutung.

10.1.1 Klasse Digenea

Merkmale und Eigenschaften Der **Körper** der Digenea ist bilateralsymmetrisch gebaut, meist dorsoventral abgeflacht und blatt- oder lanzettförmig, teils auch birnenförmig, zylindrisch oder anders geformt (▸ **Abb. 10.1**). Die Körperlänge der adulten Digenea variiert gewöhnlich von < 1 mm bis zu einigen Zentimetern, erreicht jedoch bei *Nematobibothrioides histoidii*, einem Trematoden des Mondfisches (*Mola mola*), mit bis zu 12 m Länge und nur 1–3 mm Breite ungewöhnliche Ausmaße.

Das **Integument** (Körperoberfläche) wird von einer syncytialen, kernlosen Außenschicht gebildet, die durch Cytoplasmabrücken mit tiefer liegenden, kernhaltigen Anteilen des Syncytiums verbunden ist (▸ **Abb. 10.2**). Integument und Muskulatur (Längs-, Ring- und Dorsoventralmuskeln) der Digenea und anderer Plattwürmer sind eng miteinander verbunden und bilden den sog. **Hautmuskelschlauch**. Bei den adulten Stadien der Digenea ist das Integument gefaltet und teils mit Schuppen oder Stacheln besetzt. Bei verschiedenen Arten ist als äußere Schicht eine Glycocalix aus Polysacchariden nachgewiesen.

Die zwischen dem ektodermalen Integument und dem endodermalen Verdauungsepithel befindliche **Leibeshöhle** enthält ein mesodermales Parenchym, in welches die inneren Organe eingebettet sind. Als Haftorgane dienen meist 2 muskulöse **Saugnäpfe**. Der Saugnapf am Vorderende umgibt die Mundöffnung (Mundsaugnapf), der ventrale Bauchsaugnapf hat keinen Zugang zu inneren Organen (▸ **Abb. 10.1**). Die Anordnung und die Ausprägung der Saugnäpfe variieren in den verschiedenen Gruppen der Digenea. Bei manchen Arten kommen weitere Anheftungsstrukturen vor, z. B. Stachelkränze. Der **Verdauungstrakt** besteht aus dem Vorderdarm mit Mund und Pharynx (kann fehlen) und dem Mitteldarm,

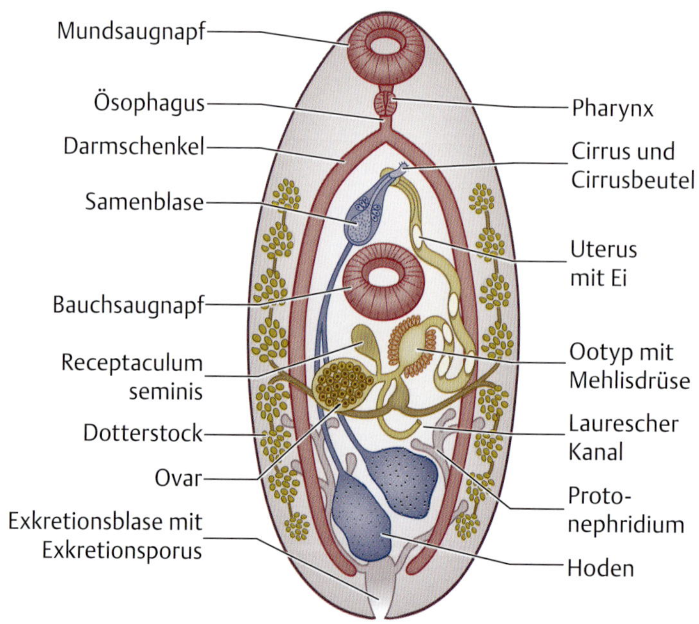

▸ **Abb. 10.1** Schema eines Trematoden der Klasse Digenea. (Grafik: Anne Seeger, Vetsuisse-Fakultät, Universität Zürich)

der meist blind endet und gegabelt oder stärker verzweigt sein kann (▶ Abb. 10.1). **Zirkulations- und Atmungsorgane** fehlen. Das **Exkretionssystem** besteht aus Protonephridien und verzweigten Kanälen. Die **Geschlechtsorgane** sind meist sehr komplex gebaut und zwittrig angelegt (▶ Abb. 10.1); nur wenige Gruppen sind getrenntgeschlechtlich (z. B. die Schistosomatidae). Die von den Digenea produzierten Eier enthalten eine Zygote und Dotterzellen; die Eischale ist oft mit einem Deckel (Operculum) versehen. Bei der Ausscheidung aus dem Wirt können die **Eier** bereits eine Larve (Miracidium) enthalten. Das strickleiterförmige **Nervensystem** besteht aus einem den Pharynx umgebenden Cerebralganglion sowie Nervensträngen und Nervenfasern, welche durch Ringkommissuren verbunden sind. Bei den Adulten befinden sich **Sinneszellen** im Integument, meist gehäuft an den Saugnäpfen; frei lebende Larvalstadien haben z. T. einfache Lichtsinnesorgane.

Die **Nährstoffaufnahme** erfolgt durch die Mundöffnung, selektiv auch durch das Integument. Energie gewinnen adulte Trematoden vorwiegend durch **anaerobe Verwertung von Kohlenhydraten,** die aber unvollständig vor allem zu Proprionat, Acetat, Succinat und Lactat abgebaut und ausgeschieden werden. Frei lebende Stadien (Miracidien, Cercarien), denen Sauerstoff zu Verfügung steht, können Kohlenhydrate vollständig zu CO_2 und Wasser abbauen. Trematoden und andere Helminthen sind zur **Proteinsynthese,** teils auch zur **Pyrimidinsynthese** befähigt, sie können aber **Purin-Nukleotide** nicht synthetisieren. Der **Fettstoffwechsel** ist eingeschränkt, da die Fähigkeit zum Aufbau langkettiger Fettsäuren fehlt.

Im **Entwicklungszyklus** der Digenea treten verschiedene Stadien auf (▶ Abb. 10.4): Adultstadium → Ei → Miracidium → Sporocyste (teils Tochtersporocyste) → Redie (meist mehrere Generationen) → Cercarie → Metacercarie (kann fehlen) → juveniler Saugwurm → Adultstadium (von diesem Grundschema gibt es bei einigen Gruppen der Digenea Abweichungen). Die Adultstadien pflanzen sich geschlechtlich fort und parasitieren in Vertebraten, die Sporocysten und Redien vermehren sich ungeschlechtlich in evertebraten Zwischenwirten. Die Miracidien und Cercarien, teils auch die Metacercarien, leben (meist kurzfristig) in der Umwelt. Die Entwicklung schließt einen Generationenwechsel (geschlechtlich-ungeschlechtlich) und obligate Wirtswechsel (Heteroxenie) zwischen dem Endwirt (Vertebrat) sowie 1 oder 2 Zwischenwirten ein (1. Zwischenwirt ist fast immer ein Weichtier: Schnecke oder Muschel). Der Zyklus ist bei den meisten Arten an Gewässer oder Feuchtbiotope gebunden.

Literaturhinweise

Gibson DI, Jones A, Bray RA. Keys to the Trematoda. Vol. 1. Wallingford, Oxon: CABI International; 2002. ISBN: 0-85199-547-0

Jones A, Bray RA, Gibson DI. Key to the Trematoda. Vol. 2, 3. Wallingford, Oxon: CABI International; 2005. ISBN: 0-85199-587-X; 0-85199-588-8

Köhler P. Stoffwechselphysiologie von Parasiten. In: Hiepe T, Lucius R, Gottstein B, Hrsg. Allgemeine Parasitologie. Stuttgart: Parey; 2006: 189–218. ISBN: 3-83044-101-0

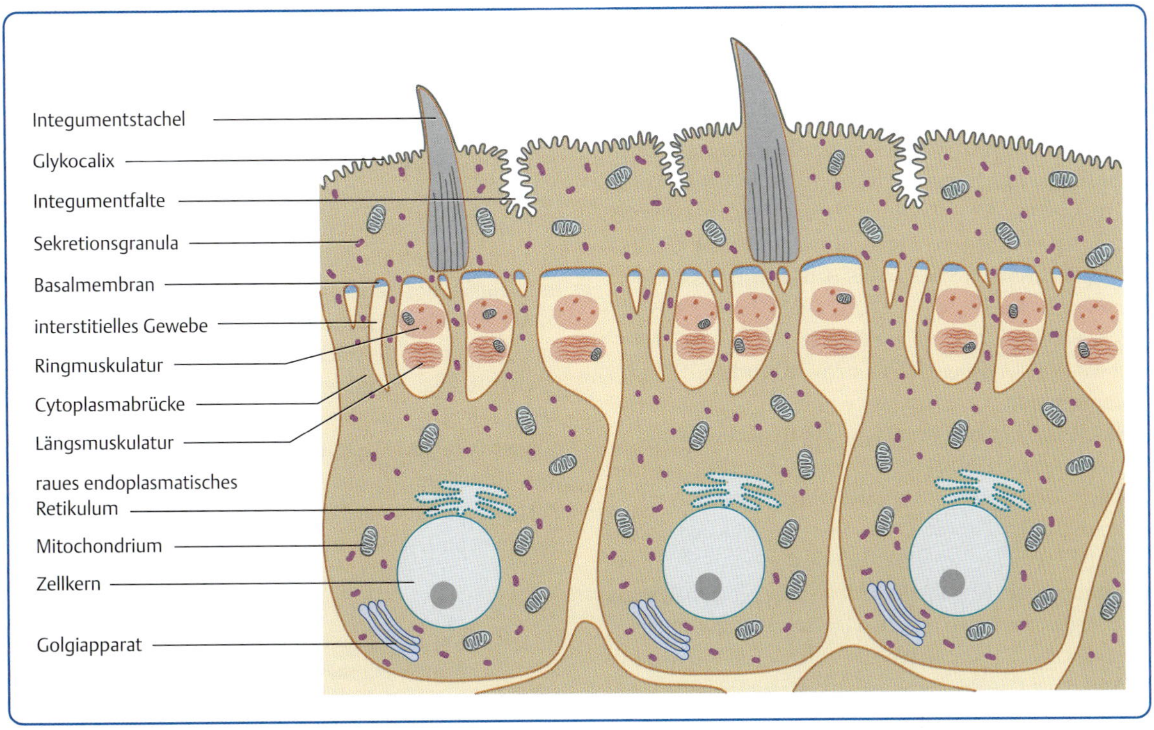

▶ **Abb. 10.2** Schema des Integuments von *Fasciola hepatica*. (Grafik: Gay & Rothenburger, Sternenfels)

Kostadinova A, Pérez-del-Olmo A. The systematics of the Trematoda. Adv Exp Med Biol 2014; 766: 21–44

Loos-Frank B, Gottstein B. Grundzüge der Biologie von Parasiten. Helminthen. In: Hiepe T, Lucius R, Gottstein B, Hrsg. Allgemeine Parasitologie. Stuttgart: Parey; 2006: 110–140. ISBN: 3-83044-101-0

Maule AG, Marks NJ, eds. Parasitic Flatworms: Molecular Biology, Biochemistry, Immunology and Physiology. Wallingford, Oxon: CABI International; 2006. ISBN: 0-85199-027-4

Peoples RC, Fried B. Form and function in the Digenea. Adv Exp Med Biol 2014; 766: 3–20

10.1.2 Ordnung Echinostomida

Echinos (gr.): Stachel, Igel; *stoma* (gr.): Mund. Bezug auf Stachelkränze um den Mundsaugnapf bei Arten der Familie Echinostomatidae.

Die Echinostomida sind langgestreckte Trematoden mit flachem Körper, oft mit bestacheltem Integument. Das Vorderende kann zu einem sog. Kopfzapfen (Fasciolidae) umgestaltet sein oder um die Mundöffnung einen Stachelkranz tragen (Echinostomatidae). Von den zahlreichen Familien sind vor allem die Fasciolidae und Echinostomatidae veterinärmedizinisch bedeutsam.

Familie Fasciolidae

Fasciola (lat.): Band, kleine Binde. Bezug auf das blattförmige Aussehen der Parasiten.

Das Wichtigste in Kürze

- **Erreger.** *Fasciola hepatica* (Großer Leberegel) ist der wichtigste Vertreter der Echinostomida. Adultstadium blattförmig, bis etwa 5 cm lang.
- **Entwicklung, Epidemiologie.** Entwicklung heteroxen, an Feuchtbiotope gebunden. Endwirte sind Pflanzenfresser, vor allem Schaf, Ziege und Rind. Zwischenwirt in Europa: fast ausschließlich *Galba truncatula* (Syn. *Lymnaea truncatula*) (Zwergschlammschnecke). Infektion der Endwirte per os: Aufnahme encystierter Metacercarien mit Pflanzen oder seltener mit Trinkwasser (Schwimmcysten). Größtes Infektionsrisiko im Spätsommer und Herbst. Wanderung der juvenilen Leberegel im Endwirt vom Dünndarm → Peritonealhöhle → Lebergewebe (Migrationsphase 6–7 Wochen) → Gallengänge. Präpatenz 8–10 Wochen.
- **Vorkommen.** *F. hepatica:* weltweit in gemäßigten Klimazonen, *F. gigantica:* subtropische und tropische Gebiete (Asien, Afrika). *F. hepatica* ist ein wichtiger Leberparasit bei Wiederkäuern, der auch bei anderen Herbivoren (u. a. Pferd, Esel, Kaninchen), Omnivoren (Schwein) und gelegentlich beim Menschen vorkommt.
- **Pathogenese, Krankheitsbild.** Juvenile Leberegel zerstören Leberparenchym, Adulte schädigen Gallengänge und saugen Blut. Folgen: verschiedene Verlaufsformen der Fasciolose (akut, subakut, chronisch) oder subklinische Schäden (Leistungsminderung).
- **Diagnose.** Nachweis von *Fasciola*-Eiern im Kot (Sedimentationsverfahren), neuerdings auch von Kopro-Antigen. Nachweis spezifischer Antikörper in Blut- oder Milchserum (Tankmilchprobe: Bestandsdiagnose).
- **Therapie, Bekämpfung.** Zur Therapie stehen wirksame Anthelminthika zur Verfügung (u. a. Triclabendazol), die Bekämpfung erfolgt durch Maßnahmen zur Infektionsprophylaxe in Verbindung mit strategischen anthelminthischen Behandlungen.
- **Weitere Arten der Familie.** *Fascioloides magna*, *Parafasciolopsis fasciolaemorpha* u. a. (▶ **Tab. 10.1**).
- **Zoonotische Bedeutung.** *F. hepatica* und *F. gigantica* verursachen Fasciolose bei Menschen.

Die Vertreter der Familie Fasciolidae (▶ **Tab. 10.1**) sind ziemlich große, blattförmige Trematoden, die in der Leber oder im Dünndarm von Säugern parasitieren und eine diheteroxene Entwicklung mit Wasserschnecken als Zwischenwirten durchlaufen. Von besonderer Bedeutung sind *Fasciola hepatica* und *F. gigantica*.

Gattung *Fasciola*

Fasciola hepatica (Großer Leberegel)

Praxis
Erreger der **Fasciolose**, einer wichtigen Lebererkrankung mit großen wirtschaftlichen Verlusten, besonders bei Rind (Milchleistungsabfall), Schaf und Ziege.
Zoonose: In Europa wird die Fasciolose der Leber mit z. T. starken klinischen Symptome nur sporadisch und regional diagnostiziert.

Fasciola (lat.): Band, kleine Binde; *hepar* (gr.): Leber. Engl.: *common liver fluke.*

Erreger Die adulten Stadien sind abgeflacht, lorbeerblattähnlich, bräunlich grau, etwa 18–50 mm lang und 7–14 mm breit (▶ **Abb. 10.3**). Das konische Vorderende („Apikalkonus“, „Kopfzapfen“) ist durch eine schulterähnliche Verbreiterung vom restlichen Körper abgesetzt, der sich nach hinten allmählich verjüngt. Der Mundsaugnapf liegt apikal, der Bauchsaugnapf an der Basis des Apikalkonus. Auffallend ist die starke Verzweigung innerer Organe (Hoden, Dotterstöcke, Ovar, Darm); der unverzweigte Uterus liegt in unregelmäßigen Windungen im vorderen Körperdrittel. Integument mit Stacheln. Eier oval, dünnschalig, mit Operculum, 130–145 × 70–90 µm, goldgelb, enthalten bei Ausscheidung aus dem Wirt die befruchtete Eizelle und Dotterzellen (▶ **Abb. 19.13**). Einige Stämme von *F. hepatica* produzieren bis zu 180 µm lange Eier.

Entwicklung Im Adultstadium parasitiert *F. hepatica* vor allem bei Hauswiederkäuern (Schaf, Ziege, Rind, Büffel), tritt aber auch bei anderen, meist herbivoren Säugetierarten auf und infiziert auch Menschen. Die Entwicklung

▸ Tab. 10.1 Arten (Auswahl) der Familie Fasciolidae.[1]

Arten, Größe, Verbreitung (V)	Zwischenwirte	Endwirte	Hauptsitz der Adulten
Fasciola hepatica[2] (Großer Leberegel) 18–50 × 7–14 mm V: weltweit in gemäßigten Klimazonen	*Galba* (Syn. *Lymnaea*) *truncatula*, andere Lymnaeidae	Rind, Schaf, Ziege, Büffel, Pferd, Schwein, Wildwiederkäuer, Mensch[3]	Gallengänge
Fasciola gigantica (Riesenleberegel) 24–75 × 5–12 mm V: subtropische und tropische Regionen in Afrika, Asien, östl. Mittelmeerregion	*Radix* (Syn. *Lymnaea*) *auricularia*-Komplex	Rind, Büffel, Schaf, Ziege, Pferd, Esel, Kamel, Mensch	Gallengänge
Fascioloides magna[2] (Großer Amerikanischer Leberegel) 70–100 × 20–30 mm V: Nordamerika, Europa	*Galba* (Syn. *Lymnaea*) *truncatula*, *Lymnaea modicella*, *L. caperata*	Wapiti, Weißwedelhirsch, Karibu, Reh-, Rot-, Damwild, Schaf, Ziege, Rind	Leberparenchym
Parafasciolopsis fasciolaemorpha[2] (Elchleberegel) 3–7 × 1,0–2,5 mm V: Europa	*Planorbarius corneus*	Elch, Reh-, Rotwild, Wisent, Schaf	Dünndarm, Gallenblase, Gallengänge

[1] Angaben ohne Anspruch auf Vollständigkeit
[2] in Mitteleuropa vorkommende Arten
[3] in Australien Einzelfälle bei Vögeln (Emus; akzidentelle Wirte)

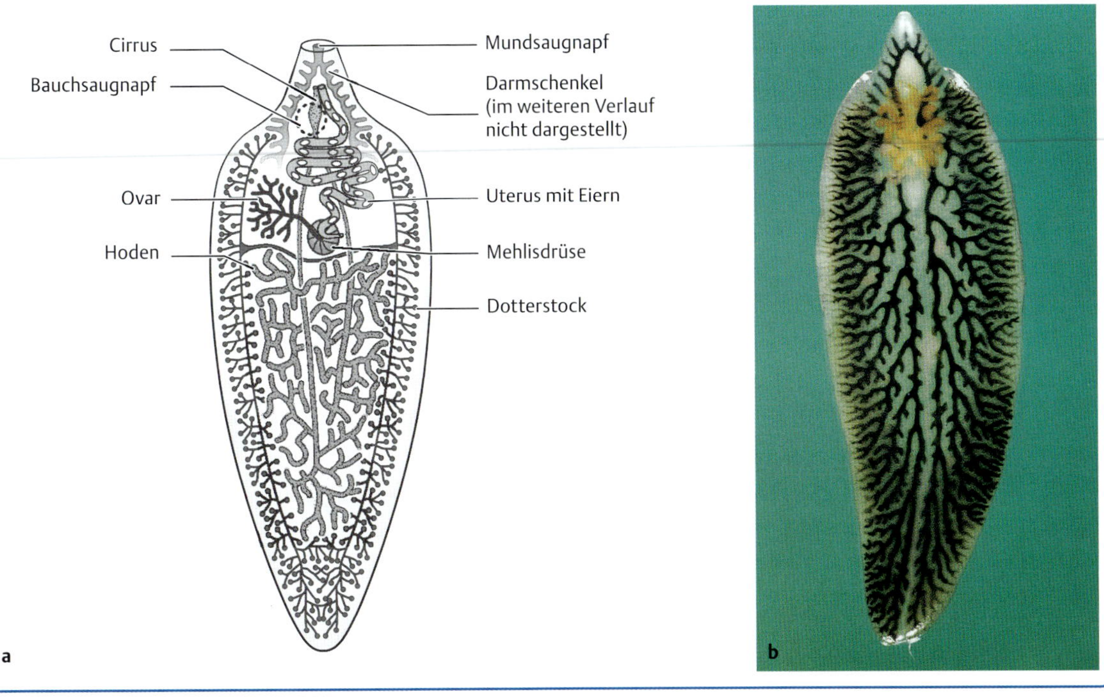

▸ Abb. 10.3 *Fasciola hepatica*.

a Schematisch (Grafik: Jeanne Peter, Vetsuisse-Fakultät, Universität Zürich, basiert auf Daten aus: Wigand R, Mattes O. Helminthen und Helminthiasen des Menschen. VEB G. Fischer, Jena: 1958.)

b Adultstadium, ungefärbt, verzweigter Darm mit Blut gefüllt (Quelle: K. Wolff, Institut für Parasitologie, Vetsuisse-Fakultät, Universität Zürich)

ist diheteroxen (Säuger, Schnecke) und verläuft über folgende Stadien: Ei → Miracidium → Sporocyste → Redien (bis 3 Rediengenerationen) → Cercarie → Metacercarie → juveniles Stadium → Adultstadium (▸ **Abb. 10.4**).

Entwicklung vom Ei zum Miracidium Die geschlechtsreifen Leberegel leben in den Gallengängen ihrer Endwirte. *F. hepatica* hat eine hohe Reproduktionskapazität (täglich ca. 4000–50 000 Eier je Parasit im Schaf), die jedoch in Abhängigkeit von Stärke und Stadium der Infektion sowie der Wirtsart (S. 176) starken Schwankungen unter-

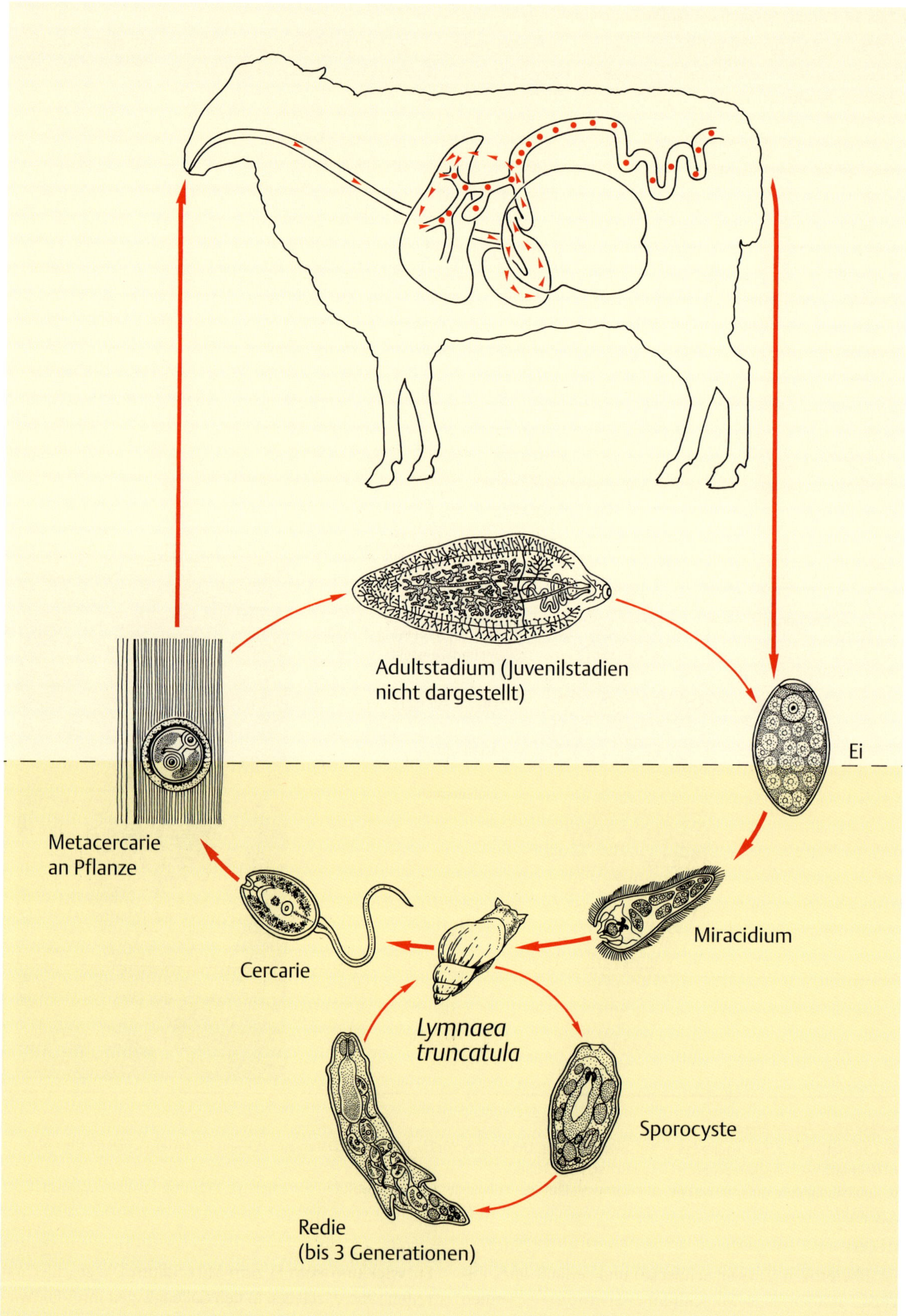

▸ **Abb. 10.4** Entwicklungszyklus von *Fasciola hepatica*. (Grafik: Salome Ehrat, nach einer Vorlage von Johannes Eckert und Peter Deplazes, Vetsuisse-Fakultät, Universität Zürich)

liegt. Die Eier gelangen im Fluss der Galle zunächst in den Darm und dann mit dem Kot in die Außenwelt. Ein Teil der Eier kann längere Zeit (8–16 Wochen) in der Gallenblase verbleiben und schubweise abgegeben werden. In der Außenwelt erfolgt eine Embryonalentwicklung bis zum Miracidium. Diese erfolgt, wenn die Eier in ein wässriges Milieu gelangen, eine ausreichende Sauerstoffzufuhr gewährleistet ist und Temperaturen über + 10 °C herrschen. In Mitteleuropa dauert diese Entwicklung bei günstigen Temperaturen während der Sommermonate 2–4 Wochen.

Das im Ei gebildete reife Miracidium (Länge ca. 130 µm) nimmt mithilfe seines Lichtsinnesorgans (Ocellum) Lichtreize wahr, die als Signale für das Ausschlüpfen wirken, das nur im Wasser erfolgt. Die Glycogenvorräte der Miracidien ermöglichen ihnen eine Lebensdauer von nur 20–30 h, während der sie einen geeigneten Zwischenwirt suchen. In Europa ist dies *Galba* (Syn. *Lymnaea*) *truncatula* (S. 176), eine amphibisch lebende Süßwasserschnecke, die sich oft an hellen Rändern kleiner Wasseransammlungen dicht unter dem Wasserspiegel aufhält (S. 176). Die Miracidien führen zunächst ungerichtete, schnelle Schwimmbewegungen aus, orientieren sich dann aber zum Licht und zur Wasseroberfläche und werden dadurch zu den Habitaten der Schnecken geleitet, wo sie im näheren Bereich (< 15 cm) durch Glycoconjugate der Schnecken chemotaktisch angelockt werden. Obwohl durch verschiedene Schneckenarten angelockt (z. B. *Lymnaea palustris*, *L. stagnalis*, *Radix peregra*), finden die Miracidien nur bei bestimmten Zwischenwirten günstige Bedingungen für das Eindringen (Penetration) und die weitere Entwicklung. Der Penetration geht eine Anheftung des Miracidiums an die Epidermis voraus, die durch kurzkettige Fettsäuren (C_7–C_9) im Mucus der Schnecke stimuliert wird. Der Infektionsprozess ist temperaturabhängig, findet nicht unter + 5 °C statt und verläuft bei + 15–26 °C optimal.

Entwicklungsstadien im Zwischenwirt Das Eindringen des **Miracidiums** in die Schnecke erfolgt unter Mitwirkung sezernierter proteolytischer Enzyme. Danach verliert das Miracidium seine Cilien und wird zur jungen **Sporocyste** (bis 500 µm lang). Diese wandert in die Verdauungsdrüse, wo sich aus den in der Sporocyste vorhandenen Keimzellen **Redien** (Mutterredien, Generation I) entwickeln, die nach Penetration der Sporocystenwand in das Gewebe der Verdauungsdrüse gelangen. Die Redien sind etwa 1,5–2,5 mm lange, zylindrische Gebilde mit Mundsaugnapf, Pharynx, unverzweigtem Darm und 2 lateralen Ausstülpungen im letzten Körperdrittel (▶ **Abb. 10.4**). Jede Redie enthält 16–28 Keimballen, aus denen weitere Redien (Generationen II u. III) oder **Cercarien** hervorgehen. Die reifen Cercarien verlassen die Redien durch eine Geburtsöffnung. Die ovalen Cercarien (bis 400 × 220 µm) haben einen langen Schwanz (bis 800–1000 µm) und sind mit Mund- und Bauchsaugnapf, Pharynx, Ösophagus und gegabeltem Darm sowie mit Drüsen ausgestattet, die für die spätere Encystierung wichtig sind. Die Cercarien durchwandern das Gewebe und verlassen die Schnecke frühestens 7 Wochen p. i. Allerdings reifen nicht alle Cercarien gleichzeitig heran, sodass aus einer infizierten Schnecke während einiger Wochen oder Monate wiederholt Cercarien freigesetzt werden. Das Vermehrungspotenzial in der Schnecke ist erheblich; aus einem Miracidium können sich einige Hundert Cercarien entwickeln (Entwicklungsdynamik s. u.). Die Entwicklung in den Schnecken dauert unter günstigen Bedingungen 5–8 Wochen; bei niedrigen Außentemperaturen wird sie vorübergehend unterbrochen.

Entwicklung der Metacercarie Nach dem Verlassen der Schnecke schwimmen die Cercarien lebhaft im Wasser umher und heften sich meist innerhalb weniger Minuten mit dem Bauchsaugnapf an Pflanzenteilen oder anderen Unterlagen fest. Danach stoßen sie den Schwanz ab und bilden eine kugelige Cyste, die etwa 250 µm groß ist und deren mehrschichtige Wand, die aus tannierten und keratinisierten Proteinen sowie Mucoproteinen und Mucopolysacchariden besteht. Damit ist die Cercarie zur **Metacercarie** geworden, die kurz nach Abschluss der Encystierung infektionsfähig ist. Ein Teil der Cercarien (< 10 %) kann sich an der Wasseroberfläche encystieren und so Schwimmcysten bilden. Die Metacercarien sind längere Zeit lebensfähig (S. 176).

Infektion eines Endwirtes und Wanderung zur Leber Die Infektion eines Wirtes erfolgt durch die perorale Aufnahme der an Pflanzen haftenden Metacercarien oder seltener von Schwimmcysten mit dem Trinkwasser. Im Vormagensystem oder im Magen werden die Metacercarien durch die im Vergleich zur Außenwelt erhöhte Temperatur, die Anwesenheit von CO_2 und reduzierende Bedingungen aktiviert. Sie führen zunächst lebhafte Bewegungen in der Cyste aus und entleeren während einer folgenden Ruhephase aus ihren Darmblindsäcken Proteasen (Cathepsine), die auf die innere Cystenwand einwirken und so das Ausschlüpfen der Metacercarien vorbereiten. Der Schlüpfvorgang wird durch Bestandteile der Galle im Dünndarm stimuliert. Die geschlüpften jungen Egel saugen sich distal der Einmündung des Ductus choledochus an der Dünndarmoberfläche fest, dringen dann in die Darmwand ein, wandern innerhalb von 24 h durch die Darmwand in die Peritonealhöhle und von dort zur Leber, wo der größte Teil nach 4–6 Tagen anzutreffen ist. Die jungen Leberegel führen eine etwa 6–7 Wochen dauernde Wanderung im Lebergewebe aus und erreichen schließlich die Gallengänge, wo sie allmählich geschlechtsreif werden. Die ersten Eier werden frühestens 2–3 Monate p. i. im Kot ausgeschieden (Präpatenz beim Schaf 55–57 d, beim Rind 56–77 d). Die Lebensdauer der Parasiten im Rind beträgt durchschnittlich 9 Monate, im Schaf wesentlich länger. Wandernde junge Leberegel brechen gelegentlich in Blutgefäße ein und gelangen über den Kreislauf in verschiedene Organe, z. B. in die Lunge. Auch eine direkte Einwanderung in andere Organe als die Leber ist möglich. Auf diese Weise kann es zu pränatalen Infektionen kommen, die beim Kalb nachgewiesen worden sind.

Vorkommen und Epidemiologie *F. hepatica* kommt weltweit in Regionen mit gemäßigtem Klima vor, in denen geeignete Zwischenwirte leben. In vielen Gebieten Afrikas und Asiens überlappen sich die Verbreitungsgebiete von *F. hepatica* und *F. gigantica* (S. 183). Der Entwicklungszyklus von *F. hepatica* ist von zahlreichen Faktoren abhängig. Dementsprechend unterliegen die räumliche Verbreitung und die Prävalenz von *F. hepatica* bei Endwirten großen lokalen und regionalen Schwankungen. So waren z. B. in der nördlichen Schweiz durchschnittlich 18 % der Schlachtrinder (n ~ 1300) mit *F. hepatica* befallen, in hochendemischen Landesteilen wurden aber Prävalenzen über 60 % festgestellt. Wertvolle Hinweise zur Prävalenz von *F. hepatica* in Milchkuhbeständen ergaben in den letzten Jahren Untersuchungen auf spezifische Antikörper im Milchserum von Tankmilchproben (S. 181). Die auf diese Weise ermittelten Prävalenzen in zahlreichen Herden („Herdenprävalenzen") wiesen z. B. im südlichen Schweden niedrige durchschnittliche Werte auf (6–7 %), hohe wurden z. B. in Österreich (~ 60 %, lokal bis 90 %) festgestellt. Für Deutschland ergab sich eine Herdenprävalenz von 24 %, wobei sich deutliche Variationen zwischen den einzelnen Bundesländern zeigten (z. B. nur 3 % in Sachsen-Anhalt, bis 30 % in Niedersachsen und knapp 40 % in Schleswig-Holstein).

Endwirte Weltweit sind Hauswiederkäuer, vor allem Schaf, Ziege und Rind, die wichtigsten Endwirte von *F. hepatica*, doch können auch Büffel, Pferd, Schwein, Wildwiederkäuer, Kaninchen, Hase, Nutria, andere Herbivoren und der Mensch Träger des Parasiten sein. Schafe haben eine besondere epidemiologische Bedeutung, weil sie für *F. hepatica* sehr empfänglich sind und die Parasiten in ihnen mehrere Jahre mit hoher Eiproduktion überleben können. Rinder scheiden meist geringere Eimengen aus und eliminieren die Infektion bei ausbleibenden Reinfektionen i. d. R. nach etwa 9–26 Monaten. *Fasciola*-Eier gelangen über Kot von Leberegelträgern oder über Gülle in die Habitate der Zwischenwirte.

Eier in der Außenwelt Für die Entwicklung der Eier im Freien ist eine Mindesttemperatur von + 10 °C erforderlich, die obere Toleranzgrenze liegt bei etwa + 35 °C. Bei optimalen Temperaturen von + 23–25 °C dauert die Entwicklung der Miracidien ungefähr 2–3 Wochen, bei + 16 °C ist sie auf 2–3 Monate verlängert. Hohe Temperaturen ermöglichen zwar eine rasche Entwicklung der Miracidien, wirken aber auf sie zunehmend inhibitorisch oder letal. Bei niederen Temperaturen bleiben die Eier lange entwicklungsfähig, z. B. bei + 4 °C länger als 2 Jahre. Frosteinwirkung von –5 °C überleben die Eier nur knapp 3 Wochen. In feuchtem Kot des Wirtes eingeschlossene Eier können in Europa während des Sommers etwa 10 Wochen und während der kühleren Jahreszeiten bis 6 Monate überleben und sich partiell entwickeln. Eine vollständige Entwicklung und das Schlüpfen der Miracidien erfolgen nur, wenn die Eier aus dem Kot ausgeschwemmt werden und sie ständig von einem Wasserfilm umgeben bleiben oder sie direkt ins Wasser gelangt sind. Bei Austrocknung sterben die Eier rasch ab. Die bei Stallhaltung von Endwirten ausgeschiedenen Eier werden in Stapelmist in 10 Tagen abgetötet, während ein Teil der Eier in Gülle im Sommer (bei ~ + 18 °C) rund 8 Wochen und im Winter (~ + 8 °C) 11 Wochen lebensfähig bleibt.

Zwischenwirte Als Zwischenwirte für *F. hepatica* dienen weltweit verschiedene Arten amphibisch lebender Süßwasserschnecken der Familie Lymnaeidae. In Europa ist *Galba* (Syn. *Lymnaea*) *truncatula* (Zwergschlammschnecke oder Kleine Sumpfschnecke) der wichtigste und meist auch der einzige Zwischenwirt; einige andere Lymnaeiden sind als weniger effiziente Zwischenwirte von lokaler Bedeutung beschrieben worden. In außereuropäischen Regionen spielen auch andere Arten als Zwischenwirte eine Rolle. Schnecken können über weite Strecken verschleppt werden (z. B. im Wasser beim Transport von Zierfischen) und sich z. T. in Fremdhabitaten ansiedeln.

G. truncatula ist eine zu den Lungenschnecken gehörende Süßwasserschnecke mit kegelförmigem, rechtsgewundenem, 7–12 mm hohem und mit einem „Nabel" versehenen Gehäuse (▶ **Abb. 10.5**). Sie ist in allen europäischen Ländern inklusive der meisten Inseln verbreitet, ebenso gebietsweise in Afrika, Asien sowie Nord- und Südamerika. In Europa kommt sie sowohl im Flachland als auch in Berggebieten bis 2800 m Höhe vor. Die amphibische Lebensweise ermöglicht es ihr, im Wasser oder auf feuchtem Untergrund zu leben (▶ **Abb. 10.6**). Man findet sie vorwiegend in den flachen Randzonen von Gräben, Bächen, Teichen und Flüssen. *G. truncatula* bevorzugt klares, sauerstoffreiches Wasser stehender oder langsam fließender Gewässer. Vorübergehende Austrocknung des Habitats können die Schnecken monatelang überstehen, indem sie sich in Erdspalten zurückziehen oder ihre Gehäuseöffnung verschließen. Ihre Verbreitung in neue Habitate (einschließlich temporärer Wasseransammlungen auf Weiden in Trittsiegeln, Wagenspuren etc.) erfolgt vorwiegend durch passiven Transport im Wasser (in Fließgewässern, bei starken Regenfällen oder Überschwemmungen), seltener durch Verschleppung von Schnecken oder deren Eier durch Vögel und andere Träger; aktiv wandern sie nur sehr kurze Distanzen.

Die Entwicklung von *G. truncatula* vom Ei bis zum adulten Stadium dauert etwa 3 Monate. Voraussetzungen dafür sind ausreichende Feuchtigkeit und geeignete Temperaturen (> 10 bis ~ 25 °C). Im Frühjahr legen überwinterte Altschnecken Eier, aus denen im Mai die ersten

Jungschnecken schlüpfen, die nach ~ 8 Wochen die Fortpflanzungsreife erlangen und mit der Eiablage beginnen. In der folgenden Zeit kommt es dann zu einem Anstieg der Schneckenzahlen mit einem Maximum etwa im August. Ab September sterben viele Altschnecken, ein Teil der Jungschnecken überlebt jedoch den Winter.

Entwicklung von *F. hepatica* in den Schnecken und Ansteckungszeiten: Je nach den lokalen Temperaturen entwickelt sich *F. hepatica* in den Schnecken innerhalb einer Vegetationsperiode (1-Jahres-Zyklus) oder von 2 Vegetationsperioden (2-Jahres-Zyklus).

1-Jahres-Zyklus: Die Infektion der Schnecken mit Miracidien erfolgt vor allem im Frühsommer. In der warmen Jahreszeit geht die Entwicklung von *F. hepatica* in den Zwischenwirten innerhalb von 5–8 Wochen vonstatten, sodass im Spätsommer und Herbst zahlreiche Cercarien frei werden und sich zu Metacercarien entwickeln. Daher besteht ab dem Spätsommer bis Ende der Weideperiode ein erhöhtes Infektionsrisiko für Endwirte.

2-Jahres-Zyklus: Die Schnecken werden im Herbst durch Miracidien infiziert. Im Winter ist die Entwicklung von *F. hepatica* in den Schnecken verzögert oder unterbrochen und wird erst bei steigenden Temperaturen im nächsten Jahr vollendet. Bereits im Frühjahr oder später verlassen Cercarien die Schnecken, werden zu Metacercarien und stellen somit ein Infektionspotenzial dar.

Diesem Ablauf entsprechend sind in Mitteleuropa als **Perioden mit erhöhtem Ansteckungsrisiko** (= **Hauptansteckungszeiten**) anzusehen: der Spätsommer und Herbst (größtes Risiko) sowie der Frühsommer (geringeres Risiko). Ansteckungsmöglichkeiten bestehen jedoch auch während der restlichen Vegetationsperiode, da Metacercarien auf der Weide lange lebensfähig sind. In höheren Berglagen ist der 2-Jahres-Zyklus die Regel.

Metacercarien und Ansteckungswege Am häufigsten infizieren sich Herbivoren während der Weidezeit durch Aufnahme von Metacercarien mit Pflanzen oder seltener mit Trinkwasser. Auch im Stall sind Infektionen möglich, wenn mit Metacercarien behaftetes Gras verfüttert wird. Solches Gras kann auch von unbeweideten Grünflächen stammen, die von *G. truncatula* besiedelt sind und mit *Fasciola*-Eiern durch das Ausbringen von Gülle kontaminiert wurden. Selten sind Ansteckungen durch schlecht getrocknetes Heu, in dem Metacercarien einige Monate überleben können. In Grassilage gehen die Metacercarien in ungefähr 2 Wochen zugrunde. Beim Rind kommen pränatale Infektionen vor, sie sind aber selten.

Pathogenese und Pathologie Durch Fasciolose verursachte Krankheitserscheinungen sind hauptsächlich auf die Aktivitäten der Parasiten in der Leber und die damit verbundenen Läsionen und pathophysiologischen Störungen zurückzuführen (▸ **Abb. 10.7**). Art und Grad

▸ **Abb. 10.5** *Galba* (Syn. *Lymnaea*) *truncatula*, Gehäuse. Gehäusehöhe ca. 7 mm. (Quelle: Institut für Parasitologie, Vetsuisse-Fakultät, Universität Zürich)

▸ **Abb. 10.6** *Galba* (Syn. *Lymnaea*) *truncatula* an Feuchtstelle einer Weide. (Quelle: Institut für Parasitologie, Vetsuisse-Fakultät, Universität Zürich)

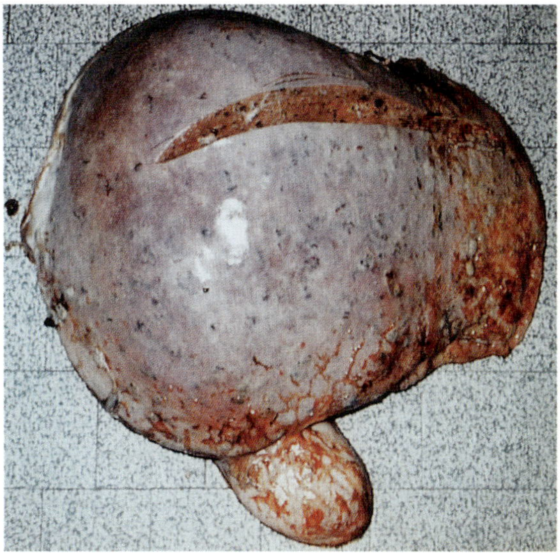

▸ **Abb. 10.7** Leber eines Rindes mit subakuter Fasciolose: Oberfläche der Leber und der Gallenblase mit Fibrinablagerungen, Wandergänge der Parasiten im Parenchym (s. vergrößerten Ausschnitt in ▸ **Abb. 10.8**). (Quelle: Institut für Parasitologie, Vetsuisse-Fakultät, Universität Zürich)

der Störungen hängen von der Stärke des *Fasciola*-Befalls, der Reaktionsweise der Leber (u. a. in Abhängigkeit von Tierart und Alter), dem Ernährungszustand des Wirtes und anderen Faktoren ab. So sind Schafe bei gleicher Infektionsdosis für die Erkrankung wesentlich anfälliger als Rinder, die eine höhere natürliche Resistenz gegen *Fasciola* aufweisen (s. u.). Die Pathogenese lässt sich in verschiedene Phasen einteilen (▸ **Tab. 10.2**).

Phase 1: Wanderung juveniler Stadien vom Dünndarm in die Peritonealhöhle (etwa bis Tag 6 p. i.) Bei der Migration der juvenilen Stadien von *F. hepatica* (Länge etwa 0,25 mm) vom Dünndarm in die Peritonealhöhle entstehen in der Darmwand lokale Gewebedefekte und Blutungen sowie an der Darmserosa Fibrinablagerungen und Verklebungen. Diese Veränderungen sind meist geringfügig und ohne klinische Folgen, doch treten bei massivem Befall Peritonitis und starke seröse Exsudationen auf. In solchen Fällen besteht eine erhöhte Tendenz der Parasiten, nicht nur in die Leber, sondern auch in andere Organe einzuwandern (u. a. Zwerchfell, Lunge, Pankreas, Uterus).

Phase 2: Migration juveniler Stadien im Leberparenchym (ab Tag 4 bis 6–7 Wochen p. i.) Die von der Peritonealhöhle durch die Leberkapsel in das Parenchym einwandernden juvenilen Leberegel saugen Lebergewebe in ihren Mundsaugnapf ein und nehmen es als Nahrung auf. Juvenile und adulte Egel sezernieren eine Mischung mehrerer Cathepsine mit verschiedenen Funktionen: Lyse von Wirtsgewebe bei der Wanderung, Abbau von Proteinen zu Peptiden, die von den Parasiten aufgenommen werden, und Spaltung von Immunglobulinen des Wirtes. Letztere spielt bei der Immunevasion (S. 34) eine Rolle. Während der normalerweise 6–7 Wochen dauernden Wanderphase wachsen die Leberegel von etwa 0,3 mm Länge auf 3–14 mm heran. Die wandernden Leberegel hinterlassen gewundene Gänge, die zerstörtes Lebergewebe und Blut enthalten (▸ **Abb. 10.7**, ▸ **Abb. 10.8**). Durch einwandernde Entzündungszellen (u. a. eosinophile Leukozyten, Makrophagen, Fremdkörperriesenzellen) kommt es zu Resorptionsvorgängen und es bildet sich junges Granulationsgewebe, das später durch Bindegewebe ersetzt wird. In dieser Phase sind histologisch erste Anzeichen einer Portalvenenentzündung feststellbar, die zum Gefäßverschluss und in der Folge zur Leberzellnekrose, Gallengangsproliferation und Bindegewebszubildung führt. Die Leberläppchen werden allmählich von Bindegewebe umschlossen und eingeengt. Diese interstitielle Hepatitis manifestiert sich in einer verstärkten Läppchenzeichnung. Bei ausgeprägten Veränderungen kann es in späteren Phasen zur Zirrhose infolge der Schrumpfung des Bindegewebes kommen.

Makroskopisch sind oberflächlich und im Anschnitt gewundene, fadenförmige, rötliche oder grauweiße Wan-

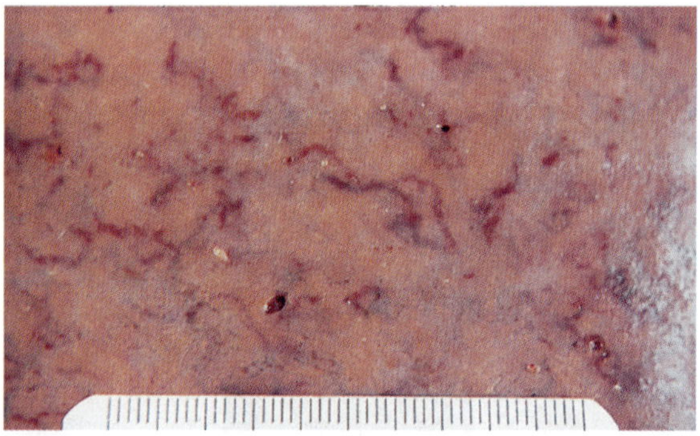

▸ **Abb. 10.8** Leber eines Rindes mit subakuter Fasciolose: Oberfläche mit Wandergängen der Parasiten (Skala: mm). (Quelle: Institut für Parasitologie, Vetsuisse-Fakultät, Universität Zürich)

▸ **Tab. 10.2** Grundzüge der Pathophysiologie der Fasciolose.

Phase der Infektion	Aktivität der Leberegel	Wirtsreaktionen oder Folgen	Symptome (s. auch Text)
juvenile Stadien im Parenchym	Freisetzung von Antigenen	Immunreaktionen	Hypergammaglobulinämie, Eosinophilie
	Wanderung im Leberparenchym und Zerstörung von Lebergewebe	innere Blutungen	Anämie
		Freisetzung intrazellulärer Enzyme (AST, GLDH)[1]	erhöhte Konzentrationen im Serum
		Reduktion der Albuminsynthese	Hypalbuminämie
		Leberfunktionsstörungen	Stoffwechselstörungen
adulte Stadien in Gallengängen	unbekannt[1]	Inappetenz[2]	Störung der Gewichtsentwicklung u. Reduktion der Leistung
	Schädigung der Gallengangsschleimhaut und Blutsaugen	Freisetzung von GGT[1] aus Gallengängen	erhöhte Konzentrationen im Serum
		Verlust von Erythrozyten	Anämie
		Verlust von Serumproteinen in den Darm	Hypoproteinämie, vor allem Hypalbuminämie
		Abbau von Muskelprotein	Störung der Gewichtsentwicklung

[1] AST: Aspartataminotransferase; GGT: Gammaglutamyltransferase; GLDH: Glutamatdehydrogenase
[2] auslösende Faktoren der Inappetenz unbekannt

dergänge, punktförmige Herde oder auch größere Bezirke von Gewebezerfall und Blutungen zu sehen. Später erscheint die Leber infolge des Nebeneinanders frischer und vernarbter Wandergänge und des dazwischenliegenden Leberparenchyms bunt marmoriert. Die Leber kann vergrößert und die Leberkapsel stellenweise mit Fibrinauflagerungen bedeckt sein. Einige Leberegel wandern von der Leber in die Peritonealhöhle zurück und verursachen dabei kleine, runde und scharfrandige Austrittsöffnungen an der Leberoberfläche. Weiterhin können auftreten: Peritonitis, seröse oder blutige Ergüsse in die Peritonealhöhle, Vergrößerung der Leberlymphknoten sowie Veränderungen in verschiedenen Organen (Lunge, Pankreas usw.).

Phase 3: Besiedlung der Gallengänge durch juvenile und adulte Leberegel Ab der 6. Woche p. i. besiedeln die auf etwa 3–14 mm herangewachsenen Leberegel kleine Gallengänge und wandern mit zunehmender Größe zu ihrem definitiven Ansiedlungsort, den großen Gallengängen. Der Anteil der Wanderstadien im Parenchym nimmt allmählich ab, doch ist bei massivem Befall oder in relativ resistenten Wirten (z. B. Rind) eine längere Persistenz möglich. In dieser Phase findet man einerseits frische und ältere Veränderungen der traumatischen Hepatitis, daneben aber bereits Anzeichen der Cholangitis mit hervortretenden verdickten Gallengängen.

Nach Einwanderung in die Gallenwege wachsen die Parasiten allmählich bis auf 20–30 mm heran und erlangen frühestens nach 8–9 Wochen p. i. die Geschlechtsreife. Im Parenchym verbliebene Leberegel können durch Gewebereaktionen abgekapselt werden (besonders häufig beim Rind). Unter dem Einfluss der Parasiten kommt es zur chronischen Entzündung der Gallengangswand, zur lokalen Einwucherung von Granulationsgewebe in das Lumen und schließlich zur Fibrose der Gallengangswand. Als Ursachen der Cholangitis gelten mechanische Faktoren („Abweiden“ des Epithels durch die Parasiten, Beschädigung der Mukosa durch Integumentstacheln) und chemische Einflüsse [*Fasciola* scheidet Cathepsine (S. 175) und große Mengen von Prolin aus; hohe Konzentrationen von Prolin fördern die für die Bindegewebsbildung wichtige Kollagensynthese]. Durch das Blutsaugen der Leberegel und feine Blutungen in der beschädigten Gallengangswand kommt es zu Blutverlusten. Beim Rind kann es (ab der 16. Woche p. i.) zur hyalinen Entartung des Bindegewebes und zu herdförmigen, mineralischen Ablagerungen kommen, die im weiteren Verlauf zu einer röhrenförmigen Auskleidung des Gallengangs führen, die nach Elimination der Leberegel abgebaut wird. Danach regenerieren Gallengänge und Leberparenchym im Verlauf mehrerer Monate (bis 1½ Jahre).

Makroskopisch weist die Leber in dieser Phase eine mehr oder weniger starke Fibrose oder Zirrhose sowie Verdickungen und z. T. Erweiterungen der Gallengänge auf (▶ **Abb. 10.9**, ▶ **Abb. 10.10**). Beim Rind treten die stark

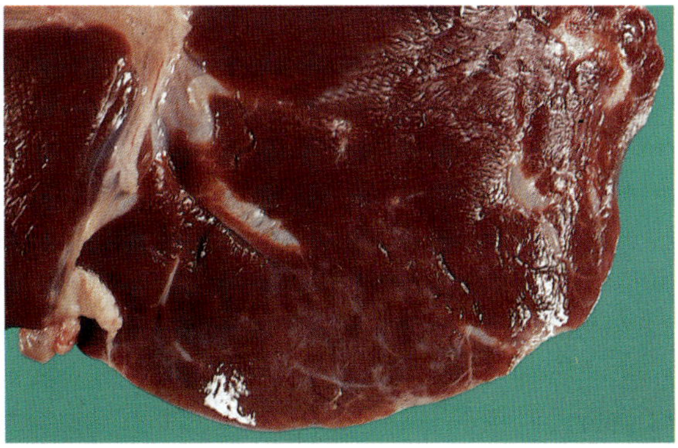

▶ **Abb. 10.9** Leber eines Schafes mit chronischer Fasciolose: verdickte Gallengänge und leichte Fibrose des Leberparenchyms. (Quelle: Institut für Parasitologie, Vetsuisse-Fakultät, Universität Zürich)

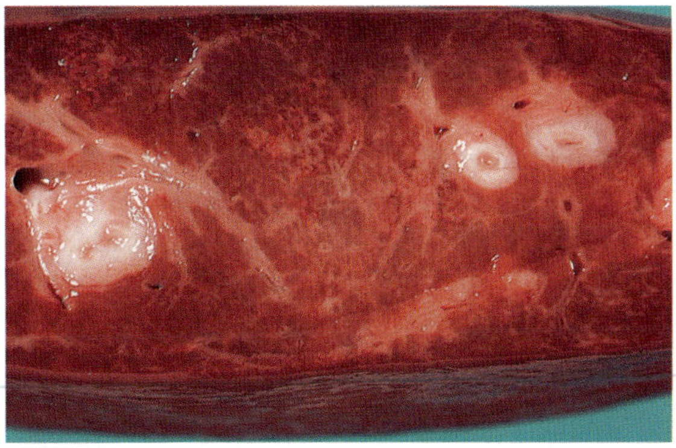

▶ **Abb. 10.10** Anschnitt der Leber eines Rindes mit chronischer Fasciolose: verdickte Gallengänge. (Quelle: Institut für Parasitologie, Vetsuisse-Fakultät, Universität Zürich)

verdickten Gallengänge z. T. als fingerdicke, derbe Stränge hervor. Beim Durchschneiden der Gallengänge verursachen mineralische Ablagerungen ein knirschendes Geräusch. Bei Schaf und Ziege sind die Gallengänge meist weniger stark verdickt, doch weisen sie häufig knotenförmige oder geschlängelte Auftreibungen mit Ansammlungen von Parasiten auf; mineralische Inkrustationen fehlen. Bei Schwein und Pferd sind die Gallengänge meist mäßig verdickt und als lokale, spindel- oder wurstförmige Stränge sichtbar. Bei allen Tierarten kann es durch bakterielle Besiedlung der Gallenwege zu sekundären Entzündungen und zur Abszessbildung kommen.

Während der oben erwähnten Phasen der Infektion werden verschiedene **pathophysiologische Prozesse** ausgelöst, die in ▶ **Tab. 10.2** vereinfacht dargestellt sind. Davon spielen Anämie, Dysproteinämie und Stoffwechselstörungen eine bedeutende Rolle. Die durch innere Blutungen, den Blutverlust in die Gallenwege und den Blutentzug durch die Parasiten verursachte hämorrhagische Anämie ist normozytär und normochrom. Bei längerem Krankheitsverlauf kann sie infolge zunehmender Eisenverluste in eine hypochrome, makrozytäre Anämie übergehen. Die Dysproteinämie wird verursacht durch

Zunahme der γ-Globulin-Konzentration im Serum (infolge antigener Stimulation) und durch Verlust von Albumin (reduzierte Synthese in der Leber und Verlust in den Darm). Störungen im Stoffwechsel (u. a. Albuminsynthese, Kohlenhydratstoffwechsel, Entgiftungsfunktion) sind Folgen der Leberschädigung. Für verminderte Gewichtszunahmen sind u. a. die Inappetenz und der Abbau von Muskelprotein als Kompensation für Proteinverluste in den Darm verantwortlich. Zeichen der Beeinträchtigung des Energiestoffwechsels bei Schafen mit stärkerem *F. hepatica*-Befall (~ 75–245 adulte Parasiten je Tier) sind verminderte Glucose-Spiegel und erhöhte Konzentrationen an β-Hydroxybutyrat im Serum. Letzteres gehört zu den Ketonkörpern und resultiert aus der kompensatorischen Mobilisation freier Fettsäuren.

Resistenz und Immunologie Verschiedene Arten von Endwirten weisen gegen die Infektion mit *F. hepatica* eine natürliche Resistenz auf, die als gering (bei Schaf, Ziege, Kaninchen, Hase), mittelgradig (Rind, Pferd, Rothirsch, Damhirsch, Reh, Mensch) oder hoch (Schwein, Hund, Katze) eingestuft wird. Diese Abstufungen werden z. T. darauf zurückgeführt, dass die Endwirte unterschiedlich ausgeprägte Fähigkeiten haben, Wanderstadien von *Fasciola* durch fibrotische Reaktionen im Leberparenchym abzufangen oder aus den Gallenwegen zu eliminieren. Die dabei beteiligten Mechanismen sind noch unklar. Außer den tierartlichen Eigenschaften spielen für die Effizienz der Resistenz weitere Faktoren eine Rolle, z. B. die Infektionsdosis. So erreichen im Rind nach einer Erstinfektion mit 200–1300 Metacercarien rund 30 % der Parasiten die Gallengänge, bei höheren Infektionsdosen von 2500–15 000 Metacercarien jedoch nur 3 %. Unterschiede der Resistenz können auch zwischen verschiedenen Rassen oder Altersgruppen der gleichen Tierart bestehen (Jungtiere sind anfälliger als ältere).

Schafe Sie sind für *F. hepatica* hochempfänglich und nicht in der Lage, unter natürlichen Infektionsbedingungen eine ausreichende Immunität zu entwickeln. Starke Infektionen führen daher ziemlich häufig zu Erkrankungen und Todesfällen. Überlebende oder weniger stark infizierte Tiere können lange (bis 11 Jahre) Leberegelträger bleiben. Vorhergehende Infektionen können zwar zur Hemmung des Wachstums und der Wanderfähigkeit der aus einer erneuten Infektion stammenden Leberegel führen, doch stimulieren sie keine signifikante Immunität.

Rinder Sie haben eine höhere Resistenz gegen *F. hepatica* als Schafe und vermögen die Infektion etwa 9–26 Monate nach einer Erstinfektion weitgehend zu eliminieren. Nach Erstinfektionen mit hohen Dosen von Metacercarien erwerben Rinder eine erhöhte Widerstandsfähigkeit (60–84 %) gegen Reinfektionen mit *Fasciola*. Unter natürlichen Infektionsbedingungen in Endemiegebieten ist aber die Immunität oft wenig ausgeprägt. Daher sind leichte Neuinfektionen möglich, auch bei älteren Tieren.

Die Immunität bei chronischer Fasciolose ist durch eine Dominanz von Th_2-assozierten Reaktionen bei gleichzeitiger Hemmung von Th_1-Zellaktivitäten gekennzeichnet. Ähnlich wie andere Parasiten hat auch *F. hepatica* Mechanismen der Immunevasion entwickelt, z. B. die Änderung von Antigenen im Integument während verschiedener Entwicklungsstadien oder die Fähigkeit zur enzymatischen Spaltung von Immunglobulinen, die an cytotoxischen, gegen den Parasiten gerichteten Wirtsreaktionen beteiligt sind.

Krankheitsbild und Schadwirkung Bei geringer Befallsstärke können alle Phasen der Infektion asymptomatisch verlaufen. Bei stärkerem Befall manifestiert sich die Infektion als akute, subakute oder chronische Fasciolose (▸ Tab. 10.3).

F. hepatica ist ein wirtschaftlich bedeutsamer Parasit, der bei starkem Befall schwere Erkrankungen und Todesfälle (▸ Abb. 10.11) verursacht, Letztere besonders bei Schafen und Ziegen. Geringere Befallsintensitäten können bei Rindern und Kleinwiederkäuern zu chronischen Erkrankungen und Leistungsminderungen (Milch, Fleisch und Wolle) führen. Mit *F. hepatica* befallene Lebern sind genussuntauglich. Nach Erhebungen in Belgien wird die chronische Fasciolose in Rinderbeständen dann als produktionsmindernd angesehen, wenn mindestens 25 % der Tiere einer Herde infiziert sind und die Befallsstärke je Rind mindestens 10 Leberegel beträgt. Unter diesen Voraussetzungen wurden die jährlichen Verluste auf € 30 je Milchkuh geschätzt. Bei Einbezug **aller** infizierter Rinder (unabhängig von der Befallsstärke) ergaben Berechnungen in der Schweiz jährliche Verluste von € 299 je Tier. In Deutschland wurden als Median der durch *F. hepatica* auf Milchviehbetrieben verursachten jährlichen Schäden ca. € 565 berechnet. Weltweit werden die von der Fasciolose verursachten Verluste in der Tierproduktion auf jährlich 2 Mrd. US$ geschätzt.

▸ **Abb. 10.11** Schaf mit Fasciolose: deutliches Kehlgangsödem. (Quelle: Institut für Parasitologie, Vetsuisse-Fakultät, Universität Zürich)

Diagnose Intravitaldiagnose: Mittel der Wahl während der **Patenz** ist das Sedimentationsverfahren (S. 548), das bei Eizahlen von 10–20 EpG eine hohe methodische Sensitivität (nahe 100 %) besitzt. Da die EpG-Werte oft niedriger sind und zudem erheblichen Schwankungen unterliegen, ist bei der einmaligen Einzeltieruntersuchung mit einer geringen diagnostischen Sensitivität zu rechnen (z. B. beim Rind 55–80 %). Eine Steigerung der Sensitivität auf ca. 90 % ist durch Verwendung von 10 g Kot je Probe und Untersuchung von 3 Proben je Tier möglich. Da die Fasciolose meist ein Herdenproblem ist, lässt sich i. d. R. eine verlässliche Diagnose durch einmalige (oder wiederholte) Kotuntersuchungen bei einer adäquaten Tierzahl stellen. Im Weiteren ist der serologische Nachweis spezifischer Antikörper im Blut- oder Milchserum mittels ELISA möglich. Da diese im Serum von Rindern und Schafen je nach Infektionsdosis ab etwa 2–7 Wochen p. i. auftreten, kann ihr Nachweis auch bereits in der Präpatenz erfolgen. Der Antikörper-ELISA ist bei Verwendung von Sammelmilchproben auch zur **Herdendiagnostik** geeignet, wenn ca. 20 % der Tiere einer Herde seropositiv sind. Kommerziell erhältliche Tests zum Antikörpernachweis in der Milch (Pourquier® ELISA Fasciolasis Serum Milk oder SVANOVIR® *F. hepatica* Ab-ELISA) ergaben mittlere Sensitivitäten und Spezifitäten von gut 80 %. Beim Antikörpernachweis ist jedoch zu beachten, dass diese auch nach überstandener Infektion über viele Monate persistieren; nach erfolgreicher Chemotherapie ist z. B. beim Rind mit einer Antikörperpersistenz von 8 Monaten zu rechnen. Mittels Kopro-Antigen-Nachweis ist patenter und präpatenter *Fasciola*-Befall (beim Schaf 1–5 Wochen vor Beginn der Eiausscheidung) ebenfalls mit hoher Sensitivität und Spezifität (> 90 %) diagnostizierbar.

Die **subakute Fasciolose** geht oft mit einer geringen Eiausscheidung einher, bei der akuten Form fehlt sie. Auch beim ***Fasciola*-Befall von Pferden** und **Schweinen** bleibt die Ausscheidung von Eiern häufig gering oder sie fehlt ganz. Für diese Tierarten stehen gegenwärtig keine etablierten serologischen Nachweisverfahren zur Verfügung.

Zur Diagnose der Fasciolose liefern **Blutparameter** wichtige Hinweise, vor allem erhöhte Leberenzymwerte (AST und GLDH bei akuter und subakuter, GGT bei chronischer Fasciolose) sowie Eosinophilie, Anämie und Hypalbuminämie.

▸ **Tab. 10.3** Formen der Fasciolose des Rindes und Schafes.

Parameter	**Formen der Fasciolose**		
	akut	**subakut**	**chronisch**
betroffene Tierarten	Schaf, sehr selten Rind	Schaf, selten Rind	Schaf und Rind (häufigste Form)
bevorzugtes Auftreten in Mitteleuropa	September–November Schaf: ca. 4–7 Wo. p. i.	Oktober–Dezember Schaf: ca. 7–12 Wo. p. i.	Dezember–April Schaf: > 12 Wo. p. i.
klinische Symptome	Schwäche, Abdominalschmerzen, blasse Schleimhäute, plötzliche Todesfälle	Inappetenz, Leistungsminderung (Milch, Fleisch, Wolle), rascher oder schleichender Gewichtsverlust, blasse Schleimhäute, subkutane Ödeme (häufig submandibulär, vor allem bei subakuter Fasciolose des Schafes)	
Krankheitsdauer	wenige Tage	einige Wochen	Wochen bis Monate
Laborbefunde			
• Anämie	normochrom, normozytär oder fehlend	normochrom, normozytär bis hypochrom und makrozytär, z. T. fehlend	
• Hypalbuminämie	+	+	+ in mittelgradigen und schweren Fällen
• Eosinophilie	+	+	±
• Leberenzyme im Serum	erhöht	erhöht	i. d. R. normal oder GGT[2] erhöht
Pathologie der Leber	Wandergänge von *Fasciola* im Parenchym, Blutungen, Fibrinauflagerungen, Peritonitis	Wandergänge im Parenchym, verdickte Gallengänge, Fibrose	Fibrose und Zirrhose, verdickte Gallengänge, beim Rind mit mineralischen Einlagerungen
parasitologische Befunde			
• Parasiten-Stadien: ungefähre Zahl und Lokalisation[1]	Juvenile im Leberparenchym:	Juvenile im Leberparenchym und Adulte in Gallengängen:	Adulte in Gallengängen (evtl. wenige Stadien im Parenchym):
	Schaf: > 1500	Schaf: > 800–1500	Schaf: < 100
	Rind: > 4000	Rind: 2000–4000	Rind: < 250
• Eier im Kot	keine	vorhanden	vorhanden

[1] die Angaben zur Parasitenzahl beruhen auf experimentellen Studien und sind als ungefähre Befallsintensitäten zu verstehen, die klinisch manifeste Erkrankungen auslösen; geringere Befallsintensitäten können subklinische Veränderungen verursachen (z. B. Anämie) und auch zu Leistungseinbußen führen

[2] GGT: Gammaglutamyltransferase

Postmortaldiagnose: Beurteilung der Leberveränderungen, Anschneiden und Auspressen von Gallengängen und des Leberparenchyms zum Nachweis adulter oder juveniler Leberegel, Untersuchung des Sediments der Galle auf *Fasciola*-Eier. Die routinemäßige Schlachttieruntersuchung erfasst beim Rind nur rund 60 % der mit *F. hepatica* befallenen Lebern.

Therapie Zur Behandlung der Fasciolose stehen verschiedene Medikamente (z. T. lediglich als Kombinationspräparate) zur Verfügung, bei deren Anwendung die unterschiedliche Wirksamkeit auf juvenile und adulte Stadien zu berücksichtigen ist (▸ **Tab. 23.2**). Als Standardpräparat ist Triclabendazol anzusehen, da es gegen juvenile und adulte *Fasciola*-Stadien hochwirksam ist (Schaf: 10 mg/kg KG p. o., Rind: 12 mg/kg KG p. o.). In einigen Ländern sind bei *F. hepatica*-Stämmen aus Schafen Resistenzen gegen Fasciolizide (u. a. Rafoxanid, Closantel und Triclabendazol) festgestellt worden (z. B. Triclabendazol-Resistenz in UK, NL). Für Deutschland gibt es hierzu aktuell keine Studien. Bei allen Fasciolziden sind Wartezeiten oder andere Anwendungsbeschränkungen zu beachten (▸ **Tab. 23.2**, ▸ **Tab. 23.5**).

Bekämpfung Die planmäßige Bekämpfung der Fasciolose (S. 602) erfolgt im Rahmen integrierter Programme durch Infektionsprophylaxe in Verbindung mit strategischen anthelminthischen Behandlungen (Metaphylaxe) der Leberegelträger zu epidemiologisch sinnvollen Zeitpunkten unter Berücksichtigung der Laktationsperiode.

Zoonotische Bedeutung Aus vielen Regionen aller Kontinente liegen Berichte über sporadischen oder endemischen Befall des Menschen mit *F. hepatica* vor (im Norden Boliviens lokale Prävalenzen von > 70 %). Weltweit wird die Zahl der infizierten Menschen auf 2,4–17 Mio. geschätzt. In Europa sind aus neuerer Zeit > 5000 Fälle aus 19 Ländern bekannt, vor allem aus Frankreich, Portugal und Spanien. In Asien und Afrika wird bei Menschen auch *F. gigantica*-Befall nachgewiesen. Die Ansteckung des Menschen erfolgt durch Aufnahme von Metacercarien, die an kontaminierten Pflanzen haften (z. B. Wasserkresse, Gemüse) oder mit Wasser (Schwimmcysten). Experimentell ließen sich Schweine auch durch Verabreichung frischer Leber, die juvenile Stadien von *F. hepatica* enthielt, infizieren. Die Infektion verläuft beim Menschen subklinisch oder, ähnlich wie bei Wiederkäuerwirten, akut (Fieber, Leibschmerzen, Leberschwellung) oder chronisch (Cholangitis, Cholecystitis). Todesfälle sind selten. Diagnostische Möglichkeiten sind koproskopischer Einachweis (nach Ablauf der Präpatenz von 2–4 Monaten), serologische Untersuchung und bildgebende Verfahren.

Familie Echinostomatidae

Echinos (gr.): Stachel, Igel; *stoma* (gr.): Mund. Bezug auf Stachelkränze um den Mundsaugnapf.

Das Wichtigste in Kürze

- Die Adulten dieser Familie parasitieren im Darm von Amphibien, Reptilien, Vögeln, Säugetieren und Menschen.
- Ihr Integument ist häufig bestachelt, um den Mundsaugnapf sind kragenartig Stacheln angeordnet (▸ **Abb. 10.12**).
- Erste Zwischenwirte sind Schnecken, 2. Zwischenwirte Invertebraten oder Vertebraten. Die Echinostomatidae sind vor allem bei Wasservögeln von praktischer Bedeutung.

Die in ▸ **Tab. 10.4** aufgeführten Arten der Gattungen ***Echinostoma*** und ***Hypoderaeum*** sind Erreger der Echinostomatidose der Vögel. Sie spielt vor allem eine Rolle bei der Freilandhaltung von Wassergeflügel, das sich durch Verzehr Metacercarien-haltiger Wasserschnecken oder anderer Zwischenwirte infiziert. Auch Tauben und Hühner verzehren gelegentlich am Rande stehender Gewässer oder auf feuchtem Gelände Wasserschnecken und können sich so infizieren. Bei stärkerem Befall verursachen die Echinostomatiden katarrhalische oder hämorrhagische Darmentzündungen, Durchfall und Abmagerung, bei Massenbefall auch Todesfälle. Die Diagnose erfolgt gewöhnlich durch Parasitennachweis bei der Sektion. Flubendazol und Praziquantel sind nach einigen Berichten wirksam. ***Isthmiophora melis*** (Syn. *Euparyphium melis*) wurde in Norddeutschland bei rund 1 % der Füchse und Katzen sowie bei 32 % von 74 Marderhunden (*Nyctereutes procyonoides*) gefunden.

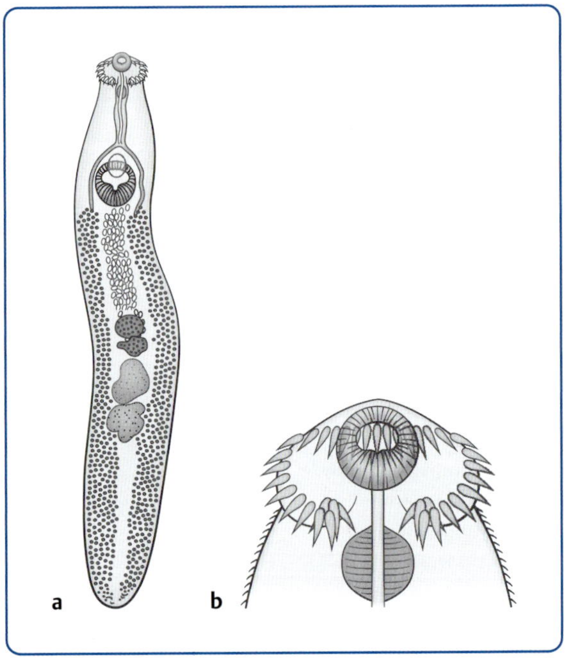

▸ **Abb. 10.12** **a** *Echinostoma revolutum*; **b** *E. revolutum*: Vorderende mit Stachelkranz. (Grafik: Anne Seeger, Vetsuisse-Fakultät, Universität Zürich, basiert auf Daten aus: Kotlan A. Helminthologie, Akademiai Kiado, Budapest: 1960.)

▶ **Tab. 10.4** Arten (Auswahl) der Familie Echinostomatidae.[1]

Art, Größe, Verbreitung (V)	Zwischenwirte (ZW)	Endwirte	Hauptsitz der Adulten
Echinostoma revolutum[2] 6,5–30 × 0,6–1,6 mm V: Europa, Asien	1. ZW: Süßwasserschnecken: Lymnaeiden: *L. palustris, L. stagnalis, Galba truncatula* 2. ZW: Süßwasserschnecken: Physidae, Planorbidae	Ente, Gans, Taube, Huhn, Truthuhn	Ileum, Caeca, Rectum
Echinoparyphium recurvatum[2] 1,5–4,5 × 0,7 mm V: kosmopolitisch	1. ZW: Süßwasserschnecken: *Lymnaea, Physa, Planorbis* u. a. 2. ZW: Süßwasserschnecken, Frösche	Ente, Gans, andere Wasservögel, selten Hühnervögel, Taube	Dünndarm
Hypoderaeum conoideum[2] 12 × 2 mm V: Europa, Afrika, Asien, Nordamerika	1. ZW: Süßwasserschnecken: *Lymnaea stagnalis* u. a. 2. ZW: Süßwasserschnecken, Frösche, Blutegel	Ente, Gans, andere Wasservögel, Huhn, Taube	Dünndarm
Isthmiophora melis[2] 2,4 × 11 × 0,7–1,6 V: holarktisch	1. ZW: Süßwasserschnecken: *Lymnaea stagnalis* u. a. 2. ZW: Amphibien, Fische	Musteliden, Fuchs, Igel, Hund, Katze, Schwein u. a.	Dünndarm

[1] Angaben ohne Anspruch auf Vollständigkeit
[2] in Mitteleuropa vorkommende Arten

Zusatzinformation

Einige Vertreter der Familie der Fasciolidae sind als Verursacher von Erkrankungen bei Tieren (und auch beim Menschen) in den Tropen oder lokal als Parasiten von Wildungulaten in Mitteleuropa von Bedeutung.

Fasciola gigantica (Riesenleberegel; engl.: *large liver fluke*) ist der Erreger der **tropischen Fasciolose**, einer auf die (Sub-)Tropen beschränkten, regional häufigen **Zoonose** (S. 172). *F. gigantica* ähnelt *F. hepatica*, ist jedoch länger (24–75 mm) und relativ schmal (5–12 mm). Die Eier entsprechen morphologisch denen von *F. hepatica*, sind aber i. d. R. größer (150–190 × 90–100 µm). Innerhalb der Art *F. gigantica* existieren verschiedene Stämme mit etwas abweichenden biologischen Eigenschaften. Endwirte sind vor allem Rind und Büffel, an die der Parasit besonders gut angepasst ist, aber auch Schaf, Ziege, Pferd, Esel, Kamel und andere Herbivoren. Auch Menschen werden gelegentlich befallen. Der Entwicklungszyklus entspricht im Prinzip dem von *F. hepatica*. Epidemiologisch bedeutsame Zwischenwirte sind verschiedene Unterarten des *Radix* (Syn. *Lymnaea*) *auricularia*-Komplexes (u. a. *Radix auricularia, R. natalensis, R. rufescens*). Diese Wasserschnecken leben in stehendem oder langsam fließendem, sauerstoffreichem Süßwasser, z. B. in Seen, den Uferbezirken von Flüssen oder häufig auch auf bewässerten Reisfeldern. Schwimmcysten entstehen häufiger und scheinen für die Infektion von Endwirten eine größere Rolle zu spielen als bei *F. hepatica*. Das Infektionsrisiko für Endwirte schwankt in den meisten Habitaten im Verlauf des Jahres abhängig von Regen- und Trockenzeiten. Vorkommen in subtropischen und tropischen Gebieten Afrikas (vor allem südlich der Sahara) und Asiens (Gürtel von der TR durch das südliche Asien bis zu Philippinen und Indonesien), z. T. mit Endemiegebieten von *F. hepatica* überschneidend. Die tropische Fasciolose gilt regional als wichtigste Helminthose der Rinder und Wasserbüffel mit Prävalenzen um 90 %. Veränderungen und Verlaufsformen der tropischen Fasciolose ähneln denen bei *F. hepatica*-Befall. Stärkerer Befall mit *F. gigantica* äußert sich in Inappetenz, Gewichtsverlust, Anämie, Durchfall und Ödembildung. Im Gegensatz zu *F. hepatica* induziert eine Primärinfektion mit *F. gigantica* bei Schafen und Ziegen eine erhebliche Schutzwirkung gegen erneute Infektionen. Daher dürften die Aussichten auf eine Entwicklung einer Vakzine bei *F. gigantica* günstiger sein als bei *F. hepatica*. Diagnose durch koproskopischen Nachweis von Eiern mit dem Sedimentationsverfahren. Die Bekämpfungsstrategien sind ähnlich wie bei *F. hepatica*-Befall. Bei Schafen und Rindern ist Triclabendazol (10 mg/kg KG bzw. 12 mg/kg KG p. o.) gegen juvenile und adulte *F. gigantica* hochwirksam, bei Büffeln jedoch nur in erhöhter Dosis (24 mg/kg KG). In Abhängigkeit von der Dosis und dem Alter der Infektion sind u. a. auch Clorsulon und Closantel wirksam oder teilwirksam (▶ **Tab. 23.2**).

Fascioloides magna (Großer Amerikanischer Leberegel; engl.: *large American liver fluke*) ist der größte Vertreter der Leberegel (Adulte etwa 70–100 mm lang und 30–40 mm breit). Er ist in Nordamerika regional ein häufiger Parasit von Cerviden, u. a. von Wapiti (*Cervus elaphus*), Weißwedelhirsch (*Odocoileus virginianus*) und Karibu (*Rangifer tarandus caribou*), in denen der Parasit die Geschlechtsreife erlangt. In Endemiegebieten können sich auch andere Wildwiederkäuer (Elch, Bison) oder Hauswiederkäuer (Rind, Schaf) infizieren, doch wird der Parasit in diesen Wirten meist nicht geschlechtsreif. Wahrscheinlich mit amerikanischen Cerviden nach Europa eingeschleppt, ist *F. magna* in manchen Gebieten beim Reh-, Rot- oder Damwild (frei lebend oder in Gehegen gehalten) in Europa mittlerweile endemisch, vor allem in Tschechien, der Slowakei, Österreich, Ungarn, Kroatien, Deutschland und Italien. Die Entwicklung ist der von *F. hepatica* ähnlich. Zwischenwirte sind Schnecken der Familie Lymnaeidae, in Europa *Galba truncatula*. Im Endwirt wandern die Parasiten vom Darm über die Peritonealhöhle in die Leber, gelegentlich auch in andere Organe. Bei den als natürliche Wirte dienenden Cerviden werden die juvenilen Stadien von *F. magna* nach einer Migrationsphase im Leberparenchym in etwa walnussgroße, dünnwandige Cysten eingeschlossen, in denen die Parasiten die Geschlechtsreife erlangen. Da die Cysten mit den Gallenwegen in offener Verbindung stehen, ist eine Ausscheidung der Eier in die Außenwelt möglich. Dagegen werden die Parasiten bei Boviden i. d. R. in dickwandige Kapseln völlig eingeschlossen. Bei Schafen und Ziegen wandern die Juvenilstadien ständig im Leberparenchym umher und verursachen dadurch starke Leberschäden, induzieren aber selten die Bildung dünnwandiger Kapseln. Zur Therapie werden Triclabendazol oder Closantel eingesetzt, z. T. in erhöhter Dosis (► **Tab. 23.2**).

Parafasciolopsis fasciolaemorpha (Elchleberegel) ist als Adulter lanzettförmig, mit gut ausgebildetem Kopfkonus, nur etwa 3–7 × 1,0–2,5 mm groß (► **Abb. 10.13**). Eier bräunlich, 120–130 × 80–84 µm. Entwicklung wie bei anderen Fascioliden, aber mit Posthornschnecken (*Planorbarius corneus*) als Zwischenwirten. Infektion der Endwirte durch an Pflanzen anhaftende oder frei schwimmende Metacercarien; die Juvenilstadien siedeln sich zunächst im Dünndarm an, entwickeln sich dort bis zu präadulten oder geschlechtsreifen Stadien und wandern erst dann über den Ductus choledochus in die Gallenblase und die Gallengänge ein. Gelegentlich erfolgt auch eine Einwanderung in die Pankreasgänge. Als ursprünglicher Wirt gilt der Elch (*Alces alces*), bei dem der Parasit eine chronische Gallengangsentzündung mit mineralischen Einlagerungen hervorruft. Natürlicher Befall mit dem Elchleberegel kommt auch bei Reh, Rotwild, Wisent und Schaf vor; Rind und Kaninchen erwiesen sich im Experiment als empfänglich. Massenbefall kann u. a. bei Elchen und Schafen schwere Leberveränderungen und Todesfälle verursachen. Vorkommen: östliches und südöstliches Europa (PL, RU, HU, westliche Balkanländer).

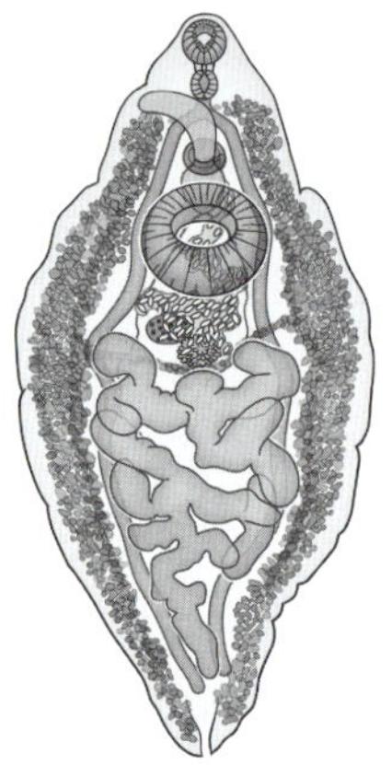

► **Abb. 10.13** *Parafasciolopsis* sp. (Grafik: Anne Seeger, Vetsuisse-Fakultät, Universität Zürich; nach Skrjabin, K. I. (1948): Osnowy Trematodologii. Trematodi Shiwotnich i Tscheloweka. Tom II. Isdalestwo Akademii Nauk SSSR, Moskwa)

Literaturhinweise

Bennema S, Vercruysse J, Claerebout E et al. The use of bulk-tank milk ELISAs to assess the spatial distribution of *Fasciola hepatica*, *Ostertagia ostertagi* and *Dictyocaulus viviparus* in dairy cattle in Flanders (Belgium). Vet Parasitol 2009; 165: 51–57

Bennema SC, Ducheyne E, Vercruysse J et al. Relative importance of management, meteorological and environmental factors in the spatial distribution of *Fasciola hepatica* in dairy cattle in a temperate climate zone. Int J Parasitol 2011; 41: 225–233

Charlier J, Bennema SC, Caron Y et al. Towards assessing fine-scale indicators for the spatial transmission risk of *Fasciola hepatica* in cattle. Geospat Health 2011; 5: 239–245

Charlier J, Vercruysse J, Morgan E et al. Recent advances in the diagnosis, impact on production and prediction of *Fasciola hepatica* in cattle. Parasitology 2014; 141: 326–335

Duscher R, Duscher G, Hofer J et al. *Fasciola hepatica* – monitoring the milky way? The use of tank milk for liver fluke monitoring in dairy herds as base for treatment strategies. Vet Parasitol 2011; 178: 273–278

Flynn RJ, Mulcahy G, Elsheikha HM. Coordinating innate and adaptive immunity in *Fasciola hepatica* infection: implications for control. Vet Parasitol 2010; 169: 235–240

Forbes AB, Reddick D, Stear MJ. Efficacy of treatment of cattle for liver fluke at housing: influence of differences in flukicidal activity against juvenile *Fasciola hepatica*. Vet Rec 2014; 176: 333

Gordon DK, Zadoks RN, Stevenson H et al. On farm evaluation of the coproantigen ELISA and coproantigen reduction test in Scottish sheep naturally infected with *Fasciola hepatica*. Vet Parasitol 2012; 187: 436–444

Knubben-Schweizer G, Torgerson PR. Bovine fasciolosis: control strategies based on the location of *Galba truncatula* habitats on farms. Vet Parasitol 2015; 208: 77–83

Knubben-Schweizer G, Rüegg S, Torgerson P et al. Control of bovine fasciolosis in dairy cattle in Switzerland with emphasis on pasture management. Vet J 2010; 186: 188–191

Köstenberger K, Tichy A, Bauer K et al. Associations between fasciolosis and milk production, and the impact of anthelmintic treatment in dairy herds. Parasitol Res 2017; 116: 1981–1987

Králová-Hromadová I, Bazsalovicsová E, Stefka J et al. Multiple origins of European populations of the giant liver fluke Fascioloides magna (Trematoda: Fasciolidae), a liver parasite of ruminants. Int J Parasitol 2011; 41: 373–383

Kürpick B, Conraths FJ, Staubach C et al. Seroprevalence and GIS-supported risk factor analysis of *Fasciola hepatica*-infections in dairy herds in Germany. Parasitology 2013; 140: 1051–1060

Mas-Coma S, Bargues MD, Valero MA. Fasioliasis and other plant-borne trematode zoonoses. Int J Parasitol 2005; 35: 1255–1278

Novobilský A, Engström A, Sollenberg S et al. Transmission patterns of *Fasciola hepatica* to ruminants in Sweden. Vet Parasitol 2014; 203: 276–286

Palmer DG, Lyon J, Palmer MA et al. Evaluation of a copro-antigen ELISA to detect *Fasciola hepatica* infection in sheep, cattle and horses. Aust Vet J 2014; 92: 357–361

Rapsch C, Schweizer G, Grimm F et al. Estimating the true prevalence of *Fasciola hepatica* in cattle slaughtered in Switzerland in the absence of an absolute diagnostic test. Int J Parasitol 2006; 36: 1153–1158

Sattmann H, Hörweg C, Gaub L et al. Wherefrom and whereabouts of an alien: the American liver fluke *Fascioloides magna* in Austria: an overview. Wien Klin Wochenschr 2014; 126(Suppl 1): S 23–31

Schweizer G, Braun U, Deplazes P et al. Estimating the financial losses due to bovine fasciolosis in Switzerland. Vet Rec 2005; 157: 188–193

10.1.3 Ordnung Amphistomida

Amphi (gr.): auf beiden Seiten; *stoma* (gr.): Mund. Bezug auf die lochförmigen Vertiefungen an Mund und Acetabulum.

Das Wichtigste in Kürze

- **Erreger.** Amphistomida sind Trematoden mit meist birnenförmigem oder konischem Körper, an dem der Bauchsaugnapf an das Hinterende verschoben ist. Zahlreiche Arten parasitieren in Fischen, Amphibien, Reptilien, Vögeln und Säugern. In Europa sind mehrere Arten von Interesse, die im Adultstadium im Pansen von Wiederkäuern leben („Pansenegel"), z. B. *Calicophoron daubneyi* und *Paramphistomum cervi*.
- **Entwicklung.** Heteroxener Zyklus mit Wasserschnecken (Planorbidae, Lymnaeidae) als Zwischenwirten. Infektion der Endwirte durch Aufnahme encystierter Metacercarien. Die Juvenilstadien siedeln sich zunächst im Dünndarm an und wandern danach in den Pansen ein.
- **Pathogenese, Krankheitsbild.** Schadwirkungen werden bei starkem Befall durch die Juvenilstadien im Darm verursacht, sie treten aber unter mitteleuropäischen Infektionsbedingungen lediglich regional in Erscheinung.
- **Diagnose, Therapie.** Koproskopischer Einachweis (Sedimentationsverfahren). Therapie s. u.

Die Amphistomida haben mehrheitlich eine birnenartige oder konische Körperform. Der Mundsaugnapf ist durch einen kräftigen Pharynx ersetzt, der ventrale Saugnapf (Acetabulum) befindet sich am Hinterende und ist meist stark entwickelt (▸ Abb. 10.14). In Mitteleuropa kommen bei Haus- und Wildwiederkäuern mehrere Arten der Familie Paramphistomidae vor, u. a. *Calicophoron daubneyi* (Syn. *Paramphistomum daubneyi*), *Paramphistomum cervi*, *P. ichikawai* und *P. microbothrium* (Syn. *Calicophoron microbothrium*). Da diese Parasiten im Adultstadium im Pansen leben, werden sie als „Pansenegel" bezeichnet (▸ Tab. 10.5).

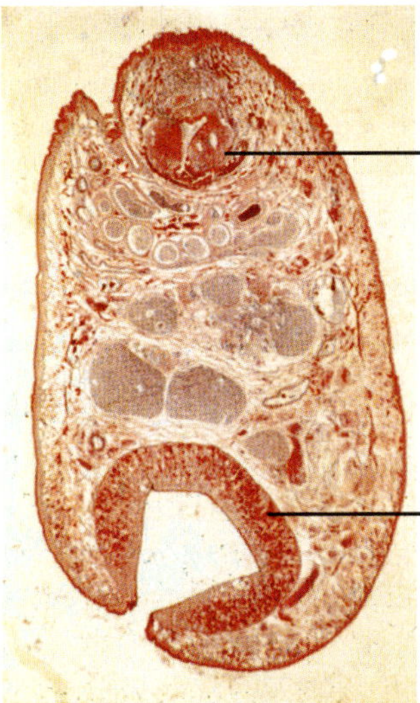

▸ **Abb. 10.14** *Paramphistomum* sp.: histologischer Sagittalschnitt. (Quelle: Institut für Parasitologie, Vetsuisse-Fakultät, Universität Zürich)

In verschiedenen Gebieten, vor allem in warmen Ländern, sind weitere Arten der Pansenegel heimisch, u. a. aus den Gattungen *Paramphistomum, Cotylophoron, Calicophoron, Gastrothylax* und *Fischoederius*. Zur Familie Gastrodiscidae gehören die Dickdarmparasiten *Gastrodiscus aegyptiacus* (Caecum und Colon von Equiden in Afrika) und *Gastrodiscoides hominis* (Caecum und Colon von Schwein und Mensch in Asien).

Familie Paramphistomidae (Pansenegel)

Para- (gr.): bei, neben; *amphi* (gr.): beide, zwei; *stoma* (gr.): Mund. Engl.: *rumen flukes*.

Gattungen *Calicophoron* und *Paramphistomum*

Praxis
Erreger der **Paramphistomidose**, die in Mitteleuropa meist unauffällig ist. Bei Massenbefall des Pansens, besonders bei Jungtieren, ist eine Leistungsminderung möglich.

Erreger Pansenegel sind im Adultstadium 3–12 mm lang, 2–6,5 mm breit und birnenförmig, mit großem Acetabulum und auffallend rötlicher Färbung (hervorgerufen durch parasiteneigenes Hämoglobin) (▸ **Abb. 10.15**, ▸ **Abb. 10.16**). Die Artidentifikation der Pansenegel ist

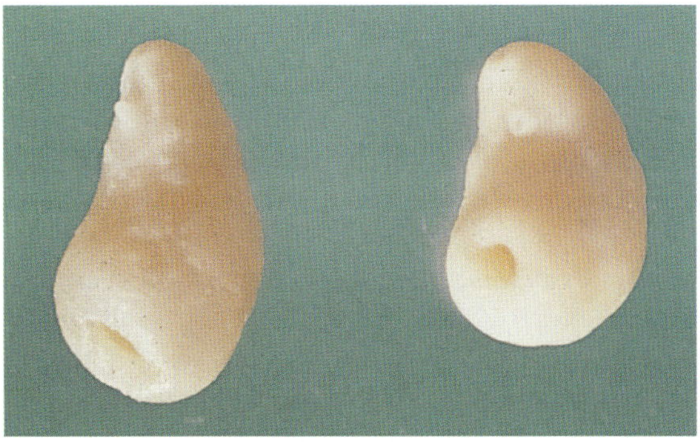

▸ **Abb. 10.15** *Paramphistomum* sp. aus einem Rind; Länge ca. 11 mm. (Quelle: Institut für Parasitologie, Vetsuisse-Fakultät, Universität Zürich)

▸ **Abb. 10.16** *Paramphistomum* sp. im Pansen von einem Wisent. (Quelle: Institut für Parasitologie, Vetsuisse-Fakultät, Universität Zürich)

▸ **Tab. 10.5** Arten (Auswahl) der Familie Paramphistomidae.[1]

Art, Größe, Verbreitung (V)	Zwischenwirte (Süßwasserschnecken)	Endwirte	Hauptsitz der Adulten
Calicophoron (Syn. ***Paramphistomum***) ***daubneyi***[2] (Pansenegel) 3–11 × 2–6 mm V: Europa, Afrika	Lymnaeiidae: *Galba truncatula, Omphiscola glabra* u. a.	Rind, Büffel, Schaf, Wildwiederkäuer	Pansen
Paramphistomum cervi[2] (Pansenegel) 5–15 × 2–4,5 mm V: Europa, Nordamerika, Asien	Planorbidae: *Planorbis planorbis, Anisus vortex* u. a.	Rind, Büffel, Schaf, Ziege, Wildwiederkäuer (Rot- u. Damwild, Reh, Wisent u. a.)	Pansen
Paramphistomum ichikawai[2] (Pansenegel) 5–7 × 2–3 mm V: Europa, RU, Australien	Planorbidae: *Anisus* spp. u. a.	Rind, Schaf, Wildwiederkäuer	Pansen
Explanatum (Syn. ***Gigantocotyle***) ***explanatum*** 8–13 × 3,5–6 mm V: Mittel- u. Ostasien, Afrika, Karibik	Planorbidae: *Gyraulus* sp.	Rind, Büffel, Wildwiederkäuer	Gallengänge, Gallenblase

[1] Angaben ohne Anspruch auf Vollständigkeit
[2] in Mitteleuropa vorkommende Arten

schwierig und an Sagittalschnitten anhand der Morphologie der inneren Organe und des Acetabulums möglich. Eier: oval, mit Operculum, groß (100–190 × 50–115 µm), ähnlich wie Eier von *Fasciola hepatica*, aber fast farblos und grundsätzlich größer.

Entwicklung Die von Endwirten (▸ **Tab. 10.5**) im Kot ausgeschiedenen Eier sind gegen Austrocknung empfindlich, können aber in feuchter Umgebung monatelang überleben, besonders bei niederen Temperaturen (bei + 10 °C etwa 6 Monate). In den Eiern entwickeln sich in wässrigem Milieu bei Temperaturen zwischen 15–25 °C in etwa 3 Wochen Miracidien, die aus der Eihülle schlüpfen und in Zwischenwirtsschnecken eindringen. Bei *Calicophoron daubneyi* sind dies Lymnaeiidae, in Mitteleuropa vorrangig die auch dem Großen Leberegel *Fasciola hepatica* als Zwischenwirt dienende Art *Galba truncatula*. *Paramphistomum*-Arten nutzen hingegen Tellerschnecken (Planorbidae) (▸ **Abb. 10.17**) als Zwischenwirte, in welchen die Entwicklung bis zu den Cercarien stattfindet. Die aus den Schnecken schlüpfenden Cercarien encystieren sich an Pflanzen zu Metacercarien (Durchmesser etwa 200–250 µm), die bald die Infektionsreife erlangen und bei genügender Feuchtigkeit 3–5 Monate lebensfähig bleiben können, aber bei Trockenheit (z. B. Heutrocknung) rasch zugrunde gehen.

Endwirte infizieren sich durch Aufnahme infektiöser Metacercarien mit dem Futter. Die im Dünndarm ausschlüpfenden jungen Pansenegel siedeln sich zunächst für 1½–2 Monate im Duodenum an, wachsen dort auf 1–3 mm lange Stadien heran und wandern dann in den Pansen ein, wo sie sich mit dem Acetabulum an den Pansenzotten festheften. Präpatenz bei Rind und Schaf 3–3½ Monate, beim Reh etwas kürzer. Bei starkem Befall können die juvenilen Stadien einige Monate im Dünndarm persistieren.

▸ **Abb. 10.17** Gehäuse von *Planorbis* sp. (Durchmesser ca. 24 mm). (Quelle: Institut für Parasitologie, Vetsuisse-Fakultät, Universität Zürich)

Vorkommen und Epidemiologie Seit einigen Jahren ist in Europa ein deutlicher Anstieg des zuvor seltenen Befalls mit Pansenegeln zu verzeichnen. Prävalenzen bei Rindern betragen 6–36 % in Spanien, 20 % in Frankreich und 52–100 % in Irland, bei Schafen in Irland 14–77 % sowie bei Ziegen in Frankreich 58 %. Einhergehend mit dem gehäuften Nachweis hat *Calicophoron daubneyi* wesentliche Bedeutung erlangt und ist vor *Paramphistomum cervi* die häufigste Pansenegelart bei Hauswiederkäuern. Auch in Deutschland ist *C. daubneyi* mittlerweile die am häufigsten nachgewiesene Art. In Frankreich, wo auch *P. daubneyi* vorkommt, schieden 1997/98 von 465 Rindern 18 % *Paramphistomum*-Eier aus. Die amphibischen Zwischenwirtschnecken leben in Gräben, Bächen, Teichen und Flüssen, aber auch in sumpfigen Gebieten. *G. truncatula* findet sich darüber hinaus auch in Sekundärhabitaten wie Wagenspuren, Trittsiegeln von Weidetieren oder Feuchtstellen um Weidetränken. Larvalstadien können in den Schnecken überwintern. Vermutlich schwärmen die Cercarien vor allem im Mai und Juni aus den Schnecken, sodass ab dieser Zeit unter Berücksichtigung einer etwa 3-monatigen Überlebenszeit der Metacercarien mit einem erhöhten Infektionsrisiko zu rechnen ist.

Pathogenese und Krankheitsbild Pathogenetisch bedeutsam ist die intestinale Infektion, wenn Juvenilstadien der Pansenegel bei massivem Befall (mehrere tausend bis zehntausend Exemplare) mit ihrem Acetabulum Pfropfen der Mukosa zerstören und so kleine lokale Blutungen, Entzündungen (Enteritis) und Nekrosen verursachen, die oft mit einem erheblichen Albuminverlust im Darmtrakt einhergehen. Als Folgen können Durchfall, Inappetenz, Gewichtsverlust, Schwäche und Todesfälle auftreten. Während der ruminalen Phase der Infektion entstehen durch die adulten Stadien i. d. R. nur geringfügige Gewebeschäden, wie fokale Zottenatrophie und übermäßige Verhornung des Stratum corneum und Stratum granulosum an den Anheftungsstellen der Parasiten, die jedoch klinisch meist nicht ins Gewicht fallen. Klinische Erscheinungen der intestinalen Paramphistomose werden vor allem bei Lämmern und Jungrindern in warmen Regionen beobachtet. In Mitteleuropa verlaufen die Infektionen meist unauffällig, doch sind gewisse Leistungsminderungen nicht auszuschließen.

Immunologie Bei Befall mit *P. microbothrium* wurde die Stimulation einer gewissen Immunität berichtet, die zur Reduktion der Zahl von Juvenilstadien im Darm führt und somit das Erkrankungsrisiko mindert.

Diagnose Intravital: Koproskopischer Einachweis (Sedimentationsverfahren). *Paramphistomum-* bzw. *Calicophoron*-Eier (S. 560) sind im Vergleich zu den sehr ähnlichen *Fasciola*-Eiern farblos (▸ **Abb. 19.8**). In klinischen Verdachtsfällen Kot durch ein feines Sieb waschen und Siebrückstand im Stereomikroskop auf Juvenilstadien untersuchen. **Postmortal:** Untersuchung der Dünndarmschleimhaut auf Juvenilstadien (Sieb-Wasch-Verfahren) und der Pansenwand auf Adulte (makroskopisch).

Therapie und Bekämpfung Gegen adulte Pansenegel hat sich Oxyclozanid (15 mg/kg KG) als wirksam erwiesen, für Closantel (10 mg/kg KG) liegen widersprüchliche Ergebnisse vor. Eine prophylaktische Möglichkeit ist das Fernhalten der Weidetiere von Ansteckungsquellen, z. B. durch Auszäunen von Schneckenhabitaten (S. 602) (*Fasciola hepatica*).

Weitere Paramphistomidae

Angaben über die Verbreitung anderer Arten in ▸ **Tab. 10.5**. Adulte Exemplare der in Asien häufigen Art *Explanatum explanatum* besiedeln die Gallengänge sowie die Gallenblase bei Rindern und Büffeln und verursachen eine chronische Gallengangsentzündung mit starker Verdickung der Gallengangswand. In dieser Hinsicht ähneln die Veränderungen der Fasciolose.

Literaturhinweise

Abrous M, Rondelaud D, Dreyfuss G. A field study of natural infections in three freshwater snails with *Fasciola hepatica* and/or *Paramphistomum daubneyi* in central France. J Helminthol 2000; 74: 189–194

Arias MS, Sanchís, Francisco R et al. The efficacy of four anthelmintics against *Calicophoron daubneyi* in naturally infected dairy cattle. Vet Parasitol 2013; 197: 126–129

Gordon DK, Roberts LC, Lean N et al. Identification of the rumen fluke, *Calicophoron daubneyi*, in GB livestock: possible implications for liver fluke diagnosis. Vet Parasitol 2013; 195: 65–71

Huson KM, Oliver NAM, Robinson MW. Paramphistomosis of ruminants: an emerging parasitic disease in Europe. Trends Parasitol 2017; 33: 836–844

Malrait K, Verschave S, Skuce P et al. Novel insights into the pathogenic importance, diagnosis and treatment of the rumen fluke (*Calicophoron daubneyi*) in cattle. Vet Parasitol 2015; 207: 134–139

Rieu E, Recca A, Bénet JJ et al. Reliability of coprological diagnosis of *Paramphistomum* sp. infection in cows. Vet Parasitol 2007; 146: 249–253

10.1.4 Ordnung Plagiorchiida

Plagios (gr.): schief; *orchis* (gr.): Hoden. Bezug auf die bei vielen Arten schräge Anordnung der Hoden.

Das Wichtigste in Kürze

- **Erreger.** In Europa ist der Kleine Leberegel (Lanzettegel), *Dicrocoelium dendriticum*, der wichtigste Vertreter dieser Ordnung. Mit etwa 1 cm Körperlänge ist *D. dendriticum* wesentlich kleiner als der Große Leberegel (*Fasciola hepatica*); diese Arten kommen in manchen Gebieten gemeinsam vor.
- **Entwicklung, Vorkommen, Epidemiologie.** *D. dendriticum* ist ein Gallengangsparasit vor allem bei Wiederkäuern, aber auch bei anderen Herbivoren (Pferd, Esel, Hase, Kaninchen u. a.) und selten bei omnivoren Tieren und Menschen. Entwicklung von *D. dendriticum* in einem terrestrischen Zyklus mit 2 Zwischenwirten (Landschnecken und Ameisen). Infektion der Endwirte: Aufnahme von Ameisen, die Metacercarien enthalten. Infizierte Ameisen beißen sich infolge einer durch einen „Hirnwurm“ verursachten Verhaltensänderung während der kühleren Nacht- und Morgenstunden an Pflanzen fest und begünstigen somit ihre Aufnahme durch Endwirte. Im Wirt wandern die juvenilen Lanzettegel vom Dünndarm durch den Ductus choledochus in die Gallenwege [vgl. *Fasciola* (S. 172)!] und entwickeln sich dort zu den Adulten. Präpatenz 7 Wochen.
- **Pathogenese, Krankheitsbild.** *D. dendriticum* verursacht Cholangitis und Fibrose der Leber. Bei amerikanischen Kameliden ist die Infektion klinisch apparent, bei anderen Wiederkäuern kaum, kann aber selten Leistungsminderungen und andere Symptome verursachen.

- **Diagnose.** Die Intravitaldiagnose ist unbefriedigend, da die verfügbaren Methoden zum Einachweis im Kot eine geringe Sensitivität haben. Mit hoher Sensitivität (> 90 %) lassen sich bei Schafen und Rindern spezifische Antikörper im Serum mithilfe des ELISA nachweisen.
- **Therapie, Bekämpfung.** Eine Chemotherapie ist mit verschiedenen Anthelminthika möglich, wirksame und nachhaltige Bekämpfungsverfahren gibt es bisher nicht.
- **Zoonotische Bedeutung.** Sehr selten Lanzettegelbefall bei Menschen; häufiger ist Magen-Darm-Passage von Lanzettegeleiern nach Verzehr von Leberprodukten.
- Aus den anderen Familien der Plagiorchiidae (S. 193) sind u. a. *Paragonimus*-Arten als Erreger von Lungenerkrankungen bei Importhunden aus endemischen Gebieten zu berücksichtigen.

Die Plagiorchiida sind Trematoden mit unterschiedlichen Körperformen, meist mit einem 3-Wirte-Zyklus (Endwirt und 2 Zwischenwirte). Sie parasitieren bei Säugetieren und Vögeln (Darm, Gallengänge, Eileiter, Lunge u. a.) sowie bei Fischen, Amphibien und Reptilien.

Familie Dicrocoeliidae

Die Mitglieder dieser Familie (▶ **Tab. 10.6**) sind kleine bis mittelgroße, lanzettförmige Trematoden, deren Adultstadien vorwiegend die Gallengänge, die Gallenblase oder Pankreasgänge von Säugetieren, Vögeln und Reptilien besiedeln. Endwirte scheiden mit dem Kot Eier mit bereits differenziertem Miracidium aus. In den Entwicklungszyklus sind bei fast allen Arten terrestrisch lebende Zwischenwirte eingeschaltet. In manchen Gebieten Europas ist der Kleine Leberegel, *Dicrocoelium dendriticum*, ein häufiger Parasit von Haus- und Wildwiederkäuern.

Gattung *Dicrocoelium*

Dicrocoelium dendriticum (Syn. *D. lanceolatum*) (Kleiner Leberegel, Lanzettegel)

Praxis

Erreger der **Dicrocoeliose**. Bei kleinen Wiederkäuern und Rind lokal häufige, meist inapparente Lebererkrankung; klinisch relevant bei amerikanischen Kameliden. **Zoonose:** Seltene Infektion nach zufälliger Aufnahme von Ameisen, die mit Metacercarien befallen sind. Klinisch meist unauffällig; bei starkem Befall Cholangitis.

Dikroos (gr.): doppelt, gegabelt; *koilos* (gr.): hohl; *dendron* (gr.): Baum. Bezug auf den gegabelten Darm und die wie baumartig verzweigt aussehenden Uterusschlingen. Engl.: *lancet fluke*.

Erreger Die adulten Parasiten sind 5–10 mm lang und bis 2 mm breit und haben einen lanzettförmigen, abgeflachten, unbestachelten Körper von bräunlicher Farbe (▶ **Abb. 10.18**, ▶ **Abb. 10.19**). Weitere Merkmale sind u. a. die im vorderen Körperdrittel gelegenen leicht gelappten und tandemartig angeordneten Hoden, die lateralen Dotterstöcke und die gewundenen Uterusschlingen. Eier: 38–45 × 22–30 µm, oval, leicht asymmetrisch, dunkelbraun, dickschalig, mit Operculum. Im Ei ist bei der Ablage ein voll entwickeltes Miracidium enthalten, in dem oft 2 kugelförmige Gebilde, die Keimballen, zu erkennen sind. Eine sehr ähnliche Art ist *Dicrocoelium chinensis* (S. 191), bei der aber die Hoden parallel gelagert sind.

Entwicklung Die **geschlechtsreifen Lanzettegel** leben in den Gallengängen und der Gallenblase der Endwirte (Schaf, Ziege, Rind u. a.) (▶ **Abb. 10.20**). Die von den Parasiten produzierten Eier gelangen über die Gallenwege in den Darm und im Kot an die Außenwelt. Das im Ei vor-

▶ **Tab. 10.6** Arten (Auswahl) der Familie Dicrocoeliidae.[1]

Art, Größe, Verbreitung (V)	Zwischenwirte (ZW)	Endwirte	Hauptsitz der Adulten
Dicrocoelium dendriticum[2] (Kleiner Leberegel, Lanzettegel) 8–12 × 1,5–2,5 mm V: Europa, Amerika, Nordafrika, Asien	1. ZW: Landschnecken 2. ZW: Ameisen (S. 189)	Haus- und Wildwiederkäuer, Kamel, amerikanische Kameliden, Kaninchen, Hase, Pferd, selten Mensch	Gallengänge, Gallenblase
Dicrocoelium hospes (Afrikanischer Lanzettegel) 5–7 × 0,5–1 mm V: Subsahara-Afrika	1. ZW: Landschnecken: *Limicolaria* 2. ZW: Ameisen: *Dorylus, Camponotus, Crematogaster*	Schaf, Ziege, Rind, Büffel, Schwein, Kaninchen, selten Mensch	Gallengänge, Gallenblase
Eurytrema pancreaticum (Pankreasegel) 8–16 × 5–8 mm V: Asien, Südamerika	1. ZW: Landschnecken: *Bradybaena, Ganesella* 2. ZW: Heuschrecken: *Conocephalinae*	Hauswiederkäuer, Schwein, Kamel, Affen	Pankreasgänge
Eurytrema procyonis (Waschbären-Pankreasegel) 1,5–2,5 × 0,5–1,5 mm V: USA	1. ZW: Landschnecken: *Mesodon thyroidus* 2. ZW: vermutlich Arthropoden	Waschbär, selten Katze	Pankreasgänge

[1] Angaben ohne Anspruch auf Vollständigkeit
[2] in Mitteleuropa vorkommende Arten

handende Miracidium ist durch die widerstandsfähige Eihülle vor Umwelteinflüssen gut geschützt und kann so längere Zeit überleben (S. 189).

Die weitere Entwicklung ist an 2 Zwischenwirte gebunden. **Erste Zwischenwirte** sind zahlreiche Arten gehäusetragender Landlungenschnecken. Die pflanzlichen Rückstände im Kot von Wiederkäuern oder anderen Herbivoren stellen für die Schnecken eine willkommene Nahrung dar, mit der sie Eier des Lanzettegels aufnehmen können. Im Schneckendarm schlüpfen die nur am Vorderende bewimperten und mit einem Bohrstachel ausgerüsteten **Miracidien,** die zur Mitteldarmdrüse wandern und sich dort zu unregelmäßig geformten Sporocysten umwandeln. In diesen **Muttersporocysten** entstehen aus Keimzellen schlauchförmige **Tochtersporocysten.** In jeder der mit einer Geburtsöffnung versehenen Tochtersporocyste können sich 10–40 **Cercarien** entwickeln, das Redienstadium fehlt. Cercarien sind mit 2 Saugnäpfen, einem Bohrstachel, schlauchförmigen Drüsen und einem langen Schwanz ausgerüstet. Die Entwicklung bis zur Ausbildung der Cercarien dauert 3–5 Monate, sie kann jedoch bei niederen Temperaturen verlängert sein. Wenn die Schnecken nach einem Ruhezustand (z. B. Trockenruhe) durch feuchte Witterung reaktiviert werden, verlassen die Cercarien die Tochtersporocysten und wandern in die Atemhöhle der Schnecke. Dort scheiden sie Drüsensekret aus, hüllen sich darin ein und bilden Aggregate (Schleimballen) von meist einigen Hundert Individuen. Diese **Schleimballen** werden von der Schnecke mit einer weiteren Schleimschicht umhüllt und aus der Atemhöhle ausgestoßen. Zusammenklebende Schleimballen können traubenartige Konglomerate (3–12 mm) bilden, die bis zu 6000 Cercarien enthalten. In den leicht zerfallenden Schleimballen überleben die Cercarien günstigenfalls einige Tage (▸ **Abb. 10.21**).

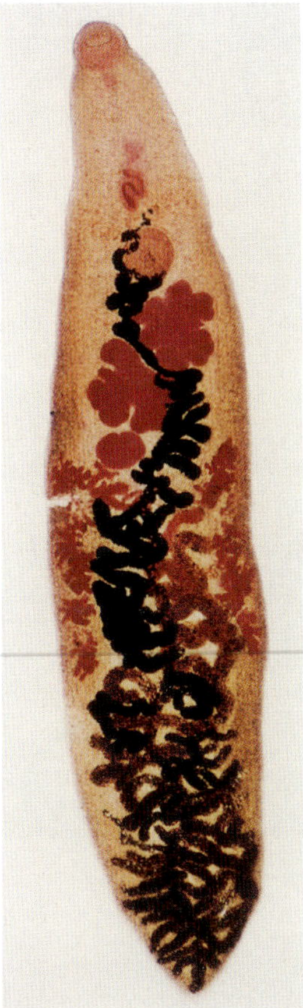

▸ **Abb. 10.18** *Dicrocoelium dendriticum*: gefärbt; Länge ca. 11 mm. (Quelle: Institut für Parasitologie, Vetsuisse-Fakultät, Universität Zürich)

▸ **Abb. 10.19** *Dicrocoelium dendriticum* (Länge ca. 11 mm) u. *Fasciola hepatica* (Länge ca. 49 mm). (Quelle: Institut für Parasitologie, Vetsuisse-Fakultät, Universität Zürich)

Zweite Zwischenwirte sind verschiedene Ameisenarten, vorwiegend aus der Gattung *Formica*, die Schleimballen verzehren und dadurch Cercarien aufnehmen. In der Ameise durchwandern diese unter Zurücklassen des Schwanzes die Wand des Verdauungstraktes im Bereich des sogenannten Kropfes, wobei die Bohrkanäle durch einen „Wundverschluss" abgedichtet werden, und gelangen so in die Leibeshöhle im Abdominalbereich. Nach einer kurzen Phase der Inaktivität beginnt ein Teil der Cercarien eine Wanderung zum Kopf der Ameise. Dort dringt jeweils 1 Cercarie (selten 2–3) in das Unterschlundganglion ein, wo sie von einer dünnen Hülle umgeben wird. Sobald sich ein **„Hirnwurm"** im Ganglion etabliert hat, treten die restlichen Cercarien den Rückzug nach kaudal an. Im Abdomen, seltener im Thorax, werden die Cercarien von einer etwa 20 µm dicken Hülle eingeschlossen und reifen zu **Metacercarien** heran (Größe der encystierten Metacercarien um 400 × 280 µm) (▸ **Abb. 10.20**, ▸ **Abb. 10.22**). Die Entwicklung der Metacercarien dauert bei + 25 °C mindestens 40 Tage. Diese encystierten Metacercarien sind für den Endwirt infektiös, der „Hirnwurm" aber nicht. Die meisten Ameisen enthalten bis 100 Metacercarien, einige über 400. Nach dem Ausreifen der Metacercarien zeigen die Ameisen eine durch den „Hirnwurm" ausgelöste **Verhaltensänderung,** die sich darin äußert, dass sie bei Temperaturen < 15 °C am Abend nicht in ihre Nester zurückkehren, sondern an die Spitzen von Pflanzen wandern und sich dort krampfartig festbeißen. Dies begünstigt die Aufnahme infizierter Ameisen durch

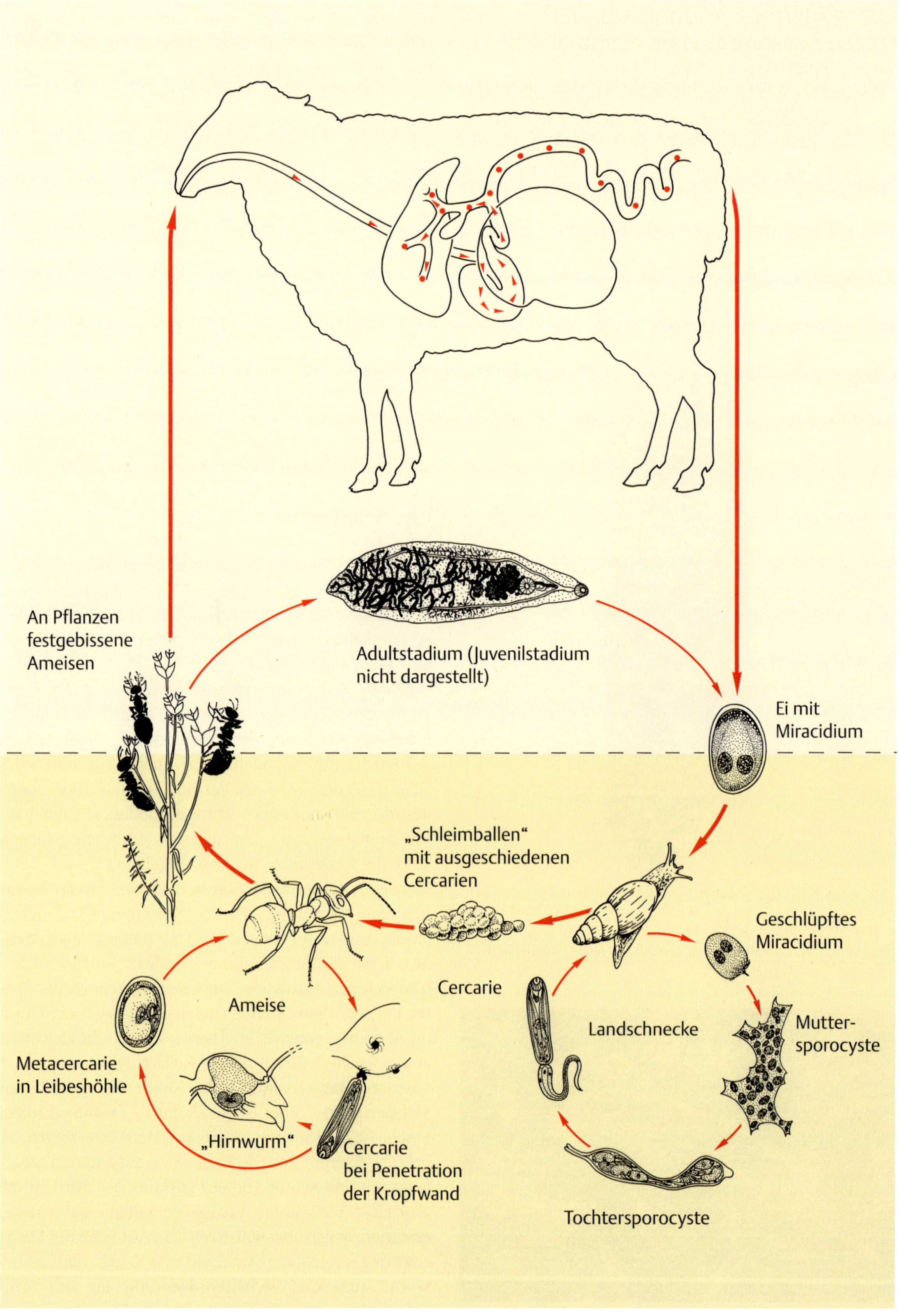

▸ **Abb. 10.20** Entwicklungszyklus von *Dicrocoelium dendriticum*. (Grafik: Salome Ehrat, nach einer Vorlage von Johannes Eckert und Peter Deplazes, Vetsuisse-Fakultät, Universität Zürich)

▶ **Abb. 10.21** *Dicrocoelium dendriticum*: *Helicella* sp., die Schleimballen von *Dicrocoelium dendriticum* ausscheidet. (Quelle: Institut für Parasitologie, Vetsuisse-Fakultät, Universität Zürich)

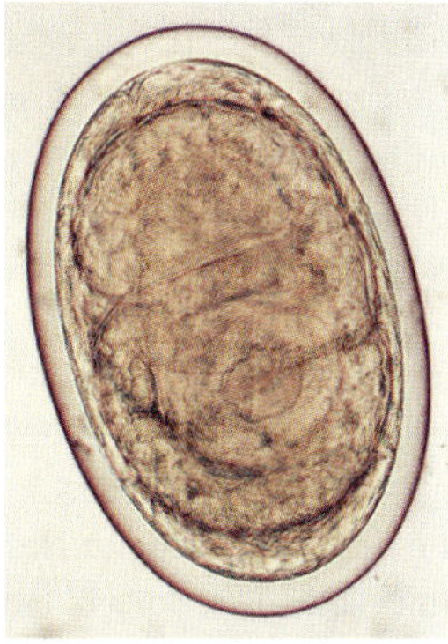

▶ **Abb. 10.22** *Dicrocoelium dendriticum*: Metacercarie: Größe ca. 480 × 280 µm. (Quelle: Institut für Parasitologie, Vetsuisse-Fakultät, Universität Zürich)

weidende Tiere. Der Krampf löst sich wieder bei steigenden Temperaturen, sodass die Ameisen am Tage ihre gewohnte Aktivität zurückerlangen. Mit einem „Hirnwurm" von *D. hospes* infizierte Ameisen verharren zwar auf den Pflanzen, beißen sich aber nicht fest.

Nach Aufnahme der Metacercarien durch einen empfänglichen Endwirt werden sie im Dünndarm aktiviert, sie verlassen die Hülle und wandern über den Ductus choledochus in die Gallenwege der Leber ein, wo sie die Geschlechtsreife erlangen. Die Präpatenz beträgt ca. 7 Wochen, die Lebensdauer der Lanzettegel im Endwirt wird auf 1½–6 Jahre geschätzt. Mischinfektionen mit *Fasciola hepatica* sind in endemischen Gebieten keine Seltenheit.

▶ **Abb. 10.23** *Dicrocoelium dendriticum*: Zwischenwirt *Cochlicopa lubrica* (Gehäusehöhe ca. 6 mm). (Quelle: Institut für Parasitologie, Vetsuisse-Fakultät, Universität Zürich)

Vorkommen und Epidemiologie *D. dendriticum* kommt regional in Nordamerika, Europa, Nordafrika und Asien (TR, Naher Osten bis China, Japan, Philippinen) sowie in einigen südamerikanischen Ländern vor. In Europa umfasst das Verbreitungsgebiet zahlreiche Länder von der Iberischen Halbinsel bis Russland und von Skandinavien bis Süd- und Südosteuropa. Innerhalb der einzelnen Länder ist die Verbreitung in Abhängigkeit von den Biotopbedingungen heterogen. Lokal kann der Parasit häufig auftreten, z. B. bei etwa 50 % der Schlachtrinder, 30 % der Schafe und 48 % der Ziegen in der Schweiz. **Endwirte** von *D. dendriticum* sind vorwiegend Wiederkäuer (Schaf, Ziege, Rind, Büffel, Reh, Hirscharten, Steinbock, Gämse, Elch u. a.), außerdem andere Herbivoren (u. a. Pferd, Esel, amerikanische Kameliden, Kaninchen, Hase, Murmeltier) und selten auch Schwein und Mensch. Für die Kontamination von Weideflächen mit Eiern von *D. dendriticum* sind vor allem Hauswiederkäuer verantwortlich. Schafe, die mit etwa 300–900 adulten Lanzettegeln befallen sind, können täglich etwa 5000 Eier pro Gramm Kot ausscheiden. Diese Eier sind sehr widerstandsfähig, sie können überwintern und bleiben im Kot im Temperaturbereich zwischen + 18 °C und –10 °C etwa 3 Monate, vereinzelt auch bis zu 11 Monate, lebensfähig. Wenig bekannt ist über *D. chinensis*, eine wahrscheinlich mit Sika-Hirschen aus Asien nach Österreich importierte Art, die dort und in Norditalien auch in einheimischen Wildwiederkäuern (Mufflon, Reh) gefunden wurde.

Als **1. Zwischenwirte** sind zahlreiche Arten (> 90) gehäusetragender Landlungenschnecken (Pulmonata, Stylommatophora) beschrieben worden, in Europa u. a. *Helicella itala* (Westliche Heideschnecke) (▶ **Abb. 10.21**), *Helicella obvia* (Syn. *Xerolenta obvia*) (Östliche Heideschnecke) und *Zebrina detrita* (Weiße Vielfraßschnecke). Diese Arten bevorzugen trockene und kalkhaltige Böden. *Cochlicopa lubrica* (Syn. *Cionella lubrica*) (Gemeine Glattschnecke) ist eine weitere Zwischenwirtsart, die aber in mäßig feuchten Biotopen lebt, in Europa weitverbreitet ist und vom Tiefland bis in alpine Regionen (2600 m ü. M.) vorkommt (▶ **Abb. 10.23**). Daher ist die Entwicklung des Lanzettegels sowohl in trockenen als auch in feuchten Biotopen unter der Voraussetzung möglich, dass dort 1. und 2. Zwischenwirte vorkommen. Epidemiologisch bedeutsam ist die lange Lebensdauer der Schnecken (z. B. bei *H. itala* bis 3 Jahre). **Zweite Zwischenwirte** sind mehrheitlich Ameisen der Gattung *Formica* (in Europa u. a. *F. cunicularia, F. rufibarbis, F. pratensis* und *F. fusca)*. Auf extensiv genutzten Weideflächen, vor allem im Hügel- und Bergland, bestehen günstige Voraussetzungen für den Ablauf des Zyklus. Intensiv maschinell bearbeitete Grünflächen sind dagegen für den Nestbau ungünstig; hier findet man die Nester vor allem in Randbereichen und an Zäunen. Die Entwicklungsstadien von *D. dendriticum* können sowohl in den Schnecken als auch in den Ameisen überwintern und auch längere Inaktivitätsphasen ihrer Zwischenwirte überdauern. Bei Temperaturen unter + 5 °C sistiert die Entwicklung in den Schnecken.

In Mitteleuropa sind die Ameisen nach der Winterruhe im April/Mai zahlreich außerhalb der Nester anzutreffen. In einem Endemiegebiet in Deutschland enthielten im Frühjahr ca. 25 % der überwinterten Schnecken (*H. obvia*) reife Sporocysten von *D. dendriticum*. Endwirte können sich während der ganzen Weideperiode mit *D. dendriticum* infizieren. Gewöhnlich ist aber das **Infektionsrisiko** zu Beginn der Weideperiode bis Mai/Juni am höchsten und nimmt dann allmählich ab, doch kann es zum Herbst hin wieder etwas ansteigen. Durch Einschleppung infizierter Ameisen mit Grünfutter sind Infektionen von Tieren auch bei reiner Stallhaltung möglich.

Pathogenese Der Lanzettegel verursacht allgemein geringere Schäden als *Fasciola*, weil er keine Wanderung im Leberparenchym ausführt und kein Blutsauger ist. Der Grad der Schädigung ist von der Dauer der Infektion und der Befallsintensität abhängig; bei Schaf und Ziege und besonders bei amerikanischen Kameliden sind die Veränderungen häufig stärker ausgeprägt als beim Rind. In frisch von Lanzettegeln befallenen Lebern sind die Zentralvenen und die periportalen Gefäße der Leberläppchen erweitert. Die Gallengänge weisen Anzeichen der katarrhalischen Entzündung (Cholangitis) mit vermehrter Schleimbildung, Ödematisierung und zelliger Infiltration der Schleimhaut auf. Adenomartige Drüsenproliferation sowie die Zubildung von glatter Muskulatur, Bindegewebe und Grundsubstanz führen im weiteren Verlauf der Infektion zur Verdickung der Gallengangswand (► **Abb. 10.24**, ► **Abb. 10.25**). Ferner treten lokale Erweiterungen des Gallenganglumens (Cholangiektasien) auf. Bei länger bestehender Cholangitis kommt es im Leberparenchym zur Vermehrung von Bindegewebe (Fibrose), das Leberläppchen völlig umschließen kann (monolobuläre Fibrose), sowie zur Zirrhose mit Zerstörung von Hepatozyten. Bei experimentellen Infektionen von Schafen mit *D. dendriticum* wurden erhöhte Konzentrationen leberspezifischer Serumenzyme (ALT, AST) nachgewiesen.

Makroskopisch erscheinen schwach befallene Lebern oft unverändert. Bei stärkerem Befall treten größere Gallengänge infolge der Wandverdickung fleck- oder strangartig hervor, die Fibrose des Parenchyms führt zur verstärkten Läppchenzeichnung (► **Abb. 10.24**). Im Anschnitt der Leber fallen die verdickten Gallengänge auf, aus denen sich auf Druck Lanzettegel mit der abfließenden Galle auspressen lassen. Durch die mit dunkel gefärbten Eiern ausgefüllten Uterusschlingen erscheinen die Parasiten als braunschwärzliche, meist verklumpte Gebilde, die bei geringem Befall leicht übersehen werden können. Die Befallsintensitäten unterliegen starken Schwankungen von wenigen Exemplaren bis > 20 000 pro Tier (► **Abb. 10.26**). In Süddeutschland und der Schweiz wurden bei amerikanischen Kameliden (Lamas und Alpakas) nach Weidegang starker *Dicrocoelium*-Befall und ungewöhnlich heftige Reaktionen der Leber mit Granulomen und Abszessen im Leberparenchym beobachtet.

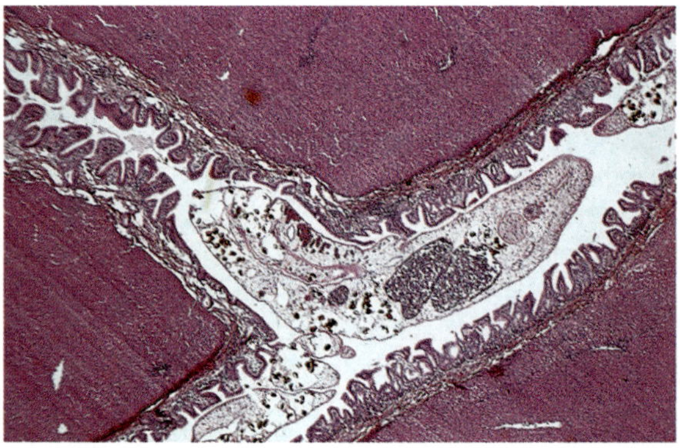

► **Abb. 10.25** *Dicrocoelium dendriticum*: histologischer Schnitt durch einen befallenen Gallengang in einer Schafleber. (Quelle: Institut für Parasitologie, Vetsuisse-Fakultät, Universität Zürich)

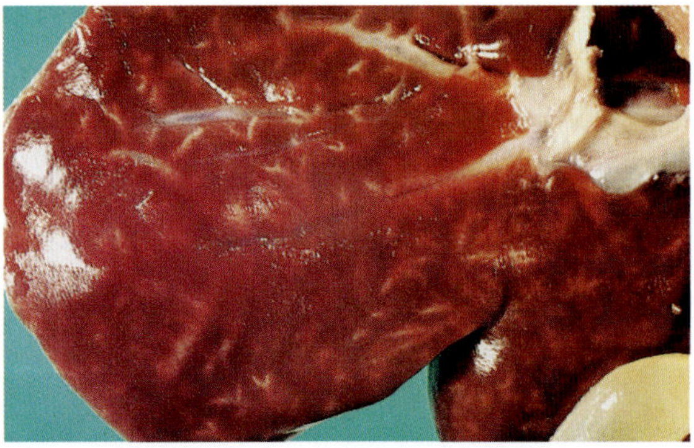

► **Abb. 10.24** *Dicrocoelium dendriticum*: Schafleber mit starkem Befall, verdickte Gallengänge. (Quelle: Institut für Parasitologie, Vetsuisse-Fakultät, Universität Zürich)

► **Abb. 10.26** *Dicrocoelium dendriticum*: Wurmbürde (ca. 20 500 Exemplare) aus einem älteren Schaf. (Quelle: Institut für Parasitologie, Vetsuisse-Fakultät, Universität Zürich)

Krankheitsbild und Schadwirkung Der Befall mit *Dicrocoelium* verläuft bei Rindern und Kleinwiederkäuern meist inapparent, selbst bei mittelgradigem bis starkem Befall. In einigen Fällen wurden beim Schaf Anämie und erhöhte Konzentrationen von Leberenzymen im Serum nachgewiesen sowie Entwicklungsstörungen und Leistungsminderungen beschrieben. Schäden verursacht *Dicrocoelium* vor allem dadurch, dass befallene Lebern bei der Schlachttieruntersuchung konfisziert werden müssen. Bei amerikanischen Kameliden kann *D. dendriticum* dagegen zu Abmagerung, Anämie und bei starkem Befall sogar plötzliche Todesfälle verursachen.

Immunologie Bei Schafen steigt die Zahl der Lanzettegel je Tier im Verlauf einer oder mehrerer Weideperioden allmählich an. Dies zeigt, dass sich keine ausreichende Immunität entwickelt. Während der Infektion kommt es jedoch zu humoralen und lokalen zellvermittelten Immunreaktionen. Der Nachweis spezifischer Antikörper im Serum von Schafen und Rindern im ELISA ist möglich, wird jedoch in der Praxis nicht eingesetzt. Ein altersabhängiger Rückgang der Befallsstärke wurde bei Wapitis, nicht jedoch bei mitgrasenden Fleischrindern beobachtet.

Diagnose Intravitaldiagnose durch Nachweis der Eier im Kot. Das Sedimentationsverfahren hat nur eine geringe Sensitivität (etwa 40 %), diese kann durch ein Flotationsverfahren (S. 549) mit Flotationslösungen hoher Dichte (> 1,3) verbessert werden. Postmortal sind die Lanzettegel in den Gallengängen und der Gallenblase makroskopisch nachweisbar, die Eier mikroskopisch im Gallensediment.

Therapie und Bekämpfung Eine Behandlung der Dicrocoeliose ist mit einigen (Pro-)Benzimidazolen möglich, die jedoch in höheren Dosen als gegen Nematoden eingesetzt werden müssen, z. B. beim Schaf Albendazol (2 × 15 mg/kg KG p. o. im Abstand von 15–20 d) und beim Rind Netobimin (20 mg/kg KG p. o.) (▸ **Tab. 23.4**, ▸ **Tab. 23.5**).

Wegen der geringen klinischen Bedeutung der Dicrocoeliose sind Maßnahmen, die sich nur gegen diese Parasitose richten, im Allgemeinen ökonomisch nicht zu rechtfertigen. Die Ausnahme sind amerikanische Kameliden, welche mit Praziquantel (50 mg/kg KGW) behandelt werden können. Die Dicrocoeliose kann jedoch in Bekämpfungsmaßnahmen gegen andere Parasitosen integriert werden. Eine Bekämpfung der Zwischenwirte kommt aus ökologischen Gründen nicht in Betracht.

Zoonotische Bedeutung Selten infizieren sich Menschen mit *D. dendriticum* durch zufällige Aufnahme infizierter Ameisen. Die Infektion kann selten Symptome der Cholangitis verursachen. Häufiger ist die Darmpassage von *Dicrocoelium*-Eiern nach Verzehr von Leber oder Leberprodukten befallener Tiere. Aus Afrika liegen einige Berichte über Infektionen von Menschen mit *D. hospes* vor.

Zusatzinformation

Weitere Arten der Ordnung Plagiorchiida, die in Europa vorkommen:

Eurytrema pancreaticum und eine weitere Art, *E. coelomaticum* (Familie Dicrocoeliidae), können bei Schafen und Rindern Pankreatitis, Pankreasfibrose und klinische Symptome verursachen. *Prosthogonimus cuneatus* (Familie Prosthogonimidae; Adulte 10–12 × 5–7 mm) parasitiert in Eileiter, Enddarm und Bursa Fabricii („Eileiteregel") bei Huhn, Truthuhn, Ente, Gans, Wildvögeln und verursacht Entzündungen des Eilegeapparates sowie Störungen der Legetätigkeit. Diese Art, mit dem 1. Zwischenwirt (ZW) Wasserschnecken (*Bithynia* spp.) und dem 2. ZW Libellenarten (*Libellula* u. a.), ist in Mitteleuropa beim Hausgeflügel sehr selten. *Troglotrema acutum* (Familie Troglotrematidae; Adulte 3,3 × 2,2 mm) besiedelt die Schädelhöhlen von Musteliden (Iltis, Wiesel, Nerz, Dachs) und Fuchs („Nasensaugwurm") und verursacht Entzündungen und Knochenläsionen, besonders an Stirnbeinen. Die Entwicklung erfolgt über 1. ZW Wasserschnecken (*Bythinella* spp., Quellschnecken) und 2. ZW Frösche.

Literaturhinweise

Beck MA, Goater CP, Colwell DD et al. Fluke abundance versus host age for an invasive trematode (*Dicrocoelium dendriticum*) of sympatric elk and beef cattle in southeastern Alberta, Canada. Int J Parasitol Parasites Wildl 2014; 3: 263–268

Burger NC, Nesvadba J, Nesvadba Z et al. Untersuchungen zum Vorkommen von *Dicrocoelium dendriticum* im Emmental. Berl Münch Tierärztl Wochenschr 2006; 119: 324–329

Colwell DD, Goater CP. *Dicrocoelium dendriticum* in cattle from Cypress Hills, Canada: Humoral response and preliminary evaluation of an ELISA. Vet Parasitol 2010; 174: 162–165

Dadak AM, Wieser C, Joachim A et al. Efficacy and safety of oral praziquantel against *Dicrocoelium dendriticum* in llamas. Vet Parasitol 2013; 197: 122–125

Hertzberg H, Kohler L. Prevalence and significance of gastrointestinal helminths and protozoa in South American camelids in Switzerland. Berl Münch Tierärztl Wochenschr 2006; 119: 291–294

Manga-González MY, González-Lanza C, Cabanas E et al. Contributions to and review of dicroceoliosis, with special reference to intermediate hosts of *Dicrocoelium dendriticum*. Parasitology 2001; 123: 91–114

Naeemipour M, Hashemitabar GR, Dastjerdi K et al. Comparison of fecal egg counts and ELISA for the diagnosis of *Dicrocoelium dendriticum* infection. Pol J Vet Sci 2016; 19: 573–580

Otranto D, Traversa D. A review of dicrocoeliosis of ruminants including recent advances in the diagnosis and treatment. Vet Parasitol 2002; 107: 317–335

Wolff K, Hauser B, Wild P. Dicrocoeliose des Schafes: Untersuchungen zur Pathogenese und zur Regeneration der Leber nach Therapie. Berl Münch Tierärztl Wochenschr 1984; 97: 378–387

10.1.5 Ordnung Opisthorchiida

Opisthen (gr.): hinten; *orchis* (gr.): Hoden. Bezug auf die Lage der Hoden im hinteren Körperbereich.

Das Wichtigste in Kürze

- **Erreger, Vorkommen.** Opisthorchiida sind kleine bis mittelgroße Trematoden, bei denen die Lage der Hoden im hinteren Körperbereich ein wesentliches Merkmal darstellt. Aus der Familie Opisthorchiidae kommen in Mitteleuropa *Opisthorchis felineus* (Katzenleberegel), *Metorchis bilis* und *Pseudamphistomum truncatum* als Parasiten der Gallengänge und der Gallenblase bei Katzen und anderen Carnivoren vor. Die Familie Heterophyiidae ist bei Carnivoren u. a. mit den Dünndarmparasiten *Apophallus donicus* und *Metagonimus yokogawai* (Fuchs u. a.) vertreten.
- **Entwicklung.** Entwicklungszyklus triheteroxen mit Wasserschnecken als 1. und meist mit Fischen als 2. Zwischenwirten.
- **Diagnose, Therapie.** Koproskopischer Nachweis der Eier, neuerdings auch mithilfe von DNA-Analysen. Gegen *O. felineus* ist Praziquantel wirksam.

Familie Opisthorchiidae

Praxis
Erreger der Opisthorchiose bei Carnivoren, besonders Katzen. Vorkommen sporadisch in Mitteleuropa, gehäufter in Osteuropa und Asien.
Zoonose: Die Opisthorchiose ist eine sporadische Lebererkrankung in Europa, sie tritt insbesondere in Osteuropa und weiterhin öfter in Asien auf.

Verschiedene Arten dieser Familie sind regional bedeutende Erreger von Lebererkrankungen, vor allem bei Carnivoren und Menschen. In Mitteleuropa verdient besonders der Katzenleberegel (*Opisthorchis felineus*) Beachtung. Es handelt sich um kleine bis mittelgroße, dem Lanzettegel ähnelnde Trematoden mit glattem oder fein bedorntem Integument, bei denen aber die Hoden im Hinterkörper liegen (▶ Abb. 10.27). Auch in der Entwicklung bestehen Ähnlichkeiten zu den Dicrocoeliidae, doch sind bei den Opisthorchiidae Süßwasserschnecken und -fische als 1. bzw. 2. Zwischenwirte eingeschaltet.

Gattung *Opisthorchis*

Opisthorchis felineus (Katzenleberegel)

Opisthen (gr.): hinten; *orchis* (gr.): Hoden; *feles* (lat.): Katze. Engl.: *cat liver fluke.*

Erreger Lanzettförmige Trematoden, 8–13 mm lang, mit Merkmalen der Gattung. Hoden gelappt und im hinteren Körperdrittel gelegen (▶ Abb. 10.27). Eier: oval, 26–30 × 11–15 µm, mit leicht vorspringendem Rand an der Nahtstelle des Operculums, enthalten bei Ablage ein Miracidium.

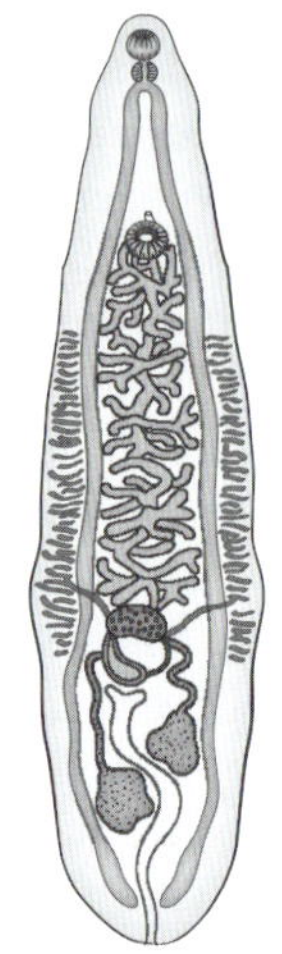

▶ **Abb. 10.27** *Opisthorchis felineus*. (Grafik: Anne Seeger, Vetsuisse-Fakultät, Universität Zürich, Grafik basiert auf Daten aus: Kotlan A. Helminthologie, Akademiai Kiado, Budapest: 1960)

Entwicklung Endwirte für *O. felineus* sind Fische verzehrende Säugetiere (u. a. Katze, Hund, Fuchs, Marderhund, Fischotter, Nerz, Iltis, Schwein, Robben) und der Mensch. Die von den Endwirten in den Fäzes ausgeschiedenen Eier enthalten bereits ein Miracidium. Die Eier müssen zur weiteren Entwicklung in stehende oder langsam fließende Binnengewässer gelangen, in denen geeignete Zwischenwirte leben. Nach Absinken auf den Gewässergrund können sie dort von Wasserschnecken (*Bithynia leachi*, regional andere Arten) aufgenommen werden. In den Schnecken entwickeln sich aus den Miracidien über Sporocysten und Redien schließlich Cercarien, die aus den Schnecken auswandern und im Wasser eine charakteristische Schwebehaltung einnehmen. Dabei sind der gekrümmte Cercarienkörper nach unten und der mit Flossensäumen versehene Ruderschwanz nach oben gerichtet („Tabakspfeifenhaltung") (▶ Abb. 10.28). Cercarien, die sich in der Bodenzone des Wassers aufhalten, werden durch Erschütterungen und Helligkeitsunterschiede, wie sie durch einen Fisch ausgelöst werden, zu raschen Aufwärtsbewegungen veranlasst. Kommt es dabei zum Kontakt mit einem Fisch, dringt die Cercarie unter Zurücklassen des Schwanzes in dessen Haut ein, encystiert sich im subkutanen Gewebe und der Muskulatur und entwickelt sich zur Metacercarie (etwa 290 × 200 µm). Metacercarien können aber auch auf der Haut haften. Nach Aufnahme von Metacercarien mit Rohfisch durch einen Endwirt schlüpfen die Parasiten im Darm und wandern durch den Ductus choledochus in die Gallenwege (Gallengänge, Gallenblase), wo sie geschlechtsreif werden. Präpatenz 3–4 Wochen. Gelegentlich gelangen die Parasiten auch in die Pankreasgänge.

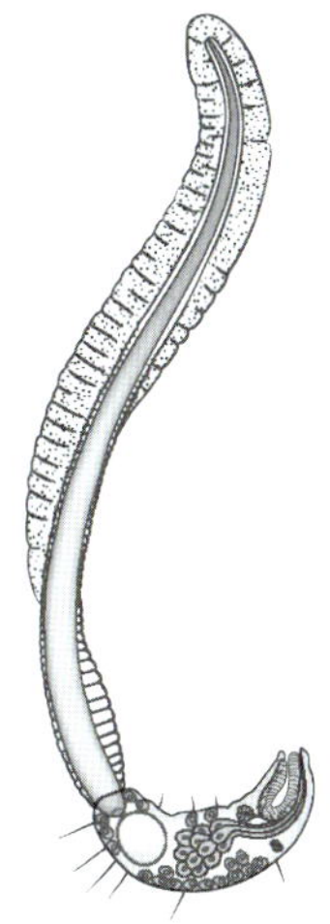

▸ **Abb. 10.28** *Opisthorchis felineus*: Cercarie in typischer Schwebehaltung im Wasser. (Grafik: Anne Seeger, Vetsuisse-Fakultät, Universität Zürich; nach Skrjabin, K. I. (1950): Osnowy Trematodologii. Trematodi Shiwotnich i Tscheloweka. Tom IV. Isdalestwo Akademii Nauk SSSR, Moskwa Leningrad)

Vorkommen und Epidemiologie Die Hauptverbreitungsgebiete von *O. felineus* sind Fluss- und Binnenseegebiete auf den Balearen sowie in der Ukraine, Russland und in Kasachstan. Der Parasit kommt aber auch herdförmig in den Baltischen Staaten sowie in Mittel- und Südeuropa vor.

In einem Endemieherd in Brandenburg waren 16 % von 155 Katzen mit *O. felineus* infiziert (Angaben von 1999). Füchse waren in mehreren nördlichen Bundesländern Deutschlands (Brandenburg, Berlin, Schleswig-Holstein) befallen (Prävalenz in Berlin: 18 % von 396 Füchsen). Als weitere Wirte fungieren in Mitteleuropa Marderhund, Nerz, Iltis, Fischotter, Bisam und wahrscheinlich auch die Wanderratte. Der begrenzende Faktor für die Verbreitung von *O. felineus* ist das Vorkommen von *B. leachi*, die in Deutschland zu den eher seltenen Arten von Süßwasserschnecken zählt. Als 2. Zwischenwirte sind in Brandenburg und Berlin mehrere Arten von Süßwasserfischen ermittelt worden, u. a. Aland (*Leuciscus idus*), Güster (*Blicca bjoerkna*) und Ukelei (*Alburnus alburnus*).

Pathogenese und Krankheitsbild *Opisthorchis*-Befall verursacht anfänglich Desquamation von Gallengangsepithelien sowie zellige Infiltrationen der Gallengangswand und des periportalen Gewebes. Später kommt es zur Hyperplasie des Gallengangepithels und zu adenom- und papillomartigen Wucherungen der Schleimhaut, zu cystenartigen Erweiterungen (Cholangiektasien) und fibrösen Verdickungen der Gallengänge sowie Bindegewebsvermehrung im Leberparenchym. Die Wucherungen der Gallengangsschleimhaut können entarten und sich zum Gallengangskarzinom entwickeln (Fälle bei Mensch, Hund und Katze). Kausal spielen außer den Parasiten auch aus der Nahrung stammende Nitrosamine eine Rolle. Makroskopisch sind bei stärkerem Befall vor allem die knoten- und cystenartig erweiterten Gallengänge auffällig. Klinische Symptome sind u. a. Erbrechen, Inappetenz, Ikterus, Verdauungsstörungen, Ödembildung und Aszites.

Diagnose Intravitaldiagnose durch koproskopischen Einachweis (S. 543) (▸ **Tab. 19.1**), die Artdiagnose kann auch durch PCR bestätigt werden; postmortal Parasitennachweis in den Gallengängen und der Gallenblase.

Therapie und Bekämpfung Behandlung mit Praziquantel (Hund: 2 × 20 mg/kg KG p. o.). Eine Prophylaxe ist durch Erhitzen (> 70 °C) oder Tiefgefrieren der Fische vor der Verfütterung an Tiere möglich (–10 °C für 5 d oder –28 °C für 3 h).

Zoonotische Bedeutung In Deutschland (Mecklenburg-Vorpommern) sind sporadische Fälle von *O. felineus*-Befall beim Menschen beschrieben worden. In den Hauptendemiegebieten ist diese Infektion häufig. Nach Angaben der WHO sind in Russland und Asien ca. 10 Mio. Menschen mit *Opisthorchis*-Arten infiziert (*O. felineus* und *O. viverrini*). Der sehr ähnliche Chinesische Leberegel (*Clonorchis sinensis*) kommt in Asien vor (RU, China, Korea, Vietnam u. a.); die Zahl der mit dieser Art infizierten Menschen wird auf etwa 35 Mio. geschätzt.

Weitere Arten der Familie Opisthorchiidae in Europa

Metorchis bilis (Syn. *Metorchis albidus*) (2–4,5 × 1,0–1,5 mm) ist ein Leberparasit von Säugern (Hund, Katze, Fuchs, Marderhund, Musteliden, Robben, Mensch) und Vögeln (▸ **Abb. 10.29**). In Norddeutschland kommt diese Art gebietsweise häufig vor. In Brandenburg wurde sie bei über 50 % der Rotfüchse nachgewiesen, ferner bei 3 % von 155 Katzen und 8 % von 74 Marderhunden (*Nyctereutes procyonoides*). *Pseudamphistomum truncatum* (2 × 0,5 mm) kommt bei Fuchs, Hund, Katze, Seehund und Mensch vor; in Berlin waren 2 % von 396 Füchsen infiziert.

Zusatzinformation

Vertreter der Familie **Heterophyidae** sind Erreger von Darminfektionen und können auch den Menschen befallen. Diese Arten entwickeln sich in triheteroxenen Zyklen (Wasserschnecken – Fische – Säuger) und parasitieren im Dünndarm von Carnivoren. *Apophallus donicus* wurde bei 3 % der Füchse in Deutschland und *Metagonimus yokogawai* bei 1,6 % der Füchse in Österreich nachgewiesen. *Heterophyes heterophyes* kommt u. a. im Mittelmeerraum bei Hund, Katze und Fuchs vor. *M. yokogawai* and *H. heterophyes* infizieren selten auch **Menschen**, wo sie hauptsächlich Durchfall und Bauchschmerzen verursachen. Selten gelangen die Eier in andere Organe und können u. U. tödlich verlaufende Myocarditiden verursachen.

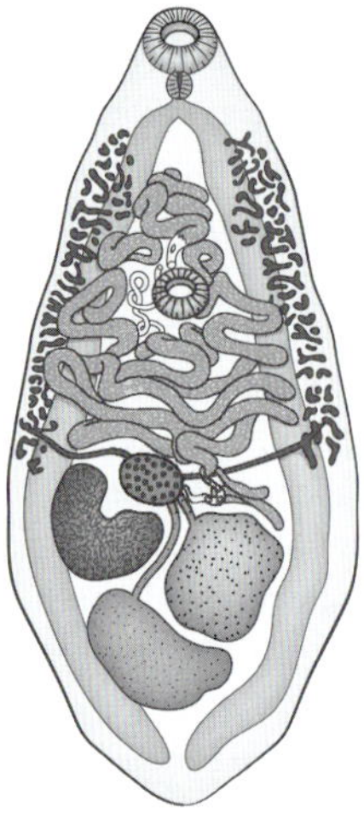

▸ **Abb. 10.29** *Metorchis bilis*. (Grafik: Anne Seeger, Vetsuisse-Fakultät, Universität Zürich; nach Skrjabin, K. I. (1950): Osnowy Trematodologii. Trematodi Shiwotnich i Tscheloweka. Tom IV. Isdalestwo Akademii Nauk SSSR, Moskwa Leningrad)

Literaturhinweise

Fürst T, Keiser J, Utzinger J. Global burden of human food-borne trematodiasis: a systematic review and meta-analysis. Lancet Infect Dis 2012; 12: 210–221

Kaewkes S. Taxonomy and biology of liver flukes. Acta Trop 2003; 88: 177–186

Petney TN, Andrews RH, Saijuntha W et al. The zoonotic, fish-borne liver flukes *Clonorchis sinensis, Opisthorchis felineus* and *Opisthorchis viverrini*. Int J Parasitol 2013; 43: 1031–1046

Pozio E, Armignacco O, Ferri F et al. *Opisthorchis felineus*, an emerging infection in Italy and its implication for the European Union. Acta Trop 2013; 126: 54–62

Schuster RK, Heidrich J, Pauly A et al. Liver flukes in dogs and treatment with praziquantel. Vet Parasitol 2007; 150: 362–365

Traverso A, Repetto E, Magnani S et al. A large outbreak of *Opisthorchis felineus* in Italy suggests that opisthorchiasis develops as a febrile eosinophilic syndrome with cholestiasis rather than a hepatitis-like syndrome. Eur J Clin Microbiol Infect Dis 2012; 31: 1089–1093

10.1.6 Ordnung Strigeatida

Trematoden dieser Ordnung haben Cercarien mit gegabeltem Schwanz (Furcocercarien). Am bedeutsamsten ist die Familie der Schistosomatidae.

Das Wichtigste in Kürze

Familie Schistosomatidae

- **Erreger und Entwicklung.** Die Arten dieser Familie sind etwa 0,5–3,5 cm lang und haben meist einen zylindrischen, dünnen Körper. Sie sind getrenntgeschlechtlich, die Partner leben aber in bestimmten Phasen der Entwicklung paarweise in venösen Gefäßen (Pärchenegel). Süßwasserschnecken sind Zwischenwirte, in denen sich Furcocercarien entwickeln, die in das Wasser ausschwärmen, durch die Haut in Endwirte eindringen und nach einer Körperwanderung ihre Ansiedlungsorte erreichen.
- **Epidemiologie.** In tropischen und subtropischen Gebieten werden vor allem Wiederkäuer von verschiedenen *Schistosoma*-Arten befallen (u. a. *S. bovis, S. spindale, S. nasale*), die viszerale oder nasale Formen der Schistosomose verursachen. Bei Wildwiederkäuern kommt in Europa (HU, TR) *S. turkestania* vor. In den USA ist *Heterobilharzia americana* ein Parasit in den Mesenterialvenen des Hundes und anderer Tierarten. Mehrere *Schistosoma*-Arten (vor allem *S. haematobium, S. mansoni* und *S. japonicum*) infizieren Menschen in warmen Ländern (Schistosomose, Bilharziose). Bei *S. japonicum* und einigen verwandten Arten spielen verschiedene Tierarten (Büffel, Schwein, Hund u. a.) als Reservoirwirte eine wichtige Rolle.
- **Pathogenese, Krankheitsbild.** Läsionen in Form multipler Granulome entstehen in verschiedenen Organen durch Schistosomen-Eier, die teils durch die Gefäßwände in Hohlorgane (Darm, Blase u. a.) und dann in die Außenwelt gelangen oder im Gewebe verbleiben und dort pathogen wirken. Cercarien verschiedener tierpathogener Arten der Schistosomatidae können in die Haut von Menschen eindringen und Veränderungen (Cercarien-Dermatitis, Badedermatitis) verursachen.

Familien Strigeidae und Diplostomidae

- Aus der Familie Strigeidae kommen verschiedene Arten als Darmparasiten vorwiegend bei Wasservögeln vor, sie spielen aber allgemein eine geringe Rolle. Von den Diplostomidae wird nur *Alaria alata* erwähnt.

Familie Strigeidae

Strigeidae sind meist kleine, etwa 1–3 mm lange Trematoden mit einem durch eine Ringfurche zweigeteilten Körper. Im becherförmig aufgetriebenen Vorderkörper liegen ein kleiner Mundsaugnapf, z. T. mit Pseudosaugnäpfen an jeder Seite, ein Bauchsaugnapf sowie ein zweilappiges Haftorgan (tribocytisches Organ). Der gewöhnlich zylindrische Hinterkörper enthält die Genitalorgane und terminal in einer Vertiefung den Genitalkonus. Die Adulten sind Darmparasiten von Vögeln und Säugetieren. Die gedeckelten Eier werden unentwickelt im Kot ausgeschieden. Der Entwicklungszyklus ist triheteroxen. Veterinärmedizinisch sind verschiedene Arten von Interesse, vor allem als Parasiten von Wasservögeln (▸ **Tab. 10.7**).

Familie Diplostomidae

Bei den Arten dieser Familie ist der Körper ebenfalls zweigeteilt, der Vorderkörper aber eher blattförmig gestaltet. Hier wird nur ***Alaria alata*** erwähnt: adulter Parasit (2,5–6 × 0,5–2 mm) im Dünndarm vor allem von Wildcaniden (Wolf, Fuchs, Marderhund u. a.), selten bei Hund (2,5 % bei griechischen Hüte- und Jagdhunden) und Katze. In Europa beim Fuchs Prävalenzen < 1 % bis > 50 %, beim Marderhund bis 70 % (in DE). Erste Zwischenwirte sind Süßwasserschnecken (Planorbidae), in denen sich Cercarien entwickeln, die Kaulquappen oder adulte Frösche (2. Zwischenwirte) infizieren. In diesen entwickeln sich sog. Mesocercarien (Wartestadium zwischen Cercarie und Metacercarie), die nach Aufnahme durch Endwirte via Peritonealhöhle und Diaphragma zur Lunge wandern, wo sich Metacercarien bilden, die über die Trachea in den Darm gelangen und sich zu Adulten entwickeln. Paratenische Wirte (Amphibien, Reptilien, Säugetiere) können sich durch Aufnahme von 2. Zwischenwirten mit Mesocercarien infizieren, die in ihrem Gewebe persistieren. Eine Infektion der Endwirte ist auch durch Verzehr dieser paratenischen Wirte möglich. In Wildschweinen werden gelegentlich (bei 1,8 % in HR) in der Muskulatur Mesocercarien von *A. alata* gefunden, die als Agamodistomum suis oder Dunckerscher Muskelegel bezeichnet werden. Die von einer dünnen Cystenwand umgebenen Mesocercarien (0,4–0,7 × 0,2 mm) sind vor allem in den Fettpartien der Muskulatur zu finden und mithilfe eines modifizierten Trichterverfahrens (S. 554) (s. auch Spezialliteratur) sicherer nachzuweisen als bei der routinemäßigen Untersuchung auf Trichinellen. Für die Probenentnahme werden u. a. empfohlen: Gewebe (mit Fett) der Masseterpartien, Zwerchfellpfeiler, Zunge und Larynx. Zur Artidentifikation steht eine PCR zur Verfügung. Beim Endwirt Nachweis der Eier mit dem Sedimentationsverfahren; das Flotationsverfahren unter Verwendung von Flotationslösungen mit hoher Dichte (≥ 1,3) ist weniger sensitiv. Eier oval, dünnschalig, mit Operculum, 100–125 × 60–80 µm, gelbgrünlich bis bräunlich, enthalten die befruchtete Eizelle und Dotterzellen [Verwechslungsgefahr mit Fasciola (S. 172)!]. Therapie mit Praziquantel (5 mg/kg KG). *Alaria alata* wird als potenziell humanpathogen angesehen, doch sind bisher nur wenige Fälle von Alariose beim Menschen aus den USA und Kanada bekannt (verursacht durch *A. americana* oder nicht näher identifizierte Mesocercarien).

Familie Schistosomatidae

Praxis

Erreger von Schistosomatidosen. Vor allem bei Hauswiederkäuern in subtropischen und tropischen Gebieten Afrikas und Asiens bedeutsam, einige Arten kommen bei Wasservögeln auch in Zonen gemäßigten Klimas vor. **Zoonose:** Einige Schistosomose (Bilharziose) verursachende Arten sind zoonotisch, vor allem *S. japonicum*. Die Cercarien-Dermatitis des Menschen kommt weltweit vor und wird vor allem durch Schistosomatiden von Wasservögeln verursacht.

Schizein (gr.): spalten, trennen; *soma* (gr.): Körper. Bezug auf die Körperform des Männchens (S. 197). Die bei Menschen vorkommenden Schistosomen werden nach ihrem Entdecker, dem deutschen Arzt Theodor Bilharz (1825–1862), auch als Bilharzien und die von ihnen verursachte Krankheit als Bilharziose bezeichnet. Engl.: *blood flukes*.

Schistosomatiden (Kurzbezeichnung: Schistosomen) haben in der Humanmedizin eine besondere Bedeutung, da einige Arten die in warmen Regionen weitverbreitete Schistosomose (Bilharziose) verursachen (▸ **Tab. 10.8**).

Erreger Schistosomatiden sind Parasiten in venösen Gefäßen von Reptilien (Krokodilen), Vögeln, Säugetieren und Menschen. Von anderen Trematoden unterscheiden

▸ **Tab. 10.7** Arten (Auswahl) der Familie Strigeidae.[1]

Art, Größe, Verbreitung (V)	Zwischenwirte (ZW)	Endwirte	Hauptsitz der Adulten
Apatemon gracilis[2] (Syn. *Strigea gracilis*) 1,0–2,5 × 0,4 mm V: Europa, Afrika, Amerika, Asien	1. ZW: Süßwasserschnecken: *Lymnaea palustris, Radix peregra, Planorbis planorbis* u. a. 2. ZW: Süßwasserfische	Gans, Ente, wild lebende Wasservögel, selten Taube	Dünndarm
Cotylurus cornutus[2] 1–1,5 × 0,5 mm V: weltweit	1. ZW: Süßwasserschnecken: *Lymnaea stagnalis, L. palustris* u. a. 2. ZW: Süßwasserschnecken oder Hirudineen (*Piscicola* u. a.)	Ente, andere Wasservögel, Hühnervögel, Taube	Dünn- und Enddarm
Parastrigea robusta[2] 2–2,5 × 0,5 mm V: Europa, Asien	1. ZW: Süßwasserschnecken: *Planorbis planorbis, Anisus vortex* u. a. 2. ZW: Kaulquappen, daraus hervorgehende Frösche	Haus- u. Wildenten, Taube	Dünndarm

[1] Angaben ohne Anspruch auf Vollständigkeit
[2] in Mitteleuropa vorkommende Arten

▸ **Tab. 10.8** Arten (Auswahl) der Familie Schistosomatidae mit veterinärmedizinischer Bedeutung.[1]

Unterfamilie, Art, Länge der Weibchen (♀♀), Verbreitung (V)	Zwischenwirte (Süßwasserschnecken)	Endwirte, Hauptsitz der Adulten (H), Präpatenz (P) in Tagen
Unterfamilie: Schistosomatinae		
Schistosoma bovis[2] (♀♀: 13–34 mm) V: Mittelmeergebiet (Korsika, Sardinien, Sizilien, ES), Naher Osten, Nord-, West- und Ostafrika, südl. bis Angola u. Sambia	*Bulinus*-Arten (*B. tropicus, B. truncatus* u. a.), *Planorbarius* sp.	Rind, Schaf, Ziege, Schwein, Kamel, Antilopenarten, Nager, Affen, (Mensch) H: Mesenterial- u. Portalvenen P: 41
Schistosoma japonicum (♀♀: 15–30 mm) V: Ostasien (China, Philippinen, Sulawesi Celebes)	*Ocomelania*-Arten	Büffel, Rind, Schwein, Hund, andere Haustierarten, Wildtiere (u. a. Nagetiere, Carnivoren, Wiederkäuer, Makaken), Mensch H: Mesenterial- u. Portalvenen P: 34
Schistosoma indicum (♀♀: 5–26 mm) V: Indien, Pakistan	*Indoplanorbis exustus*	Rind, Büffel, Schaf, Ziege, Kamel, Equiden H: Mesenterial- u. Portalvenen P: 52
Schistosoma nasale (♀♀: 7–12 mm) V: Indien, Südost- u. Ostasien	*Indoplanorbis exustus, Lymnaea* (Syn. *Radix*) *luteola* u. a.	Rind, Büffel, Schaf, Ziege, Equiden H: Venen der Nasenmukosa P: 77
Schistosoma turkestanica[2] (Syn. ***Orientobilharzia turkestanica***) (♀♀: 7 mm) V: Ostasien, RU, Mittlerer Osten, TR, HU	*Lymnaea*-Arten	Rind, Schaf, Ziege, Wasserbüffel, Pferd, Kamel u. a.; Reh, Rothirsch, Rentier H: Mesenterial- u. Portalvenen P: ?
Heterobilharzia americana (♀♀: 9–18 mm) V: USA	*Lymnaea cubensis*	Waschbär, Luchs, Opossum u. a., selten Hund, Weißwedelhirsch[3] H: Mesenterialvenen P: 70
Unterfamilie: Bilharziellinae		
Bilharziella polonica[2] (♀♀: 2 mm) V: Europa, Asien, Afrika, Nordamerika	Lymnaeidae, *Planorbarius*- u. *Planorbis*-Arten	Gans, Ente u. a. Wasservögel H: Mesenterial- u. Portalvenen P: 84
Trichobilharzia szidati[2] (♀♀: 3 mm)[4] V: Europa, Asien	*Lymnaea stagnalis*	Enten u. a. Wasservögel H: Mesenterialvenen u. Darmwand P: ?
Trichobilharzia franki[2] (♀♀: 4,2–4,6 mm) V: Europa	*Radix auricularia*	Enten H: Leber- u. Mesenterialvenen P: 13
Trichobilharzia regenti[2] (~ 7 mm) V: Europa	*Radix peregra, R. ovata*	Enten H: Venen der Nasenmukosa P: ?

[1] Angaben ohne Anspruch auf Vollständigkeit
[2] in Europa vorkommende Arten
[3] Fehlwirt mit unreifen Stadien
[4] unklar, ob synonym mit *T. ocellata*
? keine Angaben

sie sich vor allem durch ihre meist langgestreckte, fadenartige Form, die Trennung der Geschlechter und die paarweise Vereinigung von Männchen und Weibchen („Pärchenegel"). Das relativ kurze und dicke Männchen formt mit den Seitenflächen des Körpers eine bei den Unterfamilien unterschiedlich ausgeprägte ventrale Rinne (Canalis gynaecophorus), die wie eine Längsspalte aussieht (*Schistoma:* gespaltener Körper), und schließt das dünne, fadenförmige und teils etwas längere Weibchen darin ein (▸ **Abb. 10.30**). Das Integument vieler Arten trägt warzenartige Erhebungen. Die nahe dem Vorderende liegenden Saugnäpfe sind schwach entwickelt oder fehlen. Der in 2 Schenkel geteilte Darm ist hinten zu einem einheitlichen, blind endenden Abschnitt vereinigt. Eier: groß, oval oder spindelförmig, ohne Operculum, z. T. mit polständigem oder seitlichem Stachel, enthalten bei Ausscheidung aus dem Wirt ein Miracidium. Zwischen manchen *Schistosoma*-Arten (z. B. *S. haematobium* und *S. bovis*) kann es zur Ausbildung von Hybriden mit z. B. verändertem Wirtsspektrum, Infektiosität und Virulenz kommen.

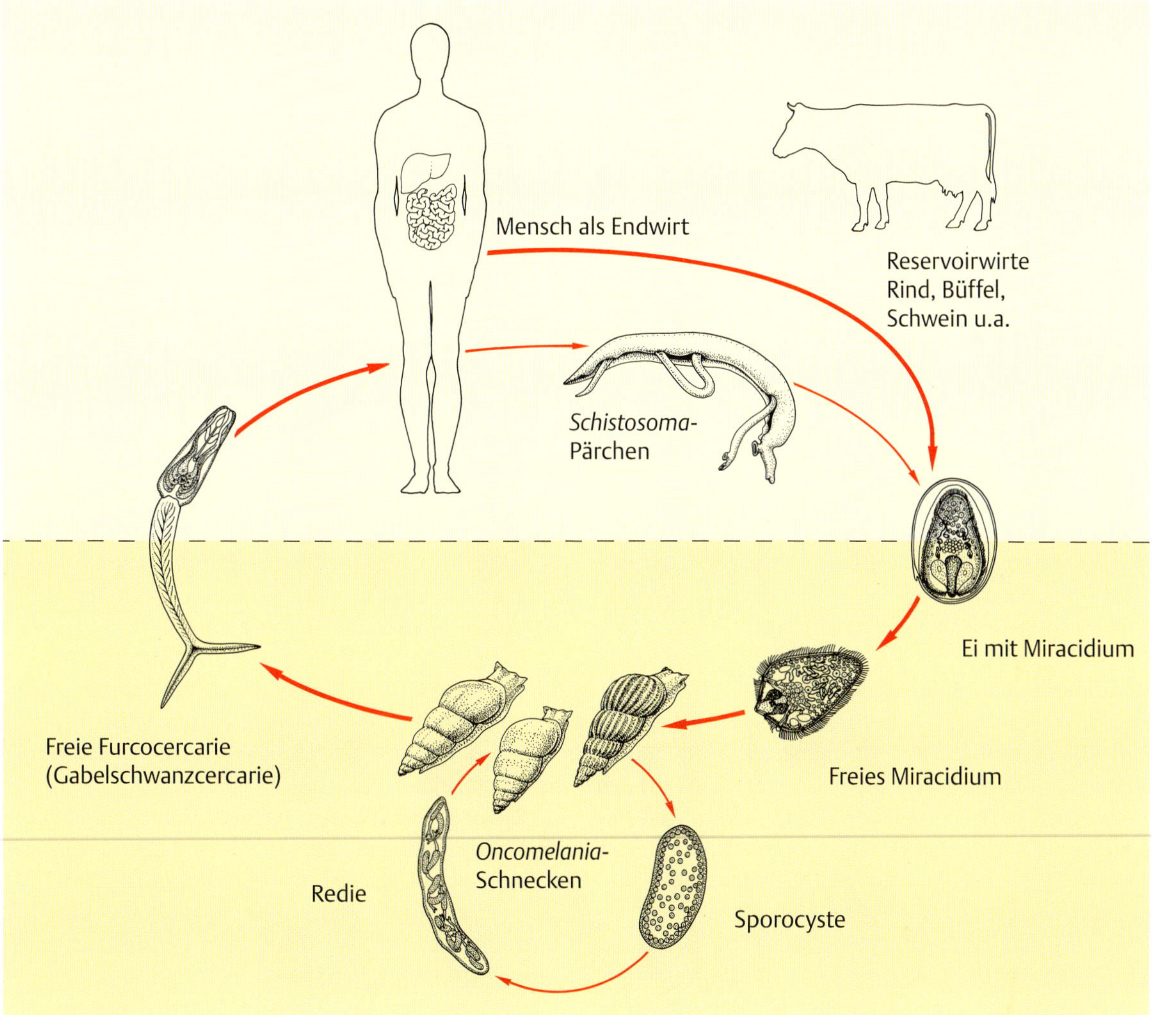

▶ **Abb. 10.30** Entwicklungszyklus von *Schistosoma japonicum*. (Grafik: Salome Ehrat, nach einer Vorlage von Johannes Eckert und Peter Deplazes, Vetsuisse-Fakultät, Universität Zürich)

Entwicklung Die **geschlechtsreifen Schistosomen** leben bei Haustieren vorwiegend in den Mesenterialvenen, z. T. auch in den Portalvenen, oder im Venengeflecht der Nasenschleimhaut. Die *Schistosoma*-Weibchen legen Eier mit einem unreifen Miracidium, das während des Aufenthaltes im Wirt innerhalb von 6–10 Tagen heranreift und etwa 3 Wochen lebensfähig bleibt. Ein Teil der Eier penetriert die Gefäßwand sowie das umliegende Gewebe und erreicht schließlich das Lumen des Darmes oder der Harnblase (bei *S. nasale* und *Trichobilharzia regenti* der Nase). Der Penetrationsvorgang wird durch immunpathologisch verursachte Entzündungsreaktionen begünstigt, teils auch durch Proteinasen, die durch die Eischale in die Umgebung ausgeschieden werden. In den Ausscheidungen des Endwirtes (Kot, Urin, Nasenschleim) gelangen die Eier an die Außenwelt. Geraten sie dabei ins Süßwasser, werden die Miracidien vor allem durch den Temperaturabfall (< 32 °C) und einen Salzgehalt unter 0,7 % zum sofortigen Schlüpfen aus der Eihülle stimuliert. Bei *T. regenti* schlüpfen die Miracidien bereits auf der Nasenschleimhaut des Endwirtes (Enten). Im Wasser versuchen die Miracidien in ihrer kurzen Lebensspanne von nur 10–24 h einen geeigneten Zwischenwirt zu finden.

Als **Zwischenwirte** fungieren verschiedene Arten von Süßwasserschnecken (▶ **Tab. 10.8**), in denen sich aus den eingedrungenen Miracidien durch ungeschlechtliche Vermehrung über Mutter- und Tochtersporocysten zahlreiche Cercarien entwickeln, die frühestens 3–6 Wochen nach der Infektion ins Wasser auszuschwärmen beginnen. Die etwa 300–600 µm langen Cercarien sind morphologisch durch den gegabelten Ruderschwanz charakterisiert. Die frei umherschwimmenden oder an der Wasseroberfläche haftenden Cercarien dringen bei Kontakt mit einem Endwirt mithilfe ausgeschiedener Enzyme und intensiver Bewegungen innerhalb weniger Minuten in die Haut ein, selten auch in die Schleimhaut des oberen Verdauungstraktes bei Aufnahme von Cercarien mit Wasser. Im Verlauf des Infektionsvorgangs verliert die Cercarie den Schwanz, sie streift die oberflächliche Glykocalix ab, bildet ein neues Integument und wird damit zum Schistosomulum.

Die **Wanderung der Schistosomen im Endwirt** lässt sich für jene Arten, die sich als adulte Stadien in Venen von Abdominalorganen ansiedeln, wie folgt zusammenfassen: Schistosomula durchwandern das subkutane Gewebe → Aufsuchen venöser Kapillaren oder Lymphgefäße → Wanderung über den venösen Kreislauf in die rechte Herzkammer und die Lunge → hämatogene Migration in die intrahepatischen Verzweigungen der Pfortader → dort Entwicklung zu adulten Würmern und Paarbildung aus Männchen und Weibchen kurz vor Erreichen der Geschlechtsreife → retrograde Wanderung der Paare in die Mesenterialvenen oder das Venengeflecht der Harnblase. Präpatenzen je nach Art etwa 5–11 Wochen (▸ **Tab. 10.8**). Für *T. regenti* liegen Hinweise vor, dass juvenile Stadien entlang peripherer Nerven in das ZNS gelangen, sich dort extravasal aufhalten und dann zu ihrem Ansiedlungsort in der Nasenschleimhaut weiterwandern. Schistosomen können in ihren Säugetierwirten jahrelang überleben (Mensch: durchschnittlich 2–5 Jahre, einige bis 40 Jahre; *S. curassoni* im Schaf mindestens 8 Jahre).

Vorkommen und Epidemiologie Angaben zur geografischen Verbreitung der Schistosomatiden von Tieren finden sich in ▸ **Tab. 10.8**. Schistosomen kommen nur in Feuchtgebieten vor, wo die als Zwischenwirte dienenden Süßwasserschnecken geeignete Lebensbedingungen finden. Diese Schnecken leben aquatisch in stehenden oder langsam fließenden Gewässern (z. B. *Bulinus*- oder *Planorbarius*-Arten), z. T. führen sie eine amphibische Lebensweise und kommen auf Feuchtflächen vor, z. B. auf Reisfeldern (*Oncomelania*-Arten). Die größte Bedeutung haben die Schistosomen in subtropischen und tropischen Gebieten. In Europa sind Hauswiederkäuer Wirte für *S. bovis*, Wildwiederkäuer für *S. turkestania* sowie Wasservögel für verschiedene Arten der Unterfamilie Bilharziellinae (▸ **Tab. 10.8**).

Pathogenese Bei der Infektion mit Schistosomen können Veränderungen der Haut und verschiedener innerer Organe auftreten.

Hautveränderungen Das erstmalige Eindringen der Cercarien in die Haut verläuft häufig asymptomatisch, kann aber zu Juckreiz und meist milden Hautveränderungen (Erythem, Urtikaria, Papeln) führen. Bei wiederholter Exposition treten die Symptome schneller und verstärkt auf. Auch wirtsfremde Schistosomatidenarten können solche Veränderungen verursachen (s. u.).

Veränderungen innerer Organe Im weiteren Verlauf der Infektion mit wirtsspezifischen *Schistosoma*-Arten spielen die Eier in der Pathogenese eine entscheidende Rolle. Ein erheblicher Anteil der Eier (bis 50 %) verbleibt in den Organen des Endwirtes. Vom Ansiedlungsort der Parasiten werden Eier über den Blutkreislauf in verschiedene Organe verschleppt, wo sie in kleinen Gefäßen steckenbleiben. Die Miracidien produzieren Antigene (Proteine, Glykoproteine), die durch die Eischale in das Gewebe austreten. Nach Stimulation von T-Lymphozyten entstehen unter Mitwirkung von Cytokinen granulomartige Reaktionsherde (Eigranulome). Dabei gruppieren sich um einzelne oder mehrere zentral gelegene Eier vor allem Makrophagen, neutrophile und eosinophile Granulozyten sowie Fibroblasten (▸ **Abb. 10.31**). Diese Herde können konfluieren und den Ausgangspunkt größerer, granulomatöser Wucherungen bilden. Die im Gewebe abgelagerten Eier sterben innerhalb von etwa 3 Wochen ab und werden abgebaut oder verkalken. Die Granulome werden durch Bindegewebe ersetzt, wodurch in zunehmendem Maße fibröse Veränderungen entstehen, welche in der Leber zur atrophischen Zirrhose mit Zerstörung von Lebergewebe und schweren Funktionsstörungen führen können. In der Darm- oder Blasenwand verursachen die Parasiten in den Gefäßen kleine Blutungen, später bilden sich um Eier knötchenförmige Granulome. Auch in der Darmwand kann es zur Fibrose kommen.

Krankheitsbild *Schistosoma*-Arten verursachen durch die Eigranulome und andere Läsionen Veränderungen am Darm, in der Leber, aber auch in der Harnblase und an Genitalorganen (vor allem bei *S. bovis*), in der Lunge, im Pankreas und anderen Organen. Klinische Symptome sind Inappetenz, Enteritis (z. T. hämorrhagisch), Abmagerung, Anämie, Hypalbuminämie, Eosinophilie, Exsikkose, seltener auch Hämaturie (bei *S. bovis*). Die klinische Symptomatik wird u. a. durch die Befallsintensität, die Wirtstierart und den Immunstatus beeinflusst.

Unter den *Schistosoma*-Arten (▸ **Tab. 10.8**) nimmt *S. nasale* durch die Lokalisation in den Venen der Nasenmukosa eine Sonderstellung ein. Die Bildung stecknadelkopfgroßer, knötchenförmiger Eigranulome in der Mukosa der Nase, Entzündungsreaktionen und letztlich Fibrose füh-

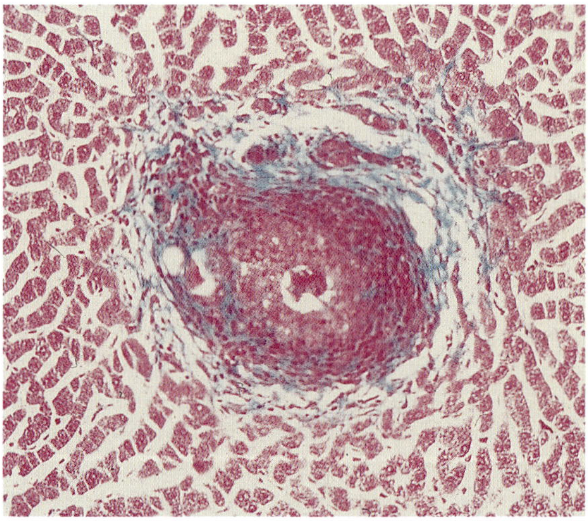

▸ **Abb. 10.31** *Schistosoma*-Granulom im Lebergewebe einer Maus, verursacht durch ein im Zentrum gelegenes Ei. (Quelle: Institut für Parasitologie, Vetsuisse-Fakultät, Universität Zürich)

ren zu Rhinitis mit mukopurulentem Nasenausfluss, Niesen und bei starken Veränderungen auch zur Dyspnoe.

Bei der Infektion von Hunden mit ***Heterobilharzia americana*** wurden blutige Diarrhö, Anorexie, Abmagerung und Hypalbuminämie beobachtet.

In Abhängigkeit von der Befallsintensität und dem Immunstatus der Wirte verläuft die Infektion mit Schistosomen häufig auch inapparent, aber mit Ausscheidung von *Schistosoma*-Eiern. Solche „stummen" Parasitenträger sind epidemiologisch bedeutsam.

Immunologie In endemischen Gebieten entwickelt sich nach mehrfachen Infektionen mit Schistosomen bei Menschen und anderen Wirten (Schaf, Ziege u. a.) eine infektionsgebundene Immunität, die vor einer erneuten Infektion mit Cercarien ganz oder teilweise schützt, die bereits im Körper etablierten Schistosomen aber nicht eliminiert. Die Immunabwehr richtet sich vor allem gegen die in den Körper eingedrungenen, wenige Stunden alten Schistosomula. Ältere Stadien entgehen der Immunabwehr durch Immunevasion (S. 34).

Umfangreiche Arbeiten zur Entwicklung von Vakzinen gegen Schistosomose bei Tieren und Menschen haben wertvolle neue Erkenntnisse erbracht, jedoch noch keine praxisreifen Erfolge.

Diagnose Intravitaldiagnose bei Tieren durch Nachweis der *Schistosoma*-Eier in frischem Kot (Sedimentationsverfahren mit physiologischer Kochsalzlösung, nicht mit Wasser!) oder im Nasenschleim (Direktausstrich oder Sedimentationsverfahren); auch können Biopsieproben der Rektal- oder Nasenschleimhaut auf Eier und Eigranulome untersucht werden. Im Serum infizierter Tiere, beispielsweise bei Ziegen mit *S. bovis*-Befall, sind spezifische Antikörper und zirkulierende Antigene nachweisbar. Postmortal sind vor allem die Eigranulome charakteristisch.

Therapie und Bekämpfung Bei Rind, Ziege und Schwein ist Praziquantel (> 20 mg/kg KG p. o.) gegen verschiedene *Schistosoma*-Arten (*S. bovis, S. japonicum, S. nasale*) gut wirksam, doch ist eine Therapie aus wirtschaftlichen Gründen meist nicht möglich. Nach Fallberichten wirkt Praziquantel (Dosierungsangaben liegen nicht vor) auch gegen die Heterobilharziose des Hundes. Das Fernhalten von Haustieren von Gewässern mit infizierten Zwischenwirten dient der Vorbeuge.

Zoonotische Bedeutung Von den humanpathogenen *Schistosoma*-Arten hat vor allem *S. japonicum* eine zoonotische Bedeutung, weil bei dieser Art Tiere (Rind, Büffel, Schwein u. a.) einen erheblichen Anteil an der Ausstreuung von Eiern haben. Hingegen spielen bei anderen *Schistosoma*-Arten, die bevorzugt den Menschen befallen (*S. haematobium, S. mansoni* u. a.), Haus- oder Wildtiere keine oder nur eine untergeordnete Rolle als Erregerreservoire. Humane Infektionen sind in tropischen Gebieten weitverbreitet, derzeit sind etwa 240 Mio. Menschen betroffen. Europa gilt seit den 1960er-Jahren als *Schistosoma*-frei. Im Jahr 2013 wurde jedoch auf Korsika ein autochthoner Schistosomose-Herd mit > 120 Infektionsfällen bei Menschen beschrieben, wobei es sich z. T. um *S. haematobium*/*S. bovis*-Hybride handelte. Auch in den Folgejahren kam es zu weiteren Infektionen auf Korsika.

Die Cercarien tierpathogener Arten der Schistosomatidae können in die Haut des Menschen eindringen und dadurch **Cercarien-Dermatitis** verursachen. Erstinfektionen bleiben oft unbemerkt oder gehen mit milden Symptomen einher (vorübergehend Juckreiz, Papelbildung). Kurz nach wiederholter Exposition kann es infolge der Hautsensibilisierung zu Juckreiz, Erythem sowie Papel- und Quaddelbildung kommen. Die in einen Fremdwirt eingedrungenen Cercarien gehen in kurzer Zeit zugrunde, daher klingen die Symptome meist innerhalb von 10–20 Tagen ab. In Säugetieren (Nager, Kaninchen, Affen) wandern Cercarien von *Trichobilharzia*- und *Bilharziella*-Arten nach experimenteller Erstinfektion gelegentlich in die Lunge und andere Organe ein und überleben dort 3–10 Tage. *Trichobilharzia regenti* (▶ **Tab. 10.8**) zeigt bei Mäusen einen starken Neurotropismus. Hautveränderungen beim Menschen können auch durch humanpathogene Arten hervorgerufen werden. Bei Tieren wird die Cercarien-Dermatitis nur selten beobachtet.

Die Cercarien-Dermatitis des Menschen kommt weltweit vor, auch in Mitteleuropa (u. a. AT, CH, CZ, DE, FR). In Europa sind als Erreger *Trichobilharzia-*, *Bilharziella*- und *Gigantobilharzia*-Arten von Wasservögeln bekannt, deren Zwischenwirte im Süßwasser leben. Die Erkrankung tritt in der warmen Jahreszeit nach dem Baden oder Schwimmen in Teichen oder Seen auf und wird daher auch als Badedermatitis bezeichnet (irreführende Trivialbezeichnung „Entenflohbefall"; Weiherhibbel, engl. *Swimmer's itch*). In manchen Regionen sind Infektionen auch im Seewasser möglich, da die Zwischenwirte einiger Gattungen (z. B. *Austrobilharzia, Ornithobilharzia*) in diesem Habitat vorkommen.

Literaturhinweise

Boissier J, Grech-Angelini S, Webster BL et al. Outbreak of urogenital schistosomiasis in Corsica (France): an epidemiological case study. Lancet Infect Dis 2016; 16: 971–979

Holtfreter MC, Moné H, Müller-Stöver I et al. *Schistosoma haematobium* infections acquired in Corsica, France, August 2013. Euro Surveill 2014; 19(22): pii:20821

Horák P, Kolářová L, Mikeš L. Schistosomatoidea and diplostomoidea. Adv Exp Med Biol 2014; 766: 331–364

Horák P, Mikeš L, Lichtenbergová L et al. Avian schistosomes and outbreaks of cercarial dermatitis. Clin Microbiol Rev 2015; 28: 165–190

Lewis FA, Tucker MS. Schistosomiasis. Adv Exp Med Biol 2014; 766: 47–75

Möhl K, Grosse K, Hamedy A et al. Biology of *Alaria* spp. and human exposition risk to *Alaria* mesocercariae – a review. Parasitol Res 2009; 105: 1–15

10.2

Unterstamm Cercomeromorpha (Hakenplattwürmer)

Zum Unterstamm Cercomeromorpha (Hakenplattwürmer) gehören die Klasse Monogenea (Syn. Pectobothrii) und Cestoda (Bandwürmer). Bestimmte Stadien beider Gruppen sind durch einen mit 6–16 Haken besetzten, mehr oder weniger deutlich abgesetzten hinteren Körperabschnitt (Cercomer) oder eine Modifikation davon gekennzeichnet, doch unterscheiden sie sich hinsichtlich anderer Merkmale erheblich. Die Monogenea sind vorwiegend Fischparasiten, Cestoden parasitieren in allen Klassen von Vertebraten.

10.2.1 Klasse Monogenea (Hakensaugwürmer)

Monos (gr.): einzeln; *genesis* (gr.): Zeugung. Bezug auf die eingeschlechtliche Fortpflanzung (s. u.).

Monogenea parasitieren überwiegend bei Meeres- und Süßwasserfischen auf der Haut, an den Kiemen und in Organen, die mit der Außenwelt in Verbindung stehen (z. B. Nase, Mund). Ihre Adultstadien sind meist kleine, etwa 0,2–8 mm lange Plattwürmer mit charakteristischem Körperbau und einem auffälligen hinteren Haftapparat (Opisthaptor). Dieser besteht aus einem großen Saugnapf mit 1–3 Paaren zentral angeordneter und 12–16 randständigen, kleineren Haken oder mehreren kleinen Saugnäpfen. Die Entwicklung ist homoxen: Ablage von Eiern ins Wasser → die aus dem Ei hervorgehende, frei schwimmende bewimperte Larve mit Cercomer (Oncomiracidum) heftet sich am Wirt an → Entwicklung zum Adultus; bei den viviparen Gyrodactylidae findet die gesamte Entwicklung am Wirt statt. Als Fischparasiten bedeutsam sind u. a. die Gattungen *Gyrodactylus, Dactylogyrus, Discocotyle* und *Diplozoon*. Bei *Diplozoon paradoxum* (Doppeltier) findet sich eine besondere Form der Reproduktion: 2 erwachsene zwittrige Individuen legen sich kreuzförmig zusammen und verwachsen in der Gegend der Reproduktionsorgane miteinander, sodass eine lebenslange gegenseitige Befruchtung möglich wird.

Literaturhinweise

Cone DK. Monogenea (Phylum Platyhelminthes). In: Woo PTK, ed. Fish Diseases and Disorders. Vol. 1: Protozoan and Metazoan Infections. Wallingford, Oxon: CAB International; 1995: 289–327. ISBN: 0-85198-823-7

Roberts RJ, ed. Fish Pathology. 4th ed. Chichester, UK: Wiley-Blackwell; 2012. ISBN: 978-1-44433-282-7

10.3

Klasse Cestoda (Bandwürmer), Unterklasse Eucestoda

Kestos (gr.): Band, Gürtel. Bezug auf den bandförmigen Körper. Engl.: *cestodes, tapeworms*.

10.3.1 Allgemeines

Das Wichtigste in Kürze

- Cestoda sind Parasiten von Wirbeltieren (Fische, Amphibien, Reptilien, Vögel, Säuger). Bei Haustieren und Menschen stellen der intestinale Befall mit Bandwürmern (z. B. Taeniose, Diphyllobothriose) und der extraintestinale Befall mit Larvalstadien (z. B. Cysticercose, Echinococcose) bedeutsame Zoonosen dar.
- Hauptkennzeichen: Körper dorsoventral abgeplattet, bandförmig, zusammengesetzt aus Kopf (Scolex), einer ungegliederten Halszone und einer Kette (Strobila) von Gliedern (Proglottiden). Am Scolex befinden sich Sauggruben oder Saugnäpfe, z. T. auch ein vorstreckbarer rüsselartiger Fortsatz (Rostellum), der mit Haken bewaffnet sein kann. Das Integument ist ein Syncytium mit oberflächlichen, mikrovilliartigen Strukturen (Microtriches). Länge der adulten Cestoden wenige Millimeter bis 25 m.
- Verdauungstrakt fehlt, Nährstoffaufnahme über die Körperoberfläche. Im Gewebe sind Kalkkörperchen eingelagert.
- Geschlechtsorgane zwittrig, selten getrenntgeschlechtlich. Jede Proglottis enthält je 1, z. T. auch 2 Sätze von männlichen und weiblichen Geschlechtsorganen.
- Entwicklung diheteroxen (Cyclophyllida) oder triheteroxen (Pseudophyllida) mit 1 oder 2 Zwischenwirten, in denen sich verschiedene Larvalstadien entwickeln.
- Die Eucestoda parasitieren im Adultstadium meist im Darm (vorwiegend Dünndarm), einige Arten auch in den Gallenwegen; die Larvalstadien besiedeln in den Zwischen- oder Fehlwirten verschiedene Organsysteme.

Merkmale und Eigenschaften Körper dorsoventral abgeplattet, bandförmig, am Vorderende verjüngt. Charakteristische Unterteilung in Scolex (Kopf), eine ungegliederte Proliferationszone („Halszone") und Strobila (Gliederkette). Letztere besteht aus wenigen bis zahlreichen (> 4000) Proglottiden (Gliedern), die durch tiefe Querfurchen voneinander abgesetzt sind, denen aber keine innere Segmentierung entspricht (bei einigen Gruppen fehlt die Körpergliederung oder ist undeutlich) (▶ **Abb. 10.32**). Die aus der Halszone gebildeten Proglottiden durchlaufen einen Reifungsprozess mit Ausdifferenzierung männlicher und weiblicher Geschlechtsorgane. Während dieser Reifung werden die Proglottiden in der Strobila von vorne nach hinten weitergeschoben und erreichen das gravide Stadium am distalen Ende des Bandwurmes. Eine Körperhöhle fehlt, die inneren Organe sind in einem parenchymalen Netzwerk eingebettet. Länge der adulten Cestoden wenige Millimeter bis 25 m.

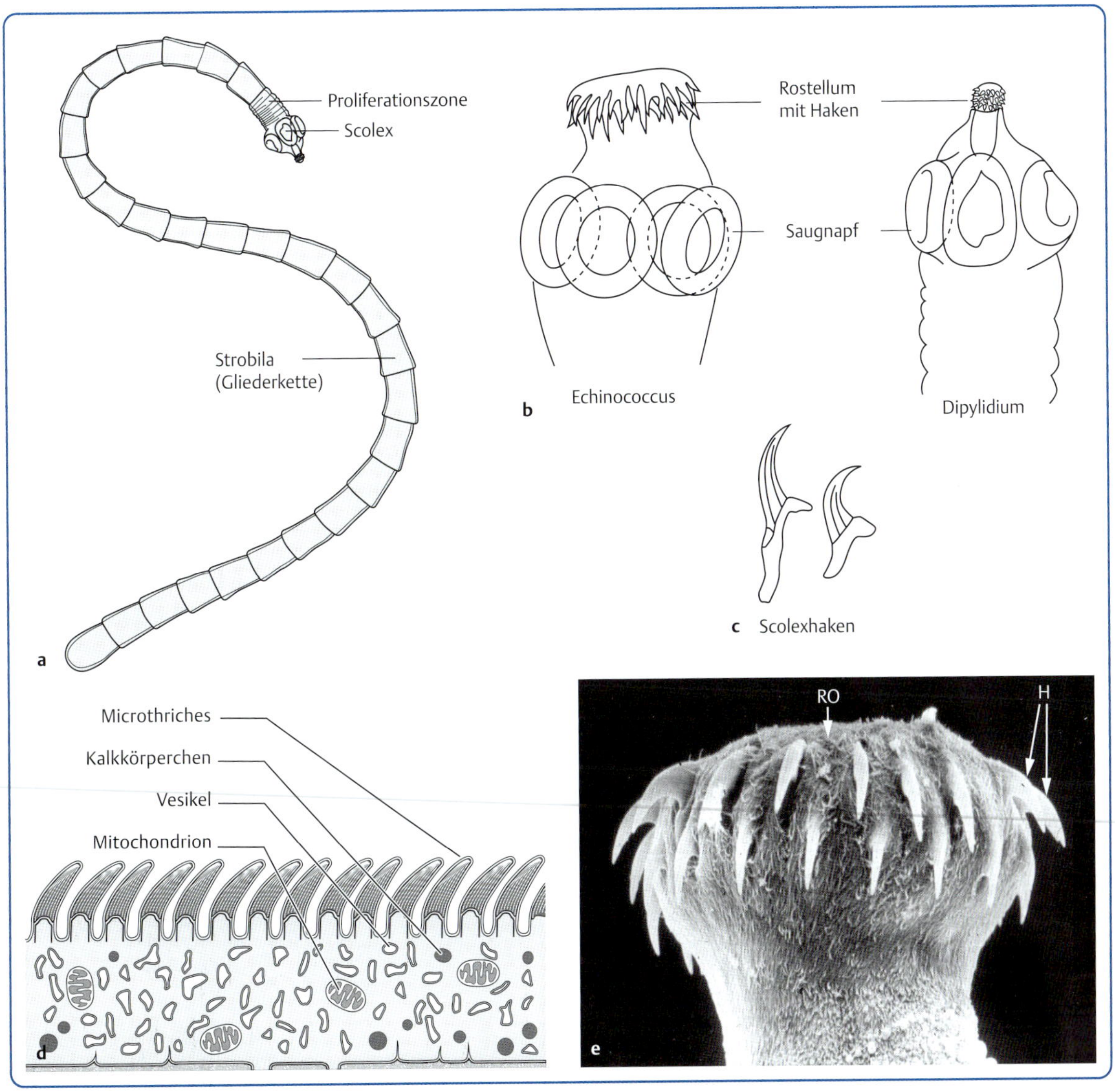

▸ **Abb. 10.32** Merkmale von Bandwürmern (Eucestoda).
a Schema eines Bandwurmes (Grafik: Marianne Mathys, Vetsuisse-Fakultät, Universität Zürich)
b Scolex (Kopf) von *Echinococcus* und *Dipylidium* (Grafik: Marianne Mathys, Vetsuisse-Fakultät, Universität Zürich)
c Scolexhaken (Grafik: Marianne Mathys, Vetsuisse-Fakultät, Universität Zürich)
d Integumentoberfläche von *Strobilocercus fasciolaris* mit Microtriches (TEM) (Grafik: Institut für Parasitologie, Vetsuisse-Fakultät, Universität Zürich)
e Rostellum einer *Echinococcus*-Art (REM) (Quelle: Heinz Mehlhorn, Heinrich-Heine-Universität Düsseldorf)

Scolex Länglich bis kugelig-ellipsoid, bei den Pseudophyllida mit rinnen-, röhren- oder becherförmigen Sauggruben (Bothrien), bei den Cyclophyllida mit 4 Saugnäpfen (Acetabula). Letztere können mit kleinen Haken besetzt sein. Zum Teil mit kugeligem oder zylindroidem, vorstülpbarem Rostellum, das mit einem bis mehreren Kränzen von Haken bewaffnet sein kann. Zahl, Form und Größe der Rostellumhaken sind diagnostisch bedeutsam (▸ **Abb. 10.32b**, ▸ **Abb. 10.32c**).

Integument Bei Adulten syncytial, ähnlich wie bei Trematoden, jedoch mit zahlreichen, oberflächlichen, cytoplasmatischen Ausstülpungen (Microtriches) (*thrix* [gr.]: Haar) (▸ **Abb. 10.32d**). Microtriches führen wie Microvilli der Enterocyten von Säugern zur starken Vergrößerung der absorptiven Oberfläche.

Verdauungstrakt Fehlt, Stoffaufnahme ausschließlich über das Integument. Energiestoffwechsel: vorwiegend anaerober Katabolismus mit unvollständigem Abbau organischer Substanzen und Ausscheidung flüchtiger Fettsäuren (u. a. Essigsäure, Proprionsäure, Bernsteinsäure, Milchsäure).

Kalkkörperchen In Parenchymzellen gebildete, ovale (5–15 µm) Strukturen, die aus einer organischen Matrix und konzentrisch angelagerten Schichten anorganischer Substanzen (Ca, Mg, P, CO_2, Spurenelemente) bestehen und mindestens 10 % der Trockensubstanz des Parasiten darstellen (Vermutungen über ihre Funktionen: u. a. Phosphatreservoir, Puffer gegen endogen gebildete oder exogene Säuren). Ihr mikroskopischer Nachweis z. B. in Proglottiden, histologisch oder mittels bildgebender Verfahren im Larvalgewebe ist diagnostisch hilfreich.

Geschlechtsorgane Zwittrig angelegt, selten getrenntgeschlechtlich. Jede Proglottis enthält je 1, bei einigen Taxa auch 2 komplette Sätze männlicher und weiblicher Geschlechtsorgane (► **Abb. 10.33**). Im vorderen Teil der Strobila entwickeln sich die Geschlechtsorgane allmählich bis zur vollen Funktionsfähigkeit, weiter kaudal verkümmern die reproduktiven Abschnitte nach der Befruchtung und der erweiterte Uterus füllt sich mit Eiern. Die Pseudophyllida besitzen eine Uterusöffnung, durch die Eier ausgeschieden werden; sie fehlt bei den Cyclophyllida. Hier lösen sich Proglottiden, die reife Eier enthalten (= gravide Proglottiden) von der Strobila ab und werden aus dem Wirt ausgeschieden. Die Eier werden dann frei, wenn die Proglottiden im Wirt oder in der Außenwelt mazerieren.

Eier Beinhalten bei den Pseudophyllida (S. 205), ähnlich wie bei digenen Trematoden, eine befruchtete Eizelle und Dotterzellen (► **Abb. 10.35**), bei den Cyclophyllida (S. 209) enthalten sie eine kugelförmige Larve (Erstlarve) mit 6 Haken, die Oncosphäre (Hakenlarve), die frisch ausgeschieden für Zwischen- oder Fehlwirte infektiös ist (► **Abb. 10.36**).

Entwicklungszyklus Diheteroxen (Cyclophyllida) mit einem Zwischenwirt oder triheteroxen mit zwei Zwischenwirten, in denen sich verschiedene Larvalstadien (Zweit- oder Drittlarven) entwickeln. Sitz der adulten Bandwürmer in den Endwirten vorwiegend im Dünndarm (einige Arten auch im Dickdarm oder in den Gallenwegen); Metacestoden siedeln sich extraintestinal in Körperhöhlen oder Organen an.

Vermehrung Bei vielen Arten mit hohem Reproduktionspotenzial in den Endwirten durch geschlechtliche Vermehrung (Eiproduktion) in den laufend über Monate bis Jahre neu gebildeten Proglottiden. Bei einigen Arten starke ungeschlechtliche Vermehrung im Larvalstadium durch Ausdifferenzierung von Kopfanlagen.

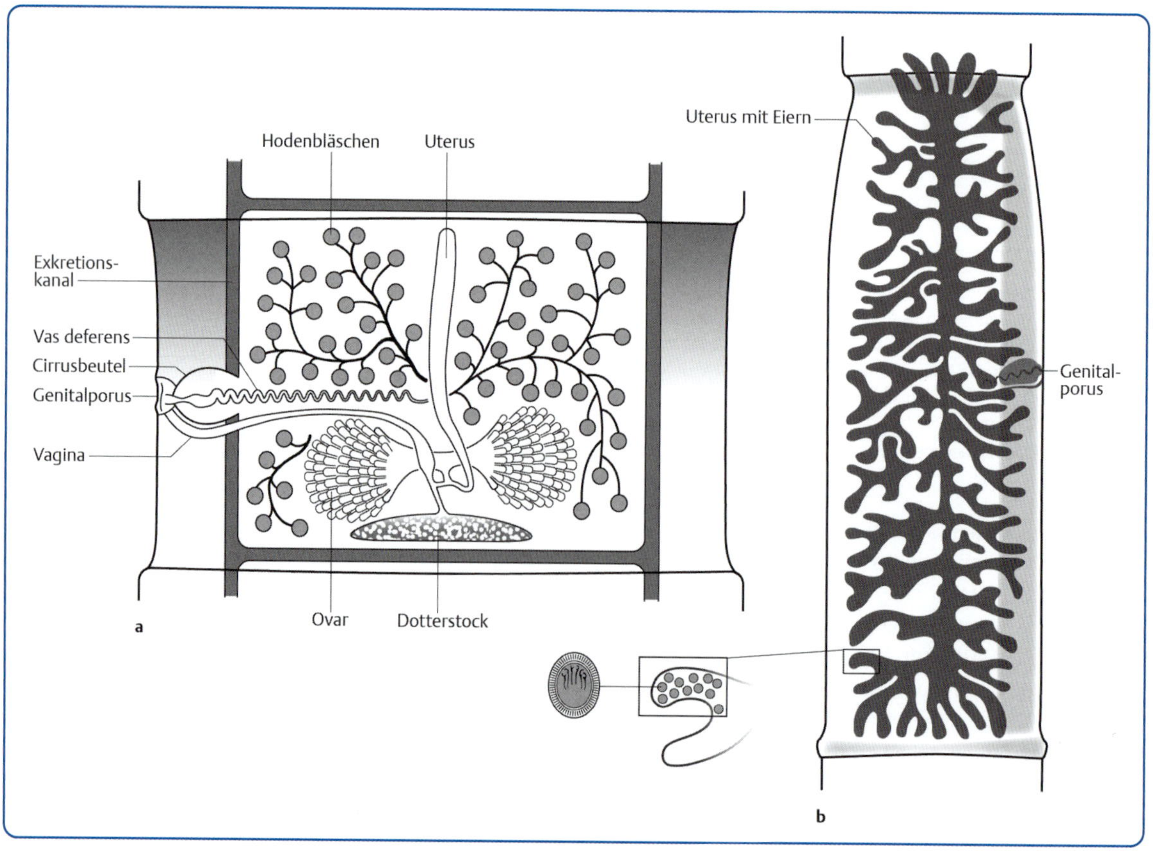

► **Abb. 10.33** Merkmale von Bandwürmern (Eucestoda): **a** geschlechtsreife Proglottis von *Taenia* sp.; **b** gravide Proglottis mit Eiern. (Grafik: Jeanne Peter-Zocher, nach einer Vorlage von Peter Deplazes, Vetsuisse-Fakultät, Universität Zürich)

Literaturhinweise

Arme C, Pappas PW, eds. Biology of the Eucestoda. Vol. I and II. London: Academic Press; 1983. ISBN: 0-12062-102-9

Chalar C, Salomé M, Señorale-Pose M et al. A high resolution analysis of the structure and chemical composition of the calcareous corpuscles from *Mesocestoides corti*. Micron 2013; 44: 185–192

Khalil LF, Jones A, Bray RA, eds. Keys to the Cestode Parasites of Vertebrates. Wallingford, Oxon, UK: CAB International; 1994. ISBN: 0-85198-879-2

Loos-Frank B, Gottstein B. Helminthen. In: Hiepe T, Lucius R, Gottstein B, Hrsg. Allgemeine Parasitologie. Stuttgart: Parey; 2006: 110–140. ISBN: 3-83044-101-0

Odening K. Stamm Plathelminthes. In: Gruner HE, Hrsg. Lehrbuch der Speziellen Zoologie. Band I: Wirbellose Tiere. 2. Teil. 5. Aufl. Jena: G. Fischer; 1993: 341–442. ISBN: 3-33400-339-6

Schmidt GD. CRC Handbook of Tapeworm Identification. Boca Raton, Florida: CRC Press; 1986. ISBN: 0-84933-280-X

10.3.2 Ordnung Pseudophyllida

Aus der Ordnung Pseudophyllida, die zu den „niederen" Eucestoda gehört, sind die Gattungen *Diphyllobothrium* und *Spirometra* (Familie Diphyllobothriidae) als Parasiten von Säugetieren einschließlich des Menschen von Interesse. Einige Gattungen der Familien Diphyllobothriidae (z. B. *Ligula, Schistocephalus*) und Bothriocephalidae (z. B. *Bothriocephalus, Triaenophorus* und *Eubothrium*) spielen als Fischparasiten eine Rolle. In Fischen parasitieren aber noch weitere Gattungen aus anderen Ordnungen der „niederen" Bandwürmer, z. B. *Caryophyllaeus* und *Khawia* (Ordnung Caryophyllida), die hier nicht berücksichtigt werden.

Familie Diphyllobothriidae

Gattung *Diphyllobothrium*

Diphyllobothrium latum (Fischfinnenbandwurm, Breiter Grubenkopfbandwurm) und weitere Arten

Praxis
Erreger der intestinalen, harmlosen **Diphyllobothriose** von Hund, Katze, Schwein.
Zoonose: In Europa selten gewordene Zoonose.

Di- (gr.): doppelt; *phyllon* (gr.): Blatt; *bothros* (gr.): Grube; *latus* (lat.): breit. Bezug auf den mit Sauggruben ausgestatteten Scolex, der bei manchen Gattungen blattförmig gestaltet ist, und auf die breiten Proglottiden. Engl.: *broad tapeworm*.

Das Wichtigste in Kürze

- **Erreger.** *Diphyllobothrium latum* mehrere Meter lang, Scolex mit 2 schlitzförmigen Sauggruben, Proglottiden meist breiter als lang mit rosettenförmig aufgewundenem Uterus. Dünndarmparasit bei Menschen und bei Fische fressenden Säugetieren (u. a. Hund, Katze, Fuchs, Schwein). Eier ähnlich wie Trematoden-Eier: goldgelb mit Operculum. Zahlreiche weitere Arten.
- **Entwicklung, Epidemiologie, Vorkommen.** Entwicklung im Wasser: Ei → bewimperte Hakenlarve (Coracidium) → Schlüpfen des Coracidiums → Procercoid in Kleinkrebsen → Plerocercoid in Fischen → Infektion der Endwirte, auch unter Einschaltung paratenischer Wirte (Raubfische). Vorkommen in Binnensee- und Flussgebieten Eurasiens, u. a. im Alpenraum, und Nordamerikas.
- **Krankheitsbild, Diagnose, Therapie, Prophylaxe.** Bei Tieren meist inapparente Infektion, Diagnose durch Einachweis im Kot, Therapie (beim Hund) mit Praziquantel in erhöhter Dosierung. Vorbeugung: Fische kochen oder tiefgefrieren.

Erreger Die Gattung *Diphyllobothrium* umfasst etwa 50 schwer unterscheidbare Arten, wovon 14 beim Menschen nachgewiesen sind. Eine der wichtigsten Art ist *Diphyllobothrium latum* (▶ Abb. 10.34): adulter Parasit 1–15 m lang (im Menschen bis 25 m), Scolex mit 2 schlitzförmigen Sauggruben, Strobila aus zahlreichen (bis 4000) Proglottiden. Diese sind breiter als lang (Breite etwa 12–20 mm), im hinteren Abschnitt des Bandwurms aber eher quadratisch. Charakteristisch ist der im Zentrum der Proglottis rosettenartig aufgewundene Uterus; Genitalporus median und ventral, dicht dahinter eine Uterusöffnung. Eier 55–76 × 37–56 µm, oval, goldgelb gefärbt mit Deckel, ähneln denen von Trematoden (▶ Abb. 10.34). Endwirte sind vor allem Mensch und viele Arten Fische fressender Säugetiere (u. a. Bär, Hund, Fuchs, Katze, Schwein). Weitere Arten (Auswahl): *D. dendriticum* (2. Zwischenwirte [ZW]: Süßwasserfische → Endwirte [EW]: Möwen, Seeschwalben, auch Hund, Katze, Fuchsarten, Mensch; Nordeuropa, Asien, Alaska), *D. nihonkaiense* (2. ZW: Lachsarten → EW: Mensch, Braunbär; Pazifikküsten Asiens und Nordamerikas) und *D. pacificum* (2. ZW: Meeresfische → EW: Robbenarten, Mensch; amerikanische Pazifikküste, Japan). Im Folgenden wird nur *D. latum* besprochen.

Entwicklung Die Entwicklung von *D. latum* vollzieht sich in einem triheteroxenen Zyklus mit fakultativer Einschaltung paratenischer Wirte (▶ Abb. 10.34). Jeder der im Dünndarm des Menschen oder anderer Endwirte parasitierenden adulten Bandwürmer kann bis über 1 Mio. Eier pro Tag produzieren, die durch die Uterusöffnung kontinuierlich abgesetzt werden und im Darminhalt an die Außenwelt gelangen. Im Wasser entwickelt sich temperaturabhängig in einigen Wochen die Erstlarve, eine mit einer bewimperten Epithelhülle umgebene, mit 6 Haken ausgestattete und etwa 40–50 µm große Oncosphäre, das Coracidium, das aus dem Ei schlüpft und frei im Wasser umherschwimmt. Nach Aufnahme des Coracidiums durch Kleinkrebse (u. a. *Cyclops, Eudiaptomus*) entsteht in deren Leibeshöhle eine Zweitlarve, das Procercoid (etwa 500 µm lang, am Hinterende schwanzartiger Anhang [Cercomer] mit 6 Haken). Werden infizierte Kleinkrebse von Plankton fressenden Süßwasserfischen verzehrt, sie-

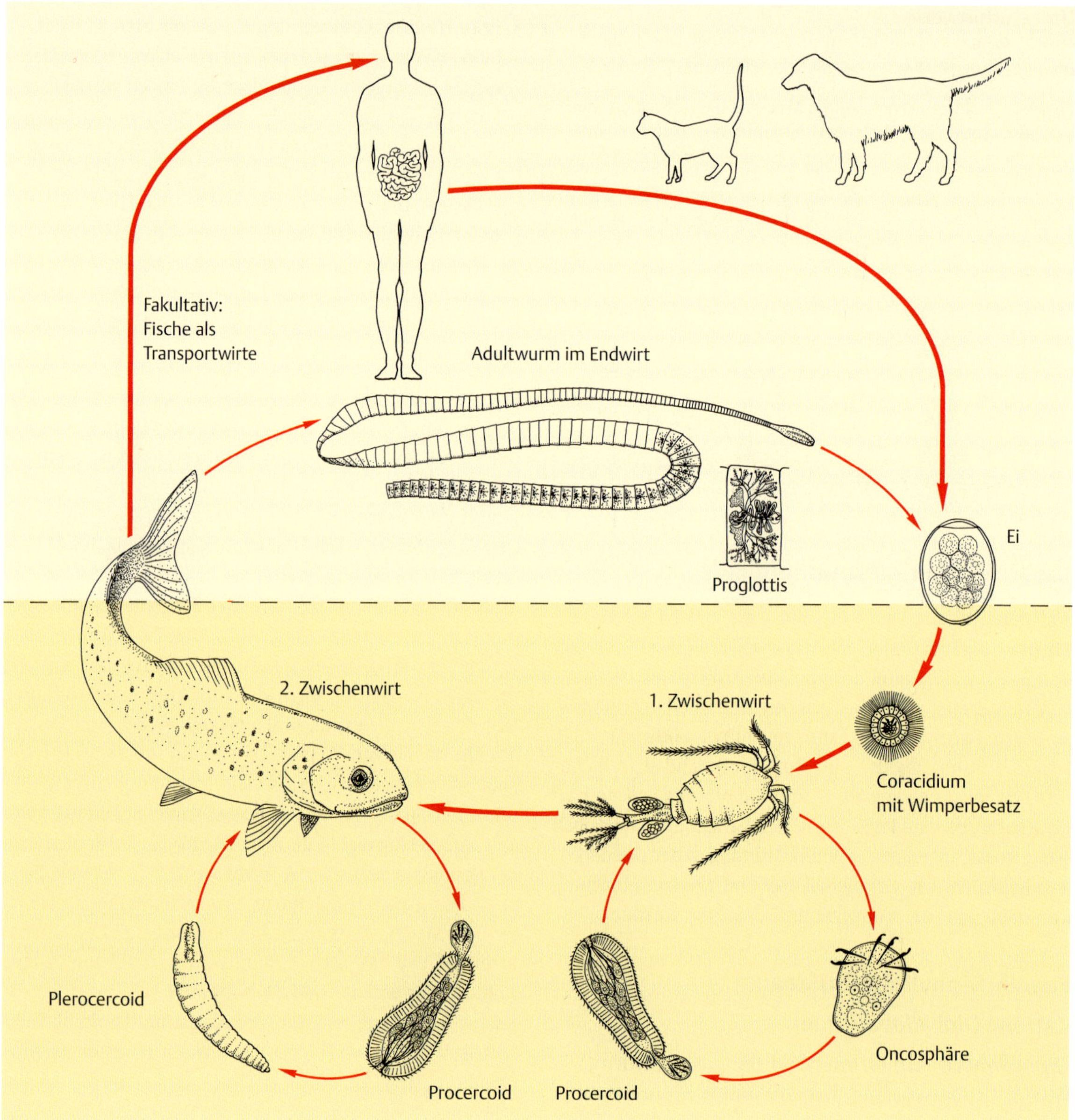

▸ **Abb. 10.34** Entwicklungszyklus von *Diphyllobothrium latum*. (Grafik: Salome Ehrat, nach einer Vorlage von Johannes Eckert und Peter Deplazes, Vetsuisse-Fakultät, Universität Zürich)

deln sich die Procercoide in der Leibeshöhle, der Muskulatur oder in Organen der Fische an und reifen zu 1–3 cm langen Drittlarven, den Plerocercoiden, heran, die morphologisch bereits Merkmale des adulten Bandwurmes erkennen lassen. Wenn Plerocercoid-haltige Fische von Raubfischen gefressen werden, können sich Plerocercoide in den neuen Wirten ansiedeln, die dann die Funktion paratenischer Wirte übernehmen. Die Infektion der Endwirte mit *D. latum* erfolgt durch Verzehr roher oder ungenügend erhitzter Fische, die reife Plerocercoide enthalten. Ziemlich häufig kommt es zu einem multiplen Befall. Präpatenz von *D. latum* im Hund 13–15 Tage, Lebensdauer des Bandwurmes im Menschen > 10 Jahre.

Vorkommen und Epidemiologie *D. latum* ist vor allem in Binnensee- und Flussgebieten des nördlichen Eurasiens verbreitet. Zu den europäischen Endemiegebieten zählen skandinavische und baltische Länder (z. B. FI und SE ~ 20 bzw. 20–50 Fälle bei Menschen/Jahr) und Polen. In Russland sind *D. latum* und besonders *D. nihonkaiense* weitverbreitet. Im Alpenraum um die großen Seen in Italien, Frankreich und der Schweiz wurden 2002–2007 330 Fälle beim Menschen erfasst. Im Genfer See und im Lago Maggiore (Südschweiz) waren 8–12 % bzw. 7–8 % der Barsche (Egli) (*Perca fluviatilis*) mit Plerocercoiden infiziert. Auch durch importierten Frischfisch können *D. latum* und andere *Diphyllobothrium*-Arten auf Endwirte übertragen werden (s. u.). Bei Säugetieren (Schwein, Hund,

Katze, Fuchs) wird *Diphyllobothrium*-Befall in Mitteleuropa selten diagnostiziert (z. B. regional in DE bei < 0,1 % der Hunde und 0,5 % der Füchse, CH bei 0,4 % der Hunde).

Pathogenese und Krankheitsbild Der *Diphyllobothrium*-Befall verläuft häufig inapparent, nur selten bestehen leichte intestinale Beschwerden. Bei etwa 2 % der mit diesem Bandwurm infizierten Menschen tritt eine megaloblastische Anämie auf, die auf den Entzug von Vitamin B_{12} durch den Bandwurm zurückzuführen ist.

Diagnose, Therapie und Prophylaxe Diagnose durch koproskopischen Einachweis (Sedimentationsverfahren), manchmal gehen auch Proglottiden ab. Da die morphologische Artdiagnose schwierig ist, wird zunehmend die DNA-Analyse aus Parasitengewebe oder Eiern eingesetzt. Therapie bei Hund und Katze: Praziquantel in erhöhter Dosis von 1 × 35–40 mg/kg KG p. o. Prophylaxe: Abwasserreinigung und Kochen oder Tiefgefrieren (mindestens 24 h bei −18 °C) der Fische vor der Verfütterung an Carnivoren oder Schweine.

Zoonotische Bedeutung Die Zahl der mit *Diphyllobothrium*-Arten infizierten Menschen wird weltweit auf 20 Mio. geschätzt. In Europa sind *D. dendriticum* (Nordeuropa) und *D. latum* (andere Regionen) die häufigsten Zoonose-Erreger. Aus manchen europäischen Ländern werden rückläufige Fallzahlen gemeldet (z. B. Baltikum), aus anderen vereinzelte Fälle (u. a. subalpine Gebiete in CH, FR, IT). Bei der Zunahme von Fällen spielen wahrscheinlich veränderte Essgewohnheiten eine Rolle (z. B. „Carpaccio“ oder „Sushi“ aus Rohfisch, Rohlachs). Als Infektionsquellen kommen vor allem Lachsarten in Betracht, aber auch Forellen, Barsche, Hecht sowie andere Arten von Süßwasser- und Meeresfischen. *D. nihonkaiense*- und *D. dendriticum*-Infektionen in Europa (CH, FR, FI) werden auf importierten Rohfisch (z. B. Lachs) zurückgeführt. Individualprophylaxe: Erhitzen (Kerntemperatur > 50 °C mindestens 5 min) oder Tiefgefrieren von Fisch (s.o); Räuchern oder Marinieren ist nicht ausreichend.

Gattung *Spirometra*

Praxis
Erreger der **Spirometrose** durch intestinalen Befall mit adulten Würmern bei Hund und Katze; **Sparganose** bei Infektion von Vertebraten einschließlich Mensch (**seltene Zoonose**) durch Plerocercoide (Spargana).

Spira (lat.): Windung; *metra* (gr.): Gebärmutter. Bezug auf Uteruswindungen in der Proglottis. Engl.: *zipper tapeworm*.

Erreger *Spirometra* und *Diphyllobothrium* sind nahe verwandte und morphologisch sehr ähnliche Gattungen, die sich aber genetisch und biologisch unterscheiden (Plerocercoide von *Diphyllobothrium* in Fischen, von *Spirometra* in anderen Vertebraten). *Spirometra*-Arten werden 10–100 cm lang, der Scolex trägt 2 Sauggruben, in den Proglottiden ist der Uterus spiralig in 2–7 Windungen aufgewunden, Eier ähnlich wie bei *Diphyllobothrium*. Mehrere Arten, z. B. *Spirometra mansonoides* (Katze, Hund, wild lebende Feliden und Caniden in Nord- und Südamerika) und *S. erinaceieuropaei* (Katze, Hund, andere Carnivoren; Europa, Asien, Australien). Die Plerocercoide von *Spirometra*-Arten werden als Spargana (Sing. Sparganum) bezeichnet. Es handelt sich dabei um 1–40 cm lange und einige Millimeter breite Stadien mit oberflächlicher Pseudosegmentierung und einem Scolex mit Sauggruben. Hier wird vor allem *S. erinaceieuropaei* berücksichtigt.

Entwicklung *S. erinaceieuropaei* parasitiert im Dünndarm der Endwirte. Entwicklung (▶ **Abb. 10.35**) ähnlich wie bei *Diphyllobothrium* mit Kleinkrebsen (Copepoden) als 1. Zwischenwirte (Procercoid) sowie Amphibien, Reptilien, Vogel- und Säugetierarten als 2. Zwischenwirte (Plerocercoid). Erstbeschreibung der Plerocercoide im europäischen Igel (daher „erinacei“). Werden Plerocercoid-haltige 2. Zwischenwirte von einem als Endwirt ungeeigneten Vertebraten (z. B. Nagetier, Schwein, Affen, Mensch) verzehrt, so durchwandern die Plerocercoide (Spargana) die Darmwand und siedeln sich in serösen Höhlen, in inneren Organen, im intermuskulären Bindegewebe oder in der Subcutis dieser Wirte an. Die Infektion mit Plerocercoiden wird als Sparganose bezeichnet, die gelegentlich auch bei Endwirten (Hund, Katze, andere Carnivoren) vorkommt (s. u.). Endwirte infizieren sich durch Verzehr Plerocercoid-haltiger Zwischenwirte oder paratenischer Wirte. Präpatenz etwa 2–3 Wochen.

Vorkommen und Epidemiologie *Spirometra*-Arten kommen weltweit in sehr unterschiedlicher Häufigkeit vor. Der an Wasser gebundene Entwicklungszyklus begünstigt die Infektion von Fröschen, Reptilien (Schlangen, Schildkröten), Nagetieren und anderen, in Feuchthabitaten lebenden Tierarten mit Spargana. In Südchina enthielten 30 % von 124 Schlangen verschiedener Arten Spargana und in Florida (USA) waren 5 % der Wildschweine (n = 4476) mit Spargana von *S. mansonoides* befallen. Die Infektion von Säugetieren und Menschen erfolgt durch Aufnahme von Trinkwasser, das mit Procercoiden infizierte Kleinkrebse enthält, oder durch Verzehr Spargana-haltigen Gewebes aus Zwischen- oder Transportwirten. Im Gewebe toter Wirte überleben Spargana bei + 5 °C 14 Tage und mindestens 1 Tag bei Raumtemperatur.

Pathogenese und Krankheitsbild Die intestinale Infektion der Endwirte mit *Spirometra* spp. verursacht nur selten Darmstörungen mit Durchfall. Auch die Sparganose verläuft bei Wirbeltieren oft inapparent, doch kann sie – je nach Ansiedlungsort der Spargana – z. B. bei Hunden zu Hautveränderungen oder Peritonitis führen. Bei Wild-

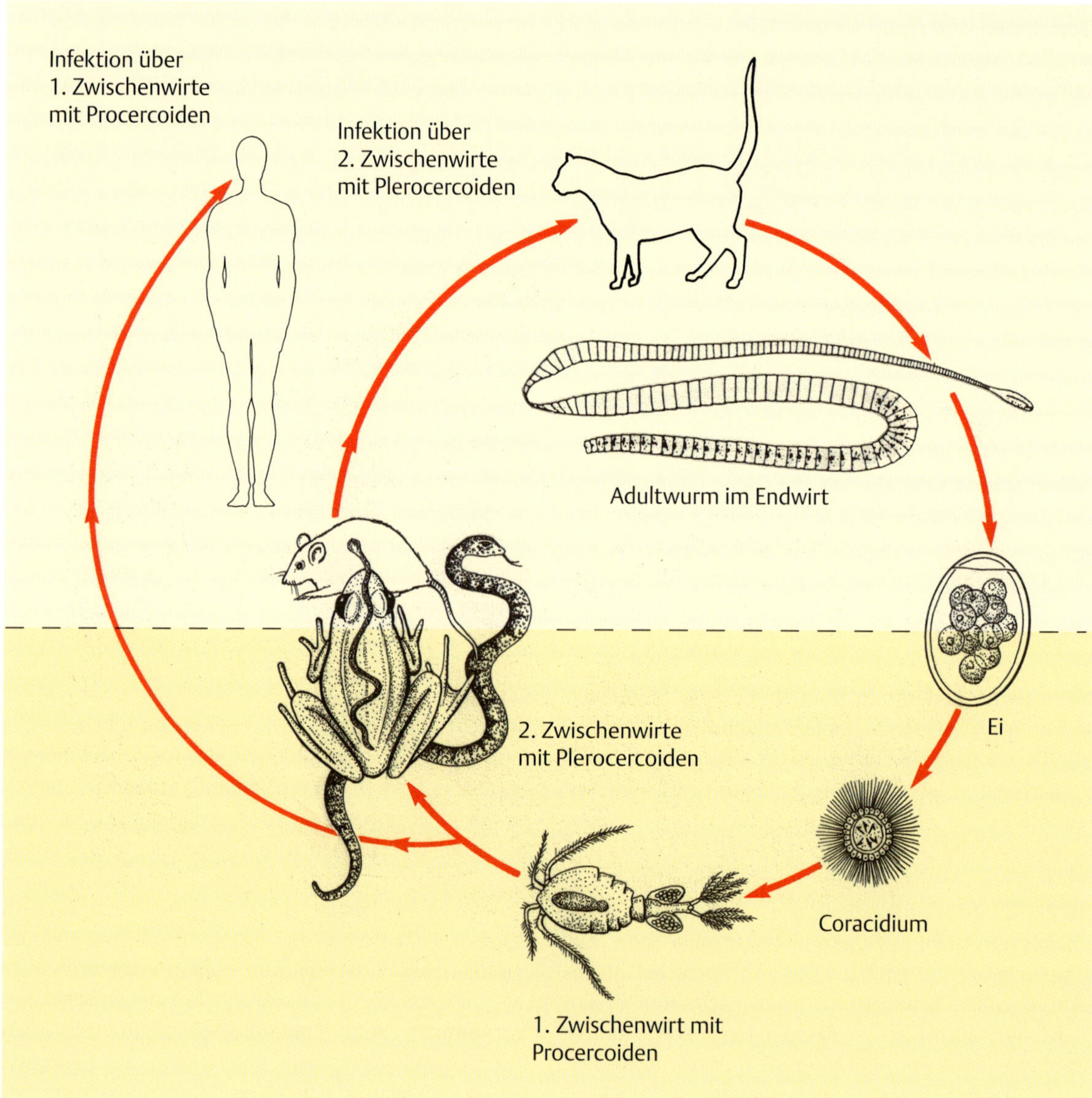

▸ **Abb. 10.35** Entwicklungszyklus von *Spirometra* sp. (Grafik: Salome Ehrat, nach einer Vorlage von Johannes Eckert und Peter Deplazes, Vetsuisse-Fakultät, Universität Zürich)

schweinen wurden vor allem im Bindegewebe der Abdominal-, Schenkel- und Schultermuskulatur sowie subperitoneal gelbliche Herde von 1–3 cm Durchmesser mit aufgewundenen Spargana gefunden, die von zelligen Infiltraten und Bindegewebe umgeben waren. Spargana von *S. mansonoides* scheiden eine multifunktionale Cysteinproteinase aus, die in Mäusen eine ähnliche Wirkung entfaltet wie Wachstumshormone und zur Erhöhung des Körpergewichtes führt.

Diagnose und Therapie Diagnose des intestinalen *Spirometra*-Befalls bei Endwirten durch koproskopischen Einachweis (Sedimentationsverfahren) oder durch Feststellung der Bandwürmer bei der Sektion. Die ca. 35 x 60 µm großen *Spirometra*-Eier sehen ähnlich aus wie *Diphyllobothrium*-Eier. Therapie des intestinalen Befalls mit Praziquantel in erhöhter Dosis wie bei *Diphyllobothrium* (S. 207). Bei Verdacht auf Sparganose bei Hund und Katze richtet sich der Einsatz diagnostischer Verfahren nach dem vermuteten Ansiedlungsort der Parasiten (z. B. Laparoskopie bei Verdacht auf abdominale Sparganose). Isolierte Spargana können morphologisch auf Gattungsebene und mit DNA-Analysen auf Artebene identifiziert werden. Differenzialdiagnostisch sind andere larvale Cestoden, vor allem Tetrathyridien von *Mesocestoides*, zu berücksichtigen. Hunde mit abdominaler Sparganose wurden chirurgisch und anschließend chemotherapeutisch erfolgreich behandelt: im Verlauf von 3 Monaten mehrere Zyklen von Mebendazol (täglich 20 mg/kg KG p. o., 3 Wochen), gefolgt von Praziquantel (täglich 5 mg/kg KG p. o., 3 Wochen).

Zoonotische Bedeutung Im Menschen siedeln sich Spargana in verschiedenen Organen an (Subcutis, Lunge, Peritonealhöhle, Genitalorgane, Gehirn, Auge u. a.) und können erhebliche, z. T. schmerzhafte, entzündliche Veränderungen in den betroffenen Organen verursachen. Solche Infektionen werden am häufigsten in Ost- und Südostasien und selten auch in Europa (z. B. CZ, FR, IT) beobachtet. Nebst dem Verzehr von Plerocercoid-haltigen Zwischenwirten können auch Praktiken der traditionellen asiatischen Medizin, wie Auflegen von Frosch- oder Schlangenfleisch auf die Augen, Infektionen verursachen.

Literaturhinweise

Chai JY, Murrell KD, Lymbery AJ. Fish-borne parasitic zoonoses: status and issues. Int J Parasitol 2005; 35: 1233–1254

Denegri GM, Reisin IL. The complete biological cycle of *Diphyllobothrium erinaceieuropei* (Cestoidea, Pseudophyllidea) under experimental conditions. Helminthologia 1993; 30: 177–179

Lloyd S. Other adult and larval cestodes. In: Palmer SR, Lord Soulsby, Torgerson PR, Brown DWG, eds. Oxford Textbook of Zoonoses. 2nd ed. Oxford, UK: Oxford University Press; 2011: 643–649. ISBN: 978-0-19857-002-8

Scholz T, Garcia H, Kuchta R et al. Update of the human broad tapeworm (genus *Diphyllobothrium*), including clinical relevance. Clin Microbiol Rev 2009; 22: 146–160

Waeschenbach A, Brabec J, Scholz T et al. The catholic taste of broad tapeworms – multiple routes to human infection. Inter J Parasitol 2017; 47: 831–843

Wicht B, Ruggeri-Bernardi N, Yanagida T et al. Inter- and intra-specific characterization of tapeworms of the genus *Diphyllobothrium* (Cestoda: Diphyllobothriidea) from Switzerland, using nuclear and mitochondrial DNA targets. Parasitol Int 2010; 59: 35–39

10.3.3 Ordnung Cyclophyllida

Kyklos (gr.): Kreis; *phyllon* (gr.): Blatt. Bezug auf die am Scolex kreisförmig angeordneten Saugnäpfe.

Zu dieser Ordnung gehören die meisten der veterinärmedizinisch wichtigen Cestoden, darunter auch bedeutende Erreger von Zoonosen (*Taenia*- und *Echinococcus*-Arten). Kennzeichen der Ordnung: Scolex mit gewöhnlich 4 Saugnäpfen und einem Rostellum, das aber fehlen kann; Genitalpori, mit Ausnahme der Mesocestoididae, lateral angeordnet.

Familie Mesocestoididae

Gattung *Mesocestoides*

Praxis

Erreger der intestinalen, harmlosen **Mesocestoidose** bei Carnivoren und der **Tetrathyridiose**, einer seltenen peritonealen Erkrankung bei Hund und Katze.
Seltene **Zoonose**.

Meso- (gr.): Mitte; *kestos* (gr.): Band, Gürtel; *oideus* (lat.): ähnlich. „Meso-" bezieht sich auf einige Merkmale, die „zwischen" den Pseudophyllida und den Cyclophyllida liegen.

Das Wichtigste in Kürze

- **Erreger.** *Mesocestoides*-Arten sind im Adultstadium Dünndarmparasiten von Carnivoren, selten auch von Vögeln und Menschen. In Europa mindestens 2 Arten: *Mesocestoides litteratus* (häufigste Art) und *Mesocestoides lineatus*, vor allem bei Rotfuchs und Marderhund, seltener bei Hund und Katze.
- **Entwicklung.** Vermutlich 3-Wirte-Zyklus; 1. Zwischenwirte: bisher nicht identifiziert (vermutet werden Arthropoden); 2. Zwischenwirte: zahlreiche Arten von Vertebraten (Amphibien, Reptilien, Vögel, Säugetiere), in denen sich Tetrathyridien (Infektionslarven) in serösen Höhlen, subpleuralen Cysten, Lunge, Leber und anderen Organen entwickeln. Infektion der Endwirte durch Verzehr befallener Zwischenwirte. Infektionen mit Tetrathyridien kommen auch bei Hunden und Katzen vor (Peritoneale Larvale Cestodosis).
- **Diagnose, Therapie.** Typische gravide Glieder mit Paruterinorgan. Therapie wie bei *Taenia*-Infektionen (S. 221).

Erreger Die mehr als 12 beschriebenen Arten von *Mesocestoides* sind variabel und morphologisch kaum unterscheidbar. In Europa kommen mindestens 2 Arten vor: *Mesocestoides lineatus* und *M. litteratus*. Länge beider Arten bis 15 cm, teils auch länger. Zahlreiche Proglottiden; Scolex mit 4 Saugnäpfen ohne Rostellum; gravide Proglottiden tonnenförmig mit Paruterinorgan, Genitalporus ventromedian (▶ **Abb. 10.36**a, b). Diese Arten lassen sich genetisch und auch morphologisch an einigen Merkmalen der Genitalorgane differenzieren (*M. leptothylacus* aus europäischen Füchsen ist wahrscheinlich keine eigene Art, sondern eine Variante von *M. litteratus*). Eier

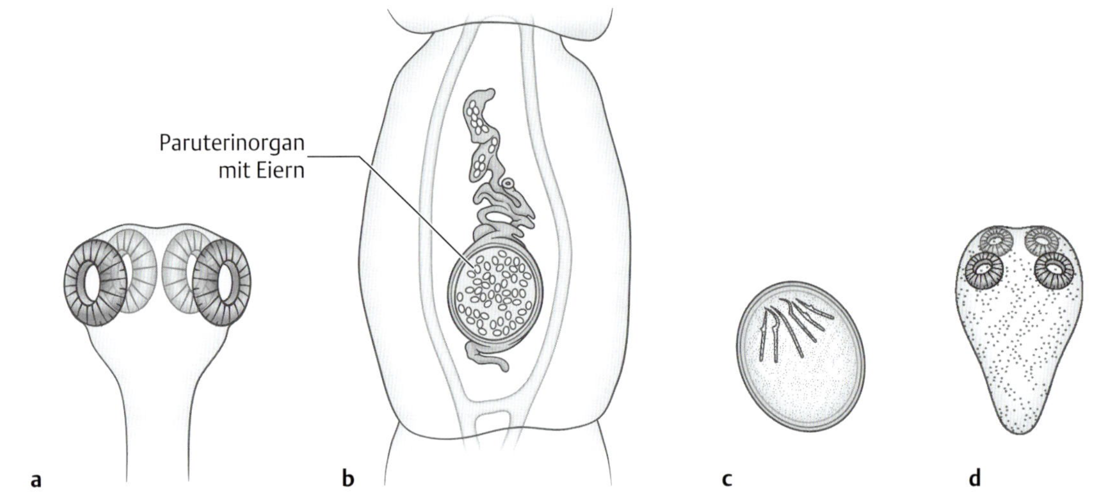

▶ **Abb. 10.36** *Mesocestoides* sp.: **a** Scolex; **b** gravide Proglottis; **c** Ei mit Oncosphäre; **d** Tetrathyridium von *Mesocestoides vogae* (Syn. *M. corti*). (Grafik: Anne Seeger, Vetsuisse-Fakultät, Universität Zürich)

dünnschalig, mit Oncosphäre (Größe bei *M. lineatus* 25–45 × 29–34 µm). Die infektiösen Larven von *Mesocestoides* sp. werden als Tetrathyridien (Singular: Tetrathyridium) bezeichnet. Sie sind durch einen länglichen oder ovalen, mit Parenchym ausgefüllten Körper charakterisiert, in dessen Vorderende der Scolex mit 4 Saugnäpfen und ohne Rostellum eingestülpt ist; sie erreichen Längen von etwa 2–70 mm. *M. lineatus* und *M. litteratus* sind Dünndarmparasiten von Füchsen, anderen wild lebenden Carnivoren sowie von Katze und Hund.

Entwicklung Für *Mesocestoides*-Arten wird ein 3-Wirte-Zyklus angenommen. Bisher ist es aber nicht gelungen, Arthropoden oder andere Invertebraten (> 40 Arten) als 1. Zwischenwirte zu identifizieren. Als 2. Zwischenwirte sind zahlreiche Arten von Vertebraten (Amphibien, Reptilien, Vögel, Säugetiere) bekannt, in denen sich die Tetrathyridien in den serösen Höhlen, in subserösen Cysten, in Lunge und Leber sowie in anderen Organen entwickeln. Werden Zwischenwirte mit reifen Tetrathyridien von empfänglichen Endwirten verzehrt, entwickeln sich in ihrem Dünndarm die adulten Stadien. Präpatenz 2–3 Wochen. Im Endwirt überleben die Parasiten viele Monate.

Per os aufgenommene Tetrathyridien von *Mesocestoides* (Arten meist nicht identifiziert) können bei verschiedenen Tierarten (darunter auch End- und Zwischenwirte) die Darmwand durchdringen und sich in den Leibeshöhlen und inneren Organen ansiedeln. Die Tetrathyridien von *M. vogae* (Syn. *M. corti*) sind zur asexuellen Vermehrung durch Teilung in Zwischenwirten befähigt; sie lassen sich daher durch intraperitoneale Serienpassagen in Mäusen halten und für Forschungszwecke verwenden. Tetrathyridien von *M. vogae* können vom Muttertier mit der Milch auf Jungtiere übergehen. Auch im Darm experimentell infizierter Hunde vermehren sich juvenile Stadien von *M. vogae* asexuell.

Vorkommen und Epidemiologie In Europa kommt *M. litteratus* häufiger vor als *M. lineatus*. Rotfüchse sind ziemlich regelmäßig, regional aber in unterschiedlicher Häufigkeit (Prävalenz bis zu 78 %) mit intestinalen Stadien von *Mesocestoides* sp. befallen, weniger häufig dagegen Katzen (CH, DE: 2–4 %, IT: 1,2 %, ES: 14 %) und selten Hunde. In Süddeutschland und der Schweiz wurden Tetrathyridien von *Mesocestoides* sp. in Nagetieren verschiedener Gattungen (*Apodemus, Myodes* [Syn. *Clethrionomys*], *Microtus*) in geringer Prävalenz (< 1 %) gefunden. Extraintestinaler Tetrathyridien-Befall bei Haus- und Wildcarnivoren (Hund, Katze, Fuchs) wurden vereinzelt in Europa (DE, IT) durch *M. lineatus* und einer noch nicht näher beschriebenen *Mesocestoides*-Art verursacht. Weitere, z. T. letale Infektionen, verursacht durch *M. vogae*, wurden in der Türkei, Japan und den USA identifiziert.

Pathologie und Krankheitsbild Auch ein massiver Befall mit intestinalen Stadien von *Mesocestoides* sp. verursacht bei Endwirten gewöhnlich keine Symptome, doch wurden gelegentlich Inappetenz, Durchfall und schleimiger Kot beschrieben. Die Infektion der Körperhöhlen und der inneren Organe mit Tetrathyridien (Tetrathyridiose) kann bei Hunden und Katzen zu Anorexie, Peritonitis, Aszites und Leukocytose sowie zu Gewebezerstörungen, Granulombildung und Einkapselung der Parasiten führen. Der intraperitoneale Befall wird auch als „Peritoneale Larvale Cestodosis" bezeichnet. Selten liegt bei Carnivoren (Hund, Katze) eine Simultaninfektion mit strobilierten Stadien im Darm und Tetrathyridien in den Körperhöhlen vor.

Diagnose und Therapie Von befallenen Endwirten werden Proglottiden einzeln oder in Verbänden ausgeschieden. Ein Charakteristikum der tonnenförmigen graviden *Mesocestoides*-Proglottiden ist das Paruterinorgan, das bereits im ungefärbten, mikroskopischen Präparat erkennbar ist (▶ **Abb. 10.36b**). Die 60 × 40 µm großen, eiförmigen, dünnschaligen und oncosphärenhaltigen Eier sind nur sehr selten in Kotproben zu finden. Ein Verdacht auf Peritoneale Larvale Cestodosis kann sich bei einer sonografischen Untersuchung ergeben. Tetrathyridien, teils auch acephale, untypische Formen, lassen sich post mortem oder in vivo durch Aspiration aus der Peritonealhöhle gewinnen und morphologisch oder durch DNA-Analyse identifizieren. Therapie des intestinalen *Mesocestoides*-Befalls bei Katze und Hund mit Praziquantel (5 mg/kg KG p. o.) (▶ **Tab. 23.13**). Erprobte Maßnahmen zur Prophylaxe sind nicht bekannt. Zur Therapie der Peritonealen Larvalen Cestodosis bei Hunden scheint Praziquantel (5 mg/kg KG, s. c., 2 × im Abstand von 2 Wochen) geeigneter zu sein als Fenbendazol (50 mg/kg KG/d p. o., für mindestens 28 d).

Zoonotische Bedeutung Bei Menschen tritt intestinaler *Mesocestoides*-Befall sehr selten auf, z. B. nach Verzehr roher, tetrathyridienhaltiger Organe von Zwischenwirten (z. B. von Schlangenleber in Asien).

Literaturhinweise

Boyce W, Shender L, Schultz L et al. Survival analysis of dogs diagnosed with canine peritoneal larval cestodiasis (*Mesocestoides* spp.). Vet Parasitol 2011; 180: 256–261

Hrčkova G, Miterpáková M, O'Connor A et al. Molecular and morphological circumscription of *Mesocestoides* tapeworms from red foxes (*Vulpes vulpes*) in central Europe. Parasitology 2011; 138: 638–647

Wirtherle N, Wiemann A, Ottenjann M et al. First case of canine peritoneal larval cestodosis caused by *Mesocestoides lineatus* in Germany. Parasitol Int 2007; 56: 317–320

Zaleśny G, Hildebrand J. Molecular identification of *Mesocestoides* spp. from intermediate hosts (rodents) in central Europe (Poland). Parasitol Res 2012; 110: 1055–1061

Familie Anoplocephalidae

Anoplon (gr.): unbewaffnet; *kephale* (gr.): Kopf. Bezug auf den „unbewaffneten" Scolex.

Das Wichtigste in Kürze

- **Erreger.** Merkmale der Anoplocephalidae: Scolex mit 4 Saugnäpfen, jedoch ohne Rostellum und Haken; kurze, aber breite und gewöhnlich zahlreiche Proglottiden; polymorph geformte, ziemlich dickschalige Eier mit Oncosphäre und teils charakteristischer Embryophore („birnenförmiger Apparat"). Wichtigste Arten und Wirte: *Moniezia*-Arten bei Wiederkäuern, *Anoplocephala*-Arten bei Equiden. Details ▶ **Tab. 10.9**.
- **Entwicklung, Vorkommen.** Anoplocephalidae sind vorwiegend Darmparasiten von Pflanzen fressenden Säugetieren, einige Arten kommen auch bei Menschen, Vögeln und Reptilien vor. In Mitteleuropa sind Anoplocephaliden vor allem beim Schaf und Pferd häufig. Entwicklung: Eiausscheidung im Kot → Aufnahme der Eier durch Moosmilben (Oribatiden) → in Zwischenwirten Entwicklung von Cysticercoiden → Infektion der Endwirte per os.
- **Krankheitsbild.** Bei Lämmern Durchfall und Störungen der Gewichtsentwicklung, bei Pferden Durchfall, Abmagerung, Kolik.
- **Diagnose, Therapie, Bekämpfung.** Nachweis von Eiern oder Proglottiden im Kot, bei Pferden serologischer Nachweis. Therapie der Wahl bei Schaf und Pferd mit Praziquantel. Bekämpfung s. u.

▶ **Tab. 10.9** bietet eine Übersicht über verschiedene, in Europa vorkommende Arten, von denen die Anoplocephaliden der Equiden und der Wiederkäuer am wichtigsten sind.

Zum Weiterlesen

In Ergänzung dazu sei auf einige weitere Arten hingewiesen: *Thysaniezia giardi* (Europa, Asien, Afrika, Amerika) sowie *Avitellina centripunctata* und *Stilesia globipunctata* (Südeuropa, Afrika, Asien) im Dünndarm von Wiederkäuern; *Stilesia hepatica* (tropisches und südliches Afrika, Asien) in den Gallengängen bei Haus- und Wildwiederkäuern; *Thysanosoma actinioides* (Nord- und Südamerika) in den Gallengängen und im Dünndarm von Wiederkäuern; *Anoplocephala gigantea* (Nashorn), *A. manubriata* (Afrikanischer und Indischer Elefant), *A. gorillae* (Gorilla); *Bertiella studeri* und *B. mucronata* im Dünndarm bei Altwelt- bzw. Neuweltaffen, selten auch bei Menschen. Die bei Wiederkäuern vorkommenden, zur Unterfamilie Thysanosomatinae gehörenden Gattungen *Avitellina, Stilesia, Thysaniezia* und *Thysanosoma* unterscheiden sich von *Moniezia* (s. u.) an den Paruterinorganen (Eikapseln), die sich einzeln oder zu mehreren je Proglottis entwickeln, und an den Eiern, bei denen der birnenförmige Apparat fehlt.

▸ **Tab. 10.9** Arten (Auswahl) der Familie Anoplocephalidae.

Art, Verbreitung (V)	Zwischenwirte	Endwirte	Adulte: Länge (L), Breite (B), Hauptsitz
Moniezia expansa V: weltweit	Oribatiden (Moosmilben)	Schaf, Ziege, Rind, Reh, Hirsch, Gämse u. a. Wiederkäuer	L: bis 10 m; B: bis 2,5 cm Dünndarm
Moniezia benedeni V: weltweit	Oribatiden (Moosmilben)	Rind, Büffel, Schaf, Ziege, Reh u. a. Wiederkäuer	L: bis 4 m; B: bis 1,6 cm Dünndarm
Anoplocephala perfoliata V: weltweit	Oribatiden (Moosmilben)	Pferd, Esel, andere Equiden	L: 2,5–4(8) cm; B: bis 1,4 cm Caecum, Ileum
Anoplocephala magna V: weltweit	Oribatiden (Moosmilben)	Pferd, Esel, andere Equiden	L: bis > 50 cm; B: bis 2,5 cm Dünndarm
Paranoplocephala mamillana V: weltweit	Oribatiden (Moosmilben)	Pferd u. a. Equiden	L: 1–4 cm; B: bis 0,6 cm Dünndarm
Cittotaenia ctenoides (Syn. *Mosgovoyia ctenoides*) V: Europa, Nordamerika	Oribatiden (Moosmilben)	Wild- u. Hauskaninchen, Hase	L: 30–80 cm; B: bis 1,0 cm Dünndarm
Cittotaenia pectinata (Syn. *Mosgovoyia pectinata*) V: weltweit außer Australien	Oribatiden (Moosmilben)	Wild- u. Hauskaninchen, Hase, Murmeltier	L: 5–18 cm; B: bis 1,5 cm Dünndarm
Killigrewia delafondi (Syn. *Aporina delafondi*) V: Europa, Asien, Afrika, Nordamerika	vermutlich Oribatiden (Moosmilben)	Tauben, andere Columbiformes	L: bis 23 cm; B: bis 0,5 cm Dünndarm

Gattung *Moniezia*

Praxis

Erreger der **Monieziose** der Wiederkäuer (klinisch relevant bei Lämmern mit Massenbefall).

Moniez, R.-L., französischer Helminthologe (1852–1936). Engl.: *sheep tapeworm*.

Erreger Von den bei Wiederkäuern vorkommenden Arten der Anoplocephaliden (▸ **Tab. 10.9**) sind in Europa *Moniezia expansa* und *M. benedeni* häufig. Die Hauptmerkmale sind: meterlange Bandwürmer, Scolex mit 4 Saugnäpfen ohne Rostellum; Proglottiden wesentlich breiter als lang; in jeder Proglottis ein doppelter Satz von Geschlechtsorganen, je ein Genitalporus lateral; Uterus netzförmig, gefüllt mit zahlreichen Eiern (▸ **Abb. 10.37**, ▸ **Abb. 10.38**). Interproglottialdrüsen bei *M. expansa* über den ganzen hinteren Rand der Proglottis verteilt, bei *M. benedeni* nur im mittleren Bereich. Eier in der Flotationslösung unregelmäßig polymorph, 60–90 µm groß mit Oncosphäre, die von einer birnenförmigen Embryophore umgeben ist („birnenförmiger Apparat"). Beide Arten können verschiedene Wiederkäuerarten befallen, doch ist *M. expansa* am häufigsten bei Schaf und Ziege anzutreffen, *M. benedeni* dagegen beim Rind.

Entwicklung Die Entwicklung ist obligat an Moosmilben (Oribatiden) gebunden, von denen etwa 20 Arten der Gattungen *Galumna*, *Liebstadia*, *Scheloribates* und *Trichoribates* als Zwischenwirte fungieren können (▸ **Abb. 10.38**). Nach Aufnahme von *Moniezia*-Eiern durch die Milben entwickelt sich in deren Leibeshöhle in Abhängigkeit von der Umgebungstemperatur innerhalb von etwa 1–3 Monaten das ansteckungsfähige Cysticercoid. Die Infektion erfolgt durch Aufnahme infizierter Moosmilben. Präpatenz 30–52 Tage, Patenz oft nur 3 Monate, auch bis 8 Monate.

▸ **Abb. 10.37** *Moniezia* sp., Teilansicht der Bandwurmbürde aus dem Dünndarm eines Schafes. (Quelle: Institut für Parasitologie, Vetsuisse-Fakultät, Universität Zürich)

Vorkommen und Epidemiologie *M. expansa* und *M. benedeni* sind weltweit verbreitet. Prävalenzen von *Moniezia* bei Schaflämmern in Mitteleuropa teils > 50 %. Moosmilben finden in Böden mit hohem Humusgehalt und

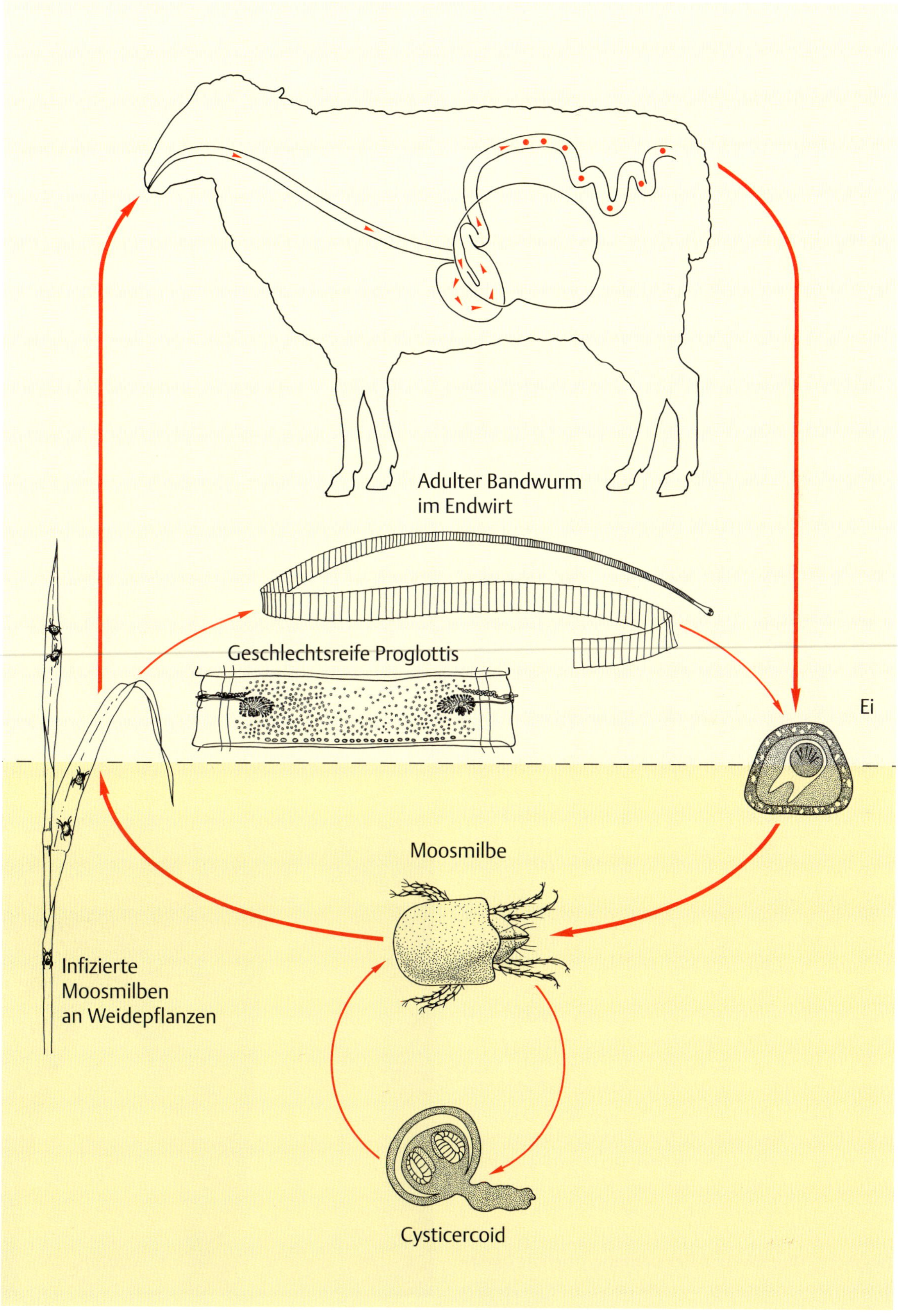

▶ **Abb. 10.38** Entwicklungszyklus von *Moniezia* sp. (Grafik: Marianne Mathys, nach einer Vorlage von Johannes Eckert und Peter Deplazes, Vetsuisse-Fakultät, Universität Zürich)

ausreichender Feuchtigkeit günstige Lebensbedingungen. In den Milben können Cysticercoide bis 2 Jahre überleben und auch überwintern. Der Prozentsatz infizierter Milben ist meist gering (2–3 %). Unter warmen und feuchten Bedingungen sind die Milben an der Vegetation der Bodenoberfläche zu finden, bei Trockenheit und Sonnenschein ziehen sie sich einige Zentimeter in den Boden zurück. Trockenheit wirkt sich allgemein nachteilig auf die Milben aus, kann aber ihre Verbreitung durch Staub und Wind fördern. *Moniezia*-Eier sind recht widerstandsfähig und können im Kot auf der Weide den Winter überdauern. Obwohl während der ganzen Vegetationsperiode Ansteckungsmöglichkeiten bestehen, infizieren sich Schaflämmer hauptsächlich in den ersten Monaten der Weideperiode (April bis Juni) durch Aufnahme überwinterter infizierter Moosmilben. Dabei sind Infektionen mit mehreren Bandwürmern häufig. Etwa 2–6 Monate nach der Ansteckung wird die Mehrzahl der Bandwürmer eliminiert, doch verbleiben regelmäßig Residualwurmbürden, z. T. als kurze Bandwürmer von etwa 5 cm Länge, die im Wirt überwintern. Die Entwicklung von *M. benedeni* im Rind dauert etwas länger; die höchsten Prävalenzen werden im Herbst beobachtet.

Pathogenese und Krankheitsbild Bei der Sektion stark befallener Lämmer sind die oft schon durch die Darmwand hindurch sichtbaren gelblich weißen Bandwurmmassen, dünnflüssiger, schleimiger Darminhalt und gelegentlich Abmagerung die auffallendsten Veränderungen. Histologisch können Veränderungen einer katarrhalischen Enteritis mit geringgradiger Zerstörung des Zottenepithels und leichter zelliger Infiltration der Mukosa vorliegen. Unklar ist, ob die mit dem *Moniezia*-Befall assoziierten Veränderungen allein auf den Bandwurmbefall zurückgehen oder ob Koinfektionen (z. B. mit Trichostrongyliden) beteiligt sind.

Bei den meisten Tieren verläuft die Infektion ohne Krankheitserscheinungen. Starker *Moniezia*-Befall bei Lämmern wird mit Durchfall, Anämie, unzureichender Gewichtszunahme, Abmagerung und selten auch mit nervösen Symptomen assoziiert. Bei älteren Schafen und Rindern verläuft die Infektion meist symptomlos.

Immunologie Die partielle Elimination der *M. expansa*-Bürde durch Lämmer 2–6 Monate nach der Ansteckung und die Tatsache, dass ältere Schafe bei gleicher Exposition seltener und schwächer befallen sind, werden als indirekte Zeichen für Immunreaktionen angesehen, doch liegen dazu nur wenige Kenntnisse vor.

Diagnose, Therapie und Bekämpfung Diagnose am lebenden Tier: Makroskopische Feststellung der auffälligen gelblich weißen Proglottidenverbände oder mikroskopischer Einachweis (Flotationsverfahren) im Kot (▸ **Abb. 19.8**). Mittel der Wahl zur Behandlung von Schafen ist Praziquantel (3,75 mg/kg KG p. o.). Auch Oxyclozanid und verschiedene Benzimidazol-Verbindungen sind in normaler oder erhöhter Dosis wirksam (▸ **Tab. 23.5**). Die Lämmer sollten Ende Juni bis Anfang Juli behandelt werden, um die Tiere möglichst frühzeitig von der Bandwurmbürde zu entlasten. Wenn nötig, ist die Behandlung nach 4–6 Wochen zu wiederholen. Bei später während der Weideperiode geborenen Lämmern ist eine Behandlung zu Beginn ihres 3. Lebensmonats indiziert. Bei Rindern sind im Allgemeinen keine Maßnahmen erforderlich. Der Systamex® Intervall-Bolus forte sowie der Wirkstoff Oxyclozanid (▸ **Tab. 23.3**) sind bei Rindern gegen *Moniezia* wirksam.

Gattungen *Anoplocephala* und *Paranoplocephala*

Praxis
Erreger der klinisch relevanten **Anoplocephalidose** der Equiden (wichtige Ursache von Koliken).

Anoplos (gr.): unbewaffnet; *kephale* (gr.): Kopf. Bezug auf den Scolex ohne Haken.

Erreger Gemeinsame Merkmale der häufigsten Erreger der Anoplocephalidose der Equiden (▸ **Tab. 10.9**) sind der Scolex ohne Rostellum, die sehr kurzen und breiten Proglottiden mit je einem Satz von Geschlechtsorganen sowie die unilaterale Lage des Genitalporus. Die Arten lassen sich relativ leicht unterscheiden. *Anoplocephala perfoliata:* wenige Zentimeter lang, trapezähnliche Körperform, je ein ohrenförmiger Lappen hinter jedem der 4 runden Saugnäpfe des Scolex (▸ **Abb. 10.39**); *Anoploce-*

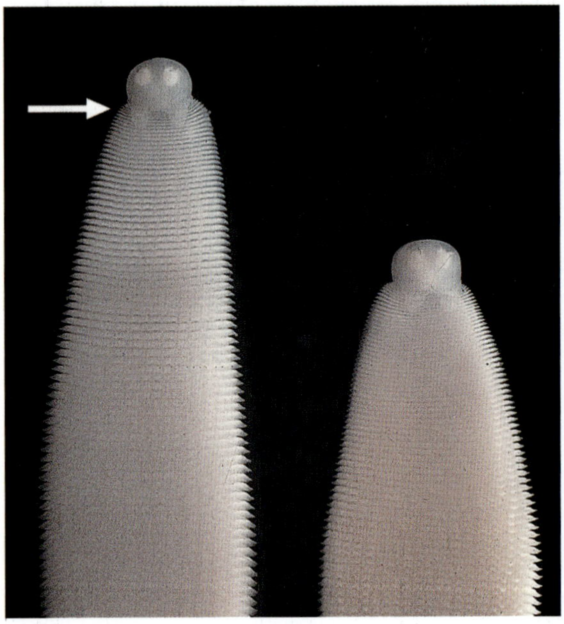

▸ **Abb. 10.39** *Anoplocephala perfoliata*: Ganzaufnahme von Adultstadien (natürliche Länge ca. 2,5–4 cm); Pfeil: lappenförmige Anhänge am Scolex. (Quelle: Institut für Parasitologie, Stiftung Tierärztliche Hochschule Hannover)

phala magna: wesentlich länger, die ohrenförmigen Lappen hinter den Saugnäpfen fehlen; *Paranoplocephala mamillana:* nur wenige Zentimeter lang, schlitzförmige Saugnäpfe. Zusätzliche Anhaltspunkte für die Identifikation liefert die Organlokalisation der Arten (▶ **Tab. 10.9**). Die Eier dieser Arten sind dickschalig und in der Flotationslösung von unregelmäßiger, rundlicher bis viereckiger Form, mit Oncosphäre, Letztere umgeben von besonders geformter Embryophore, dem „birnenförmigen" Apparat (▶ **Abb. 19.13**). Die Eier von *A. perfoliata* und *A. magna* haben einen Durchmesser von etwa 65–80 µm, die Eier von *P. mamillana* sind kleiner (37–51 µm); zwischen den Arten bestehen gewisse Unterschiede in der Struktur des „birnenförmigen Apparates".

Entwicklung Die Entwicklung ist obligat an Moosmilben (Oribatiden) gebunden, von denen viele Arten als Zwischenwirte fungieren können (u. a. Arten der Gattungen *Galumna, Liebstadia* und *Scheloribates*). Nach Aufnahme von Anoplocephalideneiern durch die Milben entwickelt sich in deren Leibeshöhle in Abhängigkeit von der Umgebungstemperatur innerhalb von 2–4 Monaten das ansteckungsfähige Cysticercoid. Die Infektion der Pferde erfolgt durch Aufnahme cysticercoidhaltiger Milben mit Weidegras. Präpatenz 6–10 Wochen, manchmal auch länger. Die Lebensdauer von *A. perfoliata* im Pferd wird auf 6 Monate geschätzt.

Vorkommen und Epidemiologie Die in ▶ **Tab. 10.9** aufgeführten, weltweit verbreiteten Arten sind auch in Europa ubiquitär anzutreffen. Die häufigste Art ist *A. perfoliata* mit regional schwankenden Prävalenzen bis etwa 70 %, gefolgt von den wesentlich selteneren Arten *A. magna* und *P. mamillana*, die in Mischinfektionen mit der erstgenannten Art auftreten. Pferde oder Esel, die den Befall in der vorhergehenden Weideperiode erworben haben, können bis 6 Monate Parasitenträger bleiben und im folgenden Frühjahr die Weideflächen mit Proglottiden und Eiern kontaminieren. Als Ausscheider kommen sowohl Jungtiere als auch ältere Pferde in Betracht. Während mehrerer Jahre von Pferden benutzte Dauerweiden sind wichtige Infektionsquellen, weil sie den Moosmilben günstige Lebensbedingungen bieten. Moosmilben zahlreicher Gattungen und Arten sind auch in Mitteleuropa weitverbreitet. Die in der Epidemiologie von *A. perfoliata* als besonders wichtig angesehene Art *Scheloribates laevigatus* bevorzugt wechselfeuchtes Grünland und ist nach Befunden aus Süddeutschland ganzjährig auf Weiden in erheblichen Populationsdichten anzutreffen mit Maxima in den Sommer- und Herbstmonaten. Je nach Habitatbedingungen können zwischen einzelnen Weideflächen und Regionen erhebliche Unterschiede hinsichtlich der Moosmilbenarten und deren Populationsdichten bestehen. Für *A. perfoliata* wird angenommen, dass Eier auf der Weide und Cysticercoide in den Milben ähnlich lange überleben können wie bei *Moniezia* (S. 212).

Über die **Dynamik des Infektionsverlaufes** liegen für Mitteleuropa nur wenige Kenntnisse vor. Ein Ansteigen der Prävalenzen von *A. perfoliata* im 2. und 3. Jahresquartal deutet auf eine vom Frühjahr bis zu den Sommer- und Herbstmonaten zunehmende Exposition hin. In der 2. Hälfte der Weideperiode wurde auch die höchste Eiausscheidung festgestellt. Sektionen ergaben, dass juvenile Stadien von *A. perfoliata* während des ganzen Jahres im Darmtrakt von Pferden anzutreffen sind. Diese Tatsache lässt sich durch wiederholte Infektionen erklären, die zu einer Überlagerung mehrerer Generationen von Bandwürmern und auch zur Verlängerung der Präpatenz eines Teiles der Population führt.

Die Befallsintensitäten mit *A. perfoliata* unterliegen großen Schwankungen. In Schweden waren 1992/93 von 470 Schlachtpferden 65 % mit *A. perfoliata* infiziert. Davon beherbergten 51 % bis 100 Exemplare und 14 % über 100 Parasiten je Tier mit einem individuellen Maximum von 912. Die Eiausscheidung im Kot korreliert nicht mit der Befallsintensität und ist allgemein sehr variabel (S. 216).

Immunologie Nach schwedischen Untersuchungen (Sektionsbefunde von 470 Pferden) waren Fohlen im 1. Lebensjahr weniger häufig (37 %) mit *A. perfoliata* befallen als 2–30 Jahre alte Pferde (60–68 %). In einer polnischen Studie nahmen die Prävalenzen von *A. perfoliata*-Infektionen (Einachweis mit dem Sedimentations-Flotations-Verfahren) altersabhängig zu und waren bei 10–20 Jahre alten Pferden am höchsten (36 %). Diese Resultate weisen darauf hin, dass sich im Verlauf wiederholter Infektionen keine ausreichende Immunität entwickelt.

Pathogenese *A. perfoliata* siedelt sich vorwiegend im proximalen Caecum an, weit weniger häufig im terminalen Ileum und im ventralen Colon (▶ **Abb. 10.40**). Dabei klammern sich die Parasiten an der Schleimhaut fest und sind häufig in dichten Gruppen vor allem im Bereich des Übergangs von Caecum zu Ileum (Ostium ileocaecale) anzutreffen. An ihren Ansitzstellen verursachen sie Hyperämie, fokale Ulzerationen, diphtheroide Auflagerungen, Drüsenatrophie, Zottenfusionen, zelluläre Infiltrationen in der Mukosa und Submukosa (u. a. Lymphozyten, Plasmazellen, eosinophile Granulozyten) sowie submuköse Ödeme und gelegentlich Muskularishypertrophie. Bei stärkerem Befall kommt es zur flächenhaften Ausdehnung der Veränderungen. Nach Ablösung der Parasiten vernarben die Geschwüre. Starke Besiedlung des Ostium ileocaecale kann zu Obturationsstenose führen. Sekundärinfektionen mit Nekrose oder Abszessbildung sind als Ursache der Perforation der Darmwand mit anschließender Peritonitis anzusehen. Auch ileale Wandverdickung und Obstruktion sowie Invaginationen verschiedener Darmabschnitte werden mit *A. perfoliata*-Befall assoziiert. In Ganglien der Darmmuskulatur wurden degenerative und entzündliche Veränderungen nachgewiesen, die in der Pathogenese von Koliken eine Rolle spielen könnten.

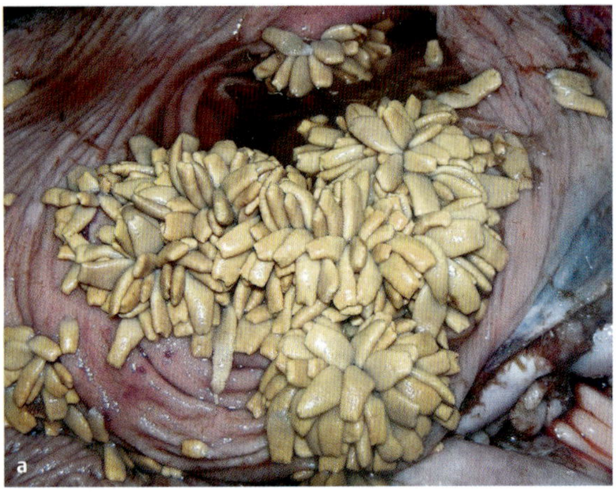

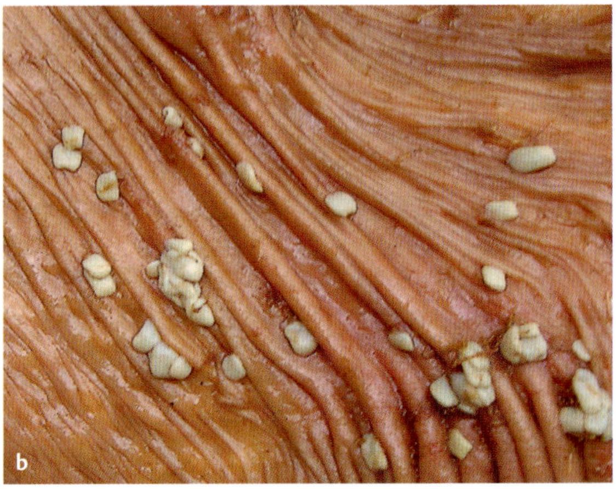

▸ **Abb. 10.40** Cestoden im Darm vom Pferd.
a Massenbefall mit *Anoplocephala perfoliata* (Quelle: Dr. K. Tomczuk, Tomaszowice, Polen)
b *Paranoplocephala mamillana* (Quelle: Dr. K. Tomczuk, Tomaszowice, Polen)

Bereits bei geringem Befall mit 1–20 Bandwürmern sind pathologische Veränderungen im Darm nachweisbar; zwischen diesen und der Befallsintensität besteht ein statistisch gesicherter Zusammenhang. In Schweden wiesen von 470 Pferden (Alter 1–30 Jahre) 21 % mittelgradige und 11 % der Tiere schwere Veränderungen auf; die mittleren Wurmbürden betrugen 67 bzw. 240 je Tier.

Massenbefall mit *A. magna* kann katarrhalische und hämorrhagische Enteritis und gelegentlich Dünndarmruptur verursachen. Über pathologische Veränderungen oder klinische Erscheinungen bei Befall mit *P. mamillana* liegen keine Angaben vor.

Krankheitsbild Massenbefall mit *A. magna* kann Durchfall verursachen. Infektionen mit *A. perfoliata* verlaufen inapparent oder führen zu Verdauungsstörungen, Durchfall, Kolik und Abmagerung. In Studien wurden 22 % der spastischen Koliken bzw. ein höheres Risiko der Ileumanschoppung auf *A. perfoliata*-Befall zurückgeführt. Bei Obturation, Invagination oder Perforation des Darmes infolge *A. perfoliata*-Befalles treten akute Abdominalbeschwerden auf.

Diagnose Nachweis von Eiern und Proglottiden bei der Kotuntersuchung. Die Sensitivität des Einachweises mit der üblichen Kochsalz- oder Zinksulfatflotation ist sehr gering (2–13 %); höhere Sensitivitäten von etwa 58 % wurden mit einem kombinierten Sedimentations-Flotations-Verfahren unter Verwendung von 15 g Kot und gesättigter NaCl- oder Zucker-Lösung (spez. Gewicht: 1,26 g/cm^3) erreicht. ELISAs zum spezifischen Antikörpernachweis in Serum oder Speichel sind kommerziell verfügbar, welche Sensitivitäten von 83–85 % sowie Spezifitäten von 78–85 % aufweisen. Bei Wurmbürden von mindestens 20 Würmern betrug die Sensitivität des Speichel-ELISAs 100 %. Auch der Kopro-Antigen- sowie der Kopro-DNA-Nachweis zeigten vielversprechende Resultate; bisher wurden diese Testverfahren jedoch nicht weiterentwickelt und für Studien oder in der Praxis eingesetzt.

Therapie und Bekämpfung Benzimidazol-Verbindungen sind gegen Anoplocephaliden bei Einhufern unwirksam. Mittel der Wahl ist Praziquantel (1,0 mg/kg KG p. o.). Zumindest 2 Behandlungen (im Juni/Juli und im Herbst) werden in Problembeständen als sinnvoll angesehen, doch fehlen noch längerfristige Untersuchungen über die besten strategischen Konzepte. In erhöhter Dosierung (13,2 mg/kg KG) ist Pyrantel für die Behandlung von *A. perfoliata* zugelassen, allerdings ist die Wirkung weniger vollständig als bei Verwendung von Praziquantel. Alternative Nutzung der Pferdeweiden durch Wiederkäuer oder Weiderotationssysteme werden als komplementäre Maßnahmen empfohlen. Eine Bekämpfung der Zwischenwirte (Moosmilben) ist nicht durchführbar.

Literaturhinweise

Lightbody KL, Davis PJ, Austin CJ. Validation of a novel saliva-based ELISA test for diagnosing tapeworm burden in horses. Vet Clin Pathol 2016; 45: 335–346

Pavone S, Veronesi F, Genchi C et al. Pathological changes caused by *Anoplocephala perfoliata* in the mucosa/submucosa and in the enteric nervous system of equine ileocecal junction. Vet Parasitol 2011; 176: 43–52

Reinemeyer CR, Nielsen MK. Parasitism and colic. Vet Clin North Am Equine Pract 2009; 25: 233–245

Rehbein S, Lindner T, Visser M et al. Evaluation of a double centrifugation technique for the detection of *Anoplocephala* eggs in horse faeces. J Helminthol 2011; 85: 409–414

Roelfstra L, Betschart B, Pfister K. A study on the seasonal epidemiology of *Anoplocephala* spp.-infection in horses and the appropriate treatment using a praziquantel gel (Droncit 9 % oral gel). Berl Münch Tierärztl Wochenschr 2006; 119: 312–325

Skotarek SL, Colwell DD, Goater CP. Evaluation of diagnostic techniques for *Anoplocephala perfoliata* in horses from Alberta, Canada. Vet Parasitol 2010; 172: 249–255

Tomczuk K, Kostro K, Szczepaniak KO et al. Comparison of the sensitivity of coprological methods in detecting *Anoplocephala perfoliata* invasions. Parasitol Res 2014; 113: 2401–2406. doi: 10.1007/s00436-014-3919-4

Tomczuk K, Grzybek M, Szczepaniak K et al. Factors affecting prevalence and abundance of *A. perfoliata* infections in horses from south-eastern Poland. Vet Parasitol 2017; 246: 19–24. doi: 10.1016/j.vetpar.2017.08.027

Familien Davaineidae, Dilepididae und Hymenolepididae

Davaineidae: Davaine, C. J. (1812–1882), französischer Arzt und Parasitologe; Dilepididae: *Di-* (gr.): zwei; *lepis* (gr.): Schale, Schuppe; Hymenolepididae: *hymen* (gr.): dünne Haut; *lepis* (gr.): Schale. Bezug auf dünnschalige Eier.

Das Wichtigste in Kürze

- **Erreger.** Arten der Gattungen *Davainea, Amoebotaenia, Choanotaenia, Raillietina* und *Hymenolepis* sind als Geflügelparasiten bedeutsam (▶ **Tab. 10.10**). Einige *Hymenolepis*-Arten parasitieren in Nagetieren und sind Erreger von seltenen Zoonosen (▶ **Tab. 18.2**).
- **Entwicklung, Epidemiologie.** Entwicklung im Allgemeinen diheteroxen (Ausnahme *Hymenolepis nana* mit auch homoxenem Zyklus); Zwischenwirte bei Cestoden der Hühnervögel und Tauben vorwiegend landlebende Invertebraten (u. a. Regenwürmer, Schnecken, Insekten), bei Bandwürmern des Wassergeflügels Kleinkrebse. Infektion durch Aufnahme von Zwischenwirten, die Infektionslarven (Cysticercoide) enthalten. Bandwurmbefall des Nutzgeflügels spielt bei Freilandhaltung eine Rolle, bei Stallhaltung nur, wenn für bestimmte Bandwurmarten geeignete Zwischenwirte vorhanden sind (z. B. Mehl-, Speck-, Diebs- und Dungkäfer oder Stubenfliegen).
- **Krankheitsbild, Diagnose, Therapie.** Meist inapparenter Befall, selten Leistungsminderung. Nachweis bei der Sektion, Behandlung mit Praziquantel, teils auch mit Benzimidazol-Verbindungen.

Die Familien Davaineidae, Dilepididae und Hymenolepididae werden hier gemeinsam abgehandelt, da sie verschiedene **Cestoden-Arten des Nutzgeflügels** enthalten.

▶ **Tab. 10.10** Arten (Auswahl) der Familien Davaineidae, Dilepididae und Hymenolepididae: Cestoden des Geflügels.

Familie, Art, Länge (L), Verbreitung (V)	Zwischenwirte (Z), Transportwirte (T)	Endwirte und Organlokalisation der adulten Cestoden
Familie: Davaineidae		
Davainea proglottina L: 1,5–4 mm; V: weltweit	Z: Nacktschnecken, u. a. *Deroceras*-Arten	Hühnervögel (Huhn, Truthuhn u. a.), Taube: Dünndarm
Raillietina cesticillus L: 9–13 cm; V: weltweit	Z: Käferarten, u. a. Lauf-, Mist-, Mehl-, Speck-, Diebskäfer	Huhn, Truthuhn, andere Hühnervögel: Dünndarm
Raillietina echinobothrida L: bis 25 cm; V: weltweit	Z: Ameisenarten: *Tetramorium-, Pheidole-*Arten u. a.	Huhn, Truthuhn, andere Hühnervögel: Dünndarm
Raillietina tetragona L: 10–25 cm; V: weltweit	Z: Stubenfliegen und Ameisen	Huhn, andere Hühnervögel, Taube: Dünndarm
Raillietina bonini L: 6–7 cm; V: Europa, RU, Iran	Z: Landschnecken: Nackt- und Gehäuseschnecken	Tauben u. a. Vögel: Dünndarm
Familie: Dilepididae		
Choanotaenia infundibulum L: bis 23 cm; V: weltweit	Z: Käferarten: Lauf-, Mistkäfer u. a., auch Stubenfliege, Heuschrecken	Huhn, Truthuhn, andere Hühnervögel: Dünndarm
Amoebotaenia cuneata L: 2–4 mm; V: weltweit	Z: Regenwürmer: *Eisenia* u. a.	Huhn, andere Hühnervögel: Dünndarm
Familie: Hymenolepididae		
Drepanidotaenia (Syn. *Hymenolepis*) *lanceolata* L: bis 25 cm; V: weltweit	Z: Kleinkrebse: *Cyclops, Eucyclops* u. a. T: Wasserschnecken (Lymnaeidae)	Gans, Ente, andere Wasservögel, selten Huhn: Dünndarm
Echinolepis (Syn. *Hymenolepis*) *carioca* L: 3–8 cm; V: weltweit	Z: Kot- u. Dungkäfer (*Aphodius, Onthophagus*)	Huhn, andere Hühnervögel: Dünndarm
Fimbriaria fasciolaris L: bis 40 cm; V: weltweit	Z: Kleinkrebse: Cyclops, *Diaptomus* u. a.	Gans, Ente, andere Wasservögel, Huhn: Dünndarm
Gastrotaenia spp. L: bis 13 mm; V: Europa, Asien, Nord- u. Südamerika	Z: Kleinkrebse: Copepoden	Ente, Schwan: Muskelmagen, teils auch distaler Ösophagus und Drüsenmagen

Erreger Eine Auswahl von Arten ist in ▸ Tab. 10.10 aufgeführt. Die Übersicht zeigt, dass beim Huhn und bei anderen Hühnervögeln einerseits kleine Bandwurmarten von wenigen Millimetern Länge (*Davainea proglottina* und *Amoebotaenia cuneata*) und andererseits Arten mit einer Länge von mehreren Zentimetern (*Raillietina* spp., *Choanotaenia infundibulum*) vorkommen (▸ Abb. 10.41).

Entwicklung In den Entwicklungszyklus der Cestoden des Nutzgeflügels sind verschiedenartige Zwischenwirte eingeschaltet, die den Lebens- und Nahrungsgewohnheiten der Wirtstiere entsprechen: bei Hühnervögeln und Tauben fast ausschließlich Landtiere (u. a. Regenwürmer, Schnecken, Insekten) und bei Wasservögeln Kleinkrebse (▸ Tab. 10.10). Nach Aufnahme von Bandwurmeiern entwickeln sich in den Zwischenwirten innerhalb von mindestens 3–4 Wochen Cysticercoide, die durch Verzehr infizierter Zwischenwirte in die Endwirte gelangen. Präpatenzen bei den einzelnen Arten unterschiedlich, von 9 Tagen bis etwa 6 Wochen.

Vorkommen und Epidemiologie Die wichtigen Cestoden-Arten des Huhnes haben eine weite Verbreitung (▸ Tab. 10.10), doch sind die Prävalenzen und Befallsintensitäten je nach Haltungsart und Habitatverhältnissen unterschiedlich. Bei Freilandhaltung kommen alle Arten vor, deren Zwischenwirte im Habitat geeignete Lebensbedingungen finden, z. B. Regenwürmer, Schnecken und verschiedene Käferarten. Bei Stallhaltung kommen Bandwürmer selten vor, doch kann massiver Befall mit *Raillietina cesticillus, R. tetragona* oder *Choanotaenia infundibulum* dann auftreten, wenn geeignete Zwischenwirte in größerer Zahl vorhanden sind, z. B. Mehl-, Speck-, Diebs- und Dungkäfer oder Stubenfliegen. Wassergeflügel ist bei Freilandhaltung an Gewässern ständig einem Infektionsrisiko ausgesetzt, ebenso Tauben mit Freiflug.

Pathogenese und Krankheitsbild Der Cestodenbefall verursacht beim Nutzgeflügel im Allgemeinen nur geringfügige Veränderungen der Darmschleimhaut, die klinisch meist nicht in Erscheinung treten. Bei massivem Befall können Leistungsminderungen und Durchfall auftreten, z. B. beim Huhn bei Infektionen mit *D. proglottina* und *Raillietina*-Arten.

Diagnose, Therapie und Bekämpfung Intra vitam ist eine Diagnose der Bandwurmgattungen durch den Nachweis und die morphologische Identifikation der ausgeschiedenen Proglottiden und der daraus isolierten Eier möglich (▸ Abb. 19.18). Meist wird jedoch die Diagnose bei der Sektion gestellt, die eine gattungs- und artspezifische Identifikation der Bandwürmer ermöglicht. Zur Therapie sind bei Huhn, Taube und Wassergeflügel (S. 645) Praziquantel und z. T. auch Benzimidazol-Präparate geeignet. Eine Bekämpfung von Zwischenwirten ist im Freiland nicht möglich, in Stallungen können durch Reinigungsmaßnahmen und nötigenfalls durch Einsatz von Insektiziden Arthropoden bekämpft werden.

Literaturhinweis

McDougald LR. Internal Parasites. In: Swayne DE, ed. Diseases of Poultry. 13th ed. Ames, IA, USA: John Wiley Blackwell, 2013: 1117–1146. ISBN: 978-0-47095-899-5

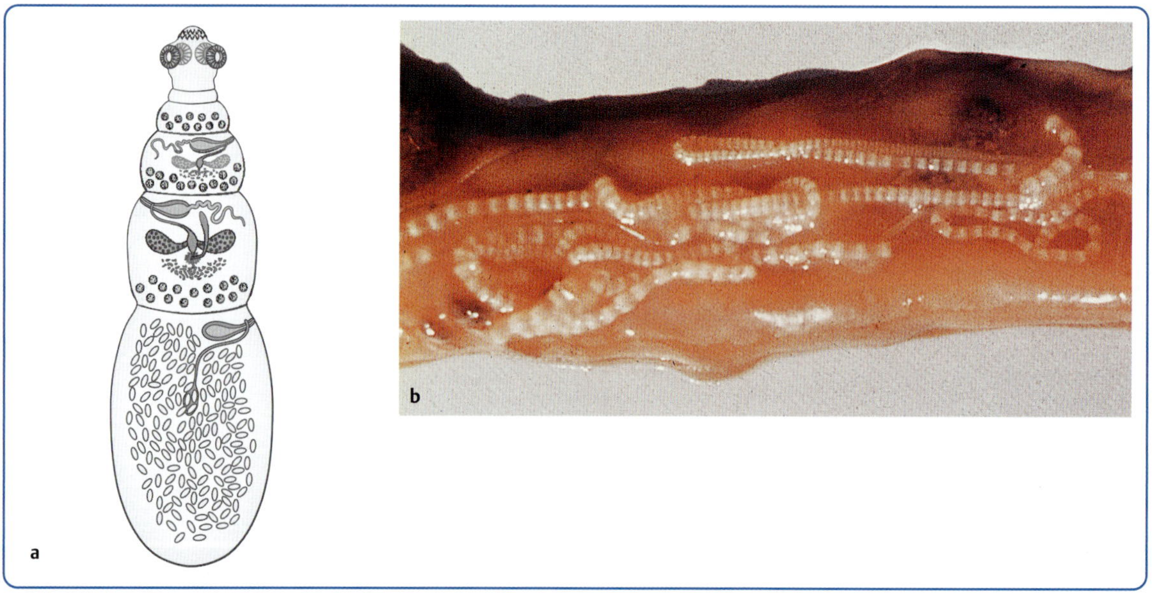

▸ **Abb. 10.41** Cestoden des Geflügels.

a *Davainea proglottina* (Länge bis 4 mm) (Grafik: Anne Seeger, Vetsuisse-Fakultät, Universität Zürich, Grafik basiert auf Daten aus: Sprehn C. Trematoda und Cestoidea. In: Brohmer, Ehrmann, Ulmer: Die Tierwelt Mitteleuropas. 1. Band, Meyer Verlag. Leipzig)

b *Raillietina* sp. (Länge bis 13 cm) im Darm eines Huhnes (Quelle: Hilbrich, P. Krankheiten des Geflügels unter besonderer Berücksichtigung der Haltung und Fütterung. 3. Aufl. Verlag Hermann Kuhn GmbH & Co. KG, Villingen-Schwenningen, 1978)

Familie Dipylidiidae

Gattung *Dipylidium*

Dipylidium caninum (Gurkenkernförmiger Bandwurm) und verwandte Arten

Praxis

Erreger der **Dipylidiose** der Carnivoren.
Zoonose: Sehr seltene, harmlose intestinale Zoonose.

Di- (gr.): zwei, doppelt; *pyle* (gr.): Tor, Öffnung. Bezug auf die 2 lateralen Genitalpori. Engl.: *cucumber seed tapeworm*.

Das Wichtigste in Kürze

- **Erreger.** *Dipylidium caninum* ist ein weltweit verbreiteter und ziemlich häufiger Dünndarmparasit von Hund und Katze, seltener sind *Dipylidium sexcoronatum*, andere *Dipylidium*-Arten, *Joyeuxiella* sp. und *Diplopylidium* sp.
- **Entwicklung** von *D. caninum* über Flöhe als Zwischenwirte.
- **Krankheitsbild.** Meist inapparenter Befall, selten Inappetenz und Durchfall, ausnahmsweise Ileus durch Bandwurmknäuel.
- **Diagnose, Therapie, Bekämpfung.** Typische Proglottiden mit bilateralen Genitalpori und Eipaketen. Therapie mit Praziquantel oder Epsiprantel, Bekämpfung der Flöhe.

Zur Familie Dipylidiidae gehören die Gattungen *Dipylidium, Joyeuxiella* und *Diplopylidium*, die im Adultstadium im Dünndarm von Carnivoren parasitieren. Die wichtigste Art dieser Familie ist *Dipylidium caninum*, ein weltweit häufiger Parasit von Hund und Katze.

Erreger *Dipylidium caninum:* Länge etwa 13–15 cm, selten bis 80 cm, Strobila aus zahlreichen, gurkenkernförmigen Proglottiden (▶ **Abb. 10.42**). Scolex mit 4 Saugnäpfen und Rostellum mit Haken. In jeder Proglottis 2 Sätze von Geschlechtsorganen mit bilateralen, etwa in Gliedmitte gelegenen Genitalpori; Uterus netzartig, in dem sich Eikapseln und Eipakete (etwa 200 × 120 µm) bilden, die mehrere Eier (bis etwa 30) enthalten. Eier kugelig mit Oncosphäre und dünner Embryophore (30–50 µm). Dünndarmparasit von Hund, Katze, wild lebenden Carnivoren mit weltweiter Verbreitung, selten auch beim Menschen.

Entwicklung In die Entwicklung von *D. caninum* sind Flöhe (*Ctenocephalides felis, C. canis*) als Zwischenwirte eingeschaltet (▶ **Abb. 10.42**). Aus infizierten Endwirten gelangen gravide Proglottiden beim Kotabsatz oder durch aktive Auswanderung aus dem Anus in die Außenwelt. Dadurch werden die Bandwurmeier für Flohlarven zugänglich, die sie verzehren. In der Leibeshöhle der Flohlarven beginnt die Entwicklung zum Cysticercoid, die während des Lebenszyklus der Flöhe voranschreitet und bei günstigen Umgebungstemperaturen (30–32 °C) dann abgeschlossen ist, wenn die adulten Flöhe aus der Puppenhülle schlüpfen. Bei geringeren Temperaturen (20–25 °C) kann die Entwicklung der Cysticercoide verzögert sein; sie wird erst dann vollendet, wenn die Flöhe einige Tage auf ihrem Wirt verbracht haben. Unter günstigen Bedingungen ist die Entwicklung der Cysticercoide in 9–19 Tagen abgeschlossen. Die Endwirte infizieren sich phagär durch die Aufnahme von Flöhen. Präpatenz 16–21 Tage, Patenz bis 3 Jahre.

Als Zwischenwirt für *D. sexcoronatum* ist der Hundehaarling (*Trichodectes canis*) beschrieben. Für *Joyeuxiella* und *Diplopylidium* werden in der Literatur koprophage Insekten (Käfer) als Zwischenwirte angegeben. Außerdem sollen Reptilien (z. B. Eidechsen) oder Kleinsäuger in den Zyklus als 2. Zwischenwirte (Transportwirte?) eingeschaltet sein.

Vorkommen und Epidemiologie *D. caninum* ist in Mitteleuropa eine ziemlich häufige Bandwurmart von Hund und Katze (Prävalenzen etwa 1–12 %). In einer europäischen Studie (7 Länder) waren durchschnittlich 2,2 % von 435 Katzen und 5,2 % von 178 Hunden mit Flöhen, die *D. caninum*-DNA enthielten, infestiert. Auch Rotfüchse und Marderhunde sind mit *D. caninum* befallen (Prävalenzen bis 5 %, regional auch höher). Der Zyklus dieses Parasiten wird durch das häufige Vorkommen von Flöhen begünstigt. Seltener treten neben *D. caninum* auch *Joyeuxiella*- und *Diplopylidium*-Arten auf. In Portugal wurden bei Sektion von 162 streunenden Katzen bei 15 % *Joyeuxiella pasquale*, 4 % *Diplopylidium nölleri* und 53 % *D. caninum* nachgewiesen.

Pathogenese und Krankheitsbild *Dipylidium*-Befall führt nur selten zu leichten entzündlichen Veränderungen des Dünndarms und entsprechenden Symptomen, wie Inappetenz und Durchfall, und ausnahmsweise zum Ileus durch Bandwurmknäuel.

Diagnose Nachweis von Eipaketen durch koproskopische Untersuchung (Flotationsverfahren mit Sensitivität < 10 %) oder von Proglottiden, die z. T. in großer Zahl in die Umgebung des Tieres ausgeschieden werden; manche bleiben in der Analgegend oder im Fell der Tiere haften, trocknen ein und ähneln dann Reiskörnern. Bei der Untersuchung frischer Proglottiden (oder eingetrockneter nach kurzer Wässerung) lassen sich bereits im ungefärbten mikroskopischen Quetschpräparat die typischen Merkmale gravider Proglottiden erkennen, wie die beidseitigen, lateralen Genitalpori und die Eipakete (▶ **Abb. 19.16**). Letztere können durch Zerzupfen der Proglottiden freigesetzt werden. Die Gattungen *Joyeuxiella* und *Diplopylidium* unterscheiden sich von *D. caninum* u. a. dadurch, dass ihre Eikapseln nur je 1 Ei enthalten und die beiden Genitalpori weit proximal der Gliedmitte liegen.

Therapie und Bekämpfung Praziquantel und Epsiprantel sind in den üblichen therapeutischen Dosierungen gegen *Dipylidium*-Befall (bei anderen Gattungen kann eine

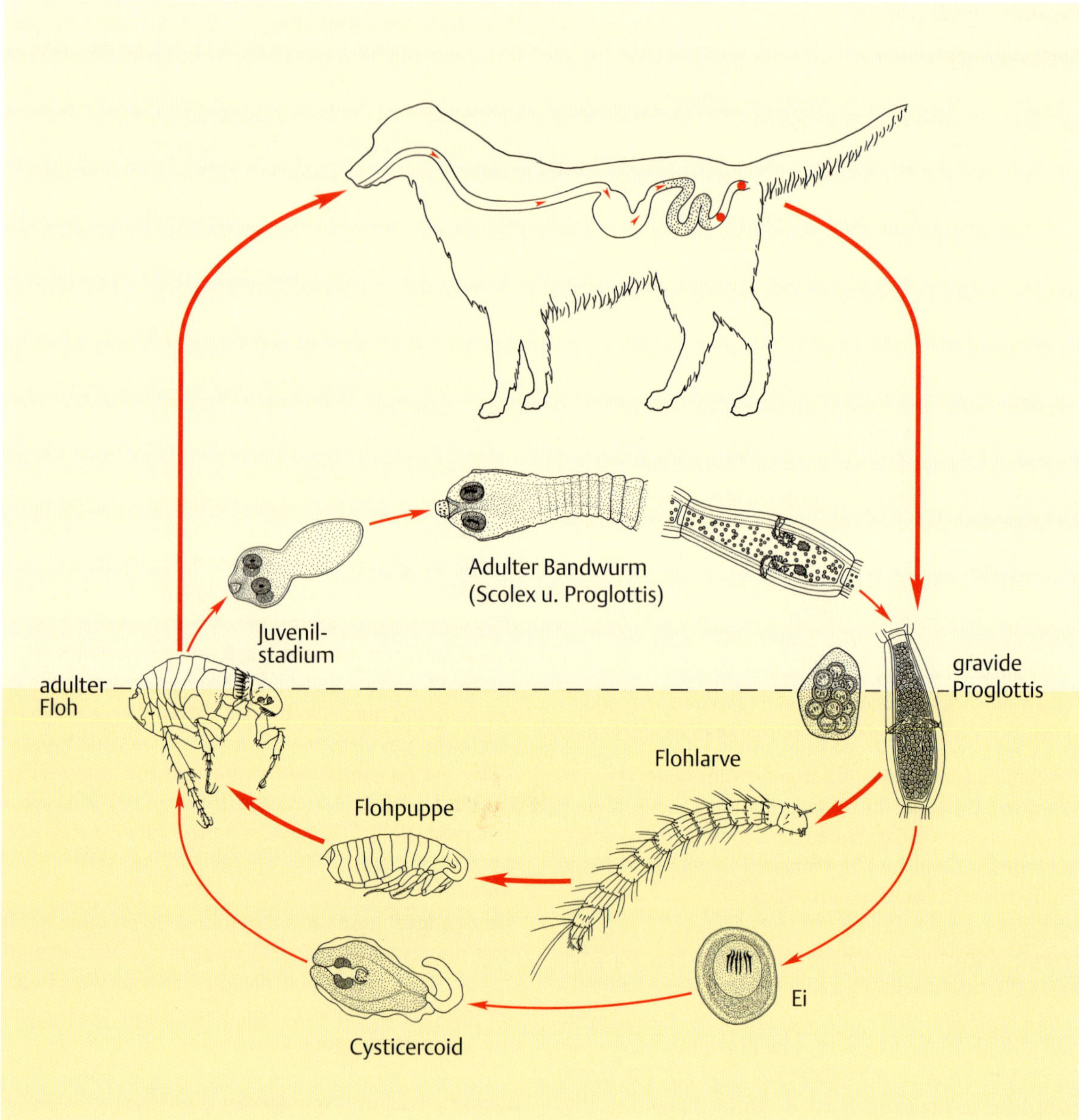

▶ **Abb. 10.42** Entwicklungszyklus von *Dipylidium caninum*. (Grafik: Salome Ehrat, nach einer Vorlage von Johannes Eckert und Peter Deplazes, Vetsuisse-Fakultät, Universität Zürich)

höhere Dosierung erforderlich sein) von Hund und Katze hochwirksam. In den USA wurde kürzlich in einigen Hunden mit *Dipylidium*-Befall eine Resistenz gegen Praziquantel-Behandlungen beobachtet. Die Prophylaxe beruht auf regelmäßiger Entwurmung und Flohbekämpfung (▶ **Tab. 23.15**). Neue Breitbandpräparate mit Wirkstoffen gegen Cestoden, adulte Flöhe an Tieren und Flohlarven in der Umgebung ermöglichen ein konzertiertes Vorgehen.

Zoonotische Bedeutung Selten Ansiedlung ohne klinische Anzeichen von *D. caninum* im Darm von Menschen, vor allem von Kindern, nach Verschlucken cysticercoidhaltiger Flöhe.

Literaturhinweise

Beugnet F, Labuschagne M, Fourie J et al. Occurrence of *Dipylidium caninum* in fleas from clientowned cats and dogs in Europe using a new PCR detection assay. Vet Parasitol 2014; 205: 300–306

Beugnet F, Franc M, Tielemans E. Gastro-intestinal helminthoses. In: Beugnet F, Halos L, eds. Parasitoses & Vector Borne Diseases of Cats. Lyon, France: Merial S.A.S. 2015; 15–49. ISBN: 978-2-95508-050-4

Chelladurai JJ, Kifleyohannes T, Scot J et al. Praziquantel resistance in the zoonotic cestode *Dipylidium caninum*. Am J Trop Med Hyg 2018; 99: 1201–1205

Rehbein S, Capári B, Duscher G et al. Efficacy against nematode and cestode infections and safety of a novel topical fipronil, (S)-methoprene, eprinomectin and praziquantel combination product in domestic cats under field conditions in Europe. Vet Parasitol 2014; 202: 10–17

Familie Taeniidae

Taenia (lat.): Band. Bezug auf die bandartige Körperform der Parasiten.

Zur Familie Taeniidae gehören die Gattungen *Taenia* (Syn. *Hydatigera* und *Multiceps*) und *Echinococcus*. Die Taeniiden durchlaufen einen diheteroxenen Entwicklungszyklus. Adultstadien parasitieren im Dünndarm von Menschen (*Taenia*) oder Carnivoren (*Taenia* und *Echinococcus*), wo sie nur wenig pathogen sind. Dagegen können die 2. Larvenstadien einiger Arten (Finnen, Metacestoden), die sich in Säugetieren und akzidentell auch im Menschen entwickeln, schwere Erkrankungen (Echinococcose, Cysticercose) und Todesfälle hervorrufen. Mit Finnen befallene Organe von Schlachttieren oder jagdbaren Wildtieren sind als Lebensmittel unbrauchbar.

Erreger Einige Millimeter bis mehrere Meter lange Bandwürmer mit wenigen bis zahlreichen Proglottiden, Scolex mit 4 Saugnäpfen und meist mit Rostellum, das mit 2 Reihen größerer und kleinerer Rostellumhaken ausgerüstet sein kann; in jeder Proglottis 1 Satz von Geschlechtsorganen, Genitalpori unilateral, unregelmäßig alternierend; Uterus in graviden Proglottiden baumartig verzweigt oder anders geformt (▸ **Abb. 10.33**). Eier rund, Durchmesser 30–40 µm, mit Oncosphäre (L 1) und dicker, bräunlich gefärbter Embryophore, deren Hauptschicht aus einzelnen Keratinblöcken zusammengesetzt ist (▸ **Abb. 10.43**). Infektionslarven (L 2, Finnen, Metacestoden) in Form von Cysticercus, Coenurus, Strobilocercus oder Echinococcus (▸ **Tab. 10.11**). Innerhalb der Gattung *Taenia* ungefähr 40 Arten (▸ **Tab. 10.12**, ▸ **Tab. 10.13**), wenige Arten in der Gattung *Echinococcus* (▸ **Tab. 10.15**). Mehrere Arten der Taeniidae sind Erreger wichtiger Zoonosen.

Gattung *Taenia*

Einleitung *Taenia*-Arten des Menschen

Praxis

Erreger von **Taeniose** bei Menschen (wenig pathogene intestinale Zoonose) und extraintestinaler **Cysticercose** mit hohen wirtschaftlichen Verlusten bei Rindern.

Zoonose: Wichtige, in Europa zumeist importierte Zoonose (z. B. Neurocysticercose).

Das Wichtigste in Kürze

- **Erreger und Entwicklung.** Die *Taenia*-Arten des Menschen, *Taenia saginata, T. solium* und *T. asiatica* (▸ **Tab. 10.12**), parasitieren als adulte Bandwürmer (Länge: einige Meter) im Dünndarm. Entwicklungszyklus heteroxen: Ei mit Oncosphäre → Metacestoden (Finnen vom Cysticercus-Typ) in Zwischenwirten → Infektion des Menschen per os durch Verzehr von Gewebe, das infektionstüchtige Finnen enthält. Die Finnen von *T. saginata* und *T. solium* entwickeln sich in der quergestreiften Muskulatur von Rindern bzw. Schweinen, die Finnen von *T. asiatica* in der Leber von Schweinen.
- **Vorkommen und Epidemiologie.** *T. saginata* ist weltweit verbreitet, in Europa mit meist geringen Prävalenzen in der Bevölkerung, jedoch bis zu ca. 10 % der Kühe können in Europa (BE, CH) befallen sein. Infektionsquellen für Rinder sind Bandwurmträger, die Proglottiden und Eier ausscheiden. Verbreitung der Eier auf unterschiedlichen Wegen (Abwasser, Haushaltsgülle, Defäkation auf Grünflächen usw.). Eier bleiben auf Weiden bei genügender Feuchte mindestens 1–2 Monate infektionsfähig. *T. solium* ist in Asien, Subsahara-Afrika, Mittel- und Südamerika endemisch. In Europa liegen Hinweise für sporadisches Vorkommen in östlichen und südöstlichen Ländern vor.
- **Pathogenese, Krankheitsbild.** Beim Menschen meist inapparente intestinale Infektion oder milde Abdominalbeschwerden (Taeniose). Bei Rindern und Schweinen i. d. R. symptomlose Infektion (Cysticercose) (Cysticercose des Menschen s. u.).
- **Diagnose.** Intestinale Infektionen des Menschen: Nachweis von Kopro-Antigenen, Kopro-DNA oder *Taenia*-Eiern in Stuhlproben oder Identifikation der Proglottiden. Intravitaler Nachweis der Cysticercose des Rindes und Schweines mit spezifischem Antikörper- oder Antigennachweis ist geeignet für Bestandsanalysen. Postmortale Diagnose beim Rind: behördlich vorgeschriebene Untersuchung von Schlachtrindern (Anschneiden und Adspektion der Kau- und Herzmuskulatur u. a. mit relativ geringer Sensitivität < 20 %).
- **Therapie, Bekämpfung.** Keine geeignete Chemotherapie für finnige Rinder. Stark finnige Schlachtrinder sind für die menschliche Ernährung untauglich, schwach finnige Tierkörper werden nach Tiefgefrieren für den Verzehr freigegeben. Weitere Maßnahmen: Abwasserreinigung, Hygiene, Aufklärung. Insgesamt sind die verfügbaren Bekämpfungsmaßnahmen in Europa unzureichend trotz der erheblichen wirtschaftlichen Verluste in einigen Ländern. Eine Vakzinierung der Rinder oder Schweine wäre möglich, sie wird in Bekämpfungsprogrammen gegen *T. solium* eingesetzt.

Taenia saginata (Rinderfinnenbandwurm, Rinderbandwurm)

Praxis

Erreger der wirtschaftlich wichtigen **Cysticercose** des Rindes und der ***T. saginata*-Taeniose** des Menschen.

Zoonose: Eine in Zentraleuropa endemisch vorkommende, relativ harmlose, intestinale Zoonose.

Taenia (lat.): Band; *saginata* (lat.): gemästet. Bezug auf dicke Proglottiden im Vergleich zu *T. solium*. Engl.: *beef tapeworm*.

Erreger *T. saginata* parasitiert als adulter Bandwurm im Dünndarm des Menschen und ist Erreger der *T. saginata*-Taeniose; die als Cysticercus bovis bezeichneten Metacestoden (Finnen) sind Muskelparasiten von Boviden und Erreger der *T. saginata*-Cysticercose (Kurzbezeichnung Cysticercose).

▸ **Tab. 10.11** Formen von Infektionslarven (Metacestoden, Finnen) von Taeniiden.

Infektionslarve	Beschreibung
Cysticercus	Mit Flüssigkeit gefüllte, etwa erbsengroße oder auch größere Blase mit einer invaginierten Kopfanlage. Wand aus äußerer Wirtskapsel (Bindegewebe) und dünner, innerer Parasitenwand, von der die Kopfanlage des zukünftigen Bandwurms gebildet wird. Flüssigkeit wasserklar, enthält Antigene (s. auch cystischer Echinococcus). Reproduktionspotenzial[1] aus einer Oncosphäre → eine Kopfanlage[2] (▸ **Abb. 10.43**, ▸ **Abb. 10.44**, ▸ **Abb. 10.45**, ▸ **Abb. 10.46**, ▸ **Abb. 10.47**).
Strobilocercus	Strobilocercus (Syn. Cysticercus) fasciolaris ist die Finne von *Taenia taeniaeformis*. Kopfanlage mit 3–20 cm langem, äußerlich segmentiertem, bandförmigem Anhang, der mit einer hinteren Blase endet und in vivo in diese eingestülpt ist. Die eingestülpte Larve ist von einer bindegewebigen Hülle umgeben und bildet eine etwa erbsengroße Cyste. Reproduktionspotenzial[1] aus einer Oncosphäre → eine Kopfanlage (▸ **Abb. 10.50**).
Coenurus	Mit Flüssigkeit gefüllte, bis etwa faustgroße Cyste, an deren innerer Wandschicht mehrere Kopfanlagen entstehen. Wandaufbau und Flüssigkeit wie bei Cysticercus. Reproduktionspotenzial[1] aus einer Oncosphäre → einige hundert Kopfanlagen (▸ **Abb. 10.48**, ▸ **Abb. 10.49**).
cystischer Echinococcus (Hydatiden-Typ)	Infektionslarve von *Echinococcus granulosus*. Mit Flüssigkeit gefüllte Cyste von wenigen Millimetern bis > 20 cm Durchmesser. Wandaufbau aus äußerer Wirtskapsel (Bindegewebe) und innerer Wand des Parasiten. Diese besteht aus der äußeren, meist dicken azellulären Laminarschicht (= Cuticularschicht) und der inneren, dünnen, kernhaltigen Keimschicht. Diese bildet Bläschen (Brutkapseln); in jedem entwickeln sich bis 30 Kopfanlagen (Protoscoleces). Wachstum expansiv durch Umfangsvermehrung der Cyste. Flüssigkeit (Hydatidenflüssigkeit) wasserklar, enthält anorganische Substanzen und organische Verbindungen (Aminosäuren, Proteine, Lipide, Kohlenhydrate u. a.), zahlreiche Kalkkörperchen und Parasitenantigene. Reproduktionspotenzial[1] aus einer Oncosphäre → Tausende von Kopfanlagen (Protoscoleces) (▸ **Abb. 10.52**, ▸ **Abb. 10.54**).
alveolärer Echinococcus	Infektionslarve von *Echinococcus multilocularis* (S. 245). Konglomerat aus vielen, mikroskopisch kleinen, bis etwa 3 cm großen Einzelbläschen, die im Wirtsgewebe liegen. Die Konglomerate oder die Einzelbläschen sind von nekrotischem Gewebe, Entzündungsreaktionen oder dichtem Bindegewebe umschlossen. Wandaufbau der Einzelbläschen im Prinzip wie bei cystischem *Echinococcus*. Wachstum infiltrativ, tumorähnlich durch exogene Sprossung der Bläschen, teils auch durch wurzelförmige Ausläufer der Keimschicht. In den Bläschen wenig Flüssigkeit, meist eine gallertige Masse. Reproduktionspotenzial[1] aus einer Oncosphäre → Tausende von Kopfanlagen (▸ **Abb. 10.57**, ▸ **Abb. 10.58**).

[1] maximale Anzahl von Kopfanlagen, die aus einer Oncosphäre in einem hochempfänglichen Zwischenwirt entstehen kann
[2] bei der Finne von *Taenia crassiceps* exogene Tochterblasenbildung und dadurch ungeschlechtliche, starke Vermehrung von Kopfanlagen

▸ **Tab. 10.12** *Taenia*-Arten des Menschen (Erreger von Zoonosen).

Art, Länge	Verbreitung	Sitz der Adulten im Menschen und Präpatenz (P)	natürliche Zwischenwirte, Bezeichnung[1] und Hauptsitz der Finnen (Metacestoden)
Taenia saginata Länge: bis 10 m	weltweit	Dünndarm P: 12–14 Wochen	Rind, Büffel, andere Bovidae Cysticercus bovis quergestreifte Muskulatur
Taenia asiatica Länge: 4–8 m	Ost- u. Südostasien	Dünndarm P: 11 Wochen	Haus- und Wildschwein Cysticercus viscerotropicus Leber
Taenia solium Länge: 3–4 m	Mittel- u. Südamerika, Indien, Südostasien, Subsahara-Afrika, selten Europa[2]	Dünndarm P: 9–10 Wochen	Haus- und Wildschwein Cysticercus cellulosae quergestreifte Muskulatur, Subcutis, ZNS, Auge u. a. Organe

[1] die Bezeichnungen der Finnen sind nicht kursiv gedruckt, weil es sich dabei nicht um Artnamen handelt
[2] importierte Fälle humaner Cysticercose in Nicht-Endemiegebieten einschließlich Mitteleuropa

Adulter Bandwurm Großer, bis 10 m langer, gelblich weißer Bandwurm, kleiner Scolex (Durchmesser etwa 2 mm) mit 4 kräftigen Saugnäpfen, aber ohne Rostellum („unbewaffneter" Bandwurm); Strobila mit maximal 2000 Proglottiden; gravide Proglottiden länger als breit (etwa 12–20 × 8–12 mm), Genitalpori unilateral, unregelmäßig alternierend; Uterus mit 14–32 lateralen Seitenästen, je Proglottis ca. 100 000 (57 000–188 000) Eier (▸ **Abb. 10.43**). Eier mit den Merkmalen der Gattung, rund, 30–40 µm, morphologisch von Eiern anderer *Taenia*-Arten nicht unterscheidbar, jedoch durch DNA-Analysen differenzierbar.

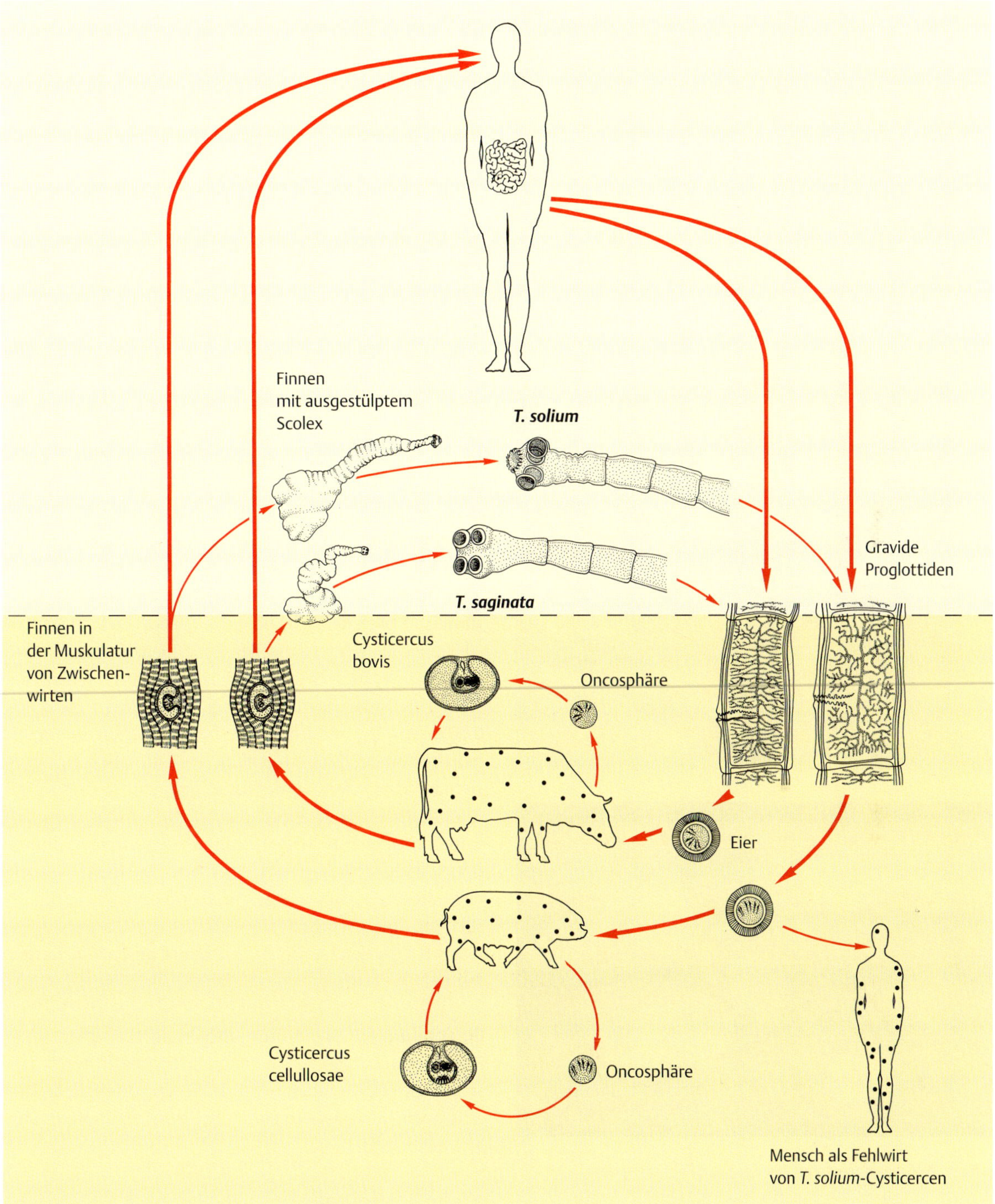

▸ **Abb. 10.43** Entwicklungszyklus von *Taenia saginata* und *T. solium*. (Grafik: Salome Ehrat, nach einer Vorlage von Johannes Eckert und Peter Deplazes, Vetsuisse-Fakultät, Universität Zürich)

Finne (Metacestode) Cysticercus bovis; kleine (4–9 × 3–4 mm), mit Flüssigkeit gefüllte Blase mit „unbewaffnetem" Scolex (▸ **Abb. 10.43**, ▸ **Abb. 10.44a**).

Entwicklung Der Zyklus von *T. saginata* ist diheteroxen mit dem Menschen als Endwirt und Boviden (Rind, Büffel, Yak) als Zwischenwirte (▸ **Abb. 10.43**). Der im Dünndarm des Menschen parasitierende Bandwurm (häufig singulärer Befall) produziert gravide Proglottiden, die i. d. R. einzeln abgestoßen werden und spontan, nach aktiver Passage des Anus, oder bei der Defäkation an die Außenwelt gelangen. Bandwurmeier können bereits bei der Ablösung gravider Proglottiden von der Strobila im Darm aus beschädigten Uterusästen freigesetzt und dann in den Fäzes ausgeschieden werden. In der Umwelt können die kontraktilen Proglottiden aus den Fäzes auswan-

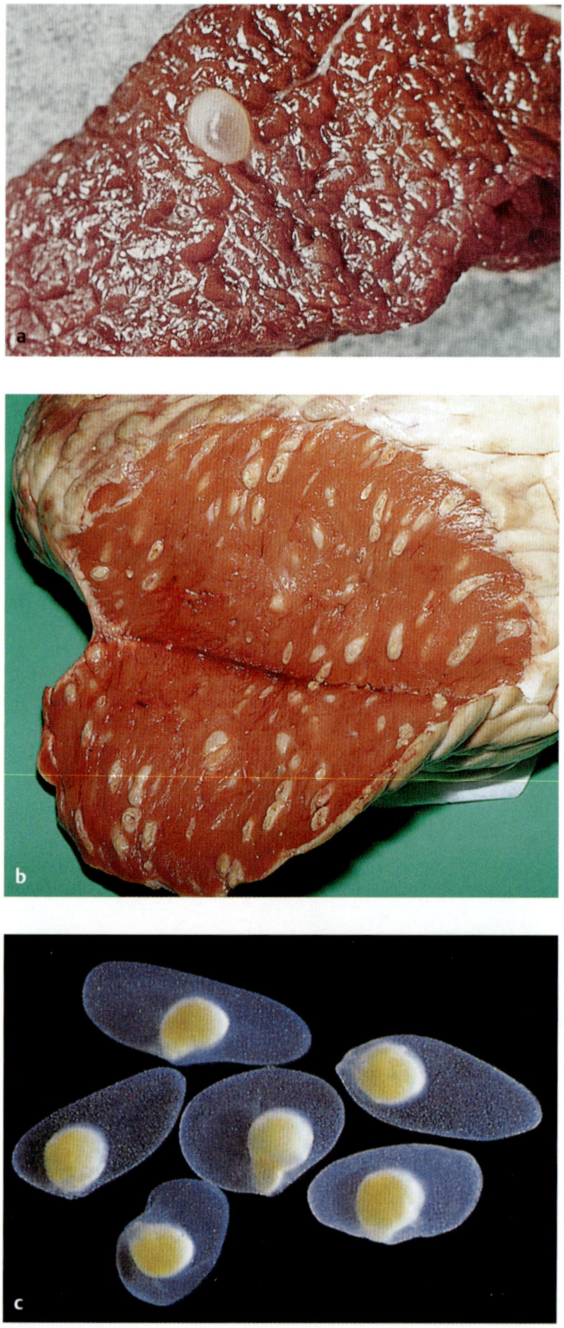

▸ **Abb. 10.44** Metacestoden (Finnen) von *Taenia saginata*.
a Einzelfinne in der Skelettmuskulatur vom Rind: Cysticercus bovis (Größe 4–9 × 3–4 mm) (Quelle: Karl Theodor Friedhoff, Institut für Parasitologie, Stiftung Tierärztliche Hochschule Hannover)
b Herzmuskel vom Rind mit zahlreichen, meist abgestorbenen (verkalkten, „verkästen") Finnen (Quelle: Institut für Parasitologie, Vetsuisse-Fakultät, Universität Zürich)
c *Taenia solium*: aus der Bindegewebshülle isolierte, noch invaginierte Finnen (Cysticercus cellulosae) (Größe etwa 6–15 × 5–7,5 mm) (Quelle: Dr. Notiyuki Taira, Kagoshima, Japan)

dern und dabei große Mengen von Eiern aus aufgerissenen Uterusästen verlieren. Teils werden aber die Eier erst beim Zerfall der Proglottiden frei. Nach Aufnahme freier Eier oder eihaltiger Proglottiden durch Rinder oder Büffel schlüpfen die Oncosphären im Dünndarm aus den Eihüllen, dringen in die Darmwand ein, suchen Lymph- und Blutgefäße auf und werden von dort im Blutstrom in die quergestreifte Muskulatur transportiert, wo sie sich innerhalb von etwa 12 Wochen (10–16 Wochen) p. i. zu infektionstüchtigen Metacestoden (Cysticercus bovis, altes Synonym Cysticercus inermis) entwickeln. Seltener finden sich die Finnen auch in anderen Organen (S. 225). Der Mensch infiziert sich durch Rohverzehr von finnenhaltigem Rindfleisch. Im Dünndarm stülpt die Finne den Scolex aus, heftet sich an der Mukosa des oberen Dünndarmabschnittes an und wächst zum adulten Bandwurm heran. Präpatenz ca. 3 Monate (87–100 d), Lebensdauer des Parasiten im Menschen einige Monate bis Jahrzehnte.

Vorkommen *T. saginata* ist weltweit verbreitet. Die Prävalenz in der Bevölkerung unterliegt regionalen Schwankungen von sporadisch oder gering (< 0,01 bis ~ 2 %) (z. B. Länder in Mitteleuropa) bis hoch (> 10 %) (z. B. in einigen afrikanischen oder asiatischen Endemiegebieten). Fallstudien von Cysticercose in Schlachthöfen verschiedener Länder Europas berichten über Prävalenzen zwischen 0,007 und 6,8 % mit großer Variation zwischen und innerhalb der Länder. Zudem spielten die Haltungsform (Intensivmast oder extensive Weidehaltung) und besonders das Alter der Rinder eine wesentliche Rolle.

In 2 Studien in Belgien und in der Schweiz konnte durch Einsatz multipler Tests erneut bestätigt werden, dass die in Europa vorgeschriebene Schlachttieruntersuchung eine geringe Sensitivität hat und dass somit die wahren Prävalenzen bis 5-mal höher geschätzt werden müssen.

Epidemiologie Die Aufrechterhaltung (Persistenz) des Zyklus von *T. saginata* in Mitteleuropa wird durch verschiedene epidemiologische Faktoren ermöglicht, die teils auch für Schwierigkeiten bei der Bekämpfung verantwortlich sind.

Adulte Bandwürmer und Bandwurmträger *Taenia*-Arten haben eine hohe Reproduktionsrate, verbunden mit einer langen Lebensdauer. Mit *T. saginata* Infizierte scheiden täglich i. d. R. mehrere (teilweise über 15) gravide Proglottiden während längerer Perioden aus (Wochen bis Monate); eine tägliche Ausscheidung von 5 Proglottiden entspricht etwa 500 000 Eiern, von denen allerdings nicht alle ausgereift und infektionsfähig sind. Häufig bleibt der Bandwurmbefall längere Zeit unbehandelt. Daher können einzelne Bandwurmträger die Umwelt in erheblichem Ausmaß mit Eiern kontaminieren.

Verbreitung (Dispersion) und Überleben der Eier in der Umwelt Bestimmte, z. T. schwer kontrollierbare Faktoren begünstigen die Dispersion der Eier in der Umwelt, u. a. der **Stuhlabsatz durch Bandwurmträger** auf Grünflächen (z. B. in der Nähe von Baustellen, Campingplätzen und Autobahnraststätten) oder in Rinderstallungen, unzureichende sanitäre Einrichtungen (z. B. „Entsorgen" von Fäkalien aus fahrenden Zügen mit großer Streuwirkung, Lecks in den Abwasserleitungen), mangelhafte Reinigung und Dekontamination kommunaler **Abwässer** sowie die Verwendung von Mischungen aus Haushaltsabwasser landwirtschaftlicher Betriebe mit Gülle zur Düngung von Grünflächen. Eine Quelle für die Kontamination von Grünflächen kann das Überlaufwasser aus Kläranlagen sein, das nach der Sedimentation von Rohabwasser aus Klärbecken direkt in Wasserläufe abgeleitet wird. Da der Sedimentationsprozess unter günstigen Bedingungen nur etwa 70 % der *Taenia*-Eier entfernt, entgeht ein erheblicher Teil der Elimination. Überschwemmungen können zur Verbreitung der *Taenia*-Eier beitragen. In einer Fall-Kontroll-Studie (CH, 2008) wurden 119 Betriebe mit bestätigter Rindercysticercose und 65 Kontrollbetriebe ohne diese Problematik befragt. Als statistisch erhärtete Risiko-Faktoren wurden u. a. Parkplätze, Eisenbahnlinien und häufige Freizeitaktivitäten in Betriebsnähe sowie viele Besucher im Betrieb (z. B. bei Festen oder Besichtigungen) ermittelt. Ein beträchtlicher Teil der bäuerlichen Betriebe außerhalb der Dörfer ist in Europa nicht an das Kanalisationsnetz angeschlossen. Daher können *T. saginata*-Eier in den Fäkalien von Bandwurmträgern in die Gülle und mit dieser auf Grünflächen gelangen.

Nach der Ausscheidung auf Grünflächen können sich **Proglottiden** bei günstigen Bedingungen (hohe Feuchtigkeit, niedere Temperaturen) durch Muskelkontraktionen einige Zentimeter von den Fäzes entfernen. Im Umkreis der Absatzstelle von Fäzes findet zusätzlich eine rasche **Dispersion der Eier** statt. Dazu tragen das Zertrampeln der Fäzes durch Weidetiere, unbelebte Faktoren (starke Regenfälle, Überflutungen, Wind, Landmaschinen), aber auch Insekten (vor allem Schmeißfliegen), Schnecken und Vögel bei.

In der Umwelt besitzen *Taenia*-Eier bei ausreichender Feuchtigkeit und gemäßigten Temperaturen eine erhebliche **Tenazität.** Auf Weiden in Mitteleuropa überlebt die Mehrzahl 1–2 Monate, einige bleiben 6–8 Monate vital. In Labortests überlebten Eier von *T. saginata* in feuchter Umgebung bei + 4 °C fast 1 Jahr, bei –4 °C etwa 2½ Monate. In herkömmlich gelagerter Gülle (bei ~ + 20 °C im Sommer und + 3–8 °C im Winter) ist ein erheblicher Teil der *Taenia*-Eier noch nach 30 bzw. 60 Tagen lebensfähig. In belüfteter Rindergülle mit Temperaturen von + 35–40 °C sterben *Taenia*-Eier in etwa 25 Tagen ab. In Grassilage bei + 20 °C gehen Eier von *Taenia* spp. größtenteils nach 30–40 Tagen zugrunde, bei + 10 °C erst nach ~ 80 Tagen. In gut getrocknetem Heu verlieren *Taenia*-Eier wegen ihrer hohen Empfindlichkeit gegen Trockenheit rasch ihre Lebensfähigkeit. Durch Pasteurisierung des Klärschlamms (z. B. bei + 70 °C und Einwirkungszeit von 30 min) werden die Eier von *T. saginata* und anderen Helminthen sicher abgetötet.

Zwischenwirte und Metacestoden In Mitteleuropa ist das Rind der alleinige Zwischenwirt von *T. saginata;* in anderen Regionen können auch Büffel, Yaks und evtl. auch wild lebende Bovidae eine gewisse Rolle spielen. Die Rinder infizieren sich am häufigsten durch die perorale Aufnahme von *Taenia*-Eiern mit kontaminiertem Futter oder Trinkwasser, seltener beim Kontakt mit Bandwurmträgern, an deren Händen *Taenia*-Eier haften, z. B. beim Tränken von Kälbern. Pränatale Infektionen bei Kälbern wurden beschrieben, doch fehlen dafür eindeutige Belege. Als epidemiologischer Faktor spielt die Immunitätslage (S. 226) der Rinderpopulation eine wichtige Rolle.

Epidemiologische Grundmuster In hochendemischen Gebieten (z. B. Länder in Ostafrika) ist die Anzahl der Bandwurmträger hoch. Ein erheblicher Teil der Kälber und Jungrinder infiziert sich mit *Taenia*-Eiern und weist hohe Befallsintensitäten mit Metacestoden auf (Starkfinnigkeit). Durch wiederholte Aufnahme von *Taenia*-Eiern entwickelt sich in der Rinderpopulation eine Immunität, die vor Neubefall zumindest partiell schützt. Die in den Rindern vorhandenen Finnen sterben größtenteils nach ca. 9 Monaten ab. In endemischen Gebieten mit geringer Prävalenz von *T. saginata* beim Menschen (z. B. Länder in Mitteleuropa) sind Rinder aller Altersstufen infiziert, jedoch meistens nur mit wenigen Cysticercen (Schwachfinnigkeit). Unter diesen Bedingungen kann sich in der Population keine wirksame Immunität entwickeln. Daher sind Cysticercose-Ausbrüche (engl. *cysticercosis storms*) möglich, wenn empfängliche Rinder stark exponiert sind, z. B. bei massiver Ausstreuung von Eiern durch einen Bandwurmträger in einem Bauernhof. Bei solchen Ausbrüchen können über 50 % der Rinder vom Finnen-Befall betroffen sein.

Pathogenese und Krankheitsbild

Taeniose des Menschen *T. saginata* heftet sich mit dem Scolex meist im oberen Dünndarm an und verursacht bei einem Teil der Infizierten Symptome (Abdominalschmerzen, Nausea, Hungergefühl, Gewichtsverlust, Durchfall, Obstipation), oft verläuft die Infektion aber symptomlos.

Cysticercose des Rindes Innerhalb von 2–4 Wochen p. i. bilden sich in der Muskulatur aus den eingewanderten Oncosphären kleine, 1–2 mm große Bläschen, die zunächst von einem granulomatösen Zellwall und später von einer fibrösen Kapsel umgeben sind, allmählich zu etwa erbsengroßen (0,5–1,0 × 0,5 cm), typischen Cysticercen (Cysticercus bovis, Syn. C. inermis) mit einer Kopfanlage heranwachsen und ca. 10 Wochen p. i. die Infektionsreife erlangen (▸ Tab. 10.11). Starker Befall mit Finnen kann zur serösen und zelligen Infiltration des intermuskulären und subkutanen Bindegewebes führen. Finnen finden sich in größter, allerdings erheblich schwankender Dichte (bezogen auf das Muskelgewicht) in der Kaumuskulatur, in der Muskulatur von Gliedmaßen, Körper, Zwerchfell und Zunge sowie in der Herzmuskulatur; in anderen Lokalisationen (z. B. Ösophagus, Fettgewebe, Subcutis) sind sie meist in wesentlich geringerer Zahl vorhanden. Die Finnen können absterben und manifestieren sich dann als weiß-gelbe oder grünliche Herde mit verdickter Bindegewebskapsel und verkästem, verkalktem oder eitrigem Inhalt oder als grauweiße Narben aus Bindegewebe (▸ Abb. 10.44b). Für die Diagnose ist wichtig, dass im gleichen Tier sowohl lebende als auch tote Finnen vorkommen können. Klinische Symptome (Fieber, steifer Gang) treten sehr selten und nur bei massivem Befall in Erscheinung, i. d. R. verläuft die Infektion inapparent.

Die **Schadwirkung** von *T. saginata* beruht vor allem auf Verlusten oder der Wertminderung des Fleisches von Rindern mit Finnen-Befall. In stark betroffenen Einzelbetrieben können die Verluste erhebliche Ausmaße erreichen.

Immunologie Der intestinale *T. saginata*-Befall des Menschen induziert, wenn überhaupt, nur eine schwache Immunität, die Reinfektionen nicht verhindert. Hingegen entwickelt sich bei Rindern nach experimenteller oder natürlicher Infektion mit relativ geringen Mengen von *T. saginata*-Eiern eine wirksame, oft aber nur partielle Immunität gegen Reinfektionen, die ohne erneute Exposition 10–12 Monate, bei ständigen Infektionen mit Eiern aber lebenslang anhält. Diese Immunität richtet sich hauptsächlich gegen eindringende Oncosphären und Entwicklungsstadien während ihrer Wanderung vom Darm zur Muskulatur und ihrer dortigen frühen Einnistungsphase. Allerdings scheint sich im Verlauf der Infektion die Immunität partiell auch gegen die etablierten Finnen zu richten, von denen ungefähr 80 % innerhalb von 9 Monaten absterben. Die Schutzwirkung beruht vorwiegend auf humoralen Antikörpern, die auch via Kolostrum von immunisierten Muttertieren auf Kälber übergehen. Antikörper und Komplement sind im Rahmen cytotoxischer Reaktionen an der Abtötung von Oncosphären und Metacestoden beteiligt. Andererseits können Finnen jahrelang überleben, wenn sich Kälber in den ersten Lebenstagen infiziert haben, vermutlich aufgrund einer Immuntoleranz. Insgesamt bieten diese Immunitätsverhältnisse günstige Voraussetzungen für eine Impfung (S. 594).

Diagnose

Mensch Die Diagnose des intestinalen *T. saginata*-Befalls des Menschen ist durch Nachweis von Proglottiden, Eiern und von Kopro-Antigen im Stuhl möglich. Die DNA-Analyse ermöglicht eine Differenzialdiagnose der Proglottiden und Eier verschiedener *Taenia*-Arten des Menschen (S. 221).

Rind Zur Diagnose der Cysticercose des Rindes ist in der EU (Directive 64/433/EEC) und auch in anderen Ländern (CH, USA) vorgeschrieben, alle > 6 Wochen alten Schlachtrinder auf Finnen-Befall zu untersuchen, und zwar durch Anlegen großflächiger Schnitte durch die äußere und innere Kaumuskulatur (Masseter) (2 Schnitte durch äußere, 1 Schnitt durch innere Muskulatur), Adspektion und Durchtasten der Zunge sowie visuelle Untersuchung von Ösophagus, Diaphragma und des bei der Schlachtung routinemäßig durch Längsschnitte geöffneten Herzens. Wegen der meist sehr geringen Befallsintensitäten der Rinder in Mitteleuropa (mittlere Befallsintensität z. B. in DK < 4 Finnen je Tier) und des Vorkommens von Finnen in Muskeln, die nicht näher untersucht werden, ist die Sensitivität der oben erwähnten Methodik des Finnennachweises gering(10–23 %). Daher wird durch die Schlachttieruntersuchung ein erheblicher Teil der mit *T. saginata* befallenen Rinder nicht erfasst, ihr Fleisch kann so in die Nahrungskette des Menschen gelangen. Durch zusätzliche Schnitte durch die Herzmuskulatur kann die Sensitivität um das 2- bis 3-Fache verbessert werden. Für die Beurteilung und Behandlung von Tierkörpern mit nachgewiesenem Finnen-Befall bestehen besondere Vorschriften zur Bekämpfung (s. u.). Der Nachweis spezifischer Antikörper gegen E/S-Antigene oder synthetische Peptide ist zur Diagnose der Cysticercose bei lebenden Rindern (Einzeltiere oder Rinderherden) möglich. In Kühen aus der Schweiz mit sehr geringen Befallsintensitäten betrug die Sensitivität und Spezifität der Serologie 82 und 96 %. Der Nachweis von zirkulierenden Antigenen von Cysticercen ist besonders nützlich bei frischen Infektionen mit > 50 lebenden Cysticercen. In verdächtigen Muskelläsionen kann eine DNA-Analyse eine *T. saginata*-Infektion bestätigen.

Therapie Zur Chemotherapie des *T. saginata*-Befalls des Menschen sind Praziquantel und Niclosamid Mittel der Wahl. Praziquantel in erhöhter Dosierung (50 mg/kg KG) wirkt auch auf C. bovis im Rind, doch persistieren nach der Behandlung Muskelveränderungen über längere Zeit, was zu einer positiven Schlachttierbefundung führen kann. Daher und wegen der hohen Kosten ist diese Behandlung nicht praktikabel.

Bekämpfung und Prophylaxe Für die Bekämpfung gibt es im Entwicklungszyklus von *T. saginata* verschiedene Ansatzpunkte mit unterschiedlicher Bedeutung für die Praxis.

Erfassung und Behandlung der Bandwurmträger Die möglichst vollständige Erfassung der infizierten Menschen und ihre chemotherapeutische Behandlung sind, vor allem in Gebieten mit geringer Prävalenz von *T. saginata*, sehr schwierig und aufwendig. Diese Maßnahme kann aber fokal, z. B. in einzelnen landwirtschaftlichen Betrieben oder Gemeinden, sinnvoll sein.

Erfassung der Finnenträger und Maßnahmen zur Abtötung von Finnen Die Erfassung der Finnenträger bei der Schlachttieruntersuchung bleibt aus diagnostischen Gründen lückenhaft und kann allenfalls zur Verminderung der Infektionsgefährdung für Menschen beitragen. Nach den gültigen Richtlinien der EU (Directive No. 854/2004 und 64/433/EEC) ist Cysticercose-infiziertes Fleisch als untauglich für die menschliche Ernährung zu erklären. Ist das Tier jedoch nicht generalisiert infiziert, können nicht infizierte Teile nach einer Kältebehandlung für genusstauglich erklärt werden. Die näheren Ausführungen zur fleischhygienischen Befundung variieren je nach Land. Diese Maßnahmen haben während der letzten Jahrzehnte in Mitteleuropa zu keiner Senkung der Cysticercose-Prävalenz beim Rind geführt. Erfolgreicher war ein nationales Bekämpfungsprogramm in Kanada, das eine Meldepflicht, Quarantäne von betroffenen Betrieben, risikobasierte Fleischuntersuchung und Kältebehandlung der Tierkörper vorsieht. Zur persönlichen Prophylaxe kann für den Rohverzehr bestimmtes Fleisch oder Hackfleisch im Haushalt 4 Tage lang bei –20 °C tiefgefroren werden.

Abwasserreinigung, andere Hygienemaßnahmen und Aufklärung Die Sanierung schadhafter Abwasserkanäle, die Reinigung kommunaler Abwässer in Kläranlagen, die Hygienisierung (= Dekontamination) des Klärschlamms durch Hitzebehandlung (Pasteurisierung), das Verbot des Ausbringens von nicht hygienisiertem Klärschlamm auf Weideflächen oder eine anderweitige Entsorgung des Klärschlamms tragen zur Minderung des Infektionsrisikos für Rinder bei. In Landwirtschaftsbetrieben, die nicht an die Kanalisation angeschlossen sind, ist die Vermischung von Haushaltsabwässern mit Gülle, die auf Grünflächen ausgebracht werden soll, möglichst zu verhindern. Aufklärungs- und Hygienemaßnahmen sind ständig erforderlich, um das Cysticercose-Problem einzudämmen.

Impfung Durch Vakzination von Rindern mit rekombinanten Oncosphären-Antigenen von *T. saginata* lässt sich eine hohe Schutzwirkung (bis über 99 %) gegen experimentelle oder natürliche Belastungsinfektionen erzielen. Eine Vakzine ist wissenschaftlich erprobt, jedoch bisher nicht kommerziell verfügbar.

Taenia asiatica

Praxis
Erreger der klinisch inapparenten **Lebercysticercose** des Schweines und der **Asiatica-Taeniose** des Menschen, einer klinisch harmlosen, intestinalen **Zoonose**.

Mit *T. saginata* nahe verwandt ist *T. asiatica*, die in Ost- und Südostasien verbreitet ist und dort in manchen Gebieten sympatrisch mit *T. saginata* und *T. solium* vorkommt. *T. asiatica* unterscheidet sich morphologisch, genetisch und biologisch von den anderen *Taenia*-Arten des Menschen. Zwischenwirte sind Haus- und Wildschweine, in denen sich infektiöse Cysticercen nicht in der Muskulatur, sondern in der Leber (vereinzelt in anderen Viszeralorganen) entwickeln (daher: *Cysticercus viscerotropicus*). Experimentell empfänglich sind auch Ziegen, Affen und Kälber. Ansteckungsquelle für Menschen ist rohe Schweineleber.

Taenia solium (Schweinefinnenbandwurm, Schweinebandwurm)

Praxis
Erreger der intestinalen, klinisch harmlosen ***T. solium*-Taeniose** des Menschen und der ***T. solium*-Cystercose** von Schwein und anderen Tierarten.
Zoonose: Die *T. solium*-Cysticercose (Neurocysticercose) ist eine gravierende Zoonose in Teilen Asiens, Afrikas, Südamerikas; in Europa zumeist importiert.

Taenia (lat.): Band; *solium:* abgeleitet vom arabischen *sosl:* Kette. Engl.: *pork tapeworm*.

Erreger *T. solium* ist mit 3–4 m kürzer als *T. saginata*. Der Scolex von *T. solium* hat außer den 4 Saugnäpfen ein mit doppeltem Hakenkranz bewaffnetes Rostellum. In den graviden Gliedern ist die Anzahl der Seitenäste des Uterus mit je 7–16 häufig (aber nicht immer!) kleiner als bei *T. saginata*, ein Vaginalsphinkter fehlt, das Ovar ist 3-lappig. Finne: Cysticercus cellulosae, Größe etwa 6–15 × 5–7,5 mm, Struktur ähnlich wie C. bovis, jedoch mit „bewaffnetem" Scolex (► **Abb. 10.43**, ► **Abb. 10.44**). Eier wie bei *T. saginata* (S. 221).

Entwicklung Die Entwicklung (► **Abb. 10.43**) verläuft ähnlich wie bei *T. saginata*, doch ist für *T. solium* das Schwein der natürliche Zwischenwirt, in dem sich die Finne (Cysticercus cellulosae) in 2–3 Monaten zur Infektionsreife entwickelt. Im Schwein finden sich die Finnen vorwiegend im intermuskulären Bindegewebe, bei einem Teil der Tiere aber auch im Gehirn, im Auge und in verschiedenen inneren Organen. Außer im Schwein können sich die Finnen auch in anderen Säugetierarten (u. a. Hund, Katze, Affen) und im Menschen entwickeln (Cysticercose, s. u.). Der Entwicklungszyklus schließt sich, wenn Menschen mit rohem Schweinefleisch lebende Finnen aufnehmen. Präpatenz 9–10 Wochen.

Vorkommen und Epidemiologie *T. solium* tritt vor allem in ländlichen Gebieten von Zentral- und Südamerika, Subsahara-Afrika und Asien endemisch auf. Weltweit wird die Zahl der mit C. cellulosae infizierten Menschen auf 5–6 Mio. geschätzt. Aus vielen Endemiegebieten liegen alarmierende Meldungen vor, z. B. aus Mexiko: In ländlichen Gebieten sind bis 25 % der Schweine mit C. cellulosae infiziert und bis 10 % der Bevölkerung von Neurocysticercose (s. u.) betroffen.

Emigranten aus Endemiegebieten mit Bandwurmbefall können auch außerhalb des Endemiegebietes eine Infektionsquelle darstellen. In Mitteleuropa werden immer wieder importierte Fälle von *T. solium*-Cysticercose des Menschen diagnostiziert. Verlässliche Daten über das autochthone Vorkommen von *T. solium* in Europa liegen zurzeit nicht vor; es gibt jedoch Hinweise auf sporadisches Vorkommen in einigen Ländern aus dem Baltikum, Ost- und Südosteuropa.

Pathogenese und Krankheitsbild

Taeniose Beim Menschen verursacht der intestinale Befall mit *T. solium* keine oder nur geringfügige Störungen, ähnlich wie bei einer Infektion mit *T. saginata*.

Cysticercose des Schweines und anderer Tierarten Gravierender als die Taeniose manifestiert sich bei Mensch und Tier die durch das Finnenstadium verursachte Cysticercose.

Schweine infizieren sich häufig sehr stark, weil sie bei Koprophagie sehr viele Eier mit oder ohne Proglottiden aufnehmen. Vorwiegend mit Finnen befallen sind Kreuzbein-, Schulterblatt-, Zwerchfell- und Zungenmuskulatur, weniger häufig andere Muskelpartien, Viszeralorgane (Leber, Lunge, Niere) sowie Gehirn und Augen. Krankheitserscheinungen werden allgemein nicht beobachtet, doch können gelegentlich Atembeschwerden, steifer Gang, erschwerte Nahrungsaufnahme und nervöse Störungen auftreten. Zerebrale *T. solium*-Cysticercose wurde auch bei **Hunden** und **Katzen** beschrieben, ferner sind „bewaffnete" Cysticercen u. a. in verschiedenen Affenarten, in Wildwiederkäuern, Wildcarnivoren und Nagetieren gefunden worden, doch erfolgte keine genaue Artidentifikation.

Cysticercose des Menschen Menschen können sich mit *T. solium*-Eiern infizieren und an verschiedenen Formen der Cysticercose (Cysticercose des ZNS = Neurocysticercose, des Auges, der Muskulatur, der Subcutis) erkranken.

Diagnose Nachweis des intestinalen *T. solium*-Befalls des Menschen wie bei *T. saginata*. Wichtig ist die Differenzialdiagnose zwischen *T. saginata* und *T. solium* (Morphologie der Proglottiden, zuverlässiger durch PCR). Regional ist auch *T. asiatica* zu berücksichtigen.

Die Cysticercose des Schweines kann intra vitam bei einem Teil der Tiere durch Untersuchung der Zunge auf Finnen (etwa erbsengroße Vorwölbungen) festgestellt werden. Ein serologischer Antikörper- oder Antigennachweis ist möglich, solche Testverfahren finden in epidemiologischen Untersuchungen Anwendung. Bei der Untersuchung geschlachteter Schweine ist auch die *T. solium*-Cysticercose zu berücksichtigen (Verordnung der EU Nr. 854/2004). (Achtung: In Schlachthofstatistiken wird häufig nicht zwischen *T. solium*- und *T. hydatigena*-Cysticercose unterschieden!)

Die Diagnose der Cysticercose des Menschen basiert auf dem Finnennachweis mittels bildgebender Verfahren und dem serologischen Nachweis spezifischer Antikörper oder Antigene sowie von DNA in der Cerebrospinalflüssigkeit.

Therapie und Bekämpfung Zur Therapie des intestinalen *T. solium*-Befalls des Menschen sind Niclosamid und Praziquantel Mittel der Wahl, das Letztere wird auch bei Patienten mit Cysticercose eingesetzt. Nach einmaliger Behandlung von Schweinen mit Oxfendazol (30 mg/kg KG p. o.) sterben *T. solium*-Finnen in der Muskulatur innerhalb von 12 Wochen ab, doch verbleiben bindegewebige Narben. Im Gehirn lokalisierte Finnen werden durch diese Therapie nicht vollständig erfasst. Die Infektion des Menschen mit Finnen von *T. solium* lässt sich durch Kochen oder Tiefgefrieren (–10 °C für mindestens 10 d) des Schweinefleisches verhüten. Maßnahmen zur Bekämpfung sind: Information der Bevölkerung, Verbesserung der Hygiene und der Schlachttieruntersuchung sowie Massenbehandlung der Bevölkerung in Endemieherden, die versuchsweise durch gleichzeitige Behandlung der Schweine mit Oxfendazol ergänzt wird. Eine Vakzinierung von Schweinen mit einem rekombinanten Oncosphären-Antigen (TSOL 18) induziert eine gute Immunität. In einer in Kamerun durchgeführten Studie waren Schweine nach Vakzination mit TSOL 18 und gleichzeitiger einmaliger Behandlung mit Oxfendazol frei von C. cellulosae (Befallsrate der Kontrollen 20 %). Möglicherweise bietet sich hier ein Ansatz für eine wirksame Bekämpfung.

Zoonotische Bedeutung Der Mensch ist der einzige natürliche Endwirt von *T. saginata* und *T. solium* und somit Infektionsquelle für die *T. saginata*-Cysticercose des Rindes und die *T. solium*-Cysticercose des Schweines. Darüber hinaus sind Träger von *T. solium* Ansteckungsquellen für andere Menschen, die an *T. solium*-Cysticercose erkranken können. Auf die Bedeutung der Cysticercose des Menschen und auf *T. asiatica* wurde bereits oben hingewiesen.

Einleitung *Taenia*-Arten bei Carnivoren

Praxis

Erreger der **Taeniose** von Carnivoren sowie der **Cysticercose** und **Coenurose** von Zwischen- und Fehlwirten. **Zoonose:** Coenurose [*T. multiceps* (S. 234)] und atypische Cysticercosen [*T. martis* (S. 235), *T. crassiceps* (S. 234)] werden beim Menschen sehr selten in Europa diagnostiziert.

Das Wichtigste in Kürze

- **Erreger und Vorkommen.** Beim Hund kommen mehrere *Taenia*-Arten vor; davon sind in Europa *T. hydatigena*, *T. pisiformis*, *T. ovis* und *T. multiceps* die wichtigsten. Bei der Katze nur 1 häufige Art, *T.* (Syn. *Hydatigera*) *taeniaeformis.*
- **Entwicklung, Epidemiologie.** Diheteroxen ähnlich wie bei *Taenia*-Arten des Menschen (▶ **Tab. 10.13**). Wichtige Faktoren in der Epidemiologie sind u. a. die hohe Reproduktionsrate und die Langlebigkeit der intestinalen Bandwürmer, die erhebliche Tenazität der Eier in der Umwelt und die Immunität der Zwischenwirte gegen Metacestoden-Befall.
- **Pathogenese, Krankheitsbild.** Intestinale Stadien sind für Carnivoren wenig pathogen, daher meist inapparente Infektionen. Metacestoden verschiedener *Taenia*-Arten können bei Zwischenwirten schwere Erkrankungen und Todesfälle verursachen, z. B. akute Lebererkrankungen durch wandernde Larven von *T. hydatigena* (Schaf, Ziege, Schwein) oder *T. pisiformis* (Kaninchen) oder ZNS-Störungen (Schaf, „Drehkrankheit") durch Finnen von *T. multiceps*. Metacestoden-Befall bei Schlachttieren ist lebensmittelhygienisch bedeutsam.
- **Diagnose.** Bei intestinalem Befall von Carnivoren koproskopischer Nachweis von Proglottiden und Taeniiden-Eiern, die morphologisch nicht von *Echinococcus*-Eiern unterscheidbar sind, doch mit DNA-Analysen identifiziert werden können. Nachweis von Kopro-Antigen.
- **Therapie, Bekämpfung.** Praziquantel und Epsiprantel sind hochwirksam gegen Bandwürmer der Carnivoren. Bekämpfung beim Hund: Keine rohen Innereien oder Muskulatur von Schlacht- oder Wildtieren verfüttern. Importierte Hunde gegen Cestodenbefall behandeln. Eine Bekämpfung von *T. taeniaeformis* bei der Katze ist durch häufige anthelminthische Behandlungen möglich [*E. multilocularis* (S. 245)].

Erreger und Entwicklung In ▶ **Tab. 10.13** sind die wichtigsten *Taenia*-Arten der Caniden in Europa mit ihrem Wirtsspektrum und den Präpatenzen aufgeführt. Im Haushund parasitieren mehrere *Taenia*-Arten, dagegen spielt bei der Hauskatze nur 1 Art (*T. taeniaeformis*) eine Rolle. Der *Taenia*-Befall des Rotfuchses und zunehmend auch des Wolfes ist aus epidemiologischer Sicht von Interesse. Die Identifikation der Arten erfolgt an verschiedenen Merkmalen, von denen u. a. die Zahl, Form und Größe der Scolexhaken sowie die Morphologie der Proglottiden und der Geschlechtsorgane wichtig sind. DNA-Analysen mit kleinsten Gewebeproben ermöglichen die *Taenia*-Artidentifikation.

Der Entwicklungszyklus der *Taenia*-Arten der Carnivoren entspricht im Prinzip dem der *Taenia*-Arten des Menschen (▶ **Abb. 10.43**). Alle *Taenia*-Arten der Carnivoren sind Dünndarmparasiten, häufig ist ein Wirt mit mehreren Exemplaren der gleichen *Taenia*-Art befallen, auch kommen Mischinfektionen mit verschiedenen *Taenia*- oder anderen Bandwurm-Gattungen vor. In den Zwischenwirten bilden *Taenia*-Arten Metacestoden (Finnen) verschiedener Typen (Cysticercus, Coenurus, Strobilocercus) (▶ **Tab. 10.11**).

Vorkommen *Taenia*-Befall kommt bei Hunden in Europa weitverbreitet vor, jedoch regional in sehr unterschiedlichen Prävalenzen von < 1 bis über 30 %. Als häufigste Arten gelten in Europa ***T. hydatigena*** und ***T. pisiformis***, doch fehlen dazu Daten aus neuerer Zeit (für ***T. hydatigena*** in Hunden: AL 2,7 % [n = 111], Kosovo 5,6 % [n = 504]). Auch der Rotfuchs und der Wolf sind Endwirte verschiedener *Taenia*-Arten (▶ **Tab. 10.13**). Ein Indikator für die Häufigkeit von ***T. hydatigena*** ist der Befall von Schafen mit C. tenuicollis (Prävalenz bei Schlachtschafen 1996 in Bayern 14 % [n = 136], 2002–2006 in GR 29 % [n = 2000]).

Die in Ländern mit großer Schaf- und Ziegenhaltung ziemlich häufige Art ***T. ovis*** kommt in Europa selten vor, verursacht aber sporadisch Ausbrüche von Cysticercus ovis-Cysticercose bei Schafen, mit erheblichen Verlusten in einzelnen Herden. Als Infektionsquellen kommen unerkannt mit ***T. ovis*** infizierte Haushunde und vermutlich auch Wildcarnivoren (Fuchs) in Betracht. In England werden die Verluste durch Beanstandung der Tierkörper mit *T. ovis*-Cysticercose auf jährlich 7 Mio. Pfund geschätzt.

In verschiedenen Regionen (Europa, Afrika, Asien) ist die durch ***T. multiceps*** verursachte ZNS-Coenurose (s. u.) bei Schafen oder Rindern, Yaks und Ziegen ein Problem. Bekannte Endemiegebiete sind u. a. Süd- und Südosteuropa und der Nahe Osten. In Jordanien wurde bei 3,8 % der untersuchten Hunde eine Infektion mit ***T. multiceps*** und bei 3 % der Schlachtschafe das Vorhandensein von C. cerebralis festgestellt. Aus Italien liegen Berichte über die Coenurose der Schafe aus Latium, Apulien, Sizilien und Sardinien vor. In Sardinien ist diese Parasitose weitverbreitet mit einer jährlichen Inzidenz von 1 %. In Griechenland wurden in 20 % von 57 untersuchten Schafherden Symptome der ZNS-Coenurose beobachtet. In der Schweiz kam es 2003 in einer Milchschafherde zu einem Coenurose-Ausbruch, verursacht durch einen aus Italien importierten, mit ***T. multiceps*** infizierten Hund. Nicht-cerebrale Coenurosen wurden in Dubai (2008) bei 1,7 % der Ziegen (n = 17 223) bei Schlachtuntersuchungen dokumentiert.

Taenia-Infektionen sind bei Wildcaniden sehr häufig. Als Beispiel waren in Litauen 24,6 % der Füchse (n = 269) und 3,5 % der Marderhunde (n = 85) mit *T. crassiceps* so-

▸ **Tab. 10.13** *Taenia*-Arten (Auswahl) bei Carnivoren.

Art, Länge, Verbreitung (V)	Endwirt[1] und Präpatenz (P)	Zwischenwirte, Bezeichnung[2] und Hauptsitz der Finnen (Metacestoden)	Bezeichnung der Infektion bei Zwischenwirten
Taenia hydatigena[3] Länge: 50–250 cm V: weltweit	Hund, Fuchs, Wolf u. a. Caniden P: 7–9 Wochen	Haus- u. Wildwiederkäuer, Schwein u. a. Cysticercus tenuicollis subserös in Bauchhöhle	viscerale Cysticercose
Taenia pisiformis Länge: 35–155 cm V: weltweit	Hund, Fuchs, Wolf, (Katze) u. a. P: 6 Wochen	Hase, Kaninchen, Nagetiere Cysticercus pisiformis subserös in Bauchhöhle	viscerale Cysticercose
Taenia ovis[3,4] Länge: 60–145 cm V: weltweit	Hund, Fuchs, Wolf P: 6–8 Wochen	Schaf, Ziege Cysticercus ovis quergestreifte Muskulatur	Muskelcysticercose
Taenia krabbei[4] (Syn. *T. cervi*) Länge: 200–250 cm V: Europa	Wolf, Fuchs, Hund P: keine Angaben	Reh, Hirsch, Damwild, Rentier, Elch Cysticercus cervi quergestreifte Muskulatur	Muskelcysticercose
Taenia multiceps[3] Länge: 20–120 cm V: weltweit	Hund, Fuchs, Wolf, andere Caniden P: 5–6 Wochen	Schaf, Ziege, Rind, Büffel, Yak, Wildwiederkäuer u. a. Coenurus cerebralis Gehirn	zerebrale und nichtzerebrale Coenurose, Drehkrankheit
Taenia serialis[3] Länge: 20–72 cm V: weltweit	Fuchs, Wolf, (Hund, Katze) P: 5–6 Wochen	Hase, Kaninchen, selten Nagetiere Coenurus serialis Bindegewebe	Coenurose des Bindegewebes
Taenia crassiceps[3] Länge: 10–22 cm V: nördliche Hemisphäre	Fuchs, Wolf, Schakal, Hund, (Katze) P: 4–6 Wochen	Nagetiere, Maulwurf u. a. Cysticercus longicollis Subcutis, Körperhöhlen	Cysticercose des Bindegewebes und der Körperhöhlen
Taenia polyacantha Länge:10–14 cm V: Eurasien, nördl. Nord-Amerika	Fuchs, Wolf, Marderhund, (Hund), andere Caniden P: keine Angaben	Nagetiere, Lagomorpha Cysticercus Körperhöhlen	Cysticercose der Körperhöhlen
Taenia taeniaeformis[3] (Syn. *Hydatigera*) Länge: 15–60 cm V: weltweit	Katze, Luchs, andere Feliden, (Musteliden), Fuchs, Wolf P: 5–8 Wochen	Nagetiere Cysticercus (Strobilocercus) fasciolaris Leber	Lebercysticercose
Taenia martis[3] Länge: 20 cm V: Nordamerika, Eurasien	Musteliden, Wildkatze P: keine Angaben	Nagetiere Cysticercus Körperhöhlen	Cysticercose der Körperhöhlen, selten ZNS
***Versteria* (Syn. *Taenia*) *mustelae, Versteria* sp.**[5] Länge: 10 cm V: Nordamerika, Eurasien	Musteliden P: keine Angaben	Nagetiere Cysticercus Leber	Cysticercose der Leber

[1] seltene Endwirte in Klammern
[2] die Bezeichnungen der Finnen sind nicht kursiv gedruckt, weil es sich dabei nicht um Artnamen handelt
[3] selten Erreger von Zoonosen oder von Infektionen anderer Primaten
[4] siehe Anmerkungen im Text
[5] *Versteria* sp. als invasiver Erreger bei immunsupprimierten Menschen und bei einem Orang-Utan in Nordamerika

wie 61,7 % und 5,9 % mit *T. polyacantha* befallen. Wölfe sind für viele *Taenia*-Arten empfänglich (▸ **Tab. 10.13**); bedingt durch ihre großräumigen Habitate und lange Wanderungen können sie Taeniiden in neue Gebiete Mitteleuropas verschleppen (z. B. *T. multiceps*).

Katzen sind häufig mit *T. taeniaeformis* infiziert (in CH und DE 22–36 % [n = 454 Sektionen]), viel seltener mit *T. pisiformis* (in DE 0,6 %, n = 155). In Mitteleuropa waren besonders *Microtus arvalis* (in CH 12 %, n = 250) und *Arvicola* sp. (11 %, n = 894) mit Strobilocercen befallen.

Epidemiologie

T. hydatigena* und *T. ovis Bei der Steuerung der epidemiologischen Abläufe spielen verschiedene **Schlüsselfaktoren** eine Rolle, die besonders bei *T. hydatigena, T. ovis* und *Echinococcus granulosus* in Neuseeland untersucht wurden und in ▸ **Tab. 10.14** vereinfacht dargestellt sind. Die Kenntnisse dieser Faktoren führten zur Entwicklung eines mathematischen Modells der Epidemiologie, das sich bei der Beurteilung und Überwachung strategischer Bekämpfungsmaßnahmen gegen *Taenia*-Arten und *E. granulosus* als nützlich erwiesen hat.

▶ **Tab. 10.14** Schlüsselfaktoren in der Epidemiologie von *Taenia hydatigena* und *T. ovis* beim Schaf.

Parasitenstadien	epidemiologische Bedeutung
adulte Parasiten	
• lange Lebensdauer im Endwirt (1–5 Jahre) • hohes Reproduktionspotenzial (etwa 15 000–100 000 Eier je Proglottis)	wenige Bandwurmträger können zahlreiche *Taenia*-Eier ausscheiden und die Umgebung kontaminieren
Eier in der Umwelt	
• flächenhafte Verbreitung (Dispersion) der Eier durch infizierte Endwirte und weitere Streuung durch Fliegen, Vögel, unbelebte Faktoren (Regenfälle, Überschwemmungen, Wind) oder Aktivitäten des Menschen • Zertrampeln und Ausbreitung von Hundekot durch Weidetiere • erhebliche Tenazität der Eier bei ausreichender Feuchte (+ 20 °C etwa 2 Monate, bei geringeren Temperaturen länger, bei + 38 °C nur 2–10 d, Überwinterung möglich, aber hohe Empfindlichkeit gegen Austrocknung)	Eier werden z. T. weit in der Umwelt verbreitet und bilden ein Infektionsreservoir
Metacestoden im Zwischenwirt	
• bei immunologisch naiven Tieren können sich zahlreiche Finnen entwickeln, in denen je eine Kopfanlage enthalten ist • ein Teil der Finnen bleibt mehrere Monate infektionsfähig	Organe oder Muskulatur infizierter Schafe sind nach deren Schlachtung eine Infektionsquelle für Endwirte
Wirtsfaktoren	
• Endwirte entwickeln bei natürlichem *Taenia*-Befall nur eine schwache Immunität gegen Reinfektionen (reduzierte Empfänglichkeit, Patenzen verkürzt, Verminderung des Reproduktionspotenzials) • Zwischenwirte können rasch eine mehr oder weniger ausgeprägte Immunität gegen Neuinfektionen bilden, wenn sie ständig Infektionen ausgesetzt sind	Immunität der Zwischenwirte spielt eine Rolle bei der Regulation der Parasitenpopulation

Andere *Taenia*-Arten Bei *Taenia*-Arten, in deren Zyklus Leporiden, Nagetiere und andere Kleinsäuger als Zwischenwirte eingeschaltet sind, wird die Epidemiologie von den Räuber-Beute-Beziehungen geprägt. Dies trifft z. B. für *T. serialis* und *T. crassiceps* des Fuchses sowie für *T. taeniaeformis* der Katze zu.

Pathogenese und Krankheitsbild Die intestinalen *Taenia*-Stadien im Endwirt sind wenig pathogen, hingegen können die Metacestoden Erkrankungen der Zwischenwirte hervorrufen.

Intestinaler Befall bei Endwirten Die im Dünndarm der Endwirte lebenden Taenien können Gewebeveränderungen (Abflachung, Nekrobiose und Desquamation des Epithels, zellige Infiltrate der Mukosa, Verdickung der Zotten, vermehrte Schleimbildung) auslösen, die aber gewöhnlich unbedeutend sind. Daher verlaufen die meisten Infektionen inapparent. In einem Teil der Fälle werden Durchfall, Exsikkose, Abmagerung, Inappetenz, Abdominalschmerzen und andere unspezifische Erscheinungen mit dem *Taenia*-Befall assoziiert. Selten kann ein Massenbefall mit Taenien zum Darmileus führen.

Parenteraler Befall von Zwischenwirten mit Larvalstadien (Metacestoden) Bei Zwischen- und Fehlwirten verursachen die Larvalstadien einiger *Taenia*-Arten Cysticercose oder Coenurose mit unterschiedlichen Veränderungen (Leber, Muskulatur, Bindegewebe, ZNS), die im Folgenden beschrieben werden.

Leberveränderungen. Die Wanderung weniger junger Larven von *T. hydatigena* und *T. pisiformis* durch die Leber ihrer Zwischenwirte bleibt symptomlos. Bei einer Massenaufnahme von Oncosphären können die wandernden Larven bei nicht immunen Tieren schwere, teils letal verlaufende traumatische Hepatitiden verursachen, die Ähnlichkeiten mit der akuten Fasciolose aufweisen (▶ **Abb. 10.45b**). In der akuten Phase beherrschen mit Blut gefüllte, gewundene Wandergänge, die auf der Leberoberfläche und auf der Schnittfläche erkennbar sind, sowie Blutverluste in das Leberparenchym und die Peritonealhöhle das Bild. In den Wandergängen sind die bis zu 9 mm langen, glasig weißlich erscheinenden beweglichen Larven nachweisbar. Wenn die Tiere diese Phase überstehen, kommt es allmählich zur Reparatur der Wandergänge durch Granulations- und Bindegewebe und schließlich zur Narbenbildung. Diese traumatischen Hepatitiden treten als Einzelfälle, z. T. aber auch gehäuft auf, vor allem bei Schaf- und Ziegenlämmern, Ferkeln, Rehkitzen (*T. hydatigena*) oder bei Wildhasen und -kaninchen sowie Hauskaninchen (*T. pisiformis*). Die im subserösen Gewebe angesiedelten reifen Finnen verursachen nur geringfügige Veränderungen, z. B. leichte Druckatrophie von Gewebe an der Leberoberfläche. Die kirschgroßen Finnen von *T. taeniaeformis* verursachen Leberschäden bei Mäusen.

Muskelveränderungen prägen das Bild der durch *T. ovis* verursachten Cysticercose (▶ **Abb. 10.47**). Häufig werden bei der Schlachtung abgestorbene Finnen in Form verkäster oder verkalkter Herde in der Skelett-, Herz- oder Zwerchfellmuskulatur entdeckt, da die Finnen von *T. ovis* relativ früh nach der Infektion absterben und nur wenige länger überleben. Nach experimenteller Infektion mit großen Eizahlen wurden degenerativ-entzündliche Muskelveränderungen und klinische Symptome beobachtet (u. a. Schwäche, Apathie, Bewegungsstörungen, Fieber, erhöhte GLDH-Werte im Serum). In solchen Fällen können lebende Wanderstadien von Finnen auch im Gehirn vorkommen.

Veränderungen im Bindegewebe und in Körperhöhlen. Finnen von *T. serialis* (Coenurus serialis) und *T. crassiceps* (Cysticercus longicollis), die sich gewöhnlich in Leporiden oder in Nagetieren entwickeln, können sich selten auch in Fehlwirten ansiedeln, z. B. *T. serialis*-Finnen im intermuskulären und subserösen Bindegewebe, z. T. auch in den Körperhöhlen von Hund, Pferd und Ziege, oder *T. crassiceps*-Finnen im subkutanen und intermuskulären Bindegewebe des Hundes oder des Menschen. Bei Ziegen (z. B. im Nahen Osten) kommt eine Coenurose-Form vor, bei der Coenurus-Finnen im Bindegewebe der Subcutis und der Muskulatur (Gliedmaßen, Rücken, Diaphragma, Abdominalmuskeln) angesiedelt sind, aber nicht im ZNS. Diese Form ist mit einem besonderen Stamm von *T. multiceps* (S. 234) assoziiert.

Veränderungen im ZNS. Die Finnen von *T. multiceps* sind neurotrop und entwickeln sich im Gehirn, seltener im Rückenmark von Zwischen- oder Zufallswirten; in andere Organe gelangte Oncosphären sterben ab (▶ **Abb. 10.48**). Nach einer Migrationsphase im ZNS wachsen die Finnen zu größeren Blasen (Durchmesser > 5 cm) heran und verursachen Symptome wie Apathie, Inappetenz, schwankender Gang, Kopfschiefhaltung und Kreisbewegungen („Drehkrankheit“) und schließlich Paresen mit letalem Ausgang.

Diagnose

Diagnose bei Endwirten Der *Taenia*-Befall kann intravital durch Nachweis der ausgeschiedenen Proglottiden und Eier, von Kopro-Antigen und Kopro-DNA sowie postmortal bei der Sektion diagnostiziert werden.

Nachweis von Proglottiden und Eiern. Gravide Proglottiden der *Taenia*-Arten von Hund und Katze sind etwa 7–12 × 3–4,5 mm groß, meist länger als breit und makroskopisch gut sichtbar. Eine Bestimmung der *Taenia*-Art ist morphologisch an den graviden Proglottiden nicht möglich. In der Patenz lassen sich *Taenia*-Eier in Kotproben mit der Flotationsmethode (Flotationslösung mit Dichte 1,3 oder höher) oder an der Haut (besonders an der Schwanzunterseite und in der Perianalgegend) mithilfe der Klebebandmethode (S. 555) nachweisen (Sensitivität der Flotation etwa 60–80 %, bei der Klebebandmethode etwas höher).

Merkmale der *Taenia*-Eier: kugelförmig, etwa 26–41 × 24–45 µm, dicke, radiär gestreift erscheinende Embryophore, mit Oncosphäre (▶ **Abb. 19.16**). Die Eier der *Taenia*-Arten sind morphologisch weder untereinander noch von Eiern der *Echinococcus*-Arten unterscheidbar. Daher werden in koproskopischen Befunden die Eier beider Gattungen unter der Bezeichnung „Eier von Taeniiden“ zusammengefasst. Mithilfe von DNA-Analysen lassen sich jedoch bereits mit einzelnen Eiern *Taenia*- und *Echinococcus*-Arten bestimmen.

Nachweis von Kopro-Antigen und Kopro-DNA. Im Darm *Taenia*-befallener Hunde werden Parasitenantigene (Kopro-Antigene) freigesetzt, die im Kotsaft bereits in der Präpatenz und auch später während der Patenz sowie der Postpatenz im ELISA nachweisbar sind. Nach Elimination der Taenien durch Therapie verschwinden Kopro-Antigene innerhalb von 5 Tagen aus dem Kot. Solche Tests sind für *T. hydatigena* und andere *Taenia*-Arten entwickelt worden, doch werden sie bisher nur in wenigen Speziallabors eingesetzt. Eine weitere diagnostische Möglichkeit ist die Untersuchung von Kotproben auf DNA, die in Cestoden-Eiern oder Proglottideninhalt vorliegt [Echinococcose (S. 236), Diagnostik].

Therapie und Bekämpfung Mittel der Wahl zur Behandlung sind hochwirksame Cestodizide: Praziquantel (Hund und Katze 5,0 mg/kg KG p. o. oder 5,7 mg/kg s. c.; Katze 8 mg/kg Spot-on) oder Epsiprantel (Hund 5,5 mg/kg KG p. o., Katze 2,75 mg/kg p. o.). Außerdem haben Nitroscanat (beim Hund) und einige Benzimidazol-Derivate eine Wirkung auf *Taenia*-Arten. Cestodizide sind auch in Kombination mit Nematoziden sowie z. T. anderen Wirkstoffen in Handelspräparaten enthalten (▶ **Tab. 23.14**). Die Behandlung der Cysticercose oder Coenurose kann mit Praziquantel oder Benzimidazolen versucht werden, die Prognose ist jedoch fraglich.

Bei der Bekämpfung der Taeniose des Hundes stehen Maßnahmen der Verhütung im Vordergrund: Innereien (Leber, Lunge usw.) oder Muskulatur von Nutz- oder Wildtieren nur nach Kochen oder Tiefgefrieren (–18 °C, 3 d) an Hunde verfüttern und Zutritt von Hunden zu Schlachtabfällen und Wildaufbrüchen verhindern. Durch chemotherapeutische Massenbehandlungen von Hunden in Intervallen von 6–8 Wochen sind *Taenia*-Arten vor allem wegen ihrer höheren Reproduktionsrate wesentlich schwerer zu kontrollieren als *Echinococcus granulosus*, wie sich bei Bekämpfungsaktionen (S. 244) in verschiedenen Ländern gezeigt hat. Schafe konnten mit Erfolg in einer Feldstudie in Sardinien gegen Coenurose geimpft werden. Sehr zu empfehlen (und in einigen Ländern vorgeschrieben) ist eine routinemäßige Behandlung aller importierten Hunde mit einem hochwirksamen Cestodizid, da solche Tiere nicht selten Träger von Taeniiden und anderen Bandwürmern sind. Eine Bekämpfung von *T. taeniaeformis* bei Katzen mit Freilauf ist mit einer monatlichen Entwurmung möglich, aber kaum angezeigt [vgl. dazu *E. multilocularis* (S. 249)].

Zoonotische Bedeutung Selten verursachen Larvalstadien von *Taenia*-Arten der Carnivoren Erkrankungen bei Menschen, z. B. Cysticercose durch *T. crassiceps* (ZNS, Auge, Subcutis), *T. ovis* (ZNS) und *T. martis* (ZNS, Auge,

Bauchhöhle) oder Coenurose durch *T. multiceps* (ZNS) und *T. serialis* (ZNS, Muskel).

Taenia hydatigena

Im **Adultstadium** Parasit des Hundes und anderer Caniden (▶ Abb. 10.45a). Jeder Bandwurm produziert im Durchschnitt täglich 2–6 Proglottiden mit je ca. 55 000 Eiern. Je nach Befallsintensität kann ein Hund pro Tag bis 50 Proglottiden ausscheiden, von denen etwa ⅓ in den Fäzes und ⅔ ohne Defäkation abgehen. Durch Aufreißen von Uterusästen beim Ablösen der Proglottiden von der Strobila werden Eier bereits im Darm freigesetzt und im Kot ausgeschieden (etwa 16 % aller produzierten Eier); die Mehrzahl gelangt innerhalb der Proglottiden in die Umwelt. Die Ausscheidung von Proglottiden und Eiern kann über längere Zeit ziemlich regelmäßig erfolgen, aber auch von ausscheidungsfreien Intervallen unterbrochen sein. Zwischenwirte können sich durch Aufnahme ganzer Proglottiden infizieren und so auf einmal große Mengen von Eiern aufnehmen. Häufiger sind jedoch schwächere und wiederholte Infektionen mit Eiern, die aus Proglottiden oder Kot freigesetzt und in der Umgebung verbreitet worden sind.

Zwischenwirte für *T. hydatigena* sind zahlreiche Arten von Herbivoren und Omnivoren, vor allem Schaf und Ziege, aber auch Rind und Wildwiederkäuer sowie Schwein und Wildschwein. Auch andere Tierarten wie Pferd und Primaten sind empfänglich (sehr seltene Cysticercose des Menschen). Im Zwischenwirt dringen die aus den Eiern geschlüpften Oncosphären in die Darmwand ein, sie gelangen über die Pfortader in die Leber (teils auch in die Lunge), wandern unter Umwandlung in Finnenbläschen (nach 12 d etwa 2–3 mm, nach 20–25 d 6–9 mm lang) im Leberparenchym umher, erreichen etwa 3 Wochen p. i. die Leberoberfläche, durchbrechen größtenteils die Leberkapsel und siedeln sich anschließend im subserösen Gewebe der Bauchhöhle (Netz, Gekröse, Leber), seltener auch der Brusthöhle, an (▶ Abb. 10.45b, ▶ Abb. 10.45c). Innerhalb von 6–8 Wochen p. i. ist die Entwicklung zur fertilen Finne abgeschlossen, die als **Cysticercus tenuicollis** bezeichnet wird. Diese ist mit einer bis zu 8 cm langen, dünnwandigen semi-transparenten Blase und einem langen Hals mit einem bewaffneten Scolex versehen. Nach Aufnahme reifer Finnen durch einen empfänglichen Endwirt entwickeln sich nach Erstinfektion in 52–66 Tagen gravide Bandwürmer.

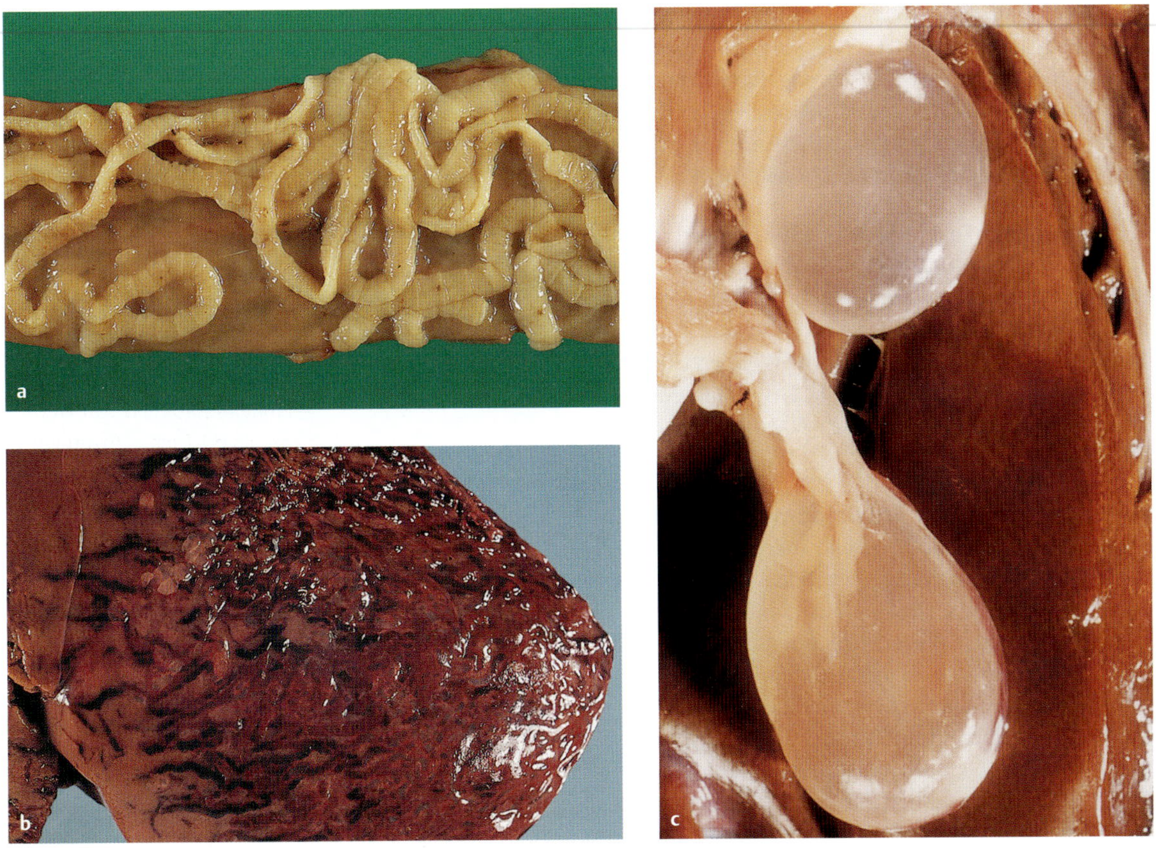

▶ **Abb. 10.45** *Taenia hydatigena.*

a Mehrere adulte Bandwürmer (Länge 50–250 cm) im Darm eines Hundes (Quelle: Institut für Parasitologie, Vetsuisse-Fakultät, Universität Zürich)

b Durch Wanderstadien verursachte Leberschäden bei einem Schaflamm: Leberoberfläche mit Wandergängen von jungen Finnen (Quelle: Institut für Parasitologie, Vetsuisse-Fakultät, Universität Zürich)

c Reife Finne (Cysticercus tenuicollis) (Länge der unteren Finne etwa 4 cm, Durchmesser 2,5 cm) (Quelle: Institut für Parasitologie, Vetsuisse-Fakultät, Universität Zürich)

▶ **Abb. 10.46** Konglomerat der Finnen von *Taenia pisiformis* (Cysticercus pisiformis) (Durchmesser der Einzelbläschen ca. 5–7 mm). (Quelle: Institut für Parasitologie, Vetsuisse-Fakultät, Universität Zürich)

Taenia pisiformis

Parasit des Hundes und von anderen Caniden, selten auch der Katze (0,6 % von 155 Katzen in DE). Entwicklung im Zwischenwirt (Hase, Kaninchen) im Prinzip wie bei *T. hydatigena*: Wanderung der Oncosphären und der heranwachsenden Larven durch die Leber, nach ungefähr 2 Wochen Beginn der Auswanderung aus der Leber und Ansiedlung subserös in Netz, Gekröse und Leber, selten auch in anderen Organen. Die Finne („erbsenförmige Finne", Cysticercus pisiformis) ist 7–8 Wochen p. i. infektionsfähig. Bei starkem Befall sind die Finnen in traubenartigen Konglomeraten aggregiert (▶ **Abb. 10.46**).

Taenia ovis und *Taenia krabbei* (Syn. *Taenia cervi*)

T. ovis: Parasit des Hundes und wild lebender Caniden. Die Finne, **Cysticercus ovis** (▶ **Abb. 10.47**), entwickelt sich in Herz, Zwerchfell und Skelettmuskulatur von Schaf und Ziege. *T. krabbei* wird in einem Wildtierzyklus mit Wolf, Fuchs und selten Hund als Endwirte und Cerviden als Zwischenwirte übertragen (Einzelheiten ▶ **Tab. 10.13**; Epidemiologie s. u.).

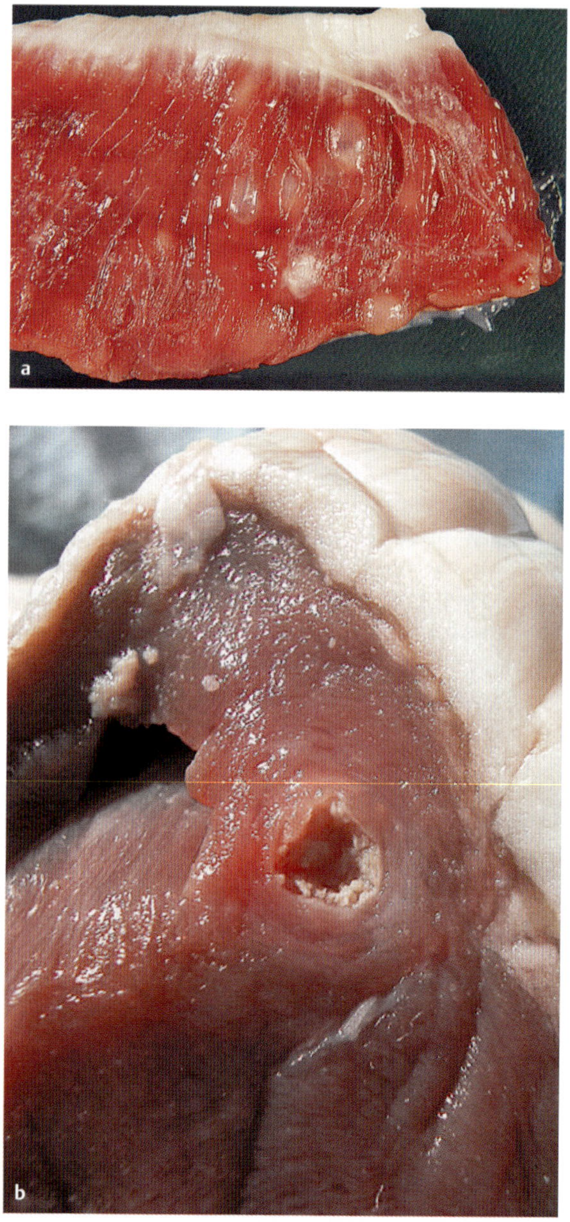

▶ **Abb. 10.47** Metacestoden (Finnen) von *Taenia ovis* (Cysticercus ovis).

a Lebende Finnen in der Zwerchfellmuskulatur eines Schafes (Finnendurchmesser ca. 4–5 mm) (Quelle: Institut für Parasitologie, Vetsuisse-Fakultät, Universität Zürich)

b Abgestorbene Finne in der Herzmuskulatur (Quelle: Institut für Parasitologie, Vetsuisse-Fakultät, Universität Zürich)

Taenia multiceps (Syn. *Multiceps multiceps*)

Parasit von Hund, Fuchs, Wolf und anderen Caniden. Natürliche Zwischenwirte sind vor allem Schafe, Rinder, Büffel, Yak, seltener andere Herbivoren (Ziege, Reh, Rentier, Pferd und Wildungulaten) und Omnivoren (Schwein). Die mit den Eiern aufgenommenen Oncosphären werden durch die Pfortader im Blutstrom ins Gehirn, seltener in das Rückenmark transportiert und entwickeln sich nach einer Migration durch das Gewebe in etwa 3 Monaten zu fertilen Finnen, die Durchmesser von > 5 cm erreichen können (▶ **Abb. 10.48**). Die Finne, in der sich zahlreiche Kopfanlagen entwickeln können, wird als **Coenurus cerebralis** bezeichnet. Früher wurden Coenurus-Finnen, die in subkutanem oder intermuskulärem Gewebe gefunden wurden, einer eigenen Art (*Taenia gaigeri*) zugeordnet. Resultate neuester DNA-Analysen sprechen dafür, dass cerebrale und nicht cerebrale Coenurosen durch verschiedene Stämme von *T. multiceps* verursacht werden. Gelegentlich siedeln sich Metacestoden auch in Fehlwirten (Hund, Mensch) an. Präpatenz 5–6 Wochen.

Taenia serialis

Parasit von Hund, Fuchs, Wolf und anderen Caniden. Zwischenwirte sind Kaninchen und Hasen, in denen sich der Coenurus subkutan (▶ **Abb. 10.49**), intramuskulär und seltener im Abdomen entwickelt. Selten tritt Coenurus-

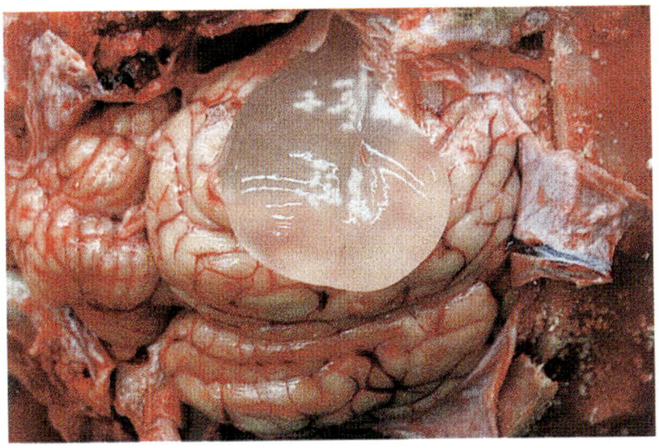

▸ **Abb. 10.48** Coenurus cerebralis (Finne von *Taenia multiceps*) im Gehirn eines Schafes. (Quelle: Peter Deplazes, Institut für Parasitologie, Vetsuisse-Fakultät, Universität Zürich)

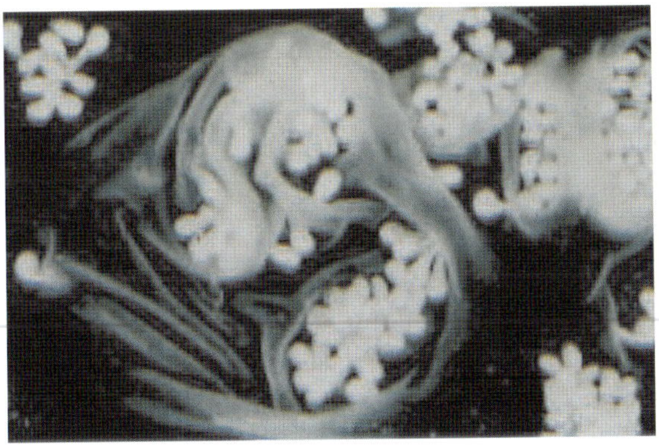

▸ **Abb. 10.49** Coenurus serialis aus der Unterhaut vom Kaninchen: Blase geöffnet mit zahlreichen Kopfanlagen. (Quelle: Institut für Parasitologie, Vetsuisse-Fakultät, Universität Zürich)

Befall auch bei Fehlwirten auf, z. B. Katzen, Affen, Schafen und Menschen.

Taenia crassiceps

Wichtigster Endwirt in Mitteleuropa ist der Fuchs. Die Finnen von *T. crassiceps* siedeln sich in den Körperhöhlen, in der Subcutis und auch im ZNS der Zwischenwirte an. Die Cysticercen sind kleine rundliche Bläschen (2–4 mm) mit einem invaginierten, bewaffneten Scolex und befähigt, sich durch Sprossung asexuell stark zu vermehren. Gelegentlich tritt Finnen-Befall auch bei Fehlwirten und/oder bei Endwirten auf (z. B. *T. crassiceps*-Finnen subkutan oder intraperitoneal bei Hund, Affen, anderen Zootieren, Mensch).

Taenia polyacantha

Parasit von Rotfuchs (in Europa sehr häufig), Polarfuchs und selten bei Hund und Wolf. Zwischenwirte sind Nager (u. a. Wühlmäuse, Bisam) und Hasenartige, in deren Körperhöhlen sich die Cysticercen ausbilden (abgeflacht, 3–11 mm lang, nicht encystiert, mit Pseudosegmentierung).

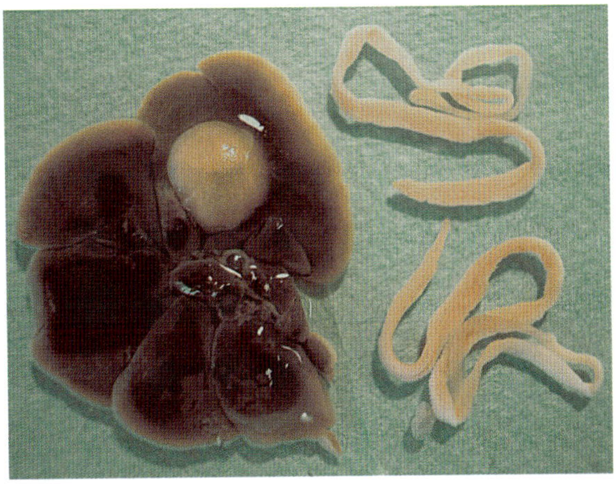

▸ **Abb. 10.50** *Taenia taeniaeformis*: Metacestode (Finne), Cysticercus fasciolaris (Länge etwa 33 mm); links: eingekapselt in einer Cyste in der Leber einer Wühlmaus, rechts: aus Cysten isolierte Strobilocercen. (Quelle: Peter Deplazes, Institut für Parasitologie, Vetsuisse-Fakultät, Universität Zürich)

Taenia martis

Parasit von Musteliden (Marder) und Wildkatze. Zwischenwirte sind Nager, gelegentlich sind auch Fehlwirte betroffen (z. B. im Abdomen von *Macaca tonkeana*, *Lemur catta*; beim Menschen in Abdomen, ZNS und Auge).

Taenia taeniaeformis (Syn. *Hydatigera taeniaeformis*)

Häufiger Bandwurm von Haus- und Wildkatzen. Zwischenwirte sind Mäuse (Hausmaus, Feldmäuse), Ratten, Bisam sowie andere Nager, in deren Leber sich die Finne, Strobilocercus (Syn. Cysticercus fasciolaris), entwickelt (▸ **Abb. 10.50**).

Literaturhinweise

Assana E, Kyngdon CT, Gauci CG et al. Elimination of *Taenia solium* transmission to pigs in a field trial of the TSOL 18 vaccine in Cameroon. Int J Parasitol 2010; 40: 515–519

Calvo-Artavia FF, Nielsen LR, Alban L. Epidemiologic and economic evaluation of risk-based meat inspection for bovine cysticercosis in Danish cattle. Prev Vet Med 2013; 108: 253–261

Chembensofu M, Mwape KE, Van Damme I et al. Re-visiting the detection of porcine cysticercosis based on full carcass dissections of naturally *Taenia solium* infected pigs. Parasit Vectors 2017; 10(1): 572. doi: 10.1186/s13071-017-2520-y

Deplazes P, Eichenberger RM, Grimm F. Wildlife-transmitted *Taenia* and *Versteria* cysticercosis and coenurosis in humans and other primates. Int J Parasitol Parasit Wildl 2019; 9: 342–358

DeWolf BD, Poljak Z, Peregrine AS et al. Development of a *Taenia ovis* transmission model and an assessment of control strategies. Vet Parasitol 2013; 198: 127–135

Eichenberger RM, Lewis F, Gabriël S et al. Multi-test analysis and model-based estimation of the prevalence of *Taenia saginata* cysticercus infection in naturally infected dairy cows in the absence of a 'gold standard' reference test. Int J Parasitol 2013; 43: 853–859

Fabiani S, Bruschi F. Neurocysticercosis in Europe: still a public health concern not only for imported cases. Acta Trop 2013; 128: 18–26

Laranjo-González M, Devleesschauwer B, Trevisan C et al. Epidemiology of taeniosis/cysticercosis in Europe, a systematic review: Western Europe. Parasit Vectors 2017; 10: 349. doi: 10.1186/s13071-017-2280-8

Lightowlers MW. Cysticercosis and Echinococcosis. Curr Top Microbiol Immunol 2012; 365: 315–335

Loos-Frank B. An up-date of Verster's (1969) 'Taxonomic revision of the genus Taenia Linnaeus' (Cestoda) in table format. Syst Parasitol 2000; 45: 155–183

Murrel KD, ed. WHO/FAO/OIE Guidelines for Surveillance, Prevention and Control of Taeniosis/Cysticercosis. Paris: World Organisation for Animal Health; 2005. ISBN: 9-29044-656-0

Oryan A, Akbari M, Moazeni M et al. Cerebral and non-cerebral coenurosis in small ruminants. Trop Biomed 2014; 31: 1–16

Otranto D, Cantacessi C, Dantas-Torres F et al. The role of wild canids and felids in spreading parasites to dogs and cats in Europe. Part II: Helminths and arthropods. Vet Parasitol 2015; 213: 24–37

Priemer J, Krone O, Schuster R. *Taenia krabbei* (Cestoda: Cyclophyllidea) in Germany and its delimitation from *T. ovis*. Zool Anz 2002; 241: 333–337

Scandrett B, Parker S, Forbes L et al. Distribution of *Taenia saginata* cysticerci in tissues of experimentally infected cattle. Vet Parasitol 2009; 164: 223–231

Schuster RK, Sivakumar S, Wieckowsky T. Non-cerebral coenurosis in goats. Parasitol Res 2010; 107: 721–726

Schweizer G, Grünenfelder F, Sydler T et al. Importierte Coenurose beim Schaf. Schweiz Arch Tierheilkd 2006; 148: 490–499

Gattung *Echinococcus*

Praxis

Erreger von klinisch inapparenter, intestinaler **Echinococcose** bei Carnivoren und extraintestinaler Echinococcosen bei Zwischen- und Fehlwirten.
Zoonose: Die **cystische Echinococcose** (CE) und die **alveoläre Echinococcose** (AE) gehören weltweit zu den wichtigsten parasitischen Zoonosen.

Echinos (gr.): Igel, Stachel; *kokkos* (gr.): Beere, Korn.

Das Wichtigste in Kürze

- **Erreger.** Die wichtigsten Vertreter sind *E. multilocularis*, Erreger der alveolären Echinococcose (AE) (nördliche Hemisphäre: Nordamerika, Eurasien) und der Artenkomplex *Echinococcus granulosus* sensu lato (s. l.) (weltweit), der verschiedene Arten/Stämme und Genotypen umfasst, die sich in genetischen, z. T. auch in biologischen und morphologischen Merkmalen unterscheiden und in Fehlwirten und/oder Zwischenwirten die cystische Echinococcose (CE) verursachen. Die adulten, nur wenige Millimeter langen Echinococcen parasitieren im Dünndarm von Carnivoren.
- **Entwicklung, Epidemiologie.** Im Prinzip wie bei *Taenia*-Arten, Entwicklungszyklen mit unterschiedlichen End- und Zwischenwirten.

  ***E. granulosus* s. l.-Komplex.** Endwirte: Hund u. a. Caniden und der Löwe; Zwischenwirte, in denen sich Metacestoden in inneren Organen entwickeln, sind Herbivoren und Omnivoren (Schaf, andere Wiederkäuer, Schwein, Pferd u. a.). Metacestoden siedeln sich auch in Fehlwirten an (Mensch, verschiedene Säugetierarten) und verursachen die CE. Fast alle Arten des *E. granulosus* s. l.-Komplexes sind für Menschen infektiös (▸ **Tab. 10.15**). Die meisten Infektionen des Menschen werden durch *E. granulosus* sensu stricto (s. s.) (Schafstamm) verursacht.

  E. multilocularis. Endwirte: Fuchsarten (Rotfuchs, Eisfuchs), Marderhund, Wolf, Hund, Kojote u. a.; Zwischenwirte: Kleinsäuger, meist Nagetiere. Wichtigster Zyklus in Europa: Wildtierzyklus mit Rotfuchs und Nagetieren (Feldmaus, Schermaus, Bisam u. a.). Metacestoden verursachen bei Fehlwirten (Mensch, Schwein, Affen, Hund u. a.) die AE, die unbehandelt häufig letal verläuft.
- **Vorkommen.** Europäische Hauptendemiegebiete des *E. granulosus* s. l.-Komplexes: Baltikum sowie Ost- und Südosteuropa, Mittelmeerraum; in anderen Gebieten wesentlich seltener oder nur sporadisch vertreten. *E. multilocularis:* Vorkommen in West, Mittel- und Osteuropa, fokal in Skandinavien.
- **Pathogenese, Krankheitsbild.** Für Endwirte ist die Infektion mit *Echinococcus*-Arten harmlos. Die Metacestoden von Arten der *E. granulosus*-Gruppe sind oft große, mit Flüssigkeit gefüllte Cysten mit expansivem Wachstum, die bei natürlichen Zwischenwirten selten Symptome verursachen, bei Menschen aber schwere Erkrankungen (Leber, Lunge, ZNS, Knochen usw.) hervorrufen können. Die Metacestoden von *E. multilocularis* verhalten sich durch infiltratives Wachstum wie bösartige Tumoren und können bei Menschen und anderen Fehlwirten schwere Lebererkrankungen mit Metastasenbildung in anderen Organen (Lunge, ZNS usw.) und Todesfälle verursachen.
- **Diagnose.** Bei lebenden Endwirten koproskopischer Nachweis von *Echinococcus*-Eiern. Diese sind von *Taenia*-Eiern morphologisch nicht unterscheidbar, jedoch mithilfe von DNA-Analysen. Nachweis von Kopro-Antigen und Kopro-DNA (Proglottiden oder ganze Bandwürmer sind nur selten identifizierbar). Wegen der Infektionsgefahr für Menschen sind bei diagnostischen Untersuchungen von Endwirten auf *Echinococcus*-Befall bei der Darmsektion und bei der Therapie besondere Sicherheitsmaßnahmen erforderlich. Bei Fehlwirten (Mensch, Affen, Hund u. a.) intravitale Diagnose der Metacestoden mit bildgebenden Verfahren in Kombination mit Nachweis spezifischer Antikörper oder von DNA in Punktionsmaterial. Bei Zwischenwirten postmortaler Nachweis der Metacestoden.
- **Therapie, Bekämpfung.** Gegen *Echinococcus*-Arten bei Carnivoren ist Praziquantel Mittel der 1. Wahl, auch Epsiprantel ist hochwirksam. Wegen der Infektionsgefahr für Menschen sind bei der Behandlung von Endwirten Sicherheitsmaßnahmen erforderlich. Bekämpfung und Prophylaxe s. u.

▸ **Tab. 10.15** Arten der Gattung *Echinococcus* und Genotypen von *E. granulosus* sensu lato mit früheren Bezeichnungen von Stämmen.

Arten, Stämme, Genotypen (G), Länge (L), typische Proglottidenzahl (P), Verbreitung (V) (s. auch ▸ Abb. 10.53)	Endwirte (EW), Zwischenwirte (ZW) und Fehlwirte (FW) von Metacestoden	Krankheit beim Menschen und Hauptsitz der Metacestoden in ZW und FW
Echinococcus granulosus **s. l.-Gruppe** L: 2–7 mm, P: 3		
• ***Echinococcus granulosus*** **s. s.** (‚Schafstamm', G1, G3 und andere Genotypen) V: weltweit; Europa: u. a. Mittelmeergebiet, Balkan, UK, RU	EW: Hund, regional auch andere Caniden (Dingo, Schakal u. a.) ZW: Schaf, Rind, Büffel, Ziege, Yak, Kamel u. a. FW: Mensch, viele Säugetierarten	cystische Echinococcose (CE) Leber, Lunge, andere Organe
• ***Echinococcus equinus*** (‚Pferdestamm', G4) V: Europa (UK, IT; selten BE, CH, IE, ES), Nord- und Südafrika, Mittlerer Osten	EW: Hund, Schakal, Löwe ZW: Pferd, Esel, Zebra FW: Mensch, Lemur (Primaten)	cystische Echinococcose (CE) (sehr selten bei Menschen) Leber
• ***Echinococcus ortleppi*** (‚Rinderstamm', G5) V: Europa (BE, CH, DE, NL, IT, RU u. a.), Asien, Afrika, Mittel- u. Südamerika	EW: Hund ZW: Rind, Büffel, Schaf, Ziege FW: Mensch (selten)	cystische Echinococcose (CE) Lunge, Leber
• ***Echinococcus intermedius*** (‚Kamelstamm', G6) V: Afrika, Asien, Südamerika	EW: Hund, Wolf ZW: Kamel, Ziege, Rind, Schaf FW: Mensch	cystische Echinococcose (CE) Leber, Lunge (selten ZNS und andere Organe beim Menschen)
• ***Echinococcus intermedius*** (‚Schweinestamm', G7) V: Baltikum, PL, östl. Europa, fokal in ES, IT und PT, Mittlerer Osten, Asien, Argentinien	EW: Hund, Wolf ZW: Schwein, Wildschwein (Rind) FW: Mensch	cystische Echinococcose (CE) Leber, Lunge
• ***Echinococcus canadensis*** (‚Cervidenstamm', G8, G10) V: nördl. Eurasien, Nordamerika	EW: Wolf, Hund ZW: Cerviden FW: Mensch	cystische Echinococcose (CE) Lunge, Leber
• ***Echinococcus felidis*** V: Afrika	EW: Löwe, Hyäne ZW: Warzenschwein, vermutlich auch andere Wildtiere	Fälle bei Menschen nicht bekannt Leber
Echinococcus multilocularis L: 1,2–4,5 mm; P: 5 V: nördliche Hemisphäre: USA, CA, Asien, Europa: West-, Mittel- und Nordosteuropa u. fokal in Skandinavien (s. Text)	EW: Rot- u. Eisfuchs, Wolf, Marderhund, Schakal, Kojote, Hund, (Katze) ZW: Nagetiere (Feldmaus, Schermaus, Bisam) u. a. Kleinsäuger FW: Mensch, Affen, Pferd, Schwein, Hund u. a.	alveoläre Echinococcose (AE) primär Leber, sekundär andere Organe
Echinococcus vogeli L: 3,9–5,6 mm; P: 3 V: Zentral- u. Südamerika	EW: Waldhund (*Speothos venaticus*) ZW: Nagetiere (Pakas, Agutis) FW: Mensch	polycystische Echinococcose (PE) Leber, Lunge, andere Organe
Echinococcus oligarthra L: 2,2–2,9 mm; P: 3 V: Zentral- u. Südamerika	EW: Wildkatzen (Puma, Jaguar u. a.) ZW: Nagetiere (Agutis, Baumwollratten, Pakas) FW: Mensch	unicystische Echinococcose (UE) Muskulatur, Haut, Orbita, innere Organe
Echinococcus shiquicus L: 1,3–1,7 mm; P: 3 V: China (Tibet)	EW: Tibetfuchs (*Vulpes ferrilata*) ZW: Pika (*Ochotona curzoniae*)	Fälle bei Menschen nicht bekannt

Die zur Familie Taeniidae gehörende Gattung *Echinococcus* enthält mehrere Arten, deren Adultstadien nur wenige Millimeter lang sind und im Dünndarm von Carnivoren parasitieren (▸ **Tab. 10.15**). Ihre besondere Bedeutung beruht darauf, dass sich die Metacestoden der meisten Arten auch im Menschen ansiedeln und schwere oder sogar tödliche Erkrankungen verursachen können. Hier werden exemplarisch vor allem die Arten *Echinococcus granulosus* s. s. und *E. multilocularis* berücksichtigt, weil ihnen weltweit die größte Bedeutung zukommt.

Echinococcus granulosus s. l.-Gruppe (Gefährlicher Hundebandwurm)

Praxis
Erreger der **intestinalen Echinococcose** des Hundes und anderer Caniden sowie der **cystischen Echinococcose (CE)** vor allem in der Leber und Lunge bei Zwischenwirten (Wiederkäuer, Pferd, Schwein u. a.) und Fehlwirten.
Zoonose: Die CE gehört zu den wichtigsten, durch Helminthen verursachten Zoonosen mit weltweiter Verbreitung; in Europa vor allem in Süd- und Osteuropa und im Baltikum.

Echinos (gr.): Igel, Stachel; *kokkos* (gr.): Beere, Korn; *granulosus* (lat.): körnig. Nach R. Leuckart nimmt der Gattungsname *Echinococcus* Bezug auf die Haken tragenden Kopfanlagen in den Metacestoden; der Artname bezieht sich auf das körnige Aussehen der Brutkapseln an der Keimschicht der Metacestoden oder im „Hydatidensand".

Erreger *E. granulosus* s. s. ist ein 2–7 mm langer Bandwurm mit Scolex (4 Saugnäpfe und Rostellum mit doppeltem Hakenkranz) und typischerweise 3 (2–6) Proglottiden (▸ **Abb. 10.51**, ▸ **Abb. 10.55**). Wichtige Merkmale sind die Lage des Genitalporus (in Gliedmitte oder kurz dahinter) und der mit seitlichen Aussackungen versehene Uterus, der im Mittel etwa 600 Eier enthält. Eier: Durchmesser ca. 30–40 µm, von den Eiern anderer *Echinococcus*-Arten und von *Taenia*-Arten morphologisch nicht zu unterscheiden. Weitere Arten des *E. granulosus*-Komplexes sind in ▸ **Tab. 10.15** aufgeführt.

E. granulosus umfasst verschiedene Genotypen, die man zunächst verschiedenen Stämmen und neuerdings mehreren Arten zugeordnet hat, die sich in genetischen, biologischen und morphologischen Merkmalen unterscheiden; sie werden hier als *E. granulosus* s. l.-Komplex zusammengefasst. Die jüngsten Vorschläge zur Artzuordnung werden hier übernommen, obwohl bei einigen Arten und Stämmen noch Fragen offen sind, vor allem bei *E. intermedius* (▸ **Tab. 10.15**).

Entwicklung Wichtigster **Endwirt** für Arten des *E. granulosus* s. l.-Komplexes ist der Hund; regional können auch Wildcaniden eine Rolle spielen. Eine Ausnahme stellt *E. felidis* mit Löwe und Hyäne als Endwirte dar. Als **Zwischenwirte** fungieren herbi- und omnivore Säugetiere, vor allem Haustiere, in manchen Gebieten auch Wildtiere (▸ **Tab. 10.15**, ▸ **Abb. 10.52**, ▸ **Abb. 10.53**).

Im Dünndarm der Endwirte leben die Adulten von *E. granulosus* etwa 6 Monate, nur wenige bis knapp 2 Jahre; der Hauptanteil der Eier wird jedoch innerhalb der ersten 2 Monate der Patenz ausgeschieden. Bereits im Darm werden aus graviden Proglottiden Eier freigesetzt und mit dem Kot ausgeschieden oder sie gelangen innerhalb der Bandwurmglieder an die Außenwelt (▸ **Abb. 10.52**). Die Infektion von Zwischenwirten, Menschen oder anderen Fehlwirten erfolgt durch perorale Aufnahme von Eiern. Aus diesen schlüpfen im Dünndarm die Oncosphären, die in die Darmwand eindringen und auf dem Blutweg in die Leber, z. T. auch in die Lunge sowie in andere Organe verschleppt werden. Aus den Onco-

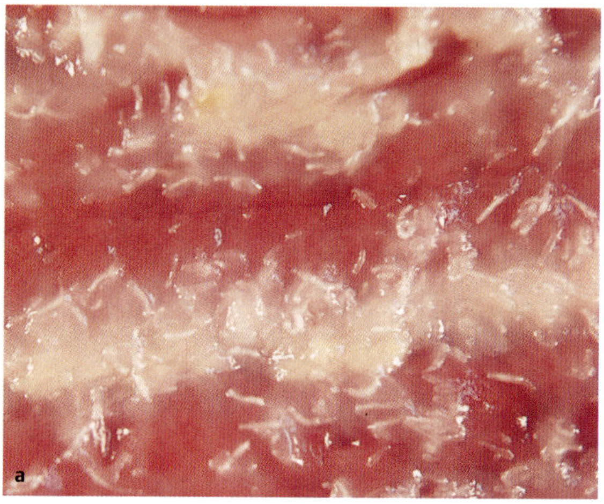

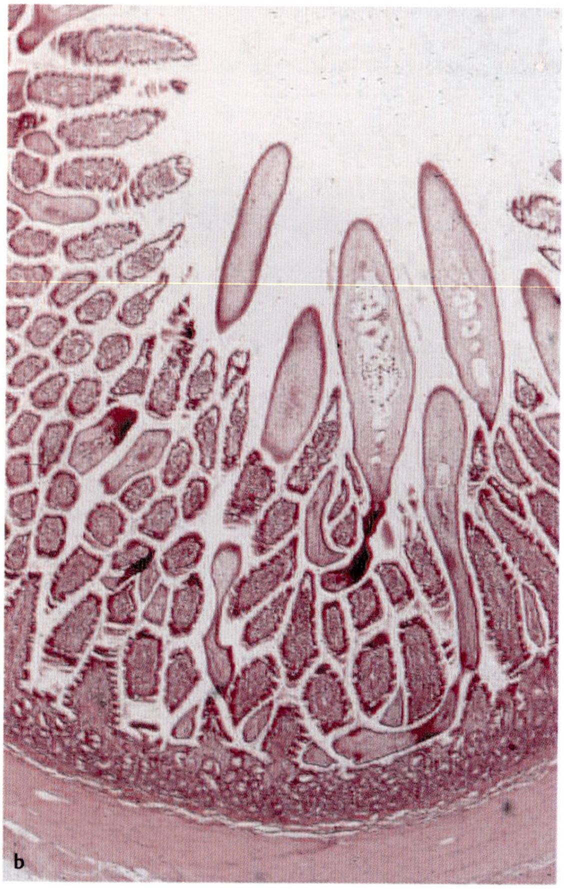

▸ **Abb. 10.51** *Echinococcus granulosus* s. l. im Darm vom Hund.
a Aufsicht auf die Dünndarmschleimhaut mit adulten Exemplaren von *E. granulosus* s. l. (Länge 4–6 mm) (Quelle: Johannes Eckert, Institut für Parasitologie, Vetsuisse-Fakultät, Universität Zürich)
b Histologischer Schnitt durch die Dünndarmwand mit Anschnitten von *E. granulosus*. Das Bild zeigt die tiefe Verankerung der Parasiten zwischen den Dünndarmzotten (Quelle: Johannes Eckert, Institut für Parasitologie, Vetsuisse-Fakultät, Universität Zürich)

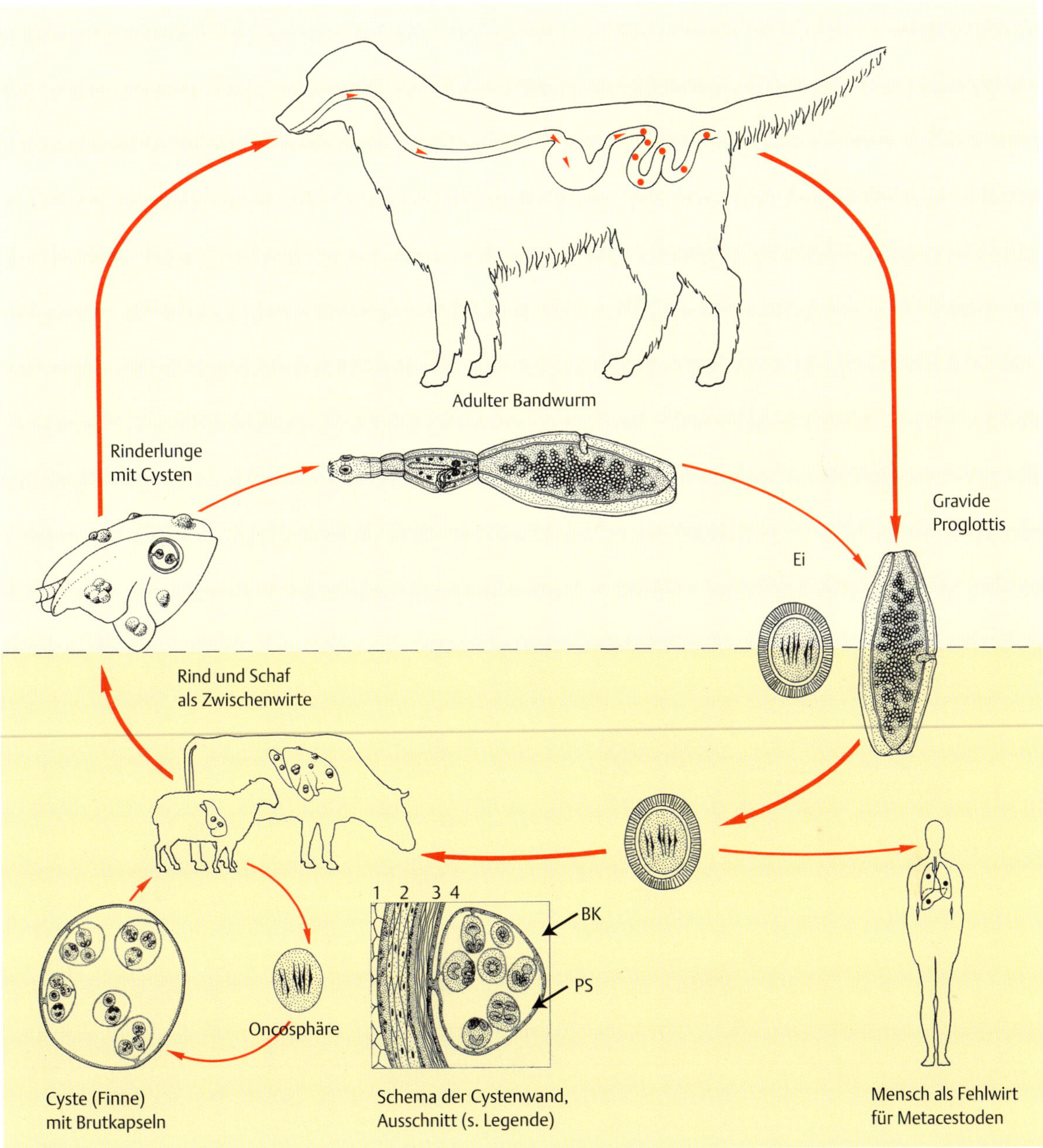

▶ **Abb. 10.52** Entwicklungszyklus von *Echinococcus granulosus* s. l. . Ausschnitt: Schema der Cystenwand: 1. Wirtsgewebe, 2. Bindegewebe und hyaline Zwischenzone, 3. azelluläre Laminarschicht des Parasiten, 4. kernhaltige Keimschicht des Parasiten; BK: Brutkapsel, PS: Protoscolex. (Grafik: Salome Ehrat, nach einer Vorlage von Johannes Eckert und Peter Deplazes, Vetsuisse-Fakultät, Universität Zürich)

sphären entstehen zunächst kleine Bläschen, die allmählich zu Finnen (Metacestoden) heranwachsen.

Die **Finne** von Arten des *E. granulosus* s. l.-Komplexes wird auch als Hydatide bezeichnet (*hydatis* [gr.]: Wasserblase) und stellt im typischen Fall eine mit antigenhaltiger Flüssigkeit gefüllte, ein- oder mehrkammerige Blase (auch als Cyste bezeichnet) dar, deren Wand aus der inneren, zellulären Keimschicht und der äußeren, azellulären Laminarschicht besteht und von einer vom Wirt stammenden Bindegewebsschicht umschlossen ist (▶ **Tab. 10.11**, ▶ **Abb. 10.52**). Einige Monate nach der Infektion entstehen an mehreren Stellen der Keimschicht 250–1500 µm große Brutkapseln (▶ **Abb. 10.54a** und ▶ **Abb. 10.54b**) und in jeder von ihnen auf asexuellem Weg bis 30 Kopfanlagen (Protoscolices) mit 4 Saugnäpfen und doppeltem Hakenkranz. Nach Platzen der dünnen Brutkapseln findet man in der Hydatidenflüssigkeit freie Protoscoleces. Letztere bilden zusammen mit Brutkapseln, deren Trümmern, von Protoscoleces abgelösten Häkchen und Kalkkörperchen den körnig erscheinenden „Hydatidensand" (▶ **Abb. 10.54c**). Cysten mit reifen Protoscoleces werden als fertil bezeichnet, die anderen als steril.

Größe, Form und Anzahl der Protoscoleces der Cysten sind abhängig von ihrem Alter, der Organlokalisation, der

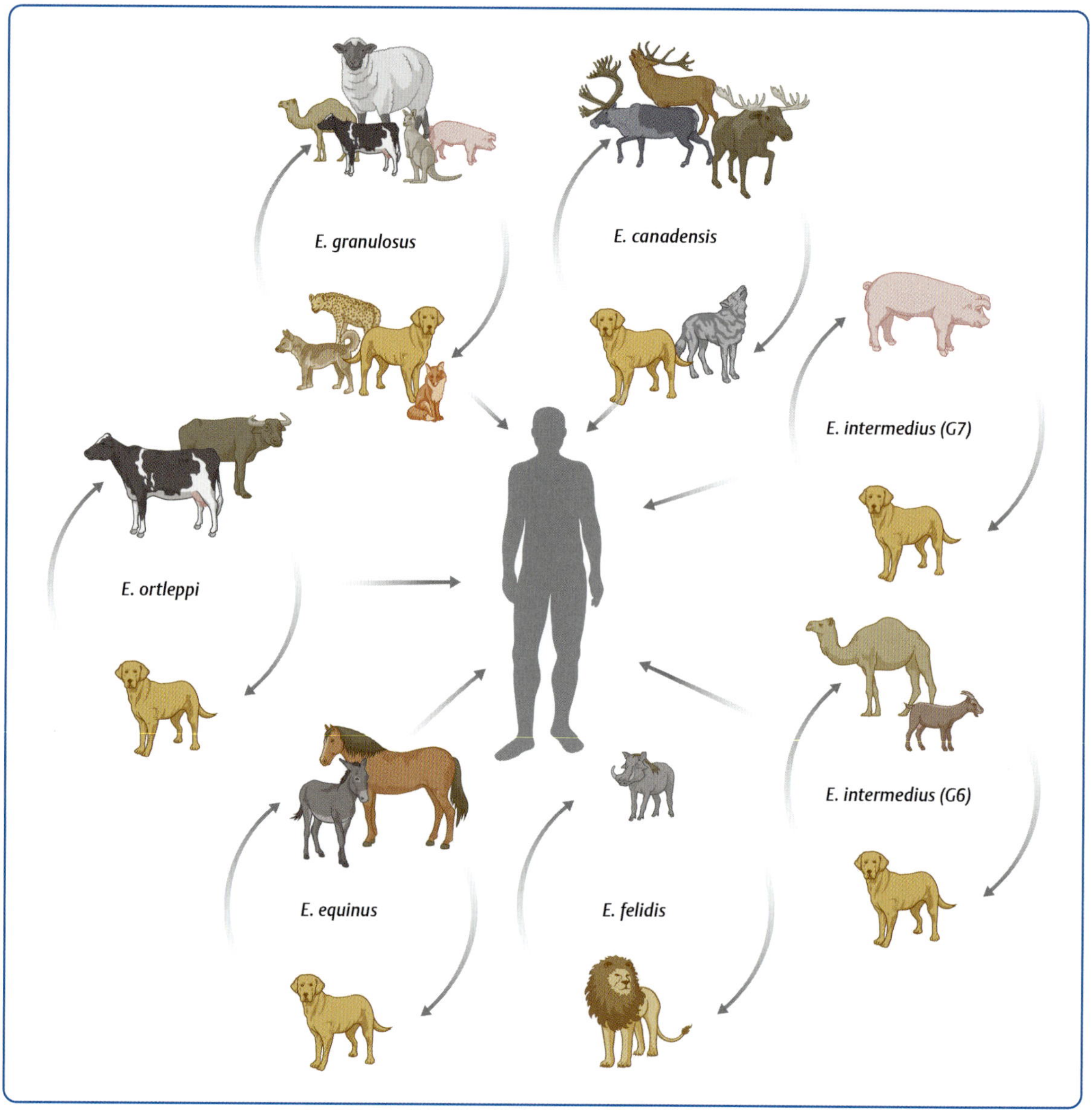

▶ **Abb. 10.53** Arten des *E. granulosus* s. l.-Komplexes: Entwicklungszyklen und Infektiosität für den Menschen (s. Pfeile). (Grafik: Anne Seeger, Vetsuisse-Fakultät, Universität Zürich; modifiziert nach Eckert J, Thompson R.C. A. (1997): Acta Tropica 64: 19–34)

Wirtsspecies und anderen Faktoren; ihr Durchmesser kann zwischen 1 mm und über 20 cm schwanken. Größere Cysten (Muttercysten) enthalten manchmal kleinere Vesikel (auch Tochtercysten genannt, die jedoch nicht von einer Kapsel umgeben werden). Sowohl in den natürlichen Zwischenwirten als auch im Menschen und anderen Fehlwirten entwickeln sich die Finnen von *E. granulosus* s. l. vorwiegend in Leber und Lunge, seltener in anderen Organen (u. a. Milz, Niere, Herz, ZNS, Auge, Muskulatur, Knochen) und in den Körperhöhlen (▶ **Abb. 10.54**). Bei Schlachttieren findet man die Cysten fast ausschließlich in den Organen des Bauch- und Brustraumes. Dabei gibt es artabhängige Unterschiede: So entwickeln sich die Metacestoden von *E. granulosus* s. s. bei Schafen bevorzugt in der Leber und weniger häufig in der Lunge, die von *E. ortleppi* im Rind vorwiegend in der Lunge.

In Cysten außerhalb des Tierkörpers überleben Protoscoleces bei + 1–10 °C etwa 2 Wochen und bei + 20 °C 1 Woche. Dies begünstigt die Übertragung. Der Entwicklungszyklus ist dann geschlossen, wenn empfängliche Carnivoren Schlachtabfälle (Innereien), Kadaver oder Beutetiere verzehren, die fertile Finnen enthalten. Aus den Protoscoleces entwickeln sich im Dünndarm innerhalb einiger Wochen geschlechtsreife Stadien. Präpatenz je nach Art 34–58 Tage (etwa 5–8 Wochen).

Vorkommen Weltweit am verbreitetsten ist *E. granulosus* s. s., der regional gehäuft auftritt, vor allem in Schafhaltungsgebieten in Europa, Afrika, Asien, Australien und Südamerika. In Europa sind vor allem Länder um das Mittelmeer betroffen (z. B. Prävalenz bei Hunden in der TR bis 40 %, in Sardinien 16–20 %; bei Schafen 20–75 % in IT,

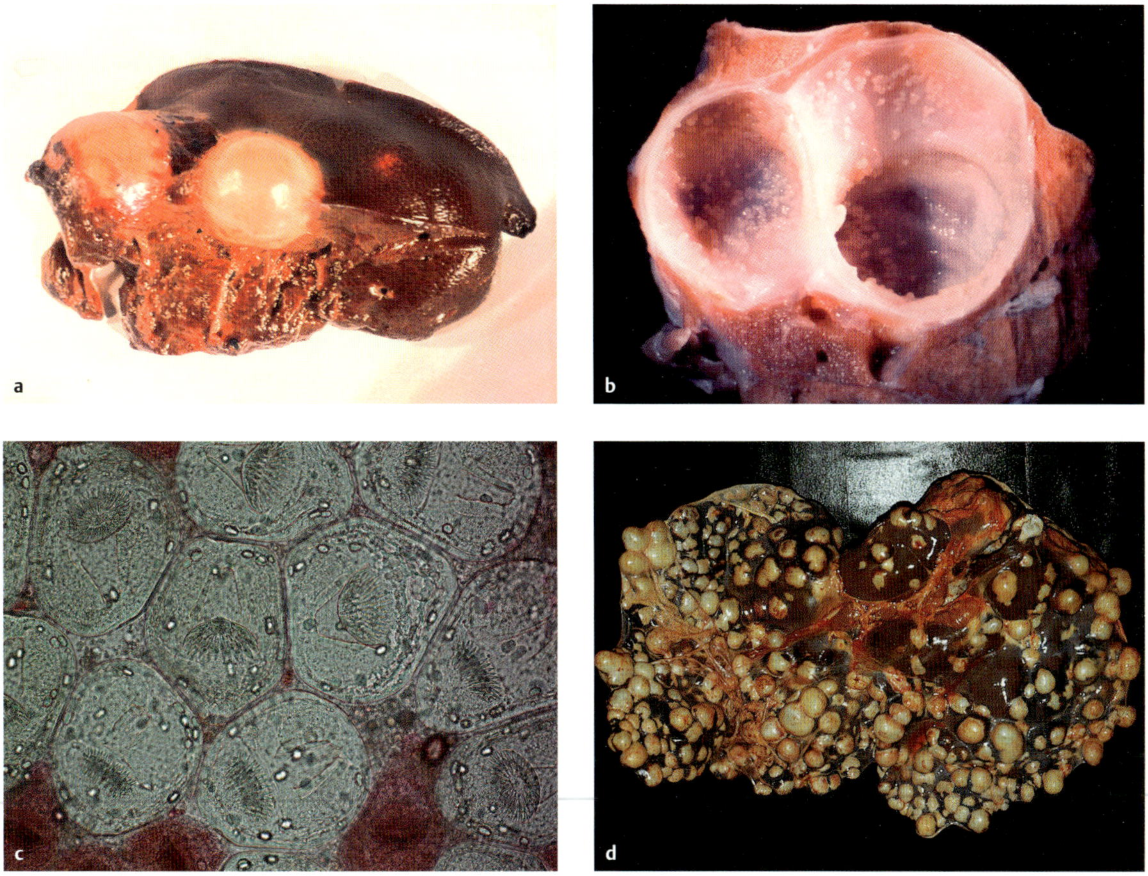

▶ **Abb. 10.54** Metacestoden von *Echinococcus granulosus* s. l.
a Cyste in der Lunge eines Schafes (Quelle: Institut für Parasitologie, Vetsuisse-Fakultät, Universität Zürich)
b geöffnete Cyste in der Leber eines Rindes mit von Auge sichtbaren Brutkapseln (Quelle: Institut für Parasitologie, Vetsuisse-Fakultät, Universität Zürich)
c ca. 0,15 mm lange invaginierte Kopfanlagen im Sediment von Cystenflüssigkeit (Quelle: Relja Beck, Department for Bacteriology and Parasitology, Croatian Veterinary Institute, Zagreb)
d starker Cystenbefall in der Leber eines Pferdes (Cystendurchmesser bis 10 cm) (Quelle: Institut für Parasitologie, Vetsuisse-Fakultät, Universität Zürich)

bis zu 39 % in GR). Außerdem kommen in Europa *E. equinus* und *E. ortleppi* sowie *E. intermedius* und *E. canadensis* vor (▶ **Tab. 10.15**). In Nord- und Mitteleuropa ist Echinococcen-Befall selten geworden: in Deutschland, Österreich und der Schweiz nur sporadisches Vorkommen beim Hund; auch die Befallsraten von Schlachttieren mit Metacestoden sind sehr gering. In Großbritannien und insbesondere in Wales treten Infektionen mit *E. granulosus* s. l. vergleichsweise häufig auf. So wurden in einer jüngeren Studie von 76 Isolaten aus verschiedenen Zwischen- und Endwirten sowie des Menschen 42 als *E. equinus* und 34 als *E. granulosus* s. s. identifiziert. Bei Hunden, die aus Endemiegebieten importiert werden, ist mit Echinococcen-Befall zu rechnen. Bei Menschen werden auch in Mitteleuropa immer wieder Fälle von CE diagnostiziert, von denen die Mehrzahl importiert ist, vor allem aus Mittelmeerländern.

Epidemiologie *E. granulosus* s. l. wird teilweise auch in einem Wildtierzyklus, aber besonders zwischen Hunden und Nutztieren übertragen (▶ **Abb. 10.53**). Die Persistenz des domestischen Zyklus beruht vorwiegend auf der mangelnden Aufklärung der Bevölkerung und wird durch verschiedene Faktoren beeinflusst: große Hundepopulationen (Haus- und Hirtenhunde, streunende Tiere), große, extensiv gehaltene Schafpopulationen, traditionelle Schweinehaltung in Kleinbetrieben, Hausschlachtungen, Zugang für Hunde zu Schlachtabfällen und Tierkadavern und fehlende anthelminthische Behandlung der Hunde. Aus diesen Gründen ist der domestische Zyklus von besonderer zoonotischer Bedeutung.

Die Zwischen- und Fehlwirte infizieren sich durch perorale Aufnahme von *Echinococcus*-Eiern über kontaminierte Nahrung oder Trinkwasser. Bei Menschen kann auch der direkte Kontakt mit *Echinococcus*-Trägern zur Infektion führen (an der Körperoberfläche des Hundes haftende Eier → Hände → Mund). Die *Echinococcus*-Eier sind in feuchtem Milieu in Abhängigkeit von der Temperatur einige Wochen oder Monate lebensfähig und können auch überwintern. Bei Austrocknung und höheren Temperaturen sterben sie rasch ab. Sie lassen sich durch Hitze (75–100 °C) in wenigen Minuten und durch Tiefgefrieren bei –80 °C innerhalb von 48 Stunden abtöten; die üblichen chemischen Desinfektionsmittel (S. 595) sind unwirksam.

In der Epidemiologie von *E. granulosus* s. s. spielen ähnliche Schlüsselfaktoren eine Rolle wie bei *T. hydatigena* und *T. ovis*, doch gibt es wichtige Unterschiede. So wurde in hochendemischen Gebieten in Schafpopulationen eine altersabhängige Zunahme der Befallshäufigkeit mit *Echinococcus*-Cysten sowie der Anzahl von Protoscoleces in den Cysten beobachtet, die anzeigt, dass sich in diesen Populationen keine ausreichende Immunität entwickelt hat. Natürlich infizierte Hunde sind zum Zeitpunkt der Diagnose vorwiegend mit weniger als 100 *E. granulosus* infiziert, wenige beherbergen höhere Wurmbürden (bis 100 000). Verantwortlich für diese Variabilität sind Unterschiede in der Infektionsdosis und im Alter der Wurmpopulation, vermutlich auch die Empfänglichkeit und Immunität der Wirte (Immunologie, s. u.).

Proglottiden von *E. granulosus* s. s. enthalten im Mittel etwa 600 Eier. Trotz der geringen Eiproduktion des Einzelparasiten ist der Parasit in der Lage, ein arterhaltendes biotisches Potenzial (S. 655) aufrechtzuerhalten, weil bei Mehrfach- oder Massenbefall der Endwirte erhebliche Eimengen produziert und außerdem im Zwischenwirt in den Metacestodencysten asexuell zahlreiche Protoscoleces gebildet werden. Hinzu kommt die lange Lebensdauer der Metacestoden in den Zwischenwirten. Daher werden diese in Bekämpfungsprogramme (S. 244) einbezogen.

Pathogenese und Krankheitsbild Während die intestinalen Stadien von *E. granulosus* s. l. kaum pathogen sind, können die Metacestoden besonders in den Fehlwirten schwere Organschäden verursachen.

Endwirt (Hund) *E. granulosus* s. l. heftet sich bevorzugt in der vorderen Dünndarmhälfte mit dem Scolex in den Lieberkühnschen Krypten zwischen den Dünndarmzotten an und verursacht nur geringfügige Veränderungen (Abflachung oder Schädigung des Epithels, leichte zellige Infiltrationen der Mukosa, vermehrte Mucusbildung). Daher verläuft die Infektion i. d. R. symptomlos, auch bei starkem Befall (▶ **Abb. 10.51**).

Natürliche Zwischenwirte Die Pathogenität der Metacestoden in natürlichen Zwischenwirten hängt von der Organ- und Gewebelokalisation der Cysten, ihrer Anzahl, Größe und Wachstumsgeschwindigkeit ab sowie von ihren Interaktionen mit benachbarten Strukturen (z. B. mit Gallengängen, Blutgefäßen) und Geweben. Vor allem die durch das expansive Wachstum der Finnenblasen verursachte Kompression umliegender Gewebe sowie reaktive, z. T. immunbedingte entzündliche Prozesse sind als Pathogenitätsfaktoren bekannt. Cysten können spontan oder unter Fremdeinwirkung (z. B. durch äußere Stoßeinwirkung) platzen und allergische Reaktionen auslösen. Meist verlaufen die Infektionen bei Rindern, Schafen, Schweinen usw. asymptomatisch und bleiben daher unentdeckt. In Einzelfällen wurden klinische Anzeichen beschrieben, z. B. bei massiv mit Cysten befallenen Pferden: Störungen der Leber- und Lungenfunktion, Hypergammaglobulinämie, Symptome chronisch-obstruktiver Lungenerkrankung, Kolik, Appetitmangel, Abmagerung und Leistungsminderung (▶ **Abb. 10.54d**).

Fehlwirte von Metacestoden Beim Menschen verläuft die CE initial und in einem Teil der Fälle (bis > 30 %) dauerhaft inapparent, besonders wenn nur kleine, gut abgekapselte oder verkalkte Cysten vorliegen. Symptome treten nach Monaten oder Jahren dann auf, wenn eine oder mehrere Cysten durch ihre Größe, ihr expansives Wachstum und ihre Lokalisation die Organfunktionen beeinträchtigen. Die Symptomatik ist entsprechend der unterschiedlichen Organlokalisation der Cysten vielfältig; am häufigsten sind Leber- und Lungensymptome. Latente oder klinisch manifeste Infektionen mit Cysten von *E. granulosus* s. l. wurden auch bei zahlreichen tierischen Fehlwirten beschrieben, z. B. bei Affen, selten bei Katzen.

Immunologie Verschiedene Studien dokumentieren, dass Jungtiere im Vergleich zu älteren Tieren bei starker Exposition höhere Prävalenzen und Befallsintensitäten von *E. granulosus* aufweisen. Nach experimenteller Infektion und Reinfektionen und in Impfversuchen konnten bisher keine überzeugenden Hinweise auf protektive Immunreaktionen dokumentiert werden. Bei Hunden mit *E. granulosus*-Infektionen waren jedoch systemische und lokale (Mukosa, Peyersche Platten) zelluläre und humorale Immunreaktionen nachweisbar. Korrelationen zwischen Infektionsintensität oder dem Entwicklungszustand der intestinalen Stadien des Parasiten mit den messbaren Immunreaktionen ließen sich nicht erkennen.

Im Serum befallener Hunde sind Antikörper nachweisbar, die sich gegen Antigene von Oncosphären, Protoscoleces oder adulten Stadien richten. Ein diagnostischer Nachweis spezifischer Antikörper bei Hunden und anderen Endwirten ist wegen mangelnder Sensitivität und Spezifität nicht sinnvoll. Dagegen können von den Darmstadien gebildete und im Kot ausgeschiedene Antigene (Kopro-Antigene) diagnostisch nachgewiesen werden (s. u.).

Ähnlich wie bei *Taenia*-Arten lösen natürliche oder experimentelle Infektionen mit *E. granulosus*-Eiern bei **Zwischenwirten** Immunreaktionen aus. In Analogie zu den *Taenia*-Arten wurde bisher angenommen, dass in hochendemischen Gebieten Schafpopulationen durch wiederholte Infektionen einen Immunitätsstatus erwerben, der die Parasitenpopulation (d. h. die Ansiedlung von Finnen) deutlich begrenzt. Neuere Untersuchungen konnten diese Annahme aber nicht allgemein bestätigen.

Bei Schafen und Rindern lässt sich durch Immunisierung mit einem rekombinanten *E. granulosus*-Antigen (EG95) eine etwa 98 %ige Schutzwirkung (gemessen an der Reduktion der Cystenzahl im Vergleich zu nicht immunisierten Kontrollen) induzieren, die ohne Reinfektion 6 Monate auf ziemlich hohem Niveau (ungefähr 80 %) anhält. Im Verlauf der Infektion bilden Zwischen- und Fehlwirte zirkulierende Antikörper.

Diagnose Die diagnostischen Verfahren sind ähnlich wie bei den *Taenia*-Arten. Differenzialdiagnostisch sind Mischinfektionen mit einer oder mehreren Cestoden-Arten zu beachten (z. B. *Taenia*- und *Echinococcus*-Arten). Wegen der Infektionsgefahr für Menschen sind bei diagnostischen Untersuchungen (S. 542) von Endwirten auf *Echinococcus*-Befall und bei der Therapie besondere Sicherheitsmaßnahmen erforderlich (S. 248).

Nachweis von *E. granulosus* s. l. bei Hunden **Proglottiden** werden selten, vor allem bei Massenbefall, als kleine, etwa 0,6–3 mm lange, weißliche Gebilde auf der Kotoberfläche oder an der Perianalhaut gefunden. In Kotproben werden sie nur dann entdeckt, wenn das Material nach Aufschwemmung in Wasser speziell darauf untersucht wird. Sensitivität sehr gering, meist Zufallsbefunde.

Koproskopischer Einachweis mit der Flotationsmethode oder der Klebebandmethode. Methodik und Sensitivität: s. unter *Taenia* (S. 232). Die Eier von *E. granulosus* s. l. sind von *E. multilocularis*- und *Taenia*-Eiern mithilfe DNA-Analysen unterscheidbar.

Diagnostische Entwurmung. Früher wurden Hunde mit Arecolin-Präparaten (in Europa nicht im Handel) behandelt, um Kotabsatz und die Ausscheidung von Cestoden zu induzieren. Dieses aufwendige Verfahren der „diagnostischen Entwurmung" ist heute durch Kopro-Antigen- oder DNA-Nachweis ersetzbar.

Nachweis von Kopro-Antigen und Kopro-DNA. Prinzip s. unter *Taenia* (S. 232) und *E. multilocularis* (S. 248). Antigennachweis: mittlere Sensitivität 65–80 %, bei Befall mit mehr als 100 *E. granulosus* pro Tier > 90 %. Spezifität (bezüglich Protozoen, Nematoden und *Taenia*-Arten) hoch (> 95 %). DNA-Nachweis *E. multilocularis* (S. 245).

Sektion. Wegen seiner Kleinheit (meist um 2–7 mm Länge) kann *E. granulosus* s. l. bei der Sektion von Endwirten leicht übersehen werden, vor allem bei schwachem Befall. Zum sicheren Nachweis sind spezielle Verfahren erforderlich, wie die stereomikroskopische Untersuchung von Teilen des Dünndarmes, mehrerer Abstriche der Dünndarmschleimhaut oder besser des Sedimentes der Waschflüssigkeit des Darmes (S. 557). Identifikation und Differenzialdiagnose von *E. granulosus* s. l. und *E. multilocularis* ▶ Abb. 10.55.

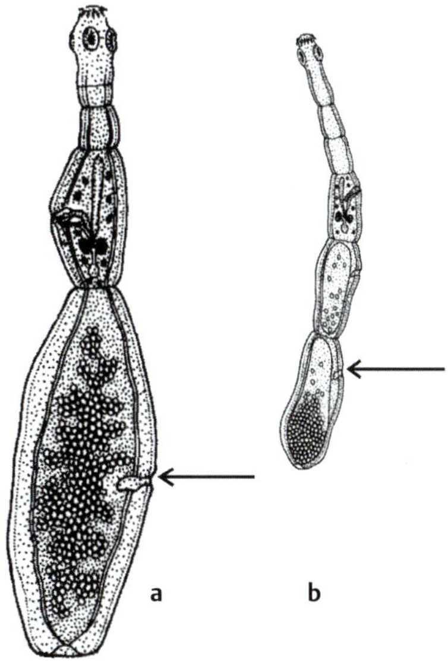

	a	b
Länge:	bis 7 mm	bis 4,5 mm
Zahl der Proglottiden:	3 (2–6)	4–5 (2–6)
Genitalporus (Pfeil):	nahe Gliedmitte oder dahinter	vor Gliedmitte
Uterus:	mit seitlichen Ausbuchtungen	sackförmig

▶ **Abb. 10.55** Differenzialdiagnose der Adultstadien von *Echinococcus granulosus* s. l. (**a**) und *Echinococcus multilocularis* (**b**). (Grafik: Institut für Parasitologie, Vetsuisse-Fakultät, Universität Zürich)

Intra-vitam-Nachweis der Finnen von *E. granulosus* s. l. bei Zwischenwirten Neuste Ultraschall-Untersuchungen bei Schafen im sardinischen Hochendemiegebiet wiesen Leber- und Lungencysten (Durchmesser 1–6 cm) mit guter Sensitivität von 89 % und Spezifität von 76 % nach. Falsch positive Ergebnisse wurden bei Vorliegen von *T. hydatigena*-Cysticercen generiert. Das Verfahren scheint praktikabel zu sein und könnte zukünftig vermehrt eingesetzt werden. Serologische Verfahren zum spezifischen Antikörpernachweis (s. u.) sind wenig sensitiv und eignen sich nicht für die Intravitaldiagnose bei Schafen und Rindern.

Untersuchung von Schlachttieren auf Finnen von *E. granulosus* s. l. Bei der Schlachttieruntersuchung Adspektion von Leber, Lunge (Durchtasten!), Milz und anderen Viszeralorganen auf Finnen, die als rundliche, etwa 1 bis > 10 cm große Blasen oft recht auffällig sind. Kleine und solitäre Finnen können leicht übersehen werden, vor allem in tieferen Gewebepartien der Lunge oder der Leber (▶ **Abb. 10.54a**). Abgestorbene und degenerierende Cysten sind oft schwer von ähnlichen, z. B. von *T. hydati-*

gena verursachten Läsionen abzugrenzen (in besonderen Fällen histologische Untersuchung oder DNA-Analyse).

Diagnose der cystischen Echinococcose (CE) bei Fehlwirten Je nach Tierart können bei Verdacht auf CE bildgebende Verfahren (US, CT, Röntgen) oder serologische Methoden zum spezifischen Antikörpernachweis eingesetzt werden, z. B. bei Affen oder Pferden. Diagnose beim Menschen s. u.

Therapie Zur Chemotherapie des *E. granulosus* s. l.-Befalls des Hundes sollten nur Cestodizide mit hoher Wirksamkeit eingesetzt werden. Als Mittel der 1. Wahl ist Praziquantel anzusehen (5 mg/kg KG p. o. oder 5,7 mg/kg KG i. m., nicht s. c.!). Eine gute Wirkung hat auch Epsiprantel (5,5 mg/kg KG p. o.) (▶ **Tab. 23.13**). Einzelheiten s. bei *E. multilocularis* (S. 249).

Eine **Chemotherapie bei Zwischenwirten** kommt aus wirtschaftlichen Gründen und wegen zu geringer Wirkung der Medikamente nicht in Betracht.

Bekämpfung und Prophylaxe In verschiedenen Ländern mit hoher Prävalenz von *E. granulosus* s. s. beim Hund und hoher Inzidenz der CE beim Menschen (Neuseeland, Zypern, Spanien, Argentinien, Chile, Uruguay u. a.) sind in den letzten Jahrzehnten Bekämpfungsprogramme durchgeführt oder begonnen worden, die aufgrund spezieller gesetzlicher Bestimmungen hauptsächlich folgende Maßnahmen umfassen:

a) strikte Kontrolle der Schlachtungen von Nutztieren und der Entsorgung von Schlachtabfällen
b) Kontrolle der Hundepopulation (Registrierung) und Reduktion der Zahl streunender Hunde
c) Massenbehandlung von Hunden mit Praziquantel (meist in Intervallen von 6 Wochen)
d) Aufklärung der Bevölkerung

Dazu gehören weitere Maßnahmen, die der Beschaffung epidemiologischer Ausgangsdaten (z. B. Prävalenz von *E. granulosus* s. l. bei Hunden, Schafen und Menschen) und der Kontrolle des Bekämpfungserfolges dienen. Insgesamt handelt es sich um sehr kostspielige Verfahren, die im günstigen Fall 10–15 Jahre, meist aber wesentlich länger dauern, bis die Prävalenz von *E. granulosus* s. l. in der End- und Zwischenwirtspopulation ein niedriges Niveau (um 1 %) erreicht hat. Modellrechnungen ergaben, dass eine zukünftige integrierte Bekämpfung durch Einbezug einer Vakzinierung von Schafen (S. 242) und die Elimination von älteren Schafen, die als Cystenträger den Hauptanteil der Parasitenmasse tragen, zusätzlich zu den oben aufgeführten Maßnahmen den Zeitraum eines Eradikationsprogramms wesentlich verkürzen könnte. Eine vielversprechende Vakzine [EG95 (S. 243), in Argentinien registriert] steht zur Verfügung, die zurzeit in verschiedenen Bekämpfungsprogrammen auf Praxistauglichkeit erprobt wird.

In Endemiegebieten wird Hundehaltern dringend empfohlen, Hunde nicht mit rohen Innereien (vor allem Leber und Lunge) von Schlacht- oder Wildtieren zu füttern, sondern die Organe zuvor zu kochen oder bei −18 °C mindestens 3 Tage zu gefrieren. Diese Empfehlung gilt auch für Schlachttiere ohne Nachweis von *Echinococcus*-Cysten. Bei ausschließlicher Fütterung von Dosen- oder Trockenfutter besteht kein Infektionsrisiko. Erfahrungen der letzten Jahre zeigen, dass beim Import von Hunden aus Endemiegebieten (z. B. aus Süd- und Osteuropa) das Risiko der Einschleppung von *E. granulosus* s. l. besteht. Daher wird empfohlen (und ist in manchen Ländern vorgeschrieben!), importierte Hunde spezifisch zu behandeln.

Zoonotische Bedeutung Die CE des Menschen, verursacht durch Arten des *E. granulosus* s. l.-Komplexes, ist charakterisiert durch den Befall innerer Organe (Leber, Lunge, Milz, ZNS usw.). Die Diagnose beruht auf der Feststellung der Cysten mithilfe bildgebender Verfahren (US, CT, MRI, Thorax-Röntgen u. a.) in Verbindung mit dem serologischen Antikörpernachweis. Die Bedeutung dieser Zoonose wird allgemein unterschätzt, u. a. weil sie meist chronisch-schleichend verläuft und nur relativ selten Todesfälle verursacht. Die Krankheit selbst und die Behandlung durch oft komplizierte chirurgische Eingriffe oder langwierige Chemotherapie mit Albendazol stellen aber für betroffene Patienten eine erhebliche Belastung dar und verursachen hohe volkswirtschaftliche Kosten durch die Behandlung. So wurden z. B. in Spanien für die Jahre 1997–2012 über 14 000 Krankenhausfälle mit dem Befund CE registriert und dabei durchschnittliche Kosten in Höhe von ca. € 8400 pro Fall verursacht.

Die geschätzte weltweite Bürde der CE betrug 2006 mindestens 193 Mio. US$ (dies beinhaltet die umgerechneten Kosten der DALYs [disability-adjusted life years] und finanzielle Aufwendungen für die medizinische Versorgung von Patienten). *E. granulosus* s. s. ist weltweit die wichtigste zoonotische Art, die vorwiegend im Schaf-Hund-Zyklus übertragen wird. Andere Arten und Genotypen (▶ **Tab. 10.15**) können in gewissen Endemiegebieten von Bedeutung sein, wie *E. intermedius* (G7) im Baltikum und angrenzenden Ländern.

Die mittlere Inzidenz der CE schwankt in Ländern des Mittelmeerraumes, einem der Hauptendemiegebiete Europas, zwischen 1 bis 10 neuen klinischen Fällen pro 100 000 Einwohner und Jahr, erreicht aber in anderen Endemiegebieten (z. B. regional in Südamerika, China) auch höhere Werte (> 40 Fälle/100 000 Einwohner).

Echinococcus multilocularis (Gefährlicher Fuchsbandwurm)

Praxis

Erreger der **intestinalen Echinococcose** bei Carnivoren sowie der **alveolären Echinococcose** (AE) vor allem der Leber des Menschen und anderer Fehlwirte (Affen, Hund, Schwein u. a.).

Zoonose: Die AE gehört zu den wichtigsten durch Helminthen verursachten Zoonosen in Eurasien; Verbreitung in Europa vor allem in Mitteleuropa (Süddeutschland, AT, Ostfrankreich und CH), im Baltikum und in Polen.

Echinos (gr.): Igel, Stachel; *kokkos* (gr.): Beere, Korn; *multilocularis*: *multus* (lat.): viel, zahlreich; *loculus* (lat.): Kapsel, Kammer. Bezug auf den vielkammerigen, schwammartigen Aufbau der Finne. Engl.: *dwarf fox tapeworm*.

Erreger Das Adultstadium von *E. multilocularis* erreicht nur eine Länge von etwa 2–4 mm, es hat typischerweise 5 Proglottiden (2–6) und ist durch den vor der Gliedmitte gelegenen Genitalporus und einen sackförmigen Uterus charakterisiert, der bis zu 200 Eier enthält (▸ **Abb. 10.55**b, ▸ **Abb. 10.56**).

Geringfügige genetische Variationen bestehen zwischen Isolaten aus Europa, Asien und Nordamerika. Es wird vermutet, dass ein Teil der in Nordamerika vorkommenden Isolate weniger infektiös für Menschen ist; dies muss jedoch mit weiteren Studien bestätigt werden.

Entwicklung Der Zyklus von *E. multilocularis* entspricht im Prinzip dem von *E. granulosus* s. l., weist aber wichtige Besonderheiten auf (▸ **Abb. 10.57**). Die wichtigsten Endwirte sind Rot- und Eisfuchs, doch können auch andere Wildcarnivoren (z. B. Marderhund, Kojote, Wolf) sowie Hunde (Katzen s. u.) diese Funktion übernehmen. Als Zwischenwirte dienen in Europa hauptsächlich Nagetiere (Feldmaus, Schermaus, Rötelmaus, Bisam u. a.). Fehlwirte für Metacestoden sind der Mensch sowie verschiedene Tierarten, wie Affenarten, Haus- und Wildschweine, Pferde und sogar Hunde (▸ **Tab. 10.15**)

Metacestoden, die sich in natürlichen Zwischenwirten entwickeln, bilden im Verlauf einiger Monate Protoscoleces. Werden Zwischenwirte, die fertile Metacestoden enthalten, von einem Endwirt verzehrt, entwickelt sich aus den Protoscoleces im Dünndarm eine neue Bandwurmgeneration, die bereits nach 26–28 Tagen infektionstüchtige Eier produzieren kann. Die Eiausscheidung hält nur wenige Wochen an. Der Hauptteil der Wurmpopulation überlebt nur wenige Monate, doch können Residualwurmbürden wahrscheinlich länger persistieren (6–12 Monate).

Der Metacestode von *E. multilocularis*, der sich i. d. R. primär in der Leber von Zwischen- oder Fehlwirten entwickelt, hat eine alveoläre, schwammartige Struktur und ist aus kleinen, < 1 mm bis maximal 3 cm großen Bläschen zusammengesetzt, die von Granulations- oder Bindegewebe umschlossen sind (▸ **Abb. 10.57**, ▸ **Abb. 10.58**). Der Wandaufbau der Einzelbläschen entspricht im Prinzip dem des Metacestoden von *E. granulosus* s. l. (innere Keimschicht, äußere lamelläre Schicht). In hochempfänglichen Zwischenwirten werden bereits nach 2–4 Monaten Protoscoleces gebildet, in weniger empfänglichen Zwischen- und Fehlwirten können die Entwicklungsdauer verlängert und die Zahl der Protoscoleces verringert sein (bei maximal 10 % der Menschen mit AE finden sich wenige Protoscoleces). Pathogenetisch bedeutsam ist die Tatsache, dass die Einzelbläschen durch exogene Sprossung neue Bläschen bilden und von der Keimschicht dünne, zelluläre Ausläufer wurzelartig in das umliegende Gewebe eindringen können (▸ **Abb. 10.57**). Auf diese Weise kann der Parasit große Teile der Leber oder angrenzende Organe infiltrieren und so Kontaktmetastasen bilden. Durch Streuung von Bestandteilen der Metacestoden (vermutlich winzige Einzelbläschen oder abgelöste Zellverbände) über die Lymph- und Blutbahnen können Fernmetastasen in verschiedenen Organen entstehen, z. B. in der Lunge, im

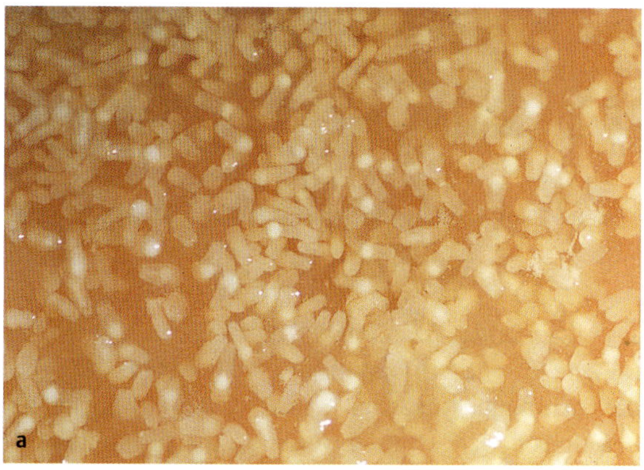

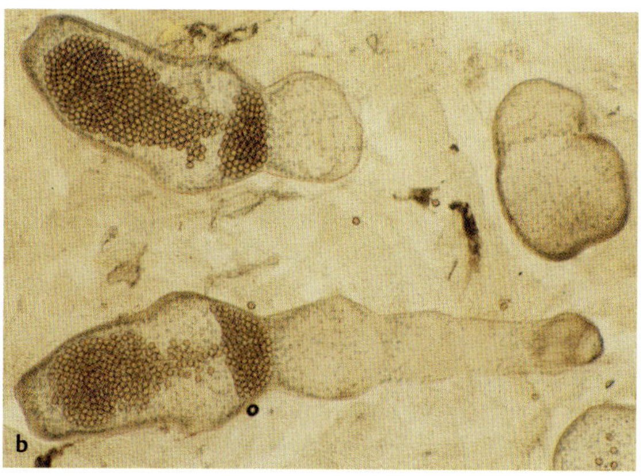

▸ **Abb. 10.56** *Echinococcus multilocularis*.
a Massenbefall (etwa 40 000 Exemplare) des Dünndarms eines natürlich infizierten Hundes (Quelle: Johannes Eckert, Institut für Parasitologie, Vetsuisse-Fakultät, Universität Zürich)
b Abstrich (nativ) der Dünndarmmukosa mit graviden *E. multilocularis* (Länge etwa 3 mm) und abgelösten Proglottiden (Quelle: Johannes Eckert, Institut für Parasitologie, Vetsuisse-Fakultät, Universität Zürich)

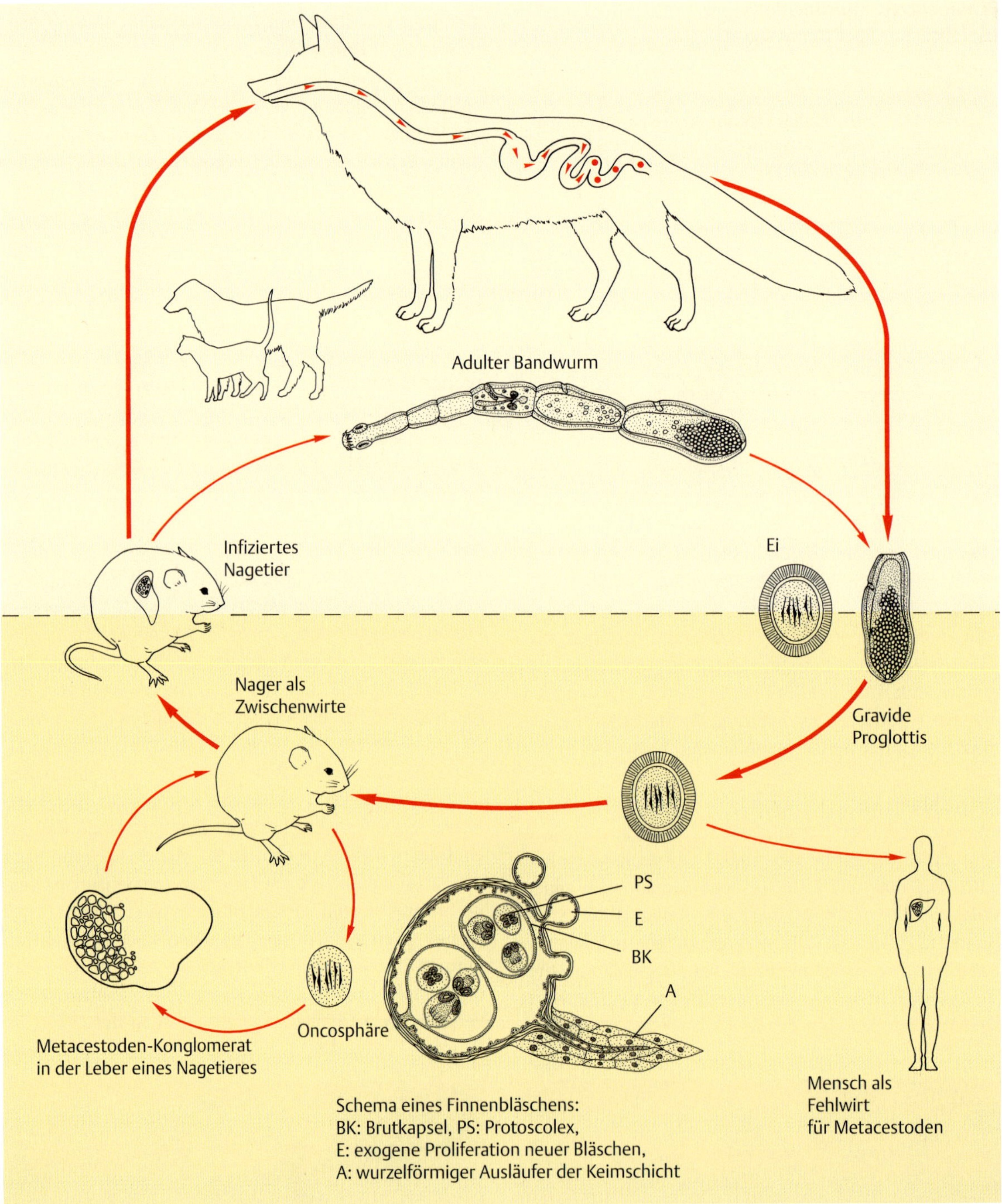

▶ **Abb. 10.57** Entwicklungszyklus von *Echinococcus multilocularis*. (Grafik: Salome Ehrat, nach einer Vorlage von Johannes Eckert und Peter Deplazes, Vetsuisse-Fakultät, Universität Zürich)

Gehirn oder in Knochen. Demnach verhält sich die Finne von *E. multilocularis* wie ein bösartiger, infiltrativ wachsender Tumor. Im Menschen erreichen die Finnenkonglomerate Durchmesser bis zu 20 cm, sie können zentral nekrotisieren und eine Zerfallshöhle aufweisen.

Vorkommen *E. multilocularis* ist in der nördlichen Hemisphäre weitverbreitet, mit Endemiegebieten in Asien (TR, Iran, RU und angrenzende Staaten bis Japan) und Nordamerika (Alaska, CA, nördliche und zentrale Staaten der USA). In Europa ist flächenhafter oder eher fokaler Befall der Fuchspopulationen mit *E. multilocularis* in einem großen Gebiet nachgewiesen worden, das sich von Zentralfrankreich über Mitteleuropa unter Einschluss der Baltischen Staaten nach Osteuropa (BY, RU, UA) erstreckt und südlich bis zur Alpensüdseite (FR, Südschweiz, IT [Imperia-Provinz, Südtirol], SI, HR, RO) reicht. Die nördliche Grenze ist lückenhaft dokumentiert mit fokalem Vorkommen in Dänemark (Südjütland und um Kopenhagen) und Südschweden. Gegenwärtig *Echinococcus multilocularis*-frei sind in Westeuropa Großbritannien, Portugal und Spanien sowie in Nordeuropa Finnland und Norwegen (außer Spitzbergen). Hauptendemiegebiete mit den meisten Fällen von AE bei Menschen sind Zentral- und Ostfrankreich, Süddeutschland, Schweiz, westliches Österreich und Litauen.

Epidemiologie

Rolle der Endwirte In Europa entwickelt sich *E. multilocularis* vorwiegend in einem Wildtierzyklus mit dem Rotfuchs als Endwirt, in Kanada haben neben Rotfüchsen auch Kojoten und Eisfüchse eine wichtige epidemiologische Bedeutung, in Teilen Asiens und in Alaska Hunde. Ferner wurden auch in Europa intestinale Infektionen bei Hunden, Marderhunden, Schakalen, Haus- und Wildkatzen und Luchsen nachgewiesen. Die epidemiologische Bedeutung dieser Tierarten hängt von vielen Faktoren ab, u. a. von ihrer Empfänglichkeit für *E. multilocularis*, ihrer Populationsdichte sowie von der Prävalenz, der Befallsintensität und der Persistenz der Parasiten in der Endwirtpopulation. Nach experimenteller Infektion mit je 20 000 *E. multilocularis*-Protoscoleces schieden Füchse, Marderhunde und Hunde während der Infektionszeit durchschnittlich 280 000–350 000 Eier je Tier aus, Katzen dagegen nur 570. Bedingt durch die längere Überlebenszeit von *E. multilocularis* in Hunden war die Eiproduktion pro adultes Stadium im Hund ca. 5-mal höher als im Fuchs. Diese Daten untermauern frühere Beobachtungen, nach denen Katzen und andere Feliden eine geringe epidemiologische Rolle spielen dürften.

Bei großflächigen Untersuchungen während der letzten Jahre erwiesen sich in verschiedenen Ländern und Regionen Europas im Durchschnitt < 1 bis > 70 % der Rotfüchse als Träger von *E. multilocularis*. Innerhalb einer Endemiezone können Infektionsherde mit sehr unterschiedlichen Prävalenzen vorkommen. Die Intensität der Infektion ist bei den meisten Füchsen gering oder mittelgradig, etwa 10–25 % sind jedoch stark befallen (über 1000 Exemplare pro Tier mit Maxima um 100 000). In einigen Studien wiesen in Fuchspopulationen Jungtiere (< 1 Jahr alt) höhere Befallsintensitäten auf als ältere Tiere. Nach heutiger Auffassung kommen als Ursache dafür wahrscheinlich ökologische Faktoren in Betracht (Nahrungsangebot, Jagdverhalten der Füchse). In verschiedenen europäischen Ländern ist seit zwei Jahrzehnten ein Anwachsen der Fuchspopulation festzustellen, besonders auch in Siedlungsgebieten. In verschiedenen Städten (Zürich, Genf, Stuttgart) wurden bei Stadtfüchsen *E. multilocularis*-Prävalenzen zwischen 17–40 % festgestellt. Dabei waren am Stadtrand im Naherholungsgebiet bis 60 % der Füchse und bis zu 21 % der Nager infiziert. Diese und andere Befunde dokumentieren die Existenz eines urbanen Zyklus von *E. multilocularis*.

Hunde und Katzen können durch Verzehr finnenhaltiger Kleinsäuger zu Trägern von *E. multilocularis* im Dünndarm werden und dadurch potenzielle Infektionsquellen für Menschen darstellen. In dieser Hinsicht sind Hunde bedeutender als Katzen, weil diese für *E. multilocularis* weniger empfänglich sind und daher i. d. R. nur wenige Parasiten mit spärlicher Eiproduktion beherbergen. In verschiedenen Querschnittsstudien (DE, CH, LT, FR) betrug die mittlere Prävalenz von *E. multilocularis* bei Hunden 0,13–0,8 %, höhere Prävalenzen von 2,8–8,1 % wurden bei Hunden festgestellt (in CH, CZ und SK), welche unbeaufsichtigten Freilauf hatten.

Rolle der Eier Füchse verbreiten die Eier von *E. multilocularis* durch Absetzen ihrer Losung in ländlichen und städtischen Gebieten (Wege, Felder, Gärten, Grünflächen, Spielplätze, Friedhöfe usw.). Eine zusätzliche Dispersion kann z. B. durch Regen, Fliegen, Fahrzeuge und das Schuhwerk erfolgen. In der Außenwelt überleben die Eier von *E. multilocularis* in Mitteleuropa während des Sommers bei ausreichender Feuchte 2–3 Monate, in kühleren Jahreszeiten bis 8 Monate. Gegen Trockenheit sind die Eier sehr empfindlich; bei + 25 °C und einer relativen Luftfeuchte von 27 % verlieren sie ihre Infektiosität in 2 Tagen. Erstaunlich hoch ist die Kälteresistenz der *E. multilocularis*-Eier, die selbst durch monatelanges Tiefgefrieren bei −20 °C nicht abgetötet werden; sie verlieren aber ihre Infektiosität bei −80 °C innerhalb von 48 Stunden. Temperaturen > 70 °C töten Eier innerhalb von Minuten ab, aber für die Desinfektion von potenziell kontaminiertem Material wird eine Exposition von 30 Minuten empfohlen.

Rolle der Zwischenwirte und Übertragung der Eier auf Fehlwirte Weltweit sind zahlreiche Arten von Kleinsäugern, vor allem Nagetiere, als Zwischenwirte von *E. multilocularis* identifiziert worden, in Mitteleuropa vor allem Feldmaus, Schermaus und Bisam. Akzidentell können sich auch Menschen und andere Fehlwirte infizieren. Für die Übertragung der Eier von *E. multilocularis* auf den Menschen kommen verschiedene Wege in Betracht, doch ist noch nicht bekannt, welche die wichtigsten sind:

a) Hände-Mund-Kontakt nach Kontamination der Hände. Dies kann z. B. erfolgen durch Berühren infizierter Endwirte mit kontaminiertem Fell oder Pelz (u. a. Hunde, erlegte Füchse) oder von Hunden, an denen Fuchslosung haftet, oder durch Kontakt mit Oberflächen, die mit Eiern kontaminiert sind (Schuhe, Sportartikel, Geräte), oder bei Arbeiten mit Erde oder Pflanzen, die durch Kot von Endwirten mit Eiern kontaminiert sind.
b) Durch die Aufnahme kontaminierter Nahrungsmittel (Gemüse, Fallobst usw.) oder kontaminierten Trinkwassers. In der Schweiz war vermutlich Gras von Grünflächen, zu denen Füchse Zugang hatten, Infektionsquelle für Hausschweine und für Affen in einem Zoo. In anderen Zoos wird vermutet, dass kontami-

niertes Gemüse die Infektionsquelle darstellte. In neuesten Untersuchungen in der Schweiz konnten Eier verschiedener Taeniiden-Arten einschließlich *E. granulosus* s. l. und *E. multilocularis* in Salatproben identifiziert werden.

Pathogenese und Krankheitsbild Endwirte zeigen auch bei sehr starkem Befall mit intestinalen Stadien (bis 150 000 bei experimentell infizierten Hunden) keine Krankheitserscheinungen.

Alveoläre Echinococcose (AE) bei Tieren In Mitteleuropa und in anderen Endemiegebieten sind u. a. Haus- und Wildschwein, Nutria, Biber, Chinchilla, verschiedene in Gefangenschaft gehaltene Arten von Affen sowie Hunde als Fehlwirte der Metacestoden von *E. multilocularis* beschrieben worden, in Japan auch Pferde. In diesen Wirten können sich Metacestoden je nach Tierart unterschiedlich weit entwickeln, meistens mit Bildung von Protoscoleces, und Krankheitserscheinungen der AE mit oft letalem Verlauf, z. B. bei Affen und Hunden. Bei beiden Tierarten war meistens primär die Leber befallen. Hunde zeigten u. a. Umfangsvermehrung des Abdomens, Aszites, Hepatomegalie, Schwäche, Dyspnoe und Hypergammaglobulinämie. In einigen Hunden erreichten die tumorähnlichen Metacestodenmassen Durchmesser von 10–15 cm (▶ **Abb. 10.58b**). Die AE ist beim Hund bei Verdacht auf Abdominaltumoren zu berücksichtigen. Bei 2 Hunden wurde erstmalig eine Simultaninfektion mit Metacestoden in der Leber und mit adulten Stadien von *E. multilocularis* im Darm beobachtet. Schweine, Wildschweine und Pferde sind Fehlwirte mit unvollständiger Metacestodenentwicklung (weitere Einzelheiten s. u. und ▶ **Abb. 10.58c**), Infektionen wurden wiederholt in der Schweiz und in Deutschland nachgewiesen. In der Schweiz wiesen rund 10 % von 90 Schweinen, die aus Betrieben mit Freilandhaltung stammten, bei der Schlachtung durch *E. multilocularis* verursachte Leberveränderungen auf (▶ **Abb. 10.58c**).

Immunologie Eine partielle Immunität bei intestinaler Infektion von Füchsen wurde diskutiert, sie ist jedoch bisher weder experimentell noch epidemiologisch überzeugend dokumentiert. Bei der AE des Menschen können immunologische Reaktionen die Proliferation der Metacestoden hemmen. Spezifische Antikörper gegen Metacestoden-Antigene haben keine Schutzwirkung, doch kann ihr Nachweis diagnostisch genutzt werden.

Diagnose

Endwirte Die Intravitaldiagnose des *E. multilocularis*-Befalls bei Hunden und Katzen mit den klassischen koproskopischen Methoden (Feststellung von Proglottiden und Eiern) ist wenig sensitiv und unspezifisch [s. *E. granulosus* (S. 243)]. Effizienter ist die Isolation von Taeniiden-Eiern mit der Flotations-Siebmethode und darauf folgender mo-

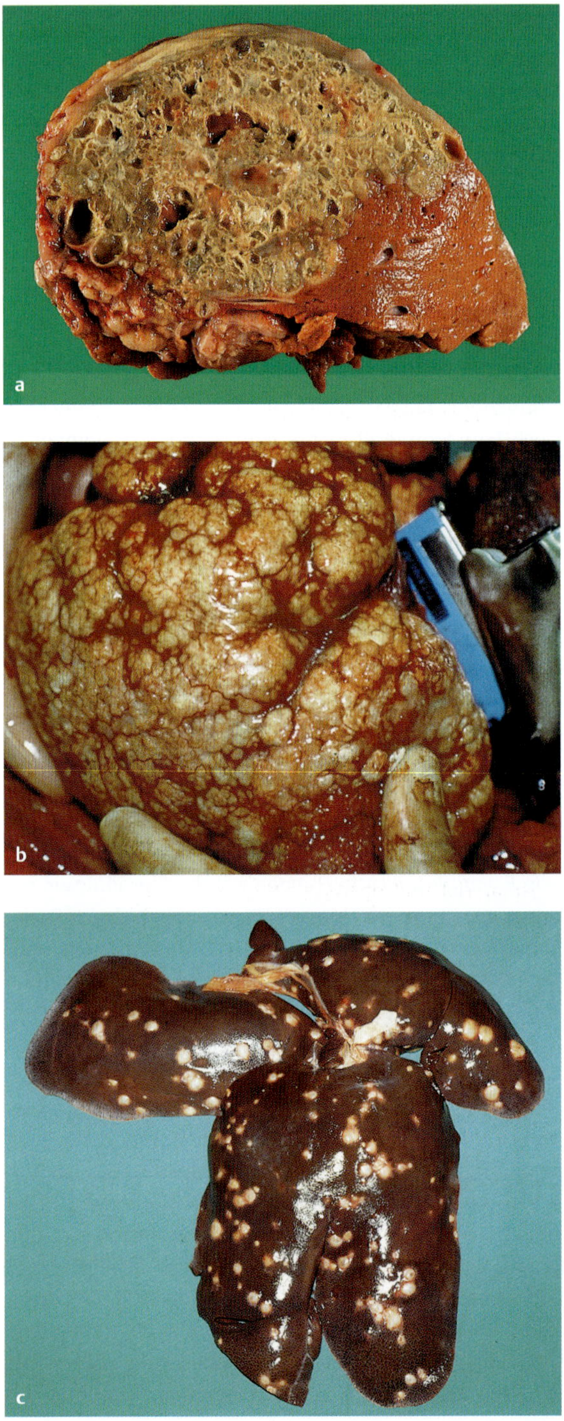

▶ **Abb. 10.58** Metacestoden (Finnen) von *Echinococcus multilocularis*.
a In der Leber des Menschen (größter Durchmesser einzelner Cysten etwa 3 cm) (Quelle: Institut für Parasitologie, Vetsuisse-Fakultät, Universität Zürich)
b In der Leber eines Hundes (Operationssitus) (Quelle: Institut für Parasitologie, Vetsuisse-Fakultät, Universität Zürich)
c In der Leber eines Schweines (Quelle: Institut für Parasitologie, Vetsuisse-Fakultät, Universität Zürich)

lekularer Identifikation der Taeniiden-Art. Verschiedene molekulare Tests, basierend auf PCR und Sequenzierung zur spezifischen Identifikation von Ei-DNA oder Kopro-DNA, wurden in den letzten Jahren entwickelt (mittlere Sensitivität in Abhängigkeit von der Methode bis 94 %, Spezifität nahe 100 %). Tests zum Nachweis von Kopro-Antigen (ELISA) (mittlere Sensitivität ~ 80 %, bei starkem Befall höher; Spezifität 70–95 %) stehen in spezialisierten Labors zur Verfügung. Solche Tests sind vor allem für Massenuntersuchungen in epidemiologischen Studien oder in Bekämpfungsprogrammen geeignet. Der Nachweis von *E. multilocularis* nach der Sektion erfordert spezielle Methoden (S. 557) (Sensitivität der Darmabstrichmethode: 73–80 %, Sedimentations- und Zählverfahren: ca. 80–90 %, Spezifität für beide nahe 100 %).

Zwischenwirte Die Diagnose der AE erfolgt in Nagern nach Sektion und Identifikation der Leberläsionen (Morphologie, Protoscolex-Nachweis, Histologie), bei kleinen oder verkalkten Läsionen können genetische Analysen wie bei den Endwirten eingesetzt werden.

Fehlwirte Die Intravitaldiagnose der AE beim Menschen beruht vor allem auf der Feststellung der durch Metacestoden verursachten Läsionen mit bildgebenden Verfahren (US, CT u. a.) und dem serologischen Antikörpernachweis mithilfe sensitiver und spezifischer Methoden. Punktionsmaterial und operativ reseziertes Gewebe kann histologisch, immunhistochemisch mit spezifischen Antikörpern oder durch DNA-Analysen untersucht werden. Bei Affen und Hunden werden zur Diagnose der AE die gleichen Methoden eingesetzt wie beim Menschen. Beim Schwein manifestiert sich die Infektion in Form gut abgegrenzter gelblich weißer Herde (etwa 1–20 mm) in der Leber, die z. T. ein nekrotisches Zentrum oder eine alveoläre Struktur aufweisen und auch histologisch nachweisbare, PAS-positive Strukturen der lamellären Schicht enthalten können. Sie sind bei der Schlachttieruntersuchung erkennbar, doch ist eine Überprüfung der Diagnose durch histologische Untersuchung und/oder DNA-Nachweis erforderlich (► **Abb. 10.58c**).

Therapie

Endwirte Mit *E. multilocularis* befallene Hunde (weniger Katzen) stellen ein potenzielles Infektionsrisiko für Menschen dar; sie sollten daher sobald wie möglich unter tierärztlicher Aufsicht behandelt werden, begleitet von einer Beratung der Kontaktpersonen. Mittel der Wahl ist Praziquantel (Hund und Katze: 5 mg/kg KG p. o. oder 5,7 mg/kg KG i. m., nicht s. c.!; bei Katzen auch 8,0 mg/kg KG, Spot-on). Wiederholung der Behandlung am folgenden Tag, um das Risiko geringer Residualinfektionen so gering wie möglich zu halten. Bei Einsatz von Epsiprantel ist mindestens 1 Wiederholungsbehandlung unerlässlich. Zu beachten ist, dass keines der verfügbaren Medikamente ovizid wirkt und daher die nach einer Behandlung eines *Echinococcus*-Trägers ausgeschiedenen Eier infektiös sind. Die Behandlungen sollen unter speziellen Vorsichtsmaßnahmen durchgeführt werden, um die Ausstreuung von Eiern und eine Infektionsgefährdung von Menschen möglichst zu vermeiden (Haltung der Hunde in Boxen, die gut zu reinigen und zu desinfizieren sind; Kot bis 3 d nach der Behandlung entsorgen; Hund während und nach Abschluss der Behandlung baden, um evtl. am Fell haftende Eier zu entfernen; Mundschutz, Gummihandschuhe und Schutzkleidung für das beteiligte Personal).

Fehlwirte mit AE Bei Hunden liegen nur wenige Erfahrungen vor, die zeigen, dass eine Kombination von chirurgischer Resektion und Langzeittherapie mit Albendazol (täglich 10 mg/kg KG p. o.) bei einem Teil der Tiere zu einer über Jahre anhaltenden Besserung des klinischen Zustandes führen kann. Für Primaten können dieselben Therapiestrategien wie beim Menschen angewendet werden. Albendazol in einer süßen Formulierung für Kinder wird z. B. gut von Gorillas und Schimpansen, auch über längere Zeit, akzeptiert.

Bekämpfung und Prophylaxe Umfangreiche Untersuchungen haben ergeben, dass es möglich ist, in ländlichen und urbanen Endemiegebieten durch planmäßiges und längerfristiges Ausbringen Praziquantel-haltiger Köder Füchse gegen *E. multilocularis*-Befall zu behandeln und damit die Prävalenzen des Parasiten in Fuchspopulationen und sekundär auch bei Zwischenwirten deutlich zu senken. Dieses Verfahren ist kostenaufwendig und dürfte sich daher am ehesten zur kleinräumigen Anwendung eignen, z. B. in Stadtgebieten mit hohem Infektionsrisiko für Menschen, nicht aber zur großflächigen oder landesweiten Bekämpfung.

Bei **Hunden**, die Kleinsäuger fangen und verzehren, können durch Behandlungen mit Praziquantel in Intervallen von 4 Wochen Infektionen mit graviden intestinalen Stadien verhindert werden, doch ist das Verfahren recht aufwendig und schließt andere Infektionsquellen für die Tierhalter (z. B. durch Füchse oder durch Hunde des Nachbarn) nicht aus. Zur **persönlichen Prophylaxe** werden in Endemiegebieten besondere Vorsichtsmaßnahmen beim Umgang mit potenziell infizierten Füchsen und anderen Endwirten, das gründliche Waschen oder besser das Kochen niedrig wachsender Wild- und Kulturpflanzen und von Fallobst vor dem Verzehr sowie das Waschen der Hände nach Erdkontakten empfohlen. Personen, die Kontakt mit nachweislich oder wahrscheinlich infizierten Endwirten hatten, häufig mit Füchsen umgehen oder einem anderen konkreten Infektionsrisiko ausgesetzt waren oder sind, können serologische Tests auf spezifische Antikörper gegen *E. multilocularis* durchführen lassen (Ziel: Ausschluss oder Früherkennung der Infektion). Die Sensitivität dieser Tests ist jedoch für die Früherkennung der AE innerhalb des 1. Jahres nicht gut dokumentiert.

Zoonotische Bedeutung Beim Menschen verläuft die AE initial immer inapparent. Nach langer Inkubationszeit von 5–15 Jahren kann sich eine Lebersymptomatik manifestieren, die jener eines Leberkarzinoms ähneln kann (u. a. Oberbauchschmerzen, Ikterus, Gewichtsverlust; ▶ **Abb. 10.58a**). Die AE tritt in verschiedenen Altersgruppen (7 bis > 80 Jahre) auf, in Europa vorwiegend aber bei älteren Menschen (50–70 Jahre), und ist durch einen chronischen Verlauf mit einer Dauer von bis zu mehreren Jahren gekennzeichnet. Da die Letalitätsrate bei unbehandelten Patienten über 94 % erreichen kann, wird die AE als eine der gefährlichsten parasitären Erkrankungen eingestuft. Spontanheilungen sind selten möglich.

Trotz des häufigen Vorkommens und der weiten Verbreitung von *E. multilocularis* bei Füchsen ist die Inzidenz der AE des Menschen in Europa relativ gering. Die meisten Fälle von AE bei Menschen kommen in Zentral- und Ostfrankreich, Süddeutschland, der Schweiz, im westlichen Österreich, Polen und Litauen vor. Die in den letzten Jahren in Frankreich, Deutschland, Österreich und der Schweiz ermittelten landesweiten oder regionalen Inzidenzen schwankten zwischen 0,03–0,3, erreichten 0,74 in Litauen und regional sogar 1,4 neue Fälle pro 100 000 Einwohner und Jahr. Nicht auszuschließen ist, dass die wachsenden Fuchspopulationen, die vermehrte Besiedlung von Städten mit Füchsen und andere Faktoren zu einer Steigerung der Inzidenz in LT, PL, AT, CH und in Teilen von FR und DE beitrugen. Dafür gibt es in der Schweiz Hinweise: Die landesweite mittlere Inzidenz der AE lag 1993–2000 bei 0,1 Fällen je 100 000 Einwohner; danach nahm sie bis Ende 2005 auf 0,26 Fälle/100 000 zu und persistierte danach bis Ende 2012 auf diesem höheren Niveau.

Auch in Anbetracht der geringen Zahl der Fälle (ca. 200 neue AE-Fälle pro Jahr in Europa, ca. 1000 in RU und ca. 17 000 in China) ist die AE des Menschen eine bedeutende Zoonose, weil es sich im Prinzip um eine unheilbare Erkrankung handelt, deren Behandlung (radikale Operation, jahrelange oder dauernde Chemotherapie [mit Albendazol oder Mebendazol]) große Belastungen für den Patienten mit sich bringt und einen hohen Kostenaufwand verursacht, aber in einem erheblichen Anteil der Fälle zu einer signifikanten Lebensverlängerung führt. In der Schweiz wurden 2008 die Kosten für einen AE-Patienten (Behandlung und Verdienstausfall) auf durchschnittlich € 182 000 geschätzt. Vorgehen nach Exposition mit *E. multilocularis*-Eiern s. o.

Literaturhinweise

Alvarez Rojas CA, Mathis A, Deplazes P. Assessing the contamination of food and the environment with *Taenia* and *Echinococcus* eggs and their zoonotic transmission. Curr Clin Microbiol Rep 2018; 5(2): 154–163

Conraths FJ, Deplazes P. *Echinococcus multilocularis*: epidemiology, surveillance and state-of-the-art diagnostics from a veterinary public health perspective. Vet Parasitol 2015; 213: 149–161

Craig P, Mastin A, van Kesteren F et al. *Echinococcus granulosus*: epidemiology and state-of-the-art of diagnostics in animals. Vet Parasitol 2015; 213: 132–148

Craig PS, Hegglin D, Lightowlers MW et al. Echinococcosis: control and Prevention. Adv Parasitol 2017; 96: 55–158

Deplazes P, Hegglin D, Gloor S et al. Wilderness in the city: the urbanization of *Echinococcus multilocularis*. Trends Parasitol 2004; 20: 77–84

Deplazes P, Rinaldi L, Alvarez Rojas CA et al. Global distribution of alveolar and cystic echinococcosis. Adv Parasitol 2017; 95: 315–493

Eckert J, Deplazes P, Kern P. Alveolar echinococcosis (*Echinococcus multilocularis*) and neotropical forms of echinococcosis (*Echinococcus vogeli* and *Echinococcus oligarthrus*). In: Palmer SR, Lord Soulsby, Torgerson PR, Brown DWG, eds. Oxford Textbook of Zoonoses. 2nd ed. Oxford, UK: Oxford University Press; 2011: 669–699. ISBN: 978-0-19857-002-8

Gottstein B, Stojkovic M, Vuitton DA et al. Threat of alveolar echinococcosis to public health – a challenge for Europe. Trends Parasitol 2015; 31: 407–412

Gottstein B, Soboslay P, Ortona E et al. Immunology of alveolar and cystic echinococcosis (AE and CE). Adv Parasitol 2017; 96: 1–54

Guggisberg AR, Alvarez Rojas CA, Kronenberg PA et al. A sensitive, one-way sequential sieving method to isolate helminths' eggs and protozoal oocysts from lettuce for genetic identification. Pathogens 2020; 9. doi: 10.3390/pathogens9080624

Hegglin D, Deplazes P. Control of *Echinococcus multilocularis*: strategies, feasibility and cost – benefit analyses. Int J Parasitol 2013; 43: 327–337

Kapel CM, Torgerson PR, Thompson RC et al. Reproduction potential of *Echinococcus multilocularis* in experimentally infected foxes, dogs, raccoon dogs and cats. Int J Parasitol 2006; 36: 79–86

Lightowlers MW. Cysticercosis and echinococcosis. Curr Top Microbiol Immunol 2012; 365: 315–335

Romig T, Deplazes P, Jenkins D et al. Ecology and life cycle patterns of *Echinococcus* species. Adv Parasitol 2017; 95: 213–314

Tamarozzi F, Deplazes P, Casulli A. Reinventing the wheel of *Echinococcus granulosus* sensu lato transmission to humans. Trends Parasitol 2020; 36: 427–434

Thompson RC. Biology and systematics of *Echinococcus*. Adv Parasitol 2017; 95: 65–109

Thompson RC. The molecular epidemiology of *Echinococcus* infections. Pathogens 2020; 9. doi 10.3390/pathogens9060453

11 Stamm Nematoda (Syn. Nematozoa) (Faden- oder Rundwürmer)

11.1 Allgemeines

Nema (gr.): Faden; *zoon* (gr.): Tier, Lebewesen. Engl.: *nematodes, roundworms*.

Das Wichtigste in Kürze

- Der Stamm Nematoda (Faden- oder Rundwürmer) umfasst neben frei lebenden Arten auch zahlreiche Parasiten von Pflanzen und Tieren.
- Bei Vertebraten parasitieren Nematoden im Verdauungstrakt, in den Atemwegen sowie in anderen Organsystemen; sie sind Erreger wichtiger Krankheiten bei Tieren und Menschen.
- Nematoden sind langgestreckte, überwiegend spindel- oder fadenförmige, ungegliederte, bilateralsymmetrische Tiere von sehr unterschiedlicher Länge (Mikrometer bis Meter).
- Der Körper ist von einer Cuticula umschlossen, die inneren Organe liegen in einer mit Flüssigkeit gefüllten primären Leibeshöhle.
- Die Fortpflanzung erfolgt bei parasitischen Nematoden meist geschlechtlich, die Entwicklung geht vom Ei aus (bei lebend gebärenden Taxa von der 1. Larve) und führt über 4 Larvalstadien (L 1–4) zu den präadulten Stadien, die mit der Reifung der Gonaden die Geschlechtsreife erlangen (= adulte Stadien oder Adulte). Diese Entwicklung ist mit 4 Häutungen [Ecdysis (S. 657)] verbunden, bei denen Schichten der Cuticula abgestoßen werden.
- Parasitische Nematoden entwickeln sich je nach taxonomischer Zugehörigkeit in direkten Zyklen (ohne Zwischenwirt) oder indirekten Zyklen (mit Zwischenwirt). Bei den meisten Arten findet die (post-)embryonale Entwicklung in der Außenwelt statt oder vollzieht sich in einem Zwischenwirt. Die Infektion von Endwirten kann auf verschiedenen Wegen erfolgen, z. B. per os oder perkutan (S. 19). Im Wirbeltierwirt führen die Larvalstadien bestimmter Arten ausgedehnte Körperwanderungen durch.
- Eine wichtige Eigenschaft verschiedener Nematodenarten ist die Fähigkeit zur Hypobiose (= verzögerte Entwicklung) während der parasitischen Phase der Entwicklung.

Für den Stamm Nematoda sind > 28 000 Arten beschrieben, > 16 000 davon sind parasitisch. Einige Nematodenarten haben extreme Lebensräume erobert, wie die Tiefen der Ozeane (bis 6600 m), das Wasser heißer Quellen (bis 53 °C), den sauren Essig (z. B. das Essigälchen *Turbatrix aceti*) oder den Darmtrakt von Wirbeltieren. Das Leben in so unterschiedlichen Habitaten wird durch besondere Eigenschaften ermöglicht, z. B. die Anpassung des Stoffwechsels bestimmter Stadien an anaerobe Bedingungen, eine beachtliche Toleranz gegen Temperaturschwankungen und die Fähigkeit, ungünstige Umweltverhältnisse im Zustand scheinbarer Leblosigkeit (Hypobiose) monatelang zu überdauern.

Merkmale und Eigenschaften parasitischer Nematoda Der **Körper** der Nematoden ist meist langgestreckt, spindel- oder fadenförmig, haardünn bis bleistiftdick, selten weist er andere Formen auf. Die Körperlänge adulter Stadien beträgt gewöhnlich wenige Millimeter (teilweise auch unter 1 mm) bis einige Zentimeter, aber auch 1 m und mehr (Weibchen von *Placentonema gigantissima* in der Plazenta des Pottwals: 8,4 m!). Das äußere Integument, die inneren Organe (u. a. Verdauungstrakt, Geschlechtsorgane) und die dazwischenliegende, mit Flüssigkeit gefüllte primäre Leibeshöhle bilden die Grundelemente des Nematodenkörpers (▶ **Abb. 11.1**).

Integument Das Integument, bestehend aus oberflächlicher Cuticula und darunterliegender Hypodermis (= Epidermis), ist eng mit einer nach innen folgenden Schicht von Längsmuskelzellen zum sog. **Hautmuskelschlauch** verbunden. Die Cuticula und der hydrostatische Druck der Leibeshöhle fungieren als sog. Hydroskelett, das die Körperform stabil hält und gleichzeitig eine hohe Motilität ermöglicht. Am häufigsten sind schlängelnd-gleitende Bewegungen. Die **Cuticula** bedeckt nicht nur die Körperoberfläche, sondern kleidet auch Abschnitte des Verdauungstraktes (Mundkapsel, Ösophagus, Rektum) sowie die distale Vagina, die Taschen der Spicula, den Exkretionsporus sowie die sensorischen Organe (Amphide, Phasmide) aus. Die Cuticula ist eine widerstandsfähige, flexible, von der zellulären Hypodermis gebildete azelluläre Struktur, die aus mehreren, elektronenoptisch nachweisbaren Lagen aufgebaut ist (Epicuticula, äußerer und innerer Cortex, mittlere fibrilläre Zone und Basalzone). Zusätzlich kann auf die Epicuticula eine Oberflächenschicht (engl. *surface coat*) aufgelagert sein, die je nach Nematodenart in der Dicke (etwa 5–10 µm) und Ausprägung variiert. Diese Oberflächenschicht, auch als **Glykocalix** bezeichnet, enthält Glykoproteine und Mukopolysaccharide und ist im Hinblick auf Interaktionen mit dem Immunsystem des Wirtes von Interesse. Die Epicuticula enthält Glykolipide und ein stark vernetztes, unlösliches Strukturprotein, das Cuticulin, welches reich an Glycin, Prolin und Hydroxyprolin ist und von Kollagenase nicht angegriffen wird. Hauptbestandteile der nach innen folgenden Schichten sind lösliche Kollagene, die u. a. durch Disulfidbrücken stark vernetzt sind und durch Kollagenase abgebaut werden. Bei *Haemonchus contortus* wird die

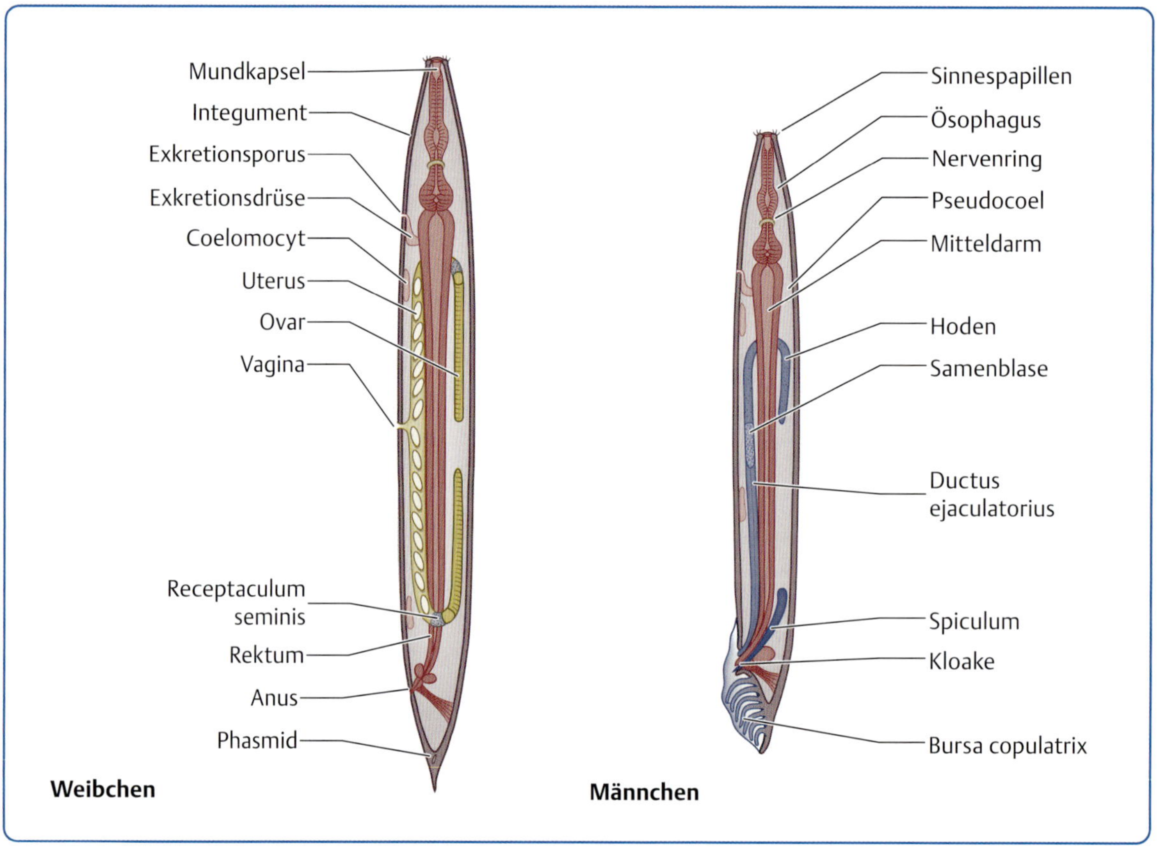

▶ **Abb. 11.1** Schema des Körperbaus von Nematoden. (Grafik: Anne Seeger, Vetsuisse-Fakultät, Universität Zürich, Grafik basiert auf Daten aus: Lee, D. L. (1965): The Physiology of Nematodes. Oliver & Boyd, Edinburgh)

Kollagensynthese durch mehr als 100 Gene kodiert. Daneben können in der Nematodencuticula weitere Substanzen vorkommen, wie andere Proteine und Polysaccharide. Bei den 4 Häutungen während der Juvenilentwicklung wird die Cuticula von der darunterliegenden Hypodermis gelöst und schließlich abgestreift.

Verdauungstrakt Der Verdauungstrakt (▶ **Abb. 11.1**) beginnt mit der **Mundöffnung,** die bei gewissen Arten von cuticulären Lippen (Labia), Protuberanzen (cuticuläre Vorstülpungen), Blätterkränzen oder anderen Strukturen umgeben ist [s. Sinnesorgane (S. 255)]. Auf die Mundöffnung folgt die **Mundhöhle,** die zu einer dickwandigen **Mundkapsel** erweitert sein und zahnartige oder anders geformte Innenstrukturen aufweisen kann. Der darauf folgende **Ösophagus** (▶ **Abb. 11.2**) besteht bei Arten der Klasse Secernentea aus einem meist 3-strahligen, cuticulären Rohr, das von Muskel- und Stützgewebe umgeben ist und insgesamt eine zylindrische Form aufweist (▶ **Abb. 11.2a**). Gewöhnlich liegen innerhalb der Ösophaguswand 1 dorsale und 2 subventrale **Ösophagusdrüsen,** deren Sekrete in die Mundhöhle oder das Ösophaguslumen ausgeschieden werden. Zum Teil ist der hintere Ösophagus zu einer muskulösen Verdickung (Bulbus) erweitert, die einen Klappenapparat enthält; solche Ösophagustypen fungieren als Saugpumpen (▶ **Abb. 11.2b**). Bei einigen Nematoden weist der Ösophagus eine Zweiteilung in einen vorderen muskulösen und einen hinteren drüsigen Anteil auf (▶ **Abb. 11.2c**). So besteht bei den Trichinelloidea [Klasse Adenophorea (S. 374)] der Ösophagus aus einem kurzen vorderen muskulösen Abschnitt, auf den ein dünnes Rohr folgt, das von 1 oder 2 Reihen spezieller **Drüsenzellen (Stichocyten)** umschlossen wird, die durch kleine Gänge einzeln in das Ösophaguslumen münden (▶ **Abb. 11.2c**). Auch larvale Stadien parasitischer Nematoden haben unterschiedliche Ösophagusformen, die vor allem bei den Strongyliden von diagnostischer Bedeutung sind (▶ **Abb. 11.3**). Der entodermale **Mitteldarm** besteht aus einer einfachen Lage von Epithelzellen, die Microvilli tragen und auf einer Basalmembran sitzen. Die Anzahl der Mitteldarmzellen kann als diagnostisches Merkmal für die Differenzierung von Strongylidenlarven (L3) herangezogen werden. Der **Enddarm (Rektum)** ist ein kurzes cuticuläres Rohr, das bei Weibchen durch den After, bei männlichen Nematoden hingegen durch die Kloake ventral nach außen mündet (▶ **Abb. 11.1**).

Zirkulations- und Atmungsorgane Zirkulations- und Atmungsorgane fehlen; der Gasaustausch erfolgt durch das Integument, am Stofftransport ist die Leibeshöhlenflüssigkeit beteiligt. Das **Exkretionssystem** besteht bei vielen parasitischen Nematodenarten aus einer H-förmi-

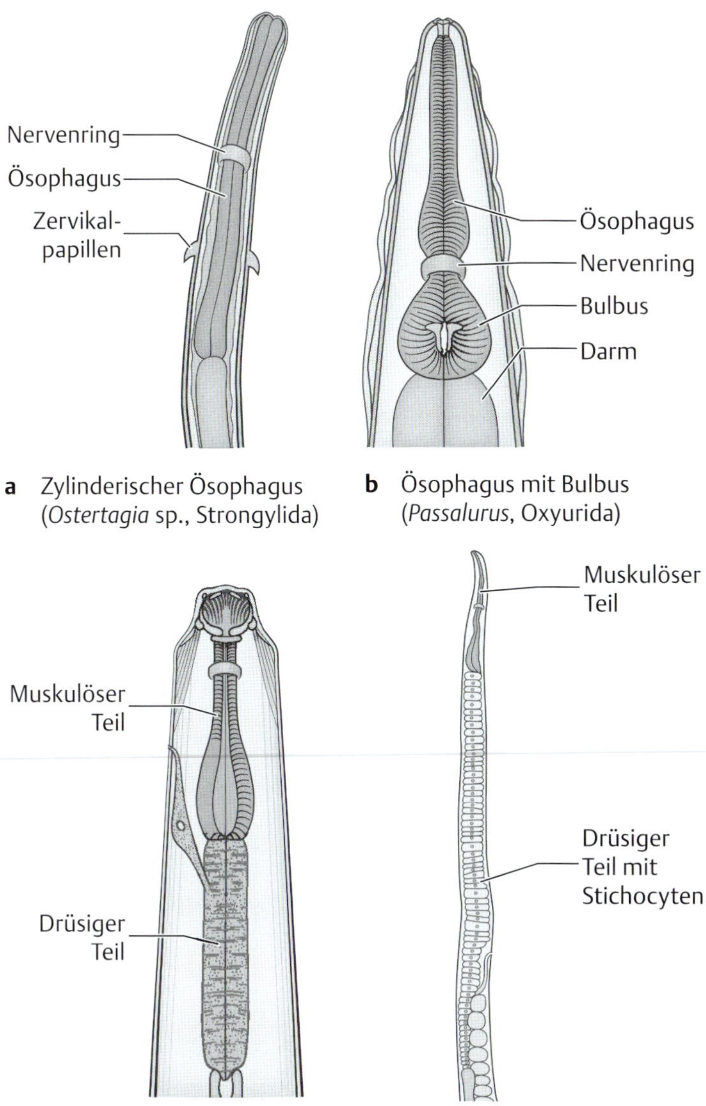

a Zylinderischer Ösophagus (*Ostertagia* sp., Strongylida)
b Ösophagus mit Bulbus (*Passalurus*, Oxyurida)
c Zweigeteilter Ösophagus (Spirurida)
d Trichuroider Ösophagus (*Trichinella* sp.)

▶ **Abb. 11.2** Ösophagus-Typen (Auswahl) adulter Nematoden. (Grafik: Anne Seeger, Vetsuisse-Fakultät, Universität Zürich; a: nach Skrjabin, K. I. et al. (1952): Opredelitel Parasititscheskich Nematod, Tom III. Strongyljati. Isdatlestwo Akademii Nauk SSSR, Moskwa. b: Grafik basiert auf Daten aus: Hartwich, G. (1975): I. Rhabditida und Ascaridida. In: Die Tierwelt Deutschlands. 62. Teil. VEB G. Fischer, Jena. c und d: Grafik basiert auf Daten aus: Chitwood, B. G., Chitwood, M. B. (1950): An Introduction to Nematology. Section I. Monumental Printing Company, Baltimore)

gen Zelle, deren Schenkel in die lateralen Hypodermisleisten eingebettet sind und den Körper längs durchziehen, z. T. auch mit Ventraldrüsen verbunden sind und in einem gemeinsamen Ausführungsgang (Exkretionsporus; ▶ **Abb. 11.1**) nach außen münden. Bei den Adenophorea fehlen die Exkretionskanäle, doch ist eine ventral gelegene Exkretionsdrüse vorhanden. Dieses System hat sekretorische und osmoregulatorische Funktionen.

Reproduktionsorgane und Reproduktion Die meisten parasitischen Nematoden sind zweigeschlechtlich. Bei der Gattung *Strongyloides* besteht die parasitäre Generation nur aus Weibchen, die sich parthenogenetisch fortpflanzen. Die Reproduktionsorgane sind röhrenförmig und bei den Männchen meist unpaar, bei den Weibchen oft paarig ausgebildet (▶ **Abb. 11.1**). Der **männliche Genitalapparat** besteht aus Hoden, Samenleiter, Samenblase und Ductus ejaculatorius, der in eine vom Rektum gebildete Ausbuchtung (Kloake) mündet. Akzessorische Bestandteile des männlichen Genitalapparates sind 1 oder 2 sklerotisierte Begattungsstäbe, die Spicula (Singular: Spiculum), ein unpaares Gubernaculum (Spicula-Führungsschiene), teils auch ein Telamon (Struktur in der Kloakenwand, ebenfalls zur Führung der Spicula), ein Kaudalsaugnapf oder eine Bursa copulatrix (▶ **Abb. 11.4**). Bei Letzterer handelt sich um ein sattelförmiges, meist aus 3 Hauptcuticularlappen bestehendes Organ, das durch sog. Rippen verstärkt ist und bei der Kopulation den Körper des Weibchens umfasst. Diese Strukturen, vor allem Bursa und Spicula, sind hinsichtlich ihrer jeweiligen Ausprä-

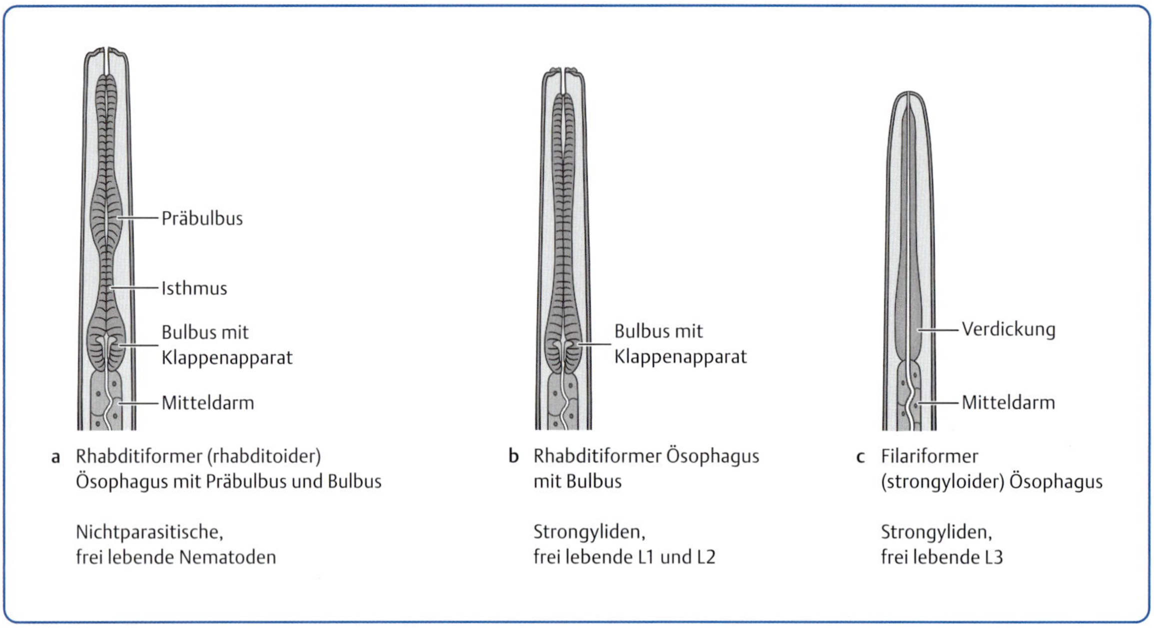

► **Abb. 11.3** Ösophagus-Typen (Auswahl) frei lebender Stadien von Nematoden. (Grafik: Anne Seeger, Vetsuisse-Fakultät, Universität Zürich; Grafik basiert auf Daten aus: Bürger, H.-J., Stoye, M. (1968): Parasitologische Diagnostik (Teil 2): Eizählung und Larvendifferenzierung. Merck Sharp & Dohme, Zürich 1970)

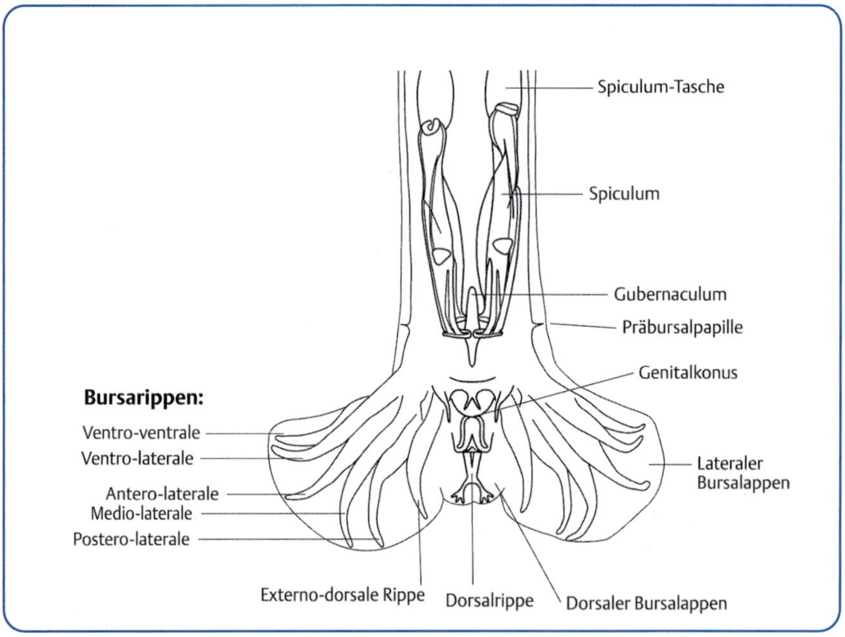

► **Abb. 11.4** Bursa copulatrix eines Trichostrongyliden-Männchens. (Grafik: Marianne Mathys, Vetsuisse-Fakultät, Universität Zürich)

gung für die Gattungs- und Artidentifikation wichtig. Der **weibliche Geschlechtsapparat** ist bei den Trichuridae einfach, sonst doppelt ausgebildet und besteht aus Ovar, Oviduct, Receptaculum seminis und Uterus. Die beiden Uterusschläuche vereinigen sich zur unpaaren Vagina, die bei den einzelnen Gruppen an verschiedenen Körperstellen ventral über eine Vulva (teilweise mit Vulvaklappe) nach außen mündet (► **Abb. 11.1**).

Bei den Nematoden gibt es ovipare Arten, die ungefurchte Eier legen (enthalten sind also eine Eizelle oder Furchungszellen), ferner ovovivipare Arten, bei denen sich die abgelegten Eier in mehr oder weniger weit fortgeschrittenem Stadium der Embryogenese befinden, und vivipare Arten, die Larven ausscheiden. Vivipare Nematoden sind Trichinellen und verschiedene Filarienarten. Die Eihülle ist gewöhnlich aus 3–4 Schichten aufgebaut, einer inneren dünne Lipidschicht, einer mittleren, z. T. recht dicken Chitinschicht und einer oder mehreren äußeren Proteinschichten (► **Abb. 11.5**).

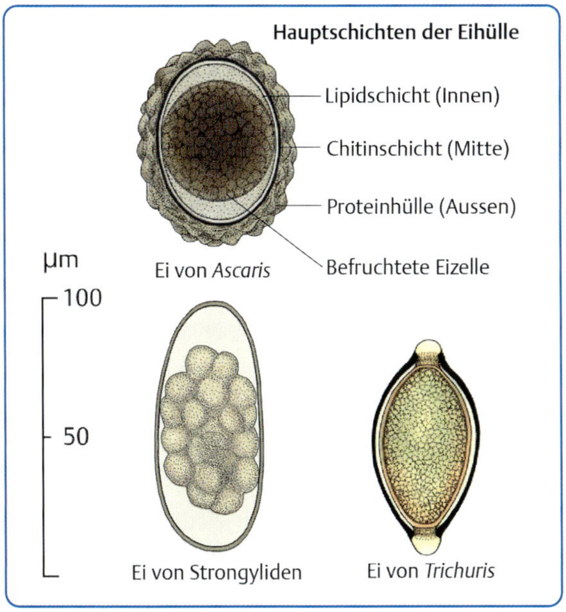

▶ **Abb. 11.5** Beispiele für Formen von Nematoden-Eiern und die Schichten der Eihülle. (Grafik: Jeanne Peter-Zocher, nach einer Vorlage von Johannes Eckert und Peter Deplazes, Institut für Parasitologie, Vetsuisse-Fakultät, Universität Zürich)

Sinnesorgane und Nervensystem Verschiedenartige **Sinnesorgane (Sensillen)**, die vor allem am Vorder- und Hinterende sowie im Genitalbereich konzentriert sind, ermöglichen die Wahrnehmung mechanischer, thermischer und chemischer Signale. Zu diesen Organen gehören die **Amphiden** (nahe der Mundöffnung), die **Phasmiden** (paarig am Hinterende) sowie verschiedene Sinnespapillen und Sinnesborsten. Das **Nervensystem** besteht aus einem den Ösophagus umfassenden neuronalen Nervenring (▶ **Abb. 11.1**), von dem aus Nerven zu Organen im Kopf- und Schwanzbereich, in die dorsale und ventrale Hypodermisleiste und zu den Sensillen ziehen.

Ernährung und Energiestoffwechsel Nematoden nehmen Nahrungsstoffe durch den Darm auf, außerdem können niedermolekulare Stoffe durch das Integument absorbiert werden. Adulte Nematoden decken ihren Energiebedarf vorwiegend durch anaeroben Katabolismus von Kohlenhydraten, die nicht zu CO_2 und Wasser abgebaut werden können. Daher werden als Endprodukte des Stoffwechsels flüchtige Fettsäuren, Alkohole oder Lactat ausgeschieden. Oxidative Prozesse fehlen oder spielen eine sehr geringe Rolle. Im Gegensatz zu den adulten Stadien haben die frei lebenden Entwicklungsstadien meist einen aeroben Stoffwechsel und sind in der Lage, Kohlenhydrate zu CO_2 und Wasser abzubauen. Die infektiösen L3 der Strongylida nehmen keine Nahrung auf, können jedoch in der Außenwelt mehrere Monate überleben.

Entwicklung Die Entwicklung der Nematoden verläuft vom Ei über 4 Larvenstadien (L1–4) zu den präadulten Stadien (fälschlicherweise auch als 5. Stadium bezeichnet). Letztere erlangen nach einiger Zeit die Geschlechtsreife. Während der Entwicklung wird die Cuticula entsprechend 4-mal erneuert. Bei gleichzeitiger Bildung neuer cuticulärer Schichten durch die Hypodermis wird die alte Cuticula basal enzymatisch abgelöst und schließlich als Exuvie abgestreift. Den Häutungsvorgang bezeichnet man auch als Ecdysis. Nach der letzten Häutung ist bei Nematoden die Zellteilung stark reduziert oder sie fehlt ganz; sie findet aber in den Reproduktionsorganen statt. Bei vielen parasitischen Nematoden wird während der Häutung vom 2. zum 3. Larvalstadium die Uvea (Scheide) nicht abgestreift, sondern umgibt als locker anliegende, schützende Hülle (= Scheide) die Drittlarve, die als „bescheidet“ bezeichnet wird. Die Häutung wird in diesen Fällen erst zu Beginn der parasitischen Phase durch die Entscheidung (Exuveation) vollendet.

Hypobiose Verschiedene Nematodenarten können die Entwicklung im Wirt durch Einschaltung einer „Ruhepause“ des parasitischen 3. und 4. Larvenstadiums (L3, L4) oder präadulten Stadiums vorübergehend unterbrechen. Dieses als „Hypobiose“ oder „verzögerte Entwicklung“ (engl. *arrested development* oder *inhibition*) bezeichnete Phänomen hat eine erhebliche praktische Bedeutung für die Epidemiologie, Pathogenese, Diagnostik, Chemotherapie und wahrscheinlich auch für die Immunitätsbildung. Von der Hypobiose ist die Anabiose zu unterscheiden, die z.B. bei frei lebenden L3 von Strongyliden bei Trocken- oder Kältestarre auftritt.

Entwicklungswege Die Entwicklungswege der Nematoden sind vielfältig. Viele Arten entwickeln sich direkt (ohne Zwischenwirt), andere durchlaufen eine indirekte Entwicklung (mit Zwischenwirt). Bei *Trichinella* spp. wird als Besonderheit die gesamte Entwicklung in nur einem Wirt durchlaufen, es gibt keine Entwicklung in der Umwelt oder in Zwischenwirten. Die Infektion von Endwirten erfolgt bei Nematoden auf verschiedenen Wegen, z.B. per os, perkutan oder diaplazentar (S.19); einige Taxa werden durch Vektoren übertragen. Zahlreiche Nematodenarten wandern im Körper des Wirtes durch verschiedene Organsysteme.

Systematik Die Nematoden sind nach genetischen Untersuchungen mit den Arthropoden verwandt und gehören mit diesen und anderen Taxa, z.B. den Bärentierchen (Tardigrada) und den Nematomorpha, zur Gruppe der Ecdysozoa, in deren Entwicklung Häutungsvorgänge auftreten (Ecdysis). Parasitische Nematoden sind nicht monophyletisch, da der Übergang von frei lebenden zu parasitischen Lebensweisen im Laufe der Evolution mehrfach stattgefunden hat.

Der Stamm Nematoda wird traditionell in die Klassen Secernentea und Adenophorea eingeteilt (▶ **Tab. 9.1**) (Anderson 2000).

Secernentea (Phasmidia): Ösophagus ohne Stichosom (▶ **Abb. 11.2a–c**); Phasmide vorhanden; Eier gewöhnlich ohne Polpfröpfe; L3 gewöhnlich infektiös für den Wirt. Die Mehrzahl der veterinärmedizinisch und medizinisch bedeutsamen Nematodenarten gehört zu dieser Klasse.

Adenophorea (Aphasmidia): Ösophagus zylindrisch oder mit Stichosom (▶ **Abb. 11.2d**); keine Phasmide; Eier gewöhnlich mit 1 oder 2 Polpfröpfen; L1 oft mit Stilett, gewöhnlich infektiös für den Wirt.

Literaturhinweise

Anderson RC, ed. Nematode Parasites of Vertebrates. Their Development and Transmission. 2nd ed. Wallingford, Oxon: CABI Publishing, CAB International; 2000. ISBN: 0-85199-421-0

Anderson RC, Chabaud AG, Willmott S, eds. CIH Keys to the Nematode Parasites of Vertebrates. No.1–10. Farnham Royal, UK: Commonwealth Agricultural Bureaux; 1974

Blaxter ML, De Ley P, Garey JR et al. A molecular evolutionary framework for the Phylum Nematoda. Nature 1998; 392: 71–75

Blaxter M, Koutsovoulos G. The evolution of parasitism in Nematoda. Parasitology 2015; 142: 26–39

Boeri F, Chung JA, eds. Nematodes. Morphology, functions and management strategies. New York, NY, USA: Nova Science Publishers; 2012. ISBN: 978-1-61470-784-4

Kennedy MW, Harnett W, eds. Parasitic Nematodes. Wallingford, Oxon: CABI Publishing, CAB International; 2001. ISBN: 0-85199-423-7

Köhler P. Stoffwechselphysiologie von Parasiten. In: Hiepe T, Lucius R, Gottstein B, Hrsg. Allgemeine Parasitologie. Stuttgart: Parey; 2006. ISBN: 3-83044-101-0

Lee DL, ed. The Biology of Nematodes. Wallingford, Oxon: CRC Press, Taylor and Francis Group; 2002. ISBN: 978-0-41527-211-7

Lucius R, Loos-Frank B. Biologie von Parasiten. 2. Aufl. Berlin: Springer; 2008. ISBN: 978–3–540–37707–8

Perry RN, Wharton DA, eds. Molecular and physiological basis of nematode survival. Wallingford, UK: CABI International; 2011. ISBN: 978-1-84593-687-7

11.2 Klasse Secernentea

11.2.1 Ordnung Rhabditida

Rhabdos (gr.): Stab. Bezug auf die Form des Ösophagus.

Diese Ordnung umfasst frei lebende Arten sowie Parasiten. Veterinärmedizinisch ist vor allem die Gattung *Strongyloides* bedeutsam; gelegentlich rufen auch *Pelodera-* und *Halicephalobus*-Arten Krankheiten bei Haustieren hervor. Die frei lebende, aus 959 Zellen bestehende Art *Caenorhabditis elegans* hat als Modelltier der Genetik wissenschaftliche Bedeutung erlangt, da seit 1998 das gesamte Erbgut von rund 19 000 Genen entschlüsselt ist und über diesen Nematoden wichtige allgemeine Erkenntnisse über das Altern, den Zelltod und andere wissenschaftliche Aspekte gewonnen werden konnten. *C. elegans* wird auch in zahlreichen Laboren u. a. zur Erforschung der Funktion bestimmter Gene parasitischer Arten verwendet.

Familie Strongyloididae

Gattung *Strongyloides* (Zwergfadenwürmer)

Strongylos (gr.): rund; *-oideus* (lat.): ähnlich. Engl.: *Strongyloides, threadworms*.

Praxis

Erreger der **Strongyloidose** mit Praxisrelevanz bei Schwein, Pferd und Hund, regional auch bei anderen Säugern einschl. Mensch.

Zoonose: *Strongyloides*-Arten von Tieren können eine selbstlimitierende Hauterkrankung verursachen (Larva migrans cutanea, Hautmaulwurf). Bei immunsupprimierten Personen können systemische, mitunter letale Infektionen mit *S. stercoralis* auftreten, die zoonotische Übertragung (Hund) ist dabei jedoch von untergeordneter Bedeutung.

Das Wichtigste in Kürze

- **Erreger und Entwicklung.** Verschiedene *Strongyloides*-Arten verursachen Darmerkrankungen, vor allem bei Jungtieren, z. B. *Strongyloides ransomi* (Syn. *S. suis*) bei Ferkeln.
- Im Dünndarm der Wirte kommen nur Weibchen vor. Sie produzieren parthenogenetisch Eier, die im Kot ausgeschieden werden (bei *S. stercoralis* allerdings Ausscheidung von L 1). In der Außenwelt gehen aus den Eiern (oder L 1) entweder infektiöse L 3 hervor oder es entwickelt sich eine frei lebende geschlechtliche Generation von Männchen und Weibchen. Letztere produzieren Eier, die sich zu infektiösen L 3 entwickeln. Auf diese Weise erfolgt auch eine Vermehrung der Parasiten außerhalb des Wirtes. Infektiöse L 3 dringen vorwiegend perkutan, seltener peroral in neue Wirte ein. Bei *S. westeri* (Pferd), *S. papillosus* (Wiederkäuer), *S. ransomi* (Schwein) und *S. stercoralis* (Hund) ist eine laktogene Übertragung infektiöser Larven von Muttertieren auf Neugeborene möglich. *S. stercoralis* und *S. felis* können eine Autoinfektion verursachen.

- Wanderung im Wirt nach perkutaner oder peroraler Infektion: → Blutstrom → Lunge → luftführende Wege und Pharynx (tracheale Wanderung) → Dünndarm, Entwicklung zur Geschlechtsreife. Außerdem Wanderung der Larven durch das Körpergewebe (somatische Wanderung) und Ansiedlung in verschiedenen Geweben (u. a. Subkutis, Muskulatur, Euter), wo sie als hypobiotische Stadien längere Zeit überleben können. Nach galaktogener Infektion vermutlich direkte Ansiedelung im Darm.
- **Pathogenese, Krankheitsbild.** Starker *Strongyloides*-Befall kann bei Jungtieren Durchfall, verzögertes Wachstum, Gewichtsverlust, Hypalbuminämie, Hautveränderungen und sogar Todesfälle verursachen.
- **Diagnose, Therapie, Bekämpfung.** Intravitaldiagnose durch den Nachweis von Eiern (oder Larven) im Kot, Therapie mit (Pro-)Benzimidazolen in höherer Dosierung oder makrozyklischen Lactonen, Hygienemaßnahmen.

Mehr als 50 *Strongyloides*-Arten sind bei Säugern, Vögeln, Reptilien und Amphibien bekannt. Veterinärmedizinisch interessieren sie vor allem als Krankheitserreger bei Neugeborenen und Jungtieren (Ferkeln, Lämmern, Kälbern, Fohlen) sowie Affen.

Erreger Eine Besonderheit der Gattung *Strongyloides* ist, dass im Dünndarm der Wirte nur Weibchen vorkommen, in der Außenwelt aber frei lebende Generationen mit Männchen und Weibchen auftreten können. Kennzeichen der parasitischen Weibchen sind (▸ **Abb. 11.6**): haardünn und nur wenige Millimeter lang, zylindrischer Ösophagus, Vulva als Querspalt hinter der Körpermitte führt in die nach vorn und hinten ziehenden Uterusschläuche; Ovarien bilden mit dem Darm eine Spirale oder sind gestreckt (bei *S. stercoralis*). Eier: in einer Reihe im Uterus, etwa 40–55 × 30–40 µm, oval mit abgeflachten Polen, dünnschalig mit Embryo.

Entwicklung Der Entwicklungszyklus der *Strongyloides*-Arten ist durch einen Generationenwechsel [Heterogonie (S. 659)] gekennzeichnet und umfasst eine externe (präparasitische) und eine interne (parasitische) Phase (▸ **Abb. 11.6**).

Entwicklung von *S. westeri*, *S. ransomi* und *S. papillosus* Die **externe Entwicklung** beginnt mit der Ausscheidung parthenogenetisch erzeugter embryonierter Eier im Kot, die von den im Dünndarm parasitierenden Weibchen abgelegt werden (je ♀ bis 2000 Eier/d). Bei Temperaturen um 20 °C und genügender Sauerstoffzufuhr schlüpfen aus den Eiern innerhalb weniger Stunden 1. Larven (L 1) (mit rhabditoidem Ösophagus), die sich innerhalb von 3–4 Tagen durch 2 Häutungen zunächst zu L 2 und dann zu unbescheideten, infektiösen L 3 (mit filariformem Ösophagus) entwickeln (**„homogone" Entwicklung**). Alternativ geht aus den L 1 über weitere Larvenstadien und 4 Häutungen eine einzige Generation frei lebender Weibchen und Männchen hervor (**„heterogone" Entwicklung**). Aus den Eiern dieser geschlechtlichen Generation entstehen nur weibliche L 1, die sich durch 2 Häutungen zu infektiösen L 3 entwickeln. Das Potenzial zur homogonen oder heterogonen Entwicklung ist in den *Strongyloides*-Weibchen genetisch verankert. Welcher Weg der Entwicklung eingeschlagen wird, hängt von verschiedenen Einflüssen im Wirt und in der Außenwelt ab. Aus Eiern von *S. ratti*-Weibchen, die in einem immunen Wirt parasitieren, geht ein höherer Anteil von Männchen hervor als aus Eiern von Weibchen in einem nicht immunen Wirt. Dies lässt den Schluss zu, dass die Oogenese im immunen Wirt durch noch unbekannte Mechanismen beeinflusst wird. In der Außenwelt erfolgt eine genetische Weichenstellung unter der Einwirkung von Faktoren, die von den Sinnesorganen (Amphidien) der frei lebenden L 1 registriert werden. So fördern niedere Temperaturen in der Außenwelt den homogonen, höhere Temperaturen hingegen den heterogonen Entwicklungstyp. Die L 3 sind gegen Trockenheit sehr empfindlich, in feuchter Umgebung bleiben sie meist nur wenige Wochen, selten bis 4 Monate lebensfähig. Infektionen weiterer Wirte erfolgen perkutan oder peroral sowie laktogen auf die Nachkommen.

Die **interne Entwicklung** ist mit Körperwanderungen verbunden, wobei mehrere Wanderwege unterschieden werden (▸ **Abb. 11.6**).

Trachealer Wanderweg: Frei lebende L 3 dringen in die Haut ein (z. B. an Klauensäumen, Bauchwand) → in der Subkutis Einwanderung in Lymphgefäße oder Venen → lympho-hämatogener Transport zum Herzen und anschließend zur Lunge → dort verlassen die Larven die Kapillaren → anschließende Wanderung über Alveolen, Bronchien, Trachea und Pharynx zum Dünndarm → nach 2 Häutungen Entwicklung adulter Weibchen. Die Präpatenzen sind bei den meisten *Strongyloides*-Arten kurz (▸ **Tab. 11.1**). Nach peroraler Infektion vermutlich Eindringen der L 3 in die Mukosa des oberen Verdauungstraktes → danach trachealer Wanderweg.

Somatischer Wanderweg: Nach der Infektion gelangen die Larven auf dem Blutweg zunächst in die Lunge und werden dann über den großen Kreislauf in verschiedene Organe transportiert (u. a. subkutanes Fettgewebe, Euter, Muskulatur). Außerdem können perkutan eingedrungene Larven von der Subkutis aus direkt durch das Gewebe wandern und so in verschiedene Organe gelangen. Experimentelle Untersuchungen sprechen dafür, dass diese direkte somatische Wanderung eine größere Rolle spielt als die Streuung der Larven über den großen Kreislauf.

Im Gewebe können die parasitischen L 3 im **hypobiotischen Zustand** lange lebensfähig bleiben (bei *S. ransomi* im Schwein mindestens 2½ Jahre). Solche „somatischen" Larven können peripartal und während der Laktation reaktiviert und nach Einwanderung in die Milchdrüse mit der Muttermilch ausgeschieden werden.

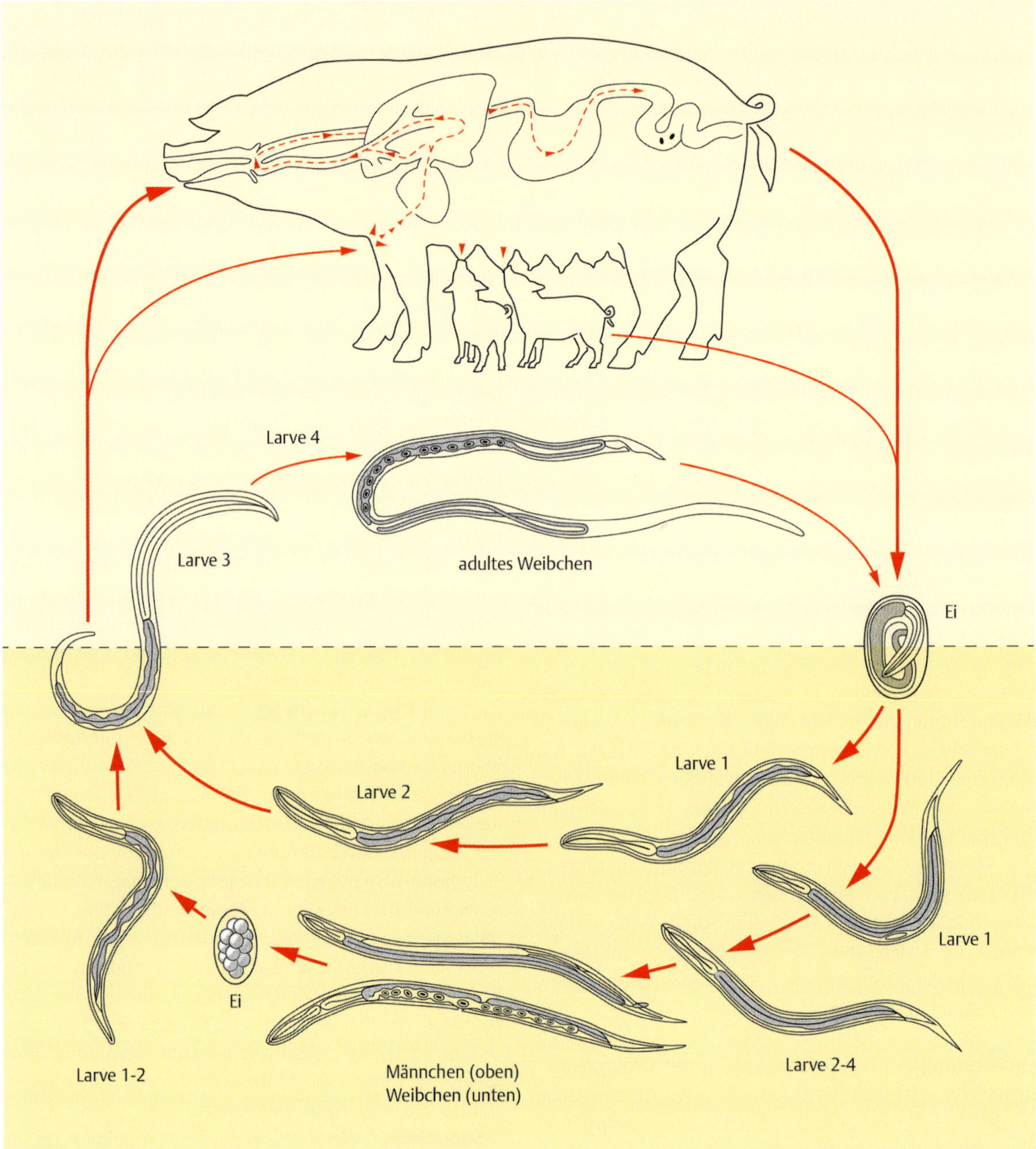

▸ **Abb. 11.6** Entwicklungszyklus von *Strongyloides ransomi*. Kleine rote Pfeile: Infektionsweg von L 3 zu den adulten Stadien im Dünndarm. Rote Punkte: Ausscheidungsweg der Eier. (Grafik: Salome Ehrat, nach einer Vorlage von Johannes Eckert und Peter Deplazes, Vetsuisse-Fakultät, Universität Zürich)

Laktogene Infektion: Da während einer Gravidität nicht alle hypobiotischen Larven reaktiviert werden, können nach einer starken Erstinfektion der Sau bis zum 3. Wurf laktogene Infektionen erfolgen. Ferkel können auch unmittelbar nach einer perkutanen Infektion der Sau durch Streuung der Larven im Körper laktogen infiziert werden. Die Ausscheidung von Larven in der Muttermilch ist zu Beginn der Laktation am höchsten, die Dauer unterliegt bei den einzelnen Tierarten Schwankungen (Rind: 7–33 d, Schaf: 7–19 d, Pferd: 4–47 d, Schwein: 1–21 d). Nach laktogener Infektion der Neugeborenen sind die Präpatenzen kürzer als nach perkutaner Infektion (Kalb 6, Fohlen 8, Schwein 3 d; ▸ **Tab. 11.1**). Daher wird angenommen, dass sich die mit der Muttermilch übertragenen Larven direkt, d. h. ohne vorherige Körperwanderung, im Dünndarm ansiedeln.

Pränatale Infektionen sind für *S. ransomi* beschrieben, spielen aber epidemiologisch beim *Strongyloides*-Befall der Haustiere keine Rolle.

Die Patenz bei *Strongyloides*-Befall ist von der Infektionsstärke (S. 176) abhängig.

▶ **Tab. 11.1** *Strongyloides*-Arten (Auswahl).

Arten, Länge (L) parasitischer Weibchen, Verbreitung (V)	Wirte	Hauptsitz der Adulten und Präpatenz (Tage)	Stadien in frischem Kot
Strongyloides papillosus[1] L: 6–8 mm V: weltweit	Rind, Schaf, Ziege, Wildwiederkäuer, Kaninchen, Hase	Dünndarm Präpatenz: 9–14	Eier 47–60 × 25–30 µm
Strongyloides westeri[1] L: 8–9 mm V: weltweit	Pferd u. a. Einhufer	Dünndarm Präpatenz: 10–14	Eier 40–52 × 32–49 µm
Strongyloides ransomi[1] (Syn. *S. suis*) L: 4,5–5,5 mm V: weltweit	Schwein, Wildschwein	Dünndarm Präpatenz: 6–9	Eier 45–55 × 28–32 µm
Strongyloides stercoralis[1] L: 2,0–2,8 mm V: Tropen u. Subtropen, seltener in Zonen gemäßigten Klimas	Hund, Katze[2], Mensch, Affenarten, Wildkaniden	Dünndarm Präpatenz: 9–19	Larven 228–353 × 15 µm
Strongyloides fuelleborni[3] L: 2,9–4,2 mm V: Afrika, Asien	Altweltaffen (Schimpanse, Pavian, Orang Utan u. a.)[4], Mensch	Dünndarm Präpatenz: 28	Eier 50 × 30 µm
Strongyloides ratti[1] L: 1,7–3,4 mm V: Europa, Nordamerika	wild lebende Nager, experimentell Labornager	Dünndarm Präpatenz: 4–7	Eier 42–73 × 21–37 µm
Strongyloides avium[1] L: etwa 2,0 mm V: Asien, Europa, Nordamerika	Huhn, Truthuhn, Gans, Ente, Wildvögel	Dünndarm u. Caeca Präpatenz: 5–6	Eier 52–56 × 36–40 µm

[1] in Mitteleuropa nachgewiesene Arten
[2] weitere Arten bei Carnivoren: *Strongyloides felis* bei Katzen (Australien, Indien), *S. planiceps* bei Hund, Katze, Wildkaniden, Wiesel (Japan, Malaysia), *S. tumefaciens* bei der Katze (USA, Indien)
[3] *S. fuelleborni fuelleborni* in Afrika vorwiegend als Parasit von Affen, seltener beim Menschen beschrieben (Zoonose!), *S. fuelleborni kelley* in Papua Neuguinea, Mensch bisher als einziger Wirt bekannt
[4] *S. cebus* bei amerikanischen Affen, z. B. Kapuzineraffen

Entwicklung von *Strongyloides stercoralis* Eine Besonderheit der Entwicklung von *S. stercoralis* ist, dass im Kot bereits L 1 ausgeschieden werden und Autoinfektionen möglich sind. Dabei entwickelt sich ein Teil der L 1 bereits im Darm zu L 3, die sich von der Darmwand oder der Perianalhaut aus auf Körperwanderung begeben und dann zum Darm zurückkehren. Bei chronisch infizierten Wirten können persistierende Weibchen über lange Zeit unbemerkt Autoinfektionen (S. 260) initiieren. Die Weibchen können zudem ihre Eiproduktion vorübergehend einstellen und später wieder aufnehmen. Beim Hund wurde die Möglichkeit der laktogenen Übertragung von *S. stercoralis* nachgewiesen. Allerdings wurden nur Larven in der Muttermilch ausgeschieden, wenn eine Neuinfektion der Hündin unmittelbar post partum erfolgte.

Vorkommen *Strongyloides*-Befall tritt bei Hauswiederkäuern und Pferden in weltweiter Verbreitung häufig auf, vor allem bei Jungtieren. Dabei können die Prävalenzen der Eiausscheidung Werte um 20–90 % erreichen. Schweinebestände sind je nach Region, Haltungsbedingungen und Hygienestandard frei von *Strongyloides* oder in unterschiedlichem Maß befallen. Bei massivem Befall kann es zu erheblichen Einbußen bei der Ferkelaufzucht kommen. In Deutschland wurde bei 4 % von 126 untersuchten Pferdebeständen *Strongyloides*-Befall nachgewiesen. In Mitteleuropa wird *S. stercoralis* bei Hunden selten nachgewiesen. Diese und andere Arten können in Affenbeständen von Zoos oder in Primatenstationen Krankheitsfälle verursachen. *Strongyloides avium* kommt in Europa bei Wildvögeln vor.

Epidemiologie In der Epidemiologie von *Strongyloides*-Arten sind einige Besonderheiten zu berücksichtigen. Die externe Entwicklung wird durch Feuchtigkeit und höhere Temperaturen (um 20 °C) begünstigt; bei Trockenheit gehen die Larven rasch zugrunde. In der Umwelt können durch Einschalten einer geschlechtlichen Generation zusätzliche infektiöse L 3 erzeugt werden. Die perkutane Infektion ist epidemiologisch wichtig und wird durch Hautkontakt mit der fäkal verunreinigten Umgebung (Boden, Einstreu, Stallflächen usw.) ermöglicht.

In der Ferkelaufzucht bieten feuchte Stallflächen unter der Wärmelampe besonders günstige Bedingungen für die Entwicklung von *S. ransomi* und die perkutane Infektion. Bei Wiederkäuern, Pferd und Schwein spielt auch die laktogene Infektion der Neugeborenen eine wichtige Rolle und kann die perkutane Infektion in der Bedeutung übertreffen. Die Präpatenz ist bei allen Arten kurz (▶ Tab. 11.1), sodass es bald nach einer Primärinfektion zur Ausscheidung von Eiern im Kot kommt. Günstig für die befallenen Wirte ist, dass die Infektion relativ rasch durch die einsetzende Immunität kontrolliert wird und klinisch inapparent bleibt. Aufgrund ständiger Autoinfektionen (S. 259) kann *S. stercoralis* im Menschen etwa 40 Jahre inapparent persistieren.

Immunologie Je nach Stärke des Befalles kommt es früher oder später zur Ausbildung einer Immunität, durch die die Parasitenpopulation kontrolliert wird und die Eiausscheidung abfällt. Der Grad der erworbenen Immunität beeinflusst sowohl für die Dauer der Patenz als auch die Etablierung von Reinfektionen. Bei Behandlungen von Fohlen wurde festgestellt, dass Wiederbefall mit *Strongyloides* umso eher auftrat, je früher im Infektionsgeschehen anthelminthische Behandlungen erfolgen. Experimentelle Untersuchungen mit *S. stercoralis* ergaben, dass Larven einige Stunden nach ihrem Eindringen in den Körper immuner Mäuse durch die gemeinsame Wirkung von IgM, Komplement und Eosinophilen abgetötet werden. Krankheitsbedingte oder durch Immunsuppressiva (z. B. Glucocorticoide) verursachte Störungen der Immunität können bei der *S. stercoralis*-Infektion des Hundes und des Menschen zur Hyperinfektion mit fatalen Folgen führen.

Pathogenese Beim Einwandern von *Strongyloides*-Larven in die Haut können Erytheme, Papeln, Ödeme und bei wiederholtem Befall auch allergische Dermatitiden entstehen. Solche Veränderungen am Kronsaum, in der Fesselbeuge und an anderen Körperstellen sind z. B. bei in Laufstallungen gehalten Kälbern beschrieben worden (▶ Abb. 11.7). In der Lunge verursachen die aus den Blutgefäßen in die Alveolen auswandernden *Strongyloides*-Larven petechiale Blutungen und kleine Entzündungsherde. Im Dünndarm siedeln sich die *Strongyloides*-Weibchen vor allem im Duodenum und im proximalen Ileum (*S. tumefaciens* im Dickdarm bei Katzen) an, wo sie in tunnelartigen Gängen in der Epithelzellschicht liegen, vor allem am Grunde der Zotten, z. T. auch in den Darmeigendrüsen; ein Teil der Parasiten ragt frei in das Darmlumen hinein. Die Eier werden in die Gänge oder das Darmlumen abgesetzt. Durch die Anwesenheit der *Strongyloides*-Weibchen wird das Epithel abgeflacht und die Basalmembran zur Propria hin stark ausgebuchtet, sodass der Eindruck entsteht, die Parasiten lägen in der Propria. Bei immunkompetenten Wirten dringen die Parasiten nicht durch die Lamina muscularis mucosae in die Submukosa vor, doch ist dies bei der *S. stercoralis*-Infektion immundefizienter Wirte möglich (s. u.).

Strongyloides-Befall verursacht entsprechend der Befallsintensität mehr oder weniger ausgeprägte katarrhalische Enteritiden mit Desquamation und Zerstörung von Zottenepithelien, partieller Epithelhypertrophie, Zottenatrophie und Zellinfiltrationen der Lamina propria. Folgen dieser Veränderungen sind u. a. die reduzierte Aktivität von Schleimhautenzymen (alkalische Phosphatase, Saccharase, Maltase), Malabsorption von Aminosäuren sowie Verluste von Plasmaproteinen in den Verdauungstrakt. Bei der *S. stercoralis*-Infektion des Hundes kann eine Immunsuppression schwere Hyperinfektionen auslösen, die zu Hämorrhagien und entzündlichen Veränderungen des Dünn- und Dickdarms, der Lunge und anderer Organe führen. In solchen Fällen wurden in der Darmmukosa große Mengen von *Strongyloides*-Weibchen und L 1–3 gefunden. Außerdem waren verschiedene extraintestinale Organe besiedelt, wie Leber, Niere, Milz, Harnblase, Gehirn, Muskulatur und Haut.

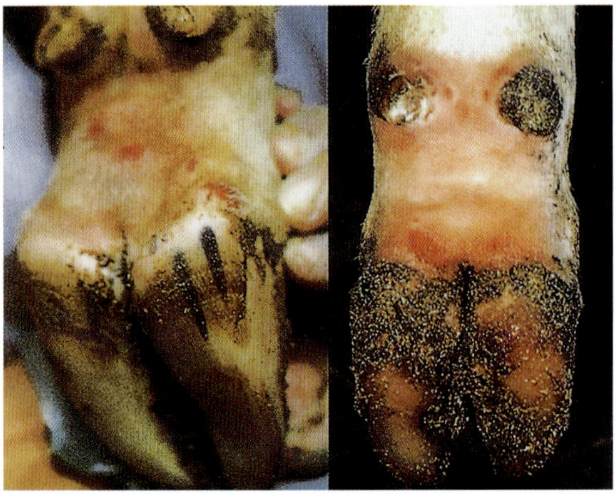

▶ **Abb. 11.7** *Strongyloides papillosus*-Befall beim Kalb: Veränderungen am Kronensaum und in der Fesselbeuge. (Quelle: Noriyuki Taira, National Institute of Animal Health, Japan)

Krankheitsbild Starker *Strongyloides*-Befall ist hauptsächlich bei Jungtieren Ursache von Erkrankungen und Todesfällen; schwacher Befall oder Infektionen älterer Tiere bleiben i. d. R. inapparent.

Ferkel Erste Symptome treten etwa 2 Wochen nach der Geburt auf: u. a. Durchfall, Mattigkeit, Hautveränderungen, verzögertes Wachstum, Hypalbuminämie und z. T. Anämie. Bei massivem Befall ist letaler Ausgang der Infektion möglich.

Kälber, Schaf- und Ziegenlämmer Bei starker Infektion Durchfall, selten Todesfälle.

Fohlen Bei starker *S. westeri*-Infektion gelegentlich Durchfall. Selten wurden gravierende Krankheitsbilder mit Enteritis, Hypalbuminämie, Hypoproteinämie, Anämie, subkutanen Ödemen, Vermehrung der Peritonealflüssigkeit und anderen Symptomen beschrieben.

Hunde und Katzen Hunde und Katzen sind in tropischen Regionen ziemlich häufig, in Mitteleuropa aber sehr selten mit *S. stercoralis* infiziert; gelegentlich tritt dieser Parasit in Versuchshundebeständen auf. Medikamentöse Immunsuppression (S.260) der Hunde kann schwere Hyperinfektionen auslösen, die sich klinisch u. a. in Lethargie, Husten, Dyspnoe und Enteritis manifestieren.

Affen Massiver *S. stercoralis*-Befall ist bei Affen in Zoos als Krankheits- und Todesursache beschrieben worden. Diese Art und *S. fuelleborni* kommen auch in Primatenstationen vor.

Diagnose Intravitaldiagnose von patenten *Strongyloides*-Infektionen z. B. bei Wiederkäuern, Pferd, Schwein: Einachweis in frischem Kot (Flotationsverfahren). Da aus den bereits embryonierten Eiern wenige Stunden nach dem Kotabsatz L 1 schlüpfen können, zusätzlich Nachweis mittels Trichterverfahren, evtl. Kopro-Kultur (► **Abb. 19.6**). *S. stercoralis*-Befall bei Carnivoren oder Primaten: Untersuchung der Kotproben auf Larven [Trichterverfahren und Kultur (S.554)] oder Nachweis spezifischer Antikörper im Serum bzw. Kopro-DNA-Nachweis.

Postmortal sind intestinale Stadien von *Strongyloides* in Abstrichen der Dünndarmschleimhaut oder nach Auswaschen des Darmes in der Waschflüssigkeit stereomikroskopisch nachweisbar (S.556).

Therapie Zur Behandlung des intestinalen Befalls mit *Strongyloides* werden bei Wiederkäuern, Pferd und Schwein verschiedene Benzimidazol- oder Probenzimidazole in erhöhter Dosierung (z. B. Fenbendazol 50 mg/kg gegen *S. westeri*) oder makrozyklische Lactone (ML) eingesetzt (► **Tab. 21.4**). Bei *S. stercoralis*-Befall des Hundes ist die Wirkung von Benzimidazol-Derivaten nicht ausreichend. Die ML Moxidectin oder Milbemycinoxim können versuchsweise eingesetzt werden, sind häufig aber auch nicht ausreichend wirksam, sodass eine Umwidmung von Ivermectin erfolgen muss. Einzeldosen von Ivermectin (0,2 oder 0,4 mg/kg KG, p. o.) haben gegen adulte Weibchen und Larvalstadien im Darm einen hohen Effekt (nicht gegen extraintestinale Stadien!).

Zoonotische Bedeutung Infektiöse Larven verschiedener *Strongyloides*-Arten von Tieren können in die Haut des Menschen eindringen und das Krankheitsbild der Larva migrans externa verursachen (auch bezeichnet als Larva migrans cutanea, Hautmaulwurf, engl. *creeping eruption*). Dabei entstehen Erytheme, Papeln, gewundene Bohrgänge in der Haut und Juckreiz (bis zu mehreren Wochen). Die Larven dringen i. d. R. nicht weiter in den Körper ein, sondern sterben nach einigen Wochen in der Haut ab. Dahingegen können *S. stercoralis* aus Affen oder Hunden und *S. fuelleborni* aus Affen im Menschen zu intestinalen Infektionen führen und die Geschlechtsreife erreichen. Bei immunsupprimierten Personen (S.260) sind schwere, mitunter letale Verläufe durch Hyperinfektionen mit *S. stercoralis* beschrieben.

Zum Weiterlesen

Familien Rhabditidae und Cephalobidae

Akzidentelle Ekto- und Endoparasiten

Pelodera strongyloides (Syn. *Rhabditis strongyloides*) (Familie Rhabditidae): frei lebende Nematodenart, lebt in Erde und verrottendem organischem Material. Die rhabditoiden Larven (Länge etwa 650 µm) sind als sporadische Hautparasiten bei Rind, Pferd, Hund, Nagetieren als Verursacher von Dermatitiden beschrieben, v. a. an Gliedmaßen, ventralem Körper und Perineum (s. Saari u. Nikander 2006).

Halicephalobus gingivalis (Syn. *Halicephalobus deletrix, Micronema deletrix*) (Familie Cephalobidae): ebenfalls frei lebend, gelegentlich Infektionen bei Vertebraten, am häufigsten bei Pferden und seltener bei Menschen beschrieben. Wahrscheinlich orale Infektionen über Futter. Larven dringen durch Schleimhautläsionen in den Körper ein, breiten sich weiter aus und vermehren sich sogar. Verursachen in verschiedenen Organen Granulome und degenerative Veränderungen, v. a. in Nebenhöhlen des Kopfes, ZNS, Nieren (mit speckigen, bis faustgroßen Herden) und Lunge. Klinisch u. a. zentralnervöse Störungen, Festliegen, Schwellungen im Kopfbereich, Nasenausfluss und Knochenfrakturen. Ätiologische Diagnose post mortem; Biopsie und histologischer Nachweis der Parasiten bei von außen zugänglichen Granulomen. In 1 Einzelfall war nach Resektion eines lokalisierten Granuloms Ivermectin in erhöhter Dosis wirksam.

Literaturhinweise

Basso W, Grandt LM, Magnenat AL et al. Strongyloides stercoralis infection in imported and local dogs in Switzerland: from clinics to molecular genetics. Parasitol Res 2019; 118: 255–266

Eberhardt AG, Mayer WE, Streit A. The free-living generation of *Strongyloides papillosus* undergoes sexual reproduction. Int J Parasitol 2007; 37: 989–1000

Hermosilla C, Coumbe KM, Habershon-Butcher J et al. Fatal equine meningoencephalitis in the United Kingdom caused by the panagrolaimid nematode *Halicephalobus gingivalis*: case report and review of the literature. Equine Vet J 2011; 43: 759–763

Labes EM, Wijayanti N, Deplazes P et al. Genetic characterization of *Strongyloides* spp. from captive, semi-captive and wild Bornean orangutans (*Pongo pygmaeus*) in Central and East Kalimantan, Borneo, Indonesia. Parasitology 2011; 138: 1417–1422

Nadler SA, Carreno RA, Adams BJ et al. Molecular phylogenesis and diagnosis of soil and clinical isolates of *Halicephalobus gingivalis* (Nematoda: Cephalobina: Panagrolaimoidea), an opportunistic pathogen of horses. Int J Parasitol 2003; 33: 1115–1125

Nutman TB. Human infection with *Strongyloides stercoralis* and other related *Strongyloides* species. Parasitology 2017; 144: 263–273

Riggio F, Mannella R, Ariti G et al. Intestinal and lung parasites in owned dogs and cats from central Italy. Vet Parasitol 2013; 193: 78–84

Saari SAM, Nikander S. *Pelodera* (syn. *Rhabditis*) *strongyloides* as a cause of dermatitis of 11 dogs from Finland. Acta Vet Scand 2006; 48: 18

Schaer F, Trostdorf U, Giardina F et al. *Strongyloides stercoralis*: Global distribution and risk factors associated data. PLoS Negl Trop Dis 2013; 7: e2288

Shoop WL, Michael BF, Eary CH et al. Transmammary transmission of *Strongyloides stercoralis* in dogs. J Parasitol 2002; 88: 536–539

Thamsborg SM, Ketzis J, Horii Y et al. *Strongyloides* spp. infections of veterinary importance. Parasitology 2017; 144: 274–284

11.2.2 Ordnung Strongylida

Strongylos (gr.): rund.

Die Ordnung Strongylida enthält in 4 Überfamilien sehr bedeutsame Gruppen von Nematoden (▶ **Tab. 9.1**), die im Magen-Darm-Trakt oder in der Lunge verschiedener Haus- und Wildtierarten oder des Menschen parasitieren und zusammenfassend auch als Magen-Darm-Strongyliden oder Lungen-Strongyliden bezeichnet werden. Wichtigstes gemeinsames Merkmal der Strongylida ist die meist gut ausgeprägte Bursa copulatrix der Männchen (▶ **Abb. 11.4**).

Überfamilie Strongyloidea, Familie Strongylidae

Gattung *Strongylus* sowie Gattungen der Unterfamilien Cyathostominae und Gyalocephalinae (Pferdestrongyliden)

Praxis

Erreger der **Strongylidose** der Equiden. Gattung *Strongylus* (Erreger der **Strongylose**) sowie Gattungen der Unterfamilie der Cyathostominae (Erreger der **Cythostominose**) als wichtigste Vertreter; Dickdarmnematoden, die sich mit (*Strongylus* spp.) oder ohne (Cyathostominae) Körperwanderung entwickeln und vor allem als juvenile Stadien eine Reihe von Erkrankungen verursachen können, insbesondere verschiedene Enteropathien. Adulte Würmer sind kaum pathogen. *Strongylus*-Arten treten eher selten im deutschsprachigen Raum auf, Cyathostominae sehr häufig und mit wachsender Resistenzproblematik.

Strongylos (gr.): rund. Engl.: horse strongyles.

Das Wichtigste in Kürze

- **Erreger.** Arten der Strongylidae sind Endoparasiten der Equiden; weitere, hier nicht berücksichtigte Spezies kommen bei anderen Tierarten vor (u. a. Elefant, Nashorn, Strauß). Im Dickdarm von Equiden parasitieren „große Strongyliden“ (*Strongylus vulgaris, S. equinus, S. edentatus, S. asini*) und „kleine Strongyliden“; Letztere mit 60 Arten, die wichtigsten davon aus der Unterfamilie Cyathostominae. Die früher häufigen Mischinfektionen mit Arten aus beiden Gruppen sind heute in gut betreuten Pferdebeständen sehr selten, weil die großen Strongyliden durch regelmäßige anthelminthische Behandlungen in ihrem Vorkommen stark reduziert worden sind.
- **Entwicklung.** Externe Entwicklung vom Ei bis zur frei lebenden L 3. Infektion per os durch Aufnahme von L 3. Interne Entwicklung: Kleine Strongyliden mit histotroper Phase (L 3 → L 4) in der Wand von Caecum und Colon; Hypobiose (L 3, teils auch L 4) möglich; Präpatenz artunterschiedlich 1½–3 Monate. Große Strongyliden mit parenteraler Wanderung, z. B. bei *S. vulgaris* Dickdarmwand (dort Häutung zu L 4) → arterielle Gefäße → vordere Gekrösearterie (dort Häutung zu Präadulten) → Rückkehr in Arterien zur Darmwand → Einwanderung in das Darmlumen; Präpatenz 6½–7 Monate, bei anderen *Strongylus*-Arten 8½–11 Monate.
- **Vorkommen, Epidemiologie.** Weltweite Verbreitung. Vorwiegend Weideinfektion, Hauptinfektionszeit bei großen und kleinen Strongyliden in Mitteleuropa in der 2. Hälfte der Weideperiode. Die epidemiologischen Gegebenheiten können jedoch abhängig vom Weidemanagement oder anderen Faktoren stark variieren.
- **Pathogenese.** Große Strongyliden sind wegen der parenteralen Wanderungen von Juvenilstadien besonders pathogen, vor allem *S. vulgaris* (Schädigung arterieller Gefäße). Kleine Strongyliden verursachen bei Massenbefall Enteropathien mit Proteinverlust, besonders nach Reaktivierung vieler hypobiotischer Stadien innerhalb einer kurzen Zeitspanne (larvale Cyathostominose). Adultstadien großer und insbesondere kleiner Strongyliden spielen pathogenetisch eine untergeordnete Rolle.
- **Krankheitsbild.** Chronische Verlaufsformen sind am häufigsten: Inappetenz, schlechte Kondition, Abmagerung, intermittierender Durchfall, Hypalbuminämie, Kolik. Akute Strongylose (*S. vulgaris*): embolisch-thrombotische Kolik, Lethargie, Fieber, veränderte Peritonealflüssigkeit. Larvale Cyathostominose: vorwiegend im Winter bis Frühjahr akut einsetzender, dann starker sowie persistierender Durchfall, Inappetenz, Kolik, Fieber, Hypalbuminämie, Hyper-β-Globulinämie, erniedrigter Albumin/Globulin-Quotient, Ödeme, nicht selten letaler Verlauf.
- **Diagnose.** Einachweis im Kot (Flotationsmethode) bei patenter Infektion; Unterscheidung großer und kleiner Strongyliden durch Identifikation der L 3 sowie DNA-Analyse möglich. Nachweis unreifer Stadien im Kot bei larvaler Cyathostominose. Durch Bestimmung der EpG (quantitative Flotationsverfahren) können relevante Eiausscheider identifiziert werden.
- **Therapie.** Stadien im Darm: Pyrantelverbindungen, (Pro-)Benzimidazole und makrozyklische Lactone. Problem: weitverbreitete Resistenz von Cyathostominae gegen Benzimidazole, seltener gegen Pyrantel. Hypobiotische Stadien kleiner Strongyliden in der Darmwand und Wanderstadien der großen Strongyliden: nur einige Anthelminthika wirksam, z. T. in erhöhter Dosis.
- **Bekämpfung.** Strategischer Einsatz von Anthelminthika und andere Maßnahmen (Weidemanagement, Weidehygiene). Selektive Entwurmungen zur Kontrolle von Cyathostominae bei adulten Pferden.

Verschieden Arten der Strongylidae sind weltweit die wichtigsten Endoparasiten von Pferden (= Pferdestrongyliden) und anderen Equiden (Esel, Zebra, Maultier). Weitere Vertreter dieser Familie kommen bei Elefanten, Nashörnern, Straußen und anderen Tierarten vor. Hier werden nur die Strongyliden der Equiden berücksichtigt.

Erreger Pferdestrongyliden sind etwa 0,5–5 cm lange, ziemlich dicke Nematoden (▶ **Abb. 11.8**) mit folgenden gemeinsamen Merkmalen: doppelter Blätterkranz (Corona radiata) um die Mundöffnung (▶ **Abb. 11.9**), gut entwickelte Bursa copulatrix der Männchen mit 2 langen und dünnen Spicula, große Mundkapsel bei großen und kleine

Mundkapsel bei kleinen Strongyliden. Traditionell unterscheidet man große und kleine Strongyliden, deren Längenmaße sich allerdings z. T. überschneiden (▶ Tab. 11.2).

In diesem Text werden die Arten der Gattung *Strongylus* als **große Strongyliden** bezeichnet, die Spezies aller anderen Gattungen als **kleine Strongyliden**. Diese Gruppierung ist nicht allgemein gebräuchlich, aber aus biologischer Sicht sinnvoll, weil Juvenilstadien der großen Strongyliden im Wirt ausgeprägte parenterale Wanderungen durchführen, während die der kleinen Strongyliden nur eine histotrope Phase in der Darmwand durchlaufen und zwischen diesen beiden Gruppen weitere bedeutende Unterschiede in Bezug auf die Präpatenz, Pathogenese, die Arzneimittelresistenz und andere Aspekte bestehen. Häufig werden alle kleinen Strongyliden unter der Bezeichnung der **Cyathostominen** zusammengefasst, obwohl streng genommen nur die Angehörigen der Unterfamilie Cyathostominae dazu gerechnet werden dürfen (▶ Tab. 11.2).

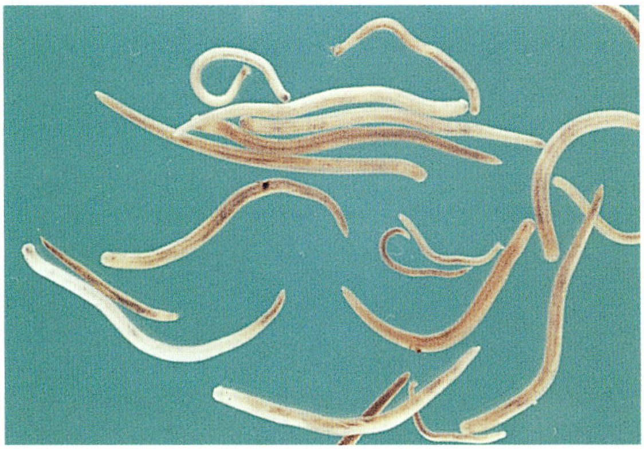

▶ **Abb. 11.8** Präadulte und Adulte verschiedener Arten der kleinen Strongyliden (Länge etwa 10–25 mm). (Quelle: Institut für Parasitologie, Vetsuisse-Fakultät, Universität Zürich)

Die Arten der Gattung ***Strongylus*** sind ca. 1–5 cm lange, etwa bindfadendicke und bräunlich gelb gefärbte Nematoden mit großer, tonnenförmiger Mundkapsel. Die in Mitteleuropa vorkommenden Arten (*S. vulgaris, S. equinus, S. edentatus*) lassen sich relativ leicht allein an den Strukturen der Mundkapseln unterscheiden (▶ Abb. 11.9). Zur Identifikation können noch weitere morphologische Merkmale (u. a. Bursa, Spicula) und DNA-Charakteristika herangezogen werden.

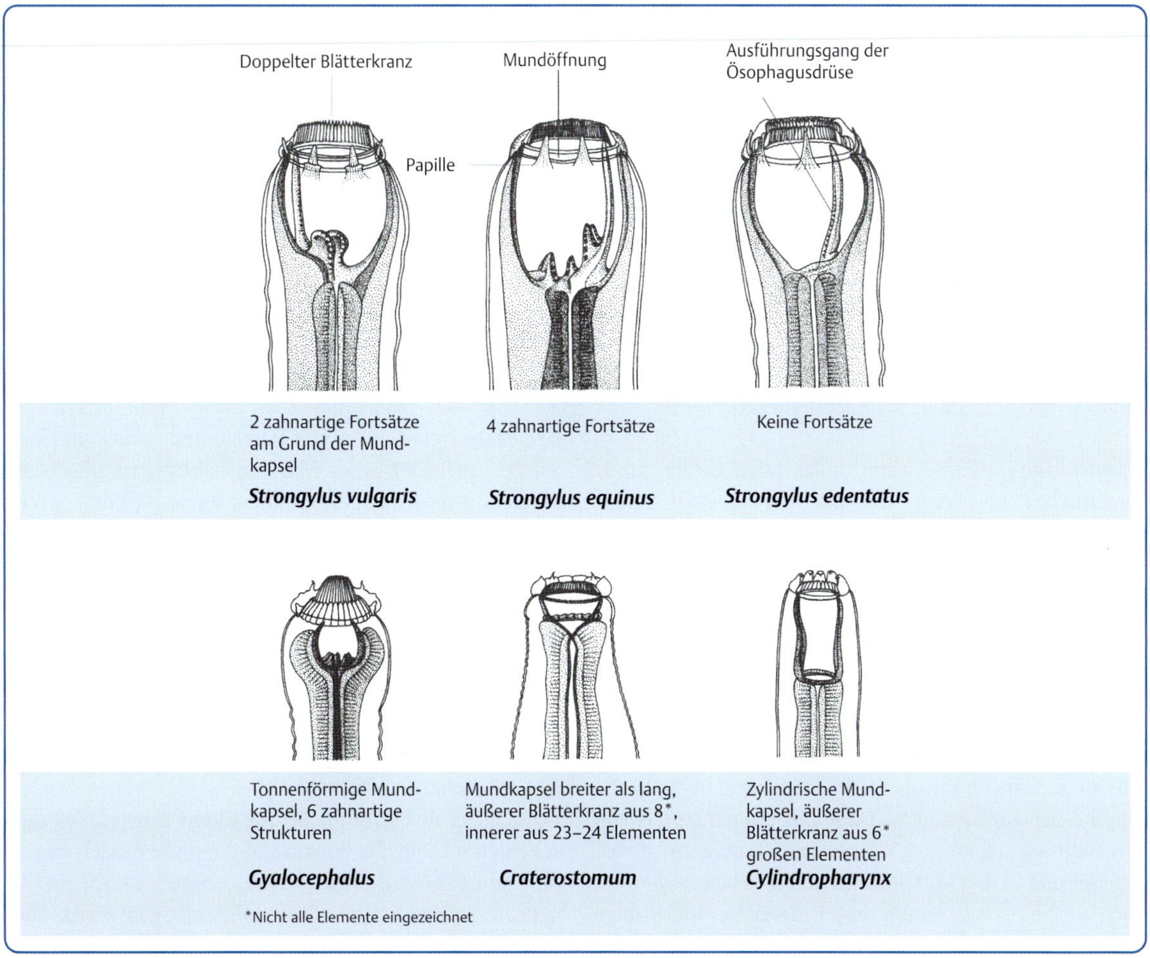

▶ **Abb. 11.9** Mundkapseln von Strongyliden, halbschematisch. (Grafik: Salome Ehrat, nach einer Vorlage von Johannes Eckert, Vetsuisse-Fakultät, Universität Zürich)

▶ **Tab. 11.2** Strongyliden der Equiden: Auswahl von Gattungen und Arten.

Sammelbezeichnung	Unterfamilien, Gattungen und Arten, Länge der Männchen (♂♂) und Weibchen (♀♀), Anzahl der Arten in Klammern
große Strongyliden[1] mit parenteraler Wanderung Präpatenz: 6½–11 Monate	Unterfamilie: Strongylinae *Strongylus vulgaris*[2], *Strongylus equinus*[2], *Strongylus edentatus*[2], *Strongylus asini* (insgesamt 4 Arten) ♂♂: 10–35 mm, ♀♀: 13–50 mm
kleine Strongyliden ohne parenterale Wanderung Präpatenz: 1½–3 Monate	Unterfamilie: Strongylinae[1] *Bidentostomum* (1), *Craterostomum*[2] (1), *Oesophagodontus* (1), *Triodontophorus*[2] (7) (insgesamt 10 Arten) ♂♂: 6–20 mm, ♀♀: 7–29 mm
	Unterfamilie: Cyathostominae *Cyathostomum*[2] (5), *Caballonema* (1), *Coronocyclus*[2] (5), *Cylicocyclus*[2] (13), *Cylicodontophorus*[2] (2), *Cylicostephanus*[2] (7), *Cylindropharynx* (3), *Petrovinema*[2] (2), *Gyalocephalus*[2] (1) und 5 weitere Gattungen mit 11 Arten (insgesamt 50 Arten) ♂♂: 4–15 mm, ♀♀: 5–22 mm

[1] *einige Autoren zählen nicht nur die Gattung Strongylus, sondern alle Gattungen der Unterfamilie Strongylinae zu den großen Strongyliden*
[2] *in Mitteleuropa nachgewiesene Arten oder Gattungen*

Die gelbweißen, teils auch rötlichen Arten der **kleinen Strongyliden** sind mit etwa 0,5–3,0 cm Länge meist etwas kleiner als die großen Strongyliden. Die häufigsten Vertreter dieser Gruppe sind die Cyathostominae mit 50 Arten, deren Mundkapseln im Vergleich zu *Strongylus* spp. deutlich kleiner sowie zylindrisch oder rechteckig sind (▶ **Abb. 11.9**). Die Cyathostominen treten regelmäßig in Mischinfektionen verschiedener Arten auf (bis 27 Arten je Tier), deren Anteile jedoch regionalen Schwankungen unterliegen. Mit Prävalenzen von 75–100 % zählen in Mitteleuropa folgende Arten zu den häufigsten: *Cyathostomum catinatum, Coronocyclus coronatus, Cylicocyclus insigne, Cylicocyclus nassatus, Cylicostephanus calicatus, Cylicostephanus goldi, Cylicostephanus longibursatus* und *Cylicostephanus minutus* (Liste aller Arten s. Lichtenfels et al. 2008). Die morphologische Artbestimmung ist schwierig und muss Speziallabors überlassen werden; zur Identifikation stehen auch molekulare Methoden zur Verfügung.

Entwicklung Die Entwicklung umfasst eine externe (präparasitische) und eine interne (parasitische) Phase (▶ **Abb. 11.10**).

Externe (präparasitische) Entwicklung Die externe (präparasitische) Entwicklung verläuft bei den großen und kleinen Strongyliden prinzipiell gleichartig. In den von Strongylidenträgern im Kot ausgeschiedenen, dünnschaligen Eiern, die i. d. R. mehr als 8 Furchungszellen enthalten, entwickeln sich in kurzer Zeit L 1, die ausschlüpfen, sich von Fäkalbakterien ernähren, heranwachsen und sich zur L 2 häuten. Diese Stadien nehmen ebenfalls Nahrung auf, aus der Vorratsstoffe (vor allem Lipide) gebildet und in den Mitteldarmzellen abgelagert werden. Nach weiterem Wachstum mit Differenzierung erfolgt die weitere Entwicklung zur L 3 (S. 251), die gegen Umwelteinflüsse durch die Uvea (Scheide) geschützt ist. Die L 3 stellt das infektionsfähige Stadium dar, das auf der Weide wochen- bis monatelang überleben kann, obwohl es keine Nahrung aufnimmt. Die L 3 verlassen den Kot aktiv oder sie werden passiv verbreitet. Bei genügender Feuchtigkeit wandern die L 3 auf Pflanzen auf, mit denen sie von weidenden Pferden aufgenommen werden.

Interne (parasitische) Entwicklung Im Darmkanal von Equiden schlüpfen die L 3 unter dem Einfluss der gegebenen physiologischen Bedingungen (pH-Wechsel, Gallensalze usw.) aktiv aus der Scheide. Damit beginnt die interne Entwicklungsphase, die bei den großen und kleinen Strongyliden sehr unterschiedlich verläuft.

Die entscheideten L 3 der **kleinen Strongyliden** dringen im Caecum oder Colon in die Schleimhaut (Mukosa oder Submukosa) ein, wo sie sich innerhalb von 6–12 Tagen zur L 4 häuten (▶ **Abb. 11.11**). Diese Larven verbringen in der Schleimhaut eine histotrope Phase, die meist 1–2 Monate, manchmal aber auch wesentlich länger dauert, kehren dann in das Darmlumen zurück und entwickeln sich nach einer weiteren Häutung zu präadulten Stadien (gelegentlich erfolgt diese letzte Häutung bereits in der Darmwand). Die adulten Stadien siedeln sich vorwiegend im ventralen Colon sowie im Caecum an, teils auch im dorsalen Colon. Die Präpatenzen schwanken bei den einzelnen Arten (soweit heute bekannt) zwischen 1½ und 3 Monaten, die Patenz kann bis zu 2½ Jahren dauern. Ein wichtiges Phänomen in der Entwicklung der kleinen Strongyliden ist die Hypobiose (S. 268). Über Besonderheiten der Entwicklung der verschiedenen Arten sind die Kenntnisse lückenhaft.

Auch bei den **großen Strongyliden** dringen die entscheideten L 3 in die Darmwand ein und entwickeln sich dort zu L 4 (Ausnahme *S. edentatus*, ▶ **Abb. 11.12**). Im Gegensatz zu den kleinen Strongyliden begeben sich aber Juvenilstadien der *Strongylus*-Arten auf ausgedehnte parenterale Wanderungen; ihr biologischer Sinn ist bisher ungeklärt, ihre praktische Bedeutung liegt in den erhebli-

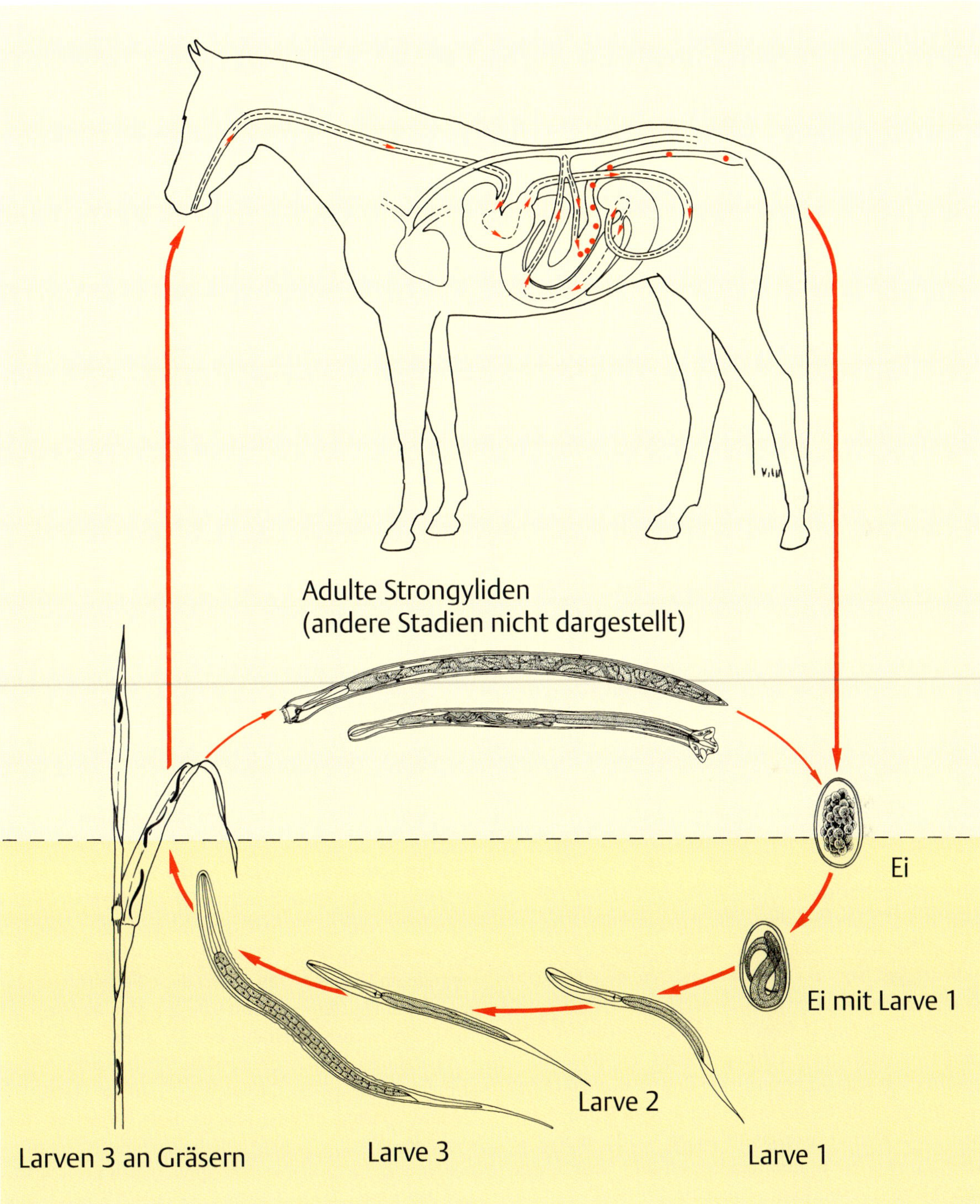

▸ **Abb. 11.10** Entwicklungszyklus von *Strongylus vulgaris*. Kleine rote Pfeile: Infektionsweg von L 3 zu den adulten Stadien im Caecum. Rote Punkte: Ausscheidungsweg der Eier. (Grafik: Salome Ehrat, nach einer Vorlage von Johannes Eckert und Peter Deplazes, Vetsuisse-Fakultät, Universität Zürich)

chen, je nach Art unterschiedlichen Schadwirkungen, die von den Wanderstadien ausgehen können. Bevorzugte Ansiedlungsorte der adulten großen Strongyliden sind das Caecum (*S. vulgaris*) oder der Übergangsbereich zwischen Caecum und Colon sowie das ventrale Colon (*S. equinus*, *S. edentatus*). Die Präpatenzen sind bei den großen Strongyliden mit 6½–11 Monaten wesentlich länger als bei den kleinen Strongyliden; die Patenz wird für *S. vulgaris* mit 1½ Jahren angegeben.

Vorkommen *Strongylus vulgaris*, *S. edentatus* und *S. equinus* kommen kosmopolitisch vor, *S. asini* ist weniger weit verbreitet (Afrika, Asien, Südamerika). Patente Infektionen mit den früher häufigen *Strongylus*-Arten sind der-

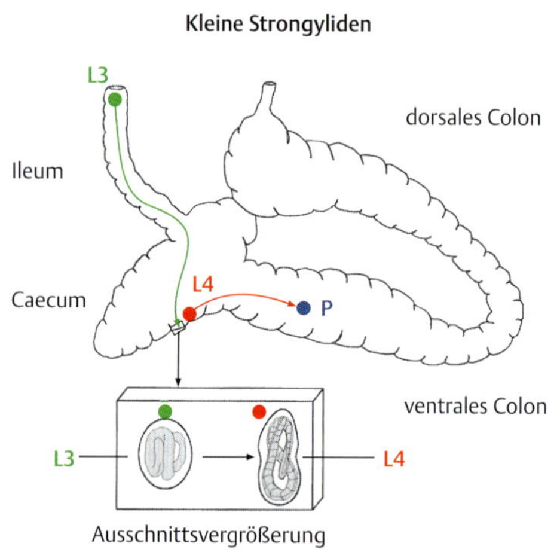

Entwicklung:
Eindringen entscheidender Larven (L3) in Darmwand und Häutung zu L4
→ Rückkehr in das Darmlumen, Häutung zu Präadulten (P)
Hypobiose von L3 in Darmwand möglich
Präpatenz: 1½ -3Monate

▶ **Abb. 11.11** Interne Entwicklung von Cyathostominae. (Grafik: Salome Ehrat, nach einer Vorlage von Johannes Eckert, Vetsuisse-Fakultät, Universität Zürich)

zeit in Pferdebeständen, in denen während vieler Jahre eine regelmäßige Bekämpfung dieser Parasiten erfolgte, selten geworden (Beispiel: Nachweis von *S. vulgaris* in 0,8 % von 126 Pferdebeständen 2011 in Brandenburg mittels Larvenkultur sowie in DE 2013/2014 mittels PCR in 1,9 % von 501 Einzelproben). Bei weniger intensiver, selektiver Behandlung oder fehlender Bekämpfung sowie in Abhängigkeit von der Haltung und anderen Faktoren kann aber die Prävalenz der *Strongylus*-Arten nach wie vor recht hoch sein. Die Cyathostominen sind in fast allen Pferdebeständen anzutreffen, allerdings mit erheblichen Unterschieden im Artenspektrum und in den Prävalenzen. Die Intensitäten des Befalls mit großen Strongyliden sind i. d. R. niedrig (wenige bis einige 100 Exemplare je Tier), dagegen bei Cyathostominen oft sehr hoch (einige 1000 bis etwa 3 Mio. Exemplare je Tier).

Epidemiologie Eine genaue Kenntnis der Epidemiologie ist eine wichtige Voraussetzung für die Entwicklung von Bekämpfungsprogrammen.

Ansteckung Pferde infizieren sich vorwiegend während der Weideperiode durch die perorale Aufnahme von L 3 mit Futterpflanzen (▶ **Abb. 11.13**). Ansteckungen in Stallungen und in Ausläufen sind möglich, wenn sich L 3 im Kot oder in der Streu entwickelt haben und von den Pferden mit Futter vom Boden aufgenommen oder von Stallwänden abgeleckt werden. Ferner können L 3 mit kontaminiertem Grünfutter oder Heu eingeschleppt werden und zu Infektionen führen. Solche Stallinfektionen sind aber von untergeordneter epidemiologischer Bedeutung.

Kontamination der Weiden mit Strongyliden-Eiern Die Kontamination der Weiden mit Strongyliden-Eiern erfolgt durch den Kot von Pferden, die Träger geschlechtsreifer Strongyliden sind (▶ **Abb. 11.13**). Dabei handelt es sich um ältere Pferde (z. B. Stuten), die sich bereits in der vorherigen Weidezeit angesteckt haben und während der Winterperiode wegen fehlender oder unzureichender Behandlung Strongylidenträger geblieben sind. Solche Tiere können im Frühjahr mehr Eier ausscheiden als im Winter. Bei Befall mit Cyathostominae ist ein Zusammenhang zwischen der erhöhten Eiausscheidung im Frühjahr und der Reaktivierung hypobiotischer Stadien (s. u.) erwiesen. Ferner können sich Fohlen bereits im Frühjahr oder später im Verlauf der Weideperiode anstecken und frühestens nach 1½ Monaten (kleine Strongyliden) oder 6½ Monaten (große Strongyliden) Eier im Kot ausscheiden. Ein Teil der im Spätherbst auf die Weiden gelangten Eier kann bis zum nächsten Frühjahr entwicklungsfähig bleiben. Esel sind für verschiedene Arten großer und kleiner Strongyliden empfänglich und müssen daher bei gemischtem Weiden mit Pferden als potenzielle Eiausscheider in Betracht gezogen werden. Im Hinblick auf die Bekämpfung (S. 274) ist wichtig, dass in einer Gruppe häufig nur wenige Pferde eine hohe Eiausscheidung zeigen, dadurch aber den größten Beitrag zur Weidekontamination mit Strongyliden-Eiern leisten.

Kontamination der Weiden mit infektiösen Larven (L 3) Aus den im Kot abgesetzten Strongyliden-Eiern entwickeln sich bei genügender Feuchtigkeit und optimalen Temperaturen von 25–30 °C in knapp 1 Woche L 3; bei niedrigeren Temperaturen dauert diese Entwicklung länger. Die Mindesttemperatur für die Entwicklung liegt bei 10 °C, die Höchsttemperatur bei 35 °C. Bei niedrigeren Temperaturen oder Trockenheit ist die Entwicklung unterbrochen. Bei 15–20 °C leben die L 3 auf der Weide 1–2 Monate, Trockenperioden können diese Larven bei ausreichender Feuchte (> 20 %) innerhalb der Kotballen überstehen, z. B. die Larven kleiner Strongyliden für 3–4 Monate. Die L 3 großer und kleiner Strongyliden haben eine erhebliche Kälteresistenz und können in Mitteleuropa auf Weiden überwintern. Der Zahl der überwinternden Larven wird von verschiedenen Faktoren beeinflusst, u. a. vom Grad und der Dauer der Weidekontamination im vorhergehenden Herbst sowie von den Witterungsbedingungen (Temperatur, Feuchte, Schneedecke usw.). Der Grad der Weidekontamination mit L 3 im Verlauf der Weideperiode hängt von der Intensität der Eiausscheidung durch Parasitenträger, der Besatzdichte, den Altersgruppen der Pferde sowie von den Entwicklungs- und Überlebensbedingungen der Larven ab.

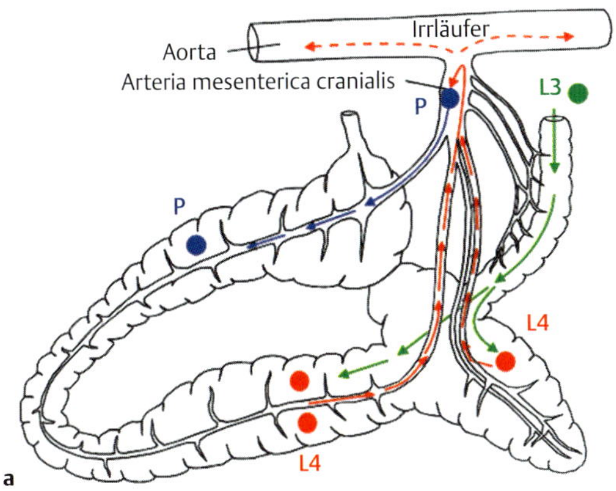

a

Strongylus vulgaris

Entwicklung:
Eindringen von L3 in Dickdarmwand und Häutung zu L4
→ Wanderung von L4 in Arterien zur A. mesenterica cranialis, Häutung zu Präadulten (P) ab 90. Tag p. i.
→ Rückwanderung in Arterien zum Darm.
Präpatenz: 6½ – 9 Monate

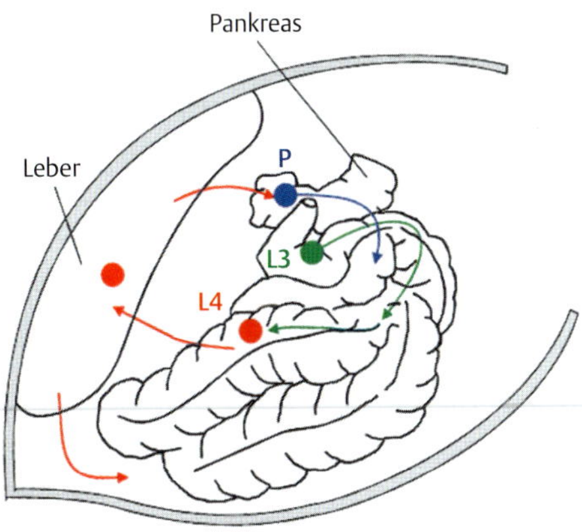

b

Strongylus equinus

Entwicklung:
Eindringen von L3 in Dickdarmwand und Häutung zu L4
→ Wanderung von L4 durch Peritonealhöhle zur Leber, dort mehrwöchige Migration
→ Wanderung zum Pankreas, Häutung zu Präadulten (P)
→ Wanderung vom Pankreas zum Caecumkopf.
Präpatenz: 8½ – 9 Monate

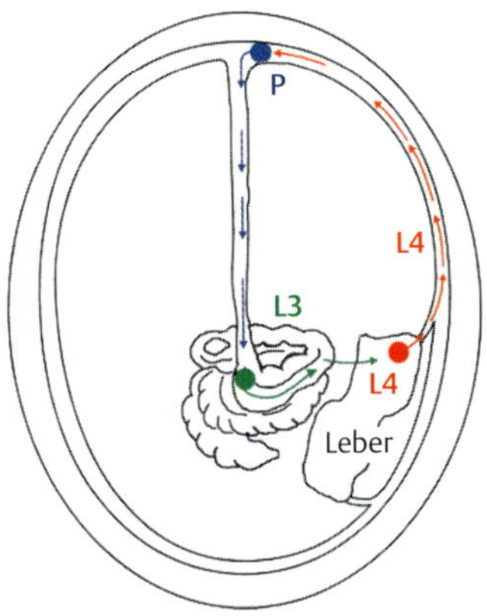

c

Strongylus edentatus

Entwicklung:
Eindringen von L3 in Darmwand, Transport im Pfortaderblut zur Leber, Häutung zu L4
→ Migration über Leberbänder, subperitoneal, Häutung zu Präadulten (P)
→ Rückwanderung im Mesenterium zum Darm.
Präpatenz: 10½ – 11 Monate

▸ **Abb. 11.12** Interne Entwicklung von *Strongylus*-Arten.
a *Strongylus vulgaris* (Grafik: Salome Ehrat, nach einer Vorlage von Johannes Eckert, Vetsuisse-Fakultät, Universität Zürich)
b *Strongylus equinus* (Grafik: Salome Ehrat, nach einer Vorlage von Johannes Eckert, Vetsuisse-Fakultät, Universität Zürich)
c *Strongylus edentatus* (Grafik: Salome Ehrat, nach einer Vorlage von Johannes Eckert, Vetsuisse-Fakultät, Universität Zürich)

Saisondynamik der infektiösen Larven Wichtig für das Verständnis der Epidemiologie ist die Saisondynamik der infektiösen Larven (▸ **Abb. 11.13**). Larven aus der überwinterten Population können unter den mitteleuropäischen Klimabedingungen bis Mai oder Anfang Juni überleben, ein geringer Anteil auch länger (bis 12 Monate). Selbst wenn dann die Dichte der Larven pro kg Gras meist gering ist, kann sie für Initialinfektionen ausreichen. Auf kontaminierten Weiden, auf denen permanent ältere Pferde grasen, kommt es etwa ab Juli/August zu einem Anstieg der Larvendichte, die gewöhnlich bis zum Ende der Weideperiode hoch bleibt, wie in ▸ **Abb. 11.13** schematisch dargestellt ist. Diese Dynamik unterliegt temperatur- und feuchteabhängigen Schwankungen. Die

Gründe für den Anstieg der Larvendichte sind die zunehmende Kontamination der Flächen mit Strongyliden-Eiern, die beschleunigte Larvenentwicklung bei sommerlichen Temperaturen sowie die im Sommer und Spätsommer günstigen Bedingungen für die Translokation der L3, d.h. für ihren Übergang vom Kot an die Futterpflanzen. Dieser Übergang erfolgt aktiv, wenn die Larven bei genügender Feuchte in einem dünnen Flüssigkeitsfilm aus dem Kot auswandern (bis etwa 30 cm in horizontaler Richtung) und auf Pflanzen aufwandern (etwa bis 10 cm vertikal). Bei Trockenheit oder starker Sonneneinstrahlung ziehen sich die Larven in die oberen Bodenschichten oder in Blattachseln zurück. Passiv kann die Translokation der Larven auf unterschiedliche Weise erfolgen [Auswaschen bei Regen, Verstreuen beim mechanischen Ausbreiten des Kotes, Verschleppen durch Mistkäfer u.a. Insekten, Verschleudern durch Pilzsporen; s. auch Trichostrongyliden (S. 287)].

Hauptinfektionszeit Aus den Ausführungen zur Saisondynamik der infektiösen Larven und der ▸ **Abb. 11.13** ergibt sich, dass auf Permanentweiden Ansteckungen während der gesamten Weideperiode möglich sind, jedoch das größte Infektionsrisiko in der 2. Hälfte der Weideperiode besteht, weil dann die Larvendichten an den Futterpflanzen am höchsten sind. Diese Periode des erhöhten Infektionsrisikos wird hier als Hauptinfektionszeit bezeichnet. Dabei ist jedoch auch der Witterungsverlauf von wesentlicher Bedeutung; so kann z.B. bei lang andauernder Trockenheit während der Sommermonate die Larvendichte auf der Vegetation im August/September sehr gering sein. Weiterhin beeinflussen das Weidemanagement und andere Bekämpfungsmaßnahmen die Larvendichte und -dynamik. Bei ganzjähriger Beweidung von Flächen besteht im Winter unter normalen Wetterbedingungen nur ein geringes Ansteckungsrisiko.

Hypobiose der Larven von Cyathostominae Ein interessantes biologisches Phänomen mit epidemiologischer und pathogenetischer Bedeutung ist die Hypobiose der Larven von Cyathostominen. Dabei unterbrechen die nach der Infektion in die Darmwand eingedrungenen, eingekapselten Larven ihre Entwicklung für längere Zeit, und zwar als L3 (Länge etwa 0,5 mm), z.T. auch als L4. Bei Pferden, die wenigstens eine Saison auf der Weide verbracht haben, sind in Mitteleuropa hypobiotische Stadien ganzjährig vorhanden. Ihr Anteil nimmt ab Juli stark zu und kann im Winter (bei massivem Befall) 95 % der Gesamtwurmbürde erreichen. Die Reaktivierung hypobiotischer Stadien erfolgt meist allmählich im ausgehenden Winter oder im Frühjahr und führt zur Entwicklung einer neuen Population geschlechtsreifer Stadien, gefolgt von erhöhter Eiausscheidung. Bei synchroner Reaktivierung zahlreicher hypobiotischer Stadien kann es zu schweren Erkrankungen kommen (s. Pathogenese). Als mögliche Ursachen für Beginn und Ende der Hypobiose bei den Cyathostominae werden verschiedene Faktoren diskutiert, u.a. die Infektionsdosis, die Anzahl der im Darm vorhandenen adulten Würmer, eine Beseitigung adulter Würmer durch Chemotherapie, der Immunitätsstatus des Wirtes und Umweltfaktoren [s. Trichostrongyliden (S. 294)].

Pathogenese Beide Gruppen von Strongyliden können in Abhängigkeit von der Befallsintensität, dem Immunstatus der Equiden und anderen Faktoren erhebliche Schadwirkungen entfalten.

Befall mit kleinen Strongyliden (vor allem Cyathostominen) Die Pathogenität einzelner kleiner Strongyliden ist zwar gering, doch kann starker Befall erhebliche Schäden verursachen. Pathogenetisch sind hauptsächlich die **Larvalstadien** (L3 und L4) in der Darmwand wichtig. In der Mukosa und Submukosa induzieren die sich aufrollenden Larven kleine Knötchen (etwa 0,5–5 mm Durchmesser), die durch Ansammlung von Zellen entstehen.

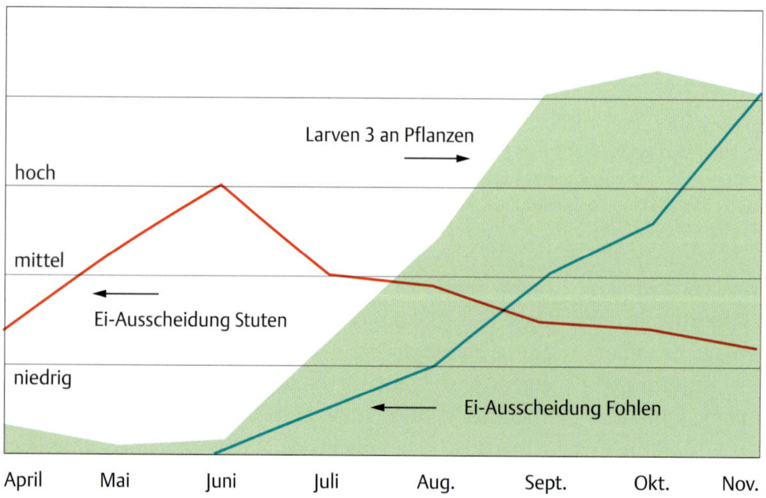

▸ **Abb. 11.13** Schema der Epidemiologie der Pferdestrongylidose in Mitteleuropa. Ausscheidung von Strongyliden-Eiern durch Stuten und Fohlen sowie Kontamination von Weideflächen mit infektiösen Larven. (Grafik: nach einer Vorlage von Johannes Eckert, Institut für Parasitologie, Vetsuisse-Fakultät, Universität Zürich)

Die Anzahl der Knötchen kann hohe Dichten erreichen (20–60 pro cm² Schleimhaut). Später werden die Larven von Fibroblasten umgeben und bindegewebig eingekapselt (▶ Abb. 11.14). In den betroffenen Darmabschnitten kommt es zu erheblicher Vermehrung der Becherzellen. In die Umgebung der Wurmknötchen wandern häufig Lymphozyten (T-Lymphozyten), Makrophagen, Eosinophile und Plasmazellen ein. Weitere Veränderungen sind kleine Mukosablutungen, ausgedehnte entzündliche Infiltrationen in der Mukosa und Submukosa sowie Ödematisierung der Darmwand. Diese Veränderungen werden auf die direkte Einwirkung der Parasiten und die Freisetzung von Entzündungsmediatoren aus bestimmten Zellen zurückgeführt. In den befallenen Dickdarmabschnitten sind die Konzentrationen der Cytokine IL-4 und IL-10 signifikant erhöht, die von TNF-α nur bei Auswanderung zahlreicher Larven aus der Darmwand. Die Cytokine könnten proinflammatorische Reaktionen hemmen oder Immunreaktionen regulieren, die zur erhöhten Produktion von IgG_1 und IgE, zur Mastzellaktivierung und vermehrter Mucusbildung führen. Vermutlich spielen Mastzellen und von ihnen produzierte Proteinasen in der Abwehr eine Rolle. Durch die geschädigte Schleimhaut können Proteine (vor allem Albumin), Flüssigkeit und Mineralstoffe in den Darmtrakt austreten und vermutlich auch schädliche Stoffe aus dem Darm in den Körper übergehen. Der Befall mit hypobiotischen Larven geht i. d. R. allerdings nicht mit ausgeprägten Immunreaktionen einher und häufig sind auch mit sehr hohen Larvenzahlen infizierte Darmabschnitte ohne entsprechende pathologische Veränderungen. Allerdings entstehen besonders massive Veränderungen bei der plötzlichen Reaktivierung und Auswanderung hypobiotischer Stadien aus der Darmwand. Auch nach Chemotherapie können ähnliche Veränderungen auftreten. So wurde nach Fenbendazol-Therapie beobachtet, dass sich T-Lymphozyten und Eosinophile um die L4 in der Submukosa ansammelten, die Parasiten durch Granulome eingeschlossen wurden, sich Eosinophile an der Parasitenoberfläche anlagerten und die L4 desintegrierten. Die anschließende Abstoßung defekter L4 kann bei massivem Befall unter Umständen der larvalen Cyathostominose ähnliche klinische Symptome verursachen.

Die **adulten Stadien** spielen pathogenetisch eine untergeordnete Rolle, da sie sich zwar mit der Mundkapsel an der Schleimhaut festheften, aber meist nur eng begrenzte und geringgradige Läsionen der oberflächlichen Gewebeschichten verursachen. Sie ernähren sich hauptsächlich von Darmmucus, einige Arten können Kapillaren eröffnen und Blut saugen.

Befall mit großen Strongyliden Die Strongyliden der Gattung *Strongylus* haben ein hohes Pathogenitätspotenzial, vor allem wegen der Körperwanderung ihrer **Juvenil-**

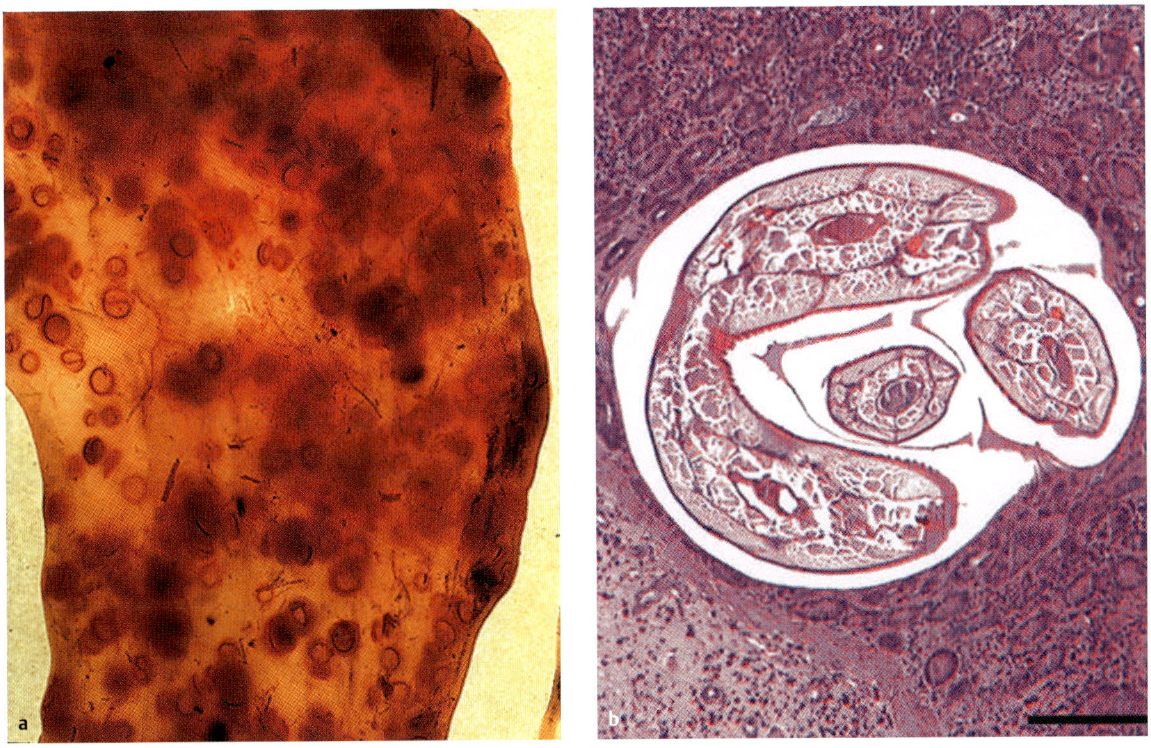

▶ **Abb. 11.14** Kleine Strongyliden.
a Larven (Länge ca. 2–4 mm) in der Dickdarmwand (Quelle: Kurt Pfister, Institut für vergleichende Tropenmedizin und Parasitologie, Ludwig-Maximilians-Universität München)
b Histologischer Schnitt (Quelle: Anja Taubert, Institut für Parasitologie, Justus-Liebig-Universität Gießen)

▸ **Tab. 11.3** Vergleichende Übersicht zur Pathogenese der Strongylose (s. auch ▸ Abb. 11.12).

Stadien der Parasiten und betroffene Organe	*Strongylus vulgaris*	*Strongylus equinus*	*Strongylus edentatus*
L 3 und L 4 in der Darmwand zu Beginn der Körperwanderung	**Dickdarm:** hämorrhagische Herde in Mukosa von Caecum und ventralem Colon (auch Ileum), entzündlich-reaktive Knötchen in Mukosa und Submukosa	**Dickdarm:** wie bei *S. vulgaris*, auch subseröse Blutungen an Ileum und Dickdarm	**Dickdarm:** kaum Veränderungen bei Einwanderung von L 3; später subseröse, hämorrhagische Knötchen an Caecum und Colon möglich; vermutlich verursacht durch inhibierte Larven
Wanderstadien (L 4 und Präadulte) in verschiedenen Organen	**Dickdarm:** Thromboarteriitis submuköser Arteriolen und Arterien **Mesenterialarterien:** Thromboarteriitis (Aneurysma) der vorderen Gekrösearterie und ihrer Verzweigungen, Embolien und Infarkte im Dünn- und Dickdarm mit und ohne Darminvagination; Peritonitis **Bauchganglien:** Perineuritis	**Leber:** initial entzündliche Reaktionsherde (2–3 mm), später gewundene Wandergänge und Fibrose **Peritonealhöhle:** granulomatöse Omentitis, Peritonitis **Retroperitoneum:** subseröse granulomatöse Entzündungsherde **Pankreas:** Verlust sekretorischer Zellen, Fibrose	**Leber:** entzündliche Reaktionsherde um L 3, später gewundene Wandergänge **Peritonealhöhle:** hämorrhagische und entzündliche Reaktionsherde subserös an Darm, Bauchwand u. a. Organen; Verklebungen (Großes Netz, verschiedene Darmteile u. a.); Ursache: vermutlich allergische Reaktion
Streuung von Wanderlarven in verschiedene Organe	Intimaverdickung und Thrombenbildung in Aorta u. a. Gefäßen (Herz, Hintergliedmaßen u. a.); Wandergänge in Leber; Encephalomyelitis u. a.	L 4 und Präadulte: retroperitoneale Hämorrhagien und Entzündungsherde an Diaphragma, Flankenregion, perirenal u. a.	vereinzelt Reaktionsherde in der Lunge
Wanderstadien (vorwiegend L 4, auch Präadulte) bei Rückkehr in die Darmwand	**Dickdarm:** Defekte an Endarterien, lokalisierte Ödeme, Blutungen, reaktive Entzündungsherde (Wurmknötchen) in Caecum und ventralem Colon	**Dickdarm:** reaktive Entzündungsherde (Wurmknötchen) in Wand von Caecum und Colon	
adulte Stadien im Dickdarm	kleine Schleimhauterosionen an Ansitzstellen der Parasiten, Blutentzug durch Parasiten		
Präpatenz (Monate)	6½–7	8½–9	10½–11

stadien (▸ Tab. 11.3). Bei hochempfänglichen Fohlen können bereits Erstinfektionen mit 200 L 3 von *S. vulgaris* oder 250 L 3 von *S. edentatus* Kolik und/oder andere Symptome hervorrufen. In jüngeren Untersuchungen wiesen Pferde mit positivem *S. vulgaris*-Antikörperbefund ein ca. 5-fach höheres Risiko für nicht strangulierende intestinale Infarzierungen auf als Kontrollpferde. Bei hochgradigen Infektionen mit *S. vulgaris* können schwere akute Koliken mit häufig letalem Ausgang entstehen.

Besonders gravierend sind die durch ***S. vulgaris*-Larven** während ihrer Wanderung auf oder in der Intima verursachten Schäden des arteriellen Gefäßsystems (Thromboarteriitis submuköser Arteriolen und Arterien, Thromboarteriitis und Aneurysmabildung der vorderen Gekrösearterie und ihrer Verzweigungen) und der sich daraus ergebenden Veränderungen (Bildung von Embolien, Darminfarkte und lokale Peritonitis) und funktioneller Störungen (Beeinträchtigung der Blutzirkulation, Kolik) (▸ **Abb. 11.15**, ▸ **Abb. 11.16**, ▸ **Abb. 11.17**, ▸ **Abb. 11.18**). Gelegentlich weichen Juvenilstadien vom normalen Wanderweg ab, migrieren von der vorderen Gekrösewurzel in der Wand der Aorta nach kranial bis zum Herzen oder nach kaudal. Anzeichen dafür sind u. a. typische Gefäßwandschäden am Aortenbogen und der Aortenklappe oder Veränderungen der Arteria femoralis und anderer Arterien, die an den Hintergliedmaßen Ursache des „intermittierenden Hinkens“ sein können. Mit dem Blut in verschiedene Organe abgeschwemmte Juvenilstadien können dort noch weiter wandern und erhebliche Schäden anrichten (z. B. in Rückenmark und Gehirn). Bei

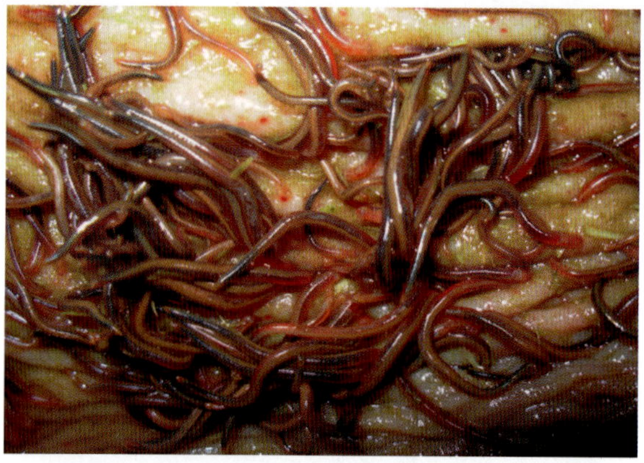

▸ **Abb. 11.15** Große Strongyliden (ca. 3–5 cm) auf der Dickdarmschleimhaut eines Pferdes. (Quelle: Dr. K. Tomczuk, Tomaszowice, Polen)

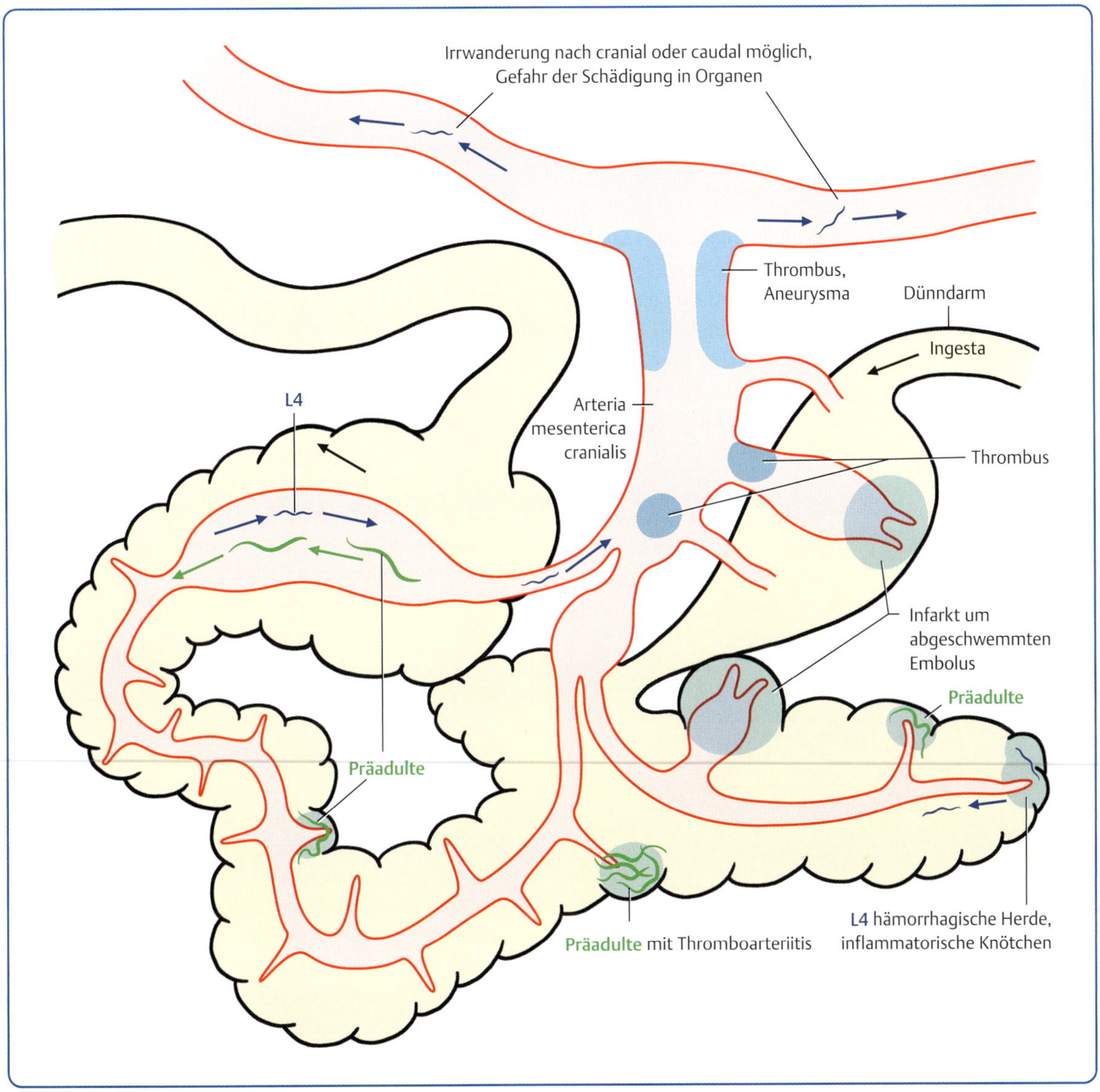

▶ **Abb. 11.16** *Strongylus vulgaris*: Schema der Pathogenese. (Grafik: Holger Vanselow, Stuttgart, nach einer Vorlage von Horst Zahner)

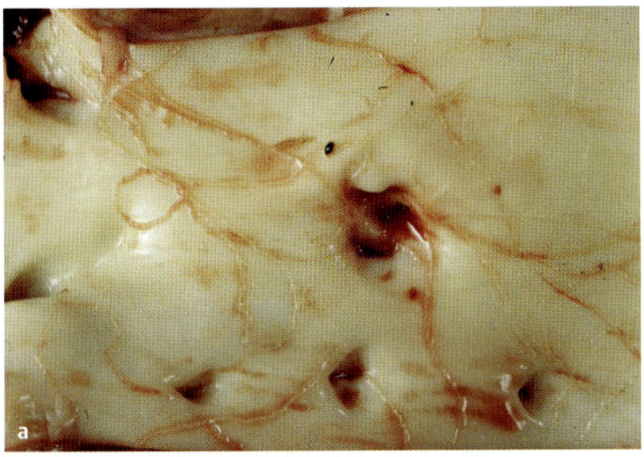

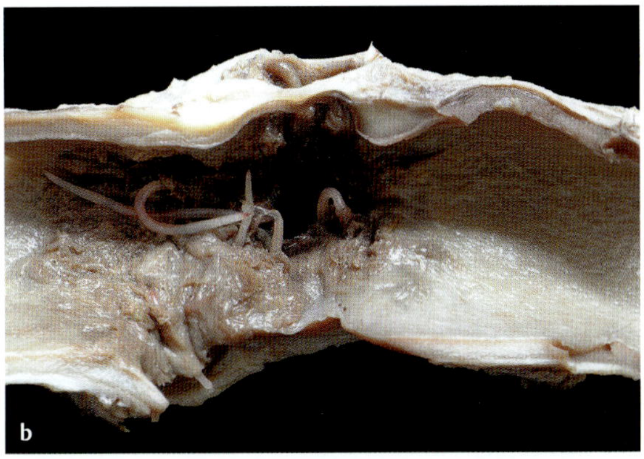

▶ **Abb. 11.17** *Strongylus vulgaris*

a Frische, reaktionslose Larvenbohrgänge in der Intima der Aorta. (Quelle: Institut für Tierpathologie, Freie Universität Berlin)

b Endothelschäden sowie umfangreicher, bindegewebig organisierter Abscheidungsthrombus mit mehreren Larvenstadien am Übergang zwischen Aorta und Arteria mesenterialis cranialis. (Quelle: Institut für Tierpathologie, Freie Universität Berlin)

S. equinus und ***S. edentatus*** findet keine Wanderung in den arteriellen Gefäßen statt, doch verursachen diese Arten Veränderungen in der Leber und anderen Organen. Bei ***S. equinus*** sind der Verlust sekretorischer Zellen und die Fibrose des Pankreas besonders bemerkenswert (► **Tab. 11.3**).

Die **Adultstadien** der *Strongylus*-Arten setzen sich an der Schleimhaut des Caecums und Colons fest, saugen einen Schleimhautpfropf in ihre große Mundkapsel ein, verdauen dieses Gewebe und nehmen Gewebebestandteile sowie austretendes Blut als Nahrung auf. Dadurch entstehen kleine, oberflächliche Schleimhauterosionen an den Ansitzstellen. Bei starkem Befall können damit geringgradiger Albumin- und Blutverlust sowie Störungen der Darmmotilität verbunden sein (► **Abb. 11.15**).

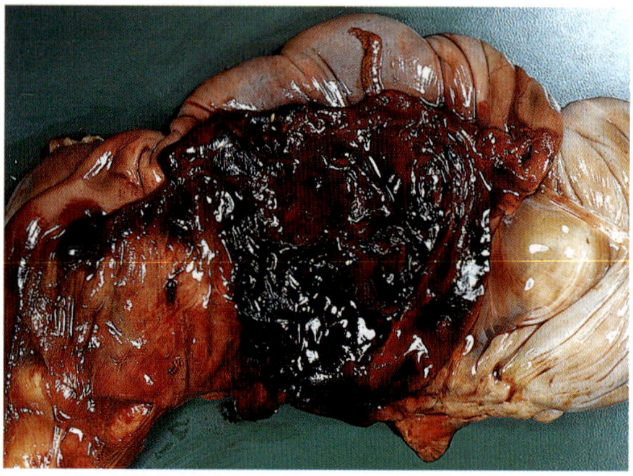

► **Abb. 11.18** *Strongylus vulgaris*: Darminfarkt, Pferd. (Quelle: Johannes Eckert, Institut für Parasitologie, und J. Pohlenz, Institut für Veterinärpathologie, Vetsuisse-Fakultät, Universität Zürich)

Krankheitsbild der Cyathostominose Bei der weit überwiegenden Zahl der infizierten Tiere verläuft die Infektion mit Cyathostominen ohne maßgebliche klinische Veränderungen. In der Literatur sind allerdings verschiedene Krankheitsformen beschrieben worden, von denen einige in ► **Tab. 11.4** aufgeführt sind.

Krankheitsbild der Strongylose Meist chronische, seltener akute Form (Letztere tritt vorwiegend bei starken Erstinfektionen von Jungtieren auf, vor allem bei Befall mit *S. vulgaris*).

Chronische Form Inappetenz, Abmagerung, raues Haarkleid, z. T. intermittierender Durchfall, rezidivierende Koliken, Hypalbuminämie, Hyper-β-Globulinämie, transiente Neutrophilie und Eosinophilie.

Akute Form Inappetenz, Fieber, Lethargie, Kolik, Veränderungen der Peritonealflüssigkeit (dunklere Farbe, vermehrt Erythrozyten, kernhaltige Zellen, Protein, Lactat), erhöhte Serumwerte von Lactat, alkalischer Phosphatase und γ-Glutamat-Transpeptidase, Hypalbuminämie. Schwere Erkrankungen können rasch letal verlaufen. Im ZNS wandernde Stadien von *S. vulgaris* sind Ursache von Festliegen und anderen ZNS-Störungen.

Immunologie Natürliche Infektionen mit **kleinen Strongyliden** induzieren eine Immunität, die sich langsam entwickelt und mit zunehmendem Lebensalter zu einer Reduktion der Wurmbürden und der Eizahlen führen kann, oft aber schwach ausgeprägt ist. So können Pferde verschiedener Altersgruppen trotz ihrer Abwehrreaktionen erhebliche Wurmbürden beherbergen. Ausdruck einer

► **Tab. 11.4** Wichtige Krankheitsformen bei Befall mit Cyathostominen (= Cyathostominose).

Krankheitsformen	Zeit des Auftretens	vorwiegend betroffene Tiergruppen	klinische Symptome und Laborwerte
chronische Cyathostominose	während der Weideperiode (meist gegen Ende)	Jungtiere im 1. Jahr, Einzeltiere oder Gruppen betroffen	**Klinik:** gestörte Gewichtszunahme, struppiges Haarkleid, wechselnde Kotkonsistenz, teils leichter und wechselnder Durchfall **Laborwerte:** i. d. R. normal, nach Ablauf der Präpatenz Strongyliden-Eier im Kot
chronische Diarrhö	keine klare Saisonalität	meist Pferde > 1 Jahr, nur ein Teil der Gruppe betroffen	**Klinik:** chronische Diarrhö von 1–8 Wochen Dauer, z. T. rekurrierend **Laborwerte:** teils Hypalbuminämie, Neutrophilie, erhöhte SAP und SFA; Strongyliden-Eier im Kot: keine bis viele; Larvalstadien: in einigen Fällen im Kot oder in Darmwandbiopsie nachweisbar
larvale Cyathostominose (Winter-Cyathostominose)	November bis Frühjahr (Frühsommer)	junge und ältere Pferde bis 6 Jahre, nur ein Teil der Gruppe betroffen	**Klinik:** akut einsetzende, dann persistierende Diarrhö, Gewichtsverlust, teils Kolik, Fieber, subkutane Ödeme, häufig letaler Verlauf **Laborwerte:** Hypalbuminämie, Hyper-β-Globulinämie, Neutrophilie, erhöhte SAP und SFA, selten Anämie; Strongyliden-Eier im Kot: keine bis mittelgradig; Larvalstadien: ziemlich häufig im Kot nachweisbar

SAP: alkalische Phosphatase im Serum; SFA: Fructosamin im Serum

Immunreaktion ist auch die Bildung von spezifischen Serumantikörpern, die in den ersten 5–6 Wochen post partum im Kolostrum von Stuten auf Fohlen übertragen werden. Nach Superinfektion kann es zur Elimination der im Darmlumen lebenden adulten Stadien verschiedener Arten von kleinen Strongyliden kommen. Jungtiere, die auf einer Weide durch anthelminthische Behandlungen weitgehend strongylidenfrei gehalten wurden, erwiesen sich bei einer folgenden Testinfektion mit kleinen Strongyliden als voll empfänglich.

Auch bei **großen Strongyliden** induzieren Infektionen Immunreaktionen, doch ist damit unter natürlichen Bedingungen ebenfalls oft nur eine geringe Schutzwirkung verbunden. Wiederholte experimentelle Infektionen von Fohlen während einiger Wochen oder Monate mit geringen Dosen infektiöser Larven von *S. vulgaris* führten nach einer Testinfektion zu einer Verminderung der Krankheitserscheinungen und der pathologischen Veränderungen. Eine orale Immunisierung (2 × im Intervall von 3 Wochen) mit strahlenattenuierten L3 induzierte eine Schutzwirkung von 91 % (gemessen an der Verringerung der Zahl juveniler Stadien im Bereich der Arteria mesenterica cranialis) und deutlich geringeren Krankheitssymptomen im Vergleich zu nicht immunisierten Kontrolltieren.

Diagnose Patente Infektionen mit Strongyliden lassen sich durch Einachweis im Kot (Flotationsverfahren) diagnostizieren, aber nicht näher differenzieren. Eine Artdiagnose der wichtigsten *Strongylus*-Arten und eine Gattungs- oder Gruppendiagnose kleiner Strongyliden ist aber an den frei lebenden L3 möglich, die in Larvenkulturen gezüchtet werden (▶ **Abb. 19.14**). Der spezifische Nachweis von *S. vulgaris* aus Kotproben oder Larvenkultur mittels PCR erwies sich als besonders sensitiv. Zu verschiedenen Zeitpunkten im Verlauf der Infektion kann die Eiausscheidung niedrig sein oder fehlen. Daher ist für die Diagnose die Berücksichtigung anamnestischer Daten, klinischer Symptome und der Laborbefunde besonders wichtig. Nach Untersuchungen in Belgien an 94 Pferden mit Verdacht auf larvale Cyathostominose waren Durchfall und schlechte Kondition sowie Hypalbuminämie und der erniedrigte Albumin/Globulin-Quotient die häufigsten Befunde bei der larvalen Cyathostominose, teils auch die Hyper-β-Globulinämie; bei 36 % dieser Pferde wurden Strongyliden-Eier und bei 30 % larvale (L4) und adulte Strongyliden im Kot gefunden. Der Nachweis von Strongyliden im Kot ist in solchen Fällen ein wichtiges diagnostisches Hilfsmittel (▶ **Abb. 11.19**), obwohl die Nachweisempfindlichkeit nicht sehr hoch ist. Serologische Verfahren zum Nachweis der Larvenstadien kleiner Strongyliden sind aufgrund der weiten Verbreitung dieser Parasiten und der ständigen Reinfektion wenig aussagekräftig. Antikörper gegen *S. vulgaris-Larven* können mittels ELISA (bisher nicht kommerziell erhältlich) unabhängig von einer anthelminthischen Behandlung nachgewiesen werden. Bei der Sektion ist vor allem auf Veränderungen der Mesenterialgefäße sowie auf die Anwesenheit larvaler Stadien in der Darmwand zu achten. Zum Nachweis larvaler Stadien in der Darmwand gibt es spezielle Verfahren.

Therapie Zur Behandlung des Strongylidenbefalls beim Pferd werden vor allem (Pro-)Benzimidazole, das Tetrahydropyrimidin Pyrantel und makrozyklische Lactone (ML) eingesetzt, die in den üblichen therapeutischen Dosierungen eine sehr gute Wirksamkeit gegen adulte Stadien kleiner (**cave** Resistenzen!) und großer Strongyliden im Darmlumen haben (▶ **Tab. 23.9**). Gegen die somatischen Larvenstadien der großen Strongyliden sind die ML Ivermectin und Moxidectin wirksam, wodurch diese Arten bei wenigstens 2-maliger Behandlung pro Jahr effektiv kontrolliert werden können. Bei kleinen Strongyliden kann durch die weitverbreitete Arzneimittelresistenz die Wirkung von (Pro-)Benzimidazolen und Pyrantel erheblich reduziert sein (▶ **Tab. 21.6**). Auch gegen ML sind bereits beginnende Resistenzen beschrieben, die sich in einer zeitlich verkürzten Unterdrückung der Eiausscheidung (reduzierte *egg reappearance period* [ERP]) zeigen. Dies wird als möglicher Hinweis auf eine beginnende Resistenzentwicklung angesehen. Gegen sämtliche juvenile Stadien der kleinen Strongyliden in der Darmwand (junge und ältere L3, L4) wirkt Fenbendazol (bei nicht Benzimidazol-resistenten Populationen) in erhöhter Dosis und bei mehrtägiger Anwendung. Moxidectin in normaler Dosierung erfasst neben älteren L3 und L4 auch junge L3, allerdings tritt diese Wirkung erst ca. 8 Wochen nach Behandlung auf. Bei schwerer larvaler Cyathostominose sind besondere Behandlungsschemata und palliative Maßnahmen erforderlich. Vergleichende pathohistologische Untersuchungen zeigten, dass es nach der Behandlung mit Fenbendazol (S. 268) zu starken Veränderungen in der Darmwand kommen kann, die nach Moxidectin-Therapie nicht beobachtet wurden.

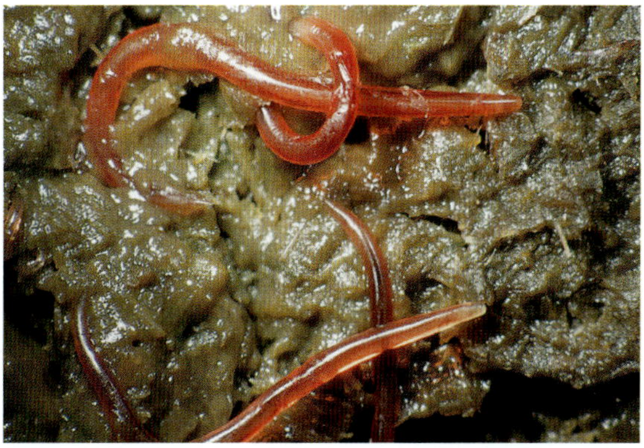

▶ **Abb. 11.19** Juvenile kleine Strongyliden im Kot. (Quelle: Johannes Eckert, Institut für Parasitologie, Vetsuisse-Fakultät, Universität Zürich)

Bekämpfung Die planmäßige Bekämpfung beruht auf folgenden Maßnahmen: (a) Weidemanagement, (b) Weidehygiene und (c) Behandlung der Pferde mit Anthelminthika. Maßnahmen zur biologischen Bekämpfung sind in Erprobung. Diese Maßnahmen sind in Pferdebeständen möglichst in ein Gesamtprogramm der Bekämpfung zu integrieren, in dem auch andere Parasiten berücksichtigt werden. Bei der Planung und Durchführung von Programmen sind die betriebsspezifischen Bedingungen der Pferdehaltung zu berücksichtigen [nähere Angaben s. Planmäßige Bekämpfung wichtiger Parasitosen des Pferdes (S. 623)]. Ein wichtiges Ziel der Strongyliden-Bekämpfung ist neben der Gesunderhaltung der Pferde die Vermeidung der Entwicklung von Anthelminthika-Resistenz bzw. deren weiterer Verbreitung. Hierzu sind kürzlich nachhaltige Konzepte unter Verwendung selektiver, aber auch strategischer Behandlungsmaßnahmen entwickelt worden.

Literaturhinweise

Andersen UV, Howe DK, Olsen SN et al. Recent advances in diagnosing pathogenic equine gastrointestinal helminths: the challenge of prepatent detection. Vet Parasitol 2013; 192: 1–9

Cwiklinski K, Kooyman FNJ, Van Doorn DCK et al. New insights into sequence variation in the IGS region of 21 cyathostomin species and the implication for molecular identification. Parasitol 2012; 139: 1063–1073

Daniels SP, Proudman CJ. Shortened egg reappearance after ivermectin or moxidectin use in horses in the UK. Vet J 2016; 218: 36–39

Davidson AJ, Hodgkinson JE, Proudman CJ et al. Cytokine responses to Cyathostominae larvae in the equine large intestinal wall. Res Vet Sci 2005; 78: 169–176

Kaspar A, Pfister K, Nielsen MK et al. Detection of *Strongylus vulgaris* in equine faecal samples by real-time PCR and larval culture – method comparison and occurrence assessment. BMC Vet Res 2017; 13: 19

Lichtenfels JR, Kharchenko VA, Dvojnos GM. Illustrated identification keys to strongylid parasites (Strongylidae: Nematoda) of horses, zebras and asses (Equidae). Vet Parasitol 2008; 156: 4–161

Lyons ET, Drudge JH, Tolliver SC. Larval cyathostomiasis. Vet Clin North Am Equine Pract 2000; 16: 501–513

Nielsen MK, Scare J, Gravatte HS et al. Changes in serum *Strongylus vulgaris*-specific antibody concentrations in response to anthelmintic treatment of experimentally infected foals. Front Vet Sci 2015; 2: 17

Ogbourne CP, Duncan JL. *Strongylus vulgaris* in the Horse: Its Biology and Veterinary Importance. 2nd ed. Miscellaneous Publications No. 9. St. Albans: Commonwealth Institute of Parasitology; 1985. ISBN: 0-85198-547-5

Pihl TH, Nielsen MK, Olsen SN et al. Nonstrangulating intestinal infarctions associated with *Strongylus vulgaris*: Clinical presentation and treatment outcomes of 30 horses (2008–2016). Equine Vet J 2017. doi: 10.1111/evj.12779

Samson-Himmelstjerna G v. Anthelmintic resistance in equine parasites – detection, potential clinical relevance and implications for control. Vet Parasitol 2012; 185: 2–8

Steinbach T, Bauer C, Sasse H et al. Small strongyle infection: Consequences of larvicidal treatment of horses with fenbandazole and moxidectin. Vet Parasitol 2006; 139: 115–131

Familie Chabertiidae

Das Wichtigste in Kürze

- **Erreger.** Mittelgroße Strongyliden, die bei Paarhufern, Primaten, Beuteltieren und Nagetieren vorwiegend im Dickdarm parasitieren. Veterinärmedizinisch bedeutsam sind vor allem *Chabertia ovina* (Unterfamilie Chabertiinae) beim Schaf und anderen Wiederkäuern sowie verschiedene *Oesophagostomum*-Arten (Unterfamilie Oesophagostominae) bei Schweinen und Wiederkäuern.
- **Entwicklung.** Bei beiden Gattungen homoxen, externe Phase ähnlich wie bei Strongyliden. Übertragung oral durch Aufnahme infektiöser Drittlarven, interne Entwicklung mit histotroper Phase in der Darmwand.
- **Krankheitsbild, Diagnose.** Häufig inapparenter Befall, bei starker Infektion Inappetenz, Abmagerung, schleimiger, teils auch blutiger Durchfall. Diagnose: Einachweis im Kot (Flotationsverfahren) mit Differenzierung der L 3.
- **Therapie, Bekämpfung.** Siehe Überfamilie Trichostrongyloidea,
Familie Trichostrongylidae.

Gattung *Chabertia*

Chabertia ovina

Praxis
Erreger der **Chabertiose**. Dickdarmnematoden von Wiederkäuern, die gelegentlich zu Colitis und Verdauungsstörungen sowie Proteinverlusten führen. Meist in Mischinfektionen mit anderen Nematoden des Gastrointestinaltrakt zu finden.

Chabert, Ph., 1737–1814, französischer Tierarzt und Inspekteur der Tierarzneischulen in Lyon und Alfort; *ovis* (lat.): Schaf. Engl.: *large-mouthed bowelworm*.

Erreger Mittelgroße, gelblich weiße Strongyliden: ♂♂ 11–16 mm, ♀♀ 12–20 mm lang (▶ **Abb. 11.20**). Große, ovoide, leicht ventral geneigte Mundkapsel; Mundöffnung von zahlreichen, zähnchenartigen Blättchen umgeben; Cuticula am Vorderende mit kleiner Kopfblase (= Cervicalblase) und ventraler Cervicalfurche; Männchen mit Bursa copulatrix, langen Spicula und Gubernaculum. Parasit von Haus- und Wildwiederkäuern, vor allem im Colon, auch im Caecum. Eier: dünnschalig, oval, mit Furchungszellen, 72–100 × 38–63 µm.

Entwicklung Die externe Entwicklung verläuft nach dem Strongylidentyp vom Ei bis zur bescheideten L 3. Die Tiere infizieren sich per os mit L 3, die nach Exuveation in der Mukosa oder Submukosa des gesamten Dünndarms –

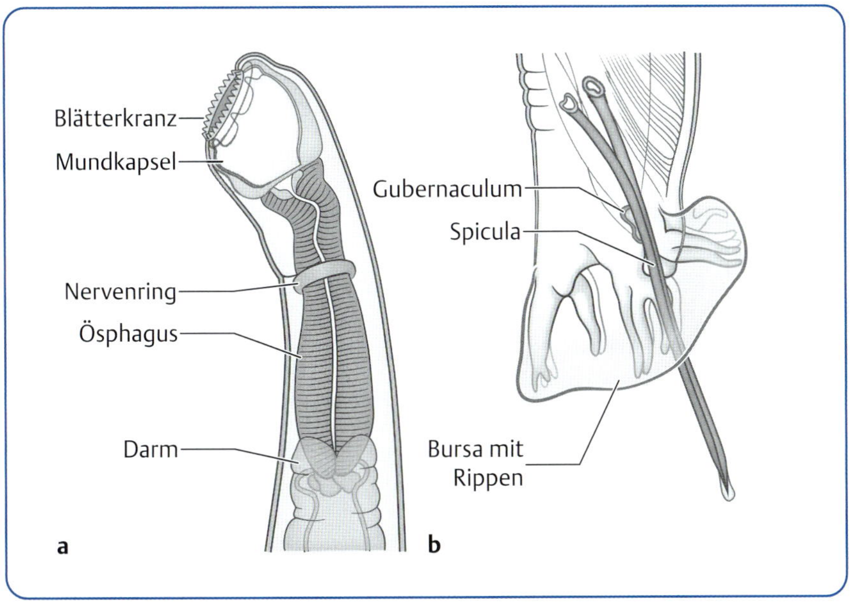

▶ **Abb. 11.20** *Chabertia ovina*: **a** Vorderende; **b** Männchen, Hinterende. (Grafik: Anne Seeger, Vetsuisse-Fakultät, Universität Zürich; nach Skrjabin, K. I. et al. (1952): Opredelitel Parasititscheskich Nematod, Tom III. Strongyljati. Isdatlestwo Akademii Nauk SSSR, Moskwa)

bei starker Infektion auch des Dickdarms – eine etwa 1-wöchige histotrope Phase durchlaufen und sich zu L4 häuten, die unmittelbar danach in das Darmlumen auswandern. Die Entwicklung zu präadulten Stadien erfolgt hauptsächlich im Caecum, die Ansiedlung der Adulten im Colon. Präpatenz 7 Wochen. Ein patenter Befall mit Eiausscheidung kommt nach schwacher Infektion (mit einigen 100 L3) zustande, bei hohen Infektionsdosen wird ein erheblicher Teil der Wurmpopulation etwa 2 Monate p.i. eliminiert; die Eiausscheidung ist dann reduziert oder unterbleibt ganz. Eine Hypobiose ist im Stadium der jungen L4 möglich.

Vorkommen und Epidemiologie *C. ovina* ist ein weltweit verbreiteter und häufiger Parasit von Schafen, Ziegen und seltener Rindern sowie von Wildwiederkäuern (u.a. Reh, Rot- und Damhirsch, Mufflon, Gämse, Alpensteinbock, Wisent, Elch). In Süddeutschland (1998) Prävalenz bei Schafen 98 % und bei Ziegen 84 %. Die Infektion erfolgt vor allem auf der Weide. Außer im Wirt kann der Parasit im Stadium der infektiösen Larve auch im Freiland überwintern und dabei Frostperioden überdauern. Unter günstigen Bedingungen entwickeln sich aus den Eiern innerhalb 1 Woche die bescheideten L3, die bei genügender Feuchte bis zu 10 Monate infektiös bleiben. Diese Entwicklung kann auch bei relativ niedrigen Temperaturen von 4–6 °C stattfinden.

Pathogenese Bedeutsam sind vor allem die präadulten Stadien und die Adultwürmer, die sich mehrheitlich im oberen Colon mit ihrer Mundkapsel an der Schleimhaut festsaugen. Sie verursachen Schleimhautläsionen, Entzündungsreaktionen und kleine Blutungen. Größere Läsionen führen zur Enteropathie mit Proteinverlust (vor allem Albumin) in das Darmlumen. Klinische Erscheinungen traten bereits bei Schafen auf, die nach experimenteller Monoinfektion etwa 200–300 adulte *Chabertia*-Exemplare beherbergten. Unter natürlichen Bedingungen sind Mischinfektionen mit anderen Magen-Darm-Nematoden (vor allem mit Trichostrongyliden) die Regel, bei denen der *Chabertia*-Befall einer von mehreren Schadfaktoren ist.

Krankheitsbild Klinische Symptome sind Inappetenz, Abmagerung und Durchfall mit schleimigem, manchmal auch blutigem Kot. Gegen Ende des Winters kann es zur Reaktivierung hypobiotischer L4 und somit zu Durchfallerkrankungen kommen.

Diagnose, Therapie und Bekämpfung Diagnose: Einachweis (Flotationsverfahren) im Kot mit Züchtung und Identifikation der L3 oder Wurmnachweis bei der Sektion. Therapie und Bekämpfung wie bei Trichostrongyliden (S.301).

Gattung *Oesophagostomum*

Oesophagostomum spp. (Knötchenwürmer)

Praxis

Erreger der **Oesophagostomose**. Dickdarmnematoden von Ungulaten und Primaten; fast ausschließlich subklinische Infektionen beim Schwein, bei Primaten dagegen gelegentlich schwere Colitiden.

Zoonose: Endemisch sehr begrenzte, gelegentlich zoonotische Übertragung ausgehend von Affen.

Oesophagus (gr.): Speiseröhre; *stoma* (gr.): Mund; Knötchenwürmer; während der Entwicklung verursachen die Oesophagostomen die Bildung von Knötchen in der Darmwand. Engl.: *nodule worm*.

Das Wichtigste in Kürze

- **Erreger.** Bis etwa 2,5 cm lange Dickdarmparasiten, vor allem bei Wiederkäuern und beim Schwein.
- **Entwicklung, Epidemiologie.** Zyklus ähnlich wie bei *Chabertia*. Nach der Infektion per os dringen L 3 in die Darmwand ein, entwickeln sich dort zu L 4 und kehren dann ins Darmlumen zurück. Diese histotrope Phase verursacht Knötchen (Name!) in der Darmwand.
- **Krankheitsbild, Diagnose, Bekämpfung.** Leistungsminderungen, Dickdarmentzündungen, Durchfall. Diagnose durch koproskopischen Einachweis. Therapie mit Benzimidazolen, makrozyklischen Lactonen und Levamisol, beim Schaf zusätzlich Monepantel.

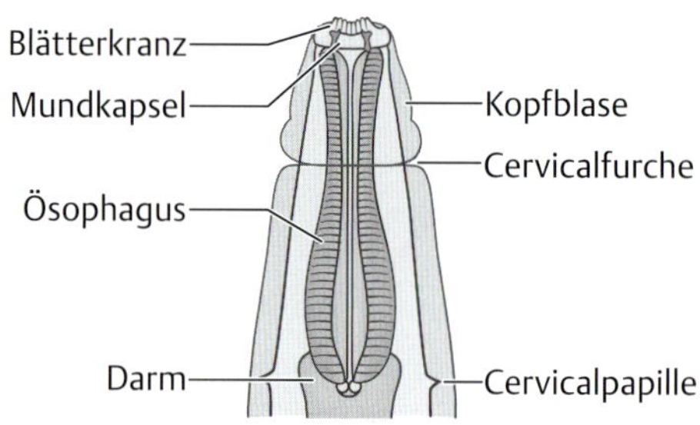

▶ **Abb. 11.21** *Oesophagostomum dentatum*: Vorderende. (Grafik: Anne Seeger, Vetsuisse-Fakultät, Universität Zürich; a: nach Skrjabin, K. I. et al. (1952): Opredelitel Parasititscheskich Nematod, Tom III. Strongyljati. Isdatlestwo Akademii Nauk SSSR, Moskwa)

Erreger Mittelgroße, gelblich weiße Strongyliden; ♂♂ 6–17 mm, ♀♀ 7–24 mm. Mundkapsel kurz und breit mit gerade nach vorn gerichteter Mundöffnung; am Mundwall 1 oder 2 Blätterkränze. Häufig Kopfblase mit ventraler oder allseitiger Cervicalfurche (▶ Abb. 11.21). Männchen mit Bursa, Spicula und Gubernaculum. Parasiten bei Wiederkäuern, Schweinen, Affen und Menschen. Sitz der Adulten je nach Art etwas unterschiedlich vor allem im Colon, auch im Caecum. Eier: dünnschalig, oval, mit Furchungszellen, Größe etwa 50–80 × 26–46 µm (*Oe. dentatum, Oe. quadrispinulatum*) oder 63–100 × 40–64 µm (*Oe. radiatum, Oe. venulosum*).

Wichtige Arten: *Oe. dentatum* und *Oe. quadrispinulatum* bei Schwein und Wildschwein; *Oe. venulosum, Oe. radiatum* und *Oe. columbianum* bei Haus- und Wildwiederkäuern. Weitere Arten bei Affen und Menschen (S. 277). Eine Identifikation verschiedener *Oesophagostomum*-Arten ist durch DNA-Analyse möglich.

Entwicklung Die externe Entwicklung entspricht der bei *Chabertia*, die Infektion erfolgt durch perorale Aufnahme bescheideter L 3 (experimentelle perkutane Infektionen führten zu sehr schwachem patentem Befall). Im vorderen Dünndarm entledigen sich die Drittlarven der Scheide und dringen im hinteren Dünndarm (*Oe. columbianum, Oe. radiatum, Oe. venulosum*) oder Caecum und Colon (*Oe. dentatum, Oe. quadrispinulatum*) in die Darmwand bis zur Submukosa ein, wo sie von Granulomen aus Abwehrzellen umgeben werden. Dadurch entstehen etwa 1–10 mm große Knötchen, in denen die Häutung zum 4. Larvenstadium erfolgt. Nach einer histotropen Phase von mindestens 6–14 Tagen wandern die L 4 in das Darmlumen, wo die weitere Entwicklung zu präadulten und adulten Stadien stattfindet. Durch Hypobiose der L 4 kann die histotrope Phase auf mehrere Monate verlängert sein. Die Adultwürmer leben im Lumen des Dickdarmes dicht an der Mukosa. Präpatenz bei den Arten unterschiedlich: *Oe. dentatum* und *Oe. quadrispinulatum* 17–19 Tage, *Oe. venulosum* und *Oe. radiatum* 24–26 Tage, *Oe. columbianum* 40 Tage. Lebensdauer der Adultwürmer meist 2–6 Monate.

Vorkommen und Epidemiologie In europäischen **Schweinebeständen** tritt *Oesophagostomum*-Befall weitverbreitet und häufig auf; die Prävalenzen sind altersabhängig und bei Sauen i. d. R. höher (in Abhängigkeit vom Parasitenmanagement 10 bis > 80 %) als bei Mastschweinen und Ferkeln (< 10 bis etwa 30 %). Die externe Entwicklung erfordert Mindesttemperaturen von 10 °C und ausreichende Feuchtigkeit. Es treten sowohl Stall- wie auch Weideinfektionen auf. Auf Weideflächen kann es in der warmen Jahreszeit (etwa Mitte Juli bis September) zu einer erheblichen Kontamination mit infektiösen Larven kommen, wenn die Vegetation noch intakt ist. Mit zunehmender Zerstörung der Pflanzendecke durch die Wühltätigkeit der Schweine oder während trockener Sommerperioden und in der kalten Jahreszeit nimmt das Infektionsrisiko stark ab.

Von den in Mitteleuropa vorkommenden *Oesophagostomum*-Arten der **Wiederkäuer** befällt *Oe. venulosum* am häufigsten Schafe und Ziegen und *Oe. radiatum* Rinder. *Oe. columbianum* ist die wichtigste Art bei kleinen Wiederkäuern in warmen Ländern; in Mitteleuropa wurde diese Art nur selten gefunden. Einheimische **Wildwiederkäuer** sind Wirte von *Oe. venulosum* (Reh, Rot- und Damwild, Steinbock), *Oe. radiatum* (Rot- und Damwild, Reh, Wisent) und *Oe. sikae* (Rot- und Damwild, Reh). In Süddeutschland wurde *Oe. venulosum* bei 97 % der Schlachtschafe (n = 59) und bei 76 % der Schlachtziegen (n = 25) gefunden. Die Epidemiologie ist mit der von Trichostrongyliden (S. 291) vergleichbar, doch fehlen für Mitteleuropa genaue Informationen.

Pathogenese Die adulten Oesophagostomen leben im Darmlumen dicht an der Schleimhaut und ernähren sich wahrscheinlich hauptsächlich von Darmmucus; *Oe. radiatum* soll auch Blut aufnehmen. Unter ihrem Einfluss können subakute bis chronische Entzündungen des Dickdarms entstehen. Während der histotropen Phase werden die in die Schleimhaut eingedrungenen und aufgerollten Larven von einer strukturlosen, eosinophilen

Hülle und später von Entzündungszellen umgeben. Diese Granulome treten makroskopisch als einige Millimeter große, gelbliche Knötchen in Erscheinung, die durch kleine Blutungen auch dunkel verfärbt sein können (▶ **Abb. 11.22**). Bei unkompliziertem Infektionsverlauf bilden sich die Knötchen rasch zurück. Nach Super- oder Reinfektion kommt es häufig zu einem irregulären Verlauf der histotropen Phase mit verstärkten entzündlichen Reaktionen der Schleimhaut und Verzögerung der Rückwanderung der Larven, die z. T. in derbe Knötchen eingeschlossen werden und früher oder später absterben.

Krankheitsbild Bei **Schweinen** wird eine natürliche Infektion klinisch nur sehr selten apparent. Hochgradiger experimenteller *Oesophagostomum*-Befall kann bei Ferkeln Inappetenz, Gewichtsverlust sowie Durchfall und bei Mastschweinen reduzierte Gewichtszunahmen und schlechtere Futterverwertung verursachen. Bei Sauen wurden verringerte Wurfgrößen und geringere Milchleistung beobachtet.

In Mitteleuropa sind bei **Hauswiederkäuern** Oesophagostomen regelmäßig mit Trichostrongyliden vergesellschaftet und dadurch ätiologisch am Krankheitskomplex der Magen-Darm-Strongylidose in unterschiedlichem Grad beteiligt. Auf eine starke Beteiligung von Oesophagostomen weisen neben den allgemeinen Symptomen (u. a. Inappetenz, Gewichtsverlust, Hypalbuminämie) schleimig-hämorrhagische Diarrhö und der Abgang dunkel verfärbten Kotes hin [s. auch *Bunostomum*-Befall (S. 285)].

Bei **Affen** (*Oe. stephanostomum, Oe. bifurcum*) sowie Menschen (*Oe. bifurcum*) können Oesophagostomen schwere Dickdarmentzündungen mit letalem Ausgang verursachen.

Immunologie Wiederholte Infektionen von Schweinen mit *Oesophagostomum*-Arten können die Empfänglichkeit für homologe Re- oder Superinfektionen sowie die Eiausscheidung reduzieren und die Parasitenentwicklung verzögern. Die daraus resultierende Schutzwirkung ist aber gering, wie die hohe Prävalenz des Oesophagostomenbefalls bei älteren Schweinen im Vergleich zu Jungtieren zeigt. Hingegen erzeugt beim Rind bereits eine einmalige Infektion mit 1000 L3 von *Oe. radiatum* gegen Superinfektionen eine gute Schutzwirkung, die sich in verminderter Wurmbürde, aber auch in vermehrter Knötchenbildung manifestiert.

Diagnose Einachweis (Flotationsverfahren) im Kot und Identifikation der in Kulturen gezüchteten L3 (▶ **Abb. 19.15**). Drittlarven von *Oe. dentatum* und *Oe. quadrispinulatum* des Schweines lassen sich durch DNA-Analyse unterscheiden.

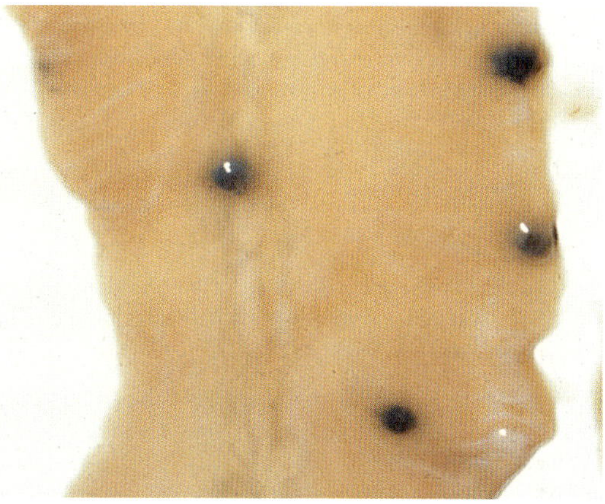

▶ **Abb. 11.22** Oesophagostomen-Knötchen, Dünndarm, Rind (∅ ca. 5–7 mm). (Quelle: Institut für Parasitologie, Vetsuisse-Fakultät, Universität Zürich)

Therapie und Bekämpfung Bei Wiederkäuern Anthelminthika (▶ **Tab. 23.2**) und Bekämpfungsmaßnahmen wie bei Trichostrongyliden (S. 301). Gegen adulte Stadien der Oesophagostomen des Schweines sind verschiedene Anthelminthika gut wirksam, weniger gegen unreife Stadien (▶ **Tab. 23.7**). Resistenzen von *Oesophagostomum*-Stämmen des Schweines gegen Levamisol und Benzimidazole wurden nachgewiesen. Der Einsatz von nematophagen Pilzen (Applikation über das Futter) gegen Oesophagostomen der Schweine ist experimentell als wirksam beschrieben. Bekämpfung beim Schwein siehe Oesophagostomose und Hyostrongylose (S. 620).

Zoonotische Bedeutung Bei Menschen ist *Oesophagostomum*-Befall in Westafrika (Togo, Ghana) endemisch und fokal häufig (Prävalenzen bis > 50 %), sporadische Fälle sind auch aus anderen Gebieten (Afrika, Asien, Südamerika) bekannt. Die häufigste Erregerart ist *Oe. bifurcum*, die bei verschiedenen Affenarten vorkommt. Übertragungen von Affe zu Mensch und auch von Mensch zu Mensch sind möglich. In Stuhlproben von Primaten lassen sich *Oesophagostomum*- und Hakenwurmeier morphologisch nicht unterscheiden. Eine Differenzialdiagnose ist aber morphologisch an den Drittlarven und durch PCR möglich.

Literaturhinweise

Christensen CM, Barnes EH, Nansen P. Experimental *Oesophagostomum dentatum* infections in the pig: worm populations at regular intervals during trickle infections with three dose levels of larvae. Parasitology 1997; 115: 545–552

Cibot M, Guillot J, Lafosse S et al. Nodular worm infections in wild non-human primates and humans living in the Sebitoli area (Kibale National Park, Uganda): Do high spatial proximity favor zoonotic transmission? PLoS Negl Trop Dis 2015; 9(10): e0004133

Facchini Rodrigues JV, Braga FR, Campos AK et al. *Duddingtonia flagrans* formulated in rice bran in the control of *Oesophagostomum* spp. intestinal parasite of swine. Exp Parasitol 2017. doi: 10.1016/j.exppara.2017.11.001

Gerwert S, Failing K, Bauer C. Prevalence of levamisole and benzimidazole resistance in *Oesophagostomum* populations in pig-breeding farms in North Rhine-Westphalia, Germany. Parasitol Res 2002; 88: 63–68

Mejer H, Roepsdorff A. *Oesophagostomum dentatum* and *Trichuris suis* infections in pigs born and raised on contaminated paddocks. Parasitology 2006; 133: 295–304

Rahbauer M. Prävalenz von *Ascaris suum* in Abhängigkeit von der Art der Haltung und den verwendeten Antihelminthika. Diplomarbeit, Vet. Med. Univ. Wien; 2012: 32

Roepstorff A, Mejer H, Nejsum P et al. Helminth parasites in pigs: new challenges in pig production and current research highlights. Vet Parasitol 2011; 180: 72–81

Talvik H, Christensen CM, Nansen P. *Oesophagostomum* spp. in pigs: resistance to reinfection. Parasitol Res 1998; 84: 783–786

Familie Syngamidae

Syn (gr.): mit, zusammen; *gamos* (gr.): Ehe, Heirat. Bezug auf die in Dauerkopulation lebenden Nematoden der Gattung *Syngamus*. Engl.: *gape worms*.

Das Wichtigste in Kürze

- Von Interesse sind Arten der Unterfamilien Syngaminae und Stephanurinae.
- Syngaminae sind Parasiten der Luftwege und Kopfhöhlen zahlreicher Arten von Vögeln und von Säugetieren. In Mitteleuropa haben *Syngamus*- und *Cyathostoma*-Arten als Parasiten des Nutzgeflügels und anderer Vögel eine gewisse Bedeutung. Übertragung durch perorale Aufnahme infektiöser Larven direkt (L 3 im Ei oder frei lebend) oder indirekt über paratenische Wirte. Die Parasiten können schwere Atemstörungen verursachen.
- *Stephanurus dentatus* (Stephanurinae) ist ein Nierenparasit von Schweinen in warmen Ländern.

Unterfamilie Syngaminae (Luftröhrenwürmer) In Mitteleuropa haben *Syngamus*- und *Cyathostoma*-Arten als Parasiten des Nutzgeflügels und anderer Vögel eine gewisse Bedeutung. In tropischen und subtropischen Gebieten kommen *Mammomonogamus*-Arten bei Wiederkäuern vor: *Mammomonogamus laryngeus* (Syn. *Syngamus laryngeus*) im Larynx von Rindern und Büffeln in Asien und Südamerika und *Mammomonogamus nasicola* (Syn. *Syngamus nasicola*) in den Nasenhöhlen von Wiederkäuern in Afrika, Südamerika, der Karibik und einigen anderen Regionen. In manchen Gebieten sind diese Parasiten häufig: Auf den Philippinen waren 23 % und in Sri Lanka 40 % der Schlachtrinder mit *M. laryngeus* befallen; auf St. Kitts (West Indies) waren 45 % der Katzen Träger von *Mammomonogamus* spp. Selten tritt *Mammomonogamus*-Befall auch beim Menschen auf und ist Ursache von laryngo-trachealen Symptomen.

Unterfamilie Stephanurinae (Nierenwürmer) Die Unterfamilie Stephanurinae enthält als einzige Art *Stephanurus dentatus*. Dieser Parasit ist bei Schweinen in tropischen und subtropischen Gebieten weitverbreitet, kommt aber in Europa nicht vor. Die adulten Parasiten leben in Cysten im Nierenfett, im Nierenbecken in der Wand der Harnleiter und in der Harnblase. Die Infektion der Schweine erfolgt durch L 3, die perkutan eindringen oder per os direkt oder mit Transportwirten (Regenwürmer) aufgenommen werden. Dieser Parasit kann erhebliche Schäden verursachen. Ivermectin und Doramectin (jeweils 0,3 mg/kg KG) sind hochwirksam.

Unterfamilie Syngaminae (Luftröhrenwürmer), Gattung *Syngamus*

Syngamus trachea (Roter Luftröhrenwurm, Gabelwurm)

Praxis

Erreger der **Syngamose** im oberen Respirationstrakt von (Hühner-)Vögeln, verursacht Dyspnoe und Atemgeräusche, vor allem in Fasanerien.

Erreger *Syngamus trachea* parasitiert hauptsächlich bei Hühnervögeln (Huhn, Truthuhn, Fasan, Rebhuhn, Perlhuhn) sowie bei Tauben, Rabenvögeln (Krähen, Elster u. a.), Singvögeln (Star, Haussperling u. a.) und anderen Wildvögeln. Drei weitere Arten kommen bei Schnepfenvögeln und Drosseln vor. Hier wird nur *S. trachea* berücksichtigt. Hauptmerkmale von *S. trachea* (▸ **Abb. 11.23**)sind: blutrot gefärbte ziemlich große Nematoden (♂♂ 2–8 mm, ♀♀ 5–20 mm lang), große becherförmige Mundkapsel mit 6–11 kleinen Zähnen an der Basis, Männchen mit Bursa und etwa gleichlangen Spicula. Männchen und Weibchen leben in Dauerkopulation und bilden eine Y-förmige Konfiguration (▸ **Abb. 11.23a**) (daher „Gabelwurm"). Eier: oval, ziemlich dickschalig, an beiden Polen hyaline Kappe, wenige Blastomeren, 74–125 × 36–55 µm (▸ **Abb. 11.23b**).

Entwicklung und Epidemiologie Die *Syngamus*-Pärchen leben in der Trachea. Die von den Weibchen produzierten Eier gelangen von der Trachea in die Schnabelhöhle, werden abgeschluckt und im Kot ausgeschieden. Bei günstigen Temperaturen entwickelt sich im Ei innerhalb von 2–4 Wochen eine infektionsfähige L 3. Die Infektion der Endwirte erfolgt durch perorale Aufnahme von L 3, die sich noch in der Eihülle befinden, bereits ausgeschlüpft sind (frei lebende L 3) oder sich in paratenischen Wirten angesiedelt haben. Paratenische Wirte sind Regenwürmer, Land- und Süßwasserschnecken sowie verschiedene Insektenarten (Schaben, Fliegen). Nach Aufnahme der infektiösen Larven wandern diese vorzugsweise auf dem Blutweg – z. T. auch durch die Leibeshöhle – zur Lunge und dann zur Trachea. Präpatenz 12–21 Tage. Lebensdauer der adulten Parasiten bis 7 Monate, meist aber nur 1–3 Monate.

Die *Syngamus*-Infektion tritt bei Freilandhaltung von Hühnervögeln oder Zoo- und Ziervögeln auf und kann durch Eiausscheider im eigenen Bestand oder durch

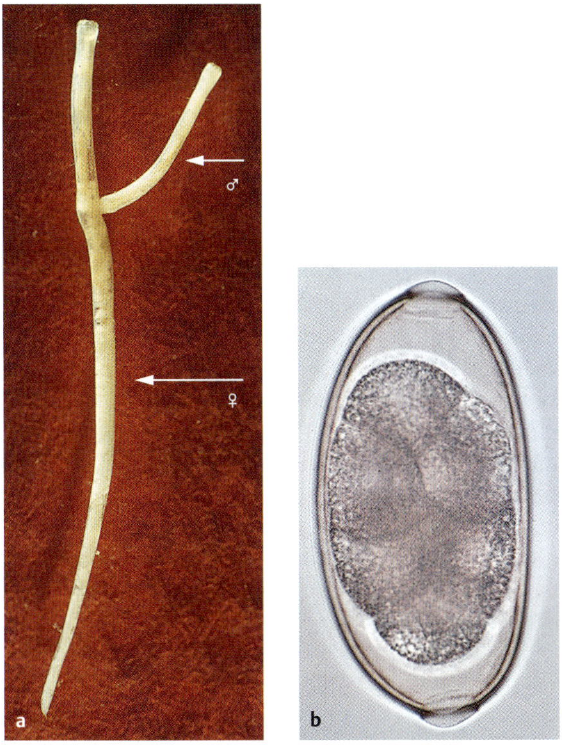

▸ **Abb. 11.23** *Syngamus trachea.*
a Pärchen; Länge des Weibchens ca. 16 mm; das abgebildete Exemplar hat die rote Farbe durch Formalinfixierung verloren (Quelle: Institut für Parasitologie, Vetsuisse-Fakultät, Universität Zürich)
b *Syngamus*-Ei (Länge ca. 110 µm) (Quelle: Institut für Parasitologie, Vetsuisse-Fakultät, Universität Zürich)

Wildvögel ausgelöst werden. In Fasanerien führt *S. trachea* oft zu erheblichen Verlusten. Die Eier von *S. trachea* bleiben in Mitteleuropa bis zu 1 Jahr lebensfähig, die geschlüpften Larven sind empfindlicher, können aber in paratenischen Wirten lange überleben und auch überwintern.

Pathogenese Von der Infektion werden in Hühnerbeständen hauptsächlich Küken im Alter von 3–4 Wochen und nur selten ältere Tiere in Mitleidenschaft gezogen. Truthühner und Fasane sind anfälliger als Hühner und erkranken auch als erwachsene Tiere. Gelegentlich tritt *Syngamus*-Befall in Reise- und Rassetaubenbeständen auf. Bei starkem Befall verursacht die Wanderung der *Syngamus*-Larven durch die Lunge Blutungen und Entzündungserscheinungen. In der Trachea heften sich die Parasiten mit der Mundkapsel an der Schleimhaut fest und verursachen außer kleinen Blutungen bis stecknadelkopfgroße Knötchen sowie Entzündungsreaktionen (Tracheitis und Peritracheitis) mit Absonderung großer Schleimmengen, welche die Luftpassage behindern. Durch Blutsaugen (vor allem der Weibchen) kann eine meist mäßige Anämie entstehen.

Krankheitsbild Das auffälligste Symptom der Syngamose ist die Atemnot (Dyspnoe). Die erkrankten Tiere schütteln den Kopf, strecken ihn nach oben oder legen ihn zurück, öffnen den Schnabel und schnappen nach Luft, oft mit einem rasselnden Geräusch oder Schniefen. Die Tiere magern ab, werden anämisch und können an der Infektion zugrunde gehen.

Diagnose Die klinischen Symptome sind charakteristisch; bei Küken kann man die blutroten Nematoden durch die Trachea hindurchschimmern sehen, wenn die Tiere vor einer starken Lichtquelle untersucht werden. Die Diagnose wird durch Nachweis der typischen Eier im Kot (Flotationsverfahren) oder der Parasiten bei der Sektion gesichert.

Therapie und Bekämpfung Zur Therapie werden Benzimidazol-Derivate eingesetzt (▸ **Tab. 23.20**). Eine Prophylaxe (getrennte Aufzucht von Hühnern und anderen Hühnervögeln, Schutz vor Wildvögeln, Trockenhalten von Ausläufen) ist oft nicht praktikabel und unzureichend wirksam.

Unterfamilie Syngaminae (Luftröhrenwürmer), Gattung *Cyathostoma*

Cyathostoma-Arten (**cave:** nicht *Cyathostomum*; ▸ **Tab. 9.1**) unterscheiden sich von *Syngamus*-Arten morphologisch und auch dadurch, dass sie nicht in Dauerkopulation leben. In Mitteleuropa sind verschiedene Arten heimisch, die vor allem bei Wasservögeln parasitieren (Enten, Gänse, Schwäne, Möwen u. a.). Einige dieser Arten leben in der Trachea, andere vorwiegend in den Nasen- und Infraorbitalhöhlen.

Literaturhinweise

Anderson RC. Nematode Parasites of Vertebrates. Their Development and Transmission. 2nd ed. Wallingford, Oxon: CABI Publishing, CAB International; 2000. ISBN: 0-85199-421-0

Gassal S, Schmäschke R. Zur Helminthen- und Kokzidienfauna des Jagdfasans (*Phasianus colchicus*) unter Berücksichtigung der spezifischen Umweltbedingungen in Fasanerien und in freier Wildbahn. Berl Münch Tierärztl Wochenschr 2006; 119: 295–302

Sherwin CM, Nasr MA, Gale E et al. Prevalence of nematode infection and faecal egg counts in free-range laying hens: relations to housing and husbandry. Br Poult Sci 2013; 54: 12–23

Überfamilie Ancylostomatoidea, Familie Ancylostomatidae (Hakenwürmer)

Praxis

Erreger der **Ancylostomatidose**. Dünndarm-Nematoden von Carnivoren, Schweinen, Wiederkäuern, Primaten und einigen anderen Tiergruppen; verursachen blutigen Durchfall, vor allem bei Hund und Katze.
Zoonose: Hakenwurmlarven können als Larva migrans cutanea Hautveränderungen beim Menschen verursachen.

Ancylos (gr.): krumm, gekrümmt; *stoma* (gr.): Mund. Bezug auf das hakenförmig nach oben abgebogene Vorderende. Engl.: *hookworms*.

Das Wichtigste in Kürze

- **Erreger.** Mittelgroße, 5–30 mm lange Nematoden, große Mundkapsel mit glattrandigen oder gezähnten Schneideplatten. Männchen mit gut ausgebildeter Bursa copulatrix, Spicula und Gubernaculum. In Europa sind Hakenwürmer bei Hund (*Uncinaria stenocephala, Ancylostoma caninum*), Katze (*Ancylostoma tubaeforme*, sehr selten *U. stenocephala*) und Wiederkäuern (*Bunostomum*-Arten) von praktischer Bedeutung.
- **Entwicklung.** Externe Entwicklung vom Ei zur L 3. Infektion der Endwirte mit infektiösen L 3, vorwiegend perkutan (*Ancylostoma*- und *Bunostomum*-Arten) oder per os (*U. stenocephala, Bunostomum* spp.); bei Carnivoren auch Aufnahme von L 3 in paratenischen Wirten (Nager); laktogene Übertragung bei *A. caninum* des Hundes (nicht bei *A. tubaeforme* der Katze!).
- ***A. caninum* bei Hunden.** Ein Teil der perkutan eingedrungenen L 3 gelangt nach einer trachealen Wanderung zum Dünndarm, wo sich die adulten Stadien entwickeln. Nach peroraler Aufnahme frei lebender L 3 erfolgt dagegen meist eine direkte Ansiedlung im Darm ohne Körperwanderung. Bei beiden Infektionswegen begeben sich Larven auch auf eine somatische Wanderung durch den Körper und gelangen so in die Muskulatur und andere Gewebe, wo sie als hypobiotische L 3 lange überleben können. Ein Teil der peripartal reaktivierten hypobiotischen Stadien oder der kurz vor oder während der Laktation in eine Hündin eingedrungenen Larven wird laktogen von der Mutter auf die Welpen übertragen (nach einmaliger Infektion einer Hündin bis zum 3. Wurf).
- **Pathogenese, Krankheitsbild.** Einige Hakenwurmarten (*A. caninum, A. tubaeforme, Bunostomum*-Arten) sind Blutsauger und daher besonders pathogen. Klinische Erscheinungen des intestinalen Befalls mit Hakenwürmern sind u. a. Inappetenz, Abmagerung, schleimiger oder blutiger Durchfall und bei *Ancylostoma*- und *Bunostomum*-Befall auch Anämie, Proteinverlust und deren Folgen.
- **Diagnose, Therapie, Bekämpfung.** Einachweis im Kot (Flotationsverfahren). Therapie: bei Hund und Katze z. B. mit Benzimidazolen, makrozyklischen Lactonen oder Emodepsid. Bekämpfung s. u.

Hakenwürmer sind mittelgroße, etwa 5–30 mm lange Nematoden mit großer Mundkapsel, die an ihrem Eingang mit glattrandigen oder gezähnten Schneideplatten ausgerüstet ist (► **Abb. 11.24**). Männchen mit gut ausgebildeter Bursa copulatrix, Spicula und Gubernaculum. Hakenwurmarten kommen bei Carnivoren, Schweinen, Wiederkäuern, Primaten und einigen anderen Tiergruppen vor (u. a. Elefanten, Giraffen, Kängurus). Die Adulten der meisten Arten parasitieren im Dünndarm, ausnahmsweise auch in den Gallengängen (*Grammocephalus* bei Elefanten und *Monodontella* bei Giraffen). Einige Arten sind Blutsauger und deshalb recht pathogen. Ihre größte veterinärmedizinische Bedeutung haben die Hakenwürmer bei Carnivoren. In der Humanmedizin ist die Larva migrans cutanea von Bedeutung, welche von den Larven der tierspezifischen Hakenwürmern verursacht wird. Zudem stellt der intestinale Befall mit Hakenwürmern (*Ancylostoma duodenale, A. ceylanicum, A. braziliense, Necator americanus*) vor allem in den Subtropen und Tropen ein Problem dar.

Gattungen *Ancylostoma* und *Uncinaria*

Praxis

Erreger der **Ancylostomose** und der **Uncinariose** (Hakenwurmkrankheit), klinisch relevant bei Carnivoren.
Zoonose: Larva migrans cutanea, Enteritis bei Befall mit *A. ceylanicum*, selten eosinophile Enteritis bei *A. caninum*-Befall.

Ancylos (gr.): krumm, gekrümmt; *stoma* (gr.): Mund; *uncinatus* (lat.): hakenförmig.

Erreger In Mitteleuropa kommen bei Hauscarnivoren 3 Arten vor: *Uncinaria stenocephala* bei Hunden, selten bei Katzen, *Ancylostoma caninum* bei Hunden und *A. tubaeforme* bei Katzen (► **Tab. 11.5**). *Ancylostoma*-Arten haben am Eingang der Mundkapsel 2 Schneideplatten mit sägeartig geformten Rändern, die je 3 Zacken aufweisen; bei *Uncinaria* sind die Schneideplatten glattrandig (► **Abb. 11.24**). In warmen Regionen sind weitere Arten zu berücksichtigen, wie *A. braziliense* und *A. ceylanicum*.

Entwicklung Die adulten Parasiten leben im Dünndarm und heften sich mit ihrer Mundkapsel an der Schleimhaut an. Ein Weibchen kann je Tag 3000–19 000 Eier produzieren, die im Kot ausgeschieden werden. Die Eier sind dünnschalig und oval; unmittelbar nach der Ablage durch das Hakenwurmweibchen enthalten sie meist nur 4–16 Furchungszellen, deren Zahl aber während der Darmpassage und in der Außenwelt rasch zunehmen kann. Im Ei bildet sich bei günstigen Temperaturen in 1–2 Tagen die 1. Larve, die ausschlüpft und sich in 5–8 Tagen zur infektiösen bescheideten L 3 entwickelt. Bei Temperaturen unter 15 °C ist diese Entwicklung verzögert oder unterbunden. *A. caninum* beansprucht für die externe Entwicklung höhere Temperaturen als *U. stenocephala* (Epi-

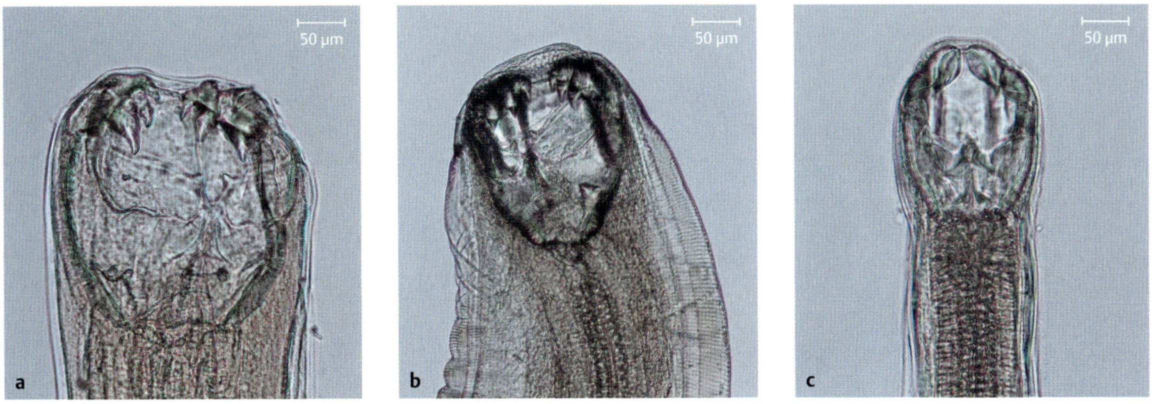

► **Abb. 11.24** Vorderenden von Hakenwürmern mit gezähnten oder glatten Schneideplatten.
a *Ancylostoma caninum* (Quelle: Marie-Kristin Raulf, Stiftung Tierärztliche Hochschule Hannover)
b *Ancylostoma tubaeforme* (Quelle: Katrin Bisterfeld, Stiftung Tierärztliche Hochschule Hannover)
c *Uncinaria stenocephala* (Quelle: Marie-Kristin Raulf, Stiftung Tierärztliche Hochschule Hannover)

► **Tab. 11.5** Hakenwurmarten (Auswahl).

Art, Länge der Männchen (♂♂) und Weibchen (♀♀), Verbreitung (V)	Wirte (Auswahl)	Hauptsitz der Adulten, Präpatenz (P), Größe der Eier (E)
Ancylostoma caninum[1,2] ♂♂: 5–14 mm, ♀♀: 15–21 mm V: vorwiegend in Subtropen u. Tropen, auch in Zonen gemäßigten Klimas	Caniden: Haushund, Rotfuchs, Wolf, Schakal u. a.	Dünndarm P: 14–17 d[3] E: 52–79 × 28–58 µm
Ancylostoma tubaeforme[1] ♂♂: 5–12 mm, ♀♀: 5–15 mm V: weltweit	Feliden: Hauskatze, Wildkatze u. a.	Dünndarm P: 19–22 d[3] E: 45–78 × 34–57 µm
Uncinaria stenocephala[1] ♂♂: 3–11 mm, ♀♀ 4–16 mm V: vorwiegend in Zonen gemäßigten Klimas	Caniden: Haushund, Rotfuchs, Eisfuchs, Wolf, Marderhund, selten auch bei der Katze u. a. Feliden	Dünndarm P: 14–17 d E: 71–92 × 35–58 µm
Bunostomum phlebotomum[1] ♂♂: 10–19 mm, ♀♀: 13–29 mm V: weltweit	Bovinae: Rind u. a. Boviden, selten Ziegenartige, Hirsche und Schaf	Dünndarm P: 52–59 d E: 75–115 × 40–70 µm
Bunostomum trigonocephalum[1] ♂♂: 11–20 mm, ♀♀ 12–29 mm V: weltweit	Schaf, Ziege, Reh, Rothirsch, Steinbock, Gämse, Elch, selten Rind	Dünndarm P: 49 d E: 66–104 × 33–74 µm
Globocephalus longemucronatus[1] (Syn. *G. urosubulatus*) ♂♂: 3–7 mm, ♀♀: 4–9 mm V: vorwiegend in subtropischen Gebieten und gemäßigten Klimazonen (in Mitteleuropa sehr selten)	Wildschwein, Hausschwein	Dünndarm P: 26–36 d E: 62–75 × 35–41 µm

[1] in Mitteleuropa nachgewiesene Arten
[2] *A. braziliense* (bei Hund und Katze) ist in den südlichen USA, Mittel- und Südamerika, Afrika, Südasien verbreitet; *A. ceylanicum* (bei Hund, Katze, Mensch) kommt in Asien und Teilen von Südamerika und Australien vor
[3] Präpatenzen je nach Infektionsmodus etwas unterschiedlich

demiologie, s. u.). Die L 3 sind in feuchtem Boden 3–4 Monate lang lebensfähig, bei Trockenheit sterben sie rasch ab. Die Wege der Infektion und der anschließenden Wanderung im Wirt sind bei den Hakenwürmern der Carnivoren vielfältig.

Uncinaria stenocephala (Hund, selten Katze) Mit *U. stenocephala* infizieren sich die Wirte hauptsächlich per os durch Aufnahme bescheideter L 3. Diese gelangen in den Magen, schlüpfen aus der Scheide und halten sich danach knapp 2 Tage in den Drüsenlumina von Magen und Duodenum auf. Anschließend siedeln sie sich im Dünndarm an, häuten sich zweimal und entwickeln sich zur Geschlechtsreife. Präpatenz 14–18 Tage, Patenz meist 4–6 Monate. Ein Teil der peroral aufgenommenen Larven wandert in die Darmmukosa ein und gelangt in verschiedene Organe, vor allem in die Muskulatur und das Fettgewebe, wo sie als parasitische L 3 lange überleben. Endwirte können sich auch durch Verzehr paratenischer Wirte (z. B. Nager) infizieren, die in den Körpergeweben L 3

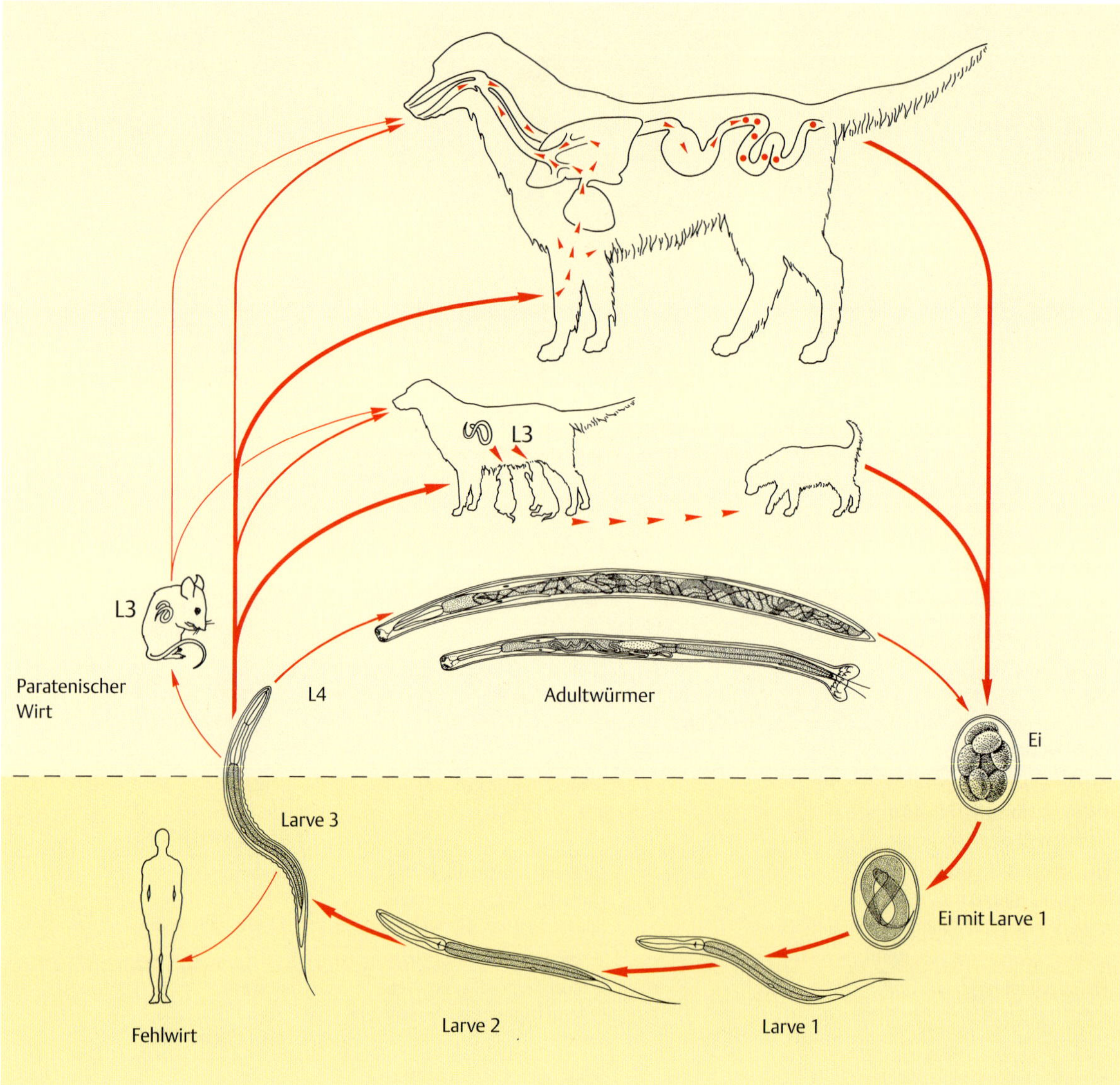

▶ **Abb. 11.25** Entwicklungszyklus von *Ancylostoma caninum*. Kleine rote Pfeile: Infektionswege von L 3 zu den adulten Stadien im Dünndarm. Rote Punkte: Ausscheidungsweg der Eier. (Grafik: Salome Ehrat, nach einer Vorlage von Johannes Eckert und Peter Deplazes, Vetsuisse-Fakultät, Universität Zürich)

enthalten. Eine perkutane Infektion von Endwirten mit anschließender trachealer Wanderung der Larven ist von untergeordneter Bedeutung, da nur wenige Larven den Dünndarm erreichen und eine Entwicklung bis zu adulten Stadien durchlaufen. Hinweise auf eine pränatale oder laktogene Übertragung von *U. stenocephala* bei Hund oder Katze liegen nicht vor.

***Ancylostoma caninum* (Hund)** Die Entwicklung von *A. caninum* im Hund ist sehr komplex. Möglich sind sowohl die perkutane als auch die perorale Infektion mit frei lebenden L3 sowie die Aufnahme parasitischer L3 mit der Muttermilch (laktogene Infektion) oder mit paratenischen Wirten (Nager u. a.) (▶ **Abb. 11.25**).

Nach **peroraler Infektion** verbleibt ein Teil der Larven im Verdauungstrakt und entwickelt sich nach kurzem Aufenthalt in den Drüsenlumina von Magen und Dünndarm im Dünndarmlumen nach 2 Häutungen (L4 und Präadulten) zur Geschlechtsreife. Präpatenz 15–26 Tage. Bei **perkutaner Infektion** dringen die Larven von *A. caninum* innerhalb weniger Minuten in die Haarwurzelscheiden und die Anhangsdrüsen ein und streifen dabei ihre Scheide ab. Anschließend schlagen die Larven den **trachealen Wanderweg** ein: Sie suchen Venen der Subkutis auf, werden hämatogen zur Lunge transportiert und wandern über Trachea und Ösophagus zu den Drüsenlumina in Magen und Dünndarm, wo sie wenige Tage verbleiben und sich zu L4 häuten. Danach wandern die Parasiten zum Dünndarm und entwickeln sich zu Adulten. Präpatenz: 14–17 Tage bei Welpen, bei älteren Hunden 26 Tage.

Sowohl nach perkutaner als auch nach peroraler Infektion begibt sich jeweils ein Teil der Larven auf eine **somatische Wanderung** durch das Körpergewebe. Diese Wanderung kann ihren Ausgang von der Subkutis, vom Darm oder von der Lunge nehmen und direkt durch das Körpergewebe oder durch die Körperhöhlen zu verschiedenen Organen führen. Nach kurzer Zeit (einige Tage bis wenige Wochen) dringen die Larven in die quergestreifte Muskulatur oder das Fettgewebe ein (es erfolgt keine Einkapselung) und können dort als hypobiotische L 3 jahrelang persistieren. Überwiegend somatisch wandern die Larven bei teilimmunen, älteren Hunden sowie bei trächtigen Hündinnen; eine **tracheale Wanderung** erfolgt überwiegend bei immunologisch naiven Jungtieren.

Ein Teil der hypobiotischen Stadien wird in der Endphase der Trächtigkeit reaktiviert, gelangt in die Milchdrüse, wird in der Muttermilch ausgeschieden und führt bei Welpen zur **laktogenen Infektion**. Werden laktierende Hündinnen erstmalig infiziert, so wandert ein Teil der Larven nach perkutaner oder peroraler Infektion innerhalb von 2–5 Tagen direkt (somatisch) in die Milchdrüse ein und wird anschließend in der Milch ausgeschieden.

Bei infizierten Hündinnen lassen sich hypobiotische L 3 experimentell durch Applikation der Hormone Östradiol oder Östradiol mit Progesteron reaktivieren. Vermutlich haben diese Hormone keine direkte Wirkung auf die hypobiotischen Larven von *A. caninum*. Östrogen und Prolactin induzieren bei Ratten während der späten Trächtigkeit und der Laktation eine Erhöhung der Konzentrationen des körpereigenen Wachstumsfaktors TGF-β im Blutplasma, im Milchdrüsen- und Uterusgewebe sowie in der Milch. Da TGF-β in physiologischer Konzentration hypobiotische Larven von *A. caninum* in vitro stimuliert und diese Stimulation durch Anti-TGF-β-Antikörper spezifisch gehemmt werden kann, wird angenommen, dass dieser Faktor bei der Reaktivierung hypobiotischer Larven im Gewebe eine Rolle spielt.

In der Muttermilch werden *A. caninum*-Larven vorwiegend in der 1. Woche post partum ausgeschieden, doch kann eine geringe Ausscheidung bis zum Ende der Laktationsperiode erfolgen. In den Welpen siedeln sich die Parasiten wahrscheinlich direkt, ohne vorherige Körperwanderung, im Darm an. Nach einmaliger massiver Infektion der Hündin ist mit einer transmammären Larvenübertragung mindestens bis zur 3. Laktationsperiode zu rechnen, allerdings in abfallender Intensität. In der Endphase der Trächtigkeit reaktivierte Larven können auch zur endogenen Autoinfektion der Hündin führen und sich nach einer Blut-Lungen-Wanderung im Darm ansiedeln. Früher vermutete pränatale Infektionen der Feten ließen sich nicht bestätigen.

Ein weiterer Infektionsmodus ist die **Aufnahme von L 3 mit paratenischen Wirten**. Als paratenische Wirte kommen für *A. caninum* (und *A. tubaeforme*) in erster Linie Nagetiere in Betracht, in denen sich die L 3 vorwiegend in der Muskulatur, aber auch im Gehirn ansiedeln und ungefähr 1 Jahr infektionsfähig bleiben können. Bei Schweinen wurden *Ancylostoma*-Larven im Fettgewebe gefunden.

Ancylostoma tubaeforme **(Katze)** Mit *A. tubaeforme* können sich Katzen sowohl peroral als auch perkutan infizieren; beide Infektionswege sind hinsichtlich des Infektionserfolges etwa gleichwertig. Präpatenz 18–28 Tage. Auch bei dieser Hakenwurmart können Nagetiere als paratenische Wirte fungieren. Laktogene Infektionen wurden bisher nicht beobachtet.

Vorkommen und Epidemiologie *U. stenocephala* kommt vor allem in den gemäßigten Klimazonen Europas und Amerikas vor. In Mitteleuropa ist *U. stenocephala* die häufigste Hakenwurmart des Hundes und des Rotfuchses. In ländlichen und urbanen Fuchspopulationen Mitteleuropas wurden *U. stenocephala*-Prävalenzen von 60–90 % gefunden. Ähnliche Prävalenzen wiesen Füchse und Marderhunde in Litauen auf. In der Schweiz schieden in einer durchschnittlichen Hundepopulation (n = 505) 7 % der Hunde Hakenwurmeier aus. *A. caninum* hat seine Hauptverbreitungsgebiete in warmen Ländern, kommt aber nördlich bis Südkanada, Deutschland und Dänemark vor. Allerdings scheint diese Art im nördlichen Mitteleuropa bei Hunden selten zu sein; bei Füchsen wurden Prävalenzen bis 10 % festgestellt. In Italien hingegen waren 33 % der Hunde (n = 183) mit *A. caninum* befallen. Bei Katzen in Mitteleuropa ist *A. tubaeforme* ein ziemlich häufiger Parasit (z. B. Prävalenz 17 % [n = 155] in Nordostdeutschland [Brandenburg], bei > 1500 Hauskatzen aus 7 europäischen Ländern durchschnittliche Prävalenz von 1,4 %); *U. stenocephala* wurde dagegen in neueren Studien bei Katzen nicht nachgewiesen.

Infolge der Anpassung von *U. stenocephala* an gemäßigtes Klima können sich die Eier dieser Art bei Temperaturen zwischen 7,5–27 °C entwickeln; bei 20 °C beansprucht die Entwicklung zur L 3 in Kopro-Kulturen nur 4 Tage. Im Freien kann die Entwicklungsdauer temperaturabhängig zwischen 1 Woche und einigen Monaten schwanken. In Großbritannien überlebte ein Teil der Larvenpopulation auf Grasflächen vom Herbst bis zum nächsten Jahr (Mai/Juni). Die Welpen stecken sich um die Zeit des Absetzens an und scheiden etwa bis zum Alter von 6–8 Monaten Eier in größeren Mengen aus; danach sinkt die Intensität der Eiausscheidung allmählich ab.

Die Eier von *A. caninum* können sich bei 15–37 °C entwickeln; der Optimalbereich liegt bei 25–30 °C und ist damit höher als bei *U. stenocephala*. Die Kälteresistenz dieser Larven ist gering. Bei *A. tubaeforme* vollzieht sich die Entwicklung der Eier im gleichen Temperaturbereich wie bei *A. caninum*.

Immunologie Nach mehrmaligen Infektionen mit Hakenwürmern entwickelt sich bei Haustieren und Menschen eine Immunität vom Th_2-Typ, die unter natürlichen Bedingungen oft schwach ausgeprägt ist und durch Immunevasion der Parasiten (z. B. durch Ausscheidung immunmodulierender Substanzen) unterlaufen werden kann. Werden rekombinante Sekretionsproteine der L 3 oder eine Hämoglobinprotease der adulten Parasiten experimentell als Antigene eingesetzt, lässt sich in Versuchstieren eine Teilimmunität induzieren, die nach einer Testinfektion zur Verminderung der Wurmbürde oder der Eiausscheidung führt. Antikörper, die in immunisierten Tieren gegen Sekretionsproteine der L3 gerichtet sind, beeinträchtigen die Körperwanderung der Larven, während Antikörper, welche gegen die Hämoglobinprotease gerichtet sind, den Abbau der Blutnahrung der Adultwürmer stören.

Pathogenese Das Eindringen von Hakenwurmlarven in die **Haut** ihrer natürlichen Wirte hinterlässt bei Erstinfektion i. d. R. keine sichtbaren Veränderungen, bei Re- oder Superinfektionen können jedoch allergische Reaktionen mit Juckreiz, Rötung, Urtikaria und Entzündungserscheinungen auftreten. Solche durch *A. caninum* verursachten Veränderungen werden vor allem in warmen Ländern beobachtet (feuchtes Sommerekzem; engl. *moist summer eczema*); sie treten bei Hunden hauptsächlich in den Interdigitalspalten, an den Gliedmaßen und den ventralen Körperpartien auf, die mit Hakenwurmlarven in Kontakt kommen. Im Verlauf der trachealen Wanderung können *Ancylostoma*-Larven in der **Lunge** kleine Blutungen und entzündliche Veränderungen hervorrufen, die sich aber nur bei massivem Befall klinisch mit Husten und anderen pneumonischen Erscheinungen manifestieren.

Im **Dünndarm** hat der Befall mit *U. stenocephala* oder *Ancylostoma*-Arten unterschiedliche Auswirkungen.

Uncinariose Die adulten Stadien von *U. stenocephala* leben bevorzugt im distalen Dünndarm. Die Hakenwürmer heften sich an der Schleimhaut an, saugen dabei einen Gewebepfropf in die Mundkapsel ein und wechseln öfter die Position. Dadurch entstehen kleine Läsionen und entzündliche Veränderungen der Darmschleimhaut. Im Gegensatz zu den hämatophagen *Ancylostoma*-Arten ernährt sich *U. stenocephala* hauptsächlich von Gewebe, mit dem aber auch geringe Blutmengen aufgenommen werden. Bei Befall von Hunden mit über 80 adulten *U. stenocephala* kommt es über den Darmkanal zum Verlust von Plasmaproteinen.

Ancylostomose Die präadulten und adulten Stadien von *Ancylostoma*-Arten saugen sich an der Dünndarmmukosa fest. Durch den Saugreiz und die Wirkung histolytischer Enzyme entstehen kleine Läsionen, durch die Blut austritt, das von den Hakenwürmern aufgenommen wird oder in den Darmkanal des Wirtes verloren geht. Der durchschnittliche, von *A. caninum* verursachte Blutverlust wird auf 50–200 µl je Adultwurm und Tag geschätzt. Bei der Nahrungsaufnahme wechselt *A. caninum* alle 4–6 Stunden die Ansitzstelle und hinterlässt kleine Läsionen, die i. d. R. innerhalb von 24 Stunden abheilen.

Die intestinalen Stadien der Hakenwürmer produzieren in ihren Ösophagusdrüsen oder Darmzellen Sekrete, die in ihren Verdauungstrakt ausgeschieden werden, teils auch nach außen in den Dünndarm des Wirtes gelangen. Diese Sekrete enthalten Moleküle, welche die Gerinnung von Wirtsblut hemmen oder aufgrund fibrinolytischer Eigenschaften Aggregate von Blutplättchen auflösen. Die Hemmung der Blutgerinnung ermöglicht den Hakenwürmern eine effiziente Hämatophagie. Die Hakenwürmer lysieren die aufgenommenen Erythrozyten mithilfe eines porenbildenden Proteins und verdauen das freigesetzte Hämoglobin durch Einwirkung einer Kaskade von Proteasen. *Necator americanus* produziert Substanzen, die Entzündungsvorgänge hemmen oder Immunglobuline (IgA, IgG) spalten und somit antikörpervermittelte cytotoxische Angriffe auf den Parasiten unterbinden können. Eine allergische Reaktion der Darmschleimhaut kann zur Elimination der Wurmbürde führen (‚Selbstreinigung').

Pathologisch-anatomisch bietet die Darmschleimhaut bei stärkerem Befall mit *Uncinaria*- oder *Ancylostoma*-Arten das Bild einer subakuten bis chronischen, katarrhalischen Entzündung mit samtartiger Verdickung, vermehrter Schleimbildung, fleckiger oder diffuser Rötung und petechialen Hämorrhagien an den Ansitzstellen der Hakenwürmer. Bei starkem *Ancylostoma*-Befall kommt es zur hämorrhagischen Entzündung mit Blutbeimengungen im Darminhalt (▸ **Abb. 11.26**).

Krankheitsbild Der intestinale Befall mit Hakenwürmern verläuft in Abhängigkeit von der Intensität des Befalls und der Reaktionslage der Wirte inapparent oder symptomatisch. Erkrankungen treten vor allem bei Jungtieren auf.

Hund Starker intestinaler **Befall mit *U. stenocephala*** führt zu verzögertem Wachstum, Abmagerung, schleimigem Durchfall und teils auch zur Hypoproteinämie. Auch bei ***A. caninum*-Befall** treten diese Symptome auf, zusätzlich kann es zur Anämie (normozytär und normochrom, mit zunehmendem Eisenverlust hypochrom und mikrozytär), zu blutigem Durchfall, metabolischer Azidose, Herzinsuffizienz und zu Todesfällen kommen.

Katze Die Symptomatik bei intestinalem Befall mit *A. tubaeforme* entspricht der bei *A. caninum*-Befall des Hundes.

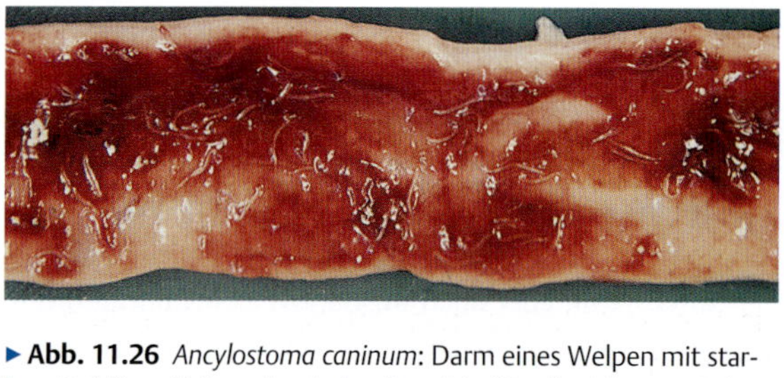

▸ **Abb. 11.26** *Ancylostoma caninum*: Darm eines Welpen mit starkem Befall und hämorrhagischer Enteritis. (Quelle: Johannes Eckert, Institut für Parasitologie, Vetsuisse-Fakultät, Universität Zürich)

Natürliche **somatische Infektionen** (Larven in extraintestinalen Körpergeweben) älterer Hunde oder Katzen verlaufen inapparent. Auf **Hautveränderungen** wurde bereits hingewiesen.

Diagnose Koproskopischer Einachweis (Flotationsverfahren) bei patentem Befall. Die dünnschaligen, ovalen Eier enthalten in ganz frischem Kot oft nur wenige (4–16) Blastomeren, deren Zahl in älterem Kot rasch zunehmen kann. Obwohl die Eier von *U. stenocephala* gewöhnlich etwas größer sind als die von *A. caninum* (▸ **Abb. 19.16**), ist eine sichere Unterscheidung in der Routinediagnostik nicht möglich; dies gilt auch für die L 3. Zur molekularen Unterscheidung der Eier eignen sich PCR-Verfahren. Postmortal sind die Parasiten im Dünndarm makroskopisch leicht feststellbar. Seit Kurzem steht auch ein Kopro-Antigen-ELISA zum Nachweis von *A. caninum*-Infektionen zur Verfügung. Dieser Test war in einer experimentellen Untersuchung bereits in der Präpatenz am 9. Tag der Infektion positiv bei allen infizierten Hunden (n = 5) und ist in Kombination mit weiteren ELISAs zum Nachweis von *Toxocara canis*, *Trichuris vulpis* sowie *Giardia* spp. erhältlich.

Therapie und Bekämpfung Zur Therapie des Hakenwurmbefalles bei Hund und Katze steht eine Reihe gut verträglicher und hochwirksamer Präparate aus verschiedenen Wirkstoffklassen zur Verfügung, z. B. Fenbendazol (Hund und Katze täglich 50 mg/kg KG p. o. an 3 d) oder Flubendazol (Hund und Katze täglich 22 mg/kg KG an 2–3 d). Neuere Wirkstoffe wie Selamectin, Moxidectin und Emodepsid sind bereits in Einmaldosis wirksam; ihre Applikation bei Hund und Katze wird durch Spot-on-Formulierungen wesentlich erleichtert (▸ **Tab. 23.13**). Die letztgenannten Präparate wirken in den angegebenen Dosierungen auf unreife (L 4) und adulte Darmstadien der Hakenwürmer. In den USA wurden kürzlich 21.3 beschrieben

Zur Bekämpfung der Hakenwürmer der Carnivoren gibt es mehrere Möglichkeiten, die sich mit Maßnahmen gegen Spulwurmbefall und einige andere Parasiten kombinieren lassen (▸ **Tab. 23.13**).

Gattung *Bunostomum*

> **Praxis**
> Erreger der **Bunostomose** der Wiederkäuer. Nur bei starkem Befall durch ständigen Blutverlust schwere Formen der Anämie und hämorrhagische Enteritis möglich.

Bounos (gr.): Hügel; *stoma* (gr.): Mund.

Erreger und Entwicklung In Mitteleuropa kommen *Bunostomum trigonocephalum* vorzugsweise bei Schaf und Ziege sowie *B. phlebotomum* hauptsächlich beim Rind vor. Außerdem sind auch Wildwiederkäuer geeignete Wirte (▸ **Tab. 11.5**). Die adulten Stadien dieser Arten werden bis 3 cm lang; sie haben eine becherförmige Mundkapsel mit 2 ventralen Schneideplatten und zahnartigen Strukturen an der Basis.

Die externe Entwicklung entspricht dem Strongylidentyp, sie sistiert unter 15 °C, verläuft bei 20–30 °C optimal und erfordert viel Feuchtigkeit. Auf Weiden bleiben die L 3 während der Sommerperiode knapp 2 Monate lebensfähig, eine Überwinterung spielt wegen der Kälteempfindlichkeit der Larven gewöhnlich keine Rolle. Die Infektion der Wirte erfolgt auf der Weide, gehäuft im Spätsommer und Herbst, oder in Stallungen und Ausläufen. In Letzteren begünstigen unhygienische Haltungsbedingungen und feuchte Tiefstreu die Infektion. Möglich ist sowohl eine perkutane als auch eine perorale Ansteckung, wobei dem erstgenannten Weg die größere Bedeutung zugesprochen wird. In beiden Fällen schließt sich eine tracheale Wanderung der Larven an. Die Adulten siedeln sich im Dünndarm an. Präpatenz etwa 7 Wochen (▸ **Tab. 11.5**).

Vorkommen und Epidemiologie Nach älteren Daten aus Bayern waren rund 5 % der Schlachtschafe mit *B. trigonocephalum* befallen. In den Niederlanden schied 1 % der Milchkühe (n = 113) Eier von *Bunostomum* aus. In der Schweiz erwiesen sich bei koproskopischen Mehrfachuntersuchungen bis zu 30 % von 478 Jungrindern als Ausscheider von *Bunostomum*-Eiern, wobei der größte Anteil der Ausscheider aus Betrieben mit Tiefstreuhaltung stammte.

Pathogenese und Krankheitsbild Meist ist der *Bunostomum*-Befall bei Hauswiederkäuern so gering, dass er inapparent bleibt. Bei starkem Befall können sich durch den ständigen Blutverlust schwere Formen der Anämie mit Proteinverlust in den Darmtrakt und blutige Darmentzündungen entwickeln. Bei den häufig auftretenden Mischinfektionen mit anderen Parasiten kommt es zu einer Kumulation der pathogenen Effekte. Symptome der erkrankten Tiere sind u. a. Mattigkeit, Ödembildung (Kehlgangsödem), Abmagerung und z. T. blutiger Durchfall (▸ **Abb. 11.27**).

Diagnose, Therapie und Bekämpfung Die Eier von *B. phlebotomum* sind in frischem Kot morphologisch von den Eiern anderer Magen-Darm-Strongyliden unterscheidbar (▸ **Abb. 19.8**). Dies trifft für die Eier von *B. trigonocephalum* nicht zu. Eine Gattungsdiagnose ist an den in Kulturen gezüchteten L 3 möglich (▸ **Abb. 19.11**). Therapie und Bekämpfung wie bei Trichostrongyliden (S. 287).

Zoonotische Bedeutung Beim Menschen verursachen die auf Primaten spezialisierten Arten *Ancylostoma duodenale* und *Necator americanus* einen patenten Befall des Darmes. Auch die bei Hunden und Katzen in tropischen Gebieten vorkommende Art *A. ceylanicum* verursacht

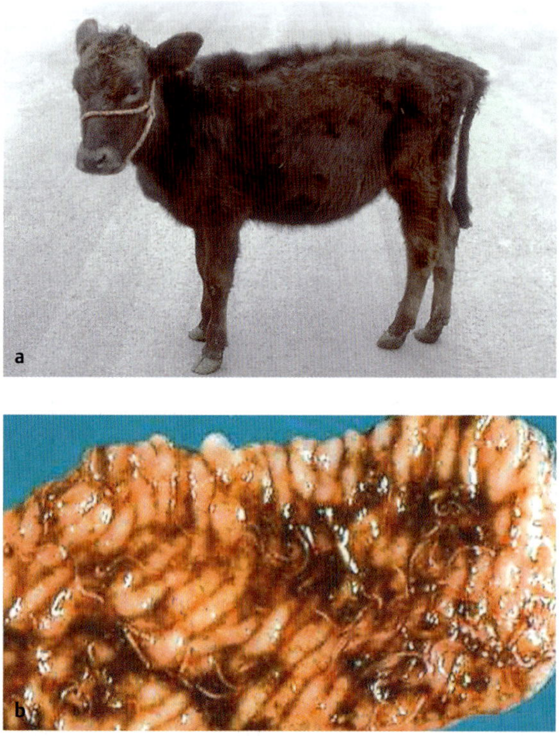

▶ **Abb. 11.27** *Bunostomum*-Befall.
a Starker *Bunostomum*-Befall beim Rind: klinisches Bild (Quelle: Institut für Parasitologie, Vetsuisse-Fakultät, Universität Zürich)
b Dünndarm vom Rind mit *Bunostomum*-Befall (Länge der Parasiten bis 30 mm) (Quelle: Johannes Eckert, Institut für Parasitologie, Vetsuisse-Fakultät, Universität Zürich)

beim Menschen eine intestinale Infektion und ist eine häufige Hakenwurmart des Menschen in Asien (z. B. 52 % der Hakenwurminfektionen in Kambodscha). Neben domestizierten Hunden und Katzen kommen auch wild lebende Carnivoren (z. B. Zibetkatze, Dingo) als Wirte für diesen Parasiten in Betracht. Selten siedelt sich auch *A. caninum* im Darm des Menschen an, ohne die Patenz zu erreichen, und verursacht milde bis schwere Formen von eosinophiler Enteritis.

Die infektiösen Larven verschiedener Hakenwurmgattungen (*Ancylostoma, Uncinaria, Bunostomum*) von Tieren gelten als Erreger der Larva migrans cutanea (= Larva migrans externa) des Menschen. Als wichtigste Erreger werden die Larven von *A. braziliense, A. ceylanicum* und *A. caninum* angesehen, für eine mögliche ätiologische Rolle von *Uncinaria*- und *Bunostomum*-Arten gibt es nur spärliche Hinweise. Die Larven dringen bei Kontakt mit Fäkalien oder damit kontaminierten Substraten (z. B. Boden) in die Haut des Menschen ein und wandern zwischen Corium und Stratum granulosum. Die Wanderwege markieren sich als entzündliche, juckende und schmerzende, leicht erhabene und meist geschlängelte Hautveränderungen. In Mitteleuropa wird das Krankheitsbild am häufigsten bei Touristen nach Badeaufenthalten in warmen Ländern beobachtet.

Literaturhinweise

Beugnet F, Bourdeau P, Chalvet-Monfray K et al. Parasites of domestic owned cats in Europe: co-infestations and risk factors. Parasit Vectors 2014; 7: 291

Bowman DD. Zoonotic hookworm infections. In: Palmer SR, Lord Soulsby, Torgerson PR, Brown DWG, eds. Oxford Textbook of Zoonoses. 2nd ed. Oxford, UK: Oxford University Press; 2011: 767–773. ISBN: 978-0-19857-002-8

Elsemore DA, Geng J, Cote J et al. Enzyme-linked immunosorbent assays for coproantigen detection of *Ancylostoma caninum* and *Toxocara canis* in dogs and *Toxocara cati* in cats. J Vet Diagn Invest 2017; 29: 645–653

Epe C. Intestinal nematodes: biology and control. Vet Clin North Am Small Anim Pract 2009; 39: 1091–1107

ESCCAP. Bekämpfung von Würmern (Helminthen) bei Hunden und Katzen. Adaption der ESCCAP-Empfehlung für Deutschland (Juli 2014; www.esccap.de) und für die Schweiz (Februar 2015; www.esccap.ch)

Geiser BB, Ising-Volmer S, Schnieder T et al. Umfang und Ablauf der Larvenausscheidung mit der Milch bei Hündinnen nach unterschiedlich starker Infektion mit *Ancylostoma caninum* (Ancylostomatidae). Angew Parasitol 1992; 33: 142–150

Inpankaew T, Schär F, Dalsgaard A et al. High Prevalence of *Ancylostoma ceylanicum* hookworm infections in humans, Cambodia, 2012. Emerg Infect Dis 2014; 20: 976–982

Jimenez Castro PD, Howell SB, Schaefer JJ et al. Multiple drug resistance in the canine hookworm *Ancylostoma caninum*: an emerging threat? Parasit Vectors 2019; 12: 576

Seguel M, Gottdenker N. The diversity and impact of hookworm infections in wildlife. Int J Parasitol Parasites Wildl 2017; 6: 177–194

Stoye M, Schmelzle HM. Über den Ausbreitungsmodus der Larven von *Ancylostoma caninum* ERCOLANI 1859 (Ancylostomidae) im definitiven Wirt (Beagle). J Vet Med B 1986; 33: 274–283

Traub RJ. *Ancylostoma ceylanicum*, a re-emerging but neglected parasitic zoonosis. Int J Parasitol 2013; 43: 1009–1015

Überfamilie Trichostrongyloidea, Familie Trichostrongylidae

Praxis

Für weidende Wiederkäuer stellen Trichostrongyliden-Infektionen eine erhebliche Gesundheitsgefahr dar, vor allem während der ersten Weideperiode. Angesichts der bei kleinen Wiederkäuern bereits bestehenden und bei Rindern sich weiterentwickelnden Resistenzproblematik sollten nachhaltige und integrative Bekämpfungskonzepte (gezielte und/oder selektive Anwendung von Anthelminthika, Parasitenmonitoring, weidehygienische sowie betriebstechnische Maßnahmen) durchgeführt werden.

Zoonose: Trichostrongyliden sind in Europa sehr seltene und harmlose Zoonoseerreger.

Trix, Gen. *trichos* (gr.): Haar; *strongylos* (gr.); rund. Bezug auf die meist haarfeine Körperform. Engl.: *trichostrongylids, gastro-intestinal nematodes*.

Trichostrongyliden sind klein bis mittelgroß und die weltweit wichtigsten Nematoden der **Haus- und Wildwiederkäuer sowie der amerikanischen Kameliden**. Sie besiedeln den Labmagen und den Dünndarm und können erhebliche Leistungsminderungen und Erkrankungen verursachen. Die nahe verwandte Gattung *Nematodirus* (**Familie Molineidae**) wird hier gemeinsam mit den Trichostrongyliden besprochen.

Das Wichtigste in Kürze

Trichostrongyliden bei Rind, Schaf und Ziege

- **Erreger.** Trichostrongylidenarten kommen bei Hauswiederkäuern regelmäßig in Mischinfektionen vor. In Mitteleuropa sind dies am häufigsten beim Rind *Ostertagia ostertagi* und *Trichostrongylus axei* (Labmagen) sowie *Cooperia oncophora* und *Nematodirus helvetianus* (Dünndarm), bei Schaf und Ziege *Haemonchus contortus, Teladorsagia circumcincta, Trichostrongylus axei* (Labmagen) sowie verschiedene *Trichostrongylus*-Arten, *Cooperia curticei* und *Nematodirus*-Arten (Dünndarm).
- **Entwicklung.** Homoxener Entwicklungszyklus. In Eiern, die im Kot der Wirte ausgeschieden werden, entstehen 1. Larven (L 1), die ausschlüpfen und sich über L 2 zu infektiösen, bescheideten L 3 entwickeln. Dagegen erfolgt die Entwicklung bei *Nematodirus*-Arten bis zur L 3 im Ei. Ansteckung mit Trichostrongyliden- und *Nematodirus*-Arten durch Aufnahme von L 3.
- **Epidemiologie.** Die Infektion erfolgt hauptsächlich auf der Weide. Die Epidemiologie ist stark saisonal geprägt und folgt einem stets wiederkehrenden Grundmuster, das aber in Einzelheiten variieren kann. Das größte Infektionsrisiko (Hauptinfektionszeit) besteht in der 2. Hälfte der Weidesaison. Bei einigen *Nematodirus* spp. schlüpfen die L 3 erst nach einer Kälteperiode aus den Eiern und verursachen im Frühjahr das größte Infektionsrisiko, besonders für junge Lämmer.
- **Pathogenese, Krankheitsbild.** Besonders pathogen sind *O. ostertagi* beim Rind und *H. contortus* bei Schaf und Ziege, Mischinfektionen mit anderen Arten verstärken die Schadwirkungen. Starker Befall, insbesondere mit Dominanz pathogener Arten, verursacht Leistungsminderungen, teils auch Erkrankungen mit Inappetenz, Durchfall, Abmagerung, Hypalbuminämie, Exsikkose, bei Haemonchose auch mit Anämie. Erkrankungen treten vor allem bei Jungtieren in ihrem 1. Weidejahr auf, meist während der 2. Hälfte der Weidesaison. Durch Reaktivierung hypobiotischer Stadien kann es am Ende der Winterperiode oder im Frühjahr zu Erkrankungen von Tieren kommen, die sich im vorhergehenden Herbst stark infiziert haben (Winter-Ostertagiose beim Rind, Haemonchose bei Mutterschafen um die Zeit des Ablammens im Frühjahr).
- **Diagnose.** Epidemiologischer Vorbericht, Einachweis im Kot (Flotationsverfahren, Eizählungen), Differenzierung der in Kulturen gezüchteten L 3, klinische Symptomatik. Erhöhte Pepsinogenkonzentrationen im Serum weisen auf *Ostertagia*-Infektionen bei Rindern und Anämie auf Haemonchose bei kleinen Wiederkäuern hin. Antikörpernachweise z. B. in Tankmilchproben können für die Überwachung der Herdengesundheit sowie epidemiologische Untersuchungen bei Rindern verwendet werden.
- **Therapie** mit Anthelminthika folgender Wirkstoffgruppen: (Pro-)Benzimidazole, Imidazothiazole (Levamisol) und makrozyklische Lactone (Ivermectin, Doramectin, Moxidectin, Eprinomectin), bei Schafen zusätzlich Aminoacetonitrile (Monepantel). Diese Wirkstoffe erfassen adulte sowie immature, einige teilweise auch hypobiotische Trichostrongylidenstadien. Günstige Verabreichungsformen (Bolus, Spot-on-Applikation) erleichtern die Anwendung. Bei Trichostrongyliden insbesondere der kleinen Wiederkäuer ist die weitverbreitete Anthelminthikaresistenz zu berücksichtigen.
- **Bekämpfung.** Weidemanagement und strategischer Einsatz von Anthelminthika.

Trichostrongyliden bei anderen Tierarten

Wildwiederkäuer und amerikanische Kameliden haben ein ähnliches Artenspektrum wie Hauswiederkäuer, jedoch auch spezifische Arten; spezifische Arten kommen bei Pferd, Schwein, Kaninchen, und Geflügel vor.

Die Trichostrongylidae (= Trichostrongyliden) sind Parasiten von Vertebraten (Ausnahme Fische), in denen sie den Magen-Darm-Trakt besiedeln. Veterinärmedizinisch bedeutsam sind sie vor allem als Erreger der Trichostrongylidose, einer bei Rindern, Büffeln, Schafen und Ziegen häufigen Erkrankung, die weltweit erhebliche Verluste verursacht und auch bei Wildwiederkäuern und amerikanischen Kameliden auftritt. Gemeinsam mit der Familie Trichostrongylidae wird hier auch die Gattung *Nematodirus* besprochen, die zur Familie Molineidae gehört. Die durch verschiedene Gattungen verursachten Infektionen bezeichnet man als Haemonchose, Ostertagiose, Trichostrongylose, Cooperiose und Nematodirose.

Gattungen *Haemonchus, Ostertagia, Teladorsagia, Trichostrongylus, Cooperia, Nematodirus*

Trichostrongyliden-Arten der Hauswiederkäuer

Erreger und Vorkommen Die Trichostrongyliden der Wiederkäuer sind haarfeine, teils auch etwas dickere Nematoden von etwa 5–30 mm Länge mit stark reduzierter Mundkapsel (▸ **Abb. 11.28**, ▸ **Abb. 11.29**). Die Männchen haben eine gut ausgeprägte, 3-lappige Bursa copulatrix, 2 Spicula, bei einigen Arten auch ein Gubernaculum und einen Genitalkonus (▸ **Abb. 11.4**). Zur morphologischen Identifikation der Arten werden in erster Linie die Merkmale der Männchen herangezogen, teils aber auch einige Kennzeichen der Weibchen. Eier: oval, dünnschalig, mit 16 oder mehr Furchungszellen, 70–98 × 30–50 µm (▸ **Abb. 11.30**, ▸ **Abb. 19.8**); bei *Nematodirus* spp. etwas dickschaliger, mit 4–8 Furchungszellen, wesentlich größer (150–180 × 67–77 µm) (▸ **Abb. 19.8**).

Trichostrongylidenarten in Mitteleuropa In Mitteleuropa kommen bei Hauswiederkäuern zahlreiche Trichostrongylidenarten vor, die im Labmagen oder Dünndarm parasitieren (z. T. Überschneidungen der Organlokalisation) (▸ **Tab. 11.6**). Mischinfektionen mit mehreren Arten sind die Regel, doch können einzelne Arten zahlenmäßig und in der pathogenen Wirkung dominieren.

Junge und ältere Rinder sind häufig mit dem Labmagenparasiten *Ostertagia ostertagi* befallen. Diese Art ist wegen ihrer Pathogenität und der oft hohen Befallsstärken der wichtigste Erreger der parasitären Gastroenteritis (PGE). Jungrinder sind häufig auch mit der im Dünndarm parasitierenden und weniger pathogenen Art *Cooperia oncophora* befallen; bei älteren Rindern sind Häufigkeit und Befallsstärke dieser Art infolge der schnelleren Immunitätsbildung geringer. *Trichostrongylus axei* und *Nematodirus helvetianus* sind regional bedeutsam. Die anderen Arten spielen eine geringere Rolle, können aber zur Pathogenität beitragen. Bei **Schafen und Ziegen** (▸ **Tab. 11.6**) stehen andere Arten im Vordergrund: Von den Labmagenparasiten sind dies *Haemonchus contortus* und *Teladorsagia circumcincta*, von den Dünndarmparasiten verschiedene *Trichostrongylus*- und *Nematodirus*-Arten sowie *Cooperia curticei*.

Die Wirtsspezifität der einzelnen Trichostrongylidenarten ist unterschiedlich ausgeprägt (▸ **Tab. 11.6**). Unter natürlichen Infektionsbedingungen befallen z. B. *T. axei* und *Ostertagia leptospicularis* Rinder, Schafe und Ziegen. Dagegen ist *O. ostertagi* fast gänzlich auf das Rind beschränkt; in kleinen Wiederkäuern siedelt sich diese Art meist nur sehr spärlich und kurzfristig an. Andererseits ist *T. circumcincta* vor allem an kleine Wiederkäuer angepasst, kann aber gelegentlich auch beim Rind vorkommen. Einige Arten mit geringer Spezifität gehen von Wiederkäuern auch auf andere Säuger über, z. B. *T. axei* auf Equiden und Menschen oder *Trichostrongylus colubriformis* ebenfalls auf den Menschen. In Europa heimische Wildwiederkäuer und eingeführte amerikanische Kameliden beherbergen viele der bei Hauswiederkäuern vorkommenden Arten, daneben aber auch andere Arten (S. 302). Innerhalb gewisser Trichostrongylidenarten existieren verschiedene, genetisch unterscheidbare Stämme. Von großer praktischer Bedeutung sind **Stämme mit Resistenzen gegen Anthelminthika** (S. 586).

Trichostrongylidenarten in anderen Regionen Viele der in Mitteleuropa vorkommenden Arten (▸ **Tab. 11.6**) sind auch in weiteren europäischen Regionen und auf anderen Kontinenten verbreitet. Regional sind weitere Arten zu berücksichtigen, z. B. *Haemonchus placei* im Labmagen des Rindes (auch bei Ziege und Schaf), vor allem in warmen Ländern. Diese Art ist *H. contortus* sehr ähnlich, erwies sich aber morphologisch, genetisch und biologisch als eigenständig. *Mecistocirrus digitatus* (Unterfamilie Haemonchinae) ist ein blutsaugender Labmagenparasit von Rind und Büffel (Asien, Afrika, Lateinamerika, sporadisch in Europa). *Marshallagia marshalli* (Unterfamilie Ostertagiinae) parasitiert im Labmagen von Schaf, Ziege, Rind, Büffel, Kamel und wild lebenden Wiederkäuern (Antilopen) in den Subtropen und Tropen, kommt aber bis Nordeuropa vor, z. B. auf Spitzbergen bei Rentieren.

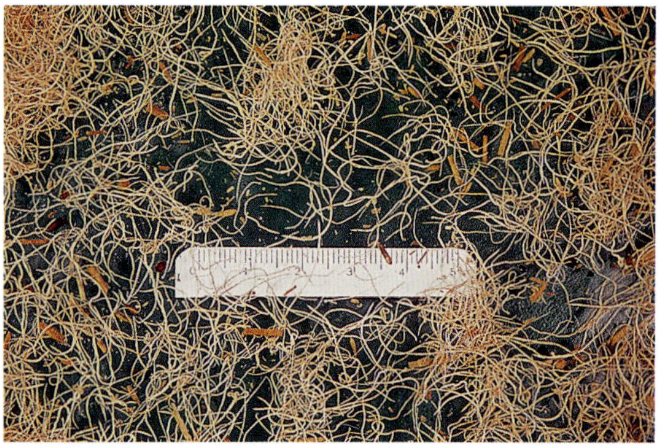

▸ **Abb. 11.28** *Haemonchus contortus*: Länge der Weibchen bis 30 mm. (Quelle: Institut für Parasitologie, Vetsuisse-Fakultät, Universität Zürich)

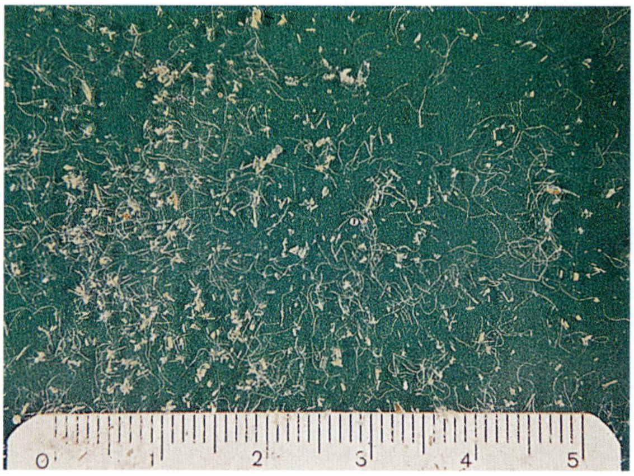

▸ **Abb. 11.29** *Trichostrongylus axei*: Länge etwa 5–6 mm. (Quelle: Institut für Parasitologie, Vetsuisse-Fakultät, Universität Zürich)

▶ **Tab. 11.6** In Mitteleuropa nachgewiesene Trichostrongylidenarten (Auswahl) der Hauswiederkäuer (wichtigste Arten sind in der Rubrik Prävalenz in Fettdruck hervorgehoben).

Hauptlokalisation der Adulten[1]	Trichostrongylidenarten[2] (Präpatenz ausgewählter Arten in Tagen)	Länge der Weibchen (mm)[3]	Prävalenz[4]		
			Rind	Schaf	Ziege
Labmagen	*Haemonchus contortus* (18–19)	20–30	(+)	**++/+++**	+++
	*Ostertagia ostertagi** (18–21)	8–9	**+++/++++**	((+))	(+)
	Ostertagia lyrata[5]*	bis 10	+/+++	(+)	(+)
	Ostertagia leptospicularis (17)	6–11	+/++++	+	+
	Teladorsagia[6] *circumcincta*** (16)	12–13	(+)	**+++/++++**	**++++**
	Teladorsagia[6] *trifurcata***	9–11	(+)	**++/++++**	**++++**
	Trichostrongylus axei (25)	5–6	**+/+++**	**++**	**++**
Dünndarm	*Trichostrongylus colubriformis* (15)	5–6	((+))	**++/+++**	**+++**
	Trichostrongylus vitrinus (18–19)	5–8	((+))	**++/+++**	**++**
	Trichostrongylus capricola	5–7	((+))	+	+
	Trichostrongylus longispicularis	5–7	+		
	Cooperia curticei (14)	5–6	+	+++/++++	++
	*Cooperia oncophora**** (17)	6–12	**++/+++**	+	
	Cooperia zurnabada[7] ***	7–9	+/++++	+	
	Cooperia pectinata	7–9	+		
	Cooperia punctata (14)	6–7	+/++	(+)	
	Nematodirus helvetianus (21–26)	15–24	**+/++++**	(+)	
	Nematodirus filicollis (21)	12–20	(+)	**++/++++**	**++**
	Nematodirus battus (15–29)	18–15	+	**+/++++**	++
	Nematodirus spathiger (15–21)	12–20	(+)	**++**	

[1] bei der Sektion findet man Arten aus dem Labmagen auch im Anfangsteil des Dünndarms, seltener Dünndarmparasiten im Labmagen
[2] Arten mit gleicher Anzahl von * gelten als polymorph; dies sind Arten, die sich genetisch nicht signifikant unterscheiden, aber unterschiedliche morphologische Phänotypen (Morphen) ausbilden
[3] aus Gründen der Übersichtlichkeit nur Angabe der Längen der Weibchen; die Männchen sind etwas kürzer
[4] Prävalenz (ungefähre Angaben!): ++++: >75 %, +++: >50–75 %, ++: >25–50 %, +: 10–25 %, (+): <10 %, ((+)): sporadisch, leere Felder: keine Angaben; die Prävalenz kann erheblich schwanken; Daten vor allem aus DE, AT und CH
[5] Syn.: *Skrjabinagia*
[6] früher der Gattung *Ostertagia* zugeordnet; *Teladorsagia trifurcata* und eine weitere, bei Schafen und Ziegen vorkommende Art, *O. pinnata*, sind morphologisch sehr ähnlich und werden teils als selbstständige Arten aufgeführt oder als synonym eingestuft; *T. trifurcata* wird auch als eine von verschiedenen Phänotypen der Art *T. circumcincta* angesehen
[7] Schreibweise auch *C. surnabada*

Entwicklung Die **externe Entwicklung** der Trichostrongyliden beginnt mit der Ausscheidung von Eiern durch Parasitenträger. Das 1. Larvenstadium (L1) schlüpft aus dem Ei, entwickelt sich über eine Häutung zur L2 und schließlich zur frei lebenden, bescheideten infektiösen L3 (▶ **Abb. 11.30**). Eine Ausnahme bilden die *Nematodirus*-Arten, bei denen die Entwicklung bis zur L3 im Ei stattfindet und somit erst die infektiöse L3 aus dem Ei schlüpft (S. 295) (▶ **Abb. 11.33**).

Die **interne Entwicklung** (▶ **Abb. 11.30**) beginnt mit der peroralen Aufnahme der infektiösen, bescheideten L3. Durch bestimmte Signale im Pansen oder Labmagen werden die Larven zur Ausscheidung von Enzymen stimuliert, die von innen auf die Scheide einwirken. So produzieren die Larven von *H. contortus* in den Ösophagusdrüsen eine Metalloendopeptidase, die eine bestimmte, ringförmige Zone am Vorderende der Scheide angreift. An dieser Stelle bricht die Scheide unter dem Einfluss intensiver Bewegungen der Larve auf und es entsteht eine große Öffnung, die das Ausschlüpfen der Larve ermöglicht, die nun als parasitische L3 bezeichnet wird.

Je nach Ansiedlungsort der Adulten im Magen-Darm-Trakt reagieren die bescheideten Drittlarven verschiedener Trichostrongylidenarten auf unterschiedliche Schlüsselsignale. So entledigen sich die Drittlarven von Labmagenbewohnern (*H. contortus, T. circumcincta, O. ostertagi, T. axei* u. a.) innerhalb von 12 h p. i. im Pansen ihrer Scheide, dagegen nur wenige Larven von Dünndarmbewohnern (*T. colubriformis, N. spathiger, N. battus*). Bei Letzteren setzt aber die Ecdysis nach kurzem Aufenthalt im

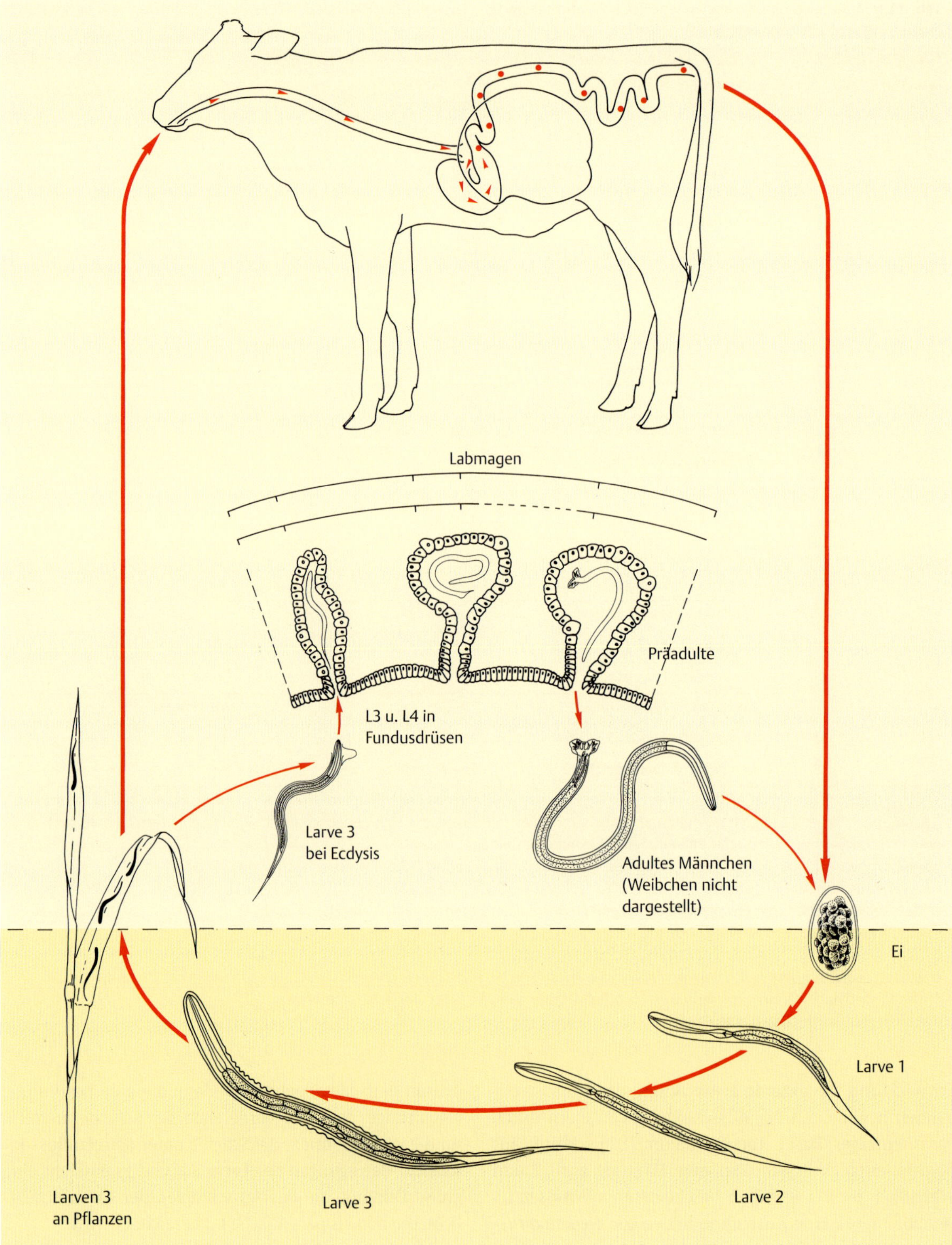

▸ **Abb. 11.30** Entwicklungszyklus von *Ostertagia ostertagi*. Kleine rote Pfeile: Infektionsweg von L 3 zu den adulten Stadien im Labmagen. Rote Punkte: Ausscheidungsweg der Eier. (Grafik: Salome Ehrat, nach einer Vorlage von Johannes Eckert und Peter Deplazes, Vetsuisse-Fakultät, Universität Zürich)

Labmagen ein. Als Schlüsselreize sind für die Labmagenbewohner der CO_2-Gehalt der Gasphase, das Puffersystem H_2CO_3/HCO_3^- und ein pH um 6,5–6,9 wichtig (entsprechend den Verhältnissen im Pansen), für die Dünndarmbewohner dagegen ein pH im sauren Bereich sowie die Einwirkung von Pepsin und CO_2 (entspricht dem Milieu im Labmagen). Auch die Temperatur und einige andere Faktoren spielen bei der Ecdysis eine Rolle. Die

▸ **Tab. 11.7** Daten zur parasitischen Entwicklung einiger Trichostrongylidenarten.

Trichostrongylidenart (Wirtstier)	Tage p. i.	Entwicklung und Präpatenz H: Häutung, L 3: parasitische L 3[1], L 4: Larve 4, Std. 5: präadultes Stadium	Stadium der Hypobiose
Haemonchus contortus (Schaf)	1–8	L 3 → Labmagen, Krypten, z. T. Drüsenlumina	L 4
		H → L 4, Rückkehr auf Mukosaoberfläche	
	9–11	H → Präadulte → Adulte	
	18	Beginn der Patenz	
Ostertagia ostertagi (Rind)	1–8	L 3 → Labmagen, Drüsenlumina (v. a. Fundusregion)	L 4
		H → L 4	
	8–15	H → Präadulte in Drüsenlumina	
	> 15	Auswanderung aus Drüsen auf Mukosaoberfläche, weitere Entwicklung	
	18	Beginn der Patenz	
Trichostrongylus colubriformis (Schaf)	1–4	L 3 → Dünndarm → H zu L 4	L 3
	6–10	H → Präadulte	
	15	Beginn der Patenz	
Cooperia curticei (Schaf)	1–2	L 3 im Lumen des vorderen Dünndarmes	L 4
	3–4	Einwandern der L 3 in Krypten → H zu L 4	
	5	meiste L 4 frei im Darmlumen	
	9–10	H → Präadulte, weitere Entwicklung	
	14	Beginn der Patenz	
Nematodirus battus (Schaf)	1–5	L 3 → Dünndarm → H zu L 4	?
	12	fast alle als Präadulte	
	14	Beginn der Patenz	

[1] parasitische L 3 = infektiöse Larve nach Ecdysis

hauptsächlich im Dünndarm parasitierenden *Cooperia*-Arten verhalten sich bezüglich der Ecdysis eher wie Labmagenbewohner.

Nach der Ecdysis erfolgt die weitere Entwicklung in dem Zielorgan, in dem sich die Adulten ansiedeln. Die entscheideten L 3 (= parasitische L 3) dringen bevorzugt in das Lumen von Labmagendrüsen (z. B. *O. ostertagi, O. leptospicularis, T. circumcincta*), in Mukosakrypten des Labmagens (z. B. *H. contortus, T. axei*) oder in die Lieberkühnschen Krypten und Drüsenlumina des Dünndarmes (z. B. *Cooperia, Nematodirus*) ein, ohne dabei die Epithelschicht zu durchbrechen. Selten gelangen einige Parasiten in die Propria, vor allem bei starken entzündlichen Veränderungen (z. B. *O. leptospicularis, Cooperia* spp., *Nematodirus* spp.). Während der paramukosalen Phase häuten sich die Larven meist innerhalb weniger Tage zu L 4, bei einigen Arten auch zu präadulten Stadien (z. B. *Ostertagia*-Arten, *T. circumcincta*), die sich dann auf der Mukosaoberfläche in der Mucusschicht ansiedeln und dort die weitere Entwicklung bis zu Geschlechtsreife durchlaufen. Ein Teil der Population kann in Hypobiose verfallen. Die Grunddaten der parasitischen Entwicklung einiger Arten sind in ▸ **Tab. 11.7** zusammengefasst. Die Präpatenzen variieren bei den einzelnen Arten zwischen 2 und 4 Wochen.

Epidemiologie Die Trichostrongyliden der Wiederkäuer werden hauptsächlich während des Weidegangs übertragen. Der epidemiologische Verlauf weist eine ausgeprägte **Saisondynamik** auf, da die externe Phase der Entwicklung maßgeblich durch Temperatur und Feuchtigkeit beeinflusst wird. Dieses in den Grundzügen stets wiederkehrende saisonale Grundmuster unterliegt zwar den Wetterverhältnissen, der geografischen Lage, der Höhenlage der Weiden und anderen Faktoren (s. u.), doch ermöglicht es die Identifikation der Zeiten des größten Infektionsrisikos (**Hauptinfektionszeiten**) und die Entwicklung von Maßnahmen für eine gezielte (‚planmäßige' oder ‚strategische') Bekämpfung (S. 301). Folgende **Faktoren** sind **von besonderer epidemiologischer Bedeutung:** (a) Spektrum der Trichostrongylidenarten, (b) Kontamination der Weiden mit Trichostrongyliden-Eiern, (c) Saisondynamik der Larvenpopulation auf den Weiden und Infektionsmöglichkeiten der Weidetiere, (d) Dynamik der Parasitenpopulation in den Wirtstieren, (e) Haltungsform der Tiere (z. B. extensiv oder intensiv), Weidemanagement, Tierverhalten u. a. Faktoren.

Ostertagiose und Cooperiose des Rindes *O. ostertagi* und *C. oncophora* sind die wichtigsten Erreger der Parasitären Gastroenteritis (PGE) des Rindes. Diese Arten kommen regelmäßig gemeinsam und in Mischinfektionen mit anderen Trichostrongylidenarten vor (s. u.). Die folgenden Ausführungen beziehen sich hauptsächlich auf den *Ostertagia-Cooperia*-Komplex und die epidemiologischen Verhältnisse im Flachland oder in geringen Höhenlagen.

Kontamination der Weiden mit Trichostrongyliden-Eiern: Während der Stallhaltung im Winter kann sich ein (meist geringer) Teil der Kälber mit Trichostrongyliden infizieren, besonders in Laufstallungen und Ausläufen. Allerdings ist die daraus resultierende, geringfügige Eiausscheidung bei späterem Weidegang für die Kontamination der Flächen von geringer Bedeutung. Im Vorjahr infizierte ältere Rinder, die während der Winterperiode Trichostrongylidenträger geblieben sind, scheiden zwar wenige Eier aus, die aber zu einer initialen Kontamination der Weidefläche ausreichen, sodass ein gewisses Ansteckungsrisiko für andere Tiere entsteht. Kurz nach dem Weideaustrieb im Frühjahr infizieren sich die meisten (> 90 %) der immunologisch naiven Jungtiere mit überwinterten L 3 (s. u.) und verursachen bereits nach wenigen Wochen durch eine erhebliche und über längere Zeit anhaltende Eiausscheidung eine starke Kontamination der Weidefläche (▸ Abb. 11.31). Bei Nutzung von Rinderweiden durch Schafe können diese zur Kontamination mit Eiern von Arten beitragen, die für Rinder infektiös sind (z. B. *T. axei*). Wildwiederkäuer spielen für die Kontamination der Weiden aus verschiedenen Gründen keine bedeutende Rolle. Dagegen kann das Ausbringen von Gülle, in der die L 3 von *O. ostertagi* und *C. oncophora* etwa 2–6 Wochen (Sommer) und 3–5 Monate (Winter) überleben, zur erhöhten Weidekontamination führen.

Entwicklung und Überleben infektiöser Larven: Aus den Eiern entwickeln sich im Rinderkot die frei lebenden L 1–3. Diese Entwicklung ist bei *O. ostertagi, O. leptospicularis* und *C. oncophora* in einem weiten Temperaturbereich von 5–35 °C möglich, das Optimum liegt bei 23 °C. Ein Wassergehalt des Kotes von etwa 60–70 % ist für die Entwicklung günstig, niedrigere oder höhere Werte führen zu einer rasch abfallenden Entwicklungsrate. Die Dauer der Entwicklung vom Ei zur L 3 beträgt bei *O. ostertagi* und *C. oncophora* bei konstanten Temperaturen 21 Tage bei 10 °C, 14 Tage bei 15 °C und 6 Tage bei 20 °C. Im Freiland kann die Entwicklung bei sommerlichen Temperaturen bereits in 1–2 Wochen abgeschlossen sein; sie dauert aber oft länger, besonders im zeitigen Frühjahr und Herbst. In den Wintermonaten sistiert die Entwicklung oder sie verläuft sehr langsam (bei konstant 5 °C beansprucht sie etwa 2 Monate). Eine wichtige Voraussetzung für die Entwicklung der präparasitischen Larvenstadien ist eine ausreichende Belüftung des Kotes,

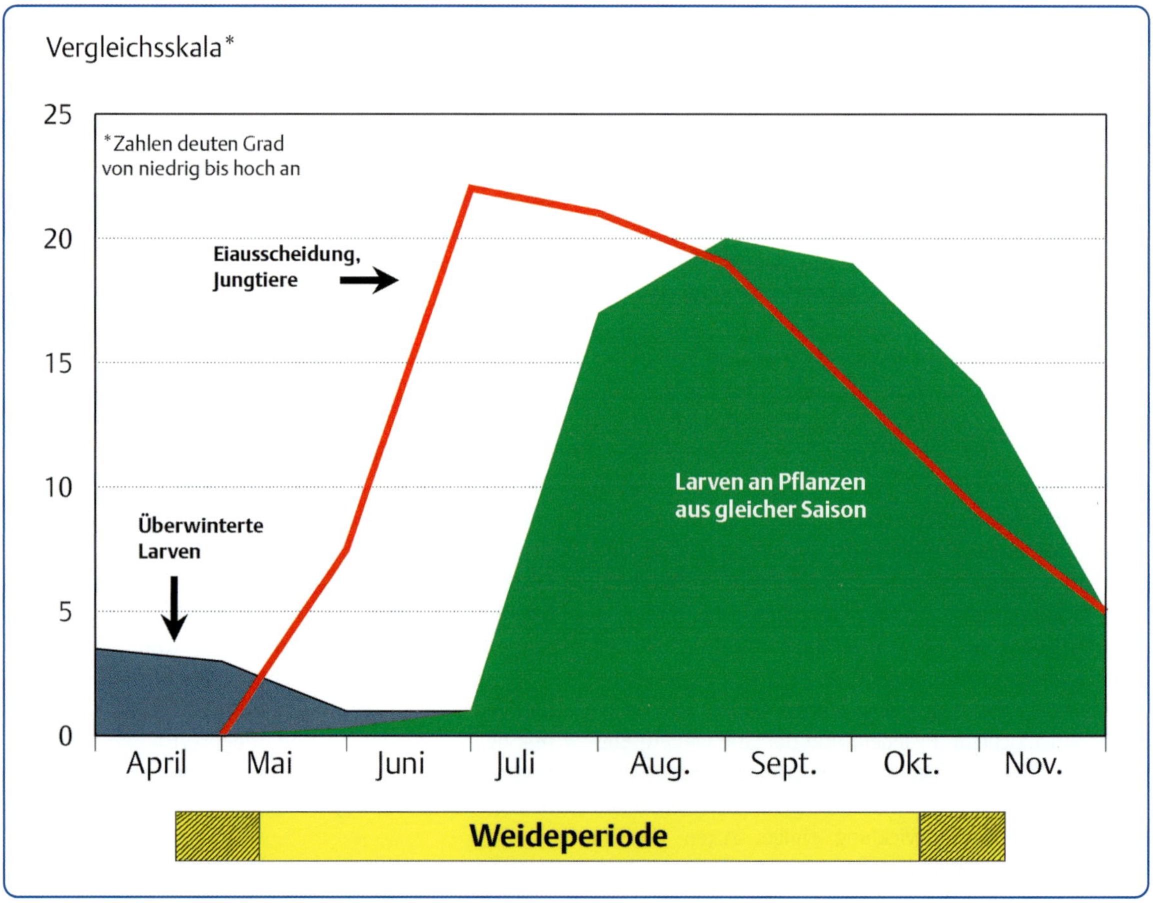

▸ **Abb. 11.31** Ostertagiose/Cooperiose des Rindes: Schema der Epidemiologie auf Standweiden im Flachland. (Grafik: Institut für Parasitologie, Vetsuisse-Fakultät, Universität Zürich)

die durch die Aktivitäten von Kotbewohnern (z. B. Käferlarven) gefördert wird. Gegen Austrocknung und niedrige Temperaturen sind die L 1 und L 2 empfindlich; sie überstehen den Winter i. d. R. nicht. Dagegen können die L 3 von *Ostertagia*- und *Cooperia*-Arten des Rindes auf der Weide in erheblicher Zahl überwintern, auch auf Bergweiden bis in etwa 2400 m Höhe. Die L 3 von *O. ostertagi* und *C. oncophora*, die keine Nahrung aufnehmen (da bescheidet) und nur von ihren endogenen Reservestoffen leben, haben eine erstaunlich lange Lebensdauer (bei konstant 6–7 °C mehr als 2 Jahre). Eine weitere wichtige Eigenschaft, die zum Überdauern der Larven in der Umwelt beiträgt, ist deren Rückzug in die oberflächlichen Erdschichten der Grasweiden.

Translokation (= Translation) der infektiösen Larven: Im Hinblick auf das Ansteckungsrisiko der Rinder, die eine Futteraufnahme in unmittelbarer Nähe der Kotfladen möglichst meiden, ist der Übergang (Translokation) der L 3 vom Kot an die Pflanzen der weiteren Umgebung epidemiologisch bedeutsam. Eine wichtige Rolle spielen dabei Regenfälle, welche die L 3 veranlassen, an die Oberfläche der Kotfladen zu wandern, von der sie durch Regentropfen weggeschleudert oder weggeschwemmt werden. Zur horizontalen Verbreitung der L 3 trägt deren Migration wenig bei, da diese sich auf einige Zentimeter beschränkt. Bedeutsam ist die mechanische Ausbreitung von Kotteilen durch Tiere, Menschen oder Maschinen. So ließen sich an den Extremitäten von weidenden Kälbern regelmäßig L 3 nachweisen. Weitere Möglichkeiten der horizontalen Verbreitung der L 3 sind das Wegschleudern durch das Platzen der Sporangien von Pilzen der Gattung *Pilobolus* [s. *Dictyocaulus* (S. 305)] oder die Verschleppung durch Kot-besuchende Insekten (Phoresie). In der Vertikalen wandern die L 3 in einem Feuchtigkeitsfilm einige Zentimeter auf Weidepflanzen hoch.

Saisondynamik der Larvenpopulation auf Weiden und Infektionsmöglichkeiten der Weidetiere: Infektiöse L 3 von Trichostrongyliden des Rindes können auf Weiden überwintern, wobei deren Menge dem Kontaminationsgrad der Flächen im vorhergehenden Jahr proportional ist, aber von den Klima- und Wetterverhältnissen beeinflusst wird. In Mitteleuropa ist die überwinterte Larvenpopulation im zeitigen Frühjahr noch ziemlich groß. Die Larvenzahlen gehen jedoch bis Mai/Juni stark zurück, außerdem fällt ihre Konzentration je kg Futterpflanzen durch das starke Pflanzenwachstum in dieser Zeit erheblich ab (► **Abb. 11.31**). Auf höher gelegenen Bergweiden sind die L 3 unter der Schneedecke längere Zeit geschützt, sodass noch bis Juli erhebliche Larvenmengen überleben können (► **Abb. 11.32**). Diese überwinterten Larven stel-

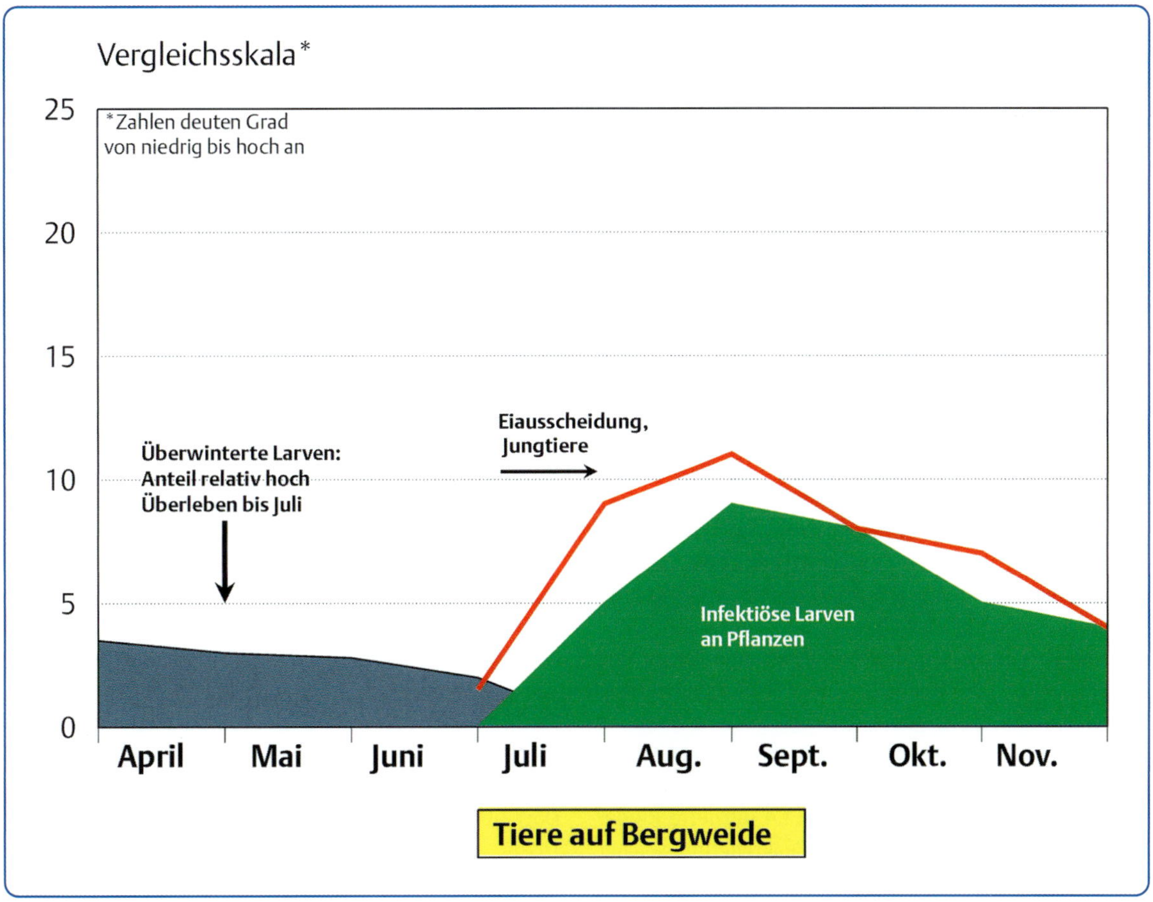

► **Abb. 11.32** Ostertagiose/Cooperiose des Rindes: Schema der Epidemiologie auf Bergweiden. (Grafik: Institut für Parasitologie, Vetsuisse-Fakultät, Universität Zürich)

len zu Beginn der Weidesaison eine wichtige Infektionsquelle für die immunologisch naiven Kälber und Jungrinder dar. Diese scheiden bereits nach 2–3 Wochen Eier in zunehmender Zahl aus und sorgen für sich allein oder gemeinsam mit älteren Rindern für eine, auch von der Besatzdichte abhängige, Kontamination der Weiden mit Eiern. Wegen der zunehmenden Kontamination der Weiden mit Eiern steigt die Zahl der L3 allmählich an. Etwa ab Mitte Juli kommt es dann infolge der günstigen Temperatur- und Feuchtigkeitsbedingungen zu einer verstärkten Translokation von L3 vom Kot an die Weidepflanzen und damit auch zu einer Zunahme des Infektionsrisikos für die Weidetiere. Diese Infektionen können so stark sein, dass etwa ab Mitte Juli erste Fälle von Sommer-Ostertagiose [Ostertagiose Typ I (▶ **Tab. 11.9**), Pathogenese (S. 295)] auftreten. Aus den ab August auf die Weiden gelangten Eiern entwickeln sich weiterhin L3, von denen aber ab September nur relativ wenige auf die Weidepflanzen übergehen. Daher lässt das Infektionsrisiko allmählich nach (▶ **Abb. 11.31**, ▶ **Abb. 11.32**). Ein Teil dieser Larven überlebt bis zum nächsten Frühjahr.

Dynamik der Parasitenpopulation in den Wirtstieren: Die Parasitenpopulation in den Wirtstieren unterliegt einer eigenen Dynamik. Es werden ständig infektiöse Larven aufgenommen, aus denen sich zunächst ein relativ hoher Anteil zu Adulten entwickelt. Wegen der sich allmählich entwickelnden Immunität sinkt dieser Anteil kontinuierlich ab und führt zu einer Begrenzung der Wurmbürde [Immunologie (S. 297)].

Ein wichtiges Phänomen ist, dass sich ein variabler Anteil der von den Weidetieren aufgenommenen L3 von *O. ostertagi* zu hypobiotischen L4 entwickelt. In Nord- und Mitteleuropa sowie in den nördlichen USA tritt die **Hypobiose** bei Jungrindern der 1. Weideperiode verstärkt im Spätsommer und Herbst auf, in anderen Regionen mit trockenen Sommern (z. B. Südamerika) dagegen im Frühling oder vor der Trockenperiode. Bei der Induktion (dem Beginn) der Hypobiose spielen die genetische Prädisposition des *Ostertagia*-Stammes, die Selektion infektiöser Larven durch Umweltfaktoren und die im Verlauf der Weidesaison zunehmende Immunität der Rinder eine Rolle. Experimentell lässt sich die Hypobiose bei *O. ostertagi*, *T. circumcincta* und einigen anderen Arten durch Aufbewahrung der L3 bei 4–6 °C über 4–8 Wochen auslösen. Die hypobiotischen L4 von *O. ostertagi* verharren für einige Monate in den Drüsenlumina des Labmagens, ohne wesentliche Reaktionen zu verursachen, und setzen erst im Spätwinter oder Frühjahr ihre Entwicklung zu geschlechtsreifen Stadien fort. Auf diese Weise überwintert ein Teil der Parasitenpopulation in den Wirtstieren und sorgt zu Beginn der Weidesaison für eine verstärkte Eiausscheidung. Stark mit hypobiotischen L4 infizierte Rinder können durch eine synchronisierte Reaktivierung solcher Stadien im Winter oder im Frühjahr an der sog. Winter-Ostertagiose (Ostertagiose Typ II, ▶ **Tab. 11.9**) schwer erkranken. Durch Verwendung geeigneter, d. h. gegen hypobiotische Stadien wirksamer Anthelminthika zur Aufstallungsbehandlung im Herbst wird diese Krankheit vermieden und kommt derzeit nur noch selten vor. Hypobiotische Stadien treten auch bei *C. oncophora* und anderen Trichostrongylidenarten auf (▶ **Tab. 11.7**). Welche Faktoren für die Reaktivierung hypobiotischer Stadien von Trichostrongyliden verantwortlich sind, ist noch unbekannt.

Einfluss verschiedener Faktoren auf die Saisondynamik der Larven und das Infektionsrisiko: Das oben beschriebene saisonabhängige **Verteilungsmuster der Larvendichte mit hohem Infektionsrisiko ab Mitte Juli** wurde für Permanentweiden in Flachlandgebieten zunächst in Großbritannien und später auch in anderen Ländern nördlich der Alpen nachgewiesen (▶ **Abb. 11.31**). Variationen dieses Grundmusters entstehen durch verschiedene Einflüsse, vor allem durch die Niederschlagsmenge und -verteilung, den Temperaturverlauf, die Besatzdichte sowie durch die Empfänglichkeit und das Alter der Tiere. So kann sich der normalerweise für Mitte bis Ende Juli zu erwartende Anstieg der Larvendichte an den Pflanzen zeitlich verschieben. Ist der Sommer ungewöhnlich trocken, so erreichen erst später beim Einsetzen feuchten Wetters größere Larvenmengen die Pflanzen. Ebenso dürften außergewöhnlich milde Temperaturen in Herbst und Winter epidemiologische Auswirkungen haben.

Besondere Bedingungen liegen auf **Weiden in Berggebieten** vor (Alm- oder Alpweiden). Dort grasen die Rinder, häufig in gemischten Gruppen aus Tieren der 1. und folgender Weideperioden, im Frühjahr zunächst auf Hausweiden, später auf etwas höher gelegenen präalpinen Weiden (~ 700–1500 m ü. M.) und schließlich von Anfang Juli bis Mitte September auf hoch gelegenen (~ bis 2500 m ü. M.) Bergweiden (▶ **Abb. 11.32**). Im Vergleich zu intensiv genutzten Weiden in Niederungsgebieten ist die Kontamination mit L3 auf Weiden in mittleren und höheren Berglagen deutlich niedriger. Gründe dafür sind u. a. eine geringere Besatzdichte, das gemeinsame Weiden verschiedener Altersgruppen und der mit der Alpwirtschaft verbundene mehrmalige Weidewechsel während der Vegetationsperiode. Daher führen die von den Rindern erworbenen Wurmbürden relativ selten zu klinischen Erkrankungen, sie können aber die Gewichtsentwicklung der Tiere beeinträchtigen.

Trichostrongylidenbefall von Schaf und Ziege In Mitteleuropa beherbergen kleine Wiederkäuer ein breites Spektrum von Trichostrongylidenarten (▶ **Tab. 11.6**). In Flachlandgebieten wird das Artenspektrum häufig von *H. contortus* dominiert. Diese Art und auch *C. curticei* sind bei Schafen in Berggebieten seltener anzutreffen. Dort überwiegen häufig *T. circumcincta* und *Nematodirus*-Arten. Als Ursache dafür kommen unterschiedliche Temperaturansprüche für die externe Entwicklung dieser Arten in Betracht. Unter experimentellen Bedingungen hat *T. circumcincta* für die Entwicklung zur L3 ein Temperaturoptimum von 16 °C, *H. contortus* von 24 °C und *C. curticei* von etwa 30 °C.

Das epidemiologische Grundmuster beim Trichostrongylidenbefall der kleinen Wiederkäuer entspricht im Prinzip dem der Trichostrongyliden des Rindes. Es bestehen aber einige Besonderheiten, die im Folgenden am Beispiel der Haemonchose und der Nematodirose dargestellt werden. Ferner sind die vielfältigen Haltungsformen in Schaf- und Ziegenbeständen zu berücksichtigen, die epidemiologisch relevant sein können.

Haemonchose des Schafes. Wichtige epidemiologische Besonderheiten von *H. contortus* sind:

- Die Fähigkeit zur Überwinterung von L 3 auf der Weide ist deutlich schwächer ausgeprägt als bei *Ostertagia*-Arten; die Parasiten überleben aber im Wirt als hypobiotische L 4 oder als Adulte.
- Bei Mutterschafen kommt es kurz vor oder nach dem Ablammen im Frühjahr zur erhöhten Ausscheidung von Eiern. Dieses Phänomen wird engl. als *spring rise* oder *post parturient rise* bezeichnet und ist vorwiegend auf die Reaktivierung hypobiotischer Stadien zurückzuführen [Immunologie (S. 297)]. Die erhöhte Eiausscheidung fällt zeitlich mit dem Beginn der Weidesaison zusammen und ist daher für die Kontamination der Weiden von großer Bedeutung.
- *H. contortus* produziert im Vergleich zu anderen Trichostrongylidenarten sehr viele Eier (etwa 5000/Weibchen/d). Die Eiausscheidung im Kot kann daher schon bei relativ schwachem Befall hohe Werte erreichen, besonders bei den noch nicht immunkompetenten Lämmern, und zu einer starken Kontamination der Weideflächen führen.
- Zu einer erheblichen Translokation von Larven kann es bereits im Juni kommen und kurz danach zu ersten Krankheitsfällen. Bei jungen Lämmern ist bei starkem Befall ein akuter Verlauf der Krankheit möglich (s. u.).
- Eine im Labmagen angesiedelte Population adulter Stadien kann bei Neuaufnahme infektiöser Larven aufgrund einer allergischen Reaktion rasch und ziemlich vollständig eliminiert werden (Selbstreinigungsphänomen) [Immunologie (S. 297)].
- Lämmer sind erst ab einem Alter von sechs Monaten in der Lage, eine *H. contortus*-Infektion immunologisch zu kontrollieren [Immunologie (S. 297)].

Nematodirose des Schafes. Im Gegensatz zu den oben erwähnten Trichostrongyliden findet bei *Nematodirus*-Arten die externe Entwicklung bis zur infektiösen L 3 im Ei statt (▶ **Abb. 11.33**):

- Bei *N. battus* und *N. filicollis* dauert die Entwicklung bis zur L 3 bei konstant 20–22 °C ca. 4 Wochen, bei 15 °C rund 7 Wochen, im Freiland aber meist mehr als 2 Monate.
- In Eiern von *N. battus* und *N. filicollis*, die in der Weidesaison von Parasitenträgern ausgeschieden worden sind, entwickeln sich L 3, von denen die meisten aber erst schlüpfen, nachdem die Eier während des Winters mehrere Wochen tiefen Temperaturen oder Frost und danach einem Temperaturanstieg auf mindestens 10 °C ausgesetzt waren. Bei raschem Temperaturanstieg im Frühjahr kann es zum Massenschlupf der Larven und zu einem hohen Infektionsrisiko für die hochempfänglichen Lämmer kommen.
- Bei den anderen *Nematodirus*-Arten (*N. spathiger, N. helvetianus*) beansprucht die Entwicklung der L 3 im Ei bei 21 °C etwa 3 Wochen, die Larven schlüpfen auch ohne vorherigen Kältereiz aus den Eihüllen.
- Eier und L 3 sind kältetolerant und können auch bei Frost überwintern; ihre Widerstandsfähigkeit gegen Trockenheit ist beträchtlich. Häufig werden bei Wiederkäuern im Stall leichte *Nematodirus*-Infektionen beobachtet, die auf eine Larvenaufnahme bei Heufütterung zurückgeführt wird.
- Die Hauptinfektionszeit für *N. battus* und *N. filicollis* ist bedingt durch den kältekonditionierten Schlupf der L 3 das Frühjahr (März–Mai), für die anderen Arten die 2. Hälfte der Weideperiode.

Pathogenese Trichostrongyliden können Entzündungsreaktionen des Labmagens (Abomasitis) und des Dünndarmes (Enteritis) verursachen, deren Ausprägung vom zeitlichen Ablauf der Infektion, von der Zahl der Parasiten und der Immunitätslage des Wirtstieres abhängt.

Veränderungen des Labmagens Bei der **Ostertagiose des Rindes** kommt es zu Beginn einer stärkeren Erstinfektion zur Erweiterung der Lumina von parasitierten Drüsen (vor allem der Fundusdrüsen), zur Hyperplasie und Entdifferenzierung der Epithelzellen, insbesondere der HCl-produzierenden Belegzellen. Es kommt zunehmend zu meist herdförmigen, zellulären Infiltraten (vorwiegend lymphozytäre Zellen, Mastzellen, einige eosinophile Granulozyten und Histiozyten) in den basalen Schichten der Propria (▶ **Abb. 11.34**). Allmählich greifen die Veränderungen auch auf nicht parasitierte Drüsen über. Diese Veränderungen werden durch eine Hochregulation inflammatorischer Cytokine (IL-6, IL-7, IL-21) sowie immunosuppressiver oder cytotoxischer Faktoren begleitet. Bereits wenige Tage nach der Infektion werden stecknadelkopfgroße, grauweiße Knötchen sichtbar, die sich kegelförmig über die Schleimhautoberfläche erheben und zentral eine nabelartige Eindellung aufweisen. Diese Knötchen entstehen durch die Dehnung der Drüsen und die zellulären Infiltrate. Zur Zeit der Auswanderung der Parasiten aus den Drüsenlumina ist eine deutliche Änderung der Schleimhautreaktion festzustellen: Von den Nematoden verlassene Drüsen kollabieren oder werden von entzündlichem Exsudat ausgefüllt, z. T. auch zerstört. Die Reaktion der Propria wird von starken, diffusen oder herdförmigen zellulären Infiltraten (u. a. Lymphozyten, Histiozyten, Plasmazellen, eosinophile Granulozyten, Fibroblasten) beherrscht, in der Submukosa bestimmen

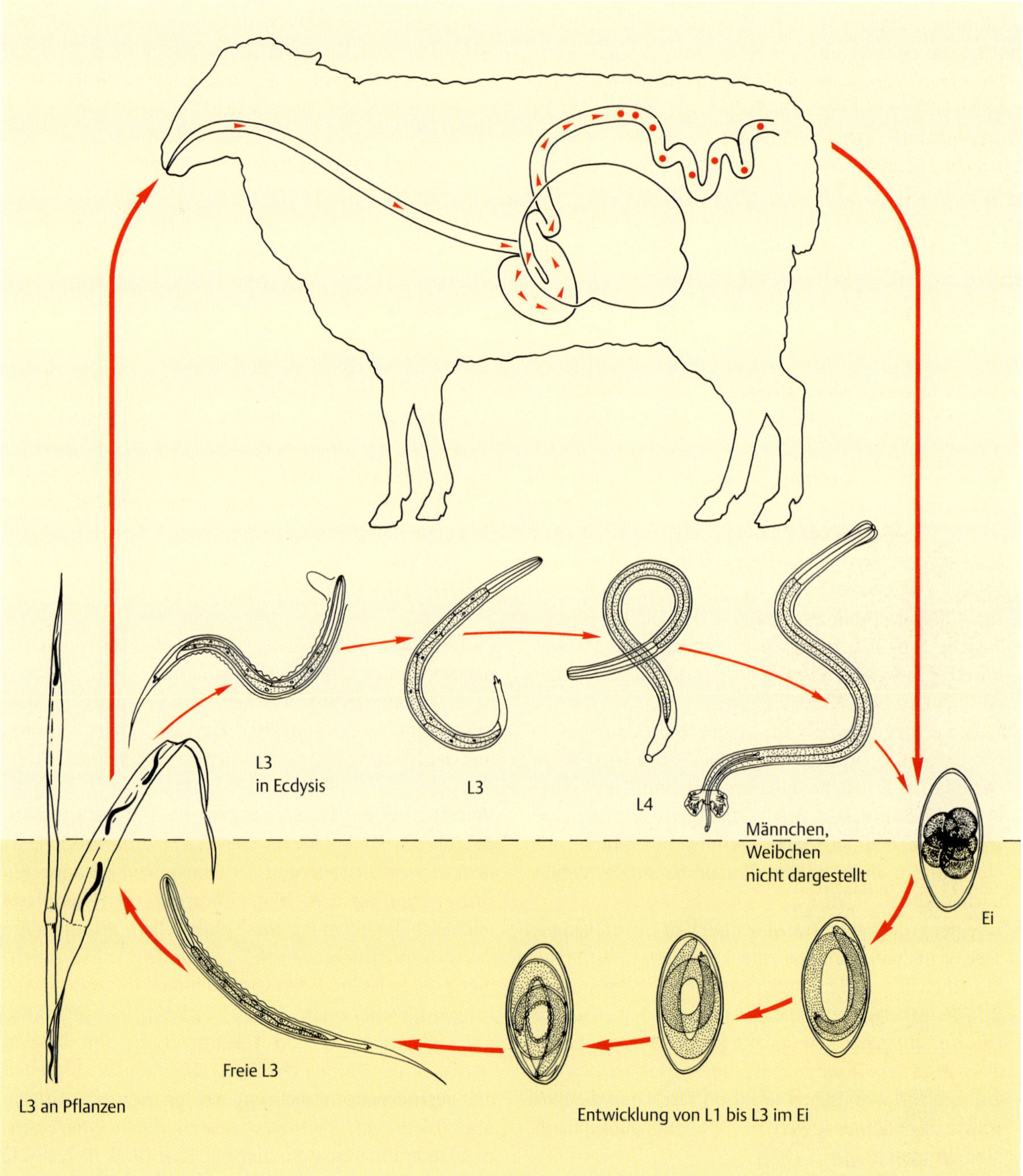

▶ **Abb. 11.33** Entwicklungszyklus von *Nematodirus* spp. Kleine rote Pfeile: Infektionsweg von L 3 zu den adulten Stadien im Dünndarm. Rote Punkte: Ausscheidungsweg der Eier. (Grafik: Salome Ehrat, nach einer Vorlage von Johannes Eckert und Peter Deplazes, Vetsuisse-Fakultät, Universität Zürich)

zellige Infiltrate, Ödeme und z. T. auch Blutungen das Bild (▶ **Abb. 11.35**). Die Mukosa ist stark entzündlich verändert (▶ **Abb. 11.36**), die Labmagenfalten sind ödematös oder später auch bindegewebig verdickt. In dieser Phase der Infektion wird häufig ein Teil der Wurmbürde eliminiert. Schließlich kommt es zu einer allmählichen Regeneration der Schleimhaut, die einige Wochen oder Monate in Anspruch nehmen kann. Ähnliche, aber meist etwas schwächer ausgeprägte Veränderungen treten bei der Ostertagiose bzw. Teladorsagiose des Schafes auf. Informationen zur **Haemonchose des Schafes** enthält ▶ **Tab. 11.8**. Hervorzuheben ist, dass *H. contortus* durch Blutaufnahme und Schädigung der Schleimhaut erhebliche, bei starker Infektion junger Lämmer oft tödliche Blutverluste verursachen kann.

Veränderungen im Dünndarm Trichostrongyliden verursachen subakute bis chronische katarrhalische Entzündungen mit leicht geschwollener, fleckig oder diffus geröteter Schleimhaut, die auch kleine Blutungen und Ge-

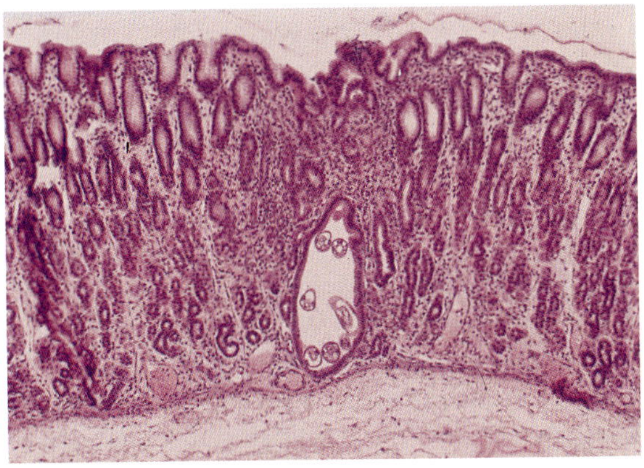

▶ **Abb. 11.34** Ostertagiose des Rindes: Veränderungen der Labmagenmukosa; Entwicklungsstadien von *O. ostertagi* in einer erweiterten Fundusdrüse. (Quelle: Institut für Parasitologie, Vetsuisse-Fakultät, Universität Zürich)

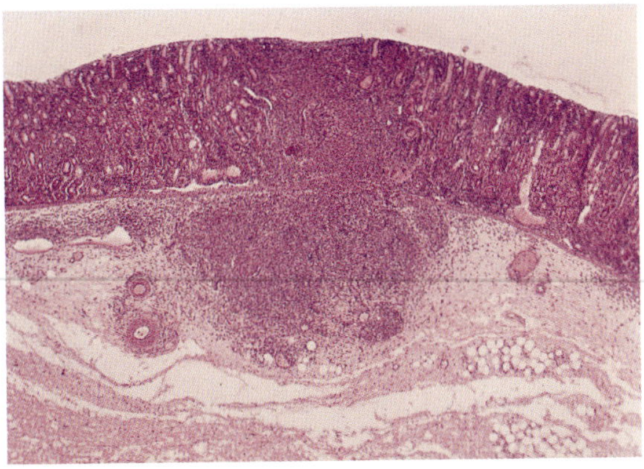

▶ **Abb. 11.35** Ostertagiose des Rindes: Labmagen; starke entzündliche Veränderungen im Bereich einer von den Parasiten verlassenen Fundusdrüse und in der Submukosa. (Quelle: Institut für Parasitologie, Vetsuisse-Fakultät, Universität Zürich)

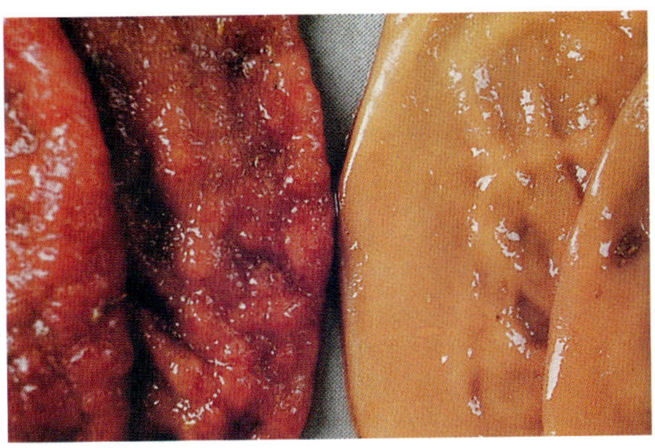

▶ **Abb. 11.36** Ostertagiose des Rindes: Labmagenmukosa eines Jungrindes mit hochgradigem *Ostertagia*-Befall (links) und normale Labmagenschleimhaut (rechts). (Quelle: Institut für Parasitologie, Vetsuisse-Fakultät, Universität Zürich)

websdefekte aufweisen kann, vor allem bei Befall mit *Cooperia* oder *Nematodirus*. Histologisch zeigen sich eine Zerstörung des Oberflächenepithels an den Zottenspitzen, Verkürzung der Zotten, Degeneration des Zottenstromas sowie zellige Infiltration, Hyperämie und Ödem der Propria und z.T. der Submukosa. Entwicklungsstadien von *C. curticei* und *C. punctata* werden gelegentlich in Mukosaknötchen eingeschlossen. Wahrscheinlich ist ein Teil der Veränderungen im Labmagen und Dünndarm auf immunpathologische Prozesse zurückzuführen. Eine Besonderheit bei Befall mit *N. battus* ist, dass bereits juvenile Stadien während der Präpatenz bei jungen Lämmern Krankheits- und Todesfälle verursachen können. Die Veränderungen im Magen-Darm-Trakt haben **pathophysiologische Störungen** zur Folge (▶ **Tab. 11.8**), die im subklinischen Bereich bleiben oder sich klinisch manifestieren können.

Immunologie Verschiedene Rassen von Schafen und Rindern sind aufgrund ihrer genetischen Konstitution zu unterschiedlichen Abwehrreaktionen gegen Parasiten befähigt. Aufgrund der Heritabilität dieser Eigenschaft wird versucht, Rassen mit erhöhter Widerstandsfähigkeit gegen bestimmte Trichostrongylidenarten zu züchten, z.B. Rhön- oder Texel-Schafe mit erhöhter Resistenz gegen *H. contortus* oder *T. colubriformis*.

Grundsätzlich ist die natürlich erworbene Immunität von Wiederkäuern gegenüber Trichostrongyliden lediglich partiell effektiv. Sie kann vor Erkrankung schützen und die Eiproduktion der Nematoden reduzieren, bewirkt aber keine vollständige Kontrolle der Wurmbürde. Immunreaktionen von Wiederkäuern gegen Trichostrongyliden können sich bei erneuter Infektion auf die Parasitenpopulation wie folgt auswirken: (a) Verminderung der Ansiedlung larvaler Stadien, (b) Erhöhung des Anteils gehemmter Stadien an der Gesamtpopulation, (c) Reduktion des Wachstums der Nematoden, (d) verminderte Eiproduktion der Weibchen, (e) vollständige oder teilweise Elimination der bestehenden Wurmbürde (vorwiegend der Adulten).

Die Immunreaktionen sind nur z.T. artspezifisch, können sich aber teilweise auch auf andere Arten erstrecken. So kann eine Primärinfektion mit einer Art (z.B. *T. circumcincta* beim Schaf) eine Schutzwirkung gegen die homologe Art induzieren, gleichzeitig aber auch gegen Infektionen mit einer heterologen Art (z.B. *T. colubriformis*). Für alle Trichostrongylidenarten (und *Nematodirus*) gilt, dass Entwicklung und Grad der Immunität einerseits von der Stärke und Dauer der Infektion und andererseits vom Alter sowie der genetischen und allgemeinen Konstitution der Wirtstiere abhängig sind. Ferner ist wichtig, dass die einzelnen Trichostrongylidenarten unterschiedliche Immunreaktionen auslösen können. Daher ist von einer Vielfalt immunologischer Reaktionsmöglichkeiten auszugehen, die eine Darstellung allgemeingültiger Prinzipien erschwert. Immerhin lässt sich feststellen, dass Infektionen des Verdauungstraktes verschiedener Wirtsarten mit einer Reihe von Nematodenarten Reaktionen auslösen, die von Th_2-Cytokinen (v.a. IL-4, IL-13) gesteuert werden. Dies geht mit einer Infiltration der Mukosa mit

Mastzellen (Mastocytose), erhöhtem intestinalem Epithelzellumsatz, Becherzell-Hyperplasie, vermehrter Muzinproduktion, Eosinophilie und der Produktion spezifischer IgE-Antikörper einher. Allerdings ist die potenzielle Bedeutung von Antikörpern für die Immunabwehr gegenüber gastrointestinalen Nematoden bisher nicht geklärt.

Ostertagiose und Cooperiose des Rindes Erstmalig mit *O. ostertagi* infizierte Jungrinder zeigen erste Immunreaktionen, nachdem adulte Würmer aus den Magendrüsen ausgetreten sind. Dies äußert sich in signifikant erhöhten Th_1- und Th_2-Cytokinspiegeln (IL-4, IL-10, IL-13, IL-18, IFN-γ). Bei Jungrindern in ihrer 1. Weideperiode entwickelt sich die Immunität gegen *O. ostertagi* bei ausreichendem Antigenangebot (= Aufnahme von L3) allerdings nur langsam. Diese Immunität schützt im Allgemeinen ab der 2. Weideperiode vor klinischer Erkrankung, erreicht aber erst gegen Ende dieser Periode ihre volle Ausprägung und verhindert die Infektion nur partiell. Daher können auch ältere Rinder (Milchkühe) mit adulten und unreifen *Ostertagia*-Stadien befallen sein, die im Wirtstier längere Zeit persistieren und offenbar in der Lage sind, sich der Immunabwehr zu entziehen (Immunevasion). Ein Ausdruck wirksamer Immunabwehr ist dagegen die partielle Elimination der Population adulter Würmer kurz nach Ablauf der Präpatenz.

Im Gegensatz zu *O. ostertagi* entwickelt sich die Immunität gegen *C. oncophora* ziemlich rasch innerhalb von 8–10 Wochen; sie führt zu Verminderung der Bürde adulter Nematoden, Reduktion der Eiausscheidung sowie zur Erhöhung des Anteiles inhibierter L4. Bei experimentell mit L3 von *O. ostertagi* oder *C. oncophora* immunisierten

▶ Tab. 11.8 Pathophysiologie des Trichostrongylidenbefalls der Wiederkäuer.

Störung	Beschreibung
Sekretionsstörungen des Labmagens (bei Befall mit *Ostertagia*, *Teladorsagia*, *Haemonchus* und *Trichostrongylus axei*)	**Reduktion der HCl-Sekretion:** → Anstieg des pH → geringere Aktivierung von Pepsinogen → verminderter Proteinaufschluss* → Besiedlung des Labmagens mit grampositiven und gramnegativen Bakterien → Anstieg der Gastrinsekretion
	Ursachen: exkretorisch-sekretorische Produkte von Trichostrongyliden hemmen HCl-Sekretion der Belegzellen (Evidenz bei *O. leptospicularis*)*; eventuell haben auch biogene Amine und Prostaglandine, die von infizierten Wirtstieren produziert werden, eine Hemmwirkung; bei massiven entzündlichen Veränderungen der Labmagenschleimhaut trägt vermutlich die Zerstörung von Parietalzellen zum Abfall der Säureproduktion bei
	erhöhte Gastrinsekretion: → Hypergastrinämie → Hemmung der Motilität und Entleerung der Vormägen → Inappetenz*
	Ursachen: bei relativ geringfügigem Abfall der Säureproduktion steigt die Gastrinsekretion an; Gastrin stimuliert die Parietalzellen zur Säureproduktion und die Hauptzellen zur Sekretion von Pepsinogen; außerdem kann Gastrin die gastrointestinale Motilität, die Absorption und die Epithelproliferation beeinflussen
	erhöhte Pepsinogensekretion: → Hyperpepsinogenämie
	Ursachen: Stimulation der Hauptzellen zur erhöhten Pepsinogensekretion durch Produkte der Parasiten* und Gastrin; Pepsinogen wird im Labmagen infolge des erhöhten pH-Werts nicht aktiviert und tritt über die Schleimhaut in die Blutbahn über; die Schleimhautpermeabilität ist erhöht (besonders an Drüsenbasis), vermutlich infolge der Ausschüttung von Entzündungsmediatoren; inflammatorische Faktoren werden bei *O. ostertagi*-Infektionen des Rindes hochreguliert
Blutverlust (bei Haemonchose)	→ Verlust von Hämoglobin und Plasmaprotein in den Verdauungstrakt → Anämie, Beeinträchtigung des Proteinstoffwechsels, des Energiehaushaltes und anderer Funktionen
	Ursachen: Blutaufnahme der L4, präadulte und adulte Stadien von *H. contortus* und die durch Schleimhautläsionen entstehenden Sickerblutungen; Blutverlust pro Wurm und Tag etwa 0,05 ml; bei der Haemonchose des Schafes mit Wurmbürden > 1000–2000 je Tier täglicher Blutverlust > 50–100 ml
Proteinverlust (bei Trichostrongylidenbefall des Labmagens und Dünndarmes)	**→ Übergang von Serumprotein in den Verdauungstrakt und erhöhter gastrointestinaler Epithelumsatz:** → Hypalbuminämie → reduzierter onkotischer Druck des Blutes → Ödeme verschiedener Gewebe (u. a. Labmagenwand, Subkutis) → erhöhte Albuminsynthese in der Leber → später Mobilisierung von Protein aus Muskulatur → Abmagerung, verringerter Einsatz von Protein für Wachstum und Produktion von Fleisch, Milch und Wolle → alternativer Einsatz von Protein zur Energieproduktion
	Ursachen: Austritt von Plasmaprotein, vor allem von Albumin, durch die geschädigte Mukosa von Labmagen oder Dünndarm; trotz teilweiser Rückresorption von Protein kommt es bei starkem Befall zum Nettoverlust von Protein, welcher durch erhöhten gastrointestinalen Epithelverlust verstärkt wird

→: Folgen; *: Evidenz, jedoch noch nicht gesichert

Kälbern war nach einer homologen Testinfektion die Wurmbürde von *Cooperia* um mehr als 90 % und die von *Ostertagia* nur um 20 % reduziert – ein Zeichen für die unterschiedliche Immunität gegen diese beiden Arten.

Haemonchose des Schafes Schaf- und Ziegenlämmer erreichen erst im Alter von etwa 6 Monaten eine ausreichende Immunkompetenz gegen *H. contortus*. Vorher können sich die aufgenommenen Larven des Parasiten weitgehend ungehindert im Labmagen ansiedeln und bei einer kritischen Befallsstärke zu Erkrankungen und Todesfällen führen. Immunkompetente Schafe sind in der Lage, eine bestehende Population adulter Stadien von *H. contortus* nach Aufnahme einer größeren Menge von Larven der gleichen Art rasch zu eliminieren und sich dadurch zu schützen. Diese Reaktion bezeichnet man als ‚Selbstreinigung' (engl. *self cure*). Danach gelingt es häufig nur wenigen Larven, sich im Labmagen zu etablieren (= Selbstreinigung und Protektion), doch kann sich teilweise auch ein erheblicher Anteil der neu aufgenommenen Larven im Labmagen ansiedeln. Das Selbstreinigungsphänomen ist als allergische Reaktion der Labmagenschleimhaut anzusehen, die vor allem durch exkretorisch-sekretorische Antigene der *Haemonchus*-Larven ausgelöst wird. Weitere Manifestationen der Immunität sind die Verminderung der Gesamtwurmbürde und der Eiausscheidung sowie der erhöhte Anteil inhibierter L4. Hingegen beruht das oben beschriebene Spring-rise-Phänomen auf einer Schwächung der Immunabwehr während der Gravidität und der dadurch ausgelösten Reaktivierung hypobiotischer Larven.

Trichostrongylose des Schafes Bei Frühjahrslämmern entwickelt sich im Verlauf von 5–9 Monaten eine Immunität gegen *T. colubriformis*, die zur verminderten Ansiedlung von Larven, zur Elimination adulter Stadien und zur verminderten Eiausscheidung führt.

Nematodirose des Rindes und Schafes Bei ausreichender Antigenzufuhr setzt die Immunität bei Kälbern und Schafen bereits 2–3 Monate nach Erstinfektion ein und bewirkt eine Verminderung der Eiausscheidung sowie eine Elimination adulter und unreifer Stadien. Solche Tiere sind i. d. R. gut gegen die Auswirkungen stärkerer *Nematodirus*-Infektion geschützt; dagegen sind immunologisch naive Lämmer hochgefährdet, vor allem durch *N. battus* im Frühjahr.

Vakzination Kürzlich wurde erfolgreich eine gegen *H. contortus* gerichtete Vakzine (Barbervax®) entwickelt, die auf partiell gereinigten, natürlichen Antigenen basiert. Bei diesen Antigenen handelt es sich um sogenannte *hidden antigens*, d. h. Antigene, die dem Immunsystem im Rahmen der Infektion natürlicherweise nicht dargeboten werden (im Fall von Barbervax® Oberflächenproteine der Darmzellen von *H. contortus*) und gegen die daher während der Infektion auch keine ‚Boosterung' stattfindet. Daher sind wiederholte Immunisierungen (S. 592) erforderlich, um eine ausreichende Schutzwirkung zu erreichen. Trotz vielfältiger und fortlaufender Bemühungen ist es nicht gelungen, ausreichend schützende Impfstoffe gegen andere Trichostrongylidenarten zu entwickeln.

Krankheitsbild Die **Trichostrongylidose der Wiederkäuer** ist vor allem eine **Jungtiererkrankung**, die überwiegend in der 2. Hälfte der Weideperiode auftritt und meist chronisch, seltener subakut oder akut verläuft. Häufige Symptome sind Inappetenz, wässrige Diarrhö ohne Fieber, mangelhafte Gewichtszunahme und verminderte Produktionsleistungen (Fleisch, Wolle, Milch), in schwereren Fällen auch Abmagerung, Exsikkose, Hypalbuminämie und Ödembildung. Unbehandelt kann die Erkrankung tödlich enden (▶ **Abb. 11.37**). Informationen zur **Ostertagiose des Rindes** enthält ▶ **Tab. 11.9**. Die häufigste Form ist die Ostertagiose Typ I.

Bei der **Haemonchose des Schafes und der Ziege** fehlt oft die Diarrhö, der Kot ist eher hart und dunkel verfärbt. Außerdem weisen die Tiere Zeichen einer fortschreitenden, chronischen Anämie und Hypalbuminämie auf (allgemeine Schwäche, blasse Schleimhäute, leichter Ikterus, niedrige Hämatokritwerte und Erythrozytenzahlen, subkutane Ödeme, z. B. am Kehlgang). Bei Lämmern kann es bereits früh während der Weideperiode (etwa Anfang/Mitte Juli) zu akuter bis subakuter Haemonchose mit Todesfällen kommen. Die **Haemonchose bei Mutterschafen** ist eine relativ häufige Krankheitsform, die meist nach dem Ablammen auftritt.

Die **Infektion mit *N. battus*** tritt bei Lämmern (nicht bei älteren Schafen) und gelegentlich auch bei Kälbern wenige Wochen nach Beginn der Weideperiode auf und kann innerhalb weniger Tage nach den ersten Krankheitserscheinungen letal verlaufen. Starker ***Nematodirus*-Befall** (meist ***N. helvetianus***) ist bei Kälbern als Ursache von Durchfallerkrankungen im 2.–3. Weidemonat beschrieben worden.

Diagnose Für die **Intravitaldiagnose** der Trichostrongylidose sind außer den klinischen Symptomen auch epidemiologische Daten und Laborwerte von Bedeutung (Beispiele ▶ **Tab. 11.9**). Der **Nachweis von Trichostrongyliden- oder *Nematodirus*-Eiern im Kot** (Flotationsverfahren) zeigt die Infektion von Einzeltieren oder Tiergruppen (bei Untersuchung von Sammelkotproben) mit diesen Nematoden an, doch korrelieren die Eizahlen pro Gramm Kot nur selten mit der Stärke des Befalls oder dem klinischen Bild. So ist z. B. eine hohe Eizahl bei Lämmern der 1. Weideperiode mit hoher Wahrscheinlichkeit auf einen starken Befall zurückzuführen, doch können hohe, noch nicht voll ausgereifte, aber pathogene Wurmbürden (z. B. von *H. contortus*, *N. battus*) auch bei niedriger oder sogar fehlender Eiausscheidung vorliegen. Die Eier der verschiedenen Trichostrongylidenarten sind ei-

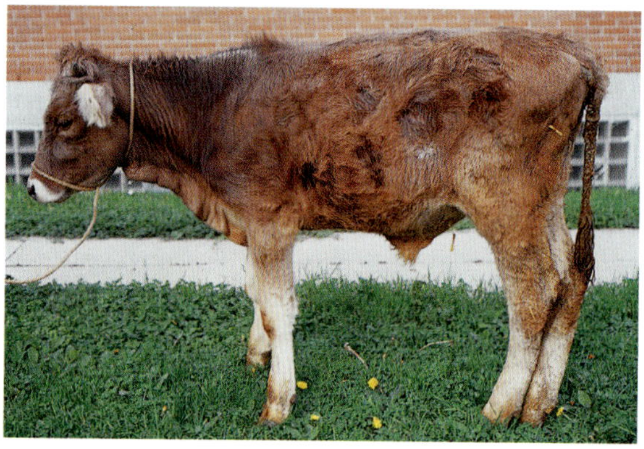

► **Abb. 11.37** Jungrind mit Symptomen der Winter-Ostertagiose im Frühjahr nach der ersten Weideperiode. (Quelle: Institut für Parasitologie, Vetsuisse-Fakultät, Universität Zürich)

nander sehr ähnlich, sodass sie nicht sicher differenziert werden können; nur die sehr großen Eier von *Nematodirus*-Arten lassen sich von ihnen unterscheiden (► **Abb. 19.8**). Eine Gattungsdiagnose der Trichostrongyliden ist jedoch durch Züchtung und Identifikation der frei lebenden L3 (S. 564) möglich. Eizählungen mit Larvendifferenzierung sind wichtige Methoden, deren Ergebnisse Rückschlüsse auf den Infektionsverlauf in einer Tiergruppe und die Intensität der Kontamination der Umwelt mit Eiern erlauben. Außerdem werden Eizählungen (S. 550) zur Überprüfung der Anthelminthika-Wirksamkeit bzw. -Resistenz bei Nematoden durchgeführt.

In unklaren klinischen Fällen können die Resultate weiterer Laboruntersuchungen herangezogen werden, und zwar die **Hämatokritwerte** und **Erythrozytenzahlen** bei Verdacht auf Haemonchose des Schafes und die **Serumpepsinogenwerte** bei Trichostrongylidenbefall des Lab-

► **Tab. 11.9** Ostertagiose Typ I und Typ II beim Rind.[1]

Beschreibung	Ostertagiose Typ I ‚Sommer-Ostertagiose'	Ostertagiose Typ II ‚Winter-Ostertagiose'
saisonales Auftreten	Juli bis Ende der Weideperiode	Januar bis Mai
Tiergruppe	Jungrinder während ihrer 1. Weideperiode	Jungrinder nach der 1. Weideperiode, selten Rinder nach mehreren Weideperioden
Morbidität	hoch, die Mehrzahl oder alle Jungtiere des Bestandes betroffen, ältere Rinder i. d. R. ohne Symptome	i. d. R. nur wenige Tiere der Gruppe erkrankt
Mortalität	meist gering, in manchen Jahren hoch	gering
Letalität	meist gering	hoch
Symptome[2]		
Inappetenz	+	+
Durchfall	+ (profus, ohne Blut)	+ (profus oder intermittierend)
Gewichtsverlust	+	+ (rasch, ausgeprägt)
Exsikkose	+	+ (selten)
subkutane Ödeme	–	+ (bei etwa 40 % der Tiere)
Fieber	–	–
Anämie	–	+ (in wenigen Fällen)
Serumpepsinogen	erhöht	meist erhöht
Serum-Albumin	in schweren Fällen erniedrigt	meist erniedrigt
Parasitologie		
Einachweis im Kot	positiv	positiv oder negativ
Eizahl/g Kot (EPG)	gering bis sehr hoch > 1000	sehr gering bis hoch
Wurmbürde im Labmagen	vorwiegend adulte Exemplare (oft > 40 000/Tier)	starker Befall, bis > 100 000 Exemplare, mit hohem Anteil (30–80 %) hypobiotischer und anderer unreifer Stadien
Pathologie	typische Knötchen, Entzündung und Ödematisierung der Mukosa, pH in schweren Fällen erhöht (> 3)	wie bei Typ I, jedoch i. d. R. weniger Knötchen, sehr ausgeprägtes Ödem, pH oft erhöht (> 3)
Therapie	Breitspektrum-Anthelminthika wirksam	nur bestimmte Anthelminthika auf hypobiotische Stadien wirksam (► **Tab. 23.2**)

Anmerkung: An der Infektion sind regelmäßig *C. oncophora* und andere Arten beteiligt, doch überwiegen die durch *O. ostertagi* verursachten Schadwirkungen.
[1] modifiziert nach Urquhart und Armour (1973)
[2] +: in der Regel vorhanden; –: fehlt in der Regel

magens (kann Hinweise auf den Grad der Labmagenschädigung geben), vor allem bei der Ostertagiose des Rindes. Zur **Abschätzung des Anämiegrades bei Haemonchose** des Schafes wurde ein System (FAMACHA®) entwickelt, das anhand einer Farbskala die Einstufung der Lidbindehäute von normalrosa bis blass auch für Laien ermöglicht. Mit diesem Verfahren werden 70–80 % der Schafe mit ausgeprägter Anämie erkannt, doch ist die Spezifität gering. Die Anwendung dieses Verfahrens ist lediglich in Fällen sinnvoll, in denen *H. contortus* vorherrscht. Der **Nachweis spezifischer Antikörper** gegen *O. ostertagi* im Serum oder in Milchproben ist in letzter Zeit in Kuhbeständen zur Abschätzung des Einflusses der Wurmbürde auf die Milchproduktion und Reproduktionsleistung eingesetzt worden. Auch in epidemiologischen Studien hat sich der serologische Antikörpernachweis als nützlich erwiesen.

Postmortal ist die Trichostrongylidose an den pathologisch-anatomischen Veränderungen in Verbindung mit dem Erregernachweis zu diagnostizieren. Dabei ist zu beachten, dass makroskopisch nur *H. contortus* leicht nachweisbar ist, nicht aber die kleineren Arten der Gattungen *Ostertagia, Trichostrongylus, Cooperia* und *Nematodirus*. Daher muss eine Auswaschtechnik (S. 556) eingesetzt werden, die auch eine Abschätzung der Befallsstärke ermöglicht. Zum sicheren Nachweis hypobiotischer Stadien in der Schleimhaut, z. B. bei Ostertagiose des Rindes (S. 557), sind spezielle Auswander- oder Verdauungsverfahren erforderlich.

Für die **Identifikation der verschiedenen Arten** von Trichostrongyliden und *Nematodirus* bieten die morphologischen Merkmale am Hinterende der Männchen (Bursa, Spicula, Gubernaculum u. a.) wichtige Merkmale (Diagnostische Tafeln ▶ **Abb. 19.10**, ▶ **Abb. 19.12**). Schwieriger ist die Identifikation der Weibchen und der unreifen Stadien. Für zahlreiche Gattungen und Arten sind auch genetische Tests verfügbar.

Therapie Zur Behandlung an Trichostrongylidose erkrankter Wiederkäuer und zur Metaphylaxe (s. u.) stehen gut wirksame und verträgliche Anthelminthika aus folgenden Wirkstoffgruppen zur Verfügung: (Pro-)Benzimidazole (u. a. Albendazol, Fenbendazol, Mebendazol, Oxfendazol), Imidazothiazole (Levamisol), makrozyklische Lactone (Ivermectin, Doramectin, Eprinomectin, Moxidectin) und als bisher einziger Vertreter der neuesten Wirkstoffgruppe, der Amino-Acetonitril-Derivate (AAD), das Monepantel (nur für Schafe) (▶ **Tab. 23.2**). Diese Anthelminthika sind gegen adulte und unreife Stadien der Trichostrongyliden (z. T. gegen weitere Nematodenarten und gewisse Ektoparasiten) wirksam, doch bestehen Unterschiede im Grad der Wirkung. Gegen hypobiotische Stadien von *O. ostertagi* beim Rind sind nur einige dieser Mittel ausreichend wirksam. Bei Behandlung des Trichostrongylidenbefalls von kleinen Wiederkäuern und teilweise auch der Rinder ist zu berücksichtigen, dass arzneimittelresistente Stämme (S. 586) vorliegen können. Ferner sind in allen Fällen die Sicherheitsindizes und die vorgeschriebenen Wartezeiten für essbares Gewebe und Milch zu beachten.

Makrozyklische Lactone werden langsam aus dem Tierkörper ausgeschieden, sodass anthelminthisch wirksame Konzentrationen längere Zeit persistieren und nachfolgende Infektionen verhindern. Die Dauer dieser persistierenden Wirkung (Residualwirkung), die in Bekämpfungsprogrammen genutzt werden kann, ist abhängig vom Wirkstoff, der Dosierung und der Applikationsweise. Gegen *O. ostertagi* und *C. oncophora* dauert die Residualwirkung bei Ivermectin (s. c.) 1 Woche, bei Eprinomectin (pour on) bis 4 Wochen, bei Doramectin (pour on) 4–5 Wochen und bei Moxidectin (pour on) 5 Wochen.

Bekämpfung Die Strategien zu Bekämpfung der Trichostrongylidose der Wiederkäuer in Mitteleuropa beruhen auf der epidemiologischen Tatsache, dass das größte Infektionsrisiko in der 2. Hälfte der Weideperiode besteht [Epidemiologie (S. 291)]. Ziel strategischer Bekämpfungsmaßnahmen ist, die Parasitenpopulationen so zu beeinflussen, dass leistungsmindernde und krank machende Infektionen möglichst vermieden werden, dabei aber die Immunitätsbildung der Tiere nicht gestört wird. Dazu stehen folgende Maßnahmen zur Verfügung: (a) **Weidemanagement**, (b) **Einsatz von Anthelminthika zu epidemiologisch sinnvollen Zeiten** (= strategische Behandlungen), (c) **betriebstechnische Maßnahmen** (z. B. Quarantänebehandlung und anschließende Untersuchung bei Zukauf) und (d) eine **Kombination dieser Maßnahmen** (= integrierte Bekämpfung). Strategische Behandlungen umfassen die gezielte Herdenbehandlung (engl. *targeted treatment*, TT) sowie die gezielte selektive Behandlung einzelner Tiere der Herde (engl. *targeted selective treatment*, TST). Vorrangiges Ziel dieser Behandlungsverfahren ist, den Selektionsdruck auf die Wurmpopulation (S. 625) zu reduzieren und dadurch das Risiko der Entwicklung von Anthelminthika-Resistenzen (S. 586) zu mindern. Diese Optionen sind entsprechend der Art der Tierhaltung und der Betriebsstruktur auszuwählen und anzuwenden. In Bio-Betrieben sind die Richtlinien für den Einsatz von Antiparasitika (S. 596) zu beachten. Ausführliche Angaben zur Bekämpfung siehe Trichostrongylidose des Rindes und der kleinen Wiederkäuer (S. 607).

Zusatzinformation

Trichostrongyliden der Wildwiederkäuer

Bei **Reh, Rothirsch, Damhirsch, Mufflon, Gämse, Steinbock** und **amerikanischen Kameliden** kommen teils die gleichen Trichostrongylidenarten vor wie bei den Hauswiederkäuern, zusätzlich aber weitere Arten, die vorwiegend oder ausschließlich bei diesen Tierarten angetroffen werden. Dazu gehören u. a. *Ostertagia leptospicularis* sowie verschiedene Arten der Gattungen *Spiculopteragia, Apteragia* und *Rinadia* sowie bei amerikanischen Kameliden *Graphinema* und *Lamanema*. Im Allgemeinen spielen Wildwiederkäuer und amerikanische Kameliden für die Kontamination von Haustierweiden mit Eiern von Magen-Darm-Nematoden keine oder nur eine sehr geringe Rolle. Wildwiederkäuer und amerikanische Kameliden können an Trichostrongylidenbefall erkranken, vor allem bei Haltung auf zu engem Lebensraum (z. B. in Gehegen oder bei Gemeinschaftshaltung kleiner Wiederkäuer mit amerikanischen Kameliden) und bei Einwirkung zusätzlicher Faktoren (Mangelernährung, andere Erkrankungen). In solchen Situationen können chemotherapeutische und prophylaktische Maßnahmen angezeigt sein. Dabei sind die gesetzlichen Einschränkungen für die Behandlung von Wildtieren zu beachten.

Trichostrongyliden der Equiden und anderer Tierarten

Bei **Pferden** und anderen Equiden kommt *Trichostrongylus axei* als Magenparasit vor. Hochgradige Infektionen treten nur dann auf, wenn Wiederkäuer Eier dieser Art ausscheiden und damit Pferdeweiden in erheblichem Ausmaß kontaminieren. Eine Übertragung innerhalb der Pferdepopulation ist zwar möglich, spielt aber eine untergeordnete Rolle. Die Prävalenzen bei Pferden schwanken von < 1 bis > 50 %.
Der Entwicklungszyklus entspricht dem bei Wiederkäuern, Präpatenz beim Pferd etwa 3 Wochen. Stärkerer Befall kann chronische katarrhalische und später proliferative Entzündungen der Magenschleimhaut sowie lokale Erosionen und Nekroseherde und klinische Erscheinungen verursachen (Inappetenz, Durchfall, Abmagerung). Die Diagnose wird durch Einachweis im Kot und Züchtung der L 3 oder Feststellung der Parasiten in frisch entnommenem Mageninhalt gestellt. Zur Therapie stehen wirksame Anthelminthika zur Verfügung (► **Tab. 23.9**).
Hausschwein und Wildschwein sind Wirte für *Hyostrongylus rubidus*, den weltweit verbreiteten Roten Magenwurm (♂♂ 4–7 mm, ♀♀ 5–11 mm lang, rötliche Farbe). Die Entwicklung erfolgt in einem direkten Zyklus. Nach peroraler Infektion mit infektiösen L 3 besiedeln die parasitischen Stadien den Magen und durchlaufen die Weiterentwicklung bis zum präadulten Stadium in den Lumina der Fundusdrüsen; die Adulten leben auf der Mukosaoberfläche. Präpatenz 16–22 Tage. Vor allem bei älteren Tieren kann es zur Hypobiose der Parasiten (L 4) mit peripartaler Reaktivierung dieser Stadien und nachfolgender erhöhter Eiausscheidung kommen. Ansteckungen sind zwar bei Stallhaltung möglich (Prävalenz in DE: etwa 1 % in Betrieben mit vorwiegender Stallhaltung), erfolgen aber hauptsächlich bei Freilandhaltung (Prävalenz in DE: 26 % in Zuchtsauenbetrieben mit Weidehaltung) vom Frühjahr bis Herbst und mit erhöhter Intensität ab Juli bis Oktober (= Hauptinfektionszeit). Bei Zerstörung der Pflanzendecke durch das Wühlen der Schweine sind die Ansteckungsmöglichkeiten reduziert. Hohe Prävalenzen und Befallsintensitäten wurden auch bei Haltung von Sauen in offenen Ausläufen mit Stroheinstreu beobachtet. Die adulten Parasiten sind Blutsauger und verursachen bei stärkerem Befall chronische katarrhalische, teils auch ulzerative Gastritiden. Klinische Symptome wie Durchfall, Abmagerung, Anämie, verminderte Milchleistung und Fruchtbarkeitsstörungen treten vorwiegend bei Sauen in Erscheinung. Die Eier von *H. rubidus* und *Oesophagostomum* spp. sind einander sehr ähnlich. Eine Differenzialdiagnose ist an den in Kulturen gezüchteten L 3 möglich. Zu Anthelminthika gegen *H. rubidus* s. ► **Tab. 23.7**, Bekämpfung (S. 620).
Hauskaninchen sind selten, **Wildkaninchen** und **Hasen** dagegen häufiger mit Trichostrongyliden befallen, und zwar mit den Magenparasiten *Graphidium strigosum* und *Obeliscoides cuniculi* sowie mit dem Dünndarmbewohner *Trichostrongylus retortaeformis*. Die durch diese Arten verursachten Veränderungen ähneln denen, die bei Wiederkäuern im Labmagen durch *Ostertagia*-Arten und im Dünndarm durch *Trichostrongylus*-Arten verursacht werden.
Verschiedene Arten des **Hausgeflügels** (Huhn, Truthuhn, Taube, Gans, Ente) und von **Wildvögeln** (Fasan, Rebhuhn, Birkhuhn, Wachtelarten u. a.) sind Wirte für *Trichostrongylus tenuis*. Diese Art parasitiert in den Blinddärmen und im Endteil des Dünndarms, entwickelt sich in einem direkten Zyklus und verursacht selten und nur bei starkem Befall Krankheitserscheinungen (dünnflüssiger, z. T. blutiger Kot, Schwäche, Anämie u. a.).

Zoonotische Bedeutung Trichostrongyliden der Wiederkäuer können auch Menschen befallen. Solche Fälle sind in Europa sehr selten; in anderen Gebieten (z. B. südliches Asien, Afrika, Südamerika) kommen sie häufiger vor mit lokalen Prävalenzen bis 60 %. Als Erreger sind vor allem *Trichostrongylus*-Arten identifiziert worden, vereinzelt auch *H. contortus, Ostertagia*-Arten und *Marshallagia marshalli*. Die Infektionen können u. a. mit der Verwendung von Tiermist als Dünger im Gemüse- oder Obstanbau sowie mit der Aufbereitung von Tierkot als Brennmaterial in Zusammenhang stehen. Die Infektionen verlaufen meist inapparent, verursachen aber gelegentlich gastrointestinale Störungen.

Literaturhinweise

Bennema SC, Vercruysse J, Morgan E et al. Epidemiology and risk factors for exposure to gastrointestinal nematodes in dairy herds in northwestern Europe. Vet Parasitol 2010; 173: 247–254

Besier RB. Refugia-based strategies for sustainable worm control: Factors affecting the acceptability to sheep and goat owners. Vet Parasitol 2012; 186: 2–9

Charlier J, Demeler J, Höglund J et al. *Ostertagia ostertagi* in first-season grazing cattle in Belgium, Germany and Sweden: general levels of infection and related management practices. Vet Parasitol 2010; 171: 91–98

Claerebout E, Vercruysse J. The immune response and the evaluation of acquired immunity against gastrointestinal nematodes in cattle: a review. Parasitology 2000; 120(Suppl): 25–42

Fanke J, Charlier J, Steppin T et al. Economic assessment of *Ostertagia ostertagi* and *Fasciola hepatica* infections in dairy cattle herds in Germany using Paracalc®. Vet Parasitol 2017; 240: 39–48

Kenyon F, Rinaldi L, McBean D et al. Pooling sheep faecal samples for the assessment of anthelmintic drug efficacy using McMaster and Mini-FLOTAC in gastrointestinal strongyle and *Nematodirus* infection. Vet Parasitol 2016; 225: 53–60

Kenyon F, Hutchings F, Morgan-Davies C et al. Worm control in livestock: bringing science to the field. Trends Parasitol 2017; 33: 669–677

Ramünke S, Melville L, Rinaldi L et al. Benzimidazole resistance survey for *Haemonchus, Teladorsagia* and *Trichostrongylus* in three European countries using pyrosequencing including the development of new assays for *Trichostrongylus*. Int J Parasitol Drugs Drug Resist 2016; 6: 230–240

Schmäscke R. Endo- und Ektoparasiten bei Neuweltkameliden und deren Bekämpfung. Tierärztl Praxis 2015; 43(G): 169–179

Urquhart GM, Armour J. Helminth Diseases of Cattle, Sheep and Horses in Europe. Glasgow, UK: Robert MacLehose Comp.; 1973: 11–22. ISBN: 0-95020-345-9

Familie Molineidae

Aus dieser Familie wurde die Gattung *Nematodirus* bereits bei den Trichostrongyliden (S. 288) besprochen. Außerdem ist *Ollulanus tricuspis* von praktischer Bedeutung, vor allem als Magenparasit von Katzen.

Gattung *Ollulanus*

Praxis
Erreger der **Ollulanose**, einer chronischen Gastritis der Katze und anderer Tierarten.

Ollula (lat.): Diminutiv von *olla*: Topf; *tri* (gr., lat.): drei; *cuspis* (lat.): Spitze, Stachel. Der Artname bezieht sich auf das mehrzackige Hinterende des Weibchens.

Das Wichtigste in Kürze

- **Erreger, Entwicklung, Vorkommen.** *Ollulanus tricuspis* ist ein winziger Magenparasit bei Feliden (Katze, Wildkatze, Löwe, Tiger), Hund, Fuchs und Schwein. Entwicklung ungewöhnlich: Weibchen setzen Larven ab, die sich im Magen zu geschlechtsreifen Stadien entwickeln können. Parasiten werden erbrochen und von neuen Wirten per os aufgenommen. Bei Katzen in Europa fokal recht häufig.
- **Krankheitsbild, Diagnose, Therapie.** Chronische katarrhalische Gastritis. Erregernachweis im Erbrochenen oder in der Magenspülflüssigkeit (nicht im Kot!). Therapie: versuchsweise Fenbendazol.

Erreger und Entwicklung *Ollulanus tricuspis* (Syn. *O. suis, O. skrjabini*): Vorderende meist etwas aufgerollt, kleine, kelchartige Mundkapsel. ♂♂ 0,7–0,8 mm lang mit deutlicher Bursa copulatrix und 2 Spicula; ♀♀ 0,8–1,0 mm, Hinterende mit 3, manchmal auch mehr Zacken (▸ Abb. 11.38). Bei Katzen und anderen Wirten parasitiert *O. tricuspis* auf der Magenschleimhaut, vor allem in der Fundusdrüsenzone. Die geschlechtsreifen Weibchen enthalten wenige gefurchte und bereits embryonierte Eier sowie Larven, die als L3 (vielleicht schon als L2) abgesetzt werden. Diese können sich im Magen zu geschlechtsreifen Stadien entwickeln und so zu einem Anstieg der Befallsintensität im Verlauf der Infektion führen. Präpatenz 33–37 Tage. Die Verbreitung der Infektion erfolgt durch Vomitus und die damit einhergehende Ausscheidung larvaler sowie adulter Stadien, die im Freien bis 15 Tage überleben können. Diese Stadien werden von neuen Wirten per os aufgenommen.

Vorkommen und Epidemiologie Magenparasit von Katze, Wildkatze und anderen Feliden (Löwe, Tiger, Gepard in Zoos) sowie von Hund, Fuchs und Schwein. Verbreitung in vielen Ländern Europas und in außereuropäischen Gebieten (u. a. Nord- und Südamerika, RU, Ägypten, TR, Australien und Neuseeland). Prävalenzen bei streunenden Katzen in Dänemark 13 % und in Portugal 31 %. In Deutschland waren in früheren Untersuchungen 12–40 % der Katzen mit Freilauf infiziert, bei Füchsen ergab sich eine Prävalenz von 7 % in Berlin und etwa 2 % in Österreich. Jüngere Daten zum Vorkommen von *O. tricuspis* fehlen jedoch für den deutschsprachigen Raum. Befalls intensitäten von wenigen bis über 10 000 Exemplaren von *O. tricuspis* je Katze. Über Infektionen von Hunden oder Schweinen wird nur vereinzelt berichtet.

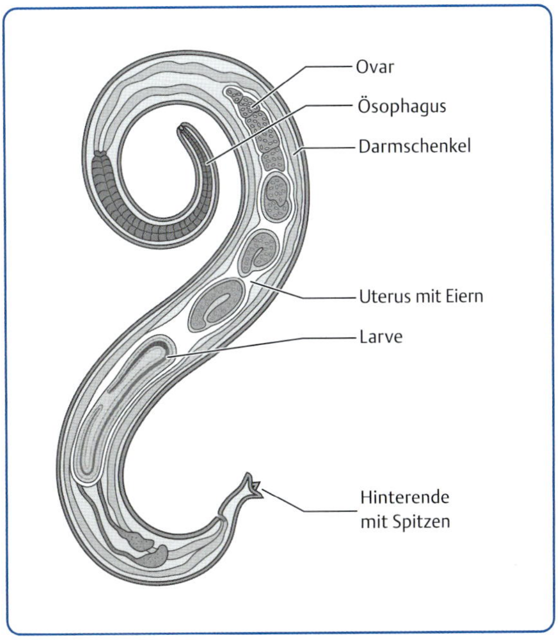

▸ **Abb. 11.38** *Ollulanus tricuspis*, Weibchen. (Grafik: Anne Seeger, Vetsuisse-Fakultät, Universität Zürich; Grafik basiert auf der Auswertung verschiedener wissenschaftlicher Werke)

Pathogenese und Krankheitsbild Chronische, katarrhalische Gastritis mit vermehrter Schleimproduktion, Epithelhyperplasie, Erosionen, zellulären Infiltraten und Sklerotisierung der Magenmukosa, auch ulzerative Ösophagitis und evtl. Adenokarzinom. Klinische Symptome sind Inappetenz, Abmagerung, wiederholtes Erbrechen, selten Durchfall. Auch bei Hund und Schwein kann es zu Veränderungen und Entzündung der Magenschleimhaut und entsprechenden klinischen Symptomen kommen.

Diagnose Intravitaldiagnose bei der Katze durch Untersuchung des spontan oder nach Auslösung eines Vomitus (Rompun®, 2 %ig, 0,1 ml/kg KG) erbrochenen Mageninhaltes, des Sedimentes von Magenspülflüssigkeit (Erfassungsrate 70 bzw. 98 % der infizierten Katzen) oder endoskopisch gewonnenen Mageninhaltes. Die koproskopische Untersuchung ist zum Nachweis nicht geeignet. Postmortale Diagnose: mikroskopische Untersuchung von Schleimhautabstrichen der Fundusdrüsenzone, von Sediment des Magenschleims, der zuvor mit 10 %iger Kalilauge versetzt und zentrifugiert worden ist, oder von Sediment der künstlich verdauten Magenschleimhaut.

Therapie und Bekämpfung Bei der Katze hat sich Fenbendazol (50 mg/kg KG/d an 5 d, p. o.) als wirksam erwiesen. Geeignete Prophylaxemaßnahmen sind nicht bekannt.

Literaturhinweise

Cecchi R, Wills SJ, Dean R et al. Demonstration of *Ollulanus tricuspis* in the stomach of domestic cats by biopsy. J Comp Pathol 2006; 134: 374–377

Collett MG, Pomroy WE, Guilford WG et al. Gastric *Ollulanus tricuspis* infection identified in captive cheetahs (*Acinonyx jubatus*) with chronic vomiting. J South Afr Vet Assoc 2000; 71: 251–255

Kato D, Oishi M, Ohno K et al. The first report of the ante-mortem diagnosis of *Ollulanus tricuspis* infection in two dogs. J Vet Med Sci 2015; 77: 1499–1502

Schuster R, Kaufmann A, Hering S. Untersuchungen zur Endoparasitenfauna der Hauskatze in Ostbrandenburg. Berl Münch Tierärztl Wochenschr 1997; 110: 48–50

Familien Amidostomatidae und Ornithostrongylidae

Verschiedene Gattungen und Arten der Familie Amidostomatidae sind Parasiten im Muskelmagen von Vögeln, vor allem von Gänsen, Schwänen und Enten. Dazu gehören *Amidostomum anseris, A. acutum, Epomidiostomum uncinatum* und weitere Arten.

Gattung *Amidostomum*

Praxis
Erreger der **Amidostomose**, z. T. letale Entzündungen des Muskelmagens bei Küken.

Erreger, Entwicklung, Vorkommen Als Beispiel für diese Gruppe wird hier *A. anseris* besprochen: rötlich gelbliche Nematoden mit recht ausgeprägter, kegelförmiger Mundkapsel, mit 3 spitzen Zähnen an deren Basis. ♂♂ 10–17 mm, ♀♀ 12–24 mm lang. Eier mit dünner bis mitteldicker Schale, breit-elliptisch mit abgerundeten Polen, 80–110 × 50–82 µm, mit vielen Blastomeren. Verbreitung: Europa, Nord- und Südamerika, Afrika, Asien.

Amidostomum anseris lebt in und unter der Keratinoidschicht des Muskelmagens von Gänsevögeln. Entwicklung: Eiausscheidung im Kot → Entwicklung bis zur bescheideten L3 im Ei → ausgeschlüpfte L3 wandern an Gräsern empor und werden per os aufgenommen; im Wasser sind die Larven schwimmfähig und können perkutan in Gänseküken eindringen → direkte Besiedlung des Muskelmagens oder erst nach Blut-Lungen-Wanderung (bei perkutaner Infektion) → Entwicklung in Magendrüsen → definitive Ansiedlung zwischen Keratinoidschicht und Schleimhaut. Präpatenz bei Gänseküken 15–18 Tage, bei älteren Tieren bis 33 Tage. Alttiere sind häufig inapparente Parasitenträger und Infektionsquelle für die Jungtiere.

Pathogenese und Krankheitsbild Die blutsaugenden Adultstadien von *Amidostomum* und *Epomidiostomum* beschädigen die Keratinoidschicht und verursachen eine Entzündung der Schleimhaut des Muskelmagens. Klinische Erscheinungen treten vorwiegend bei 3–8 Wochen alten Gänseküken auf (Anämie, Plasmaproteinverluste, verzögertes Wachstum, verringerte Futteraufnahme, Durchfall, Schwäche, Abmagerung, Tod).

Diagnose, Therapie und Bekämpfung Intravitaldiagnose durch koproskopische Feststellung (Flotationsverfahren) der Eier. Differenzialdiagnose: Eier von *Trichostrongylus tenuis*. Postmortaler Nachweis der Nematoden bei der Sektion. Gegen Amidostomatidae ist Flubendazol (S. 645) wirksam. Zu empfehlen ist die vorbeugende Behandlung der Altgänse. In Stallungen ist die Einstreu trocken zu halten und häufig zu wechseln. Zu vermeiden sind eng begrenzte, feuchte Ausläufe, da es in diesen zu einer hohen Infektionsexposition kommen kann.

Gattung *Ornithostrongylus*

Aus der **Familie Ornithostrongylidae** ist *Ornithostrongylus quadriradiatus* als Parasit von Tauben zu erwähnen, der sich hauptsächlich im Dünndarm, aber auch in Kropf und Drüsenmagen ansiedelt. Entwicklung direkt, Infektion durch Aufnahme von L 3 per os. Präpatenz 5–6 Tage.

Literaturhinweise

Bauer C. Helminthosen des Nutzgeflügels. In: Schnieder T, Hrsg. Veterinärmedizinische Parasitologie. 6. Aufl. Stuttgart: Parey; 2006: 615–617. ISBN: 3-83044-135-5

Kavetska KM, Królaczyk K, Stapf A et al. Revision of the species complex *Amidostomum acutum* (Lundahl, 1848) (Nematoda: Amidostomatidae). Parasitol Res 2011; 109: 105–117

Familie Dictyocaulidae

Gattung *Dictyocaulus*

Diktyon (gr.): Netz; *kaulos* (gr.): Stiel. Engl.: *large lungworm*.

Das Wichtigste in Kürze

- **Erreger.** *Dictyocaulus*-Arten sind bis 10 cm lange Nematoden vom Trichostrongylidentyp (Große Lungenwürmer); sie sind Lungenparasiten bei Wiederkäuern, Equiden und Cameliden. Arten: *D. viviparus* (Rind, gelegentlich andere Boviden und Cerviden), *D. filaria* (Schaf, Ziege, kleine Wildwiederkäuer), *D. arnfieldi* (Esel, Pferd), *D. eckerti*, *D. capreolus* und *D. cervi* (Wildwiederkäuer), *D. cameli* (Kamele).

***Dictyocaulus viviparus* (Rinderlungenwurm)**

- **Entwicklung.** Ausscheidung von L 1 im Kot → Entwicklung zu L 3 → Aufnahme per os durch Rinder → vom Darm aus Wanderung über Lymph- und Blutbahnen zu Herz und Lunge → Einwanderung in Atemwege; Weibchen legen Eier mit Larve → L 1 schlüpfen während Passage durch Trachea, Pharynx und Verdauungstrakt → Ausscheidung von L 1 im Kot. Präpatenz etwa 3 Wochen, Patenz meist 1–2 Monate.
- **Vorkommen, Epidemiologie.** Weltweit, vor allem in feuchten Niederungsgebieten in Zonen gemäßigten Klimas, aber auch in höher gelegenen Regionen. Initiale Weidekontamination im Frühjahr primär durch infizierte ältere Rinder (Ausscheider), in denen Lungenwürmer als hypobiotische Stadien überwintert haben. Bei Weidegang infizieren sich hochempfängliche Jungtiere zunächst geringfügig → weitere Infektionen und verstärke Larvenausscheidung → nach mehreren Parasitengenerationen hohe Dichte infektiöser Larven auf der Weide → Krankheitsausbrüche von Juni bis Ende der Weideperiode (oft im Herbst).
- **Pathogenese, Krankheitsbild.** Bronchopneumonie, vor allem bei Jungtieren in 1. Weideperiode, aber auch bei älteren Tieren (inklusive Kühen) ohne ausreichende Immunität. Symptome (beginnen oft bereits in der Präpatenz): Dyspnoe und Tachypnoe bis hin zur Maulatmung, Husten, meist Fieber, Nasenausfluss, Inappetenz, Abmagerung, Todesfälle. Grad der Erkrankung abhängig vor allem von Befallsintensität und Immunstatus. Häufig bakterielle Sekundärinfektionen. Aufgrund hoher Pathogenität kann bereits die Aufnahme geringer Larvenzahlen zu schwer verlaufenden Erkrankungen führen.
- **Diagnose.** Larvennachweis im Kot, Antikörpernachweis vor allem zur Herdendiagnostik.
- **Therapie und Bekämpfung.** Benzimidazole, Levamisol und makrozyklische Lactone. Bekämpfung durch oral zu verabreichende Lebendvakzine (lediglich in wenigen Ländern verfügbar), Metaphylaxe mit Anthelminthika und weidetechnische Maßnahmen.

Dictyocaulus filaria und *D. arnfieldi* s. u.

Verschiedene Arten der Gattung *Dictyocaulus* sind Erreger von Lungenerkrankungen bei Wiederkäuern, Equiden und Cameliden. Von besonderer Bedeutung ist *D. viviparus*, da diese Art bei Rindern schwere Erkrankungen und Leiden sowie hohe wirtschaftliche Verluste verursacht.

Erreger *Dictyocaulus*-Arten sind dünne, bindfadenähnliche, weißliche, bis 10 cm lange Nematoden vom Trichostrongylidentyp; ihre Größe und die Lokalisation in Bronchien und Trachea ihrer Wirte sind charakteristisch für die Gattung *Dictyocaulus* (▶ **Abb. 11.39**, ▶ **Abb. 11.40**). Merkmale: Mundkapsel klein, breiter als lang. Männchen mit kurzer, rundlicher bis herzförmiger Bursa copulatrix ohne Trennung der Bursalappen; Spicula kurz und dunkelbraun, Gubernaculum vorhanden (▶ **Abb. 11.41**). Bei den Weibchen Vulva im mittleren Körperdrittel. Die wichtigsten Arten und ihre Wirte sind in ▶ **Tab. 11.10** aufgeführt; ihre Identifikation ist morphologisch (z. B. Gestalt der Bursarippen, Struktur der Mundkapsel, Papillen) und durch DNA-Analyse möglich. Als weitere Art sei *D. cameli* bei Kamelen erwähnt.

Die *Dictyocaulus*-Arten der Wiederkäuer kommen bevorzugt bei bestimmten Wirten (Hauptwirten) vor, ihre Wirtsspezifität ist aber nicht strikt. So entwickelten sich nach experimenteller Infektion *D. viviparus*, *D. eckerti* und *D. filaria* in Damwild bis zur Patenz, *D. filaria* aber schlechter als die beiden anderen Arten. Damwild war für *D. viviparus* empfänglicher als das Rind für *D. eckerti*. Bei Schafen siedelte sich *D. eckerti* nicht an und *D. capreolus* nicht im Rind.

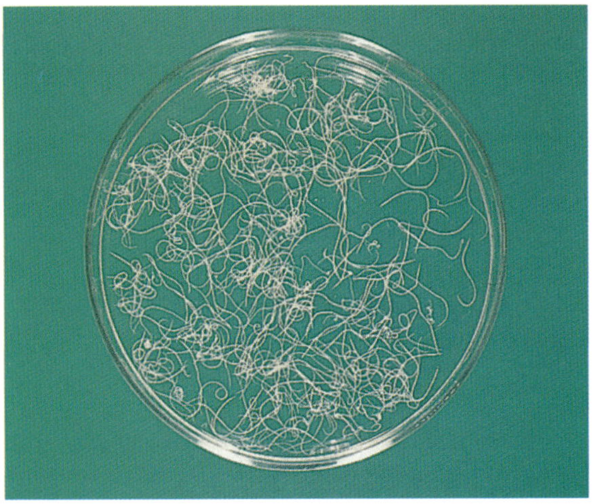

▸ **Abb. 11.39** *Dictyocaulus viviparus*: adulte Stadien (auf diesem Foto bis 7 cm lang). (Quelle: Institut für Parasitologie, Vetsuisse-Fakultät, Universität Zürich)

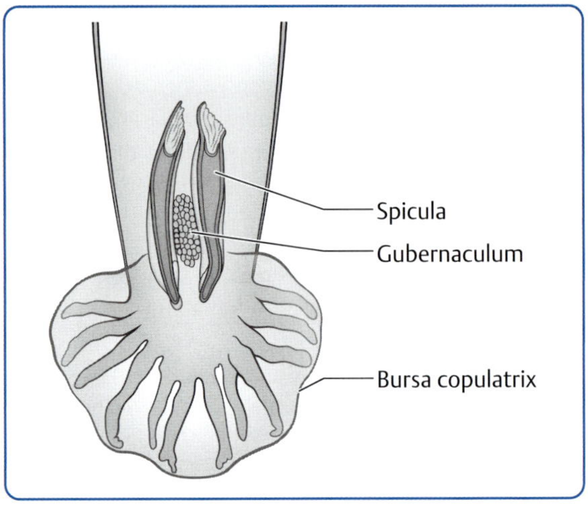

▸ **Abb. 11.41** *Dictyocaulus viviparus:* Männchen, Hinterende. (Grafik: Anne Seeger, Vetsuisse-Fakultät, Universität Zürich; Grafik basiert auf Daten aus: Kotlan A. Helminthologie, Akadèmiai Kiado, Budapest: 1960)

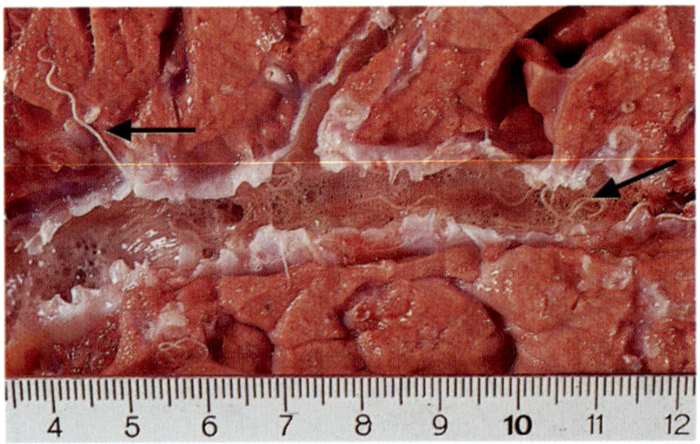

▸ **Abb. 11.40** *Dictyocaulus viviparus* in Bronchien einer Rinderlunge. (Quelle: Institut für Parasitologie, Vetsuisse-Fakultät, Universität Zürich)

▸ **Tab. 11.10** *Dictyocaulus*-Arten (Auswahl).

Arten, Länge der Männchen (♂♂) und Weibchen (♀♀), Verbreitung (V)	Hauptwirte	Präpatenz (P), Merkmale der Larven (L 1) oder Eier
Dictyocaulus viviparus ♂♂: 15–50, ♀♀: 30–80 mm V: weltweit	Rind, gelegentlich andere Boviden und Cerviden	P: 21–25 d L 1: 315–370 µm lang, Schwanzende zugespitzt
Dictyocaulus eckerti (Syn. *D. noerneri*) ♂♂: 30–47, ♀♀: 34–63 mm V: Europa, Asien, Nordamerika	Reh, Rothirsch, Damwild, Ren	P: 24–26 d L 1: 295–357 µm lang, Schwanzende zugespitzt
Dictyocaulus capreolus ♂♂: 24–62, ♀♀: 34–81 mm V: SE	Reh, Elch	P: unbekannt L 1: unbekannt
Dictyocaulus cervi ♂♂: 26–57, ♀♀: 30–77 mm V: PL	Rothirsch	P: unbekannt L 1: unbekannt
Dictyocaulus filaria ♂♂: 50–80, ♀♀: 50–100 mm V: weltweit	Schaf, Ziege, auch Mufflon, Gämse, Steinbock	P: 26–30 d L 1: 490–520 µm lang, Vorderende mit knopfartiger Verdickung, Schwanzende abgerundet
Dictyocaulus arnfieldi ♂♂: 26–43, ♀♀: 43–60 mm V: weltweit	Esel, Pferd, Maultier, Zebra	P: 5–14 Wochen Eier: 74–96 × 46–58 µm, mit Larve L 1: 420–480 µm lang, Schwanzende mit dornartigem Fortsatz

Dictyocaulus viviparus

Praxis
Erreger der **Dictyocaulose** (Lungenwurmkrankheit) des Rindes. Erreger einer teils schwer verlaufenden Bronchopneumonie v. a. bei erstsömmrigen Jungtieren, aber auch Milchkühen.

Entwicklung Die adulten Stadien von *D. viviparus* parasitieren in größeren Bronchien und in der Trachea (▶ **Abb. 11.42**). Die Weibchen legen dünnschalige Eier, die bereits eine Larve (L 1) enthalten. Die meisten Larven verlassen die Eihülle unmittelbar nach der Eiablage, gelangen im Wimperstrom zum Larynx und Pharynx, werden abgeschluckt und im Kot ausgeschieden. Einige Larven können auch ausgehustet werden und so an die Außenwelt gelangen. Die L 1 enthalten in ihren Mitteldarmzellen mikroskopisch als Granula sichtbare Reservestoffe, von denen sie während der weiteren Entwicklung leben. In der Umwelt entwickeln sich bei Temperaturen von ~20 °C innerhalb weniger Tage infektiöse, doppelt bescheidete L 3. Bei Temperaturen von 8 °C dauert die Entwicklung 1–2 Wochen [s. Epidemiologie (S. 307)]. Die Larven von *D. viviparus* werden auf unterschiedliche Weise aus dem Kot freigesetzt: durch Regen (Wegschleudern oder Auswaschen), durch mechanische Zerstörung und Ausbreitung der Kotfladen (vor allem durch Weidetiere) und teils auch durch Vektoren (z. B. Käfer). Bei der Ausbreitung der Larven spielen Pilze der Gattung *Pilobolus* eine erhebliche Rolle. Diese Pilze wachsen etwa 1 Woche nach dem Kotabsatz auf der Kotoberfläche und bilden lange Stiele, die in einem ballonartigen Bläschen münden, auf dem sich ein Sporangium befindet. In den Bläschen baut sich ein hydrostatischer Druck auf, der das ausgereifte Sporangium mit hoher Geschwindigkeit (bis 90 km/h) abschießt. *Dictyocaulus*-Larven machen sich diesen Mechanismus zunutze, indem sie von der Kotoberfläche zu den Sporangien wandern und bei deren Abschuss bis zu 2 m vom Kotfladen weggeschleudert werden. Aktiv können *Dictyocaulus*-Larven in einem Feuchtigkeitsfilm auf Weidepflanzen aufwandern, an denen sie sich meist kurz über dem Boden aufhalten.

Nach peroraler Aufnahme schlüpfen die L 3 während der Magen-Darm-Passage aus ihren Scheiden, dringen in die Darmwand (vorwiegend des Dünndarms) ein und wandern über die Lymphbahnen in Mesenteriallymphknoten, wo innerhalb von 3–8 Tagen p. i. die Häutung zur L 4 stattfindet. Diese Larven werden lymphogen durch den Ductus thoracicus und hämatogen durch die Vena cava dem rechten Herzen und schließlich der Lunge zugeführt. Die ersten Larven erreichen die Lunge bereits 1 Woche p. i., die Mehrzahl trifft aber erst nach etwa 2 Wochen ein. Die Larven verlassen dort das Kapillarnetz, durchdringen die Alveolenwand und siedeln sich zunächst in den Bronchioli an, wo die Häutung zu präadulten Stadien stattfindet. Diese wandern in die größeren Bronchien sowie die Trachea und entwickeln sich dort zur Geschlechtsreife. Die Präpatenz dauert 21–25 Tage, sie kann aber durch eine Phase der Hypobiose (S. 307) verlängert sein. Die Patenz ist wegen der rasch einsetzenden Immunität mit meist nur 1–2 Monaten kurz. In typischen Fällen steigt bei einmalig infizierten Jungtieren die Larvenausscheidung im Kot innerhalb von etwa 2 Wochen stark an, geht dann zurück und persistiert insgesamt nur 5–6 Wochen. Adulte Würmer können in der Lunge bis zu einem ½ Jahr persistieren.

Vorkommen *D. viviparus* kommt weltweit vor, insbesondere in niederschlagsreichen gemäßigten Klimazonen. In Europa stellt Lungenwurmbefall vor allem in feuchten Niederungsgebieten (z. B. Küstenregionen West- und Nordeuropas) ein Problem dar, wo ein erheblicher Teil der Rinderbestände mit Weidehaltung befallen sein kann. Der Parasit tritt aber auch in voralpinen Gebieten auf und kann sich sogar auf höher gelegenen Bergweiden ausbreiten. In subtropischen und tropischen Gegenden kommt *D. viviparus* vor allem im Hochland oder in regenreichen Küstenregionen vor. Bei einer jüngeren deutschlandweiten Herdenuntersuchung, die 20 % aller Milchviehbetriebe inkludierte, wiesen 17,1 % der Tankmilchproben (n = 19910) Antikörper gegen *D. viviparus* auf. Dabei zeigte die Seroprävalenz deutliche Variationen zwischen den einzelnen Bundesländern, z. B. 0,0 % im Saarland, bis 22 % in Niedersachsen und 31 % in Sachsen-Anhalt. Weiterhin tritt der Parasit lokal gehäuft auf, in manchen niedersächsischen Landkreisen sind beispielsweise bis zu 40 % der Milchviehherden seropositiv.

Epidemiologie Die Dictyocaulose ist eine typische Infektion von Weiderindern. Infektionen im Stall (in Laufställen oder nach Fütterung von kontaminiertem Gras) sind selten, meist unbedeutend und nur in wenigen Fällen klinisch relevant. In der Epidemiologie der Dictyocaulose sind im Prinzip ähnliche Schlüsselfaktoren maßgebend wie bei Befall mit Trichostrongyliden (S. 291), doch bestehen auch Unterschiede, besonders hinsichtlich der Weidekontamination, der Pathogenität und des Einflusses der Immunität auf den Infektionsverlauf.

Weidekontamination Für die initiale Weidekontamination mit Larven zu Beginn der Weideperiode sind ältere Rinder (Jungrinder, aber auch Kühe) verantwortlich, die sich im Vorjahr mit Lungenwürmern infiziert haben, bei der Aufstallung nicht behandelt wurden und während des Winters inapparente Parasitenträger geblieben sind. In diesen Tieren können einige adulte Stadien überleben, vorwiegend sind es aber hypobiotische Stadien (späte 4. und frühe 5. Stadien), die im Frühjahr die Geschlechtsreife erlangen und zur patenten Infektion führen. Experimentell lässt sich die Hypobiose durch mehrwöchige Kühlung der L 3 bei 4–7 °C induzieren. Da die verschiedenen *Dictyocaulus*-Arten jeweils bestimmte Wiederkäuer-

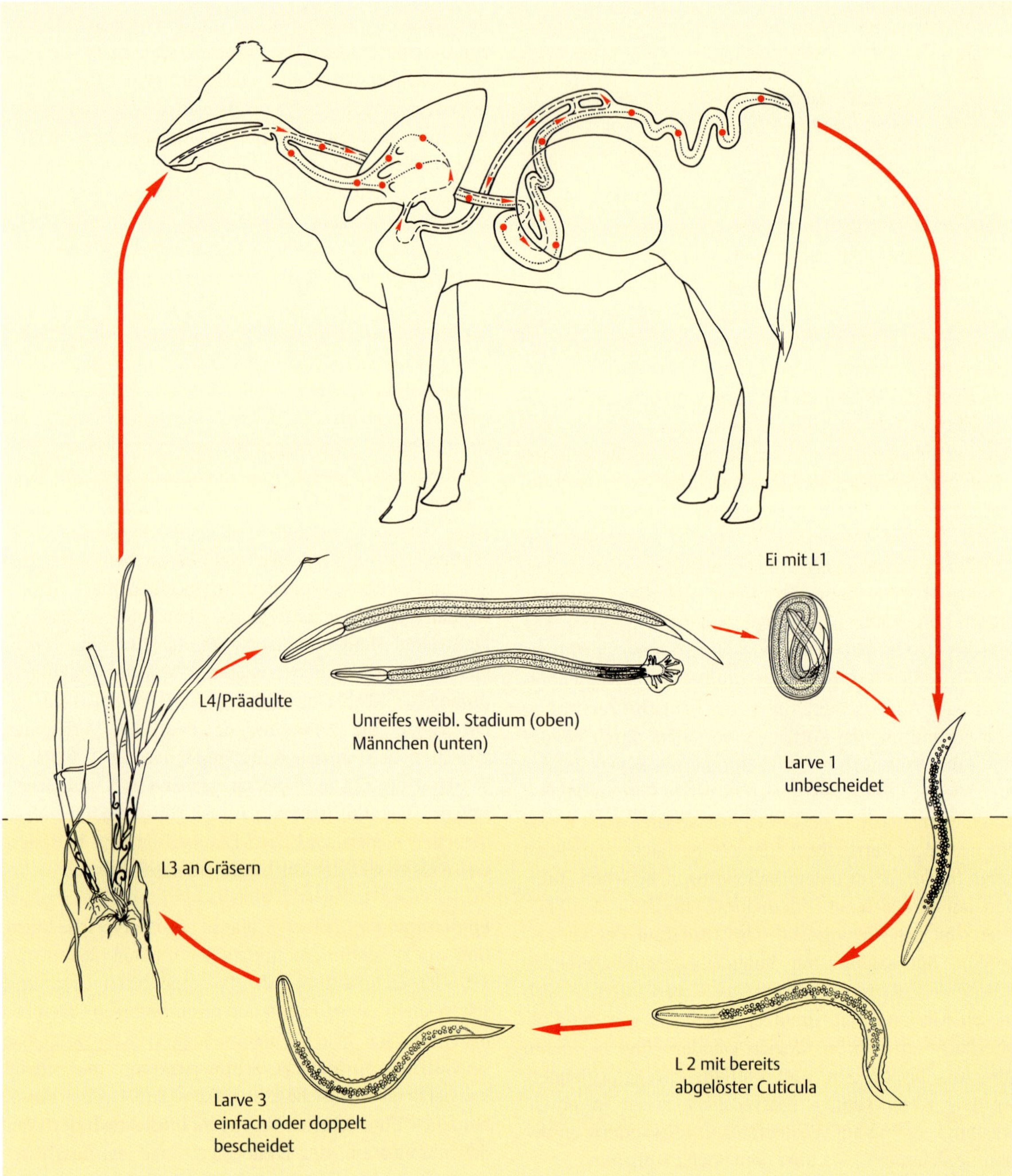

▸ **Abb. 11.42** Entwicklungszyklus von *Dictyocaulus viviparus*. Kleine rote Pfeile: Infektionsweg von L 3 zu den adulten Stadien in den Bronchien. Rote Punkte: Ausscheidungsweg der Eier/L 1. (Grafik: Salome Ehrat, nach einer Vorlage von Johannes Eckert und Peter Deplazes, Vetsuisse-Fakultät, Universität Zürich)

arten bevorzugen, ist die Kontamination von Rinderweiden mit *D. viviparus* durch Wildwiederkäuer ohne wesentliche Bedeutung. In Gebieten mit mildem und feuchtem Klima (z.B. in Schottland oder Norddeutschland) kann ein Teil der Larvenpopulation auf der Weide überwintern, doch spielen solche Larven – im Gegensatz zu den Trichostrongyliden – meist eine untergeordnete Rolle als Ansteckungsquelle.

Wie auch bei anderen Nematoden ist bei *D. viviparus* die Entwicklungszeit von der L 1 zur L 3 temperaturabhängig. Bemerkenswert ist jedoch, dass die Entwicklung auch bei sehr niedrigen Temperaturen und zudem recht schnell verläuft (bei 5 °C: 30 d, 10 °C: 12 d, 20 °C: 4 d). Im Vergleich zu den Trichostrongylidenlarven besitzen *Dictyocaulus*-Larven in der Umwelt eine deutlich kürzere Überlebensdauer und niedrigere Widerstandsfähigkeit gegenüber Trockenheit und höheren Temperaturen. So überlebten bei Laborexperimenten in feuchtem Kot 30% der Larven für 8 Wochen bei 3–6 °C, keine hingegen bei 23–25 °C. In trockenem Kot waren bei 23–25 °C die Larven innerhalb 1 Woche abgestorben. Gefriertemperaturen (mind. -8 °C) sind für die meisten Larven innerhalb weniger Tage letal. In anaerober Gülle bei + 20 °C überleben nur wenige Larven bis 4 Wochen, unter mesophilen Bedingungen bei + 35 °C sind sie in 1 Woche abgestorben. In Grassilage bei + 20 °C gehen Larven von *D. viviparus* und *D. filaria* innerhalb von 12 Tagen zugrunde.

Empfängliche Tiere Empfänglich für *D. viviparus* sind Rinder aller Altersgruppen ohne ausreichende Immunität. Daher erkranken in Endemiegebieten vorwiegend Jungtiere in ihrer 1. Weideperiode, ältere Tiere (auch Kühe) nur dann, wenn sie nie einer Lungenwurminfektion ausgesetzt waren und keine Immunität bilden konnten oder ihre Immunität geschwunden ist, da diese bei ausbleibender Reinfektion nur für 6–12 Monate anhält. Ein Sonderfall ist das Reinfektionssyndrom von Kühen (S. 310). In lungenwurmfreie Bestände kann *D. viviparus* durch inapparente Larvenausscheider eingeschleppt werden, z. B. durch Zukauf von Rindern oder Zusammenführung von Tieren aus verschiedenen Beständen auf Gemeinschaftsweiden.

Epidemiologischer Verlauf Obwohl die Kontamination der Weiden durch Larvenausscheider im Frühjahr beginnt, treten Erkrankungen i. d. R. erst ab Juni bis zum Ende der Weideperiode (Spätherbst!) auf, am häufigsten von Juli bis September. Im Frühjahr führt die geringfügige Kontamination der Weide durch wenige ältere Ausscheider (evtl. auch durch überwinterte Larven) zunächst zu schwachen Infektionen einiger Jungtiere der 1. Weideperiode. Diese Jungtiere sind hochempfänglich und können selbst bei schwacher Erstinfektion mit etwa 300 Larven je Tier im Verlauf einer Patenz von 30 Tagen durchschnittlich 1,5 Mio. Larven ausscheiden und damit die Weide kontaminieren. Danach stecken sich weitere Tiere an (Erstinfektion oder Superinfektion von schwach infizierten Parasitenträgern), die mit einer 2. Parasitengeneration zur Vermehrung der Larvenpopulation auf der Weide beitragen. Bereits in dieser Phase, meist jedoch erst nach Entwicklung einer 3. oder 4. Parasitengeneration, kann dann die Weidekontamination so hoch sein, dass Erkrankungen auftreten. Die Anfangsphase einer Herdeninfektion verläuft häufig unauffällig oder leichte Symptome werden übersehen. Daher besteht oft der Eindruck eines plötzlichen Auftretens der Dictyocaulose.

Weitere Voraussetzungen für den Ausbruch von Lungenwurmerkrankungen sind günstige Temperatur- und Feuchtigkeitsbedingungen für den Übergang von L3 auf die Weidepflanzen. Solche Bedingungen herrschen z. B. in feuchten und warmen Sommern. Auf hoch gelegenen Weiden (1800–2500 m ü.M.) ist eine Übertragung der Erreger während der Weideperiode möglich, doch treten selten Erkrankungen auf, wahrscheinlich wegen der extensiven Beweidung, des gemeinsamen Weidens von jüngeren und älteren immunen Rindern (‚Staubsaugereffekt‘) und der daraus resultierenden geringen Befallsintensität der Rinder mit *D. viviparus*. In Endemiegebieten unterliegt die Morbidität in Rinderbeständen von Jahr zu Jahr erheblichen Schwankungen von hoch bis geringfügig. Ein besonders hohes Erkrankungsrisiko besteht dann, wenn empfängliche Rinder plötzlich einer starken Infektion ausgesetzt werden, z. B. Kälber, die im Herbst auf eine zuvor von Jungtieren mit Lungenwurmlarven kontaminierte Weide getrieben oder Färsen bzw. Kühe aus lungenwurmfreien in befallene Betriebe zugekauft werden.

Pathogenese In der Pathogenese der Dictyocaulose von Jungrindern (oder älteren Rindern ohne ausreichende Immunität) lassen sich verschiedene Phasen unterscheiden (▸ Tab. 11.11).

Während der **Präpatenz** können bereits in der zweiten Woche p. i. erste Symptome auftreten, die vor allem auf eine temporäre Obstruktion der Bronchioli durch Mucus und zelluläre Infiltrate (neutrophile und eosinophile Granulozyten, Makrophagen) und den dadurch bedingten Kollaps von Alveolen zurückzuführen sind. Während der

▸ **Tab. 11.11** Pathogenese und Krankheitsbild bei Dictyocaulose des Rindes.

Phase und Tage p. i.	Pathologie	Symptome
Präpatenz		
Tage 1–7	Wanderphase der Larven	keine
Tage 8–21	Larven in der Lunge: Hämorrhagien, Nekrose der Alveolenwände, Bronchiolitis, Bronchitis	Husten, erhöhte Atemfrequenz, bei starkem Befall Todesfälle möglich
Patenz		
Tage 21–60	beginnende und fortschreitende Bronchopneumonie, Beginn der Elimination von Lungenwürmern durch einsetzende Immunität	Husten, erhöhte Atemfrequenz, Abmagerung, Todesfälle möglich
Postpatenz		
Tage 60–90	nach Elimination von Lungenwürmern Regeneration oder Fibrose, Alveolarepithelisierung	Besserung und Heilung oder chronischer Husten und Kümmern, Todesfälle möglich

Patenz führt die Anwesenheit von adulten Lungenwürmern in den Bronchien zu vielfältigen Veränderungen: vermehrte Schleimproduktion, Verlust des Cilienbesatzes des Bronchialepithels (Einschränkung des Reinigungsmechanismus), Hyperplasie und Zerstörung der Epithelzellen sowie ihr Ersatz durch undifferenzierte, kubische Typ-2-Pneumozyten, Entzündung der Bronchialschleimhaut, interstitielle, entzündliche Reaktionen sowie peribronchiale Lymphfollikelbildung. Die Aspiration von Eiern und L 1 in die Alveolen führt zur Pneumonie, die durch dichte Infiltrate von Entzündungszellen gekennzeichnet und z. T. mit unterschiedlich ausgeprägten interstitiellen Emphysemen und Ödemen verbunden ist. Einhergehend mit dem Epithelzellersatz kommt es zur Verdickung des Alveolarepithels und einer Behinderung des Gasaustausches. Im Gegensatz zu Infektionen mit gastrointestinalen Nematoden können Lungenwurminfektionen bereits bei einer niedrigen Infektionsdosis zu schwer verlaufenden, unbehandelt teilweise tödlichen Erkrankungen führen. Die Aktivierung von in der Lunge vorhandenen Keimen (Pasteurellen, Mycoplasmen) oder bakterielle Sekundärinfektionen können den Krankheitsverlauf komplizieren. Das Endergebnis dieser Vorgänge ist eine begrenzte oder eher ausgedehnte, unterschiedlich starke katarrhalisch-eitrige Bronchopneumonie. Wegen der Trennung der Lungenläppchen findet man pneumonisch veränderte, atelektatische sowie offenbar unveränderte Läppchen in enger Nachbarschaft, die der Lunge ein marmoriertes Aussehen verleihen (▶ Abb. 11.43, ▶ Abb. 11.44). Durch Überdehnung und Platzen von Alveolen entstehen interstitielle Emphyseme, die breite Spalten zwischen den Läppchen bilden und sich auch subpleural oder in das Mediastinum ausbreiten können. An den pathologischen Vorgängen sind allergische Reaktionen beteiligt (Immunologie, s. u.).

In der **Postpatenz** kommt es bei überlebenden Rindern nach immunologisch induzierter, partieller oder totaler Elimination der Wurmbürde zur allmählichen Regeneration und Heilung. Allerdings können Symptome auch noch einige Wochen andauern, weil die Regenerationsprozesse längere Zeit beanspruchen, vor allem nach starkem Befall. Bei einem Teil der hochinfizierten Tiere kann sich ein chronisches Krankheitsstadium entwickeln, das auf eine verstärkte Proliferation von Typ-2-Pneumozyten zurückzuführen ist (s. o.) und die betroffenen Lungenbezirke gummiartig erscheinen lässt. Die geschädigte Lunge ist für bakterielle Infektionen prädisponiert.

Als **Reinfektionssyndrom** bezeichnet man eine seltene Erkrankung, die bei immunen, meist älteren Tieren auftritt, nachdem sie plötzlich einer starken Infektion ausgesetzt waren. Erhebliche Mengen von Larven erreichen die Lunge, wo sie durch die Immunreaktionen abgefangen werden. Die Proliferation von lymphoretikulären Zellen um tote Larven verursacht eine Obstruktion von Bronchioli und die Bildung kleiner, bis 5 mm großer lymphoider Knötchen im Lungenparenchym. Darüber hinaus kommt es zur dichten Infiltration des Lungenparenchyms mit Eosinophilen. Die Folgen sind Husten und leichte Ta-

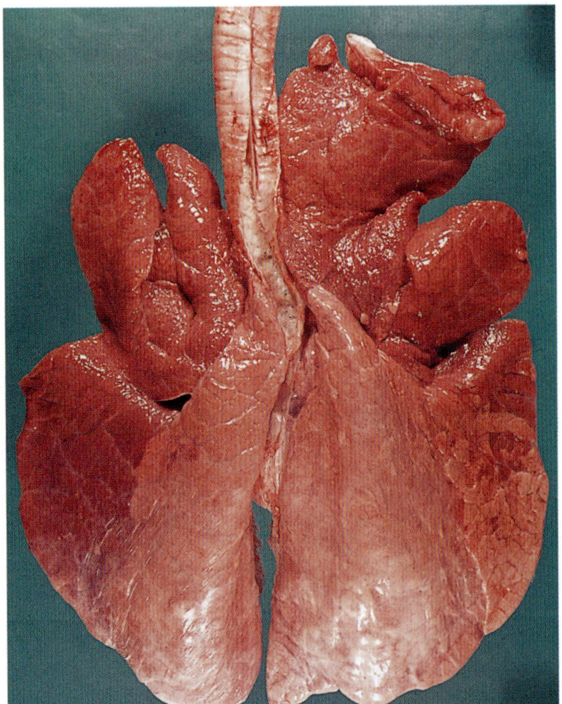

▶ **Abb. 11.43** *Dictyocaulus viviparus*: Lunge vom Rind mit Veränderungen, v. a. in den ventralen Lungenbereichen. (Quelle: Institut für Parasitologie, Vetsuisse-Fakultät, Universität Zürich)

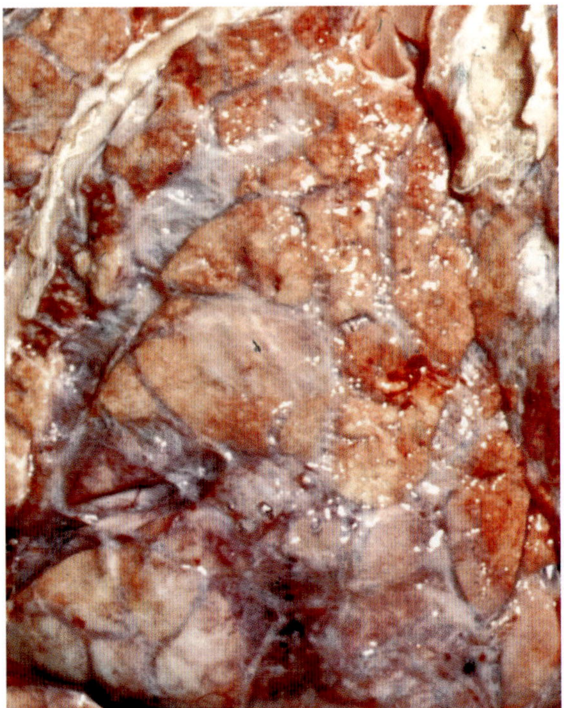

▶ **Abb. 11.44** *Dictyocaulus viviparus*: Lunge vom Rind, Anschnitt mit geöffneten Bronchien. (Quelle: Institut für Parasitologie, Vetsuisse-Fakultät, Universität Zürich)

chypnoe, die meist nur wenige Tage anhalten; bei stärkerer Ausprägung können sie bei Kühen eine Reduktion der Milchproduktion verursachen.

Immunologie Natürliche *D. viviparus*-Infektionen stimulieren beim Rind die Entwicklung einer Immunität, die nach etwa 1–2 Monaten eine partielle oder völlige Elimination der Adultwürmer bewirkt. Diese Immunität verhindert meist Erkrankungen bei erneuter Infektion, da die meisten der in den Körper eingedrungenen Larven auf ihrer Wanderung abgefangen und unschädlich gemacht werden. Bereits Infektionen mit geringen Mengen von L 3 können eine belastbare Immunität induzieren, die nach wenigen Wochen gut entwickelt ist. Der Grad der Immunität unterliegt jedoch mitunter erheblichen individuellen Schwankungen. Bei Ausbleiben von Reinfektionen als Boosterinfektion hält die natürlich erworbene Immunität etwa 6–12 Monate an.

Bereits 3–4 Wochen nach einer stärkeren Erstinfektion sind erhöhte Konzentrationen spezifischer Antikörper gegen *Dictyocaulus*-Antigen im Serum, in der Bronchialflüssigkeit oder in der Milch nachweisbar. Die Schutzwirkung gegen erneute Infektionen ist partiell von Antikörpern abhängig (signifikante Korrelation mit IgE-Antikörpern) und scheint durch antikörperabhängige cytotoxische Reaktionen vermittelt zu sein. Der Mechanismus, der zur Elimination der adulten Würmer aus den Luftwegen führt, ist bislang noch unklar.

Die natürlich erworbene Immunität war Vorbild für die **Entwicklung einer Vakzine** (S. 592). Die Vakzine (*Bovilis®* Dictol oder *Bovilis® Lungworm*; s. ▶ **Tab. 21.7**) hat sich in der Bekämpfung der Dictyocaulose sehr gut bewährt und wird in einigen europäischen Ländern auch heute noch eingesetzt. Als Antigen enthält sie lebende, durch Röntgenbestrahlung (400 Gy) virulenzgeschwächte infektiöse Larven (L 3) von *D. viviparus*. Entsprechend dürfen Anthelminthika frühestens 2 Wochen nach abgeschlossener Grundimmunisierung verabreicht werden.

Krankheitsbild Die ersten Symptome können bereits während der Präpatenz, etwa 2 Wochen nach der Infektion, einsetzen; zu dieser Zeit sind noch keine Larven im Kot nachweisbar. Innerhalb einer Tiergruppe sind die Krankheitserscheinungen oft sehr unterschiedlich, von mild bis gravierend. Meist erkranken erstsömmrige Jungtiere, aber auch ältere Tiere (inkl. Milchkühe) ohne ausreichende Immunität. Die Symptome entsprechen einer sich allmählich oder auch akut entwickelnden Bronchopneumonie: Husten, Dyspnoe, Tachypnoe, Nasenausfluss, pathologische Befunde bei der Lungenauskultation, häufig Fieber; bei hochgradiger Atemnot sägebockartige Stellung mit geöffnetem Mund und Stöhnen bei der Atmung (▶ **Abb. 11.45**). Weitere Symptome: Inappetenz, Gewichtsverlust, Dehydratation, bei Kühen Rückgang der Milchleistung. Nach Elimination des Großteils der Wurmbürde klingen die Symptome ab, in manchen Fällen persistieren sie jedoch infolge einer chronischen Lungenschädigung. Todesfälle können in Abhängigkeit von der Befallsintensität und dem Immunstatus in allen Erkrankungsphasen auftreten.

Diagnose Wichtige Hinweise auf Dictyocaulose liefern die Anamnese (Weidegang, Weidemanagement, Jungtiere der 1. Weideperiode usw.) und die Leitsymptome Husten und Dyspnoe. Kausal lässt sich die Diagnose nach Ablauf der Präpatenz durch Nachweis von L 1 im Kot (Trichterverfahren) sichern. Die Larven sind 315–370 µm lang und durch einen undeutlichen Ösophagus, den granulierten Mitteldarm und das spitze Schwanzende sowie durch langsame, meist klappmesserartige Bewegungen charakterisiert (▶ **Tab. 11.10**, ▶ **Abb. 19.8**). Bei negativem Kotbefund kann Trachealsekret untersucht werden (Eier, Larven, eosinophile Granulozyten). Innerhalb einer Tiergruppe kann die individuelle Larvenausscheidung im Kot stark schwanken. Daher sind Kotproben von einer möglichst repräsentativen Tierzahl zu entnehmen und zu untersuchen. Weiterhin können spezifische Antikörper im Serum oder in Milchproben mit außergewöhnlich hoher Sensitivität und Spezifität von > 99 bzw. > 97 % nachgewiesen werden. Der Antikörper-ELISA beruht auf einem rekombinanten Antigen (***major sperm protein***, MSP; wird ausschließlich von adulten männlichen Würmern gebildet). Jedoch kann der Test nur patente Infektionen nachweisen. Weiterhin ist zu beachten, dass die Antikörper wenige Monate nach überstandener Infektion persistieren. Andererseits kann bei immunen Rindern die Bildung entsprechender Antikörper vermindert sein oder ausbleiben, da sich nach einer erneuten Infektion keine oder nur sehr wenige adulte Würmer entwickeln. Dies ist zu beachten, wenn z. B. Tankmilchuntersuchungen zur Einschätzung des Infektionsrisikos für naive Zukauftiere dienen sollen.

Therapie Gegen unreife sowie adulte *D. viviparus*-Stadien sind verschiedene makrozyklische Lactone, Benzimidazole und Levamisol in den üblichen therapeutischen

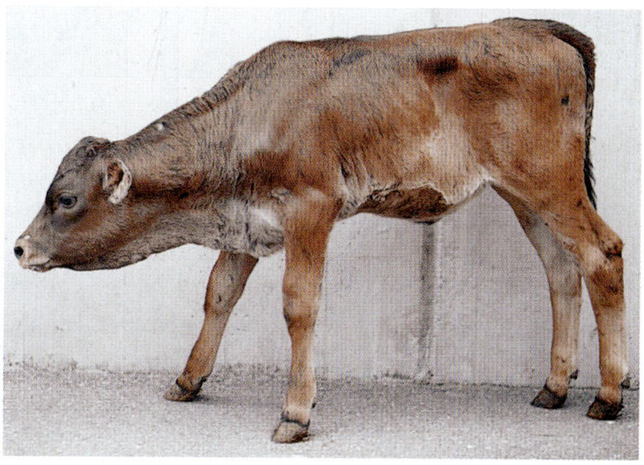

▶ **Abb. 11.45** Kalb mit schwerer Atemnot bei Dictyocaulose („Sägebockstellung"). (Quelle: Institut für Parasitologie, Vetsuisse-Fakultät, Universität Zürich, F. Inderbitzin)

Dosierungen hochwirksam, makrozyklische Lactone sowie Fenbendazol (gute Teilwirkung) zudem gegen hypobiotische Stadien. Die Residualwirkung der makrozyklischen Lactone gegen *D. viviparus* ist meist etwas länger als gegen Trichostrongyliden (S. 301).

Bekämpfung Möglichkeiten der Bekämpfung sind: (a) Einsatz verschiedener Langzeitanthelminthika (injizierbare Depotanthelminthika, Boluseingabe), (b) wiederholte strategische Behandlungen mit Anthelminthika, (c) Weidemanagement, (d) Vermeidung der Erregereinschleppung in Dictyocaulose-freie Bestände, (e) Vakzination (wo verfügbar, wie z. B. CH). Nähere Informationen dazu s. Planmäßige Bekämpfung wichtiger Parasitosen der Rinder (S. 609).

Dictyocaulus filaria

Praxis
Erreger der **Dictyocaulose** der kleinen Wiederkäuer, selten klinisch relevant in Mitteleuropa.

Erreger und Entwicklung *Dictyocaulus filaria*, der Große Lungenwurm von Schaf und Ziege, kommt auch bei wild lebenden Wiederkäuern vor (▸ **Tab. 11.10**). Ob es sich dabei um verschiedene Stämme handelt, ist noch offen.

Die Entwicklung entspricht im Prinzip jener von *D. viviparus*, doch ist die Präpatenz gewöhnlich länger (26–30 d). Die Patenz beträgt nach einer Erstinfektion ca. 45 Tage, unter natürlichen Bedingungen können Schafe jedoch für viele Monate Larven ausscheiden. *Dictyocaulus filaria* kann sich bereits bei 5 °C von der L 1 zur L 3 entwickeln und benötigt dafür ungefähr 3 Wochen; bei 20 °C ist diese Entwicklung in 5 Tagen abgeschlossen. Im Hochsommer überleben die infektiösen L 3 nur etwa 1½ Monate auf der Weide, in der kühleren Jahreszeit bis 5 Monate. Die Larven sind gegen Trockenheit nicht besonders widerstandsfähig, überstehen jedoch den Winter auch bei häufigem Frost. Ähnlich wie bei *D. viviparus* des Rindes sind auf der Weide überwinterte Larven epidemiologisch jedoch von untergeordneter Bedeutung. Für die Kontamination von Weiden mit Larven von *D. filaria* sind primär ältere Schafe oder Ziegen verantwortlich, in denen auch hypobiotische Stadien den Winter überdauern und im Frühjahr Geschlechtsreife erlangen. Die Weidekontamination wird dann sekundär durch infizierte Lämmer verstärkt. Das höchste Infektionsrisiko besteht in der 2. Hälfte der Weideperiode, die höchsten Wurmbürden werden gewöhnlich im Herbst verzeichnet. Nach längeren Regenzeiten können schwere Infektionen auch früher im Jahr auftreten.

Vorkommen und Epidemiologie *D. filaria* kommt weltweit vor. Die Angaben über die Prävalenzen bei Schafen in Mitteleuropa schwanken zwischen wenigen Prozentpunkten bis etwa 50 %, Krankheitsausbrüche sind jedoch selten. Neben Schafen und Ziegen werden auch Mufflons, Gämse und Steinböcke befallen. In Österreich und Deutschland kommt *D. filaria* bei Schafen und Ziegen nur selten vor, häufiger ist der Parasit in wärmeren Klimaten wie der Mittelmeerregion, dem Mittleren Osten und Teilen Asiens.

Pathogenese und Krankheitsbild Die pathologischen Veränderungen der durch *D. filaria* verursachten Bronchopneumonie des **Schafes** entsprechen weitgehend jenen der Dictyocaulose des Rindes. Der Grad der Veränderungen und die klinischen Symptome sind jedoch meist weniger ausgeprägt als bei der Dictyocaulose des Rindes. Die Infektion verläuft meist chronisch, akute Erkrankungen bei Lämmern sind seltener mit ersten Symptomen (Husten, Tachypnoe usw.) etwa 2–3 Wochen nach der Aufnahme infektiöser Larven. Hyperventilation und Hypoxämie können zu erhöhter Osmofragilität der Erythrozyten und zur normozytären, normochromen Anämie führen. Schafe entwickeln gegen *D. filaria* eine ähnliche Immunität wie Rinder gegen *D. viviparus*. Für **Ziegen** ist *D. filaria* pathogener als für Schafe.

Diagnose, Therapie und Bekämpfung Intravitaldiagnose durch Nachweis der typischen L 1 im Kot (Trichterverfahren). Die Larven sind länger (490–520 µm) als die von *D. viviparus* und unterscheiden sich von diesen durch eine knopfartige Verdickung am Vorderende und den abgerundeten Schwanz (▸ **Abb. 19.8**). Zur Therapie sind die gleichen Wirkstoffe geeignet wie bei der Dictyocaulose des Rindes. Die gegen Trichostrongyliden (S. 607) gerichteten Maßnahmen erfassen auch *D. filaria*.

Dictyocaulus arnfieldi

Praxis
Erreger der **Dictyocaulose** der Equiden, i. d. R. inapparente Infektionen bei Eseln, die Hauptausscheider sind. Bei Pferden können mitunter klinische Symptome auftreten.

Erreger und Entwicklung Die adulten Parasiten leben in den Bronchien von Equiden (Esel, Pferd, Maultier, Zebra). Die Weibchen legen embryonierte Eier, aus denen bereits in der Lunge oder im Verdauungstrakt, z. T. aber erst nach dem Kotabsatz in der Außenwelt die L 1 schlüpfen. Unter günstigen Bedingungen (20 °C) entwickeln sich die L 1 in 5–7 Tagen zu bescheideten, infektiösen L 3, die von Equiden per os aufgenommen werden. Von der Darmwand aus dringen die Larven in Lymphgefäße ein und wandern vermutlich durch den Ductus thoracicus über das rechte Herz in die Lunge, wo nach 10–12 Tagen p. i. die Häutung zu präadulten Stadien stattfindet. Diese Stadien gelangen anschließend in die Bronchien und werden geschlechtsreif. Die Angaben über die Präpatenz bei Pferdefohlen schwanken zwischen 5½ und 14 Wochen; für Eselfohlen werden 13 Wochen angegeben. Die Patenz bei Pferdefohlen wurde mit 6–31 Wochen beschrieben, bei älteren Pferden wesentlich kürzer; bei Eseln kann die Patenz viele Monate bis Jahre betragen.

Vorkommen und Epidemiologie *D. arnfieldi* ist ein kosmopolitisch verbreiteter Parasit von Equiden. Der Parasit ist besonders gut an Esel adaptiert, in denen er sich regelmäßig bis zur Patenz entwickelt. Der Anteil patent infizierter Esel steigt bis zum 2. Lebensjahr an und bleibt dann altersunabhängig etwa auf gleichem Niveau. Pferde sind bis zum 6. bzw. 9. Lebensmonat für *D. arnfieldi* empfänglich, sodass sich patente Infektionen entwickeln können. Dagegen bleiben Infektionen bei älteren Pferden nach dem 9. Lebensmonat meist (jedoch nicht immer) infolge mangelnder Entwicklung der Juvenilstadien impatent, d. h. ohne Ei- oder Larvenausscheidung im Kot. Daher wird die Dictyocaulose der Pferde meist nur bei gemeinsamer Weidenutzung mit Eseln beobachtet, wobei Esel die primäre Ansteckungsquelle darstellen. Dem entspricht, dass bei gemeinsamer Haltung von 37 Eseln und 23 Pferden in Oberbayern 16 % die Esel (< 1 bis > 11 Jahre alt), aber keines der Pferde (< 1 bis > 5 Jahre) Ausscheider von *D. arnfieldi* waren. Ältere Untersuchungen in 6 europäischen Ländern ergaben eine Prävalenz bei Eseln von 45–88 %.

Während der Weidesaison überleben die Larven von *D. arnfieldi* bei ausreichender Feuchtigkeit nur wenige Wochen. Eine Überwinterung der Larven auf der Weide wird – sollte sie überhaupt möglich sein – als epidemiologisch unbedeutend angesehen. Patente Infektionen treten bei Eselfohlen unter mitteleuropäischen Klimabedingungen ab August, meist aber erst im September und Oktober auf.

Pathogenese und Krankheitsbild Infektionen mit *D. arnfieldi* bleiben bei Eseln verschiedener Altersgruppen sowie bei Pferdefohlen meist inapparent oder gehen mit leichten Symptomen einher. Bei älteren Pferden verläuft die Infektion ebenfalls inapparent oder manifestiert sich als Bronchopneumonie: chronischer, trockener Husten, Dyspnoe, Inappetenz, Abmagerung, Körpertemperatur und Blutparameter meist normal, oft aber Eosinophilie im Blut und im Bronchialsekret. Sektionsbild: Würmer und erhebliche Schleimmassen in Bronchien und Trachea sowie wesentliche Verdickung der Bronchialschleimhaut. Histologie: Hyperplasie der Bronchialwände, leukozytäre Infiltrate in peribronchialen Bezirken, insbesondere mit Eosinophilen.

Diagnose Diagnostisch wichtig ist eine Anamnese über gemeinsames Weiden von Pferden und Eseln. Bei patenter Infektion Nachweis der embryonierten Eier (74–96 × 46–58 µm) (Flotationsverfahren) oder der L1 (420–480 µm) im Kot (Trichterverfahren) (stets beide Verfahren einsetzen!). Die Larven entsprechen dem *Dictyocaulus*-Typ mit charakteristischem Dorn am Hinterende

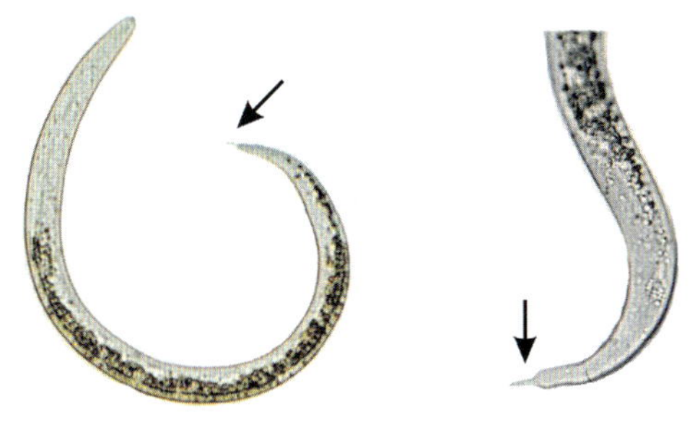

▸ **Abb. 11.46** *Dictyocaulus arnfieldi*: **a** Larve 1 (Länge 420–480 µm); **b** Larve 1, Hinterende. (Quelle: Institut für Parasitologie, Vetsuisse-Fakultät, Universität Zürich)

(▸ **Abb. 11.46**). Bei Verdacht auf impatente Infektionen Bronchoskopie und Untersuchung von Trachealsekret auf Eier, Larven sowie Eosinophile.

Therapie und Bekämpfung Makrozyklische Lactone (Ivermectin, Moxidectin) sind beim Pferd in der üblichen Dosierung wirksam. Bei Eseln wurde auch Eprinomectin erfolgreich eingesetzt (5,0 mg/kg KG Pour-on). Esel sollten am Ende der Weidesaison nach der Aufstallung und bei positivem Kotbefund noch einmal vor dem Weideaustrieb gegen *Dictyocaulus*-Befall behandelt werden. Eine gemeinsame Weidenutzung durch Pferde und unbehandelte Esel stellt ein Risiko dar.

Literaturhinweise

Eysker M, Kooyman FN, Ploeger HW. Immunity in calves against *Dictyocaulus viviparus* following a low primary infection. Parasitology 2001; 123: 591–597

Fiedor C, Strube C Forbes A et al. Evaluation of a milk ELISA for the serodiagnosis of *Dictyocaulus viviparus* in dairy cows. Vet Parasitol 2009; 166: 255–261

Hertzberg H, Eckert J. Epidemiologie und Prophylaxe des Magen-Darm- und Lungenwurmbefalls bei erstsömmrigen Rindern unter alpinen Weidebedingungen. Wien Tierärztl Monatsschr 1996; 83: 202–209

Holtum C v, Strube C, Samson-Himmelstjerna G v, Schnieder T. Development and evaluation of a recombinant antigen-based ELISA for serodiagnosis of cattle lungworm. Vet Parasitol 2008; 151: 218–226

Ploeger HW, Eysker M. Protection against and establishment of *Dictyocaulus viviparus* following primary infection at different dose levels. Vet Parasitol 2002; 106: 213–223

Samson-Himmelstjerna G v, Schnieder T. Morphology of inhibited larvae of the bovine lungworm *Dictyocaulus viviparus*. J Helminthol 1999; 73: 79–83

Schunn AM, Forbes A, Schnieder T, Strube C. Validation of a Dictyocaulus viviparus MSP-ELISA and cut-off adjustment in a one-year longitudinal field study in dairy cattle herds. Vet Parasitol 2012; 189: 291–298

Schunn AM, Conraths FJ, Staubach C et al. Lungworm infections in German dairy cattle herds – seroprevalence and GIS supported risk factor analysis. PLoS One 2013; 5: e74429

Strube C, Daugschies A. Antiparasitäre Vakzinen beim Nutztier: Wunsch und Wirklichkeit. Berl Munch Tierarztl Wochenschr 2015; 128: 437–450

Strube C, Springer A, Schunn AM et al. Serological lessons from the bovine lungworm *Dictyocaulus viviparus*: Antibody titre development is independent of the infection dose and reinfection shortens seropositivity. Vet Parasitol 2017; 242: 47–53

Veneziano V, Di Loria A, Masucci R et al. Efficacy of eprinomectin pour-on against *Dictyocaulus arnfieldi* infection in donkeys (*Equus asinus*). Vet J 2011; 190: 414–415

Überfamilie Metastrongyloidea, Familie Metastrongylidae (Lungenwürmer der Schweineartigen)

Praxis

Erreger der **Metastrongylidose**. Häufige Lungenwurminfektion bei Wildschweinen, selten Entwicklung von Bronchitiden bei Frischlingen. Nur vereinzelt bei Hausschweinen mit Auslauf beobachtet.

Meta- (gr. Präfix): nach; *strongylos* (gr.): rund. Engl.: *swine lungworms*.

Das Wichtigste in Kürze

- **Morphologie, Arten.** Die Familie besteht aus der Gattung *Metastrongylus* mit den häufigsten Arten *M. apri*, *M. pudendotectus* und *M. salmi*. 1,5–5 cm lange Nematoden. Eier mittelgroß, dickschalig mit skulpturierter Oberfläche, enthalten L 1.
- **Vorkommen, Entwicklung, Epidemiologie.** Weltweit. In Trachea und Bronchien von Schweineartigen, mit hoher Prävalenz in Wildschweinen. Heteroxene Entwicklung über Regenwürmer. Im Endwirt endogene Wanderung über mesenteriale Lymphknoten und rechtes Herz. Präpatenz 4–5 Wochen, Patenz 6–9 Monate. Eier überleben in der Außenwelt über 1 Jahr, Regenwürmer können für mehrere Jahre infiziert sein.
- **Krankheitsbild.** Bei Jungtieren (Frischlingen, Ferkeln) gelegentlich Bronchitiden mit Atembeschwerden, gewöhnlich aber symptomarme Infektion. Disposition für bakterielle und virale Lungenaffektionen.
- **Diagnose.** Nachweis der typischen Eier im Kot; oft geringe Eiausscheidung.
- **Therapie.** Benzimidazole und makrozyklische Lactone wirken; Verwendung medikierten Futters zur Behandlung von Wildschweinen in Gatterhaltung.

Erreger und Entwicklung Adulte Würmer sind etwa 1,5–2,5 (♂♂) oder 3,0–5,0 cm (♀♀) lang, weiß, mit 2- bis 3-lappigen Lippen um die Mundöffnung; Bursa klein, Spicula mit hakenförmigem Ende. Vulva unmittelbar vor dem Anus. Die Eier sind 55–60 × 45–50 µm groß, dickschalig mit skulpturierter Oberfläche, sie enthalten eine L 1. Die adulten Parasiten leben in den Bronchien und den Bronchiolen. Die von den Weibchen ausgeschiedenen larvenhaltigen Eier gelangen über die Luftwege in den Verdauungstrakt und werden im Kot der Wirte ausgeschieden. Zur Weiterentwicklung müssen die Eier von Regenwürmern (*Eisenia, Lumbricus* spp. u. a.) als Zwischenwirt aufgenommen werden. In diesen entwickelt sich bei sommerlichen Temperaturen in 1–2 Wochen die infektiöse L 3. Nach peroraler Aufnahme infizierter Zwischenwirte wandern die Parasiten via mesenteriale Lymphknoten und rechtes Herz in die Lunge und etablieren sich in Bronchien und Trachea. Die Präpatenz dauert 4–5 Wochen, die Patenz 6–9 Monate.

Vorkommen und Epidemiologie Die Arten treten weltweit auf. In Mitteleuropa beschränkt sich ihr Vorkommen derzeit überwiegend auf Wildschweine (Prävalenzen bis 100 %). Meist kommen die verschiedenen *Metastrongylus*-Arten vergesellschaftet vor, wobei die Häufigkeit der einzelnen Arten regional variiert. Hausschweine sind bei Weidehaltung exponiert. Einmal kontaminierte Flächen bleiben lange Infektionsherde, da *Metastrongylus*-Eier im Freien länger als 1 Jahr überleben und Regenwürmer über mehrere Jahre infiziert sein können.

Immunologie, Pathogenese und Krankheitsbild Die Beobachtung, dass Schweine bis zu einem Alter von einem ½ Jahr häufiger und stärker infiziert sind als ältere Tiere, lässt auf die Ausbildung einer Teilimmunität schließen.

Die *Metastrongylus*-Arten sind wesentlich weniger pathogen als *Dictyocaulus* spp., sodass Wildschweine manchmal mehrere 100 Würmer ohne offensichtliche klinische Erscheinungen tolerieren. Bei Jungtieren können schwere Infektionen chronische Bronchitis mit Nasenausfluss und Husten, Emphysem, Atembeschwerden und damit verbunden Anorexie und Gewichtsverlust bedingen. Frischlingsverluste und Kümmern treten dann vor allem in Gattern auf. Lungenwurminfektionen verstärken die Folgen bakterieller und viraler Lungenaffektionen.

Diagnose Nachweis der charakteristischen Eier im Kot durch Flotationsverfahren mit Flotationslösungen von hohem spezifischem Gewicht. Die Eiausscheidung ist nicht sonderlich hoch. Bei einer durchschnittlichen Befallsintensität von > 400 Metastrongyliden je Tier wurden von Wildschweinen im Schnitt etwa 200 Eier/g Kot ausgeschieden.

Therapie und Bekämpfung Therapeutisch können Levamisol, Benzimidazole und makrozyklische Lactone in den üblichen Dosen eingesetzt werden (▶ Tab. 23.7). Zur Behandlung von Wildschweinen im Gatter liegen positive Erfahrungen mit medikiertem Futter vor (30 ppm Flubendazol über 10 d oder 0,5 mg Ivermectin/kg KG). Die

Bekämpfung unter Weide- oder Gatterbedingungen ist schwierig, weil die Eier widerstandsfähig sind und infizierte Zwischenwirte mehrere Jahre überleben können. Erfolge sind nur über einen Wechsel auf bisher ungenutzte Weiden nach effizienter Behandlung der Tiere zu erwarten. Zukäufe für Sauengatter sind in Quarantäne zu nehmen und anthelminthisch zu behandeln, bevor sie in den Bestand kommen.

Literaturhinweise

Barutzki D, Schoierer R, Gothe R. Helmintheninfektionen von Wildschweinen bei Gatterhaltung: Befallsstärke und Ausscheidungsintensität. Tierärztl Prax 1991; 19: 644–648

Carstensen L, Vaarst M, Roepstorff A. Helminth infections in Danish organic swine herds. Vet Parasitol 2002; 106: 253–264

Lechner B, Hinney B, Duscher G et al. High lungworm burden in enclosed wild boar from Eastern Austria. Jacobs J Vet Sci Res 2016; 2: 28–28

Poglayen G, Marchesi B, Dall'Oglio G et al. Lung parasites of the genus *Metastrongylus* Molin, 1861 (Nematoda: Metastrongilidae) in wild boar (*Sus scrofa* L., 1758) in Central-Italy: An eco-epidemiological study. Vet Parasitol 2016; 217: 45–52

Roepstorff A, Mejer H, Nejsum P et al. Helminth parasites in pigs: new challenges in pig production and current research highlights. Vet Parasitol 2011; 180: 72–81

Familie Protostrongylidae

Protos (gr.): erster; *strongylos* (gr.): rund. Engl.: *small lungworms*.

> **Praxis**
>
> Erreger der **Protostrongylidose**, beim kleinen Wiederkäuer häufig vorkommende, meist subklinische Lungenwurminfektion.

Die Familie umfasst 13 nahe verwandte Gattungen mit zahlreichen Arten bei Wiederkäuern; sie ist mit 5 Arten aus der Gattung *Protostrongylus* bei Lagomorpha vertreten. Meist Parasiten der Lunge mit weiter Verbreitung und oft hohen Prävalenzen. *Elaphostrongylus* spp. besiedeln Faszien und intermuskuläres Bindegewebe und *Parelaphostrongylus* spp. Venensinus und subdurale Räume bei Wildwiederkäuern. Bei allen Arten der Familie gelangen die in der Lunge aus der Eihülle geschlüpften L 1 über die Trachea in den Magen-Darm-Trakt, werden mit dem Kot ausgeschieden und sind in der Weiterentwicklung an terrestrische Mollusken als Zwischenwirte gebunden.

Gattungen *Protostrongylus*, *Muellerius*, *Cystocaulus* u. a. („Kleine Lungenwürmer")

> **Das Wichtigste in Kürze**
>
> - **Erreger.** Kleine, 5–65 mm lange, haardünne Nematoden. Häufigste Arten bei Schaf und Ziege: *Protostrongylus rufescens, P. brevispiculum, Muellerius capillaris, Cystocaulus ocreatus, Neostrongylus linearis*.
> - **Vorkommen, Entwicklung, Epidemiologie.** Überwiegend weltweit verbreitete Lungenparasiten bei kleinen Wiederkäuern und verschiedenen Wildwiederkäuern. Mit dem Kot werden L 1 ausgeschieden, Entwicklung zur L 3 in Schnecken als Zwischenwirten. Im Endwirt endogene Wanderung über mesenteriale Lymphknoten, rechtes Herz zur Lunge. Präpatenz 5–9 Wochen, Patenz über Jahre. Keine ausreichende Immunitätsbildung, Befallshäufigkeit und -stärke nehmen mit Lebensalter zu.
> - **Pathogenese, Krankheitsbild.** *Protostrongylus* spp. finden sich in mittleren und kleinen Bronchien, die anderen Gattungen in Wurm- und Brutknoten im Lungenparenchym. Die Infektion verläuft gewöhnlich symptomarm mit meist subklinischer Beeinträchtigung der Lungenfunktion.
> - **Diagnose.** Nachweis der 250–450 µm langen L 1 im Kot (Trichterverfahren).
> - **Therapie und Bekämpfung.** Makrozyklische Lactone wirken gut gegen *Protostrongylus*-Arten, schlechter gegen die anderen Arten, senken aber, wie auch Benzimidazole, die Larvenausscheidung weitgehend ab.

Erreger Kleine, 5–65 mm lange, haardünne Nematoden. Keine Mundkapsel. Männchen mit kleiner Bursa und artspezifischen Gubernaculum- und Telamonstrukturen (▸ **Abb. 11.47**). Bei Haus- und Wildwiederkäuern sowie bei Hase und Kaninchen kommt ein breites Artenspektrum von Protostrongyliden vor (▸ **Tab. 11.12**). Die folgenden Ausführungen beziehen sich vor allem auf die **Protostrongyliden von Schaf und Ziege**.

Entwicklung Die Adulten leben im Lungenparenchym, in den Bronchioli und kleinen bis mittleren Bronchien (▸ **Abb. 11.48**). In den dort abgelegten Eiern entwickelt sich rasch die L 1, die über die Trachea in den Magen-Darm-Trakt gelangt und mit dem Kot ausgeschieden wird. Die Larve dringt in den Fuß von koprophagen Schnecken ein und entwickelt sich bei sommerlichen Temperaturen in ca. 2 Wochen zur L 3. Das Zwischenwirtspektrum umfasst viele Arten terrestrischer Gehäuse-, aber auch Nacktschnecken. Nach peroraler Aufnahme infizierter Schnecken dringen die durch die Verdauung freigesetzten Larven in die Darmwand ein, gelangen über Mesenteriallymphknoten, Ductus thoracicus und den kleinen Kreislauf in die Lungenkapillaren, wandern durch die Alveolarwände und etablieren sich im respiratorischen Teil der Lunge. Bei *N. linearis* wurde eine Wanderung über die Leber zur Lunge beobachtet. Die Präpatenz beträgt artabhängig 5–9 Wochen, die Patenz mehrere Jahre.

Vorkommen und Epidemiologie ▶ Tab. 11.12 zeigt, dass verschiedene Protostrongylidenarten sowohl bei Schaf, Ziege als auch bei einigen wild lebenden Wiederkäuern vorkommen, Mischinfektionen sind die Regel. In der Häufigkeit des Vorkommens bestehen groß- und kleinräumige Unterschiede. Bei Schafen auf der Schwäbischen Alb in Deutschland ergaben Schlachtbefunde folgende Prävalenzen: *C. ocreatus* 75 %, *M. capillaris* 73 %, *N. linearis* 58 %, *P. brevispiculum* 37 % und *P. rufescens* 29 %. Bei Wanderschafherden in Hessen wurden durch koproskopische Untersuchung folgende Prävalenzen festgestellt: *C. ocreatus* 5 %, *M. capillaris* 74 %, und *Protostrongylus* spp. 37 %; *N. linearis* kam in diesen Herden nicht vor.

Lämmer im Alter unter 6 Monaten scheiden, wenn überhaupt, nur wenige Larven aus. So waren in Spanien Schafe im Alter von < 1 Jahr zu 14 % mit *P. rufescens* befallen, Tiere > 3 Jahre zu rund 50 %. Ältere Tiere liefern somit den wesentlichen Beitrag für die Kontamination der Weide. Hierbei zeigt sich eine Saisondynamik mit hoher Larvenausscheidung in Frühling und Herbst und stark reduzierten Larvenmengen im Winter (November/Dezember bis März). Es ist anzunehmen, dass die Zunahme der Larvenausscheidung im Frühjahr im Zusammenhang mit Gravidität und Laktation steht, denn sie bleibt bei güsten Tieren aus. Im geformten Kot der kleinen Wiederkäuer überleben die L1 mehrere Wochen, einzelne Larven Monate. Direkte Sonneneinstrahlung schadet ihnen. Infektiöse Larven in den Schnecken leben wahrscheinlich so lange wie die Schnecken selbst und bleiben auch in toten Zwischenwirten noch etwa 1 Woche infektiös. Aufgrund des breiten Spektrums an Schneckenzwischenwirten kommen Infektionen mit Protostrongyliden in feuchten und trockenen Gebieten vor.

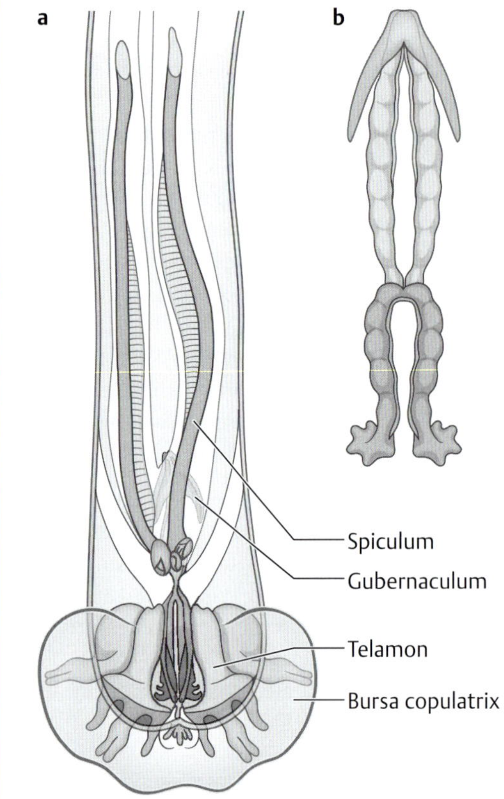

▶ **Abb. 11.47** **a** *Protostrongylus raillieti*: Männchen, Hinterende; **b** *P. rufescens*: Gubernaculum. (Grafik: Anne Seeger, Vetsuisse-Fakultät, Universität Zürich; Grafik basiert auf Daten aus: Kotlan A. Helminthologie, Akademiai Kiado, Budapest: 1960)

Immunologie Bei Schafen, die über Wochen täglich mit wenigen *M. capillaris*-Larven infiziert wurden, bildete sich lediglich eine schwache Immunität aus. Auch die mit dem Alter der Tiere zunehmenden Prävalenzen und Befallsintensitäten sprechen gegen den Aufbau einer effizienten Immunität gegen Protostrongyliden.

Pathogenese *Protostrongylus rufescens* findet sich in den mittleren und kleinen Bronchien, *C. ocreatus, M. capillaris* und *N. linearis* besiedeln das Lungenparenchym, *M. capillaris* besonders das subpleurale Gewebe. Die Veränderungen stellen sich als Wurmknötchen oder sog. Brutknoten (Brutherde) dar. Wurmknötchen sind 1–3 mm große, kugelige Läsionen, die einzelne oder wenige, meist unreife, lebende oder bereits tote Würmer enthalten (▶ Abb. 11.49). In den Brutherden liegen mehrere fertile Parasiten zusammen; das umliegende Gewebe und die Alveolen sind durchsetzt mit Eiern und freien L1. Brut-

▶ **Tab. 11.12** In Europa nachgewiesene Arten von Protostrongyliden des Respirationstrakts (Auswahl).

Tierart	Protostrongylidenarten
Schaf, Ziege	*Protostrongylus rufescens, P. brevispiculum, Muellerius capillaris, Cystocaulus ocreatus, Neostrongylus linearis*
Mufflon	*P. rufescens, M. capillaris, C. ocreatus, N. linearis*
Gämse	*P. rupicaprae, M. capillaris, M. tenuispiculatus, Spiculocaulus* (Syn. *P.*) *austriacus, N. linearis*
Alpensteinbock	*P. rufescens, M. capillaris, M. tenuispiculatus, N. linearis, S. austriacus*
Reh	*Varestrongylus* (Syn. *Capreocaulus*) *capreoli*
Rothirsch, Damhirsch	*V.* (Syn. *Bicaulus*) *sagittatus*
Hase	*P. pulmonalis* (Syn. *P. commutatus*), *P. tauricus*
Wildkaninchen	*P. pulmonalis* (Syn. *P. commutatus*), *P. oryctolagi*

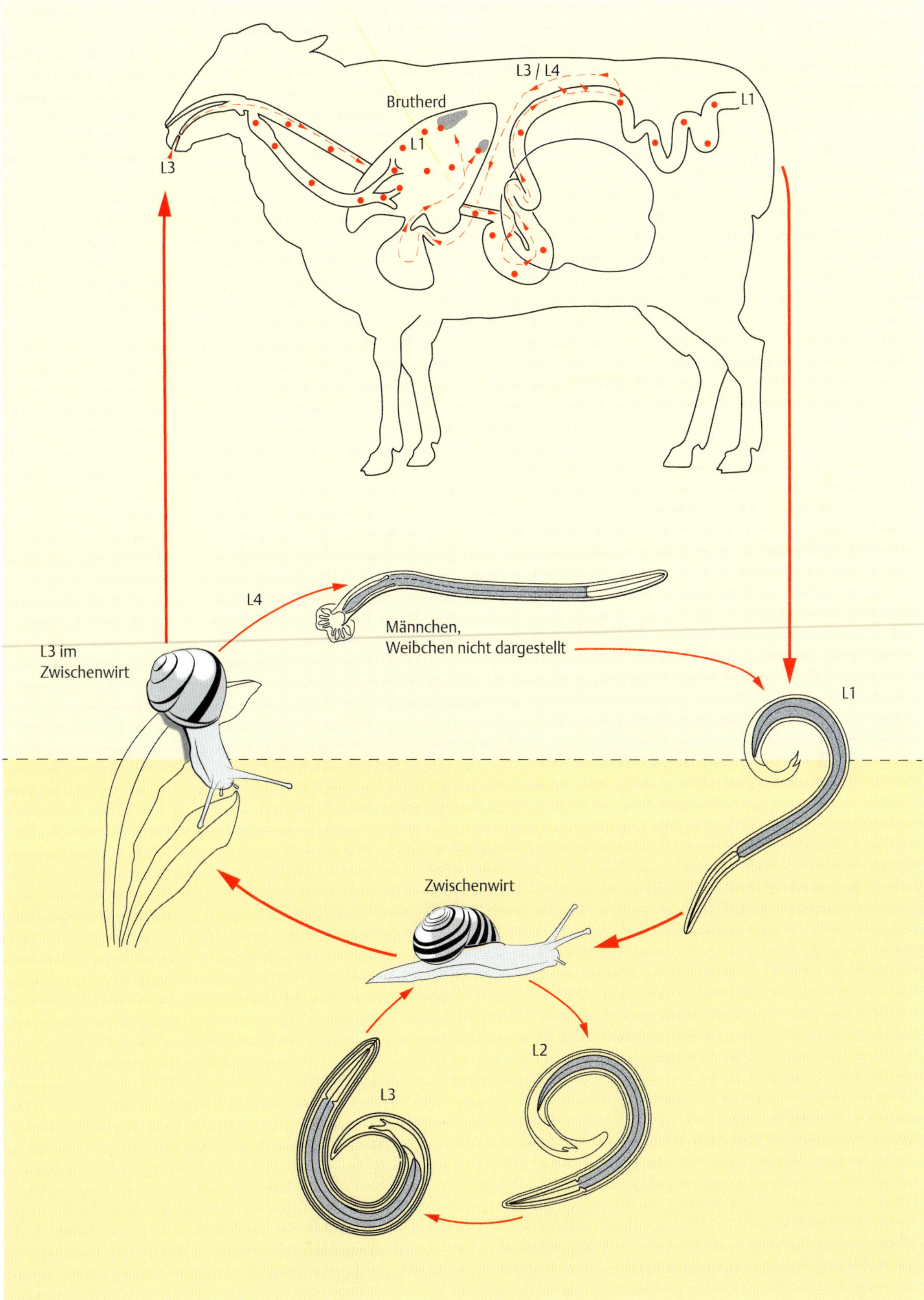

▸ **Abb. 11.48** Entwicklungszyklus von Protostrongyliden. Kleine rote Pfeile: Infektionsweg von L 3 zu den adulten Stadien in der Lunge. Rote Punkte: Ausscheidungsweg der L 1. (Grafik: Salome Ehrat, nach einer Vorlage von Johannes Eckert und Peter Deplazes, Vetsuisse-Fakultät, Universität Zürich)

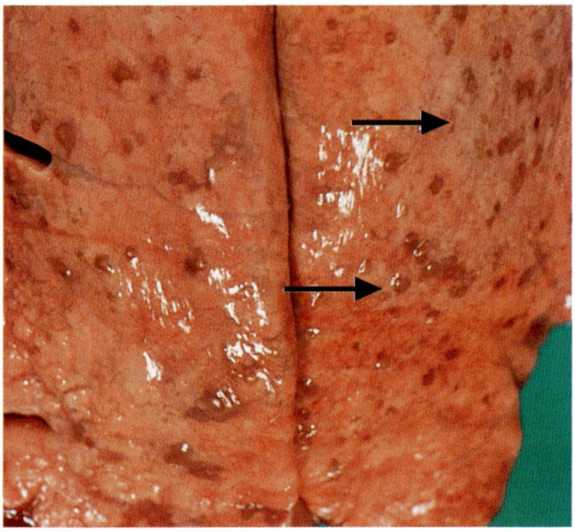

▸ **Abb. 11.49** *Muellerius capillaris*: Wurmknötchen, Lunge, Schaf. (Quelle: Institut für Parasitologie, Vetsuisse-Fakultät, Universität Zürich, R. Sauerländer)

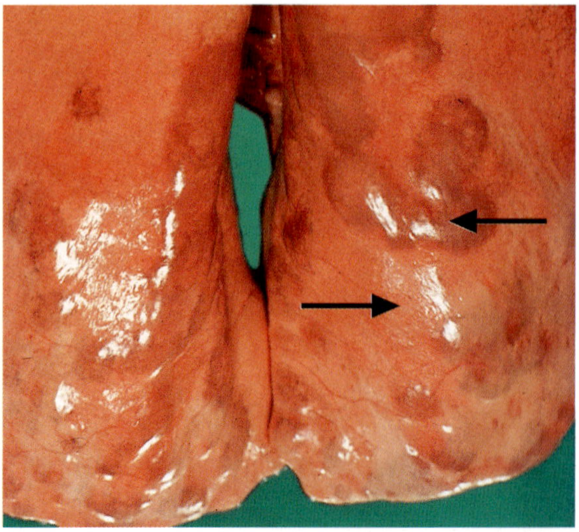

▸ **Abb. 11.50** *Muellerius capillaris*: Brutherde, Lunge, Schaf. (Quelle: Institut für Parasitologie, Vetsuisse-Fakultät, Universität Zürich, R. Sauerländer)

herde finden sich bevorzugt in den Zwerchfelllappen. Sie verbreitern sich gemäß dem Lungenaufbau kegelförmig nach außen; bei *P. rufescens* umfassen sie den gesamten vom Bronchus und Bronchiolus entlüfteten Baum; bei *M. capillaris* sind sie entsprechend deren subpleuraler Lage flacher (▸ **Abb. 11.50**). Sie stellen sich von außen als derbe, gegenüber nicht befallenen Lungenbereichen vorgewölbte, gelblich graue bis gelblich grüne, von entzündlichen Randbezirken abgegrenzte Bereiche dar, die erhebliches Ausmaß annehmen können. Histopathologisch zeigen sich besonders nach Superinfektionen ausgedehnte Entzündungen mit multipler Granulombildung, Typ-II-Zell-Hyperplasie und Mastocytose im Lungenparenchym und stark leukozytär durchsetzte Exsudate im bronchoalveolären Raum (▸ **Abb. 11.51**).

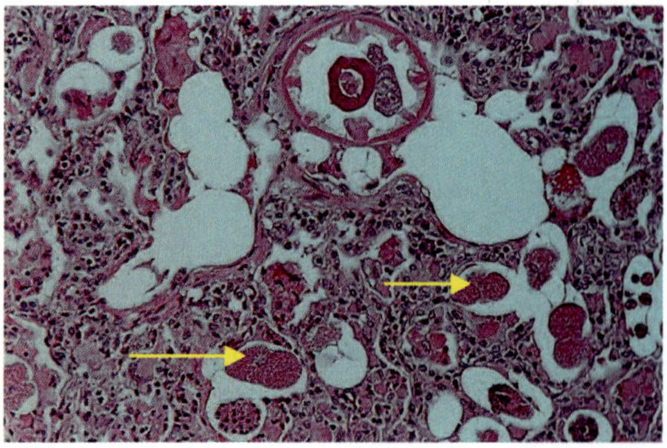

▸ **Abb. 11.51** Protostrongyliden in der Lunge vom Schaf: histologisches Bild mit Querschnitt eines adulten Parasiten und Eiern (Pfeile) in den Alveolen. (Quelle: Institut für Parasitologie, Vetsuisse-Fakultät, Universität Zürich)

Krankheitsbild Klinisch zeigen sich, wenn überhaupt, meist nur leichte respiratorische Symptome, sodass die Infektion in ihren Auswirkungen gewöhnlich wohl unterschätzt wird. Allein anhand des Ausmaßes der Veränderungen lässt sich bereits beurteilen, wie groß der Anteil des Lungengewebes sein muss, der für den Gasaustausch ausfällt. Folgerichtig waren bei natürlich mit Protostrongyliden infizierten Schafen im Vergleich zu nicht infizierten Kontrollen Atemfrequenz, CO_2-Partialdruck sowie CO_2- und HCO_3-Gesamtkonzentrationen im Blut auf das Doppelte erhöht und der O_2-Partialdruck um die Hälfte reduziert. Bei schweren Infektionen können auch verminderte Schlachtgewichte resultieren.

Diagnose Nachweis der L 1 im Trichterverfahren. Die wenig motilen, 250–450 µm langen Larven lassen oft kaum Innenstrukturen erkennen. Anhand der Form der Hinterenden kann eine Gattungsdiagnose erstellt werden (▸ **Abb. 19.8**).

Therapie und Bekämpfung Medikamentös lässt sich *P. rufescens* besser erfassen als die übrigen, das Parenchym besiedelnden Arten. So sind makrozyklische Lactone bei einmaliger Applikation in den üblichen Dosierungen (▸ **Tab. 23.5**) gegen *Protostrongylus* spp. wirksam, gegen andere Gattungen ist die Wirkung meist unzureichend. Benzimidazolgaben (Febantel oder Albendazol, jeweils 5 mg/kg p. o.) senken die Larvenausscheidung vorübergehend. Gewöhnlich unterbleibt eine gezielte Behandlung gegen Protostrongyliden, da die Symptome der Erkrankung wenig offensichtlich sind. Eine Bekämpfung der Zwischenwirte ist nicht möglich.

Literaturhinweise

Berrag B, Rhalem A, Sahibi H et al. Bronchoalveolar cellular responses of goats following infections with *Muellerius capillaris* (Protostrongylidae, Nematoda). Vet Immunol Immunopathol 1997; 58: 77–88

Braun U, Feige K, Gansohr B et al. Protostrongyliden-Pneumonien bei Saanen-Ziegen. Tierärztl Umsch 2000; 55: 338–340, 343

Gothe R, Kandels R. Lungenwürmer bei Schafen in Hessen: Untersuchungen zur Befallshäufigkeit von *Dictyocaulus filaria* und Protostrongyliden sowie zur Saisondynamik der Larvenausscheidung bei unterschiedlichen Haltungsformen. Berl Münch Tierärztl Wochenschr 1984; 97: 359–366

Karner LM. Untersuchung zum Vorkommen von Lungenwürmern bei Schlachtlämmern im Bundesland Steiermark [Diplomarbeit]. Wien: Veterinärmedizinische Universität; 2017

Kuchboev AE, Krücken J, Ruziev BH et al. Molecular phylogeny and diagnosis of species of the family Protostrongylidae from caprine hosts in Uzbekistan. Parasitol Res 2015; 114: 1355–1364

López CM, Cienfuegos S, Dacal V et al. Efficacy of anthelminthic control programs against natural *Muellerius capillaris* infection in sheep in the northwest of Spain. Effect on blood gases and pH in venous blood samples. Parasite 2010; 17: 167–171

Panayotova-Pencheva MS. Species composition and morphology of protostrongylids (Nematoda: Protostrongylidae) in ruminants from Bulgaria. Parasitol Res 2011; 109: 1015–1020

Gattung *Elaphostrongylus*

Elaphostrongylus cervi

Praxis

Erreger der meist inapparenten **Elaphostrongylose** bei Wildwiederkäuern, bei Ziegen und Schafen selten schwere neurologische Symptome und Todesfälle.

Elaphos (gr.): Hirsch; *strongylos* (gr.): rund.; *cervus* (lat.): Hirsch.

Erreger und Entwicklung Die ca. 3 cm (♂♂) oder 5–6 cm (♀♀) langen adulten Würmer finden sich in den Faszien und im intermuskulären Bindegewebe von Brust, Thorax und Rücken. Die von den Weibchen meist in die Blutbahn abgelegten Eier werden in die Lunge geschwemmt, wo sich L 1 entwickeln, in die Atemwege durchbrechen, über die Trachea in den Verdauungstrakt gelangen und mit dem Kot ausgeschieden werden. Bei Ziegen und Schafen bleibt die Infektion wahrscheinlich impatent. In Landschnecken als Zwischenwirten Entwicklung von der L 1 zur L 3. Nach oraler Aufnahme infizierter Schnecken gelangen die L 3 hämatogen ins ZNS, wo sie sich in den Meningen und im subduralen Raum zu adulten Würmern entwickeln, die dann zu den Prädilektionsstellen am Rumpf wandern. Präpatenz mindestens 3–6 Monate.

Vorkommen und Epidemiologie In Europa häufig beim Rothirsch (Prävalenzen 45–70 %) und seltener beim Damwild. Weitere Arten in Europa sind *E. rangiferi* beim Rentier und *E. alces* beim Elch. In Europa wurden klinische Fälle bei Ziegen und Schafen in solchen Regionen beobachtet, wo Weiden von *E. cervi*-infizierten Rothirschen (z. B. CH, IT, SE) oder *E. rangiferi*-inzierten Elchen (NO) frequentiert wurden. In Nordamerika kommt als verwandter Erreger *Parelaphostrongylus tenuis* bei verschiedenen Wildwiederkäuern vor.

Pathogenese und Krankheitsbild *Elaphostrongylus cervi* verursacht beim Rothirsch selten Krankheitserscheinungen, kann aber bei anderen Cerviden, Ziegen und Schafen schwere zentralnervöse Störungen mit Verhaltensänderungen (Aggressivität, Verlust des Herdeninstinkts), Ataxie, Parese und Paralyse der Gliedmaßen, Blindheit, respiratorische Symptome sowie Todesfälle verursachen. Pathologische Veränderungen umfassen u. a. eine verminöse Pneumonie durch Akkumulation von Eiern und Larven im Lungengewebe; die juvenilen Wanderstadien verursachen teils schwere Läsionen in Gehirn und Rückenmark.

Diagnose und Therapie Bei natürlichen Wirten koproskopischer Nachweis (Trichterverfahren) der etwa 350–450 µm langen L 1 mit charakteristischem Hinterende. Die Larven des Kleinen Lungenwurms *Varestrongylus sagittatus* beim Hirsch sind mit Längen um 300 µm kürzer und können zudem mittels DNA-Analyse differenziert werden. Bei Fehlwirten Diagnosestellung über Anamnese, klinische Symptome, Untersuchung der Cerebrospinalflüssigkeit (Eosinophilie) und Sektionsbefund. Bei Ziegen mit leichten bis mittelgradigen neurologischen Symptomen bewirkte bei einem Teil der Tiere eine an 5 aufeinanderfolgenden Tagen durchgeführte Kombinationstherapie mit Fenbendazol (erhöhte Dosis: 50 mg/kg KG p. o.), Ivermectin (0,2 mg/kg KG s. c.) und Antiphlogistika eine Heilung oder eine deutliche klinische Besserung.

Literaturhinweise

Alberti EG, Gioia G, Sironi G et al. *Elaphostrongylus cervi* in a population of red deer (*Cervus elaphus*) and evidence of cerebrospinal nematodiasis in small ruminants in the province of Varese, Italy. J Helminthol 2011; 85: 313–318

Handeland K, Gibbons LM, Skorping A. Experimental *Elaphostrongylus cervi* infection in sheep and goats. J Comp Pathol 2000; 123: 248–257

Prosl H, Kutzer E. Zur Pathologie des *Elaphostrongylus*-Befalls beim Rothirsch *(Cervus elaphus hippelaphus)*. Monatsh Vet Med 1980; 35: 151–153

Scandrett WB, Gajadhar AA. Assessment of domestic goats as a patent host of *Elaphostrongylus cervi*. J Parasitol 2002; 88: 93–96

Tschuor AC, Sydler T, Rauch S et al. Zerebrospinale Nematodose beim Schaf in der Schweiz. Schweiz Arch Tierheilkd 2006; 148: 609–614

Familie Crenosomatidae

Crenatus (lat.): gekerbt; *soma* (gr.): Körper. Bezug auf die Cuticularringe am Vorderkörper des Parasiten.

Gattung *Crenosoma*

Crenosoma vulpis (Schachtelhalmförmiger Lungenwurm)

Praxis
Erreger der **Crenosomose** des Hundes und der Wildcaniden; verursacht chronische, eosinophile Bronchiolitis, Bronchitis oder Bronchopneumonie.

Das Wichtigste in Kürze

- **Erreger und Vorkommen.** Schachtelhalmförmiger Lungenwurm bei Wildcarnivoren und Hund in Eurasien, Asien und Nordamerika. Bei Igeln treten oft schwere Infektionen mit *Crenosoma striatum* auf.
- **Entwicklung.** Die Parasiten besiedeln Bronchien und Trachea. L 1 werden mit dem Kot ausgeschieden, dringen in Nackt- und Gehäuseschnecken ein und entwickeln sich zu L 3. Infektion über infizierte Zwischenwirte. Wanderung zur Lunge im Endwirt über Leber und rechtes Herz. Präpatenz 3 Wochen, Patenz 10 Monate und länger.
- **Krankheitsbild, Diagnose, Therapie.** Bronchitis, Peribronchitis. Nachweis der L 1 am sichersten mittels Trichterverfahren. Therapie mit makrozyklischen Lactonen.

Morphologie Mit 4–8 mm (♂♂) und 12–16 mm (♀♀) recht kleine Nematoden; im vorderen Drittel Cuticula mit ca. 20 überlappenden Falten (schachtelhalmförmig) mit kleinen Stacheln. L 1 250–310 µm lang mit einem abgesetzten, geraden, spitzen Hinterende (▶ **Abb. 19.16**).

Entwicklung Heranwachsende und adulte *C. vulpis* besiedeln Bronchien und Trachea (▶ **Abb. 11.52**). Die Weibchen sind ovovivipar. L 1 werden mit dem Kot ausgeschieden, dringen in Nackt- und Gehäuseschnecken ein (Gattungen *Cepaea, Agriolimax, Arion, Succinea* u. a.) und entwickeln sich in 2–3 Wochen zu L 3. Die Endwirte infizieren sich durch Verzehr larvenhaltiger Schnecken. Die Larven wandern in Blutgefäße des Darms ein und erreichen die Lunge via Leberparenchym, Pfortader und rechtes Herz. Auch eine Larvenwanderung auf dem Lymph-Blut-Weg ohne Leberpassage wurde beschrieben. Die Präpatenz dauert ca. 3 Wochen. Die Patenz beträgt 10 Monate und länger.

Vorkommen, Epidemiologie *Crenosoma vulpis* kommt in gemäßigten Klimagebieten Europas, Asiens und Nordamerikas vor. Endwirte sind Füchse (Rotfuchs, Polarfuchs), andere Wildcaniden (Marderhund, Wolf) und auch der Hund. In Deutschland schieden gut 2 % der untersuchten Hunde (n = 12 682) *C. vulpis*-Larven aus, regional variierte die Prävalenz zwischen 0 und knapp 9 %. In Deutschland waren 32 % der Rotfüchse mit *C. vulpis* infiziert (n = 569), in Mitteleuropa bis 40 %.

Pathogenese und Krankheitsbild Veränderungen im Leber- und Lungenparenchym durch wandernde Larven sind vorübergehender Natur. Präadulte und adulte Parasiten verursachen eine chronisch werdende eosinophile Bronchiolitis und Bronchitis, die ins Parenchym ausstrahlen können (Bronchopneumonie).

Diagnose Am sichersten durch Nachweis der L 1 im Kot (Trichterverfahren), weniger zuverlässig durch Bronchoskopie und Untersuchung von Trachealsekret oder Flüssigkeit der Bronchiallavage (häufig Eosinophilie). Die Zahl der Larvenausscheider ist in den Wintermonaten (November bis März) gegenüber den Sommermonaten erhöht. Die Abgrenzung von Larven anderer Nematoden der Lunge erfolgt anhand der Form des Larvenhinterendes (▶ **Abb. 19.16**).

Therapie und Bekämpfung Zur Therapie sind makrozyklische Lactone in der üblichen Dosierung wirksam und zugelassen. Fenbendazol (50 mg/kg KG an 3–14 aufeinanderfolgenden Tagen, p. o.) wurde ebenfalls als wirksam beschrieben. Die Prophylaxe ist schwierig, da Zwinger und Ausläufe mit Grasböden kaum schneckenfrei zu halten sind; Kiesböden können das Infektionsrisiko mindern. Bei Spaziergängen Aufnahme von Schnecken vermeiden.

Gattung *Troglostrongylus*

Praxis
Erreger der **Troglostrongylose** der Feliden in Südeuropa. Eher seltene Parasitose.

Troglodytus (gr.): höhlenbewohnend; *strongylos* (gr.); rund. Bezug auf Erstfund in Stirnhöhle einer Bengalkatze.

Erreger und Entwicklung Vertreter der Gattung *Troglostrongylus* (Syn. *Bronchostrongylus*) sind bis zu 10 mm (♂♂) bzw. 24 mm (♀♀) lange Nematoden, die bei wild lebenden Feliden (insbesondere beim Luchs) und bei Hauskatzen vorkommen. *T. subcrenatus* parasitiert in Trachea und Bronchien, *T. brevior* in Bronchien und Bronchioli. Weitere Arten sind *T. wilsoni* (Bronchien, Lungenparenchym) und *T. troglostrongylus* (Stirnhöhle) bei Wildkatzen. Die Weibchen sind ovovivipar. Die Entwicklung ist heteroxen. Als Zwischenwirte kommen zahlreiche Landschneckenarten infrage, in denen sich L 3 entwickeln. Endwirte infizieren sich über die Aufnahme infizierter Schnecken oder paratenischer Wirte (Amphibien, Reptilien, Vögel, Kleinsäuger). Parasitenfunde in Welpen lassen eine direkte Übertragung vom Muttertier auf die Nachkommen möglich erscheinen.

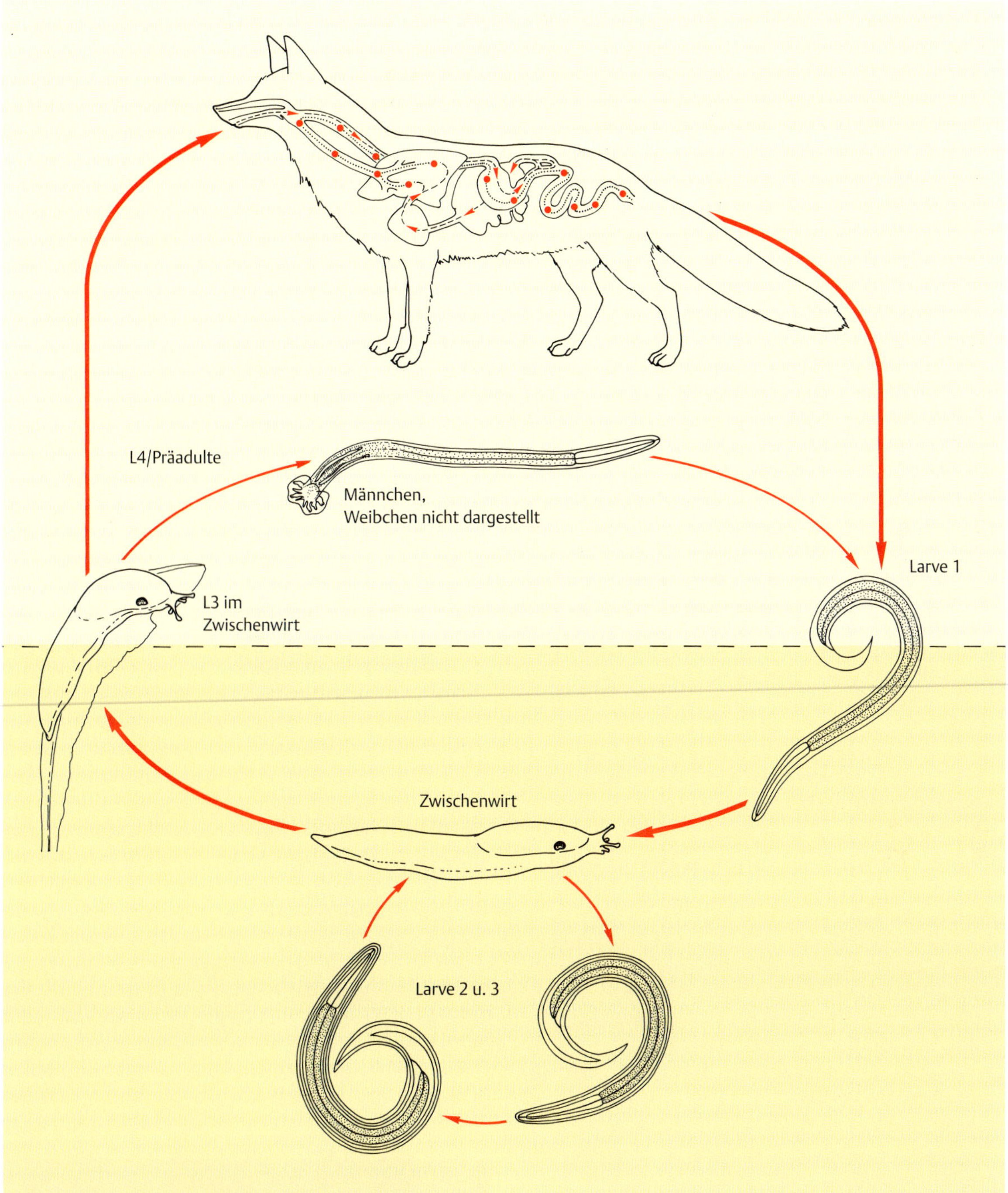

▶ **Abb. 11.52** Entwicklungszyklus von *Crenosoma vulpis*. Kleine rote Pfeile: Infektionsweg von L 3 zu den adulten Stadien in den Bronchien. Rote Punkte: Ausscheidungsweg der L 1. (Grafik: Salome Ehrat, nach einer Vorlage von Johannes Eckert und Peter Deplazes, Vetsuisse-Fakultät, Universität Zürich)

Vorkommen und Epidemiologie *T. brevior* ist ein häufiger Parasit bei Wildkatzen; bei Hauskatzen schieden in Sardinien 6,5 % und in Griechenland 5,6 % Larven aus. Auch Mischinfektionen mit *Aelurostrongylus abstrusus* kommen vor. Epidemiologisch scheinen paratenische Wirte wie Kleinnager eine wichtige Rolle zu spielen. In Mäusen sollen die L 3 für mindesten 4 Monate überleben.

Krankheitsbild, Diagnose und Therapie Die Auswirkungen der Infektion sind je nach Infektionsstärke variabel; neben inapparenten Infektionen können Husten, Nasenausfluss und Dyspnoe beobachtet werden. Die im Larvenauswanderverfahren nachweisbaren L 1 sind mit durchschnittlich 470 µm deutlich länger als die 360–400 µm langen L 1 von *A. abstrusus*, ansonsten aber morphologisch schlecht von ihnen zu unterscheiden. Eine sichere Differenzierung liefert die PCR. Die adulten, weißlichen Würmer sind anhand der Größe, besonders jedoch durch die viel längeren Spicula (600–700 µm) und anhand der Lage der Vulva (bei *Troglostrongylus* spp. nahe der Körpermitte) von *A. abstrusus* (Spicula: 200 µm, Vulva: nah am Hinterende) gut zu unterscheiden. Das makrozyklische Lacton Eprinomectin ist in der üblichen Dosierung gegen L 4 und adulte Stadien von *T. brevior* wirksam und zugelassen. Weiterhin haben sich Emodepsid (3 mg/kg KG) und Fenbendazol (20 mg/kg KG/d über 3 Wochen) als wirksam erwiesen.

Weitere Arten der Familie Crenosomatidae

Bei Igeln treten oft schwere Infektionen mit *Crenosoma striatum* auf. Crenosoma-Arten u. a. bei Waschbär (*C. goblei*), Dachs (*C. melesi*) und Musteliden (verschiedene Arten). *Otostrongylus circumlitus* ist ein Parasit in den Bronchiolen und Bronchien von Seehunden.

Literaturhinweise

Brianti E, Giannetto S, Dantas-Torres F et al. Lungworms of the genus *Troglostrongylus* (Strongylida: Crenosomatidae): neglected parasites for domestic cats. Vet Parasitol 2014; 202: 104–112

Di Cesare A, Iorio R, Crisi P et al. Treatment of *Troglostrongylus brevior* (Metastrongyloidea, Crenosomatidae) in mixed lungworm infections using spot-on emodepside. J Feline Med Surg 2015; 17: 181–185

Giannelli A, Passantino G, Ramos RA et al. Pathological and histological findings associated with the feline lungworm *Troglostrongylus brevior*. Vet Parasitol 2014; 204: 416–419

Maksimov P, Hermosilla C, Taubert A et al. GIS-supported epidemiological analysis on canine *Angiostrongylus vasorum* and *Crenosoma vulpis* infections in Germany. Parasit Vectors 2017; 10: 108

Schug K, Krämer F, Schaper R et al. Prevalence survey on lungworm (*Angiostrongylus vasorum*, *Crenosoma vulpis*, *Eucoleus aerophilus*) infections in wild red foxes (*Vulpes vulpes*) in central Germany. Parasit Vectors 2018; 11: 85

Taubert A, Pantchev N, Vrhovec MG et al. Lungworm infections (*Angiostrongylus vasorum*, *Crenosoma vulpis*, *Aelurostrongylus abstrusus*) in dogs and cats in Germany and Denmark in 2003–2007. Vet Parasitol 2009; 159: 175–180

Traversa D, Di Cesare A, Conboy G. Canine and feline cardiopulmonary parasitic nematodes in Europe: emerging and underestimated. Parasit Vectors 2010; 3: 62

Familie Angiostrongylidae

Angeion (gr.): Gefäß; *strongylos* (gr.): rund.

Parasiten in Blutgefäßen und der Lunge bei Carnivora, Marsupalia, Insectivora und Rodentia. Männchen mit gut ausgebildeter Bursa, Vulva der Weibchen weit kaudal. Heteroxene Entwicklung über Mollusken, bei einigen Arten Einschaltung paratenischer Wirte. Von veterinärmedizinischem Interesse sind die Gattungen *Angiostrongylus* und *Aelurostrongylus*. *Angiostrongylus cantonensis* und *A. costaricensis* sind **Zoonoseerreger**.

Gattung *Angiostrongylus*

Angiostrongylus vasorum (Engl.: French heartworm)

Praxis

Weitverbreiteter, harmloser Parasit des Fuchses. Erreger der **Angiostrongylose** des Hundes mit respiratorischen und systemischen Symptomen infolge einer verminösen Pneumonie. Koagulopathie mit Blutungen in unterschiedlichen Körperlokalisationen können plötzliche Todesfälle verursachen.

Das Wichtigste in Kürze

- **Erreger.** Bis 24 mm (♀♀) lange, rötliche Nematoden in der Arteria pulmonalis und im rechten Herzen von Caniden.
- **Vorkommen, Entwicklung.** Europa, Afrika, Südamerika. Eier werden in Lungenkapillaren geschwemmt, wo L 1 frei werden, die sich in die Alveolen ausbohren. Über die Trachea in den Gastrointestinaltrakt und Ausscheidung von L 1 im Kot. Weiterentwicklung zur L 3 vor allem in Nacktschnecken. Wanderung im Endwirt über mesenteriale Lymphknoten in die Arteria pulmonalis und das rechte Herz. Präpatenz 6–8 Wochen, Patenz bis 5 Jahre.
- **Pathogenese, Krankheitsbild.** Beim Hund Thrombosierung von Lungenarterien durch Eier, Larven, Adulte mit Granulombildung und Bildung von Knötchen und Knoten, Hämorrhagien in Alveolen, verursacht durch wandernde Larven; Rechtsherzdilatation durch Lungenveränderungen, Verbrauchskoagulopathie. Klinisch u. a. Husten, Dyspnoe, subkutane Hämatome, selten zentralnervöse Erscheinungen.
- **Diagnose, Therapie.** Koproskopischer Nachweis der L 1 (Trichterverfahren); Larvenausscheidung unregelmäßig; serologischer Antigen-Nachweis. Behandlung mit makrozyklischen Lactonen.

Erreger 14–18 mm (♂♂) und 18–24 mm (♀♀) lange Nematoden. Rötlich scheinend, beim Weibchen Uterus um roten, mit Blut gefüllten Darm gewunden (► **Abb. 11.53**). Männchen mit kleiner Bursa. Larven 1: Länge 310–400 µm, Hinterende mit dorsalem Dorn (► **Abb. 19.16**). Endwirte

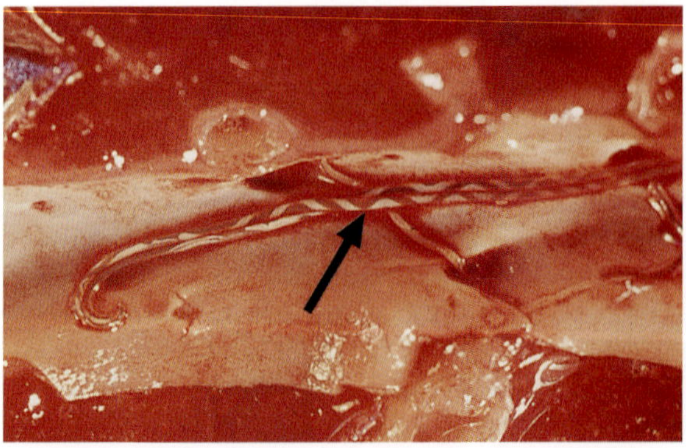

► **Abb. 11.53** *Angiostrongylus vasorum*: adultes Weibchen in der Arteria pulmonalis eines Hundes. (Quelle: Institut für Parasitologie, Vetsuisse-Fakultät, Universität Zürich, N. Neff, G. Lott, K. Wolff)

sind hauptsächlich Caniden (Fuchs, Wolf, Schakal, Kojote, Hund), in Europa wurde *A. vasorum* aber auch bei Dachsen (*Meles meles*), Ottern (*Lutra lutra*) sowie bei Erdmännchen (*Suricata suricatta*) in Gehegen nachgewiesen.

Entwicklung Adulte leben in der Arteria pulmonalis und im rechten Herzen (▸ **Abb. 11.54**). Die ungefurcht abgelegten Eier werden in die Lungenkapillaren geschwemmt, wo sich L 1 entwickeln. Diese Larven wandern in die Alveolen, werden hochgeflimmert, abgeschluckt und mit dem Kot ausgeschieden. Zur Weiterentwicklung müssen die L 1 in Schnecken als Zwischenwirte eindringen, in denen das 3. Larvenstadium bei optimalen Bedingungen in 2–3 Wochen erreicht wird. Als natürliche Zwischenwirte wurden in Mitteleuropa *Arion rufus* (Rote Wegschnecke) sowie *A. lusitanicus, A. ater, Limax maximus* und *Tandonia sowerbyi* nachgewiesen. Experimentell lassen sich viele Arten von Land- und Wasserschnecken infizieren; auch

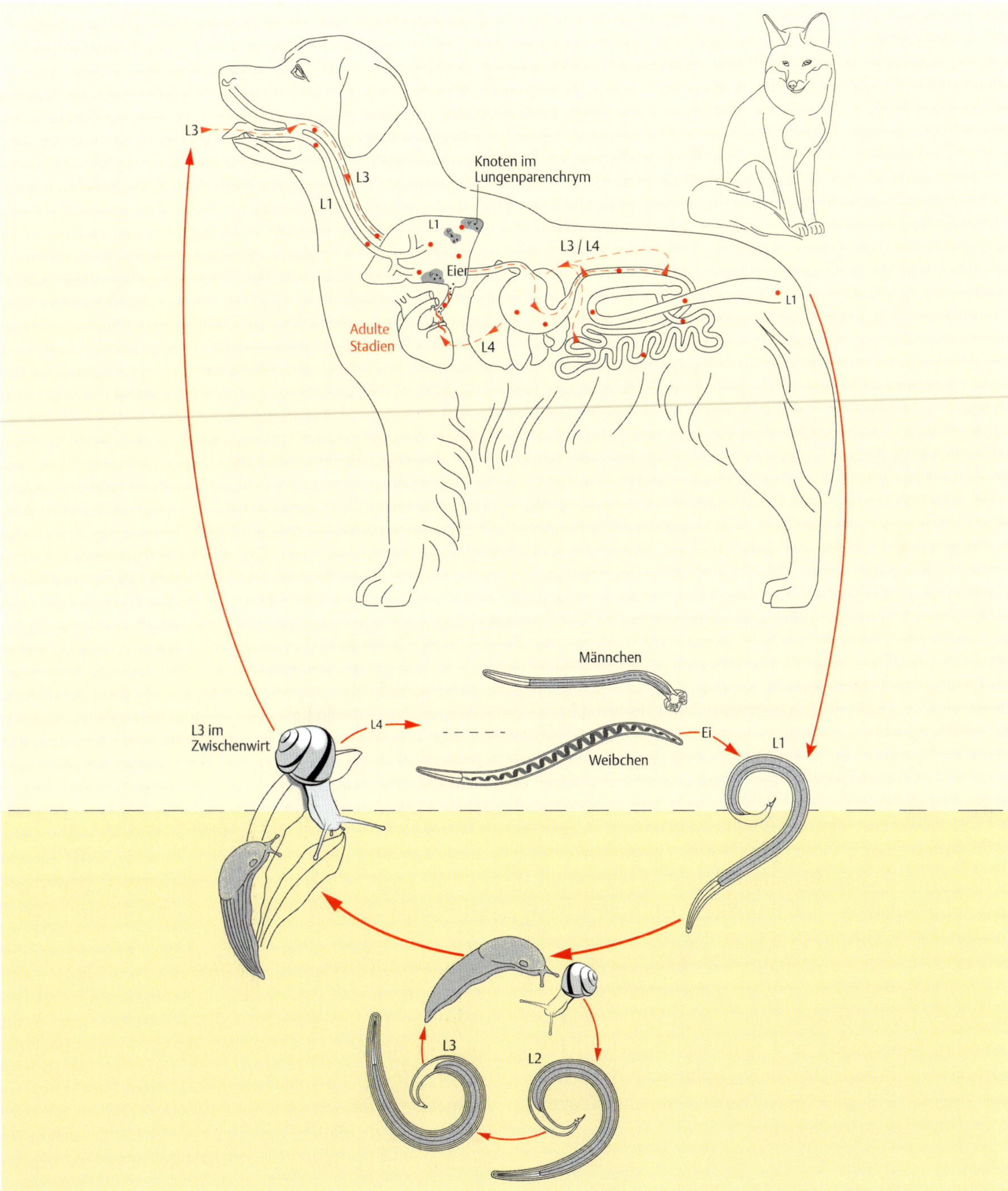

▸ **Abb. 11.54** Entwicklungszyklus von *Angiostrongylus vasorum*. Kleine rote Pfeile: Infektionsweg von L 3 zu den adulten Stadien im rechten Herzen und zu den Lungenarterien. Rote Punkte: Ausscheidungsweg; Eier bis zur Lunge, L 1 über trachealen Weg in den Darm. (Grafik: Jeanne Peter, nach einer Vorlage von Johannes Eckert und Peter Deplazes, Vetsuisse-Fakultät, Universität Zürich)

in experimentell mit L 1 infizierten Grasfröschen (*Rana temporaria*) entwickelten sich L 3 und per os an Frösche und Hühner verabreichte L 3 überlebten längere Zeit in diesen Tieren, die daher als potenzielle Zwischenwirte und paratenische Wirte einzustufen sind. Die Endwirte infizieren sich durch Aufnahme von L 3 im Zwischenwirt. Möglicherweise werden auch L 3 aufgenommen, die nach dem Tod der Zwischenwirte frei oder ausgeschieden werden und im wässrigen Milieu 2 Wochen bei 20 °C und bis zu 8 Wochen bei 4 °C überleben können. Die Larven dringen in die Darmwand des Wirts ein und gelangen über die mesenterialen Lymphknoten und das rechte Herz als Präadulte in die Lungenarterien. Die Präpatenz dauert 6–8 Wochen, die Patenz bis 5 Jahre.

Vorkommen und Epidemiologie *A. vasorum* kommt bei Füchsen, Hunden und anderen Caniden sowie dem Dachs und einigen anderen Tierarten vor (u. a. Kanadischer Luchs, Fischotter), und zwar in Europa und regional in Afrika sowie in Nord- und Südamerika (dort evtl. andere Art). In Katzen etablierten sich unreife Würmer, selten sind solche Infektionen auch in natürlich infizierten Katzen nachweisbar. In Europa sind 5–56 % der Rotfüchse befallen, die als natürliche Wirte und Reservoir für Infektionen beim Hund gelten, und 0,3–9 % der Hunde. In der Schweiz wurde sowohl eine starke Zunahme der Prävalenz bei Füchsen wie auch der Fallzahlen bei Hunden dokumentiert. In Deutschland schieden gut 2 % der Hunde (n = 12 682) *A. vasorum*-Larven aus, regional variierte die seit Anfang der 2000er-Jahre kontinuierlich ansteigende Prävalenz zwischen 0 und knapp 8 %. Prävalenzen in Zwischenwirten (Mollusken) variieren geografisch deutlich (1,6–29 % in UK, 26 % in DK, 4,7 % in DE). Die epidemiologische Bedeutung paratenischer Wirte ist unklar.

Pathogenese und Krankheitsbild Infektionen können beim Hund inapparent oder mit respiratorischen und kardiovaskulären Erscheinungen, Gerinnungsstörungen und manchmal neurologischen Symptomen verlaufen. Die die Alveolenwand durchbohrenden Larven verursachen punktförmige Hämorrhagien. Eier, Larven und Adulte führen zur Thrombosierung und Obliteration von Lungenarterien (▶ **Abb. 11.55**). Granulomatöse Reaktionen um die Obliterationen resultieren in multiplen, teils speckig erscheinenden Knoten im Parenchym, die Walnussgröße erreichen, aber sich auch auf die gesamte Lunge ausbreiten können (▶ **Abb. 11.56**). Folgen der chronischen Lungenveränderungen sind Rechtsherzdilatation, Blutrückstau in die Parenchyme und pulmonale Hypertonie. Bei chronischen Infektionen kann sich eine Koagulopathie mit Blutungen einstellen.

Krankheitsbild Die häufigsten Symptome beim Hund sind respiratorische Störungen wie Dyspnoe und Husten, oft begleitet von Lethargie. Bereits bei geringgradigen klinischen Symptomen sind röntgenologisch und im CT oft

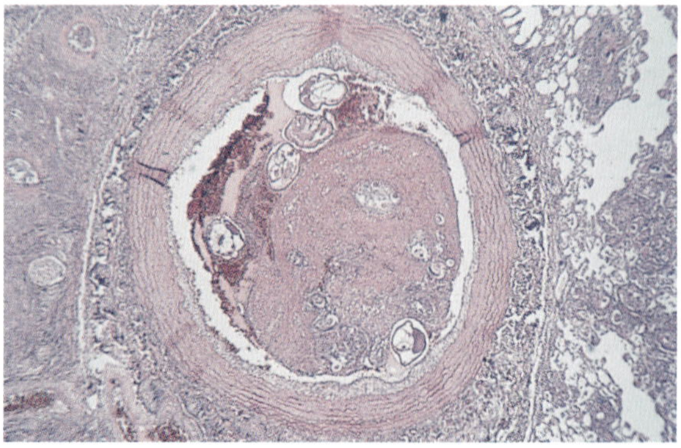

▶ **Abb. 11.55** Angiostrongylose des Hundes: thrombosierte Lungenarterie mit Anschnitten der Parasiten. (Quelle: Institut für Parasitologie, Vetsuisse-Fakultät, Universität Zürich)

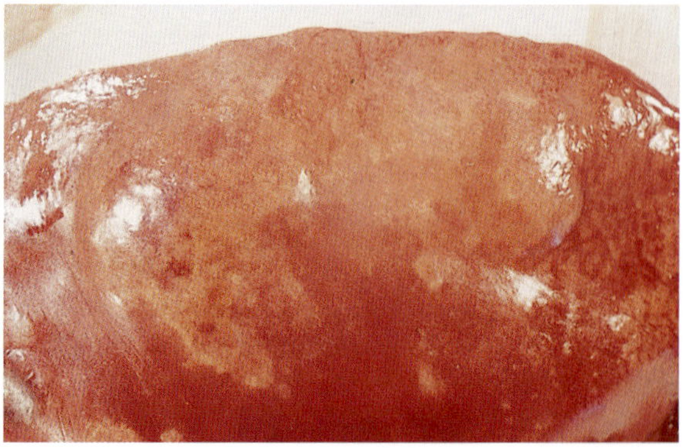

▶ **Abb. 11.56** *Angiostrongylus vasorum*: makroskopische Lungenveränderungen beim Hund; „speckig" erscheinende Knoten. (Quelle: Institut für Parasitologie, Vetsuisse-Fakultät, Universität Zürich)

ausgedehnte periphere Lungenveränderungen darstellbar. Im chronischen Verlauf kann die Dyspnoe zunehmen, weiterhin können Konditionsmängel, Abmagerung, Anämie, vereinzelt Fieber und Blutgerinnungsstörungen (subkutane Hämatome nach Prellungen, aber auch innere Blutungen und Schocksymptome) auftreten. Selten nervöse Störungen (Muskelzittern, ataktischer Gang, Schwindel bis hin zu epileptiformen Anfällen) als Folge einer Streuung larvaler Stadien oder Blutungen in das ZNS, aber auch durch zerebrale Hypoxie bei chronischer Kardiopathie. Bei schweren Infektionen hohe Mortalität.

Diagnose Nachweis der Larven im Kot (Trichterverfahren), weniger zuverlässig durch Untersuchung von Flüssigkeit der Bronchiallavage. Ähnlich wie bei *Crenosoma vulpis* ist die Zahl der Larvenausscheider in den Wintermonaten (November bis März) gegenüber den Sommermonaten erhöht. Die charakteristische Form des Larvenhinterendes ermöglicht die Abgrenzung von anderen Larven aus dem Respirationstrakt (▶ **Abb. 19.16**). Zu beachten ist, dass frischer Kot für die Untersuchung eingesetzt wird, zudem ist die Larvenausscheidung oft unregelmäßig. Serologisch (ELISA) ist zirkulierendes Antigen mit hoher Sensitivität und Spezifität ab Beginn der Patenz nachweisbar. Nach erfolgreicher Chemotherapie verschwindet es innerhalb eines Monats. Ein kommerziell erhältlicher, hochspezifischer Test zum Antigennachweis ab der 9. Woche post infectionem steht zur Verfügung. Der spezifische Antikörpernachweis gelingt z. T. bereits vor dem Ende der Präpatenz. Nach erfolgreicher Chemotherapie schwinden die Antikörper innerhalb von 2 Monaten. Der Nachweis von Parasiten-DNA im Blut ist hochspezifisch, jedoch weniger sensitiv als der Antigen-Nachweis; alternativ kann DNA-Nachweis aus Material aus bronchoalveolärer Lavage hilfreich sein.

Therapie und Bekämpfung Die makrozyklische Lactone Moxidectin und Milbemycinoxim sind gegen L 4 und ältere Stadien wirksam und zugelassen. Milbemycinoxim wird 1 × wöchentlich über 4 Wochen verabreicht, bei Moxidectin ist eine 1-malige Behandlung meist ausreichend, unter Umständen muss sie nach 4 Wochen wiederholt werden. Fenbendazol (20–50 mg/kg KG/d p. o. an 5 d oder 25 mg/kg/d für 3 Wochen) wurde ebenfalls als wirksam beschrieben. Bei schweren Krankheitsverläufen sind zusätzliche Begleitmaßnahmen (Kortikosteroide, Infusionen, Antibiotika, Tranexamsäure, evtl. Bluttransfusion und Sauerstoffzufuhr) angezeigt. Präventionsmaßnahmen: Ausläufe mit Kiesböden zur Minderung des Infektionsrisikos, Vermeidung der Aufnahme von Schnecken bei Spaziergängen [s. *Crenosoma vulpis* (S. 320)]. Eine monatliche Verabreichung von Moxidectin oder Milbemycin wird insbesondere bei Risikohunden empfohlen.

Gattung *Aelurostrongylus*

Aelurostrongylus abstrusus

Praxis

Erreger der **Aelurostrongylose** der Katze mit zumeist chronischen respiratorischen Symptomen infolge einer verminösen Pneumonie.

Ailouros (gr.): Katze; *strongylos* (gr.): rund, zylindrisch.

Das Wichtigste in Kürze

- **Erreger, Vorkommen.** Bis 14 mm lange (♀♀) Nematoden in den Alveolen von Katzen; weltweit verbreitet; Prävalenz in Mitteleuropa 0–6 %, aber regional höher.
- **Entwicklung, Krankheitsbild.** Ausscheidung von L 1 im Kot → Entwicklung in Schnecken zu L 3 → Infektion peroral über Schnecken oder paratenische Wirte. In der Lunge Knotenbildung (bis 1 cm) um Würmer und Eier. Infektion oft symptomlos; bei schweren Infektionen Husten, Tachypnoe, Tod.
- **Diagnose, Therapie.** Nachweis der L 1 im Trichterverfahren (unregelmäßige Ausscheidung). Behandlung mit makrozyklischen Lactonen (Eprinomectin, Moxidectin) oder Emodepsid.

Erreger und Vorkommen Etwa 6 mm (♂♂) und 9–14 mm (♀♀) lange Nematoden in den Bronchiolen und Alveolen von Haus- und Wildkatzen; regional auch beim Luchs nachgewiesen. Weltweite Verbreitung; Prävalenzen in Zentraleuropa nach Kotbefunden 0–6 %; nach Sektionsbefunden in Ostdeutschland bei 16 % von 155 sezierten Hauskatzen. In der Schweiz weisen bis zu 10 % der Katzen spezifische Antikörper auf. In Gesamteuropa Prävalenzen bis 50 %, hohe Infektionsraten vor allem in Südeuropa und den Balkanstaaten.

Entwicklung und Epidemiologie In den in der Lunge abgelegten Eiern entwickeln sich rasch L 1, die schlüpfen, via Trachea und Pharynx in den Verdauungstrakt gelangen und mit dem Kot ausgeschieden werden (▶ **Abb. 11.57**). Viele Gattungen und Arten von Nackt- und Gehäuseschnecken sind geeignete Zwischenwirte, in denen sich eingedrungene L 1 zu L 3 entwickeln. Schnecken verzehrende Tiere (Amphibien, Reptilien, Vögel, Säuger, möglicherweise auch Insekten wie z. B. Schaben) können als paratenische Wirte dienen. Nach peroraler Aufnahme infizierter Schnecken oder paratenischer Wirte durch eine Katze wandern die Parasiten über den Blut- und Lymphweg in die Lunge. Präpatenz ca. 6 Wochen.

Pathogenese und Krankheitsbild Um Würmer und angesammelte Eier bilden sich 1–10 mm große, überwiegend subpleural lokalisierte, feste, gelblich graue granulomatöse Knötchen, die sich über die Lungenoberfläche vorwölben, sowie größere, konfluierende Läsionen. Leichte Infektionen verlaufen inapparent, starker Befall führt zu Husten, Niesen, Nasenausfluss, Tachypnoe, respiratorischer Azidose; die Tiere kümmern und können verenden.

Diagnose Nachweis der 360–400 µm langen Larven im Kot (Trichterverfahren) oder, weniger sensitiv, in Flüssigkeit der Bronchiallavage (▶ **Abb. 19.16**). Die Larvenausscheidung ist unregelmäßig und sistiert in chronisch und wiederholt infizierten Katzen. Die Zahl der Larvenausscheider ist in den Wintermonaten (Dezember bis März) gegenüber den Sommermonaten erhöht. Außerhalb Mitteleuropas sind differenzialdiagnostisch Larven von *Oslerus rostratus* und *Troglostrongylus* spp. zu berücksichtigen. Die Diagnose kann auch serologisch (Antikörpernachweis) erfolgen oder mittels PCR verifiziert werden. Untersuchungen der Katzen mit bildgebenden Verfahren können Hinweise geben.

Therapie Das makrozyklische Lacton Eprinomectin sowie das Cyclooctadepsipeptid Emodepsid sind gegen *A. abstrusus* zugelassen. Eprinomectin ist gegen larvale und adulte Stadien wirksam, die Behandlung sollte nach 1 Monat wiederholt werden. Emodepsid, das gegen adulte Würmer wirkt, sollte 2 × im Abstand von 2 Wochen verabreicht werden. Weiterhin haben sich Moxidectin

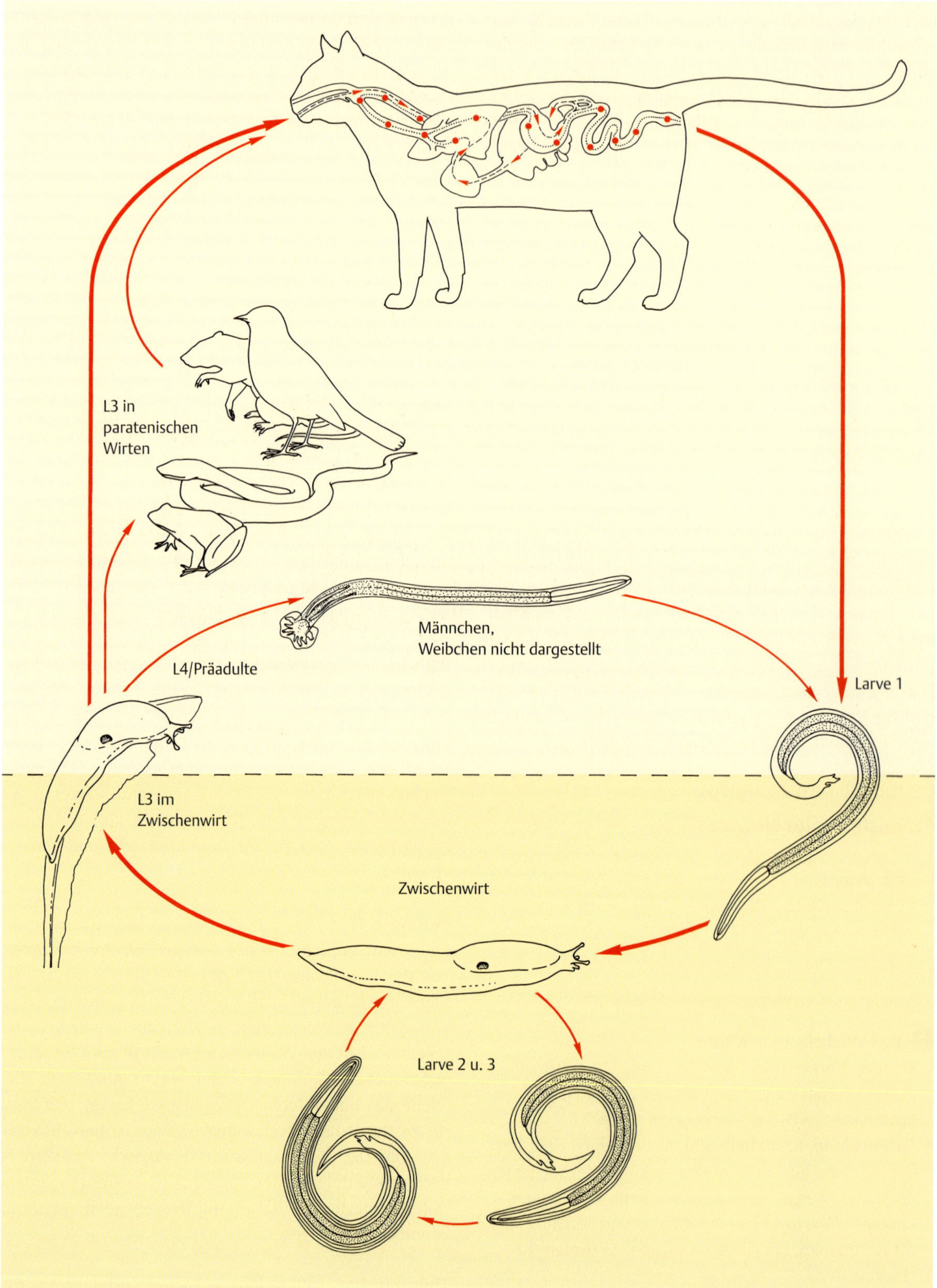

▸ **Abb. 11.57** Entwicklungszyklus von *Aelurostrongylus abstrusus*. Kleine rote Pfeile: Infektionsweg von L 3 zu den adulten Stadien in der Lunge. Rote Punkte: Ausscheidungsweg der L 1 über trachealen Weg in den Darm. (Grafik: Salome Ehrat, nach einer Vorlage von Johannes Eckert und Peter Deplazes, Vetsuisse-Fakultät, Universität Zürich)

(1 mg/kg KG, Spot-on-Formulierung, 3 × in monatlichen Abständen zu verabreichen) und Fenbendazol (50 mg/kg KG/d p. o. für 3–15 d) als wirksam erwiesen.

Literaturhinweise

Dennler M, Bass DA, Gutierrez-Crespo B et al. Thoracic CT findings in cats experimentally infected with *Aelurostrongylus abstrusus*. Vet Radiol Ultrasound 2013; 54: 459–469

Dias SR, Oliveira EL, Viana MH et al. Permissivity of the domestic cat (*Felis catus*) to infection by *Angiostrongylus vasorum* (Nematoda: Protostrongylidae). Rev Med Vet 2008; 159: 87–90

Elsheikha HM, Schnyder M, Traversa D et al. Updates on feline aelurostrongylosis and research priorities for the next decade. Parasit Vectors 2016; 9: 389

Gianelli A, Capelli G, Joachim A et al. Lungworms and gastrointestinal parasites of domestic cats: a European perspective. Int J Parsitol 2017; 47: 517–528

Glaus T, Schnyder M, Dennler M et al. Naturliche *Angiostrongylus vasorum*-Infektion: Charakterisierung des Krankheitsbildes bei drei Hunden mit pulmonarer Hypertonie. Schweiz Arch Tierheilkd 2010; 152: 331–338

Gueldner EK, Gilli U, Strube C et al. Seroprevalence, biogeographic distribution and risk factors for *Aelurostrongylus abstrusus* infections in Swiss cats. Vet Parasitol 2019; 266: 27–33

Gueldner EK, Schuppisser C, Borel N et al. First case of a natural non patent infection in a domestic cat (*Felis catus*) with the canid heart worm *Angiostrongylus vasorum*. Vet Parasitol Reg Stud Reports 2019; 18: 100342

Koch J, Willesen JL. Canine pulmonary angiostrongylosis: an update. Vet J 2009; 179: 348–359

Lange M, Penagos-Tabares F, Hirzmann J et al. Prevalence of *Angiostrongylus vasorum*, *Aelurostrongylus abstrusus* and *Crenosoma vulpis* larvae in native slug populations in Germany. Vet Parasitol 2018; 254: 120–130

Maksimov P, Hermosilla C, Taubert A et al. GIS-supported epidemiological analysis on canine *Angiostrongylus vasorum* and *Crenosoma vulpis* infections in Germany. Parasit Vectors 2017; 10: 108

Patel Z, Gill AC, Fox MT et al. Molecular identification of novel intermediate host species of *Angiostrongylus vasorum* in Greater London. Parasitol Res 2014; 113: 4363–4369

Schnyder M, Fahrion A, Riond B et al. Clinical, laboratory and pathological findings in dogs experimentally infected with *Angiostrongylus vasorum*. Parasitol Res 2010; 107: 1471–1480

Schnyder M, Di Cesare A, Basso W et al. Clinical, laboratory and pathological findings in cats experimentally infected with *Aelurostrongylus abstrusus*. Parasitol Res 2014; 113: 1425–1433

Schnyder M, Stebler K, Naucke TJ et al. Evaluation of a rapid device for serological in-clinic diagnosis of canine angiostrongylosis. Parasit Vectors 2014; 18: 72

Schnyder M, Jefferies R, Schucan A et al. Comparison of coprological, immunological and molecular methods for the detection of dogs infected with *Angiostrongylus vasorum* before and after anthelmintic treatment. Parasitology 2015; 142: 1270–1277

Schug K, Krämer F, Schaper R et al. Prevalence survey on lungworm (*Angiostrongylus vasorum*, *Crenosoma vulpis*, *Eucoleus aerophilus*) infections in wild red foxes (*Vulpes vulpes*) in central Germany. Parasit Vectors 2018; 11: 85

Sigrist NE, Hofer-Inteeworn N, Jud Schefer R et al. Hyperfibrinolysis and hypofibrinogenemia diagnosed with rotational thromboelastometry in dogs naturally infected with *Angiostrongylus vasorum*. J Vet Intern Med 2017; 31: 1091–1099

Taubert A, Pantchev N, Vrhovec MG et al. Lungworm infections (*Angiostrongylus vasorum*, *Crenosoma vulpis*, *Aelurostrongylus abstrusus*) in dogs and cats in Germany and Denmark in 2003–2007. Vet Parasitol 2009; 159: 175–180

Zum Weiterlesen

Familie Filaroididae

Neben den bereits erwähnten Lungenwürmern bei Fleischfressern kommen in Europa regional noch Vertreter der Familie Filaroididae vor, die in der Lunge von Caniden, Feliden und Musteliden parasitieren können. Die Entwicklung variiert in der Familie und kann indirekt (z. B. *Filaroides marti* bei Marderartigen oder *Oslerus rostratus* bei Feliden) unter Einschaltung von Gastropoden als Zwischenwirte oder direkt (z. B. *F. hirthi, O. osleri* bei Caniden) sein.

Filaroides hirthi ist ein kleiner (♂♂ 3 mm, ♀♀ 12 mm) Nematode, der als Adulter im Lungenparenchym von Caniden lebt. Die Weibchen sind ovovivipar. Eier und geschlüpfte L 1 gelangen über Trachea und Pharynx in den Verdauungstrakt und werden mit dem Kot ausgeschieden (► **Abb. 11.58**). Die L 1 sind bereits infektiös und werden per os infolge Koprophagie aufgenommen, in der Maulhöhle befindliche L 1 können von der Hündin auf die Welpen durch Lecken übertragen werden. Die Larven dringen in die Darmwand ein und gelangen hämatogen über die Leber oder lymphogen in die Lunge. Die endogene Entwicklung verläuft über 4 Häutungen. Endogene Autoinfektionen ohne Außenphase durch direkt in die Darmwand eindringende L 1 kommen vor. Präpatenz ca. 5 Wochen, Patenz einige Monate. Der Parasit wurde in Versuchstierhaltungen (Beagle) erstmals beschrieben; wahrscheinlich durch den Handel mit Hunden fand er auch Verbreitung nach Europa und ist mittlerweile auch bei Hunden in Privathaltung beschrieben. Die Infektion verläuft bei immunkompetenten Hunden für gewöhnlich subklinisch, allerdings können infektionsbedingte Lungenveränderungen bei toxikologischen Studien Anlass zu Fehlinterpretationen sein. Sie stellen sich makroskopisch als 0,5–20 mm große, dunkle bis weißliche Herde dar, in denen sich histologisch Wurmanschnitte nachweisen lassen. Vitale Würmer liegen weitgehend reaktionslos im Parenchym; tote Parasiten können heftige Reaktionen hervorrufen. Bei immunsupprimierten Tieren wurden Hyperinfektionen mit schweren Pneumonien und fatalen Folgen beobachtet. Die Diagnose intra vitam ist schwierig. Der Nachweis von Eiern oder Larven im Kot gelingt selten. Eine Bronchiallavage kann zum Nachweis der Larven führen. Röntgenologisch können kleine, noduläre Gewebsverdichtungen auffallen. Klinisch-chemische und hämatologische Parameter sind meist nicht verändert. Post mortem lassen sich die Wurmknötchen aufzeigen, allerdings sind sie bei kollabierter Lunge schwer nachweisbar. Differenzialdiagnostisch ist die seltene Art *Filaroides milksi* zu berücksichtigen. Therapeutisch kann Fenbendazol (50 mg/kg KG/d über 3 Wochen) eingesetzt werden. Auch Ivermectin (1 mg/kg KG s. c., an 2 aufeinanderfolgenden Tagen, Umwidmung!) wirkt und wird von Beagles vertragen. Die Sanierung eines Bestandes erfordert wiederholte Behandlungen.

Oslerus osleri (Syn. *Filaroides osleri*) ist ebenfalls ein kleiner (♂♂ 6 mm, ♀♀ 12 mm), weltweit vorkommender Nematode bei Haus- und Wildcaniden (z. B. Füchse, Kojoten, Dingos). Die Adulten sitzen in Knoten in der Schleimhaut von Bronchien und Trachea mit Öffnungen zum Lumen, durch welche die Weibchen Eier mit Larven entlassen, die bereits in den Luftwegen schlüpfen. Über die Trachea und den Verdauungstrakt werden die Larven mit dem Kot ausgeschieden. Die Infektion wird mit hochgeflimmerten L 1 vom Muttertier bei der Welpenpflege, bei Wildcaniden bei der Fütterung mit regurgitierter Nahrung früh auf die Jungtiere übertragen. Die

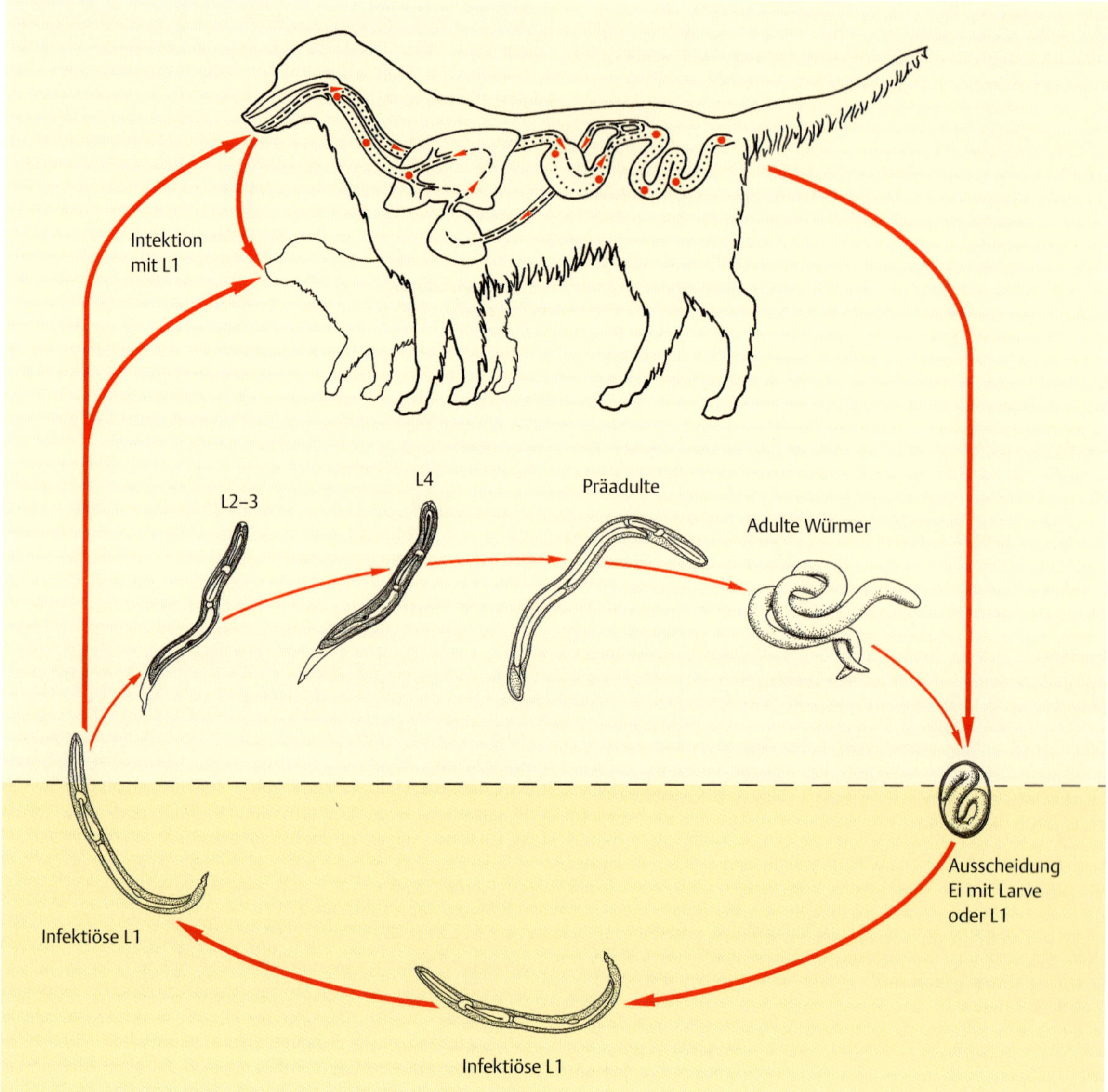

▸ **Abb. 11.58** Entwicklungszyklus von *Filaroides hirthi*. Kleine rote Pfeile: Infektionsweg von L 1 zu den adulten Stadien in der Lunge. Rote Punkte: Ausscheidungsweg der Eier/L 1 über trachealen Weg. (Grafik: Salome Ehrat, nach einer Vorlage von Johannes Eckert und Peter Deplazes, Vetsuisse-Fakultät, Universität Zürich)

endogene Entwicklung entspricht der von *F. hirthi*. Präpatenz 5–6 Monate, Patenz mehrere Jahre. Die Parasiten finden sich zu mehreren in maximal 10 mm dicken Knötchen in der Schleimhaut von Trachea und Bronchien. Symptome sind chronischer Husten, oft verbunden mit Atembehinderungen. Nachweis der ca. 350 µm langen Larven im Kot oder in Flüssigkeit der Bronchiallavage. Die Knötchen in Trachea und Bronchien lassen sich endoskopisch demonstrieren. Eine Behandlung mit Ivermectin (0,2–0,4 mg/kg KG s. c.) führte innerhalb von 2 Wochen zur Rückbildung der Knoten. Allerdings muss mit Rezidiven gerechnet werden, die mehrfach wiederholte Applikationen erfordern. Benzimidazole (Fenbendazol, Oxfendazol) müssen, um Wirkung zu zeigen, über mehrere Wochen appliziert werden.

11.2.3 Ordnung Ascaridida

Ascaris (gr.): Wurm, Eingeweidewurm.

Veterinärmedizinisch bedeutsame Vertreter dieser Ordnung gehören zu den Überfamilien Ascaridoidea und Heterakoidea. Eine weitere Überfamilie (Cosmocercoidea) wird bei den Oxyurida erwähnt. Die Adultstadien der Ascaridida parasitieren im Verdauungstrakt aller Klassen von Vertebraten. Zahlreiche Arten sind bedeutende Darmparasiten bei Haus- und Wildtieren sowie beim Menschen; Larvalstadien einiger Spezies spielen als Erreger von Zoonosen eine Rolle.

Überfamilie Ascaridoidea (Spulwürmer), Familie Ascarididae

Die Ascaridoidea (vereinfacht als Ascariden bezeichnet) erreichen im Adultstadium Längen bis 50 cm; ihr Körper ist weißlich, spindelförmig, bindfaden- bis bleistiftdick und im Querschnitt drehrund (▸ **Abb. 11.59**). Die am Vorderende gelegene Mundöffnung ist meist von 3 großen Lippen umgeben (▸ **Abb. 11.60**). Bei verschiedenen Gattungen trägt das Vorderende Cervicalflügel. Der muskulöse Ösophagus kann am Hinterende eine Verdickung (Ventrikel) aufweisen, teils befinden sich am Ventrikel oder am Darm Ausstülpungen (Blindsäcke) (▸ **Abb. 11.64**). Die Männchen haben 2 Spicula. Am Hinterende von Männchen und Weibchen sind oft prä- und postanale Papillen und andere Strukturen vorhanden. Die Entwicklung erfolgt direkt oder indirekt. Die Eier werden ungefurcht im Kot ausgeschieden. Ihre dicke Hülle ist 3-schichtig; eine innere Lipidmembran ist von einer chitinhaltigen Schicht umgeben, auf die im Uterus des Wurms Mukopolysaccharide und Proteine aufgelagert werden (▸ **Abb. 11.5**).

▸ **Abb. 11.59** *Parascaris sp.* im Dünndarm vom Zebra. (Quelle: Institut für Parasitologie, Vetsuisse-Fakultät, Universität Zürich)

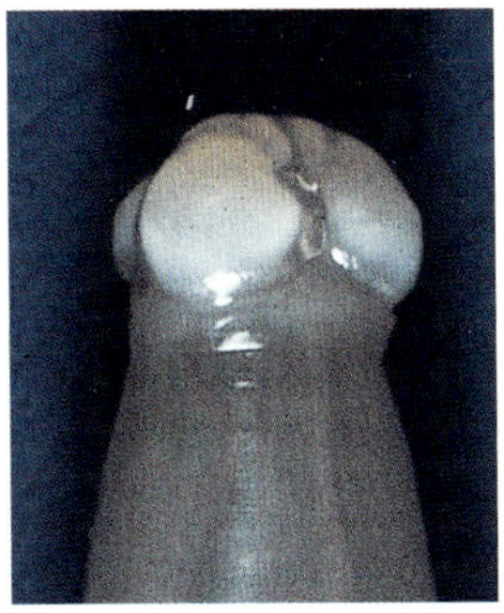

▸ **Abb. 11.60** *Parascaris sp.*: Vorderende mit Lippen. (Quelle: Karl Theodor Friedhoff, Institut für Parasitologie, Stiftung Tierärztliche Hochschule Hannover)

Unterfamilie Ascaridinae, Gattung *Ascaris*

Ascaris suum (Schweinespulwurm)

Praxis

Erreger der **Ascariose** des Schweins. Häufigste und wirtschaftlich bedeutendste Helminthose des Schweins infolge von Leberläsionen (*milk spots*) und verminderter Gewichtszunahme, i. d. R. aber subklinische Infektionen. **Zoonose:** Infektionen des Menschen meist ohne klinische Symptome, teilweise mit patenter Besiedelung des Darms nach Körperwanderung.

Ascaris (gr.): Wurm, Eingeweidewurm; *sus* (lat.): Schwein.

Die Ascariose ist bei Schweinen eine der häufigsten Helmintheninfektionen mit erheblichen wirtschaftlichen Auswirkungen.

Das Wichtigste in Kürze

- **Erreger und Entwicklung.** Bis 30 cm lange Nematoden des Dünndarms von Haus- und Wildschweinen. Weibchen produzieren zahlreiche ungefurchte Eier, die mit dem Kot ausgeschieden werden. Im Ei entwickelt sich in 2 Wochen bis Monaten eine L 3. Infektion durch perorale Aufnahme L 3-haltiger Eier. Larven schlüpfen im Magen und Dünndarm, dann Wanderung über Leber, Lunge, Alveolen, Trachea, Pharynx zum Dünndarm (trachealer Wanderweg). Präpatenz 6–8 Wochen.
- **Vorkommen, Epidemiologie.** Kosmopolit; oft hohe Prävalenzen bei Schweinen gegen Ende der Mastperiode. Eier können in Ausläufen mit Naturboden Monate bis Jahre überleben. Patente Infektionen meist nur bei niedrigen und mittleren Infektionsdosen; nach Infektion mit großen Eimengen folgt dagegen rasche Ausscheidung der nach der trachealen Wanderung wieder im Darm angelangten Juvenilstadien.
- **Immunologie.** Häufig Ausbildung einer ausgeprägten Immunität, durch die Larven aus Neuinfektionen bereits vor der Leber abgefangen werden.
- **Pathogenese, Krankheitsbild.** Leber: Milchflecken (engl. *milk spots*), weißliche, temporäre Läsionen als Reaktion auf wandernde Larven (Hepatitis interstitialis parasitaria multiplex). Lunge: Hämorrhagien, Ödeme und transiente zelluläre Infiltrate. Darm: Verdickung der Tunica muscularis, Zottenatrophie, nach Patenzbeginn verminderte N-Retention, beeinträchtigte Fettverdauung und Lactose-Intoleranz mit Diarrhö.
- **Diagnose, Therapie, Bekämpfung.** Einachweis durch Koproskopie (Flotation); ELISA (mit hoher Sensitivität bereits in Präpatenz); Nachweis der Milchflecken bei Leberadspektion. Gegen Adulte wirken alle zur Anwendung beim Schwein zugelassenen Anthelminthika, gegen Larven einige Benzimidazole und makrozyklische Lactone. Bekämpfung durch Kombination hygienischer Maßnahmen mit strategischer Behandlung.

Erreger Die gelblichen Adultstadien von *A. suum* werden 15–25 cm (♂♂) oder 20–35 cm (♀♀) lang und bis zu 5 mm dick. Die Mundöffnung säumen 3 deutliche, mit kleinen Zähnen versehene Lippen. Das Hinterende des Männchens ist leicht eingerollt, trägt Papillen und 2 etwa 2–3 mm lange Spicula, aber wie bei allen Spulwürmern keine Bursa copulatrix. Beim Weibchen befindet sich die Vulva am Übergang vom 1. zum 2. Körperdrittel. Eier: oval, 50–75 × 45–55 µm, ungefurcht, dickschalig, bräunlich, außen mit einer klebrigen höckerigen Proteinschicht versehen (▶ **Abb. 19.15**).

A. suum ist morphologisch nicht sicher von *Ascaris lumbricoides*, dem Spulwurm des Menschen, zu unterscheiden, und sie sind genetisch eng verwandt. Möglicherweise existiert nur eine Art (die aufgrund der Prioritätenregel als *A. lumbricoides* zu bezeichnen wäre) mit geringfügigen, wirtsbezogenen Anpassungen [s. Zoonotische Bedeutung (S. 333)].

Entwicklung Adulte *A. suum* finden sich vorwiegend im Lumen des Jejunums (▶ **Abb. 11.61**). In den mit den Fäzes abgehenden Eiern entwickeln sich zeitlich abhängig von der Umgebungstemperatur die infektiösen L3. Unter günstigen Laborbedingungen (ca. 28 °C bei Feuchte und Zutritt von Sauerstoff) dauert diese Entwicklung 2–3 Wochen, unter natürlichen Bedingungen aber deutlich länger. Die Infektion erfolgt per os durch Aufnahme L3-haltiger Eier. Die Larven schlüpfen im Magen und Darm, wandern in die Venen von Caecum und proximalem Colon ein und gelangen in 6–24 h über das Portalsystem in die Leber. Nach einer Wanderphase im Leberparenchym erreichen die Larven zum Ende der 1. Woche p. i. auf dem Blutweg das Herz und die Lunge, wo einige Larven bereits nach 4 Tagen p. i. gefunden werden. Es gibt Hinweise, dass einige Larven auch auf lymphatischem Weg über den Ductus thoracicus die Lunge erreichen. Sie dringen in die Alveolen ein, gelangen über die Luftwege, Larynx und Pharynx in den Ösophagus und schließlich nach 8–10 Tagen in den Dünndarm (trachealer Wanderweg). Während dieser Wanderung erfolgt die Häutung zur L4, allerdings ist unklar, wo und wann genau diese stattfindet. Im Dünndarm erfolgt nach der letzten Häutung ab dem 25. Tag p. i. die Entwicklung zu Adultstadien. Die Präpatenz beträgt 6–8 Wochen, die Parasiten können 7–10 Monate leben. Pränatale und galaktogene Infektionen kommen nicht vor.

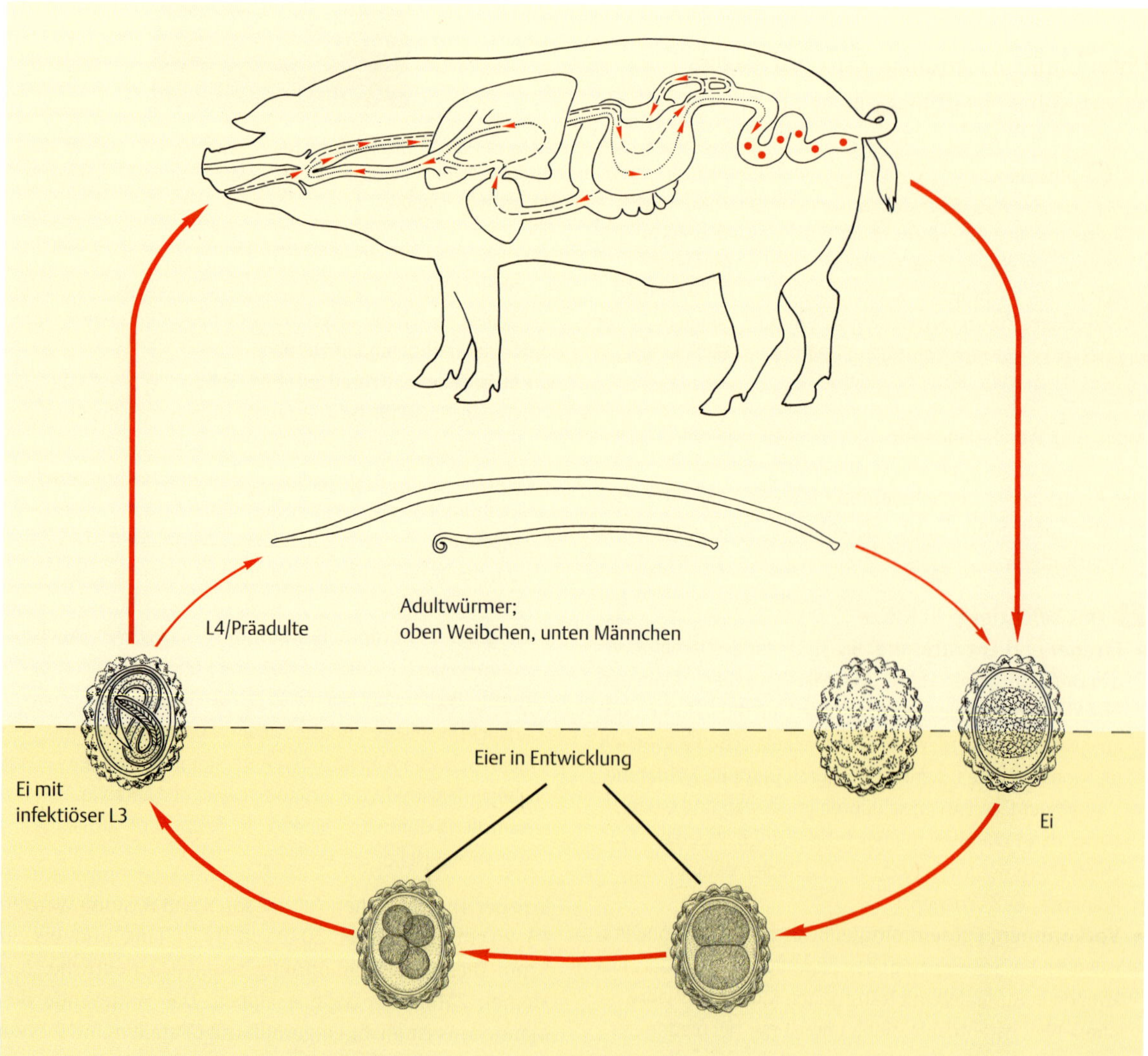

▶ **Abb. 11.61** Entwicklungszyklus von *Ascaris suum*. Kleine rote Pfeile: Infektionsweg von L 3 über Blutkreislauf und Trachea zu den adulten Stadien im Dünndarm. Rote Punkte: Ausscheidungsweg der Eier. (Grafik: Salome Ehrat, nach einer Vorlage von Johannes Eckert und Peter Deplazes, Vetsuisse-Fakultät, Universität Zürich)

Vorkommen und Epidemiologie *A. suum* ist ein weltweit verbreiteter und häufiger Schweineparasit, der unter allen Haltungsbedingungen (Stall- und Weidehaltung, SPF-Betriebe, Bio-[Öko-]Betriebe) eine erhebliche Rolle spielen kann. Die höchsten Prävalenzen sind bei Mastschweinen zu beobachten. In einer Studie aus Norddeutschland stieg die Prävalenz von Beginn bis zum Ende der Mastperiode – trotz zwischenzeitlicher anthelminthischer Behandlung – von 10 auf 33 %. Ältere Tiere sind weniger häufig betroffen, können aber z. T. hohe Ausscheidungsintensitäten aufweisen. Unter eher kleinbäuerlichen Verhältnissen (Südhessen) war in 41 % der Betriebe mit Zuchtsauen *Ascaris*-Befall nachweisbar; etwa 5 % der Sauen waren Eiausscheider. Im Münsterland mit eher großbäuerlichen Strukturen ließ sich eine Eiausscheidung bei 7 % der Betriebe nachweisen. Am Schlachthof werden bei bis zu gut 40 % der Mastschweine die Lebern wegen Milchflecken beanstandet, bei Tieren aus Biobetrieben sogar bis zu 60 %.

Epidemiologisch besonders bedeutsam sind die hohe Reproduktionsrate des Parasiten, die langsame exogene Entwicklung und die ausgeprägte Tenazität der *Ascaris*-Eier, die Übertragungsbedingungen in Schweinebeständen sowie die im Wesentlichen durch immunologische Reaktionen bestimmte Populationsbiologie.

Reproduktionsrate der Parasiten, exogene Entwicklung und Tenazität der Eier Ascariden haben eine hohe Reproduktionsrate. Ein *A. suum*-Weibchen kann täglich > 200 000 Eier produzieren und entsprechend zur Kontamination der Umwelt beitragen. Ascariden-Eier embryonieren langsam: Bei Raumtemperatur werden 4–8 Wochen benötigt, bis sich im Ei die infektiöse L 3 gebildet hat. Unter 15 °C sistiert die Entwicklung. Im Stall erreichen die Eier oft erst nach Monaten die Infektiosität. Unter trockenen und sonnigen Bedingungen überlebten larvenhaltige *A. suum*-Eier in Schweinekot im Freiland 2–4 Wochen, im Schatten und bei Feuchte waren nach 8 Wochen noch 90 % der Eier vital. Im feuchten Boden können Eier mehr als 5 Jahre infektiös bleiben. In Gülle bei 18 °C überleben larvenhaltige Eier ca. 3 Monate. Silieren beeinflusst nicht-embryonierte *A. suum*-Eier kaum. Aufgrund der langsam und variabel ablaufenden Larvenentwicklung in den Eiern und ihrer hohen Tenazität gibt es im Infektionsverlauf nur eine wenig ausgeprägte **Saisonalität**. Unter Stallbedingungen werden Herbst und Winter als die Zeiten der stärksten Exposition angesehen.

Übertragungsbedingungen in Schweinebeständen Eine **Ansteckung** ist nur über die perorale Aufnahme larvenhaltiger Eier möglich. Mit ihrer klebrigen Proteinhülle haften die Eier an der Haut der Tiere, an Stallböden- und Wänden, an Stallgeräten usw. Die Eier werden auch leicht verschleppt, z. B. durch belebte Vektoren (u. a. Schweine, Menschen, Insekten), Transportmittel oder Gegenstände. Grünflächen können direkt durch Parasitenträger oder indirekt durch Schweinegülle kontaminiert werden. Die Gruppenhaltung der Tiere, häufig auf engem Raum, steigert die Exposition. Zur Ansteckung der Tiere genügen geringe Infektionsdosen (bei Ferkeln etwa 50 Eier/d), die bei empfänglichen Jungtieren regelmäßig zum Befall des Darmes mit adulten, Eier produzierenden Stadien führen.

Populationsbiologie Die im Wesentlichen immunologisch determinierte Populationsbiologie ist komplex. Generell sind die Befallsintensitäten relativ niedrig (< 40 adulte Würmer pro Tier). Die Wurmbürden sind meist ungleichmäßig auf die Tiere einer Herde verteilt – etwa 10 % der Tiere beherbergen 80 % der Würmer. Bei Erstinfektionen mit unterschiedlichen Eizahlen (100–10 000 Eier/Tier) etablieren sich bei niedrigen Infektionsdosen eher mehr adulte Würmer als bei hohen Dosen. Zwar finden sich ca. 10 Tage nach schwerer einmaliger Infektion große Mengen an Larven im Dünndarm, doch wird nach 2–3 Wochen ein großer Anteil der Parasiten ausgeschieden, sodass sich nur eine kleine Restpopulation zu adulten Würmern entwickelt. Die stabilste Situation ergibt sich, wenn Ferkel kontinuierlich, beginnend in der 1. Lebenswoche, mit niedrigen Eimengen infiziert werden. Dies führt bei nahezu allen Tieren zu patenten Infektionen mit relativ wenigen adulten Ascariden, die zudem überwiegend aus den frühen Infektionen stammen und bei Mastschweinen bis zu deren Schlachtreife persistieren. Bei verschiedenen Schweinerassen bestehen genetische Unterschiede in der Empfänglichkeit gegen *A. suum*.

Pathogenese und Krankheitsbild Erste Läsionen treten in der Leber auf. Hier entwickeln sich innerhalb 1 Woche als Reaktion auf die Larven sog. Milchflecken (engl. *milk spots*) als anfangs 1–2 mm große, später um 10 mm große weißliche, unscharf begrenzte Herde, die nach wenigen Wochen wieder verschwinden (Hepatitis interstitialis parasitaria multiplex) (▶ **Abb. 11.62**). Histopathologisch handelt es sich um Granulome und Bindegewebsherde als Folgereaktionen auf die von den Larven verursachten Nekrosen im Parenchym. Im Zuge dieser Heilungsprozesse finden sich im Parenchym ferner kleine lymphatische Ansammlung. Ausprägung und Verlauf der Veränderungen hängen von der Infektionsdosis ab. Bei Reinfektionen ist die Zahl der Milchflecken verringert, weil weniger Larven die Leber erreichen (s. u.).

In der **Lunge** entstehen Blutungen durch die von den Kapillaren in die Alveolen auswandernden Larven, bei Reinfektionen gefolgt von lokalen Ödemen und eosinophil dominierten Infiltraten (▶ **Abb. 11.63**).

Der **Befall des Darmes** resultiert in Becherzellhyperplasie, Mastocytose und eosinophiler Infiltration der Darmwand, Verdickung der Tunica muscularis und Zottenatrophie im betroffenen Dünndarmbereich.

A. suum-Infektionen sind unter den Bedingungen der konventionellen Schweinehaltung meist asyptomatisch bzw. verlaufen subklinisch. Mit Beginn der Patenz neh-

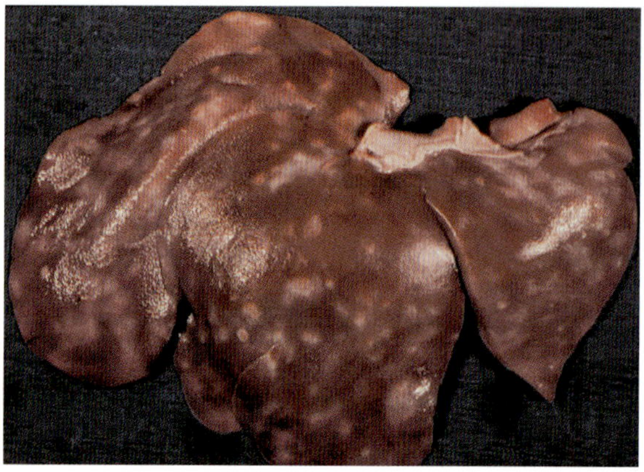

▶ **Abb. 11.62** *Ascaris suum*: Schweineleber mit Milchflecken („milk spots"). (Quelle: Institut für Parasitologie, Justus-Liebig-Universität Giessen)

men *A. suum*-infizierte Schweine schlechter zu und fressen weniger als wurmfreie Tiere. Infizierte Tiere zeigen eine verminderte Stickstoffretention und beeinträchtigte Fettverdauung. Stickstoff- und Rohfaserverdaulichkeit sind dagegen gewöhnlich unverändert. Von Bedeutung ist die bei infizierten Tieren zu beobachtende Lactose-Intoleranz als Ursache einer osmotischen Diarrhö. Es handelt sich dabei um eine weitgehend selektive Beeinträchtigung der Lactase-Aktiviät; Sucrase- und Maltase-Aktivitäten im Darm infizierter Schweine sind nicht betroffen. Sowohl die gesundheitliche Beeinträchtigung der Tiere als auch das Verwerfen der Lebern bei der Schlachttieruntersuchung führen zu beträchtlichen wirtschaftlichen Verlusten. Wandernde *A. suum*-Larven können zudem die Leber und Lunge anderer Tiere (z. B. Schafe, Kälber) oder des Menschen befallen (siehe unten, zoonotische Bedeutung).

Immunologie und genetische Einflüsse *A. suum*-Infektionen führen bei Schweinen zu spezifischen zellulären und humoralen Immunreaktionen. Analog zum Wanderweg und zur Entwicklung der Larven wird eine Sequenz von Antikörpern (IgM, IgA, IgG) gegen stadienspezifische larvale Antigene induziert. Bei weiterhin hohen spezifischen IgE-Spiegeln und nach Reinfektionen ausgeprägter Eosinophilie entwickelt sich eine klar Th_2-dominierte Reaktion. Diese Th_2-Polarisierung lässt annehmen, dass Antikörper eine wichtige Rolle spielen. So können bei Ferkeln chronisch infizierter Sauen maternale, laktogen übertragene Antikörper einen gewissen Schutz gegen *A. suum*-Infektionen bewirken.

Immunreaktionen regeln bei der *A. suum*-Infektion sowohl Erst- als auch Reinfektionen. So ist bei massiven Erstinfektionen die Expulsion des weitaus größten Teils der Parasiten im larvalen Stadium nach 3–4 Wochen als Selbstreinigungsreaktion (S. 31) auf allergischer Basis anzusehen, die im Gegensatz zur Reaktion bei Trichostrongyliden unabhängig von einer Belastungsinfektion erfolgt und mit einer Eosinophilie und Anreicherung von intraepithelialen T-Zellen im Jejunum verbunden ist. In der

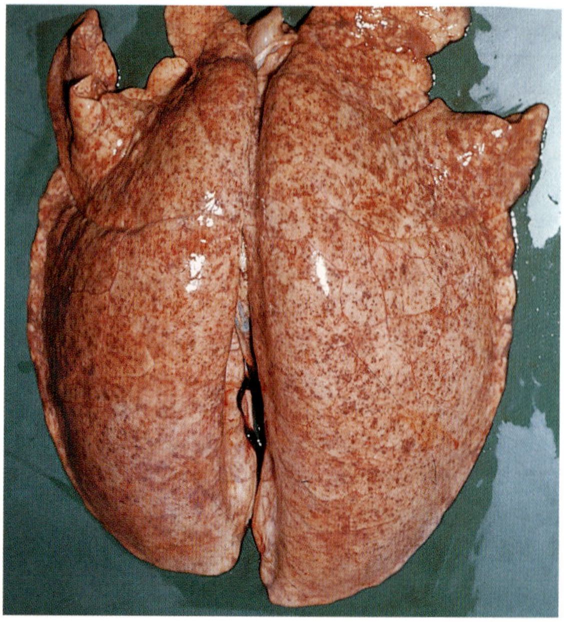

▶ **Abb. 11.63** *Ascaris suum*: Haemorrhagien in der Lunge nach starker Erstinfektion. (Quelle: Institut für Parasitologie, Vetsuisse-Fakultät, Universität Zürich)

Konsequenz führen diese Reaktionen dazu, dass Schweine weitgehend unabhängig von der Infektionsdosis gewöhnlich nur wenige adulte *A. suum* im Darm beherbergen.

Schweine, die unter natürlichen Haltungsbedingungen ständigen *Ascaris*-Infektionen ausgesetzt sind, bilden allmählich eine schützende Immunität aus, in deren Folge Larven aus erneuten Infektionen zu einem großen Teil bereits vor Erreichen der Leber abgefangen und über ADCC-Reaktionen eliminiert werden (prähepatische Barriere), sodass weniger Milchflecken entstehen. In Leber und Lunge kommt es zur weiteren Dezimierung der Larven. Es handelt sich um eine infektionsgebundene Immunität, d. h. sie ist an das Vorhandensein einer Adultwurmpopulation im Darm gebunden. Entsprechend kommt es nach chemotherapeutischer Beseitigung der Würmer rasch zur erneuten Besiedlung des Darms.

Die prähepatische Barriere bei immunen Tieren wird bei massiven Reinfektionen z. T. durchbrochen, sodass dann auch größere Larvenmengen in den Dünndarm gelangen können. Diese etablieren sich jedoch nicht auf Dauer, sondern werden in einer stadienspezifischen Selbstreinigungsreaktion ausgeschieden, die die vorhandenen Adulten nicht beeinträchtigt (auch hierin besteht ein Unterschied zur infektionsbedingten Selbstreinigung bei Trichostrongyliden, bei der in ersten Linie die etablierte Adultwurmpopulation abgetrieben wird).

Die Befallsintensität mit *A. suum* beim Schwein unterliegt **genetischen Einflüssen** mit hohen, züchterisch nutzbaren Heritabilitäten. Quantitative Trait Loci (QTL)-Kandidaten, die die Empfänglichkeit der Schweine beeinflussen, sind mittlerweile bekannt und könnten zur Selektion eingesetzt werden. Da in Bezug auf *Trichuris suis* offensichtlich gleiche Regulationsmechanismen (überlappende Gene) zur Wirkung kommen, scheinen kombinatorische Effekte möglich.

Diagnose Die ovalen, 50–70 × 40–60 µm großen Eier von *Ascaris* spp. lassen sich in der Flotationstechnik leicht nachweisen. Zu berücksichtigen ist, dass massive Infektionen impatent bleiben können (s. o.) und so falsch negative, andererseits über Koprophagie auch falsch positive Ergebnisse auftreten können. Milchflecken (*milk spots*) sind bei der Leberadspektion leicht zu diagnostizieren. Differenzialdiagnostisch ist dabei bei exponierten Tieren an Wanderlarven von *Toxocara canis* (S. 336) zu denken.

Therapie und Bekämpfung Gegen adulte *A. suum* sind Levamisol, Benzimidazole und makrozyklische Lactone wirksam (▶ **Tab. 23.7**). Bei makrozyklischen Lactonen und einigen Benzimidazolen ist eine larvizide Wirkung nachgewiesen. Die mehrtägige Applikation der Anthelminthika über das Futter gewährleistet eine gleichmäßigere Wirkstoffaufnahme als die Einmalgabe und führt bei Benzimidazolen zu einer verbesserten Wirkung gegen wandernde Ascaridenlarven. In der Bekämpfung werden strategische Behandlungen und Hygienemaßnahmen kombiniert. Wichtig ist die permanente Aufrechterhaltung eines hohen Hygienestandards. Hierbei ist neben der Reinigung der Stalleinrichtung die Desinfektion (S. 595) mit einem gegenüber Wurmeiern wirksamen Desinfektionsmittel (s. Desinfektionsmittelliste der Deutschen Veterinärmedizinischen Gesellschaft e. V.: www.desinfektion-dvg.de/index.php?id = 1449) entscheidend.

Zoonotische Bedeutung *A. suum* des Schweines und *A. lumbricoides* des Menschen können nicht morphologisch, aber über genetische Marker voneinander unterschieden werden. Kürzlich wurden zahlreiche Haplotypen bei *Ascaris*-Würmern aus unterschiedlichen geografischen Regionen identifiziert, von denen einige häufiger bei humanen oder porcinen Ascariden vorkamen. Kreuzübertragungen des Schweinespulwurms auf den Menschen und des Menschenspulwurms (*A. lumbricoides*) auf Schweine sind experimentell belegt. Dabei zeigt sich jedoch bezüglich Infektionsetablierung und Patenzentwicklung eine Präferenz für die jeweilige „eigentliche" Wirtsart. Für Kreuzübertragungen unter natürlichen Bedingungen sprechen auch neue molekularepidemiologische Untersuchungen. Es ist anzunehmen, dass die in Industrienationen seltenen *Ascaris*-Infektionen beim Menschen meist durch *A. suum* verursacht werden.

Literaturhinweise

Betson M, Nejsum P, Bendall RP et al. Molecular epidemiology of ascariasis: a global perspective on the transmission dynamics of *Ascaris* in people and pigs. J infect Dis 2014; 210: 932–941

Cavallero S, Snabel V, Pacella F et al. Phylogeographical studies of *Ascaris* spp. based on ribosomal and mitochondrial DNA sequences. PLoS Negl Trop Dis 2013; 7: e2170

Dold C, Holland CV. Ascaris and ascariasis. Microbes Infect 2011; 13: 632–637

Katakam KK, Roepstorff A, Popovic O, Kyvsgaard NC, Thamsborg SM, Dalsgaard A. Viability of *Ascaris suum* eggs in stored raw and separated liquid slurry. Parasitology 2013; 140: 378–384

Nejsum P, Roepstorff A, Jorgensen CB, et al. High heritability for *Ascaris* and *Trichuris* infection levels in pigs. Heredity 2009; 102: 357–364

Nejsum P, Thamsborg SM, Petersen HH et al. Population dynamics of *Ascaris suum* in trickle-infected pigs. J Parasitol 2009; 95: 1048–1053

Nesjum P, Betson M, Bendall RP. Assessing the zoonotic potential of *Ascaris suum* and *Trichuris suis*: looking to the future from analysis of the past. J Helminthol 2012; 86: 148–155

Roepstorff A, Mejer H, Nejsum P, Thamsborg SM. Helminth parasites in pigs: New challenges in pig production and current research highlights. Vet Parasitol 2011; 180: 72–81

Vlaminck J, Levecke B, Vercruysse J, Geldhof P. Advances in the diagnosis of *Ascaris suum* infections in pigs and their possible applications in humans. Parasitology 2014; 141: 1904–1911

Unterfamilie Ascaridinae, Gattung *Parascaris*

Parascaris equorum, *Parascaris univalens* (Pferdespulwurm)

Praxis

Erreger der **Parascariose** der Equiden. Häufige, teilweise schwerwiegende Dünndarm-Parasitose (Koliken, Darmobstruktion und -perforation) bei Fohlen, bei adulten Pferden nur geringe Pathogenität.

Par- (gr.): neben; *ascaris* (gr.): Wurm; *equus* (lat.): Pferd.

Das Wichtigste in Kürze

- **Erreger, Entwicklung.** Bis 50 cm lange (♀♀) Nematoden, Parasiten des Dünndarmes. Infektion per os mit larvenhaltigen Eiern, im Tierkörper tracheale Wanderung, Präpatenz 10–16 Wochen.
- **Vorkommen, Epidemiologie.** Kosmopolit, überwiegend bei Fohlen und Jährlingen. Infektionen auf der Weide und im Stall. Eier bleiben über Jahre entwicklungsfähig und infektiös.
- **Krankheitsbild, Immunologie.** Läsionen mit Blutungen in der Leber. In der Lungenphase sind Husten, Nasenausfluss und Fieber möglich. In der Darmphase bei stärkerem Befall Durchfall, Koliken; mögliche Komplikationen: Darmobstruktion und -perforation. Zunehmende Immunität führt zur Elimination der Larven in Leber und Lunge.
- **Diagnose, Therapie, Bekämpfung.** Koproskopischer Einachweis. Therapie mit Benzimidazolen, makrozyklischen Lactonen (teilweise Resistenzen!) oder Pyrantelverbindungen. Bekämpfung durch regelmäßige Beseitigung des Kots und strategische Behandlungen.

Erreger und Entwicklung Große, gelbliche Nematoden, ♂♂ 15–28 cm, ♀♀ 18–50 cm lang, Besiedlung des Dünndarms. Mundöffnung von 3 Lippen umgeben, das Hinterende der Männchen ist oft eingerollt und trägt 2 Spicula. Eier: kugelig, 90–100 µm, ungefurcht, dickschalig mit brauner Proteinauflage (▸ Abb. 19.13). Die Entwicklung entspricht der von *A. suum* (▸ Abb. 11.61). Präpatenz 10–16 Wochen, Patenz bis 2 Jahre, meist aber nicht länger als 1 Jahr. Beim Pferd wurden zwei *Parascaris*-Spezies beschrieben, *P. equorum* und *P. univalens*. Diese sind morphologisch nicht eindeutig differenzierbar, weisen jedoch eine unterschiedliche Anzahl Keimbahn-assoziierter Chromosomenpaare auf (*P. equorum*: zwei Paare, *P. univalens*: eines). Bei neueren Untersuchungen in Europa und USA wurde ausschließlich *P. univalens* identifiziert.

Vorkommen und Epidemiologie *Parascaris* spp. kommen bei Pferden, Eseln und anderen Equiden in allen Erdteilen, hauptsächlich bei Fohlen und Jährlingen vor. Bei älteren Tieren sind die Prävalenzen meist geringer und außerdem stark variabel. In einer britischen Studie (2013) mit 1 221 Pferden schieden 38 % der Tiere < 1 Jahr, 4 % der Jährlinge und 3 % der älteren Tiere *Parascaris*-Eier aus. Bei deutschen Schlachtpferden wurde eine Prävalenz von 10 % festgestellt. In Sektionsfällen werden bei Fohlen manchmal mehrere 100–1000 Spulwürmer gefunden (▸ Abb. 11.59).

Für die Entwicklung der L 3 im Ei werden bei 25 °C ca. 2 Wochen benötigt; bei niedrigen Temperaturen kann sie Monate dauern, unter 10 °C unterbleibt sie. *Parascaris*-Eier sind sehr widerstandsfähig und können auf der Weide mehrere Jahre überleben. Infektionen, die durch das Haften der oberflächlich klebrigen Eier an Stallwänden, Pflanzen usw. und auch durch Koprophagie begünstigt werden, finden auf der Weide und im Stall statt. Die Fohlen infizieren sich oft bereits in den ersten Lebenstagen bis -wochen, sodass erste Eier in ihren Fäzes schon in einem Alter von 10–16 Wochen ausgeschieden werden. In der Phase intensiver Eiausscheidung, die bei Fohlen gewöhnlich in einem Alter von 4–5 Monaten erreicht wird, können im Einzelfall Millionen von Eiern je Tag abgesetzt werden. Danach geht die Eiausscheidung kontinuierlich zurück. Daher sind für die Weide- und Umgebungskontamination hauptsächlich Fohlen verantwortlich.

Pathogenese und Krankheitsbild In der Leber entstehen durch wandernde Larven zunächst fokale Parenchymschäden sowie Blutungen und danach Läsionen, die den beim Schwein durch *A. suum* verursachten Milchflecken entsprechen, und ebenso klinisch kaum von Bedeutung zu sein scheinen. In der Lunge verursachen die in die Alveolen auswandernden Larven petechiale Blutungen und fokale Ödeme. Anfängliche eosinophile perivaskuläre und peribronchiale Infiltrate werden später lymphozytär ersetzt. Ein Teil der Larven wird in der Lunge abgekapselt, wobei sich etwa 3 Wochen nach einer Erstinfektion und verstärkt nach Reinfektionen subpleurale, bis 1 cm große Knoten bilden, die über Wochen persistieren und Larvenreste enthalten können. Die Lungenphase kann begleitet sein von Husten, Nasenausfluss und Fieber.

Bei starken **Infektionen des Darmes** können deutliche klinische Symptome mit Koliken und Durchfall auftreten. Die Fresslust wechselt, das Haarkleid wird stumpf und die Tiere magern ab. Die Pathogenese dürfte der bei der Spulwurminfektion des Schweines entsprechen. Als Komplikationen sind bei großen Wurmmengen Darmobstruktion und -perforation mit nachfolgender Peritonitis bekannt. Gelegentlich kommt es zum Befall der Gallengänge.

Immunologie Bei exponierten Pferden stellt sich ab dem Alter von 4–6 Monaten eine partielle Immunität ein. Anders als beim Schwein kommt es beim Pferd nach massiven Spulwurminfektionen nicht zur Selbstreinigungsreaktion mit Elimination der präadulten Ascariden aus dem Darm.

Diagnose Koproskopischer Einachweis (Flotationsverfahren) bei patenter Infektion. Infizierte Fohlen scheiden gewöhnlich viele Eier aus. Impatente Infektionen werden gelegentlich durch den Abgang unreifer Spulwürmer im Kot erkannt. Während der Lungenphase können endoskopisch festgestellte, vermehrte Schleimansammlungen in den Bronchien sowie der Nachweis einer ausgeprägten Eosinophilie in Schleimproben hinweisend sein.

Therapie und Bekämpfung Gegen adulte und juvenile Darmstadien von *Parascaris* spp. sind Benzimidazole, makrozyklische Lactone und Pyrantelverbindungen in den üblichen Dosierungen wirksam (▸ Tab. 23.9). In Europa und anderen Regionen treten vor allem auf Gestüten bei *Parascaris* spp. Resistenzen gegen makrozyklische Lactone auf. Daher sollte jährlich die Wirksamkeit der verwendeten Wirkstoffgruppe mittels Eizahlreduktionstest (S. 586) überprüft werden. Regelmäßige Reinigung und Desinfektion (s. Anmerkung zur Bekämpfung von *A. suum* (S. 333)) der Stallungen, Einsammeln des Kotes auf der Weide im wöchentlichen Turnus und strategische Behandlungen sind Maßnahmen zur Bekämpfung (S. 627).

Literaturhinweise

Armstrong SK, Woodgate RG, Gough S et al. The efficacy of ivermectin, pyrantel and fenbendazole against *Paracaris equorum* infection in foals from farms in Australia. Vet Parasitol 2014; 205: 575–580

Cribb NC, Cote NM, Bouré LP et al. Acute small intestinal obstruction associated with *Parascaris equorum* infection in young horses: 25 cases (1985–2004). N Z Vet J 2006; 54: 338–343

Jabbar A, Littlewood DT, Mohandas N et al. The mitochondrial genome of *Parascaris univalens* – implications for a 'forgotten' parasite. Parasit Vectors 2014; 7: 428

Lyons ET, Tolliver SC, Kuzumina TA et al. Further evaluation by field tests on the reactivity of three anthelmintics (fenbendazole, oxbendazole, and pyrantel pamoate) against the ascarid *Parascaris equo-*

rum in horse foals on eight farms in Central Kentucky (2009–2010). Parasitol Res 2011; 109: 1193–1197

Nielsen MK, Wang J, Davis R et al. *Parascaris univalens* – a victim of large scale misidentification? Parasitol Res 2014; 113: 4485–4490

Reinemeyer CR. Diagnosis and control of anthelmintic-resistant *Parascaris equorum*. Parasit Vectors 2009; 2: 58

von Samson-Himmelstjerna G, Fritzen B, Demeler J et al. Cases of reduced cyathostomin egg-reappearance period and failure of *Parascaris equorum* egg count reduction following ivermectin treatment as well as survey on pyranthel efficacy on German horse farms. Vet Parasitol 2007; 144: 74–80

Unterfamilie Ascaridinae, Gattung *Toxascaris*

Toxascaris leonina

Praxis
Meistens harmloser Dünndarmparasit von Hund und Katze; bei starkem Befall Enteritis.

Toxon (gr.): Bogen; *ascaris* (gr.): Wurm; *leo* (lat.): Löwe.

Erreger Adulte mit langen, schmalen Cervicalflügeln, Ösophagus ohne Ventrikel (vgl. *Toxocara*) (► **Abb. 11.64**), ♂♂ 4–7 cm, ♀♀ 5–12 cm lang, am Hinterende 2 Spicula. Eier: s. u., Diagnose.

Entwicklung und Epidemiologie Die im Dünndarm lebenden Spulwürmer produzieren ungefurchte Eier, die mit dem Kot ausgeschieden werden. Bei 17–22 °C entwickelt sich im Ei innerhalb von etwa 1 Woche die infektiöse L3. Die Infektion von Endwirten erfolgt per os durch Aufnahme von L3 in Eiern oder in paratenischen Wirten (z. B. Mäuse). Nach der Infektion mit Eiern schlüpfen die Larven im Dünndarm, dringen mehrheitlich in die Darmwand ein, häuten sich dort und kehren in das Darmlumen zurück, wo die Entwicklung zur Geschlechtseife erfolgt. In geringem Maße kann es zur somatischen Wanderung der Larven in die Leber, Lunge, Muskulatur und andere Organe kommen, die Bedeutung dieser Wanderung im Endwirt ist jedoch unklar. Präpatenz nach Infektion mit L3-haltigen Eiern: 7–10 Wochen. Im Prinzip gleiche Entwicklung bei verkürzter Präpatenz nach Aufnahme infizierter paratenischer Wirte.

Vorkommen *T. leonina* ist ein weltweit verbreiteter Dünndarmparasit von Katze und Hund und zwischen diesen Wirten wechselseitig übertragbar. Außerdem ist die Art bei zahlreichen wild lebenden Feliden (u. a. Löwe, Tiger, Leopard, Jaguar, Gepard) und Caniden (Fuchsarten, Marderhund, Wolf, Schakal, Dingo u. a.) nachgewiesen worden (z. B. Prävalenz bei Füchsen in der Region Genf bis 60 %, in Zürich 0 %). Bei Hunden und Katzen kommt *T. leonina* in Mitteleuropa seltener vor als *Toxocara*-Arten, z. B. in der Süd- und Westschweiz bei 0,5 bzw. 1,3 % der Hunde und bei 0,3 % der Katzen in Deutschland. Bei deutschen Hütehunden von Schafherden wurde eine Prävalenz von knapp 4 % festgestellt.

Pathogenese, Krankheitsbild Die Pathogenität von *T. leonina* ist gering, doch kann starker Befall Enteritis verursachen.

Diagnose, Therapie und Bekämpfung Koproskopischer Einachweis (Flotationsverfahren). Die Eier von *T. leonina* sind 76–95 µm groß, kugelig bis ellipsoid, dickschalig, hell, die äußere Eiweißhülle ist glatt. Sie sind leicht von *Toxocara*-Eiern zu unterscheiden (► **Abb. 19.16**). Anthelminthika zur Therapie ► **Tab. 23.13**. Eine besondere Bekämpfungsstrategie wird nicht empfohlen, da *T. leonina* von den Maßnahmen mit erfasst wird, wie sie gegen *Toxocara* (S. 637) durchgeführt werden.

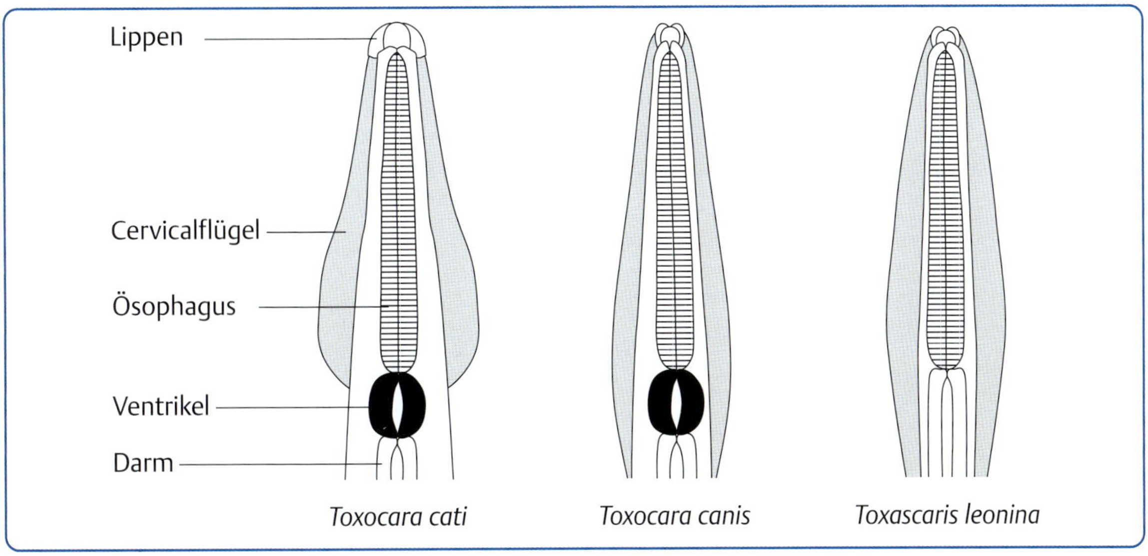

► **Abb. 11.64** Vorderenden von *Toxocara* und *Toxascaris*. (Grafik: Marianne Mathys, nach einer Vorlage von Johannes Eckert, Vetsuisse-Fakultät, Universität Zürich)

Unterfamilie Ascaridinae, Gattung *Baylisascaris*

Baylisascaris procyonis

Praxis
Erreger der **Baylisascariose** bei Carnivoren. Häufige Spulwurminfektion bei Waschbären in Mitteleuropa, in seltenen Fällen auch patente Infektionen beim Hund.
Zoonose: Seltene, jedoch teilweise schwerwiegende zoonotische Infektion des Menschen als sog. *Larva migrans visceralis* mit hoher Affinität zum ZNS.

Baylisascaris procyonis ist eine bei Waschbären (*Procyon lotor*) häufige Spulwurmart, die auch bei Hunden, nicht jedoch bei Katzen, geschlechtsreif wird. *B. procyonis* kommt in Nordamerika, Asien und fokal in Europa vor (Prävalenz bei Waschbären: > 80 % in unterschiedlichen Regionen Amerikas; 71 % in Hessen). Endwirte infizieren sich peroral über Aufnahme von L 3 in Eiern oder in paratenischen Wirten. Akzidentelle Infektionen des Menschen über Aufnahme L 3-haltiger Eier können zu neuralen, okulären oder viszeralen Erscheinungen durch im Körper wandernde Larven (Larva migrans visceralis) führen. Auch andere *Baylisasacaris*-Arten weisen ein zoonotisches Potenzial auf.

Literaturhinweise

Bauer C. Baylisascariose (*Baylisascaris procyonis*) – eine seltene parasitäre Zoonose in Europa. Berl Münch Tierärztl Wochenschr 2011; 124: 465–472

Ingle ME, Dunbar SG, Gathany MA et al. Predicting *Baylisascaris procyonis* roundworm prevalence, presence and abundance in racoons (*Procyon lotor*) of southwestern Ohio using landscape features. Int J Parasitol Parasites Wildl 2014; 3: 113–117

Unterfamilie Toxocarinae, Gattung *Toxocara*

Toxon (gr.): Bogen; *kara* (gr.): Kopf; der Gattungsname bezieht sich auf die bogenförmigen Cervicalflügel am Vorderende.

Von den Toxocarinae sind mehrere *Toxocara*-Arten als Dünndarmparasiten von Haustieren und als Erreger von Zoonosen von Bedeutung. Weltweit häufige Parasiten bei Carnivoren: *Toxocara canis* beim Hund und anderen Caniden, *T. cati* (Syn. *T. mystax*) bei der Katze und weiteren Feliden, *T. malaysiensis* bei der Katze in Malaysia und China, *T. vitulorum* bei Wiederkäuern.

Toxocara canis

Praxis
Erreger der **Toxocarose** des Hundes und anderer Caniden. Sehr häufige Dünndarminfektion, teilweise schwerwiegende intestinale und systemische Erkrankungen bei Welpen, seltener klinisch manifeste Erkrankungen durch wandernde Larven. Bei älteren Hunden meist subklinischer Verlauf und seltener patente Darminfektionen als bei Welpen.
Zoonose: Infektion des Menschen (oft Kinder) auch in Mitteleuropa häufig, selten klinische Erscheinungen als viscerale, okuläre oder zentralnervöse *Larva migrans*.

Das Wichtigste in Kürze

- **Erreger und Vorkommen.** Bis 19 cm lange Nematoden (♀♀), weltweit häufige Parasiten bei Carnivoren (Hund und Wildcaniden).
- **Entwicklung, Epidemiologie.** Endwirte (Hund, Fuchs u. a.) scheiden *Toxocara*-Eier mit dem Kot aus. In der Außenwelt Entwicklung einer infektiösen L 3 im Ei. Mit *T. canis* können sich Endwirte wie folgt infizieren: (a) horizontal durch perorale Aufnahme infektiöser L 3 in Eiern oder in paratenischen Wirten, (b) vertikal durch pränatale oder laktogene Übertragung von L 3 von der Hündin auf die Welpen. Die vertikale Übertragung setzt eine somatische Wanderung von Larven oder ein Reservoir hypobiotischer Larven in der Hündin voraus. Die pränatale Infektion ist von zentraler epidemiologischer Bedeutung. Pränatal infizierte Welpen können bereits im Alter von 3 Wochen große Mengen *Toxocara*-Eier im Kot ausscheiden und die Umwelt stark kontaminieren.
- **Pathogenese, Krankheitsbild.** Massiver intestinaler *Toxocara*-Befall verursacht bei Hundewelpen u. a. Erbrechen, Gastroenteritis, Durchfall, aber auch Symptome wie Askaridenbauch, rachitische Gelenksveränderungen und Verzögerung der Entwicklung; selten Todesfälle.
- **Diagnose, Therapie, Bekämpfung.** Einachweis im Kot (Flotationsverfahren) bei patentem Befall, Kopro-Antigen-Nachweis, teils Ausscheidung unreifer Stadien aus dem Darmtrakt in der Präpatenz. Therapie des intestinalen Befalles u. a. mit Benzimidazol-Verbindungen, Pyrantel, makrozyklischen Lactonen oder Emodepsid. Bekämpfung durch strategische Behandlungen und Hygienemaßnahmen.

Erreger Adulte: ♂♂ 10–12 cm, ♀♀ 12–18 cm lang (▶ **Abb. 11.65**), mit drei Lippen, Cervicalflügeln und Ösophagus-Ventrikel (Cervicalflügel bei *T. cati* stärker nach außen gewölbt; ▶ **Abb. 11.64**). Das Hinterende der Männchen ist oft eingerollt und trägt 2 Spicula. Eier: Diagnose (S. 340).

Entwicklung Die im Dünndarm von Endwirten parasitierenden Weibchen von *T. canis* produzieren ungefurchte Eier, die mit dem Kot ausgeschieden werden (▶ **Abb. 11.66**). Erst nach einer längeren Entwicklungszeit

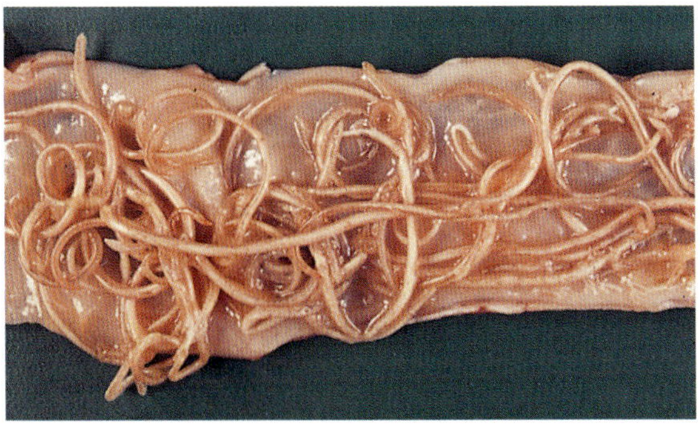

▸ Abb. 11.65 *Toxocara canis* (Länge bis 15 cm) im Darm eines Welpen. (Quelle: Institut für Parasitologie, Vetsuisse-Fakultät, Universität Zürich)

(bei 25–30 °C etwa 2 Wochen, bei 12–18 °C ca. 8 Wochen) bildet sich im Ei eine infektionsfähige L3. Die Infektion von Endwirten erfolgt durch Aufnahme larvenhaltiger Eier oder durch Übertragung infektiöser Larven (diaplazentar, laktogen oder in paratenischen Wirten). Des Weiteren können sich säugende Hündinnen infizieren, wenn sie bei der Welpenpflege mit dem Welpenkot abgegangene L4 und ältere Stadien aufnehmen, und ebenso Wurfgeschwister durch Koprophagie.

Entwicklung und Wanderwege im Endwirt Im Endwirt wandern die Parasiten auf unterschiedlichen, teils nebeneinander beschrittenen Wegen (tracheale oder somatische Wanderung) (▸ Abb. 11.66).

Trachealer Wanderweg. Nach peroraler Infektion mit larvenhaltigen Eiern verlassen die L3 im Darmtrakt die Eihüllen und dringen in die Darmwand ein (▸ Abb. 11.66 A). Von dort gelangen sie im Pfortaderblut innerhalb von 1–2 Tagen zur Leber und werden nach einer kurzen Wanderung im Lebergewebe im Blutstrom der Lunge zugeführt, die sie 3–5 Tage p. i. erreichen. Sie dringen in Alveolen ein, häuten sich zur L4 und wandern durch Trachea, Larynx und Pharynx in den Dünndarm (etwa 10 d p. i.). Nach einer letzten Häutung entwickeln sich die Nematoden zur Geschlechtsreife. Präpatenz bei jungen Hunden 30–39 Tage, bei über 1 Jahr alten etwas länger (40–56 d). Die durchschnittliche Lebenserwartung der Parasiten beträgt etwa 4 Monate. Ein Teil der wandernden Larven kann in Kapillaren der Lunge übergehen und über den großen Kreislauf in verschiedene Organe des Körpers gelangen (s. u., somatischer Wanderweg).

Die tracheale Wanderung mit anschließender Entwicklung geschlechtsreifer Stadien im Darm erfolgt vorwiegend bei jungen, bis etwa 3 Monate alten Hunden. Mit zunehmendem Alter überwiegt die somatische Wanderung. Ob es überhaupt zu einem patenten Befall kommt, hängt im Wesentlichen von der Infektionsdosis ab. Experimentelle Infektion mit geringen Eizahlen (ca. 100/Tier) führten sowohl bei jungen als auch bei älteren Hunden zu patentem Befall des Darmes, unabhängig davon, ob die Tiere immunologisch naiv, zuvor bereits pränatal oder wiederholt postnatal mit *Toxocara* infiziert waren oder bereits in der Präpatenz anthelminthisch behandelt wurden. Nach Infektionen mit sehr großen Eizahlen (10 000 Eier/Tier) ließen sich dagegen selbst bei Welpen keine adulten Würmer nachweisen.

Der tracheale Wanderweg wird auch nach pränataler und galaktogener Infektion eingeschlagen.

Somatischer Wanderweg. Eine somatische Wanderung erfolgt nach peroraler Infektion mit larvenhaltigen Eiern bei älteren Hunden (▸ Abb. 11.66 B), in sehr geringem Umfang aber auch bei Junghunden. Vom Darm aus gelangen die L3 auf dem Blutweg in die Lunge, werden in den Kapillaren abgefangen, penetrieren deren Wände und wandern durch das Gewebe, um dann erneut in den Blutkreislauf zu gelangen und so in verschiedene Organe (u. a. Muskulatur, Leber, Niere) transportiert zu werden. Etwa 1 Woche p. i. findet man eine Akkumulation der L3 in der quergestreiften Muskulatur, wo sie abgekapselt im hypobiotischen Zustand über Jahre überleben können.

Aus der somatischen Wanderung und dem Verbleib von Larven im Körper ergeben sich folgende Möglichkeiten zur vertikalen Übertragung infektiöser Larven (▸ Abb. 11.66 B):

- **Pränatale (trans- oder diaplazentare) Infektion.** In einem Muttertier ruhende (hypobiotische) L3 werden im letzten Drittel der Trächtigkeit (etwa ab 42. Trächtigkeitstag) mit Änderung der Hormonspiegel aktiviert (vgl. *Ancylostoma caninum*). Die aktivierten Larven dringen in die Blutbahn ein und gelangen über die Plazenta vorwiegend in die Leber der Feten, aber auch in andere Organe. Auch somatisch wandernde Larven, die aus Neuinfektionen während der Trächtigkeit stammen, können pränatal auf die Feten übergehen. Die Weiterwanderung zur Lunge und schließlich zum Darm (tracheale Wanderung) erfolgt unmittelbar nach der Geburt der Welpen. Präpatenz bei pränatal infizierten Welpen 21–25 Tage. Nicht alle hypobiotischen Larven werden aktiviert, sodass auch ohne Neuinfektion der Hündin die Welpen mehrerer aufeinanderfolgender Würfe pränatal infiziert werden können.
- **Laktogene (transmammäre) Infektion.** Wandernde Larven von *T. canis* können hämatogen oder durch Wanderung im Gewebe in die Milchdrüse gelangen und anschließend mit der Muttermilch auf Welpen übertragen werden (▸ Abb. 11.66 B). Das Ausmaß pränataler oder laktogener Infektionen der Welpen hängt vom Zeitpunkt der Infektion der Hündin ab: Nach Erstinfektion einer Hündin in der Zeit vor der Trächtigkeit bis zum letzten Viertel der Gravidität überwiegen pränatale Infektionen, bei späterer Infektion wird ein höherer Anteil der Larven in der Muttermilch übertragen. Bei laktogener Übertragung beginnt die Ausscheidung infektiöser L3 in der Muttermilch wenige Tage post partum, erfolgt aber hauptsächlich in der 2. und 3. Woche und kann während der gesamten Laktation anhalten. Nach laktogener Infektion der Welpen kommt es in ihnen zur trachealen Wanderung. Präpatenz 27–35 Tage.

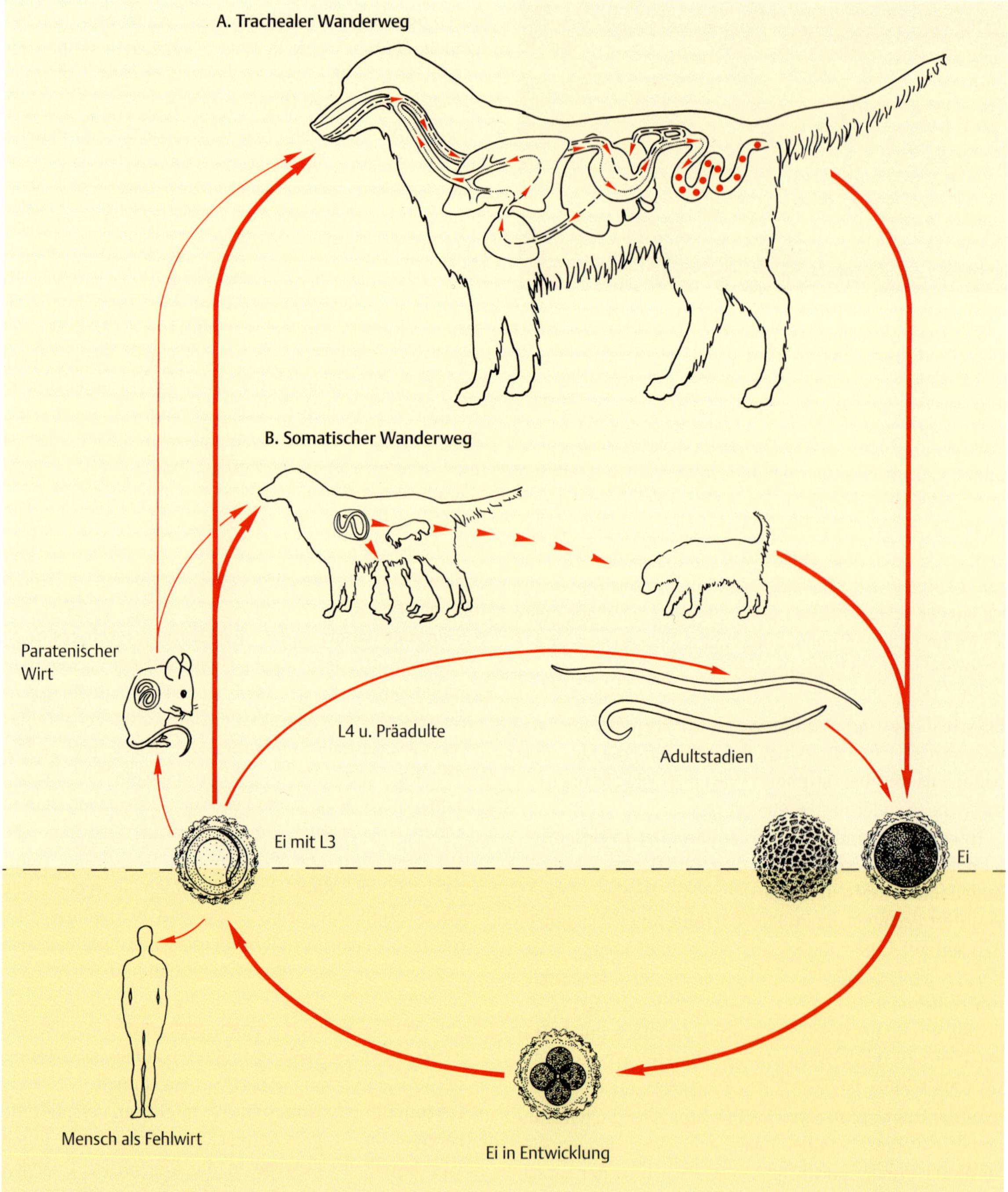

▸ **Abb. 11.66** Entwicklungszyklus von *Toxocara canis*. Kleine rote Pfeile: Infektionsweg von L 3 über Blutkreislauf und Trachea zu den adulten Stadien im Dünndarm. Rote Punkte: Ausscheidungsweg der Eier. (Grafik: Salome Ehrat, nach einer Vorlage von Johannes Eckert und Peter Deplazes, Vetsuisse-Fakultät, Universität Zürich)

Orale Infektion der Hündin mit *Toxocara*-Stadien aus Welpenkot. Infizierte Welpen scheiden häufig unreife *Toxocara*-Stadien im Kot aus. Wenn diese Stadien von der Hündin bei der Welpenpflege mit Welpenkot aufgenommen werden, können sie sich direkt in ihrem Darm ansiedeln und zur Geschlechtsreife entwickeln.

Infektion über L 3-haltige paratenische Wirte. Ein breites Spektrum von Tieren (Nager, Lagomorpha, Nutztiere, Vögel, Amphibien, Regenwürmer) kann akzidentell *T. canis*-Eier aufnehmen und nach somatischer Wanderung der L 3 diese über längere Zeit in den Geweben beherbergen. Paratenische Wirte können sich nicht nur über L 3-haltige Eier, sondern auch durch den Verzehr infizierter paratenischer Wirte infizieren. Nach peroraler Aufnahme über den Endwirt siedeln sich diese Stadien meist ohne weitere Wanderung direkt im Darm an (selten auch tracheale Wanderung) und entwickeln sich bis zur Geschlechtsreife. Präpatenz: ca. 1 Monat (▶ **Abb. 11.66**).

Vorkommen und Epidemiologie *T. canis* kommt weltweit bei Hund, Fuchs, Marderhund, Wolf und anderen Caniden vor. Würfe somatisch infizierter Hündinnen sind oft zu 100 % infiziert. In Europa wurde in Querschnittsstudien beobachtet, dass ca. 20 % der Junghunde und 3–7 % der älteren Tiere (> 6 Monate) *Toxocara*-Eier ausscheiden. In den Niederlanden waren 4,6 % der Haushunde (n = 916) Ausscheider; dabei wiesen 6–12 Monate alte Hunde eine höhere Prävalenz (7,3 %) als 1–7 Jahre alte Tiere (3,3 %) auf. Es zeigten sich keine Prävalenzunterschiede für Hunde aus urbanen, ruralen oder waldreichen Gebieten; Infektionen kamen jedoch häufiger bei Hunden aus Zwingerhaltungen und bei Tieren mit Koprophagie vor. Letztere kann die Diagnostik unsicher werden lassen (siehe unten). Bei Rotfüchsen in Mitteleuropa kommt *T. canis* mit Prävalenzen bis 70 % häufig vor.

Epidemiologisch ist die **pränatale Übertragung** der Parasiten von zentraler Bedeutung. Die laktogene Infektion ist weniger relevant, da es nur nach Erstinfektion einer Hündin während der Trächtigkeit zu einer massiven Larvenausscheidung in der Milch kommt. Während die Aufnahme paratenischer Wirte ebenfalls eine untergeordnete Rolle spielt, stellt die perorale Aufnahme der infektiösen Eier aus der Umwelt den größten Risikofaktor einer *T. canis*-Infektion bei jungen und älteren Hunden dar.

Ein *Toxocara*-Weibchen produziert täglich 25 000–85 000 Eier; infizierte Welpen können über 100 000 Eier/g Kot ausscheiden und damit eine starke Kontamination der Umwelt verursachen. Zusätzlich zu dieser meist lokalen Kontamination (z. B. in Hundezuchten) tragen auch ältere Hunde und Füchse mit patenter Infektion zur Ausstreuung von Eiern bei. Die **Kontamination der Umwelt** mit *Toxocara*-Eiern stellt sowohl für Endwirte (Hund, Fuchs) als auch für Menschen und paratenische Wirte ein Infektionsrisiko dar. Die gesundheitliche Gefährdung des Menschen ergibt sich vor allem aus der Kontamination von landwirtschaftlich genutzten Flächen, Kinderspielplätzen, öffentlichen Parkanlagen, Badestränden, Gärten usw. mit *Toxocara*-Eiern. In einigen Standorten enthielten über 60 % solcher Boden- bzw. Sandproben *Toxocara*-Eier. Dabei führt die hohe Widerstandfähigkeit und die damit verbundene lange Lebensdauer von *Toxocara*-Eiern zu einer Anreicherung in der Umwelt. In feuchtem Milieu überleben *Toxocara*-Eier einige Monate bis 4 Jahre; sie überstehen Kälteperioden, sind aber gegen Austrocknung und Temperaturen über 35 °C empfindlich.

Die **Persistenz des Zyklus** ist durch verschiedene epidemiologische Faktoren wie hohe Prävalenzen von *T. canis* in Endwirtpopulationen, die enorme Fertilität der Parasiten, die hohe Widerstandsfähigkeit und massive Verbreitung der Eier, die verschiedenen Übertragungswege beim Endwirt (per os, pränatal, laktogen) und die Einschaltung paratenischer Wirte mehrfach gesichert.

Immunologie Der Verlauf der ***T. canis*-Infektion des Hundes** wird von unterschiedlichen Faktoren wie Alter, Infektionsdosis, Hormonstatus und immunologischen Einflüssen bestimmt. In den immunologisch inkompetenten Feten und Neonaten kommt es zur ungehinderten Wanderung der Larven und zur Etablierung im Darm. Pränatal erworbene Parasiten persistieren in Abhängigkeit von der Infektionsstärke. Bei schwachen Infektionen werden sie gewöhnlich im Alter von 2–6 Monaten ausgeschieden, bei starken Infektionen in einer Selbstreinigungsreaktion bereits im Alter von 5–6 Wochen. Diese ist assoziiert mit einer signifikant verminderten Synthese des immunmodulatorischen Cytokins IL-10 durch mononukleäre Blutzellen infizierter Welpen nach anfänglich erhöhter IL-10-Synthese durch Stimulation über larvale exkretorisch-sekretorische (ES) Antigene. Starke Superinfektionen (50 000–100 000 Eier) von Welpen mit patenter Infektion führen innerhalb von 1–2 Wochen zur Expulsion eines Großteils der adulten Würmer, die von Anzeichen einer schweren Enteritis begleitet wird. Dieser Vorgang entspricht offensichtlich der allergisch bedingten Selbstreinigung (S. 31) bei Trichostrongylideninfektionen.

Ansonsten richten sich Immuneffekte im Hund in erster Linie gegen neu aufgenommene L3. Dies wird z. B. deutlich daran, dass sich von der Hündin oral bei der Welpenpflege aufgenommene unreife Stadien ungehindert im Darm etablieren können. Bei Belastungsinfektionen immuner Hunde kommt es vor allem in der Leber, aber auch in anderen Parenchymen, zur Elimination von wandernden Larven mit Bildung konfluierender Granulome. Da nicht alle Larven erfasst werden, können auch in immunenen Hündinnen somatische Stadien akkumulieren. Wesentliche Evasionsmechanismen sind wahrscheinlich die dauerhafte Befähigung zur Gewebsmigration als auch die Bildung von ES-Antigen-Antikörper-Komplexen. Die Persistenz somatischer Larven wird im Zusammenhang mit einer immunmodulatorischen Wirkung von Glykoproteinen (bevorzugt O-glykosilierte Moleküle) gesehen, die in relativer Vielfalt und Menge von L3 synthetisiert werden und sich auch auf der Larvenoberfläche finden.

Pathogenese und Krankheitsbild Die Auswirkungen der *Toxocara*-Infektionen sind beim Endwirt (Hund) und bei paratenischen Wirten unterschiedlich.

Krankheitsbild beim Hund

- Leichter bis mittelgradiger intestinaler Befall bei Welpen oder älteren Hunden
  - **Keine oder leichte Symptome:** Erbrechen, Diarrhö, schleimiger Kot, Entwicklungsverzögerung bei Jungtieren.
- Massiver Befall bei Welpen
  - **Gewebeschäden:** Durch Wanderlarven in Leber und Lunge: Hepatitis, Pneumonie, Husten und Nasenausfluss. Disseminierte Granulome in verschiedenen Organen (Leber, Lunge, Nieren, Herzmuskel), insbesondere bei schweren Superinfektionen (▶ **Abb. 11.67**). Augenveränderungen: granulomatöse Retinitis und Chorioretinitis.
  - **Befall des Darmes (▶ Abb. 11.65):** Hypertrophie der Tunica muscularis, Zottenatrophie und Kryptenhyperplasie (ähnlich der *A. suum*-Infektion des Schweins). Klinisch zeigen sich Störungen des Allgemeinbefindens, häufiges Erbrechen (insbesondere nach Futteraufnahme), aufgetriebenes, druckempfindliches Abdomen („Ascaridenbauch"), Gastroenteritis, Kolik, Obstipation im Wechsel mit Diarrhö, ungeformter, schleimiger, z. T. blutiger Kot. Eosinophilie, Anämie, intermittierendes Fieber, wechselnde Anorexie, Abmagerung, Verzögerung der Entwicklung, glanzloses und struppiges Haarkleid, nervöse Störungen sowie rachitische Erscheinungen. Todesfälle durch massiven Darmbefall meist ab der 2. und 3. Lebenswoche. Gelegentlich Einwanderung von Würmern in die Gallenwege oder Perforation der Darmwand.
- Infektion älterer Hunde mit somatischen Larven
  - Inapparenter Verlauf.

Krankheitsbild bei paratenischen Wirten In paratenischen Wirten (Nager, Vögel, Schweine, Schafe, Affen, u. a.) und dem Fehlwirt Mensch gelangen L 3 bei ihrer somatischen Körperwanderung in verschiedene Organe (u. a. Lunge, Leber, Muskulatur, ZNS) und können dabei Veränderungen verursachen, deren Grad von der Larvenzahl und der Reaktionslage des Wirtes abhängt.

Lunge und Leber: Multiple, punktförmige Blutungen, Nekrosen und Granulombildung. Bei starker Infektion können Lungenveränderungen zur Pneumonie führen. Leberveränderungen stellen sich als fibrotische Herde dar, die beim Schwein als Milchflecken bekannt sind (*Ascaris suum*).

Blut: Häufig Eosinophilie und gegen *Toxocara*-Antigene gerichtete Antikörper im Serum.

ZNS: *Toxocara*-Larven verursachen Gewebsveränderungen (fokale und diffuse Gliazellvermehrung, perivaskuläre Zellinfiltrate und Ödeme, destruktive Gefäßwandveränderungen, Entmarkung von Nervenfasern) und teils auch Symptome (Störungen des Gleichgewichtes und der Motorik, Paresen der Hintergliedmaßen u. a.).

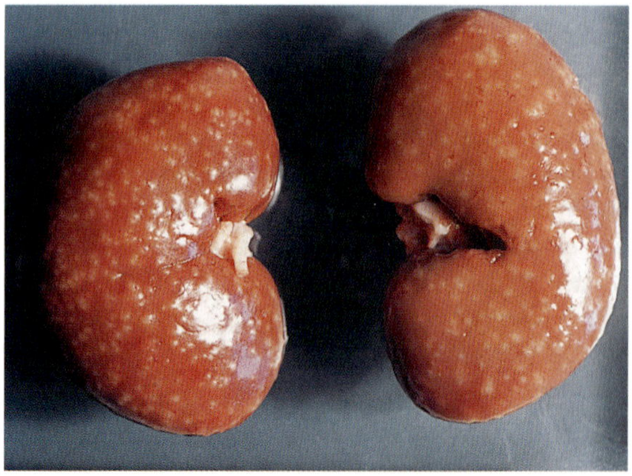

▶ **Abb. 11.67** Nierenveränderungen bei einem älteren Hund, verursacht durch Larven von *Toxocara canis*. (Quelle: Institut für Parasitologie, Stiftung Tierärztliche Hochschule Hannover, M. Stoye)

Augen: Beim Menschen Chorioretinitis, Glaskörpertrübung, Erblindung.

Lebende Larven werden in allen Organen außer dem ZNS bindegewebig eingekapselt, doch können sie die Kapsel verlassen und weiterwandern. Die Larven können jahrelang am Leben bleiben (bei Affen mindestens 10 Jahre). Im Zuge der Toxocarose können verschiedene Krankheitsbilder auftreten, die unten (s. „Zoonotische Bedeutung") näher beschrieben sind.

Diagnose Darmbefall beim Hund durch koproskopischen Nachweis der *T. canis*-Eier (Flotationsverfahren). Eier: rundlich-oval 84 µm (95 %-CI: 83–86) × 77 µm (95 %-CI: 77–78), dickschalig, Oberfläche mit netzförmigen Eindellungen (golfballähnlich), bei Ablage ungefurcht mit dunklem körnigem Inhalt (▶ **Abb. 19.16**). Die Eier sind morphologisch leicht von *Toxascaris*-Eiern zu unterscheiden. Die Differenzierung von den kleineren *T. cati*-Eiern (71 × 64 µm) ist morphometrisch möglich (Spezifität von 92 % bei Ausmessung von einem Ei, 100 % bei mindestens 3 Eiern). Die Diagnose kann auch mit einer molekularen Analyse mit wenigen Eiern bestätigt werden. In Studien in der Schweiz waren 32–75 % der *Toxocara*-Einachweise bei Hunden auf Darmpassagen nach Koprophagie von Katzenkot zurückzuführen; in Litauen Betrug dieser Anteil zwischen Mai und Oktober 13 %, im Winter aber 40 %. Nicht selten werden unreife und reife Spulwürmer spontan im Kot ausgeschieden oder erbrochen. Postmortale Diagnose: Nachweis der Spulwürmer im Darm. Seit Kurzem steht die Möglichkeit eines Kopro-Antigen-Nachweises zur Verfügung. Dieser zeigte bei der Untersuchung von Hunden mit Spulwurminfektion eine sehr hohe Übereinstimmung mit dem koproskopischen *T. canis*-Einachweis und besitzt zudem das Potenzial der Detektion prä- sowie postpatenter Infektionen.

Therapie und Bekämpfung Zur Behandlung des Spulwurmbefalles beim Hund stehen Pyrantelverbindungen, (Pro) Benzimidazole, makrozyklische Lactone und Emodepsid zur Verfügung (▸ Tab. 23.13, ▸ Tab. 23.14), die gegen Darmstadien(im Falle von Emodepsid und makrozyklischen Lactonen auch gegen wandernde Larvalstadien) von *Toxocara* und *Toxascaris* wirken und gut verträglich sind. Resistenzen gegen Anthelminthika wurden bisher nicht beobachtet. Strategische Bekämpfungsmaßnahmen beinhalten jährlich mehrfache, auf individueller Risikoanalyse basierende Behandlungen der Hunde (S. 637).

Zoonotische Bedeutung Menschen können sich durch die akzidentelle Aufnahme larvenhaltiger *Toxocara*-Eier infizieren. Die Larven wandern stets somatisch, gelangen in verschiedene Organe (u. a. Leber, Lunge, Muskulatur, ZNS) und sind Ursache der **Larva migrans visceralis** (LMV) (= **Larva migrans interna**).

Beim Menschen gelten *T. canis* und *T. cati* als wichtigste Erreger der LMV. Menschen infizieren sich akzidentell durch perorale Aufnahme infektionstüchtiger *Toxocara*-Eier (Geophagie, kontaminierte Nahrungsmittel, Hände-Mund-Kontakt). Besonders infektionsgefährdet sind Kleinkinder. Das Fell von Hunden kann mit *Toxocara*-Eiern kontaminiert sein, jedoch entwickeln sich in diesen Eiern äußerst selten infektiöse L 3 und somit stellt der direkte Kontakt mit Hunden kein erhöhtes Infektionsrisiko dar. *Toxocara*-Infektionen bei Menschen sind weltweit und auch in Mitteleuropa häufig (mittlere Seroprävalenzen bei gesunden Personen 1–8 % (z. B. in AT mittlere Seropositivität von 6,3 %).

Nach der Infektion wandern die L 3 in verschiedene Organe ein und verursachen Gewebeläsionen und Granulome (s. o.). Unterschiedliche Formen der LVM werden beim Menschen beobachtet: inapparente LVM (relativ häufig, keine Symptome, spezifische Antikörper sind vorhanden), viszerale LVM, neurale LVM und okuläre LVM. Klinisch manifeste Fälle werden am häufigsten bei Kindern im Alter von 2–5 Jahren beobachtet. Symptome: u. a. Eosinophilie, Leukocytose, Hepatomegalie, Splenomegalie, kurze Fieberepisoden, asthmatische Attacken, pneumonische Erscheinungen, Lymphadenopathie, urtikarielle Hautveränderungen und selten zentralnervöse Störungen. **Okuläre Larva migrans** ist oft durch eine einzige Larve verursacht und führt u. a. zu granulomatöser Chorioretinitis, Glaskörpertrübung und Erblindung. In einigen humanmedizinischen Untersuchungen wurden statistische Assoziationen von positivem *Toxocara*-Antikörperbefund und dem Vorkommen einer allergischen Erkrankung (z. B. Rhinitis, Dermatitis, Asthma) beschrieben.

Toxocara cati

Praxis

Erreger der **Toxocarose** der Feliden. Häufige Infektion bei Katzen. Mitunter schwerwiegende intestinale Erkrankungen bei Katzenwelpen. Bei älteren Katzen meist subklinischer Verlauf.

Zoonose: Klinische Erscheinungen der *Larva migrans* sind vermutlich seltener als bei *T. canis*.

Das Wichtigste in Kürze

- **Erreger und Vorkommen.** Bis 12 cm lange Nematoden (♀♀), weltweit häufige Parasiten bei Katzen und Wildfeliden.
- **Entwicklung, Epidemiologie.** Feliden als Endwirte scheiden *Toxocara*-Eier mit dem Kot aus. In der Außenwelt Entwicklung einer infektiösen L 3 im Ei. Mit *T. cati* können sich Endwirte wie folgt infizieren: (a) horizontal durch perorale Aufnahme infektiöser L 3 in Eiern oder in paratenischen Wirten, (b) vertikal durch laktogene Übertragung von L 3. Die vertikale Übertragung setzt eine somatische Wanderung von Larven oder ein Reservoir hypobiotischer Larven in der Kätzin voraus.
- **Pathogenese, Krankheitsbild.** Massiver *Toxocara*-Befall verursacht bei Katzenwelpen u. a. Erbrechen, Gastroenteritis, Durchfall, Verzögerung der Entwicklung, selten Todesfälle.
- **Diagnose, Therapie, Bekämpfung.** Einachweis im Kot (Flotationsverfahren) bei patentem Befall, teils Ausscheidung unreifer Stadien aus dem Darmtrakt in der Präpatenz. Therapie des intestinalen Befalles u. a. mit Benzimidazol-Verbindungen, Pyrantel, makrozyklischen Lactonen oder Emodepsid. Bekämpfung durch strategische Behandlungen und Hygienemaßnahmen.
- **Zoonotische Bedeutung.** Siehe *T. canis* (S. 341).

Erreger *Toxocara cati* (Syn. *Toxocara mystax*). Adulte: Kennzeichen der Gattung s. *T. canis* (S. 336), Cervicalflügel breiter und stärker gewölbt als bei *T. canis*, sodass das Vorderende einer Pfeilspitze ähnelt (▸ Abb. 11.64); ♂♂ 3–7 cm, ♀♀ bis 12 cm lang und mit oft eingerolltem Hinterende, das 2 Spicula trägt. Eier s. u., Diagnose. Dünndarmparasit der Katze und wild lebender Feliden (u. a. Wildkatze, Luchs). *T. malaysiensis* ist eine weitere, bei Hauskatzen in Malaysien und China beschriebene Art.

Entwicklung Abgesehen davon, dass bei *T. cati* keine pränatalen Infektionen vorkommen, entspricht die Entwicklung weitgehend der von *T. canis*. Folgende Wege der Infektion und der Körperwanderung spielen eine Rolle:

Infektion mit Eiern, die eine L 3 enthalten Tracheale Wanderung der Larven wie bei *T. canis*. Präpatenz: etwa 8 Wochen. Einige Larven gelangen dabei auch in die Muskulatur.

Somatische Wanderung und laktogene Übertragung von L 3 auf Neugeborene: nur Infektionen während des letzten Drittels der Trächtigkeit oder der frühen Laktation führen zur somatischen Wanderung der Larven und Akkumulation in der Milchdrüse. Die Larven werden dann während der gesamten Laktationsperiode in der Milch ausgeschieden. Präpatenz: meist 8 Wochen, selten nur 4 Wochen.

Infektion mit L 3 in paratenischen Wirten Eindringen der meisten Larven in die Magen- und Dünndarmwand, dort Weiterentwicklung und Rückkehr in das Darmlumen (selten auch tracheale Wanderung).

Vorkommen und Epidemiologie *T. cati* ist weltweit der häufigste Spulwurm der Katze, seltener wird *Toxascaris leonina* gefunden. In einer Studie aus 9 europäischen Ländern waren im Mittel 19,7 % der Katzen (n = 1519) koproskopisch positiv für *T. cati*-Eier (Prävalenz in den verschiedenen Ländern: 6–34 %).

Krankheitsbild Das klinische Erscheinungsbild kann respiratorische Störungen (Husten), gastrointestinale Störungen (Darmkatarrh mit breiigem Kot, Erbrechen, aufgetriebenes Abdomen) und allgemeine Symptome (Dehydrierung, Anämie, struppiges, glanzloses Haarkleid, Abmagerung), gelegentlich auch rachitische Erscheinungen beinhalten.

Diagnose Patente Infektionen über koproskopischen Einachweis (Flotationsverfahren). Die leicht länglichovalen Eier von *T. cati* (71 × 64 µm) unterscheiden sich von *Toxascaris*-Eiern, sie sind etwas kleiner als die Eier von *T. canis* (S. 336). Wandernde Larven können Eosinophilie und bronchopulmonäre Läsionen verursachen, die mit bildgebenden Verfahren sichtbar gemacht werden können. Differenzialdiagnostisch erlaubt die Bildgebung keine Unterscheidung von *Dirofilaria immitis*- oder *Aelurostrongylus abstrusus*-Infektionen.

Therapie und Bekämpfung Zur Behandlung sind die beim Hund zur Therapie von *T. cati*-Infektionen bewährten Anthelminthika sowie zusätzlich Eprinomectin verfügbar (▸ **Tab. 23.13**, ▸ **Tab. 23.14**). Bekämpfung siehe Toxocarose (S. 637).

Zoonotische Bedeutung Siehe *T. canis* (S. 341).

Toxocara vitulorum

Toxocara vitulorum (♂♂ 6–25 cm, ♀♀ 8–30 cm lang) parasitiert im Dünndarm vom Rind, Wasserbüffel und selten beim Schaf. Verbreitung hauptsächlich in den Tropen, in Mitteleuropa selten und fokal vorkommend. Die perorale Aufnahme von Eiern mit L 3 führt unabhängig von Alter und Geschlecht der Endwirte zur somatischen Wanderung über Leber und Lunge und zur Ansiedlung der L 3 in den Parenchymen, wo sie in Hypobiose gehen. Bei infizierten trächtigen Tieren kommt es wenige Tage vor der Geburt zur Aktivierung der Larven und zur Wanderung zum Euter. Die Hauptmenge der Larven wird mit der Milch in den ersten 2 Tagen post partum ausgeschieden, nach dem 9. Tag finden sich nur noch sehr wenige L 3 in der Milch. Im Kalb siedeln sich die Larven ohne vorherige Körperwanderung direkt im Dünndarm an und entwickeln sich zu Adulten; Präpatenz 3–4 Wochen, Patenz i. d. R. 5–10 Wochen. Pränatale Infektionen werden vermutet. Bei hochgradig infizierten Kälbern variable Darmsymptomatik, in schweren Fällen Tod. Durch Valeriansäure, die von den Parasiten abgesondert wird, sind Geruchsveränderungen des Fleisches möglich. Diagnose durch Nachweis der Eier beim Kalb ab der 3. Lebenswoche. In Problemhaltungen metaphylaktische Behandlung der Kälber gegen unreife Darmstadien in der 2. Lebenswoche mit Benzimidazolen oder makrozyklischen Lactonen. Bei Import von Tieren, insbesondere von Kälbern, aus endemischen Gebieten sind Maßnahmen gegen eine mögliche Einschleppung zu treffen (Quarantäne, serologische und koproskopische Untersuchung, Therapie bei patenten Infektionen).

Literaturhinweise

Coati N, Schnieder T, Epe C. Vertical transmission of *Toxocara cati*. Schrank 1788 (Anisakidae) in the cat. Parasitol Res 2004; 92: 142–146

Dillon AR, Tillson DM, Hathcock J et al. Lung histopathology, radiography, high resolution computed tomography, and brochio-alveolar lavage cytology are altered by *Toxocara cati* infection in cats and is independent of development of adult intestinal parasites. Vet Parasitol 2013; 193: 313–426

Deplazes P, van Knapen F, Schweiger A et al. Role of pet dogs and cats in the transmission of helminthic zoonoses in Europe, with a focus on echinococcosis and toxocarosis. Vet Parasitol 2011; 182: 41–53

Elsemore DA, Geng J, Cote J et al. Enzyme-linked immunosorbent assays for coproantigen detection of *Ancylostoma caninum* and *Toxocara canis* in dogs and *Toxocara cati* in cats. J Vet Diagn Invest 2017; 29: 645–653

ESCCAP. Bekämpfung von Würmern (Helminthen) bei Hunden und Katzen. ESCCAP 2014; www.esccap.ch, www.esccap.de

Fahrion AS, Staebler S, Deplazes P. Patent *Toxocara canis* infections in previously exposed and helminth-free dogs after infection with low numbers of embryonated eggs. Vet Parasitol 2008; 152: 108–115

Janecek E, Beineke A, Schnieder T et al. Neurotoxocarosis: marked preference of *Toxocara canis* for the cerebrum and *T. cati* for the cerebellum in the paratenic model host mouse. Parasit Vectors 2014; 7: 194

Kleine A, Springer A, Strube C. Seasonal variation in the prevalence of *Toxocara* eggs on children's playgrounds in the city of Hanover, Germany. Parasit Vectors 2017; 10: 24–28

Nijisse R, Ploeger HW, Wagenaar JA et al. *Toxocara canis* in household dogs: prevalence, risk factors and owners' attitude towards deworming. Parasitol Res 2015; 114: 561–569

Pinelli E, Herremans T, Harms MG et al. *Toxocara* and *Ascaris* seropositivity among patients suspected of visceral and ocular larva migrans in the Netherlands: trends from 1998 to 2009. Eur J Clin Microbiol Infect Dis 2011; 30: 873–879

Sager H, Steiner Moret C, Grimm F et al. Coprological study on intestinal helminths in Swiss dogs: Temporal aspects of anthelminthic treatment. Parasitol Res 2006; 98: 333–338

Schnieder T, Laabs EM, Welz C. Larval development of *Toxocara canis* in dogs. Vet Parasitol 2011; 175: 193–206

Strube C, Heuer L, Janecek E. *Toxocara* spp. infections in paratenic hosts Vet Parasitol 2013; 193: 375–389

Strube C, Janecek E, Heuer L. Die Toxokarose des Hundes – wichtige Aspekte für die tierärztliche Praxis. Tierärztl Prax 2013; 41(K): 181–189

Venjakob PL, Thiele G, Clausen PH et al. *Toxocara vitulorum* infection in German beef cattle. Parasitol Res 2017; 116: 1085–1088

Vienazindiene Z, Joekel DE, Schaper R et al. Longitudinal study for anthelmintic efficacy against intestinal helminths in naturally exposed Lithuanian village dogs: critical analysis of feasibility and limitations. Parasitol Res 2018; 117: 1581–1590

Überfamilie Heterakoidea, Familie Heterakidae

Die Überfamilie Heterakoidea mit den Familien Heterakidae und Ascaridiidae sind Darmbewohner, die in der Veterinärmedizin vor allem als Parasiten des Nutzgeflügels von Interesse sind. Charakteristisch für beide Familien ist das Hinterende der Männchen, das Caudalflügel und ventral einen präkloakalen Saugnapf trägt (▸ Abb. 11.68).

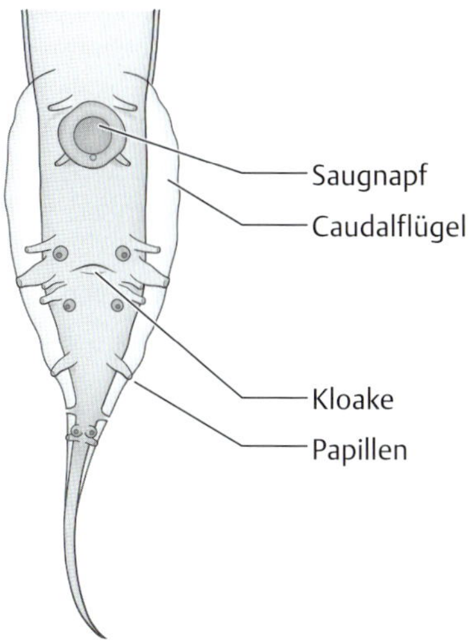

▸ **Abb. 11.68** *Heterakis*: Männchen, Hinterende. (Grafik: Anne Seeger, Vetsuisse-Fakultät, Universität Zürich; nach Skrjabin, K. I. et al. (1954): Opredelitel Parasititscheskich Nematod, Tom II. Oxyurati i Askaridati. Isdatlestwo Akademii Nauk SSSR, Moskwa)

Gattung *Heterakis*

Praxis

Erreger der **Heterakiose** des Geflügels. Die beim Geflügel bedeutendsten *Heterakis*-Arten parasitieren vorwiegend in den Blinddärmen. Besondere Bedeutung besitzt *H. gallinarum*, da er als Vektor für *Histomonas meleagridis* (Erreger der Schwarzkopfkrankheit) dient.

Heteros (gr.): anders, verschieden; *akis* (gr.): Spitze.

Das Wichtigste in Kürze

- **Erreger.** *Heterakis*-Arten sind etwa 1–2 cm lange Parasiten, vorwiegend in den Caeca von Vögeln; die wichtigste Art bei Hühnervögeln ist *H. gallinarum*.
- **Entwicklung, Krankheitsbild.** Homoxener Zyklus oder Entwicklung mit Regenwürmern als paratenische Wirte. Schwerer Befall verursacht Typhlitis. Eine besondere Bedeutung hat *H. gallinarum* als Überträger von *Histomonas meleagridis*, dem Erreger der enzootischen Typhlohepatitis (engl. *Blackhead Disease*) der Truthühner.
- **Diagnose:** *Heterakis*-Eier sind von *Ascaridia*-Eiern nur schwer zu unterscheiden.

Erreger *Heterakis gallinarum:* Weltweit verbreiteter Parasit in den Caeca einer Vielzahl von Nutz- und Wildvögeln aus der Ordnung der Hühnervögel (Huhn, Truthuhn, Rebhuhn u. a.), gelegentlich auch bei Gänsevögeln (Anseriformes). ♂♂ 6–13 mm, ♀♀ 9–15 mm; Ösophagus mit Bulbus, lange Lateralflügel, Hinterende bei Männchen und Weibchen in einer feinen Spitze auslaufend, beim Männchen Caudalflügel und präkloakaler Saugnapf (▸ Abb. 11.68). Eier: 65–80 × 35–45 µm, mit dunkler Zygote, dickschalig, Eioberfläche glatt.

H. isolonchae: In Europa vor allem bei Fasanen und Wachteln.

H. dispar: Weltweit in den Blinddärmen von Gänsevögeln, selten bei Hühnervögeln.

Entwicklung, Epidemiologie und Vorkommen Die adulten Stadien von *H. gallinarum* leben in den Caeca, selten im hinteren Dünndarm oder im Dickdarm. In den mit den Fäzes abgehenden Eiern entwickelt sich im Freien bei 25–27 °C in etwa 2 Wochen eine L3, bei niedrigeren Temperaturen später. Nach peroraler Aufnahme der Eier schlüpfen die Larven, wandern in die Blinddärme und werden dort, häufig nach einer kurzen histotropen Phase, geschlechtsreif. Die Präpatenz beträgt je nach Wirtsart und Alter des Tieres 24–34 Tage.

In die Entwicklung können als paratenische Wirte Regenwürmer eingeschaltet sein, die mehrere Jahre überleben. Die larvenhaltigen Eier sind langlebig, sie bleiben unter günstigen Bedingungen im Freien 8–9 Monate infektiös und überdauern auch den Winter. Als Überträger von *Histomonas meleagridis* kommt *H. gallinarum* eine besondere Bedeutung zu, wenngleich sich im Gegensatz zu früherer Ansicht gezeigt hat, dass *H. meleagridis* (S. 52) auch direkt von Vogel zu Vogel übertragen wird.

Bei Bodenhaltung und Freilandhaltung von Hühnern in Deutschland Prävalenzen bis 25 %, bei Freilandhaltung in Südtirol (IT) Prävalenz von 96 % (*H. gallinarum*); aus Dänemark wurden unter Bedingungen biologischer Tierhaltung Prävalenzen bis 75 % berichtet. *H. gallinarum* kommt oftmals vergesellschaftet mit *Ascaridia galli* vor.

Pathogenese und Krankheitsbild Schwerer Befall mit *H. gallinarum* verursacht bei Hühnern Typhlitis mit Hämorrhagien und Knötchenbildung in der Schleimhaut, Inappetenz, Diarrhö und führt zur Beeinträchtigung der Mast- und Legeleistung. Koinfektionen mit *Histomonas meleagridis* (S. 52) führen zu verstärkten Krankheitserscheinungen. Ausgeprägte Krankheitserscheinungen werden bei *H. isolonchae*-befallenen Fasanen beobachtet.

Diagnose Nachweis der Parasiten bei der Sektion. Die Eier (Flotationsverfahren) von *Heterakis* spp. und *Ascaridia galli* sind einander sehr ähnlich; Erstere sind zwar etwas kleiner, doch ist eine sichere Differenzialdiagnose oft nicht möglich.

Therapie und Bekämpfung Gegen *H. gallinarum* wirksam und zur Anwendung beim Geflügel sind verschiedene Anthelminthika zugelassen (Fenbendazol, Flubendazol, Levamisol und Piperazin; letzteres hat allerdings eine variable Wirkung) (▸ **Tab. 23.20**). Die Bekämpfung der Heterakiden ist bei Freilandhaltung wegen der Widerstandsfähigkeit der Eier und vor allem wegen der Einbeziehung der Regenwürmer als Transportwirte und dem breiten Sprektrum von Wildvogelwirten äußerst schwierig.

Überfamilie Heterakoidea, Familie Ascaridiidae

Gattung *Ascaridia*

Praxis

Erreger der **Ascaridiose** des Geflügels. *Ascaridia* spp. sind die wirtschaftlich bedeutsamsten Würmer des Geflügels. Diese Spulwürmer des Geflügels parasitieren im Dünndarm und können mit schwerwiegenden Enteritiden einhergehen.

Das Wichtigste in Kürze

- **Morphologie, Arten.** *Ascaridia*-Arten sind bis 12 cm lange Nematoden, die vorwiegend im Dünndarm von Hühnervögeln und Tauben parasitieren. Häufigste Art: *Ascaridia galli*, der Spulwurm des Huhns.
- **Entwicklung, Vorkommen, Krankheitsbild.** Homoxener Zyklus. Vorkommen bei Hühnern in Freiland- und Bodenhaltung häufig. Starker Befall bewirkt Leistungsminderungen und Enteritis. *Ascaridia dissimilis* bei Truthühnern verursacht auch Darmwandnekrosen.
- **Diagnose:** *Ascaridia*-Eier sind von *Heterakis*-Eiern nur schwer zu unterscheiden.

Erreger Vertreter der Gattung parasitieren vor allem bei Hühnervögeln und Tauben im Dünndarm. Arten: *Ascaridia galli* bei Hühnervögeln (Huhn, Truthuhn, Perlhuhn, Federwild; weltweit), *A. dissimilis* beim Truthuhn (Europa, Nordamerika), *A. columbae* bei Tauben (weltweit).

Die gelblichen Adulten von *A. galli* sind 1,5–7,5 cm (♂♂) und 3–12 cm (♀♀) lang. Die Mundöffnung ist von 3 Lippen umstanden, der Ösophagus hat keinen Bulbus. Das Hinterende ist stumpf konisch, beim Männchen mit schmalen Caudalflügeln und präkloakalem Saugnapf. Eier: 77–94 × 43–55 µm, ellipsoidal, mit dunkler Zygote, dickschalig, mit glatter Oberfläche; starke Ähnlichkeit mit Eiern von *Heterakis*, aber etwas größer.

Entwicklung Die exogene Entwicklung von *A. galli* findet ab einer Temperatur von etwa 10 °C statt. Bei ausreichender Feuchtigkeit entsteht die infektiöse L3 bei 23 °C im Ei in 10 Tagen, bei 17 °C in 3 Wochen und bei 15 °C in 8 Wochen. Nach peroraler Aufnahme schlüpft die Larve im Dünndarm und invadiert in den meisten Fällen die Darmwand oder die Lieberkühnschen Drüsen. Nach einer Häutung kehren einige Parasiten in der 3. Woche p. i. in das Darmlumen zurück und erreichen 5–8 Wochen p. i. die Geschlechtsreife. Ein beachtlicher Anteil der Larven verbleibt für längere Zeit in der Darmwand (siehe unten, Immunologie). *Ascaridia*-Arten zeigen eine Tendenz zur extra-intestinalen Wanderung und werden dann als Larven in der Leber und in anderen parenchymatösen Organen gefunden, wo sie mehrere Wochen persistieren können, wie bei *A. dissimilis* und *A. columbae*.

Vorkommen und Epidemiologie *A. galli* kommt häufig bei Hühnern in unterschiedlichen Haltungsformen vor. In Dänemark wurde bei Hühnern eine Prävalenz von 64 % in Freilandhaltung, von 42 % in Bodenhaltung und von 37 % in Kleinstbetrieben (Hinterhofhaltung) beschrieben. Auch bei Freilandhaltungen in Südtirol (IT) waren 64 % der Hennen infiziert. Bei Puten und Tauben sind *A. dissimilis* bzw. *A. columbae* häufige Parasiten. Der Befall wird durch feuchte Bodenverhältnisse, unter denen *Ascaridia*-Eier bis 1 Jahr überleben, begünstigt.

Pathogenese mit Krankheitsbild Beginnend mit den frühen Infektionsphasen kommt es zu Epithel- und Gewebsschäden (Zerstörung der Lieberkühnschen Drüsen), letztlich zu hämorrhagischen Enteritiden im Dünndarm, bei *A. dissimilis*-Befall auch zu Darmwandnekrosen. Vor allem bei *A. dissimilis*-infizierten Truthühnern verursachen in die Leber geschwemmte juvenile Parasiten mehrere Millimeter große, meist subkapsulär liegende Granulome. In den USA wurden 1999 deswegen 43 % aller Putenlebern konfisziert. Bei Puten wurde in *A. dissimilis*-assoziierten Darmläsionen starkes bakterielles Wachstum (*Escherichia coli, Clostridium perfringens*) beobachtet. Bei schweren Infektionen wandern die heranwachsenden und adulten Parasiten in den Magen, in die Kloake, gelegentlich in den Eileiter, wo sie im Eiweiß von der Kalkschale umschlossen werden können. Klinisch betroffen sind vor allem Jungtiere. Enteritiden führen zu verringerten Gewichtszunahmen und beeinträchtigtem Wachstum; die Futteraufnahme geht zurück, die Tiere entwickeln eine Anämie, die Empfänglichkeit gegen andere Krankheitserreger ist erhöht. Wachstum und Futterverwertung sind besonders bei *A. dissimilis*-Infektionen reduziert.

Immunologie Zwischen und innerhalb unterschiedlicher Hühnerrassen bestehen in der Empfänglichkeit für *A. galli* deutliche Unterschiede, die wahrscheinlich auf der angeborenen Immuntät beruhen. Bei *A. galli*-infizierten Hühnern entwickelt sich i. d. R. eine Th 2-vermittelte, partielle Immunität, die zu einer graduellen Elimination der Würmer während der Präpatenz führt. Beruhend auf erworbenen Immunreaktionen oder anderen Faktoren verbleibt jedoch ein beträchtlicher Anteil der Larven für längere Zeit als „gehemmte" Stadien in der Darmwand.

Diagnose Nachweis der Parasiten bei der Sektion oder der Eier im Kot (Flotationsverfahren). Die Abgrenzung von den etwas kleineren Eiern von *H. gallinarum* gelingt nicht immer.

Therapie und Bekämpfung Das Spektrum wirksamer Anthelminthika gleicht dem, das bei *Heterakis*-Infektionen eingesetzt werden kann (▶ **Tab. 23.20**). Die Bekämpfung ist wegen der Langlebigkeit der Eier vor allem im Freiland schwierig. Bei Innenhaltung sollte auf trockene Bodenverhältnisse geachtet und bei der Desinfektion Wurmeier abtötende Präparate verwendet werden.

Literaturhinweise

Gauly M, Bauer C, Preisinger R et al. Genetic differences of *Ascaridia galli* egg output in laying hens following a single dose infection. Vet Parasitol 2002; 103: 99–107

Ferdushy T, Schou TW, Norup LR et al. Acquisition of resistance after continuous infection with *Ascaridia galli* in chickens. Parasitology 2014; 141: 1603–1610

Höglund J, Jansson DS. Infection dynamics of *Ascaridia galli* in non-caged laying hens. Vet Parasitol 2011; 180: 267–273

Tabrat B, Jansson DS, Höglund J. Environmental tolerance of free-living stages of the poultry roundworm *Ascaridia galli*. Vet Parasitol 2015; 209: 101–107

Wongrak K, Das G, von Borstel UK et al. Genetic variations for worm burdens in laying hens naturally infected with gastro-intestinal nematodes. Br Poultry Sci 2015; 56: 15–21

Wuthijaree K, Lampertz C, Gauly M. Prevalence of gastrointestinal helminth infections in free-ranging hens under mountain farming production conditions. Br Poult Sci 2017; 58: 649–655

Überfamilie Ascaridoidea (Spulwürmer), Familie Anisakidae

Praxis

Erreger der **Anisakidose**.

Zoonose: Arten dieser Familie haben lebensmittelhygienische Bedeutung, da Larvenstadien mit Produkten aus rohem oder unzureichend vorbehandeltem Fisch auf Menschen übertragbar sind und die „Heringswurmkrankheit" mit Läsionen im Magen-Darm-Trakt sowie allergische Reaktionen verursachen können. Da Anisakidenlarven in bestimmten Fischarten häufig vorkommen, sind Maßnahmen zur Vermeidung zoonotischer Infektionen (z. B. Tiefgefrieren des Fisches) gesetzlich geregelt.

Das Wichtigste in Kürze

- Adulte Stadien bestimmter Arten (*Anisakis simplex* sensu stricto u. a.) parasitieren im Gastrointestinaltrakt carnivorer Meeressäuger (z. B. Robben, Wale) und geben unembryonierte Eier ab. In der Außenwelt Entwicklung einer infektiösen L 3, die aus dem Ei schlüpft. Als Zwischwirte für die L 3 dienen u. a. Garnelen und Krill, als paratenische Wirte können z. B. Ruderfusskrebse, Tintenfische und Fische fungieren.
- L 3 von Anisakidae kommen weltweit mit teilweise hohen Prävalenzen in Fischen als paratenischen Wirten vor. Werden lebende L 3 vom Menschen aufgenommen (Verzehr von rohem oder unzureichend vorbehandeltem Fisch), können Magen-Darm-Beschwerden oder allergische Reaktionen resultieren. Daher ist eine Kontrolle bei der Fischverarbeitung bzw. Maßnahmen zur Abtötung der Larven (z. B. Gefrierbehandlung) gesetzlich vorgeschrieben.

Erreger Ätiologisch spielen nur jene Arten eine Rolle, die im Adultstadium in Warmblütern (Säugetiere, Vögel) parasitieren. Dazu gehören u. a. *Anisakis simplex* sensu stricto (s.s.)und *A. physetis* (Endwirte: Zahnwale), *Pseudoterranova decipiens* (Syn. *Phocanema decipiens*) (Endwirte: Seehund, Seelöwen, Walross), *Contracaecum osculatum* (Endwirte: Seebären) und *Porrocaecum reticulatum* (Endwirte: Seevögel). Humane Infektionen werden meist durch *Anisakis*- und *Pseudoterranova*-Arten verursacht. *A. simplex* s.s. dient im Folgenden als Beispiel.

Entwicklung Die adulten Stadien von *A. simplex* s.s. (♂♂ 3–13 cm, ♀♀ 4–20 cm) leben im Magen und Dünndarm von Zahnwalen oder weniger häufig von Robben. Der Entwicklungszyklus stellt sich wie folgt dar (▸ **Abb. 11.69**): In den unembryonierten Eiern von *A. simplex*, die im Kot der Endwirte ins Meerwasser gelangen, entwickeln sich bescheidete L 3. Diese schlüpfen aus und werden von Krebsen (u. a. Garnelen, Euphausiacea) als Zwischenwirte aufgenommen, in denen sie die Scheide verlieren, bis etwa 20 mm heranwachsen und Infektiosität für paratenische Wirte und Endwirte erreichen. Wahrscheinlich können Copepoden (Ruderfußkrebse) als Transportwirte dienen (▸ **Abb. 11.69**). Beim Verzehr infizierter Zwischen- oder Transportwirte durch Fische gehen die Larven in deren Leibeshöhle über und kapseln sich z. T. zwischen den Eingeweiden, in der Leber und in der Muskulatur ein. Auch Tintenfische sind empfänglich. Mit diesen paratenischen Wirten können L 3 von weiteren paratenischen Wirten (Fische, Tintenfische) aufgenommen werden und in die-

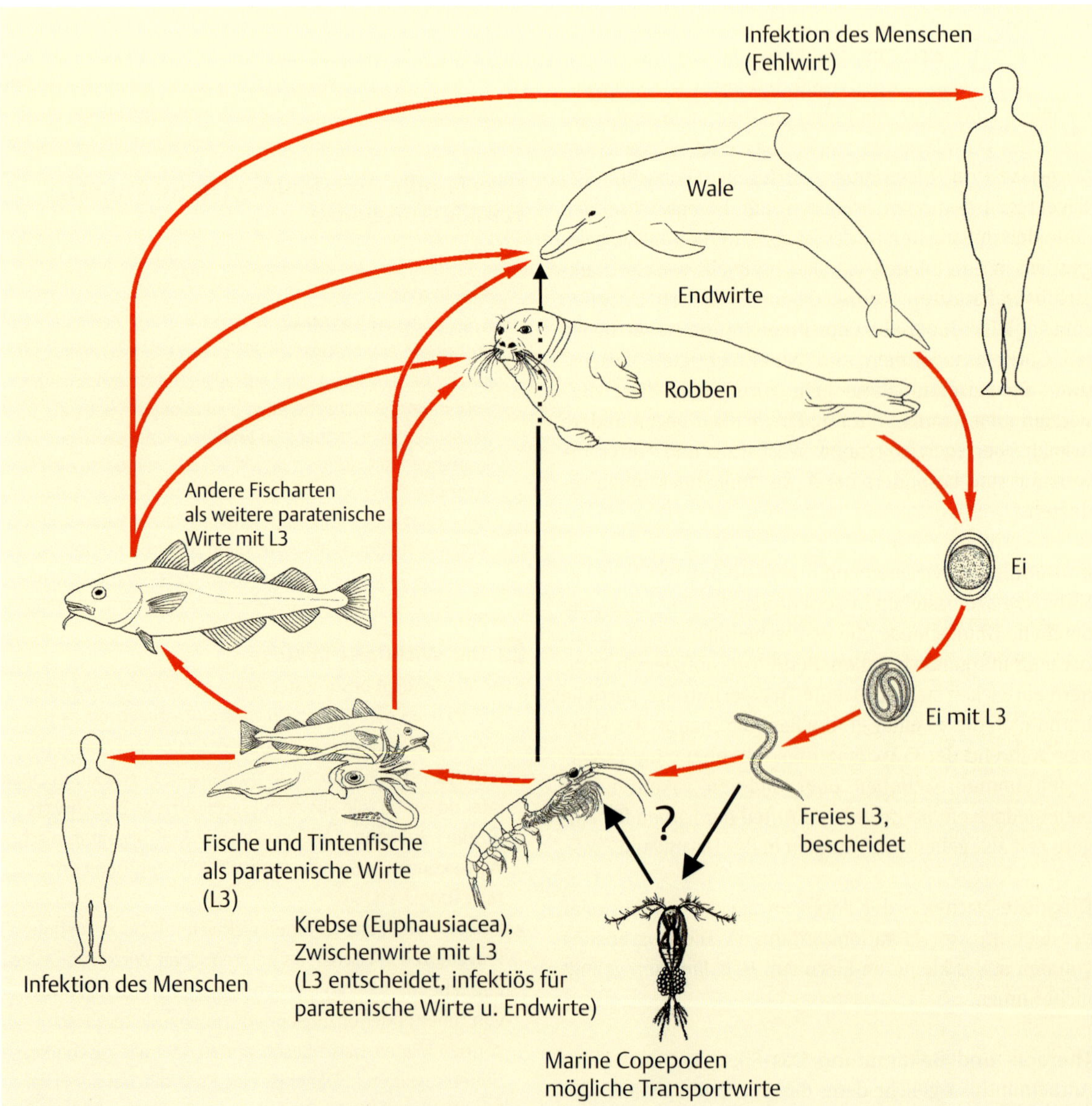

▸ **Abb. 11.69** Entwicklungszyklus von *Anisakis simplex*. (Grafik: nach einer Vorlage von Johannes Eckert und Peter Deplazes, Vetsuisse-Fakultät, Universität Zürich)

sen akkumulieren. Verzehren Endwirte infizierte Zwischenwirte oder paratenische Wirte, siedeln sich die Nematoden direkt im Magen oder Darm an und entwickeln sich über 2 Häutungen zur Geschlechtsreife. Bemerkenswert ist, dass die Entwicklung bei relativ tiefen Temperaturen (um 5 °C) stattfinden kann und die freien L 3 in kühlem Meerwasser bis etwa 3 Monate überleben. Andere Anisakidae haben ähnliche Entwicklungszyklen wie *A. simplex*.

Epidemiologie und Vorkommen *Anisakis* spp. kommen weltweit mit einer artspezifisch geografischen Verbreitung vor, die wahrscheinlich von dem jeweiligen Wanderungsverhalten der Endwirte abhängt. *A. simplex*-Larven sind in über 150 Fisch- und Tintenfischarten mit z. T. hohen Prävalenzen gefunden worden. So war in einer kürzlichen Studie (2015) 80 % der Tiefenrotbarschpopulation (*Sebastes mentella*) aus dem Nordatlantik mit *Anisakis*-Larven infiziert; dabei wurden 63 % der Würmer in den Eingeweiden und 37 % in der Muskulatur gefunden (▶ **Abb. 11.70**).

Diagnose und Prophylaxe Die Prophylaxe erfolgt nach Regelungen der EU (VO [EG] Nr. 854/2004): Verpflichtung der Unternehmer zu Eigenkontrollen (meist Stichproben) bei der Fischverarbeitung, z. B. Kontrollen auf sichtbare Parasiten (Länge der Larven von Anisakiden etwa 5–38 mm), Durchleuchten von Fischfilets, falls technisch möglich. Befallene Fische oder Fischteile dürfen nicht als Speisefisch vermarktet werden. Die Differenzialdiagnose der Larven verschiedener Arten von Anisakidae erfolgt über morphologische Kriterien oder DNA-Analysen. Fische oder Fischerzeugnisse, die naturbelassen verzehrt werden sollen, müssen für mindestens 24 h bei einer Kerntemperatur von –20 °C gefroren werden, um die Nematodenlarven abzutöten. Als „naturbelassen" gilt Fisch, der roh oder quasi roh verzehrt wird (z. B. Sushi, Sashimi, Matjeshering) oder bei Temperaturen unter 60 °C „kalt" geräuchert wird (Hering, Makrele, Sprotte, marinierter [graved-]Lachs); dazu gehört auch marinierter oder gesalzener Hering, wenn die gewählte Behandlung zur Abtötung der Nematoden nicht ausreicht. Für den Hausgebrauch reicht Erhitzen (> 70 °C, mindestens 2 min) oder Einfrieren (4 d) als prophylaktische Maßnahme aus.

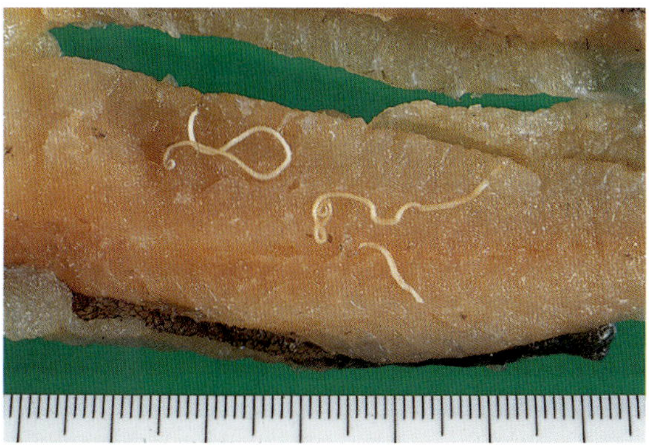

▶ **Abb. 11.70** Fisch mit Larven von Anisakiden (Länge bis 20 mm; die Larven wurden isoliert und auf die Muskulatur gelegt, um sie besser sichtbar zu machen). (Quelle: Institut für Parasitologie, Vetsuisse-Fakultät, Universität Zürich)

Zoonotische Bedeutung Menschen können sich durch Verzehr von unzureichend zubereitetem Meerfisch mit Anisakiden-Larven infizieren (siehe oben). Im Menschen können lebende Larven in die Wand des Intestinaltrakts (vom Ösophagus bis zum Rektum; *Pseudoterranova* befällt insbesondere den Magen) eindringen und ulzerative Läsionen verursachen. Nach einer Inkubationszeit von wenigen Stunden bis mehreren Tagen zeigen Patienten u. a. Abdominalschmerzen, Übelkeit, Erbrechen, Fieber. Wenn der Dünndarm betroffen ist, kann Stenose und Ileus auftreten. Anisakiden enthalten thermostabile Allergene, die zur Sensibilisierung führen. Bei erneuter Konfrontation mit dem Allergen (auch aus abgetöteten Larven) können teils schwere allergische Reaktionen auftreten. Bedingt durch besondere Ernährungsgewohnheiten treten 90 % der Fälle menschlicher Anisakidose in Japan auf; ansonsten kommt es vor allem in Korea, Europa (z. B. CH [Import], DE, ES, IT, NL und FR) zu Infektionen.

Literaturhinweise

Baird FJ, Gasser RB, Jabbar A et al. Foodborne anisakiasis and allergy. Mol Cell Probes 2014; 28: 167–174

FAO. Code of practice for fish and fishery products. CAC/RCP 52-2003; 2012. Erhältlich unter: www.codexalimentarius.org/download/standards/10273/CXP_052e.pdf

Klapper R, Kuhn T, Münster J et al. Anisakid nematodes in beaked redfish (*Sebastes mentella*) from three fishing grounds in the North Atlantic, with special notes in distribution in the fish musculature. Vet Parasitol 2015; 207: 72–80

Klimpel S, Palm W. Anisakid nematode (Ascaridoidea) life cycles and distribution: increasing zoonotic potential in time of climate change? In: Mehlhorn H, ed. Progress in Parasitology. Heidelberg: Springer; 2011: 201–222. ISBN: 978-3-642-21395-3

Sohn WM, Chai JY. Anisakiosis (Anisakidosis). In: Palmer SR, Lord Soulsby, Torgerson PR, Brown DWG, eds. Oxford Textbook of Zoonoses. 2nd ed. Oxford, UK: Oxford University Press; 2011: 774–786. ISBN: 978-0-19-857002-8

11.2.4 Ordnung Oxyurida (Pfriemenschwänze)

Oxys (gr.): scharf, spitz; *ura* (gr.): Schwanz. Bezug auf das lange und spitze, „pfriemenartige" Hinterende der Weibchen (Pfriem: spitzes Schusterwerkzeug). Engl.: *pinworms*.

Das Wichtigste in Kürze

- **Erreger.** Vertreter der Oxyurida leben im Darmkanal eines breiten Spektrums niederer und höherer Wirbeltiere. Kennzeichen der Oxyuren sind u. a.: Ösophagus mit deutlichem Bulbus, lang ausgezogener Schwanz der Weibchen, Länge zwischen < 1 cm (♂♂) und bis zu 12 cm (♀♀); Eier teils asymmetrisch und teils mit einem Polpfropf. In Mitteleuropa häufig bei Equiden (*Oxyuris equi*), Kaninchen und Hase (*Passalurus ambiguus*), Labornagern (*Syphacia*-Arten, *Aspiculuris tetraptera*) und Schildkröten (hier nicht berücksichtigt), selten bei Schaf und Ziege (*Skrjabinema ovis*).
- **Entwicklung, Epidemiologie.** Entwicklung direkt. Infektion der Wirte durch Aufnahme L 3-larvenhaltiger Eier. Besonderheiten der Biologie (z. B. Eiablage in der Perianalgegend, teils auch Autoinfektionen) begünstigen die Ausbreitung und Persistenz des Parasiten im Bestand.
- **Krankheitsbild, Diagnose, Bekämpfung.** Bei Pferd und kleinen Wiederkäuer vor allem Juckreiz in der Perianalgegend und Beunruhigung der Wirte. Bei Kaninchen abhängig von der Befallsstärke verminderte Mastleistung und Abmagerung. Diagnose artabhängig durch Einachweis an Perianalhaut (Klebestreifenmethode), im Kot oder bei Sektion (Nager). Chemotherapie mit verschiedenen Anthelminthika sowie Hygienemaßnahmen (s. u.).

Familie Oxyuridae

Gattung *Oxyuris*

Oxyuris equi (Pfriemenschwanz der Equiden)

Praxis

Erreger der **Oxyuriose** der Equiden. Recht häufiger Dickdarmparasit bei Equiden. Charakteristisch ist die Eiablage auf der Haut der Analregion, was Juckreiz als klinisches Symptom verursacht.

Erreger Die mit einem Spiculum ausgestatteten ♂♂ von *O. equi* erreichen Längen von 0,8–1,5 cm, die ♀♀ werden 2,5–12 cm lang; der Größenunterschied ist u. a. bedingt durch unterschiedliche Längen des spitz ausgezogenen („pfriemenförmigen") Hinterendes der Weibchen (► **Abb. 11.71**). Charakteristisch ist der oxyuride Ösophagus mit Bulbus (► **Abb. 11.2**). Gravide Weibchen enthalten einen prall mit Eiern gefüllten Uterus. Die länglichen, leicht asymmetrischen Eier (~ 90 × 40 µm) enthalten bei der Ablage einen Embryo im Gastrulastadium. Ein Pol des Eis ist abgeschrägt und mit einem Polpfropf versehen; dies ist die Schlupfstelle für die Larve (► **Abb. 19.13**).

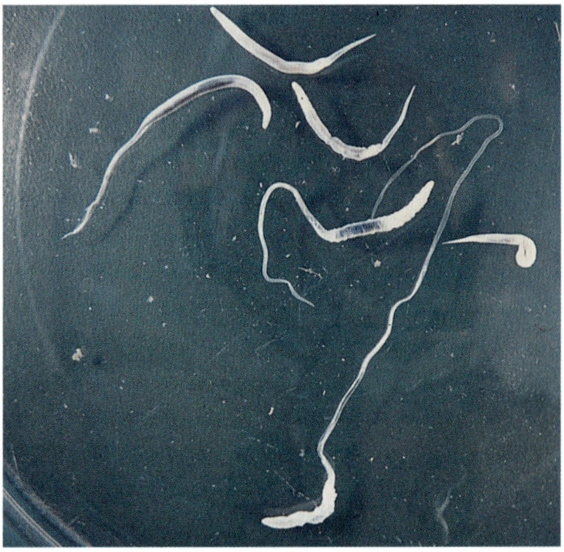

► **Abb. 11.71** *Oxyuris equi* (Länge der Weibchen mit langem Schwanz bis 12 cm. (Quelle: Institut für Parasitologie, Vetsuisse-Fakultät, Universität Zürich)

Entwicklung Die adulten Parasiten leben in Caecum und Colon von Equiden. Das gravide Weibchen wandert aus dem Anus aus, legt innerhalb weniger Minuten 8000–60 000 Eier und geht zugrunde. Die im Gastrulastadium befindlichen Eier sind von einer viskösen Flüssigkeit umgeben und bleiben im perianalen Bereich als Eischnüre kleben. Mit dem Antrocknen der Eischnüre entsteht ein Juckreiz, der die Tiere zum Scheuern und damit auch zum Abstreifen der Eier veranlasst. Im Ei entwickelt sich innerhalb von 3–5 Tagen eine infektiöse L 3. Nach peroraler Aufnahme der larvenhaltigen Eier schlüpft die Larve im Dünndarm und häutet sich innerhalb von 3–11 Tagen zur L 4. Diese verfügt über eine große Mundkapsel, saugt sich an der Schleimhaut des ventralen Colons und Caecums fest und nimmt Schleimhautgewebe und Blut auf. Durch Loslassen und erneutes Ansaugen wandert sie bis zur magenähnlichen Erweiterung des dorsalen Colons, häutet sich 7–8 Wochen p. i. zum präadulten Stadium und erreicht 12–14 Wochen p. i. die Geschlechtsreife. Die Männchen sterben nach der Kopulation. Die ersten Weibchen wandern ca. 4½ Monate nach der Infektion zum Anus (Präpatenz).

Vorkommen und Epidemiologie Infektionen mit *O. equi* sind bei Equiden weltweit mit Prävalenzen von 10–40 % (gelegentlich bis zu 100 %) häufig und erreichen Wurmbürden von bis zu 10 000 Exemplaren. Befallen werden Equiden aller Altersklassen und Rassen. Die in die Streu oder auf die Weide gelangten Eier mit L 3 sind widerstandsfähig und bleiben über Monate infektiös. Über eine eventuelle Immunität ist nichts bekannt.

Probstmayria vivipara, ein häufig zu den Oxyuren gerechneter, 2–4 mm langer, relativ seltener Nematode in Colon und Caecum von Equiden, zählt zur Ordnung Ascaridida. Diese Art wird hier nicht berücksichtigt.

Pathogenese und Krankheitsbild Die L 4 von *O. equi* ernährt sich von Darmmukosa, während sich adulte Stadien nicht an die Darmwand anheften. Die hauptsächliche Symptomatik wird vom anhaltenden Juckreiz geprägt, der beim Auswandern der Weibchen aus dem Anus und vor allem durch den Zug, der mit dem Antrocknen der die Eier umgebenden viskösen Flüssigkeit auf den sensiblen Analbereich entsteht. Die Tiere begegnen dies durch Scheuern z. B. an Pfosten. Die Folgen sind Läsionen und Haarverlust, besonders dorsal an der Schweifrübe („Rattenschwanz").

Diagnose Die klinischen Befunde weisen auf Oxyurenbefall hin. An der Analrosette und ventral davon fallen die z. T. mehrere Zentimeter langen, gelblich grauen, gallertartigen oder angetrockneten Eischnüre auf. Einachweis mit der Klebestreifenmethode (S. 547). Aufgrund der Ablage ausserhalb des Darmes werden die Eier von *O. equi* durch die herkömmliche Kotuntersuchung (Flotationsverfahren) meist nicht erfasst. Spontan abgegangene adulte Würmer, vor allem die weißen und auffallend langen Weibchen, können im Kot und in der Streu gefunden werden.

Therapie und Bekämpfung Die meisten der gegen Nematoden beim Pferd zugelassenen Medikamente wirken gegen Oxyuren (▸ **Tab. 23.9**). In Studien aus Deutschland und Frankreich wurde das Vorkommen von Anthelminthika-Resistenz von *O. equi* gegen makrozyklische Lactone diskutiert. Wegen der Langlebigkeit der Eier, der ausgedehnten Kontamination von Stall, Pferdekoppel etc. sowie der offensichtlich fehlenden Immunität muss mit Reinfektionen gerechnet werden. Im Stall kann dem mit gründlicher Hygiene und Desinfektion begegnet werden. Fütterung vom Boden ist zu vermeiden. Eine sinnvolle Präventivmaßnahme bei Einzeltieren oder in Kleinbeständen ist die regelmäßige Reinigung des Analbereiches mit Wasser, das ein Detergens enthält.

Gattung *Passalurus*

Passalurus ambiguus (Pfriemenschwanz der Lagomorphen)

Praxis
Erreger der **Passalurose** bei Kaninchen und Hasen, welche sich in schwer verlaufenden Fällen als Trommelsucht (Aufblähen) und Durchfall manifestiert.

Passalos (gr.): Haken; *ura* (gr.): Schwanz; *ambiguus* (lat.): doppel- oder vielgestaltig.

Erreger Die ♂♂ der weißlichen Parasiten sind 3–5 mm, die ♀♀ 8–12 mm lang. Der Ösophagus weist die typische oxyuride Form auf, das Hinterende des Weibchens ist spitz auslaufend. Die Eier sind länglich, asymmetrisch, etwa 100 × 43 µm groß, bräunlich mit mitteldicker Schale.

Entwicklung Die Parasiten leben in Caecum und Colon von Hasen und Kaninchen. In den vom adulten Weibchen im Darm des Wirts abgelegten Eiern entwickeln sich noch im Darm die infektiösen L 3. Die Eier haften an Kotballen und finden sich in der Caecotrophe, mit der sie auch direkt aufgenommen werden. Nach einigen Autoren wandern die graviden Weibchen wie die von *O. equi* zur Eiablage aus dem After aus. Die Infektion erfolgt per os, die Weiterentwicklung zu adulten Würmern benötigt 55–60 Tage (Präpatenz).

Vorkommen und Epidemiologie Verbreitungsgebiete und Häufigkeit des Befalls sind nur unzureichend untersucht. Bei Wildkaninchen variiert die Prävalenz in Europa zwischen 15 % und 85 %; 5,8 % (n = 274) der Schlachtkaninchen waren in Polen infiziert. Neben der Weiterverbreitung der Infektion über kontaminiertes Futter spielt die Autoinfektion über den Verzehr der Eier enthaltenden Caecotrophe eine wichtige Rolle. Auch bei strikter Stallhygiene kann es hierdurch zu schwerstem Befall kommen, z. B. in Mastbetrieben.

Krankheitsbild, Diagnose, Therapie und Bekämpfung Klinisch sind von der Infektion vor allem Jungtiere betroffen. Die Folgen reichen je nach Infektionsstärke von verminderter Mastleistung bis zum anhaltenden Gewichtsverlust. In schweren Fällen kommt es zu Trommelsucht (Aufblähen) und Durchfall. Der Einachweis erfolgt im Kot (Flotationsmethode). Zur Behandlung infizierter Bestände haben sich Benzimidazole bewährt (z. B. Fenbendazol als Futtermedikation: 25 ppm über 5 d).

Gattung *Skrjabinema*

Praxis
Erreger der **Skrjabinemose** der Wiederkäuer. Seltener Dickdarmparasit (Pfriemenschwanz) bei kleinen Wiederkäuern. Eiablage auf der Haut der Analregion, was Juckreiz als klinisches Symptom verursacht.

Skrjabin, K. I. (1878–1972), russischer Parasitologe.

Skrjabinema ovis (Pfriemenschwanz der Wiederkäuer) ist ein kosmopolitischer, in Mitteleuropa aber eher seltener Parasit bei Ziege und Schaf. Die kleinen, etwa 4 mm (♂♂) bis 8 mm (♀♀) langen Nematoden leben im Dickdarm. Die Präpatenz beträgt weniger als 30 Tage. Die Prävalenzen in Europa sind meist niedrig (um 2 %), doch kann die individuelle Befallsstärke mit mehreren tausend Würmern hoch sein. Die Eiablage erfolgt wie bei *O. equi* im perianalen Bereich des Wirts. Die Eier enthalten bereits die infektiöse L 3. Klinisch steht der mit der Eiablage verbundene Juckreiz im Vordergrund. Die Diagnose kann mittels der Klebestreifenmethode (S. 547) durch Nachweis der 60 × 30 µm großen, asymmetrisch-elliptischen, dünnschaligen Eier erfolgen. Therapeutisch sind die gebräuchlichen Benzimidazole und makrozyklischen Lactone wirksam.

Gattung *Enterobius*

Enterobius vermicularis (Pfriemenschwanz oder Madenwurm von Primaten)

Dieser weltweit verbreitete, maximal 12 mm lange Parasit des Menschen kommt auch in gemäßigten Klimazonen häufig vor, besonders bei Kindern im Alter von 5–9 Jahren. Befall mit *E. vermicularis* oder mit nahe verwandten Arten kann in Affenbeständen (Zucht- und Aufzuchtstationen, Versuchstierhaltungen) zum Problem werden.

Gattungen *Syphacia* und *Aspiculuris* (Oxyuriden-Arten der Nager)

Praxis

Erreger der **Oxyuridose** der Nager. Dickdarmparasiten mit Eiablage im Darm (*Aspiculuris*) oder der Haut der Analregion (*Syphacia*). In der Regel symptomlos, können jedoch Veränderung von z. B. Blutparametern verursachen und daher sind in Versuchstierhaltungen Bekämpfungsmaßnahmen angezeigt.

Erreger und Entwicklung Oxyuren können bei Labornagern (u. a. Ratte, Maus, Hamster) ein Problem sein. Die vorkommenden Arten sind *Syphacia muris, S. obvelata* und *Aspiculuris tetraptera*. Beide Gattungen leben in Colon und Caecum, unterscheiden sich aber in der Biologie. Die Weibchen von *Syphacia* spp. deponieren ihre bereits infektiösen oder in wenigen Stunden infektiös werdenden Eier nach Auswanderung aus dem Anus im perianalen Bereich. Die Infektion erfolgt oral über über Eier oder über retrograd wandernde Larven (Autoinfektionen). Bei *A. tetraptera* werden die Eier im Darm abgelegt und mit den Fäzes ausgeschieden. Die infektiöse Larve entwickelt sich im Ei innerhalb von 5–7 Tagen. Die Infektion erfolgt über kontaminiertes Futter oder Koprophagie. Geschlechtsreife Weibchen von *Syphacia* spp. treten erstmals 9 Tage p. i. auf, bei *A. tetraptera* beträgt die Präpatenz 24 Tage. Die Infektionen verlaufen gewöhnlich ohne Krankheitserscheinungen, doch können sich einzelne Parameter, z. B. das Blutbild, bei den Tieren verändern, sodass die Sanierung von infizierten Zuchtbeständen angezeigt ist.

Diagnose und Bekämpfung Die Parasiten werden gewöhnlich bei der Sektion nachgewiesen, im Falle von *A. tetraptera* auch durch Kotuntersuchung (Flotationsverfahren), oder über molekularbiologische Verfahren, die auch für den Nachweis der Eier in der Umwelt (Käfige, Gerätschaften, Lüftungssysteme) geeignet sind. Die Bekämpfung ist schwierig. Nach einer Studie ließ sich Wurmfreiheit erreichen, wenn mindestens 4 Behandlungszyklen mit Ivermectin durchgeführt wurden: Tagesdosis 2,9–4,0 mg/kg KG (im Vergleich zu anderen Tierarten hohe Tagesdosis!), Behandlungsdauer je 4 Tage, behandlungsfreies Intervall 3 Tage. Unter den makrozyklischen Lactonen scheint Moxidectin schlechter gegen *S. obvelata* zu wirken als Ivermectin und Doramectin. Ivermectin kann auch in großen Kolonien über das Trinkwasser appliziert werden. Alternativ zur direkten Verabreichung der Anthelminthika war ein Verfahren erfolgreich, bei dem die Käfige in 14-tägigem Abstand 2 × mit einer 0,1 %igen Ivermectinlösung eingesprüht wurden. Auch die Verabreichung von Fenbendazol-medikiertem Futter (150 ppm über 10 d) zeigte bei Mäusen Erfolge.

Literaturhinweise

Cirak VY, Hermosilla C, Bauer C. Study on the gastrointestinal parasite fauna of ponies in northern Germany. Appl Parasitol 1996; 37: 239–244

Frank R, Kuhn T, Mehlhorn H et al. Parasites of wild rabbits (*Oryctolagus cuniculus*) from an urban area in Germany, in relation to worldwide results. Parasitol Res 2013; 112: 4255–4266

Gerwing PM, Ricart Arbona RJ, Riedel ER et al. Evaluation of traditional and contemporary methods for detecting *Syphacia obvelata* and *Aspiculuris tetraptera* in laboratory mice. J Am Assoc Lab Anim Sci 2017; 56: 32–41

Hickman D, Swan M, Hartman GP. A cost-effective and efficacious method for pinworm treatment for large colonies of mice. Lab Anim (NY) 2008; 37: 308–312

Lytvynets A, Langrova I, Lachout J et al. Detection of pinworm eggs in the dust of laboratory animals breeding facility, in the cages and on the hands of the technician. Lab Anim 2013; 47: 71–73

Pritchett KR, Johnston NA. A review of treatments for eradication of pinworm infections from laboratory rodent colonies. Contemp Top Anim Sci 2002; 41: 36–46

Szkucik K, Pyz-Lukasik R, Szczepaniak KO et al. Occurrence of gastrointestinal parasites in slaughter rabbits. Parasitol Res 2014; 113: 59–63

Wolf D, Hermosilla C, Taubert A. *Oxyuris equi*: lack of efficacy in treatment with macrocyclic lactones. Vet Parasitol 2014; 201: 163–168

11.2.5 Ordnung Spirurida (Rollschwänze)

Spira (gr.): Windung; *ura* (gr.): Schwanz. Bezug auf das aufgerollte Hinterende der Männchen.

Spiruriden finden sich bei Vertebraten als Parasiten des Verdauungstrakts, oft in dessen Wänden, in anderen Geweben, serösen Höhlen und in der Orbita. Sie besitzen einen 2-teiligen Ösophagus mit einem vorderen muskulösen und einem hinteren drüsigen Abschnitt (► **Abb. 11.2**). Das Hinterende ist bei Männchen spiralig aufgerollt und kann laterale Flügel und Papillen tragen. Die Spicula sind ungleich in Größe und Form (► **Abb. 11.72**, ► **Abb. 11.73**). Die Parasiten sind ovovivipar oder larvipar und in ihrer Entwicklung an aquatische oder terrestrische Arthropoden als Zwischenwirte gebunden. Die Ordnung enthält die Unterordnungen Camallanina und Spirurina.

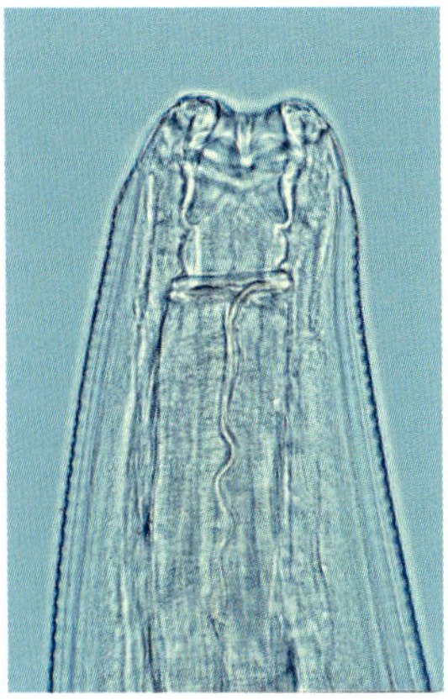

▸ **Abb. 11.72** *Habronema* spp. Vorderende. (Quelle: Institut für Parasitologie, Justus-Liebig-Universität Giessen)

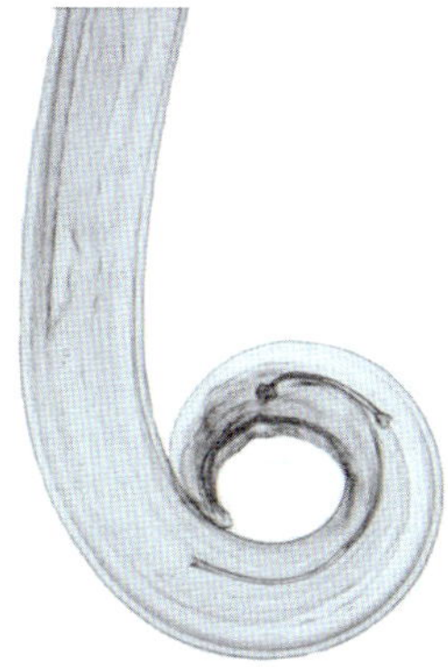

▸ **Abb. 11.73** *Habronema* spp. Männchen, Hinterende. (Quelle: Institut für Parasitologie, Justus-Liebig-Universität Giessen)

Aus der Ordnung Spirurida haben Vertreter zweier Unterordnungen (Camallanina, Spirurina) medizinische Bedeutung. **Camallanina** nutzen Copepoden als Zwischenwirte und finden sich mit der Überfamilie Camallanoidea in erster Linie im Darm von Fischen. Sie haben bei Süßwassernutzfischen derzeit in Europa keine Bedeutung. Vertreter einer weiteren Überfamilie, Dracunculoidea, kommen ebenfalls bei Vertebraten vor und besiedeln Gewebe und Körperhöhlen. Zu ihnen gehört u. a. *Dracunculus medinensis*, der Medinawurm des Menschen, dessen im subkutanen Bindegewebe lebenden Weibchen eine Länge von 80 cm erreichen. Nach umfangreichen Bekämpfungskampagnen ist absehbar, dass dies der erste ausgerottete parasitäre Infektionserreger sein wird (2016 weltweit lediglich 25 Fälle). Als Fischparasiten haben *Philometroides cyprini* bei Karpfen und *Anguillicola* spp. bei Aalen in Europa lokale wirtschaftliche Bedeutung. Sie wurden aus dem asiatischen Raum eingeschleppt.

Die Unterordnung der **Spirurina** enthält neben den in einem gesonderten Abschnitt dargestellten Filarioidea (S. 359) weitere Überfamilien (▸ **Tab. 11.13**), aus denen einige Repräsentanten besprochen werden, die auch in Mitteleuropa von Interesse sind. Zoonotische Bedeutung haben Vertreter der Gattungen *Thelazia*, *Gnathostoma* und *Gongylonema*.

Familie Thelaziidae

Gattung *Thelazia*

Praxis

Erreger der **Thelaziose** (Augenwurmerkrankung). *Thelazia* spp. parasitieren im Konjunktivalsack und Drüsenausführungsgängen des Auges bei Fleischfresser, Pferd und Rind. Als Zwischenwirte dienen Fliegen. In Europa regional häufiges Vorkommen.
Zoonose: Selten auch zoonotische Augeninfektion beim Menschen.

Thele (gr.): Zitze, Brustwarze. Bezug vermutlich auf Papillen am Parasiten. Engl.: eyeworms.

Das Wichtigste in Kürze

- **Erreger.** Etwa 1–2 cm lange Nematoden, die im Konjunktivalsack und in den Ausführungsgängen der Drüsen im Orbitalbereich parasitieren. In Mitteleuropa verschiedene Arten bei Rind, Pferd, Hund und Katze und verschiedenen Wildcarnivoren.
- **Entwicklung, Vorkommen, Epidemiologie.** Die Weibchen sind vivipar. Muscide Fliegen oder Fruchtfliegen als Zwischenwirte nehmen L 1 mit Konjunktivalflüssigkeit auf und übertragen L 3 auf neue Wirte. Präpatenz: 3–6 Wochen. In Europa regional häufig bei Rind, Pferd und Hund. Übertragung besonders bei hoher Fliegendichte im Sommer.
- **Pathogenese und Krankheitsbild.** Klinische Erscheinungen sind selten; sie treten meist erst bei stärkerem Befall auf: follikuläre Konjunktivitis, Tränenfluss, in schweren Fällen degenerative Veränderungen der Cornea.
- **Therapie und Bekämpfung.** Systemische oder lokale Therapie mit makrozyklischen Lactonen; Fliegenbekämpfung.

Erreger Thelazien sind milchig bis gelblich weiße, 0,5–2 cm lange, dünne Nematoden, die im Konjunktivalsack und in den Ausführungsgängen der Drüsen im Orbitalbereich parasitieren. Die L 1 sind 180–220 µm lang. Arten in Europa: *Thelazia rhodesi, T. gulosa* und *T. skrjabini* beim Rind, *T. callipaeda* bei Hund, Fuchs und Wolf, seltener bei der Katze; *T. lacrymalis* beim Pferd.

Entwicklung Die Weibchen scheiden L 1 oder embryonierte, dünnschalige Eier aus. Die L 1 werden mit der Konjunktivalflüssigkeit von regional unterschiedlichen Fliegenarten aufgenommen. Innerhalb von maximal 4 Wochen entwickeln sich in ihnen die L 3, die bei der Nahrungsaufnahme der Fliegen im Augenbereich durch die Proboscis auswandern und so auf die Endwirte übertragen werden. Als Zwischenwirte für Thelazien des Rindes sind in Europa *Musca autumnalis, M. larvipara* u. a. *Musca*-Arten bekannt; für *T. callipaeda* dienen Fruchtfliegen (*Phortica variegata*) als Zwischenwirte. Präpatenz: 3–6 Wochen. Adulte Würmer persistieren 1 Jahr und länger.

► **Tab. 11.13** Auswahl von Gattungen und Arten der Unterordnung Spirurina (außer der Überfamilie Filarioidea).

Überfamilie, Familie	Gattungen	Endwirt	Lokalisation der Adulten im Endwirt	Zwischenwirte
Gnathostomatoidea				
Gnathostomatidae	*Gnathostoma*[1]	Carnivoren	Cysten in der Magenwand	1. *Cyclops*-Arten 2. Fische, Reptilien u. a.
Physalopteroidea				
Physalopteridae	*Physaloptera*	Carnivoren, Nager, Igel	Magen	Käfer, Heuschrecken, Schaben
Thelazioidea				
Thelaziidae	*Thelazia*	Säuger, Vögel	Konjunktivalsack, Tränengang	muscide Fliegen u. Fruchtfliegen
	Oxyspirura	Vögel	Konjunktivalsack	Schaben
Rictularioidea				
Rictulariidae	*Pterygodermatites*	Affen	Magen, Darm	Schaben, Gemeiner Ohrwurm
Spiruroidea				
Gongylonematidae	*Gongylonema*	Säuger, Vögel	Ösophaguswand	Käfer, Schaben
Spiruridae	*Protospirura, Spirura*	Carnivoren u. a.	Magen	Käfer, Schaben
Spirocercidae	*Spirocerca*	Carnivoren	Wand von Ösophagus, Magen und Aorta	Käfer, Schaben
	Ascarops, Physocephalus, Simondsia	Schweine	Magen	Käfer
Habronematoidea				
Habronematidae	*Habronema, Draschia*	Equiden	Magen und Magenwand (Haut)[2]	muscide Fliegen
Tetrameridae	*Tetrameres*	Vögel	Drüsenmagen (Drüsen)	Käfer, Heuschrecken, Schaben
Acuarioidea				
Acuariidae	*Cheilospirura, Dispharynx*	Vögel	Muskelmagenwand	Käfer, Landasseln
	Echinuria	Wasservögel	Drüsenmagen-, Dünndarmwand	*Daphnia*-Arten u. a. kleine Crustaceae

[1] artabhängig auch andere Endwirte und Entwicklung über nur 1 Zwischenwirt (Cyclops-Arten)
[2] Ablage von L 3 in Hautwunden

Vorkommen und Epidemiologie Thelazien kommen in Europa häufig vor, wie folgende Prävalenzbeispiele aus regionalen Stichproben verschiedener Länder zeigen. Rind (*T. rhodesi* als häufigste Spezies): Deutschland 10–15 %, Großbritannien 42 %, Italien 53 %; Pferd (*T. lacrymalis*): Schweden 3 %, Frankreich 10 %, Italien bis 40 %. Bei diesen Angaben sind die starken regionalen und saisonalen Schwankungen der Prävalenzen zu berücksichtigen. Das autochthone Vorkommen von *Thelazia*-Arten bei Rind und Pferd ist in Mitteleuropa seit langer Zeit bekannt. Nach Daten aus England sind die Prävalenzen beim Rind rückläufig, wahrscheinlich wegen des Einsatzes makrozyklischer Lactone als Antiparasitika. *T. callipaeda*, ursprünglich vor allem im Fernen Osten verbreitet, wurde erst vor einigen Jahren als autochthone Art bei Carnivoren in Südeuropa (IT: Prävalenzen bei Hunden von 30–40 %), aber auch in der Südschweiz (Prävalenz: 5,3 %), in Frankreich, Süddeutschland (Einzelfall) sowie später auch auf der Iberischen Halbinsel, Griechenland und in einigen Balkanländern festgestellt. *T. callipaeda* hat ein breites Wirtsspektrum und findet sich u. a. bei Katzen (CH: Gesamtprävalenz 0,8 %, bei Katzen mit Augenerkrankung: 9,2 %), Wildcarnivoren (z. B. Fuchs, Wolf, Steinmarder), Hasen (IT: Prävalenz 23 %) sowie beim Menschen. *Phortica* spp. treten als Zwischenwirte auch nördlich der Alpen auf.

Wie Untersuchungen an *Thelazia*-Arten des **Rindes** zeigen, erfolgen in Mitteleuropa Infektionen vorwiegend bei hoher Fliegendichte von Mai bis Oktober, in subtropischen und tropischen Regionen während des ganzen Jahres. Die Übertragung von *T. callipaeda* im süditalienischen Endemiegebiet war zwischen Juli und September am stärksten.

Bei Pferden und Rindern sind Tiere in einem Alter bis zu 3 oder 4 Jahren häufiger befallen als ältere. Dagegen sind über 3 Jahre alte **Hunde** großer Rassen häufiger befallen als kleinere, jüngere Tiere.

Pathogenese und Krankheitsbild Die Parasiten finden sich im Konjunktivalsack unter der Nickhaut und in den Ausführungsgängen der Tränen- und Nickhautdrüsen (▸ Abb. 11.74, ▸ Abb. 11.75). Bei **Rindern** bleibt ein geringer Befall meist inapparent (im UK waren > 95 % der infizierten Rinder symptomlos). Klinische Erscheinungen sind gewöhnlich erst ab einem Befall mit > 10 Würmern je Auge zu beobachten: meist follikuläre Konjunktivitis mit gesteigertem Tränenfluss und häufig Fotophobie, in schweren Fällen auch Keratitis bis hin zum Hornhautulkus und zur Uveitis. Ähnliche Symptome treten bei **Pferd, Hund und Katze** auf. Bakterielle Begleitinfektionen können am Krankheitsprozess beteiligt sein.

Diagnose Adspektion der Konjunktiva nach Anheben der Nickhaut auf adulte Thelazien. Spülungen des Konjunktivalsacks und des Tränennasengangs nach Applikation eines Lokalanästhetikums in den Konjunktivalsack zur Isolation verschiedener Stadien; L1 lassen sich im Sediment der Spülflüssigkeit nach Zentrifugation nachweisen.

Therapie und Bekämpfung Eine Einmalbehandlung mit Ivermectin (0,5 mg/kg KG Spot-on) oder Doramectin (0,2 mg/kg KG s. c.) hatte bei Rindern eine sehr hohe Wirkung gegen *Thelazia* spp. Bei Hunden hat sich die systemische Therapie mit Moxidectin (1 × 2,5 mg/kg KG Spot-on) oder Milbemycinoxim (2 × im Abstand von 1 Woche 0,5 mg/kg KG p. o.) gegen *T. callipaeda* als hochwirksam erwiesen, ebenso wie die lokale Behandlung des Auges mit Moxidectin (1–2 Tropfen einer 1 %igen Lösung [Umwidmung] von Moxidectin, ca. 6 µg). Bei der Katze (Umwidmung) eliminierte Milbemycinoxim (2 × im Abstand von 1 Woche 2,0 mg/kg KG p. o.) in 73 % der Fälle die Infektion. Präventivmaßnahmen sind das Fernhalten und die Bekämpfung von Fliegen bei Nutztieren.

Zoonotische Bedeutung Aus verschiedenen Regionen sind seltene Thelaziose-Fälle bei Menschen bekannt, verursacht durch *T. callipaeda, T. californiensis* oder *T. rhodesi*. Berichte der letzten Jahre weisen auf eine Zunahme solcher Fälle in Asien hin, in Europa sind 4 *T. callipaeda*-Fälle beim Menschen bekannt. Mit dem verstärkten Auftreten von *T. callipaeda* in Süd- und Mitteleuropa ist hier mit weiteren menschlichen Infektionen zu rechnen.

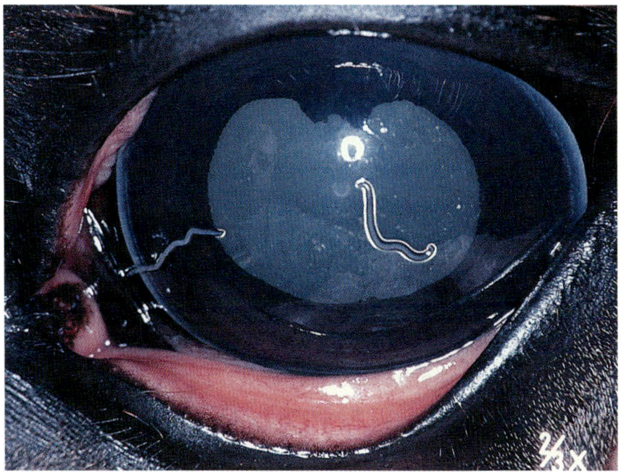

▸ **Abb. 11.74** *Thelazia lacrymalis* im Auge eines Pferdes (Länge ca. 10 mm). (Quelle: Institut für Parasitologie, Vetsuisse-Fakultät, Universität Zürich)

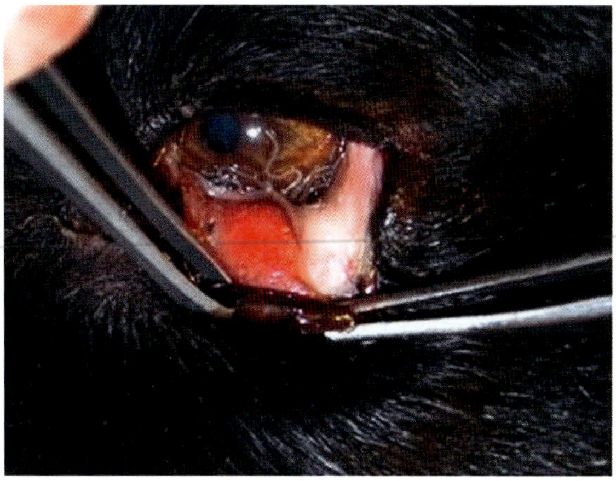

▸ **Abb. 11.75** Adulte Stadien von *Thelazia callipaeda* im Auge eines Hundes. (Quelle: Institut für Parasitologie, Vetsuisse-Fakultät, Universität Zürich, F. Malacrida)

Literaturhinweise

Balsiger A, Federer K, Grimm F et al. Transmission of *Pterygodermatites nycticebi* in a colony of goeldi's monkeys (*Callimico goeldii*) and evaluation of treatment and control. J Zoo Wildlife Med 2018; 49: 893–901

Giangasparo A, Otranto D, Vovlas N et al. *Thelazia gulosa* Raillet & Henry, 1910 and *Thelazia skrjabini* Erschow, 1928 infection in southern Europe (Italy). Parasite 2000; 7: 327–329

Hodzic A, Lafota MS, Annoscia G et al. The spread of zoonotic *Thelazia callipaeda* in the Balkan area. Parasit Vectors 2014; 7: 352

Maia C, Catarino AL, Almeida B et al. Emergence of *Thelazia callipaeda* in dogs and cats from eastern central Portugal. Transbound Emerg Dis 2014; 63: 416–421

Malacrida F, Hegglin D, Bacciarini L et al. Emergence of canine ocular thelaziosis caused by *Thelazia callipaeda* in southern Switzerland. Vet Parasitol 2008; 157: 321–327

Motta B, Nägeli F, Nägeli C et al. Epidemiology of the eye worm *Thelazia callipaeda* in cats from southwestern Switzerland. Vet Parasitol 2014; 203: 287–293

Motta B, Schnyder M, Basano FS et al. Therapeutic efficacy of milbemycine/praziquantel oral formulation (Milbemax®) against *Thelazia callipaeda* in naturally infected dogs and cats. Parasit Vectors 2012; 5: 85

Otranto D, Tarsitano E, Traversa D et al. Molecular epidemiological survey on the vectors of *Thelazia gulosa, Thelazia rhodesi* and *Thelazia skrjabini* (Spirurida: Thelaziidae). Parasitology 2003; 127: 365–373

Otranto D, Dantas-Torres F, Miró G. Thelaziosis. In: Beugnet F, Halos L, eds. Parasitoses & Vector-borne Diseases of Cats. Lyon, France: Merial S.A.S.; 2015: 109–112. ISBN: 978-2-95508-050-4

Papadopoulos E, Komnenou A, Thomas A. Spreading ot *Thelazia callipaeda* in Greece. Transbound Emerg Dis 2018; 65: 248–252; doi 10.1111/tbed. 12626

Shen J, Gasser RB, Chu D et al. Human thelaziosis a neglected parasitic disease of the eye. J Parasitol 2006; 92: 872–875

Familie Spirocercidae

Vertreter dieser Familie kommen überwiegend bei Säugern und Vögeln im oberen Verdauungstrakt vor, bevorzugt in Magen und Ösophagus (▸ **Tab. 11.13**). Der Lebenszyklus ist indirekt mit Arthropoden als Zwischenwirten.

Gattung *Spirocerca*

Spirocerca lupi

> **Praxis**
> Erreger der **Spirocercose** bei Caniden und Feliden. *Spirocerca lupi* nutzt Käfer als Zwischenwirte und siedelt sich als adulter Parasit in der Submukosa des Ösophagus in Knoten und anderen Gewebsläsionen an. Verursacht schwerwiegende Erkrankungen, beginnend mit Regurgitieren und Erbrechen, Aneurismen der Aorta und später Bildung von Sarkomen.

Erreger und Entwicklung *Spirocerca lupi* ist ein rötlicher, kompakt wirkender und mit Längen von ca. 40 mm (♂♂) bis 80 mm (♀♀) verhältnismäßig großer Nematode. Eier: länglich mit parallelen Wänden, dickschalig, ca. 35 × 15 µm, mit L 1. Adulte befinden sich in tumorartigen Läsionen in der Ösophagus-, Magen- oder dorsalen Aortawand. In Eiern befindliche L 1 werden über kleine Öffnungen in einer milchähnlichen Flüssigkeit in den Verdauungstrakt abgegeben und gelangen über Erbrochenes oder Kot in die Außenwelt. Zwischenwirte sind koprophage Käfer, in denen sich die L 3 entwickelt. Nach Aufnahme infizierter Käfer durch den Endwirt wird die Larve im Magen frei, dringt in Arterien der Magenwand ein, wandert innerhalb von ca. 3 Wochen aufwärts bis zur Brustaorta und invadiert deren Wand. Nach ca. 3 Monaten wechseln die mittlerweile präadulten Parasiten zum benachbarten Ösophagus über und etablieren sich dort in der Submukosa. Sie induzieren Gewebsreaktionen, die zur Bildung von Knoten bis Golfballgröße führen und die in einer schmierig-bröckeligen Masse meist mehrere Würmer enthalten. Präpatenz: 5–6 Monate. Eidechsen, Vögel, Nager können als paratenische Wirte fungieren. *S. vulpis*, eine kürzlich beschriebene Art, wurde bei Füchsen nachgewiesen.

Vorkommen *S. lupi* kommt in allen subtropischen und tropischen Regionen bei Hunden und wild lebenden Caniden (z. B. Fuchs, Wolf, Schakal) häufig sowie selten bei Feliden vor und wurde auch in Ungarn bei Hunden gefunden. Die Prävalenz bei Hunden beträgt in manchen Regionen 60–80 %. Gelegentlich werden Wiederkäuer und Pferde befallen. *S. vulpis* wurde in Italien, Spanien, Bosnien, Südschweiz und Dänemark bei Füchsen beschrieben; diese Art dürfte aber vereinzelt in Ländern Zentraleuropas bei Füchsen vorkommen.

Krankheitsbild, Diagnose und Therapie Durch *S. lupi* verursachte Narben in der Aorta prädisponieren für Aneurysmen. Die Knoten im Ösophagus verursachen Schluckbeschwerden und Erbrechen; Anämie durch blutende Läsionen in den Wurmknoten. Die Infektion begünstigt die Bildung von Fibro- und Osteosarkomen. Zum Nachweis der typischen Eier im Kot müssen Flotationslösungen mit hohem spezifischem Gewicht, Sedimentationsverfahren oder die SAFC-Technik verwendet werden, der DNA-Nachweis in Kotproben ist jedoch sensitiver. Die Veränderungen im Ösophagus lassen sich endoskopisch und sonografisch darstellen. Wöchentlich wiederholte Spot-on-Applikationen von Moxidectin oder s. c. Injektionen von Doramectin über 12 Wochen waren gegen die „benigne" Form der Spirocercose therapeutisch effektiv.

Literaturhinweise

Fisher MM, Morgan JP, Krecek RC et al. Radiography for the diagnosis of spirocercosis in apparently healthy dogs, St. Kitts, West Indies. Vet Parasitol 2009; 160: 337–339

Pazzi P, Goddard A, Kristensen AT et al. Evaluation of haemostatic abnormalities in canine spirocercosis and its association with systemic inflammation. J Vet Intern Med 2014; 28: 21–29

Psáder R, Balogh M, Pápa K et al. Occurrence of *Spirocerca lupi* infection in Hungarian dogs referred for gastroscopy. Parasitol Res 2017; 116 (Suppl 1): 99–108

Rojas A, Sanchis-Monsonis G, Alic A et al. *Spirocerca vulpis* sp. nov. (Spiruridae: Spirocercidae): description of a new nematode species of the red fox, *Vulpes vulpes* (Carnivora: Canidae). Parasitology 2018; 145: 1917–1928

Segev G, Rojas A, Lavy E et al. Evaluation of a spot-on imidacloprid-moxidectin formulation (Advocate®) for the treatment of naturally occurring esophageal spirocercosis in dogs: a double-blinded, placebo-controlled study. Parasit Vectors 2018; 11: 127

Familie Habronematidae

Gattungen *Habronema* und *Draschia* (Magenwürmer der Equiden)

Habros (gr.): zart; *nema* (gr.): Faden. *Draschia*: Richard Drasche (1850–1923), österr. Geowissenschaftler, beschrieb 1883 Nematoden aus dem Wiener „zoologischen Hofcabinet". Engl.: *stomach worms*.

Praxis

Erreger der **Habronematidose** der Equiden. Der Magenbefall verläuft meist symptomlos, der Haut- oder Schleimhautbefall (sog. Sommerwunden, verursacht durch L 3) kann starken Juckreiz verursachen.

Das Wichtigste in Kürze

- **Erreger.** *Habronema muscae, H. microstoma* (Syn. *H. majus*), *Draschia megastoma*, 7–25 mm lange, weißliche Nematoden bei Equiden; im Kot dünnschalige Eier mit Larve (*Habronema* spp.) oder freie L 1 (*D. megastoma*).
- **Entwicklung.** Fliegenlarven (*Musca domestica* bei *H. muscae* und *D. megastoma, Stomoxys calcitrans* bei *H. microstoma*) nehmen L 1 auf. Adulte *M. domestica* übertragen L 3 bei Nahrungsaufnahme im Mund-, Nüsternbereich auf Equiden; infizierte *S. calcitrans* werden wahrscheinlich per os in toto aufgenommen. Abgeschluckte Larven etablieren sich in der Magenwand (*D. megastoma*) oder bei *Habronema* spp. auf der Magenmukosa (Magenhabronematidose). Präpatenz: ca. 2 Monate.
- **Vorkommen, Epidemiologie.** Häufig vorkommende Kosmopoliten. Diverse Fliegenarten fungieren als Zwischenwirte. Hauptübertragungszeit in Mitteleuropa im Sommer bei hoher Fliegendichte.
- **Pathogenese, Krankheitsbild.** Magenhabronematidose: chronisch-katarrhalische Gastritis (*Habronema* spp.) oder Knoten in der Magenwand (*D. megastoma*). Trotz deutlicher Pathologie meist klinisch unauffällig. L 3 werden teils auch in Hautwunden gefunden, hier keine Weiterentwicklung, aber klinisches Bild der Hauthabronematidose (Sommerwunden; engl. *summer sore*): Hautläsionen, die über die gesamte Weideperiode persistieren können; Prädilektionsstellen: Gliedmaßen, Augenbereich, äußeres männliches Genitale. Spontanheilung zu Winterbeginn bei ausbleibender Reinfektion. Seltene Lungenhabronematose: multiple Knötchen mit Larven.
- **Bekämpfung.** Makrozyklische Lactone in üblicher Dosis wirken gegen Magenstadien und führen bei Hauthabronematidose in 2–6 Wochen zur klinischen Heilung. Fliegenbekämpfung als Prophylaxe.

Erreger Die adulten Stadien von *Habronema* spp. und *D. megastoma* sind 7–16 mm (♂♂) oder 10–25 mm (♀♀) lang. *Habronema* spp. leben in Schleim eingehüllt auf der Magenschleimhaut, *D. megastoma* siedelt sich in Knoten in der Magenwand an.

Entwicklung Die L 1 (*D. megastoma*) oder larvenhaltigen Eier (*Habronema* spp.) werden mit dem Kot ausgeschieden (▶ **Abb. 11.76**). Zur Weiterentwicklung müssen sie von Fliegenlarven (*H. muscae* und *D. megastoma* v. a. von *Musca domestica, H. microstoma* von *Stomoxys calcitrans*) aufgenommen werden. In den später geschlüpften Fliegen finden sich dann infektiöse L 3, die in den Kopfbereich der Fliege vordringen. Wenn eine infizierte *M. domestica* im Lippen- und Nüsternbereich der Equiden Nahrung aufnimmt, wandern die Larven über die Proboscis aus, gelangen in die Mundhöhle der Equiden, werden abgeschluckt und etablieren sich an oder in der Magenwand. Gelegentlich gelangen sie auch von den Nüstern in die Lunge; zusätzlich wird eine – vermutlich im Magen beginnende – hämatogene Verbreitung angenommen. Da *S. calcitrans* nicht im Kopfbereich, sondern an Gliedmaßen und Unterbauch sticht, wird angenommen, dass die Infektion mit *H. majus* durch die perorale Aufnahme abgefangener oder toter Fliegen erfolgt. Die Entwicklung über 2 Häutungen zu adulten Würmern dauert ungefähr 2 Monate.

Vorkommen und Epidemiologie Die Erreger sind weltweit verbreitet, am weitesten verbreitet tritt *H. muscae* auf. Eine kürzliche Studie aus Bayern zeigte bei Schlachtpferden für Europa außergewöhnlich hohe Prävalenzen mit 20,5 % für *H. microstoma* und 26,5 % für *H. muscae*. Dabei waren die Wurmintensitäten niedrig (im Mittel 84 *H. microstoma* bzw. 118 *H. muscae* pro Tier) mit einigen Ausnahmen (bis zu 3500 Exemplare pro Tier). *H. microstoma* war zuvor im europäischen Raum lange nicht nachgewiesen worden.

Habronemen sind in ihrer Übertragung an das Auftreten adulter Fliegen gebunden. Deren Populationsdichte ist bei ausreichendem Kotangebot für die präimaginale Entwicklung in warmen Jahreszeiten am höchsten. Entsprechend erfolgt die Infektion der Endwirte in Mitteleuropa vorwiegend im Sommer. In anderen als den oben benannten Regionen können auch andere Fliegenarten als Zwischenwirte fungieren.

Pathogenese und Krankheitsbild

Magenhabronematidose *Habronema*-Arten verursachen eine chronische, katarrhalische Gastritis mit starker Schleimabsonderung und gelegentlichen Ulzerationen. *Draschia megastoma* dringt bevorzugt in der Funduszone in die Schleimhaut ein und induziert Knötchen, die anfangs von dünnem Granulationsgewebe umgeben sind. Durch Konfluenz einzelner Knötchen entstehen bis hühnereigroße Knoten mit nekrotisch-käsigem Inhalt und meist mehreren Öffnungen zum Magenlumen. Trotz klaren pathologischen Bildes stellen sich Krankheitssymptome nur bei massiven Infektionen ein.

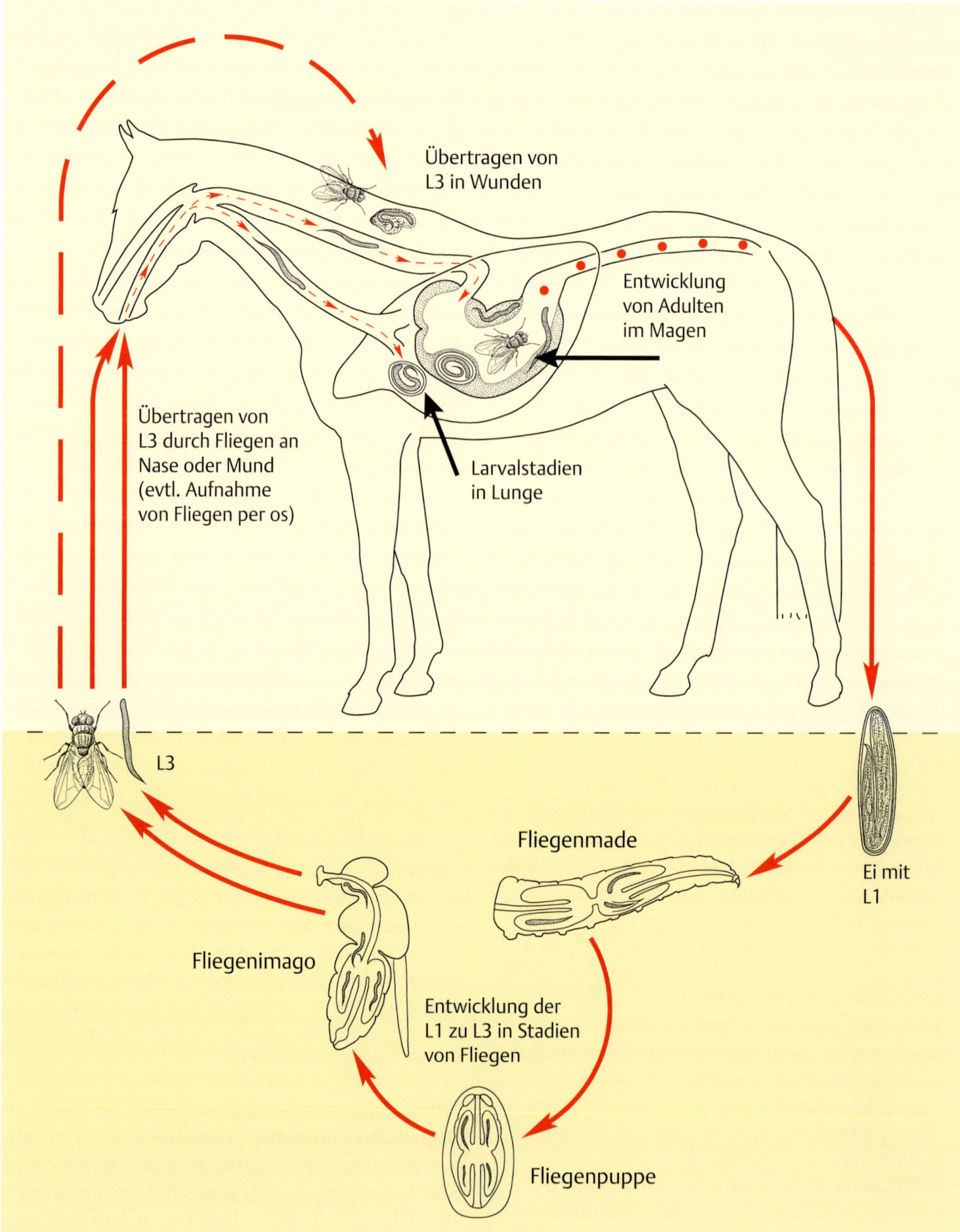

▸ **Abb. 11.76** Entwicklungszyklus von *Habronema* spp. Kleine rote Pfeile: Infektionsweg von L 3 zu den adulten Stadien im Magen. Rote Punkte: Ausscheidungsweg der Eier. (Grafik: Salome Ehrat, nach einer Vorlage von Johannes Eckert und Peter Deplazes, Vetsuisse-Fakultät, Universität Zürich)

Hauthabronematidose Da leckend-saugende Fliegen wie *M. domestica* auch Gewebsflüssigkeit aus Hautläsionen und im Augenbereich aufnehmen, wandern die Larven auch bei solchen Gelegenheiten aus der Proboscis aus. Als Reaktion auf die mehrere Wochen im Gewebe überlebenden und wandernden Larven bilden sich charakteristische Veränderungen (Sommerwunden). Prädilektionsstellen sind Gliedmaßen, der Kopf (vor allem im Bereich der Augen) und das äußere männliche Genitale mit Präputium und Penis. Aus anfangs kleinen Entzündungen entwickeln sich rasch blutende, meist stark juckende, kleine bis großflächige und oft mehr als 1 cm über die Hautoberfläche erhabene bräunlich rote Veränderungen. Die Läsionen persistieren oft über die gesamte warme Jahreszeit. Mit dem Absterben der Larven und ausbleibenden Reinfektionen heilen sie mit Beginn des Winters spontan ab.

Andere Formen L3 können vom Nasen- und Lippenbereich auch in die Lunge einwandern (Lungenhabronematidose) oder durch Körperwanderungen in verschiedene Lokalisationen (Peritonealhöhle, ZNS usw.) gelangen und dort Granulome induzieren.

Diagnose Die Eier und Larven der Habronematiden werden mit den üblichen Kotuntersuchungstechniken nicht ausreichend erfasst. Alternativ sind molekularbiologische Verfahren einzusetzen, die auch die Differenzierung der Arten erlauben. So konnte mit einer PCR bei 61 % von 153 untersuchten Pferden *Habronema*-DNA im Kot nachgewiesen werden, während der Erregernachweis mit koproskopischen Methoden in keinem Fall gelang. Ferner kann eine Magenspülung mit anschließender Untersuchung der Spülflüssigkeit auf Würmer durchgeführt werden, während der Nachweis der Parasiten über Magenbiopsien mit anschließendem Pepsin-HCl-Verdau nur selten gelingt. Die Hauthabronematidose ist vor allem klinisch zu diagnostizieren. Das auf die warmen Jahreszeiten begrenzte Auftreten der Veränderungen und die schlechte Heilungstendenz geben gute Hinweise. Für epidemiologische Studien wurde zudem eine Xenodiagnose über Nachweis der Larven in Fliegen verwendet.

Therapie und Bekämpfung Gegen die adulten Parasiten wirken makrozyklische Lactone (Ivermectin, Moxidectin) in den üblichen Dosierungen (▸ **Tab. 23.9**). Eine Ivermectingabe führt auch bei der Hauthabronematidose in den meisten Fällen innerhalb 1 Woche zur Besserung und in 2–6 Wochen zur klinischen Heilung. Gegebenenfalls ist die Behandlung zu wiederholen. Zur Prävention sollten Fliegen bekämpft werden.

Literaturhinweise

Rehbein S, Visser M, Winter R. Prevalence, intensity and seasonality of gastrointestinal parasites in abattoir horses in Germany. Parasitol Res 2013; 112: 407–413

Schuster RK, Sikakumar S. A xenodiagnostic method using *Musca domestica* for the diagnosis of gastric habronemosis and examining the anthelminthic efficacy of ivermectin. Vet Parasitol 2013; 197: 176–181

Schuster RK, Sikakumar S, Kinne J et al. Cutaneous and pulmonal habronemosis transmitted by *Musca domestica* in a stable in the United Arab Emirates. Vet Parasitol 2010; 174: 170–174

Traversa D, Iorio R, Petrizzi L et al. Molecular diagnosis of equid summer sores. Vet Parasitol 2007; 150: 116–121

Familien Filariidae und Onchocercidae

Filum (lat.): Faden; *oideus* (lat.): ähnlich. Fadenähnliche Helminthen.

Allgemeines Zur Überfamilie Filarioidea gehören die Familien Filariidae und Onchocercidae, deren Vertreter hier vereinfachend als Filarien bezeichnet werden. Filarien kommen bei allen Klassen von Vertebraten außer bei Fischen vor und besiedeln Binde- und Sehnengewebe, Körperhöhlen oder das Blut- und Lymphgefäßsystem (▸ **Tab. 11.14**). In Europa sind vor allem *Dirofilaria immitis* und *D. repens* als Erreger der Herzwurminfektion bzw. der kutanen Dirofilariose von Hund und Katze veterinärmedizinisch bedeutsam. Humanpathogene Filarien zählen in subtropischen und tropischen Gebieten zu den wichtigsten Krankheitserregern überhaupt. Zwar hat sich in den letzten Dekaden mit dem Einsatz aussagekräftiger diagnostischer Verfahren sowie mit neuen Konzepten in der Bekämpfung ein gewisser Optimismus bezüglich der regionalen Ausrottung von Filarieninfektionen beim Menschen ausgebildet, doch ist die Situation nach wie vor bedrohlich. Die wichtigsten Infektionsformen sind die Lymphatische Filariose und die Onchocercose, bei denen schwere destruktive Veränderungen (Elefantiasis) bzw. Erblindung („Flussblindheit“) die Folgen sind. Immer noch leben ca. 950 bzw. 170 Mio. Menschen in den entsprechenden Endemiegebieten.

Adulte Filarien (Makrofilarien) sind meist sehr dünne Nematoden; Körperlängen der Weibchen zwischen wenigen Millimetern und > 80 cm; die Männchen sind deutlich kleiner. Mundkapsel gewöhnlich klein, Ösophagus zylindrisch, häufig mit Zweiteilung in einen vorderen, muskulösen und hinteren drüsigen Anteil (▸ **Abb. 11.2**). Vorderende mit Kopfpapillen, z. T. auch mit besonderen Cuticularstrukturen. Männchen ohne Bursa, manchmal mit schmalen Caudalflügeln, Hinterende spiralig aufgerollt, 2 ungleiche Spicula. Weibchen mit Vulva nahe dem Vorderende; sie sind vivipar oder ovovivipar (Ausscheidung von L1 [Mikrofilarien] oder von larvenhaltigen Eiern). Die **Mikrofilarien** sind als schlanke, 200–350 µm lange 1. Larven in Körpergewebe (Haut), Blut oder Lymphe der Endwirte zu finden. Eine biologische Besonderheit ist die **Dislokation der Mikrofilarien**, die im Wirt oft weit entfernt von den Ansitzstellen der Makrofilarien anzutreffen sind. Bei manchen Arten sind Mikrofilarien im peripheren Blut stets vorhanden, bei anderen besteht ein Maximum der Mikrofilarien-Dichte im Blut während des Tages (**tagperiodisch**) oder während der Nacht (**nachtperiodisch**), in enger Angleichung an die Aktivitätsphasen der Zwischenwirte.

Bei einem Teil der Filariengattungen sind die Mikrofilarien bescheidet (▸ **Tab. 11.14**). Die Mikrofilarienscheide, eine die Larve allseitig, meist lose umschließende Struktur, entsteht intrauterin infolge Dehnung der embryonalen Eihülle durch die sich entwickelnde und streckende Mikrofilarie. Sie wird verstärkt durch spezielle Proteinauflagerungen, die vom Uterusepithel des Weibchens se-

► **Tab. 11.14** Gattungen und Arten (Auswahl, hauptsächlich bei Haus- und Nutztieren) der Filarioidea (Filarien); Zoonosepotenzial.

Familie, Arten	hauptsächliche Wirte, Zoonose (Z)[1]	geografische Verbreitung	Lokalisation im Endwirt		Mikrofilarienscheide vorhanden	Zwischenwirte
			Adulte	Mikrofilarien		
Filariidae						
Stephanofilaria spp.	Boviden	weltweit	subkt. Bindegewebe	Wunden	ja	Muscidae
Parafilaria bovicola	Boviden Z (+)	Europa, Asien, Afrika	subkt. Bindegewebe	Wunden	nein	Muscidae
P. multipapillosa	Equiden	Nahost, Nordafrika	subkt. Bindegewebe	Wunden	nein	Muscidae
Onchocercidae						
Setaria spp., z. B. *S. tundra, S. cervi, S. equina, S. labiatopapillosa*	Ungulaten Z (+)	weltweit	Körperhöhlen	Blut	ja	Culicidae, Muscidae
Elaeophora spp., z. B. *E. schneideri*	Ungulaten	weltweit	Gefäßwände	Haut	nein	Tabanidae
Onchocerca spp.[3], z. B. *O. lienalis, O. gutturosa, O. jakutensis*	Ungulaten Z (+)	weltweit	Bindegewebe	Haut	nein	Simuliidae, Ceratopogonidae
Onchocerca lupi	Hund, Katze Z (+)	Süd- und Mitteleuropa, USA	Bindegewebe (Auge)	Haut	nein	Simuliidae
Acanthocheilonema reconditum	Caniden, Nager	weltweit	subkt. Bindegewebe	Blut	nein	Siphonaptera, Anoplura, Hippoboscidae
Acanthocheilonema (Syn. *Dipetalonema*) *dracunculoides*	Caniden	(sub-)tropische Zonen Europas, Afrikas, Asiens	subkt. Bindegewebe	Blut	nein	Ixodidae, Ceratopogonidae, Hippoboscidae
Dirofilaria immitis	Carnivoren Z +	Europa, Nord- u. Südamerika, Asien, Australien, Afrika	Blutgefäße, Herz	Blut	nein	Culicidae
D. repens	Carnivoren Z + +	Europa, Asien, Afrika	subkt. Bindegewebe	Blut	nein	Culicidae
Cercopithifilaria, z. B. *C. bainae, C. grassii*	Caniden	Süd- und Osteuropa, Afrika, Südamerika	subkt. Bindegewebe	Haut	nein	Ixodidae
Brugia spp., z. B. *B. malayi, B. timori, B. pahangi*	Mensch, Affen, Carnivoren Z + +	Tropen	Lymphknoten, -gefäße	Blut	ja	Culicidae

[1] (+): sehr selten; +: selten; + +: > 1000 beschriebene Fälle

zerniert werden. Die Permeabilität der Scheide ist auf ca. 70 kDa limitiert, daher ist sie undurchlässig für Antikörper. Da ihre Oberfläche der Interaktionsbereich zwischen Parasit und dem Immunsystem des Wirtes ist, spielen Oberflächenmoleküle der Scheide in der Immunevasionsstrategie jener Filarien, die bescheidete Larven entlassen, eine wichtige Rolle.

Die **Entwicklung** der Filarien ist an meist hämatophage Arthropoden als Zwischenwirte gebunden, in denen sich die an einem Wirt aufgenommenen Mikrofilarien zu infektiösen L3 entwickeln.

Familie Filariidae

Charakteristisch für die Weibchen dieser Familie ist die apikale Position der Vulva vor dem Nervenring, teils unmittelbar neben der Mundöffnung. Von veterinärmedizinischem Interesse bei Ungulaten sind die Gattungen *Parafilaria* und *Stephanofilaria* (► **Tab. 11.14**).

Gattung *Parafilaria*

Para- (gr.): neben. Gattung stand „neben" einer früher gebräuchlichen Gattung *Filaria*.

Parafilaria bovicola

Praxis

Erreger der **Parafilariose** des Rindes. In Mitteleuropa selten und regional auftretende, durch Fliegen (*Musca autumnalis*) als Zwischenwirt übertragene Parasitose, die mit charakteristischen Hautblutungen einhergeht.

Das Wichtigste in Kürze

- **Erreger, Entwicklung.** Bis 6,5 cm (♀♀) lange Nematoden in subdermalen Knoten bei Rind und Büffel. Die Knoten brechen nach außen mit kleinen Öffnungen auf und verursachen charakteristische Hautblutungen; im Exsudat enthaltene Eier oder freie L 1 (Mikrofilarien) werden von leckend-saugenden Fliegen (in Europa *Musca autumnalis*) aufgenommen; dort weitere Entwicklung zur L 3, die aus der Proboscis der Fliege in Schleimhäute oder Wunden des Endwirts einwandert. Präpatenz 6–7 Monate.
- **Vorkommen, Epidemiologie, Krankheitsbild.** *Parafilaria bovicola* kommt in Afrika, Asien, Südamerika, Kanada und Europa vor. Etwa 4–5 Monate p. i. (in Europa ab Dezember) bilden sich blutig imbibierte, sulzige Knoten in der Unterhaut, welche gravide Weibchen enthalten und nach Aufbrechen Blutungen in der Haut und dem darunterliegenden Gewebe verursachen, die zum Verwerfen des Schlachtkörpers führen können.
- **Therapie und Bekämpfung.** Präventive Behandlung der Rinder mit makrozyklischen Lactonen 10 Wochen vor der Schlachtung verhindert Schlachtverluste durch Muskelschäden; Fliegenbekämpfung.

Erreger Die adulten Filarien (♂♂ 3–3,5 cm, ♀♀ 5–6,5 cm) weisen am Vorderende eine Vielzahl von kleinen Cuticulaverdickungen auf. Die Vulva der Weibchen liegt unmittelbar neben der Mundöffnung. Eier: dünnschalig, 50 × 28 µm, Mikrofilarien: 185–205 µm lang und unbescheidet.

Entwicklung Die adulten Parasiten leben bei Rindern und Büffeln im subkutanen oder intermuskulären Gewebe. Sie induzieren subdermale Knoten, die 7–9 Monate nach der Infektion mit kleinen Öffnungen (< 1 mm) aufbrechen (► **Abb. 11.77**). Im austretenden, mit Blut vermischten Exsudat finden sich larvenhaltige Eier und freie Mikrofilarien (► **Abb. 11.78**), die von leckend-saugenden Fliegen, in Europa hauptsächlich *Musca autumnalis*, aufgenommen werden. Bei günstigen Temperaturen entwickeln sich in den Fliegen innerhalb von ca. 2 Wochen infektiöse L 3, die bei einer weiteren Nahrungsaufnahme des Zwischenwirts durch die Mundwerkzeuge auf Schleimhäute oder in Wunden des Wirts gelangen, über die sie in den Körper eindringen. Sie wandern zur Unterhaut von Widerrist, Rücken, Brust und Flanken und entwickeln sich über 2 Häutungen in durchschnittlich 6½ Monaten zu adulten Würmern. Die Lebensdauer der Parasiten beträgt i. d. R. weniger als 1 Jahr.

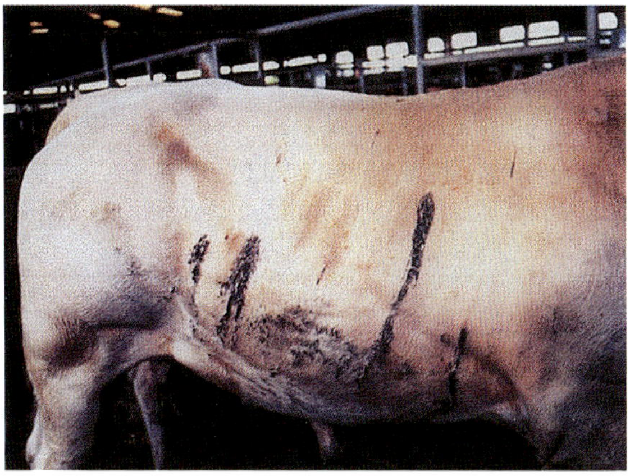

► **Abb. 11.77** *Parafilaria bovicola*: Hautveränderungen bei einem Rind. (Quelle: Paul Torgerson, Vetsuisse-Fakultät, Universität Zürich)

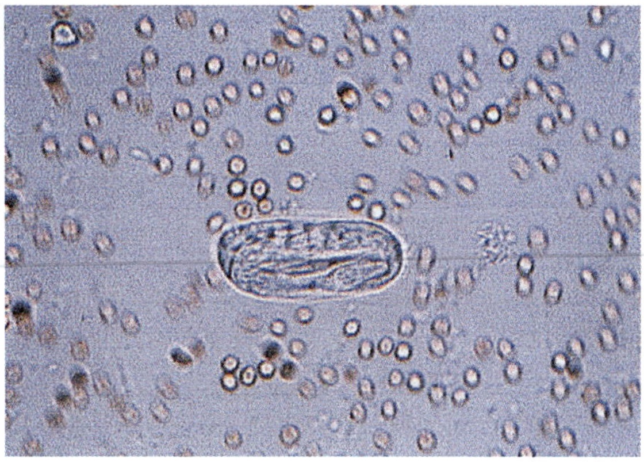

► **Abb. 11.78** *Parafilaria*-Ei (ca. 25 × 45 µm). (Quelle: Institut für Parasitologie, Justus-Liebig-Universität Giessen)

Vorkommen und Epidemiologie *P. bovicola* kommt in Ländern Asiens, Afrikas und Südamerikas sowie in Kanada und regional in Europa vor (RO, IT, FR [Department Doubs], NL, BE, Süd-, Südwestdeutschland und SE). In Schweden zeigten 1980 über 10 % der Schlachtrinder infektionsbedingte Muskelschäden; 1990 lag die Seroprävalenz im Landesdurchschnitt unter 3 %, obwohl sich der Parasit geografisch ausgebreitet hat. Die Erkrankung tritt mit ausgeprägter Saisondynamik auf. Veränderungen der Haut und der darunterliegenden Muskelpartien beginnen 4–5 Monate p. i. und zeigen sich in der nördlichen Hemisphäre zwischen Dezember und Juni, in der südlichen Hemisphäre zwischen Juni und Januar. Überwinterte Fliegen sind frei von *P. bovicola*-Stadien.

Pathogenese und Krankheitsbild Frühe, durch die Larven verursachte Veränderungen sind gelbliche, kleine, ödematöse Herde in der Unterhaut. Später (in Europa ab Dezember) treten 10–15 cm große, manchmal auch umfangreichere und konfluierende Läsionen in der Unterhaut, bevorzugt in dorsalen Körperregionen (Nacken, Widerrist, Schulter, Rücken und Lendengegend), auf, die teils von außen tastbar sind. Dabei handelt es sich um blutig imbibierte, infolge einer massiven eosinophilen Infiltration grünliche, sulzige Veränderungen, die in die darunterliegende Muskulatur ausstrahlen können und die auf 3–4 cm herangewachsenen Filarien enthalten. Etwa ab Februar/März und anhaltend bis Juli werden auf der Hautoberfläche 5–10 mm hohe und im Durchmesser 2–4 cm große, bei der Palpation derbe, schmerzfreie Knoten erkennbar, aus denen schließlich durch eine kleine Öffnung blutiges, Eier und Mikrofilarien enthaltendes Exsudat austritt, das abfließt und antrocknet. Die Exsudation sistiert nach 1–2 Tagen, worauf sich die Knoten innerhalb weniger Tage zurückbilden; sie kann sich jedoch auch mehrfach wiederholen. Das Allgemeinbefinden der Tiere ist nicht beeinträchtigt. Von wirtschaftlicher Bedeutung ist, dass betroffene Muskelpartien von Schlachttieren verworfen werden müssen. Bei multiplem Befall kann dies bis zu 10 kg Muskelfleisch je Tier ausmachen.

Immunologie Nach Beobachtungen in Südafrika nimmt der *P. bovicola*-Befall bei Rindern bereits in der 2. Weideperiode gegenüber der 1. deutlich ab. Dies weist auf eine protektive Immunitätsbildung hin, die bei Kühen ausgeprägter sein soll als bei männlichen Tieren.

Diagnose Das voll ausgeprägte klinische Bild ist typisch. Im frisch ausgetretenen Exsudat können Eier und Mikrofilarien nachgewiesen werden, am besten nach Hämolyse durch Zusatz einiger Tropfen 3 %iger Essigsäure. Im angetrockneten Blut gelingt der Nachweis selten, hier wie auch in flüssigem Exsudat oder in Biopsien kann der Erreger mittels DNA-Analyse nachgewiesen werden. In Skandinavien wurden serodiagnostische Verfahren entwickelt und validiert. Verwertbare Antikörperreaktionen treten etwa 3 Monate nach der Infektion auf.

Therapie und Bekämpfung Eine Behandlung mit makrozyklischen Lactonen (z. B. 0,2 mg/kg KG Ivermectin s. c.) 10 Wochen vor der Schlachtung tötet die Parasiten ab und lässt bestehende Veränderungen so weit abklingen, dass Verluste bei der Schlachtung weitgehend vermieden werden. Eine effiziente Fliegenbekämpfung reduziert nach Untersuchungen in Südafrika die Prävalenz in der Region schneller und besser als chemotherapeutische Maßnahmen. Um eine Einschleppung der Parasiten in *P. bovicola*-freie Gebiete zu verhindern, sollten Importtiere aus endemischen Zonen mit makrozyklischen Lactonen behandelt werden.

Parafilaria multipapillosa

Praxis
Erreger des **Sommerblutens** der Equiden. Im deutschsprachigen Raum vereinzelt in Österreich auftretende, durch Fliegen als Zwischenwirt übertragene und mit Hautblutungen einhergehende Filarieninfektion.

Erreger und Entwicklung ♂♂ bis 3 cm, ♀♀ bis 7 cm lang; Eier: dünnschalig, 25 × 50 µm mit Larve; Mikrofilarien: unbescheidet, 160–190 µm lang.

Die Entwicklung entspricht im Prinzip der von *P. bovicola* (S. 359), doch dauert die Präpatenz 9–13 Monate; die adulten Weibchen können im intermuskulären und subkutanen Bindegewebe mindestens 2–3 Jahre überleben. Die Kenntnisse zum Zwischenwirtspektrum sind lückenhaft. In der Stubenfliege *Musca domestica* entwickeln sich die Parasiten nicht, jedoch in der Stechfliege *Haematobia atripalpis* (Syn. *Haematobosca atripalpis*), einer in Südost- und Osteuropa sowie in Italien und Spanien, aber nicht in Mitteleuropa vertretenen Weidestechfliege.

Vorkommen und Epidemiologie *P. multipapillosa* tritt in weiten Teilen Afrikas, Asiens und Südamerikas, in Süd- und Osteuropa auf, vereinzelt auch in Österreich (Burgenland). Das besondere, regional begrenzte Zwischenwirtsspektrum dürfte dafür verantwortlich sein, dass es nach Einschleppung der Parasiten mit infizierten Equiden, z. B. aus Russland, in nicht-endemische Gebiete bisher nie zu einer Ausbreitung kam. Im endemischen Gebiet nehmen Befallshäufigkeit und -intensität unabhängig vom Geschlecht der Equiden bis zu einem Alter von 6–8 Jahren zu.

Pathogenese und Krankheitsbild In der warmen Jahreszeit, in Europa vorwiegend im Juli und August, treten bei infizierten Equiden innerhalb von Tagen subkutane, derbe, nicht schmerzhafte, aber offensichtlich leicht juckende Knoten von 1–5 cm Durchmesser in Erscheinung. Prädilektionsstellen sind Schulter, Widerrist und seitliche Brustwand. Das Bild kann zeitweise einer Urtikaria ähneln. Die Knoten öffnen sich durch eine 0,5–1,5 mm große Läsion, aus der blutiges Exsudat austritt, das Eier und Mikrofilarien enthält (► **Abb. 11.79**). Warmes Wetter und Sonneneinstrahlung stimulieren die Blutung, die Minuten bis Stunden anhält. Danach bilden sich die Knoten innerhalb von 3–4 Tagen zurück; kleine haarlose, depigmentierte Stellen markieren die vorangegangenen Wunden. Schwellungen und Blutungen können verteilt über den ganzen Sommer vorkommen. Rezidive treten – auch bei sicher ausgeschlossener Reinfektion – über 4 Jahre auf. Die Hautknoten können bindegewebig vernarben und in der Sattel- oder Geschirrlage ständige Druckstellen darstellen.

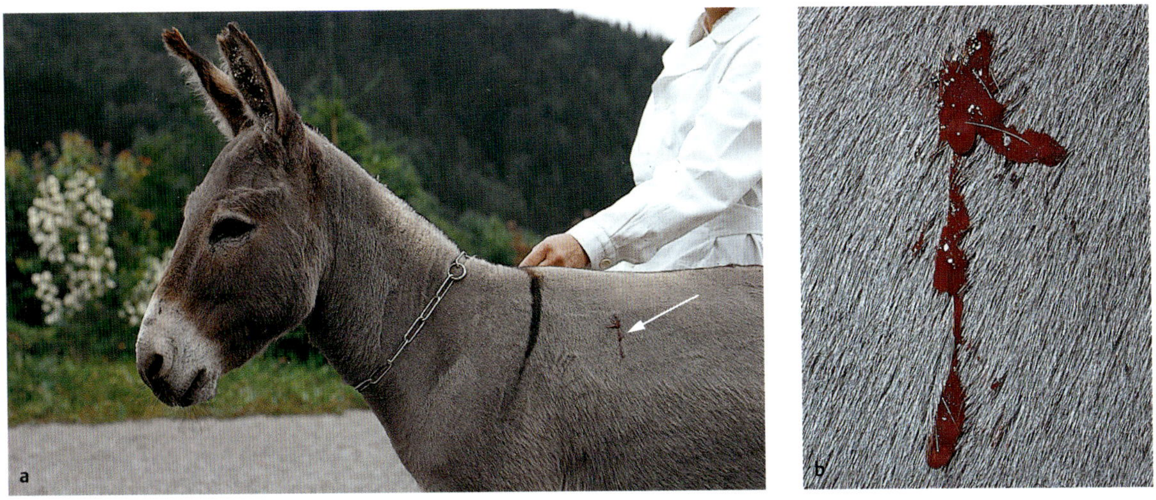

▸ **Abb. 11.79** *Parafilaria multipapillosa*-Befall bei einem Esel.
a Blutende Hautläsion (Pfeil) (Quelle: Johannes Eckert, Institut für Parasitologie, Vetsuisse-Fakultät, Universität Zürich)
b Vergrößerung von blutender Wunde (Quelle: Johannes Eckert, Institut für Parasitologie, Vetsuisse-Fakultät, Universität Zürich)

Diagnose Die Diagnose erfolgt klinisch und durch Nachweis der Eier oder Mikrofilarien im frischen Wundexsudat; Hämolyse mit 3 %iger Essigsäure verbessert die Nachweismöglichkeit.

Therapie und Bekämpfung Eine einmalige Behandlung mit Ivermectin (0,2 mg/kg KG p. o.) bringt Knoten zur Rückbildung und verhindert Blutungen sowie die Bildung neuer Knoten. In nicht-endemischen Gebieten erübrigen sich weitere Maßnahmen. In endemischen Gebieten sollten Maßnahmen gegen Fliegen ergriffen werden. Als Präventivmaßnahme werden Ivermectin-Behandlungen vor dem zu erwartenden Auftreten der Knoten und Blutungen empfohlen.

Gattung *Stephanofilaria*

Praxis

Erreger der **Stephanofilariose** der Rinder und Büffel. Durch Fliegen als Zwischenwirte übertragene Parasitose, die in Europa die sog. **Sommerwunden** der Rinder verursacht. Wunden am Euter erschweren das Melken. Regional im deutschsprachigen Raum.

Stephanos (gr.): Kranz. Bezieht sich auf einen Ring von zahnartigen Kutikulargebilden um die Mundöffnung.

Das Wichtigste in Kürze

- **Erreger, Entwicklung.** Kleine, bis etwa 1 cm lange (♀♀) Nematoden in der Subkutis von Rindern und Büffeln. In Mitteleuropa vorkommende Arten und Zwischenwirte (wahrscheinlich Weidefliegen) sind noch nicht identifiziert. Embryonierte Eier und Mikrofilarien finden sich in exsudativen Hautveränderungen, von wo sie die Zwischenwirte aufnehmen. Präpatenz mindestens 5 Monate. Adulte überleben wahrscheinlich Jahre.
- **Vorkommen, Krankheitsbild.** Die bovine Stephanofilariose tritt in Asien, Australien, Nord- und Südamerika sowie in Europa (DE, FR, vermutete Fälle in FI) auf. Unter den gemäßigten Klimabedingungen in Mitteleuropa entwickeln infizierte Tiere beginnend ab der 2. Weideperiode 2–4 Wochen nach Weideauftrieb nässende Hautläsionen an Unterbauch und Euter bzw. Skrotum, die unbehandelt über die gesamte Weideperiode persistieren. Bei Befall des Euters Schwierigkeiten beim Melken und Verunreinigung der Milch.
- **Behandlung.** Behandlung mit makrozyklischen Lactonen lässt Hautveränderungen nach 2–3 Wochen abheilen, verhindert jedoch Rezidive im nächsten Jahr nicht.

Erreger Kleine, bis etwa 1 cm lange (♀♀) Parasiten der Subkutis, vorwiegend bei Rind und Büffel. Die Mundöffnung ist von einem Ring zahnartiger Gebilde umgeben; bei Männchen ungleiche Spicula. Eier: dünnschalig, ca. 30 × 60 µm; Mikrofilarien: bescheidet, mit 50–150 µm relativ kurz.

Bei Rind und Büffel sind mindestens 6 *Stephanofilaria*-Arten beschrieben worden, z. B. *S. stilesi* (Nordamerika, Australien und asiatischer Teil von RU), *S. assamensis* (Indien, Südrussland) und *S. dedoesi* (Indonesien). Weitere Arten befallen Schweine, Nashörner oder Flusspferde. Die in Mitteleuropa und Skandinavien vorkommenden Stephanofilarienarten sind unzureichend beschrieben und taxonomisch nicht bestimmt. In Frankreich beschriebene *Stephanofilaria* spp. ähnelten *S. stilesi*, doch war eine zweifelsfreie Zuschreibung bisher nicht möglich.

Entwicklung Die adulten Parasiten liegen in subepidermalen Cysten und setzen periodisch zu Zeiten hoher Fliegendichten Mikrofilarien frei. Damit kommt es zu einer lokal begrenzten, nässenden Dermatitis, wobei im Exsudat sowie in der umgebenden Haut Mikrofilarien auftreten. Als Zwischenwirte dienen hämatophage oder leckend-saugende Fliegen, in denen sich in 2–3 Wochen die infektiösen L 3 entwickeln. Zwischenwirt für *S. stilesi* in Nordamerika und Australien ist die Kleine Weidestechfliege *Haematobia irritans;* diese wird auch für Frankreich als Zwischenwirt vermutet. Die L 3 wandern durch die Proboscis der Fliege aus, dringen über eine Hautläsion oder den Stichkanal in den Endwirt ein und entwickeln sich über 2 Häutungen zu Adulten. Die exakte Präpatenz ist nicht bekannt (wahrscheinlich mehr als 5 Monate). Wegen der jährlich rezidivierenden Veränderungen wird vermutet, dass die adulten Parasiten mehrere Jahre leben.

Vorkommen und Epidemiologie In Deutschland wurden Erkrankungsfälle lokal in Norddeutschland, Sachsen-Anhalt und in Mittelgebirgsgegenden (Rhön, Westerwald) beobachtet, doch fehlen neuere Angaben. In anderen Landstrichen ist sie dagegen unbekannt. Betroffen sind nur männliche und weibliche Rinder mit Weidegang. In einer Herde erkrankt gewöhnlich nur ein Teil der Tiere (z. B. 10–30 %). Diese zeigen dann über Jahre wiederkehrende Rezidive.

Pathogenese und Krankheitsbild Ab der 2. Weideperiode, meist aber später, treten 2–4 Wochen nach Weideaustrieb bevorzugt am Unterbauch kaudal des Sternums, in der Kniefalte, am Euter und dort häufig an den Zitzen erbsengroße, nässende Effloreszenzen auf, die in 2–5 Tagen zu einer klar markierten, meist rundlichen Wunde mit einem Durchmesser von 5–6 cm werden (▸ **Abb. 11.80**). Die Wunde ist gewöhnlich gelblich rötlich glänzend und nässt besonders an warmen, schwülen Tagen. Bei mehrere Tage dauernder kühlerer Witterung trocknet die Wunde mit rissigen Schorfen, allerdings ohne Heilungstendenz, ab. Erst mit dem Einsetzen kühleren Wetters im September oder Oktober kommt es zu narbiger Abheilung, doch brechen die Wunden im nächsten Frühsommer gewöhnlich wieder auf. Dieser Wechsel zwischen Trauma- und Ruhephasen ist ein Charakteristikum aller Stephanofilariosen. Die nässenden Wunden jucken und werden andauernd von Insekten angeflogen, sodass die Tiere ständig belästigt werden. Bei Milchkühen mit Wunden am Euter gestaltet sich das Melken meist schwierig. Häufig kommt es bei der ermolkenen Milch zu Beimengungen von Blut und Sekret. In Frankreich wurden bei männlichen Tieren Veränderungen am Skrotum mit nachfolgender Orchitis beobachtet. Bei anderen *Stephanofilaria*-Arten entstehen Wunden an anderen Körperstellen.

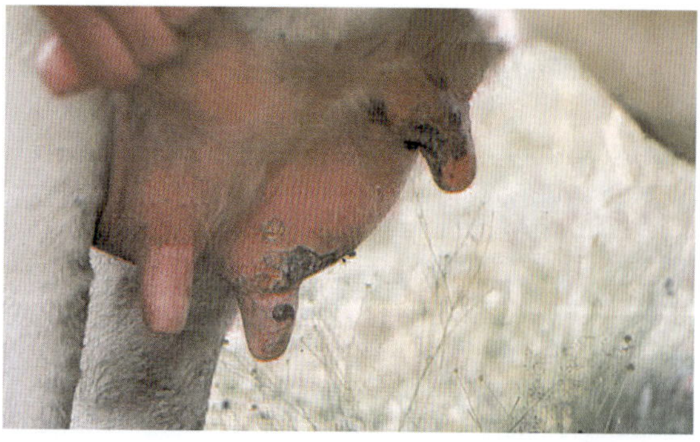

▸ **Abb. 11.80** *Stephanofilaria* spp.: „Sommerwunden" am Euter eines Rindes. (Quelle: Institut für Parasitologie, Justus-Liebig-Universität Giessen)

Diagnose Die Diagnose erfolgt klinisch sowie durch den Nachweis der Parasiten in Hautbiopsien. Der Nachweis von Eiern und Larven gelingt allenfalls bei ganz frischen Wunden.

Therapie und Bekämpfung Symptomatische Behandlungen haben nur begrenzten Erfolg. Nach Applikationen von Ivermectin (0,2 mg/kg KG s. c.) heilen die Hautveränderungen gewöhnlich nach 2–3 Wochen ab (bei Kühen versuchsweise Einsatz von Eprinomectin oder Moxidectin ohne Wartezeit für Milch; ▸ **Tab. 23.2**). Die Behandlung kann wegen mangelnder Wirkung gegen adulte Filarien Rezidive nicht verhindern.

Literaturhinweise

Caron Y, Croignet S, Losson BJ et al. Three cases of *Parafilaria bovicola* infection in Belgium, and a few recent observations on this emergent disease. Vet Rec 2013; 172: 129

Galuppi R, Militerno G, Bassi P et al. Evidence for bovine parafilariosis in Italy: first isolation of *Parafilaria bovicola* (Tubangui, 1834) from autochthonous cattle. Vet Parasitol 2012; 184: 88–91

Gibbons LM, Zakrisson G, Uggla A. Redescription of *Parafilaria bovicola* Tubangui, 1934 (Nematoda: Filarioidea) from Swedish cattle. Acta Vet Scand 2000; 41: 85–91

Hamel D, Axt H, Pfister K. First report on *Parafilaria bovicola* (Nematoda: Filaroidea) in Germany. Res Vet Sci 2010; 89: 209–211

Koehsler M, Soleiman A, Aspöck H et al. *Onchocerca jakutensis* filariasis in humans. Emerg Infect Dis 2007; 13: 1749–1752; doi: 10.3201/eid1311.070017

Watrelot-Virieux D, Pin D. Chronic eosinophilic dermatitis in the scrotal area associated with stephanofilariasis infestation of Charolais bull in France. J Vet Med B Infect Dis Vet Public Health 2006; 53: 150–152

Familie Onchocercidae

Ogkos (gr.): Haken; Krümmung; *kerkos* (gr.): Schwanz. Bezug auf das gekrümmte Hinterende von Mikrofilarien bei bestimmten *Onchocerca*-Arten.

Die Familie ist mit 8 Unterfamilien, die sich auf Reptilien, Amphibien, Vögel und Säuger verteilen, und insgesamt > 70 Gattungen breit gefächert. Morphologisch unterscheiden sich die Onchocercidae von den Filariidae u. a. dadurch, dass die Vulva bei den Weibchen zwar in der vorderen Körperhälfte, aber hinter dem Nervenring liegt. Die Parasiten besiedeln Bindegewebe, Körperhöhlen und Blut- oder Lymphgefäße der Wirte. Die Mikrofilarien verteilen sich vom Ansitzort der Adulten aus im Wirtsorganismus und zirkulieren im Blut oder finden sich in der Haut, von wo sie die Zwischenwirte, hämatophage Arthropoden, aufnehmen (▶ Tab. 11.14).

Die wichtigsten, bei Tieren vorkommenden Gattungen der Familie sind mit ihrem Vorkommen in ▶ Tab. 11.14 verzeichnet. Näher besprochen wird eine Auswahl relevanter Arten.

Zum Weiterlesen

Mikroorganismen der Gattung *Wolbachia*

In 2 der 8 Unterfamilien der Onchocercidae (Onchocercinae, Dirofilariinae), insbesondere bei einem Großteil der klinisch relevanten Arten, finden sich intrazelluläre, gramnegative Mikroorganismen der Gattung *Wolbachia*, wie sie auch bei Arthropoden verbreitet sind (40–50 % aller terrestrischen Arthropodenarten enthalten Wolbachien). Sie treten artspezifisch auf; z. B. ist die Rothirschfilarie *Onchocerca flexuosa* im Gegensatz zu anderen *Onchocerca*-Arten *Wolbachia*-frei. Die Wolbachien werden vertikal über die weibliche Keimbahn an die nächste Generation weitergegeben und finden sich vorwiegend im weiblichen Genitalsystem und in der Hypodermis. Innerhalb der infizierten Arten sind alle Individuen Bakterienträger. Unabhängig davon, dass nur bestimmte Arten der Onchocercidae infiziert sind, gelten die Bakterien als essenzielle Endosymbionten. Diese Rolle wird am Beispiel des Wolbachien enthaltenden Hundeparasiten *Dirofilaria immitis* deutlich: Werden infizierte Hunde mit dem Antibiotikum Doxycyclin (wirksam gegen *Wolbachia* spp.) behandelt, so werden die Embryogenese der Filarien, die Produktion der Mikrofilarien und die Langzeitlebensfähigkeit der adulten Filarien beeinträchtigt (s. auch Therapie bei *D. immitis*-Infektionen (S. 363)). Da die Wolbachien offensichtlich auch auf den Vertebratenwirt übergehen (in infizierten Endwirten lassen sie sich auf DNA-Ebene und immunfluoreszenztechnisch anhand ihrer Oberflächenantigene sowie über *Wolbachia*-spezifische Antikörper nachweisen), lag der Verdacht nahe, dass sie auch in der Immunologie und Pathogenese der jeweiligen Infektionen eine Rolle spielen. Die bisherigen Studien sprechen hier für eine sehr komplexe Situation. Generell lässt sich sagen, dass Wolbachien in Antigen-präsentierenden Zellen (APZ) via TLR-2 ein proinflammatorisches Cytokin- und Chemokinmuster induzieren, das letztlich in Th_1-dominierten Reaktionen unter wesentlicher Beteiligung von neutrophilen Granulozyten resultiert.

Gattung *Dirofilaria*

Dirus (lat.): grausam; *filum* (lat.): Faden. Engl.: heartworm.

Vertreter der Gattung finden sich im Bindegewebe von Carnivoren und Primaten. *Dirofilaria immitis* besiedelt die Arteria pulmonalis und das rechte Herz von Caniden, seltener von Feliden, und verursacht schwere Erkrankungen (kardiovaskuläre Dirofilariose). *D. repens* etabliert sich im subkutanen Bindegewebe (kutane Dirofilariose). In jüngerer Zeit wurde mit *Dirofilaria honkongensis* eine weitere, mit *D. repens* nahe verwandte, zoonotisch auftretende Art beschrieben („kryptische" Art), wobei neuere Studien für ein noch breiteres Artenspektrum der Gattung sprechen.

Zoonotische Bedeutung Infektiöse Larven von *D. repens* und seltener *D. immitis* werden gelegentlich durch Stechmücken auf Menschen übertragen. Danach siedeln sich unreife Stadien von *D. immitis* vorwiegend in der Lunge an und verursachen 1–4 cm große Rundherde, die häufig als Tumore misinterpretiert werden. Juvenile Stadien von *D. repens* sind meist in nodulären Herden der Subkutis anzutreffen (oft am Kopf und den Gliedmaßen, aber auch anderen Körperpartien). Zwischen 2000 und 2011 wurden mindestens 940 Fälle einer kutanen Dirofilariose beim Menschen aus 12 verschiedenen europäischen Ländern berichtet, die meisten davon in Russland und Italien. Dahingegen wurden im selben Zeitraum nur 21 Fälle einer durch *D. immitis* verursachten Lungendirofilariose aus sechs Ländern registriert. In der Ukraine ereigneten sich im Zeitraum von 1996 bis 2012 insgesamt 1465 humane *D. repens*-Infektionen mit einer regionalen Inzidenz von 0,07 bis 9,8 Fälle pro 100.000 Einwohner.

Dirofilaria immitis

Praxis

Erreger der **kardiovaskulären Dirofilariose (Herzwurmkrankheit)** von Hund und Katze. Im deutschsprachigen Raum vor allem als importierte Krankheit von Bedeutung. Kann insbesondere bei Hunden schwere kardiovaskuläre Erscheinungen hervorrufen, bei Katzen oft asymptomatisch oder variables Krankheitsbild.
Zoonose: Beim Menschen können selten bei Befall mit *Dirofilaria immitis* Entzündungsherde in der Lunge auftreten.

Das Wichtigste in Kürze

- **Erreger.** Bis 30 cm (♀♀) lange Parasiten in der Aorta pulmonalis und im rechten Herzen von Carnivoren, vorwiegend Caniden; unbescheidete Mikrofilarien (Länge ca. 300 μm) im Blut.
- **Vorkommen, Entwicklung, Epidemiologie.** Weite Verbreitung in warmen Regionen und zunehmende Ausbreitung in angrenzende Zonen gemäßigten Klimas. In warmen Regionen der USA und Südeuropas Prävalenzen beim Hund teilweise > 50 %. Entwicklung heteroxen mit Culiciden (zahlreiche Arten) als Zwischenwirte, die Mikrofilarien bei der Blutmahlzeit aufnehmen und als infektiöse L 3 übertragen. Nach ca. 3 Monaten befinden sich die Präadulten in die Arteria pulmonalis des Endwirtes. Präpatenz variabel, mindestens 6 Monate. Mikrofilarämie erreicht 9–10 Monate p. i. ein Plateau, 30–50 % der Hunde bleiben oder werden amikrofilarämisch trotz persistierender adulter Parasiten. Bei Katzen kommt es nur in ca. 50 % der *D. immitis*-Fälle zur Mikrofilarämie.
- **Pathogenese, Krankheitsbild.** Oft symptomlos, sonst progressive Endarteriitis in Lunge und anderen Parenchymen, Lungenhochdruck und Rechtsherzhypertrophie. In chronischen Fällen Dekompensation mit Stauungsleber, Ödemen, Aszites; oft Immunkomplex-Glomerulonephritis, Ekzeme. Klinisch anfangs chronischer Husten, Dyspnoe, häufiges Erbrechen. Selten Obturationsstenose der kaudalen Hohlvene und der rechten Vorkammer durch Wurmaggregate mit intravasaler Hämolyse (Vena-cava-Syndrom). Bei Katzen uneinheitliches Krankheitsbild, aber auch plötzliche Todesfälle.

- **Diagnose.** Mikrofiliariennachweis; differenzialdiagnostisch ist Abgrenzung von Mikrofilarien anderer, weitgehend apathogener Filarien notwendig. Nachweis zirkulierender Antigene im Blut mittels kommerzieller Testkits. Antikörpernachweis nur bei der Katze geeignet, beim Hund wenig aussagekräftig.
- **Therapie und Prophylaxe.** Melarsomin, eine Arsenverbindung, wirkt effektiv adultizid; Begleitmaßnahmen sind Thromboseprophylaxe und weitere unterstützende Maßnahmen (u. a. Ruhigstellung). Die chirurgische Entfernung der Würmer wird beim Auftreten eines Vena-cava-Syndroms empfohlen. Mit der Verabreichung von makrozyklischen Lactonen während der Mückensaison besteht eine effektive Prophylaxemöglichkeit. Resistenzen gegen makrozyklische Lactone sind bei Hunden in den USA beschrieben.

Erreger Die fadenartigen, etwa 1 mm dicken Nematoden erreichen Längen von 12–18 cm (♂♂) bzw. 25–30 cm (♀♀). Um die Mundöffnung finden sich 6 kleine Papillen. Das spiralig aufgerollte Hinterende des Männchens trägt 2 × 5 präanale und 2 × 6 postanale Papillen. Die ungleich langen Spicula messen 180–300 µm und 300–375 µm. Das Hinterende des Weibchens ist stumpf. Die Vulva liegt ca. 3 mm vom Vorderende entfernt. Die unbescheideten Mikrofilarien sind 220–340 µm lang (▶ Tab. 11.15), wobei aber generell zu berücksichtigen ist, dass die messbaren Längen bei Mikrofilarien erheblich von den verwendeten Fixations- und Färbemethoden abhängen.

Entwicklung *D. immitis* besiedelt die Arteria pulmonalis und das rechte Herz von Carnivoren, vor allem von Hunden und anderen Caniden (▶ Abb. 11.81). Die Weibchen entlassen unbescheidete Mikrofilarien ins Blut, die zur Weiterentwicklung von Culiciden beim Stechakt aufgenommen werden müssen. Die Mikrofilariendichte im peripheren Blut schwankt im Tagesverlauf. In Übereinstimmung mit der höchsten Flugaktivität der Zwischenwirte ist sie am höchsten in den späten Nachmittags- und frühen Abendstunden und geht danach um 80–95 % zurück, wobei sich die Mikrofilarien in den Kapillaren der Parenchyme, vorwiegend der Lunge, ansammeln. Diese Periodizität wird wahrscheinlich in erster Linie durch die im Tagesablauf auftretenden Veränderungen des Sauerstoffpartialdrucks im Blut gesteuert. Im Zwischenwirt bilden sich die für den Endwirt infektiösen L3. Unter 14 °C kommt es zu keiner Entwicklung, bei z. B. 18 °C entsteht die L3 in etwa 4 Wochen, bei 26 °C in etwa 2 Wochen. Die infektiöse Larve wandert in die Proboscis der Mücke und dringt bei einem weiteren Stechakt über den Stichkanal in den neuen Wirt ein. Im subkutanen Bindegewebe erfolgt nach 1–2 Wochen die Häutung zur L4, die zwischen Muskelfasern wandert, nach der letzten Häutung als präadulter Wurm in größere Venen eindringt und 70–110 Tage p. i., auf eine Länge von 2–3 cm herangewachsen, die Arteria pulmonalis und das rechte Herz erreicht. Frühestens 180 Tage p. i., meist aber später, sind die Parasiten geschlechtsreif; die Weibchen setzen dann Mikrofilarien frei. Deren Dichte im Blut nimmt anfänglich zu und erreicht 9–10 Monate nach der Infektion ein Plateau, das über lange Zeit beibehalten werden kann. Allerdings fällt bei 30–50 % der Hunde die Mikrofilariendichte als Folge von Immunreaktionen, die gegen Mikrofilarien gerichtet sind, zu nicht vorhersagbaren Zeitpunkten oft plötzlich auf Werte unterhalb der Nachweisgrenze ab. Die adulten Würmer können dabei persistieren. Ihre Lebensdauer beträgt bis 7 Jahre.

Katzen sind wesentlich weniger empfänglich für *D. immitis* als Hunde (bei gleicher Infektionsdosis entwickeln sich beim Hund 8- bis 10-mal mehr adulte Parasiten). Unter vergleichbaren natürlichen Bedingungen erreichen die Prävalenzen bei Katzen deutlich niedrigere Werte als bei Hunden. Bei Katzen ist die Präpatenz oft um Monate verlängert, wobei nur bei etwa der Hälfte aller infizierten Tiere eine Mikrofilarämie auftritt. Diese ist zudem gewöhnlich niedrig und nach 1–3 Monaten beendet. Adulte Würmer leben in der Katze meist kürzer als 2 Jahre.

Verbreitung und Epidemiologie *D. immitis* tritt in den meisten tropischen und subtropischen Regionen der Erde endemisch auf, scheint sich aber zunehmend in den gemäßigten Klimazonen auszubreiten. So hat sich die Infektion, ausgehend von den südöstlichen Küstenstaaten der USA, in den letzten Jahrzehnten über den nordamerikanischen Kontinent bis nach Kanada ausgebreitet. Die europäischen Verbreitungsgebiete umfassen Südeuropa (PT,

▶ **Tab. 11.15** Charakteristika von (unbescheideten) Mikrofilarien im Blut beim Hund.

Merkmale	*Dirofilaria immitis*	*Dirofilaria repens*	*Acanthocheilonema reconditum*	*Dipetalonema dracunculoides*
Länge (µm)	220–340	205–360	220–280	185–260
Mittelwert und Bereich der Länge[1] (µm)	302 ± 6	369 ± 11	238 ± 6	259 ± 7
Vorderende	konisch	stumpf	stumpf	konisch
Hinterende	gerade	hakenförmig	gerade, bei 30–40 % hakenförmig gebogen	gerade
Lokalisation der sauren Phosphatase	Exkretionsporus und Analporus	Analporus, z. T. auch Innenkörper	diffus	Analporus und Exkretionsporus (ringförmig) sowie Bereich dazwischen

[1] Längenmessung nach Fixation im Knott-Test

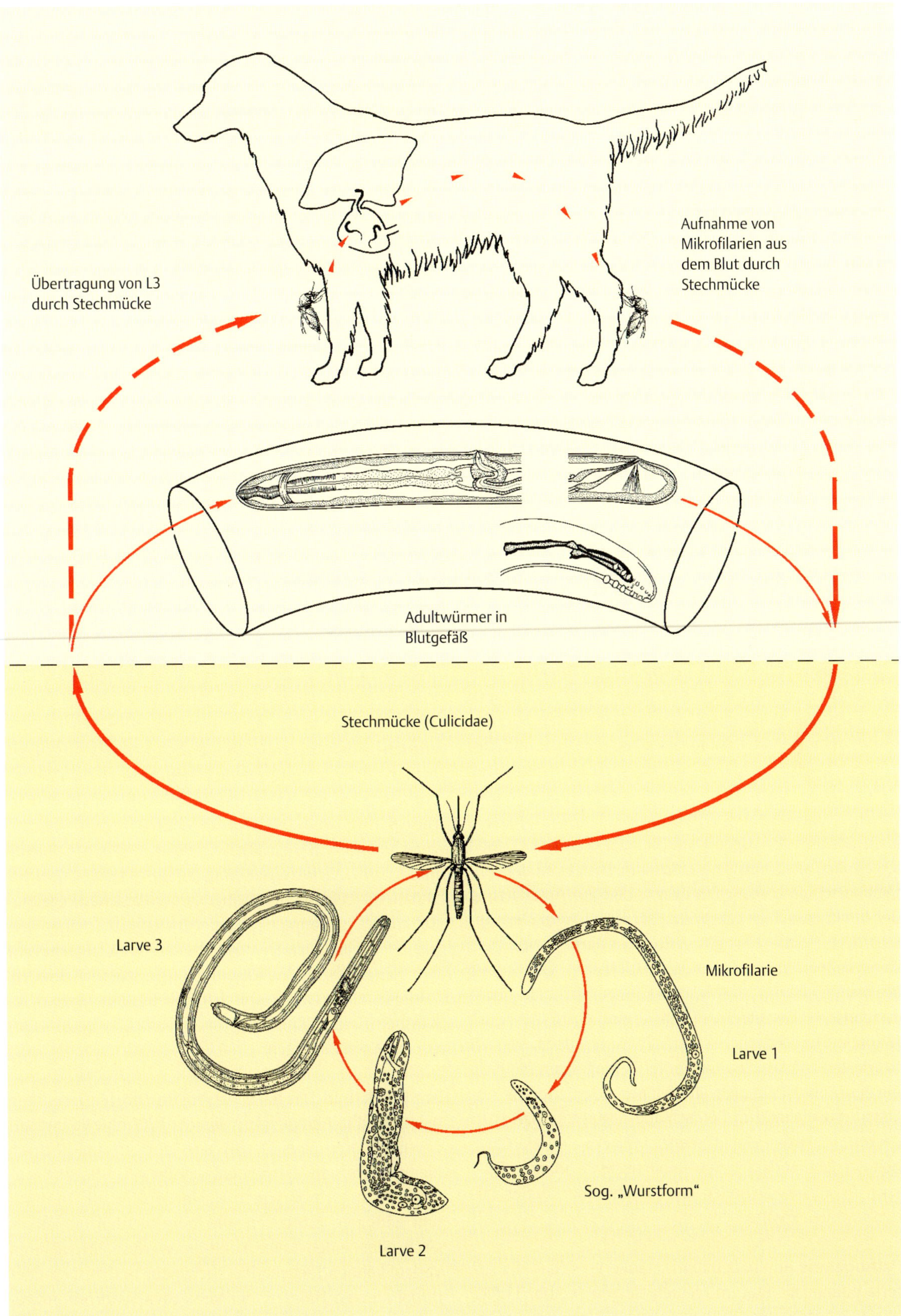

▸ **Abb. 11.81** Entwicklungszyklus von *Dirofilaria immitis*. (Grafik: Salome Ehrat, nach einer Vorlage von Johannes Eckert und Peter Deplazes, Vetsuisse-Fakultät, Universität Zürich)

ES, Südfrankreich, IT, Südosteuropa, TR, RU) und einige nördliche Ausläufer davon (bis SK, CZ und UA). Die Befallsraten hängen regional von Klima und Vektordichte ab: In Oberitalien (Poebene) erreichen die Prävalenzen bei Hunden 50–80 %, bei Katzen 24 %, in Mittel- und Süditalien sind die Befallsraten niedriger; in Frankreich ist vor allem die Mittelmeerküste betroffen, doch kommen autochthone Infektionen bis nach Nordfrankreich vor. In den südlichen Provinzen Spaniens liegen die Prävalenzen zwischen 10 und 40 %; Ähnliches gilt für den östlichen Mittelmeerraum. Auf Mallorca sind > 30 %, auf Gran Canaria ca. 60 % der Hunde infiziert. Bei den in Österreich, der Schweiz und in Deutschland beobachteten Fällen handelte es sich bisher wohl um importierte Infektionen. Betroffen sind reisebegleitende Hunde mit Aufenthalten in Endemiegebieten (nach einer Studie waren 12,6 % rechtsherzkranker Hunde mit relevanter Reiseanamnese *D. immitis*-infiziert) sowie aus Endemiegebieten eingeführte, oft streunend aufgegriffene Tiere (von 229 solcher Hunde waren 19 % Träger von *D. immitis*). Patente Infektionen mit *D. immitis* sind außer bei Hunden und Katzen unter anderem bei Dingo, Kojote, Rot- und Graufuchs, Rotwolf, Iltis und Frettchen bekannt. Katzen spielen epidemiologisch wegen der kurz dauernden und geringen Parasitämie eine untergeordnete Rolle. Parasitenträger waren außerdem Seelöwen, Seehunde und Schwarzbären.

Das Spektrum potenzieller **Zwischenwirtsvektoren für *D. immitis*** ist groß und umfasst praktisch alle Gattungen der Culicidae (S. 479); > 60 Stechmückenarten wurden bisher als mehr oder weniger kompetente Vektoren beschrieben, darunter die in Mitteleuropa häufigen Arten *Aedes vexans, Ae. cinereus, Ae. sticticus* und *Culex pipiens*. Damit ist die Gefahr der Endemisierung von *D. immitis* auch nördlich der Alpen grundsätzlich gegeben. Ob und wo es dazu tatsächlich kommen kann, hängt von der Umgebungstemperatur ab. Ein in den USA zur Abschätzung der Infektionsgefahr gebräuchlicher *Heartworm Development Unit*-(HDU-)Wert gibt Aufschluss darüber, wie viele Generationen von infektiösen L 3 sich in 1 Jahr in der Mückenpopulation entwickeln können. In den hochendemischen Gebieten der Poebene sind dies 8–10 Generationen. Autochthone Infektionen sind jedoch, wie im Nordosten Frankreichs, noch unter Bedingungen möglich, die eine Entwicklung von jährlich nur 2 Generationen zulassen. Im Rheintal in Deutschland besteht gemäß HDU derzeit das Entwicklungspotenzial für etwa 4 Generationen im Jahr, sodass durch importierte *D. immitis*-Fälle auch in solchen Regionen ein autochthoner Zyklus initiiert werden könnte.

Pathogenese Adulte *D. immitis* etablieren sich in der Arteria pulmonalis und im rechten Herzen (▸ Abb. 11.82). In der Präpatenz und frühen Patenz zeigen sich nur bei schwerem Befall klinische Symptome, wenn durch die Nematoden die Herzklappenfunktion behindert wird. Auch patente Infektionen können asymptomatisch bleiben oder mit klinischen Erscheinungen durch primäre Gefäß- und Lungenschädigungen mit nachfolgenden Auswirkungen auf das rechte Herz einhergehen. In diesen Fällen entwickeln sich im Zuge der Ankunft der Parasiten in den Pulmonalgefäßen, beginnend 3–4 Monate p. i. und infolge der Endothelschädigung, eine villöse obliterative Endarteriitis sowie Thromboembolien. Die Schäden durch die Würmer werden vorwiegend durch deren im Blut zirkulierende Antigene sowie Substanzen von *Wolbachia* (S. 363) verursacht. Eine weitere Rolle in der Pathogenese dürften die durch den Antigenüberschuss entstehenden Immunkomplexe mit ihrer Affinität für Endothelien spielen. Mit der Obstruktionsstenose der Lungenarterien und einer sich entwickelnden Pneumonie entsteht Lungenhochdruck und in der Folge Rechtsherzhypertrophie. In chronischen Fällen kann es zur Dekompensation und Dilatation des rechten Herzens mit Blutrückstau im venösen Körperkreislauf kommen. Nachfolgend entwickeln sich Stauungsleber, periphere Ödeme und Aszites. Als weitere Komplikation kommt es über die anhaltend freigesetzten Antigene der Parasiten regelmäßig zur Immunkomplex-Glomerulonephritis. Häufig treten beim Hund ekzematöse Dermatitiden auf, die mit den Nierenschäden im Zusammenhang gesehen werden. Selten kommt es zu ektopischen Lokalisationen der Herzwürmer (Gehirn, Auge etc.) mit entsprechenden pathologischen Erscheinungen.

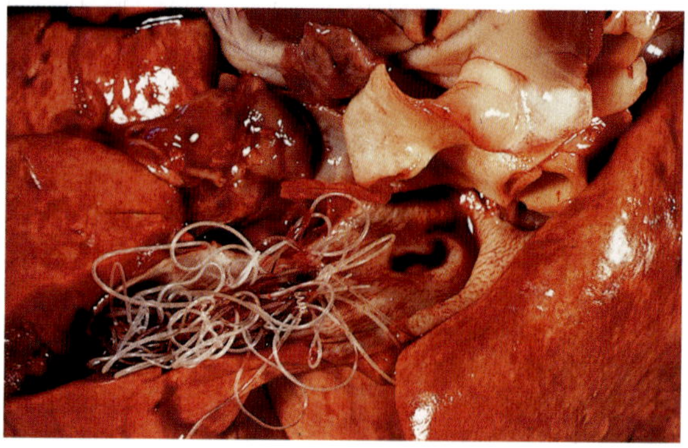

▸ **Abb. 11.82** *Dirofilaria immitis* in der Arteria pulmonalis eines Hundes. (Quelle: G. W. Hutchinson, Elderslie, Australia)

Krankheitsbild Die **kardiovaskuläre Dirofilariose** kann beim Hund in Abhängigkeit von der Wurmbürde und anderen Faktoren über Monate und Jahre asymptomatisch bleiben. Klinische Zeichen entwickeln sich sukzessiv, anfangs oft mit chronischem Husten, später mit Dyspnoe und häufigem Erbrechen. Die Tiere werden oft lethargisch oder leiden unter Konditionsverlust. Im weiteren Verlauf können Tachykardie, Tachypnoe und, insbesondere bei kleinen Hunden, ein **Vena-cava-Syndrom** auftreten. Dieses bezeichnet eine Obturationsstenose der kaudalen Hohlvene sowie der rechten Vorkammer und Klappenbehinderung durch Wurmaggregate. Teil des Syndroms ist eine intravasale Hämolyse. Schockartige

Symptome und deutliche Braunfärbung des Urins sind Merkmale des Syndroms. Im Falle einer sich entwickelnden Rechtsherzinsuffizienz ist mit Flüssigkeitsansammlungen in der Bauchhöhle und Gelenkschwellungen zu rechnen. Schlagartige Thromboembolien können akute Anfälle schwerer Atemnot mit Bluthusten verursachen.

Bei **Katzen** ist das Krankheitsbild sehr uneinheitlich. Da die Wurmzahl gewöhnlich niedrig ist, die adulten Parasiten nicht lange leben und nur kurzfristig und wenige Mikrofilarien produziert werden, verläuft die Infektion oft ohne Symptome. Treten klinische Symptome auf, äußern sich diese i. d. R. unspezifisch, z. B. in Husten, Dyspnoe bis Tachypnoe, Inappetenz, Erbrechen und Gewichtsverlust (aber im Allgemeinen nicht mit kardialen Symptomen). Diese als *Heartworm Associated Respiratory Disease* (HARD) bezeichnete Erkrankung wird aber häufig als Asthma, allergische Bronchitis o. Ä. fehldiagnostiziert. Mit dem Absterben der adulten Herzwürmer im weiteren Verlauf der Infektion können die zugrunde gehenden Parasiten Entzündungen und Thromboembolien hervorrufen, die zu akuter Lungeninsuffizienz mit letalem Ausgang führen können.

Immunologie Die *D. immitis*-Infektion des Hundes ist immunologisch im Wesentlichen charakterisiert durch eine vor allem nach Beginn der Parasitämie auftretende Suppression der T-Zell-Reaktivität, einen zeitweisen, selektiven (antigenspezifischen) Mangel an Antikörpern gegen Mikrofilarienantigene, eine sich stadienspezifisch ausprägende Immunität sowie schwerwiegende immunpathologische Konsequenzen.

T-Zellen infizierter Hunde reagieren nur schwach auf Mitogene und zeigen keine spezifische Proliferationsreaktion auf *D. immitis*-Antigene. Auf Cytokinebene zeigt sich ähnlich wie bei Filarieninfektionen anderer Wirte ein kompliziertes Reaktionsmuster, das nicht einem klassischen Th_1/Th_2-Paradigma, sondern einem Mischtyp entspricht. Dabei ist die Expression von IL-10, welches die Synthese anderer Th_1-assoziierter Cytokine vermindert, gewöhnlich auf parasitämische Hunde beschränkt. Bei den humoralen Reaktionen steht mit überwiegender IgG_1-Synthese eine Th_2-Reaktion im Vordergrund, wie es auch für andere Filarieninfektionen postuliert wird. Ob das später oft inverse Verhältnis zwischen Mikrofilariendichte und Höhe der Antikörperspiegel durch eine spezifische Suppression oder einen Antikörperverbrauch infolge hoher Antigenspiegel in parasitämischen Hunden bedingt wird, ist nicht geklärt. Möglich ist, dass es zu einer selektiven (antigenspezifischen) Suppression der Synthese von Antikörpern kommt, zumindest gegen Antigene der Mikrofilarienoberfläche. Solche Antikörper fehlen bei parasitämischen Tieren, lassen sich jedoch bei amikrofilarämisch gewordenen Tieren nachweisen; sie agglutinieren Mikrofilarien in vitro und eliminieren sie in vivo über ADCC-Reaktionen. Da die adulten Filarien danach noch lange persistieren können, handelt es sich um eine streng stadienspezifische Immunität. Ähnliche Verhältnisse sind bei Filariosen des Menschen bekannt.

Eine Schutzwirkung gegen Belastungsinfektionen lässt sich beim Hund experimentell durch die Applikation röntgenattenuierter L 3 induzieren und Antigenen zuordnen, die beim Übergang der L 3 zur L 4 synthetisiert werden. Hingegen sind natürlich infizierte Tiere gegen Superinfektionen nur in geringem Maß geschützt. Diese eingeschränkte Immunität reicht aber offensichtlich aus, um Belastungsinfektionen so weit zu hemmen, dass eine gewisse Begrenzung der Wurmzahlen erreicht wird. In hochendemischen Gebieten beherbergen auch medikamentös ungeschützte Hunde selten mehr als 10–20 adulte *D. immitis*.

Immunpathologisch ist die Infektion bei relativ hohen Antikörperspiegeln und kontinuierlicher Abgabe von Antigenen durch die Würmer in das Blut vor allem durch das Auftreten von Antigen-Antikörper-Komplexen und ihre Folgen geprägt. Im Vordergrund stehen Endothelschäden, Vaskulitis und perivaskuläre Infiltrate in der Lunge sowie Immunkomplex-Glomerulonephritiden. Im immunpathologischen Geschehen insgesamt spielen möglicherweise auch *Wolbachia*-Antigene (S. 363) eine Rolle.

Diagnose beim Hund Das **klinische Bild** im Zusammenhang mit der Anamnese (unter Berücksichtigung der Inkubationszeit/Aufenthalt in Endemiegebieten) begründen eine Verdachtsdiagnose. Herz- und Gefäßveränderungen lassen sich über verschiedene bildgebende Verfahren erfassen und die meist diffusen Lungenverschattungen röntgenologisch diagnostizieren. Die Parasiten stellen sich sonografisch dar. Auskultation und EKG liefern in fortgeschrittenen Fällen verwertbare Befunde. Proteinurie als Anzeichen einer Glomerulonephritis tritt häufig auf. Eine Eosinophilie zeigt sich nur bei 10–20 % der Patienten. Mikrofilarien lassen sich beim Hund nur in 50–70 % der Fälle nachweisen. Zu Zeiten maximaler Mikrofilarämie können dann allerdings > 100 Mikrofilarien/µl Blut auftreten.

Die ätiologische Diagnose beruht beim Hund vor allem auf dem Nachweis von Mikrofilarien im Blut (selten auch im Urin), was frühestens 5–6 Monate p. i. möglich ist. Zirkulierende Antigene im Serum können früher nachgewiesen werden, bereits vor Beginn der Patenz und auch bei okkulten Infektionen.

Nachweis zirkulierender Antigene Bestimmt werden zirkulierende sekretorisch-exkretorische Antigene adulter weiblicher *D. immitis* im ELISA oder in anderen Testformaten. Zur Verfügung stehen mehrere kommerzielle Testkits. Sie erfassen Infektionen mit mindestens 1 geschlechtsreifen weiblichen Wurm, zeigen auch bei amikrofilarämischen Hunden die Infektion an und gelten als hochspezifisch (Kreuzreaktionen bei *D. repens*- oder *A. vasorum*-Infektionen weitestgehend ausgeschlossen). Zwischen dem Antigenspiegel im Blut und der Befallsstärke besteht eine gewisse positive Korrelation.

Nachweis von Mikrofilarien Von den verschiedenen Methoden zum Nachweis von Mikrofilarien hat sich unter anderem der Knott-Test (S. 548), der nach Hämolyse des Blutes eine Anreicherung und Fixation der Mikrofilarien in Formaldehyd ermöglicht, sehr gut bewährt. Um auch bei niedriger Parasitämie Erfolgsaussichten zu haben, muss mindestens 1 ml EDTA-Blut eingesetzt werden. Differenzialdiagnostisch müssen bei nachgewiesener Parasitämie Infektionen mit apathogenen oder wenig pathogenen Filarien ausgeschlossen werden, die im Verbreitungsgebiet von *D. immitis* vorkommen und deren unbescheidete Mikrofilarien im Blut auftreten (▸ Tab. 11.15). Messbare Größen der Mikrofilarien werden stark von der gewählten Fixationsmethode beeinflusst. Durch genaue, computergestützte Längenmessung der im Knott-Test fixierten Mikrofilarien ist es in den meisten Fällen möglich, Monoinfektionen verschiedener Filarienarten zu differenzieren (bei Mischinfektionen weniger aussagekräftig). Sichere Unterscheidungsmöglichkeiten für *D. immitis* und *D. repens* ergeben sich bei histochemischer Untersuchung aus der Verteilung der Aktivität der sauren Phosphatase im Larvenkörper (▸ Abb. 11.83).

Alternativ kann eine Differenzierung mit molekularbiologischen Techniken durchgeführt werden.

Nachweis spezifischer Antikörper Der Antikörper-Nachweis ist nicht *D. immitis*-spezifisch und daher beim Hund in den meisten Endemiegebieten Europas von geringem praktischem Nutzen, da starke Kreuzreaktionen mit allen anderen Filarien-Arten dokumentiert sind. Antikörper gegen somatische *Dirofilaria* spp.-Antigene sind ab dem 2.–3. Monat p. i. nachweisbar; die Antikörperspiegel schwanken jedoch im Infektionsverlauf stark und sind oft 9–10 Monate p. i. unter der Nachweisgrenze. Häufig besteht zwischen Antikörperspiegel und Mikrofilariendichte im Blut ein inverser Bezug. Nach effizienter Therapie persistieren Serumantikörper mindestens 6 Monate.

Diagnose bei Katzen Die Diagnose ist schwierig. Der Mikrofilariennachweis gelingt selten und bei den meist schwachen Infektionen kann der Antigen-Nachweis versagen. Hilfreich ist der Einsatz bildgebender Verfahren. Anders als beim Hund liefern Antikörpertests, besonders unter Verwendung rekombinanter Antigene, gute Hinweise auf eine *Dirofilaria*-Infektion (Kreuzreaktionen gegen andere Filarien müssen berücksichtigt werden).

Therapie Behandlung von Hunden. Bei Hunden mit patenter *D. immitis*-Infektion ist die Therapie nach wie vor problematisch. Die derzeitigen Optionen sind Chemothe-

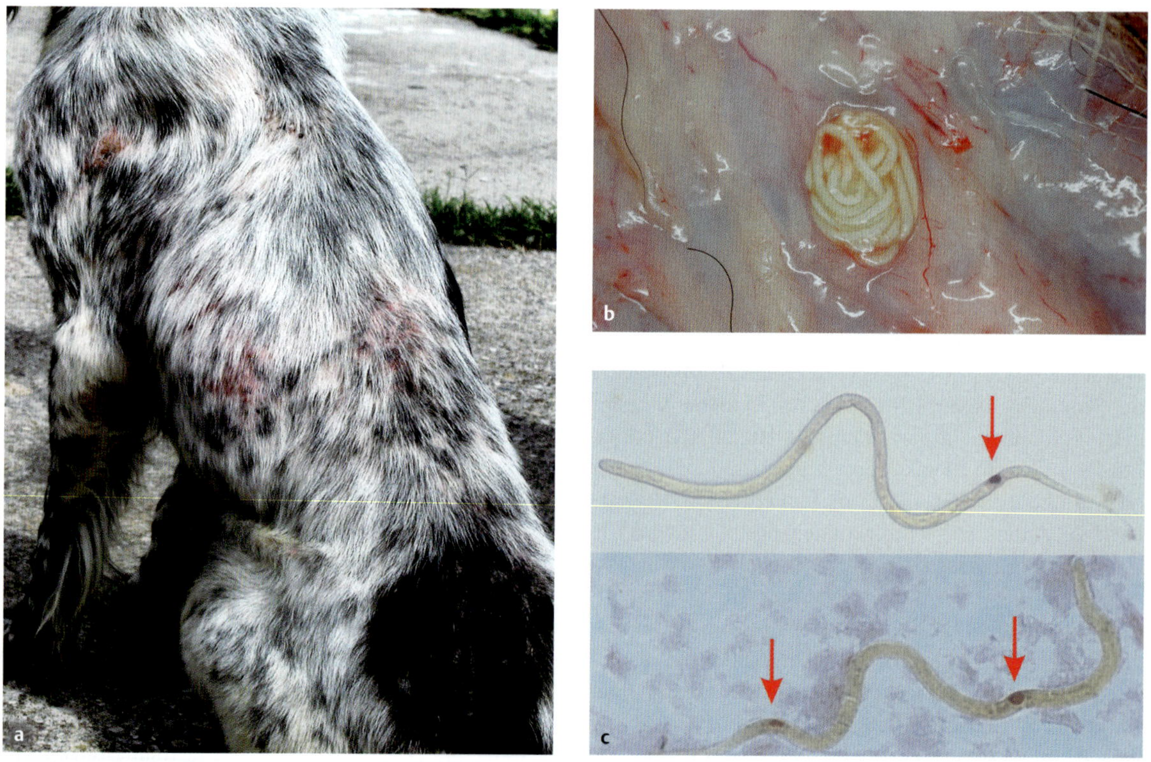

▸ **Abb. 11.83** Dirofilarien.

a Klinisches Bild einer kutanen *D. repens*-Filariose (Quelle: Tatjana Živičnjak, Department for Parasitology and Parasitic Diseases with Clinic, Faculty of Veterinary Medicine, University of Zagreb)

b Makroskopisches Bild adulter Stadien von *D. repens* (Quelle: Relja Beck, Department for Bacteriology and Parasitology, Croatian Veterinary Institute, Zagreb)

c Mikrofilarien mit Anfärbung der sauren Phosphatase (Pfeile): *Dirofilaria repens* (oben), *Dirofilaria immitis* (unten) (s. auch ▸ Tab. 11.15) (Quelle: Peter Deplazes, Institut für Parasitologie, Vetsuisse-Fakultät, Universität Zürich) rapie oder chirurgische Maßnahmen. Die *American Heartworm Society* (AHS) hat in ihrer letzten Empfehlung (AHS 2014, Prevention, diagnosis and management of heartworm [*Dirofilaria immitis*] infection in dogs) zum Gesamtproblem ausführlich Stellung genommen (www.heartwormsociety.org), worauf im Wesentlichen in diesem Buch zurückgegriffen wurde.

Chemotherapie Derzeit steht mit der Arsenverbindung Melarsomin (Immiticide®) nur 1 Arzneimittel mit hoher Wirksamkeit gegen adulte Stadien von *D. immitis* (Makrofilarien) zur Verfügung. Nach Erfahrungen und Empfehlungen der AHS wird es bei asymptomatischen und symptomarmen Infektionen gut vertragen, sofern die Tiere im Zuge der Behandlung ruhiggestellt werden. Bei symptomatischen Fällen sind – stets in Verbindung mit einer mindestens 3-wöchigen Ruhigstellung während der Behandlungs- und Regenerationszeit – zusätzliche Maßnahmen erforderlich, wie die Applikation von Glucocorticoiden, Diuretika und Vasodilatatoren sowie Fluidtherapie.

Cave
Die früher wegen des antithrombotischen Effekts eingesetzten NSAID wie Acetylsalicylsäure werden nicht mehr empfohlen!

Die AHS empfiehlt vor der Melarsomin-Behandlung gegen die Makrofilarien zunächst eine Elimination der Mikrofilarien durch 2-malige Applikation von makrozyklischen Lactonen im Abstand von 1 Monat. Während dieser Zeit soll zusätzlich Doxycyclin (10 mg/kg p. o. 2 × /d) verabreicht werden, um die adulten Herzwürmer durch Abtötung der Wolbachien zu schwächen und pathologische Erscheinungen durch die im Zuge der Melarsomin-Behandlung abgetöteten Parasiten zu reduzieren („slow kill"). Die Melarsomin-Behandlung basiert auf insgesamt 3 Applikationen (Injektion von 2,5 mg/kg i. m., nach mindestens 1 Monat 2 weitere Injektionen im Abstand von 24 h) mit begleitenden Maßnahmen (u. a. Glucocorticoide). Das detaillierte Behandlungsprotokoll zur Elimination der Mikro- und Makrofilarien sowie anzuwendende Begleitmaßnahmen sind den Empfehlungen der AHS zu entnehmen.

Cave
Ausdrücklich nur in Ausnahmefällen, in denen eine Melarsomin-Therapie nicht möglich ist, empfiehlt die AHS eine Kombination von Doxycyclin mit makrozyklischen Lactonen.

Chirurgische Maßnahmen Alternativ zur Applikation von Makrofilariziden kann eine Entfernung der adulten Würmer auf chirurgischem Weg vorgenommen werden. Die Parasiten müssen intakt extrahiert werden, da andernfalls mit Schockreaktionen durch frei werdende Allergene gerechnet werden muss.

Behandlung von Katzen. Die Frage, ob die Infektion bei Katzen behandlungsbedürftig ist, ist strittig. Auch scheint Melarsomin in höheren Dosen bei Katzen toxisch zu sein. Gewöhnlich terminiert sich die Infektion selbst. Bei infektionsbedingten Lungenaffektionen wird Prednisolon in niedrigen Dosen eingesetzt. Im Falle venöser Abflussbehinderungen (Vena-cava-Syndrom) ist eine unverzügliche chirurgische Intervention zur (teilweisen) Beseitigung der Würmer angezeigt.

Prophylaxe Im Gegensatz zur Chemotherapie sind für die **Chemoprophylaxe** gegen *D. immitis* sehr gut wirksame Medikamente aus der Gruppe der makrozyklischen Lactone für Hunde und Katzen verfügbar (▶ **Tab. 23.13**). Über Resistenzen gegenüber dieser Wirkstoffgruppe, wie sie in südlichen Bundesstaaten der USA (z. B. Louisiana) offenbar zunehmend häufig beobachtet werden, ist in Europa bisher nicht berichtet worden.

Dirofilaria repens

Praxis
Erreger der **kutanen Dirofilariose** von Hund und Katze. Im deutschsprachigen Raum vor allem als importierte Krankheit von Bedeutung.
Zoonose: Beim Menschen treten noduläre Herde der Subkutis (S. 363) auf.

Die Makrofilarien leben im subkutanen Bindegewebe von Hunden, Katzen und Wildcarnivoren, die unbescheideten Mikrofilarien (▶ **Tab. 11.15**) finden sich in der Haut sowie im Blut. Wie bei *D. immitis* erfolgt die Übertragung der Mikrofilarien über Stechmücken (Culiciden) als Zwischenwirte. *D. repens* kommt in Europa, Asien und Afrika vor, wobei sich das Verbreitungsgebiet in Europa teilweise mit dem von *D. immitis* überlappt. Dabei hat sich *D. repens* jedoch in den letzten Jahren von Süd- nach Mittel- und Nordosteuropa (AT, SK, LT, PL, RU) ausgebreitet. Es gibt auch Hinweise für einzelne Fälle autochthoner Infektionen in östlichen Bundesländern Deutschlands. Die Infektion verläuft meist asymptomatisch und wird daher oft nur zufällig diagnostiziert (Mikrofilarien bei Blutuntersuchungen) oder während chirurgischer Eingriffe im subkutanen Geweben, in perimuskulären Faszien, in perirenalem Fettgewebe oder in der Bauchhöhle (subadulte und adulte Stadien) nachgewiesen. Gelegentlich treten subkutane, schmerzlose, verschiebbare Knoten, selten mit pustulären Ausschlägen oder ulzerösen Läsionen, auf.

Bei der Diagnostik sind Mikrofilarien von *D. immitis* und anderen Filarienarten differenzialdiagnostisch zu berücksichtigen (▶ **Tab. 11.14**). Da *D. repens* in weiten Gebieten Mittel- und Nordeuropas als einzige Filarienart bei Hunden vorkommt, kann der filarienspezifische Antikörpernachweis im ELISA, der bereits 2 Monate p. i. positiv wird und über 400 Tage dann persistiert, für epidemiologische Untersuchungen eingesetzt werden.

Therapie Parasitäre Knoten können chirurgisch entfernt werden. Durch eine monatliche Moxidectin-Behandlung über einen Zeitraum von mindestens 6 Monaten können adulte *D. repens* eliminiert werden. Eine effektive Chemotherapie ist nicht bekannt. Der Einsatz von makrozyklischen Lactonen reduziert die Mikrofilariendichte und verringert die Vektor-Übertragung auf weitere Tiere und den Menschen.

Prophylaxe Im Prinzip wie bei *D. immitis* (s. o.).

Gattung *Setaria*

Bei den Setarien handelt es sich meist um kosmopolitische, bis 15 cm lange (♀♀), dünne Parasiten in der Peritonealhöhle von Huftieren (▶ Tab. 11.14). Bescheidete Mikrofilarien treten im Blut auf. Zwischenwirte und Überträger sind Culiciden. Arten: *S. equi* in der Peritonealhöhle und gelegentlich im Skrotum von Equiden, *S. labiatopapillosa* in der Peritonealhöhle von Rindern und wild lebenden Wiederkäuern (Reh-, Rotwild, Antilopen, Giraffen). *S. digitata* besiedelt die Peritonealhöhle von Rindern und Büffeln. Bei verschiedenen Wiederkäuern in unterschiedlichen geografischen Regionen finden sich weitere Arten (*S. marshalli, S. cervi* u. a.). Die adulten Setarien sind wenig pathogen. Besonders für *S. digitata* ist aber beschrieben, dass larvale Stadien in Fehlwirten (Pferden, Ziegen etc.) in das ZNS einwandern und fokale Encephalomyelitiden mit cerebralen und neuronalen Ausfällen, teils auch Todesfälle verursachen.

Gattung *Onchocerca*

Das Wichtigste in Kürze

- **Erreger.** Die 27 bekannten Arten sind Parasiten von Equiden, Paarhufern, Carnivoren oder des Menschen (*O. volvulus*). Mit 1 Ausnahme handelt es sich um große (♀♀ > 80 cm lang) Nematoden, die im Unterhautbindegewebe oder in Sehnen und sehnigen Bändern parasitieren. Die unbescheideten Mikrofilarien finden sich in der Haut.
- **Vorkommen, Entwicklung.** Meist Kosmopoliten. In Mitteleuropa kommt *O. gutturosa* beim Rind häufig vor. Zwischenwirte sind je nach *Onchocerca*-Art Simuliiden oder Ceratopogoniden. Überwiegend symptomlose Infektion; gelegentlich kommt es bei Equiden zur Fistelung am Ligamentum nuchae und zu Lahmheit wegen Schädigung der Gleichbeinbänder. Bei Behandlung infizierter Equiden mit makrozyklischen Lactonen sind wegen deren mikrofilarizider Wirkung entzündliche Hautreaktionen als Nebenwirkung möglich. Gegebenenfalls (bei Fistelung) ist eine chirurgische Behandlung angebracht, sonst ist keine Therapie nötig. Bei Hunden Augenveränderungen durch *Onchocerca lupi*.
- **Zoonose.** Verschiedene *Onchocerca*-Arten von Wild- und domestizierten Tieren werden gelegentlich beim Menschen meist subkutan, seltener im Muskel, in den Fascien oder im Auge nachgewiesen (▶ Tab. 11.14).

Erreger Die wichtigsten Onchocercen bei Boviden, Equiden und Carnivoren sind in ▶ Tab. 11.14 aufgeführt. Die Validität einiger der Arten ist strittig.

Onchocerca spp. bei Equiden und Boviden

Entwicklung Die im Gewebe aufgerollten Weibchen entlassen unbescheidete Mikrofilarien, die sich unabhängig vom Ansiedlungsort der Adulten an mehr oder weniger definierten Körperstellen in der Haut ansammeln und dort artabhängig von Simuliiden (Kriebelmücken) oder Ceratopogoniden (Gnitzen) beim Stechakt aufgenommen werden (▶ Abb. 11.84). Die Ansammlungsorte in der Haut entsprechen den von den jeweiligen Zwischenwirten zum Blutsaugen bevorzugten Körperregionen. Nach Weiterentwicklung zur L3 werden die Parasiten über die Stechwerkzeuge der Mücken auf neue Wirte übertragen. Die Wanderwege im Endwirt zum Ansitzort wie auch Einzelheiten zur Entwicklung sind nicht bekannt. Während sich die Weibchen an einer Körperstelle auf Dauer etablieren, wandern die Männchen im Wirt umher und suchen die Weibchen auf, die mehrere zyklische Reproduktionsphasen pro Jahr haben. Die Präpatenz dauert mindestens 7 Monate. Die adulten Würmer leben lange, möglicherweise > 20 Jahre.

Verbreitung und Epidemiologie Die geografische Verbreitung der Arten ergibt sich aus ▶ Tab. 11.16. In der Schweiz waren bei früheren Untersuchungen etwa 50 % der älteren Weiderinder Träger von *O. gutturosa*, wie durch Nachweis der Mikrofilarien in der Haut festgestellt wurde. In Finnland wurden bei 37 % der Hautproben von Rindern Mikrofilarien von *Onchocerca* spp. festgestellt. In anderen Regionen Europas, z. B. in Wales, waren die Befallsraten etwas geringer (*O. lienalis:* 24 %; *O. gutturosa*: 2–3 %). Bei Pferden lagen die Prävalenzen von *Onchocerca* spp. Ende des letzten Jahrhunderts in den USA bei über 50 %. Hohe Befallsraten finden sich bei Eseln, so mit > 80 % in Ägypten. Generell überwiegen bei Equiden *O. cervicalis*- gegenüber *O. reticulata*-Infektionen. Wegen der Langlebigkeit der Adulten stehen mit den infizierten Tieren nahezu unerschöpfliche Mikrofilarienreservoire zur Verfügung. Die Übertragung erfolgt in Abhängigkeit vom saisonalen oder in tropischen Regionen ganzjährigen Auftreten der Vektoren.

Pathogenese und Krankheitsbild Die adulten Parasiten sind meist wenig pathogen. Sie leben von Bindegewebe umschlossen in Gängen oder Knoten in Bändern oder Sehnen oder in **Knoten in der Haut und Unterhaut**. Gelegentlich kommt es bei **Pferden** zur Fistelung im Bereich des Ligamentum nuchae oder es entstehen knotige, druckempfindliche Veränderungen in den proximalen Gleichbeinbändern. Bei *O. gibsoni*-infizierten **Rindern** kann es zu entzündlicher Infiltration der den Würmern benachbarten Muskelpartien kommen. *Onchocerca lupi* etabliert sich bei **Hunden** in subkonjunktivalen, granulo-

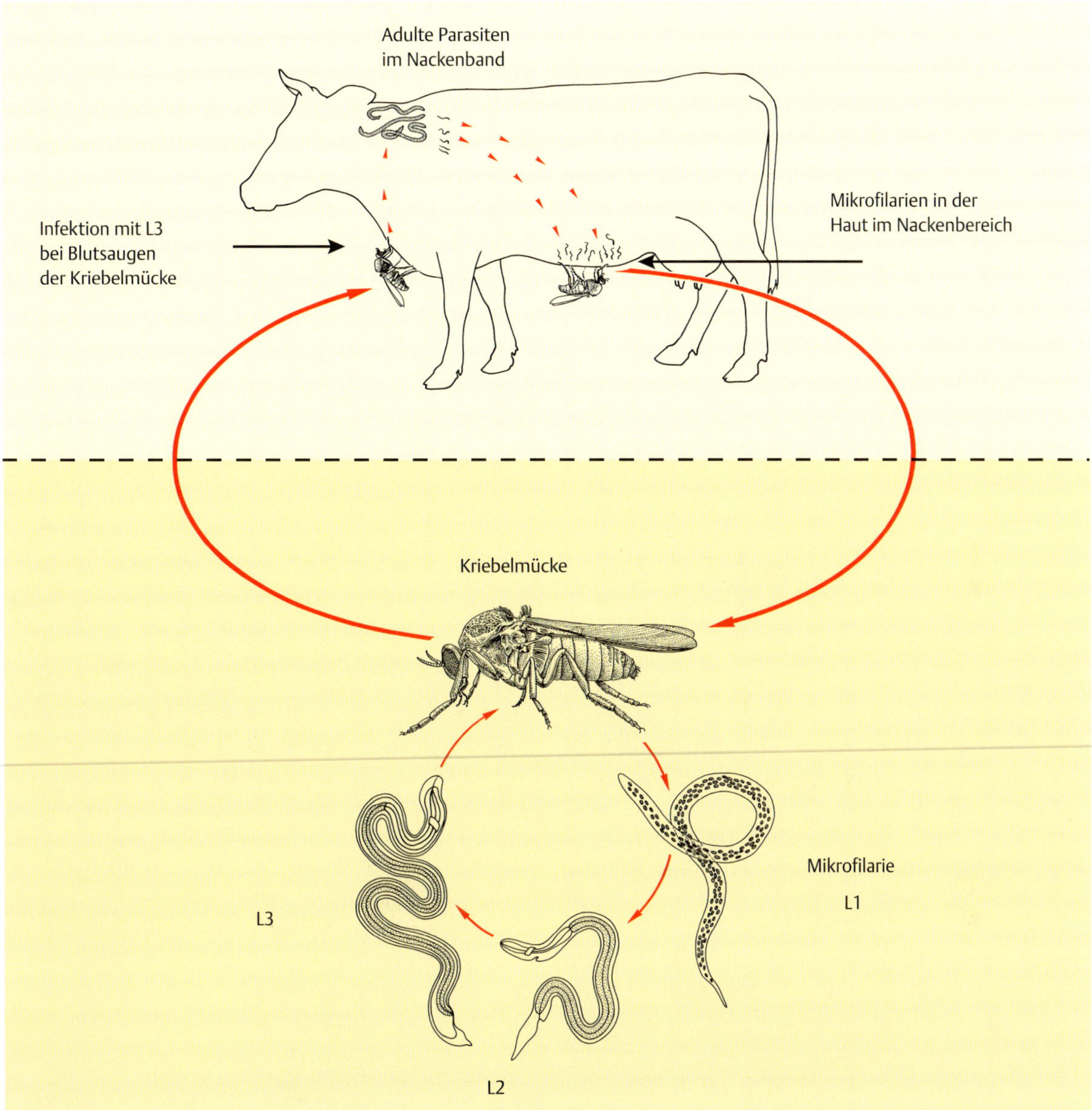

▸ **Abb. 11.84** Entwicklungszyklus von *Onchocerca gutturosa*. (Grafik: Salome Ehrat, nach einer Vorlage von Johannes Eckert und Peter Deplazes, Vetsuisse-Fakultät, Universität Zürich)

▸ **Tab. 11.16** *Onchocerca*-Arten bei Haustieren (Auswahl).

Art	Wirte	Lokalisation	Zwischenwirte	Vorkommen
O. gutturosa	Rind, Büffel	Nackenband und Bänder im distalen Bereich der Gliedmaßen	Simuliiden	weltweit
O. lienalis	Rind	Magen-Milz-Band	Simuliiden	weltweit
O. gibsoni	Rind	Subkutis, intermuskuläres Bindegewebe	Ceratopogoniden	Asien, Australien, südl. Afrika
O. ochengi	Rind	subdermale Knoten	Simuliiden	Afrika
O. lupi	Hund, Katze	subkonjunktivale Knoten	vermutlich Simuliiden	Europa, TR, Iran, Nordafrika, USA
O. cervicalis	Equiden	Nackenband	Ceratopogoniden	weltweit
O. reticulata	Equiden	Gleichbeinbänder, Sehnen der distalen Gliedmaßen	Ceratopogoniden	Ost-, Südeuropa

matösen Knoten. Beim **Pferd** sind **Dermatitiden** in Reaktion auf *Onchocerca*-Mikrofilarien bekannt. Außerdem führen anthelminthische Behandlungen mit makrozyklischen Lactonen aufgrund der mikrofilariziden Wirkung der Substanzen oft zu entzündlichen Reaktionen um abgetötete Larven entsprechend der Lokalisation der Mikrofilarien, meist entlang der Linea alba. Absterbende Mikrofilarien (z. B. nach Therapie mit makrozyklischen Lactonen) sollen Keratokonjunktivitis und andere Veränderungen verursachen.

Immunologie Eingehende Untersuchungen liegen zur *O. ochengi*-Infektion des Rindes und zur *O. volvulus*-Infektion des Menschen vor. Die Ergebnisse zeigen eine kontinuierliche Zunahme spezifischer humoraler und zellulärer Immunreaktionen bis zum Ende der Präpatenz, gefolgt von einer deutlichen allgemeinen und spezifischen Immunsuppression als Voraussetzung für die Persistenz der Parasiten. Dennoch wird im Sinne einer Prämunität die Zahl der Parasiten aus Superinfektionen so begrenzt, dass eine gewisse Anzahl von Parasiten nicht überschritten wird.

Diagnose Die Mikrofilarien wandern aus Hautbioptaten in physiologische NaCl-Lösung aus. Dazu werden 6–10 mm große Hautstückchen mit der Schere zerkleinert und 6–12 h bei 20–30 °C in 0,9 %iger NaCl-Lösung inkubiert. Nach Entfernung der Hautpartikel und Zentrifugation (10 min, 800 × g) lassen sich die Larven im Sediment nachweisen.

Therapie und Bekämpfung Die adulten Parasiten sind chemotherapeutisch derzeit nicht beeinflussbar. Beim Pferd werden Widerristfisteln chirurgisch mit begleitender Antibiotikagabe (weil vermutlich bakterielle Erreger in das Krankheitsgeschehen involviert sind) behandelt. Zur Behandlung der *Onchocerca*-Dermatitis des Pferdes werden makrozyklische Lactone (z. B. Moxidectin 0,3–0,5 mg/KG p. o.) eingesetzt. Bei eventuellen Nebeneffekten werden Glucocorticoide verabreicht.

Onchocerca lupi bei Carnivoren

Die 1967 erstmals beschriebene Art blieb lange Zeit weitgehend unbeachtet, bis mit Beginn dieses Jahrtausends in Süd- und Zentraleuropa (z. B. PT, GR, HU, DE) und in den USA zunehmend Augeninfektionen mit *O. lupi* beim Hund beobachtet wurden. Der Parasit befällt auch Katzen und kommt gelegentlich beim Menschen vor. Die adulten Nematoden (♂♂ ca. 5 cm, ♀♀ mindestens 16–17 cm lang) leben in Granulomen in der Konjunktiva und im Bindegewebe der Sklera. Die unbescheideten, um 110 µm langen Mikrofilarien akkumulieren in der Haut um Nase, Ohren und Stirn, weniger in anderen Hautpartien (z. B. zwischen den Schulterblättern, Rücken, Brustkorb und Gliedmaßen). Als Zwischenwirte dienen Simuliiden. In Portugal und Griechenland wurden in Gegenden, in denen *O. lupi*-Infektionen beobachtet wurden, bei 8 % von 107 untersuchten Hunden *O. lupi*-Mikrofilarien nachgewiesen. In einer jüngeren Studie (2015) in Kalifornien ließ sich in 2,8 % von 213 untersuchten Kriebelmücken *O. lupi*-DNA nachweisen. Klinisch zeigen infizierte Hunde periorbitale Schwellungen, Tränenfluss, Fotophobie, Konjunktivitis, Blepharitis, Ulzera an der Kornea, Granulome in der Konjunktiva, gelegentlich Erblindung und Beeinträchtigung des Allgemeinbefindens. Die Diagnose erfolgt klinisch in Verbindung mit dem Nachweis von Mikrofilarien (S. 548) in der Haut (4–5 mm große Hautstücke in 0,9 %iger NaCl-Lösung) oder den Konjunktiven. Die Mikrofilarien müssen von denen von *Cercopithifilaria* spp., die gleichfalls in der Haut auftreten, abgegrenzt werden (▸ **Tab. 11.14**). Mittels Sonografie können kleine (1–3 mm) mineralisierte, hyperechogene Strukturen im periorbitalen Gewebe visualisiert werden. Therapeutisch wurde in der Mehrzahl der Fälle chirurgisch in Verbindung mit einer medikamentösen Behandlung vorgegangen. Eine ausschließlich chemotherapeutische Behandlung war nach Monaten gewöhnlich von Rezidiven gefolgt. Verabreicht wurden z. B. Melarsomin (2,5 mg/kg i. m., 2 × im Abstand von 24 h), Ivermectin (50–150 µg), Doxycyclin oder alternative Antibiotika über 14–30 Tage. Häufige Nebenreaktionen werden mit Prednisolon kontrolliert.

Zoonotische Bedeutung *Onchocerca lupi*-Infektionen wurden vereinzelt in den letzten Jahren aus verschiedenen endemischen Ländern (Europa: DE, RU) berichtet. Als problematisch ist anzusehen, dass der Erreger auch ungewöhnliche Lokalisationen, z. B. den Wirbelkanal, aufsuchen kann. Andere *Onchocerca*-Arten von Tieren wurden bisher nur ausnahmsweise, meist in subkutanen Knoten, beim Menschen gefunden.

Onchocercidae-Gattungen bei Vögeln

Etwa 150 Arten der Onchocercidae befallen Vögel. Diese Filarien sind im Gegensatz zu Filarien bei Säugern wenig wirtsspezifisch. Als Zwischenwirte dienen artabhängig Federlinge (Amblycera, Ischnocera) oder Mücken (Culiciden und Ceratopogoniden) (▸ **Tab. 11.17**). Filarien sind beim Nutzgeflügel in Europa selten, treten aber bei Exoten immer wieder auf. Sie führen bei schwerem Befall artabhängig zu Endothelschäden, Stenosen von Gefäßen, Thrombosen, Myokardschäden oder bei Befall von Bindegewebe an Gelenken zu Lahmheiten. Zur Therapie und Bekämpfung liegen wenige Daten vor.

▸ **Tab. 11.17** Häufige Filariengattungen (Fam. Onchocercidae) bei Vögeln.

Gattung (Anzahl Arten)	Lokalisation im Endwirt	Mikrofilarien			Zwischenwirte
		Länge[1]	Scheide	Lokalisation	
Pelecitus[2] (16)	Bindegewebe um Sehnen, Gelenke	kurz bis mittellang	ja[5]	Haut	Mallophagen
Aproctella[3] (7)	Körperhöhlen	mittellang	nein	Blut	Culiciden
Cardiofilaria[3] (12)	Körperhöhlen	lang	nein	Blut	Culiciden
Chandlerella[3] (26)	Bindegewebe um Gefäße, z. T. im ZNS	lang	ja	Blut	Ceratopogoniden
Splendidofilaria[3] (31)	Bindegewebe um Gelenke und subkutan, Wand von Arterien, Myokard	kurz	nein	Blut	Ceratopogoniden
Eufilaria[4] (15)	subkutanes Bindegewebe	kurz	nein	Blut	Ceratopogoniden
Eulimdana[4] (> 11)	subkutanes u. a. Bindegewebe	kurz	ja	Haut	Mallophagen
Sarconema[4] (2)	Myokard, Gefäßwände	lang	ja	Blut	Mallophagen

[1] kurz: < 120 µm; mittellang: 120–200 µm; lang: > 200 µm
[2] Subfamilie Dirofilariinae; einzige Gattung mit Vertretern in Vögeln und Säugern
[3] Subfamilie Splendidofilariinae
[4] Subfamilie Lemdaniinae
[5] Scheide eng anliegend

Literaturhinweise

American Heartworm Society. Current canine guidelines for prevention, diagnosis and management of heartworm (*Dirofilaria immitis*) infection in dogs. 2014. http://heartwormsociety.org

Bourquinat C, Lee AC, Lizundia R et al. Macrocyclic lactone resistance in *Dirofilaria immitis*: Failure of heartworm preventives and investigation of genetic markers for resistance. Vet Parasitol 2015; 210: 167–178

Cotes HC, Cardosos L, Gianelli A et al. Diversity of *Cercopithifilaria* species in dogs from Portugal. Parasit Vectors 2014; 7: 261

Duscher GG, Leschnik M, Fuehrer HP et al. Wildlife reservoirs for vector-borne canine, feline and zoonotic infections in Austria. Int J Parasitol Parasites Wildl 2014; 12: 88–96

Fuehrer HP, Auer H, Leschnik M et al. *Dirofilaria* in humans, dogs, and vectors in Austria (1978–2014) – From imported pathogens to the endemicity of *Dirofilaria repens*. PLoS Negl Trop Dis 2016; 10: e0004547

Grácio AJ, Richter J, Kommenou AT et al. Onchocerciasis caused by *Onchocerca lupi*, an emerging zoonotic infection. Syst Rev Parasitol Res 2015; 114: 2401–2413

Hermosilla C, Hetzel U, Bausch M et al. First autochthonous case of canine ocular onchocercosis in Germany. Vet Rec 2005; 156: 450–452

Joekel DE, Maier S, Huggel K et al. Specific antibody detection in dogs with filarial infections. Parasitol Res 2017; 116, 81–90

Kramer L, Grandi G, Passeri B et al. Evaluation of lung pathology in *Dirofilaria immitis*-experimentally infected dogs treated with doxycyline or a combination of doxycyline and ivermectin before administration of melarsomine dihydrochloride. Vet Parasitol 2011; 176: 357–360

Kramer LH, Tamarozzi F, Morchón R et al. Immune response to and tissue localization of the *Wolbachia* surface protein (WSP) in dogs with natural heartworm infection. Vet Immunol Immunopathol 2005; 106: 303–308

Magnis J, Lorentz S, Guardone L et al. Morphometric analysis of canine blood microfilariae isolated by the Knott's test enables *Dirofilaria immitis* and *Dirofilaria repens* species-specific and *Acanthochedilonema* (syn *Dipetalonema*) genus-specific diagnosis. Parasit Vectors 2013; 6: 48

Otranto D, Deplazes P. Zoonotic nematodes of wild carnivore. Int J Parasitol Parasit Wildl 2019; 9: 370–383

Pantchev N, Etzold M, Daugschies A et al. Diagnosis of imported canine filarial infections in Germany 2008–2010. Parasitol Res 2011; 109: 61–76

Savadelis MD, Ohmes CM, Hostetler CA et al. Assessment of parasitological findings in heartworm infected beagles treated with Advantage Multi® for dogs (10 % imidacloprid + 2.5 % moxidectine) and doxycycline. Parasit Vectors 2017; 10: 245

Serrano-Pareno B, Carreton E, Caro-Vidallo A et al. Pulmonary hypertension in dogs with heartworm before and after adulticide protocol recommended by the American Heartworm Society. Vet Parasitol 2017; 236: 34–37

Silbermayr K, Eigner B, Joachim A et al. Autochthonous *Dirofilaria repens* in Austria. Parasit Vectors 2014; 7: 226

Šupić J, Alić AŠ, Hasanić M et al. *Eulimdana clava* (Nematoda: Filarioidea) infection in domestic pigeons (*Columba livia domestica*): Molecular characterization and pathological changes. Vet Parasitol 2018; 251: 44–49

11.3 Klasse Adenophorea (Aphasmidia)

11.3.1 Ordnung Enoplida

Die Klasse Adenophorea (Aphasmidia) enthält Nematoden, die als Parasiten des Verdauungstraktes und anderer Organsysteme von Tieren oder als Zoonosenerreger von Interesse sind. Wichtige Kennzeichen sind: Phasmiden (paarige Sinnesorgane) am Hinterende fehlen, Eier gewöhnlich mit 2 Polpfröpfen. Trichinelloidea mit trichuroidem Ösophagus (muskulöser Vorderteil und aus Stichocyten zusammengesetzter Hinterabschnitt) und Dioctophymatoidea mit zylindrischem Ösophagus (▸ **Abb. 11.2**). In beiden Überfamilien ist die 1. Larve (L 1) das infektiöse Stadium.

Überfamilie Trichinelloidea, Familie Trichuridae

Unterfamilie Trichurinae, Gattung *Trichuris* (Peitschenwürmer)

Praxis

Erreger der **Trichuriose** des Dickdarms mit Leistungsminderungen beim Schwein und hämorrhagischem Durchfall bei massiven Infektionen des Hundes.
Sehr seltene, harmlose **Zoonose**.

Thrix (gr.): Haar; *ura* (gr.): Schwanz. *Trichuris*-Arten haben ein peitschenförmiges Aussehen mit dünnem Vorderende und dickerem Hinterende. Da man früher das Vorderende als Hinterende angesehen hat, ist die Bezeichnung *Trichuris* = „Haarschwanz" entstanden. Der korrekte Gattungsname wäre „*Trichocephalus*" [*kephale* (gr.): Kopf], der zwar in der Literatur gebraucht wird, offiziell aber nicht anerkannt ist. Engl.: *whipworms*.

Das Wichtigste in Kürze

- **Erreger.** Peitschenähnliche Nematoden, 3–8 cm lang, mit trichuroidem Ösophagus, dünnem Vorderende und dickerem Hinterende des Körpers. Männchen mit nur 1 Spiculum. Dickdarmparasiten von Säugetieren (Wiederkäuer, Schwein, Carnivoren, Lagomorpha, Affen, Mensch u. a.).
- **Entwicklung.** Homoxener Zyklus. In der Außenwelt Entwicklung einer infektiösen L 1 im Ei, Infektion durch perorale Aufnahme larvenhaltiger Eier, histotrope Phase in der Darmmukosa, Ansiedlung im Caecum und Colon. Präpatenz 6 Wochen und länger.
- **Epidemiologie, Vorkommen.** Häufig bei Wiederkäuern, Schweinen und Hunden. Entwicklung in der Außenwelt verläuft langsam und benötigt einen hohen Feuchtigkeitsgehalt der Umgebung. Embryonierte Eier überleben jahrelang in der Umwelt.
- **Pathogenese, Krankheitsbild.** Schwacher Befall ist harmlos, stärkere Infektionen können beim Schwein (*T. suis*) Leistungsminderungen, beim Hund (*T. vulpis*) hämorrhagische Dickdarmentzündung verursachen.
- **Diagnose.** Koproskopischer Nachweis der typischen, zitronenförmigen Eier.
- **Therapie und Bekämpfung.** Wirksam sind verschiedene Benzimidazole und makrozyklische Lactone, beim Hund auch Emodepsid und Oxantel (▸ **Tab. 23.13**, ▸ **Tab. 23.14**). Hygienemaßnahmen zur *Trichuris*-Bekämpfung müssen die Langlebigkeit der embryonierten Eier berücksichtigen.
- **Zoonotische Bedeutung.** Sehr selten Übertragung von *Trichuris vulpis* und *T. suis* auf Menschen, meist mit unvollständiger Entwicklung.

Erreger Parasiten im Dickdarm bei Säugetieren und Menschen. Zahlreiche Arten (Auswahl): ***Trichuris ovis, T. globulosa, T. skrjabini*** (Haus- und Wildwiederkäuer), ***T. suis*** (Hausschwein, Wildschwein), ***T. vulpis*** (Hund, Fuchs, andere Caniden), ***T. leporis*** (Hase, Kaninchen), ***T. trichiura*** (Mensch und andere Primaten); ***T. serrata, T. campanula, T. felis*** (alle sehr selten bei Katzen); bei Equiden ist keine *Trichuris*-Art bekannt.

Die Peitschenwürmer sind 3–8 cm lange Nematoden mit typischer, peitschenähnlicher Gestalt, d. h. mit langem, dünnem Vorderkörper (etwa ⅔ der Körperlänge) und dickerem Hinterkörper (▸ **Abb. 11.85**). Bei den Männchen ist das Hinterende oft eingerollt; sie besitzen nur 1 Spiculum mit bedornter Spiculumscheide. Eier: zitronenförmig, bräunlich mit 2 Polpfröpfen, bei Ablage im Einzellstadium (▸ **Abb. 11.86**), Größe je nach Art etwas unterschiedlich, z. B. *Trichuris suis:* 47–71 × 27–34 µm, *T. vulpis:* 70–85 × 36–40 µm und *T. trichiura:* 50–56 × 21–25 µm.

Entwicklung *Trichuris*-Arten haben einen homoxenen Entwicklungszyklus. Exemplarisch wird hier die Entwicklung von *T. suis* beschrieben.

T. suis lebt in Caecum und Colon von Schweinen (▸ **Abb. 11.86**). Die *Trichuris*-Weibchen produzieren zahlreiche Eier (*T. trichiura* ca. 14 000–20 000/Weibchen/d), die unsegmentiert mit dem Kot ausgeschieden werden. Im Ei entwickelt sich bei genügender Feuchtigkeit und

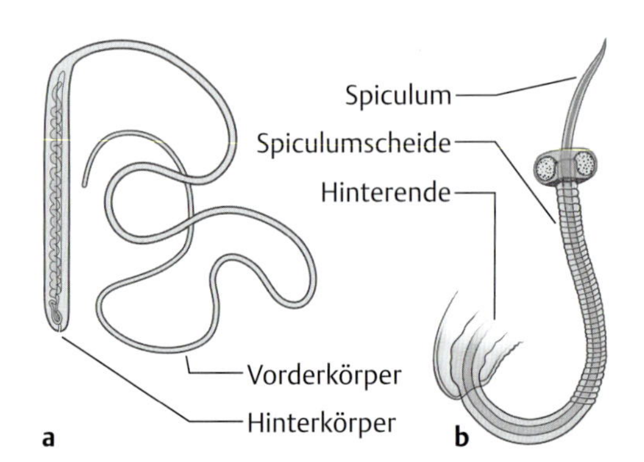

▸ **Abb. 11.85 a** *Trichuris*-Weibchen; **b** *Trichuris ovis*: Männchen, Hinterende. (Grafik: Anne Seeger, Vetsuisse-Fakultät, Universität Zürich; nach Skrjabin, K. I. et al. (1954): Opredelitel Parasititcheskich Nematod, Tom IV4: Kamallati, Rabditati, Tilenchati, Trichozephalati, Dioktofimati. Isdatlestwo Akademii Nauk SSSR Moskwa)

einer Temperatur von 25 °C in ca. 5 Wochen und bei 20 °C in 3½ Monaten die infektionsfähige L 1. Nach peroraler Aufnahme larvenhaltiger Eier durch einen neuen Wirt schlüpfen die L 1 (~ 200 µm lang) im Endteil des Dünndarmes sowie in Caecum und Colon aus der Eihülle; sie dringen über die Lieberkühnschen Drüsen in die Caecum- und Colonmukosa ein, in der ab dem 10. Tag p. i. die Häutung zur L 2 stattfindet. Danach wandern die Larven an die Oberfläche der Mukosa zurück, wo sie dicht unter dem Epithel liegen und etwas später ihr Hinterende in das Darmlumen vorschieben. Nach 3 weiteren Häutungen erfolgt die Entwicklung zu geschlechtsreifen Stadien. Präpatenz 6–7 Wochen. Aufgrund von Immunreaktionen kommt es in der frühen Patenz (8–13 Wochen p. i.) zur

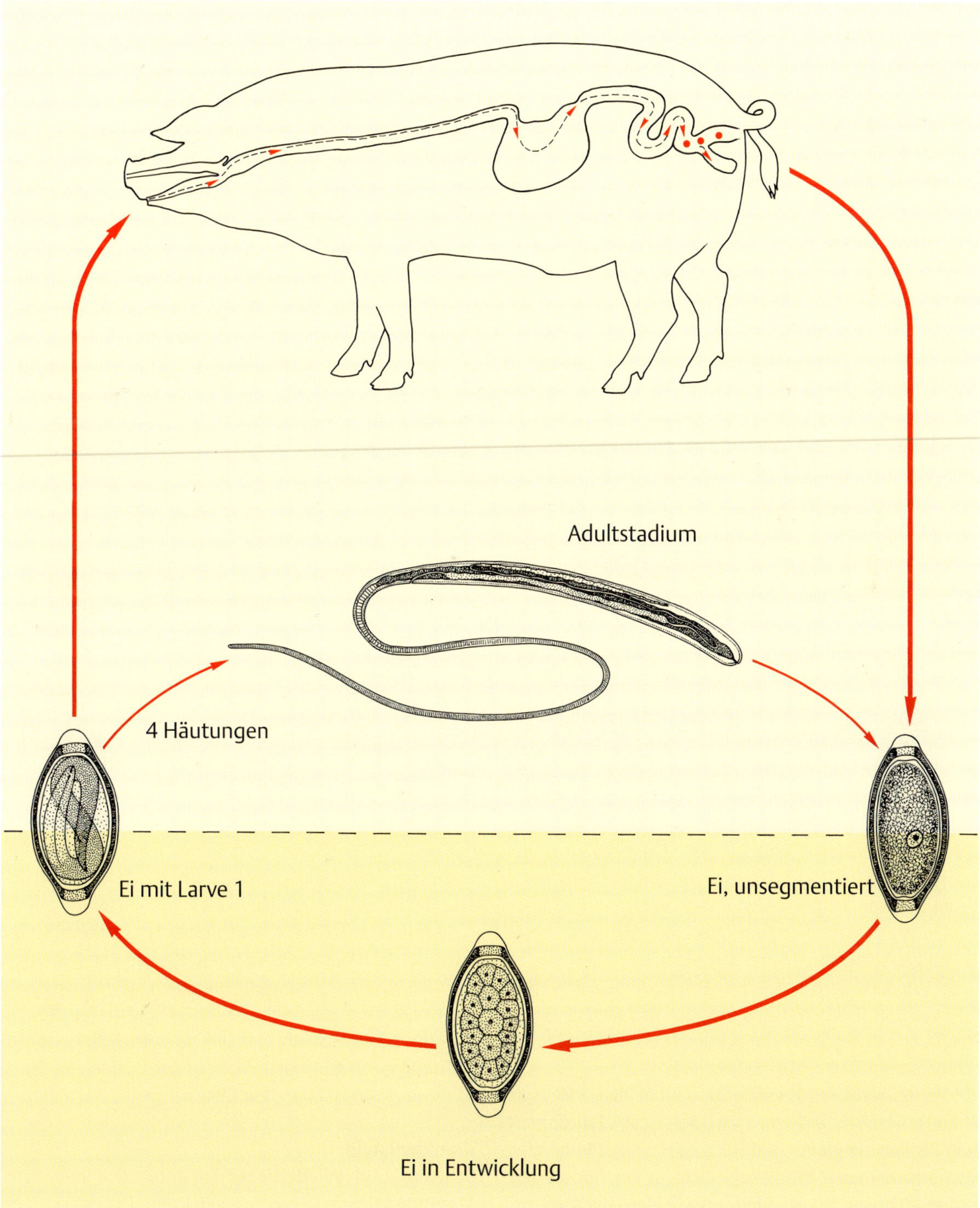

▶ **Abb. 11.86** Entwicklungszyklus von *Trichuris suis*. Kleine rote Pfeile: Infektionsweg von L 1 zu den adulten Stadien im Caecum und Colon. Rote Punkte: Ausscheidungsweg der Eier. (Grafik: Salome Ehrat, nach einer Vorlage von Johannes Eckert und Peter Deplazes, Vetsuisse-Fakultät, Universität Zürich)

Elimination der meisten Peitschenwürmer, sodass in einer Wirtspopulation nur eine geringe Residualwurmbürde verbleibt (statistische Verteilung: mehrheitlich nicht oder schwach befallene, nur wenige stärker befallene Individuen; Immunologie, s. u.).

Sehr ähnliche Entwicklungszyklen durchlaufen andere *Trichuris*-Arten, z. B. *T. vulpis*, mit einer Präpatenz von 9–10 Wochen und einer Lebensdauer der Parasiten im Wirt bis etwa 16 Monate. Offensichtlich reguliert der Hund die Infektion nicht so wie das Schwein, d. h. es kommt in der frühen Patenz zu keiner Wurmexpulsion, sondern es entwickelt sich ähnlich der Situation beim Menschen ein chronischer Zustand mit persistierenden Wurmbürden. Dafür sprechen die Angaben zur Lebenserwartung von *T. vulpis*, doch fehlen nähere Angaben.

Epidemiologie und Vorkommen *Trichuris*-Eier benötigen für ihre Entwicklung einen hohen Feuchtigkeitsgehalt der Umgebung. Daher bieten feuchte und schattige Ausläufe mit Naturboden sowie Tränkeplätze und andere Feuchtstellen auf Weiden günstige Bedingungen für die Entwicklung und Ansteckung.

Bei ***T. suis*** dauert die Entwicklung zur L 1 während der Vegetationsperiode in Mitteleuropa lange (mindestens 2–3 Monate, oft aber > 1 Jahr), in den Wintermonaten sistiert sie. In feuchtem Boden können die Eier > 6 Jahre überdauern, doch zeigten Untersuchungen in Dänemark, dass die meisten innerhalb weniger Monate zugrunde gehen und nur ein relativ kleiner Teil 1–1½ Jahre überlebt. Dennoch kann es bei ständiger Nutzung der gleichen Fläche zu einer starken Anreicherung von Eiern und zu massiven, klinisch relevanten Infektionen von Schweinen kommen. Für die Übertragung von *T. suis* im Stall ist die lange Entwicklungszeit ein limitierender Faktor, auch wenn dort oft günstige Temperatur- und Feuchtigkeitsverhältnisse herrschen. Dementsprechend kommt *T. suis*-Befall bei Intensivhaltung von Schweinen in Stallungen relativ selten vor (Beispiel: Nachweis von *Trichuris*-Eiern in 2,7 % von 74 Betrieben in der Schweiz, dabei waren 1,7 % der Absatzferkel und 3,8 % der Mastschweine infiziert). Bei Freilandhaltung wurde in Dänemark *Trichuris*-Befall in 9 von 10 Beständen festgestellt, in den Niederlanden bei 37 % der Bestände. Am häufigsten tritt *T. suis* bei jungen Schweinen (8–36 Wochen) auf.

Bei **Wiederkäuern** ist *Trichuris*-Befall häufig, z. B. bei 50–70 % von 136 Schlachtschafen in Süddeutschland (*T. globulosa, T. ovis, T. skrjabini*) und bei durchschnittlich 44 % von 369 Mutterkuhkälbern in der Schweiz.

Patenter Befall mit ***T. vulpis*** kommt bei über 9 Wochen alten Hunden vor, Prävalenz variabel je nach Haltungsart und Region von gering (z. B. 1,2 % in DE, bei Hütehunden von Schafherden 3 %) bis erheblich (in der Südschweiz waren 29 % von 371 Hunden Ausscheider von *Trichuris*-Eiern). *Trichuris* war mit bis zu 7,5 % der häufigste Helminthenfund in anonymen Kotproben aus Hundezonen in Österreich (Wien).

Pathogenese Die Peitschenwürmer sind mit ihrem dünnen Vorderende in der Darmschleimhaut verankert, das meist in tunnelartigen Gängen in der Epithelschicht oder dicht darunter, z. T. auch in tieferen Bereichen der Propria liegt, jedoch die Muscularis mucosae nicht durchdringt. Bei stärkerem Befall bietet sich das Bild einer subakuten, katarrhalischen Entzündung. Bei massiver Infektion (vor allem bei jungen Hunden und hohen Befallsstärken um 200 Würmer) herrschen Veränderungen der hämorrhagischen Entzündung des Caecums und z. T. auch des Colons vor; dabei ist der Darminhalt mit Blutbeimengungen durchsetzt. Die Peitschenwürmer öffnen Kapillaren und nehmen Blut auf (etwa 5 µl/Wurm/d), ernähren sich aber auch vom Darmmucus. Für die bei massivem Befall auftretende Hypalbuminämie und Anämie sind auch indirekte Albumin- und Blutverluste aus der geschädigten Schleimhaut in den Darm verantwortlich.

Infektionen von Schweinen mit *T. suis* allein oder in Mischinfektionen mit *Ascaris suum* oder *Oesophagostomum* spp. können negative Auswirkungen auf die Futterverwertung, Gewichtszunahmen und die Zusammensetzung der Körpergewebe (Fett-Fleisch-Verhältnis) haben.

Immunologie *Trichuris*-Arten sind potente Induktoren von Th_2-dominierten Immunreaktionen im Wirt. So stimulieren z. B. sekretorisch-exkretorische Proteine und Peptide von adulten *T. suis* in vitro Enterocyten zur Synthese von IL-6 und IL-10, die Immunreaktionen in Richtung Th_2 steuern.

Sowohl Erstinfektionen als auch Belastungsinfektionen mit *T. suis* unterliegen beim Schwein einer immunologischen Kontrolle. Nach Erstinfektionen kommt es gewöhnlich um die 9. Woche p. i. zur weitgehenden Ausscheidung (Expulsion) der jungen adulten Parasiten, als deren Ergebnis allenfalls noch eine kleine Restpopulation der Würmer im Wirt persistiert. Die Intensität der Reaktion ist deutlich von genetischen Faktoren beeinflusst. Neuere Untersuchungen am Mausmodell zeigten, dass diese Wurm-Expulsion aber nur dann erfolgt, wenn unter dem Einfluss von IL-13 ein bestimmtes, normalerweise nur von nicht-intestinalen Schleimhäuten gebildetes Mucin, *Muc5ac*, in der Darmschleimhaut exprimiert wird.

Erstinfektionen mit *T. suis* induzieren weiterhin eine ausgeprägte schützende Immunität gegen Reinfektionen, die sich in einer > 95 %igen Reduktion der Wurmbürde aus der Belastungsinfektion auswirken kann. Die hier beteiligten Mechanismen sind unklar. Eventuell kommt es während der histotropen Phase in der Darmwand durch ADCC-Reaktionen (S. 30) zur Elimination der Parasiten.

Krankheitsbild

Schwein und Wiederkäuer Experimentell induzierter Massenbefall mit *T. suis* (> 6000 Exemplare je Tier) erzeugt beim Schwein blutig-wässrigen Durchfall, Hypalbuminämie und Entwicklungsstörungen. Natürlicher *Trichuris*-Befall bei Schweinen und Wiederkäuern verläuft oft inapparent, doch können auch solche Infektionen negative Auswirkungen haben (Pathogenese, s. o.). Bei in Gehegen gehaltenen **Wildwiederkäuern** (z. B. Elchen) kommen klinisch relevante, z. T. letale *Trichuris*-Infektionen vor.

Hund Starker, natürlich erworbener Befall von Hunden mit *T. vulpis* führt zu Anorexie, Entwicklungsstörungen, Abmagerung, Anämie sowie Durchfall infolge katarrhalischer bis hämorrhagischer Dickdarmentzündung.

Diagnose Bei patentem *Trichuris*-Befall Nachweis der typischen Eier mithilfe von Flotationsverfahren (Flotationsmedien mit hohem spezifischem Gewicht von ≥ 1,30!). Bei der Sektion sind die Parasiten leicht makroskopisch zu erkennen.

Therapie und Bekämpfung Gegen *Trichuris* beim Hund sind Fenbendazol, Flubendazol sowie Milbemycin, Moxidectin, Emodepsid und Oxantel wirksam (▶ **Tab. 23.13**, ▶ **Tab. 23.14**). Die häufige und gründliche Entfernung des Kotes, insbesondere in Zwingern, ist notwendig, um die Kontamination des Bodens mit Eiern zu vermindern. Die Behandlung des ***Trichuris*-Befalls beim Schwein** erfolgt mit Flubendazol, Febantel oder Fenbendazol (▶ **Tab. 23.7**). Ivermectin und Doramectin sind in üblicher Dosierung nicht ausreichend gegen *T. suis* wirksam. Bekämpfung (S. 617).

Eine spezielle Chemotherapie gegen *Trichuris*-Befall bei **Wiederkäuern** ist i. d. R. nicht erforderlich; die Parasiten werden aber wegen des breiten Wirkungsspektrums einiger Anthelminthika durch die Behandlungen gegen Trichostrongyliden mit erfasst.

Zoonotische Bedeutung *T. trichiura* des Menschen und *T. suis* des Schweines sind sehr ähnliche, jedoch genetisch differenzierbare Arten. Experimentell sind diese Arten zwar wechselseitig übertragbar, doch liegen für natürliche Übertragungen von *T. suis* auf Menschen bisher nur sehr wenige Hinweise vor. Häufiger erfolgen Berichte über Infektionen des Menschen mit *T. vulpis* (bei Infektionen in jüngerer Zeit konnten *T. vulpis*-Eier im Stuhl von Menschen genetisch identifiziert werden, dabei müssen jedoch neben Infektionen auch Darmpassagen in Betracht gezogen werden).

In klinischen Studien wurden Menschen mit Morbus Crohn durch mehrmalige perorale Applikation larvenhaltiger *T. suis*-Eier erfolgreich behandelt. Morbus Crohn, eine chronische, rezidivierende Entzündung des Verdauungstrakts, wird durch eine übersteigerte Th_1- und Th_{17}-Immunreaktion verursacht. Möglicherweise führt die kurzfristige Ansiedlung von *T. suis*-Larven (die Würmer erreichen das Adultstadium meist nicht) im Darm des Menschen zur Umstimulierung in Richtung einer Th_2-Reaktion und zur Hemmung der schädigenden Th_1-Reaktion. Dieser vielversprechende Therapieansatz wird zurzeit in weiteren randomisierten Placebo-kontrollierten klinischen Doppelblindstudien geprüft.

Unterfamilie Capillariinae, Gattung *Capillaria* (Haarwürmer)

Praxis

Erreger der **Capillariose**, als intestinale Infektion beim Geflügel wirtschaftlich von Bedeutung. Bei Carnivoren sporadische, schwierig zu behandelnde Infektionen.
Zoonose: In Europa äußerst seltene, in Asien aber wichtige, durch *C. philippinensis* verursachte Zoonose.

Capillus (lat.): Haupthaar. Engl.: *capillary worms*.

Das Wichtigste in Kürze

- **Erreger.** Zahlreiche Arten der Gattung *Capillaria*, die jedoch in den letzten Jahren in mehrere Gattungen aufgeteilt wurde (s. Synonyme in ▶ **Tab. 11.18**, ▶ **Tab. 11.19**). Haardünne, 7–80 mm lange Nematoden mit trichuroidem Ösophagus, Vorder- und Hinterkörper etwa gleich dick. Männchen mit nur 1 Spiculum. Parasiten des Verdauungstraktes, der Harnblase und anderer Organe bei Vertebraten. Praktische Bedeutung vor allem beim Geflügel und bei Carnivoren.
- **Entwicklung.** Geflügel: Einige Arten entwickeln sich homoxen (*Capillaria contorta, C. obsignata, C. anatis*), andere Arten heteroxen mit Regenwürmern als Zwischenwirten. Die Adulten parasitieren im Verdauungstrakt (Ösophagus bis Dickdarm). Säugetiere: *C. plica* (Harnblasenparasit bei Hund, Fuchs, Katze) und *C. putorii* (Magen- und Dünndarmparasit von Katze, Iltis u. a.) benötigen Regenwürmer als Zwischenwirte. Für *C. aerophila* (Lungenparasit von Hund, Katze, Fuchs, Igel) und *C. boehmi* (Parasit der Nasen- und Sinusschleimhäute verschiedener Carnivoren) wird eine direkte Entwicklung angenommen, aber die Beteiligung von Regenwürmern als Zwischenwirte oder paratenische Wirte kann nicht ausgeschlossen werden.
- **Epidemiologie, Vorkommen.** In der Intensivhaltung von Hühnern kommt *C. obsignata* am häufigsten vor. Bei Hund und Katze ist *Capillaria*-Befall nicht häufig, muss aber beachtet werden.
- **Pathogenese, Krankheitsbild.** Capillarien verursachen meist katarrhalische Entzündungen der Schleimhäute. Symptome sind abhängig von Parasitenbürde und Organbeteiligung.
- **Diagnose.** Nachweis der Eier im Kot und Trachealschleim (*C. aerophila*) oder Nasenschleim (*C. boehmi*), im Urin (*C. plica*). Feststellung der Parasiten bei der Sektion (vor allem beim Geflügel).
- **Therapie.** Begrenzte Möglichkeiten (s. u.).
- **Zoonotische Bedeutung.** Selten Infektion von Menschen mit *Capillaria hepatica, C. aerophila* oder *C. boehmi*.

Capillaria-Arten parasitieren in inneren Organen von Vertebraten (Fische, Amphibien, Reptilien, Vögel, Säuger) und sind veterinärmedizinisch vor allem beim Geflügel und bei Carnivoren von Bedeutung (▶ **Abb. 11.87**).

▸ **Tab. 11.18** In Mitteleuropa nachgewiesene *Capillaria*-Arten (Auswahl) des Nutzgeflügels und anderer Vogelarten.

Art, Länge[1] der Männchen (♂♂) und Weibchen (♀♀), Verbreitung (V)	Wirte (Auswahl) und Hauptsitz (H) der Adulten	Entwicklung (Zwischenwirte in Klammern) und Präpatenz (P) in Tagen
Capillaria annulata (Syn. *Eucoleus annulatus*) ♂♂: 11–20, ♀♀: bis 35 mm V: Europa, Nord- u. Südamerika, Asien	Huhn, Truthuhn, andere Hühnervögel, auch Ente H: Ösophagus, Kropf, selten Schnabelhöhle	indirekt (Regenwürmer) P: 16–26
Capillaria contorta (Syn. *Eucoleus contortus*) ♂♂: 7–12, ♀♀: 11–20 mm V: weltweit	Gans, Ente, andere Wasservogelarten, Hühnervögel, Sperlingsvögel H: Ösophagus, Kropf, selten Schnabelhöhle	direkt P: 45–54
Capillaria bursata (Syn. *Aonchotheca bursata*) ♂♂: 15–18, ♀♀: 28–35 mm V: weltweit	Huhn, Truthuhn, Fasan, auch Ente H: Dünndarm	indirekt (Regenwürmer) P: 20–25
Capillaria caudinflata (Syn. *Aonchotheca caudinflata*) ♂♂: 8–11, ♀♀: 15–20 mm V: weltweit	Huhn, Truthuhn, andere Hühnervögel, Taube, auch Gans, Ente, Sperlingsvögel H: Dünndarm	indirekt (Regenwürmer) P: 22–24
Capillaria obsignata (Syn. *Baruscapillaria obsignata, Capillaria columbae*) ♂♂: 7–12, ♀♀: 9–15 mm V: weltweit	Huhn, Truthuhn, andere Hühnervögel, Taube, Sperlingsvögel, auch Gans und Ente H: Dünndarm	direkt P: 20–26
Capillaria anatis (Syn. *Capillaria retusa, Thominx anatis*) ♂♂: 7–13, ♀♀: 8–18 mm V: weltweit	Gans, Ente, wild lebende Anseriformes, auch bei Hühnervögeln, Tauben u. a. Vögeln H: Caeca, selten Dünndarm	direkt P: 28

[1] Längenangaben in der Literatur sehr unterschiedlich

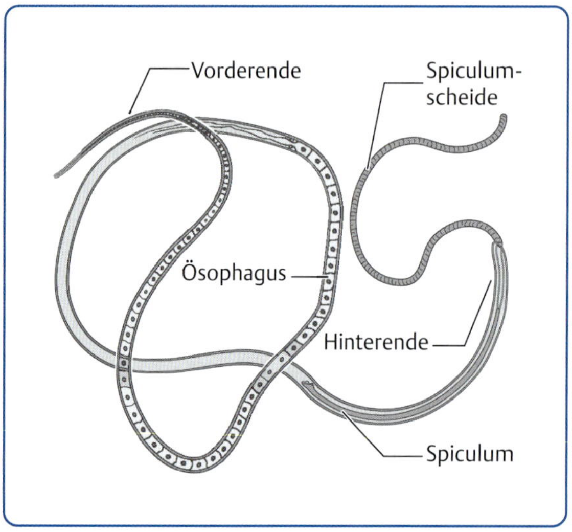

▸ **Abb. 11.87** *Capillaria obsignata*: Männchen. (Grafik: Anne Seeger, Vetsuisse-Fakultät, Universität Zürich; nach Skrjabin, K. I. et al. (1954): Opredelitel Parasititscheskich Nematod, Tom IV4: Kamallati, Rabditati, Tilenchati, Trichozephalati, Dioktofimati. Isdatlestwo Akademii Nauk SSSR Moskwa)

Erreger Viele Versuche, die taxonomische Klassifizierung der etwa 300 Arten zu revidieren, haben zwar zu neuen Namen und Gruppierungen geführt, aber nicht zu einer besseren Übersicht. Daher behalten wir in diesem Lehrtext den alten Gattungsnamen „*Capillaria*“ bei, von neuen Gattungs- oder Artnamen wird zumindest ein Synonym aufgeführt (▸ **Tab. 11.18**, ▸ **Tab. 11.19**).

Capillarien sind 7–80 mm lange, haardünne Nematoden. Die Männchen besitzen nur 1 Spiculum mit ausstülpbarer Scheide, das Spiculum kann aber auch fehlen. Bei den Weibchen ist u. a. das Vorhandensein oder Fehlen einer Vulvaklappe ein diagnostisches Merkmal. Wie die Trichurinae haben sie einen trichuroiden Ösophagus, doch ist der hintere Körperteil nicht verdickt, sodass sie wie feine Haare aussehen (▸ **Abb. 11.87**). Eier: s. Diagnose (S. 377) und ▸ **Abb. 11.88**.

Capillaria-Arten des Nutzgeflügels und anderer Vogelarten

Erreger und Entwicklung Beim Nutzgeflügel und anderen Vogelarten kommen zahlreiche *Capillaria*-Arten vor, die in unterschiedlichen Abschnitten des Verdauungstraktes parasitieren (▸ **Tab. 11.18**). *C. contorta, C. obsignata* und *C. anatis* entwickeln sich homoxen, die anderen Arten in einem indirekten Zyklus mit Regenwürmern (Gattungen *Allolobophora, Eisenia, Lumbricus*) als Zwischenwirten.

In den von *Capillaria*-Weibchen produzierten und im Kot der Wirte ausgeschiedenen Eiern entwickeln sich bei günstiger Temperatur (20–24 °C) und Feuchtigkeit in etwa 1–2 Wochen infektiöse L1, die in der Eihülle verbleiben. Bei *C. contorta, C. obsignata* und *C. anatis* infizieren sich Endwirte direkt durch die perorale Aufnahme

▶ **Tab. 11.19** In Mitteleuropa nachgewiesene *Capillaria*-Arten (Auswahl) von Säugetieren und Menschen.

Art, Länge[1] der Männchen (♂♂) und Weibchen (♀♀), Verbreitung (V)	Wirte (Auswahl) und Hauptsitz (H) der Adulten	Entwicklung (Zwischenwirte in Klammern) Präpatenz (P) in Tagen, Krankheit (K), Eier und Einachweis
Capillaria bovis ♂♂: 12–17, ♀♀: 20–27 mm V: Europa, RU, Nordamerika	Rind, Schaf, Wildwiederkäuer H: Dünndarm	direkt P: keine Angaben K: meist inapparente Infektion Eier 47–49 × 24–28 µm, im Kot
Capillaria longipes ♂♂: 11–13, ♀♀: 20 mm V: wahrscheinlich wie *C. bovis*	Schaf H: Dünndarm	direkt P: keine Angaben K: meist inapparente Infektion Eier: 45–50 × 22–25 µm, im Kot
Capillaria putorii[2] (Syn. *C. mustelorum, Aonchotheca putorii*) ♂♂: 6,0–8,5, ♀♀: 9–13 mm V: Europa, RU, Nordamerika	Musteliden, Waschbär, Katze H: Magen, Dünndarm	direkt und indirekt (Regenwürmer) P: 26–32 K: gastrointestinale Symptome, Erbrechen Eier: 54–66 × 21–26 µm, im Kot
Capillaria aerophila (Syn. *Eucoleus aerophilus*) ♂♂: 16–18, ♀♀: 18–20 mm V: weltweit	Rotfuchs, Hund, Katze, Dachs, Marder, Igel, selten Mensch H: Trachea, Bronchien, auch Nasen- und Stirnhöhlen	indirekt (Regenwürmer), nach anderen Angaben auch direkt P: 25–40 K: Bronchitis, Tracheitis, selten Rhinitis und Sinusitis, Husten, Niesen, Nasenausfluss Eier: 62–73 × 35–40 µm, Oberfläche mit verzweigten, fibrillären Strukturen, im Kot und Trachealschleim
Capillaria boehmi (Syn. *Eucoleus boehmi*) ♂♂: 15–25, ♀♀: 30–40 mm V: gemäßigte Zonen (Europa, Nordamerika)	Fuchs, Wolf, Hund H: Nase und Stirnhöhlen	direkt oder indirekt (unbekannt) P: unbekannt K: Rhinitis und Sinusitis, Niesen, Nasenausfluss, verminderter oder fehlender Geruchssinn Eier: 50–60 × 30–35 µm, Oberfläche mit kleinen Gruben, im Kot und Nasenschleim
Capillaria plica[3] (Syn. *Pearsonema plica* ♂♂: 13–30, ♀♀: 30–60 mm V: Europa, USA, RU	Rotfuchs, Polarfuchs, Hund, Wolf, Marderhund, Katze, Musteliden H: Harnblase (selten Harnleiter u. Nierenbecken)	indirekt (Regenwürmer) P: 58–63 K: Blasenentzündung, Harndrang, Dysurie, Hämaturie (▶ **Abb. 11.89**) Eier: 55–67 × 26–29 µm, im Urin
Capillaria hepatica (Syn. *Calodium hepaticum, Hepaticola hepatica*) ♂♂: 24–37, ♀♀: 53–78 mm V: weltweit	Nager, Lagomorpha (Kaninchen, Hase), seltener andere Säugetierarten (Igel, Pferd, Hund, Katze) und Mensch H: Leber	direkt; Eiablage in das Leberparenchym ohne unmittelbare Ausscheidung aus dem Wirtskörper K: Leberveränderungen, Ikterus, Apathie, Anorexie, Erbrechen u. a. Eier: 56–62 × 28–32 µm, im Lebergewebe

[1] Längenangaben in der Literatur sehr unterschiedlich
[2] die Art ist morphologisch sehr variabel und nicht von *Capillaria mustelorum* (aus Musteliden) und *C. erinacei* (aus dem Igel) zu unterscheiden
[3] aus der Katze ist *Capillaria feliscati* (Syn. *Pearsonema feliscati*) beschrieben worden; die Artidentität ist aber nicht gesichert

solcher Eier. Im Verdauungstrakt kommt es zu 4 Häutungen und zur Entwicklung geschlechtsreifer Stadien. Präpatenz ca. 3–7 Wochen, Patenz (bei *C. obsignata*) 2 Monate (▶ **Tab. 11.18**). Bei den anderen Arten werden die larvenhaltigen Eier von Regenwürmern aufgenommen, in denen die L1 schlüpfen, in das Körpergewebe einwandern, etwas wachsen und innerhalb von 2–4 Wochen die Infektionsreife für die Endwirte erreichen. Die Endwirte infizieren sich durch Verzehr larvenhaltiger Regenwürmer. Präpatenz etwa 2–4 Wochen.

Epidemiologie und Vorkommen In der Außenwelt können *Capillaria*-Eier in feuchtem Milieu längere Zeit überleben und z. B. Temperaturschwankungen von −7 °C bis + 12 °C für 2 Wochen überstehen. In Regenwürmern ist mit einer mehrjährigen Lebensdauer zu rechnen. Daher können Erdbodenausläufe des Nutzgeflügels längere Zeit kontaminiert bleiben. Ferner besteht die Möglichkeit der Einschleppung der Erreger durch Wildvögel.

Bedingt durch den direkten Entwicklungszyklus spielt in Hühnerbeständen mit reiner Stallhaltung nur *C. obsignata* eine Rolle. Die anderen Arten mit direkter Entwicklung kommen vorwiegend bei Wildvogelarten vor, aber auch bei Enten und Gänsen. Nach einer Untersuchung (1999) in Dänemark waren von Freilandhühnern 54 % mit *C. obsignata*, 32 % mit *C. anatis* und 1,5 % mit *C. caudinflata* befallen (Wurmbürden bis 130 je Tier). Bei in Stallungen auf Tiefstreu gehaltenen Hühnern kam nur *C. obsignata* mit einer Prävalenz von 52 % vor (Wurmbürde bis 160/Tier). Tauben, Wassergeflügel, Wildvögel sowie Ziervögel sind ebenfalls häufig mit Capillarien befallen.

Pathogenese und Krankheitsbild Im Verdauungstrakt dringen die Capillarien oberflächlich in die Schleimhaut (Epithel, obere Propria) ein und verursachen in Abhängigkeit von der Befallsstärke geringgradige Veränderungen (lokale Epitheldefekte, entzündliche Infiltrationen der Propria) oder ausgeprägtere katarrhalische, teils auch hämorrhagische Entzündungen (größere Epithelverluste, zellige Infiltration und Ödem von Mukosa und Submukosa, Villusatrophie). Bei chronischem Verlauf kann es zur Fibrose der Dünndarmwand kommen. Stärkerer *Capillaria*-Befall kann beim Nutzgeflügel Verluste von Plasmaproteinen im Verdauungstrakt, Anämie, Resorptionsstörungen, Durchfall, Nachlassen der Legeleistung, Abmagerung, Kachexie und sogar Todesfälle verursachen.

Diagnose Beim Nutzgeflügel wird der *Capillaria*-Befall i. d. R. bei der Sektion diagnostiziert (mikroskopische Untersuchung von Schleimhautabstrichen oder besser Auswaschverfahren) und morphologisch nach Arten differenziert (Beispiele ▸ **Abb. 11.88**). Im Kot sind bei patenten Infektionen Eier nachweisbar, die je nach Art etwas unterschiedliche Größen (etwa 48–54 × 25–27 bis 60–62 × 24–27 µm) und Formen aufweisen. Die Eier ähneln *Trichuris*-Eiern, bei verschiedenen Arten ragen aber die Polpfröpfe nicht so deutlich hervor und die Seitenwände sind weniger stark gewölbt (▸ **Abb. 11.88**, ▸ **Abb. 19.18**).

Therapie und Bekämpfung Die Bekämpfung der Capillariose in Hühnerbeständen (S. 645) beruht auf regelmäßigen diagnostischen Kontrollen, planmäßigen anthelminthischen Behandlungen (Flubendazol, Levamisol) und Hygienemaßnahmen (Schutz vor Einschleppung der Infektion durch Wildvögel, Erneuerung der Tiefstreu, Auslaufsanierung).

Capillaria-Arten von Säugetieren

Erreger und Vorkommen Eine Auswahl von *Capillaria*-Arten der Säugetiere ist in ▸ **Tab. 11.19** aufgeführt. Davon haben die im Dünndarm von Wiederkäuern vorkommenden, bisher nur unzureichend untersuchten Arten eine untergeordnete Bedeutung, weil gewöhnlich schwacher, inapparenter Befall vorliegt. Klinisch bedeutsamer sind *Capillaria*-Arten von Carnivoren. *C. putorii* wurde im Magen bei 2,7 % von 111 streunenden Katzen in Deutschland nachgewiesen, bei Füchsen und Marderhunden in Litauen wurden Prävalenzen von 29 und 51 % beschrieben. In verschiedenen Studien variierten die Prävalenzen von *C. aerophila* bei Katzen zwischen 0,2–17 % und erreichten 72 % bei Füchsen in Deutschland. Beim Hund wird aber nur sporadisch *C. aerophila* diagnostiziert. *C. boehmi*-Infektionen werden aus Europa und Nordamerika berichtet, Prävalenzen bei Füchsen aus Italien, Norwegen, Deutschland, Ungarn und der Schweiz variierten zwischen 8–31 %. *C. plica*, ein häufiger Parasit in der Harnblase des Rotfuchses (Prävalenzen in AT, CH, DE, DK, HU, PL und NO ~ 23–93 %), kommt sporadisch auch beim Hund vor. Aus der Katze ist als gesonderte Art *C. feliscati* beschrieben worden (Artidentität nicht gesichert); sie wurde in verschiedenen Gebieten in Deutschland bei 1–2,7 % von größeren Gruppen streunender Katzen nachgewiesen. Schließlich sei auf *C. hepatica* hingewiesen, einen Leberparasiten, der bei Nagern und gelegentlich auch bei Hauscarnivoren vorkommt. Parasiten des Igels sind *C. erinacei* (Magen-Darm-Trakt) und *C. aerophila* (Luftwege).

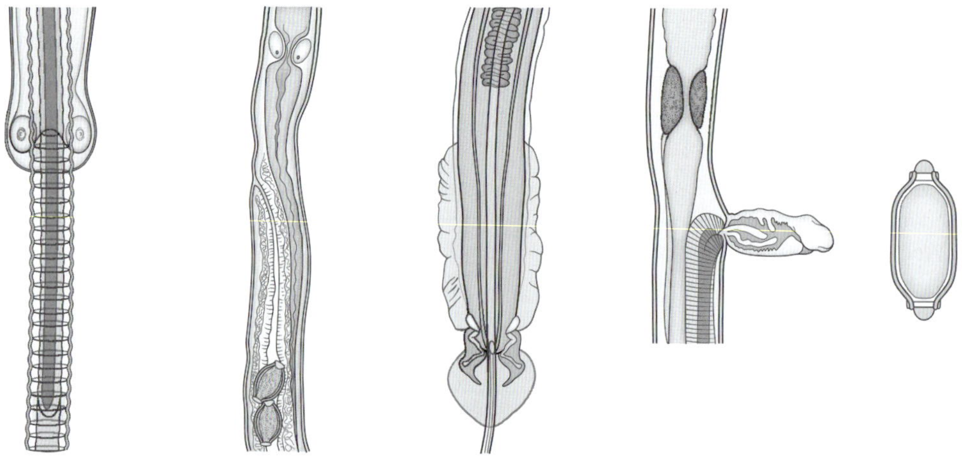

a Männchen, Hinterende, Spiculumscheide verkürzt **b** Weibchen, Vulvaregion **c** Männchen, Hinterende, Spiculum, verkürzt **d** Weibchen, Vulvaregion **e** Ei von *C. caudinflata*

▸ **Abb. 11.88 a, b** *Capillaria obsignata*; **c–e** *C. caudinflata*. (Grafik: Anne Seeger, Vetsuisse-Fakultät, Universität Zürich; nach Skrjabin, K. I. et al. (1954): Opredelitel Parasititscheskich Nematod, Tom IV4: Kamallati, Rabditati, Tilenchati, Trichozephalati, Dioktofimati. Isdatlestwo Akademii Nauk SSSR Moskwa)

Entwicklung und Epidemiologie Die Infektion von Säugetieren mit Capillarien erfolgt durch Aufnahme von Eiern oder Regenwürmern als Zwischenwirten, die infektiöse L 1 enthalten (▸ Tab. 11.19). Bei extra-intestinaler Lokalisation der Parasiten (Lunge, Harnblase, Leber) wandern die Larvalstadien der Capillarien (nachweislich oder vermutlich) vom Darm auf dem Lymph-Blut-Weg in die Zielorgane. Eine Besonderheit besteht bei *C. hepatica:* Die von den Weibchen in das Leberparenchym abgesetzten und von Granulomen umgebenen Eier gelangen nach Verzehr des Wirtes durch einen Carnivoren, der die Eier dann als Darmpassanten mit dem Kot ausscheidet, in die Außenwelt oder werden nach dem Tod des Wirtes und anschließendem Zerfall des Organs frei. Erst in der Außenwelt entwickelt sich dann im Ei die infektiöse L 1.

Krankheitsbild und Diagnose Die Krankheitsbilder und die Möglichkeiten der kausalen Diagnose sind summarisch in ▸ Tab. 11.19 aufgeführt. ***C. plica*-Infektionen beim Hund** können subklinisch verlaufen oder Cystitis mit Harndrang, Dysurie und Hämaturie hervorrufen sowie sekundäre bakterielle Infektionen begünstigen. Selten wurden auch Obstruktionen der Urethra oder der Harnleiter mit Nierenversagen beobachtet (▸ Abb. 11.89). Röntgen- oder Ultraschalluntersuchung der Harnblase und die Urinuntersuchung können Hinweise auf eine Blasenentzündung (Cystitis) liefern. Die Diagnose gelingt durch den Nachweis der *Capillaria*-Eier im Urinsediment oder der adulten Würmer in der Harnblase durch Cystoskopie oder Blasenspiegelung.

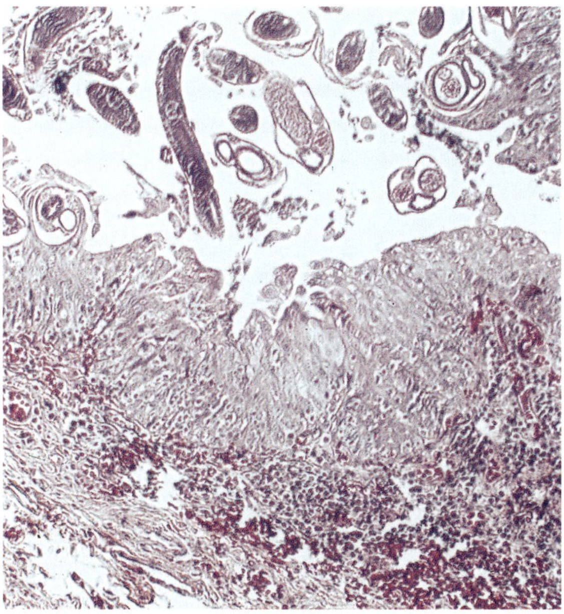

▸ **Abb. 11.89** *Capillaria plica*: Schnitt durch Harnblase eines Hundes mit Anschnitten der Parasiten und starken Veränderungen der Mukosa. (Quelle: Institut für Parasitologie, Vetsuisse-Fakultät, Universität Zürich)

Therapie und Bekämpfung Bei der Katze ist das makrozyklische Lacton Eprinomectin gegen *C. plica* zugelassen. Zur Therapie der Blasencapillariose beim Hund ist kein Präparat zugelassen, die Therapie ist zudem oft schwierig, Fenbendazol (täglich 50 mg/kg KG p. o. an 10 d) oder Moxidectin (3 × in 2-wöchigen Abständen als Spot-on) reichen oft nicht aus. Als wirksam wurde Levamisol (7,5 mg/kg KG s. c. an 2 aufeinanderfolgenden Tagen; Umwidmung!, Nebenwirkungen!) beschrieben. Bei der Therapie der Capillariose des Respirationstrakts haben sich makrozyklische Lactone (Moxidectin und Milbemycinoxim gegen *C. boehmi* beim Hund; Moxidectin und Eprinomectin gegen *C. aerophila* bei der Katze) als wirksam bis hochwirksam erwiesen. Weitere Behandlungsoptionen bei den Capillariosen der Fleischfresser sind der Spezialliteratur zu entnehmen.

Zoonotische Bedeutung Sporadisch sind beim Menschen auch in Europa Infektionen mit *C. aerophila*, *C. hepatica* oder *C. boehmi* beschrieben worden. Größere Bedeutung hat *C. philippinensis* (Syn. *Aonchotheca philippinensis*), ein Dünndarmparasit in Asien, der beim Menschen schwere Enteropathien mit Todesfolge verursachen kann. Im Zyklus sind Vögel Endwirte und Fische als Zwischenwirte eingebunden.

Zum Weiterlesen

Unterfamilie Trichosomoidinae, Gattung *Anatrichosoma*

Anatrichosoma-Arten parasitieren u. a. bei Affen (*A. cutaneum*, Nasenschleimhaut) und Opossum (*A. buccalis*, Mundschleimhaut). Sporadische Fälle bei Hund und Katze mit Nachweis von Eiern in Mikroabszessen der Rückenhaut oder im Detritus aus dem äußeren Gehörgang bei bestehender Otitis externa. Wenige Fälle mit Hautveränderungen auch beim Menschen. Eier vom *Trichuris*-Typ, 52–70 × 37–42 µm, dickschalig, Seitenwände stark gewölbt, mit 2 Polpfröpfen, bei Ablage mit Embryo. Es wird angenommen, dass die in der Haut oder Schleimhaut abgelegten Eier bei der Abstoßung von Epithel freigesetzt werden und unmittelbar für neue Wirte infektiös sind.

Literaturhinweise

Barus V, Sergejeva TP. Capillariids parasitic in birds in the Palaearctic region. (1–3). Acta Sci Nat Brno 1989, 1990; 23(3): 1–50; 23 (6): 1–47; 24(13): 1–53; 24(12): 1–48

Basso W, Spänhauer Z, Arnold S et al. *Capillaria plica* (syn. *Pearsonema plica*) infection in a dog with chronic pollakiuria: challenges in the diagnosis and treatment. Parasitol Int 2014; 63: 140–142

Bork-Mimm S, Rinder H. High prevalence of *Capillaria plica* infections in red foxes (*Vulpes vulpes*) in Southern Germany. Parasitol Res 2011; 108: 1063–1067

Gillis-Germitsch N, Muller S, Gori F et al. *Capillaria boehmi* (syn. *Eucoleus boehmi*): Challenging treatment of a rarely diagnosed nasal nematode in dogs and high prevalence in Swiss foxes. Vet Parasitol 2020; 281: 109103

Hiemstra IH, Klaver EJ, Vrijland K et al. Excreted/secreted *Trichuris suis* products reduce barrier function and suppress inflammatory cytokine production of intestinal epithelial cells. Mol Immunol 2014; 60: 1–7

Hinney B, Gottwald M, Moser J et al. Examination of anonymous canine faecal samples provides data on endoparasite prevalence rates in dogs for comparative studies. Vet Parasitol 2017; 245: 106–115

Nejsum P, Thamsborg SM, Petersen HH et al. Population dynamics of *Trichuris suis* in trickle-infected pigs. Parasitology 2009; 136: 691–697

Nithikathkul C, Saichua P, Royal L, Cross JH. Capillariosis. In: Palmer SR, Lord Soulsby, Torgerson PR, Brown DWG, eds. Oxford Textbook of Zoonoses. 2nd ed. Oxford, UK: Oxford University Press; 2011: 727–737. ISBN: 978-0-19857-002-8

Roepstorff A, Mejer H, Nejsum P et al. Helminth parasites in pigs: New challenges in pig production and current research highlights. Vet Parasitol 2011; 180: 72–81

Ruckstuhl N, Deplazes P, Reusch C. Symptome und Krankheitsverlauf bei Hunden mit *Trichuris vulpis*-Infektion. Kleintierprax 2002; 47: 19–26

Traversa D, Di Cesare A, Brianti E. Lungworm infections. In: Beugnet F, Halos L, eds. Parasitoses & Vector-borne Diseases of Cats. Lyon, France: Merial S.A.S.; 2015: 95–106. ISBN: 978–2-95508-050-4

Veronesi F, Morganti G, Di Cesare A et al. A pilot trial evaluating the efficacy of a 10 % imidacloprid/2.5 % moxidectin spot-on formulation in the treatment of natural nasal capillariosis in dogs. Vet Parasitol 2014; 200: 133–138

Familie Trichinellidae

Gattung *Trichinella*

Praxis

Erreger der **Trichinellose**, die bei Nutztieren klinisch inapparent verläuft. Die verordnete, systematische Untersuchung aller Schlachtschweine und Pferde sowie vieler Wildtierarten verursacht sehr große Überwachungskosten.

Zoonose: Massive Infektionen können Myositis mit ernsthaften Folgen beim Menschen verursachen.

Thrix (gr.): Haar; *-ella* (lat.): Diminutiv. *Trichinella*: „kleines Haar“.

Das Wichtigste in Kürze

- **Erreger.** Derzeit sind 9 *Trichinella*-Arten und 3 Stämme (Genotypen) bekannt, die bei Säugern, Vögeln oder Reptilien parasitieren. Für Menschen sind 7 Arten und der Genotyp T 6 infektiös, von 2 Arten und 2 Genotypen liegen keine Angaben vor. Wichtigste Arten in Europa sind *Trichinella spiralis* und *T. britovi*, außerdem kommen *T. nativa* und *T. pseudospiralis* vor. Die adulten Trichinellen sind 1–4 mm lange Nematoden mit trichuroidem Ösophagus. Larvalstadien in der Muskulatur bei den meisten Arten eingekapselt, bei einigen Arten ohne Kapsel.
- **Entwicklung.** *Trichinella* spp. beanspruchen denselben individuellen Wirt als End- und Zwischenwirt. Im Dünndarm Entwicklung adulter Stadien. Weibchen produzieren Wanderlarven, die mit dem Lymph- und Blutstrom in die quergestreifte Muskulatur gelangen und sich innerhalb weniger Wochen einkapseln (Ausnahmen s. u.); sie bleiben jahrelang lebensfähig. Infektion neuer Wirte per os durch Aufnahme von Muskulatur mit L 1.
- **Epidemiologie, Vorkommen.** Weltweit, in Europa kommt *T. britovi* in Wildtierzyklen vor, daneben in einigen Ländern auch *T. spiralis* in einem synanthropen Zyklus (Schwein u. a.) oder in Wildtierzyklen. Das gleichzeitige Vorkommen von *Trichinella* spp. in Wild- und Nutztieren und der Verzehr ungekochter Fleischgerichte werden als wichtige Risikofaktoren betrachtet. Unter den in Mitteleuropa vorherrschenden Bedingungen infizieren sich Menschen selten, doch können bei Ausbrüchen von Trichinellose oft größere Gruppen betroffen sein.
- **Pathogenese, Krankheitsbild.** Beim Menschen sind Enteritis und schwere Muskelerkrankungen (auch des Herzens) möglich, bei Tieren meist inapparenter Befall.
- **Diagnose.** Bei Haus- und Wildtieren post mortem Nachweis der Muskellarven mit der Verdauungsmethode nach amtlichen Vorschriften.
- **Therapie.** Bei Tieren nicht indiziert.
- **Prophylaxe und Bekämpfung.** EU und nationale Vorschriften schreiben Maßnahmen zur Fleischuntersuchung auf Trichinellen, Sanierungsmaßnahmen in Schweinebeständen und Zertifikation *Trichinella*-freier Bestände vor.
- **Zoonotische Bedeutung.** Die Trichinellose ist eine Zoonose, die auch in Europa immer wieder Krankheitsfälle beim Menschen verursacht. In Österreich, der Schweiz und in Deutschland sind solche Fälle meldepflichtig.

Trichinellen sind die Erreger der Trichinellose (veraltet: Trichinose). Zahlreiche Arten von Säugetieren und der Mensch sind Wirte für mehrere *Trichinella*-Arten, einige Arten parasitieren auch bei Vögeln oder Reptilien. Eine Besonderheit der Trichinellen ist, dass sie im gleichen individuellen Wirt zunächst den Darm (Entwicklung zu Adulten und Reproduktion) und anschließend die Skelettmuskulatur (als Larvenstadien) besiedeln und in beiden Lokalisationen intrazellulär leben. Die Trichinellose ist eine weltweit verbreitete Zoonose mit in Mitteleuropa allgemein niedrigen Inzidenzen beim Menschen, aber sehr hohen Überwachungskosten. Die jährlichen Kosten der Untersuchungen von Schlachtschweinen auf Trichinellen werden für die EU auf € 220–570 Mio. geschätzt.

Erreger In der Familie Trichinellidae ist *Trichinella* die einzige Gattung, von der bis 1972 nur *Trichinella spiralis* als einzige Art bekannt war. In der Folgezeit wurden weitere 8 Arten und 3 Genotypen identifiziert (▶ **Tab. 11.20**). Die ♀♀ von *T. spiralis* sind 3–4 mm lang und 60–70 µm dick, die ♂♂ weisen eine Länge von 1–1,8 mm auf und haben am Hinterende 1 Paar blättchenförmige Kopulationsanhänge, Spicula fehlen. Ein markantes Merkmal der Adulten und Larven ist der trichuroide Ösophagus mit Stichocyten (▶ **Abb. 11.90**). Die Adulten der anderen Arten weisen ähnliche Längenmaße auf und sind weder morphometrisch noch morphologisch von *T. spiralis* differenzierbar. Eine Unterscheidung der Arten und Stämme ist durch DNA-Analyse und aufgrund biologischer Merkmale

▶ **Tab. 11.20** Arten und Genotypen der Gattung *Trichinella*.

Arten und Genotypen (T) von *Trichinella*	epidemiologische Zyklustypen und Wirte (Auswahl)	allgemeine Verbreitung und Vorkommen in Europa (Beispiele)[2]
1. Arten mit eingekapselten Muskellarven, Wirte: Säuger		
Trichinella spiralis (T 1)	Zyklus vorwiegend synanthrop, auch Wildtierzyklus Hausschwein, Wildschwein, Pferd, Hund, Katze, Rotfuchs, Marderhund, Bär, Ratte, Mensch	**allgemein:** kosmopolitisch **Europa:** ES, DE, IE, FI, EE, LT, LV, PL, HR, RS, BG, RO
Trichinella britovi (T 3)	Wildtierzyklus Rotfuchs, Marderhund, Wolf, Schakal, Wildkatze, Luchs, Braunbär, Dachs, Marder, Fischotter, Hausschwein, Wildschwein, Pferd, Mensch	**allgemein:** gemäßigte Klimazone in Eurasien, südl. bis Nordafrika u. Westafrika **Europa:** viele Länder von ES bis RU u. von NO bis IT u. BG
Trichinella nativa (T 2)	Wildtierzyklus Eisbär, Walross, andere Robben, Braun- u. Schwarzbär, Wolf, Eisfuchs, Rotfuchs, Marderhund, Luchs, Wildkatze, Tiger, Musteliden, Wildschwein, Hausschwein, Hund, Katze, Mensch	**allgemein:** arktische und subarktische Gebiete in Nordamerika und Eurasien **Europa:** NO, SE, FI, RU, EE, LT, LV, PL, DE, FR
Trichinella murrelli (T 5)	Wildtierzyklus Rotfuchs, Waschbär, Kojote, Rotluchs, Schwarzbär, Musteliden, Pferd, Hund, Katze, Mensch	**allgemein:** gemäßigte Klimazonen in Nordamerika
Trichinella nelsoni (T 7)	Wildtierzyklus Schakal, Hyäne, Löwe, Leopard, Gepard, Serval, Löffelfuchs, Buschschwein, Warzenschwein, Mensch	**allgemein:** Afrika südlich der Sahara
Trichinella patagoniensis (T 12)	Wildtierzyklus Puma	**allgemein:** Argentinien
Genotyp T 6 (verwandt mit *T. nativa*)	Wildtierzyklus Braun- und Schwarzbär, Puma, Wolf, Kojote, Graufuchs, Fischmarder, Vielfraß, Mensch	**allgemein:** CA, USA
Genotyp T 8 (verwandt mit *T. britovi*)	Wildtierzyklus Hyäne, Löwe	**allgemein:** Südafrika, Namibia
Genotyp T 9 (verwandt mit *T. murrelli*)	Wildtierzyklus Schwarzbär, Marderhund, Waschbär, Rotfuchs	**allgemein:** Japan
2. Arten mit kapsellosen Muskellarven, Wirte: Säuger, Vögel und Reptilien		
Trichinella pseudospiralis (T 4)	Wildtierzyklus Rotfuchs, Marderhund, Luchs, Dachs, Waschbär, Wildschwein, Hausschwein, Katze, Ratte, Vogelarten (Rabenartige, Habichtartige, Falken, Adler, Eulen, Geier u. a.), Beuteltiere, Mensch	**allgemein:** kosmopolitisch **Europa:** IE, FR, DK, SE, FI, EE,LT, DE, AT, IT, SK, HU, BG, RU
Trichinella papuae (T 10)	Wildtierzyklus Wildschwein, Hausschwein, Salzwasserkrokodil, Mensch	**allgemein:** Asien (Thailand), Papua-Neuguinea
Trichinella zimbabwensis (T 11)	Zyklus in Krokodilfarmen u. Wildtierzyklus Nilkrokodil, Nilwaran, Löwe	**allgemein:** Afrika (Äthiopien, Simbabwe, Mosambik, Südafrika)

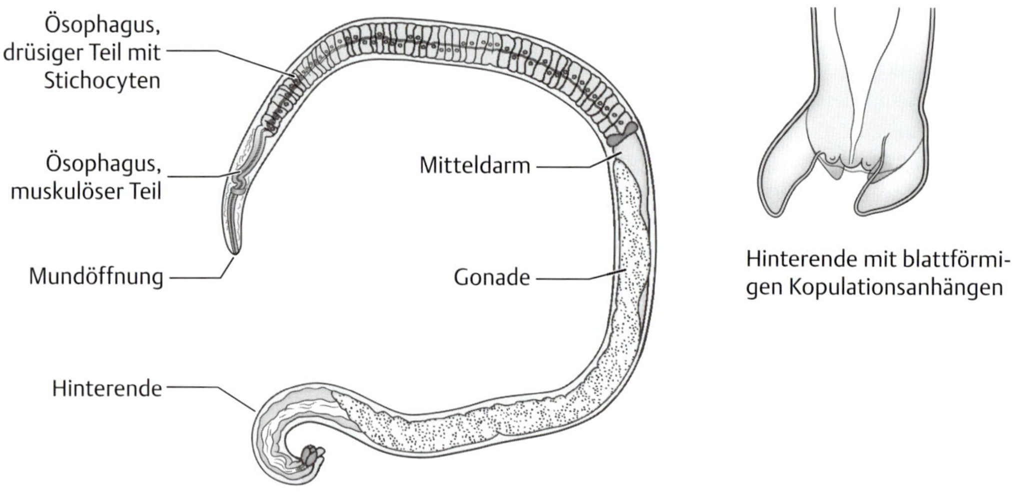

► **Abb. 11.90** *Trichinella spiralis*: Männchen. (Grafik: Anne Seeger, Vetsuisse-Fakultät, Universität Zürich; nach Skrjabin, K. I. et al. (1954): Opredelitel Parasititscheskich Nematod, Tom IV4: Kamallati, Rabditati, Tilenchati, Trichozephalati, Dioktofimati. Isdatlestwo Akademii Nauk SSSR Moskwa)

möglich (Infektiosität für Schweine und andere Wirte, Reproduktionskapazität in vitro und in vivo, Gefrierresistenz der Muskellarven). Die in der Muskulatur angesiedelten Larven der verschiedenen Arten sind ca. 600–1300 µm lang. Außer bei den Arten *T. pseudospiralis, T. papuae* und *T. zimbabwensis* liegen die infektionsfähigen Muskellarven aufgerollt in einer Kapsel (► **Tab. 11.20**).

Entwicklung Die Entwicklung wird hier exemplarisch für ***T. spiralis*** beschrieben (► **Abb. 11.91**). Diese Art ist unter natürlichen oder experimentellen Bedingungen für mehr als 130 Säugetierarten und den Menschen infektiös. Die Infektion eines Wirtes, z. B. eines Carnivoren oder Omnivoren, erfolgt durch Aufnahme von Muskulatur, die eingekapselte infektiöse Larven (L1) enthält. Unter dem Einfluss der Verdauungssäfte werden die Larven frei und siedeln sich in Epithelzellen des Dünndarms (vor allem im Duodenum) an, am häufigsten an der Basis der Zotten. Die Larven bewirken, dass aus den Epithelzellen (Durchmesser etwa 13–20 µm) Syncytien entstehen, in denen sich die bis 1300 µm langen L1 ansiedeln und nach 4 Häutungen innerhalb von 24–36 Stunden zu geschlechtsreifen Stadien entwickeln. Ab dem 5. oder 6. Tag p. i. beginnen die viviparen Weibchen mit der Ausscheidung von Wanderlarven (Länge ca. 130 µm); jedes Weibchen produziert im Verlauf seines Lebens 200–1500 Larven. Während die Männchen nach der Kopulation absterben, leben die Weibchen 4–6 Wochen. Aufgrund immunologischer Reaktionen kann aber um den 14. Tag p. i. ein Teil oder die gesamte Wurmbürde aus dem Wirt eliminiert werden. Die freigesetzten Larven dringen in die Lamina propria ein und gelangen auf dem Lymph-Blut-Weg frühestens 5–7 Tage p. i. in die Skelettmuskulatur, in der die weitere Entwicklung stattfindet. Während der Wanderphase finden sich Larven auch in anderen Organen (u. a. Myokard, Gehirn, Leber, Auge), in Körperflüssigkeiten (Blut, Lymphe, Liquor) und teils auch in der Muttermilch. In den für ihre Entwicklung ungeeigneten Organen (u. a. Herz, Gehirn, Leber) sterben die Larven ab und können starke Entzündungsreaktionen hervorrufen. In der Skelettmuskulatur dringen die Larven in Muskelzellen ein (Länge einer Zelle bis einige Zentimeter, Durchmesser 13–130 µm). Durch die Invasion werden die Muskelzellen gewöhnlich nicht zerstört, sondern zu „Ammenzellen" transformiert. Die zunächst gestreckt in der Muskelzelle liegenden Larven von *T. spiralis* rollen sich bis zur 3. Woche p. i. spiralig ein und sind bereits 17–21 Tage p. i. als L1 infektiös. Um den 7. Tag p. i. beginnt die befallene Muskelzelle die eingedrungene Larve (selten mehrere Larven) durch Produktion verschiedener Kollagentypen innerhalb des Plasmalemms (Sarkolemms) einzukapseln; dieser Vorgang ist nach 4–6 Wochen abgeschlossen. Die Kapseln von *T. spiralis* haben eine ovale, zitronenförmige Gestalt und sind in der Muskulatur des Schweines 300–700 × 200–300 µm groß. Nach 5–6 Wochen p. i. kommt es an den Polen zur Ansammlung von Granulationsgewebe und Fettzellen (► **Abb. 11.92**). Von den Polen ausgehend kann die Kapsel allmählich verkalken, bei Mensch und Schwein ab dem 5. Monat p. i. Die eingekapselten Larven sind im Wirt jahrelang lebensfähig (Nachweis beim Menschen bis 40, beim Schwein bis 11 Jahre). Der Entwicklungskreislauf schließt sich bei Aufnahme infektiöser Muskeltrichinellen durch einen anderen Wirt.

Im Prinzip verläuft die Entwicklung der anderen Arten und Stämme nach dem gleichen Schema, doch fehlt bei 3 Arten die Kapselbildung in der Muskulatur (► **Tab. 11.20**).

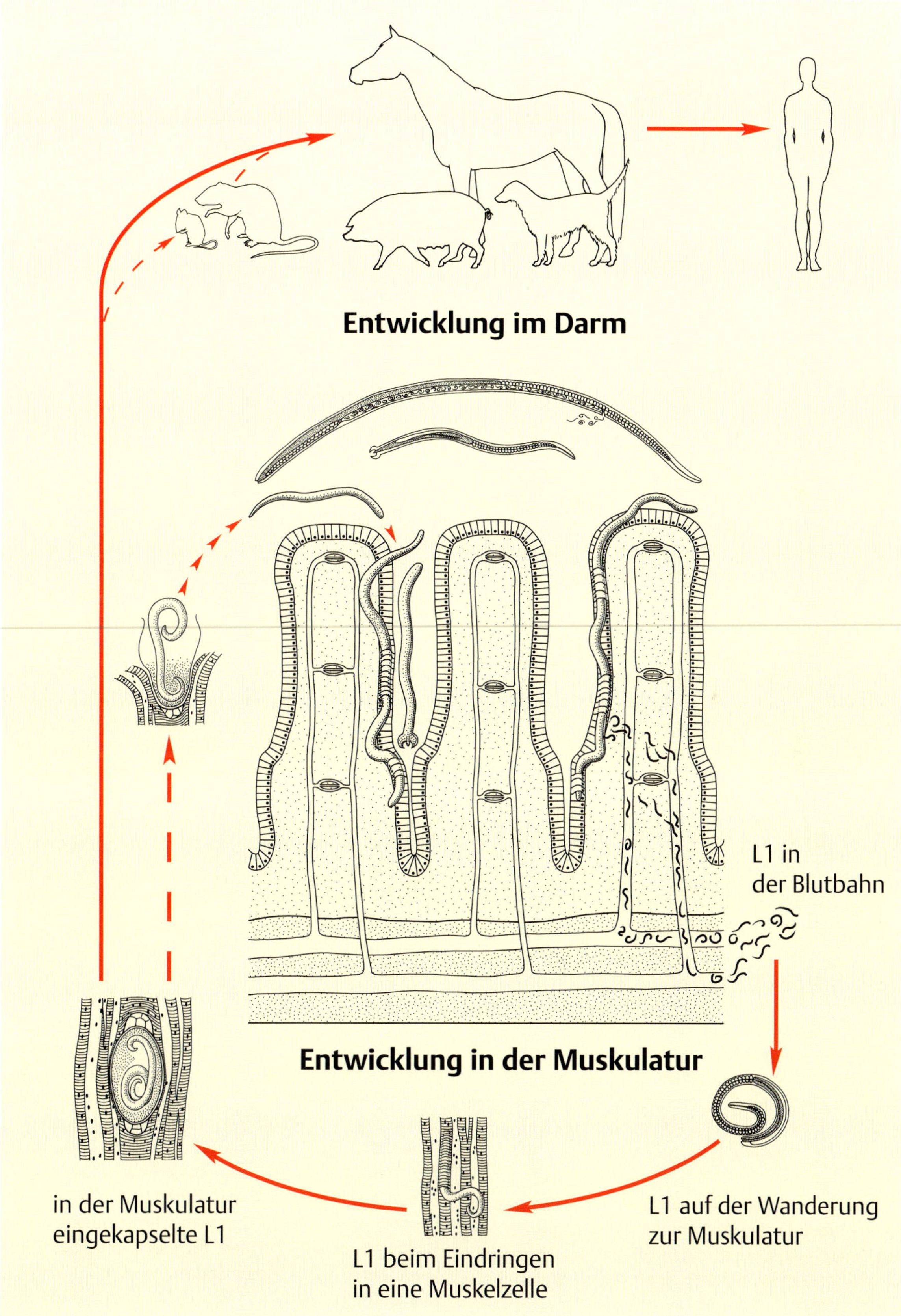

▸ **Abb. 11.91** Entwicklungszyklus von *Trichinella spiralis*. (Grafik: Salome Ehrat, nach einer Vorlage von Johannes Eckert und Peter Deplazes, Vetsuisse-Fakultät, Universität Zürich)

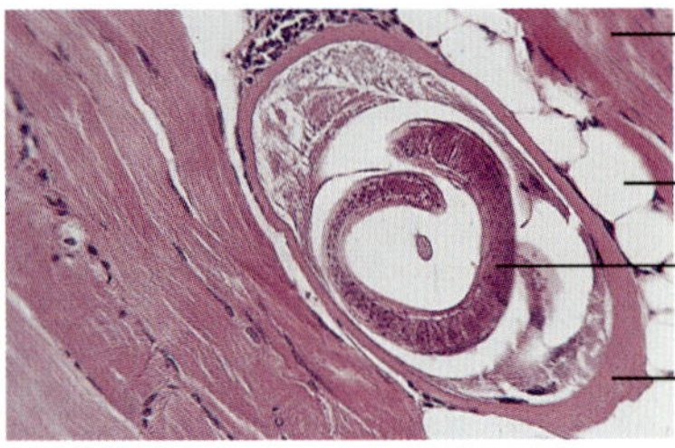

▶ **Abb. 11.92** *Trichinella spiralis*: eingekapselte Larve in der Muskulatur einer Ratte, histologischer Schnitt (Kapsel ca. 300–700 × 200–300 µm). (Quelle: Institut für Parasitologie, Vetsuisse-Fakultät, Universität Zürich)

Epidemiologie Die Epidemiologie der Trichinellose ist wegen der Beteiligung verschiedener *Trichinella*-Arten und -Genotypen, der großen Zahl potenzieller Wirte sowie der Existenz unterschiedlicher Zyklen komplex.

Wildtierzyklus (= Silvatischer Zyklus) Dieser ursprüngliche Zyklus spielt sich unabhängig von Menschen und Haustieren in der Wildtierpopulation ab. Dabei werden die Trichinellen primär zwischen Carnivoren übertragen, und zwar durch Prädation oder Aasfressen. Von Carnivoren kann die Infektion auf andere Wildtiere (z. B. Wildschweine) übergehen. Menschen infizieren sich direkt aus Wildtierzyklen, z. B. mit *T. spiralis* durch Fleisch von Wildschweinen oder mit *T. nativa* durch Verzehr von Bären- oder Robbenfleisch. Die Erreger können jedoch zunächst auf Haustiere übergehen, z. B. *T. britovi* auf das Pferd, und schließlich im Fleisch dieser Tiere in den Menschen gelangen. Wildtierzyklen kommen bei allen *Trichinella*-Arten vor, auch bei *T. spiralis* (▶ **Tab. 11.20**).

Synanthroper Zyklus *T. spiralis* wird vorwiegend in einem synanthropen Zyklus[1] übertragen. Die Erreger zirkulieren dabei innerhalb der Schweinepopulation, in der sie durch Verfütterung nicht genügend erhitzter Schlacht- oder Küchenabfälle, Verzehr toter Artgenossen und gelegentlich wohl auch durch Schwanz- oder Ohrbeißen übertragen werden. Als Infektionsquellen für Schweine kommen auch Kadaver wild lebender Tiere in Betracht, z. B. von Musteliden, Füchsen und Ratten (▶ **Abb. 11.91**). Andererseits können sich Ratten oder Wildcarnivoren durch Fleischabfälle aus der Schweinehaltung mit *T. spiralis* infizieren.

Bedeutung verschiedener Wirte In der Epidemiologie der Trichinellose spielen **Carnivoren** die Hauptrolle. Neben monospezifischen kommen bei ihnen auch polyspezifische Infektionen mit 2–3 Arten vor. In Mitteleuropa sind u. a. Fuchs, Marderhund, Luchs, Dachs und Marder wichtige Reservoirwirte, aber auch Wölfe können infiziert sein. Bedeutsam sind auch **Wild- und Hausschweine,** die in europäischen Ländern am häufigsten mit *T. spiralis* oder *T. britovi* und selten mit anderen Arten infiziert sind (z. B. mit *T. pseudospiralis* beim Wildschwein in DE). **Haus- und Wildwiederkäuer** lassen sich experimentell mit Trichinellen infizieren, sie sind jedoch epidemiologisch ohne Bedeutung. **Pferde** beherbergen zwar sehr selten Trichinellen, doch hat importiertes Fleisch infizierter Pferde (S. 387) aus Nord- und Südamerika sowie osteuropäischen Ländern mehrere große Trichinellose-Ausbrüche bei Menschen verursacht. Infektionsquelle für Pferde war vermutlich illegal verfütterter Brei, der für die Pferdemast unter Verwendung von Muskelfleisch von Wildcarnivoren oder Pelztieren hergestellt worden war. Für *T. pseudospiralis* können sowohl **Säugetiere** als auch **Vögel** als Wirte fungieren.

Erregerresistenz Die Übertragung der Erreger erfolgt durch Verzehr von Skelettmuskelgewebe, das infektiöse *Trichinella*-Larven enthält. Nach dem Tod des Wirtes können diese Larven längere Zeit überleben. So bleiben eingekapselte Muskellarven von *T. spiralis* und *T. britovi* in verwesendem Fleisch bei ~ 22 °C bis 4 Wochen, bei + 2–4 °C bis 300 Tage infektiös. Die Resistenz gegen Gefriertemperaturen ist bei den einzelnen Arten unterschiedlich ausgeprägt und auch von der jeweiligen Wirtsart abhängig [s. Bekämpfung (S. 388)]. So können die Larven der in arktischen und subarktischen Gebieten vorkommenden *T. nativa* bei Tiefgefriertemperaturen Monate bis Jahre überleben. Hingegen ist die in Afrika beheimatete *T. nelsoni* sehr kälteempfindlich, überlebt aber längere Zeit in sich zersetzender Muskulatur bei höheren Temperaturen. Auch das Trocknen und Pökeln von Fleisch können Muskellarven von *T. spiralis* überleben.

Vorkommen Nach derzeitigem Kenntnisstand kommen in Europa 4 *Trichinella*-Arten vor; in der Mehrzahl der Länder sind mehrere Arten vertreten (▶ **Tab. 11.20**). In vielen europäischen Ländern ist *T. britovi* bei Wildcarnivoren und teils auch bei Wildschweinen nachgewiesen. In einer Reihe von Ländern kommt auch *T. spiralis* bei diesen Tiergruppen vor. Synanthrope Zyklen dieser Art existieren u. a. in Spanien und einer Reihe von Ländern im östlichen und südöstlichen Europa. Zum Vorkommen von *T. nativa* und *T. pseudospiralis* s. ▶ **Tab. 11.20.**

In vielen Ländern Europas (einschl. DE, CH, AT) sind **Hausschweine,** die unter hygienischen Bedingungen in Stallungen gehalten werden, *Trichinella*-frei. Nach EFSA-Daten aus 32 europäischen Staaten wurden 2017 bei der Untersuchung von 199 Mio. Schlachtschweinen 356 (0,18/100 000) infizierte Tiere gefunden. Im gleichen Jahr waren von 1,4 Mio. untersuchten Wildschweinen 1228 (88/100 000) *Trichinella*-Träger. Häufiger sind **Wildcarnivoren** mit Trichinellen infiziert, z. B. waren im Jahr 2017

1 Häufig auch als „domestischer Zyklus" bezeichnet, an dem definitionsgemäß nur Haustiere als Wirte beteiligt sind. Der synanthrope Zyklus spielt sich in der näheren Umgebung des Menschen ab; als Wirte können Haustiere und wild lebende Tiere (z. B. Ratten) beteiligt sein [s. Übertragungszyklen (S. 667)].

Füchse (IT: 0,5 %, SK: 3 %, HR: 6 %, CZ 0,1 %, FI 45 %), Marderhunde (FI: 10 %) und Luchse (CH 19 %, FI 31 %) positiv.

Bei **Importpferden** aus Osteuropa wurde die *Trichinella*-Prävalenz früher auf 0,36/100 000 geschätzt. Pferdefleisch war Infektionsquelle bei 16 % der Trichinellose-Ausbrüche des Menschen und stammte aus dem ehemaligen Jugoslawien, aus Polen, Serbien, Rumänien, Kanada, den USA und Mexiko. In den letzten 11 Jahren waren von mehr als 1 Mio. getesteten Pferden in der EU nur 4 infiziert (keine seit 2013).

Pathogenese Pathogenetisch sind eine Darm- und eine Muskelphase der Infektion zu unterscheiden.

Darmphase der Infektion Die aus den Kapseln freigesetzten L 1 von *T. spiralis* sind oberflächlich mit einer Schicht aus Tyvelose-haltigen Glykoproteinen bedeckt, die möglicherweise Schutz gegen Verdauungsenzyme bieten (Tyvelose ist ein stark antigener Zucker: 3,6-dideoxy-D-arabinohexose). Die Larven dringen in Epithelzellen des Darmes ein, von denen > 100 zu einem Syncytium transformiert werden. Das Vorhandensein Tyvelose-haltiger Glykoproteine in den Stichocyten und die Ausscheidung dieser Substanzen durch die Larven während der Zellinvasion deuten auf ihre Beteiligung an dem Infektionsprozess hin. Ein weiterer Hinweis in diese Richtung ist, dass die Zellinvasion durch Antikörper, die gegen Tyvelose-haltige Glykoproteine gerichtet sind, verhindert werden kann. Die Infektion des Darmes kann zu einer katarrhalischen, in schweren Fällen auch hämorrhagischen Enteritis führen.

Muskelphase der Infektion Die Wanderlarven von *T. spiralis* (und anderer Arten) besiedeln Skelettmuskelzellen und transformieren diese durch Ausscheidung von Signalstoffen mit nachfolgender Modifikation der Genexpression zu Ammenzellen. Die L 1 überleben in diesen Ammenzellen jahrelang. Innerhalb von etwa 1 Woche p. i. verlieren die Ammenzellen ihre Myofibrillen und stellen die Expression bestimmter muskelspezifischer Proteine (Actin, Myosin, Kreatinkinase) ein. Es kommt zu einer Zellkernvermehrung und -hypertrophie und es bildet sich je eine Lage von Mitochondrien und endoplasmatischem Retikulum um die Larve. Kurz danach beginnt die Synthese verschiedener Kollagentypen, die auf niedrigem Niveau anhält. Ferner wird ein Wachstumsfaktor (vascular endothelial growth factor) produziert, der die Bildung eines dichten Netzwerkes weitlumiger, von Venulen abstammender Gefäße um die Ammenzelle stimuliert. Diese Art von Gefäßen ermöglicht einen effizienten Austausch für den anaeroben Stoffwechsel der Larven. **Histologisch** sind in der Frühphase der Infektion Veränderungen der befallenen Muskelzellen erkennbar, die einerseits als degenerativ (Verlust der Querstreifung und der Affinität zu Eosin, Trübung, Ansammlung von Granula) und andererseits als progressiv (Vergrößerung und Vermehrung der Zellkerne und ihre Verlagerung mehr in das Zellinnere) einzustufen sind. Bei den oben beschriebenen Veränderungen handelt es sich zusammenfassend um eine nicht-eitrige Myositis interstitialis, die i. d. R. beim Menschen ausgeprägter auftritt als bei Tieren. Auf starke Entzündungsreaktionen in befallenen Organsystemen außerhalb der Skelettmuskulatur wurde bereits hingewiesen. Die *Trichinella*-Kapseln können, beginnend von den Polen her, partiell oder völlig verkalken, ohne dass dadurch die Lebensfähigkeit der Larven beeinträchtigt wird. Nach Absterben der Trichinellen können Larven und Kapseln durch Granulations- und Bindegewebe umschlossen und schließlich völlig eliminiert werden.

Immunologie In der Darmschleimhaut von Schweinen induzieren die intestinalen Stadien von Trichinellen eine gemischte Th_1/Th_2-Immunreaktion mit einem dominanten Th_2-Profil. Die immundominanten Antigene von Adulten und Larven unterscheiden sich. In Verbindung mit dem extrem kurzen Zeitraum bis zum Einsetzen der Fertilität der Trichinellen wird hierin ein Teil der Immunevasionsstrategie des Parasiten gesehen.

Zu der innerhalb von 2 Wochen p. i. einsetzenden Expulsion der adulten Würmer aus dem Darm dürften ähnliche Mechanismen wie bei der Austreibung von adulten *Trichuris* beitragen, möglicherweise unter Beteiligung eines unter Th_2-Bedingungen in der Darmschleimhaut synthetisierten Mucins *Muc5ac* (S. 376). Zumindest setzt bei *Muc5ac*-defizienten Mäusen die Austreibung der Würmer im Vergleich zu Wildtyp-Mäusen signifikant verzögert ein.

Die Etablierung der Larvenpopulation in den Muskelzellen wird in der Frühphase offensichtlich von immunsuppressiven Vorgängen unterstützt, die entzündliche Reaktionen unterbinden. So kommt es in IL-10 defizienten Mäusen zu massiven zellulären Infiltrationen um befallene Zellen, die in Wildtyp-Mäusen weitestgehend fehlen. In den späteren Phasen ist ein solcher unmittelbarer Einfluss von IL-10 nicht mehr nachweisbar; die Larvenpersistenz wird dann anscheinend über weitere Th_2-assoziierte Mechanismen gewährleistet. Nach Infektion von Schweinen mit einigen Hundert Muskellarven kann sich eine belastbare Immunität entwickeln, welche die Larvenproduktion der Weibchen nach einer Reinfektion vermindert und sich auch gegen die frisch abgesetzten L 1 richtet.

Der Beginn der **Serokonversion** (IgG) nach experimenteller Inokulation von Schweinen ist von der Infektionsdosis abhängig und beginnt frühestens in der 3. Woche p. i. Maximale Antikörperreaktionen werden nach 8–24 Wochen gemessen. Somit persistieren die nachweisbaren Antikörper bis zur Schlachtung der Tiere. Bei Pferden ist eine frühere Abnahme der spezifischen Antikörperkonzentrationen beobachtbar, die nach etwa 24–26 Wochen p. i. bereits wieder auf die Nachweisgrenze absinken.

Gegen eine *Trichinella*-Art gebildete Antikörper zeigen eine hohe Kreuzreaktivität mit Antigenen anderer Arten.

Krankheitsbild Natürlich erworbener *Trichinella*-Befall verläuft bei Tieren i. d. R. inapparent oder bleibt unerkannt. Nach starker experimenteller oder natürlicher Infektion mit *T. spiralis* wurden bei verschiedenen Tierarten folgende Symptome beobachtet:

Schwein Katarrhalische Enteritis, Myositis, steifer Gang und Schluckbeschwerden.

Pferd Störungen der Muskelfunktion, Blut-Eosinophilie, erhöhte Konzentrationen von Lactatdehydrogenase, Aldolase und Kreatin-Phosphatase im Serum.

Hunde- und Katzenwelpen In der 1. Woche p. i. Diarrhö und gelegentliches Erbrechen, später Myalgie, Unruhe, Konvulsionen, Schwellungen um die Augen, Störungen der Herzfunktion, Schluckbeschwerden und transiente Eosinophilie.

Diagnose Gestützt auf Verordnungen der EU (EG-Nr. 853/2004 u. EG 2015/1375; entsprechende Regelungen auch in CH) muss Fleisch von Hausschweinen und Pferden, das für den Verzehr durch Menschen bestimmt ist und exportiert oder aus Drittländern importiert werden soll, amtlich auf Trichinellen untersucht werden. Dies gilt auch für jegliches Fleisch von Wildschweinen und anderen Wildtieren, die *Trichinella*-Träger sein können, z. B. für Bären. Die spezifischen Vorschriften für die amtliche Fleischuntersuchung auf Trichinellen sind in der Durchführungsverordnung (EG) Nr. 2015/1375 geregelt. Standardverfahren und Referenznachweismethode für diese Untersuchungen ist der direkte mikroskopische Erregernachweis mithilfe des Magnetrührverfahrens für die künstliche Verdauung von Sammelproben (▸ **Abb. 11.93**, ▸ **Abb. 11.94**). Neben der Referenzmethode erkennt die Durchführungsverordnung verschiedene andere Verdauverfahren (S. 558) (inkl. Latexagglutinationstest zum *Trichinella*-Antigennachweis) als gleichwertig an. Alle diese Methoden zur Isolation von *Trichinella*-Larven ermöglichen aber keine Artdiagnose. In positiven Fällen ist Probenmaterial an ein Referenzlabor zur genetischen Bestimmung der *Trichinella*-Art einzusenden. Differenzialdiagnostisch sind in seltenen Fällen Wanderlarven von Spulwürmern (*Ascaris*, *Toxocara*) sowie Kontaminanten (Tierhaare, Pflanzenfasern) zu berücksichtigen.

Bei lebenden Tieren, z. B. bei Hausschweinen, lässt sich der *Trichinella*-Befall serologisch durch Nachweis spezifischer Antikörper diagnostizieren. Bei Hunden und Katzen ist eine Intravitaldiagnose durch Antikörpernachweis und durch Untersuchung (Histologie, PCR) von Muskelbiopsien möglich.

Therapie Bei experimentell mit *T. spiralis* infizierten Hunden und Katzen reduzierte eine 4–5 Wochen p. i. begonnene Therapie mit Albendazol (50 mg/kg KG alle 12 h für 7 d) die Zahl der Muskellarven. Eine Therapie von Schweinen und Pferden ist nicht in Betracht zu ziehen.

Bekämpfung In den meisten Mitgliedsstaaten der EU und in einigen anderen europäischen Ländern besteht eine Meldepflicht für Trichinellose des Menschen und der Tiere. Die Bekämpfung beruht auf Empfehlungen der Internationalen Trichinellose-Kommission sowie auf behördlichen Vorschriften der EU (EG-Nr. 853/2004, DVO EG-Nr. 2015/1375 etc.) und der einzelnen Staaten.

Maßnahmen zur Lebensmittelsicherheit Eine amtliche Untersuchung auf Trichinellen ist in der EU für Tiere vorgeschrieben, die der Lebensmittelgewinnung dienen. Dazu gehören Hausschweine, Wildschweine, Pferde und weitere Tierarten, die mit Trichinellen infiziert sein können. Bei Feststellung von *Trichinella*-Befall sind alle Teile

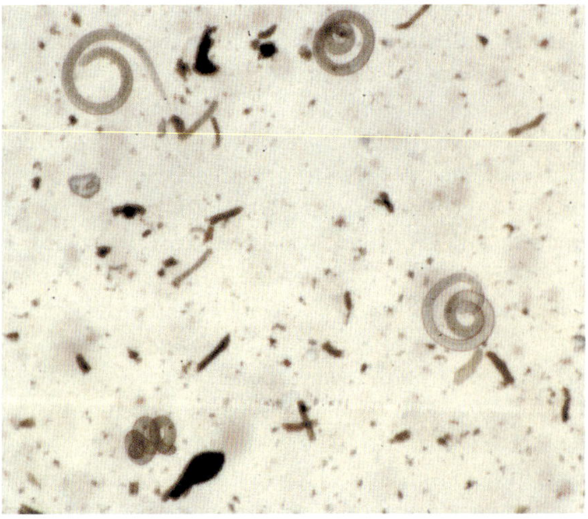

▸ **Abb. 11.93** *Trichinella spiralis*: Muskellarven im Sediment der Verdauungsflüssigkeit. (Quelle: Institut für Parasitologie, Vetsuisse-Fakultät, Universität Zürich)

▸ **Abb. 11.94** *Trichinella spiralis*: Muskellarven im Quetschpräparat. (Quelle: Institut für Parasitologie, Vetsuisse-Fakultät, Universität Zürich)

des Tierkörpers als genussuntauglich zu erklären und zu vernichten. Von der Untersuchungspflicht ausgenommen sind Hausschweine, die aus amtlich anerkannten *Trichinella*-freien Betrieben oder aus Regionen mit vernachlässigbarem Infektionsrisiko stammen (s. u.). Gleiches gilt für eine bestimmte frei lebende Wildart oder Zuchtwildart, wenn die Behörde feststellt, dass das Risiko einer Trichinellen-Infektion vernachlässigbar ist. Fleisch von potenziellen *Trichinella*-Trägern aus einem Drittland darf nur in die EU eingeführt werden, wenn es im Herkunftsland auf Trichinellen untersucht wurde.

Fleisch von Hausschweinen, das nicht auf Trichinellen untersucht wurde, kann als *Trichinella*-frei anerkannt („zertifiziert") werden, wenn es ausreichend lange tiefgefroren worden ist (z. B. 20 d bei −15 °C bei einer Schichtdicke des Fleisches bis 15 cm). Dabei besteht ein Restrisiko, wenn Schweine mit *T. britovi*-Larven infiziert sind, die −20 °C bis 3 Wochen überleben können. Die Kältetoleranz der Muskellarven verschiedener *Trichinella*-Arten und -Genotypen ist unterschiedlich ausgeprägt und hängt auch von der Wirtstierart ab. Als kälteresistent gelten *T. nativa*, *T. britovi* und Genotyp T 6. Bei −18 °C bleiben Larven von *T. nativa* in Muskulatur von Fuchs oder Bär 4 bzw. 5 Jahre lebensfähig. Da neben Pferden auch Wildtiere kälteresistente Trichinellen enthalten können, ist bei diesen Tiergruppen das Tiefgefrieren keine sichere Methode zur Abtötung der Parasiten. Gleiches gilt für das Trocknen und Pökeln von Fleischwaren. Durch γ-Strahlen können Trichinellen im Fleisch inaktiviert werden; in den USA ist die Niederdosisbestrahlung (bis 1,0 kGy) von Fleisch zugelassen. Eine neuere Technik zur Fleischdekontamination durch hohen hydrostatischen Druck (HHP) kann als ein nicht-thermischer Prozess verwendet werden, um *T. spiralis* L 1 abzutöten.

Der Eigenverbrauch von Fleisch, das aus Hausschlachtungen von Schweinen oder von Jagdtieren stammt, stellt in einigen Ländern ein besonderes Risiko dar, da Untersuchungen auf Trichinellen nicht vorgeschrieben sind oder bestehende Vorschriften nicht beachtet werden. In solchen Situationen kommt der Aufklärung und der individuellen Prophylaxe besondere Bedeutung zu. Vor Infektionen schützt das Erhitzen des Fleisches (mindestens 70 °C Kerntemperatur für 2 min).

Maßnahmen in Tierbeständen In europäischen Ländern mit modernen Stallhaltungsformen sind seit Jahrzehnten keine *Trichinella*-Infektionen bei Hausschweinen festgestellt worden. Infektionen treten aber in Endemiegebieten dort auf, wo Schweine mit rohen Abfällen aus Küchen, Restaurants und Schlachthöfen oder mit Tierkörpern von Wildcarnivoren gefüttert werden, potenzielle *Trichinella*-Träger (vor allem Ratten und andere Nager, Musteliden, Füchse) Zugang zu Schweinebeständen haben und der Kannibalismus unter den Schweinen nicht verhindert wird. Zur Behebung dieser Probleme können u. a. Stallbaumaßnahmen, Nagerbekämpfung, streng kontrollierte Fütterung und sachgemäße Entsorgung von Tierkörpern und Schlachtabfällen beitragen. Die in vielen Regionen zunehmende Freilandhaltung von Schweinen birgt das Risiko, dass sich die Tiere durch Verzehr von Tierkörpern wild lebender *Trichinella*-Träger (u. a. Nager, Fuchs, Wildschwein) infizieren.

Nach der DVO 2015/1375 ist eine amtliche Anerkennung von Betrieben als „trichinenfrei" möglich, sofern diese bestimmte, sehr strikte Voraussetzungen erfüllen (u. a. Fehlen oder sehr geringe *Trichinella*-Prävalenz [< 0,1 %] bei Indikatortieren, z. B. Fuchs, der betreffenden Gegend). Mastschweine aus solchen Betrieben brauchen nach der Schlachtung nicht auf Trichinellen untersucht zu werden.

Zoonotische Bedeutung Die Trichinellose ist eine weltweit verbreitete Zoonose. Im Zeitraum 2008–2012 meldeten 13 EU-Mitgliedsstaaten insgesamt 2212 Trichinellose-Fälle bei Menschen (importierte Fälle eingeschlossen) (223–750 Fälle/Jahr), was einer Inzidenz von 0,06 Fällen je 100 000 Einwohner entspricht. Im Jahr 2012 wurden 291 der 301 bestätigten Fälle in Rumänien (149), Lettland (41), Italien (33), Bulgarien (30), Litauen (28) und Spanien (10) registriert. Als Hauptinfektionsquellen für die Trichinellose des Menschen gilt Fleisch von nicht auf Trichinen untersuchten Schweinen aus Privathaltungen und Wildschweinefleisch. Die meisten humanen Fälle werden in Europa durch *T. spiralis* und *T. britovi* verursacht, nur wenige durch *T. nativa* und *T. pseudospiralis*. Von Trichinellose-Ausbrüchen können wenige Personen sowie kleine oder größere Gruppen (bis zu mehreren 1000 Personen!) betroffen sein.

Bei Menschen können bereits Infektionen mit 50–70 Larven von *T. spiralis* Krankheitssymptome auslösen (intestinale Phase: Nausea, Erbrechen, gastrointestinale Störungen und leichtes Fieber; Muskelphase: Myositis mit Muskelschmerzen, Atem- und Schluckbeschwerden, Fieber, Lid- und Gesichtsödem und sowie Hautexanthem). Bei starker Infektion sind Todesfälle möglich, insbesondere infolge der Schädigung des Herzmuskels. Durchschnittlich wurden 2012 in Europa 80,5 % der Patienten mit einer Trichinellose-Diagnose hospitalisiert.

Zum Weiterlesen

Überfamilie Dioctophymatoidea, Familie Dioctophymatidae, Gattungen *Dioctophyma* und *Hystrichis*

Dioctophyma renale (Syn. *Dioctophyme renale*), Riesennierenwurm. Männchen 14–45 cm lang, Weibchen 20–130 cm, Farbe blutrot, langer zylindrischer Ösophagus. Adult im Nierenbecken bei Nerzen und anderen Musteliden, selten auch bei Fuchs, Wolf, Hund, Katze und Mensch. Regional endemisch bei Hunden (z. B. Brasilien), meist aber sporadisch (USA, Europa u. a.). Infektionen beim Menschen kommen selten vor. Eier werden mit dem Urin ausgeschieden. Im Zyklus sind aquatische Oligochäten (Ringelwürmer) als Zwischenwirte eingeschlossen. Infektionen erfolgen durch Aufnahme von Oligochäten, meist aber durch Verzehr paratenischer Wirte (Frösche, Fische).

Weitere Art: *Hystrichis tricolor* (Dreifarbenwurm) im Drüsenmagen von Wild- und Hausenten, Gänsen und fischfressenden Vögeln in Europa.

Literaturhinweise

Anderson RC. Nematode Parasites of Vertebrates. Their Development and Transmission. 2nd ed. Wallingford, Oxon: CABI Publishing, CAB International; 2000. ISBN: 0-85199-421-0

Devleesschauwer B, Praet N, Speybroeck N et al. The low global burden of trichinellosis: evidence and implications. Int J Parasitol 2015; 45: 95–99

Dupouy-Camet J, Murrell KD, eds. FAO/WHO/OIE Guidelines for the Surveillance, Management, Prevention and Control of Trichinellosis. Paris: World Organisation for Animal Health 2007; 1–119. ISBN: 9-29044-704-4

EFSA. The European Union Summary Report: Trends and sources of zoonoses and zoonotic agents and food-borne outbreaks in 2012. EFSA J 2014; 12: 3547

Europäische Union (EU). Verordnung (EG) Nr. 2075/2005 der Kommission vom 5. Dezember 2005 mit spezifischen Vorschriften für die amtlichen Fleischuntersuchungen auf Trichinen. Amtsblatt der Europäischen Union (DE), 22.12.2005, L 338/60

Europäische Union (EU). Commission Implepenting Regulation (EU) No. 1109/2011 of November 2011. Official J European Union L 287/23, 4. November 2011

Frey CF, Schuppers ME, Müller N et al. Assessment of the prevalence of *Trichinella* spp. in red foxes and Eurasian lynxes from Switzerland. Vet Parasitol 2009; 159: 295–299

Gottstein B, Pozio E, Nöckler K. Epidemiology, diagnosis, treatment, and control of trichinellosis. Clin Microbiol Rev 2009; 22: 127–145

Kapel CMO. Host diversity and biological characteristics of the *Trichinella* genotypes and their effect on transmission. Vet Parasitol 2000; 93: 263–278

Nöckler K, Reckinger S, Pozio E. *Trichinella spiralis* and *Trichinella pseudospiralis* mixed infection in a wild boar (*Sus scrofa*) of Germany. Vet Parasitol 2006; 137: 364–368

Pedrassani D, Nascimento AA, André MR et al. *Dioctophyme renale:* prevalence and risk factors of parasitism in dogs of São Cristóvão district, Três Barras county, Santa Catarina State, Brazil. Rev Bras Parasitol Vet 2017; 26(1): 39–46

Pozio E. Trichinellosis. In: Palmer SR, Lord Soulsby, Torgerson PR, Brown DWG, eds. Oxford Textbook of Zoonoses. 2nd ed. Oxford, UK: Oxford University Press; 2011: 755–766. ISBN: 978-0-19857-002-8

Pozio E, Zarlenga DS. New pieces of the *Trichinella* puzzle. Int J Parasitol 2013; 43: 983–997

Rostami A, Gamble HR, Dupouy-Camet J et al. Meat sources of infection for outbreaks of human trichinellosis. Food Microbiol 2017; 64: 65–71. doi: 10.1016/j.fm.2016.12.012

12 Stamm Acanthocephala (Kratzer)

Praxis

Intestinale Parasiten von Wasservögeln, Fischen und anderen Wirbeltieren, Infektion nach Aufnahme infizierter Zwischenwirte (Arthropoden). In Zentraleuropa selten veterinärmedizinisch von Bedeutung, äußerst seltene **Zoonose**.

Acantha (gr.): Dorn; *cephale* (gr.): Kopf. Bezug auf den mit Haken besetzten Rüssel am Vorderende. Engl.: *thorny-headed worms, spiny-headed worms*.

Acanthocephalen sind Helminthen von geringer veterinärmedizinischer Bedeutung, doch verdienen sie Beachtung als Darmparasiten von Wasservögeln, Fischen und weiteren Wirbeltieren (Säugern, Reptilien, Amphibien). Einige Arten sind in ▸ **Tab. 12.1** aufgeführt.

Erreger und Entwicklung Die adulten Acanthocephalen tragen am Vorderende des zylindrischen Körpers einen kolbenförmigen, manchmal kugeligen, in eine sackförmige Scheide rückziehbaren Rüssel (Proboscis), der mit Hakenreihen besetzt ist (▸ **Abb. 12.1**). Er dient zur Verankerung in der Darmschleimhaut des Wirtes. Acanthocephalen haben keinen Darmkanal und nehmen Nährstoffe über die Körperwand (Tegument) auf, das ein komplexes Syncytium mit wenigen, z. T. sehr großen Kernen darstellt. Darunter gelegen ist eine Bindegewebs- und Muskelschicht. Das Tegument besitzt ein verzweigtes, mit Flüssigkeit gefülltes Kanalsystem, das der Verteilung von Nährstoffen und anderen Substanzen dienen dürfte; es steht mit zwei eigenartigen Strukturen (Lemniscen) in Verbindung, die am Vorderende von der Körperwand aus in das Pseudocoel hineinragen. Die Lemniscen speichern Lipide und Flüssigkeit. Die Flüssigkeit spielt für die Regelung des hydrostatischen Drucks beim Ausstülpen des

▸ **Tab. 12.1** Beispiele für Acanthocephalen-Arten.

Acanthocephalen-Art, Länge der Männchen (♂♂) und Weibchen (♀♀) (mm), Verbreitung (V)	Wirte	Hauptlokalisation	Zwischenwirte
Ordnung Oligacanthorhynchida			
Macracanthorhynchus hirudinaceus[1] ♂♂: 50–100, ♀♀: 200–650 V: weltweit	Haus- u. Wildschwein, gelegentlich Carnivoren, selten Mensch	Dünndarm	Käfer (Larven): Scarabeiden (Maikäfer, Dungkäfer u. a.)
Prosthenorchis elegans ♂♂: 20–40, ♀♀: bis 30–55 V: Südamerika	amerikanische Affen	Dünndarm	Schaben, Käfer
Ordnung Echinorhynchida			
Echinorhynchus truttae ♂♂: 8–11, ♀♀: 15–20 V: Europa	Fische: Salmoniden	Mittel- und Enddarm	Flohkrebse: Gammariden
Acanthocephalus anguillae ♂♂: 5–9, ♀♀: 15–20 V: Europa	Fische: Cypriniden, Hecht, Aale, Salmoniden u. a.	Mittel- und Enddarm	Wasserasseln: *Asellus*-Arten
Ordnung: Polymorphida			
Polymorphus minutus ♂♂: 2–3, ♀♀: 6–10 V: Eurasien, Nordamerika	Ente, Schwan, andere Wasservogelarten, selten Huhn	Dünn- und Dickdarm	Flohkrebse: Gammariden[1]
Filicollis anatis ♂♂: 6–8, ♀♀:10–26 V: Eurasien	Ente, Gans, wild lebende Wasservögel	Dünndarm	Wasserasseln: *Asellus*-Arten[1]
Ordnung Neoechinorhynchida			
Neoechinorhynchus rutili ♂♂: 2–8, ♀♀: 5–10 V: Eurasien, Nordamerika	Fische: Cypriniden, Salmoniden, Aale	Mittel- und Enddarm	Muschelkrebse
Ordnung Moniliformida			
Moniliformis moniliformis ♂♂: 40–130, ♀♀: 100–270 V: weltweit	Kleinsäuger (v. a. Nager, Insektenfresser), Carnivoren, selten Mensch	Dünndarm	Schaben

[1] Fische werden als paratenische Wirte vermutet

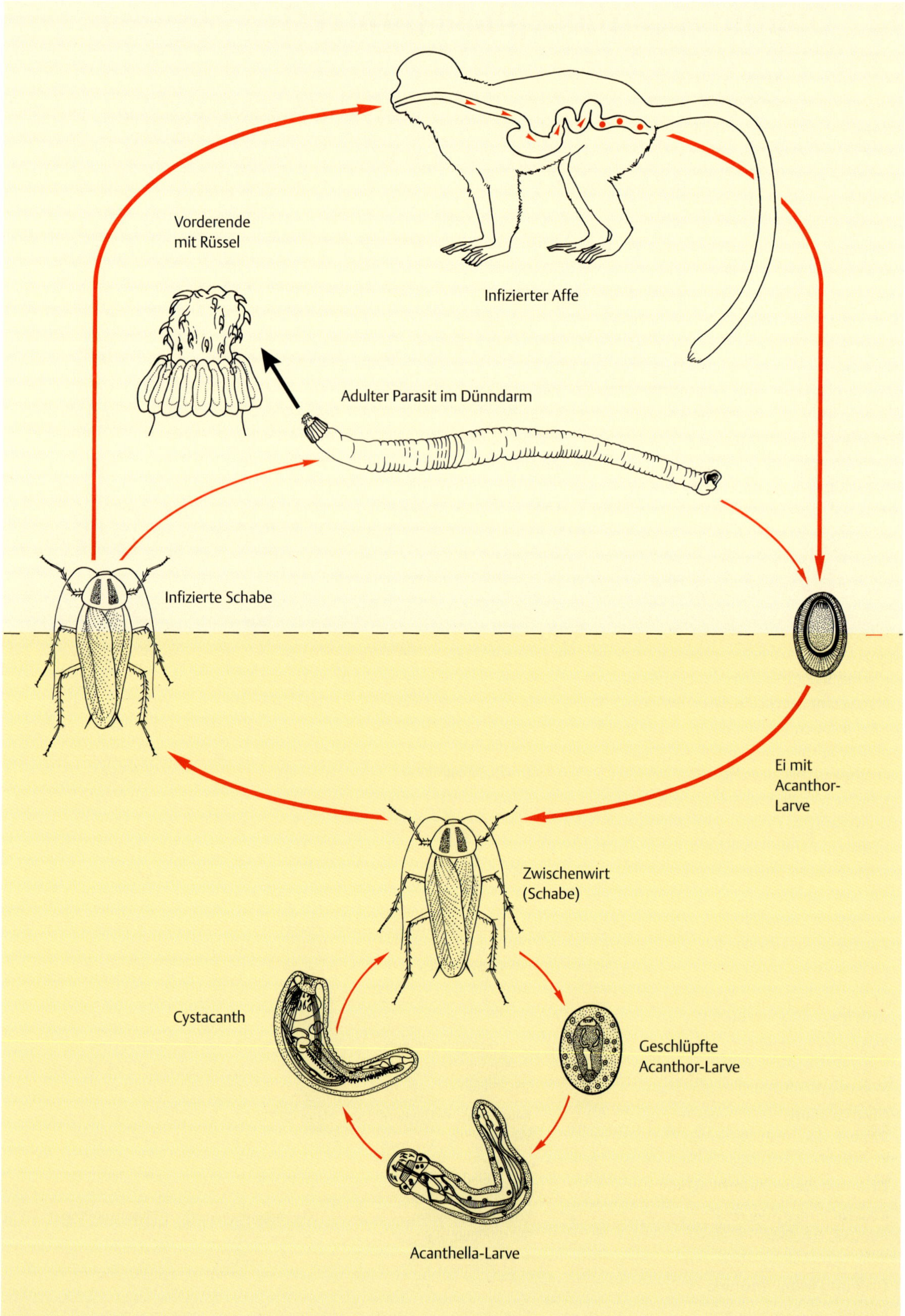

▶ **Abb. 12.1** Entwicklungszyklus von *Prosthenorchis elegans*. (Grafik: Salome Ehrat, nach einer Vorlage von Johannes Eckert und Peter Deplazes, Vetsuisse-Fakultät, Universität Zürich)

Rüssels eine Rolle. Die Acanthocephalen sind getrenntgeschlechtlich. Ihre Entwicklung erfolgt in einem indirekten Zyklus mit Arthropoden als Zwischenwirten nach folgendem Schema (▸ **Abb. 12.1**): Endwirte scheiden Eier mit Acanthor-Larve (besitzt Haken) aus → nach Aufnahme durch einen geeigneten Zwischenwirt schlüpft die Acanthor-Larve, dringt in dessen Körperhöhle ein und entwickelt sich zur infektiösen Acanthella-Larve → Infektion des Endwirtes durch Aufnahme infizierter Zwischenwirte oder paratenischer Wirte.

Vorkommen und Epidemiologie Das Auftreten des Acanthocephalen-Befalls ist vom Vorkommen geeigneter Zwischenwirte abhängig. *Macracanthorhynchus hirudinaceus*, der Riesenkratzer, ist weltweit verbreitet; in Europa kommt er vor allem bei Wildschweinen vor (z. B. lokale Prävalenzen in TR 19 %, ES 53 %), selten bei Hausschweinen unter Freilandhaltung. Bei *Prosthenorchis*-Arten wurde wiederholt beobachtet, dass sie durch amerikanische Affen von Lateinamerika in andere Kontinente verschleppt wurden und dass dort andere Schabenarten die Rolle der Zwischenwirte übernahmen (vikariierende Zwischenwirte). Dadurch kam es z. B. in einigen europäischen Zoos über einheimische Schaben (*Blattella germanica*) zur Übertragung von *Prosthenorchis*-Arten auf andere Affenarten, z. B. auf Schimpansen. *Polymorphus*- und *Filicollis*-Befall kann beim Wassergeflügel unter extensiven Haltungsbedingungen und bei Nutzung natürlicher Gewässer Erkrankungen verursachen. Bei Süßwasserfischen und seltener bei Meeresfischen sind Acanthocephalen mit vielen Arten vertreten, z. B. bei Aalen im Rhein mit 6 Arten, darunter *Acanthocephalus anguillae* und *A. rhinensis*.

Moniliformis moniliformis ist primär ein Parasit von Kleinsäugern, kann aber auch Carnivoren und Menschen befallen. Er wird vorwiegend aus dem Iran, aber auch aus dem Irak, Nigeria und den USA als Zoonoseerreger beschrieben, kommt aber in tierischen Wirten auch in Europa vor.

Pathogenese und Krankheitsbild Acanthocephalen-Arten können entweder nur oberflächliche Läsionen an der Anheftungsstelle verursachen oder aber tief in die Darmwand eindringen und – je nach Art und Befallsstärke – erhebliche Schadwirkungen ausüben. Infektionen von Affen mit *P. elegans* äußern sich beispielsweise in unspezifischen Symptomen, wie Appetitverlust, fortschreitender Schwäche und Abmagerung. Meist im Dünndarm, aber auch in Colon und Caecum, sind einzelne oder in Nestern in der Schleimhaut verankerte Acanthocephalen anzutreffen, die mit dem Rüssel teils bis zur Subserosa vordringen und granulomatöse Knötchen verursachen; gelegentlich kommt es auch zur Darmperforation (▸ **Abb. 12.2**).

Diagnose, Therapie und Bekämpfung Diagnose am lebenden Tier: Nachweis der typischen Eier, die eine mit Haken bewehrte Acanthor-Larve enthalten (SAF- oder Sedimentations-Flotations-Verfahren). Post mortem: Nachweis der adulten oder juvenilen Parasiten. Therapie: Beim Schwein reduzierte Doramectin (1 × 0,3 mg/kg KG i. m.) den Befall mit *Macracanthorhynchus* um 62 % (Teilwirkung). Bei mehrtägiger Verabreichung von Ivermectin (0,1 oder 0,2 mg/kg KG/d p. o. im Futter an 7 aufeinanderfolgenden Tagen) wurde eine bessere Wirkung erzielt (86–100 %). Nach Fallberichten war Fenbendazol (2 × 20 mg/kg KG/d an 5 d p. o.) bei Affen gut verträglich und gegen *Prosthenorchis* wirksam. Wassergeflügel: versuchsweise Fenbendazol (2 × 20 mg/kg KG/d an 5 d p. o.). Experimentelle Infektionen von Ratten mit *M. moniliformis* konnten mit Mebendazol und Thiabendazol am effektivsten therapiert werden; Ivermectin hingegen war wirkungslos. Eine Zwischenwirtbekämpfung ist nur unter bestimmten Bedingungen möglich, z. B. in Affenhaltungen.

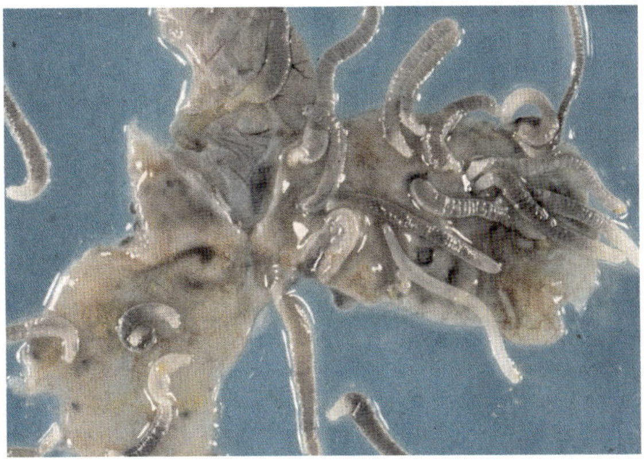

▸ **Abb. 12.2** Darm eines Affen mit *Prosthenorchis*-Befall. (Quelle: Johannes Eckert, Institut für Parasitologie, Vetsuisse-Fakultät, Universität Zürich)

Zoonotische Bedeutung Beim Menschen kommen akzidentelle Infektionen mit *Macracanthorhynchus hirudinaceus* (Endwirt: Schwein u. a.), *M. ingens* (Endwirt: Waschbär u. a.), *M. moniliformis* (Endwirt: Nager u. a.) und anderen Acanthocephalen-Arten vor (▸ **Tab. 18.2**). Da die Infektion des Menschen über den Rohverzehr der Zwischenwirte (z. B. Käfer, Schaben) erfolgt, ist die humane Acanthocephalose selten.

Literaturhinweise

Amin OM, Thielen F, Münderle M et al. Description of a new Echinorhynchid species (Acanthocephala) from the European eel, *Anguilla anguilla*, in Germany, with a key to species of *Acanthocephalus* in Europe. J Parasitol 2008; 94: 1299–1304

Crompton DWT, Nickol BB. Biology of the Acanthocephala. Cambridge: Cambridge University Press; 1985. ISBN: 0-52124-674-1

Kazimierczak K, Górski P, Laskowski Z. Red fox (*Vulpes vulpes*) a new host species for acanthocefalan *Moniliformis moniliformis* (Bremser, 1811) in Poland. Wiad Parazytol 2006; 52: 135–136

Taraschewski H. Host-parasite interactions in Acanthocephala: a morphological approach. Adv Parasitol 2000; 46: 2–179

13 Stamm Annelida (Ringelwürmer)

Annulus (lat.): Ring.

Die meisten der etwa 17 000 bekannten Anneliden-Arten sind Meeres- oder Süßwasserbewohner, einige leben terrestrisch (z. B. Regenwürmer). Von parasitologischem Interesse ist die Unterklasse der Hirudinea (Egel; engl. *leeches*).

Morphologie und Entwicklung Hirudineen (etwa 300 Arten) sind 1–30 cm lange Anneliden mit meist dorsoventral abgeflachtem, seltener zylindrischem Körper und einer gattungsspezifisch festgelegten Anzahl innerer Segmente und einer äußerlichen Ringelung, die jedoch nicht der inneren Gliederung entspricht. Das Tegument ist oft auffällig gefärbt, z. B. braungrün mit schwarzen Flecken oder roten Streifen. Die meisten Hirudineen tragen keine Borsten (Ausnahme: Acanthobdellidae, Borstenegel). Am Vorder- und Hinterende befindet sich je 1 Saugscheibe, mit welchen sich die Egel auf Unterlagen im Habitat oder auf einem Wirt festsetzen. Zudem werden Bewegungsvorgänge durch kurzes Festhaften der Saugscheiben unterstützt. Die Entwicklung der Egel ist direkt: Nach gegenseitiger Begattung legen die zwittrigen Egel bis 200 Eier in einem Kokon ab. Die Entwicklung der juvenilen Stadien zu Adulten kann Jahre dauern. Egel leben in limnischen und terrestrischen, seltener in marinen Habitaten, als Räuber oder Parasiten von Amphibien, Fischen, Wasservögeln und Säugern, inklusive des Menschen.

Vertreter der Ordnung Gnathobdellida (**Kieferegel**), zu welcher die bekannten Medizinischen Blutegel (*Hirudo* spp.) gehören, tragen in dem an die Mundsaugscheibe anschließenden Schlund 3 mit etwa 100 Zähnchen besetzte Kieferplatten, mit denen die Egel sägeartig die Haut von Wirten anritzen und dabei eine 3-strahlige Wunde hinterlassen. Bei den Rhynchobdellida (**Rüsselegel**) ist der Vorderdarm zu einem kieferlosen, vorstülpbaren Stechrüssel (Proboscis) ausgebildet; bei den Pharyngobdellida (**Schlundegel**) fehlen Kiefer oder Proboscis, sie haben aber einen sehr langen Pharynx mit Y-förmigem Querschnitt. Die blutsaugenden Egel sezernieren bioaktive Substanzen in die Wunden, einschließlich eines blutgerinnungshemmenden Enzyms [Hirudin (S. 394)], und sind in der Lage, mehr als das 10-Fache ihres Eigengewichtes an Blut in ihre Darmblindsäcke aufzunehmen (beim Medizinischen Blutegel etwa 15 ml Blut) und davon monatelang zu leben.

Arten und ihre Bedeutung Die meisten Egel-Arten sind temporär blutsaugende Parasiten der Haut und der Schleimhäute des oberen Respirationstraktes und des Verdauungstraktes. Die pathogene Wirkung umfasst kleine Blutungen an den Anheftungsstellen, Blutverluste und Obstruktionen der nasopharyngealen und oropharyngealen Durchgänge. Abhängig von Befallsintensität und Wirtstiergröße können die Blutverluste schwere, lebensbedrohliche Anämien verursachen.

Piscicola geometra (2–5 cm lang) und ***Hemiclepsis marginata*** (bis 3 cm) sind Hautparasiten von Süßwasserfischen und können vor allem Jungfische gefährden. ***Theromyzon tessulatum*** (1–5 cm) parasitiert im Nasen-Rachen-Raum von Wasservögeln (Enten, Gänse) und kann schwerwiegende Krankheiten verursachen. Der in Südeuropa, dem Mittleren Osten und Nordafrika vorkommende Rossegel ***Limnatis nilotica*** (bis 10 cm) lebt in Quellen und Tümpeln, die von Tieren als Tränke benutzt werden. Er befällt zuweilen in großer Zahl Nasen- und Maulhöhle, Pharynx, Trachea und Ösophagus, insbesondere von Wiederkäuern und Pferden, und verursacht z. T. lebensbedrohliche Schwellungen und Blutungen. Selten werden auch Menschen befallen. In feuchtwarmen Gebieten Asiens, Australiens und Madagaskars kommen **Landegel** (Haemadipsidae, Ordnung Gnathobdellida) vor, welche sich auf der Vegetation aufhalten und manchmal in erheblicher Zahl auf vorbeigehenden Wirten anheften. Dabei verursachen sie kleine blutende Wunden (beim Menschen oft in der Nackenregion sowie an Armen und Beinen), weshalb sie regional u. a. als „Vampirwürmer" bezeichnet werden. In der Amazonasregion befällt ***Haementeria ghilianii*** (bis 30 cm, Ordnung Rhynchobdellida) Tiere und Menschen. Blutegel sind Überträger verschiedener Erreger wie Trypanosomen von Fischen und Reptilien. Die Rolle von medizinischen Egeln wird unten beschrieben.

Diagnose und Therapie Egel können makroskopisch auf Körperoberflächen und endoskopisch in Körperhöhlen diagnostiziert werden. Sie können nach topischer Anwendung einiger Tropfen Essig oder Lidocain vorsichtig entfernt werden.

Zum Weiterlesen

Medizinische Egel

Seit Jahrhunderten werden Egel für die Behandlung gewisser Krankheiten verwendet. Von den 15 als Medizinische Egel klassifizierten Arten werden *Hirudo medicinalis* (Europäischer Medizinischer Egel), *H. orientalis* (Kaukasischer Medizinischer Egel) und *H. verbana* (Mediterraner Medizinischer Egel) in Europa verwendet, wobei hauptsächlich die letztgenannte Art aus zertifizierten Egelzuchten eingesetzt wird. Während der Blutmahlzeit sezernieren Egel Speichel, welcher über 100 bioaktive Substanzen enthält, wovon Hirudin am besten charakterisiert ist. Hirudin ist ein potenter Inhibitor der Blutgerinnung und wird erfolgreich in antithrombotischen Therapien eingesetzt, mittlerweile auch in rekombinanter Isoform. Des Weiteren wurden antiinflammatorische, immunmodulatorische, analgetische und sogar antibakterielle Wirkungen (Lyse von Bakterien) des Speichels nachgewiesen. Es wird angenommen, dass die Egel mit diesen Substanzen ihre Symbionten vor schädigenden Bakterien schützen. Der antithrombotische Effekt des Egelspeichels und ‚Hirudotherapie' als Mittel zum Aderlass sind weithin anerkannt; weitere berichtete positive Auswirkungen auf ein breites Spektrum von medizinischen und veterinärmedizinischen Krankheiten sind noch ungeklärt.

Literaturhinweise

Hildebrandt JP, Lemke S. Small bite, large impact - saliva and salivary molecules in the medicinal leech, *Hirudo medicinalis*. Naturwiss 2011; 98: 995–1008

Sobczak, N, Kantyka M. Hirudotherapy in veterinary medicine. Ann Parasitol 2014; 60: 89–92

14 Stamm Pentastomida (incertae sedis) (sog. Zungenwürmer)

Praxis

Erreger von **Pentastomidosen** (Befall des Respirationstraktes von terrestrischen Wirbeltieren), v. a. in wärmeren Klimazonen.

Zoonose: Seltene und häufig inapparente Zoonose.

Pente (gr.): fünf; *stoma* (gr.): Mund. „Fünfmünder“ (Erklärung s. u.). Engl.: *linguatulids, tongue worms*.

Bei den Pentastomida handelt es sich um eine phylogenetisch alte Gruppe parasitischer Metazoen, deren Existenz im Kambrium durch 500 Mio. Jahre alte Fossilfunde belegt ist. Ihre Verwandtschaft zu den Arthropoden ist offensichtlich, doch wird ihre systematische Stellung seit vielen Jahren kontrovers diskutiert. Zwei Hypothesen stehen im Vordergrund: (a) eine nahe Verwandtschaft zu den Branchiura (Unterklasse der Krebstiere) im Stamm der Arthropoden sensu stricto und (b) die Einordnung in ein 1995 neu etabliertes Taxon „Panarthropda“, dem die frei lebenden Stummelfüßer (Onychophora), die Bärtierchen (Tardigrada) und die Gliederfüßer (Arthropoda) zugeordnet werden. Wegen der ungeklärten systematischen Stellung werden die Pentastomiden hier als gesonderte Gruppe behandelt.

Die adulten Stadien der Pentastomiden (ca. 125 Arten) sind etwa 1–16 cm lange, getrenntgeschlechtliche, wurmähnliche, zylindrisch geformte, teils auch abgeflachte, meist gelblich-weiß gefärbte Metazoen, die aus einem kurzen Vorderkörper (Kopf) und einem langen Hinterkörper bestehen (▸ **Abb. 14.1**). Am Vorderende befinden sich die Mundöffnung sowie 4 schlitzförmige Öffnungen von seitlichen Taschen mit je 1 Haken. Bei den Cephalobaenida sind die Haken an der Spitze beinartiger Fortsätze lokalisiert. Die 5 Öffnungen haben zur irreführenden Bezeichnung Pentastomum („Fünfmund“) geführt. Der Hinterkörper weist unterschiedlich ausgeprägte „Ringelungen“ auf (▸ **Abb. 14.2**). Die dünne und flexible Körperwand ist von einer Chitin-haltigen Cuticula bedeckt. Zu den inneren Organen gehören der Verdauungskanal mit Mund und Anus, männliche oder weibliche Geschlechtsorgane und das Nervensystem; Atmungs- und Zirkulationsorgane fehlen. Exkretionsfunktionen werden von spezialisierten Epidermiszellen übernommen. Von besonderer Bedeutung sind Drüsen (S. 397), die ein Sekret ausscheiden, das die gesamte Cuticula bedeckt.

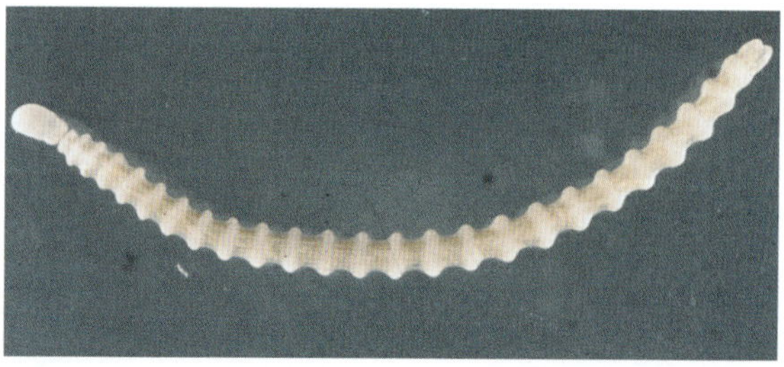

▸ **Abb. 14.1** *Armillifer*-Weibchen aus einer Schlange. (Quelle: Institut für Parasitologie, Vetsuisse-Fakultät, Universität Zürich)

Adulte Pentastomiden sind obligate Parasiten des Respirationstraktes von terrestrischen Wirbeltieren. Die Gruppe der Pentastomiden umfasst 2 Ordnungen: die Cephalobaedina und die Porocephalida. Zu den Cephalobaedina gehören u. a. die Gattungen *Cephalobaena* und *Raillietiella* (Lungenparasiten bei Reptilien und Amphibien) sowie *Reighardia* (Parasiten in Luftsäcken bei Seevögeln); zu den Porocephalida gehören die Gattungen *Armillifer* und *Porocephalus* (Lungenparasiten bei Schlangen) sowie *Linguatula* (Parasiten des Nasen-Rachen-Raumes bei Säugetieren). Adulte *Linguatula serrata* parasitieren in Nasen- und Stirnhöhlen von Carnivoren und *L. arctica* in den Nasennebenhöhlen von Rentieren. Rund 90 % der 125 bekannten Pentastomidenarten sind Parasiten von Reptilien (Schlangen, Krokodile, Echsen). Die Pentastomiden sind hauptsächlich in den Tropen und Subtropen verbreitet, einige Arten kommen auch in gemäßigtem Klima vor.

Soweit bisher bekannt, haben Pentastomidenarten einen indirekten Entwicklungszyklus, in den Fische, Amphibien, Reptilien oder Säugetiere als Zwischenwirte eingeschaltet sind. Einige Arten jedoch scheinen sich in direkten Zyklen mit oder ohne fakultativem Wirtswechsel

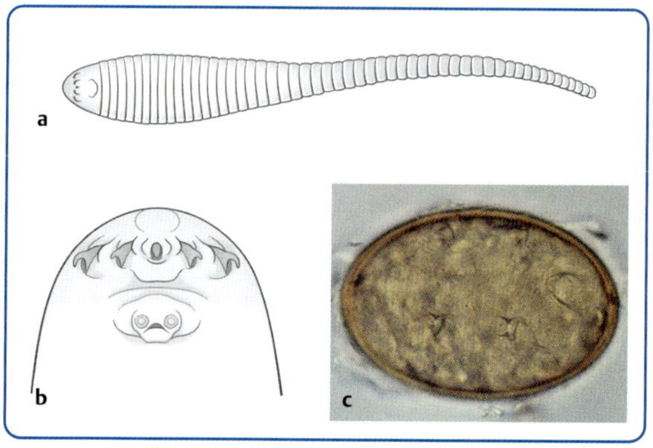

▸ **Abb. 14.2** *Linguatula* spp.

a *Linguatula serrata*, adulter Parasit (Grafik: Anne Seeger, Vetsuisse-Fakultät, Universität Zürich)

b Vorderende (Grafik: Anne Seeger, Vetsuisse-Fakultät, Universität Zürich)

c *Linguatula*-Ei (Quelle: Felix Grimm, Institut für Parasitologie, Vetsuisse-Fakultät, Universität Zürich) zu entwickeln. Bei *L. arctica* kann sich die Entwicklung im gleichen Wirtsindividuum abspielen; möglicherweise sind jedoch Arthropoden als Zwischenwirte involviert.

Pentastomiden ernähren sich in der Lunge ihrer Wirte (z. B. Schlangen) von Blut und Lymphe, im Nasen-Rachen-Raum bei Säugern von Mucus und Zelldetritus. Bei in der Lunge parasitierenden Pentastomiden wurde festgestellt, dass sie aus ihren Drüsen ein lipidreiches Sekret ausscheiden, das ihre Körperoberfläche überzieht und in der Zusammensetzung einem Schutzsekret in der Lunge von Vertebraten sehr ähnelt. Offenbar handelt es sich hier um einen Mechanismus der Immunevasion.

Zoonotische Bedeutung (s. u.).

Als Beispiel für die Gruppe wird hier *Linguatula serrata* näher beschrieben.

14.1 Klasse Pentastomea

14.1.1 Ordnung Porocephalida

Familie Linguatulidae

Gattung *Linguatula*

Linguatula serrata (Zungen- und Nasenwurm)

Praxis

Erreger der **Linguatulose** des Hundes. Diese wird gelegentlich als Importparasitose bei Hunden, z. B. aus Süd- oder Osteuropa, diagnostiziert.

Zoonose: Selten viszerale oder nasopharyngeal manifestierte Infektion des Menschen.

Lingua (lat.): Zunge; *serratus* (lat.): gesägt.

Erreger und Entwicklung Die adulten Parasiten leben auf der Mucosa der Nasenhöhle und der Stirnhöhlen des Hundes und anderer Caniden (Fuchs, Wolf). Männchen etwa 2 cm lang, Weibchen bis 13 cm; gelblich weiß, Körper abgeflacht, zungenförmig, mit ca. 90 äußeren Ringeln (► **Abb. 14.2**). Die zahlreichen, eine Primärlarve enthaltenden Eier gelangen im Nasenschleim in die Umwelt oder werden abgeschluckt und im Kot ausgeschieden. Mit kontaminiertem Futter oder Wasser werden sie von herbivoren Zwischenwirten (u. a. Nager, Kaninchen, Haus- und Wildwiederkäuer, Schwein, Pferd) oder auch von Fehlwirten inklusive des Menschen (s. u.) aufgenommen. In den Zwischenwirten schlüpfen aus den Eiern die Primärlarven (Bohrlarven mit Bohrapparat und 4 Krallenfüßchen), welche die Darmwand durchdringen und über die Lymph- und Blutbahn (teils wohl auch durch direkte Wanderung) in verschiedene Organe (Lymphknoten, Leber, Lunge etc.), seltener auch in die Muskulatur gelangen und sich dort in kleinen Knötchen (wenige mm Durchmesser) einkapseln. In der Kapsel entwickeln sich im Verlauf von etwa 6–7 Monaten über mehrere Häutungen die bis 5 mm langen, infektiösen Terminallarven. Endwirte infizieren sich durch Verzehr von befallenen Organen oder Muskelfleisch. Die Terminallarven wandern direkt vom Rachenraum, meist aber vom Magen her über Ösophagus und Rachen in den Nasenraum und entwickeln sich dort nach einer weiteren Häutung zu Adulten. Präpatenz etwa 6 Monate, Weibchen können bis 2 Jahre überleben, Männchen deutlich weniger lang.

Vorkommen *L. serrata* ist bei Hunden in vielen Gebieten der Erde verbreitet, kommt aber in Mitteleuropa selten vor. In Endemiegebieten können die Prävalenzen bei End- und Zwischenwirten hoch sein. Im Iran waren 62 % der streunenden Hunde und 20 % der untersuchten Kamele befallen. In Rumänien waren bis zu 60 % der Rinder, Schafe und Ziegen befallen, in der Türkei 5–10 % der Schafe. In Griechenland waren knapp 15 % der Schafe und Ziegen und 0,4 % der Hunde infiziert. Auch in Albanien wurde mit 0,2 % nur eine geringe Prävalenz bei Hunden festgestellt. Katzen wie auch Menschen (s. u.) sind selten Fehlwirte für die Entwicklungsstadien.

Pathogenese und Klinik *Linguatula*-Befall des Hundes ist inapparent oder mit klinischen Symptomen wie Entzündung der Schleimhäute, Nasenkatarrh, Nasenausfluss, Niesen, bakteriellen Sekundärinfektionen und Beeinträchtigung des Geruchsvermögens verbunden. Infektionen der Zwischenwirte (z. B. Wiederkäuer) sind gewöhnlich asymptomatisch.

Diagnose und Therapie Nachweis der Eier im Nasenschleim (mit durchsichtiger Außenhülle) oder Kot (Außenhülle geht meist verloren). Kot hierzu 1:10 mit 5 %iger Kalilauge vermischen, danach mehrmaliges Sedimentieren in Wasser; zuletzt Sediment in Zinkchloridlösung flotieren (► **Abb. 14.2**). Die ovalen Eier (90 × 70 µm) enthalten die Primärlarve, deren stummelige Extremitäten paarige Chitinhaken tragen (► **Abb. 14.2**). Therapie: mechanisches Entfernen der Parasiten. Wirksame Medikamente sind nicht bekannt; der versuchsweise Einsatz makrozyklischer Lactone erscheint gerechtfertigt.

Zoonotische Bedeutung Menschen können sich über die Nahrung mit Eiern von *L. serrata* oder anderen Pentastomiden (z. B. *Armillifer* spp.) infizieren, vor allem in Asien und Afrika. Daraus resultiert eine oft inapparent verlaufende viscerale Pentastomidose mit Entwicklung larvaler Stadien in inneren Organen (u. a. Leber, Mesenterium, Darmwand). Bei Aufnahme roher Organe von Pflanzenfressern, die mit Terminallarven von *L. serrata* infiziert sind, kann es im Menschen zur Besiedlung des Nasen-Rachen-Raumes (nasopharyngeale Pentastomidose) und selten des Auges kommen. Nach wiederholtem Verzehr von Organen mit *Linguatula*-Stadien sind rasch einsetzende allergische Reaktionen möglich („Marrara-Syndrom" oder „Halazoun").

Literaturhinweise

Böckeler W, Richling I, Sattmann H. Pentastomiden, Pentastomosen und ihre humanmedizinische Bedeutung. In: Aspöck H, Hrsg. Krank durch Arthropoden. Denisia 2010; 30: 411–426

Mitchell S, Bell S, Wright I et al. Tongue worm (*Linguatula* species) in stray dogs imported into the UK. Vet Rec 2016; 179: 259–260

Sanders KL, Lee MSY. Arthropod molecular divergence times and the Cambrian origin of pentastomids. System Biodiv 2010; 8: 63–74

15 Stamm Myxozoa

15.1 Klassen Myxosporea und Malacosporea

Myxa (gr.): Schleim; *zoon* (gr.): Tier, Lebewesen.

Das Wichtigste in Kürze

- **Erreger.** Myxozoa sind mikroskopisch kleine Vielzeller, die mit den Cnidaria (Nesseltieren) verwandt sind. Sie bilden charakteristische, mehrzellige Sporen, die im Inneren 1–6 Polkapseln sowie das infektiöse Sporoplasma enthalten.
- **Entwicklung.** Bislang nur bei einer kleinen Zahl von Fischparasiten bekannt. Die meisten sind heteroxen mit ungeschlechtlicher Vermehrung und Sporenbildung in Fischen und geschlechtlicher Entwicklung in Invertebraten (z. B. Anneliden), ebenfalls mit Bildung von Sporen. Bei Arten der Gattung *Enteromyxum* wurde eine homoxene Entwicklung mit Übertragung von Fisch zu Fisch beschrieben.
- **Vorkommen, Epidemiologie.** Die meisten der > 2000 Myxozoa-Arten sind Parasiten von Meeres- und Süßwasserfischen; manche können zu erheblichen Verlusten bei Wild- und Zuchtfischen führen. Bei Reptilien und Amphibien sind verschiedene Myxozoa-Arten beschrieben, einige wenige auch bei Vögeln und Säugetieren.
- **Krankheitsbild.** Als Beispiele von Fischkrankheiten werden beschrieben: Drehkrankheit der Salmoniden (Erreger: *Myxobolus cerebralis*), Schwimmblasenentzündung und Nierensphaerosporose der Karpfen (Erreger: *Sphaerospora dykovae*), proliferative Nierenerkrankung der Salmoniden (Erreger: *Tetracapsuloides bryosalmonae*) und eine Muskelinfektion von Fischen (Erreger: *Kudoa thyrsites*). Die proliferative Nierenerkrankung ist in der Schweiz als „zu überwachende Tierseuche" gelistet.

Allgemeines Myxozoa sind mikroskopisch kleine, **metazoische Parasiten.** Ursprünglich wurden sie als protozoäre Lebewesen klassifiziert, heutzutage werden sie jedoch als Verwandte der Cnidaria (Nesseltiere) angesehen. Einige der > 2000 bekannten Arten sind wirtschaftlich bedeutsame Parasiten von Meeres- und Süßwasserfischen. Manche Arten sind streng wirtsspezifisch, andere haben ein sehr breites Wirtsspektrum. Außer bei Fischen sind Myxozoa bei Invertebraten (s. u.), Reptilien, Amphibien, Vögeln (Enten) und Säugetieren (Maulwurf, Spitzmaus) gefunden worden. Eine Auswahl von Erregern ist in ▸ Tab. 15.1 und ▸ Tab. 15.2 aufgeführt.

Myxozoa bilden charakteristische, mehrzellige **Sporen,** die stets 3 typische Bestandteile (Sporoplasma, Polkapseln und Schalenklappen) aufweisen. Die Sporenwand wird aus 1 oder mehreren, zu sog. Schalenklappen umgewandelten Zellen gebildet. Im Inneren befinden sich 1–6 Polkapseln, die je einen spiralig aufgewundenen „Polfaden" enthalten (▸ Abb. 15.1). Die Polkapseln sind morphologisch fast identisch mit den Nesselkapseln von Narcomedusen (Cnidaria) und auch genetisch stehen die Myxozoa den Narcomedusen sehr nahe. Das eigentliche infektiöse Agens der Spore sind eine oder mehrere amöid bewegliche Zellen, das sog. Sporoplasma (▸ Abb. 15.1).

▸ Tab. 15.1 Klassifikation (Auswahl, vereinfacht) des Stammes Myxozoa (s. auch ▸ Tab. 1.1).

Klasse	Ordnung	Gattung[1]
Unterreich: Metazoa, Stamm: Myxozoa, Klasse: Myxosporea		
Myxosporea	Bivalvulida	*Enteromyxum, Henneguya, Hoferellus, Myxidium,* ***Myxobolus, Sphaerospora, Thelohanellus***
	Multivalvulida	*Kudoa*
Malacosporea	Malacovalvulida	***Tetracapsuloides***

[1] in Fettdruck Gattungen mit besonderer Bedeutung in der Veterinärmedizin

Die Kenntnisse über die Entwicklung der Myxozoa in Fischen sind noch lückenhaft. Bei etwa 35 Arten ist ein **heteroxener Entwicklungszyklus** bekannt. Dieser umfasst folgende Phasen: (a) eine ungeschlechtliche Entwicklung im Fisch mit abschließender Produktion eines Sporentyps (sog. Myxosporen; M-Spore), der für Invertebratenwirte (z. B. Oligochaeten) infektiös ist; (b) eine geschlechtliche Entwicklung in Invertebraten mit Bildung eines anderen Sporentyps (sog. Actinosporen; A-Spore), der Fische infiziert. Die Bildung von 2 Sporentypen innerhalb einer Art ist eine Besonderheit der Myxozoa. Bei wenigen Arten der Gattung *Enteromyxum* wurden **homoxene Zyklen** (Übertragung von Fisch zu Fisch) beschrieben.

Zusatzinformation

Die beiden Sporentypen, die sich aus mehrkernigen Vorstufen entwickeln, weisen folgende Merkmale auf: Eine aus mehreren Klappenhüllen bestehende Sporenschale umgibt bis zu 6 Polkapseln und das infektiöse Sporoplasma (▸ Abb. 15.1). Die Polkapseln enthalten je einen spiralig aufgerollten „Polfaden" (tatsächlich ein hohler Tubulus), der zu Beginn der Infektion eines Wirtes ausgeschleudert wird und der initialen Verankerung am Wirtsgewebe und der Invasion des Gewebes dient.

Myxosporen (M-Sporen) (Ø meist 10–20 µm) haben eine rundliche, längliche oder andersartige Form. M-Sporen werden im Vertebratenwirt gebildet und sind infektiös für den Invertebratenwirt.

Actinosporen (A-Sporen) sind meist radiärsymmetrisch gebaut und häufig mit verschiedenartigen Anhängen ausgerüstet, die ein längerfristiges Schweben im Wasser ermöglichen (▸ Abb. 15.1). A-Sporen werden im Invertebratenwirt gebildet und sind infektiös für den Vertebratenwirt.

▶ **Tab. 15.2** *Myxozoa*-Arten (Auswahl).

Art	Wirbeltierwirt	Vorkommen	Hauptlokalisation	Invertebratenwirt
Myxobolus cerebralis	Regenbogenforelle u. a. Salmoniden	Eurasien, Nord- und Südamerika, Australien, Neuseeland	Knorpelgewebe (v. a. Kopf, Kiemen, Wirbelsäule)	*Tubifex tubifex*[1]
M. encephalicus	Karpfen	Südost-Europa	Gehirn	?
M. neurobius	Bachforellen	Eurasien	ZNS	?
M. cyprini	Weißfische	Eurasien, Nordamerika	Muskeln	?
Tetracapsuloides bryosalmonae	Salmoniden, Hecht	Europa, USA	Nieren	*Plumatella* sp.[2], *Fredericella* sp.[2]
Sphaerospora dykovae (Syn. *S. renicola*)	Karpfen	Europa, Israel, Australien	Blut, Schwimmblase, Nieren	*Branchiura sowerbyi*[1] *T. tubifex*[1]
S. tincae	Schleie	Europa	Nieren	?
S. truttae	Bachforelle	Mitteleuropa	Nierentubuli	*Lumbricus* sp.[1], *T. tubifex*[1]
S. molnari	Karpfen	Europa	Kiemen	?
Hoferellus cyprini	Karpfen	Eurasien	Nierentubuli	*Nais* sp.[1]
Myxidium lieberkuehni	Hecht	Europa, Nordamerika	Nierentubuli, Harnblase	?
M. giardi	Aale	weltweit?	Haut, Kiemen, Darm, Nieren	*T. tubifex*[1]
Kudoa thyrsites	Salmonidae, andere Fischarten	weltweit	Muskulatur v. a. mariner Fische	?
Soricimyxum fegati	Spitzmaus	CZ, PL	Gallengänge, Leber	?

[1] Annelida (Ringelwürmer)
[2] Bryozoa (Moostierchen)
? = unbekannt

15.1.1 Ordnung Bivalvulida

Familie Myxobolidae

Gattung *Myxobolus*

Myxobolus cerebralis

> **Praxis**
> Erreger der **Drehkrankheit der Salmoniden** (engl. *whirling disease*) mit Bedeutung in Forellenzuchten.

Erreger *Myxobolus cerebralis*, der Erreger der Drehkrankheit der Regenbogenforellen und anderer Salmoniden, bildet ovale, von 2 Schalenklappen umgebene M-Sporen (ca. 9 × 8 µm) mit 2 Polkapseln. Das Sporoplasma enthält 2 Kerne, weitere Kerne sind in den Polkapseln und an der Schalenhülle vorhanden (▶ **Abb. 15.1**).

Entwicklung Forellen und andere Salmoniden erwerben die Infektion durch Fressen von Schlammröhrenwürmern (*Tubifex tubifex*, Annelida), die infektiöse A-Sporen enthalten, oder durch freie Sporen, die im Wasser treiben und sich an der Haut, in der Mundhöhle oder am Kiemenepithel festsetzen (diese A-Sporen wurden früher als eigenständige *Tubifex*-Parasiten angesehen). Die Sporen schießen die Spitzen der ausgeschleuderten Polfäden in Drüsenöffnungen oder in Epithelzellen und ermöglichen dadurch den Sporoplasmen die Invasion des Gewebes. Von der Eintrittspforte aus wandern die Parasiten interzellulär in das Knorpelgewebe von Kopf und Skelett ein. Gleichzeitig läuft ein komplizierter Zyklus von Zellteilungen ab, der mit Bildung von Sporoblasten sowie mehrzelligen Pansporoblasten und der Entwicklung von M-Sporen endet (▶ **Abb. 15.1**). Die nach dem Tod des Fisches freigesetzten M-Sporen werden von *Tubifex* aufgenommen. In diesem Invertebraten entstehen nach ungeschlechtlichen Vielteilungen und einer Gamogonie mehrkernige A-Sporen. Diese zeichnen sich bei *M. cerebralis* durch eine triradiäre Symmetrie aus (daher auch als Triactinomyxon-Stadien bezeichnet). Die Schalenzellen bilden dabei 3 stern- oder ankerförmige Schwebefortsätze, an die sich der Sporenstiel anschließt (▶ **Abb. 15.1**). Der Zyklus ist geschlossen, wenn Sporoplasmen aus A-Sporen in Gewebe des Fisches eindringen und dort die Entwicklung fortsetzen. Da sich die geschlechtliche Phase der Entwicklung im Invertebraten abspielt, ist dieser als Endwirt und der Fisch als Zwischenwirt einzustufen.

Vorkommen und Epidemiologie *M. cerebralis*, erstmals 1898 als Ursache der Drehkrankheit bei Regenbogenforellen (*Oncorhynchus mykiss*) in Zuchten in Deutschland beschrieben, war vermutlich zunächst ein harmloser Parasit der Bachforelle (*Salmo trutta*) in Zentraleuropa und Nordost-Asien. Nach Einführung der Regenbogenforelle in das Verbreitungsgebiet ging der Parasit auf diese hoch-

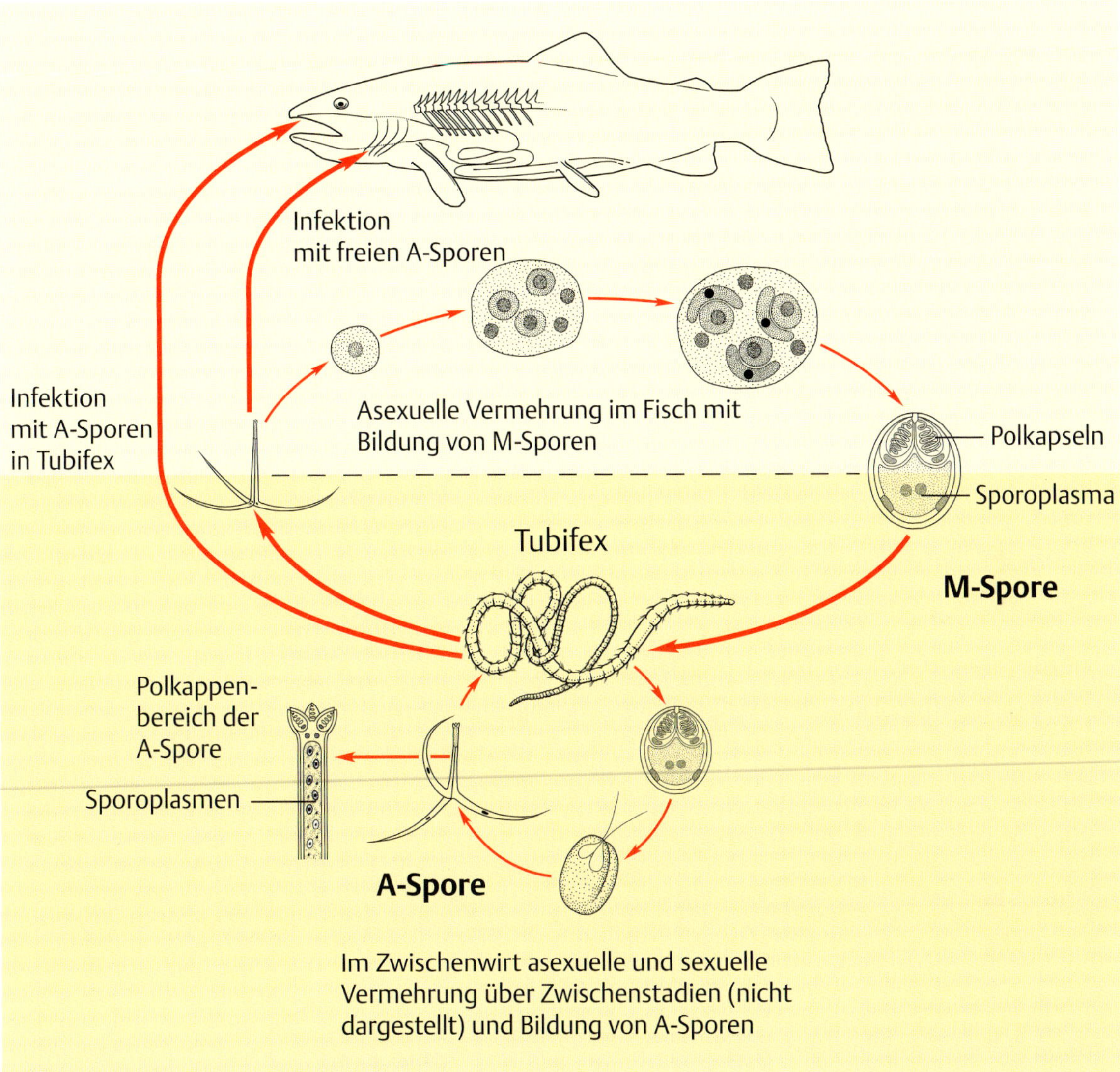

▶ **Abb. 15.1** Entwicklungszyklus von *Myxobolus cerebralis*. (Grafik: Salome Ehrat, Vetsuisse-Fakultät, Universität Zürich)

empfängliche Fischart über und wurde später durch den Fischhandel in weitere europäische Länder sowie nach Nord- und Südamerika, Australien und Neuseeland verschleppt. Damit verbunden war eine Virulenzsteigerung, sodass selbst bei Bachforellen Mortalitätsraten von 80–90 % auftraten. Insgesamt sind etwa 13 Salmoniden-Arten für *M. cerebralis* empfänglich, darunter Forellenarten, Saiblinge, Äschen und Lachse.

Eine Wassertemperatur von 10–15 °C ist für die Entwicklung am günstigsten. In mitteleuropäischen Fließgewässern werden diese Temperaturen im Frühjahr oder im Frühsommer gerade dann erreicht, wenn die Jungfische (Brut, junge Setzlinge) wegen des noch hohen Knorpelanteils des Skeletts im empfindlichsten Alter sind. Die Brut kann bereits ab der 3. Lebenswoche infiziert sein. *Tubifex*-Würmer infizieren sich mit M-Sporen, die nach dem Tod infizierter Fische in das Wasser und das Bodensediment gelangen, wo sie über 30 Jahre überleben können. Die Entwicklung des Parasiten in den Würmern bis zur Freisetzung der A-Sporen dauert etwa 3 Monate. Die Tenazität der A-Sporen ist deutlich geringer als die der M-Sporen; ihre Überlebensdauer beträgt bei 7 °C Wassertemperatur nur ca. 1 Woche und sinkt bei höheren Temperaturen noch weiter ab. Temperaturen > 25 °C überstehen die Entwicklungsstadien in *Tubifex* nicht.

Pathogenese und Krankheitsbild Die Erreger vermehren sich interzellulär im Knorpelgewebe des Fisches. Die als Plasmodien bezeichneten Stadien von *M. cerebralis* mit fein verzweigten Cytoplasma-Ausläufern („Pseudopodien") und einem Durchmesser von 20–40 µm teilen sich und bilden große Herde im Knorpel, der enzymatisch lysiert wird. Außerdem werden Chondrozyten von den Plasmodien phagocytiert. Besonders betroffen ist der Knorpel des Kopfes (Schädel, Kiefer, Kiemen) und der Wirbelsäule. Die Symptome treten 2–3 Monate p. i. auf:

schnelle Drehbewegungen, Stützskelettdeformationen (Wirbelsäulenverkrümmung, Kiefermissbildungen, Kiemenverkürzung) und Schwarzfärbung des hinteren Körperdrittels (vermutlich bedingt durch mechanischen Druck der deformierten Wirbelsäule auf Nervenfasern). Bei jungen, empfänglichen Fischen kann die Mortalität 90 % erreichen. Mit zunehmender Verknöcherung des Skeletts werden die Fische resistent. Ältere Fische, die eine Infektion überleben, leiden oft an Deformationen des Schädels und der Wirbelsäule.

Diagnose Die Symptome der Drehkrankheit und der Erregernachweis (Sporoblasten, Sporen) in histologischen Schnitten des Kopfknorpels oder in Abklatschpräparaten des Gewebes (Giemsa-Färbung) führen zur Diagnose. Der Nachweis bzw. die Identifizierung der Erregerart ist mit der PCR bereits wenige Stunden nach der Infektion möglich. Serologische Methoden haben sich nicht bewährt.

Bekämpfung Eine wirksame Behandlung bereits infizierter Fische ist bislang nicht bekannt. Um Jungtiere vor einer starken Exposition zu schützen, wird empfohlen, die Forellenbrut erst im Alter von etwa 4 Monaten (5–7 cm Länge) in Erdteiche einzusetzen. Die Aufzuchtteiche sollten einen sedimentfreien Boden (Beton oder Plastikfolie) haben, der sich leicht reinigen und desinfizieren lässt. Zulaufwasser kann durch UV-Licht bzw. Filterung dekontaminiert werden. Die Sanierung befallener Bestände umfasst die unschädliche Beseitigung infizierter Fische, gründliche Desinfektion und Neubesatz mit pathogenfreier Brut. Die Ergebnisse von Versuchen zur Züchtung resistenter Regenbogenforellen sind noch ungewiss.

Gattung *Sphaerospora*

Sphaerospora dykovae (Syn. *S. renicola*)

> **Praxis**
> Erreger der **Schwimmblasenentzündung der Karpfenbrut** (SBE) (engl. *swim bladder inflammation*, SBI) und der **Nierensphaerosporose des Karpfens** (engl. *kidney sphaerosporosis*).

Erreger und Entwicklung *Sphaerospora dykovae* verursacht 2 Krankheiten: die chronische Schwimmblasenentzündung (SBE) der Karpfenbrut und die Nierensphaerosporose des Karpfens. *S. dykovae* bildet im Blut der Fische vielzellige, proliferative Stadien, sog. Csaba-Zellen. Fortgesetzte Teilungen können zu einer erheblichen Vermehrung der Erreger im Blut führen (Blutphase). Nach Einwanderung dieser Zellen in die Schwimmblase bilden sich vielzellige Komplexe aus bis zu 30 Primärzellen (sog. K-Zellen), deren Bedeutung noch unklar ist (Schwimmblasenphase). Schließlich folgt die Sporogonie in den Nierentubuli mit Bildung von kugelförmigen M-Sporen (⌀ 6–8 µm).

Vorkommen Die SBE ist bisher in Europa und in Israel beschrieben worden. Die Prävalenzen erreichten in Intensivhaltungen bei jungen Karpfen 70–100 %. Nur Karpfenbrut erkrankt akut, im 2. und 3. Lebensjahr sind die Karpfen widerstandsfähig.

Pathogenese und Krankheitsbild In der Schwimmblase verursachen die Erreger eine exsudativ-proliferative Entzündung mit Blutungen, Ödemen und einer enormen Verdickung der Wand infolge starker Bindegewebsproliferation. Dabei wird das Lumen der Kammern verengt. In der akuten Phase kann es auch zu Peritonitis und Nierenhyperplasie kommen. Es erkranken vor allem 3–4 Monate alte Karpfen, bei denen es zu Gleichgewichts- und Bewegungsstörungen sowie Wachstumsverzögerungen kommt. Die Mortalität lässt sich nicht eindeutig bestimmen, weil es im Sommer meist zu einem zusätzlichen Befall mit *Sphaerospora molnari*, anderen Myxozoa sowie Coccidien, Cestoden, Ektoparasiten etc. kommt, die vermutlich zur Morbidität und Mortalität beitragen. Die Sporogoniestadien in den **Nierentubuli** verursachen zunächst Hypertrophie und dann Dystrophie der Epithelzellen sowie eine Dilatation der Tubuli, die massenhaft mit Parasiten gefüllt und somit verstopft sind. Trotz dieser Veränderungen bleibt die Nierenfunktion weitgehend intakt. Auch die makroskopischen Veränderungen sind meist unauffällig.

Diagnose und Bekämpfung Sektionsbefunde: Schwimmblasen gelblich oder braun, Peritonitis und Verwachsungen mit anliegenden Organen (Niere, Leber und Darm). Mikroskopischer Nachweis von *S. dykovae* in Tupf- und Quetschpräparaten von Schwimmblase und Niere, in Blutausstrichen sowie in histologischen Schnitten der Schwimmblase. Zur Bekämpfung sind keine spezifischen Maßnahmen verfügbar.

15.1.2 Ordnung Malacovalvulida

Familie Saccosporidae

Gattung *Tetracapsula*

Tetracapsuloides bryosalmonae (Syn. *T. renicola*)

> **Praxis**
> Erreger der **proliferativen Nierenerkrankung der Salmoniden** (engl. *proliferative kidney disease*, PKD).

Erreger Die Natur des früher als PKX bezeichneten Erregers war lange ein Rätsel, bis genetische Vergleiche ergaben, dass er mit Erregerstadien aus Bryozoen (Moostierchen) identisch ist. Diese Stadien hatte man zuvor unter dem Namen *Tetracapsuloides bryosalmonae* als eigene Art beschrieben. Heute ist dieser Name für den Erreger der proliferativen Nierenerkrankung gültig, dessen Entwicklungsstadien sowohl Fische als auch Bryozoen als Wirte benutzen.

Entwicklung Die Kenntnisse zur Entwicklung des Erregers sind noch lückenhaft. Nach neueren Studien dringen infektiöse Stadien aus Bryozoen über die Kiemen in Fische ein und werden vermutlich auf dem Blutweg in verschiedene innere Organe transportiert. Dort entstehen im Gewebe zunächst Vermehrungsstadien, die nicht an der Sporenbildung beteiligt sind und daher als präsporogone Stadien bezeichnet werden. Im Anschluss daran entwickeln sich sporogone Stadien und Sporen im Lumen der Nierentubuli. Nierenhomogenat befallener Forellen war im Experiment für Bryozoen infektiös.

Vorkommen Krankheitsausbrüche wurden bisher bei Regenbogenforellen, Bachforellen, Seesaiblingen, Atlantischen und Pazifischen Lachsen, Äschen und Hechten nachgewiesen. Die proliferative Nierenerkrankung tritt sowohl in Fischzuchten als auch in freien Gewässern auf und gehört zu den bedeutenden Krankheiten der Regenbogenforelle in Europa und Nordamerika, dort auch der Pazifischen Lachse (*Oncorhynchus* spp.). In Europa tritt die Krankheit saisonal auf, beginnend mit steigenden Wassertemperaturen im Sommer bis zum Herbst. Überlebende Fische scheinen gegen Reinfektionen geschützt zu sein.

Pathogenese und Krankheitsbild In den Nieren verursacht der Befall Veränderungen von einer leichten Hyperplasie des interstitiellen Nierengewebes bis hin zu massiven granulomatösen Reaktionen mit starker Zubildung von Bindegewebe und Verdrängung von Glomeruli und Tubuli. Auch in anderen Organen (Milz, Leber) kommt es zu entzündlichen Reaktionen. Symptome sind Apathie, Dunkelfärbung, Exophthalmus, Schwellung des Abdomens und anämische Kiemen sowie anomale Schwimmbewegungen.

Diagnose Sektionsbefunde: Schwellung der Niere mit knötchenförmigen Auftreibungen und charakteristischen weißlich grauen Flecken (Granulome), die in fortgeschrittenen Fällen konfluieren; Granulome in Milz und Leber; Aszites. Histologischer oder immunhistologischer Nachweis der Erreger.

Bekämpfung Möglichkeiten für eine spezifische Bekämpfung gibt es bisher nicht. In der Schweiz ist die PKD als „zu überwachende Tierseuche" eingestuft. In Österreich und Deutschland gibt es keine entsprechende Regelungen.

15.1.3 Ordnung Multivalvulida

Familie Kudoidae

Gattung *Kudoa*

Kudoa thyrsites (Muskelparasit von Fischen)

Erreger und Entwicklung *Kudoa thyrsites* bildet sternförmige M-Sporen mit 4 Schalenklappen und 4 Polkapseln. Vermutlich hat *K. thyrsites* einen indirekten Entwicklungszyklus. In den Fischen entwickeln sich innerhalb von etwa 5–6 Monaten p. i. M-Sporen.

Vorkommen *K. thyrsites* ist ein weltweit verbreiteter Parasit, der bei vielen marinen Fischarten vorkommt (u. a. Atlantischer und Pazifischer Lachs, Pazifischer Heilbutt) und auch Bachforellen befallen kann. Daneben gibt es noch zahlreiche weitere *Kudoa*-Arten, die ebenfalls Fischparasiten sind. *K. thyrsites* ist zu einem erheblichen Problem in Aquakulturen (z. B. in Lachszuchten) geworden, wo Prävalenzen von 50–70 % beobachtet worden sind.

Krankheitsbild *Kudoa*-Infektionen hinterlassen in der Muskulatur unansehnliche weißliche Cysten oder weiche Stellen, die in frischen, gekühlten Filets oft erst nach einigen Tagen oder nach dem Räuchern in Erscheinung treten und den Marktwert drastisch mindern. Die Infektion verursacht selten Erkrankungen.

Diagnose Die typischen sternförmigen Sporen lassen sich nativ in Muskelpresssaft mikroskopisch nachweisen. Eine PCR-Methode ist beschrieben.

Zoonotische Bedeutung In wenigen Fällen wurden Myxozoa-Sporen (*Myxobolus*, *Henneguya*) in Stuhlproben von Menschen gefunden, wobei unklar blieb, ob sie aus einer Infektion stammten oder es sich lediglich um Darmpassanten nach Verzehr von infiziertem Fisch handelte. Bei einem immunsupprimierten Patienten persistierten Durchfall und die Ausscheidung von Sporen über einen Zeitraum von 2 Monaten. In Japan wurde vor wenigen Jahren *Kudoa septempunctata* als ein neuer, durch Lebensmittel übertragener Zoonoseerreger beschrieben, der bei betroffenen Personen 2–20 Stunden nach dem Verzehr von rohem Fisch (Japanische Flunder) Erbrechen und Durchfall auslöste.

Literaturhinweise

Bartholomew JL, Atkinson SD, Hallett SL et al. Myxozoan parasites in waterfowl. Int J Parasitol 2008; 38: 1199–1207

Canning EU, Okamura B. Biodiversity and evolution of the Myxozoa. Adv Parasitol 2004; 56: 43–131

Grabner DS, El-Matbouli M. *Tetracapsuloides bryosalmonae* (Myxozoa: Malacosporea) portal of entry into the fish host. Dis Aquat Organ 2010; 90: 197–206

Holzer AS, Hartigan A, Patra S et al. Molecular fingerprinting of the myxozoan community in common carp suffering swim bladder inflammation (SBI) identifies multiple etiological agents. Parasit Vectors 2014; 7: 398

Kawai T, Sekizuka T, Yahata Y et al. Identification of *Kudoa septempunctata* as the causative agent of novel food poisoning outbreaks in Japan by consumption of *Paralichthys olivaceus* in raw fish. Clin Infect Dis 2012; 54: 1046–1052

Lom J, Dyková I. Myxozoan genera: definition and notes on taxonomy, life-cycle, terminology and pathogenic species. Folia Parasitol 2006; 53: 1–36

Mackenzie K, Kalavati C. Myxosporean parasites of marine fishes: their distribution in the world's oceans. Parasitology 2014; 141: 1709–1717

Mehlhorn H, Piekarski G. Grundriss der Parasitenkunde. 6. Aufl. Heidelberg: Spektrum Akademischer Verlag; 2002: 156

Prunescu CC, Prunescu P, Pucek Z et al. The first finding of myxosporean development from plasmodia to spores in terrestrial mammals: *Soricimyxum fegati* gen. et sp. n. (Myxozoa) from *Sorex araneus* (Soricomorpha). Folia Parasitol 2007; 54: 159–164

Sarker S, Kallert DM, Hedrick RP et al. Whirling disease revisited: pathogenesis, parasite biology and disease intervention. Dis Aquat Organ 2015; 114: 155–175

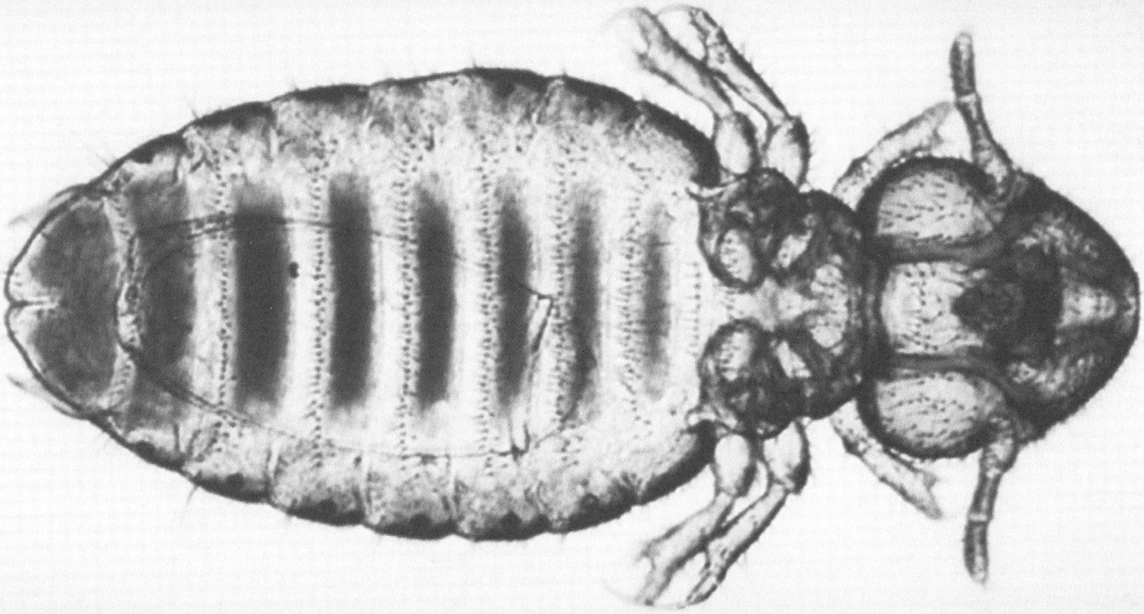

Teil 4
Parasiten und Parasitosen – Metazoa: Arthropoda

16 Übersicht

Arthron (gr.): Glied, Gelenk; *pous*, Gen. *podos* (gr.): Fuß.

Das Wichtigste in Kürze

- Zahlreiche Arthropoden-Arten sind als Ekto- oder Endoparasiten von Tieren und Menschen, als Vektoren von Krankheitserregern sowie als Gifttiere oder als Haus- und Vorratsschädlinge bedeutsam. Besonders wichtig sind die Acari (Milben im engeren Sinne und Zecken) und die Insekten. Die Hauptmerkmale des Stammes sind:
- Außenskelett (Cuticularskelett) aus sklerotisierter Matrix und geschichteten Chitin-Micellen; wird von der Epidermis sezerniert und während der Entwicklung periodisch abgeworfen und erneuert (Ecdysis: Häutung).
- Körper aus heteronomen (ungleichförmigen) Segmenten, die gruppenweise zu funktionellen Einheiten (Tagmata) zusammengefasst sind; gegliederte Extremitäten (Arthropodien) mit echten Gelenken.
- Offenes Blutgefäßsystem, dorsaler Herzschlauch mit seitlichen Spalten; Leibeshöhle (Haemocoel oder Mixocoel) mit Hämolymphe.
- Mundwerkzeuge mit unterschiedlichen Funktionen, Verdauungstrakt aus Vorder- und Enddarm (ektodermal) und Mitteldarm (entodermal).
- Verschiedenartige Drüsen (z. B. Speicheldrüsen) und spezielle Ausscheidungsorgane.
- Ventraler Nervenstrang, verschiedenartige Sinnesorgane.
- Atmungsorgane vorhanden (Kiemen, Fächertracheen, Tracheen) oder fehlend (Hautatmung).
- Fast immer getrennte Geschlechter, Fortpflanzung meist geschlechtlich, auch parthenogenetisch. In der Entwicklung vom Larval- zum Adultstadium unterschiedlich ausgeprägte morphologische und physiologische Verwandlung (Metamorphose).

Arthropoden spielen bei Haus- und Wildtieren als Erreger von **Hauterkrankungen** und als **Lästlinge** eine wichtige Rolle. Noch bedeutender ist die **Vektorfunktion** bestimmter Arthropoden-Arten, die zahlreiche Pathogene übertragen können, darunter auch Erreger von Zoonosen. In den letzten zwei Jahrzehnten haben sich in Europa und in einigen anderen Regionen hinsichtlich der Arthropoden-bürtigen Krankheiten (engl. *vector-borne diseases*) unerwartete und teils dramatische Entwicklungen ergeben, für die v. a. die zunehmende Globalisierung, aber auch sozio-ökonomische und ökologische Veränderungen sowie der Klimawandel verantwortlich gemacht werden. Man denke hier an den plötzlichen Ausbruch der aus Afrika stammenden, virusbedingten Blauzungenkrankheit der Wiederkäuer im August 2006 im Nordwesten von Mitteleuropa mit der effizienten Übertragung des Erregers durch autochthone Mücken (*Culicoides*-Arten), was zu einer unerwartet rasanten Ausbreitung dieser Seuche führte. Besorgniserregend ist die Ansiedlung exotischer Mückenarten in Europa, z. B. der Asiatischen Tigermücke (*Aedes albopictus*) und der Asiatischen Buschmücke (*Aedes japonicus*), die erwiesene oder mutmaßliche Vektoren verschiedener human- und veterinärmedizinisch wichtiger Pathogene sind. Auch die Endemisierung durch Mücken übertragener Parasiten wie z. B. von *Dirofilaria repens* in zuvor nicht betroffenen Regionen Mitteleuropas zählt zu diesem unerwünschten Szenario. Schildzecken übertragen Erreger zahlreicher Infektionskrankheiten, zu denen u. a. die Lyme-Borreliose sowie Babesiosen von Haustieren gehören. Der Einsatz molekularbiologischer Methoden bietet heute verbesserte Möglichkeiten zur exakten Identifikation und Charakterisierung von Vektoren und Erregern sowie für die Erforschung der komplexen epidemiologischen Zusammenhänge, deren Kenntnis eine wichtige Voraussetzung für wirksame Bekämpfungsmaßnahmen ist. Für die Bekämpfung von Ektoparasiten der Haustiere stehen effiziente Wirkstoffe zur Verfügung, bei deren Einsatz viele Aspekte zu berücksichtigen sind, auch die Umweltverträglichkeit und Nachhaltigkeit.

Eine vereinfachte Klassifikation parasitologisch relevanter Arthropodengruppen bietet ▸ **Tab. 16.1**. Die Krebse (Klasse Crustacea) werden hier kurz erwähnt, weil einige Gattungen als Ektoparasiten bei Fischen eine Rolle spielen, z. B. *Ergasilus*, *Lernaea* und *Argulus* („Fischläuse"). Ferner haben Krebse eine Bedeutung als Zwischenwirte von Helminthen (u. a. *Paragonimus*, *Diphyllobothrium*, *Dracunculus*).

▸ **Tab. 16.1** Vereinfachte und selektive Klassifikation parasitischer Arthropoden.

Reich[1]: Eukaryota, Unterreich: Animalia		
Ordnung **• Unterordnung**	**Familie** **– Unterfamilie**	**Gattung[2]**
Stamm: Arthropoda[1]		
Unterstamm: Amandibulata (Chelicerata)		
Klasse: Arachnida		
Unterklasse: Acari (Milben im weiteren Sinne = Zecken und Milben im engeren Sinne)		
Metastigmata (Ixodida)	Ixodidae[3]	*Amblyomma, Anocentor,* ***Dermacentor, Haemaphysalis, Hyalomma, Ixodes, Rhipicephalus***
	Argasidae[3]	***Argas,*** *Ornithodoros, Otobius*
Mesostigmata (Gamasida)	Dermanyssidae	***Dermanyssus,*** *Liponyssoides*
	Macronyssidae	*Ophionyssus,* ***Ornithonyssus***
	Halarachnidae	*Pneumonyssoides, Pneumonyssus, Raillietia*
	Rhinonyssidae	*Sternostoma*
	Laelaptidae	*Eulaelaps, Hirstionyssus, Laelaps,* ***Tropilaelaps***
	Varroidae	*Euvarroa,* ***Varroa***
Prostigmata (Trombidiformes)	Demodicidae	***Demodex***
	Cheyletiellidae	***Cheyletiella,*** *Ornithocheyletia*
	Syringophilidae	*Syringophilus*
	Trombiculidae	***Neotrombicula, Trombicula***
	Psorergatidae	*Psorergates*
	Myobiidae	*Myobia, Radfordia*
	Pyemotidae	*Pyemotes*
	Tarsonemidae	***Acarapis***
Astigmata (Sarcoptiformes)	Psoroptidae	***Chorioptes, Otodectes, Psoroptes***
	Sarcoptidae	***Notoedres, Sarcoptes,*** *Trixacarus*
	Knemidocoptidae	*Knemidocoptes*
	Cytoditidae	*Cytodites*
	Listrophoridae	*Listrophorus*
	Myocoptidae	*Myocoptes*
	Laminosioptidae	*Laminosioptes*
	Falculiferidae	*Falculifer*
	Analgidae	*Leptosphyra, Megninia*
	Epidermoptidae	*Epidermoptes*
	Acaridae	*Acarus, Caloglyphus, Tyroglyphus, Tyrophagus*
	Glycyphagidae	*Glycyphagus, Lepidoglyphus*
	Pyroglyphidae	*Dermatophagoides*
Oribatida	Scheloribatidae	*Scheloribates*
	Ceratozetidae	*Trichoribates*
	Galumnidae	*Galumna, Pilogalumna*
Incertae sedis[4]	Pentastomida	

▶ **Tab. 16.1** Fortsetzung

Reich[1]: Eukaryota, Unterreich: Animalia		
Ordnung **• Unterordnung**	**Familie** **– Unterfamilie**	**Gattung[2]**
Unterstamm: Mandibulata (Mandibeltiere)		
Klasse: Crustacea (Diantennata, Krebse) (s. Text oben)		
Klasse: Insecta (Insekten)		
Blattaria (Schaben)	Blattidae	*Blatta, Periplaneta*
	Blattellidae	***Blattella***
Phthiraptera (Haar- und Federlinge; Läuse)		
• Amblycera (v. a. Federlinge)	verschiedene Familien	*Eomenacanthus, Gliricola, Gyropus, Menacanthus, Trinoton*
• Ischnocera (Haar- und Federlinge)		*Anaticola,* ***Bovicola,*** *Columbicola,* ***Felicola, Trichodectes***
• Anoplura (Läuse)	Pediculidae	***Pediculus,*** *Phthirus*
	Haematopinidae	***Haematopinus***
	Linognathidae	***Linognathus, Solenopotes***
	Hoplopleuridae	*Haemodipsus, Polyplax*
Heteroptera (Wanzen)	Cimicidae	***Cimex,*** *Oeciacus*
	Reduviidae	*Rhodnius, Triatoma*
Coleoptera (Käfer)	Nitidulidae	***Aethina***
Diptera (Zweiflügler) • Nematocera (Mücken)	Culicidae	
	– Anophelinae	***Anopheles***
	– Culicinae	***Aedes,*** *Coquillettidia,* ***Culex,*** *Culiseta, Mansonia*
	Psychodidae	*Lutzomyia,* ***Phlebotomus,*** *Sergentomyia*
	Simuliidae	*Austrosimulium, Cnephia, Prosimulium,* ***Simulium***
	Ceratopogonidae	*Austroconops,* ***Culicoides,*** *Forcipomyia, Leptoconops*
• Brachycera (Fliegen)	Tabanidae	***Chrysops, Haematopota, Hybomitra, Tabanus***
	Braulidae	*Braula*
	Drosophilidae	*Drosophila, Phortica*
	Muscidae	***Haematobia, Hydrotaea, Morellia, Musca,*** *Ophyra,* ***Stomoxys***
	Fanniidae	***Fannia***
	Glossinidae	***Glossina***
	Calliphoridae	***Calliphora,*** *Chrysomya, Cochliomyia,* ***Lucilia***
	Sarcophagidae	***Sarcophaga, Wohlfahrtia***
	Oestridae	
	– Oestrinae	*Cephenemyia,* ***Oestrus,*** *Pharyngomyia, Rhinoestrus*
	– Gasterophilinae	***Gasterophilus,*** *Gyrostigma*
	– Hypoderminae	***Hypoderma,*** *Oedemagena, Przhevalskiana*
	– Cuterebrinae	*Cuterebra, Dermatobia*
	Hippoboscidae	***Hippobosca,*** *Lipoptena,* ***Melophagus***
Siphonaptera (Flöhe)	Pulicidae	*Archaeopsylla,* ***Ctenocephalides,*** *Echidnophaga,* ***Pulex,*** *Spilopsyllus, Xenopsylla*
	Ceratophyllidae	***Ceratophyllus***
	Tungidae	*Tunga*

[1] taxonomische Kategorien der Klassifikation von Lebewesen s. ▶ **Tab. 1.2**
[2] in Fettdruck Gattungen mit besonderer Bedeutung für die Veterinärmedizin, als Zoonoseerreger oder als typische Beispiele der Familie; alphabetische Reihenfolge der Gattungen
[3] Unterfamilien siehe ▶ **Tab. 17.1**
[4] unklare phylogenetische und taxonomische Position

Literaturhinweise

Aspöck H, Hrsg. Krank durch Arthropoden. Denisia 2010; 30; ISSN: 1608–8700

Hiepe T, Ribbeck R. Veterinärmedizinische Arachno-Entomologie. In: Hiepe T, Hrsg. Lehrbuch der Parasitologie. Band 4. Jena: G. Fischer; 1982; Lizenznummer 261700/32/82

Marquardt WC, ed. Biology of disease vectors. 2nd ed. Amsterdam: Elsevier; 2004. ISBN: 0-12473-276-3

Mullen G, Durden L, eds. Medical and Veterinary Entomology. London: Academic Press; 2002. ISBN: 0-12510-451-0

Russell R, Otranto D, Wall R. The Encyclopedia of medical and veterinary entomology. Wallingford: CABI; 2013. ISBN: 978-1-78064-037-2

Wall R, Shearer D. Veterinary Ectoparasites: Biology, Pathology & Control. 2nd ed. Oxford: Blackwell Science; 2001. ISBN: 978-0-632-05618-7

17 Stamm Arthropoda (Gliederfüßer)

17.1 Klasse Arachnida (Spinnentiere)

Arachne (gr.): Spinne; *akari* (gr.): Milbe.

Das Wichtigste in Kürze

- Zu den **Acari** (Milben s. l.) gehören die kleinen, etwa 0,2–2 mm langen **Milben s. s.** und die wesentlich größeren **Zecken** (vollgesogene Weibchen bis 30 mm).
- **Merkmale der Acari.** Ungegliederter Körper, 4 Beinpaare (Larve mit 3 Beinpaaren). Mundwerkzeuge: Pedipalpen und Cheliceren, vom Körper abgesetzt (Gnathosoma). Lichtsinnesorgane reduziert oder fehlend, Tast- und Chemosensorien gut entwickelt.
- **Entwicklung.** Ei → Larve → Nymphe (z. T. mehrere Stadien) → Adulte (Männchen und Weibchen).
- Nach Lage und Funktion der Stigmen (Atemöffnungen) Einteilung der Acari in **Metastigmata, Mesostigmata, Prostigmata** und **Astigmata** (▶ Tab. 16.1).
- **Bedeutung.** Erreger von Hauterkrankungen und Allergien bei Tieren und Menschen, wichtige Vektoren von Krankheitserregern, Haus- und Vorratsschädlinge.

Die **Unterklasse Acari** umfasst etwa 30 000 Arten, von denen die meisten als frei lebende Prädatoren, Herbivoren oder Detritivoren verschiedenartige terrestrische Lebensräume (feuchte Böden bis Wüsten, sogar Eisfelder) und aquatische Habitate besiedeln. In der Fauna humöser Böden stellen sie oft mehr als die Hälfte aller Tierarten.

Morphologie Acari sind – abgesehen von den Zecken – klein (meist < 1 mm). Der **Körper** (**Idiosoma**) ist ungegliedert, er kann aber einige Nähte und Einschnürungen aufweisen. Am Körper inserieren bei den Adulten 4 Beinpaare und apikal das meist deutlich abgesetzte Gnathosoma (= **Capitulum**) mit 2 Paaren von **Mundwerkzeugen** (**Pedipalpen** und **Cheliceren**) (▶ Abb. 17.1). Die ungegliederten Cheliceren sind an der Spitze meist stilett- oder scherenförmig ausgebildet, die Palpen bestehen aus 1–6 Segmenten, von denen das letzte oft eine Klaue trägt. Bei den Mesostigmata und den Metastigmata (Zecken) sind die Palpen distal zu einer **Basis capituli** fusioniert (▶ Abb. 17.3). Von ihr geht ventral als unpaares Mundwerkzeug das **Hypostom** aus, das nur bei den Metastigmata (Zecken) gezähnt ist. Der Teil des Idiosoma, der die Beine trägt, wird als **Podosoma**, der beinlose hintere Teil als **Opisthosoma** bezeichnet. In Bestimmungsschlüsseln werden außerdem weitere Bezeichnungen für verschiedene Körperabschnitte benutzt.

Adulte und Nymphen der Acari haben **4 Beinpaare** (die Larven nur 3; das 4. wird während der Embryonalentwicklung zurückgebildet). Das 1. Beinpaar ist häufig zu Fang- oder Sinnesorganen modifiziert. Die Laufbeine bestehen meist aus 6 Gliedern (▶ Abb. 17.1). **Prätarsen, Klauen** und **Empodien** (sehr variable, membranartige Anhänge) sind oft gattungsspezifisch differenziert. Einige Milben (Astigmata u. a.) atmen durch die Cuticula; sie haben keine **Stigmen**. Andere Milben haben paarige Stigmen, die über einen Gang (Peritrema) mit einem fein verzweigten Tracheensystem in Verbindung stehen, das nicht nur der Atmung, sondern auch der Fixierung der inneren Organe dient (▶ Abb. 17.2).

Entwicklung Die Entwicklung der Acari verläuft nach folgendem Grundschema: **Ei** → **Larve** → 1 oder mehrere **Nymphen** → **Adulte** (Männchen und Weibchen).

Dieses Grundschema erfährt in den einzelnen Gruppen Abwandlungen. So schlüpft bei den meisten Arten die Larve aus dem Ei, bei einigen aber eine Nymphe. Bei man-

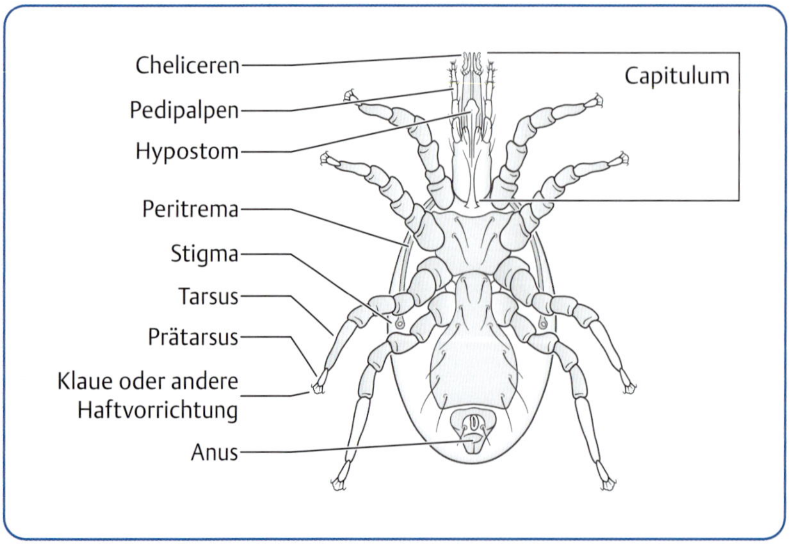

▶ **Abb. 17.1** Schema einer Milbe. (Grafik: Anne Seeger, nach einer Vorlage von Johannes Eckert, Vetsuisse-Fakultät, Universität Zürich)

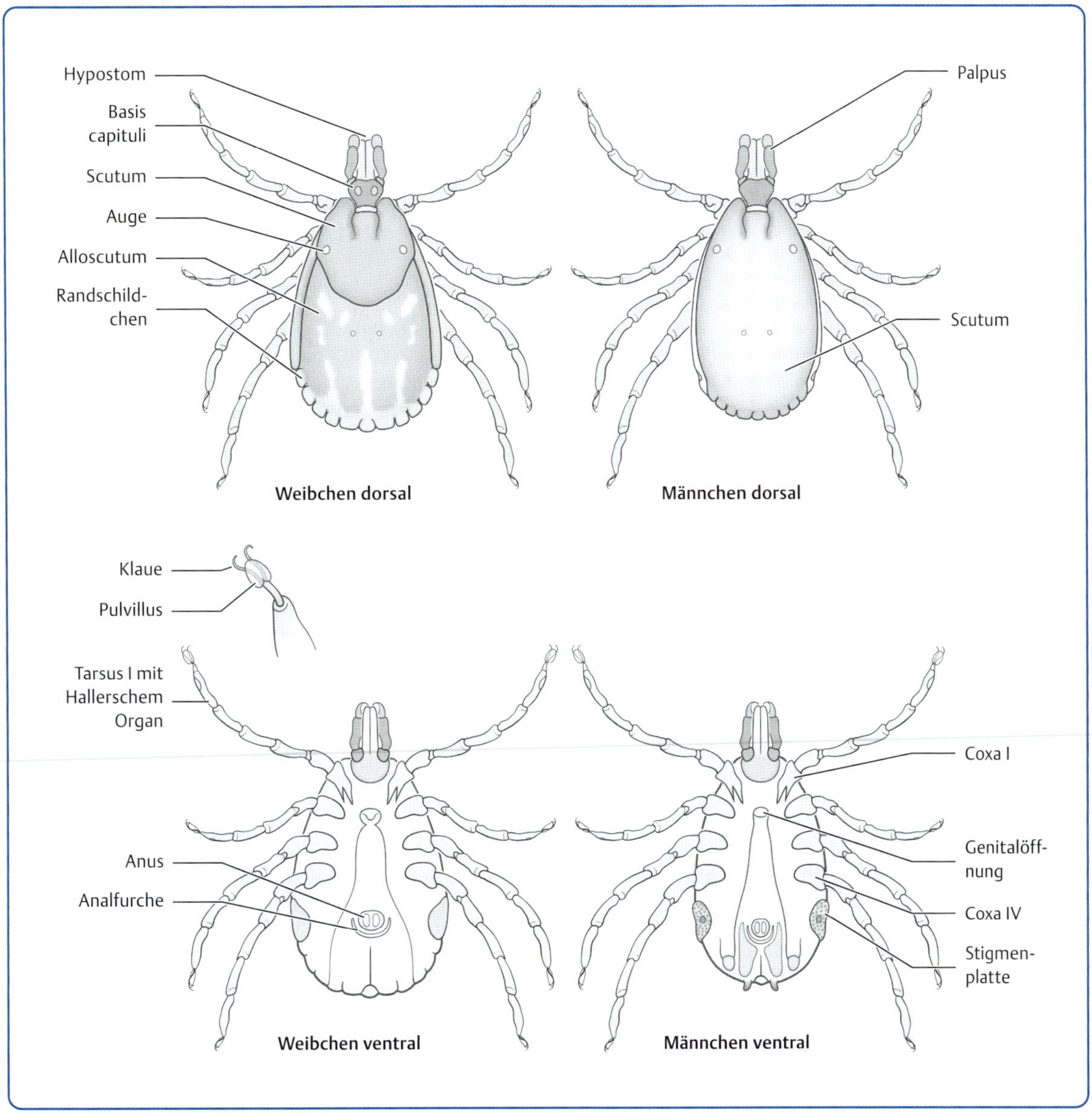

▶ **Abb. 17.2** Schema von Ixodidae (Schildzecken) (am Beispiel der Gattung *Hyalomma*). (Grafik: Anne Seeger, Vetsuisse-Fakultät, Universität Zürich; nach Alan R. Walker, Edinburgh, Schottland)

chen Arten wird nur ein Nymphenstadium gebildet, bei anderen sind es mehrere, die z. T. als **Proto-, Deuto- und Tritonymphe** bezeichnet werden. Eine deutliche sexuelle Differenzierung erfolgt erst im Adultstadium. Häufig ist eines der Nymphenstadien inaktiv (Entwicklung ohne Nahrungsaufnahme). Die einzelnen Entwicklungsschritte von der Larve bis zu den Adulten sind mit **Häutungen** verbunden und werden je nach Art und Situation durch Ruhe- oder Hungerphasen unterbrochen. Die Entwicklungsdauer einer Generation schwankt zwischen wenigen Tagen bis zu mehreren Jahren. Die Zahl der Eier, die ein Weibchen produziert, reicht von etwa 10 bis 10 000 (z. B. bei einigen Schildzecken). Generell kann das enorme Vermehrungspotenzial vieler Arten der Acari zu einer explosionsartigen Ausbreitung der Population führen.

17.1.1 Ordnung Metastigmata (Ixodida, Zecken)

Meta (gr.): hinter, nach; *stigma* (gr.): Narbe, Fleck. Bezug auf die Lage der Atemöffnungen vor oder hinter dem 4. Beinpaar. Engl.: *ticks*.

Die Metastigmata (Ixodida, Zecken) sind obligate, hämatophage Ektoparasiten von Säugern, Vögeln und Reptilien. Etwa 10 % der ca. 900 Arten parasitieren an Haustieren, vor allem an Rindern, Schafen, Pferden und Hunden. In der Veterinär- und Humanmedizin haben Zecken als Krankheitserreger, vor allem aber als Vektoren eine überragende Bedeutung. Es gibt 2 große Familien, die **Ixodidae (Schildzecken)** und die **Argasidae (Lederzecken)**, sowie eine unbedeutende Familie, die Nutalliellidae (▶ **Tab. 17.1**).

Morphologie

Körper (Idiosoma) Wie bei allen Acari ungegliedert, oval, im nüchternen Zustand dorsoventral abgeflacht (▶ **Abb. 17.2**). Adulte und Nymphen mit 4 Beinpaaren, Larven mit 3 Beinpaaren. Am letzten Glied der Beine (Tarsen) 1 Doppelkralle, z. T. auch Haftlappen (Pulvillen). Zecken sind die größten Acari: nüchterne Adulti 2–7 mm lang, vollgesogene Weibchen ca. 8–30 mm. Alle Stadien der Schildzecken tragen einen dorsalen Rückenschild aus hartem Chitin, der bei den Lederzecken fehlt.

Mundwerkzeuge 4-gliedrige **Palpen** (= Pedipalpen) und **Cheliceren** sind basal zur Basis capituli fusioniert. Basis und Mundwerkzeuge bilden das **Capitulum** (Gnathosoma), das vom Körper abgesetzt ist (▶ **Abb. 17.3**). Ventral am Capitulum liegt unter den Cheliceren ein unpaares Mundwerkzeug, das **Hypostom,** ein starres, unbewegliches Stechorgan mit nach hinten gerichteten Zähnen. Die Cheliceren sind Teile des Stechapparates, die Palpen tragen Sensillen und dienen vorwiegend der Orientierung.

Sinnesorgane Zecken besitzen verschiedene Sinnesorgane. Charakteristisch ist das **Hallersche Organ,** das bei Adulten, Nymphen und Larven in den Tarsen des 1. Beinpaares liegt (▶ **Abb. 17.4**).

Stigmen/Stigmenplatten (Spircularplatten, engl. spiracles) Die Stigmen (Stigmata) bilden den Eingang zum Tracheensystem: Sie sind bei Adulten und Nymphen ausgebildet und liegen bei den Schildzecken hinter den Coxen des 4. Beinpaares (▶ **Abb. 17.2**), bei den Lederzecken davor. Stigmen sind oft von einer ovalen Stigmenplatte umgeben.

▶ **Tab. 17.1** Wichtige Zeckengattungen und -arten.

Familie • Unterfamilie	Gattung (Zahl der Arten)	Arten[1]
Ordnung Metastigmata (= Ixodida, Zecken)		
3 Familien[2], 17 Gattungen, ca. 900 Arten		
Ixodidae		
• Ixodinae	*Ixodes* (246)	***Ixodes ricinus****, *I. persulcatus**, ***I. hexagonus****, *I. canisuga**, *I. trianguliceps**
• Haemaphysalinae	*Haemaphysalis* (166)	*Haemaphysalis punctata**, *H. concinna**, *H. inermis**
• Rhipicephalinae	*Rhipicephalus* (82)[3]	***Rhipicephalus sanguineus****, *R. bursa**, *R. turanicus**, *Rhipicephalus microplus*, *R. decoloratus*, *R. annulatus**
	Dermacentor (34)	***Dermacentor marginatus**, *D. reticulatus****
• Hyalomminae	*Hyalomma* (27)	*Hyalomma marginatum**, *H. aegypticum**, *H. anatolicum**
• Amblyomminae	*Amblyomma* (130)	*Amblyomma hebraeum*, *A. variegatum*, *A. americanum*
Argasidae		
• Argasinae	*Argas* (61)	***Argas reflexus****, *Argas persicus**
• Ornithodorinae	*Ornithodoros* (112)	*Ornithodoros moubata* ssp., *O. savignyi*, *O. erraticus**

[1] in Fettdruck Arten von besonderem Interesse für die Praxis in Mitteleuropa; * in Europa autochthone Arten
[2] hier nicht aufgeführt ist die Familie der Nuttalliellidae mit nur einer Art (*Nuttalliella namaqua*) bei Nagern, Reptilien und Vögeln im südlichen Afrika
[3] die 5 Arten der früheren Gattung *Boophilus* werden neuerdings der Gattung *Rhipicephalus* zugeordnet

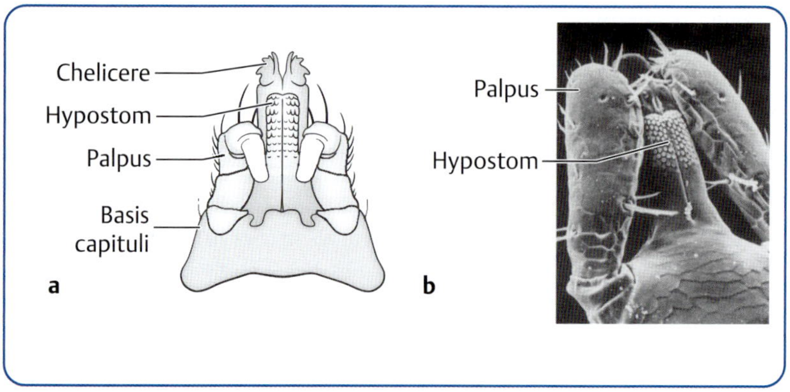

▶ **Abb. 17.3** Mundwerkzeuge von Ixodidae. **a** Schema des Capitulums, Ansicht von ventral. **b** REM-Aufnahme. (Quelle: a: Anne Seeger, Vetsuisse-Fakultät, Universität Zürich; nach Weyer, F. Zumpt F. Grundriss der Medizinischen Entomologie. Leipzig. Paul Parey 1942; b: Nationale Akademie der Wissenschaften Leopoldina, Halle (Saale) (Dr. M. Kaasch): aus: A. Aeschlimann (1996): Zecken als Vektoren unter besonderer Berücksichtigung der Spirochäten. Nova Acta Leopoldina NF 71: Nr. 292, 11-25)

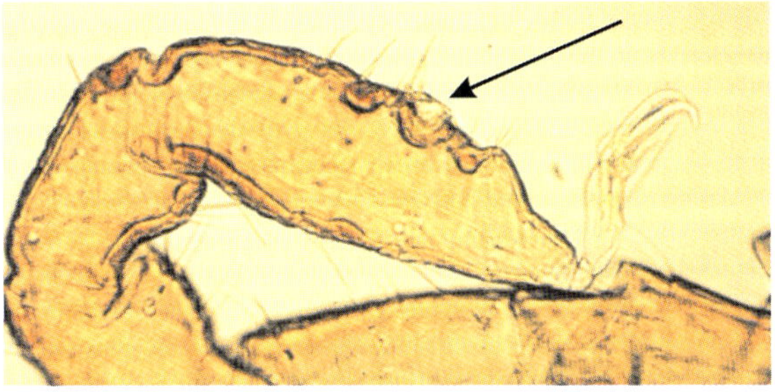

▶ **Abb. 17.4** Tarsus einer Schildzecke mit Hallerschem Organ (Pfeil). (Quelle: Nationale Akademie der Wissenschaften Leopoldina, Halle (Saale) (Dr. M. Kaasch): aus: A. Aeschlimann (1996): Zecken als Vektoren unter besonderer Berücksichtigung der Spirochäten. Nova Acta Leopoldina NF 71: Nr. 292, 11-25)

Entwicklung Die Entwicklung der Zecken spielt sich teils im Habitat und teils auf einem Wirt ab. Sie verläuft über 4 Stadien: Ei → Larve (L) → Nymphe (N) (1 Nymphenstadium bei den Ixodidae, 2–8 bei den Argasidae) und Adultus (A) (Männchen oder Weibchen). Zur Weiterentwicklung zum nächsten Stadium müssen die L, N und A der Zecken an einem geeigneten Wirt Blut saugen (Ausnahmen bei den Argasidae). Nach einer Blutaufnahme können Zecken z. T. lange Hungerperioden überdauern.

Merkmale der Schildzecken und der Lederzecken Die beiden großen Zeckenfamilien unterscheiden sich durch morphologische Merkmale und biologische Eigenschaften (▶ **Tab. 17.2**).

Schild- und Lederzecken können eine Vielzahl von Erregern übertragen (▶ **Tab. 17.3**).

▶ **Tab. 17.2** Merkmale der Lederzecken und Schildzecken.

Merkmal	Lederzecken (Argasidae)	Schildzecken (Ixodidae)
Rückenschild (Scutum)	fehlt	vorhanden bei allen Stadien
Anzahl Beinpaare		
Adulte und Nymphen	4	4
Larven	3	3
Capitulum		
Adulte und Nymphen	ventral gelegen, von dorsal nicht sichtbar	vorderständig, von dorsal sichtbar
Larven	vorderständig	vorderständig
Hallersches Organ	vorhanden bei allen Stadien	vorhanden bei allen Stadien
Atemöffnung (Stigma)		
Adulte und Nymphen	klein, vor Coxa des 4. Beinpaares	groß, hinter Coxa des 4. Beinpaares
Larven	fehlt (Atmung durch Cuticula)	fehlt (Atmung durch Cuticula)
Haftlappen (Pulvillen) an Tarsen		
Adulte und Nymphen	fehlen	vorhanden
Larven	vorhanden	vorhanden
Coxaldrüse (Adulte)	vorhanden	fehlt
Geschlechtsdimorphismus	gering (Männchen und Weibchen sehr ähnlich)	deutlich (Männchen: Schild bedeckt ganze Rückenfläche; Weibchen: Schild bedeckt nur vorderes Drittel der Dorsalseite)
Entwicklung	Ei → Larve → mehrere Nymphenstadien → Adulti	Ei → Larve → Nymphe → Adulti
Eiablage	mehrmals, < 500 Eier/Gelege	einmal, > 1000 bis ca. 10 000 Eier/Gelege
Habitat	typisch arid	typisch humid bis semiarid
Dauer des Saugaktes	20–30 min (Larve: bis 1 Wo.)	2 bis ca. 14 d
Zunahme des Körpergewichtes beim Saugakt	bis 12-fach	bis 120-fach
Hungerperioden	20 d (Larven), 5–7 Jahre (Adulte)	1 Monat bis ca. 1 Jahr
Dauer einer Generation	6 bis ca. 12 Monate	2 Monate bis mehrere Jahre

► **Tab. 17.3** Durch Zecken übertragbare Infektionserreger (Auswahl).

Infektionserreger[1], Vorkommen (V)	Bezeichnung der Infektion bei Menschen (M) oder Tieren (T)	wichtige Vektoren[2] (VE) und Vertebratenwirte (W)
Viren		
Asfarviridae		
African Swine Fever-Virus (ASFV) V: Subsahara Afrika, S-Amerika, S-Europa, Kaukasus-Region, RU	T: Afrikanische Schweinepest	VE: *Ornithodoros moubata*-Komplex und *O. erraticus* W: Warzenschwein, Buschschwein, Wildschwein, Hausschwein
Bunyaviridae		
Crimean-Congo Haemorrhagic Fever Virus (CCHV) V: S-, SO- u. O-Europa, Afrika, SW-Asien	M: Hämorrhagisches Krim-Kongo-Fieber	VE: *Hyalomma marginatum, H. truncatum, H. rufipes, Dermacentor marginatus* W: Leporiden, Nager, Rind, Schaf, Mensch
Nairobi Sheep Disease Virus (NSDV) V: O- u. S-Afrika	M: Nairobi-Schaf-Krankheit (NSK) T: NSK	VE: *Rhipicephalus appendiculatus, R. pulchellus* W: Schaf, Ziege, Ratte, Mensch
Reoviridae		
Colorado Tick Fever Virus (CTFV) V: N-Amerika	M: Colorado-Zeckenfieber	VE: *Dermacentor andersoni* W: Nager (Erdhörnchen, Waldratte u. a.), Mensch
Eyach-Virus (EYAV) V: N-Amerika, Europa	M: ähnlich wie bei FSME	VE: *Ixodes ricinus, I. ventalloi* W: Kaninchen, Mensch
Flaviviridae		
Frühsommer-Meningoencephalitis(FSME)- oder Tick-borne Encephalitis(TBE)-Virus		
– Europäischer Subtyp V: M-, N-, O-Europa (viele Länder)	M: Meningoencephalitis T: TBE bei Hund u. Pferd	VE: *Ixodes ricinus, I. hexagonus* (selten); östl. Europa: *I. persulcatus* W: Mäuse (*Apodemus, Microtus, Myodes*), Hund, Fuchs, Rind, Ziege, Schaf, Cerviden, Mensch
– Fernöstlicher Subtyp V: O-RU, China, Japan	M: Fernöstliche TBE	VE: *Ixodes persulcatus* W: Säugetiere, Mensch
– Sibirischer Subtyp V: Ural, Sibirien, fernöstl. RU	M: Sibirische TBE	VE: *Ixodes persulcatus* W: Säugetiere, Mensch
Kyasanur Forest Disease Virus (KFDV) V: Indien, China, Saudi-Arabien	M: Kyasanur-Waldfieber T: Infektion bei Affen	VE: *Haemaphysalis spinigera, H. turturis* W: Nager, Mensch
Louping-ill-Virus (LIV) V: UK, Iran	M: Encephalitis T: Louping ill der Schafe	VE: *Ixodes ricinus* W: Schaf, Ziege, Kleinsäuger, Vögel, Cerviden u. a., Mensch
Omsk Haemorrhagic Fever Virus (OHFV) V: RU (W-Sibirien)	M: Omsk-hämorrhagisches Fieber	VE: *Dermacentor reticulatus* W: Nager (Mäuse [*Arvicola, Microtus*], Bisamratte), Mensch
Bakterien		
Rickettsiales: Anaplasmataceae		
Anaplasma marginale V: Tropen u. Subtropen Amerika, Afrika, Asien, Australien, auch O- u. S-Europa, nördl. bis AT u. CH	T: Maligne bovine Anaplasmose	VE: *Rhipicephalus microplus, R. annulatus, Rhipicephalus* spp., *Dermacentor* spp. W: Rind, Büffel, Bison, andere Wildwiederkäuer
Anaplasma centrale V: wie *A. marginale*	T: Benigne bovine Anaplasmose	VE: *Rhipicephalus simus* W: Rind
Anaplasma bovis V: Afrika, N- u. S-Amerika, Asien	T: Bovine Anaplasmose	VE: *Amblyomma variegatum, Rhipicephalus appendiculatus, Hyalomma* spp., *Dermacentor andersoni* u. a. W: Rind, Büffel
Anaplasma ovis V: Mittelmeergebiet, Naher Osten, Afrika, USA	T: Anaplasmose der kleinen Wiederkäuer	VE: *Rhipicephalus bursa, R. turanicus, Dermacentor marginatus, D. silvarum* W: Schaf, Ziege, Wildwiederkäuer

▸ **Tab. 17.3** Fortsetzung

Infektionserreger[1], Vorkommen (V)	Bezeichnung der Infektion bei Menschen (M) oder Tieren (T)	wichtige Vektoren[2] (VE) und Vertebratenwirte (W)
Anaplasma phagocytophilum (früher: *Ehrlichia phagocytophila*, *E. equi* u. HGE-Agent) V: nördliche Hemisphäre: N-Amerika bis Asien	M: Humane granulozytäre Anaplasmose (HGA) T: Bovine, Ovine, Equine, Canine, Feline granulozytäre Anaplasmose	VE: Europa: *Ixodes ricinus*, *I. trianguliceps;* Asien, Osteuropa: *I. persulcatus*; USA: *Ixodes scapularis*, *I. pacificus* W: Schaf, Rind, Pferd, Hund, Katze, Nager, Wildwiederkäuer, Fuchs u. a., Mensch
Anaplasma platys V: Tropen, Subtropen, Mittelmeerregion	T: Thrombocytopenie beim Hund	VE: *Rhipicephalus sanguineus* W: Hund
Anaplasma pullorum (Syn. *Aegyptianella pullorum*) V: Afrika, Asien, Europa	T: Aegyptianellose	VE: *Argas persicus*, *A. reflexus*, *A. walkerae* W: Huhn, Truthuhn u. a. Vögel
Ehrlichia canis V: weltweit: Tropen, Subtropen; Mittelmeerregion	T: Canine monocytäre Ehrlichiose (CME)	VE: *Rhipicephalus sanguineus*, *Dermacentor variabilis* W: Hund, andere Caniden
Ehrlichia chaffeensis V: USA, Z- u. S-Amerika, Asien	M: Humane monocytäre Ehrlichiose (HME)	VE: *Amblyomma americanum* W: Weißwedelhirsch, Mensch
Ehrlichia ewingii V: USA, Afrika, Asien	M: Humane granulocytäre Ehrlichiose (GE) T: Canine GE	VE: *Amblyomma americanum* W: Weißwedelhirsch, Hund, Mensch
Ehrlichia ruminantium (Syn. *Cowdria ruminantium*) V: tropisches Afrika, Karibik	M: seltene Infektion T: Cowdriose (Herzwasser) der Wiederkäuer	VE: *Amblyomma variegatum*, *A. hebraeum* W: Rind, Schaf, Ziege, Antilopen, Hund, Mensch
Candidatus[3] *Neoehrlichia mikurensis* V: Europa (CH, DE, IT, SE, RU u. a.), Asien	M: Neoehrlichiose T: Neoehrlichiose (Hund)	VE: *Ixodes ricinus*, *I. persulcatus*, *I. ovatus* W: Nager, Hund, Mensch
Rickettsiales: Rickettsiaceae		
Rickettsia africae V: Subsahara-Afrika, Karibik, Ozeanien	M: Afrikanisches Zeckenstichfieber[4]	VE: *Amblyomma variegatum*, *A. hebraeum* W: Mensch, Rind, Schaf u. a.
Rickettsia aeschlimannii V: Europa, Afrika	M: Zeckenstichfieber[4]	VE: *Hyalomma marginatum*, *H. rufipes*, *Rhipicephalus appendiculatus* W: Mensch
Rickettsia conorii (4 Subspecies) V: Mittelmeerländer, Afrika, Indien, RU	M: Mittelmeer-Fleckfieber, Fièvre boutonneuse	VE: *Rhipicephalus sanguineus*, *R. turanicus*, *R. pusillus*, *R. simus* W: Mensch, Hund, Nagetiere
Rickettsia helvetica V: Eurasien	M: Aneruptives Zeckenstichfieber[4]	VE: *Ixodes ricinus* W: Mensch
Rickettsia sibirica mongolitimonae V: N- u. Z-Asien, Afrika, Europa: S-Frankreich	M: Nordasiatisches Zeckenstichfieber[4] (Lymphangitis-assoziierte Rickettsiose)	V: *Hyalomma asiaticum*, *H. truncatum*, *H. anatolicum* W: Mensch u. a.?
Rickettsia slovaca*, *R. raoultii V: W-Europa bis Z-Asien	M: Tick-borne Lymphadenopathy (TIBOLA), Dermacentor-borne necrosis and lymphadenopathy (DEBONEL)	VE: *Dermacentor marginatus*, *D. reticulatus* W: Mensch (bei Tieren nicht gut dokumentiert)
Rickettsia rickettsii V: N- u. S-Amerika	M: Rocky Mountain Fleckfieber	VE: *Dermacentor andersoni*, *D. variabilis*, *Ixodes scapularis*, *Amblyomma americanum*, *Rhipicephalus sanguineus* u. a. W: Kleinsäuger: Murdien, Leporiden, Opossum u. a., Mensch
Gammaproteobacteria		
Coxiella burnetii V: weltweit (außer Neuseeland)	M: Q-Fieber (QF), Coxiellose T: QF bei Schaf, Ziege, Rind u. a.	VE: *Dermacentor marginatus*, *D. andersoni*, *Amblyomma americanum* u. a. W: Schaf, Ziege Rind, Wildwiederkäuer u. a., Mensch
Francisella tularensis V: Europa, Asien, N-Amerika	M: Tularämie T: Tularämie	VE: *Ixodes ricinus*, *Dermacentor marginatus*, *D. reticulatus*, *D. andersoni* W: Hasen, Nager, Mensch

▸ **Tab. 17.3** Fortsetzung

Infektionserreger[1], Vorkommen (V)	Bezeichnung der Infektion bei Menschen (M) oder Tieren (T)	wichtige Vektoren[2] (VE) und Vertebratenwirte (W)
Spirochaetales		
Borrelia burgdorferi* s. s., *B. garinii*, *B. afzelii*, *B. spielmanii V: Europa, Asien	M: Borreliose, Lyme-Borreliose T: Borreliose bei Hunden, Katzen u. Pferden	VE: Europa: *Ixodes ricinus*, *I. hexagonus*, *I. canisuga*, *I. trianguliceps*, O-Europa u. Asien: *I. persulcatus* W: Schaf, Rind, Pferd, Hund, Katze, Nager u. a., Mensch
***Borrelia burgdorferi* s. s.** V: USA	M: Lyme-Borreliose	VE: *Ixodes scapularis*, *I. pacificus* W: Nager u. a., Mensch
Borrelia duttonii V: Subsahara-Afrika	M: Endemisches Zecken-Rückfallfieber	VE: *Ornithodoros moubata*-Komplex W: Mensch
Borrelia hermsii V: USA, CA	M: Zecken-Rückfallfieber	VE: *Ornithodoros hermsi* W: Kleinsäuger (Mäuse, Hörnchen u. a.), Mensch
Borrelia miyamotoi V: Europa, USA, Japan	M: Rückfallfieber	VE: *Ixodes* spp. W: Nager u. a., Mensch
Borrelia anserina V: Tropen, Subtropen, sporadisch in Europa	T: Borreliose der Gänse	VE: *Argas persicus* W: Gans, Ente, Huhn, Truthuhn
Andere Bakteriengruppen		
Dermatophilus congolense V: Tropen u. Subtropen, Einzelfälle in Europa	M: akzidentelle Infektion T: Bovine Dermatophilose	VE: azyklisch: *Amblyomma variegatum* u. a. Zeckenarten, auch Fliegen W: Rind, Schaf, Ziege, Pferd, Kamele u. a., Mensch
***Mycoplasma haemofelis*,** Candidatus[3] *Mycoplasma haemofelis*, *M. haemocanis*, *M. haemominutum*, *M. turicensis*	T: Feline/canine infektiöse Anämie (weltweit)	VE: Ixodidae? [s. auch Flöhe (S. 522)] W: Katze, Hund
Protozoen		
Adeleida		
Hepatozoon canis V: S-Europa, Asien, Afrika	T: Hepatozoonose	VE: *Rhipicephalus sanguineus* W: Hund, Rotfuchs, Schakal, Hyäne, Katze u. a.
Hepatozoon americanum V: USA	T: Hepatozoonose (USA)	VE: *Amblyomma maculatum* W: Hund, Kojote
Piroplasmida: Babesiidae		
Babesia bigemina V: Tropen u. Subtropen: Afrika, Australien, Asien, Z- u. S-Amerika, S-Europa	T: Bovine Babesiose, Texas-Fieber	VE: *Rhipicephalus microplus*, *R. annulatus*, *R. decoloratus*, *R. decoloratus*, *R. evertsi evertsi* W: Rind
Babesia bovis V: etwa wie *B. bigemina*	T: Bovine Babesiose	VE: *Rhipicephalus microplus*, *R. annulatus* W: Rind
Babesia divergens V: Europa	M: akzidentelle Infektion T: Bovine Babesiose, Weiderot	VE: Europa außer N-Europa: *Ixodes ricinus*; N-Europa: *I. persulcatus* W: Rind, Cerviden, Mensch
Babesia major V: Europa, N-Afrika	T: Babesiose	VE: *Haemaphysalis punctata* W: Rind
Babesia occultans V: S- u. W-Afrika	T: Babesiose	VE: *Hyalomma rufipes* W: Rind
Babesia ovata V: Ostasien	T: Babesiose	VE: *Haemaphysalis longicornis* W: Rind
Babesia ovis V: S-Europa, Afrika, Asien, Kuba	T: Ovine Babesiose	VE: *Rhipicephalus bursa*, *R. turanicus*, *Hyalomma anatolicum excavatum* W: Schaf
Babesia motasi (avirulent) V: W-, M- u. N-Europa	T: apathogen	VE: *Haemaphysalis punctata*, *Ixodes ricinus?* W: Schaf, Ziege
Babesia motasi (virulent) V: S-Europa, Afrika, Asien, Kuba	T: Ovine Babesiose	VE: *Haemaphysalis punctata*; RU: *Rhipicephalus bursa* W: Schaf, Ziege

▶ **Tab. 17.3** Fortsetzung

Infektionserreger[1], Vorkommen (V)	Bezeichnung der Infektion bei Menschen (M) oder Tieren (T)	wichtige Vektoren[2] (VE) und Vertebratenwirte (W)
Babesia capreoli V: Europa	T: Babesiose von Wildwiederkäuern	VE: *Ixodes ricinus* W: Reh, Rothirsch, Rentier u. a.
Babesia venatorum V: Europa: AT, CH, DE, IT	M: akzidentelle Infektion T: Babesiose von Wildwiederkäuern	VE: *Ixodes ricinus* W: Wildwiederkäuer, Mensch
Babesia caballi V: S-Europa, Tropen, Subtropen, außer Australien	T: Equine Babesiose	VE: Europa: *Dermacentor marginatus, D. reticulatus*; Z-Asien: *D. nuttalli, D. silvarum*; Neue Welt: *Dermacentor nitens*; Südafrika: *Hyalomma truncatum* W: Equiden
Babesia trautmanni V: Afrika, Südeuropa, RU	T: Porcine Babesiose	VE: *Rhipicephalus turanicus, R. simus* W: Schwein
Babesia perroncitoi V: Afrika, IT	T: Porcine Babesiose	VE: *R. sanguineus?, D. reticulatus?* W: Schwein
Babesia canis V: W-, S- u. O-Europa, Herde in M-Europa, Asien	T: Canine Babesiose	VE: *Dermacentor reticulatus* W: Hund u. a. Caniden
Babesia rossi V: Afrika: Südafrika, Sudan	T: Canine Babesiose	VE: *Haemaphysalis elliptica* W: Hund u. a. Caniden
Babesia vogeli V: N- u. S-Amerika, Afrika, Australien, Japan, S-Europa	T: Canine Babesiose	VE: *Rhipicephalus sanguineus* W: Hund u. a. Caniden
Babesia gibsoni V: N-Afrika, Amerika, Asien, Australien	T: Canine Babesiose	VE: *Rhipicephalus sanguineus, Haemaphysalis bispinosa* W: Hund u. a. Caniden
***Babesia* sp. (*microti*-like)**[5] (Syn. *Theileria [Babesia] annae*) V: ES	T: Canine Babesiose	VE: *Ixodes hexagonus?* W: Hund, Fuchs
Babesia felis V: südl. Afrika	T: Feline Babesiose	VE: *Haemaphysalis leachi?* W: Katze u. a. Feliden
***Babesia microti*-Komplex** V: N-Amerika, Europa, Asien	M: akzidentelle Infektion T: Nagerbabesiose	VE: Europa: *Ixodes ricinus, I. trianguliceps*; N-Amerika: *I. scapularis*; Japan: *I. ovatus?* W: Nager, Mensch
B. duncani V: USA	M: akzidentelle Infektion	VE: unbekannt W: Mensch, andere Wirte unbekannt
Piroplasmida: Theileriidae		
Cytauxzoon felis V: Nordamerika	T: Feline Cytauxzoonose	VE: USA: *Amblyomma americanum, Dermacentor variabilis?* W: Wildfeliden (Luchs, Panther, Puma), Katze
***Cytauxzoon* sp.** V: Europa: ES, IT, FR, CH	T: mild verlaufende feline Cytauxzoonose	VE: unbekannt
Theileria annulata V: Mittelmeerländer, Naher u. Mittlerer Osten, Z-Asien bis China	T: Mittelmeertheileriose	VE: *Hyalomma anatolicum* W: Rind, Wasserbüffel
Theileria orientalis (Syn. *T. buffeli*) V: Eurasien, Australien	T: apathogen	VE: *Haemaphysalis* spp. W: Rind, Wasserbüffel
Theileria mutans V: subsaharisches Afrika, Karibik	T: Benigne bovine Theileriose	VE: *Amblyomma variegatum* W: Rind, Afrikanischer Büffel
***Theileria parva* (Rinder-assoziiert)**[6] V: O- u. Z-Afrika	T: Ostküstenfieber	VE: *Rhipicephalus appendiculatus* W: Rind, Afrikanischer Büffel
***Theileria parva* (Büffel-assoziiert)**[6] V: S-, O- u. Z-Afrika	T: Korridorkrankheit	VE: *Rhipicephalus appendiculatus* W: Rind, Afrikanischer Büffel

► **Tab. 17.3** Fortsetzung

Infektionserreger[1], Vorkommen (V)	Bezeichnung der Infektion bei Menschen (M) oder Tieren (T)	wichtige Vektoren[2] (VE) und Vertebratenwirte (W)
Theileria lestoquardi (Syn. *T. hirci*) V: SO-Europa, N-Afrika, Naher u. Mittlerer Osten	T: Maligne Theileriose der Schafe und Ziegen	VE: *Hyalomma anatolicum* W: Schaf, Ziege
Theileria ovis V: S-Europa, N-Afrika, Naher u. Mittlerer Osten, S-Russland	T: Benigne Theileriose der Schafe und Ziegen	VE: *Rhipicephalus bursa, R. turanicus* W: Schaf, Ziege
Theileria equi (Syn. *Babesia equi*) V: S-Europa, Tropen, Subtropen (außer Australien)	T: Theileriose der Equiden	VE: *Dermacentor marginatus, D. reticulatus, Rhipicephalus bursa, R. turanicus, Rhipicephalus* spp., *Hyalomma* spp.; S-Amerika: *R. (B.) microplus* W: Equiden
Helminthen		
Filarioidea		
Acanthocheilonema viteae	T: Nagerfilariose	VE: *Ornithodoros moubata* W: Meriones
Cercopithifilaria grassii (früher: *Dipetalonema grassii*) V: S-Europa, Afrika, S-Amerika	T: apathogen	VE: *Rhipicephalus sanguineus* W: Hund
Dipetalonema dracunculoides V: Europa, Afrika, Asien	T: apathogen	VE: *Rhipicephalus sanguineus* W: Hund, Fuchs, Hyäne
Macdonaldius oschei V: Reptilienhaltungen	T: Filariose bei Schlangen	VE: *Ornithodoros talaje, O. puertoricensis* W: Schlangen

[1] N: Nord, O: Ost, S: Süd, W: West, Z: Zentral
[2] zu beachten ist, dass manche Erreger nicht nur durch Zecken übertragen werden; ? = epidemiologische Hinweise, aber Vektorrolle nicht gesichert
[3] Candidatus: vorläufiger taxonomischer Status für derzeit nicht kultivierbare Organismen
[4] oft als Zeckenbissfieber bezeichnet; da Zecken stechen und nicht beißen, ist Zeckenstichfieber der korrekte Begriff
[5] diese Art steht genetisch den Theilerien nahe, doch fehlen biologische Merkmale für die Zuordnung zur Gattung *Theileria*
[6] der Rinder-assoziierte *T. parva*-Stamm wurde früher als *T. parva parva*, der Büffel-assoziierte Stamm als *T. parva lawrenci* bezeichnet

Familie Ixodidae (Schildzecken)

Ixos (gr.): Mistel und daraus gewonnener Leim; *ixodes* (gr.): ixosähnlich, sinngemäß: klebrig. Bezug auf das Festsitzen der Zecken am Wirt. Engl.: *hard ticks*.

Praxis

Die Bekämpfung und Prävention des Schildzecken-Befalls ist insbesondere in der Kleintierpraxis von Bedeutung, aber auch bei Wiederkäuern und Pferden sind von Zecken übertragene Erkrankungen wichtig.
Zoonose: Besonders häufig befällt *Ixodes ricinus* in Europa auch Menschen und stellt den wichtigsten Vektor der Erreger der Frühsommer-Meningoencephalitis (FSME) und Borreliose dar.

Das Wichtigste in Kürze

- **Gattungen und Morphologie.** Wichtige Gattungen: *Ixodes, Haemaphysalis, Hyalomma, Amblyomma, Dermacentor* und *Rhipicephalus* mit zahlreichen Arten. Die 5 Arten der früheren Gattung *Boophilus* werden der Gattung *Rhipicephalus* zugeordnet (► **Tab. 17.1**). Alle Stadien mit Rückenschild (Scutum) und weiteren typischen Merkmalen (► **Tab. 17.2**, ► **Abb. 19.19**).
- **Entwicklung.** Ei → Larve (L) → Nymphe (N) → Adultus (A). Vor der Weiterentwicklung zum nächsten Stadium müssen Schildzecken an einem Wirt Blut saugen. Je nach Zahl der Wirte, die von einer Generation befallen werden, unterscheidet man 3-wirtige, 2-wirtige und 1-wirtige Schildzecken.
- **Vorkommen.** Schildzecken kommen vorwiegend in humiden bis semiariden Habitaten von den Tropen bis nördlich des Polarkreises vor. In großen Gebieten Europas ist *Ixodes ricinus* („Holzbock") die häufigste und wichtigste Schildzeckenart. Daneben spielen *I. hexagonus* (Igelzecke), *Rhipicephalus sanguineus* (Braune Hundezecke), *Dermacentor marginatus* (Schafzecke) und *D. reticulatus* (Bunt- oder Auwaldzecke) eine Rolle.
- **Epidemiologie.** Die meisten europäischen Schildzeckenarten sind 3-wirtig; ihr Entwicklungszyklus weist eine deutliche Saisonalität auf und schließt meist zahlreiche Wirtsarten ein. Eine Ausnahme bildet *R. sanguineus*: häufig in Südeuropa mit Ausbreitungstendenz nach Norden; befällt fast ausschließlich Hunde. Entwicklung südlich der Alpen vor allem im Freien (März–Oktober), nördlich der Alpen nur in Gebäuden und geschützten Zwingern.

- **Immunologie.** In ihren Speicheldrüsen bilden Zecken zahlreiche Wirkstoffe, die in den Wirt inokuliert werden. Die meisten davon dienen der **Überwindung der Wirtsabwehr** (Hemmung der Hämostase, Verhütung von Entzündungen, Suppression oder Modulation von Immunreaktionen). Die Immunsuppression begünstigt die Übertragung von Erregern. Nach wiederholten Infestationen entwickeln Wirtstiere (z. B. Rinder) nur eine **partielle Immunität** gegen Befall mit Schildzecken.
- **Pathogenese, Krankheitsbild.** Lokale Läsionen an der Stichstelle; die vernarbten Zeckenstiche verursachen Lederfehler. **Systemische Effekte** (vor allem im tropischen Klima): **unspezifische Toxikosen** (engl. *tick worry*), besonders bei Wiederkäuern, nach starkem Zeckenbefall, und **spezifische Toxikosen,** verursacht durch Toxine im Zeckenspeichel (sweating sickness, Zeckenparalysen).
- **Vektorfunktion, zoonotische Bedeutung.** Schildzecken können Viren, Bakterien (Rickettsien, Spirochaeten u. a.), Protozoen und Nematoden auf Haustiere und z. T. auch auf Menschen übertragen (▶ Tab. 17.3, ▶ Tab. 17.4). In Mitteleuropa haben sie die größte Bedeutung als Vektoren des Virus der Frühsommer-Meningoencephalitis (FSME) sowie verschiedener Arten von Borrelien, Rickettsien, Ehrlichien, Anaplasmen und Babesien.
- **Diagnose.** Adulte Zecken, vor allem vollgesogene Weibchen, sind durch Adspektion leicht auf der Haut erkennbar, kleinere Stadien (nüchterne Larven und Nymphen) werden häufig übersehen.
- **Therapie und Bekämpfung.** Unterschiedliche Möglichkeiten je nach Tier- und Zeckenart, Befallsintensität und Bedeutung des Zeckenbefalls. **Hund** und **Katze**: wenige Zecken mechanisch entfernen, bei stärkerem Befall Anwendung von Acariziden. Prophylaxe: topische oder orale Applikation bestimmter Acarizide (Spot-on, Spray, Tablette) oder Anlegen eines Acarizid-Halsbandes (▶ Tab. 23.15). **Rind:** Zeckenbekämpfung in Mitteleuropa selten erforderlich; falls nötig, Einsatz von Pyrethroiden (Pour-on). Zeckenbekämpfung in anderen Gebieten: Sprüh- oder Tauchbäder (engl. *dips*) zur Acarizid-Anwendung bei **Rindern** und **Schafen**.

Morphologie Die Merkmale der mit einem **Rückenschild (Scutum)** ausgestatteten Schildzecken sind in ▶ Tab. 17.2 aufgeführt sowie in den ▶ Abb. 17.2, ▶ Abb. 17.3, ▶ Abb. 17.4, ▶ Abb. 17.5, ▶ Abb. 17.6 dargestellt. Die vorstreckbaren **Cheliceren** haben an ihrem Vorderende scharfe, gezähnte Scheren (Chelae), deren Schenkel (Finger, engl. *digits*) in die Haut des Wirtes eingestochen und vor- und zurückbewegt werden (▶ Abb. 17.5). Dabei wird die Haut mit den seitwärts und nach hinten gerichteten Zähnen aufgeschnitten (Prinzip Zugsäge). Das **Hypostom** wird (zusammen mit den Cheliceren) wie ein Zapfen in die von den Cheliceren aufgeschlitzte Haut gestochen und verankert sich dort mit seinen Zähnen. Die **Palpen** werden dabei seitwärts gespreizt, sodass sie flach auf der Haut des Wirtes liegen. Die korrekte Bezeichnung für diesen Vorgang ist „Stich" und nicht „Biss" (engl. aber *bite*). Die **Doppelkralle** an den Tarsen und die gut entwickelten **Pulvillen** befähigen die Ixodidae, auf glatter Haut und an vertikalen Flächen zu wandern. Bei Nymphen und Adulti befinden sich hinter dem 4. Beinpaar große **Stigmenplatten** (▶ Abb. 17.2), von denen ein dicht verzweigtes Tracheensystem ausgeht. Die Larven haben weder Stigmen noch Tracheen (Hautatmung). Bei den Weibchen und Männchen liegt die **Geschlechtsöffnung** (Porus genitalis) ventral meist zwischen den Coxae des 2. Beinpaares. Der Anus, ventral in Nähe des hinteren Randes des Opisthosoma gelegen, ist von einer **Analfurche** umgeben, deren Verlauf ein wichtiges taxonomisches Merkmal darstellt (▶ Abb. 17.2).

Entwicklung Schildzecken entwickeln sich über 4 Stadien, wie oben beschrieben. Die Blutaufnahme an einem Wirt dauert bei Larven oder Nymphen meist 2–6 Tage, bei Weibchen und Männchen der meisten Arten 5 bis ca. 14 Tage. Männchen einiger Arten können den Wirt wechseln, bei anderen Arten nehmen die Männchen kein Blutmahl. Die vollgesogenen Weibchen verlassen den Wirt und legen am Boden Eier, aus denen Larven schlüpfen. Insgesamt leben die meisten Schildzeckenarten weniger als 10 % ihrer Lebenszeit parasitisch auf ihren Wirten. Im Verlauf der weiteren Entwicklung benutzen die Zecken einen oder mehrere Wirte als Blutspender. Je nach Zahl der beteiligten Wirte werden sie als 3-, 2- oder 1-wirtig bezeichnet; ihre Entwicklung verläuft wie folgt mit Häutungen von der Larve zur Nymphe und von der Nymphe zum Adultstadium:

- **3-wirtige Zecken:** Boden: Ei → Larve ↑ 1. Wirt: Larve ↓ Boden: Larve → Nymphe ↑ 2. Wirt: Nymphe ↓ Boden: Nymphe → Adultus ↑ 3. Wirt: Adultus ↓ Boden: Eiablage der Weibchen
- **2-wirtige Zecken:** Boden: Ei → Larve ↑ 1. Wirt: Larve → Nymphe ↓ Boden: Nymphe → Adultus ↑ 2. Wirt: Adultus ↓ Boden: Eiablage der Weibchen
- **1-wirtige Zecken:** Boden: Ei → Larve ↑ 1. Wirt: Larve → Nymphe → Adultus ↓ Boden: Eiablage der Weibchen

Viele Zeckenarten sind euryxen, d. h. sie befallen viele verschiedene Wirtsarten, z. B. *Ixodes ricinus* > 200 Arten (Säuger, Vögel, Reptilien; s. u.). Andere, stenoxene Arten haben sich spezialisiert und befallen nur wenige Wirtsarten, z. B. Arten der Gattung *Rhipicephalus* parasitieren fast nur an Rindern oder Hunden.

Wirtsfindung Eine wichtige Phase in der Entwicklung der Zecken ist die Wirtsfindung. Hierzu haben Schildzecken 2 Hauptstrategien entwickelt, wobei die Entwicklungsstadien einer Art verschiedene Strategien verfolgen können.

Die meisten Arten (*I. ricinus* etc.) sind **„Wegelagerer"**, die an Wildwechseln, Laufgängen von Mäusen, Tret- und

Wanderpfaden, Rändern von Weiden, Lager- und Standplätzen von Wild und Haustieren an der Vegetation emporwandern, mit dem erhobenen 1. Beinpaar wedeln und so das Hallersche Organ exponieren. Die Sensillen dieses Organs sind bei den gespreizten Beinen so weit voneinander entfernt, dass von einem Wirt ausgehende Signale geortet werden können. Die **„Jäger"** unter den Schildzecken (*Amblyomma, Hyalomma* u. a.) verlassen ihre Schlupfwinkel am Boden, orten Tiere auf einige Entfernung und laufen dann in Richtung des potenziellen Wirtes.

Sinnesorgane. Für die Suche und Identifizierung ihrer Wirte und Habitate verfügen die Schildzecken über ein hochentwickeltes **Sensorium**. Dazu gehören das Hallersche Organ (▶ Abb. 17.4) mit Sensillen für Vibrationen, Temperatur, Luftfeuchtigkeit und Duftstoffe; Lichtsinnesorgane: Augen (bei *Amblyomma, Hyalomma, Dermacentor, Rhipicephalus*); Photosensillen (*Ixodes*); Chemosensillen für den Hautkontakt an Palpen und Tarsen des 1. Beinpaares und Sensillen an den Chelae der Cheliceren für den Kontakt mit Gewebsflüssigkeiten.

Reizwahrnehmung. Schildzecken können, auch wenn sie keine Augen haben, die **Lichtintensität** über Photosensillen wahrnehmen. Die Ortung des Wirtes mit den Augen wurde bei der Kamelzecke *Hyalomma dromedarii* nachgewiesen (Sichtweite bis 18 m). **Volatile Substanzen** werden durch Rezeptoren wahrgenommen: **CO_2** mit 2 antagonistischen Rezeptoren (ein Rezeptor mit max. Sensitivität von 0,04 % CO_2 – die Zecke bleibt inaktiv; ein weiterer Rezeptor mit Sensitivität von 0,1–5 % CO_2 – die Zecke wird aktiviert und nähert sich der CO_2-Quelle, dem Wirt); **H_2S:** hochsensitive Rezeptoren für H_2S, auch für Ethylmercaptan, Dimethylsulfoxid; **Sexual-Pheromone:** meist 2,6-Dichlorophenol u. a.; **Duftstoffe:** volatile anorganische und organische Substanzen werden vom Wirt freigesetzt, z. B. Ammonium, Diethylketon, Pelargonsäure, Ortho-Nitrophenol, Benzaldehyd, Iso-Buttersäure. Das Muster der Duftstoffe ist wirtsspezifisch.

Befall des Wirtes Man kann grob 4 Phasen unterscheiden: (a) Aktivierung der Zecke und Ortung des Wirtes, (b) Appetenzverhalten der Zecke, (c) Kontakt der Zecke mit dem Wirt, (d) Ansetzen der Zecke (engl. *attachment*) am Wirt.

Aktivierung. Zunächst werden die Zecken saisonal und diurnal durch günstige Temperatur und Feuchte veranlasst, ihre Verstecke am Boden zu verlassen und an der Vegetation hochzuwandern. Dort werden von Sensillen des **Hallerschen Organs** chemische (volatile Substanzen) und physikalische Signale (Vibrationen, höhere Temperatur) des Wirtes mit Reichweiten bis 5 m bei adulten Zecken empfangen.

Appetenz. Wirtsspezifische Signalmuster ermöglichen es spezialisierten Zecken, ihre Wirte zu identifizieren. Danach folgt die Annäherung an den Wirt (engl. *approach*) mit der Kontaktaufnahme. Männchen werden durch **Pheromone** veranlasst, auf der Suche nach Weibchen einen Wirt zu befallen oder zu wechseln (wichtig für die intrastadiale Übertragung; s. u.).

Kontakt. Die Sensillen der Cheliceren und Palpen ermöglichen die Identifizierung der **Prädilektionsstellen** für die Blutaufnahme. Der Suchprozess kann mehrere Stunden dauern. Bereits während der Appetenz und des Kontaktes entwickeln sich in den Speicheldrüsen infektiöse Stadien einiger Erreger.

Ansetzen der Zecken an den Wirt. Die Scheren der Cheliceren durchschneiden die Epidermis und teilweise die Dermis. Subdermal bildet sich durch Einwirkung vasoaktiver Mediatoren und von Cytolysinen eine blutgefüllte Lakune (engl. *pool*) (▶ Abb. 17.5). Eher **ursprüngliche Schildzecken** (*Ixodes, Hyalomma, Amblyomma*) haben lange Cheliceren und ein langes Hypostom, das sie tief in der Dermis verankern, ohne oder fast ohne Schutz durch „Zement" (proteinreiche Kittsubstanz, die von den Speicheldrüsen gebildet wird). **Hochentwickelte Schildzecken** sind mit deutlich kürzeren Mundwerkzeugen ausgestattet (*Haemaphysalis, Dermacentor, Rhipicephalus*). Diese Zecken setzen sich mit dem **Hypostom** sowie durch Bildung eines Zementkonus fest oder sie haben ein reduziertes Hypostom, das nicht in die Dermis eindringt, und bilden einen Zementkonus mit einer Haftplatte, die fest an der Haut klebt. Die Larven einiger anderer Gattungen setzen sich auf ähnliche Weise an, weil die Mundwerkzeuge dieser Larven sehr kurz sind.

Nahrungsaufnahme Nach einer bis 1 Tag dauernden Vorbereitungsphase ohne Nahrungsaufnahme folgt ein 2-phasiger Saugakt: Die **1. Phase** dauert bei präadulten Stadien 2 bis ca. 5 Tage, bei Weibchen ca. 5–14 Tage. Das Wirtsgewebe wird extra-intestinal verdaut. Die Zecke nimmt aus der Lakune Gewebsflüssigkeit und Zellen auf, verdaut sie sofort und nimmt langsam an Gewicht zu

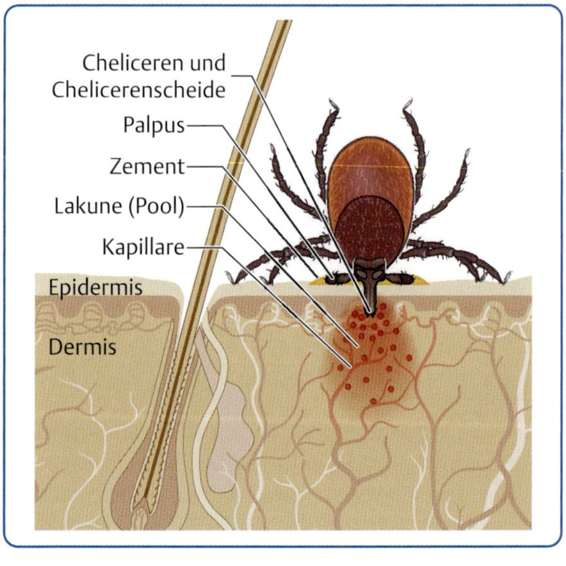

▶ **Abb. 17.5** Schema einer Schildzecke bei der Blutaufnahme. (Grafik: Anne Seeger, nach einer Vorlage von Johannes Eckert, Vetsuisse-Fakultät, Universität Zürich)

(etwa das 10-Fache des Gewichts der nüchternen Zecke). Einige Zecken scheiden dabei sehr viel dunklen Kot aus (vgl. *Dermacentor marginatus*). Die **2. Phase** ist kurz und dauert nur 12–24 h. Während dieses raschen Saugaktes nimmt die Zecke eine enorme Menge Blut auf (*D. andersoni* ca. 4 ml), das durch Ausscheidung von Flüssigkeit durch die Speicheldrüsen konzentriert wird. Das Idiosoma der Weibchen dehnt sich dabei wie ein Ballon auf 1–2 cm Länge aus; damit ist eine 70- bis 120-fache Gewichtszunahme verbunden. Die 2. Phase wird durch das Ablösen vom Wirt unter Einwirkung besonderer Enzyme abgeschlossen. Danach beginnt die Verdauung des aufgenommenen Blutes. Larven einiger Arten nehmen nur verflüssigtes Gewebe, aber kein Blut auf.

Vorkommen und Epidemiologie Zecken haben sich während der Evolution nicht nur an ihre Wirte, sondern vor allem an ihre Habitate angepasst. Dort müssen sie ihre nichtparasitische Entwicklung einschließlich der Diapausen abschließen und die Wartephasen bis zur Wirtsfindung überdauern. In ihrem Habitat verbringen die Zecken den weitaus größten Teil ihrer Lebenszeit. Es ist ihnen gelungen, nahezu alle terrestrischen Lebensräume zu erobern, von den Tropen bis über den nördlichen Polarkreis hinaus, von extrem humiden bis zu ariden Regionen. Lederzecken können sogar in extrem ariden Habitaten leben. Deshalb wird das Vorkommen einer Zeckenart viel mehr vom Habitat als vom Wirt bestimmt. Wo immer der Mensch mit seinen Haustieren in eine Region eindrang, sind einige lokale Zeckenarten von heimischen auf die neuen Wirte übergegangen. Es gibt jedoch auch eindrucksvolle Beispiele für die Verschleppung von Zecken mit Haustieren in andere Regionen oder Kontinente, wo die betreffende Zeckenart geeignete Habitate vorfand, z. B. die Verbreitung der asiatischen Rinderzecke (*Rhipicephalus microplus*) in Westafrika und der Neuen Welt oder der afrikanischen Braunen Hundezecke (*R. sanguineus*) über die gesamten Tropen, Subtropen und große Teile der gemäßigten Zonen. Die Epidemiologie wird bei den meist extrem Habitat-gebundenen Zecken von Klima, Wetter und Zustand der Habitate, der Verfügbarkeit der Wirte und von artspezifischen Faktoren bestimmt. Wegen ihres hohen **Reproduktionspotenzials** kann es zu sehr hohen Abundanzen kommen, besonders in anthropogenen Habitaten mit einer hohen Wirtsdichte, z. B. Schaf- oder Rinderweiden. Selbst in Städten leben Schildzecken in Gärten, Parks, Waldzonen und in Grünanlagen von Erholungsgebieten, wo günstige Bedingungen zu Kontakten mit Menschen und ihren Begleittieren bestehen. In Parks bayerischer Städte wurden 15 bis > 50 Stadien von *Ixodes ricinus* je 100 m^2 gefunden und auf waldnahen Kurzrasenflächen in Großbritannien um 30 Stadien/100 m^2. Anlass zu Besorgnis geben neue Daten, die Ausbreitungstendenzen verschiedener Schildzeckenarten anzeigen, z. B. von *I. ricinus* (Richtung Norden und in höhere Berglagen), *I. persulcatus* (vom Osten in Richtung Westen) und von *Dermacentor reticulatus* (Ausbreitung in weitere Gebiete in Mitteleuropa). Höhere Temperaturen infolge des Klimawandels können zu erhöhten und im Jahresverlauf verlängerten Aktivitätsphasen von Zecken führen. Insbesondere in Tieflagen und in Städten ist bei milden Wintern mit einer ganzjährigen Aktivität von Zecken auszugehen. Seit Langem ist bekannt, dass Zugvögel Zecken über große Distanzen transportieren können. So wurde z. B. in von Singvögeln abgesammelten *I. ricinus*-Larven und -Nymphen DNA von *Babesia divergens*, *B. microti*, *Anaplasma phagocytophilum* und *Rickettsia* spp. gefunden. Diese Befunde ergeben wichtige epidemiologische Hinweise, ermöglichen aber ohne entsprechende Übertragungsversuche für die einzelnen Erreger durch die jeweilige Zeckenart keine Rückschlüsse auf die Infektiosität der Erreger und die effektive Vektorrolle der Zecken.

Vektorfunktionen Zecken können als **Vektoren** Viren, Bakterien (Rickettsien, Spirochaeten u. a.), Protozoen und Nematoden auf Haustiere und z. T. auch Menschen übertragen. Für Haustiere sind Zecken bei Weitem die bedeutendsten Überträger von Erregern, wie ▶ **Tab. 17.4** zeigt (detailliertere Angaben ▶ **Tab. 17.3**).

Der **Modus der Übertragung** von Erregern durch Zecken ist komplex. Die mechanische bzw. azyklische Übertragung (S. 667) ist, falls sie überhaupt vorkommt, epidemiologisch unbedeutend, die **zyklische Übertragung** dagegen die Regel. Die Erreger werden meist **inokulativ,** seltener phagär (*Hepatozoon*) oder kontaminativ (*Coxiella burnetii*) auf den Wirt übertragen. Vereinfachend kann man die **Übertragungswege** bei Zecken wie folgt zusammenfassen:

Stadiale Übertragung (a) Ein Stadium infiziert sich (z. B. Larve) und das folgende Stadium (Nymphe) überträgt den Erreger auf einen Wirt (transstadiale Ü.). (b) Ein Zeckenstadium infiziert sich an einem Wirt und überträgt den Erreger auf einen anderen Wirt (intrastadiale Ü.; selten bei wirtswechselnden Männchen).

Transovariale (vertikale) Übertragung Wenn ein Erreger vom Weibchen auf das Ei übertragen wird, spricht man von transovarialer Übertragung. Sie ist die Voraussetzung für die vertikale Übertragung, durch die ein Erreger von der Elterngeneration auf eine variable Zahl an Nachkommen der F1-Generation bis mindestens zur F2-Generation weitergegeben wird, ohne dass eine Neuinfektion durch Blutaufnahme erfolgt (♀ der P-Generation → Ei → L → N → ♀ der F1-Generation → Ei der F2-Generation usw.).

Übertragung durch Simultan-Infestation (engl. co-feeding) Bei simultanen Infestationen eines Wirtes mit infizierten und nicht infizierten Zecken können Pathogene an der gemeinsamen Stichstelle (Lakune) zwischen Zecken übertragen werden, auch bei unempfänglichen

▶ **Tab. 17.4** Schildzecken als Überträger von Infektionserregern (Auswahl; ausführliche, nach Erregern gegliederte Liste s. ▶ **Tab. 17.3**).

Zeckenart, Verbreitung (V)	durch Zecken übertragbare Erreger (Auswahl) V: Viren, B: Bakterien, P: Protozoen, H: Helminthen, Z: Erreger von Zoonosen
Ixodes ricinus V: Europa von Island bis RU u. Nord-Afrika	V: Frühsommer-Meningoencephalitis(FSME)-Virus (Z), Louping-ill-Virus (Z) B: *Anaplasma phagocytophilum* (Z), *Borrelia* spp. (Z), *Rickettsia helvetica* (Z), *Francisella tularensis* (Z) P: *Babesia divergens* (Z), *B. capreoli*, *B. venatorum* (Z), *B. microti* (Z)
Ixodes hexagonus V: Nord-West-, Mittel- u. Süd-Europa bis Nord-Afrika	V: selten das FSME-Virus (Z) B: *Borrelia burgdorferi* (Z) P: *Babesia* sp. (microti-like) (Syn. *Babesia [Theileria] annae*)*
Rhipicephalus sanguineus V: Tropen, Subtropen, Mittelmeerregion, lokal in Gebäuden auch weiter nördl. u. östlich (bis GB, N, PL u. a.)	B: *Anaplasma platys*, *Ehrlichia canis*, *Rickettsia conorii* (Z) P: *Babesia vogeli*, *B. gibsoni*, *Hepatozoon canis* H: *Dipetalonema dracunculoides*, *Cercopithifilaria grassii*
Dermacentor marginatus V: Süd-, Mittel- u. Osteuropa bis Zentralasien	B: *Coxiella burnetii* (Z), *Rickettsia slovaca* (Z), *Francisella tularensis* (Z) P: *Babesia caballi*, *Theileria equi*
Dermacentor reticulatus V: Süd-, Mittel- u. Osteuropa bis Zentralasien	V: FSME-Virus (Z) B: *Rickettsia slovaca* (Z), *Francisella tularensis* (Z) P: *Babesia caballi*, *B. canis*, *Theileria equi*
Haemaphysalis punctata V: Europa von ES bis Süd-Skandinavien u. Zentralasien	P: *Babesia major*, *B. motasi*, *Theileria orientalis*
Hyalomma marginatum V: Mittelmeergebiet, Balkan, Nord-Afrika, Süd-Asien	V: Krim-Kongo-Fieber-Virus (Z) P: *Theileria equi*

* DNA-Nachweis, nicht bestätigt mit Übertragungsversuchen

Wirten, in denen die von Zecken inokulierten Erreger nur kurzfristig überleben können.

Sexuelle Übertragung Die Erreger (z. B. Rickettsien) befallen die Spermatophoren des Zecken-Männchens und werden bei der Kopulation auf das Weibchen übertragen.

Immunologie Während des Saugaktes inokulieren Zecken erhebliche Mengen **Speichel** in ihren Wirt. Dadurch „entsorgen" sie überschüssige Flüssigkeit und Ionen aus dem aufgenommenen Wirtsblut sowie antigene, toxische oder andere Metaboliten ihres Stoffwechsels („Nierenfunktion" der Speicheldrüsen). Der Speichel der Zecken enthält außerdem ein reichhaltiges, gattungs- oder sogar artspezifisches Spektrum von > 30 Wirkstoffen, die in die Physiologie des Wirtes eingreifen. So initiieren und erweitern proteolytische Enzyme Läsionen, wie den Stichkanal und die Lakune, besonders bei *Rhipicephalus*. Die Lakune (▶ **Abb. 17.5**) wird durch Akkumulation von Neutrophilen, die hydrolysierende Enzyme aus ihren Granula freisetzen, zusätzlich vergrößert. Im Vergleich zu anderen hämatophagen Ektoparasiten dauert die Blutaufnahme mehrere Tage. Die meisten Wirkstoffe im Zeckenspeichel sind gegen die Abwehrmechanismen des Wirtes (Hämostase, Entzündung und Immunität) gerichtet.

Hämostase Der Wirt versucht, durch Aggregation von Thrombozyten, Vasokonstriktion und Blutgerinnung den Blutfluss beim Blutsaugen der Zecke zu unterbinden. Verschiedene Stoffe im Zeckenspeichel richten sich gegen diese Vorgänge: Apyrase (Verhinderung der Thrombozyten-Aggregation), Prostaglandine (PGE_2, PGF_2), Prostacyclin oder ähnliche Stoffe (Verhinderung der Vasokonstriktion), Antikoagulanzien (Inhibition von Thrombokinase und von Faktor X der Gerinnungskaskade).

Entzündungsreaktionen Diese können zur Vereiterung und Isolierung der Mundwerkzeuge der Zecke führen. Dies wird durch folgende Substanzen im Zeckenspeichel moduliert: Zement (Hemmung von Hautreaktionen), Antihistaminaktivität (Verhinderung der Mastzell-assoziierten Entzündung), Carboxypeptidase (Zerstörung von Anaphylatoxinen, Bradykinin, C 3), Anästhetika (Verminderung des Putzens und anderer Abwehrreaktionen des Wirtes). Wegen des Abbaus des vom Wirt stammenden, Schmerz-induzierenden Bradykinins verlaufen beim Menschen 80 % der Zeckenstiche unbemerkt.

Immunreaktionen Zeckenbefall löst meist allergische Reaktionen aus, sowohl Sofortreaktionen (Typ I) als auch verzögerte Reaktionen (Typ IV). Eine besondere Bedeutung hat die verzögerte Reaktion mit einer kutanen basophilen Überempfindlichkeit (Jones-Mote-Reaktion), die an Abstoßungsreaktionen gegen Zecken beteiligt ist. Ferner sind De- oder Hyposensibilisierung und Reaktionslosigkeit möglich.

Die **Interaktionen zwischen Wirt und Zecke** sind nicht nur von der Zeckenart, sondern auch vom Wirt, vom Zeckenstadium und von der Phase des Saugaktes abhängig. Zecken können durch Wirkstoffe in ihrem Speichel die immunologischen Abwehrmechanismen des Wirtes modulieren. So sind **Mediatoren** mit verschiedenen Wirkungen nachgewiesen worden. Es können gehemmt werden: alternativer Weg des Komplementsystems, Phagocytose, NK-Zellen, die Bildung von Sauerstoffradikalen und viele Cytokineffekte sowie die Bildung von IFN-γ und die Aktivität des Tumor-Nekrose-Faktors (TNF). Ferner kommt es zur Inaktivierung von Anaphylatoxinen. Die **immunsuppressive Wirkung** des Zeckenspeichels schützt die Zecken während der langen Saugphase. Ferner ermöglicht oder begünstigt die Immunsuppression die Übertragung von Erregern. Dies ist ein wichtiger Faktor für die hohe Vektorkapazität der Zecken.

Trotz der immunsuppressiven Wirkung des Zeckenspeichels entwickelt sich meist eine **partielle Immunität**. Nach wiederholten Infestationen sind die Zahl und das Gewicht der vollgesogenen Zecken und die Zahl ihrer Nachkommen z. T. erheblich geringer als nach Erstinfestationen. Bei hochspezialisierten Zecken schwindet diese Immunität jedoch bei anhaltender Infestation. Hunde werden z. B. nach der 2. bis 4. Infestation mit *R. sanguineus* wieder empfänglicher und fungieren daher lebenslang als effektive Wirte für diese Zeckenart. Wegen der unzureichenden Immunitätsbildung des Wirtes benutzt man für die Entwicklung von Vakzinen eine alternative Strategie, bei der durch Impfung des Wirtes mit einem „verborgenen", im Zeckendarm vorkommenden Antigen die Bildung spezifischer Antikörper stimuliert wird. Beim Blutsaugen am Wirt nehmen die Zecken diese Antikörper auf, die durch Bindung an das Antigen (S. 595) im Zeckendarm Funktionsstörungen verursachen.

Einige Rinderrassen in den Tropen, besonders Zebu-Rinder (Brahman), sind partiell gegen Schildzecken resistent. Sie werden weiterhin auf **Resistenz** gezüchtet. Eine völlige Resistenz gegen die Rinderzecke *R. microplus* erscheint möglich.

Pathogenese und Krankheitsbild Zecken können **lokale Läsionen** und **systemische Erkrankungen** bei den Wirten verursachen und als **Vektoren** von Erregern fungieren.

Lokale Läsionen an der Stichstelle Das Trauma des Zeckenstichs entspricht der Größe der Mundwerkzeuge, die bei gut an ihren Wirt angepassten Zecken klein sind (*Rhipicephalus*), aber sehr groß bei ursprünglichen adulten Zecken (*Ixodes, Hyalomma, Amblyomma*), besonders bei Weibchen. Die Stiche von Nymphen oder Larven verursachen meist nur geringe Hautreaktionen, die oft unbemerkt bleiben. An der Stichstelle kann es zu verschiedenartigen Veränderungen kommen: Hyperämie, Erythem, Juckreiz, Nekrosen, Ulzerationen oder Blutungen mit anschließender Entzündung unter Beteiligung von Eosinophilen, später Verdickung der Haut und Bildung von Knötchen oder Granulomen, die sich oft erst nach Wochen zurückbilden. Komplikationen durch Sekundärinfektionen oder Myiasis sind möglich. Vernarbte Zeckenstiche können bei Schlachttieren erhebliche Lederfehler verursachen.

Zusatzinformation

Systemische Effekte

Systemische Effekte werden durch unspezifische und spezifische **Toxikosen** verursacht, die vor allem in tropischen Klimazonen bedeutsam sind.

Unspezifische Toxikose

Eine unspezifische Toxikose (engl. *tick worry*) wird z. B. in tropischen Gebieten bei europäischen (taurinen) Rinderrassen durch den Speichel von Arten der Gattung *Rhipicephalus* ausgelöst und führt zu großflächiger Schädigung der Haut, zu Stoffwechselstörungen, erheblichen Gewichtsverlusten und bei massivem Befall auch zu Todesfällen.

Spezifische Toxikosen

Spezifische Toxikosen sind die **Sweating Sickness** und **Zeckenparalysen**.

Die **Sweating Sickness** (Sweetziekte, Schwitzkrankheit) ist eine akute Toxikose, die durch epitheliotrope, immunogene Toxine im Speichel von *Hyalomma truncatum*-Zecken, z. B. in Südafrika und Kenia hauptsächlich bei Kälbern, verursacht wird und folgende Symptome zeigt: profuser Schweißausbruch, Tränen- und Speichelfluss, akute Dermatitis, diphtheroide Stomatitis. Sekundärinfektionen sind häufig.

Fast 50 Zeckenarten (Ixodidae und Argasidae) bilden in ihren Speicheldrüsen meist artspezifische Neurotoxine, Proteine, die **Zeckenparalysen** (Zeckenlähme, engl. *tick paralysis*) bei Tieren und Menschen verursachen können. Die Toxine blockieren vor allem die neuromuskulären Endplatten durch Verhinderung der Acetylcholin-Freisetzung. Die wichtigsten Paralysen werden verursacht durch Weibchen von *Dermacentor andersoni* im Westen und *D. variabilis* im Osten Nordamerikas (Weidetiere, Hunde, Katzen, Menschen), von *Rhipicephalus evertsi* und *Ixodes rubicundus* in Südafrika (meist Schafe und Ziegen) sowie von *I. holocyclus* (meist Kälber, auch Hunde, Pferde, Menschen u. a.) in Australien. Bei *Argas walkerae* sind die Larven Paralyseerreger. Ein einziges Weibchen von *D. andersoni* kann einen Menschen töten. Die ersten Symptome setzen Stunden bis Tage nach Beginn des Zeckenbefalls ein. Nach rechtzeitiger Entfernung der Zecken erholen sich die Wirte jedoch rasch. Nur bei *I. holocyclus*-Befall verschlimmern sich die Symptome zunächst auch nach Entfernung der Zecken. Hier ist eine Therapie durch Applikation eines Antitoxins möglich. Ältere Tiere in Endemieherden sind meist immun. Die Immunität ist art- oder sogar stammspezifisch.

Diagnose Zeckenbefall, vor allem mit vollgesogenen Weibchen, wird bei Haustieren meist vom Halter erkannt. Allerdings bleibt ein Befall mit den kleineren Larven und Nymphen oft unerkannt. Zur Artbestimmung sind die Zecken vorsichtig vom Tier abzulösen und nativ in einem kleinen Gefäß (mit angefeuchtetem Zellstoff am Boden) umgehend an ein Spezialinstitut einzusenden. Bei längeren Transportzeiten sollten die Zecken in 70 %igem Ethanol konserviert werden. In ihrem Habitat können während ihrer aktiven Phase nüchterne Zecken, die einen Wirt suchen, durch das „Flaggen" oder „Schleppen" gesammelt werden. Dabei wird ein weißes Tuch langsam über die Vegetation des Habitats gezogen. Die aktivierten Zeckenstadien gehen auf das Tuch wie auf einen Wirt über und sind durch ihre dunkle Farbe leicht zu erkennen. Andere Zeckenarten lassen sich in den Bauten, Nestern oder Lagern ihrer Wirte nachweisen. Merkmale von Schildzeckengattungen s. ▶ **Abb. 19.19**.

Therapie und Bekämpfung Grundsätzlich ist eine integrierte Schildzeckenbekämpfung anzustreben, die außer dem Acarizid-Einsatz andere Verfahren einbezieht. Die Möglichkeiten dazu variieren je nach Wirtstier- und Zeckenart sowie der Bedeutung des Zeckenbefalle; sie sind jedoch begrenzt (z. B. Fernhalten der Weidetiere von bekannten Zeckenhabitaten, Einsatz von resistenten Rassen, Vakzinen). In diesem Buch werden einige Beispiele für Bekämpfungsmöglichkeiten bei verschiedenen Tierarten aufgeführt [Wiederkäuer (S. 610), Hund und Katze (S. 638)].

Bedeutung für den Menschen Schildzecken übertragen die Erreger wichtiger Erkrankungen auf den Menschen, darunter auch Erreger von Zoonosen. In Mitteleuropa sind dies vor allem die Erreger der **Borreliose** und der **Frühsommer-Meningoencephalitis (FSME)** (▶ **Tab. 17.3**).

Gattung *Ixodes*

Die Gattung *Ixodes* ist mit 246 Arten die größte Zeckengattung (▶ **Tab. 17.1**). *Ixodes*-Arten kommen weltweit vor, davon 15 Arten in Mitteleuropa. Die weitaus häufigste und bedeutendste Art ist *Ixodes ricinus* (▶ **Abb. 17.6**).

Ixodes ricinus (Holzbock)

Ixodes (gr.): ixosähnlich, sinngemäß: klebrig; *ricinus* (lat.): altrömischer Name für den Wunderbaum. Bezug: Ricinussamen ähneln vollgesogenen Zeckenweibchen. Engl.: *wood tick, castor bean tick, common sheep tick*.

Morphologie ♀♀ nüchtern 3,0–3,6 mm lang; schwarzes Scutum (Rückenschild) und orangefarbenes Alloscutum (= nicht vom Scutum bedeckte Dorsalfläche) (▶ **Abb. 17.6**). Vollgesogene ♀♀ etwa 1 cm lang und stahlblau. ♂♂ 2,4–2,8 mm lang, das schwarze Scutum bedeckt die gesamte Dorsalfläche. Nüchterne Nymphen 1,3–1,5 mm, nüchterne Larven etwa 0,5 mm lang. Beide haben ein kleines, schwarzes Scutum und ein graues Alloscutum.

Entwicklung und Epidemiologie *I. ricinus* ist eine **3-wirtige Zecke** (▶ **Abb. 17.7**). Der Saugakt dauert bei den Larven nur 2–3 Tage, bei den Nymphen bis 5 Tage und bei den Weibchen 7–12 Tage, selten bis zu 3 Wochen; die Männchen saugen kein Blut. Die Kopulation kann sowohl abseits des Wirtes in der Umwelt als auch auf dem Wirt erfolgen [vgl. *I. hexagonus* (S. 427)]. Nach dem Abfallen vom Wirt legt das vollgesogene Weibchen etwa 3000 Eier unter Pflanzenreste am Boden. Eine Generation dauert mindestens 1½ Jahre, meistens 2–3 Jahre, seltener 4–5 Jahre. Jedes nüchterne Stadium kann mindestens 1 Jahr überleben.

I. ricinus ist angepasst an **humide Habitate** (> 75 % r. L.) mit einer dichten, permanent feuchten Detritusschicht (95–100 % r. L.), wie man sie vor allem in Laub- und Mischwäldern mit einer Kraut- und Strauchzone findet. Ähnliche Habitate mit Beschattung durch die Vegetation gibt es in Moor und Heide sowie auf Extensivweiden mit Sträuchern, Bäumen und altem, hohem Gras oder Kräutern, aber auch in vergleichbaren Parks und Hausgärten sowie an hochbewachsenen Wegrändern. Je dicker die verrottende Schicht aus Blättern und anderen Pflanzenresten ist, desto besser ist sie für die *I. ricinus*-Population geeignet.

Die **Saisonaktivität** von *I. ricinus* beginnt bei Lufttemperaturen ab 7–10 °C und währt in Mitteleuropa meist von März bis November mit 2 Aktivitätsgipfeln, dem ersten von Mai bis Juni und einem kleineren zweiten im September. Bei hohen Temperaturen (> 30 °C) im Hochsommer nimmt die Aktivität der Zecken ab. Während der Aktivitätsphasen wandern die hungrigen Stadien an Pflanzen hoch, die Larven in eine Höhe bis etwa 20 cm, die Nymphen bis 50 cm, die Adulten bis ~ 80 cm (nie auf höheren Bäumen!) und warten dort auf einen Wirt. Wenn die Luftfeuchte abnimmt, etwa in den Mittagsstunden, wandern die Zecken in die Detritusschicht am Boden zurück. Nymphen können in 24 h bis 10 m horizontal wandern. Den Winter verbringen die Zecken inaktiv in Diapause, aber bei milden Temperaturen sind sie ausnahmsweise auch in dieser Zeit aktiv. Nach langen Wintern kann die saisonale Aktivität im Frühjahr explosionsartig einsetzen.

I. ricinus hat ein sehr **breites Wirtsspektrum** mit etwa 200 Wirbeltierarten (Säuger, Vögel, Reptilien) (▶ **Abb. 17.7**). Die Larven bleiben in Bodennähe und befallen dort meist Kleinsäuger (Muridae, Microtidae, Soricidae), besonders Rötelmaus (*Clethrionomys glareolus*), Gelbhalsmaus (*Apodemus flavicollis*) und Waldmaus (*Apodemus sylvaticus*), sowie Vögel und auch größere Säuger. Nymphen und Adulte haben einen größeren vertikalen und horizontalen Aktionsradius. Sie befallen Kleinsäuger, Vögel, Reptilien (Eidechsen) und größere Säuger. Häufige Wirte sind Reh, Fuchs und Marder im silvatischen Zyklus sowie Schafe, Rinder, Hunde und Menschen im synanthropen Zyklus. Mehr als ⅔ der bei Menschen gefundenen Zecken waren Nymphen, ¼ Weibchen.

Vorkommen Das Verbreitungsgebiet von *I. ricinus* erstreckt sich von Portugal bis zum Kaspischen Meer – selten weiter östlich – und vom Süden Skandinaviens bis

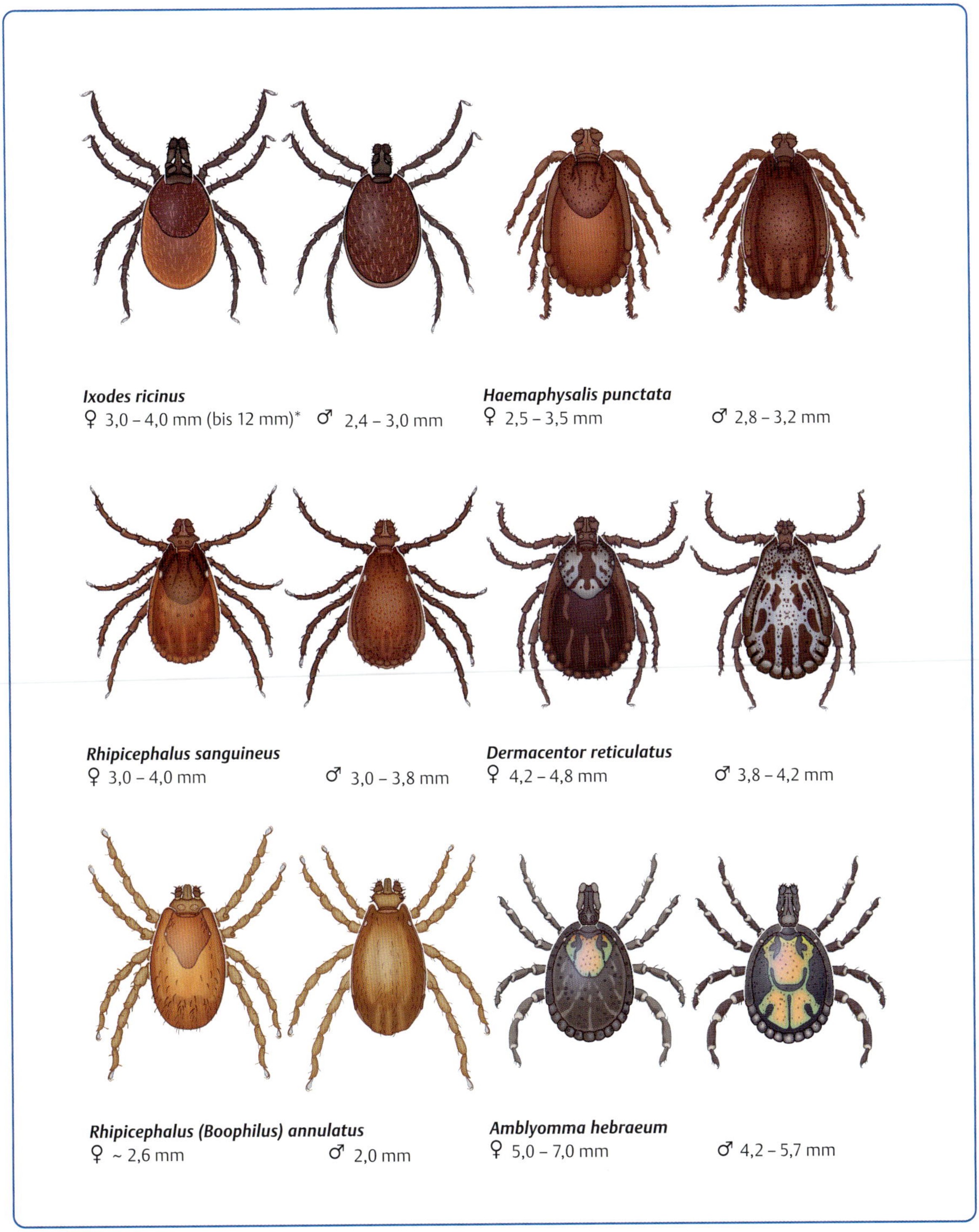

▸ **Abb. 17.6** Auswahl von Schildzeckenarten. (Grafik: Anne Seeger, nach einer Vorlage von Johannes Eckert, Vetsuisse-Fakultät, Universität Zürich)

Nordafrika in Habitaten von der Ebene bis in Höhenlagen von 2000 m. Seit 1980 hat sich in Schweden die Verbreitungsgrenze dieser Zeckenart um 5 Breitengrade nach Norden verschoben (61° N → 66° N). Nördlich der Verbreitungsgrenze wird die Nische in Skandinavien, dem Baltikum und Russland von *I. persulatus* genutzt. In den wärmeren mediterranen Klimazonen Südeuropas, Nordafrikas und im Libanon weicht *I. ricinus* meist auf bewaldete Höhenlagen aus. In Mitteleuropa sind die Habitate von *I. ricinus* dicht gesät, besonders in waldreichen Gebieten. In solchen Habitaten wurden Zeckendichten von 300/100 m^2 gefunden. Der Befall mit dieser Zeckenart tritt daher bei Wild, Haustieren und Menschen während der Saison regelmäßig auf. Bei Hunden wurden in

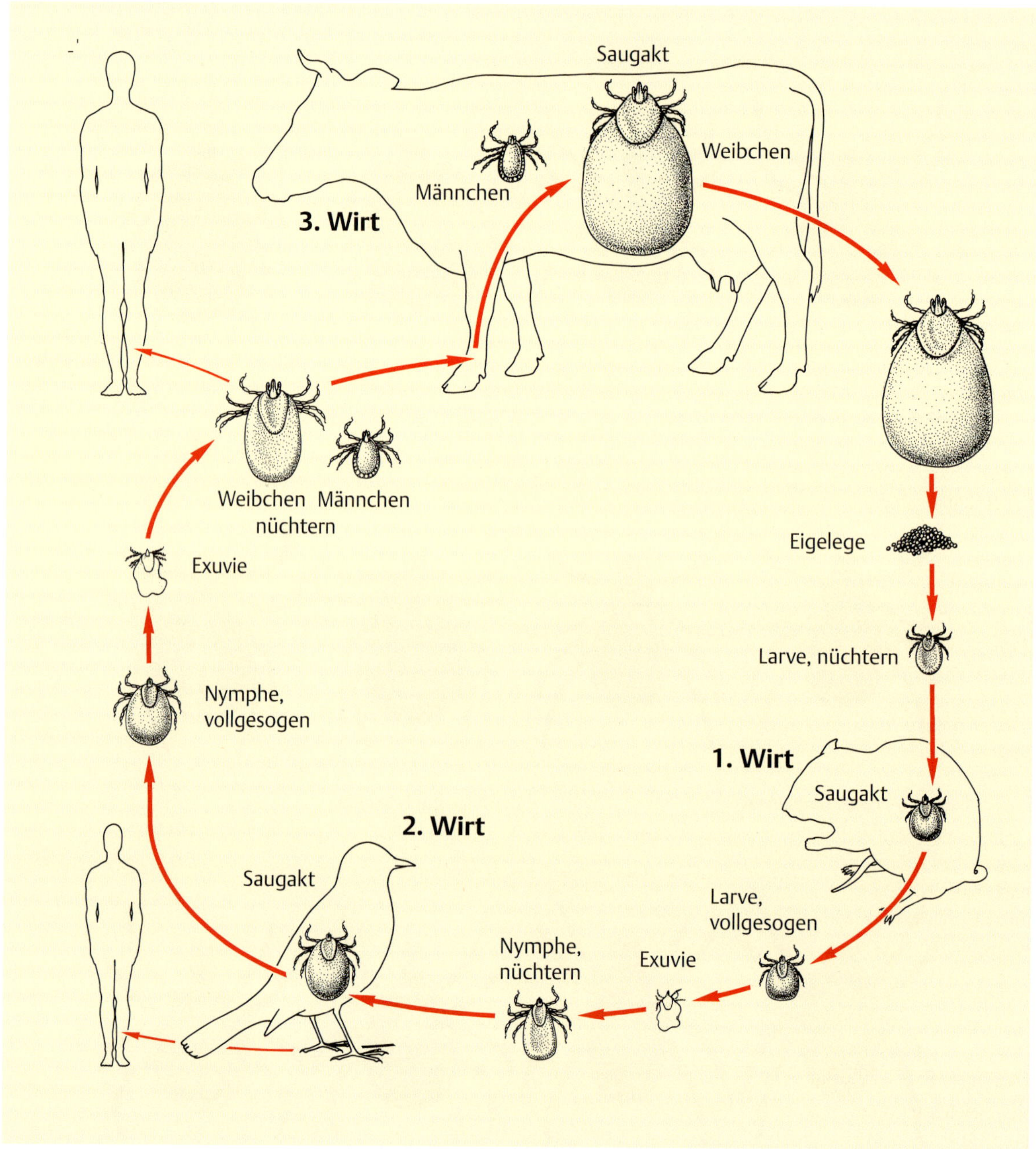

► **Abb. 17.7** Entwicklungszyklus von *Ixodes ricinus*. (Grafik: Salome Ehrat, nach einer Vorlage von Johannes Eckert und Peter Deplazes, Vetsuisse-Fakultät, Universität Zürich)

Deutschland 8 verschiedene Zeckenarten gefunden; folgende Prävalenzen wurden für *Ixodes* spp. ermittelt: *I. ricinus* 84 %, *I. hexagonus* 9,3 %, *I. canisuga* 6,2 %. Nach einer Studie im Raum Berlin/Brandenburg (2010/11) setzte sich die Zeckenpopulation von 251 Hunden wie folgt zusammen: *I. ricinus* 46 %, *Dermacentor reticulatus* 45,1 %, *I. hexagonus* 8,8 % und *Rhipicephalus sanguineus* 0,1 %.

Pathogenese und Krankheitsbild Bei Haustieren befällt *I. ricinus* Kopf, Hals, Extremitäten und die ventralen Partien des Rumpfes. Prädilektionsstellen sind bei Weidetieren die Inguineal- und Perinealregion, die Innenfläche der Vorder- und Hinterbeine sowie der Kopf, bei Hunden Kopf, besonders die Ohren, und Vorderbrust, beim Menschen aufsteigend die Beine, der Rumpf und die Arme, bei Kindern der Kopf, besonders der Haaransatz hinter den Ohren und im Nacken. Bei starkem Befall kann es zu lokalen Hautreaktionen und bei Rind und Schaf zu Leistungsminderungen kommen (Gewicht, Milch oder Wolle).

Vektorfunktionen Eine überragende Bedeutung hat *I. ricinus* wegen seiner enormen Vektorkapazität. In Mitteleuropa ist diese Art vor allem als Vektor folgender Erreger wichtig: Virus der Frühsommer-Meningoencephalitis (FSME), Louping-ill-Virus, *Anaplasma*- und *Borrelia*-Arten sowie *Babesia divergens, B. capreoli* und *B. microti* (▶ **Tab. 17.3**).

Ixodes hexagonus (Igelzecke)

Engl.: hedgehog tick.

Diese 3-wirtige Art befällt viele verschiedene Wirte, auch Menschen, aber selten Schafe, Rinder oder Pferde. Sie ist angepasst an das Mikroklima in den Bauten oder Nestern ihrer bevorzugten Wirte Igel, Fuchs, Iltis, Dachs und Hund (▶ **Abb. 17.8**). Häufig findet man *I. hexagonus* bei Hof- und Jagdhunden, wenn sie Kontakt zu Igelnestern hatten. Die Igelzecken können dann in der Umgebung der Hunde (Zwinger, Holzschuppen), aber auch in urbanen Habitaten stabile endemische Herde bilden. Die Männchen befallen meist keinen Wirt, sondern bleiben in dessen Lager, um sich dort mit den vollgesogenen Weibchen zu paaren. Alle Stadien sind wegen der „Nestwärme" ganzjährig aktiv, die Aktivität ist aber im Frühjahr und im Herbst besonders hoch. *Ixodes hexagonus* überträgt *Borrelia burgdorferi* s. l. und selten das FSME-Virus (beide transstadial) (▶ **Tab. 17.3**).

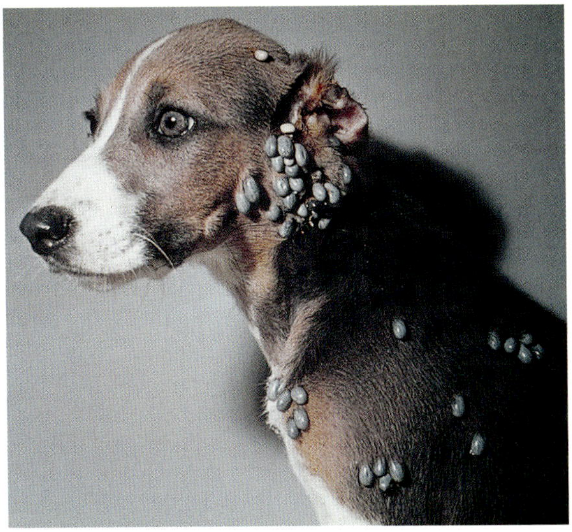

▶ **Abb. 17.8** Mit *Ixodes hexagonus* befallener Hund. (Quelle: Karl Theodor Friedhoff, Institut für Parasitologie, Stiftung Tierärztliche Hochschule Hannover)

Ixodes canisuga (Fuchszecke)

Engl.: *fox tick*.

Diese 3-wirtige Fuchszecke lebt meist in Fuchs- oder Dachsbauten; sie befällt auch andere Musteliden und Hunde, besonders Jagd- und Hütehunde, die Kontakt zu Fuchsbauten haben. Sie kann in Zwingern endemisch werden. (**Cave:** *I. canisuga* wird leicht mit *I. ricinus* verwechselt.) Überträger von *Borrelia burgdorferi* s. l.

Ixodes trianguliceps (Mauszecke)

Engl.: vole tick.

Diese Art (3-wirtig) ist an Mäuse angepasst, besonders an die Rötelmaus (*Clethrionomys glareolus*). Weitere Wirte sind *Arvicola*-, *Microtus*- und *Apodemus*-Arten sowie Spitzmäuse (Soricidae), selten Igel, Maulwurf u. a. *I. trianguliceps*, wurde in einer Studie in der Schweiz auch als zweithäufigste Zeckenart bei Katzen (24 %) nachgewiesen, aber nicht bei Hunden. Diese Zeckenart überträgt *Anaplasma phagocytophilum* und wahrscheinlich *Borrelia burgdorferi* s. l. sowie *Babesia microti*.

Ixodes frontalis

Ixodes frontalis ist eine ornithophile Art, die im Verdacht steht, durch ihren toxischen Speichel bei Vögeln eine Toxikose hervorzurufen (engl. *avian tick-related syndrome*). Ihr Verbreitungsgebiet reicht von Großbritannien bis ins westliche Russland und schließt u. a. die Schweiz, Tschechien, Deutschland, Frankreich und skandinavische Länder ein.

Ixodes inopinatus

Diese Zeckenart wurde erst 2014 beschrieben. Sie ist *I. ricinus* morphologisch sehr ähnlich und wurde in der Vergangenheit wahrscheinlich häufig mit dieser Art verwechselt. Über ihre Vektorfunktion ist noch wenig bekannt.

Gattung *Haemaphysalis*

Die ca. 166 Arten der Gattung *Haemaphysalis* (▶ **Abb. 17.6**) sind weltweit verbreitet, die meisten Arten kommen in Afrika und Südasien vor. In West- und Mitteleuropa sind 3 Arten heimisch: *H. punctata, H. concinna* und *H. inermis*.

Haemaphysalis punctata

Haima (gr.): Blut; *physa* (gr.): Blase; *punctum* (lat.): Stich, Punkt.
Engl.: *red sheep tick*.

Morphologie Relativ kleine, blasse oder rötlich braune Zecken ohne Pigmente, ♀♀ 3,0–3,5 mm, vollgesogen ≤ 10 mm lang; ♂♂ 2,8–3,2 mm.

Entwicklung und Epidemiologie *H. punctata* ist eine 3-wirtige Zecke. Die Larven und Nymphen befallen Kleinsäuger und Vögel, oft auch Zugvögel, selten Eidechsen, die adulten Zecken Schafe und Rinder, gelegentlich Ziegen und Pferde sowie Cerviden, Hasen, Igel und Musteliden. Bei Rindern findet man die Adulti vor allem am Euter und an den Schenkelinnenflächen. *H. punctata* ist besonders im Frühjahr und Sommer aktiv, befällt jedoch Rinder während der gesamten Weidesaison bis November. Eine Generation entwickelt sich je nach Habitatsbedingungen in 1–3 Jahren.

Vorkommen Die Zecke kommt vom südlichen Skandinavien bis Nordafrika sowie östlich bis nach Zentralasien und somit fast überall in Europa (mit Ausnahme von IE) vor. Sie tritt sporadisch in sehr unterschiedlichen Habitaten auf, von feuchtem, dicht bewachsenem bis zu unbewaldetem Gelände, z. B. in Nordfriesland und auf den nord- und ostfriesischen Inseln. In Mitteleuropa gibt es nur inselartige Habitate mit geringer Populationsdichte, so etwa im Tessin (Südschweiz).

Vektorfunktionen *H. punctata* kann folgende Erreger übertragen: *Babesia major, B. motasi* und *Theileria orientalis* (▶ **Tab. 17.3**).

Haemaphysalis concinna (Reliktzecke)

Concinna (lat.): zierlich. Engl.: *relict tick.*

H. concinna (3-wirtig), die *H. punctata* sehr ähnelt, kommt selten und meist in noch ursprünglichen Laub- und Mischwäldern vor. Das Verbreitungsgebiet von *H. concinna* reicht von Frankreich (ostwärts) bis nach China und Japan. Sie wurde vereinzelt auch in Österreich, der Schweiz (Ostschweiz) und Deutschland (bei Hannover, Lüneburg sowie in Brandenburg und Südhessen) gefunden. Die adulten Zecken befallen Cerviden, besonders Rehe, ferner Hasen, Rinder, Pferde, Hunde und Katzen. Die Larven und Nymphen parasitieren bei Rehen, Igeln, Nagern, Vögeln und Reptilien. Alle Stadien findet man bei Rehen vor allem von März bis Juni und im Oktober. Als Vektor (FSME, Sibirisches Fleckfieber, Tularämie) spielt die Zecke eine untergeordnete Rolle.

Zum Weiterlesen

Haemaphysalis inermis

Inermis (lat.): unbewaffnet. Engl.: *winter tick.*

H. inermis ist eine seltene, sehr kleine 3-wirtige Zecke (Länge: ♀♀ 2,0–3,5 mm, vollgesogen ≤ 8 mm; ♂♂ 2,4–3,0 mm). Verbreitung vor allem in Frankreich, in der gesamten mediterranen Region einschließlich des Balkans und in Polen sowie östlich bis in den Iran und Südasien. Die adulten Zecken parasitieren vor allem an Cerviden, aber auch an Füchsen, Igeln sowie Rindern, Schafen, Pferden und gelegentlich Menschen. Die Larven und Nymphen befallen Nager, andere Kleinsäuger und Insektenfresser. Die Larven und Nymphen findet man kaum auf dem Wirt, weil sie bereits nach wenigen Stunden wieder abfallen. Bis zur Häutung der Nymphen vergeht meist 1 Jahr. Die adulten Zecken sind im Winter aktiv. Man findet sie auf den Cerviden von November bis April. *H. inermis* bevorzugt Laub- und Mischwälder, Wiesen und Berghänge. Als Vektor (FSME etc.) hat *H. inermis* keine Bedeutung.

Gattung *Rhipicephalus*

Zur Gattung gehören etwa 80 Arten. Die meisten kommen in Afrika vor. In Europa sind vor allem die morphologisch und genetisch ähnlichen Arten der *Rhipicephalus sanguineus*-Gruppe (*R. sanguineus* s. l.) von Bedeutung. Diese nahe verwandten Arten (*R. sanguineus* s. s., *R. turanicus, R. pusillus* u. a.) werden oft verwechselt. Die 5 Arten der Gattung *Boophilus* werden seit einigen Jahren der Gattung *Rhipicephalus* zugeordnet.

Rhipicephalus sanguineus s. s. (Braune Hundezecke)

Rhipis (gr.): Fächer; *kephale* (gr.): Kopf; *sanguineus* (lat.): blutig, blutrot. Engl.: *brown dog tick* oder *kennel tick.*

Arten und Morphologie Die Validität vieler Arten der *R. sanguineus*-Gruppe war und ist noch umstritten. Nördlich der Alpen kommt nur *R. sanguineus* s. s. und fast nur bei Hunden vor (wenige Ausnahmen: mit Pferden oder anderen Wirten eingeschleppte *Rhipicephalus* spp.). Die rötlichen Weibchen von *R. sanguineus* s. s. sind nüchtern 3–3,8 mm, vollgesogen bis 1 cm lang. Die dunkelbraunen Männchen (3–3,8 mm lang) haben ein verstärktes Beinpaar IV. Die Nymphen sind 1,4–1,6 mm lang (▶ **Abb. 17.6**).

Entwicklung, Vorkommen und Epidemiologie *R. sanguineus* ist eine 3-wirtige, monotrope Zecke, d. h. alle Stadien befallen fast ausschließlich Hunde, selten andere Wirte (< 10 %), meist Katzen. *R. sanguineus* kam ursprünglich in Afrika und im Mittelmeerraum vor, wurde aber mit Hunden über die gesamten Tropen und Subtropen bis in die gemäßigte Zone fast weltweit verbreitet (etwa 35° S bis 50° N). Seit mehreren Jahrzehnten wird *R. sanguineus* regelmäßig von Reisenden mit Hunden vor allem aus Spanien, Italien, Griechenland und Frankreich in erheblichem Umfang nach Mittel-, West- und Nordeuropa verschleppt. Nördlich bis nach Norwegen haben sich in der jüngeren Vergangenheit in urbanen Habitaten autochthone Herde gebildet. In einigen Städten ist bei Hunden *R. sanguineus* inzwischen häufiger als *I. ricinus*. Die Braune Hundezecke ist an subhumide Habitate im Aktionsraum von Hunden angepasst, südlich der Alpen vor allem im Freien, nördlich der Alpen fast nur in Gebäuden und geschützten Zwingern (engl. *kennel tick*). So sind stabile endemische Herde in Tierheimen, Hundepensionen und -schulen, tierärztlichen Praxen und sogar in Wohnungen entstanden. Dort sind die Zecken wegen durchgehend hoher oder gemäßigter Temperaturen ganzjährig aktiv, südlich der Alpen im Freiland aber nur von März bis Oktober (auch in den Touristikzentren, z. B. in Rom). In den urbanen Zentren in Südeuropa bieten Häuser mit Gärten günstige Habitate. Die ruralen Habitate zeichnen sich durch spärliche Vegetation aus; in Wäldern kommt *R. sanguineus* kaum vor. Die Zecken entwickeln sich ab 18 °C und 50 % r. L. Im Winter gehen sie in Diapause über, außer in ausreichend warmen Räumen. Unter günstigen Bedingungen dauert eine Generation etwa 3 Monate, unter hiesigen Gegebenheiten jedoch etwa 1 Jahr. Die Adulti können bis 19 Monate hungern.

Pathogenese und Krankheitsbild *R. sanguineus* ist sehr gut an Hunde angepasst und verursacht bei ihnen meist nur geringe Hautreaktionen. Eine sich entwickelnde Immunität schwindet nach 2–4 Infestationen, sodass Hunde zeitlebens fast uneingeschränkt als Wirte fungieren können.

R. sanguineus parasitiert in der Regel nicht bei Menschen. Regional (z. B. auf Sizilien) werden aber vor allem Kinder befallen, vorwiegend von Larven. Bei dem angeblichen Befall von Menschen, Schafen, Ziegen, Pferden, Rindern und anderen Wirten an den Küsten des Mittelmeeres (bis etwa 250 km landeinwärts) handelt es sich wahrscheinlich um *R. turanicus* (S. 429).

Vektorfunktionen *R. sanguineus* ist ein bedeutender Vektor, der folgende Erreger übertragen kann (▸ **Tab. 17.3**, ▸ **Tab. 17.4**): *Anaplasma platys, Rickettsia conorii, Ehrlichia canis, Hepatozoon canis, Babesia vogeli, B. gibsoni, Dipetalonema dracunculoides* und *Cercopithifilaria grassii*.

Rhipicephalus bursa

Bursa (lat.): Beutel. Bezug auf das vollgesogene Weibchen.

R. bursa ist eine 2-wirtige Zecke. Als Wirte dienen vor allem Schafe, Rinder, Ziegen und Pferde, selten Hunde oder Menschen. Bei Schafen werden vor allem die Ohren, die Perianal- und die Inguinalregion befallen. Die gut an Schafe angepasste Zecke verursacht kaum Hautreaktionen. Sie bevorzugt semiaride Habitate an grasbewachsenen Hängen in niedrigen bis mittleren Höhenlagen und steppenähnliche Weiden. Das Verbreitungsgebiet erstreckt sich rund um das Mittelmeer (außer Ägypten), in den Nahen Osten und weiter bis Persien und Kasachstan. Die nördliche Grenze in Europa führt von der iberischen Halbinsel durch Südfrankreich, die Schweiz, den Balkan, Rumänien, die nördliche Schwarzmeerküste und den Kaukasus.

Vektorfunktion *R. bursa* ist ein wichtiger Vektor für *Anaplasma marginale, A. ovis, Babesia ovis, Theileria ovis* und *T. equi*.

Rhipicephalus turanicus

Turanicus (lat.): zu Turan gehörend, turanisch. Turan (persisch) für Turkestan.

Die Art wurde oft mit *R. sanguineus* oder *R. sulcatus* verwechselt. Es gibt mehrere Stämme von *R. turanicus*, mindestens einen in der paläarktischen und einige in der afrotropischen Region. *R. turanicus* ist eine 3-wirtige Zecke mit dem breitesten Wirtsspektrum in der *R. sanguineus*-Gruppe. Larven und Nymphen bevorzugen Nager, Igel, Hasen und Vögel, die adulten Zecken infestieren Schafe, Ziegen und Pferde, selten Schweine, Rinder und Hunde. Bei Schafen werden vor allem die Ohren befallen. Die Zecken sind im mediterranen Klima besonders von März bis Juni und von September bis November aktiv. Eine Generation dauert etwa 70–130 Tage. *R. turanicus* bevorzugt subhumide bis semiaride Habitate. Das Verbreitungsgebiet der paläarktischen Stämme umfasst außer Zentral- und Südasien vor allem die mediterranen Küstenregionen bis 250 km landeinwärts. *R. turanicus* ist in Iberien, Südfrankreich, Italien, im Tessin und auf dem Balkan endemisch. Die Zecken werden hin und wieder nach Mitteleuropa eingeschleppt.

Vektorfunktion *R. turanicus* ist ein bedeutender Vektor für *Anaplasma ovis, Rickettsia conorii, Hepatozoon canis, Babesia trautmanni, Theileria equi* (nicht der afrotropische Stamm) und *T. ovis* (▸ **Tab. 17.3**).

Zum Weiterlesen

Rhipicephalus microplus und andere verwandte Arten

Morphologie, Arten und Vorkommen

Diese Arten befallen hauptsächlich Rinder und seltener andere große Säugetiere (Pferde, Schafe, wild lebende Wiederkäuer) in den Tropen und Subtropen. Wichtige Arten sind: *Rhipicephalus microplus* (engl. *cattle tick*): Asien, Lateinamerika, Ostafrika von Südafrika bis Tansania, Madagaskar; *R. australis* (engl. *cattle tick*): Australien; *R. decoloratus* (engl. *blue tick*): Afrika südlich der Sahara; *R. annulatus* (engl. *Texas fever tick*): Nordafrika, Gürtel südlich der Sahara vom Senegal bis Äthiopien, Südeuropa, Kleinasien, regional in Lateinamerika, früher in Südstaaten der USA (▸ **Abb. 17.6**).

Entwicklung und Epidemiologie

Alle Arten sind 1-wirtig und an Rinder angepasst. Die Entwicklung auf dem Rind von der Larve bis zum vollgesogenen Weibchen dauert etwa 3–4 Wochen, die Eiablage am Boden 1–2 Wochen. Unter günstigen Bedingungen (ca. 28 °C, > 80 % r. L.) können sich in den Tropen 5–6 Generationen im Jahr entwickeln.

Pathogenese und Krankheitsbild

Der Befall verursacht bei empfänglichen taurinen Rindern erhebliche Schäden (Fleisch, Leder) und bei hochgradiger Exposition eine hohe Mortalität. Weltweit sind über 800 Mio. der etwa 1100 Mio. Rinder dem Befall mit dieser Zecken-Arten ausgesetzt. In den Tropen gelten sie als die wichtigsten Parasiten des Rindes, zumal sie den Rindern nicht nur primär schaden, sondern außerdem die Erreger verlustreicher Infektionskrankheiten übertragen.

Vektorfunktionen

Alle Arten: *Anaplasma marginale; R. microplus, R. annulatus; Babesia bovis; R. microplus, R. annulatus, R. decoloratus: Babesia bigemina; R. microplus* in Südamerika*: Theileria equi* (▸ **Tab. 17.3**).

Gattung *Dermacentor*

Zur Gattung *Dermacentor* gehören 34 weitverbreitete Arten in Asien, Europa, Afrika und in der Neuen Welt. Folgende Arten sind vor allem als **Vektoren** von Bedeutung (▸ **Tab. 17.3**, ▸ **Tab. 17.4**): *D. marginatus* und *D. reticulatus* (s. u.); *D. silvarum, D. nuttalli* und andere Arten in Asien (Sibirien, Mongolei, China); *D. andersoni, D. variabilis, D. occidentalis, D. albipictus* in Nordamerika; *Anocentor nitens*, die tropische Pferdezecke in Lateinamerika, wird meist der Gattung *Dermacentor* als *D. (A.) nitens* zugeordnet. Ein charakteristisches Merkmal aller Arten dieser Gattung ist der marmorierte Rückenschild.

Dermacentor marginatus (Schafzecke)

Derma (gr.): Haut; *centeo* (gr.): stechen; *margo* (lat): Rand. Engl.: *ornate sheep tick.*

Morphologie Die nüchternen Weibchen sind 4,6–5,4 mm lang, die Männchen 4,8–5,8 mm, die vollgesogenen Weibchen bis 15 mm.

Entwicklung und Epidemiologie *D. marginatus* ist eine 3-wirtige Zecke. Die Larven und Nymphen befallen Mäuse, andere Kleinsäuger, Kaninchen und gelegentlich Vögel, die Adulti vor allem Schafe, aber auch Rinder, Pferde, Hunde und Menschen sowie Cerviden, Hasen und Igel. Die Larven sind besonders im Juni und die Nymphen im Juli aktiv. Die adulten Zecken erreichen in Deutschland bereits im März und April ihren ersten Aktivitätsgipfel sowie einen geringeren im September und Oktober. Die im Herbst vollgesogenen Weibchen gehen in Diapause über und beginnen erst im Frühjahr mit der Eiablage. Eine Generation entwickelt sich meist in 1 Jahr. Die Schafe werden daher bereits ab März von den überwinterten Adulti befallen [vgl. *Ixodes ricinus* (S. 424)]. Die Wolle der Schafe wird im Nacken und auf dem Rücken, den Prädilektionsstellen der Zecken, von ihrem Kot bräunlich verfärbt.

Vorkommen *D. marginatus* ist an warme, trockene Habitate (< 600 mm Niederschlag im Jahr; kältester Monat im Mittel ≥ 1 °C) angepasst. Diese Art lebt auf Trockenrasen, Buschsteppen und in lichten Wäldern. Das Verbreitungsgebiet von *D. marginatus* erstreckt sich von Marokko über Spanien, Süd- und Zentralfrankreich, Italien, Deutschland, Polen und weiter östlich bis nach Zentralasien. In Deutschland kommt *D. marginatus* vor allem auf Schafweiden an den sonnigen Hängen von Main, Neckar und Oberrhein sowie sporadisch u. a. im Saarland und in Südhessen vor. In der Schweiz und in Österreich gibt es nur wenige Herde.

Vektorfunktionen *D. marginatus* ist in Mitteleuropa der wichtigste Vektor von *Coxiella burnetii;* außerdem können übertragen werden: das FSME-Virus [Übertragung möglich, aber nicht effektiv, vgl. *Ixodes ricinus* (S. 424)], *Anaplasma ovis* (Osteuropa, Zentralasien auch *D. silvarum*), *Rickettsia slovaca, Francisella tularensis, Babesia caballi* und *Theileria equi* (▸ **Tab. 17.3**).

Dermacentor reticulatus (Bunt- oder Auwaldzecke)

Rete (lat.): Netz; *reticulum* (lat.): kleines Netz. Engl.: *ornate cow tick.*

Morphologie Die Adulti von *D. reticulatus* haben – anders als bei *D. marginatus* – einen nach hinten gerichteten Sporn am hinteren Rand des 2. Palpengliedes. Die Coxa I hat außen einen eng anliegenden großen Sporn. Da die Morphologie ungewöhnlich variabel ist, sind *Dermacentor*-Arten oft verwechselt worden (▸ **Abb. 17.6**, ▸ **Abb. 19.19**).

Entwicklung und Epidemiologie Die Larven und Nymphen von *D. reticulatus* (3-wirtig) befallen Kleinsäuger (Nager, Insektenfresser, Musteliden), selten auch Vögel, die adulten Zecken wild lebende Säugetiere (Cerviden, Füchse, Hasen, Igel) und Haussäugetiere, besonders Hunde und Pferde, regional auch Rinder und Schafe sowie gelegentlich Menschen. Der erste Aktivitätsgipfel der Adulten liegt im Frühjahr (März bis Juni), der zweite im Herbst (August bis November). Die Weibchen legen 3000–4500 Eier. Es entwickelt sich eine Generation in 1 oder 2 Jahren.

Vorkommen *D. reticulatus* bevorzugt feuchte Wald- und Wiesenhabitate. Das Verbreitungsgebiet von *D. reticulatus* erstreckt sich von West-, Süd- und Mitteleuropa östlich bis nach Zentralasien. In Deutschland sind dies inselartige Herde in Wäldern (z. B. Schönbuch bei Tübingen) oder entlang von Flüssen (z. B. an den Armen des Altrheins in Baden, Elbauen bei Torgau). Infolge der Einschleppungen durch Hunde aus Endemiegebieten im Ausland (FR, HU etc.) haben sich in der jüngeren Vergangenheit neue Herde an weiteren Bundesländern in Baden-Württemberg, Bayern, Saarland, Rheinland-Pfalz, Hessen, Sachsen-Anhalt, Brandenburg, Berlin und anderen Ländern gebildet. Wahrscheinlich sind durch Stilllegung oder Renaturierung landwirtschaftlicher Nutzflächen und durch eine ungestörte Vermehrung der Wirte (Kleinsäuger, Wild) geeignete Habitate entstanden. In der Schweiz gibt es in mehreren Kantonen (Genf, Waadt, Bern, Solothurn, Aargau, St. Gallen, Tessin) kleinere Herde, ebenso in Ostösterreich (Burgenland, östliches Niederösterreich). In Zentralfrankreich ist diese Art die häufigste Zecke bei Hunden, im Süden ist dies *R. sanguineus*, im Norden Frankreichs sind es *Ixodes*-Arten. In GB kommt *D. reticulatus* an der Küste von Südwestengland und Wales vor, wo vor allem Rinder befallen werden.

Vektorfunktionen *D. reticulatus* kann folgende Erreger übertragen: *Rickettsia slovaca, Francisella tularensis, Babesia caballi, B. canis* und *Theileria equi* (▸ **Tab. 17.3**). Die Übertragung von FSME-Viren wird diskutiert.

Zum Weiterlesen

Gattung *Hyalomma*

Hyalos (gr.): Glas; *omma* (gr.): Auge.

Zu den charakteristischen Merkmalen der Gattung (27 Arten) gehören die Augen, auf die der Gattungsname Bezug nimmt. Die Arten der Gattung *Hyalomma* kommen in ariden und semiariden Gebieten Afrikas, Asiens und Südeuropas vor. Ein wichtiger Vektor ist *H. anatolicum* sspp. (*H. a. anatolicum, H. a. excavatum*) für *Theileria annulata, T. lestoquardi* (Syn. *T. hirci*) und *T. equi* (▸ **Tab. 17.3**). In Nord- und Mitteleuropa ist keine *Hyalomma*-Art autochthon, aber Larven und Nymphen werden von Zugvögeln, adulte Zecken mit Schildkröten eingeschleppt. Meist handelt es sich um *H. marginatum* (Vögel) oder *H. aegypticum* (Schildkröten).

Hyalomma marginatum

Große braune Zecken, 2-wirtig; Länge ♀♀ 5,0–6,5 mm, vollgesogen ≤ 20 mm; ♂♂ 4,0–5,6 mm mit dunklem Schild. Larven und Nymphen parasitieren bei Vögeln insgesamt 12–26 Tage und werden während dieser Zeit weit nach Norden verschleppt. Die Adulti befallen südlich der Alpen Haustiere, z. B. in Spanien Rinder, Equiden, Hunde sowie Füchse, Wildschweine und Hasen. Das autochthone Verbreitungsgebiet von *H. marginatum* erstreckt sich über Südeuropa, fast ganz Afrika und Südasien. Nördlich der Alpen (bis GB, DK, N) wurden bis auf wenige Ausnahmen lediglich präadulte Stadien gefunden.

Vektorfunktionen

H. marginatum überträgt Viren (Krim-Kongo-Fieber etc.), Babesien (*B. occultans*) und Theilerien (*T. equi*).

Hyalomma aegypticum

H. aegypticum (3-wirtig) gleicht morphologisch *H. marginatum*. Die Adulti befallen in Südeuropa vor allem Schildkröten, aber auch Eidechsen, Igel, Hunde und Equiden, die präadulten Stadien vor allem Vögel. *H. aegypticum* ist an aride Habitate angepasst und kommt meist im Lager von Schildkröten vor. Verbreitungsgebiete: Südeuropa einschließlich Südfrankreich; Afrika (Nordafrika von Marokko bis Ägypten, Südafrika) und Südasien. Die Zecke wurde sehr häufig mit Schildkröten nach Mitteleuropa verschleppt, ist aber nie autochthon geworden. Sie fungiert bei Haustieren und beim Menschen nicht als Vektor.

Gattung *Amblyomma*

Amblys (gr.): stumpf; *omma* (gr.): Auge.

Von den 130 Arten der Gattung *Amblyomma* (▸ **Abb. 17.6**) kommen die wichtigsten in Afrika südlich der Sahara und in der Neuen Welt in tropischen oder subtropischen, humiden Regionen vor, nicht dagegen in Europa. Wichtige Arten sind: *A. hebraeum* (engl. *bont tick*) im Süden Afrikas, besonders südlich des Sambesi; *A. variegatum* (engl. *tropical bont tick*), tropisches Afrika sowie einige karibische Inseln; *A. pomposum* (engl. *highland bont tick*), Angola und westliches Zentralafrika; *A. americanum* (engl. *lone star tick*), USA, Atlantikküste bis Zentraltexas, nördlich bis Iowa; *A. maculatum* (engl. *Gulf Coast tick*), South Carolina bis Texas; *A. cajennense* (engl. *Cayenne tick*) vom südlichen Texas bis Argentinien.

Alle *Amblyomma*-Arten sind 3-wirtig. Sie befallen viele verschiedene Säuger, Vögel, Reptilien und manchmal sogar Amphibien. In Afrika südlich der Sahara kommt es meist zu starkem Befall bei Rindern, Schafen und Ziegen. Menschen werden auf Rinderweiden von den Larven und Nymphen befallen. Die meisten *Amblyomma*-Arten verursachen schmerzhafte Hautläsionen (Entzündungen, Nekrosen, Ulzera, Granulome, auch Blutungen). Dies allein beeinträchtigt die Leistung (Fleisch, Leder, Milch) erheblich. In Südamerika ist *A. cajennense* eine Plage für Pferde, die an den anhaltenden, umfangreichen und sehr schmerzhaften Hautläsionen erheblich leiden. Menschen werden vor allem von den Nymphen befallen, die durch ihren Stich heftigen Juckreiz und Nekrosen verursachen, die erst nach Monaten ausheilen. Einige *Amblyomma*-Arten sind wichtige Vektoren (▸ **Tab. 17.3**).

Familie Argasidae (Lederzecken)

Argas (gr.): giftiges Tier. Engl.: *soft ticks*.

> **Praxis**
>
> Die Taubenzecke *Argas reflexus* überlebt in Mitteleuropa in Innenräumen. Bei Haus- und Stadttauben führt Massenbefall zu Leistungsminderung und starker Anämie. **Zoonose:** Befällt gelegentlich auch Menschen und kann starke allergische Reaktionen verursachen.

Das Wichtigste in Kürze

- **Morphologie, Arten.** Wichtige Gattungen: *Argas, Ornithodoros* und *Otobius*. In Mitteleuropa ist nur *Argas reflexus*, die Taubenzecke, von Bedeutung. Lederzecken haben keinen Rückenschild und unterscheiden sich auch in anderen morphologischen und biologischen Merkmalen von den Schildzecken.
- **Entwicklung.** Ei → Larve → meist 4–7 (mindestens 2, höchstens 8) Nymphen-Stadien → Adulti. Der Saugakt dauert meist nur 20–30 min.
- **Vorkommen, Schadwirkung.** Argasidae findet man vor allem in ariden, südlichen Regionen, einige Arten auch in gemäßigten Klimazonen der nördlichen Hemisphäre. *A. reflexus*, eine stark an Haustauben adaptierte Art, kommt in Mitteleuropa nicht im Freien vor, sondern nur in Gebäuden. In Städten wird sie immer wieder zur Plage und befällt Menschen, gelegentlich auch andere Vogelarten als Tauben (Wildvögel, Huhn) und Säugetiere (z. B. Pferd). Als Überträger von Erregern spielt *A. reflexus* keine Rolle, doch haben andere Arten Vektorfunktionen; einige Arten verursachen Toxikosen.

Der Familie Argasidae gehören 3 Unterfamilien mit einer gewissen medizinischen Bedeutung an: die **Argasinae,** die **Ornithodorinae** und die **Otobinae** (▸ **Tab. 17.1**).

Morphologie Lederzecken haben keinen Schild, Männchen und Weibchen unterscheiden sich morphologisch kaum (▸ **Tab. 17.2**; ▸ **Abb. 17.9**). Das **Capitulum** liegt ventral, ist also von dorsal nicht zu sehen, außer bei den Larven, die ein endständiges Capitulum haben. Die Klauen der Nymphen und Adulti haben keine Pulvillen, sie sind aber bei Larven einiger Arten vorhanden und ermöglichen das Emporklettern an glatten Flächen, z. B. in Glasgefäßen (▸ **Abb. 17.10**). Die kleinen Stigmen liegen vor dem 4. Beinpaar. Augen fehlen bei den meisten Arten. Die **Cuticula** ist lederartig und strukturiert.

Entwicklung und Vorkommen Lederzecken bilden meist 4–7 (auch 2–8) Nymphenstadien, von denen jedes einen Wirt befallen und Blut saugen muss, um sich abseits vom Wirt zum nächsten Nymphen- oder zum Adultstadium häuten zu können. Wie die Schildzecken sind auch die Lederzecken „*pool feeder*“; sie nehmen rasch eine größere Menge Blut auf und steigern dadurch ihr Körpergewicht um ein Vielfaches (bis 12-fach). Die über-

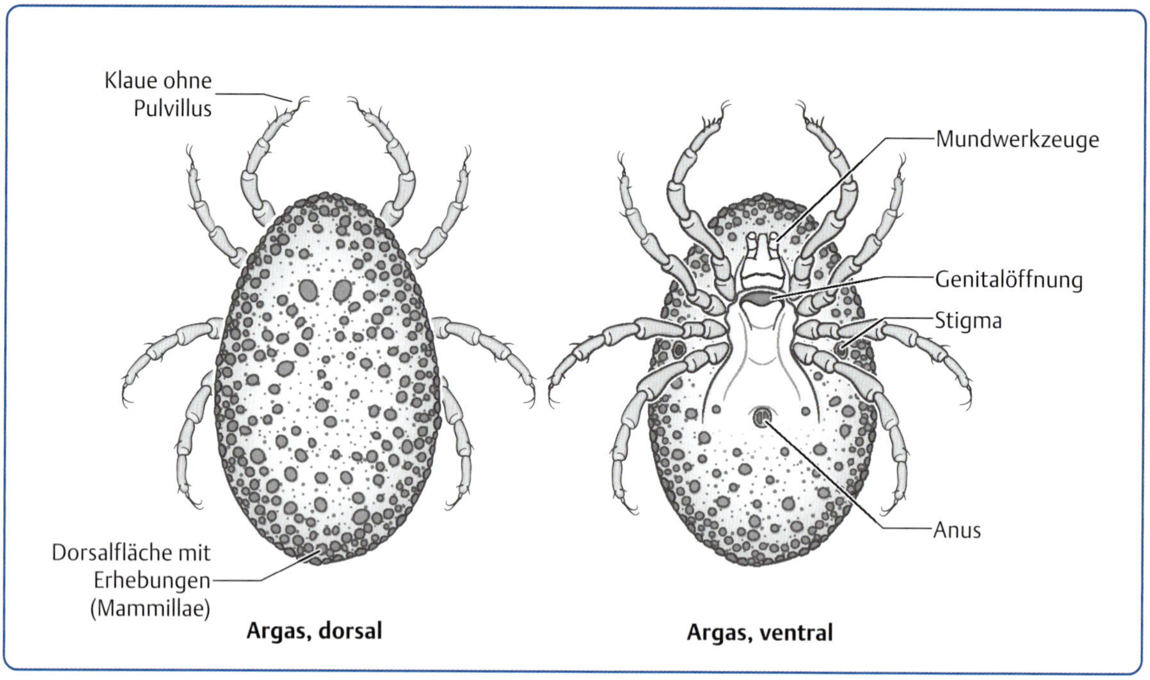

▶ **Abb. 17.9** Argasidae: Schema von Argasidae am Beispiel von *Argas*. (Grafik: Anne Seeger, nach einer Vorlage von Johannes Eckert, Vetsuisse-Fakultät, Universität Zürich)

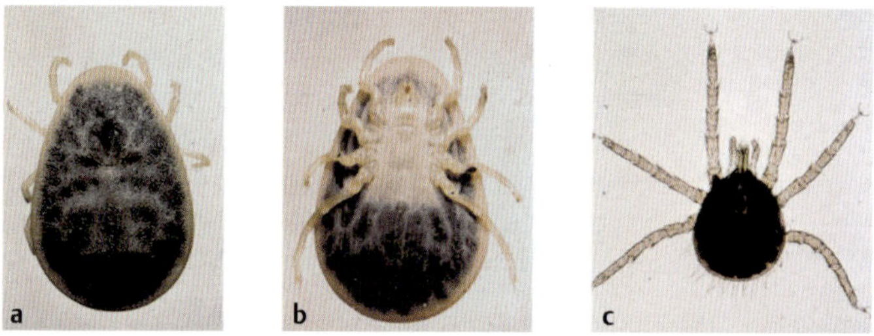

▶ **Abb. 17.10** *Argas reflexus*: **a** Ansicht von dorsal; **b** Ansicht von ventral (Länge: 6,5–11 mm); **c** Larve. (Quelle: Institut für Parasitologie, Stiftung Tierärztliche Hochschule Hannover)

schüssige Flüssigkeit wird während des Saugaktes von Coxaldrüsen ausgeschieden, die in Nähe der Coxae I münden. Die Adulti können mehrmals Blut saugen. Nach einem Saugakt von nur 20–30 min (selten einige Stunden) verlassen die Zecken den Wirt. Danach legen die Weibchen jeweils bis zu 500 Eier. Die Larven von *Argas* spp. verankern sich in der Haut ihres Wirtes für etwa 1 Woche; sie saugen nur einmal Blut. Die Larven von *Ornithodoros* spp. oder die Adulti von *Otobius megnini* nehmen keine Nahrung auf. Argasiden kommen weltweit vor, doch sind die medizinisch wichtigen Arten auf bestimmte Regionen beschränkt (s. u.). Fast alle Arten sind an aride **Habitate** angepasst, die sich in Nähe ihrer Wirte befinden: Vogelnester, Taubenschläge, Höhlen u. dgl. Einige Lederzecken können in ihrem Habitat 5–7 Jahre ohne Wirt überleben bei einer gesamten Lebensdauer bis 14 Jahre.

Gattung *Argas*

Argas reflexus (Taubenzecke, Saumzecke)

Engl.: pigeon tick.

Morphologie Die Weibchen der Taubenzecke (Länge 6,5–11 mm) sind dorsoventral abgeflacht und grau bis rotbraun (▶ **Abb. 17.10**a, b). Die Dorsalfläche hat am Rand einen fein gestreiften Saum, innen durch eine Naht von der Rückenfläche abgegrenzt. Die **Cuticula** ist granuliert und dorsal mit zahlreichen, unterschiedlich großen Warzen (Mammillae) besetzt. Die Männchen ähneln den Weibchen, sind aber meist kleiner (5–7,5 mm lang); sie können anhand der Genitalöffnung differenziert werden. Diese fehlt den Nymphen (3,5–6,5 mm lang). Die Larven haben ein endständiges Capitulum und sehr lange Beine (▶ **Abb. 17.10**c).

Entwicklung Die Kopulation erfolgt abseits vom Wirt jeweils nach dem Saugakt (▶ **Abb. 17.11**). Die Weibchen legen danach in den Schlupfwinkeln in Nähe der Wirte insgesamt 4- bis 6-mal etwa 80 Eier. Die Dauer des gesamten Entwicklungszyklus mit 2–4 Nymphenstadien hängt

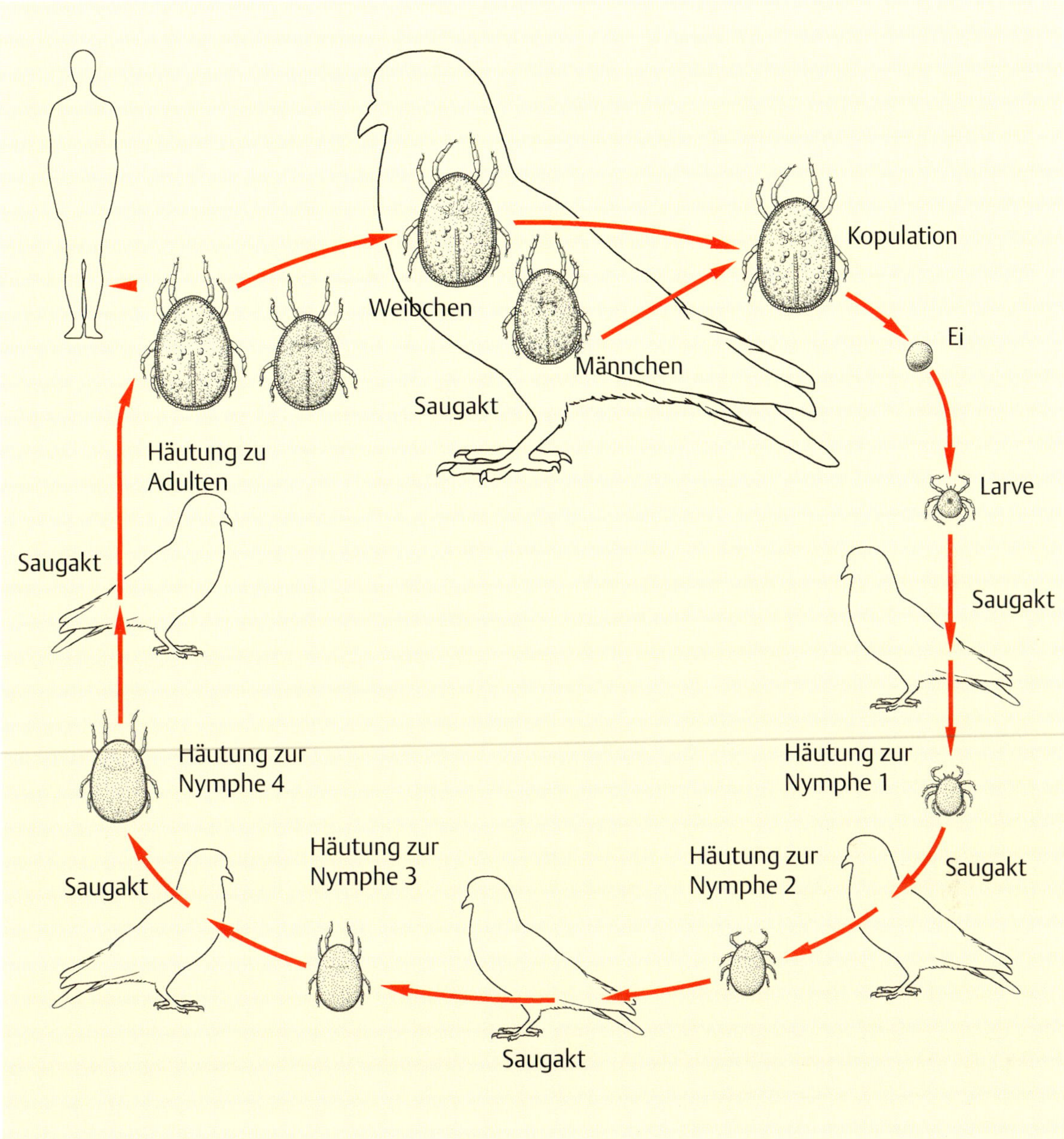

▸ **Abb. 17.11** Entwicklungszyklus von *Argas reflexus*. (Grafik: Salome Ehrat, nach einer Vorlage von Johannes Eckert und Peter Deplazes, Vetsuisse-Fakultät, Universität Zürich)

von der Verfügbarkeit der Wirte und vom Mikroklima im Habitat ab; günstig sind etwa 30 °C und 50–80 % r. L. Meistens entwickelt sich eine Generation in 2–3 Jahren.

Vorkommen und Epidemiologie Diese ursprünglich aus warmen Regionen stammende Zecke kommt in Mitteleuropa nicht im Freien vor, sondern nur in Gebäuden und ähnlichen Mikrohabitaten, die hohe Sommertemperaturen gewährleisten. Daher liegt die nördliche Verbreitungsgrenze in Europa bei 55° N. Die **Haustaube** (*Columba livia domestica*) ist der Hauptwirt für alle saugenden Stadien von *A. reflexus*. Weitere, aber seltene Wirte sind andere Taubenarten, Schwalben, Mauersegler, Schleiereulen, Dohlen, Sperlingsvögel und gelegentlich auch das Haushuhn. Menschen und Pferde mit Kontakt zu Habitaten von *A. reflexus* werden ebenfalls befallen.

Die Nist- und Rastplätze von Tauben in Taubenschlägen, auf verwahrlosten Dachböden, in alten oder zerfallenden Gebäuden mit warmen, dunklen Schlupfwinkeln sind bevorzugte Habitate, in denen sich die Taubenzecken tagsüber verbergen. Nachts befallen sie ihre Wirte, saugen etwa 20–30 min Blut und ziehen sich danach sofort wieder in ihre Verstecke zurück. Die Larven bleiben jedoch etwa 1 Woche auf dem Wirt und können so effektiv verbreitet werden. Larven überleben nüchtern max. 1 Jahr, die Nymphen und Adulti überstehen dagegen Hungerperioden von 3–5, max. 9 Jahren. *A. reflexus* hat die geringste Netto-Wasserverlustrate aller bisher geprüften Arthropoden und ist außerdem äußerst tolerant gegenüber extremen Temperaturen einschließlich Frost. Dies sichert das Überleben auf trockenen Dachböden mit ihren enormen Temperaturschwankungen. Die im Frühjahr bis zum Herbst erhöhten Temperaturen in den Gebäuden ermöglichen den Abschluss der Embryonalentwicklung der Zecken, die danach in Diapause übergehen. Die Eier können nicht überwintern. Der Aufbau einer größeren *Argas*-Population in einem Gebäude dauert deshalb einige Jahre, selbst unter günstigen Bedingungen. Wegen der Diapause in jedem postlarvalen Stadium schätzt man die Entwicklungsdauer einer Generation auf 3–11 Jahre. Dennoch findet man in besiedelten Gebäuden oft Tausende von Nymphen und Adulti, besonders in Großstädten. Nach Vertreibung von Tauben aus ihren Nistplätzen können Taubenzecken besonders während ihrer aktiven Phase im Frühjahr und Sommer auf der Suche nach Wirten auch in benachbarte, bewohnte Räume eindringen und dort Menschen befallen. In Berlin fand man Taubenzecken in etwa der Hälfte der von Tauben besiedelten und in 14 % der z. T. bereits seit Jahren verlassenen Nistplätze.

Pathogenese und Krankheitsbild Bei Tauben und anderen Vögeln stechen Zecken vor allem an federlosen Stellen an der Innenfläche der Schenkel, unter den Flügeln und am Hals. An den Stichstellen bilden sich rotblaue, blutunterlaufene Quaddeln (Ø ca. 1 cm). Die Tauben sind nachts unruhig, sie werden geschwächt und zeigen schlechte Flugleistungen. Bei Nestlingen und Jungtauben kann der erhebliche Blutentzug (bis 0,3 ml je Saugakt) bei wiederholtem Befall zu einer lebensbedrohenden Anämie und zu Todesfällen führen.

Diagnose Bei Verdacht Nist- oder Rastplätze von Tauben ausleuchten und inspizieren. Im Bereich der Verstecke sind schwarze Kotflecken und weiß-gelbe Exuvien (Häutungsreste) sichere Indikatoren für Taubenzecken.

Bekämpfung Die Bekämpfung erfolgt durch die drastische Reduzierung der Populationen verwilderter Tauben in den Städten und wiederholte Behandlung der Schlupfwinkel der Taubenzecken mit Acariziden durch Schädlingsbekämpfer. Eine Wiederbesiedlung ist durch Fernhalten der Tauben und Beseitigung der Schlupfwinkel durch bauliche Maßnahmen zu verhindern.

Bedeutung für Menschen Bei Menschen verursachen die fast stets nächtlichen Zeckenstiche juckende Papeln mit lokalem Erythem (mildeste Form) oder infolge einer Allergie (Spättyp IV) gering- bis hochgradige lokale Hautschwellungen, Lymphangitis und Fieber. Eine IgE-vermittelte Allergie (Soforttyp I) kann zur hochgradigen Erkrankung mit Urtikaria, Bronchialobstruktion und evtl. Bewusstlosigkeit führen. Die Stiche hinterlassen für lange Zeit kleine Narben.

Argas persicus

Engl.: chicken tick.

Diese Art kommt in Mitteleuropa nicht vor. Sie ist mit Hühnern aus ihrem originären Verbreitungsgebiet im Süden der paläarktischen Region einschließlich Südeuropa in die anderen zoogeografischen Regionen verschleppt worden (wahrscheinlich außer der neotropischen Region). *A. persicus* kann in hoher Dichte in Geflügelstallungen vorkommen und Verluste durch schmerzhafte Stiche und starken Blutentzug verursachen (Vektorfunktionen, ▸ **Tab. 17.3**). Die Larven der Arten des Subgenus *Persicargas* können Toxikosen (hochgradige Paralysen) verursachen und *Borrelia anserina* sowie *Anaplasma pullorum* übertragen.

Zum Weiterlesen

Gattung *Ornithodoros*

Ornithes (gr.): Vögel; *dory* (gr.): Lanze, Speer (nach anderen Angaben *doros* [gr.]: Lederbeutel).

Die Gattung *Ornithodoros* unterscheidet sich von der Gattung *Argas* durch ein faltenreiches Integument, das Fehlen des Saumes am Körperrand und andere Merkmale (▸ **Abb. 17.12**). Entwicklung: Ei → Larve → 1.–5. Nymphenstadium → Adulti. Larven nehmen keine Nahrung auf, sondern häuten sich, meist noch in den Eihüllen, direkt zur 1. Nymphe.

Ornithodoros moubata

Engl.: eyeless tampan.

Ornithodoros moubata ist als Vektor von besonderer human- und tiermedizinischer Bedeutung. Vorkommen: in mehreren Unterarten und Stämmen mit unterschiedlicher Epidemiologie in ariden und semiariden Gebieten im Süden Afrikas. Ein Stamm von *O. moubata* besiedelt Hütten und befällt dort Hühner und Menschen, ein anderer Stamm lebt in Höhlen oder Lagern von Säugern (Warzenschweinen, Ameisenbären, Stachelschweinen). Tagsüber verstecken sich diese Lederzecken in dunklen Schlupfwinkeln, auch in Kleidung von Menschen, die damit die Zecken verbreiten (▸ **Abb. 17.12**).

O. moubata und andere synanthrope *Ornithodoros* spp. (*O. moubata*-Komplex) sind Vektoren der Erreger des endemischen Rückfallfiebers, *Borrelia duttonii*, auf Menschen (▸ **Tab. 17.3**). Die Borrelien persistieren in der Zeckenpopulation transstadial und transovarial (= vertikale Übertragung) mindestens 5 Generationen. Nur die Nymphen übertragen Borrelien mit dem Speichel, die Adulti scheiden sie mit dem Sekret ihrer Coxaldrüsen auf die Haut des Wirtes aus.

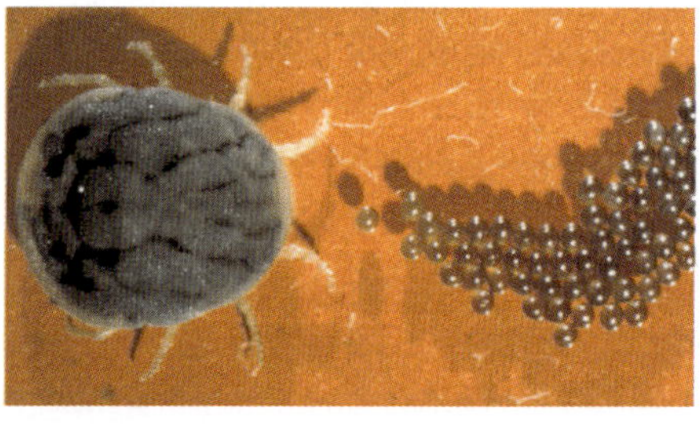

▸ **Abb. 17.12** *Ornithodoros moubata*: Weibchen mit Eigelege. (Quelle: Institut für Parasitologie, Vetsuisse-Fakultät, Universität Zürich)

Ornithodoros moubata porcinus

Ornithodoros moubata porcinus überträgt das Virus der Afrikanischen Schweinepest (ASFV) in einem silvatischen Zyklus auf Warzenschweine. Das ASFV vermehrt sich im Darmepithel der Zecken und wird transstadial und transovarial sowie sexuell mit den Spermatophoren der Männchen in der Zeckenpopulation vertikal und horizontal übertragen. *O. erraticus* überträgt das ASFV ebenfalls. Vorkommen: Nordwestafrika und in semiariden Regionen der iberischen Halbinsel (im Süden Portugals, in den spanischen Provinzen Salamanca, Badajoz, Huelva).

Weitere *Ornithodoros*-Arten

Ornithodoros savignyi (engl. *eyed tampan* oder *sand tampan*) hat 2 Paar einfache Augen dorsal der Coxae I und der Coxae III und IV. Vorkommen: in ariden Gebieten von Afrika, Arabien, Indien u. a., verbirgt sich im Sand oder im Boden an Rastplätzen von Kamelen, Rindern, Equiden und Menschen, um sie zu befallen; gilt nicht als Vektor. *Ornithodoros hermsi, O. coriaceus, O. parkeri* und *O. turicata* sind in einigen Regionen in den USA oder Südamerika von eher geringer Bedeutung. Andere *Ornithodoros*-Arten übertragen Filarien z. B. auf Schlangen (*Macdonaldius oschei*) in Reptilienhaltungen.

Literaturhinweise

Beck S, Schreiber C, Schein E et al. Tick infestation and prophylaxis of dogs in northeastern Germany: a prospective study. Ticks Tick Borne Dis. 2014; 5: 336–342

Dautel H, Dippel C, Kämmer D et al. Winter activity of *Ixodes ricinus* in a Berlin forest. Int J Med Mirobiol 2008; S 1: 50–54

Dobler G, Aspöck H. Durch Zecken übertragene Arboviren als Erreger von Infektionen des Menschen. In: Aspöck H, Hrsg. Krank durch Arthropoden. Denisia 2010; 30: 467–499

Eichenberger RM, Deplazes P, Mathis A. Ticks on dogs and cats: a pet owner-based survey in a rural town in northeastern Switzerland. Ticks Tick Borne Dis 2015; 6: 267–271

Estrada-Peña A, Mihalca AD, Petney TN, eds. Ticks of Europe and North Africa. Springer International Publishing, Switzerland; 2017. ISBN: 978-3-31963-759-4

Hildebrandt A, Franke J, Meier F et al. The potential of migratory birds in transmission of *Babesia* spp., *Anaplasma phagocytophilum*, and *Rickettsia* spp. Ticks Tick Borne Dis 2010; 1: 105–107

Hildebrandt A, Franke J, Schmoock G et al. Diversity and coexistence of tick-borne pathogens in central Germany. J Med Entomol 2011; 48: 651–655

Hillyard PD. The Ticks of North-West Europe. In: Barnes RSK, Crothers JH, eds. Synopses of the British Fauna (New Series), No. 52. London: The Natural History Museum; 1996. ISBN: 1-85153-257-9

Reuben Kaufman W. Ticks: physiological aspects with implications for pathogen transmission. Ticks Tick Borne Dis 2010; 1: 11–22

Stanek G. Borreliosen. In: Aspöck H, Hrsg. Krank durch Arthropoden. Denisia 2010; 30: 605–624

Walker AR, Bouattour A, Camicas JL, Estrada-Peña A, Horak IG, Latif AA, Pegram RG, Preston PM. Ticks of Domestic Animals in Africa: a Guide to Identification of Species. Bioscience Reports; 2003. 42 Comisoton Drive, Edinburgh EH10 5QR, Scotland, U. K. biosciencereports@blueyonder.co.uk

Wall R, Shearer D. Veterinary Ectoparasites: Biology, Pathology, and Control. 2nd ed. Oxford, UK: Blackwell Science; 2001. ISBN: 0-63205-618-5

17.1.2 Ordnung Mesostigmata (Syn. Gamasida)

Meso- (gr.): Mitte; *stigma* (gr.): Narbe, Fleck. Bezug auf die Lage der Stigmen.

Aus dieser Ordnung sind vor allem die Gattungen *Dermanyssus* (*D. gallinae* bei Vögeln), *Ornithonyssus* (*O. sylviarum* bei Vögeln und *O. bacoti* bei Säugern) und *Ophionyssus* (*O. natricis* bei Reptilien) als Ektoparasiten bei Haustieren bedeutsam. Hauptmerkmale der Arten: meist große (≤2 mm) langbeinige und sehr bewegliche Milben; Prätarsus mit einem Haftlappen (Pulvillus) und Doppelkralle; Stigmen zwischen den Coxae III und IV (daher Mesostigmata); Larven ohne Stigmen (Hautatmung); dünne Cuticula dorsal und ventral verstärkt durch meist artspezifisch geformte Platten; lang gestrecktes Gnathosoma mit je 2 Palpen und retrahierbaren, schlanken Cheliceren mit terminalen Scheren (Chelae).

Familie Dermanyssidae

Zu dieser Familie gehören *Dermanyssus gallinae* und *Liponyssoides sanguineus*. Es sind obligat hämatophage, temporäre Ektoparasiten von Vögeln und Säugern.

Gattung *Dermanyssus*

Dermanyssus gallinae (Rote Vogelmilbe)

Praxis

Erreger der **Dermanyssose** des Huhnes, bedeutende Parasitose in der intensiven Geflügelhaltung.
Zoonose: Temporärer Befall mit den wenig wirtsspezifischen Milben führt zu starkem Juckreiz und Hauteffloreszenzen.

Derma (gr.): Haut; *nyssein* (gr.): stechen. Engl.: *poultry red mite*

Das Wichtigste in Kürze

- *Dermanyssus gallinae* ist ein häufiger Ektoparasit von Vögeln, vor allem in Hühnerbeständen.
- **Morphologie.** Weibchen mit langen, stilettförmigen Cheliceren; nüchtern flach-oval, grauweiß, nach Blutaufnahme walzenförmig, dunkelrot bis schwarzblau, je nach Sättigungsgrad 0,7 bis ca. 1 mm lang.
- **Entwicklung** in der Umgebung des Wirtes über Ei → Larve → 2 Nymphenstadien → Adulte. Larven nehmen keine Nahrung auf, die anderen Stadien sind obligat hämatophag; die Milben befallen ihren Wirt meist nur nachts. Die Entwicklung einer Generation dauert unter günstigen Bedingungen nur 7 Tage. Adulte können einige Monate ohne Nahrungsaufnahme überleben.
- **Vorkommen, Epidemiologie.** *D. gallinae* befällt weltweit vor allem Hühner, aber auch viele andere Vogelarten. Bei Intensivhaltung von Hühnern in Stallungen herrschen meist ganzjährig günstige Entwicklungsbedingungen; oft explosionsartige Vermehrung vor allem in den warmen Sommermonaten. Einschleppung der Milben in Bestände

meist über infestierte wild lebende Vögel, aber auch über Geflügel, Personen und Gegenstände.

- **Krankheitsbild, Schadwirkung.** Stiche von *D. gallinae* verursachen erheblichen Juckreiz. Symptome: u. a. Unruhe, Schreckhaftigkeit, Schäden am Federkleid, Anämie (blasse Kämme), Nachlassen der Lege- oder Mastleistung; hohe wirtschaftliche Schäden. Befällt gelegentlich andere Wirte (Hunde, Katzen, Kaninchen, Pferde, Menschen u. a.) und verursacht Stichreaktionen.
- **Diagnose.** Nachweis der Milben in ihren Schlupfwinkeln oder am Tier, bei der Sektion im Schleim der Schnabelhöhle oder im Gehörgang. Differenzialdiagnose: *Ornithonyssus sylviarum*.
- **Bekämpfung.** Leere Stallungen: Gründliche Reinigung und nötigenfalls Einsatz von Acariziden. Belegte Stallungen: Besprühen der Umgebung der Tiere (Käfige, Legenester, Futterstellen usw.) mit Phoxim (Wartezeiten beachten) oder Spinosad. Alternative: mit Acarizid imprägnierte Milbenfallen. Seit Kurzem ist Fluralaner für die Trinkwassermedikation von Hühnern (einschl. Legehennen) zugelassen.

Morphologie Die Weibchen sind nüchtern flach-oval, grauweiß und etwa 0,7 mm lang, nach der Aufnahme von Wirtsblut walzenförmig, dunkelrot bis schwarzblau und ca. 1 mm lang. Sie haben lange, stilettförmige Cheliceren mit winzigen Chelae, die nur bei starker Vergrößerung sichtbar sind. Die Analplatte ist etwa so breit wie lang; der Anus liegt in ihrer hinteren Hälfte (▶ **Abb. 17.13**). Kranial der Analplatte findet sich eine Genitoventralplatte. Beim Männchen sind diese beiden Platten zu einer einzigen ventralen Platte verschmolzen. Eier etwa 400 × 260 µm.

Entwicklung *D. gallinae* ist ein **temporärer Ektoparasit** von Hühnern und anderen Vogelarten. Die Entwicklung findet in der Umgebung der Wirte statt und verläuft vom Ei über ein Larvenstadium sowie 2 Nymphenstadien (Protonymphe und Tritonymphe) zu den Adulten. Die Nymphen und Adulten sind hämatophag; sie befallen ihre Wirte fast nur nachts und saugen ½ bis 1½ h Blut; die Larven nehmen keine Nahrung auf. Nach jeder Blutmahlzeit legen die Weibchen einige Eier. Unter günstigen Bedingungen (z. B. in Hühnerställen bei 20–25 °C und ca. 70 % r. L.) dauert die Entwicklung einer Generation nur 7–12 Tage. Temperaturen unter –20 °C oder über + 45 °C sind für *D. gallinae* tödlich. Die adulten Milben können ohne Nahrungsaufnahme bei niedrigen Temperaturen 5–9 Monate überleben.

Vorkommen und Epidemiologie *D. gallinae* befällt weltweit vor allem Hühner, häufig auch anderes Wirtschaftsgeflügel (Puten, Gänse), Tauben, Ziervögel, viele wild lebende Vogelarten (Sperlinge, Stare usw.), gelegentlich auch Säugetiere (Pferde, Hunde, Kaninchen usw.) und Menschen, vor allem wenn keine Vögel verfügbar sind. *D. gallinae* ist der häufigste und bedeutendste Ektoparasit in der intensiven Geflügelhaltung, die häufig ganzjährig günstige Entwicklungsbedingungen für die Parasiten bietet. Die sehr mobilen Milben verbergen sich tagsüber in Schlupfwinkeln (unter Sitzstangen, in Ritzen von Nestern usw.) und befallen nachts die Wirte zum Blutsaugen. Bei hoher Milbendichte halten sich jedoch einige Milben auch am Tag auf ihren Wirten auf. In einigen

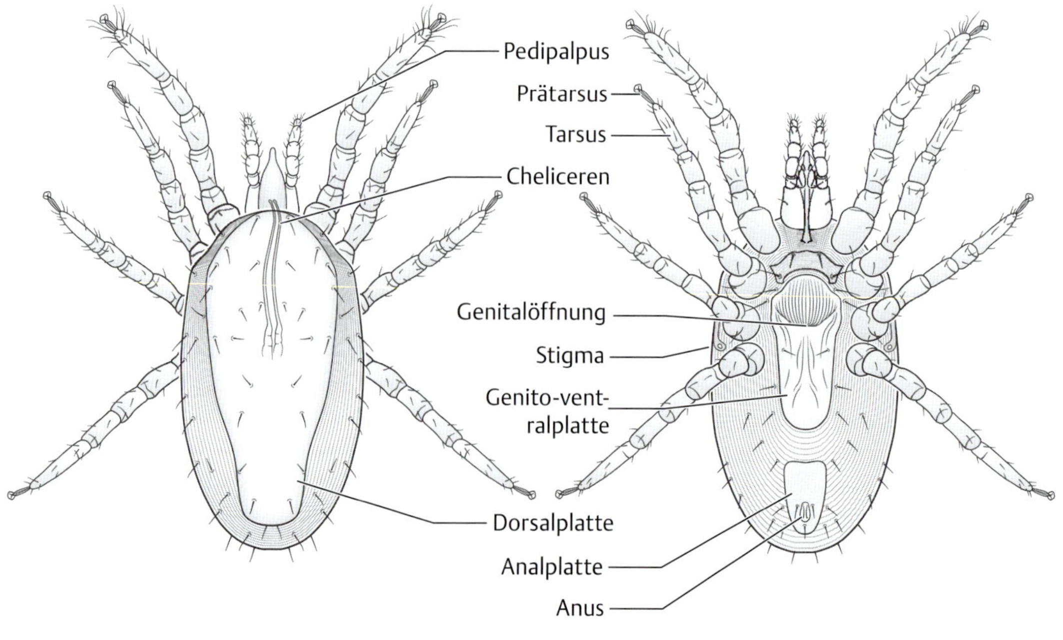

▶ **Abb. 17.13** *Dermanyssus gallinae* ♀: dorsal und ventral. (Grafik: Anne Seeger, Vetsuisse-Fakultät, Universität Zürich, Grafik basiert auf Daten aus: Baker, E. W., Evans, T. M., Gould, D. J., Hull, W. B., Keegan, H. L. (1967): A Manual of Parasitic Mites of Medical or Economic Importance. H. Tripp, Woodhaven, N.Y.)

europäischen Ländern (DK, FR, NL, UK) wurden bei Hühnern unabhängig von den Haltungsbedingungen Prävalenzen von 80 % und mehr festgestellt.

Bei Stalltemperaturen von 20–25 °C legt ein Weibchen in seinem Leben etwa 30 Eier. Bei niedrigeren oder höheren Temperaturen werden weniger Eier in größeren Intervallen gelegt. Entwicklung und Überlebensrate sind bei 70–90 % r. L. und 20–37 °C günstig (max. Lebenszeit von Weibchen bis etwa 5 Monate, von Protonymphen bis 6 Monate). Bei 5 °C überlebten einige Milben 9 Monate ohne Nahrungsaufnahme. Sehr empfindlich sind die Milben gegenüber niedriger Luftfeuchte. Milben werden über infestierte wild lebende Vögel, Geflügel, Personen oder Gegenstände eingeschleppt.

Krankheitsbild und Schadwirkung Die Stiche von *D. gallinae* sind schmerzhaft und verursachen erheblichen Juckreiz. Symptome des Befalls sind Unruhe und Schreckhaftigkeit, Hautirritationen, Sekundärverletzungen, Schädigung des Federkleides und auch Federausfall (verursacht durch ständiges Picken nach Milben); bei starkem Befall Anämie (blasse Kämme) unklarer Genese (vermutlich nicht nur Blutentzug, sondern auch Hemmung der Erythropoese); Rückgang der Lege- oder Mastleistung; Apathie, Gewichtsverlust sowie Kachexie; ferner Rhinitis, Otitis externa, Konjunktivitis (durch eingedrungene Milben); erhöhte Mortalität im Bestand. Eine hohe Parasitenbürde führt wegen des Juckreizes zu messbarem Stress; außerdem kann ein Befall mit *D. gallinae* auch Federpicken und Kannibalismus fördern.

Der durch *D. gallinae* verursachte wirtschaftliche Schaden wird als hoch eingeschätzt, z. B. in den Niederlanden auf jährlich € 11 Mio. *D. gallinae* kann unter experimentellen Bedingungen verschiedene Virus- und Bakterienarten übertragen (Hühnerpockenvirus; Geflügelcholera, *Pasteurella multocida*), eine epidemiologische Bedeutung ist jedoch für die meisten Erreger nicht nachgewiesen. Allerdings ist dokumentiert, dass sich Milben unter natürlichen Bedingungen mit Salmonellen (*Salmonella enteritidis*) infizieren und längere Zeit Bakterienträger bleiben können.

D. gallinae befällt außer Vögeln auch Hunde, Katzen, Pferde und andere Wirte, die in Kontakt mit den Schlupfwinkeln der Milben geraten, und verursacht Stichreaktionen und Unruhe.

Diagnose und Bekämpfung *D. gallinae* lässt sich am besten in Schlupfwinkeln (Auflageflächen der Sitzstangen, Ecken und Winkel, Legenester, Ritzen und Spalten in Wänden) und morgens kurz nach Beendigung der Dunkelphase auch auf den Hühnern makroskopisch oder mit der Lupe nachweisen. In den Schlupfwinkeln können bei hoher Milbendichte massenhaft Weibchen und Nymphen zu Klumpen aggregiert sein. Sektion: tote Milben im Schleim der Schnabelhöhle, seltener im Gehörgang oder im Federkleid. Für den quantitativen Nachweis der Milbendichte und die Ermittlung der Populationsdynamik im Bestand mittels Milbenfallen sind besondere Verfahren entwickelt worden. Differenzialdiagnose: *Ornithonyssus sylviarum* (S. 437). Vakzinemöglichkeiten werden derzeit experimentell evaluiert. Bekämpfung (S. 647).

Zoonotische Bedeutung Die sehr beweglichen Milben können rasch aus verlassenen Vogelnestern (Sperlinge, Tauben etc.) nach dem Flüggewerden der Nestlinge auch über größere Distanzen in Wohnungen einwandern und dort Haustiere und Menschen befallen. Vor allem an Rumpf und Gliedern bilden sich juckende Erytheme und Papeln. Besonders häufig sind Personen betroffen, die in Hühnerställen arbeiten.

Zum Weiterlesen

***Liponyssoides sanguineus* (Syn. *Allodermanyssus sanguineus*)**

Liponyssoides sanguineus (Hausmausmilbe, engl. *house mouse mite*) ist *D. gallinae* sehr ähnlich; sie kommt bei Hausmäusen, Wanderratten und anderen wild lebenden Nagern in Europa, Afrika, Asien und Nordamerika vor.

Zoonose: *L. sanguineus* kann beim Menschen Hautirritationen verursachen und *Rickettsia akari*, den Erreger der Rickettsienpocken, übertragen.

Familie Macronyssidae

Das Wichtigste in Kürze

- Milben dieser Familie sind stationäre, obligat hämatophage Parasiten; 2 Gattungen mit veterinärmedizinischer Bedeutung: *Ornithonyssus* (*O. sylviarum, O. bacoti, O. bursa*) bei Säugern und Vögeln und *Ophionyssus* (*O. natricis*) bei Reptilien.
- Davon hat *O. sylviarum* als Parasit von Hühnervögeln die größte Bedeutung; diese Art muss differenzialdiagnostisch von *Dermanyssus gallinae* abgegrenzt werden.

Gattung *Ornithonyssus*

Ornithonyssus sylviarum (Nordische Vogelmilbe)

Praxis

Erreger der **Ornithonyssose** des Huhnes.
Zoonose: Wenig wirtsspezifische stationäre Ektoparasiten, die selten auch den Menschen befallen und Juckreiz und Hauteffloreszenzen verursachen können. Kontakt in Geflügelställen oder im Freien (verlassene Nester) möglich.

Ornis (gr.): Vogel; *nyssein* (gr.): stechen. Engl.: *northern fowl mite.*

Morphologie und Entwicklung Die Weibchen sind je nach Sättigungsgrad 0,5–0,8 mm lang. Die deutlichen Chelae (Scheren) an den Cheliceren und die längsovale Analplatte mit dem Anus in ihrer vorderen Hälfte unterscheiden *Ornithonyssus sylviarum* von *Dermanyssus gallinae.* Im Gegensatz zu *D. gallinae* erfolgt bei *O. sylviarum* die gesamte Entwicklung vom Ei über 2 Nymphenstadien bis zu den Adulti auf dem Wirt; sie dauert 5–12 Tage. Die Eier (ca. 300 µm lang) werden in Klumpen an der Basis der Federn abgelegt, vor allem im Ventralbereich. Von den Entwicklungsstadien saugen nur die Protonymphen und die Adulti Blut, die Larven und die Tritonymphen nehmen keine Nahrung auf. Abseits vom Wirt überleben die Milben nur 1–5 Wochen.

Vorkommen und Epidemiologie *O. sylviarum* ist ein weltweit vorkommender Ektoparasit des Wirtschaftsgeflügels, vor allem des Huhnes. In wärmeren Gegenden kommt eher *O. bursa* (Tropische Vogelmilbe, ähnliche Biologie) vor. Wildvögel sind Reservoirwirte, vorübergehend werden auch Säuger befallen. Die Prävalenzen von *O. sylviarum* beim Wirtschaftsgeflügel in Mitteleuropa sind nicht bekannt.

Krankheitsbild und Schadwirkung Bei starkem Befall Juckreiz, Verdickung und Verkrustung der Haut, Federveränderungen und -verlust, Schwäche, Anämie, Gewichtsverlust und Leistungseinbußen (Lege- oder Mastleistung).

Diagnose Makroskopischer Nachweis (Lupe) der Milben und ihrer Eier am Federkleid, besonders im Bauchbereich, oder mikroskopische Untersuchung von Federproben. Differenzialdiagnose: *Dermanyssus gallinae*, *O. bursa*.

Bekämpfung Entwesung des Stalles vor Neubesatz [s. *Dermanyssus* (S. 435)] und Maßnahmen gegen die Einschleppung von Milben. Umgebungsmaßnahmen gegen *Dermanyssus*-Befall (S. 647) könnten auch den *Ornithonyssus*-Befall hinreichend reduzieren. Die zweimalige Trinkwassermedikation mit dem gegen *D. gallinae* zugelassenem Isoxazolin Fluralaner reduzierte bis zum 19. Tag nach der ersten Applikation den *O. sylviarum*-Befall um 96,2 bzw. 99,1 %. Kurz darauf war jedoch wieder ein Anstieg der Befallsrate zu beobachten.

Zoonotische Bedeutung Es liegen vereinzelte Berichte über zoonotische Infestationen beim Menschen vor, klinisch zeigten sich dermatologische Symptome und Juckreiz.

Ornithonyssus bacoti (Tropische Rattenmilbe)

Engl.: tropical rat mite.

> **Praxis**
> Erreger der **Ornithonyssose** bei Nagern.
> **Zoonose:** Mittlerweile häufiger Ektoparasit bei Heimnagern, wird meist durch Zukauftiere oder Übernahme gebrauchter Käfigeinrichtungen eingeschleppt. Wenig wirtsspezifisch, befällt neben Hunden, Katzen und Vögeln nicht selten auch Menschen und kann Juckreiz und Hauteffloreszenzen verursachen.

O. bacoti kommt keineswegs nur in den Tropen, sondern weltweit bei Mäusen, Ratten, Hamstern, Rennmäusen, Degus, vielen Wildnagern, aber auch bei Hunden, Katzen und Vögeln vor. Diese Milbenart gelangt meist über Zukäufe aus Zuchten oder Zoogeschäften oder gebrauchte Käfigeinrichtungen zu den Heimtieren, sie kann jedoch auch durch Wildnager eingeschleppt werden. Die auffallendsten Symptome bei Hausnagern sind Unruhe, struppiges Fell und Juckreiz. Alle Entwicklungsstadien saugen Blut an ihren Wirtstieren, wobei die Blutmahlzeit maximal 20 min dauert und vorwiegend nachts stattfindet; nach dem Saugakt ziehen sich die Milben oft in einen Unterschlupf in der Nähe ihrer Wirte zurück. Der **Entwicklungszyklus** dauert in der Wohnung ca. 1–2 Wochen, innerhalb weniger Monate können sich deshalb große Milbenpopulationen aufbauen. Adulte, mit Blut vollgesogene Weibchen sind ca. 0,6–1,1 mm lang, Männchen sind etwas kleiner. *O. bacoti* kann mittels morphologischer Charakteristika (u. a. Form der Analplatte) von nahe verwandten Arten (z. B. *O. sylviarum*) differenziert werden.

Die **Bekämpfung** der Milben am Tier erfolgt mit verschiedenen, für die betroffene Tierart erprobten Acariziden. Zusätzlich müssen die infestierten Wohnungen entwest werden, was zu erheblichen Kosten und möglicherweise auch zu Haftungsansprüchen gegenüber dem Tierverkäufer führen kann.

Zoonotische Bedeutung Auch wenn geeignete Wirtstiere zugegen sind, können Menschen befallen werden. Typische Symptome sind stark juckende, in Gruppen angeordnete erythematöse Papeln, insbesondere am Rumpf und den Gliedmaßen. Besonders häufig betroffen sind Kinder, welche engen Kontakt zu ihren Haustieren pflegen.

Zum Weiterlesen

Gattung *Ophionyssus*

Ophionyssus natricis (Blutmilbe der Schlangen)

Ophis (gr.): Schlange; *nyssein* (gr.): stechen. Engl.: *common snake mite*.

Die Adulti von *O. natricis* sind groß (0,6–1,3 mm lang), nüchtern gelbbraun und vollgesogen rot bis schwarzblau. Nach der Blutaufnahme legt das Weibchen Eier ins Terrarium oder in benachbarte Schlupfwinkel. Die gesamte Entwicklung dauert 2–3 Wochen. Vollgesogene Weibchen können 5–6 Wochen ohne Wirt überleben. Weltweit ist *O. natricis* der häufigste und pathogenste Ektoparasit von Schlangen in Tierhandlungen, Zoos und bei Heimtierhaltern; auch Echsen werden befallen. Zur Vorbeuge sollten neu erworbene Schlangen sorgfältig untersucht und im Zweifelsfall isoliert, mit Fipronil behandelt und in entweste Behälter umgesetzt werden [Literaturhinweise (S. 442)].

Zoonose: Der Parasit kann auch den Menschen befallen und Juckreiz und Hauteffloreszenzen verursachen.

Familie Halarachnidae

Hals, Gen. *halos* (gr.): Salz, Korn, Meer; *arachne* (gr.): Spinne. Bezug auf Halarachne, die Robbenmilbe.

Das Wichtigste in Kürze

- Milben im Respirationstrakt oder Gehörgang von Säugetieren.
- Entwicklung von Arten der Unterfamilie *Halarachninae*: Die Larven sind beweglich und nehmen wie die adulten Stadien Nahrung auf, die Proto- und Deutonymphen dagegen sind unbewegliche Stadien, die keine Nahrung aufnehmen.

Gattung *Pneumonyssoides*

Pneumonyssoides caninum (Nasenmilbe des Hundes)

Pneuma (gr.): Luft, Wind, Atem; *nyssein* (gr.): stechen. Engl.: *canine nasal mite.*

Adulte Milben 1–1,5 mm lang, cremefarben, sehr beweglich, mit langen, 5-gliedrigen Palpen, aber kurzen Cheliceren. Parasitisch in den Nasengängen und Nasennebenhöhlen von Hunden in Nordamerika, Südafrika, Australien und Europa, hier vor allem in Skandinavien (Prävalenz in SE 20 %), aber nur sporadisch in Mittel- und Südeuropa. Übertragung vermutlich durch direkten Kontakt mit infestierten Hunden. Füchse und Katzen werden nicht befallen. Pathogenese und Krankheitsbild: Meist nur eine geringgradige, vorübergehende Rhinitis (Niesen, Schniefen, Husten, Nasenausfluss etc.) bei ungestörtem Allgemeinbefinden. Diagnose: Nachweis von Milben im Nasensekret oder mithilfe der Endoskopie. Behandlung: Selamectin (6 mg/kg KG Spot-on) 3 × in 2-wöchigen Intervallen oder Milbemycinoxim (2 mg/kg KG p. o.) 3 × im Abstand von 7 Tagen.

Gattung *Pneumonyssus*

Pneumonyssus simicola (Lungenmilbe bei Affen)

P. simicola parasitiert in den Lungen von Affen, vor allem von Rhesusaffen (*Macaca mulatta*). Die Milben leben in Gruppen in tuberkelähnlichen Knötchen, die Pigment enthalten. Direkte aerogene Übertragung von Tier zu Tier. Der Befall bleibt meist inapparent, allerdings sind auch schwere Verläufe beschrieben.

Gattung *Raillietia*

Raillietia auris (Ohrmilben)

A. Railliett, fr. Parasitologe, 19. Jh.; *auris* (lat.): Ohr.

R. auris parasitiert im Gehörgang von Haustierboviden, vor allem bei Rindern in Nord- und Südamerika, Australien und Europa (Prävalenz in IT etwa 20 %). Die ovalen, etwa 1 mm langen Milben parasitieren in der Nähe des Trommelfells unter einem Pfropf aus Entzündungsprodukten und ernähren sich vermutlich von Epidermiszellen, aber nicht von Blut. Die Infestation bleibt meist inapparent und ist nur selten mit einer oft purulenten Otitis media assoziiert. Symptome: u. a. fortwährendes Kopfschütteln, Schiefhaltung des Kopfes, Störung der Futteraufnahme. Behandlung: Flumethrin 1 %ig, 3 ml direkt in den Gehörgang applizieren. *R. caprae* bei Ziegen (USA, Mittel- u. Südamerika).

Familie Rhinonyssidae

Von den Rhinonyssidae ist *Sternostoma tracheacolum* (Luftsackmilbe) (Länge 0,5 mm) bedeutsam als Parasit des Respirationstraktes (Trachea, Luftsäcke, Bronchien, Lungen-Parenchym, selten auf der Leber) vieler wild lebender und domestizierter Vogelarten, besonders von Kanarien (Prävalenz 54 % in CH), anderen Finken (Gouldamadinen u. a.) und seltener von Wellensittichen.

Familie Laelaptidae

Zu dieser großen Familie gehören frei lebende und parasitische, hämatophage Arten, die man meist auf wild lebenden Nagern und in ihren Höhlen und gelegentlich auf als Heimtiere gehaltenen Nagern findet. Arten der Gattungen *Laelaps, Eulaelaps, Haemogamasus, Hirstionyssus.* Von besonderer Bedeutung sind *Tropilaelaps*-Arten als Bienenparasiten.

Zoonose: *Eulaelaps*- und *Haemogamasus*-Arten sind als Ursache von Hautirritationen und Dermatitiden bei Menschen identifiziert worden.

Gattung *Tropilaelaps*

Tropilaelaps-Arten

> **Praxis**
> Erreger der ***Tropilaelaps*-Milbenkrankheit** der Bienen. Einschleppungsgefahr nach Europa, daher in EU und der Schweiz anzeigepflichtige Tierseuche.

Das Wichtigste in Kürze

- **Morphologie.** Rötlich braune, längsovale Milben mit fühlerartig abgespreiztem vorderem Beinpaar, 0,7–1,0 mm lang, sehr beweglich.
- **Entwicklung** in den Bienenbrutzellen über Ei → Larve → 2 Nymphenstadien → Adulte. Larven nehmen keine Nahrung auf, die anderen Stadien nehmen Hämolymphe an der Bienenbrut auf. Den Chitinpanzer adulter Bienen können sie nicht durchstechen und überleben auf diesem daher vermutlich nur 1–2 Tage (Verschleppungsgefahr!)
- **Vorkommen, Epidemiologie.** Bislang in Europa nicht endemisch, aber hohe Einschleppungsgefahr! Verbreitung durch verflogene Bienen, Räuberei oder Umsetzen befallener Waben sowie Wanderimkerei, Völkerumsiedlung oder Königinnenkauf.

- **Krankheitsbild, Schadwirkung.** Bereits bei leichtem Befall Schädigung der Bienenbrut (bis zu 50 % tote Brut), geschlüpfte Bienen sind kleiner oder missgebildet (verkürztes Abdomen, verkrüppelte Flügel und Beine), sind oft flugunfähig und haben eine verkürzte Lebensdauer oder sind nicht lebensfähig. Schon nach dem 1. Befallsjahr kann das Volk zusammenbrechen.
- **Diagnose.** Missgebildete Bienen sind hinweisend, direkter Milbennachweis (im Gemüll oder an der Bienenbrut) durch Adspektion und mikroskopische Bestätigung. Differenzialdiagnose: *Varroa*-Befall.
- **Bekämpfung.** In EU und der Schweiz anzeigepflichtige Tierseuche! Vorbeuge der Einschleppung durch bestimmte Importverbote. Vorbeuge einer Infestation durch hygienische Maßnahmen (kein Wabentausch zwischen Völkern, Entsorgung alter Bienenstöcke etc.), regelmäßige Kontrolle der Bienenvölker. Bei befallenen Völkern Brutunterbrechung und ggf. Umwidmung von Präparaten gegen *Varroa*-Milben.

Morphologie und Arten *Tropilaelaps* (4 Arten) sind rötlich braune, längsovale Milben mit einem fühlerartig abgespreizten vorderen Beinpaar. Sie sind 0,7–1,0 × 0,5 mm groß und sehr beweglich. In Südostasien ging *T. clareae* vor etwa einem Jahrhundert von ihren originären Wirten, Riesenhonigbienen, auf die importierte westliche Honigbiene, *Apis mellifera*, über, mit der sich diese Milbe seitdem in andere Gebiete Asiens (u. a. Iran, China, Korea bis Papua-Neuguinea) ausbreitete. Als weitere Art befällt *T. mercedesae* westliche Honigbienen, dahingegen sind *T. koenigerum* und *T. thaii* auf asiatische Bienen beschränkt.

Entwicklung Der gesamte Entwicklungszyklus wird auf dem Wirt vollzogen (**stationär-permanente Parasiten**) und ähnelt dem der *Varroa*-Milbe (S. 440), ist allerdings mit einer Generationsdauer von durchschnittlich 6 Tagen etwas kürzer. Das *Tropilaelaps*-Weibchen dringt kurz vor der Verdeckelung in eine Brutzelle ein, hierbei bevorzugt es wie *Varroa* Drohnenbrutzellen. Aus den bis zu 4 abgelegten Eiern entwickeln sich über 1 Larven- und 2 Nymphenstadien (Proto- und Deutonymphe) die Adulten. Die Nymphen und beide adulten Geschlechter saugen Hämolymphe an der Bienenbrut, nicht jedoch an adulten Bienen, da sie deren Chitinpanzer nicht durchstechen können. Sie überleben auf adulten Bienen daher nur 1–2 Tage und müssen nach dem Schlupf der Biene alsbald neue Brutzellen befallen.

Vorkommen und Epidemiologie Die Milben gelangen mit verflogenen Arbeitsbienen oder Drohnen, durch Räuberei oder durch Umsetzen befallener Waben von Volk zu Volk, Förderung der Verbreitung durch Wanderimkerei, Völkerumsiedlung oder Königinnenkauf. In Europa sind sie bisher nicht endemisch, doch besteht hohe Einschleppungsgefahr (tierseuchenrechtliche Regelungen, s. u., Bekämpfung!).

Krankheitsbild und Schadwirkung Ähnlich der Varroose, jedoch sind *Tropilaelaps* spp. pathogener. Durchlöcherte Brutdeckel und Ernährung von deren Fettkörper führen zur Schädigung der Bienenbrut, bis zu 50 % der Brut kann absterben. Geschlüpfte Bienen sind kleiner als nicht befallene Bienen und haben eine verkürzte Lebensdauer. Bereits bei leichtem Befall treten Missbildungen wie verkürztes Abdomen, verkrüppelte Flügel und Beine auf, betroffene Bienen sind oft flugunfähig (sog. Krabbler) oder nicht lebensfähig. Zudem führt *Tropilaelaps*-Befall häufig zu gleichzeitigem starken Wachsmottenbefall. Ein Zusammenbruch des Volkes ist schon nach dem 1. Befallsjahr möglich.

Diagnose Hinweis durch missgebildete Bienen, direkter Nachweis der Milben durch Adspektion, evtl. unter Zuhilfenahme einer Lupe, anschließend mikroskopische Bestätigung. Die Milben finden sich im Gemüll (natürlicher Milbentotfall auf der Einlage am Boden des Bienenstocks = „Beutenboden“) oder an der Bienenbrut, hierbei am besten 18 Tage alte Drohnenbrut oder 13 Tage alte Arbeiterbrut untersuchen. Differenzialdiagnose: *Varroa destructor* (s. u.), diese sind queroval geformt und größer (1–1,7 mm lang) als *Tropilaelaps*-Milben. Zudem sind *Tropilaelaps* spp. flink und bewegen sich schnell über die Brutwaben, während *V. destructor* sich relativ langsam fortbewegt.

Bekämpfung Siehe Parasitosen der Honigbiene (S. 648).

Familie Varroidae

Gattung *Varroa*

Varroa destructor

Praxis
Erreger der **Varroose** (umgangssprachlich Varroatose) der Bienen.

Varroa: Bezug auf Marcus Terentius Varro, röm. Gelehrter und Imker, schrieb 100 v. Chr. ein Buch über Bienen. Die Varroose wird häufig auch als *Varroa*-Seuche oder Varroatose bezeichnet; die letztgenannte Bezeichnung entspricht nicht den internationalen Empfehlungen (S. 39). Engl.: *Varroa mites*.

Das Wichtigste in Kürze
- **Morphologie, Arten.** Die Varroose der Europäischen Honigbiene (*Apis mellifera*) wird durch *Varroa destructor* verursacht. Die Weibchen von *V. destructor* sind durch ihre querovale Form und Größe (1,1–1,7 × 1,3–1,6 mm) besonders auffällig.
- **Entwicklung.** *Varroa*-Milben parasitieren auf larvalen und adulten Bienen. Fortpflanzung: Weibchen legt Eier in die Brutzelle vor dem Verdeckeln. Entwicklung bis zur Protonymphe im Ei → Deutonymphe → Adulti. Nach der Begattung verlassen die befruchteten Weibchen mit der schlüpfenden Biene die Brutzelle. Gesamtentwicklung vom Ei zum Weibchen etwa 8 Tage.

- **Epidemiologie.** Die Varroose ist heute die häufigste Bienenkrankheit in Mitteleuropa. Verbreitung der Milben von Volk zu Volk durch Verflug von Arbeitsbienen oder Drohnen, durch Schwärme und andere Faktoren.
- **Pathogenese, Krankheitsbild.** *Varroa*-Milben schädigen erwachsene Bienen und ihre Brut durch Entzug von Hämolymphe: Absterben der Bienenbrut, Missbildungen der geschlüpften Bienen, die nicht lebensfähig sind. Im Bienenvolk entstehen Schäden allmählich. Im Frühjahr ist der Befall am geringsten. Mit zunehmender Bruttätigkeit und mit Beginn der Drohnenaufzucht im April nimmt die Zahl der Milben im Volk stetig zu. Zudem können die *Varroa*-Milben verschiedene Viren übertragen und erhöhen die Prädisposition für andere Brutkrankheiten.
- **Diagnose.** Nachweis von *Varroa*-Milben in Ablagerungen auf dem Boden des Bienenstocks, in der Bienenbrut und auf den erwachsenen Bienen (makroskopisch oder mit Lupe).
- **Bekämpfung.** Tilgung ist derzeit nicht möglich. Reduktion des Milben-Befalls durch imkerliche Maßnahmen und Anwendung von Acariziden. Zugelassene Mittel (z. T. landesunterschiedlich) siehe ▶ **Tab. 23.22**, staatliche Maßnahmen (Meldepflicht, Bekämpfung).

Morphologie und Arten Die Varroose der Europäischen Honigbiene *Apis mellifera* wird von *Varroa destructor* verursacht (bis zum Jahr 2000 fälschlicherweise als *Varroa jacobsoni* bezeichnet). *V. jacobsoni* und mehrere andere *Varroa*-Arten sind wirtsspezifisch und befallen *A. mellifera* nicht. Die Weibchen von *V. destructor* (▶ **Abb. 17.14**a) sind braun, queroval und groß (Länge 1,1–1,7 mm, Breite 1,3–1,6 mm), die seltenen Männchen sind rundoval und kleiner (Länge 0,9 mm, Breite 0,8 mm). Der nach oben gewölbte Schild bedeckt bei den Weibchen den Rücken vollständig und ist ebenso wie die Unterseite mit vielen kurzen Borsten besetzt. Die 8 kurzen, aber kräftigen Beine mit großen tarsalen Sauglappen werden meist gekrümmt und ragen dann nur wenig unter dem breiten Rückenschild hervor.

Entwicklung Auf den adulten Bienen sitzen die Milben am Abdomen oder Thorax und penetrieren mit ihren Cheliceren die Intersegmentalhäutchen, um sich vom Fettkörper (übernimmt bei Insekten ähnliche Funktionen wie die Leber bei Säugetieren) zu ernähren. Zur Fortpflanzung wandert das Weibchen vor dem Verdeckeln in eine Brutzelle (vorzugsweise Drohnenbrut) der Bienenwabe. Kurz danach legt das Weibchen bis 6 Eier, in denen sich **Protonymphen** entwickeln, die die Eihüllen verlassen und sich über **Deutonymphen** zu Adulten (stets nur 1 ♂ pro Brutzelle) entwickeln. Nur die Weibchen und die präadulten Stadien (Proto- und Deutonymphen) ernähren sich vom Fettkörper der Bienenbrut (▶ **Abb. 17.14**b). Die Männchen können keine Nahrung aufnehmen, weil ihre Cheliceren für die Spermaübertragung umfunktioniert sind. Die Begattung erfolgt noch in der gedeckelten Brutzelle. Danach verenden die Männchen. Die befruchteten Weibchen verlassen mit der schlüpfenden Biene die Brutzelle. Die Gesamtentwicklung vom Ei zum Weibchen dauert mit ca. 8 Tagen etwas länger als bei *Tropilaelaps*-Arten (S. 439). Die Reproduktionsrate der Milben hängt von der Dauer der Verdeckelung der Brutzellen ab. Diese ist bei Drohnen mit 24 Tagen am längsten und ermöglicht die Entwicklung von 1 Männchen und bis zu 4 Weibchen. Die Weibchen leben im Sommer 2–3, im Winter 5–8 Monate, außerhalb des Volkes jedoch höchstens 5 Tage.

Vorkommen und Epidemiologie Die Varroose ist heute die häufigste Bienenkrankheit, die in den vergangenen Jahrzehnten besonders in Europa und Asien viele Tausende von Bienenbeständen vernichtet hat. Wahrscheinlich bereits Mitte des letzten Jahrhunderts kam es im Osten Russlands zum Wirtswechsel von *V. destructor* von der östlichen Honigbiene *Apis cerana* auf die sehr empfängliche Europäische Honigbiene *A. mellifera*. Mit weiträumigen Bienentransporten gelangte *V. destructor* zunächst nach West-Russland, dann nach Deutschland und in weitere mitteleuropäische Länder. In Nord- und Südamerika sowie in Afrika verbreitet sich die Varroose ebenfalls. Von Volk zu Volk erfolgt die Verbreitung der Milben durch Räuberei und Verflug von Arbeitsbienen und Drohnen sowie über weitere Entfernungen durch Schwärme. Wie bei anderen Brutmilben (*Tropilaelaps* spp., *Acarapis woodi*) wird die Ausbreitung durch Wandern, Umsiedeln und Völker- oder Königinnenverkauf befördert.

Pathogenese und Krankheitsbild *Varroa*-Milben schädigen die erwachsenen Bienen und ihre Brut durch Ernährung von deren Fettkörper. Eine Schädigung der Brut tritt bereits ein, wenn eine Brutzelle mit 1–2 Milbenweibchen

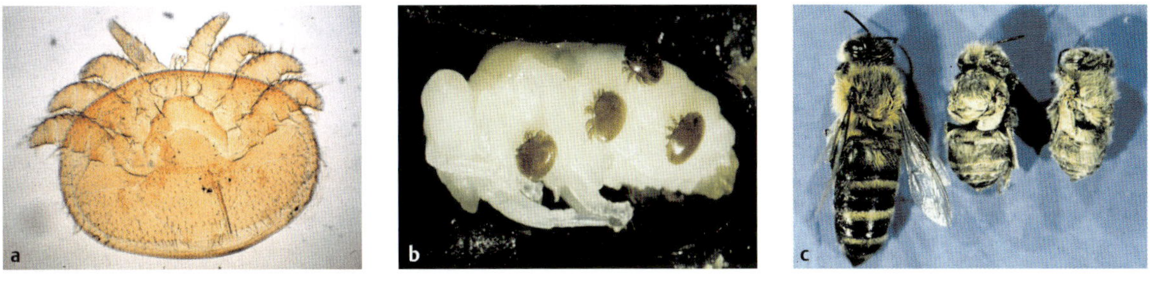

▶ **Abb. 17.14** *Varroa*-Milben: **a** Weibchen (1,1 × 1,6 mm); **b** *Varroa* ♀♀ auf Bienenbrut; **c** durch *Varroa* geschädigte Bienen. (Quelle: Dr. Carole Billod, Novartis Firmenarchiv, Basel)

befallen ist. Die geschlüpften Bienen sind signifikant kleiner, ihre Lebensdauer ist erheblich verkürzt. Bei stärkerem Befall weisen Jungbienen Missbildungen (verkürztes Abdomen, verkrüppelte Flügel und Beine; „Krabbler") auf und sind nicht lebensfähig (▶ **Abb. 17.14c**).

Die durch *Varroa*-Milben im Bienenvolk verursachten Schäden entstehen allmählich im Verlauf mehrerer Jahre. Im Frühjahr ist der Befall am geringsten. Mit zunehmender Bruttätigkeit und mit Beginn der Drohnenaufzucht im April nimmt die Zahl der Milben im Volk stetig zu. Bis 90 % der Milben entwickeln sich in der Drohnenbrut, dagegen nur wenige in der Arbeiterinnenbrut. Der Imker bemerkt zu dieser Zeit noch keine Schäden. Stark geschädigte Bienenvölker brechen im Spätsommer nach der Tracht, im Frühherbst nach der Wintereinfütterung oder erst während der Überwinterung zusammen. Im Endstadium der Varroose findet der Imker nur noch wenige Hundert Bienen und die Königin im Stock. Meist kommt es nach einer Primärinfestation mit *Varroa*-Milben ohne wirksame Bekämpfung erst im 3. oder 4. Befallsjahr zum Zusammenbruch des Bienenvolkes, woran Sekundärinfektionen wahrscheinlich einen entscheidenden Anteil haben, vor allem mit dem von *Varroa*-Milben übertragenen Deformed Wing-Virus (DWV).

Diagnose Bienen mit verkürztem Abdomen und missgebildeten Flügeln sind stets verdächtig. Der Befall mit *Varroa*-Milben wird nachgewiesen durch Untersuchung von „Gemüll" (Ablagerungen des natürlichen Milbentotfalls auf der Einlage am Boden des Bienenstocks = „Beutenboden"), von Bienenbrut (am besten 18 d alte Drohnen- oder 13 d alte Arbeiterbrut untersuchen) und Bienen (Untersuchung von 200–300 tiefgefrorenen Bienen). Nähere Informationen s. Literaturhinweise. Differenzialdiagnose: *Tropilaelaps clareae, Euvarroa* spp. und verschiedene, körperteilspezifische Außenmilben, die apathogen oder nur geringgradig pathogen sind. Die Bienenlaus, *Braula coeca* (S. 496), kann nicht mit irgendeiner Milbenart verwechselt werden.

Bekämpfung Da eine Tilgung der Varroose derzeit nicht möglich erscheint, haben Bekämpfungsmaßnahmen (S. 648) das Ziel, die Milbenzahl durch imkerliche Maßnahmen und den Einsatz von Acariziden unter die Schadschwelle zu senken.

Literaturhinweise

Bartley K, Turnbull F, Wrigth HW et al. Field evaluation of poultry red mite (*Dermanyssus gallinae*) native and recombinant prototype vaccines. Vet Parasitol 2017; 244: 25–34

de Guzman LI, Williams GR, Khongphinitbunjong K et al. Ecology, Life history, and management of *Tropilaelaps* mites. J Econ Entomol 2017; 110: 319–332

Beugnet F, Halos L, eds. Parasitoses & Vector Borne Diseases of Cats. Lyon, France: Merial S.A.S.; 2015. ISBN: 978-2-95508-050-4

Fiechter R, Grimm F, Müller G et al. Häufung von *Ornithonyssus bacoti* (Tropische Rattenmilbe) Infestationen bei Heimnagern und ihren Besitzern in den Kantonen Zürich und Graubünden. Schweiz Arch Tierheilkd 2011; 153: 79–85

Hinkle NC, Jirjis F, Szewczyk E et al. Efficacy and safety assessment of a water-soluble formulation of fluralaner for treatment of natural *Ornithonyssus sylviarum* infestations in laying hens. Parasit Vectors 2018; 11: 99

Le Conte Y, Ellis M, Ritter W. *Varroa* mites and honey bee health: can *Varroa* explain part of the colony losses? Apidology 2010; 41: 353–363

Nazzi F, Le Conte Y. Ecology of *Varroa destructor*, the major ectoparasite of the western honey bee, *Apis mellifera*. Annu Rev Entomol 2016; 61: 417–432

Sammataro D, Gerson U, Needham G. Parasitic mites of honey bees: life history, implications, and impact. Annu Rev Entomol 2000; 45: 519–548

Sigognault Flochlay A, Thomas E, Sparagano O. Poultry red mite (*Dermanyssus gallinae*) infestation: a broad impact parasitological disease that still remains a significant challenge for the egg-laying industry in Europe. Parasit Vectors 2017; 10: 357

Thomas E, Chiquet M, Sander B et al. Field efficacy and safety of fluralaner solution for administration in drinking water for the treatment of poultry red mite (*Dermanyssus gallinae*) infestations in commercial flocks in Europe. Parasit Vectors 2017; 10: 457

17.1.3 Ordnung Prostigmata (Syn. Trombidiformes)

Pro- (lat.): vorn; *stigma* (gr.): Narbe, Fleck. Bezug auf die Lage der Atemöffnungen im vorderen Teil des Körpers.

Aus dieser Ordnung sind in Mitteleuropa vor allem die Gattungen *Demodex, Cheyletiella* und *Trombicula* als Ektoparasiten von Hund und Katze bedeutsam. Außerdem ist *Acarapis woodi* als Bienenparasit von Interesse. Ein wichtiges Merkmal ist die Lage der Stigmen im vorderen Körperbereich (Gnathosoma oder vorderes Podosoma).

Familie Demodicidae

Demos (gr.): Talg; *dex* (gr.): Holzwurm. Bezug wahrscheinlich auf die Ähnlichkeit der adulten *Demodex*-Milben mit „Holzwürmern". Engl.: *Demodex mites, follicle mites*.

Gattung *Demodex* (Haarbalgmilben)

Praxis

Erreger der **Demodicose**; bei Hunden vor allem im Jugendalter häufige, bei anderen Tieren sporadisch auftretende Hauterkrankung. Mitunter sehr schwere, generalisierte und schmerzhafte Erkrankungen beim Hund möglich (pustulöse Form, „Rote Räude"), die einer langwierigen Therapie bedürfen (tierschutzrelevant!).

Das Wichtigste in Kürze

- **Morphologie, Arten.** Streng wirtsspezifische Bewohner von Haarbälgen und Talgdrüsen fast aller Säuger (je Wirtsart eine oder mehrere *Demodex*-Arten), Krankheitserreger vor allem beim Hund. Merkmale: klein (0,2–0,3 mm), typische zigarrenförmige Gestalt, stummelförmige Beine, kurze Mundwerkzeuge.
- **Entwicklung, Epidemiologie** (*D. canis*). Entwicklung in Haarfollikeln: Eier → 1–2 Larvenstadien → 2 Nymphenstadien → Adulte. Übertragung postpartal vom Muttertier auf Jungtiere durch Hautkontakt beim Saugakt, vor allem in den ersten Lebenstagen.
- **Pathogenese.** In gewissen Zuchtlinien von Hunden Prädisposition für die Erkrankung. Starke Vermehrung von *D. canis*, Schädigung der Haarfollikel (Alopezie), sekundäre Besiedlung mit Bakterien. Generalisierte Demodicose infolge einer Suppression von T-Zell-Funktionen.
- **Krankheitsbild.** In der Regel inapparent. Beim Hund verschiedene Formen: Juvenilen- und Adulten-Demodicose, lokalisiert oder generalisiert v. a. als squamöse, pustulöse oder squamo-papulöse Formen. Demodicose (Knötchen, seltener Pusteln) kommt auch bei Ziegen, Rindern und Schweinen vor, seltener bei Katzen und Pferden.
- **Diagnose.** Klinisches Bild und mikroskopischer Nachweis zahlreicher *Demodex*-Milben oder -Eier.
- **Therapie.** Demodicose beim Hund: Lokalisierte juvenile Form: palliative Behandlung. Therapie mit makrozyklischen Lactonen (Moxidectin) oder Isoxazolinen (Sarolaner) bis zum zweimaligen negativen Milbennachweis im Abstand von 1 Monat. Generalisierte Demodicosen bedürfen wochen- bis monatelanger, z. T. intensiver Behandlungen, Heilungsaussichten 60–80 %.
- **Prophylaxe.** Hunde aus Zuchtlinien, in denen Demodicose aufgetreten ist, nicht oder nur unter Auflagen zur Zucht verwenden. Vermeidung von anderen Erkrankungen und von Belastungen (übertriebene Hautpflege, Corticoid-Behandlungen etc.).

Morphologie und Arten Die Milben der einzigen Gattung der Familie sind Ektoparasiten vieler Säugetierarten und des Menschen. Die nahe verwandten Arten sind streng wirtsspezifisch; ein Wirt kann jedoch mehrere Arten beherbergen. Pferd: *D. equi*; Rind: *D. bovis*; Schaf: *D. ovis*; Ziege: *D. caprae;* Schwein: *D. phylloides*; Hund: *D. canis, D. injai* u. *D. cornei*; Katze: *D. cati, D. gatoi* und *D. felis*; Maus: *D. musculi*; Ratte: *D. ratti*; Meerschweinchen: *D. caviae*; Goldhamster: *D. criceti* und *D. aurati*; Mensch: *D. folliculorum* und *D. brevis*.

Demodex-Arten sind kleine, 0,2–0,3 mm lange, zigarrenförmige Milben mit quer gerieftem Hinterkörper, stummelförmigen Beinen und kurzen Mundwerkzeugen (► **Abb. 17.15**).

Entwicklung *Demodex*-Milben leben in Haarfollikeln, seltener in Meibomschen oder Talgdrüsen, lediglich die Kopulation erfolgt auf der Hautoberfläche im Haarbalgtrichter (► **Abb. 17.15**). *D. canis* und *D. cati* parasitieren v. a. in den Haarfollikeln, *D. injai* in den Talgdrüsen und *D. gatoi* in den oberflächlichen Hautschichten. Die Männchen verenden nach 3–5 Tagen, die Weibchen wandern in die Follikel, wo sie etwa 20 zitronenförmige Eier (70–90 × 19–25 µm) legen, aus denen je eine 6-beinige Larve schlüpft, aus der nach einer Häutung eine 2. Larve hervorgehen kann. Danach entstehen 2 Nymphenstadien (Proto- und Deutonymphe) und schließlich die adulten Milben. Die Gesamtentwicklung dauert 2–3 Wochen.

Vorkommen und Epidemiologie *Demodex*-Milben kommen weltweit bei fast allen Säugern als Hautbewohner vor. Sie verhalten sich meist wie **Kommensalen**, sind aber potenziell pathogen, vor allem beim **Hund**. Ein geringgradiger *Demodex*-Befall kommt auch bei vielen gesunden Hunden vor (Prävalenzen bis 85 %). Erkrankungen entstehen durch ein gestörtes Gleichgewicht in der Wirt-Kommensalen-Beziehung und sind weitaus seltener. Dennoch ist die Demodicose beim Hund eine der häufigsten Dermatosen, bei Katzen tritt sie seltener und fast ausschließlich im Zusammenhang mit Immunsuppression auf. Bei Ziegen und Schweinen ist die Bedeutung der Demodicose regional erheblich, bei Rindern, Pferden und Schafen meist gering.

Demodex-Milben sind **permanent-stationäre Parasiten**, die in der natürlichen Umgebung ihrer Wirte nicht einmal kurzfristig überleben können (aber unter Laborbedingungen in Wasser bis 3 Wochen). Daher ist der Wirtswechsel für sie schwierig, aber unter den besonderen Bedingungen der postpartalen Phase möglich (veränderter Hormonstatus des Muttertieres, immunologisch naive Jungtiere, enge und länger dauernde Hautkontakte sowie Wärme und Feuchte beim Säugen). *D. gatoi* parasitiert in den keratinisierten oberflächlichen Hautschichten und kann auch horizontal übertragen werden.

Pathogenese und Immunologie In der Genese und im Verlauf der Demodicose sind tierartliche Unterschiede zu beachten. Als Beispiel dient hier die **Demodicose des Hundes**, die durch *D. canis* verursacht wird; die Schadwirkungen der anderen beim Hund vorkommenden Arten (s. o.) sind unbekannt.

Die Milben zwängen sich in den Haarbalg hinein, vermehren sich dort, rücken weiter bis zur Haarwurzel vor, lösen das Haar aus seiner Verankerung (Folge: Haarausfall) und dringen schließlich auch in die Talgdrüsen ein. Die fortschreitende Vermehrung der Milben führt zur sackartigen Ausbuchtung der Haarbälge und Talgdrüsen. Die Milben irritieren die follikulären Keratinozyten, stechen sie mit ihren nadelförmigen Cheliceren an und saugen sie aus. Dadurch werden Zellhyperplasien, verstärkte follikuläre Keratinbildung sowie Hyper- und Dyskeratose induziert. Durch Besiedlung der Haarbälge mit Bakterien entstehen Pusteln (purulente Folliculitis; s. u.) mit der Tendenz zur Ausbreitung (Zerfall der Haarbälge, Bildung weiterer Pusteln und von Furunkeln, hämatogene Verbreitung der Milben). Grundlegende pathogenetische Bedeutung haben immunpathologische Vorgänge.

Für die Erkrankung besteht eine erbliche Prädisposition, deren genetische Grundlagen noch weitgehend unbekannt sind. Einen Hinweis darauf liefern Befunde, nach

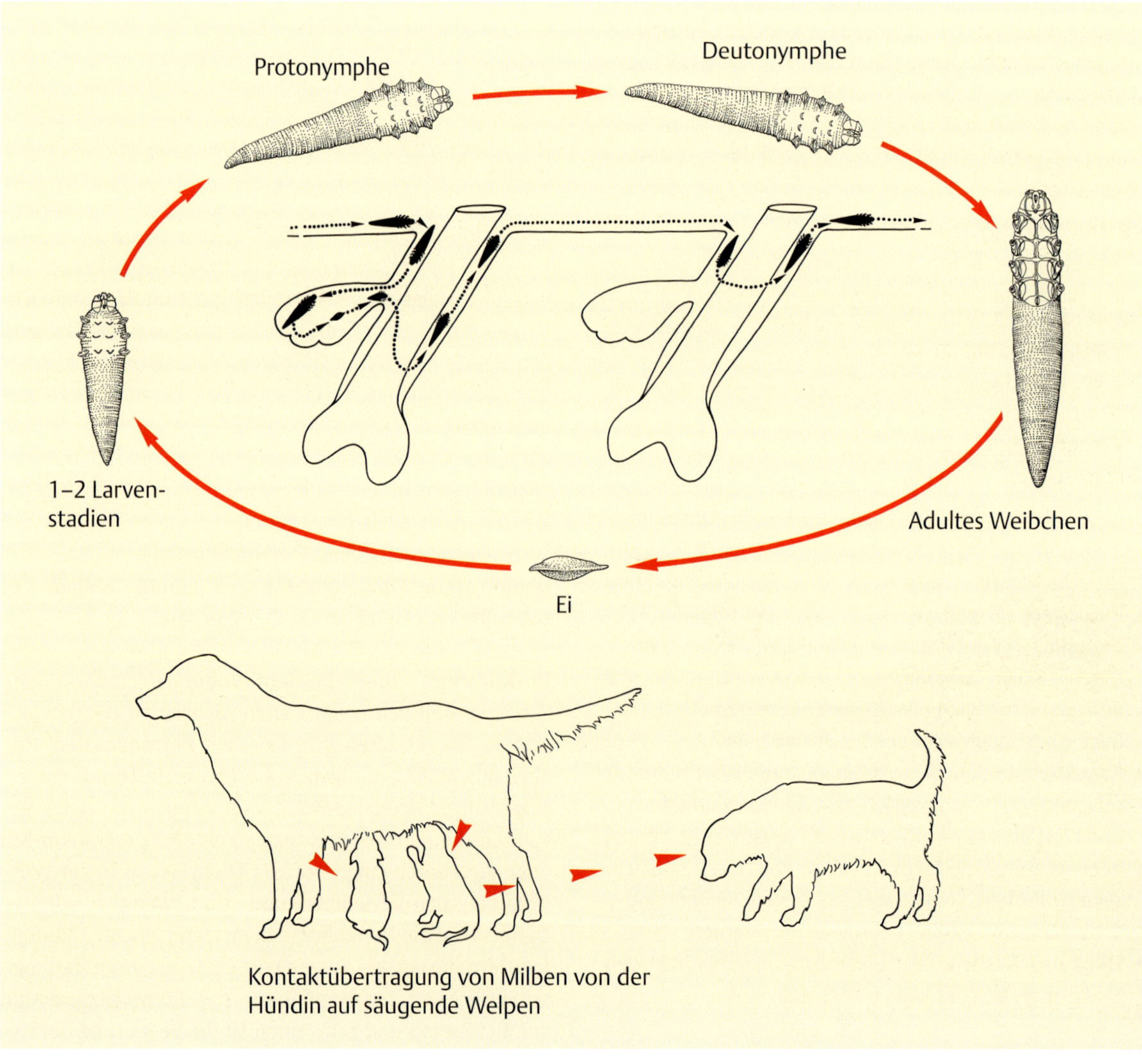

▶ **Abb. 17.15** Entwicklungszyklus von *Demodex canis*. (Grafik: Salome Ehrat, nach einer Vorlage von Johannes Eckert und Peter Deplazes, Vetsuisse-Fakultät, Universität Zürich)

denen die MHC(Typ-II)-Expression in der Haut von Junghunden mit generalisierter Demodicose signifikant erhöht war. T-Lymphozyten betroffener Tiere zeigen einen Zustand der „Erschöpfung,“, d. h. geringe IL-2-Produktion und hohe IL-10- und TGF-β-Werte. Häufig kommt es bei Hunden mit generalisierter Demodicose zur Immunsuppression mit zunehmender Pyodermie. Als begünstigende Faktoren gelten Behandlungen mit Corticosteroiden oder Cytostatika, immunsupprimierende Erkrankungen (Neoplasmen, Staupe, Endokrinopathien u. a.) oder besondere Belastungen (Oestrus, Trächtigkeit, Zahnwechsel, Fehlernährung u. a.). Letztlich sind die Gründe für eine Generalisierung der Demodicose noch unbekannt. An Demodicose können Hunde aller Rassen erkranken, wobei beim Mops eine deutliche Häufung beschrieben ist. Oft erkranken Wurfgeschwister.

Krankheitsbild beim Hund Grundsätzlich führt eine Infektion mit *D. canis* beim Hund, wie bei anderen Wirtstierarten auch, zu keinen Krankheitserscheinungen. Allerdings kann es im Einzelfall bzw. gehäuft in einzelnen Würfen zu unterschiedlich schwer verlaufenden Erkrankungen kommen. Klinisch unterscheidet man die häufige Demodicose bei Jungtieren (Alter 3–18 Monate) und die seltenere Erkrankung bei älteren Hunden (> 1½ Jahre, häufig > 4 Jahre). Die Erkrankungen können lokalisiert oder generalisiert auftreten und sich als squamöse, pustulöse oder squamo-pustulöse Formen manifestieren (weitere Formen s. u.).

Squamöse Form (häufigste Form) (▸ Abb. 17.16a) Lokalisation: Beginn meist am Kopf (Stirn, Nasenrücken, Lippen, Umgebung der Augen, Ohrmuscheln, außer den Spitzen), Gliedmaßen, seltener Rumpf. Meist lokalisiert.

Veränderungen: Schuppendes Ekzem mit kleieartigen Auflagerungen, Alopezie, Erythem, Folliculitis, Risse, Falten, Hautverdickung (Hyperkeratose), kein oder nur geringer Juckreiz [vgl. Räude (S. 453)].

Altersgruppe und Verlauf: Meist Junghunde, etwa 90 % der Fälle heilen innerhalb von 1–2 Monaten spontan, die anderen können progredient verlaufen.

Pustulöse Form (▸ Abb. 17.16b) Lokalisation: Lokalisiert oder generalisiert (d. h. mindestens 5 lokale Läsionen, eine ganze Körperregion oder wenigstens 2 Pfoten betroffen).

Veränderungen: Komplikationen durch Sekundärinfektionen mit Hautpilzen (*Malassezia pachydermatis*) oder Bakterien (Staphylococcen u. a.); erythematöse Papeln, Pusteln (blaurot, „rote Räude“), Schorf, Hautverdickung (Dyskeratose, Parakeratose), Faltenbildung, suppurative Folliculitis, oberflächliche oder tief greifende Pyodermie, Furunkulose; Juckreiz durch Sekundärinfektionen; Schmerz; periphere Lymphadenopathie, Anorexie, Lethargie, Sepsis.

Tiergruppe und Verlauf: Ältere Hunde > 1½ bis ~ 4 Jahre, häufig mit einer Grundkrankheit. Langwieriger und ohne Behandlung oft tödlicher Verlauf. Remission oft nicht dauerhaft.

Andere Formen Alopezie-Form: Meist ausschließlich Haarausfall, besonders am Kopf. **Podo-Demodicose:** Vorwiegend pustulös, meist bei jungen adulten Hunden an allen 4 Pfoten; chronische Formen können von Pyodermie begleitet sein und zur generalisierten Form führen. **Oto-Demodicose:** Veränderungen im äußeren Gehörgang (ceruminöse Otitis externa, oft Pruritus).

Krankheitsbild bei anderen Haustierarten Bei **Katzen** ist Demodicose selten und tritt fast ausschließlich in Zusammenhang mit Erkrankungen des Immunsystems oder Immunsuppression (z. B. dauerhafte Glucocorticoidmedikation) auf. Die Läsionen ähneln denen beim Hund und

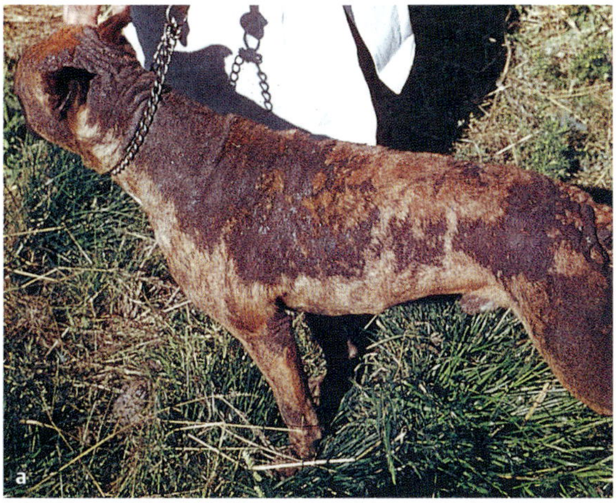

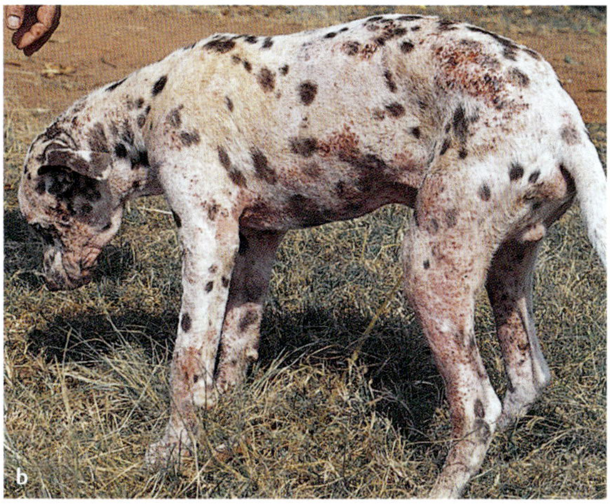

▸ **Abb. 17.16** Demodicose beim Hund.
a Fortgeschrittene squamöse Form (Quelle: Institut für Parasitologie, Vetsuisse-Fakultät, Universität Zürich)
b Pustulöse Form mit Pyodermie (Quelle: Institut für Parasitologie, Vetsuisse-Fakultät, Universität Zürich)

sind meist auf Kopf (Augenlider, Kinn, Gehörgang) und Nacken beschränkt. *D. gatoi* lebt im Stratum corneum und kann durch direkten Körperkontakt übertragen werden. Diese Milbenart kann auch ohne Grunderkrankung Dermatitiden verursachen und ist als Ursache von Haarbruch und Alopezie durch oft intensives Belecken der betroffenen Hautregion beschrieben. Bei **Ziegen, Rindern** und **Schweinen** können *Demodex*-Milben die Haarbälge durch starke Vermehrung enorm ausweiten und Knotenbildung in der Haut verursachen (beim Schwein wurden je Knoten bis > 500 000 Milben gefunden). Diese Knotenbildung hat eine Druckatrophie der Lederhaut und somit Lederschäden zur Folge. Bei Schweinen können sich außerdem Pusteln um Rüssel und Augen, seltener an Hals, Brust und Bauch entwickeln. **Pferde** erkranken selten. Veränderungen vor allem an Kopf, Nacken, Rücken oder Vorderbeinen.

Diagnose Milbennachweis: Hautfalte einer befallenen Stelle mit Paraffin benetzen und mit den Fingern quetschen, bis aus den Haarbälgen Inhalt austritt. Diesen in Haarwuchsrichtung tief abschaben (bis kapilläre Blutungen auftreten) und zur mikroskopischen Untersuchung auf einen Objektträger ausstreichen (S. 547). An zarten Hautpartien, an denen ein Geschabsel nicht genommen werden kann (Augenumgebung, Pfoten), können mit einer Pinzette Haare mitsamt der Wurzel ausgerissen, direkt mit einem Tropfen Paraffinöl auf einen Objektträger aufgetragen und mikroskopiert werden. Bei hochgradigem Befall lassen sich auch im Kot von Hunden und Katzen Milben (Flotation) nachweisen. Der Milbennachweis ist nur in Verbindung mit der klinischen Symptomatik aussagekräftig; wenige Milben bei Fehlen von Hautveränderungen zeigen nur den Befall an (Hautkommensalen), nicht aber eine Erkrankung. In Fällen mit schweren Veränderungen gelingt der Milbennachweis nicht immer. Dann sollte eine Biopsie zwecks histologischer Untersuchung durchgeführt werden. Dies empfiehlt sich auch z. B. bei Rassen mit sehr faltiger Haut wie dem Shar Pei.

Therapie Lokalisierte squamöse Demodicose bei Junghunden sollte nicht mit Acariziden, sondern nur palliativ behandelt werden, da die meisten Fälle innerhalb von 1–2 Monaten spontan abheilen. Bei Ausbleiben der Spontanheilung und Anzeichen der Generalisierung sowie bei adulten Tieren ist eine Behandlung notwendig.

Basistherapie Scheren der Haare, falls erforderlich; reinigende, desinfizierende, Krusten-lösende Kompressen, Waschungen, Bäder und Hautrückfettung (Acetylsalicylöl o. Ä.).

Spezifische Behandlung Zur Abtötung der Milben sind makrozyklische Lactone und Isoxazoline beim Hund wirksam. Für Moxidectin wird eine Behandlung im 4-wöchigen Abstand über 2–4 Monate empfohlen, diese führt insbesondere in leichten bis mittelschweren Fällen in der Regel zur deutlichen Verbesserung der klinischen Symptome; schwere Fälle benötigen oft eine verlängerte und häufigere Behandlung (z. B. wöchentliche Applikation). Zeigt sich nach 2 Monaten keine klinische Besserung oder Reduktion der Milbenzahl, ist ein Wirkstoffwechsel zu empfehlen. Für Sarolaner wird ebenfalls eine Behandlung im 4-wöchigen Abstand über 3 Monate empfohlen, dies führt zumindest zu einer deutlichen Verbesserung der klinischen Symptome. Die Behandlung ist fortzusetzen, bis mindestens zwei Hautgeschabsel (im monatlichen Abstand) negativ sind (s. u.) (► **Tab. 23.15**).

Eine Therapie muss diagnostisch überwacht werden und gilt erst dann als erfolgreich, wenn nach Abklingen der klinischen Erscheinungen 2 im monatlichen Abstand genommene Hautgeschabsel negativ sind. Heilungsaussichten bei generalisierter Demodicose nach einer Behandlungsdauer von durchschnittlich 6 Monaten 60–80 % (► **Tab. 23.15**).

Es besteht keine Zulassung von Acariziden zur Therapie der felinen Demodicose. In Fallberichten wurde über gute Behandlungserfolge bei einmaliger Applikation des Isoxazolin Fluralaner bzw. der wöchentlichen Applikation von Imidcloprid/Moxidectin über 4 Wochen berichtet.

Zusatztherapie (bei pustulöser Form stets erforderlich) Verabreichung von Antibiotika bzw. Antimykotika, Vitamingaben und evtl. lokal benzoylperoxidhaltige Shampoos, 1 × täglich zur Entleerung der Haarfollikel. Der Wert einer Immunostimulation ist umstritten.

Prophylaxe Dazu bestehen folgende Möglichkeiten: (a) Nach Auftreten von Demodicose Hündin und Welpen nicht mehr zur Zucht verwenden. (b) Hündin erst dann zur weiteren Zucht freigeben, wenn ihre Nachkommen 18 Monate alt geworden und gesund geblieben sind. Weitere Maßnahmen: Vermeidung konkurrierender Erkrankungen und Belastungen (z. B. Corticosteroid-Behandlungen), gute Haltung und Ernährung.

Familie Cheyletiellidae (Raubmilben)

Die meisten Arten der Familie Cheyletiellidae sind frei lebende Prädatoren, die sich vor allem von anderen Milben ernähren; einige Arten der Gattung *Cheyletiella* leben jedoch als Ektoparasiten bei Säugern.

Gattung *Cheyletiella* (Pelzmilben)

Praxis

Erreger der **Cheyletiellose**. Mobile, permanente Milbe, die durch Umherwandern und Anstechen der Haut bei Kaninchen, Hund und Katze starken Juckreiz verursacht. **Zoonose:** Temporärer Übergang auf den Menschen, was Hauteffloreszenzen und Juckreiz in den betroffenen Hautregionen verursacht.

Cheilos (gr.): Lippe. Engl.: *fur mites*.

Das Wichtigste in Kürze

- **Morphologie, Arten.** Pelzmilben kommen bei Hund (*Cheyletiella yasguri*), Katze (*C. blakei*), Kaninchen (*C. parasitovorax*) und Fuchs (*C. blakei*) häufig vor; der Mensch ist ein Fehlwirt. Merkmale: adulte Milben 0,2–0,5 mm lang, mit langen, stilettförmigen Cheliceren und charakteristischen kurzen, starken Palpen mit einwärts gerichteten Klauen.
- **Entwicklung, Epidemiologie.** Gesamte Entwicklung auf dem Wirt: Ei → Larve → 2 Nymphenstadien → Adulte; Dauer etwa 3 Wochen. Eier werden kokonartig eingewoben und an Haaren befestigt. Übertragung bei Kontakt. Überlebensdauer der Adulten ohne Wirt in kühler Umgebung mindestens 10 Tage. *Cheyletiella*-Arten können mehrere Wirtsarten besiedeln, vorübergehend auch Menschen.
- **Vorkommen** bei Kaninchen bis 70 %, bei Hunden und Katzen etwa 25 %.
- **Pathogenese, Krankheitsbild.** Bei Hund und Katze: inapparenter Befall oder stark schuppendes und juckendes chronisches Ekzem, vor allem im Kopf-, Schulter- und Rückenbereich. Kaninchen: Juckreiz, Unruhe; Haarbruch v. a. im Nackenbereich.
- **Diagnose.** Klinischer Befund und Nachweis von Milben und Eiern am Tier. Methode der Wahl: Klebestreifentechnik.
- **Therapie.** Topische Behandlung von Hunden und Katzen mit Acariziden, z. B. Umwidmung von Fipronil (nicht beim Kaninchen!) oder Selamectin (▶ **Tab. 23.15**).

Morphologie und Arten *Cheyletiella*-Arten kommen bei **Hund** (*Cheyletiella yasguri*), **Katze** (*C. blakei*), **Kaninchen** (*C. parasitovorax*) und **Fuchs** (*C. blakei*) häufig vor. Diese wenig wirtsspezifischen Arten können sich auch auf anderen Tierarten ansiedeln (z. B. *C. yasguri* auf Katzen) und vorübergehend ebenfalls den Menschen befallen. Morphologisch sind die Arten sehr ähnlich und schwer zu unterscheiden. Die großen, ca. 200–500 µm langen, ovoiden Adulti haben stilettförmige Cheliceren und charakteristische kurze, starke Palpen mit einwärts gerichteten Klauen (▶ **Abb. 17.17**). Die kräftigen Beine der sehr beweglichen Adulti tragen an den Enden der Tarsen keine Klauen, sondern schmale, kammähnliche Gebilde (Empodien).

Entwicklung, Epidemiologie und Vorkommen Die gesamte Entwicklung erfolgt auf dem Wirt und dauert etwa 3 Wochen. Die Eier (ca. 100 × 230 µm) werden mit Fäden kokonartig eingewoben und wenige Millimeter über der Haut am Haar befestigt. Die Entwicklung erfolgt nach dem Schema: Ei → Larve → 2 Nymphenstadien → Adulti. Mit ihren starken Klauen an den Palpen halten sich die Milben im Fell fest oder wandern durch Pseudotunnel im epidermalen Detritus („wandernde Schuppen", engl. *walking dandruff*). Die Milben stechen mit ihren spitzen Cheliceren in die Epidermis und nehmen austretende Gewebslymphe auf. In kühler Umgebung können die Adulti min-

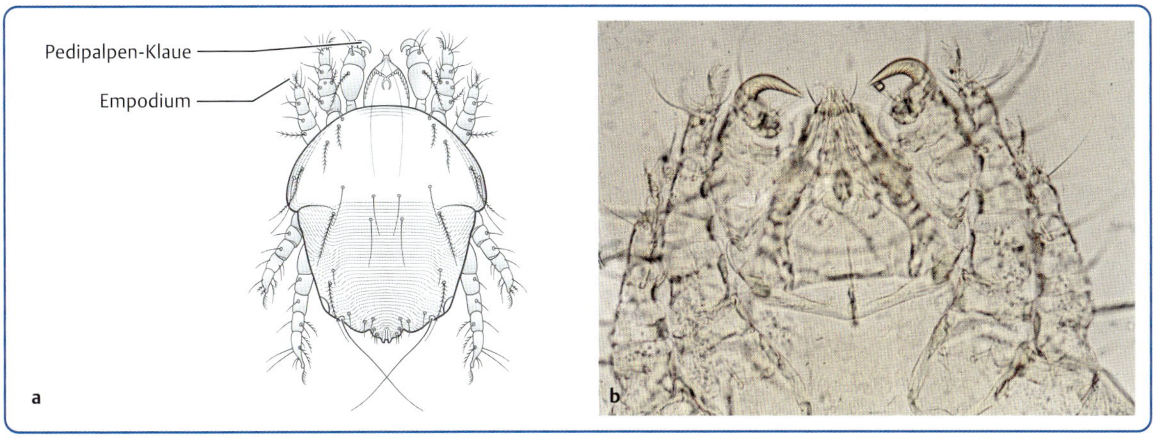

▶ **Abb. 17.17** *Cheyletiella parasitivorax*.

a Weibchen (Länge: 200–500 µm) (Grafik: Anne Seeger, Vetsuisse-Fakultät, Universität Zürich, Grafik basiert auf Daten aus: Baker, E. W., Evans, T. M., Gould, D. J., Hull, W. B., Keegan, H. L. (1967): A Manual of Parasitic Mites of Medical or Economic Importance. H. Tripp, Woodhaven, N.Y.)

b *Cheyletiella*, Vorderkörper (Quelle: Institut für Parasitologie, Vetsuisse-Fakultät, Universität Zürich) destens 10 Tage ohne Wirt überleben, die präadulten Stadien jedoch nur 2 Tage.

Die beweglichen Milben gehen von befallenen Wirten bei Kontakt sehr schnell auf andere Wirte über, vor allem auf Jungtiere bei Gruppenhaltung (Zuchten, Zwinger). Wahrscheinlich ist auch eine Übertragung von Milben aus der engeren Umgebung infestierter Wirte möglich.

Die Verbreitung der Pelzmilben ist weltweit. Die Prävalenzen erreichen bei Kaninchen 70 %, bei Hunden und Katzen etwa 25 %.

Pathogenese und Krankheitsbild Bei Hund und Katze verursachen die Cheyletiellen am häufigsten ein chronisches Ekzem mit Juckreiz sowie gering- bis hochgradiger Schuppenbildung, vor allem im Kopf-, Schulter- und Rückenbereich. In einigen Fällen fehlen Symptome oder sie sind so unauffällig, dass der Milbenbefall zunächst übersehen wird. Seltener kommt es zur Dermatitis mit Hyperästhesie und Haarausfall, gelegentlich auch mit Papel- und Krustenbildung, besonders bei Katzen (miliare Dermatitis). Das Entfernen eines Teils der Milben und Eier durch häufiges Putzen kann bei Katzen zu einem weniger auffälligen Krankheitsverlauf führen als bei Hunden. Kausal sind die Symptome auf die Stiche der Milben und allergische Reaktionen auf Milben-Antigene zurückzuführen. Bei einigen Tieren besteht ein Missverhältnis zwischen der Intensität des Milbenbefalls und der Stärke des Juckreizes. Bei ihnen konnte eine durch Cheyletiellen verursachte Kreuzsensibilisierung gegen *Dermatophagoides* spp. (Hausstaubmilben) nachgewiesen werden. In diesen Fällen wurden exfoliative Erythrodermien oder Hautreaktionen wie bei *Sarcoptes*-Räude beobachtet.

Diagnose Methode der Wahl zum Nachweis von Milben und Eiern ist die Klebestreifentechnik (S. 547). Die KOH-Technik (S. 547) eignet sich zur Untersuchung von oberflächlichen Hautgeschabseln sowie von Schuppen und Haaren, die ausgekämmt wurden. Die besten Ergebnisse sollen Staubsauger-Proben erbringen. Milben oder Eier sind häufig auch im Kot zu finden (Flotationsmethode). Kontakttiere sollten ebenfalls untersucht werden, da es inapparente Infestationen gibt.

Therapie Behandlung von Hunden und Katzen mit topischen Formulierungen von Acariziden, z. B. Umwidmung von Fipronil (bei Kaninchen jedoch kontraindiziert!) oder Selamectin (► **Tab. 23.15**). Nötigenfalls Behandlung in Intervallen von 2–4 Wochen mehrfach wiederholen, zusätzlich alle Kontakttiere behandeln und Umgebungsbehandlung mit Acariziden durchführen [s. Flohbekämpfung (S. 639)].

Zoonotische Bedeutung Bei Kontakt mit infestierten Tieren können die Milben (v. a. *C. yasguri* und *C. blakei*) temporär auf den Menschen übergehen und insbesondere an den Kontaktregionen (Arme, Oberkörper) Hautveränderungen wie Juckreiz, erythematöse Flecken und Papeln mit zentraler Nekrose verursachen.

Familie Syringophilidae

Gattung *Syringophilus* (Federspulmilben)

Syringx (gr.) Flöte, Röhre; *philos* (gr.) Freund.

Syringophilus-Arten parasitieren in Federspulen der Schwung- und Schwanzfedern von Huhn, Truthuhn, Tauben, Fasanen, Kanarienvögeln u. a. Diese Milben haben einen lang gestreckten Körper, kurze, kompakte Beine und lange Setae, besonders am hinteren Köperrand (► **Abb. 17.18**). Anders als bei den Cheyletiden fehlen am Ende der Palpen die Klauen. Die häufigsten Arten sind *S. bipectinatus* bei Hühnervögeln sowie *S. columbae* bei Tauben. Die Infestationen bleiben inapparent; nur sehr selten soll ein starker Befall zum Verlust einiger Federn führen.

Familie Trombiculidae

Gattung *Trombicula* (Herbstgrasmilben)

> **Praxis**
> Erreger der **Trombiculose**. Larve obligat parasitisch bei Säugern und Vögeln. Befall führt zu Dermatitis mit z. T. hochgradigem Juckreiz, Übertragung erfolgt aus der Umgebung.
> **Zoonose:** Larvenbefall mit z. B. ausgeprägten Effloreszenzen.

Thrombos (gr.): Blutpfropf. Engl.: chiggers, red bugs, scrub itch mites.

Das Wichtigste in Kürze

- **Morphologie, Arten.** Wichtigste Art in Europa ist *Trombicula* (Syn.: *Neotrombicula*) *autumnalis*.
- **Entwicklung, Epidemiologie.** Entwicklung im Boden, nur Larven (6 Beine, rötlich) befallen, oft in großer Zahl, Säugetiere, Vögel und Menschen, vor allem in Spätsommer und Herbst.
- **Pathogenese, Krankheitsbild.** Mittel- bis hochgradige Hautreaktionen mit mäßigem bis fast unerträglichem Juckreiz, gelegentlich Krämpfe oder epileptiforme Anfälle.
- **Diagnose, Therapie.** Nachweis der rötlichen Milben und der Stichreaktionen am Tier. Therapie s. *Cheyletiella* (S. 448).

Morphologie und Arten Von über 1500 Trombiculidenarten leben etwa 50 im Larvalstadium parasitisch, während sich die frei lebenden Nymphen und Adulti von Detritus oder räuberisch von anderen Arthropoden ernähren. Diese Milben sind unter verschiedenen Trivialnamen bekannt (Ernte-, Herbst-, Gras-, Stachelbeer- oder Herbstgrasmilben).

Die rundlichen, meist orange- bis ziegelroten (Eigenfarbe), 0,2–0,3 mm langen, 6-beinigen Larven haben dorsal hinter dem prominenten Gnathosoma ein kleines, 5-eckiges Scutum mit 5 gefiederten, kurzen Setae und 1 Paar langen, feinen Sinneshaaren (▸ **Abb. 17.19**). Weitere Merkmale sind: zahnartige Cheliceren, gedrungene Palpen mit terminalen Klauen und dorsal auf dem Körper 30–50 gefiederte Setae. Die frei lebenden Adulti sind

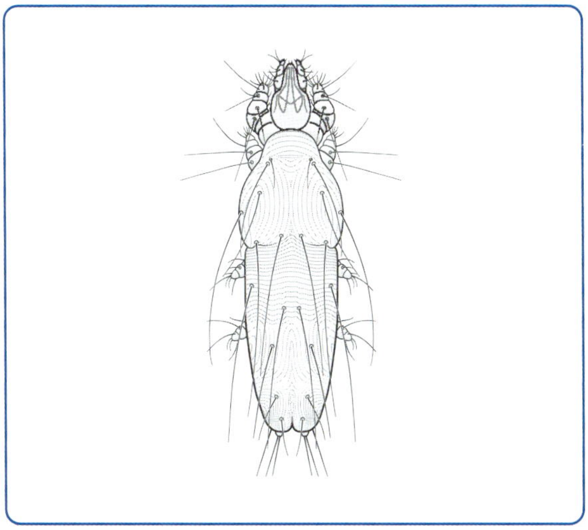

▸ **Abb. 17.18** *Syringophilus bipectinatus* ♀ (Länge: 825–1050 µm). (Grafik: Anne Seeger, Vetsuisse-Fakultät, Universität Zürich, Grafik basiert auf Daten aus: Baker, E. W., Evans, T. M., Gould, D. J., Hull, W. B., Keegan, H. L. (1967): A Manual of Parasitic Mites of Medical or Economic Importance. H. Tripp, Woodhaven, N.Y.)

etwa 1–2 mm lang, der Körper ist durch eine deutliche Taille etwas eingeschnürt. Veterinärmedizinisch von Belang ist in Europa vor allem *Trombicula (Neotrombicula) autumnalis.*

Entwicklung und Epidemiologie Die Weibchen von *T. autumnalis* legen zahlreiche Eier in feuchte, humöse Böden. Im Sommer und Herbst schlüpfen die positiv phototaktischen, 6-beinigen Larven, wandern an Grashalmen, anderen Pflanzen, Erderhebungen, gefallenem Laub etc. hoch, versammeln sich zu Hunderten an den höchsten Stellen und erwarten dort ihre Wirte. Die Larven haben keine deutliche **Wirtsspezifität** und befallen in ihrem Habitat vor allem Nagetiere, aber auch viele andere Säugetiere, Vögel (vor allem Bodenläufer) und Menschen. Die Larven heften sich an der Haut der Wirte an, nehmen extraintestinal angedautes Wirtsgewebe (s. u.) auf und fallen nach einigen Tagen (≥ 3) zu Boden. Dort entwickeln sie sich über mehrere 8-beinige Nymphenstadien zu den Adulti. In diese Entwicklung sind Ruheperioden eingeschaltet. Im gemäßigten Klima bildet *T. autumnalis* gewöhnlich nur 1 Generation im Jahr, die Weibchen können > 1 Jahr leben. Zur Überwinterung ziehen sich Nymphen und Adulti tief in den Boden zurück.

Im gemäßigten Klima treten die Larven, die erst ab 16 °C aktiv werden, von Mitte Juli bis Ende Oktober auf (Herbstgras-, Erntemilbe). Besonders aktiv sind sie an warmen, sonnigen, trockenen Tagen am späten Nachmit-

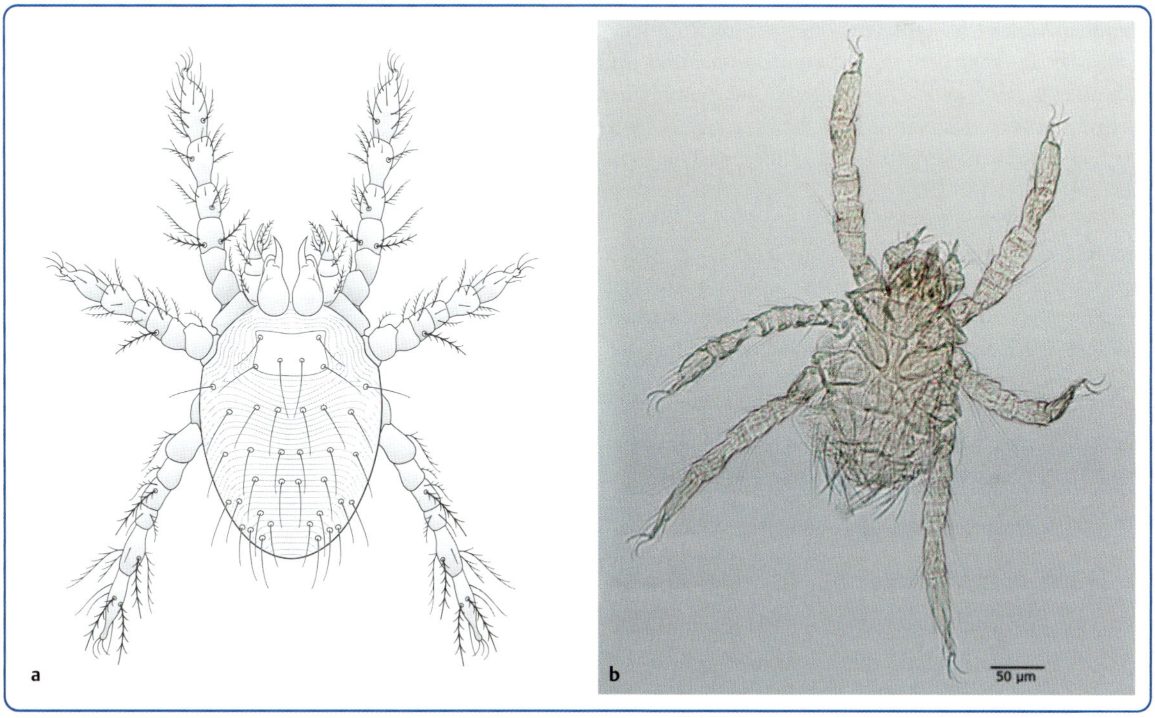

▸ **Abb. 17.19** *Trombicula autumnalis*-Larven (Länge 200–450 µm).
a Zeichnung der Larve (Grafik: Anne Seeger, Vetsuisse-Fakultät, Universität Zürich, Grafik basiert auf Daten aus: Piekarski, G. (1954): Lehrbuch der Parasitologie. Springer-Verlag, Berlin.)
b Larve von *T. autumnalis* (Quelle: Patrick Waindok, Institut für Parasitologie, Stiftung Tierärztliche Hochschule Hannover)

tag. Die bevorzugten Habitate (Trombiculoseherde) sind Flächen in verwilderten Gärten und Parks, an Waldrändern, besonders auf trockenen Wiesen (kalkhaltige Böden) und seltener auf Feldern. Häufig werden Einzeltiere massiv von Hunderten oder Tausenden von Milbenlarven befallen. Eine Übertragung der Larven von Wirt zu Wirt erfolgt nicht.

Pathogenese und Krankheitsbild Die Larven setzen sich am Wirt an dünnhäutigen **Prädilektionsstellen** fest, z. B. bei Hunden und Katzen an den Pfoten zwischen den Zehen, in der Inguinalgegend, an den Augenbögen und am Nasenrücken. Beim Rind werden häufig die untere Schwanzfläche und die Schenkelinnenflächen befallen, bei Schafen und Ziegen Nasenrücken, Augenbögen und Ohren. Mit den Cheliceren durchtrennen die Larven zunächst das Stratum corneum. Unter der Einwirkung von Speicheldrüsensekreten entsteht ein tief reichendes hyalines Rohr (Stylostom), durch das extraintestinal verflüssigtes Gewebe aufgesogen wird, akzidentell auch Blutkomponenten.

Die von den Larven verursachten winzigen Läsionen sowie der sezernierte Speichel können mittel- bis hochgradige Hautreaktionen verursachen: mäßiger bis fast unerträglicher, anhaltender Juckreiz, Erytheme, Quaddeln, Pusteln, Krusten, sekundäre Alopezien, Exkoriationen infolge Kratzens, gelegentlich Krämpfe oder epileptiforme Anfälle. Die Symptome können nach dem Abfallen der Larven für einige Tage weiterbestehen.

Diagnose Vorbericht (Jahreszeit, Kontakt mit Trombiculoseherden an sonnigen Tagen), klinischer Befund und makroskopischer (evtl. Lupe) sowie mikroskopischer Nachweis der roten Larven sichern die Diagnose. Bei Katzen Cerumenabstrich bei Otitis. Differenzialdiagnose *Otodectes cynotis* (S. 459).

Therapie und Prophylaxe Die Dermatitis klingt einige Tage nach dem Abfallen der Larven ab. Oft reicht eine palliative Behandlung aus. Sollten noch Milben vorhanden sein, kann eine Behandlung erwogen werden, z. B. bei Hunden und Katzen mit Fipronil oder Selamectin oder bei Hunden mit einer Permethrin-Pyriproxifen-Kombination (▶ **Tab. 23.15**). Vorbeugend sollten Menschen und Tiere bekannte *Trombicula*-Herde während der Saison meiden.

Familie Myobiidae

Mys (gr.): Maus. Engl.: *fur mite of mice.*

Myobiiden sind weltweit verbreitete, kleine Saugmilben von Nagern, Insektenfressern und Fledermäusen. Veterinärmedizinisch sind 2 nahe verwandte Arten von Interesse: *Myobia musculi* (▶ **Abb. 17.20**) bei Labormäusen und *Radfordia ensifera* bei Laborratten. Merkmale dieser Milben sind: klein (etwa 0,3 mm lang), lang gestreckt, zwischen den Beinpaaren 2 und 3 sowie 3 und 4 auffallende laterale Vorwölbungen, Cuticula quer gerieft, nadelförmige Cheliceren, winzige Palpen. 1. Beinpaar stark modifiziert und kräftig, mit terminalem klauenförmigem Apparat zum Festhalten an Haaren des Wirtes. Die Milbenweibchen kleben ihre Eier einzeln an die Basis der Haare. Entwicklung über je 2 Larven- und Nymphenstadien zu Adulten in ≥ 12 Tagen. Die Milben ernähren sich von Gewebsflüssigkeit, aber auch von Blutkomponenten. Stärkerer Befall verursacht Dermatitis mit Alopezie, Juckreiz, vor allem an Kopf und Hals. *M. musculi* ist häufig mit *Myocoptes musculinus* vergesellschaftet. Beide Arten können vorübergehend andere Labornager befallen. Nachweis von Milben und Eiern in Hautgeschabseln, ausgekämmtem Hautmaterial, auch mit der Klebestreifenmethode (S. 547) und koproskopisch [Flotation (S. 549)]. Behandlung mit Acariziden (z. B. Ivermectin p. o. oder s. c.). Wichtig ist die Vermeidung der erneuten Einschleppung durch eine professionelle Haltung der Labornager.

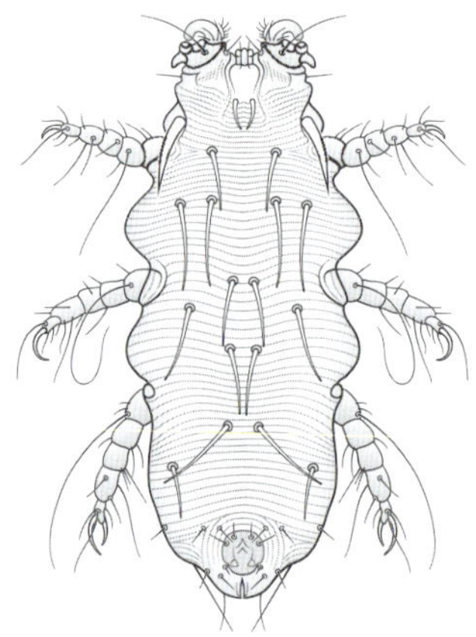

▶ **Abb. 17.20** *Myobia musculi* ♀ (Länge 390–495 µm). (Grafik: Anne Seeger, Vetsuisse-Fakultät, Universität Zürich, Grafik basiert auf Daten aus: Baker, E. W., Evans, T. M., Gould, D. J., Hull, W. B., Keegan, H. L. (1967): A Manual of Parasitic Mites of Medical or Economic Importance. H. Tripp, Woodhaven, N.Y.)

Zum Weiterlesen

Familie Psorergatidae

Psora (gr.): Krätze, Räude; *ergates* (gr.): Arbeiter, Täter.

Die adulten Milben der Gattung *Psorergates* (Syn. *Psorobia*) sind in der Aufsicht fast kreisrund, winzig (< 0,2 mm), mit nahezu radiär angeordneten, gedrungenen Beinen, deren Glieder fusioniert erscheinen (▸ **Abb. 17.21**).

In den USA gilt der Befall der Schafe mit *Psorergates ovis* als getilgt, in Teilen von Australien, Neuseeland, Südafrika und Südamerika ist die Milbe jedoch ein bedeutender Ektoparasit. *P. bos* ist bei Rindern in den USA und GB gefunden worden; wahrscheinlich kommt die Art auch in Mitteleuropa vor. Da der Befall häufig inapparent bleibt, wird er selten bemerkt. In GB wurden dem Befall Schuppenbildung, Alopezie und Hautverdickung zugeschrieben. *P. simplex* befällt neben Hausmäusen (*Mus musculus*) gelegentlich auch Labormäuse, in deren Haarfollikeln sich kleine, weiße Knötchen bilden, die sich entzünden können. Die Prävalenzen in Wildpopulationen sollen 80 % erreichen. *Psorergates*-Milben werden auch bei verschiedenen Affen in Gefangenschaft beschrieben.

Familie Pyemotidae

Winzige, 0,13–0,3 mm lange Milben, die Getreide, Heu, andere Vorräte sowie Holz besiedeln und von Insektenlarven leben, die sie durch Gift lähmen und dann aussaugen. Die gesamte embryonale und postembryonale Entwicklung findet im Körper des Weibchens statt, sodass geschlechtsreife Tiere geboren werden. Im Verlauf dieser Entwicklung schwillt der Hinterkörper des Weibchens stark an („Kugelbauch"). Zwei Arten können weltweit Haustiere (vor allem Pferde) und Menschen befallen: die Kugelbauchmilbe, *Pyemotes ventricosus*, und besonders die Getreidekrätzmilbe (engl. *grain or hay itch mite*) *P. tritici*. Ihre Stiche verursachen Papeln, Bläschen und stark juckende Striemen. Der Befall tritt am häufigsten in den Sommermonaten auf. Da es sich um einen akzidentellen, temporären Befall handelt, reicht eine palliative Behandlung aus.

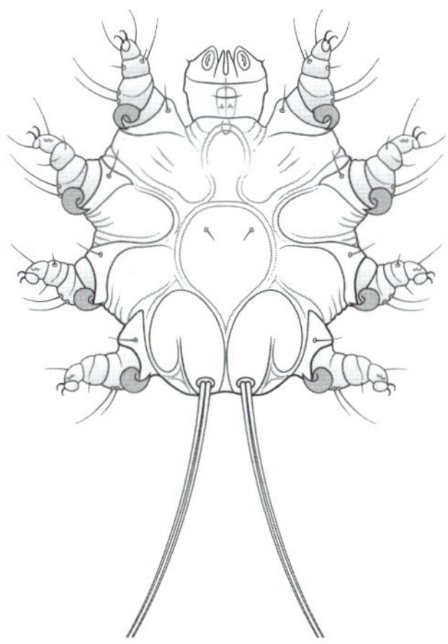

▸ **Abb. 17.21** *Psorergates simplex* ♀ (Länge ca. 190 µm). (Grafik: Anne Seeger, Vetsuisse-Fakultät, Universität Zürich, Grafik basiert auf Daten aus: Baker, E. W., Evans, T. M., Gould, D. J., Hull, W. B., Keegan, H. L. (1967): A Manual of Parasitic Mites of Medical or Economic Importance. H. Tripp, Woodhaven, N.Y.)

Familie Tarsonemidae

Tarsos (gr.): Fußsohle; *nema* (gr.): Faden. Bezug auf lange Borsten an den Tarsen.

Gattung *Acarapis*

Praxis

Erreger der **Tracheenmilbenkrankheit** der Bienen. Schädigung der Bienen durch Entzug von Hämolymphe und Verstopfung der Tracheen; die ungenügende Sauerstoffversorgung der Flugmuskulatur führt zu Flugunfähigkeit (sog. Krabbler bzw. Hüpfer).

Akari (gr.): Milbe; *apis* (lat.): Biene. Engl.: *tracheal mite*.

Das Wichtigste in Kürze

- **Morphologie, Arten.** *Acarapis woodi* (Länge etwa 100–180 µm) entwickelt sich in den Tracheen von Honigbienen (Innenmilbe) und ist Erreger der Tracheenmilbenkrankheit. Andere *Acarapis*-Arten sind weitgehend apathogene Ektoparasiten (Außenmilben) der Bienen.
- **Entwicklung, Epidemiologie, Vorkommen.** Übertragung der Milben direkt von Biene zu Biene; empfänglich sind Jungbienen in den ersten 4–5 Lebenstagen. Verschleppung der Milben zwischen Völkern durch Völker- oder Königinnenzukauf, Verfliegen von Drohnen und Arbeiterinnen sowie durch Räuberei. *A. woodi* ist weltweit verbreitet und in Mitteleuropa endemisch.
- **Pathogenese, Krankheitsbild.** Die Innenmilben durchstechen die Tracheenwand und saugen Hämolymphe. Mögliche Schädigung der Bienen: Behinderung der Luftpassage, allgemeine Schwäche, Flugunfähigkeit, Todesfälle vor allem im Frühjahr, evtl. unter Mitwirkung anderer Pathogenitätsfaktoren.
- **Diagnose, Bekämpfung.** Nachweis der Innenmilben durch mikroskopische Untersuchung von Thorax-Tracheen. In einigen Ländern ist die Tracheenmilbenkrankheit melde- und bekämpfungspflichtig. Bekämpfung vorwiegend durch Reinigung, Desinfektion und prophylaktische Maßnahmen, seltener durch Einsatz von Acariziden.

Morphologie und Arten Von mehreren *Acarapis*-Arten parasitiert nur *A. woodi* (Syn. *Tarsonemus woodi*), die Tracheenmilbe oder Innenmilbe, in den Tracheen der westlichen Honigbiene (*Apis mellifera*) und seltener der östlichen Honigbiene (*A. cerana*). Die sehr kleinen ♀♀ (100–180 µm) und ♂♂ (80–100 µm) von *A. woodi* tragen auf der Dorsalseite lange Setae und sind scheinbar geteilt in ein Propodosoma und ein Hysterosoma mit quer verlaufenden Rinnen. Die Tarsi IV haben keine Klauen oder Empodien, sondern nur Setae (▸ **Abb. 17.22**).

Entwicklung Die adulten Milben befallen Jungbienen und besiedeln fast nur das vordere Thorax-Tracheenpaar in Nähe der Stigmenöffnung. Hier erfolgt die gesamte Entwicklung (Dauer ca. 2 Wochen), oft mehrere Generationen in derselben Trachee. Das Weibchen legt 7–10 sehr

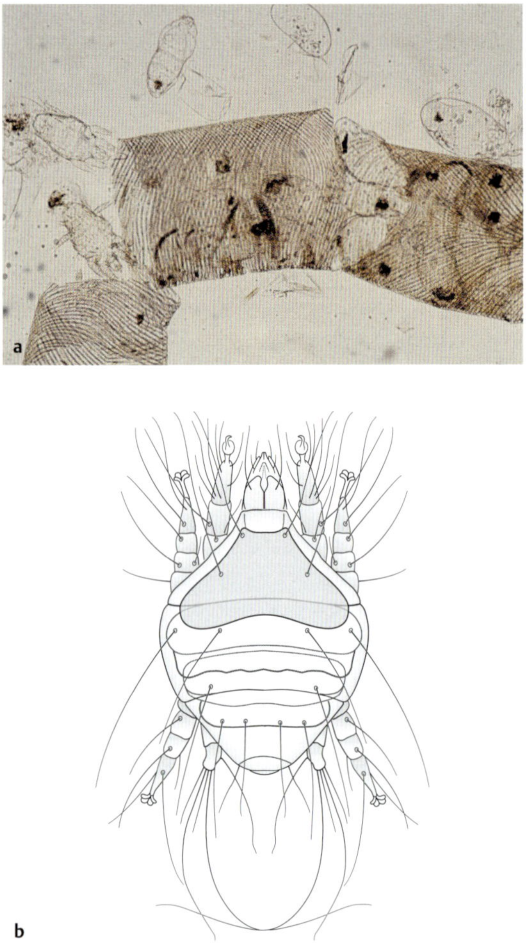

▸ **Abb. 17.22** *Acarapis woodi.*
a Befallener Tracheen-Teil einer Biene (Quelle: Institut für Parasitologie, Vetsuisse-Fakultät, Universität Zürich)
b Weibchen ♀ (Länge 100–180 µm) (Grafik: Anne Seeger, Vetsuisse-Fakultät, Universität Zürich, Grafik basiert auf Daten aus: Baker, E. W., Evans, T. M., Gould, D. J., Hull, W. B., Keegan, H. L. (1967): A Manual of Parasitic Mites of Medical or Economic Importance. H. Tripp, Woodhaven, N.Y.)

große Eier (ca. 130 µm lang), in denen sich je eine große sechsbeinige Larve entwickelt, die nach etwa 1 Tag in ein Ruhestadium übergeht, in dessen Hülle eine achtbeinige Nymphe entsteht, die schlüpft und nach einer weiteren Häutung das Adultstadium erreicht. Larven und Adultstadien durchstechen die Tracheenwand und saugen Hämolymphe.

Epidemiologie und Vorkommen *A. woodi* ist mit der westlichen Honigbiene fast weltweit verbreitet worden (außer Australien und Neuseeland). In vielen mitteleuropäischen Ländern einschließlich Österreich, der Schweiz und Deutschland ist *A. woodi* endemisch.

Begattete Weibchen verlassen die Tracheen, sobald diese stärker befallen sind, und gehen bei Kontakt von einer Biene zur anderen über, nicht dagegen aus der Umgebung im Bienenstock oder an Blüten. Nur jungen Bienen bis zum 4. Lebenstag sind empfänglich, weil später die Borsten, welche die Stigmenöffnungen abdecken, so stark chitinisiert sind, dass die Milben nicht mehr eindringen können. Die Prävalenzen sind im zeitigen Frühjahr zu Beginn der Brutzeit und gegen ihr Ende im Herbst am höchsten. Von Volk zu Volk erfolgt die Verbreitung der Milben durch Räuberei und Verflug von Arbeitsbienen und Drohnen, aber auch durch Zukauf von infestierten Königinnen oder Völkern. Befallene Völker neigen eher zum Schwärmen und begünstigen so die Ausbreitung.

Pathogenese und Krankheitsbild Unruhe, anomale, gespreizte Flügelhaltung, Flugunfähigkeit, Schwäche und eine erhöhte Mortalität der Bienen können Hinweise auf *A. woodi*-Befall sein. Der *Acarapis*-Befall verursacht Entzug von Hämolymphe, die Bildung von Schorf durch austretende Hämolymphe im Bereich der Stichstellen in den Tracheen und führt zur dunklen Verfärbung durch Bakterienwuchs und durch den Klebstoff, mit dem die Eier an der Tracheenwand fixiert werden (▸ **Abb. 17.22**). In der Pathogenese des *A. woodi*-Befalles sind weitere Faktoren zu berücksichtigen, wie Infektionen mit anderen Erregern. *A. woodi* soll am Bienensterben (colony collapse disorder) der Honigbienen beteiligt sein.

Diagnose und Bekämpfung Diagnose durch mikroskopischen Nachweis der Milben in den Tracheen, Bekämpfung s. Parasitosen der Honigbiene (S. 648). Tracheenmilbenbefall der Bienen ist eine gemäß OIE meldepflichtige Infektion und wird in einigen Ländern gesetzlich geregelt.

Literaturhinweise

Beugnet F, Halos L, eds. Parasitoses & vector borne diseases of cats. Lyon, France: Merial S.A.S.; 2015. ISBN: 978-2-95508-050-4

Ferrer L, Ravera I, Silbermayr K. Immunology and pathogenesis of canine demodicosis. Vet Dermatol 2014; 25: 427–e65

Fourie JJ, Liebenberg JE, Horak IG et al. Efficacy of orally administered fluralaner (Bravecto™) or topically applied imidacloprid/moxidectin (Advocate®) against generalized demodicosis in dogs. Parasit Vectors 2015; 28: 187

Milley C, Dryden M, Rosenkrantz W et al. Comparison of parasitic mite retrieval methods in a population of community cats. J Feline Med Surg 2017; 19: 657–664

Mueller RS. Evidenzbasierte Therapie der Demodikose des Hundes. Tierarztl Prax Ausg K Kleintiere Heimtiere 2011; 39: 419–424

Parcell BJ, Sharpe G, Jones B et al. Conjunctivitis induced by a red bodied mite, *Neotrombicula autumnalis*. Parasite 2013; 20: 25

Pilsworth RC, Knottenbelt DC. Trombiculidiasis. Equine Vet Educ 2005; 17: 9–10

Reynolds HH, Elston DM. What's eating you? *Cheyletiella* mites. Cutis 2017; 99: 335–336, 355

Saevik BK, Bredal W, Ulstein TL. *Cheyletiella* infestation in the dog: observations on diagnostic methods and clinical signs. J Small Anim Pract 2004; 45: 495–500

Sammataro D, Gerson U, Needham G. Parasitic mites of honey bees: life history, implications, and impact. Annu Rev Entomol 2000; 45: 519–548

Sastre N, Francino O, Curti JN et al. Detection, prevalence and phylogenetic relationships of *Demodex* spp and further skin rostigmata mites (Acari, Arachnida) in wild and domestic mammals. PLoS One 2016; 11: e0165765

Silbermayr K, Joachim A, Litschauer B et al. The first case of *Demodex gatoi* in Austria, detected with fecal flotation. Parasitol Res 2013; 112: 2805–2810

Six RH, Becskei C, Mazaleski MM et al. Efficacy of sarolaner, a novel oral isoxazoline, against two common mite infestations in dogs: *Demodex* spp. and *Otodectes cynotis*. Vet Parasitol 2016; 222: 626–626

Snyder DE, Wiseman S, Liebenberg JE. Efficacy of lotilaner (Credelio™), a novel oral isoxazoline against naturally occurring mange mite infestations in dogs caused by *Demodex* spp. Parasit Vectors 2017; 10(1): 532

Zewe CM, Altet L, Lam ATH et al. Afoxolaner and fluralaner treatment do not impact on cutaneous *Demodex* populations of healthy dogs. Vet Dermatol 2017; 28(5): 468–e107

17.1.4 Ordnung Astigmata (Syn. Sarcoptiformes)

Den Milben dieser Ordnung fehlen Stigmen und Tracheen, die Atmung erfolgt durch das dünne Integument. Einige Arten haben als Erreger verschiedener **Räudeformen** bei Haus- und Wildtieren oder Erreger der **Krätze** (Scabies) des Menschen eine erhebliche Bedeutung. Andere Arten sind Futter- und Vorratsschädlinge oder Ursache von Allergien.

Familie Psoroptidae (Saugmilben und Nagemilben)

Psoroptidae sind stationäre, permanente Parasiten, die nicht in die Haut eindringen, sondern sich als große (bis etwa 800 µm), langbeinige Milben auf der Haut, im Haarkleid oder im äußeren Gehörgang ansiedeln. Drei Gattungen haben eine veterinärmedizinische Bedeutung: ***Psoroptes*** (Ernährung vorwiegend von Körpersäften: daher die Bezeichnung als **Saugmilben**), ***Chorioptes*** und ***Otodectes*** (leben von Hautbestandteilen: **Nagemilben**) (▶ **Tab. 17.5**).

Gattung *Psoroptes*

Praxis

Erreger der ***Psoroptes*-Räude**. Durch direkten Kontakt, seltener über die Umgebung übertragene Milben; verursachen z. T. schwer verlaufende Dermatitiden, typisch sind krustige Beläge auf der Haut. Bei Schaf und Rind meist als sog. Körperräude; bei Kaninchen, Ziege und Pferd meist als Ohrräude.

Psora (gr.): Krätze, Räude. Engl. Räude: *mange*.

Das Wichtigste in Kürze

- **Morphologie, Arten.** Merkmale der Adulti dieser Gattung: ovale Körperform, Länge der ♀♀ bis 800 µm, Gnathosoma länger als breit und zugespitzt, die langen Beine tragen einen langen, 3-gliedrigen Prätarsus mit trompetenförmiger Haftglocke. Zu v. a. Kaninchen und Wiederkäuer infestierenden *Psoroptes*-Arten s. ▶ **Tab. 17.5**.
- **Entwicklung.** Ei → Larve → Proto- und Tritonymphe → Adulti; 1 Generation benötigt zur Entwicklung etwa 2–3 Wochen. Die Milben leben auf der Haut, sie ernähren sich von Körpersäften des Wirtes.
- **Vorkommen.** Weltweite Verbreitung bei Wiederkäuern, Equiden und Kaninchen. In Mitteleuropa kommt *Psoroptes*-Räude bei Schaf, Rind (v. a. Weißblaue Belgier und verwandte Rassen), Kaninchen, selten Ziege und sehr selten beim Pferd vor.
- **Epidemiologie.** Die Ansteckung mit Milben erfolgt hauptsächlich direkt durch Kontakt von Tier zu Tier, aber auch in kontaminierten Ställen oder Fahrzeugen oder durch Putzzeug, Geräte, Wollfetzen u. dgl. *Psoroptes*-Milben bleiben etwa 2–3 Wochen abseits vom Wirt infestationsfähig. Bei **Schafen** kommt es am häufigsten im Herbst oder im Winter zu Räudeausbrüchen. Nur selten finden wechselseitige Übertragungen von *Psoroptes*-Milben zwischen Schafen und Rindern statt. **Rinder** sind vor allem als Mastbullen während der Stallhaltung im Winter von Räude betroffen. Bei **Kaninchen** in Zucht- oder Mastanlagen ist die Ohrräude die bedeutendste Ektoparasitose, einzeln als Heimtiere gehaltene Kaninchen erkranken dagegen selten.
- **Immunologie, Pathogenese, Krankheitsbild.** Allergische Reaktionen auf Milben-Antigene lösen zunächst eine perivaskuläre, exsudative Dermatitis aus, später folgen Papeln, Krusten, Exsudationen, Borken, Hautverdickung, Haarverlust, verbunden mit starkem Juckreiz. Das klinische Bild weist tierartliche Unterschiede auf (▶ **Tab. 17.5**). Eine Primärinfestation induziert eine partielle, temporäre Immunität (Dauer beim Rind 2–5 Monate).
- **Diagnose.** Nachweis der Milben in Krusten oder Hautgeschabseln (KOH-Methode). ELISA für Herdendiagnostik bei Schafen und Rindern.
- **Therapie und Bekämpfung.** In Österreich erfolgt die Bekämpfung der „Räude" bei Schafen und Ziegen aufgrund gesetzlicher Vorschriften (TSG § 40), in Deutschland und in der Schweiz ist die frühere Melde- und Bekämpfungspflicht aufgehoben. Behandlung beim Schaf mit makrozyklischen Lactonen (ML) oder bei besonderen Indikationen durch Acarizid-Bäder (Phoxim). Therapie beim Rind vorzugsweise mit ML im Aufgussverfahren oder Flumethrin. Zur Räudetilgung im Bestand ML mit Langzeitwirkung einsetzen; bei kürzer wirkenden Acariziden Therapie im Intervall von 7–10 Tagen mindestens 1 × wiederholen.

Morphologie und Arten Die adulten *Psoroptes*-Milben (♀♀ 560–820 µm, ♂♂ 380–570 µm lang) sind größer als *Sarcoptes*- und *Chorioptes*-Milben; sie haben ein längliches, spitzes Gnathosoma sowie lange Beine mit langen, 3-gliedrigen Prätarsen und trompetenförmigen Haftglocken. Beim Weibchen fehlen die Prätarsi am 3., beim Männchen am kurzen 4. Beinpaar (▶ **Abb. 17.23**).

In der Gattung *Psoroptes* sind mehrere Arten beschrieben worden (▶ **Tab. 17.5**). Die hohe Variabilität der morphologischen Merkmale und die sehr geringen genetischen Unterschiede sprechen aber eher für nur 1 Art (*P. ovis*) (evtl. mit Ausnahme von *P. natalensis*).

Entwicklung Die Weibchen leben auf der Haut ihrer Wirte etwa 2 Wochen (11–42 d) und legen in dieser Zeit 30–80 große, ovale Eier (ca. 250 µm lang), aus denen nach ≤ 10 Tagen eine Larve schlüpft. Nach jeweils einer Häutung entwickeln sich über 2 Nymphenstadien (Proto- und Tritonymphe) die Adulti. Die Entwicklung einer Generation dauert ca. 3 Wochen (≥ 21 d). Die Milbenpopulation verdoppelt sich etwa jede Woche. Alle Stadien nehmen Nahrung auf. Dazu stechen sie die Epidermis an und saugen Gewebsflüssigkeit (gelegentlich auch Blut) oder nehmen Exsudat auf, ohne zu stechen. Einige Arten befallen vorzugsweise die Innenseite der Ohrmuschel und den äußeren Gehörgang (bei Kaninchen, Ziegen und Pferden), andere besiedeln Teile des Rumpfes (▶ **Tab. 17.5**).

Vorkommen Die *Psoroptes*-Räude ist bei Wiederkäuern, Equiden und Kaninchen weltweit verbreitet. Bei **Rindern** tritt sie regional beschränkt auf (u. a. BE, UK, IT, USA), vor allem in Mastbeständen. Weißblaue Belgier und verwandte Rinderassen sind empfänglicher als Milchrassen (z. B. Holstein-Friesian), bei denen eher selten klinische Symptome auftreten. Die *Psoroptes*-Räude der **Schafe** gilt in einigen Ländern als getilgt (z. B. Australien, Neuseeland, CA, USA, Skandinavien). In vielen Ländern Europas, in Asien, Afrika und in Lateinamerika ist diese Räudeform bei Schafen noch immer weitverbreitet. In der Schweiz waren 2001 von 587 Schafherden 5,8 % seropositiv. Bei **Ziegen** verursacht *Psoroptes* eine Ohrräude, die weltweit vorkommt. *Psoroptes*-Befall ist auch bei **Wildwiederkäuern** bekannt (z. B. Nordamerika: Dickhornschaf [*Ovis canadensis*], Wapiti [*Cervus elaphus*]; PL: Bison [*Bison bonasus*]). In Mitteleuropa und in anderen Gebieten leiden **Kaninchen** häufig an *Psoroptes*-Ohrräude, verursacht durch *P. cuniculi*. Dagegen ist *Psoroptes*-Räude bei **Pferden** in Europa sehr selten geworden oder ganz verschwunden, mit Ausnahme von Teilen Süd- und Osteuropas.

Epidemiologie *Psoroptes*-Milben können etwa 2–3 Wochen abseits des Wirtes überleben und infestationsfähig bleiben. Die Ansteckung mit Milben erfolgt hauptsächlich direkt durch Kontakt von Tier zu Tier; die Erreger können aber auch aus einer kontaminierten Umgebung auf die Tiere übergehen (in Ställen, Fahrzeugen, auf der Weide mit kontaminierten Weidezäunen) oder durch Putzzeug, Rollbürsten in Laufstallungen, Geräte, Wollfetzen u. dgl. übertragen werden. Ansteckungsquellen sind oft inapparent infestierte Tiere aus dem eigenen oder aus einem fremden Bestand (z. B. Zukauf von Tieren, vorübergehende Einstellung von Zuchttieren, Tiertransporte, Durchmischung von Tiergruppen auf Gemeinschaftsweiden). Dabei können die Milben in Rückzugsgebieten, z. B. bei

▶ **Tab. 17.5** Arten der Familie Psoroptidae als Erreger von Räuden.

Gattung und Art[1]	Wirte	Räudeform	Prävalenz in ME[2]	Vorkommen
Gattung *Psoroptes*		*Psoroptes*-Räude		
Psoroptes ovis (Syn. *P. bovis*, *P. equi*)	Schaf	Körperräude	+ + +	weltweit
	Rind	Körperräude	+ bis + + +	
	Equiden, Kamele u. a.	Körperräude	+	
Psoroptes cuniculi (*P. ovis* var. *cuniculi*)	Kaninchen	Ohrräude	+ + +	weltweit
	Ziege, Pferd, Schaf	Ohrräude	+	
Psoroptes natalensis	Wasserbüffel, Rind, Pferd	Körperräude	?	südliches Afrika, (Europa)
Gattung *Chorioptes*		*Chorioptes*-Räude		
Chorioptes bovis	Rind	Schwanzräude	+	weltweit
	Pferd, Schaf	Fußräude	+ +	
	Ziege	Rückenräude	+	
Chorioptes texanus	Rind[3]	Schwanz-, Fußräude	+ + +	Eurasien, Amerika
Gattung ***Otodectes***		***Otodectes*** -Räude		
Otodectes cynotis	Hund, Katze u. a.	Ohrräude	+ +	weltweit

[1] die Validität der *Psoroptes*-Arten ist nicht in allen Fällen bestätigt
[2] ME: Mitteleuropa. (+): sehr selten, +: selten, + +: häufig, + + +: sehr häufig
[3] *Chorioptes texanus* ist bei Ziegen in Florida und Israel beschrieben worden, bisher aber nicht bei kleinen Wiederkäuern in Europa

Schafen am Ohrgrund oder in den Infraorbital- bzw. Interdigitalgruben, mindestens 1 Jahr unbemerkt persistieren.

Wegen der hohen Kontagiosität kann es bei **Schafen** zu einer raschen, sogar epidemischen Ausbreitung der *Psoroptes*-Räude kommen. Ausbrüche sind jederzeit möglich, sie ereignen sich aber am häufigsten im Herbst während der Schafwanderungen oder im Winter während der Stallhaltung. Unabhängig von Rasse, Alter und Geschlecht werden alle Schafe befallen, jedoch sollen Lämmer besonders empfänglich sein. Da *P. ovis*-Milben vom Schaf ziemlich wirtsspezifisch sind, finden unter natürlichen Haltungsbedingungen – wenn überhaupt – nur selten und regional wechselseitige Milbenübertragungen zwischen Schaf und Rind statt. In den meisten Regionen existieren offenbar epidemiologisch separate, wirtsspezi-

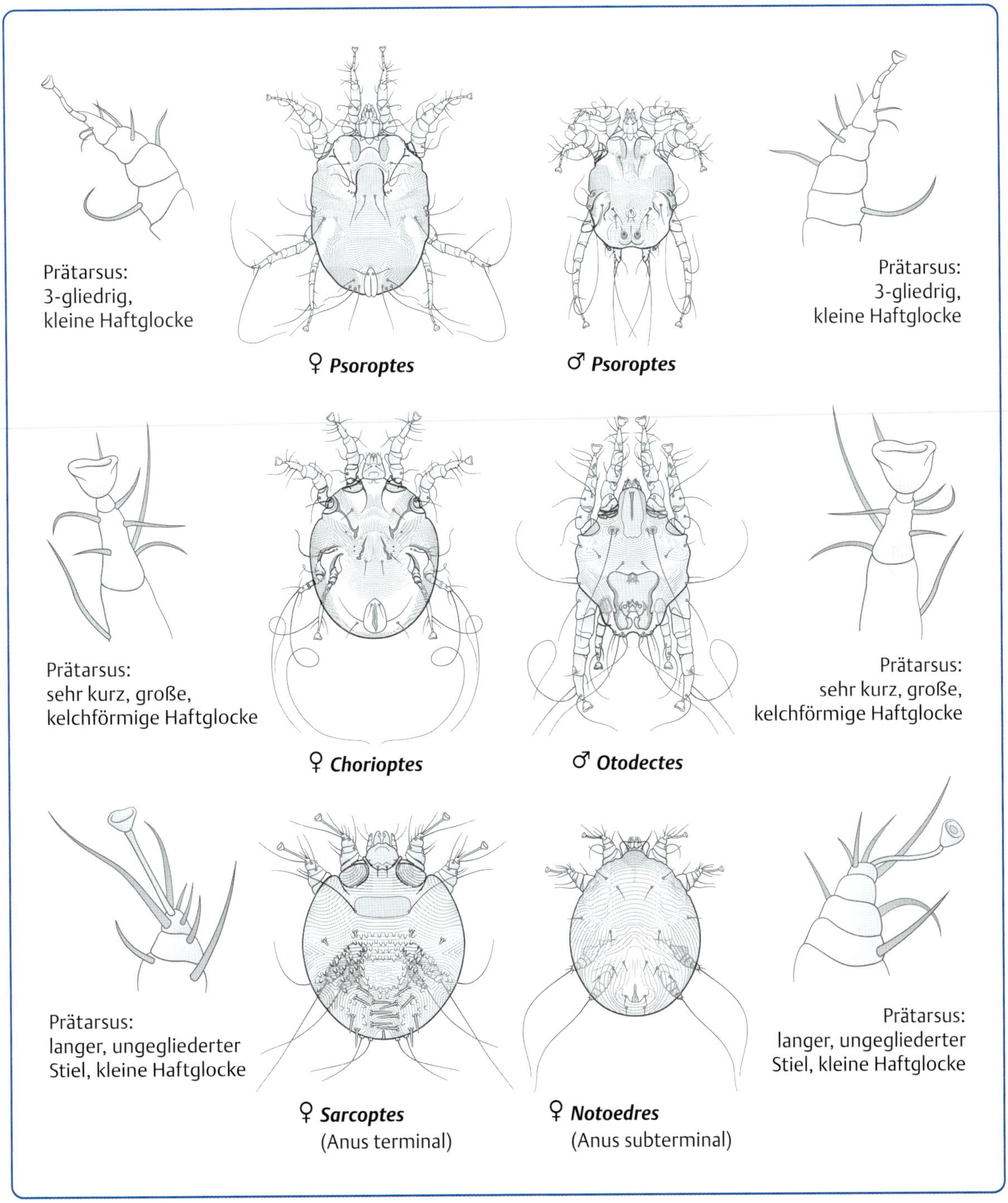

▶ **Abb. 17.23** Räudemilben. (Grafik: Anne Seeger, Vetsuisse-Fakultät, Universität Zürich, Grafik basiert auf Daten aus: Baker, E. W., Evans, T. M., Gould, D. J., Hull, W. B., Keegan, H. L. (1967): A Manual of Parasitic Mites of Medical or Economic Importance. H. Tripp, Woodhaven, N.Y.)

fische Stämme. In Mitteleuropa sind außer dem Schaf bisher keine anderen Reservoirwirte von *P. ovis* gefunden worden.

Bei **Ziegen** sind vor allem langhaarige Rassen (Angora etc.) betroffen. Wechselseitige Übertragungen von *Psoroptes*-Milben zwischen Ziegen und Schafen konnten nicht nachgewiesen werden, wohl aber zwischen Kaninchen und Ziegen.

Beim **Rind** tritt *Psoroptes*-Räude regional auf. Sie wird in Mitteleuropa vor allem durch den Tierhandel verbreitet. Zu Ausbrüchen kommt es vor allem während des Winters bei Mastbullen im Stall. In größeren Beständen kann die *Psoroptes*-Räude oft mehrere Jahre unentdeckt endemisch auftreten. In Milchkuhbeständen kommt sie seltener vor.

Die durch *P. cuniculi* verursachte Ohrräude ist die bedeutendste Ektoparasitose der **Kaninchen**. Befallen werden vor allem Kaninchen in Zucht- oder Mastanlagen, seltener Heimtiere.

Immunologie *Psoroptes*-Milben verursachen bei Rind, Schaf und auch bei anderen Tierarten initial eine oberflächliche perivaskuläre, exsudative Dermatitis, die histologisch dem Bild einer allergischen Reaktion entspricht: hochgradig ödematisierte Haut sowie Infiltration mit Eosinophilen, Mastzellen und Plasmazellen. Diese Veränderungen werden auf eine Überempfindlichkeitsreaktion gegen Milbenallergene zurückgeführt, wobei eine Reaktion vom Typ I (Frühtyp) eine zentrale Rolle spielt. Folgeerscheinungen sind u. a. verstärkte Entzündungsreaktionen, Verkrustungen und traumatische Veränderungen infolge des hochgradigen Juckreizes. Serum-Antikörper lassen sich beim Schaf bereits 2 Wochen nach experimenteller Infestation mit *P. ovis* und noch vor dem Auftreten klinischer Erscheinungen nachweisen. Bei Rindern kann die nach einer Erstinfestation erworbene Immunität die Populationsdichte der Milben nach einer Reinfestation erheblich (100–1000 ×) reduzieren. Allerdings ist die Immunität nicht von langer Dauer (beim Rind 2–5 Monate).

Pathogenese und Krankheitsbild In der Pathogenese können neben den allergischen Prozessen (s. o.) weitere Faktoren eine Rolle spielen, wie bakterielle Sekundärinfektionen. Bei den einzelnen Tierarten manifestiert sich die *Psoroptes*-Räude in unterschiedlichen Bildern:

Schaf Hautläsionen an den **dicht bewollten Körperregionen** an Nacken, Schultern, Rücken und Flanken: zunächst Papeln, dann seröse Exsudate, Bildung trockener, gelblicher Krusten, umgeben von einem Rand entzündeter Haut; Vliesaufhellung, fleckiger oder flächenhafter Haarausfall („Räudebrett"), allmählich auch Hautverdickung und Faltenbildung. Von Beginn an intensiver Juckreiz: Unruhe, dauerndes Scheuern, Beißen und Kratzen mit dem Hinterbein, sodass das Vlies ramponiert und die Haut durch Exkoriationen zusätzlich verletzt wird (▸ Abb. 17.24a, ▸ Abb. 17.24b). Weitere Symptome: Wollausfall, Gewichtsverlust, auch Todesfälle.

Rind **Körperräude** zunächst mit Bildung von Papeln und Krusten an Widerrist, Nacken, Schwanzansatz, auch am Rücken und an den Flanken mit Tendenz zur Ausbreitung. Krusten und Haare lassen sich leicht und flächenhaft lösen; darunter befinden sich meist massenhaft Milben. Hochgradiger Juckreiz: erhebliche Unruhe, die Tiere scheuern und lecken sich. Die resultierenden Selbsttraumata schwächen die Rinder so, dass sie erheblich an Gewicht verlieren. Falls > 40 % der Haut betroffen sind, können die Tiere verenden. Lederschäden infolge *Psoroptes*-

▸ **Abb. 17.24** *Psoroptes*-Räude.
a Körperräude beim Schaf (Quelle: Edda Riedel, Hohn)
b Ausschnittsvergrößerung von ▸ **Abb. 17.24a** (Quelle: Edda Riedel, Hohn)
c Ohrräude beim Kaninchen (Quelle: Institut für Parasitologie, Vetsuisse-Fakultät, Universität Zürich)

Räude sind gering. Tiere mit schweren exsudativen Hautentzündungen zeigen regional vergrößerte Lymphknoten und, als Anzeichen von Dauerstress infolge der Infestation, vergrößerte Nebennieren mit Rindenhyperplasie.

Ziege Meist **Ohrräude** auf die Ohrmuschel und den Ohrgrund beschränkt; nur selten sind auch andere Körperpartien betroffen (Hals, Rücken, Schwanzwurzel), vor allem bei langhaarigen Rassen.

Kaninchen **Ohrräude** mit teils massiver Krustenbildung (Blätterteig-ähnlich, bräunlich gelb) im Gehörgang und in der inneren Ohrmuschel, oft mit massenhaftem Milbenbefall (► **Abb. 17.24c**). Selten Ausbreitung auf die Außenseite oder auf das Mittel- und Innenohr (oft liegt dann zusätzlich eine Pasteurelleninfektion vor: Schiefhaltung des Kopfes).

Pferd Läsionen der **Körperräude** beginnen meist im Langhaarbereich (Mähnengrund, Schwanzansatz), Ausbreitung über die Sattellage, die Schulter und die Kruppe. Gelegentlich tritt beim Pferd auch **Ohrräude** auf, vermutlich verursacht durch *P. cuniculi* (► **Tab. 17.5**).

Diagnose Milbennachweis in Krusten und Hautgeschabseln (KOH-Methode, Sensitivität 20–89 %). Bei Schaf und Rind werden für die Herdendiagnostik ELISAs zum spezifischen Antikörpernachweis eingesetzt (kann mit *Chorioptes* kreuzreagieren). *P. ovis* und *P. cuniculi* können genetisch und morphologisch nur in Speziallabors unterschieden werden.

Therapie und Bekämpfung Für die Therapie beim **Schaf** eignet sich die systemische Behandlung mit Ivermectin (0,2 mg/kg KG s. c.) oder Doramectin (0,3 mg/kg KG i. m.) und in besonderen Fällen die Badebehandlung mit einem Acarizid (Phoxim). Die Behandlung muss ausnahmslos alle Tiere im Bestand erfassen und sollte nötigenfalls nach 2 Wochen wiederholt werden. Die allergisch bedingten Räudesymptome (S. 615) können noch einige Wochen nach Abtötung aller Milben persistieren. Zur Behandlung von **Rindern** eignen sich besonders Aufgussformulierungen des Pyrethroids Flumethrin (2 mg/kg KG) oder der makrozyklischen Lactone (ML) Doramectin, Eprinomectin und Ivermectin (bei allen Mitteln 0,5 mg/kg KG). Von einigen ML stehen auch Formulierungen zur Injektion zur Verfügung, inkl. Long-acting-Formulierungen. Bei den Wirkstoffen sind Wartezeiten für essbares Gewebe und Milch einzuhalten; nur bei Eprinomectin (als Pour-on) besteht keine Wartefrist für Milch. Bekämpfung der *Psoroptes*-Ohrräude beim **Kaninchen** s. Parasitosen des Kaninchens (S. 640) und Literatur (S. 467). Eine rekombinante Vakzine gegen *Psoroptes*-Räude beim Schaf ist in Entwicklung und zeigte erste vielversprechende Ergebnisse.

Gattung *Chorioptes* (Nagemilben)

Praxis

Erreger der ***Chorioptes*-Räude**. Durch direkten Kontakt oder über die Umgebung übertragene Milben; meist lokale Dermatitis, typisch sind schuppige Beläge auf der Haut. Beim Rind als Schwanz- oder Fußräude, bei Schaf und Pferd als Fußräude und bei der Ziege als Rückenräude.

Chorion (gr.): Leder.

Das Wichtigste in Kürze

- **Morphologie, Arten.** *Chorioptes*-Milben: ♀♀ ca. 400–600 µm lang, beißende Mundwerkzeuge, Beine überragen den seitlichen Körperrand, kelchförmige Haftglocken auf ungegliederten, kurzen Stielen. Zwei valide Arten, die sich morphologisch nur geringfügig unterscheiden: *Chorioptes bovis* und *C. texanus*.
- **Entwicklung.** Gesamtentwicklung (Ei → Larve → 2 Nymphen-Stadien → Adulti) in etwa 3 Wochen. Die Milben leben auf der Haut und nehmen Epidermiszellen, Talg und Exsudat als Nahrung auf.
- **Epidemiologie, Vorkommen.** Übertragung durch direkten und indirekten Kontakt. Die *Chorioptes*-Räude kommt in Mitteleuropa vor allem in Milchkuhbeständen vor (Schwanzräude), seltener bei Schaf und Pferd (Fußräude).
- **Pathogenese und Krankheitsbild.** *Chorioptes*-Milben lösen eine Hypersensitivitäts-Reaktion aus. Folgen sind starker Juckreiz, oberflächliche, perivaskuläre Dermatitis, Verdickung der Haut, Acanthose, Spongiose, Parakeratose, Keratinisierung (Schuppenbildung), auch Exsudatbildung. Läsionen: Alopezie, Erytheme, Schuppen, Krusten, Borken.
- **Diagnose.** Nachweis von Milben [KOH-Verfahren (S. 547)] in Hautgeschabseln.
- **Therapie und Bekämpfung.** Beim Rind Therapie mit makrozyklischen Lactonen (ML) oder Pyrethroiden im Aufgussverfahren, bei Fußräude des Pferdes und Schafes lokale Waschbehandlungen mit Acariziden (s. u.). Meist ist eine 2-malige Behandlung im Abstand von 7–10 Tagen erforderlich, zumindest bei der Waschbehandlung. Stallentwesung und Vermeidung von Einschleppungen in den Bestand.

Morphologie und Arten Die Milben der Gattung *Chorioptes* (♀♀ 400–600, ♂♂ 300–450 µm lang) sind kleiner als *Psoroptes*-Milben, aber etwas größer als *Sarcoptes*-Milben. Merkmale der *Chorioptes*-Milben: Gnathosoma etwa so lang wie breit, beißende Mundwerkzeuge (Nagemilben, Schuppen fressende Milben), an den Tarsen kurze, ungegliederte Prätarsen mit großen, kelchförmigen Haftglocken. Beim Weibchen fehlen am 3. Beinpaar die Prätarsen (► **Abb. 17.23**). Es gibt wahrscheinlich nur 2 valide Arten: *Chorioptes bovis* und *C. texanus* (► **Tab. 17.5**), die morphologisch und genetisch differenziert werden können. Die folgenden Ausführungen beziehen sich generell auf *Chorioptes* spp. In Zentraleuropa kommt *C. texa-*

nus häufig beim Rind und gelegentlich bei Cerviden vor, während bei Pferd und Schaf meistens *C. bovis* gefunden wird. *C. texanus* ist in den USA und Israel bei kleinen Wiederkäuern gefunden worden, in Europa bisher nicht.

Entwicklung und Vorkommen Die Gesamtentwicklung (Ei, Larve, Proto- und Tritonymphe, Adulti) dauert etwa 3 Wochen. Die Milben dringen nicht in die Haut ein, sondern nehmen mit ihren Mundwerkzeugen Epidermiszellen, Talg und Exsudat als Nahrung auf. Bevorzugte Lokalisationen sind dicht behaarte Haut an den Extremitäten oder bei Rindern der Schwanzansatz. Bei **Rind** und **Pferd** sind die weltweit vorkommenden *Chorioptes*-Milben die häufigsten Räudeerreger.

Epidemiologie *Chorioptes*-Milben werden durch direkten und indirekten Kontakt übertragen. Die Milben können mindestens 3 Wochen (maximal 10 Wochen unter experimentellen Bedingungen) abseits vom Wirt überleben und infestationsfähig bleiben. Bei **Rindern** ist die *Chorioptes*-Räude vor allem ein Problem in Milchkuhbeständen. Die Räudeprävalenz kann saisonal stark schwanken (Stallhaltung 38 % gegenüber 9 % während der Weidehaltung). In Anbindeställen wurde das Risiko der Räude höher eingeschätzt als in Laufställen, doch konnte dies in einer Studie in der Schweiz nicht bestätigt werden. Prädisponierende Faktoren für die *Chorioptes*-Räude des Rindes sind ein ungünstiges Stallklima (feuchte Wärme), Lichtmangel und eine hohe Besatzdichte. Bei **Schafen** und **Pferden** tritt die *Chorioptes*-Räude seltener auf als bei Rindern.

Pathogenese *Chorioptes*-Milben lösen ähnlich wie andere Räudemilben in der Anfangsphase eine Hypersensitivitätsreaktion (Soforttyp I) aus, die mit starkem Juckreiz einhergeht. Eine oberflächliche, perivaskuläre Dermatitis mit zellulärer Infiltration (besonders mit Makrophagen, Lymphozyten und Plasmazellen) führt zur Verdickung der Haut. Die Epidermis ist stark zerklüftet (Acanthose, Spongiose, Parakeratose), die Keratinisierung wird erheblich gesteigert (Schuppenbildung), bei hochgradiger Reaktion tritt auch Exsudat (mit Neutrophilen) aus. Es entwickeln sich typische Läsionen wie Alopezie, Erytheme, Schuppen, Krusten und auch Borken. Die Läsionen haben besonders beim Rind Lederfehler zur Folge (kleine, matte, dunkle, verhärtete Flecken).

Krankheitsbild

Kühe Schwanz- oder Steißräude mit Veränderungen an der Schwanzwurzel, in der Steißgrube, am Euterspiegel und an der Innenseite der Hintergliedmaßen: nach Haarverlust kleieartige Beläge (Schuppen) sowie Krusten und auch Borken. Symptome: erhebliche Unruhe, besonders nachts (die Tiere stampfen, trippeln, schlagen, scheuern und lecken sich). Dieses gestörte Verhalten kann zur Selbst- und Fremdtraumatisierung führen (Trittverletzungen, Quetschwunden, Hämatome an den Zitzen und am übrigen Euter).

Schafe Fußräude, die meist als geringgradige, chronische Erkrankung an der hinteren, seltener vorderen Extremität auftritt, vor allem zwischen den Afterklauen in der Fesselbeuge und bei Böcken am Skrotum. Bei Zuchtböcken kann es durch die Entzündung am Skrotum zu Störungen der Spermiogenese und zur Deckunlust kommen. Mit dem Alter der Schafe nehmen die Prävalenz, die Intensität der Infestation und der Grad der Läsionen zu.

Pferde Vorwiegend **Fußräude** mit Veränderungen meist in der Fesselbeuge der Hinterbeine, seltener der Vorderbeine oder am Schweifansatz. Ein langer Fesselbeugenbehang begünstigt die Infestation. Das erklärt die höhere Prävalenz bei kaltblütigen Pferden. Symptome der Fußräude: heftiger Juckreiz, Ekzem mit Schuppen und Krusten, später Hyperkeratose und Faltenbildung, oft mit talgigem, schmierigem Belag, auch mit Ulzerationen (Dermatitis verrucosa, Warzenmauke).

Diagnose Aufgrund des klinisches Befundes im Bereich der Prädilektionsstellen mehrere Hautgeschabsel (möglichst von verschiedenen Tieren des Bestandes) entnehmen und Proben nach Aufbereitung (KOH-Verfahren) mikroskopisch untersuchen.

Therapie und Bekämpfung *Chorioptes*-Milben werden wegen der Art ihrer Nahrungsaufnahme (s. o.) bei Injektion systemisch wirkender makrozyklischer Lactone (ML) meist nur unzureichend erfasst. Die für das **Rind** verfügbaren Aufgussformulierungen von ML oder Pyrethroiden haben dagegen eine gute Wirkung [s. *Psoroptes* (S. 457)]. Beim **Schaf** ist bei Fußräude eine lokale Waschbehandlung mit Phoxim (0,05- bis 0,1 %ige Lösung) indiziert. Gleiches gilt für die Fußräude beim **Pferd** (nach Umwidmung von Phoxim). In hartnäckigen Fällen Extremitäten 5 min lang in Eimer mit Gebrauchslösung stellen. Bei lokaler Waschbehandlung ist eine ein- oder mehrmalige Wiederholung der Behandlung im Abstand von 7–10 Tagen erforderlich, bei den Aufgussverfahren hängt die Anzahl der Behandlungen vom klinischen und parasitologischen Befund ab. Die Behandlung mit Fipronil-Spray beim Pferd (Umwidmung) ist ebenfalls möglich, sofern dies vom Patienten toleriert wird. Ausgeprägte Läsionen sollten auch palliativ behandelt werden. Eine Entwesung des Stalles ist durch einen 10-wöchigen Leerstand oder durch gründliche Reinigung und Versprühen eines Acarizids zu erreichen. Prophylaxe: s. *Psoroptes* (S. 457).

Gattung *Otodectes*

Otodectes cynotis (Ohrmilbe)

Praxis

Erreger der **Otodectose** (Ohrräude). Durch direkten Kontakt, seltener über die Umgebung übertragen, Dermatitis v. a. der Ohrmuschel bei Carnivoren.
Zoonose: Selten zoonotische Übertragung (Befall des Gehörgangs), vermutlich durch engen Kontakt.

Oto (gr.): Ohr; *dectes* (gr.): sinngemäß beißend, nagend; *kyon* (gr.): Hund.

Das Wichtigste in Kürze

- *Otodectes cynotis* ist eine *Chorioptes*-ähnliche Milbe. Vorkommen häufig bei Katzen, Hunden, Füchsen und anderen Carnivoren.
- Krankheitsbild: Ohrräude, Therapie: Spot-on mit Selamectin oder Moxidectin, oral mit Sarolaner (Hund) oder lokal mit Ivermectin-haltigem Ohr-Gel (Katze).

Morphologie und Vorkommen Die bei Katzen, Luchsen, Füchsen (Rot-, Eisfuchs), Frettchen, anderen Musteliden (Nerz, Baum-, Steinmarder) und Hunden weltweit vorkommenden *Otodectes*-Milben gehören alle der Art *O. cynotis* an. Die Milben (♀♀ 350–500 µm) haben kurze, ungegliederte Prätarsen mit glockenförmigen Haftlappen (bei ♀♀ fehlen sie am 3. und 4. Beinpaar; ▸ **Abb. 17.23**). Die Eier sind groß (ca. 170–200 µm), oval und weiß.

Entwicklung und Epidemiologie Die Gesamtentwicklung vom Ei über 1 Larven- und 2 Nymphenstadien zu adulten Milben dauert etwa 3 Wochen. Die Eier werden vom Weibchen an die Haut des Gehörgangs geklebt. Adulte Milben leben etwa 2 Monate. Alle Stadien ernähren sich von Epidermiszellen und von Exsudat. Die Milben sind nicht wirtsspezifisch und werden leicht durch direkten Kontakt von Wirt zu Wirt, häufig von Katzen auf Hunde übertragen, besonders auf Jungtiere. Alle Kontakttiere müssen daher als infestiert gelten. Lebende Milben werden nicht nur im äußeren Gehörgang und innen in der Ohrmuschel gefunden, sondern auch im Fell des Rumpfes. Bei hoher Luftfeuchte (r. L. ≥ 80 %) und günstigen Temperaturen können die Milben monatelang abseits des Wirts überleben, verenden aber rasch in der trockenen Luft von Wohnräumen. Katzen und Füchse sind die bevorzugten Wirte und Reservoirwirte (Prävalenzen bei Katzen in Haushalten in Europa: 17 %; Rot- und Eisfüchse in Farmen 38–100 %, wild lebende Rotfüchse < 10 %; gesunde Hunde 1–3 %). Etwa die Hälfte der Otitiden bei Katzen und ≤ 10 % bei Hunden werden durch *O. cynotis* verursacht. Die Infestation persistiert ohne Neubefall mindestens 9 Monate.

Immunologie und Pathogenese Die Milben parasitieren auf der Haut im äußeren Gehörgang und in der Ohrmuschel. Sie sensibilisieren die Haut durch ihre Antigene und lösen lokale allergische Reaktionen aus. Der äußere Gehörgang füllt sich mit Cerumen, Exsudat, Milben-Detritus und auch Blut. Dieses Gemisch bildet eine dunkle, schmierige, wachsartige oder weiter distal auch bröckelige Masse.

Krankheitsbild Bei **Katzen** variable Symptome einer Otitis externa: massive Ausscheidungen im Gehörgang ohne Juckreiz, aber auch hochgradiger Pruritus mit minimaler Ausscheidung. Vom Ohr aus kann sich eine Dermatitis auf die Kopfhaut ausbreiten, selten durch Putzen auch auf andere Körperregion ausweiten. Unabhängig von den Symptomen wurden 50–2000 Milben je Gehörgang gezählt. Für **Hunde** sind eher geringe Ausscheidungen mit meist heftigem Ohrjucken typisch. Ein generalisierter *Otodectes*-Befall ist sehr selten. Bei allen Wirten können Sekundärinfektionen (Bakterien, Hefen) zu eitrigen Otitiden führen; Milben lassen sich dann oft nicht mehr nachweisen.

Diagnose Der Milbennachweis gelingt häufig bereits mit dem Otoskop. Außerdem kann man mit einem Wattestäbchen oder einem kleinen scharfen Löffel etwas Material aus dem Gehörgang entnehmen und in ein Röhrchen mit 1 Tropfen Wasser überführen. Innerhalb 1 Stunde wandern die Milben bei Zimmertemperatur aus. Ferner können Ausstriche von dem entnommenen Material direkt oder nach Aufhellung mit KOH mikroskopisch untersucht werden. Differenzialdiagnostisch ist Herbstgrasmilbenbefall an Kopf und Ohren zu berücksichtigen.

Therapie und Bekämpfung Zunächst sorgfältige palliative Behandlung der Ohren (inkl. Antibiose). Eine systemische Therapie sollte einer lokalen vorgezogen werden, weil sich Milben auch außerhalb des Ohres aufhalten können. Bewährt hat sich die Spot-on-Therapie von Katzen oder Hunden mit Selamectin oder mit Moxidectin (▸ **Tab. 23.15**). Empfohlen wird eine Wiederholung der Behandlung nach Intervallen von 4 Wochen, bis keine Milben mehr nachweisbar sind. Kontakttiere sollten ebenfalls behandelt und die Umgebung dekontaminiert werden. Auch das beim Hund oral zu verabreichende Isoxazolin Sarolaner ist hochwirksam gegen *O. cynotis*-Befall. Bei der Katze ist gegen *O. cynotis* zudem ein Ivermectin-haltiges Ohr-Gel zugelassen.

Zoonotische Bedeutung *Otodectes cynotis* siedelt sich selten vorübergehend auf Menschen an und kann eine papulöse Dermatitis verursachen, nur ausnahmsweise eine Otitis externa.

Familie Sarcoptidae (Grabmilben)

Sarx, Gen. *sarcos* (gr.): Fleisch; *koptein* (gr.): anbeißen, verwunden; *scaber* (lat.): rau, schäbig.

Grabmilben sind stationäre, permanente Parasiten, deren Morphologie an ein Leben in der Epidermis angepasst ist. Drei Gattungen sind veterinärmedizinisch von Bedeutung: *Sarcoptes, Notoedres* und *Trixacarus.*

Gattung *Sarcoptes*

Praxis

Erreger der ***Sarcoptes*-Räude**. Überwiegend durch direkten Kontakt übertragene Milben mit breitem Wirtsspektrum; generalisierende Dermatitis, typisch sind borkige Beläge auf der Haut.
Zoonose: Temporäre Ansiedlung auf dem Menschen als Ursache von Hauteffloreszenzen und akutem Juckreiz („Pseudoscabies") nach direktem Kontakt mit tierischen Milbenträgern; *Sarcoptes scabiei* var. *hominis* als humanspezifische Variante der Krätzmilbe.

Das Wichtigste in Kürze

- **Morphologie, Arten.** Die Gattung hat nur eine Art, *Sarcoptes scabiei*, mit spezialisierten Varietäten bei verschiedenen Wirtsarten (Schwein, Rind, Hund, Mensch usw.). Kleine Milben (♀♀ 300–500 µm), Beine kurz mit langem, ungegliedertem Prätarsus und kleiner Haftglocke, Anus terminal. Erreger der *Sarcoptes*-Räude der Tiere und der Krätze (Scabies) des Menschen.
- **Entwicklung.** Grabmilben sind stationäre, permanente Parasiten. Weibchen graben bis 1 cm lange Gänge in die Epidermis, dort Eiablage und weitere Entwicklung (Ei → Larve → Proto- und Tritonymphe → adulte Milbe). Gesamtentwicklung 2–3 Wochen. Ansiedlung der Milben vor allem in dünn behaarter Haut von Kopf, Nacken, Ohrmuscheln, von dort Ausbreitung in andere Körperregionen.
- **Vorkommen, Epidemiologie.** Weltweite Verbreitung der *Sarcoptes*-Räude bei Haus- und Wildtieren. In Mitteleuropa häufig bei Hausschweinen, weniger häufig bei Hunden, selten bei Rindern, Schafen und Ziegen (▶ **Tab. 17.6**). Übertragung der Milben durch direkten Kontakt und indirekt über die kontaminierte Umgebung. Im feuchten, kühlen Stallklima können *Sarcoptes*-Milben bis 3 Wochen überleben. Varietäten von *S. scabiei* sind meist wirtsspezifisch, sodass sie zwar auf andere Wirte übergehen, sich aber nicht dauerhaft ansiedeln können. Für Hunde sind jedoch Rotfüchse Reservoirwirte (▶ **Tab. 17.6**).
- **Pathogenese, Immunität.** Die *Sarcoptes*-Räude ist im Wesentlichen eine Immunopathie. Die Hautveränderungen und Symptome werden vor allem durch allergische Reaktionen auf Milben-Antigene ausgelöst.
- **Krankheitsbild.** Gemeinsamkeiten bei allen Tierarten: Juckreiz, Erytheme, papulöse oder papulovesikuläre sowie entzündliche Hautveränderungen, Parakeratose, Hyperkeratose mit Borkenbildung, Hautschäden durch Kratzen und Scheuern, Alopezie und z. T. auch bakterielle Sekundärinfektionen mit Pyodermie. Schwere Veränderungen führen u. a. zu Gewichtsverlusten, Verhaltensstörungen, Allgemeinerkrankungen und Todesfällen (v. a. bei Ferkeln und Füchsen). Tierartliche Unterschiede bei Verlaufsformen und Prädilektionsstellen der Räude.
- **Diagnose.** Milbennachweis in tiefen Hautgeschabseln, auch spezifischer Antikörpernachweis (Schwein, Hund).
- **Therapie, Bekämpfung.** Makrozyklische Lactone (ML) sowie einige Pyrethroide und Organophosphate sind gegen *Sarcoptes*-Milben wirksam. Durch Einsatz von ML in Kombination mit anderen Maßnahmen lässt sich *Sarcoptes*-Räude in Schweinebeständen (S. 620) großflächig tilgen.

Morphologie und Arten Die adulten Milben sind klein (Länge: ♀♀ 300–500 µm, ♂♂ 200–300 µm) und in der Aufsicht rundlich, ihr Gnathosoma ist kurz und gedrungen. Von den kurzen Beinen ragen nur die beiden vorderen Paare über den Köperrand hinaus (▶ **Abb. 17.23**). Terminal tragen die beiden vorderen Beinpaare (beim ♂ auch das 4.) je einen langen, ungegliederten Prätarsus mit einer kleinen Haftglocke. Die Dorsalfläche des Idiosoma ist quer gerieft und mit langen Borsten sowie zentral mit kleinen, dreieckigen Schuppen besetzt. Der Anus liegt terminal [s. *Notoedres* (S. 465) und *Trixacarus* (S. 466)].

Die einzige Art der Gattung *Sarcoptes* ist *S. scabiei*. Die bei den einzelnen Wirten vorkommenden, physiologisch spezialisierten *Sarcoptes*-Milben werden – auch gestützt auf molekulare Analysen – als Varietäten von *S. scabiei* angesehen (▶ **Tab. 17.6**).

Entwicklung Nach der Begattung auf der Haut des Wirtes graben die Weibchen der *Sarcoptes*-Milben bis 1 cm lange Gänge in die Epidermis (bis Stratum granulosum und spinosum), maximal 5 mm am Tag (▶ **Abb. 17.25**). Dabei sondern sie Sekrete ab, die die Auflösung des interzellulären Zellverbandes der Keratinozyten bewirken (Acantholyse). Das Cytoplasma von Epidermiszellen dient den Milben als Nahrung. In jedem Gang findet man nur 1 Weibchen. Etwa 2 Monate lang legt das Weibchen je Tag 1–3 ovale, große Eier (½ Körperlänge des Weibchens) einzeln in Ausbuchtungen des Ganges. Einige Tage nach der Eiablage schlüpft eine 6-beinige Larve, die sich im Gang oder in Haarfollikeln über Proto- und Tritonymphe zur adulten Milbe weiterentwickelt. Die Kopulation findet auf der Haut statt; danach verendet das Männchen. Die Gesamtentwicklung dauert 2–3 Wochen. *Sarcoptes*-Milben bevorzugen dünn behaarte Haut, meist an Kopf und Nacken, vor allem aber in der Ohrmuschel. Von dort breiten sie sich auf andere Körperregionen aus.

▶ **Tab. 17.6** Arten der Familie Sarcoptidae.

Art	Varietät (var.)[1]	Wirt	Krankheit	Prävalenz in Mitteleuropa[2]
Sarcoptes scabiei	var. *bovis*	Rind	*Sarcoptes*-Räude	+
	var. *equi*	Pferd		(+)
	var. *ovis*	Schaf		+
	var. *rupicaprae*	Ziege, Gams		Ziege (+), Gams
	var. *cameli*	Kamele		+ +
	var.?	amerikanische Kameliden		+
	var. *suis*	Schwein		+ + +
	var. *canis* und var. *vulpes*	Hund, Fuchs, andere Caniden, Musteliden		Hund + Fuchs + + + Frettchen +
	var.?	Hamster		(+)
	var. *hominis*	Mensch, Primaten	Scabies, Krätze	+
Notoedres cati	–	Katze[3]	*Notoedres*-Räude	+
	–	Kaninchen[4]		+
Notoedres muris	–	Ratte		+
Notoedres musculi	–	Maus[3]		+
Trixacarus caviae	–	Meerschweinchen	*Trixacarus*-Räude	+ +

[1] ?: unbekannt
[2] + + +: sehr häufig, + +: häufig, +: selten, (+): sehr selten
[3] bei Katze und Maus selten auch *S. scabiei*
[4] bei Kaninchen selten auch *S. scabiei* var. *canis*

Vorkommen und Epidemiologie Die *Sarcoptes*-Räude ist weltweit bei Haus- und Wildtieren (Füchsen, Gämsen u. a.) verbreitet. In Europa kommt sie bei **Hausschweinen** häufig vor, allerdings mit starken lokalen Schwankungen (Prävalenzen von 5 % der Bestände in DK bis 92 % in BG). In Südhessen wurden 1997 in 45 % der Zuchtbetriebe (n = 50) und bei 19 % der Sauen (n = 1035) *Sarcoptes*-Milben nachgewiesen. In einigen Gebieten konnten die Prävalenzen in jüngster Zeit durch Bekämpfungsmaßnahmen (S. 465) erheblich gesenkt werden. In Gebieten mit endemischer *Sarcoptes*-Räude bei Füchsen tritt sie auch gehäuft beim **Hund** auf; Hunde mit Kontakten zu Füchsen sind häufiger befallen. Die *Sarcoptes*-Räude von **Rotfüchsen** tritt in einigen Ländern herdförmig oder flächenhaft auf (u. a. DE, AT, CH, FR, Norditalien, SE, DK). In Schweden verbreitete sie sich nach ihrer Einschleppung (1975) innerhalb von 8 Jahren fast im ganzen Land, führte zu einer hohen Mortalität in den Rotfuchspopulationen und ging auch auf **Eisfüchse** (*Alopex lagopus*), **Luchse** (*Lynx lynx*), Farmfüchse und Haushunde über. Seltener kommt *Sarcoptes*-Räude bei **Rind, Schaf** und **Ziege** vor, beim **Pferd** ist diese Räudeform in Mitteleuropa als getilgt anzusehen (▶ **Tab. 17.6**). An der im Alpenraum (östlich der Schweiz) endemischen *Sarcoptes*-Räude der **Gämsen** sind bei größeren Ausbrüchen bis 20 % der Population zugrunde gegangen. Diese Räudeform tritt auch beim **Alpen- und Iberiensteinbock** sowie seltener bei **Cerviden** auf. S. *scabiei* var. *wombati* gilt als Bedrohung für gefährdete Beuteltier-Arten in Australien.

Sarcoptes-Milben werden meist durch direkten Tierkontakt übertragen, vor allem bei Gruppenhaltung in Stallungen (Herdenerkrankung). Bei **Schweinen** gehen Milben bereits von der Sau auf die Ferkel über, sie können aber auch bei Kontakten in späterem Alter übertragen werden. Außerdem sind indirekte Übertragungen aus der kontaminierten Umgebung (Stall, Auslauf, Transportfahrzeuge) oder durch Gerätschaften (Stallgeräte, Putzzeug usw.) möglich. In abgescheuertem Hautmaterial können die Milben im feuchten, kühlen Stallklima (ca. 10 °C) bis 3 Wochen überleben, vor allem in Streu, Besen, Bürsten u. dgl. Auch im Freien bleiben sie in Ritzen von Holzpfählen oder Baumrinden und auf Drahtgeflechten längere Zeit am Leben. Bei Stallhaltung tritt die Räude in Schweinebeständen ganzjährig auf, bei Rindern meist im Winter oder zu Beginn des Frühjahrs. Alle Stadien von *S. scabiei* verlassen ihre Bohrgänge und wandern auf dem Wirt umher, sodass sie durch direkten Kontakt übertragen werden. Pheromone ermöglichen das Auffinden von Geschlechtspartnern auch bei geringer Milbendichte.

Die meist wirtsspezifischen Varietäten von *S. scabiei* gehen akzidentell auch auf andere Wirte über, vermehren sich aber auf diesen nicht. Dennoch können sie Hautveränderungen verursachen (Trugräude, Pseudoscabies), z. B. beim Menschen. Es gibt jedoch Ausnahmen, z. B. bei Caniden: *S. scabiei* (*S. s.* var. *canis* oder *S. s.* var. *vulpes*) kann un-

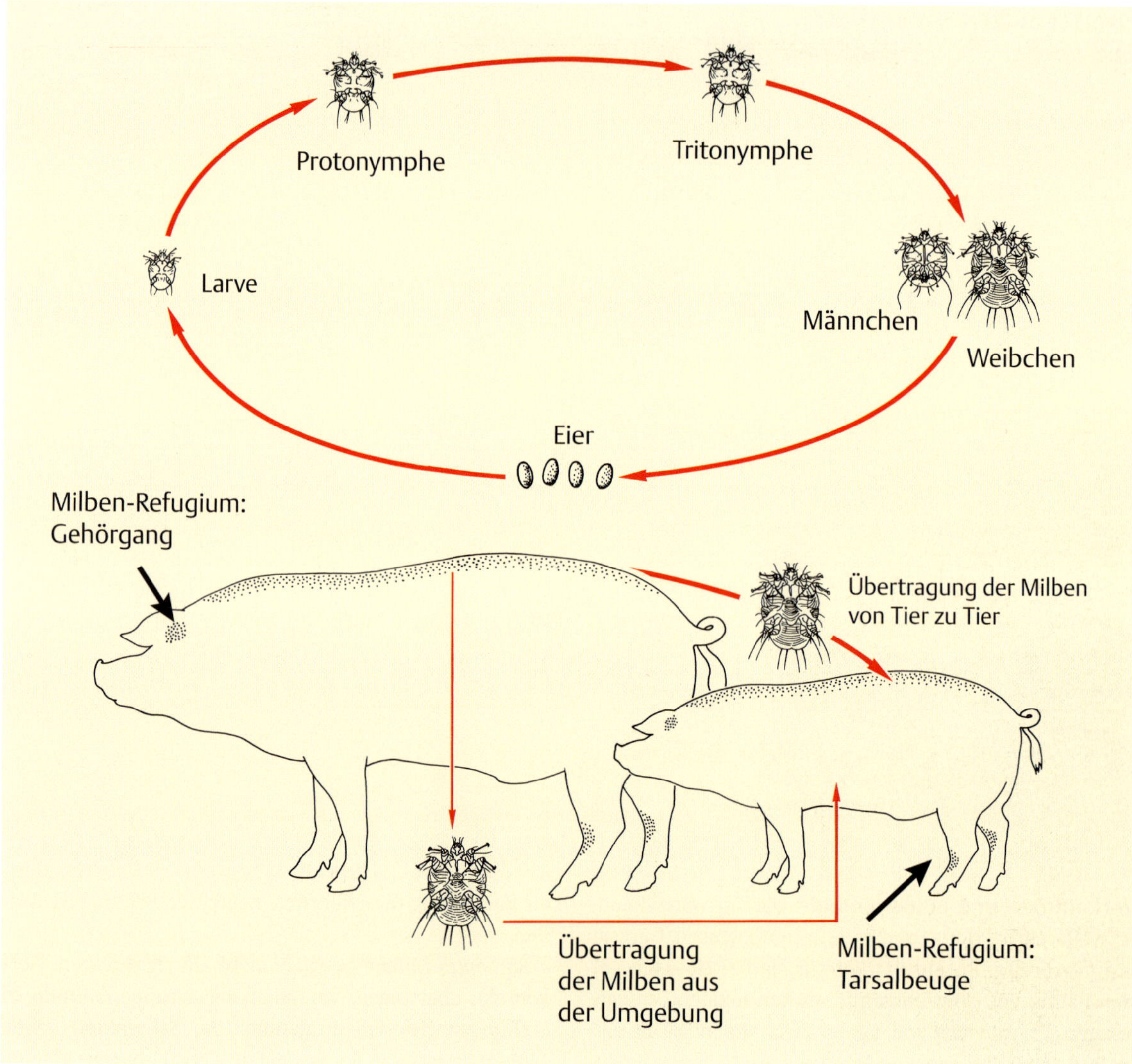

▸ **Abb. 17.25** Entwicklung von *Sarcoptes scabiei* var. *suis*. (Grafik: Salome Ehrat, nach einer Vorlage von Johannes Eckert und Peter Deplazes, Vetsuisse-Fakultät, Universität Zürich)

abhängig von der Jahreszeit zwischen Rotfüchsen, Hunden, anderen Caniden (u. a. Waschbären) sowie Luchsen und wahrscheinlich auch Musteliden übertragen werden.

Pathogenese und Immunologie Nach experimenteller Erstinfestation von Schweinen, die zuvor noch keinen Kontakt mit *Sarcoptes*-Milben hatten, entwickelt sich die Räude in verschiedenen Phasen, die sich vereinfacht wie folgt zusammenfassen lassen:

Inkubation 2–3 Wochen p. i.: geringfügige lokale Hautreaktionen durch Eingraben der Milben, keine Symptome oder geringer Juckreiz.

Hyperergische Phase Ab der 2.–3. Woche p. i. ausgeprägter Juckreiz, Erytheme, Papeln, Exkoriationen, auch Papulovesikel (▸ **Abb. 17.26a**). Ab der 3.–7. Woche p. i. weiter bestehender Juckreiz mit größter Intensität zu Beginn (5.–8. Woche), dann allmählich nachlassend; Parakeratose, Hyperkeratose, Krusten, einige persistierende Papeln. Serokonversion ab der 5. Woche p. i. Dauer dieser Phase etwa 4–5 Monate. Danach allmähliches Abklingen der klinischen Erscheinungen. In dieser Phase kommt es zunächst zu allergischen Reaktionen vom verzögerten Typ (Typ IV) und anschließend zu Sofort-Typ-Reaktionen (Typ I); Letztere überwiegen gegen Ende dieser Phase (▸ **Abb. 17.26b**). Als Allergene werden Milbenexkremente und unter anderem das darin enthaltene Serpin aus dem Darm der Milben diskutiert.

Desensibilisierung Abklingen der allergischen Reaktionen und der klinischen Symptome; die Tiere bleiben Milbenträger.

Im Prinzip handelt es sich bei der *Sarcoptes*-Räude um eine **Immunopathie**, der komplizierte Vorgänge zugrunde liegen. In der 1. Phase der Infestation kommt es als Ge-

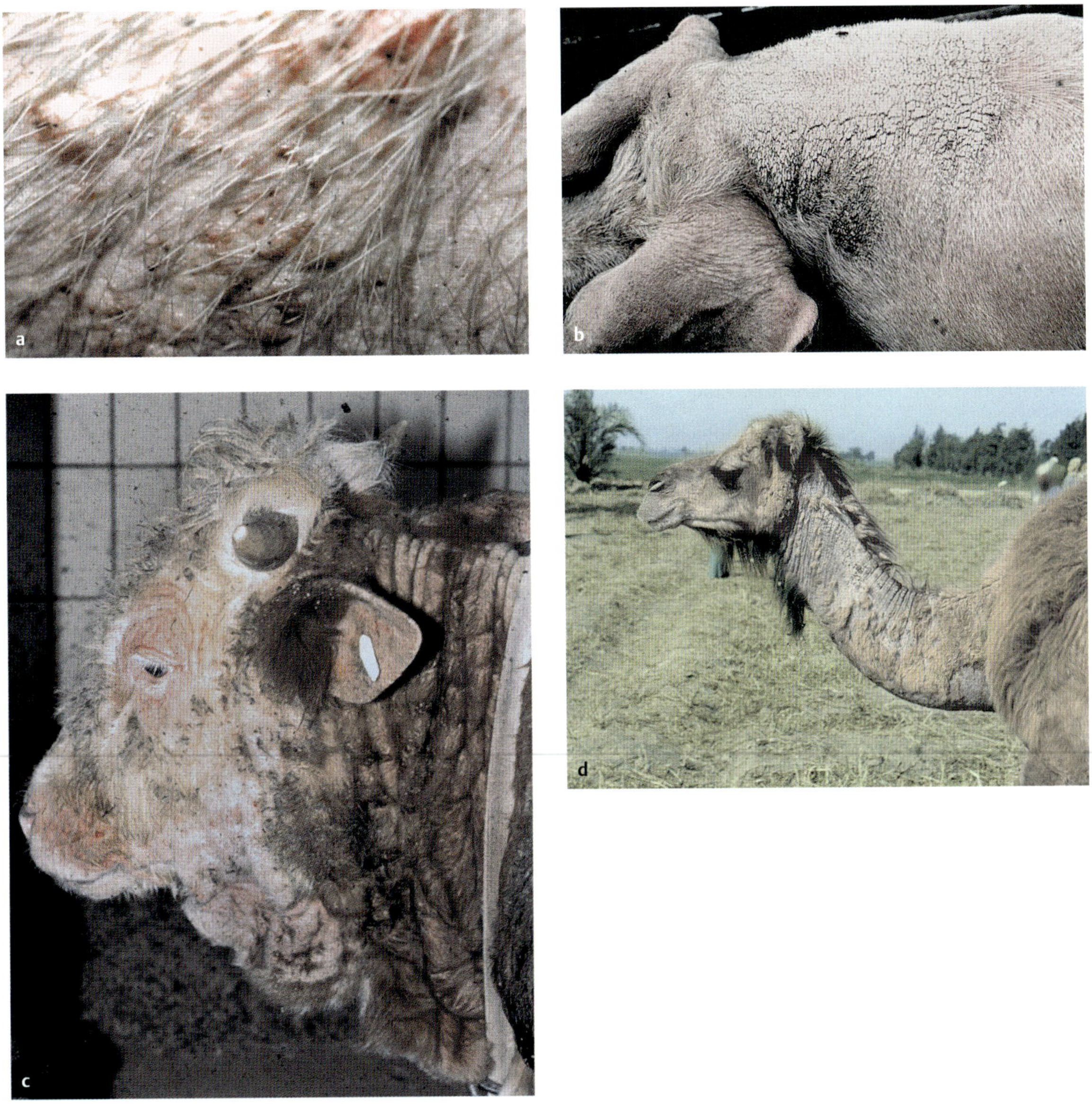

▶ **Abb. 17.26** *Sarcoptes*-Räude.

a Beim Schwein, Papeln in der Haut, akute Phase der Infestation (Quelle: Institut für Parasitologie, Vetsuisse-Fakultät, Universität Zürich)
b Mit Borkenbildung, chronische Räude (Quelle: Institut für Parasitologie, Stiftung Tierärztliche Hochschule Hannover)
c Beim Rind (Quelle: Gabriele Liebisch, Zecklab, Burgwedel)
d Beim Dromedar (Quelle: Institut für Parasitologie, Vetsuisse-Fakultät, Universität Zürich)

genreaktion des Wirtes auf das Eindringen der Milben zu einer Verhornung der Grabgänge, der die Milben mit stärkerer Keratolyse durch erhöhte Speichelsekretion begegnen. Reicht die Abwehrreaktion des Wirtes aus, kommt es zur Abstoßung der Milben mit überschüssigem Keratin und zur Selbstheilung. Gleichzeitig beginnen immunologische Reaktionen auf Milben-Antigene (u. a. aus Speichel, Körperbestandteilen, Kot, Eiern), die zu allergischen Reaktionen vom verzögerten Typ (Typ IV) und dann vom Soforttyp (Typ I) sowie zur Aktivierung von Effektorzellen führen. Nach Antigenpräsentation in lokalen Lymphknoten und Einwanderung antigenspezifischer T-Zellen in die dermalen Reaktionsherde kommt es zu einer Kaskade weiterer Vorgänge. So sezernieren Keratinozyten – wichtige Komponenten des SALT (*skin-associated lymphoid tissue*) – ein breites Spektrum von Cytokinen, die u. a. Langerhans-Zellen, dermale dendritische Zellen, Makrophagen und andere Effektorzellen aktivieren. Gleichzeitig entwickeln sich die durch IgE-Antiköper vermittelten allergischen Sofortreaktionen. Im Bereich der Läsionen bilden sich dermale Zellinfiltrate (Neutrophile, T-Lymphozyten, Plasmazellen, Eosinophile, Makrophagen, Mastzellen) in variabler Zusammensetzung. Neutrophile setzen Sauerstoffradikale und proteolytische Enzyme frei, die wahrscheinlich bei immunen Wirten zur Reduktion des Milbenbefalls beitragen.

Schweine aller Altersgruppen aus längere Zeit räudefreien Beständen sind für *S. scabiei* hochempfänglich. Dies zeigen rasch um sich greifende Räudeausbrüche, die in solchen Beständen durch eingeführte Milbenträger (z. B. Zuchteber) verursacht worden sind.

Krankheitsbild Das Krankheitsbild der *Sarcoptes*-Räude bei verschiedenen Tierarten weist Gemeinsamkeiten auf, und zwar Juckreiz, Erytheme, papulöse oder papulovesikuläre sowie entzündliche Hautveränderungen, Hyperkeratose mit Borkenbildung, Hautschäden, die vor allem an dünn behaarten Körperpartien durch Kratzen und Scheuern entstehen, Alopezie und z. T. auch bakterielle Sekundärinfektionen mit Pyodermie (▸ **Abb. 17.26**). Hochgradige Veränderungen dieser Art führen u. a. zu Störungen der Futteraufnahme, zu Leistungsminderungen, Gewichtsverlusten, Verhaltensstörungen, Allgemeinerkrankungen und Todesfällen (vor allem bei Ferkeln). Bei infestierten Mastschweinen waren selbst unter günstigen Haltungsbedingungen die Gewichtszunahmen signifikant geringer und die Futterverwertung um 2 % schlechter als bei räudefreien Tieren. Die wirtschaftlichen Verluste (ohne die an der Einrichtung durch das Scheuern der Tiere entstehenden Schäden!) werden auf jährlich 100 € je Sau geschätzt.

Schwein Hautveränderungen und Refugien der Milben befinden sich häufig in der inneren Ohrmuschel, am Ohrgrund, am Nasenrücken, im Nacken- und Rückenbereich sowie in den Gelenkbeugen. Besonders auffallend sind die dicken Borken und Krusten bei chronischer (hyperkeratotischer) Räude; die papulösen Anfangsveränderungen werden häufig übersehen (▸ **Abb. 17.26a**, ▸ **Abb. 17.26b**).

Rind Juckreiz, lokal schütteres Haarkleid, Schuppen und Hautverdickung mit Faltenbildung an Kopf und Hals, Schulter, Euterspiegel, Schwanzansatz und Rücken. Infestation manchmal mit kaum auffallenden Symptomen und schleichend, z. T. auch mit deutlicher Symptomatik und rascher Ausbreitungstendenz im Bestand (vor allem Mastbestände) (▸ **Abb. 17.26c**).

Schaf und Ziege Die *Sarcoptes*-Räude manifestiert sich vorwiegend als Kopfräude, doch besteht die Tendenz zur Ausbreitung auf weitere Körperpartien.

Wildwiederkäuer Regional tritt die *Sarcoptes*-Räude bei Gämsen, beim Alpen- und Iberiensteinbock sowie seltener bei Cerviden auf. Bei Gämsen führt die Räude oft zu schweren Erkrankungen und Todesfällen.

Hund Veränderungen häufig an Ohren und Kopf, mit Ausbreitungstendenz auf Brust, ventrales Abdomen und Beine (Ellenbogen); der Rücken bleibt meist frei. Welpen und Junghunde erkranken häufiger als ältere Tiere.

Katzen erkranken an *Sarcoptes*-Räude nur selten, häufiger an *Notoedres*-Räude (S. 465).

Andere Tierarten (▸ Abb. 17.26d) Die früher häufige und gefürchtete *Sarcoptes*-Räude des **Pferdes** tritt in Mittel- und Nordeuropa nicht mehr auf; die Anzeigepflicht wurde inzwischen in den meisten europäischen Ländern aufgehoben. In Österreich müssen nach TSG (§ 39) mit „Räude“ behaftete oder verdächtige Equiden tierärztlich behandelt werden. Als Ursache seltener Fälle von Trugräude bei Pferden werden Milben von Füchsen angesehen. Bei **Kaninchen, Mäusen, Goldhamstern, Igeln** u. a. wird *Sarcoptes*-Befall selten beobachtet.

Diagnose Hautläsionen und Juckreiz („Scheuerindex“) sind wichtige Indikatoren für *Sarcoptes*-Räude, können aber nur eine Verdachtsdiagnose begründen. Die ätiologische Diagnose erfolgt durch direkten oder indirekten Milbennachweis.

Schwein Für den direkten Milbennachweis wird mit einem scharfen Löffel an mehreren veränderten Hautstellen, vor allem an der Übergangszone zum gesunden Gewebe, Hautmaterial möglichst großflächig (einige cm^2) tief abgeschabt, bis Kapillarblutungen auftreten. Innere Ohrmuschel, Ohrgrund, Nasenrücken und Gelenkbeugen sind Refugien der Milben und daher geeignete Stellen für die Gewinnung von Untersuchungsmaterial. Bei Bestandsuntersuchungen sind jeweils Hauptproben von mehreren Tieren und Tiergruppen zu entnehmen. Die Hautgeschabsel (S. 547) werden in dicht schließenden Kunststoff- oder Glasgefäßen aufbewahrt und im Labor auf Milben untersucht (Instrumente nach Gebrauch in einem Bestand in 70 %igem Ethanol oder durch Hitze dekontaminieren). Bei chronischer Räude ist die Haut in der Regel nur von wenigen Milben besiedelt. Die Sensitivität des direkten Milbennachweises kann in solchen Fällen auf < 10 % absinken. Von großer Bedeutung ist die Kontrolle von Tilgungsprogrammen zur Zertifizierung von *Sarcoptes*-freien Zuchtbeständen. Die besten Ergebnisse erzielt eine Kombination der folgenden Untersuchungsbefunde: (a) klinischer Befund (Hautveränderungen und Scheuerindex), (b) mikroskopischer Befund (Hautgeschabsel), (c) serologische Befunde (ELISA: Serum, Kolostrum) und (d) Schlachtkörperuntersuchungen (Ohrmuscheln; evtl. Serologie). Obwohl seine Sensitivität relativ gering ist (60 bis > 80 %), ergibt der ELISA (besonders bei älteren Sauen und deren Ferkeln) zusammen mit dem mikroskopischen Befund meist eine zuverlässige Bestandsdiagnose; der ELISA eignet sich auch für epidemiologische Studien. Schlachtköperuntersuchungen können eine kostengünstige Alternative zu serologischen Untersuchungen sein. Nach Tilgung der Räude in einem Bestand persistieren spezifische Serum-Antikörper bei einem Teil der Tiere noch 5 Monate bis über 1 Jahr, spezifische Kolostrum-Antikörper noch länger.

Andere Tierarten Durch direkten Milbennachweis, wie oben beschrieben. Beim **Hund** werden Ohrrand, Ellbogen und Tarsalhöcker als Prädilektionsstellen angesehen. Auch für diese Tierart steht ein ELISA zum spezifischen Antikörpernachweis zur Verfügung (Sensitivität und Spezifität etwa 85–90 %).

Therapie und Bekämpfung Wirksame Mittel zur Therapie und Bekämpfung der *Sarcoptes*-Räude landwirtschaftlicher Nutztiere sind verschiedene makrozyklische Lactone (ML) sowie einige Acarizide aus der Gruppe der Pyrethroide und der Organophosphate. **Rinder, Schafe** und **Ziegen** sind wie bei *Psoroptes*-Räude (S. 457) zu behandeln. Beim **Schwein** hat sich die Injektionsbehandlung mit Ivermectin (0,3 mg/kg KG s. c.), mit Ivermectin per os als Prämix (0,1 mg/kg KG/d für 7 d) oder Doramectin (0,3 mg/kg KG i. m.) bewährt. Zur Tilgung der *Sarcoptes*-Räude in Schweinebeständen s. Planmäßige Bekämpfung wichtiger Parasitosen des Schweines (S. 620).

Gegen *Sarcoptes*-Milben beim **Hund** sind die ML Selamectin (alle 2 Wochen, Spot-on, 3 Behandlungen), und Moxidectin (monatlich, Spot-on, 2–3 Behandlungen) sowie das Isoxazolin Sarolaner (p. o. 2 × im Abstand von 1 Monat) zugelassen. Fipronil (2–3 Behandlungen als Spray oder Spot-on, alle 2–3 Wochen) eignet sich besonders bei jungen Welpen, wenn andere Wirkstoffe noch kontraindiziert sind (▶ **Tab. 23.15**). Wichtig ist, alle Hunde, auch die nicht offensichtlich erkrankten, in einer Kontaktgruppe zu behandeln und die engere Umgebung der Hunde (Liegeplatz, Decken) zu dekontaminieren.

Zoonotische Bedeutung Bei Menschen wird die Scabies oder Krätze, verursacht durch *Sarcoptes scabiei* var. *hominis*, durch enge Kontakte von Person zu Person übertragen und stellt keine Zoonose dar. Es können aber *Sarcoptes*-Arten von zahlreichen Tierarten (u. a. Hund, Fuchs, Rind, Schwein, Kamel) und Milben verwandter Gattungen (*Notoedres, Trixacarus*) auf Menschen übergehen und das Krankheitsbild der **Pseudoscabies** verursachen. Im Gegensatz zur Scabies tritt bei der Pseudoscabies der Juckreiz bereits wenige Stunden nach Überwanderung von Milben auf, die zwar in die Epidermis eindringen und Papeln und Papulovesikel verursachen, in der Regel aber keine Gänge graben und sich nicht vermehren. Die Veränderungen verschwinden bei Ausbleiben von Reinfestationen spontan; Milben sind am Menschen meist nicht nachweisbar. Nach früheren Berichten soll sich *S. scabei* var. *canis* einige Zeit auf dem Menschen halten und sogar Eier produzieren können, doch fehlen genauere Angaben. Gefährdet sind Personen mit Kontakt zu räudigen Tieren, also Landwirte, Jäger, aber auch Tierärzteschaft.

Gattung *Notoedres*

Praxis

Erreger der ***Notoedres*-Räude**. Überwiegend durch direkten Kontakt übertragene Milben als Ursache der Räude u. a. bei Feliden.

Zoonose: temporäre Ansiedlung auf dem Menschen als Ursache von Hauteffloreszenzen und akutem Juckreiz („Pseudoscabies") nach direktem Kontakt mit tierischen Milbenträgern.

Noton (gr.): Rücken; *edres* (gr.): Sitz. Bezug auf die dorsale Lage des Anus der Milben.

Das Wichtigste in Kürze

- *Notoedres cati* ist der Erreger der *Notoedres*-Räude bei Katzen, die im Erscheinungsbild der *Sarcoptes*-Räude sehr ähnlich ist, meist am Kopf beginnt und sich dann auf die Pfoten und andere Körperbereiche ausbreiten kann.

Morphologie und Arten *Notoedres*-Arten sind kleine (♀♀ ca. 225 µm, ♂♂ ca. 150 µm lang), in der Aufsicht fast kreisrunde Milben mit konzentrischen Ringen in der dorsalen Cuticula und einem subterminal gelegenen Anus (bei *Sarcoptes* terminal). Gnathosoma sehr kurz, kurze gedrungene Beine mit langen, ungegliederten Prätarsen wie bei *Sarcoptes* (▶ **Abb. 17.23**). Zahlreiche Arten parasitieren bei Wildtieren weltweit und verursachen z. T. schwerwiegende Erkrankungen. Die wichtigste Art ist *N. cati* bei der Katze, anderen Feliden (besonders bei Luchsen) und gelegentlich auch bei Fuchs, Hund, Waschbär, Kaninchen und Nagern. Da eine experimentelle Übertragung von der Katze auf Kaninchen schwierig ist, vermutet man auch bei *N. cati* (wie bei *S. scabiei*) die Existenz wirtsspezifischer Varietäten (*N. cati* var. *cuniculi*). Weitere Arten bei Nagern (▶ **Tab. 17.6**).

Entwicklung, Vorkommen und Epidemiologie Die Entwicklung gleicht weitgehend der von *S. scabiei*, die Übertragung erfolgt durch direkten Kontakt, seltener indirekt über eine kontaminierte Umgebung. Lebensdauer der Milben abseits vom Wirt kaum 3 Tage. Die Notoedrose der Katze kommt weltweit vor, ist in Nord- und Mitteleuropa allerdings selten (Prävalenz < 2 % bei streunenden Katzen). Bei Kaninchen tritt die Notoedrose selten auf.

Pathogenese und Krankheitsbild Pathogenese ähnlich wie bei *Sarcoptes*. Krankheitsbild: hochgradiger Juckreiz, erste Läsionen am Ohrrand, rasche Ausdehnung über die Ohren, die Stirn, den gesamten Kopf und den Nacken, später Generalisierung; zunächst winzige Papeln, dann Verdickung der Haut mit Bildung von Falten und Entstehung von Borken (Hyperkeratose), Krusten und kleieartigen Belägen sowie Exkoriationen infolge des Kratzens. Junge Katzen erliegen einer hochgradigen Notoedrose sehr bald, aber auch ältere magern ab, werden apathisch und verenden nach 4–5 Monaten, falls sie nicht behandelt werden. Die Erkrankung wird begünstigt durch

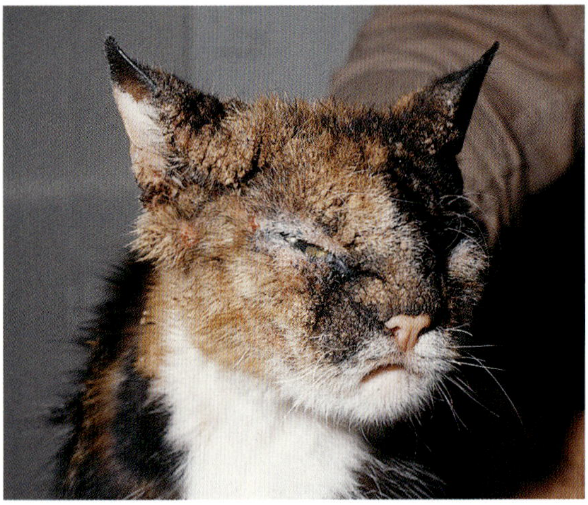

▶ **Abb. 17.27** *Notoedres*-Räude bei der Katze. (Quelle: Institut für Parasitologie und Tierspital, Vetsuisse-Fakultät, Universität Zürich)

schlechte Haltung (streunende Katzen), Mangelernährung und andere Krankheiten (▶ **Abb. 17.27**).

Diagnose und Therapie Nachweis der Milben in Hautgeschabseln oder Klebestreifen-Abklatsch (Letzteres v. a. an empfindlichen Körperregionen). Differenzialdiagnose: vor allem *Sarcoptes* (selten) und *Otodectes*. Gegen Notoedrose der Katze sind Spot-on-Präparate mit Moxidectin oder Eprinomectin-Fipronil zugelassen und bei einmaliger Anwendung wirksam. Nach Fallberichten hat sich auch eine Ganzkörperbehandlung mit Fipronil-Spray als wirksam erwiesen. Dieses Mittel kann ebenfalls zur Behandlung von Kontakttieren (inkl. Hunde, nicht bei Kaninchen!) eingesetzt werden (▶ **Tab. 23.15**). Eine Entwesung der Umgebung ist wegen der kurzen Lebensdauer der Milben nicht erforderlich.

Zoonotische Bedeutung Wie auch die *Sarcoptes*-Milben kann *N. cati* bei direktem Kontakt vorübergehend auf den Menschen übergehen und das Krankheitsbild der Pseudoscabies verursachen.

Gattung *Trixacarus*

Trixacarus caviae verursacht beim Meerschweinchen häufiger eine der *Sarcoptes*-Räude entsprechende Erkrankung. Behandlung mit Selamectin Spot-on oder Ivermectin (Umwidmung!) möglich. **Zoonose**.

Weitere Familien der Ordnung Astigmata

Zu den Astigmata gehören weitere Familien von Milben, die vor allem bei Vögeln und Nagetieren eine gewisse Bedeutung haben. Familien **Knemidocoptidae** (s. u.), **Cytoditidae** und **Laminosioptidae**: *Cytodites nudus* (Luftsackmilbe) und *Laminosioptes cysticola* (Knötchenmilbe) bei Hühnervögeln. Familien **Falculiferidae, Analgidae** und **Epidermoptidae**: Feder- und Hautmilben, beim Geflügel. Familien **Myocoptidae** und **Listrophoridae**: Verschiedene Arten besiedeln das Haarkleid von Kleinsäugern (Mäuse, Meerschweinchen) oder Feliden.

Zum Weiterlesen

Knemidocoptes spp.

Rundliche Milben, ca. 300 × 400 µm, Biologie ähnlich wie bei *Sarcoptes* (Grabmilben von Vögeln), lebendgebärend, wenig wirtsspezifisch, zoonotisch.

K. pilae

Erreger der Schnabelräude bei Wellensittichen, seltener bei anderen Psittaciden. Befällt die unbefiederte Haut (inkl. Kloake), Hyper- und Dyskeratose, Befall der Wachshaut kann zu schwerer Atemnot führen; Infektion bereits als Nestling (meist klinisch unauffällig), kann daher auch in Einzelhaltung vorkommen (s. Beck 2000).

K. mutans

Erreger der Kalkbeinräude von Hühnervögeln; borkige Auflagerung an der unbefiederten Haut, Unruhe, Juckreiz, Unruhe; häufiger bei „Hinterhof-Hühnern".

K. gallinae

Erreger einer Erkrankung des Federkleides von Hühnervögeln. Milben bohren sich in den Federschaft ein; Juckreiz und Schmerz führen zum Federpicken und Gewichtsverlust.

K. intermedius und andere *Knemidocoptes*-Arten

Erreger der Räude bei Wildvögeln, Einzelfälle mit letalen Verläufen beschrieben (s. Dabert et al. 2011).

Therapie

Bei Psittaciden kann Fipronil lokal auf die betroffenen Stellen bzw. Makrozyklische Lactone als Spot-on zwischen die Schulterblätter appliziert werden (Ivermectin beim Wellensittich keinesfalls intramuskulär applizieren, meist tödlich!). Jedoch ist eine Umwidmung von Acariziden meist entbehrlich, da die Milben durch aufgetragene ölige bzw. fettige Substanzen abgetötet werden, z. B. durch Ballistol-Öl, Speise- oder Paraffinöl, Vaseline oder Lebertransalbe (vorher evtl. Krusten mit Glycerin oder Schmierseife aufweichen und entfernen). Die Milben sterben rasch, Behandlung dennoch nach 1 Woche wiederholen. Stets alle Tiere des Bestandes behandeln. Käfige und Sitzstangen reinigen und dekontaminieren, Vitamin-A-Supplementierung und Optimierung der Ernährungs- und Haltungsbedingungen.

Frei lebende Milben als Krankheitserreger

Diverse Familien, Milben etwa 300–700 µm lang, z. T. stark behaart, morphologisch durch verschiedene Merkmale (u. a. durch ein klauenartiges Empodium am Prätarsus [▶ **Abb. 17.28**]) von parasitischen Sarcoptidae und Psoroptidae zu unterscheiden (Beispiele s. u.; s. auch Bensignor u. Carlotti 2002, Walzl u. Aspöck 2010, Weidner 1993).

Milben enthalten potente Allergene (u. a. in Integument, Kot, Speichel), Auslöser von Allergien (Haut-respiratorische, intestinale Symptomatik) bei Menschen, selten Tieren.

Familie Acaridae

Acarus siro (Syn. *Tyroglyphus farinae*) (Mehlmilbe); *Tyrophagus putrescentiae* (Modermilbe) in Häusern auf Vorräten aller Art, oft Plage in feuchten Neubauten, auch in Bienenstöcken. *Caloglyphus berlesi* in Mehl, Kleie, in Tierstallungen, Bienenstöcken, auf Nahrungsmitteln tierischer und pflanzlicher Herkunft.

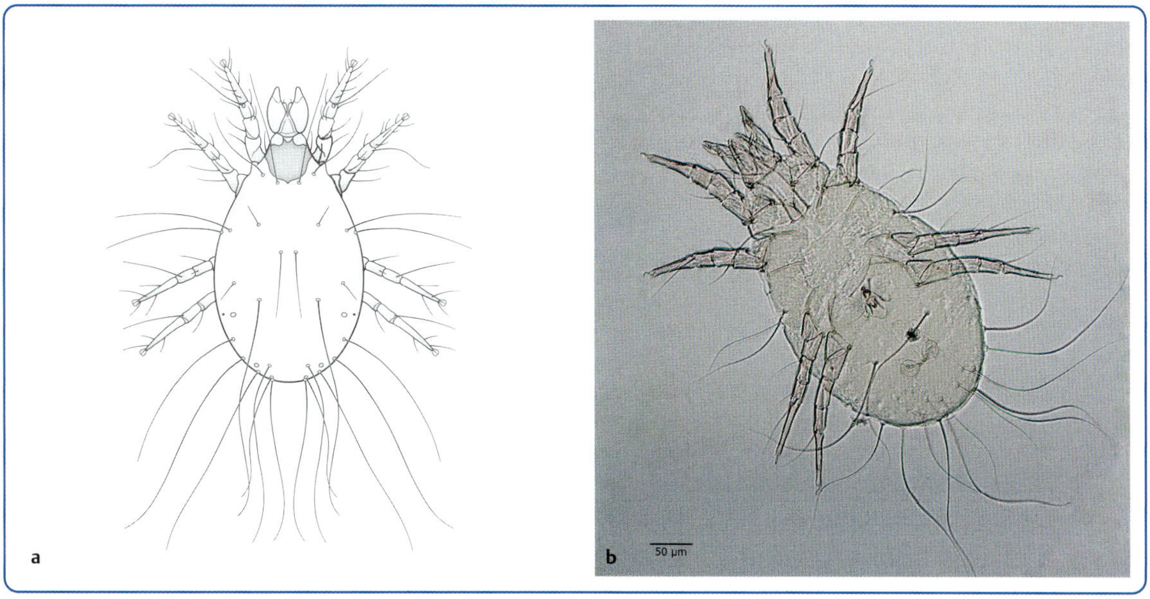

▸ **Abb. 17.28**

a *Tyrophagus lintneri* ♀ (Länge ca. 600 µm). (Grafik: Anne Seeger, Vetsuisse-Fakultät, Universität Zürich, Grafik basiert auf Daten aus: Baker, E. W., Evans, T. M., Gould, D. J., Hull, W. B., Keegan, H. L. (1967): A Manual of Parasitic Mites of Medical or Economic Importance. H. Tripp, Woodhaven, N.Y.)

b *Tyrophagus* sp. (Quelle: Patrick Waindok, Institut für Parasitologie, Stiftung Tierärztliche Hochschule Hannover)

Familie Glycyphagidae

Glycyphagus domesticus (Hausmilbe) sehr häufig auf Vorräten aller Art, auch in Bienenstöcken; *G. destructor* (Syn. *Lepidoglyphus destructor*) (Pflaumenmilbe) sehr häufig in Heu, Stroh, Getreide und Trockenfrüchten.

Familie Pyroglyphidae

Dermatophagoides pteronyssinus (Europäische Hausstaubmilbe) in bewohnten Häusern in Betten, Lagern, anderen Schlupfwinkeln; ernähren sich von Hautschuppen und anderem organischem Material.

Literaturhinweise

Arlian LG, Morgan MS. A review of *Sarcoptes scabiei*: past, present and future. Parasit Vectors 2017; 10: 297

Beck W. Schnabelräude durch *Knemidocoptes pilae* (Acaridida: Knemidocoptidae) beim Wellensittich – Erregerbiologie, Pathogenese, Klinik, Diagnose und Therapie. Kleintierprax 2000; 45: 453–458

Beck W, Pantchev N. Praktische Parasitologie bei Heimtieren. 2. Aufl. Hannover: Schlütersche Verlagsgesellschaft; 2012. ISBN: 978-3-89993-088-7

Bensignor E, Carlotti DN. Sensitivity patterns to dust mites and forage mites in atopic dogs: 150 cases. Vet Dermatol 2002; 13: 37–42

Beugnet F, Bourdeau P, Chalvet-Monfray K et al. Parasites of domestic owned cats in Europe: co-infestations and risk factors. Parasit Vectors 2014; 7: 291

Birrer S, Neff F, Zimmermann W. *Sarcoptes scabiei* var. *suis*-Infektion: eine seroepidemiologische Studie mit Blut- und Kolostralmilchproben zur Überwachung und Zertifizierung der medikamentösen Tilgung der Räude in Schweinezuchtbetrieben. Tierärztl Prax 2004; 32: 88

Dabert J, Mihalca AD, Sándor AD. The first report of *Knemidocoptes intermedius* Fain et Macfarlane, 1967 (Acari: Astigmata) in naturally infected European birds. Parasitol Res 2011; 109: 237–240

Feather L, Gough K, Flynn RJ et al. A retrospective investigation into risk factors of sarcoptic mange in dogs. Parasitol Res 2010; 107: 279–283

Foley J, Serieys LE, Stephenson N et al. A synthetic review of *Notoedres* species mites and mange. Parasitology 2016; 143: 1847–1861

Jacober P, Ochs H, Torgerson PR et al. A method for sheep scab control by applying selective treatment based on flock serology. Vet Parasitol 2006; 136: 373–378

Losson BJ. Sheep psoroptic mange: an update. Vet Parasitol 2012; 189: 39–43

Nath AJ. Treatment and control of *Trixacarus caviae* infestation in a conventional guinea pig (*Cavia porcellus*) breeding colony. J Parasit Dis 2016; 40: 1213–1216

Panigrahi PN, Mohanty BN, Gupta AR et al. Concurrent infestation of *Notoedres*, sarcoptic and psoroptic acariosis in rabbit and its management. J Parasit Dis 2016; 40: 1091–1093

Rodríguez-Cadenas F, Carbajal-González MT, Fregeneda-Grandes JM et al. (2010) Clinical evaluation and antibody responses in sheep after primary and secondary experimental challenges with the mange mite *Sarcoptes scabiei* var. *ovis*. Vet Immunol Immunopathol 2010; 133: 109–116

Siegfried E, Ochs H, Deplazes P. Clinical development and serological antibody responses in sheep and rabbits experimentally infested with *Psoroptes ovis* and *Psoroptes cuniculi*. Vet Parasitol 2004; 124: 109–124

Walzl MG, Aspöck H. Hausstaubmilben und andere Allergie erzeugende synanthrope Milben: Biologie, Ökologie und medizinische Bedeutung. In: Aspöck H, Hrsg. Krank durch Arthropoden. Denisia 2010; 30: 351–364

Weidner H. Bestimmungstabellen der Vorratsschädlinge und des Hausungeziefers Mitteleuropas. 5. Aufl. Stuttgart: G. Fischer; 1993: 273–293. ISBN: 3-43730-703-7

White SD, Guzman DS, Paul-Murphy J et al. Skin diseases in companion guinea pigs (*Cavia porcellus*): a retrospective study of 293 cases seen at the Veterinary Medical Teaching Hospital, University of California at Davis (1990–2015). Vet Dermatol 2016; 27: 395–e100

Zahler M, Hendrikx WML, Essig A et al. Species of the genus *Psoroptes* (Acari: Psoroptidae): A taxonomic consideration. Exp Appl Acarology 2000; 24: 213–225

17.2 Klasse Insecta (Insekten)

Praxis
Infestationen mit Insekten (Haar- und Federlinge, Läuse, Mücken, Fliegen und Flöhe) verursachen veterinärmedizinisch bedeutende indirekte (Vektoren für Infektionserreger) wie auch direkte Schäden (Gewebeschäden durch Myiasis, Allergien, Räude, toxische Effekte, Blutverlust).

In (lat.): in; *secare* (lat.): schneiden. Bezug auf den eingeschnittenen, eingekerbten Körper. Dtsch.: Kerbtiere. Engl.: *insects*.

Das Wichtigste in Kürze
- Insekten (Hexapoda, Kerbtiere) sind durch folgende Merkmale gekennzeichnet (▶ Abb. 17.29):
- Dreigliederung des Körpers in Caput (Kopf), Thorax und Abdomen.
- 3 Beinpaare, 1 oder 2 Paar Flügel (z. T. reduziert oder fehlend).
- 1 Paar mehrgliedrige Antennen (Fühler).
- Mundwerkzeuge mit unterschiedlichen Funktionen.
- Komplexaugen (Facettenaugen) oder kleine Stirnaugen (Ocelli).
- Teils morphologische Anpassungen an die parasitische Lebensweise, z. B. Verlust von Flügeln oder Augen.
- Entwicklung:
  - hemimetabol (unvollkommene Verwandlung); Juvenilstadien ähneln den Adulten, kein Puppenstadium;
  - holometabol (vollkommene Verwandlung); Juvenvilstadien unterscheiden sich morphologisch von den Adulten; die Metamorphose erfolgt im Puppenstadium, das keine Nahrung aufnimmt.

17.2.1 Ordnung Blattaria (Schaben)

Praxis
Schaben sind Haus- und Vorratsschädlinge, mechanische Vektoren und Zwischenwirte einiger Helminthen.

Blatta (lat.): Schabe. Engl.: *cockroaches*.

Schaben sind große, dorsoventral abgeflachte Insekten mit langen, vielgliedrigen Antennen und 2 Paar vollständigen oder reduzierten Flügeln. Die meisten Arten kommen in den Tropen und Subtropen vor. Nach Mitteleuropa wurden verschiedene Arten eingeschleppt, die jetzt in

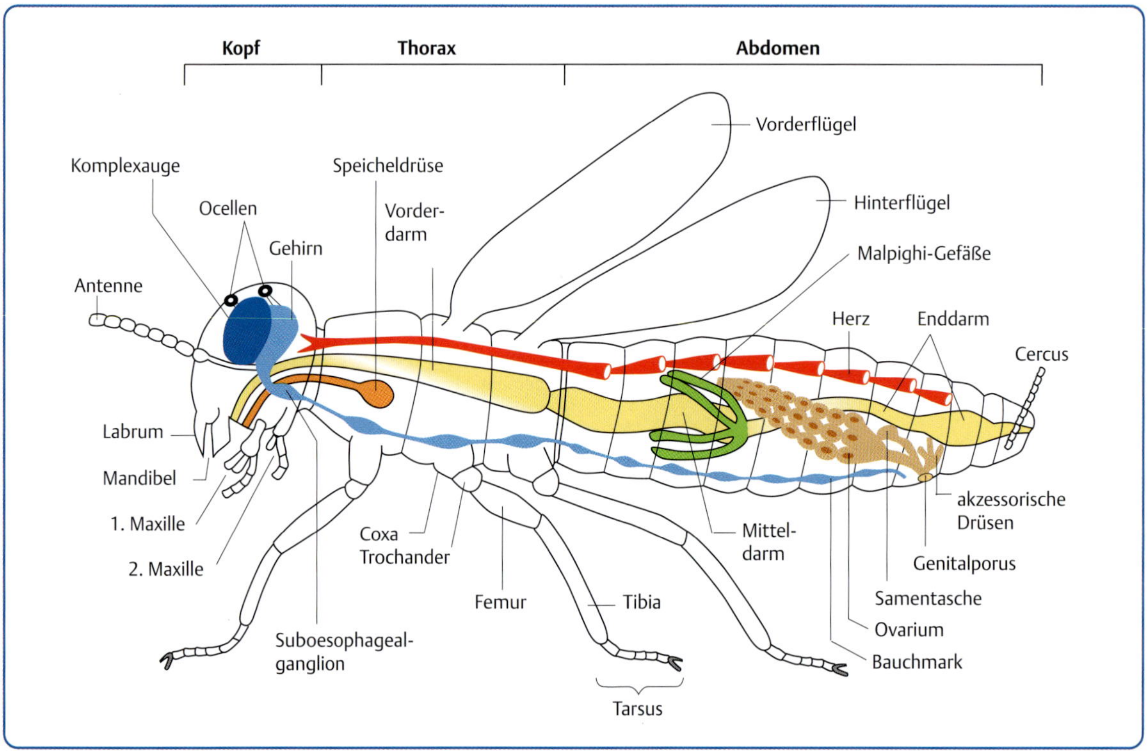

▶ **Abb. 17.29** Schema eines Insekts. (Quelle: nach Wehner R, Gehring W. Zoologie. 23. Auflage. Stuttgart: Thieme; 1995)

Gebäuden leben und vor allem als Haus- und Vorratsschädlinge eine Rolle spielen. Manchmal treten sie sehr zahlreich in Stallungen auf, z. B. in schlecht geführten Schweine- und Geflügelbetrieben, in zoologischen Gärten und Tierhandlungen. Diese Schabenarten sind mit beißend-kauenden Mundwerkzeugen ausgerüstet, ernähren sich omnivor oder vegetarisch, sind nachtaktiv und durchlaufen eine hemimetabole Entwicklung, zu der sie eine warme und feuchte Umgebung benötigen. Unter günstigen Bedingungen leben Adulte bis 2 Jahre. Sie werden leicht in Transportbehältern (z. B. Behältern mit Küchenabfällen) verschleppt. Auf den Menschen wirken sie ekelerregend, außerdem können sie mechanisch zahlreiche Erreger verschleppen (u. a. Salmonellen, Shigellen, *Escherichia coli*, Pilzsporen) und auch als **Zwischenwirte** fungieren (u. a. für *Hymenolepis diminuta, Gongylonema* spp., *Prosthenorchis* spp.). In Mitteleuropa kommen die Küchenschabe (*Blatta orientalis*, Länge 20–25 mm) und die Deutsche Schabe (Kakerlake, *Blattella germanica*, Länge 10–15 mm) häufig vor, seltener dagegen einige andere Arten. Eine Bekämpfung sollte durch eine professionelle Schädlingsbekämpfungsfirma durchgeführt werden. Der Deutschen Schabe sehr ähnlich sieht die tagaktive, einheimische Waldschabe (*Ectobius vittiventris*), welche sich im Sommer vereinzelt in Gebäude verirren kann, sich dort aber nicht vermehrt.

17.2.2 Ordnung Phthiraptera, Unterordnungen Amblycera und Ischnocera (Haarlinge und Federlinge)

Phthir (gr.) Laus; *aptera* (gr.): flügellos.

Praxis

Häufige, wirtsspezifische Ektoparasiten mit hemimetaboler Entwicklung. Befall wird von gesunden Tieren gut kontrolliert („Faktorenerkrankung"). Auf eine ausreichend lange Wirkdauer bei der Behandlung ist zu achten, da Eier (Nissen) nicht erfasst werden.

Ambly (gr.): stumpf; *ischno* (gr.): hager, schlank; *keras* (gr.): Horn. Bezug auf die Form der Antennen. Engl.: *chewing lice*.

Das Wichtigste in Kürze

- **Morphologie, Arten.** Flügellose, meist 1–4 mm lange, dorsoventral abgeplattete Insekten; permanent-stationäre Ektoparasiten von Säugetieren (**Haarlinge**) und Vögeln (**Federlinge**); Kopf meist breiter als 1. Thorakalsegment, Antennen 3- bis 5-gliedrig, beißend-kauende Mundwerkzeuge. Große Artenvielfalt.
- **Entwicklung.** Eier (Nissen) werden an Haare oder Federn geklebt, hemimetabole Entwicklung über 3 Larvenstadien vom Ei bis zu den Männchen und Weibchen in 4 Wochen. Ernährung von Haut- oder Federbestandteilen und Bakterien, teils auch von Blut (Amblycera).
- **Vorkommen, Epidemiologie.** Hohe Spezifität für einzelne Tierarten, z. T. auch für bestimmte Körperregionen. Meist Kosmopoliten. In Mitteleuropa kommen Haarlinge in Rinder- und Schafbeständen häufig vor, oft in Mischinfestationen mit Läusen. Übertragung aller Stadien durch Kontakte von Tier zu Tier, auch durch Personen sowie Gerätschaften. Adulte Haarlinge und Federlinge überleben abseits des Wirtes 2–4 Wochen. Bei Haarlingen ausgeprägte saisonale Schwankungen der Populationsdichten mit stärkstem Befall im Winter und Frühjahr. Beim Nutzgeflügel sind Federlinge sehr häufige Parasiten.
- **Pathogenese, Krankheitsbild.** Haarlinge irritieren, führen zu Juckreiz und Scheuerschäden. Beim Schaf erhebliche Vlies- und Hautschäden (Lederfehler); bei anderen Säugetieren gewöhnlich Faktorenerkrankung, jedoch bei Massenbefall Hautveränderungen bis zum nässenden Ekzem sowie reduzierter Milch- und Mastleistung. Federlinge führen zu Juckreiz, Federschäden und Hautveränderungen.
- **Therapie, Bekämpfung.** Bei Rind und Schaf Pour-on- oder Sprühbehandlungen mit Insektiziden (Injektionsbehandlung mit makrozyklischen Lactonen unzureichend), bei Federlingsbefall von Ziervögeln Einsatz von Insektizid-Pudern. Bei Verwendung bestimmter Wirkstoffe (z. B. Phoxim) Wiederholung der Behandlung nötig, weil Nissen nicht erfasst werden.

Morphologie, Arten Die Unterordnungen **Amblycera** und **Ischnocera**, früher als Ordnung Mallophaga [*mallos* (gr.): Wolle; *phagein* (gr.): fressen] klassiert, umfasst > 2600 Arten. Der Körper ist dorsoventral abgeplattet, der Kopf (Caput) ist meist breiter als das 1. Thorakalsegment (▶ **Abb. 17.30**). Die beiden Unterordnungen unterscheiden sich am deutlichsten an den Antennen (Amblycera: 4 Glieder, in einer Rinne seitlich am Caput liegend; Ischnocera: Antennen deutlich sichtbar, 3–5 Glieder). Maxillarpalpen (2–4 Glieder) finden sich nur bei den Amblycera, welche mit den beißenden Mandibeln auch Blutgefäße eröffnen können. Augen sind meist vorhanden. In beiden Unterordnungen finden sich Haar- und Federlinge, allerdings dominieren unter den Haarlingen die Ischnocera. Haarlinge tragen an den Tarsen meist eine Kralle, Federlinge ein Krallenpaar. Die Haarlinge der Haus- und Heimtiere werden 1–2 mm lang. Die meisten Federlinge haben ähnliche Größen, einige, z. B. *Anaticola anseris* bei der Gans, werden bis 4 mm lang.

Die wichtigsten Haarlinge und Federlinge sind mit ihren spezifischen Wirten in ▶ **Tab. 17.7** aufgelistet. *Bovicola ovis* ist als Ausnahme nicht streng wirtsspezifisch und befällt neben Schafen auch Ziegen. *B. limbatus* infestiert bevorzugt Angoraziegen und ist weltweit ein Problem bei der Mohairproduktion, hält sich aber nicht auf Dauer auf Ziegen anderer Rassen. Schweine und Kaninchen haben keine Haarlinge.

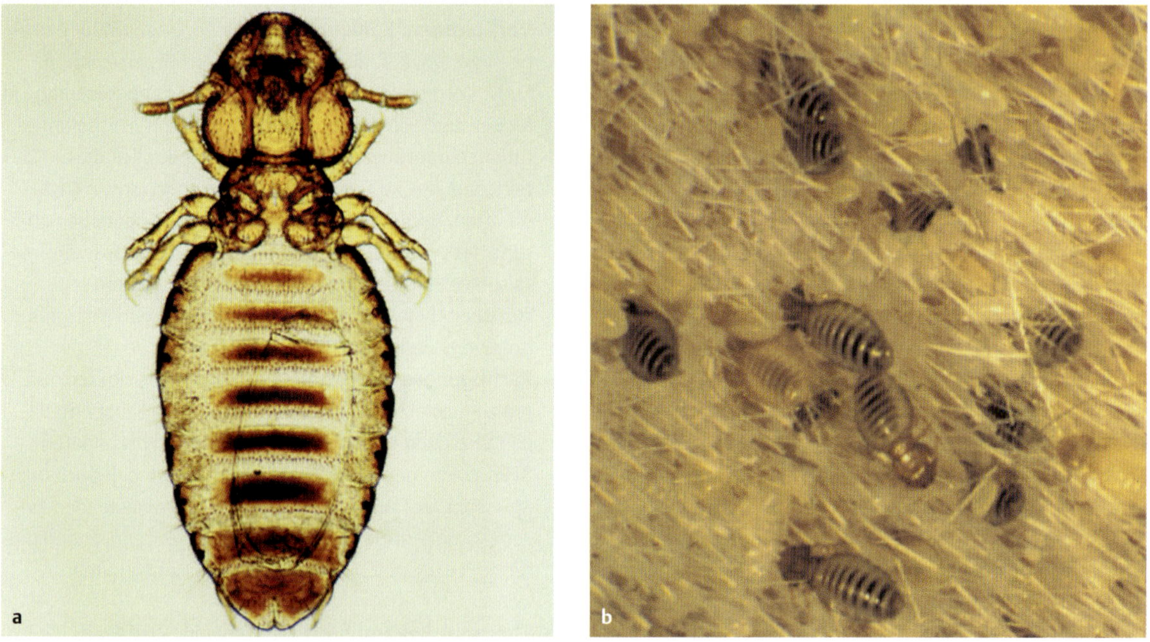

► **Abb. 17.30** Haarlinge.
a *Bovicola bovis* ♀ (Länge ca. 1,5 mm) (Quelle: Institut für Parasitologie, Vetsuisse-Fakultät, Universität Zürich)
b *Bovicola bovis* im Fell eines Rindes (Quelle: Institut für Parasitologie, Justus-Liebig-Universität Giessen)

► **Tab. 17.7** Auswahl von Haarlingen bei Säugetieren und Federlingen beim Geflügel.

Wirt	Haarlinge[1]	Wirt	Federlinge[1]
Rind	*Bovicola*[2] *bovis* (I)	Huhn	*Menopon gallinae* (A), *Menacanthus stramineus* (A), *Goniocotes gallinae* (I), *Goniodes gigas* (I), *G. dissimilis* (I), *Cuclotogaster heterographus* (I), *Lipeurus caponis* (I)
Schaf	*Bovicola ovis* (I)	Truthuhn	*Menacanthus stramineus* (A), *Chelopistes melagridis* (I)
Ziege	*Bovicola caprae* (I), *B. limbatus* (I)[3], *B.* (*Holakartikos*) *crassipes* (I)	Taube	*Hohorstiella lata* (A), *Columbicola columbae* (I), *Campanulotes compar* (I)
Pferd	*Bovicola* (*Werneckiella*) *equi equi* (I)	Gans	*Anaticola anseris* (I), *Anatoecus icteroides* (I), *Trinoton anserinum* (A)
Esel	*Bovicola* (*Werneckiella*) *equi asini* (I), *B.* (*Werneckiella*) *ocellatus* (I)	Ente	*Anaticola crassicornis* (I), *Anatoecus dentatus* (I), *Trinoton querquedulae* (A)
amerikanische Kameliden	*Bovicola breviceps* (I)	–	–
Hund	*Trichodectes canis* (I)	–	–
Katze	*Felicola subrostratus* (I)	–	–
Meer-schweinchen	*Gliricola porcelli* (A), *Gyropus ovalis* (A), *Trimenopon hispidum* (A)	–	–

[1] (A): Amblycera, (I): Ischnocera
[2] Synonym für die Gattung *Bovicola*: Damalinia
[3] vor allem bei Angoraziegen

Entwicklung Phthiraptera entwickeln sich **hemimetabol**; daher sind sich präadulte (= Larven) und adulte Stadien sehr ähnlich (► **Abb. 17.31**). Die Fortpflanzung erfolgt meist geschlechtlich, bei einigen Arten auch parthenogenetisch. Die Weibchen kleben ihre **Eier (Nissen)** an Haare oder Federn. Nach 4–12 Tagen schlüpfen die Larven 1, die sich in ca. 3 Wochen über 2 weitere Larvenstadien und 3 Häutungen zu adulten Männchen und Weibchen entwickeln.

Haarlinge leben auf der Hautoberfläche dicht an der Haarbasis, Federlingsarten im Gefieder. Sie ernähren sich von Hautschuppen, Lipiden und Bakterien, Federlinge auch von Federteilen. Amblycera nehmen auch Blut auf, im Fall von Federlingen nach Anbeißen der Federkiele. Die Nahrung wird bei allen Stadien außen zerkleinert, eingespeichelt und aufgesaugt. Für den Aufschluss von Keratinsubstanzen sorgen Endosymbionten.

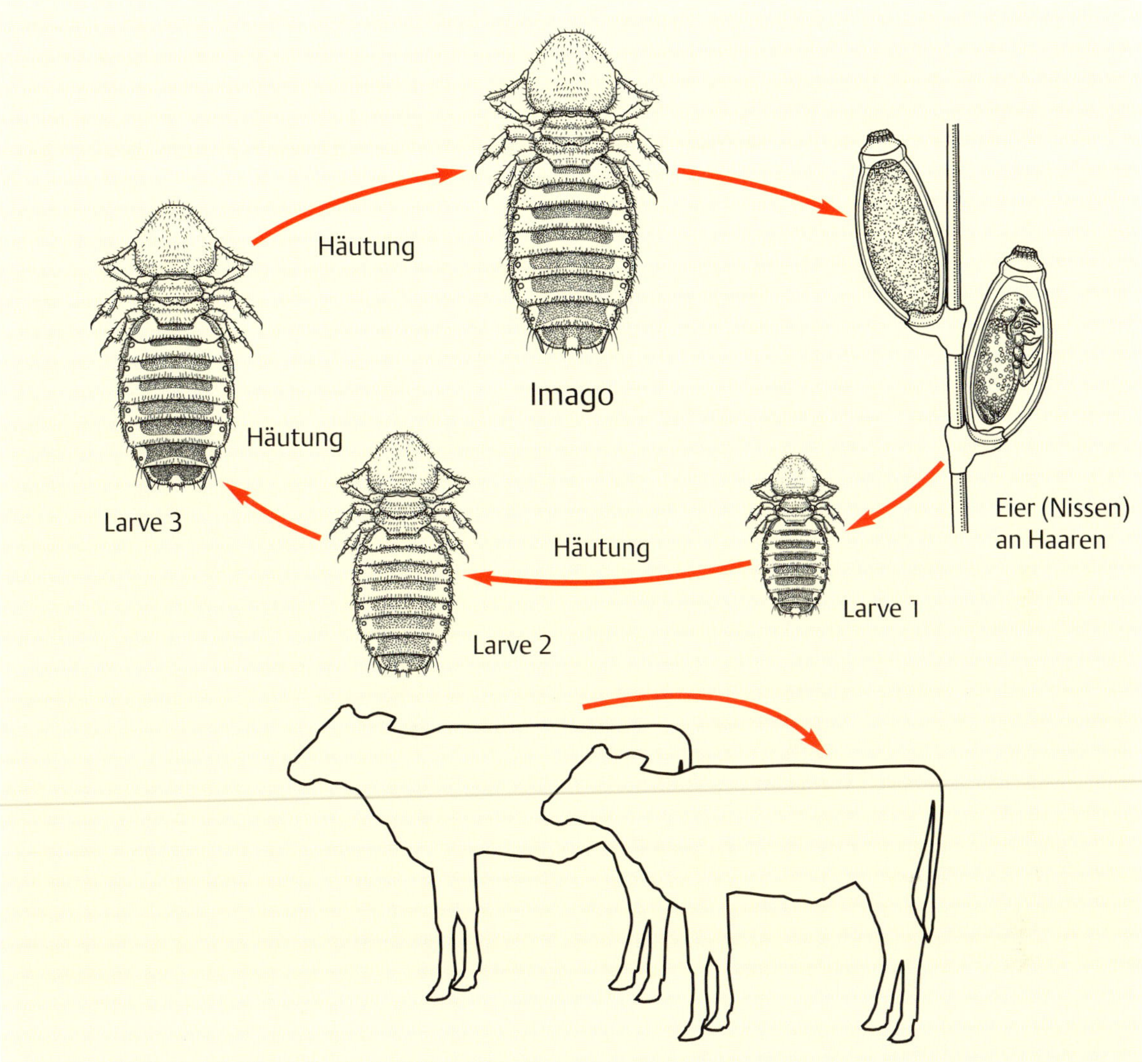

▸ **Abb. 17.31** Entwicklungszyklus von *Bovicola bovis*. (Grafik: Salome Ehrat, nach einer Vorlage von Johannes Eckert und Peter Deplazes, Vetsuisse-Fakultät, Universität Zürich)

Vorkommen und Epidemiologie Die meisten Arten sind Kosmopoliten. In Europa kommt **Haarlingsbefall in Rinderbeständen** häufig vor. So wurde in einer repräsentativen Untersuchung in Deutschland (2002) in 39 % von 968 Betrieben *B. bovis* festgestellt. Auch in **Schafherden** kommen Haarlinge häufig vor (z. B. in 10,7 % der Betriebe in UK). Bei Pferden ist Haarlingsbefall in Zentraleuropa selten, doch wurden hohe Prävalenzen (40 %) aus Island berichtet. Da Phthiraptera ausgesprochen wirtsspezifisch sind, kommt es zwischen verschiedenen Wirtstierarten, mit Ausnahme von Schaf und Ziege, zu keiner Übertragung. Die Infestation erfolgt durch Kontakt der Tiere untereinander, wobei Larven und Adulte überwandern können. Die Übertragung kann auch mittelbar über in Laufstallungen angebrachte Rollbürsten für Rinder sowie durch Pflege- und Scherpersonen mit ihren Gerätschaften und ihrer Kleidung erfolgen. Die adulten Haarlinge leben 1–2 Monate auf dem Wirt, abseits des Wirtes unter moderaten Temperaturbedingungen 2–4 Wochen. *B. ovis* kann in unbehandelter, gestapelter Schafwolle etwa 4 Wochen überdauern.

Die Ausbreitung von Haarlingen in einer Tiergruppe geschieht relativ langsam. In Untersuchungen mit *B. ovis* dauerte es vom Einstellen infestierter Tiere in einen Haarling-freien Bestand bis zum Auftreten klinisch manifester Erkrankungen fast 1 Jahr. Nach einer anderen Studie hatten sich die Haarlinge 22 Wochen nach dem Einstellen eines befallenen Tieres auf 84 % der Schafe der Testherde ausgebreitet. Die Populationsdichten von Haarlingen unterliegen oft charakteristischen Schwankungen. Bei Rind und Schaf treten die höchsten Dichten im Winter und im zeitigen Frühjahr auf. Dabei können sehr hohe Befallsintensitäten erreicht werden, z. B. > 1 Mio. je Schaf. Bei Schafen bestehen große rasseabhängige und individuelle Unterschiede in der Empfänglichkeit für *B. ovis*.

Auch bei **Federlingen des Geflügels** treten zyklische Veränderungen in der Parasitenzahl auf. Nach Studien an Wildvögeln kommt es besonders in den Brutzeiten zu einer Vermehrung der Parasiten.

Immunologie Die Lebensweise der Haarlinge lässt vermuten, dass es nicht zu ausgeprägten immunologischen Auseinandersetzungen mit dem Wirt kommt. Untersuchungen am Schaf zeigen aber, dass *B. ovis* die Bildung spezifischer Antikörper und eine Aktivierung von T-Zell-Populationen induziert sowie Überempfindlichkeitsreaktionen (Typen I und II) in der Haut verursacht, die eine Rolle in der Pathogenese der Hautveränderungen spielen. Darüber hinaus scheinen Schafe die Befallsstärken von *B. ovis* auf immunologischem Weg kontrollieren zu können. Unklar ist, über welche Mechanismen dies geschieht.

Pathogenese und Krankheitsbild Der **Befall mit Haarlingen** wird von gesunden Haustieren meist gut kontrolliert, sodass er inapparent bleibt. Bei kranken, unterernährten oder schlecht gehaltenen Tieren kann es allerdings zur Massenvermehrung kommen (**„Faktorenerkrankung“**). Klinische Erscheinungen treten entsprechend dem jahreszeitlichen Wechsel in der Populationsdichte von Haarlingen vor allem bei Stallhaltung im Winter und im zeitigen Frühjahr auf.

Bei infestierten Rindern und Schafen zeigt die Dermis entzündliche Infiltrate mit Eosinophilen und Basophilen sowie mononukleären Zellen mit erhöhten Anteilen an CD3, CD4 und MHC-Klasse-II-exprimierenden Zellen. Die sich auf der Haut bewegenden Haarlinge verursachen Juckreiz. Klinisch resultieren daraus Scheuerschäden, squamöse Veränderungen und Verdickungen der Haut, bei **Schafen** auch erhebliche Wollschäden. Das Vlies wird zottig, einzelne ausgegangene Wollhaare oder Büschel ragen heraus, lokal kommt es zur Alopezie. Bei Schaf, Ziege und Rind gehen in Phasen starken Haarlingsbefalls Mast- und Milchleistungen zurück. Nach dem Gerben der Häute zeigen sich Lederschäden (Engl.: *cockle*). Bei **Hunden** und **Katzen** wird das Haarkleid glanzlos und schuppig, fokal treten Exkoriationen und Alopezie auf. Prädilektionsstellen sind Kopf und Rücken. Unter den **Heimtieren** sind vor allem Meerschweinchen vom Haarlingsbefall betroffen; die Hauptsymptome entsprechen denen bei Hund und Katze.

Beim **Huhn** (und anderen Vogelarten) befallen einzelne Species von **Federlingen** unterschiedliche Körperregionen. *Menacanthus stramineus*, die wichtigste Art bei Hühnern, lebt auf der Haut im Brust-, Rücken- und Kloakenbereich. Der Parasit beißt wie andere Amblycera die Federkiele an, sodass die Federn absterben. Beim Befall von Küken manifestieren sich die Schäden bereits am Daunenkleid. Ischnocera ernähren sich von Federteilen. Über die Federschäden hinaus beunruhigen die teils lebhaften Federlinge durch ihre Bewegung und verursachen Juckreiz.

Vektorfunktionen Fleischfresser-Haarlinge (*Trichodectes canis, Felicola subrostratus*) können – neben Flöhen – Zwischenwirte von *Dipylidium* sein.

Diagnose Die Parasiten lassen sich bei Massenbefall im gescheitelten Vlies und Haarkleid, bei Vögeln im Federkleid, mit bloßem Auge oder unter Zuhilfenahme einer Lupe nachweisen (bei schwachem Haarlings-Befall bei Schafen geringe Sensitivität von etwa 2 %). Hilfreich sind das Scheren der Haare an häufig befallenen Körperstellen (z. B. Kopf, Schulter, Beckenbereich beim Rind) und das Abschaben der Hautoberfläche mit einem Skalpell. Als Alternative kann die Klebestreifenmethode (S. 547) eingesetzt werden. Werden Wollproben von Schafen 10 min mit einer hellen Lampe angeleuchtet, wandern die Haarlinge aus und können mit dem Stereomikroskop nachgewiesen werden. Haarproben können auch mit der KOH-Methode (S. 547) untersucht werden. Nissen an den Haaren sind mikroskopisch erkennbar. Bei Nissen von Federlingen reicht oft die makroskopische Untersuchung der Federn, da häufig eine größere Anzahl von Eiern an einzelnen Federn haftet. *M. stramineus* legt seine Eier in Klümpchen besonders auf Federn im Kloakenbereich ab.

Therapie und Bekämpfung Zur Behandlung von **Haarlingsbefall beim Rind** sind Pour-on-Formulierungen von Pyrethroiden und makrozyklischen Lactonen zugelassen. Ferner kann Phoxim zur Sprühbehandlung eingesetzt werden (Dosierungen s. ▸ **Tab. 23.4**). Die injizierbaren Formulierungen makrozyklischer Lactone sind gegen Haarlinge wenig wirksam. Zur Therapie beim **Schaf** stehen u. a. Deltamethrin (Pour-on) und Phoxim (Sprüh- oder Badebehandlung) zur Verfügung (Dosierungen s. ▸ **Tab. 23.4**). Das Scheren vor der Behandlung steigert deren Effizienz erheblich. Bei stark bewollten Schafen ist evtl. der Bade- oder Sprühbehandlung gegenüber der Pour-on-Applikation der Vorzug zu geben. Zur Behandlung von **Ziegen** stehen die für Schafe zugelassenen Präparate zur Verfügung (Einsatz nach Umwidmung). Bei **Pferden** können Phoxim (Sprüh- und Waschbehandlungen) und Imidacloprid (Spot-on) eingesetzt werden (Umwidmungen). Zur Behandlung von **Fleischfressern** sind u. a. Fipronil, Imidacloprid und Selamectin zugelassen (▸ **Tab. 23.15**). Bei Meerschweinchen kann nach Umwidmung z. B. Fipronil, Selamectin, Doramectin oder Ivermectin eingesetzt werden.

Bei Pyrethroiden und makrozyklischen Lactonen ist mit einer Residualwirkung über 5–7 Wochen zu rechnen. Wiederholungsbehandlungen sollten nur nach unvollständiger Wirkung der Ersttherapie und Nachkontrollen durchgeführt werden. In den anderen Fällen ist die Behandlung nach 7–10 Tagen zu wiederholen, da die Nissen nicht ausreichend erfasst werden. Bei *B. ovis* sind Resistenzen gegen Pyrethroide, Organophosphate und Insekten-Entwicklungshemmer nachgewiesen worden.

Zur Behandlung von **Federlingsbefall** können alle verträglichen Insektizide (Pyrethroide, Carbamate, Organophosphorverbindungen), am besten in Puderform, eingesetzt werden (Behandlung nach 1–2 Wochen wiederholen). Nest- und Lagerplätze sollten in die Behandlung einbezogen werden. Beim Wirtschaftsgeflügel ist derzeit mangels zugelassener Präparate eine Umwidmung von Präparaten nötig. Sandbäder mit Kieselgur und Kaolin können bei Freilandhühnern zur Kontrolle von *M. stramineus* beitragen.

Literaturhinweise

Crawford S, James PJ, Maddocks S. Survival away from sheep and alternative methods of transmision of sheep lice (*Bovicola ovis*). Vet Parasitol 2001; 94: 205–216

James PJ. Do sheep regulate the size of their mallophagan louse populations? Int J Parasitol 1999; 29: 869–875

Martin CD, Mullens BA. Housing and dustbathing effects on northern fowl mites (*Ornithonyssus sylviarum*) and chicken body lice (*Menacanthus stramineus*) on hens. Med Vet Entomol 2012; 26: 323–333

Zlotorzycka J, Eichler W, Ludwig HW. Taxonomie und Biologie der Mallophagen und Läuse mitteleuropäischer Haus- und Nutztiere. Parasitol. Schriftenreihe. Band 22. Jena: G. Fischer; 1974: 1–160

17.2.3 Ordnung Phthiraptera, Unterordnung Anoplura (Läuse)

Praxis

Blutsaugende, wirtsspezifische Ektoparasiten mit hemimetaboler Entwicklung bei Schwein und Rind, selten bei anderen Tierarten. Infestation führt zu Irritation, Juckreiz und Hautveränderungen.

Anoplos (gr.): unbewaffnet; *ura* (gr.): Schwanz. Unbewaffneter Hinterkörper im Gegensatz zu Bienen, Wespen etc. Engl.: *sucking lice.*

Das Wichtigste in Kürze

- **Morphologie, Arten.** Flügellose, 2–6 mm große, dorsoventral abgeplattete, blutsaugende, permanent-stationäre Ektoparasiten bei Säugetieren und beim Menschen. Im Unterschied zu den Haar- und Federlingen Kopf schmaler als 1. Thorakalsegment. Veterinärmedizinisch wichtig: Vertreter der Familien Haematopinidae und Linognathidae. Hohe Wirtsspezifität, teils mehrere Arten je Wirtsart; nicht bei Katzen und Vögeln.
- **Entwicklung.** Weibchen kleben Eier (Nissen) an Haare. Hemimetabole Entwicklung über 3 Larvenstadien in 3–4 Wochen. Übertragung durch Kontakt. Alle Stadien saugen täglich mehrmals Blut, überleben abseits des Wirtes gewöhnlich nur 4–7 Tage.
- **Vorkommen, Epidemiologie.** Befall bei Rind und Schwein häufig, bei anderen Haustieren eher selten. Oft Saisondynamik mit höchster Befallsstärke im Winter. Schlechte Haltungsbedingungen fördern die Vermehrung der Läuse.
- **Pathogenese, Krankheitsbild.** Lausstiche irritieren stark, führen zu Scheuer- und Hautschäden mit Alopezie, Hautverdickung, gelegentlich Ekzemen (immunpathologische Genese). Minderung der Milch- und Mastleistung.
- **Therapie, Bekämpfung.** Einsatz von Insektiziden verschiedener Wirkstoffgruppen im Pour-on- oder Sprühverfahren. Bei einigen Präparaten Wiederholung wegen unzureichender Wirkung auf Nissen erforderlich.

Morphologie, Arten Läuse sind flügellos, dorsoventral abgeplattet, mit relativ dickem Abdomen und einem Caput, das schmaler ist als das 1. Thorakalsegment und gut sichtbare, 3- bis 5-gliedrige Antennen trägt. Die stechend-saugenden Mundwerkzeuge sind in Anpassung an die parasitische Lebensweise stark abgewandelt und liegen, von außen nicht sichtbar, im Caput. Augen kommen bei den Pediculidae vor, sind aber bei anderen Familien abwesend oder reduziert. Die Haut der Wirte wird durch 3 sog. Stilette angestochen. An den Tarsen findet sich jeweils eine Klaue (▶ **Abb. 17.32**). Bei ansonsten geringem Geschlechtsdimorphismus sind die männlichen Läuse gewöhnlich kleiner als die weiblichen. Wie andere Insekten, die in allen Stadien von Blut leben, beherbergen sie symbiontische Mikroorganismen, die sich bei Läusen in einem sog. Mycetom am Mitteldarm befinden.

Vertreter aus 3 Familien (▶ **Tab. 17.8**) befallen Haussäugetiere, mit Ausnahme von Katzen, sowie Heimtiere und Primaten. Die Läuse des Menschen zählen zu den Pediculidae (*Pediculus humanus* mit den 2 Ökotypen *P. h. capitis* [Kopflaus], *P. h. corporis* [Kleiderlaus]; *Phthirus pubis:* Filz- oder Schamlaus).

Die bei Haustieren vorkommenden Familien Haematopinidae und Linognathidae unterscheiden sich am 1. Beinpaar, das bei den Linognathidae deutlich schwächer als die übrigen Beinpaare ausgebildet ist, während es bei Haematopinidae keine solchen Unterschiede gibt. Haematopinidae besitzen stark chitinisierte, seitlich vorspringende sog. Paratergalplatten an den Abdominalsegmenten (▶ **Abb. 17.32**).

Entwicklung Läuse entwickeln sich **hemimetabol** über 3 Larvenstadien, die zwar etwas kleiner als die Adulten sind, ihnen aber morphologisch und in der Lebensweise gleichen (▶ **Abb. 17.33**). Die begatteten Weibchen kleben wie Haarlinge gedeckelte Eier, sog. **Nissen**, mit einem wasserunlöslichen Kitt an Haare oder Borsten des Wirts. Aus den Nissen schlüpfen artabhängig nach 1–3 Wochen die 1. Larven. Nach jeweils 3–6 Tagen häuten sie sich zu den weiteren Larven und den Adulten, sodass die Gesamtentwicklung nach etwa 3–4 Wochen abgeschlossen ist. Die Weibchen legen je nach Art täglich 5–8 (insgesamt > 100) Eier und werden wie die Männchen 3–4 Wochen alt.

Vorkommen und Epidemiologie Die in Europa vorkommenden, häufigeren Arten sind mit ihren Wirten in

▸ **Abb. 17.32** Läuse.
a *Haematopinus suis* (Länge 4–6 mm) (Quelle: Institut für Parasitologie, Vetsuisse-Fakultät, Universität Zürich)
b Nissen von Läusen im Haarkleid eines Rindes (Quelle: Institut für Parasitologie, Vetsuisse-Fakultät, Universität Zürich)

▸ **Tab. 17.8** Läuse (Anoplura) (Auswahl) und ihre Wirte.

Familie und Art	Länge (♀♀) mm	Wirt
Haematopinidae		
Haematopinus eurysternus	3,0–3,5	Rind
Haematopinus suis	4,5–6,0	Schwein
Haematopinus asini	2,5–3,5	Pferd, Esel
Linognathidae		
Linognathus vituli	2,5–3,0	Rind
Linognathus stenopsis	2,5–3,0	Ziege
Linognathus ovillus	2,0–3,0	Schaf
Linognathus setosus	1,8–2,5	Hund, Fuchs
Solenopotes capillatus	1,5–2,0	Rind
Hoplopleuridae[1]		
Haemodipsus ventricosus	1,3–1,5	Kaninchen
Polyplax serrata	1,0–1,4	Maus
Polyplax spinulosa	1,3–1,6	Ratte

[1] zur Familie zählt auch die Gattung *Pedicinus*, die bei Altweltprimaten vorkommt

▸ **Tab. 17.8** aufgeführt. Nach Daten aus Deutschland (2002) war in 12 % von 968 untersuchten Rinderbeständen *Solenopotes capillatus* nachweisbar; *Haematopinus eurysternus* und *Linognathus vituli* wurden in etwa 4 % der Betriebe festgestellt. Letztere Art tritt vorwiegend bei **Kälbern** auf. Bei **Schafen** und **Ziegen** haben Läuse in Europa allgemein eine geringe Bedeutung (Ausnahme UK). Verlässliche Zahlen zur Prävalenz beim **Schwein** sind spärlich. In Deutschland sind vermutlich 15–40 % der Betriebe befallen. In der Schweiz sind SPF-Schweinebestände (A-Betriebe) *Haematopinus*-frei [vgl. *Sarcoptes*-Räude (S. 460)]. Bei **Equiden** und **Hunden** in Mitteleuropa ist Lausbefall selten.

Die Übertragung erfolgt durch Kontakt von Tier zu Tier oder mittelbar, z. B. durch Putzzeug oder die in Laufstallungen von Rindern häufig angebrachten Rollbürsten. Die meisten Lausarten sind streng **wirtsspezifisch** (monoxen), einige haben ein etwas breiteres Wirtsspektrum (stenoxen). Entsprechend gehen Läuse von einer Wirtstierart nicht auf andere Tierwirte oder den Menschen über (Ausnahme: sehr nahe verwandte Wirtsarten). Tiere sind nie Ansteckungsquelle für Menschen. Läuse sind auf regelmäßige Blutaufnahmen angewiesen und überleben daher nur 4–7 Tage abseits ihres Wirtes. Eine Ausnahme stellt *L. stenopsis* dar: Der bei Ziegen vorkommende Parasit soll im Lager des Wirtes Hungerzeiten von mehr als 2 Wochen überstehen. Beim Lausbefall von Rindern besteht eine deutliche Saisondynamik. Er ist am stärksten im Winter und zeitigen Frühjahr und kann mit dem Haarwechsel im späten Frühjahr sprungartig sinken. Bei anderen Wirten sind jahreszeitliche Schwankungen wenig ausgeprägt.

Immunologie Speichelantigene der Anoplura induzieren in ihren Wirten die Bildung spezifischer Antikörper. Feldbeobachtungen bei Rindern und anderen Haustieren, nach denen Jungtiere stärker als ältere Tiere von Läusen befallen sind, sowie experimentelle Untersuchungen bei Nagern sprechen dafür, dass es bei anhaltendem Befall zu einer **Teilimmunität** kommt. Dabei sind die Lebensdauer der Weibchen und die Schlupfrate ihrer Eier reduziert. Die Mechanismen sind nicht erforscht. Überempfindlichkeitsreaktionen vom Soforttyp sollen eine Rolle spielen,

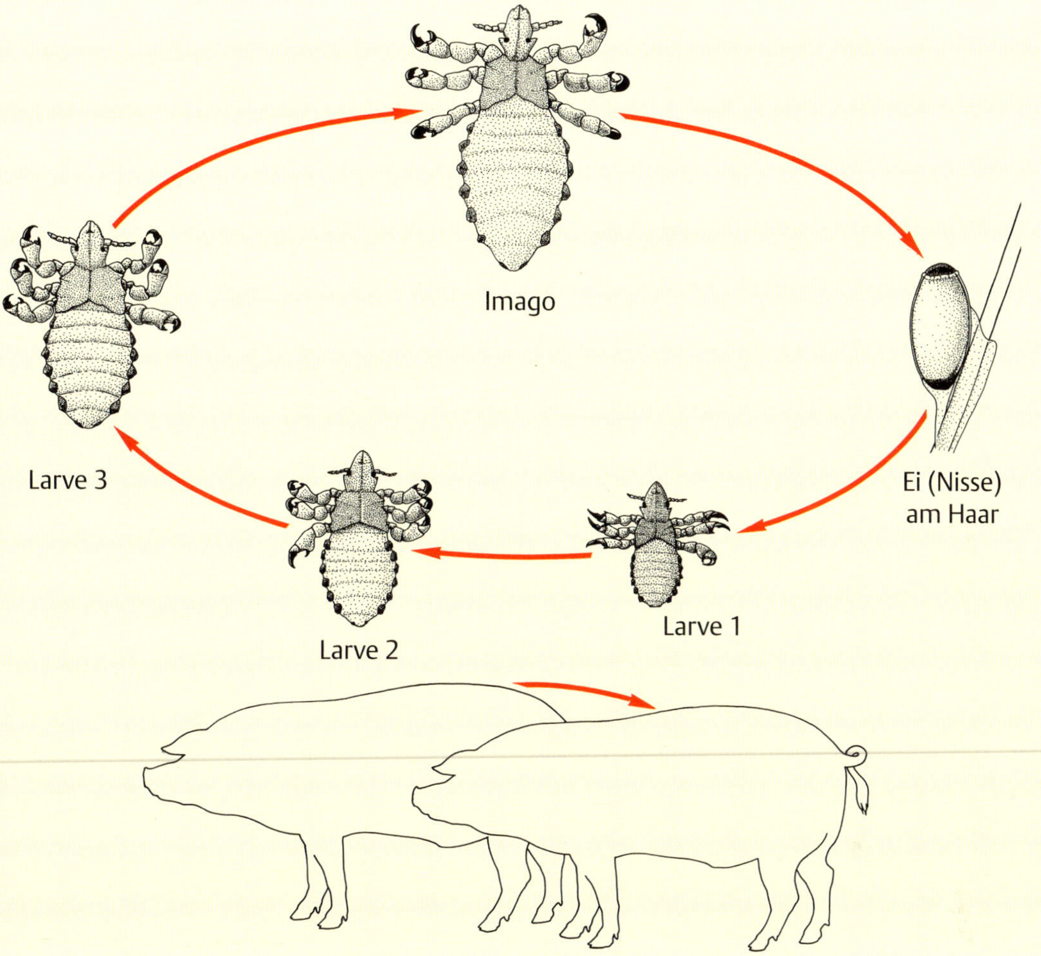

▸ **Abb. 17.33** Entwicklungszyklus von *Haematopinus suis*. (Grafik: Salome Ehrat, nach einer Vorlage von Johannes Eckert und Peter Deplazes, Vetsuisse-Fakultät, Universität Zürich)

da in der Haut immuner Nager erhöhte Mastzelldichten auftreten, doch kommt es nach Befunden beim Schaf auch zu lymphozytären Infiltraten um die Stichstellen. Bei sensibilisierten Nagern kommt es nach Reinfestationen mit Läusen zu Überempfindlichkeitsreaktionen vom Typ III (Arthus-Reaktion) mit Akkumulationen von neutrophilen Granulozyten an der Stichstelle.

Pathogenese und Krankheitsbild Läuse nehmen in allen Stadien mehrmals täglich Blut auf und sorgen damit für anhaltende Irritation der Tiere. Die stark juckenden Stiche führen zum Kratzen und somit zu Exkoriationen sowie zu Sekundärinfektionen. Die entzogenen Blutmengen sind mit etwa 0,1 mg je Stich gering, bei massenhaft befallenen Jungtieren kann der Blutentzug aber durchaus zum Schadfaktor werden.

Beim **Rind** findet sich *H. eurysternus* (Kurznasige Rinderlaus) vorwiegend am Kopf (um die Augen, an den Ohren, am Horngrund), am Rücken bis zum Schwanzansatz und an den Flanken. *L. vituli* (Langnasige Rinderlaus) und *S. capillatus* (Kleine blaue Rinderlaus) besiedeln hauptsächlich Kopf, Hals und Triel. Massenbefall und klinische Erscheinungen beschränken sich meist auf den Winter und das zeitige Frühjahr. Es kommt zu Alopezie (oft als Brillenbildung), squamöser Dermatitis, Hautverdickung, manchmal krustigen Auflagerungen nach Hautverletzungen. Hochgradiger Befall führt zu merklichen Einbußen bei der Milch- und Mastleistung, bei Kälbern auch zu Anämie. Mit dem Haarwechsel im späten Frühjahr kann sich das klinische Bild mit dem Rückgang der Befallsintensität schlagartig bessern.

Schafe haben selten, **Ziegen** häufiger Läuse. Der Befall manifestiert sich hauptsächlich am Vorderkörper.

Die bevorzugte Lokalisation von *H. asini* bei **Equiden** sind Mähnengrund und Schwanzwurzel; manchmal sammeln sich die Läuse auch an den Gliedmaßenenden über den Hufen an. Ausgeprägte klinische Erscheinungen mit Alopezie und Dermatitis sind selten, aber dann mit Stress und schlechter Haltung assoziiert. Offensichtlich aufgrund der Lokalisation der Parasiten in Mähnengrund und Schweifwurzel setzt mit dem Haarwechsel im Frühjahr nicht immer eine so deutliche Besserung ein wie beim Rind.

Beim **Schwein** ist der Lausbefall bei konventioneller Haltung im Stall häufig und weitgehend unabhängig vom Alter der Tiere. Läuse finden sich vor allem auf dem Rücken der Schweine sowie an dünnhäutigen Stellen wie Achsel, Kniefalte und Innenseite der Ohren. Die juckenden Stichstellen führen zum Scheuern und zu Hautverletzungen mit krustigen Belägen. Die dauernde Beunruhigung der Tiere beeinträchtigt die Gewichtszunahmen.

L. setosus besiedelt bei **Hund** und **Fuchs** den Augen- und Ohrbereich sowie den vorderen Rücken. Bei Hunden tritt die Infestation gewöhnlich nur bei ungepflegten Tieren auf. **Kaninchen** und **Nager** sind als Heimtiere und unter Laborbedingungen selten von Läusen befallen.

Vektorfunktion Als Krankheitsüberträger spielen Tierläuse nach allgemeiner Ansicht keine epidemiologische Rolle. Die Kleiderlaus des Menschen kann u. a. pathogene Rickettsien (*Rickettsia prowazekii*) und Borrelien (*Borrelia recurrentis*) übertragen.

Diagnose Läuse werden an den Prädilektionsstellen makroskopisch oder mit der Lupe auf der Haut nachgewiesen. Wegen der Größe und dunklen Farbe von *H. suis* ist dies am einfachsten beim Schwein. *H. suis*, andere *Haematopinus*-Arten und *Linognathus* spp. bilden häufig kleine Gruppen von mehreren Exemplaren (Läusenester). Die kleinen, durchscheinenden und eher einzeln auftretenden Adulten von *S. capillatus* beim Rind können hingegen leicht übersehen werden. Die etwa 1 mm langen, je nach Art hellen bis graublauen Nissen finden sich am Haargrund. Bei Massenbefall können es große Mengen eng hintereinander geklebter Eier sein (▸ **Abb. 17.32**).

Therapie und Bekämpfung Zur Lausbekämpfung bei **Wiederkäuern** stehen mit makrozyklischen Lactonen (ML, Pour-on- und Injektionslösungen), Pyrethroiden (Pour-on- oder Sprühbehandlung) sowie Phoxim (Sprüh-, Waschbehandlungen) mehrere wirksame Substanzen zur Verfügung (▸ **Tab. 23.4**). Außer bei den lange bioverfügbaren ML, die noch einige Wochen nach der Applikation wirken, muss die Behandlung nach 1–2 Wochen wiederholt werden, weil die Eier nicht ausreichend erfasst werden. In *Hypoderma*-endemischen Gebieten (S. 612) sollten ML im Zeitraum von Dezember bis Mitte März beim Rind nicht eingesetzt werden. Beim **Schwein** werden Phoxim (Sprühverfahren) oder ML verwendet. Für **Pferde** stehen gegenwärtig für die Behandlung des Läusebefalls keine zugelassenen Produkte zur Verfügung. Für die beim Pferd zur Behandlung von Wurminfektionen verfügbaren ML-Präparate liegen hinsichtlich einer Wirkung gegen Läuse keine gesicherten Daten vor. Dies gilt auch für die Anwendung der Permethrin-haltigen Wellcare Emulsion®, die ggf. nach Umwidmung verwendet werden kann. Bei infestierten **Hunden** können verschiedene Wirkstoffe umgewidmet werden (▸ **Tab. 23.15**); ein Teil davon kann mit Insektizid-Halsbändern angewendet werden. Die Wirkung von Fipronil (Spray-Behandlung) setzt sehr rasch ein und hält mindestens 6 Wochen an, die Wirkung von Fluralaner (orale Applikation) hält mindestens 12 Wochen an. Hautveränderungen und Juckreiz persistieren allerdings trotz Lausfreiheit 2 Wochen und länger. Eine Entwesung von Ställen und Lagern ist unnötig, wenn gewährleistet ist, dass sie für einen Zeitraum von mindestens 8 Tagen [= Zeitraum, den Läuse abseits des Wirts nicht überleben; Ausnahme: *L. stenopsis* (S. 474)] ungenutzt bleiben.

Literaturhinweise

Braae UC, Ngowi HA, Johansen MS. Smallholder pig production: prevalence and risk factors of ectoparasites. Vet Parasitol 2013; 196: 241–244

Colwell DD. Life history parameters of the cattle long-nosed sucking louse, *Linognathus vituli*. Med Vet Etomol 2014; 28: 432–437

Kohler-Aanesen H, Saari S, Armstrong R et al. Efficacy of fluralaner (Bravecto™ chewable tablets) for the treatment of naturally acquired *Linognathus setosus* infestations on dogs. Parasit Vectors 2017; 10: 426

Leonardi MS. Faster the better: a reliable technique to sample anopluran lice in large hosts. Parasitol Res 2014; 113: 2015–2018

17.2.4 Ordnung Heteroptera (Wanzen)

Praxis
Blutsauger (u. a. Bettwanze); Bedeutung als Vektoren von *Trypanosoma cruzi* (Chagas-Krankheit) in Lateinamerika.

Heteros (gr.): anders, verschieden; *pteron* (gr.): Flügel. Bezug auf den speziellen Bau der Vorderflügel, die bei den Wanzen nur an der Basis stark chitinisiert sind. Engl.: *bugs*.

Die Adulten der hemimetabolen Wanzen haben 2 Flügelpaare oder nur Flügelrudimente. In Mitteleuropa haben Wanzen eine sehr geringe veterinärmedizinische Bedeutung. Die **Bettwanze** *Cimex lectularius* (Familie Cimicidae, Plattwanzen), die vorwiegend den Menschen und gelegentlich Tiere (z. B. Hühner) befällt, hat sich in letzter Zeit im Zusammenhang mit der gestiegenen Mobilität der Menschen stark ausgebreitet. Die Adulten dieser Art sind etwa 3–6 mm lang, ihr Körper ist dorsoventral abgeflacht, die Flügel sind stark reduziert, der lange Stechrüssel kann ventral unter den vorderen Körper geklappt werden (▸ **Abb. 17.34**). Die Entwicklung vom Ei über 5 Juvenilstadien bis zu den Adulten dauert unter günstigen Bedin-

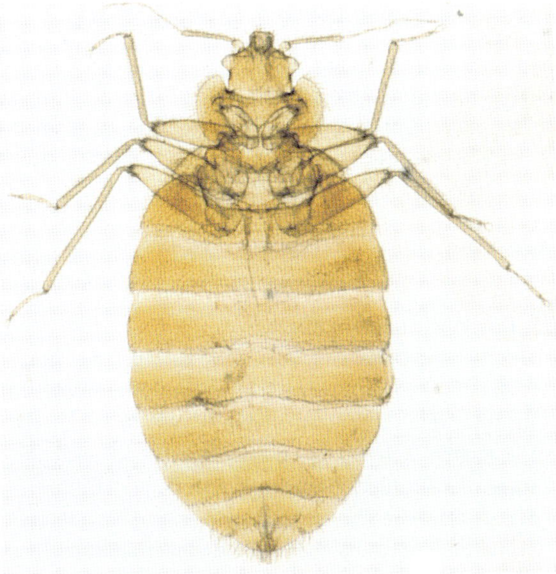

▶ **Abb. 17.34** *Cimex lectularius* (Länge in nüchternem Zustand: 4–5 mm). (Quelle: Institut für Parasitologie, Vetsuisse-Fakultät, Universität Zürich)

gungen etwa 1½ Monate. Während ihrer Entwicklung müssen die Wanzen mehrmals Blut aufnehmen. Ihr Hungervermögen bis zu 1 Jahr ermöglicht ihnen eine lange Persistenz in Räumen, wo sie sich tagsüber in Schlupfwinkeln (etwa unter Matratzen, in Ritzen der Wand, hinter Fußleisten und Lichtschalterabdeckungen, in Legenestern von Hühnern) verborgen halten und nachts zum Blutsaugen hervorkommen. Eine nahe verwandte Art ist die **Taubenwanze** (*Cimex columbarius*), die an Tauben, Schwalben und anderen Vögeln parasitiert. Gelegentlich wandern Cimiciden aus Vogelnestern in Wohnungen ein und belästigen Menschen mit ihren Stichen, z. B. die Taubenwanze oder die Schwalbenwanze (*Oeciacus hirundinis*). **Raubwanzen** aus der Familie Reduviidae (Gattungen *Triatoma, Rhodnius* u. a.) spielen als Überträger der Erreger der Chagas-Krankheit [*Trypanosoma cruzi* (S. 69)] in Lateinamerika eine Rolle.

Literaturhinweis

Delaunay P. Human travel and traveling bedbugs. J Travel Med 2012; 19: 373–379

17.2.5 Ordnung Coleoptera (Käfer)

Praxis

Größte Ordnung der Insekten, aber geringe veterinärmedizinische Bedeutung als mechanische Vektoren von Pathogenen oder Zwischenwirte von Helminthen des Geflügels. Der Kleine Beutenkäfer *Aethina tumida* ist ein bedeutender Bienenschädling, der sich in Südeuropa etabliert hat. Er ist anzeigepflichtig (AT, DE) bzw. gilt als zu bekämpfende Seuche (CH).

Koleos (gr.): Ummantelung; *pteron* (gr.): Flügel. Bezug auf die sklerotisierten Vorderflügel, welche als Deckflügel die Hinterflügel und das Abdomen umhüllen.

Die holometabolen Käfer sind die artenreichste Ordnung der Insekten (ca. 40 % aller Arten). Im Allgemeinen sind sie von geringer veterinärmedizinscher Bedeutung, etwa als mechanische Vektoren von Pathogenen oder weltweit als Zwischenwirte von Helminthen, v. a. des Geflügels (z. B. *Raillietina cesticillus, Choanotaenia infundibulum, Echinolepis carioca*; ▶ **Tab. 10.10**).

Familie Nitidulidae (Glanzkäfer)

Gattung *Aethina* (Beutenkäfer)

Aethina tumida

Von stetig zunehmender Bedeutung ist der Kleine Beutenkäfer *Aethina tumida*. Ausgehend von Afrika südlich der Sahara, wo er als unbedeutender Bienenschädling gilt, hat er sich u. a. nach Amerika (1996) und Australien (2002) ausgebreitet, wo er beträchtlichen Schaden in Kolonien der Honigbiene *Apis mellifera* verursacht. Im Jahre 2004 wurde er mit importierten Bienenvölkern nach Portugal eingeschleppt, doch konnte der Ausbruch eingegrenzt und der Käfer eliminiert werden. Ende 2014 wurde er in mehreren Bienenstöcken in Süditalien nachgewiesen, worauf die europäischen Länder den Import von Bienen, Hummeln sowie Imkerei-Erzeugnissen und -geräten aus den betroffenen Gebieten gestoppt haben.

Die adulten Käfer sind ca. 5 mm lang, dunkelbraun bis schwarz gefärbt, haben keulenförmige Antennen und Deckflügel, die kürzer als das Abdomen sind. Die Weibchen legen die Eier paketweise in Ritzen der Bienenstöcke und unter die Wabendeckel. Nach 3 Tagen schlüpft die Larve 1 und entwickelt sich je nach Nahrungsangebot und Umgebungstemperatur innerhalb von 10–30 Tagen über die Larve 2 zur Larve 3. Die weißlichen Larven haben 3 Paar lange Vorderbeine; sie werden bis 12 mm lang und ernähren sich von der Brut, Pollen und Honig. Die Larve 3 verlässt den Bienenstock und verpuppt sich im Erdboden in der Nähe der Bienenstöcke; sie kann dabei längere Strecken zurücklegen und wird daher auch als „Wanderlarve“ bezeichnet. Der adulte Käfer, der sich von Pollen und Nektar ernährt, schlüpft nach 3–4 Wochen und sucht nach ca. 1 Woche einen Bienenstock zur Eiablage auf, wobei Stöcke in bis zu 10 km Entfernung angeflogen werden können. *A. tumida* kann je nach Umweltbedingungen mehrere (bis 6) Generationen pro Jahr aufweisen. Adulte Käfer können bis zu 9 Tage ohne Futter oder Wasser, 50 Tage auf benutzten Waben und mehrere Monate auf Früchten überleben.

Die **Schadwirkung** entsteht durch das Minieren der Larven durch den Bienenstock (Fraßgänge in den Waben), Verschleimung der Honigwaben, Verunreinigung des Honigs durch Kot und Fermentation des Honigs, der dadurch vergoren (fauliger Geruch) und verflüssigt wird und durch die Fraßgänge der zerstörten Wabe aus dem Flugloch auslaufen kann. Eine geringfügige Infestation kann unbemerkt bleiben, bei starkem Befall können geschwächte Völker innerhalb von 2 Wochen, gesunde Völker binnen weniger Wochen zerstört werden. Fauliger Honiggeruch, aus dem Flugloch auslaufender Honig oder verkrustete Kriechspuren der Wanderlarven außen am Bienenstock weisen auf einen Befall hin. Eine frühe Diagnose kann anhand der adulten Käfer gestellt werden, welche vor dem Licht fliehen. Eier (weiß, etwa ⅔ so groß wie die einer Honigbiene) und Larven (weißlich bis beige gefärbt, 2 charakteristische Stachelreihen auf dem Rücken, beim ca. 1 cm langen Wanderstadium sind Kopf und Beine bräunlich rot gefärbt) können nur bei mittleren oder hohen Infestationen nachgewiesen werden.

Verschiedene Fallentypen wurden entwickelt, um die Käfer zu fangen. **Kontrollmaßnahmen** umfassen die Vernichtung von befallenen Bienenstöcken sowie das oberflächige Abtragen des Bodens (mit anschließender Tiefkühlung, um die Puppen abzutöten) oder Aufbringen von Löschkalk in der Umgebung der Stöcke. Prophylaxemaßnahmen beinhalten die regelmäßige Kontrolle auf möglichen Befall, kein Wabentausch zwischen verschiedenen Völkern, Entsorgung alter Bienenstöcke. Gute Pflege der Bienen mit Selektion auf Putztrieb zur Schaffung gesunder, wehrhafter Völker: Wächterbienen sperren adulte Käfer in leere Zellen ein und versiegeln diese; auch zeigen Bienen direktes Aggressionsverhalten gegen die Käfer, zerstören Eigelege oder tragen ganze Brutzellen aus bzw. zerstören diese.

Da der Kleine Beutenkäfer auch alternative Wirte hat (Hummeln, Wildbienen), gilt seine Ausrottung als unmöglich. Als Maßnahmen gegen eine Einschleppung gelten bestimmte Importverbote von Paketbienen, Völkern oder Bienenköniginnen [s. auch Parasitosen der Honigbiene (S. 648)].

Literaturhinweise

Cornelissen B, Neumann P: How to catch a small beetle: top tips for visually screening honey bee colonies for small hive beetles. Bee World 2018; 95: 99–102

OIE. Small hive beetle infestation. Available at http://tinyurl.com/nf32vyu

17.2.6 Ordnung Diptera (Zweiflügler)

Praxis

Zu den Dipteren gehören Mücken (Nematocera) und Fliegen (Brachycera), welche hauptsächlich als Vektoren, Lästlinge und Myiasis-Erreger Bedeutung haben.

Di- (gr.): zwei; *pteron* (gr.): Flügel. Bezug auf die Adulten mit 2 Flügeln.

Das Wichtigste in Kürze

- Die Ordnung Diptera mit den Unterordnungen Nematocera (Mücken) und Brachycera (Fliegen) enthält zahlreiche parasitologisch bedeutsame Arten.
- Die adulten Diptera haben wie alle Insekten 6 Beine und tragen 1 Paar Flügel (wenige sekundär flügellos), ihre Mundwerkzeuge sind vom stechend-saugenden oder leckend(tupfend)-saugenden Typ, sie können aber stark reduziert sein.
- Die Entwicklung ist holometabol und führt vom Ei über mehrere Larvenstadien und die Puppe zum Imago-Stadium.
- Mücken-Imagines haben meist einen zierlichen Körperbau und lange Antennen, die aus 6 oder mehr Gliedern bestehen; die Larven besitzen eine Kopfkapsel.
- Die Imagines der Fliegen erscheinen im Körperbau plumper und besitzen kurze Antennen, die aus 3 Hauptsegmenten zusammengesetzt sind; bei den Larven (Maden) ist die Kopfkapsel reduziert oder sie fehlt ganz.

Zahlreiche Arten dieser Ordnung sind als Lästlinge, als Vektoren von Viren, Bakterien, Protozoen und Helminthen sowie als Parasiten der Haut und anderer Organe veterinärmedizinisch und medizinisch von Bedeutung. Die Ordnung Diptera wird klassisch in die Unterordnungen Nematocera (Mücken) und Brachycera (Fliegen) gegliedert.

Die Hauptmerkmale der Diptera sind in der Zusammenfassung aufgeführt, weitere Angaben finden sich in den folgenden Abschnitten. Im Gegensatz zu verschiedenen anderen Insektengruppen haben die Diptera nur 1 Paar Flügel; das ursprüngliche 2. Flügelpaar ist zu Schwingkölbchen (Halteren) umgewandelt, die bei der Koordination des Fluges eine Rolle spielen (▶ **Abb. 17.35**). Die Flügel sind meist durchsichtig und werden in Ruhe gewöhnlich flach über- oder nebeneinandergelegt; ihre Flügeladern bieten wichtige Anhaltspunkte für die Identifikation der Gattungen und Arten.

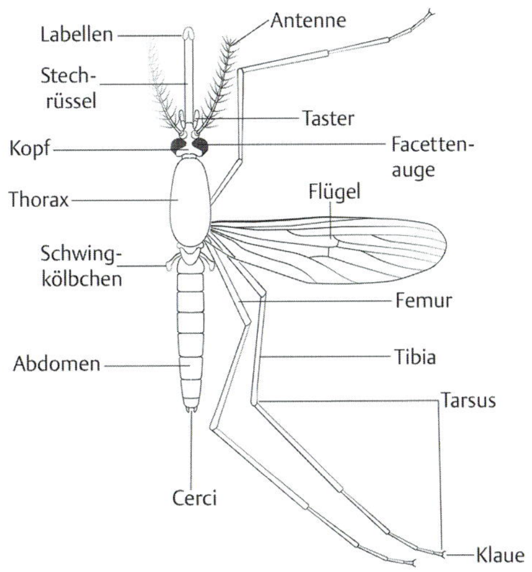

▶ **Abb. 17.35** Culicidae: Schema einer weiblichen Culicine. (Grafik: Jeanne Peter-Zocher, Vetsuisse-Fakultät, Universität Zürich, nach Weyer, F. Zumpt F. Grundriss der Medizinischen Entomologie. Leipzig. Paul Parey 1942.)

17.2.7 Ordnung Diptera, Unterordnung Nematocera (Mücken)

Praxis

Zu den veterinärmedizinisch wichtigen Nematocera gehören die Culicidae (Stechmücken), Phlebotominae (Sandmücken), Simuliidae (Kriebelmücken) und Ceratopogonidae (Gnitzen), welche Vektoren einer Vielzahl von Pathogenen sind und als Lästlinge Bedeutung haben.

Nema (gr.): Faden; *keras* (gr.): Horn. „Fadenhörner“; Bezug auf die langen und vielgliedrigen Antennen.

Mücken sind meist (Ausnahme: Simuliidae) schlanke, langbeinige Dipteren mit fadenförmigen, 6 bis ca. 30-gliedrigen Antennen mit homonomer Gliederung (= Glieder gleich gestaltet) (▶ **Abb. 17.35**). Die Weibchen vieler Arten benötigen Blut für die Eiproduktion und haben stechend-saugende Mundwerkzeuge. Diese sind entweder lang und erlauben das Anstechen der Kapillaren (**Kapillarsauger**; nur bei Stechmücken) oder aber grob und kurz und dienen dazu, Wunden in die Haut zu schneiden und die darin zusammenlaufenden Körpersäfte (Blut, Lymphe, Zellflüssigkeit) aufzunehmen (***pool-feeder***). Die Männchen der Nematocera sind keine Blutsauger. Der Grundbedarf der Imagines an Energie und Nährstoffen kann bei beiden Geschlechtern über Pflanzensäfte (Nektar) oder Honigtau gedeckt werden. Die Larven sind eucephal (mit Kopfkapsel) mit beißenden Mundwerkzeugen; stets werden 4 oder mehr Larvenstadien durchlaufen. Die Larven leben in Wasser oder sehr feuchten Substraten. Nematocera sind bis auf Simuliidae Langsamflieger. Veterinärmedizinisch sind als direkte Schadinsekten oder als zyklisch-alimentäre Überträger von Erregern (Vektoren) 4 Familien von Bedeutung: Culicidae (Stechmücken), Psychodidae (Unterfamilie Phlebotominae, Sandmücken), Simuliidae (Kriebelmücken) und Ceratopogonidae (Gnitzen).

Familie Culicidae (Stechmücken)

Praxis

Stechmücken sind die wichtigsten Arthropoden-Vektoren einer Vielzahl von medizinisch und veterinärmedizinisch bedeutenden Krankheitserregern (z. B. Malaria, Zika-Virus; West-Nil-Virus, *Dirofilaria* spp.). Sie können lokal riesige Populationen bilden und erhebliche Belästigungen verursachen.

Culex (lat.): Mücke. Engl.: *mosquitoes*.

Das Wichtigste in Kürze

- **Morphologie, Arten.** Culicidae sind 4–10 mm lange, schlanke, langbeinige Mücken; die Weibchen haben lange stechend-saugende Mundwerkzeuge (Kapillarsauger). Wichtige Unterfamilien und Gattungen sind: Anophelinae (Gattung *Anopheles*) und Culicinae (Gattungen *Culex, Aedes, Culiseta, Coquillettidia*); weltweit > 3000, in Europa 100 Culicidae-Arten.
- **Entwicklung.** Eiablage auf stehendem Wasser, an deren Rand oder auf den Boden von Überschwemmungsgebieten. Die eucephalen, beweglichen Larven schlüpfen im Wasser und entwickeln sich über 4 Stadien zur gleichfalls beweglichen Puppe. Dauer der Entwicklung unter günstigen Bedingungen 8–21 Tage. Einige Arten (z. B. *Culex pipiens*) bilden in Mitteleuropa bis 7 Generationen im Jahr.
- **Vorkommen, Epidemiologie.** Entsprechend der Verfügbarkeit der bevorzugten Larvenhabitate (etwa Überschwemmungsgebiete, Tümpel, kleine natürliche [Astlöcher, Pfützen] oder künstliche Wasseransammlungen [Regentonnen]) können lokal große Mückenpopulationen entstehen, z. B. von der Überschwemmungsmücke *Aedes vexans* oder der Hausmücken (*Culex*- und *Culiseta*-Arten). Die meisten Stechmückenarten sind dämmerungs- und einige (z. B. Hausmücken) nachtaktiv; Waldmücken, *Coquillettidia*-Arten sowie die invasiven Arten *Ae. albopictus* (Tigermücke) und *Ae. japonicus* (Asiatische Buschmücke) stechen auch tagsüber. Die Weibchen der meisten Arten benutzen verschiedene Vertebraten als Blutspender, andere bevorzugen bestimmte Wirte. *Culex*-, *Culiseta*- und *Anopheles*-Arten dringen in Gebäude ein.
- **Pathogenese, Krankheitsbild, Vektorfunktion.** Stechmücken sind Lästlinge für Tiere und Menschen. Ihre Hauptbedeutung liegt in der Vektorfunktion (z. B. *Dirofilaria immitis*; West Nil-Virus; Malaria des Menschen).
- **Bekämpfung.** Beschränkte Möglichkeiten zur Mückenabwehr durch Repellenzien (u. a. DEET, Icaridin) beim Pferd oder Insektizide (Halsband, Spot-on) beim Hund. Weiträumige Bekämpfung (S. 483).

▸ **Abb. 17.36** Culicidae.
a *Aedes japonicus*, Weibchen (Quelle: Institut für Parasitologie, Vetsuisse-Fakultät, Universität Zürich)
b *Culex pipiens*, Weibchen (Quelle: Institut für Parasitologie, Vetsuisse-Fakultät, Universität Zürich)

Morphologie, Arten Culicidae sind zwischen 4 und 10 mm lange, grazile, langbeinige Mücken (▸ **Abb. 17.36**). Die Weibchen haben einen langen, ungegliederten Stechrüssel mit **stechend-saugenden Mundwerkzeugen**, bei den Männchen sind die Mundwerkzeuge zurückgebildet und nicht zum Blutsaugen geeignet (wohl aber zur Aufnahme von Pflanzensäften). Die 15-gliedrigen Antennen sind bei den Männchen meist stark gefiedert, bei den Weibchen mit kurzen Haaren besetzt. Die Maxillartaster der Männchen sind lang und buschig, die der Weibchen kurz (Ausnahme: *Anopheles*) und wenig behaart.

In der artenreichen (> 3000) Familie finden sich 2 Unterfamilien – Anophelinae und Culicinae – mit medizinischer oder veterinärmedizinischer Bedeutung (▸ **Tab. 17.9**). In Europa kommen etwa 100 Arten vor. Unter den Anophelinae sind lediglich Mücken der Gattung *Anopheles* zu beachten, welche zur Plage werden können und eine Reihe von Erregern, v. a. die Malariaerreger des Menschen, übertragen. In Mitteleuropa galt dies in den vergangenen Jahrhunderten insbesondere für Vertreter der *An. maculipennis*-Gruppe einschließlich *An. atroparvus*. Unter den Culicinae finden sich mit der Gattung *Aedes* ausgesprochene **Lästlinge**, die in feuchten Gebieten und niederschlagsreichen Jahren zur Qual für Mensch und Tier werden können (etwa *Ae. vexans*). In Europa werden immer wieder exotische *Aedes*-Arten entdeckt; zwei davon, *Ae. albopictus* (Asiatische Tigermücke) und *Ae. japonicus* (Asiatische Buschmücke) konnten sich als **invasive Arten** in Süd- bzw. Nord-Westeuropa (aktuelle Verbreitungskarten: https://ecdc.europa.eu/) etablieren. Sie sind potenzielle Vektoren für Viren, Protozoen und Nematoden. Gleiches gilt für die meist in der Nähe menschlicher Siedlungen lebenden *Culex*-Arten sowie *Culiseta annulata;* letztere Art tritt aber zahlenmäßig stets gegenüber *Culex* spp. zurück. *Coquillettidia richiardii* spielt meist nur lokal (an großen Seen, Seenplatten) eine Rolle.

Entwicklung Die Paarung erfolgt rasch nach dem Schlüpfen der Imagines. Durch den Flügelschlag der Männchen entsteht ein Sirrton, der die Weibchen artspezifisch anlockt. Mit wenigen Ausnahmen benötigen die Weibchen für die Eiproduktion Blutnahrung (autogene Arten produzieren die ersten Eier ohne vorherige Blutaufnahme). Sie legen mehrere Schübe von je 100–150 Eiern einzeln (*Anopheles, Aedes*) oder in zusammenhängenden „Gelegeschiffchen" (*Culex*) auf die Oberfläche stehender Gewässer (*Anopheles, Culex*) oder an den Rand von Wasseransammlungen (*Aedes*), die später vom Wasserspiegel erreicht werden (▸ **Abb. 17.37**). Die eucephalen, beweglichen Larven schlüpfen im Wasser und entwickeln sich über 4 Stadien zur gleichfalls beweglichen Puppe. Larven und Puppen atmen an der Wasseroberfläche. *Coquillettidia*-Arten als Ausnahme haben submers lebende Larven und Puppen, die ihren Sauerstoffbedarf decken, indem sie luftführendes Gewebe von Wasserpflanzen anstechen. Die Entwicklungszeiten bis zum Imaginalstadium sind art- und umweltabhängig. Unter günstigen Bedingungen werden 8–21 Tage benötigt. Überwinterungsstadien sind bei den *Aedes*-Arten die Eier, bei *Coquilletti-*

▶ **Tab. 17.9** Stechmücken (Culicidae) (Auswahl) in Zentraleuropa, ihre Bruträume und Überwinterungsstadien.

Unterfamilie und Gattung	Arten	Bruträume	Überwinterungsstadien
Anophelinae *Anopheles*	*An. maculipennis* *An. claviger*	stehende, pflanzenreiche Dauergewässer, auch im menschlichen Umkreis	begattete Weibchen
	An. plumbeus	Astlöcher	Larven (Eier)
Culicinae *Aedes*[1]	*Ae. vexans*	Feuchtgebiete, Auwälder (Überschwemmungsmücken)	Eier
	Ae. sticticus		
	Ae. cinereus		
	Ae. cantans	sumpfige Niederungswälder, Tümpel (Waldmücken)	Eier
	Ae. communis		
	Ae. punctor	Moorgebiete	
	Ae. albopictus	kleine natürliche oder künstliche Wasseransammlungen	Eier (Larven)
	Ae. japonicus		
	Ae. geniculatus	Astlöcher	Eier (Larven)
Culex	*Cx. pipiens*	Nähe menschlicher Siedlungen, auch kleinste Wasseransammlungen (z. B. Regentonnen, Dachrinnen) (Hausmücken)	begattete Weibchen
	Cx. modestus	Sumpfgebiete, Röhricht	
Culiseta	*Cs. annulata*	Nähe menschlicher Siedlungen (Große Hausmücke)	begattete Weibchen
	Cs. morsitans	Tümpel, Waldgräben	Larven
Coquillettidia	*Cq. richiardii*[2]	Altwässer, Verlandungszonen	3. Larve

[1] einschließlich Ochlerotatus/Stegomyia; Änderungen der Gattungsnamen und -zuordnungen wurden publiziert (z. B. *Aedes japonicus* = *Ochlerotatus japonicus* = *Hulecoeteomyia japonica*), doch wird empfohlen, die traditionellen Namen weiterhin zu verwenden, bis Konsens über die Nomenklatur herrscht

[2] früher *Mansonia*; diese Gattung wurde in die Gattungen *Coquillettidia* und *Mansonia* aufgeteilt, Letztere kommt in den Tropen vor

dia spp. die Larven und bei den übrigen Gattungen im Allgemeinen begattete Weibchen (▶ Tab. 17.9).

Vorkommen und Epidemiologie Die in Mitteleuropa vorkommenden Arten bevorzugen spezielle Habitate (▶ Tab. 17.9). *Aedes vexans* und *Ae. sticticus* besiedeln Weiden und Auwälder und werden als **Überschwemmungsmücken** bezeichnet. *Ae. cantans* und andere *Aedes*-Arten benutzen zur Entwicklung eher Waldtümpel und -gräben (**Waldmücken**), während sich die Larven der invasiven *Ae. japonicus* wie *Culex*-Arten in kleinen künstlichen Wasseransammlungen im Siedlungsraum (z. B. Regentonnen), aber auch in Astlöchern im Wald entwickeln. Die Vertreter der Gattungen *Culex* und *Culiseta* gelten als **Hausmücken**. Die Arten der Gattung *Anopheles* treten als Freilandmücken (*An. claviger*) oder auch im menschlichen Umkreis auf (*An. maculipennis*). Sie entwickeln sich bevorzugt in besonnten, ruhigen und pflanzenreichen Gewässern. *Aedes geniculatus* und *An. plumbeus* entwickeln sich in Astlöchern und auch in künstlichen Wasseransammlungen (z. B. alten Güllegruben).

Überwinterte Weibchen legen im zeitigen Frühjahr Eier. Bei den *Aedes*-Arten sorgen steigende Wasserspiegel (Überflutungen) für den Larvenschlupf. Nicht alle Larven schlüpfen bei der ersten Gelegenheit, sondern ein Teil der Eier verharrt in einer Diapause. Bleiben Überflutungen aus, so vermögen die Eier Jahre zu überdauern. Dank dieser Austrocknungsresistenz können diese Arten auch nach einem langen Transport der Eier, etwa in gebrauchten Autoreifen oder in Zierpflanzen, neue Gebiete besiedeln (Neobiota). Feuchte, warme Sommer führen bei raschem Generationenwechsel zur Massenentwicklung von Mücken. Bei *Cx. pipiens* sind 6–7 Generationen im Jahr möglich. Bei der Gattung *Coquillettidia* entwickelt sich jährlich nur 1 Generation; die Mücken schlüpfen im Juni und Juli.

Die meisten Stechmückenarten sind dämmerungsaktiv, einige sind nachtaktiv (z. B. die Gemeine Hausmücke [*Culex pipiens*] oder tropische Fiebermücken der Gattung *Anopheles*). Waldmücken, *Coquillettidia*-Arten sowie die beiden invasiven Arten *Ae. albopictus* und *Ae. japonicus* stechen auch tagsüber. Die Weibchen der meisten Arten fliegen Vertebraten ohne große Unterschiede an, andere bevorzugen bestimmte Wirte (ornithophile, mammalophile, anthropophile Arten). *Culex-*, *Culiseta-* und *Anopheles*-Arten dringen oft in Gebäude ein.

Die **Wirtsfindung** über weite Distanzen (bis 20 m) erfolgt über chemische Signale, wobei CO_2 der wichtigste Faktor ist. Neben undefinierten Komponenten aus dem Schweiß wurden auch Octenol, 4-Methylphenol, Milchsäure und kurzkettige, aliphatische Carbonsäuren als Lockstoffe identifiziert. Spezialisierte Arten können sehr differenziert reagieren. Auf kurze Distanzen spielen olfak-

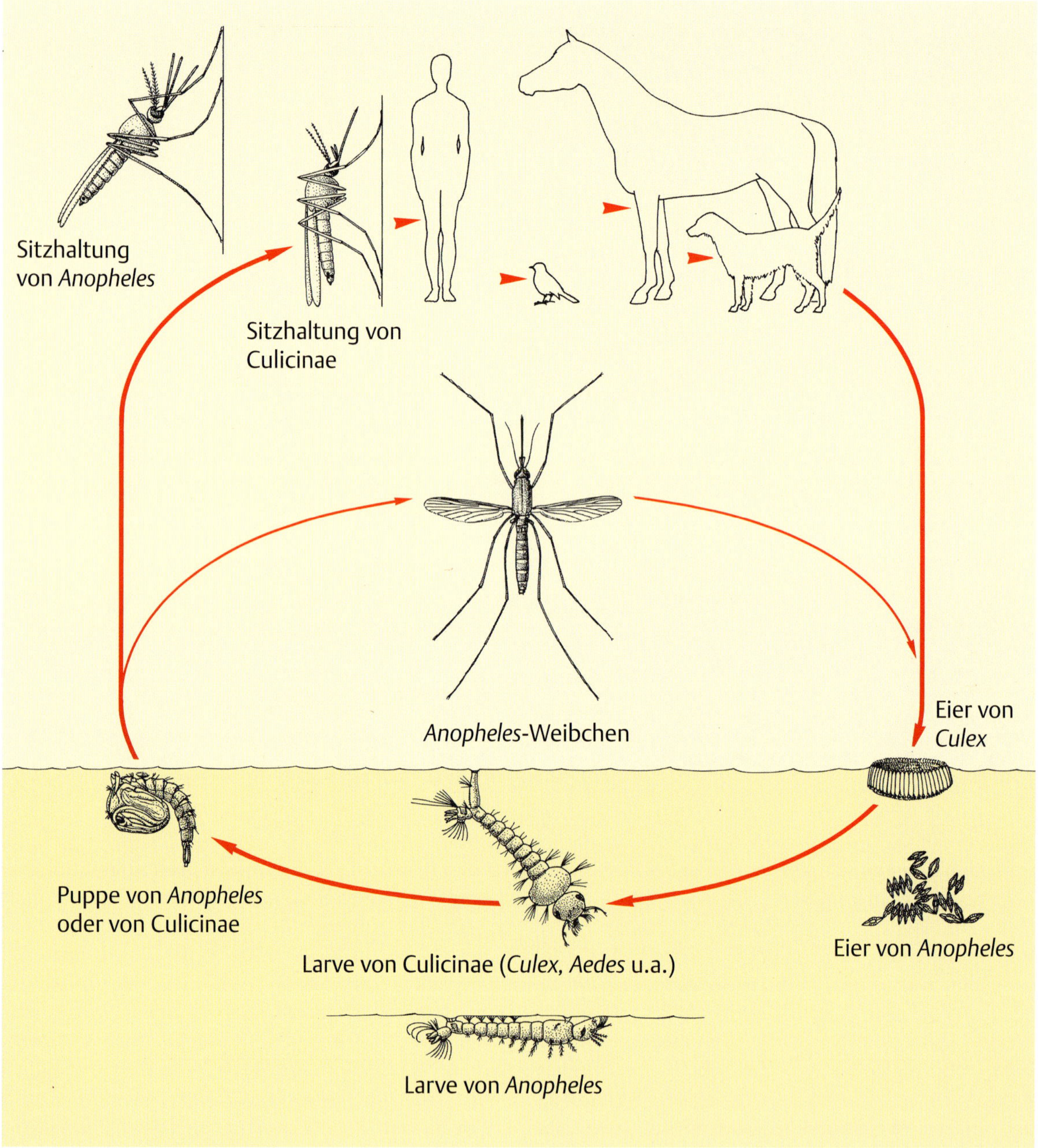

▸ **Abb. 17.37** Entwicklungszyklus von Culiciden. (Grafik: Salome Ehrat, nach einer Vorlage von Johannes Eckert und Peter Deplazes, Vetsuisse-Fakultät, Universität Zürich)

torische und optische Reize eine Rolle. Über olfaktorisch wahrgenommene Signale werden anschließend geeignete Körperregionen des Wirtes zum Stechen ausgewählt. Culicidae saugen Blut aus Kapillaren; der Saugakt dauert um 2 min, wobei jede Mücke 2–3 µl Blut aufnimmt.

Pathogenese und Krankheitsbild Stechmücken verursachen bei Tieren und Menschen juckende Effloreszenzen als Reaktion auf Speichelkomponenten. Die Folgen von *Culex*-Stichen verschwinden meist über Nacht, bei Stichen anderer Mücken sind sie anhaltender. Gelegentlich sich entwickelnde Überempfindlichkeiten entsprechen gewöhnlich dem Typ IV. Bei massenhaftem Auftreten können Stechmücken Haus- und Wildtiere erheblich belästigen und deren Wohlbefinden, in Ausnahmefällen auch deren Leistungen beeinträchtigen. Bekannt und berüchtigt sind große *Aedes*-Plagen in nördlichen Regionen (u. a. Skandinavien, Alaska), aber auch in Überschwemmungsgebieten Mitteleuropas.

Vektorfunktionen Schwerwiegender ist die Rolle von Stechmücken als Überträger von Krankheitserregern. Culicidae übertragen Parasiten (Plasmodien, Filarien) und Viren (▸ **Tab. 17.10**). Vertreter der Gattung *Anopheles* sind

▶ Tab. 17.10 Culiciden als Vektoren von Parasiten und Viren (Auswahl).

Erreger	Vertebratenwirte[1]	Hauptüberträger	endemisch in Mitteleuropa[2]
Protozoen			
Plasmodium spp.	Mensch	*Anopheles* spp.	–
Plasmodium spp.	Vögel	*Anopheles, Aedes, Culiseta, Culex* spp.	+
Nematoden			
Dirofilaria immitis	Caniden (Feliden)	*Culex, Aedes, Anopheles* spp.	+
Dirofilaria repens	Caniden	*Anopheles, Aedes* spp.	+
Setaria spp.	Ungulaten	*Anopheles, Aedes, Culex* spp.	+
Brugia spp.	Mensch (Feliden)	*Anopheles, Aedes, Culex* spp.	–
Viren[3]			
Bunyaviridae			
Tahyna	Hase, Schwein	*Aedes* spp.	+
Batai (Calovo)	Rind, Pferd, Haus-, Wildschwein	*Anopheles maculipennis*	+
Lednice	Wasservögel	*Culex modestus*	+
Flaviviridae			
West Nil	Vögel	*Aedes, Culex* spp.	+
Usutu	Vögel	*Culex pipiens*	+
Togaviridae			
Sindbis	Vögel	*Culex* spp., *Ae. cinereus*	(+)
Chikungunya	Mensch, Vögel, Nager	*Aedes* spp.	–

[1] für die Persistenz des Zyklus wichtige Wirte
[2] +: endemisch, (+): fraglich, –: nicht endemisch
[3] beschränkt auf in Mitteleuropa übertragene Virus-Arten (nach Aspöck und Dobler 2010 u. a. Quellen)

die alleinigen Überträger der Malariaerreger des Menschen (*Plasmodium falciparum, P. ovale, P. vivax, P. malariae, P. knowlesi*). Die Plasmodien-Arten der Vögel haben dagegen ein breites Überträgerspektrum. Viele Stechmückenarten dienen für Filarienarten von Mensch und Tier als Zwischenwirte. Regional bestimmen ökologische Faktoren, welche Arten die wichtigsten Vektoren sind. Hierbei ist das Auftreten invasiver Arten, welche die Epidemiologie der Übertragung eines Erregers ändern können, von Bedeutung. So hat die Übertragung von *Dirofilaria immitis*, die in Italien die nachtaktive *Culex pipiens* als Vektor hat, durch das Auftreten der tag- und dämmerungsaktiven Asiatischen Tigermücke zugenommen. Der überwiegende Anteil der **Arboviren** (*arthropod-borne viruses*), welchen verschiedene Virenfamilien angehören (▶ **Tab. 17.10**), wird von Culiciden, v. a. Arten der Gattung *Aedes* (etwa *Ae. aegypti*), als Vektoren übertragen. Arboviren (etwa Dengue-, Chikungunya-, Zika-Virus) spielen vor allem in tropischen Regionen eine wichtige Rolle; die Angaben in ▶ **Tab. 17.10** beziehen sich hauptsächlich auf Europa.

Diagnose Die Diagnose des Mückenstichs erfolgt klinisch. Als Gruppe sind Stechmücken an allgemeinem Habitus und wenigen Merkmalen leicht erkennbar, die Identifikation von Arten ist allerdings Angelegenheit von Spezialisten. *Anopheles*-Mücken sind von den Culicinae (*Aedes, Culex*) u. a. durch ihre Sitzhaltung an Wänden zu unterscheiden (▶ **Abb. 17.37**).

Bekämpfung Eine Individualprophylaxe kann durch Anwendung von Repellenzien erfolgen. Für **Pferde** sind z. B. Präparate mit Icaridin zugelassen (EquiRepell®), die auf das Haarkleid aufgesprüht oder als Gel mit einem Schwamm aufgetragen werden. Die Wirkung hält nur wenige Stunden an. Auch die zur Fliegenbekämpfung vorgesehene Permethrin-Emulsion (Wellcare®) mit insektizider und repellierender Wirkung kann gegen Mücken eingesetzt werden und dürfte eine Wirkung von zumindest mehreren Tagen haben. Zur Anwendung beim **Hund** werden Insektizid-imprägnierte Halsbänder angeboten (▶ **Tab. 23.15**). Bei **Nutztieren** sind in Mitteleuropa gewöhnlich keine Bekämpfungsmaßnahmen gegen Culicidae erforderlich. Weiträumige Bekämpfungsmaßnahmen richten sich vor allem gegen larvale Stadien.

Larvenbekämpfung Überschwemmungsmücken werden in Mitteleuropa durch das Ausbringen von ökologisch unbedenklichen larviziden Proteinen aus *Bacillus thuringiensis israelensis* (Bti) (S. 591) (spezifisch für Culicidae und Simuliidae) bekämpft. Die Proteine binden an Darmzellrezeptoren der Mückenlarven und bilden Poren, an deren Folgen die Larven sterben. Die Ausbringung erfolgt per Hand oder großflächig per Hubschrauber oder Drohne. Bei der Bekämpfung von Mücken, deren Larven sich in kleinen Wasseransammlungen entwickeln (*container breeders*), steht die Reduktion dieser Brutmöglichkeiten im Vordergrund, wozu die Bevölkerung einbezogen wird (in den USA mit dem Slogan: ‚*turn over or throw away*' bezüglich Brutgefäßen). Bruthabitate, welche nicht entfernt oder abgedeckt werden können, können mit Larviziden oder Wachstumshemmern (S. 580) behandelt werden (Bti, *Bacillus sphaericus*-Protein, Methopren, Pyriproxyfen, Diflubenzuron, Spinosad), welche die Larvenentwicklung bis zu 5 Wochen unterbinden.

Bekämpfung der Imagines Eine kleinräumige Bekämpfung von Culiciden durch Versprühen von Insektiziden ist wenig effizient und von kurzfristigem Erfolg; sie wird in Europa gegen *Ae. albopictus* eingesetzt (zur Eindämmung ihrer Ausbreitung und von ihr übertragenen Krankheitserregern). Großräumige Maßnahmen werden vor allem zur Bekämpfung der Malaria und Viruserkrankungen (Dengue, Gelbfieber, Zika) des Menschen in warmen Ländern durchgeführt und richten sich gegen *Anopheles*-Arten und *Aedes aegypti*. Dazu werden heute vor allem Pyrethroide (u. a. Permethrin, Deltamethrin) und Organophosphorverbindungen (Malathion u. a.) eingesetzt und in Gebäuden oder im Freien versprüht oder vernebelt. In der Malaria-Bekämpfung werden mit Pyrethroiden imprägnierte Bettnetze zum Schutz des Menschen vor *Anopheles*-Stichen mit gutem Erfolg eingesetzt. Im Laufe der Jahre haben mehr als 50 Stechmückenarten **Resistenzen** gegen verschiedene Insektizidgruppen ausgebildet, sodass in manchen Endemiegebieten eine effektive Mückenbekämpfung infrage gestellt ist. Daher versucht man, Alternativen zur Reduktion der Populationen (sterile Insekten-Technik; toxische Zuckerköder) oder des Erregerübertragungspotenzials (Infektionen mit *Wolbachia*-Bakterien, genetische Änderungen) zu entwickeln.

Literaturhinweise

Aspöck H, Dobler G. Durch Arthropoden übertragene Viren – Steckbrief und Überblick. In: Aspöck H, Hrsg. Krank durch Arthropoden. Denisia 2010; 30: 457–465

Becker N, Petric D, Zgomba M, Boase C, Madon M, Dahl C, Kaiser A. Mosquitoes and their Control. 2nd ed. Berlin: Springer; 2010. ISBN: 978-3-54092-873-7

Fuehrer HP, Auer H, Leschnik M et al. *Dirofilaria* in humans, dogs, and vectors in Austria (1978–2014) – from imported pathogens to the endemicity of *Dirofilaria repens*. PLoS Negl Trop Dis 2016; 10(5): e0004547

Hubalek Z, Rudolf I, Nowotny N. Arboviruses pathogenic for domestic and wild animals. Adv Virus Res 2014; 89: 201–275

Familie Psychodidae (Schmetterlingsmücken), Unterfamilie Phlebotominae (Sandmücken)

Praxis
Sandmücken verursachen schmerzhafte Stiche und sind Vektoren von *Leishmania* spp.

Phlebs (gr.): Ader; *tomein* (gr.): schneiden. Engl.: *sand flies*.

Das Wichtigste in Kürze

- **Morphologie, Arten.** Kleine, bis 5 mm lange, einschließlich der Flügel stark behaarte, bräunliche, langbeinige Mücken. Die Flügel werden in Ruhestellung aufrecht über dem Körper gehalten (Engelflügelhaltung). Zur Unterfamilie Phlebotominae (Sandmücken) gehören u. a. die Gattungen *Phlebotomus* (Alte Welt) und *Lutzomyia* (Neue Welt).
- **Entwicklung.** Eiablage in die Erde, in verrottendes Laub, in Mauerritzen, Kellern, auch in Höhlen von Nagern. Entwicklung von 4 Larvenstadien und 1 Puppenstadium.
- **Vorkommen, Epidemiologie.** *Phlebotomus*-Arten sind in Afrika, Asien, im Mittelmeerraum und im Mittleren Osten weitverbreitet und kommen lokal auch in West- und Mitteleuropa vor. Sie sind nachtaktive Freilandmücken, einige Arten dringen jedoch in Gebäude ein und stechen dort auch tagsüber.
- **Vektorfunktionen.** Einige *Phlebotomus*- und *Lutzomyia*-Arten sind Überträger von *Leishmania*-Arten und anderen Erregern (Phleboviren).
- **Bekämpfung.** Schutz von Hunden gegen Leishmaniose: Anlegen eines Insektizid-imprägnierten Halsbandes oder Spot-on-Behandlung (Permethrin, Permethrin + Imidacloprid; ► **Tab. 23.15**).

Morphologie, Arten Es handelt sich um kleine (2–5 mm), einschließlich der Flügel stark behaarte, bräunliche, langbeinige Mücken. Die Flügel werden in Ruhestellung aufrecht über dem Körper gehalten (Engelflügelhaltung) (► **Abb. 17.38**). Die 16 Antennenglieder unterscheiden sich bei den Geschlechtern nur wenig. Aus der Familie Psychodidae ist nur die Unterfamilie Phlebotominae (Sandmücken; Engl.: *sand flies*) mit über 800 Arten medizinisch bedeutsam. Die artenreichsten Gattungen sind *Sergentomyia* und *Phlebotomus* in der Alten Welt und *Lutzomyia* in der Neuen Welt. Die größte Bedeutung haben Vertreter der Gattungen *Phlebotomus* und *Lutzomyia*, die Menschen und Säugetiere anfliegen und Leishmanien übertragen können. *Sergentomyia* spp. leben vorwiegend in den Tropen und saugen Blut an Reptilien und Amphibien.

Entwicklung Die Weibchen legen nach einer Blutaufnahme meist wenige (~ 50) Eier in die Erde, in verrottendes Laub, in Keller, Mauerritzen und auch in die Höhlen von Nagern, wo es ausreichend feucht ist. Dort werden nach dem Schlupf 4 Larvenstadien und 1 Puppenstadium (Mumienpuppe) durchlaufen. Die Puppenruhe kann lange dauern (3 Monate bei 18–20 °C und 6–8 Wochen bei

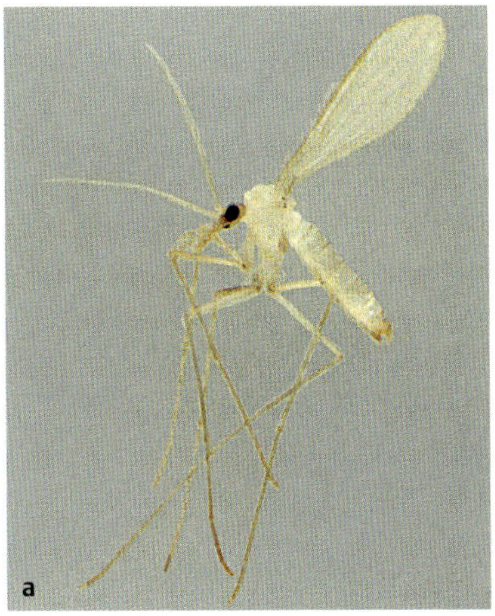

▶ **Abb. 17.38** *Phlebotomus* spp.
a *Phlebotomus mascitti* (Quelle: Institut für Parasitologie, Vetsuisse-Fakultät, Universität Zürich)
b *Phlebotomus perfiliewi* mit typischer Flügelhaltung (Quelle: Torsten Naucke, Niederkassel)

25 °C). Paläarktische Arten produzieren daher oft nur 1 Population adulter Mücken im Jahr aus Eiern, die im Frühsommer abgelegt werden. Die Larven aus im Spätsommer abgelegten Eiern überwintern.

Vorkommen und Epidemiologie Die Gattung *Phlebotomus* ist in Afrika, Asien, im Mittelmeerraum und im Mittleren Osten weitverbreitet. Die besten Entwicklungsbedingungen bieten wärmere gemäßigte und subtropische Zonen mit heißen Sommern und verhältnismäßig kühlen Wintern, doch kommen in Zentralasien Phlebotomen bis 50° N vor. In ariden Gebieten halten sie sich während der heißen Tageszeiten an dunklen, kühlen Plätzen mit feuchtem Mikroklima auf, z. B. in Bauten von Nagern. Zentraleuropa galt früher als nahezu frei von Phlebotomen, doch mehren sich die Funde von *P. mascittii*, einem vermuteten Leishmanien-Überträger. Inselartig kommt auch *P. perniciosus* vor, eine Art, die als Überträger von *Leishmania infantum* bekannt ist.

Phlebotomus spp. sind nachtaktive Freilandmücken. Einige Arten, wie die wichtigen Leishmanien-Überträger *P. papatasi* und *P. sergenti*, fliegen auch in Gebäude ein, vor allem nachts durch Licht angelockt, und stechen dort auch tagsüber. Sandmücken fliegen bevorzugt bei feuchtem, warmem, windstillem Wetter. Sie bewältigen nur kurze Distanzen (100–200 m); über längere Strecken werden sie vom Wind verweht. In nördlichen Regionen des Mittelmeerraumes (Südfrankreich, Nordspanien, Norditalien usw.) sind Phlebotomen von Mai bis Oktober aktiv, in südlichen Regionen (Sizilien, Südgriechenland, Südspanien usw.) von März bis November.

Krankheitsbild und Vektorfunktion Die Sandmücken verursachen schmerzhafte Stiche, *Phlebotomus*- und *Lutzomyia*-Arten übertragen Leishmanien. In Europa, vor allem im Mittelmeerraum und in einigen anderen Gebieten, sind *Phlebotomus* spp. veterinärmedizinisch als **Vektoren von** *L. infantum* **(S. 73)** wichtig; für diesen Zoonoseerreger stellen Hunde, aber auch Wildtiere (z. B. Lagomorpha) ein wichtiges Reservoir dar. Außerdem sind Phlebotomen Vektoren verschiedener Virus-Arten, z. B. der Erreger (Gattung *Phlebovirus*, Bunyaviridae) von Sandmückenfiebern des Menschen im Mittelmeerraum und in Vorderasien.

Diagnose Die Artbestimmung ist Angelegenheit von Spezialisten.

Bekämpfung Die Maßnahmen entsprechen den bei Culicidae (S. 483) besprochenen, zielen aber bei Hunden in erster Linie auf eine Leishmaniose-Prävention. Für **Hunde** stehen Insektizid-imprägnierte, wasserfeste Halsbänder (Scalibor®) zur Verfügung, die 5–6 Monate einen weitreichenden Schutz (bis 90 %) vor Sandmückenstichen bieten. Mit Spot-on-Formulierungen von Permethrin oder einer Kombination aus Permethrin und Imidacloprid lassen sich in der ersten Woche die Mückenlandungen um 80–90 % reduzieren. Die Effekte gehen allerdings bis zum 28. Tag stark zurück. Es sollte daher nicht übersehen werden, dass mit den genannten Präparaten nur ein bedingter Schutz gegen eine Infektion mit Leishmanien zu erreichen ist [▶ **Tab. 23.15** u. Leishmaniose (S. 72)]. Die Beseitigung von organischen Abfällen (Kehricht, Laub, Küchenabfälle, Dung) in Siedlungen verhindert oder erschwert zumindest die Entwicklung der Larven.

Literaturhinweise

Antoniou M, Gramiccia M, Molina R et al. The role of indigenous phlebotomine sandflies and mammals in the spreading of leishmaniasis agents in the Mediterranean region. Euro Surveill 2013; 18: 20540

Mathis A, Depaquit J, Dvorak V et al. Identification of phlebotomine sand flies using one MALDI-TOF MS reference database and two mass spectrometer systems. Parasit Vectors 2015; 8: 266

Medlock JM, Hansford KM, Van Bortel W et al. A summary of the evidence for the change in European distribution of phlebotomine sand flies (Diptera: Psychodidae) of public health importance. J Vector Ecol 2014; 39: 72–77

Poeppl W, Obwaller AG, Weiler M et al. Emergence of sandflies (Phlebotominae) in Austria, a Central European country. Parasitol Res 2013; 112: 4231–4237

Familie Simuliidae (Kriebelmücken)

Praxis

Die fliegenähnlichen Kriebelmücken injizieren beim Blutsaugen mit ihrem Speichel ein Toxin, welches bei Massenbefall zu schwerwiegenden Erkrankungen bei Tieren führen kann (**Simuliotoxikose**); zudem können sie Tiere auf Weiden stark belästigen.

Simulare (lat.): ähnlich machen, darstellen. Bezug zum Namen der Familie unklar. Engl.: *black flies*.

Das Wichtigste in Kürze

- **Morphologie, Arten.** Körper der Simuliiden kompakter als bei anderen Mücken. Länge 2–6 mm, meist dunkle Färbung, Thorax nach dorsal gewölbt, breite Flügel, kurze Beine. Antennen beider Geschlechter aus 9–12 perlschnurartig aneinandergereihten, kurzen Gliedern ohne Borsten. Wichtige Arten in Mitteleuropa: *Simulium erythrocephalum, S. ornatum, S. reptans* und *S. equinum*.
- **Entwicklung** in Fließgewässern. Eiablage an Pflanzen im oder am Wasser, 6–9 Larvenstadien, 1 Puppenstadium in tütenförmigem Kokon. In der Regel mehrere Generationen im Jahr.
- **Epidemiologie.** Weites Vorkommen in Mitteleuropa. Flugperiode von März bis November, Hauptrisiko für Haustiere sind Massenschwärme im Frühjahr. Tagesaktivität von den frühen Morgenstunden bis gegen Abend in Abhängigkeit von Temperatur, Lichtintensität und Luftfeuchtigkeit. Kriebelmückenweibchen befallen zum Blutsaugen vor allem Rinder, aber auch Schafe, Pferde usw. (gelegentlich auch Menschen betroffen) und bevorzugen je nach Art bestimmte Körperstellen.
- **Pathogenese und Krankheitsbild.** Simuliiden injizieren Speicheltoxine mit gefäßschädigender Wirkung. Nadelstichartige Blutungen in der Haut (Ohr, Euter, Vulva usw.), petechiale innere Blutungen in verschiedenen Organen, Ödeme der Subkutis und innerer Organe (Lungenödem!), Dyspnoe, Tachypnoe, Koordinationsstörungen, Festliegen. Todesfälle sind bei Massenbefall (> 10 000 Stiche je Rind) innerhalb weniger Stunden möglich. Bei Pferden sind sie neben Ceratopogoniden mit Speichelallergenen an der Auslösung des Sommerekzems beteiligt.
- **Vektorfunktion.** Simuliiden sind vor allem in den Tropen als Überträger von *Onchocerca*-Arten bedeutsam.
- **Diagnose, Bekämpfung.** Anamnese (nur Weidetiere betroffen, meist im Frühjahr), typische Stichreaktionen in der Haut, Symptomatik, Kriebelmücken am Tier (Ohrmuschel, Euter, Bauch) oder in der Umgebung. Therapie symptomatisch; Prophylaxe: während der Risikozeit Nachtweide oder auf windige, regnerische Tage beschränkte Tagweide.

Morphologie, Arten Simuliiden sind 2–6 mm lange, kompakte, dunkle Mücken von fliegenähnlichem Habitus mit dorsal gewölbtem Thorax (Buckel; Engl.: auch *buffalo flies*), kurzen Beinen und breiten Flügeln (▶ **Abb. 17.39** u. ▶ **Abb. 17.41**). Die Antennen beider Geschlechter ähneln sich und weisen 9–12 perlschnurartig aneinandergereihte, kurze Glieder ohne Borsten auf (▶ **Abb. 17.40**).

▶ **Abb. 17.39** Ansammlung von Simuliiden (Länge ca. 4 mm). (Quelle: Gabriele Liebisch, Zecklab, Burgwedel)

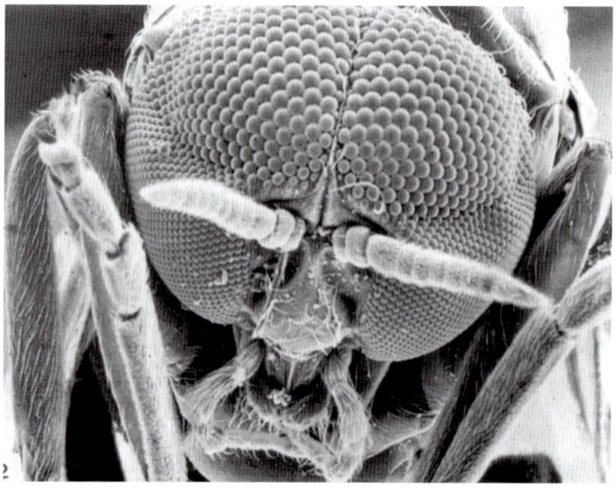

▶ **Abb. 17.40** *Simulium damnosum*, Kopf ♂, EM-Aufnahme. (Quelle: Heinz Mehlhorn, Heinrich-Heine-Universität Düsseldorf)

Die Familie enthält ca. 2000 Arten in 24 Gattungen, wovon 4 veterinärmedizinische Bedeutung haben:

- *Simulium* (> 1000 Arten) in allen zoogeografischen Zonen
- *Prosimulium* (~ 150 Arten) in holarktischen Zonen
- *Austrosimulium* (~ 25 Arten) in Australien und Neuseeland
- *Cnephia* (6 Arten) in holarktischen Zonen

Die übrigen mammalophilen Arten verteilen sich auf weitere 15 Gattungen. Die wichtigsten 4 Arten in Mitteleuropa sind *Simulium erythrocephalum, S. ornatum, S. reptans* und *S. equinum* (▶ **Tab. 17.11**). Weitere verbreitet vorkommende Arten sind *S. lineatum* sowie *Prosimuli-*

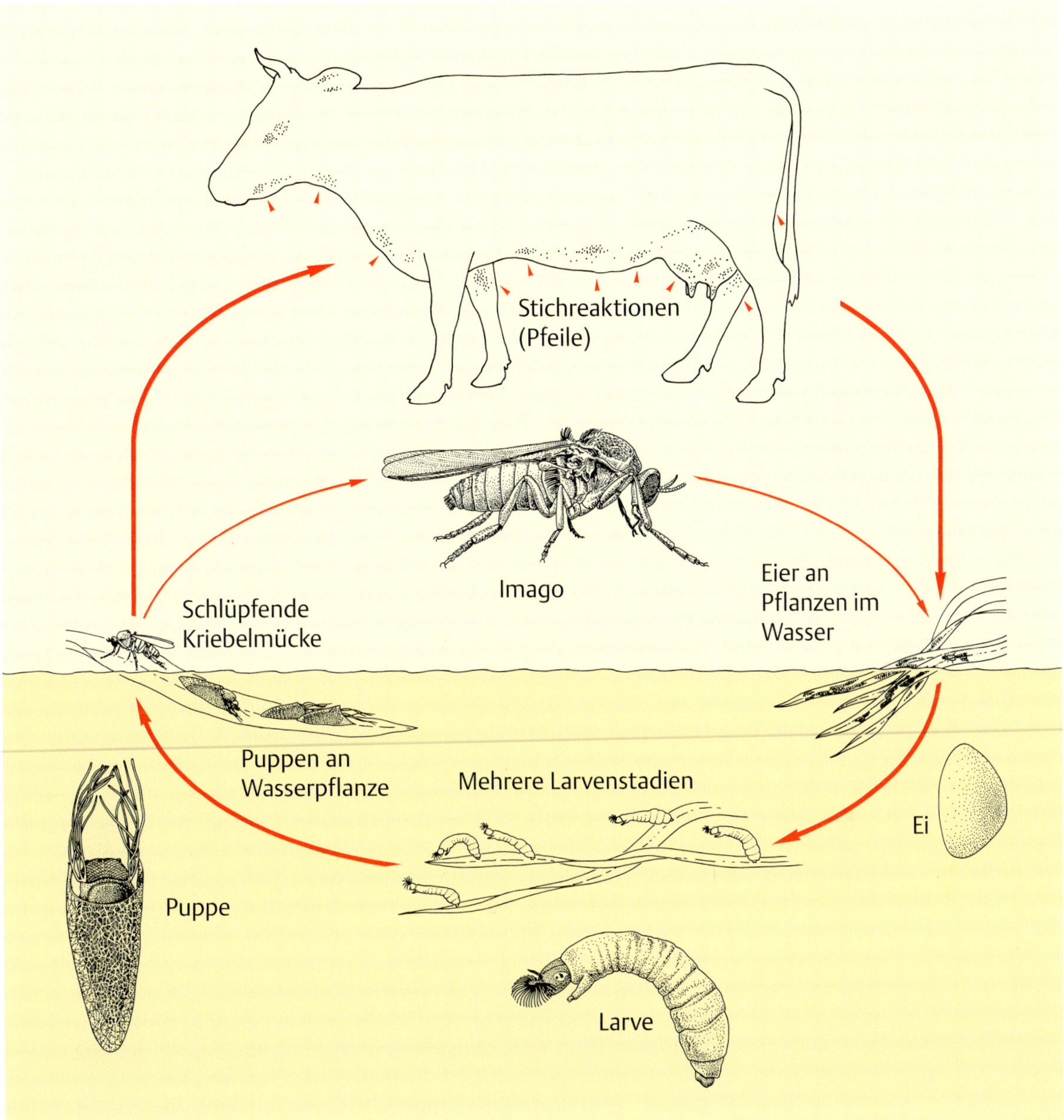

▶ **Abb. 17.41** Entwicklungszyklus von Simuliiden. (Grafik: Salome Ehrat, nach einer Vorlage von Johannes Eckert und Peter Deplazes, Vetsuisse-Fakultät, Universität Zürich)

um hirtipes und *P. tomosvaryi*. Die Bedeutung der früher im Donauraum wichtigen Art *S. columbaschense* (Syn. *S. columbazcense*) (Kolumbaczer Mücke) ist durch Umweltveränderungen gering geworden.

Entwicklung Simuliiden sind in der Entwicklung an Fließgewässer gebunden (▶ **Abb. 17.41**). Die Begattung erfolgt bald nach dem Schlupf der Imagines, wobei sich die Männchen optisch an frei stehenden, größeren Objekten (u. a. an Bäumen, Weidetieren) orientieren, Schwärme bilden und die anfliegenden Weibchen zur Begattung abfangen. Die Weibchen der meisten Simuliidenarten sind hämatophag, da sie Blut zur Eireifung benötigen; die Männchen ernähren sich von Pflanzensäften. Etwa 1 Woche nach der Blutaufnahme legen die Weibchen Art-abhängig mehrmals jeweils 150–600 Eier in gallertigem Material auf schwimmende Wasserpflanzen, an Steine oder in die Fließrinne. Bei manchen Arten finden sich dazu regelmäßig mehrere Weibchen zusammen. Die Eigelege werden flächenhaft (z. B. *S. erythrocephalum*) oder in Klumpen an Pflanzen abgelegt (z. B. *S. ornatum*). Bei *S. ornatum* wurden Sammelgelege von 16 g Frischgewicht beobachtet. Die unter Wasser geschlüpften Larven bleiben gewöhnlich dicht am Ablageort der Eier und können dabei Fadengeflechte produzieren, in denen sie sich zunächst aufhalten. Spätere Larvenstadien werden bis mehrere hundert Meter verdriftet. Sie treiben dabei an einem von ihnen gesponnenen Faden mit der Strömung, bis sie sich über eine kaudale Haftscheibe an Pflanzen oder Steinen anheften können. Die Larve filtert mit apikalen, in der Strömung entfalteten Fangfächern korpuskuläre Nahrungsbestandteile aus dem Wasser. Temperaturabhängig werden in 3–8 Wochen 6–8 (9) Larvenstadien durchlaufen, ehe sich das letzte, auf eine Länge von 4–12 mm herangewachsene Stadium verpuppt. Es spinnt auf Pflanzen oder Gegenständen einen tütenförmigen Kokon, dessen offenes Ende stromabwärts gerichtet ist (▶ **Abb. 17.41**). Die Puppe trägt je nach Art 4–24 Atemfäden (Röhrenkiemen). Geschlüpfte Mücken schweben, eingeschlossen in einer Luftblase, an die Wasseroberfläche oder sie kriechen dorthin. Bei sommerlichen Temperaturen wird die Entwicklung in 6–8 Wochen absolviert. Die weiblichen Mücken überleben bis 3 Monate. Überwinterungsstadien sind Eier und Larven, teils auch Puppen.

Vorkommen und Epidemiologie In Mitteleuropa sind zahlreiche Simuliidenarten vertreten, z. B. in Deutschland 49 Arten, in der Schweiz 33 Arten. Die 4 wichtigsten Arten finden sich im gesamten Mitteleuropa. *S. erythrocephalum* hat im deutschsprachigen Raum entlang der großen Bäche und Flüsse in Niederungsgebieten vom norddeutschen Flachland bis in die Voralpenregion die größte Bedeutung. *S. ornatum*, *S. reptans* und *S. equinum* (letztere Art oft vergesellschaftet mit *S. lineatum*) kommen eher in hügeligen Regionen vor. *Prosimulium hirtipes* und *P. tomosvaryi* treten auch in Berggebieten auf. Das tatsächliche Vorkommen wird von den speziellen Habitatansprüchen der Arten bestimmt (▶ **Tab. 17.11**). In der 1. Hälfte des 20. Jahrhunderts kamen im Donau-Gebiet des ehemaligen Jugoslawien Tausende von Tieren nach Massenattacken von *S. columbaschense* um. Simuliiden-bedingte Schadensfälle werden gelegentlich aus verschiedenen mitteleuropäischen Ländern gemeldet. Durch die Verbesserung der Wasserqualität von Flüssen können sich darin wieder ansehnliche Simuliiden-Populationen entwickeln.

Adulte Kriebelmücken finden sich in endemischen Gebieten Mitteleuropas ab März bis in den November. Die klinisch relevanten Populationen sind meist jene, die im zeitigen Frühjahr aus überwinterten Larven entstehen. Die Imagines schlüpfen dann bei steigenden Wassertemperaturen (warmes, trockenes Wetter) weitgehend synchron aus den Puppen. Wenn zudem in dieser Zeit mit hoher Luftfeuchte und weitgehender Windstille gute Flugbedingungen bestehen, kann es zum Massenanflug auf Weidetiere kommen. Anhaltend wechselhaftes Wetter resultiert im schubweisen Schlupf kleinerer Populationen. Die Simuliidendichte nimmt in der Folge im Juni und Juli vorübergehend ab. Danach kommt es mit neuen Populationen meistens wieder zu gesteigertem Anflug. Im Verlauf eines Jahres können 1–5 Generationen gebildet werden.

Kriebelmücken fliegen mit Ausnahme einiger ornithophiler Arten tagsüber, bevorzugt bei sonnigem, windstillem Wetter. Bei hoher Individualdichte kann der Anflug in den frühen Morgenstunden beginnen und bis kurz vor Sonnenuntergang andauern. Bei starkem Wind oder Regen kommt die Flugaktivität fast vollständig zum Erliegen. Kriebelmücken fliegen nicht in Gebäude und nur selten in Unterstände ein, können aber am Tier in Stallungen eingeschleppt werden. Die Weibchen legen am Tag Strecken von > 20 km zurück, auch sind Verdriftungen durch Wind über größere Distanzen möglich. Daher können Schadensfälle bei Weidetieren auch in größeren Entfernungen zu den Brutgewässern auftreten. Auf der Suche nach einem Wirt orientieren sich die Kriebelmücken über längere Distanzen (bei günstiger Luftströmung bis einige km) olfaktorisch (Rindergeruch), auf eine Distanz von einigen Metern dann optisch und fliegen je nach Art überwiegend bestimmte Körperregionen an, z. B. *S. lineatum* die Ohren und *S. erythrocephalum* sowie *S. ornatum* den Unterbauch der Tiere. Dunkle Farben locken sie eher an als helle.

Erkrankungen von Rindern sind auf Weiden vom Flachland bis in Höhenlagen von 1300–1500 m beobachtet worden. Die Krankheitsfälle treten häufig kurz nach dem Weideaustrieb im April/Mai auf, doch sind auch später (August/September) noch Schadensfälle möglich, vor allem bei Tieren, die zuvor keinen Weidegang hatten.

Pathogenese Die schmerzhaften Stiche der Kriebelmücken lassen sie für Tier und Mensch zu einer erheblichen Plage werden, auch wenn sie ihre Wirte in nicht allzu großer Zahl anfliegen. Die **Simuliotoxikose** wird durch

▶ **Tab. 17.11** Wichtige *Simulium*-Arten in Mitteleuropa.

Art (frühere Bezeichnung)	bevorzugte Brutgewässer	Anspruch an Wasserqualität	Landschaftstyp
Simulium erythrocephalum (*Boophthora erythrocephala*)	vegetationsreiche große Bäche bis mittelgroße Flüsse der Ebenen	mittel	Flachland von Norddeutschland bis in voralpine Region
Simulium reptans	vegetationsreiche Bäche und Flüsse	hoch	Flachland bis Hügelland
Simulium ornatum (*Odagmia ornata*)	generell Fließgewässer (ökologisch sehr plastische Art), bevorzugt turbulente Strömung	niedrig	Flachland, Hügelland bis Voralpen
Simulium equinum (*Wilhelmia equina*)	Bäche mit moderater, gleichmäßiger Strömung und submerser Vegetation	niedrig	Ebenen, niedrige Höhenlagen und in Hügelland

Speicheltoxine verursacht, deren toxikologische und biochemische Charakterisierung noch aussteht. Die Symptome lassen erkennen, dass diese Toxine in erster Linie gefäßschädigend wirken. Das pathologisch-anatomische Bild ist charakterisiert durch die zahlreichen **petechialen Blutungen** in der Haut, die über den Stichkanal mit subepithelialen Blutansammlungen in Verbindung stehen, aus denen die Mückenweibchen Blut saugen (Engl.: *pool feeder*) (▶ Abb. 17.42). Dazu gehören ferner oft hochgradige **Unterhaut- und Organödeme** (Kehlkopf, Lunge, Labmagen, Gehirn), Schwellungen der Lymphknoten, petechiale Blutungen in den Serosen, im Peri- und Endokard, in allen Parenchymen einschließlich des Gehirns und Ergüsse in die Pleura- und Peritonealhöhle. Aus der Zahl der Läsionen in der Haut wurde geschlossen, dass etwa 10 000 Mücken ein Rind töten können.

Krankheitsbild beim Rind Anfliegende Simuliidenschwärme erregen die Tiere bis zur Panik. Die Stiche verursachen in der Haut nadelstichartige Blutungen, die vor allem an weniger behaarten Stellen auffallen (u. a. Ohrmuscheln, Euter, Vulvagegend, Skrotum, Schwanzansatz, Innenfläche der Hinterschenkel). Durch Konfluieren zahlreicher petechialer Blutungen können sich Blutkrusten bilden.

Bei starkem Befall entwickeln sich teils ausgeprägte subkutane Ödeme, hauptsächlich an Kehlgang, Triel, Unterbauch, Euter und Skrotum. Die Ödeme fühlen sich heiß an, gelegentlich fiebern die Tiere. Ferner kommt es zu Schleimhautschwellungen und Ödemen innerer Organe (s. o.) sowie zu einer Herz-Lungen-Symptomatik mit stark erhöhter Pulsfrequenz und Tachypnoe, begleitet von Erregungszuständen, schwankendem Gang, Sistieren der Pansenaktivität und Festliegen. Dabei kann es innerhalb weniger Stunden bis 2 Tage nach der Simuliidenattacke zum Tod der Tiere kommen. Überlebende Tiere erholen sich je nach Schweregrad der Erkrankung innerhalb weniger Tage oder erst nach Wochen.

Die in den endemischen Gebieten anhaltende Belästigung der Weidetiere und die schmerzhaften Stiche sind als erheblicher Schadfaktor anzusehen, der die Gewichtszunahmen und insbesondere die Milchleistung der Tiere beeinträchtigen kann. Nach witterungsbedingt massenhaftem Auftreten von Kriebelmücken im östlichen Australien sank in der betroffenen Region die Milchanlieferung vorübergehend um ca. 15 %.

Krankheitsbild bei anderen Tierarten Seltener als beim Rind tritt die Simuliotoxikose bei anderen Haustierarten auf, z. B. bei **Schaf, Pferd, Schwein** und **Hund**. Oft werden auch **Wildwiederkäuer** durch Simuliiden stark belästigt. Die Beobachtung, dass **Pferde mit Sommerekzem** oft hohe IgE-Spiegel gegen Speichelproteine von Simulien aufweisen, legt den Verdacht nahe, dass Kriebelmücken an der Genese dieser Allergie beteiligt sind.

Immunologie Die mit fortschreitender Weideperiode verminderte Empfindlichkeit von Weiderindern gegen Simuliidentoxine lässt vermuten, dass die Tiere eine Immunität, evtl. über neutralisierende Antikörper, entwickeln. Ein Nachweis hierfür wurde jedoch bisher nicht erbracht (generell liegen zu Immunreaktionen gegen Simuliiden kaum Erkenntnisse vor, insbesondere sind die Speichelkomponenten weitgehend unerforscht). Im Speichel von Simulien wurden komplexe antihämostatische Faktoren sowie immunmodulatorische Aktivitäten (Proliferationshemmung von T-Zellen, Apoptoseinduktion) nachgewiesen.

Diagnose Das klinische Bild, vor allem die zahlreichen Blutpunkte in der Haut und die pathologischen Befunde, zusammen mit dem jahreszeitlich begrenzten Auftreten, sichern die Diagnose. Differenzialdiagnostisch ist – auch in Anbetracht des jahreszeitlichen Auftretens – die Weidetetanie zu berücksichtigen. Die Mücken können für die Diagnostik aus der Ohrmuschel befallener Tiere eingesammelt oder in deren Nähe mit einem Netz (oder in CO_2-Fallen) gefangen werden. Die typischen larvalen und pupalen Stadien sind in den Gewässern leicht zu finden.

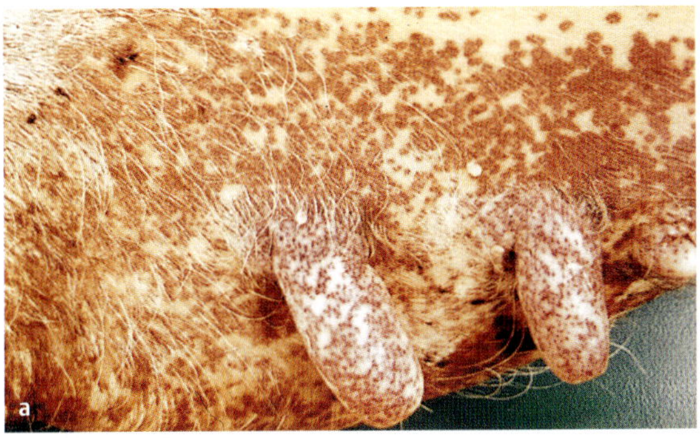

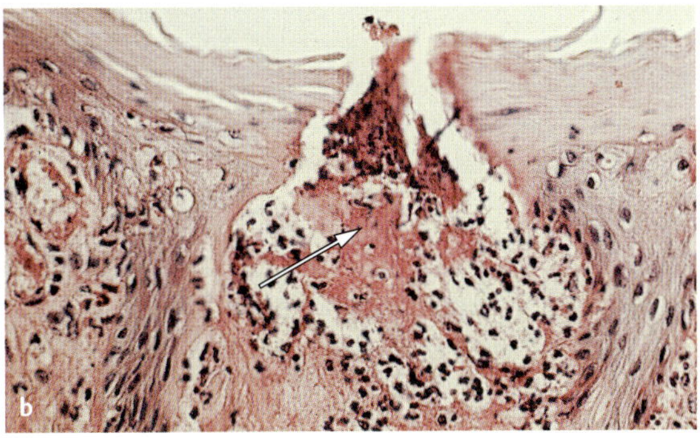

▶ **Abb. 17.42** Simuliotoxikose.
a Stichreaktionen am Euter eines verendeten Rindes (Quelle: Johannes Eckert, Institut für Parasitologie, Vetsuisse-Fakultät, Universität Zürich)
b Stichstelle in der Haut eines Rindes (histologischer Schnitt; Blutpool s. Pfeil) (Quelle: Johannes Eckert, Institut für Parasitologie, Vetsuisse-Fakultät, Universität Zürich)

Die morphologische Artdiagnose ist aber Angelegenheit von Spezialisten.

Therapie und Bekämpfung Erkrankte Tiere müssen aufgestallt und unverzüglich symptomatisch behandelt werden (Stabilisierung des Kreislaufs, antiphlogistische Therapie, Calciuminfusionen). Eine Möglichkeit zur Prophylaxe in Endemiegebieten, vor allem während der Hauptrisikozeit im Frühjahr, besteht in der Nachtweide oder in der Begrenzung der Tagweide auf regnerische, kühle Tage. Die Wirkung von Pyrethroiden (Sprühverfahren oder Pour-on-Applikation) hält gewöhnlich nur wenige Tage an und bietet auch in diesem Zeitraum lediglich einen partiellen Schutz gegen Simuliiden. Insektizid-Ohrmarken haben keine ausreichende Schutzwirkung.

Das Einbringen von Insektiziden in Fließgewässer ist wegen möglicher Umweltschäden nicht vertretbar. Auch Eingriffe in die Habitate, wie Entkrautung, Veränderung der Strömung, sind ökologisch oft bedenklich. Eine Bekämpfung der aquatischen Stadien durch Einbringen von *B. thuringiensis israelensis*-Protein in die Gewässer, wie sie bei Culicidae (S. 483) erfolgreich durchgeführt wird, ist auch bei Simuliiden grundsätzlich möglich und wird in einigen Ländern praktiziert. Da es sich jedoch bei den Brutstätten der Kriebelmücken um Fließgewässer handelt, ist der Effekt durch die Abdrift des Proteins eingeschränkt. Außerdem beeinträchtigen die in den kritischen Frühjahrsmonaten gewöhnlich niedrigen Wassertemperaturen die Wirkung des *B. thuringiensis*-Proteins (S. 591).

Bedeutung für Menschen und Vektorfunktionen Bei Menschen hinterlässt der Simuliidenstich einen feinen Blutpunkt in der Haut. Oft bilden sich um die Stichstelle ein 2–3 mm großes Erythem mit zentraler Pustel und eine größere ödematöse Schwellung. Die erst nach dem Stich einsetzende schmerzhafte Reaktion kann weit ausstrahlen und einige Tage anhalten. Allgemeinreaktionen (Fieber, Kreislaufstörungen) treten selten auf. Simuliiden übertragen Filarien, so einige *Onchocerca*-Arten der Rinder (S. 370) sowie *Onchocerca volvulus*, den Erreger der Flussblindheit des Menschen. Für die Übertragung von *O. volvulus* in Afrika sind Vertreter des umfangreichen *S. damnosum*-Komplexes verantwortlich. Von den Protozoen werden *Leucocytozoon*-Arten bei Vögeln übertragen. Als Virusvektoren spielen Simuliiden nur eine untergeordnete Rolle.

Literaturhinweise

Adler PH, Crosskey RW. World black flies (Diptera: Simuliidae): A comprehensive revision of the taxonomic and geographical inventory; 2014. https://biomia.sites.clemson.edu/pdfs/blackflyinventory.pdf

Adler PH, Chek RA, Post RJ. Evolution, epidemiology, and population genetics of black flies (Diptera: Simuliidae). Infect Genet Evol 2010; 10: 846–865

Lechthaler W, Car M. Simuliidae. Key to larvae and pupae from Central and Western Europe (CD-ROM). Vienna, Austria: Eutaxa; 2005. ISBN: 3-95018-393-0

Familie Ceratopogonidae (Gnitzen)

Praxis

Gnitzen haben große veterinärmedizinische Bedeutung als Verursacher des **Sommerekzems** v. a. **der Pferde**, als bedeutender Vektor (z. B. des **Blauzungenkrankheit-Virus**) und als Lästlinge.

Keras (gr.): Horn; *pogon* (gr.): Bart. Bezug auf die büschelförmig behaarten Antennen der Männchen. Engl.: *biting midges*.

Das Wichtigste in Kürze

- **Morphologie, Arten.** Sehr kleine Mücken (1–4 mm), Thorax ist buckelartig aufgewölbt, Flügel helldunkel gefleckt und behaart. Antennen aus 12–15 Gliedern, bei Männchen büschelartig behaart. Wichtigste Gattung: *Culicoides*.
- **Entwicklung.** Eiablage an schlammigen Plätzen mit großem Detritusanteil. Nach 4 Larvenstadien Entwicklung einer wenig beweglichen Puppe.
- **Krankheitsbild und Pathogenese.** Gnitzen können regional in hohem Maß belästigend sein. Stiche verursachen stark juckende, entzündliche Reaktionen mit Bläschenbildung und allergische Hauterkrankungen. Die Allergie äußert sich bei Pferden als lokalisierte, stark juckende Dermatitis mit Pusteln und Alopezie („Sommerekzem").
- **Vektorfunktion.** Einige Gnitzenarten übertragen Krankheitserreger (Viren, Bakterien, Protozoen und Nematoden), z. B. in Europa das Bluetongue-Virus und das Schmallenberg-Virus.

Morphologie, Arten Von den 125 Gattungen der Familie saugen Vertreter der 4 Gattungen *Austroconops*, *Culicoides*, *Forcipomyia* (Untergattung *Lasiohelea*) und *Leptoconops* Blut von Warmblütern. Die weitaus umfangreichste (über 1300 Arten) und wichtigste Gattung ist *Culicoides*. *Culicoides* spp. sind nur 1–4 mm lang und zählen somit zu den kleinsten blutsaugenden Insekten (Engl.: *no-see-ums*). Bei den meisten Arten sind die in Ruhe über dem Rücken gefalteten Flügel helldunkel gefleckt und behaart. Der Thorax ist buckelartig aufgewölbt. Die 12–15 Antennenglieder sind bei den Männchen büschelartig behaart (▸ **Abb. 17.43** u. ▸ **Abb. 17.44**). Aufgrund der Flügelmusterung können *Culicoides* spp. grob in 3 Gruppen eingeteilt werden (Obsoletus, Pulicaris, andere). Im Tiefland dominieren Arten der Obsoletus-Gruppe (v. a. *C. obsoletus*, *C. scoticus*) mit ca. 90 %; mit zunehmender Höhe in alpinen Lagen überwiegen die Arten der Pulicaris-Gruppe (*C. grisescens*, *C. pulicaris*).

Entwicklung Eiablage und Entwicklung der Larven von *Culicoides*-Arten geschehen in feuchten bis schlammigen (semiaquatischen) Plätzen mit hohem Anteil an organischem Material. Ein breites Spektrum von Brutsubstraten wurde beschrieben, inkl. Baumlöchern, schlammigen Tümpeln, nassen Zonen in Marschgebieten (die Larven einiger Arten sind halophil) über Reisfelder bis zu Sand-

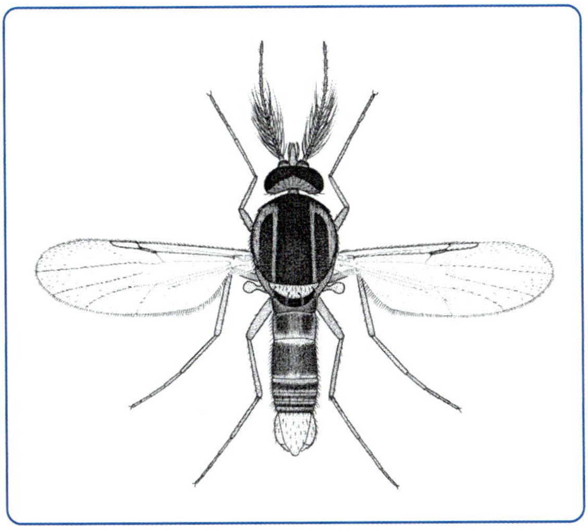

▶ **Abb. 17.43** Schema einer Gnitze (*Atrichopogon luteicollis*). (Quelle: J.-C. Delécolle u. E. Candolfi, Université de Strasbourg)

▶ **Abb. 17.44** *Culicoides obsoletus*. (Quelle: Institut für Parasitologie, Vetsuisse-Fakultät, Universität Zürich)

stränden und Mangrovenwäldern. In Mitteleuropa wurden etwa Maissilagerückstände und überwinterter Rindermist als Bruthabitate identifiziert, doch sind die Kenntnisse der Bruthabitate (als Basis für eine Bekämpfung) noch äußerst mangelhaft. Nach 4 Stadien der saprophytisch oder räuberisch lebenden Larven wird die wenig bewegliche Puppe gebildet, aus der nach 1–2 Wochen die adulte Gnitze schlüpft, die 2–5 Wochen überlebt. In der Entwicklungsdauer bestehen regionale Unterschiede. In den gemäßigten Klimazonen entstehen meist 1–2 Generationen im Jahr, bei einigen Arten (z. B. *C. obsoletus*) sind es bis 6 Generationen. Die Überwinterung erfolgt im 4. Larvenstadium. Die Blutaufnahme der Weibchen erfolgt in Intervallen von 3–5 Tagen.

Vorkommen und Epidemiologie Die Gattung *Culicoides* kommt weltweit in allen Klimazonen (außer der extremen Polarzone) und bis in Hochgebirgslagen vor, allerdings nicht in Island und Neuseeland. Gnitzen können sehr große Populationen erreichen; in Mitteleuropa konnten schon über 10 000 Gnitzen mit einer UV-Falle pro Nacht gefangen werden.

Die Flugzeiten erstrecken sich in Mitteleuropa in tieferen Lagen auf die Monate April bis Mitte Dezember. Hauptaktivitäten reichen von Juli bis in den September. Der Aktionsradius von *Culicoides* spp. beträgt nur wenige 100 m um die Brutstätte. Sie können allerdings über weite Strecken mit dem Wind verdriften. Die meisten Arten sind tagaktiv (später Nachmittag und früher Morgen), einige fliegen auch in der Dämmerung, alle bevorzugt bei Windstille und bedecktem Himmel. Vor allem die Arten *C. obsoletus* und *C. dewulfi* fliegen im Spätjahr, wenn die Außentemperaturen fallen, auch in Stallungen ein. Für die Wirtsfindung werden olfaktorische Reize (CO_2) genutzt.

Pathogenese und Krankheitsbild Gnitzen können regional in hohem Maß belästigend sein (berüchtigt ist etwa das Schottische Hochland mit riesigen Populationen von *C. impunctatus*). Sie sind „*pool feeder*" und ihre Stiche führen zu heftigen, stark juckenden, entzündlichen Reaktionen mit Bläschenbildung. Rinder werden überwiegend im Rücken- und Bauchbereich sowie an den Gliedmaßen angeflogen, Pferde bevorzugt dorsal vom Nacken bis zum Schweifansatz.

Eine ernste Konsequenz des *Culicoides*-Befalls sind allergische Reaktionen gegen Speichelallergene. Ursprünglich bei Pferden als **Sommerekzem** beschrieben (Engl.: *sweet itch, Queensland itch* in Australien), betreffen sie offensichtlich auch andere Tierarten (Rinder, Schafe). Die Allergie äußert sich bei Pferden als lokalisierte, stark juckende Dermatitis mit Pusteln und Alopezie. Die Tiere zeigen oft heftige Scheuerspuren infolge des Juckreizes. Die Lokalisationen entsprechen meist den durch die regional vorkommenden *Culicoides*-Arten bevorzugt angeflogenen Körperregionen, wie Widerrist, Rücken und dorsaler Schwanzansatz oder Unterbauch und Beine. Nach Untersuchungen in Skandinavien zeigen sich bei Pferden die Ekzeme erstmals nach 3–5 Weideperioden, verschwinden mit dem Ende der Weidezeit und kehren mit dem Auftreten adulter Gnitzen zurück. In Europa leiden Islandpferde besonders häufig an Sommerekzemen, vor allem die Tiere, die im *Culicoides*-freien Island geboren und im Alter von mehreren Jahren in Endemiegebiete importiert wurden. Bei Untersuchungen in Schweden und Norwegen betrugen die Prävalenzen diesbezüglich 27 % gegenüber 7–8 %. Die Veranlagung ist auch individuell erblich und mit bestimmten Leukozytenantigenen assoziiert.

Immunologie Das **Sommerekzem** der Pferde ist eine allergische Erkrankung überwiegend vom Soforttyp. Sie wird von spezifischen IgE-Antikörpern gegen Allergene (bislang 11 identifizierte Allergene) im Speichel der Mücken vermittelt. Daneben spielen auch spezifische, Mastzellen sensibilisierende IgG-Antikörper (IgGa, IgGT) eine Rolle.

Diagnose Erste Hinweise auf Gnitzen geben die geringe Größe der Insekten und deren gefleckte Flügel. Die morphologische Artidentifizierung ist z. T. äußerst schwierig; es steht auch ein interaktiver Schlüssel zur Verfügung. Als Alternativen wurden molekularbiologische (PCR) wie auch massenspektrometrische Verfahren (MALDI-TOF-MS) entwickelt. Beim Sommerekzem sind differenzialdiagnostisch Räude und Photosensibilität zu bedenken. Für Allergietests in Form von Hauttests werden kommerziell Allergene, gewöhnlich Rohextrakte von *C. variipennis*, angeboten. Die Spezifität wird uneinheitlich beurteilt. Ein funktionaler Histamin-Freisetzungstest, in dem Immunzellen (basophile, Makrophagen) von Pferden durch *Culicoides*-Antigenexposition stimuliert werden, ergab eine im Vergleich zu serologischen Tests deutlich höhere Nachweissicherheit.

Bekämpfung und Therapie Beim **Pferd** ist Permethrin als Repellens gegen *Culicoides*-Arten zugelassen, eine wöchentliche Behandlung ist meist ausreichend. Weiterhin werden sog. Ekzemdecken zum Schutz gegen Gnitzen eingesetzt. Sommerekzeme werden mit Antihistaminika und Corticosteroiden behandelt. Versuche zur Desensibilisierung allergischer Pferde mit Gnitzenextrakten haben zu widersprüchlichen Ergebnissen geführt. Als Immunprophylaxe wurde kürzlich die intralymphatische Injektion von 4 rekombinanten Allergenen erprobt. Beim **Rind** lässt sich durch Einsatz von Insektizid-Ohrclips oder von Insektiziden in Pour-on-Applikation allenfalls eine Teilwirkung gegen Gnitzen erzielen. Solche Maßnahmen reichen zur Kontrolle der Gnitzen als Vektoren des Bluetongue-Virus (s. u.) nicht aus. Die Blauzungenkrankheit kann wirksam durch Impfungen der Wiederkäuer bekämpft werden.

Vektorfunktionen *Culicoides*-Arten übertragen mit Viren, Bakterien, Protozoen und Nematoden ein breites Erregerspektrum (▸ **Tab. 17.12**). Weltweit gelten etwa 50 Arten als bedeutende Vektoren. Mit dem unerwarteten und explosiven Auftreten der verlustreichen Blauzungenkrankheit (verursacht durch das Bluetongue-Virus, BTV) der Rinder und Kleinwiederkäuer in Europa in 2006 hat die Gattung besonderes Interesse geweckt. Virus-DNA wurde in *C. obsoletus*, *C. scoticus* und *C. dewulfi* gefunden, doch sind die epidemiologischen Fragen in ihrer Gesamtheit noch nicht geklärt. Der wichtigste Überträger des BTV im Mittelmeerraum, *C. imicola*, kommt in Mittel- und Nordeuropa nicht vor. Kürzlich wurde das Schmallenberg-Virus in Europa als Verursacher von Missbildungen bei Feten beschrieben; Vektoren sind *Culicoides*-Arten.

Literaturhinweise

Bauer B, Jandowsky A, Schein E et al. An appraisal of current and new techniques intended to protect bulls against *Culicoides* and other haematophagous nematocera: the case of Schmergow, Brandenburg, Germany. Parasitol Res 2009; 105: 359–365

Jonsdottir S, Svansson V, Stefansdottir SB et al. A preventive immunization approach against insect bite hypersensitivity: Intralymphatic injection with recombinant allergens in Alum or Alum and monophosphoryl lipid A. Vet Immunol Immunopathol 2016; 172: 14–20

Kaufmann C, Steinmann IC, Hegglin D et al. Spatio-temporal occurrence of *Culicoides* biting midges in the climatic regions of Switzerland, along with large-scale species identification by MALDI-TOF mass spectrometry. Parasit Vectors 2012; 5: 246

Mathieu B, Cêtre-Sossah C, Garros C et al. Development and validation of IIKC: an interactive identification key for *Culicoides* (Diptera: Ceratopogonidae) females from the Western Palaearctic region. Parasit Vectors 2012; 5: 137 (Schlüssel online verfügbar unter www.iikculicoides.net)

Purse BV, Carpenter S, Venter GJ et al. Bionomics of temperate and tropical *Culicoides* midges: knowledge gaps and consequences for transmission of *Culicoides*-borne viruses. Annu Rev Entomol 2015; 60: 373–392

▸ **Tab. 17.12** Erregerübertragung (Auswahl) durch *Culicoides* spp.

Erregergruppe	Erreger	betroffene Wirte	Vorkommen
Bunyaviridae	Akabane-Virus	Rind	Australien, Japan
	Schmallenberg-Virus	Rind, Schaf, Ziege	Europa
Reoviridae	Bluetongue-Virus	Rind, Schaf, Ziege	weltweit
	Virus der Afrikanischen Pferdepest	Pferd	Afrika, (ES)
	Virus der Epizootisch-hämorrhagischen Erkrankung	Cerviden	Nordamerika (TR, Nordafrika, Israel)
Haemosporina	*Hepatocystis* spp.	meist baumbewohnende Säuger (Affen, Fledermäuse)	Afrika
	Haemoproteus spp.	meist Vögel und Reptilien	weltweit
Nematoden	*Onchocerca cervicalis*	Pferd	weltweit
	Dipetalonema perstans	Mensch	Afrika, Südamerika

17.2.8 Ordnung Diptera, Unterordnung Brachycera (Bremsen, Fliegen)

Praxis
Zu den veterinärmedizinisch wichtigen Brachycera gehören Tabaniden (Bremsen), Muscidae (Fliegen vom Typ Stubenfliege), Calliphoridae (Schmeißfliegen), Sarcophagidae (Fleischfliegen), Oestridae (Dasselfliegen) und Hippoboscidae (Lausfliegen), welche v. a. als Myiasis-Erreger, Lästlinge und Vektoren Bedeutung haben.

Brachys (gr.): kurz; *keras* (gr.): Horn. „Kurzhörner"; Bezug auf die kurzen, weniggliedrigen Antennen.

Fliegen sind kräftig gebaute Dipteren mit kurzen Beinen; die Antennen sind dreigliedrig. Manche Fliegen sind *„pool-feeder"* (schmerzhafte Stiche); bei den Tabanidae (Bremsen) sind wie bei den Nematocera (Mücken) nur die Weibchen Blutsauger, bei den blutsaugenden Arten höherer Fliegen (Hippoboscidae, stechende Arten der Muscidae) jeweils beide Geschlechter. Sekundär flügellos sind etwa Vertreter der Hippoboscidae (Lausfliegen). Die Larven haben beißende Mundwerkzeuge und entwickeln sich über 3 oder mehr (Bremsen) Larvenstadien zu den Adulten. Adulte Fliegen können als **Blutsauger, Lästlinge** und **Vektoren** (zyklisch-alimentär; mechanisch) schädigen (Tabanidae, Muscidae, Glossinidae, Hippoboscidae). Bei anderen Fliegen sind die Larven die schädlichen Stadien (fakultative oder obligate **Myiasis**, „Madenfraß") und die Adulten leben nicht parasitisch (Calliphoridae, Sarcophagidae, Oestridae).

Familie Tabanidae (Bremsen)

Praxis
Bremsen verursachen mit ihren äußerst schmerzhaften Stichen eine erhebliche Belästigung; sie sind als Vektoren in Mitteleuropa von geringerer veterinärmedizinischer Bedeutung.

Tabanus (lat.): Bremse. Bremse: abgeleitet vom mhd. „bremen" = brummen. Engl.: *horse flies, deer flies, clegs*.

Das Wichtigste in Kürze

- **Morphologie, Arten.** Kräftig gebaute Fliegen, 6–25 mm lang, Kopf von oben gesehen annähernd dreieckig, Facettenaugen auffallend groß. Antennen mit 3 deutlich erkennbaren Gliedern nach vorn gestreckt, das apikale Glied mit einem geringelten „Griffel" aus 4–8 miteinander verschmolzenen Segmenten. Mundwerkzeuge geeignet zum Schneiden, Stechen, Raspeln und Saugen. Zahlreiche Arten in Mitteleuropa; wichtig als Parasiten der Haustiere sind vor allem Arten der Gattungen *Haematopota, Tabanus, Hybomitra* und *Chrysops*.
- **Entwicklung.** Entwicklung (Ei → 5–11 Larvenstadien → Puppe → Imago) in Schlamm von Feuchtstellen oder im Boden; Dauer etwa 1 Jahr, teils auch länger; gewöhnlich nur 1 Generation pro Jahr.
- **Vorkommen.** Ubiquitär von Niederungsgebieten bis in hohe Berglagen.
- **Epidemiologie.** Flugaktivität von Mitte Mai bis Mitte Oktober mit höchsten Abundanzen im Juli/August. Bremsen sind tagaktiv; nur Weibchen saugen Blut, vor allem an Rindern, Pferden, Wildwiederkäuern, auch am Menschen.
- **Pathogenese, Klinik, Vektorfunktionen.** Schmerzhafte Stiche, erhebliche Belästigung der Tiere, Blutentzug, Leistungsminderung. Tabaniden sind azyklische oder zyklische Vektoren von Viren, Rickettsien, Bakterien, Protozoen und Helminthen.
- **Bekämpfung** s. Muscidae (S. 496).

Morphologie, Arten Bremsen sind kräftig gebaute, 6–25 mm lange Fliegen von grauschwarzer, gelblich brauner bis grünlicher Farbe, z. T. mit farbigen Flecken oder Binden (▸ Abb. 17.45 u. ▸ Abb. 17.46). Der Kopf ist breiter als lang und von oben gesehen annähernd dreieckig. Auffallend sind die großen **Facettenaugen**, die beim lebenden Insekt in verschiedenen Farben schillern und Muster aufweisen können. Bei den Männchen stoßen die Augen in der Stirnlinie fast zusammen, bei den Weibchen befindet sich dazwischen ein größerer Abstand. Bei einigen Arten sind zusätzlich 1–3 kleine Stirnaugen (Ocellen) vorhanden. Die stets nach vorn gerichteten Antennen bestehen aus 3 deutlich erkennbaren Gliedern. Das meist vergrößerte apikale Glied trägt einen geringelten „Griffel", der aus 4–8 miteinander verschmolzenen Segmenten zusammengesetzt ist. Die kurzen und kräftigen, nach unten abstehenden Mundwerkzeuge sind bei den Weibchen zum Schneiden, Stechen, Raspeln und Saugen geeignet. Die Männchen stechen nicht, ihnen fehlen Teile der Stechwerkzeuge (Maxillen).

Weltweit sind rund 4000 Tabanidenarten bekannt, von denen etwa 165 in Europa vorkommen (50–60 Arten in AT, CH, DE).

Gattung *Haematopota*

Haematopota pluvialis

Die Regenbremse ist die häufigste Art; sie ist mittelgroß (8–12 mm lang), schlank, grauschwarz. Flügel mit hellen Flecken auf dunklem Grund; in Ruhe liegen sie über dem Abdomen eng beieinander. Augen mit wellenförmigen Bändern, Antennen länger als der Kopf, „Griffel" mit 3 Segmenten (▸ Abb. 17.46a).

Gattung *Tabanus*

Tabanus bovinus

Die Rinderbremse ist eine große Bremse (10–24 mm lang) mit bräunlichem Hinterleib, Flügel klar und ohne Muster, in Ruhestellung leicht gespreizt. Facettenaugen mattgrün mit gelben Streifenmustern, Antennen kürzer

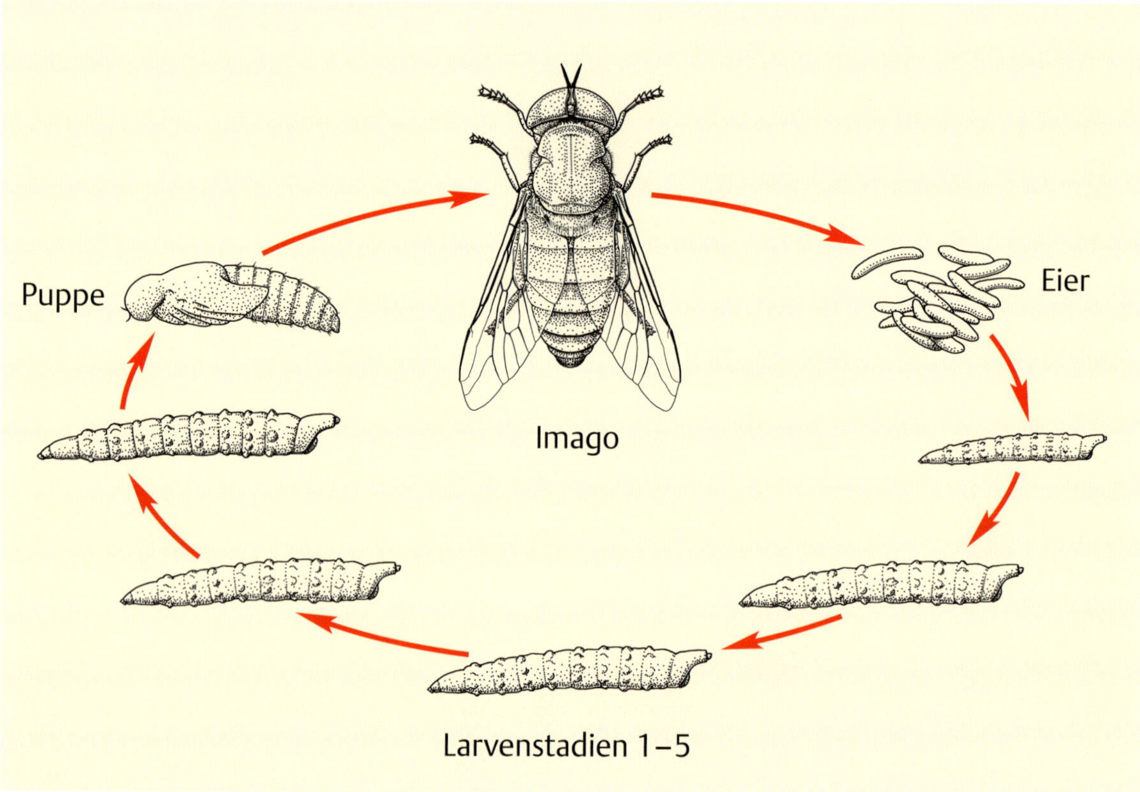

▶ **Abb. 17.45** Entwicklungszyklus von Tabaniden. (Grafik: Salome Ehrat, nach einer Vorlage von Johannes Eckert und Peter Deplazes, Vetsuisse-Fakultät, Universität Zürich)

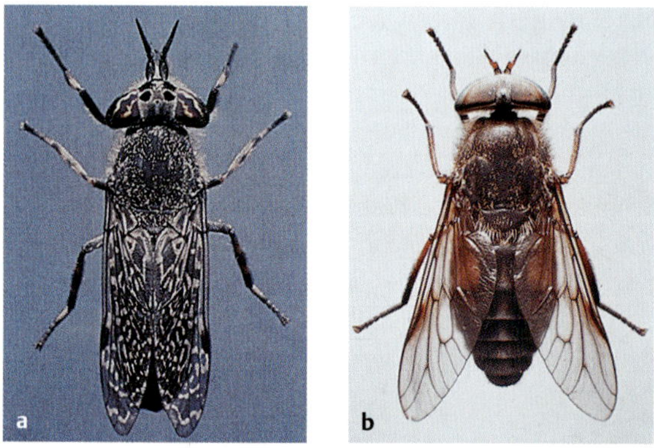

▶ **Abb. 17.46** Tabaniden.
a *Haematopota* sp. (Länge 9–12 mm) (Quelle: Gabriele Liebisch, Zecklab, Burgwedel)
b *Chrysops* sp. (Länge 9–14 mm) (Quelle: Gabriele Liebisch, Zecklab, Burgwedel)

als der Kopf, „Griffel" mit 4 Segmenten; sehr ähnlich ist *T. sudeticus* (19–25 mm lang). Weitere, kleinere Arten (10–16 mm lang) der Gattung: *T. bromius, T. maculicornis.*

Hybomitra-Arten

Arten dieser Gattung sind *Tabanus* im Habitus sehr ähnlich, Länge 13–16 mm, dicht behaart, Flügel klar, Augen groß und ohne Muster, „Griffel" der Antennen mit 3 Segmenten (▶ **Abb. 17.46b**).

Gattung *Chrysops*

Chrysops caecutiens

Die Goldaugenbremse ist eine relativ kleine (9–13 mm lang) Bremse, Hinterleib auffallend schwarz-gelb, Flügel mit breiter Binde, in Ruhe gespreizt (Deltastellung). Augen leuchtend grün und schillernd mit Mustern, Antennen wesentlich länger als der Kopf, „Griffel" mit 4 Segmenten. Weitere Arten der Gattung: *C. relictus, C. viduatus.*

Vorkommen Tabaniden sind kosmopolitisch von gemäßigten Klimazonen bis in die Tropen und von Niederungsgebieten bis in hohe Berglagen (> 3000–5000 m) verbreitet. Unter den zahlreichen, in Mitteleuropa vorkommenden Arten sind meist *Haematopota*- und *Tabanus*-Arten die vorherrschenden Lästlinge von Haustieren.

Entwicklung und Epidemiologie Die Entwicklung verläuft vom Ei über mehrere Larvenstadien und eine Puppe zu den Imagines. Die Eier werden meist in mehrschichtigen Paketen von 100–1000 in feuchte Erde (*Haematopota* spp. und einige *Tabanus*-Arten) oder auf Pflanzenteile am Rand von Gewässern (*Hybomitra*- und *Chrysops*-Arten) abgelegt. Aus den Eiern gehen Larven hervor, die sich innerhalb von 3–6 Tagen nach dem Schlüpfen 2-mal häuten und dann in den Schlamm von Gewässern oder in den Boden eindringen, wo sie monatelang verbleiben, dabei überwintern können, mehrere weitere Häutungen durchlaufen und sich räuberisch von Kleinlebewesen (*Tabanus, Haematopota*) oder von Pflanzenmaterial (*Chrysops*) ernähren. Die Gesamtzahl der Larvenstadien schwankt zwischen 5 und 11 (13) und ist sogar innerhalb derselben Art variabel. Das letzte Larvenstadium ist zylindrisch geformt und segmentiert; es hat am Vorderende hakenförmige Mandibeln und eine reduzierte Kopfkapsel (hemicephale Larve, ▶ **Abb. 17.45**). Im Frühjahr begeben sich die Larven in trockenere Bereiche am Rande von Gewässern oder Feuchtstellen und verpuppen sich (Mumienpuppe) dort dicht unter der Oberfläche. Nach einer Puppenruhe von 1–4 Wochen schlüpfen die Imagines. In Mitteleuropa dauert die Entwicklung (Ei – Imago) etwa 1 Jahr, sie kann sich aber auch über 2–3 Jahre erstrecken.

Bei günstigen Temperaturen formieren sich die Männchen – meist in den Morgenstunden – zu Schwärmen und begatten die Weibchen im Fluge oder auf Pflanzen. Die Aktivitätsperiode der Imagines dauert in Mitteleuropa von Mitte Mai bis Mitte Oktober, ist aber bei den einzelnen Gattungen unterschiedlich lang. Die Mehrzahl der Arten tritt erst ab Juni in größeren Populationsdichten auf, die im Juli/August ihren Höhepunkt erreichen. Die meisten Tabanidenarten sind tagaktiv (später Vormittag bis früher Nachmittag), einige Arten können aber auch in den Morgen- und Abendstunden aktiv sein und nur wenige sind nachtaktiv. Die Tagesaktivität wird durch meteorologische Faktoren (Temperatur, Feuchte, Lichtintensität) stark beeinflusst. Bei kühler Witterung (< 13 °C) bleiben die Bremsen inaktiv und halten sich an Ruheplätzen auf. Günstige Bedingungen bieten für viele Arten sonnige, warme (> 20 °C), windarme Tage bei niedriger relativer Luftfeuchte (< 60–70 %). Regenbremsen (*Haematopota* spp.) können auch bei bedecktem Himmel, Gewitterschwüle und leichtem Regen sehr aktiv sein. Männchen und Weibchen sind obligat auf kohlenhydrathaltige Pflanzensäfte und Wasser angewiesen. Die Weibchen der meisten Arten benötigen nach der Begattung eine Blutmahlzeit, da Protein zur Eireifung erforderlich ist. Sie suchen alle 2–3 Tage einen Wirt auf, ihre Lebensdauer beträgt 3–4 Wochen. Die Männchen sind nicht hämatophag und sterben bald nach der Kopulation.

Bevorzugte Wirte für die Bremsenweibchen sind **Ungulaten** (Rind, Pferd, Wildwiederkäuer) und andere größere Säugtiere (▶ **Abb. 17.47**); gelegentlich befallen sie auch Vögel. Menschen werden vor allem von *Haematopota*- und *Chrysops*-Arten angegriffen. Ausgehend von ihren Tageshabitaten an geschützten Stellen im Buschwerk orten die Weibchen ihre Wirte vorwiegend visuell, teils auch olfaktorisch, und suchen zum Blutsaugen besonders folgende Körperpartien auf: Kopf, Hals, Rücken, seitliche Bauchwand (*Chrysops*-Arten) oder Flanken, Unterbrust und Bauch, Euter, Gliedmaßen (*Tabanus*- und *Hybomitra*-Arten); *Haematopota*-Arten lassen oft keine Präferenz erkennen. In Stallungen fliegen Tabaniden nicht ein, selten in Unterstände für Weidetiere, sind aber dort kaum aktiv.

▶ **Abb. 17.47** Regenbremsen (*Haematopota* sp.) (Länge 8–12 mm) am Hals eines Pferdes. (Quelle: Gabriele Liebisch, Zecklab, Burgwedel)

Pathogenese und Krankheitsbild Die Tabanidenweibchen schneiden mit ihren großen, messerblattförmigen Mundwerkzeugen eine Wunde in die Haut, in die sie antikoagulierenden Speichel injizieren und das sich sammelnde Blut aufsaugen (Engl.: *pool feeder*). Die tiefen und schmerzhaften Stiche, die von Quaddelbildung begleitet sein können, führen zur Belästigung, die bei Weidetieren ein erhebliches Ausmaß erreichen und Störungen der Futteraufnahme sowie Leistungsminderungen (Milchrückgang) verursachen kann. Die von einem Weibchen aufgenommene Blutmenge ist von der Größe des Insekts abhängig und schwankt zwischen 20 und 200 mg (Extremwerte 500–700 mg). Bei Anflugraten von 50 Bremsen pro Stunde, die in Mitteleuropa nachgewiesen sind, können in 6 h bis 60 ml Blut verloren gehen. Die Blutverluste sind aber häufig geringer und haben bei gesunden Rindern keine messbaren Folgen. Das aus den Stichwunden austretende Blut lockt blutleckende Insekten an [s. Weidefliegen (S. 501)], die eine weitere Belästigung für den Wirt darstellen.

Vektorfunktionen Tabaniden können unter natürlichen oder experimentellen Bedingungen zahlreiche Erreger azyklisch (mechanisch) oder zyklisch übertragen. Die azyklische Übertragung wird dadurch begünstigt, dass ein Teil der Bremsenweibchen bei Abwehrreaktionen des Wirtes die Blutaufnahme unterbricht und unmittelbar danach denselben oder einen anderen Wirt aufsucht, meist im näheren Umkreis unter 100 m. Bei Abschluss der Blutaufnahme bleibt an den Mundwerkzeugen ein Blutfilm haften, in dem im Wirtsblut vorhandene Erreger eine gewisse Zeit überleben. Die Effizienz der Übertragung ist von der Erregerdichte im Blut, der Überlebensdauer der Erreger und anderen Faktoren abhängig. Im folgenden Abschnitt ist eine Auswahl von Erregern zusammengestellt, die durch Tabaniden übertragen werden.

Azyklische (mechanische) Übertragung **Viren:** Virus der infektiösen Anämie der Equiden. **Rickettsien:** *Anaplasma marginale*, Erreger der Anaplasmose des Rindes (Hauptüberträger: Schildzecken). **Bakterien:** *Francisella tularensis*, Erreger der Tularämie (Überträger: Schildzecken, Tabaniden u. a. blutsaugende Insekten). **Protozoen:** *Trypanosoma brucei evansi*, Erreger der Surra, *T. b. equinum*, Erreger des Mal de Caderas (Überträger: Tabaniden und *Stomoxys*), *T. vivax*, Erreger der Nagana (Hauptüberträger: Glossiniden; Tabaniden und *Stomoxys* können azyklisch übertragen). Unter experimentellen Bedingungen übertragen Tabaniden u. a. blutsaugende Insekten *Besnoitia besnoiti*, doch ist die natürliche Vektorenrolle dieser Insekten noch unklar.

Zyklische Übertragung **Protozoen:** *Trypanosoma* (*Megatrypanum*) *theileri* des Rindes und *Megatrypanum* spp. der Wildwiederkäuer. **Helminthen:** *Loa loa*, Erreger der Loaose des Menschen.

Diagnose und Bekämpfung Bremsen kann man visuell an ihrem Habitus von anderen Fliegen unterscheiden. Die Artbestimmung erfordert Spezialkenntnisse. Die Bekämpfungsmaßnahmen werden bei den Musciden (S. 496) besprochen.

Familie Braulidae

Braula coeca (sog. Bienenlaus), der Erreger der Braulose der Honigbiene, ist eine kleine, etwa 1,5 mm lange, flügellose, weltweit verbreitete Fliege (▸ **Abb. 17.48**). Die Imagines leben vorwiegend kommensalisch auf dem Thorax und Abdomen der Bienen und saugen am Rüssel ihrer Wirte Nahrungssäfte. Die Eiablage erfolgt an die Innenseite der Deckel von Brut- und Honigzellen, in denen sich die Larven entwickeln. Dadurch kann es zur Minderung der Honigqualität kommen. Differenzialdiagnostisch sind *Acarapis*-, *Varroa*- und *Tropilaelaps*-Milben zu berücksichtigen.

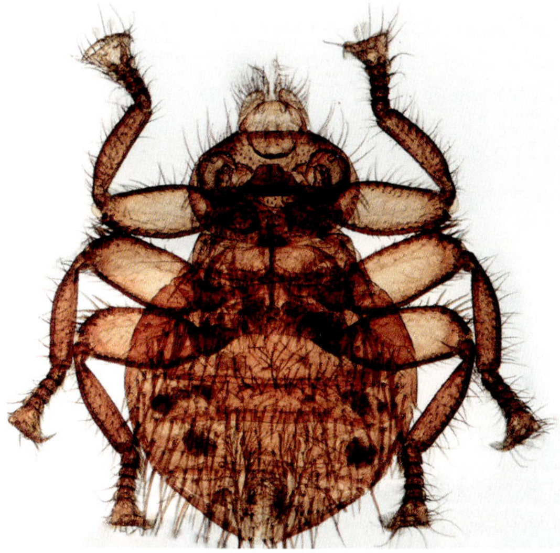

▸ **Abb. 17.48** *Braula coeca* (Länge ca. 1,5 mm). (Quelle: Patrick Waindok, Institut für Parasitologie, Stiftung Tierärztliche Hochschule Hannover)

Familie Drosophilidae

Bei den Drosophilidae (Essig-, Tau- oder Fruchtfliegen) handelt es sich um 2–4 mm lange Fliegen, die gärende oder säuernde Substrate als Brutmedium benutzen und manchmal in Haushalten oder Nahrungsmittelbetrieben zur Plage werden. *Drosophila melanogaster* hat als Studienobjekt der Genetik Weltruhm erlangt. *Phortica variegata*, schon früher in Ostasien als Zwischenwirt für *Thelazia callipaeda* (S. 351) bekannt, erfüllt diese Funktion auch in Europa. Die Adulten dieser Art ernähren sich u. a. von fermentierenden Pflanzensäften und Augensekreten von Tieren und Menschen.

Familien Muscidae und Fanniidae

Praxis

Diese Fliegen, v. a. die blutsaugenden, sind Lästlinge im Stall und auf der Weide; sie sind Vektoren einer Vielzahl von Pathogenen und Zwischenwirte von Helminthen.

Musca (lat.): Fliege; *morphe* (gr.): Form, Gestalt.

Das Wichtigste in Kürze

- **Morphologie, Arten.** Meist dunkel gefärbte, mittelgroße Fliegen. Mundwerkzeuge leckend-saugend oder stechend-saugend. Die kurzen Antennen tragen auf dem 3. Segment eine Borste (Arista), die bei den einzelnen Familien unterschiedlich gestaltet ist (▸ **Abb. 17.49**). Wichtige Gruppen: Haus- und Stallfliegen: Große Stubenfliege (*Musca domestica*) und Wadenstecher (*Stomoxys calcitrans*); Weidefliegen: Augen- oder Gesichtsfliege (*Musca autumnalis*), Kopf- und Euterfliegen (*Hydrotaea* spp.), Kleine und Große Weidestechfliege (*Haematobia irritans* und *H. stimulans*). Hauptschadwirkung an Tieren vor allem durch Stechfliegen (Stomoxinae; beide Geschlechter sind hämatophag).

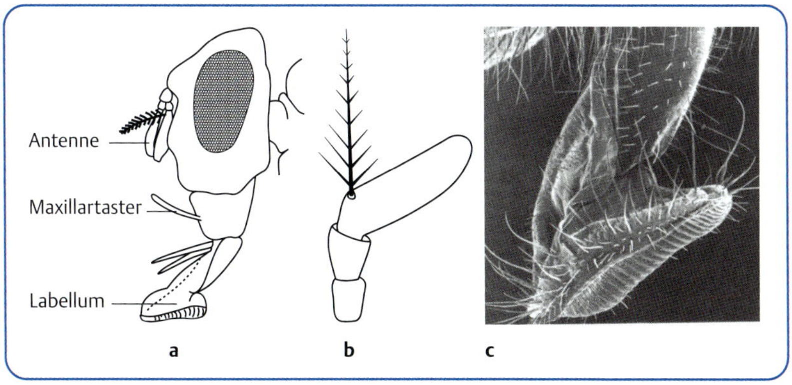

▶ **Abb. 17.49** *Musca domestica*: **a** Kopf; **b** Antenne mit Arista; **c** Labellum, REM-Aufnahme. (Grafiken a, b: Marianne Mathys, Vetsuisse-Fakultät, Universität Zürich; Quelle c: Heinz Mehlhorn, Heinrich-Heine-Universität Düsseldorf)

▶ **Tab. 17.13** Fliegenarten (Auswahl) der Familien Muscidae und Fanniidae.

Familien, Unterfamilien, Arten, Länge der Imagines (L)	Vorkommen	hauptsächliche Habitate
Familie: Muscidae, Unterfamilie: Muscinae		
Musca domestica (Große Stubenfliege) L: 5–8 mm	weltweit	Stallungen, Häuser u. Umgebung
Musca autumnalis (Augen- oder Gesichtsfliege) L: 5–7 mm	Europa, USA	Weide
Hydrotaea spp. (Kopf- und Euterfliege) L: 3–6 mm	Europa	Weide
Familie: Muscidae, Unterfamilie: Phaoniinae		
Ophyra aenescens (Gülle- oder Deponiefliege) L: 6–6,5 mm	Europa, nearktische, neotropische, pazifische Gebiete	Stallungen, Wohnungen, Mülldeponien
Familie: Muscidae, Unterfamilie: Stomoxyinae (Stechfliegen)		
Stomoxys calcitrans (Wadenstecher) L: 4–7 mm	weltweit	Stallungen, Wohnungen u. Umgebung
Haematobia stimulans (Große Weidestechfliege) L: 5–7 mm	Europa, Asien, Nordamerika	Weide
Haematobia irritans (Kleine Weidestechfliege) L: 3–5 mm	Europa, Nord- u. Südamerika, Nordafrika, Mittlerer Osten bis Ostasien	Weide
Familie: Fanniidae		
Fannia canicularis (Kleine Stubenfliege) L: 4–7 mm	weltweit	Stallungen, Häuser u. Umgebung

- **Entwicklung.** Einheitliches Grundmuster (Ei → 3 Larvenstadien → Puppe → Imago), Larvenentwicklung in sehr verschiedenen Brutmedien in Stallungen und Umgebung oder im Freiland. Meist hohes Vermehrungspotenzial mit 3 oder mehr Generationen im Jahr; daher z. T. hohe Abundanzen.
- **Vorkommen, Epidemiologie.** Weitverbreitet und häufig. Flugaktivitäten artunterschiedlich, aber meist von Mai bis Oktober, im Stall auch ganzjährig. Tagaktivität.
- **Schadwirkungen, Vektorfunktionen.** Belästigung der Tiere, bei starkem Befall Leistungseinbußen. Stallfliegen (*Musca*, *Stomoxys*) können verschiedenartige Erreger verschleppen (z. B. *Escherichia coli*, *Campylobacter jejuni*, *Cryptosporidium*-Oocysten, *Ascaris*-Eier). Weidefliegen sind Vektoren von Erregern der Sommermastitis (*Hydrotaea*-Arten) und der Keratokonjunktivitis (*Musca autumnalis*) des Rindes. Außerdem spielen Stall- und Weidefliegen (*Musca*, *Stomoxys*) als Zwischenwirte für Helminthen (*Habronema*, *Parafilaria*, *Thelazia*) eine Rolle. *Stomoxys calcitrans* steht im Verdacht, *Besnoitia besnoiti* (S. 116) zu übertragen.
- **Bekämpfung.** Mit physikalischen, biologischen, chemischen und integrierten Verfahren. Problem: Insektizid-Resistenz.

Morphologie, Arten Die Familie Muscidae umfasst > 4000 Arten, die Familie Fanniidae rund 280. Es handelt sich dabei meist um dunkel gefärbte, mittelgroße Fliegen mit leckend-saugenden oder stechend-leckenden Mundwerkzeugen (▶ **Abb. 17.49**). Sie haben weltweit als **Lästlinge** und **Vektoren** verschiedener Gruppen von Erregern eine erhebliche Bedeutung. Eine Auswahl wichtiger Arten enthält ▶ **Tab. 17.13**. Zu beachten ist, dass es sehr ähnliche Arten gibt, die nur schwer zu unterscheiden sind.

Allgemeines zur Entwicklung Die Entwicklung erfolgt bei den Arten der beiden Familien nach einem einheitlichen Grundmuster (Ei → 3 Larvenstadien → Puppe), das hier exemplarisch für *Musca domestica* dargestellt wird

(▶ Abb. 17.50). Aus den von Weibchen in ein Brutmedium abgelegten, 1–2 mm langen, ovalen, gelblich weißen Eiern gehen Larven (L1) hervor, die heranwachsen und sich durch Häutungen zu 2 weiteren Larvenstadien (L2–3) entwickeln (Länge der L3: 8–13 mm). Die Larven sind lang gestreckt und beinlos (= **Maden**). Am zugespitzten Vorderende fehlt eine Kopfkapsel (= acephale Larven), doch ist ein dunkel gefärbtes, retrahierbares Cephalopharyngealskelett vorhanden, das Mundhaken trägt, die der Festheftung auf Substraten dienen und die Fortbewegung erleichtern (▶ **Abb. 17.50**). Dicht hinter dem Vorderende liegen fächerförmige Atemöffnungen. Am stumpfen Hinterende befinden sich paarige Stigmenplatten mit Atemöffnungen. Die Stigmenplatten sind für die Identifikation von Fliegenmaden von Bedeutung (▶ **Abb. 17.58**). Das Puppenstadium entwickelt sich innerhalb der L3, wobei durch Verdickung, Härtung und Dunkelfärbung des Integuments der Larve eine besondere Hülle (Puparium) entsteht, die bei *M. domestica* tönnchenförmig ist (▶ **Abb. 17.50**). Bei anderen Fliegenarten gibt es Variationen der Morphologie der Larven (z. B. Besatz mit Dornenreihen oder längeren Anhängen) oder der Puppenformen (Puparien, die Strukturen der L3 erkennen lassen).

In den folgenden Abschnitten werden einige Arten von Stall- und Hausfliegen sowie von Weidefliegen exemplarisch besprochen.

Stall- und Hausfliegen

Praxis
Diese Fliegen sind Lästlinge; sie übertragen Krankheitserreger und einige Arten sind fakultative **Myiasis-Erreger**. Die Bekämpfung erfordert ein integriertes Konzept.

Entwicklung und Epidemiologie Stall- und Hausfliegen halten sich bevorzugt in Stallungen und deren Umgebung auf, dringen aber auch in Wohnungen und andere Räume ein, z. B. in Küchen, Bäckereien, Schlachthäuser und Lebensmittelbetriebe. Sie belästigen in diesen Bereichen Tier und Mensch und sind als mechanische Vektoren von Mikroorganismen von hygienischer Bedeutung, besonders *M. domestica* (s. u.). Einige Arten kommen auch bei Weidetieren vor, vor allem im näheren Umkreis von Gehöften oder Stallungen (▶ **Abb. 17.51**). Da manche Arten vorzugsweise in der Umgebung des Menschen leben, bezeichnet man sie als synanthrop.

Musca domestica

Die Stubenfliege (Große Hausfliege; Engl.: *house fly*) ist eine grauschwarze, mittelgroße Fliege mit 4 schwarzen Längsstreifen auf dem Thorax und dunklem Mittelstreifen auf dem Abdomen, Flügel in Ruhehaltung gespreizt (▶ **Abb. 17.51a**), Mundwerkzeuge leckend-saugend (▶ **Abb. 17.49**). Die Fliegenweibchen legen in Intervallen von einigen Tagen je 100–150 Eier (insgesamt bis 2000)

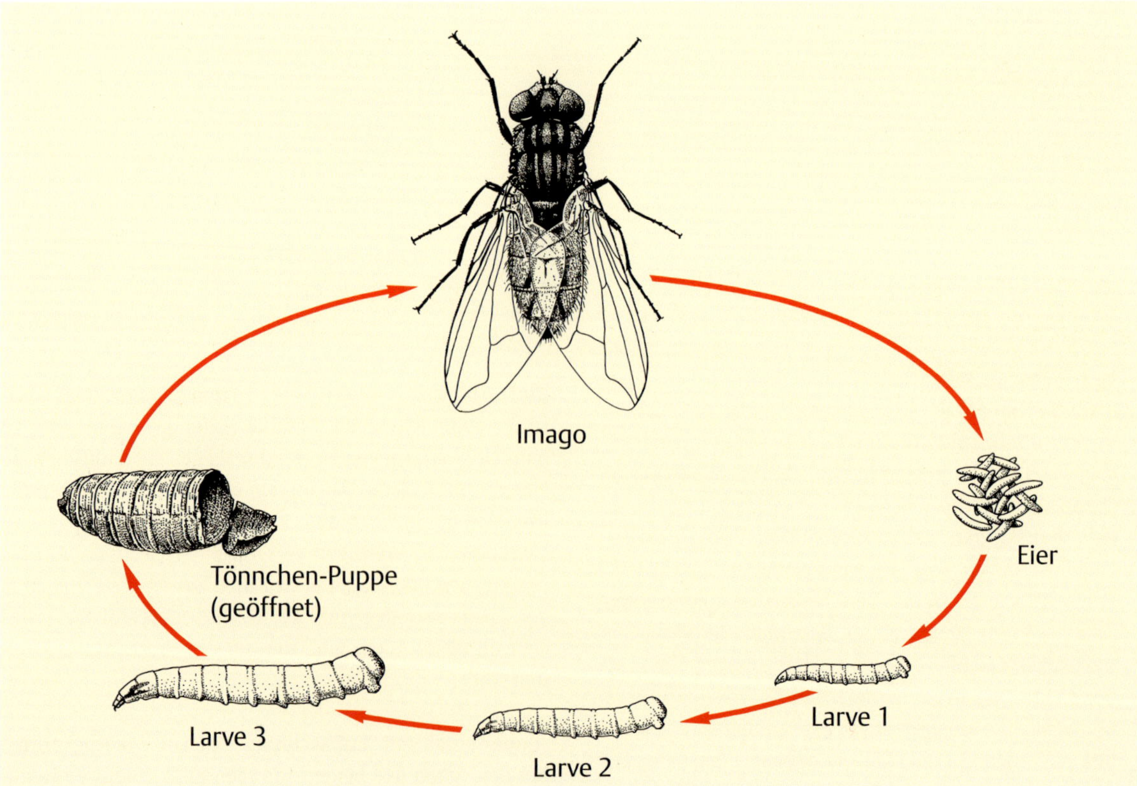

▶ **Abb. 17.50** Entwicklungszyklus von *Musca domestica*. (Grafik: Salome Ehrat, nach einer Vorlage von Johannes Eckert und Peter Deplazes, Vetsuisse-Fakultät, Universität Zürich)

an die Oberfläche verschiedenster Brutmedien (verrottendes organisches Material), wie Kot von Haustieren (Fäzes von Menschen werden gemieden), Mist- und Kompost- und Abfallhaufen, sich zersetzende Futterreste, Silage oder auch auf die Schwimmschicht von Rinder- oder Schweinegülle. Die Larven schlüpfen innerhalb von 12 Stunden. Die Weiterentwicklung der Larvenstadien erfordert eine hohe Feuchte (r. L. > 90 %) und geeignete Temperaturen (> 12 bis 35 °C) und dauert 1–4 Wochen. Pro Jahr können 6–9 Generationen entstehen, wodurch es in warmen Sommern zu regelrechten „Explosionen“ der Fliegenpopulation kommen kann (in 1 kg Schweinemist wurden bis 15 000 *M. domestica*-Larven gezählt!). *M. domestica* ist am Tag und bei Temperaturen über 14–18 °C flugaktiv; ihr Aktionsradius ist mit 500–800 m gering. Die Überlebenszeit der Imagines beträgt bei günstigen Bedingungen 1–2 Monate. *M. domestica* überwintert vor allem als Larve, selten auch als Imago. Innerhalb von Räumen bevorzugen die Imagines bestimmte Rastplätze, die häufig an den von Fliegen hinterlassenen Kotflecken erkennbar sind.

▸ **Abb. 17.51** Muscidae.
a *Musca domestica* ♀ (Länge 7 mm) (Quelle: Reiner Pospischil, Bergheim)
b *Fannia canicularis* (Länge 5 mm) (Quelle: Reiner Pospischil, Bergheim)
c *Stomoxys calcitrans* (Länge 7 mm) (Quelle: Reiner Pospischil, Bergheim)

Fannia canicularis

Die Kleine Hausfliege (Engl.: *lesser house fly*) ist etwas kleiner als die Stubenfliege und unterscheidet sich von ihr auch durch morphologische Merkmale sowie durch ihr Flugverhalten (auffallender Zickzackflug). Sie ist vor allem in Schweine- und Hühnerställen, aber auch in Rinderställen und Wohnungen anzutreffen. Die Populationen erreichen im Frühjahr und Frühsommer die höchsten Dichten. Brutmedien sind verschiedene organische Materialien, wie Exkremente von Tieren und Menschen, verrottende Pflanzen und Tierkadaver. Die Larven sind mit auffallend langen Fortsätzen bedeckt.

Stomoxys calcitrans (Wadenstecher)

Der Wadenstecher (Engl.: *stable fly*) ist im Habitus sehr ähnlich wie *M. domestica,* doch als blutsaugende Stechfliege mit einem nach vorn gerichtetem Stechrüssel (Männchen und Weibchen) ausgerüstet (▸ **Abb. 17.51**c). *S. calcitrans* hat als Kulturfolger des Menschen eine weltweite Verbreitung als Stallfliege. Weibchen legen 60–100 Eier (insgesamt bis 800 Eier) in geeignete Brutplätze (organisches Material, wie Pferde- und Rindermist, Silage, faulende Futterreste) in oder um Stallungen. Günstige Bedingungen für die Verpuppung bestehen an dunklen Stellen bei hohen Temperaturen (um 27 °C). Bereits wenige Stunden nach dem Schlüpfen sind die Imagines stechbereit. Die Gesamtentwicklung dauert etwa 3–7 Wochen, im Jahr entstehen mehrere Generationen. Die Fliegen dringen aktiv in Gebäude ein oder werden passiv durch Tiere in Stallungen eingetragen. Die höchsten Abundanzen sind im Früh- und Spätsommer zu verzeichnen. Unter günstigen Bedingungen (z. B. mangelhafte Mistbeseitigung, hohe Temperaturen) kann es zur explosionsartigen Vermehrung kommen, sodass an Stallwänden bis zu 300 Wadenstecher je m^2 anzutreffen sind. *S. calcitrans* ist tagaktiv und ziemlich standorttreu; der Aktionsradius beträgt nur 40–150 m. Weidetiere können von *S. calcitrans* in Hofnähe befallen werden, auf weiter entfernten Weiden kommen Wadenstecher kaum vor. Als Blutspender bevorzugen sie Rinder und Pferde, stechen aber auch Schafe, Schweine, andere Tiere und den Menschen. Prädilektionsstellen am Tierköper sind Gliedmaßen, untere Körperregionen („Wadenstecher“), aber auch Rückenpartien. *S. calcitrans* nimmt manchmal das Doppelte seines Eigengewichtes an Blut auf. Bei sehr warmem Wetter saugen sie täglich 2-mal Blut, im Herbst in mehrtägigen

Intervallen. Larven und Puppen überwintern in frostfreien Nischen. Die Stiche von *S. calcitrans* sind schmerzhaft (***pool feeder***), was die Wirtstiere zu Abwehrreaktionen bewegt. Dadurch wechseln die Fliegen während eines Blutmahls mehrmals die Stichstelle, was sie zu geeigneten azyklischen Vektoren macht (s. u.).

Ophyra aenescens

Die Gülle- oder Deponiefliege (Engl.: *garbage fly*) wurde vermutlich aus Amerika eingeschleppt und gehört jetzt in Mitteleuropa zur Fliegenfauna von Mülldeponien und Tierstallungen. Sie ähnelt der Stubenfliege, ist jedoch lichtscheu. Sie wird zur biologischen Bekämpfung von Stallfliegen eingesetzt (s. u.).

Schadwirkungen und Vektorfunktionen Haus- und Stallfliegen können ihre Wirtstiere stark belästigen und Leistungseinbußen verursachen. Als Belästigunsschwelle wurden 20 Fliegen pro Tier ermittelt. In Extremfällen verursacht massiver *Stomoxys*-Befall eine Verminderung der Futteraufnahme und der Milchleistung von Kühen (bis 10 %). Im Stall- und Wohnbereich, in Lebensmittel produzierenden Betrieben usw. sind einige Arten der Stall- und Hausfliegen ein hygienisches Problem, da sie Keime (Viren, Bakterien, Protozoen) mechanisch verschleppen können. Die Fliegen können auch keimhaltige Nahrung aufnehmen und Erreger durch Regurgitation oder Absetzen mit dem Kot unverändert wieder ausscheiden, z. B. Oocysten von Cryptosporidien. Deshalb ist bei Cryptosporidiose-Problemen im Stall immer auch eine Fliegenbekämpfung ins Auge zu fassen. Nach neueren Untersuchungen in Deutschland waren Fliegen (*Musca*, *Fannia*, *Stomoxys*, *Lucilia* u. a.) aus Tierstallungen Träger verschiedener Arten von Bakterien (u. a. *Campylobacter jejuni*, *Escherichia coli* [EHEC u. EPEC], *Staphylococcus aureus*), Pilzen (z. B. *Aspergillus*- und *Candida*-Arten) und Parasiten (z. B. *Ascaris*-Eier). Die Erreger befanden sich am Exoskelett oder im Darm. Die Art *S. calcitrans* gilt als Hauptvektor des Lumpy-Skin-Disease-Virus in warmen Gegenden, wo sie große Abundanzen erreichen kann; ebenso wird sie verdächtigt, *Besnoitia besnoiti* zu übertragen. Auf die Rolle von *Stomoxys*-Arten als **Vektoren** von Trypanosomen wurde bereits bei den Tabaniden (S. 493) hingewiesen. Haus- und Stallfliegen sind auch Zwischenwirte für Helminthen (*M. domestica* für *Habronema muscae*, *Draschia megastoma*, *Raillietina tetragona*, *Choanotaenia infundibulum*, *S. calcitrans* für *Habronema majus*). Verschiedene Arten der Familien Muscidae und Fanniidae sind **fakultative Myiasiserreger** (S. 505) (► **Tab. 17.15**).

Bekämpfung Die Bekämpfung von Stall- und Hausfliegen erfordert ein **integriertes Konzept,** in dem mehrere Maßnahmen miteinander kombiniert und unter fachlicher Beratung sorgfältig aufeinander abgestimmt werden müssen. Grundsätzlich stehen zur Bekämpfung physikalische, chemische und biologische Verfahren zur Verfügung. Besonders wichtig sind technologische und hygienische Maßnahmen. Der Einsatz chemischer Mittel sollte sparsam und selektiv erfolgen. Ein erhebliches Problem stellt die weitverbreitete Insektizid-Resistenz der Stall- und Hausfliegen dar (s. u.). Die Bekämpfungsmaßnahmen sollten möglichst im Frühjahr beginnen, damit die 1. Fliegengeneration erfasst und ein weiterer Populationsaufbau erschwert wird.

Zusatzinformation

Bekämpfung

Physikalische Verfahren

Technologische und hygienische Maßnahmen: (a) Einbau von Stallböden und Entmistungsanlagen, die für die Entwicklung von Fliegenlarven möglichst wenige Nischen bieten; (b) Ställe trocken halten, Tiefstreu gut verdichten; (c) regelmäßige Kotbeseitigung in Stallungen und Umgebung, gründliche Reinigung der Stalleinrichtung von Kot und Futterresten; (d) Eindringen von Fliegen in Stallungen und Wohnräume durch Fliegengitter vor Fenstern und Türen verhindern; (e) Mist gut stapeln/komprimieren, um Temperaturen zu erzielen, die für Fliegenlarven letal sind (> 42 °C), obere Schichten (ca. 10 cm) des Miststapels, in denen sich Fliegenlarven entwickeln, umpacken, Schwimmschicht auf der Gülle durch Rühren zerstören.

Leim-Fliegenfänger: Zur Bekämpfung adulter Fliegen in Stallungen werden mit Leim bestrichene Kunststoffschnüre unter der Decke durch den ganzen Stall gezogen oder Leimbänder an geeigneten Stellen aufgespannt. Diese sind besonders wirksam, wenn die Leimflächen mit einem Lockstoff und einem Insektizid versetzt sind. **Achtung:** An großen Leimbändern können Schwalben kleben bleiben. Daher nicht zu große Leimbänder verwenden und sie so positionieren, dass sie Schwalben nicht gefährden.

Elektrofallen kombinieren die visuelle Anlockung der Fliegen durch UV-Licht mit deren Abtötung durch Elektrokontakt. Diese Geräte sind bei starkem Fliegenbesatz wenig wirksam, können aber in Räumen mit geringer Fliegenabundanz nützlich sein, z. B. in Vorräumen zu Milchkammern.

Biologische Bekämpfung

Die in der Neuen Welt und in anderen Gebieten (► **Tab. 17.13**) weitverbreitete Güllefliege (*Ophyra aenescens*) wurde Mitte der 1960er-Jahre auch in Europa nachgewiesen, vor allem auf Mülldeponien und in Schweinemastanlagen. Diese Fliegenart wurde zuerst in Ostdeutschland in einem staatlich genehmigten Verfahren zur biologischen Bekämpfung von Stallfliegen eingesetzt. *Ophyra aenescens* entwickelt sich an den gleichen Brutstätten (Gülleschwimmschicht) wie Stallfliegen (vor allem *M. domestica*) und lässt sich in Ställen mit Spaltenboden und Güllegrube ansiedeln. Ihre Larven ernähren sich räuberisch von Stallfliegenlarven und kontrollieren ihre eigene Population durch Kannibalismus. Eine *Ophyra*-Larve kann bis 20 *Musca*-Larven vernichten. Die lichtscheue Güllefliege hält sich vorzugsweise in der Güllegrube und im Unterflurbereich auf und belästigt Tiere oder Menschen in der Regel nicht. Für die Ansiedlung von Güllefliegen sind mehrere Freilassungen in Intervallen von 2 Wochen erforderlich. Nach vorherigem Einsatz von Insektiziden oder Larviziden sind dabei Wartezeiten zu beachten. Zur biologischen Bekämpfung werden ferner Schlupfwespen (*Nasonia vitripennis, Muscidifurax zaraptor, M. raptor, Spalangia* spp.) eingesetzt, die sich in Larven und Puppen von Stallfliegen in der Einstreu (z. B. Kälberstallungen) und in trockenem Festmist (z. B. Geflügelkot) entwickeln. In beiden Fällen werden bei bereits bestehender hoher Stallfliegenabundanz Zusatzmaßnahmen empfohlen (z. B. Fliegenköder, s. u.). Die oben erwähnten Insektenarten werden in verschiedenen mitteleuropäischen Ländern eingesetzt und sind im Handel erhältlich (z. B. MuscaMorte® Güllefliegen und Schlupfwespen). Schwalben sind möglichst günstige Brut- und Lebensbedingungen zu bieten, da sie große Mengen von Fliegen vertilgen.

Chemische Maßnahmen

Die **chemische Bekämpfung von Fliegenlarven** erfolgt mit Larviziden, die als Streu-, Spritz- oder Gießmittel vor allem in Kälber- und Jungtierställen eingesetzt werden (▸ **Tab. 21.1**). Die meisten handelsüblichen Larvizide enthalten als Wirkstoffe Insekten-Entwicklungshemmer (Engl.: *growth regulators*), wie Cyromazin, Diflubenzuron (= Dimilin), Hexaflumuron und Methopren. Diese Wirkstoffe greifen in die Chitinsynthese und Häutungsvorgänge der Larven ein, schädigen aber Imagines von Schad- oder Nutzinsekten nicht und sind für Warmblüter ungefährlich. Ihr Wirkungsspektrum erfasst auch Larven Insektizid-resistenter Fliegen, doch können sich ebenfalls gegen Entwicklungshemmer Resistenzen entwickeln. In Geflügelbeständen kann Cyromazin (z. B. Larvadex®) als Zusatzstoff zum Futter eingesetzt werden, der nach Ausscheidung im Kot die Entwicklung von Fliegenlarven hemmt.
Seltener werden Insektizide (Organophosphate) oder Toxine von *Bacillus thuringiensis* als Larvizide verwendet.
Zur **Bekämpfung adulter Fliegen** in Stallungen stehen Insektizide verschiedener Wirkstoffgruppen zur Verfügung (Pyrethrine, Pyrethroide, Organophosphate, Carbamate, Thiamethoxam, Spinosad; ▸ **Tab. 21.1**). Diese Mittel werden als Spritz- und Anstrichmittel sowie in anderen Formulierungen eingesetzt. Gut bewährt haben sich Fliegenbänder, die Kontakt-Insektizide und Lockstoffe enthalten, oder Köder (Granulate, Blöcke), in denen Fraßgifte und Lockstoffe kombiniert sind. Damit ist eine gezielte, selektive Fliegenbekämpfung möglich. Beim Einsatz dieser Mittel sind viele Faktoren zu beachten, wie die Art der Anwendung, Fisch- und Bienentoxizität der Mittel, evtl. vorgeschriebene Wartezeiten für Milch und Fleisch sowie Maßnahmen zum Schutz von Menschen, z. B. beim Versprühen von Insektiziden.
Resistenzen. Eine geringe oder nachlassende Wirkung von Insektiziden oder Larviziden kann auf Anwendungsfehlern oder Resistenzen der Fliegenpopulation beruhen. Solche Resistenzen sind bei *Musca domestica* gegen alle wichtigen Insektizidgruppen (Pyrethrum und Pyrethroide, Organophosphate, Carbamate) sowie gegen Entwicklungshemmer bekannt. Nach alarmierenden Daten einer 2008 in Brandenburg durchgeführten Studie waren in Milchviehbetrieben 87 % von 60 *Musca domestica*-Populationen gegen das Pyrethroid Deltamethrin resistent und 10 % teilresistent.

Weidefliegen

Praxis
Verschiedenen Fliegenarten (Stechfliegen oder Lästlinge) können bei Weidetieren zu einer erheblichen Plage werden; einige fungieren als Vektoren. Die Bekämpfung beruht auf dem Einsatz von Insektiziden am Tier.

Entwicklung und Epidemiologie An Weidetieren parasitieren in Mitteleuropa bis 20 Arten der Familie Muscidae. Davon haben die obligat hämatophagen Stechfliegen der Gattung *Haematobia* sowie die nicht hämatophagen oder fakultativ hämatophagen Arten der Gattungen *Musca* und *Hydrotaea* die größte praktische Bedeutung (▸ **Tab. 17.13**).

Musca autumnalis (Augen-, Gesichtsfliegen)

Die Augen- oder Gesichtsfliege (Engl.: *face fly*) ist im Habitus der Stubenfliege *M. domestica* sehr ähnlich. Die Weibchen legen ihre Eier in frischen Rinderkot, in dem die Larvenentwicklung stattfindet, die Verpuppung erfolgt im Boden. Die gesamte Entwicklung beansprucht bei sommerlichen Temperaturen nur etwa 10 Tage; im Jahr werden 4–5 Generationen gebildet. Bevorzugte Wirte von *M. autumnalis* sind **Rinder**, an welchen sie vor allem den Kopf befallen (Augenränder, Nasenlöcher, Flotzmaul), sich aber auch an anderen Körperstellen (Zitzen, Beine) sowie auf Wunden niederlassen (▸ **Abb. 17.52**). Auch bei **Pferden** ist *M. autumnalis* überwiegend im Kopfbereich anzutreffen (Augen, Nüstern, Mundspalte). Mit kleinen Zähnchen an ihrem Labellum kann *M. autumnalis* die Schleimhäute abtupfen und beraspeln und so den Sekretfluss erhöhen. Die Fliegen lecken proteinhaltige Sekrete als Nahrung auf, die von den Weibchen für die Eireifung benötigt werden. Sehr begehrt sind Bluttropfen, die an Stichstellen von Bremsen auf die Hautoberfläche gelangen und von *M. autumnalis* sowie *Hydro-*

▸ **Abb. 17.52** *Musca autumnalis* und andere Fliegen am Kopf eines Rindes. (Quelle: Institut für Parasitologie, Vetsuisse-Fakultät, Universität Zürich)

taea-Arten aufgenommen werden. *M. autumnalis* ist der häufigste Lästling von weidenden Rindern und Pferden. Die Flugperiode dauert unter günstigen Bedingungen von Mitte April bis Anfang November mit den höchsten Abundanzen im Juli und August. In dieser Phase sind in Süddeutschland 250–900 Fliegen je Rind gezählt worden. *M. autumnalis* kann vom frühen Morgen bis zum Abend aktiv sein; bei Temperaturen unter 12 °C und leichtem Regen ist die Aktivität vermindert, wird aber nicht ganz eingestellt. *M. autumnalis* ist Zwischenwirt von Thelazien (Augenwürmern) des Rindes und Pferdes, von *Parafilaria bovicola* des Rindes und Vektor von *Moraxella bovis*, dem wichtigsten Erreger der infektiösen Keratokonjunktivitis des Rindes.

Hydrotaea-Arten (Kopf- und Euterfliegen)

Bei den Kopf- und Euterfliegen (Engl.: *sweat flies* oder *head flies*) handelt es sich um *Musca*-ähnliche, aber gewöhnlich kleinere Fliegen von nur 3–4 mm Länge, die am Tier durch ihre große Mobilität auffallen. An Rindern wurden in Deutschland 10–12 Arten gefunden mit *Hy. irritans* und *Hy. albipuncta* als häufigste Vertreter. Die Eiablage der *Hydrotaea*-Arten erfolgt in unterschiedliche Brutmedien; so bevorzugt *Hy. irritans* feuchten Boden auf Weideflächen, vor allem an Waldrändern, *Hy. albipuncta* dagegen Rinderkot. Die Larven von *Hydrotaea*-Arten leben räuberisch von Larven anderer Fliegenarten oder der eigenen Art. Nach Überwinterung der Larven der Herbstgeneration schlüpfen die ersten Imagines je nach Art gegen Ende Mai oder im Juni des folgenden Jahres. *Hy. irritans* bildet im Jahr meist 1, *Hy. albipuncta* 3 Generationen. Bei sommerlichen Temperaturen kann die Entwicklung einer Generation von *Hy. albipuncta* in gut 1 Monat abgeschlossen sein. Die Aktivitätsperiode von *Hydrotaea*-Arten erstreckt sich von Mai bis Oktober mit höchsten Abundanzen im August (*Hy. irritans*) oder mit mehreren Höhepunkten im Jahr (*Hy. albipuncta*). Ähnlich wie *M. autumnalis* leben *Hydrotaea*-Arten von Sekreten mit niedrigem Proteingehalt (Tränenflüssigkeit, Schweiß, Speichel, Wundsekret) und fakultativ von Blut. Daher sitzen sie häufig und zahlreich um Bluttropfen an Stichstellen von Bremsen oder kleinen Hautwunden. Beim Rind ist *Hy. irritans* an Kopf, Unterbauch und den Zitzen am häufigsten anzutreffen, bei Pferd und Schaf am Kopf (Engl.: *sheep head fly*). Die Übertragung der Erreger der Sommermastitis des Rindes (*Corynebacterium pyogenes* = *Actinomyces pyogenes, Staphylococcus aureus* u. a.) durch *Hy. irritans* wurde experimentell bestätigt, allerdings nur an Zitzen mit Hautverletzungen.

Haematobia irritans (Kleine Weidestechfliege)

Die Kleine Weidestechfliege (Engl.: *horn fly*) ist mit stechend-saugenden Mundwerkzeugen ausgerüstet und ähnelt *Stomoxys calcitrans*, ist aber kleiner und hat lange Maxillarpalpen (▶ **Abb. 17.53b**). Auffallend ist, dass die Fliegen am Wirt mit nach unten gerichtetem Kopf dicht beieinander sitzen und die Flügel deltaförmig gespreizt halten (▶ **Abb. 17.54b**). In Europa und anderen Gebieten ist *H. irritans* ein bedeutsamer Parasit, der stark an das **Rind** angepasst ist und nur gelegentlich und in geringer Zahl auch Pferde befällt. Die Fliegenweibchen legen ihre Eier in frischen Rinderkot, in dem die Larvenentwicklung stattfindet. Die Verpuppung erfolgt ebenfalls im Kot oder im Boden unter Kuhfladen; die Puppen überwintern. Bei günstigen Temperaturen dauert die gesamte Entwicklung in Mitteleuropa etwa 3 Wochen, jährlich entstehen 3–5 Generationen. Während der Flugsaison von Mai bis Ende Oktober ist mit den höchsten Abundanzen von Juli bis Ende August zu rechnen. Die Imagines leben fast ständig am Rind und sind dort vor allem am Rücken sowie an der Hornbasis anzutreffen (▶ **Abb. 17.54a**). Die graviden Weibchen verlassen den Wirt nur ganz kurz, um innerhalb von ungefähr 1 min in frisch abgesetzten Rinderkot ihre Eier abzulegen. Bei starker Abwehr des Wirtes oder anderen Störungen erheben sich die Fliegen kurz in die Luft und lassen sich dann wieder auf dem Tier nieder. Im Sommer werden hohe Populationsdichten erreicht, in Mitteleuropa mit Befallszahlen von 200–500 Fliegen je Rind. Männchen und Weibchen sind hämatophag und saugen täglich etwa 20- bis 40-mal Blut. Bei stärkerem Befall stimuliert die Injektion von Speichel-Antigenen die Bildung zirkulierender Antikörper. Die schmerzhaften Stiche stellen für die Rinder eine erhebliche Belästigung dar und führen ab Befallsraten von 50 Fliegen pro Tier zu Milch- und Gewichtsverlusten. Kälber von Mutterkühen, bei denen *H. irritans* mit Insektiziden bekämpft wurde, hatten höhere Gewichtszunahmen als Kälber von unbehandelten Kühen. *H. irritans* ist azyklischer Überträger von *Anaplasma marginale* und Zwischenwirt für *Stephanofilaria*-Arten des Rindes, *H. atripalpis* (in Mitteleuropa nicht autochthon) für *Parafilaria multipapillosa* der Equiden.

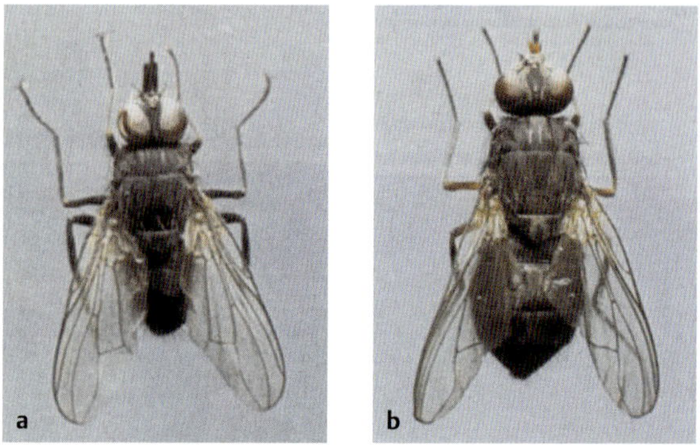

▶ **Abb. 17.53** Weidestechfliegen.
a *Haematobia irritans* (Länge 3–5 mm) (Quelle: Gabriele Liebisch, Zecklab, Burgwedel)
b *Haematobia stimulans* (Länge 5–7 mm) (Quelle: Gabriele Liebisch, Zecklab, Burgwedel)

▶ **Abb. 17.54** *Haematobia irritans*.
a Fliegenansammlung auf Weiderindern (Pfeile) (Quelle: Johannes Eckert, Institut für Parasitologie, Vetsuisse-Fakultät, Universität Zürich)
b Nahaufnahme von *H. irritans* in typischer Sitzhaltung mit dem Kopf nach unten (Quelle: Gabriele Liebisch, Zecklab, Burgwedel)

Haematobia stimulans (Syn. *Haematobosca stimulans*) (Große Weidestechfliege)

Die Große Weidestechfliege (Engl.: horn fly) (▶ **Abb. 17.53b**) ist größer als *H. irritans* (▶ **Abb. 17.53a**). Am Rind sitzt sie mit dem Kopf nach oben, vor allem am Rumpf. Auch Pferde, die sich in der Nähe aufhalten, werden befallen. Die Entwicklung erfolgt in Rinderkot, im Jahr entwickeln sich bis 4 Generationen, erst im Spätsommer und Herbst kommt es zu stärkerem Befall der Rinder mit etwa 100 Fliegen je Tier. Die Imagines halten sich nur während des Tages auf den Wirten auf und saugen Blut, die Nacht verbringen sie an Ruheplätzen in der Vegetation.

Schadwirkungen und Vektorfunktionen *H. irritans* und andere Stechfliegen verursachen kleine Gewebedefekte und Hämorrhagien in der Haut mit Infiltration eosinophiler und mononukleärer Zellen sowie Ödembildung in der Dermis. Bei *H. irritans* ist nachgewiesen, dass diese Läsionen für Qualitätseinbußen bei der Lederverarbeitung verantwortlich sind. Die Belästigung durch Fliegen und die Vektorfunktionen sind oben erwähnt.

Diagnose Unter Praxisbedingungen können einige Fliegengruppen visuell aufgrund ihres Habitus und der Sitzstellen am Tierkörper erkannt und von Tabaniden unterschieden werden, und zwar *M. autumnalis*, die Kleine und die Große Weidestechfliege sowie *Hydrotaea* spp. Die genaue Identifikation erfordert Spezialkenntnisse.

Bekämpfung Eine Bekämpfung von Weidefliegen ist dann in Erwägung zu ziehen, wenn die Belästigung der Tiere einen erheblichen Grad erreicht hat (Tierschutz) und außerdem mit Schadwirkungen gerechnet werden muss. Die Fliegenbekämpfung bei Rindern (S. 610) und Pferden (S. 627) beruht heute noch weitgehend auf dem Einsatz von Insektiziden. Oft werden Bekämpfungsmaßnahmen unterlassen oder vernachlässigt, sodass Fliegen bei Weidetieren zu einer erheblichen Plage werden können.

Familie Glossinidae (Tsetse-Fliegen)

Praxis
Vektoren von *Trypanosoma* spp. (**Nagana der Nutztiere, Schlafkrankheit des Menschen**) in Afrika südlich der Sahara.

Glossa (gr.): Zunge. Bezug auf die Flügel, die in Ruhestellung zungenförmig über dem Abdomen übereinanderliegen, nach anderer Deutung auf die nach vorne gerichteten Mundwerkzeuge. *Tsetse* (Bantu-Sprache): Bezeichnung der Fliege in Nachahmung ihres Summtones.

Morphologie und Vorkommen Bei den Glossiniden handelt es sich um meist bräunlich dunkel gefärbte, 6–14 mm lange Stechfliegen, deren Stechapparat nach vorne gerichtet ist und weit über den Kopf hinausragt. Die Arista der Antennen ist stark gefiedert. In Ruhestellung ist die zungenförmige Faltung der Flügel charakteristisch, die Glossinen von anderen Stechfliegen der Gattungen *Stomoxys* und *Haematobia* (Flügel gespreizt) unterscheidet (▶ **Abb. 17.55**). Glossiniden kommen nur im tropischen Afrika südlich der Sahara vor (Breitengrad 14 Nord–20 Süd) und sind als Überträger der Nagana der Haus- und Wildtiere sowie der Schlafkrankheit des Menschen (S. 67) für den Kontinent von ganz besonderer Bedeutung. Die Familie enthält nur die Gattung *Glossina* mit 4 Untergattungen und > 20 Arten. Die meisten von ihnen lassen sich 3 Hauptgruppen zuordnen: die *Glossina morsitans*-Gruppe in Savannenbiotopen, die *Glossina palpalis*-Gruppe in Feuchtbiotopen an Flüssen und Seen sowie die *Glossina fusca*-Gruppe im Regenwald. Für die Übertragung der Nagana des Rindes ist die *G. morsitans*-Gruppe am wichtigsten.

Entwicklung und Epidemiologie Eine Besonderheit der Glossiniden ist, dass sich bereits im Weibchen jeweils 1 Larve entwickelt, die mit einem milchartigen Sekret ernährt und als L3 verpuppungsreif an schattigen Stellen abgesetzt wird. Im Boden erfolgt dann innerhalb weniger

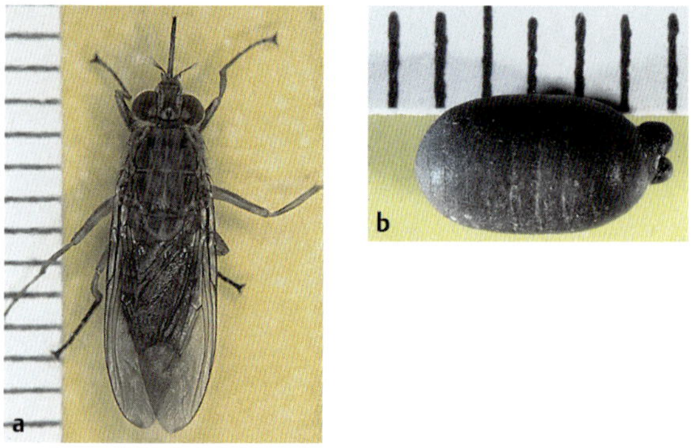

▶ **Abb. 17.55** *Glossina palpalis*: **a** Imago (Länge 11–13 mm); **b** Puppe (5–6 mm). (Quelle: Johannes Eckert, Institut für Parasitologie, Vetsuisse-Fakultät, Universität Zürich)

Stunden die Verpuppung (▶ **Abb. 17.55**). Die Larvenentwicklung dauert ca. 10 Tage, die Puppenruhe bei 25 °C etwa 30 Tage. Die Imagines haben eine Lebensdauer von 2–5 Monaten; ein Weibchen produziert in dieser Zeit nur 8–12 Larven, d. h. Glossiniden haben ein sehr kleines Reproduktionspotenzial. Männchen und Weibchen leben ausschließlich hämatophag. Sie beherbergen symbiontische Mikroorganismen, und zwar *Wigglesworthia glossinidia* (in spezialisierten Mitteldarmepithelien) und *Sodalis glossinidius* (im Mitteldarmepithel und verschiedenen Organen), die bei der Versorgung mit Vitaminen des B-Komplexes eine Rolle spielen. Von *S. glossinidius* wird vermutet, dass es die Entwicklung von Trypanosomen in den Fliegen begünstigt. Beide Bakterienarten werden mit dem milchartigen Sekret auf die Larven übertragen.

Als Wirte der Glossiniden dienen Säugetiere, Menschen und Reptilien, gelegentlich auch Vögel. Viele Arten bevorzugen 1 oder mehrere Wirtsarten, haben aber prinzipiell ein breites Wirtsspektrum. Die Wirtsfindung erfolgt auf größere Distanzen optisch, auf kürzere Entfernungen auch olfaktorisch. Es wurde postuliert, dass das Streifenmuster Zebras vor Tsetse-Fliegen (und anderen Blutsaugern) schützt.

Bekämpfung Die Glossiniden werden durch gezieltes Versprühen geringer Insektizid-Mengen (Engl.: *ultra low volume*) und durch Fangen in farblich und olfaktorisch für Glossinen attraktiven, Insektizid-beladenen Fliegenfallen bekämpft. Als Lockstoff hat sich u. a. Urin von Rindern bewährt. Ferner erwiesen sich „screens" als recht wirksam. Große, rechteckige Tücher (2 × 1 m), die optisch z. B. in eine zentrale schwarze Fläche und 2 seitliche blaue Streifen aufgeteilt sind, werden mit einem Insektizid (z. B. Deltamethrin) imprägniert, an einem beweglichen Holzrahmen aufgehängt (Tsetse-Fliegen fliegen alles an, was dunkel ist und sich bewegt). Die optisch angelockten Glossinen werden bei Kontakt mit dem Insektizid abgetötet. In Afrika führte das Anbringen von 1 m hohen Pyrethroid-imprägnierten Netzen („Netzzäunen") an umzäunten Gehegen von Rindern und Schweinen zum Schutz der Tiere vor Glossinen zur Senkung des Risikos von *Trypanosoma*-Infektionen und auch zur Reduktion der Glossinen-Population in der näheren Umgebung. Die Behandlung von Rindern mit Pyrethroiden im Pour-on-Verfahren gegen Ektoparasiten führt auch zur Abtötung von Glossiniden, doch ist mit diesem Verfahren eine wirksame Kontrolle nur unter eng begrenzten Bedingungen mit ganz erheblichem Aufwand zu erzielen. Gebietsweise wird auch die Sterile-Insekten-Technik (S. 510) zur Bekämpfung eingesetzt, durch die auf der Insel Sansibar die Glossiniden ausgerottet werden konnten. Häufig werden mehrere Bekämpfungsmaßnahmen in integrierten Programmen koordiniert eingesetzt. Menschen können sich vor den Stichen der tagaktiven (!) Glossinen wie folgt schützen: Haut weitgehend durch Kleidung abdecken, unbedeckte Hautpartien mit Repellent behandeln, Innenraum von Fahrzeugen mit Insektiziden aussprühen und auf Glossinen inspizieren.

Literaturhinweise

Baldacchino F, Desquesnes M, Mihok S et al. Tabanids: neglected subjects of research, but important vectors of disease agents! Infec Genet Evol 2014: 28: 596–615

Bauer B, Holzgrefe B, Mahama CI et al. Managing tsetse transmitted trypanosomosis by insecticide treated nets – an affordable and sustainable method for resource poor pig farmers in Ghana. PloS Negl Trop Dis 2011; 5: 1–9 (e1343)

Förster M, Sievert K, Messler S et al. Comprehensive study on the occurrence and distribution of pathogenic microorganisms carried by synanthropic flies caught at different rural locations in Germany. J Med Entomol 2009; 46: 1164–1166

Jandowsky A, Clausen PH, Schein E et al. Vorkommen und Verbreitung von Insektizidresistenzen bei Fliegen (*Musca domestica* L.) in Milchviehbetrieben Brandenburgs. Prakt Tierarzt 2010; 7: 590–598

SkovgardH, Nachmann G. Population dynamics of stable flies *Stomoxys calcitrans* (Diptera: Muscidae) at an organic dairy farm in Denmark based on mark-recapture with destructive sub-sampling. Environ Entomol 2012; 41: 20–29

Sünder U, Moors E, Hagemann K et al. Vergleichende Untersuchungen des Verhaltens von Pferden bei Fluginsektenbefall unter Einwirkung zweier befallsreduzierender Präparate. Berl Münch Tierärztl Wochenschr 2011; 124: 28–35

Familien Calliphoridae (Schmeiß- und Goldfliegen) und Sarcophagidae (Fleischfliegen)

Praxis

Erreger von fakultativer oder obligater **Myiasis** (Fliegenmadenkrankheit).
In Mitteleuropa seltene **Zoonose**.

Calliphoridae: *kalos* (gr.): schön; *phorein* (gr.): tragen. Bezug auf die meist schönen, metallisch glänzenden Farben der Imagines. Engl.: *blow flies*; *blow:* Schlag; *fly:* Fliege. Bezug auf die scheinbar schlagartig auftretenden Krankheitsfälle infolge der rasanten Entwicklung der Larvenstadien. Sarcophagidae: *sarx* (gr.): Fleisch; *phagein* (gr.): fressen, essen. Bezug auf die carnivoren Larven. Schmeiß: *gesmeize* (mhd.): Auswurf, Unrat; im 16. Jh. hielt man Fliegeneier auf Fleisch für Fliegenkot. Engl.: *flesh flies*. Myiasis: *myia* (gr.): Fliege.

Das Wichtigste in Kürze

- **Morphologie, Arten.** Mittelgroße Fliegen, metallisch-glänzend (Calliphoridae) oder grauschwarz (Sarcophagidae); leckend-saugende Mundwerkzeuge. Wichtige Gattungen: *Lucilia* (*L. sericata*, ‚Goldfliege', v. a. Mitteleuropa, Calliphoridae), *Wohlfahrtia* (*W. magnifica*, v. a. Ost- u. Südeuropa, Sarcophagidae).
- **Entwicklung.** Die Weibchen von *L. sericata* legen Eier an Brutmedien (verrottende Pflanzen, Lebensmittel, Kadaver usw.), fakultativ auch auf die intakte Haut oder in Wunden. Entwicklung von 3 Larvenstadien (L 1–L 3), L 3 fallen vom Tierkörper ab und verpuppen sich im Boden; jährlich 3–4 Generationen. Im Gegensatz zu *L. sericata* ist *W. magnifica* ein obligater Ektoparasit. Die Weibchen setzen L 1 auf Wirte ab, die sich zu L 3 entwickeln, zu Boden fallen und sich dort verpuppen.
- **Epidemiologie, Vorkommen.** Durch *L. sericata* verursachte Wundmyiasis (WM) tritt v. a. bei Schafen, aber auch Kaninchen und anderen Tieren in Nordwest- und Mitteleuropa vom Frühjahr bis Herbst auf. In Großbritannien und den Niederlanden sind > 50 % der Schafherden und rund 1–3 % der Tiere von WM betroffen. *W. magnifica* verursacht in Südeuropa Myiasis-Fälle bei Schafen und seltener bei anderen Nutz- und Wildtieren und Hunden.
- **Pathogenese, Krankheitsbild.** Larven von *L. sericata* ernähren sich von oberflächlichen Hautbestandteilen, Lymphexsudat und nekrotischem Gewebe in Wunden. An betroffenen Stellen Juckreiz, Wollausfall, exsudative Dermatitis, flächige Wunden, Gewebeverlust infolge Madenfraß, Nekrosen, allgemeine Symptome, Todesfälle. Die Larven von *W. magnifica* dringen von der Haut- oder Schleimhaut sowie von Wunden in tiefere Gewebeschichten vor und greifen auch lebendes Gewebe an. Neben dieser Hautmyiasis existieren weitere Myiasis-Formen (► **Tab. 17.15**).
- **Diagnose.** Nachweis der Larven durch Adspektion.
- **Therapie und Bekämpfung.** Wundversorgung, Flüssigkeitsersatz und andere Maßnahmen bei schwer erkrankten Tieren. Behandlung mit Insektiziden (Bad, Besprühen, parenteral). In endemischen Gebieten prophylaktischer Einsatz von Insekten-Entwicklungshemmern.

Weitere Myiasis-Formen bei anderen Tierarten ► **Tab. 17.15** und Text.

Die Imagines der Calliphoriden und Sarcophagiden sind mittelgroße Fliegen mit leckend-saugenden Mundwerkzeugen, die im Habitus den Musciden ähneln. Calliphoridae sind meist metallisch-glänzend und bläulich, violett, bronze oder grünlich gefärbt, Sarcophagidae dagegen grauschwarz (► **Abb. 17.56**). Eine Auswahl von Arten enthält ► **Tab. 17.14**.

Die Bedeutung von Fliegenarten dieser Familien beruht hauptsächlich darauf, dass die Fliegenmaden Lebens- und Futtermittel befallen und unbrauchbar machen oder als Parasiten bei Tieren und Menschen Erkrankungen verursachen können, die man als Fliegenmadenkrankheit oder **Myiasis** bezeichnet. Myiasis ist ein Sammelbegriff für den Befall eines lebenden Organismus mit Fliegenlarven (Maden). Ätiologisch sind neben Calliphoriden und Sarcophagiden auch Arten anderer Familien zu berücksichtigen (► **Tab. 17.15**). Eine wichtige Form der Myiasis ist die Wundmyiasis (traumatische Myiasis) der Haustiere, die besonders in tropischen und subtropischen Gebieten verlustreich auftritt, aber auch in Mitteleuropa vor-

► **Abb. 17.56** Gold- und Fleischfliegen.

a *Lucilia sericata* ♀ (Länge 8 mm) (Quelle: Andrei Mihalca, Department of Parasitology and Parasitic Diseases, University of Agricultural Sciences and Veterinary Medicine Cluj-Napoca, Romania)

b *Sarcophaga sp.* ♀ (Länge 11 mm) (Quelle: Andrei Mihalca, Department of Parasitology and Parasitic Diseases, University of Agricultural Sciences and Veterinary Medicine Cluj-Napoca, Romania)

► **Tab. 17.14** Fliegenarten (Auswahl) der Familien Calliphoridae und Sarcophagidae.

Familien, Arten, Länge der Imagines (L)	andere Bezeichnungen, Vorkommen
Familie: Calliphoridae	**Schmeiß- und Goldfliegen (Engl.: *blow flies*)**
Lucilia sericata[1] L: 5–10 mm	weltweit in gemäßigten Klimazonen
Lucilia cuprina[1] L: 5–14 mm	vor allem Tropen und Subtropen: Afrika, Naher Osten, Indien, Australien, Neuseeland, auch Nordspanien
Calliphora vicina[1] L: 5–12 mm	weltweit
Calliphora vomitoria[1] L: 10–14 mm	holarktisch u. a. Gebiete
Chrysomya bezziana L: 5–12 mm	Screwworm[2] der Alten Welt; Tropen u. Subtropen Afrikas und Asiens
Cordylobia anthropophaga L: bis 12 mm	Tumbu-Fliege; Subsahara-Afrika
Cochliomyia hominivorax L: 5–8 mm	Syn: *Callitroga americana*, Screwworm[2] der Neuen Welt; Mittelamerika, über Karibik bis nördl. Chile, Uruguay, Argentinien
Familie: Sarcophagidae	**Fleischfliegen (Engl.: *flesh flies*)**
Sarcophaga carnaria[1] L: 10–14 mm	Große oder Graue Fleischfliege, holarktisch u. einige andere Gebiete
Sarcophaga haemorrhoidalis[1] L: 10–15 mm	weltweit
Wohlfahrtia magnifica[1] L: 8–14 mm	Zentral- und Osteuropa, Mittelmeergebiet, Kleinasien

[1] diese Arten kommen in Mitteleuropa vor
[2] Screwworm (engl.): Schraubenwurm, Bezug auf die wie Schrauben in Wunden steckenden Fliegenmaden

► **Tab. 17.15** Wichtige Formen der Myiasis bei Tieren (Erreger: Muscidae, Calliphoridae, Sarcophagidae oder Oestridae).

Form der Myiasis (M.)	Befall/Veränderungen	Erreger (Auswahl) f: fakultativ parasitische Larven o: obligat parasitische Larven	betroffene Tierarten (Auswahl)
Hautmyiasen			
Wundmyiasis (traumatische M.)	Befall von Hautwunden durch Larven	*Lucilia sericata*[1] (f), *L. caesar*[1] (f), *L. illustris*[1] (f), *L. cuprina*[1] (f), *Calliphora vomitoria*[1] (f), *C. vicina*[1] (f), *Chrysomya* spp.[1] (f), *Musca domestica*[1] (f), *Fannia canicularis*[1] (f), *Cochliomyia hominivorax* (o), *Wohlfahrtia magnifica*[1] (o)	Schaf, Rind, Pferd, Hund, Katze, Kaninchen, Geflügel, Wildsäugetiere
„Hautmaulwurf"	Tunnelbildung in der Haut durch Larven	*Gasterophilus* spp.[1] (o)	Equiden
furunkulöse M.	Beulenbildung in der Haut durch Larven	*Hypoderma bovis*[1] (o), *H. lineatum*[1] (o)	Rind
		Hypoderma diana[1] (o)	Cerviden
		Cordylobia anthropophaga (o)	Hund, Katze
sanguinivore M.	Larven saugen an der Haut Blut	*Protocalliphora* spp.[1] (o)	Wildvögel
gastrointestinale M.	Entwicklung der Larven in Magen oder Darm	*Gasterophilus* spp.[1] (o)	Equiden
nasopharyngeale M.	Entwicklung der Larven im Nasen-Rachen-Raum	*Oestrus ovis*[1] (o), *Cephenemyia* spp.[1] (o)	Schaf, Ziege Cerviden
okuläre, aurikuläre, rektale, urogenitale M.	Ablage von Eiern oder Larven an Auge, Gehörgang, Rektum usw.	verschiedene Arten von Calliphoriden, Sarcophagiden, Musciden (f)	Haus- und Wildtierarten
Pseudomyiasis	Passage von Fliegenlarven durch den Verdauungstrakt, ohne klinische Relevanz	verschiedene Arten von Calliphoriden, Sarcophagiden, Musciden	Haus- und Wildtierarten

[1] diese Arten oder Gattungen kommen in Mitteleuropa vor

kommt, vor allem beim Schaf. Daneben existieren weitere Myiasis-Formen (▶ **Tab. 17.15**).

Die Imagines spielen als azyklische (mechanische) **Vektoren** verschiedener Krankheitserreger eine Rolle, vor allem die Calliphoridae. Eine nützliche Funktion erfüllen Larven von *Lucilia*-Arten in der Medizin bei der Behandlung schwer heilender Wunden (s. u.).

Zoonotische Bedeutung Die verschiedenen Formen der Myiasis werden in der Regel zu den Zoonosen gezählt, da dieselben Erregerarten bei Wirbeltieren und Menschen vorkommen (▶ **Tab. 17.15**). Eine wechselseitige Übertragung der Larven (Wirbeltier ↔ Mensch) findet aber nicht statt.

Einsatz von Fliegenlarven zur Wundbehandlung Seit 1931 ist bekannt, dass das Einbringen von Calliphoridenlarven in lange persistierende Wunden den Heilungsprozess beschleunigen kann. Dieses Verfahren, auch als Biochirurgie bezeichnet (Engl.: *maggot debridement therapy*), wird auch heute in der Medizin recht erfolgreich in Fällen eingesetzt, in denen Standardtherapien versagt haben, z. B. bei schweren Gangränen bei Diabetikern. Die Behandlung wird mit Larven von *L. sericata* durchgeführt, die in sterilen Kulturen gezüchtet werden und als Arzneimittel gelten.

Gattung *Lucilia*

Arten Erreger der Luciliose (Engl.: *blow fly strike*) sind Larven verschiedener *Lucilia*-Arten. Die wichtigste Art in Nordwest- und Mitteleuropa ist *L. sericata*, weiter nördlich kommen *L. caesar* und *L. illustris* vor. Von der Paläarktis ist *L. sericata* in andere Gebiete verschleppt worden, z. B. nach Australien und Neuseeland. *Lucilia cuprina* ist in vielen subtropischen und tropischen Gebieten endemisch und verursacht vor allem in Schafzuchtgebieten erhebliche Verluste, z. B. in Afrika, Australien und Neuseeland. *L. cuprina* wurde 1994 erstmalig in Nordspanien festgestellt.

Vorkommen Hauptsächlich betroffen sind **Schafe**. In Endemiegebieten von GB war in 80–100 % der Myiasis-Fälle bei Schafen *L. sericata* der alleinige Erreger, andere Arten (u. a. *L. caesar, Calliphora*-Arten) kamen weniger häufig vor. In der Periode 2003/2004 schwankte der Anteil der Farmen mit mindestens 1 Myiasis-Fall bei Schafen zwischen 60 % in Schottland und 81 % in Südwest-England. Durchschnittlich erkrankten 1,4–2,8 % der Schafe (bei 30 Mio. Schafen mindestens 420 000 Tiere). In den Niederlanden traten 1999 in 52 % von 349 Schafhaltungen und bei 2,9 % der Schafe Myiasis-Fälle auf. Die Luciliose bei Schafen ist auch in anderen europäischen Ländern verbreitet, doch sind keine exakten Befallszahlen bekannt. *Lucilia sericata*-Myiasis tritt gemäß einer Hochrechnung aus GB bei 8 % der **Hauskaninchen** auf. Betroffen sind vor allem vernachlässigte Tiere, solche mit Durchfall (z. B. bedingt durch *Eimeria*-Befall) oder Fehlernährung sowie Tiere mit einem abnormen Putzverhalten (verursacht z. B. durch Zahnfehlstellungen, Wirbelsäulenerkrankungen oder Adipositas). Luciliosen sind gelegentlich bei weiteren Säugetieren und beim Geflügel anzutreffen.

Entwicklung und Epidemiologie Im späten Frühjahr sind die Weibchen von *L. sericata* bei Temperaturen ab 9 °C aktiv, vor allem an sonnigen Tagen. Ein Weibchen kann während der einwöchigen Lebensdauer alle 2–3 Tage Portionen von ~ 200 Eiern absetzen. Aus den Eiern entwickeln sich innerhalb von lediglich 3 Tagen 3 Larvalstadien (von L 1 zur L 3; engl.: *blow strike*, s. o.). Die Verpuppung erfolgt im Boden; pro Jahr entwickeln sich 3–4 Generationen. Das Auftreten von Myiasis-Fällen hängt von der Aktivität der Fliegen und vielen anderen Faktoren ab, u. a. von Temperatur, Feuchte, Herdengröße, Zustand des Vlieses und der Haut (z. B. Verschmutzung durch Kot oder Erde, Hautverletzungen). So werden bei Schafen die meisten Myiasis-Fälle im Frühjahr und Frühsommer bei ungeschorenen Mutterschafen beobachtet; nach der Schur gehen die Fallzahlen zurück. Die zunächst kurzwolligen Lämmer sind erst später im Sommer nach dem Absetzen betroffen, wenn die längere Wolle sowie Kotverschmutzung des Vlieses bei parasitär bedingtem Durchfall die Eiablage der Fliegen begünstigen (s. auch Pathogenese).

Pathogenese und Krankheitsbild (Schaf) Gravide *Lucilia*-Weibchen werden durch Hautausdünstungen der Schafe angelockt. Dabei spielen CO_2 in erhöhter Konzentration, Ammoniak, Schwefelverbindungen (Mercaptane, Alkylsulfide), flüchtige organische Säuren und Indol-Verbindungen eine Rolle. Die 3 letztgenannten Substanzgruppen werden von Bakterien auf der Haut oder in Wunden gebildet, z. B. von *Pseudomonas aeruginosa, Bacillus subtilis* oder *Proteus mirabilis.* Die Weibchen legen ihre Eier in Hautpartien, in denen eine ausreichend hohe Feuchtigkeit für die spätere Larvenentwicklung herrscht, z. B. in faltige, mit Kot oder Urin verschmutzte Vliespartien oder an Körperöffnungen. Begünstigend kann eine bakterielle Dermatitis wirken, die durch starke Vermehrung von *Pseudomonas* spp. nach längerer Durchnässung des Vlieses entsteht und oberflächliche Entzündungsreaktionen und Exsudation von Plasmaproteinen verursacht.

Die Larven können auf der Haut leben, ohne größere Veränderungen hervorzurufen, aber auch durch kleine Wunden in die Haut eindringen. Prädilektionsstellen sind die Hinterpartien der Schafe sowie Rücken und Flanken. Die aus den Eiern geschlüpften *Lucilia*-Larven scheiden Enzyme aus, die Epithelzellen und Hautproteine abbauen, die Exsudatproduktion fördern, Entzündungsreaktionen verursachen und als Antigene humorale und zelluläre immunologische Reaktionen auslösen. Als Nahrung dienen den Larven Epidermisbestandteile, Haut- und Wundexsudate sowie nekrotisches Gewebe.

Die von Fliegenlarven befallenen Schafe sind unruhig, sie versuchen, in die betroffene Hautpartie zu beißen oder danach zu schlagen. Die Futteraufnahme kann beeinträchtigt sein. An der betroffenen Hautpartie kommt es zu Juckreiz und Haarausfall, das Vlies ist dort feucht und gewöhnlich bräunlich verfärbt, es werden Wundflächen sichtbar (▶ **Abb. 17.57**). An den Läsionen und unter der abgehobenen Haut sind Fliegenlarven in unterschiedlicher Zahl vorhanden. Folgen von anfänglich geringen Veränderungen können sein: exsudative Dermatitis, Nekrose von Hautpartien, Sekundärinfektionen mit Bakterien und Flüssigkeitsverlust. Eine wichtige Rolle spielt das von *Lucilia*-Larven gebildete Ammoniak, das in stark erhöhten Konzentrationen im venösen Blut von befallenen Hautpartien nachweisbar ist und Intoxikationen verursacht. Bei ausgeprägter und zu spät erkannter Wundmyiasis wurden in Mitteleuropa Mortalitätsraten über 10 % beobachtet.

Resistenz und Immunologie (Schaf) Verschiedene Schafrassen haben genetisch fixierte Körpermerkmale, die das Entstehen von Myiasis begünstigen, z. B. stark gefaltete Hautpartien bei Merinorassen oder der große und leicht verletzbare Schwanz bei Fettschwanzschafen. Andererseits weisen bestimmte Rassen eine natürliche Resistenz gegen Befall mit Fliegenmaden auf. Daher versucht man, Schafrassen mit erhöhter Resistenz gegen Myiasis zu züchten. Calliphoriden induzieren allenfalls eine schwache Immunität. Die Empfänglichkeit von Schafen gegen *L. cuprina*-Maden nimmt erst nach mehrmaligem Befall allmählich ab, die Antikörpertiter im Serum steigen nur langsam im Verlauf mehrerer Infestationen an und sind sehr variabel. Bei Versuchen zur Entwicklung einer Vakzine gegen *L. cuprina* hat sich gezeigt, dass Schafe nach experimenteller Immunisierung mit einem Antigen aus der peritrophischen Membran der Larven [Peritrophin 95, ein sog. *concealed antigen* (S. 595)] Antikörper bilden, die in Kulturen die Entwicklung von Larven stark hemmten (etwa 84 %). Eine Vakzine steht noch nicht zur Verfügung.

Diagnose Zum Nachweis der Myiasis ist eine genaue Adspektion der Haut (Tiere ganz oder nur betroffene Stellen scheren) und der Körperöffnungen erforderlich. Die Larven sind visuell feststellbar und können, fixiert in 70 %igem Ethanol, an ein spezialisiertes Labor zur Identifikation eingesandt werden. Sie lassen sich u. a. an den Strukturen des Cephalopharyngealskeletts und der Stigmenplatten identifizieren (▶ **Abb. 17.58**). Zur Identifikation werden auch molekularbiologische Methoden eingesetzt.

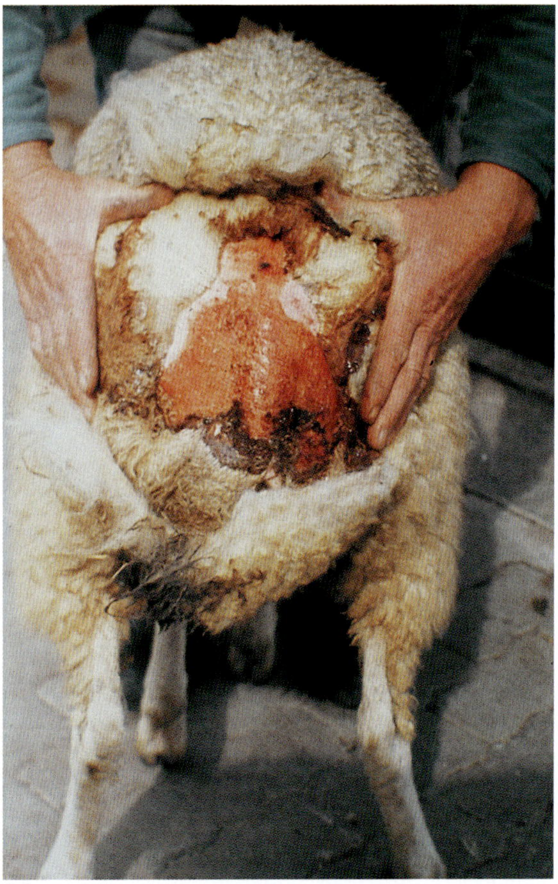

▶ **Abb. 17.57** Myiasis beim Schaf: Läsionen im Kaudalbereich. (Quelle: Gabriele Liebisch, Zecklab, Burgwedel)

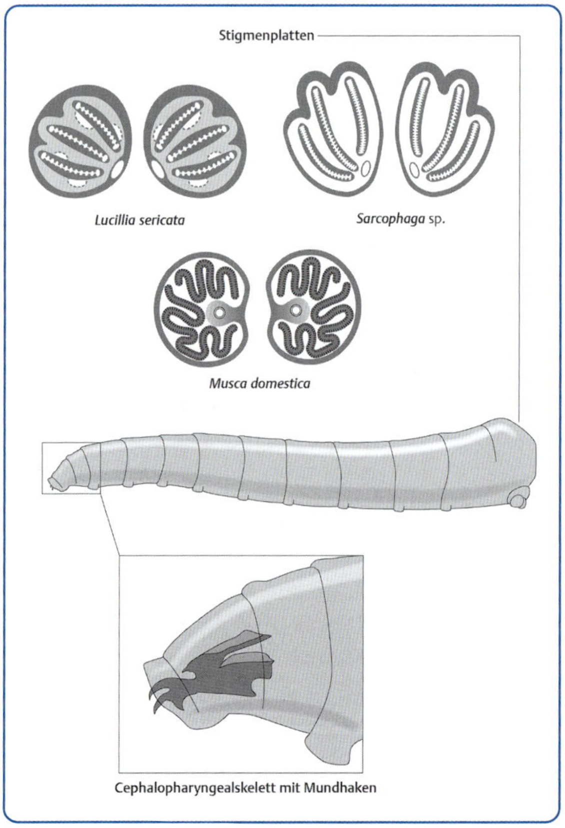

▶ **Abb. 17.58** Merkmale von Fliegenlarven. (Grafik: Jeanne Peter-Zocher, nach einer Vorlage von Alexander Mathis, Vetsuisse-Fakultät, Universität Zürich)

Therapie und Bekämpfung Bei bestehender Wundmyiasis werden Einzeltiere oder Schafherden mit Insektiziden behandelt. Eine Badebehandlung (z. B. mit Phoxim 0,05 %ig) hat den Vorteil, dass die Wirkstoffemulsion das Vlies durchdringt und an alle Körperstellen gelangt. Bei der Sprühbehandlung (z. B. mit Phoxim 0,05 %ig) ist darauf zu achten, dass der Wirkstoff mit hohem Druck möglichst gleichmäßig in das Vlies eingesprüht wird. Auch das Pyrethroid Deltamethrin ist als Aufgusspräparat für die Behandlung von *Lucilia*-Infestationen bei Rindern und Schafen erhältlich. Als Alternative ist die Umwidmung von Doramectin als parenterale Behandlung (0,2–0,3 mg/kg KG i. m.) in Betracht zu ziehen, das gegen Larven von *L. cuprina* wirksam ist und für ca. 3 Wochen einen guten Schutz vor Neubefall verleiht. Gleichzeitig richtet sich eine solche Behandlung gegen andere Ektoparasiten und Magen-Darm-Nematoden. Tiere mit ausgeprägten Hautveränderungen und Allgemeinsymptomen bedürfen weiterer Behandlungsmaßnahmen (u. a. Wunddesinfektion, Abtragen nekrotischer Hautpartien, manuelle Entfernung der Larven, Flüssigkeitsersatz, antibiotische Therapie).

Prophylaktisch wichtig sind die genaue und möglichst häufige Beobachtung der Tiere während der Weideperiode und die sofortige Behandlung von Wunden. In Gebieten, in denen immer wieder Fälle von Myiasis auftreten, können zur Prophylaxe Insekten-Entwicklungshemmer eingesetzt werden, z. B. Diclanil (Clik® im Spray-Verfahren), die einen Schutz von 4 Monaten oder länger verleihen (Mittel in AT, CH, DE nicht zugelassen). Die Applikation der Mittel ist zeitlich so vorzunehmen, dass bereits vor Beginn der Fliegenaktivität erfolgt (die Präparate haben keine Wirkung auf eine bereits bestehende Myiasis!) und die Wartezeiten für Fleisch berücksichtigt werden. Bei Schafen, deren Milch für den Konsum durch Menschen vorgesehen ist, ist der Einsatz dieser Mittel nicht erlaubt. Unbehandelte Milchtiere werden aber weniger befallen, wenn in der gleichen Herde alle nichtlaktierenden Schafe behandelt werden. Zur biologischen Bekämpfung werden im Handel Fliegenfallen angeboten, die mit einem spezifischen Lockstoff und Klebestreifen ausgestattet sind. Vom Hersteller wird empfohlen, die Fallen ab Ende April in ausreichender Zahl in der Umgebung der Weideflächen an geeigneten Stellen (z. B. Weidepfählen) aufzuhängen und regelmäßig zu kontrollieren. Nach Daten aus Großbritannien konnte Myiasis am wirksamsten verhütet werden, wenn adulte Schafe sowie Lämmer mit lang wirkenden Insektiziden behandelt und gleichzeitig Fliegenfallen eingesetzt wurden.

Gattung *Wohlfahrtia*

Arten und Vorkommen Die durch *Wohlfahrtia magnifica* verursachte Myiasis kommt im südlichen und südöstlichen Europa (u. a. HU, Balkanstaaten), im Mittelmeerraum (u. a. GR, IT, ES) und in Kleinasien vor (▶ **Tab. 17.15**). Hauptsächlich betroffen sind Schafe, doch werden auch andere Nutztiere (Ziegen, Rinder, Schweine, Pferde, Kamele), Hunde, frei lebende oder in Zoos gehaltene Wildtiere, Geflügel und Menschen von *W. magnifica* befallen. Nach Angaben aus den 1990er-Jahren lagen die lokalen Prävalenzen des *Wohlfahrtia*-Befalles bei Schafen in Ungarn bei 5–39 % und in Spanien bei 0,7–17 %. In Schafherden kann die Wohlfahrtiose gravierende Leiden der Tiere und erhebliche wirtschaftliche Verluste verursachen.

Entwicklung und Epidemiologie Die Weibchen von *W. magnifica* sind vivipar und „spritzen" 120–170 L 1 auf den Wirt, vor allem an Körperöffnungen und Wunden oder auf die intakte Haut. Die Larven beginnen sofort mit der Aufnahme von Bestandteilen der Haut und tieferer Gewebeschichten und schaffen damit einen Herd, der weitere Weibchen zur Eiablage anlockt. Die Entwicklung 2 weiterer Larvenstadien ist in 6–7 Tagen abgeschlossen, die Verpuppung erfolgt im Boden. Die aus den Puppen geschlüpften Adulten saugen Blütensäfte, nehmen aber auch Flüssigkeiten aus Fleisch, Fäkalien usw. auf.

Pathogenese und Krankheitsbild Häufig werden die Larven von *W. magnifica* an den Genitalien weiblicher und männlicher **Schafe** abgelegt. Durch die dadurch ausgelösten Veränderungen können Reproduktionsprobleme entstehen. Der Befall kann zu großflächigen und tief greifenden Gewebeveränderungen mit ähnlicher Symptomatik führen, wie sie bei der Luciliose beschrieben sind. Bei **Hunden** wurden Läsionen vor allem an Gliedmaßen, Genitalien, Ohren, Nase und Nacken beobachtet.

Therapie und Bekämpfung Für die Therapie von **Schafen** gelten die gleichen Grundsätze wie bei Luciliose. Von den verfügbaren Mitteln haben Doramectin und Eprinomectin eine gute Wirksamkeit gegen Larven und einen prophylaktischen Effekt von rund 3 Wochen. Ein einmaliger Einsatz eines Insekten-Entwicklungshemmers (Diclanil) kann Schafe unter günstigen Bedingungen 6–7 Monate vor *Wohlfahrtia*-Befall schützen. Da die Anwendung des Mittels bei laktierenden Schafen nicht zulässig ist, wird empfohlen, nur die nichtlaktierenden Tiere einer Herde zu behandeln. Auch wenn dabei lediglich 15–20 % der Herde erfasst werden, ist mit einer Schutzwirkung um 50 % zu rechnen. **Hunde** wurden erfolgreich mit Moxidectin (0,4 mg/kg KG, 2 × im Abstand von 10 d) und gleichzeitigen Antibiotikagaben erfolgreich behandelt.

Zusatzinformation

Gattung *Cordylobia*

Befall mit Larven der in Zentralafrika vorkommenden Tumbu-Fliege (*Cordylobia anthropophaga*) kommt in Europa gelegentlich als Importkrankheit bei Menschen und Tieren vor; sie verursacht eine furunkulöse Myiasis.

Gattung *Cochliomyia*

Diese Form der Wundmyiasis wird hier vor allem als Lehrbeispiel für eine erfolgreiche biologische Bekämpfung besprochen. In subtropischen und tropischen Gebieten des amerikanischen Kontinents ist *Cochliomyia hominivorax* (Syn. *Callitroga americana*), der „Screwworm" der Neuen Welt, der wichtigste Erreger von Wundmyiasis, die bei Hauswiederkäuern, Pferd, Schwein, Hund, Wildsäugetieren und auch beim Menschen auftritt. *Chrysomya bezziana* ist der „Screwworm" der Alten Welt (▶ **Tab. 17.15**). *C. hominivorax* dringt über größere (Kastrations-, Enthornungswunden) oder kleinere Läsionen in die Haut ein und verursacht tief gehende, sackartige Wunden, die gewöhnlich mehrere Larven enthalten. Wegen der enormen wirtschaftlichen Verluste, die *C. hominivorax* in früheren Jahren in den USA verursachte, wurde Ende der 1950er-Jahre ein biologisches Bekämpfungsprogramm gestartet (Sterile-Insekten-Technik, SIT). In Anlagen zur Massenzucht von *C. hominivorax* wurden pro Woche 20–100 Mio. Fliegen gezüchtet. Die Fliegen wurden durch Bestrahlung (γ-Strahlen) der Puppen sterilisiert und durch Flugzeuge in bestimmter Zeitfolge und Zahl je Flächeneinheit freigesetzt. Der wesentlichste Effekt des SIT-Verfahrens ist, dass die von sterilen Männchen begatteten Weibchen unfruchtbar blieben (die Weibchen lassen sich nur einmal begatten) und die Fliegenpopulation nach einer gewissen Zeit zusammenbrach. *C. hominivorax* war ursprünglich von den mittleren USA bis ins südliche Brasilien verbreitet und ist heute durch die erfolgreichen Bekämpfungsmaßnahmen auf Gebiete südlich von Panama zurückgedrängt. Durch eine Reihe von Maßnahmen, u. a. die Kontrolle von Tiertransporten und die Freilassung steriler Männchen in einer Pufferzone von Panama, wird eine Wiederbesiedlung *C. hominivorax*-freier Gebiete unterbunden.
Die 1988 festgestellte Einschleppung von *C. hominivorax* nach Libyen stellte für dieses Land und für ganz Afrika eine enorme Bedrohung dar. Durch Einsatz der SIT und begleitender Maßnahmen gelang es, die Fliege in einer etwa 1-jährigen, von der FAO geleiteten Bekämpfungsaktion auszurotten.

Gattung *Protocalliphora* und andere

Eine weitere Form ist die sanguinivore Myiasis, bei der die Fliegenlarven Blut saugen. Die Larven von *Protocalliphora*-Arten entwickeln sich in Vogelnestern und saugen an Nestvögeln Blut („Vogelblutfliegen"). *Auchmeromya senegalensis*-Larven befallen in Westafrika, meist in Hütten oder Häusern, Menschen und Säugetiere zum wiederholten Blutsaugen.

Literaturhinweise

Abo-Shehada MN. The Myiases. In: Palmer SR, Soulsby Lord, Torgerson PR, Brown DWG, eds. Oxford Textbook of Zoonoses. 2nd ed. Oxford, UK: Oxford University Press; 2011: 817–827. ISBN: 978-0-19-857-002-8

Bisdorff B, Wall R. Blowfly strike prevalence in domestic rabbits in southwest England and Wales. Vet Parasitol 2006; 141: 150–155

Farkas R, Hall MJ, Bouzagou AK et al. Traumatic myiasis in dogs caused by *Wohlfahrtia magnifica* and its importance in the epidemiology of wohlfahrtiosis of livestock. Med Vet Entomol 2009; 23(Suppl 1): 80–85

Hall MJ. Traumatic myiasis of sheep in Europe: a review. Parassitologia 1997; 39: 409–413

Sandemann RM, Bowles VM, Colwell DD. The immunobiology of myiasis infections – what happened to vaccination? Parasite Immunol 2014; 36: 605–615

Wall R, Rose H, Ellse L et al. Livestock ectoparasites: integrated management in a changing climate. Vet Parasitol 2011; 180: 82–89

Zumpt F. Myiasis in Man and Animals of the Old World. London: Butterworths; 1965; UDC number: 576–895–772

Familie Oestridae (Nasen-, Rachen-, Magen- und Dasselfliegen)

Praxis

Obligate **Myiasis-Erreger** mit meist hoher Wirtsspezifität.

Oistros (gr.): Bremse (von Altdeutsch „bremen" = „brummen"). Trivialnamen für diese Fliegen sind u. a. Schafbiesfliege, Rinderbiesfliege, Magenbremse, Dasselfliegen. „Biesen": durch den Summton von Dasselfliegen ausgelöste Fluchtreaktion von Rindern und anderen Wirten. „Dasselfliegen" ist eine Tautologie, denn „Dassel" ist von *dase* (mhd.) = „Fliege" abgeleitet. Engl.: *bot flies, warble flies*.

Das Wichtigste in Kürze

- Die Larven von Fliegenarten dieser Familie leben obligat parasitisch in Säugetieren und besiedeln vorwiegend den Nasen-Rachen-Raum (Oestrinae), den Verdauungstrakt (Gasterophilinae) oder die Haut (Hypoderminae, Cuterebrinae).
- Viele Arten sind wirtsspezifisch (monoxen), andere stenoxen. Der Mensch kann Fehlwirt für Larven aus allen 4 Unterfamilien sein.
- Die Imagines sind 8–17 mm lange, teils dicht beborstete, hummelähnliche, gelblich schwarz gefärbte Fliegen mit rückgebildeten, gewöhnlich funktionslosen Mundwerkzeugen und kleinen Augen.

Familie Oestridae, Unterfamilie Oestrinae (Nasen- und Rachenfliegen)

In Europa sind vor allem *Oestrus ovis*, die Nasenfliege von **Schaf** und **Ziege**, verschiedene Gattungen von Rachenfliegen (*Cephenemyia, Pharyngomyia*) bei **Wildwiederkäuern** und *Rhinoestrus*-Arten, Nasenfliegen der **Equiden**, zu berücksichtigen. In anderen Regionen parasitieren weitere Gattungen und Arten bei Haus- und Wildtieren (u. a. bei Kamelen, Giraffen, Elefanten, Kängurus).

Zoonotische Bedeutung Larven von *O. ovis* können sich in **Fehlwirten** wie Hunden und Menschen ansiedeln. In bestimmten Endemiegebieten verursacht *O. ovis* gelegentlich verschiedene Formen von Myiasis (pharyngeale, konjunktivale u. a.) bei exponierten Personengruppen, z. B. bei Schäfern. Seltener wird über Infestationen des Menschen mit Larven anderer Oestrinen berichtet (*Rhinoestrus, Cephenemyia* spp.).

Das Wichtigste in Kürze

Nasenfliege der Schafe

- **Entwicklung.** *Oestrus ovis*. Die Fliegenweibchen sind vivipar und setzen Larven (L 1) während des Fluges vor allem an Nasenöffnungen ab. L 1 wandern in Nasen- und Kopfhöhlen ein und entwickeln sich bis zu L 3 (17–28 mm lang), die ausgeschieden werden und sich im Boden verpuppen. In Mitteleuropa gewöhnlich nur 1 Fliegengeneration im Jahr.
- **Epidemiologie, Vorkommen.** Ab August starke Zunahme der Zahl von L 1, die in Diapause im Wirt überwintern. Prävalenz von *O. ovis* bei Schafen in Südwestdeutschland bis ca. 50 %.
- **Pathogenese, Krankheitsbild.** Entzündungsreaktionen in Kopf- und Nasenhöhlen, teils auch in Larynx, Trachea und Bronchien. Nasenausfluss, Niesen, Tränenfluss, Husten, Dyspnoe, reduzierte Futteraufnahme, Abmagerung, Störungen des Allgemeinbefindens.
- **Diagnose, Therapie.** Post mortem Nachweis der Larven in Nasen- und Kopfhöhlen. Therapie mit makrozyklischen Lactonen oder Closantel.

Rachenfliegen von Wildwiederkäuern

- Larven von *Cephenemyia*- und *Pharnygomyia*-Arten sind z. T. eine erhebliche Plage bei Cerviden in Mitteleuropa. Behandlung auch in freier Wildbahn möglich.

Gattung *Oestrus*

Praxis

Erreger der **Oestrose** (nasopharyngeale Myiasis) von Schaf und Ziege.

Zoonose: Gelegentlich zoonotische Infektionen (okulare Myiasis).

Oistros (gr.): Bremse; *ovis* (lat.): Schaf. Engl.: *sheep nostril fly, sheep nasal bot fly.*

Morphologie, Entwicklung und Epidemiologie Die Imagines von *Oestrus ovis* (Nasenfliege, Schafbiesfliege) sind 10–12 mm lange, wenig behaarte, bräunlich graue Fliegen mit breitem Kopf und kleinen Augen; mittleres Thoraxsegment mit kleinen Warzen und gelben Härchen, Abdomen mit schwarzen Flecken. Mundwerkzeuge stark reduziert.

In Europa sind je nach Klimazone von Mai bis September oder Oktober Imagines anzutreffen, die während ihres kurzen Lebens (bis 4 Wochen) keine Nahrung aufnehmen. Nach der Begattung entwickeln sich in den Weibchen innerhalb von 2–3 Wochen Eier zu Larven (L 1).

Die graviden Weibchen schwärmen vor allem an heißen und trockenen Tagen aus und setzen im Fluge Portionen von etwa 25 L 1 an die Nasenöffnungen der Schafe ab, teils auch an die Mundränder, die Augengegend oder an andere Körperstellen. Ein Weibchen kann 500–1000 Larven produzieren. Die ca. 1 mm langen Larven wandern direkt oder nach Belecken der Ablagestellen in die Nasengänge und besiedeln später auch die Nasenmuscheln, die Nasennebenhöhlen sowie die Stirn- und Kieferhöhlen, wo sie sich an der Schleimhaut festheften und von Schleimhautsekreten und Entzündungsprodukten ernähren. Mehrere Proteasen, die von den Larven ausgeschieden werden, spielen bei der Verflüssigung von Gewebe und der extrakorporalen Verdauung von Proteinen eine Rolle. Durch Wachstum und Häutungen entwickeln sich die L 1 zu L 2 (4–12 mm) und dann zu 17–28 mm langen, walzenförmigen L 3. Diese sind mit Mund- und Kaudalhaken ausgestattet und auf der Ventralseite mit Reihen von Dornen und Wärzchen besetzt; die ringförmigen Stigmenplatten am Hinterende weisen zahlreiche Poren auf. Im Frühjahr und Frühsommer lösen sich die verpuppungsreifen L 3 von ihren Ansitzstellen und verlassen den Wirt aktiv oder sie werden ausgeniest oder ausgehustet. Im Boden verpuppen sich die Larven; die Puppenruhe dauert gewöhnlich 2–6 Wochen.

In der gemäßigten Klimazone in Mitteleuropa wird in der Regel nur 1 Fliegengeneration im Jahr gebildet, da die Entwicklung der L 1 im Wirt ab Herbst für mehrere Monate sistiert (Diapause), wodurch die Überwinterung des Parasiten im Wirt gesichert wird. In wärmeren Gebieten, z. B. im Südwesten von Frankreich, kann die Larvenentwicklung bereits nach 25–35 Tagen abgeschlossen sein, sodass in einem Jahr 2–3 Fliegengenerationen gebildet werden. Unter diesen Bedingungen findet man in den befallenen Tieren während des ganzen Jahres gleichzeitig L1–L3, wobei die L1 meist den größten Teil der gesamten Larvenpopulation ausmachen.

Vorkommen *O. ovis* ist weltweit in Schafzuchtgebieten verbreitet. In Südeuropa (u. a. ES, FR, IT, GR) ist nach wie vor mit hohen Prävalenzen zu rechnen, z. B. im nordöstlichen Spanien (Befallsrate 80 % bei 120 Schlachtschafen). Im Südwesten Frankreichs waren im Jahresmittel 43 % der adulten Schafe (n: 631) und 28 % der Ziegen (n: 672) mit *O. ovis* befallen. Die mittleren Befallsintensitäten betrugen bei Schafen 11 und bei Ziegen 5 *Oestrus*-Larven je Tier (Maxima beim Schaf ca. 150 Larven/Tier). In Südwestdeutschland wurde *O. ovis* bei 55 % von 59 Schlachtschafen nachgewiesen; von 1497 lebenden, über 6 Monate alten Schafen hatten 50 % Serum-Antikörper gegen *O. ovis*.

Pathogenese und Krankheitsbild Die Ablage der L1 und ihre Einwanderung in die Nasenhöhlen kann Unruhe, Reiben des Kopfes an Gegenständen und Schütteln des Kopfes auslösen. Die ersten Wochen der Infestation verlaufen meist inapparent. An ihren Ansiedlungsorten verursachen die Larven entzündliche Veränderungen, die aufsteigende bakterielle Infektionen zur Folge haben und Nasenausfluss, Niesen, Tränenfluss, Husten, Dyspnoe, Störungen der Futteraufnahme, Abmagerung und Beeinträchtigung des Allgemeinbefindens auslösen können. Bei hochgradigem Befall ist eine Besiedlung des Larynx, der Trachea und der großen Bronchien mit entsprechender Symptomatik möglich.

Resistenz und Immunologie Schafe sind für *O. ovis* empfänglicher als Ziegen. Durch experimentelle Immunisierung von Schafen mit Extrakten von *O. ovis*-Larven ließ sich der Anteil der Larven, der nach einer Testinfektion überlebte, im Vergleich zu nicht immunisierten Kontrollen erheblich reduzieren. Im Verlauf der Infestation kommt es zu einer Hypersensitivitätsreaktion mit Infiltration der Nasenschleimhaut hauptsächlich mit Lymphozyten, Makrophagen, Eosinophilen, Mastzellen und anderen Zellen. Solche Reaktionen, die auch an Schleimhäuten der oberen Luftwege und in der Lunge auftreten können, spielen vermutlich bei der Elimination von Larven und damit bei der Begrenzung der Larvenpopulation eine Rolle. Eine systemische Immunreaktion führt zur Bildung zirkulierender Antikörper, die ab 2–4 Wochen nach einer Erstinfektion nachweisbar sind.

Diagnose Die Diagnose erfolgt meist klinisch. Eine indirekte Diagnose ist serologisch durch Nachweis spezifischer Antikörper mithilfe eines ELISA unter Verwendung von E/S-Antigenen aus *O. ovis*-Larven möglich. Sensitivität und Spezifität des Tests sind hoch (beide um 97 %). Post mortem lassen sich die Larvenstadien in den Nasen- und Kopfhöhlen durch Adspektion nachweisen (Lupe zum Nachweis der 1–3 mm langen L1).

Therapie und Bekämpfung Gegen *O. ovis*-Larven (L1–L3) beim Schaf sind makrozyklische Lactone (ML) sehr gut wirksam, wie Ivermectin (0,2 mg/kg KG s. c.) und Doramectin (0,2 mg/kg KG i. m.). Eine gute Wirkung hat auch Closantel (10 mg/kg KG p. o.). Als geeignete Zeit für die Behandlung bieten sich in Mitteleuropa der Herbst oder Frühwinter nach Ende der Flugzeit der Adulten an. Dann liegen vorwiegend L1 vor, die durch die oben erwähnten ML erfasst werden. Der Einsatz von ML zur Bekämpfung von Magen-Darm-Nematoden zu anderen Jahreszeiten beeinflusst auch *O. ovis*-Larven.

Gattung *Rhinoestrus*

Rhinoestrus purpureus und einige andere Arten dieser Gattung sind auf Equiden spezialisiert und verursachen vor allem in Süd- und Osteuropa, Russland sowie in Teilen Asiens und Afrikas nasale Myiasis bei Pferden und Eseln (Rhinoestrose bei Equiden).

Gattungen *Cephenemyia* und *Pharyngomyia*

In Mitteleuropa sind Rehe recht häufig von Larven der Rachenfliege (*Cephenemyia stimulator*) befallen, beim Rotwild parasitieren *C. auribarbis* und *Pharyngomyia picta*. Die letztgenannte Art kommt auch bei Reh, Elch, bei anderen Cerviden und beim Mufflon vor. Der Entwicklungszyklus verläuft ähnlich wie bei *O. ovis*, doch setzen sich die bis zu 35 mm langen Larven vorwiegend in Rachen, Larynx und an der Zungenwurzel fest (▶ **Abb. 17.59**). Ein solcher Befall kann zu einer erheblichen Plage werden und Erkrankungen mit Todesfolge verursachen. Eine Behandlung ist durch Verabreichung makrozyklischer Lactone möglich (z. B. Ivermectin mit dem Futter 5 d 0,1 mg/kg KG oder 2 × 0,4 mg/kg KG im Abstand von 1 Woche).

▶ **Abb. 17.59** *Cephenemyia trompe*: Larven 3 aus dem Rachenraum eines Wildwiederkäuers (Länge 35 mm). (Quelle: Institut für Parasitologie, Vetsuisse-Fakultät, Universität Zürich)

Literaturhinweise

Angulo-Valadez CE, Scholl PJ, Cepeda-Palacios R et al. Nasal bots – a fascinating world! Vet Parasitol 2010; 174: 19–25

Angulo-Valadez CE, Ascencio F, Jacquiet P et al. Sheep and goat immune responses to nose bot infestation: a review. Med Vet Entomol 2011; 25: 117–125

Bauer C, Steng G, Prevot F et al. Seroprevalence of *Oestrus ovis* infection in sheep in southwestern Germany. Vet Parasitol 2002; 110: 137–143

Dorchies P, Bergeaud JP, Tabouret G et al. Prevalence and larval burden of *Oestrus ovis* (Linné 1761) in sheep and goats in northern mediterranean region of France. Vet Parasitol 2000; 88: 269–273

Familie Oestridae, Unterfamilie Gasterophilinae (Magenfliegen)

Praxis

Erreger der **Gasterophilose** (Haut- und gastrointestinale Myiasis) der Equiden.
Zoonose: Selten zoonotische Infektionen.

Gaster (gr.): Magen; *-phil* (gr.): zu etwas neigend, Ableitung von *philos* (gr.): Freund. Bezug auf die Ansiedlung von Larven im Magen. Engl.: *horse bot fly*.

Das Wichtigste in Kürze

- **Morphologie, Arten.** Gasterophilinae sind stark beborstete Fliegen mit rudimentären Mundwerkzeugen. Larvalstadien leben obligat parasitisch im Verdauungstrakt von Equiden (Gasterophilus (S. 513)) oder Nashörnern (*Gyrostigma*) und Elefanten (*Cobboldia* u.a). In Europa kommen bei Pferden mehrere *Gasterophilus*-Arten vor, davon ist *G. intestinalis* die wichtigste.
- **Entwicklung, Vorkommen, Epidemiologie.** In den Sommermonaten Eiablage durch *Gasterophilus* spp.-Weibchen an Haare verschiedener Körperstellen von Pferden oder bei *G. pecorum* an Pflanzen. Entwicklung von L 1, die auf artunterschiedlichen Wegen in die Mundhöhle gelangen, dort in die Schleimhaut eindringen und sich zu L 2 häuten; L 2 und L 3 siedeln sich im Magen oder Duodenum und teils auch im Rektum an. *Gasterophilus*-Befall ist in Mitteleuropa häufig; durchschnittliche Prävalenzen regional etwa 40–60 %, mit starken saisonalen Schwankungen.
- **Pathogenese, Krankheitsbild.** Leichter und mittelgradiger Befall ist asymptomatisch oder verbunden mit Leistungsminderungen, starker Befall mit Inappetenz, Koliken, Anämie und Kachexie.
- **Diagnose.** Nachweis von Eiern an den Haaren, Endoskopie von Magen und proximalem Dünndarm zum Nachweis von L 2 und L 3, Sektion.
- **Therapie, Bekämpfung.** Behandlung mit makrozyklischen Lactonen (Moxidectin, Ivermectin) im Herbst (Oktober bis Dezember).

Das Hauptcharakteristikum dieser Unterfamilie ist der obligate Parasitismus der Larvenstadien im Verdauungstrakt von Equiden (Gattung *Gasterophilus*), Nashörnern (Gattung *Gyrostigma*) oder Elefanten (Gattungen *Cobboldia, Platycobboldia, Rodhainomyia*). Von den in Europa bei Pferden beschriebenen *Gasterophilus*-Arten ist *G. intestinalis* die wichtigste (▸ **Tab. 17.16**).

Morphologie Die Imagines der *Gasterophilus*-Arten sind 10–17 mm lange Fliegen mit unterschiedlicher Färbung (schwarzbraun, gelblich braun, rostgelb), dichter Beborstung von Kopf, Thorax und Abdomen und rudimentären Mundwerkzeugen. Die acephalen und beinlosen Larven haben einen spindelförmigen, segmentierten Körper. Der vordere Rand der meisten Segmente ist mit 1–3 Reihen von Dornen besetzt. Alle Larvenstadien tragen kräftige Mundhaken. Die Stigmenplatten am Hinterende liegen in einer verschließbaren Falte, die Stigmen sind schlitzförmig und gerade oder leicht gekrümmt. Die 15–20 mm langen, bräunlichen oder fleischfarbenen L3 lassen sich vor allem an den Mundhaken und den Dornen nach Arten unterscheiden.

Entwicklung Die Imagines der *Gasterophilus*-Arten haben in Mitteleuropa eine kurze Flugperiode von Ende Juni bis August (vereinzelt bis Oktober) und eine Lebensspanne von wenigen Tagen (meist < 1 Woche), während der sie keine Nahrung aufnehmen (▸ **Abb. 17.60**). Unmittelbar nach dem Schlüpfen aus den Puppen, die im Pferdekot oder in dessen unmittelbarer Umgebung liegen, werden die Weibchen begattet. Nach einer für die Eibildung benötigten kurzen Ruhephase (< 20 h) schwärmen die Weibchen an warmen und sonnigen Tagen zur Eiablage aus. Bei der Wirtsfindung orientieren sie sich visuell an größeren Silhouetten und an olfaktorischen Signalen (Pferdegeruch). Sie folgen Pferden über längere Distanzen auf der Weide, fliegen aber nicht mit in Stallungen ein. Zur Eiablage umschwärmen sie die Pferde und fixieren während des Fluges die mit einer Haftstruktur ausgestatteten Eier mit einem Kitt an den Haaren der artunterschiedlich bevorzugten Körperstellen; *G. pecorum* legt ihre Eier an Pflanzen ab. Beim Anflug produzieren die *Gasterophilus*-Weibchen Summtöne, die bei *G. intestinalis* die Pferde nicht wesentlich, dagegen bei *G. haemorrhoidalis* und *G. nasalis* stark beunruhigen. Wie die Auswahl der Prädilektionsstellen am Tierkörper erfolgt, ist noch unbekannt. Die Gesamtzahl der von einem Weibchen produzierten Eier ist bei *G. intestinalis* und *G. pecorum* hoch (~ 1000–2500), bei den anderen Arten geringer (~ 150–500). Die Eier sind ungefähr 1–1,5 mm lang, von länglicher Form und von goldgelber oder schwarzer Färbung (*G. pecorum*). Die Embryonalentwicklung beansprucht häufig nur wenige Tage, sie kann aber in Abhängigkeit von abiotischen Faktoren und der *Gasterophilus*-Art bis zu 4 Wochen dauern.

Nach Einwirkung von Schlupfreizen beim Belecken der Eiablagestellen (am eigenen Körper oder an anderen Pferden) oder nach oraler Aufnahme der Eier (bei *G. pecorum*) schlüpfen die L 1 aus den Eihüllen und dringen in die

► **Tab. 17.16** In Europa vorkommende *Gasterophilus*-Arten.

Arten, Länge der Imagines (L), Vorkommen (V)	Ablagestelle der Eier	Lokalisation der Larven H: Häutung[1]
Gasterophilus intestinalis L: 12–17 mm V: weltweit	Vorderbeine (> 70 %, v. a. Innenfläche der Karpalgegend), auch Flanken, Hinterbeine, Schultern, Hals	L 1: Zungenschleimhaut, Migration in Zunge nach distal → H L 2 (3–4 Wo.) L 2: Pharynx, Epiglottis (wenige Tage) L 2/L 3: Magen (Pars cardiaca)
Gasterophilus haemorrhoidalis L: 10–12 mm V: weltweit	Lippenhaare	L 1: Lippenhaut, Mundschleimhaut L 2/L 3: Magen L 3: Rektum u. Afterrand (v. a. im Frühjahr)
Gasterophilus inermis L: 12–17 mm V: Paläarktis, Südafrika	Backen	L 1: Migration in der Haut zu den Mundwinkeln und zur Backenschleimhaut L 2/L 3: Rektum
Gasterophilus nasalis L: 12–17 mm V: weltweit	Kehlgang	L 1: Migration in der Haut zu den Lippen u. zum Zahnfleisch → H L 2 (etwa 3 Wo. p. i.) L 2/L 3: proximales Duodenum (Ampulla duodeni)
Gasterophilus nigricornis L: 12–17 mm V: südl. Regionen der Paläarktis (Südeuropa, RU u. a.)	Backen	L 1: Migration in der Haut zu den Mundwinkeln und zur Backenschleimhaut → H L 2 L 2/L 3: Duodenum
Gasterophilus pecorum L: 13–14 mm V: Europa, paläarkt. Regionen in Asien u. Afrika	Pflanzen, selten an Gliedmaßen	L 1: Schleimhaut von Lippen, Zunge, hartem u. weichem Gaumen → H L 2 L 2: Zunge, weicher Gaumen, Pharynx L 3: Magen (Pars cardiaca)

[1] Ort der Häutung von L 1 zu L 2 noch nicht bei allen Arten bekannt

Mundschleimhaut ein. Die L 1 von *G. inermis, G. nasalis* und *G. nigricornis* verlassen die Eihülle spontan und wandern von den Ablagestellen in der Haut zu den Mundwinkeln und dann in die Mundschleimhaut ein, in der je nach Art etwas unterschiedliche Lokalisationen bevorzugt werden (Backen, Zunge, Gaumen, Zahnfleisch, Pharynx) (► **Tab. 17.16**). Die L 1 verbleiben 3–4 Wochen im Bereich der Mundhöhle, häuten sich zu L 2 und gelangen dann zu ihren Ansiedlungsorten im Magen-Darm-Trakt. Nach 8–10 Monaten (im Frühjahr/Frühsommer) werden die L 3 mit dem Kot ausgeschieden. Die Verpuppung erfolgt im Pferdekot oder in unmittelbarer Nähe im Boden, die Puppenruhe dauert 2–12 Wochen.

Vorkommen und Epidemiologie *Gasterophilus*-Befall kommt bei Equiden weltweit sehr häufig vor. In verschiedenen Regionen des zentralen und nördlichen Europa (z. B. CH, DE, PL, SE) wurde in jüngerer Zeit *G. intestinalis* als dominierende Art gefunden, sporadisch in Mischinfektionen mit *G. nasalis*. Bei Pferden in Zentral- und Süditalien dominierten *G. intestinalis* und *G. nasalis*, seltener waren *G. inermis, G. pecorum* sowie *G. haemorrhoidalis*. Nach neueren Angaben wurden in Mitteleuropa bei Schlachtpferden Prävalenzen von von 2,5 % (DE; Befallsintensität 1–154 Larven) und 47 % (PL) festgestellt. Eine 2015 durchgeführte Studie aus Sardinien ergab Prävalenzen von *G. intestinalis* und *G. nasalis* von 86 % bzw. 54 %; vier weitere Arten waren selten (< 4 %). Dabei bestand eine deutliche saisonale Abhängigkeit der Prävalenzen mit den höchsten Werten im Winterhalbjahr (Befallsintensitäten s. u.).

Epidemiologische Daten zeigen, dass sich die Pferde vorwiegend im Sommer oder Spätsommer mit Larven von *G. intestinalis* oder *G. nasalis* infizieren, kurz nachdem die Fliegenweibchen ihre Eier an den Haaren abgesetzt haben. Bei *G. intestinalis* sind offenbar auch noch später geringfügige Infektionen möglich, da L 1 in den Eiern am Haarkleid längere Zeit überleben können (bei + 10 °C Umgebungstemperatur bis 2 Monate, auch Wintertemperaturen werden längere Zeit toleriert).

Pathogenese und Krankheitsbild Bei 70–90 % der infestierten Pferde liegt ein geringer oder mittelgradiger Befall mit Larven von *G. intestinalis* vor (1–100 Larven je Pferd), bei den restlichen aber ein starker Befall mit > 100 Larven/Tier (Höchstwerte um 300–1000 je Pferd). Gering- oder mittelgradige Infestationen verlaufen in der Regel inapparent, doch werden auch Leistungsminderungen darauf zurückgeführt. Symptome bei starkem Befall sind Entzündungen der Mund- und Zungenschleimhaut, Kau- und Schluckbeschwerden, Erosionen, Entzündungen und Geschwüre der Magen- und Dünndarmschleimhaut (vor allem in der Pars cardiaca des Magens und im proximalen Duodenum; ► **Tab. 17.16**) sowie Inappetenz, Koliken, Anämie und Kachexie. Im Magen und Dünndarm entstehen an den Anheftungsstellen der *Gasterophilus*-Larven kraterförmige Läsionen (Ulzera) der Mukosa und Submukosa mit anfänglichen Nekrosen, Entzündungsreaktionen und Verlust von Drüsengewebe und späterer Fibrose, die den Herd umgibt. Obwohl die Larven tief in die Magen- oder Darmwand eindringen, sind Perforationen sehr selten. Die in der Haut Richtung Mundöffnung wan-

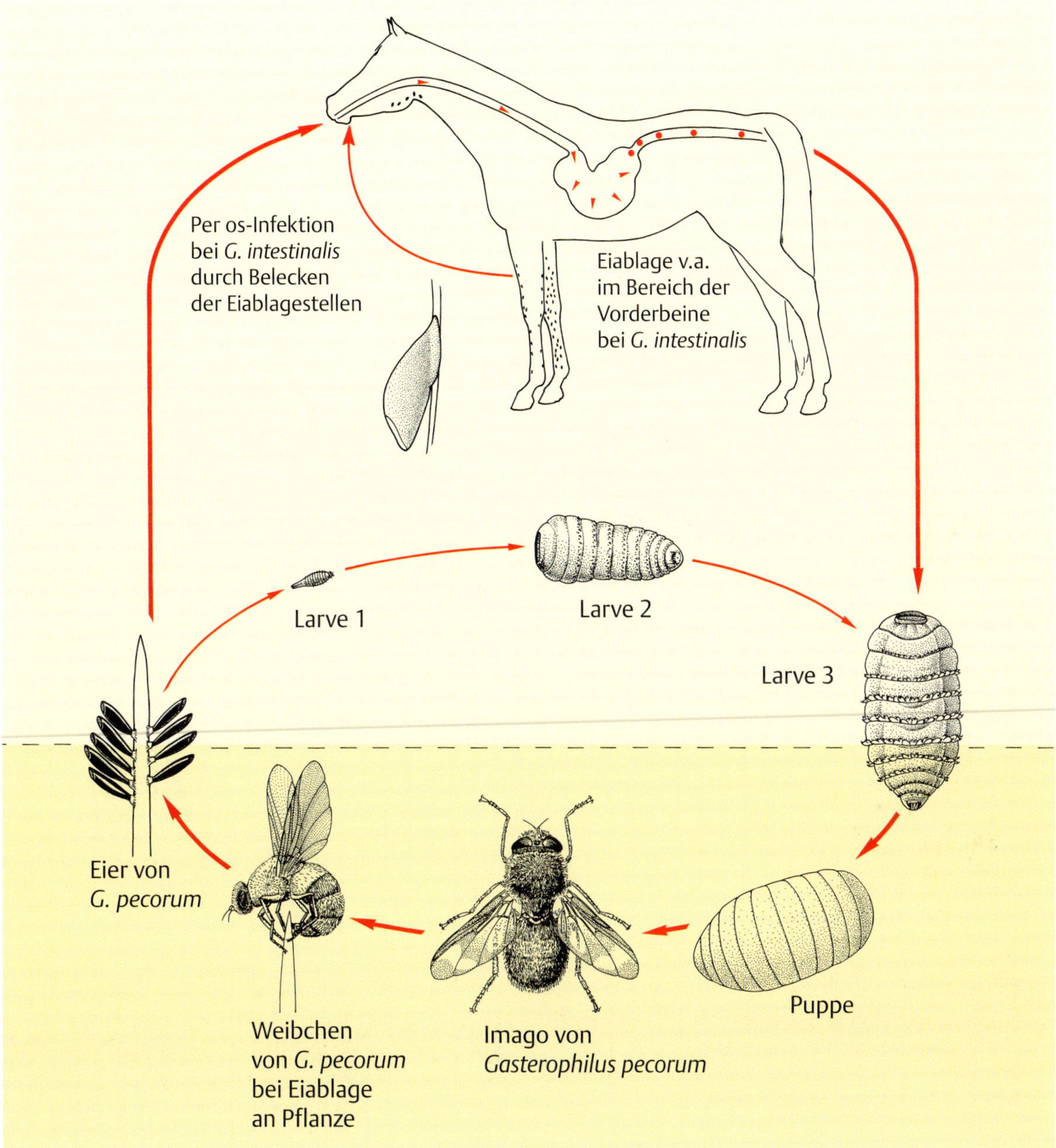

▶ **Abb. 17.60** Entwicklungszyklus von *Gasterophilus* spp. (Grafik: Salome Ehrat, nach einer Vorlage von Johannes Eckert und Peter Deplazes, Vetsuisse-Fakultät, Universität Zürich)

dernden L1 verschiedener Arten (*G. inermis, G. nasalis, G. nigricornis*) sind Ursache von Veränderungen, die sich als fadendünne, haarlose, mit Krusten bedeckte, etwas gewundene Streifen strahlenartig von der Augen- und Backenregion und vom Kehlgang in Richtung Mundwinkel hinziehen (Streifensommerekzem).

Immunologie Unter natürlichen Infektionsbedingungen entwickelt sich bei Pferden auch mit zunehmendem Alter keine wirksame Immunität, es werden aber zirkulierende Antikörper gebildet. Die Larvalstadien produzieren stadienspezifische Proteine, die L2 sind stärker immunogen als die L3.

Diagnose Die am Haarkleid der Pferde im Sommer (Juni/August) teils bis Februar nachweisbaren Eier oder Eihüllen liefern Hinweise auf *Gasterophilus*-Befall im Bestand. Gleiches gilt für den gelegentlich zu beobachtenden Abgang verpuppungsreifer Larven im Kot der Pferde im Frühjahr/Frühsommer oder nach einer Behandlung mit makrozyklischen Lactonen. Die endoskopische Untersuchung ermöglicht den Nachweis von Läsionen oder Larvenstadien (L2 oder L3) im Bereich der Mundhöhle, des Ösophagus und im Magen. Mit einem ES/Antigen aus L2 von *G. intestinalis* lassen sich im ELISA zirkulierende Antikörper gegen *G. intestinalis* und *G. nasalis* nachweisen. In Spanien wurden in Pferdebeständen die höchsten Seroprävalenzen (100%) im

Winter (Januar/Februar) festgestellt, die niedrigsten (3 %) im Juni. Post mortem sind die älteren Larvenstadien leicht durch Adspektion zu diagnostizieren.

Therapie und Bekämpfung Als Mittel der Wahl zur Behandlung sind heute makrozyklische Lactone anzusehen, die eine hohe Wirkung gegen *Gasterophilus*-Larven (L 2 und L 3) sowie Strongyliden und einige andere Parasiten haben, z. B. Moxidectin (0,4 mg/kg KG p. o.) oder Ivermectin (0,2 mg/kg KG, p. o.). Bekämpfung s. Gasterophilose (S. 627).

Zoonotische Bedeutung *Gasterophilus*-Larven sind selten Erreger von Myiasis beim Menschen (▸ **Tab. 18.3**).

Literaturhinweise

Cogley TP, Cogley MC. Field observations of the host-parasite relationship associated with the common horse bot fly, *Gasterophilus intestinalis*. Vet Parasitol 2000; 88: 93–105

Otranto D, Milillo P, Capelli G et al. Species composition of *Gasterophilus* spp. (Diptera, Oestridae) causing equine gastric myiasis in southern Italy: Parasite biodiversity and risks for extinction. Vet Parasitol 2005; 133: 111–118

Ribbeck R, Schusser GF, Ilchmann G et al. Vorkommen, Diagnostik und Bekämpfung der Gasterophilose des Pferdes. Wien Tierärztl Monatsschr 1998; 85: 418–423

Sánchez-Andrade R, Cortiñas FJ, Francisco I et al. A novel second instar *Gasterophilus* excretory/secretory antigen-based ELISA for the diagnosis of gasterophilosis in grazing horses. Vet Parasitol 2010; 171: 314–320

Familie Oestridae, Unterfamilie Hypoderminae (Dasselfliegen)

Praxis

Artspezifische Erreger der **Hypodermose** (furunkulöse Myiasis, ‚Dasselbeulen') vor allem bei Rind und Wildwiederkäuern.
Zoonose: Selten zoonotische Infektion.

Hypo- (gr.): unter; *derma* (gr.): Haut. Bezug auf den Aufenthalt von Larven in Beulen unter der Hautoberfläche. Trivialbezeichnung: Biesfliegen. Engl.: *warble flies*.

Das Wichtigste in Kürze

- **Arten.** Wichtigste Arten sind *Hypoderma bovis* (Große Dasselfliege) und *H. lineatum* (Kleine Dasselfliege), Erreger der **Hypodermose des Rindes.**
- **Entwicklung.** Während der Flugperiode im Mai und Juni (*H. lineatum*) oder Juni bis September (*H. bovis*) heften die Fliegenweibchen Eier an die Haare von Weiderindern. Die ausschlüpfenden Larven (L 1) dringen in die Haut ein und wandern durch den Wirbelkanal (*H. bovis*) oder nach einem Aufenthalt in der Ösophaguswand (*H. lineatum*) in die Unterhaut des Rückens. Dort entwickeln sie sich zu L 3 und bilden ab Januar (*H. lineatum*) oder Februar (*H. bovis*) Dasselbeulen mit einem Atemloch in der Haut. Die L 3 verlassen im Frühjahr oder Frühsommer die Dasselbeulen und verpuppen sich im Boden.
- **Vorkommen, Epidemiologie.** Die Hypodermose stellt noch in Ländern des südlichen und östlichen Europa ein Problem dar, in den meisten Ländern von Nord-, West- und Mitteleuropa ist sie getilgt oder kommt herdförmig mit meist niedriger Prävalenz vor. Ausgehend von solchen Herden kann sich die Hypodermose ohne Gegenmaßnahmen rasch ausbreiten. Hypodermose-freie Gebiete sind durch Importtiere aus Endemiegebieten gefährdet.
- **Schadwirkung.** Dassellarven schädigen die Haut, teils auch die Rückenmuskulatur; sie können Leistungsminderungen und Leiden der Wirte verursachen.
- **Diagnose.** Bei apparenter Hypodermose (sichtbare Dasselbeulen) klinisch, bei inapparenter Infestation durch Antikörpernachweis in Blutserum oder in der Milch.
- **Therapie, Bekämpfung.** In Endemiegebieten Behandlung aller > 3 Monate alten, geweideten Rinder in der Zeit von Ende September bis Ende November mit systemisch wirkenden Insektiziden in üblichen therapeutischen Dosierungen, die wandernde Larven mit einem hohen Wirkungsgrad erfassen. Bei Behandlungen von Anfang Dezember bis Mitte März besteht das Risiko, dass im Wirbelkanal befindliche Larven von *H. bovis* abgetötet und dadurch Schädigungen des Rückenmarks verursacht werden. Eine erprobte und kostengünstige Alternative ist die Behandlung der Rinder mit einer „Mikrodosis" von Ivermectin (0,2 µg/kg KG s. c.) während der Winterperiode. Frühjahrsbehandlungen nur topisch bei manifester Hypodermose. In der Schweiz sind behördliche Vorschriften zu beachten!
- **Prophylaxe.** Wichtig sind Maßnahmen zur Verhinderung der Einschleppung in Hypodermose-freie Gebiete und zur ständigen Überwachung der epidemiologischen Situation.
- **Hypodermose bei Wildwiederkäuern.** Verursacht durch andere Arten, z. B. *H. actaeon*, *H. diana* (selten Befall von Hauwiederkäuern, Pferden).

In Europa sind aus der Unterfamilie Hypoderminae vor allem die Gattungen *Hypoderma* und *Przhevalskiana* von veterinärmedizinischem Interesse. Bei den Imagines handelt es sich um hummelähnliche Fliegen mit dichter Beborstung und rudimentären Mundwerkzeugen, deren Larven sich im Körper von Wiederkäuern und anderen Säugetieren entwickeln und schließlich in der Unterhaut ansiedeln. Gelegentlich kommt es auch zum Befall nahe verwandter Wirte oder von Fehlwirten. Eine besondere Bedeutung hat die Hypodermose des Rindes.

Gattung *Hypoderma*

Arten Erreger der Hypodermose des Rindes in Europa sind *Hypoderma bovis* (Große Dasselfliege) (13–15 mm) und *H. lineatum* (Kleine Dasselfliege) (11–13 mm). Erreger der Hypodermose von Wildwiederkäuern sind in Europa *H. actaeon* (Hirsch-Dasselfliege) beim Rothirsch und die stenoxene *H. diana* (Reh-Dasselfliege) vor allem beim Reh, aber auch bei Rot- und Damhirsch, Rentier, Elch, Gämse und Pferd. Im Norden ist bei Rentieren *H.* (früher *Oedemagena*) *tarandi* (Rentier-Dasselfliege) als Erreger zu beachten (▸ **Abb. 17.61**).

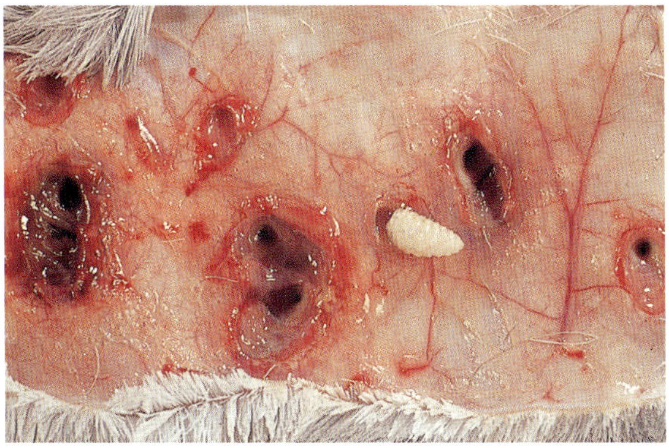

▸ **Abb. 17.61** *Hypoderma* (früher *Oedemagena*) *tarandi*: Veränderungen in der Rückenhaut eines Rentieres. (Quelle: Johannes Eckert, Institut für Parasitologie, Vetsuisse-Fakultät, Universität Zürich)

Entwicklung *Hypoderma bovis* und *H. lineatum* sind an Rinder angepasst, doch bestehen in der Entwicklung der Arten im gleichen Wirt erhebliche Unterschiede. Vom Befall betroffen sind nur Weidetiere (▸ Abb. 17.62).

Hypoderma bovis

Die Imagines sind an warmen (> 18 °C), sonnigen Tagen von Juni bis September flugaktiv. Die Paarung erfolgt sofort nach dem Schlupf der Imagines aus den Puppen. Zur Eiablage, die bereits kurz danach beginnen kann, suchen die Weibchen weidende Rinder auf, die oft vor den anfliegenden Dasselfliegen flüchten („biesen"). Der Flugradius der Fliegenweibchen kann bis 14 km betragen. Während der kurzen Lebensdauer von wenigen Tagen legt ein Weibchen 300–600 Eier (Länge der Eier ~ 1 mm). Nach

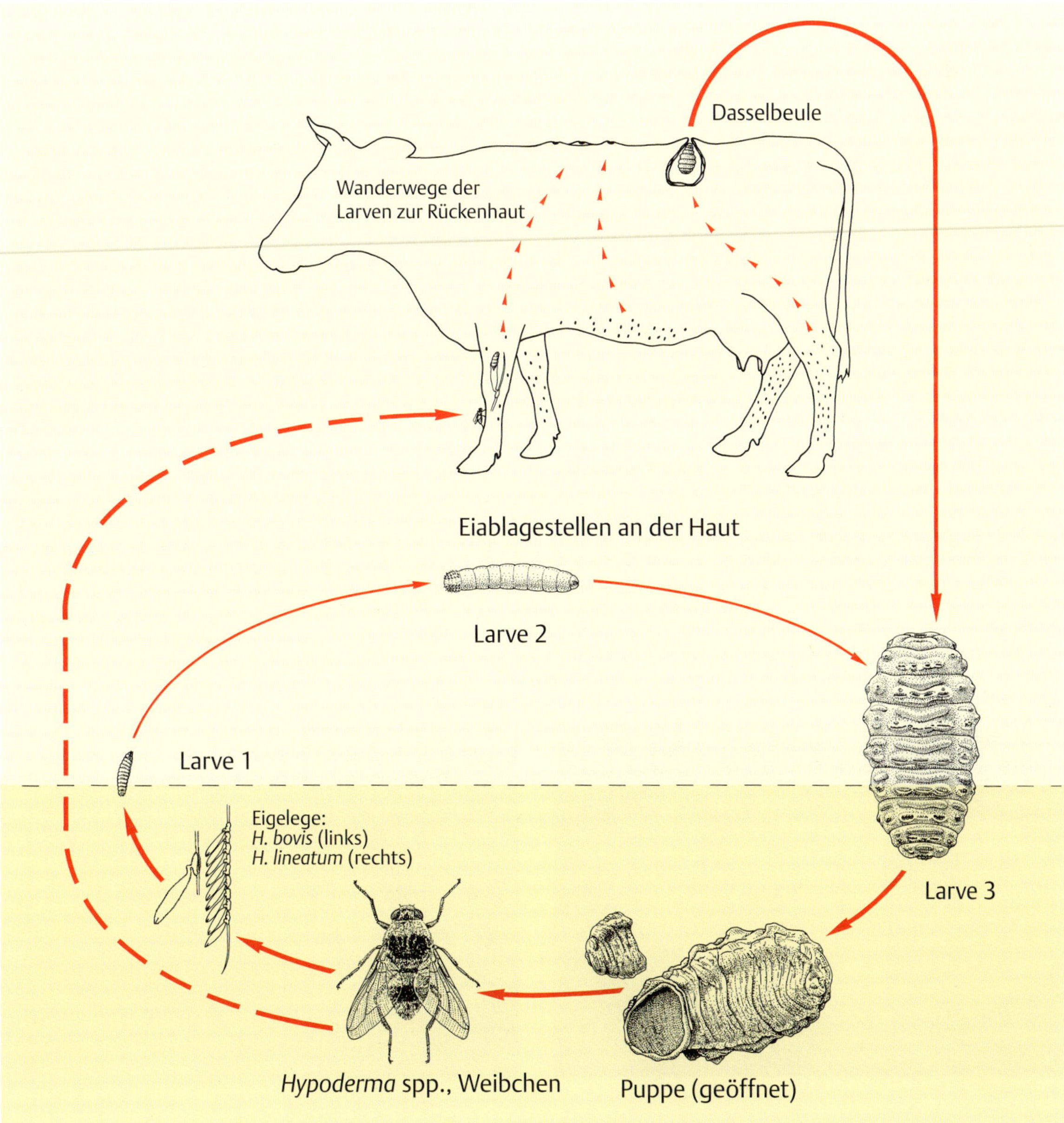

▸ **Abb. 17.62** Entwicklungszyklus von *Hypoderma* spp. (Grafik: Salome Ehrat, nach einer Vorlage von Johannes Eckert und Peter Deplazes, Vetsuisse-Fakultät, Universität Zürich)

Aufsuchen einer Ablagestelle, bevorzugt in distalen Körperbereichen, setzen die Weibchen durch eine Legeröhre ihre Eier ab. Dabei werden die Eier einzeln von dem zangenartigen Ende der Legeröhre mittels eines gestielten Haftapparates am Haar befestigt. Innerhalb von 3–7 Tagen schlüpfen aus den Eiern erste Larven (L 1), die durch die Haut in den Tierkörper eindringen und entlang von Faszien und im perineuralen Gewebe größerer Nervenstränge zum Wirbelkanal wandern, wo sie zwischen Anfang Dezember und Mitte März im epiduralen Fettgewebe anzutreffen sind. Im Anschluss an diese Phase migrieren die Larven durch die Muskulatur zur Rückenhaut, vor allem im Lumbalbereich, wo sie **Dasselbeulen** bilden, die durch ein Atemloch mit der Außenwelt in Verbindung stehen. Hier erfolgen die Häutungen zu L2 und L3. Die reifen L3 sind ovale, bis 3 cm lange Larven mit feiner dorsaler und ventraler Bedornung und gelblich bräunlicher bis dunkelbrauner Farbe (▶ **Abb. 17.63a**). Das Cephalopharyngealskelett ist reduziert, Mundhaken sind von außen nicht sichtbar. Die Dasselbeulen treten in der Regel von Februar bis Mai in Erscheinung (bei Larvennachschüben noch bis August) (▶ **Abb. 17.63b**). Die L3 verlassen von April bis Juni, seltener im Juli, die Beulen und verpuppen sich im Boden. Die Puppenruhe dauert 7–10 Wochen. Die Imagines nehmen keine Nahrung auf, ihre Lebensdauer beträgt meist 3–5 Tage, selten bis 4 Wochen.

Hypoderma lineatum

Die Flugzeit beginnt bei dieser Art bereits im Mai und dauert bis Juni. Zur Eiablage kriechen die Weibchen auf liegende Rinder, ohne diese zu beunruhigen, und heften bis 20 Eier (Länge 0,8 mm) in einer Reihe an ein Haar, vorwiegend im distalen Körperbereich. Die geschlüpften L 1 dringen in die Haut ein und wandern zur Submukosa des Ösophagus. Möglicherweise können sie auch nach Belecken von Eiablagestellen durch die Rinder abgeschluckt werden und so direkt in die Ösophaguswand gelangen. Nach einer mehrmonatigen Ruhephase im Ösophagus wandern die Larven – vermutlich über das Diaphragma unter Umgehung des Wirbelkanals – zur Unterhaut des Rückens, wo sie Dasselbeulen bilden, die bereits ab Januar sichtbar werden. L 1 aus Eiern, die in kaudalen Körperbereichen abgelegt worden sind, sollen direkt in die Unterhaut des Rückens einwandern können. Wie bei *H. bovis* verlassen die L3 nach einigen Wochen die Dasselbeulen und verpuppen sich im Boden. Die Puppenruhe dauert 3–7 Wochen.

Vorkommen und Epidemiologie *H. bovis* und *H. lineatum* kommen in Regionen mit gemäßigtem Klima in der nördlichen Hemisphäre vor (Nordamerika, Eurasien), wobei sich die Verbreitungsgebiete häufig überschneiden, doch bevorzugt *H. lineatum* eher südliche Gebiete. In der Schweiz setzte sich die Dasselfliegenpopulation zu etwa 90 % aus *H. lineatum* und zu 10 % aus *H. bovis* zusammen. Durch Bekämpfungsmaßnahmen während der letzten Jahrzehnte ist die Hypodermose des Rindes in den meisten Ländern Nord-, West- und Mitteleuropas getilgt oder auf fokale Vorkommen mit meist niedriger Prävalenz reduziert worden. Nach Einstellung behördlicher Bekämpfungsmaßnahmen werden in manchen Gebieten zunehmende Prävalenzen beobachtet.

Vor Beginn der Bekämpfungsmaßnahmen waren in manchen Ländern 40 % bis nahezu 100 % der Bestände mit Dasselfliegenlarven befallen.

Wegen der ausgeprägten **Wirtsspezifität** stellen in Mitteleuropa die Dasselfliegen von Wildwiederkäuern keine Gefährdung für die Rinderbestände dar. Eine Wiederbesiedlung von *Hypoderma*-freien Gebieten kann jedoch von befallenen Importrindern ausgehen. Innerhalb *Hypoderma*-freier Gebiete können unbemerkt Endemieherde mit niedriger bis hoher Prävalenz persistieren und zu Ausgangspunkten einer flächenhaften Ausbreitung werden. Daher ist eine ständige Überwachung der Situation wichtig.

Pathogenese und Krankheitsbild Die panischen Fluchtreaktionen der Rinder (Biesen) beim Anflug von *H. bovis* können zu Verletzungen der Tiere an Zäunen und anderen Hindernissen führen. Die im Tierkörper wandernden

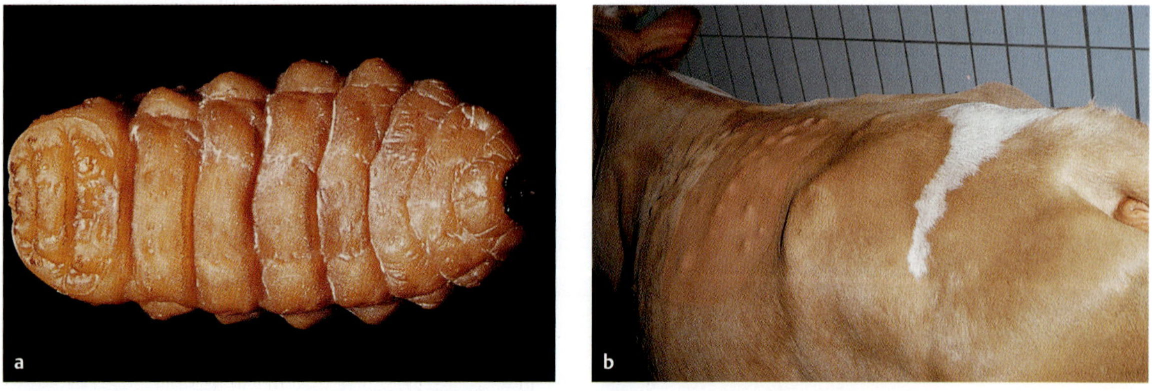

▶ **Abb. 17.63** *Hypoderma.*
a Larve von *H. bovis* (Quelle: Institut für Parasitologie, Stiftung Tierärztliche Hochschule Hannover, W. Rühm)
b Rind mit Dasselbeulen (Quelle: Institut für Parasitologie, Vetsuisse-Fakultät, Universität Zürich)

Larven sind z.T. von gelatinösen, grünlich verfärbten, stark mit Eosinophilen angereicherten Reaktionszonen umgeben. Gelegentlich kommt es zu Irrwanderungen von Larven mit verschiedenartigen Organschäden. In der Unterhaut des Rückens entsteht um jede Dassellarve eine Entzündung mit bindegewebiger Abkapselung und einer Fistel (Atemloch der Larve) nach außen (Dasselbeule). Die Veränderungen können in die Rückenmuskulatur ausstrahlen und bei starkem Befall Entzündungen und Ödeme erheblichen Ausmaßes verursachen. In seltenen Fällen können Wanderlarven das Rückenmark schädigen (Festliegen). Die Anzahl der Dasselbeulen je Rind schwankt stark (1–200) und liegt häufig bei 5–20 (▸ **Abb. 17.63**).

Die Hypodermose verursacht Leiden der Tiere, Lederschäden (durch Löcher und Narben nach Dasselbeulen), Fleischverluste (unbrauchbare Rückenmuskulatur), mangelnde Gewichtszunahmen, verminderte Schlachtgewichte, reduzierte Milchproduktion (bis 15 %) und Kosten für Bekämpfungsmaßnahmen.

Immunologie Bei Rindern sinkt nach der 1. oder 2. Reinfestation der Anteil überlebender L1 um etwa 50 % im Vergleich zur Erstinfestation. Demnach entwickelt sich eine partielle Immunität, die sich anfänglich als Th_1-Reaktion (IgG_2 u. IFN-γ) manifestiert und später in eine Th_2-Reaktion (IgG_1 und IL-4) übergeht. Die Antikörperbildung ist diagnostisch bedeutsam. Trotz dieser Immunreaktionen können die *Hypoderma*-Larven über viele Monate im Wirt überleben, da sie Strategien der Immunevasion entwickelt haben. Sie produzieren verschiedene Trypsin- und Chymotrypsin-ähnliche Proteasen, die als Hypodermine (HA, HB, HC) bezeichnet werden, von denen vor allem das HA für immunsuppressive Wirkungen verantwortlich gemacht wird. Es schädigt Membranproteine von Lymphozyten und Monozyten, hemmt die frühe Blastogenese von Lymphozyten sowie die Synthese von IL-2 und IFN-γ durch T-Zellen und spaltet bovines IgG. HA und HB spalten Komplementproteine. Eine Vakzinierung von Rindern mit löslichen Fraktionen des Fettkörpers, der aus dem Inneren von *H. lineatum*-L3 stammte („verborgene Antigene"), bewirkte eine deutliche Reduktion der Zahl von Dasselbeulen.

Diagnose Klinisch und post mortem ist die Hypodermose an den charakteristischen **Dasselbeulen** in der Rückenhaut und an ausgepressten Dassellarven eindeutig zu diagnostizieren. Die L3 von *H. bovis* und *H. lineatum* lassen sich an den Stigmenplatten und einigen anderen Merkmalen oder mit genetischen Methoden unterscheiden. Die Dasselbeulen treten von Januar bis Juli auf, selten auch später. Wichtig ist die **Frühdiagnose** des Befalls, bevor Schäden in der Rückenhaut aufgetreten sind. Etwa 3–6 Wochen nach der Infestation mit *Hypoderma*-Larven sind bei Rindern IgG-Antikörper im Serum nachweisbar, die bei natürlichem Befall während der Wintermonate die höchsten Konzentrationen erreichen und dann (nach Entwicklung von L3 in den Dasselbeulen) allmählich absinken. Die Antikörper persistieren noch für 3–5 Monate, nachdem die L3 den Tierkörper verlassen haben oder der Befall durch Chemotherapie eliminiert wurde. Für den Antiköpernachweis wird ein ELISA mit hoher Sensitivität (94 %) und Spezifität (98 %) verwendet. Als Antigenquellen dienen L1 von *H. lineatum*. Diese Antigene reagieren auch mit Antikörpern, die gegen andere *Hypoderma*-Arten und *Przhevalskiana silenus* gerichtet sind, doch wurden keine Kreuzreaktionen mit Antikörpern gegen *Oestrus ovis, Gasterophilus intestinalis*, Zecken, *Psoroptes, Chorioptes*, Helminthen oder Protozoen nachgewiesen. Wegen der Antikörperdynamik ist die Zeit zwischen Ende Oktober bis März für serologische Bestandsuntersuchungen am günstigsten. Serologische Untersuchungen, die mit Einzeltierproben oder mit Sammelproben von je 10 Tieren durchgeführt werden, erfassen befallene Bestände recht zuverlässig. Bei der Untersuchung von Milchsammelproben liefert der ELISA aussagekräftige Ergebnisse, wenn die Infestationsraten über 2 % betragen.

Therapie und Bekämpfung Die Hypodermose gehört zu den wenigen Parasitosen, die mit den heute verfügbaren Mitteln getilgt werden können, wie Daten aus verschiedenen Ländern zeigen. In der Schweiz ist die „Dasselkrankheit" als zu „bekämpfende Tierseuche" mit Meldepflicht eingestuft und wird seit 2002 nur noch ganz vereinzelt diagnostiziert; Österreich und Deutschland haben keine entsprechenden Regelungen mehr. Die Bekämpfung der Hypodermose (S. 612) ist in vielen Ländern behördlich geregelt und beruht auf der Anwendung systemisch wirkender Insektizide zur Abtötung der *Hypoderma*-Larven im Tierkörper.

Gattung *Przhevalskiana*

Im Mittelmeergebiet (Süditalien, GR, Nordafrika u. a.), im Nahen Osten und im südlichen Asien ist *Przhevalskiana silenus* bei Ziegen weitverbreitet und häufig (z. B. Prävalenz in Süditalien 57 %). Diese Art befällt auch Gazellen und selten Schafe. *P. silenus* verursacht eine furunkulöse Myiasis (Dasselbeulen) in der Rücken- und Flankengegend, ähnlich wie *H. bovis* beim Rind. Neue Befunde sprechen dafür, dass bei *P. silenus* keine Körperwanderung stattfindet, sondern die Larven an der Ablagestelle der Eier an den Prädilektionsstellen in die Haut eindringen und sich in der Subkutis ansiedeln.

Zoonotische Bedeutung Selten befallen *Hypoderma*-Larven auch den Menschen und verursachen Formen der furunkulösen Myiasis, können sich aber nicht voll entwickeln (▸ **Tab. 18.3**).

Zusatzinformation

Unterfamilie Cuterebrinae

Die Larven von *Dermatobia hominis* befallen Haustiere und Menschen in Zentral- und Südamerika und verursachen ähnliche Dasselbeulen in der Haut wie *H. bovis* (furunkulöse Myiasis). Die Entwicklung weist die Besonderheit auf, dass die Weibchen von *D. hominis* ihre Eier an andere Insekten (Fliegen, Mücken) als Transportwirte anheften. Wenn diese Insekten mit einem Vertebraten in Kontakt kommen, schlüpfen die L 1 der Fliegen und dringen in die Haut ein, wo sie Hautbeulen bilden. Eine Körperwanderung der Larven findet nicht statt.

Literaturhinweise

Colwell DD. Hidden antigens from third instar *Hypoderma lineantum*: Impact of immunization on larval survival in artificial infestations. Vet Parasitol 2011; 175: 313–319

Hassan M, Khan MN, Abubakar M et al. Bovine hypodermosis – a global aspect. Trop Anim Health Prod 2010; 42: 1615–1625

Pfister K, Charbon JL. Control of hypodermosis in Switzerland: looking back. Schweiz Arch Tierheilkd 2014; 156: 39–43

Vázquez L, Dacal V, López C et al. Antigen-specific antibody isotypes, lymphocyte subsets and cytokine profiles in cattle naturally infested by *Hypoderma* sp. (Diptera: Oestridae). Vet Parasitol 2012; 184: 230–237

Familie Hippoboscidae (Lausfliegen)

Praxis

Blutsaugende Fliegen und Lästlinge mit z. T. hoher Wirtsspezifität, beflügelt (Pferdelausfliege) oder unbeflügelt (Schaflausfliege). Beim Menschen können sie schmerzhafte Stiche verursachen.

Hippos (gr.): Pferd; *boskein* (gr.): weiden. Engl.: *louse flies* (Gattung *Hippobosca*); *keds* (Melophagus).

Das Wichtigste in Kürze

- **Arten, Entwicklung.** Hippobosciden sind Fliegen mit stechend-leckenden Mundwerkzeugen, die zeitlebens oder zeitweise Flügel haben oder flügellos sind. Die häufigste Art bei Haustieren ist *Melophagus ovinus*, die flügellose Schaflausfliege, ein stationär-permanenter Parasit im Wollvlies von Schafen. Die Weibchen setzten verpuppungsreife Larven ab, die Puppen verbleiben im Wollvlies.
- **Krankheitsbild.** Symptome stärkeren Befalles sind Unruhe, Juckreiz, Wollausfall, Störungen der Futteraufnahme.
- **Diagnose** visuell.
- **Therapie** bevorzugt mit Pyrethroiden im Pour-on-Verfahren.
- Weitere Hippoboscidenarten bei Säugetieren und Vögeln.

Hippobosciden sind 2–10 mm lange Fliegen (▶ **Abb. 17.64**) mit dorsoventral abgeflachtem, beborstetem, bräunlich gefärbtem Körper. Die Imagines einiger Arten tragen zeitlebens Flügel, bei anderen Species brechen die Flügel ab, sobald die Fliegen ihren Wirt erreicht haben, sie können auch reduziert sein oder ganz fehlen (▶ **Abb. 17.64**a). Das Abdomen weist keine deutliche Segmentierung auf, an den Beinen befinden sich große, gezähnte Klauen. Die **stechend-leckenden Mundwerkzeuge** werden in Ruhestellung in eine Höhlung des Vorderkopfes zurückgezogen. Die Antennen liegen versteckt in Taschen. Hippoboscidenarten, die ständig auf ihrem Wirt leben, haben eine hohe Wirtsspezifität, andere Arten sind weniger wirtsspezifisch. Eine Besonderheit ihrer Entwicklung ist die Ablage verpuppungsreifer Larven durch die Weibchen [s. Glossiniden (S. 503)]. Nicht selten werden Lausfliegen mit Zecken verwechselt.

Vertreter der Familie Hippoboscidae sind Parasiten von Haustieren (Gattungen *Hippobosca, Melophagus, Lipoptena*), von Wildwiederkäuern (*Lipoptena, Neolipoptena*), von Haustauben (*Pseudolynchia*, Syn. *Lynchia*), von Wildvögeln (*Ornithomyia, Crataerina, Stenepteryx*) und einer Reihe anderer Tiergruppen. Veterinärmedizinisch bedeutsam ist die Art *Melophagus ovinus*.

Gattung *Melophagus*

Melos (gr.): Vlies; *phagein* (gr.): fressen. Engl.: *sheep ked*.

Melophagus ovinus (Schaflausfliege)

Morphologie und Entwicklung Der Körper der 3–6 mm langen Schaflausfliege *Melophagus ovinus* ist dorsoventral abgeflacht, beborstet und von einer lederartigen, sehr widerstandsfähigen Chitincuticula umschlossen. Der Kopf grenzt sehr dicht an den Thorax, Flügel und Halteren fehlen. Die Facettenaugen sind stark reduziert (▶ **Abb. 17.64**b).

Schaflausfliegen parasitieren bei **Schaf** und **Mufflon**, selten auch bei der **Ziege**. Sie leben dauernd am Wirt und halten sich bei Schafen bevorzugt im Vlies des Hals- und Brustbereiches und der seitlichen Bauchwand auf. Männchen und Weibchen sind hämatophag; Blutaufnahmen von je 3–15 mg erfolgen in Intervallen von etwa 36 h. Ähnlich wie andere hämatophage Insekten (z. B. Glossiniden, Flöhe) beherbergen die Hippobosciden in einer begrenzten Zone des Mitteldarmes Mikroorganismen, die sie mit Zusatzstoffen versorgen (z. B. Vitamin B). Im Uterus des *Melophagus*-Weibchens entwickelt sich jeweils 1 Larve, die sich vom Sekret zweier Drüsen ernährt, sich 2-mal häutet und damit das verpuppungsreife Stadium (L 3) erreicht. Nach dem Absetzen der Larve verwandelt sie sich im Wollvlies innerhalb weniger Stunden zur rötlich braunen, etwa 3 mm langen Tönnchenpuppe (▶ **Abb. 17.64**b). Die Puppenruhe dauert 30–35 Tage. Während einer Lebensdauer von ca. 4 Monaten produziert jedes Weibchen 10–15 Nachkommen.

Vorkommen und Epidemiologie *M. ovinus* ist nahezu weltweit verbreitet, kommt aber in sehr heißen Klimazonen nicht oder nur in höheren Lagen vor. In Mitteleuropa sind Schaflausfliegen häufige Ektoparasiten des Schafes.

▶ **Abb. 17.64** Hippoboscidae: **a** *Hippobosca equina*, Imago (Länge 8 mm); **b** *Melophagus ovinus*: links: Imagines (Länge 5 mm), rechts: Puppe. (Quelle: a: Institut für Parasitologie, Stiftung Tierärztliche Hochschule Hannover; b: Quelle: Institut für Parasitologie, Vetsuisse-Fakultät, Universität Zürich)

In unbehandelten Schafherden wurden im Durchschnitt je Schaf etwa 40 Imagines gezählt, doch liegen auch Berichte über höhere Abundanzen vor (bis 400 Imagines je Schaf). Die Verbreitung von *M. ovinus* erfolgt bei engen Tierkontakten durch Imagines, die von befallenen auf nicht befallene Schafe überwandern. Vom Wirt getrennt können die Imagines von *M. ovinus* bis 7 Tage überleben.

Pathogenese, Krankheitsbild und Vektorfunktion Anzeichen stärkeren Befalles mit *M. ovinus* sind Beunruhigung und Juckreiz, der die Schafe zu häufigem Scheuern und Beknabbern der betroffenen Hautpartien veranlasst. Wollausfall, Beeinträchtigung der Wollqualität, allergische Dermatitis mit Bildung kleiner Knötchen, Störungen der Futteraufnahme und evtl. Abmagerung sind die Folgen. Durch Fressen von Wolle beim Beknabbern juckender Stellen können im Magen Bezoare entstehen und klinische Symptome auslösen. Die wirtschaftlichen Verluste sind in manchen Gebieten erheblich. *M. ovinus* überträgt *Trypanosoma melophagium* (apathogen).

Diagnose Nachweis der Imagines und Puppen im gescheitelten Vlies durch Adspektion. Differenzialdiagnostisch ist vor allem der *Psoroptes*-Befall zu berücksichtigen.

Therapie und Bekämpfung Pour-on-Behandlung befallener Schafe mit Pyrethroiden, z. B. Deltamethrin (0,75 mg/kg KG). Die Puparien überleben die Behandlung, doch werden die ausschlüpfenden Imagines vom Wirkstoff erfasst, wenn eine genügend hohe Konzentration im Vlies für mindestens 30–35 Tage (Dauer der Puppenruhe) persistiert. Zur Tilgung von *M. ovinus* in einem Schafbestand kann daher bereits eine einmalige Behandlung ausreichen. Eine Alternative ist die aufwendigere Badebehandlung mit Phoxim (0,05 %ig). Durch die Schafschur wird die Lausfliegenpopulation reduziert.

Zoonotische Bedeutung Im Allgemeinen halten sich die Lausfliegen auf den von ihnen bevorzugten Wirten auf. In Ermangelung anderer Blutspender gehen sie jedoch auch auf andere Wirte über und können diese durch Umherkrabbeln und schmerzhafte Stiche stark beunruhigen. Bei Menschen können sie schmerzhafte, makulöse, nodulöse und urtikarielle Stichreaktionen verursachen.

Zusatzinformation

Andere Hippobosciden-Arten

Von geringerer Bedeutung sind folgende Arten: *Hippobosca equina* (Pferdelausfliege) (7–10 mm) (▶ **Abb. 17.64**a): weltweites Vorkommen, zeitlebens beflügelt, gute Flugfähigkeit, befällt vor allem Pferde (Perineum, Partien zwischen Hinterbeinen), gelegentlich auch Rinder; Verpuppung im Boden. *H. variegata* (7–9 mm): weltweites Vorkommen, vor allem beim Rind, auch bei Equiden. *Hippobosca longipennis:* verbreitet in Osteuropa und im Mittelmeerraum; Hauptwirt ist der Hund. Überträger von *Dipetalonema dracunculoides* auf Carnivoren. *Lipoptena cervi* (Hirschlausfliege) (3–5 mm): häufiges Vorkommen in Europa und Nordamerika; junge Fliegen beflügelt, auf dem Wirt werfen die Weibchen die Flügel ab, Männchen nur gelegentlich; Wirte: Wildwiederkäuer (bei Cerviden oft massenhafter Befall), Elch, Rentier, selten auch bei Rind und Ziege (Ohrgrund) sowie Hunde oder Pferde bei Aufenthalt im Wald. *Lipoptena fortisetosa* (Rehlausfliege): ähnlich wie *L. cervi*, aber kleiner; häufig bei Ziegen, selten beim Rind. Bei Säugetieren und Vögeln weitere Arten, z. B. *Crataerina pallida* bei Mauerseglern. Beim Nutzgeflügel spielt der Befall mit Lausfliegen keine Rolle, selten aber bei Tauben *Pseudolynchia* (Syn. *Lynchia*) *maura*. Bei Vögeln sind Lausfliegen Vektoren von *Haemoproteus* spp. und *Trypanosoma* spp.

Literaturhinweise

Büttiker W. Die Lausfliegen der Schweiz (Diptera, Hippoboscidae), mit Bestimmungsschlüssel. Documenta Faunistica Helvetiae 1994; 15: 1–117. ISBN: 2-88214-003-4

Small RW. A review of *Melophagus ovinus* (L.), the sheep ked. Vet Parasitol 2005; 130: 141–155

17.2.9 Ordnung Siphonaptera (Flöhe)

Praxis

Flöhe sind Lästlinge und verursachen Juckreiz und die **Floh-Allergie-Dermatitis** (FAD) bei Hund und Katze. Sie sind Vektoren von Krankheitserregern (z. B. *Bartonella, Rickettsia, Yersinia*) und Zwischenwirte von Helminthen (z. B. *Dipylidium caninum*). Die Arten sind nicht wirtsspezifisch und können auch den Menschen befallen. Flohbefall muss planmäßig bekämpft werden.

Syphon (gr.): Röhre; *a-* (gr.): ohne; *pteron* (gr.): Flügel. Bezug auf die stechend-saugenden Mundwerkzeuge und das Fehlen der Flügel. Engl.: *fleas*.

Das Wichtigste in Kürze

- Adulte Flöhe sind obligat hämatophage Ektoparasiten bei Säugetieren, Vögeln und beim Menschen; sie sind vor allem als Parasiten von Hund und Katze wichtig, ferner auch als Lästlinge bei Menschen und als Vektoren verschiedener Erreger.
- **Morphologie, Arten.** Etwa 1–6 mm lange, seitlich abgeflachte, flügellose Insekten mit kräftigen Sprungbeinen und stechend-saugenden Mundwerkzeugen. Arten in Mitteleuropa: *Ctenocephalides felis* (Katzenfloh), *C. canis* (Hundefloh), *Archeopsylla erinacei* (Igelfloh) *Ceratophyllus gallinae* (Vogelfloh), *Pulex irritans* (Menschenfloh) und einige andere. *C. felis* ist die häufigste Floh-Art bei Hunden und Katzen.
- **Entwicklung.** Adulte Flöhe leben stationär (z. B. *C. felis*) oder temporär (z. B. *C. gallinae*) auf dem Wirt; Männchen und Weibchen saugen Blut. Entwicklung von Larven (L 1–L 3) und Puppen in der Umgebung in Lagerstätten, Nestern, u. a. Die Entwicklung erfordert eine hohe Luftfeuchte (r. L. > 50 %) und günstige Temperaturen. Zyklusdauer 3–4 Wochen, z. T. mehrere Monate (lange Puppenruhe möglich).
- **Vorkommen, Epidemiologie.** Flohbefall bei Hund und Katze, aber auch etwa bei Igeln, ist häufig. Im Freien überstehen Flöhe die kalte Jahreszeit nicht, Teile der Population können aber als Imagines an Wirten und als Puppen in geschützten Habitaten (z. B. in Gebäuden, Höhlen) überwintern. In Wohnbereichen ist die Flohentwicklung ganzjährig möglich.
- **Pathogenese, Immunologie, Krankheitsbild.** Bei Hund und Katze primär Stichreaktionen in der Haut (Juckreiz, Erythem, Papeln) und sekundär Schäden durch Kratzen, Beißen, Scheuern. Wiederholte Flohstiche können eine Floh-Allergie-Dermatitis (FAD) verursachen (papulo-krustöse Dermatitis, Alopezie u. a.).
- **Diagnose.** Nachweis von Flöhen oder Flohkot am Tier und in ausgekämmtem Material. Bei FAD klinische Diagnose, evtl. unterstützt durch Intrakutantest.
- **Therapie, Bekämpfung.** Die Bekämpfung muss planmäßig gegen Imagines an den Tieren und gegen Entwicklungsstadien in der Umgebung gerichtet sein. Möglichkeiten: Einsatz von Insektiziden oder Insekten-Entwicklungshemmern am Tier und in der Umgebung sowie Hygienemaßnahmen (mechanisches Entfernen von Entwicklungsstadien). Die FAD bedarf einer besonderen Behandlung.
- **Zoonotische Bedeutung, Vektorfunktion.** Tierflöhe befallen auch den Menschen; Flöhe sind Vektoren bzw. Zwischenwirte für *Yersinia pestis, Rickettsia typhi, Dipylidium caninum* und andere Erreger.

Morphologie, Arten Flöhe sind flügellose, hell- bis dunkelbraun gefärbte, 1–6 mm lange Insekten mit folgenden Merkmalen (▶ **Abb. 17.65** u. ▶ **Abb. 17.66**): Körper seitlich abgeflacht, mit zahlreichen, nach hinten gerichteten Borsten besetzt; Grenzen zwischen Kopf, Thorax und Abdomen undeutlich; kurze Antennen, die in Ruhe in kleinen Gruben liegen; Augen (reduzierte Komplexaugen) meist vorhanden; stechend-saugende, nach unten gerichtete Mundwerkzeuge; Flügel fehlen, 3. Beinpaar besonders kräftig entwickelt (Sprungbeine); diagnostisch wich-

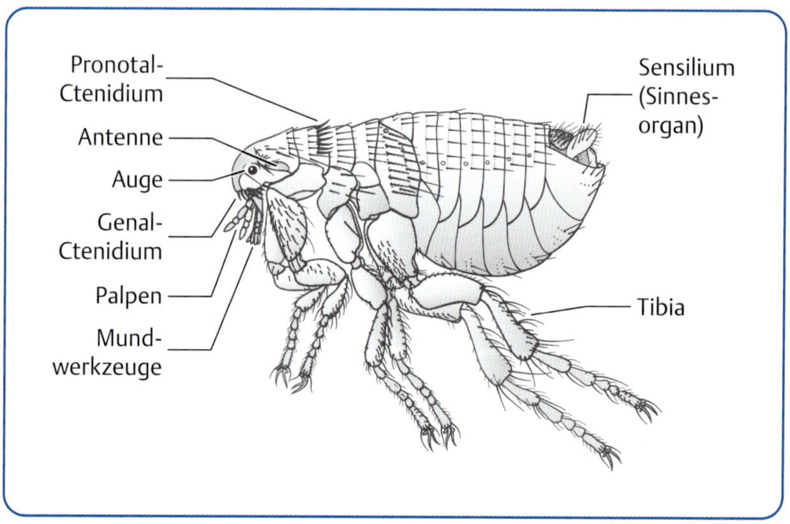

▶ **Abb. 17.65** Schema eines adulten Flohs. (Grafik: Anne Seeger, Vetsuisse-Fakultät, Universität Zürich, Grafik basiert auf Daten aus: Smith, K. G. V. (ed.) (1973): Insects and other Arthropods of Medical Importance. The Trustees of the British Museum (Natural History) London.)

tige **Stachelkämme** (Ctenidien) am Kopf (Genal-Ctenidium) und am 1. Thorakalsegment (= Pronotum) (Pronotal-Ctenidium); manche Arten mit nur einem oder ohne Stachelkämme.

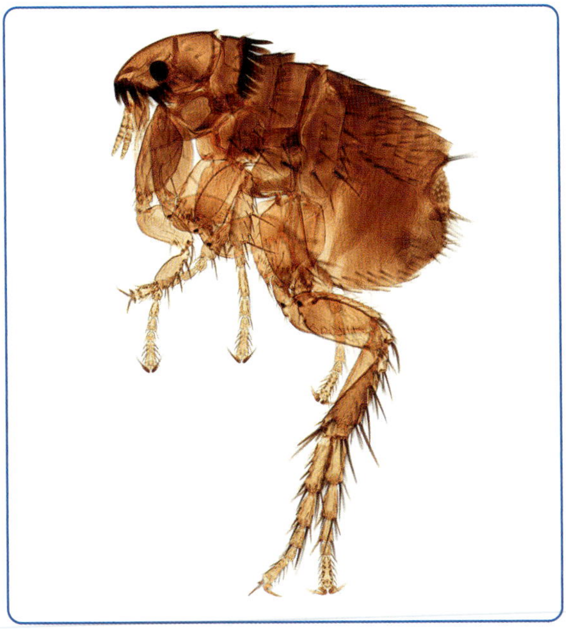

▸ **Abb. 17.66** *Ctenocephalides felis*, Imago (Länge 3 mm). (Quelle: Marie-Kristin Raulf, Institut für Parasitologie, Stiftung Tierärztliche Hochschule Hannover)

Von den rund 2500 Floharten parasitieren etwa 90 % an Säugetieren (v. a. Nagern), 10 % an Vögeln. Veterinärmedizinisch bedeutsam sind vor allem Vertreter aus 3 Familien (▸ **Tab. 17.17**). Davon werden hier nur einige wichtige Arten berücksichtigt.

Entwicklung Die Entwicklung der Flöhe ist mit einer **vollständigen Metamorphose** verbunden und verläuft vom Ei über 3 Larvenstadien zur Puppe und zum Imaginalstadium (▸ **Abb. 17.67**). Adulte Flöhe sind obligate Ektoparasiten, von denen die meisten Arten bei Nestbewohnern (z. B. bei Nagern, Wildcarnivoren, Igeln, Vögeln) parasitieren. Nur die Imagines halten sich an den Wirten auf, manche Arten ständig, andere zeitweise. Dagegen leben die Entwicklungsstadien (Larven, Puppen) in Habitaten in der Umgebung der Wirte (Lagerstätten, Nester u. a.). Flohimagines befallen außer ihren Vorzugswirten auch andere Arten. So können Floharten des Hundes, der Katze, des Igels usw. auf Menschen und andere Wirte übergehen und an ihnen Blut saugen. Die Blutaufnahme an alternativen Wirten kann sich negativ auf die Eiproduktion der Weibchen auswirken.

Vorkommen und Epidemiologie Angaben zur geografischen Verbreitung enthält ▸ **Tab. 17.17**. Die Prävalenzen des Flohbefalls bei **Hunden** und **Katzen** in Mitteleuropa lagen in jüngeren Studien zwischen 5 und 9 % bei Hunden und 14–25 % bei Katzen. In der nördlichen Hemisphäre

▸ **Tab. 17.17** Floharten (Auswahl).

Familie, Arten, Vorkommen (V)	Wirte (Auswahl)[1]
Familie Pulicidae	
Ctenocephalides felis felis (Katzenfloh)[2] V: weltweit	**Katze, Hund, Fuchs,** breites Spektrum von > 50 Wirten (weitere Wildcarnivoren, Hauswiederkäuer, Pferd, Ratten, Mensch u. a.)
Ctenocephalides canis (Hundefloh) V: weltweit	**Hund, Fuchs und andere Caniden,** Wirtsspektrum etwas enger als bei *C. f. felis* (auch Katze, Mensch u. a.)
Archaeopsylla erinacei (Igelfloh) V: Europa, Nordamerika	**Igel,** Iltis, Ratte, Hund, Katze, Mensch
Pulex irritans (Menschenfloh) V: weltweit	**Schwein, Fuchs**, Dachs, Mensch, Hund, Katze, Wild- und Hauswiederkäuer
Spilopsyllus cuniculi (Kaninchenfloh) V: Europa, andere Gebiete	**Kaninchen,** Hase, Nagetiere
Echidnophaga gallinacea (Hühnerkammfloh) V: weltweit	**Hühnervögel,** andere Vogelarten, auch Säugetiere und Mensch
Xenopsylla cheopis (Rattenfloh) V: weltweit	**Wanderratte,** andere Nager, Katze, Schaf, Ziege, Mensch
Familie Ceratophyllidae	
Ceratophyllus gallinae (Vogelfloh) V: weltweit	breites Spektrum (~80 Wirte); viele **Wildvogelarten,** Huhn, auch Katze, Mensch u. a.
Familie Tungidae	
Tunga penetrans (Sandfloh) V: neotropische und afrotropische Gebiete	Schwein, Hund, **Mensch,** Katze, Rind, Schaf, Ziege

[1] wichtige Wirte in Fettdruck
[2] von *C. felis* sind 4 Unterarten bekannt: *C. felis felis* (Katzenfloh) (in diesem Text kurz als *C. felis* bezeichnet), *C. f. strongylus* und *C. f. damarensis* (Afrika), *C. f. orientis* (Indien bis Australien)

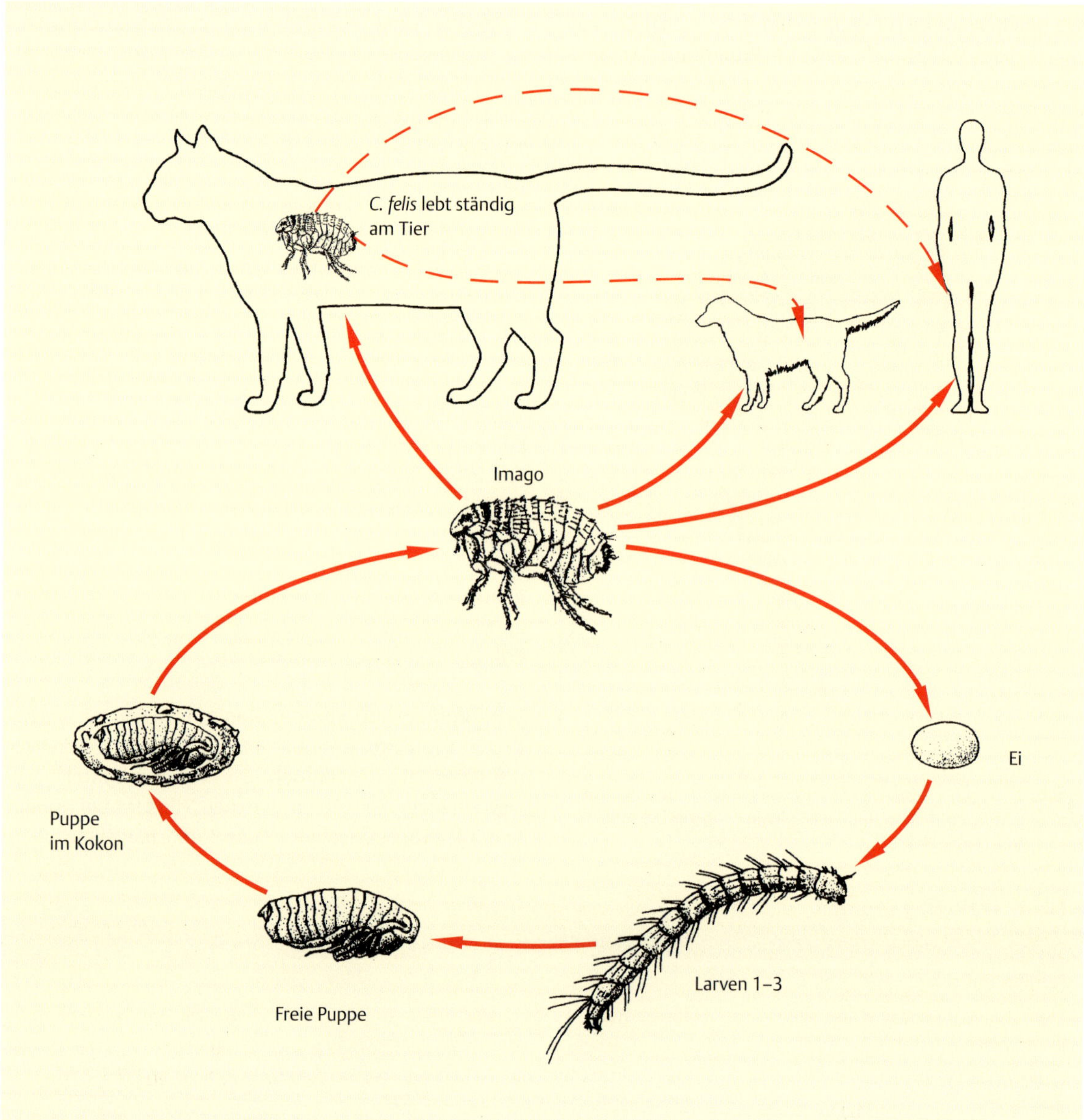

▸ **Abb. 17.67** Entwicklungszyklus von *Ctenocephalides felis*. (Grafik: Salome Ehrat, nach einer Vorlage von Johannes Eckert und Peter Deplazes, Vetsuisse-Fakultät, Universität Zürich)

ist *C. felis* die häufigste Flohart bei Katzen und Hunden. An 2. Stelle folgt bei Hunden *C. canis*, bei Katzen ist diese Art seltener anzutreffen. Hunde und Katzen können außerdem Träger anderer Floharten sein, z. B. *A. erinacei* (Igelfloh), *S. cuniculi* (Kaninchenfloh), *C. gallinae* (Vogelfloh), *Hystrichopsylla talpae* (Maulwurfsfloh) und anderer Arten. Gelegentlich kommt es bei Hühnern und Tauben zu Plagen durch *C. gallinae*. Bei anderen Haustierarten ist Flohbefall in Mitteleuropa eine Rarität. *A. erinacei* ist der häufigste Ektoparasit von Igeln. Diese Flöhe sind auf fast allen Igeln zu finden, mit z. T. sehr hohen Individuenzahlen (bis 1000). Sandflöhe (*T. penetrans*) kommen in Mittel- und Südamerika vor allem bei Hunden und Menschen sowie in Afrika vorwiegend bei Schweinen und Menschen vor.

Im Verlauf des Jahres unterliegen die Populationen von *C. felis* Schwankungen mit den höchsten Abundanzen in der warmen Jahreszeit. In nördlichen Gebieten können Flöhe die kalte Jahreszeit im Freien nicht überstehen, da alle Stadien gegen Temperaturen um den Gefrierpunkt sehr empfindlich sind. Dennoch vermag ein Teil der Flohpopulation den Winter zu überleben, und zwar als Imagines an ihren Wirten (3–4 Monate) oder als Puppen in geschützten Mikrohabitaten (u. a. in Gebäuden, v. a. in Wohnbereichen, in Höhlen wild lebender Säugetiere, z. B. in Fuchsbauten).

Neu- oder Reinfestationen von Hunden oder Katzen mit *C. felis* oder *C. canis* erfolgen durch frisch geschlüpfte Flöhe aus der Umgebung oder seltener durch Übergang von Flohimagines bei Kontakt mit befallenen Artgenossen oder Wildcarnivoren. Im häuslichen Bereich entwickeln sich *C. felis* und *C. canis* z. B. in den Lagerstätten der Tiere, unter Teppichen oder in dunklen, geschützten Winkeln. Im Sommer ist eine Entwicklung in Hundehütten, Jagdhütten, Gartenlauben etc. und in Stallungen oder an schattigen Liegeplätzen auch im Freien möglich. Daher sind diese „Brutstätten" bei Bekämpfungsmaßnahmen zu berücksichtigen.

Pathogenese und Immunologie Flöhe sind **Lästlinge**, deren Stiche Juckreiz, Erytheme und Papeln in der Haut verursachen. Die Reaktionen des Wirtes auf Flohstiche sind auf **Speichelkomponenten** der Flöhe zurückzuführen. Histamin und Histamin-ähnliche Substanzen sind Ursache für den erythematösen, ödematösen Hof, der innerhalb weniger Minuten um die feine Hämorrhagie einer Stichstelle entsteht. Verschiedene Enzyme mit proteolytischen, cytolytischen und antikoagulierenden Eigenschaften sind für die Lyse von Gewebe, die Hemmung der Blutgerinnung und entzündliche Hautreaktionen verantwortlich. Höhermolekulare Antigene (> 20 kDa) sowie ein niedermolekulares Hapten (in Kombination mit dermalen Kollagenen) lösen allergische Reaktionen aus (Soforttyp und verzögerter Typ). Tiere mit **Flohallergie** haben erhöhte Spiegel zirkulierender, gegen Flohantigene gerichteter Antikörper (IgE, IgG), doch handelt es sich selten um eine reine Typ-I-Allergie, sondern um einen Mischtyp mit Überempfindlichkeit vom verzögerten Typ (Typ IV). Auslöser allergischer Reaktionen können bereits wenige Flöhe sein, wobei die Allergene verschiedener Floharten kreuzreagieren. Mögliche weitere Pathogenitätsfaktoren sind bei Massenbefall mit Flöhen der **Blutentzug** und vermutlich auch eine Hemmung der Erythropoese. Der z. T. massenhafte und in lokaler Häufung auftretende Befall mit *T. penetrans* führt zu erheblichen Entzündungsreaktionen.

Bei Singvögeln (Meisen) wird die **Jungvogelmortalität** durch Befall mit *C. gallinae* signifikant erhöht. Eier von Meisen, die dem Flohbefall ausgesetzt waren, wiesen einen erhöhten Gehalt an Anti-Floh-Antikörpern (IgG) auf. Nachkommen Floh-exponierter Mütter wurden (vermutlich durch IgG-Transfer im Ei) in ihrer Entwicklung durch Flöhe weniger beeinträchtigt als Junge von nicht exponierten Müttern.

Krankheitsbild Flohbefall verursacht primär **lokale Stichreaktionen** (Erythem, Papeln) und Juckreiz sowie sekundär selbsttraumatische Schädigungen der Haut (Kratz-, Scheuer- und Bisswunden, evtl. bakterielle Sekundärinfektionen). Flöhe sind Kapillarsauger und stechen auf der Suche nach oberflächlichen Blutkapillaren wiederholt, sodass Stichsequenzen entstehen. Die wiederholte und intermittierende Flohstichexposition von Hunden und Katzen kann zur Flohallergie und zur **Floh-Allergie-Dermatitis** (FAD) führen. Die FAD ist eine der häufigsten Hauterkrankungen bei Hunden und Katzen; sie tritt bei knapp der Hälfte der Tiere mit Floh-Infestation auf, unabhängig von Rasse und Geschlecht. In der Altersgruppe von 3–6 Jahren ist sie am häufigsten. Symptome in der akuten Phase sind Juckreiz, Erytheme und Papeln, in der chronischen Phase beim Hund papulokrustöse, teils eitrige Dermatitis, bakterielle Follikulitis, sekundäre Seborrhö sowie Alopezie, bei der Katze miliare Dermatitis mit Alopezie. Begünstigend für die Entwicklung der FAD sind verschiedene Faktoren, wie Atopie, andere Erkrankungen, spät im Leben einsetzende Konfrontation mit Flöhen und intermittierender Flohbefall. Bei ständigem Flohbefall stellt sich häufig eine Toleranz ein, sodass Symptome fehlen oder abgeschwächt sind. Der Befall mit auch lediglich einzelnen *T. penetrans*-Weibchen verursacht bereits erheblichen Juckreiz mit folgender Automutilation sowie über die Hautöffnung zu häufig schwer verlaufenden bakteriellen Infektionen (u. a. Clostridien).

Diagnose Die Diagnose des Flohbefalls am Tier stützt sich auf die **klinische Symptomatik,** den **Nachweis von adulten Flöhen** und **Flohkot** beim Absuchen des Fells sowie die Untersuchung (Handlupe) von Material, das aus dem Fell ausgekämmt oder ausgebürstet worden ist. Die rötlich braunen Partikel des Flohkotes sind oft leichter aufzufinden ist als die Parasiten. Wird Flohkot auf Filterpapier mit einem Tropfen Wasser benetzt, kommt es durch die Freisetzung von Hämoglobin zu einer rotbraunen Verfärbung. Nicht selten findet man im Fell haftende Eier oder Larven, vor allem bei langhaarigen Katzen. Bei negativem Befund sollte auch eine **Umgebungsuntersuchung** (Lagerstätten, Teppiche, Polstermöbel usw.) auf Entwicklungsstadien von Flöhen durchgeführt werden (Staubsauger, hinter die Saugdüse eine feinmaschige Gaze spannen, an der Flohstadien hängen bleiben). Bei unklarem Ursprung von Flohplagen in Wohnungen oder Häusern ist eine Identifikation der Flohart wichtig, da nicht nur Hunde und Katzen als Quelle der Plage in Betracht kommen, sondern auch andere Tierarten, z. B. Igel und Singvögel. Zur **Artdiagnose** werden verschiedene morphologische Merkmale herangezogen (u. a. die Ctenidien am Kopf und Borsten an den Beinen) (▸ **Abb. 17.68**). *Ctenocephalides canis* (Hundefloh) und *C. felis* sind mit Genal- und Protonal-Ctenidium ausgestattet. Diese Arten lassen sich an Strukturen am Dorsalrand der Tibia differenzieren: *Ctenocephalides canis* mit 8 und *C. felis* mit 6 borstentragenden Kerben (▸ **Abb. 17.68**). *Ceratophyllus gallinae* hat nur 1 Pronotal-Ctenidium; bei *A. erinacei* trägt das Genal-Ctenidium lediglich 3 Dornen und das Protonal-Ctenidium nur 1 Dorn (▸ **Abb. 17.68**).

Die **Diagnose der Floh-Allergie-Dermatitis** kann trotz klarer klinischer Bilder schwierig sein, da andere Allergien unterschiedlicher Genese (Futtermittel, Arzneimittel, andere Arthropoden), Räude und weitere Dermatosen differenzialdiagnostisch berücksichtigt werden müssen. Weitere diagnostische Möglichkeiten sind Intrakutan-

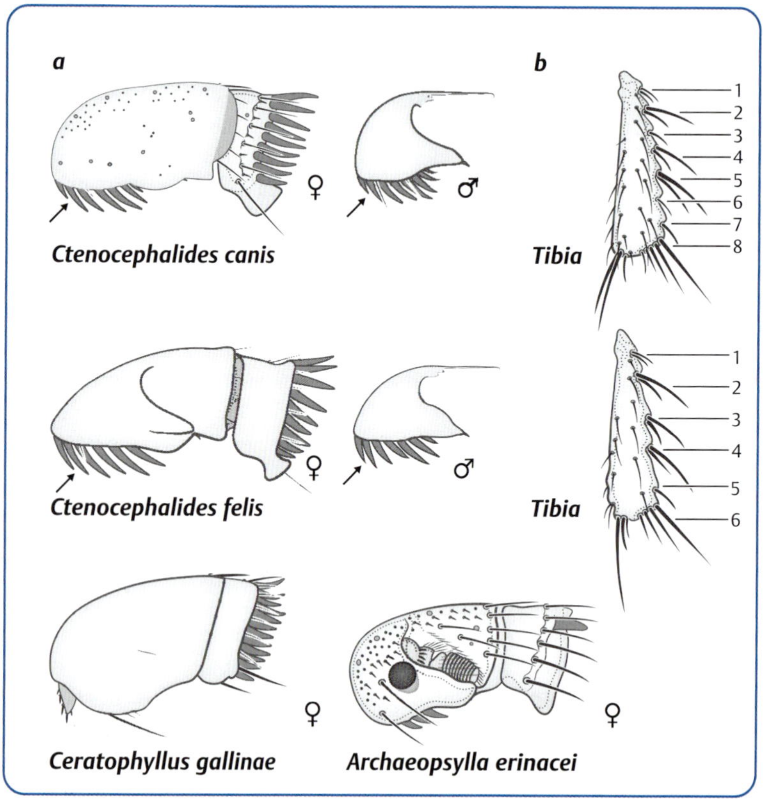

► **Abb. 17.68** Hinweise zur Differenzierung von Floh-Arten: **a** Kopfstrukturen von Floharten; **b** Tibia-Strukturen von *C. canis* und *C. felis* (Erklärungen s. Text; Details s. Spezialliteratur). (Grafik: Anne Seeger, nach einer Vorlage von Johannes Eckert, Vetsuisse-Fakultät, Universität Zürich)

tests mit Flohantigenen und anderen Allergenen sowie der Nachweis von zirkulierendem, Flohantigen-spezifischem IgE. Die Resultate solcher Tests sind jedoch sehr variabel und in ihrer Aussagekraft von der Antigenqualität abhängig.

Therapie und Bekämpfung Flöhe von Hund und Katze lassen sich am Wirtstier durch planmäßigen Einsatz von Insektiziden oder Insekten-Entwicklungshemmern (IEH) bekämpfen (► Tab. 23.15). Zur Bekämpfung von Flohentwicklungsstadien (S. 639) in der Umwelt werden die gleichen Substanzgruppen verwendet und zusätzliche Hygienemaßnahmen (mechanisches Entfernen der Entwicklungsstadien durch Staubsaugen) durchgeführt. Die FAD bedarf einer besonderen Behandlung. Infestierte *T. penetrans*-Weibchen lassen sich durch bei Tieren durch lokale Anwendung von Insektizid-haltigem Aerosol wirksam behandeln.

Zoonotische Bedeutung und Vektorfunktionen Flöhe von Hunden, Katzen, Igeln, anderen Säugetieren und Vögeln können auch Menschen befallen und an ihnen Blut saugen. Die durch Flohstiche verursachten Veränderungen (punktförmige Hämorrhagie, Erythem, Papel, Pustel) treten fast immer multipel auf (Flohstichketten), vor allem an den Extremitäten, aber auch im Gesicht, an Hals, Nacken, Hüften und Schultern.

Flöhe sind **Vektoren** verschiedener Infektionserreger, wie folgende Beispiele zeigen: *Xenopsylla cheopis* (Rattenfloh) und verwandte Arten: *Yersinia pestis* (Pest) und *Rickettsia typhi* (Mensch: murines Fleckfieber); *Ctenocephalides felis: Rickettisa felis* (Mensch: Fieber mit maculopapulösen Hautveränderungen) und *Bartonella henselae* (Mensch: Katzen-Kratz-Krankheit). Nachweise anderer *Bartonella*-Arten in Nager- oder Katzenflöhen weisen auf deren Vektorpotenzial hin. Feline Mycoplasmen (Candidatus *Mycoplasma haemofelis*, *M. haemominutum*, *M. turicenis*) sind in *C. felis* nachgewiesen worden, doch ist noch unklar, ob Flöhe Vektoren dieser Erreger sind [s. auch Zecken (S. 411)]. *C. felis* und *C. canis* sind **Zwischenwirte** für *Dipylidium caninum*, *Hymenolepis nana*, *H. diminuta* und einige andere *Hymenolepis*-Arten sowie für *Acanthocheilonema reconditum*.

Familie Pulicidae

Gattung *Ctenocephalides*

Ctenocephalides felis und *Ctenocephalides canis* (Katzen-, Hundefloh)

Die auf einem Wirt (z. B. Katze, Hund) lebenden Floh-Weibchen beginnen 24–48 h nach der ersten Blutaufnahme und der Begattung mit der Eiablage (~ 30 Eier/d), die 50–100 Tage anhalten kann, meist aber von kürzerer Dauer ist. Die rund-ovalen, weißlichen, 0,5 × 0,3 mm großen **Eier** fallen innerhalb weniger Stunden vom Wirt ab und gelangen gehäuft in die Lagerstätten der Wirte (► **Abb. 17.67**). Nach etwa 1 Woche schlüpfen aus den Eiern 1–2 mm lange, weißliche, **eucephale, beinlose Larven** (L 1), die mit beißenden Mundwerkzeugen ausgerüstet sind. Sie entwickeln sich über 2 Häutungen zur L3 (Länge 4–5 mm), welche einen ca. 5 mm langen **Kokon** spinnen, in dem die Verpuppung stattfindet. Partikel aus der Umgebung bleiben auf der klebrigen Oberfläche des Kokons haften und verleihen ihm eine eigenartige Tarnung (▶ **Abb. 17.67**). Die Larven leben hauptsächlich vom Kot der adulten Flöhe, der vom Wirt abfällt und unverdautes Blut enthält, sowie von Floheiern (Kannibalismus). Da sie gegen Austrocknung (r. L. < 50 %) äußerst empfindlich sind, vermögen sie nur in geschützten Mikrohabitaten zu leben. Geleitet durch ihre positive Geotaxie und negative Phototaxie verkriechen sich die Larven in nahe gelegene Schlupfwinkel, z. B. in Spalten des Fußbodens, unter Liegekissen an Katzenlagern oder unter Teppiche. Die Entwicklung ist im Bereich zwischen 13 und 32 °C und bei 50–90 % r. L. möglich. Bei 24 °C ist die Larvenentwicklung in 7–11 Tagen abgeschlossen, sie kann aber bei niedrigen Temperaturen auch 5 Wochen oder länger dauern. Die Puppenruhe dauert bei 24 °C 10–14 Tage. Die voll entwickelten Flöhe schlüpfen aus der Puppenhülle, bleiben aber im Kokon eingeschlossen. In diesem Stadium können die Flöhe bei niedrigen Temperaturen und ausreichender Luftfeuchte bis 12 Monate überleben. Bei Entwicklung in Wohnbereichen beansprucht die gesamte Entwicklung 3–4 Wochen, sie kann aber auch auf 2 Wochen verkürzt oder auf mehrere Monate verlängert sein. Unter günstigen Bedingungen ist in den Sommermonaten an schattigen und feuchten Stellen eine Entwicklung auch außerhalb des Wohnbereiches möglich, z. B. in Hundehütten, an Liegeplätzen der Katzen im Freien oder an schattigen und feuchten Stellen im Boden.

Das Ausschlüpfen der Imagines aus den Kokons wird durch verschiedene Reize (Erschütterungen, erhöhte Temperatur) stimuliert. Die frisch geschlüpften Imagines begeben sich sofort auf die Suche nach einem Wirt, wobei sie besonders auf eine plötzliche Unterbrechung des Lichteinfalls reagieren, wie sie durch vorbeistreichende Wirte verursacht wird. Auch die Körperwärme des Wirtes sowie CO_2 in seiner Atemluft sind für die Orientierung bedeutsam. Für den Übergang der Flöhe auf einen Wirt spielt ihr Sprungvermögen eine wichtige Rolle. Imagines von *C. canis* vollführen Weitsprünge bis ~ 30 cm und Hochsprünge bis ~ 15 cm. Die Fähigkeit zu diesen Sprungleistungen beruht auf einem speziellen Protein (Resilin), das eine schnellere Reaktion ermöglicht als gewöhnliche Muskelfasern und auch bei niedrigen Temperaturen aktionsfähig bleibt. Ist ein geeigneter Wirt erreicht, spielt sich das weitere Leben der Imagines auf diesem Wirt ab, d. h. adulte Flöhe wechseln kaum das Wirtstier. Beide Geschlechter der Flöhe saugen Blut; eine Blutaufnahme dauert 10–20 min; pro Tag können 14 µl Blut aufgenommen werden.

Weitere Floh-Gattungen und -Arten

Ceratophyllus gallinae (Vogelfloh)

Diese Art gilt als „Generalist“, der bei einer großen Zahl von Wildvogelarten und bei einigen Säugetierarten nachgewiesen worden ist und gelegentlich auch den Menschen befällt. Die von dieser Art bevorzugten Wirte (Primärwirte) sind in Höhlen brütende Wildvögel, vor allem Kohl- und Blaumeisen. Die Nester von Höhlenbrütern sind zu 60–90 % befallen, die Abundanzen je Nest schwanken zwischen 50 und > 1000 Flöhen. Bei Offenbrütern sind Prävalenzen und Abundanzen geringer. Im Gegensatz zu *C. felis* und einigen anderen Arten leben die Imagines von *C. gallinae* vorwiegend im Nest und suchen die Wirte nur für kurze Zeit zum Blutsaugen auf. Den Winter überdauern die Flöhe in den Puppenkokons und schlüpfen bei steigenden Temperaturen im Frühjahr. Wenn das Nest zu dieser Zeit nicht mit Vögeln besetzt ist, begeben sich die Flöhe an den Eingang der Höhle und befallen Vögel, welche die Nisthöhle besichtigen. Zum Teil wandern die Flöhe weiter auf Äste in Richtung intensiven Lichteinfalls und springen, wenn sich die Lichtintensität plötzlich vermindert, etwa durch einen anfliegenden Vogel. Bei dieser Art der Wirtssuche sind Fehlsprünge unvermeidlich; die Flöhe fallen zu Boden und können dort Tiere oder Menschen als Sekundärwirte befallen. Bei der Auswanderung aus Nestern, die sich an Häusern befinden, dringen *C. gallinae* oder verwandte Arten gelegentlich in Wohnungen ein und werden zur Plage für Menschen.

Spilopsyllus cuniculi (Kaninchenfloh)

Die Entwicklung des Kaninchenflohs ist eng an den Reproduktionszyklus der Kaninchen angepasst. Steigende Spiegel von Östrogenen und Corticosteroiden im Blut gegen Ende der Trächtigkeit stimulieren saugende Flohweibchen zur Eiproduktion. Nach der Geburt der Jungtiere wandern Flöhe von ihrer bevorzugten Ansitzstelle am Ohr zum Gesicht des Muttertieres und können von dort leicht auf die Neugeborenen übergehen.

Tunga penetrans (Sandfloh)

Der Sandfloh durchläuft eine spezielle Entwicklung. Die sehr kleinen (ca. 1 mm) Männchen und jungen Weibchen dieser Art halten sich nach dem Schlupf zunächst in sandigem Boden auf. Die Weibchen begeben sich auf Wirtssuche und dringen in die Haut des Wirtes ein. Über eine rundliche Öffnung in der Haut steht das Hinterende des Weibchens weiterhin im Kontakt mit der Umwelt. Hierüber atmet es, defäziert und wird vom Männchen begattet. Innerhalb von 1–2 Wochen nach Penetration schwillt der Hinterleib des Flohweibchens stark an, manchmal bis zu Erbsengröße (Volumenvergrößerung bis Faktor 3000). Die durch die Hautöffnung nach außen gelangenden Eier fallen zu Boden und durchlaufen eine Entwicklung, die im Prinzip der anderer Flöhe entspricht. Etwa 3–4 Wochen nach Penetration sterben die Weibchen ab und werden resorbiert.

Literaturhinweise

Beck W, Prosl H. Humanpathogene Flöhe (Siphonaptera) von Tieren und aus der Natur – Zoonose-Erreger des Menschen in Mitteleuropa. In: Aspöck H, Hrsg. Krank durch Arthropoden. Denisia 2010; 30: 267–278

Eisen RJ, Gage KL. Transmission of flea-borne zoonotic agents. Annu Rev Entomol 2012; 57: 61–82

ESCCAP. Bekämpfung von Ektoparasiten (Flöhe, Zecken, Läuse, Haarlinge, Sand- und Stechmücken) bei Hunden und Katzen. www.esccap.de; www.esccap.ch

Feldmeier H, Sentongo E, Krantz I. Tungiasis (sand flea disease): a parasitic disease with particular challenges for public health. Eur J Clin Microbiol Infect Dis 2013; 32: 19–26

Halos L, Beugnet F, Cardoso L et al. Flea control failure? Myths and realities. Trends Parasitol 2014; 30: 228–233

Lam A, Yu A. Overview of flea allergy dermatitis. Comp Cont Educat Vet 2009; 31: E1–10

Mehlhorn H. Flea Infestations. In: Palmer SR, Soulsby Lord, Torgerson PR, Brown DWG, eds. Oxford Textbook of Zoonoses. 2nd ed. Oxford, UK: Oxford University Press; 2011: 812–816. ISBN: 978-0-19857-002-8

Müller GC, Dryden MW, Revay EE et al. Understanding attraction stimuli of the cat flea, *Ctenocephalides felis*, in non-chemical control methods. Med Vet Entomol 2011; 25: 413–420

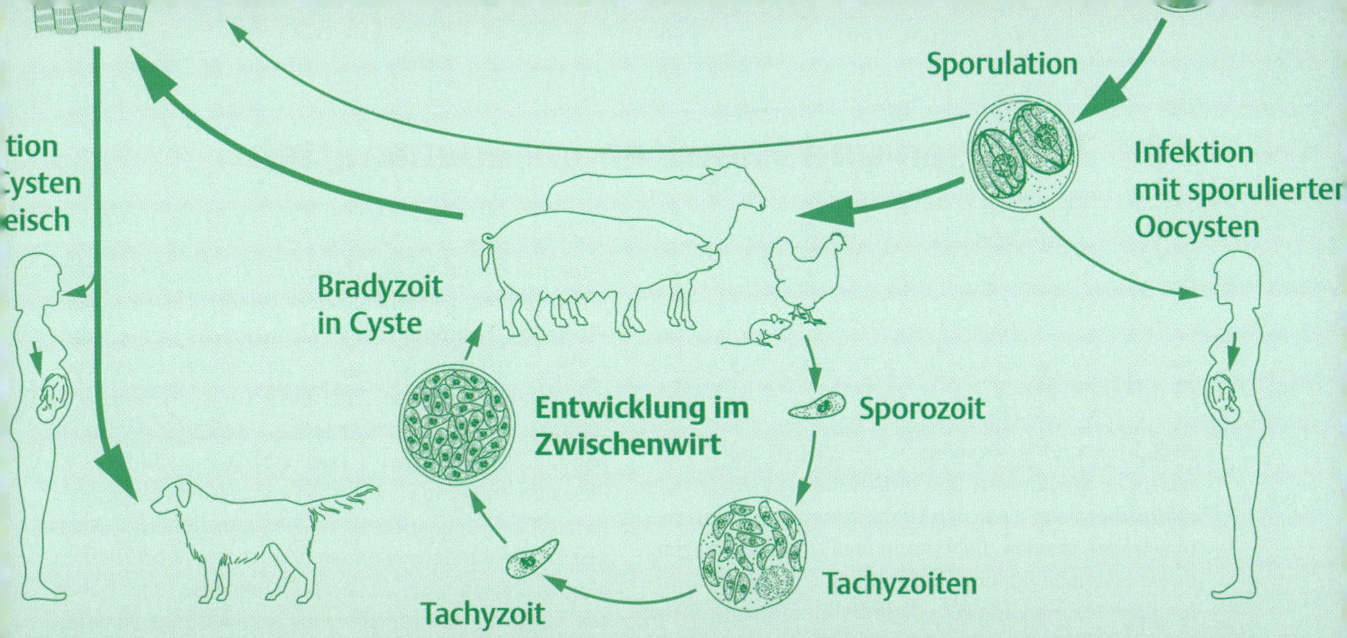

Teil 5
Zoonosen und Parasiten in Lebensmitteln

18 Zoonosen und Parasiten in Lebensmitteln

18.1 Zoonosen

Zoon (gr.): Tier, Lebewesen; *nosos* (gr.): Krankheit. Engl.: *zoonosis* (Sing.), *zoonoses* (Pl.).

Definition und Nomenklatur Die WHO definiert **Zoonosen** als **Krankheiten und Infektionen, deren Erreger natürlicherweise zwischen Wirbeltieren und Menschen übertragen werden.** Dabei kann die Erregerübertragung direkt oder indirekt durch Vermittlung von Zwischenwirten oder Vektoren erfolgen. Diese Definition schließt nur Krankheiten ein, bei denen „Wirbeltiere" als Erregerreservoire oder -empfänger eine Rolle spielen und nicht Tiere allgemein. So ist z. B. eine für den Menschen spezifische Erregerart, die durch ein Insekt auf einen anderen Menschen übertragen wird, kein zoonotischer Erreger. Wenn jedoch ein Insekt einen Erreger von einem Wirbeltier auf den Menschen überträgt, handelt es sich um eine zoonotische Infektion. In der Literatur findet man zahlreiche Vorschläge zur Einteilung der Zoonosen in verschiedene Untergruppen. So kommt die Richtung der Erregerübertragung Mensch → Wirbeltier oder Wirbeltier → Mensch in den Termini Anthropozoonose bzw. Zooanthroponose zum Ausdruck. Auf die Übertragungswege weisen Termini wie „Lebensmittel-assoziierte Zoonosen" oder „Wasser-assoziierte Zoonosen" hin.[2] Wir beschränken uns hier auf den einfachen Begriff „Zoonose".

Daneben gibt es Infektionen, die streng genommen nicht unter die oben erwähnte Definition fallen, deren Erreger aber sowohl Menschen als auch Wirbeltiere infizieren oder infestieren können und aus einer gemeinsamen Infektionsquelle stammen (z. B. verschiedene Formen der Myiasis bei Menschen und Wirbeltieren). Auch solche Krankheiten werden gewöhnlich den Zoonosen zugeordnet.

In der **epidemiologischen Bewertung** der Zoonosen ist zu berücksichtigen, dass bei manchen Erregergruppen sowohl zoonotische als auch nicht zoonotische Übertragungen vorkommen und eine unterschiedliche Bedeutung haben können. *Cryptosporidium parvum* (S. 124) wird vorwiegend zwischen Kälbern und Lämmern übertragen, aber auch Menschen können befallen werden und dann Oocysten ausscheiden. Bei verschiedenen Zoonosen stellt der Mensch als Fehlwirt für den Parasiten eine biologische Sackgasse dar, z. B. bei der Echinococcose oder der Toxoplasmose: Der Erreger geht zwar vom Wirbeltier auf den Menschen über, eine Rückübertragung auf den Wirbeltierwirt erfolgt aber aus biologischen oder ökologischen Gründen nicht.

2 Häufig werden die kürzeren englischen Termini verwendet: *meat-, fish, arthropod-, water-, plant-* oder *soil-borne.*

Bedeutung von Zoonosen Etwa 60 % der beim Menschen vorkommenden Pathogene (Viren, Bakterien, Pilze, Protozoen, Helminthen und Arthropoden) werden zoonotisch übertragen. Von den ca. 200 weltweit beschriebenen Zoonosen werden 35 % durch Parasiten verursacht (Protozoen ▸ **Tab. 18.1**, Helminthen ▸ **Tab. 18.2**, Arthropoden und Pentastomiden ▸ **Tab. 18.3**). Davon kommt etwa die Hälfte in Europa autochthon vor. Zusätzlich sind aber in Europa noch einige weitere Zoonosen zu berücksichtigen, die von anderen Kontinenten eingeschleppt werden können. Neben einer Rolle als Krankheitserreger haben besonders die Arthropoden eine sehr wichtige Funktion als Vektoren von Infektionserregern (▸ **Tab. 18.3**).

Die **sozioökonomische Bedeutung** von Zoonosen ergibt sich aus der Beeinträchtigung der Gesundheit von Menschen und Tieren – einschließlich der Todesfälle – und den damit verbundenen finanziellen Belastungen. Seit 2006 versucht die WHO-Gruppe „Foodborne Disease Burden Epidemiology Reference Group" (FERG), die globalen Bürden von Krankheiten des Menschen weltweit zu erfassen und zu quantifizieren. Dabei werden die Lasten, die durch Krankheiten des Menschen entstehen, in DALY-Einheiten erfasst (engl.: *Disability-Adjusted Life Year*, „behinderungsbereinigtes Lebensjahr"), die Indikatoren für die krankheitsbedingt erschwerten Lebensjahre und die durch vorzeitige Todesfälle verlorenen Jahre darstellen, bezogen auf bestimmte Zeitabschnitte und Bevölkerungsgruppen; 1 DALY entspricht dem Verlust von 1 Lebensjahr in Gesundheit. In einer FERG-Studie wurde z. B. die globale Krankheitsbürde der humanen congenitalen Toxoplasmose mit jährlich ca. 190 000 neuen Fällen auf 1,2 Mio. DALYs berechnet. Mit Nahrung übertragene Trematoden-Infektionen (*Clonorchis, Opisthorchis, Fasciola* u.a) sind für ca. 665 000 DALYs verantwortlich. Die Anzahl neuer Fälle von alveolärer Echinococcose, verursacht durch *E. multilocularis*, wird auf jährlich 18 000 geschätzt (> 90 % in China) und entspricht 660 000 DALYs. Diese Schätzungen zeigen, dass einige parasitäre Zoonosen beachtliche sozioökonomische Auswirkungen haben. Demgegenüber wird die Krankheitsbürde der Trichinellose in Europa als relativ gering eingeschätzt, obwohl in der EU jährlich hohe Kosten durch die systematische Untersuchung von Schlachtschweinen auf Trichinen-Befall entstehen (ca. 220–570 Mio. € jährlich).

▶ **Tab. 18.1** Durch Protozoen und Microsporidien verursachte Zoonosen (Auswahl für Europa, tropische Zoonosen s. entsprechende Kapitel) (alphabetische Reihenfolge).

Zoonose	Erreger, Verbreitung (V)	Wirbeltiere als Infektionsquelle (Auswahl)[1]	Vektoren	für Menschen infektiöses Erregerstadium, Übertragung
Babesiose	*Babesia venatorum*[2,3] V: Europa	Wildwiederkäuer	*Ixodes* spp.	Sporozoiten, Zeckenstich
	B. divergens[2] V: Europa	Rind	*Ixodes ricinus*	Sporozoiten, Zeckenstich
	B. microti V: USA, Japan, Taiwan, Europa	Wildnager	*Ixodes* spp.	Sporozoiten, Zeckenstich
Balantidiose	*Balantidium coli* V: weltweit	Schwein, Affen	–	Cysten (in Kot), per os
Cryptosporidiose	*Cryptosporidium* spp. V: weltweit	Rind, kleine Wiederkäuer (Hund, Katze, Vögel u. a.)	–	Oocysten (in Kot), per os
Giardiose	*Giardia duodenalis* (verschiedene Genotypen) V: weltweit	Rind, Schaf, Hund u. a.	–	Cysten (Kot), per os
Leishmaniose	*Leishmania infantum* V: Mittelmeerregion, Mittlerer Osten, Zentralasien, China, Mittel- u. Südamerika	Hund, Wildcaniden, (Katze), Hase, Ratte	Phlebotomen: Gattung *Phlebotomus*	promastigote Stadien, Insektenstich
Sarcocystiose	*Sarcocystis hominis* V: weltweit	Rind	–	Cysten (in Muskulatur), per os
	S. suihominis V: weltweit	Schwein	–	Cysten (in Muskulatur), per os
Toxoplasmose	*Toxoplasma gondii* V: weltweit	(a) Katze	–	(a) Oocysten (in Kot), per os
		(b) Schaf, Ziege, Schwein u. a.	–	(b) Cysten (in Muskulatur), per os
Microsporidiosen				
Encephalitozoonose	*Encephalitozoon cuniculi*[2] (verschiedene Genotypen) V: weltweit	Kaninchen, Hund, Katze, Nager, Musteliden, Affen u. a. Wildtiere	–	Sporen (in Urin), per os
	E. hellem[2] V. weltweit	Zier- und Wildvögel	–	Sporen, per os
	E. intestinalis[2] V: weltweit	Paarhufer, Fleischfresser, Vögel	–	Sporen, per os
Enterocytozoonose	*Enterocytozoon bieneusi*[2] (verschiedene Genotypen) V: weltweit	Katze, Vögel, Meerschweinchen, wild lebende Säugetiere	–	Sporen, per os

[1] Wirbeltiere als direkte oder indirekte Infektionsquellen für Menschen; Wirte in Klammern von marginaler Bedeutung
[2] klinische Infektionen fast ausschließlich in stark immundefizienten Personen
[3] zuvor als *B. divergens*-ähnlich (EU1) bezeichnet

► **Tab. 18.2** Durch Helminthen (Trematoden, Cestoden und Nematoden, Acanthocephalen) verursachte Zoonosen (Auswahl für Europa, tropische Zoonosen s. entsprechende Kapitel).

Zoonose	Erreger, Verbreitung (V)	Wirbeltiere als Endwirte (EW)[1], Zwischenwirte (ZW)[2], paratenische Wirte (PW) (Auswahl)[3]	für Menschen infektiöses Erregerstadium, Übertragung
Trematoden			
Alariose	*Alaria* spp. V: Europa, Nordamerika	EW: Wildcaniden ZW: 1: Schnecken, 2: Frösche PW: Wildschweine, andere Säugetiere, Reptilien, Amphibien	Mesocercarien, per os im Fleisch von Wildschweinen (paratenische Wirte)
Cercarien-Dermatitis	*Bilharziella* spp., *Trichobilharzia* spp., *Gigantobilharzia* spp. V: weltweit	EW: Wasservögel ZW: Wasserschnecken	freie Cercarien im Wasser, aktive Hautinvasion
Dicrocoeliose	*Dicrocoelium dendriticum* V: Europa, Amerika, Nord-Afrika, Asien	EW: Wiederkäuer ZW: 1: Landschnecken, 2: Ameisen	Metacercarien in Ameisen, per os
Fasciolose	*Fasciola hepatica* V: weltweit	EW: Wiederkäuer ZW: Wasserschnecken	Metacercarien an Pflanzen oder im Wasser, per os
Metagonimose[4]	*Metagonimus yokogawai* V: Asien, Europa	EW: Katze, Hund, Fuchs, Schwein ZW: 1: Süßwasserschnecken, 2: Süßwasserfische	Metacercarien in Fischen, per os
Opisthorchiose	*Opisthorchis felineus* V: Europa (Baltikum, nördl. PL, DE, IT, RU), Asien	EW: Katze, Hund, Fuchs, Schwein ZW: 1: Süßwasserschnecken, 2: Süßwasserfische	Metacercarien in Fischen, per os
Cestoden			
Coenurose	*Taenia multiceps* V: weltweit	EW: Hund, Fuchs, andere Caniden ZW: Wiederkäuer	Eier, per os
Cysticercose	*T. solium* V: Lateinamerika, USA, Asien, Afrika, selten Ost- u. Südeuropa	EW: Mensch ZW: Schwein	Eier, per os
	T. crassiceps V: nördl. Eurasien	EW: Fuchs ZW: Nager	Eier, per os[5]
	T. martis V. Europa	EW: Musteliden, Wildkatze ZW: Nager	Eier, per os
Diphyllobothriose	*Diphyllobothrium latum* V: Europa, Asien, Amerika	EW: Mensch, Fuchs, Hund, Katze, Schwein ZW: 1: Kleinkrebse, 2: Süßwasserfische	Plerocercoide in Fischen, per os
Dipylidiose	*Dipylidium caninum* V: weltweit	EW: Hund, Katze, Fuchs ZW: Flöhe	Cysticercoide in Flöhen, per os
Echinococcose, cystische	*Echinococcus granulosus* sensu lato V: weltweit	EW: Hund, andere Caniden ZW: Ungulaten	Eier, per os
Echinococcose, alveoläre	*E. multilocularis* V: Nordamerika, Eurasien	EW: Fuchsarten, andere Wildcaniden, Hund, (Katze) ZW: Nagetiere	Eier, per os
Hymenolepiose	*Hymenolepis nana* V: weltweit	EW: Mensch, Nagetiere ZW: fakultativ, Käferarten (z. B. Mehlkäfer)	Eier, per os
	H. diminuta V: weltweit	EW: Mensch, Nagetiere ZW: Käfer, Flöhe	Cysticercoide in Insekten, per os
Sparganose	*Spirometra* spp. V: Europa, Asien, Australien	EW: Katze, Hund, andere Carnivoren ZW: 1: Kleinkrebse, 2: Amphibien, Reptilien, Säuger	Plerocercoide im 2. ZW, z. B. in Fröschen, per os
Taeniose	*Taenia saginata* V: weltweit	EW: Mensch ZW: Rind, Büffel	Cysticercen in Muskulatur, per os
	T. solium V: Lateinamerika, Asien, Afrika, selten Ost- u. Südosteuropa	EW: Mensch ZW: Schwein	Cysticercen in Muskulatur, per os

▸ **Tab. 18.2** Fortsetzung

Zoonose	Erreger, Verbreitung (V)	Wirbeltiere als Endwirte (EW)[1], Zwischenwirte (ZW)[2], paratenische Wirte (PW) (Auswahl)[3]	für Menschen infektiöses Erregerstadium, Übertragung
Nematoden			
Ancylostomose	*siehe* Larva migrans cutanea		
Anisakidose	Anisakis, Pseudoterranova, Contracaecum V: Atlantik, Ost- u. Nordsee, Pazifik u. a.	EW: Robben, Wale ZW: Krebse TW: Meeresfische	L 3 in Fischen, per os
Capillariose	*Capillaria hepatica* V: weltweit	EW: Nagetiere ZW: –	Eier mit L 1, per os
Filariosen	*Dirofilaria immitis* V: Europa, Amerika, Afrika, Australien	EW: Hund, Katze, Fuchs, andere Wildcarnivoren ZW: Mücken (Culicidae)	L 3, bei Mückenstich
	D. repens V: Europa, Afrika, Asien	EW: Hund, Katze, Fuchs, andere Wildcarnivoren ZW: Mücken (Culicidae)	L 3, bei Mückenstich
Larva migrans cutanea	*Ancylostoma* spp., *Uncinaria* spp., *Strongyloides* spp. V: weltweit	EW: Mensch, Katze, Hund u. a. Wirte der erwähnten Gattungen ZW: –	L 3 in Umwelt, aktive Hautinvasion
Larva migrans visceralis	*Toxocara canis* V: weltweit	EW: Hund, Fuchs, Wolf, Marderhund ZW: –	Eier mit L 3, per os
	T. cati V: weltweit	EW: Katze, Wildfeliden ZW: –	Eier mit L 3, per os
	Ascaris suum V: weltweit	EW: Schwein ZW: –	Eier mit L 3, per os
	Baylisascaris procyonis V: Amerika, regional in Zentraleuropa	EW: Waschbär, Hund ZW: –	Eier mit L 3, per os
Strongyloidose	*Strongyloides stercoralis* und andere Arten V: Europa, weltweit, v. a. Tropen u. Subtropen	EW: Mensch, andere Primaten, Hund ZW: –	freie L 3, perkutan
Thelaziose	*Thelazia callipaeda* und andere Arten V: Asien, Europa, Amerika	EW: Hund, Katze, Fuchs, Musteliden ZW: Fruchtfliegen	L 3, Übertragung durch Insekten auf die Lidbindehaut
Onchocercose	*Onchocerca lupi* V: Europa, TR, Nordafrika, Nordamerika	EW: Hund, Katze ZW: Insekten (vermutlich Simuliiden)	L 3, bei Insektenstich
	Onchocerca jakutensis und andere *Onchocerca*-Arten V: Europa, Asien, Nordamerika	EW: Rind, Pferd, Wildungulaten ZW: Insekten (Simuliiden, Ceratopogoniden?)	L 3, Übertragung bei Insektenstich
Trichinellose	*Trichinella spiralis*, *T. britovi* und andere Arten V: weltweit	EW und Reservoir: Schwein, Wildschwein, Pferd, Carnivoren	inf. Larven in Muskulatur, per os
Trichostrongylidose	*Trichostrongylus colubriformis* und andere Arten V: weltweit, Fälle bei Menschen v. a. im Vorderen Orient	EW: Wiederkäuer ZW: –	L 3, per os

▶ **Tab. 18.2** Fortsetzung

Zoonose	Erreger, Verbreitung (V)	Wirbeltiere als Endwirte (EW)[1], Zwischenwirte (ZW)[2], paratenische Wirte (PW) (Auswahl)[3]	für Menschen infektiöses Erregerstadium, Übertragung
Acanthocephalen (Kratzer)			
Acanthocephali-dosen	*Moniliformis moniliformis* V: weltweit	EW: Nager ZW: Käfer, Schaben	Larve in Käfern, Schaben, per os
	Macracanthorhynchus hirudinaceus V: Asien, Südosteuropa	EW: Schwein ZW: Käfer, Schaben	Larve in Käfern, Schaben, per os

[1] 1. Zwischenwirt
[2] 2. Zwischenwirt
[3] Wirbeltiere als direkte oder indirekte Infektionsquellen für Menschen
[4] Beispiel für eine Gruppe von vielen Gattungen und Arten mit ähnlichem Lebenszyklus
[5] möglich auch Schmierinfektion mit Eiern

Epidemiologische Aspekte und Risikofaktoren Da viele der parasitären Zoonosen bisher relativ geringe Beachtung gefunden haben und vernachlässigt worden sind, liegen nur für wenige von ihnen Daten vor.

Durch die Änderung von epidemiologischen Faktoren, welche die Übertragung und Persistenz von Zoonosen beeinflussen, kann sich das Infektionsrisiko in Zukunft erhöhen. Dazu gehören die zunehmende globale Verbreitung von Pathogenen durch Welthandel und Reisetätigkeit, die Urbanisierung und Invasion von Wildtieren (z. B. Füchse, Kojoten, Waschbären), die veränderten Ernährungsgewohnheiten, landschaftliche Veränderungen (Revitalisierung von Flusslandschaften), zunehmender biologischer oder ökologischer Anbau (neue Habitate für einige Parasiten und/oder Vektoren) und klimatische Veränderungen.

Die enge emotionale und physische Bindung zwischen Menschen und Haustieren und die hohen Haustierpopulationen, besonders im Siedlungsraum, begünstigen die Übertragung von Zoonose-Erregern. Das Risiko einer Parasitenübertragung durch direkten Kontakt mit Hunden und Katzen muss jedoch differenziert beurteilt werden. Ektoparasiten (z. B. Milben) können direkt bei Tierkontakt oder indirekt in der Wohnung zu Infestationen von Menschen führen (▶ **Tab. 18.3**). Hingegen zeigten Risikoanalysen, dass häufiger Kontakt mit Katzen die Wahrscheinlichkeit einer *Toxoplasma*-Infektion nicht immer begünstigt. Weiter muss die Bedeutung einer direkten Ansteckungsgefahr durch Tierkontakt, trotz z. T. hoher Prävalenzen bei Hunden in Mitteleuropa, aufgrund neuer Studien stark relativiert werden, da die Eier im Haarkleid der Hunde nicht vollständig embryonieren und somit nicht infektiös sind. Die Kontamination von Kinderspielplätzen und Erholungsräumen besonders mit Katzen- und Hundekot ist dagegen ein Dauerproblem bezüglich der Ansteckung mit Umweltstadien von Endoparasiten.

Die größte Bedeutung haben parasitäre Zoonosen in wirtschaftlich schwachen Ländern mit unzureichenden Strukturen und Ressourcen zur Bekämpfung von übertragbaren Krankheiten. Aber auch in anderen Gebieten ist ihre Bedeutung nicht zu unterschätzen. In Europa stellt z. B. die Toxoplasmose ein Risiko dar für ungeborene Kinder, wenn sich Frauen während der Schwangerschaft erstmalig mit *Toxoplasma gondii* infizieren, sowie für Personen mit Immunschwäche (z. B. AIDS- oder Transplantations-Patienten). Einige Genotypen des bei Haus- und Wildtieren häufig vorkommenden Durchfallerregers *Giardia duodenalis* sind auch für Menschen infektiös. Zoonotische Formen der Leishmaniose, die in subtropischen und tropischen Gebieten weitverbreitet sind, werden nicht selten bei Menschen und Hunden als **„Reisekrankheiten“** in Mitteleuropa diagnostiziert. Durch das Vordringen einiger Vektoren (*Phlebotomus* spp.) nach Norden und den Import infizierter Hunde aus Endemiegebieten besteht in Europa das Risiko einer Ausbreitung der Leishmaniose in nicht-endemische Gebiete.

Bekämpfung Die Bekämpfung von Zoonosen ist schwierig und erfordert i. d. R. einen multidisziplinären Ansatz gemäß des „One Health“-Konzepts, zu dem Veterinär- und Humanmedizin, Biologie, Epidemiologie, Grundlagenforschung usw. gleichermaßen beitragen. Bei vielen wichtigen Zoonosen sind die bestehenden Möglichkeiten zur Bekämpfung noch unzureichend oder die existierenden Methoden können aus finanziellen oder anderen Gründen nicht im erforderlichen Maß eingesetzt werden.

▸ **Tab. 18.3** Durch Arthropoden und Pentastomiden verursachte Zoonosen (Auswahl für Europa, tropische Zoonosen s. entsprechende Kapitel).

Zoonose	Erreger, Vorkommen (V)	Wirbeltier (Auswahl)[1]	Übertragung auf Menschen (Stadium)
Flohdermatosen	*Ctenocephalides felis, C. canis, Archaeopsylla erinacei*, andere Floharten von Säugetieren V: weltweit	Katze, Hund, Igel u. a. Säugetierarten	Befall der Haut aus der Umgebung (Wohnungen, Stallungen, auch Freiland) oder bei engem Tierkontakt (adulte Flöhe)
	Ceratophyllus gallinae V: weltweit	Wildvögel, Hühnervögel	Befall der Haut aus der Umgebung (wie oben), auch Einwanderung in Wohnungen von adulten Flöhen aus Vogelnestern
Insektenstich	Mücken und Fliegen	Säuger, Vögel	Anflug aus der Umgebung (Adulte)
Milbendermatosen	*Cheyletiella* spp. V: weltweit	Hund, Katze, Kaninchen	enger Tierkontakt (alle Stadien)
	Dermanyssus gallinae V: weltweit	Hühner, Tauben, Wildvögel	Befall der Haut aus der Umgebung (vor allem Stallungen) (alle Stadien)
	Ornithonyssus sylviarum V: Europa, Nordamerika u. a.	Hühner, Tauben, Wildvögel	wie bei *Dermanyssus* (alle Stadien)
	O. bacoti V: weltweit	Ratten, andere Nager	Befall aus der Umgebung (u. a. Wohnungen, Lagerräume) (alle Stadien)
	Neotrombicula autumnalis V: weltweit	Wildnager	Befall aus der Umgebung (nur Larven)
	Sarcoptes scabiei (verschiedene Varietäten) V: weltweit	Hund, Fuchs, Schwein, Rind, Kamel u. a.	enger Tierkontakt (alle Stadien)
	Notoedres cati V: weltweit	Katze	enger Tierkontakt (alle Stadien)
	Otodectes cynotis V: weltweit	Katze, Hund	enger Tierkontakt (alle Stadien)
	Trixacarus caviae V: weltweit	Meerschweinchen	enger Tierkontakt (alle Stadien)
Zeckendermatosen	Schild- und Lederzecken V: weltweit	Säuger und Vögel	Befall aus der Umgebung (alle Stadien)
Myiasis	verschiedene Arten der Calliphoridae, Sarcophagidae, Muscidae V: weltweit	bei einigen Fliegenarten sind Schaf und andere Wiederkäuer Reservoire, bei anderen kein Tierreservoir	Ablage von Eiern durch Fliegenweibchen, v. a. an Wunden, Schleimhäute, Körperöffnungen
	Oestrus ovis V: weltweit	Schaf, Ziege	Absetzen von L 1 im Gesicht durch Fliegenweibchen
	Rhinoestrus purpureus V: weltweit	Equiden	wie bei *Oestrus ovis*
	Gasterophilus spp. V: weltweit	Equiden	Ablage der Eier auf Haut durch Fliegenweibchen
	Hypoderma spp. V: Europa, RU	Rind, andere Wiederkäuer	Ablage der Eier auf Haut, Gesicht durch Fliegenweibchen
Pentastomidosen	*Linguatula serrata* V: weltweit	Ungulaten (Zwischenwirte)	per os (Stadien in Schlachttieren)

[1] Wirbeltiere als direkte oder indirekte Ansteckungsquellen für Menschen

18.2 Parasiten in Lebensmitteln

Im Lebensmittelbereich sind Parasiten aus folgenden Gründen bedeutsam:

- Säugetiere, Vögel, Reptilien, Fische, Krebse und Mollusken, die als Nahrungsquelle für Menschen dienen, können Zoonose-Erreger enthalten. Der Übergang dieser Erreger durch die Lebensmittelkette auf Menschen oder andere empfängliche Wirte muss möglichst vermieden werden.
- Parasiten in Lebensmitteln sind Ekel erregend.
- Parasitenbefall kann die Qualität von Tierkörpern und Organen mindern oder so verändern, dass sie als Lebensmittel unbrauchbar sind.
- Während der Gewinnung oder Lagerung von Lebensmitteln ist eine Kontamination durch Eier und Maden von Schmeiß- und Fleischfliegen oder durch andere Arthropoden (z. B. Milben, Schaben und Käfer) möglich.
- Fleisch und Organe von Schlachttieren sowie Milch und Eier können bei Missachtung der Anwendungsvorschriften und Wartefristen unerlaubte Rückstände von Antiparasitika enthalten. Dieser Aspekt ist im Kapitel Antiparasitika (S. 580) besprochen.
- Unzureichend gewaschenes Rohgemüse, Früchte und Beeren können mit Umweltstadien von Protozoen (Cysten/Oocysten von Amoeben, *Giardia* spp., *Cryptosporidium* spp., *Toxoplasma gondii*) oder Helminthen (Eier von *Taenia* spp., *Echinococcus* spp. und *Toxocara* spp., Metazerkarien von *Fasciola hepatica*) kontaminiert sein. Sensitive und spezifische DNA-basierte Methoden zur Untersuchung dieser Lebensmittel wurden erst in den letzten Jahren entwickelt und dokumentieren die mögliche Kontamination mit den oben erwähnten Parasiten. Zurzeit liegen aber nicht genügend Daten vor, um die zoonotische Bedeutung von roh verspeisten pflanzlichen Lebensmitteln einzuschätzen.

▶ Tab. 18.4 In Mitteleuropa wichtige Parasiten in Lebensmittel liefernden Tieren (bei den Maßnahmen bitte landesspezifische Vorschriften beachten).

Parasiten (Seitenverweise für nähere Informationen)	Tierarten (Auswahl)	Hauptlokalisation der Parasiten	Übertragung auf Menschen[1]	vorgeschriebene Untersuchung[2]	Maßnahmen E: Empfehlung V: Vorschrift[3]
1. Haustiere: Wiederkäuer, Schwein, Pferd					
Toxoplasma gondii (S. 101) (Cysten)	Schaf, Ziege, Schwein	Skelettmuskulatur und muskulöse Organe	per os (Rohfleisch)	keine	E: Erhitzen (>60 °C), Tiefgefrieren −18 °C, 3 d
Sarcocystis hominis (S. 118) (Cysten)	Rind	Skelettmuskulatur	per os (Rohfleisch)	MA	V: bei generalisiertem Befall ganzer Tierkörper untauglich
		muskulöse Organe	per os (Rohfleisch)	MA	V: veränderte Organe untauglich
Sarcocystis suihominis (S. 118) (Cysten)	Schwein	Skelettmuskulatur	per os (Rohfleisch)	MA	V: bei generalisiertem Befall ganzer Tierkörper untauglich
		muskulöse Organe	per os (Rohfleisch)	keine	V: veränderte Organe untauglich
Sarcocystis (S. 118), andere Arten (Cysten)	Wiederkäuer, Schwein	Skelettmuskulatur	keine	MA	V: bei generalisiertem Befall ganzer Tierkörper untauglich
		muskulöse Organe	keine	keine	V: veränderte Organe untauglich
Fasciola hepatica (S. 172) (Adulte, Präadulte)	Schaf, Ziege, Rind, Pferd, Schwein	Leber (Gallengänge)	keine	MA	V: befallenes Organ untauglich
Dicrocoelium dendriticum (S. 188) (Adulte, Präadulte)	Schaf, Ziege, Rind, Pferd	Leber (Gallengänge)	keine	MA	V: befallenes Organ untauglich
Taenia saginata (S. 221) (Finnen)	Rind	Kaumuskulatur, Zunge, Herz, Diaphragma, Körpermuskulatur	per os: Rohfleisch	MA	V: 1. bei generalisiertem Befall (tote oder lebende Finnen) ganzer Tierkörper untauglich 2. bei leichtem Befall (tote oder lebende Finnen) Schlachttierkörper tiefgefrieren (z. B. −18 °C, 72 h)

- Durch Trinkwasser können Entwicklungsstadien von Parasiten auf Menschen oder Tiere übertragen werden, z. B. *Giardia*-Cysten oder *Cryptosporidium*-Oocysten. In Mitteleuropa ist das diesbezüglich von Leitungswasser ausgehende Infektionsrisiko für Menschen gering, wenn die Wasseraufbereitung einwandfrei funktioniert und keine sekundäre Kontamination des Trinkwassers stattfindet.

Um gesundheitliche Risiken für den Menschen möglichst zu vermeiden und einen hohen Qualitätsstandard der Lebensmittel tierischen Ursprungs zu gewährleisten, sind zahlreiche amtliche Überwachungsmaßnahmen vorgeschrieben. Hierzu zählen u. a. die Schlachttier- und Fleischuntersuchung auf Parasiten und andere Erreger.

Die Grundlage der Überwachungsmaßnahmen bildet ein umfangreiches Regelwerk von Gesetzen, Verordnungen und Weisungen, die im Lehrgebiet der tierärztlichen Nahrungsmittelkunde (Lebensmittelsicherheit) näher erläutert werden. Eine wichtige Rolle spielen Verordnungen der EU, die in den Mitgliedsländern und weiteren Staaten (z. B. CH) gelten und z. T. durch nationale Vorschriften ergänzt werden. Die Regelungen der EU und der Einzelstaaten werden laufend neuen Entwicklungen angepasst. Aus der großen Zahl der Vorschriften seien hier nur wenige als Beispiele erwähnt: (a) EU-Verordnung (EG) Nr. 854/2004 (29.04.2004) mit besonderen Verfahrensvorschriften für die amtliche Überwachung von zum menschlichen Verzehr bestimmten Erzeugnissen tierischen Ursprungs, (b) EU-Verordnung (EG) Nr. 2075/2005 (05.12.2005) mit spezifischen Vorschriften für die amtlichen Fleischuntersuchungen auf Trichinen, (c) Österreich: Lebensmittelsicherheits- und Verbraucherschutzgesetz (28.05.2019), (d) Schweiz: Verordnung über das Schlachten und die Fleischkontrolle (23.11.2005, Stand 01.07.2011).

In ▶ **Tab. 18.4** sind Parasiten aufgeführt, die in Lebensmittel liefernden Tieren vorkommen können. Dabei handelt es sich um eine Zusammenstellung wichtiger oder

▶ **Tab. 18.4** Fortsetzung

Parasiten (Seitenverweise für nähere Informationen)	**Tierarten (Auswahl)**	**Hauptlokalisation der Parasiten**	**Übertragung auf Menschen[1]**	**vorgeschriebene Untersuchung[2]**	**Maßnahmen E: Empfehlung V: Vorschrift[3]**
Taenia solium (S. 227) (Finnen)	Schwein	Zunge, Diaphragma, Körpermuskulatur	per os: Rohfleisch	MA	V: wie bei *T. saginata*
Taenia ovis (S. 234) (Finnen)	Schaf, Ziege	Herz, Diaphragma, Körpermuskulatur	keine	MA	V: befallene Organe untauglich, sonst wie bei *T. saginata*
Taenia hydatigena (S. 233) (Finnen)	Schaf, Ziege, (Rind), Schwein	subserös: Leber, Lunge, Netz u. a. oder Organveränderungen	keine	MA	V: befallene Organe untauglich
Echinococcus granulosus s. l. (S. 238) (Finnen)	Wiederkäuer, Schwein, Pferd	Leber, Lunge, Milz, Netz, Gekröse	keine	MA	V: befallene Organe untauglich E: Cysten nicht anschneiden!
Echinococcus multilocularis (S. 245) (Finnen)	Schwein	Leber	keine	MA	V: befallenes Organ untauglich
Ascaris suum (S. 329) (Larven)	Schwein	Leber (*milk spots*)	keine	MA	V: befallenes Organ ganz oder teilweise untauglich
Toxocara spp. (S. 336) (Larven)	Schwein	Leber (*milk spots*)	keine[4]	MA	V: Leber ganz oder teilweise untauglich
Dictyocaulus spp. (S. 305) (Adulte, Präadulte)	Rind, Schaf, Ziege	Bronchien, Trachea	keine	MA	V: Lungen untauglich
Protostrongylus spp. (S. 315) (Adulte, Präadulte)	Schaf, Ziege	Lungenparenchym, kleine Bronchien	keine	MA	V: Lungen untauglich

▶ **Tab. 18.4** Fortsetzung

Parasiten (Seitenverweise für nähere Informationen)	**Tierarten (Auswahl)**	**Hauptlokalisation der Parasiten**	**Übertragung auf Menschen**[1]	**vorgeschriebene Untersuchung**[2]	**Maßnahmen E: Empfehlung V: Vorschrift**[3]
Trichinella spp. (S. 382) (Larven)	Hausschwein, Pferd	Muskulatur	per os: Rohfleisch	MI, besondere Vorschriften!	V: ganzer Tierkörper und Blut untauglich[5]
Ektoparasiten (S. 410)	Wiederkäuer, Schwein, Pferd	Haut, Unterhaut	keine	MA	V: veränderte Teile (u. a. Haut, mitbetroffene Muskulatur), genusstauglich
andere Ursachen im Zusammenhang mit Parasitosen: u. a. hochgradige Auszehrung, verminderte Schlachtkörperqualität, hochgradige Störung des Allgemeinbefindens				MA	V: ganzer Tierkörper und Blut untauglich
2. Haustiere: Hauskaninchen und Geflügel					
umfassende subkutane, muskuläre oder systemische Parasitosen	Hauskaninchen und Hausgeflügel	verschiedene Organe	keine	MA	V: ganzer Tierkörper untauglich
Parasitenbefall von Teilen des Schlachtkörpers, wenn übriges Fleisch nicht beeinträchtigt ist	Hauskaninchen und Hausgeflügel	Teile des Schlachtkörpers oder Organe	keine	MA	V: Teile des Schlachtkörpers oder Organe untauglich
3. Wildtiere: Wildschwein, Wildwiederkäuer, andere Tierarten					
Trichinella spp. (S. 382) (Larven)	Wildschwein, Bär, Fuchs, Sumpfbiber, andere potenzielle Träger	Muskulatur	per os: Rohfleisch	MI, besondere Vorschriften!	V: ganzer Tierkörper und Blut untauglich[5]
andere Parasiten: Befall mit Finnen usw.	wie bei Haustieren				
4. Fisch und Fischereierzeugnisse (nach EU-Definition sämtliche Meeres- oder Süßwassertiere oder Teile davon [Ausnahme im Wasser lebende Säugetiere und Frösche] sowie Aquakulturerzeugnisse)					
Diphyllobothrium spp. (S. 205) (Plerocercoide)	Süßwasserfische, auch Seefische	Leibeshöhle, Körpergewebe	per os: Rohfisch	MA	V: offensichtlich befallene Fische oder Fischteile untauglich
Opisthorchis spp. (S. 194) (Metacercarien)	verschiedene Arten von Süßwasserfischen	Körpergewebe	per os: Rohfisch	keine	E: in Endemiegebieten Fische erhitzen (> 60 °C) oder tiefgefrieren (–10 °C, 5 d)
Anisakidae (S. 345) (Larven)	viele Arten von Seefischen	Leibeshöhle, Körpergewebe	per os: Rohfisch	MA	V: offensichtlich befallene Fische oder Fischteile untauglich; Erzeugnisse, die naturbelassen verzehrt werden sollen, tiefgefrieren (–20 °C, mind. 24 h)
andere Parasiten: verschiedene Arten von Protozoen, Trematoden, Cestoden und Arthropoden	See- u. Süßwasserfische	Haut, Muskulatur	keine	MA	V: Fische untauglich, wenn Körpergewebe oder Haut mit Parasiten befallen sind

[1] Angaben beziehen sich nur auf die im Lebensmittel vorkommenden Stadien; Beispiel: adulte Stadien von *Fasciola hepatica* aus der Leber verursachen beim Menschen keine Infektion, auch nicht bei akzidenteller Aufnahme per os; der Mensch kann sich aber mit Metacercarien von *F. hepatica* infizieren
[2] MA: makroskopische Untersuchung auf sichtbare Parasiten (Adspektion, teils nach Anschneiden von Organen oder Muskulatur oder Durchtasten von Organen); MI: mikroskopische Untersuchung
[3] untauglich (= ungenießbar): als Lebensmittel unbrauchbar
[4] bei Rohverzehr von Leber Infektionsrisiko nicht auszuschließen
[5] wenn nur Tierkörperteile oder Fleischstücke vorliegen, sind alle Teile des Tieres untauglich

häufig vorkommender Parasiten ohne Anspruch auf Vollständigkeit. Die Übersicht zeigt, dass einige Parasiten durch die amtlichen Vorschriften zurzeit noch nicht oder unzureichend berücksichtigt werden, z. B. der wichtige Zoonose-Erreger *Toxoplasma gondii* oder die makroskopisch nicht nachweisbaren Arten von *Sarcocystis*. Daher müssen in einigen Fällen zusätzliche Maßnahmen zum Gesundheitsschutz ergriffen werden, besonders bei erhöhtem Risiko z. B. während der Schwangerschaft oder bei Immundefizienz.

Literaturhinweise

Aspöck H, Hrsg. Krank durch Arthropoden. Denisia 2010; 30. ISSN: 1608–8700

Bauerfeind R, Kimmig P, Schiefer HG, Schwarz P, Slenczka W, Zahner H. Zoonosen – zwischen Tier und Mensch übertragbare Infektionskrankheiten. 5. Aufl. Köln: Deutscher Ärzteverlag; 2012. ISBN: 978-3-76911-293-1

Broglia A, Kapel C. Changing dietary habits in a changing world: emerging drivers for the transmission of foodborne parasitic zoonoses. Vet Parasitol 2011; 182: 2–13

Chai JY, Murrell D, Lymbery AJ. Fish-borne parasitic zoonoses: status and issues. Int J Parasitol 2005; 35: 1233–1254

Colwell DD, Dantas-Torres F, Otranto D. Vector-borne parasitic zoonoses: Emerging scenarios and new perspectives. Vet Parasitol 2011; 182: 14–21

Cotton JA. The expanding world of human leishmaniasis. Trends Parasitol 2017; 33: 341–344

Deplazes P, van Knapen F, Schweiger A et al. Role of pet dogs and cats in the transmission of helminthic zoonoses in Europe, with a focus on echinococcosis and toxocarosis. Vet Parasitol 2011; 182: 41–53

Dorny P, Praet N, Deckers N et al. Emerging food-borne parasites. Vet Parasitol 2009; 163: 196–206

Europäische Union. https://eur-lex.europa.eu

Guggisberg AR, Alvarez Rojas CA, Kronenberg PA et al. A sensitive, one-way sequential sieving method to isolate helminths' eggs and protozoal oocysts from lettuce for genetic identification. Pathogens 2020; 9. doi: 10.3390/pathogens9080624

Hui YH, Sattar SA, Murrell KD, Nip WK. Foodborne Disease Handbook. 2nd ed. New York, Basel: Marcel Dekker; 2000. ISBN: 0-82470-338-3

Kampen H, Werner D. Arthropod vectors and their growing importance in Europe. In: Mehlhorn H, ed. Progress in Parasitology. Parasitol Res. Monographs 2: 259–282. Heidelberg: Springer; 2011. ISBN: 978-3-64221-395-3

Koutsoumanis K, Allende A, Alvarez-Ordóñez A et al. Public health risks associated with food-borne parasites. EFSA Journal 2018; 16: 5495–5608

Palmer SR, Soulsby Lord, Torgerson PR, Brown DWG, eds. Oxford Textbook of Zoonoses. 2nd ed. Oxford, UK: Oxford University Press; 2011. ISBN: 978-0-19857-002-8

Raschke E, Kobelt H. Fleischhygienerecht. Sammlung deutscher und internationaler Vorschriften mit Hinweisen. Starnberg: R.S. Schulz; 2007. ISBN: 3-79620-316-7

Thompson RC. Parasite zoonoses and wildlife: One Health, spillover and human activity. Int J Parasitol 2013; 43: 1079–1088

Torgerson PR, Macpherson CN. The socioeconomic burden of parasitic zoonoses: global trends. Vet Parasitol 2011; 182: 79–95

Torgerson PR, De Silva NR, Fèvre EM et al. The global burden of foodborne parasitic diseases:an update. Trends Parasitol 2014; 30: 20–26

Zinsstag J, Meisser A, Schelling E et al. From 'two medicines' to 'one Health' and beyond. Onderstepoort. J Vet Res 2012; 79: 492

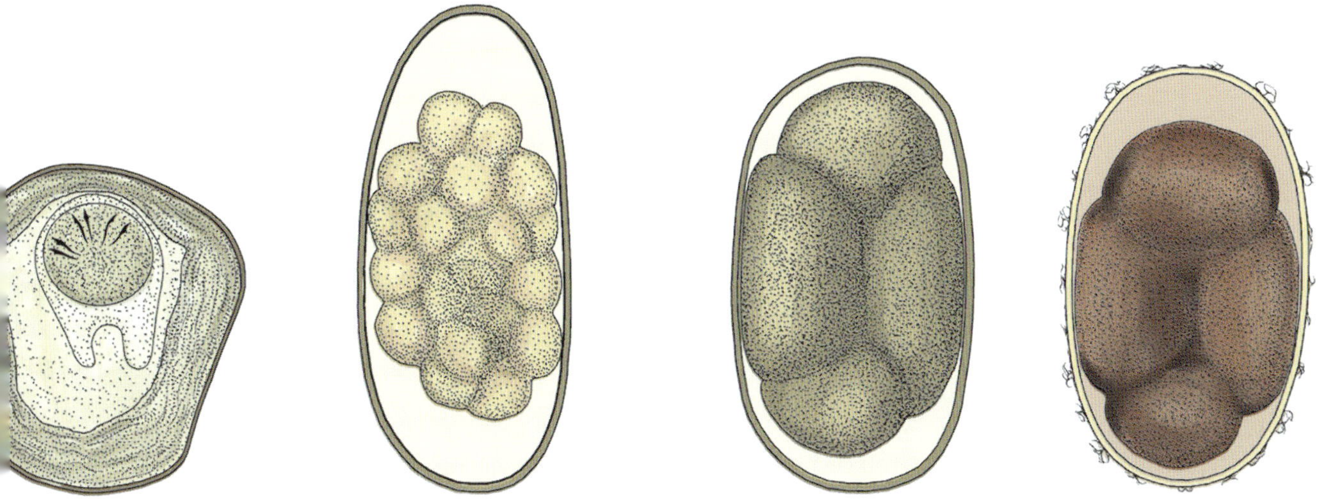

Teil 6
Diagnostik

19 Diagnostik

19.1 Labordiagnostische Methoden

19.1.1 Allgemeines

Auch für Parasitosen gilt der allgemeine Grundsatz: **Eine exakte Diagnose ist die Grundlage tierärztlichen Handelns (evidenzbasierte Medizin).** Vorbericht, klinische Befunde und die Berücksichtigung epidemiologischer Faktoren liefern wichtige Informationen, ermöglichen jedoch in den meisten Fällen keine definitive Diagnose einer Parasitose, sodass ein direkter oder indirekter Erregernachweis geführt werden muss. Dafür stehen verschiedene Methoden zur Verfügung, die intra vitam oder post mortem eingesetzt werden (Intravital- oder Postmortaldiagnostik). Bei einigen Parasitosen ist auch der Erregernachweis in der Umwelt von diagnostischer Bedeutung.

Die klassischen Methoden zum **direkten Parasitennachweis** sind makroskopische und mikroskopische Untersuchungen. Sie sind polyspezifisch, d. h. erfahrenes Diagnostikpersonal kann eine Reihe von Parasiten, die in einer Probe vorhanden sind, auch evtl. unerwartete Erreger, identifizieren. Der Parasitennachweis kann dabei einerseits auf Einzeltierebene, andererseits bei größeren Tiergruppen auch durch die Untersuchung von Stich- oder Sammelproben erfolgen. Die klassischen parasitologischen Nachweismethoden haben auch heute noch eine zentrale Bedeutung, allerdings werden sie durch molekularbiologische und immunologische Techniken ergänzt, verbessert oder teilweise sogar durch diese ersetzt.

Einige Parasitenarten (z. B. *Tritrichomonas foetus*) lassen sich in Kulturen anzüchten (kultureller Nachweis). Die Anzüchtung (ohne Vermehrung) von 3. Nematodenlarven (L3) erlaubt die Gattungs- oder Artdifferenzierung von Strongyliden und Trichostrongyliden.

Parasitäre Antigene (exkretorisch-sekretorische [E/S], somatische oder Oberflächenantigene) können mit immunologischen Methoden unter Verwendung spezifischer Antikörper nachgewiesen werden. Solche Tests sind monospezifisch, dabei erfolgt je nach Spezifität der verwendeten Antikörper eine Gattungs- oder Artdiagnose. Ihre Sensitivität hängt sowohl von der Antigenmenge (somatische oder Oberflächenantigene) sowie der metabolischen Aktivität (E/S-Antigene) der jeweiligen Parasiten als auch der Antigenkonzentration im Substrat ab (z. B. E/S-Antigene in Kot oder Blut).

Genetische Analysen basieren auf der Amplifikation von Parasiten-DNA meist mittels PCR (konventionelle oder real-time Methodik) oder zunehmend auch mittels der technisch einfacheren „Loop-Mediated Isothermal Amplification" (LAMP). Prinzipiell können solche Verfahren für alle Parasiten entwickelt werden und es steht eine Vielzahl von etablierten Tests zur Verfügung. DNA-basierte Nachweistechniken sind mono- oder polyspezifisch, dabei erfolgt je nach Spezifität der verwendeten Primer eine Gattungs- oder Artdiagnose, manchmal sogar eine Unterartdiagnose (Genotypen oder Stämme), dies allerdings häufig nur in Zusammenhang mit der Sequenzanalyse der PCR-Produkte. Ein leistungsstarker genetischer Test ist hochspezifisch und außerdem sehr sensitiv, jedoch können Bestandteile der Substrate (Blut oder Kot) die Reaktion beeinträchtigen. Neben einem bestimmten DNA-Abschnitt einer Art in einem Single-Assay können in PCR-Tests auch verschiedene DNA-Abschnitte mehrerer Arten in einem einzigen Reaktionsansatz nachgewiesen werden (Multiplex-Assay). Solche polyspezifischen Ansätze werden zunehmend kommerziell angeboten (z. B. „gastrointestinaler Assay" zum gleichzeitigen Nachweis von mehreren Parasiten). Zudem sind molekulare Verfahren geeignet, bestimmte Eigenschaften der Parasiten wie etwa die Empfindlichkeit gegenüber Wirkstoffen, zu untersuchen (z. B. Nachweis der Benzimidazol-Resistenz bei Trichostrongyliden der Schafe).

Die Massenspektrometrie (z. B. MALDI-TOF MS) ist eine etablierte Methode in mikrobiologischen Speziallaboren zur schnellen und kostengünstigen Identifizierung diverser Mikroorganismen. In der parasitologischen Diagnostik wird die Massenspektrometrie noch nicht routinemäßig eingesetzt, in Forschungsprojekten gelang jedoch z. B. die Identifizierung von Arthropoden, Helminthen sowie Protozoen. Die Methode ist polyspezifisch und kann die in der Probe vorhandenen Organismen mittels Datenbankvergleich der erhaltenen Molekülmassen identifizieren.

In Zukunft werden neue, hauptsächlich DNA-basierte Ansätze und weitgehend automatisierte Methoden eine große Bedeutung in der diagnostischen Parasitologie erlangen. Diagnostische Metagenomik (auch als Hochdurchsatz-Sequenzierung bezeichnet, engl. *high-throughput sequencing, next generation sequencing, deep sequencing*), die Massensequenzierung von DNA/RNA, wird in der Umwelt- und der medizinischen Mikrobiologie angewendet zum gleichzeitigen Nachweis von Organismen direkt aus den Proben oder nach Anreicherung. Die Methode, welche zzt. kaum in der Parasitologie angewendet wird, ist teuer und technisch anspruchsvoll. Entsprechende diagnostische Parameter müssen noch bestimmt werden.

Der **indirekte Parasitennachweis** erfolgt durch die Feststellung spezifischer Antikörper in Blutserum bzw. -plasma, in der Milch, im Fleischsaft oder im Liquor cerebrospinalis. Auch hier ist zu erwarten, dass automatisierte Multiplex-Verfahren zum simultanen Nachweis von Antikörpern gegen verschiedene Parasiten zukünftig in der parasitologischen Diagnostik zunehmend an Bedeutung gewinnen werden.

Andere indirekte Verfahren sind etwa Allergietests und verzögerte Hypersensitivitäts-Test. Die Spezifität solcher Nachweisverfahren hängt vom verwendeten Antigen und dem angewandten immunologischen Verfahren ab.

Ein weiterer Trend ist die Entwicklung von diagnostischen Schnelltests zum Nachweis von Erreger-Antigenen oder von gegen Parasiten gerichteten Antikörpern. Diese Tests sind mit Blut, Speichel oder Kot als Substrate einfach durchzuführen. Sie sind robust und liefern schnell Ergebnisse, idealerweise noch während der Konsultation in der Praxis oder im Stall, von ausreichend hoher Sensitivität und Spezifität. Solche Schnelltests sollten Eigenschaften besitzen, welche auf Englisch mit dem Akronym ASSURED zusammengefasst werden (*affordable, sensitive, specific, user-friendly, rapid/robust, equipment-free, deliverable to those who need it*).

19.1.2 Untersuchungsmaterial

Die Aussagefähigkeit der Diagnostik hängt wesentlich von einer korrekten **Probenentnahme** sowie den Bedingungen der Aufbewahrung und des Transportes des Untersuchungsmaterials ab. Hinweise zur **Art des Probenmaterials**, das zur Untersuchung auf Parasiten benötigt wird, finden sich in ▸ **Tab. 19.1**. Am häufigsten gelangen Kot-, Blut-, Speichel- bzw. Serumproben und Hautgeschabsel sowie isolierte Parasiten (z. B. Würmer, Flöhe) zur parasitologischen Untersuchung, seltener Organe und Bioptate bzw. andere Gewebeproben. Bei der Untersuchung von Tierbeständen sollte eine repräsentative **Stichprobe** entnommen werden. Auch die Analyse von Sammelkotproben bietet aussagekräftige Ergebnisse, sofern die Proben von Tieren derselben Altersgruppe stammen und nicht zu viele Einzelproben zusammengefasst werden (nicht über 10). Das Untersuchungsmaterial ist in dicht schließenden Behältern (z. B. Kotdosen oder Blutröhrchen aus Kunststoff) zu sammeln und auf dem schnellsten Weg zum Labor zu befördern, bei Postversand unter Beachtung der Vorschriften für den Versand potenziell infektiösen Materials. Für die Einsendung besonders wichtig sind die eindeutige **Kennzeichnung der Proben** und die Angabe von **Patientendaten** (Tierart, Rasse, Alter, Geschlecht, Kennzeichen oder Nummer bzw. Name des Tieres) sowie ein Vorbericht (klinische Symptome, Art der Vorbehandlung, eventuelle Auslandsaufenthalte).

▸ **Tab. 19.1** Hinweise für die Einsendung von Material zum Nachweis von Parasitenbefall [s. auch Hinweise von Untersuchungslabors (S. 543)] und Auflistung der in der Routinediagnostik[1] verwendeten Nachweismethoden.

Untersuchung auf Parasiten der Organsysteme	erforderliches Material	Untersuchungsstrategie[1]
1. isolierte Parasiten		
1.1 Identifikation von Ektoparasiten: z. B. Zecken, Läuse, Haarlinge, Mücken, Fliegen, Fliegenmaden, Flöhe	möglichst mehrere Parasiten, nativ oder fixiert in 70 %igem Ethanol	Makroskopie und Mikroskopie
1.2 Identifikation von Endoparasiten: z. B. Würmer, Bandwurmglieder, Dasssellarven	nativ in physiologischer Kochsalzlösung oder fixiert in 70 %igem Ethanol	Makroskopie und Mikroskopie
2. Haut		
2.1 oberflächlich lebende Hautparasiten, z. B. *Cheyletiella*, Haarlinge, Läuse, Flöhe	3 transparente Klebebänder je Tier auf Objektträger oder ausgekämmtes Haar- und Hautschuppenmaterial	Mikroskopie, evtl. KOH-Methode (S. 547)
2.2 Ektoparasiten in tiefen Hautschichten		
• direkter Nachweis (z. B. Milben: *Demodex, Sarcoptes, Psoroptes, Chorioptes*)	Hautgeschabsel, möglichst Sammelprobe von mehreren Prädilektionsstellen, nativ	Mikroskopie, KOH-Methode (S. 547)
• Serologie: *Sarcoptes*-Räude bei Hund und Schwein, *Psoroptes*-Räude beim Schaf	2 ml Serum/Plasma	Antikörpernachweis; Individualdiagnose beim Hund, Bestandsdiagnose bei Schwein und Schaf
2.3 Leishmaniose bei Hund und Katze	s. 3.5	–
2.4 Besnoitiose beim Rind		
• direkter Nachweis	Hautbiopsie	Mikroskopie nach Färbung
• Serologie	2 ml Serum/Plasma	Antikörpernachweis
2.5 Hypodermose beim Rind		
• direkter Nachweis	s. 1.2	Mikroskopie
• Serologie	2 ml Serum/Plasma	Antikörpernachweis

▶ **Tab. 19.1** Fortsetzung

Untersuchung auf Parasiten der Organsysteme	erforderliches Material	Untersuchungsstrategie[1]
3. Blut und blutbildende oder lymphatische Organe		
3.1 Trypanosomen bei Pferd, Rind, Schaf, Hund u. a.		
• direkter Nachweis	3 dünne Blutausstriche (unfixiert, luftgetrocknet oder fixiert in Methanol) oder 5–10 ml EDTA-Blut	Mikroskopie nach Färbung
• Serologie (gattungsspezifisch, evtl. Kreuzreaktion mit *Leishmania*!)	2 ml Serum/Plasma	Antikörper- oder Antigennachweis
3.2 Babesiose und Theileriose bei Pferd, Rind, Schaf, Hund u. a.		
• direkter Nachweis	s. 3.1 *Theileria* spp. der Wiederkäuer: Lymphknotenaspirate; dünne Ausstriche in Methanol fixiert	Mikroskopie nach Färbung DNA-Analysen wichtig für Artdiagnose beim Pferd
• Serologie	2 ml Serum/Plasma	Antikörpernachweis (nicht gattungsspezifisch); Ausnahme kompetitive ELISAs für Pferd[3]
3.3 Filariosen bei Hund und Katze		
• Nachweis von Mikrofilarien	2–5 ml EDTA-Blut	Anreicherung: Knott-Test (S. 548) mit *Dirofilaria*-artspezifischer Differenzierung durch Längenmessung
• Serologie: *Dirofilaria immitis*	2–5 ml Serum/Plasma	Antigennachweis (Hund; weniger sensitiv bei Katze), Schnelltests Antikörpernachweis (nur geeignet für Katze)
3.4 Angiostrongylose beim Hund		
• Larvennachweis (L 1)	4–10 g frischer Kot	Auswanderverfahren, FLOTAC (S. 552)
• Serologie	2 ml Serum/Plasma	Antigennachweis (Schnelltest), Antikörpernachweis
3.5 Leishmaniose bei Hund und Katze		
• direkter Nachweis	Lymphknoten- oder Knochenmarkpunktat	Mikroskopie nach Färbung (geringe Sensitivität!), Standard ist DNA-Analyse
• Serologie	2 ml Serum/Plasma	Antikörpernachweis (Schnelltests weniger sensitiv)
4. Magen-Darm-Trakt		
4.1 Kotuntersuchungen		
• qualitativer Nachweis von Oocysten u. Cysten von Protozoen, Eiern von Trematoden, Cestoden und Nematoden, Larven von Nematoden	Nativkot Rind, Pferd, Esel: 20–30 g Schaf, Ziege, Schwein: 10–20 g Hund, Katze, Kaninchen, Igel: 5–10 g Geflügel, Ziervögel, Reptilien, andere Kleintiere: 0,5–5 g	Eier/Cysten/Oocysten: Mikroskopie nach Sedimentationsverfahren, Flotationsverfahren, kombiniertes Sedimentations-Flotations-Verfahren Larven: Auswanderverfahren
• wie 4.1a, zusätzlich vegetative Formen von Protozoen (bei bestimmten Tierarten)	SAF-fixierter Kot Hund, Katze, Affen, Amphibien, Reptilien, Ziervögel: max. 1 g Kot in 10 ml SAF-Lösung (Lösung vom Labor anfordern)	Mikroskopie nach SAF-Konzentrationsverfahren (S. 552)
• Cryptosporidien	Nativkot, alle Tierarten: 1–5 g	Mikroskopie nach Färbung (S. 555)
• Microsporidien	SAF-fixierter Kot (s. 4.1b)	Mikroskopie nach Färbung (S. 555)
• Tritrichomonaden der Katze	Nativkot (frisch!) in Kulturmedium (InPouch®) geben oder Nativkot 1–5 g	Mikroskopie der Kultur im Umkehrmikroskop, sensitiver mit DNA-Analyse
• Kopro-Antigen-Untersuchung (*Cryptosporidium*, *Giardia*, *Fasciola*, *Toxocara*, *Ancylostoma*, *Trichuris*, *Echinococcus* u. a.)	frischer Kot, nativ oder in Pufferlösung, alle Tierarten: 2–5 g	Antigennachweis (Schnelltests für Cryptosporidien und Giardien)

► **Tab. 19.1** Fortsetzung

Untersuchung auf Parasiten der Organsysteme	erforderliches Material	Untersuchungsstrategie[1]
• Kopro-DNA-Test (*Cryptosporidium, Giardia, Tritrichomonas foetus [Ktz.], Echinococcus* u. a.)	2–5 g frischer Kot, nativ oder in Pufferlösung	PCR (sequenzieren)
• Differenzierung der Drittlarven von Magen-Darm-Nematoden	Nativkot Pferd, Rind, kleine Wiederkäuer: 15–30 g	Mikroskopie nach Larvenkultur
• quantitative Analysen: Ei- oder Oocystenzählung (EpG; OpG); Eizahlreduktionstest (S. 550) (EZRT)	Nativkot: Mengen wie bei 4.1a; für den EZRT Probenentnahme vor der Therapie und ca. 2 Wochen danach	mikroskopische Eizählung, z. B. McMaster-Verfahren, Mini-FLOTAC, FECPAK
4.2 Oxyuriden-Eier bei Pferd und Nagern, Taeniiden-Eier im Fell bei Hund und Katze	transparentes Klebeband auf Objektträger, 3 Proben/Tier	Mikroskopie
4.3 Serologie: Ostertagiose	2 ml Serum/Plasma/Milch	Antikörpernachweis
5. Leber		
5.1 *Fasciola* bei Wiederkäuern, Pferden und anderen Wirten		
• Einachweis im Kot bei Wiederkäuer und Pferd	Nativkot wie bei 4.1 a	Mikroskopie nach Sedimentationsverfahren
• Kopro-Antigen-Nachweis	s. 4.1f	frischer Kot, nativ oder in Pufferlösung, 2–5 g
• Serologie beim Rind	2 ml Serum oder Einzelmilchprobe, Sammelmilch-Probe zur Bestandsdiagnostik	Antikörpernachweis
• Einachweis in Gallenflüssigkeit	2–3 ml Galle (Punktion oder post mortem)	Mikroskopie nach Sedimentationsverfahren
5.2 Kotuntersuchung auf *Dicrocoelium*-Eier bei Wiederkäuer und amerikanischen Kameliden	Nativkot wie bei 4.1a	Mikroskopie nach Flotationsverfahren oder kombiniertem Sedimentations-Flotations-Verfahren mit Flotationslösung hoher Dichte (> 1,3)
6. Respirationstrakt		
6.1 Lungenwurminfektionen bei Wiederkäuern, Equiden und Schweinen		
• Direktnachweis von L 1	Nativkot, s. 4.1a	Mikroskopie nach Auswanderverfahren (S. 554)
• Einachweis im Kot (Schwein: *Metastrongylus*; Equiden: *Dictyocaulus arnfieldi*)	Nativkot, s. 4.1a	Mikroskopie nach Flotationsverfahren (S. 549) oder kombiniertem Sedimentations-Flotations-Verfahren (S. 550)
• Serologie: *Dictyocaulus viviparus*	2 ml Serum/Plasma/Milch	Antikörpernachweis
6.2. Lungenwurminfektionen bei Fleischfressern (*Angiostrongylus* s. 3.4)		
• Direktnachweis von L 1	Nativkot wie bei 4.1a, nativer Tracheal- oder Bronchialschleim	Mikroskopie nach Auswanderverfahren (S. 554) oder FLOTAC (Kot), Direktnachweis (Schleim)
• Kotuntersuchung auf Eier von *Capillaria aerophila, C. boehmi*	wie bei 4.1a	Mikroskopie nach Flotationsverfahren oder kombiniertem Sedimentations-Flotations-Verfahren
• Serologie: *Aelurostrongylus abstrusus*	2 ml Serum/Plasma	Antikörpernachweis
7. Urogenitalapparat		
7.1 *Neospora* bei Rind, Ziege u. a.; *Toxoplasma* bei Schaf, Schwein und anderen Wirten als Aborterreger	abortierte Feten, Placenta, Nachgeburt, Serum von Mutter und Fetus	Histopathologie, Immunhistologie, DNA-Analysen, Antikörpernachweis
7.2 *Tritrichomonas foetus* beim Rind	frische Proben aus Genitaltrakt, ggf. in Kulturmedium	Mikroskopie nach Kultur
7.3 Beschälseuche (Dourine) bei Equiden (*Trypanosoma brucei equiperdum*)	2 ml Serum/Plasma	Antikörpernachweis
7.4 *Capillaria plica*- und *Dioctophyma renale*-Eier beim Hund	Urin: einige ml	Mikroskopie des Urinsediments

▶ **Tab. 19.1** Fortsetzung

Untersuchung auf Parasiten der Organsysteme	erforderliches Material	Untersuchungsstrategie[1]
8. Verschiedene/multiple Organsysteme		
8.1 Toxoplasmose bei Hund, Katze und anderen Tierarten (persistierende, asymptomatische Infektionen)	2 ml Serum/Plasma	Antikörpernachweis
8.2 Neosporose		
• Neosporose (Abort) Rind, Ziege	s. 7.1	Histopathologie, Immunhistologie, DNA-Analysen, Antikörpernachweis
• persistierende asymptomatische Infektionen bei Wiederkäuern und Hunden	2 ml Serum/Plasma	Antikörpernachweis
• klinisch manifeste Infektionen bei Hunden	2 ml Serum/Plasma, Gewebeproben nach Sektion	Antikörpernachweis, Histopathologie, DNA-Analysen
8.3 Microsporidien (Kaninchen, Katze, Hund u. a.)		
• direkter Nachweis	Urinsediment aus einigen ml; Gewebeproben nach Sektion (Gehirn, Niere; Linsenmaterial)	Mikroskopie nach Färbung (wenig sensitiv), DNA-Analysen sind Standard
• Serologie: *Encephalitozoon cuniculi*	0,5–1 ml Serum/Plasma	Antikörpernachweis
8.4 Leishmaniose bei Hund und Katze	s. 3.5	–
8.5 *Taenia saginata*-Cysticercose des Rindes		
• direkter Nachweis	veränderte Muskelprobe	makroskopische und mikroskopische Untersuchung
• Serologie	2 ml Serum/Plasma, Milch- oder Sammeltankproben (Herdendiagostik)	Antikörpernachweis
8.6 Untersuchung auf Metacestoden in Muskulatur, Leber, Lunge usw. (bei unklarer makroskopischer Diagnose)	ganze Cyste, verdächtiges Gewebe oder Punktionsmaterial nativ	Mikroskopie, Histologie, molekularbiologische Untersuchung
8.7 Nachweis von Helminthen in inneren Organen, z. B. in Leber, Magen-Darm-Trakt, Lunge	Organe (oder Organteile) einzeln verpackt	makroskopische, mikroskopische, histologische Untersuchung
8.8 Nachweis von Trichinellen in der Muskulatur	Skelettmuskulatur von Schwein, Wildschwein, Pferd u. a. Tierarten Entnahmestellen und Mengen (S. 558)	Mikroskopie oder Latex-Agglutinationstest nach Verdauungsmethode, DNA-Analysen zur Bestätigung und Artidentifizierung
8.9 Nachweis von gegen *Anoplocephala perfoliata* gerichtete Antikörper im Speichel	Speichel	Antikörpernachweis

[1] aufgeführt sind nur Verfahren, die in der Routinediagnostik in entsprechenden Labors etabliert oder klinisch wichtig sind, und die für die Praxis entwickelten Schnelltests; weiterführende genetische (PCR, LAMP) Analysen (evtl. mit nachfolgender Sequenzierung von PCR-Produkten) sind prinzipiell zur Identifizierung sämtlicher Parasiten möglich und werden daher nur aufgeführt, wo sie zur Standard-Untersuchung eingesetzt werden
[2] SAF: Sodium acetate-Acetic acid-Formalin (Natriumacetat-Essigsäure-Formalin)
[3] Serologie mit kompetitiven ELISAs (vmrd, USA), vorgeschrieben bei Import in die USA während Quarantäne

19.1.3 Untersuchungslabors

Parasitologische Untersuchungen werden heute meist in **offiziell anerkannten (akkreditierten) Untersuchungslabors** vorgenommen, die auf Anforderung spezielle Richtlinien für die Materialentnahme und -einsendung zur Verfügung stellen. Zu berücksichtigen ist, dass es für die verschiedenen Methoden keine einheitlichen Vorschriften gibt, sodass zwischen den Labors methodische Abweichungen bestehen können. Einige parasitologische Untersuchungsverfahren und käufliche Tests (Test-Kits) können in Praxislabors durchgeführt werden. Zusätzlich zu den allgemeinen **Sicherheitsvorschriften** für Laborarbeiten sind besondere **Schutzmaßnahmen** beim Umgang mit Parasiten (z. B. Allergenexposition) zu beachten. Neben dem eingesandten Untersuchungsmaterial müssen auch anfallende umwelttoxische Chemikalien sachgerecht entsorgt werden.

19.1.4 Untersuchungsverfahren zum intravitalen Parasitennachweis

Der folgende Abschnitt bietet eine Übersicht über einige Labormethoden zum intravitalen Parasitennachweis. Näher beschrieben werden vor allem Verfahren, die auch in kleineren Labors mit einfacher Ausrüstung durchgeführt werden können.

Ausrüstung Zur Minimalausrüstung für solche Untersuchungen gehören ein Mikroskop (Okulare 10 ×, Objektive 4, 10, 40 × sowie 60 × oder 100 × [Ölimmersion]), eine Zentrifuge (Zentrifugenröhrchen 15 ml, Zentrifugation bis 2500 × g), verschiedene Kleingeräte (s. u.) sowie Chemikalien und Verbrauchsmaterial.

Mikroskopische Vergrößerungsbereiche Für die Untersuchungen sind gewöhnlich folgende Vergrößerungsbereiche erforderlich:

- präadulte und adulte Helminthen sowie große Arthropoden: Stereolupe oder schwache mikroskopische Vergrößerung 40 × oder 100 × (Okular 10 ×, Objektiv 4 × oder 10 ×)
- kleine Arthropoden: schwache Vergrößerungen 40 × oder 100 × (Okular 10 ×, Objektiv 4 × oder 10 ×), für Details auch 400 × (Okular 10 ×, Objektiv 40 ×)
- Eier und Larven von Helminthen: wie bei kleinen Arthropoden
- Protozoen: mittlere bis starke Vergrößerungen 400 × und 600 × oder 1000 × (Okular 10 ×, Objektive 40 × und 60 × oder 100 × [Ölimmersion])

Zur Identifikation von Parasiten sind zum Teil mikroskopische Größenmessungen notwendig. Bei der Bewertung der Untersuchungsergebnisse müssen die Sensitivität und Spezifität (S. 665) der Untersuchungsverfahren berücksichtigt werden.

Nachweis von Parasiten (Arthropoden) der Haut

Die im Folgenden beschriebenen Methoden beziehen sich nur auf den Nachweis von Arthropoden.

Ausstriche

Homogenes Material, das z. B. bei der Untersuchung von Carnivoren auf *Demodex* (S. 443)- oder *Otodectes*-Milben (S. 459) aus Hautfalten ausgepresst oder mit einem Tupfer aus dem äußeren Gehörgang entnommen wird, kann auf einem Objektträger ausgestrichen, evtl. mit 1 Tropfen Glycerin überschichtet, mit einem großen Deckglas abgedeckt und mikroskopisch untersucht werden.

Klebebandmethode

Haare scheiteln, durchsichtiges Klebeband von etwa 4 cm Länge und 1 cm Breite auf die Haut drücken, abziehen, mit Klebeschicht glatt auf einen Objektträger pressen und mikroskopisch untersuchen. Möglichst mehrere Proben von verschiedenen Hautstellen entnehmen. Zum Beispiel Nachweis von *Cheyletiella*-Milben (Hund, Katze, Kaninchen).

Hautgeschabsel sowie Hautschuppen- und Haarmaterial

Entnahme Hautgeschabsel: Am Rand von Hautveränderungen oder an Prädilektionsstellen von Ektoparasiten (z. B. Milben) die Haare abscheren und Hautteile mit einem scharfen Löffel tief abschaben, bis petechiale Blutungen auftreten. Probe in einem dicht verschließbaren Gefäß mit großer Öffnung auffangen. Dieses Material sollte zunächst direkt und dann nach Aufbereitung untersucht werden.

Hautschuppen- und Haarmaterial: Hautschuppen- und Haarmaterial an betroffen Stellen gründlich auskämmen oder auszupfen.

Direkte Untersuchung Untersuchung mithilfe einer Stereolupe; dabei auch die Wände des Einsendegefäßes absuchen, da Milben und andere Arthropoden aus dem Untersuchungsmaterial auswandern können.

Untersuchung nach Aufbereitung Material in einer Petrischale in 10 %ige **KOH-Lösung** einlegen und mindestens 2–3 h (wenn nötig auch länger) bei Zimmertemperatur stehen lassen. Alternative: Material in geeignetem Gefäß kurz aufkochen (Achtung: Spritzgefahr durch Siedeverzug der KOH; Schutzbrille!) oder in einer Mikrowelle kurz erhitzen (z. T. Geruchsemission!). Die Kalilauge mazeriert die Keratinbestandteile und setzt dadurch Arthropoden frei, deren Chitinskelett erhalten bleibt. Untersuchung der Suspension in der Petrischale unter dem Stereomikroskop; zur genauen Identifikation die Arthropoden einzeln isolieren, auf Objektträger überführen und untersuchen.

Nachweis spezifischer Antikörper

Verschiedene Hautparasitosen können serologisch diagnostiziert werden, dazu gehören die *Sarcoptes*-Räude beim Hund (individuelle Diagnose), die *Sarcoptes*-Räude des Schweines, die *Psoroptes*-Räude des Schafes und Rindes, die Hypodermose des Rindes (Bestandsdiagnose) sowie die Anoplocephalidose des Pferdes (▶ **Tab. 19.1**). Zum Teil stehen kommerzielle Test-Kits zur Verfügung.

Identifikation von Arthropoden mit molekularen Verfahren

Für einige Arthropoden stehen spezifische, auf PCR oder LAMP basierende Ansätze für die Art- oder Stamm-Identifizierung zur Verfügung, teilweise gelingt die Identifizierung aber erst nach einer Sequenzierung der PCR-Amplifikationsprodukte (Material in 70 % Ethanol oder gefroren lagern). In Spezial- bzw. Forschungslaboren werden massenspektrometrische (MALDI-TOF MS) Verfahren angewendet, welche z. B. für die Identifizierung von Gnitzen (*Culicoides* spp.), Schmetterlingsmücken (Phlebotomen) und Stechmücken (Culicidae) entwickelt wurden (Material in 70 % Ethanol lagern).

Nachweis von Parasiten in Blut (Serum), Liquor und Punktaten

Nachweis von Protozoen

Ausstriche von Blut, Knochenmark, Lymphknotenpunktat oder Liquorsediment

Von Nativ- oder EDTA-Blut (oder anderem Material) werden auf fettfreien Objektträgern dünne Ausstriche angefertigt. Die bei Raumtemperatur oder 37 °C ca. 30 min getrockneten Ausstriche werden 5–10 min in Methanol fixiert und danach gefärbt (Giemsa oder Diff-Quick®). In sachgerecht angefertigten und gefärbten dünnen Ausstrichen sind die Merkmale von Protozoen in der Regel gut zu erkennen.

Mikrohämatokrittechnik (Buffy-Coat-Methode)

EDTA-Blut in Mikrohämatokritröhrchen (an einem Ende verschlossen) zentrifugieren und an der Grenzschicht zwischen Blutzellen und Plasma direkt mikroskopisch auf bewegliche Protozoen (Trypanosomen) oder Mikrofilarien untersuchen oder nach Aufbrechen des Röhrchens Grenzschicht mit einem Tropfen physiologischer Kochsalzlösung vermengen, ausstreichen und entweder direkt oder nach Färbung untersuchen, wie oben beschrieben.

Kulturverfahren

Kulturverfahren werden in Speziallabors u. a. zum Nachweis von *Leishmania*, Trichomonaden und *Acanthamoeba* eingesetzt (Medium beim Labor anfordern!). Für *Tritrichomonas foetus* (Rind, Katze) sind kommerzielle Kits (InPouch® TF) erhältlich.

Nachweis von spezifischen Antikörpern

Der Nachweis spezifischer Antikörper in Serum, Milch (auch Tankmilch), Speichel, Muskelsaft oder Liquor mit verschiedenen Methoden (ELISA, IFAT, WB u. a.) ist ein wichtiges Verfahren zum indirekten Erregernachweis bei einer Reihe von Protozoen-Infektionen und anderen Parasitosen (▸ **Tab. 19.1**). Schnelltests zum Nachweis von Antikörpern sind z. T. kommerziell erhältlich, z. B. zur Diagnose von *Toxoplasma*-, *Neospora*, *Leishmania*- oder *Fasciola*-Infektionen. Serologische Verfahren in Formaten für große Probenzahlen, z. B. ELISA, werden bevorzugt in der Herdendiagnostik eingesetzt (*Fasciola*-, *Dictyocaulus*, *Ostertagia*-Infektionen und *Psoroptes*-Infestationen).

Nachweis von Antigen und DNA

Der Nachweis im Blut zirkulierender Antigene mittels ELISA oder Schnelltests hat sich besonders bei der *Dirofilaria immitis*- und *Angiostrongylus vasorum*-Infektion des Hundes bewährt. Durch Identifikation von Parasiten-DNA mithilfe der PCR oder LAMP sind parasitäre Erreger direkt im Probenmaterial mit hoher Sensitivität und Spezifität nachweisbar. Ferner können nach Sequenzierung der PCR-Produkte Erregerarten oder -stämme noch genauer charakterisiert werden. Solche Untersuchungen werden in Speziallaboren durchgeführt.

Nachweis und Differenzierung von Mikrofilarien

Im Blut zirkulierende Mikrofilarien können angereichert werden. Beim **Knott-Test** wird 1 ml Blut in 10 ml 2 %igem Formalin hämolysiert und zentrifugiert. Im Sediment sind Mikrofilarien angereichert, die mit Giemsa gefärbt und durch Längenmessung differenziert werden können. Weiterhin ist ein Nachweis mittels Mikrohämatokrittechnik (Buffy-Coat) möglich. Die Artdiagnose kann auch mittels genetischer Analysen mit DNA aus Vollblut oder aus Sediment von zentrifugiertem, mit Wasser versetztem Blut erfolgen. Die histochemische Lokalisation von saurer Phosphatase in den Mikrofilarien kann ebenfalls zur Artidentifizierung herangezogen werden.

Nachweis von Parasiten in Kotproben – Koproskopische Verfahren

Die hier beschriebenen Verfahren zur Kotuntersuchung sind nicht normiert und als semiquantitative Methoden einzustufen, wenn bei konstanter Methodik stets die gleichen Mengenverhältnisse eingehalten werden.

Sedimentationsverfahren (SV)

Prinzip In einer Kot-Wasser-Suspension sinken spezifisch schwere Parasitenstadien (z. B. Trematoden-Eier) rasch ab. Nach mehrmaligem (i. d. R. dreimaligem) Auswaschen leichterer Kotpartikel können die Eier im Sediment nachgewiesen werden.

Methode In dieser Methode werden folgende Kotmengen eingesetzt: Rind 10 g, kleine Wiederkäuer 3–10 g, Pferd 10 g. Harten Kot von kleinen Wiederkäuern zuvor 1 h in Wasser einweichen. Die einzelnen Schritte des Verfahrens sind in ▸ **Abb. 19.1** dargestellt.

Nachweismöglichkeiten Mit ausreichender Zuverlässigkeit nachweisbar sind Eier von *Fasciola*, Paramphistomatiden und Schistosomen sowie Oocysten von *Eimeria leuckarti*. Bei Schistosomen-Eiern muss allerdings physiologische Kochsalzlösung anstelle des Leitungswassers verwendet werden (in Wasser schlüpfen die Miracidien und die leeren Eihüllen sedimentieren nicht). Die methodische Sensitivität des SV zum Nachweis von *Fasciola*-Eiern ist bei Eizahlen von 10–1000/g sehr hoch (nahe 100 %); die untere Nachweisgrenze liegt bei 3–4 Eiern/g. Bei der Untersuchung von natürlich mit *F. hepatica* infizierten Tieren werden aber nicht alle Parasitenträger erfasst, da die Eiausscheidung starken Schwankungen unterliegt und oft gering ist, vor allem beim Rind. Adulte, mit *F. hepatica* infizierte Pferde scheiden häufig keine Eier aus. Beim Rind ist mit einer diagnostischen Sensitivität von 60–70 % zu rechnen, beim Schaf mit > 80 %. Durch wiederholte Untersuchungen mit je 10 g Kot derselben Probe konnte z. B. beim Nachweis von *F. hepatica*-Eiern beim Rind die Sensitivität von 69 % (1 × 10 g) auf 90 % (3 × 10 g) erhöht werden. Die Spezifität ist hoch, da *Fasciola*-Eier leicht erkennbar sind.

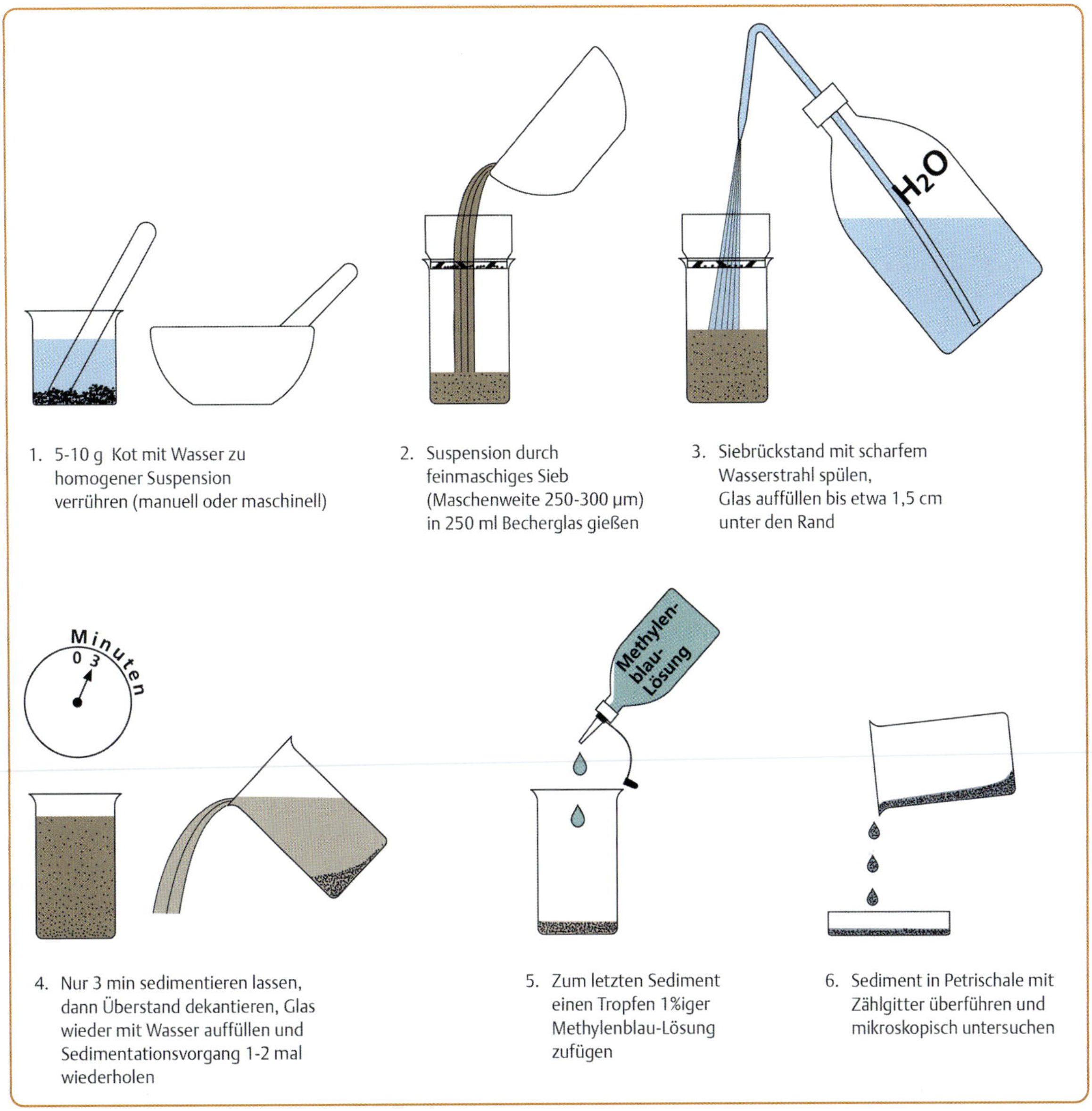

▸ **Abb. 19.1** Sedimentationsverfahren (SV). (Grafik: Marianne Mathys, Vetsuisse-Fakultät, Universität Zürich)

Flotationsverfahren (FV)

Prinzip Kot wird mit einer wässrigen Flotationsflüssigkeit mit hohem spezifischem Gewicht (SG) zu einer Suspension vermischt, in welcher schwere Kotbestandteile absinken oder in der Schwebe bleiben, während spezifisch leichtere Parasitenstadien aufsteigen und sich an der Oberfläche anreichern.

Flotationsmedien Als Flotationsmedien werden u. a. verwendet: gesättigte NaCl-Lösung (SG bei 20 °C: 1,2 g/cm^3), $NaNO_3$-Lösung (SG: 1,2), $ZnCl_2$-Lösung (SG: 1,3 oder 1,45), $ZnSO_4$-Lösung (SG: 1,2 oder 1,3), NaCl/$ZnCl_2$-Lösung (SG: 1,3) und Kristallzuckerlösung (SG: 1,3).

Methoden

Methode A: Flotation mit Flotationslösung und Zentrifugation

- In einem geeigneten Gefäß (Kotdose, Becher, Mörser) 3–5 g Kot mit etwa 10-fachem Volumen der Flotationslösung versetzen und gründlich zu einer möglichst homogenen Suspension verrühren. Harten Kot vorher in etwas Wasser einweichen.
- Die Suspension durch ein Sieb (Maschenweite 500–800 µm) und Trichter in 15 ml fassende Zentrifugenröhrchen (2 je Probe) gießen und 3 min bei 300–500 × g zentrifugieren.
- Von der Flüssigkeitsoberfläche mit einer rechtwinklig abgebogenen, abflammbaren Platindrahtöse (Durchmesser 5–6 mm) 3–5 Tropfen abheben und auf einen Objektträger überführen.
- Deckglas auflegen und mikroskopisch untersuchen.

Methode B: Direkte Flotation ohne Zentrifugation

- Die Suspension (siehe oben) durch ein Sieb (Maschenweite 500–800 µm) und Trichter in ein Becherglas (50 ml) oder 2 Zentrifugenröhrchen (10–15 ml) überführen.
- Nach 30 min Flotationszeit werden mit der Öse einige Tropfen von der Oberfläche zur Untersuchung abgenommen.
- Alternativ kann bei vollgefüllten Zentrifugenröhrchen (Meniskusbildung am oberen Rand) nach 15–30 min Flotationszeit auf jedes Röhrchen vorsichtig ein Deckglas aufgelegt, mitsamt den flotierten parasitären Objekten abgenommen und auf einen Objektträger zur Untersuchung übertragen werden.

Nachweismöglichkeiten Mit dem FV und gesättigter NaCl-Lösung als Flotationsmedium lassen sich Eier von *Strongyloides*, Strongyliden, Ascariden, Anoplocephaliden, Oocysten von Coccidien und ähnliche Parasitenstadien mit einer analytischen Sensitivität von ca. 70–90 % nachweisen, abhängig von der Anzahl der Stadien pro Gramm Kot, der verwendeten Kotmenge und anderen Faktoren.

Unsicherer Nachweis: Eier von *Trichuris, Capillaria*, Oxyuren, Taeniiden und *Eimeria leuckarti* beim Pferd; Cysten von *Giardia* sp. werden deformiert, sind aber erkennbar. Keine zuverlässige Identifikation von Cryptosporidien-Oocysten. Bei Verwendung von Flotationsmedien mit höherem spezifischem Gewicht (SG 1,3 oder 1,45; s. o.) sind auch Eier von *Trichuris, Capillaria, Metastrongylus, Dicrocoelium*, Taeniiden sowie Oocysten von *E. leuckarti* nachweisbar. Die Spezifität ist, von den einander sehr ähnlichen Trichostrongyliden-/Strongyliden-Eiern abgesehen, hoch, da die meisten Parasitenstadien sehr charakteristische Merkmale aufweisen.

Test-Kits Im Handel sind aus Kunststoff hergestellte Einwegsysteme und Flotationslösungen für das Flotationsverfahren erhältlich, z. B. Fecalyser® (Vétoquinol), Paratest® (Provet), Ovassay® Plus (Pfizer), Ovatec® Plus (Synbiotics). Ihre Vorteile liegen in der Verbesserung der Hygiene beim Transport und der Verarbeitung der Proben, im Wegfall von Reinigungsarbeiten sowie in der Einfachheit der Handhabung. Die in diesen Tests einsetzbare Kotmenge ist mit etwa 1–2 g aber klein; daher ist ihre Sensitivität oft geringer als beim Einsatz größerer Probenmengen in den hier beschriebenen Anreicherungsverfahren (FV, KSFV), besonders bei geringen Ei- oder Oocystenzahlen.

Flotation und sequenzielles Sieben

Helminthen-Eier können aus Kotproben (2–10 g) effizient angereichert werden mittels Flotation in $ZnCl_2$-Lösung (SG: 1,45), gefolgt von mehreren Siebschritten mit absteigender Maschenweite (200–21 µm). Bei korrekt gewählter Maschenweite des letzten Siebs können Eier aus dem Kot für eine effiziente und kostengünstige genetische Analyse gewonnen werden (z. B. zur Differenzierung von *Toxocara*- oder Taeniiden-Eiern in Fleischfresserkot oder auch in Umgebungsproben). Alternativ ist die Aufreinigung von Helminthen-Eiern über einen Zuckergradienten möglich. Hierzu werden mittels unterschiedlicher Lebensmittelfarbe gefärbte 10 %-, 25 %- und 40 %ige Zuckerlösungen übereinander in einem Probenröhrchen geschichtet und die aufzureinigende Wurmeisuspension auf die obere 10 %ige Zuckerschicht gegeben. Nach Zentrifugation (5 min bei 300 g) befinden sich die Wurmeier am Übergang zwischen der 10 %igen und 25 %igen Zuckerschicht. Von dort können sie per Pipette gewonnen und anschließend mittels mehrerer Waschschritte gereinigt werden.

Kombiniertes Sedimentations-Flotations-Verfahren (KSFV)

Prinzip und Methode Dieses Verfahren kombiniert eine Vorreinigung und Anreicherung der Parasitenstadien durch Sedimentation mit dem Effekt der Flotation. Die Methode ist in ▸ **Abb. 19.2** dargestellt.

Nachweismöglichkeiten Eier von Nematoden, Cestoden und Trematoden und Sporocysten, Cysten, Oocysten von Protozoen. Cysten von *Giardia* spp. werden deformiert, sind aber erkennbar. Eier von *Fasciola hepatica* und von Paramphistomidae werden ebenfalls deformiert und flotieren v. a. in Lösungen mit geringerem spezifischem Gewicht nur schlecht; sie sind mit dem SV sicherer nachzuweisen. Für Nematoden-Eier (Strongyliden, Ascariden) sowie für *Anoplocephala*-Eier wurde festgestellt, dass die methodische Sensitivität des KSFV etwas höher ist (ca. 7 %) als die des Flotationsverfahrens. Spezifität wie bei SV und FV.

Quantitative Kotuntersuchung (modifiziertes McMaster-Zählverfahren)

Prinzip Die in einer definierten Kotmenge vorhandenen Helminthen-Eier (vor allem Nematoden-Eier) oder Coccidien-Oocysten werden in einer Zählkammer zur Flotation gebracht und in einer markierten Fläche mikroskopisch ausgezählt. Die ermittelte Zahl wird auf eine Kotmenge von 1 g berechnet und als Eizahl oder Oocystenzahl pro g Kot bezeichnet (EpG oder OpG). Methodisch gibt es verschiedene Varianten.

Methode

- Abgewogene Kotmenge (4 g: Rind, Pferd, Schwein, kleine Wiederkäuer) mit etwa 30 ml gesättigter NaCl-Lösung gründlich verrühren.
- Kot-Kochsalz-Suspension durch ein Sieb (Maschenweite 500–800 µm) über einen Trichter in einen Messzylinder (100 ml) gießen, evtl. Siebrückstand mit dem Pistill gut auspressen. Messzylinder mit gesättigter NaCl-Lösung auf 60 ml auffüllen.

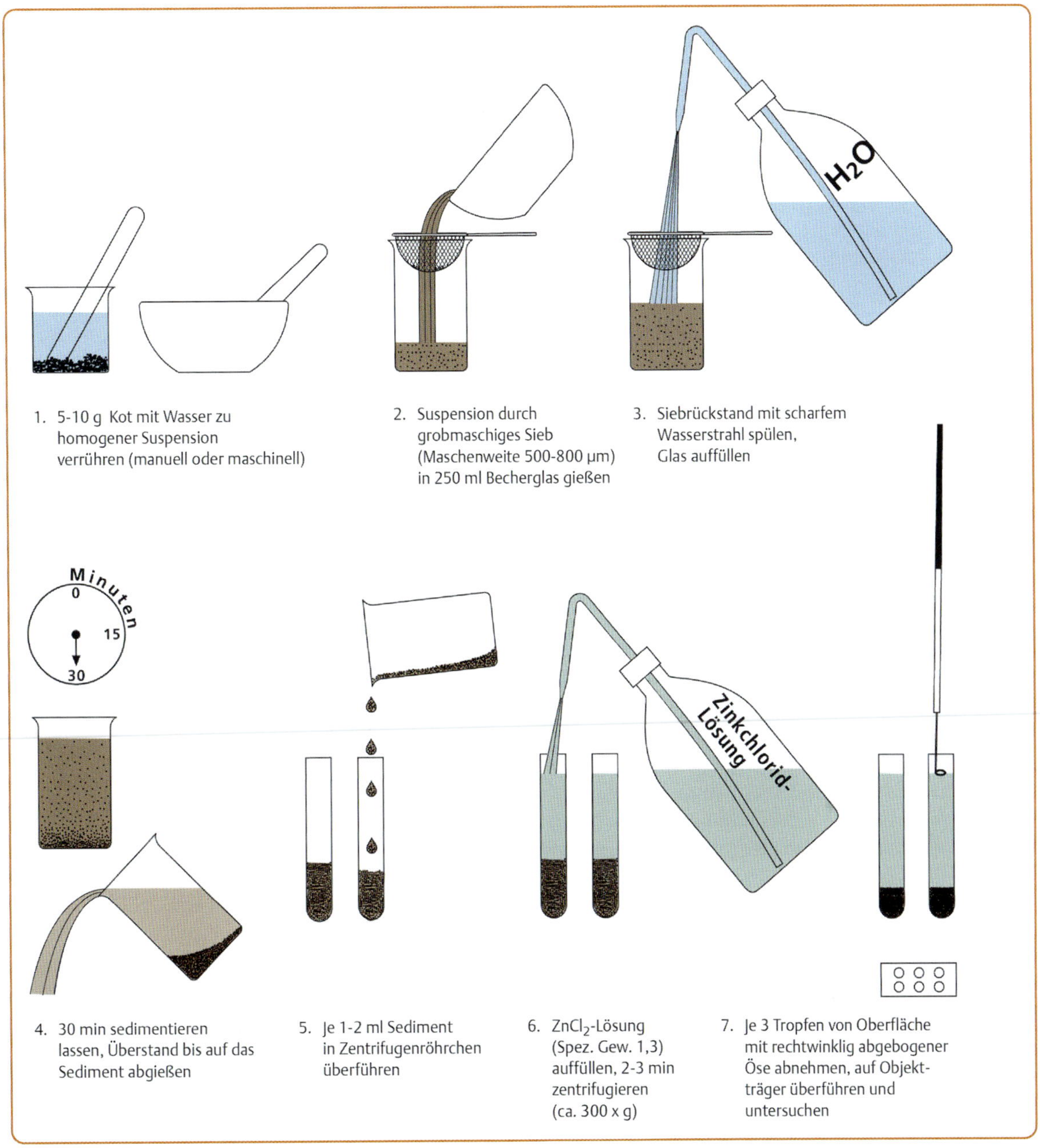

▶ **Abb. 19.2** Kombiniertes Sedimentations-Flotations-Verfahren (KSFV). (Grafik: Marianne Mathys, Vetsuisse-Fakultät, Universität Zürich)

- Suspension in ein Becherglas füllen und durch festes Schütteln (z. B. in Schüttelbecher oder Schliffstopfenflasche) oder kräftiges Rühren (z. B. Magnetrührer) gut durchmischen, mit Pipette Stichprobe entnehmen und zunächst 1 Feld der McMaster-Zählkammer füllen (▶ **Abb. 19.3**). Vor dem Füllen des 2. Feldes der Kammer die Suspension jeweils erneut gründlich mischen.
- Kammer 5–10 min stehen lassen, damit die Eier oder Oocysten bis unter die Kammeroberfläche flotieren.
- Mikroskopische Untersuchung: Parasitenstadien in den Zählfeldern bei 40- bis 100-facher Vergrößerung (Okular 10 ×, Objektiv 4 × oder 10 ×) zählen.

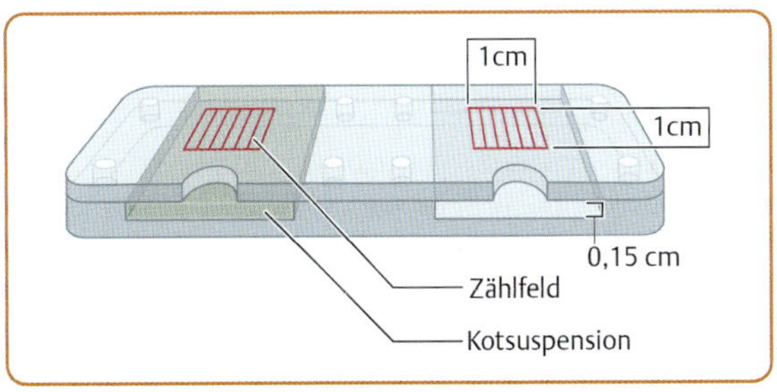

▶ **Abb. 19.3** Modifizierte McMaster-Zählkammer mit 2 Zählfeldern. (Grafik: Anne Seeger, Vetsuisse-Fakultät, Universität Zürich)

Berechnung EpG oder OpG

$$EpG/OpG = \frac{Ei - /Oocystenzahl\ aus\ 2\ Zählfeldern(N)}{Kotmenge\ (g) \times Zählfeldgrösse\ (cm^2)} \times \frac{Suspensionsvolumen(ml)}{Kammerhöhe\ (cm) \times Anzahl\ der\ Zählfelder}$$

Beispiel: Bei Verwendung von 4 g Kot wurden in 2 Zählfeldern 15 Nematoden-Eier gezählt.

Die EpG beträgt:

$$\frac{15 \times 60}{4 \times 1,0 \times 0,15 \times 2} = \frac{900}{1,2} = 750$$

Wenn in 2 Zählfeldern nur 1 Ei gefunden wird, ist die untere Erfassungsgrenze der Methode von EpG 50 erreicht. Es wurden mehrere modifizierte Versionen der McMaster-Methode beschrieben, inkl. einer mit Verwendung von 3 Zählkammern.

Nachweismöglichkeiten und Kommentare Die Sensitivität liegt ebenfalls bei rund 70 %. Bei Verwendung von Flotationslösungen (S. 549) mit höherem spezifischem Gewicht (z. B. $ZnCl_2$: SG 1,3 g/cm^3) lassen sich auch spezifisch schwerere Eier nachweisen. Mehrere Faktoren beeinflussen die Ergebnisse der quantitativen Kotuntersuchung, so kann beispielsweise die EpG in verschiedenen Proben eines Tieres sehr unterschiedlich sein. Bei der Durchführung von „Targeted Selective Treatment"-Bekämpfungsprogrammen lässt sich aus der individuellen EpG hinreichend sicher ableiten, ob ein Tier maßgeblich zur Weidekontamination beiträgt (z. B. bei > 200 EpG). Ein sicherer Rückschluss auf den individuellen Wurmbefall ist jedoch nicht möglich. Die Quantifizierung von Parasitenstadien im Kot wird vielfach bei Wirksamkeitsstudien zu Antiparasitika, insbesondere in Feldstudien zur Überprüfung von Anthelminthikaresistenzen bei Pferden (S. 623) und Wiederkäuern, verwendet (Eizahlreduktionstest, EZRT).

Test-Kits und Geräte McMaster-Zählkammern sind im Handel erhältlich (Bezugsquellen bei parasitologischen Instituten erfragen).

FLOTAC/MiniFLOTAC Die Verwendung der FLOTAC- bzw. MiniFLOTAC-Apparate ermöglicht die sensitive und quantitative Untersuchung von Kotproben auf Basis des Flotationsverfahren. Bei Verwendung des FLOTAC-Apparates erfolgt nach dem Füllen der beiden jeweils 5 ml fassenden Kammern mit der Kotsuspension eine Zentrifugation. Durch die im Vergleich zu z. B. den McMaster-Kammern größeren Untersuchungsvolumina wird eine höhere Sensitivität erreicht. Mit diesem Verfahren sind Coccidien-Oocysten und Helminthen-Eier mit einer analytischen Sensitivität von 1 OpG oder 1 EpG nachweisbar, außerdem auch Nematodenlarven, z. B. L1 von *Angiostrongylus vasorum*. Bei Proben, die mindestens 15 EpG von *Ascaris*, *Toxocara* oder *Trichuris* enthielten, wies diese Methode eine Sensitivität von 85–100 % auf. Die Verwendung des im Anschluss an das FLOTAC-Verfahren entwickelten MiniFLOTAC-Verfahrens (analytische Nachweisgrenze von 5 Eiern/Oocysten pro Gramm Kot) erfordert keine Zentrifugation und ist daher auch ohne entsprechende Laborausstattung möglich. Die FLOTAC- bzw. MiniFLOTAC-Apparate sind käuflich über die Universität Neapel, Italien, zu erhalten.

Eizahlreduktionstest (EZRT) Mittels EZRT lässt sich die Wirksamkeit von Anthelminthika untersuchen. Hierzu wird unter Verwendung eines quantitativen Kotuntersuchungsverfahrens (EpG, s. o.) die Eiausscheidung unmittelbar vor und ca. 2 Wochen nach der anthelminthischen Behandlung bestimmt. Dies sollte aufgrund der Variabilität der Eiausscheidung bei mindestens 5, besser 10 Wurmeier-ausscheidenden Tieren derselben Herde durchgeführt werden. Es stehen verschiedene statistische Verfahren zur Berechnung der Reduktion der Eiausscheidung zur Verfügung. Je nach Wirkstoffgruppe, Wirts- und Helminthenart sollte mindestens eine Reduktion von 90 % erreicht werden, um eine Anthelminthikaresistenz (S. 586) auszuschließen.

SAFC-Verfahren

Prinzip und Methode Dieses Verfahren ist besonders zum Nachweis encystierter und vegetativer Stadien von Protozoen geeignet, es erfasst aber auch Stadien von Helminthen. Es werden Kotproben eingesetzt, die in SAF-Lösung konserviert sind (SAF: engl. *Sodium acetate-Acetic acid-Formalin*; Natriumacetat-Essigsäure-Formalin). Dadurch bleiben nicht nur encystierte Stadien von Protozoen sowie Helminthen-Eier und -larven, sondern auch fragile vegetative Stadien von Protozoen (z. B. Trophozoiten von *Entamoeba* und *Giardia*) erhalten; außerdem werden Viren und Bakterien abgetötet. Durch das Verfahren werden Fette eliminiert und die Parasitenstadien angereichert (durch Zentrifugation konzentriert) (C steht für engl. *concentration*). Das SAFC-Verfahren wird vor allem zur Untersuchung des Kots von Carnivoren sowie von Zoo- und Heimtieren (Affen, Reptilien usw.) angewandt. Die methodischen Schritte zeigt ▶ **Abb. 19.4**.

Nachweismöglichkeiten Vegetative und encystierte Stadien von Protozoen, Eier und Larven von Helminthen (auch Eier von Trematoden und Taeniiden). Kein sicherer Nachweis von Cryptosporidien und Microsporidien. Quantitativ weniger effizient als SV und SFV.

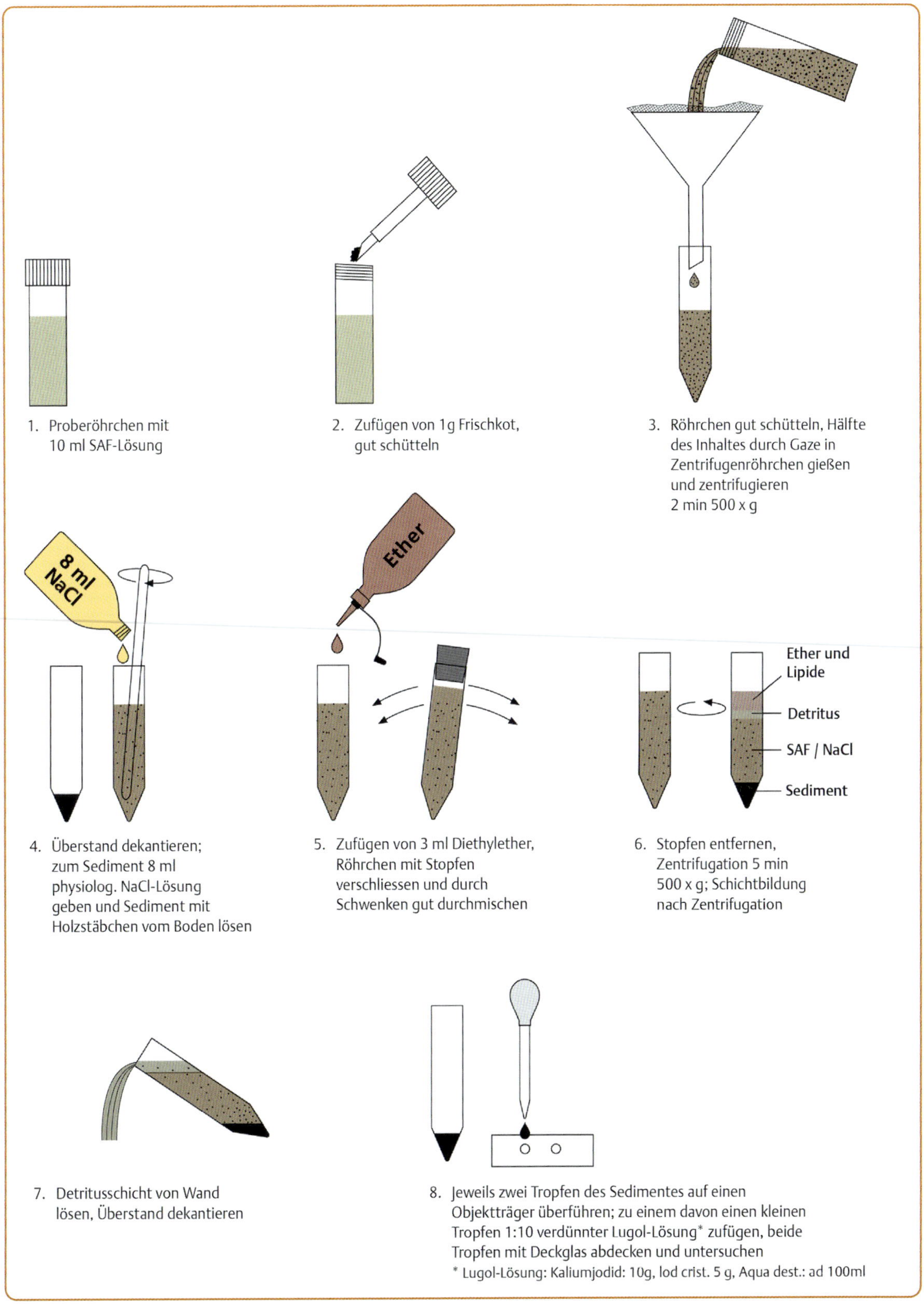

▸ **Abb. 19.4** SAFC-Verfahren. (Grafik: Marianne Mathys, Vetsuisse-Fakultät, Universität Zürich)

Cave

Explosionsgefahr bei unsachgemäßem Umgang mit Diethylether; besondere Vorschriften beachten! Explosionsgeschütze Zentrifugen verwenden! In manchen Labors wird Diethylether durch Ethylacetat (Essigsäureethylester) ersetzt.

Larvennachweis mit dem Auswanderverfahren (Trichterverfahren) nach Baermann-Wetzel

Prinzip Lebende Larven von Nematoden wandern aus Kot (Erde, Gewebe) in umgebendes Wasser aus und werden in einem Trichter angereichert (▶ **Abb. 19.5**).

Methode

- Auf das Rohr eines Glas- oder Kunststofftrichters (Randdurchmesser oben ca. 10 cm) 10 cm langen Schlauch aus Weich-PVC oder Silikon ansetzen, Schlauch spitzwinklig abschneiden und mit schräg aufgesetzter Schlauchklemme verschließen.
- Trichter in eine Halterung (Stativ oder Gestell für mehrere Trichter) einhängen und partiell mit Leitungswasser füllen. Sicherstellen, dass der Schlauch durch die Klemme fest verschlossen ist.
- 10–30 g Kot von Großtieren (Rind, Pferd) oder 5–10 g von kleineren Tieren (kleine Wiederkäuer, Carnivoren) in ein Stück Gaze (etwa 15 × 15 cm) einhüllen und flachdrücken. Weicher Kot wird zuvor mit sterilisiertem Sägemehl zu einer krümeligen Masse verrührt. (Alternativ kann das Gemisch auf ein feinmaschiges Sieb aufgetragen werden.)
- Gazebeutel mit dem Kot in den wassergefüllten Trichter so einlegen, dass er bis zur Hälfte in das Wasser eintaucht.
- Trichter 12–24 h bei Raumtemperatur stehen lassen. Die Larven wandern aus dem Kot aus und sinken in die Schlauchspitze ab.
- Durch vorsichtiges Öffnen der Schlauchklemme einige Tropfen der Flüssigkeit in eine Petrischale (evtl. mit eingraviertem Zählgitter) ablassen.
- Mikroskopische Untersuchung bei schwacher Vergrößerung, Identifikation der Larven bei stärkerer Vergrößerung. Nach Zusatz von 1 Tropfen verdünnter Lugol-Lösung werden die Larven fixiert und angefärbt, sodass die wesentlichen morphologischen Merkmale erkennbar sind. **Cave:** Zu viel Lugol-Lösung zerstört innerhalb kurzer Zeit innere Larvenstrukturen!

Nachweismöglichkeiten Larven von Lungenwürmern (inkl. *Angiostrongylus*); in älterem Kot auch Larven von *Strongyloides* und Strongyliden. Sensitivität: stark abhängig von der Larvendichte im Kot und dem Aktivitätszustand der Larven.

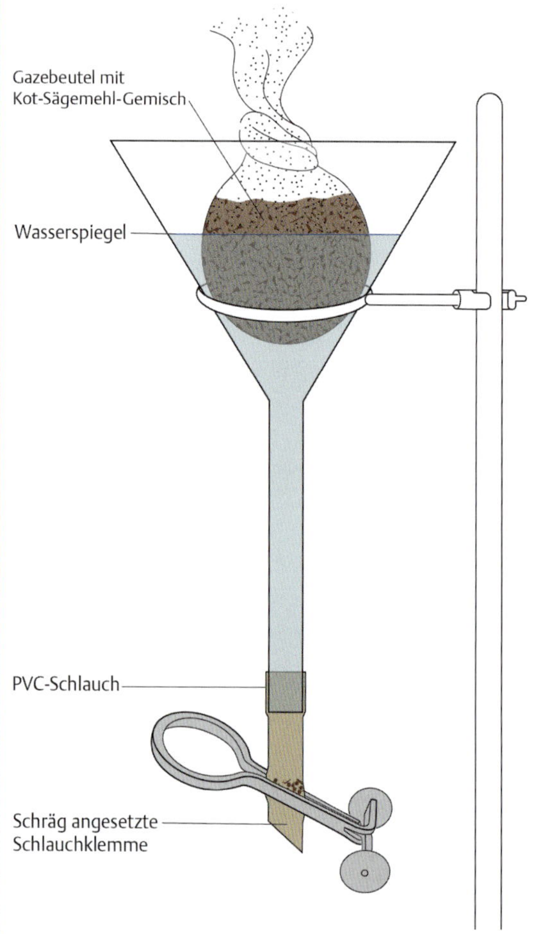

▶ **Abb. 19.5** Auswanderverfahren zum Larvennachweis. (Grafik: Marianne Mathys, Vetsuisse-Fakultät, Universität Zürich)

Anmerkung Die Sicherheit des Nachweises von *Dictyocaulus viviparus*-Larven nimmt bei Temperaturen über 25 °C erheblich ab. Daher Kotproben von Rindern möglichst unmittelbar nach der Entnahme untersuchen. Larven von *Dictyocaulus filaria* sind gegen höhere Temperaturen weniger empfindlich, doch sollten Kotproben von kleinen Wiederkäuern wie Proben von Rindern behandelt werden. Da die Larvendichte in den Proben oft gering ist, müssen genügend große Kotproben für die Untersuchung eingesetzt werden (s. o.).

Larvenkultur zur Züchtung der Drittlarven von Magen-Darm-Nematoden

Prinzip In der Larvenkultur (auch als Kopro-Kultur bezeichnet) werden aus Strongyliden-Eiern die 3. filariformen Larven (L 3) gezüchtet, deren morphologische Merkmale eine Differenzierung der Gattung oder der Art ermöglichen. Auch aus *Strongyloides*-Eiern entwickeln sich bei diesem Verfahren L 3.

Ansetzen der Kultur

- Kot (mindestens 50 g von Rind und Pferd, 20–30 g von kleinen Wiederkäuern und Schwein) mit sterilisiertem Sägemehl zu einer feucht-krümeligen Masse vermischen; gegebenenfalls mit Leitungswasser anfeuchten, aber darauf achten, dass das Wasser im Medium gebunden bleibt.
- Gemisch in ein Schraubdeckelglas (z. B. Konfitürenglas, 500 ml) überführen, dieses höchstens bis zur Hälfte füllen und Deckel locker aufschrauben.
- Kultur im Dunklen bei + 25 °C 7–10 Tage inkubieren. In diffusem Licht und bei genügender Feuchtigkeit wandern Drittlarven an den Glaswänden empor (netzartige Larvenzüge).

▸ **Abb. 19.6** Umgestülpte Kopro-Kultur. (Quelle: Institut für Parasitologie, Vetsuisse-Fakultät, Universität Zürich)

Gewinnung der Larven aus der Kultur

- Kotgemisch mit einem Pistill oder Löffel leicht anpressen.
- Das Glas vorsichtig bis dicht an den Rand mit Wasser so füllen, dass das Kulturmedium nicht aufgewirbelt wird und am Boden des Glases haften bleibt.
- Auf die Öffnung des Kulturglases den Deckel einer Glaspetrischale fest aufpressen, die Kultur „umstülpen" (180°) und so gewendet aufstellen (▸ **Abb. 19.6**).
- Petrischale zur Hälfte mit Wasser füllen und gestülpte Kultur 12 h stehen lassen.
- In der Kultur vorhandene Larven wandern unter dem unebenen Rand des Kulturglases hindurch in die Flüssigkeit der Petrischale und sammeln sich dort an. Die weitgehend Kotpartikel-freie Larvensuspension wird mit einer Pipette abgesaugt und zur mikroskopischen Untersuchung verwendet [Larvendifferenzierung (S. 563) und ▸ **Abb. 19.14**]. Zur Gewinnung der Larven aus der Kultur ist auch das Trichterverfahren geeignet.

Nachweismöglichkeiten Drittlarven von Magen-Darm-Strongyliden (u. a. Trichostrongylidae, *Oesophagostomum, Chabertia, Strongylus*, Cyathostominae, *Bunostomum*) und *Strongyloides* bei Rind, Schaf, Ziege, Pferd, Schwein und anderen Tierarten (z. B. Wildwiederkäuer, verschiedene Arten von Zootieren). Da relativ große Kotmengen verwendet werden, ist dieses Verfahren bei geringer Eidichte im Kot häufig sensitiver als das Eizählungsverfahren oder das FV. Nicht geeignet zum Nachweis von Lungenwurmlarven.

Agarmethode zum Nachweis von *Strongyloides* spp.

Eine kleine Menge Kot in die Mitte einer Agarplatte platzieren; bei 26–33 °C für 48 h inkubieren, danach Plattenoberfläche mit physiologischer Kochsalzlösung abspülen, einige Tropfen der Spülflüssigkeit auf einen Objektträger geben und mikroskopieren. Dieses in der Humanparasitologie verwendete Verfahren hat sich auch zum Nachweis von *Strongyloides*-Larven in Kotproben von Affen und Fleischfressern gut bewährt. Auch Hakenwurmlarven lassen sich mit dieser Methode gelegentlich nachweisen, doch können diese erst als 3. Larven morphologisch identifiziert werden, was längere Inkubationen voraussetzt.

Klebebandmethode

Methode Durchsichtigen Klebestreifen (1 × 4 cm) mit der Klebeschicht auf die trockene Anal- und Perianalhaut pressen, abziehen, mit der Klebeschicht nach unten glatt auf einen Objektträger pressen und mikroskopisch untersuchen. Gegebenenfalls mehrere Abklatschstreifen je Tier anfertigen.

Nachweismöglichkeiten Eier von Oxyuren bei Pferd und Affen, Eier von Taeniiden (*Taenia* und *Echinococcus*) und *Dipylidium* bei Fleischfressern.

Nachweis von Cryptosporidien

Oocysten von Cryptosporidien lassen sich in dünnen Kotausstrichen nach Färbung oder immundiagnostisch nachweisen. In einer modifizierten **Ziehl-Neelsen-Färbung** (Test-Kit kommerziell erhältlich) stellen sich die Oocysten als rot gefärbte Objekte (4–6 µm Durchmesser) vor grünlichem Hintergrund dar. Bei der Färbung mit Karbolfuchsin nach Heine heben sich die Cryptosporidien-Oocysten, die den Farbstoff nicht annehmen, vom rötlich gefärbten Umfeld ab. Weitere Möglichkeiten sind der immundiagnostische Oocystennachweis mithilfe markierter monoklonaler Antikörper und der Nachweis von Kopro-Antigen (Test-Kits im Handel). Genetische Analysen (PCR-Amplifizierung, Sequenzierung) werden zur Art- und Stammtypisierung eingesetzt.

Autofluoreszenz-Mikroskopie

Bestimmte Parasitenstadien (z. B. Oocysten von Coccidien und *Cryptosporidium* und Cysten von *Balantidium*) zeigen bei Anregung durch UV-Licht (Filter: 330–385 nm) eine Autofluoreszenz, die den mikroskopischen Nachweis dieser Erreger v. a. in Kotausstrichen erleichtert.

Nachweis von Microsporidien

Die Sporen von Microsporidien können in Ausstrichen von Kot, Harnsediment oder Liquor nach Trichrom-Färbung lichtmikroskopisch oder nach Färbung mit Fluorochromen (z. B. Calcofluor®, Uvitex 2B®) nachgewiesen werden. Allerdings ist bei geringer Sporenanzahl im Substrat nur der DNA-Nachweis genügend sensitiv.

Immunologische und genetische Verfahren

Der Nachweis von Antigen mittels antikörperbasierter Methoden oder von DNA nach Amplifikation (PCR, LAMP) ist für viele Parasiten mittlerweile etabliert (▸ **Tab. 19.1**). Der Nachweis von Kopro-Antigen in Kotproben stellt eine sensitive Nachweismethode u. a. für *Fasciola* bei Wiederkäuern, *Toxocara*, *Ancylostoma*, *Trichuris*, *Taenia* und *Echinococcus* bei Fleischfressern sowie *Cryptosporidium* und *Giardia* dar und ist für einige Parasiten auch als Schnelltest für die Praxis kommerziell erhältlich. Es existieren etablierte genetische Tests zum Nachweis der meisten Protozoen, aber auch von Helminthen und Arthropoden, unabhängig vom Entwicklungsstadium. Die Differenzierung erfolgt bis zur Art und häufig sogar bis zum Stamm oder Genotyp. Zudem kann der Antiparasitika-Resistenzstatus genotypisch charakterisiert werden (z. B. Benzimidazol-Resistenz anhand von Einzelnukleotidpolymorphismen im *β-Tubulin*-Gen).

Nachweis von Parasiten im Urin

Im Urinsediment werden Eier von *Capillaria plica* und *Dioctophyma renale* bei Carnivoren und von *Stephanurus gyrus* beim Schwein mikroskopisch nachgewiesen [Nachweis von Microsporidien (S. 555)].

19.1.5 Methoden zum postmortalen Parasitennachweis

Parasitologische Sektion des Magen-Darm-Traktes

Prinzip Bei der parasitologischen Sektion werden die im Magen-Darm-Trakt vorhandenen Parasitenstadien qualitativ und teils auch quantitativ erfasst, um die Rolle von Parasiten bei der Krankheitsentstehung oder auch die Wirkung von Anthelminthika einschätzen zu können. Am häufigsten werden solche Untersuchungen bei Wiederkäuern zum Nachweis von Magen-Darm-Strongyliden oder beim Geflügel bei Kokzidioseverdacht durchgeführt. Läsionen im Gastrointestinaltrakt können auf die Schwere der Erkrankung und die Rolle von Parasiten als Auslöser hinweisen (für die Beurteilung von Läsionen durch Coccidien-Infektionen beim Huhn s. Spezialliteratur).

Untersuchung des Magen-Darm-Traktes von Wiederkäuern auf adulte Helminthen

Untersuchungsmaterial Eine quantitative Abschätzung der Befallsintensität ist naturgemäß nur dann möglich, wenn der ganze Magen-Darm-Trakt zur Untersuchung gelangt. Wichtig ist es, bei der Sektion den Labmagen, den Dünndarm und den Dickdarm jeweils proximal und distal durch doppelte Ligaturen zu unterbinden, um ein Auslaufen des Inhalts zu verhindern.

Methode

- Entnahme einer Kotprobe aus dem Enddarm. Verarbeitung der Probe nach dem kombinierten Sedimentations-Flotations-Verfahren.
- Mit scharfem Messer oder Schere Mesenterium und Fett von Labmagen und Darm trennen. Organe auf dem Sektionstisch oder in einer flachen Schale übersichtlich ausbreiten.
- Äußere Adspektion von Labmagen und Darm (Hämorrhagien, Verdickungen, Vorhandensein von Spulwürmern etc.).
- Organe zwischen den Ligaturen trennen und mit Darmschere öffnen. Adspektion von Schleimhaut und Darminhalt, evtl. mit Handlupe. Nötigenfalls Schleimhautabstriche von Prädilektionsstellen der Parasiten anfertigen und mikroskopisch untersuchen, z. B. zum Nativnachweis von *Eimeria*-Stadien.
- Organabschnitte getrennt in einer Plastikwanne mit Wasser oder physiologischer NaCl-Lösung spülen und dabei die Schleimhaut mit der flachen Hand gründlich abwaschen (Labmagen, Dickdarm) oder beim Durchziehen durch 2 aufeinandergepresste Finger (Dünndarm) abstreifen.
- Waschflüssigkeit von Magen und Dünndarmabschnitten fraktioniert durch ein feinmaschiges Sieb gießen und unter der Wasserleitung mit scharfem Strahl durchsieben (Siebe: Prüfsiebe aus Metall, Durchmesser 25 cm, Rahmenhöhe 5 cm; Maschenweite für Labmagen und Dünndarm 150–200 µm für adulte Nematoden, 50–100 µm für larvale Stadien; für Dickdarmnematoden 600 µm) (▸ **Abb. 19.7**).
- Den im Sieb verbliebenen Rückstand in Wanne kippen und Reste von der Siebfläche durch retrogrades Spülen entfernen.
- Zur quantitativen Erfassung der Wurmbürde den Siebrückstand in einem großen Gefäß auf ein bestimmtes Volumen (z. B. 4 l) mit Wasser oder physiologischer NaCl-Lösung auffüllen und bei gutem Durchmischen mit einer Küchenschöpfkelle mehrere Stichproben bis zu einem Volumen von 5, 10 oder 20 % der Gesamtmenge entnehmen (Stichproben können für spätere Untersuchungen in Formalin fixiert werden: Endkonzentration 1–2 %). Flüssigkeit der Stichproben portionsweise in eine Plastikpetrischale mit Zählgitter gießen, in dünner Schicht unter einem Stereomikroskop untersuchen, Parasiten zählen und Anzahl auf das Gesamtvolumen der Waschflüssigkeit umrechnen.
- Identifikation der Gattungen oder Arten an einer repräsentativen Zahl der Parasiten.
- Waschflüssigkeit des Dickdarms in dünner Schicht in einer Schale mit dunklem Untergrund auf die makroskopisch gut sichtbaren Dickdarmnematoden (*Oesophagostomum, Chabertia, Trichuris*) durchmustern.

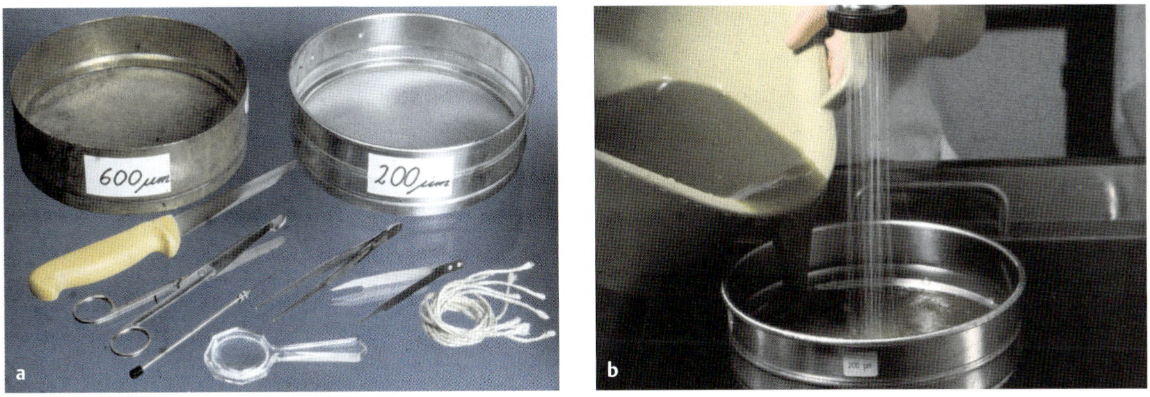

▸ **Abb. 19.7** Parasitologische Sektion.
a Siebe und Instrumente für die Magen-Darm-Sektion (Quelle: Institut für Parasitologie, Vetsuisse-Fakultät, Universität Zürich)
b Durchsieben der Waschflüssigkeit des Magen-Darm-Traktes unter starkem Wasserstrahl (Quelle: Institut für Parasitologie, Vetsuisse-Fakultät, Universität Zürich)

Hinweise zur Beurteilung des Sektionsbefundes Kaum ein landwirtschaftliches Nutztier mit Weidehaltung ist frei von Magen-Darm-Parasiten. Daher ist es sogar für Spezialisten oft schwierig, eine Abgrenzung zwischen einem subklinischen Parasitenbefall und einer parasitären Erkrankung vorzunehmen. Dabei sind u. a. folgende Faktoren von Bedeutung: (a) die Zahl der adulten und juvenilen Stadien der einzelnen Parasitenarten, (b) das Artenspektrum in Mischinfektionen, (c) die Pathogenität der Parasitengattungen oder -arten, (d) das Alter und der Immunitätszustand des Tieres (Tiere der 1. Weideperiode sind hochempfänglich, ältere Tiere sind i. d. R. partiell immun), (e) die Kondition und der Ernährungszustand des Tieres und (f) andere Krankheitsursachen. Bei jungen Rindern ist z. B. ein Befall mit > 15 000 adulten Exemplaren von *Ostertagia ostertagi* oder mit > 200 Exemplaren von *Bunostomum* sp. je Tier als hochgradig anzusehen. Schaflämmer können bereits bei einem Befall mit einigen Hundert Exemplaren von *Haemonchus contortus* erkranken, während z. B. bei *Teladorsagia*- und *Trichostrongylus*-Arten gewöhnlich erst Wurmbürden > 1000 Exemplare klinische Symptome auslösen.

Untersuchung des Magen-Darm-Traktes von Wiederkäuern und Pferden auf larvale Stadien von Nematoden

Zum Nachweis der in der Schleimhaut befindlichen Larvalstadien von *Ostertagia ostertagi* im Labmagen werden spezielle Auswanderverfahren oder Verdauungsmethoden eingesetzt. Bei Pferden wendet man die Durchleuchtung der Schleimhaut und die peptische Verdauung zur Zählung der Larvalstadien kleiner Strongyliden an (s. Spezialliteratur).

Untersuchung des Darmtraktes von Fleischfressern auf *Echinococcus*-Arten

Zur Untersuchung des Dünndarms von Carnivoren auf *Echinococcus*-Arten müssen wegen der geringen Größe der Parasiten besondere Methoden eingesetzt werden, z. B. das Darmabstrichverfahren oder das sensitivere Wasch- und Sedimentationsverfahren (s. Spezialliteratur). Wegen der Infektionsgefahr für den Menschen sind bei diesen Untersuchungen besondere Sicherheitsvorschriften zu beachten. Zur Abtötung der *Echinococcus*-Eier werden die ungeöffneten Därme vor der Bearbeitung bei –70 °C mindestens 4 Tage tiefgefroren.

Parasitennachweis in Leber und Lunge

Fasciola- und *Dicrocoelium*-Befall in der Leber lässt sich durch Einachweis im Sediment der Gallenflüssigkeit und durch Sektion (Eröffnen der Gallengänge, Zerlegen der Leber in dünne Scheiben) diagnostizieren. Bei Befall der Leber mit Jungegeln im Parenchym werden ca. 1,5 cm dicke Leberscheiben in physiologischer Kochsalzlösung bei 37 °C über Nacht inkubiert. Die Egel, die nicht eingekapselt sind, wandern in das Medium aus. Die in der Trachea oder in Bronchien lebenden größeren Lungenwürmer (z. B. *Dictyocaulus, Metastrongylus, Crenosoma, Troglostrongylus*) sind makroskopisch nach Aufschneiden der Luftwege in situ oder nach Ausspülen in der Spülflüssigkeit nachweisbar. Mittels spezieller Perfusionstechniken sind aus der Leber *Dicrocoelium* und aus der Lunge adulte und juvenile Stadien von *Dictyocaulus viviparus* sowie Lungenwürmer der Fleischfresser (Katze: *Capillaria aerophila, Aelurostrongylus abstrusus*; Hund: *A. vasorum, C. aerophila*) gut nachzuweisen.

Parasitennachweis in der Muskulatur

Eine Reihe von Protozoen und Helminthen parasitieren die Muskulatur (Auswahl s. ▸ **Tab. 23.1**) und können makroskopisch [Finnen von *T. saginata* (S. 221)] oder lichtmikroskopisch in histologischen Schnitten, aber in den meisten Fällen sensitiver mit DNA-Analysen, identifiziert werden (*T. gondii* (S. 101), *Sarcocystis* spp. (S. 118)). Besonders der Nachweis der *T. saginata*-Cysticercose des

Rindes (S.221) und der *Trichinella*-Nachweis (siehe unten) ist von fleischhygienischer Bedeutung.

Trichinella-Nachweis

Standardverfahren zur postmortalen Untersuchung von Schlachttieren (Schwein, Pferd) und Wildtieren (Wildschwein, Bär, Dachs u. a.) auf *Trichinella*-Larven in der Muskulatur ist in den Mitgliedsländern der EU und in der Schweiz die **Verdauungsmethode**. Die früher allgemein übliche **Trichinoskopie**, die weniger sensitiv als die Verdauungsmethode war, ist in der EU für die Untersuchung nicht mehr zugelassen und wird hier nicht berücksichtigt. Der serologische Nachweis spezifischer Antikörper hat für die Fleischuntersuchung keine Relevanz und gibt nur eine Information zum Infektionsstatus auf Bestandsebene. Die genetische Analyse einzelner Larven ist für die Identifikation von *Trichinella*-Arten Standard.

Verdauungsmethode

Prinzip und Charakteristika Künstliche Verdauung von Muskelproben in Pepsin-Salzsäure-Lösung, dadurch Freisetzung von intramuskulären *Trichinella*-Larven, die in der Verdauungsflüssigkeit mikroskopisch nachgewiesen werden (im Sediment der Flüssigkeit oder nach Filtration auf einer Filtermembran). In der EU-Verordnung (s. u.) werden verschiedene Varianten der Verdauungsmethode beschrieben. Referenzmethode ist das **Magnetrührverfahren**, einige andere Techniken werden als „gleichwertige Methoden" aufgeführt. Diese Verdauungsmethoden sind für Massenuntersuchungen geeignet; sie erfassen sowohl eingekapselte als auch nicht eingekapselte Larven in Frisch- und Gefrierfleisch.

Probenentnahme In der seit 2015 geltenden EU-Durchführungsverordnung 2015/1375 ist berücksichtigt, dass es mehrere, für Menschen infektiöse *Trichinella*-Arten (S.382) gibt, die ein breites Spektrum von Wirten infizieren können, darunter fleischfressende Landsäugetiere, Meeressäuger, Reptilien und Vögel. Alle potenziellen *Trichinella*-Träger, die zur Gewinnung von Lebensmitteln dienen, sind zu untersuchen. Für die Untersuchung sind folgende Proben zu entnehmen:

Schwein Schlachtkörper vom Hausschwein mindestens 1 g aus einem Zwerchfellpfeiler am Übergang vom muskulösen in den sehnigen Teil, bei Zuchtebern und Zuchtsauen 2 g. Beim Fehlen der Zwerchfellpfeiler Probe von doppeltem Gewicht aus dem Zwerchfell, Kaumuskel oder Bauchmuskel entnehmen. Aus Fleischteilen und aus Gefrierfleisch sind 5 g fettarmes, quergesteiftes Muskelgewebe, möglichst in der Nähe von Knochen oder Sehnen, zu entnehmen.

Pferd, Wildschwein und andere Tierarten, die Träger von Trichinellen sein können Muskelproben von mindestens 10 g von Prädilektionsstellen (Pferd: Zungen- und Kiefermuskulatur; Wildschwein: Antebrachium, Zunge, Zwerchfell; Bär: Zwerchfell, Kaumuskel, Zunge; Walross: Zunge; Krokodil: Kaumuskeln, Musculi pterygoidei und Zwischenrippenmuskulatur; Vögel: Kau- und Halsmuskeln).

Magnetrührverfahren Von den verschiedenen Varianten der Verdauungsmethode wird hier als Referenzmethode das Magnetrührverfahren in vereinfachter Kurzform beschrieben (Details in EU 2015/1375):

a) 16 ml 25 %ige Salzsäure in einen 3-Liter-Behälter mit 2 Liter Leitungswasser geben, Rührstab zufügen, Behälter auf die Platte eines beheizbaren Magnetrührers stellen, Rührvorgang starten und Flüssigkeit auf 46–48 °C erhitzen.
b) 10 g Pepsin zugeben.
c) Sammelprobe von 100 g Muskulatur in einem Schneidegerät (Mixer) zerkleinern (z. B. Schwein: 100 Proben zu je 1 g; Einhufer: 10 Proben zu je 10 g).
d) Zerkleinerte Probe in den 3-Liter-Behälter überführen, der die Pepsin-Salzsäure-Lösung enthält (siehe a), und Behälter mit Aluminiumfolie abdecken.
e) Gerät so einstellen, dass während des gesamten Verdauungsvorganges eine konstante Temperatur von 44–46 °C und ein effizienter Rührvorgang gewährleistet sind.
f) Verdauung der Probe (etwa 30 min, bei bestimmten Fleischarten bis 60 min).
g) Danach Verdauungsflüssigkeit durch ein Sieb aus nichtrostendem Stahl (Außendurchmesser 11 cm, Maschenweite 180 µm) in einen Scheidetrichter (Fassungsvermögen 2 Liter) überführen.
h) Nach 30 min 40 ml der Verdauungsflüssigkeit in ein Zentrifugenröhrchen oder Messzylinder ablassen. Nach 10 min 30 ml des Überstandes absaugen und das Sediment in einer Zählschale unter einem Stereomikroskop oder einem Trichinoskop auf *Trichinella*-Larven untersuchen.
i) *Trichinella*-Larven sind grundsätzlich als infektiös anzusehen. Kontaminiertes Instrumentarium muss daher durch Erhitzen auf 80 °C desinfiziert werden!

Sensitivität und Spezifität der Methoden zum *Trichinella*-Nachweis bei Schweinen

Die unteren Nachweisgrenzen (Anzahl Larven je g Muskulatur = L/g) für verschiedene Verfahren werden wie folgt angegeben: Trichinoskopie: 3 L/g, Verdauung von 100 Proben à 1–5 g: 1 L/g, Verdauung von 1 × 20-g-Probe: 0,05 L/g.

Die Spezifität der Verdauungsmethode ist als hoch einzustufen, da die *Trichinella*-Larven gattungstypische Merkmale aufweisen (u. a. Einrollung, trichuroider Ösophagustyp), die meist auch nach dem Verdauungsprozess erkennbar sind. Differenzialdiagnostisch sind zu berücksichtigen: Wanderlarven von *Ascaris* und *Toxocara* und Kontaminanten, wie Pflanzenfasern und Tierhaare.

Folgende Verfahren werden von der EU-Durchführungsverordnung 2015/1375 als dem Magnetrührverfahren gleichwertige Nachweismethoden anerkannt (Durchführung s. Verordnung):

a) mechanisch unterstützte Methode der künstlichen Verdauung von Sammelproben als Sedimentationstechnik
b) mechanisch unterstützte Methode der künstlichen Verdauung von Sammelproben als „On-Filter-Isolation"-Technik
c) Magnetrührverfahren für die künstliche Verdauung von Sammelproben als „On-Filter-Isolation"-Technik und Larvennachweis mittels Latex-Agglutinationstest
d) automatisches Verfahren für Sammelproben bis zu 35 g
e) Prüfung durch künstliche Digestion für den In-vitro-Nachweis von Larven in Fleischproben, PrioCHECK® Trichinella AAD Kit

Da sämtliche Nachweismethoden keine Artdiagnose zulassen, müssen nach der EU-Durchführungsverordnung 2015/1375 alle positiven Proben zur Bestimmung der Trichinenart an das nationale Referenzlabor oder das EU-Referenzlabor weitergeleitet werden.

19.1.6 Hinweise zur mikroskopischen Identifikation von Parasitenstadien

Bei der mikroskopischen Untersuchung das Präparat zunächst bei geringer Vergrößerung durchmustern und erst dann zu stärkeren Vergrößerungen übergehen, falls erforderlich. Bei der **Identifikation von Helminthen-Eiern und Protozoencysten** sind folgende Merkmale wichtig: Form (z. B. rund, oval, polygonal, zitronenförmig), Größe, Beschaffenheit der Wand (dickschalig, dünnschalig, Oberfläche glatt, rau, gedellt usw.), Farbe und Besonderheiten der Wand (z. B. Poldeckel, Polpfropf, Micropyle) sowie der Inhalt (Helminthen-Eier: Furchungszellen, Embryo oder Larve; Protozoen-Oocysten, -Cysten: Zahl der Sporocysten und Sporozoiten, andere Strukturen). Bei der Beurteilung des Inhaltes ist der Zeitpunkt der Untersuchung nach dem Kotabsatz zu berücksichtigen.

Lebende **Larven** von Lungenwürmern, Magen-Darm-Strongyliden, *Strongyloides*, Hakenwürmern usw. fallen in frischen Nativpräparaten durch ihre Beweglichkeit auf, die aber nur in sehr beschränktem Maß Anhaltspunkte für die Identifikation bietet. Larven von Lungenwürmern lassen sich meist im unfixierten Zustand identifizieren, bei anderen Larven ist zur Identifikation meist eine Fixierung erforderlich: Flüssigkeitstropfen mit Larven sehr vorsichtig über der Sparflamme eines Bunsenbrenners erhitzen oder Zugabe von 1 Tropfen 1:10 verdünnter Lugol-Lösung.

Weitere Hinweise zur Identifikation diagnostischer Stadien von Parasiten bieten ▸ **Abb. 19.8**, ▸ **Abb. 19.9**, ▸ **Abb. 19.10**, ▸ **Abb. 19.11**, ▸ **Abb. 19.12**, ▸ **Abb. 19.13**, ▸ **Abb. 19.14**, ▸ **Abb. 19.15**, ▸ **Abb. 19.16**, ▸ **Abb. 19.17** und ▸ **Abb. 19.18**.

19.1.7 Untersuchung von Umweltproben

Der Nachweis von Entwicklungsstadien von Parasiten in Umweltproben erfordert spezielle Untersuchungsverfahren, z. B. der Nachweis von Strongylidenlarven an Weidepflanzen, von Spulwurm-Eiern in Bodenproben, von Helminthen-Eiern in Abwasser und Gülle oder von Cryptosporidien-Oocysten oder Giardien-Cysten in Oberflächenwasser und in Trinkwasser. Hier muss auf die Spezialliteratur verwiesen werden. Auch in dieser Indikation finden zunehmend genetische Methoden Anwendung, z. B. zum Nachweis von *Toxocara*- oder *Echinococcus*-Eiern, die von Carnivoren mit dem Kot in die Umwelt abgesetzt wurden.

19.1.8 Fixierung und Aufbewahrung von Helminthen und Arthropoden

Trematoden und **Cestoden** mit Wasser oder physiologischer NaCl-Lösung abspülen und in 70 %igem Ethanol fixieren. Noch lebende Cestoden werden zuvor so lange in Wasser eingelegt, bis sie unbeweglich sind. Dicke Exemplare zwischen zwei Glasplatten, die durch Gummibänder zusammengehalten werden, leicht pressen und mit einer Pipette Ethanol zwischen die Platten füllen. Eingetrocknete Parasiten (Proglottiden) vor der Fixierung in Wasser quellen. **Nematoden** in 70 %igem Ethanol mit Zusatz von 2–5 % Glycerin fixieren; beim Einlegen in heißes Ethanol (70 °C) erreicht man eine bessere Streckung der Nematoden. Auch 2- bis 4 %iges Formalin ergibt gute Fixierungsergebnisse, besonders bei kleinen Arten. Für **Arthropoden** eignet sich die Fixierung in 70 % Ethanol. Die Verwendung von Ethanol als Fixierungsmittel hat den Vorteil, dass das Material auch für genetische Untersuchungen über einen langen Zeitraum geeignet ist.

19.2 Diagnostische Tafeln

In den folgenden Tafeln sind bei verschiedenen Wirtstierarten vorkommende, in Mitteleuropa diagnostisch bedeutsame Parasitenstadien dargestellt. Allerdings kann in diesem Lehrbuch nicht das gesamte Spektrum der parasitologischen Diagnostik berücksichtigt werden.

In der Literatur finden sich häufig unterschiedliche Größenangaben der Parasitenstadien (z. B. Oocysten von Protozoen und Eier von Helminthen). Dies ist dadurch bedingt, dass Größenmessungen oft an kleinen Zahlen der Parasitenstadien von verschiedenen Autoren mit uneinheitlichen Methoden durchgeführt worden sind. Daher sind die Größenangaben eher als Näherungswerte denn als exakte Messgrößen anzusehen.

19.2.1 Wiederkäuer

Merkmale von Parasitenstadien (Auswahl) der Wiederkäuer

Siehe ▸ **Abb. 19.8**.

Erklärungen: Bereich = Bereich von Messwerten für mehrere Arten; L = Larve; R = Rind; S = Schaf; V = Vorkommen; Z = Ziege.

Trematoden-Eier

- ***Fasciola hepatica:*** groß (130–145 × 70–90 µm), dünnwandig, mit Operculum (Deckel) an einem Pol, goldgelb, ganz ausgefüllt mit granuliertem Material (Zygote und Dotterzellen). V: R, S, Z.
- ***Calicophoron*** **und** ***Paramphistomum*** **spp.:** groß (100–190 × 50–115 µm), dünnwandig, durchschnittlich etwas größer als Eier von *F. hepatica*, mit Operculum an einem Pol, hellgrau, ganz ausgefüllt mit granuliertem Material (Zygote und Dotterzellen). V: R (S, Z).
- ***Dicrocoelium dendriticum:*** klein (38–45 × 22–30 µm), leicht asymmetrisch, mit Operculum, dunkelbraun, mit Miracidium, das 2 kugelförmige Keimballen (sog. „Augenflecken") enthält. V: R, S, Z.

Cestoden-Eier

- ***Moniezia*** **spp.:** mittelgroß (*M. expansa* 60–78 µm, *M. benedeni* 70–90 µm), unregelmäßig rundlich-eckig geformt, dickwandig, enthält Oncosphäre, umgeben von birnenförmiger Oncosphärenhülle (birnenförmiger Apparat). V: R, S, Z.

Nematoden-Eier

- ***Nematodirus*** **spp.:** sehr große Eier, mitteldicke Wand, weniger als 16 Blastomeren.
  - *N. battus* (152–182 × 67–77 µm): fast parallele Seitenwände, stumpfe Pole, bräunlich. V: S (R, Z).
  - *Nematodirus* spp. (Bereich 150–200 × 75–100 µm): gewölbte Seitenwände. V: R, S, Z.
- **Trichostrongyliden,** ***Oesophagostomum, Chabertia:*** mittelgroße Eier (Bereich 70–98 × 30–50 µm), mehr als 16 Blastomeren, dünnwandig, oval mit gleichmäßigen Polen oder einem spitzeren Pol, farblos. Eier einander sehr ähnlich, Differenzierung durch Identifikation der L3. V: R, S, Z.
- ***Bunostomum*** **spp.:** mittelgroße Eier (Bereich 75–104 × 45–60 µm), dünnwandig, elliptisch mit schwach abgeflachten Polen, Inhalt: in frischem Kot 4–8 dunkle Blastomeren. *B. phlebotomum*-Eier: gelegentlich anhaftende Partikel auf Oberfläche. Bei fortgeschrittener Entwicklung nicht sicher identifizierbar. Unterscheidung von Eiern der Trichostrongyliden usw. durch Identifikation der L3. V: R, S, Z.
- ***Strongyloides papillosus:*** kleine Eier (40–55 × 30–40 µm), dünnwandig, breit ellipsoid mit abgeflachten Polen, farblos, mit Embryo. V: R, S, Z.
- ***Toxocara vitulorum:*** mittelgroß (70–95 × 60–77 µm), dickwandig, kugelförmig, Oberfläche mit feinen Eindellungen (golfballähnlich), Inhalt unsegmentiert, körnig. V: R.
- ***Trichuris*** **spp.:** mittelgroß (70–80 × 30–42 µm), dickwandig, zitronenförmig, Seitenwände gewölbt, mit 2 transparenten, deutlich vorgewölbten Polpfröpfen, dunkelbraun, Inhalt unsegmentiert. V: R, S, Z.
- ***Capillaria*** **spp.:** klein (45–50 × 22–25 µm), dickwandig, Seitenwände nahezu parallel, mit 2 transparenten, flachen Polpfröpfen, dunkelbraun, Inhalt unsegmentiert. V: R, S, Z.

Protozoen-Oocysten oder -Cysten

- ***Eimeria*** **spp.** (▸ **Abb. 19.9**, ▸ **Tab. 19.2**)
  - *E. zuernii:* klein (15–22 × 13–18 µm), fast kugelförmig, dünnwandig, farblos, Inhalt: kugelförmiger Sporont. V: R.
  - *E. bovis:* klein (23–24 × 17–23 µm), eiförmig, dünnwandig, orangebraun, undeutliche Micropyle, Inhalt: kugelförmiger Sporont. V: R (▸ **Abb. 19.9**).
- ***Cryptosporidium*** **spp.:** sehr klein (4–5 µm), kugelförmig. V: R, S, Z.
- ***Giardia*** **sp.:** Trophozoit: klein (9–21 × 15–12 µm), birnenförmig mit 8 Flagellen und 2 Kernen. Cysten: klein (8–15 × 17–10 µm). V: R, S, Z.

Nematoden-Larven

- ***Dictyocaulus*** **spp.**: L1, Länge über 300 µm, unbescheidet, Ösophagus undeutlich, Mitteldarm granuliert.
  - *D. viviparus:* 315–370 µm, Hinterende kurz und spitz. V: R.
  - *D. filaria:* 490–520 µm, Vorderende mit knopfartiger Vorwölbung der Cuticula („Kopfknopf"), Hinterende stumpf. V: S, Z.
- **Protostrongyliden**: L1, Länge 250–450 µm, unbescheidet, Körper meist glasklar durchsichtig (Ösophagus undeutlich, Mitteldarm nicht oder wenig granuliert). Hinterende gattungsspezifisch geformt (▸ **Abb. 19.8**).

Schlüssel zur Identifikation sporulierter *Eimeria*-Oocysten vom Rind

Am Beispiel der *Eimeria*-Arten des Rindes wird hier gezeigt, dass zur Bestimmung der Arten die Morphologie der sporulierten, teils auch der unsporulierten Oocysten sowie die Sporulationszeit unter konstanten Bedingungen als Kriterien dienen (▸ **Tab. 19.2**, ▸ **Abb. 19.9**). Das Erkennen der feinen Merkmale setzt Übung voraus. Manche Coccidien-Arten, z. B. die meisten *Eimeria*-Arten des Huhnes, können nur aufgrund biologischer oder molekularer Merkmale identifiziert werden. Angaben zu den Coccidien anderer Tierarten s. Spezialliteratur.

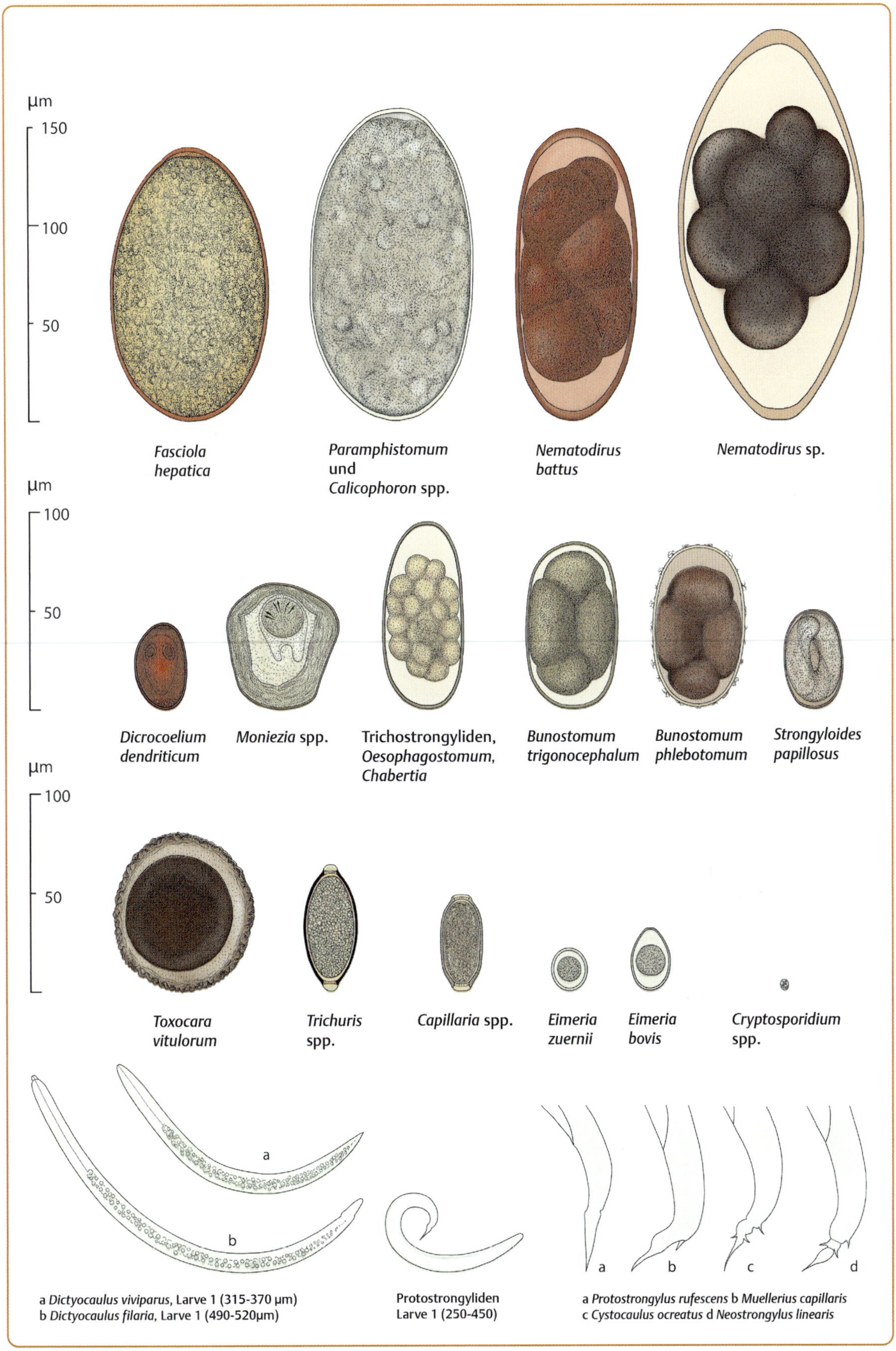

▸ **Abb. 19.8** Wiederkäuer: koproskopisch nachweisbare Parasitenstadien. (Grafik: Salome Ehrat, nach einer Vorlage von Johannes Eckert und Peter Deplazes, Vetsuisse-Fakultät, Universität Zürich)

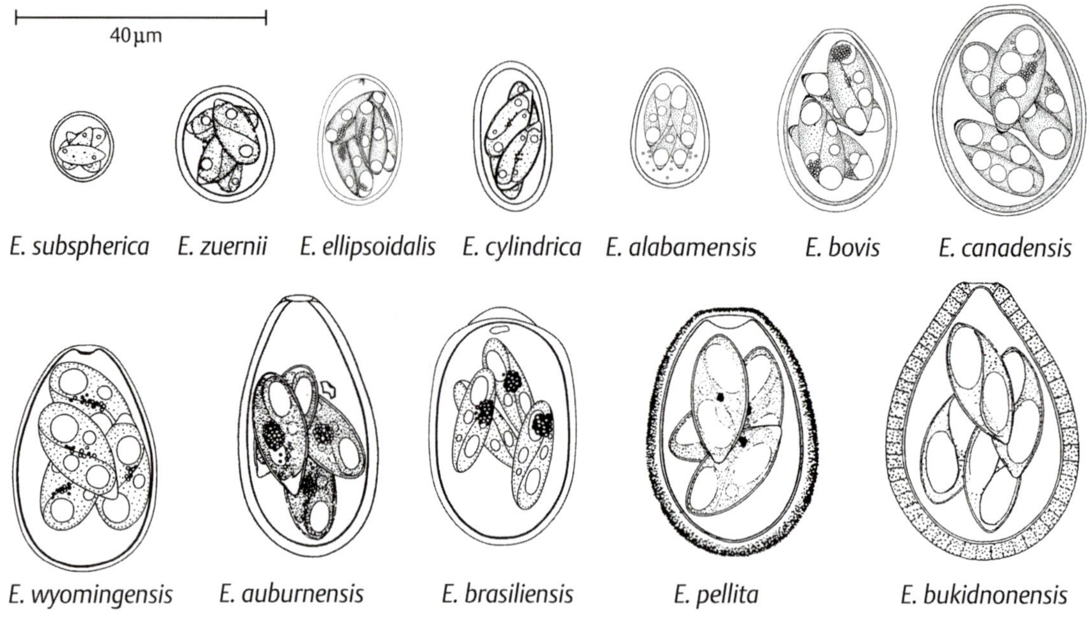

▶ **Abb. 19.9** *Eimeria*-Arten des Rindes: sporulierte Oocysten. (Grafik: nach einer Vorlage von Johannes Eckert, Institut für Parasitologie, Vetsuisse-Fakultät, Universität Zürich)

▶ **Tab. 19.2** Bestimmung der *Eimeria* spp. des Rindes anhand von Morphologie und Sporulationszeit.

Oocysten ohne/mit Micropyle	*Eimeria*-Art
A. Oocysten ohne Micropyle	
maximaler Durchmesser < 15 µm	
Oocysten rund oder subsphärisch, farblos, ohne OR und SR, 9–14 × 8–13 µm (11 × 10,4 µm), SZ: 4–5 d	*E. subspherica*
maximaler Durchmesser > 15 µm	
Oocysten subsphärisch, farblos, ohne OR, mit SR, 15–22 × 13–18 µm (17,8 × 15,6 µm), SZ: 2–3 d	*E. zuernii*
Oocysten ellipsoidal, farblos, ohne OR, mit SR, 20–26 × 13–17 µm (23,4 × 15,9 µm), SZ: 2–3 d	*E. ellipsoidalis*
Oocysten länglich, farblos, ohne OR, mit SR, 16–27 × 12–15 µm (23,3 × 12,3 µm), SZ: 2 d	*E. cylindrica*
Oocysten ovoid, farblos, ohne OR und SR, 13–24 × 11–16 µm (18,9 × 13,4 µm), SZ: 5–8 d	*E. alabamensis*
B. Oocysten mit Micropyle	
maximaler Durchmesser < 45 µm	
Oocysten ovoid oder subsphärisch, orangebraun, Micropyle undeutlich, mit OR und SR, 23–34 × 17–23 µm (27,7 × 20,3 µm), SZ: 2–3 d	*E. bovis*
Oocysten ovoid, farblos oder blassgelb, ohne OR, SR aus einigen Granula, 28–37 × 20–27 µm (32,5 × 23, 4 µm), SZ: 3–4 d	*E. canadensis*
Oocysten ovoid, dickwandig, gelbbraun, ohne OR und SR, breite Micropyle, 37–45 × 26–31 µm (40,3 × 28,1 µm), SZ: 5–7 d	*E. wyomingensis*
Oocysten längsoval, gelbbraun, Wand glatt oder mit fein granulierter Oberfläche, ohne OR, mit SR, 32–46 × 20–25 µm (38,4 × 23,1 µm), SZ: 2–3 d	*E. auburnensis*
Oocysten ellipsoid, gelbbraun, Micropyle mit deutlicher Micropylenkappe, ohne OR, mit SR, 33–43 × 24–30 µm (37 × 27 µm), SZ: 12–14 d	*E. brasiliensis*
Oocysten eiförmig, dicke braune Wand mit gleichmäßig verteilten Protuberanzen, ohne OR, mit SR, 36–41 × 26–30 µm (40 × 28 µm), SZ: 10–12 d	*E. pellita*
maximaler Durchmesser > 45 µm	
Oocysten birnenförmig oder oval, 1 Pol verjüngt, dicke, radiär gestreifte, gelbbraune Wand, 47–50 × 33–38 µm (48,6 × 35,4 µm), SZ: 4–7 d	*E. bukidnonensis*
d: Tage; OR: Oocysten-Restkörper; SR: Sporocysten-Restkörper; SZ: Sporulationszeit; Messwert in Klammern: Mittelwert	

Schlüssel zur Differenzialdiagnose von Magen-Darm-Nematoden des Rindes

Artdifferenzierung anhand der morphologischen Merkmale am Hinterende der Männchen (▸ **Abb. 19.10**).

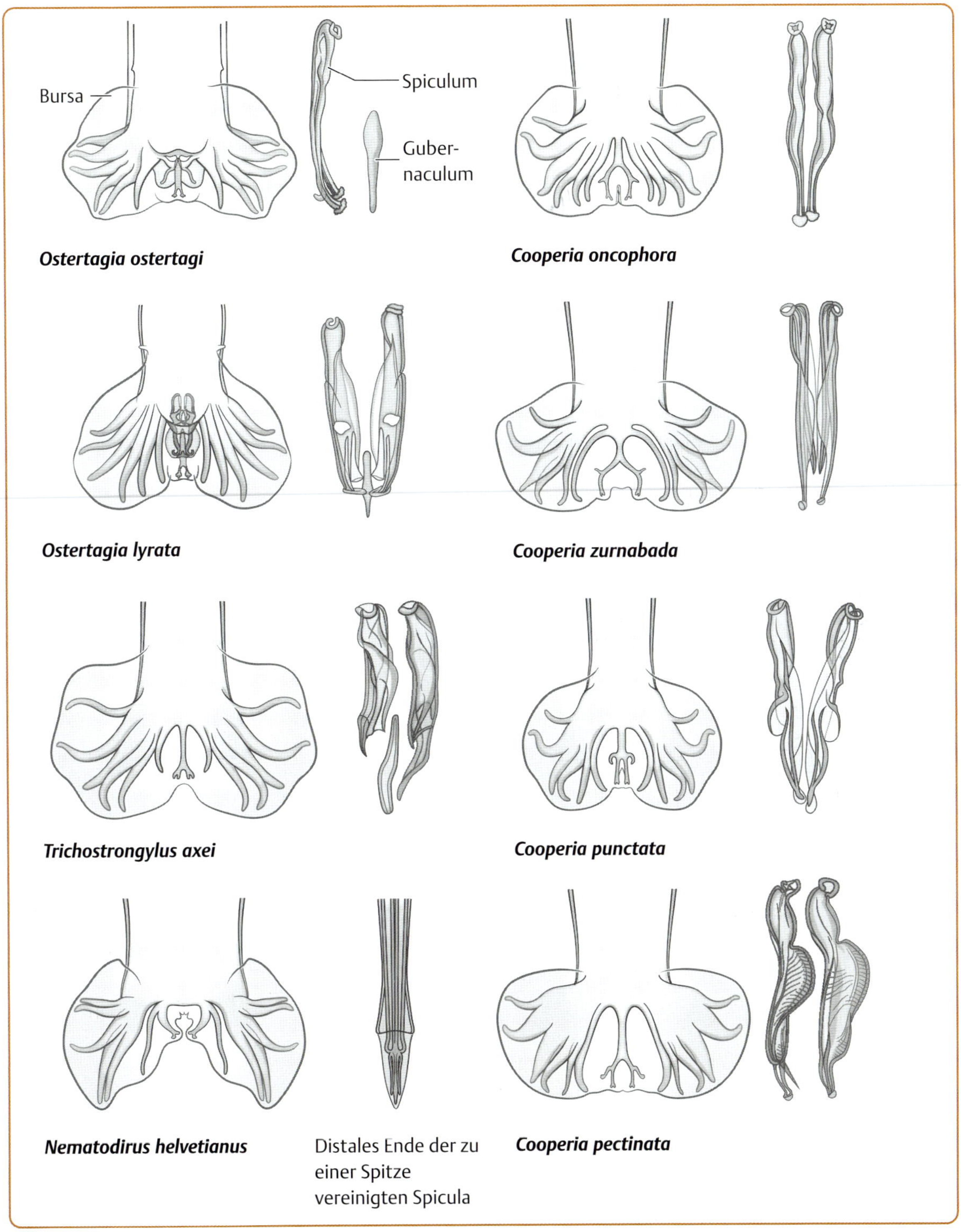

▸ **Abb. 19.10** Trichostrongyliden des Rindes: Merkmale an den Hinterenden der Männchen (Bursa copulatrix, Spicula, Gubernaculum, soweit vorhanden). (Grafik: Anne Seeger, Vetsuisse-Fakultät, Universität Zürich; nach Skrjabin, K. I. et al. (1954): Osnowi Nematodologii. Tom III. Trichostrongylidi Schhiwotnich i Tscheloweka. Isdatlestwo Akademii Nauk SSSR, Moskwa und Barth, D. (1991): Magen-Darmnematoden des Rindes. Enke, Stuttgart)

Vereinfachter Schlüssel zur Differenzialdiagnose von Magen-Darm-Nematoden des Schafes

Artdifferenzierung anhand der morphologischen Merkmale anhand der Drittlarven (▶ **Abb. 19.11**) und am Hinterende der Männchen (▶ **Abb. 19.12**).

Erklärungen: Länge (L) = Länge der Larve inkl. Scheidenschwanz; Scheidenschwanz = Distanz vom Ende des Larvenkörpers bis zum hinteren Ende der Scheide.

Larve unbescheidet

- Larve schlank, Ösophagus fast halb so lang wie der ganze Körper, L 520–655 µm: ***Strongyloides***.

Larve bescheidet

- **Larve mit 8 Mitteldarmzellen,** Scheidenschwanz lang, meist große Larven (L: > 750–1130 µm): ***Nematodirus*** (Larven erscheinen selten in der Kultur, weil ihre Entwicklung länger dauert oder die L 3 erst nach längerer Ruheperiode bzw. Kälteinduktion schlüpfen).
- **Larve mit 32 Mitteldarmzellen,** Scheidenschwanz lang, mittelgroße bis große Larven (L: um 720 bis > 800 µm): ***Chabertia*** oder ***Oesophagostomum***. Diese beiden Gattungen sind schwer zu unterscheiden.

Larve mit 16 Mitteldarmzellen

- Scheidenschwanz kurz, Larve meist nicht länger als 760 µm: ***Trichostrongylus*** (▶ **Abb. 19.12**).
- Scheidenschwanz kurz, Larve aber > 780–900 µm: ***Teladorsagia***.
- Scheidenschwanz mittellang, Vorderende etwas abgeflacht, mit lichtbrechenden Kügelchen (Pfeil) (L: 710–850 µm): ***Cooperia curticei***.
- Scheidenschwanz mittellang, Vorderende ziemlich spitz, ohne lichtbrechende Kügelchen (L: 650–790 µm): ***Haemonchus***.

Larve ohne deutlich erkennbare Mitteldarmzellen

- Ösophagus zweigeteilt, Larve ziemlich klein (L: 515–670 µm): ***Bunostomum***.

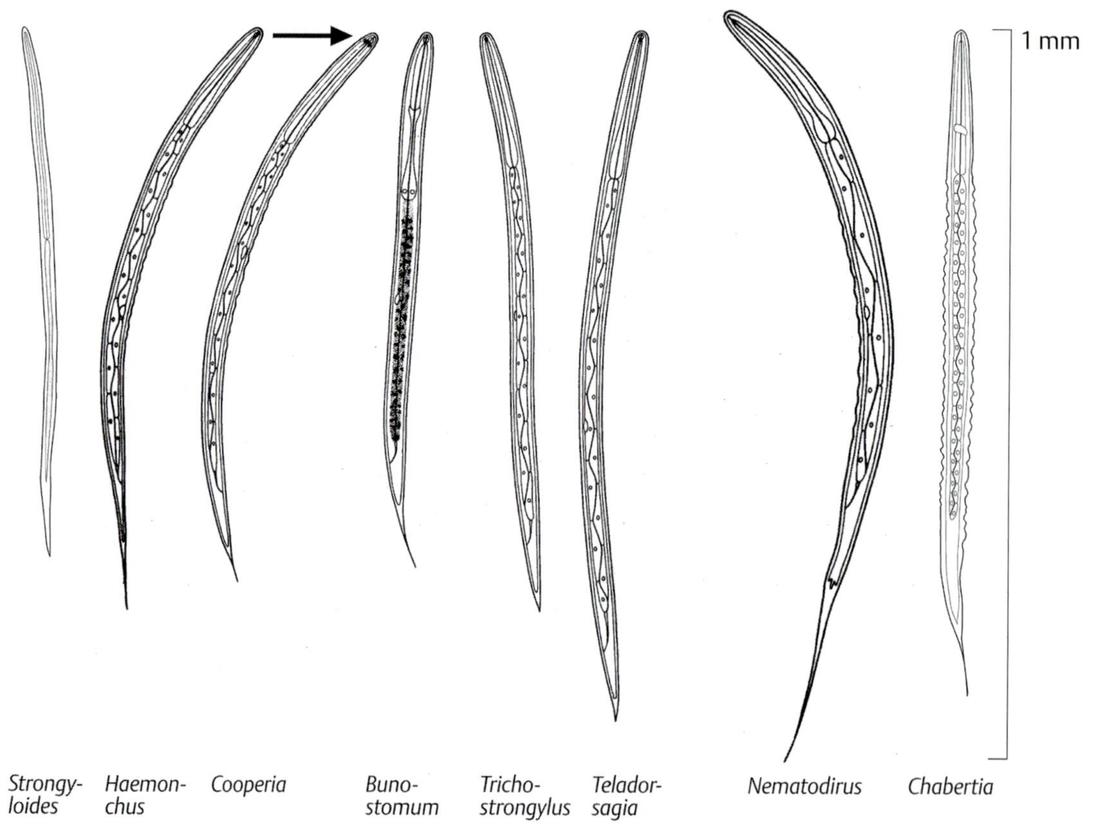

▶ **Abb. 19.11** Magen-Darm-Nematoden vom Schaf: Drittlarven (L 3); Pfeil: lichtbrechende Kügelchen. (Grafik: nach einer Vorlage von Johannes Eckert, Institut für Parasitologie, Vetsuisse-Fakultät, Universität Zürich)

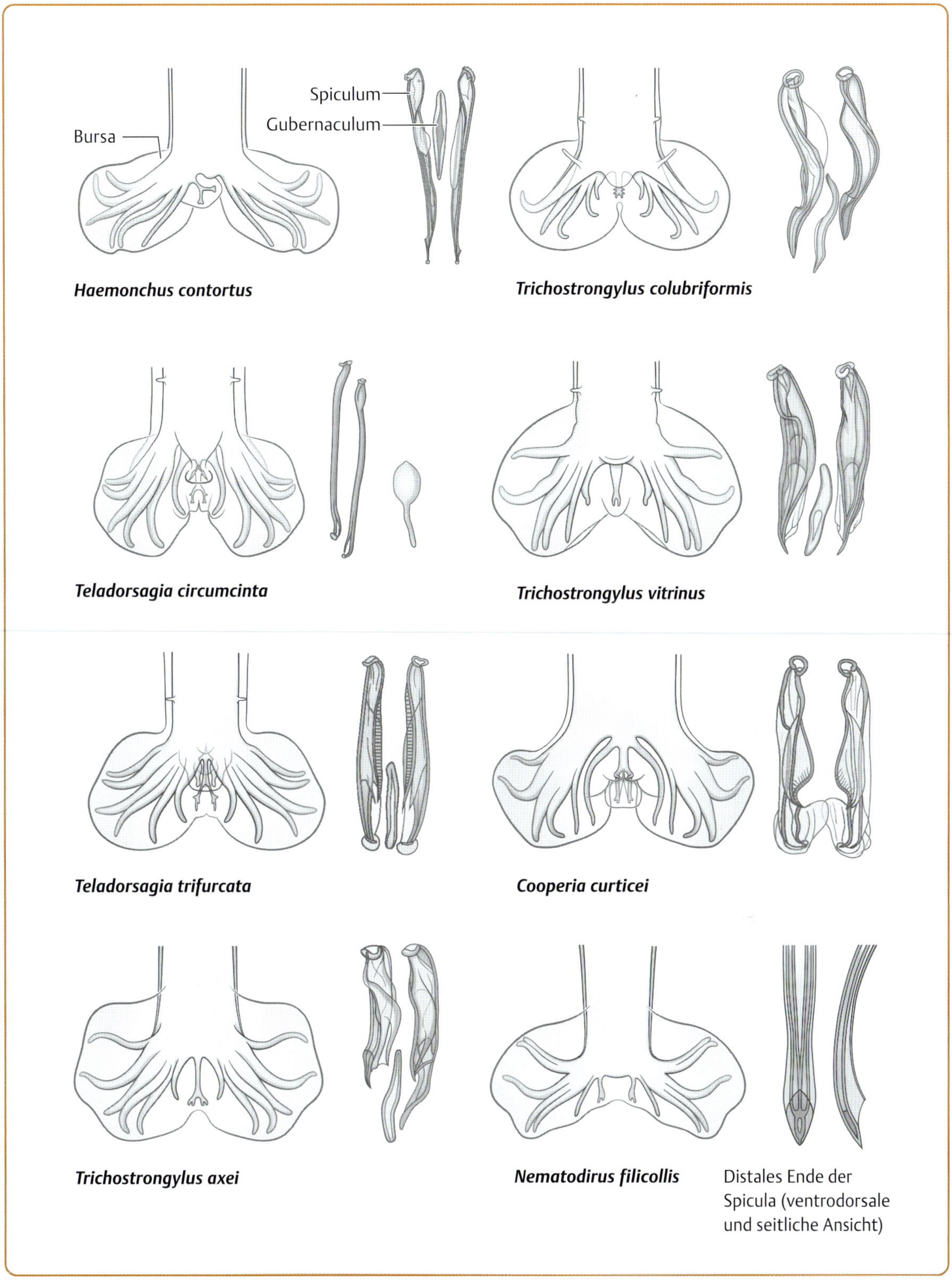

▶ **Abb. 19.12** Trichostrongyliden des Schafes: Merkmale an den Hinterenden der Männchen (Bursa copulatrix, Spicula, Gubernaculum, soweit vorhanden). (Grafik: Anne Seeger, Vetsuisse-Fakultät, Universität Zürich; nach Skrjabin, K. I. et al. (1954): Osnowi Nematodologii. Tom III. Trichostrongylidi Schhiwotnich i Tscheloweka. Isdatlestwo Akademii Nauk SSSR, Moskwa und Barth, D. (1991): Magen-Darmnematoden des Rindes. Enke, Stuttgart)

19.2.2 Equiden

Merkmale von Parasitenstadien (Auswahl) der Equiden

Siehe ▶ **Abb. 19.13.**

Erklärungen: Bereich = Bereich von Messwerten für mehrere Arten; L = Larve.

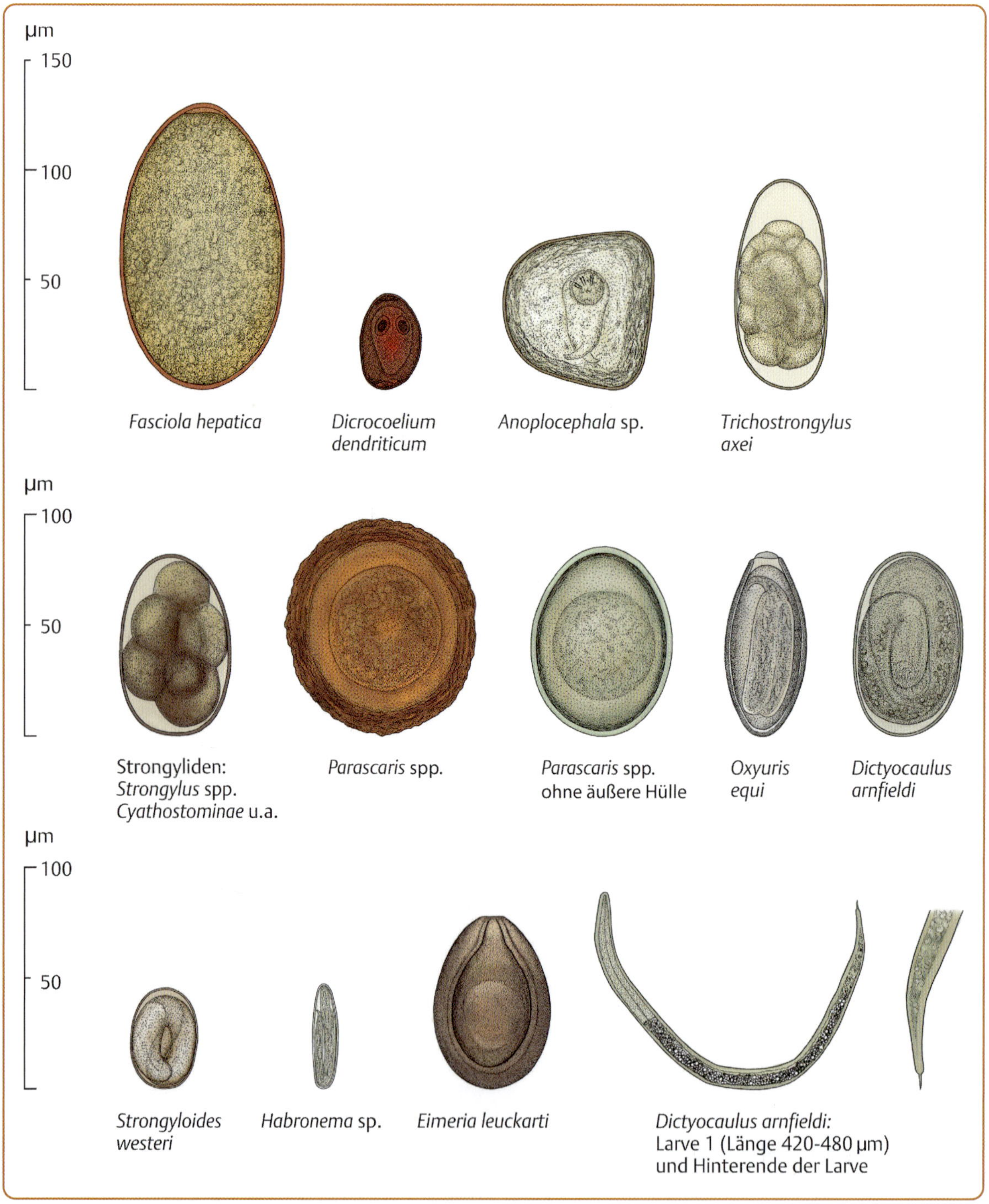

▶ **Abb. 19.13** Equiden: koproskopisch nachweisbare Parasitenstadien. (Grafik: Salome Ehrat, nach einer Vorlage von Johannes Eckert und Peter Deplazes, Vetsuisse-Fakultät, Universität Zürich)

Trematoden-Eier

- ***Fasciola hepatica:*** groß (130–145 × 70–90 µm), dünnwandig, mit Operculum (Deckel) an einem Pol, goldgelb, ganz ausgefüllt mit granuliertem Material (Zygote und Dotterzellen).
- ***Dicrocoelium dendriticum:***klein (38–45 × 22–30 µm), leicht asymmetrisch, mit Operculum, dunkelbraun, mit Miracidium, das 2 kugelförmige Keimballen enthält.

Cestoden-Eier

- ***Anoplocephala* spp.:** mittelgroß (Bereich 65–80 µm), unregelmäßig rundlich-eckig geformt, dickwandig, enthält Oncosphäre, umgeben von birnenförmiger Oncosphärenhülle („birnenförmiger Apparat").

Nematoden-Eier

- ***Trichostrongylus axei:*** mittelgroß (70–98 × 30–48 µm), mehr als 16 Blastomeren, dünnwandig, oval, etwas ungleiche Pole. Eier ähneln Strongyliden-Eiern. Differenzierung durch Identifikation der L 3 (S. 567).
- **Große u. kleine Strongyliden:** mittelgroße bis recht große Eier (Bereich 70–140 × 40–65 µm), Eier der Gattungen und Arten nicht sicher unterscheidbar; Differenzierung von Arten oder Gruppen durch Identifikation der L 3 (S. 567).
- ***Parascaris equorum/Parascaris univalens:*** mittelgroß (90–100 µm), dickwandig, kugelförmig, gelblich braune, etwas unregelmäßige Oberfläche; nach Verlust der äußeren Schicht erscheint Wand glatt, hell und transparent, Inhalt: unsegmentiert, körnig.
- ***Oxyuris equi:*** mittelgroß (85–95 × 40–45 µm), eine Seitenwand etwas abgeflacht, an einem Pol transparenter Polpfropf, Inhalt: Embryo oder L 1.
- ***Dictyocaulus arnfieldi:*** Eier mittelgroß (74–96 × 46–58 µm), dünnwandig, ellipsoid, Inhalt: mit L 1. Aus den Eiern geschlüpfte L 1 kommen auch in frischem Kot vor und werden im Trichterverfahren nachgewiesen (s. u.).
- ***Strongyloides westeri:*** klein (40–52 × 30–40 µm), dünnwandig, breit ellipsoid mit abgeflachten Polen, farblos, Inhalt: Embryo.
- ***Habronema* sp.:** klein (40–55 × 8–16 µm), längliche Eiform, Inhalt: L 1.

Protozoen-Oocysten

- ***Eimeria leuckarti:*** große Oocyste (71–85 × 51–63 µm), sehr dickwandig, ovoid, braune, gekörnte äußere Hülle, Micropyle am spitzen Pol, Inhalt: kugelförmiger Sporont.

Nematoden-Larven

- ***Dictyocaulus arnfieldi:*** L 1, Länge 420–480 µm, unbescheidet, Ösophagus undeutlich, Mitteldarm stark granuliert, Hinterende mit stachelartigem Dorn.

Vereinfachter Schlüssel zur Differenzialdiagnose der Drittlarven von Magen-Darm-Nematoden des Pferdes

Siehe ▸ **Abb. 19.14.**

Erklärungen: Länge (L) = Länge der Larve inkl. Scheidenschwanz; Scheidenschwanz = Distanz vom Ende des Larvenkörpers bis zum hinteren Ende der Scheide.

Larve unbescheidet

- Larve schlank, Ösophagus fast halb so lang wie der ganze Körper (L: 520–655 µm): ***Strongyloides.***

Larve bescheidet Scheidenschwanz sehr lang: etwa Länge des Larvenkörpers.

- **Larve mit 8 Mitteldarmzellen,** L um 850 µm: ***Cyathostominae*** (außer *Poteriostomum*). Außer den 8 Mitteldarmzellen aufweisenden Cyathostominae gibt es mit der Gattung *Poteriostomum* sowie der Art *Gyalocephalus capitatus* weitere kleine Strongyliden, deren L 3 16 bzw. 12 Mitteldarmzellen haben.

Larve bescheidet Scheidenschwanz kürzer als Larvenkörper.

- Larve mit 16 Mitteldarmzellen:
  - Larve sehr groß, schlank, L um 1000 µm: ***Strongylus equinus.***
  - Larve kleiner, L 610–780 µm, Scheidenschwanz sehr kurz: ***Trichostrongylus axei.***
- Larve mit 20 Mitteldarmzellen:
  - Larve groß, L um 850 µm: ***Strongylus edentatus.***
- Larve mit 32 Mitteldarmzellen:
  - Larve sehr groß, L um 1000 µm: ***Strongylus vulgaris.***

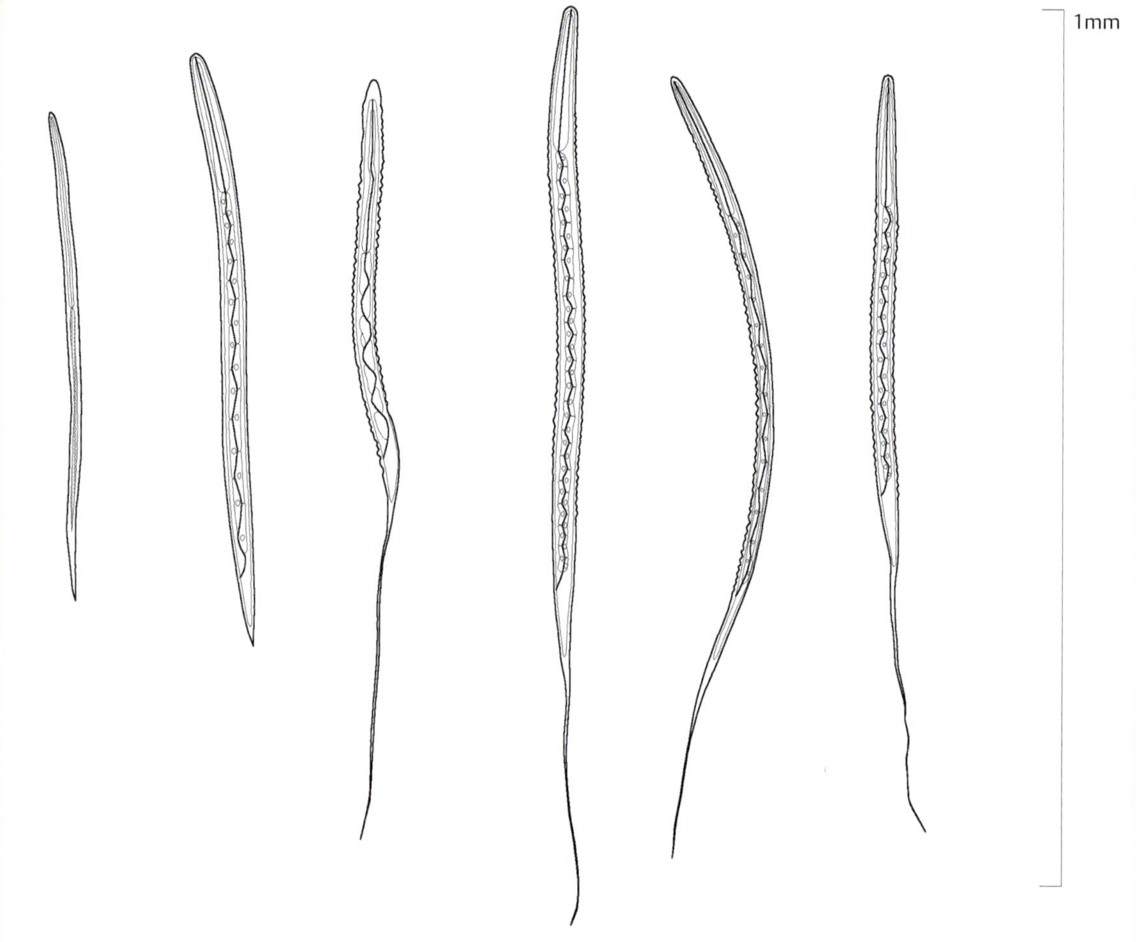

▶ **Abb. 19.14** Magen-Darm-Nematoden vom Pferd: Drittlarven (L 3). (Grafik: Johannes Eckert und Peter Deplazes, Institut für Parasitologie, Vetsuisse-Fakultät, Universität Zürich)

19.2.3 Schwein

Merkmale von Parasitenstadien (Auswahl) des Schweines

Siehe ▶ **Abb. 19.15.**

Erklärung: L = Larve.

Nematoden-Eier

- ***Hyostrongylus rubidus:*** mittelgroß (70–82 × 34–38 µm), elliptisch, dünnwandig, fast parallele Seitenwände, Inhalt: in frischem Kot mehr als 16 Blastomeren; ähnelt Eiern von *Oesophagostomum* spp. Sichere Differenzialdiagnose durch Identifikation der L 3.
- ***Oesophagostomum* spp.:** mittelgroß (50–80 × 26–46 µm), elliptisch, dünnwandig, Seitenwände etwas gewölbt, Inhalt: in frischem Kot 8–16 Blastomeren. Differenzialdiagnose durch Identifikation der L 3.
- ***Ascaris suum:*** mittelgroß (56–87 × 46–57 µm), rundoval, sehr dickwandig, Oberfläche mit unregelmäßigen Vorwölbungen, Inhalt: fast ganz ausgefüllt von granulierter Zygote, unsegmentiert.
- ***Metastrongylus* spp.:** mittelgroß (55–60 × 45–50 µm), ellipsoid, dickwandig mit runzeliger Oberfläche, Inhalt: L 1. Aus den Eiern geschlüpfte L 1 können auch in frischem Kot vorkommen und im Trichterverfahren nachgewiesen werden.
- ***Strongyloides ransomi* (Syn. *S. suis*):** kleine Eier (40–55 × 28–32 µm), dünnwandig, breit ellipsoid mit abgeflachten Polen, farblos, mit Embryo.
- ***Trichuris suis:*** mittelgroß (47–71 × 27–34 µm), dickwandig, zitronenförmig, Seitenwände gewölbt, mit 2 transparenten, deutlich vorgewölbten Polpfröpfen, dunkelbraun, Inhalt granuliert, unsegmentiert.

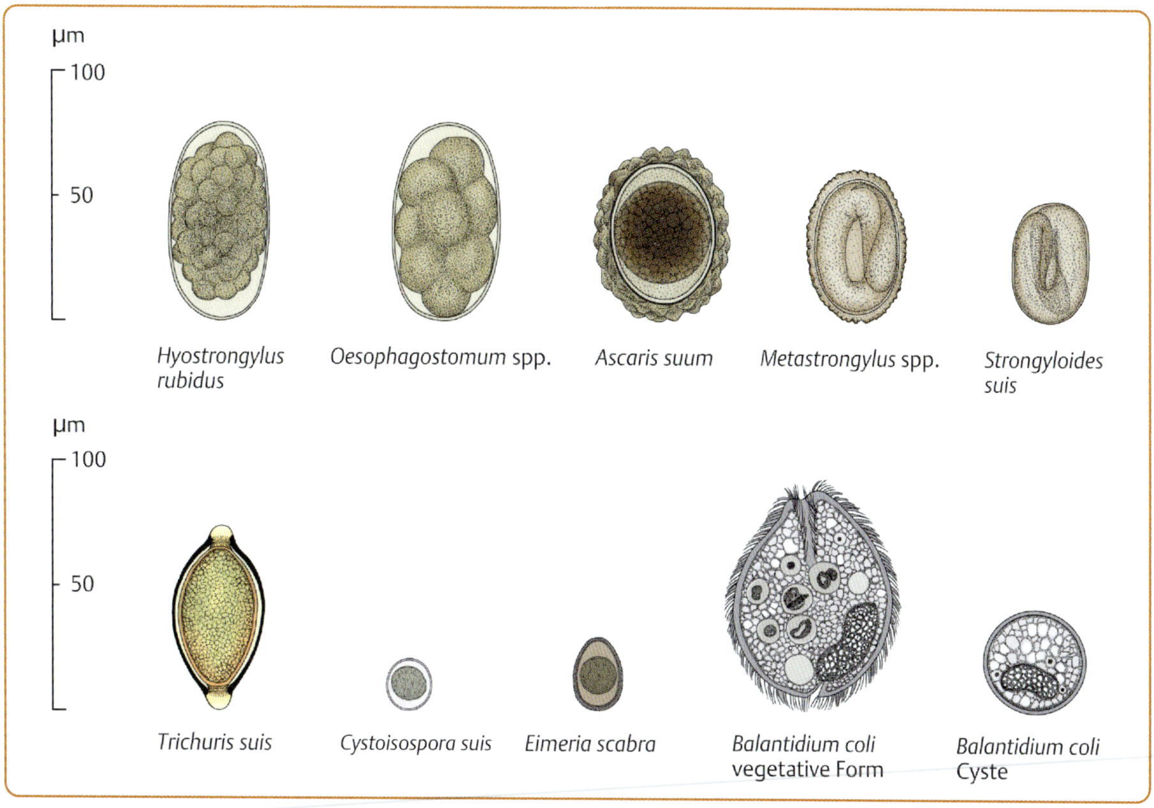

▸ **Abb. 19.15** Schwein: koproskopisch nachweisbare Parasitenstadien. (Grafik: Salome Ehrat, nach einer Vorlage von Johannes Eckert und Peter Deplazes, Vetsuisse-Fakultät, Universität Zürich)

Protozoen-Oocysten und -Cysten

- ***Cystoisospora (Isospora) suis:*** klein (17–25 × 16–22 µm), fast kugelige Oocysten, dünnwandig, Inhalt: runder Sporont (unsporuliert) in frischem Kot. In unsporuliertem Zustand unterscheiden sich die Oocysten dieser pathogenen Art von einigen der wenig pathogenen *Eimeria*-Arten morphologisch durch Größe und Form, z. B. von *E. scabra*. Eine sichere Unterscheidung ist an den sporulierten Oocysten möglich. *I. suis:* 2 Sporocysten mit je 4 Sporozoiten, *Eimeria* spp.: 4 Sporocysten mit je 2 Sporozoiten.
- ***Balantidium coli:*** vegetative Formen groß (50–100 × 40–75 µm), Oberfläche mit Cilien besetzt. Cysten (40–65 µm), kugelig, Inhalt: Erregerstadium (Kerne u. a. Innenstrukturen erst nach Färbung identifizierbar).
- ***Giardia* sp.:** Trophozoit: klein (9–21 × 15–12 µm), birnenförmig mit 8 Flagellen und 2 Kernen. Cysten: klein (8–15 × 17–10 µm) (▸ **Abb. 19.17**).
- ***Cryptosporidium* spp.:** sehr klein (4–5 µm), kugelförmig (▸ **Abb. 19.8**).

19.2.4 Hund und Katze

Merkmale von Helminthenstadien (Auswahl) von Hund und Katze

Siehe ▸ **Abb. 19.16**.

Erklärungen: Bereich = Bereich von Messwerten für mehrere Arten; L = Larve; V = Vorkommen.

Trematoden-Eier

- ***Opisthorchis felineus:*** klein (26–30 × 11–15 µm), oval, etwas asymmetrisch, mit leicht vorspringendem Rand an Nahtstelle des Operculums, dunkelbraun, Inhalt: Miracidium. V: Katze (Hund).

Cestoden-Eier

- ***Diphyllobothrium latum:*** Eier mittelgroß (55–76 × 37–56 µm), dünnwandig, mit Operculum an einem Pol, goldgelb, Inhalt: granuliert (Zygote und Dotterzellen), ähnelt *Fasciola*-Eiern. V: Hund, Katze.
- ***Dipylidium caninum:***
  - Eipakete: groß (ca. 200 × 120 µm), oft etwas rötlich gefärbt, mit mehreren (bis 30) Eiern.
  - Eier: klein (30–50 µm), rund, dünnwandig, mit Oncosphäre. V: Hund, Katze.
- ***Taenia* spp.** und ***Echinococcus* spp.:** Eier klein (ca. 30 × 40 µm), rund, dickwandig, äußere Hülle radiär gestreift, mit Oncosphäre, die das Ei ausfüllt. Morphologische Unterscheidung der Eier von *Taenia*- und *Echinococcus*-Arten nicht möglich. V: Hund, Katze.

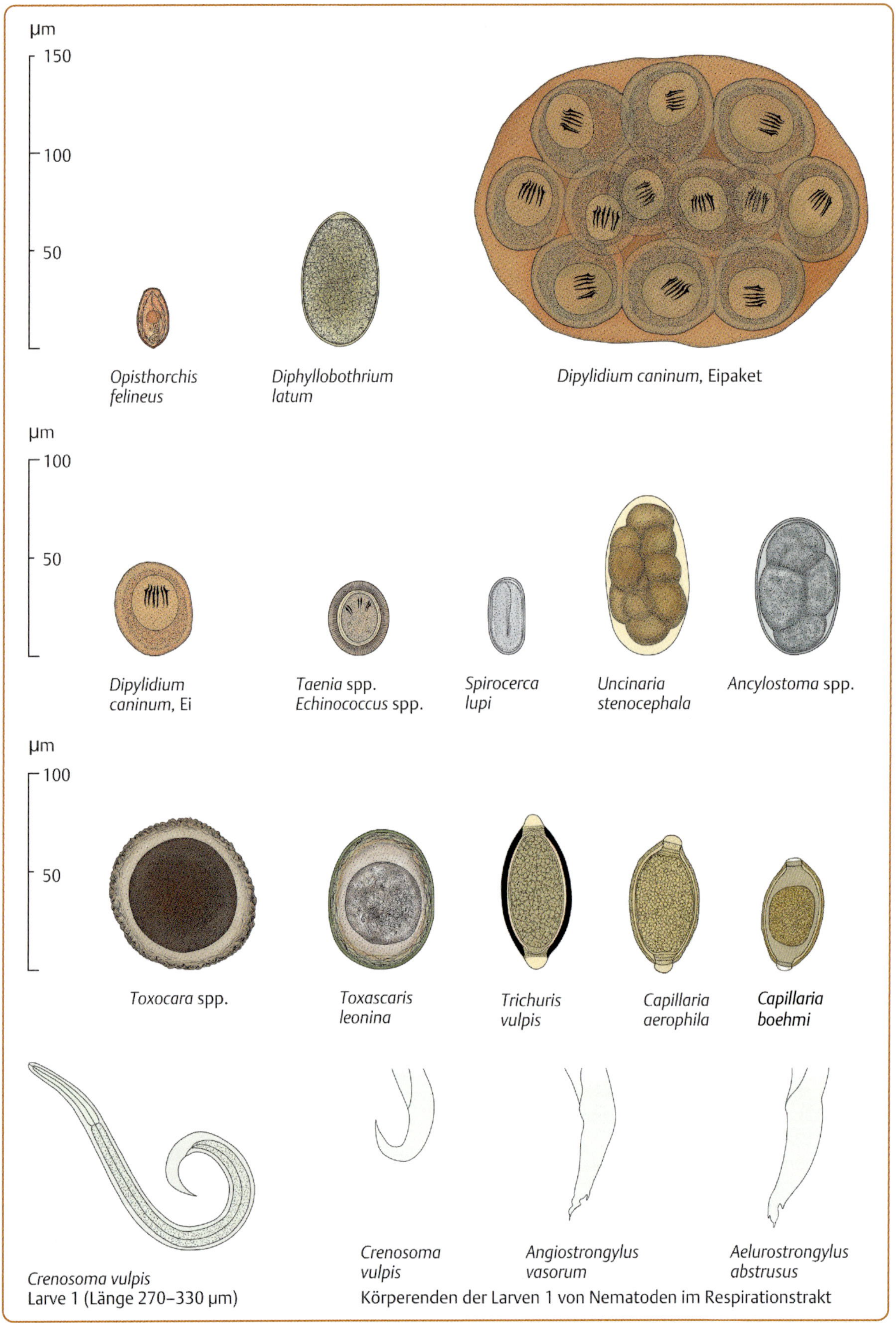

▸ **Abb. 19.16** Hund und Katze: koproskopisch nachweisbare Helminthenstadien. (Grafik: Salome Ehrat, nach einer Vorlage von Johannes Eckert und Peter Deplazes, Vetsuisse-Fakultät, Universität Zürich)

Nematoden-Eier

- ***Uncinaria stenocephala*** und ***Ancylostoma* spp.:** Eier dünnwandig, mit Blastomeren.
  - *U. stenocephala:* mittelgroß (71–92 × 35–58 µm), elliptisch, Seitenwände fast parallel, Pole abgeflacht, Inhalt: in frischem Kot mehrere große Blastomeren. Schwer von *Ancylostoma*-Eiern zu unterscheiden, die meist etwas kleiner sind. V: Hund, Katze.
  - *Ancylostoma* spp.: mittelgroß (45–78 × 34–57 µm), elliptisch, Seitenwände leicht gewölbt, Pole abgeflacht, Inhalt: in frischem Kot 2–8 große Blastomeren. V: Hund, Katze.
  - Eine morphologische Differenzierung ist bei *Ancylostoma* spp. und *U. stenocephala* auch anhand der L 3 nicht sicher möglich. Eine sichere Identifizierung gelingt mittels PCR.
- ***Toxocara* spp.:** mittelgroße Eier, dickwandig, kugelförmig, Oberfläche mit feinen Eindellungen (golfballähnlich), Inhalt: dunkel, unsegmentiert, körnig.
  - *T. canis:* 80–94 × 65–83. V: Hund.
  - *T. cati:* 68–85 × 58–75. V: Katze (häufig Darmpassanten beim Hund).
  - Die Eier von *T. canis* und *T. cati* sind morphologisch ähnlich, aber morphometrisch unterscheidbar.
- ***Toxascaris leonina:*** mittelgroß (76–95 × 63–76 µm), dickwandig, kugelförmig, Oberfläche glatt, Inhalt: heller als bei *Toxocara*, füllt Eiinneres weitgehend aus, unsegmentiert, körnig, an der Innenseite der Eischale verwobene Strukturen („Zopfmuster"). V: Hund, Katze.
- ***Spirocerca lupi:*** klein (ca. 25 × 15 µm), längsoval, Inhalt: L 1. V: Hund.
- ***Trichuris vulpis:*** mittelgroß (70–85 × 36–40 µm), dickwandig, zitronenförmig, Seitenwände gewölbt, mit 2 transparenten, deutlich vorgewölbten Polpfröpfen, dunkelbraun, Inhalt: unsegmentiert, körnig. V: Hund.
- ***Capillaria aerophila:*** mittelgroß (62–73 × 35–40 µm), dickwandig, Seitenwände nahezu parallel, mit 2 transparenten, flachen Polpfröpfen, dunkelbraun, Inhalt: unsegmentiert, körnig. V: Hund, Katze.

Nematoden-Larven Die unbescheideten L 1 der Lungen- und Gefäßwürmer ähneln den L 1 von Protostrongyliden (S. 315). Larvenkörper meist transparent, teils auch etwas granuliert. Differenzialdiagnose anhand der Struktur der Hinterenden. Zur Differenzierung weiterer Lungenwurmlarven beim Fleischfresser s. Spezialliteratur.

- *Crenosoma vulpis:* L 1 (270–330 µm), Hinterende spitz. V: Hund.
- *Troglostrongylus* spp.: L 1 (300–520 µm), Hinterende ohne „Knick" (vgl. *Ae. abstrusus*), mit Dorn. V: Katze (nicht abgebildet).
- *Angiostrongylus vasorum:* L 1 (310–400 µm), Hinterende mit ventraler Einkerbung und dorsalem Dorn. V: Hund.
- *Aelurostrongylus abstrusus:* L 1 (360–400 µm), Hinterende mit „Knick" und dornartigen Fortsätzen. V: Katze.

Merkmale von Protozoenstadien (Auswahl) von Hund und Katze

Siehe ▸ **Abb. 19.17.**

Erklärungen: Ø = Mittelwert, V = Vorkommen.

Hund

- ***Giardia* sp.:** Trophozoit: klein (9–21 × 15–12 µm), birnenförmig mit 8 Flagellen und 2 Kernen. Cysten: klein (8–15 × 17–10 µm) (Nachweis mit Spezialmethoden, z. B. SAF-Verfahren). V: Hund, Katze.
- *Cystoisospora (Isospora)*-Oocysten: klein, rund-oval, dünnwandig, ohne Micropyle, Inhalt: Sporont, in frischem Kot nicht sporuliert. V: Hund.
  - *C. canis:* 36–44 × 29–31 µm (Ø 39 × 32 µm).
  - *C. ohioensis:* 19–27 × 15–25 µm (Ø 24 × 20 µm).
  - *C. burrowsi:* 16–23 × 15–22 µm (Ø 21 × 18 µm).
  - *C. ohioensis* und *C. burrowsi* sind nicht zuverlässig unterscheidbar und werden meist als „*Cystoisospora ohioensis*-Komplex" geführt.
- ***Neospora caninum:*** Oocysten vom *Isospora*-Typ, klein (10–13 × 10–11 µm), morphologisch nicht von *H. heydorni*-Oocysten zu unterscheiden (s. u.).
- ***Hammondia heydorni:*** Oocysten vom *Isospora*-Typ, klein (10–15 × 9–13, Ø 11,9 × 11,1 µm), morphologisch nicht von *N. caninum*-Oocysten zu unterscheiden (s. o.). V: Hund.
- ***Sarcocystis* spp.:** meist Ausscheidung von freigesetzten Sporocysten, seltener von sehr dünnwandigen Oocysten. Sporocysten: klein (13–16 × 8–11 µm), Inhalt: 4 Sporozoiten. V: Hund.
- ***Cryptosporidium* spp.:** sehr klein (4–5 µm), kugelförmig (▸ **Abb. 19.8**).

Katze

- ***Giardia* sp.:** s. Hund.
- ***Cystoisospora (Isospora)*-Oocysten:** klein, rund-oval, dünnwandig, ohne Micropyle, Inhalt: Sporont, in frischem Kot nicht sporuliert. V: Katze.
  - *C. felis:* 39–48 × 23–37 µm (Ø 45 × 33 µm), mit typisch ausgezogenem spitzen Pol.
  - *C. rivolta:* 22–30 × 21–27 µm (Ø 26 × 24 µm).
- ***Toxoplasma gondii:*** Oocysten vom *Isospora*-Typ, klein (10–14 × 9–11, Ø 12 × 10 µm), morphologisch nicht von *H. hammondi*-Oocysten zu unterscheiden (s. u.). V: Katze.
- ***Hammondia hammondi:*** Oocysten vom *Isospora-Typ*, klein (11–13 × 10–12, Ø 11,4 × 10,6 µm), morphologisch nicht von *T. gondii*-Oocysten zu unterscheiden (s. o.). V: Katze.
- ***Sarcocystis* spp.:** s. Hund. Sporocysten: klein (10 × 8–9 µm), Inhalt: 4 Sporozoiten. V: Katze.
- ***Cryptosporidium* spp.:** sehr klein (4–5 µm), kugelförmig (▸ **Abb. 19.8**).

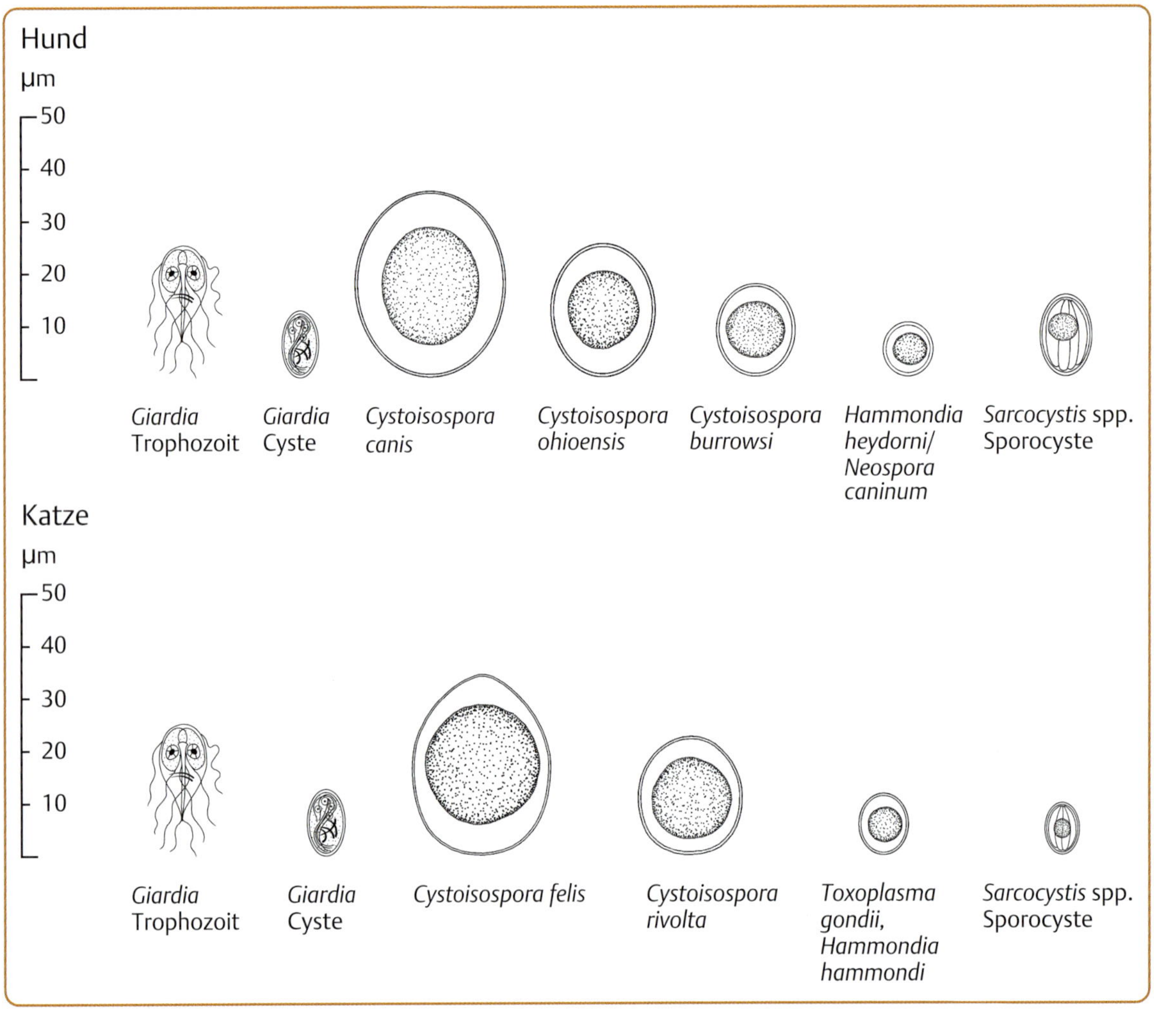

▶ **Abb. 19.17** Hund und Katze: koproskopisch nachweisbare Protozoenstadien. (Grafik: Salome Ehrat, nach einer Vorlage von Johannes Eckert und Peter Deplazes, Vetsuisse-Fakultät, Universität Zürich)

19.2.5 Nutzgeflügel

Merkmale von Parasitenstadien (Auswahl) des Nutzgeflügels

Siehe ▶ **Abb. 19.18**.

Erklärungen: Bereich = Bereich von Messwerten für mehrere Arten; E = Ente; G = Gans; H = Huhn; L = Larve; TA = Taube; TR = Truthuhn; V = Vorkommen.

Cestoden-Eier Die Eier von Cestoden erscheinen nicht regelmäßig im Kot; sie können jedoch aus ausgeschiedenen Proglottiden isoliert und zur Gattungsdiagnose benutzt werden.

- ***Raillietina* spp.:** Eier mittelgroß (93 × 74 µm), rundoval, Inhalt: Oncosphäre von großer, ovaler Schicht der Dotterhülle umgeben. V: H, TA, TR.
- ***Davainea* spp.:** klein (55 × 36 µm), rundlich, Oberfläche glatt, Inhalt: Oncosphäre. V: H, TA, TR.
- ***Choanotaenia* spp.:** klein (54 × 47 µm), oval, äußere Hülle mit typischen, langen Fortsätzen, Inhalt: Oncosphäre. V: H, TR.
- ***Echinolepis* (Syn. *Hymenolepis*) spp.:** Eier mittelgroß (76 × 62 µm), Hülle aus vielen Schichten, Oncosphärenhülle ellipsoid. V: H, TR.
- ***Amoebotaenia* spp.:** klein (47–42 µm), Oberfläche glatt, Inhalt: Oncosphäre, die von gewellter und dadurch ziemlich dick erscheinender Oncosphärenhülle umgeben ist. V: H, TR.

Nematoden-Eier

- ***Syngamus trachea:*** Ei mittelgroß (74–125 × 36–55 µm), ellipsoid, Seitenwände oft ungleich gewölbt, an beiden Polen transparenter Pfropf, Inhalt: 8–16 Blastomeren. V: H, TA, TR.
- ***Amidostomum anseris:*** groß (80–100 × 50–82 µm), ellipsoid, Pole abgeflacht, dünnwandig, Inhalt: viele Blastomeren. V: G.
- ***Trichostrongylus tenuis:*** mittelgroß (65–75 × 35–42 µm), dünnwandig, oval, etwas ungleiche Pole, Inhalt: mehr als 16 Blastomeren. V: H, TA, TR, E, G.

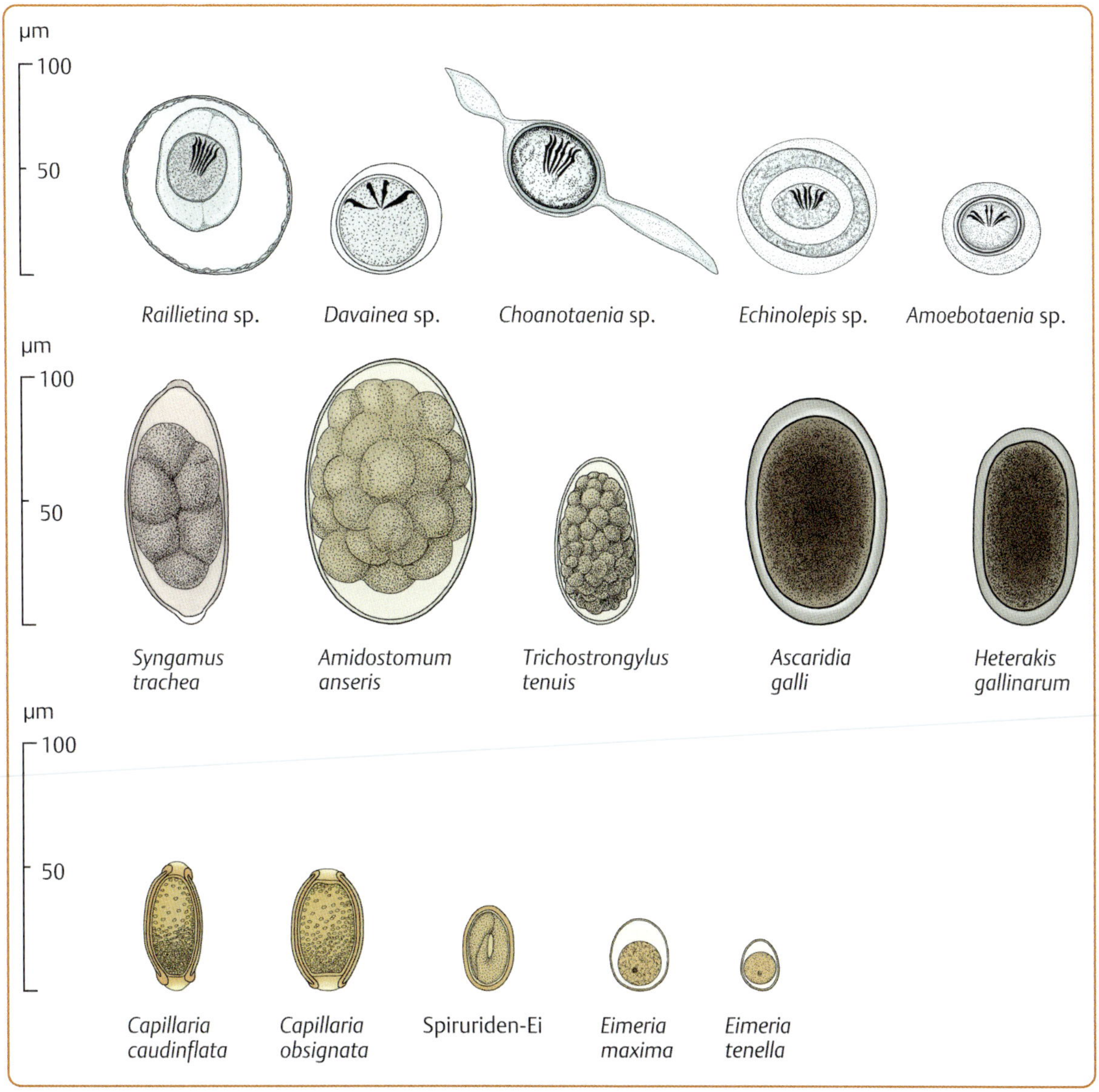

▶ **Abb. 19.18** Nutzgeflügel: koproskopisch nachweisbare Parasitenstadien. Dargestellt sind Stadien, die bei einer oder mehreren Arten von Nutzgeflügel vorkommen können (▶ **Tab. 23.18**, ▶ **Tab. 23.19**). (Grafik: Salome Ehrat, nach einer Vorlage von Johannes Eckert und Peter Deplazes, Vetsuisse-Fakultät, Universität Zürich)

- ***Ascaridia* spp.:** mittelgroß (Bereich 60–90 × 40–55 µm), ellipsoid, leicht gewölbte Seitenwände, Oberfläche glatt, dicke und transparente Wand, Inhalt: Zygote granuliert erscheinend, unsegmentiert; leicht mit *Heterakis*-Eiern zu verwechseln (s. u.). V: H, TA, TR, E, G.
- ***Heterakis* spp.:** mittelgroß (Bereich 60–75 × 36–48 µm), ellipsoid, Seitenwände flach, Oberfläche glatt, dicke und transparente Wand, Inhalt: Zygote granuliert erscheinend, unsegmentiert; leicht mit *Ascaridia*-Eiern zu verwechseln (s. o.). V: H, TR, E, G.
- ***Capillaria* spp.:** mittelgroße Eier (Bereich: 50–65 × 20–35 µm), dickwandig, zitronenförmig, teils leicht asymmetrisch mit 2 transparenten Polpfröpfen, Artunterschiede in Größe, Wölbung der Wände und Typ der Polpfröpfe, Inhalt: ganz ausgefüllt, granuliert. V: H, TA, TR, E, G.
- **Spiruriden:** klein (30–40 µm), ellipsoid, mit L 1.

Protozoen-Oocysten

- ***Eimeria* spp.:** Oocysten der *Eimeria*-Arten des Huhnes sind klein (Bereich 15–30 × 13–20 µm); sie werden unsporuliert im Kot ausgeschieden. Die Oocysten einzelner Arten unterscheiden sich meist nur geringfügig, lediglich die sehr großen Oocysten von *E. maxima* (30 x 21 µm, die Oocysten anderer Arten messen nur 16–25 x 14–19 µm) können durch ihre Größe differenziert werden. Bei den anderen *Eimeria*-Arten des Huhnes ist eine sichere morphologische Differenzialdiagnose nicht möglich. Die Arten werden aufgrund anderer Kriterien (S. 88) differenziert.

19.2.6 Schildzecken-Gattungen

Merkmale von Schildzecken-Gattungen

Zusammen mit den Beschreibungen verschiedener Gattungen von Zecken (S. 411) soll der bebilderte Schlüssel (▶ **Abb. 19.19**) ein Hilfsmittel zur Identifikation von Schildzecken-Gattungen sein. Allerdings kann hier nur eine allgemeine Übersicht wichtiger Merkmale geboten werden. Details finden sich in der Spezialliteratur (S. 574).

Literaturhinweise

Alvarez Rojas CA, Mathis A, Deplazes P. Assessing the contamination of food and the environment with *Taenia* and *Echinococcus* eggs and their zoonotic transmission. Cur Clin Microbiol Rep 2018; 5: 154–163

Becker AC, Krämer A, Epe C et al. Sensitivity and efficiency of selected coproscopical methods – sedimentation, combined zinc sulfate sedimentation-flotation, and McMaster method. Parasitol Res 2016; 115: 2581–2587

Bowman DE. Georgis' Parasitology for Veterinarians (e-book). 10th ed. St. Louis, MI, USA: Elsevier/Saunders; 2014. ISBN: 978-1-45574-006-2

Calvete C, Uriarte J. Improving the detection of anthelmintic resistance: evaluation of faecal egg count reduction test procedures suitable for farm routines. Vet Parasitol 2013; 196: 438–452

Conraths FJ, Deplazes P. *Echinococcus multilocularis* epidemiology, surveillance and state-of-the-art diagnostics from a veterinary public health perspective. Vet Parasitol 2015; 213: 149–161

Craig PS, Mastin A, Van Kesteren F et al. *Echinococcus granulosus:* epidemiology and state-of-the art of diagnostics in animals. Vet Parasitol 2015; 213: 132–148

Cringoli G, Rinaldi L, Maurelli MP et al. FLOTAC: new multivalent techniques for qualitative and quantitative copromicroscopic diagnosis of parasites in animals and humans. Nat Protoc 2010; 5: 503–515

Demeler J, Knapp F, Corte GM et al. Recovery of strongylid third-stage larvae from herbage samples: standardisation of a laboratory method and its application in the field. Parasitol Res 2012; 110: 1159–1164

Duncan JL, Abbott EM, Arundel JH et al. World Association for the Advancement of Veterinary Parasitology (WAAVP): second edition of guidelines for evaluating the efficacy of equine anthelmintics. Vet Parasitol 2002; 103: 1–18

Durchführungsverordnung (EU) 2015/1375 der Kommission vom 10. August 2015 mit spezifischen Vorschriften für die amtlichen Fleischuntersuchungen auf Trichinen. Amtsblatt der Europäischen Union (DE), 10.08.2015, L 212/7

Duscher G, Prosl H, Joachim A. Scraping or shaking – a comparison of methods for the quantitative determination of *Echinococcus multilocularis* in fox intestines. Parasitol Res 2005; 95: 40–42

Estrada-Pena A, Mihalca AD, Petney TN. Ticks of Europe and North Africa. Springer International Publishing, Switzerland; 2018. ISBN: 978-3-31963-759-4

Kochanowski M, Karamon J, Dąbrowska J et al. Experimental estimation of the efficacy of the FLOTAC basic technique. J Parasitol 2014; 100: 633–639

Lempereur L, Beck R, Fonseca I et al. Guidelines for the detection of *Babesia* and *Theileria* parasites. Vector Borne Zoonotic Dis 2017; 17 (1): 51–65. doi: 10.1089/vbz.2016.1955

Martinez-Valladares M, Rojo-Vazquez FA. Loop-mediated isothermal amplification (LAMP) assay for the diagnosis of fasciolosis in sheep and its application under field conditions. Parasit Vectors 2016; 9: 73

Mathis A. Towards high-throughput identification of arthropod vectors by mass spectrometry. Nova Acta Leopoldina 2016; 411: 33–42

Prosl H, Joachim A. Veterinärmedizinische Diagnostik. In: Hiepe T, Lucius R, Gottstein B, Hrsg. Allgemeine Parasitologie. Stuttgart: Parey; 2006: 355–377. ISBN: 3-83044-101-0

Rinaldi L, Levecke B, Bosco A et al. Comparison of individual and pooled faecal samples in sheep for the assessment of gastrointestinal strongyle infection intensity and anthelmintic drug efficacy using McMaster and Mini-FLOTAC. Vet Parasitol 2014; 205(1–2): 216–223. doi: 10.1016/j.vetpar.2014.06.011

Ryan U, Paparini A, Oskam C. New technologies for detection of enteric parasites. Trends Parasitol 2017; 33: 532–546. doi: 10.1016/j.pt.2017.03.005

Stothard JR, Adams E. A preface on advances in diagnostics for infectious and parasitic diseases: detecting parasites of medical and veterinary importance. Parasitology 2000; 141: 1781–1788

Torgerson PR, Paul M, Lewis FI. The contribution of simple random sampling to observed variations in faecal egg counts. Vet Parasitol 2012; 188: 397–401

Van Wyk JA, Cabaret J, Michael LM. Morphological identification of nematode larvae of small ruminants and cattle simplified. Vet Parasitol 2004; 119: 277–306

Vidyashankar AN, Hanlon BM, Kaplan RM. Statistical and biological considerations in evaluating drug efficacy in equine strongyle parasites using fecal egg count data. Vet Parasitol 2012; 185: 45–56

Yang Y, Li Q, Wang S et al. Rapid and sensitive detection of *Babesia bovis* and *Babesia bigemina* by loop-mediated isothermal amplification (LAMP) combined with a lateral flow dipstick. Vet Parasitol 2016; 219: 71–76

	Ixodes	*Rhipicephalus*	*Rhipicephalus (Boophilus)*	*Dermacentor*	*Haemaphysalis*	*Hyalomma*	*Amblyomma*
Habitus L: Länge der nüchternen adulten Zecken	mittelgroß, L 2–4 mm, dunkler Rückenschild, Beine dunkel	mittelgroß, L 3–5 mm, rötlich oder dunkelbraun	Klein, blass, L 2–3 mm, Rückenschild ohne Ornamente	groß, L 3–6 mm, Rückenschild silbrig ornamentiert	mittelgroß, blass oder rötlich-braun, L 2–4 mm, Rückenschild ohne Ornament	groß, L 4–7 mm dunkelbraun, Beine mit hellen Ringen	groß, L 4–7 mm, Rückenschild ornamentiert, Beine mit hellen Ringen
Mundwerkzeuge	Viel länger als Basis capituli 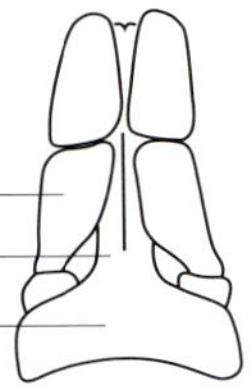	Kurz, Palpen kürzer als Breite der Basis capituli; diese sechseckig mit lateralen, spitzen Vorsprüngen 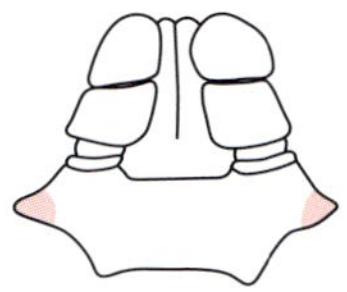	Kurz, fast rudimentär erscheinend, Palpen mit scharfen Rändern 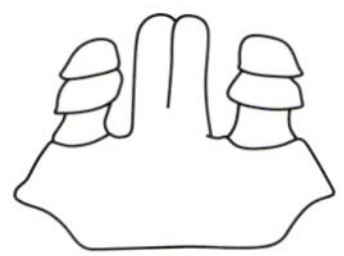	Kurz, Basis capituli breiter als lang, etwa rechteckig 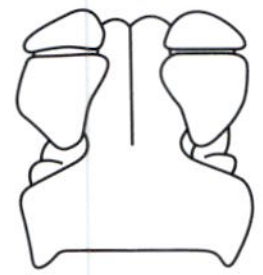	Kurz, 2. Palpensegment mit lateralem Vorsprung. Basis capituli kurz mit graden Seitenrändern 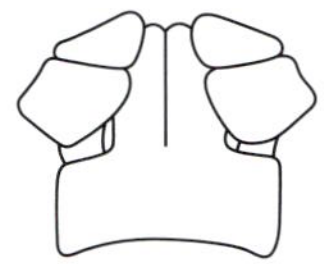	Länger als Basis capituli; 2. Palpenglied länger als Glieder 1 u. 3 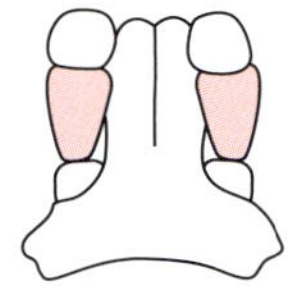	Länger als Basis capituli; 2. Palpenglied länger als andere 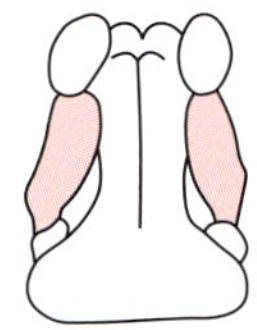
Augen	fehlen	vorhanden	vorhanden	vorhanden	fehlen	vorhanden	vorhanden
Festons (=Girlanden) (s. Glossar) (bei vollgesogenen ♀ meist undeutlich)	fehlen 	vorhanden 	fehlen, ♂♂ mit Appendix am hinteren Körperrand 	vorhanden 	vorhanden 	vorhanden, oft undeutlich 	vorhanden, deutlich 
Analfurche	vor Anus	hinter Anus	hinter Anus, undeutlich	hinter Anus	hinter Anus	hinter Anus	hinter Anus
Coxae	Coxa I mit einem langen, internen Sporn 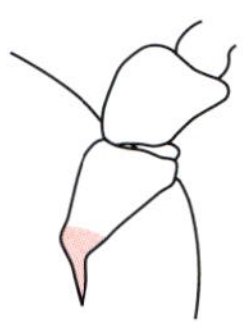	Coxa I mit langem, externen Sporn 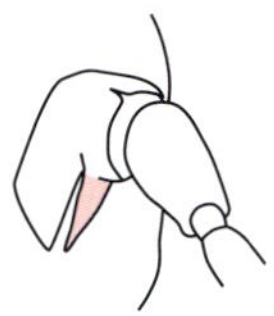	Coxa I mit kleinem ex- und internen Sporn 	Coxa I-IV mit externem Sporn, Coxa IV sehr groß 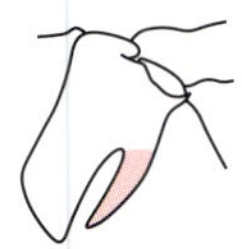	Coxa I ohne Sporn (aber Sporn am Trochanter, nicht dargestellt) 	Coxa I mit langem, externen Sporn 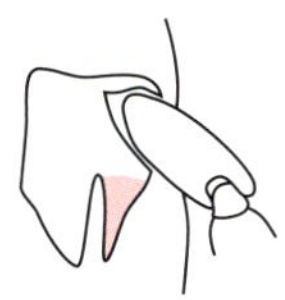	Coxa I mit ungleich geteiltem Sporn 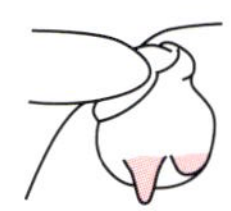

▸ **Abb. 19.19** Merkmale von Schildzecken-Gattungen. (Grafik: Marianne Mathys, nach einer Vorlage von Johannes Eckert und Peter Deplazes, Vetsuisse-Fakultät, Universität Zürich)

ntiparasitika

Wirkstoffgruppen

Desinfektion

Vakzination

zmidazole

Anthelminthika

Biologische Parasitenbekämpfung

Insektizide

Anticoccidia

Makrozyklische Lactone

Bekämpfungsstrategien

Arzneimittelresistenz

Teil 7 Grundlagen der Therapie und Bekämpfung von Parasitosen

20 Begriffsbestimmungen

Unter **Therapie** (gr. *therapeia:* Pflege, Heilung) verstehen wir hier Maßnahmen, die eine Schädigung oder Abtötung von Parasiten am oder im Wirtskörper und eine Heilung parasitärer Erkrankungen zum Ziel haben. Dabei handelt es sich vorwiegend um eine kausale, gegen die Krankheitserreger gerichtete Chemotherapie, teils auch um eine ergänzende symptomatische Behandlung. Unter dem Überbegriff **Bekämpfung** fassen wir alle Maßnahmen zusammen, die der Verhütung (Prophylaxe), Eindämmung (Schadensbegrenzung) oder Elimination (Tilgung) von Parasitosen dienen. Dazu gehören auch chemotherapeutische Maßnahmen. Grundlagen für jede Therapie und Bekämpfung sind eine aussagekräftige Diagnose, eine Beurteilung des klinischen Status von Einzeltieren oder Tiergruppen und eine möglichst genaue Kenntnis der epidemiologischen Situation.

21 Therapie

Das Wichtigste in Kürze

- Bei der Therapie von Parasitosen unterscheidet man **kurative** Behandlungen (Heilbehandlungen), **prophylaktische, metaphylaktische** und **strategische** (= planmäßige) Behandlungen. Zu Letzteren gehören gezielte, selektive Behandlungen.
- Zur Behandlung von Tieren gegen Parasitenbefall stehen zahlreiche, meist gut wirksame und verträgliche Chemotherapeutika (**Antiparasitika**) in unterschiedlichen Applikationsformen zur Verfügung: Mittel gegen Ektoparasiten (Ektoparasitizide oder Ektozide sowie Insekten-Entwicklungshemmer [IEH] und Repellenzien), gegen Helminthen (Anthelminthika) und Protozoen (Antiprotozoika) (► **Tab. 21.1**, ► **Tab. 21.2**, ► **Tab. 21.3**, ► **Tab. 21.4**, ► **Tab. 21.5**). Ektozide und IEH werden auch zur Umgebungsbehandlung gegen Arthropoden verwendet. Weitere Informationen in Datenbanken für Österreich und Deutschland in VETIDATA (www.vetidata.de), für die Schweiz im Tierarzneimittelkompendium (www.tierarzneimittel.ch).
- Die meisten Antiparasitika sind **rezeptpflichtig** und nur für die Anwendung bei bestimmten Tierarten zugelassen. In Ausnahmefällen dürfen bei einer bestimmten Tierart nach „Umwidmung" Antiparasitika eingesetzt werden, die mit behördlicher Genehmigung aus dem Ausland importiert oder für andere Tierarten oder den Menschen zugelassen sind (landesspezifische Vorschriften beachten!). Verschiedene Antiparasitika dürfen bei Tieren, die der Lebensmittelgewinnung dienen, nicht angewendet werden.
- Bei der **Anwendung von Antiparasitika** sind zu beachten: Wirkungsspektrum, mögliche Arzneimittelresistenzen der Parasiten, Dosierung und Applikation, tierartspezifische Pharmakokinetik (z. B. bei Ziegen, Katzen und Kameliden), Verträglichkeit (Sicherheitsindex, ggf. Toxizität für andere ebenfalls im Haushalt lebende Tierarten), die Persistenz von Wirkstoffen im Tierkörper und davon abgeleitete Wartezeiten sowie die Verträglichkeit für Umwelt und Anwender.
- Die **Arzneimittelresistenz** (AR) von Parasitenpopulationen ist weltweit ein zunehmendes Problem. In Europa sind vor allem bedeutsam: Resistenzen von *Eimeria*-Arten des Geflügels gegen verschiedene Wirkstoffe, die Benzimidazol-Resistenz von Trichostrongyliden von Schaf und Ziege sowie der kleinen Strongyliden (v. a. Cyathostominae) und die Resistenz gegen makrozyklische Lactone beim Spulwurm (*Parascaris* spp.) des Pferdes (► **Tab. 21.6**). Ferner spielt die AR bei einigen Ektoparasiten eine Rolle. In Europa betrifft dies vor allem die Insektizid-Resistenz bei Fliegen, während z. B. in Südamerika und Australien häufig Akarizid-Resistenzen bei der Rinderzecke *Rhipicephalus (Boophilus) microplus* vorkommen.
- Die AR hat eine **genetische Grundlage** und entwickelt sich durch Selektion natürlich resistenter Individuen innerhalb einer Parasitenpopulation nach wiederholter Behandlung sowie unter der ggf. längerfristigen Einwirkung von Antiparasitika. Die Entwicklung der AR wird durch zahlreiche Faktoren begünstigt (bei Strongyliden von Weidetieren u. a. durch Häufigkeit und Zeitpunkt der Behandlung, chemische Struktur, Dosierung und Wirksamkeit des Antiparasitikums, Polpulationsdynamik der Parasiten). In Nematodenpopulationen ist eine Reversion der AR bei Wegfall des Selektionsdrucks auch im Verlauf vieler Jahre nicht zu erwarten. Daher sind **Vorbeugemaßnahmen wichtig** (u. a. Reduktion der Zahl der Behandlungen, systematischer Wechsel der Wirkstoffgruppe der Antiparasitika, integrierte und alternative Bekämpfungsverfahren).

21.1 Kategorien der Therapie

Je nach Indikation der Behandlung unterscheidet man verschiedene Kategorien der antiparasitären Chemotherapie:

- **Kurative Behandlung** zur Heilung von Tieren, die an Parasitenbefall erkrankt sind (Ultima Ratio, denn „Vorbeugen ist besser als Heilen").
- **Metaphylaktische Behandlung** zur Elimination oder Reduktion der Parasitenbürde zu einem Zeitpunkt, an dem noch keine Krankheitserscheinungen oder größeren Schäden aufgetreten sind.
- **Prophylaktische Behandlung** mit dem Ziel, die Entwicklung von Parasiten im oder am Tierkörper und die Produktion ansteckungsfähiger Stadien zu unterdrücken und somit auch das Ansteckungsrisiko zu vermindern oder zu verhüten.
- **Strategische (= planmäßige) Behandlungen** zu bestimmten Zeitpunkten, die aufgrund der Parasitenbiologie, der epidemiologischen Gegebenheiten, der Eigenschaften der Antiparasitika und anderer Kriterien festgelegt werden (z. B. Behandlung von Weidetiergruppen gegen Strongyliden zu bestimmten Zeiten der Weideperiode). Diese Behandlungen entsprechen meist metaphylaktischen, seltener prophylaktischen Behandlungen. Um die Selektion arzneimittelresistenter Stämme von Nematoden der Wiederkäuer zu erschweren, erprobt man derzeit eine neue Strategie der gezielten (engl. *Targeted Treatment*, TT) bzw. gezielten und selektiven Behandlung (engl. *Targeted Selective Treatment*, TST). Dabei sollen nur jene Tiere behandelt werden, die besonders gefährdet sind oder epidemiologisch eine zentrale Rolle spielen. Auf diese Weise gerät ein geringerer Teil der Parasitenpopulation in Kon-

takt mit dem Antiparasitikum als bei der Behandlung ganzer Herden oder Weidegruppen. In einigen Studien wurde gezeigt, dass so ein ausreichender Schutz vor schädigenden Infektionen und eine signifikante Verminderung der Resistenzentwicklung erreicht werden können. Allerdings müssen noch besser an die Praxisbedingungen angepasste Methoden zur Identifikation der behandlungsbedürftigen Tiere entwickelt werden.

21.2 Antiparasitika

Die gegen Parasiten wirksamen Medikamente (Antiparasitika) lassen sich in folgende Hauptgruppen unterteilen: Mittel gegen Protozoen (Antiprotozoika), Helminthen (Anthelminthika), Arthropoden (Ektoparasitizide oder Ektozide, Insekten-Entwicklungshemmer und Repellenzien) oder gegen Endo- und Ektoparasiten (Endektozide) (▶ **Tab. 21.1**, ▶ **Tab. 21.2**, ▶ **Tab. 21.3**, ▶ **Tab. 21.4**, ▶ **Tab. 21.5**; Datenbanken: für AT https://aspregister.basg.gv.at/, für DE www.vetidata.de, für CH www.tierarzneimittel.ch, für die EU https://ec.europa.eu/health/documents/community-register/). Für die Wirksamkeitsprüfung von Antiparasitika publiziert die *World Association for the Advancement of Veterinary Parasitology* (WAAVP) internationale Richtlinien. Die Wirkung der Antiparasitika wird als „Intenseffekt" (S. 668), z. T. auch als „Extenseffekt" (S. 668) quantifiziert. Die meisten Antiparasitika unterliegen in der EU und der Schweiz der Prüfungs- und Zulassungspflicht durch die zuständigen Behörden und sind **rezeptpflichtig**. Die Mittel dürfen nur bei der Tierart oder den Tierarten eingesetzt werden, für die sie offiziell zugelassen sind. Stehen für eine bestimmte Tierart zugelassene Mittel nicht zu Verfügung, so ist ausnahmsweise eine Anwendung von Antiparasitika möglich, die mit behördlicher Genehmigung aus dem Ausland eingeführt werden oder für andere Tierarten oder den Menschen zugelassen sind, doch unterliegt diese „Umwidmung" (S. 667) EU- oder landesspezifischen Vorschriften, die auch wegen der Haftpflicht zu beachten sind.

21.2.1 Einsatz der Mittel

Bei Einsatz der Antiparasitika in bestimmten Indikationen sind verschiedene Faktoren zu berücksichtigen, wie **Behandlungsbedürftigkeit** (entsprechend der Klinik, der Erregerpathogenität oder den epidemiologischen Erfordernissen), **Wirkungsspektrum, Dosierung und Applikation, Verträglichkeit, Persistenz von Wirkstoffen im Tierkörper** sowie **Umweltverträglichkeit** und **Verträglichkeit für den Anwender**.

Verträglichkeit Als **Indikator** der Verträglichkeit wird bei den Antiparasitika häufig ein **Sicherheitsindex (SI)** angegeben. Dieser ergibt sich aus der maximal tolerierten einmaligen Dosis (bei der noch keine klinischen Symptome der Unverträglichkeit zu erwarten sind) dividiert durch die einmalige therapeutische Dosis. Demnach bedeutet ein SI von 5, dass die 5-fache therapeutische Einmaldosis im Regelfall verträglich ist. Grundsätzlich ist auch eine eventuell bestehende Umwelttoxizität oder eine Toxizität bei anderen ebenfalls im gleichen Haushalt lebenden (und somit ggf. exponierten) Tieren zu berücksichtigen. Dies trifft z. B. auf die Anwendung von Permethrin-haltigen Produkten bei Hunden zu, wenn gleichzeitig Katzen im Haushalt leben. In Bezug auf die Umwelttoxizität lässt sich als Beispiel die Beschränkung von Toltrazuril-haltigen Präparaten auf die Stallhaltung nennen.

Persistenz von Wirkstoffen im Tierkörper Dieser Aspekt ist in zweifacher Hinsicht von Bedeutung: Einerseits können im Tierkörper persistierende Antiparasitika über längere Zeit eine Wirkung gegen bestehenden Parasitenbefall (z. B. gegen Räudemilben) oder einen Schutz gegen neue Infektionen oder Infestationen entfalten (z. B. gegen Trichostrongyliden). Die **persistierende Wirkung** (= Residualwirkung) sollte bei der Festlegung von Intervallen für Wiederholungsbehandlungen berücksichtigt werden. Andererseits dürfen von Tieren stammende Lebensmittel (Fleisch und Organe = essbares Gewebe, Milch, Eier) keine unzulässigen Rückstände von Arzneimitteln enthalten. Daher werden für Antiparasitika, die zur Anwendung bei Lebensmittel liefernden Tieren zugelassen sind, **Wartezeiten** behördlich festgelegt. Dabei handelt es sich um das Intervall zwischen der Applikation eines Antiparasitikums und der erlaubten Verwendung der von behandelten Tieren stammenden Produkte als Lebensmittel für Menschen.

21.2.2 Wirkstoffgruppen von Antiparasitika

Heute stehen für die Behandlung vieler Parasitosen hochwirksame und meist sehr gut verträgliche Medikamente zur Verfügung. Andererseits bestehen noch spezifische Therapielücken, z. B. in der Chemotherapie der Babesiose, Leishmaniose, Dirofilariose, Cysticercose oder der Pansenegel-Infektion bei Wiederkäuern. Zunehmende Probleme bereiten Arzneimittelresistenzen von Parasiten. Die wichtigsten Wirkstoffgruppen von Antiparasitika sind in ▶ **Tab. 21.1**, ▶ **Tab. 21.2**, ▶ **Tab. 21.3**, ▶ **Tab. 21.4**, ▶ **Tab. 21.5** aufgeführt.

Mittel gegen Arthropoden

Bei den chemischen Mitteln zur Arthropodenbekämpfung sind folgende Gruppen zu unterscheiden:

- Medikamente zur **Bekämpfung von Arthropoden am Tier:** Ektoparasitizide (= Ektozide), Insekten-Entwicklungshemmer und Repellenzien (▶ **Tab. 21.1**)
- Mittel zur **Bekämpfung von Arthropoden in der Umgebung:** Insektizide/Acarizide und Insekten-Entwicklungshemmer (▶ **Tab. 21.2**)

▶ **Tab. 21.1** Ektoparasitizide zur Anwendung am Tier (Auswahl).

Wirkstoffgruppe[1], Wirkstoffe	Eigenschaften (E) und Anwendungsgebiete (A)	Wirkungsmechanismus bei Arthropoden
Pyrethrine: Pyrethrum-Extrakt (enthält Pyrethrine, Cinerine u. Jasmoline)	E: pflanzliche Wirkstoffe aus *Chrysanthemum*-Arten mit insektizider und acarizider Wirkung; schnelle Initialwirkung (*knock down effect*), aber nur kurze Wirkungsdauer; mit Repellent-Effekt durch Reizung taktiler Elemente an den Gliedmaßen (*hot feet effect*); leicht abbaubar; meist verwendet mit Synergist (Piperonylbutoxid) zur Verlängerung der Wirkung A: oberflächlich auf der Haut lebende Arthropoden, Insekten in der Umgebung (z. B. Fliegen)	neurotoxisch wirkende Kontaktgifte; Offenhalten von Na^+-Kanälen in der Neuronenmembran, Einstrom von Na^+ → Verzögerung der Depolarisation → Erregung und spastische Paralyse bis hin zum Tod
Pyrethroide: Cyfluthrin, Cypermethrin, Deltamethrin, Flumethrin, Permethrin	E: von Pyrethrinen abgeleitete synthetische Stoffe mit längerer Wirkungsdauer (Residualwirkung), größerer Stabilität und Repellent-Effekt (s. o.) A: Arthropodenbekämpfung am Tier und in der Umgebung	wie bei Pyrethrinen, aber regelmäßig Tod der Parasiten
Organophosphate (= Organische Phosphorsäureester): Coumafos, Cythioat, Dimpylatum (= Diazinon), Fenthion, Phoxim	E: Phosphorsäureester mit insektizider und acarizider Wirkung; lipophile Eigenschaften ermöglichen ihre Resorption über die Haut und den Verdauungstrakt (→ systemische Wirkung) A: Arthropodenbekämpfung auf und in der Haut, im Tier und in der Umgebung	Kontakt- und Fraßgifte, einige auch Atemgifte; Hemmung von Acetylcholinesterasen → Störung der neuromuskulären Übertragung → spastische Paralyse, Tod
Carbamate: Propoxur	E: ähnlich den Phosporsäureestern, aber reversible (nichtkovalente) Bindung an Acetylcholinesterasen A: Arthropodenbekämpfung am Tier und in der Umgebung	Kontakt- und Fraßgifte; Hemmung von Acetylcholinesterasen → Störung der neuromuskulären Übertragung → spastische Paralyse bis hin zum Tod
makrozyklische Lactone:		
• **Avermectine:** Abamectin, Doramectin, Eprinomectin, Ivermectin, Selamectin	E: Fermentationsprodukte des bodenbewohnenden Actinobacteriums *Streptomyces avermitilis* mit insektizider und acarizider sowie nematodizider Wirkung (sehr breites Wirkungsspektrum!), meist chemisch modifiziert; lipophile Eigenschaften ermöglichen ihre Resorption über die Haut und den Verdauungstrakt (→ systemische Wirkung), lange Residualwirkung A: gegen blutsaugende (Zecken, Läuse, Weidefliegen) und in der Haut lebende Arthropoden (Milben) sowie Insektenlarven und Nematoden im Tier	Fraßgifte; selektive Bindung an Glutamat- und GABA[2]-gesteuerte Chloridkanäle → Einstrom von Chloridionen → Hyperpolarisation → schlaffe Paralyse, Tod
• **Milbemycine:** Milbemycinoxim, Moxidectin	E: Fermentationsprodukte von *Streptomyces cyanogriseus* mit ähnlichen Eigenschaften wie Avermectine A: ähnlich wie bei Avermectinen	wie bei Avermectinen
tetrazyklische Makrolide: Spinosad	E: Fermentationsprodukte des bodenbewohnenden Actinobacteriums *Saccharopolyspora spinosa* mit insektizider und acarizider Wirkung, lange insektizide Residualwirkung A: Kleintiere: Flohbekämpfung	Bindung an nicotinerge Acetylcholin-Rezeptoren → Hyperexzitation → spastische Paralyse, Tod
Isoxazoline: Afoxolaner, Fluralaner, Lotilaner, Sarolaner	E: insektizide und acarizide Wirkung A: Kleintiere, Geflügel: Arthropodenbekämpfung auf und in der Haut	Hemmung von GABA-gesteuerten Chloridkanälen → Übererregung → spastische Paralyse, Tod
Phenylpyrazole: Fipronil, Pyriprol	E: insektizide und acarizide Wirkung, lange Residualwirkung A: Kleintiere: Zecken, bestimmte Milben (*Cheyletiella*, *Trombicula*), Flöhe, Läuse, Haarlinge	Hemmung von GABA-gesteuerten Chloridkanälen → Übererregung → spastische Paralyse, Tod
Formamidine: Amitraz	E: Formamidinderivat mit insektizider und acarizider Wirkung; bei Zecken auch expellierende Wirkung A: Kleintiere: Bekämpfung von Flöhen, Zecken u. a.	Wirkung auf Octopamin-Rezeptoren → Übererregbarkeit → schlaffe Paralyse, Tod
Neonicotinoide: Dinotefuran, Imidacloprid, Nitenpyram	E: chlorierte Nicotinderivate mit insektizider Wirkung A: Kleintiere: Flöhe, Haarlinge	Blockade nicotinerger Acetylcholin-Rezeptoren → spastische Paralyse, Tod

▸ **Tab. 21.1** Fortsetzung

Wirkstoffgruppe[1], Wirkstoffe	Eigenschaften (E) und Anwendungsgebiete (A)	Wirkungsmechanismus bei Arthropoden
Oxadiazine: Indoxacarb	E: Pro-Insektizid, entfaltet insektizide Wirkung erst nach enzymatischer Umwandlung in einen aktiven Metaboliten im Insektendarm A: Kleintiere: Flohbekämpfung	Blockade spannungsabhängiger Natriumkanäle → spastische Paralyse, Tod
organische Säuren: Ameisensäure, Milchsäure, Oxalsäure	A: *Varroa*-Milben der Bienen	unbekannt

[1] Wirkstoffgruppen in Fettdruck
[2] Gamma-Aminobuttersäure

▸ **Tab. 21.2** Insekten-Entwicklungshemmer und Repellenzien.

Wirkstoffgruppe[1], Wirkstoffe	Anwendungsbeispiele	Wirkungsmechanismus bei Arthropoden
Insekten-Entwicklungshemmer		
Juvenilhormon-Analoga		
S-Methopren, Pyriproxifen	Flohbekämpfung am Tier: Hund, Katze (kutan)	Störung der Entwicklung
Fenoxycarb	Umgebungsbehandlung: Flöhe	
Chitinsynthese-Inhibitoren		
Harnstoffderivate:		
• Lufenuron	Flohbekämpfung: Hund, Katze (per os)	Eingriff in den Transport und die Ablagerung von Chitin
• Diflubenzuron	Umgebungsbehandlung: Fliegenlarven	
Triazin-Derivate:		
• Cyromazin	Umgebungsbehandlung: Fliegenlarven	Störung von Häutung und Verpuppung ohne direkten Einfluss auf die Chitinsynthese
Repellenzien		
Pyrethroide (▸ **Tab. 21.1**)	kutan oder als Wirkstoffe von Halsbändern und Ohrmarken, Imprägnieren von Kleidung bei Menschen	Kombination von Repellenzwirkung und raschem Knock-down-Effekt
Diethyltoluamid (DEET)[2]	kutan	repellierende Wirkung von einigen Stunden auf Insekten, weniger auf Zecken
Ethylbutylacetylaminoproprionat (IR3535)	kutan	repellierende Wirkung von einigen Stunden auf Insekten, weniger auf Zecken
Icaridin	kutan	repellierende Wirkung von einigen Stunden auf Insekten, weniger auf Zecken
pflanzliche Öle oder Abkömmlinge: Citronellol, Eukalyptusöl, Kokosnussöl u. a.	kutan	schwache und kurzfristige (< 1 h) repellierende Wirkung

[1] Wirkstoffgruppen in Fettdruck
[2] N,N-Diethyl-m-toluamid

Applikationsformen von Ektoziden zur Anwendung am Tier Von den Ektoziden gibt es verschiedene pharmazeutische Formen, die für Bade-, Wasch- oder Sprühbehandlungen, zur Spot-on- oder Pour-on-Applikation sowie als Injektion oder zur oralen Anwendung geeignet sind. Bei einigen Ektoziden ist mit der kutanen Applikation eine systemische Wirkung verbunden. Ferner werden Ektozide als Wirkstoffe in Insektizid-Ohrmarken für Rinder oder Insektizid/Acarizid-Halsbändern für Hunde und Katzen eingesetzt. In beiden Fällen wird aus einer Trägermatrix über längere Zeit Wirkstoff freigesetzt, der sich im Haarkleid und auf der Haut mehr oder weniger weit ausbreitet. Die Wirkstoffklasse der makrozyklischen Lactone wirkt auch gegen Nematoden, weshalb diese auch als Endektozide bezeichnet werden.

Mittel zur Umgebungsbehandlung Zur Bekämpfung von Fliegen in Rinderstallungen werden Insektizide meist als Sprühmittel oder in Köderform (S. 501) eingesetzt. Die dafür zugelassenen Präparate enthalten Pyrethrine allein oder mit Synergisten, Pyrethroide (Cypermethrin, Deltamethrin, Permethrin u. a.), Organophosphate (Cythioat,

▸ **Tab. 21.3** Mittel gegen Trematoden und Cestoden (Auswahl).

Wirkstoffgruppe[1], Wirkstoffe	Hauptindikation (Applikation)[2]	Wirkungsmechanismus bei Cestoden oder Trematoden
Mittel gegen Trematoden (Trematodizide)		
Benzimidazole:		
Albendazol, Netobimin[3]	*Fasciola* (auch Nematoden und Bandwürmer): Wiederkäuer (p. o.)	Hemmung der Polymerisation von Tubulin zu Mikrotubuli → Cytoskelett, Mitose und Nährstofftransport brechen zusammen, zudem Energiemangel durch verminderte ATP-Produktion → Tod
Triclabendazol[4]	*Fasciola:* Wiederkäuer (p. o.)	unbekannt, vermutlich basierend auf Unterbrechung der Proteinsynthese im Tegument der adulten und juvenilen Leberegel → Vakuolisierung, Disruption und Verlust der Tegumentzellen → Tod
chlorierte Benzolsulfonamide:		
Clorsulon	*Fasciola:* Wiederkäuer (p. o., s. c.)	Hemmung von Enzymen der Glykolyse → Tod durch Energiemangel
Isochinolin-Derivate:		
Praziquantel	*Schistosoma, Opisthorchis, Paragonimus* (auch Bandwürmer): Mensch, auch bei Tieren (p. o.)	Tegumentschädigung, Störung der Ca^{++}-Permeabilität, rasche Muskelkontraktion, Dysregulation des Stoffwechsels → Tod; primärer Mechanismus vermutlich vermittelt durch „transient receptor potential"-Kanal
Salicylsäureanilide:		
Closantel	*Fasciola* (auch *Haemonchus* und *Oestrus*): Wiederkäuer (p. o.)	Entkopplung der oxidativen Phosphorylierung → Hemmung der ATP-Synthese → Tod durch Energiemangel
Mittel gegen Cestoden (Cestodizide)		
Benzimidazole:		
Albendazol	Cestoden (auch Nematoden und *Fasciola*): Wiederkäuer (p. o.)	Hemmung der Polymerisation von Tubulin zu Mikrotubuli → Cytoskelett, Mitose und Nährstofftransport brechen zusammen, zudem Energiemangel durch verminderte ATP-Produktion → Tod
Isochinolin-Derivate:		
Praziquantel	Cestoden: Schaf, Pferd (p. o.), Hund (p. o., s. c. oder i. m.), Katze (p. o., s. c. oder i. m., Spot-on), Fische (Wasserzusatz; auch gegen Kiemen-, Haut- und Schuppenwürmer)	Tegumentschädigung → Desintegration (→ Mazeration durch Darmenzyme) und Störung der Ca^{++}-Permeabilität (→ tetanische Kontraktion des Skolex → Ablösung von der Darmwand) → Tod; primärer Mechanismus vermutlich vermittelt durch „transient receptor potential"-Kanal
Epsiprantel	Cestoden: Hund, Katze (p. o.)	vermutlich ähnlich wie bei Praziquantel
Isothiocyanate:		
Nitroscanat	Cestoden (auch Nematoden): Hund (p. o.)	vermutlich Entkopplung der mitochondrialen oxidativen Phosphorylierung
Pyrimidine:		
Pyrantel	Cestoden (auch Nematoden): Pferd (p. o.)	vermutlich Reaktion mit nicotinergen Acetylcholin-Rezeptoren (cholinerge Agonisten) → Depolarisation → spastische Paralyse, Tod

[1] Wirkstoffgruppe in Fettdruck
[2] die Angaben beziehen sich nicht auf die einzelnen Wirkstoffe, sondern auf die Applikationsmöglichkeiten, die innerhalb der Wirkstoffgruppe bestehen
[3] bei Pro-Benzimidazolen entstehen die aktiven Wirkstoffe erst nach Metabolisierung der Substanz im Körper

Fenthion, Phoxim u. a.), Neonicotinoide (z. B. Imidacloprid) oder Gemische verschiedener Wirkstoffe aus diesen Gruppen. Zur Bekämpfung von Fliegenmaden in Stallungen gelangen als Streu-, Sprüh- oder Gießmittel vorwiegend Insekten-Entwicklungshemmer zur Anwendung, seltener Organophosphate oder *Bacillus thuringiensis*-Toxin (S. 591). Zur Flohbekämpfung bei Hund und Katze sind für die Umgebungsbehandlung Sprüh- oder Vernebelungspräparate (Fogger) besonders geeignet, die Gemische aus einem schnell wirkenden Pyrethroid und einem Insekten-Entwicklungshemmer enthalten.

Mittel gegen Helminthen (Anthelminthika)

Nach den Indikationsgebieten sind folgende Hauptgruppen zu unterscheiden: Mittel gegen Trematoden (**Trematodizide**), Cestoden (**Cestodizide**) (▸ Tab. 21.3), Nematoden (**Nematodizide**) (▸ Tab. 21.4) sowie Medikamente, die gegen Nematoden und Ektoparasiten (**Endektozide**) wirken (▸ Tab. 21.1, ▸ Tab. 21.4).

Applikationsformen von Anthelminthika Anthelminthika können per os, kutan oder durch Injektion appliziert werden. Dafür stehen unterschiedliche, den Gege-

▸ **Tab. 21.4** Mittel gegen Nematoden (Nematodizide) (Auswahl).

Wirkstoffgruppe[1], Wirkstoffe	Hauptindikation (Applikation)[2]	Wirkungsmechanismus bei Nematoden
Amino-Acetonitril-Derivate: Monepantel	Magen-Darm-Nematoden: Schaf (p. o.)	Reaktion mit Nematoden-spezifischer, nicotinerge Untereinheit der Acetylcholin-Rezeptoren → Depolarisation → spastische Paralyse, Tod
(Pro-)Benzimidazole[3]: Albendazol, Febantel[3], Fenbendazol, Flubendazol, Mebendazol, Netobimin[3], Oxfendazol	Nematoden (z. T. auch adulte *Fasciola* u. Cestoden): diverse Tierarten (p. o., Bolus)	Hemmung der Polymerisation von Tubulin zu Mikrotubuli → Cytoskelett, Mitose und Nährstofftransport brechen zusammen, zudem Energiemangel durch verminderte ATP-Produktion → Tod
Cyclooctadepsipeptide: Emodepsid	Nematoden: Katze (Spot-on), Hund (p. o.)	stimuliert in erster Linie spannungsabhängigen, kalzium-aktivierten Kaliumkanal (SLO-1) an neuromuskulären Synapsen (v. a. Pharynx, aber auch somatische Muskulatur) → Hyperpolarisation → schlaffe Paralyse, Tod
Imidazothiazole: Levamisol	Nematoden: Wiederkäuer (p. o., s. c. oder i. m., Pour-on, Bolus), Schwein (p. o., s. c. oder i. m.)	Reaktion mit nicotinischen Acetylcholin-Rezeptoren (cholinerge Agonisten) → Depolarisation → spastische Paralyse, Tod
Isothiocyanate: Nitroscanat	Nematoden (auch Cestoden): Hund (p. o.)	vermutlich Entkopplung der mitochondrialen oxidativen Phosphorylierung
makrozyklische Lactone:		
• **Avermectine:** Doramectin, Eprinomectin, Ivermectin, Selamectin	Nematoden (auch Ektoparasiten): diverse Tierarten (p. o., s. c., Spot-/Pour-on)	selektive Bindung an Glutamat- und GABA[2]-gesteuerte Chloridkanäle → Einstrom von Chloridionen → Hyperpolarisation → schlaffe Paralyse, Tod
• **Milbemycine:** Milbemycinoxim, Moxidectin	Nematoden (auch Ektoparasiten): diverse Tierarten (p. o., s. c., Spot-/Pour-on)	wie bei Avermectinen
Piperazine: Piperazin	Darmnematoden: Pferd, Schwein, Huhn, Taube (p. o.)	Öffnung GABA[4]-gesteuerter Chloridkanäle → Einstrom von Chloridionen → Hyperpolarisation → schlaffe Paralyse, Tod
Pyrimidine: Pyrantel	Magen-Darm-Nematoden (auch Bandwürmer beim Pferd): Pferd, Hund, Katze (p. o.)	Reaktion mit nicotinischen Acetylcholin-Rezeptoren (cholinerge Agonisten) → Depolarisation → spastische Paralyse, Tod
Salicylsäureanilide: Closantel	*Haemonchus* (auch *Fasciola*, *Oestrus*): Wiederkäuer (p. o.)	Entkopplung der oxidativen Phosphorylierung → Hemmung der ATP-Synthese → Tod durch Energiemangel

[1] Wirkstoffgruppe in Fettdruck
[2] Angaben beziehen sich nicht auf die einzelnen Wirkstoffe, sondern auf die Applikationsmöglichkeiten, die innerhalb der Wirkstoffgruppe bestehen
[3] bei Pro-Benzimidazolen entstehen die aktiven Wirkstoffe erst nach Metabolisierung der Substanz im Körper
[4] GABA: Gamma-Aminobuttersäure

benheiten bei den einzelnen Tierarten angepasste Applikationsformen zur Verfügung. So werden z. B. bei Schafen und Ziegen Anthelminthika häufig in Suspensionsform mithilfe besonderer Eingabegeräte per os appliziert. Zur Applikation beim Rind werden meist Injektions- oder Aufgießpräparate (Pour-on-Verfahren) bevorzugt. Letztere können sehr einfach auf die Haut aufgebracht werden; nach Absorption entfalten sie im Körper ihre Wirkung. Entsprechend sind zahlreiche Auftropfpräparate (Spot-on-Verfahren) bei Hund und Katze verfügbar. Zur peroralen Eingabe bei Pferd, Hund und Katze haben sich Pasten gut bewährt, bei Schweinen oder beim Geflügel werden Anthelminthika vorwiegend über das Futter bzw. das Trinkwasser verabreicht. Weitere Anwendungsformen sind u. a. Tabletten, Pulver oder Granulate zur Beigabe ins Futter. Bei Hunden wurden mit Geschmacksstoffen versehene Produkte entwickelt, die eine sehr hohe Palatabilität aufweisen (sog. Kautabletten [*Chewables*]). Besondere, beim Rind zur Langzeitmedikation eingesetzte Anwendungsformen sind der intraruminale Bolus, der sog. Pansenbolus (▸ **Tab. 23.3**) oder die subkutane Depotinjektion. (Anmerkung: Der Begriff „Bolus" wird auch für große Tabletten verwendet.)

Mittel gegen Protozoen (Antiprotozoika)

In Mitteleuropa haben unter den Antiprotozoika die gegen *Eimeria*-Arten zur Bekämpfung der Geflügelcoccidiose eingesetzten Wirkstoffe die größte Bedeutung (▸ **Tab. 21.5**, ▸ **Tab. 23.21**). Dafür werden heute mehrere ionophore Polyether-Verbindungen verwendet, bei denen es sich um fermentativ gewonnene Naturprodukte aus Actinobacterien (Gattungen *Streptomyces, Actinomadura*) handelt. Außerdem werden chemische Verbindun-

▶ **Tab. 21.5** Mittel gegen Protozoen (Antiprotozoika) (Auswahl).

Wirkstoffgruppe[1], Wirkstoffe	Hauptindikation (Applikation)[2]	Wirkungsmechanismus bei Protozoen
Mittel gegen intestinale Coccidien (Anticoccidia)[3]		
Quinazolinone: Halofuginon	*Eimeria:* Geflügel[4] (p. o.) *Cryptosporidium:* Kälber (p. o.)	Wirkung auf asexuelle Vermehrung, genauer Wirkmechanismus unbekannt
Thiamin-Analoga: Amprolium	*Eimeria:* Geflügel (p. o.)	Hemmung des Thiamin-Transports
Triazin-Derivate: Diclazuril, Toltrazuril	*Eimeria:* Geflügel, Rind, Schaf, Kaninchen (p. o.) *Cystoisospora:* Schwein, Hund (p. o.) Coccidien: Reptilien (p. o.)	Hemmung der Folsäure-Bildung und dadurch Interferenz mit DNA-Synthese
Sulfonamide: Sulfadimidin, Sulfaquinoxalin, Sulfadiazin + Trimethoprim, Sulfaquinoxalin + Pyrimethamin u. a.	*Eimeria:* diverse Tierarten (p. o.)	Hemmung der Folsäure- und damit der DNA-Synthese
Chinolone[4]: Decoquinat	*Eimeria:* Geflügel (p. o.)	Hemmung der mitochondrialen Respiration
Guanidine[4]: Robenidin	*Eimeria:* Geflügel (p. o.) *Eimeria:* Kaninchen (p. o.)	Hemmung der oxidativen Phosphorylierung
ionophore Polyether[4]: Lasalocid, Maduramycin, Monensin, Narasin, Salinomycin, Semduramicin	*Eimeria:* Geflügel (p. o.)	Steigerung des Einstroms von Kationen (Na^+, K^+) in die Zelle → H_2O-Einstrom → Zelltod
Mittel gegen andere Protozoen (Antiprotozoika)		
Benzimidazole: Fenbendazol	*Giardia:* Hund, Katze (p. o.)	Hemmung der Polymerisation von Tubulin zu Mikrotubuli
Nitroimidazole: Carnidazol, Dimetridazol, Metronidazol, Ronidazol	*Giardia*: Hund, Katze (p. o.) *Tritrichomonas*: Katze (p. o.) *Trichomonas*: Brieftauben (p. o.)	Induktion der Bildung von Radikalen → Hemmung der Nukleinsäure- und Proteinsynthese
Alcylphosphocholine: Miltefosin	*Leishmania*: Hund (p. o.)	DNA-Fragmentation u. a. Störungen → Schädigung der Leishmanien
Antimon-Verbindungen: N-Methylglucaminantimonat	*Leishmania:* Hund (i. v.)	Interferenz mit Energiestoffwechsel
Pyrazolpyrimidine: Allopurinol	*Leishmania*: Hund (p. o.)	Störung der Nukleinsäure- und Proteinsynthese
Carbanilide: Imidocarb	*Babesia*: diverse Tierarten (s. c. oder i. m.) *Hepatozoon canis*: Hund	unbekannt
Diamidine: Diminazenaceturat, Phenamidinisethionat	*Babesia, Trypanosoma:* diverse Tierarten (s. c. oder i. m.)	Interferenz mit DNA-Synthese, vermutlich Hemmung der Synthese biogener Amine und der aeroben Glykolyse
Hydroxynaphthochinone: Buparvaquon, Parvaquon	*Theileria:* diverse Tierarten (i. m.)	vermutlich Blockade des mitochondrialen Elektronentransports
Nitrothiazolsalicylamide: Nitazoxanid	*Sarcocystis neurona:* Pferd (p. o.)	Interferenz mit anaerobem Metabolismus
Triazin-Derivate: Ponazuril	*Sarcocystis neurona:* Pferd (p. o.)	Interferenz mit DNA-Synthese

[1] Wirkstoffgruppe in Fettdruck
[2] Angaben beziehen sich nicht auf die einzelnen Wirkstoffe, sondern auf die Applikationsmöglichkeiten, die innerhalb der Wirkstoffgruppe bestehen
[3] s. ▶ **Tab. 23.21**
[4] nur als Futterzusatzstoffe zugelassene Anticoccidia

gen aus verschiedenen Gruppen eingesetzt, u. a. Triazin-Derivate. Diese Substanzen wirken gegen unterschiedliche Stadien der Coccidien (Sporozoiten, Merozoiten, Schizonten, Gamonten) und hemmen deren Entwicklung (coccidiostatische Wirkung) oder töten sie ab (coccidiocide Wirkung). Da sich beide Wirkungsweisen oft nur schwer abgrenzen lassen, werden die gegen Coccidien wirkenden Mittel zusammenfassend als **Anticoccidia** bezeichnet. Näheres zum Anticoccidia-Einsatz ▶ **Tab. 21.5** und ▶ **Tab. 23.21**. Für einige Protozoen-Infektionen von Haustieren fehlen in Mitteleuropa zugelassene Medikamente. Dieser Therapienotstand kann z. T. durch Umwidmungen von Arzneimitteln überbrückt werden.

21.3 Arzneimittelresistenz

Definitionen Ursprünglich empfindliche Populationen von Parasiten können eine Arzneimittelresistenz (AR) entwickeln. Dadurch wird die Wirksamkeit von Antiparasitika in der Parasitenbekämpfung eingeschränkt oder aufgehoben. Die AR definiert man als Fähigkeit einer Parasitenpopulation, eine Dosis eines Antiparasitikums zu tolerieren, die für die meisten Individuen einer normal empfindlichen Population letal wäre. Eine AR, die sich gleichzeitig gegen einen chemisch oder im Wirkungsmechanismus verwandten Wirkstoff richtet, definiert man als **Nebenresistenz** (engl. *side resistance*), eine gegen einen chemisch nicht verwandten Wirkstoff gerichtete AR als **Kreuzresistenz** (engl. *cross resistance*). Eine **Mehrfachresistenz** (engl. *multiple resistance*) ist gegen Antiparasitika mehrerer verschiedener Wirkstoffgruppen gerichtet. **Toleranz** ist die natürliche Eigenschaft einer Parasitenart oder Parasitenpopulation, der Einwirkung eines Antiparasitikums bei seinem Ersteinsatz zu widerstehen. So kann ein neu eingeführtes Antiparasitikum gegen bestimmte Parasitenarten hochwirksam sein, andere Arten aber weniger stark oder gar nicht beeinflussen. Zur Bewertung des **Resistenzgrades** dienen verschiedene Parameter, u. a. der **Resistenzfaktor** (Verhältnis der LC_{50} einer empfindlichen Population zur LC_{50} der resistenten Population; LC_{50} ist die für 50 % der Population letale Konzentration eines Antiparasitikums).

Häufigkeit und Verbreitung der Arzneimittelresistenz Arzneimittelresistenzen von Parasiten oder Vektoren sind weitverbreitet und spielen weltweit eine erhebliche Rolle. In manchen Bereichen hat die AR ein bedrohliches Ausmaß erreicht. Eine Übersicht zur AR bei veterinärmedizinisch wichtigen Parasiten bietet ▶ **Tab. 21.6**. In Mitteleuropa ist die AR derzeit vor allem bei *Eimeria*-Arten des Huhnes, kleinen Strongyliden (Cyathostominae) und Spulwürmern (*Parascaris* spp.) des Pferdes, Trichostrongyliden von Schaf und Ziege und bei Stallfliegen ein Problem. Besonders problematisch sind Mehrfachresistenzen. So wurden z. B. in Schottland und auch in Deutschland bei Trichostrongyliden des Schafes Mehrfachresistenzen gegen Benzimidazole, Imidazothiazole und makrozyklische Lactone festgestellt. In den USA wurden kürzlich weltweit erstmalig entsprechende Mehrfachresistenzen beim Hakenwurm der Hunde (*Ancylostoma caninum*) beschrieben.

Entwicklung und Mechanismen der Arzneimittelresistenz Die AR hat eine genetische Grundlage und entwickelt sich dadurch, dass bei Einwirkung eines Antiparasitikums auf eine Parasitenpopulation einige Individuen überleben und sich fortpflanzen können, die durch zufällige Genmutation eine höhere natürliche Toleranz gegen den betreffenden Wirkstoff haben als andere Individuen. Dadurch kommt es beim Einsatz des betreffenden Wirkstoffes zu einer **Selektion resistenter Individuen** und einer Zunahme ihres Anteils in der Gesamtpopulation. Die Entwicklung der AR wird durch verschiedene Faktoren begünstigt, u. a. durch eine hohe Behandlungsfrequenz, den langfristigen Einsatz derselben Wirkstoffgruppe, subtherapeutische Dosierungen, Parasiten mit kurzen Generationszeiten und zu geringe **Refugien der Parasitenpopulation**. In einem Refugium ist der Parasit nicht mit dem Wirkstoff in Kontakt. So sind z. B. Nematodenlarven auf der Weide nicht gegenüber Anthelminthika exponiert, hier findet entsprechend auch keine Resistenzselektion statt. Bei einer Teilbehandlung der Herde (*Targeted Selective Treatment*, TST) haben die Parasiten in unbehandelten Tieren ein zusätzliches Refugium, in dem sie dem Selektionsdruck des Antiparasitikums entgehen. Refugien enthalten wegen des fehlenden Selektionsdrucks immer auch Wirkstoff-sensible Individuen und üben daher einen Verdünnungseffekt auf die resistente Parasitenpopulation aus. Die Erhaltung bzw. Schaffung von Refugien ist daher eine sinnvolle Maßnahme zur Vorbeuge bzw. Verlangsamung der AR. Ferner ist wichtig, ob die Resistenz nur durch ein oder durch mehrere Gene kodiert wird und der Erbgang dominant oder rezessiv ist. Nach Modellrechnungen stellt sich die AR am schnellsten ein, wenn sie nur durch ein Gen verursacht und dominant vererbt wird. Bei der AR handelt es sich somit um ein komplexes Phänomen. Die Entwicklung der AR kann sehr rasch erfolgen (z. B. bei Fliegen) oder erst nach jahrelangem Einsatz eines Antiparasitikums auftreten (i. d. R. bei Helminthen). Als Beispiel für **Resistenzmechanismen** sei erwähnt, dass bei Trichostrongyliden (*Haemonchus contortus, Teladorsagia circumcincta*) die AR gegen Benzimidazole (BZ) häufig auf der Selektion von Allelen für bestimmte β-Tubulin-Isotypen beruht, die eine verminderte Bindungsaffinität für Benzimidazole haben. Der gegen Benzimidazole unempfindliche β-Tubulin-Isotyp 1 unterscheidet sich in den meisten resistenten Feldisolaten vom Normaltyp lediglich durch Austausch der Aminosäure Phenylalanin gegen Tyrosin in Position 200. Daneben gibt es bei diesen Nematoden und anderen Parasiten jedoch auch weitere mit BZ-Resistenz assoziierte Aminosäureaustausche in demselben Gen an den Positionen 167 sowie 198 und zudem unspezifische Resistenzmechanismen. Dazu gehören nach heutigem Stand des Wissens vor allem Transmembran-Efflux-Pumpen wie z. B. die P-Glykoproteine parasitischer Nematoden, für die ein Zusammenhang mit Resistenz gegenüber mehreren Anthelminthika-Wirkstoffgruppen nachgewiesen wurde.

Diagnose der Arzneimittelresistenz Zur Diagnose der AR müssen je nach Parasitenart unterschiedliche Verfahren eingesetzt werden. Im Folgenden wird beispielhaft insbesondere auf den Nachweis der Anthelminthika-Resistenz eingegangen. Die wichtigste Methode zur Diagnose der AR bei Nematoden der Ordnung Strongylida ist der

▸ **Tab. 21.6** Beispiele für Arzneimittelresistenz (AR) bei Parasiten von Tieren.

Tierart und Parasiten	Resistenz gegen
Schaf oder Ziege	
Haemonchus contortus[1]	Benzimidazole[1], Levamisol, Ivermectin, Doramectin, Moxidectin, Closantel, Monepantel
Teladorsagia/Ostertagia spp.	Benzimidazole, Levamisol, Ivermectin, Moxidectin, Monepantel
Trichostrongylus colubriformis	Benzimidazole, Levamisol, Ivermectin, Monepantel
Nematodirus spp.	Benzimidazole
Fasciola hepatica	Albendazol, Closantel, Triclabendazol
Psoroptes ovis	Organophosphate
Bovicola bovis	Pyrethroide
Lucilia cuprina	Organophosphate, Pyrethroide
Eimeria spp.	Toltrazuril
Rind	
Trypanosoma spp. (Salivaria)	Quinapyramin, Isometamidium, Homidium, Diminazenaceturat, Suramin
Ostertagia ostertagi	Benzimidazole, Levamisol, Doramectin
Trichostrongylus axei	Benzimidazole
Cooperia spp.	Benzimidazole, Ivermectin, Doramectin
Rhipicephalus (Boophilus) microplus	Organophosphate, Pyrethroide
Chorioptes bovis	Organophosphate
Haematobia irritans	Organophosphate, Pyrethroide
Pferd	
Cyathostominae[1]	Benzimidazole[1], Pyrantel
Parascaris spp.	Ivermectin, Moxidectin, Pyrantel[2], Fenbendazol[2]
Schwein	
Oesophagostomum spp.	Benzimidazole[3], Pyrantel[3]
Cystoisospora suis	Toltrazuril[3]
Hund oder Katze	
Ctenocephalides felis	Organophosphate, Carbamate, Pyrethroide
Dirofilaria immitis	makrozyklische Lactone[2]
Ancylostoma caninum	Benzimidazole[2], Pyrantel[2], makrozyklische Lactone[2]
Dipylidium caninum	Praziquantel[2]
Geflügel	
Eimeria spp.[1]	viele Anticoccidia[1] (▸ **Tab. 23.21**)
Andere	
Musca domestica[1]	Pyrethrine[1], Pyrethroide[1], Organophosphate[1], Phenylpyrazole (Fipronil), Insekten-Entwicklungshemmer (Cyromazin)
Stomoxys calcitrans	Pyrethroide[1]

[1] Parasiten mit häufiger AR in Mitteleuropa und die entsprechenden Wirkstoffe
[2] bisher keine Berichte aus Europa
[3] begrenzte Bedeutung der AR

Eizahlreduktionstest (EZRT, s. u.) (engl. *faecal egg count reduction test*), da er für sämtliche Wirkstoffgruppen verwendbar ist und als In-vivo-Test besonders aussagekräftige Resultate ergibt. Zusätzlich zu dem in seiner Durchführung vergleichsweise aufwendigen EZRT sind verschiedene In-vitro-Tests wie der **Larvenschlupf-Test** (LST) (engl. *egg hatch test*), der **Larvenentwicklungs-Test** (LET) (engl. *larval development test*) und der **Larvenmigrations-Test** (LMT) entwickelt worden. Bei diesen Methoden handelt es sich um Verfahren, die eine Diagnose der AR in Populationen lebender Wirtstiere ermöglichen. Zum qualitativen und quantitativen Nachweis der mit Benzimidazol-Resistenz assoziierten Allele bei *H. contortus* und anderen Trichostrongyliden der Wiederkäuer wurden diverse PCR- und Sequenzierverfahren entwickelt. Inzwischen wurden auch andere genetische, mit Anthelminthika-Resistenz assoziierte Marker identifiziert, die zukünftig zur Resistenz-Diagnostik verwendet werden könnten.

Beim EZRT wird bei einer Tiergruppe die mittlere Zahl der Strongyliden-Eier pro g Kot (EpG) vor der Behandlung mit EpG-Werten 2 Wochen nach der Behandlung verglichen und die erzielte Reduktion der Eizahl berechnet (der Untersuchungszeitpunkt nach der Behandlung kann schwanken, da er von den zu untersuchenden Parasitenarten und dem zu prüfenden Anthelminthikum abhängt; s. Spezialliteratur). Ein Anthelminthikum gilt in der Anwendung beim Schaf dann als voll wirksam, wenn die Reduktion der Eizahl größer als 95 % ist und die untere Grenze des 95 %-Konfidenzintervalls unter 90 % liegt. Allerdings gibt es weder zu diesem Grenzwert noch zu den Details der Durchführung/Auswertung des Tests einheitliche, für verschiedene Tierarten gültige Übereinkünfte und eine Überarbeitung dieser Grenzwerte wird gegenwärtig diskutiert. Alternativ oder in Ergänzung dazu können die o. g. Labormethoden (u. a. LST, LET, PCR, Pyro- und Hochdurchsatzsequenzierung), in Einzelfällen auch durch Tierversuche, eine verbesserte Quantifizierung des Resistenzgrades erreichen. Bei allen Verfahren (mit Ausnahme der Hochdurchsatzsequenzierung) ist zu bedenken, dass die Strongyliden-Eier sowie L 1 und L 2 i. d. R. hinsichtlich ihrer Art- oder Gattungszugehörigkeit nicht differenziert werden können. Daher sind ergänzende Untersuchungen [Larvenkultur und Differenzierung der Drittlarven (S. 554) oder molekulare Speziesbestimmung] durchzuführen, um eine exakte Aussage zur vorliegenden Resistenzsituation machen zu können.

Reversion der Arzneimittelresistenz Bei Strongyliden ist allgemein nicht mit einer Verminderung (Reversion) der AR zu rechnen, auch wenn das verantwortliche Anthelminthikum im Verlauf mehrerer Jahre nicht mehr eingesetzt wird. In verschiedenen Ländern ist es gelungen, arzneimittelresistente Stämme von Trichostrongyliden aus Schafherden durch experimentelle Verbreitung empfindlicher Stämme der gleichen Arten weitestgehend zu verdrängen. Dieses Verfahren bietet theoretisch eine Möglichkeit zur Bekämpfung der AR von Trichostrongyliden der Wiederkäuer, doch ist die Frage der Praktikabilität noch offen. Voraussetzung dafür ist die Verfügbarkeit arzneimittelempfindlicher Stämme verschiedener Trichostrongylidenarten; infektiöse Larven können über viele Jahre tiefgekühlt in lebensfähigem Zustand aufbewahrt werden.

Maßnahmen gegen die Arzneimittelresistenz Bei bestehender AR müssen zur Bekämpfung resistenter Parasitenpopulationen Wirkstoffe anderer chemischer Gruppen, Wirkstoffkombinationen oder Alternativverfahren eingesetzt werden. Zur Vorbeuge gegen die AR ist es wichtig, Antiparasitika richtig zu dosieren (keine Unterdosierung, insbesondere Pferde wiegen oder zumindest Gewichtseinschätzung mittels Brustband vornehmen), nicht unangemessen häufig zu behandeln und systematisch die Wirkstoffgruppe zu wechseln. Zudem sollte ein Refugium mit sensiblen Parasiten (S. 586) bewahrt (z. B. kein sofortiger Weidewechsel frisch behandelter Tiere, da auf die neue Weide dann fast nur Eier resistenter Individuen gelangen) und der Behandlungserfolg regelmäßig kontrolliert werden [z. B. durch Eizahlreduktionstest (S. 586)]. Bei den verschiedenen Parasiten bzw. Tierarten gibt es verschiedene Empfehlungen, die jedoch z. T. noch zu überprüfen sind. Dies wird hier am Beispiel der Trichostrongyliden des Schafes erläutert.

Verminderung des Selektionsdrucks auf die Nematodenpopulation Als gesichert gilt, dass sich durch Reduktion der Anzahl der Behandlungen, die Einhaltung der Dosierungsvorschriften und die Wahl strategisch sinnvoller Behandlungszeitpunkte [z. B. gezielte strategische Behandlung, *Targeted Treatment* (TT) (S. 623)] der Selektionsdruck auf die Parasitenpopulation mindern lässt. Ferner geht man davon aus, dass der Selektionsdruck geringer ist, wenn ein Teil der Parasitenpopulation nicht von der Behandlung betroffen ist. Dies ist z. B. der Fall, wenn Parasiten in Refugien überleben, z. B. in nicht behandelten Tieren einer Herde [gezielte, selektive Behandlung, *Targeted Selective Treatment* (TST) (S. 623)] oder im Larvalstadium auf der Weide (s. o). Die Verwendung verschiedener Behandlungsindikatoren (z. B. quantitativer Kotuntersuchungsbefund, Bestimmung der Gewichtszunahme, Body Condition Score, FAMACHA, *Ostertagia*-Tankmilch-ELISA) wurde in Untersuchungen bei Wiederkäuern unterschiedlicher Altersgruppen evaluiert. Dies zeigte, dass TST-basierte Behandlungsansätze vorteilhaft und praktikabel hinsichtlich der Erhaltung der Wirkeffizienz von Anthelminthika sein können, ohne dass es zu Produktivitätseinbußen kommt.

Wechsel der Wirkstoffgruppe Ein entsprechend früheren Studien als vorteilhaft angesehener jährlicher Wirkstoffgruppenwechsel erwies sich in jüngeren Untersuchungen als nicht besonders geeignet, um die Entwicklung von Anthelminthika-Resistenz zu verzögern. Die Bedingungen für eine sinnvolle und erfolgreiche Rotationsstrategie sind von einer Reihe von Faktoren abhängig, wie z. B. von der jeweiligen Behandlungsfrequenz, den Umweltbedingungen und den vorherrschenden Parasitenspecies.

Alternative Maßnahmen Vor allem Weidemanagement (strategischer Weidewechsel, Weidevornutzung, gemischtes Weiden verschiedener Altersgruppen oder Tierarten usw.) und ggf. zukünftig auch biologische Bekämpfungsverfahren (nematophage Pilze) sind weitere Möglichkeiten zur Reduktion des AR-Risikos.

Schutz vor Einschleppung und Verbreitung resistenter Stämme Berichte über die Einschleppung resistenter Trichostrongyliden-Stämme durch aus dem Ausland importierte Schafe oder Ziegen liegen aus mehreren europäischen Ländern vor. In der Schweiz wurde ein *Haemonchus contortus*-Stamm mit Benzimidazol- und Ivermectin-Resistenz in einem Bestand identifiziert, der zuvor Boer-Ziegen aus Südafrika eingestellt hatte. Durch Quarantäne der importierten Tiere und deren Behandlung mit einem Medikament, das die Wurmbürde vollständig eliminiert, können solche Einschleppungen verhindert werden. Speziell bei Schafen, Ziegen und Pferden ist zu berücksichtigen, dass arzneimittelresistente Nematodenstämme durch den Tierverkehr oder die Haltung von Tieren aus verschiedenen Beständen auf Gemeinschaftsweiden verbreitet werden können.

22 Bekämpfung

Das Wichtigste in Kürze

Bekämpfungsmethoden

- Zu den Bekämpfungsmethoden gehören (a) technische, betriebliche, gesetzliche, behördliche, physikalische und chemische Maßnahmen, (b) die biologische Parasitenbekämpfung und (c) die Vakzination.
- Im Gegensatz zu den unter (a) genannten, gut etablierten Maßnahmen steht die **biologische Parasitenbekämpfung** bisher nur teilweise für den Routineeinsatz im Feld zur Verfügung. Sie umfasst u. a. den Einsatz kompetitiver Lebewesen, die physikalische und chemische Fehlsteuerung von Parasiten und die Züchtung Parasiten-resistenter Nutztierrassen.
- Zur **Vakzination** (Impfung) gegen Parasitosen stehen erst wenige Impfstoffe zur Verfügung (▶ **Tab. 21.7**). Es werden vor allem Vakzinen, die attenuierte (virulenzgeschwächte), lebende Erreger enthalten, gegen die Coccidiose des Huhnes und den Lungenwurmbefall des Rindes sowie auf Fraktionen natürlicher Antigene beruhende Totimpfstoffe gegen die Babesiose und Leishmaniose des Hundes sowie Haemonchose des Schafes eingesetzt. Zur **antiparasitären Desinfektion** von Stallungen, Transportfahrzeugen etc. bestehen nur wenige Möglichkeiten (Heißwasserdampf, einige chemische Mittel).

Bekämpfungsstrategien

- Zur Bekämpfung von Parasitosen sind planmäßige (= strategische) Verfahren am besten geeignet. Unplanmäßiges, von den Ereignissen diktiertes Vorgehen gegen Parasiten (z. B. Behandlung bereits erkrankter Tiere) sollte die Ausnahme bleiben.
- Unter **planmäßiger Bekämpfung** versteht man den Einsatz wirksamer Maßnahmen zu bestimmten, epidemiologisch begründeten und diagnostisch gesicherten Zeiten, um die Entwicklungszyklen der Parasiten nachhaltig zu stören und einen maximalen Nutzen für die Wirtstiere zu erzielen. Ein wichtiges Anliegen dabei ist der möglichst zielgenaue, auf das notwendige Maß beschränkte und umweltverträgliche Einsatz von Antiparasitika, der dazu beiträgt, das Risiko der Entwicklung arzneimittelresistenter Parasitenstämme zu reduzieren.
- In der planmäßigen Bekämpfung sollten alle Maßnahmen zu einem **integrierten Programm** zusammengefasst werden, das verschiedene Komponenten enthalten (Prophylaxe, Metaphylaxe, notfalls Therapie) und sich gegen eine oder mehrere Parasitosen richten kann.
- Für den sog. **biologischen Landbau** (landläufige Bezeichnungen „Öko-Betriebe" oder „Bio-Betriebe"; Kurzbezeichnung in diesem Text „Bio-Betriebe") gelten besondere Richtlinien, die in EU-Verordnungen und in privatrechtlichen Vorschriften festgelegt sind.

22.1 Bekämpfungsmethoden

22.1.1 Technische und betriebliche Bekämpfungsmethoden

Dazu gehören alle Maßnahmen, die zur Verhütung oder Reduktion des Parasitenbefalls beitragen können, wie geeigneter Stallbau und Stallhygiene, Lagerung, Entsorgung oder Verwertung von Abfällen aus der Tierproduktion, Art der Tierhaltung (Stall-, Auslauf-, Weidehaltung), Weidesysteme, Weidehygiene und Weidemanagement, Fütterung und Wasserversorgung, Tierpflege und Tierschutz (Fellpflege, gute Haltung etc.). Diese Aufzählung ist nicht vollständig.

22.1.2 Gesetzliche und behördliche Maßnahmen

In einigen Fällen sind gesetzliche und darauf basierende behördliche Maßnahmen Komponenten der Bekämpfung. Aufgrund der Tiergesundheitsgesetzgebung bestehen für einige Parasitosen Anzeigepflicht (A) bzw. Meldepflicht (M) und Vorschriften über die Art der Bekämpfungsmaßnahmen. Hierzu zählen in Deutschland folgende Parasitosen: (a) Parasitosen, die bei mehreren Wirten vorkommen: Echinococcose (M), Toxoplasmose (M); (b) Rinder: Tritrichomonose (A); (c) Equiden: Beschälseuche (A); (d) Bienen: *Tropilaelaps*-Infestation (A), Kleiner Beutenkäfer-Infestation (A). In Österreich sind folgende Parasitosen anzeigepflichtig (A): Räude bei Pferd, Esel, Maultier, Maulesel, Schaf, Ziegen. Beim Einsatz von Antiparasitika sind die arzneimittelrechtlichen Vorschriften zu beachten, für die Parasitenbekämpfung in Bio-Betrieben gibt es Verordnungen der EU und einzelner Länder (weitere Hinweise auf behördliche Regelungen s. einzelne Parasitosen). Außerdem ist zu beachten, dass Parasitosen zu tierschutzrelevanten Gesundheitsbeeinträchtigungen führen können, wenn die notwendige Behandlung und Fürsorge vernachlässigt wird.

22.1.3 Physikalische Maßnahmen

Hierzu gehören z. B. Verfahren zum Schutz vor Fliegenbefall [Rind (S. 610), Pferd (S. 627)]. Physikalische Maßnahmen spielen auch bei der Reinigung und Desinfektion (S. 595) eine Rolle.

22.1.4 Medikamentöse Maßnahmen

Mit den technischen und betrieblichen Methoden bilden die medikamentösen Maßnahmen derzeit die Hauptsäulen der Parasitenbekämpfung. Dazu werden Antiparasitika gegen Ekto- oder Endoparasitenbefall bei Tieren oder zur Bekämpfung von Vektoren im Rahmen prophylaktischer, metaphylaktischer oder therapeutischer Maßnahmen eingesetzt.

22.1.5 Biologische Parasitenbekämpfung

Unter dem etwas unscharfen Begriff „biologische Bekämpfung" versteht man nach einer klassischen Definition die Begrenzung von Erregerpopulationen „durch andere als chemische Methoden", z. B. durch Einsatz kompetitiver Lebewesen, Züchtung Parasiten-resistenter Wirtstierrassen oder technische und betriebliche Maßnahmen. Nach einer etwas erweiterten Definition können chemische Mittel dann einbezogen werden, wenn es sich um biologisch günstige Substanzen handelt. Einige dieser Möglichkeiten werden hier diskutiert.

Technische und betriebliche Maßnahmen sind sowohl bei der konventionellen als auch bei der biologischen Parasitenbekämpfung wichtige Komponenten (s. o.).

Einsatz kompetitiver Lebewesen Lebewesen, die in Konkurrenz zur Entwicklung und Vermehrung von anderen Organismen treten, werden zur biologischen Bekämpfung (S. 500) einer noch sehr begrenzten Zahl von Parasiten herangezogen. Beispiele dafür sind der inzwischen zunehmend häufig vorkommende **Einsatz der Güllefliege** *Ophyra aenescens* oder von Schlupfwespen (*Nasonia vitripennis*) zur Reduktion der Populationen von Stallfliegen (S. 498) sowie das Autozidverfahren (S. 655) (sterile Insekten-Technik) zur Bekämpfung der Schraubenwurmfliege [*Cochliomyia hominivorax* (S. 510)] und von Tsetse-Fliegen [Glossinen (S. 503)]. Mithilfe des Autozidverfahrens ist es gelungen, die Schraubenwurmfliege in großen Gebieten auszurotten. In zahlreichen Studien sind **räuberisch lebende Pilze,** vor allem die Art *Duddingtonia flagrans*, zur Reduktion der Populationen von Strongylidenlarven bei Weidetieren verwendet worden. Von diesen, in einem künstlichen Nährmedium gezüchteten *Duddingtonia*-Pilzen gewinnt man Sporen (Chlamydosporen), die Weidetieren per os verabreicht werden. Nach Darmpassage gelangen die Sporen in den Kot und bilden aus vegetativen Sprossen (Hyphen) ein Geflecht (Mycel), in dem sich Larven parasitischer Nematoden verfangen und abgetötet werden. Obwohl dieses Verfahren z. B. bei Rindern eine erhebliche Reduktion der Weidekontamination mit infektiösen Trichostrongyliden-Larven bewirken kann, hat es bisher in Europa kaum Eingang in die Praxis gefunden; seit Kurzem existiert hierzu ein in Australien und Neuseeland zugelassenes Handelspräparat mit *Duddingtonia*-Sporen (www.bioworma.com).

Verwendung biologisch günstiger Wirkstoffe Zur Bekämpfung von Stech- und Kriebelmückenlarven (S. 486) im Freiland und von Schadinsekten in der Landwirtschaft werden *Bacillus thuringiensis* (Bt) oder daraus gewonnene Toxine eingesetzt. Bt ist ein bodenbewohnendes Bakterium, das in über 30 Unterarten vorkommt, die während der Sporenbildung potente Toxine bilden (Kristallproteine: Delta-Endotoxin und Cytolysine), deren Wirkung an die von Organophosphaten heranreicht und sich gegen bestimmte Insektengruppen und -stadien richtet (z. B. gegen Larven von Dipteren oder Käfern). In der Umgebung werden die Bt-Toxine rasch abgebaut, für Vertebraten sind sie gut verträglich. Nach peroraler Aufnahme von Bt oder Bt-Toxin durch Insekten werden im Mitteldarm Toxinfraktionen freigesetzt, die nach Aktivierung durch Proteasen an Rezeptoren der Epithelzellen binden, zunächst eine Zellschädigung und schließlich den Tod verursachen. Insekten können gegen Bt resistent werden, wie Laborbefunde und Einzelfälle bei Pflanzenschädlingen zeigen. Zwischenzeitlich wurde gezeigt, dass Bt-Toxine auch gegen parasitische Nematoden hochwirksam sind.

Zu den biologisch günstigen Wirkstoffen gehören auch die spezifisch auf Insekten einwirkenden Entwicklungshemmer, die z. B. bei der Bekämpfung von Fliegenlarven (S. 610) in Stallungen oder bei der Flohbekämpfung (S. 639) am Tier oder in der Umgebung Anwendung finden.

Bioaktive Futterpflanzen Verschiedene Futterpflanzen enthalten Enzyme (z. B. Cysteinproteasen), Alkaloide, Glykoside oder Tannine mit antiparasitären Eigenschaften. In einigen Studien führte z. B. die Aufnahme tanninhaltiger Pflanzen (z. B. Leguminosen) bei Schafen zur Reduktion des Trichostrongyliden-Befalls und zu einer besseren Entwicklung der Tiere, in anderen Untersuchungen trat dieser Effekt aber nicht auf. Als mögliche Ursache dafür kommen antinutritive Eigenschaften der Pflanzen in Betracht, welche die Futteraufnahme negativ beeinflussen können. Um Klarheit über den Effekt von Futterpflanzen mit antiparasitären Potenzen zu gewinnen, ist es notwendig, die antiparasitären Substanzen zu isolieren und ihre antiparasitären Eigenschaften und potenziell unerwünschte Wirkungen zu untersuchen.

Phytotherapie Der Einsatz von Arzneimitteln pflanzlicher Herkunft zur Parasitenbekämpfung ist dann sinnvoll, wenn ihre Wirksamkeit und Unbedenklichkeit erwiesen sind, wie dies z. B. beim Pyrethrum-Extrakt der Fall ist. Leider werden jedoch im Handel auch pflanzliche Stoffe als Antiparasitika angeboten, die kein Zulassungsverfahren mit Prüfung auf Wirksamkeit, Qualität und Unbedenklichkeit durchlaufen haben.

Physikalische und chemische Fehlsteuerung von Parasiten Eine bereits praktizierte Möglichkeit der biologischen Bekämpfung ist die Fehlsteuerung von Insekten durch optische Signale oder durch Lockstoffe (Attraktanzien), z. B. durch Sexualpheromone. Die Insekten können durch Pheromone zu Ködern oder Fallen gelockt werden, in denen sie dann chemisch oder physikalisch abgetötet werden. Anwendungsbeispiele bietet die Bekämpfung von Stallfliegen (S. 498) oder von Tsetse-Fliegen (S. 503).

Resistenz- und Resilienzzüchtung Seit vielen Jahren wird versucht, Schaf-, Rinder- und Hühnerrassen zu züchten, die gegen bestimmte Parasitenarten eine erhöhte Resistenz oder Resilienz aufweisen. Während **Resistenz** die Immunitäts-vermittelte Widerstandskraft meint, bedeutet **Resilienz** die Fähigkeit der Aufrechterhaltung von relativ unveränderter Leistungsfähigkeit/Produktivität trotz Infektion. Ein Beispiel für die Zucht resistenter Schafrassen ist die gelungene Selektion von Merinoschafen mit erhöhter Resistenz gegen den Labmagenparasiten *Haemonchus contortus*, die eine erniedrigte Eiausscheidung der Parasiten und geringere Erkrankungsraten der Schafe zur Folge hat. Ähnliche Bestrebungen zur Züchtung von Rindern oder Schafen mit erhöhter Resistenz gibt es auch bei anderen Parasitosen, u. a. bei Trypanosomose, Zeckenbefall und Myiasis. Durch umfangreiche genomische, transkriptomische und proteomische Untersuchungen, z. B. beim Rind, versucht man, die Selektion Parasiten-resistenter Linien voranzutreiben.

22.1.6 Immunologische Bekämpfung von Parasiten (Vakzination)

Immunprophylaktische Maßnahmen spielen bei der Bekämpfung vieler viraler und bakterieller Infektionskrankheiten eine entscheidende Rolle, im Einsatz gegen Parasiten haben sie bislang jedoch nur in wenigen Fällen Bedeutung erlangt. Die Ursachen sind vielfältig. Sie liegen in der Komplexität von Aufbau und Stoffwechsel eukaryotischer Erreger und der daraus resultierenden Vielfalt antigener Strukturen, in den differenzierten Parasit-Wirt-Beziehungen mit effizienten Evasionsmechanismen der Parasiten, aber auch in den Schwierigkeiten bei der Gewinnung von Parasiten und ihrer Antigene. Nur wenige Parasiten lassen sich in ausreichender Menge in vitro züchten und rekombinante Impfstoffe zeigten bisher meist nicht den erwarteten Erfolg. Dennoch gibt es vielfältige und Erfolg versprechende Ansätze zur Entwicklung von Vakzinen gegen Parasiten.

Die Anforderungen an einen veterinärmedizinisch einzusetzenden antiparasitären Impfstoff können sehr unterschiedlich sein. Gegen einen pathogenen Erreger in einem mit hohem ideellem Wert ausgestatteten Tier, wie z. B. *Babesia canis* beim Hund, wird ein höheres Maß an individuellem Schutz angestrebt werden müssen als z. B. im Falle gastrointestinaler Nematodeninfektionen bei Wiederkäuern, wo die vorrangigen Ziele die Herdengesundheit und eine verbesserte Wirtschaftlichkeit sind. Modellrechnungen zu Infektionen mit Magen-Darm-Strongyliden beim Schaf lassen annehmen, dass bereits dann ein substanzieller Erfolg erreicht würde, wenn ein 60 %iger Schutz gegen Belastungsinfektionen bei nur 80 % der Tiere eines Bestandes bestünde. Wenn der Erreger – wie bei Magen-Darm-Strongyliden der Wiederkäuer oder bei Coccidien-Infektionen des Huhns – nie ganz ausgeschaltet werden kann, wird man Reinfektionen einkalkulieren, indem man sie für Boostereffekte, d. h. zur Verstärkung der Immunität, oder zur Bildung und Erhaltung einer infektionsgebundenen Immunität nutzt.

Antiparasiten-Vakzine enthalten als Antigene virulente oder attenuierte Erreger, Totantigene auf nativer oder rekombinanter Basis oder Nukleinsäuren (▶ **Tab. 21.7**).

Impfstoffe mit lebenden Erregern (Lebendimpfstoffe)

Impfstoffe mit virulenten Erregern Seit den Anfängen der Immunprophylaxe gegen Parasiten und bis heute finden **virulente Erreger** Verwendung in Vakzinen. Zu den ersten Impfungen zählen die gegen einen der Erreger der Hautleishmaniose beim Menschen, *Leishmania tropica*. Die Infektion mit diesem Erreger führt zu Geschwüren, in denen sich Parasiten finden (Leishmaniome); sie hinterlassen entstellende Narben, oft im Gesicht. Basierend auf der Beobachtung, dass der Mensch im Laufe seines Lebens nur einmal ein solches Geschwür entwickelt, werden in Endemiegebieten seit Jahrhunderten gesunde Personen dadurch immunisiert, dass in die skarifizierte Haut an einer wenig auffälligen Stelle Leishmaniom-Material Erkrankter eingerieben wird (sog. Leishmanisierung). Unter Verwendung von speziellen Impfstämmen wurde das Verfahren im Nahen Osten bis ins späte 20. Jahrhundert in größerem Umfang eingesetzt und wird auch derzeit noch in Asien (Usbekistan) praktiziert.

In der Veterinärmedizin wurden bereits Ende des 19. Jahrhunderts mit *Babesia bovis* und *B. bigemina* gleichfalls virulente Parasiten zur Vakzinierung eingesetzt, doch haben Impfstoffe auf dieser Basis ihre Bedeutung weitgehend verloren, obwohl einige weiterhin verwendet werden.

Seit vielen Jahren bis heute werden in einigen Ländern (USA, CA) virulente Stämme von *Eimeria*-Arten in Form sporulierter Oocysten in kommerziellen Vakzinen zur Bekämpfung der Hühner- und Puten-Coccidiose eingesetzt (▶ **Tab. 21.7**). Diese Vakzine wird über Eintagsküken in einer speziellen Kammer („Spraycox") versprüht oder an 1–3 Tage alte Küken mit dem Futter verabreicht. Die Küken erfahren damit in den ersten Lebenstagen eine subklinische, aber zur Immunisierung ausreichende Infektion, wobei die Immunität durch weitere, schwache Infektionen aus der Umgebung gesteigert wird. Voraussetzung für die Sicherheit des Verfahrens ist eine exakte Dosierung.

Ein weiteres Verfahren ist die Injektion lebender *Eimeria*-Oocysten in Bruteier, bevor die Küken schlüpfen (embryonale Immunisierung). Dafür werden in Brütereien große Injektionsautomaten verwendet. In den USA ist für diese Indikation eine Vakzine zugelassen (Inovocox®).

▶ **Tab. 21.7** Impfstoffe (Auswahl) mit dokumentierter Wirksamkeit gegen Parasiten/Parasitosen bei Tieren.

Impfstoff-Typ und Art der Anwendungsindikation		**Handelsname, Entwicklungsstand[1]**
Antigene	**Zieltierart und Parasiten**	
Lebendimpfstoffe		
virulente Erreger	Huhn: 3–6 *Eimeria*-Arten des Huhnes	Coccivac®-B, Immucox® (für Eintagsküken), Inovocox® (zur Injektion in Bruteier)
	Pute: 2–4 *Eimeria*-Arten der Pute	Immucox®, Coccivac®-T (für Eintags- und Mastküken)
	Rind: *Babesia bovis, B. bigemina*	kein Handelspräparat
virulente Erreger unter chemotherapeutischer Kontrolle	Rind: *Theileria parva*	kein Handelspräparat
attenuierte Erreger		
nach Selektion auf Frühreife[2]	Huhn: *Eimeria*-Arten:	
	E. acervulina, E. maxima (2 Stämme), *E. mitis, E. tenella*	**Paracox® 5** (für Mastküken)
	E. acervulina, E. brunetti, E. maxima (2 Stämme), *E. mitis, E. necatrix, E. praecox, E. tenella*	**Paracox® 8** (für Hennen)
	E. acervulina, E. maxima, E. mitis, E. praecox, E. tenella	**Hipracox®** (für Mastküken)
	E. acervulina, E. maxima, E. tenella	**Livacox® T** (für Mastküken)
	E. acervulina, E. maxima, E. necatrix, E. tenella	**Livacox® Q** (für Hennen)
nach Passagen in vitro	Pute, Huhn: *Histomonas meleagridis*	kein Handelspräparat
	Schaf: *Toxoplasma gondii*	**Ovilis® Toxovax**
	Rind: *Theileria annulata*	kein Handelspräparat
strahlenattenuierte infektiöse Larven	Rind: *Dictyocaulus viviparus*	**Bovilis® Dictol**
Totimpfstoffe (native oder rekombinante Parasitenantigene)		
native Antigene aus In-vitro-Kulturen	Hund: *Babesia canis*	**Pirodog®**
native Glykoprotein-Fraktion, sog. Fucose-Mannose-Ligand (FLM) von *Leishmania donovani*	Hund: *Leishmania infantum*	Leishmune®
native exkretorisch/sekretorische Proteine	Hund: *Leishmania infantum*	**CaniLeish®**
natives, aufgereinigtes Gametozytenantigen von *E. maxima*	Huhn: *Eimeria maxima*	CoxAbic® (für Legehennen zur maternalen Immunisierung)
native, aufgereinigte Darmwandproteine (= *hidden antigens*) von adulten *H. contortus*-Stadien	Schaf: *Haemonchus contortus*	Barbervax®
rekombinante Antigene (A2, Mon-1)	Hund: *Leishmania infantum*	Leish-Tec®; Letifend®
rekombinante *Taenia*-Onkosphären-Antigene (TSOL-Familie)	Schaf: *Taenia ovis* Rind: *T. saginata* Schwein: *T. solium*	beschränkter Einsatz in speziellen Bekämpfungsprogrammen
rekombinantes *Echinococcus*-Onkosphären-Antigen (EG95)	Schaf, Rind: *Echinococcus granulosus* s.s., Metazestoden	EG95-Vakzine in Argentinien und China zugelassen
rekombinantes Darmwand-Antigen BM86 (= *hidden antigen*)	Rind: *Rhipicephalus* (*Boophilus*) *microplus*	TickGard®, Gavac®

[1] Fettdruck: in Europa eingesetzte Vakzinen
[2] Frühreife (= verkürzte Präpatenz) durch Wegfall meist einer Merogonie und dadurch verminderter Virulenz

Die exakte Dosierung ist eine essenzielle Sicherheitsvoraussetzung bei der Anwendung nichtattenuierter Lebendvakzine. Wenn bei Verwendung virulenter Erreger in Vakzinen die Gefahr klinischer Erkrankungen besteht, wird versucht, die Infektion rechtzeitig chemotherapeutisch zu kupieren. Diese Verfahren haben vor allem beim Ostküstenfieber, der *Theileria parva*-Infektion des Rindes, Bedeutung erlangt.

Impfstoffe mit attenuierten Erregern Unter **Attenuierung** sind alle Techniken zu verstehen, die bei größtmöglichem Erhalt der Immunogenität die Virulenz und Entwicklungsfähigkeit des Erregers soweit reduzieren, dass er ohne großes Risiko eingesetzt werden kann. Die Verfahren sind vielfältig. Bei **Protozoen** waren Attenuierungen durch In-vitro-Passagen erfolgreich. So ergibt sich bei der In-vitro-Kultivierung von ***Theileria annulata*** eine Attenuierung, die den Einsatz auf diese Weise gewonnener Makromeronten als Impfstadien erlaubt. Von ***Eimeria*-Arten** wurden Stämme mit verminderter Virulenz durch Passagen in bebrüteten Hühnereiern (Livacox®) oder durch Selektion solcher Stämme aus natürlichen *Eimeria*-Populationen (Paracox®) gewonnen.

Als Attenuierung ist auch die Selektion von ***Eimeria*-Arten** des Huhnes auf Frühreife (engl. *precocious lines*) zu sehen. Frühreife bedeutet hier, dass in der Entwicklung eine oder mehrere der Merogonien ausfallen und dadurch die Präpatenz verkürzt ist. Damit entfällt ein Multiplikationsfaktor, d. h. die Anzahl der hochpathogenen Stadien der letzten Merogonie und die Zahl der Gamonten ist entscheidend kleiner als bei Wildstämmen, während die immunogenen frühen Merogoniestadien nicht beeinträchtigt werden. Vakzine auf dieser Basis werden kommerziell angeboten (Paracox®, Hipracox®, Livacox®) und vor allem sowohl in der Legehennenaufzucht als auch in der Broilerhaltung auf Bio-Betrieben eingesetzt.

Voraussetzung für die Verwendung attenuierter Erreger in Vakzinen ist, dass deren Eigenschaften stabil bleiben. So konnte aus einem in vitro gezüchteten Stamm von ***Toxoplasma gondii*** (ts-4-Mutante) eine Lebendvakzine für kleine Wiederkäuer entwickelt werden. Stabile Eigenschaft des Stammes ist, dass sich die Parasiten als Tachyzoiten nur begrenzt vermehren und eine Immunität induzieren, danach aber nicht in das Cystenstadium übergehen, sondern eliminiert werden. Damit wird ein effektiver Schutz gegen die diaplazentare Erregerübertragung bei Infektion und ihren Folgen, wie Verlammung, erreicht. Die Impfung kann jedoch nach natürlicher Infektion die Bildung von *Toxoplasma*-Cysten im Gewebe nicht verhindern und reduziert somit auch nicht das von solchen Cysten ausgehende Infektionspotenzial.

Bei **Helminthen** gilt die Strahlenattenuierung der Infektionsstadien als sichere Methode, nachdem auf diese Weise 1960 eine effiziente Vakzine gegen ***Dictyocaulus viviparus*** entwickelt werden konnte. Das Verfahren ist im Prinzip bei allen Helminthen verwendbar; lediglich die Strahlendosis ist zu variieren. So werden zur Attenuierung der L3 von *D. viviparus* oder Trichostrongyliden ca. 400 Gy benötigt, während bei Metacercarien von Trematoden bereits eine 10-fach niedrigere Strahlendosis ausreicht. Es wurde auch eine effektive strahlenattenuierte Vakzine gegen *Ancylostoma caninum* beim Hund entwickelt, allerdings konnte sich der Impfstoff auf dem Markt nicht durchsetzen. Bei Protozoen hat sich die Strahlenattenuierung nicht bewährt.

Als weitere Variante der Attenuierung ist die gezielte **genetische Manipulation** von Erregern anzusehen. Mit der Herstellung auxotropher (Mangel-)Mutanten ließe sich die Gefahr einer Reversion zu voller Virulenz, wie sie z. B. nach Attenuierung in Gewebekulturen immer besteht, ausschließen. Mit der gezielten Deletion (engl. *gene targeting*) von Genen könnten Mutanten erzeugt werden, die sich in vivo nicht mehr oder nur begrenzt vermehren können, aber ausreichend immunisierend wirken.

Impfstoffe mit toten Erregern oder Erregerbestandteilen (Totimpfstoffe)

Totvakzinen haben gegenüber Lebendvakzinen den Nachteil, dass gute Immunisierungserfolge gewöhnlich nur in Verbindung mit Adjuvanzien oder – bei rekombinanten Antigenen – alternativen Applikationssystemen (z. B. gentechnisch veränderte Mikroorganismen als Vektoren) zu erzielen sind.

Eine auf aufgereinigten Antigenen von *Babesia canis* beruhende Vakzine (Pirodog®) enthält Saponin als Adjuvans (▸ **Tab. 21.7**). Die Vakzine schützt nicht absolut vor Infektionen, verhindert aber i. d. R. klinische Erkrankungen.

Zur Anwendung beim Hund ist in den USA eine subkutan zu applizierende Vakzine aus abgetöteten *Giardia duodenalis* auf dem Markt, ihre Wirksamkeit wurde bisher jedoch nicht dokumentiert. Gegen *Tritrichomonas foetus* und *Neospora caninum*, in vielen Regionen der Erde häufige und wirtschaftlich bedeutsame Aborterreger beim Rind, werden ähnliche, einfache Vakzine aus abgetöteten Erregern in den USA kommerziell vertrieben, allerdings wird auch ihr Wert kritisch diskutiert. Eine in Brasilien zugelassene Vakzine (Leishmune®) gegen die ***Leishmania infantum*-Infektion** des Hundes enthält eine gereinigte Antigenfraktion (Glykoproteinkomplex) von *L. donovani* und Saponin als Adjuvans. Diese Vakzine soll 80 % der Hunde vor viszeraler Leishmaniose schützen und die Erregerdichte in der Haut der Tiere reduzieren, sodass die Aufnahme von Erregern durch die Vektoren erschwert wird. In verschiedenen Ländern Europas sind auf rekombinant exprimierten *L. infantum*-Antigenen (S. 73) basierende Vakzinen (LetiFend®, CaniLeish®) zugelassen worden. Es wurde gezeigt, dass diese Vakzine das Risiko einer fortschreitenden Infektion oder eines Krankheitsausbruchs reduzieren kann, allerdings sind weitere unabhängige und die bisher wenigen vorliegenden Daten verifizierende Studien erforderlich. Affinitätsgereinigte Gametocyten-Antigene von *E. maxima* waren Bestandteil einer Vakzine (CoxAbic®, nicht mehr im Handel) zur sog. maternalen Immunisierung. Dabei wurden Zuchthennen intramuskulär mit dem Ergebnis immunisiert, dass sich im Eidotter spezifische IgG-Antikörper (beim Huhn als IgY bezeichnet) in hoher Konzentration ansammeln und beim Küken dann schützend wirken, und zwar über Kreuzimmunitäten nicht nur gegen *E. maxima*, sondern auch gegen einige andere Arten. Leichte natürliche *Eimeria*-Infektionen stimulieren dann eine aktive Immunität der Küken.

Bei der Infektion von Schafen mit *Haemonchus contortus* sind die Voraussetzungen für die Entwicklung einer Vakzine dadurch erschwert, dass die Immunitätsentwicklung bei Lämmern nur langsam und vollständig erst ab einem Alter von ca. 6 Monaten eintritt. Dennoch wurde in Australien im Jahr 2014 die erste Vakzine gegen *H. contortus* (Barbervax®) zugelassen und vermarktet (▶ **Tab. 21.7**). Die Vakzine beruht auf nativen Antigenen (integrale Membranglykoproteine, sog. H-gal-GP-Komplex) aus dem Darmepithel von *H. contortus*, die normalerweise dem Immunsystem der Schafe nicht dargeboten werden (sog. *concealed* oder **verborgene** [*hidden*] **Antigene**). Bei einer 3-maligen Vakzinierung im Abstand von 3–4 Wochen wird eine Reduktion der Wurmeiausscheidung von bis zu 92 % erreicht. Da bei *hidden*-Antigenen die natürliche Infektion nicht zu einer erneuten Stimulierung der Immunantwort führt, müssen im 6-wöchigen Abstand erneute Immunisierungen durchgeführt werden. Ob der durch diese Vakzine erreichte Immunschutz ausreicht, um auch bei sehr hohem Infektionsdruck klinische Erkrankungen zu vermeiden, muss noch gezeigt werden. Der Einsatz dieser Vakzine bei Ziegenlämmern ist bisher kaum untersucht. Erste Ergebnisse weisen auf eine weniger stark ausgeprägte Protektionswirkung im Vergleich zur Anwendung bei Schaflämmern hin.

Rekombinante Antigene werden inzwischen auf relativ breiter Ebene erprobt und z. T. bereits in der Praxis eingesetzt, auch wenn nach wie vor technische Probleme wie „falsche" Faltung oder fehlende/unzureichende Glykosylierung der Epitope limitierend wirken.

Dennoch gelang z. B. in Australien die Entwicklung eines solchen Impfstoffs. Dieser basiert auf einem rekombinanten Antigen (sog. Bm86) aus der Darmwand der 1-wirtigen Zecke *Rhipicephalus* (*Boophilus*) *microplus*. Bei der Impfung von Rindern induziert das Antigen zirkulierende Antikörper, die von den Zecken mit dem Blut aufgenommen werden und durch Bindung an die entsprechenden Antigene der Darmzellen zu einer Schädigung ihrer Darmwand führen. Diese Vakzine wird als Zusatzkomponente für die integrierte Bekämpfung gegen *Rh.* (*B.*) *microplus* eingesetzt, vor allem bei ausgeprägter Acarizid-Resistenz dieser Zeckenart. Allerdings vermittelt die Vakzine gegenüber verschiedenen Populationen dieser Zeckenart nur einen unvollständigen Schutz, sodass gegenwärtig versucht wird, den Impfschutz durch die gleichzeitige Verwendung mehrerer Antigene zu verbessern. Wissenschaftlich weit gediehen ist die Entwicklung von rekombinanten Impfstoffen gegen Infektionen mit larvalen Cestoden (Metacestoden) bei Schaf und Rind. Bei *Taenia ovis, T. saginata, T. solium* und *Echinococcus granulosus* wurden verwandte protektive Antigene in den Oncosphären gefunden und charakterisiert. Als Impfstoff in Form rekombinanter Proteine bewirkten sie eine über 90 %ige Reduktion der Zahl der Metacestoden in den jeweiligen Zwischenwirten. Eine ein derartiges Antigen (EG95) enthaltende Vakzine gegen die cystische Echinococcose bei Schafen ist in Argentinien und China zugelassen.

Nukleinsäure-basierte Impfstoffe

DNA- oder auch **RNA-Vakzinen** werden als Impfstoffe der 3. bzw. 4. Generation (nach nativen und rekombinanten Proteinen) bezeichnet.

Die Wirkungsweise der Nukleinsäure-basierten Vakzinen ist in den Einzelheiten noch unklar, muss aber im Prinzip so gesehen werden, dass die Fremd-(Parasiten-) DNA/RNA von bestimmten Wirtszellen aufgenommen wird. Diese produzieren dann das Parasiten-Antigen, wodurch eine Immunstimulation induziert wird. Die Vorzüge gegenüber herkömmlichen, auch rekombinanten Vakzinen sind, dass die oft kritischen Schritte der Peptidherstellung und -reinigung sowie der Einsatz von Adjuvanzien umgangen werden können. Außerdem kann durch lange Persistenz der DNA in episomaler, d. h. extrachromosomaler Form mit anhaltendem antigenem Stimulus gerechnet werden. In Letzterem liegt allerdings wegen der möglichen Ausbildung einer Toleranz- oder Autoimmunität auch eine Gefahr. Weitere Kritikpunkte beziehen sich vor allem darauf, dass die Fremd-DNA in die chromosomale DNA des Empfängers integriert werden könnte (Insertionsmutagenese). Diese Probleme würden sich im Prinzip mit naturgemäß kurzlebigen **RNA-Vakzinen** umgehen lassen. Zu solchen Vakzinen liegen aber erst wenige Daten vor.

22.1.7 Sterilisation und Desinfektion

Unter **Sterilisation** versteht man die Abtötung sämtlicher Mikroorganismen oder ihre Entfernung von Gegenständen (z. B. Instrumenten) oder aus Materialien (z. B. Trinkwasser, Nährlösungen für Kulturen). Als **Desinfektion** werden gezielte Maßnahmen bezeichnet, die zur maßgeblichen Verminderung der Zahl infektiöser Stadien bestimmter Pathogene an einem Objekt (Makroorganismus, Gegenstand, Raum, Materialien) führen, sodass von ihm keine relevante Infektionsgefahr mehr ausgeht. Die Bekämpfung von Schädlingen (u. a. Arthropoden, Nagetiere) in Räumen, Lagern usw. wird als **Entwesung** bezeichnet.

Sterilisation Stadien von Parasiten lassen sich aufgrund ihrer Größe problemlos durch Sterilfilter aus Flüssigkeiten entfernen (z. B. Cysten von *Giardia*, Oocysten von Cryptosporidien) oder durch Hitze (> 70 °C, 5–10 min) abtöten.

Desinfektion In der tierärztlichen Praxis bestehen verschiedene Problembereiche, in denen Desinfektionsmaßnahmen gegen Stadien von Parasiten angezeigt sind. Die zur Desinfektion verfügbaren Mittel und Methoden sind jedoch sehr begrenzt.

Auslauf- und Weidedesinfektion Eine Desinfektion von Erdboden in Ausläufen und auf Weideflächen ist allgemein nicht möglich. Ausnahmen bilden lediglich kleinere Ausläufe (z. B. Tiergehege in Zoos oder Hundezwinger), in denen man die obersten 10–15 cm Bodenschicht abtragen kann. Befestigte Auslaufflächen (Beton, Stein, hitzebeständiger Kunststoff) lassen sich am besten mithilfe von Hochdruckreinigern mit Wasser unter Zusatz eines Detergens gründlich säubern und dadurch bereits ein wesentlicher Teil der infektiösen Stadien entfernen. Bei Einsatz von Heißwasser-Dampfgemischen (z. B. von 130–140 °C), die in Hochdruckreinigern erzeugt werden, lässt sich ein zusätzlicher Desinfektionseffekt erzielen. Wegen der starken Abkühlung des Heißwasser-Dampfgemisches beim Auftreffen auf die Bodenfläche (z. B. von 140 auf etwa 90 °C) wird ein ausreichender Desinfektionseffekt nur bei langen Einwirkungszeiten (etwa 1 min/m^2) erzielt.

Stalldesinfektion Gründliche mechanische Reinigung und der nachfolgende Einsatz von Heißwasser-/Dampf-Hochdruckreinigern sind häufig angewandte und wichtige vorbereitende Maßnahmen zur Stalldesinfektion. Zusätzlich können bei Bedarf **chemische Desinfektionsmittel** mit nachgewiesener Wirkung gegen Dauerstadien von Parasiten eingesetzt werden. Solche Mittel werden in eine Liste der Deutschen Veterinärmedizinischen Gesellschaft (DVG) aufgenommen (www.desinfektion-dvg.de), wenn sie bei der Prüfung nach den Richtlinien der DVG mindestens 95–98 % der sehr widerstandsfähigen Testorganismen (*Eimeria*- oder *Cryptosporidium*-Oocysten, *Ascaris*-Eier) bei einer Einwirkungszeit von 2 h abtöten. Bei diesem Wirksamkeitsnachweis geht man davon aus, dass Dauerstadien mit ähnlicher oder geringerer Tenazität (z. B. Oocysten von *Cystoisospora*, Eier von *Toxocara* oder anderen Spulwurmarten, Eier von Strongyliden) ebenfalls abgetötet werden. Dies gilt jedoch nicht für *Taenia*- und *Echinococcus*-Eier (s. u.).

Die meisten antiparasitären Desinfektionsmittel enthalten als Wirkstoffe Phenolderivate – wie Methylphenol (= Kresol) oder 4-Chlor-m-Kresol. Ihre Anwendung erfolgt meist in Konzentrationen von 2–4 % bei Einwirkungszeiten von 2–3 h. Zu dieser Gruppe gehören Desinfektionsmittel gegen Wurmeier (Prüforganismus: *Ascaris suum*-Eier) und/oder parasitäre Einzeller (Prüforganismus: Oocysten von *Eimeria tenella* oder *Cryptosporidium parvum*) sowie z. T. gegen Viren, Bakterien und Pilze bei etwas unterschiedlichen Einwirkungszeiten. Ein ähnliches Wirkungsspektrum haben das aus 2 getrennten Komponenten [o-Hydroxydiphenyl-Fettsäure-Eutektikum (a), Peressigsäure (b)] bestehende ascarosteril AB sowie das ebenfalls aus 2 Komponenten bestehende DESINTEC® FL-des ALLROUND. *Taenia*- und *Echinococcus*-Eier sind gegen chemische Standard-Desinfektionsmittel meist resistent. Ihre Abtötung auf Flächen oder Instrumenten erfordert phenolische Präparate mit ausreichend langer Einwirkzeit (typischerweise 4 h). Wirksam ist auch Natriumhypochlorid (NaClO) in einer Konzentration von mindestens 3,75 % (konzentrierte Lösungen enthalten ca. 13 % NaClO) bei einer Einwirkzeit von mindestens 30–60 Minuten. NaClO ist aber wegen verschiedener Nachteile (ätzend, korrosiv, geringe Eindringtiefe) ein Notbehelf und kein optimales Desinfektionsmittel.

Die chemischen Desinfektionsmittel sind grundsätzlich in leeren Stallungen unter genauer Beachtung der Anwendungsvorschriften und der Schutzmaßnahmen für den Anwender einzusetzen. Ferner sind Vorkehrungen zu treffen, um den Abfluss von Desinfektionsmitteln in das Abwasser zu vermeiden. Das flüchtige Ammoniak stellt kein Problem für das Abwasser dar. In Bio-Betrieben sind nach einer EU-Richtlinie von den Mitteln, die auch gegen Parasitenstadien wirksam sind, z. B. Wasser und Dampf sowie Natriumhypochlorid (Vorsicht: aggressiv!), aber auch verschiedene Säuren einschließlich Peressigsäure zugelassen.

Entwesung von Stallungen und anderen Räumen Bei der Bekämpfung der Räude von Haustieren (Schaf, Rind, Schwein usw.) oder des *Dermanyssus*-Befalls beim Huhn sind z. T. Maßnahmen zur Elimination von Milben und ihrer Entwicklungsstadien in Stallungen erforderlich. Dazu werden die üblichen Reinigungsmaßnahmen vorgenommen und die Stallungen mit einem Acarizid ausgesprüht. Die Flohbekämpfung bei Hunden und Katzen erfordert z. T. eine Umgebungsbehandlung, die sich in erster Linie gegen Juvenilstadien richtet. Dazu werden u. a. Insektizide und Insekten-Entwicklungshemmer allein oder in Gemischen eingesetzt. Zum Bereich der Entwesung gehört auch die Bekämpfung von Stallfliegen (Liste der geprüften Entwesungsmittel s. Anonym 2008, 2010).

Desinfektionsmaßnahmen im Labor Der Umgang mit Parasiten im Labor erfordert besondere Schutzmaßnahmen, die auch die Desinfektion einschließen. Dazu gibt es besondere Richtlinien.

22.2 Bekämpfungsstrategien

Unter **planmäßiger (= strategischer) Bekämpfung** versteht man den Einsatz wirksamer Maßnahmen zu bestimmten, epidemiologisch begründeten und diagnostisch gesicherten Zeiten, um die Entwicklungszyklen der Parasiten nachhaltig zu stören und einen maximalen Nutzen für die Wirtstiere zu erzielen. Ein wichtiges Anliegen dabei ist der möglichst zielgenaue, auf das notwendige Maß beschränkte und umweltverträgliche Einsatz von Antiparasitika. Besondere Maßnahmen erfordern die **Ver-**

hütung der Einschleppung und die **Tilgung von Parasitosen**. Letztere ist derzeit in Europa nur bei wenigen Parasitosen unter der Voraussetzung möglich, dass die nötigen Finanzmittel verfügbar sind (Beispiele: Räude beim Schwein und bei Wiederkäuern, Hypodermose des Rindes, *Echinococcus granulosus*-Befall bei Hunden und Zwischenwirten).

Die Maßnahmen zur planmäßigen Bekämpfung lassen sich in verschiedene Kategorien einteilen:

Prophylaxe Unter diesem Begriff werden alle Maßnahmen zusammengefasst, die dem Schutz von Einzeltieren und Tierbeständen vor Parasitenbefall und parasitären Erkrankungen dienen. Dazu gehören auch allgemeine Maßnahmen (S. 590) (z. T. als Prävention bezeichnet). Ziel der **Ansteckungsprophylaxe** ist es, die Ansteckung mit Erregern sowie ihre Ansiedlung oder ihre Vermehrung in den Tieren zu verhindern oder auf ein akzeptables Maß zu reduzieren. Die **Kontaminationsprophylaxe** strebt an, die Kontamination der Umwelt mit Entwicklungsstadien von Parasiten einzuschränken oder zu verhindern, um so das Infektionsrisiko zu mindern.

Metaphylaxe In diesem Lehrbuch sind traditionell mit dem Begriff 'Metaphylaktische Maßnahmen' vor allem Behandlungen mit Antiparasitika gemeint, die zu einem epidemiologisch günstigen Zeitpunkt in den Zyklus des Parasiten eingreifen. Dabei besteht bereits Parasitenbefall bei Einzeltieren; starke Infektionen oder Schadwirkungen sind jedoch noch nicht eingetreten. Ein Beispiel ist die Behandlung von Rindern gegen wandernde Dassellarven im Herbst, bevor die Larven den Wirbelkanal und die Rückenhaut erreicht und Schaden verursacht haben. Weitere Beispiele sind die Aufstallungsbehandlung von Weiderindern gegen hypobiotische *Ostertagia ostertagi*-Larven zur Vermeidung der Winterostertagiose oder die Applikation von Anticoccidia zur Vorbeugung der Entstehung klinischer Cystoisosporose bei Ferkeln.

Therapie Bei der planmäßigen Bekämpfung sollten Heilbehandlungen Ausnahmen sein, sie sind jedoch nicht immer vermeidbar.

Integrierte Bekämpfung Programme zur integrierten Bekämpfung fassen alle notwendigen Maßnahmen zu einer nachhaltigen Bekämpfung einer oder mehrerer Parasitosen in einer Strategie zusammen. Ein Beispiel dafür ist die Bekämpfung von Magen-Darm-Strongyliden und Lungenwürmern beim Rind (S. 607).

Parasitenbekämpfung in Bio-Betrieben Nach dem Stand von 2019 sind in Deutschland 12 % der landwirtschaftlichen Betriebe Bio-Produzenten, in der Schweiz 13,4 % und in Österreich 22,2 %. Die rechtlichen Rahmenbedingungen für sog. ökologische (naturnahe) Tierhaltungen (engl. *organic farming*) sind in EU-Verordnungen (Verordnung [EG] Nr. 834/2007 und Nr. 889/2008) festgelegt, die von Mitgliedstaaten der EU und der Schweiz in unveränderter oder in modifizierter Form beachtet werden. Außerdem bestehen zahlreiche privatrechtliche Regelungen von Bio-Verbänden, die z. T. über die EU-Regelungen hinausgehende Bedingungen festlegen (z. B. Negativlisten von Arzneimitteln, die in Bio-Betrieben nicht verwendet werden dürfen). Umfassende Informationen über den „Öko-Landbau" findet man im Internet (DE: www.oekolandbau.de; AT: www.bio-austria.at; CH: www.fibl.org).

Die EU-Verordnungen (834/2007 und 889/2008) enthalten u. a. folgende Richtlinien zur „Krankheitsvorsorge" in Nutztierbeständen:

- **Wahl geeigneter Rassen und Linien** von Tieren, Anwendung tiergerechter Haltungsverfahren unter hygienischen Bedingungen, Einhaltung angemessener Besatzdichten sowie Gewährleistung von Auslauf, Weidegang und hochwertiger Fütterung.
- **Krankheiten** sind unverzüglich zu behandeln, um ein Leiden der Tiere zu vermeiden. Nach EG 889/2008 sind phytotherapeutische und homöopathische Präparate, Spurenelemente und „andere Erzeugnisse" gegenüber „chemisch-synthetischen allopathischen Tierarzneimitteln oder Antibiotika" bevorzugt zu verwenden, **„sofern ihre therapeutische Wirkung bei der betreffenden Tierart und der zu behandelnden Krankheit gewährleistet ist"**.
- Erzeugnisse von Tieren, die innerhalb eines Jahres mehr als 3-mal mit „chemisch-synthetischen" Tierarzneimitteln oder Antibiotika behandelt worden sind, dürfen nicht als Bio-Produkte verkauft werden. **Ausgenommen sind Behandlungen gegen Parasiten, Impfungen und von Mitgliedstaaten durchgeführte obligatorische Tilgungsprogramme.**
- Die für „chemisch-synthetische" Tierarzneimittel **vorgeschriebenen Wartezeiten müssen in Bio-Betrieben verdoppelt werden**.
- **Die Verwendung von „Kokzidiostatika"** ist nicht gestattet, wohl aber der Einsatz „immunologischer Tierarzneimittel" (EG 834/2007).
- Zur **Reinigung und Desinfektion** dürfen nur Mittel verwendet werden, die in der ökologischen Produktion zugelassen sind.
- Weitere Vorschriften betreffen **Bienen und Aquakulturen**.

Aus parasitologischer Sicht entsprechen die Intentionen des ökologischen Landbaus, die Tiergesundheit vor allem durch vorbeugende Maßnahmen und einen möglichst geringen Einsatz von Arzneimitteln zu gewährleisten, den integrierten Konzepten der Parasitenbekämpfung (S. 596).

Die Mittel, die zur Erreichung dieser Ziele im ökologischen Landbau empfohlen werden, sind aber z. T. unzureichend oder fragwürdig. Für phytotherapeutische und homöopathische Erzeugnisse liegen kaum gesicherte Untersuchungen über Wirkung, Verträglichkeit, Rückstandsverhalten und Umwelttoxikologie vor, sodass eine sachliche Beurteilung über die Eignung solcher Mittel zur Behandlung bestimmter Krankheiten oft nicht möglich ist. Daher ist die allgemeine Empfehlung der EU, solche Mittel den „chemisch-synthetischen allopathischen" Tierarzneimitteln vorzuziehen, rational nicht nachvollziehbar. Die Unterscheidung zwischen chemisch-synthetischen und pflanzlichen Wirkstoffen ist wissenschaftlich nicht haltbar, denn es kommt nicht darauf an, ob chemische Wirksubstanzen aus Pflanzen gewonnen oder chemisch synthetisiert werden, sondern welche Eigenschaften sie bezüglich Wirkung, Verträglichkeit, Rückstandsverhalten und Umwelttoxikologie haben. Eine generelle Verdopplung der Wartezeiten bei „allopathischen" Tierarzneimitteln ist wissenschaftlich nicht zu begründen.

Literaturhinweise

I. Therapie und Bekämpfung, allgemein

Hiepe T, Lucius R, Gottstein B, Hrsg. Allgemeine Parasitologie. Stuttgart: Parey; 2006. ISBN: 3-83044-101-0

Krücken J, Harder A, Jeschke P et al. Anthelmintic cyclcooctadepsipeptides: complex in structure and mode of action. Trends Parasitol 2012; 9: 385–394

Löscher W, Richter A, Potschka H, Hrsg. Pharmakotherapie bei Haus- und Nutztieren. 9. Aufl. Stuttgart: Enke; 2014. ISBN: 978-3-83041-250-2

II. Arzneimittelresistenz

Avramenko RW, Redman EM, Melville L et al. Deep amplicon sequencing as a powerful new tool to screen for sequence polymorphisms associated with anthelmintic resistance in parasitic nematode populations. Int J Parasitol 2019; 49: 13–26

Burchard G, von Samson-Himmelstjerna G. Resistenz gegen antiparasitäre Wirkstoffe. In: Hiepe T, Lucius R, Gottstein B, Hrsg. Allgemeine Parasitologie. Stuttgart: Parey; 2006: 427–435. ISBN: 3-83044-101-0

Charlier J, Morgan ER, Rinaldi L et al. Practices to optimise gastrointestinal nematode control on sheep, goat and cattle farms in Europe using targeted (selective) treatments. Vet Rec 2014; 175: 250–255

Coles GC, Jackson F, Pomroy WE et al. The detection of anthelminthic resistance in nematodes of veterinary importance. Vet Parasitol 2006; 136: 167–185

Dobson RJ, Hosking BC, Jacobson CL et al. Preserving new anthelmintics: a simple method for estimating faecal egg count reduction test (FECRT) confidence limits when efficacy and/or nematode aggregation is high. Vet Parasitol 2012; 186: 79–92

Geurden T, Hoste H, Jacquiet P et al. Anthelmintic resistance and multidrug resistance in sheep gastro-intestinal nematodes in France, Greece and Italy. Vet Parasitol 2014; 201: 59–66

Gilleard JS, Redman E. Genetic diversity and population structure of *Haemonchus contortus*. Adv Parasitol 2016; 93: 31–68

Jimenez Castro PD, Howell SB, Schaefer JJ et al. Multiple drug resistance in the canine hookworm *Ancylostoma caninum*: an emerging threat? Parasit Vectors 2019; 12: 576

Kotze AC, Hunt PW, Skuce P et al. Recent advances in candidate-gene and whole-genome approaches to the discovery of anthelmintic resistance markers and the description of drug/receptor interactions. Int J Parasitol Drugs Drug Resist 2014; 4: 164–184

Levecke B, Kaplan RM, Thamsborg SM et al. How to improve the standardization and the diagnostic performance of the fecal egg count reduction test? Vet Parasitol 2018; 253: 71–78

Moussavou-Boussaougou MN, Silvestre A, Cortet J et al. Substitution of benzimidazole-resistent nematodes for susceptible nematodes in granzing lambs. Parasitology 2007; 134: 553–560

Peek HW, Landman WJ. Coccidiosis in poultry: anticoccidial products, vaccines and other prevention strategies. Vet Q 2011; 31: 143–161

Samson-Himmelstjerna G v. Wurminfektionen beim Pferd: Aktuelle Problematik und Empfehlungen für eine nachhaltige sowie gesundheitserhaltende Kontrolle. Tierärztl Umschau 2016; 7–8: 247–257

Samson-Himmelstjerna G v, Fritzen B, Demeler J et al. Cases of reduced cyathostomin egg-reappearence period and failure of *Parascaris equorum* egg count reduction following ivermectin treatment as well as survey on pyrantel efficacy on German horse farms. Vet Parasitol 2007; 144: 74–80

Schnyder M, Torgerson PR, Schönmann M et al. Multiple resistance in *Haemonchus contortus* isolated from South African Boer goats in Switzerland. Vet Parasitol 2005; 128: 285–290

Shrestha A, Freudenschuss B, Jansen R et al. Experimentally confirmed toltrazuril resistance in a field isolate of *Cystoisospora suis*. Parasit Vectors 2019; 10: 317

Voigt K, Scheuerle M, Hamel D et al. High perinatal mortality associated with triple anthelmintic resistance in a German sheep flock. Tierärztl Prax 2012; 40: 107–111

III. Biologische Bekämpfung

Githiori JB, Athanasiadou S, Thamsborg SM. Use of plants in novel approaches for control of gastrointestinal helminths in livetsock with emphasis on small ruminants. Vet Parasitol 2006; 139: 308–320

Stear MJ, Doligalska M, Donskow-Schmelter K. Alternatives to anthelminthics in the control of nematodes in livestock. Parasitology 2007; 134: 139–151

Vercruysse J, Dorny P. Integrated control of nematode infections in cattle: a reality? a need? a future? Int J Parasitol 1999; 29: 165–175

IV. Immunbiologische Bekämpfung (Vakzination)

Bassetto CC, Almeida FA, Newlands GFJ et al. Trials with the *Haemonchus* vaccine, Barbervax®, in ewes and lambs in a tropical environment: Nutrient supplementation improves protection in periparturient ewes. Vet Parasitol 2018; 264: 52–57

Bethony JM, Cole RN, Guo X et al. Vaccines to combat the neglected tropical diseases. Immunol Rev 2011; 239: 237–270

Blake DP, Tomley FM. Securing poultry production from the everpresent *Eimeria* challenge. Trends Parasitol 2014; 30: 12–19

Duthie MS, Raman VS, Piazza FM et al. The development and clinical evaluation of second-generation leishmaniasis vaccines. Vaccine 2012; 30: 134–141

Kearney PE, Murray PJ, Hoy JM et al. The 'Toolbox' of strategies for managing *Haemonchus contortus* in goats: What's in and what's out. Vet Parasitol 2016; 220: 93–107

Meier L, Torgerson PR, Hertzberg H. Vaccination of goats against *Haemonchus contortus* with the gut membrane proteins H11/H-gal-GP. Vet Parasitol 2016; 229: 15–21

Sharman PA, Smith NC, Wallach MG et al. Chasing the golden egg: vaccination against poultry coccidiosis. Parasite Immunol 2010; 32: 590–598

V. Sterilisation und Desinfektion

Anonym. Bekanntmachung der geprüften und anerkannten Mittel und Verfahren zur Bekämpfung von tierischen Schädlingen nach § 18 Infektionsschutzgesetz. Stand vom 13.07.2010. Bundesgesundheitsbl – Gesundheitsforsch – Gesundheitsschutz 2010; 53: 1216–1220

Bauer C. Parasitenstadien als umwelthygienisches Problem. In: Schnieder T, Hrsg. Veterinärmedizinische Parasitologie. 6. Aufl. Stuttgart: Parey; 2006: 105–118. ISBN: 3-83044-135-5

Deutsche Veterinärmedizinische Gesellschaft (DVG). 13. Liste der nach den Richtlinien der DVG geprüften und als wirksam befundenen Desinfektionsmittel für die Tierhaltung (Handelspräparate). Ausschuss Desinfektion in der Veterinärmedizin der DVG. Gießen: Deutsche Veterinärmedizinische Gesellschaft; 2011. www.dvg.net

VI. Parasitenbekämpfung in Bio-Betrieben

Anonym. Verordnung (EG) Nr. 834/2007 des Rates vom 28. Juni 2007 über die ökologische/biologische Produktion und die Kennzeichnung von ökologisch/biologischen Erzeugnissen und zur Aufhebung der Verordnung (EWG) Nr. 2092/91. Amtsblatt der Europäischen Union 2007; L 189: 1–13

Anonym. Verordnung (EG) Nr. 889/2008 der Kommission vom 05. September 2008 mit Durchführungsvorschriften zur Verordnung (EG) Nr. 834/2007 des Rates über die ökologische/biologische Produktion und die Kennzeichnung von ökologisch/biologischen Erzeugnissen hinsichtlich der ökologisch/biologischen Produktion, Kennzeichnung und Kontrolle. Amtsblatt der Europäischen Union 2008; L 250: 1–84

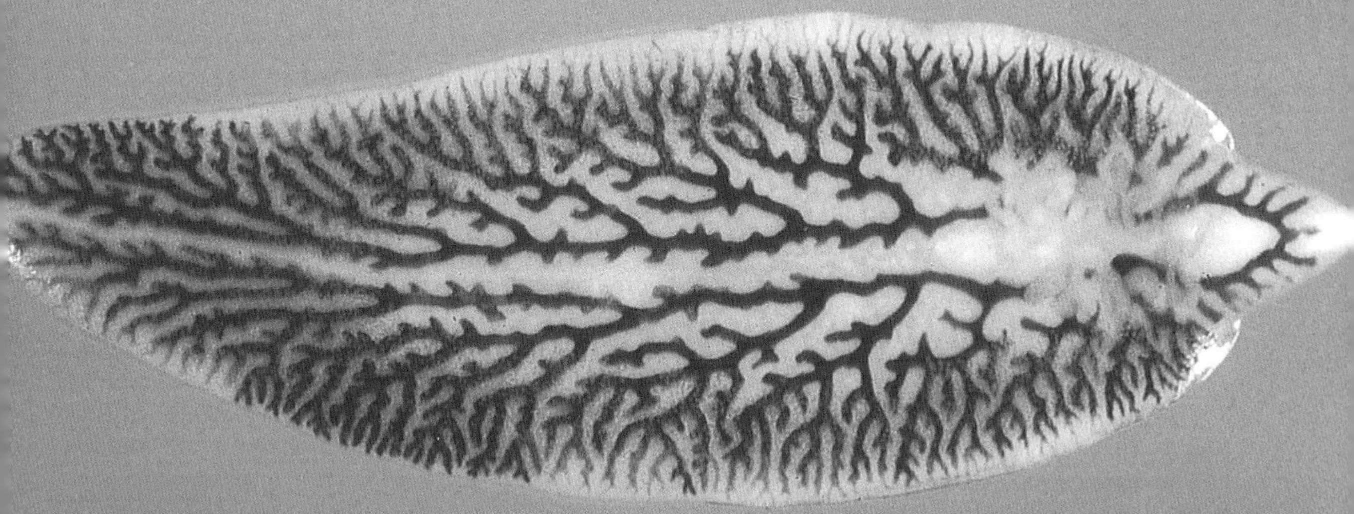

Teil 8 Parasitosen verschiedener Tierarten und ihrer Organsysteme, Antiparasitika und planmäßige Bekämpfung

23 Parasitosen verschiedener Tierarten und ihrer Organsysteme, Antiparasitika und planmäßige Bekämpfung

23.1 Allgemeines

Dieses Kapitel bietet nach **Tierarten und Organsystemen gegliederte tabellarische Übersichten von Parasitosen**, die in Europa vorkommen oder als importierte Infektionen bedeutsam sind. Diese Zusammenstellungen sollen die Orientierung für ein tierarten- oder organbezogenes Studium erleichtern. Seitenverweise ermöglichen den schnellen Zugang zu vorhergehenden Textabschnitten mit ausführlichen Informationen. Ebenfalls tierartlich gegliedert sind **Zusammenstellungen von Antiparasitika (Wirkstoffen)**, die für die betreffende Tierart zumindest in einem der deutschsprachigen Länder verfügbar sind. Bei den aufgeführten **Dosierungen** handelt es sich um **Richtdosierungen**; daneben kann es noch weitere Dosierungsmöglichkeiten und Applikationsformen geben. Die **Wartezeiten** können je nach Präparat, Applikationsform und Land Unterschiede aufweisen, wie die exemplarischen Angaben in den Tabellen zeigen. Die für jede Tierart oder Tiergruppe aktuell erhältlichen **Wirkstoffe** in den entsprechenden **Handelspräparaten** können in verschiedenen Datenbanken (siehe unten) für Deutschland, Österreich und die Schweiz gefunden werden. Ausdrücklich sei darauf hingewiesen, dass die Zusammenstellungen der Wirkstoffe in diesem Buch (z. T. mit Angabe von Handelspräparaten) keinen Anspruch auf Vollständigkeit erheben. Bei **Umwidmungen von Medikamenten** (S. 667) sind die arzneimittelrechtlichen Vorschriften zu beachten.

Weitere Informationen zu antiparasitären Wirkstoffen finden sich in den Teilen II und III dieses Buches, in Lehrbüchern der Pharmakologie, in Datenbanken und einigen anderen Quellen (S. 650). Als **Futterzusatzstoffe** eingesetzte Antiparasitika und auch einige Ektozide sind z. T. in gesonderten, EU- oder landesspezifischen Listen aufgeführt.

Datenbanken für Tierarzneimittel bieten aktuelle Informationen für die jeweiligen Länder:

- **Deutschland:** www.vetidata.de; Veterinärmedizinischer Informationsdienst für Arzneimittelanwendung, Toxikologie und Arzneimittelrecht, Universität Leipzig
- **Österreich:** https://aspregister.basg.gv.at/; Arzneimittelspezialitätenregister
- **Schweiz:** www.tierarzneimittel.ch; Tierarzneimittel-Kompendium der Schweiz; Institut für Veterinärpharmakologie und -toxikologie, Vetsuisse-Fakultät, Universität Zürich

Die hier aufgeführten **Maßnahmen zur planmäßigen, d. h. strategischen sowie zur selektiven Bekämpfung** (S. 655) beziehen sich auf wichtige Parasitosen verschiedener Haustierarten. Dabei handelt es sich um epidemiologisch begründete und überprüfte Verfahren, teils aber auch um Empfehlungen, deren Wirksamkeit noch weiter evaluiert werden muss. Anzustreben sind Bekämpfungskonzepte, in denen Maßnahmen gegen verschiedene Parasitosen einer Tierart aufeinander abgestimmt und in einem **integrierten Programm** zusammengefasst werden. Parasitosen von Wild-, Heim-, Labortieren und Fischen werden in diesem Kapitel nicht behandelt; einige Parasiten dieser Tiergruppen wurden allerdings bereits in den anderen Teilen des Buches berücksichtigt.

23.2 Parasitosen von Rind, Schaf und Ziege

23.2.1 Parasitosen der Organsysteme und Antiparasitika

Eine Auswahl von Parasitosen von Rind, Schaf und Ziege zeigt ▸ **Tab. 23.1**. Eine Auswahl von **Anthelminthika, Ektoziden** und **Endektoziden** ist in ▸ **Tab. 23.2**, ▸ **Tab. 23.3** und ▸ **Tab. 23.4** sowie in ▸ **Tab. 23.5** zusammengestellt. **Anthelminthika-Resistenzen** (S. 586) **(AR)**, vor allem gegen Benzimidazole, teils aber auch gegen makrozyklische Lactone und andere Anthelminthika, kommen auch in Mitteleuropa bei Trichostrongyliden der Wiederkäuer vor. **Antiprotozoika** werden hier nicht aufgeführt, weil diese Medikamente bei Wiederkäuern in Mitteleuropa relativ selten eingesetzt werden müssen und bei den einzelnen Parasitosen (S. 44) erwähnt sind.

▸ **Tab. 23.1** Parasitosen (Auswahl) der Organsysteme von Rind, Schaf und Ziege.[1]

Organsystem	Parasitose[2]	Parasiten	
		Rind	Schaf (S), Ziege (Z)
Haut	**Zeckenbefall** (S. 411)	*Ixodes ricinus, Dermacentor marginatus, D. reticulatus, Haemaphysalis punctata, Rhipicephalus turanicus* u. a.	
	Demodicose (S. 443)	*Demodex bovis*	*Demodex ovis* (S), *Demodex caprae* (Z)
	Trombiculose (S. 448)	*Trombicula* spp.	*Trombicula* spp. (S/Z)
	Raillietiose (S. 439)	*Raillietia auris*	–
	Chorioptes-Räude (S. 457)	*Chorioptes bovis, Ch. texanus*	*Chorioptes bovis* (S/Z)
	Sarcoptes-Räude (S. 460)	*Sarcoptes scabiei* var. *bovis*	*Sarcoptes scabiei* var. *ovis* (S), *S. scabiei* var. *rupicaprae* (Z)
	Psoroptes-Räude (S. 453)	*Psoroptes ovis*	*Psoroptes ovis* (S)
	Ohrräude (S. 453)	–	*Psoroptes cuniculi* (S/Z)
	Haarlingsbefall (S. 469)	*Bovicola bovis*	*Lepikentron ovis* (S), *Bovicola caprae* (Z)
	Läusebefall (S. 473)	*Haematopinus* sp., *Linognathus* sp., *Solenopotes* sp.	*Linognathus ovillus* (S), *Linognathus stenopsis* (Z)
	Simuliidenbefall (S. 486)	*Simulium* spp.	*Simulium* spp. (S/Z)
	Fliegenbefall (S. 493)	Tabaniden, *Musca* spp., *Stomoxys* spp., *Hydrotaea* spp., *Haematobia* spp. etc.	Tabaniden, *Musca* spp., *Stomoxys* spp. u. a. (S/Z)
	Wundmyiasis (S. 505)	*Lucilia* spp., *Calliphora* spp., *Wohlfahrtia* spp. u. a.	wie beim Rind
	Dassellarvenbefall (S. 516)	*Hypoderma bovis, H. lineatum*	*Przhevalskiana silenus* (S/Z), Südosteuropa
	Lausfliegenbefall (S. 520)	*Hippobosca variegata*	*Melophagus ovinus* (S), *Lipoptena capreoli* (Z)
	Parafilariose (S. 359)	*Parafilaria bovicola*	–
	Onchocercose (S. 370)	*Onchocerca gutturosa, O. lienalis*	–
	Stephanofilariose (S. 361)	*Stephanofilaria* spp.	–
	Besnoitiose (S. 116)	*Besnoitia besnoiti*	–
Muskulatur	Toxoplasmose (S. 101)	*Toxoplasma gondii*	*Toxoplasma gondii* (S/Z)
	Neosporose (S. 111)	*Neospora caninum*	*Neospora caninum* (S/Z)
	Sarcocystiose (S. 118)	*Sarcocystis* spp.	*Sarcocystis* spp. (S/Z)
	Cysticercose (S. 221)	*Taenia saginata*, larval	*Taenia ovis*, larval (S/Z)
Atmungsorgane	**Dictyocaulose** (S. 305)	*Dictyocaulus viviparus*	*Dictyocaulus filaria* (S/Z)
	Protostrongylidose (S. 315)	–	*Protostrongylus* spp., *Muellerius* sp. u. a. (S/Z)
	Echinococcose, cystische (S. 238)	*Echinococcus granulosus* s. l., larval	*Echinococcus granulosus* s. l., larval (S/Z)
Blut	*Trypanosoma theileri*-Inf. (S. 60)	*Trypanosoma theileri*	*Trypanosoma melophagium* (S)
	Babesiose (S. 132)	*Babesia divergens, B. bovis, B. major, B. bigemina*	*Babesia motasi, Babesia ovis* (S/Z)
	Theileriose (S. 142)	*Theileria annulata, T. buffeli*-Komplex	*Theileria* sp., *Theileria ovis* (S/Z)
Pansen	Paramphistomatidose (S. 185)	*Calicophoron daubneyi, Paramphistomum* spp.	*Calicophoron daubneyi, Paramphistomum* spp. (S/Z)
Labmagen	*Cryptosporidium andersoni*-Inf. (S. 124)	*Cryptosporidium andersoni*	–
	Trichostrongylidose (S. 288)	*Ostertagia ostertagi* u. verwandte Arten, *Trichostrongylus axei*, selten *Haemonchus contortus*	*Haemonchus contortus, Teladorsagia circumcincta, Ostertagia* spp., *Trichostrongylus axei* (S/Z)

► **Tab. 23.1** Fortsetzung

Organsystem	Parasitose[2]	Parasiten	
		Rind	Schaf (S), Ziege (Z)
Dünndarm	**Cryptosporidiose** (S. 124)	*Cryptosporidium bovis, C. parvum*	*C. parvum, Cryptosporidium* spp. (S/Z)
	Eimeriose (S. 83)	*Eimeria alabamensis, E. ellipsoidalis* u. a.	*Eimeria* spp. (S/Z)
	Giardiose (S. 47)	*Giardia duodenalis*	*Giardia duodenalis* (S/Z)
	Monieziose (S. 212)	*Moniezia benedeni*	*Moniezia expansa* (S/Z)
	Strongyloidose (S. 256)	*Strongyloides papillosus*	*Strongyloides papillosus*
	Bunostomose (S. 285)	*Bunostomum phlebotomum*	*Bunostomum trigonocephalum (S/Z)*
	Trichostrongylidose (S. 288)	*Cooperia oncophora* u. verwandte Arten, *Nematodirus* spp.	*Trichostrongylus colubriformis, T. vitrinus, Cooperia pectinata, Nematodirus filicollis, Nematodirus battus* u. a. (S/Z)
	Toxocarose (S. 342)	*Toxocara vitulorum*	–
	Capillariose (S. 377)	*Capillaria* spp.	*Capillaria* spp. (S/Z)
Dickdarm	**Eimeriose** (S. 83)	*Eimeria bovis, E. zuernii*	*Eimeria* spp. (S/Z)
	Chabertiose (S. 274)	*Chabertia ovina*	*Chabertia ovina*
	Oesophagostomose (S. 275)	*Oesophagostomum radiatum*	*Oesophagostomum venulosum* (S/Z)
	Trichuriose (S. 374)	*Trichuris globulosa, T. discolor*	*Trichuris ovis* u. a. (S/Z)
Leber	**Dicrocoeliose** (S. 188)	*Dicrocoelium dendriticum*	*Dicrocoelium dendriticum* (S/Z)
	Fasciolose (S. 172)	*Fasciola hepatica*	*Fasciola hepatica* (S/Z)
	Echinococcose, cystische (S. 238)	*Echinococcus granulosus* s. l., larval	*Echinococcus granulosus* s. l., larval (S/Z)
	Cysticercose (S. 233)	*Taenia hydatigena*, larval	*Taenia hydatigena*, larval (S/Z)
Genitaltrakt/ Fetus	Tritrichomonose (S. 55)	*Tritrichomonas foetus*	*Toxoplasma gondii* (S/Z)
	Neosporose (S. 111)	*Neospora caninum*	*Neospora caninum* (selten)
	Toxoplasmose (S. 101)	–	*Toxoplasma gondii* (S/Z)
Nervensystem	Toxoplasmose (S. 101)	–	*Toxoplasma gondii* (S/Z)
	Neosporose (S. 111)	*Neospora caninum*	–
	Coenurose (S. 234)	*Taenia multiceps*, larval	*Taenia multiceps*, larval (S)
	Elaphostrongylose (S. 319)	–	*Elaphostrongylus cervi* (Z)
Auge	Thelaziose (S. 351)	*Thelazia gulosa, Th. rhodesi, Th. skrjabini*	–

[1] die Liste erhebt keinen Anspruch auf Vollständigkeit; die Angaben beziehen sich auf das Vorkommen von Parasiten in Europa (vor allem auf West- und Zentraleuropa), teils unter Berücksichtigung von importierten Parasiten
[2] Fettdruck: Parasitosen von besonderem Interesse für die Praxis

23.2.2 Planmäßige Bekämpfung wichtiger Parasitosen der Rinder

Fasciolose

Voraussetzungen für eine wirksame Bekämpfung der Fasciolose sind eine Bestandsdiagnose und Abklärungen der lokalen epidemiologischen Gegebenheiten. Die Bekämpfung beruht auf Maßnahmen der Infektionsprophylaxe und der strategischen anthelminthischen Behandlung. Aufgrund der epidemiologischen Gegebenheiten (Hauptinfektionszeit im Spätsommer und Herbst, Präpatenz ca. 8–10 Wochen) ist die Stallperiode eine günstige Zeit für Behandlungen.

Infektionsprophylaxe Nutzung *Galba truncatula*-freier Flächen als Weiden; Silierung oder Heugewinnung von Grünland, das mit *G. truncatula* besetzt ist und mit *Fasciola*-Eiern kontaminiert wurde (durch Leberegelträger, Gülle); dauerhaftes Auszäunen von Habitaten der Zwischenwirte (z. B. lokalisierte Feuchtstellen oder Tümpel auf Weiden). Die letztgenannte Maßnahme ist besonders wirkungsvoll, wenn sich in einem Weidegebiet nur wenige Habitate von *G. truncatula* befinden (nach Daten aus CH in 57 % von 70 Rinderbeständen). Anlegen von Kunsttränken, dabei Entstehung von Sekundärhabitaten vermeiden (z. B. Feuchtstellen um Tränkeplätze). Sekundärhabitate wenn möglich beseitigen (z. B. Auffüllen von Wagenspuren oder Senken). Keine kontaminierte Gülle auf mit *G. truncatula* besiedelten Flächen ausbringen.

Strategische Behandlung Bei diagnostisch gesichertem *Fasciola*-Nachweis im Bestand Behandlung aller Rinder (> 3 Monate alt) und anderer potenzieller *Fasciola*-Träger (Schafe, Ziegen u. a.), die bereits einem Ansteckungsrisiko ausgesetzt waren, mit einem hochwirksamen Fasciolizid (► **Tab. 23.2**) nach der Aufstallung (Ok-

▶ **Tab. 23.2** Anthelminthika für Rinder [Bolustypen s. ▶ **Tab. 23.3**; Auswahl von Handelspräparaten s. Datenbanken (S. 602)].

Wirkstoff und (Wirkstoffgruppe)[1]	**Dosis: mg/kg KG**[2]	**Applikation**	**Wirkungsspektrum der Medikamente**[3]															**SI oder AV**[4]	**Wartezeiten**[5] **(Tage)**	
			Labmagen				**Dünndarm**					**Dickdarm**		**Leber**		**Lunge**			**exemplarische Angaben für DE, CH oder AT**	
			Ostertagia	***O. hypob. Larven***	***Trichostrongylus***	***Haemonchus***	***Cooperia***	***Nematodirus***	***Bunostomum***	***Strongyloides***	***Moniezia***	***Oesophagostomum***	***Trichuris***	***Fasciola***	***Dicrocoelium***	***Dictyocaulus***	***D. hypob. Larven***		**Gewebe**	**Milch**
Albendazol (BZ)	7,5	p. o.	●	◐	●	●	●	●	●	●	◐	●		◐	◐	●	◐	7,5–10	21–28^{DE}	5^{DE}
Fenbendazol (BZ)	7,5	p. o.	●	◐	●	●	●	●	●	●	◐	●	●	–	◐	●	◐	> 67	7–9^{DE}	6^{DE}
Netobimin (PBZ)	7,5	p. o.	●		●	●	●	●	●		◐	●	◐	◐	◐	●	◐	4–10	10^{CH}	5^{CH}
Oxfendazol (BZ)	4,5	p. o.	●	●	●	●	●	●	●	●	◐	●	●			●		20	14^{DE}	5^{DE}
Levamisol (IT)	10,0	Pour-on	●	–	●	●	●	●	●	–	–	●		–	–	●	–	6	22^{DE}	nL^{DE}
Doramectin (ML)	0,5	Pour-on	●	●	●	●	●	●	●	●	–	●	●	–	–	●	●	25	35^{DE}	nL^{DE}
	0,2	i. m.	●	●	●	●	●	●	●	●	–	●	●	–	–	●	●	> 5	70^{DE}	nL^{DE}
Eprinomectin (ML)	0,5	Pour-on	●	●	●	●	●	●	●	●	–	●	●	–	–	●	●	10	10–15^{DE}	0^{DE}
	0,2	s. c.	●	●	●	●	●	●	●	●	–	●	●	–	–	●	●	> 5	63^{DE}	0^{DE}
Ivermectin (ML)	0,5	Pour-on	●	●	●	●	●	●	●	●	–	●	●	–	–	●	●	> 4	15–28^{DE}	nL^{DE}
	0,2	s. c.	●	●	●	●	●	●	●	●	–	●	●	–	–	●	●	20	49^{DE}	nL^{DE}
Moxidectin (ML)	0,5	Pour-on	●	●	●	●	●	●	●	●	–	●	●	–	–	●	●	+	14^{DE}	0DE, 6^{AT}
	0,2	s. c.	●	●	●	●	●	●	●	●	–	●	●	–	–	●	●	+	65^{DE}	nL^{DE}

▸ **Tab. 23.2** Fortsetzung

Wirkstoff und (Wirkstoffgruppe)[1]	Dosis: mg/kg KG[2]	Applikation	Wirkungsspektrum der Medikamente[3]															SI oder AV[4]	Wartezeiten[5] (Tage)	
			Labmagen				Dünndarm					Dickdarm		Leber		Lunge			exemplarische Angaben für DE, CH oder AT	
			Ostertagia	*O. hypob. Larven*	*Trichostrongylus*	*Haemonchus*	*Cooperia*	*Nematodirus*	*Bunostomum*	*Strongyloides*	*Moniezia*	*Oesophagostomum*	*Trichuris*	*Fasciola*	*Dicrocoelium*	*Dictyocaulus*	*D. hypob. Larven*		Gewebe	Milch
Triclabendazol (BZ)	12,0	p. o.	–	–	–	–	–	–	–	–	–	–	–	●	–	–	–	15	56^{DE}	nL^{DE}
Closantel (VA)	10,0	p. o.	–	–	–	●	–	–	–	–	–	–	–	●	–	–	–	6	28^{DE}	nL^{DE}
Closantel (VA) + Ivermectin (ML)	20,0 + 0,5	Pour-on	●	●	●	●	●	●	●	●	–	●	●	●	–	●	●	> 4	58^{DE}	nL^{DE}
Clorsulon (VA) + Ivermectin (ML)	2,0 + 0,2	s. c.	●	●	●	●	●	●	●	●	–	●	●	●	–	●	●	> 4	66^{DE}	nL^{DE}
Oxyclozanid (VA)	10,0	p. o.	–	–	–	–	–	–	–	–	●	–	–	●	–	–	–	4	13^{DE}	$4,5^{DE}$

[1] BZ: Benzimidazole; ML: makrozyklische Lactone; ISO: Isochinoline; IT: Imidazothiazole; PBZ: Pro-Benzimidazole; VA: verschiedene andere Wirkstoffgruppen; Zulassung in mindestens einem der folgenden Länder: AT, CH oder DE

[2] Auswahl von **Richtdosierungen**; weitere Informationen s. Beipackzettel oder Datenbanken (S. 602)

[3] Wirksamkeit (Intenseffekt bzgl. adulter Stadien) – ●: gut bis hochwirksam; ◐: teilwirksam oder nur in erhöhter Dosis oder bei mehrmaliger Applikation wirksam; –: unzureichende Wirkung; leere Felder: nicht dokumentiert oder Medikament in der betreffenden Indikation nicht empfohlen

[4] SI: Sicherheitsindex; AV: allgemeine Verträglichkeit; +: gute Allgemeinverträglichkeit

[5] Gewebe: essbares Gewebe; nL: nicht bei Tieren in Laktation anwenden, deren Milch als Lebensmittel für Menschen bestimmt ist; bei einigen ML Anwendung nur bis 60 Tage vor dem Abkalben erlaubt; Wartezeiten können je nach Land und Handelspräparat variieren, daher aktuellen Stand beachten [Beipackzettel, Datenbanken (S. 602)]

tober–Dezember). Die Zahl der zu behandelnden Tiere lässt sich reduzieren, wenn innerhalb eines Betriebes Tiergruppen identifiziert werden, die keine Infektionsmöglichkeit hatten (z. B. durch Beweiden von Flächen ohne *G. truncatula*-Besatz). Falls erforderlich (koproskopische Kontrolle!), 2. Behandlung im März. Bei Verwendung eines Fasciolizids, das auch juvenile *Fasciola*-Stadien erfasst, genügt meist 1 Behandlung. In Problembeständen Durchführung des Programms zunächst für 2–3 Jahre, dann Prüfung, ob eine strategische Behandlung in jedem 2. Jahr ausreichend wäre. Dabei sind zur Überprüfung des Behandlungserfolges und zum Ausschluss von Anthelminthika-Resistenzen diagnostische Kontrollen (Koproskopie, evtl. zusätzlich serologisches Monitoring) erforderlich.

Fasciolizide: Einsatz von Mitteln (▸ **Tab. 23.2**) mit hoher Wirksamkeit gegen adulte und möglichst auch juvenile Stadien (Triclabendazol ab der 2. Woche p. i., Closantel etwa ab der 6. Woche p. i. wirksam). Albendazol und Netobimin haben nur in erhöhter Dosis (10 bzw. 20 mg/kg KG p. o.) eine Teilwirkung auf adulte *Fasciola* und erfüllen somit die Anforderungen nur unzureichend. Beim Einsatz hochwirksamer Mittel kann die 1. Behandlung kurz nach der Aufstallung erfolgen, bei Verwendung nur adultizid wirkender Mittel erst etwa 8 Wochen später.

Problematisch ist die **Behandlung laktierender Kühe**, deren Milch als Lebensmittel für Menschen bestimmt ist. In dieser Indikation zugelassen sind Albendazol (Wartezeit 5 d für Milch) und Oxyclozanid (Wartezeit 4,5 d für Milch), die aber weniger wirksam sind als Triclabendazol (s. o.). Letztere Substanz in Kombination mit Levamisol darf in der Schweiz nur mit einer kaum praktikablen Wartezeit für Milch von 12 Tagen eingesetzt werden, ist aber in Deutschland und Österreich für laktierende Kühe während der Laktation nicht zugelassen. Eine Alternative ist die Behandlung von Kühen während der Trockenstehperiode, wobei spezielle Anwendungsvorschriften zu beachten sind (Nachteil: Kühe des Bestandes können nicht alle gleichzeitig behandelt werden).

Trichostrongylidose

Bekämpfungsmaßnahmen gegen die bei allen Weiderindern vorkommenden Trichostrongyliden (S. 287) (v. a. *Ostertagia*- und *Cooperia*-Arten) sind in der Regel nur bei Jungtieren in ihrer 1. Weideperiode erforderlich; ab der 2. Weideperiode sind ältere Rinder im Allgemeinen vor klinischen Erkrankungen durch die erworbene Immunität ausreichend geschützt. Die Maßnahmen haben zum Ziel, Infektionen zu vermeiden, die aufgrund der epidemiologischen Bedingungen in der 2. Hälfte der Weideperiode zur „Hauptinfektionszeit" am stärksten auftreten und zu Erkrankungen und erheblichen Leistungsminderungen führen können. Zur Bekämpfung gibt es mehrere Optionen:

(a) Weidemanagement und Haltungssysteme Maßnahmen des Weidemanagements werden gewöhnlich komplementär zu anderen Bekämpfungsverfahren eingesetzt; als alleinige Verfahren reichen sie zur Kontrolle der Trichostrongylidose bei hohem Infektionsrisiko in der **intensiven Weidewirtschaft** meist nicht aus. Zu diesen Maßnahmen gehören u. a.: Vermeidung des Überbesatzes von Weiden, später Weideaustrieb der Kälber (Mitte Mai/Anfang Juni) und Weidebeifutter, Vornutzung der Weideflächen in den ersten Wochen der Weidesaison zur Heu- oder Silagegewinnung oder Beweidung durch Pferde oder Schafe sowie Rotationsweide mit Wechsel der Rinder auf eine bisher nicht beweidete „saubere" Fläche in Intervallen von 3 Wochen (sehr aufwendig!). In **Bio-Betrieben** mit niedrigem oder moderatem Infektionsrisiko kann durch eine extensive Weidenutzung (max. 2 Großvieheinheiten/ha), durch Weidemanagement und besondere Haltungsformen (s. u.) eine ausreichende Kontrolle der Trichostrongylidose auch ohne planmäßigen Einsatz von Anthelminthika erreicht werden.

(b) Langzeitmedikation durch Bolus-Eingabe oder injizierbare Depotanthelminthika Jungrinder (ab 100 kg KG) erhalten zu Beginn ihrer 1. Weideperiode einen **Bolus** (▸ **Tab. 23.3**) (**Frühapplikation**), der über längere Zeit im Pansen Wirkstoff freisetzt, so die Wurmbürde 3–5 Monate kontrolliert und die Eiausscheidung auf einem niedrigen Niveau hält. Daher bleibt auch die Kontamination der Pflanzen mit infektiösen Larven gering, ein stärkeres Infektionspotenzial kann sich in der 2. Hälfte der Weideperiode nicht aufbauen. Bei gemischtem Weiden mit Rindern der 2. Weideperiode kann es sinnvoll sein, diese Tiere ebenfalls mit einem Bolus zu versehen, um die Eiausscheidung auf einem möglichst niedrigen Niveau zu halten. Eine **Spätapplikation** des Bolus Anfang Juni/Juli ist besonders für die Alpweidewirtschaft geeignet, bei der die Tiere zur Sömmerung auf höher gelegene Alpweiden (Almweiden) verbracht werden.

Alternativ zur Boluseingabe kann auch das makrozyklische Lacton Moxidectin als **subkutanes Depot** (▸ **Tab. 23.3**) distal des Ohrknorpels injiziert werden. Die Dauer der Depot-Schutzwirkung variiert in Abhängigkeit von der Parasitenart und beträgt für *Ostertagia ostertagi* und *Dictyocaulus viviparus* 4 Monate, für *Haemonchus placei* und *Trichostrongylus axei* 3 Monate, für *Oesophagostomum radiatum* 5 Monate.

Bei allen Formen der Langzeitmedikation wird in der Regel eine wirksame Kontrolle während der ganzen Weidesaison erreicht. Zu bedenken ist, dass Depotanthelminthika die Resistenzentwicklung gegen die verwendete Wirkstoffgruppe begünstigen könnten. Daher sollte beim Einsatz dieser Präparate ein begleitendes Resistenzmonitoring (S. 586) erfolgen.

Zum Abschluss der 1. Weideperiode kann in Problembeständen eine anthelminthische Behandlung der Weidegruppe angezeigt sein (sog. **Aufstallungsbehandlung**).

▶ **Tab. 23.3** Intraruminale Boli und subkutane Depotanthelminthika zur Parasitenbekämpfung beim Rind [weitere Angaben zu Handelspräparaten s. Datenbanken (S. 602)].

Wirkstoff, Wirkstoffgehalt (Handelsname) Struktur	Art der Wirkstoffabgabe (WA), Dosis (D), Wirkungsdauer (WD)	Wirkungsspektrum[1]	Wartezeit (Tage)[2]
Levamisol (18,8 g) (Chronomintic® Bolus) Wirkstoffmatrix mit gehärteter Deckschicht	WA: Diffusion D: 2,0 g in 24 h nach Eingabe, dann ~ 220 mg/d WD: 90 d	MDS, *Dictyocaulus*	E: 140[CH] M: nL
Fenbendazol (12 g) (Panacur® SR Bolus) 10 Fenbendazol-Tabletten in korrodierbarer Magnesiumhülle	WA: Korrosion, kontinuierlich D: 0,2–0,4 mg/kg KG WD: 120–140 d	MDS, *Dictyocaulus*	E: 200 M: nL
Oxfendazol (7,5 g) (Systamex® Intervall-Bolus forte) Metallteil in Verbindung mit korrodierbarem Stab, auf dem 6 Behälter mit je 1 Wirkstofftablette aufgereiht sind	WA: Korrosion, in Intervallen von ~23 d D: je Freisetzung 1250 mg WD: 150 d	MDS, *Dictyocaulus, Moniezia*	E: 180 M: nL
Moxidectin (1 mg/kg KG) (Cydectin® 10 % LA) Injektion eines subkutanen Depots distal des Ohrknorpels	WA: Resorption, kontinuierlich D: 1 mg/kg KG WD: 90–150 d (je nach Parasitenart)	MDS, *Dictyocaulus*	E: 108 M: nL

[1] MDS: Magen-Darm-Strongyliden
[2] E: essbares Gewebe; M: Milch; nL: nicht bei laktierenden Kühen anwenden, deren Milch als Lebensmittel für Menschen bestimmt ist; die vom Hersteller in Wochen oder Monaten angegebenen Wartezeiten wurden in Tage umgerechnet

Diese sollte mit einem Antiparasitikum durchgeführt werden, das auch gegen hypobiotische Stadien von *O. ostertagi* (und ggf. *D. viviparus*) wirksam ist (▶ **Tab. 23.2**). Bei Verwendung makrozyklischer Lactone zur Aufstallungsbehandlung werden außer Nematoden auch verschiedene Arthropoden erfasst [Räudemilben (S. 453), Läuse (S. 473), Wanderlarven von *Hypoderma* (S. 516)].

(c) Strategische Behandlungen bei oder nach Weideaustrieb Wie die Langzeitmedikation bezwecken solche Behandlungen eine Reduktion der Wurmbürde und der Eiausscheidung in der 1. Hälfte der Weideperiode, um starke Infektionen in der 2. Hälfte der Weideperiode zu verhindern. Das strategische Vorgehen kann dabei die Behandlung der ganzen Herde oder eine selektive Behandlung einzelner Tiere umfassen.

1) Gezielte Herdenbehandlung – Targeted Treatment

Bei der gezielten Behandlung der ganzen Herde können entweder Kenntnisse über spezifische Risiken oder bestimmte Parameter (z. B. Eizahl pro Gramm Kot) als Behandlungsindikatoren dienen. Bei erstgenanntem Aspekt stellen beispielsweise das Haltungssystem (intensive Weidewirtschaft) in Kombination mit dem Weidemanagement (keine oder nur begrenzte Flächen für Weiderotation verfügbar) und der Betriebsorganisation (Weideflächen wurden im Vorjahr ebenfalls beweidet) Indikatoren für ein hohes Risiko starker Infektionen in der 2. Hälfte der Weideperiode dar. Um diese zu minimieren, gibt es verschiedene Möglichkeiten:

Einsatz makrozyklischer Lactone (ML): Bestimmte ML wirken nicht nur gegen die im Verdauungstrakt (oder in der Lunge) etablierten larvalen und adulten Stadien verschiedener Nematoden, sondern verhindern aufgrund ihrer langen Persistenz im Tierkörper von etwa 2–4(5) Wochen auch die Ansiedlung von Larven aus neuen Infektionen (Residualwirkung = persistierende Wirkung), allerdings je nach Nematodenart in etwas unterschiedlichem Grad. Nach Abklingen der Residualwirkung und erneuter Infektion vergehen weitere 2–4 Wochen bis zur erneuten Eiausscheidung (Präpatenz). Dadurch ergeben sich lange Behandlungsintervalle. Durch je eine Behandlung mit einem lang wirkenden ML (z. B. Doramectin, Moxidectin) bei Weideaustrieb und 6 oder 8 Wochen später (0–6-System oder 0–8-System) lässt sich wie bei der Langzeitmedikation (s. o.) im Allgemeinen eine wirksame Kontrolle während der ganzen Weidesaison erzielen. Unter den Bedingungen der **Alpweidewirtschaft** stellt die Behandlung der Jungtiere mit einem ML bei Auf- und Abtrieb eine wirksame Bekämpfungsmaßnahme dar.

Einsatz kurz wirkender Anthelminthika: Bei Verwendung kurz wirksamer Wirkstoffe (Benzimidazole, Levamisol) sind Behandlungen in kürzeren Intervallen, z. B. 3, 6 und 9 Wochen nach Weideaustrieb, erforderlich, wobei Frequenz und Intervalle der einzelnen Behandlungen auf diagnostischen Kontrolluntersuchungen basieren sollten.

Unabhängig von der eingesetzten Wirkstoffklasse sollte in Problembeständen bei Erstsömmrigen und notfalls auch bei älteren Tieren zusätzlich eine Aufstallungsbehandlung (S. 607) durchgeführt werden. Werden in solche Behandlungen tragende oder laktierende Rinder einbezogen, sind entsprechende Anwendungsvorschriften und Wartezeiten zu beachten.

Bei der parameterbasierenden gezielten Herdenbehandlung dienen bei Jungrindern Parameter wie z. B. der durchschnittliche Pepsinogenwert im Serum oder die durchschnittliche Eizahl pro Gramm Kot 4–8 Wochen nach Weideaustrieb als Behandlungsindikatoren. Bei Milchkühen kann beispielsweise der Nachweis von Anti-*Ostertagia ostertagi*-Antikörpern in der Tankmilch eine Abschätzung der Belastungsintensität und damit der Behandlungswürdigkeit erlauben.

2) Strategische Behandlung mit Weidewechsel (Weybridge-System) Die Behandlung der Jungrinder Mitte Juli und der Umtrieb 1–2 Tage danach auf eine „saubere" (im gleichen Jahr von Rindern noch nicht beweidete) Fläche haben sich als ein erfolgreiches Verfahren erwiesen. Es dürfte jedoch die Entwicklung von Anthelminthika-Resistenzen begünstigen. Wenn diese auch bei den Trichostrongyliden der Rinder in Europa noch keine weite Verbreitung erfahren haben, so bestehen gegen das Verfahren dennoch Vorbehalte, sodass es durch die anderen aufgeführten Bekämpfungsoptionen ersetzt werden sollte.

3) Gezielte selektive Behandlung – Targeted Selective Treatment Im Zuge der zunehmenden Anthelminthika-Resistenz bei (Tricho-)Strongyliden der Schafe und Pferde wurde die selektive Behandlung als eine Maßnahme entwickelt, welche die Resistenzproblematik begrenzen und damit eine nachhaltige Anwendbarkeit von Anthelminthika sichern soll. Im Gegensatz zur gezielten Herdenbehandlung betrifft eine selektive Behandlung nur solche Tiere, die hauptsächlich für die Weidekontamination verantwortlich sind und/oder am stärksten unter den Folgen der Infektion leiden. Die unbehandelten Tiere sowie die Parasitenstadien in der Umwelt bilden das sog. Refugium, welches dem anthelminthischen Wirkstoff nicht ausgesetzt ist und somit keiner Resistenzselektion unterliegt. Als Indikatoren für eine selektive Behandlung einzelner Tiere der Herde werden einzelne oder Kombinationen bestimmter Parameter herangezogen, bei Jungrinden beispielsweise die Gewichtsentwicklung oder eine Kombination aus dem Ernährungszustand (Body Condition Score) und der Eizahl pro Gramm Kot. Erste Untersuchungen haben gezeigt, dass mittels selektiver Behandlung die Produktivität von Fleisch- oder Milchkälbern bei einem grundsätzlich geringen Einsatz von Anthelminthika gegenüber der gezielten Herdenbehandlung erhalten werden kann, jedoch die Gefahr klinisch manifester Lungenwurmerkrankungen besteht. Derzeit werden verschiedene Ansätze bzw. Parameter der selektiven Behandlung evaluiert, um dieses Bekämpfungskonzept zu verbessern. Insgesamt erfordert die gezielte selektive Behandlung im Vergleich zur gezielten Herdenbehandlung einen höheren Arbeitsaufwand und höhere Kosten für diagnostische Maßnahmen, aber geringere Kosten für Anthelminthika.

(d) Bekämpfung bei bestimmten Haltungsformen Bei Mutter- und Ammenkuhhaltung nehmen die Kälber wegen der langen Säugeperiode erst relativ spät und nur allmählich Gras auf. Hingegen verzehren die Kühe große Grasmengen und damit auch infektiöse Larven von Trichostrongyliden („Staubsaugereffekt"). Dadurch ist das Infektionsrisiko für Kälber geringer als auf Jungtierweiden. Einen ähnlichen Effekt können das gemeinsame Weiden von Fleischrindern der 2. und der 1. Weideperiode oder die Weidebeifütterung nach dem Austrieb haben.

(e) Integriertes Bekämpfungsmanagement Hierbei werden je nach Situation verschiedene Maßnahmen kombiniert, die sich gegen eine oder mehrere Gruppen von Parasiten richten können (z. B. Trichostrongyliden und Lungenwürmer), um den Einsatz von Antiparasitika möglichst gering zu halten (z. B. Kombination aus Weidemanagement, Vakzination und strategischer Behandlung).

Dictyocaulose

Wie bei der Trichostrongylidose treten auch bei der Dictyocaulose (S. 305) die stärksten Infektionen in der 2. Hälfte der Weideperiode auf. Zu Krankheitsausbrüchen kommt es am häufigsten von Juli bis September, z. T. aber auch erst sehr spät gegen Ende der Weideperiode. Wegen der hohen Pathogenität der Lungenwürmer können auch Weidekontaminationen mit geringen Larvenzahlen gegen Ende der Weideperiode zu schwerwiegenden Erkrankungen führen. Zu beachten ist, dass nicht nur Jungrinder in ihrer 1. Weideperiode an Dictyocaulose erkranken können, sondern auch ältere Rinder, wenn sie zuvor keiner Lungenwurminfektion ausgesetzt waren (z. B. Kühe, die aus lungenwurmfreien Beständen in Endemiegebiete verbracht werden) oder ihre Immunität infolge fehlender Boosterinfektionen verloren haben. Zur planmäßigen Bekämpfung bestehen folgende Möglichkeiten:

Weidemanagement und Haltungssysteme Der Erreger der Dictyocaulose, *D. viviparus*, kann durch Lungenwurmträger in nicht infizierte Bestände oder Weidegruppen eingeschleppt werden und verlustreiche Krankheitsausbrüche verursachen. Dies ist sowohl beim Zukauf von Rindern als auch bei der Zusammenführung von Tieren aus verschiedenen Beständen auf Gemeinschaftsweiden zu beachten. Aus möglicherweise infizierten Beständen zugekaufte Rinder sollten in Quarantänestallungen vorsorglich anthelminthisch behandelt werden (▸ **Tab. 23.2**).

Perorale Vakzination (Schluckimpfung) Kälber ab einem Mindestalter von 2 Monaten werden 6 Wochen vor ihrer 1. Weideperiode und 4 Wochen später oral immunisiert. Dabei müssen alle empfänglichen Tiere einer Weidegruppe vakziniert werden. Ältere Rinder sollten in das Programm einbezogen werden, wenn sie vor ihrer

1. Weideperiode nicht vakziniert wurden oder in Bestände überführt werden, in denen ein Infektionsrisiko besteht (s. o.). Um die Immunität nachhaltig aufrechtzuerhalten, sind zumindest jährliche natürliche Boosterinfektionen oder Auffrischungsimpfungen notwendig. Das Verfahren hat sich in Endemiegebieten sehr gut bewährt, der Impfstoff (Bovilis® Dictol oder Bovilis® Lungworm) ist allerdings nur in wenigen Ländern verfügbar.

Langzeitmedikation und strategische Behandlungen bei oder nach Weideaustrieb Die bei der Trichostrongylidose aufgeführten Behandlungsmaßnahmen (S. 607) richten sich prinzipiell auch gegen die Dictyocaulose. Da Lungenwurmerkrankungen jedoch auch am Ende der Weideperiode auftreten, können in Problembeständen entsprechend adaptierte oder auch zusätzliche Maßnahmen erforderlich sein: So wird durch Spätapplikation des Bolus oder Depotanthelminthikums (▶ **Tab. 23.3**) die Infektion in der 2. Hälfte der Weideperiode besser kontrolliert als bei Frühapplikation. Bei der risikobasierten gezielten Herdenbehandlung [*Targeted Treatment* (S. 608)] kann dies durch eine zusätzliche Behandlung im Herbst erreicht werden. Zu beachten ist, dass die gezielte selektive Behandlung [*Targeted Selective Treatment* (S. 609)] Lungenwürmer nicht ausreichend kontrolliert und damit die Gefahr klinisch manifester Erkrankungen besteht.

Wird am Ende der Weideperiode eine Aufstallungsbehandlung durchgeführt, sollte ein Antiparasitikum eingesetzt werden, das auch gegen hypobiotische Stadien von *D. viviparus* wirksam ist (▶ **Tab. 23.2**).

Befall mit Schildzecken

In Mitteleuropa ist bei **Weiderindern** eine Bekämpfung des Zeckenbefalls meist nicht erforderlich, doch kann in einigen Betrieben bei starkem Befall mit *Ixodes ricinus* der Einsatz von Acariziden indiziert sein (Pour-on-Behandlung mit Flumethrin bei Weideaustrieb mit mehrmaliger Wiederholung in Intervallen von 2–3 Wochen).

Räude

Beim Rind kommen verschiedene Räudeformen vor: *Sarcoptes-*, *Psoroptes-* und *Chorioptes*-Räude. Zur strategischen Bekämpfung ist eine Aufstallungsbehandlung im Herbst ein geeigneter Zeitpunkt. Generell sollte nicht nur eine therapeutische Intervention, sondern eine Tilgung der Räude im Bestand angestrebt werden, die bei planmäßigem und konsequentem Einsatz makrozyklischer Lactone (ML) heute möglich ist.

***Sarcoptes-* und *Psoroptes*-Räude** Injektionsbehandlung mit ML, z. B. mit Doramectin (i. m.), Ivermectin (s. c.) oder Moxidectin (s. c.) (▶ **Tab. 23.4**). Die behandelten Tiere sind zwischen 1 und 7 Wochen vor Neubefall geschützt. Mit der Behandlung erfasst man auch Magen-Darm-Nematoden und Lungenwürmer sowie Läuse. Die Pour-on-Formulierungen der ML sind bei diesen Räudeformen weniger wirksam. Gut wirksam gegen *Psoroptes*-Räude ist aber Flumethrin bei Pour-on-Applikation (▶ **Tab. 23.4**) 2 × im Abstand von 10 Tagen.

***Chorioptes*-Räude** Diese als „Schwanzräude" bekannte Form verursacht recht häufig in Milchviehherden erhebliche Probleme. Mittel der Wahl zur Bekämpfung sind Wirkstoffe, bei denen keine Wartezeiten für Milch vorgeschrieben sind, z. B. Moxidectin oder Eprinomectin bei Pour-on-Applikation (▶ **Tab. 23.4**).

Reinigung und Desinfektion Stallungen und Fahrzeuge, in denen sich Tiere mit Räudebefall aufgehalten haben, sowie Stallgeräte (auch Putzzeug) sind mit Heißwasser (Dampfstrahlreiniger) und durch Versprühen eines Acarizids zu desinfizieren.

Befall mit Haarlingen und Läusen

Haarlinge (S. 469) und Läuse (S. 473) kommen bei Rindern häufig vor, oft in Mischinfektionen. Die höchsten Befallsstärken sind im Winter und zeitigen Frühjahr zu verzeichnen. Bekämpfungsmaßnahmen sind wegen der Schadwirkung der Parasiten und der Belästigung der Rinder indiziert.

Einfach durchzuführen und hochwirksam gegen Haarlinge und Läuse ist die Behandlung mit Pour-on-Formulierungen von Pyrethroiden oder makrozyklischen Lactonen (ML, ▶ **Tab. 23.4**). Die lange Residualwirkung der ML erfasst bereits nach einmaliger Behandlung die aus Eiern (Nissen) evtl. hervorgehenden Larvalstadien der Parasiten und verhindert während einiger Wochen die Wiederansiedlung der Parasiten auf behandelten Tieren. Bei massivem Befall kann eine Wiederholungsbehandlung nach 7–10 Tagen indiziert sein. In die Behandlungen sind alle Rinder des Bestandes einzubeziehen. Für laktierende Kühe stehen Mittel zur Verfügung (Eprinomectin, Moxidectin), für die bei Pour-on-Applikation keine Wartezeiten für Milch vorgeschrieben sind (Ausnahme für Moxidectin in AT 6 d) (▶ **Tab. 23.2**). Bei Verwendung von ML in Pour-on-Applikation zur Aufstallungsbehandlung (S. 607) gegen Nematoden im Herbst werden auch Haarlinge und Läuse erfasst. Injizierbare makrozyklische Lactone sind gegen Läuse wirksam, aber nicht ausreichend gegen Haarlinge.

Fliegen bei Weiderindern

Zu Beginn der Weidesaison eingeleitete, möglichst alle benachbarten Weidegruppen umfassende Maßnahmen sollen den Aufbau starker Fliegenpopulationen erschweren. In der Praxis werden solche Maßnahmen meist nur durchgeführt, wenn sich der Fliegenbefall (S. 501) zu einer erheblichen und immer wiederkehrenden Plage

▶ **Tab. 23.4** Ektozide (Auswahl) für Rinder (R), Schafe (S) und Ziegen (Z) [weitere Angaben zu Handelspräparaten s. Datenbanken (S. 602)].

Wirkstoff (Wirkstoffgruppe)[1]	Dosis und Applikation[2]	Wirkungsspektrum der Medikamente[3]											Wartezeiten[4] (Tage)	
													exemplarische Angaben für DE oder CH	
		Schildzecken	*Psoroptes*	*Chorioptes*	*Sarcoptes*	Haarlinge	Läuse	*Oestrus*-Larven (S)	*Hypoderma*-Larven (R)	Lausfliegen (S)	Fliegenmaden (S)	Weidefliegen	Gewebe	Milch
Cyfluthrin (PY)^{R}	0,2 mg/kg KG, Pour-on											●	0^{DE}	0^{DE}
Cypermethrin (PY)^{R}	Ohrclip											●	0^{DE}	0^{DE}
Deltamethrin (PY)^{R,S}	R, S: 0,75 mg/kg KG, Pour-on	●				●	●			●	●	●	17–18R^{DE} 1–35S^{DE}	0R^{DE} 0–1S^{DE}
Flumethrin (PY)^{R}	2,0 mg/kg KG, Pour-on	●	●	◐	●	●	●						5^{DE}	8^{DE}
Permethrin (PY)^{R}	Ohrclip											●	0^{DE}	0^{DE}
Phoxim (OP)^{S}	Besprühen/Bad (s. Beipackzettel)	●	●	●	●	●	●			●	●	●	42^{DE}	nL^{DE}
Closantel (VA)^{S}	10 mg/kg, p. o.							●					42^{DE}	nL^{DE}
Doramectin (ML)^{R,S}	R: 0,5 mg/kg KG, Pour-on		◐	●	◐	●	●		●			●[5]	35^{DE}	nL^{DE}
	R, S: 0,2 mg/kg KG, i. m.[6]		●	◐	●	◐	●	●	●				70^{DE}	nL^{DE}
Eprinomectin (ML)^{R}	0,5 mg/kg KG, Pour-on		◐	●	◐	●	●		●			●[5]	15^{DE}	0^{DE}
	0,2 mg/kg KG, s. c.				●		●		●			●[5]	63^{DE}	0^{DE}
Ivermectin (ML)^{R,S}	R: 0,5 mg/kg KG, Pour-on		◐	●	◐	●	●		●			●[5]	15–28^{DE}	nL^{DE}
	R, S: 0,2 mg/kg KG, s. c.		●	◐	●	◐	●	●	●				49 R, 42S^{DE}	nL^{DE}
Moxidectin (ML)^{R}	0,5 mg/kg KG, Pour-on		◐	●	◐	●	●		●			●[6]	14^{DE}	0^{DE}
	0,2 mg/kg KG, s. c.		●	◐	●	◐	●		●			●[6]	65^{DE}	nL^{DE}

1 ML: makrozyklische Lactone; OP: Organophosphate; PY: Pyrethroide; VA: verschiedene andere Wirkstoffe; Zulassung in mindestens einem der folgenden Länder: AT, CH oder DE
2 Auswahl von **Richtdosierungen**; weitere Informationen s. Beipackzettel der Präparate oder Datenbanken (S. 602)
3 Wirksamkeit (Intenseffekt), ●: gut bis hochwirksam; ◐: teilwirksam, nur in erhöhter Dosis oder bei mehrmaliger Applikation wirksam; leere Felder: nicht dokumentiert oder Medikament in der betreffenden Indikation nicht empfohlen; Wirksamkeiten sind teilweise nur für Rind oder Schaf evaluiert, daher aktuellen Stand beachten (Beipackzettel, Datenbanken)
4 Gewebe: essbares Gewebe; nL: nicht bei laktierenden Tieren anwenden, deren Milch als Nahrungsmittel für Menschen bestimmt ist; bei einigen ML Anwendung nur 60–70 Tage vor dem Abkalben/Ablammen erlaubt; Wartezeiten können je nach Land und Handelspräparat variieren, daher aktuellen Stand beachten [Beipackzettel, Datenbanken (S. 602)]
5 wirksam gegen *Haematobia irritans* (S. 502)
6 in CH beim Schaf zur Bekämpfung der Psoroptes-Räude 0,3 mg/kg KG

entwickelt hat. Untersuchungen aus Deutschland weisen auf das Vorkommen von Insektizid-resistenten Fliegenpopulationen (*Musca domestica* bzw. *Stomoxys calcitrans*) hin.

Insektizid-haltige Ohrmarken (Ohrclips) Alle Tiere einer Weidegruppe (Jungtiere, Kühe) werden zu Beginn der Weidesaison mit Insektizid-Ohrclips ausgestattet (▶ **Tab. 23.4**). Pyrethroid-haltige Ohrclips haben repellierende und insektizide Effekte. Die Wirkung hält bis einige Wochen an, ist jedoch häufig variabel. Wartezeiten für Fleisch oder Milch sind für Insektizid-Ohrmarken nicht vorgeschrieben.

Aufgussverfahren (Pour-on-Verfahren) Pour-on-Formulierungen von Pyrethroiden (▶ **Tab. 23.4**) haben repellierende Wirkung. Da diese nur 1–2 Monate anhält, sind oft mehrere Behandlungen während der Weidesaison erforderlich. Nach Pour-on-Applikation makrozyklischer Lactone (nicht repellierend) wird die Entwicklung der Larven von *Musca autumnalis* und *Haematobia irritans* im Rinderkot durch die ausgeschiedenen Wirkstoffe 1–6 Wochen lang beeinträchtigt.

Hypodermose

Durch eine systemische Behandlung der Rinder im Herbst mit makrozyklischen Lactonen (▶ **Tab. 23.4**) wird angestrebt, die Dassellarven zu einem Zeitpunkt zu erfassen, an dem noch kein Hautschaden entstanden ist und bevor sich die Larven im Wirbelkanal befinden (vorbeugende Herbstbehandlung zwischen Ende September [CH: 15. Oktober] und Ende November). Eine weitere Behandlung im Frühjahr ist nur angezeigt, wenn Dasselbeulen auftreten. Bei geringem Befall kann es ausreichend sein, die herangewachsenen Dassellarven im Frühjahr aus den Beulen auszupressen und zu vernichten.

Cave

Bei Behandlungen von Rindern mit systemisch wirkenden Insektiziden (▶ Tab. 23.4) von Anfang Dezember bis Mitte März besteht das Risiko, dass Dassellarven, die sich in dieser Zeit im Wirbelkanal befinden können, abgetötet werden und es dadurch zu Schädigungen des Rückenmarks mit Lähmungen und Festliegen kommt.

Durch behördliche Bekämpfungsprogramme wurde die Hypodermose in den deutschsprachigen und vielen anderen europäischen Ländern getilgt oder auf ein fokales Vorkommen reduziert. Wichtig sind daher Maßnahmen zur Verhinderung der Wiedereinschleppung der Hypodermose in freie oder sanierte Gebiete (Möglichkeiten: serologische Untersuchung, Kontrolle des Tierverkehrs und, wenn nötig, vorbeugende Behandlung von Export- und Importtieren).

23.2.3 Planmäßige Bekämpfung wichtiger Parasitosen von Schaf und Ziege

Fasciolose

Die Bekämpfung der Fasciolose (S. 172) von Schaf und Ziege erfolgt mit den gleichen Verfahren wie beim Rind (S. 604). Da Schafe für *F. hepatica* empfänglicher sind als Rinder, können in Problembeständen subakute oder sogar akute Formen der Fasciolose bereits im Spätsommer auftreten. Durch eine Frühbehandlung zwischen Anfang August bis Mitte September mit einem Fasciolizid, das auch juvenile *Fasciola*-Stadien erfasst (▶ **Tab. 23.5**), können solche Fälle vermieden werden. Während der Stallhaltungszeit sind Schafe nach dem gleichen Plan zu behandeln wie Rinder.

Monieziose

Mit *Moniezia expansa* (S. 212) infizieren sich Weideschafe am stärksten in den ersten Monaten der Weideperiode (April–Juni) durch Aufnahme infizierter Zwischenwirte (Moosmilben). Schadwirkungen betreffen vor allem Lämmer in ihrer 1. Weideperiode. Zu berücksichtigen sind evtl. Koinfektionen mit *Eimeria*-Arten oder Trichostrongyliden.

Behandlung der Lämmer Ende Juni/Anfang Juli mit Praziquantel, Oxyclozanid oder einem gegen *Moniezia* wirksamen Benzimidazol (▶ **Tab. 23.5**) (einige Benzimidazole wirken gegen *Moniezia* nur in erhöhter Dosierung). Beim Einsatz von Benzimidazolen werden auch Magen-Darm-Nematoden erfasst, bei Oxyclozanid auch Leberegel. Später während der Weideperiode geborene Lämmer zu Beginn des 3. Lebensmonats behandeln. Wirksame Methoden der Prophylaxe sind nicht bekannt.

Magen-Darm-Strongyliden (MDS)

Beim MDS-Befall der Schafe und Ziegen handelt es sich gewöhnlich um Mischinfektionen mit verschiedenen Trichostrongylidenarten (S. 288), z. T. auch mit anderen Strongyliden (*Bunostomum, Oesophagostomum, Chabertia*). Je nach Region können bestimmte Arten epidemiologisch und pathogenetisch eine dominante Rolle spielen (*Teladorsagia circumcincta* und *Cooperia*-Arten bei Schafen in höher gelegenen Berggebieten, *H. contortus* und *Trichostrongylus*-Arten oder *Nematodirus battus* in Niederungs- und Hügelzonen und zunehmend auch Voralpen). Wie bei den Trichostrongyliden des Rindes besteht das größte Infektionsrisiko in der 2. Hälfte der Weideperiode (Ausnahme *N. battus*). Als Besonderheiten sind hervorzuheben, dass *H. contortus* vorwiegend in Form hypobiotischer Stadien im Wirt überwintert und bei *N. battus* das größte Infektionsrisiko im Frühjahr besteht. Zu berücksichtigen ist, dass auch in Europa bei Trichostrongyliden der Kleinwiederkäuer **Anthelminthika-Resistenzen** (S. 586) vorkommen, vor allem gegen Benzimidazole, z. T. auch gegen Levamisol und makrozyklische Lactone.

▸ **Tab. 23.5** Anthelminthika (Auswahl) für Schaf (S) und Ziege (Z) [Auswahl von Handelspräparaten s. Datenbanken (S. 602)].

Wirkstoff (Wirkstoffgruppe)[1]	Dosis: mg/kg KG[2]	Applikation	Wirkungsspektrum der Medikamente[3]															SI oder AV[4]	Wartezeiten (Tage)[5]	
			Labmagen			Dünndarm						Dickdarm			Leber		Lunge			exemplarische Angaben für DE, CH oder AT	
			Haemonchus	*Teladorsagia/Osteragia*	*Trichostrongylus*	*Trichostrongylus*	*Cooperia*	*Nematodirus*	*Bunostomum*	*Strongyloides*	*Moniezia*	*Oesophagostomum*	*Chabertia*	*Trichuris*	*Fasciola*	*Dicrocoelium*	*Dictyocaulus*	Protostrongyliden		Gewebe	Milch
Albendazol (BZ)$^{S, Z}$	3,8–7,5	p. o.	●	●	●	●	●	●	●	●	●	●	●		◐	◐	●	◐[6]	5–10	10–14^{DE}	5^{DE}
Fenbendazol (BZ)$^{S, Z}$	5,0	p. o.	●	●	●	●	●	●	●	●	◐	●	●	◐	–	◐	●	◐	> 50- 0	10–21^{DE}	7^{DE}
Netobimin (BZ)^{S}	7,5	p. o.	●	●	●	●	●	●	●		◐	●	●	◐	◐	◐	●		4–10	5^{CH} 10^{AT}	5^{CH} 4^{AT}
Oxfendazol (BZ)^{S}	5,0	p. o.	●	●	●	●	●	●	●	◐	●	●	●	◐			●		20	14^{DE}	nL^{DE}
Monepantel(AC)^{S}	2,5	p. o.	●	●	●	●	●	●				●	●						> 33	7^{CH}	nL^{CH}
Levamisol (IT)^{S}	8,0–9,5	s. c., i. m.	●	●	●	●	●	●	●	●	–	●	●		–	–	●	◐	2	8–14^{DE}	nL^{DE}
Levamisol (IT)^{S}	7,5	p. o.	●	●	●	●	●	●	●	●	–	●	●		–	–	●	◐	6–8	21DE, 28^{CH}	nL^{DE}, 7^{CH}
Doramectin (ML)^{S}	0,2	i. m.	●	●	●	●	●	●	●	●	–	●	●	●	–	–	●	◐	+	70^{DE}	nL^{DE}
Eprinomectin (ML)^{Z}	1,0	Pour-on	●	●	●	●												◐	+	15^{CH}	0^{CH}
Ivermectin (ML)^{S}	0,2	s. c.	●	●	●	●	●	●	●	●	–	●	●	●	–	–	●	◐	30	42^{DE}	nL^{DE}
Moxidectin (ML)^{S}	0,2	p. o.	●	●	●	●	●	●	●	●	–	●	●	●	–	–	●	◐	> 5	14^{DE}	5^{DE}
Triclabendazol (BZ)^{S,Z}	10,0	p. o.	–	–	–	–	–	–	–	–	–	–	–	–	●	–	–	–	20	56DE, 28^{CH}	nL^{DE}, 7^{CH}

▶ **Tab. 23.5** Fortsetzung

Wirkstoff (Wirkstoffgruppe)[1]	Dosis: mg/kg KG[2]	Applikation	Wirkungsspektrum der Medikamente[3]																SI oder AV[4]	Wartezeiten (Tage)[5]	
			Labmagen			Dünndarm						Dickdarm			Leber		Lunge			exemplarische Angaben für DE, CH oder AT	
			Haemonchus	*Teladorsagia/Osteragia*	*Trichostrongylus*	*Trichostrongylus*	*Cooperia*	*Nematodirus*	*Bunostomum*	*Strongyloides*	*Moniezia*	*Oesophagostomum*	*Chabertia*	*Trichuris*	*Fasciola*	*Dicrocoelium*	*Dictyocaulus*	*Protostrongyliden*		Gewebe	Milch
Triclabendazol (BZ) + Moxidectin (ML) ^{S}	10,0 + 0,2	p. o.	●	●	●	●	●	●	●	●	–	●	●	●	●	–	●	◐	> 5	31^{DE}	nL^{DE}
Closantel (VA)^{S}	10,0	p. o.	●	–	–	–	–	–	–	–	–	–	–	–	●	–	–	–	4	42^{DE}	nL^{DE}
Closantel (VA) + Mebendazol (BZ) ^{S}	10,0 + 15	p. o.	●	●	●	●	●	●	●	●	●	◐	●		●	-	●	–	4	65^{DE}	nL^{DE}
Oxyclozanid (VA)	15,0	p. o.	–	–	–	–	–	–	–	–	●	–	–	–	●	–	–	–	4	14^{DE}	7^{DE}
Praziquantel (ISO)^{S}	3,75	p. o.	–	–	–	–	–	–	–	–	●	–	–	–	–	–	–	–	> 5	0^{DE}	0^{DE}

[1] AC: Acetonitrilderivate; BZ: Benzimidazole; ML: makrozyklische Lactone; ISO: Isochinoline; IT: Imidazothiazole; PBZ: Pro-Benzimidazole; VA: verschiedene andere Wirkstoffgruppen; Zulassung in mindestens einem der folgenden Länder: AT, CH oder DE

[2] Auswahl von **Richtdosierungen**; für Ziegen oft höhere Dosis erforderlich; weitere Informationen s. Beipackzettel der Präparate oder Datenbanken (S. 602)

[3] Wirksamkeit (Intenseffekt bzgl. adulter Stadien), ●: gut bis hochwirksam; ◐: teilwirksam oder nur in erhöhter Dosis oder bei mehrmaliger Applikation wirksam; –: unzureichende Wirkung; leere Felder: nicht dokumentiert oder Medikament in der betreffenden Indikation nicht empfohlen

[4] SI: Sicherheitsindex; AV: allgemeine Verträglichkeit; +: gute Allgemeinverträglichkeit

[5] Gewebe: essbares Gewebe; nL: nicht bei Tieren in Laktation anwenden, deren Milch als Lebensmittel für Menschen bestimmt ist; bei einigen ML Anwendung nur 60–70 Tage vor dem Ablammen erlaubt; Wartezeiten können je nach Land und Handelspräparat variieren, daher aktuellen Stand beachten [Beipackzettel, Datenbanken (S. 602)]

[6] bei BZ und PBZ oft nur Verminderung der Larvenausscheidung

Wegen der sehr unterschiedlichen Formen der **Schafhaltung** und der Weidesysteme können hier keine umfassenden Empfehlungen, sondern nur einige Hinweise zur Bekämpfung gegeben werden. Hinsichtlich spezieller Maßnahmen in **Ziegenbeständen** muss auf die Spezialliteratur verwiesen werden.

Weidemanagement und Haltungssysteme können auch in der Schafhaltung zur Minderung des Infektionsrisikos beitragen, z. B. die extensive Beweidung (S. 607).

Strategische Behandlungen während der Weidesaison In der intensiven Schafhaltung werden bei der risikobasierten **gezielten Herdenbehandlung**, dem sog. *Targeted Treatment* (S. 608), die ganze Herde, oft aber auch nur sämtliche Lämmer während der Weidesaison mindestens einmal, häufig aber wiederholt anthelminthisch behandelt. Bei den Muttertieren kann es genügen, diese einmalig um die Zeit des Ablammens bzw. im Frühjahr zu behandeln, um den häufig vorkommenden postpartalen Anstieg der Wurmeiausscheidung („*post-parturient-rise*" oder „*spring-rise*") bei *Haemonchus* ausreichend zu kontrollieren.

Im Spätherbst oder zum Winterbeginn sollte eine **Aufstallungsbehandlung** aller Schafe (Jung- und Alttiere) mit einem hochwirksamen Anthelminthikum erfolgen, das auch gegen hypobiotische Stadien von *H. contortus* wirkt (▶ **Tab. 23.5**), um die Tiere von der Wurmbürde zu entlasten und die Eiausscheidung im folgenden Frühjahr („*post-parturient-rise*" oder „*spring-rise*" bei *Haemonchus*!) möglichst gering zu halten.

Angesichts der Resistenzsituation wurde die **gezielte selektive Behandlung**, das sog. *Targeted Selective Treatment* (S. 609), eingeführt, das derzeit hinsichtlich seiner als Behandlungsindikation dienenden Parameter (einzeln oder in Kombination) genauer evaluiert wird. Ein bei Lämmern häufig genutzter Parameter ist die Eiausscheidung, die einige Wochen nach Beginn der Weidesaison (Juni/Anfang Juli) quantitativ erfasst werden sollte. Nur die Tiere, die einen Grenzwert überschreiten (z. B. 200 Eier pro Gramm Kot), werden anthelminthisch behandelt. Andere Parameter sind beispielsweise die Gewichtsentwicklung, der Durchfallgrad (Verschmutzungsgrad der Wolle in der Analregion) oder bei *Haemonchus*-Befall der Anämiegrad [FAMACHA-Skala (S. 301)]. Bei Muttertieren scheint z. B. die Eiausscheidung in Kombination mit dem Ernährungszustand (Body Condition Score) ein geeigneter Parameter für die Behandlungsentscheidung zu sein.

Nach erfolgter Behandlung sollten die Tiere nicht auf eine „saubere" Weide (S. 609) umgetrieben werden, da dies mit einem erhöhten Risiko für die Resistenzentwicklung (S. 586) verbunden ist, vor allem dann, wenn die ganze Herde behandelt wurde.

Maßnahmen bei *Nematodirus battus*-Befall Massive Infektionen mit Durchfall und allgemeinen Krankheitssymptomen können im Frühjahr wenige Wochen nach Beginn der Weidesaison auftreten. In diesem Fall sind alle Lämmer umgehend mit einem gegen *Nematodirus* wirksamen Medikament zu behandeln (▶ **Tab. 23.5**).

Befall mit Schildzecken

Bei **Schafen** können Phoxim oder Deltamethrin (▶ **Tab. 23.4**) gegen Zeckenbefall eingesetzt werden. In warmen Ländern sind z. T. häufige Behandlungen (Bäder [engl. *dips*], Sprühverfahren, Pour-on-Applikation) gegen Zeckenbefall bei Ziegen und Schafen erforderlich (u. a. aufgrund der Vektorfunktion verschiedener Zeckenarten).

Schafräude

In Österreich ist die Bekämpfung der **„Räude" von Schaf und Ziege** gesetzlich geregelt (TSG § 40), in Deutschland und der Schweiz wurde die Anzeige- und Bekämpfungspflicht aufgehoben. Die klassische Methode zur planmäßigen Bekämpfung der *Psoroptes*-Räude bei Schafen ist die Applikation von Acariziden (z. B. Phoxim in Tauchbädern [engl. *plunge dip*] oder im Sprühverfahren). Besonders das Badeverfahren ist aufwendig und außerdem bereitet die umweltschonende Entsorgung der Badeflüssigkeit Schwierigkeiten. Daher werden zunehmend injizierbare makrozyklische Lactone eingesetzt, die eine lange Wirkungsdauer im Tierkörper haben und somit auch den aus den Eiern schlüpfenden Milbennachwuchs teilweise erfassen (z. B. Doramectin 0,3 mg/kg KG i. m. oder Ivermectin 0,2 mg/kg KG s. c.) (▶ **Tab. 23.4**). Bei klinisch manifester Räude oder zur Herdensanierung werden 2 Behandlungen im Abstand von 7–10 Tagen empfohlen, da die Einmalbehandlung zur Tilgung nicht ausreicht. Ein weiterer Vorteil dieser Behandlung ist, dass sie gleichzeitig gegen Läuse und gastrointestinale Nematoden wirksam ist. Durch eine häufige Behandlung mit makrozyklischen Lactonen könnte sich längerfristig das Risiko der Resistenzbildung (S. 586) bei Nematoden erhöhen, besonders dann, wenn die Schafe nach der Behandlung auf eine „saubere" Weide umgetrieben werden.

Vorteilhaft ist der Einsatz von makrozyklischen Lactonen vor Durchmischung von Tiergruppen auf Gemeinschaftsweiden, z. B. vor der Alpung von Sömmerungsherden oder bei Alpabtrieb, bevor die Tiere wiederum in andere Herden integriert werden. Die selektive Behandlung aller seropositiven Herden und die Beschränkung der Alpung auf Tiere aus räudefreien Herden haben in der Schweiz zu einer Verminderung der Neuausbrüche der *Psoroptes*-Räude geführt. Wichtig sind vorbeugende Maßnahmen gegen die Einschleppung von Milben in räudefreie Bestände: Überwachung der Tiertransporte und des Personenverkehrs, in den Bestand neu eingestellte Tiere (z. B. Zuchtböcke) in Quarantäne halten, serologisch untersuchen und nötigenfalls behandeln.

Reinigung und Desinfektion Siehe Räude des Rindes (S. 610).

23.3 Parasitosen des Schweines

23.3.1 Parasitosen der Organsysteme und Antiparasitika

Die Parasitosen des Schweines sind in ▶ **Tab. 23.6** zusammengestellt. Zu den wichtigsten Parasitosen gehören die Cystoisosporose (Erreger der Saugferkelcoccidiose) und bei verschiedenen Altersgruppen der Befall mit *Ascaris suum* oder anderen Nematoden des Verdauungstraktes sowie die *Sarcoptes*-Räude. Die einzelnen Parasitosen haben in Schweinebeständen je nach Art der Haltung (Stall-, Auslauf- oder Freilandhaltung) und Hygienestatus eine unterschiedliche Bedeutung, die bei Bekämpfungsmaßnahmen zu berücksichtigen ist.

Eine Indikation zum Einsatz von **Antiprotozoika** ist beim Schwein die Cystoisosporose der Ferkel, die wirksam mit Toltrazuril behandelt werden kann. Zur Behandlung wichtiger Nematodeninfektionen stehen **Anthelminthika** aus den Gruppen der Imidazothiazole, (Pro-)Benzimidazole und makrozyklischen Lactone in für Schweine geeigneten Applikationsformen (oral als Prämix über das Futter oder für die Trinkwasserapplikation für große Tierzahlen; makrozyklische Lactone auch parenteral) zur Verfügung (▶ **Tab. 23.7**). **Anthelminthika-Resistenzen** (S. 586) sind bei Oesophagostomen gegen

▶ **Tab. 23.6** Parasitosen (Auswahl) der Organsysteme des Schweines.[1]

Organsystem	Parasitose[2]	Parasiten
Haut	*Sarcoptes*-Räude (S. 460)	*Sarcoptes scabiei* var. *suis*
	Läusebefall (S. 473)	*Haematopinus suis*
	Simuliidenbefall (S. 486), selten bei Freilandhaltung	*Simulium* spp.
	Wundmyiasis (S. 505)	Larven verschiedener Fliegenarten
Muskulatur	**Toxoplasmose** (S. 101)	*Toxoplasma gondii*
	Sarcocystiose (S. 118)	*Sarcocystis* spp.
	Cysticercose (S. 227), selten in Süd- und Osteuropa	*Taenia solium*, larval
	Trichinellose (S. 382)	*Trichinella spiralis*, *T. britovi*, larval
Atmungsorgane	**Metastrongylose** (S. 314)	*Metastrongylus* spp.
	Echinococcose (S. 238)	*Echinococcus granulosus* s. l., larval
	Cysticercose (S. 233)	*Taenia hydatigena*, larval
Magen	**Hyostrongylose** (S. 287)	*Hyostrongylus rubidus*
Dünndarm	Cryptosporidiose (S. 124)	*Cryptosporidium* spp.
	Eimeriose (S. 83)	*Eimeria* spp.
	Giardiose (S. 47)	*Giardia duodenalis*
	Cystoisosporose (S. 98) **(syn. Isosporose)**	*Cystoisospora suis*
	Trichomonadose (S. 55)	*Tritrichomonas foetus* (syn. *Tr. suis*) und andere Trichomonaden
	Microsporidiose (S. 157)	*Enterocytozoon bieneusi* und andere Microsporidien
	Ascariose (S. 329)	*Ascaris suum*
	Strongyloidose (S. 256)	*Strongyloides ransomi*
Dickdarm	Neobalantidiose (S. 149)	*Balantidium (Neobalantidium) coli*
	Oesophagostomose (S. 275)	*Oesophagostomum* spp.
	Trichuriose (S. 374)	*Trichuris suis*
Leber	Dicrocoeliose (S. 188)	*Dicrocoelium dendriticum*
	Fasciolose (S. 172)	*Fasciola hepatica*
	Echinococcose, cystische (S. 238)	*Echinococcus granulosus* s. l., larval
	Echinococcose, alveoläre (S. 245)	*Echinococcus multilocularis*, larval
	Cysticercose (S. 233)	*Taenia hydatigena*, larval
	Milk spots (Ascariose)	*Ascaris suum* (S. 329), *Toxocara* spp. (S. 336), larval
Niere	Stephanurose (S. 278), v. a. Tropen u. Subtropen	*Stephanurus dentatus*
Nervensystem	Toxoplasmose (S. 101)	*Toxoplasma gondii*

[1] die Liste erhebt keinen Anspruch auf Vollständigkeit; die Angaben beziehen sich auf das Vorkommen von Parasiten in Europa (vor allem auf West- und Zentraleuropa), teils unter Berücksichtigung von importierten Parasiten
[2] Fettdruck: Parasitosen von besonderem Interesse für die Praxis

Benzimidazole, Levamisol und Pyrantel vereinzelt beschrieben worden; es mangelt allerdings an aktuellen und in größerem Umfang durchgeführten Untersuchungen. Hauptindikationsgebiete für **Ektozide oder Endektozide** beim Schwein sind die *Sarcoptes*-Räude und der Läusebefall.

23.3.2 Planmäßige Bekämpfung wichtiger Parasitosen des Schweines

Cystoisosporose

Cystoisospora (Isospora) suis, der Erreger der Cystoisosporose (S. 98), ist ein wichtiger Enteritis-Erreger bei neugeborenen Ferkeln im Alter von 5–15 Tagen, die sich in den ersten Lebenstagen per os mit sporulierten Oocysten infizieren. In Mitteleuropa sind regional > 80 % der Ferkelwürfe infiziert.

Bekämpfung Gründliche **Reinigung und Desinfektion** der Abferkelbuchten vor dem Neubesatz. In Problembeständen mit Cystoisosporose vorsorgliche, einmalige **Behandlung** aller Ferkel in der ersten Lebenswoche (3.–5. Tag) mit Toltrazuril (20 mg/kg KG p. o.) (▶ **Tab. 23.7**). Resistenzen gegen Toltrazuril sind bisher nur vereinzelt beschrieben worden; flächendeckende Untersuchungen hierzu fehlen.

Strongyloidose

Gründliche **Reinigung und Desinfektion** der Abferkelbuchten vor dem Neubesatz, Stallböden trocken halten. In Problembeständen **Behandlung** der Ferkel zwischen dem 3. und 15. Lebenstag mit einem gegen *Strongyloides* hochwirksamen Anthelminthikum (▶ **Tab. 23.7**). Die laktogene/pränatale Infektion von Ferkeln lässt sich durch Behandlung der tragenden Sauen mit Ivermectin verhindern oder stark reduzieren (1 × 0,3 mg/kg s. c. 8–16 d vor dem Abferkeltermin oder 0,1 mg/kg KG mit dem Futter vom 92.–99. Trächtigkeitstag). Benzimidazole haben bei herkömmlicher Dosierung meist keine ausreichende Wirkung auf *Strongyloides*; Strongyloidose ist jedoch beim Schwein seit dem häufigen Einsatz von makrozyklischen Lactonen eine seltene Parasitose in konventionellen Betrieben.

Ascariose

In Schweinebeständen ist *Ascaris suum* (S. 329) ein häufiger Parasit, der erhebliche wirtschaftliche Einbußen verursachen kann, wenn er nicht durch Maßnahmen der planmäßigen Bekämpfung ständig auf niedrigem Infektionsniveau gehalten wird. In der Bekämpfung werden Hygienemaßnahmen mit dem strategischen Einsatz von Anthelminthika kombiniert. Breitspektrum-Anthelminthika erfassen auch andere Magen-Darm-Nematoden [*Oesophagostomum, Trichuris* (S. 374)] (▶ **Tab. 23.7**). Bei Verabreichung von Anthelminthika über das Futter wird allgemein die mehrtägige Applikation bevorzugt, weil dadurch die Aufnahme der nötigen Wirkstoffmengen durch die Tiere sicherer als bei 1-tägiger Behandlung ist. Die Trinkwasserapplikation von Benzimidazolen ist im Fall von Fenbendazol an 2 und bei Flubendazol an 5 aufeinanderfolgenden Tagen durchzuführen.

Bekämpfung

Ferkelerzeugerbetriebe Behandlung tragender Sauen etwa 2 Wochen vor dem Abferkeltermin. Nach Abschluss der Behandlung (spätestens 4 d vor dem Abferkeltermin) Sauen gründlich abwaschen (Klauenspalten, Gesäuge usw.) und in komplett gereinigte und desinfizierte Abferkelbuchten verbringen. Ferkel während der letzten 10 Tage vor dem Überführen in den Mastbetrieb, Eber 2- bis 4-mal pro Jahr behandeln.

Mastbetriebe Vor der Neubelegung sind die Stallungen gründlich zu reinigen und zu desinfizieren. In den Mastbetrieb sollten nur Ferkel oder Läuferschweine eingestellt werden, die zuvor gegen Ascariden-Befall behandelt worden sind (s. o.). Eine weitere Behandlung ist etwa 6 Wochen nach der 1. Therapie indiziert. Zugekaufte Tiere sollten aus Beständen stammen, in denen regelmäßig Bekämpfungsmaßnahmen gegen Ascariden (und andere Darmnematoden) durchgeführt werden. Anderenfalls sind alle zugekauften Schweine in einem gesonderten Stallabteil zu behandeln und erst einige Tage danach in die gereinigte und desinfizierte Mastabteilung zu überführen.

Auslauf- und Freilandhaltung Bei diesen Haltungsarten ist die Bekämpfung von Magen-Darm-Nematoden schwierig, weil in Naturböden Eier oder Larven der Parasiten lange persistieren und ein Infektionsreservoir bilden können. Zur Entlastung der Tiere von der Wurmbürde werden u. a. anthelminthische Behandlungen im Frühjahr und Herbst sowie Wechsel der Auslauf- und Weideflächen empfohlen, doch ist nicht damit zu rechnen, dass dadurch die Parasitenpopulationen nachhaltig beeinflusst werden.

Trichuriose

Trichuris suis kommt bei Stallhaltung seltener vor als *A. suum*. Bei reiner Stallhaltung sind anthelminthische Behandlungen gegen *T. suis* möglicherweise nicht erforderlich, während sie bei Freilandhaltung notwendig werden können. Die Rotation der Weide- oder Auslaufflächen in Intervallen von 1–3 Jahren ist wegen der Langlebigkeit der Eier von *T. suis* (und *A. suum*) keine geeignete Maßnahme zur Verhütung starker Infektionen. Bei der anthelminthischen Behandlung ist zu beachten, dass viele Wirkstoffe gegen *Trichuris* beim Schwein nur in höherer

▸ **Tab. 23.7** Antiparasitika (Auswahl) für Schweine.

Wirkstoff (Wirkstoffgruppe)[1]	**Dosis**[2]**: Wirkstoff mg/kg KG oder ppm im Futter**	**Applikation**[2]	**Wirkungsspektrum der Medikamente**[3]										**SI**[4] **oder AV**	**Wartezeiten**[5] **(Tage)**
	bei mehrmaliger Applikation × Zahl der Tage (d)		**Magen**	**Dünndarm**				**Dickdarm**		**Lunge**	**Haut**			**exemplarische Angaben für AT, CH und DE**
			Hyostrongylus	***Eimeria spp.***	***Cystoisospora suis***	***Strongyloides***	***Ascaris***	***Oesophagostomum***	***Trichuris***	***Metastrongylus***	***Sarcoptes***	***Haematopinus***		**essbare Gewebe**
Febantel (PBZ)	5,0 mg	p. o.	●	–	–	◐	●	●	◐	◐	–	–	> 5	14^{AT}
	15–30 ppm × 5–6 d	p. o.	●	–	–	◐	●	●	●	●	–	–		
Fenbendazol (BZ)	5,0 mg	p. o.	●	–	–	◐	●	●	◐	●	–	–	> 500	3^{CH}, $4–5^{DE}$, 7^{AT}
	0,3–1,0 mg × 5–15 d	p. o.	●	–	–	◐	●	●	◐	●	–	–		
	2,5 mg/kg × 2 d über Trinkwasser													4^{DE}
Flubendazol (BZ)	1,2–5,0 mg × 1–10 d	p. o.	●	–	–	◐	●	●	●	●	–	–	> 40	$5^{CH,AT}$, 14^{DE}
	30 ppm × 10 d	p. o.	●	–	–	◐	●	●	◐	●	–	–	> 40	5^{CH}
	1–2,5 mg/kg × 2–5 d über Trinkwasser													$3–4^{DE}$
Levamisol (IT)	7,5–10 mg	p. o.	●	–	–	●	●	●	◐	●	–	–	~2	$14–15^{DE}$, 15^{AT}
	8 mg	s. c., i. m.												8^{DE}
Doramectin (ML)	0,3 mg	i. m.	●	–	–	●	●	●	◐	●	●	●	> 25	49^{CH}, $77^{DE,AT}$
Ivermectin (ML)	0,3 mg	s. c.	●	–	–	●	●	●	◐	●	●	●	> 50	$14–35^{DE}$, $28^{CH,AT}$
	0,1 mg (2–2,4 ppm) × 7 d	p. o.	●	–	–	●	●	●	◐	●	●	●	+	12DE, 7^{AT}

▸ **Tab. 23.7** Fortsetzung

Wirkstoff (Wirkstoffgruppe)[1]	Dosis[2]: Wirkstoff mg/kg KG oder ppm im Futter	Applikation[2]	Wirkungsspektrum der Medikamente[3]										SI[4] oder AV	Wartezeiten[5] (Tage)
	bei mehrmaliger Applikation × Zahl der Tage (d)		Magen	Dünndarm				Dickdarm		Lunge	Haut			exemplarische Angaben für AT, CH und DE
			Hyostrongylus	*Eimeria spp.*	*Cystoisospora suis*	*Strongyloides*	*Ascaris*	*Oesophagostomum*	*Trichuris*	*Metastrongylus*	*Sarcoptes*	*Haematopinus*		essbare Gewebe
Piperazincitrat (P)	90–120 mg über Trinkwasser	p. o.	–	–	–	–	●	◐	–	–	–	–		4^{DE}
Phoxim (OP)	4 ml 7,5 %ig/10 kg 1 g/l Sprühlsg.	Pour-on, Waschlösung	–	–	–	–	–	–	–	–	●	●	+	14^{CH}, $16/28^{AT}$, $9–17^{DE}$
Toltrazuril (VA)	20,0 mg	p. o.	–	●	●	–	–	–	–	–	–	–	+	70^{CH}, $73–77^{DE}$, 77^{AT}

[1] BZ: Benzimidazole; IT: Imidazothiazole; ML: makrozyklische Lactone; OP: Organophosphate; PBZ: Pro-Benzimidazole; P: Piperazine; PY: Pyrethroide; VA: verschiedene andere Wirkstoffgruppen; Zulassung in mindestens einem der folgenden Länder: AT, CH oder DE

[2] Auswahl von **Richtdosierungen**; weitere Informationen s. Beipackzettel der Präparate oder Datenbanken (S. 602)

[3] Wirkung (Intenseffekt) – ●: gut bis hochwirksam; ◐: teilwirksam oder nur in erhöhter Dosis oder bei mehrmaliger Applikation wirksam; –: unzureichende Wirkung oder unwirksam; leere Felder: nicht dokumentiert oder Medikament in der betreffenden Indikation nicht empfohlen

[4] SI: Sicherheitsindex; AV: allgemeine Verträglichkeit; +: gute AV

[5] Wartezeiten können je nach Land und Handelspräparat variieren, daher aktuellen Stand beachten [Beipackzettel, Datenbanken (S. 602)]

Dosis oder bei verlängerter Behandlungsdauer eine ausreichende Wirkung haben.

Oesophagostomose und Hyostrongylose

Infektionen mit *Oesophagostomum*-Arten (Knötchenwürmer) kommen am häufigsten bei Sauen bei Stall- oder Weidehaltung vor. *Hyostrongylus rubidus* (Roter Magenwurm) ist vor allem ein Parasit älterer Schweine (Zuchtsauen) bei Weidehaltung. Bei beiden Parasiten erfolgt die Infektion durch perorale Aufnahme infektiöser Larven (L 3). Auf Weideflächen ist die Kontamination der Pflanzen mit L 3 in der warmen Jahreszeit (Juli–September) am höchsten, wenn die Pflanzendecke intakt und nicht durch Wühlen zerstört ist.

Bekämpfung Bei **Stallhaltung** werden die Oesophagostomen durch die Maßnahmen gegen *Ascaris* mit erfasst, sofern entsprechend wirksame Anthelminthika eingesetzt werden (▶ **Tab. 23.7**). Zu beachten ist, dass Oesophagostomen gegen Benzimidazole und Levamisol resistent sein können (in 2 % der untersuchten Zuchtbestände in DE). Für die **Weidehaltung** gelten die Empfehlungen wie bei Ascariose (S. 617). Frei lebende Stadien von *Oesophagostomum* überleben längere Frostperioden in der Regel jedoch nicht.

Sarcoptes-Räude

Sarcoptes suis (S. 460) ist in manchen Ländern und Regionen noch immer ein häufiger und die Tiere stark belastender Parasit, der von Tier zu Tier oder aus einer mit Milben kontaminierten Umgebung (Stallungen, Fahrzeuge usw.) auf neue Wirte übertragen wird. Gelegentliche und planlose Behandlungen der Schweine sind nicht nachhaltig und reichen zur Tilgung der Räude in Schweinebeständen nicht aus. Der Aufbau Räude-freier Betriebe ist Behandlungsmaßnahmen vorzuziehen, weil er langfristig kostengünstiger, umweltschonender, tierschutzgerechter und verbraucherfreundlicher ist.

Bekämpfung Zur **Tilgung der *Sarcoptes*-Räude** in Schweinebeständen kann bereits eine 2-malige Behandlung aller Tiere mit einem makrozyklischen Lacton (z. B. Ivermectin 0,3 mg/kg KG s. c., Doramectin 0,3 mg/kg KG i. m.) im Intervall von ca. 2 Wochen ausreichen, doch ist dies nicht immer der Fall. Das in der Schweiz vom Schweinegesundheitsdienst durchgeführte Tilgungsprogramm hat sich nachweislich als erfolgreich erwiesen: (a) Behandlung aller Tiere des Bestandes mit Ivermectin oder Doramectin, (b) nach 3–4 Tagen Säuberung aller Ställe und Geräte mit einem Dampfstrahlreiniger und Besprühen mit einem Acarizid (z. B. Phosphorsäureester); Waschen der Schweine, Einsprühen mit einem Acarizid (z. B. Phosphorsäureester) und Überführen in die sauberen und desinfizierten Stallungen, (c) 2. Behandlung aller Tiere des Bestandes mit Ivermectin oder Doramectin 14 Tage nach der 1. Behandlung; behandelte Tiere für mindestens 7 Tage nach Ende der Behandlung nicht mit Räude-freien Tieren mischen, (d) nach der ersten Behandlung geborene Ferkel 3–4 Tage post partum mit Doramectin oder Ivermectin behandeln. Ähnliche Sanierungsprogramme sind in einigen Ländern (DK, NL, DE, AT) sehr erfolgreich und haben zu einem erheblichen Rückgang der Prävalenzen geführt. Außerdem sind im oben erwähnten Bekämpfungsprogramm **Maßnahmen zur Überwachung und zur Verhütung der Neueinschleppung** vorgeschrieben (u. a. serologische Kontrollen, Zukauf nur aus Räude-freien Betrieben, sonst Quarantäne zugekaufter Tiere und 2-malige Behandlung mit Ivermectin oder Doramectin; Tiertransporte nur in sicher dekontaminierten Fahrzeugen).

Läuse-Befall

Haematopinus suis (S. 473), die Schweinelaus, wird über Tier-zu-Tier-Kontakt übertragen. Daten zur Prävalenz liegen kaum vor; in Deutschland wird eine Infestation bei 15–40 % der konventionellen Betriebe vermutet; SPF-Bestände müssen frei von *Haematopinus* sein.

Bekämpfung Die **Behandlung aller Tiere** erfolgt mit einem Phosphorsäureester (Phoxim) als Waschlösung, zum Aufsprühen oder als Pour-on oder mit makrozyklischen Lactonen in verschiedenen Anwendungsformen (Zulassungen beachten!) (▶ **Tab. 23.7**). Phoxim muss 2 × im Abstand von 1–2 Wochen angewendet werden, weil es die Eier der Läuse nicht abtötet und daraus hervorgehende Nachschübe erfasst werden müssen. Beim Einsatz makrozyklischer Lactone ist wegen der langen Residualwirkung dieser Mittel eine Wiederholungsbehandlung nicht erforderlich. Maßnahmen gegen Neueinschleppung ähnlich wie bei Räude (s. o.).

23.4 Parasitosen des Pferdes

23.4.1 Parasitosen der Organsysteme und Antiparasitika

Von den Parasiten des Pferdes (▶ **Tab. 23.8**) spielen in Europa die Protozoen eine untergeordnete Rolle. Dementsprechend ist der Einsatz von **Antiprotozoika** nur selten, z. B. zur Behandlung von *Babesia*-Infektionen (S. 132) oder *Theileria*-Infektionen (S. 142), erforderlich. **Anthelminthika** (▶ **Tab. 23.9**) werden bei den meisten Einzeltieren und in Pferdebeständen vor allem zur Bekämpfung der Strongyliden, des Pferdespulwurms sowie der Bandwürmer eingesetzt, nicht selten zu häufig („Überbehandlung"). Eine Folge davon ist die weltweit verbreitete und zunehmende **Anthelminthika-Resistenz** (AR) (S. 586) der kleinen Strongyliden (Cyathostominae), die sich hauptsächlich gegen Benzimidazol-Verbindungen, wesentlich seltener gegen

▶ **Tab. 23.8** Parasitosen (Auswahl) der Organsysteme des Pferdes.[1]

Organsystem	Parasitose[2]	Parasiten
Haut	**Befall mit Zecken** (S. 411)	*Ixodes ricinus, Dermacentor marginatus, D. reticulatus, Rhipicephalus turanicus, Haemaphysalis* spp. u. a.
	***Chorioptes*-Räude** (S. 457)	*Chorioptes bovis*
	Haarlings- (S. 469) oder Läusebefall (S. 473)	*Werneckiella equi equi, Haematopinus asini macrocephalus*
	***Culicoides*-Befall** (S. 490)	*Culicoides* spp.
	Simuliidenbefall (S. 486)	*Simulium* spp.
	Gasterophilose (S. 505)	*Gasterophilus* spp., larval
	Wundmyiasis (S. 505)	Larven verschiedener Fliegenarten
	Hippobosca-Befall (S. 520)	*Hippobosca equina*
	Habronematidose (S. 355)	*Habronema* spp., *Draschia megastoma*
	Onchocercose (S. 370)	*Onchocerca* spp.
	Parafilariose (S. 360)	*Parafilaria multipapillosa*
Muskulatur	Toxoplasmose (S. 101)	*Toxoplasma gondii*
	Trichinellose (S. 382)	*Trichinella spiralis, T. britovi*, larval
Atmungsorgane	**Dictyocaulose** (S. 312)	*Dictyocaulus arnfieldi*
	Echinococcose (S. 238)	*Echinococcus granulosus*, larval
Blut, Blutgefäße	**Babesiose** (S. 139)	*Babesia caballi*
	Theileriose (S. 147)	*Theileria equi*
	Strongylose (S. 262)	*Strongylus vulgaris*, larval
Magen	**Gasterophilose** (S. 513)	*Gasterophilus* sp., larval
	Habronematidose (S. 355)	*Habronema* spp., *Draschia megastoma*
	Trichostrongylose (S. 288)	*Trichostrongylus axei*
Dünndarm	Cryptosporidiose (S. 124)	*Cryptosporidium* spp.
	Eimeriose (S. 95)	*Eimeria leuckarti*
	Giardiose (S. 47)	*Giardia duodenalis*
	Anoplocephalidose (S. 214)	*Anoplocephala perfoliata* u. a.
	Parascariose (S. 333)	*Parascaris* spp.
	Strongyloidose (S. 256)	*Strongyloides westeri*
Dickdarm	**Oxyuriose** (S. 348)	*Oxyuris equi*
	Strongylidose (S. 262)	Cyathostominae, *Strongylus* spp. u. a.
Leber	Dicrocoeliose (S. 188)	*Dicrocoelium dendriticum*
	Fasciolose (S. 172)	*Fasciola hepatica*
	Echinococcose, cystische (S. 236)	*Echinococcus granulosus* s. l., *E. multilocularis*, larval
Niere	*Halicephalobus*-Befall (S. 261)	*Halicephalobus gingivalis*
Genitaltrakt	Beschälseuche (S. 68), Süd- u. Osteuropa	*Trypanosoma brucei equiperdum*
Auge	Thelaziose (S. 351)	*Thelazia lacrymalis*
Nervensystem	Neosporose (S. 115)	*Neospora hughesi*
	Sarcocystiose (S. 118)	*Sarcocystis neurona* (Nordamerika)
	Nematodenbefall (S. 262)	Larven: *Strongylus vulgaris, Setaria equina; Halicephalobus deletrix*

[1] die Liste erhebt keinen Anspruch auf Vollständigkeit; die Angaben beziehen sich auf das Vorkommen von Parasiten in Europa (vor allem auf West- und Zentraleuropa), teils unter Berücksichtigung von importierten Parasiten
[2] Fettdruck: Parasitosen von besonderem Interesse für die Praxis

andere Wirkstoffgruppen richtet. Häufig sind ebenfalls *Parascaris*-Stämme offenbar vor allem in Zuchtbeständen gegen makrozyklische Lactone resistent. Bei großen Strongyliden spielt AR derzeit keine wesentliche Rolle. Zur Anwendung beim Pferd sind nur wenige **Ektozide** zugelassen. Daher sind zur Behandlung verschiedener Ektoparasitosen Umwidmungen erforderlich. Die gegen *Gasterophilus*-Larven wirksamen Mittel enthält ▶ **Tab. 23.9**.

▶ **Tab. 23.9** Antiparasitika gegen Helminthen und *Gasterophilus*-Larven (Auswahl) für Pferde.

Wirkstoff (Wirkstoffgruppe)[1]	Dosis: Wirkstoff mg/kg KG[2]	Applikation	Wirkungsspektrum der Medikamente[3]											SI[4] oder AV	Wartezeiten[5] (Tage)	
Zulassung für Pferd (Pfd) oder andere Tierarten (A)			Magen			Darm						Leber	Lunge		exemplarische Angaben für AT, CH und DE	
			Trichostrongylus axei	*Habronema*	*Gasterophilus*	*Strongyloides*	*Parascaris*	Anoplocephaliden	Große Strongyliden	Kleine Strongyliden	*Oxyuris*	*Fasciola*	*Dictyocaulus*		Gewebe	Milch
Febantel (PBZ)[Pfd]	6,0	p. o.	–	–	–	–	●	–	●	●	●	–	–	40	14[AT]	nL[AT]
Fenbendazol (BZ)[Pfd]	10,0	p. o.	–	–	–	◐	●	–	●	●	●	–	–	75	20[DE]	nL[DE]
Ivermectin (ML)[Pfd]	0,2	p. o.	●	●	●	●	●	–	●	●	●	–	●	10	18–35[DE]	nL[DE]
Ivermectin (ML)[Pfd] + Praziquantel (ISO)	0,2 + 1,5	p. o.	●	●	●	●	●	●	●	●	●	–	●	10/ > 5	30–35[DE]	nL[DE]
Moxidectin (ML)[Pfd]	0,4	p. o.	●	●	●	●	●	–	●	●	●	–	●	+	32[DE]	nL[DE]
Moxidectin (ML)[Pfd] + Praziquantel (ISO)	0,4 + 2,5	p. o.	●	●	●	●	●	●	●	●	●	–	●	+	64[DE]	nL[DE]
Praziquantel (ISO)[Pfd]	1,0	p. o.	–	–	–	–	–	●	–	–	–	–	–	> 5	0[DE]	nL[DE]
Pyrantel-Base (PY)[Pfd]	6,6	p. o.		–	–	–	●	◐	●	●	◐	–	–	20	0–1[DE]	nL[DE]
Piperazincitrat (PI)[Pfd]	–	p. o.	–	–	–	–	◐	–	◐	◐	◐	–	–	6	k.A.	n.L.
Triclabendazol (BZ)[A]	12,0	p. o.	–	–	–	–	–	–	–	–	–	●	–	+	k.A.	k.A.
Closantel (SA)[A]	10,0	p. o.	–	–	–	–	–	–	–	–	–	●	–	+	k.A.	k.A.

[1] BZ: Benzimidazole; ML: makrozyklische Lactone; ISO: Isochinoline; PBZ: Pro-Benzimidazole; PY: Pyrimidine; PI: Piperazine; SA: Salicylsäureanilide; Zulassung in mindestens einem der folgenden Länder: AT, CH oder DE für Pferde (Pfd) oder andere Tierarten (A)

[2] Auswahl von **Richtdosierungen;** weitere Informationen s. Beipackzettel der Präparate oder Datenbanken (S. 602)

[3] Wirksamkeit (Intenseffekt) – ●: gut bis hochwirksam; ◐: teilwirksam, Teilwirkung oder nur in erhöhter Dosis wirksam; –: unzureichende Wirkung

[4] SI: Sicherheitsindex; AV: allgemeine Verträglichkeit; + : gute AV; k.A.: keine Angaben

[5] Gewebe: essbare Gewebe; nL: nicht bei laktierenden Stuten anwenden, deren Milch als Lebensmittel für Menschen bestimmt ist; Wartezeiten können je nach Land und Handelspräparat variieren, daher aktuellen Stand beachten [Beipackzettel, Datenbanken (S. 602)]

23.4.2 Planmäßige Bekämpfung wichtiger Parasitosen des Pferdes

Die Parasitenbekämpfung bei Pferden erfordert als Grundlage eine kontinuierliche Bestandsdiagnose bzw. ein routinemäßiges Parasitenmonitoring zur Ermittlung der relevanten Parasitenarten und die Anpassung von Bekämpfungsplänen an die spezielle Situation in den Beständen. Anzustreben sind integrierte Programme, in denen notwendige Maßnahmen gegen verschiedene Parasitengruppen aufeinander abgestimmt werden. Der „European Scientific Counsel Companion Animals Parasites" (ESCCAP) hat kürzlich Empfehlungen zur Behandlung und Kontrolle gastrointestinaler Parasiten bei Pferden und anderen Equiden veröffentlicht. Diese sind frei im Internet einsehbar (www.esccap.org; www.esccap.ch; www.esccap.de).

Anoplocephalidose

In Europa ist *Anoplocephala perfoliata* (S.214) die häufigste Bandwurmart des Pferdes. Die Ansteckung erfolgt auf der Weide durch Aufnahme von Moosmilben, die Infektionslarven (Cysticercoide) des Parasiten enthalten. Zur Bekämpfung wird ein koproskopisches Monitoring im Juni/Juli und im Herbst empfohlen, bei positivem Nachweis Behandlung mit Praziquantel (1,0 mg/kg KG p. o.). Über die Nachhaltigkeit dieser Maßnahme fehlen Daten. Für eine simultane Therapie gegen *Anoplocephala*, Strongyliden und andere Nematoden stehen Kombinationspräparate zur Verfügung (▶ **Tab. 23.9**).

Strongyloidose

Strongyloides westeri (S.256) kann bei Fohlen, welche die Infektion initial vorranging durch laktogene Übertragung infektiöser Larven in der Stutenmilch erwerben, Durchfallerkrankungen verursachen. Daher sollten Fohlen in Betrieben mit wiederholten Strongyloidose-Fällen im Alter von etwa 4 Wochen behandelt werden (ggf. eine Wiederholungsbehandlung). Bekämpfungsmaßnahmen sind aber selten erforderlich, weil es sich meist um schwache Infektionen handelt. Bei Behandlungsmaßnahmen ist zu berücksichtigen, dass durch mehrfache anthelminthische Behandlungen von Fohlen die Immunitätsbildung gestört werden kann.

Strongylidose

Zur planmäßigen Bekämpfung der Strongyliden bestehen folgende Möglichkeiten: (a) Weidemanagement, (b) Weidehygiene und (c) Behandlung der Pferde mit Anthelminthika zu epidemiologisch begründeten Zeitpunkten. Dabei müssen die Bekämpfungsoptionen den jeweiligen spezifischen Haltungsbedingungen und -formen sowie den epidemiologischen Verhältnissen im Betrieb angepasst werden.

Weidemanagement Überbesatz der Weiden vermeiden. Wo möglich, Pferde nacheinander auf mehreren Flächen weiden lassen, die zwischenzeitlich zur Heugewinnung genutzt oder von Wiederkäuern beweidet werden. Die alternierende oder gemeinsame Nutzung der Weiden durch Wiederkäuer und Pferde kann das Infektionsrisiko für beide Tiergruppen reduzieren; für Pferde besteht hierbei zwar ein erhöhtes Risiko für Infektionen mit *Trichostrongylus axei*, doch ist dieses meist zu vernachlässigen, weil es sich oft um einen geringgradigen Befall handelt. Bei gemeinsamer Weidenutzung mit Wiederkäuern sollte das potenzielle Leberegel-Infektionsrisiko bedacht werden.

Weidehygiene Das Einsammeln des Kotes 1- bis 2-mal pro Woche führt zu einer Senkung der Larvenkonzentration an den Weidepflanzen. Für größere Flächen sind verschiedene Vakuum-Reiniger erhältlich.

Behandlung der Pferde mit Anthelminthika Anthelminthische Behandlungen der Pferde reduzieren die Ausscheidung von Strongyliden-Eiern, die Kontamination der Weiden mit infektiösen Larven sowie das Infektionsrisiko für die Pferde. Bei diesen Behandlungen sind grundsätzlich zwei Ansätze zu unterscheiden: die gezielte **strategische Behandlung** vollständiger Tiergruppen zu bestimmten Zeitpunkten im Jahr (engl. *Targeted Treatment, TT*) oder eine **selektive Behandlung** einzelner Tiere [entspricht weitgehend dem bei Wiederkäuern erprobten Prinzip der gezielten selektiven Behandlung, engl. Targeted Selective Treatment, TST (S.609)].

(1) Strategische Gruppen- oder Herdenbehandlung

Da in einer Weide- bzw. Altersgruppe meist alle Tiere Strongylidenträger (wenn auch nicht jederzeit Ausscheider von Strongylideneiern) sind, werden alle Tiere der Gruppe oder Herde zu bestimmten, epidemiologisch begründeten Zeiten behandelt. Dieser planmäßige strategische Behandlungsansatz verfolgt das Ziel, die Anzahl der Behandlungen auf das Notwendigste zu beschränken, aber den Entwicklungszyklus der Parasiten möglichst nachhaltig zu stören. Dieses Bekämpfungsverfahren richtet sich insbesondere auch gegen die sehr pathogenen *Strongylus*-Arten, da alle Tiere zumindest zweimal in ca. sechsmonatigen Abständen (Präpatenzzeit von *S. vulgaris* Präpatenz 6½–7 Monate, bei anderen *Strongylus*-Arten 8½–11 Monate) anthelminthisch behandelt werden (▶ **Tab. 23.10**). Ein solches planmäßige Vorgehen führt somit durch Beseitigung der intestinalen *Strongylus*-Stadien zur weitgehenden Unterbrechung des Lebenszyklus; beim Einsatz von makrozyklischen Lactonen werden zusätzlich somatische Larvenstadien abgetötet. So konnten die großen Strongyliden während der letzten Jahrzehnte wirksam kontrolliert werden und sind heute in Beständen, in denen regelmäßige planmäßige Behandlungen durchgeführt werden, nur noch sehr selten oder gar nicht mehr anzutreffen.

► **Tab. 23.10** Schema eines Behandlungsplanes[1,2] für verschiedene Altersgruppen von Pferdebeständen mit Weidegang.

	Stall	**Weideperiode**							**Stallperiode**	
Tiergruppe ↓	**April**	**Mai**	**Juni**	**Juli**	**August**	**Sept.**	**Okt.**	**Nov.**	**Dez.**	**Febr.**
Fohlen (Alter, W: Wochen, M: Monate)	X (4 W) Str.[3]	X (2 M) S, P			X (5 M) S, P, A[3]			X (8 M) S, P, A[3], G		X (11 M) S, P
Jährlinge und Pferde bis einschl. 4 Jahre		X S			X S, P, A[3]			X S, P, A[3], G		X S
Pferde ≥ 5 Jahre		X S			Mo (X) S, A[3]			X S, A[3], G		Mo (X) S

[1] Behandlungspläne müssen bestandsspezifisch und regional angepasst werden. X: Zeit der Behandlung; (X): Behandlung nur nach positivem Monitoringbefund; Mo: Monitoring (S. 625)
[2] Zielparasiten (soweit nachgewiesen) – A: Anoplocephala, G: Gasterophilus, P: Parascaris, S: Strongyliden, Str.: Strongyloides
[3] Behandlung nur bei positivem Monitoringbefund

Die zunehmende Dominanz der kleinen Strongyliden, die wegen der kurzen Präpatenzen durch die strategische Bekämpfung weniger gut erfasst wurden als die *Strongylus*-Arten, führte in den letzten Jahren zu einer Fokussierung auf die kleinen Strongyliden und einer Modifikation der Bekämpfungsempfehlungen (S. 625) (► Tab. 23.10). Dabei wurde berücksichtigt, dass in vielen Ländern Cyathostominen mit Resistenzen (S. 586) gegen Benzimidazole (BZ) und selten auch gegen Pyrantel und ML (Letztere bisher in Europa nicht beschrieben) festgestellt worden sind. Um das Risiko der Resistenzentwicklung zu begrenzen, hat man das Konzept der selektiven Behandlungen entwickelt.

(2) Selektive Einzeltier-Behandlung Dieses Vorgehen ist lediglich für erwachsene Pferde (mindestens 5-jährig) zu empfehlen, da die Immunabwehr jüngerer Pferde noch nicht ausreichend entwickelt und daher eine regelmäßige anthelminthische Behandlung zur Beseitigung der neu erworbenen Wurmbürde erforderlich ist. Das Konzept der selektiven Behandlungen beruht auf der Tatsache, dass in einem Bestand der größte Teil der Weidekontamination mit Strongyliden-Eiern auf nur wenige Tiere mit hoher Eiausscheidung (> 200 EpG) zurückzuführen ist. Verschiedene Studien haben gezeigt, dass es sich innerhalb einer Pferdegruppe grundsätzlich stets um dieselben Tiere handelt, die eine vergleichsweise hohe Wurmeiausscheidung aufweisen. Durch Identifikation dieser Tiere mithilfe von Eizählungen (S. 550) und eine anschließende Behandlung lassen sich die Weidekontamination und das Infektionsrisiko für alle Tiere des Bestandes reduzieren. Dadurch gerät nur ein Teil der in einer Weidegruppe vorhandenen Cyathostominen-Population in Kontakt mit dem Anthelminthikum. Der andere Teil der Population in nicht behandelten Tieren sowie die in der Umwelt lebenden Entwicklungsstadien befinden sich dagegen in einem „Refugium" (S. 586), das dem Anthelminthikum nicht ausgesetzt ist und somit keinem Selektionsdruck unterliegt. Davon erwartet man eine präventive Wirkung gegen die Entwicklung von Anthelminthika-Resistenzen, doch fehlen dazu bisher Langzeiterfahrungen. Zu bedenken ist, dass die Höhe der Eiausscheidung keine sicheren Aussagen über die Höhe der Wurmbürde eines Tieres zulässt. So können Pferde mit einer Eizahl von < 100/g Kot (EpG) über 100 000 Cyathostominen beherbergen. Werden nur Pferde mit EpG-Werten > 200 behandelt, bleibt ein Teil der Tiere mit hohen Wurmbürden unbehandelt. Selektive Behandlungen senken den Einsatz von Anthelminthika und die Arzneimittelkosten, erfordern aber einen maßgeblichen Aufwand für diagnostische Untersuchungen.

Strategische Gruppen-/Herdenbehandlung vs. selektive Behandlungen Obwohl die Prinzipien des selektiven Behandlungskonzeptes bereits vor mehr als 10 Jahren entwickelt wurden, sind die hierzu vorliegenden wissenschaftlichen Erfahrungsberichte noch begrenzt. In einigen Ländern wie z. B. Deutschland und der Schweiz wird das Konzept seit einiger Zeit auf breiterer Basis angewendet. In einer einjährigen Untersuchung an 1887 Pferden aus 192 Beständen wurden keine Unterschiede in der Verteilung der Strongyliden-Eiausscheidungen zwischen mittels selektiv und strategisch behandelten Gruppen festgestellt. Außerdem wurde, basierend auf Kotkulturuntersuchungen, bislang kein vermehrtes Vorkommen von *S. vulgaris* in den selektiv behandelten Gruppen beobachtet. Im Gegensatz dazu ergaben Untersuchungen in Dänemark und Schweden, dass *S. vulgaris* deutlich häufiger auf Betrieben vorkommt, in denen selektiv behandelt wurde. Auch wenn diese Studien aufgrund unterschiedlicher Anwendungsdetails nicht unmittelbar vergleichbar sind, sollten diese Beobachtungen Anlass für ein regelmäßiges (d. h. mindestens jährliches) Monitoring hinsichtlich des Vorkommens großer Strongyliden auf Beständen sein, auf denen selektiv behandelt wird. Ein potenzielles Risiko der selektiven Behandlung ist, dass schwere, nicht patente, ggf. zu Krankheitserscheinungen führende *S. vulgaris*-Infektionen unbehandelt bleiben. In Betrieben, auf denen große Strongyliden nachgewiesen wurden, sollte man nicht selektiv entwurmen, sondern über mindestens 2 Jahre nach dem Prinzip der strategischen Entwurmung die 5-jährigen und älteren Pferde mindestens 2-mal jährlich mit einem makrozyklischen Lacton behandeln. Zudem muss ein potenziell höheres Risiko einer larvalen Cyathostominose bei den unbehandelten Tieren in Betracht gezogen werden. Allerdings liegen hierzu gegenwärtig keine Daten vor. Wie bereits erwähnt, ist das Konzept der selektiven Behandlungen lediglich für ältere Pferde (> 5 Jahre) geeignet. Die amerikanische veterinärmedizinische Gesellschaft (AAVP) empfiehlt auch für diese Tiergruppe grundsätzlich 1- bis 2-jährliche Basisbehandlungen. Von der europäischen Expertengruppe ESCCAP (s. o.) wurden Empfehlungen zur strategischen Entwurmung formuliert, durch die grundsätzlich neben kleinen auch große Strongyliden sowie andere gastrointestinale Parasiten effektiv kontrolliert werden. Die 1. Behandlung im Frühsommer sowie die 2. im Herbst sollten mit einem makrozyklischen Lacton erfolgen. Durch Letztere werden auch ggf. vorhandene *Gasterophilus*-Larven erfasst. Alle weiteren Behandlungen gegen Strongyliden oder auch Bandwürmer sollten nur nach positivem Parasitennachweis (Monitoringbefund) durchgeführt werden. Bei diesen zusätzlichen Behandlungen kann alternativ zur Gruppenbehandlung (d. h. strategischen Behandlung) auch eine selektive Behandlung der älteren Pferde, die hohe Wurmeiausscheidungen aufweisen, erfolgen.

Monitoring Wichtig ist, die Bekämpfungsverfahren einem Monitoring (engl. *monitoring* = Überwachung) zu unterziehen, das folgende Maßnahmen einschließt:

- Initiale Erfassung des Parasitenspektrums im Bestand (große und kleine Strongyliden, *Strongyloides*, *Parascaris*, Cestoden, *Gasterophilus*, *Trichostrongylus*) durch Kotprobenuntersuchungen zur Feststellung der bestandsspezifischen Infektionssituation (z. B. durch Untersuchung von Sammelkotproben der verschiedenen Altersgruppen) sowie gezielte Untersuchung auf das Vorkommen großer Strongyliden durch Ansatz und Untersuchung von Larvenkulturen und/oder molekularen Nachweis. Zur Überprüfung des Vorkommens von Bandwurminfektionen (d. h. *Anoplocephala perfoliata*) steht seit Kurzem auch ein Speicheltest zur Verfügung. Nach initialer Untersuchung Monitoring des Bestandes durch weitere Kotprobenuntersuchungen (inkl. Larvenkultur/molekularer Nachweis) in regelmäßigen Abständen.
- Prüfung mithilfe des Eizahlreduktionstests (EZRT), ob im Bestand Anthelminthika-resistente Cyathostominen oder Spulwürmer vorkommen. Dabei werden die EpG-Werte von Tiergruppen (möglichst je 6 Tiere) vor der Behandlung mit den Werten 12–14 Tage nach der Therapie verglichen. Für Benzimidazole und Pyrantel wird eine mittlere Reduktion der Eizahl von ≥ 90 % und bei makrozyklischen Lactonen von ≥ 99 % als Indikator für eine sensible (nicht resistente) Population angesehen. Dieser Test erfordert eine kritische Auswertung (und die Angabe statistischer Vertrauensintervalle), da bei Eizählungen große Schwankungen auftreten können. Zur Diskussion steht die Frage, ob die oben erwähnten Grenzwerte pauschal für alle in den Beständen vorkommenden Cyathostominen-Arten gelten. Der EZRT sollte auf jedem Betrieb am besten in jährlichen, aber mindestens in 3-jährigen Intervallen wiederholt werden.

Anthelminthika-Einsatz und Bekämpfungspläne Anthelminthische Behandlungen, die zusätzlich zu den 2 Basisbehandlungen (S. 624) im Frühjahr und Herbst durchgeführt werden, sollten nur aufgrund der Ergebnisse des Monitorings erfolgen (▸ **Tab. 23.10**).

- Ziel ist die Reduktion der Zahl der Behandlungen pro Jahr auf das Notwendigste. Verwendung der makrozyklischen Lactone mit Langzeitwirkung vorzugsweise zu Beginn und Ende der Weidesaison, während Pyrantel und Benzimidazole mit Kurzeitwirkung während der Stall- oder inmitten der Weideperiode eingesetzt werden. In den Bestand neu eingestellte Tiere einer Quarantänebehandlung und Erfolgskontrolle (ERZT) unterziehen.
- Derzeit gibt es keine einheitlichen Empfehlungen zur medikamentösen Bekämpfung der Pferdestrongyliden. In der folgenden Option 1 wird als Beispiel ein **integratives Modell** vorgestellt, das nicht nur Strongyliden, sondern auch andere Parasiten berücksichtigt.

Die erwähnten Bekämpfungskonzepte der strategischen Gruppenbehandlung und selektiven Behandlung sollen an folgenden Beispielen veranschaulicht werden.

Option 1: Strategische Behandlungen der Gruppen/des Bestandes Exemplarische **Ausgangssituation:** Großer Pferdebestand mit verschiedenen Alters- und Nutzungsgruppen (d. h. inkl. Zuchtstuten), regelmäßiger Weidegang mit den üblichen saisonalen Infektionsrisiken durch Strongyliden (initiales Risiko durch überwinterte Larven, später zunehmend durch Larven aus Eiern, die von weidenden Pferden ausgeschieden werden).

Ziele: Reduktion der Ausscheidung von Strongyliden-Eiern und damit der Weidekontamination bei möglichst geringem Einsatz von Anthelminthika, Schutz aller Tiere des Bestandes vor Erkrankungen und Leistungsminderungen sowie Erfassung anderer relevanter Parasiten im Bestand (vor allem *Parascaris*, *Anoplocephala*, *Gasterophilus*). Letzteres kann bei Einsatz von Antiparasitika mit entsprechenden Wirkungsspektren erreicht werden.

Maßnahmen: Behandlung **aller** Tiere des Bestandes, jedoch je nach Alter (Tiergruppe) unterschiedlich häufig (▸ **Tab. 23.10**). **Fohlen:** erstmals ab dem 2.–3. Lebensmonat sowie anschließend im Abstand von ca. 3 Monaten bis zur Aufstallung sowie während des Winters. **Jährlinge und junge Pferde (bis einschl. 4 Jahre):** (a) 1–2 Monate nach Weidebeginn, (b) etwa 3 Monate später, (c) zur Aufstallung, (d) während des Winters. Die Behandlungen gegen Bandwürmer (*Anoplocephala*) grundsätzlich nur bei positivem Monitoringbefund im Bestand (koproskopisch oder immunologisch). **5-jährige und ältere Pferde:** wie Jährlinge und junge Pferde, jedoch Monitoring getrennt durchführen und Behandlungen (b) und (d), d. h. in Sommer und Winter, nur bei positivem „Monitoringbefund" (= Nachweis von Strongyliden-Eiern in Kotproben von Einzeltieren oder in Sammelkotproben von maximal 5 Tieren je Gruppe). Bei zusätzlichen Behandlungen aufgrund eines positiven Monitoringbefundes kann alternativ zur Behandlung aller älteren Pferde auch eine selektive Behandlung der Tiere erfolgen, die eine hohe Eiausscheidung aufweisen. Grundsätzlich sollte mindestens einmal pro Jahr ein Parasitenmonitoring für jede Altersgruppe im Bestand durchgeführt werden.

Zu Beginn der Weideperiode und bei Aufstallung ist aufgrund ihrer lang anhaltenden Unterdrückung der Eiausscheidung die Verwendung makrozyklischer Lactone zu empfehlen (erfassen bei der Aufstallungsbehandlung zudem *Gasterophilus*). Die Notwendigkeit für Zwischenbehandlungen ist durch ein koproskopisches Parasitenmonitoring abzuklären. Bei positivem Befund sollte die Zwischenbehandlung zur Reduzierung des Selektionsdrucks mittels BZ (falls keine Resistenz besteht) oder Pyrantel vorgenommen werden.

Neu in den Bestand eingestellte Tiere in separatem Stall behandeln und frühestens nach Kontrolle des Behandlungserfolgs mittels Kotprobenuntersuchung in die Gruppe integrieren.

In der Spezialliteratur (S. 650) sind nähere Empfehlungen für ein nach Pferdealter und Nutzungsgruppen differenziertes Behandlungskonzept mit integriertem Parasitenmonitoring publiziert. Derartige Empfehlungen können nur eine grundsätzliche Richtlinie darstellen und sollten unter Berücksichtigung der spezifischen Bestandsbedingungen (z. B. Besatzdichte, Weideverhalten, Hygienemaßnahmen) sowie aktuellen Umweltgegebenheiten (z. B. Witterungsverlauf) ggf. modifiziert angewendet werden.

Option 2: Selektive Behandlungen Exemplarische **Ausgangssituation** wie bei Option 1.

Ziele: Verminderung der Ausscheidung von Strongyliden-Eiern und damit der Weidekontamination sowie Schaffung eines zusätzlichen Refugiums in unbehandelten Tieren, um das Risiko der Entwicklung von AR zu mindern.

Maßnahmen: Ausschließlich adulte Pferde (ab dem 5. Lebensjahr) in dieses Konzept, das nur zur Bekämpfung der Strongyliden geeignet ist, einbeziehen. Regelmäßige (z. B. 2-monatliche) Eizählungen und Behandlung nur der Pferde, bei denen ein einen bestimmten Grenzwert (EpG-Wert > 200) überschreitender Kotprobenbefund ermittelt wurde. Empfehlungen Schweiz: Im 1. Jahr der Maßnahmen sollten bei jedem Pferd im 2-monatigen Abstand quantitative Kotprobenuntersuchungen durchgeführt werden (ab April/Mai, dabei mindestens 4 Untersuchungen im 1. Jahr). In den Folgejahren kann bei stabiler epidemiologischer Situation die Zahl der quantitative Kotprobenuntersuchungen auf 3 Untersuchungen reduziert werden (zu Beginn, Mitte und Ende der Weideperiode). Außerdem sollte die Wirksamkeit der verwendeten Anthelminthika mittels EZRT im 1- bis 2-jährigen Abstand untersucht werden. Das Konzept der selektiven Behandlungen zielt auf die Bekämpfung der kleinen Strongyliden und muss durch weitere Maßnahmen (S. 624) zur Bekämpfung anderer Parasiten (z. B. *Parascaris*, *Anoplocephala*, *Gasterophilus* und ggf. *Strongylus*) ergänzt werden.

Maßnahmen gegen die Arzneimittelresistenz kleiner Strongyliden Vorbeuge: Möglichst Anwendungshäufigkeit begrenzen und Wirkstoffgruppe der Präparate oft wechseln, Anthelminthika keinesfalls unterdosieren (Pferde wiegen oder zumindest Gewichtseinschätzung mittels Brustband vornehmen), Refugium mit sensiblen Parasiten bewahren (z. B. kein sofortiger Weidewechsel frisch behandelter Tiere) und Behandlungserfolg regelmäßig mittels EZRT (S. 588) kontrollieren. Bei nachgewiesener Resistenz sind Anthelminthika einzusetzen, die gegen Benzimidazol-resistente Populationen wirksam sind. Je nach Art und Grad der Resistenz sind dafür geeignet: Pyrantelverbindungen, Ivermectin und Moxidectin.

Dictyocaulose

Lungenwurmbefall (S. 305), verursacht durch *Dictyocaulus arnfieldi*, tritt bei Pferden am häufigsten auf, wenn sie gemeinsam mit Eseln weiden. Der Parasit ist an Esel gut adaptiert, die empfänglicher sind und lange Ausscheider bleiben können. Dagegen entwickeln sich bei Pferden patente Infektionen meist nur in jungen, 6–9 Monate alten Tieren. Die Ansteckung erfolgt durch Aufnahme infektiöser Larven (L 3).

Bekämpfung Pferde und Esel auf getrennten Weiden halten. Esel am Ende der Weidesaison gegen *Dictyocaulus*-Befall behandeln (Ivermectin 0,2 mg/kg KG p. o. oder Moxidectin 0,4 mg/kg KG p. o.). Behandlung vor der Weidesaison im Frühjahr wiederholen, wenn im Kot Eier oder Larven nachgewiesen werden. Bei Anwendung des strategischen Behandlungskonzepts (▶ **Tab. 23.10**) unter Einsatz von makrozyklischen Lactonen oder Benzimidazolen sollte *D. arnfieldi*-Befall bei Pferden effektiv kontrolliert werden.

Parascariose

Parascaris spp. (S. 333) (*P. univalens* oder *P. equorum*, Pferdespulwurm) sind häufige Parasiten bei Fohlen. Die Infektion erfolgt per os durch Aufnahme L 3-haltiger Eier.

Bekämpfung Regelmäßige Reinigung und Desinfektion der Stallungen. Dabei ist ein gegen Wurmeier wirksames Desinfektionsmittel (S. 595) zu verwenden. Einsammeln des Kotes auf der Weide; bei Verwendung von Pferdemist als Dünger auf Weiden den Mist zuvor komprimiert kompostieren sowie mehrmalig umschichten.

Bei Durchführung von metaphylaktischen Behandlungen gegen Strongyliden sind bei Fohlen und Jährlingen meist keine gesonderten Maßnahmen gegen *Parascaris* erforderlich. In zahlreichen Ländern (DE, NL, SE, USA u. a.) kommen *Parascaris*-Stämme mit AR gegen makrozyklische Lactone vor. Wenn in Problembeständen eine solche Resistenz nachgewiesen ist, können alternativ BZ, Pyrantel oder Piperazin eingesetzt werden. Ältere Pferde werden bei koproskopisch nachgewiesenem Befall behandelt.

Oxyuriose

Häufiger Befall mit *Oxyuris* spp. (S. 348) bei Pferden. Eiablage in Perianalgegend, Infektion per os durch Aufnahme L 3-haltiger Eier.

Bekämpfung Hygiene: gute Stallhygiene, häufiges Entmisten, Fütterung vom Boden vermeiden, Analbereich der Pferde mit Wasser, das ein Detergens enthält, in wöchentlichen Abständen reinigen. Medikamentöse Behandlung der Pferde, nötigenfalls mehrmals wiederholen (► Tab. 23.9).

Befall mit Zecken

In Mitteleuropa werden Pferde von verschiedenen Zeckenarten befallen, am häufigsten von *Ixodes ricinus* (S. 424) (verschiedene Körperstellen), regional z. B. auch von *Dermacentor* spp. (S. 429) (vor allem an der Schwanzspitze).

Bekämpfung Die Möglichkeiten zur Bekämpfung sind unzureichend. Mit Zecken befallene Pferde mit Phoxim-Lösung (0,05 %ig) waschen (Umwidmung!). Nach einem Erfahrungsbericht können solche Waschungen in Intervallen von 7 Tagen Pferde auf Waldweiden vor Zeckenbefall schützen.

Bekämpfung von Fliegen und Mücken

Pferde werden häufig von Fliegen (S. 493) (Tabaniden, *Musca* spp., *Haematobia* spp., *Stomoxys calcitrans* u. a.) sowie von Kriebelmücken (S. 486) und Gnitzen (S. 490) stark belästigt. Irritierend sind vor allem Insektenstiche in den Ohrmuscheln und in anderen Bereichen des Kopfes. Die Möglichkeiten des Schutzes der Pferde sind begrenzt.

Mechanischer Schutz Kopfhauben aus Stoff schützen die Ohrmuscheln und oberen Teile des Kopfes, Fliegenstiefel und -decken die Beine bzw. den Körper vor Insekten. Durch Besprühen der Abdeckungen mit einem Pyrethroid kann die Abwehr verbessert werden; sog. Fliegen- bzw. „Ekzemerdecken" sind, teilweise bereits Permethrin-imprägniert, im Handel erhältlich. Außerdem kann die Fliegenexposition durch Nachtweide sowie Fliegengitter in den Stallungen reduziert werden.

Insektizide und Repellenzien Entsprechende Präparate (für bestimmte Indikationen sind Permethrin-haltige Präparate zugelassen, teilweise Umwidmung erforderlich) werden mit einem Schwamm vor allem an Prädilektionsstellen (Kopf, Hals, Schulter, Unterbrust) aufgetragen. Die Wirkungsdauer gegen Tabaniden beträgt bis 6 Tage, gegen Fliegen bis 14 Tage, ist aber variabel. Durch starken Regen (nicht durch Schwitzen) wird die Emulsion abgewaschen und dadurch die Wirkung aufgehoben. Die Applikation (Gel, Spray) des Repellens Icaridin (EquiRepell®) schützt einige Stunden gegen Fliegen, aber weniger gut gegen Zecken.

Zur Verbesserung der Fliegenbekämpfung bei weidenden Pferden könnten Insektizid-imprägnierte Netze („Netzzäune") beitragen, die an Zäunen von Pferdekoppeln angebracht werden. Eine Pilotstudie in Brandenburg ergab eine signifikante Reduktion der Befallsintensität der Pferde mit Musciden und Tabaniden [Glossinidae (S. 503)]. Derartige Netze sind allerdings gegenwärtig nicht kommerziell verfügbar. Zudem ist eine potenzielle Ökotoxizität (keine selektive Wirkung auf parasitische bzw. Lästlingsfliegen) und die zunehmende Antiparasitika-Resistenzproblematik bei Fliegen zu bedenken.

Gasterophilose

Die Larven von *Gasterophilus*-Arten (S. 513) sind während ihres Aufenthaltes im Verdauungstrakt der Pferde für Bekämpfungsmaßnahmen leicht zugänglich. Gelegentlich werden Pferde von Hautdasselfliegen (v. a. *Hypoderma diana*, Rehdasselfliege) befallen, wobei zahlreiche Dasselbeulen im Rückenbereich entstehen können.

Bekämpfung Im Spätherbst (Oktober/November) Pferde systemisch mit einem makrozyklischen Lacton gegen Magendasseln behandeln (Moxidectin 0,4 mg/kg KG p. o. oder Ivermectin 0,2 mg/kg KG p. o.). Diese Behandlung erfasst auch wandernde Hautdassellarven und ist zudem gegen diverse intestinale Nematoden wirksam. Eventueller Residualbefall oder Spätinfestationen mit *Gasterophilus* spp. werden bei der üblichen Frühjahrsbehandlung gegen Strongyliden mit erfasst, sofern makrozyklische Lactone eingesetzt werden. Hautdasselbeulen werden durch manuelle Exstirpation, ggf. nach vorheriger Inzision der Haut, oder durch lokale Applikation eines Antiparasitikums (z. B. Phoxim) behandelt.

23.4.3 Export und Import von Pferden

Vorschriften dazu sind bei den zuständigen Behörden der betreffenden Länder zu erfragen und z. T. über das Internet zugänglich; sie beziehen sich auch auf Parasitosen, wie die Piroplasmose, Beschälseuche und Surra. Als Beispiel sei erwähnt, dass Pferde, bei denen serologisch (IFAT) Antikörper gegen Piroplasmen nachgewiesen werden, z. B. nach Australien nur unter strikten Auflagen zu kurzfristigen Veranstaltungen (Reitturniere, Ausstellungen usw.) importiert werden dürfen. Wenn an den Tieren Zecken gefunden werden, müssen sie umgehend behandelt werden. Pferde, die aus EU-Staaten, der Schweiz und einigen anderen Ländern in die USA importiert werden sollen, müssen frei von ansteckenden Krankheiten sein. Während einer 3-tägigen Quarantäne in den USA werden die Tiere auf Piroplasmose, Beschälseuche und andere Infektionskrankheiten untersucht.

23.5 Parasitosen von Hund und Katze

23.5.1 Parasitosen der Organsysteme, Antiparasitika und Impfstoffe

Zur Bekämpfung wichtiger Helminthen und Arthropoden bei Hund und Katze (▶ Tab. 23.11) stehen zahlreiche **Anthelminthika, Ektozide** und **Insekten-Entwicklungshemmer** (IEH) als Mono- oder Kombinationspräparate zur Verfügung (▶ Tab. 23.13, ▶ Tab. 23.14, ▶ Tab. 23.15). Dagegen können manche Protozoen-Infektionen nur mit Medikamenten behandelt werden, die für andere Tierarten oder den Menschen zugelassen sind oder aus anderen Ländern beschafft werden müssen (▶ Tab. 23.12). Kombinationspräparate, die 2–3 verschiedene Wirkstoffe enthalten, haben den Vorteil, dass sie ein breites Wirkungsspektrum aufweisen (z. B. gegen Nematoden, Cestoden und Arthropoden). Die Verwendung solcher Mittel ist dann sinnvoll, wenn die Zielparasiten tatsächlich oder vermutlich in einer gewissen Häufigkeit vorkommen und auch die epidemiologischen Gegebenheiten den Einsatz dieser Präparate rechtfertigen. In einigen Ländern sind **Impfstoffe** bei Hunden zur Vorbeuge der Babesiose (Pirodog®) oder der Leishmaniose (CaniLeish®, Letifend®) zugelassen.

▶ **Tab. 23.11** Parasitosen (Auswahl) der Organsysteme bei Hund und Katze.[1]

Organsystem	Parasitose[2]	Parasiten	
		Hund	Katze
Haut	**Leishmaniose** (S. 73)	*Leishmania infantum*	*L. infantum* (seltener)
	Befall mit Zecken (S. 411)	*Ixodes ricinus, I. hexagonus, I. canisuga, Dermacentor reticulatus, Rhipicephalus sanguineus* u. a.	
	Cheyletiellose (S. 447)	*Cheyletiella* spp.	*Cheyletiella* spp.
	Demodicose (S. 443)	*Demodex* spp.	*Demodex* spp.
	Trombiculose (S. 448)	*Trombicula* spp.	*Trombicula* spp.
	Ohrräude (S. 459)	*Otodectes cynotis*	*O. cynotis*
	***Sarcoptes*-Räude** (S. 460)	*Sarcoptes scabiei* var. *canis/vulpes*	*Sarcoptes scabiei* var. *canis/vulpes* (seltener)
	***Notoedres*-Räude** (S. 465)	–	*Notoedres cati*
	Haarlingsbefall (S. 469), **Läusebefall** (S. 473)	*Trichodectes canis, Linognathus setosus*	*Felicola subrostratus*
	Wundmyiasis (S. 505)	Larven verschiedener Fliegenarten	wie beim Hund
	Flohbefall (S. 522)	*Ctenocephalides felis, C. canis* u. a. Floharten	*C. felis, C. canis*, seltener andere Floharten
Unterhaut, Muskulatur	**Dirofilariose** (S. 369)	*Dirofilaria repens*	*D. repens*
	Neosporose (S. 111)	*Neospora caninum*	–
	Hepatozoonose (S. 81)	*Hepatozoon canis*	*H. felis, H. silvestris*
	Trichinellose (S. 382)	*Trichinella spiralis, T. britovi*, larval	*T. spiralis, T. britovi*, larval
Atmungsorgane	**Crenosomose** (S. 320)	*Crenosoma vulpis*	–
	Troglostrongylose (S. 320)	–	*Troglostrongylus* spp.
	Aelurostrongylose (S. 325)	–	*Aelurostrongylus abstrusus*
	Oslerose (S. 327)	*Oslerus osleri*	*Oslerus rostratus*
	Filaroidose (S. 327)	*Filaroides hirthi*	–
	Angiostrongylose (S. 322)	*Angiostrongylus vasorum*	*A. vasorum* (selten)
	Capillariose (S. 377)	*Capillaria aerophila, C. boehmi*	*C. aerophila*

▶ **Tab. 23.11** Fortsetzung

Organsystem	**Parasitose**[2]	**Parasiten**	
		Hund	**Katze**
Lymphatisches System	**Leishmaniose** (S. 73)	*Leishmania infantum*	*L. infantum*
	Cytauxzoonose (S. 148)	–	*Cytauxzoon felis, Cytauxzoon* sp. (in Europa)
Blut, Blutgefäße	**Babesiose** (S. 132)	*Babesia canis, B. vogeli, Babesia* spp.	*Babesia* spp.
	Dirofilariose (S. 363)	*Dirofilaria immitis*	*D. immitis*
	Angiostrongylose (S. 322)	*Angiostrongylus vasorum*	*A. vasorum* (selten)
Ösophagus, Magen	**Ollulanose** (S. 303)	–	*Ollulanus tricuspis*
	Spirocercose (S. 354)	*Spirocerca lupi*	–
	Capillariose (S. 380)	–	*Capillaria putorii*
Dünndarm	**Giardiose** (S. 47)	*Giardia duodenalis*	*G. duodenalis*
	Cystoisosporose (S. 98)	*Cystoisospora* spp.	*Cystoisospora* spp.
	Sarcocystiose (S. 118)	*Sarcocystis* spp.	*Sarcocystis* spp.
	Hammondiose (S. 111)	*Hammondia heydorni*	*H. hammondi*
	Neosporose (S. 111)	*Neospora caninum*	–
	Cryptosporidiose (S. 124)	*Cryptosporidium* spp.	*Cryptosporidium* spp.
	Toxoplasmose (S. 101)	–	*Toxoplasma gondii*
	Diphyllobothriose (S. 205)	*Diphyllobothrium latum*	*D. latum*
	Mesocestoidose (S. 209)	*Mesocestoides* spp.	*Mesocestoides* spp.
	Dipylidiose (S. 219)	*Dipylidium caninum*	*D. caninum*
	Taeniose (S. 221)	*Taenia hydatigena, T. ovis, T. pisiformis* u. a.	*Taenia taeniaeformis*
	Echinococcose	*Echinococcus granulosus* (S. 238) , *E. multilocularis* (S. 245)	*E. multilocularis*
	Strongyloidose (S. 256)	*Strongyloides stercoralis*	–
	Hakenwurmbefall (S. 280)	*Ancylostoma caninum, Uncinaria stenocephala*	*Ancylostoma tubaeforme, U. stenocephala*
	Spulwurmbefall (S. 336)	*Toxocara canis, Toxascaris leonina*	*Toxocara cati, T. leonina*
Dickdarm	**Trichuriose** (S. 374)	*Trichuris vulpis*	–
	Tritrichomonose (S. 55)	*Tritrichomonas foetus, Pentatrichomonas hominis*	*Tritrichomonas foetus*
Leber	**Leishmaniose** (S. 73)	*Leishmania infantum*	*L. infantum* (seltener)
	Opisthorchiose (S. 194)	*Opisthorchis felineus*	*O. felineus*
	Echinococcose, alveoläre (S. 245)	*Echinococcus multilocularis*, larval	–
	Capillariose (S. 380)	*Capillaria hepatica*	*C. hepatica*
Harnblase	Blasencapillariose (S. 380)	*Capillaria plica*	*C. plica*
Auge	Thelaziose (S. 351)	*Thelazia callipaeda*	*T. callipaeda*
	Onchocercose (S. 372)	*Onchocerca lupi*	–
Nervensystem	Toxoplasmose (S. 101)	*Toxoplasma gondii*	*T. gondii*
	Neosporose (S. 111)	*Neospora caninum*	–

[1] die Liste erhebt keinen Anspruch auf Vollständigkeit; die Angaben beziehen sich auf das Vorkommen von Parasiten in Europa (vor allem auf West- und Zentraleuropa), teils unter Berücksichtigung von importierten Parasiten
[2] Fettdruck: Parasitosen von besonderem Interesse für die Praxis

▶ **Tab. 23.12** Antiprotozoika (Auswahl) für Hund und Katze.

Indikation	Wirkstoff	Zulassung[1]	Dosis und Applikation[2]
Babesiose	Imidocarb	H	2,0–6,6 mg/kg KG s. c., nötigenfalls Wiederholung nach 2 Wochen
Hepatozoonose des Hundes	Imidocarb	–	5,0–6,0 mg/kg KG s. c. im Abstand von 14 d
Leishmaniose des Hundes	Allopurinol	M	Hund: 20 mg/kg KG tgl. p. o., 3 Monate bis Jahre
	Miltefosin	H	2 mg/kg KG p. o. über 4 Wochen
	N-Methylglucamin-antimonat	M	s. *Leishmania infantum* (S. 73)
Giardiose bei Hund und Katze	Fenbendazol	H/K	50 mg/kg KG tgl. an 3–5 d
	Metronidazol	H/K	2 x tgl. 25 mg/kg KG p. o. an 5–7 d (kann wiederholt werden)
Tritrichomonose der Katze	Ronidazol	–	2 x tgl. 30 mg/kg KG an 14 d
Cystoisosporose bei Hund und Katze	Toltrazuril	H/K	Hund: 9 mg/kg KG einmalig, p. o. Katze: 9–18 mg/kg KG, p. o.
Toxoplasmose: akute systemische Infektion bei Hund und Katze; Ausnahme: cerebrale Form	Clindamycin	H/K	Hund: 12,5 mg/kg KG p. o. alle 12 h während 2–4 Wochen Katze: 12,5–25,0 mg/kg p. o. alle 12 h während 2–4 Wochen
Neosporose[3]: systemische Infektion beim Hund	Pyrimethamin + Sulfonamide	M H	Pyrimethamin: 1 mg/kg KG tgl. p. o. + Sulfadiazin/Trimethoprim 15 mg/kg KG 2 × tgl. p. o. während 4 Wochen
	Clindamycin + Sulfonamide	M H	12,5 mg/kg KG 2 × tgl. p. o. während 4–8 Wochen + Sulfadiazin/Trimethoprim 15 mg/kg KG 2 × tgl. p. o. während 4–8 Wochen

[1] mindestens in einem der Länder (AT, CH, DE) zugelassen für H: Hund, K: Katze, M: Mensch, A: andere Tierarten; –: Wirkstoff nicht zugelassen
[2] Hinweise auf Anwendungsbeschränkungen sowie Verträglichkeit beachten [s. Beipackzettel oder Datenbanken (S. 602)]
[3] mit den aufgeführten Kombinationstherapien wurde in einigen Fällen eine klinische Heilung erzielt

▸ **Tab. 23.13** Anthelminthika (Auswahl) für Hunde (H) und Katzen (K): Monopräparate.

Wirkstoff (Wirkstoffgruppe)[1]	**Zulassung**[2]	**Dosis: Wirkstoff mg/kg KG**[3]	**Applikation**	**Wirkungsspektrum der Medikamente**[4]												**SI**[5]	
				Dünn- und Dickdarm								**extraintestinale Organe**					
		bei mehrtägiger Therapie × Zahl der Tage (d)		***Diphyllobothrium***	***Mesocestoides***	***Dipylidium***	***Taenia***	***Echinococcus***	***Uncinaria, Ancylostoma***	***Toxocara, Toxascaris***	***Trichuris***	***Aelurostrongylus***	***Crenosoma***	***Angiostrongylus***	***Dirofilaria immitis: Mikrofilarien u. Wanderstadien***	**H**	**K**
Fenbendazol (BZ)	H/K	H/K: 50 × 3 d	p. o.			–	●	–	●	●	●	◐	●	◐	–	> 10	> 3
Flubendazol (BZ)	H/K	H/K: 22 × 2–3 d	p. o.			–	●	–	●	●	●					> 7	
Mebendazol (BZ)	H/K	H/K: tgl. 2 × 50–100 je Tier × 2–5 d	p. o.				◐	–	●	●	◐					> 20	
Selamectin (ML)	H/K	H/K: 6,0	Spot-on	–	–	–	–	–	●	●					●	> 10	
Praziquantel (ISO)	H/K	H/K: 5,0	p. o.	◐	●	●	●	●	–	–	–	–	–	–	–	> 20	> 20
		H/K: 5,7	s. c.	◐	●	●	●	●	–	–	–	–	–	–	–		
		K: 8,0	Spot-on		●	●	●	●	–	–	–	–	–	–	–		
Epsiprantel (ISO)	H/K	H: 5,5/K: 2,75	p. o.			●	●	●	–	–	–	–	–	–	–	90	36
Nitroscanat (VA)	H	H: 50–100	p. o.			●	●	◐	●	●	–	–	–	–	–	> 5	
Pyrantel-Base (PY)	H/K	H: 5,0/K: 20,0	p. o.	–	–	–	–	–	◐	●	–	–	–	–	–	> 10	

[1] BZ: Benzimidazole; ISO: Isochinoline; ML: makrozyklische Lactone; PY: Pyrimidine; VA: verschiedene andere Wirkstoffe
[2] Zulassung in AT, CH oder DE für Hunde (H) oder Katzen (K); landesspezifische Unterschiede beachten
[3] Auswahl von **Richtdosierungen;** weitere Informationen s. Beipackzettel der Präparate oder Datenbanken (S. 602)
[4] Wirkung (Intenseffekt) – ●: gut bis hochwirksam; ◐: teilwirksam oder nur in erhöhter Dosis oder bei längerer Applikation wirksam; –: keine ausreichende Wirkung; leere Felder: keine Informationen oder Mittel in dieser Indikation nicht empfohlen
[5] SI: Sicherheitsindex

▸ **Tab. 23.14** Antiparasitika (Auswahl) für Hunde (H) und Katzen (K): Kombinationspräparate.

Wirkstoff (Wirkstoffgruppe)[1]	**Zulassung**[2]	**Dosis**[2]**: Wirkstoff mg/kg KG**	**Applikation**	**Wirkungsspektrum der Medikamente**[3]												
		bei mehrtägiger Therapie × Zahl der Tage (d)		***Cystoisospora***	***Diphyllobothrium***	***Dipylidium***	***Echinococcus, Taenia***	***Uncinaria, Ancylostoma***	***Toxocara, Toxascaris***	***Trichuris***	***Thelazia***	***Angiostrongylus***	***Crenosoma***	***Aelurostrongylus***	**Flöhe**	***Dirofilaria immitis*: Mikrofilarien und Wanderstadien**
Febantel + Praziquantel + Pyrantelembonat	H	15,0 + 5,0 + 5,0	p. o.	–	◐	●	●	●	●	●	–	–		–	–	–
Fenbendazol + Praziquantel	H/K	50,0 × 2–3 d + 5,0	p. o.	–	◐	●	●	●	●	●	–	◐	●	–	–	–
Pyrantelembonat + Praziquantel	K	20,0 + 5,0	p. o.	–	◐	●	●	◐	●	–	–	–		–	–	–
Pyrantel-Base + Epsiprantel	H	5,0 + 5,5	p. o.	–		●	●	●	●	–	–	–		–	–	–
Pyrantel + Oxantel + Praziquantel	H	5,0 + 20,0 + 5,0	p. o.	–	◐	●	●	●	●	●	–	–		–	–	–
Milbemycinoxim + Praziquantel	H/K	H: 0,5 + 5,0	p. o.	–	◐	●	●	◐/●	●	●	◐	◐	●	◐	–	●
Milbemycinoxim + Lufenuron	H	0,5 + 10	p. o.	–	–	–	–	◐/●	●	●	◐	◐	●		●	●
Milbemycinoxim + Lufenuron + Praziquantel	H	0,5 + 10,0 + 5,0	p. o.	–	◐	●	●	◐/●	●	●	●	–	●		●	●
Milbemycinoxim + Afoxolaner	H	0.5 + 2,5	p. o.	–	–	–	–	◐/●	●	●	●	–	●		●	●
Moxidectin + Imidacloprid	H/K	H: 2,5 + 10,0 K: 1,0 + 10,0	Spot-on	–	–	–	–	●	●	●	●	●	●	◐	●	●
Emodepsid (VA) + Praziquantel	K	3,0 + 12,0	Spot-on	–		●	●	●	●					●		
Emodepsid (VA) + Praziquantel	H	1,0 + 5,0	p. o.	–		●	●	●	●	●						
Emodepsid (VA) + Toltrazuril (VA)	H	0,45 + 9,0	p. o.	●	–	–	–	●	●	–						
Eprinomectin + Praziquantel + Fipronil + S-Methopren	K	0,5 + 10 + 10 + 12	Spot-on	–		●	●	●	●					●	●	●

[1] s. ▸ Tab. 23.13

[2] Auswahl von **Richtdosierungen;** weitere Informationen s. Beipackzettel der Präparate oder Datenbanken (S. 602)

[3] Wirkung (Intenseffekt) – ●: gut bis hochwirksam; ◐: teilwirksam oder nur in erhöhter Dosis oder bei längerer Applikation wirksam; –: keine ausreichende Wirkung; leere Felder: keine Informationen oder Mittel in dieser Indikation nicht empfohlen

▶ **Tab. 23.15** Ektozide und Insekten-Entwicklungshemmer (Auswahl) für Hunde (H) oder Katzen (K) (weitere Informationen s. verschiedene Parasitosen).

Indikation, Applikationsart, Wirkstoff und (Wirkstoffgruppe)[1]	Handelspräparate (Beispiele)	Zulassung[2]	Richtdosis (mg/kg KG)[3], Applikations-Frequenz und Wirkungsdauer (WD)
Schildzecken-Befall			
Halsband			
Deltamethrin (P)	Scalibor®, Prevendog®	H	WD: 5–6 Monate
Flumethrin (P) + Imidacloprid (VA)	Seresto®	H/K	WD: 7–8 Monate
Oral			
Afoxolaner (ISOX) (p. o.)	NexGard®	H	2,7–6,9 mg/kg, WD: 5 Wo
Afoxolaner (ISOX) + Milbemycinoxim (ML) (p. o.)	NexGard® Spectra	H	2,5–5,36 mg/kg + 0,5–1,07 mg, WD: 5 Wo
Fluralaner (ISOX) (p. o.)	Bravecto®	H	25–56 mg/kg, WD: 12 Wo
Lotilaner (ISOX) (p. o.)	Credelio®	H/K	H: 20–43 mg/kg, K: 6–24 mg/kg, WD: 1 Mo
Sarolaner (ISOX) (p. o.)	Simparica®	H	2–4 mg/kg, WD: 5 Wo
Spot-on			
Fipronil (VA)	Frontline®	H/K	H, K: 6,7 mg/kg, WD: 2 (K) bis 4 (H) Wo
Fipronil (VA) + Methopren (IE) + Amitraz (FORM)	Certifect®	H	6,7 mg/kg + 6 mg/kg + 8 mg/kg, WD: 5 Wo
Fluralaner (ISOX)	Bravecto®	H	25–56 mg/kg, WD: 12 Wo
Fluralaner (ISOX) + Moxidectin (ML)	Bravecto® Plus	K	40–94 mg/kg + 2–4,7 mg/kg
Sarolaner (ISOX) + Selamectin (ML)	Stronghold Plus®	K	1–2 mg/kg + 6–12 mg/kg, WD: 4 Wo
Imidacloprid (VA) + Permethrin (P)	Advantix®	H	10 mg/kg + 50 mg/kg, WD: 4 Wo
Permethrin (P)	Exspot®	H	50 mg/kg, WD: 4 Wo
Pyriprol (VA)	Prac-tic®	H	12,5 mg/kg, WD: 4 Wo
Sarolaner (ISOX) + Selamectin (ML)	Stronghold Plus®	K	1 mg/kg + 6 mg/kg: 4 Wo
Spray			
Permethrin (P) + Pyriproxifen (IE)	Duowin®	H	94 mg/kg + 1,0 mg/kg, WD: 4 Wo
Demodicose			
Afoxolaner (ISOX) (p. o.)	NexGard®	H	2,7–7 mg/kg
Afoxolaner (ISOX) + Milbemycinoxim (ML) (p. o.)	NexGard Spectra®	H	2,5–5,36 mg/kg + 0,5–1,07 mg/kg
Fluralaner (ISOX) (p. o.; Spot-on)	Bravecto®	H	25–56 mg/kg
Imidacloprid (VA) + Moxidectin (ML) (Spot-on)	Advocate®	H	10 mg/kg + 2,5 mg/kg, mind. 4 × im Abstand von 4 Wo
Sarolaner (ISOX) (p. o.)	Simparica®	H	2–4 mg/kg
Cheyletiellose oder Trombiculose			
Fipronil (VA) (Spot-on)	Frontline®	H/K	H, K: 6,7 mg/kg, Wdh. nach 2 Wo
Selamectin (ML) (Spot-on)	Stronghold®	H/K	H, K: 6,0 mg/kg, Wdh. nach 4 Wo
***Sarcoptes*- und *Notoedres*-Räude**			
Afoxolaner (ISOX) (p. o.)	NexGard®	H	2,7–6,9 mg/kg, 2 × im Abstand von 1 Monat
Afoxolaner (ISOX) + Milbemycinoxim (ML) (p. o.)	NexGard® Spectra	H	2,5–5,36 mg/kg + 0,5–1,07 mg, 2 × im Abstand von 1 Monat
Eprinomectin (ML) + Fipronil (VA) + Methopren (IE) + Praziquantel (ISOC) (Spot-on)	Broadline®	K	0,5 mg/kg + 10 mg/kg + 12 mg/kg + 10 mg/kg
Fluralaner (ISOX) (p. o.; Spot-on)	Bravecto®	H	25–56 mg/kg
Imidacloprid (VA) + Moxidectin (ML) (Spot-on)	Advocate®	H	10 mg/kg + 2,5 mg, Wdh. nach 4 Wo
Sarolaner (ISOX) (p. o.)	Simparica®	H	2–4 mg/kg
Selamectin (ML) (Spot-on)	Stronghold®	H	6 mg/kg, Wdh. nach 4 Wo

▶ **Tab. 23.15** Fortsetzung

Indikation, Applikationsart, Wirkstoff und (Wirkstoffgruppe)[1]	Handelspräparate (Beispiele)	Zulassung[2]	Richtdosis (mg/kg KG)[3], Applikations-Frequenz und Wirkungsdauer (WD)
Ohrräude (*Otodectes*-Befall)			
Fluralaner (ISOX) (Spot-on)	Bravecto®	K	40–94 mg/kg
Fluralaner (ISOX) + Moxidectin (ML) (Spot-on)	Bravecto® Plus	K	40–94 mg/kg + 2–4,7 mg/kg
Imidacloprid (VA) + Moxidectin (ML) (Spot-on)	Advocate®	H/K	H: 10 mg/kg + 2,5 mg/kg, Wdh. nach 4 Wo K: 10 mg/kg + 1,0 mg/kg, Wdh. nach 4 Wo
Sarolaner (ISOX) (p. o.)	Simparica®	H	2–4 mg/kg
Sarolaner (ISOX) + Selamectin (ML) (Spot-on)	Stronghold Plus®	K	1 mg/kg + 6 mg/kg
Selamectin (ML) (Spot-on)	Stronghold®	H/K	H, K: 6 mg/kg, Wdh. nach 4 Wo
Befall mit Läusen und Haarlingen			
Fipronil (VA) (Spot-on)	Frontline®	H/K	H, K: 6,7 mg/kg, Wdh. nach 2 Wo
Sarolaner (ISOX) + Selamectin (ML) (Spot-on)	Stronghold Plus®	K	1–2 mg/kg + 6–12 mg/kg
Selamectin (ML) (Spot-on)	Stronghold®	H/K	H, K: 6,0 mg/kg, Wdh. nach 4 Wo
Floh-Befall[4]			
Halsband			
Deltamethrin (P)	Scalibor®, Prevendog®	H	WD: 4 Monate
Flumethrin (P) + Imidacloprid (VA)	Seresto®	H/K	WD: 7–8 Monate
Spot-on			
Eprinomectin (ML) + Fipronil (VA) + Methopren (IE) + Praziquantel (ISOC) (Spot-on)	Broadline®	K	0,5 mg/kg + 10 mg/kg + 12 mg/kg + 10 mg/kg, WD: 4 Wo
Fipronil (VA) + Methopren (IE)	Frontline® Combo	H/K	H: 6,7 mg/kg + 6,0 mg/kg K: 5,0 mg/kg + 6,0 mg/kg WD: adulte Flöhe 4–8 Wo, Entwicklungsstadien 6–12 Wo
Fipronil (VA) + Methopren (IE) + Amitraz	Certifect®	H	6,7 mg/kg + 6,0 mg/kg + 8 mg/kg, WD: 5 Wo
Fluralaner (ISOX)	Bravecto®	H	40–94 mg/kg, alle 12 Wo
Fluralaner (ISOX) + Moxidectin (ML) (Spot-on)	Bravecto® Plus	K	40–94 mg/kg + 2–4,7 mg/kg, alle 12 Wo
Imidacloprid (VA)	Bayvantage® Advantage®	H/K	H, K: 10 mg/kg, alle 4 Wo
Imidacloprid (VA) + Moxidectin (ML)	Advocate®	H/K	H: 10 mg/kg + 2,5 mg/kg, WD: 4 Wo K: 10 mg/kg + 1,0 mg/kg, WD: 4 Wo
Imidacloprid (VA) + Permethrin (P)	Advantix®	H	10 mg/kg + 50 mg/kg, WD: 4 Wo
Permethrin (P)	Exspot®	H	50 mg/kg, WD: 4 Wo
Pyriprol (VA)	Prac-tic®	H	12,5 mg/kg, WD: 4 Wo
Pyriproxifen (IE)[5]	Cyclio®	H/K	H: 2,0 mg/kg, WD: 3 Monate K: 10 mg/kg, WD: 3 Monate
Sarolaner (ISOX) + Selamectin (ML)	Stronghold Plus®	K	1–2 mg/kg + 6–12 mg/kg, WD: 5 Wo
Spray			
Pyriproxifen (IE) + Permethrin (P)	Duowin®	H	94 mg/kg + 1,0 mg/kg, WD: 4 Wo adulte Flöhe, 8 Wo Entwicklungsstadien
Selamectin (ML) (Spot-on)	Stronghold®	H/K	H, K: 6,0 mg/kg, Wdh. nach 4 Wo
per os oder subkutan			
Afoxolaner (ISOX) (p. o.)	NexGard®	H	2,7–6,9 mg/kg, Wdh.: alle 5 Wo
Afoxolaner (ISOX) + Milbemycinoxim (ML) (p. o.)	NexGard Spectra®	H	2,5–5,36 mg/kg + 0,5–1,07 mg, WD: 5 Wo

▶ **Tab. 23.15** Fortsetzung

Indikation, Applikationsart, Wirkstoff und (Wirkstoffgruppe)[1]	Handelspräparate (Beispiele)	Zulassung[2]	Richtdosis (mg/kg KG)[3], Applikations-Frequenz und Wirkungsdauer (WD)
Fluralaner (ISOX) (p. o.)	Bravecto®	H	25–56 mg/kg, Wdh.: alle 12 Wo
Lotilaner (ISOX) (p. o.)	Credelio®	H/K	H: 20–43 mg/kg, K: 6–24 mg/kg, WD: 1 Mo
Lufenuron (IE)[c] (p. o.)	Program®	H	10 mg/kg, Wdh.: alle 4 Wo
Lufenuron (IE)[5] (s. c.)	Program®	K	10 mg/kg, Wdh.: alle 6 Monate
Nitenpyram (p. o.), Sofortbehandlung gegen adulte Flöhe	Capstar®	H/K	H, K: 1,0 mg/kg, sobald Flöhe auf Tier erscheinen
Sarolaner (ISOX) (p. o.)	Simparica®	H	2–4 mg/kg, WD: 5 Wo
Spinosad (VA) (p. o.)	Comfortis®	H	45–70 mg/kg, Wdh.: alle 3–4 Wo
Sandmücken-(Phlebotomen-)Befall			
Deltamethrin (P) (Halsband)	Scalibor®, Prevendog®	H	WD: bis 6 Monate
Imidacloprid (IEH) + Permethrin (P) (Spot-on)	Advantix®	H	10 mg + 50 mg/kg, WD: 2–3 Wo
Permethrin (P) (Spot-on)	Exspot®[6]	H	50 mg/kg, WD: 4 Wo

[1] C: Carbamate; FORM: Formamidine; IE: Insekten-Entwicklungshemmer; ISOC: Praziquantel; ISOX: Isoxazoline; ML: makrozyklische Lactone; P: Pyrethroide; VA: verschiedene andere Wirkstoffe
[2] mindestens in einem der Länder (AT, CH, DE) zugelassen; U: Umwidmung erforderlich
[3] Richtdosis bedeutet bei manchen Präparaten: Mindestdosis; Wdh.: Wiederholung; Wo: Woche(n); s. auch Datenbanken (S. 602)
[4] im Handel sind zahlreiche Typen von Insektizid-Halsbändern zur Flohbekämpfung erhältlich
[5] wirkt nicht auf adulte Flöhe, sondern hemmt die Entwicklung der Flöhe
[6] in dieser Indikation nicht offiziell registriert

23.5.2 Planmäßige Bekämpfung wichtiger Parasitosen von Hund und Katze

Im Gegensatz zur Situation bei Wiederkäuern, Schwein und Pferd fehlen zur planmäßigen Bekämpfung bestimmter Parasitosen von Kleintieren umfangreiche Studien über die epidemiologischen Auswirkungen, die Nachhaltigkeit und das Aufwand-Nutzen-Verhältnis der empfohlenen Maßnahmen. Als Ausnahmen sind beispielsweise Studien zur Bekämpfung von *Dirofilaria immitis* und *Echinococcus granulosus* s. l. bei Hunden oder von Flohbefall bei Hund und Katze zu nennen. Dies ist u. a. darauf zurückzuführen, dass die Hunde- und Katzenpopulationen in ihren Rasse- und Altersstrukturen und in der räumlichen Verteilung sowie bezüglich der Haltung und Ernährung sehr heterogen sind und es daher schwierig ist, solche Studien durchzuführen. Manche der Empfehlungen zur Bekämpfung, die sich hauptsächlich auf epidemiologische Überlegungen von Experten, auf Erfahrungen aus der Praxis und Einzelstudien stützen, sind daher noch in Diskussion und bedürfen einer Weiterentwicklung und Überprüfung. Der „European Scientific Counsel Companion Animals Parasites" (ESCCAP) hat zur Bekämpfung von Helminthen, Protozoen und Ektoparasiten bei Hund und Katze Richtlinien erarbeitet, die im Internet einsehbar sind (www.esccap.org; www.esccap.ch; www.esccap.de).

Leishmaniose des Hundes

Die Leishmaniose des Hundes ist u. a. in Ländern Südeuropas verbreitet. Der Erreger, *Leishmania infantum* (S. 73), wird durch Sandmücken (Gattung *Phlebotomus*) übertragen. Die Verhinderung der Stiche von Sandmücken ist von zentraler Bedeutung für die Verminderung der Parasiten-Übertragung und die Prophylaxe der Erkrankung.

Chemoprophylaxe Für Hunde, die sich ständig oder zeitweise (z. B. bei Ferienreisen) in Endemiegebieten aufhalten, wird in der Zeit zwischen April und November eine Prophylaxe gegen Stiche der Sandmücken empfohlen. Das Anlegen eines wasserfesten, Insektizid-imprägnierten Halsbandes (Scalibor®) zu Beginn der Mückenaktivität oder 1 Woche vor Einreise in ein Endemiegebiet verleiht ungefähr 6 Monate Schutz (bis 90 %) vor Phlebotomenstichen. Aktive Wirkstoffe der Halsbänder sind Pyrethroide alleine oder Kombinationen mit anderen Wirkstoffen. Eine Alternative für Hunde ist die Spot-on-Behandlung (initial 24 h vor Einreise) mit Permethrin (Exspot®) alle 4 Wochen oder mit Permethrin + Imidacloprid (Advantix®) alle 3 Wochen (▶ **Tab. 23.15**). Diese Maßnahmen haben gleichzeitig eine Schutzwirkung gegen Zecken und Flöhe. Sie können zudem in Endemiegebieten bei breiter Anwendung zur Reduktion der Leishmaniose-Inzidenz bei Hunden beitragen.

Vakzination In der EU und in der Schweiz ist eine Vakzine CaniLeish® zugelassen, die auf exkretorisch-sekretorischen *L. infantum*-Antigenen basiert. Durch diese Impfung wird eine korrekte Serodiagnose erschwert. Kürzlich wurde Letifend® für die EU zugelassen. Dieser Impfstoff basiert auf einem rekombinanten Antigen, das die Aussagekraft der serologischen Diagnose mit nativen Antigenen von promastigoten Stadien nicht beeinflusst. Diese beiden Impfungen sollen nach Angaben der Hersteller Erkrankungen verhindern, schützen aber nicht sicher vor einer Infektion. Es fehlen jedoch unabhängige Langzeit-Feldstudien, welche die Nützlichkeit der Impfungen dokumentieren.

Expositionsprophylaxe Aufenthalt der Hunde im Freien möglichst auf die Tageszeit (1 h nach Sonnenaufgang bis 1 h vor Sonnenuntergang) beschränken und vermeiden, dass sich die Tiere in der Nähe von Brutplätzen der Phlebotomen (S. 484) (Keller, Müllplätze, Stallungen) aufhalten.

Weitere Maßnahmen Nach Rückkehr aus dem Endemiegebiet Hunde sofort und ca. 1 Jahr später serologisch untersuchen, seropositive Tiere überwachen und bei ersten Anzeichen pathologischer Blutwerte behandeln. In nichtendemischen Gebieten mit nachgewiesenem Vorkommen vektorkompetenter Sandmücken (S. 484) (z. B. Südschweiz, Süddeutschland) ist nicht auszuschließen, dass importierte Hunde mit unbehandelter oder behandelter Leishmaniose zu Ansteckungsquellen für die autochthonen Vektoren werden könnten. Daher wird als vorläufige Präventivmaßnahme empfohlen, solche Hunde während der Sommermonate vor Mückenbefall zu schützen (s. o.).

Babesiose

In Süd- und Osteuropa (im Norden bis LT) ist die Babesiose bei Hunden weitverbreitet, in Mitteleuropa kommt es nur in einigen Regionen zu autochthonen Infektionen von Hunden mit *Babesia*-Arten (S. 132). Die Mehrzahl der Fälle ist importiert. Die Erreger werden durch den Stich von Schildzecken übertragen. Bei Katzen wurden in Europa nur sporadisch Fälle von Babesiose nachgewiesen.

Bekämpfung Prophylaxe gegen Zeckenbefall durch Anlegen eines Halsbandes mit acarizider Wirkung (z. B. Scalibor® oder Seresto® bei Hunden bzw. Seresto® bei Katzen) oder Applikation von Acariziden auf die Haut oder per oral (▸ **Tab. 23.15**). Auch wenn nur ein partieller Schutz vor Zecken erreicht wird, können diese Maßnahmen das Infektionsrisiko erheblich mindern.

Schutzimpfung mit Totimpfstoff (Pirodog®). Die Impfung kann zwar die Infektionen nicht sicher verhindern, sie schützt aber die meisten Hunde vor schweren Erkrankungen.

Chemoprophylaxe Eine Behandlung von Hunden mit Imidocarb (1 × 6,0 mg/kg KG s. c. oder 2 × 4,0–6,0 mg/kg KG s. c. im Abstand von 14 d) schützt etwa 4 Wochen vor Erkrankungen (Imidocarb in AT und DE nicht zugelassen).

Die Prophylaxe gegen Zeckenbefall und die Schutzimpfung können kombiniert werden.

Toxoplasmose der Katze

Katzen sind die wichtigsten primären Infektionsquellen für andere Tierarten und Menschen, da sie im Kot Oocysten von *Toxoplasma gondii* (S. 101) ausscheiden können, die unter günstigen Bedingungen nach wenigen Tagen in der Außenwelt sporulieren und dann infektiös sind.

Bekämpfung Zur **Prophylaxe** werden empfohlen: Fütterung mit Dosen- oder Trockenfutter; Futterfleisch oder Innereien kochen oder tiefgefrieren (3 d oder länger bei mindestens −18 °C); Jagd auf Kleinsäuger (Nager u. a.) und Vögel möglichst durch Haltungsmaßnahmen verhindern oder reduzieren; tägliches Reinigen der Katzentoiletten und Auswaschen mit heißem Wasser (Einweghandschuhe tragen!).

Aus Furcht vor einem vermeintlichen Infektionsrisiko für Menschen werden nicht selten Katzen abgegeben oder sogar euthanasiert. Durch koproskopische und serologische Untersuchungen (S. 108) lässt sich jedoch überprüfen, ob eine gesunde Katze eine aktuelle Infektionsquelle darstellt, bereits immunisiert oder empfänglich für eine patente Infektion ist. Katzen, die kein rohes Fleisch erhalten und keine Gelegenheit zum Verzehr von Kleinsäugern oder Vögeln haben, werden mangels Exposition nicht zu Oocystenausscheidern. Gesunde seropositive Katzen stellen im Allgemeinen kein großes Infektionsrisiko dar. Katzen, die *Toxoplasma*-Oocysten ausscheiden, können unter strikten Hygienebedingungen so lange in Quarantäne gehalten werden (ca. 2 Wochen), bis die Ausscheidung aufgehört hat. Durch Dauermedikation des Futters mit Toltrazuril (5 mg/kg KG/d) kann die Ausscheidung von Oocysten eingeschränkt, aber nicht völlig unterdrückt werden. Diese Maßnahme ist für die Praxis allenfalls in Sonderfällen geeignet.

Dipylidiose

Dipylidium caninum (S. 219) ist eine vergleichsweise häufig auftretende Cestodenart bei Hunden und Katzen. Übertragung phagär durch Aufnahme von Flöhen (und seltener Haarlingen), die *Dipylidium*-Cysticercoide enthalten.

Bekämpfung durch Behandlung befallener Tiere mit einem Cestodizid (▸ **Tab. 23.13**, ▸ **Tab. 23.14**) und Flohbekämpfung (S. 639).

Taeniose

Hunde infizieren sich mit *Taenia*-Arten (S. 221) durch Verzehr von Innereien von Schlacht- oder Wildtieren, die Metacestoden enthalten. Bei Katzen kommt nur *Taenia (Hydatigera) taeniaeformis* vor, deren Metacestoden sich in Nagetieren entwickeln. Wichtig ist die differenzialdiagnostische Berücksichtigung von *Echinococcus*-Arten (s. u.).

Bekämpfung Hund Behandlung befallener Tiere mit Cestodiziden (▸ Tab. 23.13, ▸ Tab. 23.14). Wiederholungsbehandlungen sind bei persistierendem Infektionsrisiko indiziert. Routinemäßige Behandlung aller importierten Hunde, da solche Tiere Träger von Bandwürmern sein können, die auf einheimische Tierbestände übertragbar sind (z. B. von *Taenia multiceps*: Hund → Schaf).

Prophylaxe Hund Innereien (Leber, Lunge usw.), Nervengewebe oder Muskulatur von Nutz- oder Wildtieren nur nach Kochen oder Tiefgefrieren (–18 °C, 3 d) an Hunde verfüttern und Zutritt von Hunden zu Schlachtabfällen und Wildaufbrüchen verhindern.

Bekämpfung Katze Behandlung befallener Katzen mit einem Cestodizid; Wiederholungsbehandlungen alle 8–12 Wochen bei Tieren mit Zugang zu Nagern oder nach diagnostischem Befund.

Echinococcose

Bei den in Europa autochthonen Vertretern der Gattung *Echinococcus*, *Echinococcus granulosus* s. l. und *E. multilocularis*, handelt es sich um bedeutende Zoonose-Erreger, die besondere Beachtung erfordern. Die Hauptendemiegebiete von *E. granulosus* s. l. (Endwirt: Hund) sind der Mittelmeerraum sowie Länder im nordöstlichen (Baltikum) und südöstlichen Europa; in Skandinavien, Mittel- und Westeuropa kommt diese Art nur sporadisch vor. Im Gegensatz dazu ist *E. multilocularis* (Endwirte: Fuchs, Marderhund, auch Hund und selten Katze) in Mitteleuropa und angrenzenden Gebieten weitverbreitet und bei Füchsen sehr häufig, in niedrigen Prävalenzen auch bei Hunden mit Zugang zu infizierten Nagern. Die Möglichkeiten der generellen Bekämpfung werden bei den einzelnen Echinococcose-Formen (S. 236) beschrieben. Hier werden nur Maßnahmen dargestellt, die Hunde und Katzen direkt betreffen.

***Echinococcus granulosus* s. l., Bekämpfung und Prophylaxe** In Endemiegebieten Hunde nicht mit rohen Innereien (vor allem Leber und Lunge) von Schlacht- oder Wildtieren füttern. Kochen oder Tiefgefrieren der Organe bei –18 °C für mindestens 3 Tage tötet evtl. vorhandene, der Inspektion entgangene Metacestoden ab.

Beim **Import von Hunden** aus Endemiegebieten (z. B. aus Mittelmeerländern) besteht das Risiko der Einschleppung von *E. granulosus* s. l. Daher wird empfohlen, importierte Hunde mit Praziquantel zu behandeln. In manchen europäischen Ländern sind solche Behandlungen vorgeschrieben.

Bei nachgewiesenem Befall mit *E. granulosus* s. l. spezifische Behandlung mit Praziquantel (S. 244) unter Sicherheitsvorkehrungen.

***Echinococcus multilocularis*, Bekämpfung und Prophylaxe** Bei Hunden, die in Endemiegebieten Kleinsäuger fangen und verzehren, kann durch Behandlungen mit Praziquantel in Intervallen von 4 Wochen die Entwicklung gravider intestinaler Stadien von *E. multilocularis* verhindert werden. Zur Therapie der selten vorkommenden alveolären Echinococcose bei Hunden wird die lebenslange tägliche Gabe von Albendazol (10 mg/kg p. o.), ggf. in Kombination mit chirurgischer Therapie, empfohlen. Als potenzielle Infektionsquellen für Menschen sind Katzen weniger bedeutsam als Hunde, da sie selten und nur wenige Eier-produzierende Stadien von *E. multilocularis* beherbergen.

Toxocarose

Hunde- und Katzenwelpen sind häufig mit *Toxocara canis* (S. 336) bzw. mit *Toxocara cati* (S. 341) infiziert und scheiden dabei im Kot meist große Mengen von Eiern aus, die nach Weiterentwicklung in der Umwelt auch für Menschen infektiös sind. Ältere Tiere sind zwar seltener befallen, doch tragen sie zur Umweltkontamination mit Eiern bei. Bei der Bekämpfung ist besonders zu berücksichtigen, dass Hundewelpen pränatal und laktogen mit *T. canis* infiziert sein können. Beim *T. cati*-Befall der Katzen kommen nur laktogene Infektionen vor.

Bekämpfung des *T. canis*-Befalls beim Hund Allgemein: Hygienemaßnahmen bei der Haltung sowie altersabhängige anthelminthische Behandlung.

Welpen: Erste Behandlung im Alter von 2 Wochen, um unreife, aus pränataler Infektion stammende intestinale Stadien zu eliminieren, bevor die Eiausscheidung beginnt. Weitere Behandlungen der Welpen in 2-wöchigen Abständen bis 2 Wochen nach dem Absetzen. Gut wirksam und verträglich für Welpen sind u. a. Emodepsid, Fenbendazol, Flubendazol, Mebendazol und Pyrantel (▸ Tab. 23.13, ▸ Tab. 23.14).

Hündinnen: Behandlung 2 Wochen post partum, da sich nach der Geburt Nachschübe wandernder Larven und aus dem Welpenkot aufgenommene Stadien im Darm ansiedeln und patent werden können.

Hunde älter als 12 Wochen: Die ESCCAP empfiehlt eine risikobasierte Entwurmungsfrequenz oder alternativ Kotuntersuchungen in den entsprechenden Intervallen (und Behandlung bei positivem Kotbefund) (ESCCAP, Guidelines 1, 3, 5, 6). Können eine Risikoeinschätzung bzw. regelmäßige Kotuntersuchungen nicht erfolgen, werden 4 Behandlungen pro Jahr empfohlen. Wenn junge oder ältere Hunde als besondere Risikofaktoren angesehen werden (z. B. bei engen Kontakten mit Kleinkindern, als Arbeits- oder Therapiehunde) und daher die Ausscheidung von *Toxocara*-Eiern verhindert werden soll, sind häufigere Behandlungen (innerhalb der Präpatenz) in Abständen von 4 Wochen erforderlich. Ob allerdings bei solchen engmaschigen Behandlungen das Risiko der

Anthelminthika-Resistenz der Parasiten gegen gewisse Wirkstoffe steigt, ist unbekannt.

Verhütung pränataler und laktogener Infektionen: Durch Behandlung trächtiger, somatisch mit *T. canis* infizierter Hündinnen können pränatale und laktogene Infektionen der Welpen stark reduziert (> 95 %) oder verhindert werden. Wirksame und verträgliche Behandlungsmöglichkeiten sind u. a.: Moxidectin (2,5 mg/kg KG Spot-on) um den 50. Tag der Trächtigkeit; Selamectin (6 mg/kg KG Spot-on) 40 und 10 Tage ante sowie 10 und 40 Tage post partum. Die erwähnten Wirkstoffe sind jedoch in dieser Indikation nicht zugelassen.

Auswirkungen der Chemoprophylaxe gegen Herzwurmbefall: Die monatliche Chemoprophylaxe mit makrozyklischen Lactonen gegen *Dirofilaria immitis* (S. 638) erfasst auch den Befall mit Spulwürmern.

Bekämpfung des *T. cati*-Befalls der Katze Wegen der Möglichkeit laktogener Infektionen sollten Katzenwelpen in der 3. Lebenswoche, danach im 14-tägigen Abstand bis 2 Wochen nach dem Absetzen behandelt werden (► **Tab. 23.13**, ► **Tab. 23.14**). Bei der ersten Behandlung der Katzenwelpen sollte auch die Kätzin mit behandelt werden. Bei tragenden Kätzinnen ist eine einmalige Behandlung mit Emodespid (3 mg/kg KG Spot-on in Kombination mit Praziquantel) ca. 7 Tage vor der erwarteten Geburt zur Verhinderung der galaktogenen Übertragung von *T. cati*-Larven zugelassen.

Aelurostrongylose

Der Lungenwurm *Aelurostrongylus abstrusus* (S. 325) wird hauptsächlich bei Katzen mit Auslauf beobachtet, die Zugang zu Schnecken als Zwischenwirten oder paratenischen Wirten (Kleinsäuger, Vögel, Reptilien) haben. Die oft klinisch inapparente Infektion ist in Europa weitverbreitet, findet zunehmend Beachtung und sollte therapiert werden.

Bekämpfung Die Wirksamkeit einer möglichen monatlichen Chemoprophylaxe bei Katzen wurde bisher experimentell mit der Spot-on-Applikation von einem Eprinomectin-haltigen Kombinationspräparat dokumentiert. Es ist anzunehmen, dass auch Emodepsid in Intervallen von 4 Wochen patente Infektionen und Erkrankungen verhindern kann.

Hakenwurmbefall

Im gemäßigten Klima von Mitteleuropa ist *Uncinaria stenocephala* (S. 280) die häufigste Hakenwurmart des Hundes, in wärmeren Gebieten dominiert dagegen *Ancylostoma caninum*. Die Infektion mit *U. stenocephala* erfolgt vorwiegend per os durch Aufnahme infektiöser Larven. Bei *A. caninum* sind mehrere Infektionswege möglich (per os, perkutan, laktogen). Bei der Katze dominiert *A. tubaeforme*, Infektionen mit *U. stenocephala* sind sehr selten.

Bekämpfung Die für *T. canis* und *T. cati* (S. 637) empfohlenen Maßnahmen reichen auch aus, den Hakenwurmbefall zu bekämpfen.

Trichuriose des Hundes

In Problembeständen für die Behandlung der Jungtiere ab der 10. Lebenswoche ein Anthelminthikum mit *Trichuris*-Wirkung einsetzen. Hygienemaßnahmen sind wegen der hohen Tenazität der Eier besonders wichtig in Hundezuchten und Tierheimen.

Dirofilariose

Die Erreger *Dirofilaria immitis* (S. 363) (Herzwurm) sowie *D. repens* (S. 369) (Hundehautwurm) werden durch Stechmücken übertragen. Bei Aufenthalt in Endemiegebieten (*D. immitis*: südlich der Alpen und Gebiete von FR, CZ, SK; *D. repens*: wie *D. immitis*, aber auch nördlicher, z. B. in PO und regional DE) sind Hunde und Katzen während der Mückensaison (s. u.) einem Infektionsrisiko ausgesetzt.

Bekämpfung Chemoprophylaxe. Behandlung von Hunden und Katzen mit makrozyklischen Lactonen (Milbemycinoxim, Moxidectin oder Selamectin; ► **Tab. 23.13**, ► **Tab. 23.14**) während der Mückensaison (Südeuropa Mai–November) in Intervallen von 4 Wochen. Erste Behandlung 4 Wochen nach Eintritt in das Endemiegebiet, letzte Behandlung 4 Wochen nach Verlassen dieses Gebietes. Die makrozyklischen Lactone allein oder in Kombination mit anderen Wirkstoffen erfassen auch ein breites Spektrum anderer Parasiten. In den USA wurden bei *D. immitis* Resistenzen gegen makrozyklische Lactone dokumentiert, in Europa gibt es noch keine solchen Nachweise.

Angiostrongylose

Der Erreger *Angiostrongylus vasorum* (S. 322) wird auf Hunden hauptsächlich durch Verzehr von Schnecken (Zwischenwirte) übertragen. Die ohne Behandlung oft tödlich endende Angiostrongylose hat in Europa zunehmende Bedeutung.

Bekämpfung Chemoprophylaxe bei Hunden mit makrozyklischen Lactonen (Milbemycinoxim, Moxidectin; ► **Tab. 23.13**, ► **Tab. 23.14**) in Intervallen von 4 Wochen kann patente Infektionen und Erkrankungen verhindern.

Schildzecken-Befall

In Mitteleuropa werden Hunde und Katzen ab März/April bis zum Herbst häufig von *Ixodes ricinus*, seltener von *Ixodes hexagonus*, *Dermacentor reticulatus* und anderen Schildzeckenarten befallen. In Abhängigkeit von der Zeckenart und Wetterlage können diese auch im Winter aktiv sein.

Bekämpfung Siehe Maßnahmen bei bereits bestehendem Zeckenbefall (S. 424).

Prophylaxe Hund: Während der Zeckensaison (auch auf Reisen!) ein gegen Zecken wirksames Acarizid-Halsband anlegen (Schutzwirkung etwa 5–8 Monate). Alternativen: orale Verabreichung (Schutzwirkung bis 12 Wochen) oder Sprüh- oder Spot-on-Behandlung mit geeignetem Acarizid (Schutzwirkung je nach Produkt bis 12 Wochen) (▶ **Tab. 23.15**).

Katze: Gegen Zecken wirksame Acarizid-Halsbänder wie beim Hund, Spot-on-Applikation von Fipronil, Flumethrin (Permethrin ist toxisch!), Fluralaner oder Sarolaner, perorale Applikation von Lotilaner. Die Wirkung dieser Mittel kann über verschiedene Faktoren beeinträchtigt werden, z. B. Nässe und Verschmutzung.

Floh-Befall

Floh-Befall kann während des ganzen Jahres auftreten, wobei die häufigste Flohart bei Hund und Katze *Ctenocephalides felis* (S. 526) (Katzenfloh) ist. Die Entwicklungsstadien der Flöhe (Eier, Larven, Puppen) befinden sich nicht am Tier, sondern in der Umgebung. Dies ist bei der Bekämpfung zu berücksichtigen. Flöhe von Hund und Katze lassen sich am Wirtstier durch Einsatz von Insektiziden oder Insekten-Entwicklungshemmern (IEH) bekämpfen. Zur Bekämpfung von Flohentwicklungsstadien in der Umgebung werden die gleichen Substanzgruppen verwendet und zusätzliche Hygienemaßnahmen durchgeführt.

Floh-Bekämpfung am Tier Anlegen von Insektizid-Halsbändern (▶ **Tab. 23.15**): Schutzwirkung etwa 4–8 Monate, vor allem als individueller Schutz vor Neuansteckungen geeignet. Wirkung nicht immer vollständig, Beeinträchtigung der Wirkung durch verschiedene Faktoren möglich, wie Nässe und Verschmutzung.

Applikation von Insektiziden in Form von Spray (▶ **Tab. 23.15**): Vor allem geeignet zur sofortigen Entlastung der Tiere vom Befall mit Flohimagines. Diese kann auch durch perorale Applikation von Nitenpyram erreicht werden.

Perorale Applikation von Nitenpyram: Bereits 15–30 min nach Applikation von Nitenpyram setzt die Wirkung auf Flöhe ein und führt innerhalb von 24 h zur Elimination der Flohpopulation. Eine Wiederholung der Behandlung ist dann indiziert, wenn wieder Flöhe am Tier festgestellt werden. Bei bestehendem Risiko von Reinfestationen aus der Umgebung wird die Kombination mit einem IEH (z. B. Lufenuron) oder die Behandlung der Umgebung empfohlen (s. u.).

Spot-on-Applikation von Insektiziden: Dazu sind Beispiele in ▶ **Tab. 23.15** aufgeführt.

Applikation von Insekten-Entwicklungshemmern (IEH): Perorale Gaben von Lufenuron. Einmal im Monat ab Frühjahr für mindestens 6 Monate oder während des ganzen Jahres. Der von Floh-Weibchen beim Blutsaugen aufgenommene Wirkstoff gelangt in die Eier, hemmt die Bildung von Chitinstrukturen und blockiert so die Entwicklung von Larven und Puppen. Die adulten Flöhe werden nicht abgetötet und müssen daher zu Beginn der Bekämpfungsaktion mit einem Insektizid am Tier bekämpft werden. Lufenuron wird auch gemeinsam mit Milbemycinoxim eingesetzt; dadurch werden Flöhe und verschiedene Gruppen von Nematoden erfasst. Die Applikation von Insektizid-/IEH-Gemischen (Spray aus Pyrethrum und Methopren) tötet adulte Flöhe und hemmt die Entwicklung von Flohlarven für 6 Wochen.

Flohbekämpfung in der Umgebung Mechanische Elimination: Gründliches Staubsaugen an allen Stellen, die möglicherweise als Brutplätze für die Flöhe dienen, kann einen erheblichen Anteil der Entwicklungsstadien entfernen und ist ein wichtiger Teil der Bekämpfungsmaßnahmen.

Besprühen der Umgebung mit Insektiziden und IEH: Lagerstätten der Tiere und Umgebung (Unterseite von Teppichen, Bodenritzen, Kissen am Lager der Tiere, Polstermöbel etc.) mit Insektiziden oder mit Insektizid- und IEH-Gemischen besprühen. Dafür stehen spezielle Handelspräparate zur Verfügung.

Resistenzen gegen Insektizide In regionalen Flohpopulationen sind vereinzelt (meist geringgradige) Resistenzen gegen Insektizide aus verschiedenen Wirkstoffgruppen (Pyrethrine, Pyrethroide, Organophosphate, Carbamate) nachgewiesen worden. Daher wird ein Wechsel der Insektizide in Intervallen empfohlen, doch mangelt es an Belegen für die Wirksamkeit.

23.5.3 Reiseparasitosen

Für das Verbringen von Heimtieren (Hunde, Katzen, Frettchen, Nager, Hauskaninchen u. a.) in andere Länder hat die EU harmonisierte Richtlinien erlassen (Verordnung [EG] Nr. 998/2003). Für die Schweiz sind Informationen unter www.blv.admin.ch erhältlich. Die Hunde und Katzen betreffenden Richtlinien dienen vor allem dem Schutz vor Tollwut. Einige Staaten schreiben vor, dass Hunde und Katzen vor der Einreise gegen Bandwürmer (Echinococcen) und Zecken behandelt werden müssen (nähere Informationen bei www.esccap.de).

Aus parasitologischer Sicht gelten folgende inoffizielle Empfehlungen:

- Vor einer Auslandsreise mit einem Hund oder einer Katze Informationen über Ex- und Importvorschriften und die am Reiseziel bestehenden Infektionsrisiken einholen und mindestens 1 Monat vor Reiseantritt tierärztliche Praxis kontaktieren.
- Empfohlene Prophylaxemaßnahmen besonders gegen durch Vektoren übertragene Erkrankungen (VBD) durchführen, z. B. bei Reisen in bestimmte Mittelmeer-

gebiete Schutz vor Zecken und Sandmücken, Impfung oder Chemoprophylaxe gegen Babesiose, Chemoprophylaxe gegen Dirofilarien (nähere Informationen zu VBD unter www.esccap.org, www.esccap.de oder www.esccap.ch).
- Nie streunende Hunde oder Katzen ins Heimatland mitnehmen (Risiken: Tollwut, Echinococcen, andere Erreger!).
- Bei offiziellem Import von Hunden oder Katzen tierärztliches Gesundheits- und Impfzeugnis verlangen sowie die Tiere gegen Befall mit Darmhelminthen und Ektoparasiten behandeln lassen.

23.6 Parasitosen des Kaninchens

23.6.1 Parasitosen der Organsysteme und Antiparasitika

Kaninchen werden in Kleinbeständen oder kommerziellen Massentierhaltungen für Fleisch- und Fellproduktion gehalten, spielen aber ebenso eine wichtige Rolle als Heim- oder Versuchstiere. Die wichtigsten Parasitosen sind in ▶ **Tab. 23.16** zusammengestellt. Generell ist zu beachten, dass je nach Haltungs- bzw. Nutzungsart die Häufigkeit und Bedeutung der einzelnen Parasitosen variieren kann. Zur Therapie sind nur wenige für Kaninchen zugelassene Antiparasitika verfügbar. Daher sind häufig Umwidmungen von Arzneimitteln notwendig. Einen Überblick über zugelassene bzw. erprobte Antiparasitika gibt ▶ **Tab. 23.17**.

▶ **Tab. 23.16** Parasitosen (Auswahl) der Organsysteme bei Kaninchen.[1]

Organsystem	Parasitose[2]	Parasiten
Haut/Haare	***Psoroptes*-Räude** (S. 453), sog. Ohrräude	*Psoroptes cuniculi*
	Sarcoptes-Räude (S. 460)	*Sarcoptes scabiei* var. *cuniculi*
	Notoedres-Räude (S. 465)	*Notoedres cati* var. *cuniculi*
	Demodicose (S. 443)	*Demodex cuniculi*
	Pelzmilbenbefall (S. 447)	*Cheyletiella parasitivorax*
	Haarmilbenbefall (S. 469)	*Leporacarus gibbus*
	Zeckenbefall (S. 411)	*Ixodes ricinus* u. a.
	Läusebefall (S. 473)	*Haemadipsus ventricosus*
	Flohbefall (S. 522)	*Spilopsyllus cuniculi* u. a.
	Wundmyiasis (S. 505)	Larven verschiedener Fliegenarten
Muskulatur/Bindebewebe	Toxoplasmose (S. 101)	*Toxoplasma gondii*
	Cysticercose (S. 234)	*Taenia serialis*
Magen	Graphidiose (S. 302)	*Graphidium strigosum*
Dünndarm	**Coccidiose** (S. 83)	*Eimeria* spp.
	Giardiose (S. 47)	*Giardia duodenalis*
	Anoplocephalidose (S. 214)	*Mosgovoyia* spp., *Cittotaenia* spp. u. a.
	Trichostrongylose (S. 288)	*Trichostrongylus retortaeformis*
	Strongyloidose (S. 256)	*Strongyloides* spp.
Dickdarm	**Coccidiose** (S. 83)	*Eimeria* spp.
	Passalurose (S. 349)	*Passalurus ambiguus*
	Trichuriose (S. 374)	*Trichuris leporis*
Leber	**Coccidiose** (S. 95)	*Eimeria stiedai*
	Dicrocoeliose (S. 188)	*Dicrocoelium dendriticum*
	Fasciolose (S. 172)	*Fasciola hepatica*
	Echinococcose, alveoläre (S. 245)	*Echinococcus multilocularis*, larval
	Cysticercose, abdominale (S. 234)	*Taenia pisiformis*, larval
Niere	**Encephalitozoonose** (S. 160)	*Encephalitozoon cuniculi*
Auge	**Encephalitozoonose** (S. 160)	*Encephalitozoon cuniculi*
Nervensystem	**Encephalitozoonose** (S. 160)	*Encephalitozoon cuniculi*
	Toxoplasmose (S. 101)	*Toxoplasma gondii*

[1] die Liste erhebt keinen Anspruch auf Vollständigkeit; die Angaben beziehen sich auf das Vorkommen von Parasiten in Europa (vor allem auf West- und Zentraleuropa)
[2] Fettdruck: Parasitosen von besonderem Interesse für die Praxis

▶ **Tab. 23.17** Kaninchen: Antiparasitika (Auswahl).

Wirkstoff (und Zulassung[1])	zugelassene bzw. erprobte Indikation	Dosis, Applikation, Anmerkungen bei Schlachtkaninchen Wartezeiten (W) beachten[2,3,4]
Antiprotozoika		
Toltrazuril (KA)[CH]	Coccidien	1 × 15 mg/kg KG p. o., Wiederholung nach 5 d bzw. 10 mg/kg KG p. o. an 3 d, Wiederholung nach 3 d, nicht während der Trächtigkeit anwenden, keine 2,5 %ige Formulierung anwenden (stark alkalisch und daher reizend), W: 35 Tage
Fenbendazol (A)	Encephalitozoonose	20 mg/kg KG p. o. über 2–4 Wochen, W: k.A.
Anthelminthika		
Praziquantel (A)	Cestodenbefall	5–10 mg/kg KG p. o., s. c. oder Spot-on, Wiederholung nach 14 d, W: k.A.
Fenbendazol (A)	Nematoden-, Cestodenbefall	20–50 mg/kg KG p. o. über 5 d, Wiederholung nach 14 d, W: k.A.
Febantel (H/K)	Nematodenbefall	10 mg/kg KG p. o. über 3 d, Wiederholung nach 14 d; nicht während der Trächtigkeit oder Laktation anwenden, W: k.A.
Mebendazol (A)	Nematodenbefall	20–50 mg/kg KG p. o. über 3–5 d, Wiederholung nach 14 d, W: k.A.
Doramectin (A)	Nematodenbefall	0,5 mg/kg KG s. c., W: k.A.
Ivermectin (A)	Nematodenbefall	0,2–0,4 mg/kg KG s. c., 1–2 Wiederholungen nach 7–14 d, W: k.A.
Ektoparasitika		
Doramectin (A)	Milben-, Läusebefall	0,5 mg/kg KG s. c., 1–2 Wiederholungen nach 7–10 d, W: k.A.
Ivermectin (A)	Milben-, Läusebefall	0,3–0,5 mg/kg KG s. c., 1–2 Wiederholungen nach 7–10 d, W: k.A.
Selamectin (H/K)	Milben-, Flohbefall	6–18 mg/kg KG Spot-on, Wiederholung nach 3–4 Wochen, W: nicht LM
Moxidectin (A)	Milbenbefall	1–2 mg/kg KG Spot-on, 2 Wiederholungen nach je 4 Wochen, W: k.A.
Fluralaner (A)	*Psoroptes*-Räude	25 mg/kg p. o., W: k.A.
Imidacloprid (KA)	Floh-, Läusebefall	10–20 mg/kg KG Spot-on, ggf. Wiederholung nach 4 Wochen, nicht bei Jungtieren < 10 Wochen, W: nicht LM
Permethrin (A)	Floh-, Zeckenbefall	50 mg/kg KG Spot-on, ggf. Wiederholung nach 4 Wochen, W: k.A.
Nitenpyram (H/K)	Myiasis	1 mg/kg KG p. o., führt zu schneller Abtötung von Fliegenmaden, W: nicht LM
Dicyclanil	Myiasis (nur Prophylaxe)	30–100 mg/kg KG Spot-on, wirkt bis zu 16 Wochen, Bezug über internationale Apotheke, W: k.A.

[1] mindestens in einem der Länder (AT, CH, DE) zugelassen für A: andere Lebensmittel-liefernde Tierarten, H/K: Hund/Katze, KA: Kaninchen
[2] k.A.: keine Angaben
[3] nicht LM: nicht bei Lebensmittel-liefernden Tieren anwenden
[4] Einzelheiten über Futtermittelzusatzstoffe siehe für AT: www.baes.gv.at/kontrolle/futtermittel/toleranzen-kokzidiostatika, für DE: www.bvl.bund.de/DE/02_Futtermittel/03_AntragstellerUnternehmen/05_Zusatzstoffe_FM/fm_zusatzstoffe_node.html;jsessionid=9219B4706AF4A2F79D85F573A536B3B1.1_cid332, für CH: www.agroscope.admin.ch/agroscope/de/home/themen/nutztiere/futtermittel/futtermittelkontrolle/gesetzliche-grundlagen.html

23.6.2 Planmäßige Bekämpfung wichtiger Parasitosen des Kaninchens

Die häufigste Parasitose des Kaninchens ist die **Coccidiose**, die sich als Darm- oder Gallengangscoccidiose (Lebercoccidiose) manifestieren und zu hohen Verlusten bei Jungtieren insbesondere im Absetzalter führen kann. Die Bekämpfung der Coccidiosen beruht auf Hygienemaßnahmen und dem prophylaktischen Einsatz von Anticoccidia; der Einsatz von Futterzusatzstoffen ist für Fleisch produzierende Tieren geregelt (▶ **Tab. 23.17**).

Als weitere bedeutende parasitäre Erkrankung ist die **Encephalitozoonose** (S. 160) zu nennen. Die Behandlung mit Fenbendazol eliminiert den Erreger im Gehirn nicht; die prophylaktische Verabreichung während erhöhter Infektionsexposition (z. B. Ausstellungen) kann Infektionen vermeiden. Eine Betriebssanierung mit Ausschluss aller seropositiver Kaninchen ist möglich.

Die häufigste Helminthose beim Kaninchen ist die **Passalurose**, andere Wurminfektionen sind von untergeordneter Bedeutung und treten vorrangig bei Wildkaninchen auf. Begleitend zu anthelminthischen Behandlungen müssen Reinigungsmaßnahmen erfolgen. In Gehegen von Heimtierkaninchen, die sich nur schwer desinfizieren lassen, sind regelmäßige Behandlungen (mindestens 2 × jährlich) zu empfehlen. Da die Übertragung von Wurminfektionen vorrangig direkt oder indirekt durch Wildkaninchen erfolgt, sollten kein Grünfutter von Wiesen, zu denen Wildkaninchen Zugang haben, gefüttert und auch der Zugang von Wildkaninchen zu Auslaufflächen von Heimkaninchen verhindert werden.

Bei den Ektoparasiten spielen vor allem der Befall mit **Pelzmilben (*Cheyletiella parasitivorax*)** und die **Ohrräude (*Psoroptes cuniculi*)** eine Rolle. Sämtliche Kontakttiere sind in die Behandlung einzubeziehen, ebenso ist eine gründliche Dekontamination der Umgebung wesentlich für einen nachhaltigen Therapieerfolg.

Auch leiden Kaninchen nicht selten unter **Fliegenmadenbefall (Myiasis)**, wobei unbedingt darauf zu achten ist, auch die Ausgangserkrankung (z. B. Durchfall, Cystitis oder Bissverletzungen) zu behandeln.

23.7 Parasitosen des Geflügels

23.7.1 Parasitosen der Organsysteme, Antiparasitika und Impfstoffe

Beim Geflügel sind in Europa zahlreiche Parasitenarten beschrieben worden (▸ Tab. 23.18 u. ▸ Tab. 23.19). Davon kommen bei **Hühnern in Stallhaltung** nur wenige Gattungen und Arten häufig vor und erlangen praktische Bedeutung. Am wichtigsten sind derzeit von den Ektoparasiten die Rote Vogelmilbe (*Dermanyssus gallinae*) und von den Endoparasiten *Eimeria*-Arten (Coccidiose-Erreger). Auch der Befall mit verschiedenen Nematodenarten (*Ascaridia galli, Heterakis gallinarum* und *Capillaria* spp.) ist nicht selten ein Problem. Bei **Freilandhaltung der Hühner** können andere Arten hinzukommen, wie der Luftröhrenwurm (*Syngamus trachea*) oder verschiedene Cestodenarten, deren Entwicklung von Zwischenwirten abhängig ist. Für **Truthühner (Puten)** gilt Ähnliches wie für Hühner, doch tritt bei dieser Tierart die Histomonose (Schwarzkopfkrankheit; Blackhead Disease) in den Vordergrund. **Tauben** können sich beim Freiflug mit einem breiten Spektrum von Parasiten infizieren, doch kommt es relativ selten zu stärkerem Befall. In manchen Städten verursacht die mit Tauben assoziierte Lederzecke *Argas reflexus* auch für den Menschen Probleme. Ferner treten in Taubenbeständen die Trichomonose (Erreger *Trichomonas gallinae*) und die Coccidiose regelmäßig auf. Bei Haltung von **Gänsen** und **Enten** an offenen Gewässern ist ein Befall mit zahlreichen Parasitenarten möglich, wobei bei diesen Wirten ziemlich häufig Trematoden-, Cestoden- und Acanthocephalenarten vorkommen, die durch Zwischenwirte in Feuchtbiotopen übertragen werden. Zur Bekämpfung von Helminthen in Geflügelbeständen stehen nur wenige **Anthelminthika** zur Verfügung (▸ Tab. 23.20). Gleiches gilt für **Ektozide**.

▸ **Tab. 23.18** Parasiten (Auswahl) der Organsysteme von Huhn, Truthuhn und Taube.

Organsysteme	Parasiten[1]		
	Huhn	Truthuhn	Taube
Gefieder, Haut	*Argas reflexus* A	–	***Argas reflexus*** A
	Dermanyssus gallinae A	***Dermanyssus gallinae*** A	***Dermanyssus gallinae*** A
	Ornithonyssus sylviarum A	***Ornithonyssus sylviarum*** A	*Ornithocheyletia hallae* A
	Megninia spp. A	*Megninia* spp. A	*Megninia columbae* A
	Epidermoptes bilobatus A	*Cytodites nudus* A	*Falculifer rostratus* A
	Knemidocoptes mutans A	*Knemidocoptes mutans* A	–
	Mallophagida A	**Mallophagida** A	**Mallophagida** A
	Ceratophyllus gallinae A	*Ceratophyllus gallinae* A	*Ceratophyllus columbae* A
	–	–	*Cimex columbarius* A
Unterhaut	*Laminosioptes cysticola* A	*Laminosioptes cysticola* A	*Laminosioptes cysticola* A
Muskulatur	*Sarcocystis horvathi* P	–	–
Luftröhre, Bronchien	***Syngamus trachea*** N	*Syngamus trachea* N	*Syngamus trachea* N
Luftsäcke	*Cytodites nudus* A	***Cytodites nudus*** A	*Cytodites nudus* A
Blut, Blutgefäße	*Plasmodium circumflexum* P	*Haemoproteus meleagridis* P*	*Haemoproteus columbae* P
	Plasmodium relictum P	–	–
	Leucocytozoon spp. P	*Leucocytozoon smithi* P	*Leucocytozoon* spp. P
Ösophagus, Kropf	*Trichomonas gallinae* P	*Trichomonas gallinae* P	***Trichomonas gallinae*** P
	Acuaria sp. N	*Acuaria* sp. N	*Acuaria* sp. N
	Capillaria annulata N	*Capillaria annulata* N	*Capillaria* sp. N
	Dispharynx nasuta N	*Dispharynx nasuta* N	*Ornithostrongylus* sp. N
Drüsenmagen	*Dispharynx nasuta* N	*Dispharynx nasuta* N	*Ornithostrongylus* sp. N
	Tetrameres fissispina N	*Tetrameres fissispina* N	*Tetrameres fissispina* N
Muskelmagen	*Acuaria hamulosa* N	*Acuaria hamulosa* N	–
	Streptocara sp. N	*Streptocara* sp. N	–

► **Tab. 23.18** Fortsetzung

Organsysteme	Parasiten[1]		
	Huhn	Truthuhn	Taube
Dünndarm	***Eimeria* spp.** P	***Eimeria* spp.** P	***Eimeria* spp.** P
	Spironucleus meleagridis P	*Spironucleus meleagridis* P	*Spironucleus columbae* P
	Echinostoma spp. TR	*Parastrigea robusta* TR	*Parastrigea robusta* TR
	Amoebotaenia cuneata C	*Amoebotaenia cuneata* C	–
	Choanotaenia infundibulum C	*Choanotaenia infundibulum* C	*Sobolevicanthus gracilis* C
	Davainea proglottina C	*Davainea proglottina* C	*Davainea proglottina* C
	Echinolepis carioca C	*Echinolepis carioca* C	*Killigrewia delafondi* C
	Raillietina spp. C	*Raillietina* spp. C	*Raillietina bonini* C
	Ascaridia galli N	***Ascaridia dissimilis*** N	***Ascaridia columbae*** N
	Capillaria bursata N	*Capillaria bursata* N	–
	Capillaria caudinflata N	*Capillaria caudinflata* N	*Capillaria caudinflata* N
	Capillaria obsignata N	***Capillaria obsignata*** N	***Capillaria obsignata*** N
	Strongyloides avium N	–	*Ornithostrongylus* sp. N
	Trichostrongylus tenuis N	*Trichostrongylus tenuis* N	*Trichostrongylus tenuis* N
Caeca, Rektum	*Chilomastix gallinarum* P	*Chilomastix gallinarum* P	–
	Histomonas meleagridis P	***Histomonas meleagridis*** P	–
	***Eimeria* spp.** P	***Eimeria* spp.** P	***Eimeria* spp.** P
	Echinostoma revolutum TR	*Echinostoma revolutum* TR	*Echinostoma revolutum* TR
	Capillaria anatis N	*Capillaria anatis* N	*Capillaria anatis* N
	Heterakis gallinarum N	***Heterakis gallinarum*** N	–
	Trichostrongylus tenuis N	*Trichostrongylus tenuis* N	*Trichostrongylus tenuis* N
Leber	*Histomonas meleagridis* P	***Histomonas meleagridis*** P	–
Eileiter	*Prosthogonimus* sp. TR	*Prosthogonimus* sp. TR	–
Konjunktiva, Nickhaut	*Oxyspirura mansoni* N*	*Oxyspirura mansoni* N*	*Oxyspirura mansoni* N*
verschiedene Organe	*Toxoplasma gondii* P	*Toxoplasma gondii* P	*Toxoplasma gondii* P
	–	–	*Sarcocystis calchasi* P

[1] in Fettdruck Parasiten von besonderem Interesse für die Praxis; * in Europa nicht nachgewiesen; A: Arthropoden; C: Cestoden; N: Nematoden; P: Protozoen; TR: Trematoden

► **Tab. 23.19** Parasiten (Auswahl) der Organsysteme von Gans und Ente.

Organsysteme	Parasiten[1]	
	Gans	Ente
Gefieder, Haut	*Dermanyssus gallinae* A	–
	Leptosphyra velata A	*Leptosphyra velata* A
	Mallophagida A	**Mallophagida** A
Muskulatur	*Sarcocystis* spp. P*	*Sarcocystis* spp. P*
Luftröhre, Bronchien	*Cyathostoma bronchialis* N	*Cyathostoma bronchialis* N
Blut, Blutgefäße	*Bilharziella polonica* TR	*Bilharziella polonica* TR
	Trichobilharzia spp. TR	*Trichobilharzia* spp. TR
Ösophagus, Kropf	***Capillaria contorta*** N	***Capillaria contorta*** N
	Echinuria uncinata N	*Echinuria uncinata* N
	Eustrongylides papillosus N	*Eustrongylides papillosus* N
Drüsenmagen	*Echinuria uncinata* N	*Echinuria uncinata* N
	Eustrongylides papillosus N	*Eustrongylides papillosus* N
	Hystrichis tricolor N	*Hystrichis tricolor* N

▸ **Tab. 23.19** Fortsetzung

Organsysteme	Parasiten[1]	
	Gans	Ente
	Streptocara crassicauda N	*Streptocara crassicauda* N
	Tetrameres fissispina N	***Tetrameres fissispina*** N
Muskelmagen	***Amidostomum anseris*** N	–
	Echinuria uncinata N	***Echinuria uncinata*** N
	Epomidiostomum uncinatum N	*Epomidiostomum uncinatum* N
	Streptocara crassicauda N	***Streptocara crassicauda*** N
Dünndarm	***Eimeria* spp. P***	***Eimeria* spp. P**
	Tyzzeria spp. P	*Tyzzeria* spp. P
	Apatemon gracilis TR	*Apatemon gracilis* TR
	Cotylurus cornutus TR	*Cotylurus cornutus* TR
	Echinostoma revolutum TR	*Echinostoma revolutum* TR
	Echinoparyphium recurvatum TR	*Echinoparyphium recurvatum* TR
	Hypoderaeum conoideum TR	*Hypoderaeum conoideum* TR
	Parastrigea robusta TR	*Parastrigea robusta* TR
	Dichoris stefanskii C	*Dichoris stefanskii* C
	Dicranotaenia coronula C	*Dicranotaenia coronula* C
	Drepanidotaenia lanceolata C	*Drepanidotaenia lanceolata* C
	Fimbriaria fasciolaris C	*Fimbriaria fasciolaris* C
	Microsomacanthus compressa C	*Microsomacanthus compressa* C
	Sobolevicanthus gracilis C	*Sobolevicanthus gracilis* C
	Ascaridia galli N	***Ascaridia galli*** N
	Capillaria caudinflata N	*Capillaria caudinflata* N
	Contracaecum rudolphii N	*Contracaecum rudolphii* N
	Porrocaecum crassum N	*Porrocaecum crassum* N
	Trichostrongylus tenuis N	*Trichostrongylus tenuis* N
	Polymorphus minutus AC	***Polymorphus minutus*** AC*
	Filicollis anatis AC	***Filicollis anatis*** AC*
Caeca, Rektum	*Eimeria kotlani* P	–
	Chilomastix gallinarum P	*Chilomastix gallinarum* P
	Cotylurus cornutus TR	*Cotylurus cornutus* TR
	Echinostoma revolutum TR	*Echinostoma revolutum* TR
	Capillaria anatis N	*Capillaria anatis* N
	Heterakis dispar N	***Heterakis dispar*** N
	Trichostrongylus tenuis N	*Trichostrongylus tenuis* N
Leber	*Metorchis bilis* TR	*Metorchis bilis* TR
Nieren	***Eimeria truncata*** P	–
Eileiter	*Prosthogonimus* spp. TR	*Prosthogonimus* spp. TR
Konjunktiva, Nickhaut	*Philophthalmus cupensis* TR	*Philophthalmus cupensis* TR
	–	*Oxyspirura mansoni* N*
verschiedene Organe	*Toxoplasma gondii* P	*Toxoplasma gondii* P

[1] in Fettdruck Parasiten von besonderem Interesse für die Praxis; * in Europa nicht nachgewiesen; A: Arthropoden; AC: Acanthocephalen; C: Cestoden; N: Nematoden; P: Protozoen; TR: Trematoden

▶ **Tab. 23.20** Anthelminthika (Auswahl) für Nutzgeflügel [Handelspräparate s. Datenbanken (S. 602)].

Wirkstoff (Wirkstoffgruppe)[1]	**Dosis[2] im Futter (F) oder Trinkwasser (T) u. Dauer der Behandlung in Tagen (d)**	**Wirkungsspektrum der Medikamente[3]**							**Wartezeit[5] (Tage)**	
									exemplarische Angaben für AT, CH und DE	
		Cestoden[4]	***Trichostrongylus***	***Amidostomum***	***Ascaridia***	***Heterakis***	***Capillaria***	***Syngamus***	**Gewebe**	**Eier**
Flubendazol (BZ)	Huhn: 1,43 mg/kg/d × 7 d (F/T) oder 1 × 10 mg/kg (F/T)	◐	●		●	●	●	●	2DE 3^{CH} 4^{AT}	0DE 0^{CH} 0^{AT}
	Truthuhn: 1,43 mg/kg/d × 7 d (F) oder 1 × 10 mg/kg (F)	◐	●		●	●	●	●	1^{CH}	0^{CH}
	Gans: 1,43 mg/kg/d × 7 d (F) oder 1 × 10 mg/kg (F)	◐	●	●	●	●	●	●	4^{CH}	0^{CH}
	Fasan, Rebhuhn: 2,86 mg/kg/d × 7 d (F) oder 1 × 20 mg/kg (F)	●	●		●	●	●	●	4^{CH}	0^{CH}
Fenbendazol (BZ)	Huhn: 1 mg/kg KG/d × 5 d (T)				●	●	◐		$6^{DE,CH}$	$0^{DE,CH}$
	Taube: 1 × 20 mg/kg				●		●		nL	nL
Levamisol (IT)	Huhn/Truthuhn/Perlhuhn/Fasan/Gans/Ente/Taube: 1 × 20 mg/kg KG (T)	–	–	–	●	●	–	–	14^{DE}	nLe
	Huhn/Truthuhn/Perlhuhn/Fasan/Gans/Ente/Taube: 1 × 40 mg/kg KG (T)	–	●	●	●	●	●	–	14^{DE}	nLe
Piperazincitrat (P)	Huhn: 100–330 mg/kg KG/d × 2 d, evtl. nach 7–14 d wiederholen (T)	–			●		–	–	2^{DE}	5^{DE}
	Taube: 240–500 mg/kg KG/d × 1–2 d, nach 21 d wiederholen (T)	–			●		–		nL	nL

[1] BZ: Benzimidazole; IT: Imidazothiazole; P: Piperazine
[2] Auswahl von **Richtdosierungen**; weitere Informationen s. Beipackzettel der Präparate oder Datenbanken (S. 602)
[3] Wirkung (Intenseffekt) – ● gut bis hochwirksam oder wirksam; ◐: teilwirksam oder nur in erhöhter Dosis oder bei längerer Applikation wirksam; –: keine ausreichende Wirkung; leere Felder: keine Informationen oder Mittel in dieser Indikation nicht empfohlen
[4] Davainea, Raillietina u. Hymenolepis
[5] Gewebe: essbare Gewebe; nLe: nicht für legende Tiere, deren Eier für den menschlichen Verzehr vorgesehen sind; nL: nicht für Tauben, die der Gewinnung von Lebensmitteln dienen

23.7.2 Planmäßige Bekämpfung wichtiger Parasiten des Nutzgeflügels

Coccidiose (Eimeriose) des Huhnes

Ziel von Bekämpfungsmaßnahmen gegen die Hühner-Coccidiose ist die Verhütung von Leistungsminderungen und Krankheitsausbrüchen. Die Bekämpfung beruht auf Hygienemaßnahmen, dem Einsatz von Anticoccidia und der Vakzination.

Der Infektionsdruck, bestimmt durch die Oocystendichte im Aktionsraum der Hühner, kann durch Reinigung und Desinfektion von Stallungen vor jedem Neubesatz mit Dampfstrahlgeräten und nötigenfalls auch durch Einsatz von Desinfektionsmitteln, die nachweislich gegen Coccidien-Oocysten wirken, niedrig gehalten werden (▶ Tab. 23.21). Generell gilt: Je trockener die Streu, desto schlechter die Sporulation und desto geringer die Dichte infektiöser Oocysten. Durch hygienische Maßnahmen wie Wechsel und Trockenhaltung der Streu kann das Infektionsrisiko zwar vermindert, aber nicht verhindert werden. Die Einhaltung allgemeinen Regeln der Tierhaltung (u. a. adäquate Besatzdichte und Regulation des Stallklimas, adäquate Futterapparate und Tränken, verlässliches Monitoring der Tiere) ist ebenso wichtig bei der Vermeidung klinisch apparenter Coccidiosen.

Chemoprophylaxe Weltweit spielen Anticoccidia (auch als Coccidiostatika bezeichnet) in der Coccidioseprophylaxe eine zentrale Rolle. Sie werden über längere Zeit im Futter (seltener im Trinkwasser) verabreicht und verhüten so weitgehend Leistungsminderungen und Erkrankungen. Ein erhebliches Problem stellt die Entwicklung von Arzneimittelresistenzen bei den Eimerien dar (s. u.). Anticoccidia werden von der EU als Futterzusatzstoffe gemäß VO 1831/2003 (veröffentlicht 15.06.2015) und in entsprechenden nationalen Listen zugelassen (▶ **Tab. 23.21**).

► **Tab. 23.21** Als Futterzusatzstoffe zugelassene Anticoccidia (Auswahl; Stand: 2020) beim Huhn.[1]

Wirkstoffgruppe und Wirkstoff	Tiergruppe	bis Höchstalter (Wochen)	Wirkstoffzusatz mg/kg Alleinfutter (= ppm)		Wartezeit (Tage)[2]
			min.	max.	
Ionophore Polyether					
Monensin	Masthühner	–	100	125	1
	Junghennen[2]	16	100	125	–
	Truthühner	16	60	100	1
Lasalocid	Masthühner	–	75	125	5
	Junghennen	16	75	125	–
	Truthühner	16	75	125	5
Salinomycin	Masthühner	–	50	70	1
	Junghennen	12	50	50	–
Maduramycin	Masthühner	–	5	6	3
	Truthühner	16	5	5	5
Semduramicin	Masthühner	–	20	25	5
Narasin	Masthühner	–	80	100	5[3]
Guanidine					
Robenidin	Masthühner	–	30	36	5
	Truthühner	–	30	36	5
Chinolone und Chinazolinone					
Decoquinat (Chinolon)	Masthühner	–	20	40	3
Halofuginon (Chinazolinon)	Masthühner	–	2	3	5
	Junghennen	16	2	3	–
	Truthühner	12	2	3	5
Triazin-Derivate					
Diclazuril	Masthühner	–	1	1	0[3]
	Truthühner	12	1	1	0[3]

[1] Informationsquellen – DE: Verordnung (EG) Nr. 1831/2003 (Futtermittelzusatzstoff-Verordnung); AT: www.baes.gv.at/kontrolle/futtermittel/toleranzen-kokzidiostatika; CH: www.agroscope.admin.ch/agroscope/de/home/themen/nutztiere/futtermittel/futtermittelkontrolle/gesetzliche-grundlagen.html
[2] als Legehennen gezüchtete Junghühner
[3] gemäß Herstellerangaben

Die in Bodenhaltung auf Streu (intensive Bodenhaltung) gehaltenen **Masthühner** (Broiler) müssen während der gesamten Wachstums- und Mastperiode (etwa 5–6 Wochen) durch Zusatz von Anticoccidia zum Futter geschützt werden. Einige Tage vor der Schlachtung werden die Anticoccidia abgesetzt (Wartezeiten s. ► **Tab. 23.21**), um Rückstände im Fleisch zu vermeiden oder sie unter dem behördlich festgelegten Grenzwert zu halten. Eine wirksame Kontrolle der Coccidiose bei Broilern wurde auch durch Behandlung von Mastküken am 10. und 14. Lebenstag mit Toltrazuril (7 mg/kg KG im Trinkwasser) erreicht. Als Legehennen gezüchtete **Junghennen** erhalten nur bis zum Beginn der Legereife Anticoccidia; danach ist ihr Einsatz untersagt, um Rückstände im Ei zu verhindern. Während der Aufzuchtphase der Legehennen versucht man, die Entwicklung einer ausreichenden Immunität durch Einsatz partiell wirkender Anticoccidia oder durch besondere Medikationsschemata zu ermöglichen. Die Erhaltung der Balance zwischen Schutzwirkung der Anticoccidia und Immunisierung ist in der Praxis schwierig. Nach Absetzen des Anticoccidiums sind **Legehennen** einem erhöhten Infektionsrisiko ausgesetzt, das durch Haltungs- und Hygienemaßnahmen vermindert werden muss. Eine Alternative stellt die Vakzinierung von Junghennen dar.

Alle bisher zugelassenen Anticoccidia haben bei den *Eimeria*-Arten des Huhnes zur Selektion von Stämmen mit **Arzneimittelresistenz** (S. 586) geführt (auch Nebenresistenzen und Mehrfachresistenzen). In einem „Wettlauf" mit der Resistenzbildung müssen trotz hoher Kosten stets neue Anticoccidia mit anderen Wirkungsmechanismen entwickelt werden.

Shuttle- und Rotationsprogramme wurden entwickelt, um die Resistenzentwicklung zu verlangsamen.

Beispiel für Shuttle: Wechsel des für maximal 2 Zyklen verabreichten Coccidiostatikums mit einem Coccidiostatikum mit einem anderen Wirkmechanismus (ebenfalls max. 2 Zyklen). Beispiel für Rotation: Ersatz eines Coccidiostatikums durch einen anderen Wirkstoff innerhalb eines Produktionszyklus (nach ca. ⅔). Solche Programme sollen die Wirksamkeit bestimmter Anticoccidia verlängern. Eine weiter Option stellt die alternierende Chemo- und Immunprophylaxe dar. So war die Empfindlichkeit von Monensin- oder Diclazuril-resistenten *Eimeria*-Populationen nach Impfung der Broiler erhöht.

Vakzination Unterschiedliche Vakzine (S. 592) wurden zur oralen Applikation gegen die Coccidiose der Hühner entwickelt. In Europa sind mehrere Lebendimpfungen zugelassen, die sporulierte Oocysten attenuierter (nicht-pathogener) *Eimeria*-Arten oder -Stämme enthalten (z. B. Paracox®, Livacox®, Hipracox®). Die Applikation dieser Vakzine erfolgt über das Trinkwasser oder Futter (Sprühverfahren) bei Küken (Lebensalter < 10 d). Zudem können die Küken direkt über Sprühverfahren in der Brüterei geimpft werden. Die Immunität entwickelt sich 2 Wochen nach Vakzinierung (nach Ingestion der Oocysten), wird kontinuierlich über Aufnahme von Oocysten aus der Umwelt restimuliert und resultiert in einer lang anhaltenden Protektion. In Abhängigkeit von der Zusammensetzung (Art und Anzahl der *Eimeria* spp.) werden die Vakzine für unterschiedliche Zielgruppen eingesetzt. So wird die trivalente Impfung Livacox® (enthält Oocysten von *E. tenella*, *E. acervulina* und *E. maxima*) bei Broilern eingesetzt, während Livacox® Q mit der zusätzlichen Art *E. necatrix* bei Zucht- und Legehühnern empfohlen wird.

Weitere Maßnahmen Die Coccidiose verursacht bei Hühnern, besonders nach einer *E. maxima*-Infektion, eine erhebliche Dysbakterie. **Spezielle Diäten** mit essenziellen Fettsäuren oder Ionophoren (Monensin etc.) können die normale Darmflora stabilisieren. Auch der Futterzusatz von Pro- und Präbiotika konnte den wachstumsmindernden Effekt der *Eimeria*-Infektion bei Broilern abschwächen. Genetische Resistenzen (*quantitative trait loci*, QTL) gegenüber der aviären klinischen Coccidiose wurden beschrieben, ihre praktische Anwendbarkeit muss jedoch noch überprüft werden.

Helminthen-Befall

Bei der Bekämpfung des Helminthen-Befalls des Nutzgeflügels unter den Bedingungen der **Intensivhaltung in Stallungen** kommt der Prophylaxe eine besondere Bedeutung zu. Sie richtet sich vor allem gegen Nematodenarten wie *Ascaridia galli*, *Heterakis gallinarum* und *Capillaria obsignata*, die zur Entwicklung keine Zwischenwirte benötigen. Außerdem sollen die Stallungen potenziellen Zwischenwirten von Helminthen (z. B. Fliegen) keine Entwicklungsmöglichkeiten bieten. Bei **Freilandhaltung** ist die Prophylaxe schwieriger, da sich das Nutzgeflügel unter diesen Bedingungen zusätzlich mit Parasiten infizieren kann, deren Entwicklung an frei lebende Zwischenwirte gebunden ist. Außerdem ist die Reinigung und Desinfektion von Freihaltungsflächen erheblich schwieriger bzw. nur eingeschränkt möglich.

Bekämpfung

Hühner in Stallungen bei intensiver Bodenhaltung Gründliche Reinigung und Desinfektion der Ställe und Stalleinrichtungen nach jedem Nutzungsgang; Maßnahmen gegen die Einschleppung von Helminthen-Eiern und anderen Erregern (Anlegen von Plastiküberschuhen und Schutzkleidung vor Betreten des Stalles, Desinfektionsbecken); Tauben, Sperlinge und andere Wildvögel von Stallungen fernhalten. Infektionszustand mit Helminthen durch Kotuntersuchungen oder Sektionen überprüfen.

Einsatz von Anthelminthika: Bei Broilern, die in Stallungen unter hohem Hygienestandard nur ca. 5 Wochen gehalten werden, ist die Anwendung von Anthelminthika im Allgemeinen nicht erforderlich. Bei Jung- und Legehennen sowie bei Elterntieren können bei relevantem Helminthen-Befall Behandlungen mit Anthelminthika indiziert sein, z. B. zwischen der 10. und 18. Lebenswoche und am Ende der Aufzuchtperiode. Die Auswahl an verfügbaren Anthelminthika ist sehr beschränkt (► Tab. 23.20).

Freilandhaltung von Hühnern und Truthühnern Je nach Spektrum der im Bestand vorkommenden Helminthenarten und der Intensität des Befalls können anthelminthische Behandlungen erforderlich sein. Mast- und Aufzuchttiere sind bei entsprechender Indikation erstmalig in der 5. Lebenswoche zu behandeln, gefolgt von regelmäßigen Wiederholungen in Intervallen von 4 Wochen (oder von 3 Wochen bei *Syngamus*-Befall).

Dermanyssus-Befall

Der Befall mit *Dermanyssus gallinae* (S. 435) ist in der Hühnerhaltung ein erhebliches Problem, insbesondere bei der Haltung von Legehennen.

Bekämpfung

Einsatz von Acariziden Trinkwassermedikation der Hühner mit dem Isoxazolin Fluralaner (2 × im Abstand von 7 d für 4–24 h; Wartezeit für essbare Gewebe: 14 d, Eier: 0 d).

Alternativ können Acarizide in die Umgebung der Tiere ausgebracht werden, z. B. Besprühen der Käfige, Futtereinrichtungen oder Legenester mit dem Organophosphat Phoxim (2000 ppm, 2 × im Intervall von 7 d), wodurch die Milbenpopulation nahezu vollständig für 6–7 Wochen reduziert wird. Vor der Bekämpfungsaktion müssen Futter, Einstreu aus Legenestern und Eier entfernt werden. Die Tiere dürfen im Stall belassen, aber nicht besprüht werden. Eine solche Bekämpfung ist bei Massenbefall indiziert und soll auf insgesamt 4 Anwendungen im Jahr beschränkt werden. Weiterhin kann im belegten Stall das tetrazyklische Makrolid Spinosad zur Umgebungsbehandlung eingesetzt werden, das nach 1-maliger Anwendung die Milbenpopulation für bis zu 12 Wochen kontrollieren kann und auch für den Einsatz in Biobetrieben erlaubt ist.

Alternativverfahren Milbenfallen, die an verschiedenen Stellen des Stalles ausgelegt werden, können den *Dermanyssus*-Befall stark reduzieren, doch ist die Wirkung auf ihre nähere Umgebung beschränkt. Solche Fallen bestehen z. B. aus Pappstreifen (14 × 16 cm oder andere Formate) und sind so gefaltet, dass Milben darin Unterschlupf finden. Solche Fallen sind teilweise auch mit einem Acarizid getränkt (ein direkter Kontakt von Hühnern mit dem Acarizid ist nicht gegeben) und können den Milbenbefall um > 95 % senken; entscheidend sind Größe, Zahl und Anordnung der Fallen. Neben konventionellen Acariziden hat sich auch ein aus dem Neembaum stammender Wirkstoff (Azadirachtin) als wirksam erwiesen. Milbenfallen werden auch nach der Acarizidbehandlung der Tiere oder der Umgebung als Monitoring eingesetzt, um den Wiederanstieg der *D. gallinae*-Population zu erfassen und ggf. eine erneute Behandlung mit Acariziden durchzuführen.

Auch können Raubmilben, die *D. gallinae* als Nahrung aufnehmen, im Stall freigesetzt werden. Die Population der Raubmilben dezimiert sich jedoch mit der Reduktion der Roten Vogelmilbe, zudem werden die deutlich größeren Raubmilben oftmals von den Hühnern gefressen. Auch können mit Raubmilben bei stärkerem *D. gallinae*-Befall keine zufriedenstellenden Ergebnisse erzielt werden, sodass sie vorrangig als unterstützende Maßnahme eingesetzt werden (z. B. zusätzlich zu Milbenfallen in Biobetrieben).

Ein biophysikalisches Bekämpfungsverfahren stellt die Anwendung von Silikatstaub (SiO_2) oder anderen inerten Substanzen (z. B. Kaolin) dar, die zur Umgebungsbehandlung eingesetzt und für Bio-Betriebe empfohlen werden. Diese Substanzen beeinträchtigen Milben und andere Arthropoden durch ihre schmirgelnde und adsorbierende Wirkung, die die Oberfläche der Milben schädigt und so zum Flüssigkeitsentzug und schließlich zur Austrocknung führt. Um Menschen nicht durch das Einatmen des Staubes zu gefährden, sollten keine kristallinen Stäube verwendet werden (Gefahr der Silikonstaublunge!). Beim Ausbringen des Staubes sind Atemschutzmasken zu tragen.

Weitere Bekämpfungsmaßnahmen Leere Stallungen und Einrichtungen gründlich reinigen (Dampfstrahlreiniger) und nötigenfalls Versprühen oder Vernebeln geeigneter Acarizide (z. B. Pyrethroide, Carbamate, Organophosphate, Amitraz). Als physikalisches Bekämpfungsverfahren können leere Stallungen auf > 45 °C erhitzt werden, um die Milben und ihre Entwicklungsstadien abzutöten und so für einige Monate zu kontrollieren (allerdings recht kostenintensiv).

Die genannten Maßnahmen tragen zur Reduktion der Milbenpopulation bei, führen aber i. d. R. nicht zur Tilgung. Einschleppung von Milben durch Menschen, Gegenstände, Wildvögel oder Nagetiere verhindern.

23.8 Parasitosen der Honigbiene

Die Bedeutung der Bienenzucht für die Landwirtschaft ist nicht zu unterschätzen. In der EU gibt es etwa 650 000 Imker mit ca. 17 Mio. Bienenvölkern, die jährliche Honigproduktion wird auf etwa 230 000 Tonnen geschätzt (EU 2019)[3]. Außerdem spielen Bienen bei der Pflanzenbestäubung eine große Rolle. Deshalb ist der Schutz der Bienen vor Krankheitserregern, Pestiziden und anderen Schadfaktoren eine wichtige Aufgabe.

Arten, Prophylaxe und Bekämpfung Von den 7 wichtigsten Parasitosen der westlichen Honigbiene (*Apis mellifera*) unterliegen derzeit 5 gesetzlichen Regelungen (Anzeige- oder Bekämpfungspflicht). In Europa ist die **Varroose** die häufigste Parasitose der Bienen, ebenso spielt die **Acarapiose** eine wichtige Rolle. Der **Bienenbeutenkäfer** *Aethina tumida* wurde Ende 2014 nach Süditalien eingeschleppt und stellt somit auch in anderen europäischen Ländern eine Gefährdung für Bienenvölker dar. ***Tropilaelaps*-Milben** sind hingegen in Europa bisher nicht festgestellt worden, doch besteht auch hier Einschleppungsgefahr. Daher sind Verdachts- oder Nachweisfälle dieser beiden Arthropoden in Mitgliedsländern der EU und in der Schweiz (TSV, § 291) anzeigepflichtig. Außerdem bestehen Importverbote für lebende Bienen und Hummeln aus Drittländern. Zur Prophylaxe und Bekämpfung von Parasiten und Schädlingen der Honigbiene gibt es verschiedene Maßnahmen, die in ► **Tab. 23.22** aufgeführt sind.

3 Honey market overview https://ec.europa.eu/info/food-farming-fisheries/animals-and-animal-products/animal-products/honey_en

▶ **Tab. 23.22** Parasitosen der westlichen (Europäischen) Honigbiene (*Apis mellifera*), Bekämpfungsmaßnahmen und gesetzliche Regelungen.

Parasit	Lokalisation, Entwicklungsstadien, Bekämpfung und Prophlaxe sowie gesetzliche Regelungen
Varroa destructor (S. 440) (Varroose)	Lokalisation und Entwicklungsstadien: adulte Milben leben auf adulten Bienen; Nymphen parasitieren an der Bienenbrut (bevorzugt Drohnenbrut) Bekämpfung und Prophylaxe: zugelassene Acarizide wie Amitraz, Flumethrin und Coumafos; zugelassene organische Säuren und ätherische Öle: Ameisen-, Milch- und Oxalsäure sowie Thymol und Kombination ätherischer Öle (Thymol, Eukalyptol, Kampfer und Menthol); bienengerechte Völkerführung, regelmäßige Kontrolle auf möglichen Befall, Entsorgung alter Bienenstöcke, kein Wabentausch zwischen verschiedenen Völkern; Reduktion des Milbenbefalls durch Entnahme der Drohnenbrut oder das sog. Fang- oder Bannwabenverfahren gesetzliche Regelungen: AT, CH Anzeigepflicht, DE Bekämpfungspflicht; Importverbot von Paketbienen oder Völkern aus Nicht-EU-Staaten (mit Ausnahme von Neuseeland); der Import von Bienenköniginnen ist nur aus wenigen Nicht-EU-Staaten erlaubt
Tropilaelaps clareae, *T. mercedesae* (S. 439) (*Tropilaelaps*-Milbenbefall)	Lokalisation und Entwicklungsstadien: Lokalisation der Parasiten wie bei *V. destructor* Bekämpfung und Prophylaxe: keine zugelassenen Antiparasitika verfügbar, vermutlich sind Acarizide und organische Säuren (zugelassen gegen Varroose) wirksam; Maßnahmen wie bei *V. destructor*; wichtige Maßnahme bei festgestelltem Befall ist die Brutunterbrechung, da *Tropilaelaps*-Milben sich nicht von adulten Bienen ernähren können und daher innerhalb weniger Tage absterben gesetzliche Regelungen: DE, AT, CH Anzeigepflicht; Importverbote (s. *V. destructor*)
Acarapis woodi (S. 451) (Acarapiose, Tracheenmilbenseuche)	Lokalisation und Entwicklungsstadien: alle Stadien leben in den Tracheen adulter Bienen Bekämpfung und Prophylaxe: keine zugelassenen Antiparasitika verfügbar, Umwidmung von Acariziden, organischen Säuren oder Thymol gegen Varroose., jedoch sind zur Bekämpfung eine bienengerechte Völkerführung, regelmäßige Reinigung der Bienenstöcke und Unterstützung der Selbstheilung durch Förderung des Bienenumsatzes (infizierte Altbienen gehen schneller ab) meist ausreichend gesetzliche Regelungen: AT, CH Anzeigepflicht, DE Bekämpfungspflicht
Aethina tumida (S. 477) (Bienenbeutenkäfer-Befall)	Lokalisation und Entwicklungsstadien: lebt während der Larvalentwicklung in den Waben des Bienenstocks; Puppen und Imagines leben in der Umwelt Bekämpfung und Prophylaxe: keine zugelassenen Antiparasitika verfügbar, in den USA erfolgreiche Behandlungen mit Coumafos; bienengerechte Völkerführung, regelmäßige Kontrolle auf möglichen Befall, Entsorgung alter Bienenstöcke, kein Wabentausch zwischen verschiedenen Völkern, zudem Zuchtselektion auf Putztrieb zur Schaffung gesunder, wehrhafter Völker; Bekämpfung der Puppenstadien in der Umgebung des Bienenstocks durch oberflächiges Abtragen des Bodens und anschließende Tiefkühlung oder durch Aufbringen von Löschkalk gesetzliche Regelungen: DE, AT, CH Bekämpfungspflicht, Importverbote (s. *V. destructor*)
Nosema apis, *N. ceranae* (S. 162) (Nosemose, Nosemaseuche)	Lokalisation und Entwicklungsstadien: befällt Darmepithelzellen adulter Bienen, hier Merogonie und Sporogonie Bekämpfung und Prophylaxe: keine zugelassenen Antiparasitika verfügbar; Dekontamination der Beuten und Waben mit 60 %iger Essigsäure oder thermischer Behandlung (49 °C, 24 h), Unterstützung der Selbstheilung durch Förderung des Bienenumsatzes (infizierte Altbienen gehen schneller ab) und Hygienemaßnahmen wie Verwendung sauberer Bienenstöcke und Geräte, Einschmelzen alter, verkoteter Waben und Elimination schwacher Völker; gute Standorte auswählen, Zuchtselektion auf Vitalität gesetzliche Regelungen: AT Anzeigepflicht
Malpighamoeba mellificae (S. 155) (Amöbenruhr Malpighamoebose)	Lokalisation und Entwicklungsstadien: befällt malphigische Gefäße adulter Bienen, hier Vermehrung der Trophozoiten Bekämpfung und Prophylaxe: keine zugelassenen Antiparasitika verfügbar; Unterstützung der Selbstheilung durch Förderung des Bienenumsatzes und Hygienemaßnahmen [Nosemose (S. 162)] gesetzliche Regelungen: keine
Braula coeca (S. 496) (Braulose, Bienenlaus-Befall)	Lokalisation und Entwicklungsstadien: lebt als Imago auf adulten Bienen, insbesondere der Königin, Larven und Puppen in den Waben der Bienenbrut; kein Parasit, sondern Kommensale der Honigbiene Bekämpfung und Prophylaxe: keine zugelassenen Antiparasitika verfügbar, wird aber durch Varroizide mitbekämpft gesetzliche Regelungen: keine

Literaturhinweise

Wiederkäuer

Besier RB, Kahn LP, Sargison ND et al. Diagnosis, Treatment and management of *Haemonchus contortus* in small ruminants. Adv Parasitol 2016; 93:181–238

Charlier J, Morgan ER, Rinaldi L et al. Practices to optimize gastrointestinal nematode control on sheep, goat and cattle farms in Europe using targeted (selective) treatments. Vet Rec 2014; 175: 250–255

Jacober P, Ochs H, Torgerson PR et al. A method for sheep scab control by applying selective treatment based on flock serology. Vet Parasitol 2006; 136: 373–378

Knubben-Schweizer G, Pfister K. Anthelminthikaresistenz bei Wiederkäuern: Entwicklung, Diagnostik und Maßnahmen. Tierarztl Prax Ausg G 2017; 45: 244–251

Kotze AC, Prichard RK. Anthelmintic resistance in *Haemonchus contortus*: history, mechanisms and diagnosis. Adv Parasitol 2016; 93: 397–428

O'Shaughnessy J, Earley B, Mee JD et al. Controlling nematodes in dairy calves using targeted selective treatments. Vet Parasitol 2015; 209: 221–228

Ramünke S, Melville L, Rinaldi L et al. Benzimidazole resistance survey for *Haemonchus*, *Teladorsagia* and *Trichostrongylus* in three European countries using pyrosequencing including the development of new assays for *Trichostrongylus*. Int J Parasitol Drugs Drug Resist 2016; 3: 230–240

Selemetas N, Phelan P, O'Kiely P et al. The effects of farm management practices on liver fluke prevalence and the current internal parasite control measures employed on Irish dairy farms. Vet Parasitol 2015; 207: 228–240

Schwein

Daugschies A. Protozoeninfektionen des Schweines. In: Schnieder T, Hrsg. Veterinärmedizinische Parasitologie. 6. Aufl. Stuttgart: Parey; 2006: 359–368. ISBN: 3-83044-135-5

Joachim A. Helminthosen des Schweines. In: Schnieder T, Hrsg. Veterinärmedizinische Parasitologie. 6. Aufl. Stuttgart: Parey; 2006; 369–398. ISBN: 3-83044-135-5

Joachim A, Mundt HC. Efficacy of sulfonamides and Baycox® against *Isospora suis* in experimental infections of suckling piglets. Parasitol Res 2011; 109: 1653–1659

Mundt HC, Cohnen A, Daugschies A et al. Occurrence of *Isospora suis* in Germany, Switzerland and Austria. J Vet Med B 2005; 52: 93–97

Rehbein S. Arthropodenbefall beim Schwein. In: Schnieder T, Hrsg. Veterinärmedizinische Parasitologie. 6. Aufl. Stuttgart: Parey; 2006: 399–408. ISBN: 3-83044-135-5

Shrestha A, Freudenschuss B, Jansen R et al. Experimentally confirmed toltrazuril resistance in a field isolate of *Cystoisospora suis*. Parasit Vectors 2017; 10: 317

Pferd

Becher AM, Mahling M, Nielsen MK et al. Selective anthelmintic therapy of horses in the Federal states of Bavaria (Germany) and Salzburg (Austria): an investigation into strongyle egg shedding consistency. Vet Parasitol 2010; 171: 116–122

Bairden K, Brown SR, McGoldrick J et al. Efficacy of moxidectin 2 per cent gel against naturally acquired strongyle infections in horses, with particular reference to larval cyathostomes. Vet Rec 2001; 148: 138–141

European Scientific Counsel Companion Animal Parasites (ESCCAP). A Guide to the Treatment and Control of Equine Gastrointestinal Parasite Infections. 2nd ed. ESCCAP 2019. ISBN: 978-1-90725-975-3

Hertzberg H, Schwarzwald CC, Grimm F et al. Helminthenmanagement beim adulten Pferd: Notwendigkeit einer Neuorientierung. Schweiz Arch Tierheilkd 2014; 156: 61–70; doi: 10.1024/0036-7281/a000552

Nielsen MK. Sustainable equine parasite control: Perspectives and research needs. Vet Parasitol 2012; 185: 32–44

Nielsen MK, Pfister K, von Samson-Himmelstjerna G. Selective therapy in equine parasite control-application and limitations. Vet Parasitol 2014; 202: 95–103

Pfister K, van Doorn D. New Perspectives in Equine Intestinal Parasitic Disease: Insights in Monitoring Helminth Infections. Vet Clin North Am Equine Pract 2018; doi: 10.1016/j.cveq.2017.11.009

Tzelos T, Barbeito JS, Nielsen MK et al. Strongyle egg reappearance period after moxidectin treatment and its relationship with management factors in UK equine populations. Vet Parasitol 2017; 237: 70–76

Samson-Himmelstjerna G von, Ilchmann G, Clausen PH et al. Empfehlungen zur nachhaltigen Kontrolle von Magen-Darmwurminfektionen beim Pferd in Deutschland. Pferdeheilkd 2011; 27: 127–140

Hund und Katze

Beugnet F, Halos L, Guillot J. Textbook of Clinical Parasitology in Dogs and Cats. 2018. ISBN: 978-2-95508-052-8

Deplazes P, van Knapen F, Schweiger A et al. Role of pet dogs and cats in the transmission of helminthic zoonoses in Europe, with a focus on echinococcosis and toxocarosis. Vet Parasitol 2011; 182: 41–53

European Scientific Counsel Companion Animal Parasites (ESCCAP). Guidelines 1, 3, 5, 6. www.esccap.org; www.esccap.ch; www.esccap.de

Kaninchen

Harkness JE, Turner PV, VandeWoude S, Whele CL Harkness and Wagner's Biology and Medicine of Rabbits and Rodents, 5th ed. Ames, IA, USA: Wiley-Blackwell; 2010. ISBN: 978-0-81381-531-2

Frank R, Kuhn T, Mehlhorn H et al. Parasites of wild rabbits (*Oryctolagus cuniculus*) from an urban area in Germany, in relation to worldwide results. Parasitol Res 2013; 112: 4255–4266

Sheinberg G, Romero C, Heredia R et al. Use of oral fluralaner for the treatment of *Psoroptes cuniculi* in 15 naturally infested rabbits. Vet Dermatol 2017; 28: 393–e91

Geflügel

Bauer C. Helminthosen des Geflügels. In: Schnieder T, Hrsg. Veterinärmedizinische Parasitologie. 6. Aufl. Stuttgart: Parey; 2006: 600–632. ISBN: 3-83044-135-5

Daugschies A. Protozoeninfektionen des Nutzgeflügels. In: Schnieder T, Hrsg. Veterinärmedizinische Parasitologie. 6. Aufl. Stuttgart: Parey; 2006: 576–599. ISBN: 3-83044-135-5

Kim ES, Hong YH, Min W et al. Fine mapping of coccidia resistant quantitative trait loci in chickens. Poult Sci 2006; 85: 2028–2030

Peek HW, Landman WJ. Coccidiosis in poultry: anticoccidial products, vaccines and other prevention strategies. Vet Q 2011; 31: 143–161

Pfister K. Arthropodenbefall beim Geflügel. In: Schnieder T, Hrsg. Veterinärmedizinische Parasitologie. 6. Aufl. Stuttgart: Parey; 2006: 633–648. ISBN: 3-83044-135-5

Witcombe DM, Smith NC. Strategies for anti-coccidial prophylaxis. Parasitology 2014; 141: 1379–1389

Woo PTK, ed. Fish Diseases and Disorders. Vol. 1: Protozoan and Metazoan Infections. Wallingford, Oxon: CAB International; 1995: 289–327. ISBN: 0-85198-823-7

Bienen

Rosenkranz P, Aumeier P, Ziegelmann B. Biology and control of *Varroa destructor*. J Invertebr Pathol 2010; 103: S 96–119

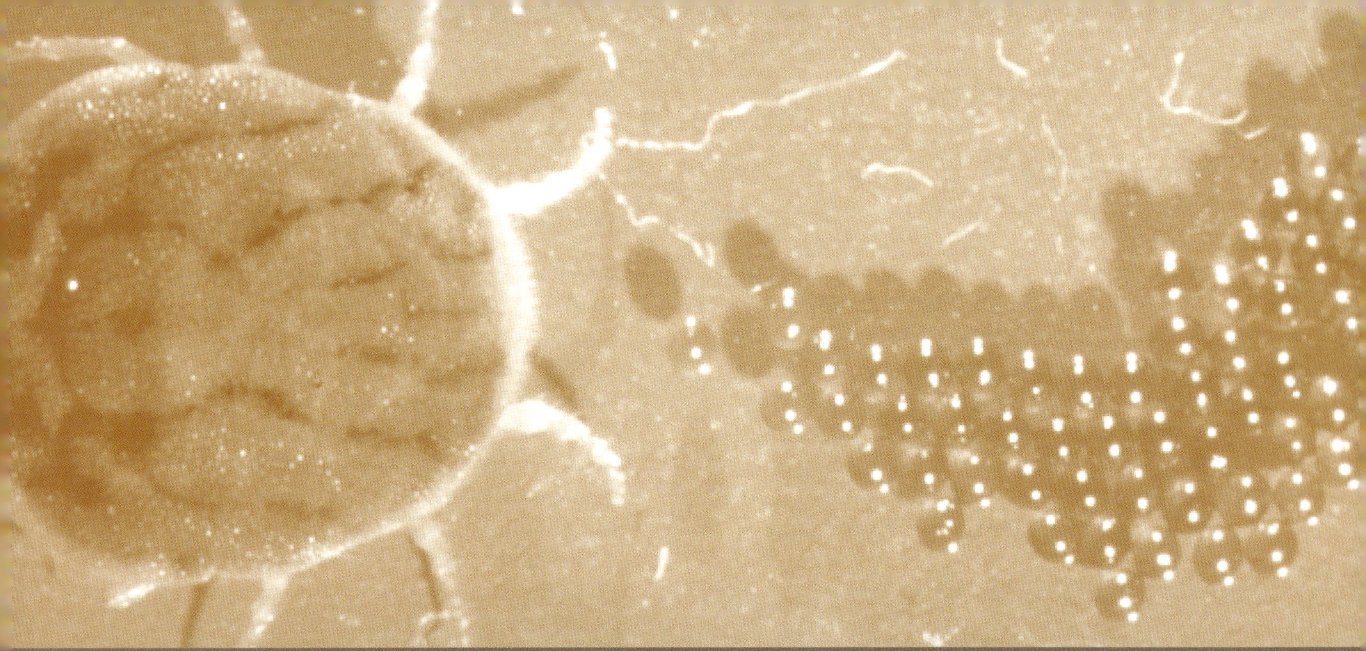

Teil 9
Anhang

24 Glossar

Abkürzungen und Zeichen: dt.: deutsch; engl.: englisch; fr.: französisch; gr.: griechisch; it.: italienisch; lat.: lateinisch; mhd.: mittelhochdeutsch; Gen.: Genitiv; Pl.: Plural; Sgl.: Singular; ↑ ↓: Hinweise auf Stichworte im vorhergehenden oder folgenden Teil der Liste.

Viele Fachausdrücke sind auch im Text des Buches erklärt. Termini der Immunologie und klinischer Disziplinen siehe entsprechende Lehrbücher. Hinweise auf Gruppen (Taxa) von Parasiten siehe Sachverzeichnis.

24.1 A

Abundanz (lat. *abundantia*: Überfluss): Zahl der Individuen einer Parasitenart in der gesamten Wirtstierpopulation, inklusive der Parasiten-freien Wirte. Berechnung: durchschnittliche Parasiten-Prävalenz × durchschnittliche Intensität der Infektion/Infestation (Prävalenz ↓; Infektion ↓, Intensität von Infektion/Infestation ↓, Infestation ↓)

Acarizid (gr. *akari*: Milbe; lat. *caedere:* zerschlagen): Wirkstoff gegen Acari (Milben und Zecken) (Insektizid ↓, Pestizid ↓)

Acarologie (gr. *akari*: Milbe; *logos*: Wort, Lehre): Akarologie, Milbenkunde

Achsenstab: Axostyl ↓

acephal (gr. *akephalos*: kopflos): kopflos, z. B. kopflose Larven von Insekten (Made ↓)

Acetabulum (lat. *acetabulum*: Essignäpfchen): Saugnapf bei Trematoden oder Cestoden

Adultizid (lat. *adultus*: erwachsen; *caedere*: zerschlagen): Wirkstoff gegen Adultstadien (Larvizid ↓)

Adultus, Pl.: Adulti (lat. *adultus*: erwachsen): Adultstadium, geschlechtlich ausgereiftes Stadium eines Parasiten (Imago ↓, Larve ↓)

Agamogonie (gr. *a*-: Verneinung: ohne; *gamos*: Hochzeit): ungeschlechtliche Fortpflanzung. Gamogonie ↓

Allopathie (gr. *allos*: anders; *pathos*: Leiden, Erkrankung): von Homöopathen (Homöopathie ↓) verwendeter Begriff für die sog. „Schulmedizin" (= wissenschaftlich begründete Medizin)

Allopatrie, allopatrisch (gr. *allos*-: anders, verschieden; lat. *patria*: Vaterland): Vorkommen verwandter Arten oder Unterarten in verschiedenen Gebieten oder Lebensräumen (Sympatrie ↓)

Alloscutum (gr. *allos*-: anders, verschieden; lat. *scutum*: Schild): dorsaler dehnbarer Teil bei weiblichen und immaturen Zecken posterior zum Scutum ↓

Amastigot (gr. *a*-: ohne; *mastix*: Geißel): Entwicklungsstadium von Trypanosomatidae ohne lichtmikroskopisch sichtbare Geißel (Epi- ↓, Pro- ↓, Trypomastigot ↓)

Anabiose (gr. *an*: hier ohne; *bios*: Leben): vorübergehender Zustand der scheinbaren Leblosigkeit, z. B. Überdauern von Organismen bei ungünstigen Bedingungen (Hypobiose ↓)

Aneurysma (gr. *aneurysma*: Erweiterung): lokalisierte Erweiterung eines arteriellen Gefäßes infolge einer angeborenen oder erworbenen Wandveränderung

Anorexie (gr. *an*: hier ohne; *orexis*: Begierde): völlig fehlende Nahrungsaufnahme (Inappetenz ↓)

Ansteckung: Übergang eines Erregers zum Leben in oder an einem Wirt; kann zur Kolonisation ↓, Infektion ↓ oder Infestation ↓ führen

Anthelminthikum (gr. *helmins*: Wurm): Wirkstoff gegen Helminthen ↓

Anticoccidium (gr. *anti*: gegen): Wirkstoff gegen Coccidien

Antigen (gr. *anti*: gegen; *gennan*: erzeugen): Molekül, das in einem Wirt immunologisch erkannt wird (meist höhermolekulare Proteine, Glykoproteine, auch Glykolipide)

- **Rekombinantes Antigen:** mittels DNA-Techologie in einem heterologen Expressionssystem (z. B. Bakterien, Hefen) produziertes Molekül, welches eine Immunantwort auslöst
- **Versteckte Antigene (engl. *hidden antigens*) von Parasiten** werden normalerweise vom Immunsystem nicht erkannt, da sie im Parasiten versteckt sind, z. B. in den Darmzellen. Bei Verwendung solcher Antigene für die Immunisierung von Wirten werden Antikörper gebildet, welche nach Aufnahme durch blutsaugende Parasiten (z. B. Nematoden, Zecken) in deren Darm durch die Antigen-Antikörper-Reaktion Schäden verursachen.

Antigenvariation (Antigen ↑; lat. *varietas*: Mannigfaltigkeit): Fähigkeit eines Erregers, neue Antigenvarianten zu bilden

Antiparasitikum: Wirkstoff gegen Parasiten (Applikation ↓, Resistenz ↓, Sicherheitsindex ↓, Wartezeit ↓, Wirksamkeit ↓, Wirkung, persistierende ↓)

Antiprotozoikum: Wirkstoff gegen Protozoen

Apicalkomplex (lat. *apex*: Spitze; *complexus*: Umfassung): Komplex von Zellorganellen am Vorderende (Apex) motiler Stadien (Merozoiten ↓, Sporozoiten ↓ u. a. Zoiten ↓, Kineten ↓) des Stammes Apicomplexa

Apicoplast (lat. *apex*: Spitze; gr. *plastos*: gebildet, geformt): Plastid-ähnliches, nicht photosynthetisches Organell, umhüllt von 3–4 Membranen mit kleinem Genom (etwa 35 kb), hervorgegangen aus Rotalgen; in den meisten Apicomplexa (*Eimeria, Plasmodium, Sarcocystis, Toxoplasma*) vorhanden; essenziell für die Parasiten, Funktionen noch nicht umfassend bekannt

apod (gr. *apous*: ohne Fuß): fußlos, z. B. Fliegenlarven (Maden ↓)

apparent (lat. *apparere*: sichtbar werden): Infektion ↓ mit Symptomen (Krankheit) (inapparent ↓)

Applikation (lat. *applicare*: anlegen): Verabreichung von Arzneimitteln

- **intramuskuläre A.** (lat. *intra.*: innerhalb; *musculus*: Muskel): in die Muskulatur (i. m.)
- **intraruminale A.** (lat. *intra*: innerhalb; *ruminare*: wiederkäuen): in den Pansen
- **intravenöse A.** (lat. *intra*: innerhalb; *vena*: Ader, Vene): in eine Vene (i. v.)
- **kutane (dermale) A.** (lat. *cutis*: Haut): auf die Haut
- **(per-)orale A.** (lat. *per*: durch; lat. *os*: Mund): durch die Mundöffnung (p. o.)
- **Pour-on-A.** (engl. *pour*: gießen; *on*: auf): regelmäßiges Aufgießen auf die Rückenhaut entlang der Wirbelsäule von Widerrist bis Schwanzansatz
- **Spot-on-A.** (engl. *spot*: Fleck; *on*: auf): Auftropfen auf eine begrenzte Hautpartie (Nacken oder Schulterregion)
- **subkutane A.** (lat. *sub*: unter; *cutis*: Haut): in die Subkutis (s. c.)
- **topische A.** (gr. *topos*: Ort): lokal begrenzt auf die Körperoberfläche

Arachnologie (gr. *arachne*: Spinne; *logos*: Wort, Lehre): Lehre von den Arachnida (Spinnentieren: Milben, Zecken usw.)

Arista (lat. *arista*: Granne, Ähre): Borste (oft gefiedert) am 3. Antennenglied der höheren Fliegen

Art: grundlegende Kategorie (Taxon ↓) der Systematik; nach klassischer Definition bilden Individuen einer Art eine Fortpflanzungsgemeinschaft; dieses Kriterium ist bei bestimmten Gruppen von Parasiten (z. B. Protozoen, Helminthen) kaum zu verifizieren und daher werden komplementär auch genetische Eigenschaften zur Charakterisierung einer Art herangezogen

Arzneimittel: natürliche oder synthetische Substanz mit pharmakologischer Aktivität und Verwendung für Behandlung und Prävention von Krankheiten

Arzneimittelresistenz: Fähigkeit einer Parasitenpopulation, Dosierungen eines Antiparasitikums ↑ zu tolerieren, die für die Mehrzahl der Individuen einer normal empfindlichen Population letal wären (Resistenz ↓)

asexuelle Vermehrung: ungeschlechtliche Vermehrung, durch Zwei- oder Vielteilung (Agamogonie ↑, Merogonie ↓, Schizogonie ↓)

Attraktans (lat. *attrahere*: anziehen; engl. *attractant*): Lockstoff; chemische Substanz, die Tiere anlockt

autochthon (gr. *autochthon*: bodenständig): Organismen, die in einem Habitat oder Land heimisch und nicht eingeschleppt sind

Autogenie (gr. *autos*: selbst; *gennan*: erzeugen): Fähigkeit von Insekten, Eier zu legen, ohne vorher Blut (oder andere Nahrung) aufgenommen zu haben

Autoinfektion: Infektion ↓

Autökologie: Ökologie ↓

Autozidtechnik (gr. *autos*: selbst; lat. *caedere*: schlagen, zerschlagen; *techne*: Handwerk): Methode zur Selbstvernichtung von Insekten durch Sterilisation oder Einführung einer Letalmutante in die Population (Sterile-Insekten-Technik ↓)

axenisch (gr. *axenia*: ungastlich; *xenos*: Gast, Fremder): keimfrei, z. B. keimfreie In-vitro-Kulturen oder keimfreie Labortiere

Axostyl (gr. *axon*: Achse; *stylos*: Stütze): Achsenstab, stab- oder fadenförmiges, intrazelluläres Bewegungs- und Stützorganell aus vielen Mikrotubuli, z. B. bei Parabasala

azyklische Übertragung: Übertragung ↓

24.2 B

Befallsextensität: = Prävalenz ↓

Befallsintensität: = Befallsstärke: Anzahl einer Parasitenart pro Wirt (= Intensität ↓)

Bekämpfung: alle Maßnahmen, die zur Verhütung, Reduktion oder Tilgung (Eradikation) von Krankheiten, inkl. Parasitosen, geeignet sind (z. B. chemische, biologische, immunologische Maßnahmen)

- **integrierte B.:**
  - Kombination mehrerer Maßnahmen in einem Bekämpfungsprogramm (z. B. medikamentöse B. und Infektionsprophylaxe) oder
  - Programme zur Bekämpfung mehrerer Parasitosen
- **selektive B. (engl. *selective treatment*):** Behandlung nur eines Teils der Parasitenträger und nicht der ganzen Tiergruppe, um das Risiko der Entwicklung von Antiparasitika-Resistenzen zu reduzieren
- **strategische B. (engl. *targeted treatment*):** Behandlung zu bestimmten, z. B. epidemiologisch begründeten Zeiten, um die Entwicklungszyklen der Parasiten nachhaltig zu stören und somit einen maximalen Nutzen zu erzielen

Biotisches Potenzial (gr. *bios*: Leben; lat. *potentia*: Kraft, Fähigkeit): maximales Vermehrungspotenzial eines Organismus ohne einschränkende Umweltfaktoren

Biotop (gr. *bios*: Leben; *topos*: Ort): Lebensraum eines Organismus oder einer Lebensgemeinschaft (Biozönose) innerhalb eines Ökosystems (Biozönose ↓, Habitat ↓)

Biozid (gr. *bios*: Leben; lat. *caedere*: zerschlagen): genereller Begriff für Wirkstoff, der Lebewesen abtötet oder beeinträchtigt

Biozönose (gr. *bios*: Leben, *koinonein*: gemeinsam leben): Lebensgemeinschaft, die alle lebenden Organismen eines Lebensraumes umfasst (Biotop ↑, Habitat ↓)

Bolus, Pl. Boli (gr. *bolos*: Kloß, Klumpen): spezielle Anwendungsform von Anthelminthika zur intraruminalen Applikation (↑) bei Rind und Schaf

Bothrium (gr. *bothros*: Grube): dorsale oder ventrale, längliche Rinnen oder Röhren im Scolex ↓ von niederen Bandwürmern

Bradyzoiten (gr. *bradys*: langsam; *zoein*: leben): = Cystozoiten (↓) von Apicomplexa, die sich in Cysten langsam durch Endodyogenie (↓) vermehren

Bursa copulatrix (lat. *burs*: Beutel; *copulare*: verbinden, paaren): charakteristisches Kopulationsorgan von Nematoden, typischerweise bestehend aus 3 durch Rippen verstärkten Cutikularlappen; ähnliche Strukturen auch in anderen Inverterbraten vorhanden

24.3 C

Capitulum (lat. *capitulum*: Köpfchen): basal fusionierte Mundwerkzeuge der Meso- und Metastigmata, nicht homolog mit dem Kopf (Caput) der Insekten (Gnathosoma ↓)

Cephalothorax (gr. *kephale*: Kopf; *thorax*: Brust): Kopfbrust, Teil des Körpers von Crustaceen und Arachniden, hervorgegangen aus der Fusion von Kopf- und einer unterschiedlichen Zahl von Thoraxsegmenten

Cercarie (gr. *kerkos*: Schwanz): Larvenstadium von Trematoden der Klasse Digenea, meist mit Schwanz, produziert durch asexuelle Vermehrung in Sporocyste ↓ oder Redie ↓

Cercomer (gr. *kerkos*: Schwanz; *meros*: Teil): abgesetzter, mit Haken besetzter Hinterkörperabschnitt von Cestodenlarven (Cysticercoide, Procercoide)

Cestodizid (gr. *kestos*: Gürtel, Band; lat. *caedere*: zerschlagen): Wirkstoff gegen Cestoden, auch als Cestizid (Zestizid) bezeichnet

Chelae (gr. *chele*: Klaue): scharfe, gezähnte Scheren an den Cheliceren ↓

Cheliceren (gr. *chele*: Klaue; *keras*: Horn): paarige, stechende Mundwerkzeuge der Chelicerata

Chemokine (gr. *kinein*: bewegen): Cytokine ↓ mit chemotaktischer und immunmodulierender Wirkung

Chemoprophylaxe (lat. *pro*: für; gr. *phylax*: Hüter, Wächter): medikamentöse Vorbeuge gegen Erkrankungen

Chemotaxis (gr. *taxis*: Ordnung, Reihe): gerichtete Bewegung motiler Zellen oder Organismen entlang eines Konzentrationsgradienten bestimmter chemischer Stoffe (Taxis ↓)

Chromidialkörper (gr. *chroma:* Farbe; lat. *oideus:* ähnlich): in Cysten von Amöben vorkommende längliche Strukturen aus helikal angeordneten Ribonukleoproteinen, die sich mit basischen Farbstoffen darstellen lassen

Cilien (lat. *cilium*: Augenwimper): Haar-ähnliche Organellen auf der Oberfläche von Zellen, Organen oder Organismen; zur Fortbewegung oder zum Transport von Nahrungs- oder anderen Partikeln; kürzer und zahlreicher als Flagellen (Flagellum ↓), aber mit demselben Grundbauplan

Cirrus (lat. *cirrus*: Haarlocke, Franse): männliches Begattungsorgan bei Trematoden und Cestoden

Coelom (gr. *koilia*: Höhle): von mesodermalem Epithel ausgekleidete sekundäre Leibeshöhle von höheren Metazoen (Pseudocoel ↓)

Coenurus (gr. *koinos*: gemeinsam; *oura*: Schwanz): Larvalstadium (Metacestode ↓) von einigen taeniiden Cestoden (Finne ↓)

Conoid (lat. *conus*: Kegel): Organell des Apicalcomplexes (↑) bei Apicomplexa; fehlt bei den Hämosporidien und Piroplasmen (Micronemen ↓ , Rhoptrien ↓)

Coracidium: erstes, bewimpertes Larvalstadium von niederen Cestoden (Pseudophyllidea)

Coxaldrüsen (lat. *coxa*: Hüfte): bei Nymphen u. Adulten von Argasiden zwischen den Coxae I u. II gelegene Drüsen, die aus aufgenommenem Blut überschüssige Flüssigkeit und Salze durch Poren in der Cuticula ausscheiden; auf diesem Weg können Infektionserreger übertragen werden

Ctenidium (gr. *ktenidium*: Kämmchen): Stachelkamm an Kopf und/oder Thorax bei Flöhen

Cuticula (lat. *cuticula*: Häutchen): von Epithelzellen sezernierte azelluläre Deckschicht, z. B. bei Nematoden und Arthropoden (Integument ↓)

Cysticercus (gr. *kystis*: Blase; *kerkos*: Schwanz): Larvenstadium von einigen *Taenia*-Arten (Finne ↓ , Metacestode ↓)

Cystozoiten (gr. *kystis*: Blase; *zoein*: leben): = Bradyzoiten ↑ ; durch fortwährende Endodyogenien ↓ in Gewebscysten einiger Coccidien (*Sarcocystis, Toxoplasma* u. a.) gebildet (Endozoiten ↓ , Merozoiten ↓)

Cytokine (gr. *kytos*: Zelle; *kinein*: bewegen): von bestimmten Zellarten gebildete u. sezernierte Proteine, die das Verhalten oder die Eigenschaften anderer Zellen ändern (Chemokine ↑ , Lymphokine u. a.)

Cytostom (gr. *kytos*: Zelle; *stoma*: Mund): Zellmund; bei Protozoen ein festgelegter Bereich der Zelloberfläche für die Aufnahme meist partikulärer Nahrung

24.4 D

DALY (*Disability-Adjusted Life Years*): Indikator für krankheitsbedingt erschwerte Lebensjahre von Menschen und die durch vorzeitige Todesfälle verlorenen Jahre, bezogen auf bestimmte Zeitabschnitte und Bevölkerungsgruppen

Dauerstadium: Parasitenstadien (Eier, Larven, Cysten, Oocysten etc.), die längere Zeit in der Umwelt unter harschen Bedingungen überleben können

Definitivwirt: = Endwirt (Wirt ↓)

Dekontamination (lat. *contaminatus*: befleckt, unrein): Beseitigung einer mikrobiellen, radioaktiven oder chemischen Kontamination ↓ (Desinfektion ↓)

Desinfektion (lat. *de*: von, weg; *inficere*: anstecken): selektive, gezielte Verminderung der Zahl bestimmter Krankheitserreger so weit wie nötig, um eine Infektion (↓) oder Erkrankung zu verhindern (Dekontamination ↑, Sterilisation ↓)

Desinfestation (lat. *infestus*: gefährlich): = Entwesung ↓

Deutonymphe (gr. *deutos*: zwei; gr. *nymphe*: Mädchen, Braut): zweites Nymphenstadium bei einigen Acari; bei vielen Acari fehlt die D. oder ist in ein Hypopus-Stadium (Hypopus ↓) umgewandelt (Proto- und Tritonymphe ↓)

Diapause (gr. *dia*: durch; lat. *pausa*: Pause): genetisch verankerte und hormonell gesteuerte Unterbrechung der ontogenetischen ↓ Entwicklung von Insekten und einigen Invertebraten mit Reduzierung des Stoffwechsels (Hypobiose ↓)

Dichte:

- Zahl der Parasiten eines Taxons ↓ in einem Habitat je Maßeinheit (Gewicht, Volumen, Fläche etc., z. B. Trichostrongylidenlarven je kg Trockengras)
- Zahl der Parasiten eines Taxons ↓ in/auf einem Wirt (Abundanz ↑, Intensität von Infektion/Infestation ↓
- spezifisches Gewicht einer Flotationsflüssigkeit

Dictyosomen (gr. *diktyon*: Netz; *soma*: Körper): kleine, aus wenigen Lamellen bestehende Membranstapel des Golgi-Systems

Diözie (gr. *dis-*: zweimal; *oikos*: Haus): Zweihäusigkeit; Weibchen und Männchen sind verschiedene Individuen (Hermaphrodit ↓, Monözie ↓)

Dormozoiten (lat. *dormire*: schlafen; gr. *kytos:* Zelle): Ruhestadium von Protozoen, z. B. bei Cystoisospora (Hypnozoiten ↓)

24.5 E

Ecdysis (gr. *ekdysis*: das Herauskriechen): Abwerfen der Cuticula, z. B. bei Arthropoden oder Nematoden

Egg reappearence period (ERP): Zeitspanne zwischen erfolgreicher Chemotherapie eines mit adulten Magen-Darm-Helminthen befallenen Wirtes und Wiedereinsetzen der Eiausscheidung im Kot bzw. Überschreiten eines bestimmten Grenzwertes der pro Gramm Kot ausgeschiedenen Wurmeier

Eizahlreduktionstest: Test zur Erfassung der Reduktion der Eizahl pro g Kot in bestimmten Intervallen nach Chemotherapie (egg reappearance period ↑)

Ektoparasit (gr. *ektos*: außen; *parasitos*: Mitesser): Parasit ↓, der *auf* einem Wirt lebt oder an ihm Nahrung aufnimmt (Infestation ↓)

Ektozid (gr. *ektos*: außen; lat. *caedere*: zerschlagen): Wirkstoff gegen Ektoparasiten (Endektozid ↓)

Embryophore (gr. *embryon*: Keimling; *pherein:* tragen): innere Membran, die die Oncosphäre ↓ im Ei von Cestoden einschließt

Empfänglichkeit: Eignung eines Wirtes für den Befall mit einer bestimmten Erregerart (Resistenz ↓, Unempfänglichkeit ↓)

Empodium (gr. *en:* auf; *pous*, Gen. *podos:* Fuß): Haftorgan am Prätarsus von Arthropoden (Pulvillus ↓)

Endektozid (gr. *endon*: innen; *ektos*: außen; lat. *caedere*: zerschlagen): Wirkstoff gegen Endo- und Ektoparasiten (Ektozid ↑)

Endemie (gr. *endemos*: einheimisch): ständiges Vorkommen einer Krankheit in einer Population (Menschen oder Tiere) in einem begrenzten Gebiet (Epidemie ↓, Pandemie ↓)

endemische (= enzootische) Stabilität (gr. *endemos*: einheimisch): stabile Infektionslage ohne häufiges Auftreten von Krankheiten, wodurch geringe Schwankungen der Krankheitsinzidenz (Inzidenz ↓) auftreten (Endemie ↑)

Endocytose (gr. *endon*: innen; *kytos*: Zelle): bei Protozoen Aufnahme von Stoffen durch Vesikelbildung an der Zelloberfläche und Abschnürung nach innen; zwei, sich teils überschneidende Formen – Phagocytose ↓: Aufnahme geformter Substanzen; Pinocytose ↓: Aufnahme flüssiger Substanzen (Exocystose ↓)

Endodyogenie (gr. *endon*: innen; *dyo*: zwei; *gennan*: erzeugen): Form der Merogonie ↓, bei der innerhalb einer Mutterzelle 2 Tochterindividuen entstehen (Endopolygenie ↓)

Endoparasit (gr. *endon*: innen): Parasit ↓, der *in* einem Wirt lebt (Ektoparasit ↑, Infektion ↓)

Endopolygenie (gr. *endon*: innen; *polys*: viel; *gennan*: erzeugen): Form der Merogonie ↓, bei der innerhalb einer Mutterzelle mehr als 2 Tochterindividuen entstehen (Endodyogenie ↑)

Endozoiten (gr. *endon*: innen; *zoein*: leben): = Tachyzoiten ↓; Zoiten ↓ von Apicomplexa, die durch Endodyogenie ↑ oder Endopolygenie ↑ entstanden sind

Endwirt: Wirt ↓

Entomologie (gr. *entomon*: Kerbe): Insektenkunde (dt. Kerbtierkunde) (Arachnologie ↑)

Entwesung: Befreiung von Räumen oder lagernden Gütern von tierischen Schädlingen (meist Schadarthropoden) (Dekontamination ↑, Desinfektion ↑)

Entwicklungszyklus (gr. *kyklos*: Kreis): biologischer Zyklus einer Art mit Abfolge mehrerer Entwicklungsstadien in einer oder in mehreren Generationen (Generationenwechsel ↓), häufig verbunden mit einem oder mehreren Wirtswechseln ↓ (Übertragungszyklen ↓)

Epidemie (gr. *epi*: auf; *demos*: Volk): gehäuftes Auftreten einer übertragbaren oder nicht-übertragbaren Krankheit in einer Population (Menschen oder Tiere), örtlich und zeitlich begrenzt (Endemie ↑, Pandemie ↓)

Epidemiologie (gr. *epi*: auf; *demos*: Volk; *logos*: Wort, Lehre): Lehre von der Entstehung, Verbreitung und zeitlichen Dynamik übertragbarer und nicht übertragbarer Krankheiten und deren biotischen sowie abiotischen Determinanten und Risikofaktoren; der komplementäre Begriff Epizootiologie bezieht sich nur auf tierische Populationen

Epimastigot (gr. *epi:* auf; *mastix*: Geißel): Entwicklungsstadium von Trypanosomatidae, an dem die Geißel in Kernnähe inseriert (A- ↑, Pro- ↓, Trypomastigot ↓)

Epizootiologie (gr. *epi*: auf; *zoon*: Tier; *logos*: Wort, Lehre): Epidemiologie ↑

Erreger: allgemeine Kurzbezeichnung für Krankheitserreger ↓

European Scientific Counsel Companion Animal Parasites (ESCCAP): eine in Großbritannien eingetragene Experten-Vereinigung, die zum Ziel hat, unabhängige, fundierte Informationen zur Verfügung zu stellen, die helfen, Hunde und Katzen sowie Pferde – aber auch den Menschen (Zoonosen) – vor einem Befall mit Parasiten und dessen Folgen zu schützen; angesprochen werden vor allem Tierärztinnen und Tierärzte, veterinärmedizinische Fachangestellte, Tierhalterinnen und Tierhalter; für DE und AT: www.esccap.de; für CH: www.esccap.ch

Eukaryoten (gr. *eu*: schön, gut; *karyon*: Kern, Nusskern): Organismen, deren Zellen einen echten, von einer Doppelmembran umgebenen Zellkern und weitere charakteristische zelluläre Strukturen enthalten (Prokaryoten ↓) (sprachlich korrekt wäre eigentlich „Eukaryonten“)

euryxen (gr. *eurys*: breit; *xenos*: Gast, Fremder, = polyxen): breites Wirtsspektrum (monoxen ↓, oligoxen ↓, Wirtsspezifität ↓)

Evolution (lat. *evolvere*: entwickeln): stammesgeschichtliche Entwicklung der Lebewesen durch Veränderungen der genetischen Merkmale, was zu neuen Arten führt

Exazerbation (lat. *exacerbare*: verschärfen, erbittern): Verschlimmerung einer Krankheit (Rekrudeszenz ↓)

Exocytose (lat. *ex*: aus; gr. *kytos*: Zelle): Stofftransport aus der Zelle nach außen: im Cytosol liegende Vesikel verschmelzen mit der Zellmembran und geben in ihnen gespeicherte Stoffe frei (Endocytose ↑)

Exposition (lat. *ex*: aus; *positio*: Lage): Ausgesetztsein eines Organismus (Wirt ↓) gegenüber Infektionserregern; im weiteren Sinne auch Gesamtheit der äußeren Bedingungen

Expositionsprophylaxe (gr. *phylax*: Hüter, Wächter): Maßnahmen zur Verhütung oder Verringerung der Infektionsgefahr (Exposition ↑, Prophylaxe ↓)

Extenseffekt: Wirksamkeit ↓ von Arzneimitteln

24.6 F

FAMACHA® (FAffa MAlan CHArt; bezieht sich auf Dr. ‚Faffa‘ Malan): Abschätzen des Anämie-Grades in Schafen (Ziegen) durch den Vergleich der Farbe der Lidbindehaut mit der Farbskala einer Tafel

Fehlwirt: Wirt ↓

Feston (fr. *feston*: Girlande): bei gewissen Gattungen von Schildzecken Einkerbungen am hinteren Körperrand, die bei vollgesogenen Weibchen undeutlich sein können oder verschwinden

Finne (Herkunft des Begriffs unklar): Trivialname für die Zweitlarve (auch Metacestode ↓) von Bandwürmern, die im voll entwickelten Zustand für den Endwirt infektiös ist

Flagellum (lat. *flagellum*: Geißel): Zellorganelle, meist zur Fortbewegung (Cilien ↑), bestehend aus einer Plasmamembran, die eine Matrix und ein Axonem (aus 9 × 2 peripheren + 2 zentralen Mikrotubuli) umschließt

24.7 G

Gameten (gr. *gametes*: Gatte): haploide Geschlechtszellen, die sich paarweise miteinander zu einer Zygote ↓ vereinigen

Gametocyt (gr. *gametes*: Gatte; *kytos*: Zelle): = Gamont, Zelle von eukaryotischen Einzellern, die Gameten bildet; Makrogametozyt = weibl., Mikrogametozyt = männl.

Gamogonie (gr. *gamos*: Heirat; *goneia*: Zeugung): = Gametogonie, sexuelle Entwicklungsphase (= sexuelle Generation) mit Bildung besonderer Fortpflanzungszellen (Gameten ↑) und Befruchtungsvorgang

Gamont: = Gametocyt ↑

Geißel: Flagellum ↑

Gen (gr. *gignesthai*: entstehen): physikalische Grundeinheit der Vererbung; eine lineare Sequenz von Nukleotiden auf einem DNA-Segment, welche die kodierte Anleitung für die RNA-Synthese enthält (Genom ↓)

Generationenwechsel (lat. *generatio*: Generation): Abfolge verschiedener Generationen im Entwicklungszyklus eines Parasiten, die sich durch ihre Fortpflanzungsweise (bisexuell und ungeschlechtlich, Metagenese; bisexuell und parthenogenetisch, Heterogonie ↓, Parthenogenie ↓) und oft auch andere Merkmale unterscheiden

Genom (gr. *gignesthai*: entstehen): Gesamtheit der vererbbaren Informationen eines Organismus mit den Genen ↑ und den nicht-kodierenden DNA/RNA-Sequenzen

Genotyp (gr. *gignesthai*: entstehen; *typos*: Gepräge): Gesamtheit der in den chromosomalen und extrachromosomalen Genen enthaltenen genetischen Information; der Begriff wird auch zur Bezeichnung von Varianten innerhalb einer Art verwendet, die sich in wesentlichen genetischen Merkmalen unterscheiden, deren taxonomischer Status aber noch unklar ist; sinnvoller wäre es in diesem Kontext von genetischen Varianten zu sprechen; Isolat ↓, Stamm ↓

Glykocalix (gr. *glykys*: zuckerhaltig; lat. *calix*: Hülse, Kelch): Schicht auf der Außenfläche der Zellmembran bei Eukaryoten (Helminthen ↓, Protozoen ↓), bestehend aus Oligosaccharidseitenketten von Glykolipiden, Glykoproteinen und Proteoglykanen; die Zusammensetzung der G. kann sich während der Entwicklung der Parasiten ändern

Glykosomen (gr. *glykys*: zuckerhaltig; *soma*: Körper): membranbegrenzte, etwa 0,2–0,3 µm große Organellen in Blutformen von Trypanosomen, die alle für die Glykolyse wichtigen Enzyme enthalten

Gnathosoma (gr. *gnathos*: Kiefer; *soma*: Körper): anteriorer Körperteil der Acari (Milben, Zecken) mit den Mundwerkzeugen (Capitulum ↑)

Granzym (zusammengesetzter Begriff aus Granula und Enzym): Serinproteasen, die aus intrazellulären Granula von Abwehrzellen (cytotoxische T-Zellen, NK-Zellen) freigesetzt werden

Gubernaculum (lat. *gubernaculum*: Steuerruder): Teil des männlichen Kopulationsapparates von Nematoden; dient als Gleitschiene der Spicula (↓); artspezifische Morphologie wird zur Bestimmung der Arten genutzt

24.8 H

Habitat (lat. *habitare*: wohnen): Lebensraum, welchen eine Art innerhalb eines Biotops ↑ besetzt

hämatophag (gr. *haima*: Blut; *phagein*: essen): Parasiten, die sich vom Blut ihres Wirtes ernähren

Hautmuskelschlauch: Körperwand von Nematoden ↓, bestehend aus Cuticula ↑, Epidermis und einer Längsmuskelschicht

Helminthen (gr. *helmins*: Wurm): Sammelbegriff (kein Taxon) für parasitisch lebende, wurmähnliche Metazoen ↓ aus den Tierstämmen der Platyhelmintha, Nematozoa und Acanthocephala

Helminthose (gr. *helmins*: Wurm; *nosos*: Krankheit): durch Helminthen (↑) verursachte Infektion in allen Verlaufsstadien (apparent ↑, inapparent ↓, Latenz ↓)

Hemimetabolie (gr. *hemi*: halb): Entwicklung von Insekten mit unvollkommener Verwandlung (ohne Puppenstadium); Holometabolie ↓

Hermaphrodit (gr. *Hermaphroditos*: Name des Sohnes von Hermes und Aphrodite): Zwitter; Individuum mit Geschlechtsorganen beider Geschlechter (Cestoden, Trematoden) (Diözie ↑, Monözie ↓)

Heterogonie (gr. *heteros*: der andere; *goneia*: Zeugung): Wechsel von Generationen mit bisexueller und parthenogenetischer Vermehrung (Parthenogenese ↓), z. B. Strongyloides

heteroxen (gr. *heteros*: der andere; *xenos*: Gast, Fremder): verschiedenwirtig; eine Parasitenart befällt im Zyklus verschiedenartige Wirte, z. B. End- und Zwischenwirt; di- u. triheteroxene Zyklen: mit zwei bzw. drei obligaten Wirten; monoxen ↓, homoxen ↓

Holarktis (gr. *holos*: ganz; *arktos*: Norden): biogeografische Region: Bereich der nördlichen Halbkugel mit gemäßigtem oder kaltem Klima, bestehend aus Nearktis ↓ und Paläarktis ↓

Holometabolie (gr. *holos*: ganz): Entwicklung von Insekten mit vollkommener Metamorphose, mit Puppenstadium zwischen Larven- und Adultstadium (Hemimetabolie ↑)

Homöopathie (gr. *homoios*: ähnlich, gleichartig; *pathos*: Leiden, Erkrankung): wissenschaftlich nicht gesichertes Therapiekonzept nach S. Hahnemann: Behandlung von Krankheiten mit hochverdünnten Substanzen, die in hoher Dosis ähnliche Symptome hervorrufen sollen wie die Krankheit selbst (Ähnlichkeitsprinzip) (Allopathie ↑)

homoxen (gr. *homo*: gleich, gemeinsam; *xenos*: Gast, Fremder): gleichwirtig; eine Parasitenart befällt im Zyklus nur 1 Wirtsart (heteroxen ↑)

Hydatide (gr. *hydor*, Gen. *hydatos*: Wasser): Metacestode ↓ (Finne ↑) von *Echinococcus granulosus*, mit Flüssigkeit gefüllte Blase mit spezieller Wandstruktur (veralteter Begriff)

Hydrogenosomen (gr. *hydor*: Wasser; *gennan*: erzeugen): membranbegrenzte Organellen im Cytoplasma; produzieren H_2, CO_2 und ATP; erfüllen als Atmungsorganellen Aufgaben von Mitochondrien im Energiestoffwechsel anaerober Protozoen (z. B. bei Trichomonaden)

Hyperinfektion (gr. *hyper*: über; lat. *inficere*: anstecken): massive, oft systemische Infektion eines Wirtes, bei der sich mehrere, häufig aus Autoinfektionen (Infektion ↓) stammende Infektionsschübe überlagern, z. B. bei *Strongyloides stercoralis*-Befall

Hypnozoiten (lat. *hypno*: Schlaf; gr. *kytos:* Zelle): Ruhestadium bestimmter Malariaparasiten (Dormozoiten ↑)

Hypobiose (gr. *hypo*: unter; *biosis*: Leben): gehemmte Entwicklung (engl. *arrested development*); temporäre Hemmung oder Unterbrechung bei parasitischen Nematoden im 3., 4. oder 5. Stadium im infizierten Wirt (Diapause ↑)

Hypopus, Pl.: Hypopodes (gr. *hypo:* unter; *pus*, Gen. *podos*: Fuß): „Dauerstadium" in der Entwicklung einiger Milben (Acaridae, Glyciphagidae); dient dem Überstehen ungünstiger Lebensbedingungen; entspricht der Deutonymphe ↑

Hysterosoma (gr. *hystera*: Gebärmutter; *soma*: Körper): 3. und 4. (letzter) beinloser Körperabschnitt der Acari (Zecken und Milben s. str.), Gnathosoma ↑, Idiosoma ↓, Proterosoma ↓

24.9 I

Idiosoma (gr. *idios*: eigen): Körper der Acarina (Milben und Zecken) ohne Gnathosoma ↑

Imago (lat. *imago*: Bild): Adultstadium ↑ nach einer Metamorphose ↓, v. a. bei Insekten

Immunevasion (lat. *immunitas*: das Freisein von; *evadere*: entkommen): Fähigkeit eines Erregers, sich der Immunabwehr des Wirtes zu entziehen

Immunisierung: Verabreichung eines Antigens oder eines Impfstoffes ↓ an einen Wirt

Immunität (lat. *immunitas*: das Freisein von): erworbene (nicht angeborene) und spezifische Abwehr eines Wirtes gegen diejenigen Antigene ↑, Krankheitserreger oder Toxine ↓, die zuvor spezifische Abwehrreaktionen (Immunreaktionen) induziert haben; diese bleiben – anders als bei der Allergie – meist inapparent; Resistenz ↓; beachte: häufig wird zwischen Immunität und Resistenz nicht klar unterschieden:

- **aktive I.** (= adaptive oder erworbene I.): vom Wirt nach Kontakt mit einem Antigen ↑ entwickelte I.
- **infektionsgebundene I.** = Prämunität (engl. *concomitant immunity, non-sterile immunity*): Immunität, die an stetige antigene Stimuli gebunden ist und Superinfektionen (Infektion ↓) kontrolliert, aber die bereits bestehende Infektion mit Parasiten der homologen Art nicht eliminiert
- **passive I.:** auf Zufuhr von Antikörpern oder Immunzellen von einem anderen Wirt beruhende I., z. B. Übertragung von Antikörpern von der Mutter auf den Nachwuchs

Immunsuppression: Beeinträchtigung der Immunabwehr

Immuntoleranz: fehlende Reaktion auf ein Antigen in einem zu Immunreaktionen befähigten Organismus

Impfstoff: Vakzine ↓

inapparent (lat. *in*: nicht; *apparere*: sichtbar werden): symptomlos, ohne auffällige Symptome (apparent ↑, Latenz ↓)

Inappetenz (lat. *in*: nicht; *appetentia*: Verlangen): Unlust zur Nahrungsaufnahme (Anorexie ↑)

Infektiologie (lat. *inficere:* anstecken; gr. Wort, Lehre): Lehre von den Infektionskrankheiten

Infektion (lat. *inficere:* anstecken): a) Ansiedlung eines pathogenen Agens auf oder in einen Wirt oder in einer Zelle mit anschließender Wirts- oder Zellreaktion (apparent ↑ oder inapparent ↑); für Erreger, die sich im Wirt nicht vermehren (z. B. viele Helminthenarten), wurde früher der Begriff Invasion verwendet; für den Befall mit Arthropoden wird der Begriff Infestation ↓ verwendet; b) Zustand des Infiziertseins (Ansteckung ↑, Kolonisation ↓) (s. auch Übertragung ↓):

- **abortive I.** (lat. *abortus*: zu früh geboren): verkürzt verlaufende Infektion, die oft zur schnellen Besserung oder Heilung führt
- **Autoinfektion** (gr. *autos*: selbst): Infektion eines Wirtes mit einem Erreger, den er selbst beherbergt
- **inapparente I.:** Infektion ohne auffällige Symptome (inapparent ↑)
- **Infektionsarten:** Übertragungsarten ↓
- **Infektionswege:** Übertragungswege ↓
- **Infektionszyklen:** Übertragungszyklen ↓
- **latente I.** (lat. *latere*: verborgen sein): zeitweilig nicht nachweisbare Infektion (Latenz ↓)
- **neonatale I.** (gr. *neos*: jung, neu; lat. *natus*: Geburt): Infektion von Neugeborenen
- **opportunistische I.** (lat. *opportunitas*: Gelegenheit): Infektion mit Erregern, die krank machend wirken, wenn die Situation für sie opportun ist, z. B. in Wirten mit gestörtem Immunsystem
- **perinatale I.** (gr. *peri-*: um, herum; lat. *natus*: Geburt): Infektion um den Geburtstermin
- **postnatale I.** (lat. *post*: nach; *natus*: Geburt): Infektion nach der Geburt
- **pränatale I.** (lat. prae: vor; *natus*: Geburt): Infektion vor der Geburt im Mutterleib
- **Primärinfektion** (lat. *primus*: erster): Erstinfektion, erstmalige Infektion eines naiven Wirtes (Reinfektion ↓, Superinfektion ↓)
- **Reinfektion** (lat. *re-*: wieder): erneute Infektion, nachdem eine vorhergehende Infektion mit derselben Erregerart erloschen ist
- **rezidivierende I.** (lat. *recidere*: zurückfallen): erneute Apparenz einer inapparenten Infektion infolge Aktivierung nach Immunsuppression, Antigenvariation etc. (Exazerbation ↑, Rekrudeszenz ↓, Rezidiv ↓)
- **Sekundärinfektion** (lat. *secundus*: zweiter): Infektion eines Wirtes, der bereits mit einem Erreger einer anderen Art (oder mehreren Arten) infiziert ist (Superinfektion ↓)
- **Superinfektion** (lat. *super*: über): erneute Infektion bei noch bestehender Infektion mit derselben Erregerart (Reinfektion ↑)

Infektionsintensität: Anzahl Individuen einer Parasitenart in oder auf einem Wirt (Abundanz ↑, Dichte ↑, Prävelenz ↓)

Infestation (lat. *infestere*: angreifen, stören): Ansiedlung parasitischer Arthropoden auf oder in einem Wirt mit oder ohne Vermehrung der Parasiten (Infektion ↑)

Inkubationszeit (lat. *incubare*: brüten): Zeitspanne vom Beginn der Infektion bis zum Auftreten erster Symptome (Präpatenz ↓)

Insektizid (lat. *insectus*: gekerbt; *caedere*: zerschlagen): Wirkstoff gegen Insekten (Acarizid ↑, Biozid ↑, Pestizid ↓)

Invertebraten = Evertebraten (lat. *e-*: ohne; *vertebra*: Wirbel): Wirbellose (Vertebraten ↓)

Isolat (lat. *insula:* Insel; it. *isolare*: abtrennen): Subpopulation einer Erreger-Art mit bekannter Herkunft (z. B. aus einer bestimmten Wirtsart, einem Tierbestand), deren genetische oder andere Merkmale aber nicht charakterisiert sind (Stamm ↓)

Integument (lat. *integumentum*: Hülle): äußere Körperbegrenzung von Metazoen, aus ein- oder mehrschichtiger Epidermis (oder Syncytium ↓ aus Epidermiszellen) mit oder ohne Cuticula ↑

Intenseffekt: Wirksamkeit ↓ von Arzneimitteln ↑

Intensität (lat. *intendere*: anspannen, steigern): Intensität der Infektion (= Befallsintensität ↑), Zahl der Individuen einer bestimmten Parasitenart in oder auf einem einzelnen infizierten Wirt (Abundanz ↑, Dichte ↑, Infektion ↑, Infestation ↑, Prävalenz ↓)

Invasion (lat. *invasio*: Einfall, Eindringen): Prozess der Annäherung und des Eindringens eines Parasiten in einen Wirt, ein Wirtsorgan oder eine Wirtszelle (Infektion ↑)

Inzidenz (lat. *incidere*: hineinfallen): Zahl der Neuinfektionen oder -erkrankungen in einer Population je Zeitperiode, z. B. 100 Neuerkrankungen je 100 000 Individuen pro Jahr (Prävalenz ↓, Morbidität ↓)

24.10 J

Juvenilhormone: Hormone bei Arthropoden-Larven, deren Konzentration über die Art der Weiterenwicklung bestimmt (weiteres Larvenstadium oder Puppe)

Juvenilstadium (lat. *iuventus*: Jugend): a) umgangssprachlich für jedes Entwicklungsstadium vor dem Adultstadium; b) häufig spezifisch vewendet für das Stadium unmittelbar vor dem sexuell reifen Adultstadium (präadultes S.); c) Entwicklungsstadium, welches den Adulten morphologisch bis auf die Ausprägung der Gonaden gleicht (Larve ↓, Adultus ↑)

24.11 K

Karyogamie (gr. *karyon*: Nuss, Kern; *gamos*: Hochzeit): Vereinigung der Gametenkerne nach der Syngamie ↓

Kerbtiere: Insekten ↑

Kineten (gr. *kinein*: bewegen): große (> 10 µm), meist keulenförmige, motile Stadien mit Apicalkomplex ↑, die sich während der Sporogonie ↓ aus Zygoten entwickeln (bei Adeleida, Haemosporida, Piroplasmida)

Kinetoplast (gr. *kinein*: bewegen; *plastos*: gebildet, geformt): DNA-Struktur in den großen Mitochondrien bei den Kinetoplasta ↓; besteht aus einem Netzwerk von zirkulären DNA-Molekülen mit ca. 50 Maxizirkeln (23–36 kbp) und mehreren Tausend Minizirkeln (0,5–2,5 kbp); Erstere kodieren für Enzyme der Atmungskette, Letztere für guide RNAs

Kinetoplasta (Kinetoplast ↑): Gruppe frei lebender oder parasitischer Protozoen, die durch einen Kinetoplasten ↑ charakterisiert sind, z. B. Trypanosomen und Leishmanien

Kinine (gr. *kinein*: bewegen): zu den Gewebehormonen zählende, pharmakologisch hochaktive Oligopeptide, die durch Kallikrein aus Kininogenen freigesetzt werden

Klon (gr. *klon*: Zweig, Sprössling): durch asexuelle Vermehrung aus *einer* Zelle hervorgegangene, genetisch identische Nachkommen

Koevolution (lat. *com-* oder *con-* als Präverb: zusammen; *evolvere*: entwickeln): gegenseitige Anpassung zweier oder mehrerer Arten im Verlauf ihrer gemeinsamen Evolution ↑

Kolonisation (lat. *colonia*: Siedlung):

- oberflächliche Besiedlung der Haut oder Schleimhäute mit Keimen ohne Eindringen in das Gewebe (Infektion ↑)
- Etablierung einer Population durch Gründerindividuen, z. B. durch Einschleppung von Zecken in ein zuvor zeckenfreies Gebiet

Kommensalismus (lat. *commensalis*: Tischgenosse): Biosystem artfremder Organismen, in dem ein Partner profitiert, ohne den anderen wesentlich zu schädigen (Mutualismus ↓, Parasitismus ↓, Symbiose ↓)

Kontamination (lat. *contaminatus*: befleckt, unrein): Verunreinigung von Umwelt, Räumen, Gegenständen, Tieren, Personen, Lebensmitteln oder Untersuchungsmaterial mit Erregern oder Schadstoffen (mikrobielle, chemische, radioaktive K.) (Dekontamination ↑, Desinfektion ↑)

Kopro-Antigen (gr. *kopros*: Kot, Schmutz): im Kot ausgeschiedenes Antigen

Kopro-DNA (gr. *kopros*: Kot): im Kot ausgeschiedene DNA

Koproskopie (gr. *kopros*: Kot; *skopein*: betrachten): makroskopische oder mikroskopische Kotuntersuchung

Krankheitserreger: allgemeine Bezeichnung für ein pathogenes Agens (Prionen, Viren, Bakterien, Protozoen, Pilze, Helminthen, Arthropoden)

24.12 L

Larve (lat. *larva*: Maske, Gespenst): nicht geschlechtsreifes Entwicklungsstadium einer Tierart, das sich vom Adultus ↑ oder der Imago ↑ deutlich unterscheidet

Larvizid: Wirkstoff gegen Larvalstadien

Latenz (lat. *latere*: verborgen sein): Phasen der Infektion, in der Geschlechtsprodukte oder Entwicklungsstadien eines Parasiten in Probenmaterial (Blut, Kot, Harn, Haut usw.) mit den üblichen Methoden nicht nachweisbar sind (inapparent ↑, Patenz ↓)

Letalität (lat. *letalis*: tödlich): Verhältnis der Zahl der an einer Krankheit gestorbenen Individuen zur Zahl der an dieser Krankheit leidenden Individuen in einer Population und einem bestimmten Zeitraum (Mortalität ↓)

24.13 M

Made: fußlose (apode ↑) und meist kopflose (acephale ↑) Larve von holometabolen Insekten, v. a. von Fliegen

Merogonie (gr. *meros*: Teil; *goneia*: Zeugung): Form der Schizogonie ↓ bei Apicomplexa und Microspora, bei der sich eine Mutterzelle (Meront ↓) in Tochterzellen teilt (Endodyogenie ↑, Endopolygenie ↑ gelten als Sonderformen der M.)

Meront (gr. *meros*: Teil): = Schizont ↓; Vielteilungskörper (Merogonie ↑), der Merozoiten ↓ oder Tochtermeronten bildet

Merozoiten (gr. *meros*: Teil; *zoein*: leben): durch Merogonie ↑ bei vielen Apicomplexa gebildete, meist 1-kernige, langgestreckte, motile Tochterzellen mit Apicalkomplex

Metacercarie (gr. *meta*: nach, hinter; *kerkos*: Schwanz): Stadium von Digenea (Trematoda), entsteht aus der Cercarie ↑ nach Verlust des Schwanzes beim Infektionsprozess (z. B. Schistosomen) oder Enzystierung (z. B. Fasciola)

Metacestode (gr. *meta*: zwischen, nach, hinter; *kestos*: Gürtel, Band): Zweitlarve (Finne ↑) von Bandwürmern, die sich in Zwischenwirten entwickelt und im voll entwickelten Zustand für den Endwirt infektiös ist

Metamorphose (gr. *meta*: nach, hinter; *morphe*: Form, Gestalt): Formenwandel (Morphologie, Stoffwechsel, Lebensform etc.) von der Larvenform über Puppen zu erwachsenen, geschlechtsreifen Individuen bei Insekten (Holometabolie ↑, Imago ↑)

Metaphylaxe (gr. *meta*: nach, hinter; *phylax*: Hüter, Wächter): Maßnahmen zur Vorbeugung gegen Erkrankungen zu einem Zeitpunkt, an dem bereits eine Infektion von Wirten stattgefunden hat, eine Schädigung jedoch noch nicht eingetreten ist (Prophylaxe ↓); der etymologisch passendere, jedoch allgemein kaum gebräuchliche Begriff hierfür wäre Mesophylaxe (gr. *meso:* mittel)

Metazoa (gr. *meta*: nach, hinter; *zoon*: Tier): Vielzeller = Animalia (Protozoa ↓)

Micronemen (gr. *mikros*: klein; *nema*: Faden): zahlreiche, längliche, elektronendichte, Organellen im Apex von Zoiten der Apicomplexa ↑, beteiligt an der Invasion von Zellen (Rhoptrien ↓)

Mikrofilarien (gr. *mikros*: klein; lat. *filum*: Faden): Larve 1 von Filarien; Infektionsstadien für Arthropoden-Vektoren ↓

Miracidium (gr. *meirakidion*: Büblein): erste Larve von Digenea (Trematoda)

Mitosomen (lat. *mitis*: mild, weich; gr. *soma*: Körper): Zellorganellen mitochondrialen Ursprungs, aber mit reduzierten Funktionen bei Protozoen (z. B. Entamoeba, Giardia)

monophyletisches Taxon (gr. *monos*: allein; *phylon*: Stamm): Taxon (↓), das sämtliche Nachkommen einer Stammart umfasst; polyphyletisches Taxon ↓, Systematik ↓

Monözie (gr. *monos*: allein, einzeln; *oikos*: Haus): Einhäusigkeit; Individuen haben weibliche und männliche Reproduktionsorgane (Diözie ↑, Hermaphrodit ↑)

monoxen (gr. *monos*: allein, einzeln; *xenos*: Gast, Fremder; = stenoxen): engwirtig; eine Parasitenart befällt nur 1 Wirtsart (euryxen ↑, oligoxen ↑, Wirtsspezifität ↓)

Morbidität (lat. *morbidus*: krank): Zahl der in einem bestimmten Zeitraum (z. B. 1 Jahr) registrierten Krankheitsfälle in einer definierten Population von Tieren oder Menschen, z. B. 1000 oder 100 000 Individuen (Inzidenz ↑, Prävalenz ↓)

Mortalität (lat. *mors*: Tod): Zahl der in einem bestimmten Zeitraum (z. B. 1 Jahr) registrierten krankheitsassoziierten Todesfälle in einer definierten Population von Tieren oder Menschen, z. B. 1000 oder 100 000 Individuen (Letalität ↑)

Mutualismus (lat. *mutuus*: gegenseitig:): Zusammenleben verschiedenartiger Organismen zu gegenseitigem Vorteil, jedoch ohne gegenseitige Abhängigkeit (Kommensalismus ↑, Symbiose ↓)

24.14 N

naiver Wirt: Wirt ↓

Naturherdinfektion: Gebiet, in welchem Erreger unabhängig von Mensch und Haus- und Nutztieren persistieren, z. B. in Vektoren ↓, Reservoirwirten (Vorkommen ↓)

Nearktis (gr. *neos*: neu; *arktos*: Norden): biogeografische Region: Nordamerika und Grönland, im Süden bis zum mexikanischen Staat Sonora (Holarktis ↑, Neotropis ↓, Paläarktis ↓,)

Nematozoa (gr. *nema:* Faden; *zoon*: Tier): Stamm der Metazoa ↑

Neotropis (gr. *neos*: neu; *tropikos*: Wendekreis): biogeografische Region: Mittel- und Südamerika, Karibik (Holarktis ↑, Nearktis ↑, Paläarktis ↓)

24.15 O

Ökologie (gr. *oikos*: Haus; *logos*: Wort, Lehre): Umweltbiologie, Lehre von den Wechselbeziehungen der Lebewesen zueinander und zu ihrem Lebensraum (biotische und abiotische Faktoren) (Habitat ↑):

- **Autökologie:** Ö. des Individuums
- **Demökologie:** Ö. der Population
- **Synökologie:** Ö. der Ökosysteme

oligoxen (gr. *oligos*: wenig; *xenos*: Gast, Fremder): wenigwirtig; Parasitenart mit engem Wirtsspektrum (monoxen ↑, euryxen ↓, polyxen ↓, Wirtsspezifität ↓)

Oncosphäre (gr. *ogkos*: Haken; *sphaira*: Kugel): mit Haken ausgestattetes 1. Larvenstadium von Cestoden

Ontogenese (gr. *ta onta*: das Seiende; *gennan*: erzeugen): Individualentwicklung von der Fertilisation zum Adulten (Phylogenie ↓)

Oocyste (gr. *oon*: Ei; *kystis*: Blase): encystierte Zygote der Coccidien (Sporocyste ↓)

Ookinet (gr. *oon*: Ei; *kinein*: bewegen): bewegliche, längliche Zygote ↓ von Haemosporida (Sporokinet ↓)

Ovijector (lat. *ovum*: Ei; *iacere*: werfen, schleudern): bei bestimmten Nematoden muskulöser Endabschnitt des Uterus, aus dem die Eier nach außen befördert werden

Ovoviviparie (lat. *ovum*: Ei; *vivus*: lebend; *parere*: gebären): Weibchen legt embryonierte Eier, aus denen unmittelbar nach Ablage oder nach kurzer Entwicklung Larven schlüpfen (Viviparie ↓)

24.16
P

Paläarktis (gr. *palaios*: alt; *arktos*: Norden): biogeografische Region: nichttropischer Teil der Alten Welt (Eurasien und Nordafrika bis zur Südgrenze der Sahara; Holarktis ↑, Nearktis ↑)

Pandemie (gr. *pan*: alles; *demos*: Volk): großräumige (über Kontinente), aber zeitlich begrenzte Ausbreitung einer Infektionskrankheit, die meist eine große Anzahl Personen betrifft (Endemie ↑, Epidemie ↑)

Parasit (gr. *para*: bei, neben; *sitos*: Speise; *parasitos*: Bei- oder Mitesser): Schmarotzer; Organismus (Gast), der sich vorübergehend oder dauernd in oder auf einem *artfremden* Organismus (Wirt ↓) aufhält, auf dessen Kosten lebt und ihn mehr oder weniger stark schädigen kann; in der Medizin wird der Begriff „Parasit" traditionellerweise nur für parasitische Protozoen und Metazoen (Helminthen, Arthropoden u. a.) verwendet, nicht für Bakterien, Pilze usw. (Parasitismus ↓, Parasitoid ↓)

- **Ektoparasit** (gr. *ektos*: außen): Parasit, der *auf* einem Wirt lebt oder an ihm Nahrung aufnimmt
- **Endoparasit** (gr. *endon*: innen): Parasit, der *in* einem Wirt lebt
- **fakultativer P.** (lat. *facultas*: Gelegenheit): Organismus mit gelegentlicher parasitischer Lebensweise; sonst frei oder kommensalisch lebend (Kommensalismus ↑)
- **obligater P.** (lat. *obligatus*: bindend, verpflichtet): Organismus, der auf die parasitische Lebensweise angewiesen ist
- **opportunistischer P.** (lat. *opportunus*: günstig, geeignet): Parasit, der einen Wirt bei günstigen Bedingungen (z. B. bei geschwächter Immunabwehr) befallen und schädigen kann
- **periodischer P.** (gr. *periodus*: Wiederkehr): Parasit, der nur in bestimmten Entwicklungsstadien parasitisch lebt (permanenter P. ↓)
- **permanenter P.** (lat. *permanere*: andauern): Parasit, der in allen Entwicklungsstadien parasitisch lebt (periodischer P. ↑)
- **Pseudoparasit** (gr. *pseudos*: Trug, Täuschung:): frei lebender Organismus, der nur zufällig auf oder in einen Wirt geraten ist
- **stationärer P.** (lat. *statio*: Standort): Parasit, dessen parasitische Stadien dauernd im oder am Wirt leben (temporärer P. ↓)
- **temporärer P.** (lat. *tempus*: Zeit): Parasit, dessen parasitische Stadien nur kurze Zeit im oder am Wirt leben (stationärer P. ↑)
- **Zooparasit** (gr. *zoon*: Lebewesen): Parasit in oder an Tieren

Parasitämie (Parasit ↑; gr. *haima*: Blut): Befall des Blutes mit Parasiten; quantitativ als Prozentsatz der befallenen Erythrozyten oder Leukozyten oder Zahl der Parasiten je µl Blut erfasst

Parasitismus (Parasit ↑): Biosystem artfremder Lebewesen, in dem ein Partner (Parasit ↑) auf Kosten des anderen (Wirt ↓) lebt; Parasiten töten ihren Wirt i. d. R. nicht wie ein Räuber oder Parasitoid ↓ (Kommensalismus ↑)

Parasitoid (gr. *-eides*: ähnlich; = parasitenähnlich): Raubparasit (Parasit ↑); Organismus, der seinen Wirt (↓) während seiner Vermehrung oder Entwicklung tötet (z. B. Larven der Schlupfwespen töten Larven anderer Insektenarten)

Parasitose (Parasit ↑; gr. *nosos*: Krankheit): Bezeichnung für eine durch Parasiten verursachte Infektion oder Infestation, unabhängig davon, ob sie apparent, inapparent oder latent verläuft (apparent ↑, inapparent ↑, Latenz ↑)

paratenischer Wirt: Wirt ↓

Parthenogenese (gr. *parthenos*: Jungfrau; *genesis*: Zeugung): Jungfernzeugung; eingeschlechtliche Fortpflanzung, bei der Nachkommen aus unbefruchteten Eiern entstehen

Paruterinorgan (gr. *par-*: bei, neben; lat. *uterus*: Gebärmutter): kapselartige Struktur bei Mesocestoidae, die sich als Anhang am Uterus bildet und Eier aufnimmt; der restliche Uterus degeneriert gewöhnlich; ähnliche Strukturen in einigen anderen Cestoden

Patenz (lat. *patere*: offenbar sein, veröffentlichen): Zeitspanne nach Ablauf der Präpatenz ↓, in der Geschlechtsprodukte oder Entwicklungsstadien eines Parasiten ↑ in Probenmaterial (Blut, Kot, Harn usw.) makroskopisch/mikroskopisch nachweisbar sind (Postpatenz ↓)

Pathogene (gr. *pathos*: Leid, Schmerz; lat. *genero*: erzeugen): Sammelbegriff für Krankheitserreger ↑

Pathogenese (gr. *pathos*: Leid, Schmerz; *genesis*: Zeugung): Entstehung und Entwicklung krankhafter Prozesse

Pathogenität (gr. *pathos*: Leid, Schmerz; *genesis*: Zeugung): Potenzial der krank machenden Eigenschaften einer Erregerart; innerhalb der Art kann der Grad dieser Eigenschaften schwanken (Virulenz ↓)

Pellicula (lat. *Häutchen*): bei Protozoen mehrschichtige Zellhülle mit darunterliegenden Strukturen (Mikrotubuli, Proteinplatten und -lamellen etc.)

Perforin (lat. *perforatus*: durchlöchert): cytolytisches Protein aus Granula cytotoxischer (CD8 +) T-Zellen

Peroxisomen (gr. *soma*: Köper; lat. *per*: durch, hindurch, sehr; *oxys*: sauer, scharf): membranbegrenzte, kleine (etwa 0,5–1,5 µm) Zellorganellen, die bestimmte Enzyme enthalten (u. a. Katalasen, Peroxidasen)

Pestizid (lat. *pestis*: Seuche; *caedere*: schlagen, zerschlagen): chemische Mittel zur Bekämpfung von Schädlingen außerhalb des pflanzlichen, tierischen oder menschlichen Organismus (Biozide ↑, Fungizide, Herbizide, Insektizide ↑, Molluskizide usw.)

Phagocytose (gr. *phagein*: fressen; *kytos*: Zelle): selektive Aufnahme partikulären Materials durch Einstülpung und Abschnürung der Zellmembran in die Zelle (Endocytose ↑, Pinocytose ↓)

Phasmid (gr. *phasma*: Gespenst): mit einer Drüse verbundenes, hinter dem Anus gelegenes Sinnesorgan der Nematodengruppe Phasmidia (jetzt Secernentea)

Pheromone (gr. *pherein*: tragen; *hormon*: Treiber): Ektohormone; Botenstoffe, die aus Drüsen in die Umgebung ausgeschieden werden und dort als chemische Signale (meist artspezifisch) für andere Individuen der Population wirken; spielen bei der Koordination von Tiergruppen (z. B. Aggregationsph.) und in den Beziehungen der Geschlechter (Geschlechtsph.) eine Rolle

Phoresie (gr. *phoresia*: Träger): Transport-Parasitismus; vorübergehende Anheftung eines Organismus an einen Wirt ↓ (z. B. flugfähiges Insekt), durch den er sich transportieren lässt, ohne diesem Nahrung zu entziehen

Phylogenie (gr. *phylon*: Stamm; *gennan*: erzeugen): Stammesgeschichte; Entwicklungsgeschichte der Lebewesen insgesamt oder von Arten, Gattungen usw. während der Erdgeschichte (Ontogenese ↑)

Pinocytose (gr. *pinein*: trinken; *kytos*: Zelle): Aufnahme fein gelöster oder flüssiger Stoffe durch Einstülpung und Abschnürung der Zellmembran in die Zelle (Phagocytose ↑)

Plasmodium (gr. *plasma*: das Geformte): a) vielkernige Zelle, durch wiederholte, mitotische Kernteilungen ohne Zellteilung entstanden (Syncytium ↓); b) Name der Protozoen-Gattung *Plasmodium*

polyphyletisches Taxon (gr. *polys*: viel; *phylon*: Stamm): vielstämmiges Taxon ↓, das Nachkommen aus verschiedenem evolutionärem Ursprung umfasst (monophyletisches Taxon ↑, Systematik ↓)

polyxen (gr. *polys*: viel; *xenos*: Gast, Fremder): = euryxen ↑

Population (lat. *populus*: Volk): Gesamtheit der Individuen einer Art in einem definierten Lebensraum

Postpatenz (lat. *post*: nach; Patenz ↑): Zeitspanne nach Ablauf der Patenz, in der zwar noch ein Befall mit Parasiten besteht, jedoch Entwicklungsstadien makroskopisch/mikroskopisch in diagnostischen Proben nicht mehr nachweisbar sind

Prädation (lat. *praedator*: Räuber, Jäger): Räubertum; Prädatoren ernähren sich von lebender tierischer Beute und töten diese (Parasit ↑)

Prädilektionsstelle (lat. *pradilectus*: bevorzugt): bevorzugter Ansiedlungsort eines Parasiten in oder auf dem Wirt

Prämunität (lat. *prae*: vor; *munia*: Pflichten): infektionsgebundene Immunität ↑

Präpatenz (lat. *prae*: vor; Patenz ↑): Zeitspanne von der Infektion eines Wirtes mit infektiösen Stadien einer Parasitenart bis zur Nachweisbarkeit seiner Geschlechts- oder sonstigen Vermehrungsprodukte (Eier, Larven etc.) in Probenmaterial (Blut, Kot, Harn, Haut etc.) (Inkubation ↑, Patenz ↑, Postpatenz ↑)

Prävalenz (lat. *praevalere*: das Übergewicht haben, vorherrschen): Zahl der infizierten oder erkrankten Individuen zu einem bestimmten Zeitpunkt, bezogen auf die Zahl der untersuchten Individuen; Angaben häufig in % (= Befallsextensität) (Inzidenz ↑)

Prävention (lat. *praevenire*: zuvorkommen): Maßnahmen zur Erhaltung oder Verbesserung der Gesundheit (z. B. Stallbauten und Stallklima, Ernährung), Vermeidung oder Reduzierung von Risiken (Information, gesetzliche Regelungen, Vorsorgeuntersuchungen oder Bestandsbetreuungen); zwischen Maßnahmen der Prävention und Prophylaxe ↓ gibt es Überschneidungen

Proglottis, Pl. Proglottiden (gr. *pro*: vor; *glotta*: Zunge): Segment der Cestoden Strobila ↓

Prokaryoten (lat. *pro*: vor, für; gr. *karyon*: Kern, Nusskern): Einzeller ohne echten, von einer Membran umgebenen Zellkern (Eukaryoten ↑)

Promastigot (lat. *pro*: vor, für; gr. *mastix*: Geißel): Entwicklungsstadium von Trypanosomatidae, bei dem die Geißel am Vorderende inseriert (a- ↑, epi- ↑, trypanomastigot ↓)

Prophylaxe (lat. *pro*: vor, für; gr. *phylax*: Hüter, Wächter): Vorbeuge; Schutz von Menschen oder Tieren vor Infektionen oder Erkrankungen durch Maßnahmen der Hygiene, Chemoprophylaxe ↑, Metaphylaxe ↑ u. a. (Prävention ↑)

Proterosoma (gr. *protero*: vorn; *soma*: Körper): erster und 2. Körperabschnitt (Gnathosoma ↑ + Propodosoma = vordere Körperhälfte) der Acari (Milben und Zecken) (Hysterosoma ↑, Idiosoma ↑)

Protonephridien (gr. *protos*: erster; *nephros*: Niere): blind geschlossene Exkretionsorgane der Platyhelminthen u. a. Invertebraten (Metanephridien ↑)

Protonymphe (gr. *protos*: erster; *nymphe*: Mädchen, Braut): erste (8-beinige) Nymphe der Milben (nicht der Zecken) (Deutonymphe ↑, Tritonymphe ↓)

Protoscolex, Pl.: -leces, auch -lices (gr. *protos*: erster; *skolex*: Wurm): im Finnenstadium (Finne ↑) gebildete Kopfanlage eines taeniiden Bandwurmes (Metacestode ↑)

Protozoen (gr. *protos*: erster; *zoon*: Tier, Wesen): diverse Gruppe von meist beweglichen, einzelligen, eukaryotischen Mikroorganismen; der Begriff P. ist ein kollektiver Name ohne phylogenetische und taxonomische Bedeutung, er wird aus praktischen Gründen immer noch verwendet; in der aktuellen Klassifizierung gehören mehrere ‚Supergruppen' zu den Protozoen (Amoebozoa, Excavata, SAR [Stramenopiles, Alveolata, Rhizaria])

Pseudocoel (gr. *pseudes*: falsch, scheinbar; *koilia*: Höhle): Leibeshöhle ohne Auskleidung mit mesodermalem Epithel (Coelom ↑)

Pseudoparasit: Parasit ↑

Pulvillus (lat. *pulvillus*: kleines Kissen, Polster): kissenartiger Haftlappen am letzten Beinsegment (Tarsalsegment) von Arthropoden (Empodium ↑)

24.17
Q

Quarantäne (lat. *quaranta giorni*: 40 d; zuerst in Venedig im 14. Jh. zur Pestabwehr): Isolierung infektions- oder kontaminationsverdächtiger Tiere oder Personen inkl. kontaminationsverdächtiger Gegenstände, ferner Sperrung von Infektionsherden (Tierbestände, Gebiete etc.) zur Verhütung der Erregerausbreitung

24.18
R

Redie (Francesco Redi, ital. Arzt, 1626–1698): aus Keimballen von Sporocysten ↓ entwickeltes Entwicklungsstadium einiger Digenea (Trematoda)

Reinfektion: Infektion ↑

Rekrudeszenz (lat. *recrudescere*: wieder roh werden): erneute Verschlimmerung einer Krankheit, nicht nur einer Infektionskrankheit (Exazerbation ↑, Rezidiv ↓)

Repellent, Pl.: Repellents, Repellenzien (lat. *repellere*: zurückstoßen; engl. *repellent*): chemische Substanz zur Abschreckung von Parasiten oder anderen Tieren, z. B. von Arthropoden (Attraktans ↑)

Residualwirkung: Wirkung ↓

Resistenz (lat. *resistentia*: Widerstand):

- natürliche Resistenz; genetisch determinierte, angeborene, Antigen-unabhängige Abwehrmechanismen eines Wirtes gegen Infektion/Infestation; meist partielle Resistenz (vollkommene Resistenz = Unempfänglichkeit ↓)
- Widerstandsfähigkeit von Organismen (Parasiteneiern, Larven usw.) gegen Umweltfaktoren (Tenazität ↓)
- Resistenz von Erregern gegen Arzneimittel ↑

Rezidiv (lat. *recidere*: zurückfallen): Rückfall, Wiederkehr einer Krankheit nach einer inapparenten Periode (Exazerbation ↑, Infektion ↑, Rekrudeszenz ↑)

Rhoptrien (gr. *rophalon*: Keule): keulenförmige Organellen, Bestandteile des Apicalkomplexes ↑ der Zoiten von Apicomplexa; beteiligt an der Invasion von Wirtszellen

Rostellum (lat. *rostellum*: Schnäbelchen): vorstülpbarer, muskulöser Zapfen am Scolex von Cestoden, oft mit Häkchen besetzt (Scolex ↓)

24.19
S

Saprophagen (gr. *sapros*: faul, verfault; *phagein*: essen): „Fäulnisfresser"; Tiere, die sich von totem organischem Material ernähren

Schizogonie (gr. *schizein*: spalten; *goneia*: Zeugung): Vielteilung; bei Protozoen übergeordneter Begriff für eine Vermehrung, bei der sich eine Mutterzelle in meist viele Tochterzellen teilt (Merogonie ↑, Sporogonie ↓ u. a.)

Schizont (gr. *schizein*: spalten): = Meront ↑; Protozoen-Zelle, die Schizogonie ↑ (= Merogonie ↑) durchläuft durch asexuelle Vermehrung mit multiplen Mitosen

Scolex (gr. *skolex*: worm): unsegmentierter, vorderer Teil (Kopf) von Cestoden, mit Organen zum Festhalten (Sauggruben, Saugnäpfe, Haken) (Protoscolex ↑)

Scutum (lat. *scutum*: Schild): Rückenplatte bei Schildzecken (Ixodidae), welche ca. 1/3 der anterioren Oberfläche bei Weibchen, Nymphen und Larven und die ganze Oberfläche bei Männchen bedeckt (Alloscutum ↑)

Sensillum, Pl.: Sensillen (lat. *sensus*: Empfindung, Wahrnehmung): Sinnesorgane von Nematoden oder Arthropoden zur Wahrnehmung mechanischer, chemischer, thermischer u. a. Reize

Sensitivität (lat. *sensibilis*: wahrnehmbar): in der Diagnostik Prozentsatz der mit einem Erreger infizierten und von einem Test richtig erfassten und somit als „positiv" bewerteten Individuen (= Anteil der richtigen positiven Diagnosen) (Spezifität ↓)

Sicherheitsindex (lat. *indicare*: anzeigen): Index für die Verträglichkeit von Antiparasitika: maximal tolerierte einmalige Dosis (= Dosis, bei der noch keine klinischen Unverträglichkeitssymptome zu erwarten sind) dividiert durch die einmalige therapeutische Dosis

Species (lat. *species*) Art ↑

Spezifität (lat. *species*: Art): in der Diagnostik Prozentsatz der nicht infizierten Individuen, bei denen ein Test ein richtiges negatives Ergebnis anzeigt (= Anteil richtiger negativer Diagnosen); die Sp. kann sich auch auf eine bestimmte Erregerart beziehen: sie ist hoch, wenn der Test einen hohen Anteil der mit dieser Erregerart infizierten Wirte erfasst und Kreuzreaktionen mit evtl. vorhandenen anderen Erregerarten weitgehend oder völlig ausschließt (Sensitivität ↑)

Spicula, Sgl.: -um (lat. *spiculum*: Stachel, Spitze): bei Nematodenmännchen in Taschen gelegene, vorstülpbare Begattungsstäbe in der Kloakenregion; wegen der artspezifischen Morphologie von diagnostischer Bedeutung

Spore (gr. *spora*: Same): Bezeichnung für die sehr verschieden strukturierten Cysten oder anderen Dauerstadien ↑ von Bakterien, Pilzen, Kryptogamen und einigen Protozoen

Sporoblast (gr. *spora*: Same; *blastos*: Keim): Stadium der Sporogonie ↓

Sporocyste (gr. *spora*: Same; *kystis*: Blase):

- bei Coccidien Cyste, die Sporozoiten ↓ enthält und sich innerhalb einer Oocyste ↑ entwickelt
- bei Digenea (Trematoda) ein motiler Keimschlauch mit Keimzellen, welche Tochtersporocysten oder Redien ↑ produzieren

Sporogonie (gr. *spora*: Same; *gone*: Nachkommen): Entwicklungsabschnitt bei den Apicomplexa ↑, in dem sich die Zygote ↓ (= Sporont) zunächst in Sporoblasten ↑ und dann in haploide Sporozoiten ↓ teilt

Sporokinet (gr. *spora*: Same; *kinein*: bewegen): meist keulenförmige, motile Stadien mit Apicalkomplex ↑, die

Protozoen der Gattung Babesia sowie einige Adeleida während der Sporogonie ↑ im Vektor entwickeln

Sporont (gr. *spora*: Same): Sporogonie ↑

Sporozoa (gr. *spora*: Same; *zoa*: Tiere): frühere Bezeichnung („Sporentierchen") für das Taxon Apicomplexa

Sporozoit (gr. *spora*: Same; *zoein*: leben): letztes, infektiöses Stadium der Sporogonie ↑, meist 1-kernige, langgestreckte, motile Tochterzellen mit Apicalkomplex, die infektiös sind für einen neuen Wirt (Merozoit ↑)

Stamm (gr. *phylos*: Stamm): (a) Stamm = Phylum: taxonomische Hauptkategorie der Systematik; (b) Subpopulation (Variante) einer Erreger-Art mit definierten genetischen oder anderen Merkmalen (z. B. Arzneimittelresistenz ↑); Isolat ↑

Stammesgeschichte: Phylogenie ↑

stenoxen (gr. *stenos*: eng; *xenos*: Gast, Fremder): = monoxen ↑

Sterile-Insekten-Technik (SIT): Methode zur Selbstvernichtung schädlicher Insektenpopulationen durch massenhaftes Züchten und Freilassen von Männchen der gleichen Art, die durch γ-Strahlen oder Photonen sterilisiert wurden; neuerdings auch genetische Ansätze (z. B. zur Unterdrückung der Weibchen)

Sterilisation (lat. *sterilis*: unfruchtbar): Abtötung aller Mikroorganismen (pathogene und nicht-pathogene), inkl. Sporen ↑, die sich in oder an einem Produkt oder Gegenstand befinden (z. B. chirurgische Instrumente) (Dekontamination ↑, Desinfektion ↑)

strategische Behandlung: Bekämpfung ↑

Strobila, Pl. Strobilae (gr. *strobilos*): Kette von Proglottiden ↑ bei Cestoden

Subtropen (gr. *tropikos*: tropisch): geografische Region zwischen den Tropen ↓ und dem 38. Breitenkreis in der nördlichen und südlichen Hemisphäre

Superinfektion: Infektion ↑

Symbiose (gr. *sym-*: zusammen; *bios*: Leben): Biosystem artfremder Organismen, in dem sich beide Partner (Symbiont und Wirt ↓) physiologisch ergänzen und vollkommen aufeinander angewiesen sind (essenzielle Lebensgemeinschaft) (Kommensalismus ↑, Mutualismus ↑, Parasitismus ↑)

Sympatrie (gr. *sym-*, *syn-*: zusammen; lat. *patria*: Heimat): Vorkommen von 2 Arten im gleichen geografischen Gebiet oder Lebensraum

symptomatische Therapie: Therapie ↓

synanthrop (gr. *syn*: zusammen; *anthropos*: Mensch): in enger Verbindung zum Menschen stehend

synbovin (gr. *syn*: zusammen; lat. *bos*: Rind): mit Rindern vergesellschaftet

Syncytium (gr. *syn*: zusammen; *kytos*: Zelle): mehrkerniger Zellverband, der keine inneren Zellgrenzen aufweist, entstanden durch Verschmelzen von Einzelzellen oder Ausbleiben von Zellteilungen

Syngamie (gr. *syn*: zusammen; *gamos*: Hochzeit): Fusion von weiblicher und männlicher Gamete mit anschließender Bildung einer Zygote ↓ (Gamogonie ↑, Karyogamie ↑)

Synökologie: Ökologie (↑)

Systematik (gr. *systematikos*: geordnet): Disziplin der Biologie, die verschiedene Organismen beschreibt, voneinander abgrenzt und die so erkannten Gruppen (Taxa ↓) in einem hierarchischen System einordnet, welches die Phylogenie ↑ möglichst exakt widerspiegeln soll

24.20 T

Tachyzoiten (= Endozoiten): Zoiten ↓ von Apicomplexa, die sich in einer Zelle durch rasche Teilungsvorgänge vermehren (Bradyzoiten ↑)

Tagma, Pl. Tagmata (gr. *tagma*: Anordnung): Zusammenschluss mehrerer Körpersegmente zu funktionellen Einheiten bei Arthropoden (Kopf, Thorax, Abdomen)

Taxis, Pl. Taxien (gr. *taxis*: Ordnung): Orientierungsbewegung eines motilen Organismus in Richtung einer Reizquelle (= positive Taxis) oder von dieser weg (= negative Taxis), z. B. Chemotaxis, Phototaxis

Taxon, Pl. Taxa (gr. *taxis*: Ordnung, Rangordnung): Gruppe von Organismen mit Eigenschaften, die sie von anderen Gruppen unterscheiden und die sich in eine bestimmte Kategorie einordnen lassen (z. B. Art, Gattung, Familie) (Systematik ↑, Taxonomie ↓)

Taxonomie (gr. *nome*: Einteilung): Zuordnung von Organismen aufgrund bestimmter morphologischer, biologischer, genetischer oder sonstiger Merkmale zu einem Taxon ↑

Telamon (gr. *telamonios*: Bindung:): männliches Begattungshilfsorgan in Form cuticulärer Strukturen in der Kloakenwand einiger Nematodenarten

Tenazität (lat. *tenacitas*: Festhalten): Widerstandsfähigkeit eines Erregerstadiums gegen Umwelteinflüsse (Temperatur, Trockenheit etc.)

Therapie (gr. *therapeia*: Heilung): Maßnahmen zur Heilung oder Linderung von Krankheiten

- **kausale Th.** (lat. *causa*: Ursache): gegen die Krankheitsursache, z. B. Infektionserreger, gerichtete Behandlung
- **palliative Th.** (= symptomatische Th.) (lat. *pallium:* Mantel) gegen die Krankheitssymptome gerichtete Th.

Toxin (gr. *toxikon*: Gift): Begriff für jegliche Substanz, die gifitig ist für einen Organismus; im medizinischen Umfeld oft nur verwendet für Substanzen, welche von lebenden Organismen (Mikroorganismen, Pilze, Pflanzen oder Tieren) gebildet werden und spezifisch toxische und antigene Eigenschaften haben (z. B. Botulismustoxin, Schlangen- oder Bienengift)

Tritonymphe (gr. *tritos*: dritter; Nymphe ↑): drittes oder letztes Nymphenstadium bei Milben (nicht bei Zecken); bei vielen parasitischen Acarina ist das 2. Stadium (Deutonymphe ↑) verloren gegangen, daher werden die 2 verbleibenden Stadien als Protonymphe ↑ und Tritonymphe bezeichnet

Tropen (gr. *tropikos*: Wendekreis): Gebiete beiderseits des Äquators zwischen dem nördlichen und südlichen Wendekreis (Breite ± 23°) mit ständig hohen Temperaturen, frostfrei außer in Höhenlagen (Subtropen ↑)

Trophozoit (gr. *trophe*: Ernährung; *zoein*: leben): Fressstadium von Protozoen

Trypomastigot (gr. *trypanon*: Bohrer; *mastix*: Geißel): Entwicklungsstadium von Trypanosomatidae, bei dem die Geißel am Hinterende inseriert (Amastigot ↑, Epimastigot ↑)

24.21 U

Übertragung: Übergang von Erregern auf oder in einen Wirt (Infektion ↑)

Übertragungsarten:

- **azyklische Ü.** (= mechanische Ü.): Übertragung infektiöser Stadien durch einen Vektor ↓, in dem keine Vermehrung oder Entwicklung des Erregers erfolgt (zyklische Ü. ↓)
- **direkte Ü.:** ohne Einschaltung eines Zwischen- oder Transportwirtes (Wirt ↓) oder eines Vektors ↓
- **indirekte Ü.:** mit Einschaltung eines Zwischen- oder Transportwirtes oder eines Vektors ↓
- **mechanische Ü.:** = azyklische Übertragung ↑
- **zyklische Ü.:** Übertragung, bei der eine Vermehrung oder Entwicklung des Erregers im Vektor ↓ stattfindet

Übertragungswege:

- **aerogene Ü.:** Übertragung von Pathogenen durch Tröpfchen oder Staub in der Luft
- **Arthropoden-Ü.:** Übertragung von Pathogenen durch Arthopoden-Vektoren ↓
- **alimentäre Ü.** (lat. *alimentum*: Essen): pathogene Übertragung durch Aufnahme von kontaminiertem Essen
- **diaplazentare Ü.** (gr. *dia*: durch; lat. *placenta*: Kuchen): transplazentare Übertragung (durch die Plazentaschranke)
- **endogene Ü.** (gr. *endon*: innen; *genes*: entstanden): Infektion, die von Erregern im selben Wirt ausgeht (Autoinfektion ↑)
- **exogene Ü.** (gr. *exo*: außen; *genes*: entstanden): Übertragung von Erregern, die von außen in den Wirt gelangen
- **faeko-orale Ü.:** Übertragung von Erregern aus Kot direkt oder durch kontaminiertes Material zum Mund eines Wirtes
- **horizontale Ü.** (gr. *horizon*: begrenzend): Erregerübertragung zwischen Individuen derselben Generation (vertikale Ü. ↓)
- **iatrogene Ü.** (gr. *iatros*: Arzt): durch den Arzt (Tierarzt) verursachte Übertragung, z. B. durch kontaminierte Injektionsnadeln
- **inokulative Ü.** (lat. *inoculare*: einpflanzen): Übertragung infektiöser Stadien auf einen Wirt durch Stich oder Biss eines Vektors ↓
- **Kontakt-Ü.** (lat. *contigere*: berühren): direkte Übertragung durch Kontakt zwischen infiziertem und nächstem Wirt (z. B. Sarcoptes-Milben)
- **kontaminative Ü.** (lat. *contaminatus*: befleckt, unrein): Übertragung infektiöser Stadien auf den nächsten Wirt durch Exkremente (Kot, Urin), andere Ausscheidungen oder durch Vektoren ↓
- **laktogene Ü.** (lat. *lac*: Milch): Erregerübertragung mit der Muttermilch
- **perkutane Ü.** (lat. *cutis*: Haut): Übertragung durch die Haut
- **perorale Ü.** (lat. *per*: durch; *os*: Mund): Übertragung durch die Mundöffnung (per os)
- **phagäre Ü.** (gr. *phagein*: essen): infektiöse Stadien werden von einem Wirt mit einem Vektor ↓ per os aufgenommen (alimentäre Ü. ↑)
- **pränatale Ü.** (lat. *prae*: vor; *natus*: Geburt): Übertragung vor der Geburt
- **transmammäre Ü.** (lat. *mamma*: Brust): Übertragung via Milchdrüse; = laktogene Ü. ↑
- **transovariale Ü.** (lat. *ovum*: Ei): Erregerübertragung über Eier auf die folgende Generation
- **transstadiale Ü:** Weitergabe von Erregern an aufeinanderfolgende Stadien eines Vektors ↓ (z. B. bei Zecken: Nymphe → Adultus)
- **vertikale Ü.** (lat. *vertex*: Scheitel, Gipfel): Erregerübertragung von einer Wirtsgeneration auf die folgende Generation (horizontale Ü. ↑)

Übertragungszyklen von Infektionserregern in verschiedenen epidemiologischen Situationen:

- **domestischer Z.** (lat. *domus*: Haus): Zyklus, an dem Haustiere als Wirte beteiligt sind
- **intermediärer Z.** (lat. *intermedius*: mittelständig): Zyklus, an dem Haus- und Wildtiere als Wirte beteiligt sind
- **ruraler Z.** (lat. *rus*: Landgut): Zyklus in ländlichen Gebieten
- **silvatischer Z.** (lat. *silva*: Wald): Zyklus, an dem nur Wildtiere als Wirte beteiligt sind (geeigneterer Begriff: Wildtierzyklus)
- **synanthroper Z.** (gr. *syn-*: zusammen; *anthropos*: Mensch): Zyklus in der näheren Umgebung des Menschen und oft von diesem beeinflusst; als Wirte können Haustiere und wild lebende Tiere beteiligt sein
- **urbaner Z.** (lat. *urbs*: Stadt): Zyklus in Stadtgebieten
- **Wildtierzyklus:** = silvatischer Z. ↑

Umwidmung: behördlich zu bewilligender Einsatz von Arzneimitteln für andere Tierarten oder Anwendungsgebiete, als aufgrund der Zulassung vorgesehen ist; Voraussetzungen sind, dass keine anderen Arzneimittel zur Verfügung stehen und die Gesundheit des Menschen (durch Rückstände in Lebensmitteln) nicht gefährdet wird

Unempfänglichkeit: Eigenschaft einer Wirtsart, die einer bestimmten Parasitenart keine Lebensmöglichkeiten bietet (Empfänglichkeit ↑, Resistenz ↑)

24.22 V

Vakzine (lat. *vacca*: Kuh): Lösung von Antigenen ↑, welche in Wirbeltieren nach parenteraler oder oraler Verabreichung spezifische Immunantworten stimulieren

- **attenuierte V.:** enthält lebende Pathogene, welche ihre Virulenz ↓ verloren haben, aber immer noch eine protektive Immunität induzieren
- **Lebend-V.:** enthält lebende Pathogene
- **Nukleinsäure-V.:** enthält DNA- oder RNA-Sequenzen, welche für immunogene Proteine kodieren, die nach Aufnahme der Nukleinsäuren in Wirtstierzellen produziert werden
- **rekombinante V.:** enthält rekombinante Antigene
- **Tot-V.:** enthält tote Pathogene oder nur spezifische Antigene eines Erregers („Subunit"-V.), entweder native oder rekombinante Antigene ↑

Variante: Stamm ↑

Vektor (lat. *vector*: Fahrer): Arthropoden oder andere Organismen, die Erreger von einem infizierten Wirt oder dessen Ausscheidungen zu nicht-infizierten Individuen übertragen (Übertragung ↑, azyklische Ü. ↑, zyklische Ü. ↑)

- **aktiver V.:** überträgt Erreger durch aktiven Akt, z. B. durch Stich
- **passiver V.:** Vektor ist bei Übertragung nicht aktiv, wird z. B. vom Wirt gefressen (phagäre Übertragung; Infektion ↑)

Vertebraten (lat. *vertebra*: Wirbel): Wirbeltiere (Invertebraten ↑)

Virulenz (lat. *viru*: Gift): unterschiedlich stark ausgeprägter Pathogenitätsgrad von Stämmen oder Stadien innerhalb einer Art (Pathogenität ↑)

Viviparie (lat. *vivus*: lebend; *parere*: gebären): Weibchen gebären Larven (Ovoviviparie ↑)

Vorkommen: Vorkommen eines Parasiten, eines anderen Erregers oder einer Infektionskrankheit in einem Habitat ↑ oder Naturherd ↑

- **autochthones V.** (gr. *autochthon*: bodenständig): in einem Habitat heimisch, nicht eingeschleppt
- **endemisches V.** (Endemie ↑): ständig vorkommend, ohne zeitliche Begrenzung
- **importiertes V.** (lat. *importare*: einführen): in eine Gegend eingeschleppt, nicht heimisch
- **sporadisches V.** (gr. *sporadikos*: zerstreut): vereinzelt vorkommend, ohne sichtbaren zeitlichen und räumlichen Zusammenhang der Fälle

24.23 W

Wartezeit: Intervall zwischen der Applikation eines Antiparasitikums und der erlaubten Verwendung der von behandelten Tieren stammenden Produkte (essbare Gewebe, Milch, Eier) als Lebensmittel für Menschen

Weidemanagement: gezielte Weidenutzung und -führung unter Berücksichtigung der Ansprüche verschiedener Tierarten und -gruppen, der Besatzdichte, der Weidefuttermenge und -qualität, der Gesundheitsvorsorge und der Rentabilität

Wirksamkeit (= Wirkung) von Arzneimitteln: die Wirksamkeit von Antiparasitika wird meist als Intenseffekt, zum Teil auch als Extenseffekt angegeben

- **Extenseffekt** (auch Extensitätseffekt): mittlerer Prozentsatz der durch Chemotherapie vom Parasitenbefall befreiten Individuen im Vergleich zu einer unbehandelten Kontrollgruppe
- **Intenseffekt** (auch Intensitätseffekt): mittlere prozentuale Reduktion der Intensität einer Infektion (= Befallsstärke) mit Parasiten einer behandelten Gruppe von Individuen im Vergleich zu einer unbehandelten Kontrollgruppe

Wirkung, persistierende (= Residualwirkung): aufgrund der Persistenz eines Antiparasitikums im Tierkörper anhaltende Wirkung gegen Neuinfektionen

Wirt: Organismus, der einen Parasiten ↑ beherbergen kann

- **Endwirt:** = Definitivwirt; Wirt, in dem sich geschlechtliche Stadien eines Parasiten entwickeln
- **Fehlwirt:** Wirt, der epidemiologisch aus biologischen (keine Entwicklung der infektiösen Stadien) oder ökologischen (keine Übertragung) Gründen keine Rolle spielt
- **Hauptwirt:** Wirt, in oder an dem eine Parasitenart am häufigsten gefunden wird (Nebenwirt ↓)
- **naiver W.** (lat. *nativus*: natürlich, angeboren): Wirt in einer ursprünglichen Reaktionslage, dessen Immunsystem mit einem Erreger oder mit seinen Antigenen weder direkt noch indirekt (via maternale Antikörper) Kontakt hatte
- **Nebenwirt:** Wirt, in oder an dem eine Parasitenart weniger häufig gefunden wird (Hauptwirt ↑)
- **paratenischer W.** (gr. *parateinein*: hinziehen, hinhalten): Transport-, Sammel-, Stapelwirt: Wirt, der larvale Stadien (gewöhnlich infektiöse Stadien) von Parasiten beherbergt, die sich nicht weiterentwickeln oder vermehren (Zwischenwirt ↓)
- **Reservoirwirt:** Wirt, in dem sich ein Reservoir an Infektionserregern stetig oder längere Zeit halten kann
- **Zwischenwirt:** Wirt, in dem ein Parasit einen Teil seines Zyklus durchläuft, mit Entwicklung oder Differenzierung (mit oder ohne ungeschlechtlicher Vermehrung)

Wirtsspezifität: Beschränkung einer Parasitenart auf eine Wirtsart oder -gruppe; die Wirtsspezifität kann eng sein (monoxen ↑) oder ein breiteres Spektrum umfassen (euryxen ↑, oligoxen ↑)

Wirtswechsel: regelmäßiger Wechsel eines heteroxenen ↑ Parasiten von einer Wirtsart auf eine andere (Zwischenwirt – Endwirt ↑); der Wirtswechsel ist oft mit einem Generationenwechsel ↑ (sexuell/asexuell) verbunden

24.24 Z

Zoit (gr. *zoein*: leben): Sammelbezeichnung für meist motile Stadien der Apicomplexa und Ciliaten (Cystozoiten ↑, Endozoiten ↑, Merozoiten ↑, Sporozoiten ↑, Trophozoiten ↑ etc.)

Zoonose (gr. *zoon*: Tier; *nosos*: Krankheit): Infektionskrankheiten, deren Erreger unter natürlichen Bedingungen zwischen Wirbeltieren und Menschen übertragbar sind

Zwischenwirt: Wirt ↑

Zygote (gr. *zygotos*: verbunden): die durch Fusion von 2 haploiden Gameten ↑ entstandene diploide Zelle

Zyklus: Entwicklungszyklen ↑, Übertragungszyklen ↑

Zytokine: Cytokine ↑

Literaturhinweise

Anonym. Pschyrembel. Klinisches Wörterbuch. 260. Aufl. Berlin: Walter de Gruyter; 2004. ISBN: 978-3-11017-621-6

Anonym. Zetkin und Schaldach Lexikon der Medizin. Köln: Fackelträger Verlag GmbH; 2005. ISBN: 3-77164-326-0

Eichler W. Parasitologisch-insektizidkundliches Wörterbuch. Jena: VEB G. Fischer; 1977. Lizenznummer: 261700/110/6

Gordh G, Headrick D. A Dictionary of entomology. Wallingford, UK: CABI Publishing, CAB International; 2001. ISBN: 0-85199-291-9

Kümmel F, Siefert H. Kursus der medizinischen Terminologie. 7. Aufl. Stuttgart: Schattauer; 1999. ISBN: 978-3-79451-935-4

Röttger R. Wörterbuch der Protozoologie. 3. Aufl. In: Foissner W, ed. Protozoological Monographs. Vol. 2. Aachen: Shaker; 2001. ISBN: 3-82658-599-2

Sauermost R. Lexikon der Biologie. Heidelberg: Spektrum Akademischer Verlag; 2006. ISBN: 3-82741-736-8

Sangster NC, Pope SE. Quid significat nomen? (What's in a name?). Int J Parasitol 2000; 30: 231–238

Wiesner E, Ribbeck R. Lexikon der Veterinärmedizin. 4. Aufl. Jena, Stuttgart: Enke; 2000. ISBN: 978-3-77731-459-4

25 Abkürzungsverzeichnis

25.1 Allgemeine Abkürzungen

A

ADCC	*Antibody-Dependent Cell-Mediated Cytotoxicity, antikörperabhängige, zellvermittelte Cytotoxizität*
ALT	*Alaninaminotransferase*
AMG	*Arzneimittelgesetz*
APC/APZ	*Antigen Presenting Cell, Antigen präsentierende Zelle*
AR	*Anthelminthika-Resistenz*
AST	*Aspartataminotransferase*

B

BZ	*Benzimidazole*

C

CSF	*Cerebrospinalflüssigkeit*
CT	*Computertomografie*

D

d	*Tag*
D	*bei Flotationslösungen: Dichte*
Da	*Dalton*
DALY	*Disability Adjusted Life Year*
DNA	*Desoxyribonucleic Acid, Desoxyribonukleinsäure*
dt.	*deutsch*

E

EDTA	*Ethylene Diamine Tetraacetic Acid*
EHEC	*enterohämorrhagische Escherichia coli*
EFSA	*European Food Safety Authority*
engl.	*englisch*
ELISA	*Enzyme-Linked Immunosorbent Assay, enzymgekoppelter Immunadsorptions-Test*
EPEC	*enteropathogene Escherichia coli*
EpG	*Eizahl pro Gramm Kot*
E/S-Antigen	*exkretorisch/sekretorisches Antigen*
ESCCAP	*European Scientific Counsel Companion Animal Parasites*
ETEC	*enterotoxische Escherichia coli*
EVPC	*European Veterinary Parasitology College*
EZRT	*Eizahlreduktionstest*

F

FAD	*Floh-Allergie-Dermatitis*
FAO	*Food and Agriculture Organization (der Vereinten Nationen)*
fr.	*französisch*

G

g	*Erdbeschleunigung (Messwert bei Zentrifugation)*
GABA	*Gamma Aminobutyric Acid, Gamma-Aminobuttersäure*
GALT	*Gut-Associated Lymphoid Tissue, darmassoziiertes lymphatisches Gewebe*
GGT	*Gammaglutamyltransferase*
GIS	*Geografisches Informationssystem*
GLDH	*Glutamatdehydrogenase*
GPS	*Global Positioning System*
gr.	*griechisch*

I

IFAT	*Indirect Fluorescent Antibody Test, Indirekter Fluoreszenz-Antikörper-Test*
IFN	*Interferon*
Ig	*Immunglobulin*
IL	*Interleukin*
i. m.	*intramuskulär*
IPB	*Institut für Parasitologie, Bern*
IPG	*Institut für Parasitologie, Gießen*
IPH	*Institut für Parasitologie, Hannover*
IPZ	*Institut für Parasitologie, Zürich*
it.	*italienisch*
ITPB	*Institut für Parasitologie und Tropische Veterinärmedizin, Berlin*
ITPM	*Institut für vergleichende Tropenmedizin und Parasitologie, München*
ITS	*Internal Transcribed Spacer*
i. v.	*intravenös*

K

kb	*Kilobase*
KBR	*Komplementbindungsreaktion*
KG	*Körpergewicht*

L

LAMP	*Loop-Mediated Isothermal Amplification*
lat.	*lateinisch*
LCS	*Liquor cerebrospinalis*
L 1, L 2 usw.	*Larve 1, Larve 2 (1., 2. Larvenstadium von Helminthen oder Arthropoden)*
LET	*Larvenentwicklungs-Test*
LpG	*Anzahl Larven pro Gramm Kot*
LST	*Larvenschlupf-Test*

M

MALDI-TOF MS	*Matrix-Assisted Laser Desorption/Ionization Time of Flight Mass Spectrometry, Matrix-unterstützte Laserdesorptions-/Ionisations-Flugzeit Massenspektrometrie*
Mbp	*Millionen Basenpaare*
MDS	*Magen-Darm-Strongyliden*
MHC	*Mayor Histocompatibilty Complex, Haupthistokompatibilitäts-Genkomplex*
ML	*makrozyklische Lactone*

N

n	*Anzahl, z. B. Zahl untersuchter Tiere*
NK-Zellen	*natürliche Killerzellen*

O

OIE	*Office International des Epizooties (= World Organization for Animal Health)*
OpG	*Anzahl Oocysten pro Gramm Kot*

P

PAM	*Pathogen-Associated Molecular Patterns*
PCR	*Polymerase Chain Reaction, Polymerase-Kettenreaktion*
PG	*Prostaglandin*
p. i.	*post infectionem, nach natürlicher Infektionen bzw. post inoculationem nach experimenteller Infektion*
p. o.	*per os*
ppm	*parts per million = Milligramm pro kg, z. B. mg Wirkstoff pro kg Futter*
PRR	*Pattern Recognition Receptors*
PV	*parasitophore Vakuole*

R

REM	*Rasterelektronenmikroskopie*
r.L.	*relative Luftfeuchte*
RNA	*Ribonucleic acid, Ribonukleinsäure*

S

SAFC	*Sodium acetate-Acetic acid-Formalin-Concentration Technique*
s. c.	*subkutan*
SI	*Sicherheitsindex*
Sing.	*Singular*
s. l.	*sensu lato, im weiteren Sinne*
sp.	*Species, Art (lat. species), wird hinter den Gattungsnamen eines Lebewesens gesetzt, wenn der Artname unbekannt ist oder nicht aufgeführt werden soll*
SPF	*spezifisch pathogenfrei*
spp.	*mehrere Species*
ssp.	*Subspecies, Singular (siehe auch sp.)*
sspp.	*Subspecies, Plural*
s.s.	*sensu stricto, im engeren Sinne*
Std. 5	*Stadium 5, präadultes Stadium von Nematoden*
Syn.	*Synonym*

T

TEM	*Transmissionselektronenmikroskopie*
TG	*Tiergesundheitsgesetz (D), Tierseuchengesetz (AT, CH)*
TGF	*Transforming Growth Factor, transformierender Wachstumsfaktor*
Tc-Zellen	*cytotoxische Lymphozyten*
Th-Zellen	*T-Helferzellen*
TLR	*Toll-Like Receptors, Toll-ähnliche Rezeptoren*
TNF	*Tumor-Nekrose-Faktor*
TVO	*Tierseuchenverordnung*

U

US	*Ultrasonografie*

V

VSG	*Variable Surface Glycoprotein, variables Oberflächenglykoprotein*

W

WAAVP	*World Association for the Advancement of Veterinary Parasitology, Weltvereinigung der Veterinärparasitologie*
WHO	*World Health Organization, Weltgesundheitsorganisation*

Z

ZNS	*Zentralnervensystem*

25.2 Länderkennzeichen[4]

AL	*Albanien*
AT	*Österreich*
BA	*Bosnien-Herzegowina*
BE	*Belgien*
BG	*Bulgarien*
BY	*Weißrussland*
CA	*Kanada*
CH	*Schweiz*
CY	*Zypern*
CZ	*Tschechien*
DE	*Deutschland*
DK	*Dänemark*
EE	*Estland*
ES	*Spanien*
EU	*Europäische Union*
FI	*Finnland*

4 Nach ISO: International Organization of Standardization (mit Ausnahme USA)

FR	*Frankreich*
GR	*Griechenland*
HR	*Kroatien*
HU	*Ungarn*
IE	*Irland*
IT	*Italien*
LI	*Liechtenstein*
LT	*Litauen*
LV	*Lettland*
LU	*Luxemburg*
MD	*Moldawien*
MZ	*Mazedonien*
NL	*Niederlande*
NO	*Norwegen*
PL	*Polen*
PT	*Portugal*
RO	*Rumänien*
RS	*Serbien*
RU	*Russland*
SE	*Schweden*
SI	*Slowenien*
SK	*Slowakei*
TR	*Türkei*
UA	*Ukraine*
UK	*Großbritannien*
USA	*Vereinigte Staaten von Amerika*

Sachverzeichnis

E

H

M

U

V

W

X

Z